D. Oeding · B. R. Oswald

Elektrische Kraftwerke und Netze

Dietrich Oeding · Bernd R. Oswald

Elektrische Kraftwerke und Netze

7. Auflage

Mit 569 Abbildungen und 140 Tabellen

Springer

Dipl.-Ing. Dietrich Oeding
Universitätsprofessor i. R.
Institut für Elektrische Engergieversorgung
Technische Universität Darmstadt

Dr.-Ing. habil. Bernd R. Oswald
Universitätsprofessor i. R.
Institut für Energieversorgung
und Hochspannungstechnik
Universität Hannover

ISBN 978-3-642-19245-6 e-ISBN 978-3-642-19246-3
DOI 10.1007/978-3-642-19246-3
Springer Heidelberg Dordrecht London New York

Die Deutsche Nationalbibliothek verzeichnet diese Publikation in der Deutschen Nationalbibliographie; detaillierte bibliografische Daten sind im Internet über http://dnb.d-nb.de abrufbar.

Einbandentwurf: WMXDesign GmbH

Gedruckt auf säurefreiem Papier

Springer ist Teil der Fachverlagsgruppe Springer Science+Business Media (www.springer.com)

Vorwort zur siebten Auflage

Die letzten Jahre haben gezeigt, dass durch starkes Wachstum der Weltbevölkerung insbesondere in Schwellenländern und Entwicklungsländern der CO_2-Ausstoß weltweit zugenommen hat und dass es ungeheurer Anstrengungen in allen Ländern bedürfen wird, um die darauf zurückgeführte globale Erwärmung, die überraschenderweise von 1999 bis 2008 praktisch nicht mehr zugenommen hat, möglichst einzudämmen. Dieser Herausforderung wird die Menschheit nur begegnen können, wenn alle Länder und jeder Einzelne umdenkt, weniger Auto fährt, weniger Strom verbraucht, die Umwelt schont und sparsam mit allen Gütern der Erde umgeht.

Zu dieser Aufgabe gehört auch die schrittweise Umstellung der elektrischen Energieerzeugung auf erneuerbare Quellen. In dieser Auflage wird deshalb dem bereits in der sechsten Auflage eingefügten Abschnitt über Windenergieanlagen, die in Zukunft einen erheblichen Teil zur elektrischen Emergieversorgung beitragen sollen, ein Abschnitt über den Leistungstransport von Windenergieanlagen auf dem offenen Meer zum Festland mit weiterentwickelter Hochspannungs-Gleichstrom-Übertragung eingefügt.

Die neue Auflage wird erweitert durch Abschnitte zur Berechnung der Nullimpedanz von Kabeln mit beidseitig geerdeten metallischen Mänteln oder Schirmen und der Berechnung des Reduktionsfaktors für diese Fälle sowie der zu erwartenden Verteilung des Rückstromes auf Mäntel und Erde bei einpoligem Kurzschluss. Diese Ergänzung trägt der Tatsache Rechnung, dass in zunehmendem Maße auch in Hochspannungsnetzen mit einer Spannung von 110 kV und darüber Kabel eingesetzt werden.

Um bei der Berechnung von Kurzschlussströmen in öffentlichen Niederspannungsnetzen und der Überprüfung der damit in Zusammenhang stehenden zuverlässigen Auslösung von Schutzeinrichtungen eine größere Klarheit zu vermitteln, wird dem bisherigen Kapitel Kurzschlussströme und Kurzschlussbeanspruchungen ein neuer Abschnitt für die Berechnung des größten dreipoligen Kurzschlussstromes und des kleinsten einpolgen Kurzschlussstromes in radial aufgebauten Niederspannungsnetzen hinzugefügt und mit einfachen Beispielen versehen unter Beachtung der internationalen Normenreihe IEC 60909.

Als neues Kapitel 20 wird eine ausführliche Anweisung zur Berechnung von transienten Vorgängen in Drehstromnetzen mit dem Differenzen-Leitwert-Verfahren aufgenommen und mit einem Beispiel für schnelle Ausgleichsvorgänge auf einer 380-kV-Freileitung anschaulich gemacht.

Formelzeichen Indizes werden weitgehend nach der neuen internationalen Norm IEC 60027-7 verwendet.

Die Verfassen danken den Lesern, die sie auf Fehler und Druckfehler aufmerksam gemacht haben, und wünschen der neuen Auflage eine gute Aufnahme.

Ober-Ramstadt, Hannover D. Oeding
Februar 2011 B. R. Oswald

Vorwort zur sechsten Auflage

Die Bedeutung der elektrischen Energie für das Leben der Menschen, die industrielle Produktion, die Mobilität und die Kommunikation hat seit der letzten Auflage des Buches im Jahre 1978 weiter stark zugenommen, auch wenn die Unsicherheiten bei der Bereitstellung der Primärenergie zur Umwandlung in elektrische Energie größer geworden sind. Die Kernkraftwerksunfälle in Three-Mile Island (USA) und in Tschernobyl (UdSSR) haben zu dieser Unsicherheit beigetragen, und in Deutschland sogar zu einem Ausstiegsbeschluss aus der friedlichen Nutzung der Kernenergie im Jahre 2001 geführt. Zu starker Verunsicherung hat auch die anhaltende Diskussion über Umweltschäden durch die Verbrennung fossiler Primärenergien wie Kohle und Erdöl/Benzin und die daraus entstehende Erwärmung der Erdatmosphäre geführt, auch wenn man heute noch nicht sicher sein kann, ob steigende mittlere Temperaturen nicht auch oder zusätzlich durch eine verstärkte Sonnenfleckentätigkeit erklärbar sein könnten.

Nachdem man festgestellt hat, dass durch Energieeinsparmaßnahmen und effiziente Nutzung eine teilweise Entkopplung von Wirtschaftswachstum und Anstieg des Primärenergieeinsatzes möglich ist, und in industriell entwickelten Ländern auch der Anstieg für die elektrische Energie stark zurückgegangen ist gegenüber den Jahrzehnten nach dem zweiten Weltkrieg, hat die Zeit rasch steigender Leistungen bei Kraftwerksblöcken sowie die Einführung immer neuer höherer Spannungsebenen bei 1000 kV ein Ende gefunden. Im Zuge der Ausweitung des Verbundbetriebes in Europa versucht man die vorhandenen Primärenergien und dabei insbesondere die Wasserenergie und andere regenerative Energien möglichst vollständig zu nutzen. Die eingeführte Liberalisierung des Strommarktes in Europa kann zur guten Ausnutzung der Kraftwerke und Netze führen und damit zu einem Abbau der hohen Verfügbarkeit, um so dem Konkurrenzdruck standhalten zu können. Die Bewährungsprobe des liberalisierten Strommarktes steht noch aus.

In den vergangenen Jahrzehnten sind Konstruktionen und Verfahren entwickelt worden zum sparsamen und umweltschonenden Umgang mit Primärenergie, zum Beispiel bei der Heizung und beim Automobil sowie insgesamt in der Industrie und im Haushalt. In einer Reihe von Industrieländern darunter auch in Deutschland hat man darüber hinaus eine starke staatliche Förderung regenerativer elektrischer Energieerzeugung durch Windkraftwerke und Solarzellen eingeleitet, dies in der Hoffnung, dass diese regenerativen

Quellen in einigen Jahrzehnten, wenn man auch große Offshore-Windparks verwirklicht hat, einen merklichen Anteil der fossilen Energieverbrennung zur elektrischen Energieerzeugung ersetzen zu können.

Immerhin wurde im Jahre 2002 der bisher größte Windpark Europas am Wybelsumer Polder bei Emden mit 54 Windenergieanlagen, die maximal zusammen 70 MW erzeugen können, in Betrieb genommen und damit erreicht, dass etwa 3 % der elektrischen Energie in Deutschland aus Windenergieanlagen bereitgestellt werden konnten.

Auch unter Berücksichtigung der hier angedeuteten Entwicklung erschien es angebracht, die fünfte Auflage zu überarbeiten und dem Stand der Technik anzupassen, wobei es wie in den vorangegangenen Auflagen das Ziel war, den Ingenieuren in der Praxis und den Studierenden ein Buch mit verlässlichen Grundlagen für die elektrische Energieversorgung in die Hand zu geben. Bei der Überarbeitung wurden einzelne Kapitel völlig neu bearbeitet, während andere dem Stand der Technik angepasst oder entsprechend ergänzt wurden. Das Kap. 4 zum Beispiel, in dem bei der fünften Auflage nur Wasserkraftwerke behandelt wurden, enthält in der neuen Auflage zusätzlich auch einen Abschnitt über Windkraftanlagen.

In ausreichendem Maße wurde in den Kap. 2, 5, 13, 14, 15, 16 und 18, die sich teilweise mit Berechnungen im Drehstromnetz beschäftigen, der verstärkten Verwendung von Programmen Rechnung getragen.

Kapitel 10 über Kabel wurde durch einen umfangreichen Anhang über die Mit- und Nullimpedanzen für Stromkreise aus vier Einleiter-Kunststoffkabeln ergänzt.

Vollständig neu bearbeitet wurde u.a. Kap. 15 über die Berechnung der Kurzschlussströme und ihrer Wirkungen, weil sich hier mit der Herausgabe der IEC-Normen 60909 (2001) und 60865 (1993), aufbauend auf der Basis der Vorarbeiten in Deutschland seit 1954 und der 1972 begonnenen internationalen Zusammenarbeit, sowie der weiteren dazugehörenden bis zum Jahre 2002 veröffentlichten Ergänzungen und Verbesserungen, ein weltweit anerkannter Standard auf diesem für die elektrische Energieversorgung wichtigen Feld herausgebildet hat.

Auch in der vorliegenden sechsten Auflage fand sich nicht genügend Raum für eine ausführliche Darstellung der Schutztechnik und der digitalen Leittechnik in Kraftwerken und Netzen der elektrischen Energieversorgung. Die Hütte, 29. Auflage, Elektrotechnik Band 3 Netze enthält eine ausführliche Darstellung. Aufgenommen wurde hier deshalb nur ein kurzer Überblick über die Aufgabe des Schutzes bei Kraftwerksblöcken und im Drehstromnetz mit Literaturhinweisen.

Formelzeichen und Nebenzeichen werden in weitgehender Anpassung an DIN 1304 und insbesondere an DIN 1304, Teil 3: „Formelzeichen für elektrische Energieversorgung“ gewählt. Die Indizes n und r für Nennwerte und Bemessungswerte werden nach DIN 40200 verwendet. Wesentliche Abweichungen ergeben sich damit nur gegen die veraltete Norm DIN 1304, Teil 7: „Formelzeichen für elektrische Maschinen“. Die Leiter des Drehstromnetzes werden mit L1, L2, L3 bezeichnet. Die Kurzform 1, 2, 3 wird nicht verwendet. Die symmetrischen Komponenten können dann die Indizes 1, 2, 0 für das Mit-, Gegen- und Nullsystem erhalten. Bei Formelzeichen und Indizes in den Kap. 15 und 16 ergeben sich einige Abweichungen, weil hier eine weitgehende Anpassung an die genannten IEC-Normen erfolgte.

Das Vorwort der fünften Auflage wird unverändert abgedruckt in Erinnerung an Dr.-Ing. Hans Happoldt, Ehrenringträger des VDE, der im Jahre 1984 verstorben ist.

Die Verfasser danken den Firmen, die Bildmaterial zur Verfügung gestellt haben. Sie danken dem Springer-Verlag für die sorgfältige Ausführung der Zeichnungen und die gute Ausstattung des Buches. Sie wünschen der neuen Auflage eine gute Aufnahme.

Ober-Ramstadt, Hannover
Januar 2004

D. Oeding
B. R. Oswald

Vorwort zur fünften Auflage

Die rasche Weiterentwicklung der elektrischen Energieerzeugung, ebenso wie die Entwicklungen auf dem Gebiet der Energie-Übertragung und -Verteilung, haben eine vollständige Neubearbeitung des Buches „Elektrische Kraftwerke und Netze“ von Buchhold/Happoldt notwendig gemacht.

Steigende Einheitenleistungen beim Bau von Kraftwerken, insbesondere bei Kernkraftwerke, ebenso wie steigende Einheitenleistungen bei Block- und Netztransformatoren und anderen Betriebsmitteln erzwingen die Steigerung der Übertragungsleistungen für Freileitungen und Kabel. Auf der einen Seite beobachtet man die verstärkte Erschließung großer abgelegener Wasserkräfte in Kraftwerken bis zu einigen Tausend MW mit der Übertragung der Leistung über Fernleitungen mit Drehstrom bis 765 kV und Gleichstrom bis ± 533 kV, während auf der anderen Seite verbrauchernahe große thermische Kraftwerke entstehen mit nur verhältnismäßig geringen Übertragungsentfernungen und hohen Anforderungen an die Verfügbarkeit und an die Beherrschung der Kurzschluss- und Erdkurzschlussströme.

Bei der Neubearbeitung wurde in verstärktem Maße die Darstellung und Berechnung der Drehstromnetze mit Hilfe der symmetrischen Komponenten aufgenommen. Die Berechnungsgleichungen wurden weitgehend den VDE-Bestimmungen angepasst. Hier wurde damit zahlreichen Anregungen aus dem Leserkreis Rechnung getragen. Formelzeichen und Indizes wurden ausgehend von DIN 4897 „Elektrische Energieversorgung-Formelzeichen“ gewählt. Um den Umfang der bisherigen Darstellung nicht wesentlich auszuweiten, wurde der Relais-Schutz von elektrischen Maschinen und Netzen nicht behandelt; hier ist auf die einschlägige Literatur zu verweisen.

Das Buch wendet sich an Ingenieure, die sich mit der Projektierung, dem Bau und dem Betrieb von Anlagen zur Erzeugung und Verteilung elektrischer Energie beschäftigen. Wir hoffen, dass es auch eine wertvolle Hilfe für die Studierenden der Fachrichtung Energietechnik sein wird.

Zum Dank sind die Verfasser zahlreichen Fachleuten verpflichtet, die Material und Anregungen beigesteuert haben. Hier sind besonders zu nennen die Herren Dr.-Ing. H. Schweikert, der den Abschnitt Wasserturbinen neu gestaltete, Dipl.-Ing. K.H. Schüller und Mitarbeiter, die die Neufassung des Abschnittes Wärmekraftwerke unterstützten, Dipl.-Ing. R.-D. Steckel und Stud.-Ass. E. Zimmermann, die wertvollen Anregungen gegeben und den Abschnitt über die Kabelbelastbarkeit neu bearbeitet haben, Dipl.-Ing. J. Stenzel, der den

Abschnitt Sternpunktbehandlung und Erdung in Hochspannungsnetzen neu zusammengestellt hat, und Dipl.-Ing. H. P. Lips, der den Abschnitt Hochspannungs-Gleichstrom-Übertragung überarbeitet hat, sowie weiterhin den Fachkollegen, die sich die Mühe der Durchsicht und Korrektur unterzogen haben.

Die Verfasser danken den Firmen, die Unterlagen und Bildmaterial zur Verfügung gestellt haben.

Für die gute Ausstattung und die sorgfältige Ausführung der Zeichnungen danken die Verfasser dem Springer-Verlag und wünschen dem neubearbeiteten Buch eine gute Aufnahme bei den Ingenieuren der Praxis und den Studierenden der Energietechnik.

Weinheim, Mannheim H. Happold
Dezember 1977 D. Oeding

Inhaltsverzeichnis

1 Allgemeines zur elektrischen Energieversorgung 1
1.1 Einführung, Primärenergie und elektrische Energie 1
1.2 Erzeugung, Übertragung und Verteilung elektrischer Energie . 7

2 Grundlagen zur Berechnung in Drehstromnetzen 15
2.1 Überblick 15
2.2 Komplexe Größen 15
2.2.1 Die Transformation zeitlich sinusförmig verlaufender Größen in die komplexe Ebene 15
2.2.2 Die komplexe Leistung im Wechsel- und Drehstromnetz 17
2.3 Zählpfeile und Zählpfeilsysteme 20
2.4 Symmetrische Komponenten 28
2.4.1 Allgemeines 28
2.4.2 Symmetrierung und Entsymmetrierung 28
2.4.3 Impedanzen im Mit-, Gegen- und Nullsystem 33
2.4.4 Drehstromleistung und Komponentenleistungen 36
2.5 Modale Komponenten 37
2.5.1 Allgemeiner Ansatz 38
2.5.2 Bestimmung der Transformationsmatrix 40
2.5.3 Transformation von Zeigergrößen 41
2.5.4 Leistung in modalen Komponenten 42
2.5.5 Gebräuchliche Komponentensysteme 43

3 Thermische Kraftwerke 49
3.1 Allgemeines 49
3.2 Grundlast-, Mittellast- und Spitzenlastanlagen 53
3.3 Thermische Prozesse, Wirkungsgrad 57
3.4 Kraft-Wärme-Kopplung 76
3.5 Dampfturbine 80
3.6 Allgemeine Anordnung in Dampfkraftwerken 83
3.7 Nukleare Dampferzeugung – Kernkraftwerke 88

4 Wasserkraftwerke und Windenergieanlagen 95
4.1 Bedeutung 95
4.2 Wasserkraftgeneratoren 96

4.3 Wasserturbinen . . . 98
4.4 Laufwasser- und Speicherkraftwerke . . . 104
4.5 Windenergieanlagen . . . 113

5 Drehstromgeneratoren . . . 121
5.1 Allgemeines . . . 121
5.2 Gleichungssystem der Synchronmaschine . . . 128
5.3 Stationärer Betrieb . . . 132
5.4 Leerlauf- und Kurzschlusskennlinie . . . 142
5.5 Nichtstationärer Betrieb . . . 144
5.5.1 Operatorengleichungen . . . 145
5.5.2 Zeitlicher Stromverlauf bei dreipoligem Klemmenkurzschluss . 149
5.5.3 Kurzschlussdrehmomente und Fundamentbeanspruchung . . . 154
5.5.4 Ersatzschaltungen für den subtransienten und den transienten Zustand . . . 163

6 Generator- und Turbinenregelung . . . 169
6.1 Erregungseinrichtungen . . . 169
6.2 Spannungsregelung . . . 173
6.2.1 Statik der Spannungsregelung . . . 173
6.2.2 Spannungsregelung eines Turbogenerators . . . 173
6.3 Turbinenregelung . . . 182
6.3.1 Bilanzmodell des Netzes . . . 182
6.3.2 Primärregelung . . . 185
6.3.3 Sekundärregelung . . . 188

7 Eigenbedarfsanlagen in Kraftwerken . . . 193
7.1 Aufgabe des Eigenbedarfs . . . 193
7.2 Aufbau von Eigenbedarfsnetzen, Prinzipschaltung . . . 194
7.2.1 Auswahl der Eigenbedarfstransformatoren . . . 196
7.2.2 Niederspannungsversorgung . . . 197
7.3 Sicherstellung des Eigenbedarfs in thermischen Kraftwerken . . 199
7.3.1 Grundüberlegungen . . . 199
7.3.2 Reserveversorgung des Eigenbedarfs . . . 199
7.3.3 Notstillsetzen des Blockes, Notstromversorgung . . . 203
7.4 Spannungshaltung und Schnellumschaltung . . . 204
7.4.1 Spannungseinbruch beim Einschalten von Motoren . . . 204
7.4.2 Umschaltung des Eigenbedarfs . . . 207
7.5 Schutz von Kraftwerksblöcken . . . 213
7.5.1 Allgemeines . . . 214
7.5.2 Schutzmaßnahmen für Kraftwerksblöcke . . . 215

8 Transformatoren . . . 219
8.1 Einsatz der Transformatoren . . . 219
8.2 Schaltgruppen und Schaltungen . . . 221

8.3 Zwei- und Dreiwicklungstransformatoren 225
8.3.1 Ersatzschaltung und Zeigerdiagramm 225
8.3.2 Leistungsaufnahme und Spannungsänderung bei Belastung . . 229
8.3.3 Dreiwicklungstransformatoren 231
8.3.4 Nullsystem und Sternpunktbelastbarkeit 235
8.3.5 Rushströme beim Einschalten 238
8.4 Wicklungen und Stufenschalter 241
8.5 Spartransformatoren 245
8.6 Ersatzschaltungen in symmetrischen Komponenten 248
8.6.1 Impedanzersatzschaltungen 248
8.6.2 Admittanzersatzschaltungen 255
8.6.3 Ersatzschaltungen ohne Übertrager 257

9 Freileitungen 259
9.1 Mastformen, Kosten 259
9.2 Aufbau der Freileitungen 262
9.3 Mittlere geometrische Abstände 267
9.4 Impedanzen 272
9.4.1 Allgemeines 272
9.4.2 Selbst- und Gegenimpedanzen von Leiterschleifen 273
9.4.3 Impedanzen in symmetrischen Komponenten 282
9.4.4 Induktive Beeinflussung 291
9.5 Kapazitäten 293
9.5.1 Allgemeines 293
9.5.2 Selbst- und Gegenpotenzialkoeffizienten von Leiterschleifen . . 295
9.5.3 Admittanzen in symmetrischen Komponenten 299
9.5.4 Oberflächenrandfeldstärke 304
9.6 Die Leitung im stationären Betrieb 307
9.6.1 Leitungsgleichungen 307
9.6.2 Ersatzschaltungen für die kurze Leistung 309
9.6.3 Wellenwiderstand und natürliche Leistung 310
9.6.4 Verluste, wirtschaftliche Stromdichte 312
9.7 Wirkung der Freileitungen auf den Menschen 315
9.7.1 Elektrische und magnetische Feldstärke am Erdboden 315
9.7.2 HF-Störfeldstärke und Geräuschpegel 321

10 Kabel 325
10.1 Allgemeines 325
10.2 Aufbau der Kabel 325
10.3 Kabelauslegung und Belastbarkeit 331
10.3.1 Allgemeine Überlegungen 331
10.3.2 Strombelastbarkeit 332
10.3.3 Verlustberechnung 334
10.3.4 Wärmewiderstände 339
10.3.5 Normalbedingungen für Kabelbelastung und Häufung 341

10.3.6 Kabelbelastung bei Bodenaustrocknung und wechselnder Last 344
10.4 Impedanzen und Kapazitäten 348
10.4.1 Impedanzen im Mit- und Nullsystem 348
10.4.2 Mit- und Nullimpedanz von Drehstromkabeln mit geerdeten metallischen Mänteln oder Schirmen 356
10.4.3 Kapazitäten, Ladeleistungen und kapazitiver Erschlussstrom . 366
10.5 Hochspannungs- und Hochleistungskabel 369

11 Schalter und Schaltanlagen 377
11.1 Leistungsschalter 377
11.1.1 Anforderungen an Leistungschalter 377
11.1.2 Ölschalter, ölarme Schalter 380
11.1.3 Vakuumschalter 380
11.1.4 Druckluftschalter 382
11.1.5 Generatorschalter 385
11.1.6 SF_6-Schalter 385
11.2 Schaltanlagen 387
11.2.1 Allgemeines 387
11.2.2 Schaltungen in Schaltanlagen 388
11.2.3 Innenraum- und Freiluftschaltanlagen 391
11.2.4 Vollgekapselte, SF_6-isolierte Schaltanlagen 394

12 Drehstromnetze 399
12.1 Netzaufbau, Verbundnetz 399
12.2 Höchstspannungsübertragung 402
12.3 Versorgung großer Städte oder Ballungsräume 409
12.4 Verteilungsnetze 415
12.5 Industrielle Stromversorgung 422
12.6 Blindleistungsbedarf und Kompensation 424
12.6.1 Blindleistungsbedarf der Verbraucher 424
12.6.2 Blindleistungsbedarf des Netzes 429
12.6.3 Blindleistungskompensation 431
12.6.4 Parallelresonanz und Absaugung von Stromoberschwingungen 437
12.7 Netzschutz 443
12.7.1 Überblick 443
12.7.2 Leitungsschutz 445
12.7.3 Transformatorschutz 447

13 Mathematische Beschreibung des Drehstromnetzes 451
13.1 Netzumformungen 451
13.2 Gleichungssysteme mit Admittanz-, Impedanz- und Hybridmatrix 451
13.2.1 Knotenpunktverfahren, Admittanzmatrix 453
13.2.2 Impedanzmatrix 457
13.2.3 Hybridmatrix 461

13.3 Quer- und Längsunsymmetrien 467
13.4 Einfachquerfehler 473
13.4.1 Strom-Spannungsbeziehungen an der Fehlerstelle 474
13.4.2 Einpoliger Erdkurzschluss 478
13.5 Einfachlängsfehler 480
13.5.1 Strom-Spannungsbeziehungen an der Fehlerstelle 480
13.5.2 Einpoliger Längsfehler 481
13.5.3 Zweipoliger Längsfehler 483
13.6 Doppelerdkurzschluss und andere Doppelfehler 484
13.7 Fehlermatrizenverfahren 490
13.7.1 Fehlerbedingungen 492
13.7.2 Nachbildung von Kurzschlüssen an der Admittanzmatrix . . . 493
13.7.3 Nachbildung von Unterbrechungen an der Admittanzmatrix . . 495
13.7.4 Nachbildung von Kurzschlüssen an der Impedanzmatrix 498
13.7.5 Nachbildung von Kurzschlüssen und Unterbrechungen in modalen Komponenten 498

14 Leistungsfluss im Drehstromnetz 499
14.1 Aufgabe 499
14.2 Leistungsfluss auf Leitungen 499
14.2.1 Vorgabe der Belastung als konstante Impedanz 501
14.2.2 Vorgabe der Belastung durch konstanten Strom 502
14.2.3 Vorgabe der Belastung durch konstante Leistung 505
14.2.4 Vorgabe der Abnahmeleistungen als Funktion der Spannung . . 506
14.2.5 Leistungsfluss auf Leitungen bei mehreren Abnahmen 507
14.2.6 Leistungsfluss in Ringnetzen 510
14.3 Leistungsfluss in vermaschten Netzen 511
14.3.1 Methoden der Leistungsflussberechnung – Einführung 511
14.3.2 Knotenpunktverfahren 515
14.3.3 Newton-Verfahren 522
14.3.4 Entkoppelte Leistungsflussberechnung 524
14.3.5 Gleichstromleistungsflussberechnung 526

15 Kurzschlussströme und Kurzschlussbeanspruchungen 529
15.1 Einführung 529
15.2 Zeitlicher Verlauf des Kurzschlussstromes 533
15.3 Methoden zur Berechnung der Kurzschlussströme 539
15.3.1 Allgemeines 539
15.3.2 Überlagerungsverfahren 539
15.3.3 Verfahren mit der Ersatzspannungsquelle an der Kurzschlussstelle 546
15.4 Nachbildung der Betriebsmittel beim Verfahren mit der Ersatzspannungsquelle an der Kurzschlussstelle 551
15.4.1 Allgemeines 551
15.4.2 Netzeinspeisungen 552

15.4.3 Leitungen (Freileitungen und Kabel) 554
15.4.4 Transformatoren 555
15.4.5 Generatoren 561
15.4.6 Kraftwerksblöcke mit Stufenschalter 565
15.4.7 Kraftwerksblöcke ohne Stufenschalter 572
15.4.8 Korrekturfaktoren bei Kurzschluss zwischen Generator und Blocktransformator 575
15.4.9 Motoren 582
15.5 Kurzschlussströme und ihre Berechnung 585
15.5.1 Allgemeines 585
15.5.2 Anfangs-Kurzschlusswechselstrom 592
15.5.3 Stosskurzschlussstrom 609
15.5.4 Ausschaltstrom 617
15.5.5 Dauerkurzschlussstrom 624
15.5.6 Beitrag von Asynchronmotoren zum Kurzschlussstrom 628
15.5.7 Thermisch gleichwertiger Kurzschlussstrom und Joule-Integral 640
15.6 Berechnung der Kurzschlussströme im per-unit- oder im %/MVA-System 652
15.6.1 Physikalische, relative und semirelative Größen 652
15.6.2 Definition der Größen des p. u.-Systems und des %/MVA-Systems 654
15.6.3 Kurzschlussstromberechnung im %/MVA-System 655
15.7 Mechanische und thermische Kurzschlussfestigkeit 661
15.7.1 Grundüberlegungen zu Kurzschlusskräften 661
15.7.2 Beanspruchung biegesteifer Leiter und Stütztpunkt-beanspruchung 668
15.7.3 Beanspruchung in Hochspannungsanlagen mit Seilen 683
15.7.4 Thermische Kurzschlussfestigkeit 689
15.8 Begrenzung der Kurzschlussströme 694
15.9. Kurzschlussstromberechnung in Niederspannungsnetzen . . . 699
15.9.1 Allgemeines 699
15.9.2 Berechnung der Kurzschlussströme 700
15.9.3 Berechnungsbeispiel Niederspannung-Hausanschluss 710
15.9.4 Maximal zulässige Leitungslänge von Niederspannungs-Endstromkreisen in TN-Netzen 718

16 Sternpunktbehandlung und Erdung in Hochspannungsnetzen 723
16.1 Überblick 723
16.2 Sternpunktbehandlung 726
16.2.1 Einführung 726
16.2.2 Netze mit isoliertem Sternpunkt 726
16.2.3 Netze mit Erdschlusskompensation 728
16.2.4 Netze mit niederohmiger Sternpunkterdung 732
16.3 Sternpunktbehandlung auf der OS- und US-Seite eines Yy0 d5-Transformators 734

16.4 Erdung in Hochspannungsnetzen 738
16.4.1 Über Erde fließende Teilkurzschlussströme 738
16.4.2 Schleifenimpedanzen, Erdseilreduktionsfaktoren und Kettenleiterimpedanzen 742
16.4.3 Erdkurzschluss in der Nähe einer Anlage 748
16.5 Stromverteilung für Kabel mit geerdeten Mänteln (Schirmen) bei Erdkurzschluss 754
16.5.1 Stromverteilung und Reduktionsfaktor bei Dreileiterkabeln . . 755
16.5.2 Stromverteilung und Reduktionsfaktor bei Einleiterkabeln . . . 761
16.6 Ausbreitungswiderstände von Erdern und Erdungsanlagen . . 766
16.7 Bau von Erdungsanlagen und Erdungsmessungen 770
16.8 Beeinflussung 776

17 Überspannungen und Isolationskoordination 783
17.1 Übersicht 783
17.2 Spannungserhöhungen 784
17.2.1 Zeitweilige Spannungserhöhung bei Erdschluss 784
17.2.2 Zeitweilige Spannungserhöhung bei Lastabwurf, Ferranti-Effekt 784
17.2.3 Spannungserhöhung durch kapazitive Unsymmetrie 790
17.2.4 Resonanzüberspannnungen 791
17.3 Innere Überspannungen 792
17.3.1 Transiente Erdschlussüberspannungen 792
17.3.2 Überspannungen beim Schalten kleiner induktiver Ströme . . 795
17.3.3 Überspannungen beim Schalten von Kondensatoren und Leitungen 802
17.3.4 Überspannungen beim Ausschalten von Kurzschlussströmen . . 807
17.4 Äußere Überspannungen 815
17.4.1 Überblick 815
17.4.2 Atmosphärische Entladung und Blitzeinschlag 816
17.4.3 Wanderwellen auf Leitungen 818
17.5 Isolationsminderung 827
17.6 Isolationskoordination 832
17.7 Auswahl und Einsatz von Überspannungsableitern 836
17.7.1 Funkenstreckenableiter 836
17.7.2 Metalloxidableiter 839
17.7.3 Ableiterabsatz 840

18 Stabilität der Drehstromübertragung 849
18.1 Einführung, Begriff der Stabilität, Modellbildung 849
18.2 Statische Stabilität 854
18.2.1 Statische Stabilität ohne Regelung 854
18.2.2 Statische Stabilität mit Regelung 858
18.2.3 Selbsterregung 862
18.3 Transiente Stabilität 865

18.3.1 Einflussgrößen und Untersuchungsmethode 865
18.3.2 Transiente Stabilität abhängig von Kurzschlussart, -dauer und Netzaufbau 869
18.3.3 Stabilitätsverlust und Resynchronisierung 874
18.3.4 Einfluss von Generatorauslegung und Erregersystem auf die transiente Stabilität 879

19 Hochspannungs-Gleichstrom-Übertragung 883
19.1 Wirkungsweise 883
19.2 Technische Besonderheiten der HGÜ gegenüber der DHÜ . . . 885
19.3 Entwicklung der HGÜ 885
19.4 Betriebsmittel der HGÜ 889
19.4.1 Gesamtanordnung 889
19.4.2 HGÜ-Stationen 892
19.4.3 HGÜ-Freileitungen und -Kabel 895
19.5 Kostenvergleich HGÜ mit DHÜ 898
19.6 Weiterentwicklung der HGÜ 899

20 Berechnung transienter Vorgänge in Drehstromnetzen 903
20.1 Überblick 903
20.2 Gleichungssysteme zur Berechnung transienter Vorgänge . . . 903
20.3 Differenzen – Leitwert – Verfahren 906
20.3.1 Diskretisierungsverfahren 906
20.3.2 Differenzengleichungen der induktiven Zweige 908
20.3.3 Differenzengleichungen der kapazitiven Zweige 909
20.3.4 Differenzengleichungen der resistiven Zweige 911
20.3.5 Differenzengleichungen der Leitungen 911
20.3.6 Differenzengleichungssystem des Netzes 920
20.3.7 Einschalten einer 380-kV-Freileitung 922

Anhang 929

Formelzeichen und Nebenzeichen 1003

Literatur 1009

Sachverzeichnis 1049

1 Allgemeines zur elektrischen Energieversorgung

1.1 Primärenergie und elektrische Energie

Bis ins zwanzigste Jahrhundert kannte man als Energiequelle nur die Sonne, entweder in der direkten Einstrahlung der Sonnenenergie auf die Erde oder in den fossilen Brennstoffen, die über lange Zeiten mit Hilfe der Sonnenenergie aufgebaut wurden. Hinzugekommen sind Energiequellen aus der Kernspaltung oder der Kernverschmelzung, die extrem ergiebige Energiequellen darstellen können. In [1.36] findet man einen breiten Überblick über alle bekannten Energieformen.

Bild 1.1 stellt das globale Energie-Scenario dar. Bis heute lebt die Menschheit im wesentlichen von den fossilen Energiequellen Kohle, Erdöl und Erdgas mit zusammen etwa 80 % des geschätzten Primärenergieeinsatzes. Regenerative Energiequellen wie Wasser, Wind, Holz und die Nutzung der direkten Sonneneinstrahlung in Solarzellen (photothermische, photochemische und photovoltaische Konversion) decken bisher nur einen verhältnismäßig geringen Anteil von etwa 13 % des geschätzten Primärenergieeinsatzes. Aus Kernkraftwerken kommen etwa 4 %. Die große Hoffnung auf die unerschöpfliche Energiequelle der Kernfusion hat sich bisher nicht erfüllt [1.36].

Es besteht die Befürchtung, dass die leicht gewinnbaren Erdöl- und die Erdgasvorräte bei weiter stark steigendem Verbrauch in der Mitte des 21ten Jahrhunderts so knapp werden, dass internationale Konflikte um deren Verteilung entstehen könnten. Notwendig ist es daher auch mit Rücksicht auf die globale Erwärmung, sowohl regenerative Energien weiter zu fördern und zu entwickeln, wie das gegenwärtig in Deutschland mit der Windenergie und Solarenergie getan wird, als auch die Kernenergie weiter zu nutzen bei zusätzlichen Anstrengungen für die Sicherheit. Seit dem Reaktorunfall in Tschernobyl im Jahre 1986 ist der größere Teil der Bevölkerung in Deutschland jedoch gegen die Nutzung der Kernenergie, so dass in absehbarer Zeit der Neubau von Kernkraftwerken in Deutschland undenkbar erscheint. Aus diesen Überlegungen ergibt sich, dass ein äußerst sparsamer Umgang mit Primärenergie und auch elektrischer Energie selbstverständlich werden muss. Hier soll nur beispielhaft auf die notwendige Verbesserung der Wärmeisolierung und der Heiztechnik in Gebäuden und den minimierten Kraftstoffeinsatz für Automobile hingewiesen werden, um so Primärenergie einzusparen.

D. Oeding, B. Oswald, *Elektrische Kraftwerke und Netze*,
doi 10.1007/978-3-642-19246-3, © Springer 2011

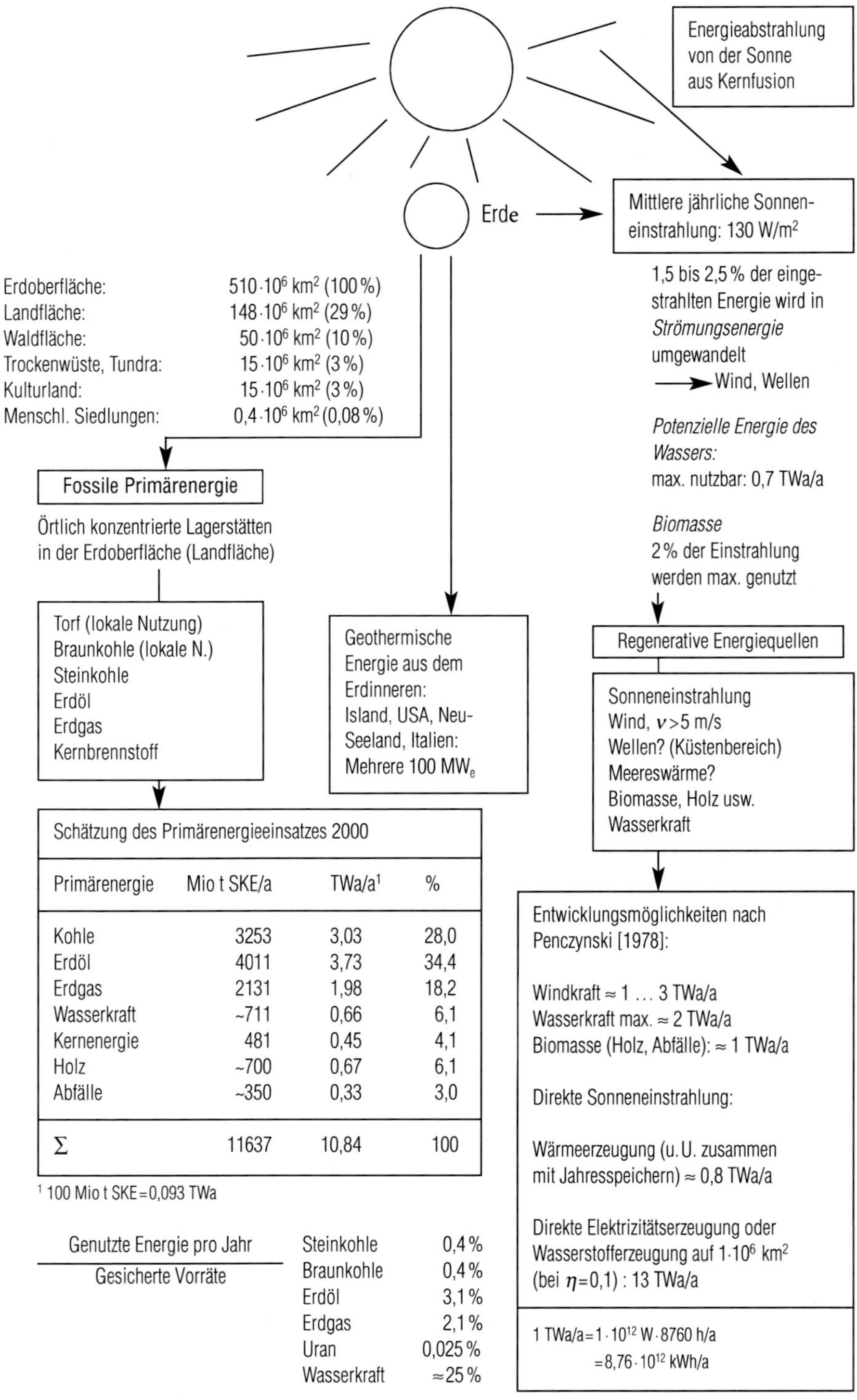

Schätzung des Primärenergieeinsatzes 2000

Primärenergie	Mio t SKE/a	TWa/a[1]	%
Kohle	3253	3,03	28,0
Erdöl	4011	3,73	34,4
Erdgas	2131	1,98	18,2
Wasserkraft	~711	0,66	6,1
Kernenergie	481	0,45	4,1
Holz	~700	0,67	6,1
Abfälle	~350	0,33	3,0
Σ	11637	10,84	100

[1] 100 Mio t SKE = 0,093 TWa

$\frac{\text{Genutzte Energie pro Jahr}}{\text{Gesicherte Vorräte}}$

Steinkohle	0,4 %
Braunkohle	0,4 %
Erdöl	3,1 %
Erdgas	2,1 %
Uran	0,025 %
Wasserkraft	≈25 %

Bild 1.1. Globales Energieszenario

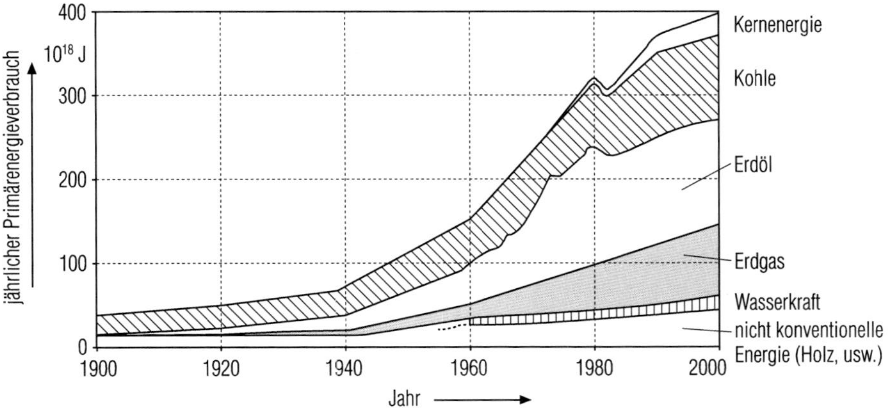

Bild 1.2. Jährlicher Energieverbrauch auf der Welt unterteilt nach Energieträgern

Bild 1.2 zeigt den Anstieg des jährlichen Weltenergieverbrauchs aufgeteilt auf die einzelnen Primärenergiearten. Man erkennt auch aus diesem Bild, dass die fossilen Energieträger den weitaus größten Anteil beisteuern. Der jährliche Gesamtenergieverbrauch erreichte bei 6 Mrd. Einwohnern im Jahr 2000 etwa 400 EJ = $400 \cdot 10^{18}$ J = $13{,}7 \cdot 10^{9}$ t SKE (Tonnen Steinkohleneinheiten) [1.36].

Der Anteil der zur Erzeugung elektrischer Energie (Umwandlung in elektrische Energie) eingesetzten Primärenergie am Gesamtenergiebedarf betrug in Deutschland im Jahre 1920 etwa 7 % und hat sich im Jahre 1970 auf 24 % erhöht. Im Jahre 2000 betrug dieser Anteil in Deutschland rund 34 %, wobei für die Umwandlung von Primärenergie in elektrische Energie ein Wirkungsgrad von 40 % angesetzt wurde. Weltweit betrug dieser Anteil im Jahre 2000 schätzungsweise 32 % bei einem jährlichen Energieverbrauch von 400 EJ = $111{,}1 \cdot 10^{12}$ kWh und einer Weltproduktion an elektrischer Energie von $14{,}2 \cdot 10^{12}$ kWh in öffentlichen und industriellen Kraftwerken (nach UN und EU), wenn man auch hier wieder den günstigen Wert von 40 % für den Wirkungsgrad bei der Umwandlung von Primärenergie in elektrische Energie annimmt.

Tabelle 1.1 zeigt die zeitliche Entwicklung der elektrischen Energieerzeugung einzelner ausgewählter Länder im Zeitraum von 1960 bis zum Jahr 2008.

Die in früheren Jahrzehnten beobachteten Steigerungsraten der elektrischen Energieerzeugung in Industrieländern von etwa 7 %/a, die zu einer Verdoppelung in 10 Jahren führten, sind heute infolge höherer Energieeffizienz, des geringen wirtschaftlichen Wachstums und eines Bewusstseinswandels in der Bevölkerung nicht mehr zu beobachten. Eine Ausnahme stellt die elektrische Energieerzeugung in China dar. Dort hat sich in den letzten 20 Jahren die Stromerzeugung etwa verdreifacht und damit eine Wachstumsrate von 6 % pro Jahr erreicht.

In Deutschland werden, ähnlich wie in anderen industrialisierten Ländern, etwa 46 % der elektrischen Energie (Netto-Stromverbrauch) in der In-

Tabelle 1.1. Zeitliche Entwicklung der elektrischen Energieerzeugung einzelner Länder

Land	Jährliche elektrische Energieerzeugung in TWh = 10^9 kWh						EW in Mio.	CO_2 in t/EW
	1960	1970	1980	1990	2000	2008	2008	2006
China, VR	–	–	–	618	1313	1839(03)	1332	4,7
Deutschland[a]	108	218	347	566	575	637	82,1	8,9
Frankreich	72	139	247	419	505	576	62,3	6,2
Großbritanien	114	217	277	318	343	389	61,4	9,4
Italien	55	120	177	217	265	319	59,8	8,0
Polen	27	60	122	136	141	156	38,1	8,3
Schweden	35	67	94	142	138	150	9,2	5,6
Spanien	18	60	105	151	202	314	45,6	8,0
UdSSR[b]	≈300	≈700	1400?	1727?	860	914(03)	142,0	11,0
USA	780	1530	3100	3786	3982	3850(03)	394,1	19,3
Welt	≈2500	≈4900	≈10000	≈13000	≈14200	2003: ≈16660	≈6800 in 2009	4,4

[a] bis 1990 nur alte Bundesländer, 2000 neue und alte Bundesländer
[b] bis 1990 UdSSR, 2000: Russland, Russische Föderation

dustrie, 27 % im Haushalt (davon nur ein kleiner Teil für die Beleuchtung, d. h. nur 8 % der elektrischen Energie im Haushalt und damit nur 2 % des ges. Verbrauchs), 14 % in Handel und Gewerbe, 8,5 % in öffentlichen Einrichtungen sowie etwa 1,5 % in der Landwirtschaft und rund 3 % im Verkehr einschließlich der Bahn verwendet. Der Anteil der in der Industrie eingesetzten elektrischen Energie ist in Deutschland in den vergangenen Jahrzehnten stark zurückgegangen, einerseits bedingt durch Effizienzsteigerung bei der Anwendung und andererseits durch Abwanderung von Industriezweigen mit hohem elektrischen Energiebedarf in Länder mit günstigeren Strompreisen. Im Jahre 1952 betrug der Anteil der in der Industrie verbrauchten elektrischen Energie noch 75 %.

Tabelle 1.2 gibt einen Überblick über den anteiligen Einsatz von Primärenergie zur Erzeugung elektrischer Energie in einigen ausgewählten Ländern. Bis heute werden etwa 65 % der elektrischen Energie auf der Welt aus fossilen Brennstoffen erzeugt und der Rest etwa zu gleichen Teilen aus Kernbrennstoff (hauptsächlich Uran) und aus erneuerbaren Quellen, wobei die potentielle Energie des Wasser den weitaus größten Anteil liefert. Die langfristige Entwicklung wird durch die weiter stark zunehmende Weltbevölkerung auf acht oder sogar 10 Mrd. Menschen, durch die zu erwartende Verknappung des Erdöls und des Erdgases sowie durch die CO_2-Emission beim Verbrennen fossiler Energieträger und die damit steigende Gefahr der globalen Erwärmung bestimmt werden. Als Forderungen aus dieser Bestandsaufnahme ergeben sich der äußerst sparsamer Umgang mit Energie (die aus Brüssel verordneten

Tabelle 1.2. Weltweite Erzeugung elektrischer Energie und Primärenergieträger im Jahre 1997

Land	Fossile Energie Kohle, Öl, Gas	Nuklear	Geothermisch	Erneuerbare Energien[a]	Gesamt	Anteil	Einwohner
	Elektrische Energie W_e in TWh = 10^9 kWh					%	Millionen
Europa	2443,1	1152,2	4,8	789,7	4389,0	31,1	
Deutschland	352,5	170,4	0,3	26,3	549,5	3,9	82,0
Frankreich	42,2	395,5	–	68,1	505,7	3,6	58,4
Großbritanien	241,1	98,1	–	6,1	345,3	2,5	58,8
Italien	200,9	–	3,9	46,7	251,5	1,8	57,2
Norwegen	0,7	–	–	110,9	116,6	0,8	4,5
Österreich	19,5	–	–	37,3	56,8	0,4	8,2
Polen	138,9	–	–	3,8	142,8	1,0	38,6
Schweden	9,7	70,2	–	68,8	148,7	1,1	8,9
Schweiz	2,2	25,4	–	35,2	62,7	0,4	7,1
Spanien	92,4	55,3	–	36,1	183,9	1,3	39,7
Russland	564,1	107,1	–	158,0	829,2	5,9	146,0
Nordamerika	2889,6	748,9	17,3	517,7	4371,5	31,0	–
Kanada	128,5	82,5	–	352,1	563,1	4,0	30,2
USA	2761,2	666,4	17,3	383,6	3808,4	27,0	273,7
Südamerika	291,6	21,6	6,4	531,4	851,0	6,0	–
Afrika	319,9	13,3	0,5	65,3	207,7	2,8	–
Asien	2878,6	457,7	11,9	514,4	3862,7	27,4	–
China VR	957,1	11,4	–	205,9	1174,4	8,3	1100,0
Indien	363,5	11,0	–	81,5	455,9	3,2	960,0
Japan	613,4	321,7	3,8	96,0	1034,9	7,3	125,9
Ozeanien	179,0	–	2,0	40,7	221,8	1,6	–
Welt	**9002,1**	**2392,7**	**42,8**	**2657,3**	**14094,9**	**100,0**	**5800**

[a] Wasser, Wind, Gezeiten, Solar usw.

Energiesparlampen werden dazu wenig beitragen können), die Verbesserung des Umwandlungswirkungsgrades und, wie bereits oben gesagt, die weitere Entwicklung aller regenerativen (nicht fossilen) Energiequellen.

Die Elektrizitätswirtschaft in Deutschland und Europa hat in den letzten 10 Jahren durch die Liberalisierung des Strommarktes (nach einer EU-Richtlinie 1997 und dem Energiewirtschaftsgesetz von 1998 in Deutschland) und das Erneuerbare-Energien-Gesetz sowie das Kraft-Wärme-Kopplungsgesetz einen starken Wandel durchgemacht. Von zuletzt 8 Verbundunternehmen in Deutschland, bei denen der größte Teil der Kraftwerksleistung und das 380–/220-kV-Verbundnetz konzentriert waren, sind nur vier geblieben, auch wenn viele regionale und lokale Erzeuger und Verteiler (etwa 1000 Unternehmen) weiter tätig sind. Die Anzahl der Beschäftigten ist im Zeitraum von 1992 bis 2007 um etwa 85 000 zurückgegangen, während sich der Umsatz etwa verdreifacht hat. Die abgegebene elektrische Arbeit an Endabnehmer stieg in diesem Zeitraum um etwa 25 %, also nur um 1,5 % pro Jahr. Die Durchschnittserlöse bei Abgabe an Tarifabnehmer sind 1999/2000 kurzfristig gefallen dann aber um etwa 4 Cent/kWh bis 2007 gestiegen gegenüber 1999 [1.37]. Die sogenannte Liberalisierung, die zu mehr Wettbewerb und geringeren Preisen führen sollte, ist gründlich gescheitert. Diese Entwicklung ist sehr kritisch zu sehen, zumal die unbedingt notwendigen Netzausbaumaßnahmen für die Aufnahme und Weiterleitung der Windenergie und deren Speicherung nur sehr schleppend anlaufen oder noch gar nicht in Angriff genommen wurden. Eine zuverlässige und langfristig gesicherte Wasser- und Elektrizitätsversorgung sowie auch der Eisenbahnverkehr gehören zu den originären Aufgaben des Staates und sollten deshalb in seinen Händen liegen oder zumindest so effektiv kontrolliert werden, dass Finanzjongleure keine Chance mehr zu Spekulationen haben.

Bild 1.3 vergleicht die elektrische Nettoengpassleistung der Kraftwerke in Deutschland aufgeteilt nach Primärenergiequellen und im Vergleich dazu die Bruttostromerzeugung. Auffallend ist, dass Kern- und Braunkohlekraftwerke in ihrer prozentual erzeugten Energie weit höher liegen als in ihrer prozentualen installierten Leistung. Bei Windkraftwerken trifft das Gegenteil zu: die installierte Leistung liegt bei 16 % während nur 6,3 % der Erzeugung auf die Windkraftwerke entfallen. Die rechte Säule im Bild 1.3 gibt einen groben

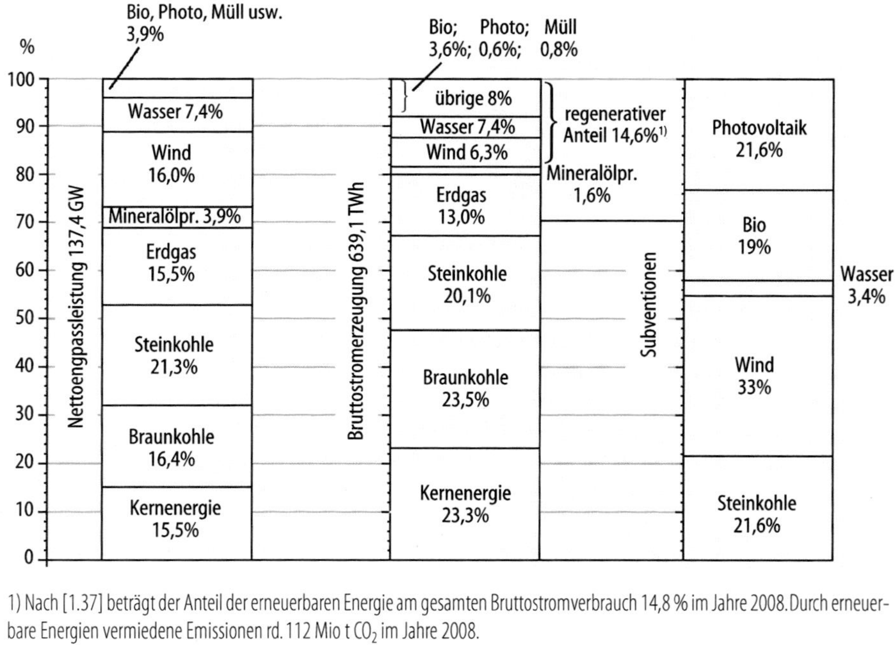

1) Nach [1.37] beträgt der Anteil der erneuerbaren Energie am gesamten Bruttostromverbrauch 14,8 % im Jahre 2008. Durch erneuerbare Energien vermiedene Emissionen rd. 112 Mio t CO_2 im Jahre 2008.

Bild 1.3. Nettoengpassleistung 2007, Bruttostromerzeugung 2008 und Subventionen in Deutschland

Tabelle 1.3. Entwicklung erneuerbare Energien (EE) zur Stromerzeugung 2000 bis 2008 und Prognosen für 2020 und 2030 in Deutschland [1.37], [1.39]

Jahr		2000	2007	2008	*2020*	*2030*
Wasserkraft	TWh	24,9	21,7	20,4	*24,3*	*24,6*
Wind (Land und See)		7,6	39,7	40,6[a)]	*87,2*	*142,2*
Photovoltaik		<0,1	3,1	4,0	*15,5*	*21,9*
Biomasse		4,7	23,5	27,8	*46,2*	*51,4*
Erdwärme		0	0	0,02	*1,8*	*6,0*
EE-Energie gesamt	TWh	37,2	87,6	93,3[b)]	*178,2*	*282,1*
Anteil am Bruttostromverbrauch	%	6,4	14,2	15,2	*?*	*?*

[a)] 20894 Windenergieanlagen in Deutschland mit einer installierten Leistung von zusammen $P_r = 23894$ MW und einer Vollaststundenzahl von $T_a = W_{el}/P_r = 40\,547\,000$ MWh/ 23894 MW = 1695 h.

[b)] Die erneuerbaren Energien trugen 15,2 % zur Gesamterzeugung elektrischer Energie im Jahre 2008 bei.

Überblick über die Verteilung der Subventionen. Das prozentuale Missverhältnis fällt besonders bei Photovaltaik und Bio ins Auge.

Eine Verbesserung der jährlichen Vollaststundenzahl , die im Jahre 2008 für die Windenergieanlagen bei etwa 1695 Stunden (von 8760 Stunden pro Jahr) lag, erhofft man sich durch den im Jahre 2009 begonnenen Bau von Offshore-Windkraftanlagen insbesondere in der Nordsee.

Tabelle 1.3 zeigt einen Überblick über die Entwicklung der erneuerbaren Energien (EE) zur Stromerzeugung in Deutschland, wobei der Schwerpunkt bei den Windenergieanlagen und der Biomasse liegt. Im Jahre 2008 trugen die erneuerbaren Energien mit 40,5 TWh = $40{,}5 \cdot 10^9$ kWh etwa 14,3 % bis 14,8 % (unterschiedliche Quellen und Berechnungsmethoden) zur gesamten Stromerzeugung bei.

Die installierte Leistung von Windenergieanlagen liegt in Europa bei 65 000 MW (in Deutschland etwa 37 % davon) und in der Welt bei etwa 120 000 MW.

Die ehrgeizigen Pläne der deutschen Bundesregierung die elektrische Energieerzeugung im Jahre 2050 zu 80 % aus erneuerbaren Energquellen zu decken, wobei der Wind den größten Teil beisteuern soll, sind nur realisierbar, wenn man sehr große Speicherkapazitäten bereitstellt und auch das Hochspannungsnetz entsprechend ausbaut.

1.2 Erzeugung, Übertragung und Verteilung elektrischer Energie

Die zur öffentlichen Versorgung und zur industriellen Einspeisung benötigte elektrische Energie wird bis heute weitgehend aus Dampfkraftwerken (fossil oder nuklear erzeugter Dampf) oder aus Wasserkraftwerken bereitgestellt.

Der Anteil der Windkraftwerke und der Solarkraftwerke ebenso wie die geothermischen Kraftwerke (Tabelle 1.2) an der Bereitstellung der elektrischen Energie ist gegenwärtig weltweit noch gering, auch wenn in einzelnen Ländern wie z. B. in Dänemark, Deutschland, Schweden und USA starke Anstrengungen unternommen werden, diesen Anteil regenerativer Energieerzeugung zu erhöhen (s. a. Abschnitt 4.5).

Die Bereitstellung elektrischer Energie erfolgt in der Regel mit Dreileiter-Drehstrom 50 Hz oder 60 Hz. Das Drehstromsystem wurde weltweit Ende des 19. und Anfang des 20. Jahrhunderts eingeführt, insbesondere nach der erfolgreichen ersten Drehstrom-Fernübertragung über eine Strecke von 175 km vom Wasserkraftwerk Lauffen am Neckar nach Frankfurt am Main zur elektrotechnischen Ausstellung im Jahre 1891. Initiator und Organisator der Ausstellung war Oskar von Miller unter dessen Leitung gerade das Wasserkraftwerk Lauffen entstand (noch mit 40 Hz). An dem Großexperiment waren besonders auch Charles E. Brown, damals Chefelektriker der MFO bei Zürich und später Mitbegründer der Brown Boveri & Cie BBC, und Michael von Dolivo-Dobrowolsky, Chefelektiker der Allgemeinen Elektrizitäts-Gesellschaft AEG in Berlin, beteiligt. Der eine als der Erbauer des Lauffener Generators mit 210 kW und der andere, der Oskar von Miller überzeugte für die Übertragung Drehstrom anstatt Wechselstrom zu wählen und der auch Verantwortung trug für den 100-PS-Drehstrom-Asynchronmotor zum Antrieb der Pumpe für den Wasserfall auf dem Ausstellungsgelände [1.3, 1.4, 1.8, 1.34].

Andere Stromarten als Drehstrom 50 Hz oder 60 Hz werden nur in Sonderfällen angewendet, so Gleichstrom für Straßen- und Schnellbahnen, für chemische Prozesse und bei der Hochspannungs-Gleichstrom-Übertragung (Kapitel 19) sowie Wechselstrom mit 16 $^2/_3$ für elektrische Vollbahnen in Mitteleuropa mit einem ausgedehnten eigenen Wechselstromnetz 110 kV und einer teilweisen Erzeugung der elektrischen Energie in Wechselstromgeneratoren. Daneben wurde in einigen Ländern Wechselstrom mit 50 Hz für die Bahnstromversorgung eingeführt (z. B. Frankreich, Spanien, Russland).

Kraftwerke in der Industrie mit Generatoren, die direkt in das Mittelspannungs- oder das Niederspannungs-Indusrienetz einspeisen kommen in einigen Industriezweigen vor, wenn beim Fabrikationsprozeß auch Dampf benötigt wird (z. B. Zucker- und Papierfabriken). Die Bemessungsspannung dieser Generatoren wird 5 % höher als die Netznennspannung gewählt. Auch bei der Kraft-Wärme-Kopplung kommen kleinere Generatoren zum Einsatz, vornehmlich in Städten, um so den fossilen Brennstoff hoch auszunutzen.

Durch den Zusammenschluß der einzelnen Teilnetze aus den ersten Jahrzehnten des 20. Jahrhunderts zum Deutschen Verbundnetz und nach dem zweiten Weltkrieg dann zum Europäischen Verbundnetz (Kapitel 12) wurde es möglich, immer größere Kraftwerksblöcke an das Netz anzuschließen (Bilder 1.5 und 5.2). Man erreichte damit eine Absenkung der spezifischen Erzeugungskosten und eine Verbesserung des Wirkungsgrades (Kapitel 3). Erst durch den Verbundbetrieb gelang es, die Bereitstellung der Kraftwerksreserve wirtschaftlich tragbar zu machen und damit eine zuverlässige Versorgung mit elektrischer Energie aufzubauen [1.5, 1.12, 1.27, 1.28, 1.30].

Die vielen Einzelverbraucher am Verbundnetz entnehmen elektrische Leistung und Energie nach eigenen Bedürfnissen und demzufolge nicht zeitgleich. Dabei werden kleinere Verbraucher (Haushalte, Beleuchtung usw.) an das Niederspannungsnetz und größere Verbraucher (Industrie) an das Mittelspannungsnetz (10 kV oder 20 kV) und in besonderen Fällen sogar an das Hochspannungsnetz (110 kV und darüber) angeschlossen. Die einzelnen Verbraucherleistungen addieren sich im Laufe eines Tages zu einer Tagesbelastungskurve. Bild 1.4 zeigt dafür als Beispiel die Tagesbelastungskurve für einen Wintertag in Deutschland und die zur Deckung herangezogenen Kraftwerke, die man in Kraftwerke zur Deckung der Grundlast (etwa 50 %), zur Deckung der Mittellast und zur Deckung der Spitzenlast einteilt.

Außer den im Bild 1.4 genannten Speicher- und Pumpspeicher-Kraftwerken werden auch Gasturbinenkraftwerke zu Deckung der Spitzenlast eingesetzt und darüber hinaus auch zur schnell zu aktivierenden Reserve, so dass die Gasturbinenkraftwerke häufig nur eine sehr geringe Einsatzdauer im Jahr aufweisen, im Gegensatz zu den Grundlastkraftwerken deren jährliche Einsatzdauer (Vollaststundenzahl) bei etwa 7000 h/a liegen kann. Die Überlagerung aller Tagesbelastungskurven eines Jahres führt zur Jahresbelastungskurve, die nach der Höhe der Belastung geordnet zur geordneten Jahresbelastungskurve wird und so einen Hinweis liefert für den Einsatz unterschiedlicher Kraftwerksarten mit verschiedenen Errichtungs- und Betriebskosten (Brennstoff, Wartung, Bedienung).

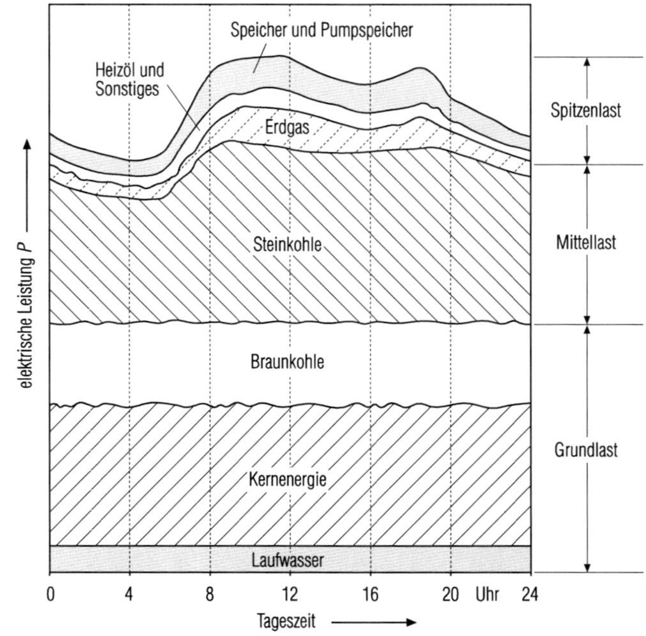

Bild 1.4. Tagesbelastungskurve Deutschland (schematisch) an einem typischen Wintertag im Jahre 2000 mit Kraftwerkseinsatz nach Primärenergie zur Deckung der Grund-, Mittel- und Spitzenlast

Tabelle 1.4. Kapitalbedarf für die durchschnittlich dem Endverbraucher gelieferte Energie je kW

Art	Kraftwerk	Ausgang	Kapitalbedarf pro kW (1 € ≈ 1 US$) 2000 4000 6000 8000 US$	Bemerkungen, Literatur
z	Kohle-KW	e		P 76, L 76[a]
	Konv. Dampf-KW			S 86[a]
	KKW	e		P 76, L 76 ... 85
	Leichtwasser			S 86
	Fernwärme	th	b	L 85, P 76
	BHKW	e, th	50 kW ... 2 MW	S 86[c]
	Solarthermisches Kraftwerk	e		P 85[d]
				S 86[d]
d	Windkraftwerke	e		L 85, P 76 ... 85[e]
				S 86[e]
	Biokonversion	th	■ □	■ L 85 Müll □ P 76 Methanol
	Dieselkraftwerk	e, th	nur Dieselgener. Lastfaktor 0,15 ... 0,20	Einfamilienhaus
	Solare Heizung	th		L 85[f]; P 76 ... 85[g], P[h]

■ Penczynski (P); Lovins (L); ■ Schaefer (S); z zentralisiert; d dezentralisiert
[a] Mit Entschwefelung; [b] Ähnliche Werte für Kohleveredelung, Methan, Methanol; [c] stark abhängig von der Einheitengröße; [d] Turmkonzept; [e] ohne Speicherung, bei L und S ist noch zu berücksichtigen, dass der Wind in ausreichender Stärke zur Verfügung stehen muss; [f] 100% solare Nachrüstung; [g] 50% Sonne; [h] P 85, 100% Sonne: 10000 bis 15000 US$

Tabelle 1.4 soll einen groben Überblick liefern für den Kapitalbedarf der Kraftwerksarten aus der Sicht verschiedener Verfasser. Solange weltweit eine genügend große Anzahl von Beispielen vorliegt, wie bei den Kohlekraftwerken, ähneln sich die Angaben, während sie bei Kernkraftwerken, dezentralen Wind- und Dieselkraftwerken sehr unterschiedlich ausfallen. Zur Beurteilung der Wirtschaftlichkeit reichen diese Angaben indes nicht aus, weil man dazu noch die beweglichen Kosten für Brennstoff, Wartung und Bedienung berücksichtigen muss und den langfristigen jährlichen Einsatz über die Kraftwerkslebensdauer [1.14, 1.15, 1.20, 1.21, 1.23, 1.27].

Die räumliche Lage einzelner Kraftwerke wird u. a. durch die folgenden Punkte beeinflusst [1.6, 1.12, 1.17, 1.21, 1.28]:

- Primärenergieorientierte Kraftwerke, z. B. Braunkohlekraftwerke, Laufwasser- und Speicherkraftwerke, Windkraftwerke.
- Kraftwerke an Flüssen oder in Meeresnähe, um den Kühlwasserbedarf günstig decken zu können, z. B. Steinkohlenkraftwerke mit Importkohle, Kernkraftwerke.
- Geologisch orientirte Kraftwerke: Pumpspeicher-Kraftwerke, Gezeiten-Kraftwerke

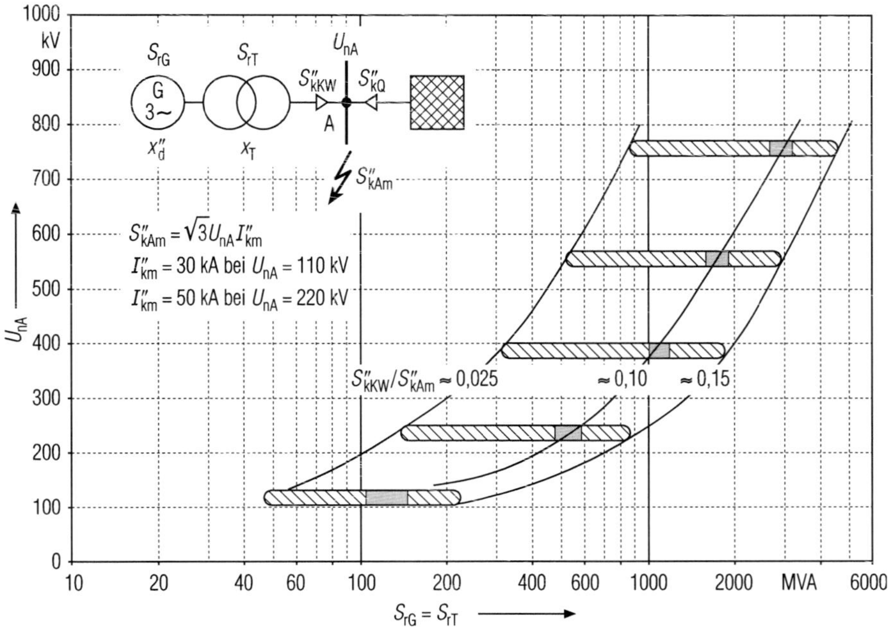

Bild 1.5. Wahl der Spannungsebene beim Anschluss großer Kraftwerksblöcke an das Netz. Richtwerte mit Rücksicht auf den Beitrag S''_{kKW} des Kraftwerksblockes zur Kurzschlussleistung an der Anschlussstelle S''_{kAm}

- Kraftwerke, deren Aufstellungsort hauptsächlich von den Netzanschlussbedingungen bestimmt wird (380-kV-Netzknotenpunkt oder Verbrauchernähe); z.B. Gasturbinenkraftwerke, Mittellastkraftwerke oder auch Kernkraftwerke.
- Verbrauchernahe Kraftwerke: Heizkraftwerke, Blockheizkraftwerke (gleichzeitige Erzeugung von Wärme und Elektrizität)

Neben den genannten Gesichtspunkten für die Standortwahl von Kraftwerken gewinnen in zunehmendem Maße auch Umweltgesichtspunkte an Bedeutung. Der geplante Bau großer Windenergieanlagen in der Nord- und Ostsee verfolgt neben den günstigen Windverhältnissen auch den Umweltgesichtspunkt.

Große Kraftwerksblöcke werden häufig an die höchste in einem Land vorhandene Spannungsebene angeschlossen. Neben anderen Überlegungen spielt in eng vermaschten Netzen der Anteil der Kurzschlussleistung, die von den einzelnen Blöcken ausgeht, bei der Zuordnung der Generatorbemessungsscheinleistung zur Netznennspannung auf der OS-Seite des Blocktransformators eine Rolle. Bild 1.5 enthält dazu Überlegungen unter der Annahme, dass mehrere Kraftwersblöcke auf engem Gebiet einspeisen.

Um die steigenden Anforderungen des elektrischen Energiebedarfs zu decken und um vor allem auch entlegene Wasserkräfte nutzbar zu machen, wurden im 20. Jahrhundert immer höhere Übertragungsspannungen sowohl

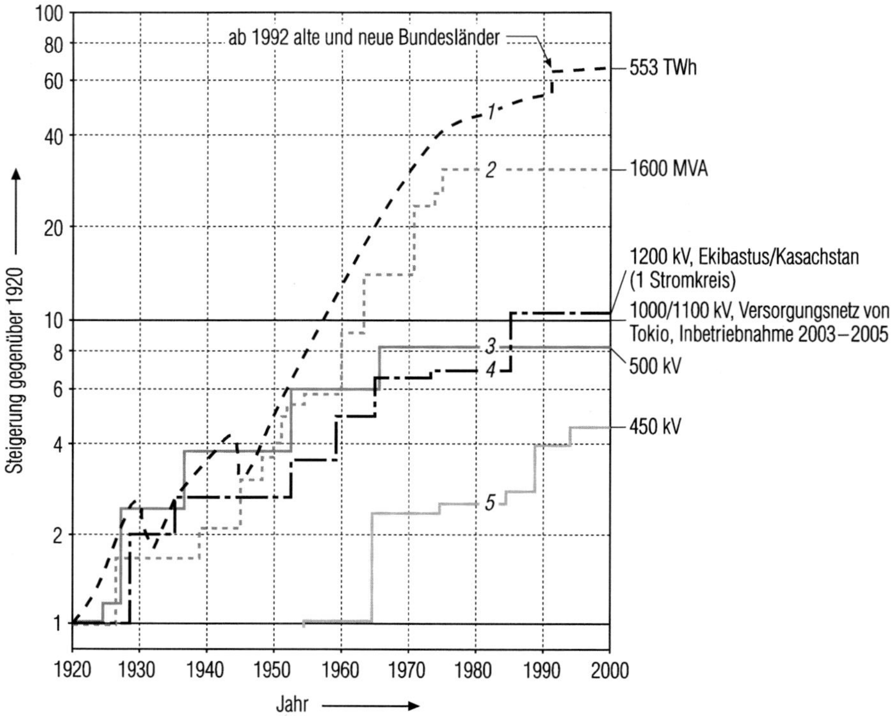

Bild 1.6. Übertragungsspannungen von Freileitungen und Kabeln und im Vergleich dazu die Grenzleistungen von Kraftwerksblöcken zum jeweiligen Zeitpunkt auf der Welt sowie den elektrischen Energiebedarf in Deutschland (bis 1992 nur alte Bundesländer). *1* Elektrischer Energiebedarf BRD ($W_{e\,1920}$ = 8,2 TWh); *2* Blockleistungen ($S_{rG\,1920}$ = 50 MVA); *3* Dreileiter- und Einleiter-Kabel ($U_{n\,1920}$ = 60 kV); *4* Drehstromfreileitungen ($U_{n\,1920}$ = 110 kV); *5* HGÜ-Kabel ($U_{n\,1954}$ = 100 kV)

für Freileitungen als auch für Kabel eingeführt [1.5, 1.7, 1.9, 1.12, 1.35, 12.1, 12.2, 12.14]. Diese Entwicklung zeigt Bild 1.6. Eingezeichnet sind auch die Steigerungen der jeweils größten Blockleistungen thermischer Kraftwerke im Vergleich zum jährlichen elektrischen Energiebedarf in Deutschland bezogen auf 1920.

Bei der Einspeisung von Kraftwerksleistung über weite Entfernungen kann man die Hochspannungsfreileitungen meist nur bis zur natürlichen Leistung (siehe Abschnitt 9.6.3) belasten. Ausserdem ist bei der Wahl der Spannung auch auf die statische und transiente Stabilität (siehe Kapitel 18) Rücksicht zu nehmen, während der Kurzschlussstrom in solchen Fällen keine entscheidende Rolle spielt.

Beim Ausbau und Neubau von Netzen oder Teilnetzen sind die im Rahmen der internationalen Normung vorgeschlagenen Netznennspannungen zu wählen. Zu beachten ist dabei, dass sich in angelsächsischen Ländern andere Spannungsstufungen eingeführt haben als in Europa. Bei hohen Spannungen ist bisher nur U_m als höchste dauernd zulässige Spannung für elektrische Betriebsmittel genormt, wobei die Betriebsspannung des Netzes dann $U_{bmax} \leq U_m$ bleiben muss.

Bei sehr großen Übertragungsentfernungen beim Ausbau abgelegener Wasserkräfte oder bei der Durchquerung von Wasser mit Kabeln kann es aus wirtschaftlichen Gründen zweckmäßig oder aus technischen Gründen notwendig sein, die Hochspannungs-Gleichstrom-Übertragung (HGÜ) zu wählen. Auch der Anschluss küstenferner Offshore-Windparks muss über HGÜ erfolgen (siehe Abschnitt 19.6).

Verfolgt man den Gedanken der elektrischen Energieerzeugung in südlichen Ländern Europas, in Nordafrika und Vorderasien aus Sonnen- und Windenergie, so wird für den Transport nach Mitteleuropa die HGÜ eine entscheidende Rolle spielen, einmal wegen der großen Entfernung und zum anderen wegen der Durchquerung des Mittelmeeres mit Kabeln (siehe Kapitel 19).

2 Grundlagen zur Berechnung in Drehstromnetzen

2.1 Überblick

Die für die Planung und den Betrieb von Elektrizitätsversorgungssystemen erforderlichen elektrotechnisch-mathematischen Grundlagen werden hier mitgeteilt. Für umfangreichere und detailliertere Darstellungen wird auf die Spezialliteratur verwiesen [2.1 bis 2.21, N2.1].

Eingeführt werden die komplexen Größen, wie sie in der elektrischen Energieversorgung üblich sind, das Verbraucher (VZS)- und Erzeugerzählpfeilsystem (EZS) und die symmetrischen Komponenten.

Den Abschluss bilden Ausführungen zu den modalen Komponenten, von denen die symmetrischen Komponenten einen Spezialfall darstellen.

2.2 Komplexe Größen

2.2.1 Die Transformation zeitlich sinusförmig verlaufender Größen in die komplexe Ebene

Der zeitliche Verlauf einer sinusförmigen Spannung $u(t)$ mit der Kreisfrequenz $\omega = 2\pi f$ kann durch die folgende Kosinusfunktion dargestellt werden, wobei φ_u der Nullphasenwinkel (Phasenwinkel zur Zeit $t = 0$) und $\hat{u}$ der Scheitelwert der Spannung ist:

$$u(t) = \hat{u}\cos(\omega t + \varphi_u) \tag{2.1}$$

In der komplexen Ebene wird die Spannung durch den rotierenden Amplitudenzeiger (kurz Drehzeiger) $\hat{\underline{u}}$ entsprechend Bild 2.1 dargestellt:

$$\hat{\underline{u}} = \hat{u}\mathrm{e}^{\mathrm{j}(\omega t + \varphi_u)} = \mathrm{Re}\{\hat{\underline{u}}\} + \mathrm{j}\mathrm{Im}\{\hat{\underline{u}}\} = \hat{u}\cos(\omega t + \varphi_u) + \mathrm{j}\hat{u}\sin(\omega t + \varphi_u) \tag{2.2}$$

Der Realteil des Drehzeigers ist mit der Zeitfunktion identisch:

$$u(t) = \hat{u}\cos(\omega t + \varphi_u) = \mathrm{Re}\{\hat{\underline{u}}\} = \frac{1}{2}(\hat{\underline{u}} + \hat{\underline{u}}^*) \tag{2.3}$$

D. Oeding, B. Oswald, *Elektrische Kraftwerke und Netze*,
doi 10.1007/978-3-642-19246-3, © Springer 2011

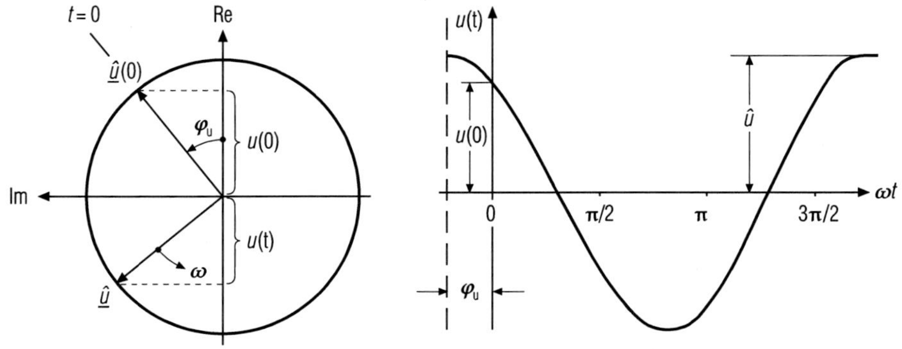

Bild 2.1. Spannungsschwingung nach Gl. (2.1) als Drehzeiger in der komplexen Ebene $\underline{\hat{u}}$ Drehzeiger; $u(t) = \mathrm{Re}\{\underline{\hat{u}}(t)\}$ Realteil des Drehzeigers zum Zeitpunkt t; $u(0) = \mathrm{Re}\{\underline{\hat{u}}(0)\}$ Realteil des Drehzeigers zum Zeitpunkt $t = 0$

Mit $\underline{\hat{u}}^*$ ist der konjugiert komplexe Drehzeiger $\underline{\hat{u}}^* = \hat{u}\,\mathrm{e}^{-\mathrm{j}(\omega t + \varphi_\mathrm{u})}$ bezeichnet.

Zum Zeitpunkt $t = 0$ gilt:

$$\underline{\hat{u}}(0) = \hat{u}\,\mathrm{e}^{\mathrm{j}\varphi_\mathrm{u}} = \hat{u}\cos\varphi_\mathrm{u} + \mathrm{j}\,\hat{u}\sin\varphi_\mathrm{u} \tag{2.4}$$

Ist die Winkelgeschwindigkeit konstant, so kann an die Stelle des Drehzeigers ein ruhender Zeiger treten. Hierfür wird wegen des bei sinusförmigen Größen eindeutigen Zusammenhangs zwischen Effektivwert und Amplitude zweckmäßigerweise ein Effektivwertzeiger (kurz Zeiger) verwendet:

$$\underline{U} = \frac{\underline{\hat{u}}}{\sqrt{2}\,\mathrm{e}^{\mathrm{j}\omega t}} = U\,\mathrm{e}^{\mathrm{j}\varphi_\mathrm{u}} = \mathrm{Re}\{\underline{U}\} + \mathrm{j}\mathrm{Im}\{\underline{U}\} = U\cos\varphi_\mathrm{u} + \mathrm{j}U\sin\varphi_\mathrm{u} \tag{2.5}$$

Dieser Zeiger ist bis auf den Faktor $\sqrt{2}$ mit dem Anfangswert des Drehzeigers nach Gl. (2.4) identisch.

Für beliebige andere, zeitlich sinusförmig verlaufende Größen (Ströme, Flussverkettungen, Ladungen u. a.) gelten entsprechende Zeigerdarstellungen. Wenn alle Größen gleiche (konstante) Frequenz aufweisen, sind ihre Beziehungen untereinander eindeutig durch ihren Anfangswert festgelegt und damit durch (ruhende) Zeiger beschreibbar.

Die Addition und Subtraktion sinusförmiger Größen bedeutet in der komplexen Ebene eine Addition und Subtraktion der entsprechenden Zeiger. Multiplikation und Division im Zeitbereich haben in der komplexen Ebene keine Entsprechung.

Die Differentiation und Integration von sinusförmigen Zeitfunktionen, wie sie bei der Behandlung von Induktivitäten und Kapazitäten in Wechselstromkreisen vorkommen, werden in der komplexen Ebene durch Drehen und Längenänderung der entsprechenden Zeiger durchgeführt. Gewöhnliche Differentialgleichungen werden so zu komplexen algebraischen Gleichungen, worin der eigentliche Vorteil der Zeigerdarstellung liegt.

Die Differentiation der Spannung $u(t)$ nach Gl. (2.1) und des zugehörigen Drehzeigers nach Gl. (2.2) ergeben bei konstanter Kreisfrequenz:

$$\frac{\mathrm{d}u(t)}{\mathrm{d}t} = \frac{\mathrm{d}}{\mathrm{d}t}\hat{u}\cos(\omega t + \varphi_\mathrm{u}) = -\omega\hat{u}\sin(\omega t + \varphi_\mathrm{u}) = \omega\hat{u}\cos\left(\omega t + \varphi_\mathrm{u} + \frac{\pi}{2}\right) \tag{2.6a}$$

$$\frac{\mathrm{d}\underline{\hat{u}}}{\mathrm{d}t} = \frac{\mathrm{d}}{\mathrm{d}t}\hat{u}\mathrm{e}^{\mathrm{j}(\omega t+\varphi_\mathrm{u})} = \mathrm{j}\omega\hat{u}\mathrm{e}^{\mathrm{j}(\omega t+\varphi_\mathrm{u})} = \mathrm{j}\omega\underline{\hat{u}} = \omega\underline{\hat{u}}\mathrm{e}^{\mathrm{j}\frac{\pi}{2}} = \omega\hat{u}\cos\left(\omega t + \varphi_\mathrm{u} + \frac{\pi}{2}\right) + \mathrm{j}\omega\hat{u}\sin\left(\omega t + \varphi_\mathrm{u} + \frac{\pi}{2}\right) \tag{2.6b}$$

Der Realteil in Gl. (2.6b) stimmt mit dem Ergebnis der Gl. (2.6a) überein. Also entspricht der Differentiation der Spannung $u(t)$ im Zeitbereich die Differentiation des Drehzeigers $\underline{\hat{u}}$ in der komplexen Ebene. Der Drehzeiger $\underline{\hat{u}}$ wird dabei in seiner Länge geändert und um $\pi/2$ im mathematisch positiven Sinn gedreht.

Der Integration von $u(t)$ im Zeitbereich entspricht die Integration des Drehzeigers $\underline{\hat{u}}$ in der komplexen Ebene. Der Drehzeiger $\underline{\hat{u}}$ wird durch ω dividiert und mit $-\mathrm{j}$ multipliziert, d.h. um $\pi/2$ zurückgedreht:

$$\int\underline{\hat{u}}\mathrm{d}t = \int\hat{u}\mathrm{e}^{\mathrm{j}(\omega t+\varphi_\mathrm{u})}\mathrm{d}t = \frac{1}{\mathrm{j}\omega}\hat{u}\mathrm{e}^{\mathrm{j}(\omega t+\varphi_\mathrm{u})} = \frac{1}{\mathrm{j}\omega}\underline{\hat{u}} = \frac{1}{\omega}\underline{\hat{u}}\mathrm{e}^{-\mathrm{j}\frac{\pi}{2}} \tag{2.7}$$

Die Regeln der Differentiation und Integration gelten ebenso für den Zeiger $\underline{U}$.

2.2.2 Die komplexe Leistung im Wechsel- und Drehstromnetz

Der Leistungsbegriff wird zunächst im Wechselstromnetz eingeführt. Eine Erweiterung auf das Drehstromnetz wird am Ende des Abschnittes vorgenommen. Der Momentanwert der Leistung ist definiert als Produkt der Zeitfunktionen von Spannung und Strom:

$$p(t) = u(t)\,i(t) \tag{2.8}$$

Für sinusförmige Spannungen und Ströme gleicher Frequenz gilt:

$$p(t) = \hat{u}\cos(\omega t + \varphi_\mathrm{u})\,\hat{i}\cos(\omega t + \varphi_\mathrm{i}) = U I\,[\cos(2\omega t + \varphi_\mathrm{u} + \varphi_\mathrm{i}) + \cos(\varphi_\mathrm{u} - \varphi_\mathrm{i})] \tag{2.9}$$

Der Momentanwert der Leistung schwingt demnach mit doppelter Frequenz um einen konstanten Mittelwert, die Wirkleistung:

$$P = U I\cos(\varphi_\mathrm{u} - \varphi_\mathrm{i}) \tag{2.10}$$

Nach Abschn. 2.2.1 kann man die Zeitfunktionen auch durch den Realteil ihrer Drehzeiger oder durch den Drehzeiger und seinen konjugiert komplexen

Zeiger ausdrücken:

$$u(t) = \mathrm{Re}\{\hat{\underline{u}}\} = \mathrm{Re}\{\sqrt{2}\,\underline{U}\,\mathrm{e}^{\mathrm{j}\omega t}\} = \frac{1}{2}\sqrt{2}\,[\underline{U}\,\mathrm{e}^{\mathrm{j}\omega t} + (\underline{U}\,\mathrm{e}^{\mathrm{j}\omega t})^*]$$

$$i(t) = \mathrm{Re}\{\hat{\underline{i}}\} = \mathrm{Re}\{\sqrt{2}\,\underline{I}\,\mathrm{e}^{\mathrm{j}\omega t}\} = \frac{1}{2}\sqrt{2}\,[\underline{I}\,\mathrm{e}^{\mathrm{j}\omega t} + (\underline{I}\,\mathrm{e}^{\mathrm{j}\omega t})^*]$$

und erhält so aus Gl. (2.8):

$$p(t) = \frac{1}{2}\,[\underline{U}\,\underline{I}^* + (\underline{U}\,\underline{I}^*)^*] + \frac{1}{2}\,[\underline{U}\,\underline{I}\,\mathrm{e}^{\mathrm{j}2\omega t} + (\underline{U}\,\underline{I}\,\mathrm{e}^{\mathrm{j}2\omega t})^*] \tag{2.11 a}$$

$$p(t) = \mathrm{Re}\{\underline{U}\,\underline{I}^*\} + \mathrm{Re}\{\underline{U}\,\underline{I}\,\mathrm{e}^{\mathrm{j}2\omega t}\} \tag{2.11 b}$$

$$p(t) = \mathrm{Re}\{\underline{S}\} + \mathrm{Re}\{\underline{\tilde{S}}\} \tag{2.11 c}$$

Die mit Gl. (2.11 c) eingeführten Leistungsoperatoren $\underline{S}$ und $\underline{\tilde{S}}$ beschreiben den konstanten und den schwingenden Leistungsanteil in der komplexen Ebene (Bild 2.2). Die Beträge beider Operatoren sind gleich groß und ergeben $S = U\,I$. Bei konstanter Frequenz ist deshalb der konstante Leistungsoperator zur Beschreibung der Leistungsverhältnisse ausreichend. Er wird als komplexe Leistung bezeichnet. Selbstverständlich hätte man auch den konjugiert komplexen Ausdruck $(\underline{U}\,\underline{I}^*)^* = \underline{U}^*\,\underline{I}$ in Gl. (2.11a) als komplexe Leistung definieren können. In der älteren Fachliteratur wurde davon gelegentlich Gebrauch gemacht, wodurch sich das Vorzeichen der Blindleistung umkehrt (Abschn. 2.3).

Der Ausdruck für die komplexe Leistung lautet ausführlich:

$$\underline{S} = \underline{U}\,\underline{I}^* = U\,I\,\mathrm{e}^{\mathrm{j}(\varphi_\mathrm{u}-\varphi_\mathrm{i})} = S\,\mathrm{e}^{\mathrm{j}\varphi} = S\cos\varphi + \mathrm{j}S\sin\varphi = P + \mathrm{j}Q = \mathrm{Re}\{\underline{S}\} + \mathrm{j}\,\mathrm{Im}\{\underline{S}\} \tag{2.12}$$

Der Realteil P ist die bereits mit Gl. (2.10) eingeführte Wirkleistung:

$$P = \mathrm{Re}\{\underline{S}\} = \frac{1}{2}\,(\underline{U}\,\underline{I}^* + \underline{U}^*\,\underline{I}) = S\cos\varphi \tag{2.13}$$

Der Imaginärteil Q wird als Blindleistung bezeichnet:

$$Q = \mathrm{Im}\{\underline{S}\} = -\mathrm{j}\,\frac{1}{2}\,(\underline{U}\,\underline{I}^* - \underline{U}^*\,\underline{I}) = S\sin\varphi \tag{2.14}$$

Wirk- und Blindleistung können sowohl positiv als auch negativ sein. Sie bestimmen den Betrag und die Lage der komplexen Leistung in der komplexen Ebene:

$$S = U\,I = \sqrt{P^2 + Q^2} \tag{2.15}$$

$$\varphi = \varphi_\mathrm{u} - \varphi_\mathrm{i} = \mathrm{Arctan}\frac{Q}{P} \tag{2.16}$$

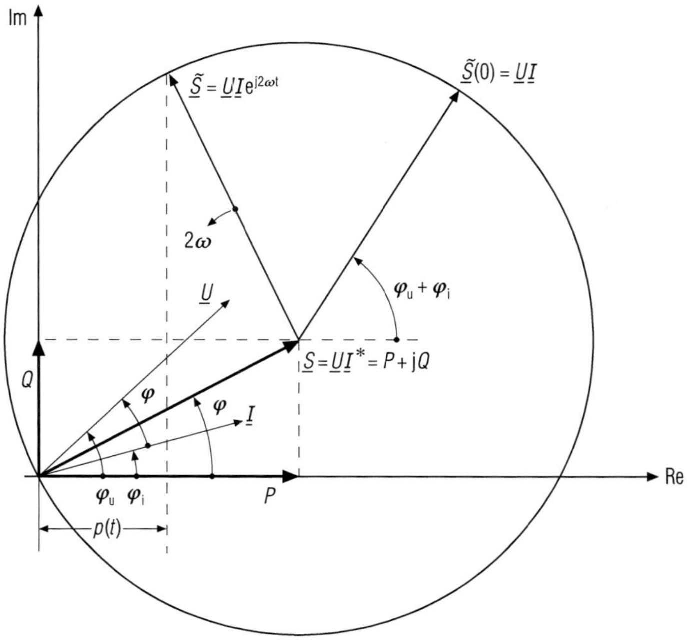

Bild 2.2. Leistungsoperatoren in der komplexen Ebene. $\tilde{\underline{S}}$ komplexe schwingende Leistung; $\tilde{\underline{S}}(0)$ Anfangswert für $t = 0$; $\underline{S} = P + jQ$ komplexe zeitlich konstante Leistung; $p(t)$ Augenblicksleistung; $\varphi = \varphi_u - \varphi_i$ Leistungswinkel, Phasenwinkel

In einem Drehstromnetz mit den Leiter-Erde-Spannungen u_{L1}, u_{L2} und u_{L3} und den Leiterströmen i_{L1}, i_{L2} und i_{L3} berechnet man den Momentanwert der Drehstromleistung aus der Summe der Momentanwertleistungen der drei Leiter:

$$p(t) = u_{L1}(t)i_{L1}(t) + u_{L2}(t)i_{L2}(t) + u_{L3}(t)i_{L3}(t) \tag{2.17}$$

Unter der Voraussetzung sinusförmiger Spannungen und Ströme gleicher Frequenz ergibt sich in Analogie zu Gl. (2.11 b):

$$\begin{aligned} p(t) = &\operatorname{Re}\{\underline{U}_{L1}\underline{I}_{L1}^*\} + \operatorname{Re}\{\underline{U}_{L2}\underline{I}_{L2}^*\} + \operatorname{Re}\{\underline{U}_{L3}\underline{I}_{L3}^*\} \\ &+ \operatorname{Re}\{\underline{U}_{L1}\underline{I}_{L1}\,e^{j2\omega t}\} + \operatorname{Re}\{\underline{U}_{L2}\underline{I}_{L2}\,e^{j2\omega t}\} + \operatorname{Re}\{\underline{U}_{L3}\underline{I}_{L3}\,e^{j2\omega t}\} \end{aligned} \tag{2.18}$$

Der Momentanwert der Drehstromleistung setzt sich also aus drei konstanten und drei schwingenden Anteilen zusammen. Ähnlich wie im Bild 2.2 lassen sich auch für die drei Leiter Leistungsdiagramme in der komplexen Ebene zeichnen. Bei konstanter Frequenz reichen wieder die komplexen Leistungen $\underline{S}_{L1}$, $\underline{S}_{L2}$ und $\underline{S}_{L3}$ zur Beschreibung der Leistungsverhältnisse aus:

$$\underline{S} = \underline{S}_{L1} + \underline{S}_{L2} + \underline{S}_{L3} = \underline{U}_{L1}\underline{I}_{L1}^* + \underline{U}_{L2}\underline{I}_{L2}^* + \underline{U}_{L3}\underline{I}_{L3}^* = P + jQ \tag{2.19}$$

Sind die Spannungen und Ströme symmetrisch, dann genügen sie bei Bezugnahme auf den Leiter L1 mit $\underline{a} = e^{j\frac{2\pi}{3}}$ den folgenden Bedingungen (Abschn. 2.4):

$$\underline{U}_{L2} = \underline{a}^2 \underline{U}_{L1}; \quad \underline{U}_{L3} = \underline{a}\underline{U}_{L1} \quad \text{und} \quad \underline{I}_{L2} = \underline{a}^2 \underline{I}_{L1}; \quad \underline{I}_{L3} = \underline{a}\underline{I}_{L1}$$

In diesem Fall ergänzen sich die schwingenden Anteile der Leistung in Gl. (2.18) zu Null; der Momentanwert der Leistung eines symmetrischen Drehstromsystems ist konstant. Gl. (2.19) vereinfacht sich wegen $\underline{a}^3 = 1$ zu:

$$\underline{S} = \underline{U}_{L1} \underline{I}_{L1}^* + \underline{a}^2 \underline{U}_{L1} \underline{a} \underline{I}_{L1}^* + \underline{a} \underline{U}_{L1} \underline{a}^2 \underline{I}_{L1}^* = 3\underline{U}_{L1} \underline{I}_{L1}^* = 3\underline{S}_{L1} = P + jQ \tag{2.20a}$$

Wählt man anstelle des Leiters L1 den Leiter L2 oder den Leiter L3 als Bezugsleiter, so ergeben sich analoge Ausdrücke für die komplexe Leistung, so dass Gl. (2.20 a) für den symmetrischen Fall verallgemeinert werden kann zu:

$$\underline{S} = 3\underline{U}_{L1} \underline{I}_{L1}^* = 3\underline{U}_{L2} \underline{I}_{L2}^* = 3\underline{U}_{L3} \underline{I}_{L3}^* \tag{2.20b}$$

Die gesamte komplexe Leistung des symmetrisch aufgebauten und betriebenen Drehstromnetzes ist also gleich der dreifachen komplexen Leistung, die man aus Spannung und Strom eines Leiters gewinnt. Unter Verwendung von $U = \sqrt{3}U_{L1} = \sqrt{3}U_{L2} = \sqrt{3}U_{L3}$, wobei U die Leiter-Leiter-Spannung ist, wird aus Gl. (2.20 b) mit $I = I_{L1} = I_{L2} = I_{L3}$:

$$\underline{S} = 3\underline{U}_{L1} \underline{I}_{L1}^* = 3U_{L1} I_{L1} e^{j\varphi} = \sqrt{3} U I e^{j\varphi} = \sqrt{3} U I (\cos\varphi + j\sin\varphi) = P + jQ \tag{2.20c}$$

2.3 Zählpfeile und Zählpfeilsysteme

Bei der Darstellung elektrischer Betriebsmittel und elektrischer Netze durch Ersatzschaltungen sind Vorzeichenvereinbarungen für Ströme, Spannungen, Leistungen und alle weiteren Größen in Form von Zählpfeilen für den als positiv angenommenen Richtungssinn zu treffen. Die Vorzeichen der Berechnungsergebnisse beziehen sich dann auf die vereinbarte Zählrichtung. So besagt ein Minuszeichen, dass die berechnete Größe entgegen dem angenommenen Zählpfeil wirkt.

Prinzipiell kann man die Zählpfeile beliebig vorgeben. Durch sinnvolle Zuordnung von Zählpfeilen einzelner Größen untereinander nach bestimmten Gesichtspunkten entstehen sogenannte Zählpfeilsysteme. Die beiden grundlegenden Zählpfeilsysteme sind das Verbraucherzählpfeilsystem (VZS) und das Erzeugerzählpfeilsystem (EZS). Die Bezeichnungen rühren daher, dass die Spannungs- und Stromzählpfeile so gewählt werden, dass im VZS (EZS) die an einem Verbraucher berechnete Wirk- und Blindleistung positiv (negativ) und

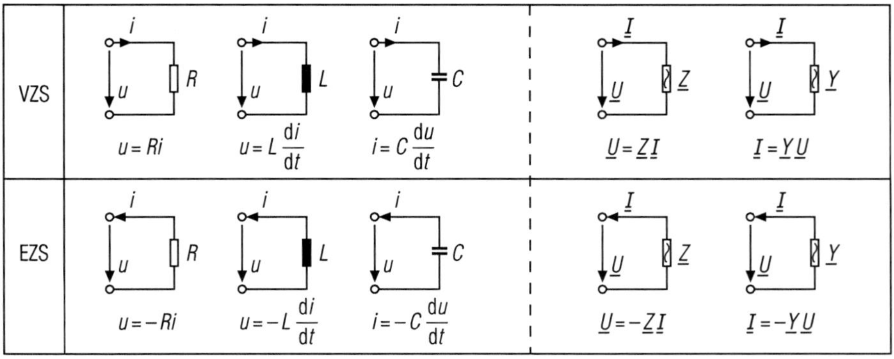

Bild 2.3. Zählpfeilfestlegung an den Grundschaltelementen

die an einem Erzeuger berechnete Wirk- und Blindleistung negativ (positiv) wird. Beide Zählpfeilsysteme kann man selbstverständlich auf Verbraucher oder Erzeuger anwenden. Manchmal ist zunächst auch nicht bekannt, ob sich das untersuchte Betriebsmittel im Erzeuger- oder Verbraucherzustand befindet (z.B. bei einem Transformator im Netz mit wechselnder Leistungsflussrichtung). Aus dem Vorzeichen der berechneten Leistung in Bezug auf das zugrunde gelegte Zählpfeilsystem erklärt sich der Belastungszustand.

Die gegenseitige Zuordnung des Spannungs- und Stromzählpfeils an den Grundschaltelementen nach dem VZS und dem EZS und die sich damit ergebende Schreibweise der Strom-Spannungsbeziehungen zeigt das Bild 2.3.

Die Zählpfeilvereinbarungen gelten sowohl für die Momentanwertgrößen als auch für die Zeiger, die aus den Momentanwerten entstanden sind. In der komplexen Ebene sind Strom und Spannung über die Impedanz $\underline{Z}$ oder ihren Kehrwert, die Admittanz $\underline{Y}$, miteinander verknüpft:

$$\underline{U} = \pm\,\underline{Z}\,\underline{I} \tag{2.21a}$$

oder

$$\underline{I} = \pm\,\underline{Y}\,\underline{U} \tag{2.21b}$$

wobei das positive Vorzeichen für das VZS und das negative Vorzeichen für das EZS gilt.

Die Impedanz $\underline{Z}$ lässt sich allgemein als Reihenschaltung eines vorzeichenbehafteten Wirkwiderstandes (Resistanz) R und eines vorzeichenbehafteten Blindwiderstandes (Reaktanz) X darstellen:

$$\begin{aligned} \underline{Z} &= \pm\frac{\underline{U}}{\underline{I}} = \pm\frac{U}{I}\,\mathrm{e}^{\mathrm{j}(\varphi_\mathrm{u}-\varphi_\mathrm{i})} = Z\,\mathrm{e}^{\mathrm{j}\varphi_\mathrm{Z}} = \mathrm{Re}\{\underline{Z}\} + \mathrm{j}\,\mathrm{Im}\{\underline{Z}\} = R + \mathrm{j}X \\ Z &= \sqrt{R^2 + X^2}, \qquad \varphi_\mathrm{Z} = \mathrm{Arctan}\frac{X}{R} \end{aligned} \tag{2.22a}$$

Die Admittanz $\underline{Y}$ lässt sich allgemein als Parallelschaltung eines vorzeichenbehafteten Wirkleitwertes (Konduktanz) G und eines vorzeichenbehafteten Blindleitwertes (Suszeptanz) B darstellen:

$$\underline{Y} = \pm\frac{\underline{I}}{\underline{U}} = \pm\frac{I}{U}\,e^{j(\varphi_i-\varphi_u)} = Y\,e^{j\varphi_Y} = \mathrm{Re}\{\underline{Y}\} + j\mathrm{Im}\{\underline{Y}\} = G + jB$$
$$Y = \sqrt{G^2 + B^2}, \qquad \varphi_Y = \mathrm{Arctan}\frac{B}{G} \tag{2.22b}$$

Das positive Vorzeichen in den Gln. (2.22) gilt für das VZS und das negative Vorzeichen für das EZS. Im VZS ist der Impedanzwinkel φ_Z mit dem Winkel $\varphi = \varphi_u - \varphi_i$ der komplexen Leistung nach Gl. (2.16) identisch. Im EZS ist dagegen der Admittanzwinkel φ_Y mit dem Winkel der komplexen Leistung identisch.

Zwischen Impedanz und Admittanz bestehen folgende allgemeine Beziehungen:

$$\underline{Y} = \frac{1}{\underline{Z}}; \quad Y = \frac{1}{Z}; \quad \varphi_Y = -\varphi_Z$$
$$G = \frac{R}{Z^2}, \quad B = -\frac{X}{Z^2} \quad \text{und} \quad R = \frac{G}{Y^2}, \quad X = -\frac{B}{Y^2}$$

Die in Tabelle 2.1 zusammengestellten Impedanzen und Admittanzen der Grundschaltelemente erhält man aus den in Bild 2.3 angegebenen Momentanwertbeziehungen durch Übergang in die komplexe Ebene unter Anwendung der Differentiations- und Integrationsregel für Zeiger nach Gl. (2.6) und (2.7). Während R, G, X und B in Gl. (2.22) grundsätzlich vorzeichenbehaftet sind, sind die in Tabelle 2.1 eingeführten indizierten Reaktanzen X_L und X_C und die Suszeptanzen B_L und B_C immer positiv.

Zu den Impedanzen und Admittanzen der Tabelle 2.1 gehören die Zeiger im Bild 2.4 jeweils im VZS und EZS.

An einer Leiterschleife oder rechtgängigen Spule sind die Zählpfeile von Strom $\underline{I}$ und Magnetfluss $\underline{\Phi}$ einerseits, sowie die von Magnetfluss und induzierter Spannung $e = -w\,d\varphi/dt$ bzw. $\underline{E} = -j\omega w\underline{\Phi}$ andererseits, rechtshändig zugeordnet, so dass der Zeiger des Magnetflusses immer in Richtung des Stromes liegt und der Zeiger der induzierten Spannung dem des Magnetflusses um $\pi/2$ nacheilt.

Das Bild 2.5 zeigt allgemein die Lage der Impedanz und Admittanz in der komplexen Ebene in Abhängigkeit vom Vorzeichen des Real- und Imaginärteils und die entsprechende Zusammensetzung aus Grundschaltelementen (ohne den Fall des negativen Widerstandes). Die Impedanzen und Admittanzen der Grundschaltelemente aus Tabelle 2.1 liegen auf den Achsen.

Mit den allgemeinen Ausdrücken $\underline{Z} = R + jX$ für die Impedanz und $\underline{Y} = G + jB$ für die Admittanz folgt für die komplexe Leistung nach Gl. (2.12) im VZS:

$$\underline{S} = \underline{U}\,\underline{I}^* = \underline{Z}\,\underline{I}\,\underline{I}^* = \underline{Z}\,I^2 = (R + jX)\,I^2 = R\,I^2 + jX\,I^2 = P + jQ \tag{2.23a}$$

Tabelle 2.1. Impedanzen und Admittanzen der Grundschaltelemente

Element	$\underline{Z} = R + \mathrm{j}X$		$\underline{Y} = G + \mathrm{j}B$	
	$R = \mathrm{Re}\{\underline{Z}\}$	$X = \mathrm{Im}\{\underline{Z}\}$	$G = \mathrm{Re}\{\underline{Y}\}$	$B = \mathrm{Im}\{\underline{Y}\}$
Widerstand R	R	÷	$\frac{1}{R}$	÷
Induktivität L	÷	$X_\mathrm{L} = \omega L$	÷	$-B_\mathrm{L} = -\frac{1}{\omega L}$
Kapazität C	÷	$-X_\mathrm{C} = -\frac{1}{\omega C}$	÷	$B_\mathrm{C} = \omega C$

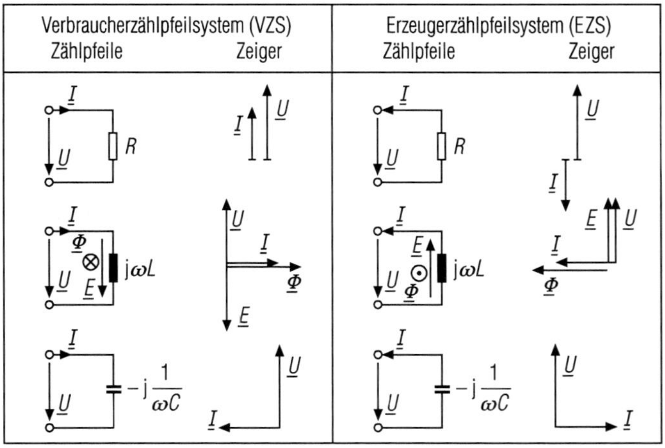

Bild 2.4. Zählpfeile und Zeigerbilder für die Grundschaltelemente

und:

$$\underline{S} = \underline{U}\,\underline{I}^* = \underline{U}\,(\underline{Y}\underline{U})^* = \underline{Y}^* U^2 = (G - \mathrm{j}B)\,U^2 = GU^2 - \mathrm{j}BU^2 = P + \mathrm{j}Q \qquad (2.23\,\mathrm{b})$$

Eine weitere Darstellungsform für die komplexe Leistung ist:

$$\underline{S} = \underline{U}\,\underline{I}^* = U\,\mathrm{e}^{\mathrm{j}\varphi}\,I = (U\cos\varphi + \mathrm{j}\,U\sin\varphi)I = U_\mathrm{w}\,I + \mathrm{j}\,U_\mathrm{b}\,I = P + \mathrm{j}Q \qquad (2.24\,\mathrm{a})$$

oder:

$$\underline{S} = \underline{U}\,\underline{I}^* = U\,I\,\mathrm{e}^{\mathrm{j}\varphi} = U(I\cos\varphi + \mathrm{j}I\sin\varphi) = U\,I_\mathrm{w} + \mathrm{j}\,U\,I_\mathrm{b} = P + \mathrm{j}Q \qquad (2.24\,\mathrm{b})$$

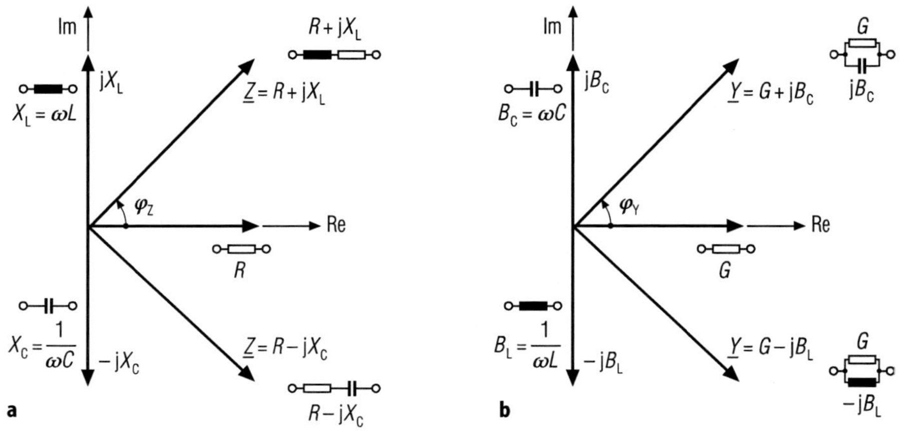

Bild 2.5 a, b. Impedanz und Admittanz in der komplexen Ebene. **a** Impedanz; **b** Admittanz

Die Verwendung der so definierten Wirk- und Blindspannungskomponenten U_w und U_b ist selten, die der Wirk- und Blindstromkomponenten I_w und I_b aber gängige Praxis. Die Wirk- und Blindkomponenten sind wie R, X, G, B, P und Q vorzeichenbehaftet. Nach Gl. (2.24b) gilt:

$$I_w = I \cos\varphi \tag{2.25}$$

$$I_b = I \sin\varphi \tag{2.26}$$

Nur für den Sonderfall, dass die Spannung in der reellen Achse liegt, werden Wirkstrom und Realteil des Stromes gleich und Blindstrom und Imaginärteil des Stromes entgegengesetzt gleich. Um für diesen Sonderfall auch Übereinstimmung zwischen Blindstrom und Imaginärteil des Stromes zu erzielen, findet man den Blindstrom auch definiert als: $I_b = -I \sin\varphi$. Diese Definition hat jedoch den Nachteil, dass der Blindstrom der häufig vorkommenden induktiven Last negativ wird (Tabelle 2.2).

Die Wirk- und Blindleistung sowie der Wirk- und Blindstrom für die Grundschaltelemente, berechnet aus den Gln. (2.23) und (2.24b), sind in Tabelle 2.2 eingetragen.

Aus Tabelle 2.2 ist ersichtlich:

- Zu einem positiven Wirkwiderstand R gehört im VZS eine positive Wirkleistung P. Der Wirkwiderstand (Verbraucher) „verbraucht" Wirkleistung.
- Zu einer positiven Reaktanz X (Induktivität) gehört im VZS eine positive Blindleistung Q. Die Induktivität nimmt Blindleistung auf, sie „verbraucht" Blindleistung.

Ebenso wie an den Klemmen der Grundschaltelemente erfolgt die Zählpfeilfestlegung nach dem VZS oder EZS an Zweipolen und Mehrpolen (Bild 2.6).

In der komplexen Ebene lässt sich das Verhalten eines aktiven Zweipoles nach der Zweipoltheorie durch eine Reihenschaltung aus einer Impedanz und

Tabelle 2.2. Komplexe Leistung für die Grundschaltelemente im VZS

Element	$\underline{S} = P + jQ = U(I_w + jI_b)$			
	$P = RI^2 = GU^2$	$Q = XI^2 = -BU^2$	$I_w = GU$	$I_b = -BU$
Widerstand R	$RI^2 = \frac{1}{R}U^2$	0	$\frac{1}{R}U$	0
Induktivität L	0	$\omega LI^2 = \frac{1}{\omega L}U^2$	0	$\frac{1}{\omega L}U$
Kapazität C	0	$-\frac{1}{\omega C}I^2 = -\omega CU^2$	0	$-\omega CU$

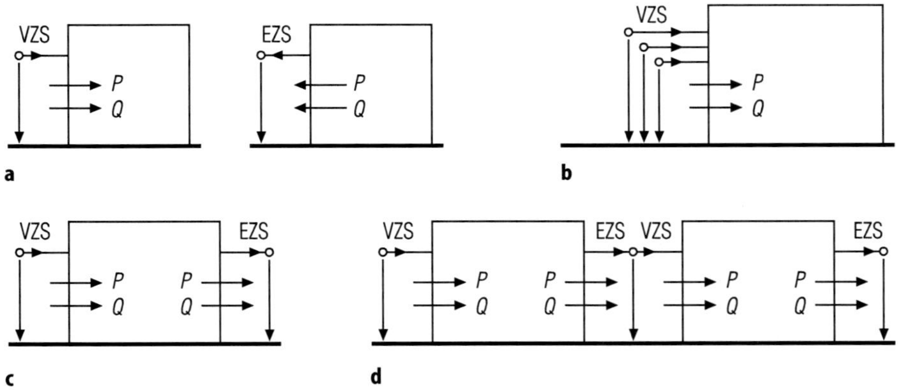

Bild 2.6 a–d. Zählpfeilfestlegung an den Klemmen von Zwei- und Mehrpolen. **a** VZS und EZS am Zweipol; **b** VZS am Mehrpol; **c** VZS und EZS am Vierpol; **d** Kettenzählpfeile an einer Vierpolkette

einer idealen Spannungsquelle oder durch eine äquivalente (duale) Parallelschaltung einer Admittanz mit einer idealen Stromquelle wie im Bild 2.7 darstellen.

Beide Schaltungen im Bild 2.7 sind mit den folgenden Beziehungen ineinander überführbar:

$$\underline{U} = \underline{Z}\,\underline{I} + \underline{U}_q = \frac{1}{\underline{Y}}\,\underline{I} - \frac{1}{\underline{Y}}\,\underline{I}_q \tag{2.27}$$

$$\underline{I} = \frac{1}{\underline{Z}}\,\underline{U} - \frac{1}{\underline{Z}}\,\underline{U}_q = \underline{Y}\,\underline{U} + \underline{I}_q \tag{2.28}$$

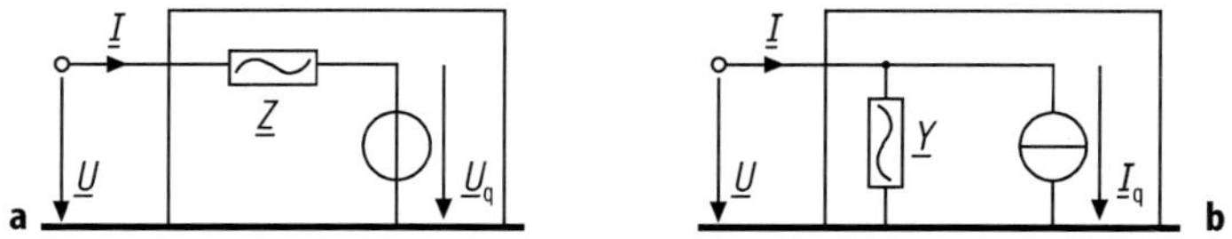

Bild 2.7 a, b. Ersatzschaltungen für einen Zweipol mit Zählpfeilen nach dem VZS. **a** Spannungsquellen-Ersatzschaltung; **b** Stromquellen-Ersatzschaltung

Im Bild 2.7 wurden die Zählrichtungen für die Quellengrößen entsprechend dem VZS in Richtung des Stromes gewählt. Die Leerlaufspannung $\underline{U}_\ell$ an den Klemmen des Zweipols im Bild 2.7 a ist dann mit der Quellenspannung $\underline{U}_\mathrm{q}$ und der Kurzschlussstrom $\underline{I}_\mathrm{k}$ im Bild 2.7 b mit dem Quellenstrom $\underline{I}_\mathrm{q}$ identisch.

Für die komplexe Leistung an den Klemmen der Zweipole im Bild 2.7 ergibt sich:

$$\underline{S} = \underline{U}\,\underline{I}^* = (\underline{Z}\,\underline{I} + \underline{U}_\mathrm{q})\underline{I}^* = \underline{Z}\,I^2 + \underline{U}_\mathrm{q}\,\underline{I}^* \tag{2.29a}$$

oder:

$$\underline{S} = \underline{U}\,\underline{I}^* = \underline{U}(\underline{Y}\,\underline{U} + \underline{I}_\mathrm{q})^* = \underline{Y}^*\,U^2 + \underline{U}\,\underline{I}_\mathrm{q}^* \tag{2.29b}$$

Der jeweils erste Ausdruck ist aus den Gln. (2.23) bereits bekannt. Der jeweils zweite Ausdruck ist der Beitrag der idealen Quelle:

$$\underline{S}_\mathrm{q} = \underline{U}_\mathrm{q}\,\underline{I}^* = \underline{U}\,\underline{I}_\mathrm{q}^* \tag{2.29c}$$

Die Vorzeichen von Wirk- und Blindleistung in Abhängigkeit vom Phasenwinkel $\varphi = \varphi_\mathrm{u} - \varphi_\mathrm{i}$ zwischen Strom und Spannung an einem aktiven oder passiven Zweipol (mit möglichem negativen Widerstand) können aus Bild 2.8 a für das VZS und aus Bild 2.8 b für das EZS entnommen werden. Die P-Achse ist in beiden Bildern fest mit dem Spannungszeiger, der eine beliebige Lage in der komplexen Ebene einnehmen kann, verbunden. Eine reelle und imaginäre Achse sind deshalb nicht eingezeichnet.

Die Vorzeichen der Leistungen werden durch die Phasenlage des Stromes gegenüber der Spannung bestimmt. Die speziellen Fälle für die Grundschaltelemente aus Tabelle 2.2 findet man auf den Achsen wieder, wobei man die gespiegelte Anordnung beachten muss. In beiden Bildern ist der gleiche Belastungsfall (ohmsch induktiv) dargestellt. Ausgehend von der gleichen Lage für die Spannung liegen sich wegen der entgegengesetzten Vorzeichen der Leistung die Stromzeiger und die komplexen Leistungszeiger jeweils gegenüber.

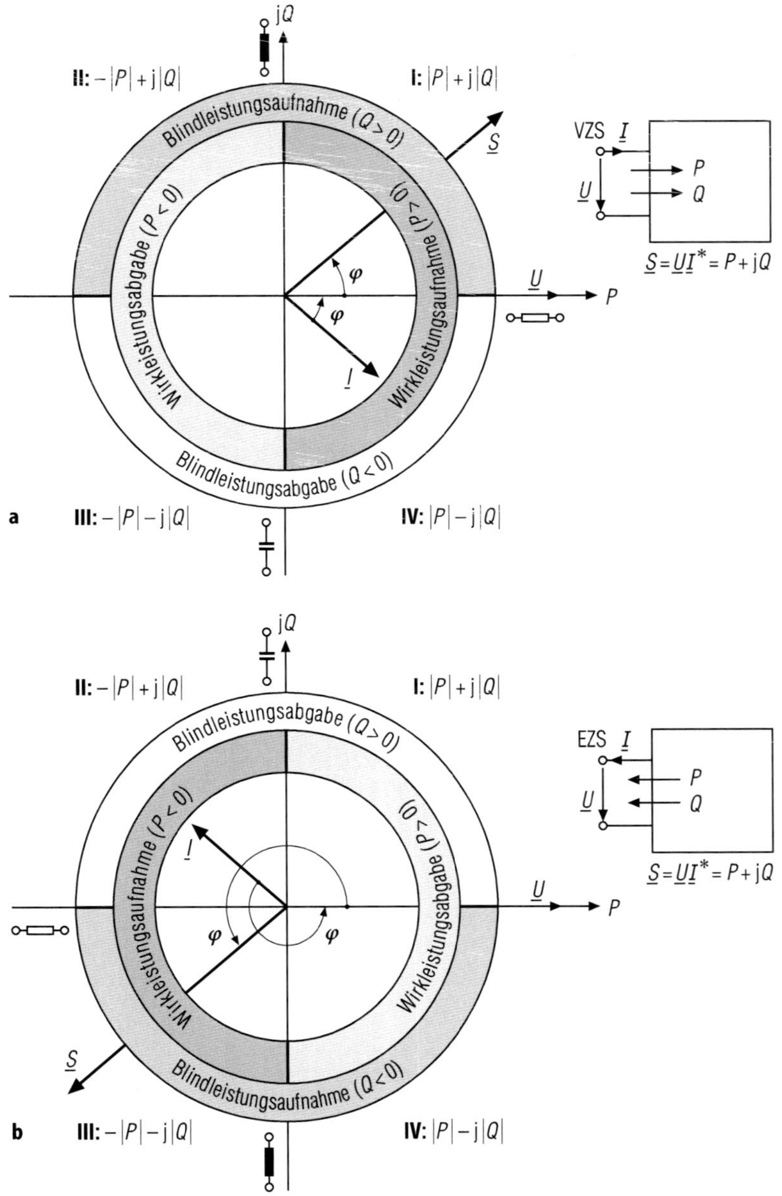

Bild 2.8 a, b. Komplexe Leistung in Abhängigkeit vom Phasenwinkel zwischen Strom und Spannung. Die beispielhaft eingetragenen Zeiger gelten für einen ohmsch-induktiven Zweipol. **a** im VZS; **b** im EZS

2.4 Symmetrische Komponenten

2.4.1 Allgemeines

Die Einführung der symmetrischen Komponenten wird C.L. Fortescue zugeschrieben [2.1]. Er veröffentlichte 1918 eine Arbeit, in der die Nullkomponente eingeführt wurde (Ströme und Spannungen im Nullsystem) und damit eine Methode für die Berechnungen in Drehstromnetzen. Es waren Arbeiten vorausgegangen, in denen die Möglichkeit der Zerlegung des Stromes in ein Mit- und ein Gegensystem angegeben wurde, um unsymmetrische Betriebszustände zu erfassen. Durch Veröffentlichungen in der ganzen Welt wurde diese Berechnungsmethode schnell verbreitet. Eine eingehende Darstellung der symmetrischen Komponenten findet man in [2.4, 2.9, 2.14].

2.4.2 Symmetrierung und Entsymmetrierung

Die Methode der symmetrischen Komponenten erlaubt es, ein symmetrisch aufgebautes Drehstromnetz, zusammengesetzt aus einzelnen elektrischen Betriebsmitteln, mit seinen induktiven und kapazitiven Kopplungen zwischen den Leitern unter Einbeziehung des Erdreiches und geerdeter Leiter (Erdseile, Kabelmäntel, Nullleiter usw.) in drei voneinander unabhängige Komponentensysteme, das Mit-, Gegen- und Nullsystem zu zerlegen.

Die Größen des Mitsystems (Spannungen, Ströme und andere Größen) bilden ein in Bezug auf die natürliche Phasenfolge der Leitergrößen mitläufiges symmetrisches System, die Größen des Gegensystems ein in Bezug auf die natürliche Phasenfolge gegenläufiges symmetrisches System und die Nullsystemgrößen ein gleichphasiges System gleicher Größen. Die Gesamtheit der Mit-, Gegen- und Nullsystemgrößen bildet die sog. symmetrischen Komponenten. Aufgrund der Symmetriebedingungen des Mit-, Gegen- und Nullsystems untereinander sind von den insgesamt 9 Größen aber nur 3 voneinander unabhängig. Diese unabhängigen Größen sind die Referenzgrößen der symmetrischen Komponenten. Sie treten an die Stelle der drei natürlichen Drehstromgrößen. Formal kann man die Substitution der Drehstromgrößen durch die Referenzgrößen der symmetrischen Komponenten auch als eine Transformation auffassen (Abschn. 2.5).

Zur Darstellung symmetrisch aufgebauter Drehstromnetze mit symmetrischen Komponenten genügen einpolige Ersatzschaltungen, wodurch die Rechnung gegenüber der Rechnung mit den Leitergrößen vereinfacht wird. Solange das symmetrisch aufgebaute Drehstromnetz auch symmetrisch gespeist und belastet wird, sind die Mitsystemgrößen mit den Drehstromgrößen des Referenz- oder Bezugsleiters identisch. Das Gegen- und das Nullsystem treten

Bild 2.9. Symmetrisches System aus den drei Einheitszeigern 1, $\underline{a}$, $\underline{a}^2$

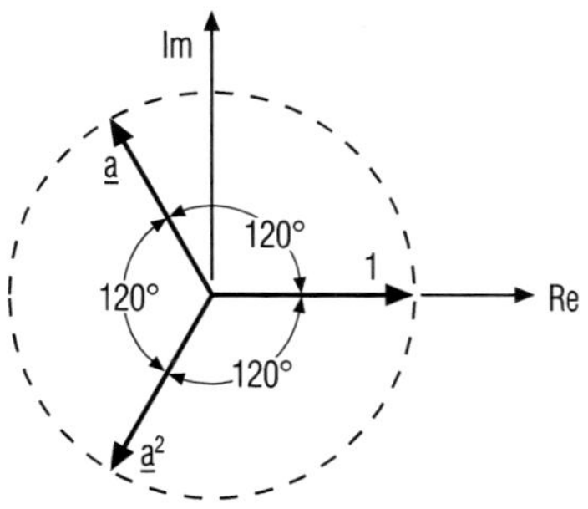

nicht in Erscheinung. Sie werden deshalb auch Nebensysteme genannt und sind ein Maß für die Unsymmetrie. Unsymmetrische Speisung und oder unsymmetrische Belastung und oder unsymmetrische Fehler führen zu Kopplungen der Ersatzschaltungen der symmetrischen Komponenten an der Unsymmetriestelle, wodurch das Gegen- und Nullsystem mit in die Betrachtung kommen. Solange die Unsymmetrien aber nur punktuell vorkommen, bleibt der Vorteil des einpoligen Rechnens weitgehend bestehen.

Für die Einführung der symmetrischen Komponenten sind die im Bild 2.9 dargestellten drei Einheitszeiger mit einer gegenseitigen Phasenverschiebung von 120° und dem Betrag 1 hilfreich:

$$\underline{a} = e^{j2\pi/3} = -\frac{1}{2} + j\frac{\sqrt{3}}{2} \tag{2.30a}$$

$$\underline{a}^2 = \underline{a}^* = \underline{a}^{-1} = e^{j4\pi/3} = e^{-j2\pi/3} = -\frac{1}{2} - j\frac{\sqrt{3}}{2} \tag{2.30b}$$

$$\underline{a}^3 = 1 \tag{2.30c}$$

$$1 + \underline{a} + \underline{a}^2 = 0 \tag{2.30d}$$

Bild 2.10 zeigt ein Mit-, Gegen- und Nullsystem der Ströme. Der erste Index 1, 2, 0 kennzeichnet jeweils das Komponentensystem, während der zweite Index L1, L2, L3 die Leitergrößen des Drehstromnetzes bezeichnet. Die Phasenlage der Referenzgrößen der einzelnen Systeme kann durchaus verschieden sein.

Wird der Leiter L1 als Bezugsleiter eingeführt, so bilden seine Größen im Mit-, Gegen- und Nullsystem die Referenzgrößen für die Mit-, Gegen- und Nullsystemgrößen der beiden anderen Leiter. Diese können wie folgt mit Hilfe der Einheitszeiger $\underline{a}$ und $\underline{a}^2$ durch die Referenzgrößen ausgedrückt werden. Im Fall der Ströme (Bild 2.10) gilt mit $\underline{I}_{1L1}$, $\underline{I}_{2L1}$ und $\underline{I}_{0L1}$ als Referenzgrößen:

$$\underline{I}_{1L2} = \underline{a}^2\underline{I}_{1L1} \quad \underline{I}_{1L3} = \underline{a}\underline{I}_{1L1} \quad \text{für das Mitsystem} \tag{2.31a}$$

$$\underline{I}_{2L2} = \underline{a}\underline{I}_{2L1} \quad \underline{I}_{2L3} = \underline{a}^2\underline{I}_{2L1} \quad \text{für das Gegensystem} \tag{2.31b}$$

$$\underline{I}_{0L2} = \underline{I}_{0L1} \quad \underline{I}_{0L3} = \underline{I}_{0L1} \quad \text{für das Nullsystem} \tag{2.31c}$$

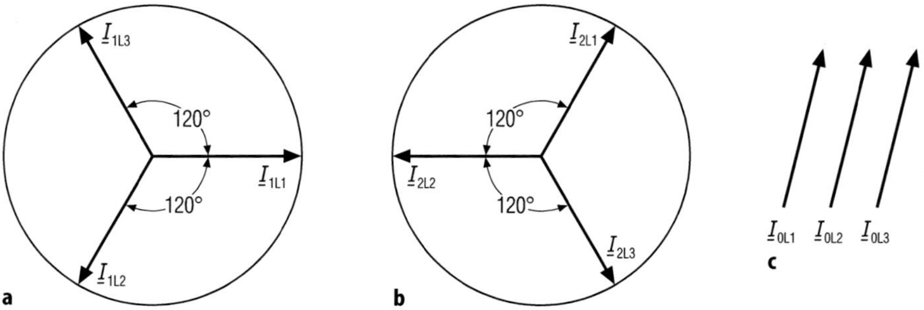

Bild 2.10 a – c. Beispiel für das Mit-, Gegen- und Nullsystem der Ströme

Damit können die drei Leiterströme des Drehstromnetzes durch die drei Referenzgrößen der symmetrischen Komponenten ersetzt werden:

$$\underline{I}_{L1} = \underline{I}_{1L1} + \underline{I}_{2L1} + \underline{I}_{0L1} \tag{2.32}$$

$$\underline{I}_{L2} = \underline{I}_{1L2} + \underline{I}_{2L2} + \underline{I}_{0L2} = \underline{a}^2\,\underline{I}_{1L1} + \underline{a}\,\underline{I}_{2L1} + \underline{I}_{0L1} \tag{2.33}$$

$$\underline{I}_{L3} = \underline{I}_{1L3} + \underline{I}_{2L3} + \underline{I}_{0L3} = \underline{a}\,\underline{I}_{1L1} + \underline{a}^2\,\underline{I}_{2L1} + \underline{I}_{0L1} \tag{2.34}$$

Durch Auflösung nach den Komponentenströmen berechnet man die Umkehrbeziehungen:

$$\underline{I}_{1L1} = \frac{1}{3}\,(\underline{I}_{L1} + \underline{a}\,\underline{I}_{L2} + \underline{a}^2\,\underline{I}_{L3}) \tag{2.35}$$

$$\underline{I}_{2L1} = \frac{1}{3}\,(\underline{I}_{L1} + \underline{a}^2\,\underline{I}_{L2} + \underline{a}\,\underline{I}_{L3}) \tag{2.36}$$

$$\underline{I}_{0L1} = \frac{1}{3}\,(\underline{I}_{L1} + \underline{I}_{L2} + \underline{I}_{L3}) \tag{2.37}$$

Analoge Gleichungen gelten auch für die Spannungen sowie andere Größen des Drehstromnetzes. Zur Vereinfachung der Schreibweise wird gewöhnlich der Index L1 des Bezugsleiters an den Referenzgrößen der symmetrischen Komponenten weggelassen. Im Fall der Ströme schreibt man einfach $\underline{I}_1$, $\underline{I}_2$ und $\underline{I}_0$ anstelle von $\underline{I}_{1L1}$, $\underline{I}_{2L1}$ und $\underline{I}_{0L1}$. Die Referenzgrößen der symmetrischen Komponenten werden schlechthin als symmetrische Komponenten bezeichnet, wovon auch hier Gebrauch gemacht werden soll. Des Weiteren ist es üblich, weil übersichtlicher, die Beziehungen zwischen den Leitergrößen und den symmetrischen Komponenten als Matrizengleichungen zu formulieren. Dabei werden die Transformationsmatrix $\underline{\boldsymbol{T}}_S$ und ihre Inverse $\underline{\boldsymbol{T}}_S^{-1}$ eingeführt (Index S für symmetrische Komponenten):

$$\underline{T}_\mathrm{S} = \begin{bmatrix} 1 & 1 & 1 \\ \underline{a}^2 & \underline{a} & 1 \\ \underline{a} & \underline{a}^2 & 1 \end{bmatrix} \qquad \underline{T}_\mathrm{S}^{-1} = \frac{1}{3}\begin{bmatrix} 1 & \underline{a} & \underline{a}^2 \\ 1 & \underline{a}^2 & \underline{a} \\ 1 & 1 & 1 \end{bmatrix} \qquad (2.38)\ (2.39)$$

In Tabelle 2.3 ist die Matrizenschreibweise der Transformationsbeziehungen, die auch als Symmetrierung und Entsymmetrierung bezeichnet werden, angegeben.

Die Symmetrierung und Entsymmetrierung kann man anschaulich auch grafisch vornehmen. In den Bildern 2.11 und 2.12 ist die Bildung der symmetrischen Komponenten aus den Drehstromgrößen auf der Grundlage der Gln. (2.35) bis (2.37) und der umgekehrte Weg, beruhend auf den Gln. (2.32) bis (2.34), zeichnerisch vollzogen.

Zunächst werden die drei Stromzeiger $\underline{I}_{\mathrm{L1}}$, $\underline{I}_{\mathrm{L2}}$, $\underline{I}_{\mathrm{L3}}$ durch Parallelverschiebung, wie im Bild 2.11 unten gezeigt, geometrisch zu $3\underline{I}_0$ addiert (Gl. (2.37)). Dann schlägt man Kreise um die Endpunkte des Zeigers $\underline{I}_{\mathrm{L1}}$ mit den Radien I_{L2} und I_{L3}. Nun lassen sich $\underline{a}\underline{I}_{\mathrm{L2}}$ und $\underline{a}^2\underline{I}_{\mathrm{L2}}$ sowie $\underline{a}\,\underline{I}_{\mathrm{L3}}$ und $\underline{a}^2\underline{I}_{\mathrm{L3}}$ einzeichnen (strichpunktiert). Durch Addition der Zeiger entsprechend den Gln. (2.35) und (2.36) findet man dann $3\underline{I}_1$ und $3\underline{I}_2$.

Die Bildung der Drehstromgrößen aus den gegebenen Komponentenströmen $\underline{I}_1$, $\underline{I}_2$ und $\underline{I}_0$ ist einfacher (Bild 2.12). Man hat die Komponentenströme lediglich entsprechend den Gln. (2.32) bis (2.34) zu drehen und zu addieren.

Tabelle 2.3. Symmetrierung und Entsymmetrierung der Ströme und Spannungen beim Rechnen mit symmetrischen Komponenten (ausführliche und symbolische Schreibweise)

Symmetrierung		Entsymmetrierung	
$\begin{bmatrix} \underline{I}_1 \\ \underline{I}_2 \\ \underline{I}_0 \end{bmatrix} = \frac{1}{3}\begin{bmatrix} 1 & \underline{a} & \underline{a}^2 \\ 1 & \underline{a}^2 & \underline{a} \\ 1 & 1 & 1 \end{bmatrix}\begin{bmatrix} \underline{I}_{\mathrm{L1}} \\ \underline{I}_{\mathrm{L2}} \\ \underline{I}_{\mathrm{L3}} \end{bmatrix}$ $\underline{\boldsymbol{i}}_\mathrm{S} = \underline{\boldsymbol{T}}_\mathrm{S}^{-1}\underline{\boldsymbol{i}}$	(2.40)	$\begin{bmatrix} \underline{I}_{\mathrm{L1}} \\ \underline{I}_{\mathrm{L2}} \\ \underline{I}_{\mathrm{L3}} \end{bmatrix} = \begin{bmatrix} 1 & 1 & 1 \\ \underline{a}^2 & \underline{a} & 1 \\ \underline{a} & \underline{a}^2 & 1 \end{bmatrix}\begin{bmatrix} \underline{I}_1 \\ \underline{I}_2 \\ \underline{I}_0 \end{bmatrix}$ $\underline{\boldsymbol{i}} = \underline{\boldsymbol{T}}_\mathrm{S}\underline{\boldsymbol{i}}_\mathrm{S}$	(2.41)
$\begin{bmatrix} \underline{U}_1 \\ \underline{U}_2 \\ \underline{U}_0 \end{bmatrix} = \frac{1}{3}\begin{bmatrix} 1 & \underline{a} & \underline{a}^2 \\ 1 & \underline{a}^2 & \underline{a} \\ 1 & 1 & 1 \end{bmatrix}\begin{bmatrix} \underline{U}_{\mathrm{L1}} \\ \underline{U}_{\mathrm{L2}} \\ \underline{U}_{\mathrm{L3}} \end{bmatrix}$ $\underline{\boldsymbol{u}}_\mathrm{S} = \underline{\boldsymbol{T}}_\mathrm{S}^{-1}\underline{\boldsymbol{u}}$	(2.42)	$\begin{bmatrix} \underline{U}_{\mathrm{L1}} \\ \underline{U}_{\mathrm{L2}} \\ \underline{U}_{\mathrm{L3}} \end{bmatrix} = \begin{bmatrix} 1 & 1 & 1 \\ \underline{a}^2 & \underline{a} & 1 \\ \underline{a} & \underline{a}^2 & 1 \end{bmatrix}\begin{bmatrix} \underline{U}_1 \\ \underline{U}_2 \\ \underline{U}_0 \end{bmatrix}$ $\underline{\boldsymbol{u}} = \underline{\boldsymbol{T}}_\mathrm{S}\underline{\boldsymbol{u}}_\mathrm{S}$	(2.43)

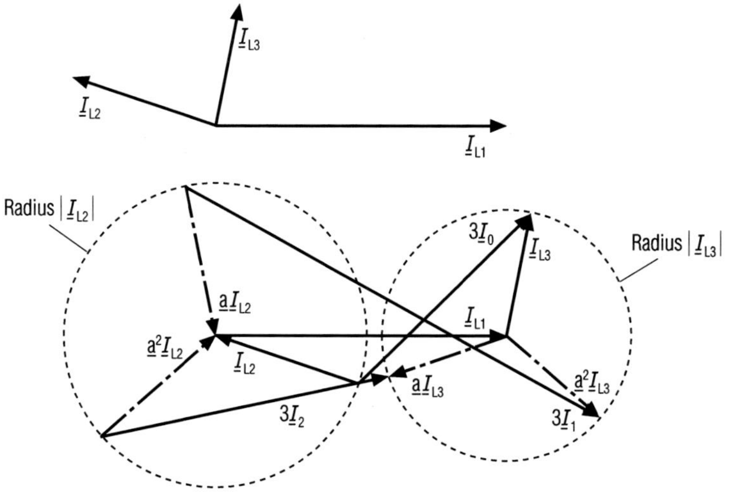

Bild 2.11. Zeichnerische Zerlegung der Ströme $\underline{I}_{L1}$, $\underline{I}_{L2}$, $\underline{I}_{L3}$ in die Komponentenströme $\underline{I}_1, \underline{I}_2, \underline{I}_0$

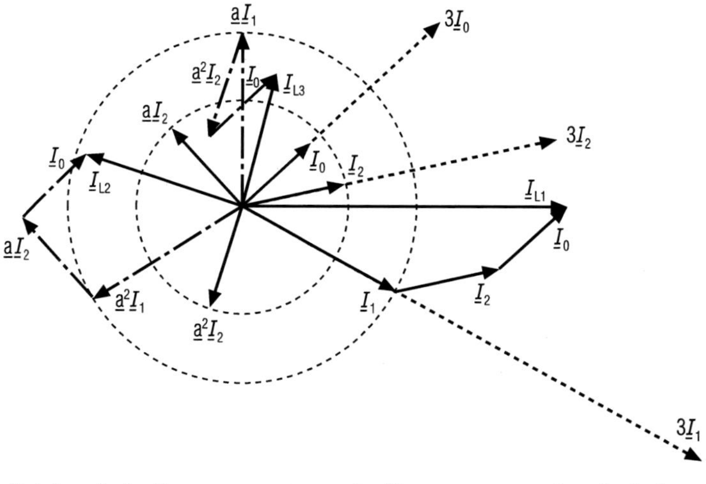

Bild 2.12. Zeichnerische Zusammensetzung der Komponentenströme $\underline{I}_1, \underline{I}_2, \underline{I}_0$ zu den Strömen $\underline{I}_{L1}, \underline{I}_{L2}, \underline{I}_{L3}$

2.4.3 Impedanzen im Mit-, Gegen- und Nullsystem

Die Impedanzen im Mit-, Gegen- und Nullsystem der symmetrischen Komponenten für einzelne Betriebsmittel kann man entweder berechnen oder messtechnisch ermitteln. Darauf wird in den folgenden Kapiteln eingegangen. Hier soll lediglich der Zusammenhang zwischen den Mit-, Gegen- und Nullimpedanzen und den Originalimpedanzen am Beispiel des Vierleiterstromkreises nach Bild 2.13 a gezeigt werden. Die Ersatzschaltung (Bild 2.13 b) besteht aus den Quellenspannungen $\underline{U}_{qL1}$, $\underline{U}_{qL2}$, $\underline{U}_{qL3}$ und den Leiter-Neutralleiter-Schleifenimpedanzen $\underline{Z}_{L1L1}$, $\underline{Z}_{L2L2}$, $\underline{Z}_{L3L3}$ (Selbstimpedanzen) sowie $\underline{Z}_{L1L2} = \underline{Z}_{L2L1}$, $\underline{Z}_{L2L3} = \underline{Z}_{L3L2}$, $\underline{Z}_{L3L1} = \underline{Z}_{L3L1}$ (Gegenimpedanzen) entsprechend Abschn. 9.4.2.

Die Maschenumläufe im Bild 2.13 b längs der drei Leiter liefern:

$$\begin{bmatrix} \underline{U}_{qL1} \\ \underline{U}_{qL2} \\ \underline{U}_{qL3} \end{bmatrix} = \begin{bmatrix} \underline{Z}_{L1L1} & \underline{Z}_{L1L2} & \underline{Z}_{L1L3} \\ \underline{Z}_{L2L1} & \underline{Z}_{L2L2} & \underline{Z}_{L2L3} \\ \underline{Z}_{L3L1} & \underline{Z}_{L3L2} & \underline{Z}_{L3L3} \end{bmatrix} \begin{bmatrix} \underline{I}_{L1} \\ \underline{I}_{L2} \\ \underline{I}_{L3} \end{bmatrix} + \begin{bmatrix} \underline{U}_{L1} \\ \underline{U}_{L2} \\ \underline{U}_{L3} \end{bmatrix} \tag{2.44 a}$$

$$\underline{\boldsymbol{u}}_q = \underline{\boldsymbol{Z}}\,\underline{\boldsymbol{i}} + \underline{\boldsymbol{u}} \tag{2.44 b}$$

Die Gl. (2.44) gilt zunächst noch ohne Einschränkungen für den allgemeinen Fall eines Drehstromnetzes, das unsymmetrisch aufgebaut, gespeist und belastet sein kann. Zur Überführung (Transformation) der Gl. (2.44) in eine Gleichung der symmetrischen Komponenten (Ströme, Spannungen und Impedanzen im Mit-, Gegen- und Nullsystem) ersetzt man die Drehstromgrößen mit Hilfe der Gln. (2.41) und (2.43) durch die symmetrischen Komponenten

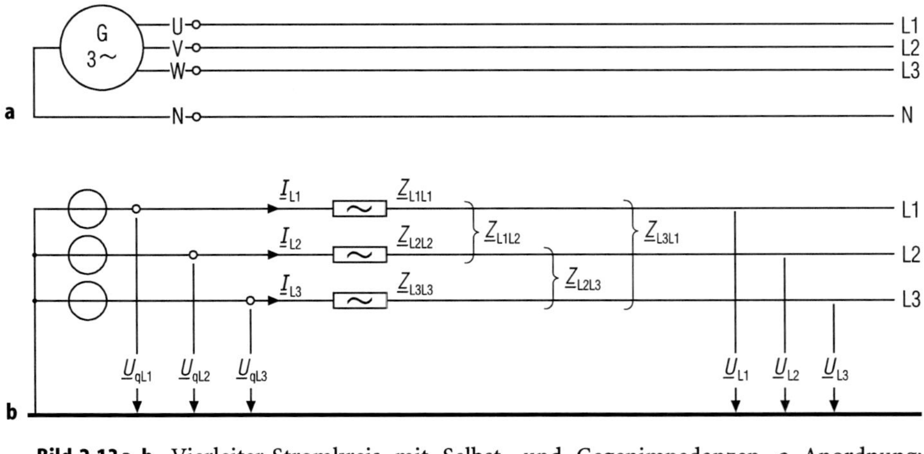

Bild 2.13 a, b. Vierleiter-Stromkreis mit Selbst- und Gegenimpedanzen. **a** Anordnung; **b** Ersatzschaltplan

und multipliziert die Gleichung von links mit der inversen Transformationsmatrix. Unter Beachtung von $\underline{\boldsymbol{T}}_S^{-1}\underline{\boldsymbol{T}}_S = \boldsymbol{E}$ (Einheitsmatrix) erhält man:

$$\underline{\boldsymbol{u}}_{qS} = \underline{\boldsymbol{T}}_S^{-1}\underline{\boldsymbol{Z}}\,\underline{\boldsymbol{T}}_S\,\underline{\boldsymbol{i}}_S + \underline{\boldsymbol{u}}_S = \underline{\boldsymbol{Z}}_S\,\underline{\boldsymbol{i}}_S + \underline{\boldsymbol{u}}_S \tag{2.45 a}$$

und ausführlich:

$$\begin{bmatrix}\underline{U}_{q1}\\ \underline{U}_{q2}\\ \underline{U}_{q0}\end{bmatrix} = \frac{1}{3}\left[\begin{array}{c:c:c} \begin{matrix}(\underline{Z}_{L1L1}+\underline{Z}_{L2L2}+\underline{Z}_{L3L3})+\\ -(\underline{Z}_{L1L2}+\underline{Z}_{L2L3}+\underline{Z}_{L3L1})\end{matrix} & \begin{matrix}(\underline{Z}_{L1L1}+\underline{a}^2\,\underline{Z}_{L2L2}+\underline{a}\underline{Z}_{L3L3})+\\ +2(\underline{a}\underline{Z}_{L1L2}+\underline{Z}_{L2L3}+\underline{a}^2\,\underline{Z}_{L3L1})\end{matrix} & \begin{matrix}(\underline{Z}_{L1L1}+\underline{a}\,\underline{Z}_{L2L2}+\underline{a}^2\,\underline{Z}_{L3L3})+\\ -(\underline{a}^2\,\underline{Z}_{L1L2}+\underline{Z}_{L2L3}+\underline{a}\,\underline{Z}_{L3L1})\end{matrix}\\ \hdashline \begin{matrix}(\underline{Z}_{L1L1}+\underline{a}\,\underline{Z}_{L2L2}+\underline{a}^2\,\underline{Z}_{L3L3})+\\ +2(\underline{a}^2\,\underline{Z}_{L1L2}+\underline{Z}_{L2L3}+\underline{a}\,\underline{Z}_{L3L1})\end{matrix} & \begin{matrix}(\underline{Z}_{L1L1}+\underline{Z}_{L2L2}+\underline{Z}_{L3L3})+\\ -(\underline{Z}_{L1L2}+\underline{Z}_{L2L3}+\underline{Z}_{L3L1})\end{matrix} & \begin{matrix}(\underline{Z}_{L1L1}+\underline{a}^2\,\underline{Z}_{L2L2}+\underline{a}\underline{Z}_{L3L3})+\\ -(\underline{a}\underline{Z}_{L1L2}+\underline{Z}_{L2L3}+\underline{a}^2\,\underline{Z}_{L3L1})\end{matrix}\\ \hdashline \begin{matrix}(\underline{Z}_{L1L1}+\underline{a}^2\,\underline{Z}_{L2L2}+\underline{a}\underline{Z}_{L3L3})+\\ -(\underline{a}\underline{Z}_{L1L2}+\underline{Z}_{L2L3}+\underline{a}^2\,\underline{Z}_{L3L1})\end{matrix} & \begin{matrix}(\underline{Z}_{L1L1}+\underline{a}\,\underline{Z}_{L2L2}+\underline{a}^2\,\underline{Z}_{L3L3})+\\ -(\underline{a}^2\,\underline{Z}_{L1L2}+\underline{Z}_{L2L3}+\underline{a}\,\underline{Z}_{L3L1})\end{matrix} & \begin{matrix}(\underline{Z}_{L1L1}+\underline{Z}_{L2L2}+\underline{Z}_{L3L3})+\\ +2(\underline{Z}_{L1L2}+\underline{Z}_{L2L3}+\underline{Z}_{L3L1})\end{matrix} \end{array}\right] \begin{bmatrix}\underline{I}_1\\ \underline{I}_2\\ \underline{I}_0\end{bmatrix} + \begin{bmatrix}\underline{U}_1\\ \underline{U}_2\\ \underline{U}_0\end{bmatrix} \tag{2.45 b}$$

Das Ergebnis zeigt, dass die Impedanzmatrix $\underline{\boldsymbol{Z}}_S = \underline{\boldsymbol{T}}_S^{-1}\underline{\boldsymbol{Z}}\,\underline{\boldsymbol{T}}_S$ der symmetrischen Komponenten für unterschiedliche Selbst- und Gegenimpedanzen, wie sie ein unsymmetrisch aufgebautes Drehstromnetz aufweist, ebenfalls voll besetzt ist und im Gegensatz zu der ursprünglichen Impedanzmatrix nicht mehr diagonal-symmetrisch ist. Damit sind die Mit-, Gegen- und Nullsystemgrößen wie die natürlichen Größen gekoppelt und es wird kein Berechnungsvorteil mit den symmetrischen Komponenten erzielt. Durch die Unsymmetrie der Impedanzmatrix wird der Aufwand sogar noch größer.

Für die Drehstromnetze der elektrischen Energieversorgung kann man jedoch meist voraussetzen:

(a) symmetrischer Aufbau, d. h.:

$$\underline{Z}_{L1L1} = \underline{Z}_{L2L2} = \underline{Z}_{L3L3} = \underline{Z}_s \quad \text{und} \quad \underline{Z}_{L1L2} = \underline{Z}_{L2L3} = \underline{Z}_{L3L1} = \underline{Z}_g \tag{2.46}$$

(b) symmetrische Einspeisung, d. h.:

$$\underline{U}_{qL2} = \underline{a}^2\,\underline{U}_{qL1};\quad \underline{U}_{qL3} = \underline{a}\underline{U}_{qL1};\quad \underline{U}_{qL1} + \underline{U}_{qL2} + \underline{U}_{qL3} = 0 \tag{2.47}$$

In den Impedanzmatrizen von symmetrisch aufgebauten Drehstromnetzen kommen somit nur die allgemein mit $\underline{Z}_s$ bezeichneten Selbstimpedanzen als

Diagonalelemente und die mit $\underline{Z}_g$ bezeichneten Gegenimpedanzen als Nichtdiagonalelemente vor. Man nennt eine Matrix mit jeweils gleichen Diagonal- und Nichtdiagonalelementen diagonal-zyklisch symmetrisch. Die Gl. (2.45) vereinfacht sich unter der Voraussetzung (a) zu:

$$\begin{bmatrix} \underline{U}_{qL1} \\ \underline{U}_{qL2} \\ \underline{U}_{qL3} \end{bmatrix} = \begin{bmatrix} \underline{Z}_s & \underline{Z}_g & \underline{Z}_g \\ \underline{Z}_g & \underline{Z}_s & \underline{Z}_g \\ \underline{Z}_g & \underline{Z}_g & \underline{Z}_s \end{bmatrix} \begin{bmatrix} \underline{I}_{L1} \\ \underline{I}_{L2} \\ \underline{I}_{L3} \end{bmatrix} + \begin{bmatrix} \underline{U}_{L1} \\ \underline{U}_{L2} \\ \underline{U}_{L3} \end{bmatrix} \tag{2.48}$$

Die Transformation der Gl. (2.48) in die symmetrischen Komponenten ergibt (das Ergebnis kann auch sofort aus Gl. (2.45) mit den Symmetriebedingungen der Gln. (2.46) übernommen werden):

$$\begin{bmatrix} \underline{U}_{q1} \\ \underline{U}_{q2} \\ \underline{U}_{q0} \end{bmatrix} = \begin{bmatrix} \underline{Z}_s - \underline{Z}_g & 0 & 0 \\ 0 & \underline{Z}_s - \underline{Z}_g & 0 \\ 0 & 0 & \underline{Z}_s + 2\underline{Z}_g \end{bmatrix} \begin{bmatrix} \underline{I}_1 \\ \underline{I}_2 \\ \underline{I}_0 \end{bmatrix} + \begin{bmatrix} \underline{U}_1 \\ \underline{U}_2 \\ \underline{U}_0 \end{bmatrix} \tag{2.49}$$

Die Impedanzmatrix der symmetrischen Komponenten für ein symmetrisch aufgebautes Drehstromnetz ist eine Diagonalmatrix. Damit sind die symmetrischen Komponenten in Gl. (2.49) entkoppelt. Die Elemente der diagonalen Impedanzmatrix werden als

Mitimpedanz: $\underline{Z}_1 = \underline{Z}_s - \underline{Z}_g$
Gegenimpedanz: $\underline{Z}_2 = \underline{Z}_s - \underline{Z}_g$
Nullimpedanz: $\underline{Z}_0 = \underline{Z}_s + 2\underline{Z}_g$

bezeichnet.

Führt man weiter die symmetrische Speisung (Voraussetzung (b)) ein, so erhält man für die Quellenspannungen der symmetrischen Komponenten:

$$\begin{bmatrix} \underline{U}_{q1} \\ \underline{U}_{q2} \\ \underline{U}_{q0} \end{bmatrix} = \frac{1}{3} \begin{bmatrix} 1 & \underline{a} & \underline{a}^2 \\ 1 & \underline{a}^2 & \underline{a} \\ 1 & 1 & 1 \end{bmatrix} \begin{bmatrix} \underline{U}_{qL1} \\ \underline{a}^2 \underline{U}_{qL1} \\ \underline{a} \underline{U}_{qL1} \end{bmatrix} = \begin{bmatrix} \underline{U}_{qL1} \\ 0 \\ 0 \end{bmatrix} \tag{2.50}$$

und damit anstelle der Gl. (2.49):

$$\begin{bmatrix} \underline{U}_{q1} \\ 0 \\ 0 \end{bmatrix} = \begin{bmatrix} \underline{Z}_1 & 0 & 0 \\ 0 & \underline{Z}_2 & 0 \\ 0 & 0 & \underline{Z}_0 \end{bmatrix} \begin{bmatrix} \underline{I}_1 \\ \underline{I}_2 \\ \underline{I}_0 \end{bmatrix} + \begin{bmatrix} \underline{U}_1 \\ \underline{U}_2 \\ \underline{U}_0 \end{bmatrix} \tag{2.51}$$

Auf der Gl. (2.51) beruhen die voneinander unabhängigen einpoligen Ersatzschaltungen für die symmetrischen Komponenten im Bild 2.14a. Induktive Kopplungen treten nicht mehr auf. Eine Quellenspannung ist nur im Mit-

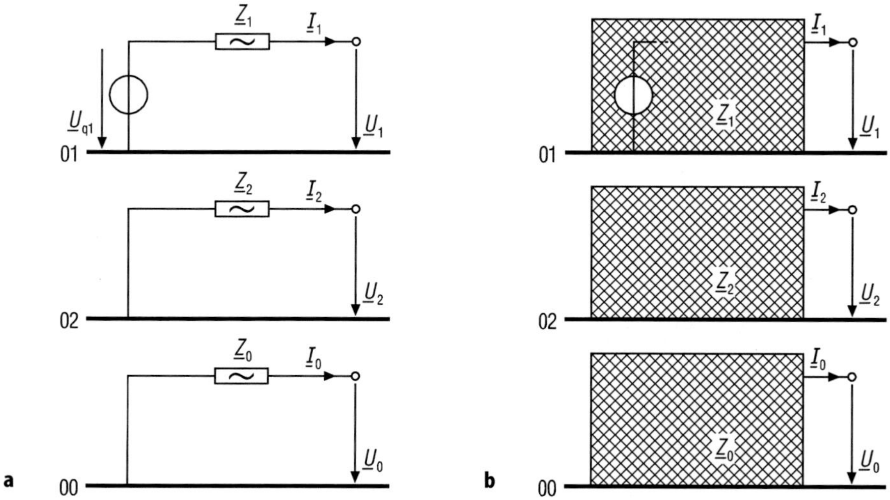

Bild 2.14 a, b. Komponentenersatzschaltungen (Mit-, Gegen- und Nullsystem) des Drehstromnetzes mit symmetrischem Aufbau und symmetrischer Einspeisung. **a** Entsprechend Gl. (2.51); **b** mit allgemeinen Zweipolen; 01 Nullschiene des Mitsystems; 02 Nullschiene des Gegensystems; 00 Nullschiene des Nullsystems

system vorhanden. Sie ist identisch mit der Quellenspannung des Bezugsleiters L1. Auf die Einbeziehung von elektrischen Unsymmetrien in die symmetrischen Komponenten wird im Kap. 13 eingegangen.

Ebenso wie die induktive Kopplung der Drehstromleiter lassen sich auch die kapazitiven Kopplungen behandeln. Bei gleichen Leiter-Erde-Kapazitäten und gleichen Leiter-Leiter-Kapazitäten findet im Bereich der symmetrischen Komponenten ebenfalls eine Entkopplung statt. Man kann also die symmetrischen Komponenten symmetrisch aufgebauter und symmetrisch gespeister Drehstromnetze ganz allgemein durch drei separate Komponentenersatzschaltungen wie im Bild 2.14b darstellen.

2.4.4 Drehstromleistung und Komponentenleistungen

Die komplexe Drehstromleistung ergibt sich (identisch mit Gl. (2.19)) aus:

$$\underline{S} = \underline{S}_{L1} + \underline{S}_{L2} + \underline{S}_{L3} = \underline{U}_{L1}\underline{I}_{L1}^* + \underline{U}_{L2}\underline{I}_{L2}^* + \underline{U}_{L3}\underline{I}_{L3}^* = P + jQ \tag{2.52}$$

Bildet man die komplexe Leistung der symmetrischen Komponenten in Analogie zu Gl. (2.52)

$$\underline{S}_S = \underline{S}_1 + \underline{S}_2 + \underline{S}_0 = \underline{U}_1\underline{I}_1^* + \underline{U}_2\underline{I}_2^* + \underline{U}_0\underline{I}_0^* \tag{2.53}$$

so ist zunächst nicht sichergestellt, dass die nach Gl. (2.52) und Gl. (2.53) berechneten Leistungen übereinstimmen. Das liegt daran, dass der Maßstab für die symmetrischen Komponenten frei gewählt werden kann. Um die beiden Leistungsausdrücke zu vergleichen, werden die symmetrischen Komponenten in Gl. (2.53) mit Hilfe der Gln. (2.41) und (2.43) durch die Leitergrößen ersetzt. Man erhält:

$$\begin{aligned}\underline{S}_S &= \frac{1}{3}(\underline{U}_{L1} + \underline{a}\underline{U}_{L2} + \underline{a}^2\underline{U}_{L3})\frac{1}{3}(\underline{I}^*_{L1} + \underline{a}^2\underline{I}^*_{L2} + \underline{a}\underline{I}^*_{L3}) \\ &+ \frac{1}{3}(\underline{U}_{L1} + \underline{a}^2\underline{U}_{L2} + \underline{a}\underline{U}_{L3})\frac{1}{3}(\underline{I}^*_{L1} + \underline{a}\underline{I}^*_{L2} + \underline{a}^2\underline{I}^*_{L3}) \\ &+ \frac{1}{3}(\underline{U}_{L1} + \underline{U}_{L2} + \underline{U}_{L3})\frac{1}{3}(\underline{I}^*_{L1} + \underline{I}^*_{L2} + \underline{I}^*_{L3}) \\ &= \frac{1}{3}(\underline{U}_{L1}\underline{I}^*_{L1} + \underline{U}_{L2}\underline{I}^*_{L2} + \underline{U}_{L3}\underline{I}^*_{L3}) = \frac{1}{3}\underline{S}\end{aligned} \tag{2.54}$$

und stellt fest, dass die mit den symmetrischen Komponenten berechnete Leistung nur ein Drittel der Drehstromleistung ergibt. Die mit den Gln. (2.38) und (2.39) durchgeführte Transformation ist also nicht leistungsinvariant. Will man Invarianz der Leistung im Bereich der symmetrischen Komponenten erreichen, muss man die normierte oder leistungsinvariante Transformation verwenden (Abschn. 2.5).

Abschließend sei noch der Sonderfall symmetrischer Spannungen und Ströme betrachtet. Mit $\underline{U}_{L2} = \underline{a}^2\underline{U}_{L1}$, $\underline{U}_{L3} = \underline{a}\,\underline{U}_{L1}$, $\underline{I}_{L2} = \underline{a}^2\underline{I}_{L1}$ und $\underline{I}_{L3} = \underline{a}\,\underline{I}_{L1}$ vereinfacht sich Gl. (2.52) zu:

$$\underline{S} = 3\underline{U}_{L1}\underline{I}^*_{L1} \tag{2.55}$$

Von den symmetrischen Komponenten ist nur das Mitsystem vorhanden, so dass aus Gl. (2.53) folgt:

$$\underline{S} = 3\underline{S}_1 = 3\underline{U}_1\underline{I}^*_1 = 3\underline{U}_{L1}\underline{I}^*_{L1} \tag{2.56}$$

Bei Symmetrie ergibt sich die Drehstromleistung aus der dreifachen Leistung des Mitsystems oder aus dem dreifachen Wert der Größen des Bezugsleiters L1. Deshalb stellt die hier vorgenommene Transformation mit den Gleichungen nach Tabelle 2.3 die bezugsleiterinvariante Form dar.

2.5 Modale Komponenten

Die Strom- und Spannungsgleichungen des Drehstromnetzes sind durch die induktive und kapazitive Verkettung gekoppelt. Die Kopplung äußert sich in voll besetzten Induktivitäts- und Kapazitätsmatrizen oder im speziellen Fall der Zeigerdarstellung in voll besetzten Impedanz- und Admittanzmatrizen (z. B. Gl. (2.44)).

Durch die Einführung modaler Größen oder Komponenten anstelle der natürlichen Leitergrößen mit der Modaltransformation, können die Gleichungen unter bestimmten Voraussetzungen entkoppelt werden [2.16, 2.17, 2.20, N2.1]. Die Induktivitäts- und Kapazitätsmatrizen oder die Impedanz- und Admittanzmatrizen werden dann zu Diagonalmatrizen (Eigenwertmatrizen) mit den Eigenwerten der ursprünglichen Matrizen als Elemente. Den entkoppelten Strom- und Spannungsgleichungen lassen sich einpolige Ersatzschaltungen zuordnen.

Die im Abschn. 2.4 anschaulich eingeführten symmetrischen Komponenten sind eine spezielle Form der modalen Komponenten in der Zeigerdarstellung. Im Folgenden werden die modalen Komponenten allgemein im Zeitbereich eingeführt und daraus der Sonderfall der Zeigerdarstellung abgeleitet.

2.5.1 Allgemeiner Ansatz

Die Momentanwerte der Ströme, Spannungen, Flussverkettungen und anderer Größen sollen für die folgenden Ausführungen ganz allgemein mit g bezeichnet werden. Drei zusammengehörige natürliche Leitergrößen an einem Ort des Drehstromnetzes werden in einem Vektor zusammengefasst:

$$\boldsymbol{g} = \begin{bmatrix} g_{L1} \\ g_{L2} \\ g_{L3} \end{bmatrix} \tag{2.57}$$

Die Einführung der modalen Komponenten erfolgt über den allgemeinen Ansatz:

$$\boldsymbol{g} = \begin{bmatrix} g_{L1} \\ g_{L2} \\ g_{L3} \end{bmatrix} = \begin{bmatrix} \underline{t}_{M11} & \underline{t}_{M12} & \underline{t}_{M13} \\ \underline{t}_{M21} & \underline{t}_{M22} & \underline{t}_{M23} \\ \underline{t}_{M31} & \underline{t}_{M32} & \underline{t}_{M33} \end{bmatrix} \begin{bmatrix} \underline{g}_{M1} \\ \underline{g}_{M2} \\ \underline{g}_{M3} \end{bmatrix} = \underline{\boldsymbol{T}}_{M} \underline{\boldsymbol{g}}_{M} \tag{2.58}$$

Die drei natürlichen Größen werden über eine noch näher zu bestimmende Transformationsmatrix $\underline{\boldsymbol{T}}_M$ durch die modalen Komponenten $\underline{\boldsymbol{g}}_M$ ersetzt. Die modalen Komponenten können auch komplex sein. In diesem Fall ist die Transformationsmatrix ebenfalls komplex.

Damit auch die Umkehrbarkeit der Gl. (2.58) gewährleistet ist, muss die Transformationsmatrix $\underline{\boldsymbol{T}}_M$ regulär sein:

$$\underline{\boldsymbol{g}}_{M} = \begin{bmatrix} \underline{g}_{M1} \\ \underline{g}_{M2} \\ \underline{g}_{M3} \end{bmatrix} = \begin{bmatrix} \underline{t}_{M11} & \underline{t}_{M12} & \underline{t}_{M13} \\ \underline{t}_{M21} & \underline{t}_{M22} & \underline{t}_{M23} \\ \underline{t}_{M31} & \underline{t}_{M32} & \underline{t}_{M33} \end{bmatrix}^{-1} \begin{bmatrix} g_{L1} \\ g_{L2} \\ g_{L3} \end{bmatrix} = \underline{\boldsymbol{T}}_{M}^{-1} \boldsymbol{g} \tag{2.59}$$

Bei der Transformation der Differentialgleichungen der induktiv gekoppelten Drehstromleiter ist zu beachten, dass die Induktivitätsmatrix $\boldsymbol{L}$ auch zeitabhängige Elemente enthalten kann, wie das z. B. bei der Synchronmaschine der Fall ist:

$$\boldsymbol{u} = \boldsymbol{R}\boldsymbol{i} + \frac{\mathrm{d}}{\mathrm{d}t}(\boldsymbol{L}\boldsymbol{i}) \tag{2.60}$$

Die Transformation erfolgt durch Ersetzen der natürlichen Größen mit Gl. (2.58) und Multiplikation von links mit $\underline{\boldsymbol{T}}_\mathrm{M}^{-1}$:

$$\underline{\boldsymbol{u}}_\mathrm{M} = \underline{\boldsymbol{T}}_\mathrm{M}^{-1}\boldsymbol{R}\underline{\boldsymbol{T}}_\mathrm{M}\underline{\boldsymbol{i}}_\mathrm{M} + \underline{\boldsymbol{T}}_\mathrm{M}^{-1}\frac{\mathrm{d}}{\mathrm{d}t}(\boldsymbol{L}\underline{\boldsymbol{T}}_\mathrm{M}\underline{\boldsymbol{i}}_\mathrm{M}) \tag{2.61}$$

Der letzte Ausdruck in Gl. (2.61) wird vor der Differentiation wie folgt erweitert:

$$\boldsymbol{L}\underline{\boldsymbol{T}}_\mathrm{M}\underline{\boldsymbol{i}}_\mathrm{M} = (\underline{\boldsymbol{T}}_\mathrm{M})(\underline{\boldsymbol{T}}_\mathrm{M}^{-1}\boldsymbol{L}\underline{\boldsymbol{T}}_\mathrm{M}\underline{\boldsymbol{i}}_\mathrm{M})$$

Nach der Produktregel ergibt sich:

$$\frac{\mathrm{d}}{\mathrm{d}t}[(\underline{\boldsymbol{T}}_\mathrm{M})(\underline{\boldsymbol{T}}_\mathrm{M}^{-1}\boldsymbol{L}\underline{\boldsymbol{T}}_\mathrm{M}\underline{\boldsymbol{i}}_\mathrm{M})] = \frac{\mathrm{d}}{\mathrm{d}t}(\underline{\boldsymbol{T}}_\mathrm{M})\underline{\boldsymbol{T}}_\mathrm{M}^{-1}\boldsymbol{L}\underline{\boldsymbol{T}}_\mathrm{M}\underline{\boldsymbol{i}}_\mathrm{M} + \underline{\boldsymbol{T}}_\mathrm{M}\frac{\mathrm{d}}{\mathrm{d}t}(\underline{\boldsymbol{T}}_\mathrm{M}^{-1}\boldsymbol{L}\underline{\boldsymbol{T}}_\mathrm{M}\underline{\boldsymbol{i}}_\mathrm{M})$$

Damit geht Gl. (2.61) über in:

$$\underline{\boldsymbol{u}}_\mathrm{M} = \underline{\boldsymbol{T}}_\mathrm{M}^{-1}\boldsymbol{R}\underline{\boldsymbol{T}}_\mathrm{M}\underline{\boldsymbol{i}}_\mathrm{M} + \underline{\boldsymbol{T}}_\mathrm{M}^{-1}\frac{\mathrm{d}}{\mathrm{d}t}(\underline{\boldsymbol{T}}_\mathrm{M})\underline{\boldsymbol{T}}_\mathrm{M}^{-1}\boldsymbol{L}\underline{\boldsymbol{T}}_\mathrm{M}\underline{\boldsymbol{i}}_\mathrm{M} + \frac{\mathrm{d}}{\mathrm{d}t}(\underline{\boldsymbol{T}}_\mathrm{M}^{-1}\boldsymbol{L}\underline{\boldsymbol{T}}_\mathrm{M}\underline{\boldsymbol{i}}_\mathrm{M}) \tag{2.62 a}$$

Die transformierten Matrizen $\underline{\boldsymbol{R}}_\mathrm{M} = \underline{\boldsymbol{T}}_\mathrm{M}^{-1}\boldsymbol{R}\underline{\boldsymbol{T}}_\mathrm{M}$ und $\underline{\boldsymbol{L}}_\mathrm{M} = \underline{\boldsymbol{T}}_\mathrm{M}^{-1}\boldsymbol{L}\,\underline{\boldsymbol{T}}_\mathrm{M}$ sind die modalen Widerstands- und Induktivitätsmatrizen. Mit $\underline{\boldsymbol{R}}_\mathrm{M}$ und $\underline{\boldsymbol{L}}_\mathrm{M}$ lautet die Gl. (2.62 a) kürzer:

$$\underline{\boldsymbol{u}}_\mathrm{M} = \left(\underline{\boldsymbol{R}}_\mathrm{M} + \underline{\boldsymbol{T}}_\mathrm{M}^{-1}\frac{\mathrm{d}}{\mathrm{d}t}(\underline{\boldsymbol{T}}_\mathrm{M})\underline{\boldsymbol{L}}_\mathrm{M}\right)\underline{\boldsymbol{i}}_\mathrm{M} + \frac{\mathrm{d}}{\mathrm{d}t}(\underline{\boldsymbol{L}}_\mathrm{M}\underline{\boldsymbol{i}}_\mathrm{M}) \tag{2.62 b}$$

Der mittlere Ausdruck in Gl. (2.62 a) tritt offensichtlich nur bei Transformationsmatrizen mit zeitabhängigen Elementen auf. Für zeitinvariante Transformationen hat die Gl. (2.62 a) die gleiche Form wie die ursprüngliche Gl. (2.61).

Ist die Induktivitätsmatrix zeitunabhängig, wie bei nicht rotierenden Betriebsmitteln, so vereinfacht sich Gl. (2.62 b) zu:

$$\underline{\boldsymbol{u}}_\mathrm{M} = \left(\underline{\boldsymbol{R}}_\mathrm{M} + \underline{\boldsymbol{L}}_\mathrm{M}\underline{\boldsymbol{T}}_\mathrm{M}^{-1}\frac{\mathrm{d}}{\mathrm{d}t}\underline{\boldsymbol{T}}_\mathrm{M}\right)\underline{\boldsymbol{i}}_\mathrm{M} + \underline{\boldsymbol{L}}_\mathrm{M}\frac{\mathrm{d}}{\mathrm{d}t}(\underline{\boldsymbol{i}}_\mathrm{M}) \tag{2.63}$$

Bei der Transformation der Differentialgleichung der kapazitiv gekoppelten Drehstromleiter

$$\boldsymbol{i} = \boldsymbol{G}\boldsymbol{u} + \frac{\mathrm{d}}{\mathrm{d}t}(\boldsymbol{C}\boldsymbol{u}) \tag{2.64}$$

kann man von konstanten Kapazitäten ausgehen und erhält dann die zu

Gl. (2.63) duale Beziehung:

$$\underline{i}_{\mathrm{M}} = \left(\underline{G}_{\mathrm{M}} + \underline{C}_{\mathrm{M}} \underline{T}_{\mathrm{M}}^{-1} \frac{\mathrm{d}}{\mathrm{d}t} \underline{T}_{\mathrm{M}} \right) \underline{u}_{\mathrm{M}} + \underline{C}_{\mathrm{M}} \frac{\mathrm{d}}{\mathrm{d}t} \underline{u}_{\mathrm{M}} \tag{2.65}$$

mit den modalen Leitwert- und Kapazitätsmatrizen $\underline{G}_{\mathrm{M}} = \underline{T}_{\mathrm{M}}^{-1} G \underline{T}_{\mathrm{M}}$ und $\underline{C}_{\mathrm{M}} = \underline{T}_{\mathrm{M}}^{-1} C \underline{T}_{\mathrm{M}}$.

Das Ziel einer Modaltransformation ist die Entkopplung, oder zumindest teilweise Entkopplung der modalen Komponenten in den Gln. (2.62) und (2.65). Bei vollständiger Entkopplung werden alle modalen Matrizen zu Diagonalmatrizen.

2.5.2 Bestimmung der Transformationsmatrix

Aus der Bedingung, dass die modalen Matrizen zu Diagonalmatrizen werden, lassen sich die Elemente der Transformationsmatrix bestimmen. Da die Matrizen $\boldsymbol{R}$, $\boldsymbol{L}$, $\boldsymbol{G}$ und $\boldsymbol{C}$ gleichermaßen transformiert werden, kann für die folgende Herleitung an ihre Stelle eine allgemeine Matrix:

$$\boldsymbol{A} = \begin{bmatrix} a_{11} & a_{12} & a_{13} \\ a_{21} & a_{22} & a_{23} \\ a_{31} & a_{32} & a_{33} \end{bmatrix} \quad \text{mit} \quad a_{ki} = a_{ik} \tag{2.66}$$

treten. Für die Diagonalisierung muss gelten:

$$\boldsymbol{A}_{\mathrm{M}} = \underline{T}_{\mathrm{M}}^{-1} \boldsymbol{A} \underline{T}_{\mathrm{M}} = \Lambda = \operatorname{diag}(\lambda_1 \;\; \lambda_2 \;\; \lambda_3) \tag{2.67}$$

oder:

$$\boldsymbol{A} \underline{T}_{\mathrm{M}} = \underline{T}_{\mathrm{M}} \Lambda = [\underline{t}_{\mathrm{M1}} \, \underline{t}_{\mathrm{M2}} \, \underline{t}_{\mathrm{M2}}] \Lambda \tag{2.68}$$

Daraus folgt für die einzelnen Eigenvektoren (Spalten) der Transformationsmatrix:

$$(\boldsymbol{A} - \lambda \boldsymbol{E}) \underline{t}_{\mathrm{M}} = \boldsymbol{0} \tag{2.69}$$

mit der Bedingung für nichttriviale Lösungen $\underline{t}_{\mathrm{M}} \neq \boldsymbol{0}$:

$$\det(\boldsymbol{A} - \lambda \boldsymbol{E}) = 0 \tag{2.70}$$

Aus der Gl. (2.70) werden die drei Eigenwerte der Matrix $\boldsymbol{A}$ bestimmt. Mit jedem Eigenwert ergibt sich aus Gl. (2.69) ein Eigenvektor der Transformationsmatrix.

Für symmetrisch aufgebaute Drehstromnetze haben die *R*-, *L*-, *G*- und *C*-Matrizen eine diagonal-zyklisch symmetrische Struktur, d.h. gleiche Diagonalelemente und gleiche Nichtdiagonalelemente. Sie sind dann von der Form:

$$\boldsymbol{A} = \begin{bmatrix} A & B & B \\ B & A & B \\ B & B & A \end{bmatrix} \tag{2.71}$$

Die Eigenwerte der diagonal-zyklisch symmetrischen Matrix $\boldsymbol{A}$ sind:

$$\begin{aligned}\lambda_1 &= A - B\\ \lambda_2 &= A - B = \lambda_1\\ \lambda_3 &= A + 2B\end{aligned} \tag{2.72}$$

Mit ihnen erhält man aus Gl. (2.69) die folgenden drei Bedingungen für die Eigenvektoren der Transformationsmatrix:

$$\underline{k}_1\,(\underline{t}_{\mathrm{M11}} + \underline{t}_{\mathrm{M21}} + \underline{t}_{\mathrm{M31}}) = 0 \tag{2.73a}$$

$$\underline{k}_2\,(\underline{t}_{\mathrm{M12}} + \underline{t}_{\mathrm{M22}} + \underline{t}_{\mathrm{M32}}) = 0 \tag{2.73b}$$

$$\underline{k}_3\,\underline{t}_{\mathrm{M13}} = \underline{k}_3\,\underline{t}_{\mathrm{M23}} = \underline{k}_3\,\underline{t}_{\mathrm{M33}} \tag{2.73c}$$

Die Faktoren $\underline{k}_1, \underline{k}_2$ und $\underline{k}_3$ können beliebig, auch reell, gewählt werden.

Alle Transformationsmatrizen, deren Eigenvektoren die Bedingungen der Gln. (2.73) erfüllen, transformieren zusammen mit ihrer Inversen eine diagonal-zyklisch symmetrische Matrix $\boldsymbol{A}$ auf Diagonalform. Die Elemente der Diagonalmatrix sind die Eigenwerte der Matrix $\boldsymbol{A}$.

Wegen der freien Wahl der Faktoren $\underline{k}_1, \underline{k}_2$ und $\underline{k}_3$ lassen sich theoretisch unendlich viele Transformationsmatrizen konstruieren, indem man in den Gln. (2.73 a) und (2.73 b) beispielsweise die beiden ersten Elemente vorgibt und das jeweils letzte Element so ergänzt, dass die Spaltensumme Null wird. Man muss nur darauf achten, dass sich die Elemente der 1. und 2. Spalte so voneinander unterscheiden, dass die Transformationsmatrix nicht singulär wird, weil für die Transformation auch ihre Inverse benötigt wird. Allen Transformationsmatrizen ist gemeinsam, dass eine (hier die letzte) Spalte aus gleichen (beliebigen) Elementen besteht, was dazu führt, dass eine der modalen Komponenten stets ein Nullsystem wird.

2.5.3 Transformation von Zeigergrößen

Im stationären Zustand werden die Größen durch Zeiger beschrieben (Abschn. 2.2.1). Die Differentialgleichungen (2.60) und (2.64) gehen für konstante Induktivitäten und Kapazitäten über in:

$$\underline{\boldsymbol{u}} = (\boldsymbol{R} + \mathrm{j}\omega \boldsymbol{L})\underline{\boldsymbol{i}} = \underline{\boldsymbol{Z}}\,\underline{\boldsymbol{i}} \tag{2.74}$$

$$\underline{\boldsymbol{i}} = (\boldsymbol{G} + \mathrm{j}\omega \boldsymbol{C})\underline{\boldsymbol{u}} = \underline{\boldsymbol{Y}}\,\underline{\boldsymbol{u}} \tag{2.75}$$

Die transformierten Gln. (2.74) und (2.75) lauten:

$$\underline{\boldsymbol{u}}_{\mathrm{M}} = \underline{\boldsymbol{T}}_{\mathrm{M}}^{-1}\underline{\boldsymbol{Z}}\,\underline{\boldsymbol{T}}_{\mathrm{M}}\underline{\boldsymbol{i}}_{\mathrm{M}} = \underline{\boldsymbol{Z}}_{\mathrm{M}}\underline{\boldsymbol{i}}_{\mathrm{M}} \tag{2.76}$$

$$\underline{\boldsymbol{i}}_{\mathrm{M}} = \underline{\boldsymbol{T}}_{\mathrm{M}}^{-1}\underline{\boldsymbol{Y}}\,\underline{\boldsymbol{T}}_{\mathrm{M}}\underline{\boldsymbol{u}}_{\mathrm{M}} = \underline{\boldsymbol{Y}}_{\mathrm{M}}\underline{\boldsymbol{u}}_{\mathrm{M}} \tag{2.77}$$

Bei Verwendung zeitunabhängiger Transformationsmatrizen enthalten die Vektoren $\underline{\boldsymbol{u}}_\mathrm{M}$ und $\underline{\boldsymbol{i}}_\mathrm{M}$ ebenfalls Zeiger, wie im Fall der symmetrischen Komponenten. Sind die *R*-, *L*-, *G*- und *C*-Matrizen diagonal-zyklisch symmetrisch, dann sind auch die Impedanz- und Admittanzmatrix diagonal-zyklisch symmetrisch und haben die Form:

$$\underline{\boldsymbol{A}} = \begin{bmatrix} \underline{A} & \underline{B} & \underline{B} \\ \underline{B} & \underline{A} & \underline{B} \\ \underline{B} & \underline{B} & \underline{A} \end{bmatrix}$$

Die Eigenwerte von $\underline{\boldsymbol{A}}$ sind in Analogie zu Gl. (2.72):

$$\begin{aligned} \underline{\lambda}_1 &= \underline{A} - \underline{B} \\ \underline{\lambda}_2 &= \underline{A} - \underline{B} = \underline{\lambda}_1 \\ \underline{\lambda}_3 &= \underline{A} + 2\underline{B} \end{aligned} \tag{2.78}$$

und führen folglich auf die gleichen Bedingungen für die Eigenvektoren wie im Abschn. 2.5.2. Damit lassen sich diagonal-zyklisch symmetrische Impedanz- und Admittanzmatrizen ebenfalls mit allen regulären Transformationsmatrizen, die die Bedingungen der Gln. (2.73) erfüllen, auf ihre Eigenwertmatrizen transformieren.

Die Eigenwerte der Impedanzmatrix sind die bereits im Abschn. 2.4 eingeführten Mit-, Gegen- und Nullimpedanzen. Entsprechend werden die Eigenwerte der Admittanzmatrix als Mit-, Gegen- und Nulladmittanzen bezeichnet.

2.5.4 Leistung in modalen Komponenten

Für die Drehstromleistung gilt nach Gl. (2.17):

$$p = u_\mathrm{L1}\, i_\mathrm{L1} + u_\mathrm{L2}\, i_\mathrm{L2} + u_\mathrm{L3}\, i_\mathrm{L3} = \boldsymbol{u}^\mathrm{T} \boldsymbol{i} \tag{2.79}$$

Mit:

$$\boldsymbol{u}^\mathrm{T} = (\underline{\boldsymbol{T}}_\mathrm{M} \underline{\boldsymbol{u}}_\mathrm{M})^\mathrm{T} = \underline{\boldsymbol{u}}_\mathrm{M}^\mathrm{T} \underline{\boldsymbol{T}}_\mathrm{M}^\mathrm{T} \tag{2.80}$$

und

$$\boldsymbol{i} = \boldsymbol{i}^* = \underline{\boldsymbol{T}}_\mathrm{M} \underline{\boldsymbol{i}}_\mathrm{M} = \underline{\boldsymbol{T}}_\mathrm{M}^* \underline{\boldsymbol{i}}_\mathrm{M}^* \tag{2.81}$$

nach Gl. (2.59) folgt daraus:

$$p = \boldsymbol{u}^\mathrm{T} \boldsymbol{i} = \underline{\boldsymbol{u}}_\mathrm{M}^\mathrm{T} \underline{\boldsymbol{T}}_\mathrm{M}^\mathrm{T} \underline{\boldsymbol{T}}_\mathrm{M}^* \underline{\boldsymbol{i}}_\mathrm{M}^* \tag{2.82}$$

Bildet man andererseits mit den modalen Komponenten die Leistung entsprechend Gl. (2.79), so erhält man:

$$p_\mathrm{M} = \underline{u}_\mathrm{M1} \underline{i}_\mathrm{M1}^* + \underline{u}_\mathrm{M2} \underline{i}_\mathrm{M2}^* + \underline{u}_\mathrm{M3} \underline{i}_\mathrm{M3}^* = \underline{\boldsymbol{u}}_\mathrm{M}^\mathrm{T} \underline{\boldsymbol{i}}_\mathrm{M}^* \tag{2.83}$$

Der Vergleich zwischen den Gln. (2.82) und (2.83) zeigt, dass für leistungsinvariante Transformationen die Bedingung $\underline{T}_M^T \underline{T}_M^* = E$ erfüllt sein muss. Für die Inverse der Transformationsmatrix folgt daraus:

$$\underline{T}_M^{-1} = \underline{T}_M^{T*} \tag{2.84}$$

Matrizen mit dieser Eigenschaft heißen unitär. Also sind die Transformationsmatrizen leistungsinvarianter Transformationen unitäre Matrizen.

Für die komplexe Leistung gilt entsprechend:

$$\underline{S} = \underline{U}_{L1}\underline{I}_{L1}^* + \underline{U}_{L2}\underline{I}_{L2}^* + \underline{U}_{L3}\underline{I}_{L3}^* = \underline{u}^T \underline{i}^* = \underline{u}_M^T \underline{T}_M^T \underline{T}_M^* \underline{i}_M^* \tag{2.85}$$

und

$$\underline{S}_M = \underline{U}_{M1}\underline{I}_{M1}^* + \underline{U}_{M2}\underline{I}_{M2}^* + \underline{U}_{M3}\underline{I}_{M3}^* = \underline{u}_M^T \underline{i}_M^* \tag{2.86}$$

so dass auch hier für Leistungsinvarianz die Bedingung nach Gl. (2.84) erfüllt sein muss.

2.5.5 Gebräuchliche Komponentensysteme

In der Praxis haben sich die in den Tabellen 2.5, 2.6 sowie A.2, A.3 angegebenen Komponentensysteme bewährt.

Die Transformationen in Tabelle 2.4 lassen sich auf die folgende Transformationsmatrix mit speziellen Spaltenfaktoren $\underline{k}_1$, $\underline{k}_2$ und $\underline{k}_3$ zurückführen.

$$\underline{T}_M = \begin{bmatrix} \underline{k}_1 \begin{bmatrix} 1 \\ \underline{a}^2 \\ \underline{a} \end{bmatrix} & \underline{k}_2 \begin{bmatrix} 1 \\ \underline{a} \\ \underline{a}^2 \end{bmatrix} & \underline{k}_3 \begin{bmatrix} 1 \\ 1 \\ 1 \end{bmatrix} \end{bmatrix} \tag{2.87}$$

Die für alle Transformationsmatrizen durch die Gln. (2.73 a) und (2.73 b) geforderte Nullsumme der ersten und zweiten Spalte wird in Gl. (2.87) mit Hilfe der Einheitszeiger $\underline{a}$ und $\underline{a}^2$ erreicht. Wegen der gleichen Elemente in der letzten Spalte von $\underline{T}_M$ ist die jeweils dritte modale Komponente immer ein Nullsystem.

Ordnet man die freien Faktoren in Gl. (2.87) den modalen Komponenten zu, so lassen sich alle Transformationen sogar mit einer einzigen Matrix darstellen (Bild 2.15):

$$\begin{bmatrix} \underline{g}_{L1} \\ \underline{g}_{L2} \\ \underline{g}_{L3} \end{bmatrix} = k \begin{bmatrix} 1 & 1 & 1 \\ \underline{a}^2 & \underline{a} & 1 \\ \underline{a} & \underline{a}^2 & 1 \end{bmatrix} \begin{bmatrix} \underline{k}_1 \underline{g}_{M1} \\ \underline{k}_2 \underline{g}_{M2} \\ \underline{k}_3 \underline{g}_{M3} \end{bmatrix} \tag{2.88}$$

$$\begin{bmatrix} \underline{k}_1 \underline{g}_{M1} \\ \underline{k}_2 \underline{g}_{M2} \\ \underline{k}_3 \underline{g}_{M3} \end{bmatrix} = \frac{1}{3k} \begin{bmatrix} 1 & \underline{a} & \underline{a}^2 \\ 1 & \underline{a}^2 & \underline{a} \\ 1 & 1 & 1 \end{bmatrix} \begin{bmatrix} \underline{g}_{L1} \\ \underline{g}_{L2} \\ \underline{g}_{L3} \end{bmatrix} \tag{2.89}$$

Tabelle 2.4. Übersicht über die gebräuchlichen Komponentensysteme

Komponentensystem	Bezeichnung der Komponenten	Indizes M1 M2 M3	Anwendung auf
Symmetrische Komponenten	Mit- Gegen- Null-	1 2 0	Zeigergrößen
Raumzeigerkomponenten in ruhenden Koordinaten [a]	Raumzeiger (RZ)- konj. kompl. RZ- Null-	s s^* 0	Momentanwerte
αβ0- oder Diagonal-Komponenten	Alpha- Beta- Null-	α β 0	Momentanwerte und Zeigergrößen
Raumzeigerkomponenten in rotierenden Koordinaten	Raumzeiger (RZ)- konj. kompl. RZ- Null-	r r^* 0	Momentanwerte
dq0- oder Parkkomponenten	längs(direct)- quer(quadrature)- Null-	d q 0	Momentanwerte

[a] Index s von space phasor.

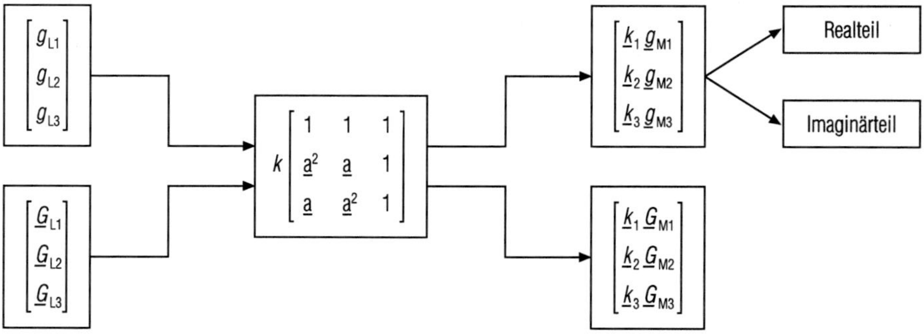

Bild 2.15. Zur Systematik der Modaltransformationen

Über den freien reellen Faktor k kann die Leistungsinvarianz hergestellt werden.

Die Anwendung der komplexen Transformationsmatrix $\underline{\boldsymbol{T}}_{\mathrm{M}}$ auf die Momentanwerte des Originalsystems ist der allgemeine Fall. Als modale Komponenten werden zwei komplexe Größen und bei reellem k_3 ein reelles Nullsystem erhalten, wobei die zweite modale Komponente $\underline{k}_2 \underline{g}_{\mathrm{M2}}$ stets konjugiert komplex zu der Ersten $\underline{k}_1 \underline{g}_{\mathrm{M1}}$ sein muss, weil die zweite Zeile von $\underline{\boldsymbol{T}}_{\mathrm{M}}^{-1}$ konjugiert komplex zu der Ersten ist. Zur Unterscheidung von den Zeitzeigern werden die modalen Komponenten $\underline{k}_1 \underline{g}_{\mathrm{M1}}$ Raumzeiger genannt. Sie beschreiben im Gegensatz zu den Zeigern zusammen mit dem Nullsystem beliebige Momentanwertverläufe. Durch die Wahl von $\underline{k}_1$ wird das Koordinatensystem für den Raumzeiger festgelegt. Für ruhende Koordinaten gilt $\underline{k}_1 = \underline{k}_2 = 1$. Der Raumzeiger in ruhenden Koordinaten erhält den Index s von space phasor.

Die Raumzeiger wurden von K.P. Kovács eingeführt und wegen der Ähnlichkeit der Transformationsmatrix mit der der symmetrischen Komponenten als „Momentanwerte der symmetrischen Komponenten“ bezeichnet [2.6]. In der leistungsinvarianten Form sind die Transformationsmatrizen für die symmetrischen Komponenten und die Raumzeiger in ruhenden Koordinaten sogar identisch (Anhang A2 und A3). Es sei aber nochmals darauf hingewiesen, dass die Anwendung der gleichen Transformationsmatrix auf Zeiger und Momentanwerte zwei grundsätzlich verschiedene Fälle darstellt (Bild 2.15).

Die von E. Clarke bereits 1948 angegebenen $\alpha\beta 0$-Komponenten [2.5], die auf Anregung von Hochrainer [2.4] auch als Diagonalkomponenten bezeichnet werden, sind der Real- und Imaginärteil des Raumzeigers in ruhenden Koordinaten, wovon man sich durch Zerlegung der Raumzeigertransformation überzeugen kann. Die Transformationsmatrix der Diagonalkomponenten ist zeitinvariant und lässt sich deshalb auch auf Zeiger anwenden [2.9].

Wählt man für die Faktoren $\underline{k}_1 = \mathrm{e}^{\mathrm{j}\vartheta}$; $\underline{k}_2 = \underline{k}_1^* = \mathrm{e}^{-\mathrm{j}\vartheta}$ und $\underline{k}_3 = 1$, so entstehen die Raumzeigerkomponenten in rotierenden Koordinaten. Die von R.H. Park 1929 [2.2] bei der Behandlung der Synchronmaschine eingeführten dq0-Komponenten sind der Real- und Imaginärteil eines Raumzeigers in rotierenden Koordinaten. Zwischen den Raumzeigern in ruhenden und rotierenden Koordinaten besteht der Zusammenhang:

$$\underline{g}_\mathrm{r} = g_\mathrm{d} + \mathrm{j}g_\mathrm{q} = \underline{g}_\mathrm{s}\,\mathrm{e}^{-\mathrm{j}\vartheta} = (g_\alpha + \mathrm{j}g_\beta)\,\mathrm{e}^{-\mathrm{j}\vartheta} \tag{2.90}$$

mit dem Drehwinkel zwischen den ruhenden und rotierenden Koordinaten:

$$\vartheta = \int \Omega\,\mathrm{d}t + \vartheta_0 \,. \tag{2.91}$$

Eine zusammenfassende Übersicht über die Raumzeigertransformationen in bezugsleiterinvarianter Form enthält die Tabelle 2.5. Als Bezugsleiter dient der Leiter L1 des Drehstromnetzes. In der bezugsleiterinvarianten Form (Abschn. 2.5.4) stimmt im stationären symmetrischen Betrieb der Momentanwert des Bezugsleiters mit dem Realteil des Raumzeigers in ruhenden Koordinaten überein. Der Raumzeiger in ruhenden Koordinaten ist dann mit dem umlaufenden Amplitudenzeiger für den Bezugsleiter identisch. Die entsprechenden leistungsinvarianten Formen findet man im Anhang A2.

Die Anwendung der Transformation nach Gl. (2.87) mit reellen Faktoren $\underline{k}_1 = \underline{k}_2 = \underline{k}_3 = 1$ auf Zeiger liefert die symmetrischen Komponenten in bezugsleiterinvarianter Form (Tabelle 2.6). In der bezugsleiterinvarianten Form (Abschn. 2.5.4) stimmen im stationären symmetrischen Betrieb die Zeiger des Bezugsleiters mit denen des Mitsystems überein.

Abschließend sei noch erwähnt, dass die Transformationsmatrix der symmetrischen Komponenten und der Raumzeiger nicht nur diagonal-zyklisch symmetrische Matrizen, sondern auch zyklisch symmetrische Matrizen diagonalisiert. Weitere Einzelheiten zur Transformation findet man in [2.16–2.19].

Tabelle 2.5. Beziehungen zwischen den Raumzeigerkomponenten in bezugsleiterinvarianter Form

	$\times[g_{L1}\ g_{L2}\ g_{L3}]^T$	$\times[\underline{g}_s\ \underline{g}_s^*\ g_0]^T$	$\times[g_\alpha\ g_\beta\ g_0]^T$	$\times[\underline{g}_r\ \underline{g}_r^*\ g_0]^T$	$\times[g_d\ g_q\ g_0]^T$
$\begin{bmatrix} g_{L1} \\ g_{L2} \\ g_{L3} \end{bmatrix} =$	$\begin{bmatrix} 1 & 0 & 0 \\ 0 & 1 & 0 \\ 0 & 0 & 1 \end{bmatrix}$	$\frac{1}{2}\begin{bmatrix} 1 & 1 & 2 \\ \underline{a}^2 & \underline{a} & 2 \\ \underline{a} & \underline{a}^2 & 2 \end{bmatrix}$	$\begin{bmatrix} 1 & 0 & 1 \\ -\frac{1}{2} & \frac{\sqrt{3}}{2} & 1 \\ -\frac{1}{2} & -\frac{\sqrt{3}}{2} & 1 \end{bmatrix}$	$\frac{1}{2}\begin{bmatrix} e^{j\vartheta} & e^{-j\vartheta} & 2 \\ \underline{a}^2 e^{j\vartheta} & \underline{a}\,e^{-j\vartheta} & 2 \\ \underline{a}\,e^{j\vartheta} & \underline{a}^2 e^{-j\vartheta} & 2 \end{bmatrix}$	$\begin{bmatrix} c_1 & -s_1 & 1 \\ c_2 & -s_2 & 1 \\ c_3 & -s_3 & 1 \end{bmatrix}$
$\begin{bmatrix} \underline{g}_s \\ \underline{g}_s^* \\ g_0 \end{bmatrix} =$	$\frac{2}{3}\begin{bmatrix} 1 & \underline{a} & \underline{a}^2 \\ 1 & \underline{a}^2 & \underline{a} \\ \frac{1}{2} & \frac{1}{2} & \frac{1}{2} \end{bmatrix}$	$\begin{bmatrix} 1 & 0 & 0 \\ 0 & 1 & 0 \\ 0 & 0 & 1 \end{bmatrix}$	$\begin{bmatrix} 1 & j & 0 \\ 1 & -j & 0 \\ 0 & 0 & 1 \end{bmatrix}$	$\begin{bmatrix} e^{j\vartheta} & 0 & 0 \\ 0 & e^{-j\vartheta} & 0 \\ 0 & 0 & 1 \end{bmatrix}$	$\begin{bmatrix} e^{j\vartheta} & je^{j\vartheta} & 0 \\ e^{-j\vartheta} & -je^{-j\vartheta} & 0 \\ 0 & 0 & 1 \end{bmatrix}$
$\begin{bmatrix} g_\alpha \\ g_\beta \\ g_0 \end{bmatrix} =$	$\frac{2}{3}\begin{bmatrix} 1 & -\frac{1}{2} & -\frac{1}{2} \\ 0 & \frac{\sqrt{3}}{2} & -\frac{\sqrt{3}}{2} \\ \frac{1}{2} & \frac{1}{2} & \frac{1}{2} \end{bmatrix}$	$\frac{1}{2}\begin{bmatrix} 1 & 1 & 0 \\ -j & j & 0 \\ 0 & 0 & 2 \end{bmatrix}$	$\begin{bmatrix} 1 & 0 & 0 \\ 0 & 1 & 0 \\ 0 & 0 & 1 \end{bmatrix}$	$\frac{1}{2}\begin{bmatrix} e^{j\vartheta} & e^{-j\vartheta} & 0 \\ -je^{j\vartheta} & je^{-j\vartheta} & 0 \\ 0 & 0 & 2 \end{bmatrix}$	$\begin{bmatrix} c_1 & -s_1 & 0 \\ s_1 & c_1 & 0 \\ 0 & 0 & 1 \end{bmatrix}$
$\begin{bmatrix} \underline{g}_r \\ \underline{g}_r^* \\ g_0 \end{bmatrix} =$	$\frac{2}{3}\begin{bmatrix} e^{-j\vartheta} & \underline{a}\,e^{-j\vartheta} & \underline{a}^2 e^{-j\vartheta} \\ e^{j\vartheta} & \underline{a}^2 e^{j\vartheta} & \underline{a}\,e^{j\vartheta} \\ \frac{1}{2} & \frac{1}{2} & \frac{1}{2} \end{bmatrix}$	$\begin{bmatrix} e^{-j\vartheta} & 0 & 0 \\ 0 & e^{j\vartheta} & 0 \\ 0 & 0 & 1 \end{bmatrix}$	$\begin{bmatrix} e^{-j\vartheta} & je^{-j\vartheta} & 0 \\ e^{j\vartheta} & -je^{j\vartheta} & 0 \\ 0 & 0 & 1 \end{bmatrix}$	$\begin{bmatrix} 1 & 0 & 0 \\ 0 & 1 & 0 \\ 0 & 0 & 1 \end{bmatrix}$	$\begin{bmatrix} 1 & j & 0 \\ 1 & -j & 0 \\ 0 & 0 & 1 \end{bmatrix}$
$\begin{bmatrix} g_d \\ g_q \\ g_0 \end{bmatrix} =$	$\frac{2}{3}\begin{bmatrix} c_1 & c_2 & c_3 \\ -s_1 & -s_2 & -s_3 \\ \frac{1}{2} & \frac{1}{2} & \frac{1}{2} \end{bmatrix}$	$\frac{1}{2}\begin{bmatrix} e^{-j\vartheta} & e^{j\vartheta} & 0 \\ -je^{-j\vartheta} & je^{j\vartheta} & 0 \\ 0 & 0 & 2 \end{bmatrix}$	$\begin{bmatrix} c_1 & s_1 & 0 \\ -s_1 & c_1 & 0 \\ 0 & 0 & 1 \end{bmatrix}$	$\frac{1}{2}\begin{bmatrix} 1 & 1 & 0 \\ -j & j & 0 \\ 0 & 0 & 2 \end{bmatrix}$	$\begin{bmatrix} 1 & 0 & 0 \\ 0 & 1 & 0 \\ 0 & 0 & 1 \end{bmatrix}$

$c_1 = \cos\vartheta$; $c_2 = \cos(\vartheta - \frac{2\pi}{3})$; $c_3 = \cos(\vartheta + \frac{2\pi}{3})$; $s_1 = \sin\vartheta$; $s_2 = \sin(\vartheta - \frac{2\pi}{3})$; $s_3 = \sin(\vartheta + \frac{2\pi}{3})$; $\vartheta = \int \Omega \mathrm{d}t + \vartheta_0$

Tabelle 2.6. Transformationsbeziehungen für Zeigergrößen in bezugsleiterinvarianter Form

	$\times [\underline{G}_{L1}\ \underline{G}_{L2}\ \underline{G}_{L3}]^T$	$\times [\underline{G}_1\ \underline{G}_2\ \underline{G}_0]^T$	$\times [\underline{G}_\alpha\ \underline{G}_\beta\ \underline{G}_0]^T$
$\begin{bmatrix} \underline{G}_{L1} \\ \underline{G}_{L2} \\ \underline{G}_{L3} \end{bmatrix} =$	$\begin{bmatrix} 1 & 0 & 0 \\ 0 & 1 & 0 \\ 0 & 0 & 1 \end{bmatrix}$	$\begin{bmatrix} 1 & 1 & 1 \\ \underline{a}^2 & \underline{a} & 1 \\ \underline{a} & \underline{a}^2 & 1 \end{bmatrix}$	$\begin{bmatrix} 1 & 0 & 1 \\ -\frac{1}{2} & \frac{\sqrt{3}}{2} & 1 \\ -\frac{1}{2} & -\frac{\sqrt{3}}{2} & 1 \end{bmatrix}$
$\begin{bmatrix} \underline{G}_1 \\ \underline{G}_2 \\ \underline{G}_0 \end{bmatrix} =$	$\frac{1}{3}\begin{bmatrix} 1 & \underline{a} & \underline{a}^2 \\ 1 & \underline{a}^2 & \underline{a} \\ 1 & 1 & 1 \end{bmatrix}$	$\begin{bmatrix} 1 & 0 & 0 \\ 0 & 1 & 0 \\ 0 & 0 & 1 \end{bmatrix}$	$\frac{1}{2}\begin{bmatrix} 1 & j & 0 \\ 1 & -j & 0 \\ 0 & 0 & 2 \end{bmatrix}$
$\begin{bmatrix} \underline{G}_\alpha \\ \underline{G}_\beta \\ \underline{G}_0 \end{bmatrix} =$	$\frac{2}{3}\begin{bmatrix} 1 & -\frac{1}{2} & -\frac{1}{2} \\ 0 & \frac{\sqrt{3}}{2} & -\frac{\sqrt{3}}{2} \\ \frac{1}{2} & \frac{1}{2} & \frac{1}{2} \end{bmatrix}$	$\begin{bmatrix} 1 & 1 & 0 \\ -j & j & 0 \\ 0 & 0 & 1 \end{bmatrix}$	$\begin{bmatrix} 1 & 0 & 0 \\ 0 & 1 & 0 \\ 0 & 0 & 1 \end{bmatrix}$

3 Thermische Kraftwerke

3.1 Allgemeines

Thermische Kraftwerke (konventionelle Wärmekraftwerke, Gasturbinen- oder Kombikraftwerke, Kernkraftwerke usw.) tragen in der Welt und auch in Deutschland in erheblichem Maße zur Erzeugung elektrischer Energie bei. Nur in wenigen Ländern, wie z. B. in den skandinavischen Ländern, in Österreich und in der Schweiz sowie in Kanada und in Ländern Südamerikas steht die Erzeugung aus Wasserkraft im Vordergrund (Kap. 4). Im Jahre 1995 lag die gesamte Erzeugung von Elektrizität in der Welt bei etwa $13\,000 \cdot 10^9$ kWh. Davon wurden 63 % aus fossilen Brennstoffen (Kohle, Öl, Erdgas), 19 % aus Wasserkraft, 17,7 % aus Kernbrennstoff und 0,3 % aus anderen erneuerbaren Quellen (z. B. Wind und Erdwärme) gewonnen. An der gesamten Welterzeugung war Deutschland mit etwa 4 % beteiligt. Tabelle 3.1 gibt einen zeitlichen Überblick über die elektrische Energieerzeugung in Deutschland (alte Bundesländer und ab 1990 alte und neue Bundesländer). Um 1975 wurden etwa 30 % aus Öl und Gas erzeugt, während 10 Jahre danach bedingt durch die Erdölpreiskrise diese Brennstoffe nur noch zu 10 % beteiligt waren. Die Kernenergie hatte 1985 bereits einen Anteil von 30 % erreicht. Als Engpassleistung wird die höchste verfügbare Leistung des Kraftwerkparks bezeichnet, die wegen Wartung, Reparatur, Brennelementwechsel usw. merklich kleiner als die installierte Leistung ist. Die Benutzungsdauer ist der Quotient aus der gesamten elektrischen Jahresenergie und der Engpassleistung.

Thermische Kraftwerke wandeln zunächst die innere Brennstoffenergie (chemische Energie, Kernenergie, Erdwärme usw.) in thermische Energie, dann in mechanische Energie und schließlich in elektrische Energie um. Bild 3.1 zeigt schematisch diese Umwandlungskette für ein konventionelles Dampfkraftwerk.

Wasser und der daraus im Kessel (Dampferzeuger) erzeugte Wasserdampf wird als Arbeitsmedium im Kreisprozess zwischen Kessel und Turbine verwendet. Das durch Pumpen (Speisepumpen) geförderte Kondensat (Wasser) wird bei hohem Druck in einem Dampferzeuger erwärmt, verdampft und überhitzt. Durch Entspannen des Dampfes in der Turbine wird mechanische Energie zum Antrieb des Generators gewonnen. Der entspannte Dampf kon-

D. Oeding, B. Oswald, *Elektrische Kraftwerke und Netze*,
doi 10.1007/978-3-642-19246-3, © Springer 2011

Tabelle 3.1. Bereitstellung elektrischer Energie in Deutschland. (Aus den statistischen Berichten des Referats Elektrizitätswirtschaft im Bundesministerium für Wirtschaft)

Jahr →		1960	1970	1980	1990[c]			2000
					a	n	g	
Gesamt-Stromerzeugung W_{ges} [a]	10^9 kWh	116,4	242,6	368,8	449,5	100,5	567,4	567,4
in thermischen Kraftwerken	%	88,8	92,7	94,9	95,9	98,7	96,4	95,4
in Wasserkraftwerken	%	11,2	7,3	5,1	4,1	1,3	3,6	4,6
Brennstoffe in therm. Kraftwerken								
Steinkohle	%	53,7	40,3	30,5	31,2	0,5	25,6	25,4
Braunkohle	%	26,6	24,6	25,4	18,4	87,8	31,1	26,3
Öl, Gas, Sonstiges	%	8,5	25,3	27,2	13,6	5,1	12,0	13,7
Kernbrennstoff (Uran)	%	–	2,5	11,8	32,7	5,3	27,7	30,0
Beteiligung an der Erzeugung								
Öffentliche Kraftwerke	%	60,5	67,0	80,9	85,7	80,6	84,8	90,9[d]
Industrielle Kraftwerke	%	38,2	31,1	17,4	13,1	19,2	14,2	9,1
Bundesbahn-Kraftwerke	%	1,3	1,9	1,7	1,2	0,2	1,0	–
Engpassleistung P_E [b]	MW	27 500	50 833	87 257	103 651	21 358	125 009	120 856
Benutzungsdauer $T_{mE} = W_{ges}/P_E$	h/a	4 233	4 773	4 226	4 337	4 705	4 399	4 695

[a] Brutto-Stromerzeugung.
[b] Brutto-Engpassleistung.
[c] a: alte Bundesländer; n: neue Bundesländer; g: Gesamt-Deutschland.
[d] Allgemeine Versorgung einschließlich Bahn.

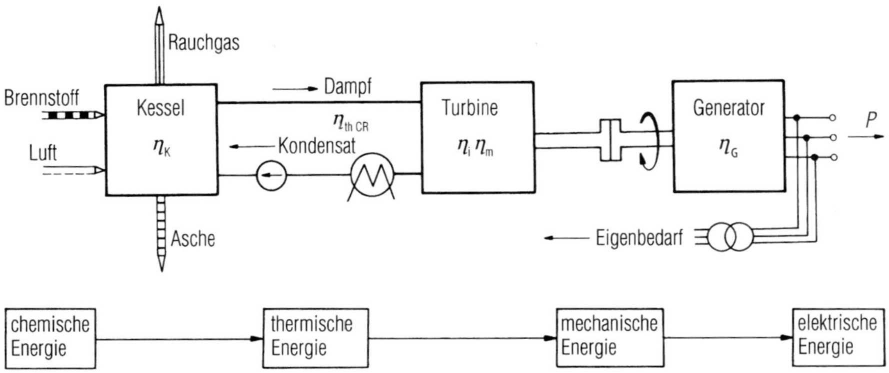

Bild 3.1. Energiewandlung in einem konventionellen Dampfkraftwerk. η Wirkungsgrad; η_{thCR} nach Gl. (3.11); η_i nach Gl. (3.14)

densiert in einem Kondensator bei niedrigem Druck. Dieser grob geschilderte Kreislauf entspricht dem eines Kondensationskraftwerkes. In der Industrie verwendet man daneben auch sogenannte Gegendruckkraftwerke, wenn der Dampf mit einem bestimmten Druck vornehmlich für Fabrikationszwecke gebraucht wird. Entnimmt man Dampf oder Warmwasser zu Heizzwecken, so spricht man von Heizkraftwerken oder der Kraft-Wärme-Kopplung (Abschn. 3.4).

Bild 3.2 soll einen Überblick geben über die technische Entwicklung von konventionellen thermischen Kraftwerken mit Kohlefeuerung.

Zum Anfang der Entwicklung thermischer Kraftwerke (1890–1900) wurden Gleichstromzentralen gebaut zur Speisung der Beleuchtung über räumlich begrenzte städtische Netze. Sie waren die Vorgänger der späteren Kraftwerke (Bild 3.2a).

Durch die Drehstromübertragung von Lauffen am Neckar nach Frankfurt am Main zur Elektrotechnischen Ausstellung im Jahre 1891 wurde der Vorteil des Drehstroms gegenüber Gleich- und Wechselstrom so eindrucksvoll demonstriert, dass danach die Kraftwerke mit Drehstromgeneratoren ausgerüstet wurden. Den ersten tauglichen sogenannten Walzenläufer ersann Charles E. Brown und baute 1901 einen zweipoligen Turbogenerator 250 kW, 3900 min^{-1}, 65 Hz für das städtische Elektrizitätswerk in Chur/Schweiz. Schon im Jahre 1914 erreichte man Blockleistungen von etwa 30 MW (Bild 3.2b). Für die Übertragung der Kraftwerksleistung auch über größere Entfernungen und die Abspannung stand der Transformator zur Verfügung ebenso wie auf der Anwenderseite der Drehstrommotor, dem von Dolivo-Dobrowolsky bereits in den Jahren 1889/91 zum Durchbruch verholfen hatte.

Für einen 150-MW-Block wurden im Jahre 1950 noch zwei Dampfkessel gebaut. In der weiteren Entwicklung werden Überhitzung und Zwischenüberhitzung (ZÜ) eingeführt, um den Wirkungsgrad zu steigern und die Dampfnässe herabzudrücken. Der Frischdampf erreicht die charakteristischen Werte

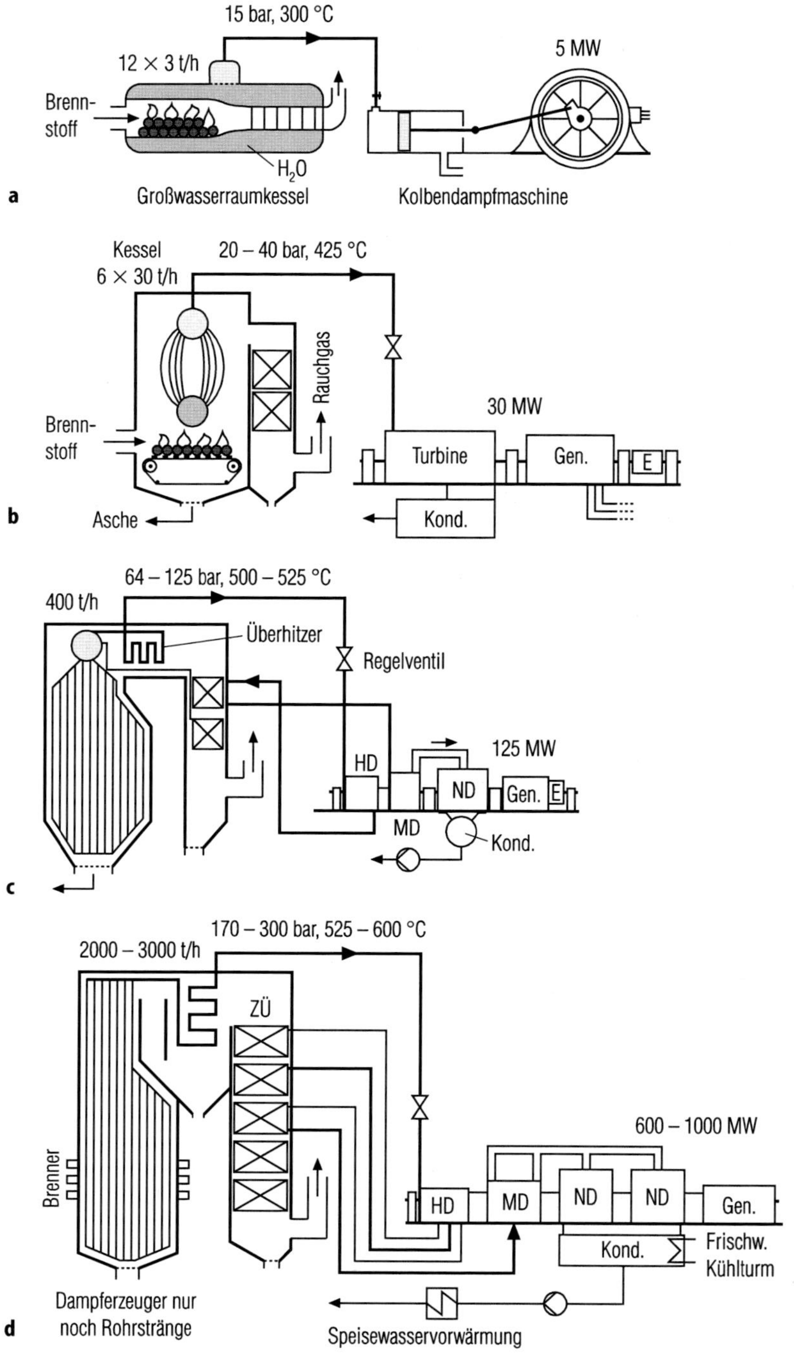

Bild 3.2 a – d. Entwicklung konventioneller thermischer Kraftwerke (mit Kohlefeuerung). **a** Dampfkraftwerk mit Dampfsammelschiene (mehrere Dampferzeuger arbeiten auf eine Dampfmaschine) und Kolbendampfmaschine um 1900; **b** Einsatz von Turbinen nach Laval und Parsons und Turbogeneratoren in der Zeit bis 1925; **c** Steigerung von Frischdampfdruck und Frischdampftemperatur, Unterteilung der Turbine in Hochdruck- und Niederdruckteil bis etwa 1955; **d** Dampferzeuger mit Kohlenstaub gefeuert, die nur noch aus Rohrsträngen bestehen, Dampfturbine unterteilt in Hochdruckteil (HD), in Mitteldruckteil (MD) und Niederdruckteil (ND), hier in zwei Teilen

180 bar und 525 °C (Bild 3.2 c, d). Zur Steigerung des Wirkungsgrades wird das Speisewasser mit Anzapfdampf vorgewärmt bevor es in den Kessel gelangt. Darüber hinaus werden in Industriekraftwerken erste Pilotanlagen mit überkritischem Frischdampfdruck (> 220 bar) und einer Temperatur über 550 °C gebaut (Bild 3.2 d).

Entwicklungen zur Senkung der Verluste bei Generatoren (Roebelstab und lamellierte Pressplatte) und zur Einführung forcierter Kühlung, zuerst durch Wasserstoffgas und dann durch direkte Wasserkühlung (Eugen Wiedemann) haben zweipolige Turbogeneratoren bis über 1000 MVA und vierpolige bis 1700 MVA möglich gemacht (Bild 3.2 d).

In den 1980er-Jahren wurden wirksame Maßnahmen zur Entstickung und Entschwefelung der Rauchgase eingeführt. Entstaubungsanlagen in Form von Elektrofiltern waren zu der Zeit ohnehin vorhanden.

Zur weiteren Steigerung des Wirkungsgrades werden heute in zunehmendem Maße Kombianlagen aus Gas- und Dampfturbinen gebaut. Der sich ausweitende Einsatz von Erdgas als Brennstoff hat darüber hinaus auch zur Minderung der CO_2-Freisetzung geführt. Zu bedenken ist allerdings bei langfristiger Planung, dass die Erdgasvorräte geringer als die Öl- und Kohlevorräte sind. Die Gesamtwirkungsgrade von neu gebauten Steinkohlekraftwerken konnten seit 1950 etwa verdoppelt werden. Man erreicht heute Wirkungsgrade von etwa 40 % und bei Kombikraftwerken sogar von mehr als 50 % (Abschn. 3.3).

3.2
Grundlast-, Mittellast- und Spitzenlastanlagen

Bei der Auslegung von thermischen Kraftwerken mit Kohle- und/oder Erdgasfeuerung unterscheidet man je nach der Einsatzweise Grund-, Mittel- und Spitzenlastanlagen. Kernkraftwerke gehören zu den Grundlastanlagen (Abschn. 3.7).

Bei Grundlastanlagen wird die Prozessführung so ausgerichtet, dass ein möglichst geringer Brennstoffbedarf pro erzeugte kWh erreicht wird, wobei als Vergleichswert der spezifische Wärmeverbrauch (q in kJ/kWh) verwendet wird. Bei z. B. 8000 kJ/kWh = 2,22 kJ/kWs ergibt sich ein Wirkungsgrad von 1/2,22 = 0,45 = 45 % (1 kJ = 1 kWs).

Bild 3.3 zeigt den grundsätzlichen Aufbau eines Kondensationskraftwerkes mit Zwischenüberhitzung (Rauchgaszwischenüberhitzung) des Wasserdampfes sowie Hoch- und Niederdruckvorwärmer (Speisewasservorwärmer durch Anzapfdampf). Zwischenüberhitzung wird bei hohem Frischdampfdruck angewendet, um im Niederdruckteil am Dampfaustritt eine Dampfnässe von etwa 10 % nicht zu überschreiten. Durch die stufenweise regenerative Speisewasservorwärmung sind Energieeinsparungen von einigen Prozent möglich, es ergeben sich konstruktive Vorteile für die Turbine, der Kondensator erhält kleinere Abmessungen und der Kühlwasserbedarf sinkt (Abschn. 3.3). Übliche

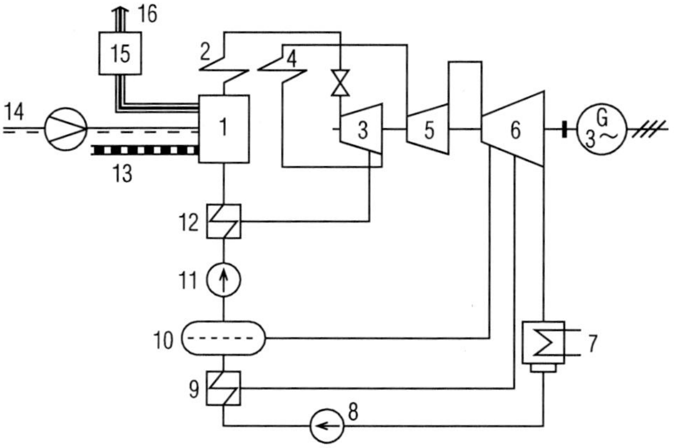

Bild 3.3. Wärmeschaltplan eines Kohlekraftwerkes mit Zwischenüberhitzung zur Grundlastdeckung. *1* Verdampfer (Dampfkessel); *2* Überhitzer im Kessel (Bild 3.2 c, d); *3* Hochdruckteil der Turbine; *4* Zwischenüberhitzer (ZÜ im Bild 3.2 d); *5* Mitteldruckteil der Turbine; *6* Niederdruckteil der Turbine (Bild 3.2 d); *7* Kondensator; *8* Kondensatpumpe; *9* Niederdruckvorwärmer (mehrere Stufen); *10* Speisewasserbehälter und Entgaser; *11* Kesselspeisepumpe (mit hoher Antriebsleistung); *12* Hochdruckvorwärmer (mehrere Stufen); *13* Brennstoffzufuhr (z. B. in Kohlemühlen gemahlene Stein- oder Braunkohle); *14* Zufuhr der Verbrennungsluft; *15* Elektrostaubfilter, Entstickungs- und Entschwefelungsanlagen; *16* Rauchgas zum Schornstein

Frischdampfdrücke beim Eintritt des überhitzten Dampfes in den Hochdruckteil der Turbine liegen bei 180 bis 250 bar mit Temperaturen von 530 bis 550 °C. Um den Wirkungsgrad insbesondere bei Grundlastanlagen zu erhöhen, ist man bestrebt den Frischdampfdruck möglichst hoch zu wählen, weil der Wirkungsgrad maßgeblich durch die Differenz zwischen Frischdampftemperatur und der Kondensattemperatur (Kühlwassertemperatur) bestimmt wird (Abschn. 3.3). Bei Höchstdrücken wird teilweise auch zweifache Zwischenüberhitzung vorgesehen.

Bild 3.4 zeigt einen kombinierten Gas-Dampfturbinenprozess zur Grundlastdeckung. Dem Dampfprozess mit hohem Frischdampfdruck und hoher Temperatur (Bild 3.3) sind eine oder mehrere Gasturbinen vorgeschaltet, deren Abgas als Verbrennungsluft im Dampfkessel benutzt wird. Wenn der Dampfkessel keine eigene Feuerung hat, so spricht man von einem Abhitzekessel. Das Speisewasser des Kessels wird in Nieder- und Hochdruckvorwärmern und zusätzlich in rauchgasbeheizten Teilstromvorwärmern erwärmt. Die bei einem solchen Prozess erreichbare Wirkungsgradverbesserung beträgt etwa 5% gegenüber dem vergleichbaren hochgezüchteten Dampfprozess. Abwandlungen der Kombination von Gas- und Dampfturbine sind möglich. Komprimierte Luft kann z. B. dem Kessel als Verbrennungsluft zugeführt werden und nach dem Austritt in einer Gasturbine entspannt werden. Die Abwärme der Gasturbine wird in Teilstromvorwärmern dem Speisewasser des Dampfkessels übertragen.

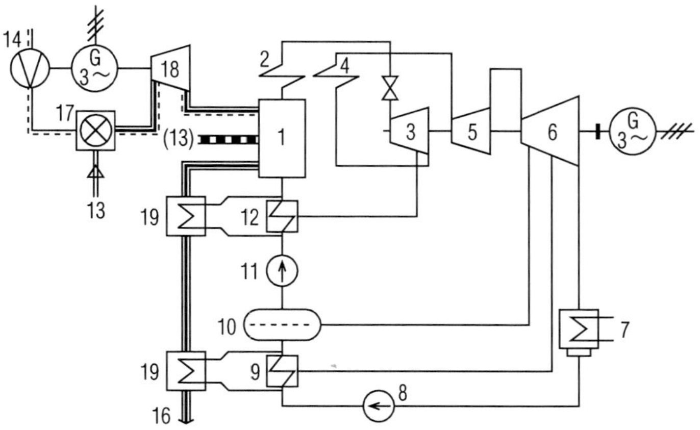

Bild 3.4. Wärmeschaltplan eines kombinierten Gas-Dampfturbinenprozesses zur Grundlastdeckung. *1* – *12* u. *16* wie im Bild 3.3; *13* Brennstoffzufuhr (Erdgas und (Kohle)); *14* Luftverdichter; *17* Brennkammer; *18* Gasturbine

Thermische Mittellastanlagen enthalten als Grundelement einen einfachen Dampfprozess ohne Zwischenüberhitzung und möglicherweise eine zusätzlich im Prozess arbeitende Gasturbine. Bild 3.5 zeigt als Beispiel einen Dampfturbinenprozess mit vorgeschalteter Gasturbine. Im Abgas der Gasturbine sind noch etwa 80 % Luft enthalten, so dass dieses Abgas als Verbrennungsluft für den Kessel verwendet werden kann. Der Vorteil dieser Schaltung ist die Verbesserung des thermischen Wirkungsgrades um bis zu 10 % gegenüber dem vergleichbaren einfachen Dampfprozess, wobei der Frischdampfdruck mit 60 bis 90 bar und die Frischdampftemperatur mit 450 bis 500 °C angenommen wurde.

Wenn man dem Kessel keinen zusätzlichen Brennstoff zuführt (Betrieb als Abhitzekessel), so müssen Gas- und Dampfprozess aufeinander abgestimmt werden. Es können z. B. drei Gasturbinen auf einen Abhitzekessel arbeiten.

Bei den Mittellastanlagen, deren mittlere Einsatzdauer pro Jahr begrenzt ist, will man geringere Investitionskosten als bei den Grundlastanlagen erreichen, während der spezifische Wärmeverbrauch höher sein darf als bei den Grundlastanlagen. In vielen Fällen werden ältere Kohlekraftwerke nach ihrer Abschreibung noch als Mittellastanlagen eingesetzt.

Spitzenlastanlagen können für verschiedene Aufgaben im Netz herangezogen werden. Bei Pumpspeicherkraftwerken (Abschn. 4.4) wird meist ein täglicher Einsatz zur Mittags- und Abendspitze vorgesehen (Bild 1.3), während nachts mit Pumpstrom aus Grundlastanlagen (z. B. aus Braunkohlenkraftwerken) das Oberbecken wieder gefüllt wird. Gasturbinen mit ebenfalls kurzen Anfahrzeiten von 3 bis 5 Minuten können ihren Einsatz für kurzzeitige Lastspitzen und als Schnellreserve finden. Ihre Einsatzdauer pro Jahr ist dann häufig noch wesentlich geringer als bei Pumpspeicherkraftwerken. Bei thermi-

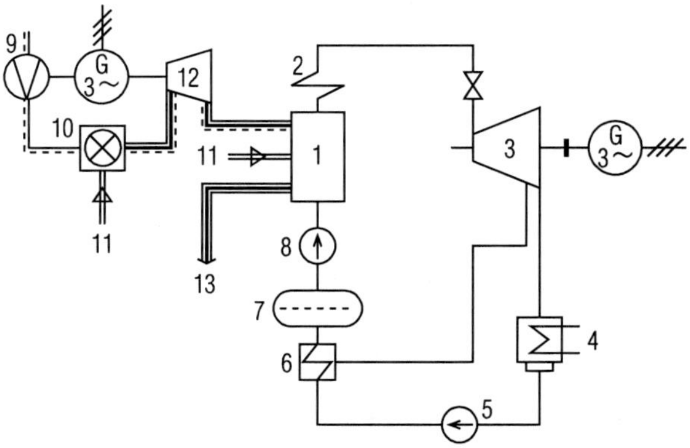

Bild 3.5. Dampfprozess mit vorgeschalteter Gasturbine zur Erhöhung des Wirkungsgrades eines einfachen Dampfprozesses. *1* Kessel; *2* Überhitzer; *3* Dampfturbine; *4* Kondensator; *5* Kondensatpumpe; *6* Niederdruckvorwärmer (mehrere Stufen); *7* Speisewasserbehälter; *8* Kesselspeisepumpe; 9 Luftverdichter; *10* Brennkammer; *11* Brennstoffzufuhr (z.B. Erdgas); *12* Gasturbine

schen Spitzenlastanlagen müssen deshalb die Investitionskosten möglichst gering sein, während der spezifische Wärmeverbrauch eine weniger wichtige Rolle spielt.

Im Bild 3.6a ist der offene Gasturbinenprozess dargestellt. Als Brennstoff kommen Erdgas, Raffineriegas und leichtes Heizöl zur Anwendung. Die Arbeitstemperatur der Gasturbine liegt ohne Schaufelkühlung bei etwa 850 bis 900 °C und mit Schaufelkühlung bei Temperaturen bis etwa 1200 °C. Nur etwa ein Drittel bis ein Halb der Leistung der Gasturbine wird an den Generator abgegeben, während der größere Teil zur Luftverdichtung benötigt wird. Gasturbinen eignen sich gut für die Fernbedienung. Ihr Standort kann frei gewählt und den Anforderungen der Versorgungsnetze angepasst werden. Gasturbinen werden z.T. auch zur Sicherung des Eigenbedarfs von Kernkraftwerken eingesetzt.

Den Gedanken des Pumpspeicherkraftwerkes verfolgt das Luftspeicher-Gasturbinenkraftwerk nach Bild 3.6b. Während der Schwachlastzeiten im Netz läuft die Synchronmaschine als Motor zum Antrieb des Luftverdichters. Die Gasturbine wird während der Aufladezeit des unterirdischen Speichers abgekuppelt. In Spitzenlastzeiten dagegen arbeitet die Synchronmaschine als Generator. Der Verdichter ist abgekuppelt. Durch Wärmezufuhr in der Brennkammer wird die aus dem Speicher entnommene Druckluft auf die Arbeitstemperatur der Gasturbine gebracht. Ein Luftspeicher-Gasturbinenkraftwerk mit einer 300-MW-Synchronmaschine wurde in Huntorf bei Bremen gebaut. Die Speicherräume wurden aus einem Salzstock ausgewaschen. Der Speicherdruck erhöht sich laufend beim Speichervorgang und erniedrigt sich entsprechend während der Leistungserzeugung. Im Gegensatz zu diesem Gleitdruckspeicher könnte man einen Festdruckspeicher her-

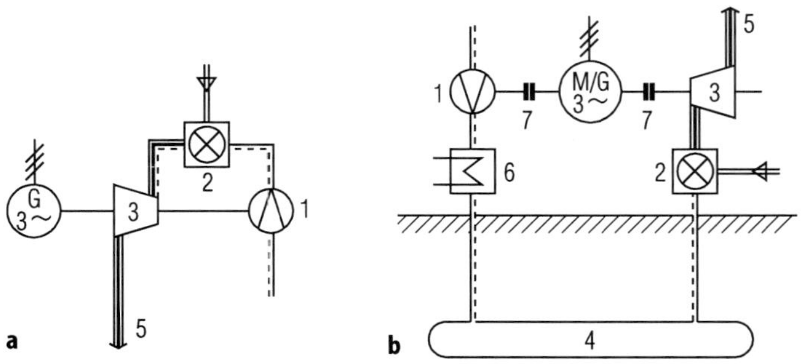

Bild 3.6 a, b. Offener Gasturbinenprozess und Luftspeicher-Gasturbinenkraftwerk (Prinzip). **a** Offener Gasturbinenprozess; **b** Luftspeicher-Gasturbinenkraftwerk. *1* Luftverdichter; *2* Brennkammer; *3* Gasturbine; *4* unterirdischer Luftspeicher; *5* Abgas; *6* Kühlung der verdichteten Luft; *7* Kupplung

stellen, wenn man Wasser als Verdrängungsmittel im Speicher verwenden würde [3.13].

Grund-, Mittel- und Spitzenlastanlagen können in einem Netz zur wirtschaftlichen Deckung der Netzlast zusammenarbeiten. Durch eine langfristige Kraftwerksausbauplanung, wobei auch Wasserkraftwerke und Windenergieanlagen einzubeziehen sind, kann man erreichen, dass unter Berücksichtigung der vorhandenen Kraftwerke wirtschaftlich günstige Einheiten zugebaut werden. Zugehörig sind auch Umweltgesichtspunkte und Fragen der Brennstoffressourcen zu berücksichtigen und die Frage der zeitlich bedarfsgerechten Erzeugung.

3.3 Thermische Prozesse, Wirkungsgrad

Bezeichnet man bei einem thermischen Kondensationskraftwerk mit W_{zu} die dem Kraftwerksprozess zugeführte Energie (z.B. Kohle, Öl, Erdgas, Kernbrennstoff) und mit W_{ab} die ungenutzt abgegebene Energie (z.B. die Verluste und die an das Kühlwasser abgegebene Wärmemenge, die als Anergie bezeichnet wird), so wird der Wirkungsgrad η_{DK} des Dampfkraftwerks:

$$\eta_{DK} = \frac{W_{zu} - W_{ab}}{W_{zu}} = 1 - \frac{W_{ab}}{W_{zu}} \tag{3.1}$$

Der Bruttogesamtwirkungsgrad an den Generatorklemmen eines konventionellen Kondensationskraftwerkes setzt sich nach Bild 3.1 aus den einzelnen Wirkungsgraden der Umwandlungskette zusammen:

$$\eta_{DKbr.} = \eta_K \eta_{thCR} \eta_i \eta_m \eta_G = \frac{P_G t}{m_B h_u} = \frac{P_G}{\dot{m}_B h_u} = \frac{1}{q_{br.}} \tag{3.2}$$

Dabei sind:

$\eta_K \ldots \eta_G$ Wirkungsgrade für den Kessel η_K, für den thermischen Wasser-Wasserdampf-Kreislauf (ohne Verluste) η_{thCR} (CR: Clausius-Rankine-Prozess, Bild 3.10), für die Verluste bei der Expansion des Dampfes in der Turbine η_i, für die mechanischen Reibungsverluste des Turbosatzes η_m und für den Generator η_G

P_G Wirkleistung des Generators ($P_G = W/t$). Bei Betrieb im Bemessungspunkt $P_G = P_{rG} = P_{rTurb}$

$\dot{m}_B$ Brennstoffzufuhr pro Zeiteinheit $\dot{m}_B = m_B/t$ (z. B. in kg/h)

h_u Heizwert des Brennstoffs (Braunkohle 7000 bis 12 000 kJ/kg; Steinkohle 27 000 bis 33 000 kJ/kg)

$q_{br.}$ Spezifischer Bruttowärmeverbrauch (z. B. in kJ/kWs bei 1 kJ = 1 kWs). Einem Wirkungsgrad $\eta_{DK\,br.} = 0{,}40 = 40\,\%$ liegt ein spezifischer Wärmeverbrauch von $q_{br.} = 2{,}5$ kJ/kWs zugrunde. Damit benötigt das mit Steinkohlenstaub bei $h_u = 30\,000$ kJ/kg gefeuertes Kraftwerk 0,3 kg Kohle für eine kWh elektrischer Energie.

Den Nettowirkungsgrad ermittelt man unter Einbeziehung des Eigenbedarfs und der Verluste für den Blocktransformator. Es gilt dann für die OS-Klemmen des Blocktransformators bei der Leistungsabgabe an das Hochspannungsnetz:

$$\eta_{DKne.} = \eta_{DKbr.}\eta_{EB}\eta_{BT} \tag{3.3}$$

Beträgt der Eigenbedarf 5 % während des stationären Bemessungsbetriebes, so kann man zu seiner Berücksichtigung $\eta_{EB} = 0{,}95$ setzen. Der Wirkungsgrad großer Blocktransformatoren erreicht etwa $\eta_{BT} = 0{,}995$.

In der Wirkungsgradkette ist η_{thCR} entscheidend. Dieser Wirkungsgrad hängt von der Prozessführung (Speisewasservorwärmung, Zwischenüberhitzung) und von der Differenz zwischen der Frischdampftemperatur und der Kühlwassertemperatur ab. Zur Beurteilung der Effektivität thermischer Prozesse zieht man theoretische verlustlose Vergleichsprozesse nach Bild 3.7 heran, wie den Carnot-Prozess, den Clausius-Rankine-Prozess oder den Joule-Prozess, wobei speziell der Clausius-Rankine-Prozess für Dampfprozesse und der Joule-Prozess für Gasprozesse verwendet wird. Diese Prozesse werden, wie im Bild 3.7 gezeigt, meist im *p*-*v*-Diagram oder im *T*-*s*-Diagram bzw. im *h*-*s*-Diagram dargestellt. Sie setzen sich aus Zustandsänderungen zusammen, sind geschlossen und werden wenn sie Arbeit erzeugen sollen rechtsherum gezählt (Bild 3.7 a). Auch linksherum verlaufende Prozesse sind möglich, z. B. bei der Wärmepumpe oder beim Kühlschrank.

Auch wenn Wasserdampf bei der in Kraftwerken üblichen Betriebsbedingungen nicht wie ein ideales Gas anzusehen ist, so sind die thermodynamischen Grundüberlegungen für ideale Gase doch für das Verständnis des Dampfprozesses nützlich. Der Zustand eines idealen Gases wird durch die Zustandsgrößen Druck (p), Temperatur (T) und Volumen (V) bzw. spezifisches

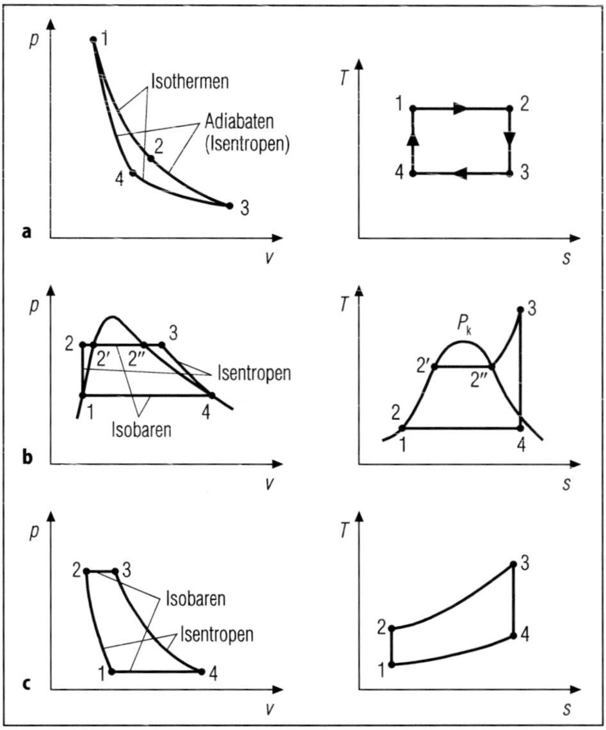

Bild 3.7 a – c. Kreisprozesse aus reversiblen Zustandsänderungen im p-v-Diagramm und im T-s-Diagramm, sowie Grundzusammenhänge bei isobaren, isothermen und adiabaten (isentropen) Zustandsänderungen. **a** Carnot-Prozess; **b** Clausius-Rankine-Prozess; **c** Joule-Prozess

Isobare	Isotherme	Adiabate, Isentrope
$pv^0 = \text{const.}$ 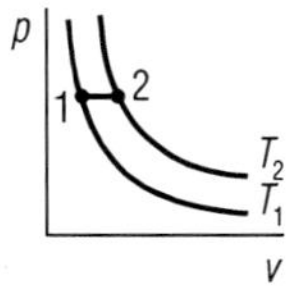 $\frac{v_2}{v_1} = \frac{T_2}{T_1}$	$pv^1 = \text{const.}$ 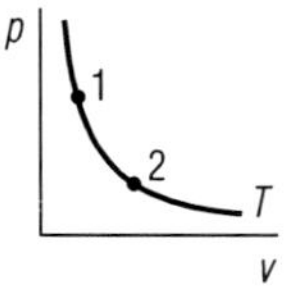 $\frac{v_2}{v_1} = \frac{p_1}{p_2}$	$pv^\kappa = \text{const.}$ 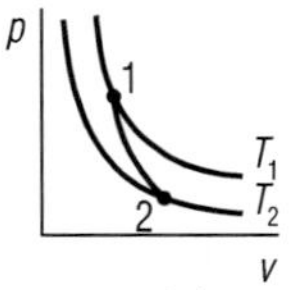 $\frac{p_1}{p_2} = \left(\frac{v_2}{v_1}\right)^\kappa$
$T = T_0 e^{s/c_p}$	$T = \text{const.}$	$s = \text{const.}$
Expansionsarbeit $w_{12} = \int_1^2 p\,dv$		
$= p(v_2 - v_1)$ $= R(T_2 - T_1)$	$= RT \ln \frac{v_2}{v_1}$ $= RT \ln \frac{p_1}{p_2}$	$= \frac{R}{\kappa - 1}(T_1 - T_2)$ $= \frac{1}{\kappa - 1}(p_1 v_1 - p_2 v_2)$ $= \frac{p_1 v_1}{\kappa - 1}\left(1 - \frac{T_2}{T_1}\right)$

Volumen (v) bestimmt. Mit der Gaskonstanten R ergibt sich der bekannte Zusammenhang in der Zustandsgleichung $pv = R\,T$.

Die Umwandlung von Wärme in mechanische Arbeit erfolgt in der Technik durch Expansion von Gasen oder Dämpfen. Expandiert ein Gas von v_1 auf v_2, so ergibt sich die spezifische Expansionsarbeit $w = W/m$ als Fläche unter der Kurve der Zustandsänderung von Punkt 1 nach Punkt 2 (Bild 3.7, unterer Teil):

$$w_{a12} = w_{12} = \int_1^2 p\mathrm{d}v \tag{3.4}$$

Da w_{a12} vom Verlauf der Zustandsänderung abhängt (Bild 3.7), ist die Expansionsarbeit keine Zustandsgröße. Sie wird als positiv für den Außenbereich des Gasvolumens, also als Energiegewinnung angesehen. Bei Buchung für den Innenbereich würde man im Gegensatz dazu $w_{i12} = -\int_1^2 p\mathrm{d}v = -w_{a12}$ schreiben [3.29].

Bezeichnet man mit u die spezifische innere Energie eines Gases, die allein von der Kelvintemperatur T abhängig ist, so kann man die Aussage des ersten Hauptsatzes der Thermodynamik von der Erhaltung der Energie (J. R. Mayer, 1814–1878) wie folgt schreiben:

$$\mathrm{d}q = \mathrm{d}u + p\mathrm{d}v \tag{3.5}$$

Dabei wird angenommen, dass einem Gas mit der inneren Energie u die Wärmemenge $\mathrm{d}q$ zugeführt wird, und dass es dabei expandiert und die äußere Arbeit $p\mathrm{d}v$ leistet. Bei konstantem Volumen würde $\mathrm{d}q$ nur zur Erhöhung der inneren Energie führen.

Weil das Rechnen mit der spezifischen Enthalpie h in den meisten Fällen zweckmäßiger ist als mit der inneren Energie (Bild 3.11), wird h als Zustandsgröße eingeführt:

$$h = u + pv \tag{3.6}$$

Ersetzt man $p\mathrm{d}v$ in Gl. (3.4) nach Gl. (3.5) durch $-\mathrm{d}u$ bei verlustfreier Entspannung ohne Wärmeaustausch mit der Umgebung ($\mathrm{d}q = 0$), so ergibt sich bei Verwendung von Gl. (3.6) für die spezifische Arbeit eines solchen Prozesses:

$$W_m/m = h_1 - h_2 = w_{a12} + p_1v_1 - p_2v_2 \tag{3.7}$$

Die mechanische Arbeit W_m einer Arbeitsmaschine bei verlustfreier Entspannung ohne Wärmeaustausch mit der Umgebung ist also dem Enthalpiegefälle gleich.

Als weitere abgeleitete Zustandsgröße wird in der Thermodynamik die spezifische Entropie verwendet. Sie ist ein Maß für die Reversibilität einer Zustandsänderung. Ist eine Zustandsänderung reversibel, so bleibt die Entropie konstant. Ist die Zustandsänderung jedoch irreversibel, wie bei allen wirklichen Vorgängen, so nimmt die Entropie zu (Drosselung und Reibung sind Beispiele für irreversible Vorgänge). Für das Differential dieser Zustandsgröße gilt nach Clausius:

$$ds = \frac{dq}{T} = \frac{du + p dv}{T} \tag{3.8}$$

Zustandsänderungen werden nach der konstant bleibenden Größe benannt:

Isobare:	Zustandsänderung bei p = const.	$[pv^0 = \text{const.}; T = T_0 e^{s/c_p}]$
Isotherme	Zustandsänderung bei T = const.	$[pv^1 = \text{const.}; T = pv/R]$
Adiabate, Isentrope	Zustandsänderung bei s = const.	$[pv^\kappa = \text{const.}]$
Isenchore	Zustandsänderung bei v = const.	$[pv^\infty = \text{const.}; T = T_0 e^{s/c_v}]$
Polytrope	Zustandsänderung, allgemein	$[pv^n = \text{const.}; T = T_0 e^{s/c_n}]$

Bei festen Körpern ist die spezifischen Wärme c_p bei konstantem Druck gleich der spezifischen Wärme c_v bei konstantem Volumen. Bei Flüssigkeiten gilt $c_p \approx c_v$. Bei Wasser von 15 °C beträgt die spezifische Wärme c = 4,187 kJ/kgK. Bei Gasen und bei Wasserdampf ist c_p größer als c_v. Für Luft rechnet man mit den folgenden Größen:

$$c_p = 1{,}0074 \frac{\text{kJ}}{\text{kgK}}; \quad c_v = 0{,}7202 \frac{\text{kJ}}{\text{kgK}}; \quad R = c_p - c_v = 0{,}2868 \frac{\text{kJ}}{\text{kgK}}$$

Der Adiabatenexponent bei einem zweiatomigem Gas (Luft) ist $\kappa = c_p/c_v \approx 1{,}4$. Bei einatomigen Gasen (z. B. Helium) beträgt der Adiabatenexponent 1,67 und bei dreiatomigem Gasen (Wasserdampf) 1,33. Für die spezifische Wärme der Polytrope gilt: $c_n = (n - \kappa)/(n - 1)$.

Dauernde Arbeit kann nur von einem kontinuierlich ablaufenden Prozess, einem Kreisprozess geleistet werden. Das Arbeitsmittel (Gas oder Wasser-Wasserdampf) muss nach dem Durchlaufen einer Reihe von Zustandsänderungen jeweils wieder in den Ausgangszustand zurückkehren. Dieses Zurückkehren muss auf einem anderen Weg erfolgen, wie im Bild 3.8 für den von Carnot (franz. Physiker 1798 – 1832) angegebenen Kreisprozess gezeigt. Er besteht aus zwei Isothermen und zwei Adiabaten.

Aus Bild 3.8 erkennt man, dass sich der Carnot-Prozess, so wie andere Prozesse auch, besonders anschaulich im T-s-Diagramm darstellen lässt. Die Fläche 12ba stellt die zugeführte Wärme q_{zu} dar und die Fläche 34ab die abgeführte Wärme q_{ab}. Die Differenz beider Flächen ist die vom Carnot-Prozess geleistete spezifische Arbeit (Fläche 1234).

Für den thermodynamischen Wirkungsgrad η_{thC} des verlustfreien Carnot-Prozesses gilt:

$$\eta_{thC} = \frac{q_{zu} - q_{ab}}{q_{zu}} = \frac{T_1(s_1 - s_2) - T_3(s_1 - s_2)}{T_1(s_1 - s_2)} = \frac{T_1 - T_3}{T_1} = 1 - \frac{T_3}{T_1} \tag{3.9}$$

Der Carnot-Prozess stellt den bei thermischen Prozessen überhaupt erreichbaren höchsten Wirkungsgrad dar. Alle technischen Prozesse, die zwischen

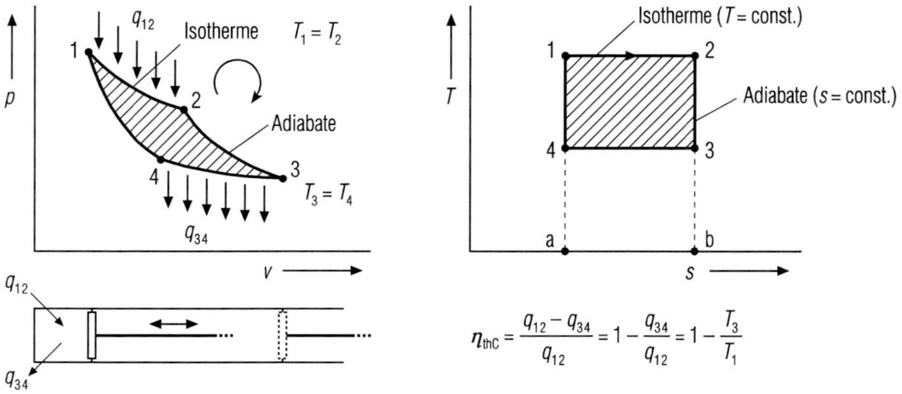

Bild 3.8. Carnot-Prozess im p-v- und T-s-Diagramm (Prinzip). 1 $\rightarrow$ 2 Isotherme Expansion; 2 $\rightarrow$ 3 Adiabate Expansion; 3 $\rightarrow$ 4 Isotherme Kompression; 4 $\rightarrow$ 1 Adiabate Kompression

den Temperaturen T_3 und T_1 arbeiten, haben Wirkungsgrade, die wegen unvermeidbarer irreversibler Vorgänge schlechter sind als der Carnotsche [3.29].

Für reale Gase und Dämpfe (Wasserdampf) ist die Zustandsgleichung für ideale Gase nicht mehr gültig. Das Verhalten von Wasser/Wasserdampf ist theoretisch schwer erfassbar, aber durch Messungen genügend genau bekannt. Die wichtigsten Werte für Wasser und Wasserdampf sind in den VDI-Wasserdampftafeln zu finden [3.2]. Bild 3.9 zeigt einen Überblick im p-v-Diagramm und im T-s-Diagramm.

Der kritische Punkt P_k im Bild 3.9 ist der Scheitelpunkt auf der Grenzkurve zwischen Flüssigkeit und Nassdampf einerseits (a in Bild 3.9a) und zwischen Nassdampf und überhitztem Dampf andererseits (b in Bild 3.9a). In diesem Punkt wird die Dichte von Wasser und Wasserdampf gleich. Der Unterschied zwischen der dampfförmigen und der flüssigen Phase verschwindet. Bei Drücken oberhalb des kritischen Druckes 220,45 bar geht das Wasser bei wachsender Temperatur ohne Zwischenphase in überhitzten Dampf über. Bezeichnet man mit v' das spezifische Volumen des Wassers zu Beginn der Verdampfung und mit v'' das spezifische Volumen des Sattdampfes, so ergibt sich für das spezifische Volumen v des nassen Dampfes, wenn x Gewichtsanteile bereits verdampft sind:

$$v = (1 - x)v' + xv'' \tag{3.10}$$

Dabei wird x als Dampfgehalt bezeichnet; $x = 0$ gilt für den linken und $x = 1$ für den rechten Ast der Grenzkurve.

Im T-s-Diagramm des Wasserdampfes, der sogenannten Glockenkurve im Bild 3.9b, liegen im linken Teil die Isobaren sehr nahe an der Grenzkurve. Die Entropie s des Wassers wird vereinbarungsgemäß gleich Null gesetzt bei 0 °C im Sättigungszustand.

Bild 3.9 a, b. Wasser, Wasserdampf.
a p-v-Diagramm;
a Grenze zwischen Flüssigkeit und Nassdampf;
b Grenze zwischen Nassdampf und überhitztem Dampf;
x Dampfgehalt;
P_k kritischer Punkt:
$p_k = 220{,}45$ bar; $T_k = 647$ K;
$\vartheta_k = 373{,}86\,°C$;
$v_k = 0{,}00311\ m^3/kg$ [3.14];
b T-s-Diagramm [3.2, 3.14];
Isobaren p = const. (Ausgezogen);
Isochoren v = const. (gestrichelt);
Kurven gleichen Wärmeinhalts
h = const. (strichpunktiert)

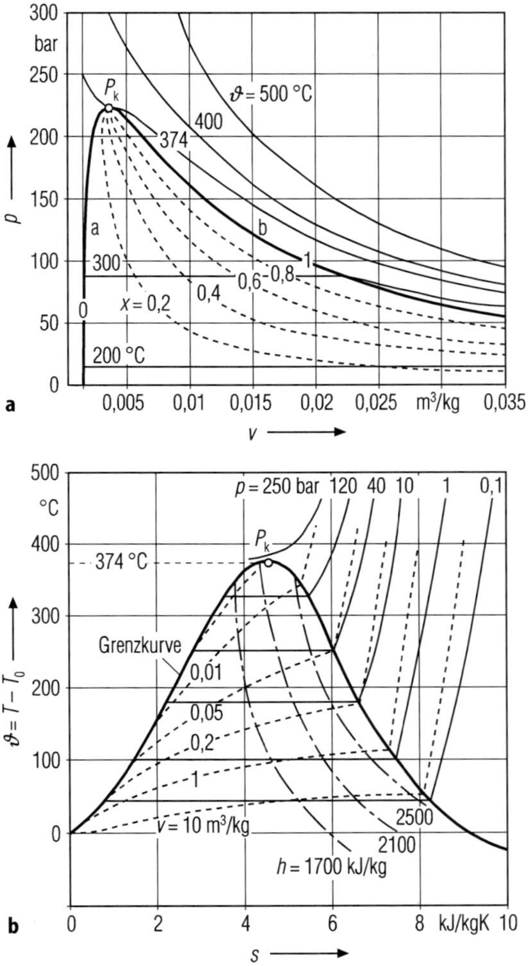

Bild 3.10 a zeigt einen einfachen Dampfprozess und dazu den Clausius-Rankine-Prozess als theoretischen Vergleichsprozess im p-v-Diagramm (Bild 3.10 b) und im T-s-Diagramm (Bild 3.10 c). Der Clausius-Rankine-Prozess beginnt mit der adiabaten Druckerhöhung des Kesselspeisewassers von f $\rightarrow$ a, gefolgt von der isobaren Wärmezufuhr (an das Wasser, das Gemisch aus Wasser und Dampf und den Dampf) von a $\rightarrow$ d mit nachfolgender adiabater Entspannung des Dampfes in der Turbine von d $\rightarrow$ e_{ad}, und endet mit der letzten Zustandsänderung, der isobaren Kühlung des entspannten Dampfes von e_{ad} $\rightarrow$ f (also der Kondensation des Dampfes zu Wasser und Abfuhr der nicht in Arbeit umgewandelten Wärme an die Umgebung). Bei Zustandsänderungen unterhalb der Grenzkurve im Nassdampfgebiet bleiben Druck und Temperatur konstant (Isobaren und Isothermen fallen dort zusammen). Würde man bei der Prozessführung im Nassdampfgebiet bleiben, den Prozess also im

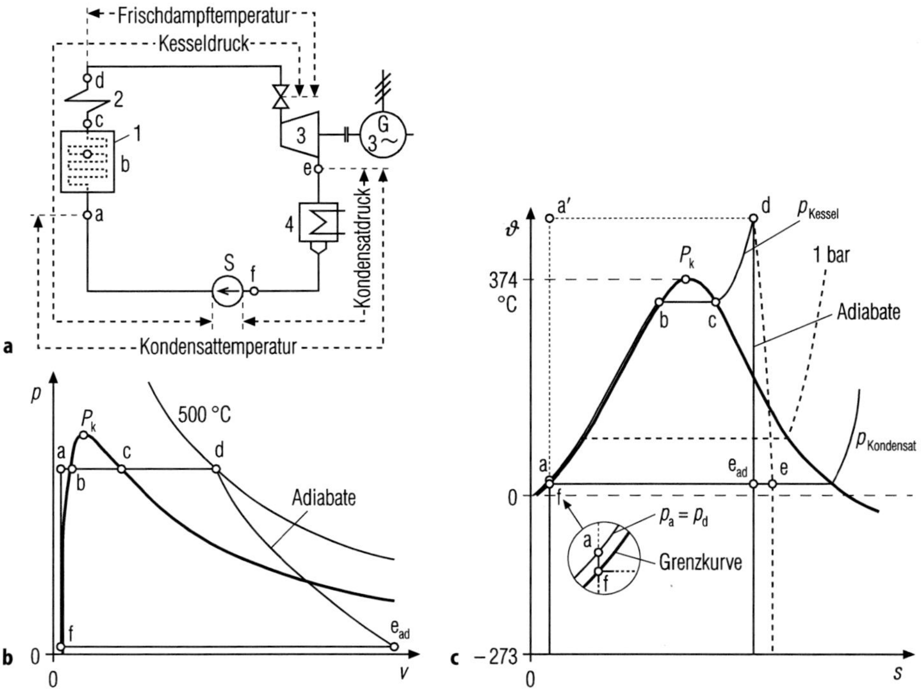

Bild 3.10 a–c. Einfacher Dampfprozess (Clausius-Rankine-Prozess). **a** Schaltung; **b** *p-v*-Diagramm; **c** *T-s*-Diagramm; (a bis f Wasser-Dampf-Zustände im Kreislauf). *1* Verdampfer; *2* Überhitzer; *3* Dampfturbine; *4* Kondensator; *5* Speisewasserpumpe

Punkt c mit einer adiabaten Entspannung fortsetzen (ohne die Überhitzung von c ⟶ d), so bliebe die obere Temperatur unter 374 °C und man würde nur einen Wirkungsgrad zwischen 30 und 35 % erreichen können. Diese Fahrweise wird etwa in Leichtwasser-Kernkraftwerken angewendet mit Rücksicht auf die dort verwendeten Materialien (Abschn. 3.7). Bei Kohlekraftwerken setzt man Überhitzer (c ⟶ d) ein. Durch die Entwicklung warmfester Stähle versucht man die frühere Grenze für den Frischdampfzustand, die bei etwa 180 bis 220 bar und 500 bis 525 °C lag, zu überschreiten, um so für Grundlastkraftwerke einen möglichst hohen Wirkungsgrad zu erreichen. Man hat dann überkritische Frischdampfzustände bis etwa 290 bar und 600 °C.

Die dem Prozess bei den Zustandsänderungen von a ⟶ d zugeführte Wärme q_{zu}, im *T-s*-Diagramm als Fläche unter der Zustandsänderung bis herunter zur Linie −273 °C (0 K), setzt sich aus der Flüssigkeitswärme $q_{fl\,(a-b)}$, der Verdampfungswärme $q_{v(b-c)}$ und der Überhitzungswärme $q_{ü\,(c-d)}$ zusammen. Insgesamt wird also $q_{zu} = q_{fl} + q_v + q_ü$ zugeführt. Nach der adiabaten Entspannung von d ⟶ e_{ad} (z. B. auf 0,05 bar abhängig von der Umgebungs- oder Kühlwassertemperatur) wird der aus der Turbine austretende Dampf zwischen e_{ad} und f kondensiert. Dabei wird die Wärmemenge q_{ab} (entsprechend der Fläche unter der Zustandsänderung) an das Kühlwasser abgegeben. Für den theore-

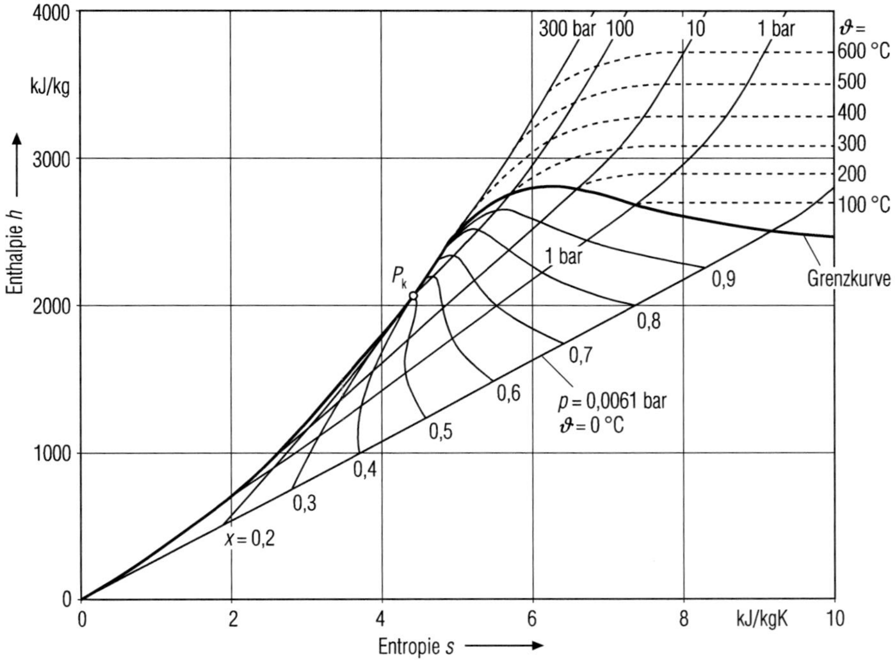

Bild 3.11. Das h-s-Diagramm des Wasserdampfes (Mollier-Diagramm)

tischen thermischen Wirkungsgrad η_{thCR} des Clausius-Rankine Prozesses findet man ähnlich wie beim Carnot-Prozess:

$$\eta_{\text{thCR}} = \frac{q_{\text{zu}} - q_{\text{ab}}}{q_{\text{zu}}} = \frac{w}{q_{\text{zu}}} = \frac{h_{\text{d}} - h_{\text{ead}}}{h_{\text{d}} - h_{\text{a}}} \tag{3.11}$$

Der letzte Ausdruck in Gl. (3.11) mit den Enthalpiedifferenzen lässt sich günstig aus dem deshalb auch häufig verwendeten h-s-Diagramm des Wasserdampfes (Mollier-Diagramm) nach Bild 3.11 ablesen. Das h-s-Diagramm erhält man aus dem T-s-Diagramm durch Integration längs der Isobaren ($\mathrm{d}h = T\mathrm{d}s$). Für die längs abcd im Bild 3.10 c zugeführte Wärmemenge q_{zu} ergibt sich im h-s-Diagramm als Differenz der Enthalpien:

$$q_{\text{zu}} = \int_a^d (\mathrm{d}h - v\mathrm{d}p) = \int_a^d \mathrm{d}h = h_{\text{d}} - h_{\text{a}} \tag{3.12}$$

Für die isobare Wärmeabfuhr von e_{ad} bis f gilt entsprechend:

$$q_{\text{ab}} = \int_f^{e_{\text{ad}}} (\mathrm{d}h - v\mathrm{d}p) = \int_f^{e_{\text{ad}}} \mathrm{d}h = h_{\text{ead}} - h_{\text{f}} \tag{3.13}$$

Da $h_{\text{f}} \approx h_{\text{a}}$ ist (Bild 3.10 c), und die Speisepumpenarbeit gegen die Turbinenarbeit vernachlässigt werden kann, erhält man $q_{\text{zu}} - q_{\text{ab}} = h_{\text{d}} - h_{\text{a}} - (h_{\text{ead}} - h_{\text{f}}) \approx$

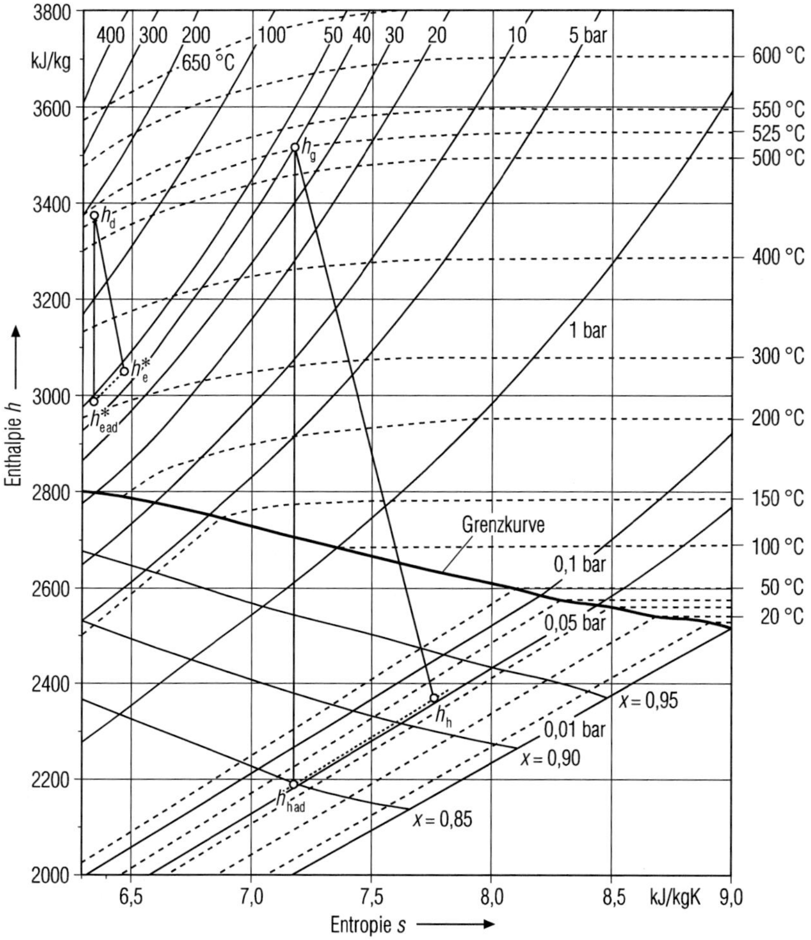

Bild 3.12. Ausschnitt aus dem Mollier-Diagramm nach Bild 3.11 zur Ermittlung der Enthalpiedifferenz bei der Expansion des überhitzten Frischdampfes in der Turbine.
Eingezeichnetes Beispiel:
h_d = 3370 kJ/kg bei 530 °C und 180 bar
h^*_ead = 2975 kJ/kg, h^*_e = 3055 kJ/kg bei 44,3 bar
h_g = 3515 kJ/kg bei 530 °C und 39,6 bar
h_had = 2195 kJ/kg, h_h = 2367 kJ/kg bei 0,053 bar

$h_\mathrm{d} - h_\mathrm{ead}$, wie in Gl. (3.11) angegeben. Aus dem h-s-Diagramm kann man also η_th einfach ermitteln. Bild 3.12 enthält einen speziell dazu geeigneten Ausschnitt aus dem Mollier-Diagramm. Für die Enthalpie im Punkt a gilt: $h_\mathrm{a} = c_\mathrm{p}\vartheta_\mathrm{a}$ mit c_p = 4,19 kJ/kgK.

Könnte man (theoretisch) den Prozess, wie im Bild 3.10c angedeutet von a über a′ nach d führen und zurück über e_ad und f(a), so würde sich bei Temperaturen T_d = 803 K (530 °C) und T_f = 306,6 K (33,5 °C), bei einer Expansion bis auf 0,053 bar (Bild 3.12), ein Wirkungsgrad nach Gl. (3.9) wie folgt ergeben:

$$\eta_{\text{thC max theoretisch}} = 1 - \frac{T_\text{f}}{T_\text{d}} = 1 - \frac{306{,}6\,\text{K}}{803\,\text{K}} = 0{,}62$$

Tatsächlich wird, weil man a′ bei einem Wasser-Dampf-Prozess nicht erreichen kann, der Wirkungsgrad η_thCR wesentlich kleiner. Im vorliegenden Fall bei Frischdampfdaten 180 bar und 530 °C findet man im Bild 3.12 eine Enthalpie von $h_\text{d} = 3370$ kJ/kg und nach adiabater Expansion auf 0,053 bar entsprechend 33,5 °C eine Enthalpie von $h_\text{ead} \approx 1950$ kJ/kg (im Ausschnitt Bild 3.12 nicht abzulesen). Mit $h_\text{f} = h_\text{a} = c_\text{p}\vartheta_\text{a} = 4{,}19$ kJ/kgK · 33,5 °C = 140 kJ/kg wird nach Gl. (3.11):

$$\eta_\text{thCR} = \frac{h_\text{d} - h_\text{ead}}{h_\text{d} - h_\text{a}} = \frac{(3370 - 1950)\ \text{kJ/kg}}{(3370 - 140)\ \text{kJ/kg}} = \frac{1420\ \text{kJ/kg}}{3230\ \text{kJ/kg}} \approx 0{,}44$$

Der maximal mögliche Wirkungsgrad des einfachen verlustlosen Wasser-Dampf-Prozesses in den angenommenen Temperaturgrenzen erreicht also nur etwa 70 % des maximalen Wirkungsgrades für den Carnot-Prozess in den gleichen Temperaturgrenzen. Wegen des Dampfgehaltes $x < 0{,}8$ (Bild 3.12) wird dieser Kreisprozess nicht möglich sein, weil die kleinen Wassertröpfchen im Dampf die Turbinenschaufeln zerstören würden.

Ausgehend von den vorstehenden, einfachen Überlegungen ergibt sich bereits, dass man zur Verbesserung des Wirkungsgrades neben der Wahl hoher Frischdampfdaten günstigerweise eine regenerative Speisewasservorwärmung und eine Zwischenüberhitzung einführt, wobei die Zwischenüberhitzung ohnehin notwendig wird zur Verminderung der Dampffeuchte. Man spricht hier von der Carnotisierung des Prozesses. Durch beide Maßnahmen wird bei fest vorgegebener Frischdampftemperatur die thermodynamische Mitteltemperatur erhöht [3.25].

Bild 3.13 zeigt das Prinzip der regenerativen Speisewasservorwärmung mit Anzapfdampf aus der Turbine, dargestellt für vier Vorwärmstufen. In der Praxis unterscheidet man zwischen Niederdruckvorwärmern und Hochdruckvorwärmern (Bilder 3.18, 3.26), wobei die Hochdruckvorwärmer zwischen der Kesselspeisepumpe und dem Dampferzeuger liegen. Maximal werden acht bis zehn Vorwärmstufen gewählt. Der Zusatz regenerativ bezieht sich auf den Wärmerückgewinn aus dem Anzapfdampf. Die Exergie des teilweise entspannten Dampfteilstromes ist geringer als die Exergie des sonst zur Speisewassererwärmung im Dampferzeuger benötigten Brennstoffes. Obwohl sich die Turbinenarbeit durch die Entnahme des Anzapfdampfes verringert, erhöht sich der Prozesswirkungsgrad. Die Anzapfung erfolgt stufenweise bei verschiedenen Drücken und Temperaturen, bei unterkritischem Frischdampf bis etwa 250 °C und bei überkritischem Frischdampf sogar bis etwa 300 °C oder eben darüber. Häufig findet zusätzlich auch eine rauchgasbeheizte Speisewasservorwärmung statt (Bild 3.18), die zwischen der letzten Stufe der Speisewasservorwärmung mit Anzapfdampf und dem Dampferzeuger liegt.

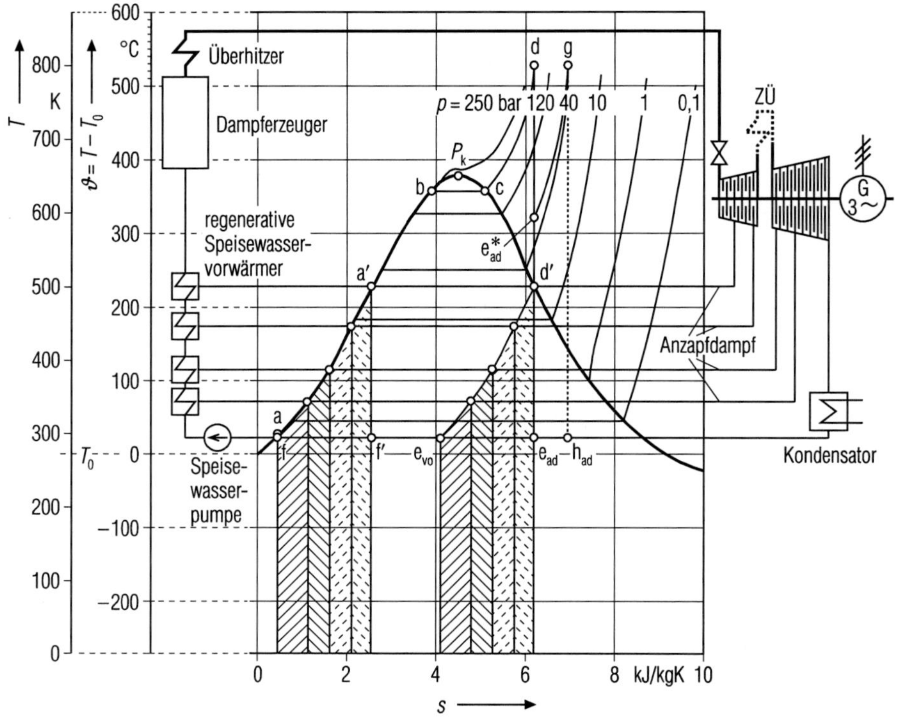

Bild 3.13. Prinzip der regenerativen Speisewasservorwärmung durch Anzapfdampf und Zwischenüberhitzung (ZÜ, gestrichelt eingetragen)

Bei der Zwischenüberhitzung, die eine mehrstufige Turbine notwendig macht, wird der überhitzte Dampf nach Teilentspannung auf einen Zwischendruck von z. B. 45 bar (Punkt e^*_{ad} im Bild 3.13 bei verlustlos angenommener Expansion) wieder in den Kessel zurückgeführt und in einem Zwischenüberhitzer erneut auf die Frischdampftemperatur erhitzt (Punkt g im Bild 3.13), um dann vollständig entspannt zu werden bis auf den Kondensatordruck (Punkt h_{ad} bei verlustlos angenommener Expansion). Es gelingt dadurch am Ende der Expansion auf eine so geringe Dampfnässe zu kommen, die mit Blick auf die Korrosion der Turbinenschaufeln noch zugelassen werden kann ($x > 0{,}85$, Bilder 3.11 und 3.12).

Die Verluste durch Wärmeabströmung und Drosselung bei der Expansion in der Turbine führt zu einer Entropiezunahme. Das Enthalpiegefälle wird dadurch geringer. Diese Verluste kann man durch den inneren Wirkungsgrad η_i (Bild 3.1) berücksichtigen:

$$\eta_i = \frac{h_d - h_e}{h_d - h_{ead}} \tag{3.14}$$

Bei verlustbehafteter Expansion wird damit ausgehend von Gl. (3.11) und Gl. (3.14):

$$\eta_{\mathrm{th}} = \eta_{\mathrm{thCR}} \eta_{\mathrm{i}} = \frac{h_{\mathrm{d}} - h_{\mathrm{ead}}}{h_{\mathrm{d}} - h_{\mathrm{a}}} \frac{h_{\mathrm{d}} - h_{\mathrm{e}}}{h_{\mathrm{d}} - h_{\mathrm{ead}}} = \frac{h_{\mathrm{d}} - h_{\mathrm{e}}}{h_{\mathrm{d}} - h_{\mathrm{a}}} \tag{3.15}$$

Unter Einbeziehung der Zwischenüberhitzung (Bild 3.13), wenn die Frischdampfexpansion von d nach e^{*}_{ad} geht und die anschließende Expansion nach Zwischenüberhitzung von g nach h_{ad}, wird:

$$\eta_{\mathrm{thCR,ZÜ}} = \frac{(h_{\mathrm{d}} - h^{*}_{\mathrm{ead}}) + (h_{\mathrm{g}} - h_{\mathrm{had}})}{(h_{\mathrm{d}} - h_{\mathrm{a}}) + (h_{\mathrm{g}} - h^{*}_{\mathrm{ead}})} \tag{3.16}$$

Unter Einbeziehung der Verluste erhält man, wenn der innere Wirkungsgrad des Hoch-, Mittel- und Niederdruckteils der Turbine zusammengefasst wird:

$$\eta_{\mathrm{th,ZÜ}} = \eta_{\mathrm{thCR,ZÜ}} \eta_{\mathrm{i}} = \frac{(h_{\mathrm{d}} - h^{*}_{\mathrm{e}}) + (h_{\mathrm{g}} - h_{\mathrm{h}})}{(h_{\mathrm{d}} - h_{\mathrm{a}}) + (h_{\mathrm{g}} - h^{*}_{\mathrm{e}})} \tag{3.17}$$

Bei Berücksichtigung der regenerativen Speisewasservorwärmung wird man anstelle von h_{a} die Enthalpie h_{Sp} des Speisewassers einführen und durch einen Reduktionsfaktor r die Abnahme der Enthalpiedifferenz $h_{\mathrm{g}} - h^{*}_{\mathrm{e}}$ durch die Anzapfungen vor der Zwischenüberhitzung berücksichtigen. Entsprechend Gl. (3.17) wird dann, wenn man die inneren Wirkungsgrade für den Hochdruckteil und für den Mittel- und Niederdruckteil der Turbine einführt:

$$\eta_{\mathrm{th,ZÜ}} = \frac{(h_{\mathrm{d}} - h^{*}_{\mathrm{ead}})\, \eta_{\mathrm{iHD}} + (h_{\mathrm{g}} - h_{\mathrm{had}} - \Delta h)\, \eta_{\mathrm{i(MD+ND)}}}{(h_{\mathrm{d}} - h_{\mathrm{Sp}}) + (h_{\mathrm{g}} - h^{*}_{\mathrm{e}})\, r} \tag{3.18}$$

Dabei ist Δh der Gefällverlust (Enthalpiedifferenz) bei der Expansion im Mittel- und Niederdruckteil durch die Entnahme von Dampfteilströmen zur Speisewasservorwärmung.

Beispiel (eingezeichnet im Bild 3.12):
Bei dem bereits behandelten Beispiel mit einer Frischdampftemperatur von 530 °C (803 K) und einem Frischdampfdruck von 180 bar (unterkritischer Frischdampfdruck) soll regenerative Speisewasservorwärmung und einfache Zwischenüberhitzung auf 530 °C nach Entspannung auf 44,3 bar vorgesehen werden. Die Kühlwassertemperatur soll 21 °C betragen. Bei einer Aufwärmung im Kondensator um 8,5 K und einer notwendigen Temperaturdifferenz im Kondensator von 4 K ergibt sich eine Kondensattemperatur von 33,5 °C und ein Kondensatdruck von 0,053 bar. Die sieben Vorwärmestufen sollen das Speisewasser von 33,5 °C bis auf 252 °C erwärmen. Die Enthalpie des vorgewärmten Speisewassers beträgt dann $h_{\mathrm{Sp}} = 1095{,}3$ kJ/kg. Der dadurch entstehende Gefällverlust Δh durch die Vorwärmung beträgt 268 kJ/kg. Eine Anzapfung liegt vor der Zwischenüberhitzung, wodurch die Wärmezufuhr im Zwischenüberhitzer des Kessels reduziert wird. Dieser Reduktionsfaktor beträgt im vorliegenden Beispiel $r = 0{,}926$.

Mit den im Bild 3.12 eingezeichneten Enthalpien für die Punkte d bis h wird nach Gl. (3.18):

$$\eta_{\text{th,ZÜ}} = \frac{(3370-2975)\,0{,}79\ \text{kJ/kg} + (3515-2195-268)\,0{,}87\ \text{kJ/kg}}{(3370-1095)\ \text{kJ/kg} + (3515-3055)\,0{,}926\ \text{kJ/kg}}$$

$$= \frac{1227\ \text{kJ/kg}}{2701\ \text{kJ/kg}} = 0{,}45$$

Der Dampfzustand nach dem Austritt aus dem Hochdruckteil bei 44,3 bar und 340 °C ist $h_e^* = (3370-315)$ kJ/kg = 3055 kJ/kg. Im Zähler der vorstehenden Gleichung steht das gesamte zu nutzende Enthalpiegefälle $\Delta h_{res} = 1227$ kJ/kg, gebildet aus der zugeführten und der abgeführten Wärme, während im Nenner die gesamte Wärmezufuhr von 2701 kJ/kg steht.

Soll ein Kraftwerksblock mit dem vorstehenden Wasser-Dampf-Kreislauf an den Generatorklemmen $P_{rG} = 150$ MW abgeben, so benötigt man unter Berücksichtigung der Wirkungsgrade η_m und η_e die folgende stündliche Frischdampfmenge G':

$$G' = \frac{P_{rG} / (\eta_m \eta_e)}{\Delta h_{res}} = \frac{154\,500\ \text{kW}}{1227\ \text{kJ/kg}} = 126\ \text{kg/s} = 453{,}6 \cdot 10^3\ \text{kg/h}$$

Der Wärmebedarf des Turbosatzes beträgt damit $Q = 126$ kg/s · 2701 kJ/kg = 340,3 · 10^3 kJ/s. Bezogen auf P_{rG} wird daraus der spezifische Wärmebedarf:

$$q = \frac{Q}{P_{rG}} = \frac{340{,}3 \cdot 10^3\ \text{kJ/s}}{150000\ \text{kW}} = 2{,}27 \frac{\text{kJ}}{\text{kWs}} = 2{,}27$$

Dies entspricht einem Wirkungsgrad des Turbosatzes

$$\eta = \eta_{\text{th,ZÜ}} \eta_m \eta_e = \frac{1}{q} = \frac{1}{2{,}27} = 0{,}44 = 0{,}453\,\frac{150000\ \text{kW}}{154\,500\ \text{kW}}$$

Um den Bruttogesamtwirkungsgrad des Kraftwerkes $\eta_{\text{DK br.}}$ zu ermitteln, muss man noch den Wirkungsgrad des Kessels einschließlich Rohrleitungen $\eta_K = 0{,}9$ berücksichtigen und erhält dann nach Gl. (3.2):

$$\eta_{\text{DK br.}} = \eta_K\, \eta_{\text{th,ZÜ}}\, \eta_m \eta_e = 0{,}9 \cdot 0{,}44 = 0{,}396$$

Bezieht man den Eigenbedarf und die Verluste des Blocktransformators in die Betrachtung ein, so kommt man zum Nettowirkungsgrad nach Gl. (3.3), im vorliegenden Fall auf etwa $\eta_{\text{DK ne.}} = 0{,}37$. Dem entspricht ein spezifischer Wärmeverbrauch von $q_{\text{ne.}} = 2{,}7$ kJ/kWs. Ohne Zuschläge für Teillast und für das An- und Abfahren des Kraftwerksblockes beträgt die erforderliche Brennstoffmenge $\dot{m}_B$ bei einem Heizwert $h_u = 28\,000$ kJ/kg für Steinkohle:

$$\dot{m}_B = \frac{q_{\text{ne.}} P_{rG}}{h_u} = \frac{2{,}7\ \text{kJ/kWs} \cdot 150000\ \text{kW}}{28\,000\ \text{kJ/kg}} = 14{,}46\,\frac{\text{kg}}{\text{s}} = 52{,}06 \cdot 10^3\,\frac{\text{kg}}{\text{h}}$$

Bei 6000 Vollaststunden im Jahr (Betrieb als Grundlastkraftwerk) benötigt man, wieder ohne die erwähnten Zuschläge gerechnet, etwa 315 000 t/a Steinkohle. Bei einem Weltmarktpreis der Steinkohle von etwa 60 €/t (≈ 60 US$/t) sind allein für den Brennstoff 18,9 Mio €/a aufzuwenden. Damit beträgt der Brennstoffkostenanteil an der abgegebenen elektrischen Arbeit 0,021 €/kWh. Beim Einsatz deutscher Steinkohle mit einem Preis von 150 €/t verteuert sich der Brennstoffkostenanteil auf 0,0525 €/kWh. Dieser Brennstoffkostenanteil ist zusammen mit dem Festkostenanteil für die Errichtung, die Bedienung, die Reparatur, die Steuern usw. zu betrachten und z. B. nach der Barwertmethode zu behandeln, um so die Elektrizitätserzeugungskosten an der OS-Seite des Blocktransformators zu ermitteln [1.18, 1.24].

Die früher häufig zur Spitzenlastdeckung eingesetzten Gasturbinen (Bild 3.6a) werden in zunehmendem Maße auch in Kombianlagen zusammen mit Dampfturbinen verwendet, um so den thermischen Wirkungsgrad zu verbessern (Bilder 3.4 und 3.5). Bild 3.14 zeigt den prinzipiellen Aufbau eines offenen Gasturbinenprozesses und den Prozessablauf im *p*-*v*- und im *T*-*s*-Diagramm. Die Arbeitsweise kann näherungsweise als Joule-Prozess mit Luft als Arbeitsmittel beschrieben werden, weil in der Brennkammer mit hohem Luftüberschuss gearbeitet wird. Auf eine isentrope Verdichtung von 1 nach 2 im Verdichter folgt isobare Wärmezufuhr in der Brennkammer (q_{zu}) von 2 nach 3. In der Gasturbine wird das Luft-Gas-Gemisch isentrop von 3 nach 4 entspannt. Der Prozess wird über die Außenluft isobar von 4 nach 1 geschlossen (q_{ab}). Bei Berücksichtigung von Verlusten im Verdichter und in der Gasturbine, wie im Bild 3.14c angedeutet, steigt die Entropie bei den Zustandsänderungen von 1 nach 2^* und von 3 nach 4^*.

Setzt man zur Berechnung des Wirkungsgrades ideales Gas voraus, so wird:

$$\eta_{th} = \frac{w}{q_{zu}} = \frac{q_{zu} - q_{ab}}{q_{zu}} = 1 - \frac{c_p(T_4 - T_1)}{c_p(T_3 - T_2)} \tag{3.19}$$

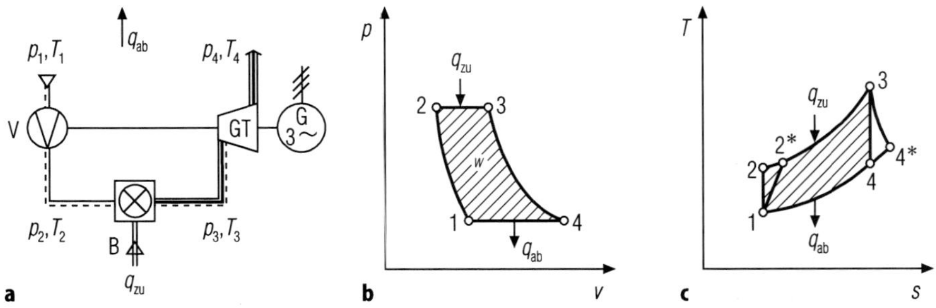

Bild 3.14a–c. Offener Gasturbinenprozess. **a** Schaltung: V Verdichter, B Brennkammer, GT Gasturbine; **b** *p*-*v*-Diagramm; **c** *T*-*s*-Diagramm

Führt man für die Isobaren das Druckverhältnis $p_2/p_1 = p_3/p_4$ und wegen der adiabaten Zustandsänderung (Bild 3.7)

$$\frac{p_2}{p_1} = \left(\frac{T_2}{T_1}\right)^{\frac{\kappa}{\kappa-1}} = \frac{p_3}{p_4} = \left(\frac{T_3}{T_4}\right)^{\frac{\kappa}{\kappa-1}} \quad \text{bei} \quad \frac{T_1}{T_2} = \frac{T_4}{T_3}$$

ein, so erhält man:

$$\eta_{\text{th}} = 1 - \frac{T_4(1 - T_1 / T_4)}{T_3(1 - T_2 / T_3)} = 1 - \frac{T_4}{T_3} = 1 - \frac{T_1}{T_2} = 1 - \left(\frac{p_2}{p_1}\right)^{\frac{1-\kappa}{\kappa}} \tag{3.20}$$

Bei $\kappa = 1{,}4$ für Luft und einem Druckverhältnis $p_2/p_1 = 10/1$ ergibt sich ein Wirkungsgrad für den idealen verlustlosen Prozess von $\eta_{\text{th}} = 0{,}48$. Die Temperaturerhöhung in der Brennkammer spielt danach hinsichtlich des Wirkungsgrades keine Rolle. Wegen $w = \eta_{\text{th}} q_{\text{zu}}$ ist jedoch eine angemessene Wärmezufuhr bei entsprechend hoher Temperatur notwendig, um so die Abmessungen der Maschinenanlage in Grenzen zu halten. Bei der Ermittlung von η_{th} wurden bisher die inneren Wirkungsgrade von Verdichter und Turbine nicht berücksichtigt; man erreicht etwa 85 bis 90 %. Die Verdichtung spielt hier eine wesentlich größere Rolle als bei der Dampfturbine, weil der Verdichter rund $^1/_2$ bis $^2/_3$ der Turbinenarbeit für sich in Anspruch nimmt (beim Dampfturbinenprozess dagegen ist die Speisepumpenarbeit so klein, dass sie bei grundsätzlichen Überlegungen vernachlässigt werden kann). Bild 3.15 zeigt praktisch erreichbare thermische Wirkungsgrade. Mit den heute verfügbaren Schaufelwerkstoffen auf Nickelbasis erreicht man Temperaturen bis etwa 950 °C und Wirkungsgrade von ≈28 % (Bild 3.15). Bei höheren Temperaturen bis etwa 1200 °C wird Filmkühlung eingesetzt, die die Gastemperatur an der Schaufeloberfläche auf die für die Schaufeln zulässige Grenze herabsetzt. Dazu wird durch feine Bohrungen Luft aus dem Verdichter auf die Schaufeloberfläche geleitet. Die höchste Gasturbineneintrittstemperatur T_3 hängt also von der Werkstoffentwicklung und der Kühltechnik ab.

Die Abhitze der Gasturbine kann für externe Wärmeverbraucher verwendet werden (industrielle Wärme oder Fernwärme) oder aber zur Dampferzeugung in einem Kombiprozess mit Gas- und Dampfturbine. Man unterscheidet dabei Anlagen ohne und mit Zusatzfeuerung. Kombianlagen ohne Zusatzfeuerung, also mit reinem Abhitzekessel zur Dampferzeugung, werden als GuD-Kraftwerke bezeichnet. Kombianlagen ohne Zusatzfeuerung erreichen hohe Wirkungsgrade und sind für gleiche Leistung bei den Errichtungskosten günstiger als Dampfkraftwerke [1.36].

Industrielle Gasturbinen, die in Kombianlagen (GuD) zum Einsatz kommen, haben Bemessungsleistungen von 260 bis 270 MW und erreichen im Alleinbetrieb Wirkungsgrade von etwa 38 % bei Eintrittstemperaturen bis 1200 °C. Im hoch entwickelten GuD-Kraftwerk können dann Wirkungsgrade bis 57…58 % erreicht werden. Die Temperatur nach der Expansion in der Gasturbine beträgt rund 500 bis 600 °C. Durch Nachschaltung eines Abhitze-

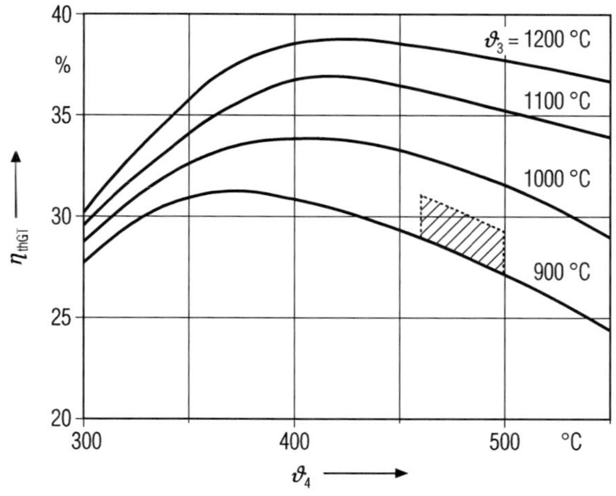

Bild 3.15. Thermischer Gasturbinenwirkungsgrad abhängig von der Eintrittstemperatur ϑ_3 und der Austrittstemperatur ϑ_4

kessels und einer Kondensationsdampfturbine lässt sich der gesamte Bereich zwischen Gasturbineneintrittstemperatur und Umgebungstemperatur (Kühlwassertemperatur) für die Energiewandlung nutzen.

Bild 3.16 zeigt ein einfaches Beispiel, in dem drei konventionelle Gasturbinensätze mit einer Eintrittstemperatur von nur 935 °C auf einen Abhitzekessel und dann auf eine zweiflutige Eingehäusedampfturbine arbeiten. Die Frischdampfdaten sind mit 440 °C und 23 bar relativ niedrig. Das Einsatzgebiet einer solchen Anlage liegt im Spitzenlast- oder im Mittellastbereich.

Der Ablauf des Kombiprozesses nach Bild 3.16 ist im *T*-*s*-Diagramm des Bildes 3.17 skizziert. Durch die Weiterverwendung der Energie der Abgase der

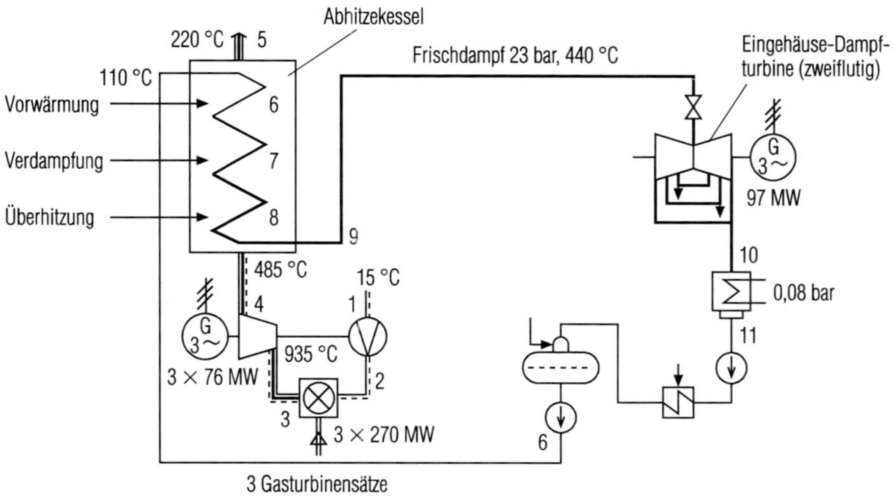

Bild 3.16. Kombianlage mit Abhitzekessel. Drei Gasturbinensätze mit $P_{rGT} = 3 \times 76$ MW = 228 MW und ein Dampfturbinensatz mit $P_{rDT} = 97$ MW. 1...11 wie im Bild 3.17

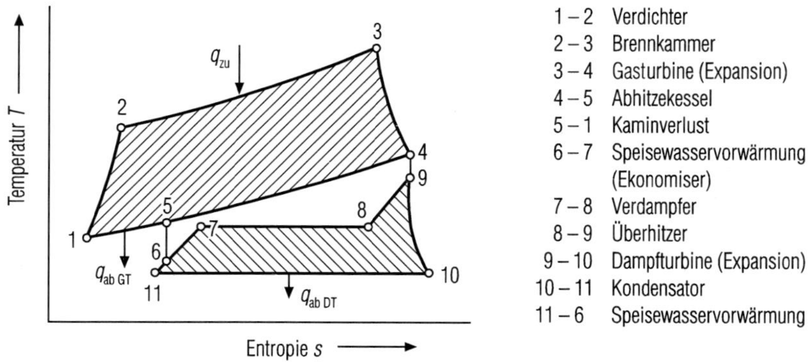

Bild 3.17. Kombiprozess mit Abhitzekessel nach Bild 3.16 im *T*-*s*-Diagramm

Gasturbinen im Abhitzekessel kann der Wirkungsgrad von etwa 28% bei Alleinbetrieb der Gasturbinen auf 40 % erhöht werden. Mit den Angaben des Bildes 3.16 ergibt sich für den Bruttowirkungsgrad:

$$\eta_{\text{(GT+DT)br.}} = \frac{Q_{\text{zu}} - Q_{\text{abGT}} - Q_{\text{abDT}}}{Q_{\text{zu}}} = \frac{810\,\text{MW} - 485\,\text{MW}}{810\,\text{MW}} = \frac{325\,\text{MW}}{810\,\text{MW}} = 0{,}40 \tag{3.21}$$

Erkauft wird diese kräftige Wirkungsgradverbesserung durch zusätzliche Investitionskosten, auch wenn es sich nur um einen Abhitzekessel mit niedrigem Druck handelt. Würde man in diesem Beispiel eine schwache Zusatzfeuerung im Kessel einführen, so kann der Wirkungsgrad bis auf 44% ansteigen. Bei stärkerer Zusatzfeuerung ergeben sich Rauchgastemperaturen über 750 °C. Der Wirkungsgrad nimmt dann wieder ab.

Bei Steinkohlekraftwerken für Grundlast kann man durch regenerative stufenweise Speisewasservorwärmung und zusätzliche rauchgasbeheizte Speisewasservorwärmung bei einfacher Zwischenüberhitzung Nettowirkungsgrade von etwa 40% erreichen. Diese Größenordnung lässt sich erst dann überschreiten, wenn man überkritische Frischdampfdaten (z. B. 290 bar und 600 °C) wählt und entsprechende Materialien im Kessel und der Turbine einsetzt. In diesem Falle kann es dann auch notwendig werden, eine zweite Zwischenüberhitzung einzuführen, um so die Dampffeuchte am Ende der Expansion in zulässigen Grenzen zu halten. Kosten und Komplexität der Anlage steigen erheblich an. Setzt man in diesem Falle auch noch günstige Kühlwasserbedingungen voraus und einen Kondensatdruck von nur 0,035 bar, so kann man einen Bruttowirkungsgrad bis 45...47% erreichen [1.36].

Bild 3.18 zeigt die Schaltung eines Grundlastkraftwerkes in der Form eines Kombikraftwerkes bei dem unterkritische Frischdampfdaten angewendet werden aber eine Gasturbine zur Wirkungsgradverbesserung vorgeschaltet wurde.

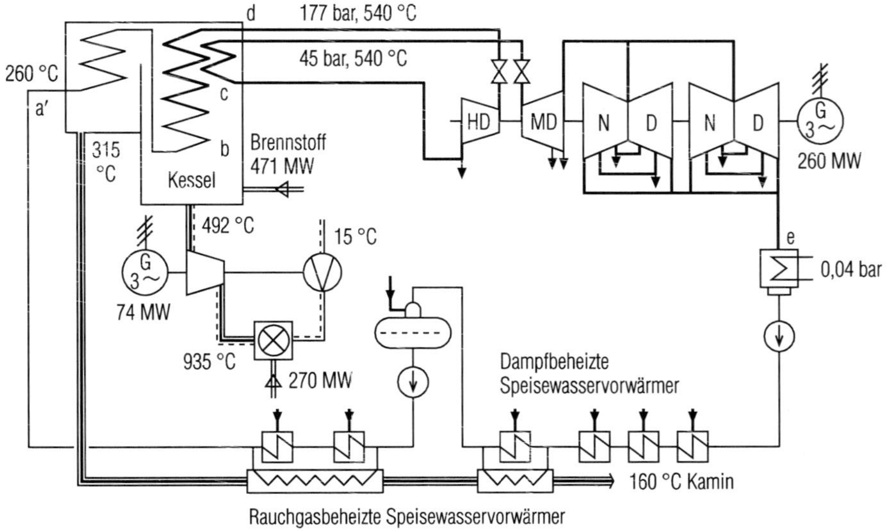

Bild 3.18. Kombinierter Gas-Dampfturbinenprozess eines Grundlastkraftwerkes

Für den Bruttowirkungsgrad des Kombiprozesses ergibt sich entsprechend Gl. (3.21) mit den Angaben im Bild 3.18:

$$\eta_{(\mathrm{GT+DT})\mathrm{br.}} = \frac{74\ \mathrm{MW} + 260\ \mathrm{MW}}{270\ \mathrm{MW} + 471\ \mathrm{MW}} = 0{,}45$$

Der Wirkungsgrad des Dampfprozesses setzt sich nach Gl. (3.2) aus einzelnen Wirkungsgraden zusammen. Für den Dampfprozess des Bildes 3.18 würde sich ohne Speisewasservorwärmung und Zwischenüberhitzung (Arbeitsfläche $\mathrm{abcde_{ad}f}$) ergeben:

$$\eta_{\mathrm{thCR(DT)}} = \frac{h_\mathrm{d} - h_\mathrm{ead}}{h_\mathrm{d} - h_\mathrm{a}} = \frac{(3390 - 1925)\ \mathrm{kJ/kg}}{(3390 - 121)\ \mathrm{kJ/kg}} = 0{,}45$$

Nach Einführung der Speisewasservorwärmung (Sp), wie im Bild 3.13 erläutert, ergibt sich unter der Annahme feiner Stufung mit der Arbeitsfläche $\mathrm{a'bcde_{ad}f'}$ der folgende Wirkungsgrad:

$$\eta_{\mathrm{thCR(DT)Sp}} = \frac{(h_\mathrm{d} - h_\mathrm{a'}) - (h_\mathrm{ead} - h_\mathrm{f'})}{(h_\mathrm{d} - h_\mathrm{a'})} = \frac{h_\mathrm{d} - h_\mathrm{ead} + h_\mathrm{f'} - h_\mathrm{a'}}{h_\mathrm{d} - h_\mathrm{a'}} \qquad (3.22)$$

Mit den Daten aus Bild 3.18 wird:

$$\eta_{\mathrm{thCR(DT)Sp}} = \frac{(3390 - 1925 + 870{,}7 - 1134)\ \mathrm{kJ/kg}}{(3390 - 1134)\ \mathrm{kJ/kg}} = \frac{1202\ \mathrm{kJ/kg}}{2256\ \mathrm{kJ/kg}} = 0{,}53$$

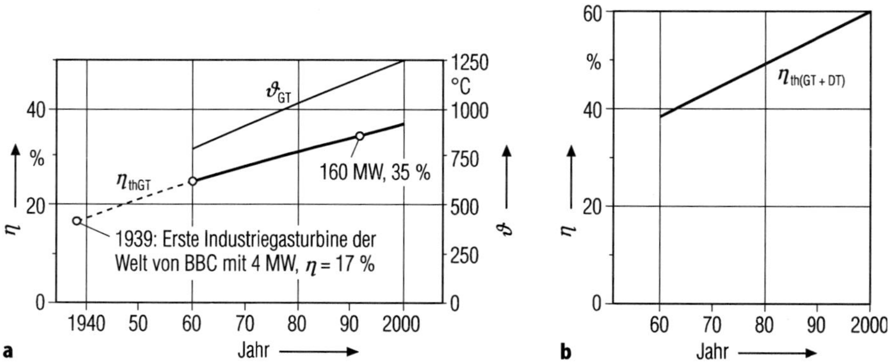

Bild 3.19 a, b. Entwicklung der Gasturbinen-Eintrittstemperaturen und der thermischen Wirkungsgrade [1.36, 3.34, 3.39, 3.40, 3.41]. **a** Gasturbinen; **b** Kombianlagen

Im Bild 3.13 sieht man, dass sich bei einer Prozessführung mit der Arbeitsfläche a′d′e_{ad}f′, also einem Prozess vollständig im Sattdampfgebiet bei idealer Speisewasservorwärmung, ein Wirkungsgrad wie im Carnot-Prozess ergeben würde: $\eta_{thCSp} = 1 - T_{ead}/T_{a'} = 1 - 302\ \text{K}/533\ \text{K} = 0{,}43$. Die Verbesserung auf 0,53 im Prozess nach Bild 3.18 ergibt sich durch die Anhebung der Mitteltemperatur (Frischdampf 540 °C und Zwischenüberhitzung auf 540 °C).

Die Verbesserung der Bruttogesamtwirkungsgrade von Kombikraftwerken mit Gas- und Dampfturbinen wurde, wie Bild 3.19 zeigt, erst möglich durch eine langfristige zielstrebige Entwicklung auf den Gebieten der Gas- und Dampfturbinen. Beim Einsatz von Gasturbinen mit sehr hohen Eintrittstemperaturen und der dabei notwendigen Schaufelkühlung erreicht man Abgastemperaturen der Gasturbine von etwa 580 °C, die für die Prozessoptimierung von Kombianlagen günstig sind [3.34].

3.4 Kraft-Wärme-Kopplung

Die bei Dampfkraftprozessen im Kondensator abgegebene Wärme muss als Abwärme an die Umgebung abgeführt werden, auch wenn man bemüht ist durch Optimierung des kalten Endes und durch Wahl hoher Frischdampfdaten und anderer Maßnahmen (Abschn. 3.3) den thermischen Wirkungsgrad möglichst hoch zu halten. Bei dieser Abwärme handelt es sich je nach Kraftwerksart immerhin um mindestens 50 bis 70 % der eingesetzten Primärenergie. Bei einem Kernkraftwerk, bei dem aus Prozessgründen (Abschn. 3.7) nur ein Wirkungsgrad von etwa 33 % erreicht werden kann, beträgt die eingesetzte Energie bei $P_{rG} = 1200$ MW etwa 3600 MW während 7500 Volllaststunden pro Jahr, was ausreichen würde etwa 60 000 mäßig isolierte Einfamilienhäuser mit Heizenergie zu versorgen, allerdings bei einer gegenüber der

Umgebungstemperatur um etwa 100 bis 120 K angehobenen Temperatur [3.29]. Nach dem zweiten Hauptsatz der Thermodynamik ist diese Wärmeabgabe notwendig, um einen thermischen Kreisprozess dauernd betreiben zu können.

Die Auskopplung von Dampf oder Warmwasser zur Speisung einer Fernheizung in Städten wurde bereits vor etwa 100 Jahren vorgenommen. Bereits vor dem zweiten Weltkrieg gab es in einigen großen Städten Fernheiznetze, um Wohnungen in dicht bebauten Stadtvierteln mit Heizung und Warmwasser zu beliefern. Wenn man Wärme mit etwa 130 bis 150 °C aus dem Dampfprozess auskoppelt, verringert sich die erzeugte elektrische Energie. Ob der Erlös für die Wärme ausreicht um den Mindererlös für die elektrische Energie zu decken, hängt von zahlreichen Einflüssen ab, u. a. von der Wärmebedarfsdichte der zu beliefernden Stadtteile und dem Übertragungsweg vom Kraftwerk bis dahin.

Die Erzeugung von elektrischer Energie und Heizwärme in einem Kraftwerk bezeichnet man als Kraft-Wärme-Kopplung (KWK). Im Zusammenhang mit der angestrebten CO_2-Emissionsminderung (Kioto-Protokoll) wird dem Ausbau der KWK in Deutschland große Bedeutung beigemessen. Es ist allerdings darauf zu achten, dass im Einzelfall auch tatsächlich die erhoffte CO_2-Einsparung eintritt, abhängig von den bei der KWK und bei getrennter Erzeugung elektrischer Energie und Wärme im Kraftwerk und in den Haushalten eingesetzten Brennstoffen. Bei Strombezug aus dem öffentlichen Netz in Deutschland mit einem erheblichen in Kernkraftwerken ohne CO_2-Ausstoß erzeugten Anteil an elektrischer Energie und getrennter Ölheizung zur Wärmeversorgung der Wohnungen würde ein Ersatz mit gleichzeitig erzeugtem Strom und Wärme (KWK) aus einem Kohlekraftwerk den CO_2-Ausstoß sogar erhöhen [3.33].

Bild 3.20 zeigt schematisch einige einfache Schaltungen für die Kraft-Wärme-Kopplung. Bei der Gegendruckanlage im Bild 3.20 a tritt an die Stelle des Kondensators ein Wärmetauscher zur Auskopplung der Nutzwärme. Anlagen dieser Art findet man in der Industrie, wenn neben elektrischer Energie Wärme zur Fabrikation benötigt wird. Die Ganglinien für Wärme und elektrische Energie laufen dort in der Regel weitgehend parallel. Bild 3.20 b zeigt eine KWK mit Entnahme-Kondensationsturbine, wobei in solchen Anlagen die Möglichkeit besteht Nutzwärme und elektrische Energie in gewissen Grenzen unabhängig voneinander zu steuern. Im Bild 3.20 c ist im Vergleich dazu der Aufbau eines Blockheizkraftwerkes (BHKW) dargestellt mit Diesel- oder Gasmotor.

Angefügt im Bild 3.20d sind die Lastganglinien des elektrischen Energiebedarfs und des Wärmebedarfs zum Heizen in Deutschland. Wenn man an den weiteren Ausbau der Fernwärmeversorgung denkt, z. B. als Ersatz für Ölheizungen oder Kohleheizungen in Wohngebäuden der Städte (auf dem Lande und in kleinen Orten kommt KWK ohnehin nicht in Betracht), so muss man darauf Rücksicht nehmen bei technischen und wirtschaftlichen Überlegungen.

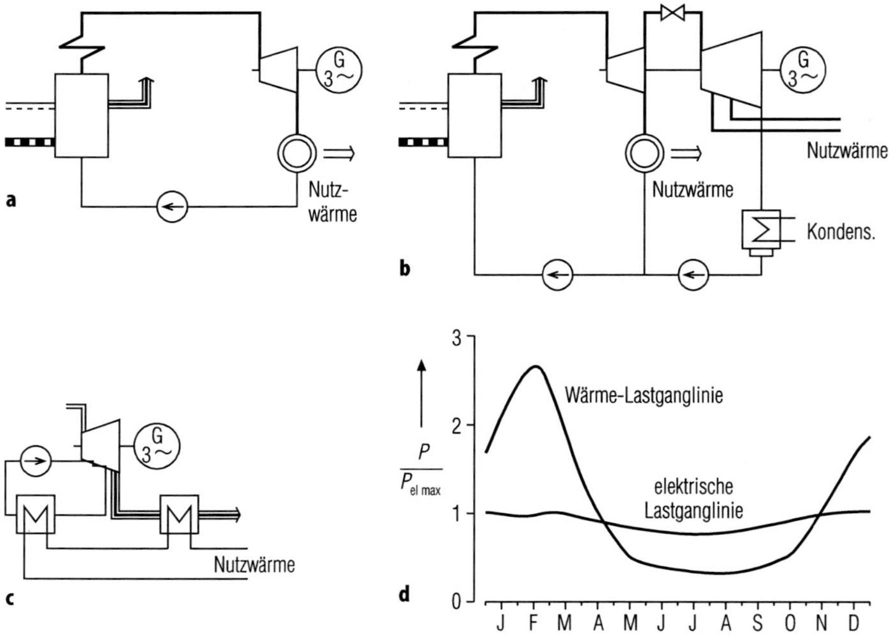

Bild 3.20 a–d. Kraft-Wärme-Kopplung (KWK), Blockheizkraftwerk (BHKW) und Lastgänge. **a** KWK im Kraftwerk mit Festdruckturbine; **b** KWK im Kraftwerk mit Kondensationsturbine; **c** Blockheizkraftwerk; **d** Wärme-Lastganglinie und elektrische Lastganglinie in Deutschland [3.33]

Zur Beschreibung der KWK dient der Brennstoffnutzungsgrad ω (oder Energieausbeutegrad):

$$\omega = \frac{P + \dot{Q}_W}{\dot{Q}_{zu}} \tag{3.23}$$

Dabei sind P die elektrische Leistung, $\dot{Q}_W$ die Nutzwärmeleistung und $\dot{Q}_{zu}$ die zugeführte Brennstoffleistung (Brennstoffenergiestrom) für das Kraftwerk mit KWK. Im Zähler der Gl. (3.23) werden zwei Leistungen addiert die zu ihrer Erzeugung einen sehr unterschiedlichen Aufwand erfordern, so dass es nicht richtig wäre, den Brennstoffnutzungsgrad als Wirkungsgrad zu bezeichnen. Mit dem Brennstoffnutzungsgrad kann man nicht nur die Wirtschaftlichkeit einer Anlage sondern auch den Erfolg der Energieeinsparmaßnahmen beurteilen. Wenn man den Brennstoffnutzungsgrad für den Auslegungspunkt (Bemessungspunkt) sucht, so sind P_{rG}, $\dot{Q}_{rW}$ und $\dot{Q}_{r\,zu}$ zu verwenden.

Führt man die Stromkennzahl $\sigma = P/\dot{Q}_W$ ein und den Bruttowirkungsgrad $\eta_{DK\,br.} = P/\dot{Q}_{zu}$ vom Brennstoff zur Generatorklemme eines Dampfkraftwerkes, also ohne Berücksichtigung der Entnahme von Nutzwärme, so wird ohne näher auf den Kraftwerksprozess (Gegendruck oder Entnahme) einzugehen:

$$\omega = \frac{P+\dot{Q}_W}{\dot{Q}_{zu}} = \frac{P}{\dot{Q}_{zu}}\left(1+\frac{\dot{Q}_W}{P}\right) = \eta_{DKbr}\left(1+\frac{1}{\sigma}\right) \tag{3.24}$$

Nur zwei der drei Kennzahlen ω, σ, η_{DKbr}, bei $0 \le \omega \le 1$, können frei gewählt werden. Bei reinem Kondensationsbetrieb in Entnahmekondensations-Kraftwerken geht $\sigma \to \infty$ für $\dot{Q}_W = 0$ und es gilt dann $\omega = \eta_{DKbr}$.

Bei getrennter Erzeugung (GE) von elektrischer Energie und von Nutzwärme wird man $\dot{Q}_{zu}$ durch die Summe der zugeführten Wärmeleistungen beider Erzeugungsanlagen, nämlich der Wärme- und der Elektrizitätserzeugungsanlage ersetzen, wobei η_K der Kesselwirkungsgrad ist.

$$\dot{Q}_{zuGE} = \frac{P}{\eta_{DKbr}} + \frac{\dot{Q}_W}{\eta_K} \tag{3.25}$$

Führt man auch hier die Stromkennziffer σ ein, so ergibt sich:

$$\omega_{GE} = \frac{P+\dot{Q}_W}{\dot{Q}_{zuGE}} = \eta_{DKbr}\eta_K \frac{1+\sigma}{\eta_{DKbr}+\sigma\eta_K} \tag{3.26}$$

In der Praxis wird man hier zu unterscheiden haben zwischen einer zentralen Wärmeerzeugungsanlage (Heizwerk) zusammen mit einem Fernheiz- und Verteilungsnetz und der verteilten Wärmeerzeugung in einzelnen Hausheizungen. Gleichung (3.26) für den Brennstoffnutzungsgrad bei getrennter Erzeugung kann deshalb nur als erste Orientierung angesehen werden.

Der Brennstoffnutzungsgrad ω_{GE} ist für unterschiedliche Ausgangsdaten im Bild 3.21 über der Stromkennzahl aufgetragen. Bei $\sigma = 0$, wenn keine elektrische Energie erzeugt wird, geht der Brennstoffnutzungsgrad über in den Kesselwirkungsgrad. Ohne Nutzwärmeabgabe nähert sich der Brennstoffnutzungsgrad dem Bruttowirkungsgrad des Kraftwerkes.

Im Vergleich zum Brennstoffnutzungsgrad bei getrennter Erzeugung sind im Bild 3.21 Richtwerte angegeben für die Verbesserung des Brennstoffnutzungsgrades bei der KWK ausgehend von [3.22]. Erwartungsgemäß wird der Brennstoffnutzungsgrad besonders günstig bei GuD-Anlagen, insbesondere dann, wenn durch hohe Gasturbinen-Eintrittstemperatur auch der Wirkungsgrad ohne Entnahme von Nutzwärme hoch ist. Gegendruckanlagen mit hohem Brennstoffnutzungsgrad werden in der Industrie eingesetzt. Elektrische Energie und Nutzwärme können jedoch nur zusammen bereitgestellt werden.

Zusätzlich zu den vorstehenden Überlegungen ist bei der Fernheizung in Städten darauf zu achten, dass nach Bild 3.20d die Wärme-Lastganglinie in Deutschland große Schwankungen während eines Jahres aufweist. Wie bei der Bereitstellung elektrischer Energie muss man bei der Bereitstellung von Nutzwärme in noch stärkerem Maße unterscheiden zwischen Anlagen zur

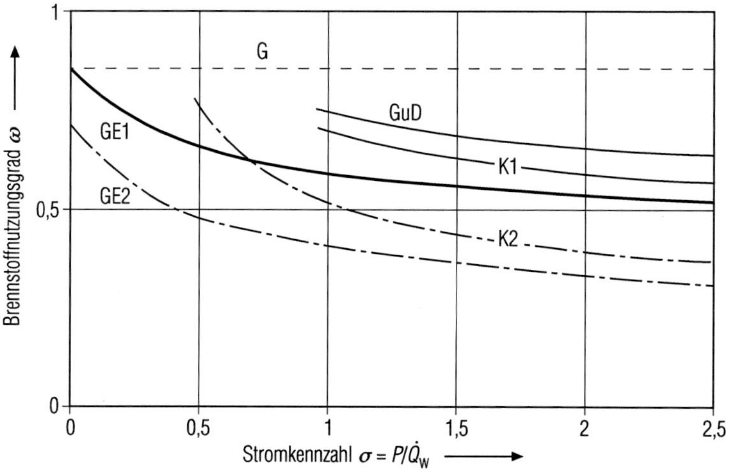

Bild 3.21. Brennstoffnutzungsgrad abhängig von der Stromkennzahl (Beispiele). GE Getrennte Erzeugung von elektrischer Leistung und Wärmeleistung: GE1 mit $\eta_{\mathrm{DKbr}} = 0{,}45$ und $\eta_{\mathrm{K}} = 0{,}85$, GE2 mit $\eta_{\mathrm{DKbr}} = 0{,}27$ und $\eta_{\mathrm{K}} = 0{,}75$; G Gegendruckkraftwerk $\eta_{\mathrm{K}} = 0{,}85$; K1 Kondensationskraftwerk mit $\eta_{\mathrm{DKbr}} = 0{,}45$ und $\eta_{\mathrm{K}} = 0{,}85$; K2 Kondensationskraftwerk mit $\eta_{\mathrm{DKbr}} = 0{,}27$ und $\eta_{\mathrm{K}} = 0{,}75$; GuD: Anlage aus Gas- und Dampfturbine mit $\eta_{\mathrm{GuDbr}} = 0{,}45$ und $\eta_{\mathrm{K}} = 0{,}85$

Grund- und zur Spitzenlastdeckung. Bei gleichzeitiger Erzeugung elektrischer Leistung und Wärmeleistung kann neben der Brennstoffeinsparung gegenüber getrennter Erzeugung auch eine CO_2-Reduzierung erreicht werden [1.36, 3.32].

3.5 Dampfturbine

Dampfturbinen sind Strömungsmaschinen, in denen das Enthalpiegefälle des hochgespannten Dampfes zunächst in kinetische Energie und anschließend in mechanische Energie (Antriebsenergie für den Generator) umgewandelt wird. Die Verluste bei der Expansion des Dampfes in der Turbine werden durch den inneren Wirkungsgrad η_i nach Gl. (3.14) berücksichtigt. Bei der Expansion des Dampfes erhält dieser eine der Druckminderung entsprechende Strömungsgeschwindigkeit. Durch Umlenken des strömenden Dampfes in gekrümmte Schaufeln wird auf diese eine Kraft ausgeübt, die dann auf die Welle übertragen wird.

Zur Veranschaulichung der Umwandlung der Enthalpie des Dampfes in kinetische Strömungsenergie stellt man sich ein dampfdurchströmtes Rohrstück vor, das sich in Strömungsrichtung erweitert. Differenziert man Gl. (3.6) und ersetzt dann du nach Gl. (3.5), so wird dh = dq + vdp. Bei adiabater Expansion (dq = 0) gilt für den strömenden Dampf vdp = cdc, wobei c die anwachsende Strömungsgeschwindigkeit des Dampfes ist. Man findet $\mathrm{d}h = v\mathrm{d}p = c\mathrm{d}c$ und damit bei einer Expansion von 1 nach 2:

$$\int_1^2 \mathrm{d}h = \int_1^2 c\mathrm{d}c \quad \rightarrow \quad \Delta h = h_1 - h_2 = \frac{1}{2}(c_1^2 - c_2^2) \tag{3.27}$$

Durch geeignete Formgebung der Leit- und Laufschaufeln einer Turbine wird die kinetische Dampfenergie auf den Turbinenläufer übertragen. Bild 3.22 zeigt schematisch die abwechselnd angeordneten Leit- und Laufschaufeln (abgewickelt) und die charakteristischen Geschwindigkeitsdreiecke beim Ein- und Austritt an den Laufschaufeln.

Der Dampf tritt mit der Geschwindigkeit $\boldsymbol{c}_1$ aus dem Leitrad aus und in das Laufrad ein, das sich mit der konstanten Umfangsgeschwindigkeit $\boldsymbol{u}$ bewegt. Die relative Eintrittsgeschwindigkeit beträgt damit $\boldsymbol{b}_1 = \boldsymbol{c}_1 - \boldsymbol{u}$. Zur Vermeidung von Stoßverlusten muss die Richtung von $\boldsymbol{b}_1$ mit dem Eintrittswinkel der Laufschaufeln übereinstimmen. Nach Umlenkung durch die Laufschaufeln tritt der Dampf mit der Relativgeschwindigkeit $\boldsymbol{b}_2$ aus dem Laufrad aus. Zusammen mit der Umfangsgeschwindigkeit des Läufers ergibt sich $\boldsymbol{c}_2 = \boldsymbol{b}_2 + \boldsymbol{u}$

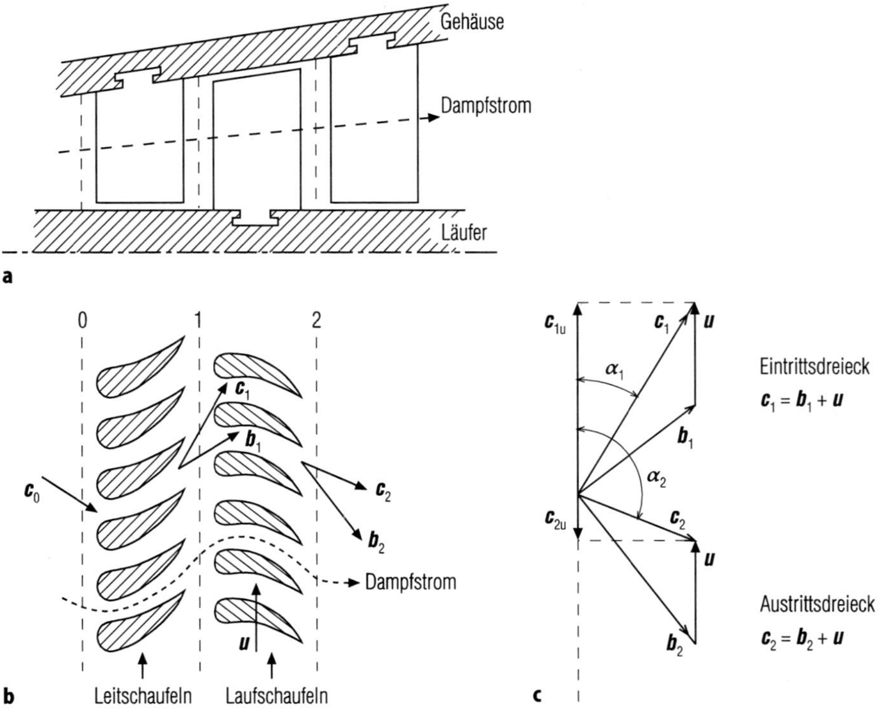

Bild 3.22 a–c. Leit- und Laufschaufeln einer Dampfturbine (schematisch). a Teilschnitt einer Dampfturbine; b Abwicklung der Schaufelreihen; c Geschwindigkeitsdreiecke. *u* Läufergeschwindigkeit; *c* Absolutgeschwindigkeit des Dampfes; *b* Relativgeschwindigkeit des Dampfes gegen den Läufer

(Ein- und Austrittsdreiecke im Bild 3.22 c). Nur die Umfangskomponenten $\boldsymbol{c}_{1u}$ und $\boldsymbol{c}_{2u}$ der Absolutgeschwindigkeiten üben eine drehende Kraft auf die Turbinenwelle aus. Die Axialkomponenten der Absolutgeschwindigkeiten erzeugen lediglich eine Schubkraft auf die Lager der Turbine. Aus der Beziehung Arbeit = Kraft · Weg ergibt sich:

$$\Delta W = W_1 - W_2 = \int_2^1 \boldsymbol{F} \frac{\mathrm{d}\boldsymbol{x}}{\mathrm{d}t}\,\mathrm{d}t = \int_2^1 \boldsymbol{F}\boldsymbol{u}\,\mathrm{d}t = m \cdot \boldsymbol{u} \int_2^1 \frac{\mathrm{d}\boldsymbol{c}}{\mathrm{d}t}\,\mathrm{d}t = m \cdot \boldsymbol{u}\,(\boldsymbol{c}_1 - \boldsymbol{c}_2) \qquad (3.28)$$

Die skalare Multiplikation liefert:

$$\boldsymbol{c}_1 \cdot \boldsymbol{u} = c_1 u \cos\alpha_1 = c_{1u} u \text{ und } \boldsymbol{c}_2 \boldsymbol{u} = |c_2 u \cos\alpha_2| = c_{2u} u,$$

so dass sich die Eulersche Turbinengleichung im Falle der rein axialen Stufen ergibt:

$$\Delta W = m \cdot u\,(c_{1u} - c_{2u}) \qquad (3.29)$$

Die Umfangskomponente der Absolutgeschwindigkeit des Dampfes wird im Laufrad von c_{1u} auf c_{2u} verzögert. Die Teilarbeit ΔW wird dadurch auf die Welle übertragen.

Bei den Turbinenbauarten unterscheidet man die Gleichdruckturbine (Curtis-Turbine) mit $b_2 = b_1$ (kein Druckgefälle im Laufrad) und die Überdruck- oder Reaktionsturbine (Parsons-Turbine) mit $b_2 > b_1$ (Druckgefälle im Laufrad). Um die Strömungsverluste im Laufrad klein zu halten wählt man bei der Gleichdruckturbine $u{:}c_1 \approx 1{:}2$ und bei der Überdruckturbine $u{:}c_1 \approx 1{:}1$. Die Strömungsverluste werden zusammen mit den Spalt-, Wirbel- und Auslastverlusten durch η_i erfasst. Bei der praktischen Ausführung wird auch in der Gleichdruckbeschaufelung dem Laufrad ein kleines Druckgefälle zugeordnet, weil die beschleunigte Strömung günstigere Verhältnisse ergibt.

Turbinen, die ein großes Druckgefälle zu verarbeiten haben, benötigen eine große Zahl von Stufen aus Leit- und Laufschaufeln. Diese Stufenzahl kann nicht immer auf einer Welle untergebracht werden, weil sich u. U. ein zu großer Lagerabstand für die Welle und zu große Temperaturunterschiede für das Gehäuse ergeben würden. Dies führt zur Ausführung von Turbinen mit mehreren Gehäusen, wobei die einzelnen Wellenteile starr verbunden werden. Um die großen Volumina im Niederdruckteil von Kondensationsturbinen beherrschen zu können, ist man bei großen Blöcken gezwungen, mehrere parallel geschaltete Niederdruckteile anzuordnen, um den erforderlichen Endquerschnitt zu erreichen. Bild 3.23 zeigt eine Kondensationsturbine mit Hoch-, Mittel- und Niederdruckteilen, wobei der Dampf dem Mitteldruck- und den Niederdruckteilen in der Mitte zugeführt wird und diese dann von hier aus durchströmt (Bild 3.2 d). Um die im Normalbetrieb und bei Störungen auftretenden Axialschübe in Richtung der Dampfströmung auszugleichen, werden die einzelnen Turbinenteile entsprechend angeordnet. Zusätzlich ist ein Axialdrucklager vorhanden. Wenn bei Eingehäuseturbinen das Axialdrucklager nicht ausreicht, muss man einen Ausgleichskolben vorsehen, der entgegengesetzt zur Strömungsrichtung des Dampfes einen möglichst gleichgroßen Axialschub erzeugt.

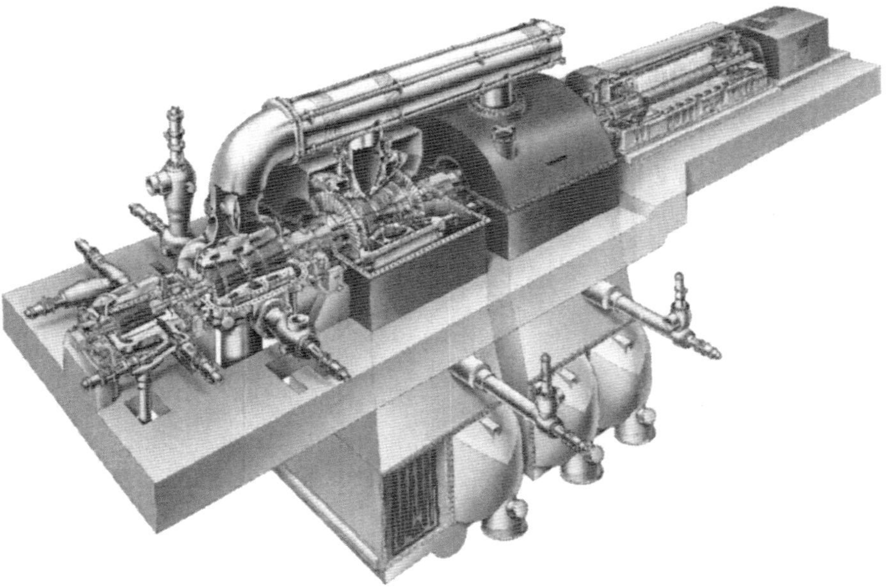

Bild 3.23. Modell einer Kondensationsdampfturbine 800 MW (Braunkohlenkraftwerk Schwarze Pumpe) mit Hoch-, Mittel- und Niederdruckteil (teilweise aufgeschnitten). Rechts im Bild Turbogenerator (aufgeschnitten). Unterhalb des Maschinenhausbodens der Dampf-Kondensator. (Werkbild Siemens AG, Power Generation)

3.6 Allgemeine Anordnung in Dampfkraftwerken

Bei großen thermischen Kraftwerken der öffentlichen Stromversorgung wird fast ausschließlich die Blockbauweise angewandt. Kessel, Dampfkreislauf, Turbosatz, Speisepumpen, Kühlwasserkreislauf und Eigenbedarf sind einem Kraftwerksblock eindeutig zugeordnet. In Industriekraftwerken mit KWK kann es jedoch auch sinnvoll sein, Sammelschienenkraftwerke bei mehreren Dampferzeugern mit gemeinsamer Dampfsammelschiene zu betreiben.

Bild 3.24 zeigt schematisch einen thermischen 450-MW-Kraftwerksblock mit Steinkohle-Staubfeuerung, um daran die Hauptbestandteile zu erläutern. Die Steinkohle wird in Deutschland entweder per Schiff oder mit der Bahn angeliefert. Je nach Heizwert der Kohle und der jährlichen Volllaststundenzahl benötigt man 400 000 bis 600 000 t/a. Ein Kohlelagerplatz ist notwendig, um für starken länger andauernden Frost vorzusorgen (1, 2). Die Steinkohle wird über einen Kohlebunker (3) und mehrere Kohlemühlen (4) zusammen mit erwärmter Luft (9, 10) in den Kessel eingeblasen. Im Kessel (5) befinden sich Strahlungs- und Berührungsheizflächen. Das mit Anzapfdampf in Nieder- und Hochdruckvorwärmern (20) vorgewärmte Speisewasser wird mit Kesselwasserspeisepumpen (22) auf den Kessel- und Frischdampfdruck (274 bar)

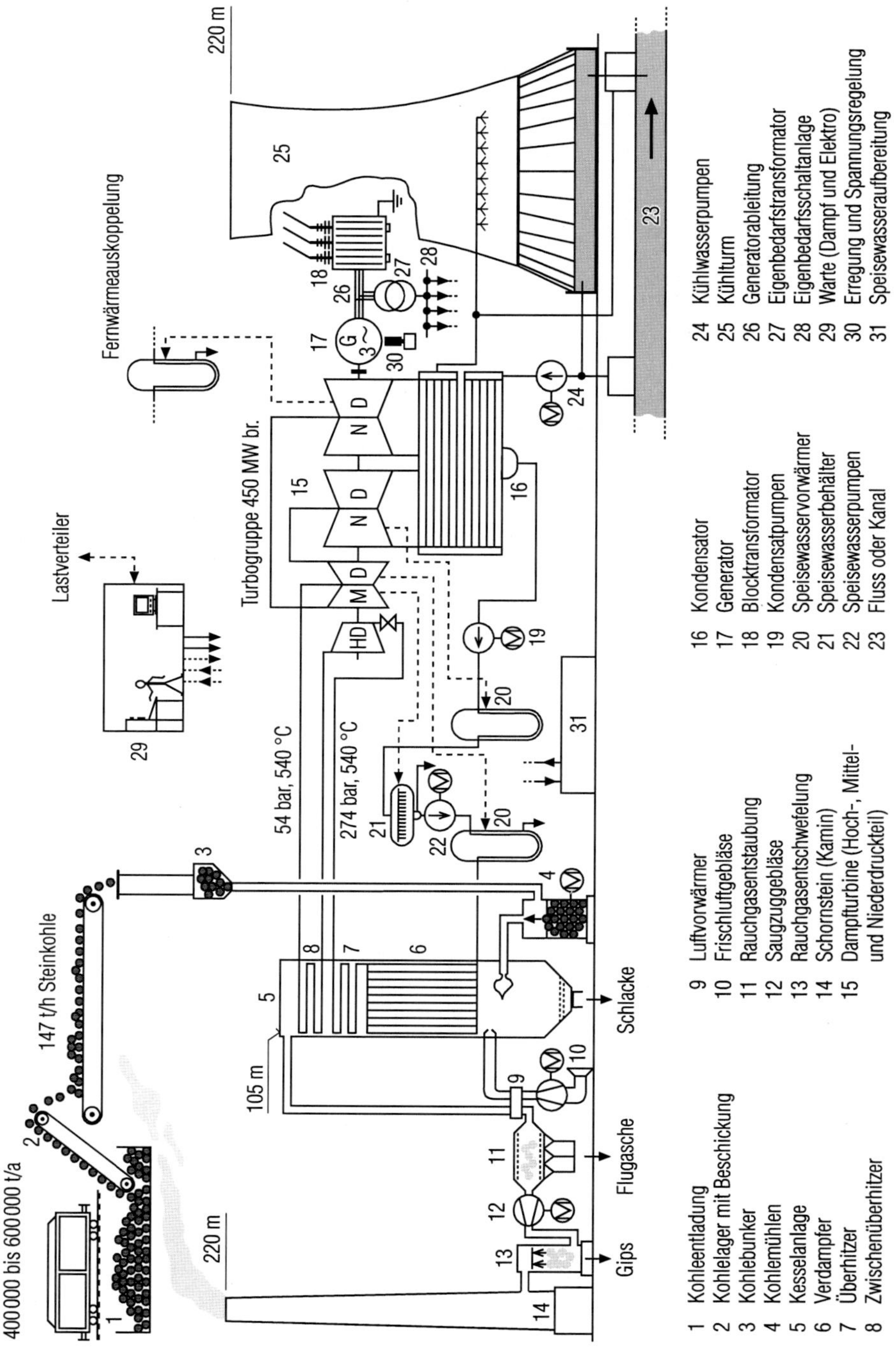

Bild 3.24. Anschauliche Darstellung des Aufbaus und der Funktionsweise eines klassischen Steinkohle-Kondensationskraftwerkes zur Grundlastdeckung mit einer Bemessungswirkleistung des Generators $P_{rG} = 450$ MW

gebracht und über den Verdampfer (6) und den Überhitzer (7) in überhitzten Dampf umgewandelt mit einer Frischdampftemperatur (540 °C). Der Frischdampf gelangt über ein Regelventil (bei Festdruckbetrieb; nur bei reinem Gleitdruckbetrieb könnte dies entfallen) und ein im Bild 3.24 nicht gezeichnetes Schnellschlussventil (um so im Notfall die Dampfzufuhr schnell unterbrechen zu können) in den Hochdruckteil (HD) der Turbine. Dort wird er nur zum Teil entspannt und fließt zurück zum Kessel in den Zwischenüberhitzer (8) und von dort mit 540 °C und 54 bar in den Mitteldruckteil (MD) der Turbine. Aus dem zweiflutigen Mitteldruckteil gelangt der Dampf in den vierflutigen Niederdruckteil (ND). Den Niederdruckteilen der Turbine ist ein großräumiger Kondensator (16) nachgeschaltet. Der Kondensator wird mit Wasser gekühlt, das über ein Einlaufbauwerk und Kühlwasserpumpen (24) dem Fluss oder Kanal (23) entnommen wird und erwärmt über ein Auslaufbauwerk diesem zurückgegeben wird. Im Sommer oder bei geringer Wasserführung wird das Kühlwasser über einen Kühlturm (25), hier als Nasskühlturm dargestellt, geleitet, damit die für das Flusswasser zulässige Erwärmung nicht überschritten wird. Zwischen der Kühlwassertemperatur und der Kondensattemperatur des Wasser-Dampf-Kreislaufs muss man mit 8 bis 12 K Temperaturdifferenz rechnen. Im Winter wird deshalb ein höherer Wirkungsgrad als im Sommer erzielt. Kondensatpumpen (19) fördern den kondensierten Dampf in den Speisewasserbehälter (21) und von da aus über die Kesselspeisepumpen (22), wie oben bereits beschrieben, zurück in den Kessel.

Rauchgasentstaubung (11), Rauchgasentschwefelung (REA) (13) und Entstickung (DENOX-Anlage), im Bild 3.24 nicht dargestellt, sind abhängig vom eingesetzten Brennstoff und der Feuerungstechnik wenn nötig Bestandteile von moderner Stein- und Braunkohlekraftwerken. Neben dem Kesselhaus und dem Maschinenhaus wird deshalb ein zusätzliches Gebäude für Abgasreinigung und Entschwefelung notwendig, wodurch sich der bauliche Umfang und auch die Kosten solcher Kraftwerke wesentlich erhöhen.

Die Entstehung von Stickoxiden (NO_x) kann durch geeignete Verbrennungsführung z. T. verhindert werden. Schwefeldioxid (SO_2) kann durch Zugabe von Kalk bereits im Feuerraum gebunden werden.

Für den Dampfkreislauf muss eine Zusatzwassermenge von etwa 1 % des maximalen Dampfstromes bereitgestellt werden. Diese Zusatzwassermenge wird über die chemische Wasseraufbereitung (31) zugeführt. Um Versalzungen der Turbinen zu vermeiden, sind Kondensatentsalzungsanlagen üblich, welche in den Kreislauf eingefügt werden.

Beim baulichen Aufbau eines Kohlekraftwerks mit einem oder mehreren Blöcken unterscheidet man in der Regel das Maschinenhaus, das Kesselhaus, Einrichtungen für Entstickung, Entschwefelung, den Schornstein und den Kühlturm. Bild 3.25 zeigt die Disposition einer 750-MW-Kombianlage.

Im Bild 3.25 erkennt man die Stützen des Maschinenfundamentes, das vom Maschinenhaus getrennt ist. Diese Trennung ist vor allem dann wichtig, wenn bei Kurzschluss große Kräfte auf das Fundament wirken (Abschn. 5.5.3). Der Dampferzeuger wird in eine Tragkonstruktion eingehängt.

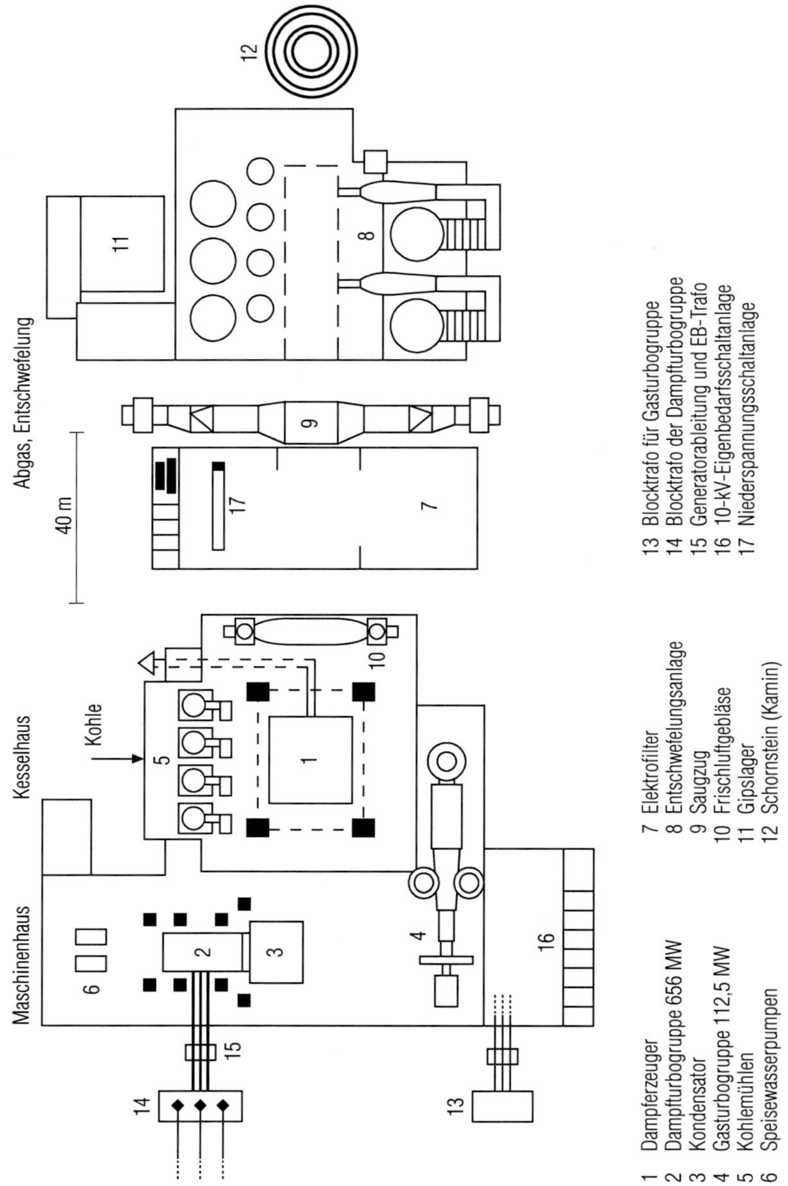

Bild 3.25 Disposition einer 750-MW-Kombianlage mit Steinkohlefeuerung für den Dampferzeuger (vereinfacht)

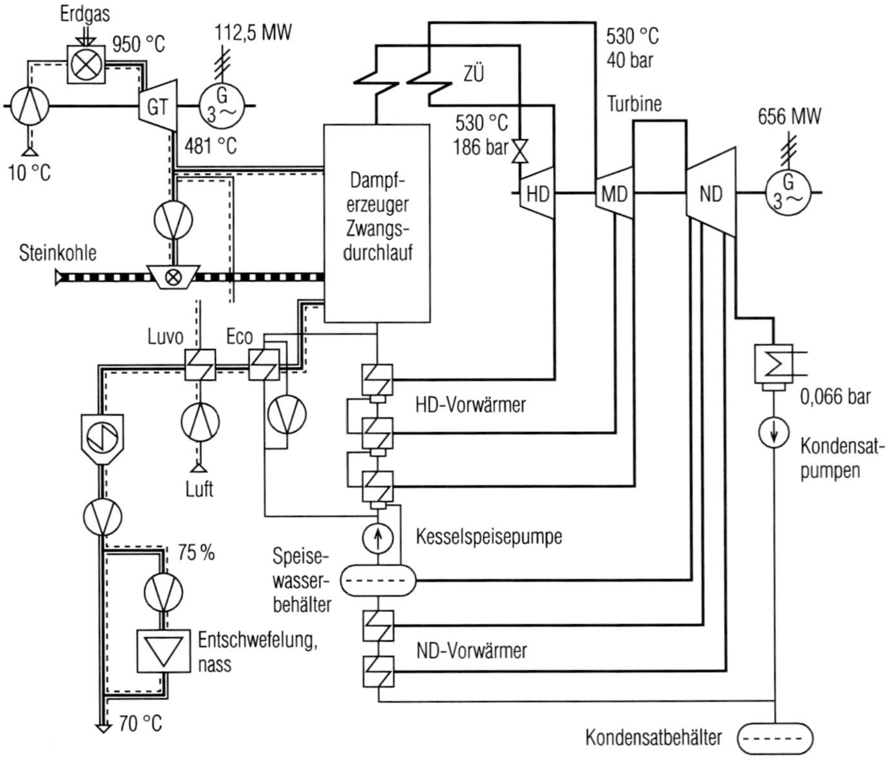

Bild 3.26. Kombiprozess des Kraftwerkes mit der Disposition nach Bild 3.25

Neben den Hauptverteilungen für den Eigenbedarf (16 und 17) gibt es den einzelnen Funktionsgruppen des Kraftwerkes zugeordnete Unterverteilungen innerhalb und außerhalb der Gebäude.

Bild 3.26 zeigt den Kombiprozess mit unterkritischen Frischdampfdaten für das Kraftwerk mit der Disposition nach Bild 3.25. Die Gasturbinengruppe mit einer Generatorleistung 112,5 MW ist dem Dampfkessel vorgeschaltet. Rauchgasbeheizte Speisewasservorwärmer (Economiser) und rauchgasbeheizte Vorwärmung der Verbrennungsluft (Luvo) sind im Abgasstrom zu erkennen, ebenso wie die mit Anzapfdampf aus den verschiedenen Teilen der Turbine beheizten Speisewasservorwärmer (ND- und HD-Vorwärmer). Die Nassentschwefelung des Rauchgases wird nur für etwa 75% vorgenommen, damit die Abgastemperatur im Kamin nicht zu weit absinkt. Die Bruttoerzeugung beträgt 656 MW + 112,5 MW. Für die Nettoerzeugung ergibt sich 712 MW bei einem Nettowirkungsgrad des Kraftwerkes von $\eta_{\mathrm{DKne.}} = 41\,\%$ (Gl. 3.3). Ein Betrieb ist auch ohne Gasturbine möglich.

3.7 Nukleare Dampferzeugung – Kernkraftwerke

Die zivile Nutzung der Kernenergie begann im Jahre 1956 mit dem gasgekühlten graphitmoderierten Kraftwerk in Calder Hall/England bei später vier Kraftwerksblöcken mit zusammen 200 MW. Bereits ein Jahr später, als ein Reaktor in Windscale (später Sellafield) in Brand geriet und radioaktives Material freigesetzt wurde, wuchs das Bewusstsein, dass die Gefahren nicht unterschätzt werden dürfen. Im Jahre 1957 ging in Shippingport/USA der erste Druckwasserreaktor in einem Kraftwerk in Betrieb.

Weltweit wurden in der Folgezeit, insbesondere nach der Erdölpreiskrise 1973, mehrere hundert Kernkraftwerke gebaut. Im Jahre 1985 z. B. waren weltweit 374 Kernkraftwerke in Betrieb, davon 191 in Europa und wiederum davon 20 in der Bundesrepublik Deutschland, die hier damals bereits etwa 30 % der elektrischen Energie erzeugten. Kernkraftwerke haben etwa ab 1980 einen wesentlichen Beitrag zur elektrischen Energieerzeugung auf der Welt geliefert, wie Bild 1.2 und Tabelle 1.2 zeigen.

Durch den Unfall im Druckwasser-Kernkraftwerk Three Mile Island/USA am 28. März 1979, bei dem das Innere des Reaktors zerstört wurde, jedoch kein radioaktives Material nach außen gelangte [3.20], und den folgenschweren Unfall in Tschernobyl/Ukraine am 26. April 1986, bei dem es infolge einer leichtsinnig und unverantwortlich durch das Bedienungspersonal herbeigeführten Leistungsexkursion des graphitmoderierten Druckröhrenreaktors vom Typ RBMK 1000 (1000 MW elektrische Bemessungsleistung) und nachfolgenden Dampfexplosionen zu einer Reaktorzerstörung und zur Ausbreitung radioaktiven Materials über ganz Europa kam [3.27, 3.28], trat eine weltweite Verunsicherung und zum Teil eine Ablehnung der friedlichen Nutzung der Kernenergie auf. Es wurde unterstellt, dass ein solches Unglück auch andernorts möglich sei, und es wurden unzulässigerweise die Leichtwasser Reaktoren im westlichen Europa und den USA verglichen mit den in Tschernobyl gebauten graphitmoderierten Druckröhrenreaktoren russischer Bauart, die ohne Reaktorbehälter, ohne Containment, also ohne äußere Schutzhüllen, und ohne entsprechende und kontrollierte Sicherheitsauflagen betrieben wurden, um neben der Stromerzeugung im Kalten Krieg zwischen Ost und West auch bombenfähiges Plutonium gewinnen zu können. Diese Entwicklung führte im Jahre 2001 in Deutschland zu einem Ausstiegsbeschluss für die friedliche Nutzung der Kernenergie zusammen mit Restlaufzeitvereinbarungen für die in Betrieb befindlichen Kernkraftwerke, auch wenn es insbesondere für die Sicherheit besser gewesen wäre, die Laufzeit wegen der unvermeidlichen Materialermüdung auf 30 Jahre zu begrenzen, und Ersatzanlagen zu bauen mit fortgeschrittenem Aufbau und Sicherheitskonzept.

Gegenüber den in den vorangegangenen Abschnitten behandelten konventionellen Dampfkraftwerken mit Kohle-, Erdgas- und Erdölfeuerung treten bei Kernkraftwerken folgende Besonderheiten auf:

- Die nukleare Wärmeentbindung zur Dampferzeugung (oder zur Gaserwärmung bei gasgekühlten Reaktoren) tritt an die Stelle des konventionellen Dampferzeugers (Dampfkessels) oder der Brennkammer.
- Die Abfallbeseitigung (ausgebrannte Brennelemente) ist ungleich schwieriger, kostenintensiver und für die Umwelt risikoreicher als bei der Kohleverbrennung (die Schlackenablagerung ist für die Umwelt ohne Gefahr).
- Die Dampfturbinen sind nicht mehr Heißdampfturbinen sondern Sattdampfturbinen. Der thermische Wirkungsgrad ist schlechter, weil Dampfdruck und Dampftemperatur prozessbedingt relativ niedrig bleiben müssen. Die Kühlwasserfrage nimmt an Bedeutung zu.
- Die Reaktorsicherheit (sicherer Einschluss des radioaktiven Materials) ist gegenüber konventionellen Dampfkraftwerken eine Aufgabe mit völlig neuer Dimension. Auch die Auslegung des elektrischen Eigenbedarfs wird durch diese Aufgabe stark beeinflusst [3.17, 7.24].

In der Entwicklung der letzten Jahrzehnte haben sich nur wenige der anfangs verfolgten Reaktorkonzepte kommerziell durchgesetzt. Dazu gehören vor allem die Leichtwasserreaktoren (H_2O wird als Moderator und zur Kühlung verwendet) in der Form des Druckwasser- und des Siedewasserreaktors. Der graphitmoderierte Druckröhrenreaktor vom Typ Tschernobyl ist nur in Russland und einigen angrenzenden Ländern gebaut worden.

Bild 3.27 zeigt (stark vereinfacht) den Aufbau eines Kernkraftwerkes mit einem Druckwasserreaktor, bei dem der Wasserdampf nicht direkt wie bei einem Siedewasserreaktor durch die Turbine geleitet wird. Beim Druckwasserreaktor liegt deshalb ein Zweikreissystem vor. Alle Anlagenteile im Maschinenhaus sind frei zugänglich.

Als wesentliche Komponenten im Reaktorgebäude sind noch die im Bild 3.27 nicht gezeichneten Druckhalter (ebenfalls 4) zu nennen (im Bild 3.29 ist einer von ihnen gezeichnet), mit der Aufgabe den Betriebsdruck in den Reaktorkühlsystemen konstant über dem Sättigungsdruck des Kühlwasser zu halten. Sie sind über eine Ausgleichsleitung mit dem Kühlsystem verbunden. Die Druckhalter sind außerdem sicherheitstechnische Einrichtungen zur Notkühlung des Reaktorkerns. Zusätzlich ist im Reaktorgebäude in unmittelbarer Nähe zum Reaktordruckbehälter auch das Brennelementlagerbecken zur Aufnahme abgebrannter Brennelemente untergebracht. Bild 3.28 zeigt den vereinfachten Einblick in einen Druckwasserreaktor. Auf diesem Bild kann man das Brennelementelagerbecken deutlich erkennen.

Der im Bild 3.29 vereinfacht gezeichnete sekundäre Wasserdampfkreislauf eines Druckwasserkernkraftwerkes ist prinzipiell ähnlich wie der Wasserdampfkreislauf eines kohlegefeuerten Dampfkraftwerkes aufgebaut, jedoch mit viel geringerer Frischdampftemperatur und geringerem Frischdampfdruck, wenn man z. B. einen Vergleich mit den Frischdampfdaten des Bildes 3.26 heranzieht. Dies führt zu einem geringeren thermischen Wirkungsgrad und erhöht den spezifischen Kühlwasserbedarf. Der Wasserdampfkreislauf bleibt unterhalb der Grenzkurve im Nassdampfgebiet nach Bild 3.9 bzw. 3.11.

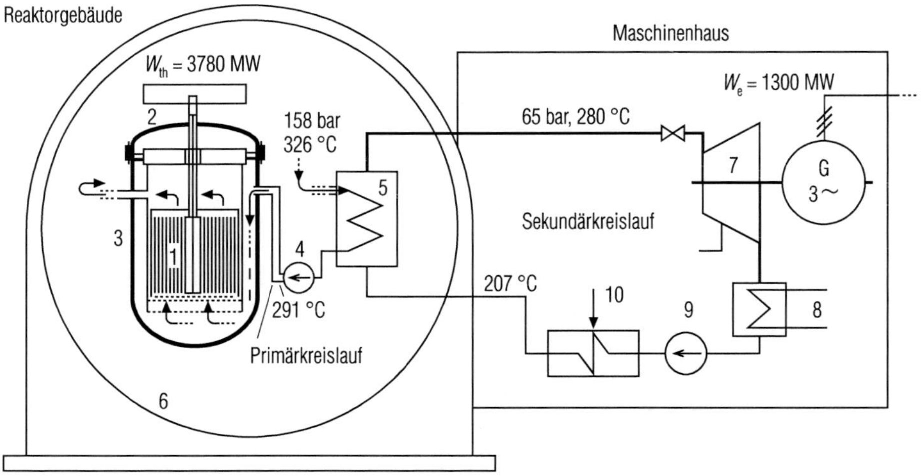

Bild 3.27. Kernkraftwerk mit Druckwasserreaktor 1300 MW (z. B. wie Biblis B oder Unterweser). *1* Reaktorkern: 193 Brennelemente, Anzahl der Brennstäbe pro Brennelement: 236/300; Brennelementdurchmesser 10,75/9,5 mm; Brennelementlänge 3,9 m; Uraneinsatz im Erstkern: 103,5 t, Gewichtsanteil U235: 1,9 bis 3,2 % je nach Lage im Kern; *2* Regelstäbe (Steuerelement) zur Leistungsregelung und Schnellabschaltung; *3* Reaktordruckbehälter mit Deckel, der während des Betriebes verschlossen ist; *4* Kühlmittelumwälzpumpen (Anzahl 4, weil 4 Primärkreisläufe); *5* Dampferzeuger (ebenfalls 4), einzelne Rohre aus korrosionsbeständigem Incoloy 800, eingebaute Abscheider, um die Dampffeuchte für die Turbine klein zu halten; *6* Abgeschlossener Sicherheitsbehälter; *7* Sattdampfturbine, bestehend aus Mitteldruckteil und Niederdruckteil; *8* Kondensator; *9* Kondensatpumpe; *10* Dampfgespeiste Vorwärmer

Die auch hier eingeführte Zwischenüberhitzung zwischen dem Mittel- und dem Niederdruckteil der Sattdampfturbine (Bild 3.29) wird mit einem Teil des Frischdampfes vorgenommen, weil eine Rückführung in das Reaktorgebäude nicht in Betracht kommt. Das Speisewasser für die Dampferzeuger wird in Nieder- und Hochdruckvorwärmern stufenweise erwärmt, um so den thermischen Wirkungsgrad zu verbessern.

Der geschlossene und vom Wasserdampfkreislauf völlig getrennte Reaktorkühlkreislauf ermöglicht die chemische Reaktorregelung, bei der durch Veränderung der Borsäurekonzentration im Kühlmittel die Reaktivität des Reaktorkerns verändert wird. Die Trennung von Reaktorkreislauf und Wasserdampfkreislauf ermöglicht auch die Durchführung jeweils optimaler chemischer Wasseraufbereitung. Außerdem erspart sie die Abschirmung der Dampfturbine, die bei Kraftwerken mit Siedewasserreaktoren notwendig wird.

Die Reaktorsicherheit ist von außerordentlicher und entscheidender Bedeutung. Ohne eine hochentwickelte Technik auf diesem Gebiet und eine ständige unabhängige Kontrolle ist der Betrieb von Kernkraftwerken nicht verantwortbar, wie das Beispiel Tschernobyl gezeigt hat, wo diese Voraussetzungen

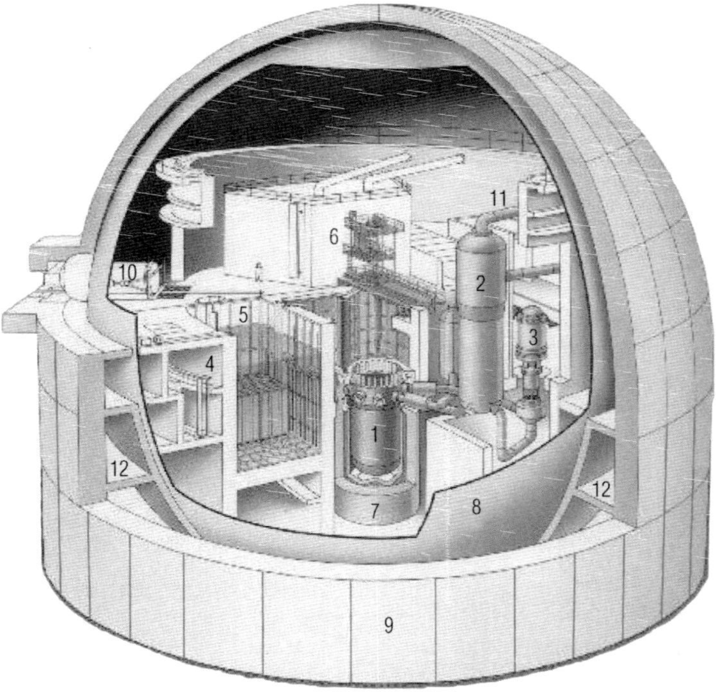

Bild 3.28. Druckwasserreaktor KWU [3.23]. *1* Reaktordruckbehälter; *2* Dampferzeuger; *3* Hauptkühlmittelpumpe; *4* Lager für neue Brennelemente; *5* Brennelementelagerbecken (abgebrannte Brennelemente unter Wasser); *6* Lademaschine; *7* Biologischer Schild; *8* Sicherheits-Containment (Stahl); *9* Reaktorgebäude (Betonkuppel); *10* Materialschleuse; *11* Frischdampfleitung; *12* Ringräume (zugänglich)

nicht vorlagen und die Sicherheitssysteme zudem noch wegen eines zweifelhaften Experimentes unwirksam gemacht wurden [3.28].

Die Reaktorsicherheit muss den Schutz der Umgebung und der Beschäftigten gegen radioaktive Strahlen im Normalbetrieb und im Störungsfall sicherstellen. Um dieser Forderung nachzukommen, werden trotz sorgfältiger Auslegung aller Komponenten während der Planung (dazu gehört auch das Selbstregelverhalten des Leichtwasserreaktors gegenüber dem graphitmoderierten Reaktor, bei dem der Graphit als Moderator erhalten bleibt auch bei Kühlwasserverlust) und sorgfältiger Überwachung während des Betriebes sogenannte Auslegungsstörfälle zugrunde gelegt, die beherrscht werden müssen, auch wenn deren Auftreten unwahrscheinlich erscheint.

Dies sind:

- *Betriebsstörungen*: Bruch der Hauptkühlmittelleitung im Reaktor, Bruch der Frischdampfleitung, Bruch der Speisewasserleitung, Ausfall der Reaktorregelung usw.

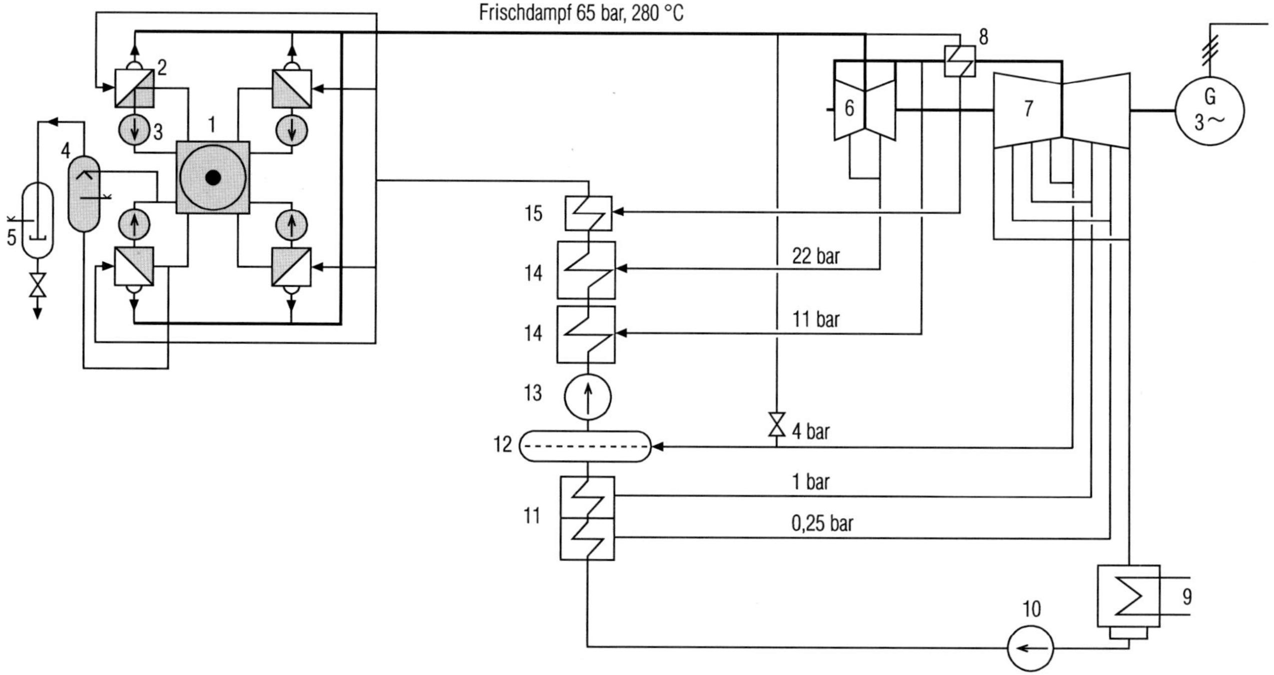

Bild 3.29. Kernkraftwerk mit Druckwasserreaktor, Kühlkreislauf des Reaktors (links) und Dampfkreislauf (rechts), vereinfacht. *1* Reaktor; *2* Dampferzeuger; *3* Hauptkühlmittelpumpe; *4* Druckhalter; *5* Abblasebehälter; *6* Mitteldruckteil der Turbine; *7* Niederdruckteil der Turbine; *8* Zwischenüberhitzer; *9* Kondensator; *10* Kondensatpumpe; *11* Niederdruckvorwärmer; *12* Speisewasserbehälter; *13* Speisewasserpumpe; *14* Hochdruckvorwärmer; *15* ZÜ-Kondensatkühler

- *Störungen durch Einwirkungen von außen*: Erdbeben, Flugzeugabsturz, Explosionsdruckwelle, z. B. bei Explosion eines Treibstofftankschiffes auf dem Fluss, an dem das Kraftwerk liegt usw.

Die Sicherheit soll durch passive und aktive technische Sicherheitseinrichtungen erreicht werden [3.23].

Zu den passiven sicherheitstechnischen Einrichtungen gehören:
- Einschluss des Brennstoffes im Kristallgitter (Herstellung der Uranpellets)
- Brennstoffhüllrohr
- Reaktordruckbehälter (1 im Bild 3.28)
- Betonabschirmung (auch als biologischer Schild bezeichnet) (7 im Bild 3.28)
- Sicherheitsbehälter um Reaktor und Reaktorkühlsystem (8 im Bild 3.28)
- Äußere Stahlbetonhülle mit Grundwasserisolierung (9 im Bild 3.28)

Zu den aktiven sicherheitstechnischen Einrichtungen gehören:
- Reaktorschnellabschaltung
- Gebäudeabschlusssystem
- Nachwärme-Abfuhrsystem
- Notspeisesystem (Notkühlsystem) [7.24, Abschn. 14.4, Bild 14.4.3]
- Notstromversorgung (Abschn. 7.3) [3.17, 7.24]

Ausgelöst werden die aktiven Sicherheitsmaßnahmen durch das Reaktorschutzsystem. Das Reaktorschutzsystem fragt dabei im Einzelfall nicht nach den Ursachen einer Störung, sondern beseitigt nur die von ihm beobachteten anomalen Betriebszustände, wodurch sichergestellt werden soll, dass bei der Auslegung keine möglichen Störungsursachen übersehen werden können [3.23]. Schutzmaßnahmen dieser Art und in diesem Umfang in der Redundanz und der speziellen Auslegung sind bei konventionellen Kraftwerken nicht vorhanden und auch nicht notwendig. Die Automatisierung im Störfall ist von besonderer Bedeutung. Während man sich bei Störfallen in einem konventionell thermischen Kraftwerk, die nicht von den Schutzeinrichtungen erfasst und automatisch z. B. durch Ausschalten behoben wurden, auf die Aufmerksamkeit des Bedienungspersonals und die von ihm einzuleitenden Maßnahmen verlässt, wird in Kernkraftwerken nach dem Eintritt solcher Störungen vorrangig die Automatik tätig, um so insbesondere in den ersten Minuten nach dem Eintreten Panik- und Fehlreaktionen des Bedienungspersonals zu verhindern. Die nachträgliche Analyse des Störfalls in Three Mile Island im Jahre 1979 hat bereits deutliche Hinweise auf die Notwendigkeit eines solchen Vorgehens gegeben [3.20].

Die Katastrophe in Fukushima am 11.03.2011 ist, soweit dies so kurz nach dem Unglücksfall beurteilbar ist, durch die nicht ausreichende Auslegung gegen Erdbeben der Stufe 9 der internationalen Skala, durch das zu hohe Alter der Siedewasserreaktoren mit ihrer ohnehin überholten Technik und die ungenügende Sicherung der Not-Kühlwasserversorgung bedingt. Zu dem ist unklar, ob die oben aufgeführten passiven und aktiven Sicherheitseinrichtungen ausreichend vorhanden waren.

4 Wasserkraftwerke und Windenergieanlagen

4.1 Bedeutung

Bei der Elektrizitätsversorgung eines Landes ist stets der Gedanke naheliegend, die verfügbaren Wasserkräfte auszunutzen. Fluss- und Speicherkraftwerke tragen deshalb je nach den topographischen und klimatischen Gegebenheiten in mehr oder weniger hohem Maße zur elektrischen Energieerzeugung der einzelnen Länder bei. Bei besonders günstigen Verhältnissen ist ihr Anteil sogar größer als der durch thermische Kraftwerke aufgebrachte, wie z. B. in Norwegen, in Österreich, in der Schweiz, in Kanada und in Südamerika (Tabelle 1.2).

Während in Europa die möglichen Laufwasserkraftwerke weitgehend ausgebaut wurden, eröffnen sich in anderen Erdteilen, z. B. in Südamerika, Afrika und Asien, noch große Möglichkeiten für die Nutzung vorhandener Wasserkraftreserven. Nach Schätzungen liegen die weltweiten Wasserkraftreserven im Jahre 2000 bei etwa $13 \cdot 10^{12}$ kWh/a, also beim 3,5fachen der weltweit jährlich erzeugten elektrischen Energie. In den etwa 5300 Wasserkraftwerken in Deutschland, wobei etwa 95 % der Fließgewässer genutzt werden, wurden im Jahre 2000 etwa $16 \cdot 10^9$ kWh/a erzeugt, was etwa 3,5 % der gesamten elektrischen Energieerzeugung in Deutschland ausmacht. Das in China im Bau befindliche bisher größte Wasserkraftwerk der Welt am Drei-Schluchten-Damm wird mit seiner installierten Gesamtleistung von 18 200 MW elektrische Energie von etwa $110 \cdot 10^9$ kWh/a bei rund 6000 Volllaststunden pro Jahr erzeugen können.

In Industrieländern mit vornehmlich thermischer Erzeugung in Kohle- und Kernkraftwerken, wenn diese als Grundlastkraftwerke ausgelegt werden, führte die Entwicklung zum Bau großer Pumpspeicherkraftwerke [4.8, 4.9, 4.12, 4.17, 4.24], die zur Deckung des Spitzenbedarfs und als Regelkraftwerke mit Anschluss an die Sekundärregelung der Netze von entscheidender Bedeutung sind (Abschn. 6.3.3).

In der Zeit nach den Ölpreiskrisen im Jahr 1973 und 1979 begann auch in Deutschland verstärkt die Entwicklung von Windenergieanlagen größerer Leistung und ganzer Windparks, hauptsächlich an der Küste gelegen, begünstigt durch staatliche Förderprogramme und Garantien für eine hohe Einspeise-

D. Oeding, B. Oswald, *Elektrische Kraftwerke und Netze*,
doi 10.1007/978-3-642-19246-3, © Springer 2011

vergütung. Ende 1998 waren 6205 Windenergieanlagen mit einer Gesamtleistung von 2874 MW in Betrieb. Mit diesen wurden 1998 rund $4{,}6 \cdot 10^9$ kWh/a erzeugt, woraus sich eine Volllaststundenzahl von etwa 1600 h/a ergibt. Im Jahre 2000 betrug die installierte Leistung der Windenergieanlagen 6300 MW, woraus sich dann bei der günstigen Annahme von 2200 Volllaststunden pro Jahr eine Elektrizitätserzeugung von etwa $14 \cdot 10^9$ kWh/a und damit ein Anteil an der gesamten Elektrizitätserzeugung in Deutschland von etwa 2,5% von $552{,}2 \cdot 10^9$ kWh/a für alle Kraftwerke der öffentlichen Versorgung, der Industrie und der Bundesbahn ergibt.

4.2 Wasserkraftgeneratoren

Die Entwicklung von Wasserkraftgeneratoren zu großen Einheiten hat im Jahrzehnt von etwa 1970 bis 1980 besonders große Fortschritte gemacht, wie Bild 4.1 zeigt [5.36]. Auch hier konnte wie bei Turbogeneratoren (Bild 1.5) die Ausnutzung der Maschinen erheblich gesteigert werden durch Maßnahmen zur Reduzierung der Zusatzverluste und durch Übergang zur Wasserkühlung der Ständerwicklung und zum Teil auch des Ständereisens sowie der Läuferwicklung. Dies führte zu Generatoren mit erhöhtem Wirkungsgrad oder kleineren Abmessungen bei gleicher Leistung. Besonders große Wasserkraftgeneratoren findet man in Kraftwerken an sehr wasserreichen Flüssen. Diese haben dann eine Drehzahl von etwa 100 Umdrehungen pro Minute oder weniger und damit Polpaarzahlen von etwa 30 bis 40 (z. B. Wasserkraftgeneratoren im Kraftwerk Krasnojarsk mit 500 MW, 15,75 kV, $\cos \varphi_{rG} = 0{,}85$, $n_r = 93{,}8\ \text{min}^{-1}$, 32 Polpaare). Die zeitlichen Angaben im Bild 4.1 beziehen sich auf das Bestell-

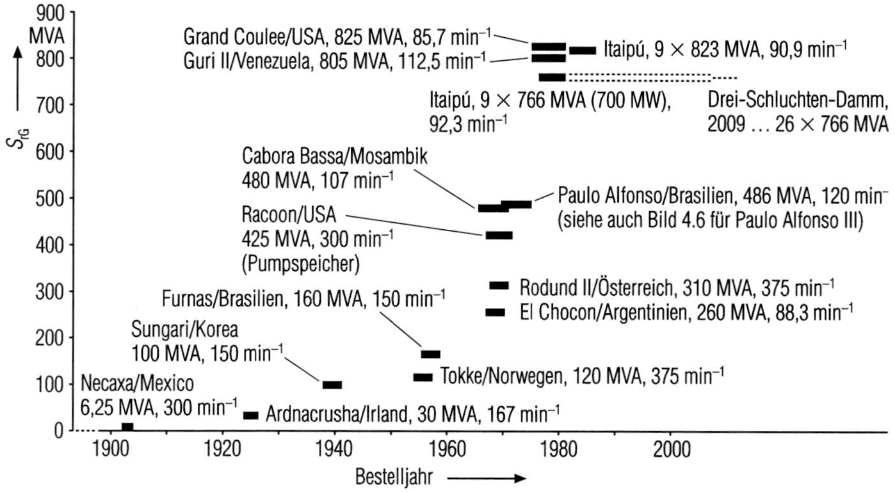

Bild 4.1. Leistungssteigerung je Maschineneinheit bei Wasserkraftgeneratoren [5.36]

jahr. Für die Fertigung und Montage muss man noch mehrere Jahre bis zur Inbetriebnahme dazurechnen. Die insgesamt 18 Maschinensätze im Kraftwerk Itaipú (9 Sätze für 50 Hz und 9 Sätze für 60 Hz) wurden z. B. im Zeitraum zwischen 1980 und 1999 in Betrieb genommen.

Bild 4.2 zeigt als Beispiel für den Aufbau und die Wasserkühlung den Schnitt durch einen der ersten Wasserkraftgeneratoren mit Wasserkühlung im Ständer und im Läufer.

Als weiteres Beispiel zeigt Bild 4.3 einen der Wasserkraftgeneratoren des Kraftwerkes Itaipú am Paraná, dem Grenzfluss zwischen Brasilien und Paraguay, der zu den sieben größten Flüssen der Welt zählt. Alle 18 Generatoren des Kraftwerkes (9 Generatoren für 50 Hz, 9 Generatoren für 60 Hz) werden von 700-MW-Francisturbinen mit vertikaler Welle angetrieben (Bild 4.16). Die Bemessungsscheinleistungen sind mit S_{rG} = 823,6 MVA, $\cos \varphi_{rG}$ = 0,85 bei 50 Hz und S_{rG} = 766 MVA, $\cos \varphi_{rG}$ = 0,95 bei 60 Hz deshalb verschieden, weil der Hauptteil der mit 50 Hz erzeugten Leistung über eine HGÜ-Verbindung nach

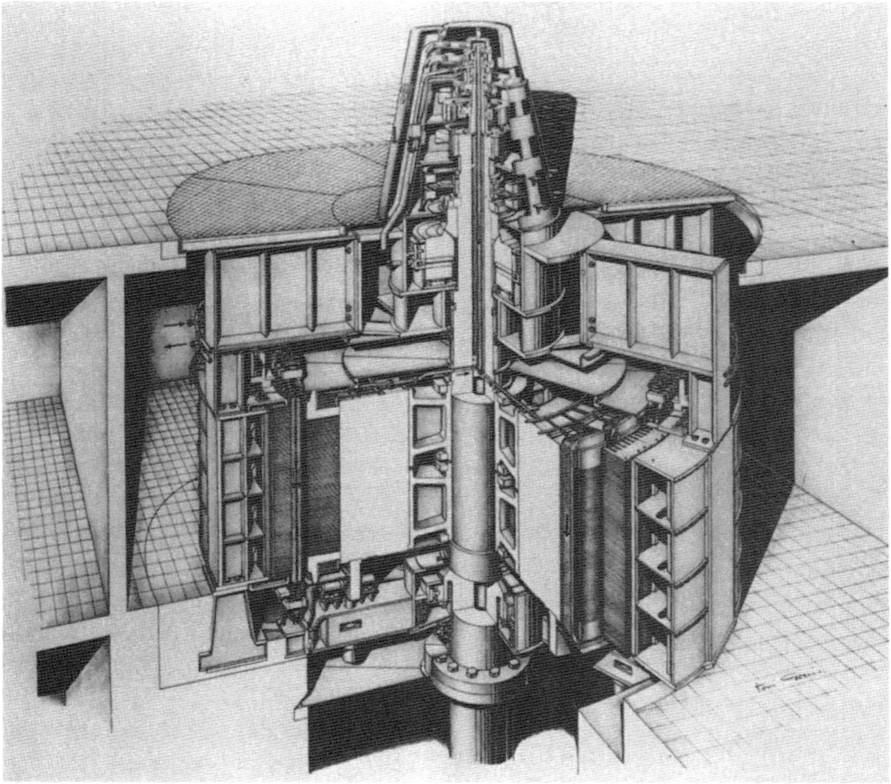

Bild 4.2. Wasserkraftgenerator 230 MVA, 50 Hz, 375 min^{-1} mit wassergekühlten Spulen des Polrades und Wasserkühlung der Ständerwicklung und des Ständer-Blechkörpers [4.18] (Werkbild NEBB Oslo)

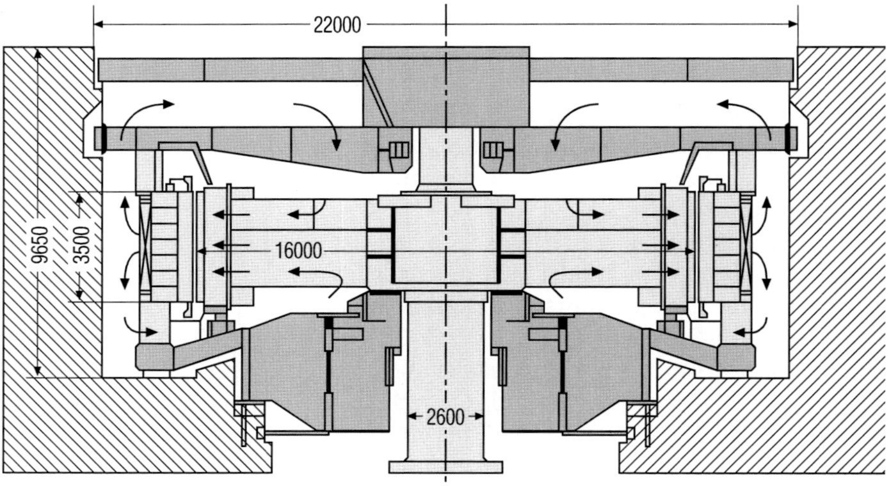

Bild 4.3. Schnitt durch einen Wasserkraftgenerator Itaipú (Siemens/ABB) [4.25]. S_{rG} = 823,6 MVA, U_{rG} = 18 kV, 50 Hz, $\cos\varphi_{rG}$ = 0,85, 90,9 min^{-1} (33 Polpaare), Gewicht des Läufers 1961 t, Gesamtgewicht des Generators 3343 t (Abmessungen in mm)

São Paulo geliefert wird und die HGÜ-Station hohen Blindleistungsbedarf aufweist (Bild 12.29). Die Ständerwicklung hat direkte Wasserkühlung, während der Läufer und das Ständereisen konventionelle Luft/Wasserkühlung aufweisen.

Der Übergang zu Pumpturbinen (Bild 4.19) in Pumpspeicherwerken ergab neue Anlaufprobleme. Während der Anlauf im Generatorbetrieb durch die Pumpturbinen geschieht, ist für den Übergang zum Pumpbetrieb ein unabhängiger Anlauf erforderlich. Von den verschiedenen Möglichkeiten wie Anwurfturbine, Anwurfmotor, Frequenzanlauf, Anlauf mit Stromrichter oder durch Ungersatz und asynchronen Anlauf [4.21] hat letzterer an Bedeutung gewonnen. Es zeigt sich, dass in vielen Fällen die Ausführung des Läufers mit massiven Polen statt mit lamellierten Polen und Dämpferwicklung günstige Anlaufverhältnisse ergibt [4.12, 4.21]. Je nach der zugelassenen Absenkung der Netzspannung beim asynchronen Anlauf wird man die Synchronmaschine direkt oder über eine Drosselspule an das Netz schalten.

4.3 Wasserturbinen

In den Wasserkraftwerken werden, von Sonderfällen abgesehen, entweder Pelton- (Freistrahl-), Francis- oder Kaplan- bzw. Rohrturbinen eingesetzt. Ihre Anwendungsbereiche sind im Bild 4.4 dargestellt. Die spezifische Drehzahl n_q lässt sich aus der Ähnlichkeitstheorie der Strömungsmaschinen herleiten und gibt die Drehzahl eines dem betrachteten geometrisch ähnlichen Laufrades an, das bei 1 m Fallhöhe den Volumenstrom 1 m^3/s verarbeitet [3.9, 4.10].

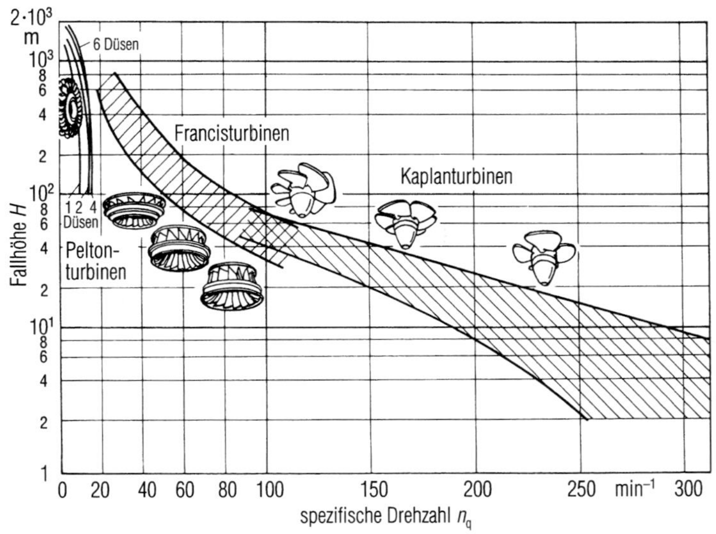

Bild 4.4. Anwendungsbereiche der Wasserturbinen-Bauarten. Die Skizzen deuten die charakteristische Laufradform zugehörig zur spezifischen Drehzahl n_q an, die sich auf den Volllastauslegungspunkt bezieht

Die spezifische Drehzahl n_q, die sich auf den Volllastauslegungspunkt bezieht, ist eine Kennziffer, die zur Auswahl der Turbinenbauart herangezogen wird, wenn eine gegebene Wasserdarbietung bei einer gewünschten Drehzahl n nutzbar gemacht werden soll. Bezeichnet Q den Volumenstrom, H die Fallhöhe und n die Drehzahl der Turbine, so gilt für die spezifische Drehzahl:

$$n_q = n \frac{\sqrt{\dfrac{Q}{\mathrm{m}^3/\mathrm{s}}}}{\left(\dfrac{H}{\mathrm{m}}\right)^{3/4}} \tag{4.1}$$

Für große Fallhöhen werden Pelton-(Freistrahl-)turbinen verwendet (Bild 4.4). Bei dieser Turbinenart wird in einer oder in mehreren Düsen die potenzielle Energie des Wassers vollkommen in Geschwindigkeitsenergie gewandelt. Der Strahl trifft tangential auf das Laufrad, wird in den am Umfang verteilten becherförmigen Schaufeln des Laufrades umgelenkt und gibt dabei seine Energie ab. Je nach dem zu verarbeitenden Volumenstrom ist die Peltonturbine mit einer oder mehreren Düsen ausgerüstet, wobei deren Austrittsquerschnitte zur Leistungsregelung über axial verschiebbare Nadeln verändert werden können. Die Verschiebung erfolgt entweder mechanisch, wobei die Nadeln den Abzweigkrümmer durchstoßen und von außen betätigt werden, oder durch vom Wasser umströmte innen angeordnete Servomotoren.

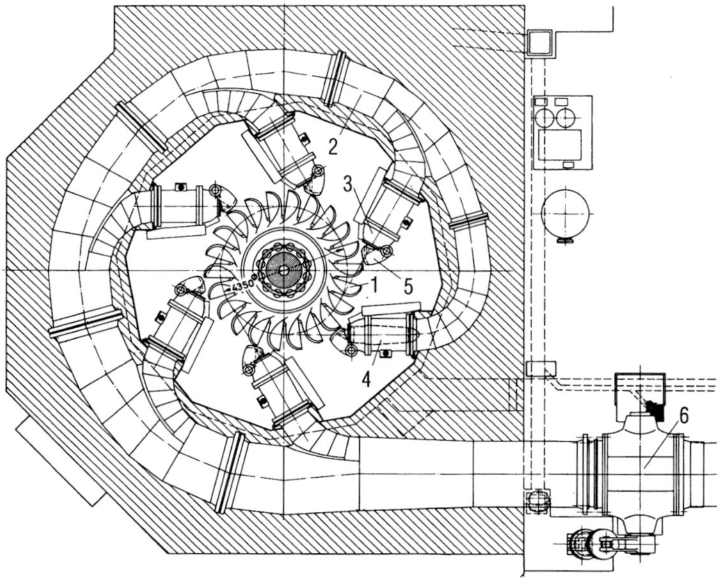

Bild 4.5. Sechsdüsige Peltonturbine in New Colgate am Yuba River, Kalifornien (Werkbild Voith). Bemessungsdaten: $P = 167$ MW, $H = 413$ m, $Q = 46{,}12\ \mathrm{m^3/s}$, $n = 180\ \mathrm{min^{-1}}$, 60 Hz, $p = 20$. *1* Laufrad; *2* Ringleitung; *3* Düse; *4* innenregulierte Düsennadel; *5* Strahlablenker; *6* Absperrorgan

Diese im Bild 4.5 dargestellte zweite Möglichkeit ist technisch komplizierter, hat aber den Vorteil, dass der Krümmungsradius der Abzweigung größer werden kann und deshalb die Strahlqualität infolge verminderter Sekundärströmungen verbessert wird. Für die sechsdüsige Peltonturbine nach Bild 4.5 ergibt sich z. B. mit $Q = 46{,}12\ \mathrm{m^3/s}$ und $H = 413$ m sowie $n = 180\ \mathrm{min^{-1}}$ eine spezifische Drehzahl $n_q = 13{,}4\ \mathrm{min^{-1}}$ (Bild 4.4).

Die Strahlablenker greifen ein, wenn bei plötzlicher Lastverminderung die Maschine schnell nachgeregelt werden soll, der Druckstoß in der Zuleitung ein bestimmtes Maß jedoch nicht überschreiten darf. Die Strahlablenker schneiden von der Seite her in den Strahl, lenken einen Teil des Wasserstromes ab und verringern damit sehr schnell die Antriebsleistung der Turbine. Gleichzeitig werden die Düsennadeln, wenn auch wesentlich langsamer, auf den neuen Betriebszustand eingestellt.

Im Gegensatz zu den teilbeaufschlagten Peltonturbinen, in deren Laufrad die Energieumwandlung bei gleichbleibendem Druck abläuft (Gleichdruckmaschine), sind Francis- und Kaplanturbinen Überdruckmaschinen. Ihre Laufräder sind bei allen Betriebszuständen voll beaufschlagt. Der Druck am Laufradeintritt ist höher als am Laufradaustritt. Die Francisturbine wird bei Fallhöhen zwischen etwa 60 und 600 m eingesetzt, während die Kaplanturbine ihre Anwendung in Flusskraftwerken bei geringer Fallhöhe bis zu etwa 70 m findet (Bild 4.4).

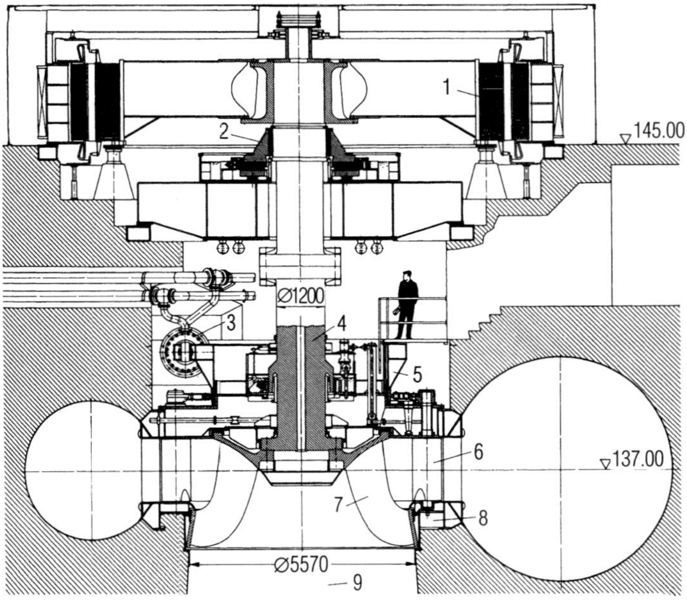

Bild 4.6. Vertikaler Maschinensatz mit Francisturbine in Paulo Alfonso (III) am Rio São Francisco in Brasilien (Werkbild Voith). Bemessungsdaten: P = 221 MW, H = 87,5 m, Q = 284 m^3/s, n = 138,5 min^{-1}, 60 Hz, p = 26. *1* Generator; *2* Spurlager; *3* Leitrad-Servomotor; *4* selbstschmierendes Führungslager; *5* Regelring; *6* Leitschaufeln; *7* geschweißtes Laufrad; *8* geschweißter Traversenring mit Spirale; *9* Saugrohr

Bei der Francisturbine nach Bild 4.6 durchströmt das Wasser zunächst die Einlaufspirale, danach den Leitapparat, das Laufrad und schließlich das Saugrohr. Die Spirale sorgt für axialsymmetrische Geschwindigkeitsverteilung vor den Laufschaufeln, die tragflügelartig profiliert sind und über einen gemeinsamen Regelring um ihre Längsachse verdreht werden können. Zwei (seltener vier) hydraulische Servomotoren, die auf dem Turbinendeckel angeordnet sind und am Regelring angreifen, üben die Stellkraft aus. Neuere Ausführungen besitzen Einzelservomotoren für jede Leitschaufel. Beim Betrieb im Auslegungspunkt sind die Leitschaufeln wirkungsfrei, und die Strömung verlässt das Laufrad ohne Drall. Für andere Betriebszustände werden die Leitschaufeln soweit verstellt, bis sich durch Änderung des Dralls vor dem Laufrad und einer Veränderung des Volumenstromes die geforderte Anpassung an andere Fallhöhen oder Volumenströme ergibt. Die Abströmung nach dem Laufrad ist dann wegen dessen gleichbleibender Drehzahl nicht mehr drallfrei. Dadurch können Erschütterungen der Maschine und des ganzen Bauwerkes auftreten. Das Saugrohr hat die Aufgabe, einen Teil der am Laufradaustritt vorhandenen Geschwindigkeitsenergie durch Diffusorwirkung zurückzugewinnen.

Bei der Auslegung von Überdruckturbinen, somit also auch Francisturbinen, ist besonders auf die Erscheinung der Kavitation zu achten. Durch Ver-

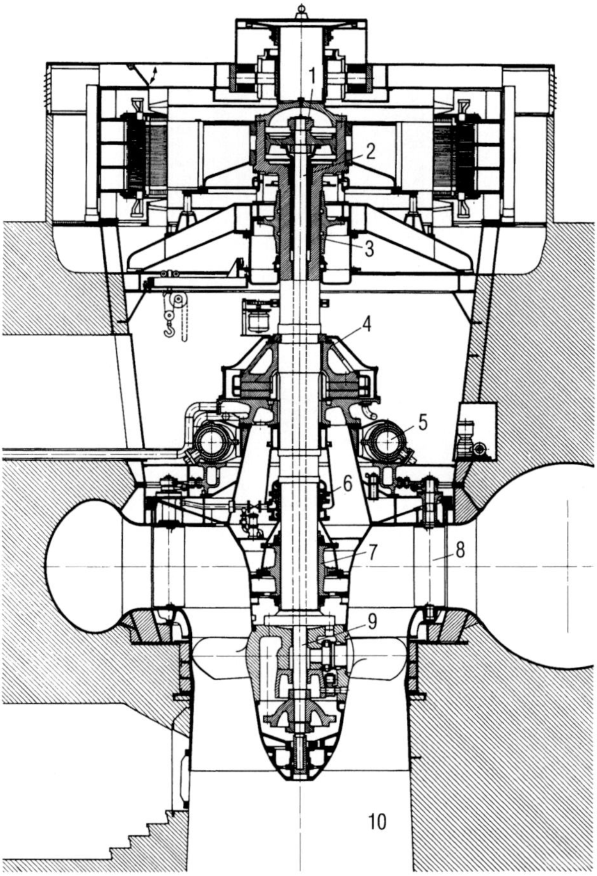

Bild 4.7. Vertikale Kaplanturbine Roßhaupten am Lech (Werkbild Voith). Bemessungsdaten: P = 24,8 MW, H = 38 m, Q = 75 m^3/s, n = 200 min^{-1}, 50 Hz, p = 15. *1* Laufrad-Servomotor; *2* Verstellspindel; *3* oberes Führungslager mit Servomotorölzufuhr; *4* Spurlager; *5* Leitrad-Servomotor; *6* Wellendichtung; *7* unteres Führungslager; *8* Leitschaufel; *9* Laufrad mit verstellbaren Schaufeln und Verstellkreuz; *10* Saugrohr

dampfen des strömenden Wassers an Stellen besonders niedrigen Drucks (vorwiegend am Laufrad) und anschließender schlagartiger Kondensation der Dampfblasen kann es zu erheblichen Schäden an den umströmten Flächen (Schaufeln, Laufradkranz) kommen.

Die Kaplanturbine nach Bild 4.7 verarbeitet Volumenströme bei schwankenden und geringen Fallhöhen. Gegenüber der Francisturbine hat die Kaplanturbine den Vorteil, dass sie bei grundsätzlich gleichem Aufbau (Spirale, Leitapparat, Laufrad, Saugrohr) über verstellbare Laufschaufeln verfügt. Sie kann sich damit durch Doppelregulierung wechselnden Betriebsbedingungen anpassen. Der Wirkungsgrad fällt auch bei Teil- und Überlast nur wenig ab. Die Regelung erfolgt auch hier durch Verstellung der Leitschaufeln. Über eine Kurvenscheibe werden die Laufradschaufeln so weit nachgestellt, bis die optimale Zuordnung erreicht ist.

Bild 4.8 zeigt typische Kennfelder der beschriebenen Turbinenarten [4.10]. Wie die spezifische Drehzahl n_q nach Gl. (4.1) sind auch der Einheitsvolumenstrom Q_1' und die Einheitsdrehzahl n_1' Begriffe, die im Rahmen der Modellge-

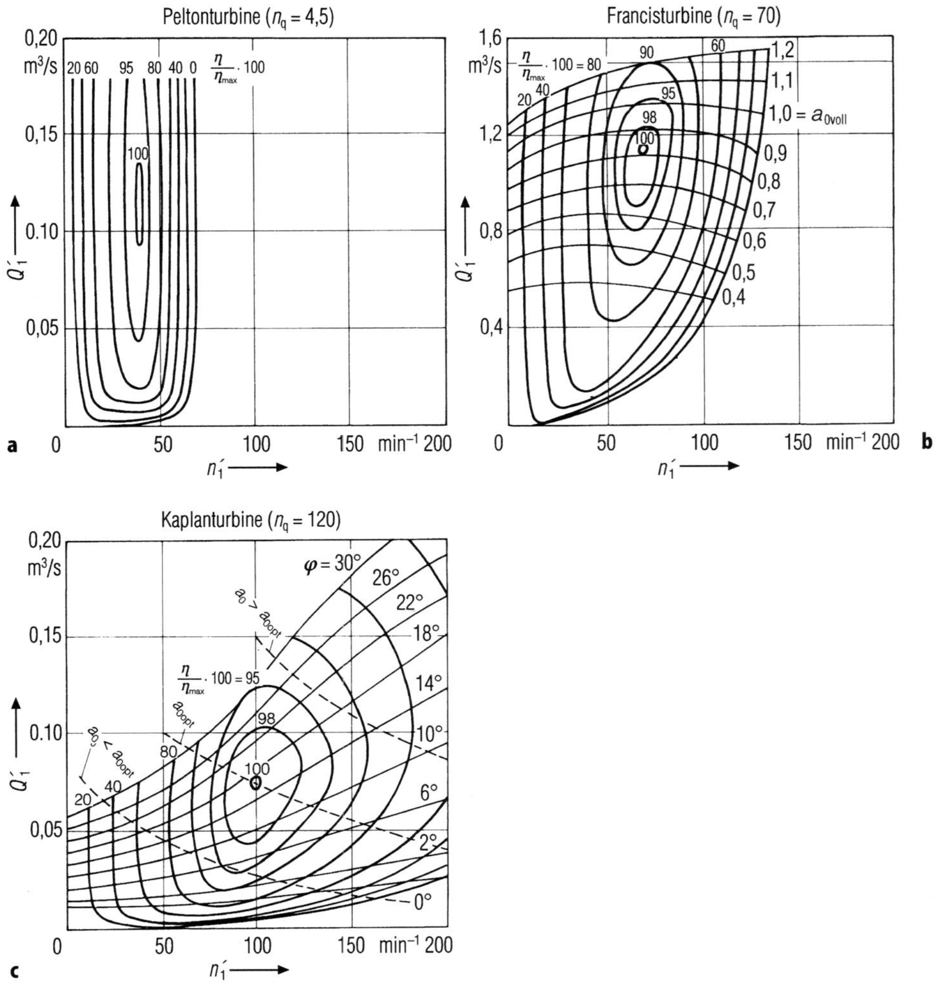

Bild 4.8 a – c. Einheitsvolumenströme Q_1' abhängig von der Einheitsdrehzahl n_1' für **a** eine Peltonturbine, **b** eine Francisturbine und **c** eine Kaplanturbine. Kennfelder mit η/η_{max} als Parameter. a_0 Leitradöffnung der Francisturbine, Änderung durch Verstellung der Leitschaufeln (6 im Bild 4.6); φ Laufradwinkel der Kaplanturbine, Änderung durch Verstellung der Schaufeln (9 im Bild 4.7)

setze [3.9] zur Auslegung der Wasserturbinen dienen. Ausgehend vom Volumenstrom Q und der Fallhöhe H ergibt sich mit Gl. (4.1) die spezifische Drehzahl und damit die geeignete Turbinentype (Bild 4.4). Über die zweckmäßige Dimensionierung der ausgewälten Type lassen sich jedoch daraus noch keine Aussagen treffen. Angestrebt wird, dass die Turbine ein Maximum des Wirkungsgrades (η_{max}) erreicht, bei einer Durchflussmenge, die dem Mittelwert (Jahresmittel) entspricht. Hierzu wird das Muscheldiagramm im Bild 4.8

herangezogen. Zur Aufstellung des Muscheldiagramms wird eine strömungsähnliche Turbine mit dem Raddurchmesser $D_1 = 1$ m und der Fallhöhe $H_1 = 1$ m entworfen und gebaut. Mit dieser Modellturbine kann man dann z. B. für die Francisturbine Kurvenscharen $Q_1'(n_1')$ und $\eta(n_1')$ aufnehmen für verschiedene Leitradöffnungen a_0. Daraus wird dann ein Diagramm wie Bild 4.8 b konstruiert. Für Q_1' und n_1' gilt:

$$Q_1' = \frac{Q}{\sqrt{\frac{H}{\mathrm{m}}}\left(\frac{D}{\mathrm{m}}\right)^2} \tag{4.2}$$

$$n_1' = \frac{n}{\sqrt{\frac{H}{\mathrm{m}}}}\left(\frac{D}{\mathrm{m}}\right) \tag{4.3}$$

Sind Q und H bekannt und das Diagramm nach Bild 4.8, also Q_1' bei $\eta_{\max}$, so berechnet man den Durchmesser D aus Gl. (4.2), für den die Turbine auszulegen ist. Mit D und n_1' bei $\eta_{\max}$ folgt aus Gl. (4.3) dann die Drehzahl n der Turbine. Setzt man n in Gl. (4.1) ein, so soll das Ergebnis möglichst gut mit der spezifischen Drehzahl n_q übereinstimmen, die man zur Festlegung der Turbinentype zugrunde gelegt hat.

Deutlich ist aus Bild 4.8 zu erkennen, dass die optimalen Betriebsbereiche bei verschiedenen spezifischen Drehzahlen und Einheitsvolumenströmen Q_1' liegen. Eine vorgegebene Fallhöhe/Wasserstrom-Kombination verlangt also einen ganz bestimmten Turbinentyp. Mit Hilfe solcher Kennfelder ist Bild 4.4 zusammengestellt worden. An den Überschneidungsstellen der Anwendungsbereiche sind grundsätzlich die beiden Typen verwendbar. In diesen Fällen geben dann örtliche Betriebsbedingungen, Kostenfragen usw. den Ausschlag.

4.4 Laufwasser- und Speicherkraftwerke

Bei Laufwasserkraftwerken an Flüssen können im Laufe eines Jahres starke Schwankungen der zur Verfügung stehenden Durchflussmengen auftreten, wobei es zudem noch wasserreiche und wasserarme Jahre gibt. Weiterhin ist die Verteilung der Durchflussmenge über ein Jahr zu beachten, die sich bei einem Hochgebirgsfluss (große Durchflussmenge im Sommer) wesentlich anders verhält als bei einem Mittelgebirgsfluss und einem Flachlandfluss (größte Durchflussmengen im Frühjahr und im Winter). Die Turbinen werden deshalb für eine Ausbauwassermenge ausgelegt, die sich aus Wirtschaftlichkeitsüberlegungen ergibt unter Beachtung der Tatsache, dass die Durchflussmenge in vielen Fällen nur zum Teil zur Energieerzeugung herangezogen werden kann

(Fischpässe, Schleusenbetrieb, Restwassermengen bei Umleitungskraftwerken (Bild 4.12) zur Verhütung der Austrocknung des alten Flussbettes). Abzuwägen ist zwischen möglichst hoher Benutzungsdauer der Ausbauwassermenge und der Forderung nach hoher Ausnutzung des Wasserangebots.

Bei Wasserkraftwerken wird die potenzielle Energie des Wassers genutzt. Die Fallhöhe H bezeichnet dabei den Niveau-Unterschied zwischen dem Oberwasser (OW) und dem Unterwasser (UW). In einem Flusslauf kann man das natürliche Gefälle zu einer nutzbaren Fallhöhe machen durch Aufstauen des Oberwassers, durch Absenken des Unterwassers oder durch Umleitung des Wassers (Bilder 4.9, 4.12, 4.13).

Das Arbeitsvermögen einer Wassermenge ist ihrer potenziellen Energie gleich. Als Leistung ergibt sich dann die Rohleistung einer Wasserkraft:

$$P = \frac{W}{t} = \frac{gmH}{t} = g\rho QH \tag{4.4}$$

Dabei ist t die Zeit, $Q = V/t$ der Volumenstrom und $\rho = m/V$ die Dichte (für Wasser gilt $\rho = 10^3$ kg/m^3). Berücksichtigt man die Verluste durch Reibung und die elektrischen Verluste, so erhält man die Effektivleistung einer Wasserkraft:

$$P_{\mathrm{eff}} = \eta_{\mathrm{ges}}\, g\rho\, Q H \tag{4.5}$$

Der Gesamtwirkungsgrad ergibt sich dabei als Produkt der Einzelwirkungsgrade (z. B. für die Rohrleitungen $\eta_{\mathrm{R}} \approx 0{,}93\ldots0{,}90$, für die Turbine $\eta_{\mathrm{T}} \approx 0{,}85\ldots0{,}94$ und für den Generator $\eta_{\mathrm{G}} \approx 0{,}95\ldots0{,}99$). Er liegt im Bereich zwischen 0,75 und 0,92. Nimmt man $\eta_{\mathrm{ges}} = 0{,}82$ an, so erhält man ausgehend von Gl. (4.5) die leicht zu merkende Beziehung:

$$\frac{P_{\mathrm{eff}}}{\mathrm{kW}} \approx 8\left(\frac{Q}{\mathrm{m}^3/\mathrm{s}}\right)\left(\frac{H}{\mathrm{m}}\right) \tag{4.6}$$

Die einfache Anordnung eines Laufwasserkraftwerkes nach Bild 4.9 ist möglich, wenn ein Fluss mit genügend Gefälle und steilen Ufern an geeigneter Stelle gestaut werden kann. Kraft- und Stauwerk sind quer in den Fluss hineingebaut. Dabei kann es zweckmäßig sein, die Schaltanlage (das Schalthaus) nicht unmittelbar mit dem Kraftwerk zu vereinigen, sondern am Ufer zu er-

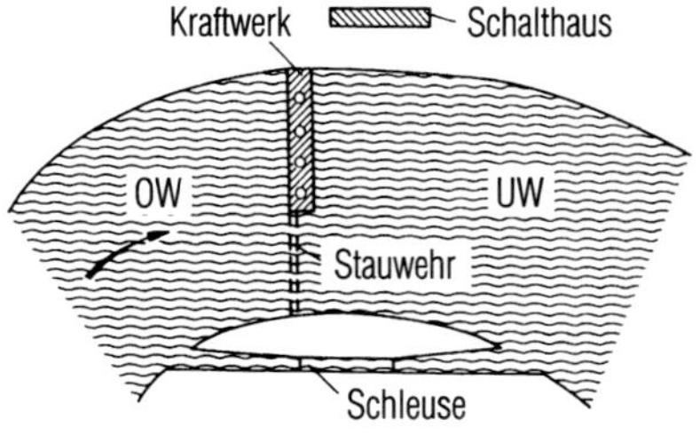

Bild 4.9. Laufwasserkraftwerk an einem Fluss mit genügend großem Gefälle (schematisch). OW Oberwasser, UW Unterwasser

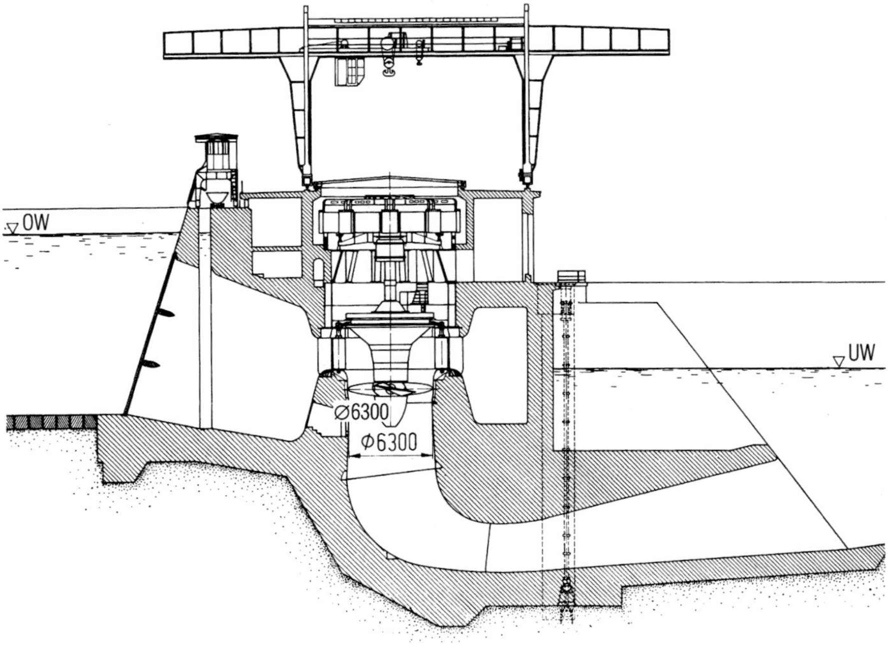

Bild 4.10. Hochbauloses Laufwasserkraftwerk am Inn mit vier Kaplanturbinen und Generatoren in Schirmbauweise (Werkbild Voith). Bemessungsdaten: P = 24 MW, H = 11 m; Q = 251,5 m^3/s, n = 83,4 min^{-1}

richten. Bei schiffbaren Flüssen ist eine Schleuse erforderlich und in der Regel eine Fischtreppe.

Bild 4.10 zeigt ein hochbauloses Laufwasserkraftwerk, bei dem die Generatoren dicht über den Kaplanturbinen angeordnet und mit transportablen Hauben abgedeckt sind. Der Portalkran wird im Ruhezustand aus Landschaftsschutzgründen möglichst unsichtbar in Ufernähe untergebracht. Eine sehr niedrige Bauweise für ein Flusskraftwerk ist auch bei Verwendung von Rohrturbinen möglich. Bild 4.11 zeigt den Schnitt durch eine Rohrturbine. Sie ähnelt hydraulisch der Kaplanturbine. Leit- und Laufschaufeln sind verstellbar. Die gesamte Maschine ist jedoch nahezu axial durchflossen. Das fast gerade Saugrohr hat bei hohen Wasserströmen einen besseren Wirkungsgrad. Weil eine Einlaufspirale nicht erforderlich ist, kann der Abstand zwischen den einzelnen Maschinen gering gehalten werden. Der Generator ist vom Wasser umströmt. Da er aus hydraulischen Gründen möglichst klein sein soll, wird zwischen Turbine und Generator bei sehr niedriger Drehzahl ein Getriebe gesetzt, das die Generatordrehzahl erhöht.

Falls das Ufergelände eines Flusses für ein reines Staukraftwerk ungeeignet ist, kann man u. U. ein Kanalkraftwerk ausführen. An geeigneter Stelle des Flusses wird ein Stauwehr errichtet, und das Wasser seitlich in den Oberwasserkanal mit möglichst geringem Gefälle geleitet. Den Abschluss des Ober-

Bild 4.11. Schnitt durch eine Rohrturbine mit über Planetengetriebe angetriebenem Generator. (Werkbild Escher Wyss)

wasserkanals bildet das Kraftwek, in dem das Gefälle zwischen Oberwasserkanal und altem Flussbett an dieser Stelle ausgenutzt werden kann (Bild 4.12a). Beim Ausbau eines Gebirgsflusses ist es nicht immer möglich oder zweckmäßig das Kraftwerk in den Fluss zu bauen oder einen Kanal vorzusehen. In solchen Fällen wird man einen Wasserstollen, der an einem Wasserschloss endet, durch das Gebirge anlegen und von dort aus das Wasser über Rohrleitungen den Turbinen zuführen (Bild 4.12b).

Bei ausgedehnten Flusssystemen werden häufig Ketten von Wasserkraftwerken ausgebaut, wie z.B. an den deutschen Alpenflüssen. Bei einem lückenlosen Ausbau wird dann das Unterwasser einer Stufe zum Oberwasser der nächsten Stufe in der Kette. Bild 4.13 zeigt einen solchen Ausbau am Beispiel des Rheins zwischen Bodensee und Basel [3.9]. Eine solche Kraftwerkskette wird mit Rücksicht auf die Wasserführung meist nur zur Grundlastdeckung herangezogen. Ist ein Becken oberhalb der ersten und unterhalb der letzten Stufe in der Kette vorhanden, so lässt sich ein Schwellbetrieb durchführen und damit bei entsprechender Auslegung der Kraftwerke auch ein Beitrag zur Spitzenlastdeckung beisteuern.

Günstige Verhältnisse für die Elektrizitätserzeugung liegen dann vor, wenn im Gebirge ein hochgelegener See mit Zu- und Abfluss vorhanden ist. In einem solchen Fall führt man das Wasser nach Bild 4.14 durch Stollen und Rohrleitungen zum Kraftwerk und dann zum Unterlauf des Abflusses. Im Gegensatz zu einem Laufkraftwerk braucht das zufließende Wasser nicht unmittelbar

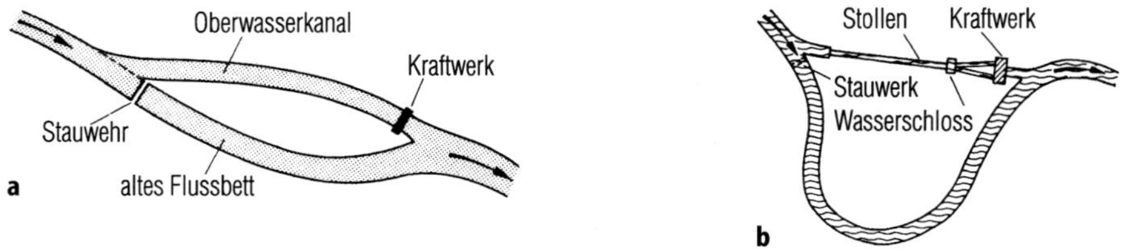

Bild 4.12 a, b. Anlage von Laufwasserkraftwerken (schematisch). **a** Mit Oberwasserkanal; **b** mit Wasserzuführung durch Stollen und Rohrleitungen

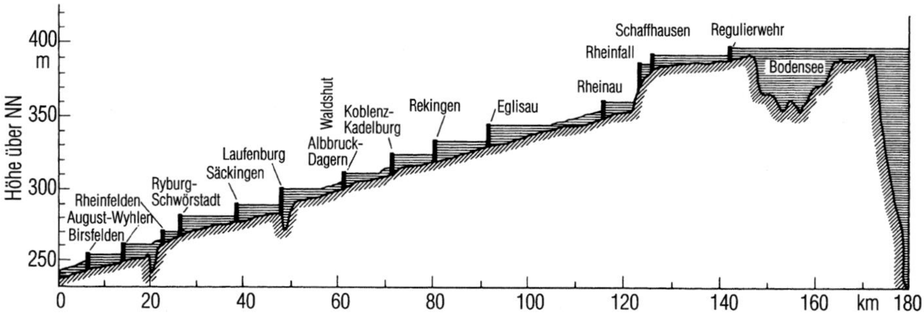

Bild 4.13. Kraftwerkskette am Rhein zwischen Bodensee und Basel mit lückenlosem und zum Teil übergreifendem Ausbau, um so das Gesamtgefälle möglichst vollständig zu nutzen

ausgenutzt zu werden, sondern es kann sich bis zu einem gewissen Grade in dem Speichersee sammeln, um so in Zeiten hoher Belastung zur Stromerzeugung (Spitzenlastdeckung) herangezogen zu werden. Je nach der Größe unterscheidet man zwischen Tages-, Monats- und Jahresspeichern. Bei Speicherkraftwerken, also bei Hochdruckanlagen muss man am Ende des Wasserstollens vor Beginn der Rohrleitungen ein Wasserschloss vorsehen. Dies ist ein Ausgleichsbehälter (-raum), in welchem für den Fall, dass das Kraftwerk seine Turbine im Schnellschluss abstellt, das durch den Stollen nachströmende Wasser emporsteigen kann, um so unzulässige Druckstöße zu vermeiden (Bild 4.14).

An großen Flüssen mit hoher Durchflussmenge (wie z.B. an der Donau, am Nil, an der Wolga und an den großen Flüssen in Nord- und Südamerika) lassen sich Wasserkraftwerke mit hoher Leistung bauen. Die Flüsse werden dabei in der Regel zu ausgedehnten Seen aufgestaut. Das Kraftwerk wird dann entweder in einer Kaverne oder am Staudamm selbst untergebracht.

Bild 4.15 zeigt als Beispiel einer Kavernenanlage das Wasserkraftwerk Shrum am Peace-River in Britisch Columbia/Canada. Der Wasserspeicher hat einen Nutzinhalt von 37 km^3 (Jahresspeicher). Die Leistung der 10 Maschineneinheiten (10 × 227 MW = 2270 MW) wird über eine 500-kV-Doppelleitung mit Reihenkondensatoren über 900 km nach Vancouver übertragen [4.20].

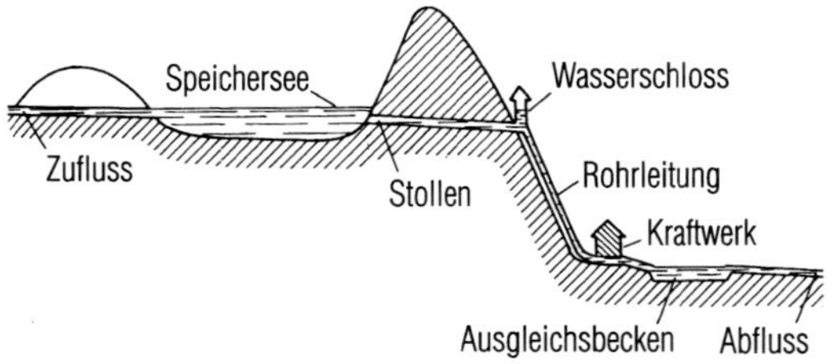

Bild 4.14. Schematische Darstellung eines Speicherkraftwerkes

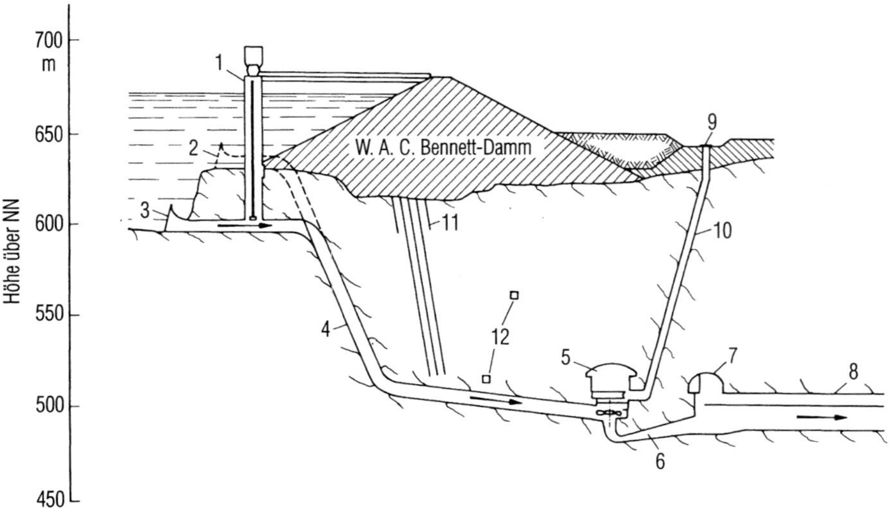

Bild 4.15. Längsschnitt des Wasserkraftwerkes Shrum/Kanada. Staudamm: 83 m Höhe, 2040 m Breite. 10 Francisturbinen mit 227 MW…260 MW; H = 152 m; Q = 170 m^3/s; n_r = 150 min^{-1}, 60 Hz [4.20]. *1* Einlaufkontrolle; *2, 3* Einlauf für 10 Maschinen; *4* Druckrohr; *5* Maschinenhaus (Kaverne); *6* Turbinenauslass; *7* Sammelkammer; *8* Ablasstunnel; *9* Umspannwerk 500 kV; *10* Kabelschacht; *11* Abdichtungsschirm; *12* Entwässerungstunnel

Bild 4.16 zeigt den Schnitt durch das Wasserkraftwerk Itaipú als Beispiel für die Unterbringung des Kraftwerkes direkt an einem großen Staudamm (Generatoren im Bild 4.3).

Ist der Zufluss bei einem Speicherkraftwerk gering oder gar nicht vorhanden, so können bei günstigen geologischen Bedingungen Pumpspeicherkraftwerke angelegt werden. Pumpspeicherkraftwerke mit kleinen Leistungen wurden bereits vor 1930 gebaut. Die erste Großanlage war das Werk in Herdecke an der Ruhr (RWE) mit einer Pumpleistung 107 MW und einer Turbinenleistung 132 MW ohne natürlichen Zufluss zum Oberwasserbecken (Tagesspeicher). Die vier Maschinen der alten Anlage aus dem Jahre 1930 wurden 1989 durch einen neuen Maschinensatz mit 153 MW ersetzt.

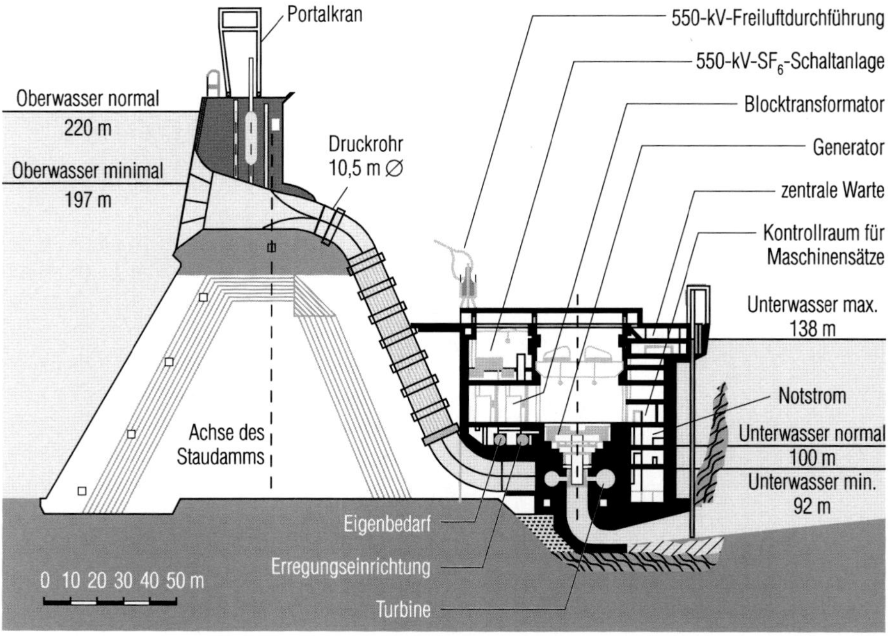

Bild 4.16. Wasserkraftwerk Itaipú am Rio Paraná in Brasilien/Paraguay mit 18 Maschinensätzen 700 MW (Summenleistung 12600 MW). Hauptstaudamm 190 m Höhe, 1234 m Länge. Das Kraftwerksgebäude ist 1000 m lang, 90 m breit und 109 m hoch. $H = 120$ m; $Q = 698$ m^3/s. Erwartete Jahresproduktion $75 \cdot 10^9$ kWh

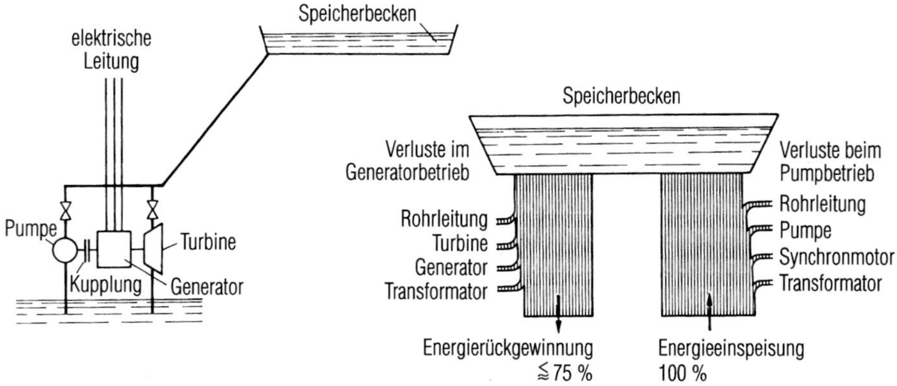

Bild 4.17. Schematischer Aufbau eines Pumpspeicherkraftwerkes mit getrennter Turbine und Pumpe

Bild 4.17 zeigt den Grundaufbau eines Pumpspeicherkraftwerkes mit getrennter Wasserturbine und Pumpe. Die Pumpe ist über eine ausrückbare Kupplung mit dem Maschinensatz verbunden. Beim Füllen des Speichers ist die Kupplung eingerückt, die Turbine läuft leer (ohne Wasser) mit. Im Generatorbetrieb ist die Pumpe abgekoppelt. Der Übergang zwischen den verschiedenen Betriebsarten, wozu neben dem Pump- und Generatorbetrieb auch der Phasenschieberbetrieb gehören kann, geht rasch vor sich. In einem der größten bisher in Deutschland gebauten Pumpspeicherkraftwerke, im Kraftwerk Wehr, mit vier Synchronmaschinen je 300 MVA [4.24], in dem zwischen Synchronmaschine und Turbine eine Überholkupplung eingesetzt wurde, benötigt der Betriebsartenwechsel höchstens eine Minute.

Der Gesamtwirkungsgrad eines Pumpspeicherkraftwerkes setzt sich aus den Einzelwirkungsgraden beim Pumpbetrieb und beim Generatorbetrieb zusammen, wie im Bild 4.17 gezeigt.

Bild 4.18 zeigt den Schnitt durch einen von neun Maschinensätzen des Pumpspeicherkraftwerkes Vianden. Die Francisturbine ist fest mit dem Generator gekuppelt. Bei Pumpbetrieb wird die mit Pressluft entleerte Pumpe durch eine Anwurf-Freistrahlturbine bis zum Synchronismus gebracht, worauf dann eine Zahn-Schaltkupplung zwischen der Synchronmaschine und der Pumpe eingreift.

Neben den konventionellen Pumpspeichersätzen mit getrennter Turbine und Pumpe wurden zunehmend auch Pumpturbinen eingeführt (z. B. Pumpspeicherkraftwerk Rönkhausen, 2 × 76,5 MW, 500 min^{-1}). Pumpturbinen sind dabei hydraulische Maschinen, deren Drehrichtung umkehrbar ist und

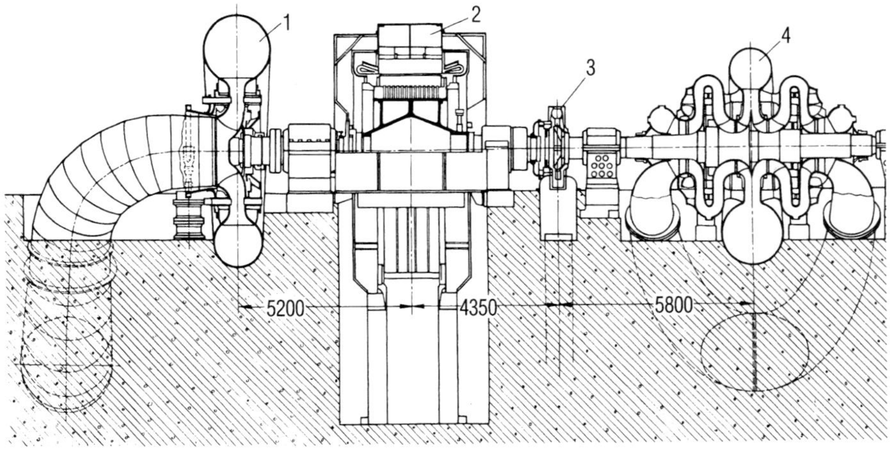

Bild 4.18. Maschinensatz des Pumpspeicherkraftwerkes Vianden/Luxemburg. *1* Francis-Spiralturbine, $P = (90\ldots100)$ MW, $P_{max} = 104$ MW, $H = (265\ldots290)$ m, $Q = (37{,}2\ldots39{,}5)$ m^3/s; *2* Synchronmaschine; *3* Anwurf-Freistrahlturbine mit Zahnschaltkupplung, $P = 2{,}7$ MW, $H = 288$ m, $Q = 1{,}31$ m^3/s; *4* Zweiflutige-zweistufige Speicherpumpe, $P = (67\ldots69)$ MW, $P_{max} = 76$ MW

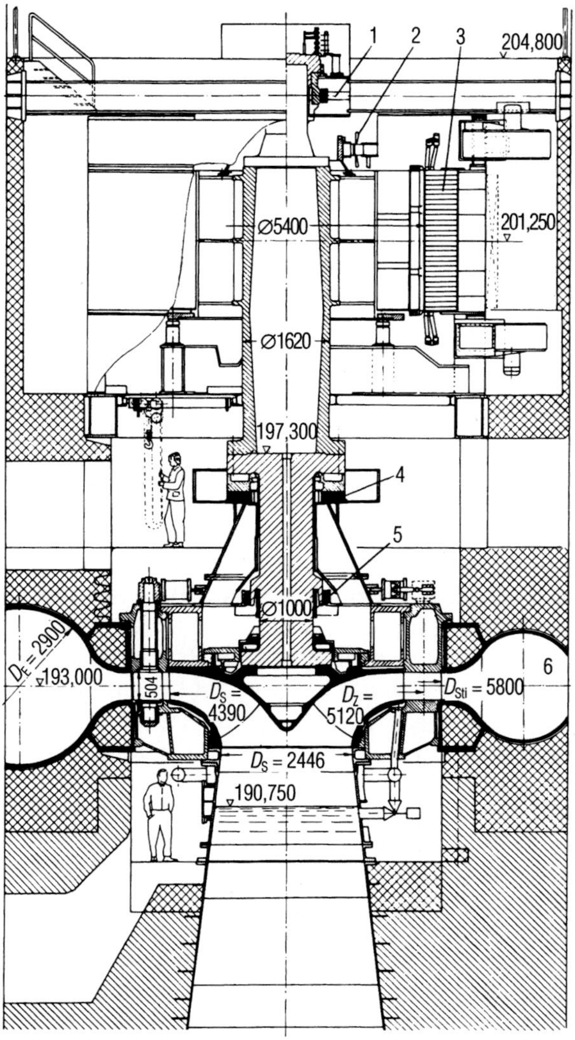

Bild 4.19. Pumpspeicherkraftwerk Vianden, Maschine 10 mit Pumpturbine 215/200 MW und Synchronmaschine 230 MW, 333,3 min^{-1} (Werkbild Société Électrique de l'Our S.A.) *1* Oberes Führungslager; *2* Hilfsgenerator; *3* Synchronmaschine; *4* Spurlager; *5* Unteres Führungslager; *6* Pumpturbine

die somit als Turbine oder als Pumpe laufen können. Beim Übergang zum Pumpbetrieb wird der Maschinensatz direkt am Netz oder mit Hilfe eines Motors hochgefahren. Für die Umschaltzeit vom Pumpbetrieb in den Turbinenbetrieb erreicht man Zeiten von nur 70 s [4.16].

Bild 4.19 zeigt einen Maschinensatz mit Pumpturbine und vertikaler Welle.

Im Gegensatz zu Dampfkraftanlagen, bei denen die Anlagekosten ziemlich unabhängig vom Ort des Kraftwerkes sind, hängen die Kosten von Wasserkraftwerken weitgehend von den örtlichen Verhältnissen ab. Bei Wirtschaftlichkeitsüberlegungen ist zu beachten, dass hohen Anlagekosten geringe laufende Kosten gegenüberstehen durch Wegfall der Brennstoffkosten und geringe Personal- und Wartungskosten. Die Abschreibungszeiträume sind bei

Wasserkraftwerken überdies größer als bei thermischen Kraftwerken. Die Wirtschaftlichkeit von Pumpspeicherkraftwerken ist im Zusammenhang mit den thermischen Kraftwerken des Verbundnetzes und den Anforderungen des Netzes zur Spitzenlastdeckung zu beurteilen.

4.5 Windenergieanlagen

Die Idee zur Umwandlung der Windenergie in elektrische Energie ist so alt wie die technische Stromerzeugung selbst. Bereits 1891 unternahm der Däne La Cours mit staatlicher Unterstützung Versuche zur Stromerzeugung mit einer Windmühle [4.3]. Dänemark, das keine Kohlelagerstätten hat, übernahm die Vorreiterrolle bei der Umwandlung von Windenergie in elektrische Energie. Bereits gegen Ende des ersten Weltkrieges gab es in Dänemark etwa 120 Windenergieanlagen zur Versorgung ländlicher Gebiete mit Gleichstrom bei Leistungen von 10 bis 35 kW. Der Vorsprung, den sich Dänemark bei der Nutzung des Windes geschaffen hatte, führte um 1980/85 zur Ausrüstung großer Windparks in Kalifornien mit dänischen Windenergieanlagen der 100-kW-Klasse. Nach dem Auslaufen der staatlichen kalifornischen Einspeiserichtlinien, die zehn Jahre lang feste Abnahme und Vergütung garantierten, kam es dort im Jahre 1995/96 zu einem weitgehenden Zusammenbruch der Windindustrie. Es hat sich ein realer Marktpreis von drei US-Cents/kWh herausgebildet [4.31, 4.32].

In Deutschland waren um 1930 etwa 4000 kleinere Windenergieanlagen mit Leistungen bis 20 kW in Betrieb, die teilweise mit Bleiakkumulatoren gekoppelt waren. In den Folgejahren gab es immer wieder Projekte für Großanlagen. So hat beispielsweise Honnef [4.2] vorgeschlagen, die im zweiten Weltkrieg zerstörten Kohlekraftwerke Hamburgs durch riesige Windkraftwerke zu ersetzen. Dazu sollten 20 Anlagen mit je 20 MW Leistung mit einer Nabenhöhe von 240 m und einem Rotordurchmesser von 160 m an der Ostseeküste Schleswig-Holsteins errichtet werden.

Das Interesse an der Windenergienutzung, das in den ersten Jahrzehnten nach dem zweiten Weltkrieg, auch wegen des billigen Erdöls, zurückgegangen war, wurde wieder geweckt durch die Ölpreiskrisen 1973 und 1978 und in Deutschland mit staatliche Förderung stark vorangetrieben. Gestützt auf frühere Erfahrungen konzentrierte man sich auf schnelllaufende Rotoren mit horizontaler Achse und ein bis drei Rotorblättern, sowie auf Rotoren mit vertikaler Drehachse nach dem Darrieus-Prinzip.

Nachdem 1987 die für damalige Verhältnisse zu groß angelegte Versuchsanlage GROWIAN in Süderdithmarschen (3-MW-Zweiflügler als Leeläufer mit 100 m Nabenhöhe und 100 m Rotordurchmesser mit einer Masse von Rotor und Maschinenhaus von 242 000 kg) und 1994 der Probebetrieb von vier 300-kW-Anlagen mit Rotoren nach dem Darrieus-Prinzip erfolglos waren, wurde der 1993 bei Wilhelmshaven errichtete 3-MW-Prototyp Aelus II (dreiflügeliger Luvläufer mit 92 m Turmhöhe und 80 m Rotordurchmesser) ein Erfolg. Die weitere Entwicklung konzentrierte sich deshalb auf den Bau von Windenergieanlagen mit horizontaler Achse und dreiflügeligen Luvläufern. Diese Bauart stellt einen Kompromiss zwischen Drehzahl und Anlaufmoment bei ausgewogener Rotordynamik und hohem Wirkungsgrad dar.

Bereits 1995 stand Deutschland beim Neubau von Windenergieanlagen an der Spitze. In diesem einen Jahr wurden allein 505 MW Bemessungsleistung neu in Betrieb genommen, fast so viel wie Dänemark in 15 Jahren seit 1980 insgesamt installiert hatte. Erkauft wurde dieser Erfolg durch eine Zuzahlung von 300 Mio. DM/a aufgebracht durch die Stromkunden [4.30, 4.32]. Im Jahre 2001 wurden knapp 3,5 % der elektrischen Energie in Windenergieanlagen erzeugt.

Die Leistung des Windes ist dem Massenstrom $\mathrm{d}m/\mathrm{d}t$ der Luft und dem Quadrat der Windgeschwindigkeit v proportional:

$$P = \frac{1}{2} v^2 \frac{\mathrm{d}m}{\mathrm{d}t} \tag{4.7}$$

Mit dem Ausdruck für den Massenstrom der Luft längs eines Wegelements $\mathrm{d}x$ durch eine dazu senkrecht stehende Fläche A

$$\frac{\mathrm{d}m}{\mathrm{d}t} = \rho \frac{\mathrm{d}V}{\mathrm{d}t} = \rho A \frac{\mathrm{d}x}{\mathrm{d}t} = \rho A v \tag{4.8}$$

folgt aus Gl. (4.7) für die Leistung und die auf die Fläche A bezogene Leistung des Windes:

$$P = \frac{1}{2} \rho A v^3 \tag{4.9 a}$$

$$P' = \frac{P}{A} = \frac{1}{2} \rho v^3 \tag{4.9 b}$$

Leistung und Leistungsdichte wachsen mit der dritten Potenz der Windgeschwindigkeit. Eine hohe Windgeschwindigkeit ist deshalb für eine Windenergienutzung die grundlegende Voraussetzung. Rechnet man mit 1,22 kg/m^3 für die temperatur- und feuchteabhängige Dichte der Luft, so ergibt sich bei einer Windgeschwindigkeit von $v = 6$ m/s eine Leistungsdichte von 132 W/m^2, die bei 4 m/s schon auf weniger als $^1/_4$ zurückgeht. Für Wasser ergibt sich vergleichsweise bei gleichen Strömungsverhältnissen aufgrund der wesentlich größeren spezifischen Dichte etwa eine 800fache Leistungsdichte. Die geringe Leistungsdichte bei kleinen Windgeschwindigkeiten lässt die Windenergienutzung erst ab etwa 4 m/s wirtschaftlich werden. In Deutschland liegen die mittleren Windgeschwindigkeiten an der Nord- und Ostseeküste in 50 m Höhe bei 6 bis 7 m/s. Auf der Zugspitze beträgt die mittlere Windgeschwindigkeit etwa 7 m/s. Im Binnenland werden auf den Höhenlagen der Mittelgebirge Werte von 5 bis 6 m/s erreicht.

Neben der Windgeschwindigkeit muss auch die Erntefläche A möglichst groß sein, wie Gl. (4.9 a) zeigt. Bei den Anlagen mit horizontaler Welle nach Bild 4.20 entspricht die Erntefläche der von den Rotorblättern überstrichenen

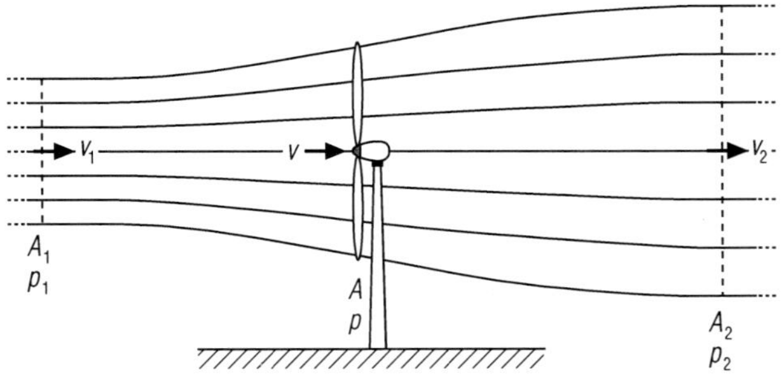

Bild 4.20. Idealisierter Strömungsverlauf an einem Windrad mit horizontaler Welle. A Fläche, v Geschwindigkeit, p Druck

Fläche, wobei es nicht auf die Anzahl der Rotorblätter ankommt. Deren Anzahl bestimmt lediglich die Drehzahl und das Anlaufverhalten. Weil die Windgeschwindigkeit mit dem Abstand vom Boden zunimmt, ist man im Binnenland zudem auf große Turmhöhen angewiesen.

Bei idealisierter Betrachtung der Strömungsverhältnisse an einem Windrad nach Bild 4.20 gilt folgende Leistungsbilanz, in der P die an das Windrad abgegebene Leistung ist:

$$\frac{1}{2}\frac{\mathrm{d}m}{\mathrm{d}t}v_1^2 = P + \frac{1}{2}\frac{\mathrm{d}m}{\mathrm{d}t}v_2^2 \tag{4.10}$$

Nach dem Kontinuitätssatz der Strömungslehre bleibt unter stationären Bedingungen der Luftmassenstrom vor und hinter dem Windrad gleich ($\mathrm{d}m_1/\mathrm{d}t = \mathrm{d}m_2/\mathrm{d}t = \mathrm{d}m/\mathrm{d}t$). Gl. (4.8) folgend, muss dann $A_1 v_1 = A_2 v_2$ gelten. Aus Gl. (4.10) erhält man somit:

$$P = \frac{1}{2}\frac{\mathrm{d}m}{\mathrm{d}t}(v_1^2 - v_2^2) \tag{4.11}$$

Die Kraft, mit der der Massenstrom von v_1 auf v_2 durch das Windrad abgebremst wird, ergibt sich aus dem Impulssatz der Strömungslehre zu:

$$F = \frac{\mathrm{d}m}{\mathrm{d}t}(v_2 - v_1) \tag{4.12}$$

Die gleiche Kraft wirkt mit umgekehrtem Vorzeichen als Schubkraft auf das Windrad. Denkt man sich das Windrad mit der Kraft F und der Geschwindigkeit v entgegen der Windrichtung um ein Wegelement dx bewegt, so ist dafür die folgende Leistung erforderlich:

$$P = \frac{\mathrm{d}}{\mathrm{d}t}(F\,\mathrm{d}x) = F\frac{\mathrm{d}x}{\mathrm{d}t} = Fv = \frac{\mathrm{d}m}{\mathrm{d}t}(v_1 - v_2)\,v \tag{4.13}$$

Die Leistungen P in den Gln. (4.11) und (4.13) müssen gleich sein. Man erhält daraus die Geschwindigkeit v des Windes am Windrad als Mittelwert von v_1 und v_2:

$$v = \frac{1}{2}\frac{v_1^2 - v_2^2}{v_1 - v_2} = \frac{1}{2}(v_1 + v_2) \tag{4.14}$$

Aus Gl. (4.11) ergibt sich schließlich mit $\mathrm{d}m/\mathrm{d}t$ nach Gl. (4.8) für die an das Windrad abgegebene Leistung

$$\begin{aligned} P &= \frac{1}{4}\rho A (v_1 + v_2)(v_1^2 - v_2^2) = \frac{1}{4}\rho A v_1^3 \left[1 + \frac{v_2}{v_1}\right]\left[1 - \left(\frac{v_2}{v_1}\right)^2\right] \\ &= P_1 \frac{1}{2}\left[1 + \frac{v_2}{v_1}\right]\left[1 - \left(\frac{v_2}{v_1}\right)^2\right] \end{aligned} \tag{4.15a}$$

oder, wenn man für das Verhältnis der Geschwindigkeiten die Abkürzung $V = v_2/v_1$ einführt:

$$P = P_1 \frac{1}{2}(1 + V)(1 - V^2) = P_1 \frac{1}{2}(1 + V - V^2 - V^3) = P_1 c_\mathrm{P} \tag{4.15b}$$

Die Leistung P_1 ist aus Gl. (4.9a) als Leistungsangebot des Windes bekannt. Der Faktor c_P ist der sogenannte Leistungsbeiwert oder Betz-Faktor (nach dem Aerodynamiker A. Betz (1885–1968)). Er beschreibt den aerodynamischen Wirkungsgrad des Windrades in Abhängigkeit vom Verhältnis V der Geschwindigkeiten (Bild 4.21).

Der Leistungsbeiwert wird bei $V = 1/3$, also $v_2 = v_1/3$, maximal und erreicht $c_{\mathrm{Pmax}} = 16/27 \approx 0{,}59$. Dieser Maximalwert stellt den theoretisch höchsten Wir-

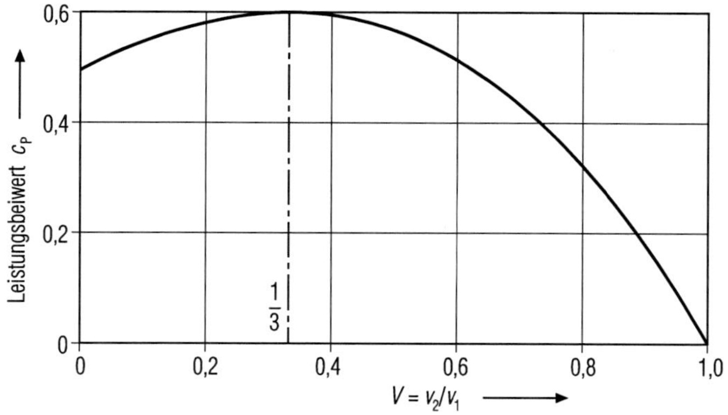

Bild 4.21. Leistungsbeiwert c_P (Betz-Faktor) als Funktion von $V = v_2/v_1$

kungsgrad einer idealen Windenergieanlage dar. Durch Wirbelverluste, Verluste im Getriebe und im Generator erreichen Windenergieanlagen achsialer Bauweise nur einen maximalen Wirkungsgrad zwischen 40 und 45 %, was etwa den Werten moderner Kohlekraftwerke entspricht (Abschn. 3.3).

Mit c_{Pmax} lässt sich ausgehend von Gl. (4.9 b) der theoretische Maximalwert, der von einem Windrad mit dem Rotorradius r_R aufgenommenen Leistung, berechnen:

$$P_{max} = c_{Pmax} \frac{1}{2} \rho A v^3 = \frac{8}{27} \rho \pi r_R^2 v^3 \quad (4.16)$$

Nimmt man eine Windgeschwindigkeit von 6 m/s an, so ergibt sich bei einem Rotorradius r_R = 50 m nach Gl. (4.16) eine maximale Leistung von P_{max} = 613 kW. Würde der Wind das ganze Jahr über mit dieser Windgeschwindigkeit wehen, so würde sich eine jährliche Energie von $W_{a,max}$ = 613 kW · 8760 h/a = 5,37 · 10^6 kWh/a ergeben. Die tatsächliche Volllaststundenzahl beträgt an der Küste der Nordsee jedoch nur etwa 3000 h/a und im Binnenland etwa 2000 h/a. Im Offshore-Bereich der Nordsee kann man mit 4000 h/a rechnen, was diesen Standort besonders attraktiv macht. Geht man weiter aufs Meer heraus z. B. in den Bereich der Wassertiefen bis 30 m, wie in der Nordsee vorhanden, so entsteht ein erheblicher zusätzlicher Aufwand für die Gründung der Fundamente und die Übertragung der elektrischen Energie ans Festland.

Zur genaueren Abschätzung der Jahresenergie muss man die Windgeschwindigkeit als statistische Größe auffassen. Aus der Aufzeichnung der Windgeschwindigkeit über einen Beobachtungszeitraum von z. B. einem Jahr an einem Standort lässt sich die Dichtefunktion (relative Häufigkeit) $f(v)$ der Windgeschwindigkeit ermitteln. Zu ihrer mathematischen Beschreibung eignet sich die Weibull-Verteilung [4.29]:

$$f(v) = \frac{c}{a} \left(\frac{v}{a} \right)^{c-1} \mathrm{e}^{-\left(\frac{v}{a} \right)^c} \quad (4.17)$$

wobei c der Formfaktor und a ein Skalierungsfaktor ist. Der Mittelwert $\bar{v}$ der Windgeschwindigkeit ergibt sich näherungsweise aus:

$$\bar{v} = a \left(0{,}568 + \frac{0{,}434}{c} \right)^{\frac{1}{c}} \quad (4.18)$$

Die Werte für c liegen erfahrungsgemäß zwischen 1 und 3. Für $c = 2$ geht die Weibull-Verteilung in eine Rayleigh-Verteilung mit $\bar{v} = a\sqrt{\pi} / 2$ über:

$$f(v) = \frac{\pi}{2} \frac{v}{\bar{v}^2} \mathrm{e}^{-\frac{\pi}{4} \left(\frac{v}{\bar{v}} \right)^2} \quad (4.19)$$

Die Jahresenergie W_a berechnet man mit $T_a = 8760$ h aus dem Integral über der mit der Dichtefunktion gewichteten Leistung:

$$W_a = \int_0^{T_a} P(t)\mathrm{d}t = T_a \int_{v_{min}}^{v_{max}} \frac{\mathrm{d}t}{T_a \mathrm{d}v} P(v)\mathrm{d}v = T_a \int_{v_{min}}^{v_{max}} f(v)P(v)\mathrm{d}v \tag{4.20}$$

Ist nur die mittlere Windgeschwindigkeit $\overline{v}$ bekannt, so lässt sich die Jahresenergie mit $f(v)$ nach Gl. (4.19) berechnen.

Die numerische Auswertung der Gl. (4.20) für den Standort Potsdam in Abhängigkeit von der minimalen Windgeschwindigkeit zeigt Bild 4.22 [1.26]. Dabei ist v_{min} die Anlaufgeschwindigkeit des Windrades und v_{max} die größte Geschwindigkeit für die das Windrad ausgelegt ist. Bei Windgeschwindigkeiten über v_{max} werden die Flügel aus dem Wind gedreht. Aus Bild 4.22 wird deutlich, dass kleine Windgeschwindigkeiten kaum einen Beitrag zur Jahresenergie liefern, denn bis etwa v_{min} = 4 m/s ist die Jahresenergie nahezu unabhängig von v_{min}.

Die Drehmomenten- und Leistungs-Drehzahl-Kennlinien der Windenergieanlagen hängen von der Schnelllaufdrehzahl λ ab, die als Verhältnis der Umfangsgeschwindigkeit der Flügelspitzen u zur Windgeschwindigkeit v definiert ist:

$$\lambda = \frac{u}{v} = \frac{2\pi r_R n}{v} \tag{4.21}$$

Die Schnelllaufdrehzahl beeinflusst den Leistungsbeiwert, wie im Bild 4.23 dargestellt. Nach der Schnelllaufdrehzahl unterscheidet man Langsamläufer ($\lambda < 3$) und Schnellläufer ($\lambda > 3$). Zu dem maximalen Leistungsbeiwert c_P einer bestimmten Ausführung gehört eine optimale Schnelllaufdrehzahl. Nach Gl. (4.21) muss zur Einhaltung der optimalen Schnelllaufdrehzahl bei wech-

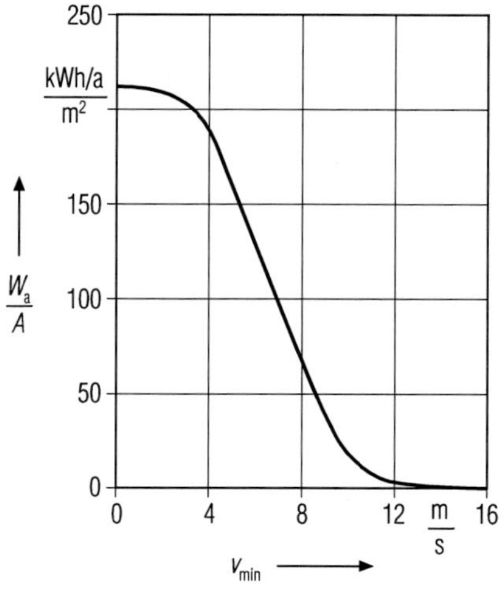

Bild 4.22. Jahreswindenergie pro Fläche W_a/A in Abhängigkeit von v_{min} bei v_{max} = 20 m/s [1.26]

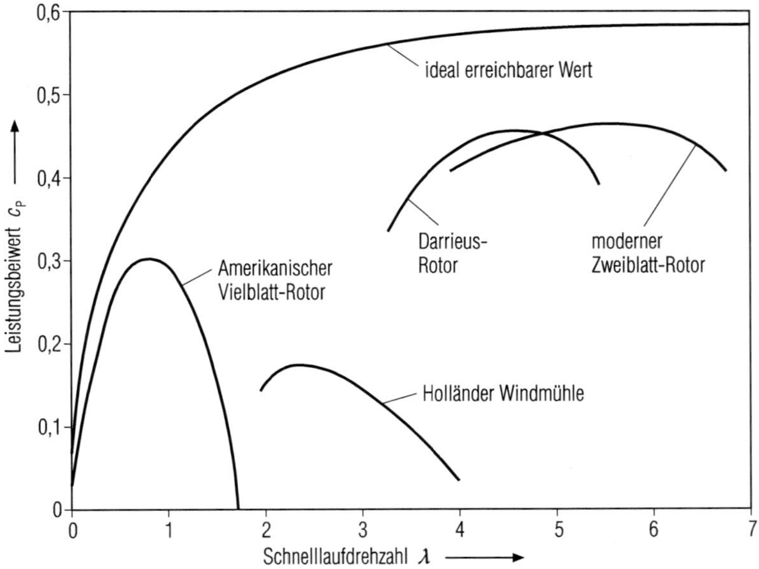

Bild 4.23. Leistungsbeiwert (aerodynamischer Wirkungsgrad) abhängig von der Schnelllaufdrehzahl

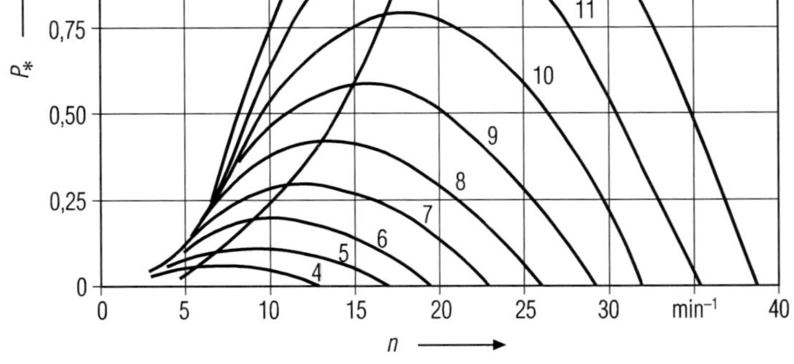

Bild 4.24. Leistungs-Drehzahl-Kennlinie einer Windenergieanlage, $P_* = P/P_r$ [1.26]. n Drehzahl des Windrades, v Windgeschwindigkeit

selnder Windgeschwindigkeit die Drehzahl der Windgeschwindigkeit nachgeführt werden. Ein Betrieb mit konstanter, durch die Netzfrequenz vorgegebener Drehzahl ist also nicht wirtschaftlich.

Die Funktion $c_M = c_P/\lambda$ ist der sogenannte Drehmomentenbeiwert. Er ist von der Schnelllaufdrehzahl und der Art der Windenergieanlage (Rotortyp) abhängig. Nach Einführen von c_P in die Gl. (4.9 a) und Erweitern im Zähler und Nenner mit der Schnelllaufdrehzahl λ folgt mit Gl. (4.21) die Leistungs-Drehzahl-Kennlinie:

$$P = c_P \frac{1}{2} \rho A v^3 = \left(\frac{c_P}{\lambda} \right) \lambda \frac{1}{2} \rho \pi r_R^2 v^3 = \pi^2 r_R^3 \rho c_M v^2 n = k_1 c_M v^2 n \tag{4.22}$$

Die Leistungs-Drehzahl-Kennlinie im Bild 4.24 mit der Windgeschwindigkeit v als Parameter zeigt, wie bei wechselnder Windgeschwindigkeit die Drehzahl des Windrades angepasst werden muss, um jeweils die maximale Leistung zu erreichen. Die Generatoren moderner Windenergieanlagen sind deshalb entweder Synchrongeneratoren, die über einen Frequenzumrichter mit Gleichstromzwischenkreis in das Netz einspeisen, oder läufergespeiste Asynchrongeneratoren, bei denen über einen Frequenzumrichter eine Zusatzspannung in den Läuferkreis eingeprägt wird [4.30].

5 Drehstromgeneratoren

5.1 Allgemeines

Die Erzeugung elektrischer Energie erfolgt heute fast ausschließlich mit Drehstromsynchrongeneratoren 50 Hz oder 60 Hz. Nur in den Kraftwerken für den Bahnbetrieb findet man abweichend davon in einigen Ländern Mitteleuropas große Wechselstromgeneratoren für 16 $^2/_3$ Hz. Kleinwasserkraftwerke mit Leistungen bis zu einigen 100 kW und Windenergieanlagen werden z. T. auch mit Asynchrongeneratoren ausgerüstet.

Der Aufbau der Drehstromgeneratoren als Schenkelpolgeneratoren oder Vollpolgeneratoren (auch Turbogeneratoren) richtet sich nach der Drehzahl der Antriebsmaschinen. Nur in Ausnahmefällen bei kleinen Industriedampfturbinen findet man Getriebe zwischen der Turbine und dem Generator. In thermischen Kraftwerken mit konventioneller Feuerung (Kohle, Öl, Gas usw.) werden Turbogeneratoren mit einer synchronen Drehzahl $n_r = 3000\ \text{min}^{-1}$ bei $f = 50$ Hz und der Polpaarzahl $p = 1$ bzw. $n_r = 3600\ \text{min}^{-1}$ bei $f = 60$ Hz eingesetzt. In Kernkraftwerken mit Leichtwasserreaktoren werden auch vierpolige Turbogeneratoren ($p = 2$) mit $n_r = 1500\ \text{min}^{-1}$ bei 50 Hz verwendet.

Werden Synchrongeneratoren durch Wasserturbinen oder Dieselmotoren angetrieben, so kommen vielpolige Ausführungen in Betracht, deren synchrone Drehzahlen z. T. sogar unter 100 min^{-1} liegen. Wasserkraftgeneratoren in Speicher- und Pumpspeicherkraftwerken haben häufig Drehzahlen von 600 bis 750 min^{-1}, während die Generatoren großer Flusskraftwerke Drehzahlen im Bereich 60 bis 125 min^{-1} aufweisen. Bei $n_r = 125\ \text{min}^{-1}$ sind z. B. 48 Einzelpole ($p = 24$) vorhanden.

Bei Turbogeneratoren mit $n_r = 3000\ \text{min}^{-1}$ treten am Läuferumfang hohe Fliehkraftbeanspruchungen auf. Die höchsten Materialbeanspruchungen sind dabei in den Kappen über den Köpfen der Läuferwicklung vorhanden. Die Läuferdurchmesser sind deshalb auf etwa 1250 mm begrenzt (≈ 200 m/s Umfangsgeschwindigkeit bei 3000 min^{-1}). Die Erregerwicklung (Polradwicklung) wird über den Umfang des Turboläufers (Volltrommelläufers) verteilt.

Turbogeneratoren können heute bis zu Leistungen von etwa 300 MVA auch mit Luftkühlung gebaut werden [5.42]. Bei größeren Bemessungsleistungen muss man Wasserstoffkühlung oder direkte Wasserkühlung einsetzen. Die

D. Oeding, B. Oswald, *Elektrische Kraftwerke und Netze*,
doi 10.1007/978-3-642-19246-3, © Springer 2011

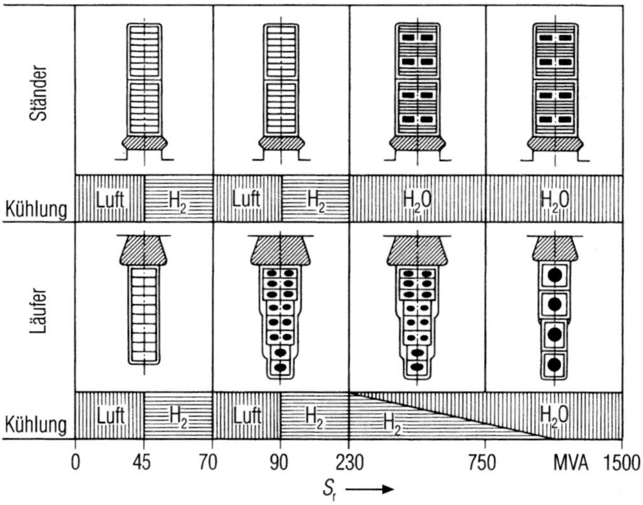

Bild 5.1. Kühlungsarten für Ständer- und Läuferwicklungen von Generatoren [5.24]

Wasserstoffkühlung mit geringem H_2-Überdruck wurde kurz vor dem zweiten Weltkrieg in USA bei einer 40-MVA-Maschine mit 3600 min^{-1} eingeführt. Die ersten wasserstoffgekühlten Generatoren kamen in Europa Anfang der fünfziger Jahre in Betrieb [4.18]. Durch Einführung der direkten Leiterkühlung (Hohlleiter) und Erhöhung des H_2-Druckes auf 3 bis 5 bar konnte eine beträchtliche Steigerung der Einheitenleistungen erreicht werden (Bild 1.6). Das Bild 5.1 zeigt Schnitte durch Ständer- und Läuferwicklungen mit Angabe des jeweiligen Kühlmittels und eine grobe Zuordnung der Bemessungsscheinleistungen der Generatoren. Die Bemessungsscheinleistung ergibt sich aus:

$$S_\text{r} = c\,D^2\,l_\text{i}\,n_\text{r} \tag{5.1 a}$$

mit der Ausnutzungsziffer:

$$c = \frac{\pi^2}{\sqrt{2}}\xi A B_\delta \tag{5.1 b}$$

Dabei sind:

- n_r synchrone Drehzahl
- D Ständerbohrungsdurchmesser
- l_i ideelle Eisenlänge
- ξ resultierender Wicklungsfaktor (bei Turbogeneratoren $\xi \approx 0{,}9$)
- B_δ Luftspaltinduktion } bezogen auf D
- A Ständerstrombelag } bezogen auf D

Eine hohe Ausnutzung wurde durch die Einführung der direkten Wasserkühlung der Ständer- und der Läuferwicklung erreicht. Diese Kühlungsart erlaubt vor allem eine wesentliche Steigerung des Ständerstrombelages $A = 3wI/(p\tau_\text{p})$, wobei w die Windungszahl pro Strang, p die Polpaarzahl und τ_p die Polteilung

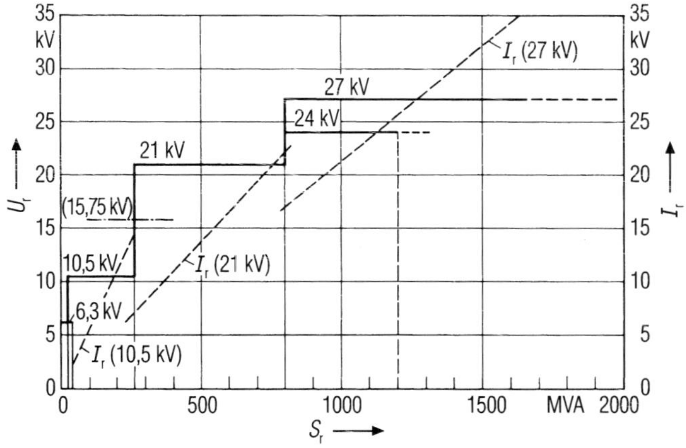

Bild 5.2. Wahl der Generatorspannung U_r abhängig von der Bemessungsscheinleistung S_r (Richtwerte)

ist. Bei großen zweipoligen Generatoren hat man den Strombelag auf über $2{,}5 \cdot 10^5$ A/m und die Luftspaltinduktion auf ca. 1,2 Vs/m^2 gesteigert (um 1900 hatte der erste Turbogenerator mit einer Leistung vom 250 kVA folgende Werte: $A = 0{,}123 \cdot 10^5$ A/m und $B_\delta = 0{,}62$ Vs/m^2) [4.18]. Die Wirkung der direkten Wasserkühlung wird aus dem Wärmeabführungsvermögen der Kühlmittel Luft : Wasserstoff : Wasser deutlich, das sich wie 1:5:50 verhält.

Die Bemessungsspannung U_r der Generatoren wird in der Regel etwa entsprechend Bild 5.2 gewählt. Als Stellbereich wird meist ±5% vorgesehen. In neueren Entwicklungen versucht man jedoch auch durch den völlig geänderten Aufbau der Ständerwicklung, Generatorspannungen bis über 100 kV zu erreichen und dann ohne Blocktransformator ins Netz einzuspeisen [5.44].

Eng verknüpft mit der erhöhten Ausnutzung durch forcierte Kühlung sind Maßnahmen zur Verminderung der Zusatzverluste, wie Verdrillung der Teilleiter (Roebelwicklung) der Ständerwicklung über der ganzen Länge und Maßnahmen im Wickelkopfraum, wie nichtmetallische Abstützung des Wickelkopfes, magnetische Abschirmungen und verlustarme Ausführung der Pressplatten des Ständereisens [4.18]. Bei großen Generatoren werden dadurch hohe Wirkungsgrade von 98,5% bis 99% möglich [5.42, 5.44].

Die früher verwendete Isolation mit Glimmer und Schellack wurde im Rahmen der Entwicklung durch lösungsmittelfreie, thermoelastische Kunstharze auf Polyesterbasis ersetzt, so dass vakuumimprägnierte Statorisolationen hergestellt werden können, die alterungsbeständig und gegen Öl und Wasser völlig unempfindlich sind. Insbesondere im Zusammenhang mit der Entwicklung der Gasturbinen zu größeren Einheitenleistungen wurde die Bemessungsleistung der luftgekühlten Turbogeneratoren in den vergangenen Jahrzehnten bis etwa 300 MVA gesteigert [5.42]. Der Entwicklungsstand im Jahre 2000 erlaubt Isolationssysteme der Klasse F (155 °C) bis zur Klasse H (180 °C), erstmals angewendet für einen 500-MVA-Generator [5.44].

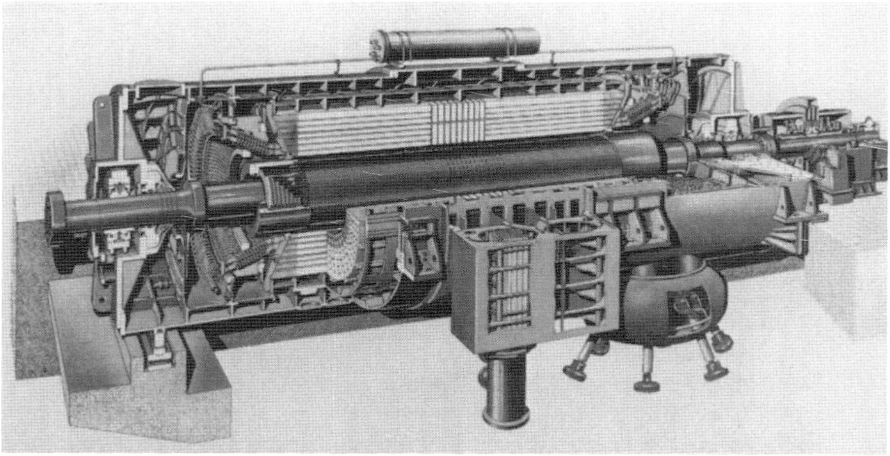

Bild 5.3. Drehstromturbogenerator 400 MVA, 21 kV, 50 Hz mit H_2-Kühlung im Läufer und Wasserkühlung im Ständer (Werkbild BBC)

Maschinen mit direkter Wasserkühlung der Ständerwicklung und direkter H_2-Kühlung im Läufer sind als typische Bauform für 2- und 4-polige Großmaschinen anzusehen. Dazu zeigt Bild 5.3 die räumliche Einsicht in einen 400-MVA-Generator und Bild 5.4 den Schnitt durch einen vierpoligen 1490-MVA-Generators, wobei man die Anschlüsse für die Wasserzuführung und Wasserabführung an den Wickelköpfen des Ständers deutlich erkennen kann.

Für die Technik der direkten Wasserkühlung der Ständer- und auch der Läuferwicklung, während die übrigen Teile wasserstoffgekühlt sind, zeigt Bild 5.5 ein Beispiel für einen vierpoligen 1530-MVA-Turbogenerator, z.B. zum Einsatz in einem Kernkraftwerk. Die Grenzen dieser Technik werden bei etwa 2500 MVA bis 3500 MVA gesehen [5.36, 5.43].

Die Leistungsgrenze der Turbogeneratoren ist nicht nur durch kühltechnische Probleme gegeben, sondern auch durch die Materialfestigkeit, die Fabrikationsmöglichkeiten und den Transport. Der Rotor eines 1500-MVA-Generators (vierpolig) hat z.B. ein Gewicht von 200 t. Das Ständertransportgewicht erreicht etwa 370 t. Die Ständerabmessungen liegen bei $4{,}2 \times 4 \times 10{,}6$ m [5.23, 5.36]. Eine Leistungssteigerung über den 2000-MVA-Bereich hinaus erscheint nur möglich, wenn man die Ausnutzungsziffer noch weiter steigern kann.

Der Generator mit supraleitender Erregerwicklung, der als konsequente Weiterentwicklung des wassergekühlten Generators angesehen wird, scheint dazu eine Möglichkeit zu bieten [4.19, 5.33, 5.35, 5.36]. Die Entwicklungsarbeiten um 1970 mit Tieftemperatursupraleitung wurden eingestellt, weil keine sehr großen Generatoren benötigt wurden und der Aufwand für die Kühlung mit flüssigem Helium sehr hoch ist. Nach der Entdeckung der Hochtemperatursupraleiter im Jahre 1986 wurden Entwicklungsarbeiten auf diesem Gebiet für kleinere Generatoren wieder aufgenommen.

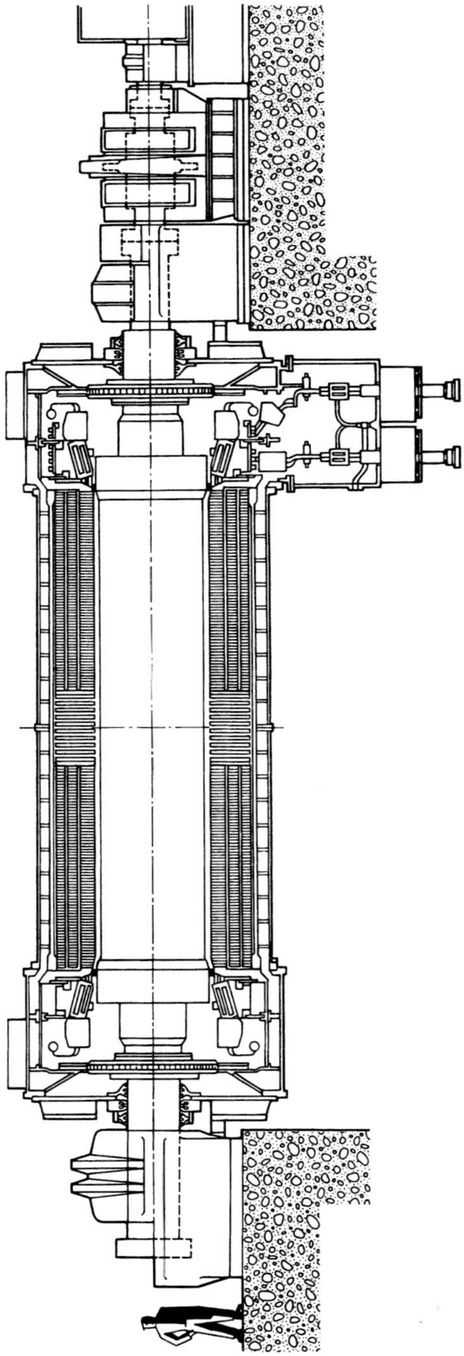

Bild 5.4. Turbogenerator $S_r = 1490$ MVA, $\cos\varphi_r = 0{,}9$, $U_r = 24$ kV, $f_r = 60$ Hz, $n_r = 1800$ min^{-1} (Werkbild BBC)

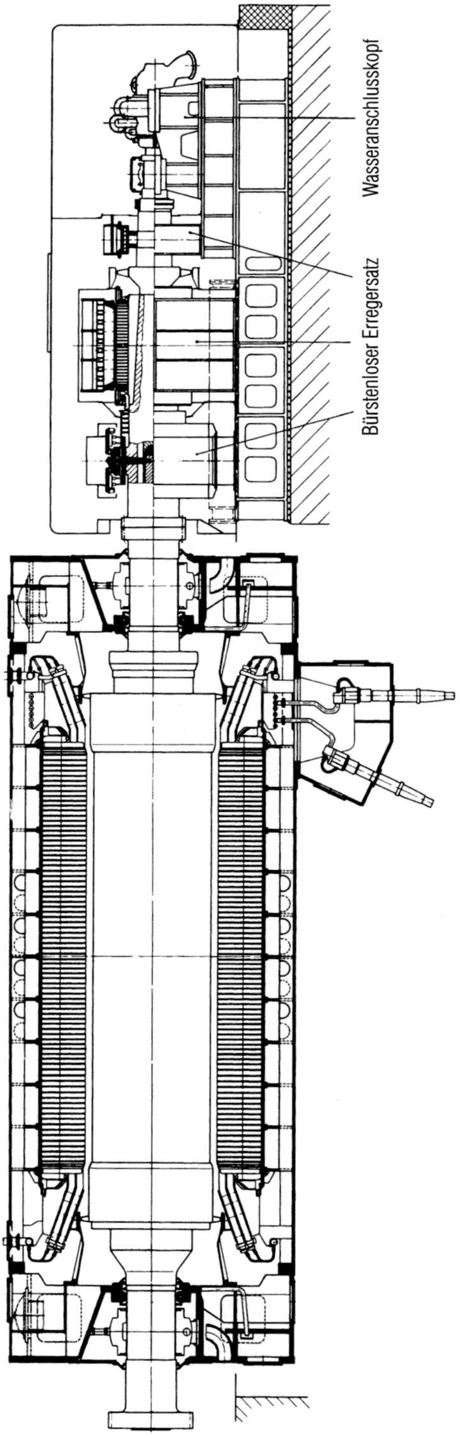

Bild 5.5. Turbogenerator $S_r = 1530$ MVA, $\cos\varphi_r = 0{,}8$, $U_r = 27$ kV, $f_r = 50$ Hz, $n_r = 1500$ min^{-1} (Werkbild KWU)

Große Generatoren sind grundsätzlich Innenpolmaschinen. Aus der ruhenden Ständerwicklung (U, V, W) wird die Energie über eine Generatorableitung an den Blocktransformator und über diesen an das Drehstromnetz abgegeben. Der Feldwicklung des Läufers (f) wird der Erregerstrom (Feldstrom) durch eine Erregungseinrichtung (Kapitel 6) zugeführt. Der unterschiedliche Läuferaufbau bei Schenkelpol- und Vollpolgeneratoren hat unterschiedliche Größe der Hauptreaktanzen in Polrichtung (Längs- oder d-Achse = direct axis) und in Richtung der Pollücke (Quer- oder q-Achse = quadrature axis) zur Folge. Bild 5.6 zeigt Raumdiagramme mit eingetragenen Wicklungsachsen im Ständer und im Läufer. Die Achsen der Ständerwicklungen sind um 120° ge-

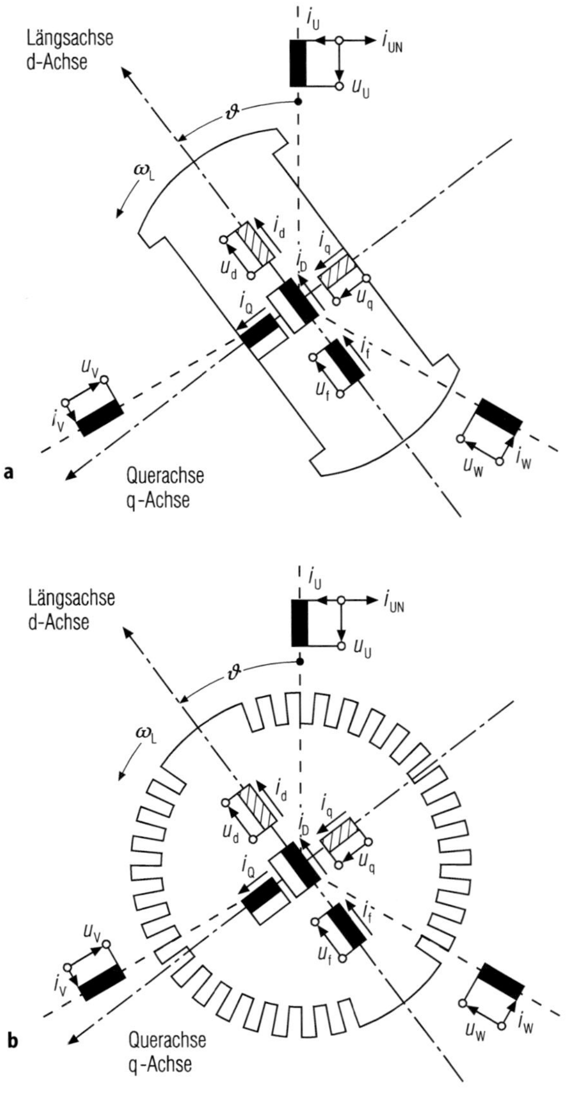

Bild 5.6 a, b. Wicklungen und Ersatzwicklungen der Synchrongeneratoren. **a** Schenkelpolgenerator; **b** Vollpolgenerator. U, V, W Ständerwicklungen (Drehstromwicklung); f Erregerwicklung (Feldwicklung); D, Q Dämpferwicklungen in der d- und q-Achse; d, q Ersatzwicklungen des Ständers in der d- und q-Achse

geneinander versetzt. Die mit den Indizes D und Q bezeichneten Wicklungen sind Ersatzwicklungen für die am Umfang des Läufers verteilten Dämpferwicklungen.

Bei der Zweiachsentheorie [5.2, 5.3, 5.41] wird die Ständerwicklung ebenfalls durch zwei um 90° elektrisch versetzte Läuferwicklungen, die d- und q-Wicklungen, ersetzt, deren Achsen mit der Längs- und Querachse zusammenfallen (Bild 5.6).

5.2 Gleichungssystem der Synchronmaschine

Das Gleichungssystem der Synchronmaschine besteht aus sechs Spannungsgleichungen für die Ständer(Anker)- und Läuferwicklungen, sechs Flussverkettungsgleichungen für die magnetische Kopplung zwischen den Wicklungen und den Gleichungen für das Luftspaltdrehmoment und die Drehbewegung. Mit den Zählpfeilrichtungen (VZS) im Bild 5.6 lauten diese [5.41]:

$$\begin{bmatrix} u_U \\ u_V \\ u_W \end{bmatrix} = \begin{bmatrix} R_G & 0 & 0 \\ 0 & R_G & 0 \\ 0 & 0 & R_G \end{bmatrix} \begin{bmatrix} i_U \\ i_V \\ i_W \end{bmatrix} + \begin{bmatrix} \dot{\psi}_U \\ \dot{\psi}_V \\ \dot{\psi}_W \end{bmatrix} \tag{5.2}$$

$$\begin{bmatrix} u_f \\ 0 \\ 0 \end{bmatrix} = \begin{bmatrix} R_f & 0 & 0 \\ 0 & R_D & 0 \\ 0 & 0 & R_Q \end{bmatrix} \begin{bmatrix} i_f \\ i_D \\ i_Q \end{bmatrix} + \begin{bmatrix} \dot{\psi}_f \\ \dot{\psi}_D \\ \dot{\psi}_Q \end{bmatrix} \tag{5.3}$$

$$\begin{bmatrix} \psi_U \\ \psi_V \\ \psi_W \end{bmatrix} = \begin{bmatrix} L_{UU} & L_{UV} & L_{UW} \\ L_{VU} & L_{VV} & L_{VW} \\ L_{WU} & L_{WV} & L_{WW} \end{bmatrix} \begin{bmatrix} i_U \\ i_V \\ i_W \end{bmatrix} + \begin{bmatrix} L_{Uf} & L_{UD} & L_{UQ} \\ L_{Vf} & L_{VD} & L_{VQ} \\ L_{Wf} & L_{WD} & L_{WQ} \end{bmatrix} \begin{bmatrix} i_f \\ i_D \\ i_Q \end{bmatrix} \tag{5.4}$$

$$\begin{bmatrix} \psi_f \\ \psi_D \\ \psi_Q \end{bmatrix} = \begin{bmatrix} L_{ff} & L_{fD} & 0 \\ L_{Df} & L_{DD} & 0 \\ 0 & 0 & L_{QQ} \end{bmatrix} \begin{bmatrix} i_f \\ i_D \\ i_Q \end{bmatrix} + \begin{bmatrix} L_{fU} & L_{fV} & L_{fW} \\ L_{DU} & L_{DV} & L_{DW} \\ L_{QU} & L_{QV} & L_{QW} \end{bmatrix} \begin{bmatrix} i_U \\ i_V \\ i_W \end{bmatrix} \tag{5.5}$$

$$J \frac{d\omega_L}{dt} = p(M_e + M_m) \tag{5.6}$$

$$\frac{d\vartheta}{dt} = \omega_L \tag{5.7}$$

$$M_e = \frac{1}{\sqrt{3}} p(\psi_U i_V + \psi_V i_W + \psi_W i_U - i_U \psi_V - i_V \psi_W - i_W \psi_U) \tag{5.8}$$

M_e ist das elektrische Drehmoment der Synchronmaschine, M_m das mechanische Drehmoment (Turbinendrehmoment), J das Massenträgheitsmoment des gesamten Wellenstranges (Läufer von Turbine, Generator und Erregermaschine) und p die Polpaarzahl.

Die Ständerinduktivitäten und die Gegeninduktivitäten zwischen Ständer- und Läuferwicklungen sind durch die Drehbewegung und den unsymmetrischen magnetischen Aufbau des Läufers vom Drehwinkel ϑ abhängig. Die Abhängigkeit erschwert die Behandlung des vorstehenden Gleichungssystems mit den Ständergrößen. Durch Anwendung der Park-Transformation (Abschn. 2.5.5) werden die Ständergrößen durch dq0-Komponenten ersetzt. Dabei verschwindet die Drehwinkelabhängigkeit der Induktivitäten und es tritt eine Entkopplung zwischen den dq0-Flussverkettungen ein.

Nach Tabelle 2.5 gelten für die dq0-Transformation die folgenden Gleichungen, wobei anstelle der dortigen Indizes L1, L2, L3 hier für die Ständergrößen g ($g = u, i, \psi$) die Indizes U, V und W verwendet werden:

$$\begin{bmatrix} g_U \\ g_V \\ g_W \end{bmatrix} = \begin{bmatrix} \cos\vartheta & -\sin\vartheta & 1 \\ \cos\left(\vartheta - \frac{2\pi}{3}\right) & -\sin\left(\vartheta - \frac{2\pi}{3}\right) & 1 \\ \cos\left(\vartheta + \frac{2\pi}{3}\right) & -\sin\left(\vartheta + \frac{2\pi}{3}\right) & 1 \end{bmatrix} \begin{bmatrix} g_d \\ g_q \\ g_0 \end{bmatrix} \tag{5.9}$$

$$\begin{bmatrix} g_d \\ g_q \\ g_0 \end{bmatrix} = \frac{2}{3} \begin{bmatrix} \cos\vartheta & \cos\left(\vartheta - \frac{2\pi}{3}\right) & \cos\left(\vartheta + \frac{2\pi}{3}\right) \\ -\sin\vartheta & -\sin\left(\vartheta - \frac{2\pi}{3}\right) & -\sin\left(\vartheta + \frac{2\pi}{3}\right) \\ 1/2 & 1/2 & 1/2 \end{bmatrix} \begin{bmatrix} g_U \\ g_V \\ g_W \end{bmatrix} \tag{5.10}$$

In der Spannungsgleichung des Ständers kommen die zeitlichen Ableitungen der Flussverkettungen ψ vor. Für sie erhält man unter Beachtung von Gl. (5.7):

$$\begin{aligned} \begin{bmatrix} \dot\psi_U \\ \dot\psi_V \\ \dot\psi_W \end{bmatrix} &= \begin{bmatrix} \cos\vartheta & -\sin\vartheta & 1 \\ \cos\left(\vartheta - \frac{2\pi}{3}\right) & -\sin\left(\vartheta - \frac{2\pi}{3}\right) & 1 \\ \cos\left(\vartheta + \frac{2\pi}{3}\right) & -\sin\left(\vartheta + \frac{2\pi}{3}\right) & 1 \end{bmatrix} \begin{bmatrix} \dot\psi_d \\ \dot\psi_q \\ \dot\psi_0 \end{bmatrix} \\ &+ \omega_L \begin{bmatrix} -\sin\vartheta & -\cos\vartheta & 0 \\ -\sin\left(\vartheta - \frac{2\pi}{3}\right) & -\cos\left(\vartheta - \frac{2\pi}{3}\right) & 0 \\ -\sin\left(\vartheta + \frac{2\pi}{3}\right) & -\cos\left(\vartheta + \frac{2\pi}{3}\right) & 0 \end{bmatrix} \begin{bmatrix} \psi_d \\ \psi_q \\ \psi_0 \end{bmatrix} \end{aligned} \tag{5.11}$$

Damit ergibt sich schließlich das folgende Gleichungssystem in dq0-Komponenten:

$$\begin{bmatrix} u_\mathrm{d} \\ u_\mathrm{q} \\ u_0 \end{bmatrix} = \begin{bmatrix} R_\mathrm{G} & 0 & 0 \\ 0 & R_\mathrm{G} & 0 \\ 0 & 0 & R_\mathrm{G} \end{bmatrix} \begin{bmatrix} i_\mathrm{d} \\ i_\mathrm{q} \\ i_0 \end{bmatrix} + \begin{bmatrix} \dot{\psi}_\mathrm{d} \\ \dot{\psi}_\mathrm{q} \\ \dot{\psi}_0 \end{bmatrix} + \omega_\mathrm{L} \begin{bmatrix} 0 & -1 & 0 \\ 1 & 0 & 0 \\ 0 & 0 & 0 \end{bmatrix} \begin{bmatrix} \psi_\mathrm{d} \\ \psi_\mathrm{q} \\ \psi_0 \end{bmatrix} \tag{5.12}$$

$$\begin{bmatrix} \psi_\mathrm{d} \\ \psi_\mathrm{q} \\ \psi_0 \end{bmatrix} = \begin{bmatrix} L_\mathrm{d} & 0 & 0 \\ 0 & L_\mathrm{q} & 0 \\ 0 & 0 & L_0 \end{bmatrix} \begin{bmatrix} i_\mathrm{d} \\ i_\mathrm{q} \\ i_0 \end{bmatrix} + \begin{bmatrix} L_\mathrm{df} & L_\mathrm{dD} & 0 \\ 0 & 0 & L_\mathrm{qQ} \\ 0 & 0 & 0 \end{bmatrix} \begin{bmatrix} i_\mathrm{f} \\ i_\mathrm{D} \\ i_\mathrm{Q} \end{bmatrix} \tag{5.13}$$

$$\begin{bmatrix} \psi_\mathrm{f} \\ \psi_\mathrm{D} \\ \psi_\mathrm{Q} \end{bmatrix} = \begin{bmatrix} L_\mathrm{ff} & L_\mathrm{fD} & 0 \\ L_\mathrm{Df} & L_\mathrm{DD} & 0 \\ 0 & 0 & L_\mathrm{QQ} \end{bmatrix} \begin{bmatrix} i_\mathrm{f} \\ i_\mathrm{D} \\ i_\mathrm{Q} \end{bmatrix} + \frac{3}{2} \begin{bmatrix} L_\mathrm{fD} & 0 & 0 \\ L_\mathrm{Dd} & 0 & 0 \\ 0 & L_\mathrm{Qq} & 0 \end{bmatrix} \begin{bmatrix} i_\mathrm{d} \\ i_\mathrm{q} \\ i_0 \end{bmatrix} \tag{5.14}$$

$$M_\mathrm{e} = \frac{3}{2} p (\psi_\mathrm{d} i_\mathrm{q} - \psi_\mathrm{q} i_\mathrm{d}) \tag{5.15}$$

Die Spannungsgleichungen für die Läuferwicklungen bleiben von der dq0-Transformation unberührt. Die Induktivitäten L_d und L_q in Gl. (5.13) sind die Selbstinduktivitäten der Längs- und Querersatzwicklungen bei geöffneten Läuferwicklungen f, D, Q. Sie setzen sich aus Haupt- und Streuinduktivitäten zusammen:

$$L_\mathrm{d} = L_\mathrm{hd} + L_\sigma \quad \text{und} \quad L_\mathrm{q} = L_\mathrm{hq} + L_\sigma$$

Um die Flussverkettungsgleichungen in eine übersichtliche Form zu bringen, rechnet man die Läufergrößen auf den Ständer um, wobei der Faktor $^3/_2$ verschwindet und als Gegeninduktivitäten nur noch die Hauptinduktivitäten L_hd und L_hq auftreten [5.41]. Die umgerechneten Läufergrößen erhalten einen hochgestellten Strich.

Flussverkettungsgleichungen:

$$\psi_\mathrm{d} = L_\mathrm{d} i_\mathrm{d} + L_\mathrm{hd} i'_\mathrm{D} + L_\mathrm{hd} i'_\mathrm{f} \tag{5.16}$$

$$\psi_\mathrm{q} = L_\mathrm{q} i_\mathrm{q} + L_\mathrm{hq} i'_\mathrm{Q} \tag{5.17}$$

$$\psi_0 = L_0 i_0 \tag{5.18}$$

$$\psi'_\mathrm{f} = L'_\mathrm{ff} i'_\mathrm{f} + L_\mathrm{hd} i_\mathrm{d} + L_\mathrm{hd} i'_\mathrm{D} \tag{5.19}$$

$$\psi'_\mathrm{D} = L'_\mathrm{DD} i'_\mathrm{D} + L_\mathrm{hd} i_\mathrm{d} + L_\mathrm{hd} i'_\mathrm{f} \tag{5.20}$$

$$\psi'_\mathrm{Q} = L'_\mathrm{QQ} i'_\mathrm{Q} + L_\mathrm{hq} i_\mathrm{q} \tag{5.21}$$

Spannungsgleichungen:

$$u_d = R_G i_d + \dot{\psi}_d - \omega_L \psi_q \tag{5.22}$$

$$u_q = R_G i_q + \dot{\psi}_q + \omega_L \psi_d \tag{5.23}$$

$$u_0 = R_0 i_0 + \dot{\psi}_0 \tag{5.24}$$

$$u'_f = R'_f i'_f + \dot{\psi}'_f \tag{5.25}$$

$$0 = R'_D i'_D + \dot{\psi}'_D \tag{5.26}$$

$$0 = R'_Q i'_Q + \dot{\psi}'_Q \tag{5.27}$$

Beim Arbeiten mit bezogenen Größen, das in vielen Fällen nützlich ist, kann man zwei Bezugsgrößen (Index B) frei vorgeben. Alle anderen Größen leiten sich dann daraus ab. In der Regel gibt man U_B (Strangspannung) und S_B sowie ω_B, gebildet aus den Bemessungsgrößen, vor:

$$U_B = \frac{U_{rG}}{\sqrt{3}}\,; \; S_B = S_{rG}\,; \quad \text{und} \quad \omega_B = \omega_r = 2\pi f_r \tag{5.28 a, b, c}$$

Damit wird:

$$I_B = \frac{S_B}{3U_B} = \frac{S_{rG}}{\sqrt{3}\,U_{rG}} = I_{rG} \tag{5.29 a}$$

$$Z_B = \frac{U_B}{I_B} = \frac{U_{rG}}{\sqrt{3} I_{rG}} = \frac{U_{rG}^2}{S_{rG}} \tag{5.29 b}$$

$$M_B = \frac{S_B}{\omega_B} p = \frac{S_{rG}}{\omega_r} p \tag{5.29 c}$$

Die bezogenen Größen (relative Größen nach DIN 5485) haben die Einheit 1 (zur besseren Kenntlichmachung wird dafür häufig auch p. u. (per unit) verwendet).

Bezogene Reaktanzen x (x_d, x_q usw.) und bezogene Resistanzen r (r_G, r_f usw.) werden meist mit Kleinbuchstaben gekennzeichnet, wie z. B.: $x_d = X_d/Z_B$ und $r_G = R_G/Z_B$. In der Praxis werden bezogene Größen auch in % angeben, z. B.: $x_d = 180\,\% \mathrel{\hat{=}} 1{,}8$ p.u. Anhaltswerte für bezogene Reaktanzen und für Zeitkonstanten von Synchrongeneratoren sind in A.4 angegeben.

Für die auf den Ständer umgerechneten Läufergrößen gelten die gleichen Bezugsgrößen wie für die Ständergrößen selbst.

Bezogene Spannungen, Ströme und Leistungen werden durch einen Stern im Index gekennzeichnet, z. B. $U_{1G*} = U_{1G} / U_B = U_{1G} / (U_{rG} / \sqrt{3})$; $u_{1G*} = u_{1G} / \sqrt{2} U_B = u_{1G} / (\sqrt{2} U_{rG} / \sqrt{3})$ oder $i'_{f*} = i'_f / \sqrt{2} I_{rG}$, um die bei Verwendung von kleinen Buchstaben mögliche Verwechselung mit Augenblickswerten zu vermeiden.

5.3 Stationärer Betrieb

Im stationären symmetrischen Betrieb sind die Ströme in der Dämpferwicklung Null und die Drehzahl ist konstant, so dass $\dot{\vartheta} = \omega_L = \omega_r = 2\pi f_r$ gilt. Ein Nullsystem tritt nicht auf. Die Ständerspannungen und -ströme bilden ein reines Mitsystem:

$$\begin{bmatrix} u_U \\ u_V \\ u_W \end{bmatrix} = \begin{bmatrix} \hat{u}_1 \cos\,(\omega_r t + \varphi_{u1}) \\ \hat{u}_1 \cos\left(\omega_r t + \varphi_{u1} - \frac{2\pi}{3}\right) \\ \hat{u}_1 \cos\left(\omega_r t + \varphi_{u1} + \frac{2\pi}{3}\right) \end{bmatrix} \tag{5.30 a}$$

$$\begin{bmatrix} i_U \\ i_V \\ i_W \end{bmatrix} = \begin{bmatrix} \hat{i}_1 \cos\,(\omega_r t + \varphi_{i1}) \\ \hat{i}_1 \cos\left(\omega_r t + \varphi_{i1} - \frac{2\pi}{3}\right) \\ \hat{i}_1 \cos\left(\omega_r t + \varphi_{i1} + \frac{2\pi}{3}\right) \end{bmatrix} \tag{5.30 b}$$

Die Transformation in die dq0-Komponenten nach Gl. (5.10) ergibt mit $\vartheta = \vartheta_0$ bei $t = 0$:

$$u_d = \hat{u}_1 \cos(\varphi_{u1} - \vartheta_0) = \hat{u}_1 \sin\left(\vartheta_0 + \frac{\pi}{2} - \varphi_{u1}\right) = \hat{u}_1 \sin\delta \tag{5.31 a}$$

$$u_q = \hat{u}_1 \sin(\varphi_{u1} - \vartheta_0) = \hat{u}_1 \cos\left(\vartheta_0 + \frac{\pi}{2} - \varphi_{u1}\right) = \hat{u}_1 \cos\delta \tag{5.31 b}$$

und

$$i_d = \hat{i}_1 \cos(\varphi_{i1} - \vartheta_0) = \hat{i}_1 \sin\left(\vartheta_0 + \frac{\pi}{2} - \varphi_{i1}\right) = \hat{i}_1 \sin(\delta + \varphi) \tag{5.32 a}$$

$$i_q = \hat{i}_1 \sin(\varphi_{i1} - \vartheta_0) = \hat{i}_1 \cos\left(\vartheta_0 + \frac{\pi}{2} - \varphi_{i1}\right) = \hat{i}_1 \cos(\delta + \varphi) \tag{5.32 b}$$

mit $\varphi = \varphi_{u1} - \varphi_{i1}$ und dem Polradwinkel (Winkel zwischen q-Achse und Klemmenspannung)

$$\delta = \vartheta_0 + \frac{\pi}{2} - \varphi_{u1} \tag{5.33}$$

Aus den vorstehenden Gleichungen zeigt sich, dass die dq-Komponenten der Ständergrößen im stationären, symmetrischen Betrieb konstant sind. Damit werden auch die Ständerflussverkettungen konstant und es ergeben sich ausgehend von den Gln. (5.22), (5.23) und (5.16), (5.17) vereinfachte Spannungsgleichungen des Ständers:

$$u_d = R_G i_d - \omega_r \psi_q = R_G i_d - \omega_r L_q i_q = R_G i_d - X_q i_q = \hat{u}_1 \sin\delta \tag{5.34a}$$

$$\begin{aligned} u_q &= R_G i_q + \omega_r \psi_d = R_G i_q + \omega_r L_d i_d + \omega_r L_{hd} i_f' \\ &= R_G i_q + X_d i_d + X_{hd} i_f' = \hat{u}_1 \cos\delta \end{aligned} \tag{5.34b}$$

Teilt man die Gln. (5.34) durch $\sqrt{2}$ und führt mit

$$U_p = X_{hd} i_f' / \sqrt{2} = X_{df}\, i_f / \sqrt{2} \tag{5.35}$$

die durch das Feld des Polradstromes (Erregerstromes) im Ständer induzierte Polradspannung U_p ein, so erhält man für die Effektivwerte im stationären Betrieb:

$$U_d = R_G I_d - X_q I_q = U_1 \sin\delta \tag{5.36a}$$

$$U_q = R_G I_q + X_d I_d + U_p = U_1 \cos\delta \tag{5.36b}$$

und

$$I_d = I_1 \sin(\delta + \varphi) \tag{5.37a}$$

$$I_q = I_1 \cos(\delta + \varphi) \tag{5.37b}$$

Die Gln. (5.36) und (5.37) können unter Beachtung von Gl. (5.33) jeweils zu einem Raumzeiger (Abschn. 2.5.5) in mit ω_r umlaufenden Koordinaten zusammengefasst werden:

$$\begin{aligned} U_d + jU_q &= U_1(\sin\delta + j\cos\delta) = jU_1\,e^{-j\delta} = \underline{U}_1\,e^{-j\vartheta_0} \\ &= R_G(I_d + jI_q) + jX_q(I_d + jI_q) + j(X_d - X_q)I_d + jU_p \end{aligned} \tag{5.38}$$

$$I_d + jI_q = I_1[\sin(\delta + \varphi) + j\cos(\delta + \varphi)] = jI_1\,e^{-j(\delta+\varphi)} = \underline{I}_1\,e^{-j\vartheta_0} \tag{5.39}$$

Die Raumzeiger sind gegenüber den Zeigern in synchron umlaufenden Koordinaten um den beliebigen Anfangswinkel ϑ_0 des Läuferkoordinatensystems zurückgedreht. Multipliziert man Gl. (5.38) mit $e^{j\vartheta_0}$, so ergibt sich:

$$\begin{aligned} \underline{U}_1 &= R_G \underline{I}_1 + jX_q \underline{I}_1 + j\,(X_d - X_q)\,I_d\,e^{j\vartheta_0} + jU_p\,e^{j\vartheta_0} \\ &= (R_G + jX_q)\,\underline{I}_1 + j\,(X_d - X_q)\,\underline{I}_d + \underline{U}_p \end{aligned} \tag{5.40}$$

Auf der Grundlage der Gl. (5.40) beruht das Zeigerdiagramm im Bild 5.7. Ausgehend von der Spannung $\underline{U}_1$ in der reellen Achse und dem Strom $\underline{I}_1$ (Winkel φ entsprechend dem Belastungsfall) konstruiert man zunächst die in der q-Achse liegende Spannung:

$$^{*}\underline{U}_p = \underline{U}_1 - (R_G + jX_q)\,\underline{I}_1 \tag{5.41}$$

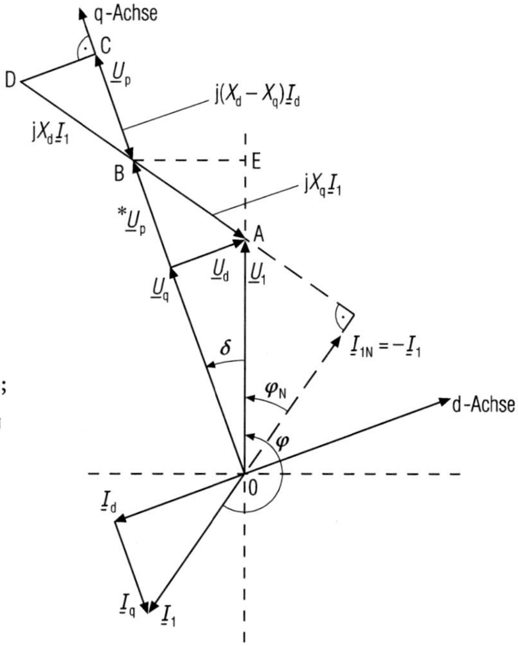

Bild 5.7. Zeigerdiagramm des Schenkelpolgenerators im VZS bei übererregtem Betrieb, vereinfacht (R_G vernachlässigt, weil $R_G \ll X_d$ und X_q); $\overline{BA} = jX_q\underline{I}_1$; $\overline{OB} = {}^*\underline{U}_p = \underline{U}_1 - jX_q\underline{I}_1$ nach Gl. (5.41); $\overline{CB} = j(X_d - X_q)\underline{I}_d$; $\overline{OC} = \underline{U}_p$ nach Gl. (5.40); $\overline{DA} = jX_d\underline{I}_1$; $\overline{BE} = X_d I_1 \cos(\varphi - \pi) = X_d I_1 \cos\varphi_N$; $\overline{AE} = X_q I_1 \sin(\varphi - \pi) = X_q I_1 \sin\varphi_N$

und findet so die Lage des dq-Koordinatensystems. Die dq-Komponenten der Spannung und die des Stromes ergeben sich durch Projektion auf die jeweilige Achse. Schließlich subtrahiert man noch $j(X_d - X_q)\underline{I}_d$ von $^*\underline{U}_p$ und erhält so die ebenfalls in der q-Achse liegende Polradspannung $\underline{U}_p$.

Aus den Gln. (5.36) folgt für die Ströme I_d und I_q:

$$I_d = -\frac{U_p - U_1\cos\delta}{X_d} \tag{5.42a}$$

$$I_q = -\frac{U_1\sin\delta}{X_q} \tag{5.42b}$$

und damit unter Heranziehung von Gl. (5.39):

$$\begin{aligned}\underline{I}_1 &= -\left[\frac{U_p - U_1\cos\delta}{X_d} + j\,\frac{U_1\sin\delta}{X_q}\right] e^{j\vartheta_0}\\ &= -\left[\frac{U_p}{X_d} - \frac{U_1}{2X_d}(e^{j\delta} + e^{-j\delta}) + \frac{U_1}{2X_q}(e^{j\delta} - e^{-j\delta})\right] e^{j\vartheta_0}\end{aligned}$$

Mit $U_1 e^{-j\delta} = -j\underline{U}_1 e^{-j\vartheta_0}$ nach Gl. (5.38) und $\underline{U}_p = jU_p e^{j\vartheta_0}$ nach Gl. (5.40) wird schließlich:

$$\underline{I}_1 = \mathrm{j}\frac{\underline{U}_\mathrm{p}}{X_\mathrm{d}} + \mathrm{j}\frac{\underline{U}_1}{2}\left(\frac{1}{X_\mathrm{q}} - \frac{1}{X_\mathrm{d}}\right)\mathrm{e}^{\mathrm{j}2\delta} - \mathrm{j}\frac{\underline{U}_1}{2}\left(\frac{1}{X_\mathrm{q}} + \frac{1}{X_\mathrm{d}}\right) \tag{5.43 a}$$

Im Fall der idealen Vollpolmaschine mit $X_\mathrm{q} = X_\mathrm{d}$ vereinfacht sich diese Beziehung zu:

$$\underline{I}_1 = \mathrm{j}\frac{\underline{U}_\mathrm{p} - \underline{U}_1}{X_\mathrm{d}} = \mathrm{j}\frac{\underline{U}_\mathrm{p}}{X_\mathrm{d}} - \mathrm{j}\frac{\underline{U}_1}{X_\mathrm{d}} \tag{5.43 b}$$

Legt man $\underline{U}_1$ in die reelle Achse und bezieht man $\underline{I}_1$ auf den Bemessungsstrom I_rG, so erhält man mit $U_{1*} = U_1 / (U_\mathrm{rG} / \sqrt{3})$, $U_{\mathrm{p}*} = U_\mathrm{p} / (U_\mathrm{rG} / \sqrt{3}) = I_\mathrm{f} / I_\mathrm{f0}$ (I_f0 ist der Leerlauferregerstrom, Abschn. 5.4) und den bezogenen Reaktanzen $x = X/(U_\mathrm{rG}^2 / S_\mathrm{rG})$ nach Gl. (5.29 b) ausgehend von Gl. (5.43 a):

$$\underline{I}_{1*} = \frac{\underline{I}_1}{I_\mathrm{rG}} = \mathrm{j}\frac{U_{\mathrm{p}*}}{x_\mathrm{d}}\mathrm{e}^{\mathrm{j}\delta} + \mathrm{j}\frac{U_{1*}}{2}\left(\frac{1}{x_\mathrm{q}} - \frac{1}{x_\mathrm{d}}\right)\mathrm{e}^{\mathrm{j}2\delta} - \mathrm{j}\frac{U_{1*}}{2}\left(\frac{1}{x_\mathrm{q}} + \frac{1}{x_\mathrm{d}}\right) \tag{5.44}$$

Bei $U_{1*} = U_1 / (U_\mathrm{rG} / \sqrt{3}) = 1$, d. h. Betrieb mit konstanter Bemessungsspanung, wird:

$$\underline{I}_{1*} = \mathrm{j}\frac{U_{\mathrm{p}*}}{x_\mathrm{d}}\mathrm{e}^{\mathrm{j}\delta} + \mathrm{j}\frac{1}{2}\left(\frac{1}{x_\mathrm{q}} - \frac{1}{x_\mathrm{d}}\right)\mathrm{e}^{\mathrm{j}2\delta} - \mathrm{j}\frac{1}{2}\left(\frac{1}{x_\mathrm{q}} + \frac{1}{x_\mathrm{d}}\right) = I_{\mathrm{w}*} - \mathrm{j}I_{\mathrm{b}*} \tag{5.45 a}$$

und im Fall der Vollpolmaschine mit $x_\mathrm{q} = x_\mathrm{d}$:

$$\underline{I}_{1*} = \mathrm{j}\frac{U_{\mathrm{p}*}}{x_\mathrm{d}}\mathrm{e}^{\mathrm{j}\delta} - \mathrm{j}\frac{1}{x_\mathrm{d}} = I_{\mathrm{w}*} - \mathrm{j}I_{\mathrm{b}*} \tag{5.45 b}$$

Im Bild 5.8 ist die Stromortskurve für die Vollpolmaschine mit $x_\mathrm{q} = x_\mathrm{d}$ für $U_{1*} = 1$ gezeichnet und zwar aus praktischen Gründen für $\underline{I}_{1\mathrm{N}*} = -\underline{I}_{1*}$:

$$\underline{I}_{1\mathrm{N}*} = -\mathrm{j}\frac{U_{\mathrm{p}*}}{x_\mathrm{d}}\mathrm{e}^{\mathrm{j}\delta} + \mathrm{j}\frac{1}{x_\mathrm{d}} = I_{\mathrm{wN}*} - \mathrm{j}I_{\mathrm{bN}*} \tag{5.45 c}$$

Der Stromzeiger und seine Wirk- und Blindkomponente für den Bemessungsbetrieb sind hervorgehoben. Die unerregte Maschine ($U_{\mathrm{p}*} = 0$) nimmt einen bezogenen Blindstrom von $1/x_\mathrm{d}$ auf (Punkt im Bild 5.8). Wird der Generator erregt, so tritt zusätzlich der Anteil $-\mathrm{j}(U_{\mathrm{p}*} / x_\mathrm{d})\mathrm{e}^{\mathrm{j}\delta}$ auf. Er bildet bei konstanter Erregung und veränderlichem Polradwinkel Kreise mit dem Radius $U_{\mathrm{p}*} / x_\mathrm{d}$ um den Punkt $U_{\mathrm{p}*} = 0$. Bei Leerlauferregung ($U_{\mathrm{p}*} = 1$) und $\delta = 0$ wird $I_{1\mathrm{N}*} = 0$, der Generator befindet sich im Leerlaufzustand am Netz. Ist $U_{\mathrm{p}*} > 1$, so spricht man von Übererregung, sonst von Untererregung. Die Stromortskurve für konstanten Strom ist ein Kreis um den Koordinatenursprung. Durch spezielle

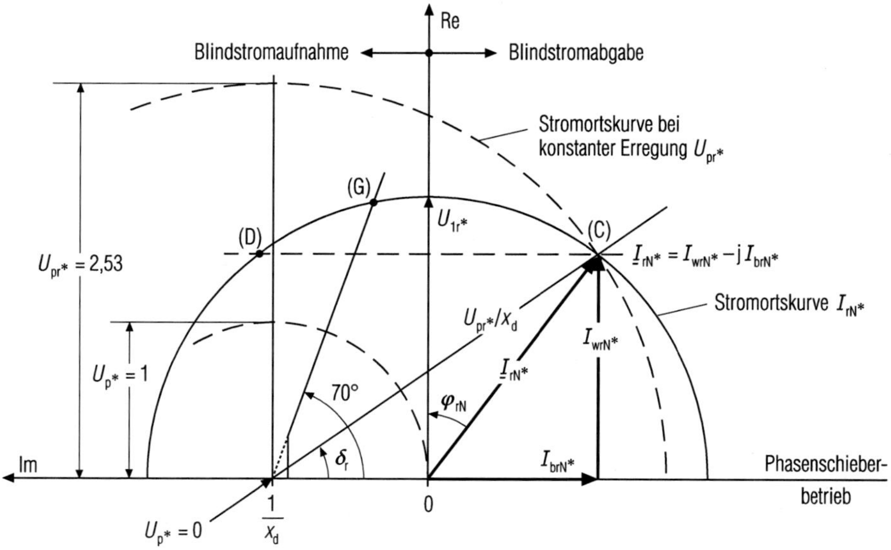

Bild 5.8. Stromortskurve eines Turbogenerators mit $x_q = x_d$ in bezogenen Größen (Beispiel mit $x_d = 1{,}8$, $\cos\varphi_{rG} = 0{,}8$)

Betriebsbedingungen, wie Stabilität, maximale Turbinenleistung und maximale Erregung wird der Betriebsbereich eingeschränkt. Darauf wird bei der Behandlung des Leistungsdiagramms eingegangen.

Die an das Netz abgegebene Leistung $\underline{S}_N = -\underline{S}_G$ im stationären symmetrischen Betrieb wird mit den Gln. (5.38) und (5.39):

$$\begin{aligned} \underline{S}_N &= -\underline{S}_G = -3\,\underline{U}_1 \underline{I}_1^* = -3\,(U_d + \mathrm{j}U_q)(I_d - \mathrm{j}I_q) \\ &= -3\,(U_d I_d + U_q I_q) - \mathrm{j}\,3\,(U_q I_d - U_d I_q) \end{aligned} \tag{5.46}$$

und mit dem Strom nach Gl. (5.43 a):

$$\underline{S}_N = \mathrm{j}3\,\frac{U_p U_1}{X_d}\,\mathrm{e}^{-\mathrm{j}\delta} - \mathrm{j}3\frac{U_1^2}{2}\left(\frac{1}{X_q} + \frac{1}{X_d}\right) + \mathrm{j}3\frac{U_1^2}{2}\left(\frac{1}{X_q} - \frac{1}{X_d}\right)\mathrm{e}^{-\mathrm{j}2\delta} = P_N + \mathrm{j}Q_N \tag{5.47}$$

Aus dem Real- und Imaginärteil folgt für die Wirk- und Blindleistung:

$$P_N = 3\,\frac{U_p U_1}{X_d}\sin\delta + 3\,\frac{U_1^2}{2}\left(\frac{1}{X_q} - \frac{1}{X_d}\right)\sin 2\delta \tag{5.48}$$

$$Q_N = 3\,\frac{U_p U_1}{X_d}\cos\delta - 3\,\frac{U_1^2}{2}\left(\frac{1}{X_q} + \frac{1}{X_d}\right) + 3\,\frac{U_1^2}{2}\left(\frac{1}{X_q} - \frac{1}{X_d}\right)\cos 2\delta \tag{5.49}$$

Wegen der Vernachlässigung des Ständerwiderstandes bei der Herleitung der Gl. (5.43) für den Strom, sind auch die Gln. (5.47) bis (5.49) und die sich daraus ergebenden Gleichungen nur für $R_G = 0$ gültig.

Das letzte Glied in Gl. (5.48) ist die sogenannte Reaktionsleistung. Sie entsteht unabhängig von der Erregung allein durch die magnetische Unsymmetrie zwischen Längs- und Querachse und erreicht im Generatorbetrieb bei einem Polradwinkel von 45° ihren größten Wert. Für einen Turbogenerator mit $X_q = X_d$ wird die Reaktionsleistung Null. In diesem Fall vereinfachen sich die Leistungsgleichungen wie folgt:

$$\underline{S}_N = j\,3\,\frac{U_p U_1}{X_d}\,e^{-j\delta} - j\,3\,\frac{U_1^2}{X_d} \tag{5.50}$$

$$P_N = 3\,\frac{U_p U_1}{X_d}\sin\delta \tag{5.51}$$

$$Q_N = 3\,\frac{U_p U_1}{X_d}\cos\delta - 3\,\frac{U_1^2}{X_d} \tag{5.52}$$

Bild 5.9 zeigt zur Veranschaulichung P_{N*} ausgehend von Gl. (5.48) und Gl. (5.51) bei unterschiedlichen Polradspannungen (Erregerströmen). Im Bild 5.9 a ist deutlich der Anteil der Reaktionsleistung an der Wirkleistung erkennbar.

Bezieht man die Netzleistung auf die Bemessungsscheinleistung und setzt als konstante Klemmenspannung $U_1 = U_{rG}\ /\sqrt{3}$ voraus, so erhält man aus

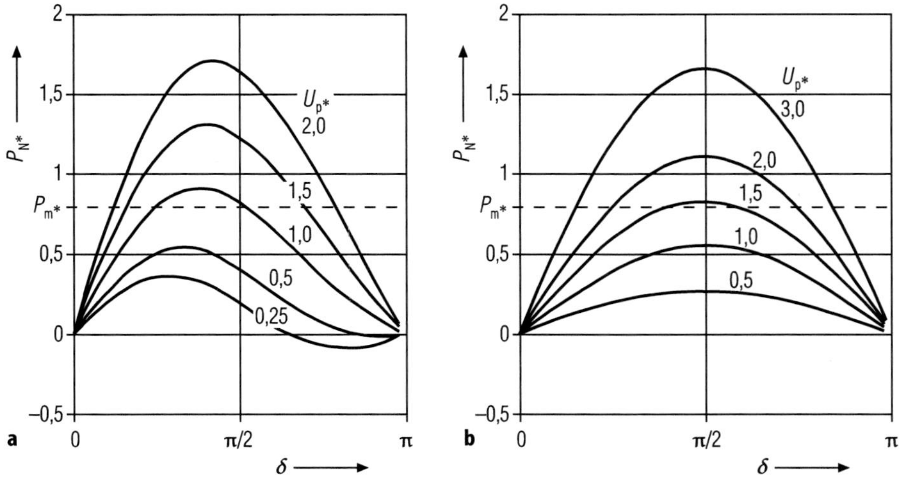

Bild 5.9 a, b. Wirkleistung P_{N*} abhängig vom Polradwinkel δ und der Polradspannung U_{p*} bei $U_{1*} = 1$; Antriebsleistung $P_{m*} = 0{,}8$. **a** Schenkelpolgenerator $x_d = 1{,}2$, $x_q = 0{,}8$; **b** Turbogenerator $x_q = x_d = 1{,}8$

Gl. (5.47) für den Schenkelpolgenerator:

$$\underline{S}_{N*} = P_{N*} + jQ_{N*} = j\frac{U_{p*}}{x_d}e^{-j\delta} - j\frac{1}{2}\left(\frac{1}{x_q}+\frac{1}{x_d}\right) + j\frac{1}{2}\left(\frac{1}{x_q}-\frac{1}{x_d}\right)e^{-j2\delta} \qquad (5.53)$$

Die Darstellung der Leistung in der komplexen Zahlenebene für konstante Klemmenspannung mit veränderlicher Erregung ergibt das Leistungsdiagramm im Bild 5.10. Im unerregten Zustand ($U_{p*} = 0$) wird die Leistung durch die beiden letzten Anteile in Gl. (5.53) bestimmt. Beim Polradwinkel Null ist auch die Wirkleistung Null und der Generator nimmt die Blindleistung $Q_{C*} = 1/x_d$ entsprechend $Q_C = U_{rG}^2/X_d$ auf (Punkt O im Bild 5.10). Man spricht deshalb auch von der kapazitiven Belastung des Generators.

Bleibt der Generator unerregt, so ändert sich die komplexe Leistung in Abhängigkeit vom Polradwinkel auf dem Reaktionskreis, dessen Ursprung bei $H = \frac{1}{2}\left(\frac{1}{x_d}+\frac{1}{x_q}\right)$ liegt und dessen Radius $\frac{1}{2}\left(\frac{1}{x_q}-\frac{1}{x_d}\right)$ beträgt. Der Generator bezieht die erforderliche Blindleistung aus dem Netz. Die im unerregten Zustand maximal an das Netz abgebbare Wirkleistung bei $\delta = \pi/4$ entspricht dem Radius des Reaktionskreises.

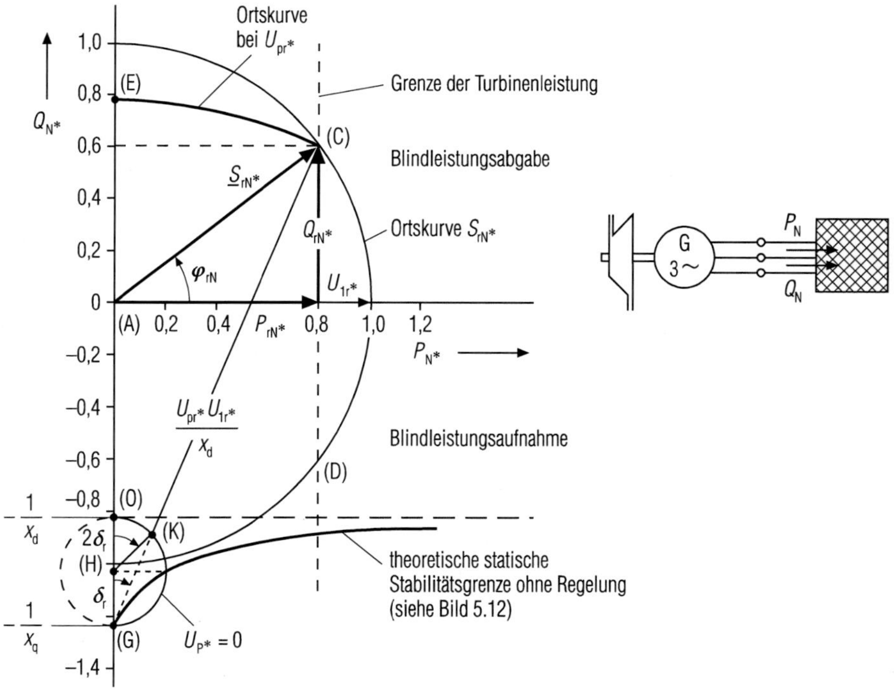

Bild 5.10. Leistungsdiagramm eines Schenkelpolgenerators in bezogenen Größen. Beispiel: $U_{1*} = 1$; $\cos\varphi_{rG} = 0{,}8$; $x_d = 1{,}2$; $x_q = 0{,}8$

Wird der Generator erregt, so ist im Bild 5.10 noch der bezogene Leistungsanteil $U_{p*}U_{1*}/x_d$ ausgehend vom Reaktionskreis im Punkt K unter dem Winkel δ anzutragen. Im Bemessungsbetrieb, der auch hier wieder hervorgehoben wird, gilt $\overline{KC} = U_{pr*}U_{1r*}/x_d = U_{pr*}/x_d$. Die Ortskurve für konstante Leistung ist ein Kreis um den Koordinatenursprung. Bei einem Betriebspunkt im oberen Teil des Bildes 5.10 bei $Q_{N*} > 0$ gibt der Generator Blindleistung an das Netz ab, während er bei einem Betrieb im unteren Teil Blindleistung aufnimmt. Im Phasenschieberbetrieb ist die Wirkleistung Null. Je nach Erregungszustand gibt der Generator Blindleistung an das Netz ab (übererregt) oder bezieht Blindleistung aus dem Netz (untererregt).

Eingetragen im Bild 5.10 sind auch die betriebsbedingten Begrenzungen der Leistungskurve. Im oberen Teil sind der Blindleistungsabgabe an das Netz Grenzen durch die dauernd zulässige Erregung gesetzt (Verbindung $\overline{CE}$). Im rechten Teil begrenzt die Antriebsleistung den Betriebsbereich (Gerade $\overline{CD}$). Der maximal zulässige Polradwinkel wird durch die Stabilitätsbedingung, d. h. das Vermögen den Synchronlauf mit dem Netz aufrecht zu erhalten, begrenzt. Eingezeichnet wurde die theoretische statische Stabilitätsgrenze $\delta = 90°$ ohne Regelung (Abschn. 18.2).

Für den Turbogenerator (Vollpolmaschine) mit $X_d = X_q$ gilt das vereinfachte Leistungsdiagramm nach Bild 5.11, wobei auch hier wieder Betrieb bei Bemessungsspannung vorausgesetzt wird. Der Reaktionskreis schrumpft auf den Punkt O zusammen, der bei $-1/x_d$ auf der Q-Achse einzuzeichnen ist. Er

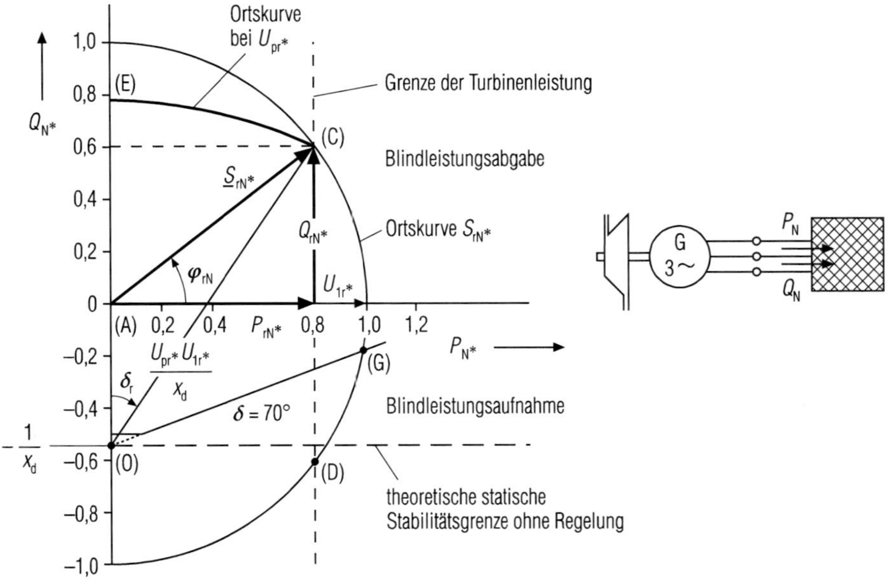

Bild 5.11. Leistungsdiagramm eines Turbogenerators mit $x_q = x_d$ in bezogenen Größen. Beispiel: $U_{1*} = U_{1r*} = 1$; $\cos\varphi_{rG} = 0{,}8$; $x_d = x_q = 1{,}8$

entspricht der maximalen kapazitiven Belastbarkeit des Turbogenerators bei Bemessungsspannung: $Q_{C*} = U_{1*}^2/x_d = 1/x_d$.

Die Ortskurven für die komplexe Leistung bei konstanter Erregung sind Kreisbögen um den Punkt O mit dem Radius $U_{p*}U_{1*}/x_d$. Die im Bild 5.11 eingetragene Ortskurve für konstante Bemessungsleistung ist ein Kreisbogen um den Koordinatenursprung. Der Betrieb im Bemessungspunkt ist hervorgehoben. Der Kreisbogen $\overline{CE}$ und die Gerade $\overline{DC}$ stellen wie bei der Stromortskurve die Begrenzung durch die dauernd zulässige Erregung und die maximale Turbinenleistung dar. Die theoretische statische Stabilitätsgrenze ohne Regelung liegt bei einem maximalen Polradwinkel $\delta = 90°$. Zusätzlich wurde im Bild 5.11 die sogenannte praktische Stabilitätsgrenze bei einem Winkel von $\delta = 70°$ eingezeichnet, die dazu dient, einen geeigneten Abstand von der theoretischen Stabilitätsgrenze einzuhalten. Ebenso hält man im kapazitiven Betriebsbereich einen Abstand von $0{,}1 \cdot Q_{C*} = 0{,}1/x_d$ vom Punkt O auf der Q-Achse ein. Durch diese Grenzen wird ein beträchtlicher Teil der Ortskurve für $\underline{S}_{rN*}$ im untererregten Betriebsbereich abgeschnitten.

Die theoretische statische Stabilitätsgrenze wird durch die im Synchronismus maximal an das Netz abgebbare Wirkleistung bestimmt. Die synchronisierende Leistung $P_{syn} = dP_N/d\delta$ wird an der Stabilitätsgrenze gleich Null. Aus Bild 5.9 erkennt man, dass die maximal vom Vollpolgenerator abgebbare Wirkleistung bei jeder konstant vorausgesetzten Erregung bei $\delta_{max} = \pi/2$ auftritt, während der Maximalwert beim Schenkelpolgenerators aufgrund der Reaktionsleistung in Abhängigkeit von der Erregung im Bereich $\pi/4 \leq \delta_{max} < \pi/2$ liegt.

Um die maximal abgebbare Leistung für den Schenkelpolgenerator in Abhängigkeit von der Erregung zu ermitteln, wird von Gl. (5.48) in bezogenen Größen ausgegangen:

$$P_{N*} = \frac{U_{p*}U_{1*}}{x_d}\sin\delta + \frac{U_{1*}^2}{2}\left(\frac{1}{x_q} - \frac{1}{x_d}\right)\sin 2\delta \tag{5.54}$$

Aus

$$\frac{dP_{N*}}{d\delta} = \frac{U_{p*}U_{1*}}{x_d}\cos\delta_{max} + U_{1*}^2\left(\frac{1}{x_q} - \frac{1}{x_d}\right)\cos 2\delta_{max} = 0 \tag{5.55}$$

folgt mit $\cos 2\delta_{max} = 2\cos^2\delta_{max} - 1$:

$$\cos\delta_{max} = -\frac{1}{4}\frac{U_{p*}}{U_{1*}}\frac{x_q}{x_d - x_q} + \sqrt{\left(\frac{1}{4}\frac{U_{p*}}{U_{1*}}\frac{x_q}{x_d - x_q}\right)^2 + \frac{1}{2}} \tag{5.56}$$

Im unerregten Zustand mit $U_{p*} = 0$ wird $\cos\delta_{max} = \sqrt{1/2}$ und $\delta_{max} = \pi/4$. Mit wachsender Erregung strebt $\cos\delta_{max}$ gegen Null und damit δ_{max} gegen $\pi/2$ (Bild 5.9 a). Durch geeignete Spannungsregelung lässt sich die statische Stabilitätsgrenze auch über 90° hinaus verschieben (Abschn. 18.2.3).

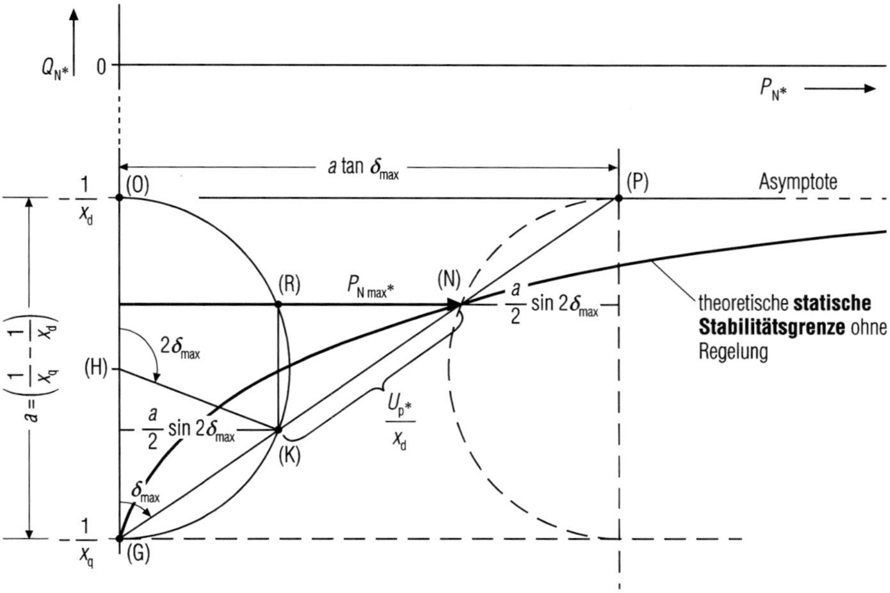

Bild 5.12. Zeichnerische Ermittlung der theoretischen statischen Stabilitätsgrenze ohne Regelung für einen Schenkelpolgenerator im Leistungsdiagramm (Beispiel wie Bild 5.10)

Bild 5.12 zeigt die zeichnerische Ermittlung der theoretischen statischen Stabilitätsgrenze für einen Schenkelpolgenerator bei Betrieb mit Bemessungsspannung ($U_{1*} = 1$) in bezogenen Größen. Man setzt dazu die aus Gl. (5.55) erhaltene Beziehung $\dfrac{U_{p*}}{x_d} = -\left(\dfrac{1}{x_q} - \dfrac{1}{x_d}\right)\dfrac{\cos 2\delta_{max}}{\cos\delta_{max}}$ in Gl. (5.54) ein und erhält so unter Verwendung der trigonometrischen Beziehung $\cos 2\delta_{max} \tan\delta_{max} = \sin 2\delta_{max} - \tan\delta_{max}$:

$$\begin{aligned} P_{N max*} &= \left(\frac{1}{x_q} - \frac{1}{x_d}\right)\tan\delta_{max} - \frac{1}{2}\left(\frac{1}{x_q} - \frac{1}{x_d}\right)\sin 2\delta_{max} \\ &= a\tan\delta_{max} - \frac{a}{2}\sin 2\delta_{max} \end{aligned} \tag{5.57}$$

Man zeichnet zunächst den Reaktionskreis mit dem Durchmesser $a = 1/x_q - 1/x_d$ um seinen Mittelpunkt H (siehe auch Bild 5.10). Für einen Winkel δ_{max} findet man den Punkt P durch Verlängerung der Geraden $\overline{GK}$ bis zur Asymptote für $\delta_{max} \to \pi/2$. Mit Punkt P ist der erste Teil der Gl. (5.57) gefunden. Von diesem muss, dem 2. Teil der Gl. (5.57) entsprechend, noch $(a/2)\sin 2\delta_{max}$ abgezogen werden. Schnell zum Ziel führt das folgende Vorgehen: Man zieht durch den Kreispunkt K eine Parallele zur Q-Achse und durch den Schnittpunkt R mit dem Reaktionskreis eine Parallele zur P-Achse, die $\overline{GP}$ in N schneidet. Die statische Stabilitätsgrenze für alle Winkel δ_{max} geht von G aus, schneidet den Reaktionskreis bei $\delta_{max} = 45°$ und nähert sich bei großen Werten U_{p*} der Asymptote $\overline{OP}$.

Für das Luftspaltdrehmoment M_e, für das allgemein die Gl. (5.15) gilt, ergibt sich mit Effektivwerten im stationären Betrieb der folgende Ausdruck:

$$\begin{aligned} M_e &= p\frac{3}{2}(\psi_d i_q - \psi_q i_d) = \frac{p}{\omega_r}\frac{3}{2}(\omega_r\sqrt{2}\Psi_d\sqrt{2}I_q - \omega_r\sqrt{2}\Psi_q\sqrt{2}I_d) \\ &= \frac{1}{\Omega_r}3(\omega_r\Psi_d I_q - \omega_r\Psi_q I_d) \end{aligned} \tag{5.58}$$

wobei $\Omega_r = \omega_r/p$ die räumliche synchrone Winkelgeschwindigkeit ist. Mit $\omega_r \Psi_d = U_q - R_G I_q$ und $\omega_r \Psi_q = -U_d + R_G I_d$ nach Gl. (5.34) und $I_1^2 = I_d^2 + I_q^2$ folgt weiterhin:

$$\Omega_r M_e = 3(U_d I_d + U_q I_q) - 3R_G I_1^2 = P_G - P_V = -P_N - P_V = P_\delta \tag{5.59}$$

Die Klemmenleistung $P_G = -P_N$ und die Ständerverlustleistung P_V ergeben zusammen die Luftspaltleistung P_δ. Vernachlässigt man den Ständerwiderstand, so werden Klemmen- und Luftspaltleistung gleich groß.

5.4 Leerlauf- und Kurzschlusskennlinie

Im Leerlauf tritt die Polradspannung an den Klemmen auf. Aus den Gln. (5.40) und (5.35) ergibt sich:

$$U_1 = U_p = \frac{1}{\sqrt{2}}X_{df}I_f \tag{5.60}$$

In Gl. (5.60) ist der Erregerstrom, wie bei stationärem Betrieb üblich, mit einem Großbuchstaben bezeichnet. Die Darstellung der Polradspannung abhängig vom Erregerstrom bezeichnet man als Leerlaufkennlinie. Sie verläuft anfangs linear und geht bei größeren Erregerströmen wegen der Eisensättigung in einen gekrümmten Verlauf über. Im Bild 5.13 ist ein Beispiel für eine Leerlaufkennlinie gezeichnet. Verlängert man den linearen Teil, so ergibt sich die Luftspaltgerade. Zu $U_p = U_{rG}/\sqrt{3}$ gehört der Leerlauferregerstrom $I_{f0,\delta}$ an der Luftspaltgeraden und der Leerlauferregerstrom I_{f0} an der gesättigten Leerlaufkennlinie. Mit diesen beiden Erregerströmen gilt entsprechend Gl. (5.60):

$$U_p = U_{rG}/\sqrt{3} = \frac{1}{\sqrt{2}}X_{df,\delta}I_{f0,\delta} = \frac{1}{\sqrt{2}}X_{df}I_{f0} \tag{5.61}$$

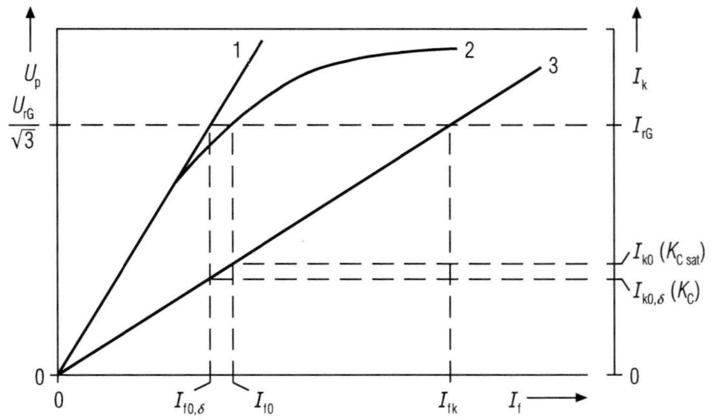

Bild 5.13. Leerlauf- und Kurzschlusskennlinie der Synchronmaschine. *1* Luftspaltgerade; *2* Leerlaufkennlinie; *3* Kurzschlusskennlinie

Für den dreipoligen Dauerkurzschlussstrom folgt aus den Gln. (5.36) mit $U_d = U_q = 0$:

$$I_{dk} = \frac{X_q U_p}{R_G^2 + X_d X_q} \tag{5.62a}$$

$$I_{qk} = \frac{R_G U_p}{R_G^2 + X_d X_q} \tag{5.62b}$$

Bei Vernachlässigung des Ständerwiderstandes R_G, der sehr viel kleiner ist als die synchronen Reaktanzen X_d und X_q, wird $I_{qk} = 0$ und man erhält für den Dauerkurzschlussstrom:

$$I_k = I_{dk} = \frac{U_p}{X_d} = \frac{X_{df}}{\sqrt{2} X_d} I_f \tag{5.63}$$

Bei $R_G = 0$ ist der Kurzschlussstrom ein reiner Längsstrom. Die Gl. (5.63) gilt deshalb sowohl für die Vollpol- als auch für die Schenkelpolmaschine. Die Darstellung des Kurzschlussstromes als Funktion des Erregerstromes ergibt die Kurzschlusskennlinie. Sie ist in das Bild 5.13 mit eingetragen. Aufgrund der starken Ankerrückwirkung im Kurzschluss ist das resultierende Hauptfeld so klein, dass keine Hauptfeldsättigung eintritt und die Kurzschlusskennlinie linear verläuft. Auch haben Abweichungen von der synchronen Drehzahl keinen Einfluss solange $R_G^2 \ll X_d X_q$ gilt. Der Erregerstrom, bei dem der Kurzschlussstrom gleich dem Bemessungsstrom I_{rG} wird, ist der Kurzschlusserregerstrom I_{fk}. Nach Gl. (5.63) gilt für diesen Fall:

$$I_k = I_{rG} = \frac{X_{df}}{\sqrt{2} X_d} I_{fk} \tag{5.64}$$

Das Verhältnis von Leerlauferregerstrom zu Kurzschlusserregerstrom wird als Leerlauf-Kurzschlussverhältnis K_C bezeichnet, wobei man zwischen dem ungesättigten und dem gesättigten Verhältnis unterscheidet. Aus den Gln. (5.61) und (5.64) folgt:

$$K_C = \frac{I_{f0,\delta}}{I_{fk}} = \frac{1}{X_d}\frac{U_{rG}}{\sqrt{3}I_{rG}} = \frac{1}{x_d} \quad \text{bzw.} \quad K_{Csat} = \frac{I_{f0}}{I_{fk}} = \frac{1}{X_{dsat}}\frac{U_{rG}}{\sqrt{3}I_{rG}} = \frac{1}{x_{dsat}} \tag{5.65a,b}$$

Das Leerlauf-Kurzschlussverhältnis liefert den Reziprokwert der bezogenen synchronen Längsreaktanz als ungesättigten oder gesättigten Wert. Bei den üblichen Angaben für die Daten von Synchronmaschinen werden die subtransienten und die transienten Reaktanzen (Abschn. 5.5) als gesättigte Werte angegeben, während die synchronen Reaktanzen ungesättigt angegeben werden (Anhang A.4). Die Bilder 5.8, 5.10 und 5.11 haben bereits gezeigt, dass das Leerlauf-Kurzschlussverhältnis ein wichtiger Parameter für das Strom- und Leistungsdiagramm (Betriebsdiagramm) ist. Für Schenkelpolgeneratoren liegt K_C in der Größenordnung von 0,8 bis 1,0, während bei Turbogeneratoren Werte von 0,4 bis 0,5 typisch sind (Anhang A.4).

5.5 Nichtstationärer Betrieb

Das Gleichungssystem der Synchronmaschine ist nichtlinear und kann deshalb nur mit aufwändigen numerischen Verfahren gelöst werden. Bei der Untersuchung in einem bestimmten Zeitbereich kann das Gleichungssystem u. U. wesentlich vereinfacht werden und in einigen Fällen dann auch geschlossen gelöst werden. Das klassische Beispiel dafür ist die Berechnung des dreipoligen Kurzschlussstromes (Abschn. 5.5.2).

Für die Untersuchung von Ausgleichsvorgängen in der Nähe des Synchronismus wird die Drehzahl als konstant angesehen. Diese Annahme wird getroffen bei der Untersuchung der statischen und der transienten Stabilität (Kap. 18) und bei der Kurzschlussstromberechnung.

Kann man voraussetzen, dass die Änderung aller Größen klein bleibt, so kann das Gleichungssystem linearisiert und geschlossen gelöst werden. Beispiele dafür sind die Behandlung der statischen Stabilität und der Regelvorgänge. Das linearisierte Gleichungssystem wird mit Hilfe der Laplacetransformation in Operatorengleichungen überführt. Diese Operatorengleichungen lassen sich auch dann vorteilhaft anwenden, wenn man Vorgänge oder Zeitbereiche betrachtet, bei denen die Drehzahl- und Polradwinkeländerungen keine wesentliche Rolle spielen. Die Beschränkung auf kleine Änderungen aller Größen ist dann nicht mehr erforderlich. Hierzu gehört die Berechnung des Anfangsverlaufes des dreipoligen Kurzschlussstromes.

5.5.1 Operatorengleichungen

Die Operatorengleichungen werden in der Literatur [5.3, 5.10, 5.41] für konstante Drehzahl $\omega_L = \omega_r$ angegeben. Das Gleichungssystem ist dann bei Vernachlässigung der Sättigung linear. Um bei der Laplacetransformation die Anfangswerte nicht mitnehmen zu müssen, werden die Größen g in Anfangswert g_0 und Änderung Δg gegenüber ihrem Anfangswert zerlegt. Wegen der Linearität brauchen die Änderungen jedoch nicht als klein gegenüber dem stationären Anfangswert vorausgesetzt werden. Es verbleibt ein Gleichungssystem für die Änderungen. Aus den Gln. (5.22) bis (5.27) ergibt sich für die Änderungen der Spannungen der Ständer- und Läuferwicklungen im Laplacebereich mit der Laplacevariablen $\underline{s}$ (wobei auf den Ständer umgerechnete Läufergrößen zugrunde gelegt werden und der hochgestellte Strich in den Gln. (5.25) bis (5.27) hier entfallen soll):

$$\Delta u_d = R_G \Delta i_d + \underline{s} \Delta \psi_d - \omega_r \Delta \psi_q \tag{5.66}$$

$$\Delta u_q = R_G \Delta i_q + \underline{s} \Delta \psi_q + \omega_r \Delta \psi_d \tag{5.67}$$

$$\Delta u_0 = R_0 \Delta i_0 + \underline{s} \Delta \psi_0 \tag{5.68}$$

$$\Delta u_f = R_f \Delta i_f + \underline{s} \Delta \psi_f \tag{5.69}$$

$$0 = R_D \Delta i_D + \underline{s} \Delta \psi_D \tag{5.70}$$

$$0 = R_Q \Delta i_Q + \underline{s} \Delta \psi_Q \tag{5.71}$$

Für die Änderungen der Flussverkettungen folgt aus den Gln. (5.16) bis (5.21):

$$\Delta \psi_d = L_d \Delta i_d + L_{hd} \Delta i_D + L_{hd} \Delta i_f \tag{5.72}$$

$$\Delta \psi_q = L_q \Delta i_q + L_{hq} \Delta i_Q \tag{5.73}$$

$$\Delta \psi_0 = L_0 \Delta i_0 \tag{5.74}$$

$$\Delta \psi_f = L_{ff} \Delta i_f + L_{hd} \Delta i_D + L_{hd} \Delta i_d \tag{5.75}$$

$$\Delta \psi_D = L_{DD} \Delta i_D + L_{hd} \Delta i_f + L_{hd} \Delta i_d \tag{5.76}$$

$$\Delta \psi_Q = L_{QQ} \Delta i_Q + L_{hq} \Delta i_q \tag{5.77}$$

Das Gleichungssystem soll so umgeformt werden, dass die Ständerflussverkettungen nur noch eine Funktion der Ständerströme und der Erregerspannung sind. Dazu werden zunächst die Läuferflussverkettungen in die Spannungsgleichungen der Läuferwicklungen eingesetzt:

$$(R_f + \underline{s} L_{ff}) \Delta i_f + \underline{s} L_{hd} \Delta i_D + \underline{s} L_{hd} \Delta i_d = \Delta u_f$$

$$(R_D + \underline{s} L_{DD}) \Delta i_D + \underline{s} L_{hd} \Delta i_f + \underline{s} L_{hd} \Delta i_d = 0$$

$$(R_Q + \underline{s} L_{QQ}) \Delta i_Q + \underline{s} L_{hq} \Delta i_q = 0$$

Diese Gleichungen werden nun nach den Läuferströmen aufgelöst. Nach Einführung der Eigenzeitkonstanten der Läuferwicklungen:

$$T_\mathrm{f} = \frac{L_\mathrm{ff}}{R_\mathrm{f}} \quad T_\mathrm{D} = \frac{L_\mathrm{DD}}{R_\mathrm{D}} \quad T_\mathrm{Q} = \frac{L_\mathrm{QQ}}{R_\mathrm{Q}}$$

sowie der Streufeldzeitkonstanten der Läuferwicklungen

$$T_{\sigma\mathrm{f}} = \frac{L_\mathrm{ff} - L_\mathrm{hd}}{R_\mathrm{f}} = \frac{L_{\sigma\mathrm{f}}}{R_\mathrm{f}} \quad \text{und} \quad T_{\sigma\mathrm{D}} = \frac{L_\mathrm{DD} - L_\mathrm{hd}}{R_\mathrm{D}} = \frac{L_{\sigma\mathrm{D}}}{R_\mathrm{D}}$$

und der Streukoeffizienten

$$\sigma_\mathrm{df} = 1 - \frac{L_\mathrm{hd}^2}{L_\mathrm{d} L_\mathrm{ff}} \quad \sigma_\mathrm{dD} = 1 - \frac{L_\mathrm{hd}^2}{L_\mathrm{d} L_\mathrm{DD}} \quad \sigma_\mathrm{fD} = 1 - \frac{L_\mathrm{hd}^2}{L_\mathrm{ff} L_\mathrm{DD}} \quad \sigma_\mathrm{qQ} = 1 - \frac{L_\mathrm{hq}^2}{L_\mathrm{q} L_\mathrm{QQ}}$$

erhält man:

$$\begin{aligned}
\Delta i_\mathrm{f} &= -\frac{L_\mathrm{hd}}{R_\mathrm{f}} \cdot \frac{\underline{s}\,(1 + \underline{s} T_{\sigma\mathrm{D}})}{1 + \underline{s}\,(T_\mathrm{f} + T_\mathrm{D}) + \underline{s}^2 \sigma_\mathrm{fD} T_\mathrm{f} T_\mathrm{D}} \Delta i_\mathrm{d} \\
&\quad + \frac{1}{R_\mathrm{f}} \cdot \frac{1 + \underline{s} T_\mathrm{D}}{1 + \underline{s}\,(T_\mathrm{f} + T_\mathrm{D}) + \underline{s}^2 \sigma_\mathrm{fD} T_\mathrm{f} T_\mathrm{D}} \Delta u_\mathrm{f} \\
\Delta i_\mathrm{D} &= -\frac{L_\mathrm{hd}}{R_\mathrm{D}} \cdot \frac{\underline{s}\,(1 + \underline{s} T_{\sigma\mathrm{f}})}{1 + \underline{s}\,(T_\mathrm{f} + T_\mathrm{D}) + \underline{s}^2 \sigma_\mathrm{fD} T_\mathrm{f} T_\mathrm{D}} \Delta i_\mathrm{d} \\
&\quad - \frac{L_\mathrm{hd}}{R_\mathrm{D} R_\mathrm{f}} \cdot \frac{\underline{s}}{1 + \underline{s}\,(T_\mathrm{f} + T_\mathrm{D}) + \underline{s}^2 \sigma_\mathrm{fD} T_\mathrm{f} T_\mathrm{D}} \Delta u_\mathrm{f} \\
\Delta i_\mathrm{Q} &= -\frac{L_\mathrm{hq}}{R_\mathrm{Q}} \cdot \frac{\underline{s}}{1 + \underline{s} T_\mathrm{Q}} \Delta i_\mathrm{q}
\end{aligned}$$

Setzt man diese Ausdrücke in die Flussverkettungsgleichungen des Ständers ein, so ergibt sich nach einigen Umformungen schließlich folgende Form:

$$\begin{aligned}
\Delta \psi_\mathrm{d} &= L_\mathrm{d} \frac{1 + \underline{s}\,(\sigma_\mathrm{df} T_\mathrm{f} + \sigma_\mathrm{dD} T_\mathrm{D}) + \underline{s}^2 (\sigma_\mathrm{fD} T_\mathrm{f} T_\mathrm{D} - (1 - \sigma_\mathrm{df})\, T_{\sigma\mathrm{D}} T_\mathrm{f} - (1 - \sigma_\mathrm{dD})\, T_{\sigma\mathrm{f}} T_\mathrm{D})}{1 + \underline{s}\,(T_\mathrm{f} + T_\mathrm{D}) + \underline{s}^2 \sigma_\mathrm{fD} T_\mathrm{f} T_\mathrm{D}} \Delta i_\mathrm{d} \\
&\quad + \frac{L_\mathrm{hd}}{R_\mathrm{f}} \frac{1 + \underline{s} T_{\sigma\mathrm{D}}}{1 + \underline{s}\,(T_\mathrm{f} + T_\mathrm{D}) + \underline{s}^2 \sigma_\mathrm{fD} T_\mathrm{f} T_\mathrm{D}} \Delta u_\mathrm{f}
\end{aligned} \tag{5.78 a}$$

$$\Delta \psi_\mathrm{q} = L_\mathrm{q} \frac{1 + \underline{s} T_\mathrm{Q} \sigma_\mathrm{qQ}}{1 + \underline{s} T_\mathrm{Q}} \Delta i_\mathrm{q} \tag{5.79 a}$$

oder kürzer:

$$\Delta \psi_\mathrm{d} = L_\mathrm{d}(\underline{s}) \Delta i_\mathrm{d} + G_\mathrm{f}(\underline{s}) \Delta u_\mathrm{f} \tag{5.78 b}$$

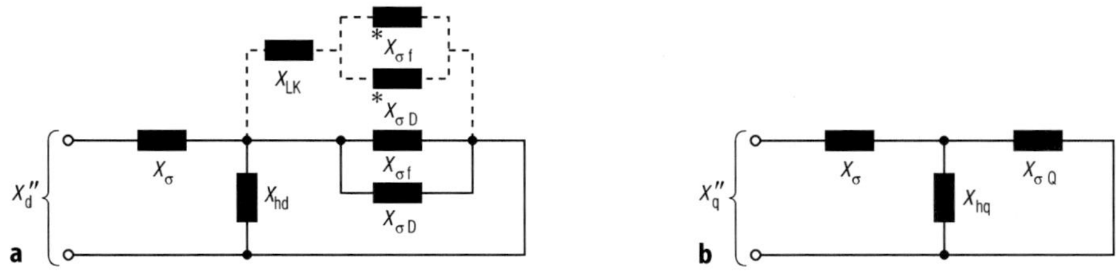

Bild 5.14 a, b. Ersatzschaltung der bezogenen subtransienten Reaktanzen der Synchronmaschine. **a** subtransiente Längsreaktanz: x_{LK} Läuferkopplungsreaktanz; $^*x_{\sigma f}$, $^*x_{\sigma D}$ Eigenstreureaktanzen [5.18]; **b** subtransiente Querreaktanz

$$\Delta\psi_q = L_q(\underline{s})\Delta i_q \tag{5.79b}$$

Die Übertragungsfunktionen $L_d(\underline{s})$ und $L_q(\underline{s})$ werden allgemein als Induktivitätsoperatoren oder nach Multiplikation mit ω_r als Reaktanzoperatoren der d- und q-Achse bezeichnet. Sie bestimmen zusammen mit dem Erregeroperator $G_f(\underline{s})$ das transiente Verhalten der Synchronmaschine.

Für $t \to \infty$, d.h. $\underline{s} \to 0$, gehen die Induktivitätsoperatoren in die synchronen Induktivitäten und für $t \to 0$, d.h. $\underline{s} \to \infty$, in die subtransienten Induktivitäten, die durch einen hochgestellten Doppelstrich gekennzeichnet werden, über:

$$\begin{aligned} L_d(\underline{s} \to \infty) = L_d'' &= L_d\left(1 - \frac{(1-\sigma_{df})T_{\sigma D}T_f + (1-\sigma_{dD})T_{\sigma f}T_D}{\sigma_{fD}T_f T_D}\right) \\ &= L_\sigma + \frac{L_{hd}L_{\sigma f}L_{\sigma D}}{L_{hd}L_{\sigma f} + L_{hd}L_{\sigma D} + L_{\sigma D}L_{\sigma f}} \end{aligned} \tag{5.80}$$

$$L_q(\underline{s} \to \infty) = L_q'' = L_q\sigma_{qQ} = L_\sigma + \frac{L_{hQ}L_{\sigma Q}}{L_{hQ} + L_{\sigma Q}} \tag{5.81}$$

Die subtransienten Induktivitäten bestimmen das Verhalten unmittelbar nach einer Störung. Bild 5.14 zeigt die Ersatzschaltungen für die subtransienten Reaktanzen ausgehend von den Gln. (5.80) und (5.81). Sie sind als Eingangsreaktanzen der d- und q-Wicklung bei kurzgeschlossenen Läuferwicklungen zu deuten.

Die durchgezogen gezeichnete Ersatzschaltung im Bild 5.14a für x_d'' genügt zur angenäherten Bestimmung der Größe des Kurzschlussstromes der Ständerwicklung und des Gesamtkurzschlussstromes im Läufer. Für eine genauere Ermittlung des in der Erregerwicklung induzierten Stromes (Bild 5.18) bei Klemmenkurzschluss des Ständers sind die Streureaktanzen $x_{\sigma f}$ und $x_{\sigma D}$ in die Eigenstreureaktanzen $^*x_{\sigma f}$ und $^*x_{\sigma D}$ sowie die Läuferkopplungsreaktanz x_{LK}, wie im Bild 5.14 gestrichelt angedeutet, aufzuteilen [5.18].

Mit den subtransienten Induktivitäten lassen sich die Induktivitätsoperatoren auch wie folgt schreiben:

$$\underline{L}_d(\underline{s}) = L_d \frac{1+\underline{s}(\sigma_{df}T_f+\sigma_{dD}T_D)+\underline{s}^2\sigma_{fD}T_fT_D\dfrac{L''_d}{L_d}}{1+\underline{s}(T_f+T_D)+\underline{s}^2\sigma_{fD}T_fT_D} = L_d\frac{(1+\underline{s}T'_d)(1+\underline{s}T''_d)}{(1+\underline{s}T'_{d0})(1+\underline{s}T''_{d0})} \tag{5.82}$$

$$\underline{L}_q(\underline{s}) = L_q \frac{1+\underline{s}T''_q}{1+\underline{s}T''_{q0}} \tag{5.83}$$

Die hier eingeführten Zeitkonstanten sind die subtransienten (Doppelstrich) und die transienten (Strich) Kurzschluss- und Leerlaufzeitkonstanten (Index 0).

Für den Erregeroperator ergibt sich mit den Leerlaufzeitkonstanten im Nenner:

$$\underline{G}_f(\underline{s}) = \frac{L_{hd}}{R_f}\frac{1+\underline{s}T_{\sigma D}}{(1+\underline{s}T'_{d0})(1+\underline{s}T''_{d0})} \tag{5.84}$$

Die reziproken Reaktanzoperatoren lassen sich in der folgenden Partialbruchform darstellen:

$$\frac{1}{\underline{X}_d(\underline{s})} = \frac{1}{X_d} + \left(\frac{1}{X'_d}-\frac{1}{X_d}\right)\frac{\underline{s}T'_d}{1+\underline{s}T'_d} + \left(\frac{1}{X''_d}-\frac{1}{X'_d}\right)\frac{\underline{s}T''_d}{1+\underline{s}T''_d} \tag{5.85}$$

$$\frac{1}{\underline{X}_q(\underline{s})} = \frac{1}{X_q} + \left(\frac{1}{X''_q}-\frac{1}{X_q}\right)\frac{\underline{s}T''_q}{1+\underline{s}T''_q} \tag{5.86}$$

wobei mit

$$\begin{aligned} X'_d &= X_d \frac{T'_d - T''_d}{T'_{d0}+T''_{d0}-T''_d(1+X_d/X''_d)} \\ &= X_d\frac{T'_d}{T'_{d0}}\frac{1-T''_d/T'_d}{1+T''_{d0}/T'_{d0}-(1+X_d/X''_d)T''_d/T'_{d0}} \approx X_d\frac{T'_d}{T'_{d0}} \end{aligned} \tag{5.87}$$

die transiente Reaktanz $X'_d = \omega_r L'_d$ eingeführt wurde. Im Bild 5.15 ist X'_d als Eingangsimpedanz der d-Wicklung bei geöffneter oder nicht vorhandener Dämpferwicklung zu interpretieren. Es gilt dann:

$$X'_d = X_\sigma + \frac{X_{hd}X_{\sigma f}}{X_{hd}+X_{\sigma f}} = X_d\left(1-\frac{X^2_{hd}}{X_dX_{ff}}\right) = X_d\sigma_{df} \tag{5.88}$$

Dieser Ausdruck unterscheidet sich von dem in Gl. (5.87), weil der Einfluss der Dämpferwicklung nie ganz verschwindet. Für $T_D \ll T_f$ gehen beide Ausdrücke ineinander über (Anhang A.5). Bei Verwendung von X'_d nach Gl. (5.88) stellt die Gl. (5.85) einen Näherungsausdruck dar [5.10].

Bild 5.15. Ersatzschaltung der bezogenen transienten Längsreaktanz nach Gl. (5.88)

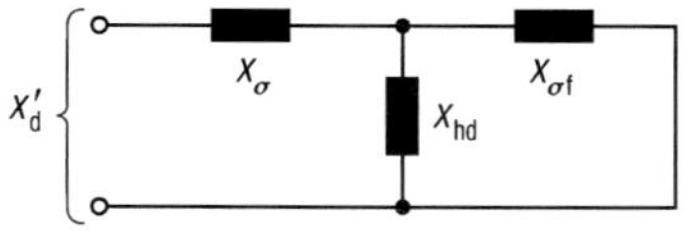

Anhaltswerte für die Zeitkonstanten T''_d, T''_q, T'_d und T'_{d0} sind im Anhang A.4 angegeben. Der Anhang A.5 enthält Beziehungen zwischen den Eigenzeitkonstanten der Wicklungen und den Zeitkonstanten der d- und q-Achse.

Die Ortskurven der reziproken Reaktanzoperatoren nach den Gln. (5.85) und (5.86) für $\underline{s} = j\omega$ sind im Bild 5.16 aufgezeichnet für einen Drehstromgenerator mit den folgenden Daten:

$S_r = 270$ MVA; $n_r = 3600$ min^{-1}; $x_d = x_q = 1{,}72$; $x'_d = 0{,}297$; $x''_d = 0{,}215$; $x''_q = 0{,}222$; $T'_{d0} = 4{,}74$ s; $T'_d = 0{,}82$ s; $T''_{d0} = 0{,}039$ s; $T'_d = 0{,}028$ s; $T''_{q0} = 0{,}511$ s; $T''_q = 0{,}066$ s

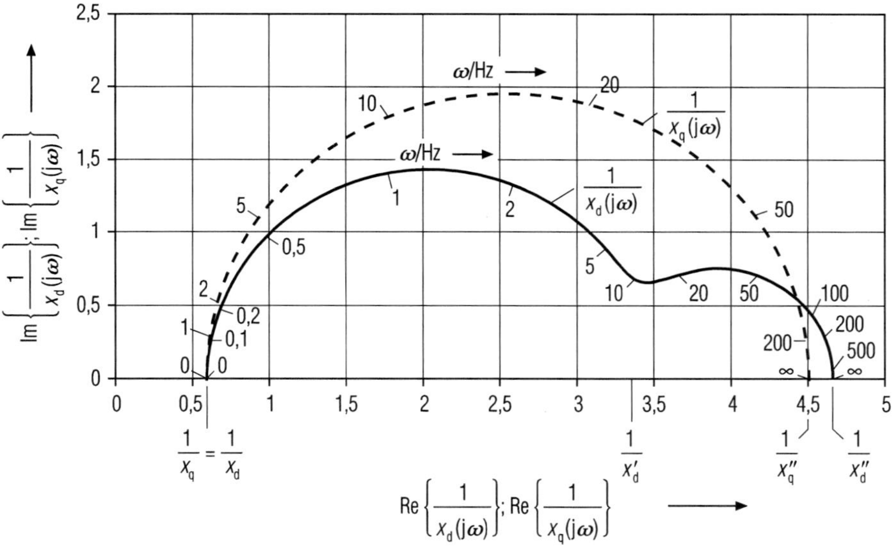

Bild 5.16. Ortskurven der bezogenen reziproken Reaktanzoperatoren der d- und q-Achse eines 270-MVA-Turbogenerators. Daten im Text

5.5.2 Zeitlicher Stromverlauf bei dreipoligem Klemmenkurzschluss

Bild 5.17 zeigt den Stromverlauf bei plötzlich eingeleitetem dreipoligen Klemmenkurzschluss (siehe dazu auch die Bilder 15.3 und 15.31).

Die Berechnung des Kurzschlussstromverlaufs kann mit Hilfe der Operatorengleichungen des Abschn. 5.5.1 durchgeführt werden, weil die Drehzahländerung im interessierenden Zeitbereich kaum Einfluss auf die Stromverläufe hat und der Polradwinkel keine Rolle spielt.

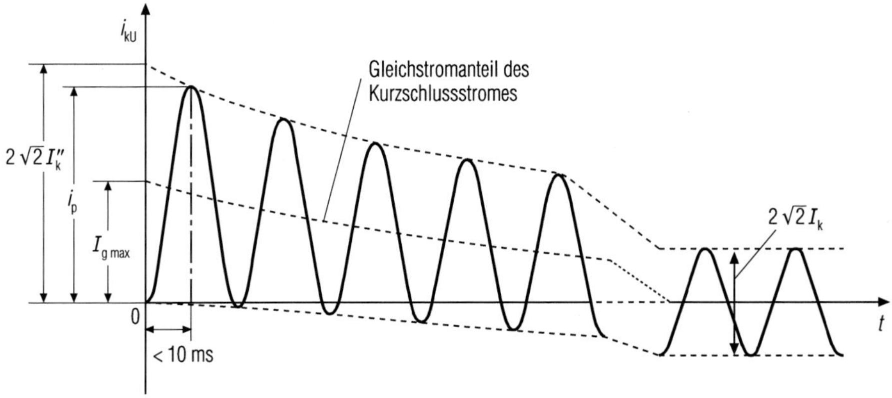

Bild 5.17. Schematischer Verlauf des Kurzschlussstromes bei dreipoligem Kurzschluss aus dem Leerlauf (Strang mit maximalem Gleichstromanteil nach einem Kurzschluss im Spannungsnulldurchgang). I_k'' Anfangs-Kurzschlusswechselstrom; i_p Stoßkurzschlussstrom; I_k Dauerkurzschlussstrom; $I_{g\max}$ maximaler Anfangswert des Gleichstromanteils im Kurzschlussstrom

Bei Kurzschluss aus dem Leerlaufzustand gilt für die Anfangswerte (Nebenzeichen b rechts oben für bevor oder englisch für before) bei $\hat{u}_1 = \hat{u}_{1r}$ und $\omega = \omega_r$:

$$i_d^b = i_q^b = i_0^b = i_D^b = i_Q^b = \psi_q^b = \psi_0^b = 0 \tag{5.89}$$

$$\psi_d^b = L_{hd} i_f^b = L_{hd} i_{f0} \tag{5.90}$$

$$u_q^b = \omega^b \psi_d^b = \omega_r L_{hd} i_{f0} = u_p^b = \hat{u}_1 \tag{5.91}$$

Die plötzliche Spannungsänderung auf Null im Augenblick des Kurzschlusseintritts entspricht einer negativen Sprungfunktion für u_q. Aus den Gln. (5.66) und (5.67) folgt mit den Gln. (5.78b) und (5.79b):

$$\Delta u_d = [R_G + \underline{s}L_d(\underline{s})]\,\Delta i_d - \omega_r L_q(\underline{s})\,\Delta i_q = 0 \tag{5.92a}$$

$$\Delta u_q = [R_G + \underline{s}L_q(\underline{s})]\,\Delta i_q + \omega_r L_d(\underline{s})\,\Delta i_d = -\frac{\hat{u}_1}{\underline{s}} \tag{5.92b}$$

und daraus für die Stromkomponenten:

$$\Delta i_d = -\frac{\omega_r L_q(\underline{s})}{N(\underline{s})} \cdot \frac{\hat{u}_1}{\underline{s}} \qquad \Delta i_q = -\frac{R_G + \underline{s}L_d(\underline{s})}{N(\underline{s})} \cdot \frac{\hat{u}_1}{\underline{s}} \qquad (5.93\text{a})\ (5.93\text{b})$$

mit dem Nenner:

$$N(\underline{s}) = [R_G + \underline{s}L_d(\underline{s})][R_G + \underline{s}L_q(\underline{s})] + \omega_r^2 L_d(\underline{s}) L_q(\underline{s})$$

$$= L_d(\underline{s}) L_q(\underline{s}) \left[\underline{s}^2 + \underline{s} R_G \left(\frac{1}{L_d(\underline{s})} + \frac{1}{L_q(\underline{s})} \right) + \omega_r^2 + \frac{R_G^2}{L_d(\underline{s}) L_q(\underline{s})} \right]$$

Um die Rücktransformation geschlossen vornehmen zu können, muss der Nenner noch vereinfacht werden [5.41]. Dazu bietet sich die Vernachlässigung des Gliedes mit R_G^2 an. Eine vollständige Vernachlässigung des Ständerwiderstandes würde dagegen dazu führen, dass der Gleichstromanteil im Kurzschlussstrom nicht abklingt. Weiter kann man vereinfachend annehmen, dass während des Abklingens des Gleichstromgliedes noch die subtransienten Induktivitäten maßgebend sind. Damit wird im Nenner bei Einführung der Gleichstromzeitkonstante:

$$R_G\left(\frac{1}{L_d(\underline{s})}+\frac{1}{L_q(\underline{s})}\right)\approx R_G\left(\frac{1}{L_d''}+\frac{1}{L_q''}\right)=\frac{2}{T_g} \tag{5.94}$$

Mit den Vereinfachungen gehen die Gln. (5.93) über in:

$$\Delta i_d=-\frac{\omega_r\,\hat{u}_1}{\underline{s}L_d(\underline{s})\left[\underline{s}^2+\underline{s}\frac{2}{T_g}+\omega_r^2\right]} \tag{5.95a}$$

$$\Delta i_q=-\frac{R_G+\underline{s}L_d(\underline{s})}{L_d(\underline{s})L_q(\underline{s})\left[\underline{s}^2+\underline{s}\frac{2}{T_g}+\omega_r^2\right]}\cdot\frac{\hat{u}_1}{\underline{s}}\approx-\frac{\hat{u}_1}{L_q(\underline{s})\left[\underline{s}^2+\underline{s}\frac{2}{T_g}+\omega_r^2\right]} \tag{5.95b}$$

Für die Wurzeln des Polynoms in der eckigen Klammer ergibt sich mit $1/T_g^2 \ll \omega_r^2$:

$$\underline{s}_{1,2}=-\frac{1}{T_g}\pm \mathrm{j}\omega_r\sqrt{1-\frac{1}{\omega_r^2T_g^2}}\approx-\frac{1}{T_g}\pm \mathrm{j}\omega_r$$

Mit den Ausdrücken für die reziproken Reaktanzoperatoren nach den Gln. (5.85) und (5.86) lässt sich nun die Rücktransformation der Gln. (5.95) mit dem Residuensatz vornehmen. Man erhält bei Vernachlässigung der Glieder $1/T$ gegenüber ω_r:

$$\Delta i_d=-\hat{u}_1\left\{\frac{1}{X_d}+\left(\frac{1}{X_d'}-\frac{1}{X_d}\right)\mathrm{e}^{-\frac{t}{T_d'}}+\left(\frac{1}{X_d''}-\frac{1}{X_d'}\right)\mathrm{e}^{-\frac{t}{T_d''}}\right\}+\frac{\hat{u}_1}{X_d''}\mathrm{e}^{-\frac{t}{T_g}}\cos\omega_r t \tag{5.96a}$$

$$\Delta i_q=-\frac{\hat{u}_1}{X_q''}\mathrm{e}^{-\frac{t}{T_g}}\sin\omega_r t \tag{5.96b}$$

Die Rücktransformation aus den dq-Komponenten in die natürlichen Komponenten nach Tabelle 2.5 liefert mit $\vartheta=\omega_r t+\vartheta_0$ bei vorausgesetzter konstanter Drehzahl für den Strang U des Ständers mit $\Delta i_U=\Delta i_{kU}$ und $\Delta i_{kU}=i_{kU}$ wegen des Anfangswertes Null (Gl. (5.89)):

$$\begin{aligned} i_{\mathrm{kU}} &= \Delta i_{\mathrm{d}} \cos(\omega_{\mathrm{r}} t + \vartheta_0) - \Delta i_{\mathrm{q}} \sin(\omega_{\mathrm{r}} t + \vartheta_0) \\ &= -\hat{u}_1 \left\{ \frac{1}{X_{\mathrm{d}}} + \left(\frac{1}{X'_{\mathrm{d}}} - \frac{1}{X_{\mathrm{d}}} \right) \mathrm{e}^{-\frac{t}{T'_{\mathrm{d}}}} + \left(\frac{1}{X''_{\mathrm{d}}} - \frac{1}{X'_{\mathrm{d}}} \right) \mathrm{e}^{-\frac{t}{T''_{\mathrm{d}}}} \right\} \cos(\omega_{\mathrm{r}} t + \vartheta_0) \\ &\quad + \frac{\hat{u}_1}{2} \left\{ \frac{1}{X''_{\mathrm{d}}} + \frac{1}{X''_{\mathrm{q}}} \right\} \mathrm{e}^{-\frac{t}{T_{\mathrm{g}}}} \cos\vartheta_0 + \frac{\hat{u}_1}{2} \left\{ \frac{1}{X''_{\mathrm{d}}} - \frac{1}{X''_{\mathrm{q}}} \right\} \mathrm{e}^{-\frac{t}{T_{\mathrm{g}}}} \cos(2\omega_{\mathrm{r}} t + \vartheta_0) \end{aligned} \tag{5.97}$$

Der erste Ausdruck in der vorstehenden Gleichung beschreibt den abklingenden Wechselstromanteil des Kurzschlussstromes, der zweite den abklingenden Gleichstromanteil und der dritte den mit T_{g} abklingenden doppeltfrequenten Anteil, der von der magnetischen Unsymmetrie herrührt und der bei $X''_{\mathrm{d}} = X''_{\mathrm{q}}$ verschwindet. Der Gleichstromanteil hängt von der Lage des Polrades im Kurzschlussaugenblick ab und wird maximal bei $\cos\vartheta_0 = \pm 1$, d.h. bei $\vartheta_0 = 0$ oder $\pm \pi$. Bei dem hier vorausgesetztem Leerlauf vor dem Kurzschluss ist die Spannung $u^{\mathrm{b}}_{\mathrm{U}} = \hat{u}_1 \cos(\omega_{\mathrm{r}} t + \varphi_{\mathrm{u}})$ mit der Polradspannung identisch und liegt in der q-Achse, so dass $\varphi_{\mathrm{u}} = \vartheta_0 + \pi/2$ oder $\vartheta_0 = \varphi_{\mathrm{u}} - \pi/2$ gilt. Der Gleichstromanteil im Strang U wird dann maximal, wenn der Kurzschluss im Nulldurchgang der Spannung eintritt. Andererseits tritt bei Kurzschluss im Spannungsmaximum kein Gleichglied auf.

Die Kurzschlussströme in den Strängen V und W weisen bei einer Phasenverschiebung von $-2\pi/3$ und $+2\pi/3$ einen entsprechenden Verlauf auf. Für den betrachteten dreipoligen Kurzschluss ergibt die Summe der drei Ströme in jedem Augenblick Null. Dies gilt auch für die Summe der drei Wechsel- und der drei Gleichstromanteile.

Mit Einführung der folgenden charakteristischen Werte:

Anfangs-Kurzschlusswechselstrom (Effektivwert bei $t = 0$):

$$I''_{\mathrm{k}} = \frac{\hat{u}_1}{\sqrt{2} X''_{\mathrm{d}}} = \frac{U_1}{X''_{\mathrm{d}}} \tag{5.98}$$

Dauerkurzschlussstrom (Effektivwert bei $t \to \infty$)

$$I_{\mathrm{k}} = \frac{\hat{u}_1}{\sqrt{2} X_{\mathrm{d}}} = \frac{U_1}{X_{\mathrm{d}}} \tag{5.99}$$

und transienter Kurzschlussstrom (Übergangs-Kurzschlussstrom, Effektivwert)

$$I'_{\mathrm{k}} = \frac{\hat{u}_1}{\sqrt{2} X'_{\mathrm{d}}} = \frac{U_1}{X'_{\mathrm{d}}} \tag{5.100}$$

ergibt sich für den Kurzschlussstromverlauf im Strang U ausgehend von Gl. (5.97) mit $\vartheta_0 = \varphi_{\mathrm{u}} - \pi/2$ und $X''_{\mathrm{q}} = X''_{\mathrm{d}}$:

$$i_{\mathrm{kU}} = -\sqrt{2}\left\{(I_{\mathrm{k}}'' - I_{\mathrm{k}}')\,\mathrm{e}^{-\frac{t}{T_{\mathrm{d}}''}} + (I_{\mathrm{k}}' - I_{\mathrm{k}})\,\mathrm{e}^{-\frac{t}{T_{\mathrm{d}}'}} + I_{\mathrm{k}}\right\}\sin(\omega_{\mathrm{r}}t + \varphi_{\mathrm{u}}) + \sqrt{2}I_{\mathrm{k}}''\,\mathrm{e}^{-\frac{t}{T_{\mathrm{g}}}}\sin\varphi_{\mathrm{u}} \tag{5.101}$$

Nach einem Kurzschluss aus dem Leerlauf und bei $X_{\mathrm{q}}'' = X_{\mathrm{d}}''$ wird demnach der maximale Anfangswert des Gleichstromgliedes $I_{\mathrm{g\,max}} = \sqrt{2}I_{\mathrm{k}}''$ genau so groß wie der Scheitelwert des Anfangs-Kurzschlusswechselstromes (Bild 5.17).

Bild 5.18 zeigt als Beispiel das Kurzschlussoszillogramm eines 300-MVA-Generators, $U_{\mathrm{rG}} = 21$ kV, 50 Hz für den Strang U mit dem zugehörigen Strom in der Erregerwicklung. Dem Gleichstromanteil des Kurzschlussstromes in der Erregerwicklung ist ein durch den abklingenden Gleichstromanteil im Kurzschlußstrom der Ständerwicklung hervorgerufener Wechselstromanteil überlagert, der mit T_{g} abklingt. Der charakteristische Verlauf des Stromes in der Erregerwicklung kann durch folgende Gleichung beschrieben werden [5.18]:

$$i_{\mathrm{f}} = i_{\mathrm{f0}}\left\{1 + \frac{x_{\mathrm{d}} - x_{\mathrm{d}}'}{x_{\mathrm{d}}'}\left[\mathrm{e}^{-\frac{t}{T_{\mathrm{d}}'}} - (1-k)\mathrm{e}^{-\frac{t}{T_{\mathrm{d}}''}} - k\,\mathrm{e}^{-\frac{t}{T_{\mathrm{g}}}}\cos\omega_{\mathrm{r}}t\right]\right\} \tag{5.102}$$

$$\text{mit } k = \left(\frac{x_{\mathrm{d}} - x_{\mathrm{c}}}{x_{\mathrm{hd}}}\right)^2 \approx \frac{(x_{\mathrm{d}}'' - x_{\mathrm{c}})x_{\mathrm{d}}'}{(x_{\mathrm{d}}' - x_{\mathrm{c}})x_{\mathrm{d}}''} \quad \text{für} \quad r_D \ll x_{\sigma\mathrm{D}}$$

Der Zusammenhang zwischen x_{c} und x_{LK} nach Bild 5.14a ist gegeben durch [5.18]:

$$\frac{1}{x_{\mathrm{c}} - x_{\sigma}} = \frac{1}{x_{\mathrm{hd}}} + \frac{1}{x_{\mathrm{LK}}}$$

Der Wechselstromanteil im Kurzschlussstrom des Ständers klingt nach Kurzschlusseintritt aufgrund der Relation mit $T_{\mathrm{d}}'' = 0{,}03$ s $\ll T_{\mathrm{g}} = 0{,}4$ s schneller ab als der Gleichstromanteil, so dass für die ersten Perioden nach Kurzschlusseintritt fehlende Nulldurchgänge zu beobachten sind [5.6]. Bei Generatoren mit $S_{\mathrm{rG}} < 100$ MVA sind fehlende Nulldurchgänge bis maximal etwa 50 ms zu erwarten, während bei Generatoren mit größerer Leistung fehlende Nulldurchgänge bis 500 ms und darüber möglich sind. Öffnet man einen Leistungsschalter (Generatorschalter) während dieser Zeit, so ist zu beachten, dass fehlende Nulldurchgänge meist nur in einem Strang/Leiter auftreten, dass nach dem Löschen des Stromes in diesem Strang (mit Nulldurchgängen) ein Phasensprung für die Ströme der anderen beiden Stränge auftritt, so dass dadurch die Zeit fehlender Nulldurchgänge rasch beendet wird. Bei Verwendung von Schaltern mit Lichtbogenspannungen in der Größe von 10 % der Generatorbemessungsspannung wird überdies die Gleichstromzeitkonstante merklich verkleinert, z. B. von 500 ms auf 50 ms, so dass Nulldurchgänge innerhalb der Ausschaltzeit zu erwarten sind.

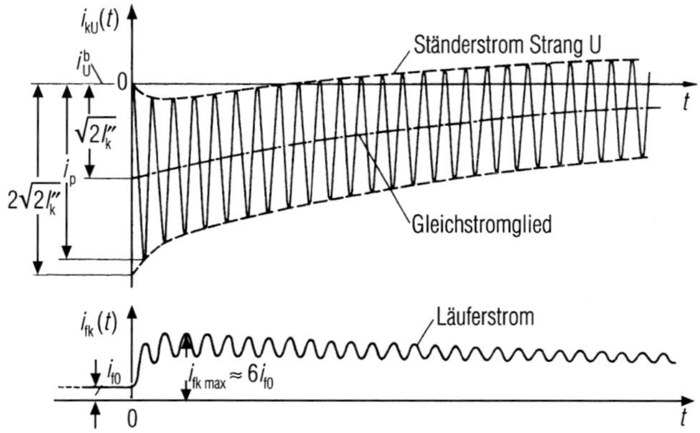

Bild 5.18. Dreipoliger Stoßkurzschlussstrom eines 300-MVA-Turbogenerators 50 Hz ausgehend vom Leerlaufzustand. Daten: $x_d = x_q = 1{,}8$; $x_d' = 0{,}3$; $x_d'' = x_q'' = 0{,}2$; $T_d' = 0{,}8$ s; $T_d' = T_q' = 0{,}03$ s; $T_g = 0{,}4$ s; $k = 0{,}2\ldots0{,}3$

5.5.3 Kurzschlussdrehmomente und Fundamentbeanspruchung

Bei Eintritt und beim Ausschalten mehrpoliger Kurzschlüsse wird die gemeinsame Welle von Generator und Turbine durch Torsionsdrehmomente beansprucht. Dabei muss man den Wellenstrang als Mehrmassenmodell mit mehreren Eigenfrequenzen ansehen. Fällt eine Frequenz des Kurzschlussdrehmoments mit einer Eigenfrequenz zusammen, so kommt es zu Torsionsschwingungen mit beachtlichen Resonanzüberhöhungen im Drehmoment, weil der Wellenstrang nur eine schwache Dämpfung aufweist. Weiterhin ergeben sich Fundamentbeanspruchungen durch Rüttelmomente. Bei der Berechnung dieser Beanspruchungen wird vereinfachend angenommen, dass der Kurzschlussstrom nicht abklingt. Diese Annahme ist berechtigt, weil die größten Momente unmittelbar nach Kurzschlusseintritt auftreten. Auch kann angenommen werden, dass der Kurzschluss aus dem Leerlauf bei U_{rG} eintritt.

Das elektrische Drehmoment wird allgemein mit Gl. (5.15) berechnet. Unter den genannten Voraussetzungen gilt:

$$\psi_d = \psi_d^b + \Delta\psi_d = \frac{\hat{u}_1}{\omega_r} + L_d''\Delta i_d \quad (5.103\,a) \qquad \psi_q = \Delta\psi_q = L_q''\Delta i_q \quad (5.103\,b)$$

$$i_d = \Delta i_d \quad (5.104\,a) \qquad i_q = \Delta i_q \quad (5.104\,b)$$

Damit wird ausgehend von Gl. (5.15) zunächst noch unabhängig von der Kurzschlussart:

$$M_e = \frac{3}{2} p\,[\psi_d i_q - \psi_q i_d] = \frac{3}{2}\frac{p}{\omega_r}[\hat{u}_1 \Delta i_q + (X_d'' - X_q'')\,\Delta i_d \Delta i_q] \quad (5.105)$$

Für den dreipoligen Kurzschluss ergeben sich die Ausdrücke für die nicht abklingenden Stromkomponenten aus den Gln. (5.96) bei unendlich groß angenommenen Zeitkonstanten:

$$\Delta i_\mathrm{d} = -\frac{\hat{u}_1}{X''_\mathrm{d}}(1-\cos\omega_\mathrm{r}t), \quad \Delta i_\mathrm{q} = -\frac{\hat{u}_1}{X''_\mathrm{q}}\sin\omega_\mathrm{r}t \qquad (5.106\,\mathrm{a}), (5.106\,\mathrm{b})$$

Nach Einsetzen dieser Beziehungen in die Gl. (5.105) wird mit $\Omega_\mathrm{r} = \omega_\mathrm{r}/p$:

$$\begin{aligned} M_\mathrm{ek3} &= -\frac{3}{2}\frac{\hat{u}_1^2}{\Omega_\mathrm{r} X''_\mathrm{d}}\left[\sin\omega_\mathrm{r}t - \frac{1}{2}\left(1-\frac{X''_\mathrm{d}}{X''_\mathrm{q}}\right)\sin 2\omega_\mathrm{r}t\right] \\ &= -M_\mathrm{ek3max}\left[\sin\omega_\mathrm{r}t - \frac{1}{2}\left(1-\frac{X''_\mathrm{d}}{X''_\mathrm{q}}\right)\sin 2\omega_\mathrm{r}t\right] \end{aligned} \qquad (5.107)$$

Bei zweipoligem Kurzschluss der Stränge V und W aus dem Leerlauf erhält man für den Anfangsverlauf der Ströme bei subtransienter Unsymmetrie [5.3, 5.10]:

$$\Delta i_\mathrm{V} = -\Delta i_\mathrm{W} = -\frac{\sqrt{3}\hat{u}_1}{2}\frac{\sin\vartheta - \sin\vartheta_0}{X''_\mathrm{d}\sin^2\vartheta + X''_\mathrm{q}\cos^2\vartheta} \qquad (5.108)$$

Mit den Transformationsbeziehungen nach Gl. (5.10) gilt:

$$\Delta i_\mathrm{d} = \frac{2}{\sqrt{3}}\Delta i_\mathrm{V}\sin\vartheta, \quad \Delta i_\mathrm{q} = \frac{2}{\sqrt{3}}\Delta i_\mathrm{V}\cos\vartheta \qquad (5.109\,\mathrm{a}), (5.109\,\mathrm{b})$$

Diese Beziehungen setzt man in Gl. (5.105) ein und erhält:

$$M_\mathrm{ek2} = -\frac{3}{2}\frac{\hat{u}_1^2}{\Omega_\mathrm{r}}\frac{X''_\mathrm{q} - (X''_\mathrm{q} - X''_\mathrm{d})\sin\vartheta_0\sin\vartheta}{(X''_\mathrm{d}\sin^2\vartheta + X''_\mathrm{q}\cos^2\vartheta)^2}(\sin\vartheta - \sin\vartheta_0)\cos\vartheta \qquad (5.110)$$

Im Fall der subtransient-symmetrischen Maschine mit $X''_\mathrm{q} = X''_\mathrm{d}$ vereinfacht sich Gl. (5.110):

$$M_\mathrm{ek2} = -\frac{3}{2}\frac{\hat{u}_1^2}{\Omega_\mathrm{r}}\frac{1}{X''_\mathrm{d}}(\sin\vartheta - \sin\vartheta_0)\cos\vartheta = -\frac{3}{2}\frac{\hat{u}_1^2}{\Omega_\mathrm{r}}\frac{1}{X''_\mathrm{d}}\left(\frac{1}{2}\sin 2\vartheta - \sin\vartheta_0\cos\vartheta\right) \qquad (5.111)$$

Bei Bezug auf $M_\mathrm{B} = M_\mathrm{r} = S_\mathrm{rG}/\Omega_\mathrm{r}$ und bei $X''_\mathrm{q} = X''_\mathrm{d}$ lauten die Gln. (5.107) und (5.111):

$$M_\mathrm{ek3*} = -\frac{1}{x''_\mathrm{d}}\sin\omega_\mathrm{r}t \qquad (5.112)$$

$$M_\mathrm{ek2*} = -\frac{1}{x''_\mathrm{d}}\left(\frac{1}{2}\sin 2\vartheta - \sin\vartheta_0\cos\vartheta\right) \qquad (5.113\,\mathrm{a})$$

Das maximale Drehmoment nach Gl. (5.113 a) wird bei Kurzschlusseintritt im Zeitpunkt $\vartheta_0 = -\pi/2$ erreicht. Bei Kurzschluss aus dem Leerlauf hat die Spannung zwischen den kurzschlussbetroffenen Strängen gerade ihren Nulldurchgang. Unter dieser Bedingung wird $\vartheta = \omega_r t + \vartheta_0 = \omega_r t - \pi/2$ und Gl. (5.113 a) geht über in:

$$M_{\mathrm{ek2*}} = -\frac{1}{x''_{\mathrm{d}}}\left(\sin\omega_r t - \frac{1}{2}\sin 2\omega_r t\right) \tag{5.113b}$$

Das Maximum dieses Momentenverlaufs wird dann nach $\omega_r t = 2\pi/3$ erreicht und beträgt:

$$M_{\mathrm{ek2*max}} = \frac{3\sqrt{3}}{4}\frac{1}{x''_{\mathrm{d}}} \approx 1{,}3 M_{\mathrm{ek3*max}} \tag{5.113c}$$

Bild 5.19 zeigt die zeitlichen Verläufe der bezogenen Drehmomente bei zwei- und dreipoligem Kurzschluss nach den Gln. (5.112) und (5.113 b).

Als Beispiel für die Differentialgleichung des Wellenstranges soll hier das Minimalmodell mit zwei Massen, die näherungsweise den Generator- und Turbinenläufer repräsentieren, angegeben werden. Für eine reale Untersuchung muss eine wesentlich feinere Unterteilung in mehrere Massen vorgenommen werden, wobei deren Anzahl vom Verlauf des anregenden Momentes abhängt. Mit den Massenträgheitsmomenten J_G und J_T, den Drehwinkeln φ_G und φ_T gegenüber einem festen Bezugspunkt, den Winkelbeschleunigungen $\ddot{\varphi}_G$ und $\ddot{\varphi}_T$ und der Federsteifigkeit c zwischen den beiden Massen liefert die Drehmomentbilanz an jeder Masse:

$$J_G\ddot{\varphi}_G - c(\varphi_T - \varphi_G) = M_e, \quad J_T\ddot{\varphi}_T - c(\varphi_G - \varphi_T) = M_T \tag{5.114a, 5.114b}$$

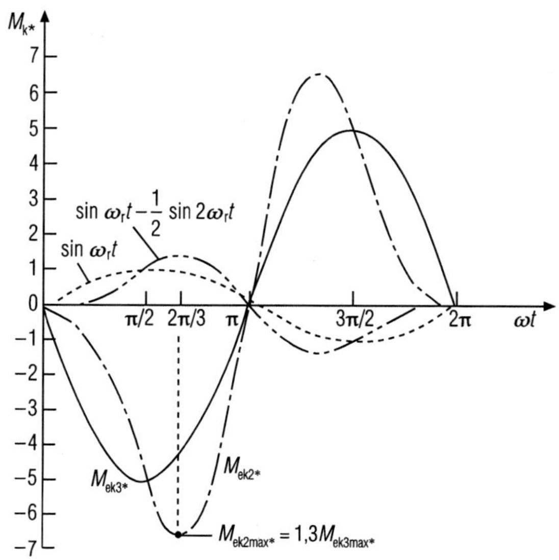

Bild 5.19. Zeitlicher Verlauf der Drehmomente im VZS bei zwei- und dreipoligem Kurzschluss bezogen auf $M_B = M_r = S_{rG}/\Omega_r$ (Beispiel für $x''_d = 0{,}2$)

Die Differenz beider Gleichungen führt auf die Winkeldifferenz $\Delta\varphi = \varphi_T - \varphi_G$ und das Quadrat der ungedämpften Eigenfrequenz $\omega_e^2 = c(J_G + J_T)/(J_G J_T)$ der beiden Massen:

$$\Delta\ddot{\varphi} + \omega_e^2 \Delta\varphi = \frac{1}{J_T} M_T - \frac{1}{J_G} M_e \tag{5.115}$$

Zunächst soll der Fall des dreipoligen Kurzschlusses nach Leerlauf untersucht werden bei Vernachlässigung des doppelfrequenten Anteils im Kurzschlussdrehmoment. Mit $M_e = -M_{ek3max} \sin\omega_r t$ nach Gl. (5.107) ergibt sich für die Lösung der Gl. (5.115):

$$\Delta\varphi = \frac{M_{ek3max}}{J_G} \left(\frac{1}{\omega_e^2 - \omega_r^2} \sin\omega_r t - \frac{\omega_r}{\omega_e} \frac{1}{\omega_e^2 - \omega_r^2} \sin\omega_e t \right) \tag{5.116}$$

Das Torsionsmoment M_{tk3} an der Kupplung zwischen Generator und Turbine bei dreipoligem Kurzschluss wird mit $c = \omega_e^2 J_G J_T/(J_G + J_T)$:

$$M_{tk3} = c\Delta\varphi = M_{ek3max} \frac{J_T}{J_G + J_T} \left(\frac{\omega_e^2}{\omega_e^2 - \omega_r^2} \sin\omega_r t - \frac{\omega_r}{\omega_e} \frac{\omega_e^2}{\omega_e^2 - \omega_r^2} \sin\omega_e t \right) \tag{5.117}$$

Führt man $n = \omega_e / \omega_r$ als Abkürzung ein und bezieht M_{tk3} auf S_{rG}/Ω_r, so wird:

$$M_{tk3*} = \frac{1}{x_d''} \frac{J_T}{J_G + J_T} \left(\frac{n^2}{n^2 - 1} \sin\omega_r t - \frac{n}{n^2 - 1} \sin\omega_e t \right) \tag{5.118}$$

Der Höchstwert für das Wellentorsionsmoment, der außerhalb des Resonanzbereiches mit Sicherheit nicht überschritten wird, ergibt sich durch Addition der Maxima der beiden Sinusanteile in Gl. (5.118).

Führt man den Verstärkungsfaktor

$$\xi_{k3} = \left| \frac{n^2}{n^2 - 1} + \frac{n}{n^2 - 1} \right| = \left| \frac{n}{n - 1} \right| \tag{5.119}$$

ein, so folgt für den bezogenen Höchstwert:

$$M_{tk3max*} = \frac{1}{x_d''} \frac{J_T}{J_G + J_T} \xi_{k3} \tag{5.120}$$

Bei starrer Welle, also bei $n \to \infty$, wird $\xi_{k3} = 1$. Das maximale Kurzschlussdrehmoment wird im Verhältnis J_T zu $J_T + J_G$ übertragen. Den Verlauf des Verstärkungsfaktors zeigt Bild 5.20. Wegen der nicht berücksichtigten Dämpfung strebt der Verstärkungsfaktor im Resonanzpunkt bei $n = 1$ gegen unendlich.

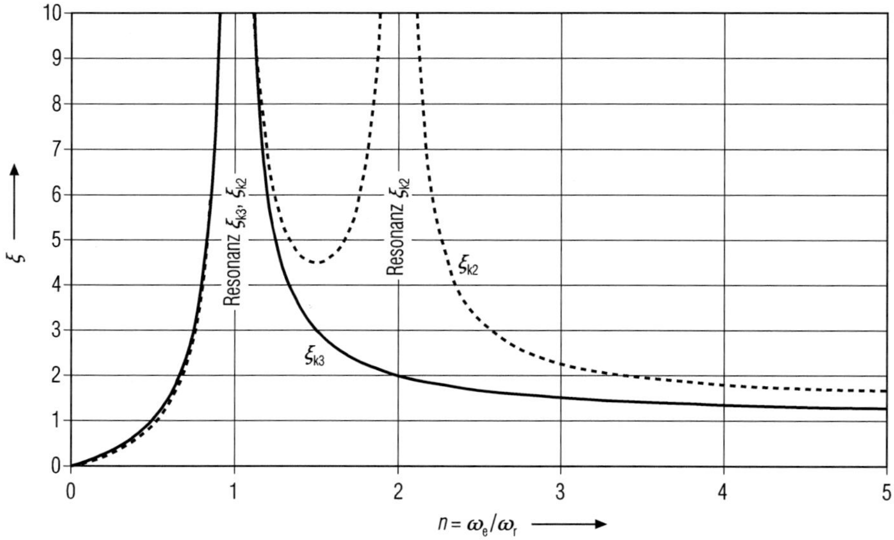

Bild 5.20. Verstärkungsfaktoren ξ für das Wellentorsionsmoment M_t bei drei- und zweipoligem Kurzschluss

Ist der Generator vor dem Kurzschluss belastet, so liegt bereits eine Verdrehung der Welle durch das übertragene Turbinendrehmoment $M_T = c\Delta\varphi$ vor. Für das elektrische Kurzschlussdrehmoment kann Gl. (5.107) erweitert werden:

$$M_{ek3} = -\frac{3}{2}\frac{\hat{u}_i^2}{\Omega_r X_d''}\sin(\omega_r t + \alpha) = -M_{ek3max}\sin(\omega_r t + \alpha) \tag{5.121}$$

Der Winkel α berücksichtigt das bereits vor dem Kurzschluss übertragene Drehmoment. Während des Kurzschlusses kann das Turbinenmoment weiterhin als konstant angenommen werden. Aus der Bedingung $M_T = M_e$ bei $t = 0$ folgt $M_T = -M_{ek3max}\sin\alpha$. Für die Bewegungsgleichung ergibt sich damit ausgehend von Gl. (5.115):

$$\Delta\ddot{\varphi} + \omega_e^2\Delta\varphi = \frac{1}{J_T}M_{ek3max}\sin\alpha + \frac{1}{J_G}M_{ek3max}\sin(\omega_r t + \alpha) \tag{5.122}$$

Die Lösung dieser Differentialgleichung lautet:

$$\Delta\varphi = \frac{M_{ek3max}}{J_G}\left\{\frac{1}{\omega_e^2 - \omega_r^2}\sin(\omega_r t + \alpha) + \frac{J_G}{J_T}\frac{1}{\omega_e^2}\sin\alpha - \frac{\omega_r}{\omega_e}\frac{1}{\omega_e^2 - \omega_r^2}\cos\alpha\sin\omega_e t + \left(\frac{1}{\omega_e^2} - \frac{1}{\omega_e^2 - \omega_r^2}\right)\sin\alpha\cos\omega_e t\right\} \tag{5.123}$$

Für das bezogene Wellentorsionsmoment an der Kupplung ergibt sich durch Multiplikation mit der Federsteifigkeit und bei Einführung von $n = \omega_e / \omega_r$:

$$M_{\text{tk3*}} = \frac{1}{x''_d} \frac{J_T}{J_G + J_T} \left\{ \frac{n^2}{n^2 - 1} \sin(\omega_r t + \alpha) + \frac{J_G}{J_T} \sin \alpha \right. \\ \left. - \frac{n}{n^2 - 1} \left(\cos \alpha \sin \omega_e t + \frac{1}{n} \sin \alpha \cos \omega_e t \right) \right\} \quad (5.124)$$

Für $\alpha = 0$ geht Gl. (5.124) in Gl. (5.118) über. Der Verstärkungsfaktor ξ_{k3} deckt auch diesen Fall ab.

Bei zweipoligem Kurzschluss nach Leerlauf gilt für den Drehmomentenverlauf, der zum Höchstwert der Anregung führt:

$$\Delta \ddot{\varphi} + \omega_0^2 \Delta \varphi = M_{\text{ek2max}} \left(\sin \omega_r t - \frac{1}{2} \sin 2\omega_r t \right) \quad (5.125)$$

und damit für das bezogene Wellentorsionsmoment:

$$M_{\text{tk2*}} = \frac{1}{x''_d} \frac{J_T}{J_G + J_T} \left\{ \frac{n^2}{n^2 - 1} \sin \omega_r t - \frac{1}{2} \frac{n^2}{n^2 - 4} \sin 2\omega_r t \right. \\ \left. - \frac{1}{n} \left(\frac{n^2}{n^2 - 1} - \frac{n^2}{n^2 - 4} \right) \sin \omega_e t \right\} \quad (5.126)$$

Für den Höchstwert gilt in Analogie zu Gl. (5.120):

$$M_{\text{tk2max*}} = \frac{1}{x''_d} \frac{J_T}{J_G + J_T} \xi_{k2} \quad (5.127)$$

mit dem Verstärkungsfaktor

$$\xi_{k2} = \left| \frac{n^2}{n^2 - 1} \right| + \frac{1}{2} \left| \frac{n^2}{n^2 - 4} \right| + \left| \frac{n}{n^2 - 1} - \frac{n}{n^2 - 4} \right| \quad (5.128)$$

Bei starrer Welle ($n \to \infty$) wird $\xi_{k2} = 1{,}5$. Dieser Wert liegt nur wenig über dem exakten Wert $3\sqrt{3}/4 \approx 1{,}3$, der sich bei starrer Welle zum Zeitpunkt $\omega_r t = 2\pi/3$ einstellen würde. Der im Bild 5.20 gezeichnete Verlauf von ξ_{k2} weist zwei Resonanzstellen auf, da sowohl ω_r als auch $2\omega_r$ als Anregefrequenzen auftreten.

Noch größere Wellentorsionsmomente als bei Kurzschlusseintritt können bei anschließender Kurzschlussausschaltung und bei Fehlsynchronisation auftreten. Mit der Spannungswiederkehr bei der Kurzschlussausschaltung ist ein erneuter Drehmomentenstoß verbunden. Dieser hängt wie bei der Fehlsynchronisation vom Winkel zwischen der inneren, subtransienten Spannung des

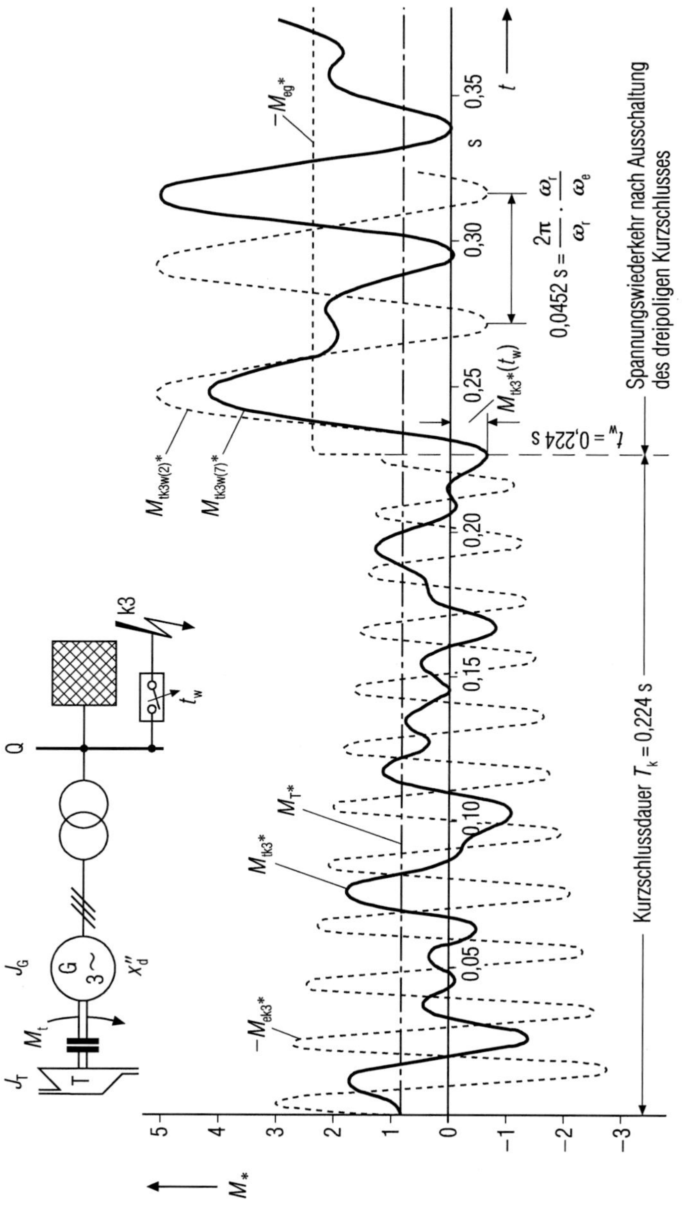

Bild 5.21. Bezogenes Wellentorsionsmoment im Bereich der Kupplung zwischen Generator und Turbine M_{tk3*} bei dreipoligem Kurzschluss im Netz sowie M_{tk3w*} bei der Spannungswiederkehr nach Ausschaltung des dreipoligen Kurzschlusses (Betriebsmitteldaten im Text; Bezugsgröße: $M_r = S_r/\Omega_r$). M_{ek3*} Kurzschlussmoment des Generators bei dreipoligem Kurzschluss; M_{tk3*} Wellentorsionsmoment im Bereich der Kupplung während des dreipoligen Kurzschlusses, $M_{tk3w(7)*}$ Wellentorsionsmoment nach der Spannungswiederkehr für das 7-Masse-Modell; $M_{tk3w(2)*}$ Wellentorsionsmoment nach der Spannungswiederkehr für das 2-Massen-Modell; M_{T*} Turbinenmoment, hier konstant, gleich dem Bemessungsmoment $M_{rT} = 0{,}85 M_r$, M_{eg*} Gleichstromglied des elektrischen Generatormoments nach der Spannungswiederkehr

Generators und der Netzspannung ab. Zur Vermeidung hoher Drehmomentbeanspruchungen müssen deshalb mehrpolige Kurzschlüsse im Netz und auch Sammelschienenkurzschlüsse möglichst schnell ausgeschaltet werden [5.29, 5.30]. Je nach dem Verdrehungszustand der schwingenden Welle zum Zeitpunkt der Spannungswiederkehr, kann es zu einer Schwächung oder einer zusätzlichen Anregung der Torsionsmomente kommen. Ungünstigenfalls sind maximale Torsionsmomente möglich, die die Maximalwerte bei Fehlsynchronisation mit einem Differenzwinkel von 120° noch übersteigen [5.28].

Den simulierten Verlauf des anregenden Drehmoments und des Wellentorsionsmoments bei dreipoligem Kurzschluss mit anschließender Ausschaltung zeigt Bild 5.21. Den Berechnungen liegt ein 7-Massen-Modell zugrunde. Für den Zeitabschnitt nach der Kurzschlussausschaltung sind auch die Ergebnisse für das 2-Massen-Modell eingetragen. Das 7-Massen-Modell hat sechs Eigenfrequenzen und damit weist das Torsionsmoment auch einen mehrfrequenten Verlauf auf. Nur die niedrigsten Eigenfrequenzen werden deutlich angeregt. Der Zeitpunkt der Kurzschlussausschaltung ist im Bild 5.21 so gewählt, dass gerade ein negatives Maximum im Wellentorsionsmoment vorliegt und die erneute Anregung dann zu dem größten Torsionsmoment führt.

Für die Näherungsberechnung mit dem 2-Massen-Modell, ohne Berücksichtigung der Dämpfung und der überlagerten pulsierenden Momente, wurde deshalb von dem durch die Spannungswiederkehr hervorgerufenen Drehmomentenverlauf nur das konstante Gleichstromglied M_{eg} zugrunde gelegt. Das Turbinendrehmoment M_{T} wird als konstant vorausgesetzt. Damit gilt für die Zeit $t \geq t_{\mathrm{w}}$ (Bild 5.21):

$$\Delta\ddot{\varphi} + \omega_{\mathrm{e}}^2 \Delta\varphi = \frac{1}{J_{\mathrm{T}}} M_{\mathrm{T}} - \frac{1}{J_{\mathrm{G}}} M_{\mathrm{eg}} \tag{5.129}$$

Als bezogenes Wellentorsionsmoment nach der Spannungswiederkehr ergibt sich für $t \geq t_{\mathrm{w}}$:

$$\begin{aligned} M_{\mathrm{tk3w(2)*}} &= M_{\mathrm{T*}} \frac{J_{\mathrm{G}}}{J_{\mathrm{G}} + J_{\mathrm{T}}} - M_{\mathrm{eg*}} \frac{J_{\mathrm{T}}}{J_{\mathrm{G}} + J_{\mathrm{T}}} \\ &+ \left[M_{\mathrm{tk3*}}(t_{\mathrm{w}}) - M_{\mathrm{T*}} \frac{J_{\mathrm{G}}}{J_{\mathrm{G}} + J_{\mathrm{T}}} + M_{\mathrm{eg*}} \frac{J_{\mathrm{T}}}{J_{\mathrm{G}} + J_{\mathrm{T}}} \right] \cos \omega_{\mathrm{e}} (t - t_{\mathrm{w}}) \end{aligned} \tag{5.130}$$

Den Berechnungen im Bild 5.21 liegt ein 50-Hz-Turbosatz (Generator G, Turbine T) mit folgenden Daten zugrunde:

$n_{\mathrm{r}} = 3000\ \mathrm{min}^{-1}$, $x''_{\mathrm{d}} = 0{,}2$; $x_{\mathrm{T}} = 0{,}13$; Betrieb vor dem Kurzschluss mit Bemessungsscheinleistung $S_{\mathrm{r*}} = 1{,}0$ und $\cos\varphi_{\mathrm{r}} = 0{,}85$; Turbinendrehmoment $M_{\mathrm{T*}} = P_{\mathrm{r*}} = S_{\mathrm{r*}} \cos\varphi_{\mathrm{r}} = 0{,}85$; $J_{\mathrm{T}}/(J_{\mathrm{G}} + J_{\mathrm{T}}) = 0{,}8$; $J_{\mathrm{G}}/(J_{\mathrm{G}} + J_{\mathrm{T}}) = 0{,}2$; $\omega_{\mathrm{e}} = 139\ \mathrm{s}^{-1}$; $n = \omega_{\mathrm{e}}/\omega_{\mathrm{r}} = 0{,}4425$.

Bei dreipoligem Kurzschluss auf der OS-Seite des Blocktransformators ergibt sich unter Einbeziehung von x_{T} ausgehend von Gl. (5.112) $M_{\mathrm{ek3max*}} = 1/(x''_{\mathrm{d}} + x_{\mathrm{T}}) = 3$ (Bild 5.21). Damit wird $\sin\alpha = M_{\mathrm{T*}}/M_{\mathrm{ek3max*}} = 0{,}283$. Für den

Verlauf des Wellentorsionsmomentes während des dreipoligen Kurzschlusses findet man nach Gl. (5.124), wenn man die beiden letzten Glieder noch zusammenfasst:

$$M_{tk3*} = -0{,}584\ \sin(\omega_r t + 0{,}287) + 0{,}170 + 1{,}522\ \sin(\omega_e t + 0{,}558).$$

Die Addition der Scheitelwerte liefert das maximale Torsionsmoment $M_{tk3max*} = 2{,}276$.

Bei dreipoligem Kurzschluss an der Klemmen des Generators würde $M_{ek3max*} = 1/x''_d = 5{,}0$ und damit das aus der Summe der Scheitelwerte berechnete maximale Wellentorsionsmoment $M_{tk3max*} = 3{,}76$.

Für das Torsionsmoment nach Kurzschlussausschaltung ergibt sich mit $M_{eg*} = -2{,}5$ und $M_{tk3*}(t_w) = -0{,}67$ (Bild 5.21) nach Gl. (5.130) für das 2-Massen-Modell:

$$\begin{aligned} M_{tk3w(2)*} &= 0{,}85 \cdot 0{,}2 + 2{,}5 \cdot 0{,}8 + [-0{,}67 - 0{,}85 \cdot 0{,}2 - 2{,}5 \cdot 0{,}8]\cos\omega_e(t - t_w) \\ &= 2{,}17 - 2{,}84\ \cos\omega_e(t - t_w) \end{aligned}$$

Das Maximum beträgt 5,01 (Bild 5.21). Der Kurzschlusslichtbogen und das nicht gleichzeitige Schalten der drei Schalterpole führen zu einer Reduktion der Torsionsbeanspruchung in der Größenordnung von 20 % [5.30].

Das Drehmoment bei Fehlsynchronisation (FS) setzt sich aus zwei Anteilen zusammen. Der erste Anteil entsteht durch die Wechselwirkung des Läuferfeldes mit den Gleichanteilen im Einschaltstrom. Er bildet sich als abklingende 50-Hz-Schwingung aus und erreicht bei Zuschaltung in Phasenopposition seinen Maximalwert $M_{eFS1max*} = 4/(x''_d + x_T)$ wobei Leerlauferregung vorausgesetzt wird. Der zweite Anteil wird durch das synchronisierende Drehmoment hervorgerufen. Dieses hat sein Maximum $M_{eFS2max*} = 1/(x''_d + x_T)$ bei $\pm\,\pi/2$. Aus dem Zusammenwirken beider Anteile ergibt sich ein absolutes Maximum bei unsynchronisierter Zuschaltung in der Nähe von 120°.

Zur Abschätzung der Wellentorsionsbeanspruchung bei Fehlsynchronisation kann Gl. (5.130) mit $M_{T*} = 0$ und $M_{tk3*}(t_w) = 0$ herangezogen werden:

$$M_{tFS*} = -M_{eg*} \frac{J_T}{J_G + J_T}(1 - \cos\omega_e t) \tag{5.131}$$

Unter gleichen Voraussetzungen bleibt $M_{tFS*} = 4{,}0$ unter $M_{tk3w(2)max*} = 5{,}01$.

Neben den Wellentorsionsmomenten werden durch die Kurzschlussdrehmomente auch Wechselkräfte auf das Fundament des Maschinensatzes hervorgerufen. Geht man von einem starren Fundament aus, so ergibt sich bei einem Abstand a der Fundamentbolzen nach Bild 5.22 und der Gewichtskraft G des Generators folgende resultierende Kraft:

$$F_{1,2} = \frac{G}{2} \pm \frac{M_{ek}}{a} \tag{5.132}$$

Beim Maximalwert des zweipoligen Kurzschlusses wird mit $M_r = S_r/\Omega_r$:

$$F_{max} = \frac{G}{2} \pm \frac{1{,}3 \cdot M_{ekmax}}{a} = \frac{G}{2} \pm \frac{1{,}3}{x''_d}\,\frac{M_r}{a} \tag{5.133}$$

Bild 5.22. Kräfte auf das Fundament bei Kurzschluss. G Gewichtskraft; M_{ek} Kurzschlussmoment

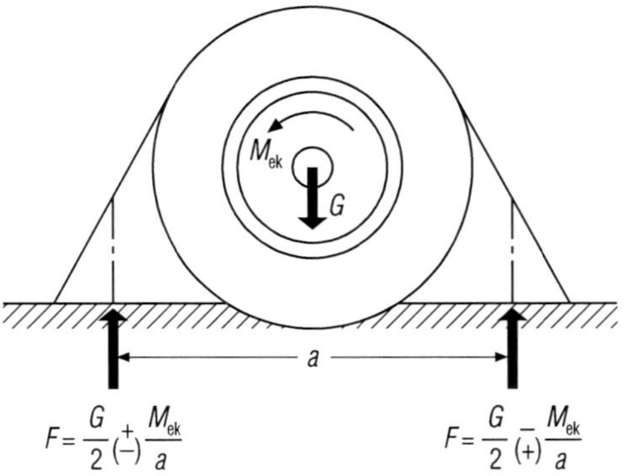

Die durch den Kurzschluss auf das Fundament wirkenden Kräfte lassen sich durch elastische Verbindung des Generators mit dem Fundament vermindern [5.17]. Üblich ist die federnde Aufstellung von Wechselstrombahngeneratoren, die schon im Normalbetrieb pulsierende Momente erzeugen.

5.5.4 Ersatzschaltungen für den subtransienten und transienten Zustand

Der sich unmittelbar einer Störung anschließende Zustand wird als subtransienter Zustand bezeichnet. Er ist dadurch gekennzeichnet, dass sich die Läuferflussverkettungen, die Drehzahl und der Läuferwinkel nicht plötzlich ändern können. Die im Abschn. 5.3 behandelte Ersatzschaltung mit der Polradspannung U_p ist für die Beschreibung der Ausgleichsvorgänge ungeeignet, weil sich die Polradspannung bei Eintritt einer Störung sprunghaft ändert. Da sich die Läuferflussverkettungen im Anschluss an eine Störung nur langsam ändern, lassen sich die Vorgänge im Zeitbereich unmittelbar nach einer Störung mit einer Ersatzschaltung auf der Grundlage konstanter Läuferflussverkettungen genügend genau beschreiben.

Zur Herleitung der Ersatzschaltung für den subtransienten Zustand wird von den Gln. (5.22) und (5.23) für die Spannungen des Ständers bei konstanter Drehzahl ($\omega_L = \omega_r$) ausgegangen. Dabei werden dann auch die Differentialquotienten der Flussverkettungen $\dot{\psi}_d$ und $\dot{\psi}_q$ weggelassen, die nach den Untersuchungen im Abschn. 5.5.2 das Gleichstromglied im Kurzschlussstrom verursachen und die deshalb hier bei der Ersatzschaltung für die subtransienten Wechselgrößen keine Rolle spielen.

Für die Änderungen der Ständerflussverkettungen im ersten Augenblick einer Störung gilt nach den Gln. (5.78b) und (5.79b):

$$\Delta\psi_d = L''_d \Delta i_d = L''_d (i_d - i_d^b) \tag{5.134}$$

$$\Delta\psi_q = L''_q \Delta i_q = L''_q (i_q - i_q^b) \tag{5.135}$$

Durch Einsetzen in die Gl. (5.22) und (5.23) unter den beschriebenen Randbedingungen ergibt sich:

$$u_d = R_G i_d - \omega_r(\psi_q^b + \Delta\psi_q) = R_G i_d - \omega_r L_q'' i_q - \omega_r(\psi_q^b - L_q'' i_q^b) \tag{5.136}$$

$$u_q = R_G i_q + \omega_r(\psi_d^b + \Delta\psi_d) = R_G i_q + \omega_r L_d'' i_d + \omega_r(\psi_d^b - L_d'' i_d^b) \tag{5.137}$$

Die letzten Anteile in der Gln. (5.136) und (5.137) sind durch den stationären Zustand unmittelbar vor der Störung bestimmt und konstant. Man kann zeigen, dass sie nur von den Läuferflussverkettungen abhängen [5.39]. Sie erfüllen damit die Forderungen nach konstanten Quellengrößen bei Einleitung eines Ausgleichsvorganges.

Mit den Abkürzungen $u_d'' = -\omega_r(\psi_q^b - L_q'' i_q^b)$ und $u_q'' = \omega_r(\psi_d^b - L_d'' i_d^b)$ wird aus den Gln. (5.136) und (5.137):

$$u_d = R_G i_d - \omega_r L_q'' i_q + u_d'' = R_G i_d - X_q'' i_q + u_d'' \tag{5.138}$$

$$u_q = R_G i_q + \omega_r L_d'' i_d + u_q'' = R_G i_q + X_d'' i_d + u_q'' \tag{5.139}$$

Die beiden Spannungskomponenten werden zu einem Raumzeiger zusammengefasst:

$$(u_d + \mathrm{j}u_q) = R_G(i_d + \mathrm{j}i_q) - X_q'' i_q + \mathrm{j}X_d'' i_d + (u_d'' + \mathrm{j}u_q'') \tag{5.140a}$$

Geht man auf Effektivwertzeiger über, multipliziert mit $e^{\mathrm{j}\vartheta_0}$ und erweitert dann man mit $\pm\mathrm{j}X_d''\mathrm{j}I_q e^{\mathrm{j}\vartheta_0}$, so findet man unter Beachtung der Gln. (5.38) und (5.39) für das Mitsystem der symmetrischen Komponenten:

$$\begin{aligned}\underline{U}_1 &= (R_G + \mathrm{j}X_d'')\underline{I}_1 + \mathrm{j}(X_q'' - X_d'')\mathrm{j}I_q e^{\mathrm{j}\vartheta_0} + \underline{U}'' \\ &= (R_G + \mathrm{j}X_d'')\underline{I}_1 + \mathrm{j}(X_q'' - X_d'')\underline{I}_q + \underline{U}''\end{aligned} \tag{5.140b}$$

und bei Vernachlässigung der subtransienten Unsymmetrie:

$$\underline{U}_1 = (R_G + \mathrm{j}X_d'')\underline{I}_1 + \underline{U}'' = \underline{Z}_G'' \underline{I}_1 + \underline{U}'' \tag{5.140c}$$

Zur Gl. (5.140c) gehört Bild 5.23. Das Zeigerdiagramm erläutert, wie man bei Vernachlässigung von R_G ($R_G \ll X_d''$) die subtransiente Spannung $\underline{U}''$ ausgehend von $\underline{U}_1^b$ und $\underline{I}_1^b$ ermitteln kann. Das Zeigerdiagramm zeigt auch den Anfangs-Kurzschlusswechselstrom $\underline{I}_{k3}''$ nach dreipoligem Klemmenkurzschluss, für den man aus Gl. (5.140c) bei $\underline{U}_1 = 0$ erhält (Bild 5.23b):

$$\underline{I}_{k3}'' = \frac{\underline{U}''}{R_G + \mathrm{j}X_d''} \approx -\mathrm{j}\frac{\underline{U}''}{X_d''} \tag{5.141}$$

Bei Vernachlässigung von R_G steht der Anfangs-Kurzschlusswechselstrom $\underline{I}_{k3}''$ senkrecht auf der subtransienten Spannung $\underline{U}''$, die als einzige Größe bei

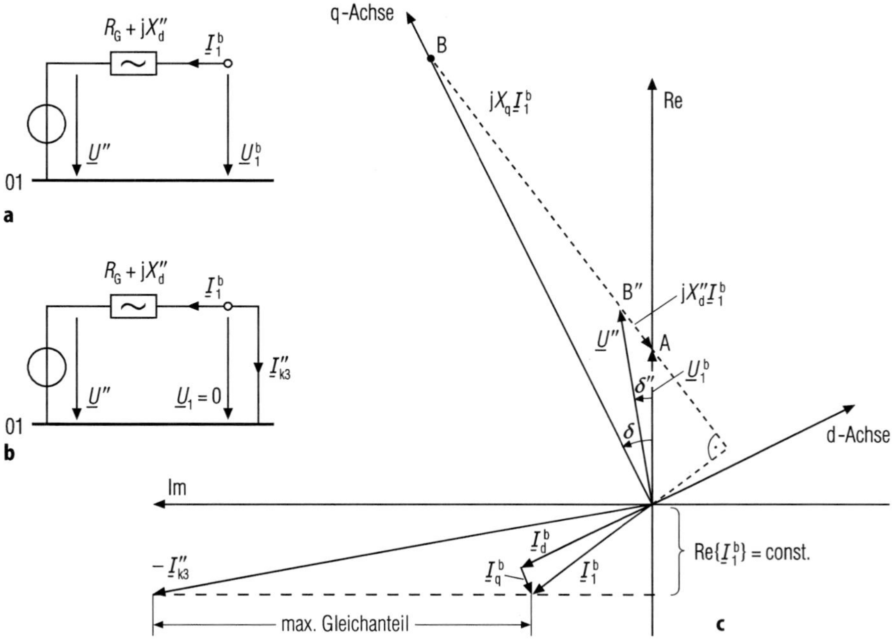

Bild 5.23 a–c. Ersatzschaltungen und Zeigerdiagramm für Synchrongeneratoren mit subtransienten Größen bei $X''_q = X''_d$. **a** Ersatzschaltung für das Mitsystem, allgemein; **b** Ersatzschaltung bei dreipoligem Klemmenkurzschluss; **c** Zeigerdiagramm zur Ermittlung von $\underline{U}''$ bei vorgegebenen Größen $\underline{U}_1^b$ und $\underline{I}_1^b$ vor der Störung (R_G vernachlässigt, weil $R_G \ll X''_d$); $\overline{B''A} = jX''_d \underline{I}_1^b$; $\overline{BA} = jX_q \underline{I}_1^b$ (s. auch Bild 5.7)

Kurzschlusseintritt unverändert geblieben ist. Aus dem Sprung der Ständerstromzeigers von $\underline{I}_1^b$ auf $\underline{I}''_{k3}$ kann man auf den Gleichstromanteil im Kurzschlussstrom schließen, da der Realteil, der den Momentanwert des Stromes beschreibt, bei Kurzschlusseintritt unverändert bleiben muss.

Von den Läuferflussverkettungen klingt während eines Ausgleichsvorgangs die Flussverkettung der Dämpferlängsachse am schnellsten ab. Die Gültigkeit der Ersatzschaltung mit der konstanten subtransienten Spannung ist deshalb nur auf einen sehr kurzen Zeitbereich begrenzt. Um eine Ersatzschaltung mit konstanten Quellengrößen für den Zeitbereich bis etwa zu einer Sekunde, indem über die Stabilität entschieden wird (Kap. 18), zu erhalten, kann man die Ausgleichsvorgänge in der Dämpferwicklung als abgeklungen betrachten. Die zu diesem Zeitpunkt wirksamen Flussverkettungen der Erreger- und Dämpferquerachsenwicklung werden als konstant betrachtet und zur Bildung der transienten Spannung (transiente Quellenspannung) herangezogen. Von dieser Annahme ist nur die Gl. (5.134) betroffen. An die Stelle der subtransienten tritt die transiente Induktivität L'_d.

$$\Delta\psi_d = L'_d \Delta i_d = L'_d (i_d - i_d^b) \tag{5.142}$$

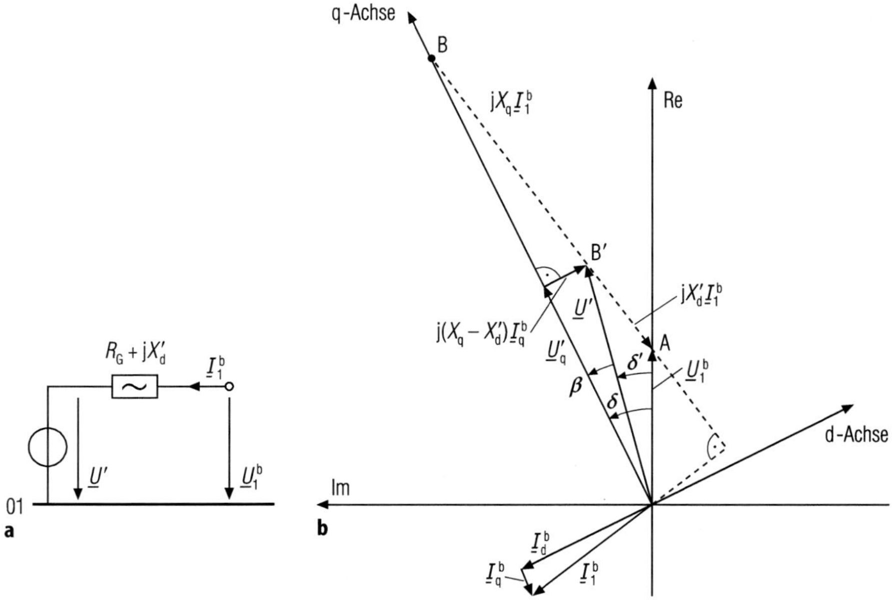

Bild 5.24 a, b. Ersatzschaltung und Zeigerdiagramm für Synchrongeneratoren mit transienten Größen $X_q'' = X_d'$. **a** Ersatzschaltung für das Mitsystem; **b** Zeigerdiagramm zur Ermittlung von $\underline{U}'$ bei vorgegebenen Größen $\underline{U}_1^b$ und $\underline{I}_1^b$ vor der Störung (R_G vernachlässigt); $\overline{\mathrm{B'A}} = \mathrm{j}X_d' \underline{I}_1^b$; $\overline{\mathrm{BA}} = \mathrm{j}X_q \underline{I}_1^b$

Nach analogem Vorgehen wie bei der Aufstellung der Ersatzschaltung mit der subtransienten Spannung erhält man

$$\begin{aligned}\underline{U}_1 &= (R_G + \mathrm{j}X_d')\underline{I}_1 + \mathrm{j}\,(X_q'' - X_d')\;\mathrm{j}I_q \mathrm{e}^{\mathrm{j}\vartheta_0} + \underline{U}' \\ &= (R_G + \mathrm{j}X_d')\underline{I}_1 + \mathrm{j}\,(X_q'' - X_d')\underline{I}_q + \underline{U}'\end{aligned} \tag{5.143a}$$

und für $X_q'' = X_d'$:

$$\underline{U}_1 = (R_G + \mathrm{j}X_d')\,\underline{I}_1 + \underline{U}' = \underline{Z}_G'\,\underline{I}_1 + \underline{U}' \tag{5.143b}$$

Zur Gl. (5.143 b) gehört die Ersatzschaltung und das Zeigerdiagramm nach Bild 5.24.

Bei der Anwendung der Ersatzschaltung mit transienten Größen ist zu beachten, dass der subtransiente Bereich nicht richtig wiedergegeben wird. Dies wird deutlich am Beispiel des dreipoligen Klemmenkurzschlusses, für den mit $\underline{U}_1 = 0$ folgt:

$$\underline{I}_{k3}' = \frac{\underline{U}'}{R_G + \mathrm{j}X_d'} \approx -\mathrm{j}\frac{\underline{U}'}{X_d'} \tag{5.144}$$

Der Übergangs-Kurzschlusswechselstrom $\underline{I}'_{k3}$ ist wegen der Abklingvorgänge in der Dämpferwicklung kleiner als der nach Gl. (5.141) berechnete Anfangs-Kurzschlusswechselstrom.

Für Stabilitätsuntersuchungen ist der Verlauf der Wirkleistung in der ersten Sekunde nach Störungseintritt maßgebend. Unter Vernachlässigung des Ständerwiderstandes ergibt sich mit dem Strom nach Gl. (5.144)

$$P'_G = \mathrm{Re}\{3\,\underline{U}_1\underline{I}_1^*\} = 3\,\mathrm{Re}\left\{-\mathrm{j}\,\frac{\underline{U}_1\underline{U}'^*}{X'_d}\right\} = 3\,\mathrm{Re}\left\{-\mathrm{j}\,\frac{U_1U'}{X'_d}\,\mathrm{e}^{-\mathrm{j}\delta'}\right\} = -3\,\frac{U_1U'}{X'_d}\sin\delta' \tag{5.145 a}$$

mit dem dabei eingeführten transienten Polradwinkel $\delta' = \varphi_{u'} - \varphi_{u1}$ (Bild 5.24). Führt man noch den Winkel $\beta = \delta - \delta'$, der (wegen U'_d, U'_q konstant) bei einer Läuferbewegung konstant bleibt, ein, so folgt für die an das Netz abgegebene transiente Leistung $P'_N = -P'_G$:

$$P'_N = 3\frac{U_1U'}{X'_d}\sin\delta' = 3\frac{U_1U'}{X'_d}\sin(\delta-\beta) \tag{5.145 b}$$

bzw. in bezogenen Größen:

$$P'_{N*} = \frac{U_{1*}U'_*}{x'_d}\sin\delta' = \frac{U_{1*}U'_*}{x'_d}\sin(\delta-\beta) \tag{5.145 c}$$

Für Vollpolmaschinen kleinerer Leistung und Schenkelpolmaschinen klingen auch die Vorgänge in der Dämpferquerachsenwicklung relativ schnell ab, so dass dann nur noch die Erregerflussverkettung als konstant angesehen werden kann. Von der Spannung bleibt dann nur noch die Querkomponente U'_q konstant und fest in der q-Achse liegen (Bild 5.24). An die Stelle der Gln. (5.138) und (5.139) treten die folgenden Effektivwertgleichungen:

$$U_d = R_G I_d - X_q I_q \tag{5.146 a}$$

$$U_q = R_G I_q + X'_d I_d + U'_q \tag{5.147 a}$$

Für die Stromkomponenten folgt daraus bei Vernachlässigung des Ständerwiderstandes (man beachte die Analogie zu den Gln. (5.42))

$$I_d = -\frac{U'_q - U_q}{X'_d} = -\frac{U'_q - U_1\cos\delta}{X'_d} \tag{5.146 b}$$

$$I_q = -\frac{U_d}{X_q} = -\frac{U_1\sin\delta}{X_q} \tag{5.147 b}$$

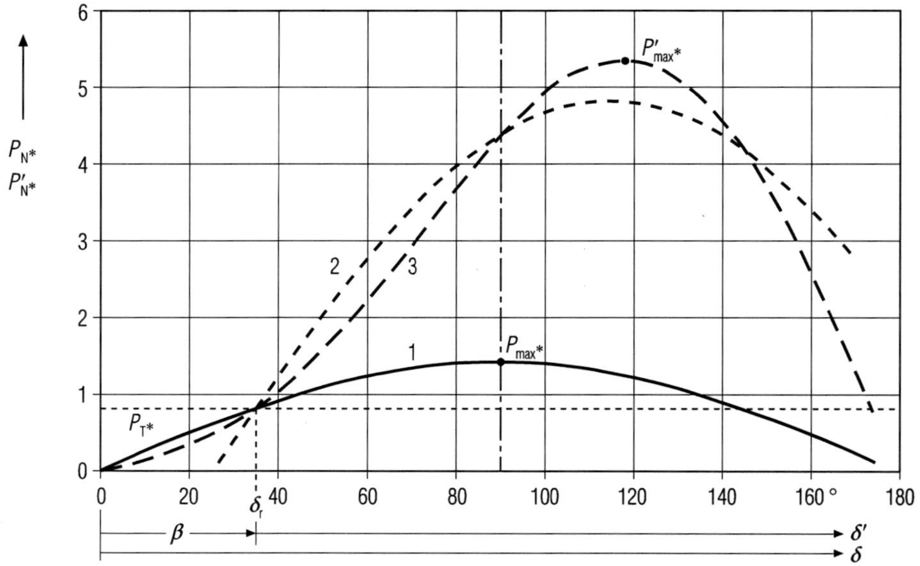

Bild 5.25. Ins Netz abgegebene bezogene stationäre und transiente Leistungen P_{N*} und P'_{N*}. Generatordaten: $S_{r*} = 1$; $U_{1*} = 1$; $P_{T*} = 0{,}8$; $\cos\varphi_r = 0{,}8$; $x_d = x_q = 1{,}8$; $x'_d = 0{,}24$; $\delta_r = 34{,}7°$; $\delta' = 9{,}53°$. *1* stationär (statisch), Gl. (5.54), $U_{p*} = 2{,}53$ const. *2* transient, Gl. (5.145c), $U'_* = 1{,}16 =$ const., $\delta' = 9{,}53°$, $\beta = 34{,}7° - 9{,}53° = 25{,}17°$, *3* transient, Gl. (5.148c), $U'_{q*} = 1{,}05$ = const.

und für die transiente Wirkleistung:

$$P'_G = 3(U_d I_d + U_q I_q) = -3\,\frac{U_1 U'_q}{X'_d}\sin\delta + \frac{3}{2}\frac{U_1^2}{X'_d}\left(\frac{1}{X'_d} - \frac{1}{X_q}\right)\sin 2\delta \qquad (5.148\,a)$$

oder für die an das Netz abgegebene transiente Leistung $P'_N = -P'_G$:

$$P'_N = 3\,\frac{U_1 U'_q}{X'_d}\sin\delta - 3\frac{U_1^2}{2}\left(\frac{1}{X'_d} - \frac{1}{X_q}\right)\sin 2\delta \qquad (5.148\,b)$$

bzw. in bezogenen Größen:

$$P'_{N*} = \frac{U_{1*} U'_{q*}}{x'_d}\sin\delta - \frac{U_{1*}^2}{2}\left(\frac{1}{x'_d} - \frac{1}{x_q}\right)\sin 2\delta \qquad (5.148\,c)$$

Der zweite Teil in Gl. (5.148) stellt eine Reaktionsleistung dar, die wegen $X_q > X'_d$ von dem dominierenden ersten Teil abgezogen wird im Gegensatz zur Reaktionsleistung im stationären Betrieb der Schenkelpolmaschine nach Gl. (5.54). Im Bild 5.25 sind die Leistungsverläufe für den transienten Zustand dem Leistungsverlauf im stationären Betrieb gegenübergestellt.

6 Generator- und Turbinenregelung

6.1 Erregungseinrichtungen

Gleichstrommaschinen als Erregermaschinen haben immer mehr an Bedeutung verloren [6.6]. Die Gleichrichtung durch den Kollektor wurde durch Halbleiter abgelöst. Auch die elektromechanischen Regler sind weitgehend durch elektronische Regler ersetzt worden. Der einfach aufgebaute robuste Wälzsektorregler mit einer Antriebstrommel nach dem Ferrarisprinzip (Bild 6.1) ist in vorhandenen kleineren Anlagen, insbesondere in Wasserkraftanlagen, im Einsatz. Er genügt den an die Spannungsregelung in solchen Anlagen gestellten Anforderungen mit dem Vorzug, dass er keine Hilfsstromquelle benötigt und auch die Sollwertbildung hiervon unabhängig ist, da sie durch die Kraft einer Feder erfolgt. Das Stellglied ist in den Regler eingebaut.

Bild 6.2 zeigt die Erregung eines Generators durch eine Drehstromerregermaschine auf gemeinsamer Welle mit nachgeschalteten Dioden (Dioden-Erregung). Diese Erregung wird auch als bürstenlose Erregung bezeichnet, weil Schleifringe und Schleifringbürsten wegfallen. Da entsprechend der Belastung eine veränderliche Erregerspannung U_f erforderlich ist, werden die Dioden von einer veränderlichen Spannung einer mit dem Generator gekuppelten Drehstromerregermaschine gespeist. Das Feld dieser Maschine wird von einem Drehstromhilfserreger mit Permanentpolen über ein Thyristorstellglied

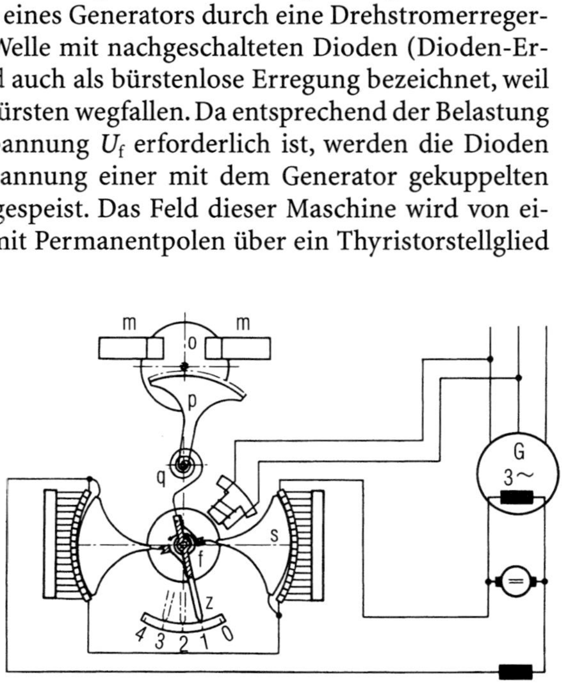

Bild 6.1. Schema eines Wälzsektorreglers (Zwei-Sektor-Regler BBC). *f* Rückstellfeder; *s* Wälzsektoren; *q* Feder; *p* Zahnsegment; *o* Al-Scheibe; *m* Permanentmagnet (*o* und *m* dienen zur Dämpfung); *z* Stellungszeiger

D. Oeding, B. Oswald, *Elektrische Kraftwerke und Netze*,
doi 10.1007/978-3-642-19246-3, © Springer 2011

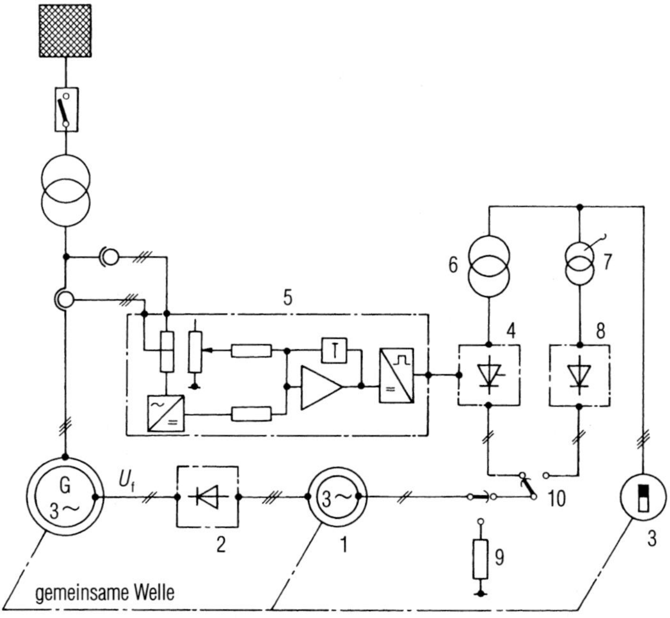

Bild 6.2. Erregereinrichtung mit Drehstromerregermaschine und rotierenden Dioden. *1* Drehstromerregermaschine (z. B. 150 Hz); *2* Diodenbrücke; *3* Permanentpolgenerator; *4* Thyristorstellglied; *5* Spannungsregler mit Sollwerteinsteller und Steuersatz; *6* Anpasstransformator; *7* Stelltransformator; *8* Gleichrichter; *9* Entregungswiderstand; *10* Umschalter Hand-Automatik

und einen Anpasstransformator gespeist. Das Thyristorstellglied wird vom Spannungsregler gesteuert. Die Dioden sind in sechspulsiger Drehstrombrückenschaltung nach Bild 6.3 angeordnet. Der höchste Wert der Gleichspannung im unbelasteten Zustand wird gleich dem Scheitelwert der Leiter-Leiter-Spannung der Drehstromspeisung: $U_{\mathrm{di\,max}} = \sqrt{2}U$. Für den Mittelwert der ideellen Leerlaufgleichspannung gilt:

$$U_{\mathrm{di0}} = \frac{3}{\pi}\sqrt{2}U = 1{,}35\,U \tag{6.1}$$

Die Gleichspannung U_{d} der belasteten Brücke ergibt sich, wenn man den induktiven Spannungsfall D_{X}, den ohmschen Spannungsfall D_{R} und den Ventilabfall D_{V} von U_{di0} abzieht ($U_{\mathrm{d}} = U_{\mathrm{di0}} - D_{\mathrm{X}} - D_{\mathrm{R}} - D_{\mathrm{V}}$). Setzt man die Gleichstromleistung $U_{\mathrm{di\,max}}I_{\mathrm{d}}$ der Drehstromleistung $\sqrt{3}\,UI$ gleich, so ergibt sich für die sechspulsige Schaltung folgendes Stromverhältnis:

$$\frac{I}{I_d} = \sqrt{\frac{2}{3}} = \frac{2}{\sqrt{6}} = 0{,}816 \tag{6.2}$$

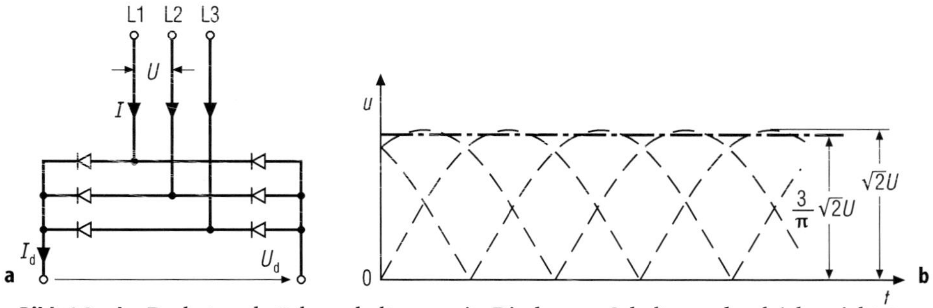

Bild 6.3 a, b. Drehstrombrückenschaltung mit Dioden. **a** Schaltung; **b** gleichgerichtete Spannung

Die maximale Erregerspannung U_{fmax} wird auch als Deckenspannung (ceiling voltage) bezeichnet. Sie wird bei Turbogeneratoren 40 bis 80% höher als der Bemessungswert U_{fr} (bei Bemessungsbetrieb) und bei Wasserkraftgeneratoren bis 100% höher gewählt (Abschn. 15.5.5). Bei der Auslegung der Erregereinrichtung ist hierauf Rücksicht zu nehmen ebenso wie auf den Spannungsfall der Drehstromerregermaschine bei Belastung.

Bei der Erregung über Thyristoren unterscheidet man den Fall der statischen Thyristoren nach Bild 6.4 und den Fall der rotierenden Thyristoren nach Bild 6.5. Die Thyristorerregung genügt den höchsten Anforderungen an die Regelgeschwindigkeit. Bei dem Fall nach Bild 6.4 wird die Ausgangsgleich-

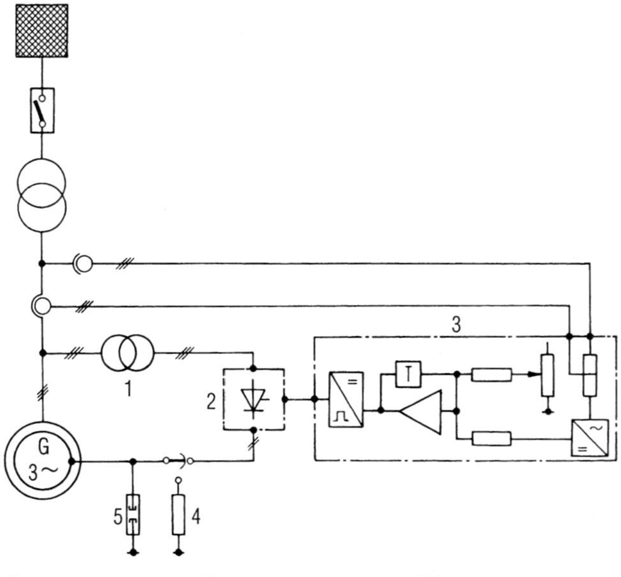

Bild 6.4. Thyristorerregung gespeist von den Generatorklemmen. *1* Erregertransformator (Stromrichtertransformator); *2* Thyristorbrückenschaltung; *3* Spannungsregler mit Sollwerteinsteller und Steuersatz; *4* Entregungswiderstand; *5* Überspannungsschutz

Bild 6.5. Erregung mit rotierenden Thyristoren. *1* Drehstromerregermaschine; *2* Thyristorbrücke, rotierend; *3* Erregung der Drehstromerregermaschine z. B. über einen Permanentpolgenerator; *4* Spannungsregler mit Sollwerteinsteller und Steuersatz

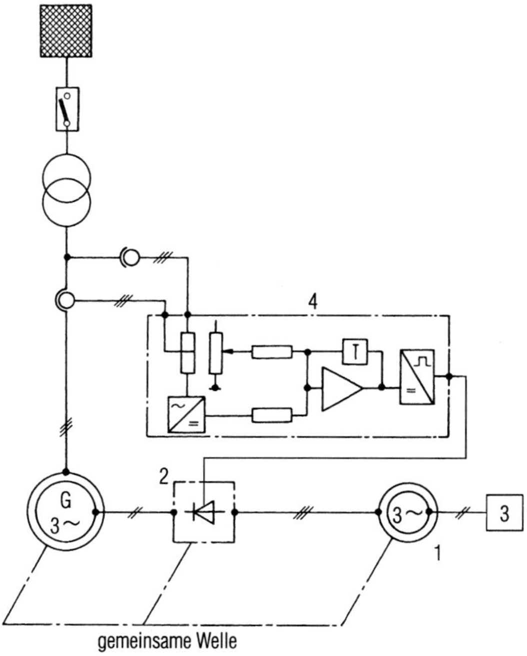

spannung der stationären Thyristorbrücke, die von einem an die Generatorklemmen angeschlossenen Erregertransformator gespeist wird, dem Läufer des Generators über Schleifringe zugeführt. Die Speisung der stationären Thyristorbrücke kann auch aus einem Wellengenerator vorgenommen werden, der seinerseits von einem selbstregelnden Kompounderregergerät erregt wird [6.18].

Es hat sich in der Praxis gezeigt, dass bei einem modernen Netzschutz, der in kürzester Zeit Kurzschlüsse im Hochspannungsnetz ausschaltet, die einfachste Schaltung, d. h. der Anschluss der Thyristorbrücke an die Generatorklemmen nach Bild 6.4, ohne Nachteil vorgesehen werden kann, weil die Erregerspannung nach Ausschalten des Netzkurzschlusses sofort wieder zur Verfügung steht und das magnetische Feld des Generators weitgehend erhalten bleibt (Abschn. 18.3) [18.16, 18.20].

Die Anordnung nach Bild 6.5 versucht den Vorteil der Erregung ohne Schleifringe und die rasche Eingriffsmöglichkeit über eine Thyristorbrücke zu vereinigen, indem die Thyristorbrücke auf der rotierenden Welle untergebracht wird. Die Erregermaschine ist eine Drehstrom-Außenpolmaschine. Das Stellsignal der Generatorregelung muss dann auf den rotierenden Teil übertragen werden.

6.2 Spannungsregelung

6.2.1 Statik der Spannungsregelung

Der Generatorspannungsregler ist für die verschiedenen Erregeranordnungen grundsätzlich gleich aufgebaut (Bilder 6.2, 6.4 und 6.5). Im Regler wird die Differenz zwischen Soll- und Istwert der Generatorklemmenspannung gebildet. Der Sollwert wird von einer konstanten Hilfsspannungsquelle, meistens in Verbindung mit einer Zener-Diode, geliefert und ist an einem Potentiometer z. B. zwischen ± 5 % oder ± 10 % der Generatorbemessungsspannung einstellbar. Die in eine Gleichspannung umgeformte Soll-Istwert-Differenz speist einen Gleichspannungsverstärker, dem durch entsprechende Beschaltung das gewünschte Übergangsverhalten gegeben wird. Der Ausgang des Verstärkers wird dem Steuersatz der Thyristorbrücke zugeführt. Durch zusätzliche Aufschaltung des Stromes kann der Generatorspannungsregelung eine den Netzverhältnissen angepasste Kennlinie gegeben werden. Häufig wird eine wirk- und blindstromabhängige Beeinflussung des Spannungsistwertes vorgesehen.

Bild 6.6 a zeigt eine Schaltung zur Istwertbildung, bei der jeweils eine dem Strom der voreilenden Phase proportionale Spannung aufgeschaltet wird. Die Wirkung der Aufschaltung erkennt man aus Bild 6.6 b. Das Spannungsdreieck mit den Eckpunkten u, v, w geht über in das Dreieck mit den Eckpunkten x, y, z, ist also nicht mehr proportional zur Generatorklemmenspannung. Bei konstantem Sollwert wird die Generatorspannung abhängig von der Scheinleistung und dem Leistungsfaktor nach den Kennlinien des Bildes 6.6 c geregelt.

Die Differenz zwischen der Spannung des leerlaufenden Generators und der Spannung des mit seiner Bemessungsscheinleistung S_{rG} belasteten Generators bei $\cos\varphi = 0$ (übererregt – Abgabe von Blindleistung an das Netz) wird als Statik bezeichnet und in Prozent der Bemessungsspannung angegeben (Beispiel im Bild 6.6 c: Statik 6 %). Die Statik kann durch Veränderung des Widerstandes R z. B. zwischen 0 und 15 % eingestellt werden.

6.2.2 Spannungsregelung eines Turbogenerators

Als Beispiel für die Spannungsregelung wird der Regelkreis eines 600-MVA-Turbogenerators mit einer Erregereinrichtung nach Bild 6.2 (Dioden-Erregung) behandelt. Vorausgesetzt wird, dass die Grundlagen der Regelungstechnik bekannt sind. Es werden die in Tabelle 6.1 angegebenen Daten verwendet. Die Überlegungen werden für den Leerlaufzustand des Generators durchgeführt, wobei das Verhalten des Generators durch T'_{d0} und die Steigung der Magnetisierungskennlinie bei U_{f0} gekennzeichnet werden kann.

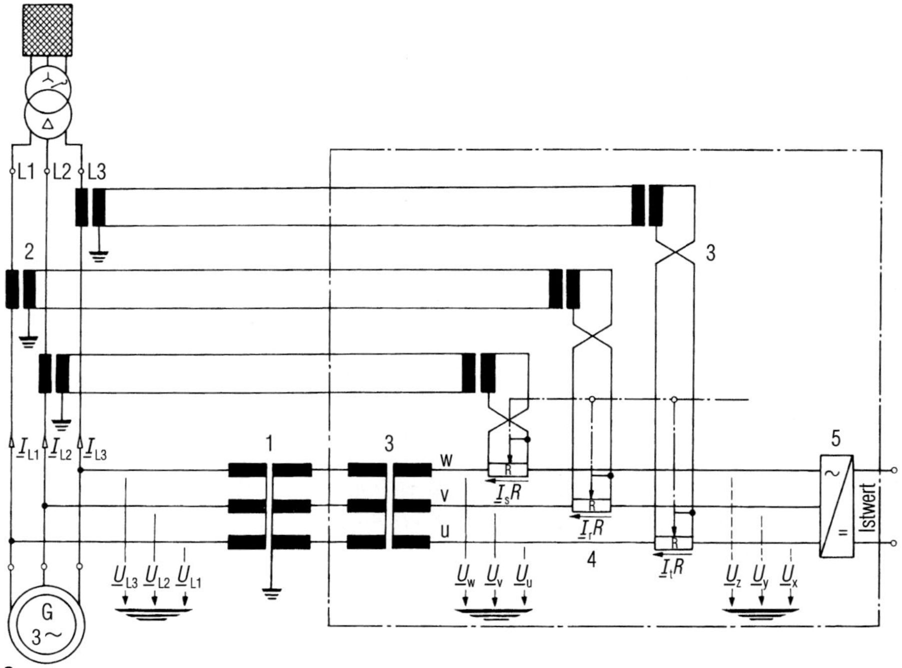

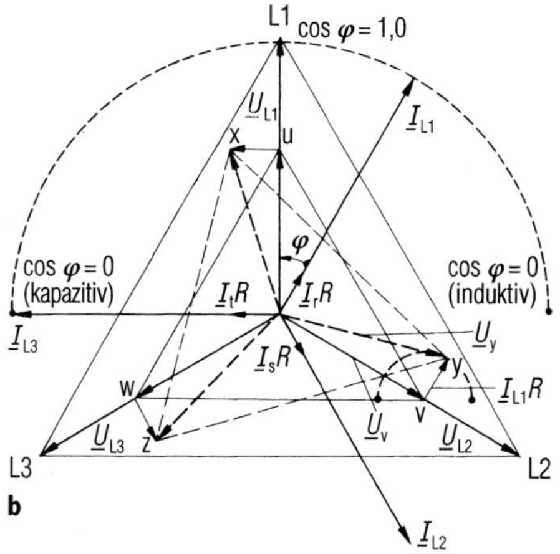

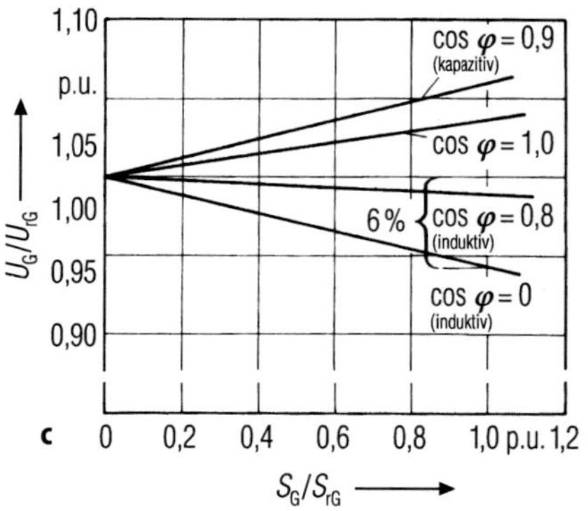

Bild 6.6 a – c. Kennlinienregelung eines Generators durch Aufschalten des Leiterstromes, der in der Phase voreilt. **a** Istwertbildung über Spannungs- und Stromwandler *1* und *2* sowie Zwischenwandler *3* zur Potenzialtrennung und Anpassung an den Regler, die Widerstände *R* (*4*) zur Stromaufschaltung und den Gleichrichter *5*; **b** Zeigerdiagramm (Prinzip); **c** Kennlinien bei 6 % Statik

Tabelle 6.1. Daten für den Spannungsregelkreis eines 600-MVA-Generators

Generator: $S_r = 600$ MVA; $U_r = 20$ kV; $\cos\varphi_r = 0{,}8$; $n_r = 3000\ \mathrm{min}^{-1}$; $f_r = 50$ Hz; $T'_{d0} = 5{,}6$ s; $U_{f0} = 200$ V; $U_{fr} = 600$ V; $U_{fmax} = 1000$ V.

Drehstromerregermaschine: $U_{f0E} = 20$ V bei U_{f0}; $U_{frE} = 60$ V bei U_{fr}, $U_{fmaxE} = 100$ V bei U_{fmax}; Erregerzeitkonstante $T_E = 0{,}835$ s als Lastzeitkonstante T'_{dB} [a], der mit der Feldwicklung des Generators belasteten Erregermaschine.

Thyristorstellglied (4 im Bild 6.2): Drehstrombrückenschaltung angesteuert über einen Steuersatz: Eingangsspannung $U_R = \pm\, 10$ V; Ausgangsspannung $U_T = \pm\, 100$ V entsprechend U_{fmaxE}; Verstellzeit $t_V = 0{,}0033$ s.

Regler: der Regler ist ein Gleichstromverstärker mit hoher Verstärkung und Beschaltungsmöglichkeit zum Erreichen von PI- oder PID-Verhalten.

[a] Für die Lastzeitkonstante einer Synchronmaschine im Inselbetrieb bei Belastung mit $\underline{Z}_B = R_B + jX_B$ gilt (s. auch Gl. (18.23)):

$$T'_{dB} = T'_{d0}\,\frac{R_B^2 + (X_q + X_B)\,(X'_d + X_B)}{R_B^2 + (X_q + X_B)\,(X_d + X_B)} \quad \text{und bei } X_B = 0\text{:} \quad T'_{dB(X_B=0)} = T'_{d0}\,\frac{R_B^2 + X_q X'_d}{R_B^2 + X_q X_d}\;.$$

Regelkreis und Frequenzgänge

Bild 6.7 zeigt das Blockschaltbild des Spannungsregelkreises. Der Regelkreis besteht aus mehreren Gliedern mit z. T. nichtlinearen Kennlinien (magnetische Sättigung des Generators, der Drehstromerregermaschine und des Spannungsumformers und der Begrenzung der Stellbereiche des Reglers und des Thyristorstellgliedes). Um trotzdem für die Untersuchung das Bodediagramm, also die logarithmische Darstellung des Frequenzganges [6.10, 6.15], anwenden zu können, werden nur so kleine Abweichungen vom Arbeitspunkt betrachtet, dass die Kennlinien linearisiert werden können, und dass kein Glied an seine Stellgrenze kommt. Die Frequenzgänge der Regelstrecke lassen sich wie folgt angeben:

$\underline{F}_G$: Frequenzgang des leerlaufenden Generators:

Der Frequenzgang ($\underline{s} = j\omega$)) wird in diesem Betriebszustand im Wesentlichen durch die Leerlaufzeitkonstante T'_{d0} bestimmt (Verzögerungsglied 1. Ordnung).

$$\underline{F}_G = V_G\,\frac{1}{1 + j\omega T'_{d0}} = \frac{\Delta U_G}{\Delta U_f}\,\frac{1}{1 + j\omega T'_{d0}} \tag{6.3 a}$$

Für $\Delta U_G / \Delta U_f$ ist die Steilheit der Leerlaufkennlinie bei U_{rG} (Tangente) nach Bild 6.8 einzusetzen.

Mit $\Delta U_G / \Delta U_f$ nach Bild 6.8 und $T'_{d0} = 5{,}6$ s nach Tabelle 6.1 ergibt sich:

$$\underline{F}_G = V_G\,\frac{1}{1 + j\omega T'_{d0}} = 60\,\frac{1}{1 + j\omega 5{,}6\,\mathrm{s}} \tag{6.3 b}$$

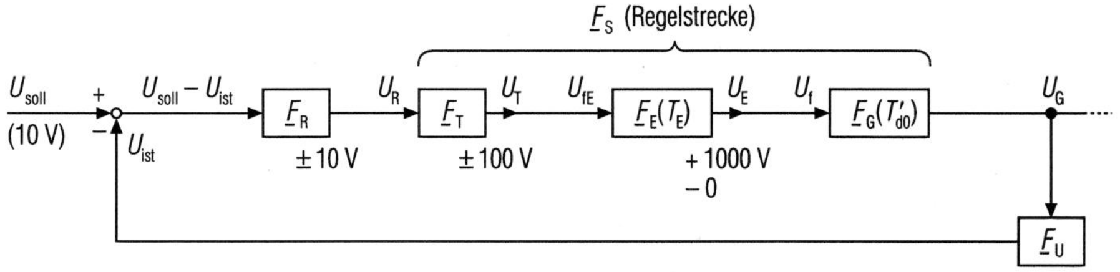

Bild 6.7. Spannungsregelkreis für einen Generator mit Dioden-Erregung. Frequenzgänge des Generators ($\underline{F}_G$), der Drehstromerregermaschine ($\underline{F}_E$), des Thyristorstellgliedes ($\underline{F}_T$), des Reglers ($\underline{F}_R$) und des Messwertumformers ($\underline{F}_U$)

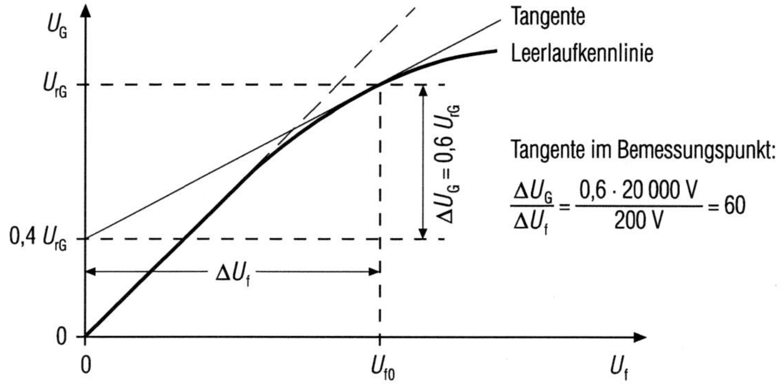

Bild 6.8. Leerlaufkennlinie des 600 MVA-Generators

$\underline{F}_E$: Frequenzgang der Drehstromerregermaschine.

Der Frequenzgang der Erregermaschine wird ebenfalls durch ein Verzögerungsglied 1. Ordnung mit der Erregerzeitkonstante T_E (Ersatzzeitkonstante) nachgebildet.

$$\underline{F}_E = V_E \frac{1}{1+j\omega T_E} = \frac{\Delta U_E}{\Delta U_T} \frac{1}{1+j\omega T_E} = \frac{U_{f0}}{U_{f0E}} \frac{1}{1+j\omega T_E} = 10 \frac{1}{1+j\omega 0{,}835\,\text{s}} \tag{6.4}$$

$\underline{F}_T$: Frequezgang des Thyristorstellgliedes:

Das Thyristorstellglied hat eine sehr kleine Verstellzeit (Mittelwert 0,0033 s), die gegenüber den anderen Zeitkonstanten des Regelkreises vernachlässigt werden kann. Damit ergibt sich proportionales Verhalten:

$$\underline{F}_T = \frac{\Delta U_T}{\Delta U_R} = \frac{U_{T\max}}{U_{R\max}} = V_T = \frac{100\,\text{V}}{10\,\text{V}} = 10 \tag{6.5}$$

$\underline{F}_U$: Frequenzgang des Messwertumformers:

Der Messwertumformer liefert eine der Generatorklemmenspannung proportionale Gleichspannung (Mittelwert der drei Leiter-Leiter-Spannungen) bei dreipoligem Anschluss, die als Istwert dem Soll-Istwert-Vergleich und damit dem Regler zugeführt wird. Das eingebaute Glättungsfilter mit einer Zeitkonstanten von etwa 0,01 s kann gegenüber den Maschinenzeitkonstanten T'_{d0} und T_E vernachlässigt werden. Erfolgt der Soll-Istwert-Vergleich auf 10-V-Basis, so gilt:

$$\underline{F}_U = \frac{\Delta U_{ist}}{\Delta U_G} = V_U = \frac{10\,\text{V}}{20000\,\text{V}} = \frac{1}{2000} \tag{6.6}$$

Mit den vorstehenden Einzelfrequenzgängen der Regelstrecke ergibt sich aus der Multiplikation der einzelnen Frequenzgänge für die Reihenschaltung (Bild 6.7):

$$\underline{F}_S = \underline{F}_G \cdot \underline{F}_E \cdot \underline{F}_T \cdot \underline{F}_U = V_G \cdot V_E \cdot V_T \cdot V_U \cdot \frac{1}{1+j\omega T'_{d0}} \cdot \frac{1}{1+j\omega T_E} \tag{6.7a}$$

Zusammengefasst erhält man mit $V_S = V_G \cdot V_E \cdot V_T \cdot V_U = 60 \cdot 10 \cdot 10 \cdot (1/2000) = 3$:

$$\underline{F}_S = \frac{V_S}{(1+j\omega T'_{d0})(1+j\omega T_E)} = \frac{3}{(1+j\omega 5{,}6\,\text{s})(1+j\omega 0{,}835\,\text{s})} \tag{6.7b}$$

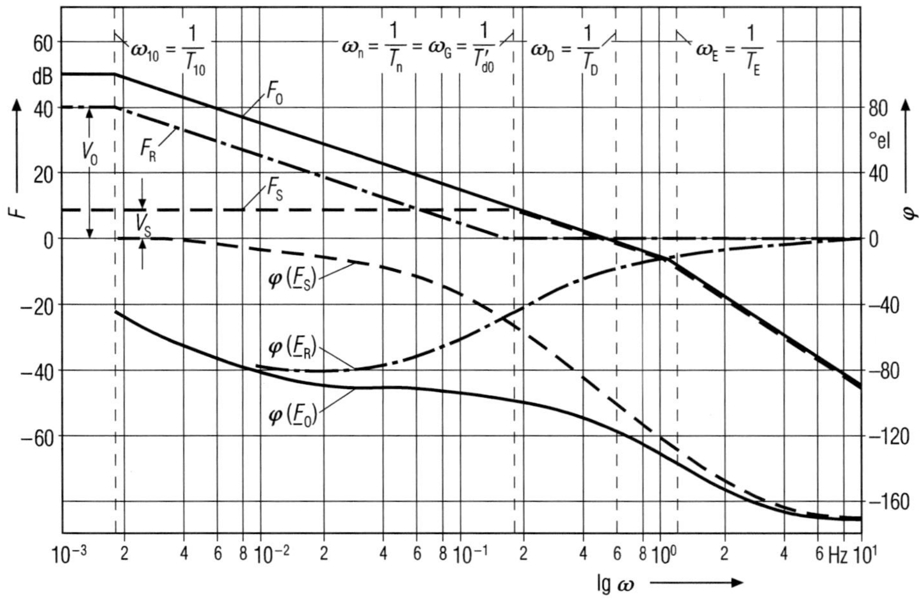

Bild 6.9. Bodediagramm der Regelstrecke (Index S), des Reglers (Index R) und des Regelkreises mit PI-Regler (siehe Text)

Im Bild 6.9 ist der Amplitudengang $F_S = |\underline{F}_S|$ und der Phasengang $\varphi(\underline{F}_S)$ im Bodediagramm gestrichelt dargestellt. Der Amplitudengang verläuft mit konstanter Verstärkung $V_S = 3$ (9,54 dB) bis zur Frequenz $\omega_G = 1/T'_{d0}$. Von dort fällt er mit 20 dB/Dekade bis zur Frequenz $\omega_E = 1/T_E \approx 1{,}2$ Hz und dann mit 40 dB/Dekade weiter ab. Der zugehörige Phasengang $\varphi(\underline{F}_S)$ wurde mit einem „Phasenlineal" gezeichnet. Im Bodediagramm trägt man den Amplituden- und den Phasengang über lg ω auf. Der Amplitudengang wird als $20 \cdot \lg|\underline{F}|$ dargestellt. Bei $|\underline{F}_S| = 3$ ergibt sich also $20 \cdot \lg 3 = 9{,}54$ dB (Dezibel). Für den Phasengang ergibt sich bei der ersten Eckfrequenz $\omega_G = 1/T'_{d0}$. ein Winkel von $-45°$, der sich bis zur zweiten Eckfrequenz auf etwa $-135°$ erhöht (Bild 6.9).

Anpassung des Reglers an die Regelstrecke

Der Frequenzgang des Reglers $\underline{F}_R$ soll der Regelstrecke so angepasst werden, dass sich günstige Verhältnisse für die Schnelligkeit und die Genauigkeit der Regelung ergeben. Maßgebend dafür sind die Zeit $t_m = \pi/\omega_D$, mit der Durchtrittsfrequenz ω_D des geschlossenen Regelkreises nach einer sprunghaften Sollwertänderung, und der Regelfaktor $R = 1/(1 + V_R V_S)$. Die beiden Größen t_m und R sollen möglichst klein sein, was durch einen großen Wert ω_D des offenen Regelkreises mit $F_O = F_S F_R$ bzw. durch einen hohen Verstärkungsfaktor $V_R V_S$ des offenen Regelkreises erreicht wird.

Für einen stabilen Regelkreis soll die Phasenverschiebung des offenen Regelkreises bei der Durchtrittsfrequenz (der Amplitudengang F_O schneidet die Linie 0dB) etwa $-120°$ nicht überschreiten, oder was dasselbe bedeutet: Der Amplitudengang F_O soll zwischen $\pm$ 6 dB mit einer Neigung von 20 dB/Dekade verlaufen (Bild 6.9).

Untersucht werden sollen ein PI- und ein PID-Regler (P für Proportional-, I für Integral- und D für Differenzialregler), die sich nach den Bildern 6.10 und 6.12 durch Beschaltung eines idealen Verstärkers ergeben.

PI-Regler

Der Amplitudengang F_R des PI-Reglers ist in das Bild 6.9 eingetragen. Er weist eine erste Knickstelle bei $\omega_{10} = 1/T_{10}$ auf, wodurch der Regler eine begrenzte statische Verstärkung V_O erhält, und eine zweite Knickstelle bei $\omega_n = 1/T_n$. Die begrenzte statische Verstärkung wird durch den Widerstand R_{21} im Bild 6.10 erreicht. Die Nachstellzeit T_n wurde gleich T'_{d0} gewählt, weil damit bei der Überlagerung von F_S und F_R im Bodediagramm der Knick im Amplitudengang F_S aufgehoben wird. Für die Proportionalverstärkung V_p (Bild 6.10) ergibt sich 1 entsprechend 0 dB, um den Phasenrand bei der Durchtrittsfrequenz von F_O mit etwa 60° einzuhalten. Die statische Verstärkung wurde zu $V_0 = 100$ gewählt, entsprechend 40 dB im Bodediagramm. Damit ist die Knickstelle bei $\omega_{10} = 1/T_{10} = V_P/V_0 T_n$) im Bodediagramm bestimmt. Der Reglerfrequenzgang lautet dann:

$$\underline{F}_R = V_0 \frac{1 + j\omega T_n}{1 + j\omega T_{10}} = 100 \frac{1 + j\omega 5{,}6\text{s}}{1 + j\omega 560\text{s}} \tag{6.8}$$

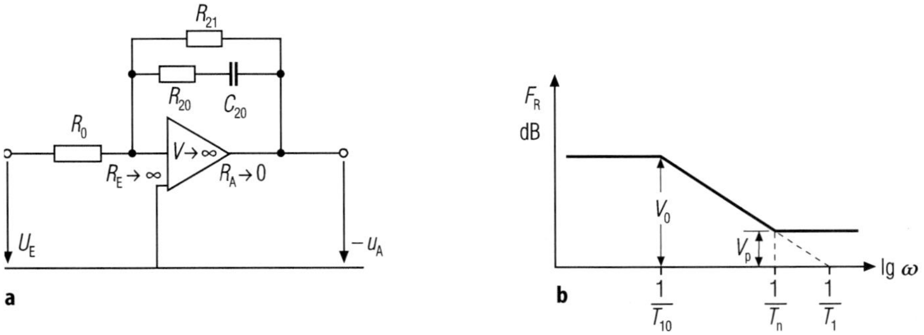

Bild 6.10 a, b. PI-Regler, Beschaltung eines idealen Verstärkers. **a** Aufbau; **b** Bodediagramm

Zum Aufbau eines PI-Reglers wird ein idealer Verstärker ($R_E \to \infty$; $R_A \to 0$ und $V \to \infty$) wie in Bild 6.10 beschaltet. Dabei gilt:

$$V_0 = \frac{R_{21}}{R_0} = 100 \qquad V_p = \frac{\dfrac{R_{20} \cdot R_{21}}{R_{20} + R_{21}}}{R_0} = 1$$

$$T_n = R_{20}C_{20} = 5{,}6\text{s} \qquad T_{10} = (R_{21} + R_{20})C_{20} = 560 \text{ s}$$

Wählt man $R_0 = 22\ \text{k}\Omega$, so erhält man $R_{21} = 2{,}2\ \text{M}\Omega$, $C_{20} = 226\ \mu\text{F}$ und $R_{20} = 22\ \text{k}\Omega$. Der zeitliche Verlauf von u_A bei einem Eingangssprung U_E ergibt sich zu:

$$\frac{u_A}{U_E} = V_0 \left(1 - \frac{T_{10} - T_n}{T_{10}} e^{-\frac{t}{T_{10}}}\right) = 100 \left(1 - 0{,}99 e^{-\frac{t}{560\,\text{s}}}\right)$$

Die Ausgangsspannung folgt dieser Funktion so lange, wie U_E so klein ist, dass die Signalbegrenzung erst bei $t \to \infty$ erreicht wird. Es gilt dann für $t = 0$: $u_A/U_E = 1$ und für $t \to \infty$: $u_A/U_E = 100$. Der Übergang erfolgt nach einer e-Funktion mit $T_{10} = 560$ s. Trotzdem ergibt sich bei kleinen Sollwertstößen im geschlossenen Regelkreis als Maß für die Ausregelzeit $t_m = \pi/\omega_D = \pi/0{,}6$ Hz $=$ 5,2 s, weil der Reglerausgang sich nur wenig ändern muss, um den Sollwertsprung auszuregeln. Für den Regelfaktor gilt:

$$R = \frac{1}{1 + V_R V_S} = \frac{1}{1 + V_0 V_S} = \frac{1}{1 + 300}$$

PID-Regler

Das Bodediagramm des Regelkreises mit einem PID-Regler ist im Bild 6.11 aufgezeichnet. Die Anpassung des Reglers erfolgt so, dass man $T_n = T'_{d0}$ und

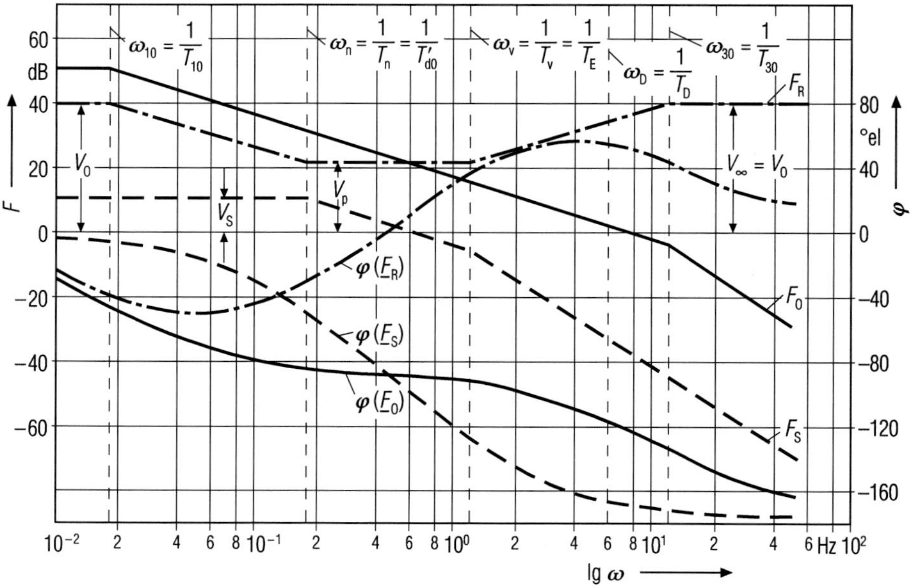

Bild 6.11. Bodediagramm der Regelstrecke (Index S), des Reglers (Index R) und des Regelkreises mit PID-Regler (siehe Text)

$T_v = T_E$ wählt. Dadurch werden die Knickstellen von F_S aufgehoben. Die Einhaltung des Phasenrandes $\varphi_{RA} = 60°$ bestimmt die Proportionalverstärkung V_p des Reglers. Durch eine zusätzliche frequenzunabhängige Rückkopplung des PID-Reglers wird dessen statische Verstärkung V_0 bei $\omega = 0$ und $t \to \infty$ begrenzt. Der Amplitudengang des Reglers F_R verläuft bis $\omega_{10} = 1/T_{10}$ konstant. Wählt man $T_{10}/T_n = T_v/T_{30}$, so wird $V_0 = V_\infty$ (symmetrischer Amplitudengang, auch „Badewannenfilter“ genannt). Der Frequenzgang des PID-Reglers wird dann:

$$\underline{F}_R = V_0 \frac{(1 + j\omega T_n)(1 + j\omega T_v)}{(1 + j\omega T_{10})(1 + j\omega T_{30})} = 100 \frac{(1 + j\omega 5{,}6\,s)(1 + j\omega 0{,}835\,s)}{(1 + j\omega 56\,s)(1 + j\omega 0{,}0835\,s)} \tag{6.9}$$

Bild 6.12 zeigt die Beschaltung eines idealen Verstärkers zur Herstellung eines PID-Reglers. Für die im Bild 6.12 a gezeichnete Beschaltung ergibt sich für den Reglerfrequenzgang:

$$\underline{F}_R = \frac{R_{10} + R_{21}}{R_0} \left\{ \begin{aligned} & \frac{1 + j\omega\left[\left(R_{20} + \dfrac{R_{10}R_{21}}{R_{10} + R_{21}}\right)C_{20} + \left(R_{30} + \dfrac{R_{10}R_{21}}{R_{10} + R_{21}}\right)C_{30}\right]}{[1 + j\omega(R_{20} + R_{21})\,C_{20}]\cdot[1 + j\omega R_{30}C_{30}]} \\ & + \frac{(j\omega)^2\left[R_{20}R_{30} + (R_{20} + R_{30})\dfrac{R_{10}R_{21}}{R_{10} + R_{21}}\right]C_{20}C_{30}}{[1 + j\omega(R_{20} + R_{21})\,C_{20}]\cdot[1 + j\omega R_{30}C_{30}]} \end{aligned} \right\} \tag{6.10}$$

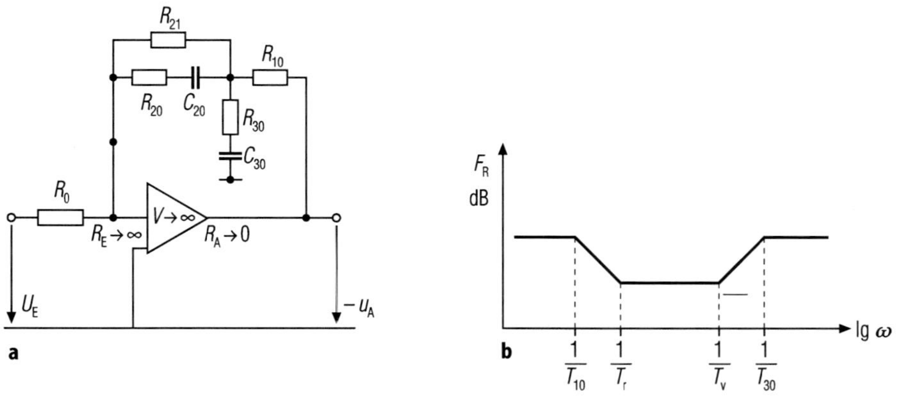

Bild 6.12 a, b. PID-Regler, Beschaltung eines idealen Verstärkers. **a** Aufbau; **b** Bodediagramm

Vergleicht man die rechten Seiten der beiden Gln. (6.9) und (6.10), so ergibt sich:

$$V_0 = \frac{R_{10} + R_{21}}{R_0} = 100 \qquad V_\infty = \frac{R_{10} + \dfrac{R_{20}R_{21}}{R_{20} + R_{21}}\left(1 + \dfrac{R_{10}}{R_{30}}\right)}{R_0} = 100$$

$$T_n = \left(R_{20} + \frac{R_{10}R_{21}}{R_{10} + R_{21}}\right) \qquad T_v = \left(R_{30} + \frac{R_{10}R_{20}R_{21}}{R_{10}R_{20} + R_{10}R_{21} + R_{20}R_{21}}\right)$$

$$C_{20} = 5{,}6\,\text{s} \qquad C_{30} = 0{,}835\,\text{s}$$

$$T_{10} = (R_{20} + R_{21})\, C_{20} = 56\,\text{s} \qquad T_{30} = R_{30}C_{30} = 0{,}0835\,\text{s}$$

Wählt man $R_0 = R_{10} = 22$ kΩ, so erhält man $R_{20} = 220$ kΩ, $R_{21} = 2{,}2$ MΩ, $R_{30} = 2{,}2$ kΩ, $C_{20} = 23{,}2$ µF und $C_{30} = 37{,}7$ µF.

Der zeitliche Verlauf u_A/U_E ergibt sich durch Rücktransformation der Gl. (6.9) in den Zeitbereich:

$$\frac{u_A}{U_E} = V_0 \left[1 + \frac{(T_{10} - T_v)\,(T_n - T_{10})}{T_{10}\,(T_{10} - T_{30})}\, e^{-\frac{t}{T_{10}}} + \frac{(T_v - T_{30})\,(T_n - T_{30})}{T_{30}(T_{10} - T_{30})}\, e^{-\frac{t}{T_{30}}}\right] \tag{6.11}$$

Durch Einsetzen ergibt sich daraus für dieses Beispiel:

$$\frac{u_A}{U_E} = 100 \left[1 - 0{,}89\, e^{-\frac{t}{56\,\text{s}}} + 0{,}89\, e^{-\frac{t}{0{,}0835\,\text{s}}}\right]$$

Für $t = 0$ und $t \to \infty$ wird $u_A/U_E = 100$. Mit $\omega_D = 6$ Hz nach Bild 6.11 ergibt sich $t_m = \pi/\omega_D = 0{,}52$ s. Die PID-Regelung ist damit um den Faktor 10 schneller gegenüber der Regelung mit dem PI-Regler. Bei $V_R = V_0 = 100$ und $V_S = 3$ ergibt sich auch hier ein Regelfaktor $R = 1/301$.

In diesen Beispielen wurde der Regelkreis bei Generatorleerlauf betrachtet. Bei Belastung des Generators lässt sich der Frequenzgang nicht mehr so vereinfacht darstellen. Es hat sich jedoch in der Praxis gezeigt, dass ein bei Leerlauf stabilisierter Spannungsregelkreis meist auch bei Belastung stabil ist. Die Ermittlung der Ausregelzeit bei Laststößen erfolgt über den Störfrequenzgang, solange die für die Anwendung des Bodediagramms notwendigen Voraussetzungen gelten (Linearisierung der Kennlinien, keine Signalbegrenzungen). Da jedoch das Verhalten bei großen Änderungen, z. B. Volllastabwurf, ebenfalls interessiert und dabei die stetigen und unstetigen Nichtlinearitäten der einzelnen Glieder des Regelkreises voll zur Wirkung kommen, muss man dies bei entsprechenden Untersuchungen berücksichtigen (Kap. 18).

6.3 Turbinenregelung

Die Turbinenregelungen in den Kraftwerken haben die Aufgabe, die erzeugte Leistung dem momentanen Bedarf anzupassen. Abweichungen in der Leistungsbilanz führen zu Frequenzänderungen. Neben der Regelung der Frequenz haben die Turbinenregelungen zusätzlich die Aufgabe die Regelleistung auf die einzelnen Kraftwerke entsprechend ihrem Regelvermögen und ihren Brennstoffkosten aufzuteilen. Im Verbundbetrieb sind außerdem die zwischen den Verbundpartnern vereinbarten Übergabeleistungen einzuhalten (Abschn. 6.3.3). Man spricht deshalb von einer Frequenz-Leistungsregelung und unterscheidet zwischen Primär- und Sekundärregelung. Die Primärregelung dient zur Begrenzung und schnellen Zurückführung der Frequenzabweichungen nach Laständerungen, während die Sekundärregelung die gewünschte Leistungsverteilung herstellen und verbliebene Frequenzabweichungen ausregeln soll.

6.3.1 Bilanzmodell des Netzes

Bei der Untersuchung der Frequenz-Leistungsregelung führt man eine mittlere Winkelgeschwindigkeit $\omega_\mathrm{L} = 2\pi f = p\Omega_\mathrm{L}$ der Läufer aller am Netz arbeitenden Generatoren ein. Laständerungen stören den Synchronlauf nicht, sondern wirken sich lediglich auf die gemeinsame Winkelgeschwindigkeit und damit auf die Netzfrequenz aus. Man spricht von einem kohärenten Generatorverhalten. Für jeden Wellenstrang i (Läufer des Generators plus Läufer der Turbine einschließlich anderer Massen auf der Welle) erhält man ausgehend von Gl. (5.6) die Bewegungsgleichung:

$$J_i\dot{\Omega}_{\mathrm{L}i} = M_{\mathrm{m}i} + M_{\mathrm{e}i} = M_{\mathrm{T}i} - M_{\mathrm{N}i} = \frac{P_{\mathrm{T}i}}{\Omega_{\mathrm{L}i}} - \frac{P_{\mathrm{N}i}}{\Omega_{\mathrm{L}i}} \tag{6.12}$$

Dabei ist J_i die rotierende Masse des i-ten Wellenstranges. Im synchronen Betrieb kann man auf der rechten Seite $\Omega_{\mathrm{L}i} = \Omega_\mathrm{r}$ setzen. Führt man die elektromechanische Zeitkonstante T_{mi} ein, so wird:

$$T_{mi}\frac{\dot{\Omega}_{Li}}{\Omega_r} = T_{mi}\frac{\dot{\omega}_{Li}}{\omega_r} = \frac{P_{Ti} - P_{Ni}}{P_{rGi}} \tag{6.13}$$

mit

$$T_{mi} = \frac{J_i \Omega_r^2}{P_{rGi}} \tag{6.14}$$

Die Addition der Bewegungsgleichungen aller m am Netz arbeitenden Wellenstränge ergibt bei Einführung der mittleren Winkelgeschwindigkeit $\omega_L = \sum(P_{rGi}\, T_{mi}\, \omega_{Li})/\sum(P_{rGi}\, T_{mi})$:

$$\sum_{i=1}^{m}(P_{rGi}T_{mi})\frac{\dot{\omega}_L}{\omega_r} = \sum_{i=1}^{m} P_{Ti} - \sum_{i=1}^{m} P_{Ni} = P_T - P_N \tag{6.15a}$$

Die Summen der rechten Seite sind die insgesamt von allen Turbinen abgegebene Leistung P_T und die gesamte vom Netz aufgenommene Leistung P_N unter Einschluss der Verluste. Erweitert man die linke Seite der Gl. (6.15a) mit P_G, so ergibt sich mit $\omega_L = 2\pi f$:

$$P_G T_{mN}\frac{\dot{f}}{f_r} = P_T - P_N \tag{6.15b}$$

Dabei ist die so eingeführte Zeitkonstante T_{mN} die resultierende elektromechanische Zeitkonstante aller rotierender Massen im Netz:

$$T_{mN} = \frac{1}{P_G}\sum_{i=1}^{m} P_{rGi}T_{mi} \tag{6.16}$$

Bei der Darstellung nach Gl. (6.15b), bei der auf der rechten Seite unabhängig vom Netzaufbau nur noch die Gesamtbilanz von erzeugter und abgegebener Leistung steht, spricht man vom Bilanz- oder Punktmodell des Netzes. Bei ausgeglichener Leistungsbilanz ist die rechte Seite der Gl. (6.15b) und damit die Frequenzänderung gleich Null. Ein Überschuss an Turbinenleistung führt zu einer Frequenzerhöhung, während ein Ansteigen der Netzbelastung zu einer Frequenzabsenkung führt. Die Frequenz-Leistungsregelung soll der Frequenzänderung entgegenwirken und die Sollfrequenz (z. B. 50 Hz) wieder herstellen. Da für die Regelung nur die Abweichungen vom Arbeitspunkt mit Sollfrequenz interessieren, werden in Gl. (6.16) die Leistungen und die Frequenz noch in die Anteile, die zum Arbeitspunkt gehören und die Abweichungen von diesen Werten zerlegt. Man erhält bei $P_T^b = P_N^b$ für den Arbeitspunkt:

$$P_G T_{mN}\frac{\Delta\dot{f}}{f_r} = \Delta P_T - \Delta P_N \tag{6.17}$$

Eine angenommene Änderung ΔP_N der Netzlast besteht zum einen in der Laständerung ΔP_x und zum anderen in der Frequenzabhängigkeit ΔP_L der Lasten, die auch als Selbstregeleffekt des Netzes bezeichnet wird. In der Nähe des Arbeitspunktes kann die Frequenzabhängigkeit durch den linearen Zusammenhang $\Delta P_L = k_L \Delta f$ angenähert werden, wobei k_L als Leistungszahl bezeichnet wird. Damit wird:

$$\Delta P_N = \Delta P_L + \Delta P_x = k_L \Delta f + \Delta P_x \tag{6.18}$$

$$P_G T_{mN} \frac{\Delta \dot{f}}{f_r} = \Delta P_T - \Delta P_N = \Delta P_T - k_L \Delta f - \Delta P_x \tag{6.19}$$

Jede Laständerung verursacht nach Gl. (6.19) einen Frequenzausgleichsvorgang. Für den Netzbetrieb ist der eingeschwungene Zustand nach Abklingen des Ausgleichsvorganges von besonderem Interesse, wobei vorausgesetzt wird, dass die transienten Änderungen in zulässigen Grenzen bleiben. Im eingeschwungenen Zustand wird $\Delta \dot{f} = 0$, so dass von Gl. (6.19) nur noch die rechte Seite maßgebend ist. Für die sich einstellende Frequenzabweichung gilt:

$$\Delta P_T = \Delta P_N = k_L \Delta f + \Delta P_x \tag{6.20}$$

Die Untersuchung des stationären Zustandes wird im f-P-Diagramm mit Hilfe der Lastkennlinie (LKL) und der Kraftwerkskennlinie (KKL) vorgenommen. Die LKL ergibt sich nach Gl. (6.18) zu:

$$\Delta f = \frac{1}{k_L}(\Delta P_N - \Delta P_x) \tag{6.21}$$

Die im Bild 6.13 dargestellte LKL verläuft durch den Arbeitspunkt bei f^b und $P_T^b = P_N^b$. Ihr Anstieg wird durch den Reziprokwert der Leistungszahl k_L bestimmt.

Die Kraftwerkskennlinie im Bild 6.13 ergibt sich analog aus dem stationären Zusammenhang $\Delta P_T = g(\Delta f)$ nach Linearisierung durch Auflösen nach der Frequenzänderung. Der Schnittpunkt beider Kennlinien im Bild 6.13

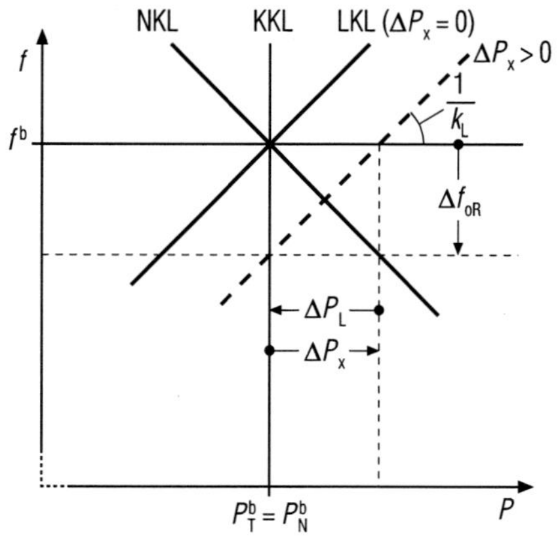

Bild 6.13. Lastkennlinie (LKL), Kraftwerkskennlinie (KKL), hier ohne Turbinenregelung mit $\Delta P_T = 0$ und Netzkennlinie (NKL)

ergibt die sich einstellende Frequenzänderung. Ist keine der Turbinen im Netz geregelt, so gilt $\Delta P_T = 0$. Die KKL verläuft senkrecht, d. h. die Kraftwerke haben keinen Einfluß auf die Frequenzänderung im Netz. Im Schnittpunkt von KKL und LKL ($\Delta P_x > 0$) ist $\Delta P_N = \Delta P_L + \Delta P_x = 0$ und die Frequenzänderung ohne Regelung der Turbinen.

$$\Delta f_{oR} = -\frac{\Delta P_x}{k_L} \tag{6.22}$$

Die Störleistung ΔP_x wird vollständig durch den Frequenzrückgang $\Delta P_x = k_L \Delta f < 0$ aufgebracht. Hieraus leitet sich der Begriff Selbstregeleffekt des Netzes ab. Gleichung (6.22) beschreibt die Abhängigkeit der Frequenzänderung von der Störleistung. Sie ist als Netzkennlinie in Bild 6.13 eingezeichnet. Ausgehend von Gl. (6.22) kann die Leistungszahl k_L experimentell ermittelt werden. Dazu ist bei blockierten Turbinenreglern eine definierte Störleistung ΔP_x aufzubringen. Aus der dann auftretenden Frequenzänderung Δf_{oR} ergibt sich:

$$k_L = \frac{|\Delta P_x|}{|\Delta f_{oR}|} \tag{6.23}$$

Die Leistungszahl wird üblicherweise in MW pro Hz angegeben. Der Reziprokwert, der auf die Netzleistung und Sollfrequenz bezogenen Leistungszahl wird als Netzstatik bezeichnet. Sie liegt in der Größenordnung von 2 p. u. bzw. 200 %.

$$s_N = \frac{|\Delta f_{oR}|}{f_r} \frac{P_N}{|\Delta P_x|} \tag{6.24}$$

6.3.2 Primärregelung

Die Primärregelung hat die Aufgabe größere Frequenzänderungen durch Laständerungen oder Ausfall von Kraftwerksblöcken zu vermeiden. Die Primärregelleistung muss deshalb kurzfristig zur Verfügung gestellt werden können oder die Kraftwerksleistungen müssen kurzfristig reduziert werden können. In thermischen Kraftwerksblöcken wird die Primärregelleistung durch Öffnen der Drosselventile vor der Turbine aus der im Kessel gespeicherten Dampfenergie bereitgestellt (Festdruckbetrieb). Beim Gleitdruckbetrieb (s. Bild 6.14) sind die Turbinenventile voll geöffnet. Eine Momentanreserve kann nicht bereitgestellt werden. Im Verbundbetrieb kommt deshalb reiner Gleitdruckbetrieb nicht in Betracht sondern modifizierter Gleitdruckbetrieb, um so einen möglichst hohen Wirkungsgrad zu erreichen ohne die notwendige Turbinenregelung zu vernachlässigen [6.16, 6.28, 6.30].

Wie später noch gezeigt wird, muss die primäre Regelung für die gezielte Aufteilung der Primärregelleistung auf die einzelnen Kraftwerke eine Statik,

d. h. ein Proportionalverhalten aufweisen. Der Beitrag der i-ten Turbine zur Primärregelung beträgt dann im eingeschwungenen Zustand:

$$\Delta P_{\mathrm{TpR}i} = -k_{\mathrm{pR}i}\Delta f \tag{6.25}$$

wobei $k_{\mathrm{pR}i}$ die Proportionalverstärkung des Primärreglers der i-ten Turbine ist. Anstelle von $k_{\mathrm{pR}i}$ wird auch die Primärreglerstatik $s_{\mathrm{pR}i} = 1/k_{\mathrm{pR}i}$ angegeben. Die Summation der Primärregelleistungen aller r an der Primärregelung beteiligten Turbinen ergibt die gesamte Primärregelleistung:

$$\Delta P_{\mathrm{TpR}} = -\sum_{i=1}^{r} k_{\mathrm{pR}i}\Delta f = -k_{\mathrm{pR}}\Delta f \tag{6.26}$$

Damit wird aus Gl. (6.19)

$$P_{\mathrm{G}}T_{\mathrm{mN}}\frac{\Delta \dot{f}}{f_{\mathrm{r}}} = -k_{\mathrm{pR}}\Delta f - k_{\mathrm{L}}\Delta f - \Delta P_{\mathrm{x}} = -\,(k_{\mathrm{pR}} + k_{\mathrm{L}})\Delta f - \Delta P_{\mathrm{x}} = -k\Delta f - \Delta P_{\mathrm{x}} \tag{6.27}$$

Die Umstellung der Gl. (6.26) ergibt die Kraftwerkskennlinie (KKL) bei Primärregelung:

$$\Delta f = -\frac{1}{k_{\mathrm{pR}}}\Delta P_{\mathrm{TpR}} \tag{6.28}$$

Im Bild 6.15 sind die LKL nach Gl. (6.21), die KKL nach Gl. (6.28) und die NKL eingetragen. Im Schnittpunkt von LKL und KKL liest man die bleibende Regelabweichung Δf_{pR} ab, die sich bei einem Lastzuwachs ΔP_{x} einstellt. Die Neigungen der LKL und KKL bestimmen den Anteil der Kraftwerke ΔP_{TpR} und den Anteil ΔP_{L} durch den Selbstregeleffekt. Die Netzkennlinie (NKL) ergibt sich aus der rechten Seite der Gl. (6.27):

$$\Delta f_{\mathrm{pR}} = -\frac{1}{k_{\mathrm{pR}} + k_{\mathrm{L}}}\Delta P_{\mathrm{x}} = -\frac{1}{k}\Delta P_{\mathrm{x}} \tag{6.29}$$

Dabei wird $k = k_{\mathrm{pR}} + k_{\mathrm{L}}$ als Netzleistungszahl bezeichnet.

Aus den Gln. (6.26) und (6.29) ist ersichtlich: Je mehr Kraftwerke an der Primärregelung beteiligt sind, desto größer wird k_{pR} und um so kleiner die bleibende Regelabweichung Δf_{pR}. Man sieht auch, dass Leistungszahl k_{L} und k_{pR} zusammen im Nenner der Gl. (6.29) auftauchen und dass sich daraus die Bezeichnung Selbstregeleffekt ableitet.

Die Aufteilung der Primärregelleistung auf die einzelnen Kraftwerke erfolgt entsprechend ihrer Reglerleistungszahl $k_{\mathrm{pR}i}$ bzw. reziprok zu ihrer Statik $s_{\mathrm{pR}i}$. Nach den Gln. (6.25) und (6.26) gilt:

$$\Delta P_{\mathrm{TpR}i} = \frac{k_{\mathrm{pR}i}}{k_{\mathrm{pR}}}\Delta P_{\mathrm{TpR}} \tag{6.30}$$

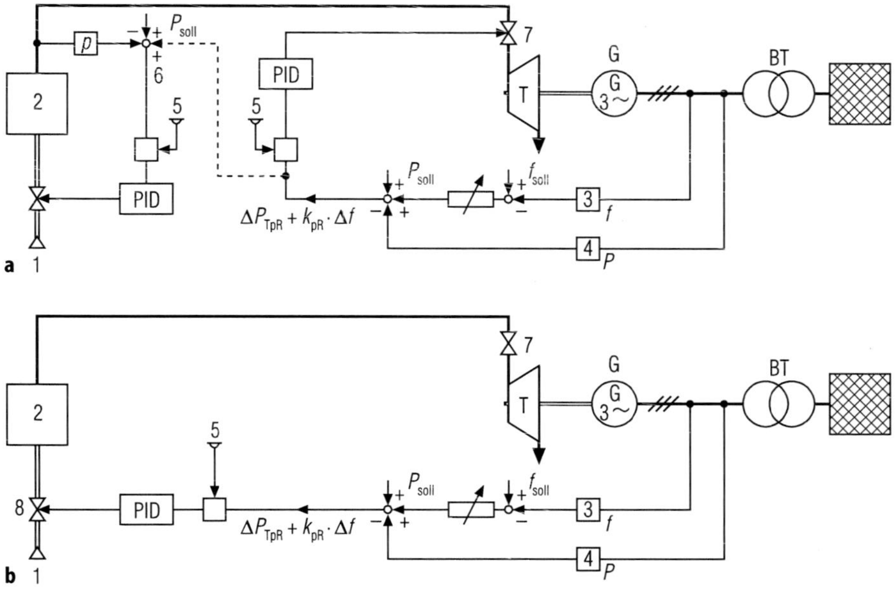

Bild 6.14 a, b. Primärregelung thermischer Kraftwerksblöcke (Prinzip) mit Frequenzaufschaltung (Statik). **a** Festdruckbetrieb; **b** Gleitdruckbetrieb. *1* Brennstoffzufuhr; *2* Kessel; *3* Frequenzistwert; *4* Leistungsistwert; *5* Aufschaltung von Kriterien zur Begrenzung der Änderungsgeschwindigkeit; *6* u.U. Aufschaltung eines Vorhaltsignals; *7* Düsenventile; *8* Brennstoffzufuhr

Bild 6.15. Lastkennlinie (LKL) nach Gl. (6.21), Kraftwerkskennlinie (KKL) nach Gl. (6.28) und Netzkennlinie (NKL) nach Gl. (6.29) nach Abschluss der Primärregelung

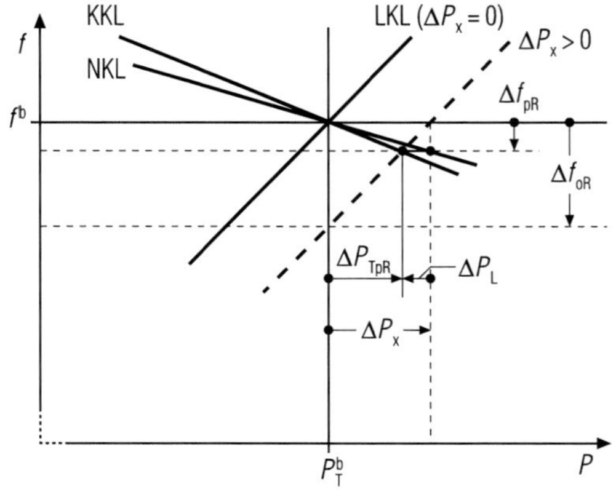

Der Kraftwerksblock mit der größten Reglerleistungszahl bzw. der kleinsten Statik, d.h. der flachsten Kennlinie, übernimmt den größten Anteil der gesamten Regelleistung. Für eine ungeregelte Turbine ist $k_{\mathrm{pR}i} = 0$ und damit $\Delta P_{\mathrm{TpR}i} = 0$. Bei Beteiligung aller Kraftwerksblöcke mit geringer Statik wird die bleibende Regelabweichung u.U. so klein, dass sich eine Sekundärregelung erübrigt [6.17].

6.3.3 Sekundärregelung

Im Gegensatz zur Primärregelung ist die Sekundärregelung eine zentrale Regelung, an die solche Kraftwerke angeschlossen werden, die nach Abschluss des Primärregelvorganges zusätzlich Leistung zur Ausregelung bleibender Regelabweichungen der Primärregelung aufbringen sollen. An die Sekundärregelung werden häufig Speicher- oder Pumpspeicherkraftwerke (Abschn. 4.4) angeschlossen. In Ländern mit überwiegend thermischer Erzeugung kann es auch notwendig werden thermische Kraftwerke, vorzugsweise solche mit niedrigen Brennstoffkosten, an der Sekundärregelung zu beteiligen.

Bei der Sekundärregelung muss man zwischen der Sekundärregelung im Inselbetrieb (nur ein Netz wird geregelt) und der Sekundärregelung im Verbundbetrieb (mehrere im Verbund arbeitende Netze werden geregelt) unterscheiden. Im Inselbetrieb gilt weiterhin Gl. (6.19). Auf der rechten Seite ist lediglich die Leistungsänderung unter dem Einfluss der Sekundärregelung zu ergänzen. Die Primärregelung und der Selbstregeleffekt werden in k berücksichtigt.

$$P_{\mathrm{G}} T_{\mathrm{mN}} \frac{\Delta \dot{f}}{f_{\mathrm{r}}} = \Delta P_{\mathrm{T}} - \Delta P_{\mathrm{N}} = \Delta P_{\mathrm{TsR}} - k\Delta f - \Delta P_{\mathrm{x}} \tag{6.31}$$

Der sekundäre Regelvorgang verläuft so langsam, dass man nur den eingeschwungenen Zustand zu betrachten braucht. Ausgehend von der rechten Seite der Gl. (6.31) ergibt sich:

$$\Delta f = -\frac{1}{k}(\Delta P_{\mathrm{x}} - \Delta P_{\mathrm{TsR}}) = \Delta f_{\mathrm{pR}} + \Delta f_{\mathrm{sR}} \tag{6.32}$$

Die Sekundärregelleistung bewirkt eine Parallelverschiebung der KKL (und damit auch der Netzkennlinie) nach Gl. (6.32) im Bild 6.16 nach oben, wodurch die nach der Primärregelung zurückgebliebene Frequenzabweichung zurückgeht. Gleichzeitig wird dabei die Primärregelleistung durch die Sekundärregelleistung abgelöst. Dabei ist es gleichgültig von welchen Kraftwerken die Sekundärregelleistung aufgebracht wird.

Der Sekundärregler erhält integrales Verhalten, so dass die NKL solange parallel verschoben wird, bis die Frequenzabweichung Null geworden ist. Es wird dann $\Delta P_{\mathrm{TsR}} = \Delta P_{\mathrm{x}}$ und damit nach Gl. (6.32) $\Delta f = 0$.

Im Verbundbetrieb sorgt die Sekundärregelung neben der vollständigen Zurückführung der Frequenzabweichung auch für die Einhaltung der Über-

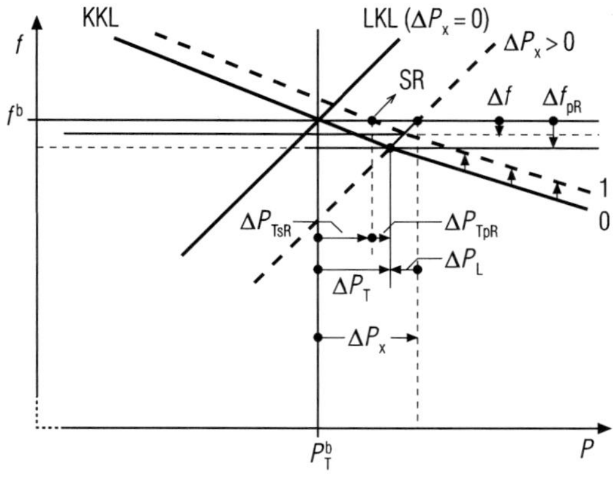

Bild 6.16. Sekundärregelung im Inselbetrieb; Parallelverschiebung der Kraftwerkskennlinie (KKL) durch die Leistung aus Kraftwerken mit Sekundärregelung

gabeleistungen zwischen den Netzen der Verbundpartner. Das Prinzip soll am Beispiel des Parallelbetriebes zweier Netze nach Bild 6.17a erläutert werden.

Jedes Netz wird durch ein eigenes Bilanzmodell beschrieben, wobei auf der rechten Seite die Änderung der Übergabeleistung $\Delta P_{ü12} = -\Delta P_{ü21}$ hinzukommt. Als Indizes werden 1 für das Netz 1 und 2 für das Netz 2 verwendet.

$$P_{G1} T_{m1} \frac{\Delta \dot{f}}{f_r} = \Delta P_{TsR1} - k_1 \Delta f - \Delta P_{x1} - \Delta P_{ü12} \tag{6.33}$$

$$P_{G2} T_{m2} \frac{\Delta \dot{f}}{f_r} = \Delta P_{TsR2} - k_2 \Delta f - \Delta P_{x2} - \Delta P_{ü21} \tag{6.34}$$

Nach Abschluss der Primärregelung stellt sich infolge einer Laständerung die folgende Frequenzabweichung ein:

$$\Delta f_{pR} = -\frac{\Delta P_{x1} + \Delta P_{x2}}{k_1 + k_2} \tag{6.35}$$

Beide Netze beteiligen sich an der Primärregelung und unterstützen sich bei der Frequenzhaltung durch Leistungsaustausch, was den großen Vorteil des Verbundbetriebes ausmacht und was dazu führt, dass man mit einem Minimum an mitlaufender Reserve auskommt. Zur Veranschaulichung trägt man die beiden aus den Gln. (6.33) und (6.34) sich ergebenden Netzkennlinien N1 und N2 im Bild 6.17b über der Änderung der Übergabeleistung $\Delta P_{ü12}$ oder ($\Delta P_{ü21} = -\Delta P_{ü12}$) auf.

$$\Delta f = -\frac{\Delta P_{ü12} + \Delta P_{x1} - \Delta P_{TsR1}}{k_1} \tag{6.36}$$

$$\Delta f = -\frac{\Delta P_{ü21} + \Delta P_{x2} - \Delta P_{TsR2}}{k_2} = \frac{\Delta P_{ü12} - \Delta P_{x2} + \Delta P_{TsR2}}{k_2} \tag{6.37}$$

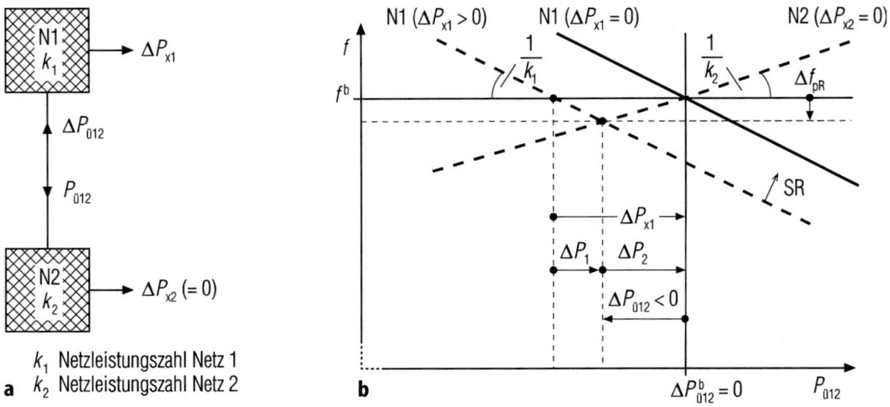

Bild 6.17 a, b. Verbundbetrieb zweier Netze. **a** Netze N1 und N2; **b** Netzkennlinien als Funktion der Übergabeleistungsänderung

Nimmt man beispielsweise eine Störung $\Delta P_{x1} > 0$ im Netz 1 an, so ist die Netzkennlinie N1 im Bild 6.17 b nach Abschluss der Primärregelung um ΔP_{x1} nach links verschoben. Die Sekundärregelung hat zu diesem Zeitpunkt noch nicht eingesetzt ($\Delta P_{TsR} = 0$). Im Schnittpunkt mit der Kennlinie des Netzes 2 ergibt sich die bleibende Regelabweichung Δf_{pR} der Primärregelung. Die Anteile ΔP_1 und ΔP_2, die die beiden Netze mit ihrer Primärregelung und ihrem Selbstregeleffekt zur Deckung von ΔP_{x1} aufbringen, richten sich nach der Kennlinie des jeweiligen Netzes.

$$\Delta P_1 = k_1 \Delta f_{pR} = (k_{pR1} + k_{L1}) \Delta f_{pR} \tag{6.38 a}$$

$$\Delta P_2 = k_2 \Delta f_{pR} = (k_{pR2} + k_{L2}) \Delta f_{pR} \tag{6.38 b}$$

Vernachlässigt man den sehr viel kleineren Selbstregeleffekt der Netze gegenüber der Primärregelung, so ergibt sich für die Aufteilung der Primärregelleistung:

$$\frac{\Delta P_1}{\Delta P_2} = \frac{\Delta P_{TpR1}}{\Delta P_{TpR2}} = \frac{k_{pR1}}{k_{pR2}} \tag{6.39}$$

Das Netz mit der flacheren Kennlinie (hier N2) übernimmt den größeren Anteil. Am Ende des Gesamtvorganges soll jedes Netz für seine eigene Störleistung aufkommen (solange nichts anderes vereinbart wird). Die zentralen Sekundärregler beider Netze bekommen deshalb als Eingangsgröße ein Mischsignal aus der Frequenzabweichung und der Übergabeleistungsänderung $\Delta P_{ü12}$ bzw. $\Delta P_{ü21}$ im Verhältnis ihrer Netzkennlinien. Man spricht deshalb bei dieser Sekundärregelung im Verbundbetrieb auch von Netzkennlinienregelung. Die beiden Eingangssignale sind:

$$\Delta x_1 = k_1 \Delta f + \Delta P_{ü12} \qquad \text{und} \qquad \Delta x_2 = k_2 \Delta f + \Delta P_{ü21}$$

Tabelle 6.2. Maßnahmen bei Frequenzänderungen im Verbundnetz [6.8, 6.11, 6.31], Stufenplan

Stufe	Frequenz Hz	Vorgesehene Maßnahmen
1	49,8	Alarmierung des Personals, Einsatz der noch nicht mobilisierten Kraftwerksleistung (z. B.: Gasturbinenanlagen)
2	49,0	Unverzögerter Lastabwurf von 10 – 15 % der Netzlast
3	48,7	Unverzögerter Lastabwurf von weiteren 10 – 15 % der Netzlast
4	48,4	Unverzögerter Lastabwurf von weiteren 15 – 20 % der Netzlast
5	47,5	Abtrennen der Kraftwerke vom Netz

Bei einer Störung mit $\Delta P_{x1} > 0$, wie beispielsweise im Bild 6.17, wird $\Delta P_{ü12} = -\Delta P_{ü21} = k_2 \Delta f < 0$ und damit

$$\Delta x_1 = (k_1 + k_2)\,\Delta f > 0 \qquad \text{und} \qquad \Delta x_2 = (k_2 - k_2)\,\Delta f = 0$$

Bei $\Delta P_{x1} > 0$ und $\Delta P_{x2} = 0$, wie im Bild 6.17, wird also nur die Sekundärregelung des gestörten Netzes 1 aktiviert. Der Sekundärregler (SR) verschiebt mit seiner Leistung ΔP_{TsR1} die Netzkennlinie N1 im Bild 6.17b, bedingt durch sein integrales Verhalten, solange bis sein Eingangssignal Δx_1 zu Null geworden ist (also $\Delta f \to 0$ und ebenfalls $\Delta P_{ü12} \to 0$). Während dieses Vorganges wird die Primärregelleistung aller beteiligten Kraftwerke im Netz 1 und im Netz 2 zurückgefahren wegen $\Delta f \to 0$.

Bei großen Störungen im Netz können sich hohe Frequenzänderungen im Netz ergeben [6.23]. Um einen Netzzusammenbruch bei solchen Vorgängen zu vermeiden, sind Maßnahmen (Stufenplan) nach Tabelle 6.2 vorgesehen. Vorausgesetzt wird der Einsatz elektronischer Frequenzrelais für den Lastabwurf der Stufen 2 bis 4. Durch Stufe 5 soll erreicht werden, dass der Eigenbedarf und der Betrieb der Erzeugungseinheiten für eine schnelle Einsatzbarkeit zum Wiederaufbau der Versorgung gesichert bleiben und Schäden an den Kraftwerksanlagen vermieden werden [6.31].

7 Eigenbedarfsanlagen in Kraftwerken

7.1 Aufgabe des Eigenbedarfs

In Wärmekraftwerken sind für die Zufuhr von Brennstoffen, Luft und Kühlwasser, für die Abfuhr von Rückständen sowie zur Steuerung, Messung, Überwachung, Beleuchtung und zur Erfüllung anderer Funktionen, die den Kraftwerksprozess ermöglichen, zahlreiche elektrische Einrichtungen, Anlagen und Antriebe notwendig. Als übergeordneter Begriff hierfür hat sich der Begriff elektrischer Eigenbedarf [7.1, 7.24] eingebürgert. Der Eigenbedarf muss angepasst an die Größe der Blockleistung ausreichend bemessen sein und soll möglichst störungsfrei arbeiten. Eigenbedarfsanlagen für große thermische Kraftwerksblöcke umfassen im Wesentlichen:

- Drehstromanlagen 6 oder 10 kV zum Anschluss der Eigenbedarfsantriebe (Asynchronmotoren, Stromrichterantriebe mit Leistungen von etwa 130 kW bis zu einigen MW),
- Drehstromanlagen 400 V (500 V) oder 690 V für Motoren, Stellantriebe und andere Einrichtungen (Licht- und Kraftnetz),
- Wechsel- und Gleichstromanlagen zur Speisung elektrischer Einrichtungen für die Steuerung, die Regelung, den Schutz, die Messung und die Automatisierung,
- Anlagen für die Notstromversorgung.

Die Gesamtleistung des Eigenbedarfs hängt bei thermischen Kraftwerken von dem verwendeten Brennstoff, dem Rückkühlsystem und von den Umweltschutzeinrichtungen (Rauchgasreinigung, Entschwefelung, Entstickung) ab. Bei Kohle-Kraftwerken (Braun- oder Steinkohle oder Mischfeuerungen) liegt die installierte Leistung der Eigenbedarfstransformatoren bei etwa 10...15 % der Bemessungsleistung des Kraftwerksblockes. Bei Leichtwasser-Kernkraftwerken kann man mit ähnlichen Prozentsätzen rechnen. Die Eigenbedarfsleistung bei störungsfreiem Betrieb beträgt bezogen auf die Bemessungsleistung (Richtwerte):

Steinkohle-Kraftwerk	7...8 %;
Dampfkraftwerk mit Gasfeuerung	4...5 %
Braunkohle-Kraftwerk	9...10 %;

D. Oeding, B. Oswald, *Elektrische Kraftwerke und Netze*,
doi 10.1007/978-3-642-19246-3, © Springer 2011

Dampfkraftwerk mit Ölfeuerung	5...6%
Leichtwasser-Kernkraftwerk	5...6%;
Wasserkraftwerk	1...2%

Die benötigte Leistung für Umweltschutzeinrichtungen (Rauchgasreinigung, Entschwefelung und Entstickung) bei Stein- und Braunkohlekraftwerken beträgt etwa 2% der Bemessungsleistung.

Die Kesselspeisepumpen sind in Dampfkraftwerken im Allgemeinen die größten Antriebe des Eigenbedarfs. Eingesetzt werden Kesselspeisepumpen mit Dampfantrieb und als Reserve Kesselspeisepumpen je halber Leistung mit Elektroantrieb. Verzichtet man auf den Dampfantrieb, so wird die benötigte Leistung wegen der hohen Anlaufströme auf Motoren mit 50% oder 33,3% oder sogar 25% aufgeteilt, wobei man u. U. noch eine zusätzliche Einheit als Reserve vorsieht. Stromrichtergespeiste Motoren als Antriebe für die Kesselspeisepumpen haben den Vorteil der Drehzahlregelung und geringerer Anlaufströme.

Für ein thermisches Kraftwerk besteht die installierte Motorleistung des Eigenbedarfs zu etwa 80...90% aus Hochspannungsmotoren und zu 10...20% aus Niederspannungsmotoren, wobei die Anzahl der Niederspannungsmotoren einschließlich der Stellantriebe weit überwiegt und etwa proportional mit der Blockgröße steigt.

Auch bei Störungen im Kraftwerk, z. B. im Eigenbedarf, muss Notstrom für Notbeleuchtung, für das gefahrlose Abfahren des Blockes und in Kernkraftwerken für die Nachkühlung zur Verfügung stehen, geliefert aus Batterien, Notstromgeneratoren oder einer anderen unabhängigen Quelle (Abschn. 7.3.3).

7.2 Aufbau von Eigenbedarfsnetzen, Prinzipschaltung

Eigenbedarfsnetze großer thermischer Kraftwerksblöcke nach Bild 7.1 werden im normalen Betrieb über einen oder zwei Eigenbedarfstransformatoren (EBT) von den Generatorklemmen gespeist. Dabei ist es nicht notwendig, dass ein Generatorschalter (GS) vorgesehen wird, jedoch notwendig, dass ein Anfahrnetz vorhanden ist, aus dem der Eigenbedarf während des Anfahrvorganges über Anfahrtransformatoren (AT) gespeist wird. Da während des Anfahrvorgangs eine höhere Leistung verlangt wird als während des Betriebs, wird die Bemessungsleistung der AT häufig höher als für die EBT gewählt. Während des Anfahrvorganges, der bei Kohleblöcken mehrere Stunden dauert, sind der Netzschalter (NS) und auch die Blockschalter (BS) offen. Erst nach der Synchronisierung des Blockes mit dem Netz über den NS wird der Eigenbedarf von der Generatorableitung aus gespeist. Dazu werden über eine Umschaltautomatik (Bild 7.3) der Anfahrschalter AS geöffnet und der Blockschalter BS geschlossen. Bei dem Beispiel nach Bild 7.1 für einen Kraftwerksblock 600 MW, 750 MVA kommen zwei Dreiwicklungstransformatoren

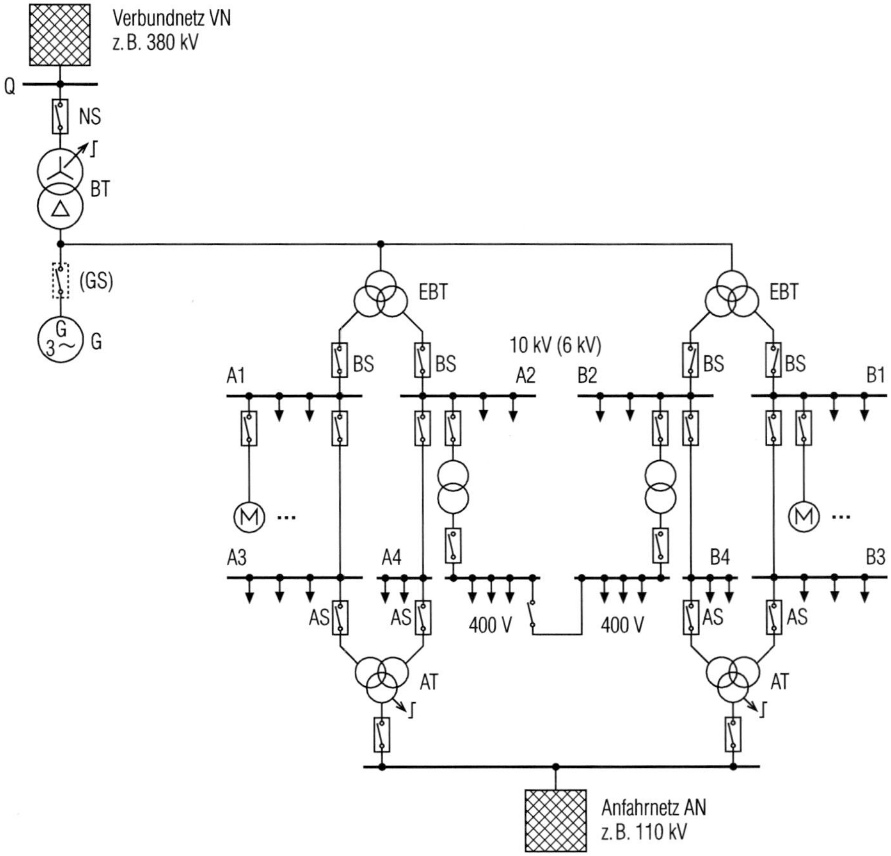

Bild 7.1. Übersichtsschaltplan für den Eigenbedarf eines großen thermischen Kraftwerksblockes. Beispiel P_{rG} = 600 MW. G Generator S_{rG} = 750 MVA; U_{rG} = 21 kV; $\cos\varphi_{rG}$ = 0,8; BT Blocktransformator 750 MVA; EBT 36/18/18 MVA; A1, A2, B1, B2 geteilte 10-kV-Hochspannungsschaltanlagen zur Versorgung des Blockeigenbedarfs; A3, A4, B3, B4 allgemeiner Eigenbedarf; AT Anfahrtransformatoren; AN Anfahrnetz, z. B. 110 kV; AS Anfahrschalter; BS Blockschalter; NS Netzschalter; GS Generatorschalter, wahlweise als Lastschalter (Abschn. 7.3.2)

mit je 36/18/18 MVA als EBT zum Einsatz. Die installierte Leistung der EBT beträgt damit etwa 9,5% von S_{rG}.

Der Aufbau des Eigenbedarfs in Kernkraftwerken mit Leichtwasserreaktoren wird ähnlich gestaltet wie im Bild 7.1. Als wesentlichen Unterschied gegenüber Kohlekraftwerken hat man mehrere große an 10 kV angeschlossene zusätzliche Dieselnotstromaggregate eines besonderen Notstromsystems [7.24]. Außerdem wird ein Generatorschalter eingesetzt. Der Eigenbedarf kann dann vollständig entweder vom Generator, oder über den Blocktransformator (GS offen) oder über den bzw. die Anfahrtransformatoren versorgt werden.

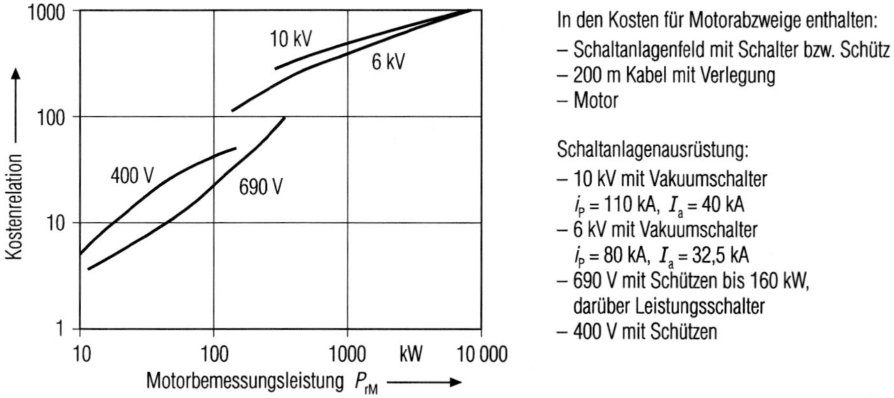

Bild 7.2. Kostenrelationen für Motorabzweige im Eigenbedarf [7.24]

Bei der Speisung des Eigenbedarfs über vier Teilschienen, wie im Bild 7.1, lässt sich die Kurzschlussleistungen der Schaltanlagen kleiner als bei anderen Lösungen halten. Es ergibt sich so auch eine hohe Verfügbarkeit. Die Niederspannungsverbraucher werden ebenfalls über mehrere Teilschienen versorgt. Teilweise wählt man 400 V und zusätzlich 690 V für größere Antriebe. Den einzelnen NS-Schienen werden einzelne Bereiche im Kraftwerk zugeordnet, z. B. für den Kessel, die Kesselhilfsbetriebe usw. Über die Schienen A3, B3 (allgemeiner Eigenbedarf) werden die Verbraucher gespeist, die nicht blockgebunden sind, z. B. die übergeordnete Bekohlungsanlage.

Verbraucher (Motoren) bis 132 kW (170 kW) wird man an 400 V anschließen, während Verbraucher 132 kW bis 400 kW kostengünstig an 690 V angeschlossen werden können. Bild 7.2 zeigt Kostenrelationen für den Anschluss unterschiedlicher Motorleistungen [7.24]. Aus diesem Bild ergibt sich sogar eine Kostenüberlegenheit für 690 V für alle Leistungen von etwa 10 bis 400 kW.

7.2.1 Auswahl der Eigenbedarfstransformatoren

Je nach der Größe des Kraftwerksblockes wählt man ein oder zwei Eigenbedarfstransformatoren ausgeführt als Zwei- oder Dreiwicklungstransformatoren. Bild 7.3 zeigt als Beispiel die Eigenbedarfsversorgung eines 150-MVA-Blockes. Hier war es ausreichend, die 6-kV-Schaltanlagen (Blockschiene und Allgemeinschiene) für eine Bemessungs-Ausschaltleistung von 250 MVA und einen Bemessungsstrom von 1250 A zu wählen. Bei großen Blockleistungen bevorzugt man Anordnungen wie z. B. im Bild 7.1, um Bemessungsströme und Kurzschlussströme in Grenzen zu halten.

Der Unterteilung des Eigenbedarfs werden auf der anderen Seite Grenzen gesetzt durch die Forderung nach übersichtlicher Anordnung und nach Begrenzung des Spannungseinbruches auf den Eigenbedarfsschienen beim di-

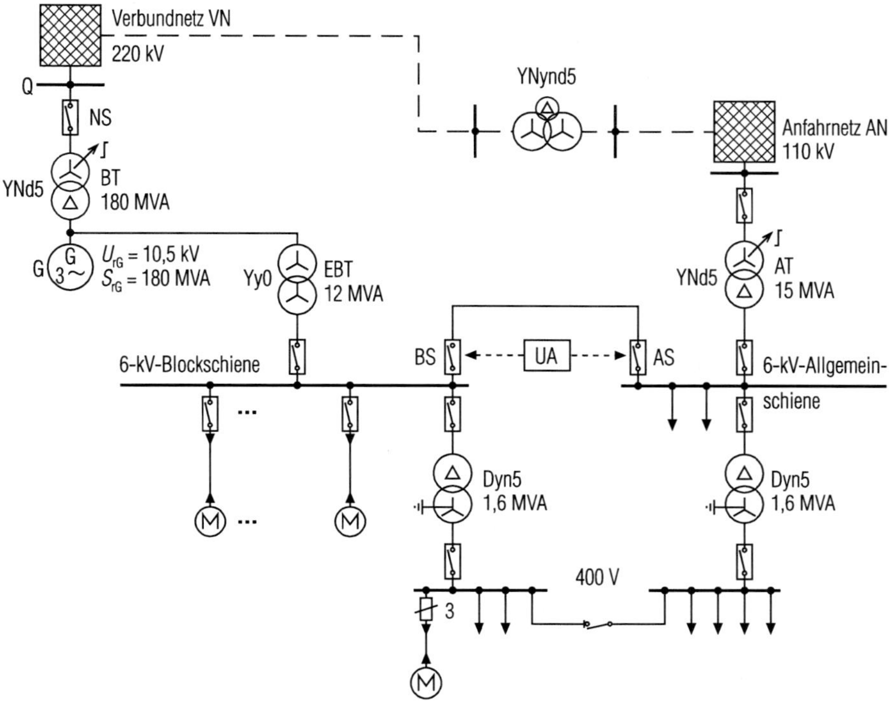

Bild 7.3. Eigenbedarfsversorgung eines thermischen Kraftwerkes 150 MW mit einem Eigenbedarfstransformator (EBT) und einer 6-kV-Blockschiene. UA Umschaltautomatik; übrige Bezeichnungen wie im Bild 7.1

rekten Einschalten großer Asynchronmotoren und beim Umschalten des Eigenbedarfs vom Anfahr- auf den Blockbetrieb und umgekehrt. Im Bild 7.3 ist die dabei verwendete Umschaltautomatik angedeutet (Abschn. 7.4).

Die Schaltgruppen (Abschn. 8.2) der Block-, Anfahr- und Eigenbedarfstransformatoren sind aufeinander abzustimmen. Darüber hinaus ist auf die Phasenfolge im Verbundnetz und im Anfahrnetz zu achten. Für Blocktransformatoren wird häufig die Schaltgruppe YNd5 gewählt und für Eigenbedarfstransformatoren die Schaltgruppe Yy0. Das Eigenbedarfsnetz 6 kV oder 10 kV wird in der Regel mit isoliertem Sternpunkt betrieben. Für den Anfahrtransformator (AT) kommt dann z. B. eine Schaltgruppe YNd5 in Betracht, wenn das Verbundnetz und das Anfahrnetz als Teil des Verbundnetzes über Transformatoren YNynd5 verbunden sind, wie im Bild 7.3 dargestellt.

7.2.2 Niederspannungsversorgung

Für die Transformatoren zur Speisung der Niederspannungsverbraucher des Eigenbedarfs (Bilder 7.1, 7.3 und 7.4) wählt man zweckmäßig die Schalt-

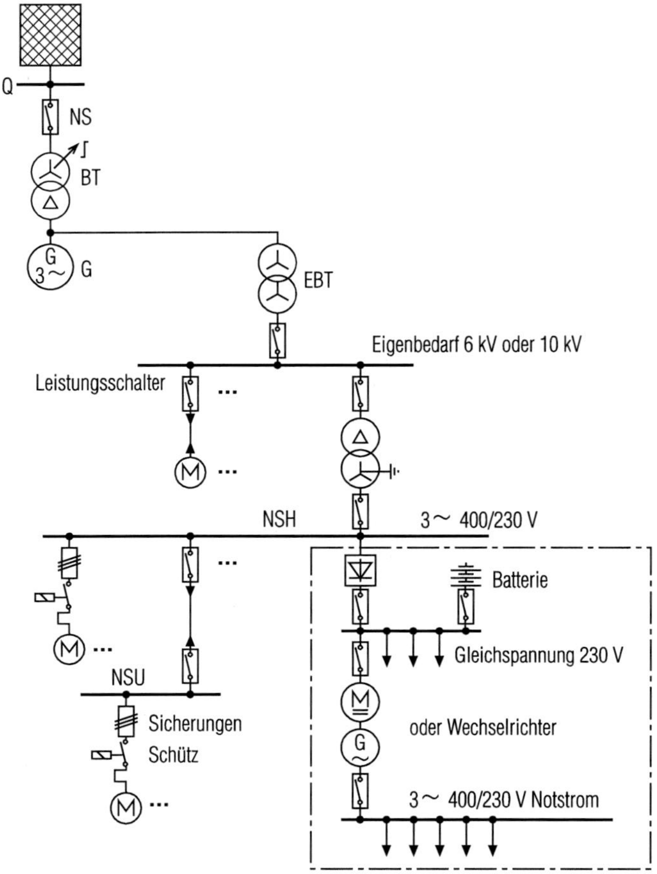

Bild 7.4. Niederspannung, Gleichspannung und Notstrom in einem konventionellen Wärmekraftwerk (Prinzip einsträngig gezeichnet). NHS Niederspannungshauptverteilung; NSU Niederspannungsunterverteilung; Grenze der Notstromversorgung strichpunktiert gekennzeichnet

gruppe Dyn5, um so das Schutzprinzip TN-Netz in der Form TN-C oder TN-C-S als Vierleiter- oder Fünfleiter-Drehstromnetz, z.B. 230/400 V oder 400/690 V, leicht verwirklichen zu können.

Die Niederspannungsanlagen des Eigenbedarfs werden nach Verbrauchergruppen unterteilt und entweder in den Verbraucherschwerpunkten oder zentral zusammen mit anderen Schaltanlagen aufgestellt. Damit ergibt sich meist die im Bild 7.4 angedeutete Aufteilung in eine Niederspannungshauptverteilung (NSH) und mehrere Unterverteilungen (NSU).

Die Notstromleistung konventioneller Dampfkraftwerke ist im Vergleich zur Leistung des Eigenbedarfs klein. Bei Kernkraftwerken ist sie stark vom Reaktortyp abhängig und sehr viel größer als bei konventionellen Kraftwerken.

Bild 7.4 zeigt einen Strang des Eigenbedarfs zur Speisung der Niederspannungsschaltanlagen, der Gleichstrom- und der Notstromschiene. Tatsächlich werden mindestens zwei Stränge vorgesehen. Die Batteriekapazität wird so gewählt, dass eine Notstromversorgung für eine bis vier Stunden möglich ist. Über einen Maschinen-Umformersatz oder einen Wechselrichter wird die Notstromschiene gespeist.

Wenn bei einer Störung der Eigenbedarf weder vom Block noch vom Anfahrnetz versorgt werden kann, muss der Block stillgesetzt werden. Die Notstromversorgung muss für diese Aufgabe ausgelegt werden (Abschn. 7.3.3).

7.3 Sicherstellung des Eigenbedarfs in thermischen Kraftwerken

7.3.1 Grundüberlegungen

Der Aufbau des Eigenbedarfs und die Maßnahmen zur Sicherung des Eigenbedarfs haben entscheidenden Einfluss auf die Verfügbarkeit von Wärmekraftwerken und ebenso auf die Verfügbarkeit des gesamten Verbundnetzes [7.7, 7.9].

Die Eigenbedarfsversorgung wird von äußeren Einflüssen weitgehend unabhängig, wenn man folgende Versorgungsmöglichkeiten vorsieht:

- Versorgung des Eigenbedarfs vom Block. Anschluss der EBT an die Generatorableitung. Generatorableitungen großer Blöcke werden einpolig gekapselt [7.11, 7.12], wie Bild 7.7 zeigt. Die Wahrscheinlichkeit für das Auftreten mehrpoliger Kurzschlüsse auf der Generatorableitung wird dadurch äußerst gering.
- Reserveversorgung des Eigenbedarfs über einen Anfahrtransformator aus dem Anfahrnetz (Bilder 7.1 und 7.3) bei Stillstand des Blockes, beim Anfahren oder bei Störungen (Schnellumschaltung: Bilder 7.3 und 7.11). Anstelle einer Versorgung des Eigenbedarfs (Anfahrbedarf) bei Stillstand des Turbosatzes über einen Anfahrtransformator, kann auch ein Generatorschalter zwischen dem Eigenbedarfsabgang und dem Generator eingesetzt werden (beim Anfahren wird der Eigenbedarf dann über den Blocktransformator gespeist).
- Notstromversorgung aus einer Erzeugungsanlage, die von der Verfügbarkeit des Blockes und des Verbundnetzes unabhängig ist (Batterie, Notstromdiesel, Sofortbereitschaftsanlage [7.6] oder Gasturbine z. B. nach Bild 7.5 a).

7.3.2 Reserveversorgung des Eigenbedarfs

In den Bildern 7.3 und 7.5 werden die grundsätzlichen Möglichkeiten der Reserveversorgung des Eigenbedarfs von großen Kraftwerksblöcken ohne Haus-

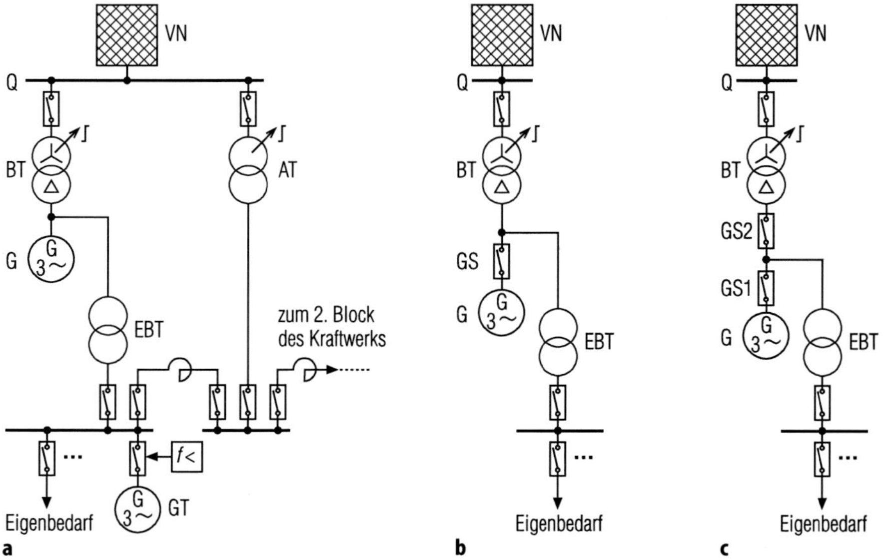

Bild 7.5 a–c. Reserveversorgung des Eigenbedarfs. **a** mit Stand-by-Gasturbine GT, z. B. in Großbritannien [7.13]; **b** Anfahrversorgung des Eigenbedarfs und Reservebetrieb bei Fehlern im Turbosatz bei geöffnetem Generatorschalter GS; **c** entweder vom Generator oder über den Blocktransformator beim Einsatz von zwei Generatorschaltern GS1 und GS2

maschinen gezeigt. Bild 7.3 enthält die klassische Möglichkeit mit einem Anfahrtransformator und einer Schnellumschaltmöglichkeit. In einigen Ländern hat sich die Möglichkeit der Eigenbedarfssicherung mit Gasturbinen nach Bild 7.5 a durchgesetzt (Blöcke 500 bis 600 MVA). Bei dieser Lösung werden die Eigenbedarfsversorgungen mehrerer Blöcke über Kurzschlussstrombegrenzungsdrosselspulen parallel gefahren. Der Hochlauf und die Synchronisierung der Gasturbinen wird auch von einem Unterfrequenzrelais angeregt. Sie können dann das Netz bei Mangel an Generatorleistung stützen.

Bei der Eigenbedarfssicherung nach Bild 7.5 b mit einem Generatorschalter (GS) findet keine Eigenbedarfsumschaltung statt. Die zum An- und Abfahren benötigte elektrische Energie wird bei offenem GS über den Blocktransformator aus dem Netz bezogen. Mit dem Generatorschalter wird synchronisiert. Bei Störungen am Turbosatz kann der Eigenbedarf nach Öffnen des GS aus dem Verbundnetz versorgt werden. Bei Störungen am Blocktransformator, bei unzulässiger Frequenzabsenkung im Netz unter 47,5 Hz (Tabelle 6.2) oder beim vollständigen Netzzusammenbruch ist mit der Schaltung nach Bild 7.5 b keine Eigenbedarfsversorgung mehr möglich. Es bleibt dann nur das Notabfahren des Blockes.

Der Nachteil der Schaltung nach Bild 7.5 b kann vermieden werden, wenn man einen zweiten Generatorschalter wie im Bild 7.5 c einsetzt. Wird der Generatorschalter GS1 nur beim An- und Abfahren und zum Synchronisieren benutzt, so ist ein Lastschalter ausreichend. Soll der Generatorschalter in das

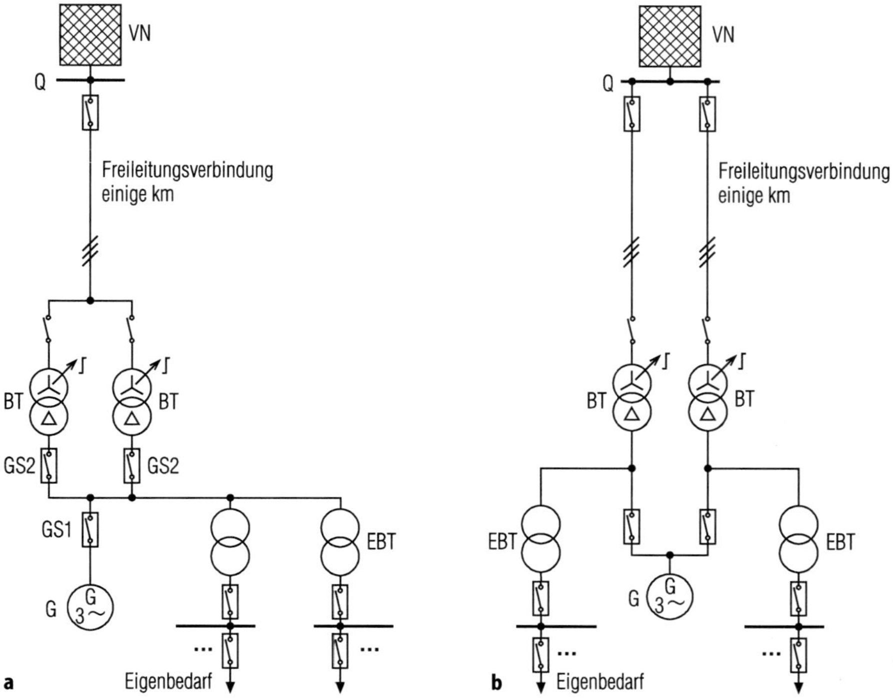

Bild 7.6 a, b. Eigenbedarfssicherung bei großen Blöcken ohne Anfahrnetz mit zwei Blocktransformatoren ohne Schaltanlage unmittelbar am Kraftwerk. **a** mit drei Generatorschaltern; **b** mit zwei Generatorschaltern

Schutzkonzept einbezogen werden, etwa zur Ausschaltung eines Kurzschlussstromes im Blocktransformator oder auf einer Verbindungsleitung zwischen dem Blocktransformator und der nächsten Schaltanlage im Verbundnetz in einiger Entfernung (bis etwa 20 km, wenn keine eigene Kraftwerksschaltanlage vorhanden ist), so muss GS2 ein Leistungsschalter sein.

Bei sehr großen Blöcken (z. B. bei 1200 MVA), bei denen aus Reservegründen oder wegen der Beschränkung der Transportmöglichkeit der Blocktransformator in zwei Drehstromeinheiten unterteilt wird, kann man die Schaltungen nach Bild 7.6 anwenden.

In allen besprochenen Konzepten ist es von besonderer Bedeutung, dass mehrpolige Kurzschlüsse auf der Generatorableitung und der Zuleitung zum Eigenbedarfstransformator möglichst vermieden werden. Dazu wurde die einpolige Kapselung der Generatorableitung eingeführt [7.4, 7.11, 7.12, 7.24]. Bild 7.7 zeigt dafür ein Beispiel bei Einsatz eines Generatorleistungsschalters (s. auch die Bilder 11.9 und 11.10) und der Erregung über eine von den Klemmen über einen Erregertransformator gespeiste Thyristorbrücke nach Bild 6.4. Bild 7.7 a zeigt dazu einen Schnitt durch das Kraftwerksgebäude. Im Bild 7.7 b ist der Schnitt durch die Generatorableitung skizziert für $U_{\mathrm{rG}} = 21$ kV und

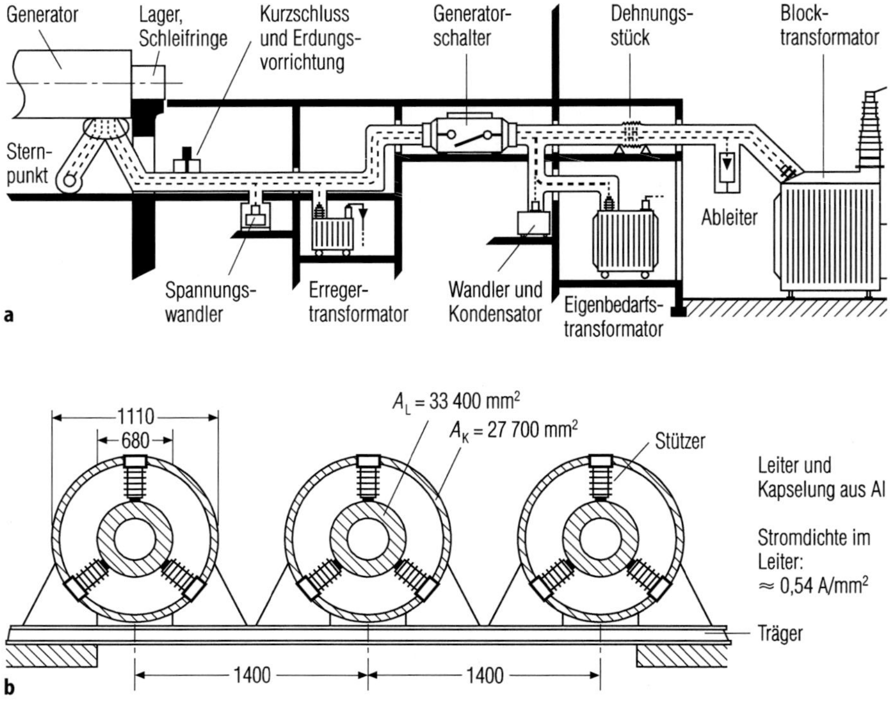

Bild 7.7 a, b. Generatorableitung mit Einzelkapselung in einem thermischen Kraftwerk (Beispiel). **a** Gesamtanordnung; **b** Generatorableitung für 18 kA Bemessungsstrom bei $U_{rG} = 21$ kV, natürliche Kühlung (weitere Angaben im Text)

$I_{rG} \leq 18$ kA bei radialer Wärmeabfuhr über die Kapselung durch Konvektion. Zur Vermeidung von äußeren Berührungsspannungen und starken äußeren Magnetfeldern werden die Kapselungen miteinander verbunden und geerdet. In ihnen fließen dann Ströme, die etwa den Leiterströmen entsprechen, wenn die Kapselungen aus gleichem Material (Al) bestehen und etwa gleichen Querschnitt aufweisen. Unter Beachtung der Stromverdrängung tritt in den Leitern und der Kapselung zusammen eine Verlustleistung von etwa $P'_{VGA} = 2{,}5$ kW/m auf. Bei einer Länge $l = 20$ m entstehen dann 50 kW als Verluste, die im Verhältnis zur Generatorleistung unbedeutend sind ($P_{VGA}/P_{rG} = 50$ kW/580 MW $= 0{,}086 \cdot 10^{-3}$) und bei der Wirkungsgradbetrachtung (Abschn. 3.1) keine Rolle spielen. Wichtig ist aber, dass die Verlusterwärmung auch an ungünstigen Stellen nicht zu unzulässig hohen Temperaturen und damit möglicherweise zu Störungen führt.

7.3.3 Notstillsetzen des Blockes, Notstromversorgung

Wenn die blockgebundene Eigenbedarfsversorgung und die Reserveversorgung ausfallen oder der Eigenbedarf durch einen Fehler nicht mehr funktionsfähig ist, muss der Block stillgesetzt werden. Bei einem konventionellen Wärmekraftwerk müssen folgende Hilfsbetriebe mit Notstrom versorgt werden [7.7]:

> Lagerölpumpe für Notauslauf, Lagerentlastungspumpe bei größeren Blöcken, Dichtölpumpe bei H_2-gekühlten Generatoren für die Wellendichtung, Nachkühlbetrieb, Notbeleuchtung, Notbetätigung für Sicherheitseinrichtungen (z.B. HD-Absperr-Schieber), Mess-, Regel-, Steuer-, Schutz- und Automatik-Einrichtungen und Einrichtungen für Rück- und Gefahrmeldungen.

Der Leistungsbedarf dieser Verbraucher wird von Batterien direkt oder über rotierende Umformer bzw. Wechselrichter gespeist (Bild 7.4). Aus Sicherheits-

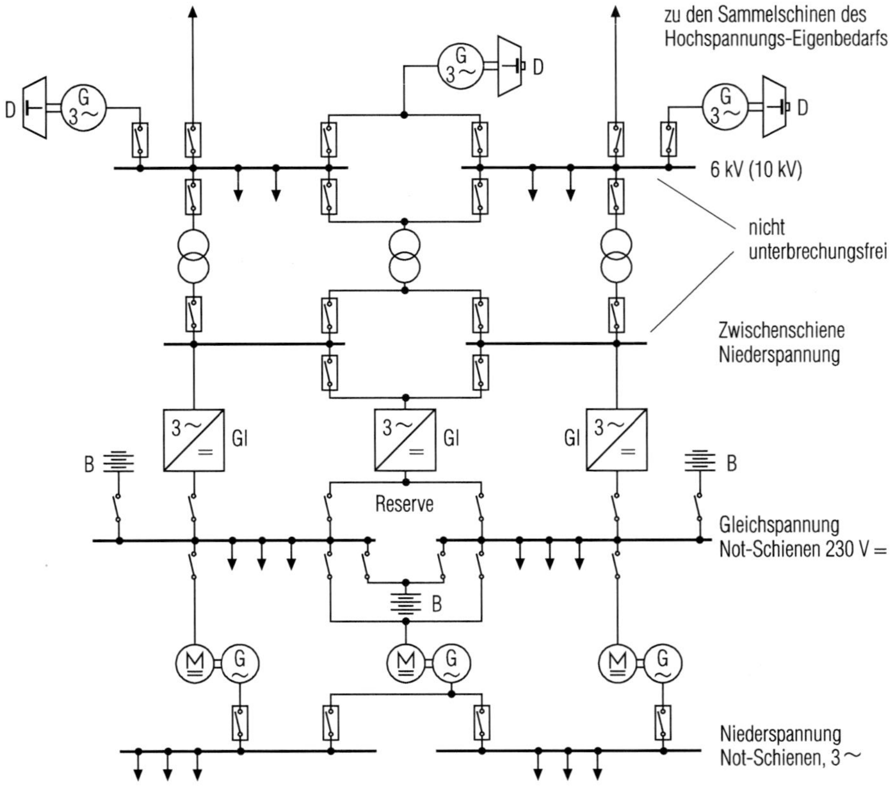

Bild 7.8. Notstromversorgung mit Diesel-Notstromsätzen und Batterien (3×100%). B Batterie; D Dieselmotor; G Synchrongenerator mit Selbsterregung oder Speisung der Erregung aus dem Notstromnetz; Gl Gleichrichter

gründen werden zwei Batterien mit Ladegeräten verwendet. Bei hohem Leistungsbedarf für die Notstromversorgung setzt man Diesel-Sofortbereitschaftssätze oder Diesel-Notstromsätze ein. Bild 7.8 zeigt als Beispiel die Notstromversorgung mit Diesel-Notstromsätzen, die zwar erst im Fehlerfall hochlaufen, jedoch den Vorteil haben, dass auch Leistungen bis zu einigen MW verwirklicht werden können. Die Schienen für die Notstromversorgung werden über Gleichrichter gespeist. Zur Versorgung der 400-V-Drehstrom-Notschiene werden entweder Motor-Generatorsätze oder Wechselrichter eingesetzt.

Der unterbrechungslosen Speisung der Einrichtungen für Messung, Regelung und Steuerung kommt in Kernkraftwerken besonders hohe Bedeutung zu. Die Auslegung erfolgt deshalb z. B. für 3×100% des Eigenbedarfs, wie Bild 7.8 zeigt [7.24].

7.4 Spannungshaltung und Schnellumschaltung

7.4.1 Spannungseinbruch beim Einschalten von Motoren

Beim Einschalten großer Hochspannungs-Asynchronmotoren mit Kurzschlussläufern treten hohe Anlaufströme und Spannungseinbrüche im speisenden Netz auf. Die Anlaufströme liegen beim vier- bis sechsfachen des Motorbemessungsstromes. Bild 7.9 zeigt ein Beispiel.

Zur Berechnung des Spannungseinbruchs im ersten Augenblick der Zuschaltung eines Motors mit Kurzschlussläufer wird als Beispiel die Anordnung nach Bild 7.10 betrachtet.

Mit dem Übersetzungsverhältnis t des Transformators und der Annahme $R_Q = 0{,}1\,X_Q$ ergibt sich für die Netzimpedanz auf der US-Seite des Transformators (Abschn. 15.4.2):

$$\underline{Z}_{Qt} = R_{Qt} + jX_{Qt} = \frac{cU_{nQ}^2}{S''_{kQ}}\frac{1}{t_r^2}(0{,}1 + j\,0{,}995) \tag{7.1}$$

Für die Transformatorimpedanz auf der US-Seite des Transformators gilt bei u_R und u_X in %:

$$\underline{Z}_T = R_T + jX_T = \frac{U_{rTUS}^2}{S_{rT}}\left(\frac{u_R}{100\%} + j\frac{u_X}{100\%}\right) \tag{7.2}$$

Die Motorimpedanz bestimmt man mit Hilfe des Verhältnisses I_{an}/I_{rM} und mit R_M/X_M nach Abschn. 15.4.9, Tabelle 15.6:

$$\underline{Z}_M = R_M + jX_M = \frac{1}{I_{an}/I_{rM}}\frac{U_{rM}}{\sqrt{3}I_{rM}}\frac{1}{\sqrt{1+(R_M/X_M)^2}}\left(\frac{R_M}{X_M} + j\right) \tag{7.3}$$

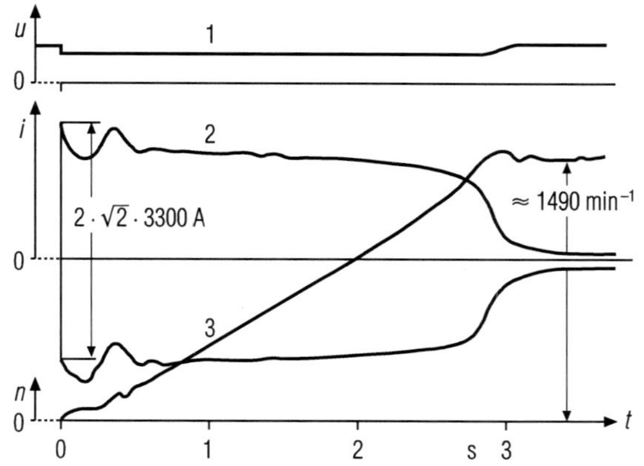

Bild 7.9. Direktanlauf eines Kreiselpumpenantriebs im Kraftwerkseigenbedarf 6 kV (Hüllkurve des Stromverlaufs). Daten: $U_{rM} = 6$ kV; $I_{rM} = 635$ A; $P_{rM} = 5{,}8$ MW; $\cos\varphi_{rM} = 0{,}9$; $n_r = 1490\ \text{min}^{-1}$; 50 Hz; $I_{an}/I_{rM} = 6$ (bei U_{rM}). *1* Spannungseinbruch $\Delta U = 1{,}2$ kV, $\Delta u = 20\,\%$; *2* Anlaufstrom unter Berücksichtigung des Spannungseinbruchs: 3300 A ($5{,}2 \cdot I_{rM}$); *3* Drehzahlverlauf

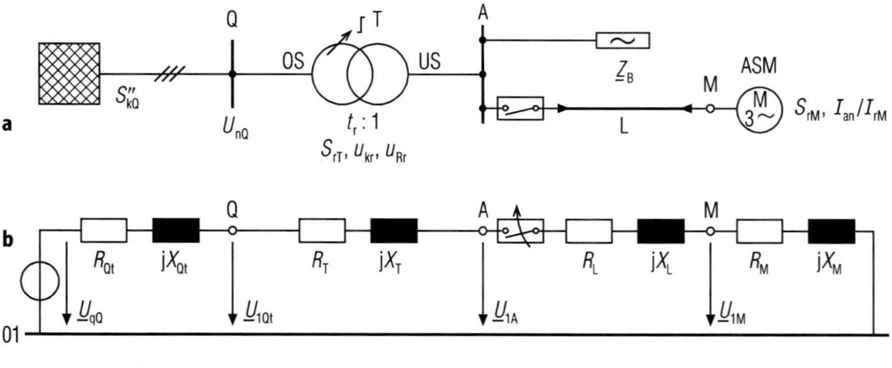

Bild 7.10 Zuschalten eines Motors mit Kurzschlußläufer auf der Sammelschiene A
a Netzaufbau; **b** Ersatzschaltplan im Mitsystem ($\underline{Z}_B$ vernachlässigt)

Den Einfluss der Vorbelastung an der Sammelschiene A auf die Höhe der Restspannung beim Einschalten des Motors kann man dann vernachlässigen, wenn $Z_B \gg Z_T$ gilt. In der Praxis findet man meist $Z_B > 10\, Z_T$. Wird R gegen X vernachlässigt (z. B. in Hochspannungsnetzen), so liefert die Spannungsteilerregel ausgehend von Bild 7.10b:

$$U_{1A} = U_{1Qt} \frac{X_L + X_M}{X_T + X_L + X_M} \tag{7.4}$$

$$U_{1M} = U_{1Qt} \frac{X_M}{X_T + X_L + X_M} \tag{7.5}$$

Die Spannung an der Sammelschiene A vor der Zuschaltung des Motors beträgt bei Vernachlässigung von $\underline{Z}_B$: $U_{1A}^b = U_{1Qt} = U_{1Q}/t$, sodass für den Spannungseinbruch beim Zuschalten gilt:

$$\Delta U_{1A} = U_{1A}^b - U_{1A} = \frac{U_{1Q}}{t} \frac{X_T}{X_T + X_L + X_M} \tag{7.6}$$

Nach Erweitern der rechten Seite der Gl. (7.6) mit X_M und Ersetzen von X_M im Nenner durch X_M nach Gl. (7.3) bei $R_M \ll X_M$, ergibt sich:

$$\Delta U_A = \sqrt{3}\Delta U_{1A} = \sqrt{3}\frac{U_Q}{tU_{rM}} \cdot \frac{I_{an}}{I_{rM}} \cdot \frac{X_T X_M}{X_T + X_L + X_M} I_{rM} \tag{7.7}$$

Rechnet man Reaktanzen durch Multiplikation mit $100\,\%/U_{rM}^2$ in Reaktanzen des %/MVA-Systems (Abschn. 15.6) um und führt zur Abkürzung $(I_{an}/I_{rM})\sqrt{3}\ I_{rM}U_{rM} = (I_{an}/I_{rM})S_{rM} = Q_{an}$ als Anzugsblindleistung ein, so wird die Spannungsänderung $\Delta^* U_A$ in % von U_{rM}:

$$\Delta^* U_A = \frac{U_Q}{tU_{rM}} Q_{an} \cdot {}^*X_T \left(1 - \frac{{}^*X_T + {}^*X_L}{{}^*X_T + {}^*X_L + {}^*X_M}\right) \tag{7.8}$$

$\Delta^* U_A$	Q_{an}	$^*X$
%	Mvar	%/MVA

Gleichung (7.8) erlaubt eine schnelle Abschätzung, wie folgendes Beispiel zeigt:

Gegeben sind: $U_Q = 21$ kV; $t = 21$ kV/10,5 kV; $U_{rM} = 10$ kV; $S_{rM} = 5$ MVA; $I_{an}/I_{rM} = 5$; $S_{rT} = 25$ MVA; $u_k = 8\,\%$; $^*X_L = 0$. Man findet: $Q_{an} = 25$ Mvar; $^*X_M = 20\,\%/5$ MVA $= 4\,\%$/MVA; $^*X_T = 8\,\%/25$ MVA $= 0{,}32\,\%$/MVA. Eingesetzt in Gl. (7.8) ergibt sich:

$$\Delta^* U_A = \frac{21\ \text{kV}}{(21\ \text{kV}/10{,}5\ \text{kV})\,10\ \text{kV}} 25\ \text{Mvar} \cdot 0{,}32 \frac{\%}{\text{MVA}} \cdot \left(1 - \frac{0{,}32\,\%/\text{MVA}}{(0{,}32 + 4{,}0)\,\%/\text{MVA}}\right) = 7{,}8\,\%$$

Zur Abschätzung ist es häufig zulässig, dass man $U_Q/(tU_{rM}) \approx 1{,}05$ einführt und die Innenimpedanz des Netzes am Anschlusspunkt Q (Bild 7.10b) in die Betrachtung einbezieht. Bei $U_{nA} = U_{rM}$ folgt dann aus Gl. (7.8):

$$\Delta^* U_A \approx 1{,}05\, Q_{an}({}^*X_Q + {}^*X_T)\left(1 - \frac{{}^*X_Q + {}^*X_T + {}^*X_L}{{}^*X_Q + {}^*X_T + {}^*X_L + {}^*X_M}\right) \tag{7.9}$$

Wie bei Gl. (7.8) sind auch hier die Reaktanzen in %/MVA einzusetzen. Für die Netzinnenreaktanz in %/MVA gilt nach Abschn. 15.6: $^*X_Q = 110\,\%/S_{kQ}''$. Die mit Gl. (7.9) berechneten Spannungsfälle fallen höher aus als die nach Gl. (7.8), weil dort $S_{kQ}'' \to \infty$ oder doch zumindest $^*X_Q \ll {}^*X_T$ vorausgesetzt wurde. Bei Betrachtungen im Eigenbedarf, bei denen der Transformator im Bild 7.10 der EBT ist, gilt immer $^*X_Q \ll {}^*X_T$.

7.4.2 Umschaltung des Eigenbedarfs

Zur Sicherung des Eigenbedarfs kann man bei Schaltungen nach den Bildern 7.1 und 7.3 eine automatische Umschaltung des Eigenbedarfs vom Block auf das Anfahrnetz vornehmen. Dabei unterscheidet man:

Sofortumschaltung zwischen synchronen Netzen mit geringen Unterschieden in der Phasenlage der Spannungen der Netze N1 und N2 (Bild 7.11) und geringer Umschaltdauer $t_{um} < 0{,}05$ s. Für den Hochlaufstrom gilt $I_{hM}/I_{rM} \approx 1 \ldots 1{,}5$.

Schnellumschaltung mit einer Umschaltdauer $t_{um} \approx (0{,}05\ \text{s} \ldots 0{,}15\ \text{s} \ldots 0{,}2\ \text{s})$, wobei der zweite Schalter erst dann zugeschaltet wird, wenn der erste geöffnet hat, aber immerhin so schnell, dass die Differenzspannung unter einem bestimmten Wert von z. B. 1,4 U_{1N} bleibt. Für den Hochlaufstrom gilt $I_{hM}/I_{rM} \approx 1{,}5 \ldots 3$.

Restspannungsumschaltung, wobei erst dann umgeschaltet wird, wenn die Klemmenspannung der Motoren (Motorgruppe und andere Eigenbedarfsverbraucher) auf Werte von 40 % der Bemessungsspannung oder darunter abgesunken ist, so dass beim Zuschalten auf das neue Netz unabhängig von der Phasenlage von Netzspannung und Restspannung eine Differenzspannung von 140 % der Bemessungsspannung nicht überschritten wird. Die Umschaltdauer in diesem Fall wird etwa 1 s oder mehr betragen. Der Hochlaufstrom kann im Bereich $I_{hM}/I_{rM} = 3 \ldots 5$ liegen, weil die Motordrehzahl während der Umschaltdauer bereits weit unter die Bemessungsdrehzahl abgesunken ist.

Langzeitumschaltung, wobei ausgehend von Versuchen eine Zeit t_{um} so gewählt wird, dass die Differenzspannung kleiner als 40 % bleibt und die Umschaltung ähnlich wie die Einschaltung einer Motorgruppe verläuft. Für den Hochlaufstrom muss man mit $I_{hM}/I_{rM} = 4 \ldots 6$, also der Größenordnung des Anlaufstromes, rechnen. Teilweise wird mit der Langzeitumschaltung auch ein Lastabwurf gekoppelt.

Sofortumschaltung und Schnellumschaltung setzen Schalter mit kurzen Ein- und Ausschaltzeiten voraus. Ist die Einschaltzeit größer als die Ausschaltzeit, so wird bei der Sofortumschaltung gleichzeitig der Aus- und Einschaltbefehl gegeben, wenn vorher durch Vergleich von $\underline{U}_{N1}$ und $\underline{U}_{N2}$ (Bild 7.11) festgestellt wurde, dass die beiden Netze nahezu synchron sind und die Spannungszeiger in ihrer Phasenlage genügend genau übereinstimmen [7.5, 7.8].

Bei der Auswahl der Eigenbedarfstransformatoren ist neben der Höhe der Kurzschlussleistung auch die Höhe des maximalen Spannungseinbruchs beim Zuschalten oder Umschalten von Motoren zu berücksichtigen. Auf der einen Seite besteht der Wunsch, die Kurzschlussleistung gering zu halten, um so eine kostengünstige Anlagentechnik wählen zu können, während auf der anderen Seite eine hohe Kurzschlussleistung angestrebt wird, um die Spannungsabsenkung gering zu halten. Diese Aufgabe wird so zu einer technisch-wirtschaftlichen Optimierungsaufgabe, wobei zu beachten ist, dass auch die Niederspannungsmotoren des Eigenbedarfs einen Hochlaufstrom aufnehmen.

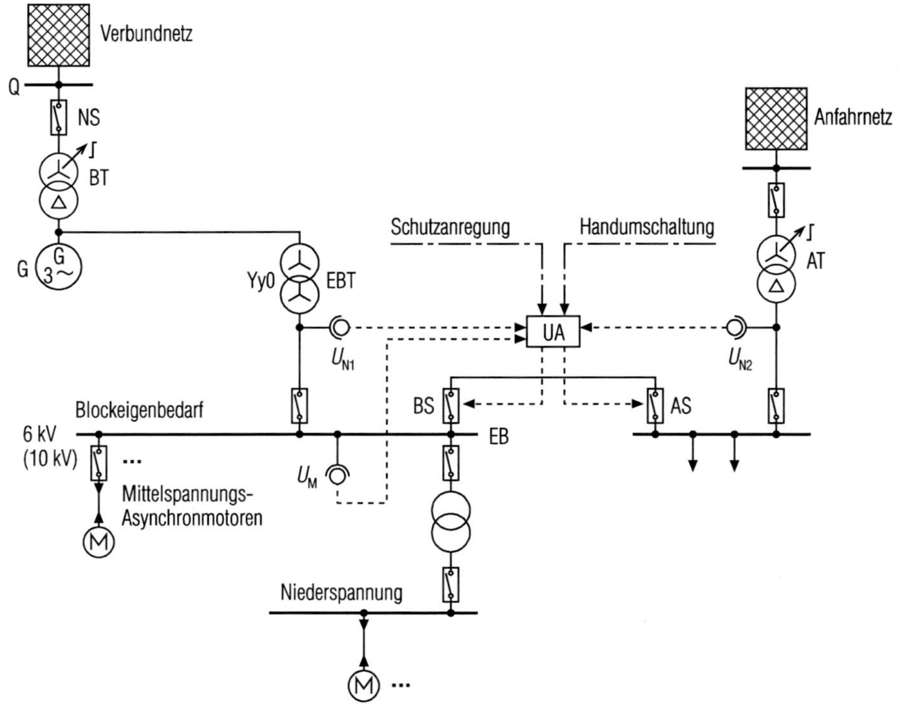

Bild 7.11. Anschluss einer Umschaltautomatik (UA) im Kraftwerkseigenbedarf (Prinzip)

Gleichung (7.10) erlaubt eine Abschätzung der Kurzschlussleistung $S_k'' = S_{kN}'' + S_{kM}''$ an der Kurzschlussstelle im Bild 7.12, wenn man $^*X_Q$ vernachlässigt:

$$S_k'' = S_{kN}'' + S_{kM}'' = 1{,}1 \, \frac{S_{rT}}{u_k \,/\, 100\%} \left(1 + \frac{\sum S_{rM}}{S_{rT}} \, \frac{I_{an}}{I_{rM}} \, \frac{u_k}{100\%} \right) \tag{7.10}$$

Setzt man u_k in % und S_{rT} in MVA ein, so ergibt sich S_k'' in MVA. Mit $\sum S_{rM} = 0{,}85\, S_{rT}$ und $I_{an}/I_{rM} = 5$ wird:

$$S_k'' = S_{kN}'' + S_{kM}'' = \frac{110\%}{^*X_T} \left(1 + 4{,}25 \, \frac{u_k}{100\%} \right) \qquad \begin{array}{|c|c|c|} S_k'' & ^*X_T & u_k \\ \hline \text{MVA} & \%/\text{MVA} & \% \end{array} \tag{7.11}$$

Bei dem in das Bild 7.12 eingezeichneten Beispiel geht man von A ($S_{rT} = 25$ MVA) über B ($u_k = 8\,\%$; $^*X_T = 0{,}32\,\%/\text{MVA}$) bis zum Punkt C ($S_{kN}'' = 345$ MVA) und weiter bis zum Punkt E ($S_k'' = S_{kN}'' + S_{kM}'' = 470$ MVA). Gleichung (7.11) liefert etwa das gleiche Ergebnis.

Zur Abschätzung des Spannungseinbruchs $\Delta^* U_{EB}$ an der Sammelschiene EB dient der obere Teil des Bildes 7.12, wobei Q_{an} die Anlaufblindleistung (Gl. (7.8)) und Q_h die Hochlaufblindleistung bezeichnen soll. Ausgehend von den Überlegungen im Abschn. 7.4.1 wird $\Delta^* U_{EB}$ aus der Näherungsgleichung

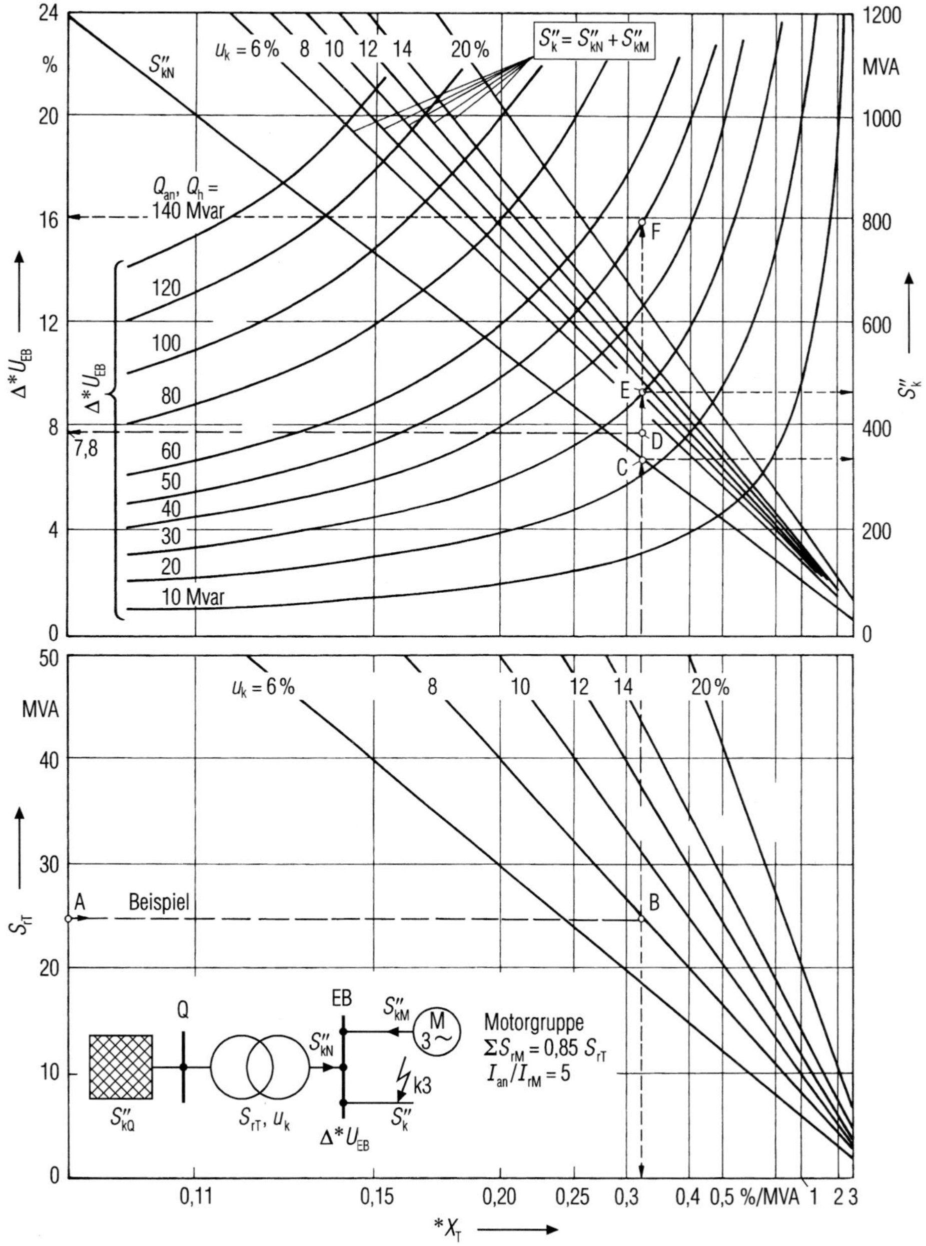

Bild 7.12. Zur Abschätzung von $S''_k = S''_{kN} + S''_{kM}$ und Δ^*U_{EB} an der Sammelschiene EB bei $^*X_Q \ll {^*X_T}$ (Erläuterungen im Text)

$\Delta^* U_{EB} \approx {}^*X_T Q_{an}$ oder $\Delta^* U_{EB} \approx {}^*X_T Q_h$ ermittelt. Gegenüber den Ergebnissen nach den Gln. (7.8) und (7.9) liefert die hier verwendete Beziehung besonders für große Werte $\Delta^* U_{EB}$ Ergebnisse auf der sicheren Seite. Für eine erste Abschätzung erscheint dieses Vorgehen ausreichend.

Bei dem Beispiel im Bild 7.12 wurde Q_{an} bzw. $Q_h = 50$ Mvar vorausgesetzt, wobei z. B. das Zuschalten einer Motorengruppe mit $\sum S_{rM} = 10$ MVA und $I_{an}/I_{rM} = 5$ betrachtet wurde oder aber die Schnellumschaltung einer Gruppe mit $\sum S_{rM} = 21{,}2$ MVA und $I_h/I_{rM} = 2{,}35$. Über den Punkt F ($Q_{an} = Q_h = 50$ Mvar) findet man auf der linken Ordinate $\Delta^* U_{EB} = 16\,\%$.

Wird ein Asynchronmotor vom Netz getrennt, so springt seine Klemmenspannung $\underline{U}^{b}_{1M}$ auf den etwas kleineren Wert der zunächst konstant bleibenden inneren transienten Spannung $\underline{U}'^{b}_{1M}$ (Bild 7.13). Im weiteren Zeitverlauf klingt die Klemmenspannung wie die innere transiente Motorspannung exponentiell mit der Läuferzeitkonstanten ab. Für den Raumzeiger (der Index (r) für den rotierenden Raumzeiger wird eingeklammert, um eine Verwechselung mit **r**ated zu vermeiden) der transienten Motorspannung $\underline{u}'^{b}_{(r)M}$ (und zugleich der Klemmenspannung $\underline{u}_{(r)M}$) nach der Abtrennung ergibt sich in synchron mit der Netzfrequenz rotierenden Koordinaten der Ausdruck [5.37]:

$$\underline{u}_{(r)M} = (1 - s)\,|\underline{u}'^{b}_{(r)M}|\,e^{-\frac{t}{T_{R0}}}\,e^{j(\varphi'^{b}_{uM} - \omega_N \int s\,dt)} \qquad (7.12)$$

Dabei sind:

s der Schlupf

$\underline{u}'^{b}_{(r)M}$ $= \sqrt{2}\,\underline{U}'^{b}_{M} = \hat{u}'^{b}_{M}\,e^{j\varphi'^{b}_{uM}}$ der Raumzeiger der transienten Motorspannung vor der Abtrennung

T_{R0} die Läufereigenzeitkonstante

Für einzelne schnellllaufende Hochspannungsmotoren liegt T_{R0} in der Größenordnung von 1 bis 2,2 s, während 0,35 bis 1,6 s für Verbrauchergruppen an Hochspannungssammelschienen gemessen wurden [7.3, 7.5, 7.8, 7.10].

Der Raumzeiger der transienten Motorspannung vor der Abtrennung ist gleich dem $\sqrt{2}$ -fachen des Effektivwertzeigers $\underline{U}'^{b}_{1M}$ im Mitsystem (Abschn. 2.5). Diesen berechnet man mit $X'_M \approx X_M$ aus dem vorangegangenen Betriebszustand des Motors:

$$\underline{U}'^{b}_{1M} = \underline{U}^{b}_{1M} - (R_M + jX_M)\underline{I}^{b}_{1M} \approx \underline{U}^{b}_{1M} - jX_M \underline{I}^{b}_{1M} \qquad (7.13)$$

Die Ortskurven der Raumzeiger der Netzspannung $\underline{u}_{(r)N} = \hat{u}_{1N}\,e^{j\varphi^{b}_{u1N}}$, der transienten Motorspannung $\underline{u}_{(r)M}$ nach Gl. (7.13) und der Differenzspannung $\underline{u}_{(r)D} = \underline{u}_{(r)N} - \underline{u}_{(r)M}$ sind im Bild 7.13 in synchron umlaufenden Koordinaten für $\varphi^{b}_{u1M} = \varphi^{b}_{u1N} = 0$ dargestellt. Der Raumzeiger der transienten Motorspannung bleibt aufgrund des wachsenden Schlupfes immer weiter gegenüber dem Raumzeiger der Netzspannung zurück. Für die Darstellung im Bild 7.13 wurde angenommen, dass der Motor mit einem konstanten Widerstandsmoment ab-

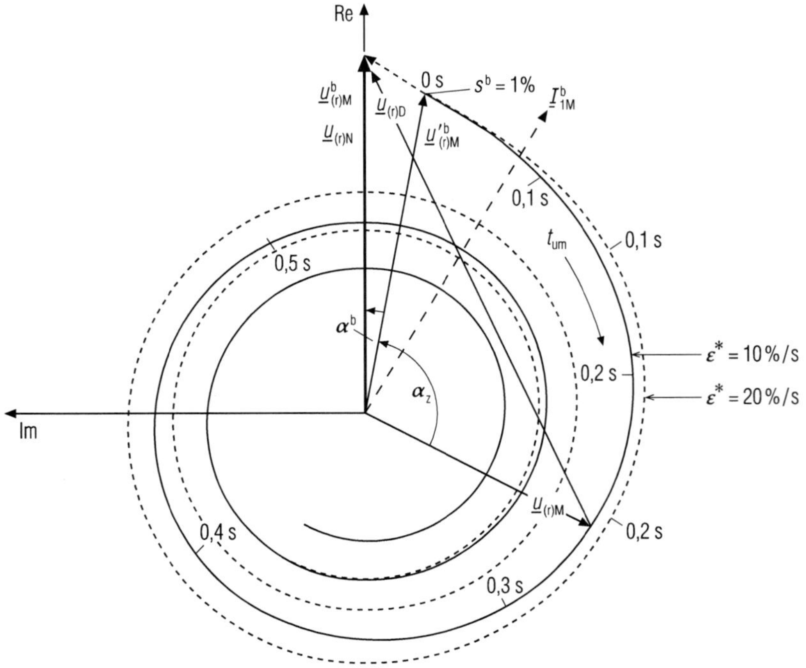

Bild 7.13. Raumzeigerdiagramm der Motorklemmenspannung $\underline{u}_{(r)M}$ nach Gl. (7.12) und der Differenzspannung $\underline{u}_{(r)D}$. $X_{M*} = 0{,}2$ ($I_{an}/I_{rM} = 5$); $\alpha^b = 11°$; $s^b = 1\%$; $\cos\varphi^b = 0{,}85$; $T_{R0} = 1$ s; $I^b_{1M} = I_{rM}$

gebremst wird. Für den Schlupf gilt dann:

$$s = s^b + \Delta s = s^b + \varepsilon^* t \tag{7.14}$$

Der Verzögerungsbeiwert ε^* wird in der Praxis häufig in %/s angegeben [7.5]. Messungen in Eigenbedarfsnetzen haben $\varepsilon^* = (6\ldots25)$ %/s ergeben, wobei die größeren Werte meist für hochausgenutzte und schnelllaufende Kesselspeisepumpenantriebe großer Leistung gelten. Der Verzögerungsbeiwert ist von der Größe des bremsenden Widerstandsmomentes abhängig. Dabei gilt näherungsweise $\varepsilon^* \approx 1/T_A$, wobei T_A die Anlaufzeit des Antriebs (Motor und angetriebene Maschine wie z. B. Lüfter oder Mühle) ist.

Der Differenzwinkel α zwischen den Raumzeigern im Bild 7.13 ist mit s nach Gl. (7.14):

$$\begin{aligned}\alpha &= \varphi^b_{u1N} - (\varphi'^b_{uM} - \omega_N \textstyle\int s\mathrm{d}t) = \varphi^b_{u1N} - \varphi'^b_{uM} + \omega_N s^b t + \omega_N \textstyle\int \Delta s \mathrm{d}t \\ &= \alpha^b + s^b\omega_N t + \frac{1}{2}\varepsilon^*\omega_N t^2 = \alpha^b + \alpha_z\end{aligned} \tag{7.15}$$

Im Bild 7.14 sind die sich bei unterschiedlichen Werten ε^* ergebenden Winkel α_z, die von 0° bis 360° verlaufen, abhängig von der Umschaltzeit t_{um} eingetra-

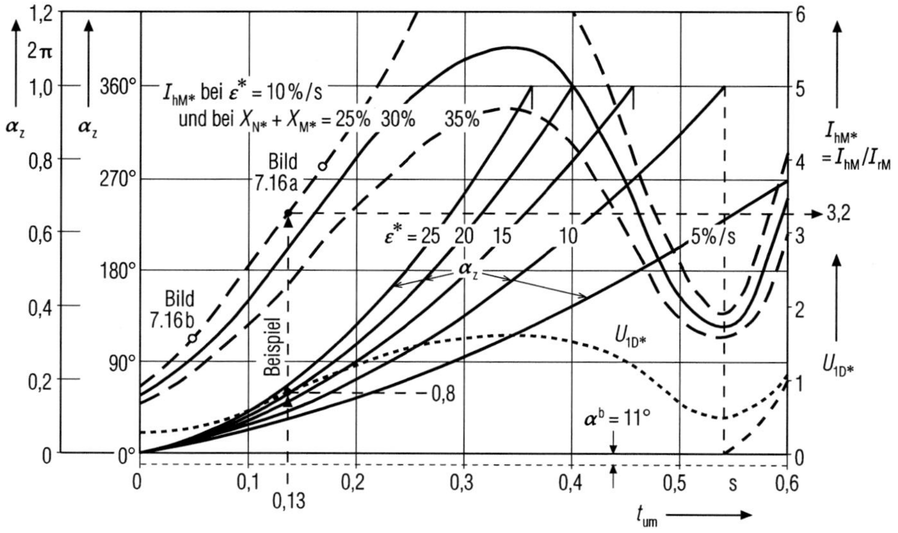

Bild 7.14. Differenzwinkel α_z (in Grad und in Bogenmaß) sowie Differenzspannung U_{1D*} für $\varepsilon^* = 10\,\%/s$ bei der Umschaltung eines Asynchronmotors (oder einer Motorgruppe), abhängig von der Umschaltzeit t_{um}, sowie der Wiederhochlaufstrom I_{hM*} nach Gl. (7.16). ($X_{M*} = 0{,}2$; $\alpha_b = 11°$; $s^b = 1\,\%$; $T_{R0} = 1$ s)

gen und weiter die für $\varepsilon^* = 10\,\%/s$ geltenden bezogenen Hochlaufströme $I_{hM*} = I_{hM}/I_{rM}$ bei $X_{N*} + X_{M*} = 25\,\%, 30\,\%, 35\,\%$ sowie die bezogene Differenzspannung U_{1D*}, die sich aus der Spannungsdifferenz der Raumzeiger $|\underline{u}_{(r)D}| = |\underline{u}_{(r)N} - \underline{u}_{(r)M}|$ des Bildes 7.13 ergibt. Unter der Annahme, dass die Beträge der bezogenen Zeiger den Beträgen der Raumzeiger entsprechen und dass die Wirkwiderstände vernachlässigt werden können, gilt für den Hochlaufstrom des Bildes 7.15 im ersten Zuschaltaugenblick bei $X_{N*} \approx \sum S_{rM}/S''_k$:

$$I_{hM} = \frac{U_{1D*}}{X_{N*} + X_{M*}} \tag{7.16}$$

Beispiel im Bild 7.14: Für eine Motorgruppe $\sum S_{rM} = 21{,}2$ MVA und $X_{M*} = 0{,}2$ ergibt sich $U_{1D*} = 0{,}8$ nach einer Umschaltdauer $t_{um} \approx 0{,}13$ s bei $\varepsilon^* = 10\,\%/s$ und einer Kurzschlussleistung des Netzes auf das zugeschaltet wird von $S''_k = 242$ MVA ($X_{N*} = 21{,}2$ MVA/242 MVA $= 0{,}05$) ein Hochlaufstrom $I_{hM*} = 0{,}8/(0{,}05 + 0{,}2) = 3{,}2$. Bei $U_{rM} = 10$ kV entspricht das einem Hochlaufstrom von $I_{hM} = 3{,}2 \cdot I_{rM} = 3{,}2 \cdot 1{,}22$ kA $= 3{,}9$ kA.

Bild 7.16 zeigt Beispiele für die Schnellumschaltung ($t_{um} \approx 0{,}14$ s) und die Sofortumschaltung ($t_{um} \approx 0{,}05$ s). Die Hochlaufströme I_{hM*} sind in das Bild 7.14 eingetragen. Weitere Beispiele von Umschaltoszillogrammen findet man in [7.2, 7.8]. Bei gleichzeitiger Befehlsgabe auf die Schalter kann man Umschaltdauern von 0,01 s erreichen [7.10] und Hochlaufströme, die sich von den stationären Strömen nur wenig unterscheiden.

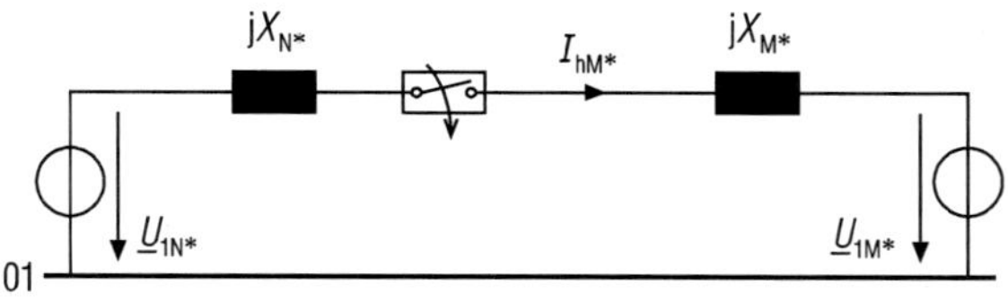

Bild 7.15. Hochlaufstrom $I_{hM*} = I_{hM}/I_{rM}$ eines Asynchronmotors oder einer Motorgruppe im ersten Augenblick nach der Umschaltung auf das neue Netz

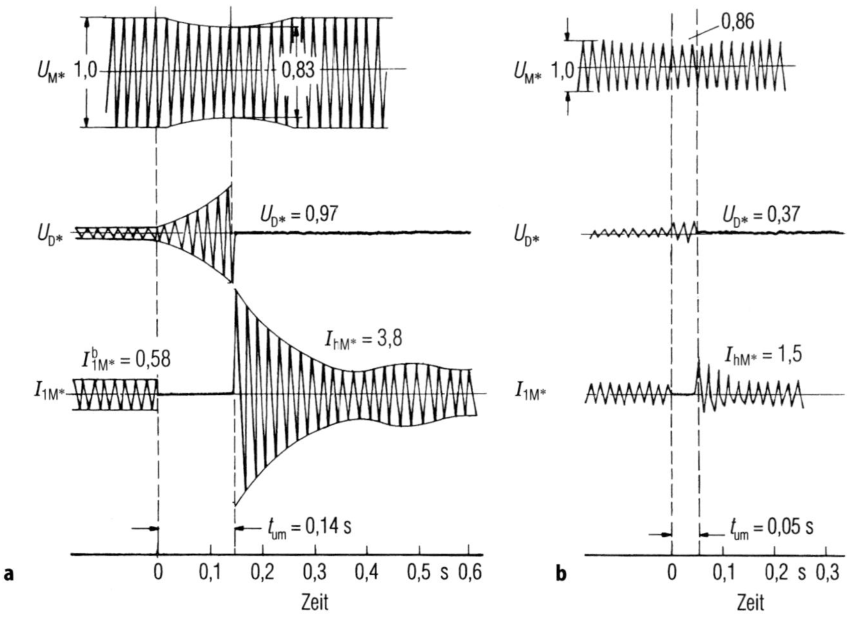

Bild 7.16 a, b. Umschaltung von 6-kV-Motoren. **a** Schnellumschaltung, I_{rM} = 484 A; **b** Sofortumschaltung, I_{rM} = 1200 A

7.5 Schutz von Kraftwerksblöcken

Die Annäherung an eine möglichst zuverlässige und unterbrechungsarme elektrische Energieversorgung wird wesentlich durch den Kraftwerksschutz und den Netzschutz mitbestimmt. Auch wenn für dieses besondere Gebiet eine große Zahl von Veröffentlichungen zur Verfügung steht [7.24, 12.66, 12.68, 12.70], soll hier ein kurzer Überblick über den Schutz von Kraftwerksblöcken und im Abschn. 12.7 entsprechend ein Überblick über den Netzschutz gegeben werden, wobei der innere Aufbau und die verwendeten Schutzalgorithmen nicht behandelt werden. Angaben dazu findet man ausreichend u.a. in

[12.51, 12.52, 12.57, 12.59, 12.61, 12.62, 12.69, 12.73, 12.77, 12.78] und in Firmendruckschriften.

7.5.1 Allgemeines

Um die Auswirkungen einer Störung im Kraftwerk oder im Drehstromnetz, hervorgerufen durch Material- oder Fertigungsfehler, durch Verschmutzung, durch atmosphärische Vorgänge (Gewitter, Sturm, Schnee usw.), durch mechanische Einwirkungen von außen und durch Fehlschaltungen im Netz (z. B. Einschalten auf eine eingelegte Arbeitserde, Ziehen eines Trennschalters unter Last) möglichst klein zu halten, werden an die Schutzeinrichtungen eine Reihe von zum Teil widerstreitenden Forderungen gestellt:

- **Zuverlässigkeit:** Die Schutzeinrichtung soll möglichst während ihrer ganzen Lebensdauer bestimmungsgemäß arbeiten ohne großen Wartungsaufwand. Sie soll deshalb weder zur Überfunktion noch zur Unterfunktion führen.
- **Schnelligkeit:** Schnelligkeit wird gefordert, um Umfang und Ausbreitung des Schadens, z. B. durch einen Hochstromlichtbogen zu begrenzen oder ein Außertrittfallen von Synchrongeneratoren (s. Abschn.18.3) zu vermeiden. Bei der Schnelligkeit kommt es nicht nur auf die Eigenzeit der Schutzrelais zur Erfassung und Auswertung der Störung an, sondern im Mittel- und Hochspannungsnetz auch auf die Eigenzeit der Leistungsschalter.
- **Selektivität**: Die Forderung nach Selektivität bedeutet, dass nach Möglichkeit nur das fehlerbetroffene Betriebsmittel wie Generator, Kraftwerksblock, Stromkreis einer Freileitung oder ein Netztransformator vom übrigen Elektrizitätsversorgungssystem abgetrennt werden soll, um so über das verbleibende System die Versorgung der Abnehmer weitgehend aufrechterhalten zu können. Zur Erreichung der Selektivität kommt hauptsächlich die zeitliche Staffelung, z. B. abhängig von der Impedanz zwischen Relaiseinbauort und Kurzschlussort (Distanzschutz), die Berücksichtigung der Richtung des Fehlers vom Relaiseinbauort aus betrachtet (Überstrom-Richtungsschutz) und der Amplituden- oder Phasenvergleich (z. B. beim Differentialschutz für Transformatoren oder Sammelschienen) in Betracht.
- **Wirtschaftlichkeit**: Das Schutzsystem im Kraftwerk oder auch im Mittel- und Hochspannungsnetz, das in der Regel aus der Erfassung einer oder mehrerer Messgrößen über Wandler, die Auswertung im Schutzrelais und der Umsetzung über einen Leistungsschalter besteht, soll in seinen Kosten für Anschaffung und Wartung bzw. Funktionsüberwachung in einem angemessenen Verhältnis zum Schutzobjekt (z. B. zum Generator eines Kraftwerksblockes) stehen.

7.5.2
Schutzmaßnahmen für Kraftwerksblöcke

Bild 7.17 zeigt einen Überblick über die bei großen Kraftwerksblöcken mit $S_{rG} > 300$ MVA eingesetzten Schutzeinrichtungen. Zusätzlich werden hier nicht eingezeichnete Maßnahmen gegen von der OS-Seite des Blocktransformators einlaufende Blitz- und Schaltüberspannungen eingesetzt (s. Abschn. 17.7.3).

In der Regel wird der Generatorsternpunkt bei Kraftwerksblöcken nur sehr hochohmig mit Erde verbunden, um so die Einbringung eines einfachen groben Ständererdschlussschutzes zu ermöglichen.

Bei Generatoren, die ohne Blocktransformatoren direkt ins Netz einspeisen, wird dagegen die Generatorsternpunkterdung über eine niederohmige Impedanz angewendet. Günstigerweise wählt man eine Reaktanz, die die Größe eines einpoligen Klemmenkurzschlussstromes auf die Größe des dreipoligen Klemmenkurzschlussstromes oder kleinere Werte begrenzt. Die in USA eingesetzten Sternpunktresistanzen führen spätestens bei parallelen ungleich belasteten Generatoren oder bei Generatoren in Niederspannungsnetzen mit mehr als einer Neutralpunkterdung zu Schwierigkeiten, weil Kreisströme dreifacher Netzfrequenz auftreten können, die gegebenfalls die Größe des Generatorbemessungsstromes sogar übersteigen.

Man unterscheidet die folgenden Gruppen von Schutzeinrichtungen:

Schutz gegen Netzkurzschlüsse und Überlastung (Kennzeichn. 1 im Bild 7.17)
Der Distanzschutz ($Z <$) auf der OS-Seite des Blocktransformators nimmt Reservefunktionen für den Netzschutz und den Blockschutz wahr. Er misst mit der ersten Stufe in Richtung Blocktransformator (OS-Wicklung) und stellt so eine Reserveschutzeinrichtung für den Differentialschutz des Blocktransformators dar. Mit der zweiten und weiteren zeitverzögerten Stufen misst er in Richtung Netz und stellt so eine Reserve dar für den Netzschutz, z. B. für den Sammelschienenschutz der KW-Schaltanlage.

Der Distanzschutz im Generatorsternpunkt, meist nur einpolig ausgeführt, besitzt zwei Stufen und eine Überstromanregung. Seine erste kurzverzögerte Stufe reicht impedanzmäßig über den Block- und Eigenbedarfstransformator hinaus. Die zweite Stufe ist impedanzunabhängig und ist auf die Endzeit (einige Sekunden) im Zuge der Netzschutzstaffelung eingestellt. Wenn also die Netzschutzeinrichtungen versagen und der Generator länger als die eingestellte Endzeit auf einen Netzkurzschluss einspeist, so soll diese letze Reservestufe ihn vom Netz trennen.

Der Überlastschutz ($I_{th} >$) wird knapp über dem Generatorbemessungsstrom eingestellt und mit einer größeren Zeitverzögerung versehen.

Der Eigenbedarfsabzweig (bei sehr großen Blöcken findet man zwei Eigenbedarfsabzweige mit Dreiwicklungstransformatoren und dann vier EB-Schienen) wird mit einem Überstromschutz ($I >$) ausgerüstet, der gleichzeitig eine Reserveschutzfunktion auf der OS-Seite wahrnimmt.

ΔI	Differenzialschutz
$Z<$	Distanzschutz
$U_0>$	Erdschlussschutz
$-\Delta P>$	Kraftwerksentkoppelung
$R_e<$	Läufer-Erdschlussschutz
$\vartheta>$	Läuferübertemperaturschutz
$-P>$	Rückleistungsschutz
$I_2>$	Schieflastschutz
$U>$	Spannungssteigerungsschutz
$U/f>$	Trafoübererregungsschutz
$I_{th}>$	Überlastschutz
$I>$	Überstromschutz
$f<$	Unterfrequenzschutz

G	Generator
BT	Blocktransformator
T	Turbine
EBT	Eigenbedarfstransformator
LS	Leistungsschalter
TSS	Turbinenschnellschlussventil

1	Schutz gegen Netzkurzschlüsse (Reserve und Überlast)
2	Schutz der Turbine
3	Schutz des Ständers
4	Schutz des Läufers
5	Schutz des Blocktransformators
6	Schutz des Eigenbedarfstransformators
7	Bei hohen Primärströmen Stromwandler mit Zwischenkreis, z. B. 25 A

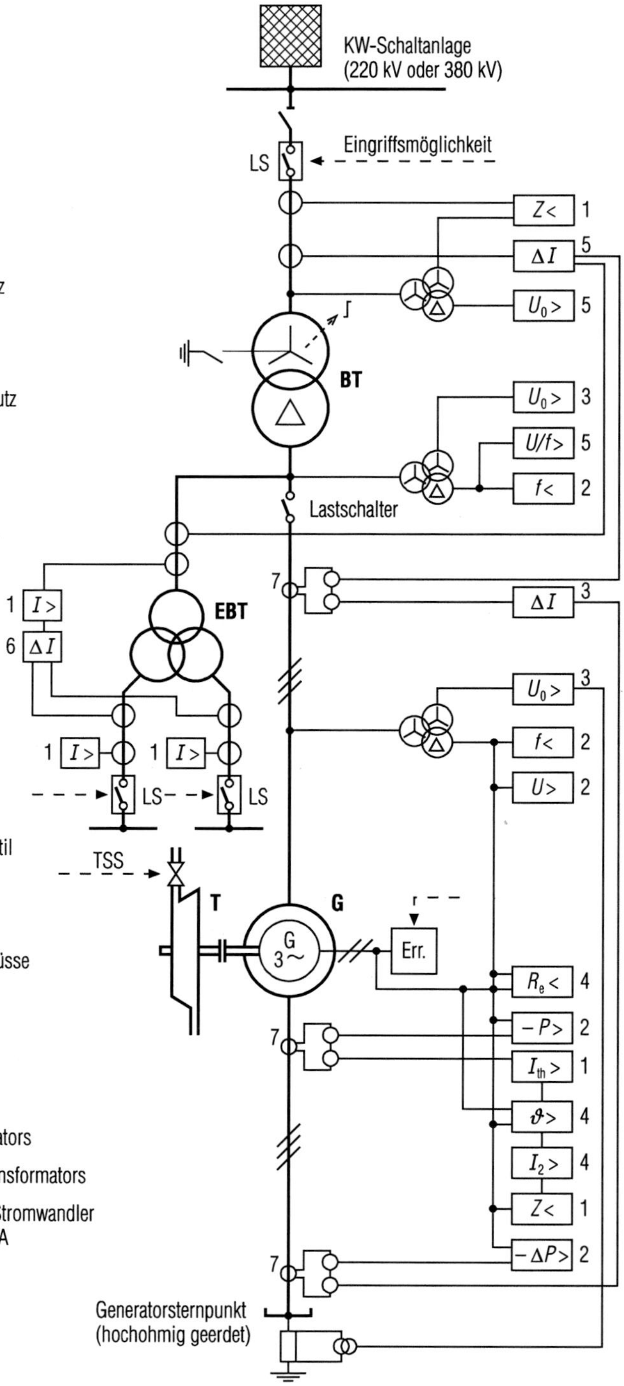

Bild 7.17. Schutzeinrichtungen (Relaisschutz) großer Kraftwerksblöcke (S_{rG} > 300 MVA)

Schutz der Turbine (Kennzeichnung 2 im Bild 7.17)
Beim Schließen des Turbinenschnellschlussventils (TSS) per Hand oder durch den Schutz muss immer auch gleichzeitig der Leistungsschalter (LS) auf der OS-Seite des Blocktransformators ausgeschaltet werden, damit der Generator nicht als Motor am Netz weiterläuft.

Der Rückleistungsschutz ($-P >$) wird wegen seiner Bedeutung insbesondere für mehrstufige große Dampfturbinen redundant ausgeführt. Nach ein bis zwei Sekunden ergeht eine Warnung, während bei andauernder „stationärer" Rückleistung nach 10 bis 15 s der Schnellschluss (TSS) eingreift, der Leistungsschalter (LS) öffnet und die Entregung eingeleitet wird (s. auch die gestrichelt gekennzeichneten Eingriffsmöglichkeiten im Bild 7.17).

Die Kraftwerksentkopplung ($-\Delta P >$), zum Teil eingesetzt bei großen Turbosätzen mit hohem Schlankheitsgrad soll durch Auslösung $\approx$ 150 ms nach Kurzschlusseintritt die Kupplung zwischen Generator und Turbine vor Überlastung schützen (Bild 5.23) für den Fall, dass ein kraftwerksnaher Kurzschluss in der Zwischenzeit nicht vom Netzschutz erfasst und ausgeschaltet wurde [5.28, 5.36].

Sinkt die Frequenz im Netz unter eine festgelegte Grenze von z. B. 47,5 Hz in 50-Hz-Netzen (s. Tabelle 6.2), so soll der Kraftwerksblock durch das Unterfrequenzrelais ($f<$) mit dem Leistungsschalter vom Netz getrennt werden, um den Eigenbedarf zu sichern und so später einen schnellen Netzwiederaufbau möglich zu machen. Selbstverständlich muss hierbei die Forderung erfüllt werden, dass der Kraftwerksblock ohne Ansprechen des Schnellschlusses von Volllast in die Versorgung des Eigenbedarfs von z.B. 7% der Volllast zurückfallen kann.

Der zweistufige Spannungssteigerungsschutz ($U >$), mit einer ersten Meldestufe für das Überschreiten einer eingestellten betriebsfrequenten Spannung und einer zweiten Stufe, die beim Überschreiten eines höheren Wertes (z.B. $1{,}5 U_{rG}$) zur Auslösung des Leistungsschalters und zur Einleitung der Entregung führt, soll beim Versagen der Spannungsregeleinrichtung, insbesondere während der Drehzahl- und Spannungserhöhung nach einem Lastabwurf, eingreifen.

Schutz des Generatorständers (Kennzeichnung 3 im Bild 7.17)
Der Differenzialschutz (ΔI) soll den gesamten Block (durch mehrere Schutzeinrichtungen) lückenlos beim Auftreten von mehrpoligen Kurzschlüssen schützen, d.h. schnell vom Netz trennen. Der Generatordifferenzialschutz im Bild 7.17 umfasst den Generatorständer und die Generatorableitung bis zum Lastschalter.

Der Ständererdschlussschutz ($U_0 >$), wobei U_0 für die Spannung an der offenen Dreieckswicklung auf der Tertiärseite des Spannungswandlers steht, soll nach einer geringen Zeitverzögerung zum Auslösen des Leistungsschalters, zur Entregung und zum Schnellschluss führen, um die Ausweitung des Erdschlussfehlers mit stromschwachem kapazitivem Erdschlussstrom in einen Windungs-, Wicklungs- oder sogar Doppelerdkurzschluss mit hohen Strömen und entsprechender Schadensausweitung zu verhindern. Wegen seiner Bedeutung wird der Ständererdschlussschutz bei großen Generatoren redundant mit Hilfe von einander unabhängiger Maßnahmen ausgeführt und soll 100 % der Ständerwicklung, die US-Wicklung des Blocktransformators und die OS-Wicklung des Blocktransformators erfassen. Einen ersten groben Ständererdschlussschutz, der allerdings nicht den Erdschluss in der Nähe des Generatorsternpunktes erfassen kann, erreicht man durch die Überwachung der Verlagerungsspannung des Generatorsternpunktes (Bild 7.17).

Die Erdschlussschutzeinrichtung zwischen Blocktransformator und Lastschalter im Bild 7.17 ist für den Fall notwendig, dass in diesem Bereich einschließlich der US-Wicklung des Transformators bei offenem Generatorlastschalter ein Erdschluss auftritt. Wenn kein Generatorschalter vorhanden ist (s. Bild 7.3), so entfällt diese Schutzeinrichtung.

Schutz des Generatorläufers (Kennzeichnung 4 im Bild 7.17)
Der Läufer mit seinen Wicklungen (Erregerwicklung und Dämpferwicklung) und den Polkappen ist der höchstbeanspruchte Teil des Turbogenerators. Der Überwachung der Läufererwärmung durch den Läuferübertemperaturschutz ($\vartheta >$) und den Schieflastschutz ($I_2 >$) kommt deshalb besondere Bedeutung zu.

Der Läufer(Rotor)erdschlussschutz ($R_e <$) überwacht dauernd die Isolation des Läufers gegen Erde einschließlich der galvanisch mit dem Läufer verbundenen Teile des Erregersystems. In einer ersten Stufe wird eine Meldung ausgegeben bei Absinken des Widerstandes der Läuferwicklung gegen Erde unter 30 bis 80 kΩ. In der zweiten Stufe bei Absinken des Widerstandes unter etwa 5 kΩ erfolgt eine Ausschaltung des Generators und eine Entregung.

Schutz des Blocktransformators (Kennzeichnung 5 im Bild 7.17)
Der Blocktransformator wird durch seinen Differenzialschutz (ΔI), durch seinen Erdschlussschutz ($U_0 <$) auf der OS-Seite und durch den im Bild 7.17 nicht eingezeichneten Buchholzschutz (Warnung bei Gasentwicklung und Auslösung bei rascher Ölströmung zwischen Kessel und Ausdehnungsgefäß) und gegebenenfalls eine Überwachung der Wicklungstemperatur oder ein thermisches Abbild geschützt.

Der Übererregungsschutz ($U/f >$) verarbeitet eine Messgröße proportional zur Leiter-Leiter-Spannung und umgekehrt proportional zur Frequenz, wobei diese Größe durch die Spannung an einem Kondensator gewonnen werden kann.

Schutz des Eigenbedarfstransformators (Kennzeichnung 6 im Bild 7.17)
Eigenbedarfstransformatoren erhalten neben dem Differenzialschutz (ΔI) mindestens auch einen Buchholzschutz zur Isolationsüberwachung.

8 Transformatoren

8.1 Einsatz der Transformatoren

Die von Drehstromgeneratoren in Kraftwerken erzeugte Spannung (Bild 5.2) und die bei großen Leistungen dazugehörenden Ströme sind für eine wirtschaftliche Energieübertragung und -verteilung ungeeignet. In den Kraftwerken werden deshalb Blocktransformatoren (Maschinentransformatoren) eingesetzt, um auf Spannungen von z. B. 110, 220 oder 380 kV und teilweise sogar 500 kV und 750 kV zu transformieren. In den Verteilungsnetzen sind dann Transformatoren notwendig, um die Spannung wieder herabzusetzen (Bild 12.1). Die folgende Aufstellung soll einen Überblick über die wichtigsten Anwendungsgebiete liefern:

- Transformatoren im Kraftwerk:
  Blocktransformatoren werden an die Leistung der Generatoren angepasst und bilden mit ihnen und der Antriebsturbine den Kraftwerksblock. Die Leistungsgrenzen für Drehstromtransformatoren liegen bei etwa 1200 MVA für Bahntransport und 2000 MVA für Schiffstransport bei 400 kV auf der Oberspannungsseite. Beim Übergang auf einpolige Einheiten und höhere Oberspannungen sind noch größere Drehstromleistungen möglich.
  Eigenbedarfs- und Anfahrtransformatoren zur Speisung und Sicherung des Eigenbedarfs der Kraftwerksblöcke (Kap. 7).
  Niederspannnungstransformatoren, z. B. 6 kV/0,4 kV oder 10 kV/ 0,4 kV, zur Versorgung des Niederspannungseigenbedarfs im Kraftwerk.
- Transformatoren im Übertragungs- und Verteilungsnetz:
  Netztransformatoren als Drehstromeinheiten oder als Gruppe aus drei einpoligen Transformatoreinheiten (Transformatorbank) zur Kupplung der Hochspannungsnetze, z. B. 380 kV/220 kV, 380 kV/110 kV oder 220 kV/110 kV. In Deutschland sind Gruppen einpoliger Spartransformatoren (Abschn. 8.5) zur Kupplung zwischen dem 380-kV- und dem 220-kV-Netz mit Durchgangsbemessungsleistungen 660 MVA oder 1000 MVA im Einsatz [8.1, 8.10].
  Für die direkte Kupplung zwischen dem 380-kV-Netz und 110-kV-Netzen sind Drehstromeinheiten mit Bemessungsleistungen bis 300 MVA üblich.

D. Oeding, B. Oswald, *Elektrische Kraftwerke und Netze*,
doi 10.1007/978-3-642-19246-3,

Die Transformatoren zur Kupplung der Mittelspannungsnetze 10 kV, 20 kV oder 30 kV mit dem 110-kV-Netz sind immer Volltransformatoren mit Bemessungsleistungen zwischen 12,5 MVA und 63 MVA.
Niederspannungstransformatoren (Verteiltransformatoren) zur Kupplung zwischen den Mittelspannungsnetzen 10 kV oder 20 kV und den Niederspannungsnetzen 0,4 kV haben Bemessungsscheinleistungen zwischen 250 kVA und 2000 kVA. Vorzugswerte sind 250, 400, 630, 1000 und 1600 kVA.

- Transformatoren in Industrienetzen:
  Neben Transformatoren, wie sie auch im Übertragungs- und Verteilungsnetz der öffentlichen Elektrizitätsversorgung vorkommen, finden sich in Industrienetzen eine Reihe von Transformatoren mit Sonderaufgaben und daran angepasster Ausführung. Dies sind u. a.:
  Stromrichtertransformatoren mit $U_{\mathrm{rTOS}} < 30$ kV,
  Transformatoren für Lichtbogenöfen mit $U_{\mathrm{rTOS}} = (10 \ldots 110)$ kV (220 kV),
  Anlasstransformatoren für große Motoren,
  Transformatoren für Schweißmaschinen.

Bild 8.1 gibt einen Überblick über Gewichte und Verluste großer Blocktransformatoren. Bild 8.2 zeigt einen 850-MVA-Blocktransformator als Drehstromeinheit im Braunkohlenkraftwerk Schwarze Pumpe.

Bild 8.3 zeigt einen 300-MVA-Netzkuppeltransformator in einer Freiluftschaltanlage.

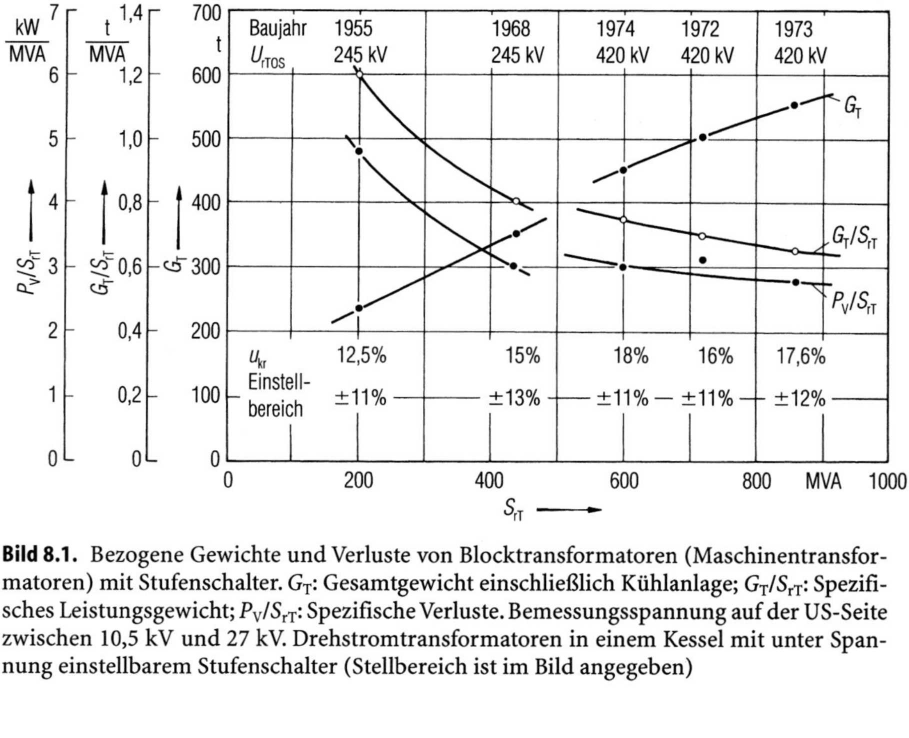

Bild 8.1. Bezogene Gewichte und Verluste von Blocktransformatoren (Maschinentransformatoren) mit Stufenschalter. G_T: Gesamtgewicht einschließlich Kühlanlage; G_T/S_{rT}: Spezifisches Leistungsgewicht; P_V/S_{rT}: Spezifische Verluste. Bemessungsspannung auf der US-Seite zwischen 10,5 kV und 27 kV. Drehstromtransformatoren in einem Kessel mit unter Spannung einstellbarem Stufenschalter (Stellbereich ist im Bild angegeben)

Bild 8.2. Blocktransformator S_{rT} = 850 MVA im Braunkohlenkraftwerk Schwarze Pumpe (überlastbar auf 1100 MVA mit zusätzlichem Kühler; Öl-Wasserkühlung); Yd5; 410 kV ± 14,6%/27 kV, u_k = 21,6% bei 1100 MVA (Werkbild Siemens)

8.2 Schaltgruppen und Schaltungen

Tabelle 8.1 zeigt gebräuchliche Schaltgruppen von Zweiwicklungs-Drehstromtransformatoren nach [N8.2]. Die in Deutschland bevorzugten Schaltgruppen sind durch Umrandung gekennzeichnet. Im Ausland gilt auch die Schaltgruppe Yd11 als bevorzugte Schaltgruppe.

Die jeweils zu einer Schaltgruppenbezeichnung gehörende Kennzahl (z. B. 5 bei Yd5) gibt an, um welches Vielfache von 30° die Zeiger auf der US-Seite gegen die mit gleichem Buchstaben auf der OS-Seite nacheilen (im Gegenuhrzeigersinn gerechnet).

Bild 8.3. Netzkuppeltransformator 400 kV ± 16% /110 kV, S_{rTOSMS} = 300 MVA, Schaltgruppe Yy0d5, Tertiärwicklung 75 MVA, Kurzschlussspannung u_k = 14 % (Werkbild Siemens). 380-kV-Durchführungen auf der Vorderseite, 110-kV-Durchführungen auf der Rückseite, Tertiärwicklung herausgeführt rechts, Ölausdehnungsgefäß über dem Transformatordeckel, Öl-Luft-Kühler rechts und links, 380-kV-Ableiter auf eigenen Stützen vor dem Transformator.

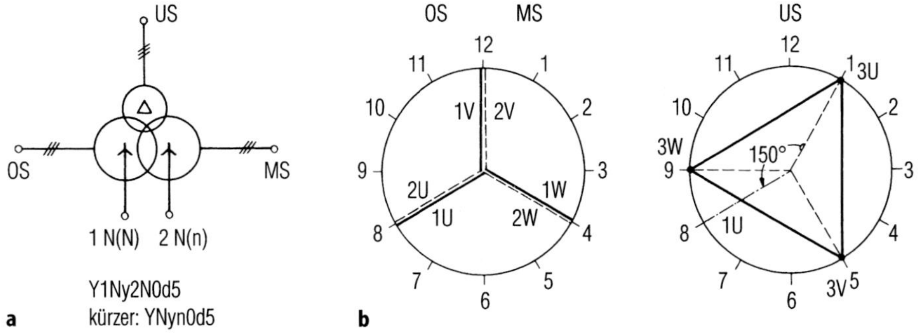

Bild 8.4 a, b. Darstellung, Bezeichnung und Kennzahlen eines Dreiwicklungs-Drehstromtransformators. **a** Darstellung und Schaltgruppe; **b** „Zeigerbilder“

Bild 8.4 zeigt diese Vereinbarung an einem Dreiwicklungstransformator. Zusätzlich soll gezeigt werden, dass zur weiteren Kennzeichnung der Schaltung ein 1N oder 2N eingeführt wird, wenn der Sternpunkt auf der OS-Seite oder der US-Seite herausgeführt ist. (In Niederspannungsnetzen spricht man vorzugsweise auch vom Neutralpunkt, wenn ein Neutralleiter angeschlossen wird wie bei TN-Netzen.)

Tabelle 8.1. Schaltgruppen, Zeigerbilder und Schaltungsbilder von Drehstromtransformatoren [N8.2, N8.5]

Kennzahl	Schaltgruppe[a]	Zeigerbild[b] OS US	Schaltungsbild[c] OS US
0	Dd0 Yy0 (umrahmt) Dz0	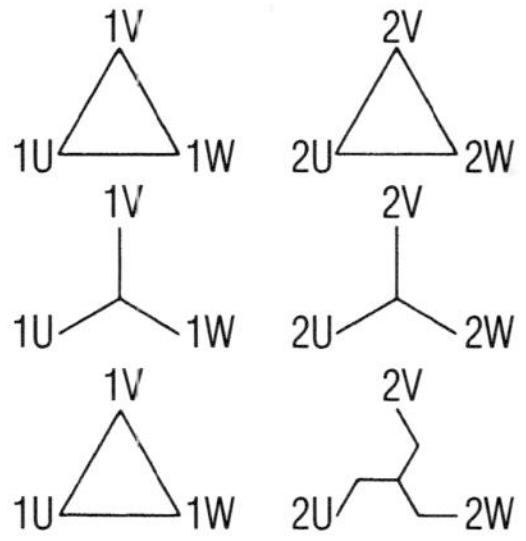	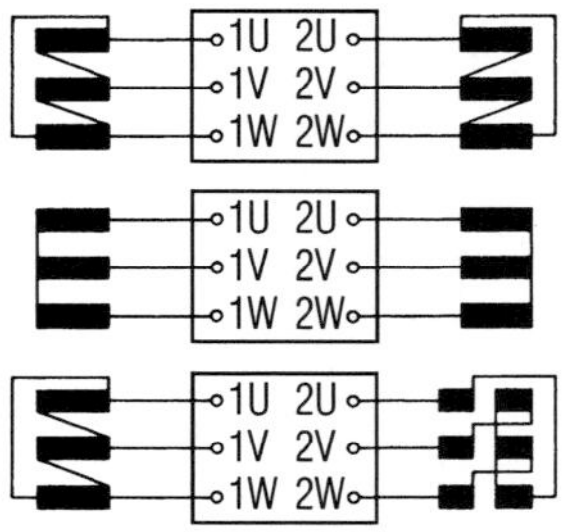
5	Dy5 Yd5 Yz5	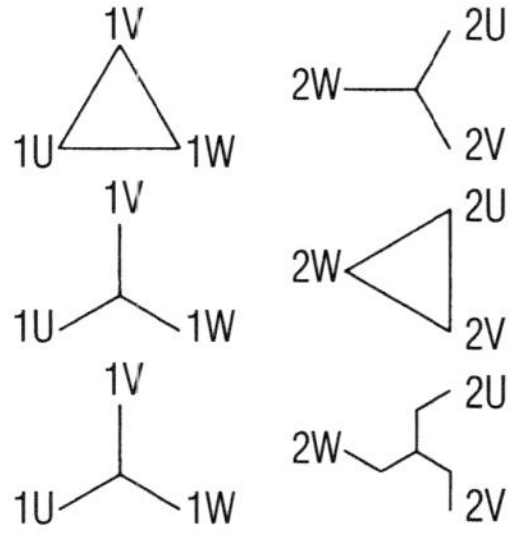	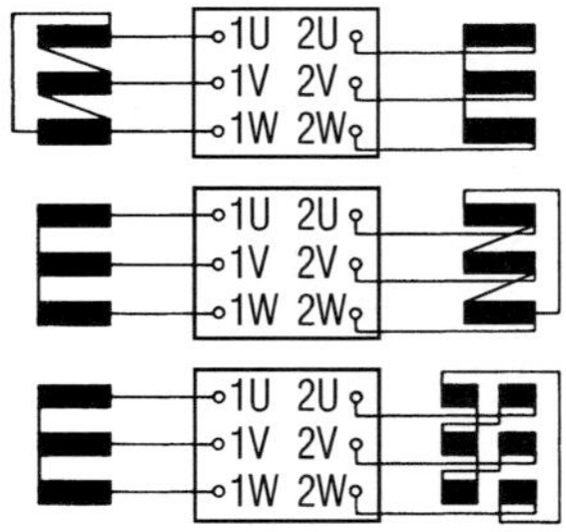
6	Dd6 Yy6 Dz6	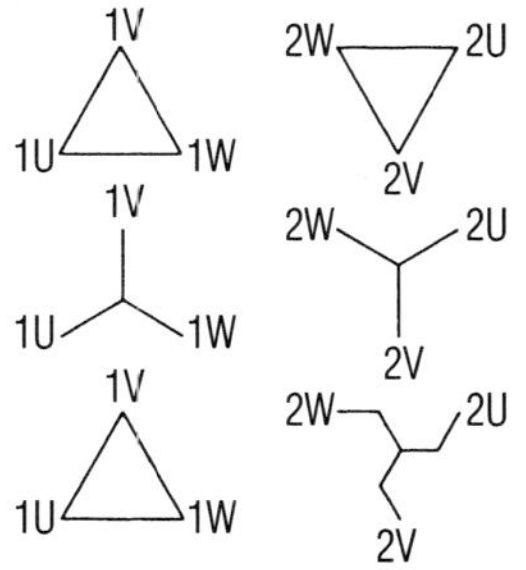	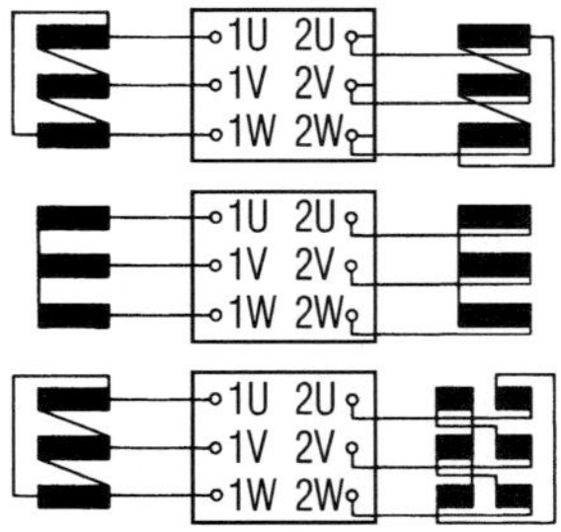

[a] Bei herausgeführtem Sternpunkt ist hinter dem Schaltzeichen der Wicklung N (oder 1N) bzw. n (oder 2N) zu ergänzen, z. B. YNd5 oder YNyn0 (Y1Ny2N0).

[b] Die Zahlen-Buchstaben-Kombinationen 1U 1V 1W werden für die Anschlüsse der OS-Wicklung benutzt, während 2U 2V 2W und 3U 3V 3W für die Anschlüsse der MS- und US-Wicklungen verwendet werden.

[c] Bei den Wicklungen ist gleicher Wickelsinn vorausgesetzt, d. h. räumlich gesehen sind in den Schaltbildern die Wicklungen nach unten geklappt zu denken. Zeichnet man das Schaltungsbild für einen Transformator im Netz mit angeschlossenen elektrischen Betriebsmitteln auf der OS- und US-Seite, so ist häufig eine Darstellung wie im Bild 8.12 vorteilhaft (Beispiel YNd5). In [N8.2, Anhang D] wird eine andere Darstellungsform vorgeschlagen, die jedoch keine sachliche Änderung ergibt.

Tabelle 8.1 (Fortsetzung)

11	Dy11 Yd11 Yz11	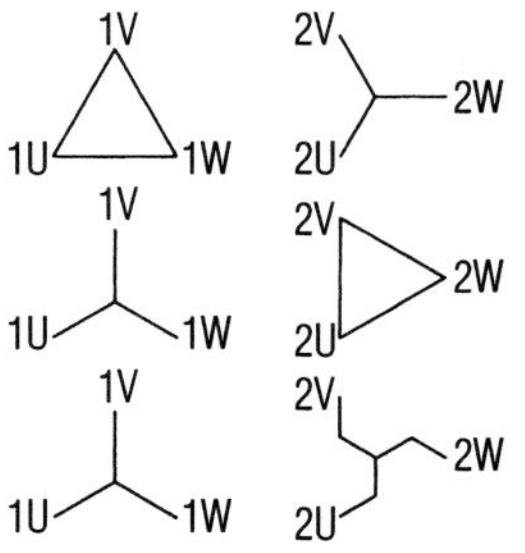	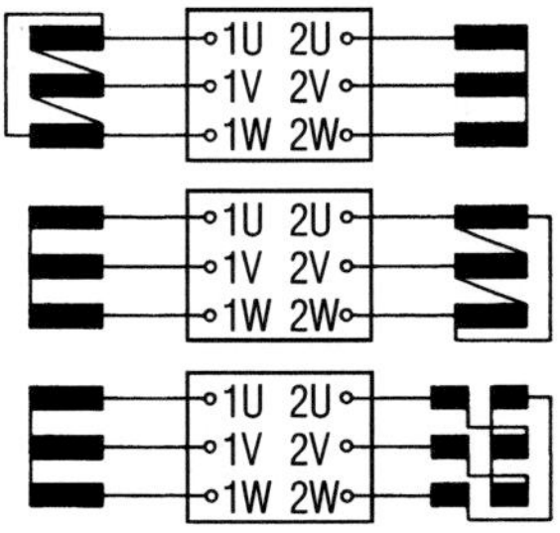

Schaltet man Transformatoren parallel entweder in der gleichen Anlage oder zwischen zwei Netzen in verschiedenen Anlagen, so müssen die Kennzahlen der Schaltgruppen übereinstimmen. Bei entsprechendem Vertauschen der Anschlusspunkte kann man jedoch auch Transformatoren mit den Kennzahlen 5 und 11 parallel schalten. Beim Parallelschalten von zwei Transformatoren (zum Beispiel) sind außerdem, um Kreisströme [8.16] in ihrer Größe einzuschränken, die folgenden Bedingungen einzuhalten:

$$t_{\mathrm{rT1}} \approx t_{\mathrm{rT2}}, \quad u_{\mathrm{krT1}} \approx u_{\mathrm{krT2}} \quad \text{und} \quad S_{\mathrm{rT1}}/S_{\mathrm{rT2}} < 3$$

Dabei ist $t_\mathrm{r} = U_{\mathrm{rTOS}}/U_{\mathrm{rTUS}} \geq 1$ der Bemessungswert des Übersetzungsverhältnisses (transformation ratio), der in einem Leerlaufversuch ermittelt werden kann, und u_{kr} der Bemessungswert der Kurzschlussspannung (Abschn. 8.3.1).

Wählt man bei gleicher Leistung eine Sternschaltung für die Drehstromwicklung eines Transformators, so ist die an der einzelnen Wicklung (Wicklungsstrang) im stationären Betrieb anliegende Spannung um $\sqrt{3}$ kleiner als die Netzbetriebsspannung (Leiter-Leiter-Spannung), die näherungsweise der Bemessungsspannung (Leiter-Leiter-Spannung) entsprechen wird. Bei Transformatoren mit hohen Bemessungsspannungen, 110 kV und darüber, wird deshalb weitgehend die Sternschaltung bevorzugt. Bei gleichem Magnetfluss hat man dann kleinere Windungszahlen und größere Drahtquerschnitte der Wicklungen. Als weiterer Vorteil der Sternschaltung in Hochspannungsnetzen ergibt sich, dass man den Sternpunkt der Transformatoren direkt erden oder über eine Impedanz an Erde anschließen kann. Die Isolation des sternpunktseitigen Endes der Wicklung kann unter gewissen Randbedingungen gegenüber der Eingangsisolation herabgesetzt werden. Bei Netzen mit Spannungen bis 110 kV wird von dieser Möglichkeit kaum Gebrauch gemacht. Bei Spannungen 220 kV und darüber wird man in Netzen mit niederohmiger Sternpunkterdung auf diesen Vorteil jedoch nicht verzichten [N8.2].

Bei großen Strömen auf der Unterspannungsseite von Transformatoren, wie zum Beispiel bei Blocktransformatoren hoher Bemessungsleistung, wird meist die Dreieckschaltung gewählt, um Wicklungsströme zu erhalten, die um $\sqrt{3}$ kleiner sind als die Leiterströme an den zugehörigen Transformatoranschlüssen. Bei Blocktransformatoren verwendet man deshalb vorzugsweise die Schaltgruppen Yd5 oder Yd11.

In vielen Fällen wird die Schaltgruppe durch die Art der Sternpunktbehandlung der Netze bestimmt, in denen die Transformatoren eingesetzt werden sollen. Niederspannungstransformatoren (Transformatoren zwischen Mittelspannung und Niederspannung) haben deshalb häufig die Schaltgruppe Dyn5 mit herausgeführtem Sternpunkt (Neutralpunkt) auf der US-Seite zum Anschluss eines Schutzleiters (Neutralleiters) in einem TN-Netz.

Bei Hochspannungs-Netztransformatoren (110 kV und darüber) wählt man, um den Vorteil durch die geringere Spannung an den Sternwicklungen und die Möglichkeit der Sternpunkterdung auszunutzen, für beide Seiten die Sternschaltung. Zusätzlich wird dann eine Ausgleichswicklung (AW) in Dreieckschaltung notwendig (Bild 8.4).

Bei ausreichend bemessener Dreieckwicklung erreicht man in diesem Fall, dass bei einpoligem Erdkurzschluss die Kurzschlussströme und Verlagerungsspannungen auf eine Seite des Transformators beschränkt bleiben, und dass Streuflüsse nicht über den Kessel fließen [8.9].

Ausgleichswicklungen in Dreieckschaltung werden meist für ein Drittel der Transformatorbemessungsscheinleistung ausgelegt. Bei einpoligem Kurzschluss fließt in der Ausgleichswicklung dann (1/3) I''_{k1T}, wenn man gleiche Windungszahlen der OS-Wicklung und der Ausgleichswicklung auf dem gleichen Schenkel voraussetzen würde. Tatsächlich fließen die in den Bildern 8.12 und 8.13 angegebenen Ströme. Für das Verhältnis der Nullreaktanz zur Mitreaktanz $X_{\mathrm{0T}}/X_{\mathrm{T}}$ erhält man dann je nach Wicklungsanordnung Werte größer 1, während bei Transformatoren in Yd- (oder Dy-) Schaltung $X_{\mathrm{0T}}/X_{\mathrm{T}} \approx$ (0,9 … 1,0) zu erwarten ist (Tabelle 8.2).

8.3 Zwei- und Dreiwicklungstransformatoren

8.3.1 Ersatzschaltung und Zeigerdiagramm

Ersatzschaltungen für Transformatoren im Mit- und Nullsystem der symmetrischen Komponenten sind in A.6 gegeben. Hier soll zunächst die Ersatzschaltung eines Zweiwicklungstransformators Yy0 ohne Stufenschalter im Mitsystem behandelt werden. Vorausgesetzt wird, dass die Resistanzen der OS- und US-Wicklung aus dem Transformator herausgezogen werden, ebenso wie die Streureaktanzen durch Teilung des Flusses im Streuraum. Weiterhin soll eine Umrechnung der Spannung, des Stromes und der Impedanz der US-Seite auf die OS-Seite vorgenommen werden. Es ergeben sich dann die Ersatzschaltungen nach Bild 8.5b bis 8.5d. Um die Indizierung möglichst einfach zu

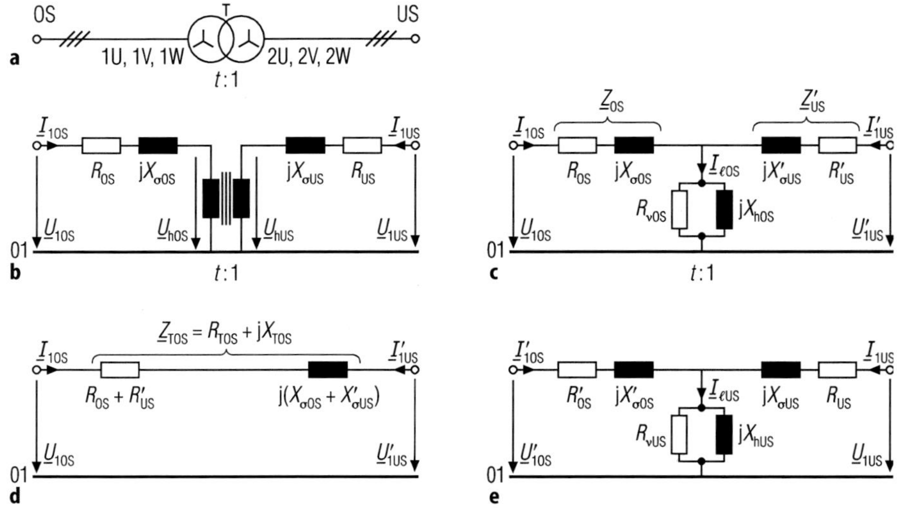

Bild 8.5 a – e. Ersatzschaltungen eines Drehstrom-Zweiwicklungstransformators Yy0 ohne Stufenschalter im Mitsystem. **a** Schaltung; **b** Ersatzschaltung mit idealem Übertrager der Übersetzung *t*; **c** Ersatzschaltung (OS-Seite) mit einem Querzweig zur Berücksichtigung der Eisenverluste und des Magnetisierungsstromes; **d** Ersatzschaltung (OS-Seite) bei Vernachlässigung der Eisenverluste und des Magnetisierungsstromes, also bei Vernachlässigung des Leerlaufstromes $\underline{I}_\ell$ (zur Größe des Leerlaufstromes siehe Bild 8.7); **e** Ersatzschaltung (US-Seite) mit einem Querzweig zur Berücksichtigung der Eisenverluste und des Magnetisierungsstromes (im Vergleich zu **c**)

halten, wurde bei den Resistanzen und den Streureaktanzen der Index 1 für das Mitsystem weggelassen. Bei den Nullimpedanzen wird als erster Index am Formelzeichen eine Null eingefügt.

Im Bild 8.5 bedeuten:

$\underline{U}_{1\mathrm{OS}}, \underline{U}_{1\mathrm{US}}$	Spannungen im Mitsystem auf der OS- und US-Seite
$\underline{I}_{1\mathrm{OS}}, \underline{I}_{1\mathrm{US}}$	Ströme im Mitsystem auf der OS- und US-Seite
$R_{\mathrm{OS}}, R_{\mathrm{US}}, X_{\sigma\mathrm{OS}}, X_{\sigma\mathrm{US}}$	Resistanzen und Streureaktanzen auf der OS- und US-Seite
R_{vOS}	Resistanz entsprechend den Eisenverlusten (Leerlaufverlusten P_ℓ)
X_{hOS}	Hauptfeldreaktanz (Magnetisierungsreaktanz)
$\underline{Z}_{\ell\mathrm{OS}}$	Leerlaufimpedanz entsprechend dem Leerlaufstrom $\underline{I}_\ell$
$\underline{Z}_{\mathrm{TOS}}$	Kurzschlussimpedanz des Transformators: $\underline{Z}_{\mathrm{TOS}} = R_{\mathrm{TOS}} + \mathrm{j}X_{\mathrm{TOS}} = R_{\mathrm{OS}} + R'_{\mathrm{US}} + \mathrm{j}(X_{\sigma\mathrm{OS}} + X'_{\sigma\mathrm{US}})$

Der Strich oben rechts am Formelzeichen soll anzeigen, dass es sich um eine umgerechnete (hier auf die Oberspannungsseite umgerechnete) Größe handelt. Der Index T gilt für den gesamten Transformator mit seiner OS- und US-Wicklung.

Die Leerlaufimpedanz $\underline{Z}_{\ell OS}$ bestimmt man aus dem gemessenen Leerlaufstrom $\underline{I}_{\ell OS}$ bei angelegter sinusförmiger Bemessungsspannung mit Bemessungsfrequenz.

$$Z_{\ell OS} = \frac{U_{rTOS}}{\sqrt{3} I_{\ell OS}} = \frac{1}{i_\ell} \cdot \frac{U_{rTOS}^2}{S_{rT}} \tag{8.1}$$

i_ℓ ist der auf den Transformatorbemessungsstrom I_{rTOS} bezogene Leerlaufstrom $I_{\ell OS}$.

Die Resistanz R_{vOS} und die Magnetisierungsreaktanz X_{hOS} im Bild 8.5 c berechnet man ausgehend von

$$R_{vOS} = \frac{U_{rTOS}^2}{P_\ell} \tag{8.2 a}$$

$$X_{hOS} = \frac{R_{vOS} Z_{\ell OS}}{\sqrt{R_{vOS}^2 - Z_{\ell OS}^2}} \tag{8.2 b}$$

Bei großen Transformatoren kann man den Leerlaufstrom vernachlässigen, weil $i_\ell < 1\%$ des Transformatorbemessungsstromes wird. Man erhält die vereinfachte Ersatzschaltung nach Bild 8.5 d. Die Transformatorimpedanz kann dann ausgehend von der Bemessungskurzschlussspannung u_{kr} und dem ohmschen Spannungsfall u_{Rr} (die üblicherweise in % angegeben werden [N8.2]) bzw. den Kurzschlussverlusten P_{kr} berechnet werden:

$$Z_{TOS} = \frac{u_{kr}}{100\%} \cdot \frac{U_{rTOS}^2}{S_{rT}} = \frac{u_{kr}}{100\%} \cdot \frac{U_{rTOS}}{\sqrt{3} I_{rTOS}} = z_T \frac{U_{rTOS}^2}{S_{rT}} \tag{8.3}$$

u_{kr} und u_{Rr} werden in % und die bezogene Transformatorimpedanz in p.u. angegeben.

$$R_{TOS} = \frac{u_{Rr}}{100\%} \cdot \frac{U_{rTOS}^2}{S_{rT}} = \frac{u_{Rr}}{100\%} \cdot \frac{U_{rTOS}}{\sqrt{3} I_{rTOS}} = r_T \cdot \frac{U_{rTOS}^2}{S_{rT}} = \frac{P_{kr}}{3 I_{rTOS}^2} \tag{8.4}$$

$$X_{TOS} = \sqrt{Z_{TOS}^2 - R_{TOS}^2} \tag{8.5}$$

$$\underline{Z}_{TOS} = R_{TOS} + jX_{TOS} \tag{8.6}$$

Beim Übergang von Bild 8.5 b auf 8.5 c sind die Spannung, der Strom und die Impedanz der US-Wicklung auf die OS-Seite umzurechnen:

$$U'_{1US} = t \underline{U}_{1US} \tag{8.7 a}$$

$$\underline{I}'_{1US} = \frac{1}{t} \underline{I}_{1US} \tag{8.7 b}$$

$$R'_{US} = t^2 R_{US} \tag{8.8 a}$$

$$X'_{\sigma US} = t^2 X_{\sigma US} \tag{8.8 b}$$

Man kann auch $\underline{Z}_{TUS} = (1/t^2)\underline{Z}_{TOS} = R_{TUS} + \mathrm{j}X_{TUS} = R_{US} + R'_{OS} + \mathrm{j}(X_{\sigma US} + X'_{\sigma OS})$ zur Transformatorbeschreibung verwenden (Bild 8.5 e).

Ausgehend von u_{kr} und u_{Rr} ergibt sich entsprechend zu den Gln. (8.3) bis (8.6):

$$\underline{Z}_{TUS} = \frac{u_{Rr}}{100\%}\frac{U_{rTUS}^2}{S_{rT}} + \mathrm{j}\frac{\sqrt{u_{kr}^2 - u_{Rr}^2}}{100\%}\frac{U_{rTUS}^2}{S_{rT}} = (r_T + \mathrm{j}x_T)\frac{U_{rTUS}^2}{S_{rT}} \tag{8.9}$$

Bild 8.6 enthält Anhaltswerte u_{kr} für Zweiwicklungs-Drehstromtransformatoren abhängig von U_{rTOS} und abhängig von S_{rT}. Richtwerte für i_ℓ, P_ℓ/S_{rT} und u_{Rr} sind im Bild 8.7 aufgezeichnet.

Für die Ersatzschaltungen nach Bild 8.5 c und 8.5 d gelten die Zeigerdiagramme des Bildes 8.8 und die folgenden Gleichungen:

$$\underline{I}_{1OS} + \underline{I}'_{1US} = \underline{I}_{\ell OS} \tag{8.10}$$

$$\underline{U}_{1OS} = (R_{OS} + \mathrm{j}X_{\sigma OS})\underline{I}_{1OS} + \underline{Z}_{\ell OS}\underline{I}_{\ell OS} = (R_{OS} + \mathrm{j}X_{\sigma OS})\underline{I}_{1OS} + \underline{U}_{1hOS} \tag{8.11}$$

$$\underline{U}'_{1US} = (R'_{US} + \mathrm{j}X'_{\sigma US})\underline{I}'_{1US} + \underline{Z}_{\ell OS}\underline{I}_{\ell OS} = (R'_{US} + \mathrm{j}X'_{\sigma US})\,\underline{I}'_{1US} + \underline{U}_{1hOS} \tag{8.12}$$

Beim Übergang von Bild 8.5 c auf die vereinfachte Ersatzschaltung nach Bild 8.5 d wird $\underline{I}_{\ell OS} = 0$ gesetzt. Gl. (8.10) geht damit in Gl. (8.13) über. Die Gln. (8.11) und (8.12) ergeben zusammen Gl. (8.14).

$$\underline{I}_{1OS} + \underline{I}'_{1US} = 0 \tag{8.13}$$

$$\underline{U}_{1OS} = (R_{TOS} + \mathrm{j}X_{TOS})\underline{I}_{1OS} + \underline{U}'_{1US} = \underline{Z}_{TOS}\underline{I}_{1OS} + \mathrm{U}'_{1US} \tag{8.14}$$

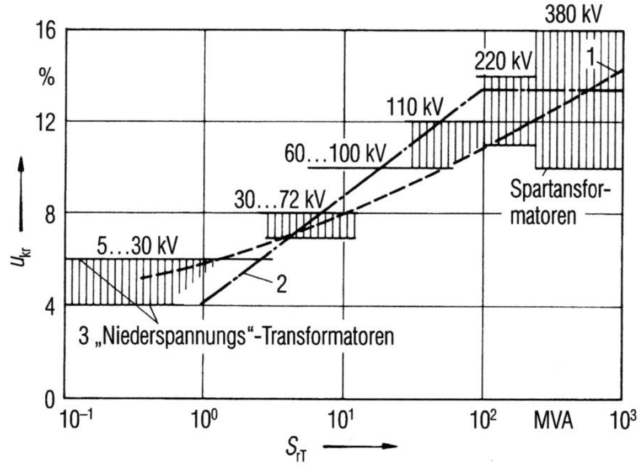

Bild 8.6. Bemessungs-Kurzschlussspannungen von Zweiwicklungstransformatoren und Zweiwicklungstransformatoren mit zusätzlicher Ausgleichswicklung in Dreieckschaltung. *1* Mittelwerte; *2* Mittelwerte von Volltransformatoren [8.2]; *3* Transformatoren mit U_{rTUS} = 0,4 kV (oder 0,41 oder 0,42 kV zur Speisung von Netzen mit U_n = 400 V) oder Transformatoren zur Speisung von Niederspannungsnetzen mit U_n > 400 V

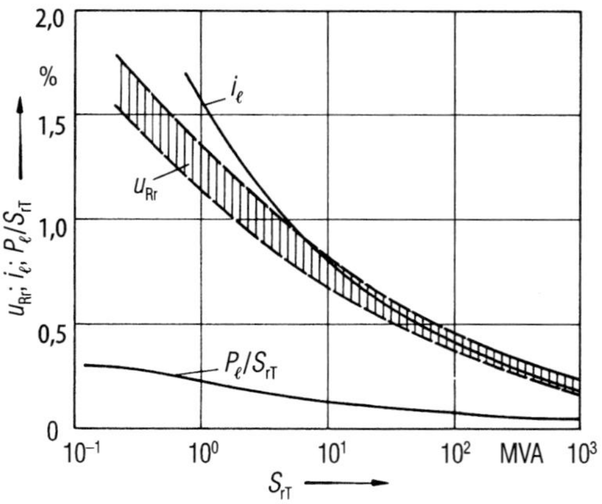

Bild 8.7. Anhaltswerte für u_{Rr}, i_ℓ (Leerlaufstrom) und P_ℓ/S_{rT} (Leerlaufverluste) von Zweiwicklungstransformatoren

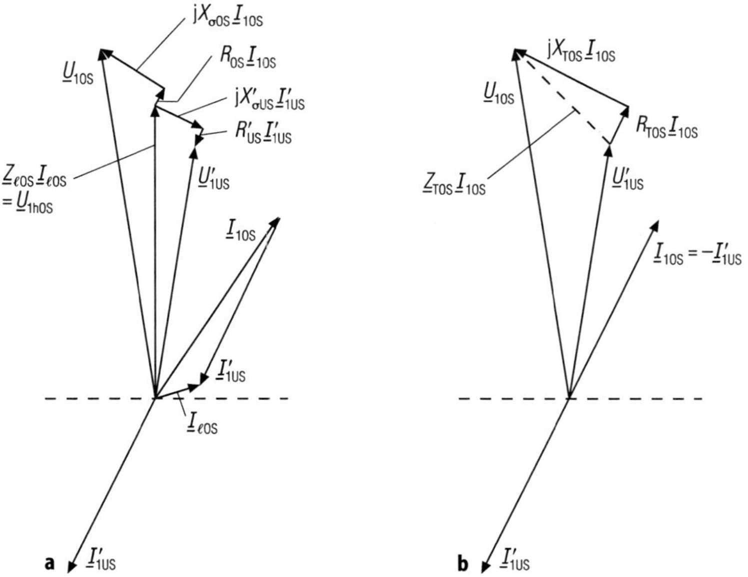

Bild 8.8 a, b. Zeigerdiagramm des Drehstrom-Zweiwicklungstransformators mit der Schaltgruppe Yy0. **a** entsprechend Ersatzschaltplan nach Bild 8.5 c; **b** entsprechend Ersatzschaltplan nach Bild 8.5 d

8.3.2 Leistungsaufnahme und Spannungsänderung bei Belastung

Bei der Berechnung der Leistungsaufnahme eines Transformators und der Spannungsänderung bei Belastung geht man im Allgemeinen von der vereinfachten Ersatzschaltung des Transformators nach Bild 8.5 d aus.

Für die Leistungsaufnahme auf der OS-Seite und die Leistungsabgabe auf der US-Seite eines symmetrisch belasteten Drehstromtransformators nach Bild 8.9 gilt:

$$\underline{S}_{\mathrm{OS}} = 3\,\underline{U}_{1\mathrm{OS}}\underline{I}_{1\mathrm{OS}}^{*} = 3\,U_{1\mathrm{OS}}I_{1\mathrm{OS}}(\cos\varphi_{\mathrm{OS}} + \mathrm{j}\sin\varphi_{\mathrm{OS}}) \tag{8.15}$$

$$\underline{S}_{\mathrm{US}} = 3\underline{U}_{1\mathrm{US}}\underline{I}_{1\mathrm{US}}^{*} = 3U_{1\mathrm{US}}I_{1\mathrm{US}}(\cos\varphi_{\mathrm{US}} + \mathrm{j}\sin\varphi_{\mathrm{US}}) = -\underline{S}_{\mathrm{B}} \tag{8.16}$$

Aus den Scheinleistungen $\underline{S}_{\mathrm{OS}}$ und $\underline{S}_{\mathrm{US}} = -\underline{S}_{\mathrm{B}}$ ergeben sich die Verlustleistung P_{V} und der Blindleistungsbedarf Q_{V} der Transformatorwicklungen:

$$\underline{S}_{\mathrm{OS}} + \underline{S}_{\mathrm{US}} = \underline{S}_{\mathrm{OS}} - \underline{S}_{\mathrm{B}} = P_{\mathrm{V}} + \mathrm{j}Q_{\mathrm{V}} = 3\underline{U}_{1\mathrm{OS}}\underline{I}_{1\mathrm{OS}}^{*} + 3\underline{U}_{1\mathrm{US}}'\underline{I}_{1\mathrm{US}}'^{*} \tag{8.17a}$$

Unter Heranziehung der Gln. (8.13) und (8.14) findet man:

$$\begin{aligned} P_{\mathrm{V}} + \mathrm{j}Q_{\mathrm{V}} &= 3(\underline{U}_{1\mathrm{OS}} - \underline{U}_{1\mathrm{US}}')\underline{I}_{1\mathrm{OS}}^{*} = 3R_{\mathrm{TOS}}I_{1\mathrm{OS}}^{2} + \mathrm{j}3X_{\mathrm{TOS}}I_{1\mathrm{OS}}^{2} \\ &= 3R_{\mathrm{TUS}}I_{1\mathrm{B}}^{2} + \mathrm{j}3X_{\mathrm{TUS}}I_{1\mathrm{B}}^{2} \end{aligned} \tag{8.17b}$$

Die Spannungsänderung $\Delta U_{1\mathrm{OS}}$ auf der OS-Seite bei Belastung des Transformators mit $\underline{I}_{1\mathrm{B}}$ bestimmt man ausgehend von Bild 8.9 mit $\underline{U}_{1\mathrm{US}}' = U_{1\mathrm{US}}'$ und $\underline{I}_{1\mathrm{B}}' = I_{1\mathrm{B}}'(\cos\varphi_{\mathrm{B}} - \mathrm{j}\sin\varphi_{\mathrm{B}})$ wie folgt:

$$\underline{U}_{1\mathrm{OS}} = U_{1\mathrm{US}}' + R_{\mathrm{TOS}}I_{1\mathrm{B}}'\cos\varphi_{\mathrm{B}} + X_{\mathrm{TOS}}I_{1\mathrm{B}}'\sin\varphi_{\mathrm{B}} + \mathrm{j}\,(X_{\mathrm{TOS}}I_{1\mathrm{B}}'\cos\varphi_{\mathrm{B}} - R_{\mathrm{TOS}}I_{1\mathrm{B}}'\sin\varphi_{\mathrm{B}}) \tag{8.18a}$$

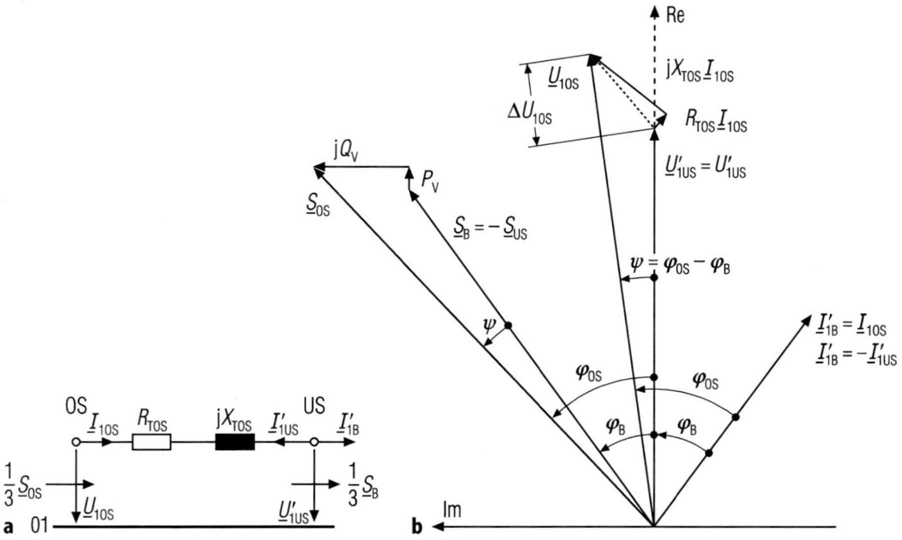

Bild 8.9 a, b. Zeigerdiagramm zur Berechnung der Leistungsübertragung und des Spannungsfalls bei symmetrisch belastetem Drehstrom-Zweiwicklungstransformator. **a** Ersatzschaltung im Mitsystem; **b** Zeigerdiagramm

$$\Delta U_{1\mathrm{OS}} = U_{1\mathrm{OS}} - U'_{1\mathrm{US}}$$
$$= \sqrt{[U'_{1\mathrm{US}} + (R_{\mathrm{TOS}}\cos\varphi_{\mathrm{B}} + X_{\mathrm{TOS}}\sin\varphi_{\mathrm{B}})I'_{1\mathrm{B}}]^2 + [(X_{\mathrm{TOS}}\cos\varphi_{\mathrm{B}} - R_{\mathrm{TOS}}\sin\varphi_{\mathrm{B}})I'_{1\mathrm{B}}]^2}$$
$$- U'_{1\mathrm{US}} \tag{8.18b}$$

Für die Unterspannungsseite berechnet man die Spannungsänderung entweder aus $\Delta U_{1\mathrm{US}} = \Delta U_{1\mathrm{OS}}/t$ oder aus:

$$\Delta U_{1\mathrm{US}}$$
$$= \sqrt{[U_{1\mathrm{US}} + (R_{\mathrm{TUS}}\cos\varphi_{\mathrm{B}} + X_{\mathrm{TUS}}\sin\varphi_{\mathrm{B}})I_{1\mathrm{B}}]^2 + [(X_{\mathrm{TUS}}\cos\varphi_{\mathrm{B}} - R_{\mathrm{TUS}}\sin\varphi_{\mathrm{B}})I_{1\mathrm{B}}]^2}$$
$$- U_{1\mathrm{US}} \tag{8.18c}$$

In bezogener Form erhält man aus Gl. (8.18b) oder Gl. (8.18c):

$$\Delta u_1 = \frac{\Delta U_{1\mathrm{OS}}}{U_{\mathrm{rTOS}}/\sqrt{3}} = \frac{\Delta U_{1\mathrm{US}}}{U_{\mathrm{rTUS}}/\sqrt{3}} \tag{8.19a}$$
$$= \sqrt{[u_1 + (r_{\mathrm{T}}\cos\varphi_{\mathrm{B}} + x_{\mathrm{T}}\sin\varphi_{\mathrm{B}})i_{1\mathrm{B}}]^2 + [(x_{\mathrm{T}}\cos\varphi_{\mathrm{B}} - r_{\mathrm{T}}\sin\varphi_{\mathrm{B}})i_{1\mathrm{B}}]^2} - u_1$$

Bei $r_{\mathrm{T}} \ll x_{\mathrm{T}}$ ($u_{\mathrm{Rr}} \ll u_{\mathrm{Xr}}$) ergibt sich folgende Näherung:

$$\Delta u_1 \approx \sqrt{[u_1 + x_{\mathrm{T}} i_{1\mathrm{B}}\sin\varphi_{\mathrm{B}}]^2 + [x_{\mathrm{T}} i_{1\mathrm{B}}\cos\varphi_{\mathrm{B}}]^2} - u_1 \tag{8.19b}$$

Wenn zusätzlich $x_{\mathrm{T}} < 0{,}2$ p.u. ($u_{\mathrm{kr}} < 20\,\%$) bleibt, so bietet sich folgende einfache Form an:

$$\Delta u_1 \approx x_{\mathrm{T}} i_{1\mathrm{B}} \sin\varphi_{\mathrm{B}} \tag{8.19c}$$

mit $i_{1\mathrm{B}} = I_{\mathrm{B}}/I_{\mathrm{rTUS}}$, $u_1 = U_{1\mathrm{US}}/(U_{\mathrm{rTUS}}/\sqrt{3})$

und $x_{\mathrm{T}} = \sqrt{u_{\mathrm{kr}}^2 - u_{\mathrm{Rr}}^2}/100\,\% \approx u_{\mathrm{kr}}/100\,\%$.

8.3.3 Dreiwicklungstransformatoren

Neben Zweiwicklungstransformatoren kommen Dreiwicklungstransformatoren als Netztransformatoren und z. B. als Eigenbedarfstransformatoren (Bild 7.1) im Kraftwerk zum Einsatz. Bei Dreiwicklungstransformatoren dient die dritte Wicklung entweder als Leistungswicklung oder als Ausgleichswicklung. Die Ausgleichswicklung wird bei Sternschaltung auf der OS- und MS-Seite und geforderter Sternpunktbelastbarkeit bei Kurzschluss im Netz in Dreieck geschaltet. Bild 8.10 zeigt die Klemmenbezeichnungen und den Ersatzschaltplan im Mitsystem. Ausgehend von den Überlegungen unter 8.3.1 werden hier OS, MS und US für die Anschlussbezeichnungen gewählt (im Gegensatz

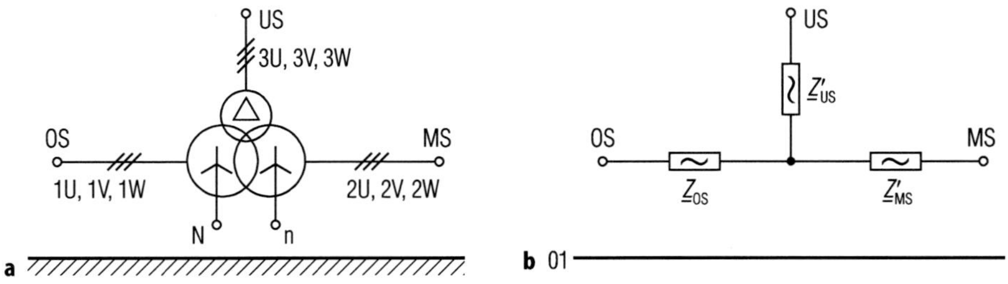

Bild 8.10. Dreiwicklungstransformator YNyn0d5. **a** Anschlussbezeichnungen; **b** Ersatzschaltplan im Mitsystem. Die Impedanzen $\underline{Z}'_{MS}$ und $\underline{Z}'_{US}$ sind auf die OS-Seite umgerechnet. Zur Bedeutung der Impedanzen siehe Bild 8.5, z. B.: $\underline{Z}_{OS} = R_{OS} + jX_{\sigma OS}$

zum Kap. 15, in dem, der IEC-Norm [N15.1] folgend, A, B und C verwendet wurden).

Während man beim Zweiwicklungstransformator nur einen Kurzschlussversuch durchführen muss, um die Kurzschlussspannung zu ermitteln, sind beim Dreiwicklungstransformator drei Messungen notwendig, um daraus die Impedanzen der Schaltung nach Bild 8.10 zu berechnen. Allgemein gilt, dass bei einem Transformator mit N Wicklungen $(N\text{-}1)N/2$ Kurzschlussversuche notwendig werden [8.5]. Zur Ermittlung der drei Kurzschlussspannungen u_{krOSMS}, u_{krOSUS} und u_{krMSUS} speist man jeweils eine Wicklung mit einem symmetrischen Spannungssystem – Mitsystem – ein, schließt eine zweite Wicklung kurz und lässt die dritte Wicklung offen. Die Einspeisespannung wird jeweils so eingestellt, dass ein Strom fließt, der der kleineren Bemessungsscheinleistung der beiden Wicklungen (eingespeiste und kurzgeschlossene) entspricht. Die Kurzschlussspannungen sind also jeweils mit einer Bezugsleistung, der Durchgangsleistung, z. B. von der OS- zur US-Wicklung, verknüpft. Ausgehend von den Kurzschlussspannungen u_{krOSMS}, u_{krOSUS} und u_{krMSUS} und den Durchgangsleistungen S_{rTOSMS}, S_{rTOSUS} und S_{rTMSUS} ergeben sich die Impedanzen für die OS-Seite zu:

$$Z_{TOSMS} = \left| \underline{Z}_{OS} + \underline{Z}'_{MS} \right| = \frac{u_{krOSMS}}{100\%} \frac{U^2_{rTOS}}{S_{rTOSMS}} \tag{8.20a}$$

$$Z_{TOSUS} = \left| \underline{Z}_{OS} + \underline{Z}'_{US} \right| = \frac{u_{krOSUS}}{100\%} \frac{U^2_{rTOS}}{S_{rTOSUS}} \tag{8.20b}$$

$$Z_{TMSUS} = \left| \underline{Z}'_{MS} + \underline{Z}'_{US} \right| = \frac{u_{krMSUS}}{100\%} \frac{U^2_{rTOS}}{S_{rTMSUS}} \tag{8.20c}$$

Durch gleichzeitige Messung der Kurzschlussverluste (Wirkleistungsmessung) für jeweils zwei Wicklungspaare ermittelt man R_{TOSMS}, R_{TOSUS} und R_{TMSUS} analog zu Gl. (8.4) und kann dann die komplexen Größen $\underline{Z}_{TOSMS}$, $\underline{Z}_{TOSUS}$ und $\underline{Z}_{TMSUS}$ bestimmen. Für die OS-Seite ergibt sich:

$$\underline{Z}_{\mathrm{OS}} = \frac{1}{2}(\underline{Z}_{\mathrm{TOSMS}} + \underline{Z}_{\mathrm{TOSUS}} - \underline{Z}_{\mathrm{TMSUS}})$$
$$= \frac{1}{2}\left(\frac{u_{\mathrm{RrOSMS}} + \mathrm{j}\,u_{\mathrm{XrOSMS}}}{100\%}\frac{1}{S_{\mathrm{rTOSMS}}} + \frac{u_{\mathrm{RrOSUS}} + \mathrm{j}\,u_{\mathrm{XrOSUS}}}{100\%}\frac{1}{S_{\mathrm{rTOSUS}}} - \frac{u_{\mathrm{RrMSUS}} + \mathrm{j}\,u_{\mathrm{XrMSUS}}}{100\%}\frac{1}{S_{\mathrm{rTMSUS}}}\right) U_{\mathrm{rTOS}}^2 \tag{8.21 a}$$

$$\underline{Z}'_{\mathrm{MS}} = \frac{1}{2}(\underline{Z}_{\mathrm{TMSUS}} + \underline{Z}_{\mathrm{TOSMS}} - \underline{Z}_{\mathrm{TOSUS}})$$
$$= \frac{1}{2}\left(\frac{u_{\mathrm{RrMSUS}} + \mathrm{j}\,u_{\mathrm{XrMSUS}}}{100\%}\frac{1}{S_{\mathrm{rTMSUS}}} + \frac{u_{\mathrm{RrOSMS}} + \mathrm{j}\,u_{\mathrm{XrOSMS}}}{100\%}\frac{1}{S_{\mathrm{rTOSMS}}} - \frac{u_{\mathrm{RrOSUS}} + \mathrm{j}\,u_{\mathrm{XrOSUS}}}{100\%}\frac{1}{S_{\mathrm{rTOSUS}}}\right) U_{\mathrm{rTOS}}^2 \tag{8.21 b}$$

$$\underline{Z}'_{\mathrm{US}} = \frac{1}{2}(\underline{Z}_{\mathrm{TOSUS}} + \underline{Z}_{\mathrm{TMSUS}} - \underline{Z}_{\mathrm{TOSMS}})$$
$$= \frac{1}{2}\left(\frac{u_{\mathrm{RrOSUS}} + \mathrm{j}\,u_{\mathrm{XrOSUS}}}{100\%}\frac{1}{S_{\mathrm{rTOSUS}}} + \frac{u_{\mathrm{RrMSUS}} + \mathrm{j}\,u_{\mathrm{XrMSUS}}}{100\%}\frac{1}{S_{\mathrm{rTMSUS}}} - \frac{u_{\mathrm{RrOSMS}} + \mathrm{j}\,u_{\mathrm{XrOSMS}}}{100\%}\frac{1}{S_{\mathrm{rTOSMS}}}\right) U_{\mathrm{rTOS}}^2 \tag{8.21 c}$$

Die Umrechnung der Impedanzen nach Gl. (8.21) auf die MS- oder US-Seite nimmt man mit dem Quadrat des entsprechenden Übersetzungsverhältnisses vor. Die Gln. (8.21) werden dann besonders einfach, wenn man das %/MVA-System verwendet (Abschn. 15.6.3).

Bild 8.11 a zeigt ein Beispiel für die Anwendung eines Dreiwicklungstransformators zur Einspeisung elektrischer Energie aus dem 110-kV-Netz in ein 10-kV-Netz mit ruhigen Verbrauchern und in ein 30-kV-Netz mit unruhigen Verbrauchern. Die OS-Wicklung wird nach Bild 8.11b zwischen der MS- und der US-Wicklung angeordnet, um möglichst geringe Rückwirkungen der Spannungsänderungen im 30-kV-Netz auf das 10-kV-Netz mit seinen Verbrauchern zu erreichen. Sind nur die OS- und die MS-Wicklung in Betrieb, so ist das Streufeld durch das Trapez $\underline{a\ b\ c\ d}$ gegeben, während sich beim Betrieb der OS- und der US-Wicklung ein Streufeld entsprechend dem Trapez $\underline{a'\ b'\ c'\ d'}$ ergibt (Bild 8.11 b). Beim gemeinsamen Betrieb der MS- und US-Wicklung gespeist über die OS-Wicklung bildet sich das resultierende Streufeld $\underline{d\ c\ b\ b'\ c'\ d'}$ aus. Die Streufelder zwischen den OS- und MS-Wicklungen bzw. den OS- und US-Wicklungen verkleinern sich nur wenig, die Kopplung zwischen der US- und der MS-Wicklung ist also gering.

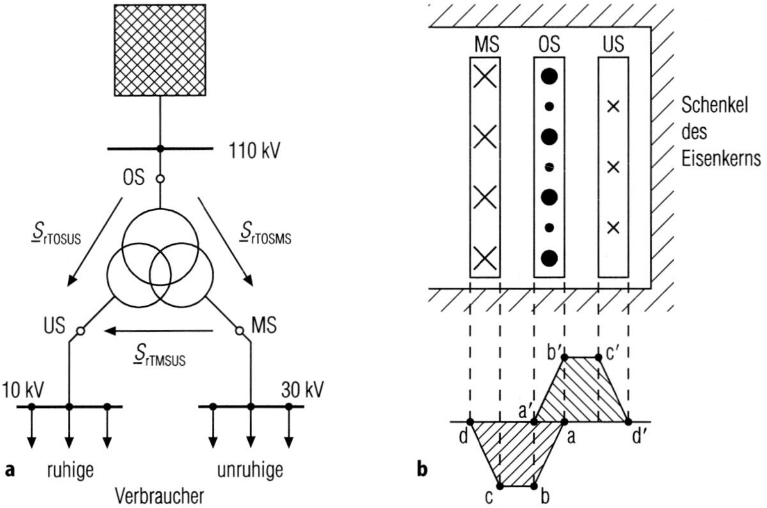

Bild 8.11 a, b. Dreiwicklungstransformator mit einer Anordnung der OS-Wicklung zwischen der MS- und der US-Wicklung. **a** Schaltung; **b** Wicklungsanordnung und Streufelder

Für einen Dreiwicklungstransformator sollen folgende Daten gegeben sein:

$$S_{\mathrm{rTOSMS}} = 20\ \mathrm{MVA};\quad S_{\mathrm{rTOSUS}} = 10\ \mathrm{MVA};\quad S_{\mathrm{rTMSUS}} = 10\ \mathrm{MVA}$$

$$u_{\mathrm{krOSMS}} = 10\,\%;\quad u_{\mathrm{krOSUS}} = 5{,}5\,\%;\quad u_{\mathrm{krMSUS}} = 10{,}2\,\%$$

Nach Gl. (8.20) ergeben sich daraus, wenn man die Resistanzen vernachlässigt, mit $U_{\mathrm{rTOS}} = 110$ kV:

$$X_{\mathrm{TOSMS}} = \frac{10\%}{100\%}\,\frac{(110\ \mathrm{kV})^2}{20\ \mathrm{MVA}} = 60{,}5\ \Omega$$

$$X_{\mathrm{TOSUS}} = \frac{4{,}5\%}{100\%}\,\frac{(110\ \mathrm{kV})^2}{10\ \mathrm{MVA}} = 54{,}45\ \Omega$$

$$X_{\mathrm{TMSUS}} = \frac{10{,}2\%}{100\%}\,\frac{(110\ \mathrm{kV})^2}{10\ \mathrm{MVA}} = 123{,}42\ \Omega$$

Für den Ersatzschaltplan nach Bild 8.10 b findet man damit bei Verwendung der Gln. (8.21):

$$X_{\mathrm{OS}} = \frac{1}{2}\,(X_{\mathrm{TOSMS}} + X_{\mathrm{TOSUS}} - X_{\mathrm{TMSUS}}) = \frac{1}{2}\,(60{,}5 + 54{,}45 - 123{,}42)\ \Omega = -4{,}2\ \Omega$$

$$X'_{\mathrm{MS}} = \frac{1}{2}\,(X_{\mathrm{TMSUS}} + X_{\mathrm{TOSMS}} - X_{\mathrm{TOSUS}}) = \frac{1}{2}\,(123{,}42 + 60{,}5 - 54{,}45)\ \Omega = 64{,}7\ \Omega$$

$$X'_{\mathrm{US}} = \frac{1}{2}\,(X_{\mathrm{TOSUS}} + X_{\mathrm{TMSUS}} - X_{\mathrm{TOSMS}}) = \frac{1}{2}\,(54{,}45 + 123{,}42 - 60{,}5)\ \Omega = 58{,}7\ \Omega$$

Man erkennt, dass eine der Reaktanzen einen negativen Wert annehmen kann (Reaktanz der nach Bild 8.11b in der Mitte liegenden Wicklung). Die den außen liegenden MS- und US-Wicklungen zugeordnete Reaktanzen X'_{MS} und X'_{US} sind etwa gleich groß wie die Reaktanzen zwischen ihnen und der mittleren OS-Wicklung ($X'_{MS} \approx X_{TOSMS}$; $X'_{US} \approx X_{TOSUS}$). Bei Vernachlässigung der radialen Wicklungsausdehnung ergäbe sich die Reaktanz $X_{OS} = 0$.

8.3.4 Nullsystem und Sternpunktbelastbarkeit

Bei Transformatoren wird dann eine Sternpunktbelastbarkeit gefordert, wenn z.B. eine Erdschlusslöschspule angeschlossen werden soll oder wenn der Transformator direkt geerdet wird in Netzen mit niederohmiger Sternpunkterdung. Transformatoren der Schaltgruppe YNd, Dyn und YNynd (mit Dreieckausgleichswicklung) sowie Yzn sind voll sternpunktbelastbar, d.h. der Sternpunkt kann dauernd den Bemessungsstrom der zugehörigen Wicklung führen. Bei YNynd-Transformatoren mit einer Dreieckausgleichswicklung für ein Drittel der Bemessungsleistung darf jedoch nur einer der beiden Sternpunkte belastet werden [N8.2]. Bei der Schaltgruppe YNzn gilt diese Aussage der vollen Sternpunktbelastbarkeit für die Zickzackwicklung, jedoch nicht für die Sternwicklung. Die im Sternpunkt voll belastbaren Transformatoren haben eine Nullimpedanz, die entweder gleich der Mitimpedanz (YNd oder Dyn), merklich kleiner als die Mitimpedanz ist (Yzn für die Nullimpedanz auf der z-Seite) oder aber im Bereich der einfachen bis zur etwa 2,4fachen der Mitimpedanz liegt (YNynd: Stern-Stern mit Dreieckausgleichswicklung). Tabelle 8.2 enthält Anhaltswerte. Bei Dreiwicklungstransformatoren ist dabei für die Mitreaktanz $X_T = X_{OS} + X'_{MS}$ (Bild 8.10) zu verwenden.

Tabelle 8.2. Verhältnis X_{0T}/X_T bei Drehstromtransformatoren (Anhaltswerte)

Kernbauart	Schaltung			
	Yz	Yd oder Dy	Yy + d	Yy[c] oder Yz
Dreischenkelkern	0,1 – 0,15	0,7 – 1,0[a]	1 – 2,4[b]	3 – 10[b]
Fünfschenkelkern		1,0		10 – 100[b]
Bank aus drei einpoligen Transformatoren		1,0		10 – 100[b]

[a] Bei Transformatoren kleiner Leistung $X_{0T}/X_T \approx 1{,}0$ (Niederspannungstransformatoren [N15.5]).

[b] Stark vom Transformatoraufbau und vom Anteil des Streuflusses im Verhältnis zum Nutzfluss abhängig (der Streufluss schließt sich zum Teil über den Transformatorkessel).

[c] Ungeeignet für den Einsatz in Niederspannungs-TN-Netzen (früher Schutzmaßnahme Nullung).

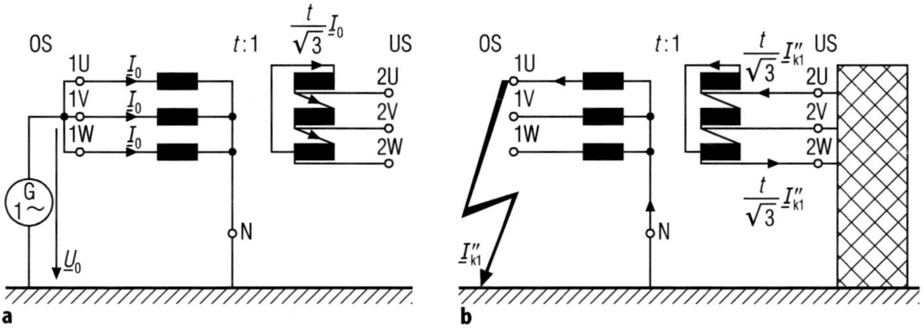

Bild 8.12 a, b. Kurzschlussnullimpedanz und Stromverteilung bei Erdkurzschluss für einen Transformator der Schaltgruppe YNd5. **a** Messung der Nullimpedanz mit $Z_{0T} = U_0/I_0$ mit $\underline{I}_0 = \underline{I}_{0,1U} = \underline{I}_{0,1V} = \underline{I}_{0,1W}$; **b** Stromverteilung und Sternpunktbelastung bei einpoligem Erdkurzschluss und Einspeisung auf der US-Seite

In vielen Fällen ist es ohnehin möglich, wenn an die US-Anschlüsse kein Netz angeschlossen ist oder wenn die US-Wicklung als Ausgleichswicklung dient, die Dreiwicklungstransformatoren als Zweiwicklungstransformatoren zu behandeln.

Für das Nullsystem von Transformatoren gelten nach A.6 eigene Ersatzschaltpläne meist abweichend von den Ersatzschaltplänen im Mitsystem.

Bild 8.12 a zeigt beispielhaft die Messung der Nullimpedanz eines Transformators der Schaltgruppe YNd5 und Bild 8.12 b die Stromverteilung bei einpoligem Erdkurzschluss auf der OS-Seite bei direkter Erdung des Transformatorsternpunkts. Wird der Sternpunkt über eine Impedanz $\underline{Z}_N$ geerdet, so ist, wie in A.6, Nr. 2 gezeigt, $3\underline{Z}_N$ in den Ersatzschaltplan des Nullsystems einzuführen.

Bei einem Blocktransformator der Schaltgruppe YNd5, der seine Leistung in ein Netz mit niederohmiger Sternpunkterdung einspeist, ergibt sich bei einem Erdkurzschluss im Netz für den Generator ein zweipoliger Teilkurzschlussstrom, wie Bild 8.12 b zeigt. Dies bedeutet für den Generator eine vorübergehende Schieflast von $I_{2G}/I_{rG} = (1/3)\ t\, I''_{k1}/I_{rG}$. Die gleiche Schieflast tritt auch im Bild 8.13 auf.

Bei einem Netztransformator der Schaltgruppe YNy0d5 ergibt sich bei Erdkurzschluss auf der OS-Seite eine Stromverteilung nach Bild 8.13. In der Dreieckausgleichswicklung wird sich ein Strom so ausbilden, dass das Amperewindungsgleichgewicht erreicht wird. Bei gleichem Übersetzungsverhältnis t sowohl zwischen der OS- und der MS-Wicklung als auch zwischen der OS- und der AW-(US-)Wicklung fließt der Teilkurzschlussstrom $(1/3) \cdot t_{OSUS} \cdot (1/\sqrt{3}) I''_{k1}$.

Am Beispiel des Bildes 8.14 soll eine Möglichkeit zur Ermittlung der vollständigen Ersatzschaltung eines Dreiwicklungstransformators YNyn0d gezeigt werden.

Für das Beispiel eines YNyn0d5-Transformators mit $U_{TOS} = U_{rTOS}\,(1 \pm 0{,}22)$ bei $U_{rTOS} = 108$ kV, $U_{rTUS} = 10$ kV und $S_{rT} = S_{rTOSMS} = 25$ MVA wurden bei Einstellung des Stufenschalters auf der Hauptanzapfung (Mittelstellung) fol-

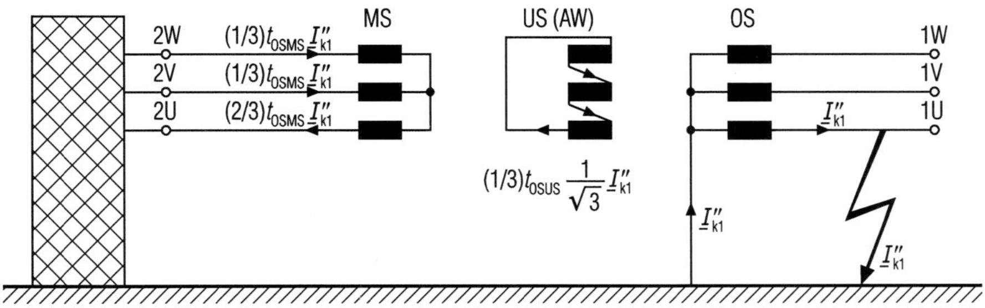

Bild 8.13. Stromverteilung und Sternpunktbelastung eines Dreiwicklungstransformators YNy0d5, wobei die dritte Wicklung eine Ausgleichswicklung (AW) ist, bei Erdkurzschluss auf der OS-Seite. (Bei der Ermittlung der Stromverteilung wurden gleichgerichtete Zählpfeile für alle drei Wicklungen angenommen)

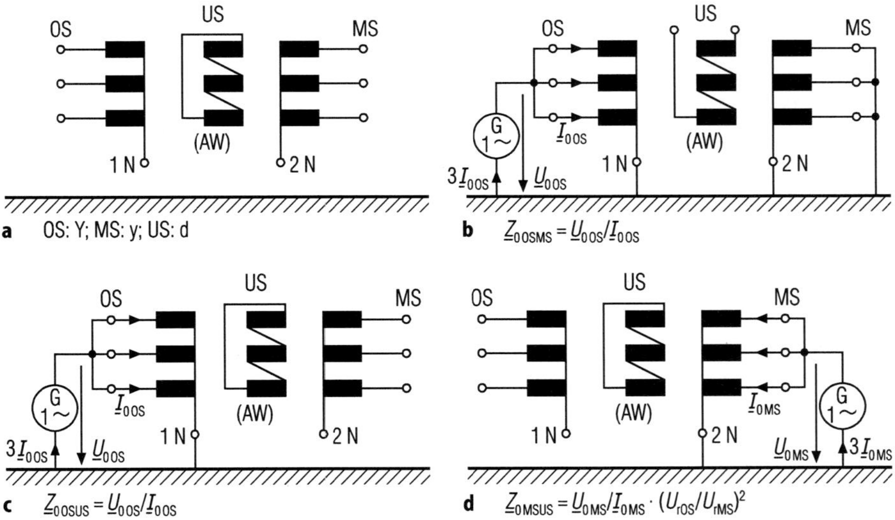

Bild 8.14a–d. Messung der Nullimpedanz eines Netztransformators mit Dreieckausgleichswicklung (US-Wicklung) für 1/3 der Bemessungsscheinleitung. **a** Wicklungsschaltung; **b** Kurzschlussimpedanz $\underline{Z}_{0OSMS}$; **c** Kurzschlussimpedanz $\underline{Z}_{0OSUS}$; **d** Kurzschlussimpedanz $\underline{Z}_{0MSUS}$ mit Umrechung auf die OS-Seite

gende Nullreaktanzen nach Bild 8.14 gemessen (X_{0MSUS} auf die OS-Seite umgerechnet):

$$X_{0OSMS} = 52{,}5\,\Omega,\ \ X_{0OSUS} = 76{,}5\ \Omega,\ \ X'_{0MSUS} = 0{,}193\,\Omega\,\frac{(108\ \text{kV})^2}{(10{,}5\,\text{kV})^2} = 20{,}42\,\Omega$$

Nach den Gln. (8.21) berechnet man dann für die OS-Seite:

$$X_{0\,OS} = 54{,}29\ \Omega,\ \ X'_{0\,MS} = -1{,}79\ \Omega;\ \ X'_{0\,US} = 22{,}21\ \Omega$$

Die Transformatorersatzschaltungen im Nullsystem, auch bei Berücksichtigung von Impedanzen zwischen einem Sternpunkt und Erde (A.6) leiten sich aus diesen Überlegungen ab. Die vollständigen Ersatzschaltungen im Nullsystem machen die Berechnung von übertragenen Nullspannungen möglich, wenn beide Sternpunkte (OS- und MS-Seite) eines Transformators direkt oder über Impedanzen geerdet werden (Abschn. 16.3).

8.3.5 Rushströme beim Einschalten

Beim Einschalten leerlaufender Transformatoren treten Rushströme auf, die bei kleinen Transformatorleistungen das 10- bis 15fache des Scheitelwertes des Bemessungsstromes erreichen. Mit steigender Bemessungsscheinleistung der Transformatoren gehen die Rushströme im Verhältnis zum Bemessungsstrom zurück. Die Rushströme haben Bedeutung für die Auswahl und die Einstellung des Transformatordifferenzialschutzes, für die Spannungsabsenkung im Netz und die Schaltüberspannungen beim Ausschalten im Rush [8.3, 8.6, 8.11, 8.14].

Die Höhe der Rushströme lässt sich entweder durch Messung bei Einschaltversuchen oder mit ausreichender Näherung durch eine Berechnung bestimmen. Ausgangspunkt für die Berechnung ist die vereinfachte Ersatzschaltung eines Zweiwicklungstransformators nach Bild 8.15.

Legt man bei offener US-Seite eine Spannung

$$u_{1\mathrm{OS}} = \hat{u}_{1\mathrm{OS}} \cos(\omega t + \varphi_\mathrm{u}) \tag{8.22}$$

auf der OS-Seite (Mitsystem) an, so ergibt sich für die zeitliche Änderung des Hauptflusses (Augenblickswert), wenn w_OS die Windungszahl auf der OS-Seite ist:

$$\frac{\mathrm{d}\Phi}{\mathrm{d}t} = \frac{1}{w_\mathrm{OS}}(u_{1\mathrm{OS}} - R_\mathrm{OS} i_{1\mathrm{OS}}) = \frac{\hat{u}_{1\mathrm{OS}}}{w_\mathrm{OS}} \cos(\omega t + \varphi_\mathrm{u}) - \frac{R_\mathrm{OS}}{w_\mathrm{OS}} i_{1\mathrm{OS}} \tag{8.23}$$

Nach Integration der Gl. (8.23) erhält man für den zeitlichen Verlauf des Flusses:

$$\Phi = \frac{\hat{u}_{1\mathrm{OS}}}{\omega w_\mathrm{OS}} \sin(\omega t + \varphi_\mathrm{u}) + C - \frac{R_\mathrm{OS}}{w_\mathrm{OS}} \int i_{1\mathrm{OS}}\, \mathrm{d}t \tag{8.24a}$$

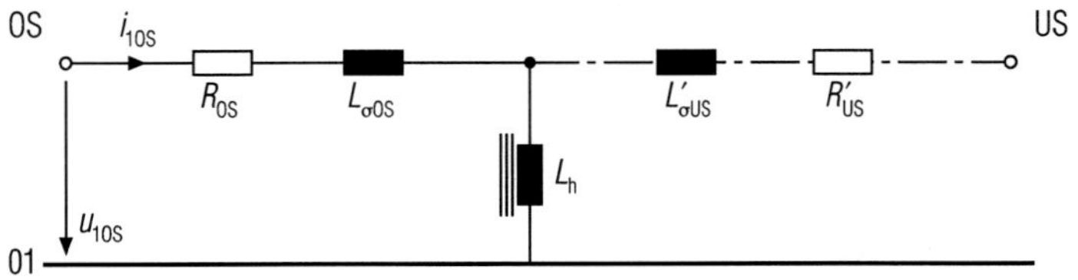

Bild 8.15. Transformatorersatzschaltplan zur Berechnung des Rushstromes (Mitsystem)

$C = \Phi_{rem} - (\hat{u}_{1OS}/(\omega w_{OS}))\sin\varphi_u$ ergibt sich aus $\Phi(0) = \Phi_{rem}$ bei $i_{1OS}(0) = 0$ und damit:

$$\Phi = \frac{\hat{u}_{1OS}}{\omega w_{OS}}[\sin(\omega t + \varphi_u) - \sin\varphi_u] + \Phi_{rem} - \frac{R_{OS}}{w_{OS}}\int i_{1OS}\,dt \tag{8.24b}$$

Φ_{rem} ist der remanente Fluss, der vor dem Einschalten vorhanden ist, weil nach der letzten Ausschaltung verblieben.

Der Maximalwert des Flusses Φ_{max} wird beim Einschalten im Spannungsnulldurchgang ($\varphi_u = -\pi/2$ bei $\Phi_{rem} > 0$) nach $\omega t_{max} = \pi$ erreicht und beträgt:

$$\Phi_{max} = 2\frac{\hat{u}_{1OS}}{\omega w_{OS}} + \Phi_{rem} - \frac{R_{OS}}{w_{OS}}\int_0^{t_{max}} i_{1OS}\,dt = 2\hat{\Phi}_r + \Phi_{rem} - \frac{R_{OS}}{w_{OS}}\int_0^{t_{max}} i_{1OS}\,dt \tag{8.25}$$

Dabei ist $\hat{\Phi}_r = \hat{u}_{1OS}/(\omega w_{OS})$ die Amplitude des sich ohne Remanenz einstellenden Bemessungsflusses, wenn die Bemessungsspannung anliegt, oder der Fluss, der sich einstellt nach dem Abklingen des Rushstromes auf den Leerlaufstrom. Bei kaltgewalztem Blech kann $\Phi_{rem} \approx (0{,}65\ldots0{,}85)\,\hat{\Phi}_r$ erreichen, wohingegen nur $\Phi_{rem} \approx (0{,}4\ldots0{,}5)\,\hat{\Phi}_r$ bei warmgewalztem Blech auftreten wird.

Durch den Remanenzfluss und den Gleichstromanteil im Fluss ist mit starker Sättigung des Eisenkerns zu rechnen. Im ungünstigsten Fall ergibt sich $\Phi_{max} \approx 2{,}85\,\hat{\Phi}_r$ und damit so starke Sättigung, dass ein Teil des Flusses außerhalb des Eisens in Luft verlaufen wird. Für das Luftfeld ergibt sich:

$$\Phi_{Lumax} = \Phi_{max} - \Phi_{sat} = \frac{w_{OS} i_{1OSmax}}{R_{mLu}} \quad \text{bei} \quad R_{mLu} = \frac{l_W}{\mu_0 \pi D_m^2/4} \tag{8.26}$$

Dabei ist Φ_{sat} der Sättigungsfluss (die Sättigungsflussdichte $B_{sat} = \Phi_{sat}/A_{Fe}$ liegt bei etwa 2,1 Vs/m^2), A_{Fe} die Querschnittsfläche des Eisenkerns und R_{mLu} der magnetische Widerstand des Luftraumes im inneren der OS-Wicklung. Aus Gl. (8.26) ergibt sich damit für den Maximalwert des Rushstromes:

$$\begin{aligned} i_{1OSmax} &= \frac{R_{mLu}}{w_{OS}}(2\hat{\Phi}_r + \Phi_{rem} - \Phi_{sat}) = \frac{\hat{u}_{1OS}}{\omega w_{OS}^2} R_{mLu}\left(2 - \frac{\Phi_{sat} - \Phi_{rem}}{\hat{\Phi}_r}\right) \\ &= \frac{\hat{u}_{1OS}}{X_{Lu}}(2 - \beta) \end{aligned} \tag{8.27}$$

$X_{Lu} = \omega\mu_0 w_{OS}^2 A_{Lu}/l_W$ ist die eisenlose Reaktanz der OS-Wicklung, A_{Lu} die mit D_m berechnete Fläche der OS-Wicklung und l_W die Wicklungslänge. Bei Sternschaltung auf der OS-Seite des Transformators führt man $\hat{u}_{1OS} = \sqrt{2}\,U_{rTOS}/\sqrt{3}$ ein und bei Dreieckschaltung $\hat{u}_{1OS} = \sqrt{2}\,U_{rTOS}$ [8.6]. An die Stelle der Flusswerte in Gl. (8.27) können auch die magnetischen Flussdichten treten [8.6]:

$$\beta = \frac{\Phi_{sat} - \Phi_{rem}}{\hat{\Phi}_r} = \frac{B_{sat} - B_{rem}}{B_r} \tag{8.28}$$

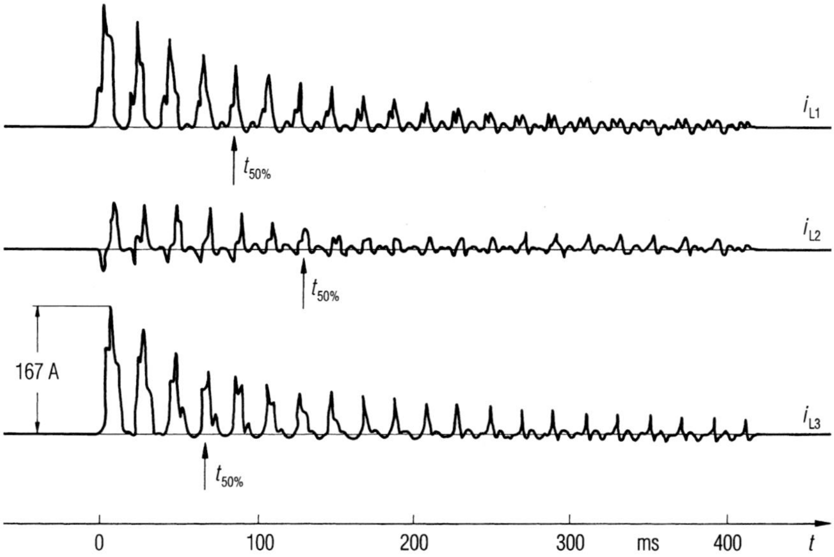

Bild 8.16. Einschaltrushstrom beim Zuschalten eines leerlaufenden Transformators 125 kVA, 8100/396 V, $u_k = 4\,\%$, $I_{rTOS} = 8{,}91$ A

Will man bei kleinen Transformatoren unter 500 kVA den Dämpfungseinfluss von R_{OS} berücksichtigen, so ist das über eine Erweiterung der Gl. (8.27) möglich:

$$i_{1OSmax} = \frac{\hat{u}_{1OS}}{X_{Lu}} \left\{ 2 - \beta - \frac{R_{OS}}{X_{Lu}} \left[\sqrt{\beta(2-\beta)} + (1-\beta)(\pi - \mathrm{A}\rho\chi\chi o\sigma\,(1-\beta)) \right] \right\} \quad (8.29)$$

Bei einem 125-kVA-Transformator Yz11, 8100 V/396 V, $u_k = 4\,\%$, $R_{OS} = 4{,}99\ \Omega$, $X_{Lu} = 51\ \Omega$, $\beta = 0{,}45$ und $I_{rTOS} = 8{,}91$ A, ergibt sich nach Gl. (8.29) mit $\hat{u}_{1OS} = \sqrt{2}\ 8100\ \mathrm{V}/\sqrt{3}$ V ein Rushstrom $i_{1OSmax} = 175$A und $i_{1OSmax*} = i_{1OSmax}/(\sqrt{2}I_{rTOS}) = 13{,}5$ auf den Bemessungsstrom bezogen. Bild 8.16 zeigt den größten bei 200 Messungen ermittelten Rushstrom für diesen Transformator [8.6].

Anders als bei Transformatoren kleiner Leistung liegen die Verhältnisse bei Bänken aus großen einpoligen Transformatoren in Sparschaltung. Die Einschaltrushströme liegen niedriger. Der Abklingvorgang geht dagegen im Verhältnis zu Bild 8.16 sehr viel langsamer vor sich. Dieses langsame Abklingen der Rushströme kann man bei großen Transformatoren auch an dem langsamen Abklingen der Brummgeräusche beobachten. Bild 8.17 zeigt ein Beispiel für gemessene Rushströme eines Spartransformators mit 3 × 220-MVA-Durchgangsleistung.

Die Auswertung von zwölf dreipoligen Einschaltversuchen, die in erster Näherung unabhängig voneinander als 36 Einzelmessungen behandelt werden dürfen, zeigt Bild 8.18. Der gemessene Maximalwert erreichte den 1,56fachen Scheitelwert des Bemessungsstromes auf der 220-kV-Seite des Transfor-

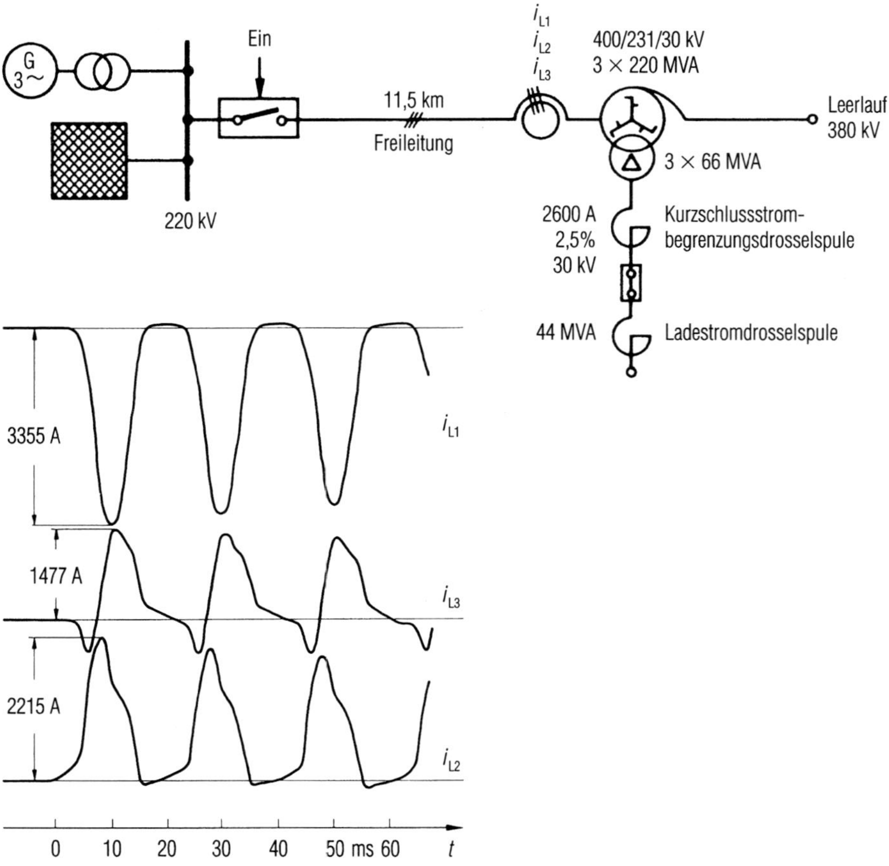

Bild 8.17. Rushströme beim Einschalten eines leerlaufenden Spartransformators 3×220 MVA mit dem 220-kV-Leistungsschalters bei Anschluss einer Ladestromdrosselspule auf der US-Seite

mators. Abklingzeiten der Rushströme auf 50 % ihres Anfangswertes liegen in der Größenordnung von 1 bis 1,5 s. Das Abklingen bis auf den stationären Leerlaufstrom (Magnetisierungsstrom), der bei etwa 0,2 % des Bemessungsstromes liegt, dauert Minuten.

8.4 Wicklungen und Stufenschalter

Die Wicklungen von Transformatoren (OS- und US-Wicklungen) werden auf einen gemeinsamen Eisenkern aufgebracht. Bild 8.19 zeigt zwei typische Eisenkernbauformen von Drehstromtransformatoren, bei denen die Drehstromwicklung aus je drei Wicklungssträngen besteht. Der Fluss im Eisenkern (gestrichelt eingezeichnet) koppelt die Wicklungsstränge der

Bild 8.18. Summenhäufigkeit der Einschaltrushströme einer Bank aus Spartransformatoren nach Bild 8.17 ($I_{rTMS} = 660$ MVA/ ($\sqrt{3} \cdot 231$ kV) = 1,65 kA). Versuche ohne und mit Ladestromdrosselspule

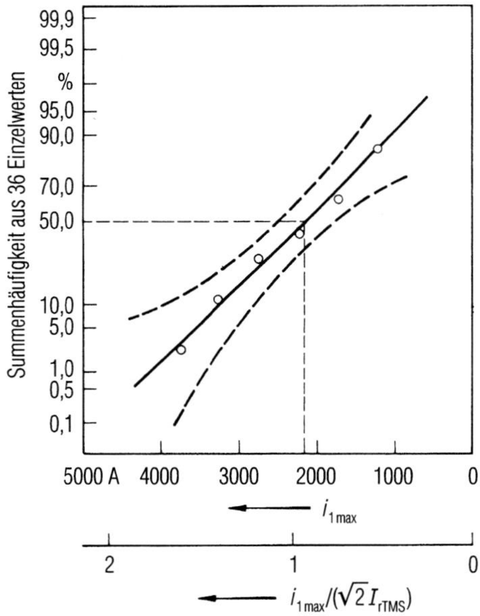

einzelnen Schenkel magnetisch miteinander. Bei Drehstromtransformatoren großer Leistung kann man durch die Wahl eines Fünfschenkelkerns die Jochhöhe gegenüber dem Dreischenkelkern stark vermindern und so günstigere Bedingungen für den Bahntransport erreichen. Bei einpoligen Transformatoren z. B. in Sparschaltung (Abschn. 8.5) werden Vierschenkelkerne verwendet mit zwei bewickelten Schenkeln und zwei Rückschlussschenkeln.

Der Aufbau der zylindrischen Wicklungen, angepasst an den Querschnitt des Eisenkerns, ihre Isolation und die Anordnung gegeneinander und gegen den Kern wird durch den Bemessungsstrom, die Wärmeabfuhr, die Bemessungsspannung und die damit zu fordernde Spannungsfestigkeit bei der Wechsel- und Stoßspannungsprüfung sowie weiterhin durch die Forderung nach Kurzschlussfestigkeit der Wicklungen bestimmt. Von Einfluss auf die Wicklungsanordnung ist auch die Forderung nach einer Änderung des Übersetzungsverhältnisses während des Betriebes mit einem Stufenschalter und

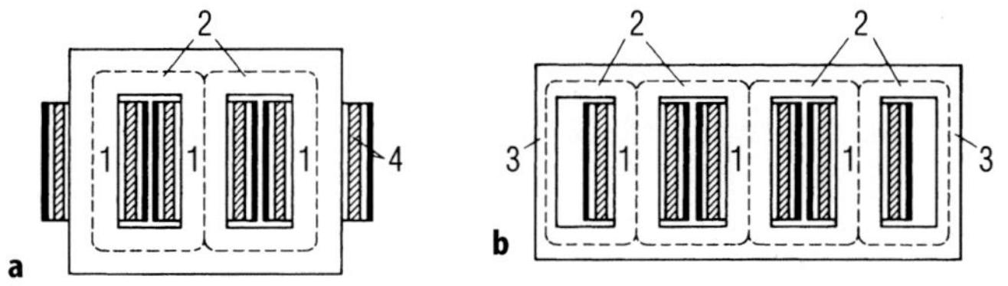

Bild 8.19 a, b. Bauformen von Drehstromtransformatoren. **a** Dreischenkeltransformator; **b** Fünfschenkeltransformator. *1* Schenkel; *2* Joch; *3* Rückschlussschenkel; *4* Wicklungen (Wicklungsstränge)

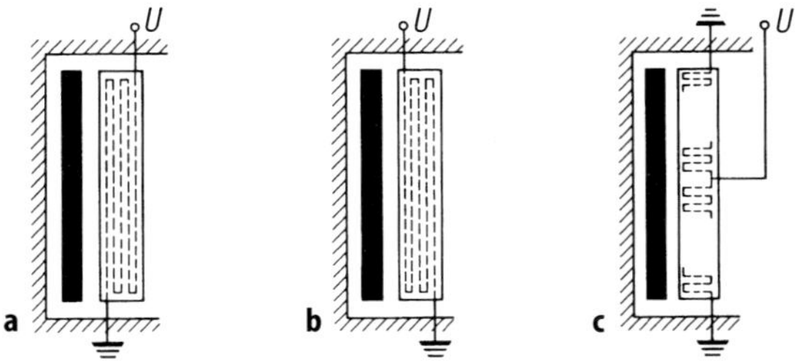

Bild 8.20 a–c. Aufbau der OS-Wicklung von Hochspannungstransformatoren. **a** Lagenwicklung, innere Lage geerdet; **b** Lagenwicklung, äußere Lage geerdet; **c** Scheibenspulenwicklung mit Hochspannungsanschluss in der Mitte

die damit notwendige Anordnung von Zusatzwicklungen, z.B. in Form von Grob- und Feinstufenwicklungen. Bei Zweiwicklungstransformatoren werden die Stränge der US-Wicklung meist am Kern angeordnet. OS-Wicklungen (Hochspannungswicklungen) werden als Lagenwicklungen oder Scheibenspulenwicklungen ausgeführt, wie Bild 8.20 zeigt.

Beim Wicklungsaufbau nach Bild 8.20 a ist die Hauptisolation zwischen der OS- und der US-Wicklung für die Prüfspannungen der US-Wicklung zu bemessen, während beim Aufbau nach Bild 8.20 b die Hauptisolation für die Prüfspannungen der OS-Wicklung zu bemessen ist. Diese Anordnung bevorzugt man beim Einsatz eines Sternpunktstufenschalters zur Spannungseinstellung des Transformators. Die Anordnung des Hochspannungsanschlusses in der Wicklungsmitte nach Bild 8.20 c hat den Vorteil, dass sich die Prüfspannungen der Wicklung zu den Jochen hin abbaut. Anwendung hat diese Wicklung z.B. bei Spartransformatoren 735/315 kV ohne Stufenschalter gefunden [8.12, 8.13, 8.18].

Bei Netztransformatoren und Blocktransformatoren (Maschinentransformatoren) mit Stufenschaltern werden neben der Oberspannungswicklung (Stammwicklung) eine Grobstufenwicklung (GStW) und eine Feinstufenwicklung (FStW) vorgesehen [8.26]. Die Bilder 8.21 und 8.22 zeigen dafür Beispiele. Bei Blocktransformatoren mit großer Leistung werden die beiden Teile der

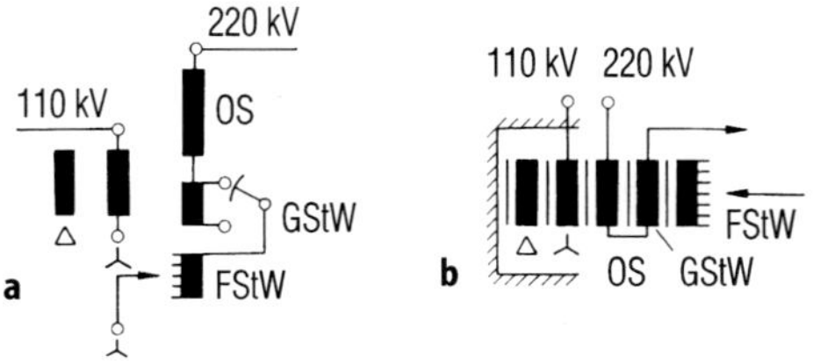

Bild 8.21 a, b. Netztransformator 220/110 kV mit Sternpunktstufenschalter (z.B. 100 MVA oder 200 MVA), YNynd5. **a** Wicklungsschaltung; **b** Wicklungsanordnung auf dem Schenkel; OS Oberspannungswicklung; GStW Grobstufenwicklung; FStW Feinstufenwicklung

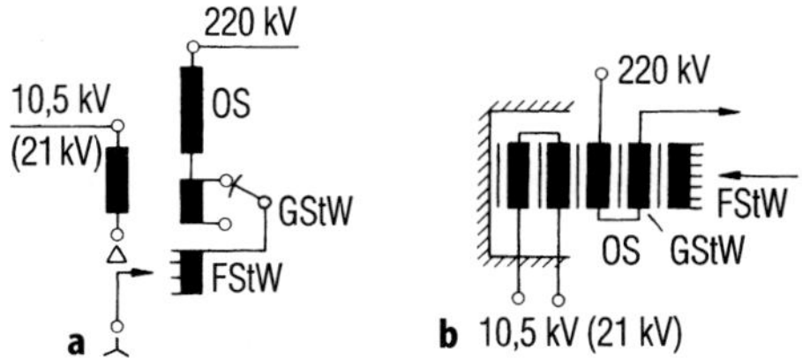

Bild 8.22a, b. Blocktransformator (Maschinentransformator) 10,5 (21) kV/220 kV mit Sternpunktstufenschalter (z. B. 200 MVA), YNd5. **a** Wicklungsschaltung; **b** Wicklungsanordnung auf dem Schenkel: US, OS, GStW, FStW wie im Bild 8.21

US-Wicklung (Bild 8.22b) u. U. auch doppelkonzentrisch zur Hochspannungswicklung angeordnet [8.19].

Bild 8.23 zeigt die beiden grundsätzlichen Möglichkeiten zur Verstellung des Transformatorübersetzungsverhältnisses in Längsrichtung während des Betriebs. Bei großem Stellbereich z. B. ± 16 % bis ± 22 % wählt man die Anordnung nach Bild 8.23b. Dabei wird eine Grobeinstellung durch Zu- und Gegenschaltung einer Grobstufenwicklung erreicht und eine Feineinstellung mit Hilfe einer Feinstufenwicklung und eines Stufenschalters. Aufbau, Auslegung und Einsatz von Transformatorstufenschaltern (On-load tap-changers for power transformers) werden ausführlich und in Übereinstimmung mit IEC in [8.26] behandelt.

Die Umstellung von einer auf die nächste Stufe muss ohne Stromunterbrechung mit Hilfe von Überschaltwiderständen durchgeführt werden, damit die Teile der Transformatorwicklung nicht widerstandlos kurzgeschlossen werden, der Ausgleichsstrom gering bleibt und eine hohe Anzahl von Umschaltvorgängen ermöglicht wird [8.9, 8.26].

Die Isolation der Transformatoren (Wicklungen, Durchführungen, Stufenschalter) muss so bemessen werden, dass außer der dauernd anliegenden Betriebsspannung auch Spannungserhöhungen (beim Blocktransformator z. B. durch Lastabwurf) und kurzzeitig auftretende Blitz- und Schaltüberspannun-

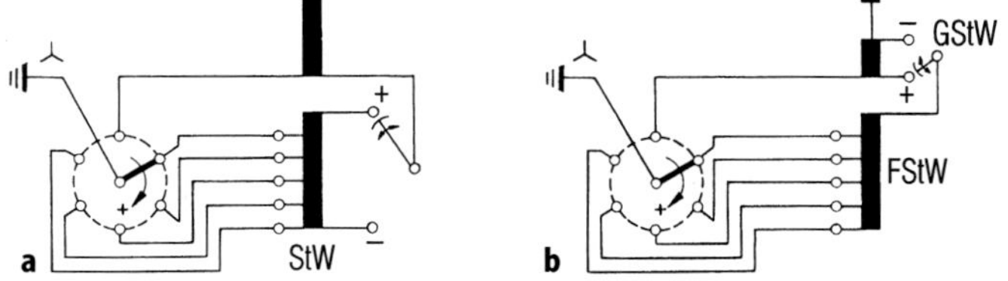

Bild 8.23a, b. Verstellung der Transformatorübersetzung während des Betriebs mit Hilfe eines Stufenschalters (schematisch). **a** Stufenwicklung (StW); **b** Grobstufenwicklung (GStW) und Feinstufenwicklung (FStW)

gen ausgehalten werden. Zu berücksichtigen ist, dass Überspannungsableiter an den Transformatoranschlüssen entscheidenden Einfluss auf die zu fordernden Isolationpegel der Transformatoren haben (Abschn. 17.7). Die Isolationspegel (Bemessungs-Kurzzeit-Wechselspannung und Bemessungs-Blitzstoßspannung oder aber bei $U_m \geq 300$ kV Bemessungs-Blitzstoßspannung und Bemessungs-Schaltstoßspannung) werden durch die höchste dauernd zulässige Spannung für Betriebsmittel U_m, durch den Erdfehlerfaktor δ, die Möglichkeit der Beanspruchung durch Schalt- und Blitzüberspannungen und den Schutzpegel der eingesetzten Überspannungsschutzeinrichtungen (Ableiter) bestimmt. Wählt man hohe Prüfwechselspannungen, so ist diese Einminutenprüfung im Allgemeinen die dimensionierende Größe für die Isolation. Blitzüberspannungen mit steiler Stirn beanspruchen beim Einlaufen im Wesentlichen die Eingangswindungen, aber im weiteren zeitlichen Verlauf auch alle Wicklungsteile und die Isolation des Stufenschalters. Messungen haben gezeigt [8.15], dass Isolationsanordnungen mit Barrieren unter Öl im Transformator eine Durchschlagfestigkeit gegenüber Schaltstoßspannungen (250/2500 µs) haben, die nur wenig unter der Festigkeit für Blitzüberspannungen (1,2/50 µs) liegen; häufig kann man etwa 80 % der Bemessungs-Blitzstoßspannung annehmen. Auf der anderen Seite darf man annehmen, dass die Festigkeit gegenüber Schaltstoßspannungen etwa beim 1,4fachen des Scheitelwertes der Bemessungs-Kurzzeit-Wechselspannung liegt.

8.5 Spartransformatoren

Spartransformatoren als Drehstromeinheiten oder zusammengestellt aus drei einpoligen Einheiten dienen zur Kupplung von Hochspannungsnetzen mit niederohmiger Sternpunkterdung, wenn die Netznennspannungen nicht mehr als um den Faktor 2 bis 3 auseinanderliegen. Mit Spartransformatoren lassen sich gegenüber Volltransformatoren sowohl Material und Gewicht als auch Verluste einsparen. Bei vorgegebenem Bahnprofil für den Transport lassen sich größere Einheitenleistungen verwirklichen als bei Volltransformatoren [8.4, 8.5].

Bild 8.24 zeigt wie bei zwei Wicklungen mit den Windungszahlen w_A und w_B die Ersatzschaltungen im Mitsystem für einen Volltransformator und für einen Spartransformator entstehen durch eine entsprechende Schaltung der beiden Wicklungen.

Ausgehend von den Bildern 8.24b und 8.24c findet man für die Drehstromeigenleistung (Typenleistung) S_{rE} und die Drehstromdurchgangsleistung $S_{rD} = S_{rT}$:

$$S_{rE} = \sqrt{3}U_{rTA}I_{rTA} = \sqrt{3}U_{rTB}I_{rTB} \tag{8.30}$$

$$S_{rD} = S_{rT} = \sqrt{3}U_{rTUS}I_{rTUS} = \sqrt{3}U_{rTOS}I_{rTOS} \tag{8.31}$$

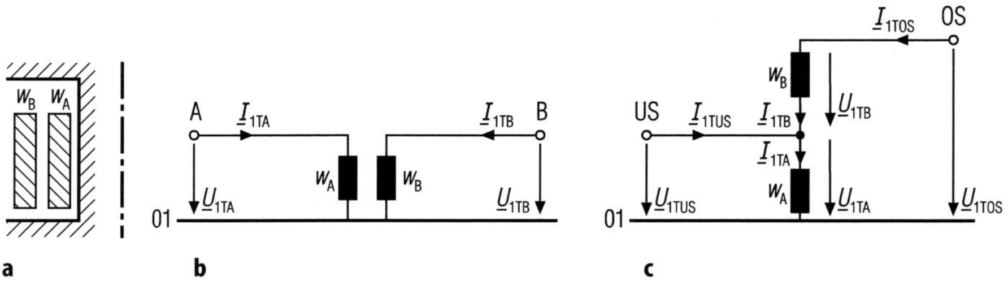

Bild 8.24 a – c. Volltransformator und Spartransformator. **a** Anordnung konzentrischer Wicklungen mit w_A und w_B auf dem Eisenkern; **b** Schaltung als Volltransformator, $U_{rTB} \geq U_{rTA}$, $w_r = U_{rTB}/U_{rTA} = w_B/w_A$; **c** Schaltung als Spartransformator; $t_r = U_{rTOS}/U_{rTUS}$

Für das Verhältnis Eigenleistung S_{rE} zu Durchgangsleistung S_{rT} des Spartransformators erhält man mit $U_{rTB} = U_{rTOS} - U_{rTA} = U_{rTOS} - U_{rTUS}$ nach Bild 8.24 c, wenn man $w_r = U_{rTB}/U_{rTA}$ und $t_r = 1 + w_r = U_{rTOS}/U_{rTUS}$ einführt:

$$
\begin{aligned}
s &= \frac{S_{rE}}{S_{rT}} = \frac{\sqrt{3}U_{rTB}I_{rTB}}{\sqrt{3}U_{rTOS}I_{rTOS}} = \frac{U_{rTB}}{U_{rTOS}} = \frac{U_{rTB}}{U_{rTB} + U_{rTA}} = \frac{w_r}{w_r + 1} \\
&= \frac{U_{rTOS} - U_{rTUS}}{U_{rTOS}} = \frac{t_r - 1}{t_r} = 1 - \frac{1}{t_r}
\end{aligned} \tag{8.32}
$$

Für ein möglichst kleines Verhältnis s, d. h. einen möglichst großen Spareffekt, sollte t_r nicht zu groß sein. Spartransformatoren lohnen sich deshalb nur für $t_r \leq 2$.

Für einen Spartransformator mit $t_r = 400\ \text{kV}/231\ \text{kV} = \sqrt{3}$ gilt $s = (\sqrt{3} - 1)/\sqrt{3} = 0{,}423$ und $w_r = \sqrt{3} - 1 = 0{,}732$. Theoretisch beträgt der Aufwand für den Bau dieses Spartransformators nur 42 % des Aufwandes für einen Volltransformator entsprechender Eigenleistung. Unter Berücksichtigung des Wachstumsgesetzes und dadurch, dass man im Allgemeinen eine Dreieckausgleichswicklung vorsieht, steigen die Herstellungskosten des Spartransformators jedoch erheblich an über den theoretischen Wert. Bild 8.25 zeigt die Abhängigkeit des Leistungsverhältnisses s und der Kurzschlussspannung vom Verhältnis w_r bzw. t_r bei konstanter Durchgangsleistung $S_{rD} = S_{rT}$.

Einer Materialeinsparung steht damit eine verminderte Kurzschlussspannung gegenüber. Die Kurzschlussspannungen u_{kT} bei Spartransformatoren mit $t_r = 400\ \text{kV}/231\ \text{kV}$ liegen im Bereich 7 bis 10,5 % [8.4, 8.10], also verhältnismäßig niedrig gegenüber den Kurzschlussspannungen von 400-kV-Volltransformatoren (Bild 8.6).

Spartransformatoren in Sternschaltung für die Reihenwicklung (RW) und die Parallelwicklung (PW) nach Bild 8.26 (für einen Pol einer Transformatorbank) erhalten meist eine Dreieckausgleichswicklung (Tertiärwicklung (TW)), ausgelegt für ein Drittel der Durchgangsleistung S_{rT}. An diese können Ladestromspulen oder Kondensatoren zur Kompensation des kapazitiven

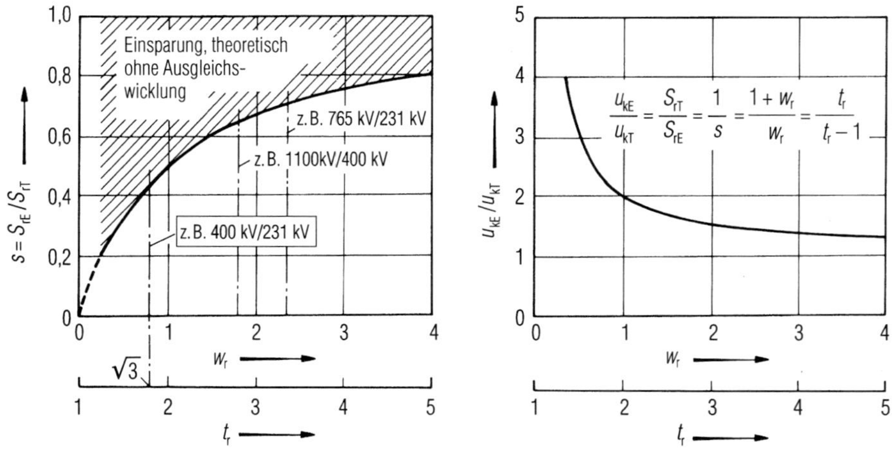

Bild 8.25. Abhängigkeit der Eigenleistung und der Kurzschlussspannung von w_r bzw. t_r bei Spartransformatoren

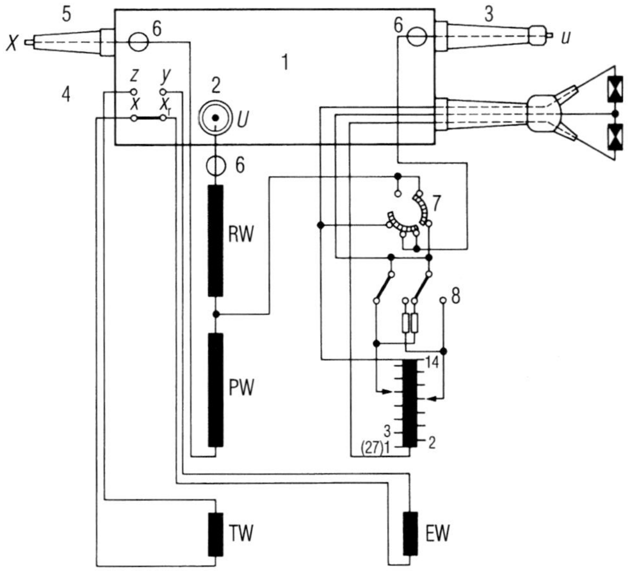

Bild 8.26. Wicklungsschaltung eines Pols (U, u) einer Spartransformatorbank mit Längsverstellung oder ± 60°-Schrägverstellung $(400/\sqrt{3})$ kV/$(231/\sqrt{3})$ kV/30 kV. *1* Kessel; *2* OS-Anschluss; *3* MS-Anschluss; *4* US-Anschlüsse; *5* Sternpunkt; *6* Stromwandler; *7* Wahlschalter für Zu- und Gegenschaltung der Stufenwicklung (Feinstufen); *8* Stufenschalter mit Überschaltwiderständen; RW Reihenwicklung; PW Parallelwicklung; TW Tertiärwicklung; EW Erregerwicklung für die Stufenwicklung

oder induktiven Blindleistungsbedarfs angeschlossen werden (Bild 12.32). Zum Teil werden auch Generatoren oder Synchronphasenschieber angeschlossen.

Zur Spannungseinstellung in Längs- und Schrägrichtung kann man einen Zusatztransformator mit Stufenwicklung im gleichen Kessel unterbringen zusammen mit den RW-, PW- und TW-Wicklungen des Haupttransformators (Bild 8.26).

Spartransformatoren aufgebaut aus drei einpoligen Einheiten mit einer Dreieckausgleichswicklung sind Dreiwicklungstransformatoren mit entsprechenden Ersatzschaltungen im Mit- und Nullsystem (Abschn. 8.3.3 und A.6). Zu achten ist auf die besondere Ersatzschaltung bei freiem Sternpunkt des Spartransformators. Die drei Nullreaktanzen bilden in diesem Falle ein Resonanz-Dreieck, so dass eine Umwandlung in eine äquivalente Sternschaltung nicht möglich ist.

8.6 Ersatzschaltungen in symmetrischen Komponenten

Man unterscheidet zwischen den Impedanz- oder T-Ersatzschaltungen und den Admittanz- oder Pi-Ersatzschaltungen. Die Herleitung der Ersatzschaltungen in symmetrischen Komponenten erfolgt beispielhaft an der Schaltgruppe YNd5. Das Ergebnis lässt sich für alle Schaltgruppen verallgemeinern.

8.6.1 Impedanzersatzschaltungen

Bild 8.27a zeigt die Schaltung eines YNd5 Zweiwicklungstransformators mit eingezeichneten Spannungen und Strömen auf der OS- und US-Seite. Die Wicklungsgrößen werden wegen der Systematik für alle Schaltgruppen einheitlich mit W1, W2, W3 auf der OS-Seite und mit w1, w2 ,w3 auf der US-Seite indiziert.

Für die Wicklungsspannungen gelten mit $\underline{Z}_{\mathrm{OS}} = R_{\mathrm{OS}} + \mathrm{j}X_{\sigma\mathrm{OS}}$ und $\underline{Z}_{\mathrm{US}} = R_{\mathrm{US}} + \mathrm{j}X_{\sigma\mathrm{US}}$ (Bild 8.5b):

$$\begin{bmatrix} \underline{U}_{\mathrm{W1}} \\ \underline{U}_{\mathrm{W2}} \\ \underline{U}_{\mathrm{W3}} \end{bmatrix} = \underline{Z}_{\mathrm{OS}} \begin{bmatrix} \underline{I}_{\mathrm{W1}} \\ \underline{I}_{\mathrm{W2}} \\ \underline{I}_{\mathrm{W3}} \end{bmatrix} + \begin{bmatrix} \underline{U}_{\mathrm{h1OS}} \\ \underline{U}_{\mathrm{h2OS}} \\ \underline{U}_{\mathrm{h3OS}} \end{bmatrix} \tag{8.33}$$

$$\begin{bmatrix} \underline{U}_{\mathrm{w1}} \\ \underline{U}_{\mathrm{w2}} \\ \underline{U}_{\mathrm{w3}} \end{bmatrix} = \underline{Z}_{\mathrm{US}} \begin{bmatrix} \underline{I}_{\mathrm{w1}} \\ \underline{I}_{\mathrm{w2}} \\ \underline{I}_{\mathrm{w3}} \end{bmatrix} + \begin{bmatrix} \underline{U}_{\mathrm{h1US}} \\ \underline{U}_{\mathrm{h2US}} \\ \underline{U}_{\mathrm{h3US}} \end{bmatrix} \tag{8.34}$$

Der Zusammenhang zwischen den Wicklungsgrößen auf einem Schenkel ist durch das Durchflutungs- und Induktionsgesetz gegeben. So gilt z. B.

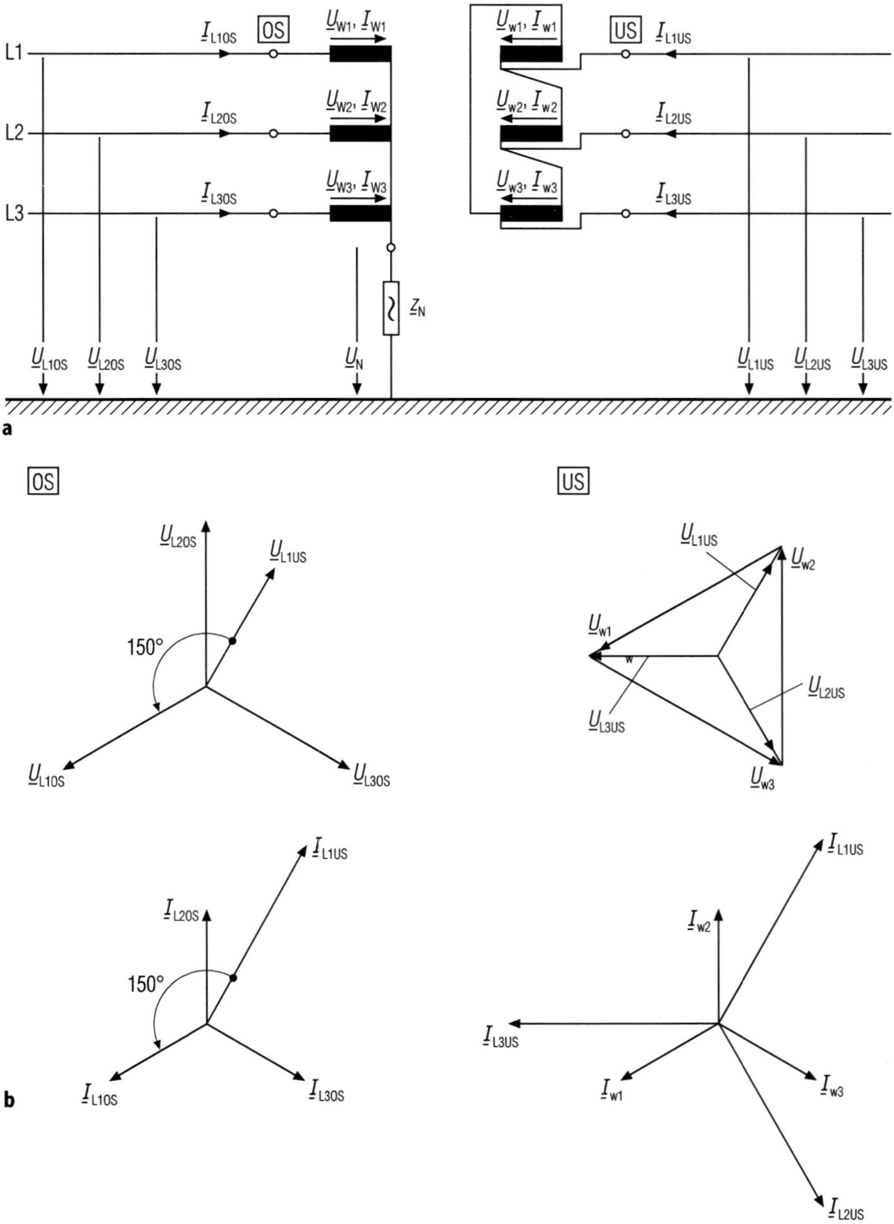

Bild 8.27 a, b. Übertragung von Spannungen und Strömen über einen Zweiwicklungstransformator YNd5. **a** Schaltplan mit Klemmen und Wicklungsgrößen; **b** Zeigerbilder für Spannungen und Ströme

für die Magnetisierungsströme auf der OS-Seite, wenn man $w = w_{OS}/w_{US}$ einführt

$$\begin{bmatrix} \underline{I}_{m1OS} \\ \underline{I}_{m2OS} \\ \underline{I}_{m3OS} \end{bmatrix} = \begin{bmatrix} \underline{I}_{W1} \\ \underline{I}_{W2} \\ \underline{I}_{W3} \end{bmatrix} + \frac{1}{w} \begin{bmatrix} \underline{I}_{w1} \\ \underline{I}_{w2} \\ \underline{I}_{w3} \end{bmatrix} = \begin{bmatrix} \underline{I}_{W1} \\ \underline{I}_{W2} \\ \underline{I}_{W3} \end{bmatrix} + \begin{bmatrix} \underline{I}'_{w1} \\ \underline{I}'_{w2} \\ \underline{I}'_{w3} \end{bmatrix} \tag{8.35}$$

und für die oberspannungsseitigen Hauptfeldspannungen unter Annahme gleicher magnetischer Hauptreaktanzen X_h für jeden Schenkel:

$$\begin{bmatrix} \underline{U}_{h1OS} \\ \underline{U}_{h2OS} \\ \underline{U}_{h3OS} \end{bmatrix} = jX_{hOS} \begin{bmatrix} \underline{I}_{m1OS} \\ \underline{I}_{m2OS} \\ \underline{I}_{m3OS} \end{bmatrix} = w \begin{bmatrix} \underline{U}_{h1US} \\ \underline{U}_{h2US} \\ \underline{U}_{h3US} \end{bmatrix} = w \left\{ \begin{bmatrix} \underline{U}_{w1} \\ \underline{U}_{w2} \\ \underline{U}_{w3} \end{bmatrix} - \underline{Z}_{US} \begin{bmatrix} \underline{I}_{w1} \\ \underline{I}_{w2} \\ \underline{I}_{w3} \end{bmatrix} \right\} \tag{8.36}$$

Die Gln. (8.33) bis (8.36) bilden den Kern für die Strangersatzschaltungen der Drehstromtransformatoren. Im Unterschied zum Wechselstromtransformator sind beim Drehstromtransformator – abgesehen von der Schaltgruppe YNyn0 – die Klemmengrößen nicht mit den Wicklungsgrößen identisch.

Bei dem hier nach Bild 8.27 a betrachteten Transformator YNd5 ergibt sich aus den drei Maschenumläufen über die zunächst endlich angenommene Impedanz $\underline{Z}_N$ für den Zusammenhang zwischen Klemmen und Wicklungsgrößen auf der OS-Seite:

$$\begin{bmatrix} \underline{U}_{L1OS} \\ \underline{U}_{L2OS} \\ \underline{U}_{L3OS} \end{bmatrix} = \begin{bmatrix} \underline{U}_{W1} \\ \underline{U}_{W2} \\ \underline{U}_{W3} \end{bmatrix} + \begin{bmatrix} \underline{U}_{N} \\ \underline{U}_{N} \\ \underline{U}_{N} \end{bmatrix} = \begin{bmatrix} \underline{U}_{W1} \\ \underline{U}_{W2} \\ \underline{U}_{W3} \end{bmatrix} + \begin{bmatrix} \underline{Z}_N & \underline{Z}_N & \underline{Z}_N \\ \underline{Z}_N & \underline{Z}_N & \underline{Z}_N \\ \underline{Z}_N & \underline{Z}_N & \underline{Z}_N \end{bmatrix} \begin{bmatrix} \underline{I}_{W1} \\ \underline{I}_{W2} \\ \underline{I}_{W3} \end{bmatrix} \tag{8.37}$$

$$\begin{bmatrix} \underline{I}_{W1} \\ \underline{I}_{W2} \\ \underline{I}_{W3} \end{bmatrix} = \begin{bmatrix} \underline{I}_{L1OS} \\ \underline{I}_{L2OS} \\ \underline{I}_{L3OS} \end{bmatrix} \tag{8.38}$$

Auf der Unterspannungsseite lauten die entsprechenden Beziehungen:

$$\begin{bmatrix} \underline{U}_{w1} \\ \underline{U}_{w2} \\ \underline{U}_{w3} \end{bmatrix} = \begin{bmatrix} -1 & 0 & 1 \\ 1 & -1 & 0 \\ 0 & 1 & -1 \end{bmatrix} \begin{bmatrix} \underline{U}_{L1US} \\ \underline{U}_{L2US} \\ \underline{U}_{L3US} \end{bmatrix} \tag{8.39}$$

$$\begin{bmatrix} \underline{I}_{L1US} \\ \underline{I}_{L2US} \\ \underline{I}_{L3US} \end{bmatrix} = \begin{bmatrix} -1 & 1 & 0 \\ 0 & -1 & 1 \\ 1 & 0 & -1 \end{bmatrix} \begin{bmatrix} \underline{I}_{w1} \\ \underline{I}_{w2} \\ \underline{I}_{w3} \end{bmatrix} \tag{8.40}$$

Die Zeigerdiagramme im Bild 8.27b veranschaulichen die durch die Gln. (8.39) und (8.40) beschriebenen Zusammenhänge zwischen den Leiter- und den Wicklungsgrößen auf der US-Seite. Man erkennt ebenfalls die Drehung der Leitergrößen auf der US-Seite gegenüber den Leitergrößen auf der OS-Seite. Die US-Leitergrößen eilen bei einem Transformator der Schaltgruppe Yd5 den zugehörigen OS-Leitergrößen um $5 \cdot 30° = 150°$ nach.

Die Gln. (8.39) und (8.40) sind wegen der Singularität der Matrizen nicht umkehrbar.

In symmetrischen Komponenten nehmen die Gln. (8.37) bis (8.40) die folgende Form an:

$$\begin{bmatrix} \underline{U}_{1OS} \\ \underline{U}_{2OS} \\ \underline{U}_{0OS} \end{bmatrix} = \begin{bmatrix} \underline{U}_{1W} \\ \underline{U}_{2W} \\ \underline{U}_{0W} \end{bmatrix} + \begin{bmatrix} 0 \\ 0 \\ \underline{U}_{N} \end{bmatrix} = \begin{bmatrix} \underline{U}_{1W} \\ \underline{U}_{2W} \\ \underline{U}_{0W} \end{bmatrix} + \begin{bmatrix} 0 & 0 & 0 \\ 0 & 0 & 0 \\ 0 & 0 & 3\underline{Z}_{N} \end{bmatrix} \begin{bmatrix} \underline{I}_{1W} \\ \underline{I}_{2W} \\ \underline{I}_{0W} \end{bmatrix} \tag{8.41}$$

$$\begin{bmatrix} \underline{I}_{1W} \\ \underline{I}_{2W} \\ \underline{I}_{0W} \end{bmatrix} = \begin{bmatrix} \underline{I}_{1OS} \\ \underline{I}_{2OS} \\ \underline{I}_{0OS} \end{bmatrix} \tag{8.42}$$

$$\begin{bmatrix} \underline{U}_{1w} \\ \underline{U}_{2w} \\ \underline{U}_{0w} \end{bmatrix} = \sqrt{3} \begin{bmatrix} -j\underline{a}^2 & 0 & 0 \\ 0 & j\underline{a} & 0 \\ 0 & 0 & 0 \end{bmatrix} \begin{bmatrix} \underline{U}_{1US} \\ \underline{U}_{2US} \\ \underline{U}_{0US} \end{bmatrix} \tag{8.43}$$

$$\begin{bmatrix} \underline{I}_{1US} \\ \underline{I}_{2US} \\ \underline{I}_{0US} \end{bmatrix} = \sqrt{3} \begin{bmatrix} j\underline{a} & 0 & 0 \\ 0 & -j\underline{a}^2 & 0 \\ 0 & 0 & 0 \end{bmatrix} \begin{bmatrix} \underline{I}_{1w} \\ \underline{I}_{2w} \\ \underline{I}_{0w} \end{bmatrix} \tag{8.44}$$

Transformiert man die Gln. (8.33) und (8.34) in symmetrische Komponenten und setzt man die Ergebnisse in Gl. (8.41) und (8.43) ein, so ergibt sich:

$$\begin{bmatrix} \underline{U}_{1OS} \\ \underline{U}_{2OS} \\ \underline{U}_{0OS} \end{bmatrix} = \begin{bmatrix} \underline{Z}_{OS} & 0 & 0 \\ 0 & \underline{Z}_{OS} & 0 \\ 0 & 0 & \underline{Z}_{OS} + 3\underline{Z}_{N} \end{bmatrix} \begin{bmatrix} \underline{I}_{1OS} \\ \underline{I}_{2OS} \\ \underline{I}_{0OS} \end{bmatrix} + \begin{bmatrix} \underline{U}_{1hOS} \\ \underline{U}_{2hOS} \\ \underline{U}_{0hOS} \end{bmatrix} \tag{8.45}$$

$$\begin{aligned} \begin{bmatrix} \underline{U}_{1w} \\ \underline{U}_{2w} \\ \underline{U}_{0w} \end{bmatrix} &= \sqrt{3} \begin{bmatrix} -j\underline{a}^2 & 0 & 0 \\ 0 & j\underline{a} & 0 \\ 0 & 0 & 0 \end{bmatrix} \begin{bmatrix} \underline{U}_{1US} \\ \underline{U}_{2US} \\ \underline{U}_{0US} \end{bmatrix} \\ &= \begin{bmatrix} \underline{Z}_{US} & 0 & 0 \\ 0 & \underline{Z}_{US} & 0 \\ 0 & 0 & \underline{Z}_{US} \end{bmatrix} \begin{bmatrix} \underline{I}_{1w} \\ \underline{I}_{2w} \\ \underline{I}_{0w} \end{bmatrix} + \begin{bmatrix} \underline{U}_{1hUS} \\ \underline{U}_{2hUS} \\ \underline{U}_{0hUS} \end{bmatrix} \end{aligned} \tag{8.46}$$

Multipliziert man Gl. (8.46) mit dem Windungszahlverhältnis $w = w_{OS}/w_{US}$ und erweitert Gl. (8.44) auf der rechten Seite mit w, um eine Ersatzschaltung auf der OS-Seite zu finden, so ergibt sich:

$$
\begin{aligned}
w\begin{bmatrix}\underline{U}_{1w}\\ \underline{U}_{2w}\\ \underline{U}_{0w}\end{bmatrix} &= \sqrt{3}w\begin{bmatrix}-j\underline{a}^2 & 0 & 0\\ 0 & j\underline{a} & 0\\ 0 & 0 & 0\end{bmatrix}\begin{bmatrix}\underline{U}_{1US}\\ \underline{U}_{2US}\\ \underline{U}_{0US}\end{bmatrix}\\
&= w^2\begin{bmatrix}\underline{Z}_{US} & 0 & 0\\ 0 & \underline{Z}_{US} & 0\\ 0 & 0 & \underline{Z}_{US}\end{bmatrix}\frac{1}{w}\begin{bmatrix}\underline{I}_{1w}\\ \underline{I}_{2w}\\ \underline{I}_{0w}\end{bmatrix} + w\begin{bmatrix}\underline{U}_{1hUS}\\ \underline{U}_{2hUS}\\ \underline{U}_{0hUS}\end{bmatrix}
\end{aligned}
\tag{8.47}
$$

$$
\begin{bmatrix}\underline{I}_{1US}\\ \underline{I}_{2US}\\ \underline{I}_{0US}\end{bmatrix} = \sqrt{3}w\begin{vmatrix}j\underline{a} & 0 & 0\\ 0 & -j\underline{a}^2 & 0\\ 0 & 0 & 0\end{vmatrix}\frac{1}{w}\begin{bmatrix}\underline{I}_{1w}\\ \underline{I}_{2w}\\ \underline{I}_{0w}\end{bmatrix}
\tag{8.48}
$$

Führt man gestrichene Größen für die mit w oder $1/w$ auf die OS-Seite umgerechnete Größen ein, so wird:

$$
w\begin{bmatrix}\underline{U}_{1w}\\ \underline{U}_{2w}\\ \underline{U}_{0w}\end{bmatrix} = \begin{bmatrix}\underline{U}'_{1US}\\ \underline{U}'_{2US}\\ \underline{U}'_{0US}\end{bmatrix} = \sqrt{3}w\begin{bmatrix}-j\underline{a}^2 & 0 & 0\\ 0 & j\underline{a} & 0\\ 0 & 0 & 0\end{bmatrix}\begin{bmatrix}\underline{U}_{1US}\\ \underline{U}_{2US}\\ \underline{U}_{0US}\end{bmatrix} = \underline{\boldsymbol{T}}_{SUS}\begin{bmatrix}\underline{U}_{1US}\\ \underline{U}_{2US}\\ \underline{U}_{0US}\end{bmatrix}
\tag{8.49 a}
$$

$$
w\begin{bmatrix}\underline{U}_{1hUS}\\ \underline{U}_{2hUS}\\ \underline{U}_{0hUS}\end{bmatrix} = \begin{bmatrix}\underline{U}'_{1hUS}\\ \underline{U}'_{2hUS}\\ \underline{U}'_{0hUS}\end{bmatrix} = \begin{bmatrix}\underline{U}_{1hOS}\\ \underline{U}_{2hOS}\\ \underline{U}_{0hOS}\end{bmatrix}
\tag{8.49 b}
$$

$$
\frac{1}{w}\begin{bmatrix}\underline{I}_{1w}\\ \underline{I}_{2w}\\ \underline{I}_{0w}\end{bmatrix} = \begin{bmatrix}\underline{I}'_{1US}\\ \underline{I}'_{2US}\\ \underline{I}'_{0US}\end{bmatrix}
\tag{8.50}
$$

Mit $w^2\underline{Z}_{US} = (\sqrt{3}w)^2\,\underline{Z}_{US}/3 = t^2\underline{Z}^{Y}_{US} = \underline{Z}'_{US}$ gehen die Gln. (8.47) und (8.48) über in:

$$
\begin{bmatrix}\underline{U}'_{1US}\\ \underline{U}'_{2US}\\ \underline{U}'_{0US} = 0\end{bmatrix} = \begin{bmatrix}\underline{Z}'_{US} & 0 & 0\\ 0 & \underline{Z}'_{US} & 0\\ 0 & 0 & \underline{Z}'_{US}\end{bmatrix}\begin{bmatrix}\underline{I}'_{1US}\\ \underline{I}'_{2US}\\ \underline{I}'_{0US}\end{bmatrix} + \begin{bmatrix}\underline{U}_{1hOS}\\ \underline{U}_{2hOS}\\ \underline{U}_{0hOS}\end{bmatrix}
\tag{8.51}
$$

$$\begin{bmatrix} \underline{I}_{1\mathrm{US}} \\ \underline{I}_{2\mathrm{US}} \\ \underline{I}_{0\mathrm{US}} \end{bmatrix} = \sqrt{3}w \begin{bmatrix} \mathrm{j}\underline{a} & 0 & 0 \\ 0 & -\mathrm{j}\underline{a}^2 & 0 \\ 0 & 0 & 0 \end{bmatrix} \begin{bmatrix} \underline{I}'_{1\mathrm{US}} \\ \underline{I}'_{2\mathrm{US}} \\ \underline{I}'_{0\mathrm{US}} \end{bmatrix} = \underline{\boldsymbol{T}}^*_{\mathrm{SUS}} \begin{bmatrix} \underline{I}'_{1\mathrm{US}} \\ \underline{I}'_{2\mathrm{US}} \\ \underline{I}'_{0\mathrm{US}} \end{bmatrix} \tag{8.52}$$

Die Diagonalmatrix $\underline{\boldsymbol{T}}_{\mathrm{SUS}}$ in Gl. (8.49 a), hier für den Transformator Yd5, nimmt die Transformation der Spannungen von der US- auf die OS-Seite vor:

$$\underline{\boldsymbol{T}}_{\mathrm{SUS}} = \sqrt{3}w \begin{bmatrix} -\mathrm{j}\underline{a}^2 & 0 & 0 \\ 0 & \mathrm{j}\underline{a} & 0 \\ 0 & 0 & 0 \end{bmatrix} = \begin{bmatrix} \underline{t}_1 & 0 & 0 \\ 0 & \underline{t}_2 & 0 \\ 0 & 0 & 0 \end{bmatrix} = \sqrt{3}w \begin{bmatrix} \mathrm{e}^{\mathrm{j}5\pi/6} & 0 & 0 \\ 0 & \mathrm{e}^{-\mathrm{j}5\pi/6} & 0 \\ 0 & 0 & 0 \end{bmatrix} \tag{8.53}$$

Mit $\underline{t}_1$ und $\underline{t}_2$ werden die komplexen Übersetzungsverhältnisse bezeichnet. Dabei gilt $\underline{t}_2 = \underline{t}_1^*$ für alle Schaltgruppen. Nur bei den Schaltgruppen Yy0 und Dd0 ist $t_1 = t_2 = t = w$.

Die letzte Zeile der Gl. (8.47) zeigt, dass im vorliegenden Fall Yd5 immer $w\underline{U}_{0\mathrm{w}} = \underline{U}'_{0\mathrm{US}} = 0$ gilt (Gl. (8.51) und Bild 8.28 c).

In der Umrechnungsbeziehung für die Ströme in Gl. (8.52) erscheint die konjugiert komplexe Transformationsmatrix $\underline{\boldsymbol{T}}^*_{\mathrm{SUS}}$. Die letzte Zeile der Gl. (8.52) bedeutet, dass der Nullstrom am US-Anschluss des Transformators Yd5 immer Null ist (Bild 8.28 c).

Für die Ströme im Mit- und Gegensystem (nicht für die des Nullsystems) lässt sich jetzt auch die Umkehrung vornehmen:

$$\underline{I}'_{1\mathrm{US}} = \frac{1}{\underline{t}_1^*}\underline{I}_{1\mathrm{US}} = \frac{1}{t}\,\mathrm{e}^{\mathrm{j}5\frac{\pi}{6}}\underline{I}_{1\mathrm{US}} \tag{8.54 a}$$

$$\underline{I}'_{2\mathrm{US}} = \frac{1}{\underline{t}_2^*}\underline{I}_{2\mathrm{US}} = \frac{1}{t}\,\mathrm{e}^{-\mathrm{j}5\frac{\pi}{6}}\underline{I}_{2\mathrm{US}} \tag{8.54 b}$$

Die Ströme der US-Seite werden also bei der Umrechnung auf die OS-Seite genauso gedreht wie die Spannungen. Für den im Bild 8.27 a gezeichneten Transformator YNd5 ist dies aus den Zeigerdiagrammen im Bild 8.27 b bereits bekannt. Die komplexe Leistung muss bei der Umrechnung gleich bleiben:

$$\underline{S}_{\mathrm{US}} = 3\underline{U}_{1\mathrm{US}}\underline{I}^*_{1\mathrm{US}} = 3\underline{U}'_{1\mathrm{US}}\,\underline{I}'^*_{1\mathrm{US}} \tag{8.55}$$

Aus den vorstehenden Gleichungen ergeben sich die Ersatzschaltpläne in symmetrischen Komponenten für den Transformator YNd5, wobei im Querzweig R_{vOS} parallel zu $\mathrm{j}X_{\mathrm{hOS}}$ eingeführt werden und zusammen $\underline{Z}_{\ell\mathrm{OS}}$ ergeben (Bild 8.5). Im Nullsystem ist die Hauptreaktanz von der Kernbauart abhängig (Tabelle 8.2). Die Umrechnung der US- auf die OS-Größen ist im Mit- und Gegensystem durch ideale Übertrager mit komplexem Übersetzungsverhältnis

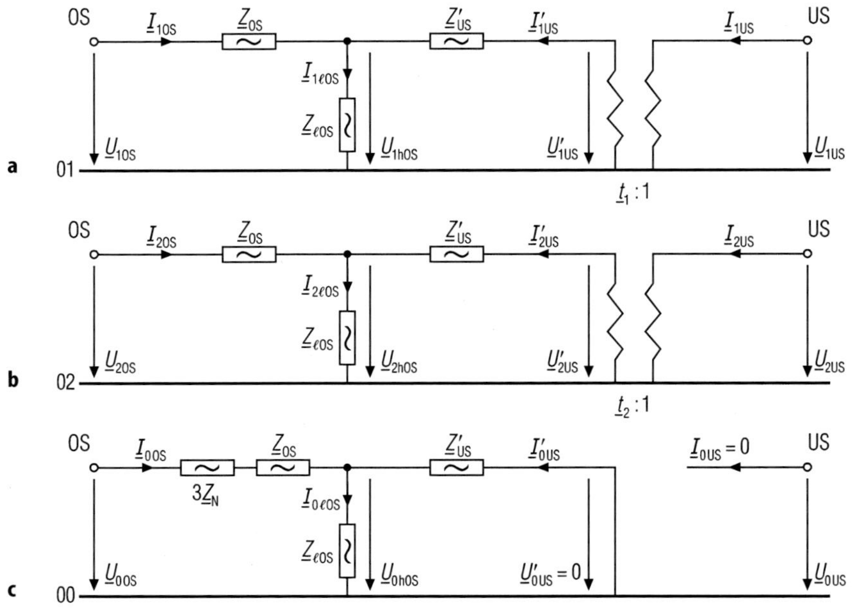

Bild 8.28. Ersatzschaltung eines Transformators der Schaltgruppe YNd5 in symmetrischen Komponenten mit komplexen Übertragern zur Umrechnung der Größen der US-Seite auf die OS-Seite. **a** Mitsystem; **b** Gegensystem; **c** Nullsystem

dargestellt. Ist der Sternpunkt auf der OS-Seite nicht geerdet, so entsteht anstelle von $3\underline{Z}_N$ eine Unterbrechung ($\underline{Z}_N \to \infty$).

Für die Ersatzschaltung in symmetrischen Komponenten mit Umrechnung der OS-Größen auf die US-Seite ergeben sich die folgenden Gleichungen und Bild 8.29:

$$\begin{bmatrix} \underline{U}'_{1OS} \\ \underline{U}'_{2OS} \\ \underline{U}'_{0OS} \end{bmatrix} = \frac{1}{t} \begin{bmatrix} \mathrm{j}\underline{a} & 0 & 0 \\ 0 & -\mathrm{j}\underline{a}^2 & 0 \\ 0 & 0 & 1 \end{bmatrix} \begin{bmatrix} \underline{U}_{1OS} \\ \underline{U}_{2OS} \\ \underline{U}_{0OS} \end{bmatrix} = \underline{\boldsymbol{T}}_{SOS} \begin{bmatrix} \underline{U}_{1OS} \\ \underline{U}_{2OS} \\ \underline{U}_{0OS} \end{bmatrix} \tag{8.56}$$

$$\begin{bmatrix} \underline{I}_{1OS} \\ \underline{I}_{2OS} \\ \underline{I}_{0OS} \end{bmatrix} = \frac{1}{t} \begin{bmatrix} -\mathrm{j}\underline{a}^2 & 0 & 0 \\ 0 & \mathrm{j}\underline{a} & 0 \\ 0 & 0 & 1 \end{bmatrix} \begin{bmatrix} \underline{I}'_{1OS} \\ \underline{I}'_{2OS} \\ \underline{I}'_{0OS} \end{bmatrix} = \underline{\boldsymbol{T}}^*_{SOS} \begin{bmatrix} \underline{I}'_{1OS} \\ \underline{I}'_{2OS} \\ \underline{I}'_{0OS} \end{bmatrix} \tag{8.57}$$

Die Ersatzschaltungen für das Mit- und Gegensystem der Bilder 8.28 und 8.29 gelten für alle Schaltgruppen, wenn man für die komplexen Übersetzungsverhältnisse einführt:

$$\underline{t}_1 = t\mathrm{e}^{\mathrm{j}k\frac{\pi}{6}} \quad \text{und} \quad \underline{t}_2 = \underline{t}_1^* \tag{8.58}$$

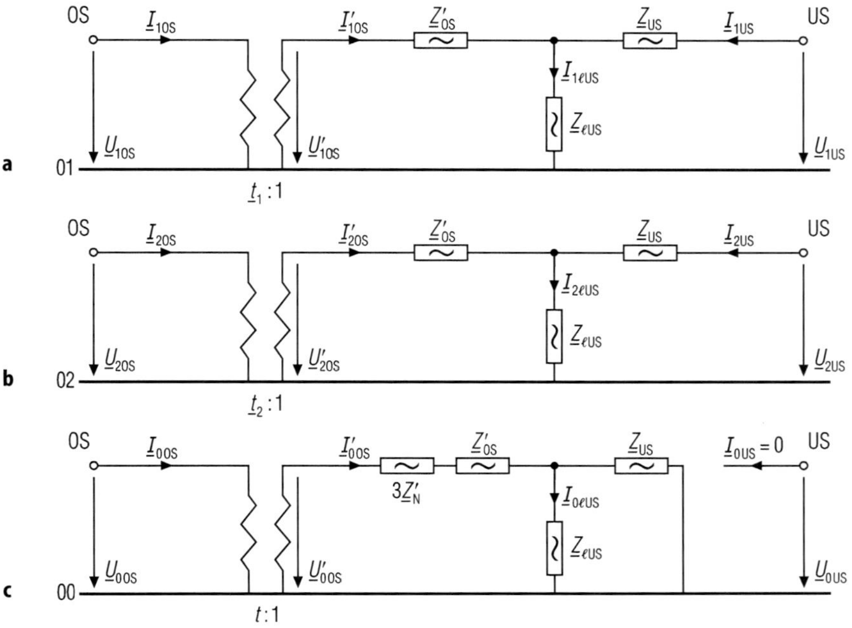

Bild 8.29 a–c. Ersatzschaltung eines Transformators der Schaltgruppe YNd5 in symmetrischen Komponenten mit komplexen Übertragern zur Umrechnung der Größen der OS-Seite auf die US-Seite. **a** Mitsystem; **b** Gegensystem; **c** Nullsystem

Dabei ist *k* die Kennzahl der Schaltgruppe. In Tabelle 8.3 sind die Transformationsmatrizen für die Vorzugsschaltgruppen zusammengestellt.

8.6.2 Admittanzersatzschaltungen

Die Berechnung größerer Netze erfolgt vorzugsweise nach dem Knotenpunktverfahren (Abschn. 13.2.1). Dafür sind Admittanzersatzschaltungen der Betriebsmittel zweckmäßig. Man erhält sie allgemein aus den Spannungsgleichungen durch Auflösung nach den Strömen. Als Beispiel für die Herleitung soll wieder die Mitsystemersatzschaltung nach Bild 8.28 a dienen:

$$\begin{bmatrix} \underline{U}_{1OS} \\ \underline{U}'_{1US} \end{bmatrix} = \begin{bmatrix} \underline{Z}_{OS} + \underline{Z}_{\ell OS} & \underline{Z}_{\ell OS} \\ \underline{Z}_{\ell OS} & \underline{Z}'_{US} + \underline{Z}_{\ell OS} \end{bmatrix} \begin{bmatrix} \underline{I}_{1OS} \\ \underline{I}'_{1US} \end{bmatrix} \tag{8.59}$$

Aufgelöst nach den Strömen ergibt sich:

$$\begin{bmatrix} \underline{I}_{1OS} \\ \underline{I}'_{1US} \end{bmatrix} = \frac{1}{\underline{Z}^2} \begin{bmatrix} \underline{Z}'_{US} + \underline{Z}_{\ell OS} & -\underline{Z}_{\ell OS} \\ -\underline{Z}_{\ell OS} & \underline{Z}_{OS} + \underline{Z}_{\ell OS} \end{bmatrix} \begin{bmatrix} \underline{U}_{1OS} \\ \underline{U}'_{1US} \end{bmatrix} = \begin{bmatrix} \underline{Y}_{OSOS} & \underline{Y}'_{OSUS} \\ \underline{Y}'_{USOS} & \underline{Y}'_{USUS} \end{bmatrix} \begin{bmatrix} \underline{U}_{1OS} \\ \underline{U}'_{1US} \end{bmatrix} \tag{8.60}$$

mit $\underline{Z}^2 = \underline{Z}_{OS}\underline{Z}'_{US} + \underline{Z}_{\ell OS}(\underline{Z}_{OS} + \underline{Z}'_{US})$

Tabelle 8.3. Transformationsmatrizen der Vorzugsschaltgruppen für symmetrische Komponenten

Schaltgruppe	$\boldsymbol{u}'_{SUS} = \underline{\boldsymbol{T}}_{SUS}\ \underline{\boldsymbol{u}}_{SUS}$ $\boldsymbol{i}_{SUS} = \underline{\boldsymbol{T}}^{*}_{SUS}\ \underline{\boldsymbol{i}}'_{SUS}$	$\boldsymbol{u}'_{SOS} = \underline{\boldsymbol{T}}_{SOS}\ \underline{\boldsymbol{u}}_{SOS}$ $\boldsymbol{i}_{SOS} = \underline{\boldsymbol{T}}^{*}_{SOS}\ \underline{\boldsymbol{i}}'_{SOS}$
Yy0 ($t = w$) 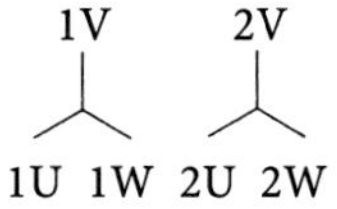	$\begin{bmatrix}\underline{U}'_{1US}\\ \underline{U}'_{2US}\\ \underline{U}'_{0US}\end{bmatrix} = t\begin{bmatrix}1&0&0\\0&1&0\\0&0&1\end{bmatrix}\begin{bmatrix}\underline{U}_{1US}\\ \underline{U}_{2US}\\ \underline{U}_{0US}\end{bmatrix}$ $\begin{bmatrix}\underline{I}_{1US}\\ \underline{I}_{2US}\\ \underline{I}_{0US}\end{bmatrix} = t\begin{bmatrix}1&0&0\\0&1&0\\0&0&1\end{bmatrix}\begin{bmatrix}\underline{I}'_{1US}\\ \underline{I}'_{2US}\\ \underline{I}'_{0US}\end{bmatrix}$	$\begin{bmatrix}\underline{U}'_{1OS}\\ \underline{U}'_{2OS}\\ \underline{U}'_{0OS}\end{bmatrix} = \frac{1}{t}\begin{bmatrix}1&0&0\\0&1&0\\0&0&1\end{bmatrix}\begin{bmatrix}\underline{U}_{1OS}\\ \underline{U}_{2OS}\\ \underline{U}_{0OS}\end{bmatrix}$ $\begin{bmatrix}\underline{I}_{1OS}\\ \underline{I}_{2OS}\\ \underline{I}_{0OS}\end{bmatrix} = \frac{1}{t}\begin{bmatrix}1&0&0\\0&1&0\\0&0&1\end{bmatrix}\begin{bmatrix}\underline{I}'_{1OS}\\ \underline{I}'_{2OS}\\ \underline{I}'_{0OS}\end{bmatrix}$
Yd5 ($t = \sqrt{3}\,w$) 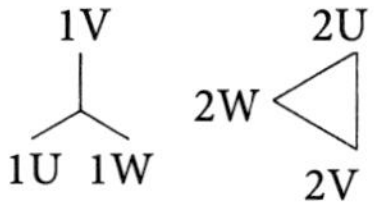	$\begin{bmatrix}\underline{U}'_{1US}\\ \underline{U}'_{2US}\\ \underline{U}'_{0US}\end{bmatrix} = t\begin{bmatrix}-j\underline{a}^2&0&0\\0&j\underline{a}&0\\0&0&0\end{bmatrix}\begin{bmatrix}\underline{U}_{1US}\\ \underline{U}_{2US}\\ \underline{U}_{0US}\end{bmatrix}$ $\begin{bmatrix}\underline{I}_{1US}\\ \underline{I}_{2US}\\ \underline{I}_{0US}\end{bmatrix} = t\begin{bmatrix}j\underline{a}&0&0\\0&-j\underline{a}^2&0\\0&0&0\end{bmatrix}\begin{bmatrix}\underline{I}'_{1US}\\ \underline{I}'_{2US}\\ \underline{I}'_{0US}\end{bmatrix}$	$\begin{bmatrix}\underline{U}'_{1OS}\\ \underline{U}'_{2OS}\\ \underline{U}'_{0OS}\end{bmatrix} = \frac{1}{t}\begin{bmatrix}j\underline{a}&0&0\\0&-j\underline{a}^2&0\\0&0&1\end{bmatrix}\begin{bmatrix}\underline{U}_{1OS}\\ \underline{U}_{2OS}\\ \underline{U}_{0OS}\end{bmatrix}$ $\begin{bmatrix}\underline{I}_{1OS}\\ \underline{I}_{2OS}\\ \underline{I}_{0OS}\end{bmatrix} = \frac{1}{t}\begin{bmatrix}-j\underline{a}^2&0&0\\0&j\underline{a}&0\\0&0&1\end{bmatrix}\begin{bmatrix}\underline{I}'_{1OS}\\ \underline{I}'_{2OS}\\ \underline{I}'_{0OS}\end{bmatrix}$
Yz5 $\left(t = \frac{2w}{\sqrt{3}}\right)$ 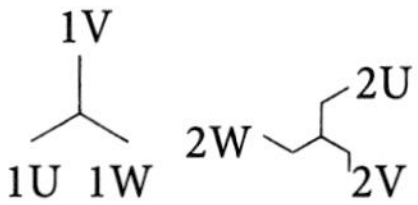	$\begin{bmatrix}\underline{U}'_{1US}\\ \underline{U}'_{2US}\\ \underline{U}'_{0US}\end{bmatrix} = t\begin{bmatrix}-j\underline{a}^2&0&0\\0&j\underline{a}&0\\0&0&1\end{bmatrix}\begin{bmatrix}\underline{U}_{1US}\\ \underline{U}_{2US}\\ \underline{U}_{0US}\end{bmatrix}$ $\begin{bmatrix}\underline{I}_{1US}\\ \underline{I}_{2US}\\ \underline{I}_{0US}\end{bmatrix} = t\begin{bmatrix}j\underline{a}&0&0\\0&-j\underline{a}^2&0\\0&0&1\end{bmatrix}\begin{bmatrix}\underline{I}'_{1US}\\ \underline{I}'_{2US}\\ \underline{I}'_{0US}\end{bmatrix}$	$\begin{bmatrix}\underline{U}'_{1OS}\\ \underline{U}'_{2OS}\\ \underline{U}'_{0OS}\end{bmatrix} = \frac{1}{t}\begin{bmatrix}j\underline{a}&0&0\\0&-j\underline{a}^2&0\\0&0&1\end{bmatrix}\begin{bmatrix}\underline{U}_{1OS}\\ \underline{U}_{2OS}\\ \underline{U}_{0OS}\end{bmatrix}$ $\begin{bmatrix}\underline{I}_{1OS}\\ \underline{I}_{2OS}\\ \underline{I}_{0OS}\end{bmatrix} = \frac{1}{t}\begin{bmatrix}-j\underline{a}^2&0&0\\0&j\underline{a}&0\\0&0&1\end{bmatrix}\begin{bmatrix}\underline{I}'_{1OS}\\ \underline{I}'_{2OS}\\ \underline{I}'_{0OS}\end{bmatrix}$
Yd11 ($t = \sqrt{3}\,w$) 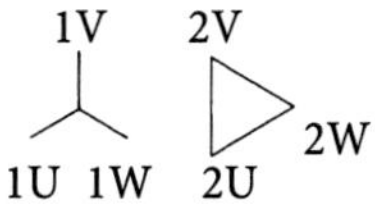	$\begin{bmatrix}\underline{U}'_{1US}\\ \underline{U}'_{2US}\\ \underline{U}'_{0US}\end{bmatrix} = t\begin{bmatrix}j\underline{a}^2&0&0\\0&-j\underline{a}&0\\0&0&0\end{bmatrix}\begin{bmatrix}\underline{U}_{1US}\\ \underline{U}_{2US}\\ \underline{U}_{0US}\end{bmatrix}$ $\begin{bmatrix}\underline{I}_{1US}\\ \underline{I}_{2US}\\ \underline{I}_{0US}\end{bmatrix} = t\begin{bmatrix}-j\underline{a}&0&0\\0&j\underline{a}^2&0\\0&0&0\end{bmatrix}\begin{bmatrix}\underline{I}'_{1US}\\ \underline{I}'_{2US}\\ \underline{I}'_{0US}\end{bmatrix}$	$\begin{bmatrix}\underline{U}'_{1OS}\\ \underline{U}'_{2OS}\\ \underline{U}'_{0OS}\end{bmatrix} = \frac{1}{t}\begin{bmatrix}-j\underline{a}&0&0\\0&j\underline{a}^2&0\\0&0&1\end{bmatrix}\begin{bmatrix}\underline{U}_{1OS}\\ \underline{U}_{2OS}\\ \underline{U}_{0OS}\end{bmatrix}$ $\begin{bmatrix}\underline{I}_{1OS}\\ \underline{I}_{2OS}\\ \underline{I}_{0OS}\end{bmatrix} = \frac{1}{t}\begin{bmatrix}j\underline{a}^2&0&0\\0&-j\underline{a}&0\\0&0&1\end{bmatrix}\begin{bmatrix}\underline{I}'_{1OS}\\ \underline{I}'_{2OS}\\ \underline{I}'_{0OS}\end{bmatrix}$

Tabelle 8.3 (Fortsetzung)

Schaltgruppe	$\underline{u}'_{SUS} = \underline{T}_{SUS}\ \underline{u}_{SUS}$ $\underline{i}_{SUS} = \underline{T}^*_{SUS}\ \underline{i}'_{SUS}$	$\underline{u}'_{SOS} = \underline{T}_{SOS}\ \underline{u}_{SOS}$ $\underline{i}_{SOS} = \underline{T}^*_{SOS}\ \underline{i}'_{SOS}$
Dy5 $\left(t = \frac{w}{\sqrt{3}}\right)$ 1V, 2U, 2W, 1U 1W, 2V	$\begin{bmatrix} \underline{U}'_{1US} \\ \underline{U}'_{2US} \\ \underline{U}'_{0US} \end{bmatrix} = t \begin{bmatrix} -\mathrm{j}\underline{a}^2 & 0 & 0 \\ 0 & \mathrm{j}\underline{a} & 0 \\ 0 & 0 & 1 \end{bmatrix} \begin{bmatrix} \underline{U}_{1US} \\ \underline{U}_{2US} \\ \underline{U}_{0US} \end{bmatrix}$ $\begin{bmatrix} \underline{I}_{1US} \\ \underline{I}_{2US} \\ \underline{I}_{0US} \end{bmatrix} = t \begin{bmatrix} \mathrm{j}\underline{a} & 0 & 0 \\ 0 & -\mathrm{j}\underline{a}^2 & 0 \\ 0 & 0 & 1 \end{bmatrix} \begin{bmatrix} \underline{I}'_{1US} \\ \underline{I}'_{2US} \\ \underline{I}'_{0US} \end{bmatrix}$	$\begin{bmatrix} \underline{U}'_{1OS} \\ \underline{U}'_{2OS} \\ \underline{U}'_{0OS} \end{bmatrix} = \frac{1}{t} \begin{bmatrix} \mathrm{j}\underline{a} & 0 & 0 \\ 0 & -\mathrm{j}\underline{a}^2 & 0 \\ 0 & 0 & 0 \end{bmatrix} \begin{bmatrix} \underline{U}_{1OS} \\ \underline{U}_{2OS} \\ \underline{U}_{0OS} \end{bmatrix}$ $\begin{bmatrix} \underline{I}_{1OS} \\ \underline{I}_{2OS} \\ \underline{I}_{0OS} \end{bmatrix} = \frac{1}{t} \begin{bmatrix} -\mathrm{j}\underline{a}^2 & 0 & 0 \\ 0 & \mathrm{j}\underline{a} & 0 \\ 0 & 0 & 0 \end{bmatrix} \begin{bmatrix} \underline{I}'_{1OS} \\ \underline{I}'_{2OS} \\ \underline{I}'_{0OS} \end{bmatrix}$

Bei Vernachlässigung des Leerlaufstromes geht Gl. (8.60) mit dem Grenzübergang $\underline{Z}_{\ell OS} \to \infty$ und $\underline{Y}_{TOS} = 1/\underline{Z}_{TOS} = 1/(\underline{Z}_{OS} + \underline{Z}'_{US})$ über in:

$$\begin{bmatrix} \underline{I}_{1OS} \\ \underline{I}'_{1US} \end{bmatrix} = \frac{1}{\underline{Z}_{OS} + \underline{Z}'_{US}} \begin{bmatrix} 1 & -1 \\ -1 & 1 \end{bmatrix} \begin{bmatrix} \underline{U}_{1OS} \\ \underline{U}'_{1US} \end{bmatrix} = \begin{bmatrix} \underline{Y}_{TOS} & -\underline{Y}_{TOS} \\ -\underline{Y}_{TOS} & \underline{Y}_{TOS} \end{bmatrix} \begin{bmatrix} \underline{U}_{1OS} \\ \underline{U}'_{1US} \end{bmatrix} \tag{8.61}$$

Die zu den Gln. (8.60) und (8.61) gehörenden Ersatzschaltungen sind aus Bild 8.30 ersichtlich.

8.6.3 Ersatzschaltungen ohne Übertrager

In den bisher angegebenen Ersatzschaltungen kommen immer umgerechnete Größen (gestrichene Größen) einer Seite vor. Die Umrechnung der Größen von einer auf die andere Seite hat zur Folge, dass alle Netzgrößen der Seite, für die die Umrechnung erfolgen soll, mit umgerechnet werden müssen. Für die Berechnung größerer Netze mit mehreren Spannungsebenen ist diese Vorgehensweise umständlich. Die Umrechnung lässt sich vermeiden, wenn man Beziehungen mit den Originalgrößen als Klemmengrößen verwendet.

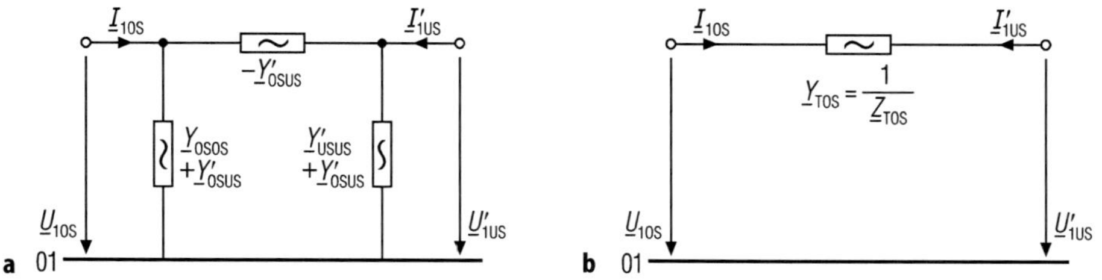

Bild 8.30. Admittanzersatzschaltung für das Mitsystem des Zweiwicklungstransformators. **a** vollständig; **b** bei Vernachlässigung des Leerlaufstromes

Die Herleitung für dieses Vorgehen soll beispielhaft wieder für das Mitsystem erfolgen, wobei nur die für die Netzberechnung bedeutsame Admittanzform betrachtet wird. Man ersetzt in Gl. (8.60) die umgerechneten US-Größen mit Hilfe der Beziehungen $\underline{I}'_{1\mathrm{US}} = \underline{I}_{1\mathrm{US}}/\underline{t}_1^*$ und $\underline{U}'_{1\mathrm{US}} = \underline{t}_1\underline{U}_{1\mathrm{US}}$ durch die Originalgrößen und multipliziert die zweite Zeile mit $\underline{t}_1^*$. Unter Beachtung von $\underline{t}_1^*\underline{t}_1 = t^2$ und $\underline{Z}^2$ nach Gl. (8.60) erhält man:

$$\begin{bmatrix} \underline{I}_{1\mathrm{OS}} \\ \underline{I}_{1\mathrm{US}} \end{bmatrix} = \frac{1}{\underline{Z}^2} \begin{bmatrix} \underline{Z}'_{\mathrm{US}} + \underline{Z}_{\ell\mathrm{OS}} & -\underline{t}_1 \underline{Z}_{\ell\mathrm{OS}} \\ -\underline{t}_1^* \underline{Z}_{\ell\mathrm{OS}} & t^2(\underline{Z}_{\mathrm{OS}} + \underline{Z}_{\ell\mathrm{OS}}) \end{bmatrix} \begin{bmatrix} \underline{U}_{1\mathrm{OS}} \\ \underline{U}_{1\mathrm{US}} \end{bmatrix} = \begin{bmatrix} \underline{Y}_{\mathrm{OSOS}} & \underline{Y}_{\mathrm{OSUS}} \\ \underline{Y}_{\mathrm{USOS}} & \underline{Y}_{\mathrm{USUS}} \end{bmatrix} \begin{bmatrix} \underline{U}_{1\mathrm{OS}} \\ \underline{U}_{1\mathrm{US}} \end{bmatrix} \tag{8.62}$$

Es ist zu beachten, dass bei den phasendrehenden Schaltgruppen die Admittanzen $\underline{Y}_{\mathrm{OSUS}}$ und $\underline{Y}_{\mathrm{USOS}}$ nicht wie gewohnt gleich sind. Es kann dann keine Ersatzschaltung für die Gl. (8.62) angegeben werden. Dem Vorteil der Transformatordarstellung nach Gl. (8.62) ohne Umrechnung von Größen steht der Nachteil gegenüber, dass die Unsymmetrie der Admittanzmatrix der phasendrehenden Schaltgruppen auch zu einer Unsymmetrie der Knotenadmittanzmatrix führt (Abschn. 13.2.1).

9 Freileitungen

9.1 Mastformen, Kosten

Für die Übertragung und Verteilung elektrischer Energie außerhalb von Städten werden aus Kostengründen meist Freileitungen verwendet, auch wenn seit einigen Jahrzehnten Proteste laut geworden sind gegen die „Verschandelung der Landschaft“ durch technische Bauwerke. Den Kostenvorteil der Freileitung gegenüber dem Kabel zeigt Bild 12.14. Von Vorteil gegenüber dem Kabel ist bei der Freileitung auch die gute Zugänglichkeit für Reparaturen und die dadurch erreichbaren kurzen Wiederversorgungszeiten nach einer Störung mit Schadensfolge und die kurzzeitige Überlastbarkeit durch Störungen im Netz ohne gravierende Folgen, wobei dieser letzte Punkt von besonderer Bedeutung ist für Verbundnetzleitungen 220 kV und darüber.

Bei der Ausführung von Freileitungen unterscheidet man Holzmastleitungen nach Bild 9.1 a und 9.1 b, Betonmastleitungen nach Bild 9.1 c und Stahlgittermastleitungen nach Bild 9.1 d bis 9.1 i. In Deutschland werden Freileitungen für 110 kV und darüber mit Rücksicht auf den Trassenmangel nur noch mit zwei oder mehr Stromkreisen ausgeführt (z. B. Bild 9.3).

Bild 9.2 zeigt ausgeführte Höchstspannungsleitungen in Kanada und in Russland. Der kanadische Mast ist selbsttragend und hat deshalb ein höheres Mastgewicht als der abgespannte Mast nach Bild 9.2 b.

Die Abmessungen der Maste werden neben der Betriebsspannung durch die Anzahl der Stromkreise, die Abstände zwischen je zwei Masten und den Durchhang der Seile bestimmt. Bild 9.3 zeigt dazu ein Beispiel für eine Leitung mit sechs Stromkreisen. Weitere Beispiele für die Abmessungen von Doppelleitungen für Spannungen 110 kV und darüber sind im Anhang A.11 angegeben.

Für vergleichende Projektierungsüberlegungen und Wirtschaftlichkeitsuntersuchungen, z. B. zur Ermittlung der wirtschaftlichen Stromdichte (Abschn. 9.6.3), kann man für die längenbezogenen Errichtungskosten von Doppelleitungen 110 kV bis 380 kV in Deutschland von der folgenden Kostenformel für den Stand 1974 ausgehen und diese sachgerecht fortschreiben [1.11, 1.18, 1.24, 12.29, 19.17]:

$$\frac{K'_{\mathrm{DL,1974}}}{\mathrm{TDM/km}} \approx 52{,}2 + 0{,}366\,\frac{U_{\mathrm{n}}}{\mathrm{kV}} + 174\sqrt[4]{n}\,\frac{q_{\mathrm{B}}}{1000\,\mathrm{mm}^2} \tag{9.1}$$

D. Oeding, B. Oswald, *Elektrische Kraftwerke und Netze*,
doi 10.1007/978-3-642-19246-3, © Springer 2011

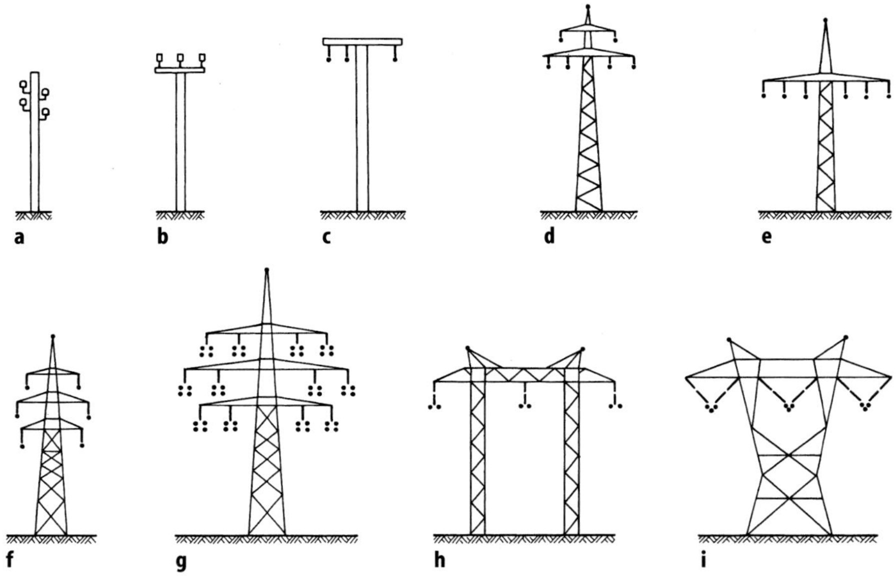

Bild 9.1 a–i. Mastbilder von Drehstromfreileitungen, schematisch. **a** Niederspannungs-Holzmastleitung mit Neutralleiter; **b** Mittelspannungsleitung mit Stützisolatoren (bei dieser Mastform besteht in verstärktem Maße Gefahr für große Vögel); **c** Betonmastleitung; **d** Donaumastbild (110 kV bis 380 kV); **e** Einebenenmastbild (110 kV, 220 kV); **f** Tonnenmastbild; **g** Mehrfachleitung für vier Stromkreise mit Viererbündeln, z. B. 380 kV; **h** Portalmastbild für Einfachleitung, u. U. abgespannte Konstruktion (110 kV bis 750 kV); **i** Y-Mastbild (110 kV bis 750 kV)

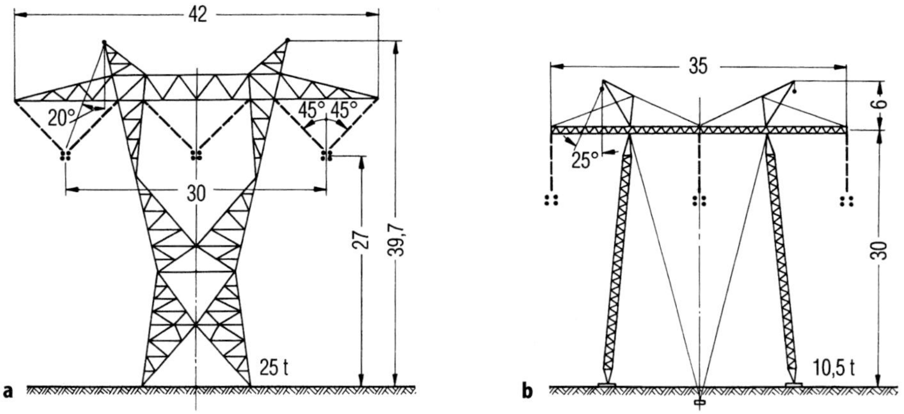

Bild 9.2 a, b. Einfachleitungen für 735/750 kV mit zwei Erdseilen. **a** 735-kV-Leitung in Kanada; **b** 750-kV-Leitung in Russland

Bild 9.3. Drehstromfreileitung mit sechs Stromkreisen und einem Erdseil

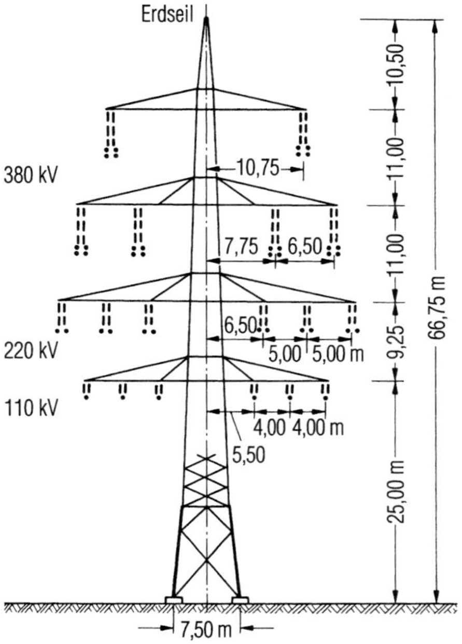

Dabei sind:

$K'_{DL,1974}$ Errichtungskosten von Doppelleitungen mit Donaumastbild, Stand 1. 1. 1974,

U_n Nennspannung der Leitung (110 kV bis 380 kV),

q_B gesamter Al-Querschnitt eines Bündelleiters pro Stromkreis bei Al/St-Seilen ($q_B \leq 3500\ mm^2$),

n Anzahl der Teilleiter eines Leiters (Bündelleiters), $n \leq 4$.

Für den Kostenstand 1. 1. 1987 gilt: $K'_{DL,1987} \approx 1{,}46 \cdot K'_{DL,1974}$ [1.24] und für den Kostenstand 1.1.2000 mag die Abschätzung: $K'_{DL,2000} \approx 2{,}0 \cdot K'_{DL,1974}$ etwa zutreffen. Berücksichtigt man den Übergang auf Euro, so kann man für das Jahr 2000 die Gl. (9.1) näherungsweise für T€/km verwenden.

Bei Geländeschwierigkeiten, Kreuzungen, Leitungsüberhöhungen (z. B. für Waldüberspannungen) und einem hohen Verhältnis von Abspannmasten zu Tragmasten erhöhen sich die Errichtungskosten entsprechend [9.33]. Ausgehend von Gl. (9.1 a) kann man auch die Errichtungskosten für Einfachleitungen (EL) und Vierfachleitungen (VL) mit Stromkreisen gleicher Spannung abschätzen:

$$K'_{EL} \approx 0{,}67\, K'_{DL} \tag{9.2a}$$

$$K'_{VL} \approx 1{,}65\, K'_{DL} \tag{9.2b}$$

In [9.33] findet man auch Kostenformeln für die Errichtung von 750-kV- und 1150-kV-Drehstromfreileitungen sowie Kostenformeln für HGÜ-Freileitungen.

9.2
Aufbau der Freileitungen

Bei Hochspannungsfreileitungen unterscheidet man Tragmaste, meist mit vertikaler Isolatoranordnung (I-Ketten oder V-Ketten, Bild 9.2), Abspannmaste mit weitgehend horizontaler Isolatoranordnung, an denen die Seile eines längeren Abschnitts abgespannt werden, und Winkelmaste bzw. Winkelabspannmaste an Knickpunkten der Leitung. Spezielle Ausführungen werden darüber hinaus vorgesehen für Verdrillungsmaste und Kabelendmaste beim Übergang zwischen Freileitung und Kabel.

Bild 9.4 zeigt den Durchhang eines Freileitungsseils in einem horizontalen Feld zwischen zwei Tragmasten. Durch die Masse des Seils oder des Seilbündels kommt eine hyperbolische Durchhangskurve zustande, die man bis etwa 500 m Spannweite als Parabel ansehen kann, so dass an beliebiger Stelle x gilt:

$$f(x) = f_{\max} - \frac{G'}{2F_{\mathrm{H}}} x^2 \quad \text{mit} \quad f_{\max} = \frac{G'}{8F_{\mathrm{H}}} a^2 \tag{9.3}$$

Dabei ist $f_{\max}$ der Durchhang an der Stelle $x = 0$ (Feldmitte), G' die Gewichtskraft pro Längeneinheit, F_{H} die Horizontalkomponente der Seilzugkraft F_{S} und x der Abstand von der Mitte des Spannfeldes aus gerechnet. Bei Kapazitätsberechnungen z. B. wird für die mittlere Höhe h der Leiterseile über dem Erdboden eingesetzt:

$$h = h_{\mathrm{Mast}} - \bar{f} \approx h_{\mathrm{Mast}} - 0{,}7 f_{\max} \tag{9.4}$$

Dabei ist $\bar{f}$ der mittlere Durchhang, für den $\bar{f} = (2/3) f_{\max}$ bei einem horizontalen Spannfeld gilt. Der Durchhang der Leiterseile ist neben der Masse des Seils und der Zugkraft von der Temperatur und der Zusatzlast durch Eis und Wind abhängig [N9.1]. Bei Weitspannfeldern, wie z. B. bei der Elbekreuzung mit ei-

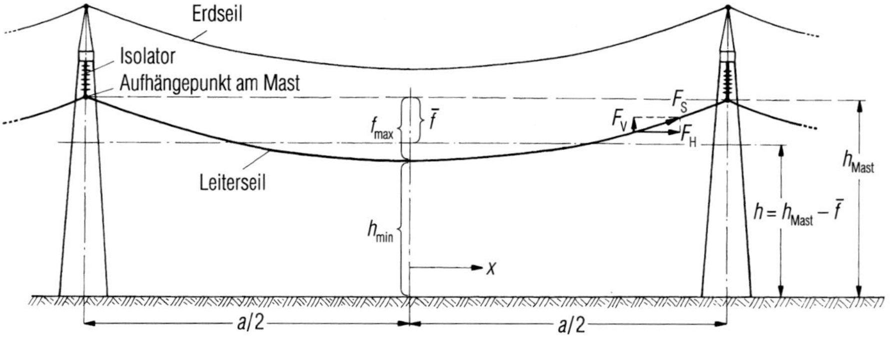

Bild 9.4. Seildurchhang für eine Freileitung in einem horizontalen Spannfeld zwischen zwei Tragmasten mit dem Abstand a

ner Spannweite von 1200 m und 4er-Bündeln AlMgSi/St 564/72 mm² [9.36] hängen die Seile in Form einer Kettenlinie durch [1.24].

Der größte Durchhang der Freileitungsseile f_{max40} in der Mitte des Spannfeldes bei einer Leitertemperatur + 40 °C ist begrenzt durch die einzuhaltende Mindesthöhe h_{min} über dem Erdboden, für die bei $U_n \geq 110$ kV einzuhalten sind: $h_{min}/m = 6 + (U_n/kV - 110)/150$. Bei der Ermittlung der gegenseitigen Abstände der Leiterseile und der Abstände der Leiterseile von geerdeten Bauteilen (Mastkonstruktion) geht man vom maximalen Durchhang f_{max40} und dem Ausschwingen der Leiterseile unter dem Einfluss der Windkraft aus [N9.1]. Bild 9.3 und A.6 zeigen die sich bei diesen Überlegungen ergebenden Abstände.

Als Material für die Leiterseile werden Aluminium (Reinaluminium 99,5 %), Aluminiumlegierung (Aldrey: 0,3 bis 0,5 % Mg, 0,4 bis 0,7 % Si, 0,3 % Fe, Rest Al), Stahl und Kupfer verwendet. Dabei sind die Seile aus mehreren Einzeldrähten aufgebaut. Bei kleinen Querschnitten wird eine Lage von Drähten um eine Seele angeordnet. Bei größeren Querschnitten werden zwei oder mehr Lagen aus Einzeldrähten verwendet. Aluminium- und Stahldrähte werden zu Al/St-Seilen verarbeitet mit unterschiedlichen Verhältnissen Aluminium zu Stahl. Bild 9.5 zeigt Beispiele für Freileitungsseile. Für Leitungen 110 kV und darüber werden fast ausschließlich Al/St-Seile verwendet. Die Querschnittsverhältniszahl liegt bei 6 (bei größeren Querschnitten auch bei 7,7 bis 14,5 und in Sonderfällen bis 20).

Bei Leitungen für 220 kV und darüber kommen im Allgemeinen Bündelleiter (2er-, 3er- und 4er-Bündel) zur Anwendung. Die Aufteilung in Teilleiter hat den Vorteil, dass man anstelle eines gewünschten großen Querschnitts genormte und verhältnismäßig leichte Einzelseile verwenden kann und dass man bei hohen Spannungen die elektrische Randfeldstärke (Oberflächenrandfeldstärke), auch mit Rücksicht auf den HF-Störpegel, auf einen Wert von etwa 17,5 kV/cm (Effektivwert bei höchster Betriebsspannung) beschränken kann. Beispiele für ausgeführte Bündelleiter sind in Tabelle 9.1 angegeben.

Ein Teilleiterabstand von 40 bis 50 cm ist wirtschaftlich und technisch günstig. Damit der Teilleiterabstand auch bei Wind und Zusatzlasten aufrechterhalten wird, werden Feldabstandhalter eingebaut [9.21]. Bild 9.6 zeigt die elektrischen Feldbilder von Bündelleitern im Vergleich zum Feldbild eines Einzel-

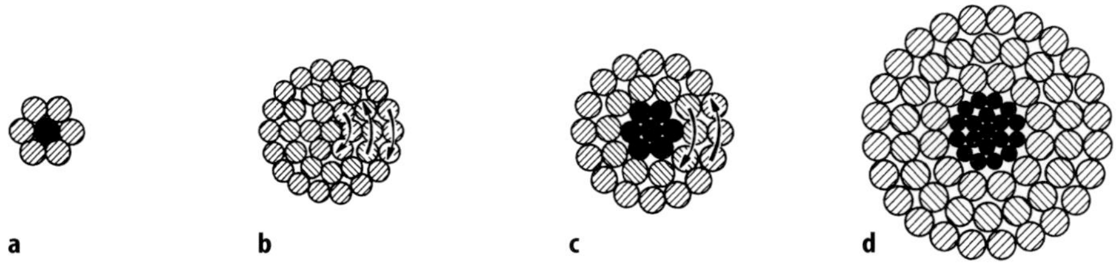

Bild 9.5 a – d. Freileitungsseile (Beispiele zum Aufbau). **a** Al/St-Seil (eine Lage Al), Al/St 16/2,5 bis 50/8 mm2; **b** Al- oder Cu-Seil (drei Lagen, 37 Drähte); 150 bis 185 mm²; **c** Al/St-Seil (zwei Lagen Al), Al/St 120/20 bis 300/50 mm²; **d** Al/St-Seil (drei Lagen Al), Al/St 305/40 bis 680/85 mm², Beispiel Al/St 680/85 mit 54 Drähten Al und 19 Drähten St

Tabelle 9.1. Beispiele von Bündelleitern

Leitung	Teilleiter	r_L	a	r_B	E_{maxB}
	–	cm	cm	cm	kV/cm
220 kV (2er-Bündel) Deutschland [2.14]	Al/St 185/32	0,96	40	6,2	17,5
380 kV (2er-Bündel) Schweden [12.5]	Al/St 525/68	1,585	45	8,45	
380 kV (4er-Bündel) Deutschland [1.6]	Al/St 240/40	1,095	40	17,7	16,4
500 kV (3er-Bündel) UdSSR [2.14]	Al/St 480/60	1,51	40	13,4	
735 kV (4er-Bündel) Kanada [1.9]	Al/St 655/34	1,75	45,7	22,0	15,8

r_L Teilleiterradius; a Teilleiterabstand (Bild 9.18); r_B Ersatzradius des Bündels (Gl. (9.38)); E_{maxB} maximale Randfeldstärke bei Bündelleitern nach Gl. (9.114) mit $C_1'^{I}$ nach Gl. (9.95) und $U = U_n$.

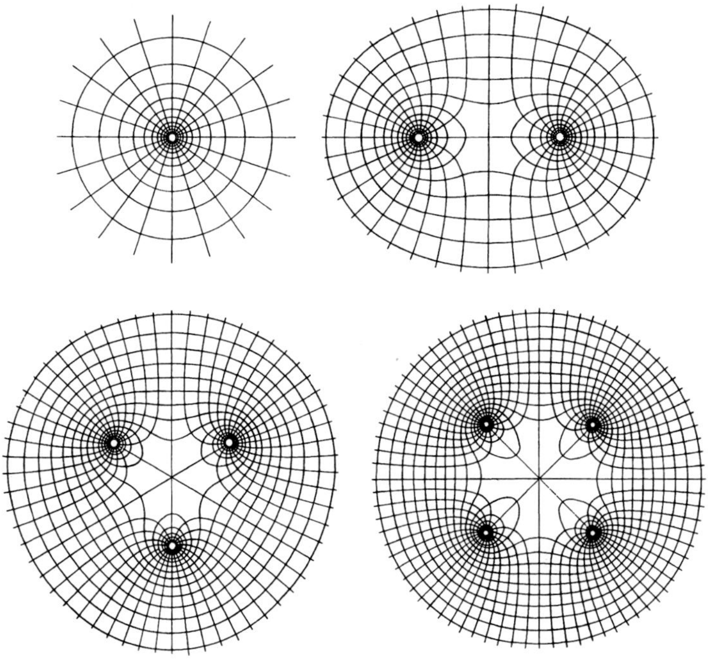

Bild 9.6. Elektrische Feldbilder von Bündelleitern im Vergleich zum Feldbild beim Einzelleiter

leiters. Man erkannt die Änderung der Randfeldstärke am Umfang der Teilleiter und die Orte mit maximaler Randfeldstärke.

Für Erdseile bei Hochspannungsfreileitungen, die einen direkten Blitzeinschlag in die Leiterseile nach Möglichkeit verhindern sollen, werden Stahlseile 35 bis 95 mm^2 (Netze mit isoliertem Sternpunkt oder mit Erdschlusskompensation) und Al/St-Seile (Netze mit niederohmiger Sternpunkterdung) eingesetzt. Bei Leitungen mit Bündelleitern findet man häufig ein oder zwei teilleitergleiche Erdseile. Mit der teilweise durchgeführten bzw. geplanten Umstellung von 110-kV-Netzen auf niederohmige Sternpunkterdung haben sich bei neuen Leitungen gut leitfähige Erdseile durchgesetzt.

Leiterseile neigen abhängig von der Größe der aufgebrachten Zugspannung und der Umgebung der Leitung zu Schwingungen entweder mit kleiner Wellenlänge (Bereich 10 bis 30 Hz) und kleiner Amplitude (einige mm bis zu 2 cm) oder mit großer Wellenlänge (Bereich von 1 Hz) und großer Amplitude (Bereich um mehrere Meter). Die kleinen Schwingungen, die auch als Vibrationen bezeichnet werden, sind von Bedeutung für den mechanischen Entwurf der Leitung. Um diese Schwingungen zu vermeiden, sollen die Seile nur mit einer Mittelzugspannung gespannt werden, die wesentlich kleiner als σ_{zul} ist, weil sonst die Gefahr der Ermüdung an den Aufhängepunkten und des Schwingungsbruches besteht. Seilschwingungen wurden besonders bei geringen Windgeschwindigkeiten von 1 bis 6 m/s beobachtet. Wählt man hohe Zugspannungen oder liegen Weitspannfelder bei der Überquerung von Flüssen oder Gebirgstälern vor, sollten Schutzmaßnahmen zur Dämpfung von Seilschwingungen getroffen werden, z. B. in Form von Seilverstärkungen oder Schwingungsdämpfern in der Nähe der Aufhängepunkte.

Die Leiterseilschwingungen großer Amplitude werden als Seiltanzen bezeichnet. Bei großen Amplituden kann es zu gefährlichen Annäherungen der Seile und zu Kurzschlüssen kommen.

Das Bild 9.7 zeigt einige Nieder- und Mittelspannungs-Freileitungsisolatoren. Sie müssen gleichzeitig mechanischen und elektrischen Beanspruchungen gewachsen sein. Zu fordern ist, dass auch durch Salz, Industrieabgase und andere Einflüsse verschmutzte Isolatoren der normalen Betriebsspannung (Spannung Leiter gegen Erde oder in Netzen mit Erdschlusskompensation sogar der Spannung Leiter–Leiter) standhalten. Bei extremen Verschmutzungsverhältnissen müssen Isolatoren besonderer Bauform und großer Kriechweglänge eingesetzt werden (Abschn. 17.2).

Bei Hochspannungsfreileitungen 110 kV und darüber und auch bei Mittelspannungsfreileitungen mit größeren Seilquerschnitten (> 120 mm^2) werden Hängeisolatoren eingesetzt entweder in der Form von Langstabisolatoren aus Porzellan oder Kunststoff [9.39] oder in der Form von Ketten aus Glas- oder Porzellankappenisolatoren [1.24, 9.5]. Porzellanlangstäbe, die in Deutschland häufig zum Einsatz kommen sind in ihren Abmessungen (wie Länge z. B. 1270 mm) und in ihrer Formgebung (wie Strunkdurchmesser, Schirmausladung und Anzahl der Schirme) genormt [DIN EN 60433 (1999)]. Bild 9.8 zeigt als Beispiel eine 380-kV-Doppelhängekette aus Porzellanlangstäben mit ent-

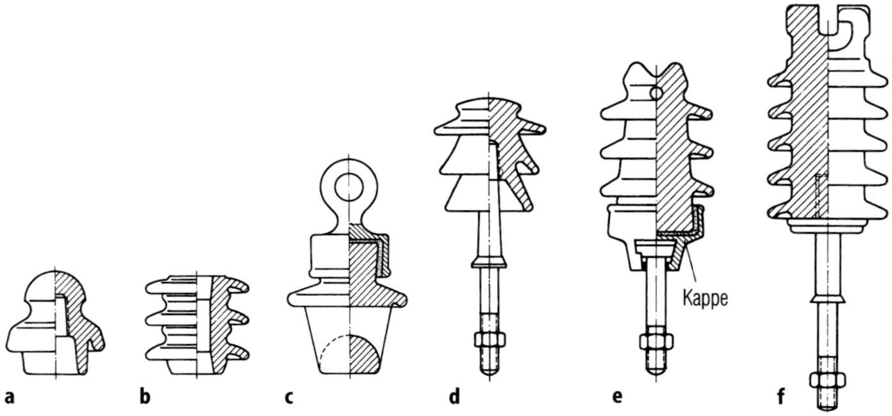

Bild 9.7 a – f. Niederspannungs- (a bis c) und Mittelspannungs-Freileitungsisolatoren (d bis f). Niedersp.: **a** Stützisolator N [DIN 48150]; **b** Schäkelisolator S [DIN 48194]; **c** Zugisolator Z [DIN 48152]; Mittelsp.: **d** Stützisolator St [DIN 48004] mit innenbefestigter Stütze; **e** Vollkernstützisolator mit Kappenstütze, 10 – 15 kV; **f** Vollkernstützisolator mit Plattenstütze, 30 kV

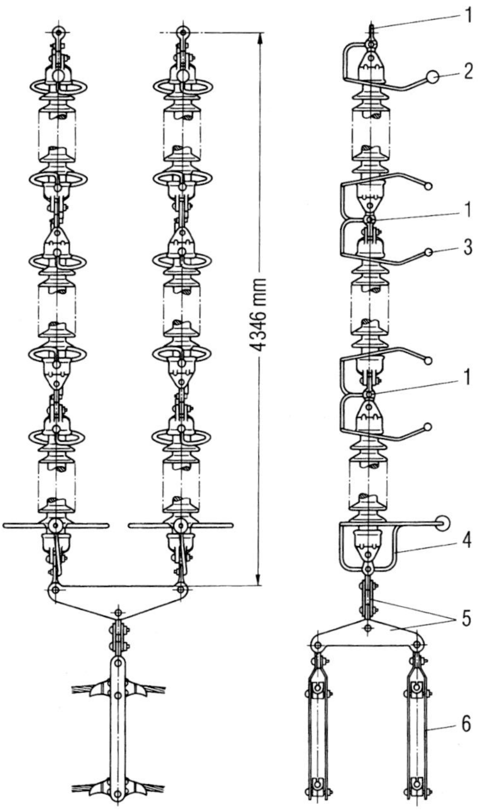

Bild 9.8. 380-kV-Doppel-Hängekette aus Porzellanlangstäben 2×3×LG 75/22/1270 (75 mm Strunkdurchmesser/22 Schirme/1270 mm Einbaulänge). *1* Gedrehte Doppelöse mit Schutzarmaturenbefestigung; *2* Obere Einhorn-Schutzarmatur; *3* Einhorn-Zwischenarmatur; *4* Einhorn-Schutzring; *5* Abstandhalter; *6* Zwei senkrechte Zweierbündel-Anordnungen, die zusammen ein Viererbündel ergeben

sprechenden Armaturen. Weitere Angaben über Armaturen (Lichtbogenschutzarmaturen), Zubehörteile für Isolatoren und Leiterseile sowie Feldabstandhalter für Bündelleiter und auch Schwingungsdämpfer mit entsprechenden Literaturhinweisen findet man in [1.24].

Die Berechnung der Mastkonstruktionen für Hochspannungsfreileitungen mit Seilen über 120 mm^2 Querschnitt, vornehmlich Konstruktionen aus Winkelprofilen, und ihrer zugehörigen Mastfundamente erfolgt unter Beachtung der Normen mit Digitalprogrammen. Um wirtschaftliche und möglichst leichte Mastkonstruktionen zu erhalten, kann man Maste auf Versuchsständen untersuchen und mit Überlast u.U. bis zum Knicken prüfen [9.19]. Die Mastkonstruktion bildet mit dem Fundament eine Einheit. Die Fundamente müssen deshalb so ausgebildet werden, dass unter Berücksichtigung der Baugrundverhältnisse ausreichende Sicherheit vorhanden ist und unzulässige Bewegungen vermieden werden. Stahlgittermaste geringer Höhe mit geringem Durchmesser am Mastfuß erhalten Blockfundamente. Bei schweren Masten wird für jeden Eckstiel ein getrenntes Fundament vorgesehen und der Bodenart angepasst [9.18, 9.35, 9.36].

9.3 Mittlere geometrische Abstände

Die Berechnung der Induktivität L bzw. der Reaktanz $X = \omega L$ von Freileitungen, Kabeln und Stromschienen (z.B. für Sammelschienen in Mittelspannungsschaltanlagen, Generatorableitungen oder Niederspannungs-Hochstromschienen) kann man mit Hilfe der Methode der mittleren geometrischen Abstände (mgA, geometric mean distances) durchführen, die bereits von Maxwell (1883), Rosa (Washington 1907), Orlich (Braunschweig 1909) und Brüderlink (Karlsruhe 1954, [9.7]) eingeführt wurden [9.16].

Zur Ermittlung der Koppelinduktivität zwischen zwei Leiterschleifen soll zuerst das Linienleitermodell (unendlich dünne Leiter) betrachtet werden. Durch Einführung der mittleren geometrischen Abstände bei Leitern mit beliebigem Querschnitt gelangt man dann zu einer allgemeingültigen Methode der Induktivitätsberechnung.

Bei dem Linienleitermodell nach Bild 9.9 denkt man sich langgestreckte unendlich dünne Leiter in z-Richtung (senkrecht zur Zeichenebene). Dabei sollen die Leiter 1 und 2 die Leiterschleife I und die Leiter 3 und 4 die Leiterschleife II bilden. In den Leitern 1 und 2 sollen die Ströme $+i_\mathrm{I}$ und $-i_\mathrm{I}$ fließen. Von diesen stromdurchflossenen Leitern 1 und 2 wird jeweils ein kreisförmig um den Leiter verlaufendes magnetisches Feld erzeugt, das im Bild 9.9 nur für den Leiter 1 dargestellt wurde. Das magnetische Feld der Leiterschleife I ergibt sich aus der Überlagerung der beiden Felder der Leiter 1 und 2.

Der Strom des Leiters 1 erzeugt den magnetischen Fluß $\boldsymbol{\Phi}_1$, der die Leiterschleife II mit den Leitern 3 und 4 durchsetzt:

$$\boldsymbol{\Phi}_1 = \int \boldsymbol{B}_1 \mathrm{d}\boldsymbol{A} = \int \mu \boldsymbol{H}_1 \mathrm{d}\boldsymbol{A} = \mu_0 \mu_r \int_{s_{13}}^{s_{14}} H_1 \ell \mathrm{d}s \tag{9.5}$$

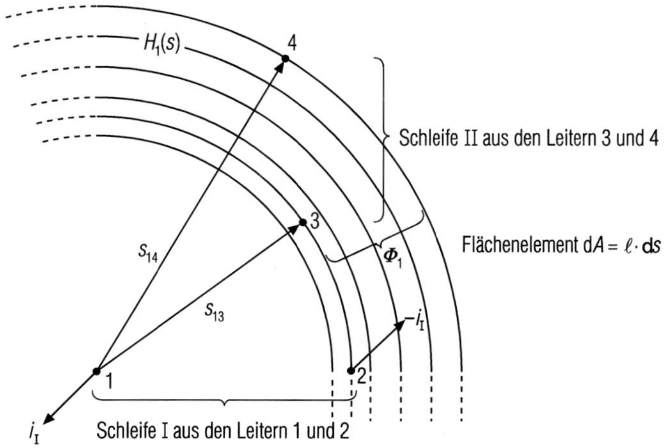

Bild 9.9. Leiterschleife I (1, 2) und II (3, 4) aus linienförmigen, unendlich dünnen Leitern zur Berechnung der Koppelinduktivität $L_{I,II}$ zwischen den beiden Schleifen

Setzt man die magnetische Feldstärke $H_1 = i_I/(2\pi s)$ in Gl. (9.5) ein, so ergibt sich:

$$\Phi_1 = \mu_0 \mu_r \ell \int_{s_{13}}^{s_{14}} \frac{i_I}{2\pi s} ds = \frac{\mu_0 \mu_r}{2\pi} \ell \cdot i_I \cdot \ln \frac{s_{14}}{s_{13}} \tag{9.6a}$$

Entsprechend findet man den Fluss Φ_2 hervorgerufen vom Strom $-i_I$ im Leiter 2:

$$\Phi_2 = \mu_0 \mu_r \ell \int_{s_{23}}^{s_{24}} \frac{-i_I}{2\pi s} ds = -\frac{\mu_0 \mu_r}{2\pi} \ell \cdot i_I \cdot \ln \frac{s_{24}}{s_{23}} \tag{9.6b}$$

Die Überlagerung der von der Leiterschleife I hervorgerufenen Flüsse Φ_1 und Φ_2 in ihrem Durchtritt durch die Leiterschleife II liefert:

$$\Phi_{I,II} = \Phi_1 + \Phi_2 = i_I \frac{\mu_0 \mu_r}{2\pi} \cdot \ell \cdot \ln \frac{s_{14} s_{23}}{s_{13} s_{24}} = i_I L'_{I,II} \cdot \ell \tag{9.7}$$

Dabei ist $L'_{I,II}$ der Koppelinduktivitäts- oder Gegeninduktivitätsbelag:

$$L'_{I,II} = \frac{\mu_0 \mu_r}{2\pi} \ln \frac{s_{14} s_{23}}{s_{13} s_{24}} \tag{9.8}$$

Ebenso ergibt sich von der stromdurchflossenen Leiterschleife II: $L'_{II,I} = L'_{I,II} = L'$. Die Gl. (9.8) gilt für Leiterschleifen aus gedachten linienförmigen, unendlich dünnen Leitern und näherungsweise auch für reale Leiter mit endlichem Querschnitt, wenn die Querschnitte klein gegenüber dem gegenseitigen Leiterabstand sind, wie z. B. bei den Seilen von Freileitungen. Gleichung (9.8) ver-

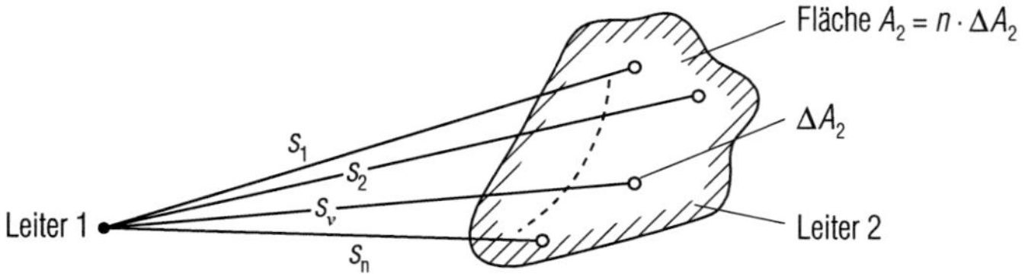

Bild 9.10. MgA zwischen dem Linienleiter 1 und dem Leiter 2 mit der Querschnittsfläche A_2

sagt jedoch, wenn man die Leiterschleife II mit der Leiterschleife I zusammenfallen lässt ($s_{13} = s_{24} = 0$), um dadurch die Selbstinduktivität einer Schleife (aus den Leitern 1 und 2) zu ermitteln. Der Übergang von der Koppelinduktivität auf die Selbstinduktivität ist jedoch dann möglich, wenn man den endlichen Querschnitt der Leiter berücksichtigt und anstelle der Schwerpunktabstände s die mittleren geometrischen Abstände g zwischen den Leitern mit flächenförmigem Querschnitt einführt [9.16]. Gl. (9.8) geht dann in die Maxwellsche Gleichung über [9.7]:

$$L'_{\text{I,II}} = \frac{\mu_0 \mu_\text{r}}{2\pi} \ln \frac{g_{14} g_{23}}{g_{13} g_{24}} \tag{9.9}$$

Zur Bestimmung des mittleren geometrischen Abstands (mgA) zwischen dem Linienleiter 1 und dem Leiter 2 nach Bild 9.10 zerlegt man die Querschnittsfläche A_2 in n Teilflächen ΔA_2 und findet:

$$g_{12} \approx \sqrt[n]{s_1 s_2 s_3 \cdots s_{\text{n}-1} s_\text{n}} \tag{9.10a}$$

Logarithmiert man Gl. (9.10a) und setzt $A_2 = n \cdot \Delta A_2$, so ergibt sich:

$$\ln g_{12} \approx \frac{1}{n \cdot \Delta A_2} \sum_{\nu=1}^{n} \ln s_\nu \cdot \Delta A_2 = \frac{1}{A_2} \sum_{\nu=1}^{n} \ln s_\nu \cdot \Delta A_2 \tag{9.10b}$$

Für $n \longrightarrow \infty$ wird daraus:

$$\ln g_{12} = \frac{1}{A_2} \int_{A_2} \ln s \cdot \mathrm{d}A_2 \tag{9.10c}$$

Hat auch der Leiter 1 einen flächenförmigen Querschnitt A_1, aufgeteilt in viele kleine Teilflächen $\mathrm{d}A_1$, so findet man:

$$\ln g_{12} = \frac{1}{A_1 A_2} \int_{A_1} \int_{A_2} \ln s \mathrm{d}A_1 \mathrm{d}A_2 \tag{9.11}$$

Fallen die Leiter 1 und 2 zu einem Leiter mit flächenförmigem Querschnitt A zusammen, so kann man den mittleren geometrischen Abstand g_{11} von sich selbst ermitteln. Nach Bild 9.11 gilt dann in allgemeiner Form:

$$\ln g_{11} = \frac{1}{A^2} \int_A \int_A \ln s \mathrm{d}A \mathrm{d}A \tag{9.12}$$

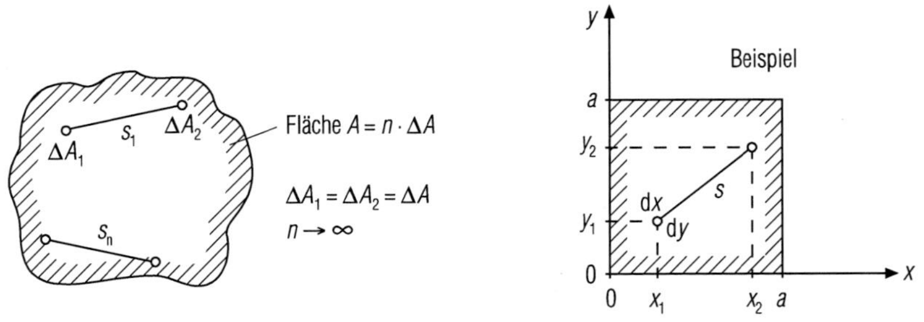

Bild 9.11. Zur Berechnung des mgA einer Fläche (Querschnittsfläche) von sich selbst

Bei dem Beispiel in Bild 9.11 für den mgA einer quadratischen Fläche von sich selbst gilt ausgehend von Gl. (9.12):

$$\ln g_{11} = \frac{1}{a^4} \int_0^a \int_0^a \int_0^a \int_0^a \ln \sqrt{(x_2 - x_1)^2 + (y_2 - y_1)^2}\, dx_1\, dx_2\, dy_1\, dy_2$$

Nach vierfacher Integration über die Grenzen von 0 bis a ergibt sich nach einigen Zwischenrechnungen [9.16]:

$$\ln \frac{g_{11}}{a} = \frac{1}{3} \ln 2 + \frac{\pi}{3} - \frac{25}{12} = -0{,}805087 \rightarrow g_{11} = a \cdot e^{-0{,}805087}$$
$$= a \cdot 0{,}447049 = 2a \cdot 0{,}223525$$

Näherungsweise erhält man dieses Ergebnis auch aus der Unterteilung eines Quadrates mit der Seitenlänge a in vier gleich große Quadrate jeweils mit der Seitenlänge $a/2$ und der nur etwa zutreffenden Annahme (Fall Nr. 7 in Tabelle A.7), dass der mgA zwischen zwei Quadraten dem Schwerpunktabstand gleich ist. Man findet für den mgA, wenn man für den unbekannten Faktor x einführt:

$$g_{11} = a \cdot x = \sqrt[16]{\left(x \cdot \frac{a}{2} \cdot \frac{a}{2} \cdot \frac{a}{2} \cdot \frac{a\sqrt{2}}{2} \right)^4} = a \cdot \sqrt[3]{\frac{1}{16}\sqrt{2}} = a \cdot 0{,}4454$$

Das Ergebnis verbessert sich in Richtung auf 0,447049, wenn man eine Unterteilung in 9 gleiche Teilquadrate vornimmt jeweils mit der Seitenlänge $a/3$:

$$g_{11} = a \cdot x = a \cdot \sqrt[81]{\left(\frac{x}{3}\right)^9 \cdot \left(\frac{1}{3}\right)^{24} \cdot \left(\frac{\sqrt{2}}{3}\right)^{16} \cdot \left(\frac{2}{3}\right)^{12} \cdot \left(\frac{\sqrt{5}}{3}\right)^{16} \cdot \left(\frac{\sqrt{8}}{3}\right)^4} = a \cdot 0{,}4463$$

Fallen zwei Schleifen, deren Koppelinduktivitätsbelag nach Gl. (9.9) zu berechnen ist, zusammen ($3 \rightarrow 1$; $4 \rightarrow 2$), so wird $g_{14} = g_{12}$; $g_{23} = g_{12}$; $g_{13} = g_{11}$;

$g_{24} = g_{22}$ und somit:

$$L'_{12} = \frac{\mu_0 \mu_r}{2\pi} \ln \frac{g_{12}^2}{g_{11} g_{22}} \tag{9.13a}$$

Sind beide Querschnittsflächen gleich, so gilt $g_{11} = g_{22}$ und Gl. (9.13a) geht über in die Berechnungsgleichung für den Selbstinduktivitätsbelag einer Leiterschleife

$$L' = L'_{12} = \frac{\mu_0 \mu_r}{2\pi} \cdot \ln \frac{g_{12}^2}{g_{11}^2} = \frac{\mu_0 \mu_r}{\pi} \cdot \ln \frac{g_{12}}{g_{11}} \tag{9.13b}$$

Besteht die Leiterschleife aus zwei gleichen Leitern mit kreisförmigem Querschnitt und dem Radius r, so ergibt sich mit $g_{12} = s = d$ (Fall Nr. 4 in Tabelle A.7) sowie $g_{11} = r \cdot e^{-1/4}$ (Fall Nr. 1 in Tabelle A.7) :

$$L' = \frac{\mu_0 \mu_r}{\pi} \cdot \ln \frac{g_{12}}{g_{11}} = \frac{\mu_0 \mu_r}{\pi} \cdot \ln \frac{d}{r \cdot e^{-1/4}} = \frac{\mu_0 \mu_r}{\pi} \cdot \left(\frac{1}{4} + \ln \frac{d}{r} \right) \tag{9.13c}$$

Tabelle A.7 enthält eine Zusammenstellung der wichtigsten mittleren geometrischen Abstände einfacher Querschnittsanordnungen, die man für die Berechnung der Induktivitäten von Freileitungen, Kabeln und Sammelschienen benötigt. Durch entsprechende Unterteilung komplizierterer Querschnitte in Quadrate kann man auch diese behandeln [9.16]. Weiterhin kann man mit dieser Methode auch die Stromverdrängung durch Skin- und Proximity-Effekt behandeln. Zwei einfache Beispiele für die Berechnung des mgA sollen gegeben werden:

Beispiel 1: 4er-Bündel einer 380-kV-Freileitung, $r = 1{,}095$ cm; $a = 40$ cm

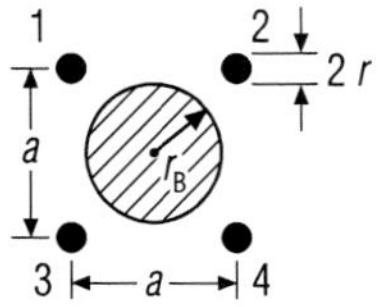

$$g_{I,I} = \sqrt[4]{g_{11}\, g_{12}\, g_{13}\, g_{14}} = \sqrt[4]{r \cdot e^{-1/4} a a a \sqrt{2}} = \sqrt[4]{r a^3 \sqrt{2} e^{-1/4}}$$

$$g_{I,I} = 0{,}93941 \cdot \sqrt[4]{r a^3 \sqrt{2}} = 0{,}93941 \cdot \sqrt[4]{1{,}095 \cdot 40^3 \sqrt{2}} \text{ cm}$$
$$= 16{,}668 \text{ cm}$$

$$g_{I,I} = r_B \cdot e^{-1/(4n)} = 17{,}743 \text{cm} \cdot e^{-1/16}$$

mit $r_B = \sqrt[n]{n \cdot r \cdot r_T^{n-1}} = \sqrt[4]{4 \cdot 1{,}095 \cdot 28{,}284^3} \text{ cm} = 17{,}743 \text{ cm}$

$r_T = (a/2)/\sin 45° = 28{,}284$ cm, siehe Tabelle A.7, Nr. 10 und Tabelle 9.3

Beispiel 2: Leiterschleife aus Stromschienen

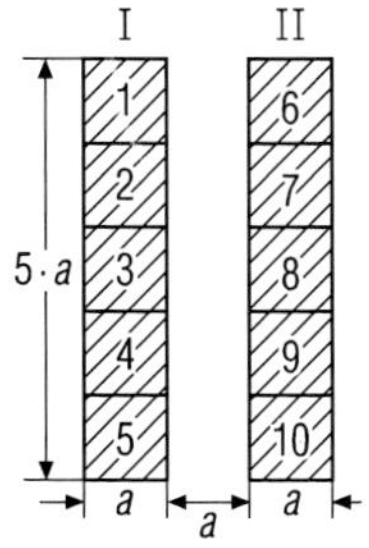

$$g_{I,I} = \sqrt[25]{(g_{11} g_{12} g_{13} g_{14} g_{15})^2 (g_{22} g_{21} g_{23} g_{24} g_{25})^2 (g_{33} g_{31} g_{32} g_{34} g_{35})}$$

$$g_{I,I} = \sqrt[25]{g_{11}^5\, g_{12}^8\, g_{13}^6\, g_{14}^4\, g_{15}^2}$$
$$= a \cdot \sqrt[25]{0{,}44705^5 \cdot 1{,}00655^8 \cdot 2^6 \cdot 3^4 \cdot 4^2}$$
$$= a \cdot 1{,}3419$$

$$g_{\mathrm{I,II}} = \sqrt[25]{(g_{16}g_{17}g_{18}g_{19}g_{110})^2(g_{26}g_{27}g_{28}g_{29}g_{210})^2(g_{36}g_{37}g_{38}g_{39}g_{310})}$$

$$g_{\mathrm{I,II}} = \sqrt[25]{g_{16}^5 g_{17}^8 g_{18}^6 g_{19}^4 g_{110}^2} = a\cdot\sqrt[25]{2^5\cdot\sqrt{5}^8\cdot\sqrt{8}^6\cdot\sqrt{13}^4\cdot\sqrt{20}^2}$$

$$= a\cdot 2{,}6398$$

Angaben zum mgA einer Kreislinie von sich selbst (Fall Nr. 2 in A.7) und zum mgA einer Strecke von sich selbst (Fall Nr. 5 in A.7) findet man in den Anhängen A.8 und A.9.

9.4 Impedanzen

9.4.1 Allgemeines

Die Berechnung der Impedanzbeläge von Drehstromleitungen (Freileitungen oder Kabel) geht immer von den Impedanzen einzelner Leiterschleifen aus. Deshalb werden zuerst im Abschn. 9.4.2 die Selbst- und Gegenimpedanzen der Leiterschleifen L1-N, L2-N, L3-N behandelt ohne Einfluss der Erde und dann im Abschn. 9.4.3 die Grundgleichungen für die Selbst- und Gegenimpedanzen von Leiterschleifen mit Rückleitung über Erde. Der Einfluss von Erdseilen bei Hochspannungsfreileitungen und der Einfluss von geerdeten Kabelmänteln wird anschließend durch Zusatzglieder in den Gleichungen für die Impedanzbeläge berücksichtigt. Die Transformation in die Impedanzen des Mit-, Gegen- und Nullsystems der symmetrischen Komponenten wird im Abschn. 9.4.4 gezeigt.

Für die Bestimmung von Schleifenimpedanzen mit Rückleitung über Erde wird von den klassischen Ansätzen von Carson und Pollaczek aus dem Jahre 1926 [9.1, 9.2] ausgegangen und die ursprünglich von Dubanton stammende Näherung, die in [9.40] untersucht und mit den Ergebnissen nach [9.1] verglichen wurde, behandelt.

Die Gleichungen nach Carson lassen sich einfacher programmieren als die von Pollaczek [9.45], wobei beide zu etwa gleichen Ergebnissen führen, wenn bei den Gegenimpedanzen der Schleifenabstand klein ist, also bei der Berechnung der Nullimpedanzen von Freileitungen, nicht jedoch bei der Behandlung von Beeinflussungsproblemen mit größerem Abstand zwischen dem beeinflussenden und dem beeinflussten Leiter über dem Erdboden, auf dem Erdboden oder darunter (Abschn. 9.4.4). In diesen Fällen kann man die Näherungen von Pollaczek verwenden oder nach [1.24: 1.8.3.1.1] vorgehen. Eine ausführliche Darstellung der bekannten Methoden zur Leitungsnachbildung mit entsprechenden Literaturnachweisen findet man in [9.54].

Die Berechnungsgleichungen [9.1, 9.2, 9.40, 9.54] setzen immer unendlich lange Leiter voraus, also Längen, die sehr viel größer sind als die Erdstromtiefe. Insbesondere bei Niederspannungskabeln wird man jedoch häufig Längen vorfinden, die kleiner oder sogar wesentlich kleiner sind als die Erdstromtiefe $\delta_E = 932$ m bei der Betriebsfrequenz 50 Hz und bei einem spezifischen Erdwiderstand $\rho_E = 100\ \Omega$m. Diesen Einfluss kann man durch Einführen einer verminderten Erdstromtiefe $d_E(l) < \delta_E$ und einer verminderten Resistanz $R_E'^{*} = 0{,}75 R_E' d_E/\delta_E = 0{,}75\,(\omega\mu_0/8) d_E/\delta_E < R_E'$ nach Abschn. 10.4.1 berücksichtigen [9.44].

9.4.2 Selbst- und Gegenimpedanzen von Leiterschleifen

Ausgehend von der allgemein gültigen Gl. (9.9) für den Gegeninduktivitätsbelag zweier Leiterschleifen ohne Rückleitung über Erde ist es möglich die Selbst- und Gegenimpedanzen von Mehrleiterstromkreisen zu bestimmen.

Betrachtet man eine Leitung mit vier Leitern L1, L2, L3 und N nach Bild 9.12a, so gilt für die Selbstreaktanz der Schleife aus den Leitern L1 und N nach Gl. (9.9):

$$X'_{\mathrm{L1L1}} = \omega \frac{\mu_0}{2\pi} \ln \frac{d_{\mathrm{L1N}} d_{\mathrm{L1N}}}{r_{\mathrm{L1}} \mathrm{e}^{-1/4} r_{\mathrm{N}} \mathrm{e}^{-1/4}} = \omega \frac{\mu_0}{2\pi} \left(\frac{1}{2} + \ln \frac{d_{\mathrm{L1N}}^2}{r_{\mathrm{L1}} r_{\mathrm{N}}} \right) \tag{9.14}$$

Fügt man die Resistanzbeläge R'_{L1} und R'_{N} hinzu, so erhält man $\underline{Z}'_{\mathrm{L1L1}}$ und durch Vertauschen der Indizes auch die Selbstimpedanzbeläge der Schleifen L2-N und L3-N:

$$\underline{Z}'_{\mathrm{L1L1}} = R'_{\mathrm{L1}} + R'_{\mathrm{N}} + \mathrm{j}\omega \frac{\mu_0}{2\pi} \left(\frac{1}{2} + \ln \frac{d_{\mathrm{L1N}}^2}{r_{\mathrm{L1}} r_{\mathrm{N}}} \right) \tag{9.15a}$$

$$\underline{Z}'_{\mathrm{L2L2}} = R'_{\mathrm{L2}} + R'_{\mathrm{N}} + \mathrm{j}\omega \frac{\mu_0}{2\pi} \left(\frac{1}{2} + \ln \frac{d_{\mathrm{L2N}}^2}{r_{\mathrm{L2}} r_{\mathrm{N}}} \right) \tag{9.15b}$$

$$\underline{Z}'_{\mathrm{L3L3}} = R'_{\mathrm{L3}} + R'_{\mathrm{N}} + \mathrm{j}\omega \frac{\mu_0}{2\pi} \left(\frac{1}{2} + \ln \frac{d_{\mathrm{L3N}}^2}{r_{\mathrm{L3}} r_{\mathrm{N}}} \right) \tag{9.15c}$$

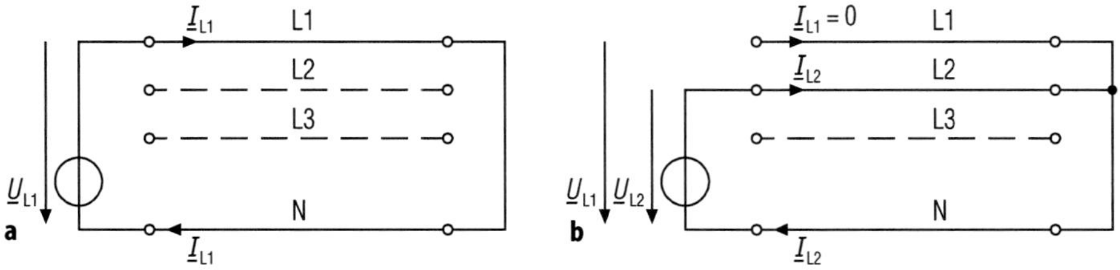

Bild 9.12 a, b. Zur Berechnung der Schleifenimpedanzen einer Drehstromleitung mit drei Leitern L1, L2, L3 (Hauptleitern) und einem Neutralleiter N. **a** Selbstimpedanzen; **b** Gegenimpedanzen

Für die Gegenreaktanz der Schleifen L1-N und L2-N nach Bild 9.12b findet man wiederum ausgehend von Gl. (9.9):

$$X'_{\mathrm{L1L2}} = \omega \frac{\mu_0}{2\pi} \ln \frac{d_{\mathrm{L1N}} d_{\mathrm{L2N}}}{d_{\mathrm{L1L2}} r_{\mathrm{N}} \mathrm{e}^{-1/4}} = \omega \frac{\mu_0}{2\pi} \left(\frac{1}{4} + \ln \frac{d_{\mathrm{L1N}} d_{\mathrm{L2N}}}{d_{\mathrm{L1L2}} r_{\mathrm{N}}} \right) \tag{9.16}$$

Für die Gegenimpedanzbeläge ist nur der Resistanzbelag des gemeinsamen Rückleiters N zu berücksichtigen:

$$\underline{Z}'_{\mathrm{L1L2}} = R'_{\mathrm{N}} + \mathrm{j}\omega \frac{\mu_0}{2\pi} \left(\frac{1}{4} + \ln \frac{d_{\mathrm{L1N}} d_{\mathrm{L2N}}}{d_{\mathrm{L1L2}} r_{\mathrm{N}}} \right) \tag{9.17a}$$

$$\underline{Z}'_{\mathrm{L1L3}} = R'_{\mathrm{N}} + \mathrm{j}\omega \frac{\mu_0}{2\pi} \left(\frac{1}{4} + \ln \frac{d_{\mathrm{L1N}} d_{\mathrm{L3N}}}{d_{\mathrm{L1L3}} r_{\mathrm{N}}} \right) \tag{9.17b}$$

$$\underline{Z}'_{\mathrm{L2L3}} = R'_{\mathrm{N}} + \mathrm{j}\omega \frac{\mu_0}{2\pi} \left(\frac{1}{4} + \ln \frac{d_{\mathrm{L2N}} d_{\mathrm{L3N}}}{d_{\mathrm{L2L3}} r_{\mathrm{N}}} \right) \tag{9.17c}$$

Ausgehend von den Gln. (9.15) und (9.17) ergeben die längenbezogenen Spannungsfälle $\Delta\underline{U}'_{\mathrm{L1N}}$, $\Delta\underline{U}'_{\mathrm{L2N}}$, und $\Delta\underline{U}'_{\mathrm{L3N}}$ über den Leitern L1, L2 und L3:

$$\begin{bmatrix} \Delta\underline{U}'_{\mathrm{L1N}} \\ \Delta\underline{U}'_{\mathrm{L2N}} \\ \Delta\underline{U}'_{\mathrm{L3N}} \end{bmatrix} = \begin{bmatrix} \underline{Z}'_{\mathrm{L1L1}} & \underline{Z}'_{\mathrm{L1L2}} & \underline{Z}'_{\mathrm{L1L3}} \\ \underline{Z}'_{\mathrm{L2L1}} & \underline{Z}'_{\mathrm{L2L2}} & \underline{Z}'_{\mathrm{L2L3}} \\ \underline{Z}'_{\mathrm{L3L1}} & \underline{Z}'_{\mathrm{L3L2}} & \underline{Z}'_{\mathrm{L3L3}} \end{bmatrix} \begin{bmatrix} \underline{I}_{\mathrm{L1}} \\ \underline{I}_{\mathrm{L2}} \\ \underline{I}_{\mathrm{L3}} \end{bmatrix} \tag{9.18}$$

mit $\underline{Z}'_{\mathrm{L2L1}} = \underline{Z}'_{\mathrm{L1L2}}$ usw.

Der Strom im Leiter *N* ergibt sich aus der Bedingung:

$$\underline{I}_{\mathrm{L1}} + \underline{I}_{\mathrm{L2}} + \underline{I}_{\mathrm{L3}} + \underline{I}_{\mathrm{N}} = 0 \tag{9.19}$$

Aufgrund der i. Allg. unterschiedlichen Abstände der Leiter untereinander und zum Leiter N sind die Selbst- und Gegenimpedanzen in Gl. (9.18) untereinander nicht gleich.

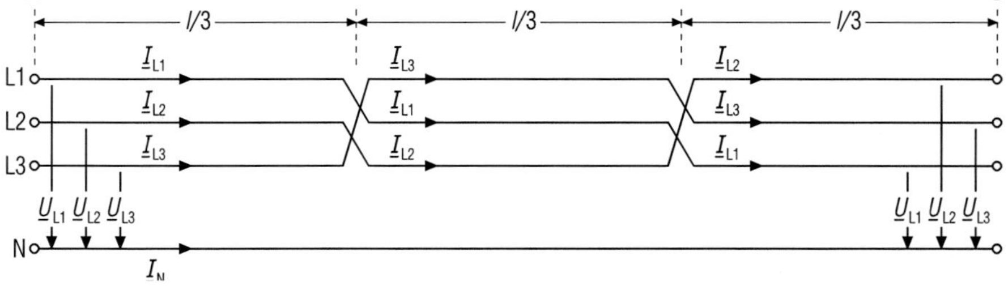

Bild 9.13. Verdrillung einer Einfachleitung (ein Stromkreis ohne Erdseil) nach dem Schema α mit drei gleichen Abschnitten der Länge $l/3$. $\Delta\underline{U}_{\mathrm{L1}} = \underline{U}_{\mathrm{L1A}} - \underline{U}_{\mathrm{L1B}}$ usw.

Hochspannungsfreileitungen werden, insbesondere bei größerer Längen, verdrillt, um die Unsymmetrie der baulichen Anordnung auszugleichen. Bei Einfachleitungen wird nach dem Schema α verdrillt, wie im Bild 9.13 dargestellt. Bei Doppelleitungen verwendet man die Schemata β oder γ [1.24, 9.7].

Ausgehend von Gl. (9.18) findet man bei drei Abschnitten der Länge $l/3$ nach Bild 9.13 zur Berechnung der Spannungsfälle der verdrillten Leitung mit der Gesamtlänge l die nachstehende Matrix mit gleichen Haupt- und Nebendiagonalelementen:

$$\begin{bmatrix} \Delta\underline{U}_{\mathrm{L1N}} \\ \Delta\underline{U}_{\mathrm{L2N}} \\ \Delta\underline{U}_{\mathrm{L3N}} \end{bmatrix} = \tag{9.20}$$

$$\frac{l}{3}\begin{bmatrix} \underline{Z}'_{\mathrm{L1L1}}+\underline{Z}'_{\mathrm{L2L2}}+\underline{Z}'_{\mathrm{L3L3}} & \underline{Z}'_{\mathrm{L1L2}}+\underline{Z}'_{\mathrm{L1L3}}+\underline{Z}'_{\mathrm{L2L3}} & \underline{Z}'_{\mathrm{L1L2}}+\underline{Z}'_{\mathrm{L1L3}}+\underline{Z}'_{\mathrm{L2L3}} \\ \underline{Z}'_{\mathrm{L1L2}}+\underline{Z}'_{\mathrm{L1L3}}+\underline{Z}'_{\mathrm{L2L3}} & \underline{Z}'_{\mathrm{L1L1}}+\underline{Z}'_{\mathrm{L2L2}}+\underline{Z}'_{\mathrm{L3L3}} & \underline{Z}'_{\mathrm{L1L2}}+\underline{Z}'_{\mathrm{L1L3}}+\underline{Z}'_{\mathrm{L2L3}} \\ \underline{Z}'_{\mathrm{L1L2}}+\underline{Z}'_{\mathrm{L1L3}}+\underline{Z}'_{\mathrm{L2L3}} & \underline{Z}'_{\mathrm{L1L2}}+\underline{Z}'_{\mathrm{L1L3}}+\underline{Z}'_{\mathrm{L2L3}} & \underline{Z}'_{\mathrm{L1L1}}+\underline{Z}'_{\mathrm{L2L2}}+\underline{Z}'_{\mathrm{L3L3}} \end{bmatrix}\cdot$$

$$\begin{bmatrix} \underline{I}_{\mathrm{L1}} \\ \underline{I}_{\mathrm{L2}} \\ \underline{I}_{\mathrm{L3}} \end{bmatrix} = \begin{bmatrix} \underline{Z}'_{\mathrm{s}} & \underline{Z}'_{\mathrm{g}} & \underline{Z}'_{\mathrm{g}} \\ \underline{Z}'_{\mathrm{g}} & \underline{Z}'_{\mathrm{s}} & \underline{Z}'_{\mathrm{g}} \\ \underline{Z}'_{\mathrm{g}} & \underline{Z}'_{\mathrm{g}} & \underline{Z}'_{\mathrm{s}} \end{bmatrix} \begin{bmatrix} \underline{I}_{\mathrm{L1}} \\ \underline{I}_{\mathrm{L2}} \\ \underline{I}_{\mathrm{L3}} \end{bmatrix}$$

Aus den Elementen der Hauptdiagonalen ergibt sich der Selbstimpedanzbelag $\underline{Z}'_{\mathrm{s}}$ und aus den Nebendiagonalelementen der Gegenimpedanzbelag $\underline{Z}'_{\mathrm{g}}$ der verdrillten Leitung:

$$\begin{aligned} \underline{Z}'_{\mathrm{s}} &= \frac{1}{3}(\underline{Z}'_{\mathrm{L1L1}}+\underline{Z}'_{\mathrm{L2L2}}+\underline{Z}'_{\mathrm{L3L3}}) \\ &= \frac{1}{3}(R'_{\mathrm{L1}}+R'_{\mathrm{L2}}+R'_{\mathrm{L3}})+R'_{\mathrm{N}}+\mathrm{j}\omega\frac{\mu_0}{2\pi}\frac{1}{3}\left(\frac{3}{2}+\ln\frac{d^2_{\mathrm{L1N}}}{r_{\mathrm{L1}}r_{\mathrm{N}}}+\ln\frac{d^2_{\mathrm{L2N}}}{r_{\mathrm{L2}}r_{\mathrm{N}}}+\ln\frac{d^2_{\mathrm{L3N}}}{r_{\mathrm{L3}}r_{\mathrm{N}}}\right) \end{aligned} \tag{9.21a}$$

$$\begin{aligned} \underline{Z}'_{\mathrm{g}} &= \frac{1}{3}(\underline{Z}'_{\mathrm{L1L2}}+\underline{Z}'_{\mathrm{L1L3}}+\underline{Z}'_{\mathrm{L2L3}}) \\ &= R'_{\mathrm{N}}+\mathrm{j}\omega\frac{\mu_0}{2\pi}\frac{1}{3}\left(\frac{3}{4}+\ln\frac{d_{\mathrm{L1N}}\,d_{\mathrm{L2N}}}{d_{\mathrm{L1L2}}r_{\mathrm{N}}}+\ln\frac{d_{\mathrm{L1N}}\,d_{\mathrm{L3N}}}{d_{\mathrm{L1L3}}r_{\mathrm{N}}}+\ln\frac{d_{\mathrm{L2N}}\,d_{\mathrm{L3N}}}{d_{\mathrm{L2L3}}\,r_{\mathrm{N}}}\right) \end{aligned} \tag{9.22a}$$

Bei drei gleichen Leitern L1, L2, L3 und damit $R'_{\mathrm{L1}} = R'_{\mathrm{L2}} = R'_{\mathrm{L3}} = R'_{\mathrm{L}}$ sowie $r_{\mathrm{L1}} = r_{\mathrm{L2}} = r_{\mathrm{L3}} = r_{\mathrm{L}}$ vereinfachen sich die Beziehungen zu:

$$\underline{Z}'_{\mathrm{s}} = R'_{\mathrm{L}}+R'_{\mathrm{N}}+\mathrm{j}\omega\frac{\mu_0}{2\pi}\left(\frac{1}{2}+\ln\frac{d^2_{\mathrm{LN}}}{r_{\mathrm{N}}r_{\mathrm{L}}}\right) \tag{9.21b}$$

$$\underline{Z}'_{\mathrm{g}} = R'_{\mathrm{N}} + \mathrm{j}\omega \frac{\mu_0}{2\pi}\left(\frac{1}{4} + \ln\frac{d_{\mathrm{LN}}^2}{d r_{\mathrm{N}}}\right) \tag{9.22b}$$

mit den mittleren geometrischen Abständen

$$d_{\mathrm{LN}} = \sqrt[3]{d_{\mathrm{L1N}}\, d_{\mathrm{L2N}}\, d_{\mathrm{L3N}}} \tag{9.23}$$

$$d = \sqrt[3]{d_{\mathrm{L1L2}}\, d_{\mathrm{L1L3}}\, d_{\mathrm{L2L3}}} \tag{9.24}$$

Bei der Selbst- und Gegenimpedanz von Leiterschleifen mit Rückleitung über Erde, wie sie zur Berechnung der Impedanzen von Hochspannungsfreileitungen mit drei Leitern pro Stromkreis verwendet werden, muss die Erde als räumlich ausgedehnte Rückleitung (Halbraum Erde unter der Leitung) behandelt werden. Grundlegende Arbeiten dazu wurden gleichzeitig von Carson und Pollaczek im Jahre 1926 veröffentlicht, damals allerdings für die Fernmeldetechnik. Resistanzen und Induktivitäten der Schleifen mit Rückleitung über Erde sind frequenzabhängig. Die Resistanzen steigen mit zunehmender Frequenz während die Induktivitäten abnehmen. Mit steigender Frequenz wird ein immer weiter abnehmender Querschnitt des Erdreichs für die Rückleitung des Stromes verwendet. Bei sehr hohen Frequenzen wird nur noch eine dünne Schicht des Erdreiches unter der Leitung den Rückstrom führen. Bild 9.15a enthält einen Überblick über die Veränderung der Resistanzbeläge und der Induktivitätsbeläge der Selbst- und Koppelinduktivitäten mit Rückleitung über Erde nach Carson [9.1] ausgehend von den Berechnungsgleichungen in Anhang A.10, jeweils bezogen auf die entsprechenden Werte für 50 Hz, für die nur die ersten Glieder der Reihen berücksichtigt wurden. Die vier bezogenen Werte beginnen daher bei 1 für $f = 50$ Hz.

Nach Carson gilt für die Selbst- und Gegenimpedanzbeläge von Leiterschleifen mit Rückleitung über Erde (Index C für Carson und Index E für Rückleitung über Erde zur Unterscheidung von der Rückleitung über den 4ten Leiter).

$$\underline{Z}'_{ii\mathrm{CE}} = R'_i + \omega\frac{\mu_0}{\pi}P_{ii} + \mathrm{j}\omega\frac{\mu_0}{2\pi}\left(\ln\frac{2h_i}{r_i} + 2Q_{ii}\right) + \mathrm{j}\omega L_{\mathrm{i}} \tag{9.25a}$$

$$\underline{Z}'_{ik\mathrm{CE}} = \omega\frac{\mu_0}{\pi}P_{ik} + \mathrm{j}\omega\frac{\mu_0}{2\pi}\left(\ln\frac{d_{ik'}}{d_{ik}} + 2Q_{ik}\right) \tag{9.26a}$$

Bild 9.14 zeigt die zugrunde liegende Anordnung mit den Leitern i und k über dem Erdboden in der Höhe h_i und h_k und ihren Spiegelleitern i' und k' im Erdboden.

Die Glieder P_{ii}, P_{ik} und Q_{ii}, Q_{ik} berücksichtigen die endliche Leitfähigkeit der Erde und die Stromverdrängung im Erdboden in Form von unendlichen Reihen (Carson-Reihen im Anhang A.10). Die innere Induktivität und der

Bild 9.14. Leiter-Erde-Schleifen mit Spiegelleitern

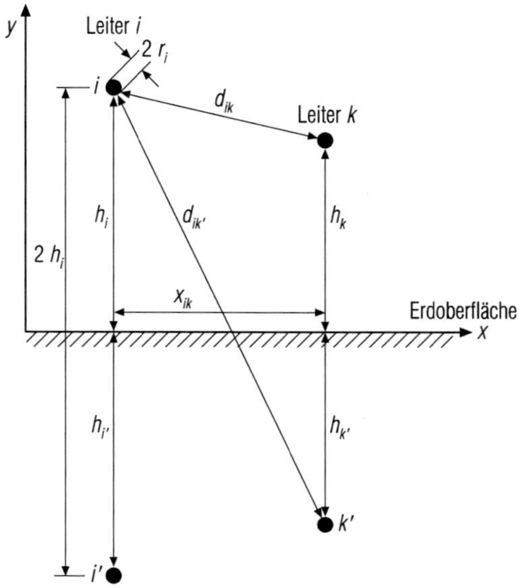

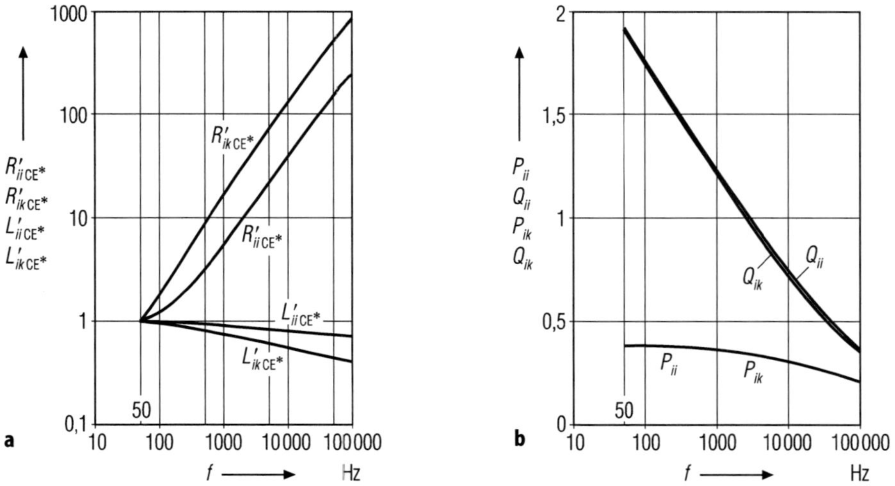

Bild 9.15 a, b. Bezogene Resistanzen und Induktivitäten der frequenzabhängigen Selbst- und Gegenimpedanzen mit Rückleitung über Erde nach Carson [9.1]; Erläuterungen im Text. **a** Bezogene Größen

$$R'_{ii\mathrm{CE}*} = \frac{R'_{ii\mathrm{CE}}(f)}{R'_i + \omega\dfrac{\mu_0}{8}};\; R'_{ik\mathrm{CE}*} = \frac{R'_{ik\mathrm{CE}}(f)}{\omega\dfrac{\mu_0}{8}};\; L'_{ii\mathrm{CE}*} = \frac{L'_{ii\mathrm{CE}}(f)}{\dfrac{1}{4} + \ln\dfrac{\delta_\mathrm{E}(50\ \mathrm{Hz})}{r_\mathrm{i}}};\; L'_{ik\mathrm{CE}*} = \frac{L'_{ik\mathrm{CE}}(f)}{\ln\dfrac{\delta_\mathrm{E}(50\ \mathrm{Hz})}{d_{ik}}}$$

b Carson-Reihen nach Angabe im Anhang A.10 [9.1] bei $\rho_\mathrm{E} = 100\ \Omega\mathrm{m}$; $h_i = 10$ m; $x_{ik} = 5$ m (Bild 9.14)

Wechselstromwiderstand des Leiters hängen ebenfalls von der Frequenz ab [9.1].

Im Bereich der Betriebsfrequenz (50 oder 60 Hz), genügt es die jeweils ersten Glieder der Carson-Reihen zu berücksichtigen, weil $\delta_\mathrm{E} \gg h_i, h_k$ vorausgesetzt werden kann:

$$P_{ii} = \frac{\pi}{8}, \quad Q_{ii} = \frac{1}{2}\ln\frac{\mathrm{e}^k}{x} = \frac{1}{2}\ln\frac{\mathrm{e}^k}{2h_i\sqrt{\omega\mu_0\kappa_\mathrm{E}}} = \frac{1}{2}\ln\frac{\delta_\mathrm{E}}{2h_i};$$

$$P_{ik} = \frac{\pi}{8}, \quad Q_{ik} = \frac{1}{2}\ln\frac{\mathrm{e}^k}{x} = \frac{1}{2}\ln\frac{\mathrm{e}^k}{d_{ik}\sqrt{\omega\mu_0\kappa_\mathrm{E}}} = \frac{1}{2}\ln\frac{\delta_\mathrm{E}}{d_{ik}},$$

Damit gehen die Gln. (9.25a) und (9.26a) über in:

$$\underline{Z}'_{ii\mathrm{E}} = R'_i + \omega\frac{\mu_0}{8} + \mathrm{j}\omega\frac{\mu_0}{2\pi}\left(\frac{1}{4} + \ln\frac{\delta_\mathrm{E}}{r_i}\right) \tag{9.25b}$$

$$\underline{Z}'_{ik\mathrm{E}} = \omega\frac{\mu_0}{8} + \mathrm{j}\omega\frac{\mu_0}{2\pi}\ln\frac{\delta_\mathrm{E}}{d_{ik}} \tag{9.26b}$$

Für den Widerstand kann näherungsweise der Gleichstromwiderstand und für die innere Induktivität bei nichtmagnetischen Leitern $L_\mathrm{i} = \frac{1}{4}\frac{\mu_0}{2\pi}$ eingesetzt werden.

Das einfache Ergebnis der Gln. (9.25b) und (9.26b) erhält man auch nach Pollaczek, wenn man von den Pollaczek-Reihen jeweils auch nur die ersten Glieder berücksichtigt (Anhang A.10). Der Zusatzindex C wurde deshalb weggelassen.

Die Erdstromtiefe δ_E ergibt sich mit (Anhang A.10)

$$\delta_\mathrm{E} = \frac{\mathrm{e}^k}{\sqrt{\omega\mu_0\kappa_\mathrm{E}}} = \frac{1{,}8514}{\sqrt{\omega\mu_0\kappa_\mathrm{E}}} = \frac{1{,}8514}{\sqrt{\omega\mu_0\dfrac{1}{\rho_\mathrm{E}}}} \tag{9.27}$$

Bei einer spezifischen Leitfähigkeit des Erdbodens $\kappa_\mathrm{E} = 100\ \mu\mathrm{S/cm}$ oder einem spezifischen Erdwiderstand $\rho_\mathrm{E} = 1/\kappa_\mathrm{E} = 100\ \Omega\mathrm{m}$ und $f = 50$ Hz ergibt sich eine Erdstromtiefe $\delta_\mathrm{E} = 932$ m. Die Abhängigkeit der Erdstromtiefe von verschiedenen Bodenarten bei $f = 50$ Hz ist in Tabelle 9.5 gegeben.

Bild 9.15b zeigt den Verlauf der Größen P_{ii}, Q_{ii}, P_{ik} und Q_{ik} in den Gln. (9.25a) und (9.26a) bei steigender Frequenz. Bei $f = 50$ Hz gilt:

$$P_{ii(50)} = 0{,}384; \ (\pi/8 = 0{,}393)$$

$$Q_{ii(50)} = 1{,}93; \ \left(\frac{1}{2}\ln(\delta_\mathrm{E}/(2h_i) = \frac{1}{2}\ln(932\ \mathrm{m}/20\ \mathrm{m}) = 1{,}92\ \mathrm{m}\right)$$

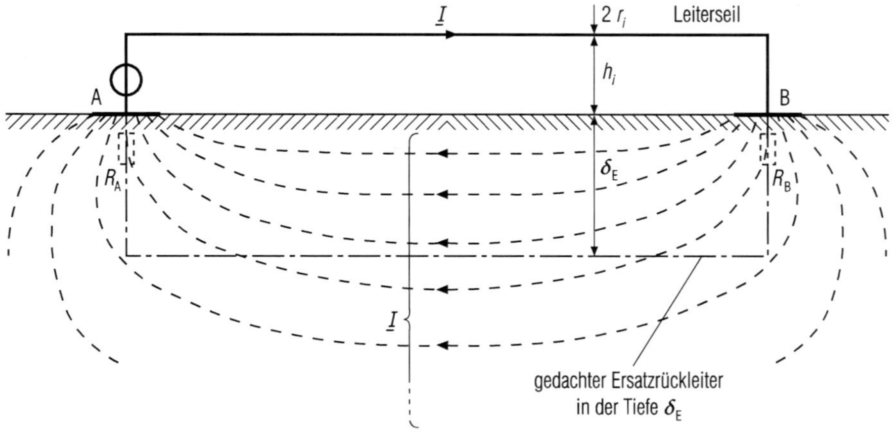

Bild 9.16. Leiter-Erde-Schleife mit gedachtem Rückleiter in der Erdstromtiefe δ_E. R_A, R_B Erdausbreitungswiderstände der Anlagen A und B

$$P_{ik(50)} = 0{,}384;\ (\pi/8 = 0{,}393)$$

$$Q_{ik(50)} = 1{,}92;\ \left(\frac{1}{2}\ln\left(\delta_E / (d_{ik'}\right) = \frac{1}{2}\ln\left(932\ \mathrm{m} / 20{,}616\ \mathrm{m}\right) = 1{,}91\,\mathrm{m}\right)$$

Eine Interpretation der Gleichungen (9.25b) und (9.26b) gibt das Bild 9.16, wobei hier nur die Schleife eines langen Leiters mit Rückleitung über Erde gezeichnet wurde. Die angedeuteten Erdausbreitungswiderstände R_A und R_B spielen keine Rolle, wenn der Leitungslänge „unendlich" lang ist.

Eine wesentlich einfachere, im gesamten Frequenzbereich gute Näherung wurde von Dubanton angegeben [9.40]. Sie hat gegenüber den Berechnungen von Carson und Pollaczek den Vorteil, dass anstelle der Reihen ein geschlossener Ausdruck für die Leitfähigkeit und Stromverdrängung der Erde tritt. Für die Schleifenimpedanzbeläge gilt danach:

$$\underline{Z}'_{ii\mathrm{DE}} = R'_i + \mathrm{j}\omega\frac{\mu_0}{2\pi}\left(\frac{1}{4} + \ln\frac{2(h_i + \underline{p})}{r_i}\right) \tag{9.28a}$$

$$Z'_{ik\mathrm{DE}} = \mathrm{j}\omega\frac{\mu_0}{2\pi}\ln\frac{\sqrt{(h_i + h_k + 2\underline{p})^2 + x_{ik}^2}}{d_{ik}} \tag{9.29a}$$

mit der komplexen Erdstromtiefe

$$\underline{p} = \frac{1}{\sqrt{\mathrm{j}\omega\mu_0\kappa_E}} = \mathrm{e}^{-\mathrm{j}\frac{\pi}{4}}\frac{1}{\sqrt{\omega\mu_0\kappa_E}} = (1-\mathrm{j})\frac{\delta_E/\sqrt{2}}{1{,}85137};\qquad \left|\underline{p}\right| = \frac{\delta_E}{1{,}85137} \tag{9.30}$$

Bild 9.17a zeigt den Verlauf der Real- und Imaginärteile der Impedanzbeläge $\underline{Z}'_{ii\mathrm{CE}}$ und $\underline{Z}'_{ik\mathrm{CE}}$ bis $f = 100$ kHz bei $\rho_E = 100\ \Omega\mathrm{m}$ ausgehend von den Angaben

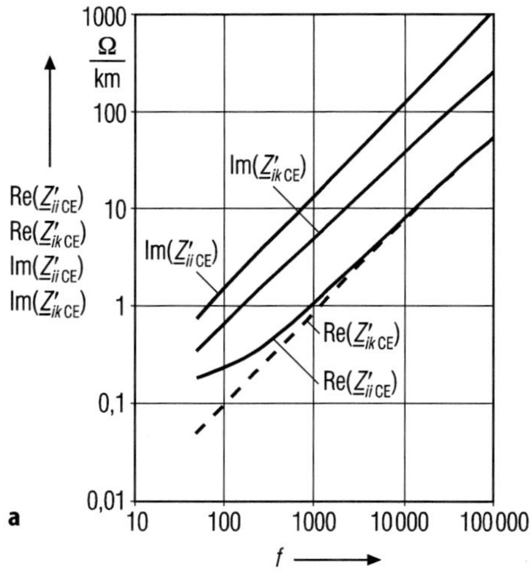

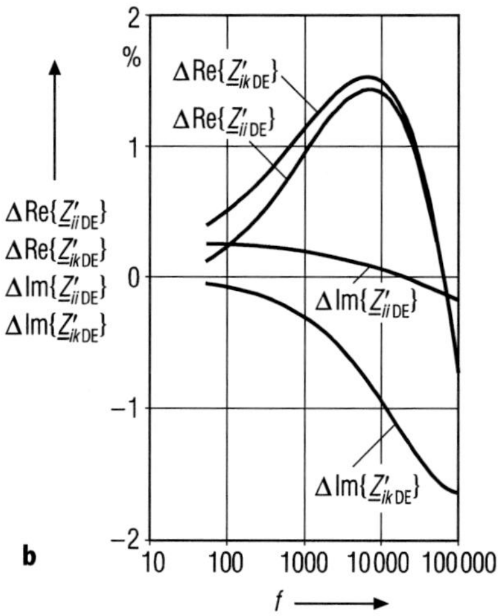

Bild 9.17 a, b. Selbst- und Gegenimpedanzbeläge von Leiterschleifen bei Rückleitung über Erde nach Carson (C) [9.1] und Abweichungen nach Dubanton (D) [9.40, 9.54]. **a** Carson mit den Reihen P und Q des Anhanges A.10 bis zu den Gliedern mit x^8; $h_i = h_k = 10$ m; $x_{ik} = 5$ m;

b $\Delta \mathrm{Re}\,\{\underline{Z}'_{ii\mathrm{DE}}\} = \dfrac{\mathrm{Re}\,\{\underline{Z}'_{ii\mathrm{DE}}\} - \mathrm{Re}\,\{\underline{Z}'_{ii\mathrm{CE}}\}}{\mathrm{Re}\,\{\underline{Z}'_{ii\mathrm{CE}}\}} \cdot 100\%$ usw. mit $\underline{Z}'_{ii\mathrm{CE}}$, $\underline{Z}'_{ik\mathrm{CE}}$ nach Gl. (9.25 a), (9.26 a) und $\underline{Z}'_{ii\mathrm{DE}}$, $\underline{Z}'_{ik\mathrm{DE}}$ nach Gl. (9.28 a), (9.29 a)

im Anhang A.10 für die Carson-Reihen bis zu den Gliedern mit x^8 also bis zu einer Erdstromtiefe von etwa 20 m. Bild 9.17 b enthält die Abweichungen, die sich bei einer Berechnung nach den Gln. (9.28 a) und (9.29 a) ergeben gegenüber den Ergebnissen im Bild 9.17 a. Verwendet wurde in leichter Abwandlung gegen Gl. (9.30) für diese Fehlerbetrachtung $\underline{p} = (1 - \mathrm{j})(\delta_\mathrm{E}/\sqrt{2})/2$ unter der Annahme, dass die Carson-Reihen auf geeignete Bezugswerte führen. Auch wenn man ρ_E zwischen 100 Ωm und 5000 Ωm (Tabelle 9.3) verändert und wenn die geometrischen Abmessungen h_i, h_k und x_{ik} variieren, bleibt die Abweichung von den Carson-Ergebnissen in engen Grenzen. Erst wenn der Abstand x_{ik} eine Größe von 50 m oder mehr annimmt, werden bei $f = 100$ kHz die Abweichungen größer als 15%. Für Beeinflussungsberechnungen von Hochspannungsfreileitungen auf Fernmeldeleitungen oberhalb oder unterhalb der Erdoberfläche oder auf Rohrleitungen wird man ohnehin auf entsprechende Näherungen nach Pollaczek zurückgreifen (Abschn. 9.4.4).

Hieraus ergibt sich, dass die Gln. (9.28 a) und (9.29 a) technisch ausreichende Ergebnisse für die Behandlung von Freileitungen im gesamten Frequenzbereich liefern können [9.40].

Im Bereich der Betriebsfrequenz kann man h_i und h_k und somit auch x_{ik} als klein gegenüber $\underline{p}$ ansehen und erhält dann ausgehend von den Gln. (9.28a) und (9.29a), ähnlich wie bei Carson und Pollaczek, wenn auch mit einer geringfügig von δ_E abweichenden Erdstromtiefe:

$$\begin{aligned}\underline{Z}'_{ii\mathrm{DE}} &= R'_i + \omega\,\frac{\mu_0}{8} + \mathrm{j}\omega\,\frac{\mu_0}{2\pi}\left(\frac{1}{4} + \ln\frac{2}{r_i\sqrt{\omega\mu_0\kappa_\mathrm{E}}}\right)\\ &\approx R'_i + \omega\,\frac{\mu_0}{8} + \mathrm{j}\omega\,\frac{\mu_0}{2\pi}\left(\frac{1}{4} + \ln\frac{\delta_\mathrm{E}}{r_i}\right)\end{aligned} \tag{9.28b}$$

$$\underline{Z}'_{ik\mathrm{DE}} = \omega\,\frac{\mu_0}{8} + \mathrm{j}\omega\,\frac{\mu_0}{2\pi}\ln\frac{2}{d_{ik}\sqrt{\omega\mu_0\kappa_\mathrm{E}}} \approx \omega\,\frac{\mu_0}{8} + \mathrm{j}\omega\,\frac{\mu_0}{2\pi}\ln\frac{\delta_\mathrm{E}}{d_{ik}} \tag{9.29b}$$

Mit den Impedanzbelägen der Schleifen mit Rückleitung über Erde nach den Gln. (9.25b) und (9.26b) berechnet man die Spannungsfälle der Leiter-Erde-Spannungen pro Längeneinheit einer Drehstromfreileitung mit den drei Leitern L1, L2, L3 wie folgt:

$$\begin{bmatrix}\Delta\underline{U}'_\mathrm{L1}\\ \Delta\underline{U}'_\mathrm{L2}\\ \Delta\underline{U}'_\mathrm{L3}\end{bmatrix} = \begin{bmatrix}\underline{Z}'_\mathrm{L1L1E} & \underline{Z}'_\mathrm{L1L2E} & \underline{Z}'_\mathrm{L1L3E}\\ \underline{Z}'_\mathrm{L2L1E} & \underline{Z}'_\mathrm{L2L2E} & \underline{Z}'_\mathrm{L2L3E}\\ \underline{Z}'_\mathrm{L3L1E} & \underline{Z}'_\mathrm{L3L2E} & \underline{Z}'_\mathrm{L3L3E}\end{bmatrix}\begin{bmatrix}\underline{I}_\mathrm{L1}\\ \underline{I}_\mathrm{L2}\\ \underline{I}_\mathrm{L3}\end{bmatrix} \tag{9.31}$$

Ist die Leitung verdrillt, wie im Bild 9.13, so findet man auch hier ausgehend von den Näherungen für Betriebsfrequenz entsprechende Selbst- und Gegenimpedanzbeläge:

$$\begin{aligned}\underline{Z}'_\mathrm{sE} &= \frac{1}{3}\,(\underline{Z}'_\mathrm{L1L1E} + \underline{Z}'_\mathrm{L2L2E} + \underline{Z}'_\mathrm{L3L3E})\\ &= \frac{1}{3}\,(R'_\mathrm{L1} + R'_\mathrm{L1} + R'_\mathrm{L1}) + \omega\,\frac{\mu_0}{8} + \mathrm{j}\omega\,\frac{\mu_0}{2\pi}\,\frac{1}{3}\left(\frac{3}{4} + \ln\frac{\delta_\mathrm{E}}{r_\mathrm{L1}} + \ln\frac{\delta_\mathrm{E}}{r_\mathrm{L2}} + \ln\frac{\delta_\mathrm{E}}{r_\mathrm{L2}}\right)\end{aligned} \tag{9.32a}$$

$$\begin{aligned}\underline{Z}'_\mathrm{gE} &= \frac{1}{3}\,(\underline{Z}'_\mathrm{L1L2E} + \underline{Z}'_\mathrm{L1L3E} + \underline{Z}'_\mathrm{L2L3E})\\ &= \omega\,\frac{\mu_0}{8} + \mathrm{j}\omega\,\frac{\mu_0}{2\pi}\,\frac{1}{3}\left(\ln\frac{\delta_\mathrm{E}}{d_\mathrm{L1L2}} + \ln\frac{\delta_\mathrm{E}}{d_\mathrm{L1L3}} + \ln\frac{\delta_\mathrm{E}}{d_\mathrm{L2L3}}\right)\end{aligned} \tag{9.33a}$$

Bei drei gleichen Leitern und dem mittleren geometrischen Abstand d nach Gl. (9.24) wird:

$$\underline{Z}'_\mathrm{sE} = R'_\mathrm{L} + \omega\,\frac{\mu_0}{8} + \mathrm{j}\omega\,\frac{\mu_0}{2\pi}\left(\frac{1}{4} + \ln\frac{\delta_\mathrm{E}}{r_\mathrm{L}}\right) \tag{9.32b}$$

$$\underline{Z}'_\mathrm{gE} = \omega\,\frac{\mu_0}{8} + \mathrm{j}\omega\,\frac{\mu_0}{2\pi}\ln\frac{\delta_\mathrm{E}}{d} \tag{9.33b}$$

9.4.3 Impedanzen in symmetrischen Komponenten

Die Transformation der Gl. (9.18) oder der Gl. (9.31), wenn man den Zusatzindex E zur Kennzeichnung der Schleifen mit Rückleitung über Erde weglässt, in die symmetrischen Komponenten, entsprechend der Anweisung im Abschnitt 2.4.2, ergibt in allgemeiner Form:

$$\Delta\underline{\boldsymbol{u}}'_{\mathrm{S}} = \underline{\boldsymbol{T}}_{\mathrm{S}}^{-1}\underline{\boldsymbol{Z}}'\,\underline{\boldsymbol{T}}_{\mathrm{S}}\underline{\boldsymbol{i}}_{\mathrm{S}} = \underline{\boldsymbol{Z}}'_{\mathrm{S}}\underline{\boldsymbol{i}}_{\mathrm{S}}$$

mit

$$\underline{\boldsymbol{Z}}'_{\mathrm{S}} = \frac{1}{3}\begin{bmatrix} 1 & \underline{a} & \underline{a}^2 \\ 1 & \underline{a}^2 & \underline{a} \\ 1 & 1 & 1 \end{bmatrix}\begin{bmatrix} \underline{Z}'_{\mathrm{L1L1}} & \underline{Z}'_{\mathrm{L1L2}} & \underline{Z}'_{\mathrm{L1L3}} \\ \underline{Z}'_{\mathrm{L2L1}} & \underline{Z}'_{\mathrm{L2L2}} & \underline{Z}'_{\mathrm{L2L3}} \\ \underline{Z}'_{\mathrm{L3L1}} & \underline{Z}'_{\mathrm{L3L2}} & \underline{Z}'_{\mathrm{L3L3}} \end{bmatrix}\begin{bmatrix} 1 & 1 & 1 \\ \underline{a}^2 & \underline{a} & 1 \\ \underline{a} & \underline{a}^2 & 1 \end{bmatrix}$$

$$= \frac{1}{3}\left[\begin{array}{c|c|c}
\begin{array}{c}(\underline{Z}'_{\mathrm{L1L1}} + \underline{Z}'_{\mathrm{L2L2}} + \underline{Z}'_{\mathrm{L3L3}}) \\ -(\underline{Z}'_{\mathrm{L1L2}} + \underline{Z}'_{\mathrm{L1L3}} + \underline{Z}'_{\mathrm{L2L3}})\end{array} &
\begin{array}{c}(\underline{Z}'_{\mathrm{L1L1}} + \underline{a}^2\underline{Z}'_{\mathrm{L2L2}} + \underline{a}\underline{Z}'_{\mathrm{L3L3}}) \\ +2(\underline{a}\underline{Z}'_{\mathrm{L1L2}} + \underline{a}^2\underline{Z}'_{\mathrm{L1L3}} + \underline{Z}'_{\mathrm{L2L3}})\end{array} &
\begin{array}{c}(\underline{Z}'_{\mathrm{L1L1}} + \underline{a}\underline{Z}'_{\mathrm{L2L2}} + \underline{a}^2\underline{Z}'_{\mathrm{L3L3}}) \\ -(\underline{a}^2\underline{Z}'_{\mathrm{L1L2}} + \underline{a}\underline{Z}'_{\mathrm{L1L3}} + \underline{Z}'_{\mathrm{L2L3}})\end{array} \\ \hline
\begin{array}{c}(\underline{Z}'_{\mathrm{L1L1}} + \underline{a}\underline{Z}'_{\mathrm{L2L2}} + \underline{a}^2\underline{Z}'_{\mathrm{L3L3}}) \\ +2(\underline{a}^2\underline{Z}'_{\mathrm{L1L2}} + \underline{a}\underline{Z}'_{\mathrm{L1L3}} + \underline{Z}'_{\mathrm{L2L3}})\end{array} &
\begin{array}{c}(\underline{Z}'_{\mathrm{L1L1}} + \underline{Z}'_{\mathrm{L2L2}} + \underline{Z}'_{\mathrm{L3L3}}) \\ -(\underline{Z}'_{\mathrm{L1L2}} + \underline{Z}'_{\mathrm{L1L3}} + \underline{Z}'_{\mathrm{L2L3}})\end{array} &
\begin{array}{c}(\underline{Z}'_{\mathrm{L1L1}} + \underline{a}^2\underline{Z}'_{\mathrm{L2L2}} + \underline{a}\underline{Z}'_{\mathrm{L3L3}}) \\ -(\underline{a}\underline{Z}'_{\mathrm{L1L2}} + \underline{a}^2\underline{Z}'_{\mathrm{L1L3}} + \underline{Z}'_{\mathrm{L2L3}})\end{array} \\ \hline
\begin{array}{c}(\underline{Z}'_{\mathrm{L1L1}} + \underline{a}^2\underline{Z}'_{\mathrm{L2L2}} + \underline{a}\underline{Z}'_{\mathrm{L3L3}}) \\ -(\underline{a}\underline{Z}'_{\mathrm{L1L2}} + \underline{a}^2\underline{Z}'_{\mathrm{L1L3}} + \underline{Z}'_{\mathrm{L2L3}})\end{array} &
\begin{array}{c}\underline{Z}'_{\mathrm{L1L1}} + \underline{a}\underline{Z}'_{\mathrm{L2L2}} + \underline{a}^2\underline{Z}'_{\mathrm{L3L3}}) \\ -(\underline{a}^2\underline{Z}'_{\mathrm{L1L2}} + \underline{a}\underline{Z}'_{\mathrm{L1L3}} + \underline{Z}'_{\mathrm{L2L3}})\end{array} &
\begin{array}{c}(\underline{Z}'_{\mathrm{L1L1}} + \underline{Z}'_{\mathrm{L2L2}} + \underline{Z}'_{\mathrm{L3L3}}) \\ +2\,(\underline{Z}'_{\mathrm{L1L2}} + \underline{Z}'_{\mathrm{L1L3}} + \underline{Z}'_{\mathrm{L2L3}})\end{array}
\end{array}\right] \tag{9.35}$$

Für eine Freileitung mit drei gleichen Leiterseilen und symmetrischem Aufbau ($d_{\mathrm{L1L2}} = d_{\mathrm{L1L3}} = d_{\mathrm{L2L3}}$) bzw. Verdrillung ergibt sich mit $\underline{Z}'_{\mathrm{L}i\mathrm{L}i} = \underline{Z}'_{\mathrm{s}}$ sowie $\underline{Z}'_{\mathrm{L}i\mathrm{L}k} = \underline{Z}'_{\mathrm{g}}\ (k \neq i)$:

$$\begin{bmatrix} \Delta\underline{U}'_1 \\ \Delta\underline{U}'_2 \\ \Delta\underline{U}'_0 \end{bmatrix} = \begin{bmatrix} \underline{Z}'_{\mathrm{s}} - \underline{Z}'_{\mathrm{g}} & 0 & 0 \\ 0 & \underline{Z}'_{\mathrm{s}} - \underline{Z}'_{\mathrm{g}} & 0 \\ 0 & 0 & \underline{Z}'_{\mathrm{s}} + 2\underline{Z}'_{\mathrm{g}} \end{bmatrix}\begin{bmatrix} \underline{I}_1 \\ \underline{I}_2 \\ \underline{I}_0 \end{bmatrix} = \begin{bmatrix} \underline{Z}'_1 & 0 & 0 \\ 0 & \underline{Z}'_2 & 0 \\ 0 & 0 & \underline{Z}'_0 \end{bmatrix}\begin{bmatrix} \underline{I}_1 \\ \underline{I}_2 \\ \underline{I}_0 \end{bmatrix} \tag{9.36}$$

Mit-, Gegen- und Nullsystem der symmetrischen Komponenten sind entkoppelt. In der Praxis rechnet man i. Allg. mit dieser Entkopplung [N15.1], auch wenn die Leitung nicht ideal symmetrisch aufgebaut (d.h. dass die Leiter auf den Ecken eines gleichseitigen Dreiecks liegen, was bei der Donaumastform nach Bild 9.1 d angestrebt wird) oder nicht verdrillt ist. Die Mit- und Gegenimpedanzbeläge werden gleich und berechnen sich entweder ausgehend von den Gln. (9.21 b) und (9.22 b) oder aber mit gleichem Ergebnis ausgehend von den Gln. (9.25 b) und (9.26 b):

$$\underline{Z}_1' = \underline{Z}_2' = \underline{Z}_s' - \underline{Z}_g' = R_L' + j\omega\frac{\mu_0}{2\pi}\left(\frac{1}{4} + \ln\frac{d}{r_L}\right) \quad \text{mit} \quad d = \sqrt[3]{d_{L1L2}\, d_{L1L3}\, d_{L2L3}} \tag{9.37}$$

Der mögliche Rückleiter, der Neutralleiter oder die Erde, geht in den Mit- und Gegenimpedanzbelag nicht ein, weil die Stromsumme eines Mit- oder Gegensystems Null ist.

Die Resistanzbeläge R_L' von Freileitungsseilen bei 20 °C ermittelt man ausgehend von [DIN 48200, 48201, DIN EN 50182:2001(D)]. Dort sind auch die Dauerstrombelastbarkeiten I_d bei festgelegten Umgebungsbedingungen und höchsten Leitertemperaturen angegeben. Tabelle 9.2 zeigt diese Daten für

Tabelle 9.2. Querschnitte, Durchmesser, Resistanzbeläge und zulässige Dauerstrombelastbarkeiten I_d von Al/St-Seilen nach DIN EN 50182:2001(D)

Bezeichnung neu	Bezeichnung alt	Al-Querschnittsfläche mm²	Seildurchmesser d_L mm	Gleichstromwiderstand $R'_{L,20°C}$ Ω/km	Dauerstrombelastbarkeit I_d A	I_d/q_{Al} [1] A/mm²
48-A1/8-St1A	50/8	48,3	9,6	0,5939	210	4,35
70-A1/11-St1A	70/12	69,9	11,7	0,4132	290	4,15
94-A1/15-St1A	95/15	94,4	13,6	0,3060	350	3,71
122-A1/20-St1A	120/20	121,6	15,5	0,2376	410	3,37
149-A1/24-St1A	150/25	148,9	17,1	0,1940	470	3,16
184-A1/30-St1A	185/30	183,8	19,0	0,1571	535	2,91
209-A1/34-St1A	210/35	209,1	20,3	0,1381	590	2,82
243-A1/39-St1A	240/40	243,0	21,8	0,1188	645	2,65
304-A1/49-St1A	300/50	304,3	24,4	0,0949	740	2,43
382-A1/49-St1A	380/50	381,7	27,0	0,0758	840	2,20
434-A1/56-St1A	435/55	434,3	28,4	0,0666	900	2,07
490-A1/64-St1A	490/65	490,3	30,6	0,0590	960	1,96
550-A1/71-St1A	550/70	549,7	32,4	0,0526	1020	1,86
679-A1/86-St1A	680/85	678,6	36,0	0,0426	1150	1,69
1046-A1/45-St1A	1045/45	1045,6	43,0	0,0277	1580	1,51

[1] Windgeschwindigkeit 0,6 m/s und Sonneneinstrahlung (für Deutschland); Umgebungs-Ausgangstemperatur 35 °C und Leiter-Endtemperatur 80 °C; Für gesondert gelagerte Fälle bei ruhender Luft 30 % weniger.

Al/St-Seile mit Querschnittsverhältniszahlen 6 und 7,7. Die Resistanzbeläge R'_L bei einer Leitertemperatur höher als 20 °C berechnet man nach Gl. (15.27). Nach [N15.1] darf man zur Berechnung von R'_L bei Kupferseilen κ_{20} = 54,13 m/Ωmm² und bei Aluminiumseilen κ_{20} = 34,15 m/Ωmm² setzen, wenn man den Nennquerschnitt q_n verwendet. Bei Al/St-Seilen wird zur Berechnung von R'_L nur der Al-Querschnitt q_{Al} berücksichtigt. Für die Seile mit Al/St = 6/1 nach Tabelle 9.2 kann man im Mittel mit κ_{20} = 34,5 m/Ωmm² rechnen, während für Seile mit Al/St = 7,7/1 etwa κ_{20} = 32,9 m/Ωmm² gilt.

Bei Freileitungen bis 110 kV findet man meist Einfachseile oder auch 2er-Bündel, während 220-kV-Freileitungen mit 2er-Bündeln ausgerüstet werden und 380-kV-Leitungen 4er-Bündel oder auch 3er-Bündel erhalten. Bei 750 kV sind noch 4er-Bündel möglich, während man bei noch höheren Spannungen auf mehr als vier Teilleiter übergehen muss (Anhang A.11), um die elektrische Randfeldstärke in Grenzen zu halten und/oder genügend hohe thermische Grenzleistungen zu erreichen. Bild 9.18 zeigt die verschiedenen Bündelleiteranordnungen.

Die Bündelleiter werden für die Impedanzberechnung und die Ermittlung der Randfeldstärke (9.5.3) durch einen Ersatzleiter mit dem Bündelleiterradius r_B nachgebildet. Tabelle 9.3 zeigt diese Ersatzradien für Bündelleiter mit Teilleitern Al/St 240/40 mm² berechnet nach:

$$r_B = \sqrt[n]{n\, r_L\, r_T^{n-1}} = r_L \left(\frac{a}{r_L} \cdot \frac{\sqrt[n-1]{n}}{2\sin(\pi / n)} \right)^{\frac{n-1}{n}} \tag{9.38}$$

Dabei sind r_L der Teilleiterradius, r_T der Teilkreisradius auf dem die Teilleiter liegen (Bild 9.18) und n die Anzahl der Teilleiter. Für den Resistanzbelag eines Bündelleiters mit n Teilleitern gilt im Mitsystem:

$$R'_{LB} = \frac{1}{n} R'_L = \frac{1}{n} \frac{1}{\kappa q} \tag{9.39}$$

Tabelle 9.3. Ersatzradien r_B für Bündelleiter nach Gl. (9.38), (Beispiele für Al/St 240/40 mm²)

Seilanordnung	r_T –	r_B –	r_L cm	a cm	r_T cm	r_B cm
Einfachseil	–	r_L			–	1,095
Zeierbündel	$a/2$	$\sqrt{r_L a}$			20,0	6,62
Dreierbündel	$a/\sqrt{3}$	$\sqrt[3]{r_L a^2}$	1,095	40	23,1	12,06
Viererbündel	$a/\sqrt{2}$	$\sqrt[4]{\sqrt{2} r_L a^3}$			28,3	17,74
Sechselbündel	a	$\sqrt[6]{6 r_L a^5}$			40,0	29,60

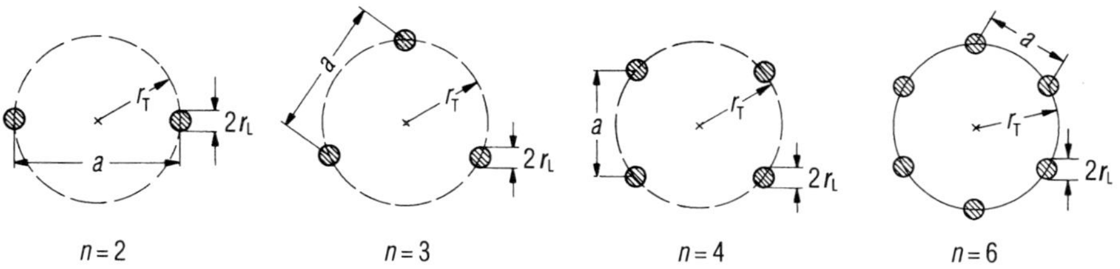

Bild 9.18. Bündelleiteranordnungen. r_L Teilleiterradius; a Teilleiterabstand; r_T Teilkreisradius

Bei Bündelleitern verwendet man zur Berechnung von d die Schwerpunktabstände zwischen den Bündeln. Bei n Teilleitern ergibt sich:

$$\underline{Z}'_1 = \underline{Z}'_2 = \frac{R'_L}{n} + j\omega \frac{\mu_0}{2\pi}\left(\frac{1}{4n} + \ln\frac{d}{r_B}\right) \tag{9.40}$$

Dabei gilt r_B nach Gl. (9.38) und d nach Gl. (9.24).

Tabelle 9.4 enthält eine Zusammenstellung der Berechnungsgleichungen der Impedanzen im Mitsystem für Freileitungen mit einem oder mehreren Stromkreisen bei Einfachseilen oder Bündelleitern.

Im Bild 9.19 werden Mitreaktanzbeläge von 110-, 220- und 380-kV-Leitungen mit einem (EL) und mit zwei parallelen (DL) Stromkreisen angegeben bei

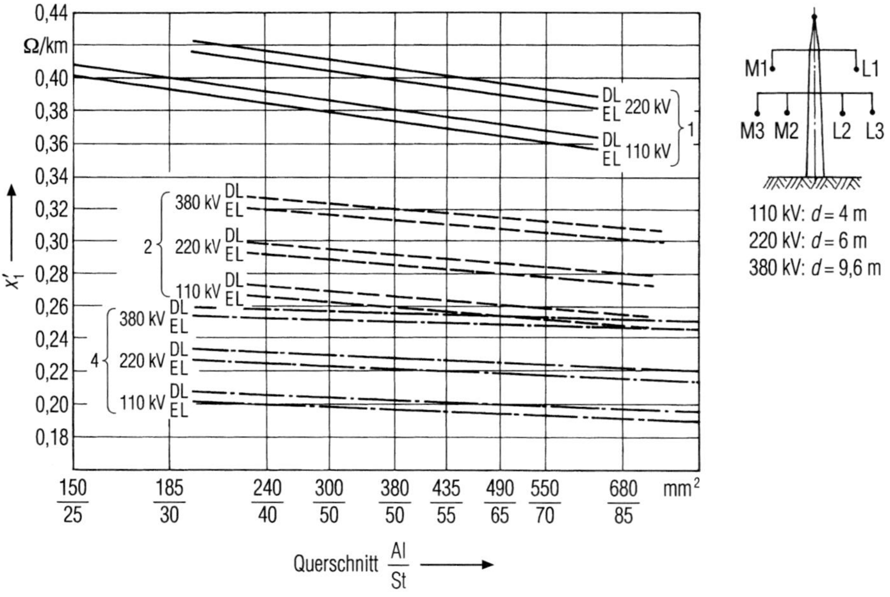

Bild 9.19. Mitreaktanzbeläge X'_1 pro Stromkreis von Drehstromfreileitungen mit Al/St-Seilen. *1* Einfachleiter; *2* Zweierbündelleiter (a = 40 cm); *4* Viererbündelleiter (a = 40 cm); EL: Einfachleitung; DL: Doppelleitung; f = 50 Hz

Tabelle 9.4. Mitimpedanz von Freileitungen je Stromkreis bei Parallelbetrieb der Stromkreise

Leitung	Berechnungsgleichungen (Mitimpedanz = Gegenimpedanz)
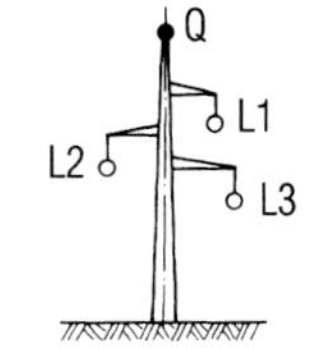 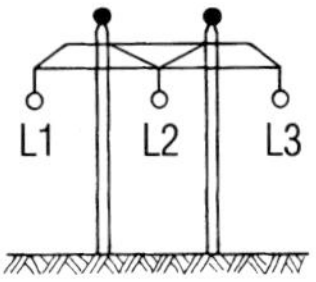	Einfachleitung: *Einfachleiter* $\underline{Z}_1' = R_L' + j\omega \frac{\mu_0}{2\pi}\left(\frac{1}{4} + \ln\frac{d}{r_L}\right)$ (9.37) mit $d = \sqrt[3]{d_{L1L2}\, d_{L1L3}\, d_{L2L3}}$ *Bündelleiter* $\underline{Z}_1' = \frac{R_L'}{n} + j\omega \frac{\mu_0}{2\pi}\left(\frac{1}{4n} + \ln\frac{d}{r_B}\right)$ (9.40) mit $r_B = \sqrt[n]{n r_L\, r_T^{n-1}}$ nach Gl. (9.38)
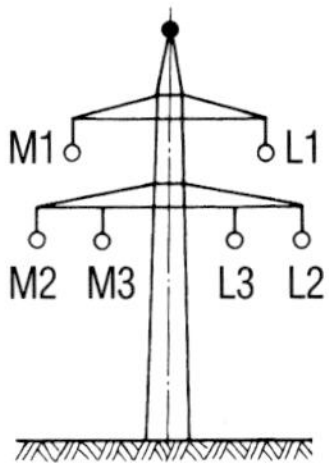 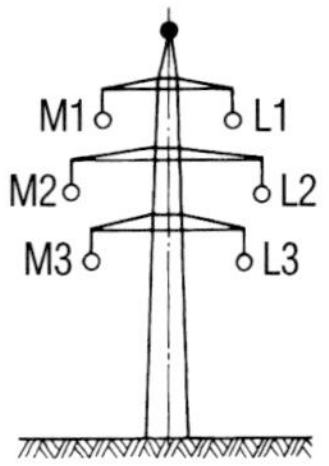	Doppelleitung: *Einfachleiter* $\underline{Z}_1' = R_L' + j\omega \frac{\mu_0}{2\pi}\left(\frac{1}{4} + \ln\frac{d\, d_{mL1M2}}{r_L\, d_{mL1M1}}\right)$ (9.41 a) mit $d_{mL1M1} = \sqrt[3]{d_{L1M1}\, d_{L2M2}\, d_{L3M3}}$, $d_{mL1M2} = \sqrt[3]{d_{L1M2}\, d_{L1M3}\, d_{L2M3}}$ Wenn die Leiter der beiden Stromkreise nicht symmetrisch zur Mastmitte liegen, dann gilt: $d_{mL1M2} = \sqrt[6]{d_{L1M2}\, d_{L1M3}\, d_{L2M3}\, d_{L2M1}\, d_{L3M1}\, d_{L3M2}}$ *Bündelleiter* $\underline{Z}_1' = \frac{R_L'}{n} + j\omega \frac{\mu_0}{2\pi}\left(\frac{1}{4n} + \ln\frac{d\, d_{mL1M2}}{r_B\, d_{mL1M1}}\right)$ (9.41 b) mit d nach Gl. (9.24), r_B nach Gl. (9.38) und d_{mL1M1}, d_{mL1M2} wie bei Gl. (9.41 a)
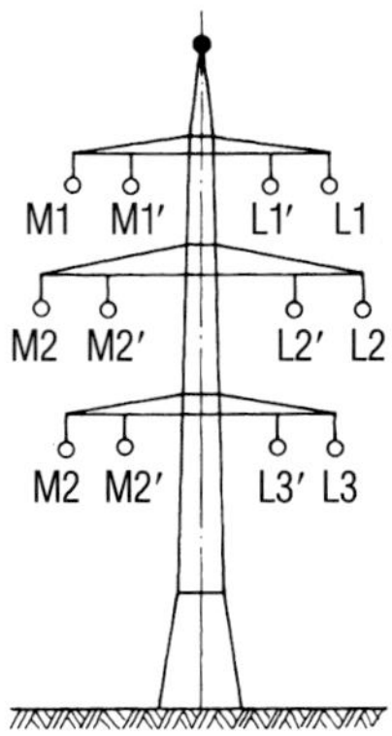	Vierfachleitung *Bündelleiter* Impedanzbelag der äußeren (a) Stromkreise L1, L2, L3 oder M1, M2, M3 $\underline{Z}_{1(a)}' = \frac{R_L'}{n} + j\omega \frac{\mu_0}{2\pi}\left(\frac{1}{4n} + \ln\frac{d\, d_{mL1M2}}{r_B\, d_{mL1M1}}\right)$ (9.42 a) mit d nach Gl. (9.24) und $d_{mL1M1} = \sqrt[9]{d_{L1M1}\, d_{L2M2}\, d_{L3M3}\, d_{L1L1'}\, d_{L2L2'}\, d_{L3L3'}\, d_{L1M1'}\, d_{L2M2'}\, d_{L3M3'}}$ $d_{mL1M2} = \sqrt[9]{d_{L1M2}\, d_{L1M3}\, d_{L2M3}\, d_{L1L2'}\, d_{L1L3'}\, d_{L2L3'}\, d_{L1M2'}\, d_{L1M3'}\, d_{L2M3'}}$

Tabelle 9.4 (Fortsetzung)

Leitung	Berechnungsgleichungen (Mitimpedanz = Gegenimpedanz)
	Impedanzbelag der inneren (i) Stromkreise L1′, L2′, L3′ oder M1′, M2′, M3′ $\underline{Z}'_{1(\mathrm{i})} = \frac{R'_\mathrm{L}}{n} + \mathrm{j}\omega \frac{\mu_0}{2\pi}\left(\frac{1}{4n} + \ln \frac{d' d_{\mathrm{mL1'M2}}}{r_\mathrm{B} d_{\mathrm{mL1'M1}}}\right)$ (9.42 b) mit $d' = \sqrt[3]{d_{\mathrm{L1'L2'}}\, d_{\mathrm{L2'L3'}}\, d_{\mathrm{L3'L1'}}}$ $d_{\mathrm{mL1'M1}} = \sqrt[9]{d_{\mathrm{L1'L1}}\, d_{\mathrm{L2'L2}}\, d_{\mathrm{L3'L3}}\, d_{\mathrm{L1'M1}}\, d_{\mathrm{L2'M2}}\, d_{\mathrm{L3'M3}}\, d_{\mathrm{L1'M1'}}\, d_{\mathrm{L2'M2'}}\, d_{\mathrm{L3'M3'}}}$ $d_{\mathrm{mL1'M2}} = \sqrt[9]{d_{\mathrm{L1'L2}}\, d_{\mathrm{L1'L3}}\, d_{\mathrm{L2'L3}}\, d_{\mathrm{L1'M2}}\, d_{\mathrm{L1'M3}}\, d_{\mathrm{L2'M3}}\, d_{\mathrm{L1'M2'}}\, d_{\mathrm{L1'M3'}}\, d_{\mathrm{L2'M3'}}}$

Verdrillung und Donaumastbildern abhängig von der Seilbelegung für Einfachleiter und Bündelleiter. Für die Abstände d, d_{mL1M1} und d_{mL1M2} (Tabelle 9.4) wurden Mittelwerte von ausgeführten Leitungen gewählt.

Reaktanzbeläge X'_1 von Niederspannungsfreileitungen bei mittleren Abständen $d = 0{,}5$ bis $1{,}0$ m findet man im Anhang A.12.

Der Nullimpedanzbelag $\underline{Z}'_0 = \underline{Z}'_\mathrm{s} + 2\underline{Z}'_\mathrm{g}$ nach Gl. (9.36) hängt im Gegensatz zum Mit- und Gegenimpedanzbelag wesentlich von der Beschaffenheit des Rückleiters ab. Dabei müssen alle Verbindungen, die einen Rückstrom führen können, als Rückleiter betrachtet werden, wie z. B. Neutralleiter, Erde, Erdseile, Bodenseile usw.

Ausgehend von den vereinfachten Gln. (9.25 b) und (9.26 b) erhält man für den Nullimpedanzbelag einer Einfachleitung ohne Erdseil:

$$\underline{Z}'_0 = \underline{Z}'_\mathrm{s} + 2\underline{Z}'_\mathrm{g} = R'_\mathrm{L} + \omega \frac{\mu_0}{8} + \mathrm{j}\omega \frac{\mu_0}{2\pi}\left(\frac{1}{4} + \ln \frac{\delta_\mathrm{E}}{r_\mathrm{L}}\right) + 2\omega \frac{\mu_0}{8} + 2\mathrm{j}\omega \frac{\mu_0}{2\pi} \ln \frac{\delta_\mathrm{E}}{d}$$

$$= R'_\mathrm{L} + 3\omega \frac{\mu_0}{8} + \mathrm{j}\omega \frac{\mu_0}{2\pi}\left(\frac{1}{4} + 3\ln \frac{\delta_\mathrm{E}}{\sqrt[3]{r_\mathrm{L} d^2}}\right) = R'_0 + \mathrm{j}X'_0 \qquad (9.43\,\mathrm{a})$$

Für die Einfachleitung mit Bündelleitern geht Gl. (9.43 a) über in:

$$\underline{Z}'_0 = \frac{R'_\mathrm{L}}{n} + 3\omega \frac{\mu_0}{8} + \mathrm{j}\omega \frac{\mu_0}{2\pi}\left(\frac{1}{4n} + 3\ln \frac{\delta_\mathrm{E}}{\sqrt[3]{r_\mathrm{B} d^2}}\right) \qquad (9.43\,\mathrm{b})$$

Tabelle 9.5 zeigt die Abhängigkeit der Erdstromtiefe δ_E von der Art des Erdreiches. Will man den spezifischen Erdwiderstand ρ_E messtechnisch ermitteln, so wählt man meist eine Strom-Spannungsmessung mit großem Abstand der Einspeisepunkte (Schleife eines Freileitungsseils mit Rückleitung über Erde nach Gl. (9.31 b) unter Beachtung der Tatsache, dass δ_E unter dem Logarithmus steht).

Hat eine Freileitung ein (geerdetes) Erdseil (Blitzschutzseil) nach Bild 9.20, so gehen dessen Leiter-Erde-Schleifen in die Impedanzmatrix wie folgt ein:

$$\begin{bmatrix} \Delta\underline{U}'_{L1} \\ \Delta\underline{U}'_{L2} \\ \Delta\underline{U}'_{L3} \\ \hline 0 \end{bmatrix} = \left[\begin{array}{ccc|c} \underline{Z}'_{L1L1E} & \underline{Z}'_{L1L2E} & \underline{Z}'_{L1L3E} & \underline{Z}'_{L1QE} \\ \underline{Z}'_{L2L1E} & \underline{Z}'_{L2L2E} & \underline{Z}'_{L2L3E} & \underline{Z}'_{L2QE} \\ \underline{Z}'_{L3L1E} & \underline{Z}'_{L3L2E} & \underline{Z}'_{L3L3E} & \underline{Z}'_{L3QE} \\ \hline \underline{Z}'_{QL1E} & \underline{Z}'_{QL2E} & \underline{Z}'_{QL3E} & \underline{Z}'_{QQE} \end{array}\right] \begin{bmatrix} \underline{I}_{L1} \\ \underline{I}_{L2} \\ \underline{I}_{L3} \\ \hline \underline{I}_{Q} \end{bmatrix} \tag{9.44}$$

Bei einem Nullsystem der Spannungen $\underline{U}_{L1} = \underline{U}_{L2} = \underline{U}_{L3} = \underline{U}_0$ können bei einer unverdrillten Leitung Unterschiede in den Strömen $\underline{I}_{L1}$, $\underline{I}_{L2}$, $\underline{I}_{L3}$ bis etwa 10% auftreten, während man bei Verdrillung wie im Bild 9.13 gleich große Ströme erwarten kann. Der Spannungsfall längs des Erdseils ist Null, so dass man aus der letzten Zeile der Gl. (9.44) den Erdseilstrom $\underline{I}_Q$ bestimmen kann:

$$\underline{I}_Q = -\frac{\underline{Z}'_{QL1E}\,\underline{I}_{L1} + \underline{Z}'_{QL2E}\,\underline{I}_{L2} + \underline{Z}'_{QL3E}\,\underline{I}_{L3}}{\underline{Z}'_{QQE}} \tag{9.45}$$

Setzt man $\underline{I}_Q$ nach Gl. (9.45) in Gl. (9.44) ein, so ergibt sich

$$\begin{bmatrix} \Delta\underline{U}'_{L1} \\ \Delta\underline{U}'_{L2} \\ \Delta\underline{U}'_{L3} \end{bmatrix} = \begin{bmatrix} \underline{Z}'_{L1L1E} - \frac{\underline{Z}'^2_{L1QE}}{\underline{Z}'_{QQE}} & \underline{Z}'_{L1L2E} - \frac{\underline{Z}'_{L1QE}\underline{Z}'_{L2QE}}{\underline{Z}'_{QQE}} & \underline{Z}'_{L1L3E} - \frac{\underline{Z}'_{L1QE}\underline{Z}'_{L3QE}}{\underline{Z}'_{QQE}} \\ \underline{Z}'_{L2L1E} - \frac{\underline{Z}'_{L2QE}\underline{Z}'_{L1QE}}{\underline{Z}'_{QQE}} & \underline{Z}'_{L2L2E} - \frac{\underline{Z}'^2_{L2QE}}{\underline{Z}'_{QQE}} & \underline{Z}'_{L2L3E} - \frac{\underline{Z}'_{L2QE}\underline{Z}'_{L3QE}}{\underline{Z}'_{QQE}} \\ \underline{Z}'_{L3L1E} - \frac{\underline{Z}'_{L3QE}\underline{Z}'_{L1QE}}{\underline{Z}'_{QQE}} & \underline{Z}'_{L3L2E} - \frac{\underline{Z}'_{L3QE}\underline{Z}'_{L2QE}}{\underline{Z}'_{QQE}} & \underline{Z}'_{L3L3E} - \frac{\underline{Z}'^2_{L3QE}}{\underline{Z}'_{QQE}} \end{bmatrix} \begin{bmatrix} \underline{I}_{L1} \\ \underline{I}_{L2} \\ \underline{I}_{L3} \end{bmatrix}$$

$$= \begin{bmatrix} \underline{Z}'_{L1L1QE} & \underline{Z}'_{L1L2QE} & \underline{Z}'_{L1L3QE} \\ \underline{Z}'_{L2L1QE} & \underline{Z}'_{L2L2QE} & \underline{Z}'_{L2L3QE} \\ \underline{Z}'_{L3L1QE} & \underline{Z}'_{L3L2QE} & \underline{Z}'_{L3L3QE} \end{bmatrix} \begin{bmatrix} \underline{I}_{L1} \\ \underline{I}_{L2} \\ \underline{I}_{L3} \end{bmatrix} \tag{9.46}$$

Ist die Leitung verdrillt, so wird $\underline{Z}'_{QL1E} = \underline{Z}'_{QL2E} = \underline{Z}'_{QL3E} = \underline{Z}'_{QLE} = \underline{Z}'_{LQE}$ mit dem mittleren geometrischen Abstand zwischen dem Erdseil Q und den drei Leiterseilen L1, L2 und L3:

$$d_{QL} = \sqrt[3]{d_{QL1} d_{QL2} d_{QL3}} \tag{9.47}$$

Gl. (9.45) vereinfacht sich bei $\underline{I}_{L1} = \underline{I}_{L2} = \underline{I}_{L3} = \underline{I}_0$ damit zu:

$$\underline{I}_Q = -\frac{\underline{Z}'_{QLE}}{\underline{Z}'_{QQE}}(\underline{I}_{L1} + \underline{I}_{L2} + \underline{I}_{L3}) = -\frac{\underline{Z}'_{QLE}}{\underline{Z}'_{QQE}}\,3\underline{I}_0 = -(1-\underline{r}_E)\,3\underline{I}_0 \tag{9.48}$$

Von dem Rückstrom $3\underline{I}_0$ fließt der Anteil $(1-\underline{r}_E)3\underline{I}_0$ im Erdseil und $\underline{r}_E 3\underline{I}_0$ im Erdreich. Dabei wird $\underline{r}_E$ als Erdseilreduktionsfaktor bezeichnet. Er beschreibt die Reduktion des in Erde fließenden Rückstromes gegenüber dem Fall ohne Erdseil. Der Reduktionsfaktor wird ausführlich im Abschn. 16.4.2 behandelt.

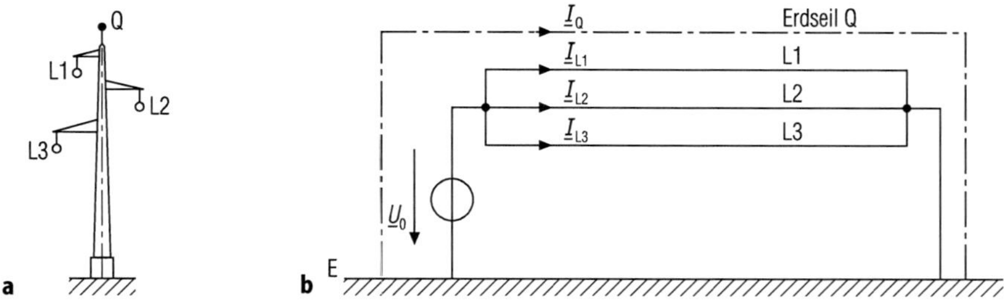

Bild 9.20 a, b. Zur Ermittlung der Nullimpedanz einer Einfachfreileitung L1, L2, L3 mit einem Erdseil Q

Tabelle 9.5. Erdstromtiefe δ_E in Abhängigkeit vom spezifischen Erdwiderstand $\delta_E = 1/\kappa_E$ bei einer Frequenz $f = 50$ Hz für verschiedene Arten des Erdreichs

Art des Erdreichs nach VDE 0228 und CCIF		Schwemmland Mergel	Ton	Poröser Kalk Sandstein, Tonschiefer	Quarz, fester Kalk		Granit, Gneis Toniger Schiefer	
nach VDE 0141		Moorboden	–	Lehm-, Ton- und Ackerboden	Feuchter Sand	Feuchter Kies	Trockner Sand oder Kies	Steiniger Boden
ρ_E	Ωm	30	50	100	200	500	1000	3000
κ_E	µS/cm	333	200	100	50	20	10	3,33
δ_E	m	510	660	930	1320	2080	2940	5100

Mit gleichen Leiterseil-Erdseil-Gegenimpedanzbelägen $\underline{Z}'_{L1QE} = \underline{Z}'_{L2QE} = \underline{Z}'_{L3QE}$ werden die Anteile in Gl. (9.46), die den Erdseileinfluss berücksichtigen gleich und haben somit keinen Einfluss auf die Mit- und Gegenimpedanzbeläge. Auf die Nullimpedanzbeläge wirken sie vermindernd ein:

$$\underline{Z}'_0 = R'_L + 3\omega\frac{\mu_0}{8} + j\omega\frac{\mu_0}{2\pi}\left(\frac{1}{4} + 3\ln\frac{\delta_E}{\sqrt[3]{r_L d^2}}\right) - 3\frac{\underline{Z}'^2_{QLE}}{\underline{Z}'_{QQE}} \tag{9.49}$$

mit

$$\underline{Z}'_{QQE} = R'_Q + \omega\frac{\mu_0}{8} + j\omega\frac{\mu_0}{2\pi}\left(\frac{\mu_{rQ}}{4} + \ln\frac{\delta_E}{r_Q}\right) \tag{9.50}$$

$$\underline{Z}'_{QLE} = \omega\frac{\mu_0}{8} + j\omega\frac{\mu_0}{2\pi}\ln\frac{\delta_E}{d_{QL}} \tag{9.51}$$

Bei Stahlerdseilen setzt man $\mu_r \approx 25$, bei einlagigen Al/St-Seilen $\mu_r \approx 5$, während bei zwei- und mehrlagigen Al/St-Seilen $\mu_r \approx 1$. Bei den Leiterseilen wurde immer $\mu_r \approx 1$ vorausgesetzt und deshalb für den inneren Induktivitätsbelag $(\mu_0/2\pi) \cdot (1/4)$ verwendet.

Die Nullimpedanzbeläge der Doppelleitung mit einem oder mit zwei Erdseilen sind in der Tabelle 9.6 angegeben. Man findet sie auf ähnliche Weise wie

Tabelle 9.6. Nullimpedanzbeläge pro Stromkreis von Drehstromfreileitungen. Gleichungen für Bündelleiter. Bei Einfachleitern $n = 1$ und $r_\mathrm{B} = r_\mathrm{L}$. Bei Doppelleitungen werden Parallelbetrieb der beiden Stromkreise und gleiche Nullströme in allen sechs Leitern vorausgesetzt.

Leitung	Berechnungsgleichungen
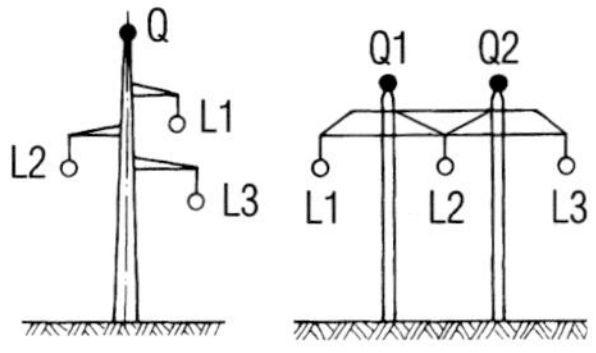	Einfachleitung ohne Erdseil $\underline{Z}_0'^{\mathrm{I}} = \frac{R'}{n} + 3\omega\frac{\mu_0}{8} + \mathrm{j}\omega\frac{\mu_0}{2\pi}\left(\frac{1}{4n} + 3\ln\frac{\delta_\mathrm{E}}{\sqrt[3]{r_\mathrm{B} d^2}}\right)$ (9.43b) Einfachleitung mit einem Erdseil Q $\underline{Z}_0'^{\mathrm{IQ}} = \underline{Z}_0'^{\mathrm{I}} - 3\frac{\underline{Z}'^2_{\mathrm{QLE}}}{\underline{Z}'_{\mathrm{QQE}}}$ (9.49) Einfachleitung mit zwei Erdseilen Q1 und Q2 $Z_0'^{\mathrm{IQ1Q2}} = Z_0'^{\mathrm{I}} - 3\frac{\underline{Z}'^2_{\mathrm{Q1Q2LE}}}{\underline{Z}'_{\mathrm{Q1Q2E}}}$ (9.52)
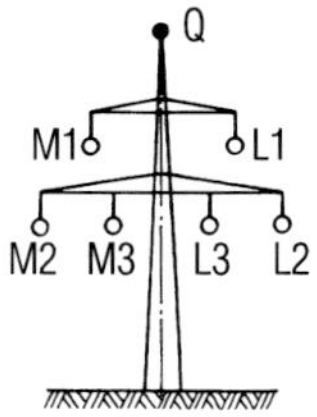 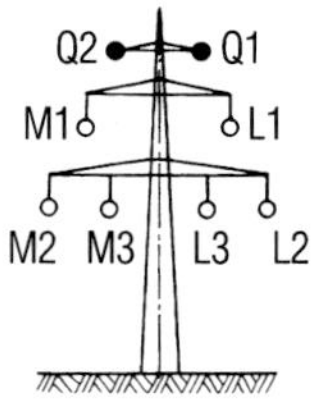	Doppelleitung ohne Erdseil $\underline{Z}_0'^{\mathrm{II}} = \underline{Z}_0'^{\mathrm{I}} + 3\underline{Z}'_{\mathrm{LME}}$ (9.53) Doppelleitung mit einem Erdseil Q $\underline{Z}_0'^{\mathrm{IIQ}} = \underline{Z}_0'^{\mathrm{II}} - 6\frac{\underline{Z}'^2_{\mathrm{QLE}}}{\underline{Z}'_{\mathrm{QQE}}}$ (9.54) Doppelleitung mit zwei Erdseilen Q1 und Q2 $\underline{Z}_0'^{\mathrm{IIQ1Q2}} = \underline{Z}_0'^{\mathrm{II}} - 6\frac{\underline{Z}'^2_{\mathrm{Q1Q2LE}}}{\underline{Z}'_{\mathrm{Q1Q2E}}}$ (9.55)

Einfachleitung: $\mu_\mathrm{r} = 1$; δ_E nach Gl. (9.27); r_B nach Gl. (9.38); $d = \sqrt[3]{d_{\mathrm{L1L2}} d_{\mathrm{L2L3}} d_{\mathrm{L3L1}}}$ nach Gl. (9.24)

Doppelleitung: $\underline{Z}'_{\mathrm{LME}} = \omega\frac{\mu_0}{8} + \mathrm{j}\omega\frac{\mu_0}{2\pi}\ln\frac{\delta_\mathrm{E}}{d_{\mathrm{LM}}}$ (gegenseitige Nullimpedanz) (9.56)

mit: $d_{\mathrm{LM}} = \sqrt[3]{d_{\mathrm{mL1M1}} d^2_{\mathrm{mL1M2}}}$; $d_{\mathrm{mL1M1}} = \sqrt[3]{d_{\mathrm{L1M1}} d_{\mathrm{L2M2}} d_{\mathrm{L3M3}}}$; $d_{\mathrm{mL1M2}} = \sqrt[3]{d_{\mathrm{L1M2}} d_{\mathrm{L2M3}} d_{\mathrm{L3M1}}}$

Ein Erdseil: $\underline{Z}'_{\mathrm{QQE}}$ nach Gl. (9.50); $\underline{Z}'_{\mathrm{QLE}}$ nach Gl. (9.51) mit $d_{\mathrm{QL}} = \sqrt[3]{d_{\mathrm{QL1}} d_{\mathrm{QL2}} d_{\mathrm{QL3}}}$ nach Gl. (9.47)

Zwei Erdseile Q1 und Q2: $\underline{Z}'_{\mathrm{Q1Q2E}} = \frac{R'_\mathrm{Q}}{2} + \omega\frac{\mu_0}{8} + \mathrm{j}\omega\frac{\mu_0}{2\pi}\left(\frac{\mu_{\mathrm{rQ}}}{8} + \ln\frac{\delta_\mathrm{E}}{\sqrt{r_\mathrm{Q} d_{\mathrm{Q1Q2}}}}\right)$ (9.57)

$$\underline{Z}'_{\mathrm{Q1Q2LE}} = \omega\frac{\mu_0}{8} + \mathrm{j}\omega\frac{\mu_0}{2\pi}\ln\frac{\delta_\mathrm{E}}{\sqrt[6]{d_{\mathrm{Q1L1}} d_{\mathrm{Q1L2}} d_{\mathrm{Q1L3}} d_{\mathrm{Q2L1}} d_{\mathrm{Q2L2}} d_{\mathrm{Q2L3}}}} \quad (9.58)$$

die Nullimpedanzbeläge für die Einfachleitung. Auch bei einer vollständigen Verdrillung der Leiterseile der Doppelleitung können beide Stromkreise im Nullsystem gekoppelt sein. Die Nullimpedanzbeläge je Stromkreis einer Doppelleitung sind deshalb bei Parallelbetrieb der beiden Stromkreise verschieden von dem Nullimpedanzbelag einer Einfachleitung oder dem Nullimpedanzbelag eines Stromkreises der Doppelleitung, wenn der zweite Stromkreis nicht in Betrieb ist oder nicht parallel betrieben wird.

Tabelle 9.7 enthält Beispiele für Mit- und Nullimpedanzbeläge pro Stromkreis von Freileitungen 110 kV bis 380 kV. Die Nullimpedanzbeläge wurden mit den Gleichungen der Tabelle 9.6 berechnet. In den Tabellen 9.6 und 9.7 wurden als Nebenzeichen rechts oben vom Formelzeichen eine I für einen Stromkreis, eine II für zwei parallel betriebene Stromkreise einer Doppelleitung und weitere Angaben für die Erdseile angefügt. In der Praxis hat sich gezeigt, dass solche Zusätze zur eindeutigen Kennzeichnung nützlich sind. Weitere Beispiele findet man im Anhang A.11.

9.4.4 Induktive Beeinflussung

Durch Erdkurzschlussströme oder Doppelerdkurzschlussströme (Kap. 15) können Spannungen in metallischen Leitern, die in der Nähe von Hochspannungsleitungen liegen, induziert werden. Zu diesen Leitern gehören Fernmeldeleitungen, Rohrleitungen auf und unter der Erde, insbesondere wenn sie gut isoliert sind [16.33], Elektrozäune usw. Liegt der induzierte Leiter k in der Nähe des induzierenden Leiters i, so kann man den größten induzierten Spannungsbelag U'_{ik} mit dem Imaginärteil von $\underline{Z}'_{ik\mathrm{E}}$ nach Gl. (9.26b) bestimmen:

$$U'_{ik} \approx \omega L'_{ik\mathrm{E}} r_\mathrm{E} 3I_0 = X'_{ik\mathrm{E}} r_\mathrm{E} 3I_0 \tag{9.59}$$

Dabei ist r_E der Erdseilreduktionsfaktor der beeinflussenden Freileitung. Für $r_\mathrm{E} \cdot 3I_0$ setzt man den im Gebiet der Näherung zwischen i und k über Erde fließenden Teilkurzschlussstrom ein (Bild 16.36). Die Gl. (9.26b) kann man zur Berechnung von $X'_{ik\mathrm{E}}$ so lange verwenden, wie $(1{,}85/\delta_\mathrm{E})\sqrt{(h_i + h_k)^2 + x_{ik}^2}$ $< 0{,}5$ bleibt [9.2]. Bei $f = 50$ Hz und $\rho_\mathrm{E} = 100\ \Omega\mathrm{m}$ erreicht man ausreichende Genauigkeit bis etwa $d_{ik} = 300$ m.

Bei größeren Abständen d_{ik}, die bei Beeinflussungsberechnungen besonders dann zu berücksichtigen sind, wenn hochohmige Werte für den spezifischen Erdwiderstand vorliegen, sind andere Näherungen [9.2] zu verwenden. Bei Abständen $d_{ik} \geq \delta_\mathrm{E}$ muss man zwischen der von einem Leiter in Luft erzeugten Induktion eines Luftleiters oder eines Erdleiters unterscheiden:

Luftinduktion durch einen Luftleiter mit $h_i \geq 0$ und $h_k \geq 0$:

Bei $x_{ik} \approx d_{ik}$, $(h_i + h_k)^2 \ll x_{ik}$ und $(h_i + h_k) \ll \delta_\mathrm{E}$ ergibt sich

$$\underline{Z}'_{ik\mathrm{E}} = Z'_{ik} \approx \omega \frac{\mu_0}{4\pi} \cdot 1{,}17 \cdot \left(\frac{\delta_\mathrm{E}}{d_{ik}}\right)^2 \tag{9.60}$$

Gl. (9.60) ist anzuwenden für $(1{,}85/\delta_\mathrm{E})\sqrt{(h_i + h_k)^2 + x_{ik}^2} > 3{,}5$.

Tabelle 9.7. Impedanzbeläge von Drehstromfreileitungen (Beispiele), Donaumastbild, ein Erdseil, Leiterseile Al/St 240/40, ρ_E = 100 Ωm, EL: ein Stromkreis, DL: zwei parallele Stromkreise

Leitung	Abmessungen			Mitimpedanzbeläge je Stromkreis	Erdseil	Nullimpedanzbeläge je Stromkreis			
						Betrieb mit einem Stromkreis		Betrieb mit zwei parallelen Stromkreisen	
U_n	d	d_{LM}	d_{QL}	$\underline{Z}'_1 = R'_1 + jX'_1$		$\underline{Z}'^{IQ}_0$	$\frac{X'^{IQ}_0}{X'_1}$	$\underline{Z}'^{IIQ}_0$	$\frac{X'^{IIQ}_0}{X'_1}$
kV	m	m	m	Ω/km	–	Ω/km	–	Ω/km	–
110 Einfachseil	4,1	10,1	10,8	EL: 0,12 + j0,387 DL: 0,12 + j0,393	St 50[1] Al/St 44/32[2] Al/St 240/40	0,324 + j1,363 0,345 + j1,203 0,229 + j1,089	3,5 3,1 2,8	0,528 + j2,167 0,570 + j1,848 0,338 + j1,620	5,5 4,7 4,1
220 Einfachseil	6,2	15,3	16,3	EL: 0,12 + j0,414 DL: 0,12 + j0,420	Al/St 44/32[2] Al/St 240/40	0,326 + j1,183 0,226 + j1,092	2,9 2,6	0,531 + j1,782 0,333 + j1,600	4,2 3,8
220 2er-Bündel a = 40 cm	6.2	15.3	16.3	EL: 0,06 + j0,301 DL: 0,06 + j0,299	Al/St 240/40	0,166 + j0,971	3,2	0,273 + j1,479	4,9
380 4er-Bündel a = 40 cm	8,4	22,5	24,0	EL: 0,03 + j0,246 DL: 0,03 + j0,251	Al/St 240/40	0,136 + j0,916	3,7	0,242 + j1,400	5,6

[1] St 50: $r = 1{,}15\sqrt{50\ \text{mm}^2/\pi} = 4{,}59$ mm; $R' = 1{,}5 \cdot (0{,}15\ \Omega\text{mm}^2/\text{m})/50\ \text{mm}^2 = 4{,}5\ \Omega/\text{km}$ bei $\kappa_{Fe} \approx 0{,}15\ \Omega\text{mm}^2/\text{m}$ und $R'_{\sim}/R'_{=} = 1{,}5$; $\mu_r = 25$.

[2] Al/St 44/32: $r = 5{,}6$ mm; $R'_L = 0{,}657\ \Omega/\text{km}$; $\mu_r \approx 5$ (eine Lage Al-Drähte).

Bild 9.21. Gegenimpedanzbelag $|\underline{Z}'_{ik\mathrm{E}}|$ zur Berechnung der induktiven Beeinflussung. Parameter ist der spezifische Erdwiderstand ρ_E

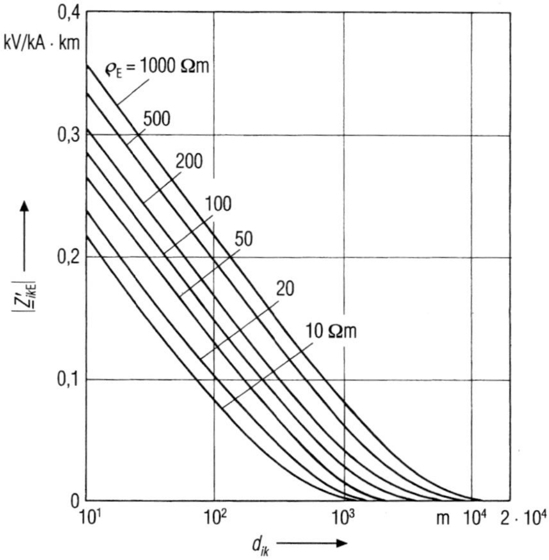

Erdinduktion erzeugt durch einen Luftleiter mit $h_i \geq 0$ und $h_k \leq 0$:

In diesem Fall, z. B. bei der Induktion eines Fernmeldekabels oder bei der Induktion einer Rohrleitung im Erdboden interessiert besonders der Fall $h_i / x_{ik} \ll 1$. Hier gilt nach [9.2]:

$$\underline{Z}'_{ik\mathrm{E}} = \mathrm{j}\omega \frac{\mu_0}{4\pi} \left(-4\mathrm{e}^{-\mathrm{j}\underline{k}h_k} \cdot \frac{1-\mathrm{j}\underline{k}h_k}{\underline{k}^2 x_{ik}^2} \right) \quad \text{mit} \quad \underline{k} = \mathrm{e}^{\mathrm{j}\frac{3}{4}\pi} \sqrt{\omega\mu_0 / \rho_\mathrm{E}} \qquad (9.61)$$

Diese Gleichung ist anzuwenden für $|\underline{k}x_{ik}| > 4$ und $h_i/x_{ik} \ll 1$.

Für den Grenzfall mit $h_k = 0$ (induzierte Leitung auf der Erdoberfläche) und $|\underline{k}h_i| < 1$ sowie $x_{ik} \approx d_{ik}$ erhält man aus Gl. (9.61) die Gleichung (9.60).

Bild 9.21 enthält $|\underline{Z}'_{ik\mathrm{E}}|$ abhängig von d_{ik} (Bild 9.14) für verschiedene Werte von ρ_E ausgehend von den Gln. (9.26 b) und (9.60).

9.5 Kapazitäten

9.5.1 Allgemeines

Bei der Berechnung der Leitungskapazitäten geht man zweckmäßigerweise wieder von der Anordnung Leiter-Spiegelleiter aus. Der Spiegelleiter wird unter der Erdoberfläche so angeordnet, dass sich ein elektrisches Feld ergibt wie bei einem Leiter über einer leitenden Platte, die an der Erdoberfläche angeordnet ist und auf der die elektrischen Feldlinien senkrecht stehen.

Die von dem Ladungsbelag q' eines Leiters über der Erdoberfläche und dem Ladungsbelag $-q'$ seines Spiegelleiters unter der Erdoberfläche ausgehenden

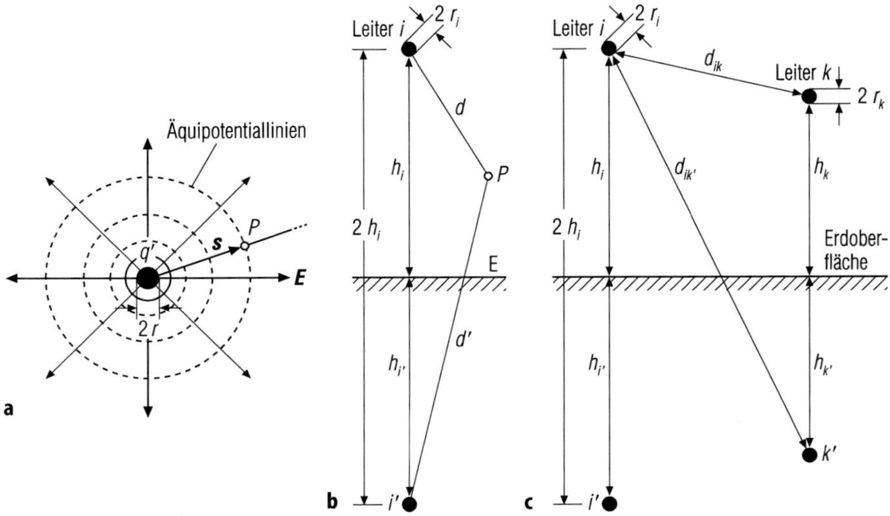

Bild 9.22 a – c. Elektrische Feldstärke und Leiteranordnungen. **a** Elektrische Feldstärke und Potentiallinien in der Nähe eines Rundleiters; **b, c** Leiter-Spiegelleiter-Anordnungen zur Berechnung der Kapazitäten

Potenzialfelder lassen sich einzeln ermitteln und dann zum resultierenden Potenzialfeld überlagern. Für die Ermittlung des Einzelpotenzialfeldes stellt man sich vor, dass sich die Gegenladung auf einem unendlich weit entfernten zylindrischen Leiter befindet und damit keinen Einfluss auf das Potenzialfeld des betrachteten Leiters hat. Hierbei bildet sich das elektrische Feld eines Leiters mit dem Ladungsbelag q' radialsymmetrisch um den Leiter aus, wie im Bild 9.22 a gezeigt. Die Äquipotenziallinien verlaufen senkrecht zur elektrischen Feldstärke. Der Betrag der elektrischen Feldstärke nimmt mit dem Abstand s vom Leiter ab und ergibt sich im Luftraum bei $\varepsilon_r = 1$ aus der Beziehung:

$$E = \frac{q'}{2\pi\varepsilon_0 s} \tag{9.62}$$

Das von dem Ladungsbelag q' ausgehende elektrische Potenzial im Abstand d vom Leiter mit dem Radius r berechnet man über einen radialen Integrationsweg, auf dem der Feldstärke- und der Wegvektor parallel liegen, aus der Beziehung:

$$\varphi = -\int_r^d \boldsymbol{E}\,\mathrm{d}\boldsymbol{s} + \varphi_0 = -\int_r^d E\,\mathrm{d}s + \varphi_0 = -\frac{q'}{2\pi\varepsilon_0}\int_r^d \frac{1}{s}\,\mathrm{d}s + \varphi_0 = -\frac{q'}{2\pi\varepsilon_0}\ln\frac{d}{r} + \varphi_0 \tag{9.63}$$

wobei φ_0 das Bezugspotenzial an der Oberfläche des Leiters ist. (Bei $d = r$ wird $\varphi = \varphi_0$.)

Die Überlagerung der Potenziale φ_i und φ_i' ausgehend von den Ladungen q_i' und $-q_i'$ des Leiters i und des Spiegelleiters i' im Bild 9.22 b in einem Aufpunkt P des Luftraumes ergibt:

$$\varphi_{ii} = \varphi_i + \varphi_i' = -\frac{q_i'}{2\pi\varepsilon_0}\ln\frac{d}{r_i} + \varphi_{Oi} + \frac{q_i'}{2\pi\varepsilon_0}\ln\frac{d'}{r_i} - \varphi_{Oi} = \frac{q_i'}{2\pi\varepsilon_0}\ln\frac{d'}{d} \tag{9.64}$$

Bei einem Aufpunkt an der Erdoberfläche (E) gilt $d = d'$ und damit $\varphi_{ii\mathrm{E}} = 0$. Bei einem Aufpunkt auf der Oberfläche (O) des Leiters gilt $d = r_i$ und $d' = 2h_i$ bei $r_i \ll 2h_i$ und damit:

$$\varphi_{ii\mathrm{O}} = \frac{q_i'}{2\pi\varepsilon_0}\ln\frac{2h_i}{r_i} \tag{9.65}$$

Die Leiter-Erde-Spannung des Leiters i entspricht der Potenzialdifferenz zwischen dem Leiter und der Erde:

$$u_{\mathrm{L}i} = \frac{1}{2\pi\varepsilon_0}\ln\frac{2h_i}{r_i}\,q_i' = P_{ii}'q_i' = \frac{1}{C_{\mathrm{L}i\mathrm{E}}'}\,q_i' \tag{9.66}$$

Mit

$$P_{ii}' = \frac{1}{2\pi\varepsilon_0}\ln\frac{2h_i}{r_i} \tag{9.67}$$

wird der Maxwellsche Potenzialkoeffizient, hier längenbezogen, für den Leiter i eingeführt. Er hängt nur von der Geometrie ab, wenn $\varepsilon = \varepsilon_0$ bei $\varepsilon_\mathrm{r} = 1$ gilt. In diesem Falle (Bild 9.22 b) ist die Kapazität des Leiters i gegen Erde:

$$C_{\mathrm{L}i\mathrm{E}}' = \frac{1}{P_{ii}'} = \frac{2\pi\varepsilon_0}{\ln\dfrac{2h_i}{r_i}} \tag{9.68}$$

9.5.2 Selbst- und Gegenpotenzialkoeffizienten von Leiterschleifen

Mit den Grundüberlegungen nach Abschn. 9.5.1 findet man zusätzlich zu dem bereits definierten Selbst-Potenzialkoeffizienten P_{ii}' des Leiters i (Bild 9.22 b) auch den Gegen-Potenzialkoeffizienten für die Anordnung nach Bild 9.22 c mit den Leitern i und k sowie ihren Spiegelbildern:

$$P_{ik}' = \frac{1}{2\pi\varepsilon_0}\ln\frac{d_{ik'}}{d_{ik}} = P_{ki}' \tag{9.69}$$

Bei P_{ik}' betrachtet man als Aufpunkt den Leiter k und setzt $d' = \mathrm{d}_{ik'}$ und $d = d_{ik}$ in Gl. (9.64) ein.

Bei der Anordnung nach Bild 9.22 c werden damit die Spannungen der Leiter i und k gegen Erde:

$$u_{\mathrm{L}i} = P_{ii}'q_i' + P_{ik}'q_k' \tag{9.70 a}$$

$$u_{\mathrm{L}k} = P_{kk}'q_k' + P_{ki}'q_i' \tag{9.70 b}$$

P_{kk}' erhält man durch Tauschen der Indizes i gegen k in Gl. (9.67). Für den Abstand d_{ik}' kann man bei $h_i \approx h_k \approx h$ auch setzen:

$$d_{ik}' = \sqrt{d_{ik}^2 + 4h_ih_k} \approx \sqrt{d_{ik}^2 + (2h)^2} \tag{9.71}$$

Zur Ermittlung der Kapazitätsbeläge zwischen den Leitern und zwischen Leiter und Erde werden die Gln. (9.70) nach den Ladungsbelägen aufgelöst:

$$\begin{aligned}\begin{bmatrix} q_i' \\ q_k' \end{bmatrix} &= \begin{bmatrix} P_{ii}' & P_{ik}' \\ P_{ki}' & P_{kk}' \end{bmatrix}^{-1} \begin{bmatrix} u_{\mathrm{L}i} \\ u_{\mathrm{L}k} \end{bmatrix} = \frac{1}{P_{ii}'P_{kk}' - P_{ik}'P_{ki}'} \begin{bmatrix} P_{kk}' & -P_{ki}' \\ -P_{ik}' & P_{ii}' \end{bmatrix} \begin{bmatrix} u_{\mathrm{L}i} \\ u_{\mathrm{L}k} \end{bmatrix} \\ &= \begin{bmatrix} c_{ii}' & c_{ik}' \\ c_{ki}' & c_{kk}' \end{bmatrix} \begin{bmatrix} u_{\mathrm{L}i} \\ u_{\mathrm{L}k} \end{bmatrix}\end{aligned} \tag{9.72}$$

Die Elemente der invertierten Matrix der Potenzialkoeffizienten sind die mit kleinen Buchstaben c bezeichneten Kapazitätskoeffizienten. Durch Umordnen entsteht unter Beachtung von $c_{ki}' = c_{ik}'$:

$$q_i' = (c_{ii}' + c_{ik}')\, u_{\mathrm{L}i} - c_{ik}'(u_{\mathrm{L}i} - u_{\mathrm{L}k}) = C_{\mathrm{L}i\mathrm{E}}'\, u_{\mathrm{L}i} + C_{\mathrm{L}i\mathrm{L}k}'(u_{\mathrm{L}i} - u_{\mathrm{L}k}) \tag{9.73a}$$

$$q_k' = (c_{kk}' + c_{ki}')\, u_{\mathrm{L}k} - c_{ki}'(u_{\mathrm{L}k} - u_{\mathrm{L}i}) = C_{\mathrm{L}k\mathrm{E}}'\, u_{\mathrm{L}k} + C_{\mathrm{L}i\mathrm{L}k}'(u_{\mathrm{L}k} - u_{\mathrm{L}i}) \tag{9.73b}$$

oder

$$\begin{bmatrix} q_i' \\ q_k' \end{bmatrix} = \begin{bmatrix} C_{\mathrm{L}i\mathrm{E}}' + C_{\mathrm{L}i\mathrm{L}k}' & -C_{\mathrm{L}i\mathrm{L}k}' \\ -C_{\mathrm{L}i\mathrm{L}k}' & C_{\mathrm{L}k\mathrm{E}}' + C_{\mathrm{L}i\mathrm{L}k}' \end{bmatrix} \begin{bmatrix} u_{\mathrm{L}i} \\ u_{\mathrm{L}k} \end{bmatrix} \tag{9.74}$$

$C_{\mathrm{L}i\mathrm{E}}'$ und $C_{\mathrm{L}k\mathrm{E}}'$ sind die Leiter-Erde-Kapazitätsbeläge und $C_{\mathrm{L}i\mathrm{L}k}'$ der Leiter-Leiter-Kapazitätsbelag der Anordnung nach Bild 9.22c.

Analog zum bisherigen Vorgehen können die Kapazitätsbeläge auch für Mehrleiteranordnungen berechnet werden. Dies soll für die Drehstromeinfachleitung mit den Leitern L1, L2 und L3 gezeigt werden bei zeitlich sinusförmigem Verlauf der Ladungsbeläge. Entsprechend Gl. (9.70) erhält man mit den Selbst- und Gegen-Potenzialkoeffizienten $P_{\mathrm{L}i\mathrm{L}i}'$ und $P_{\mathrm{L}i\mathrm{L}k}' = P_{\mathrm{L}k\mathrm{L}i}'$:

$$\begin{bmatrix} \underline{U}_{\mathrm{L1}} \\ \underline{U}_{\mathrm{L2}} \\ \underline{U}_{\mathrm{L3}} \end{bmatrix} = \begin{bmatrix} P_{\mathrm{L1L1}}' & P_{\mathrm{L1L2}}' & P_{\mathrm{L1L3}}' \\ P_{\mathrm{L2L1}}' & P_{\mathrm{L2L2}}' & P_{\mathrm{L2L3}}' \\ P_{\mathrm{L3L1}}' & P_{\mathrm{L3L2}}' & P_{\mathrm{L3L3}}' \end{bmatrix} \begin{bmatrix} \underline{Q}_{\mathrm{L1}}' \\ \underline{Q}_{\mathrm{L2}}' \\ \underline{Q}_{\mathrm{L3}}' \end{bmatrix} \tag{9.75}$$

Durch Verdrillen der Leitung ergeben sich jeweils gleiche Selbst- und Gegen-Potenzialkoeffizienten. Gl. (9.75) geht dann über in:

$$\begin{bmatrix} \underline{U}_{\mathrm{L1}} \\ \underline{U}_{\mathrm{L2}} \\ \underline{U}_{\mathrm{L3}} \end{bmatrix} = \begin{bmatrix} P_{\mathrm{s}}' & P_{\mathrm{g}}' & P_{\mathrm{g}}' \\ P_{\mathrm{g}}' & P_{\mathrm{s}}' & P_{\mathrm{g}}' \\ P_{\mathrm{g}}' & P_{\mathrm{g}}' & P_{\mathrm{s}}' \end{bmatrix} \begin{bmatrix} \underline{Q}_{\mathrm{L1}}' \\ \underline{Q}_{\mathrm{L2}}' \\ \underline{Q}_{\mathrm{L3}}' \end{bmatrix} \tag{9.76}$$

Dabei sind bei drei gleichen Leitern mit $r_{\mathrm{L1}} = r_{\mathrm{L2}} = r_{\mathrm{L3}} = r_{\mathrm{L}}$:

$$\begin{aligned}P_{\mathrm{s}}' &= \frac{1}{3}(P_{\mathrm{L1L1}}' + P_{\mathrm{L2L2}}' + P_{\mathrm{L3L3}}') = \frac{1}{3}\frac{1}{2\pi\varepsilon_0}\left(\ln\frac{2h_{\mathrm{L1}}}{r_{\mathrm{L}}} + \ln\frac{2h_{\mathrm{L2}}}{r_{\mathrm{L}}} + \ln\frac{2h_{\mathrm{L3}}}{r_{\mathrm{L}}}\right) \\ &= \frac{1}{2\pi\varepsilon_0}\ln\frac{2h}{r_{\mathrm{L}}}\end{aligned} \tag{9.77}$$

$$P'_g = \frac{1}{3}(P'_{L1L2} + P'_{L1L3} + P'_{L2L3}) = \frac{1}{3}\frac{1}{2\pi\varepsilon_0}\left(\ln\frac{d_{L1L2'}}{d_{L1L2}} + \ln\frac{d_{L1L3'}}{d_{L1L3}} + \ln\frac{d_{L2L3'}}{d_{L2L3}}\right)$$
$$= \frac{1}{2\pi\varepsilon_0}\ln\frac{d'}{d} \qquad (9.78)$$

Dabei ist d der mittlere geometrische Abstand der drei Leiterseile nach Gl. (9.24). Für die mittlere Höhe h und den mittleren Abstand d' ist einzuführen:

$$h = \sqrt[3]{h_{L1}h_{L2}h_{L3}} \quad \text{mit } h_{Li} \text{ nach Gl. (9.4)} \qquad (9.79)$$

$$d' = \sqrt[3]{d_{L1L2'}d_{L1L3'}d_{L2L3'}} \qquad (9.80)$$

Die Auflösung der Gl. (9.75) nach den Ladungsbelägen liefert die Kapazitätskoeffizienten:

$$\begin{bmatrix} \underline{Q}'_{L1} \\ \underline{Q}'_{L2} \\ \underline{Q}'_{L3} \end{bmatrix} = \begin{bmatrix} P'_{L1L1} & P'_{L1L2} & P'_{L1L3} \\ P'_{L2L1} & P'_{L2L2} & P'_{L2L3} \\ P'_{L3L1} & P'_{L3L2} & P'_{L3L3} \end{bmatrix}^{-1} \begin{bmatrix} \underline{U}_{L1} \\ \underline{U}_{L2} \\ \underline{U}_{L3} \end{bmatrix} = \begin{bmatrix} c'_{L1L1} & c'_{L1L2} & c'_{L1L3} \\ c'_{L2L1} & c'_{L2L2} & c'_{L2L3} \\ c'_{L3L1} & c'_{L3L2} & c'_{L3L3} \end{bmatrix} \begin{bmatrix} \underline{U}_{L1} \\ \underline{U}_{L2} \\ \underline{U}_{L3} \end{bmatrix} \qquad (9.81)$$

Ausgehend von den gesuchten Teilkapazitäten im Bild 9.23 muss für die Ladungsbeläge auch gelten:

$$\begin{aligned} \underline{Q}'_{L1} &= C'_{L1E}\underline{U}_{L1} + C'_{L1L2}(\underline{U}_{L1} - \underline{U}_{L2}) + C'_{L1L3}(\underline{U}_{L1} - \underline{U}_{L3}) \\ \underline{Q}'_{L2} &= C'_{L2E}\underline{U}_{L2} + C'_{L2L3}(\underline{U}_{L2} - \underline{U}_{L3}) + C'_{L1L2}(\underline{U}_{L2} - \underline{U}_{L1}) \\ \underline{Q}'_{L3} &= C'_{L3E}\underline{U}_{L3} + C'_{L1L3}(\underline{U}_{L3} - \underline{U}_{L1}) + C'_{L2L3}(\underline{U}_{L3} - \underline{U}_{L2}) \end{aligned} \qquad (9.82)$$

oder wie bei Gl. (9.74) geordnet:

$$\begin{bmatrix} \underline{Q}'_{L1} \\ \underline{Q}'_{L2} \\ \underline{Q}'_{L3} \end{bmatrix} \qquad (9.83)$$
$$= \begin{bmatrix} C'_{L1E} + C'_{L1L2} + C'_{L1L3} & -C'_{L1L2} & -C'_{L1L3} \\ -C'_{L1L2} & C'_{L2E} + C'_{L1L2} + C'_{L2L3} & -C'_{L2L3} \\ -C'_{L1L3} & -C'_{L2L3} & C'_{L3E} + C'_{L1L3} + C'_{L2L3} \end{bmatrix} \begin{bmatrix} \underline{U}_{L1} \\ \underline{U}_{L2} \\ \underline{U}_{L3} \end{bmatrix}$$

Aus dem Vergleich der Matrixelemente in den Gln. (9.81) und (9.83) können die Teilkapazitäten der nicht verdrillten Leitung berechnet werden:

$$C'_{LiLk} = -c'_{LiLk}; \qquad k \neq i \qquad (9.84)$$

$$C'_{LiE} = c'_{LiLi} + \sum_{j=1}^{3} c'_{LiLj}; \qquad j \neq i \qquad (9.85)$$

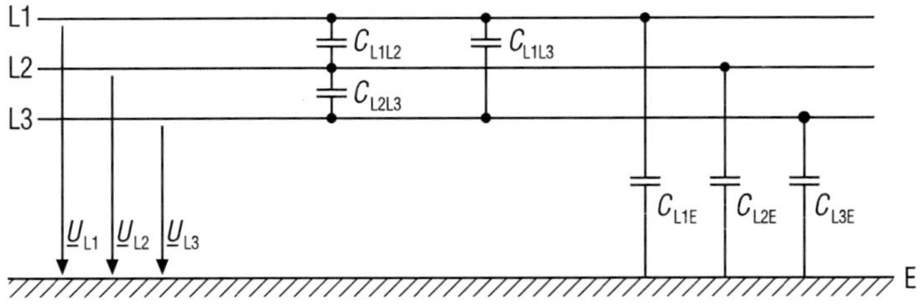

Bild 9.23. Teilkapazitäten einer Drehstromeinfachleitung ohne Erdseil

Für die verdrillte Leitung wird entsprechend des symmetrischen Aufbaus der Potenzialkoeffizienten nach Gl. (9.76) auch deren Inverse, die Matrix der Kapazitätskoeffizienten, gleichermaßen symmetrisch, so dass gleiche Leiter-Erde-Kapazitätsbeläge $C'_{\mathrm{L}i\mathrm{E}} = C'_{\mathrm{LE}}$ und gleiche Leiter-Leiter-Kapazitätsbeläge $L'_{\mathrm{L}i\mathrm{L}k} = C'_{\mathrm{LL}}$ entstehen.

Hat die Leitung ein oder mehrere Erdseile, so wird Gl. (9.75) um die entsprechenden Zeilen und Spalten erweitert und anschließend auf die Leiter-Erde-Spannungen reduziert, wobei ähnlich wie bei der Herleitung der Impedanzen im Abschnitt 9.4 hier modifizierte Potenzialkoeffizienten entstehen. Am Beispiel einer Einfachleitung mit einem Erdseil soll dies gezeigt werden. Die erweiterte Gl. (9.75) lautet:

$$\begin{bmatrix} \underline{U}_{\mathrm{L1}} \\ \underline{U}_{\mathrm{L2}} \\ \underline{U}_{\mathrm{L3}} \\ \hline 0 \end{bmatrix} = \left[\begin{array}{ccc|c} P'_{\mathrm{L1L1}} & P'_{\mathrm{L1L2}} & P'_{\mathrm{L1L3}} & P'_{\mathrm{L1Q}} \\ P'_{\mathrm{L2L1}} & P'_{\mathrm{L2L2}} & P'_{\mathrm{L2L3}} & P'_{\mathrm{L2Q}} \\ P'_{\mathrm{L3L1}} & P'_{\mathrm{L3L2}} & P'_{\mathrm{L3L3}} & P'_{\mathrm{L3Q}} \\ \hline P'_{\mathrm{QL1}} & P'_{\mathrm{QL2}} & P'_{\mathrm{QL3}} & P'_{\mathrm{QQ}} \end{array}\right] \begin{bmatrix} \underline{Q}'_{\mathrm{L1}} \\ \underline{Q}'_{\mathrm{L2}} \\ \underline{Q}'_{\mathrm{L3}} \\ \hline \underline{Q}'_{\mathrm{Q}} \end{bmatrix} \tag{9.86}$$

Durch Reduzierung um die letzte Zeile und Spalte entsteht:

$$\begin{aligned} \begin{bmatrix} \underline{U}_{\mathrm{L1}} \\ \underline{U}_{\mathrm{L2}} \\ \underline{U}_{\mathrm{L3}} \end{bmatrix} &= \begin{bmatrix} P'_{\mathrm{L1L1}} - \frac{P'^{2}_{\mathrm{L1Q}}}{P'_{\mathrm{QQ}}} & P'_{\mathrm{L1L2}} - \frac{P'_{\mathrm{L1Q}}P'_{\mathrm{L2Q}}}{P'_{\mathrm{QQ}}} & P'_{\mathrm{L1L3}} - \frac{P'_{\mathrm{L1Q}}P'_{\mathrm{L3Q}}}{P'_{\mathrm{QQ}}} \\ P'_{\mathrm{L2L1}} - \frac{P'_{\mathrm{L2Q}}P'_{\mathrm{L1Q}}}{P'_{\mathrm{QQ}}} & P'_{\mathrm{L2L2}} - \frac{P'^{2}_{\mathrm{L2Q}}}{P'_{\mathrm{QQ}}} & P'_{\mathrm{L2L3}} - \frac{P'_{\mathrm{L2Q}}P'_{\mathrm{L3Q}}}{P'_{\mathrm{QQ}}} \\ P'_{\mathrm{L3L1}} - \frac{P'_{\mathrm{L3Q}}P'_{\mathrm{L1Q}}}{P'_{\mathrm{QQ}}} & P'_{\mathrm{L3L2}} - \frac{P'_{\mathrm{L3Q}}P'_{\mathrm{L2Q}}}{P'_{\mathrm{QQ}}} & P'_{\mathrm{L3L3}} - \frac{P'^{2}_{\mathrm{L3Q}}}{P'_{\mathrm{QQ}}} \end{bmatrix} \begin{bmatrix} \underline{Q}'_{\mathrm{L1}} \\ \underline{Q}'_{\mathrm{L2}} \\ \underline{Q}'_{\mathrm{L3}} \end{bmatrix} \\ &= \begin{bmatrix} P'_{\mathrm{L1L1Q}} & P'_{\mathrm{L1L2Q}} & P'_{\mathrm{L1L3Q}} \\ P'_{\mathrm{L2L1Q}} & P'_{\mathrm{L2L2Q}} & P'_{\mathrm{L2L3Q}} \\ P'_{\mathrm{L3L1Q}} & P'_{\mathrm{L3L2Q}} & P'_{\mathrm{L3L3Q}} \end{bmatrix} \begin{bmatrix} \underline{Q}'_{\mathrm{L1}} \\ \underline{Q}'_{\mathrm{L2}} \\ \underline{Q}'_{\mathrm{L3}} \end{bmatrix} \end{aligned} \tag{9.87}$$

Der eingeführte Zusatzindex Q soll auf den Erdseileinfluss hinweisen. Ist die Leitung verdrillt, ergeben sich wieder jeweils gleiche Selbst- und Gegen-Potenzialkoeffizienten. Aus Gl. (9.87) wird:

$$\begin{bmatrix} \underline{U}_{L1} \\ \underline{U}_{L2} \\ \underline{U}_{L3} \end{bmatrix} = \begin{bmatrix} P'_{sQ} & P'_{gQ} & P'_{gQ} \\ P'_{gQ} & P'_{sQ} & P'_{gQ} \\ P'_{gQ} & P'_{gQ} & P'_{sQ} \end{bmatrix} \begin{bmatrix} \underline{Q}'_{L1} \\ \underline{Q}'_{L2} \\ \underline{Q}'_{L3} \end{bmatrix} \tag{9.88}$$

mit

$$P'_{sQ} = P'_s - \frac{P'^2_{LQ}}{P'_{QQ}} = \frac{1}{2\pi\varepsilon_0} \ln \frac{2h}{r_L} - \frac{1}{2\pi\varepsilon_0} \frac{\left(\ln \frac{d_{LQ'}}{d_{LQ}} \right)^2}{\ln \frac{2h_Q}{r_Q}} \tag{9.89}$$

$$P'_{gQ} = P'_g - \frac{P'^2_{LQ}}{P'_{QQ}} = \frac{1}{2\pi\varepsilon_0} \ln \frac{d'}{d} - \frac{1}{2\pi\varepsilon_0} \frac{\left(\ln \frac{d_{LQ'}}{d_{LQ}} \right)^2}{\ln \frac{2h_Q}{r_Q}} \tag{9.90}$$

Zusätzlich zu d nach Gl. (9.24) und d' nach Gl. (9.80) gilt:

$$d_{LQ} = \sqrt[3]{d_{L1Q} d_{L2Q} d_{L3Q}} \tag{9.91}$$

$$d_{LQ'} = \sqrt[3]{d_{L1Q'} d_{L2Q'} d_{L3Q'}} \tag{9.92}$$

9.5.3 Admittanzen in symmetrischen Komponenten

Behandelt werden sollen die Admittanzen in symmetrischen Komponenten für die verdrillte Leitung (oder unter der Annahme der Verdrillung), weil nur unter dieser Voraussetzung eine Entkopplung des Mit-, Gegen- und Nullsystems entsteht. Zweckmäßigerweise unterwirft man entweder Gl. (9.76) oder Gl. (9.88) der Transformation. Ausgehend von Gl. (9.76) für die Einfachleitung ohne Erdseil findet man:

$$\begin{bmatrix} \underline{U}_1 \\ \underline{U}_2 \\ \underline{U}_0 \end{bmatrix} = \begin{bmatrix} P'_s - P'_g & 0 & 0 \\ 0 & P'_s - P'_g & 0 \\ 0 & 0 & P'_s + 2P'_g \end{bmatrix} \begin{bmatrix} \underline{Q}'_1 \\ \underline{Q}'_2 \\ \underline{Q}'_0 \end{bmatrix} = \begin{bmatrix} P'_1 & 0 & 0 \\ 0 & P'_2 & 0 \\ 0 & 0 & P'_0 \end{bmatrix} \begin{bmatrix} \underline{Q}'_1 \\ \underline{Q}'_2 \\ \underline{Q}'_0 \end{bmatrix} \tag{9.93}$$

Die Umkehrung der Gleichung liefert:

$$\begin{bmatrix} \underline{Q}'_1 \\ \underline{Q}'_2 \\ \underline{Q}'_0 \end{bmatrix} = \begin{bmatrix} \frac{1}{P'_s - P'_g} & 0 & 0 \\ 0 & \frac{1}{P'_s - P'_g} & 0 \\ 0 & 0 & \frac{1}{P'_s + 2P'_g} \end{bmatrix} \begin{bmatrix} \underline{U}_1 \\ \underline{U}_2 \\ \underline{U}_0 \end{bmatrix} = \begin{bmatrix} C'_1 & 0 & 0 \\ 0 & C'_2 & 0 \\ 0 & 0 & C'_0 \end{bmatrix} \begin{bmatrix} \underline{U}_1 \\ \underline{U}_2 \\ \underline{U}_0 \end{bmatrix} \tag{9.94}$$

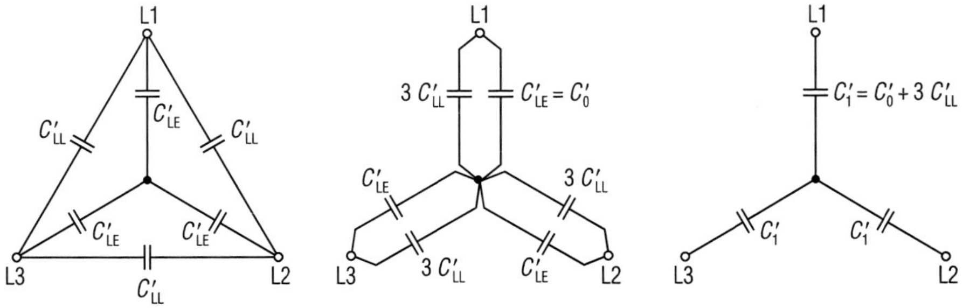

Bild 9.24. Zusammensetzung der Teilkapazitäten zur Kapazität im Mitsystem

Daraus folgt mit P'_s nach Gl. (9.77) und P'_g nach Gl. (9.78):

$$C'_1 = C'_2 = \frac{1}{P'_s - P'_g} = \frac{2\pi\varepsilon_0}{\ln \dfrac{2hd}{r_L d'}} \approx \frac{2\pi\varepsilon_0}{\ln \dfrac{d}{r_L}} \tag{9.95}$$

$$C'_0 = \frac{1}{P'_s + 2P'_g} = \frac{2\pi\varepsilon_0}{\ln \dfrac{2hd'^2}{r_L d^2}} \approx \frac{2\pi\varepsilon_0}{\ln \dfrac{8h^3}{r_L d^2}} = \frac{2\pi\varepsilon_0}{3\ln \dfrac{2h}{\sqrt[3]{r_L d^2}}} \tag{9.96}$$

Die eingeführte Näherung $d' = \sqrt{d^2 + (2h)^2} \approx 2h$, gerechtfertigt durch die bei Freileitungen gegebene Relation, zeigt, dass der Kapazitätsbelag im Mit- und Gegensystem praktisch unabhängig ist von der mittleren Höhe der Leiter über dem Erdboden. Bild 9.24 zeigt, wie man sich die Zusammensetzung der Teilkapazitäten aus dem Bild 9.23 bei verdrillter Leitung zur Kapazität im Mitsystem vorstellen kann. Für den Kapazitätsbelag im Mitsystem gilt danach $C'_1 = C'_0 + 3C'_{LL}$, wenn bei symmetrischer Anordnung, wie im Bild 9.23, oder bei Verdrillung alle drei Teilkapazitäten zwischen den Leitern gleich sind.

Zum gleichen Ergebnis kommt man mit Gl. (9.83), weil für ein Mitsystem die Summe der drei Leiter-Erde-Spannungen Null ist ($\underline{U}_{1L1} + \underline{U}_{1L2} + \underline{U}_{1L3} = \underline{U}_{1L1}(1 + \underline{a}^2 + \underline{a}) = 0$) und man somit findet:

$$\underline{Q}'_{1L1} = (C'_{LE} + 2C'_{LL})\underline{U}_{1L1} - C'_{LL}(\underline{U}_{1L2} + \underline{U}_{1L3}) = (C'_{LE} + 3C'_{LL})\underline{U}_{1L1} = C'_1\,\underline{U}_{1L1} \tag{9.97}$$

Im Nullsystem sind die drei Leiter-Erde-Spannungen nach Betrag und Winkel gleich. Aus der ersten Zeile der Gl. (9.83) folgt dann:

$$\underline{Q}'_{0L1} = (C'_{LE} + 2C'_{LL})\underline{U}_{0L1} - C'_{LL}(\underline{U}_{0L1} + \underline{U}_{0L1}) = C'_{LE}\underline{U}_{0L1} = C'_0\,\underline{U}_{0L1} \tag{9.98}$$

Beispiel: 20-kV-Einfachfreileitung ohne Erdseil; $h = 5$ m; $d = 1{,}6$ m; $r_L = 4{,}8$ mm (Al/St 50/8, Tabelle 9.2);

$$C_1' = \frac{2\pi\varepsilon_0}{\ln(d/r_\mathrm{L})} = \frac{2\pi\cdot 8{,}854\cdot 10^{-9}\,\mathrm{F/km}}{\ln(1{,}6\,\mathrm{m}/(0{,}48\cdot 10^{-2}\,\mathrm{m}))} = 9{,}58\cdot 10^{-9}\,\mathrm{F/km}$$

$$C_0' = \frac{2\pi\varepsilon_0}{3\ln(2h/\sqrt[3]{r_\mathrm{L}d^2})} = \frac{2\pi\cdot 8{,}854\cdot 10^{-9}\,\mathrm{F/km}}{3\ln(2\cdot 5\,\mathrm{m}/\sqrt[3]{0{,}48\cdot 10^{-2}\,\mathrm{m}\cdot(1{,}6\,\mathrm{m})^2})} = 4{,}92\cdot 10^{-9}\,\mathrm{F/km}$$

Erdseile haben nur Einfluss auf den Kapazitätsbelag im Nullsystem, weil ausgehend von den Gln. (9.89) und (9.90) gilt: $P'_\mathrm{sQ} - P'_\mathrm{gQ} = P'_\mathrm{s} - P'_\mathrm{g}$. Für den Kapazitätsbelag der Einfachleitung mit einem Erdseil Q ergibt sich:

$$C_0'^{\mathrm{Q}} = \frac{1}{P'_\mathrm{sQ} + 2P'_\mathrm{gQ}} = \frac{2\pi\varepsilon_0}{\ln\dfrac{2hd'^2}{r_\mathrm{L}d^2} - 3\dfrac{\left(\ln\dfrac{d'_\mathrm{LQ}}{d_\mathrm{LQ}}\right)^2}{\ln\dfrac{2h_\mathrm{Q}}{r_\mathrm{Q}}}} \approx \frac{2\pi\varepsilon_0}{3\ln\dfrac{2h}{\sqrt[3]{r_\mathrm{L}d^2}} - 3\dfrac{\left(\ln\dfrac{h+h_\mathrm{Q}}{d_\mathrm{LQ}}\right)^2}{\ln\dfrac{2h_\mathrm{Q}}{r_\mathrm{Q}}}} \tag{9.99}$$

Tabelle 9.8 enthält eine Zusammenstellung der Berechnungsgleichungen für die Kapazitätsbeläge im Mit- und Nullsystem bei verdrillten Einfach- und Doppelleitungen ohne und mit Erdseil. Bei zwei oder mehr Erdseilen sind gegenüber den Angaben in Tabelle 9.8 geänderte Größen für r_Q, h_Q und d_LQ einzuführen. Bei zwei Erdseilen Q1 und Q2, die symmetrisch zur Mastachse liegen mit gleichen Radien r_Q und gleicher Höhe h_Q sind folgende Größen einzusetzen:

$$r_\mathrm{Q1Q2} = \sqrt{r_\mathrm{Q}d_\mathrm{Q1Q2}};\quad d_\mathrm{LQ1Q2} = \sqrt[6]{d_\mathrm{L1Q1}\,d_\mathrm{L2Q1}\,d_\mathrm{L3Q1}\,d_\mathrm{L1Q2}\,d_\mathrm{L2Q2}\,d_\mathrm{L3Q2}} \tag{9.100}$$

Der Masteinfluss auf die Kapazitätsbeläge im Nullsystem wird manchmal durch einen Zuschlag zum berechneten Wert berücksichtigt. Bei 110-kV-Leitungen wählt man etwa 8 bis 9 %, während bei 220-kV- und 380-kV-Leitungen etwa 6 % ausreichen.

Tabelle 9.9 enthält Anhaltswerte für den Kapazitätsbelag im Mit- und Nullsystem, den kapazitiven Ladestrombelag I'_C, den kapazitiven Ladeleistungsbelag Q'_C und den kapazitiven Erdschlussstrombelag I'_Ce (Abschn. 16.2.2) von Drehstromdoppelleitungen.

Aus der Gl. (9.94) folgt für die kapazitiven Strombeläge im Mit-, Gegen- und Nullsystem

$$\begin{bmatrix}\underline{I}'_\mathrm{1C}\\ \underline{I}'_\mathrm{2C}\\ \underline{I}'_\mathrm{0C}\end{bmatrix} = \mathrm{j}\omega\begin{bmatrix}\underline{Q}'_1\\ \underline{Q}'_2\\ \underline{Q}'_0\end{bmatrix} = \begin{bmatrix}\mathrm{j}\omega C'_1 & 0 & 0\\ 0 & \mathrm{j}\omega C'_2 & 0\\ 0 & 0 & \mathrm{j}\omega C'_0\end{bmatrix}\begin{bmatrix}\underline{U}_1\\ \underline{U}_2\\ \underline{U}_0\end{bmatrix} \tag{9.101}$$

Tabelle 9.8. Kapazitätsbeläge pro Stromkreis im Mit- und Nullsystem für verdrillte Freileitungen

Leitung	Berechnungsgleichungen
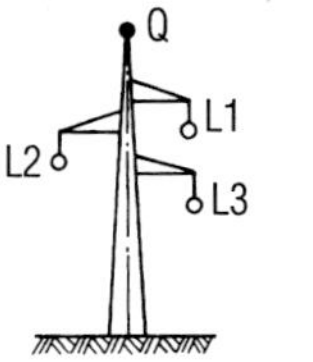	Einfachleitung $C_1'^{\mathrm{I}} = \dfrac{2\pi\varepsilon_0}{\ln\dfrac{d}{r_\mathrm{L}}}$ (9.95) ohne Erdseil $C_0'^{\mathrm{I}} = \dfrac{2\pi\varepsilon_0}{3\ln\dfrac{2h}{\sqrt[3]{r_\mathrm{L} d^2}}}$ (9.96) mit Erdseil: $C_0'^{\mathrm{IQ}} = \dfrac{2\pi\varepsilon_0}{3\ln\dfrac{2h}{\sqrt[3]{r_\mathrm{L} d^2}} - 3\dfrac{\left(\ln\dfrac{h+h_\mathrm{Q}}{d_\mathrm{LQ}}\right)^2}{\ln\dfrac{2h_\mathrm{Q}}{r_\mathrm{Q}}}}$ (9.99)
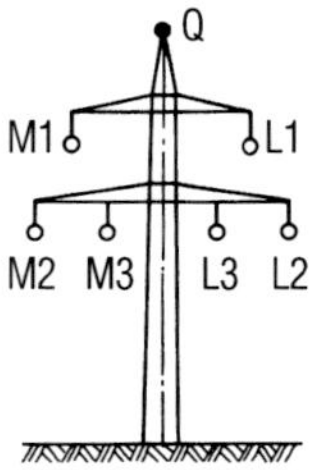	Doppelleitung $C_1'^{\mathrm{II}} = \dfrac{2\pi\varepsilon_0}{\ln\dfrac{d\, d_\mathrm{mL1M2}}{r_\mathrm{L}\, d_\mathrm{mL1M1}}}$ (9.105) ohne Erdseil: $C_0'^{\mathrm{II}} = \dfrac{2\pi\varepsilon_0}{3\ln\dfrac{2h\sqrt{(2h)^2 + d_\mathrm{mL1M2}^2}}{\sqrt[3]{r_\mathrm{L} d^2}\,\sqrt[3]{d_\mathrm{mL1M1} d_\mathrm{mL1M2}^2}}}$ (9.106) mit Erdseil: $C_0'^{\mathrm{IIQ}} = \dfrac{2\pi\varepsilon_0}{3\ln\dfrac{2h\sqrt{(2h)^2 + d_\mathrm{mL1M2}^2}}{\sqrt[3]{r_\mathrm{L} d^2}\,\sqrt[3]{d_\mathrm{mL1M1} d_\mathrm{mL1M2}^2}} - 6\dfrac{\left(\ln\dfrac{h+h_\mathrm{Q}}{d_\mathrm{LQ}}\right)^2}{\ln\dfrac{2h_\mathrm{Q}}{r_\mathrm{Q}}}}$ (9.107)

Bei Bündelleitern tritt r_B nach Gl. (9.38) an die Stelle von r_L;

$d = \sqrt[3]{d_\mathrm{L1L2} d_\mathrm{L2L3} d_\mathrm{L3L1}}$; $h = \sqrt[3]{h_\mathrm{L1} h_\mathrm{L2} h_\mathrm{L3}}$ $(h_{\mathrm{L}i} = h_{\mathrm{MastL}i} - 0{,}7 f_{\mathrm{maxL}i})$; $d_\mathrm{LQ} = \sqrt[3]{d_\mathrm{L1Q} d_\mathrm{L2Q} d_\mathrm{L3Q}}$;

$d_\mathrm{mL1M1} = \sqrt[3]{d_\mathrm{L1M1} d_\mathrm{L2M2} d_\mathrm{L3M3}}$; $d_\mathrm{mL1M2} = \sqrt[3]{d_\mathrm{L1M2} d_\mathrm{L2M3} d_\mathrm{L3M1}}$

Tabelle 9.9. Kapazitätsbeläge, Ladestrombeläge, Ladeleistungsbeläge und kapazitive Erdschlussstrombeläge von Hochspannungsfreileitungen, Donaumastbild, ein Erdseil, 50 Hz, übliche Abmessungen der Leitungen

U_n kV	Leiterseile mm^2	C_1' 10^{-9} F/km	I_C' A/km	Q_C' kvar/km	$C_0' \approx 0{,}5 C_1'$ [2] 10^{-9} F/km	I_{Ce}' A/km
< 30 [1]	-	≈ 8,5…10	-	-	4,3…5,3	-
30	6 × 95/15 Al/St	9,3	0,05	2,6	4,7	0,077
110	6 × 185/30 Al/St	9,5	0,19	36,0	4,8	0,29
220	6 × 2 × 240/40 Al/St	12,5	0,50	191,0	6,3	(0,75)
380	6 × 2 × 240/40 Al/St	13,8	0,95	630,0	6,9	(1,43)

[1] Siehe Beispiel im Text: Für die 20-kV-Freileitung gilt: $I_C' = 0{,}035$ A/km; $Q_C' = 1{,}2$ kvar/km; $I_{Ce}' = 0{,}054$ A/km; Im Gegensatz dazu ergibt sich für ein 20-kV-Dreimantelkabel: $C_1' = C_0' = 0{,}6\ \mu$F/km; $\underline{I}_C' = 2{,}18$ A/km; $Q_C' = 75{,}4$ kvar/km; $I_{Ce}' = 6{,}5$ A/km. (Die kapazitive Ladeleistung liegt bei dem Kabel also etwa 60mal so hoch und der kapazitive Erdschlussstrom etwa 120 mal so hoch wie bei der Freileitung).

[2] Der Quotient C_0'/C_1' liegt bei Hochspannungsfreileitungen im Bereich 0,45 bis 0,60. Bei Leitungen mit einem Stromkreis ergeben sich Werte an der oberen Grenze. Bei mehr als 2 Stromkreisen erhält man kleine Werte, wie die Angaben im Bild 9.26 zeigen.

Der kapazitive Strom im Mitsystem ist der Leerlaufstrom der verdrillten, kurzen und verlustfreien Leitung (9.5.2). Er wird auch als kapazitiver Ladestrom bezeichnet und ergibt sich bei Betrieb der Leitung mit Nennspannung zu:

$$I_C' = \omega C_1' \frac{U_n}{\sqrt{3}} \tag{9.102}$$

Durch Multiplikation der Gl. (9.102) mit $\sqrt{3}U_n$ entsteht der Ladeleistungsbelag:

$$Q_C' = \sqrt{3}U_n I_C' = \omega C_1' U_n^2 \tag{9.103}$$

In Netzen mit isoliertem Sternpunkt bestimmt die Kapazität des Nullsystem den kapazitiven Erdschlussstrom. Aus der letzten Zeile der Gl. (9.101) erhält man durch Rücktransformation bei $\underline{I}_1' = \underline{I}_2' = \underline{I}_0'$ für den erdschlussbetroffenen Leiter L1:

$$I_{Ce}' = 3I_0' = \sqrt{3}\omega\, C_0' U_n = \sqrt{3}\omega\, C_E' U_n \tag{9.104}$$

Ergänzt man die Teilkapazitäten der Leitung durch parallele Leitwerte, mit denen die Ableitverluste und grob genähert auch die Koronaverluste berücksichtigt werden können, so überlagern sich den kapazitiven Strömen entsprechende Wirkströme. Bei verdrillter Leitung gilt:

$$\begin{bmatrix} \underline{I}_1' \\ \underline{I}_2' \\ \underline{I}_0' \end{bmatrix} = \begin{bmatrix} G_1' + j\omega C_1' & 0 & 0 \\ 0 & G_2' + j\omega C_2' & 0 \\ 0 & 0 & G_0' + j\omega C_0' \end{bmatrix} \begin{bmatrix} \underline{U}_1 \\ \underline{U}_2 \\ \underline{U}_0 \end{bmatrix} = \begin{bmatrix} \underline{Y}_1' & 0 & 0 \\ 0 & \underline{Y}_2' & 0 \\ 0 & 0 & \underline{Y}_0' \end{bmatrix} \begin{bmatrix} \underline{U}_1 \\ \underline{U}_2 \\ \underline{U}_0 \end{bmatrix} \tag{9.108}$$

Die Leitwertbeläge ergeben sich analog zu den Kapazitätsbelägen mit $G'_1 = G'_2 = G'_{LE} + 3G'_{LL}$ und $G'_0 = G'_{LE}$. Leitwertbeläge und kapazitive Suszeptanzbeläge ergeben die Admittanzbeläge $\underline{Y}'_1 = \underline{Y}'_2$ und $\underline{Y}'_0$ der symmetrischen Komponenten.

9.5.4 Oberflächenrandfeldstärke

Wenn die elektrische Randfeldstärke an der Oberfläche der Leiterseile einen bestimmten kritischen Wert überschreitet, werden, je nach Wetterbedingungen, elektrische Teildurchbrüche der Luft auftreten, die man als Koronaentladungen bezeichnet. Durch diese Koronaentladungen, die man manchmal nachts beobachten kann und die insbesondere bei feuchter Luft auftreten, werden teilweise Geräusche und auch Koronaverluste hervorgerufen, die jedoch klein sind gegenüber den Stromwärmeverlusten der Leiterseile. Der Effektivwert der kritischen Koronaeinsatzfeldstärke liegt für glatte parallele Kreiszylinder mit 10 mm Radius bei etwa 27 kV/cm und sinkt für Leiterseile bis auf etwa 21 kV/cm ab. Da die Koronaentladungen impulsförmig in die die Leiteroberfläche umgebende Luft vorstoßen, breiten sich um die Leitung hochfrequente elektromagnetische Felder aus, die in benachbarten Hochfrequenzempfängern Störungen hervorrufen können. Die Koronaentladungen an den Seilen liegen besonders im Bereich 0,1 bis 5 MHz. Bei Funkstörungen, die von Funkenüberschlägen an Isolatoren und Armaturen ausgehen, tritt ein breiterer Frequenzbereich auf [9.8].

Für die Berechnung der Randfeldstärke werden glatte zylindrische Leiter vorausgesetzt. Bei einer Leitung mit Einfachseilen kann man weiterhin annehmen, dass das elektrische Feld in der Nähe der Leiteroberfläche rotationssymmetrisch verläuft (Bild 9.22 a). Der Einfluss der Felder der anderen Leiter kann vernachlässigt werden. Ausgehend von Gl. (9.62) gilt, wenn Q' der Ladungsbelag (Ladung je Längeneinheit) ist und r_L der Leiterradius:

$$E_{max} = \frac{Q'}{2\pi\varepsilon_0} \cdot \frac{1}{r_L} \tag{9.109}$$

Bei $Q' = C'_1 U / \sqrt{3}$ und C'_1 nach Gl. (9.95) wird dann:

$$E_{max} = \frac{U}{\sqrt{3}} \cdot \frac{1}{r_L \ln \dfrac{d}{r_L}} \tag{9.110}$$

Bei der Berechnung der maximalen Randfeldstärke von Bündelleitern werden die von den Teilleitern des Bündels hervorgerufenen Felder überlagert. Die maximale Feldstärke ergibt sich dann jeweils an der Stelle der Oberfläche der

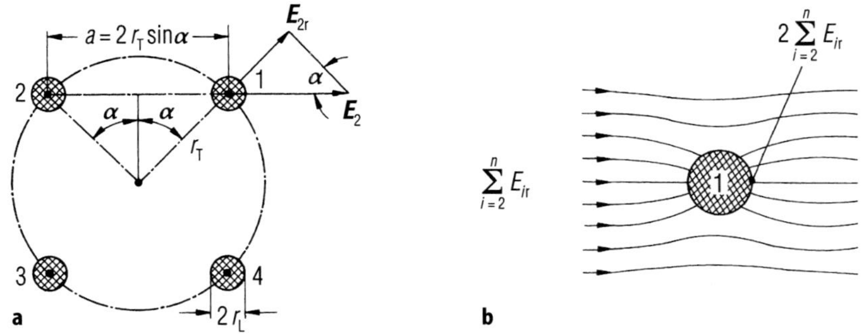

Bild 9.25 a, b. Zur Berechnung der maximalen Randfeldstärke eines Bündelleiters. **a** Viererbündel; **b** Verzerrung eines homogenen elektrischen Feldes durch einen ungeladenen zylindrischen Leiter

Teilleiter, die auf der von der Bündelleiterachse abgelegenen Seite liegt. Bei einem Bündelleiter mit $n = 4$ Teilleitern nach Bild 9.25 a z. B. hat der Teilleiter 1 die Ladung $Q'_T = Q'/4$. Die Teilleiter 2, 3 und 4 erzeugen am Ort des Teilleiters 1 die Radialkomponenten $\boldsymbol{E}_{2r}$, $\boldsymbol{E}_{3r}$, $\boldsymbol{E}_{4r}$. Man erkennt aus Bild 9.25 a, dass diese Radialkomponenten gleichen Betrag aufweisen:

$$E_{2r} = E_2 \sin\alpha = \frac{Q'/n}{2\pi\varepsilon_0} \cdot \frac{1}{2r_T} = E_{3r} = E_{4r} \tag{9.111}$$

Für die Summe der Radialkomponenten gilt bei n Teilleitern:

$$\sum_{i=2}^{n} E_{i\,r} = \frac{Q'/n}{2\pi\varepsilon_0} (n-1) \frac{1}{2r_T} \tag{9.112}$$

Bringt man einen ungeladenen Leiter 1 in das annähernd homogene Radialfeld der übrigen Leiter, so ergibt sich eine Feldverzerrung nach Bild 9.25 b. Der Maximalwert an der Oberfläche des Leiters 1 steigt auf den doppelten Wert. Aus der Überlagerung ergibt sich schließlich für den Bündelleiter:

$$E_{\text{maxB}} = E_1 + 2\sum_{i=2}^{n} E_{i\,r} = \frac{Q'/n}{2\pi\varepsilon_0} \left[\frac{1}{r_L} + (n-1) \frac{1}{r_T} \right] \tag{9.113}$$

Führt man $Q' = C'_1 U/\sqrt{3}$ ein, so wird:

$$E_{\text{maxB}} = \frac{U}{\sqrt{3}} \frac{C'_1}{n 2\pi\varepsilon_0} \left[\frac{1}{r_L} + (n-1) \frac{1}{r_T} \right] = \frac{U}{\sqrt{3}} \frac{C'_1}{n 2\pi\varepsilon_0} \left[\frac{1}{r_L} + (n-1) \frac{2\sin\pi/n}{a} \right] \tag{9.114}$$

Einzusetzen sind die Kapazitäten des Mitsystems nach Tabelle 9.8, wenn man den Leiterradius durch den Bündelleiterradius r_B ersetzt. Für die Doppellei-

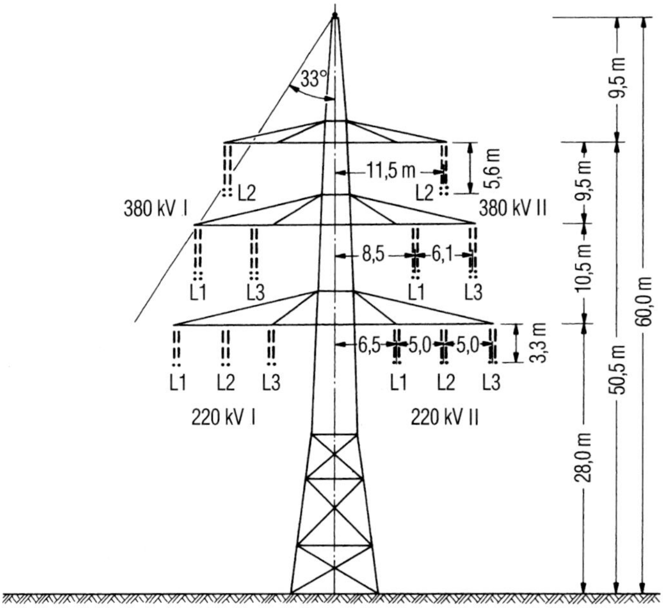

Stromkreise			380 kV		220 kV	
			I	II	I	II
Mittelwerte	C_1'	10^{-9} F/km	12,096	12,096	12,558	12,558
	C_0'	10^{-9} F/km	3,714	3,714	4,023	4,023
	$E_{\max\,(\text{effektiv})}$	kV/cm	16,03	16,03	13,83	13,83
Einzelwerte	C_{1L1}'	10^{-9} F/km	12,612	13,323	10,851	11,892
	C_{1L2}'	10^{-9} F/km	11,366	11,366	15,125	15,125
	C_{1L3}'	10^{-9} F/km	13,323	12,612	11,892	10,851
	C_{0L1}'	10^{-9} F/km	3,240	2,445	5,004	3,941
	C_{0L2}'	10^{-9} F/km	3,992	3,992	3,754	3,754
	C_{0L3}'	10^{-9} F/km	2,445	3,240	3,941	5,004
	$E_{\max\,L1}$ (effektiv)	kV/cm	16,71	17,66	11,95	13,10
	$E_{\max\,L2}$ (effektiv)	kV/cm	15,06	15,06	16,65	16,65
	$E_{\max\,L3}$ (effektiv)	kV/cm	17,66	16,71	13,10	11,95

Bild 9.26. Kapazitätsbeläge im Mit- und Nullsystem und maximale Randfeldstärke, sowie Einzelwerte der Kapazitätsbeläge und der Randfeldstärken einer Leitung mit vier Stromkreisen (2×380 kV: Viererbündel Al/St 560/50 mm² oben und 2×220 kV: Zweierbündel Al/St 240/40 mm² unten)

tung mit Zweier- oder Viererbündeln, gekennzeichnet durch den Zusatzindex 2 oder 4, findet man:

$$E_{\mathrm{maxB2}} = \frac{U}{\sqrt{3}} \frac{1}{2 \cdot \ln \dfrac{d d_{\mathrm{mL1M2}}}{\sqrt{r_{\mathrm{L}} a}\; d_{\mathrm{mL1M1}}}} \left[\frac{1}{r_{\mathrm{L}}} + \frac{2}{a} \right] \tag{9.115a}$$

$$E_{\mathrm{maxB4}} = \frac{U}{\sqrt{3}} \frac{1}{4 \cdot \ln \dfrac{d d_{\mathrm{mL1M2}}}{\sqrt[4]{\sqrt{2} r_{\mathrm{L}} a^3}\; d_{\mathrm{mL1M1}}}} \left[\frac{1}{r_{\mathrm{L}}} + \frac{3\sqrt{2}}{a} \right] \tag{9.115b}$$

Bild 9.26 zeigt als Beispiel die Kapazitäten und die Randfeldstärken einer Leitung mit vier Stromkreisen. Zusätzlich sind die Einzelkapazitäten und einzelnen Randfeldstärken angegeben, um zu zeigen, wie weit die Einzelwerte von den Mittelwerten des Mitsystems abweichen können.

Ausgehend von der elektrischen Randfeldstärke lassen sich näherungsweise die HF-Störfeldstärken und auch die hörbaren Geräusche einer Leitung bestimmen. Bei einer 380-kV-Doppelleitung mit Viererbündeln und einer Randfeldstärke von 15 kV/cm ergeben sich z. B. eine Störfeldstärke von E_{HF} = 43 dB über 1 µV [E_{HF}/dB = 20 · lg (E_{HF}/µV)] bei 500 kHz nach CISPR und hörbare Geräusche von etwa 50 dB(A) bei nassem Wetter. Zur maximalen elektrischen Feldstärke am Erdboden unter der Leitung und am Rande des Schutzstreifens findet man Angaben im Abschn. 9.7 und in [1.24].

9.6 Die Leitung im stationären Betrieb

9.6.1 Leitungsgleichungen

Die homogene Leitung (Freileitung oder Kabel) mit der Länge *l* wird durch die allgemeinen Leitungsgleichungen beschrieben [9.4]. Unterschieden wird zwischen Mit- und Nullsystem. Für den Zusammenhang zwischen den Spannungen und den Strömen am Anfang (A) und am Ende (E) der Leitung gilt im Mitsystem:

$$\begin{bmatrix} \underline{U}_{1\mathrm{A}} \\ \underline{I}_{1\mathrm{A}} \end{bmatrix} = \begin{bmatrix} \cosh \underline{\gamma}_1 \ell & \underline{Z}_{\mathrm{W1}} \sinh \underline{\gamma}_1 \ell \\ \dfrac{1}{\underline{Z}_{\mathrm{W1}}} \sinh \underline{\gamma}_1 \ell & \cosh \underline{\gamma}_1 \ell \end{bmatrix} \begin{bmatrix} \underline{U}_{1\mathrm{E}} \\ \underline{I}_{1\mathrm{E}} \end{bmatrix} \tag{9.116}$$

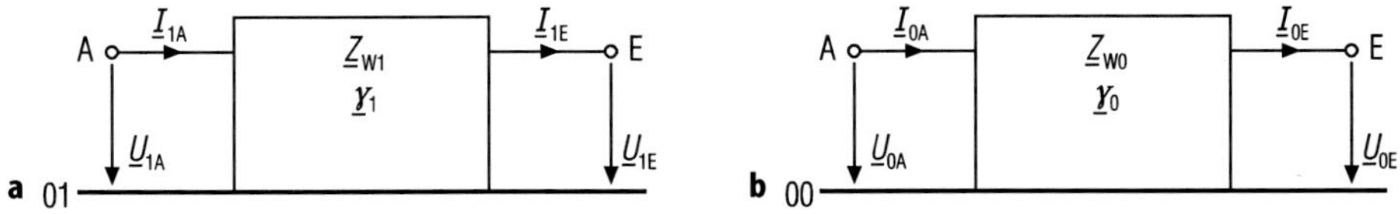

Bild 9.27 a, b. Vierpoldarstellungen der homogenen Drehstromleitung. **a** Mitsystem = Gegensystem; **b** Nullsystem

Dabei sind:

$$\underline{Z}_{W1} = \sqrt{\frac{R_1' + j\omega L_1'}{G_1' + j\omega C_1'}} \quad \text{der Wellenwiderstand im Mitsystem,} \tag{9.117}$$

$$\underline{\gamma}_1 = \alpha_1 + j\beta_1 = \sqrt{(R_1' + j\omega L_1')\,(G_1' + j\omega C_1')} \quad \text{der Ausbreitungskoeffizient im Mitsystem} \tag{9.118}$$

α_1 ist der Dämpfungskoeffizient und β_1 der Phasenkoeffizient im Mitsystem. Bildet man wie für das Mitsystem auch den Wellenwiderstand $\underline{Z}_{W0}$ und den Ausbreitungskoeffizienten $\underline{\gamma}_0$ im Nullsystem, so ergeben sich die Vierpoldarstellungen des Bildes 9.27.

Hochspannungsleitungen sind verlustarme Leitungen ($R_1' < \omega L_1'$; $G_1' \ll \omega C_1'$). Mit $R_1' = 0$ und $G_1' = 0$ für die verlustlose Leitung vereinfachen sich die Gln. (9.116) bis (9.118):

$$\begin{bmatrix} \underline{U}_{1A} \\ \underline{I}_{1A} \end{bmatrix} = \begin{bmatrix} \cos\beta_1\ell & jZ_{W1}\sin\beta_1\ell \\ j\dfrac{1}{Z_{W1}}\sin\beta_1\ell & \cos\beta_1\ell \end{bmatrix} \begin{bmatrix} \underline{U}_{1E} \\ \underline{I}_{1E} \end{bmatrix} \tag{9.119}$$

$$\underline{Z}_{W1} = Z_{W1} = \sqrt{L_1' / C_1'} \tag{9.120}$$

$$\underline{\gamma}_1 = j\beta_1 = j\omega\sqrt{L_1'C_1'} \tag{9.121}$$

Führt man bei Vernachlässigung der inneren Induktivität L_i' nach Gl. (9.37) und C_1' nach Gl. (9.95) ein, so findet man als Näherung für die Freileitung mit $\mu_r = 1$ und $\varepsilon_r = 1$:

$$Z_{W1} = \frac{1}{2\pi}\sqrt{\frac{\mu_0}{\varepsilon_0}}\ln\frac{d}{r_L} = 60\,\Omega\ln\frac{d}{r_L} \tag{9.122}$$

$$\beta_1 = \omega\sqrt{\mu_0\varepsilon_0} = \frac{\omega}{c} = \frac{2\pi}{\lambda} \tag{9.123}$$

Dabei sind $\sqrt{\mu_0 / \varepsilon_0} = 377\,\Omega$ der Wellenwiderstand des Vakuums, $c = 1/\sqrt{\mu_0\varepsilon_0}$ die Lichtgeschwindigkeit und $\lambda = c/f$ die Wellenlänge. Bei $f = 50$ Hz wird

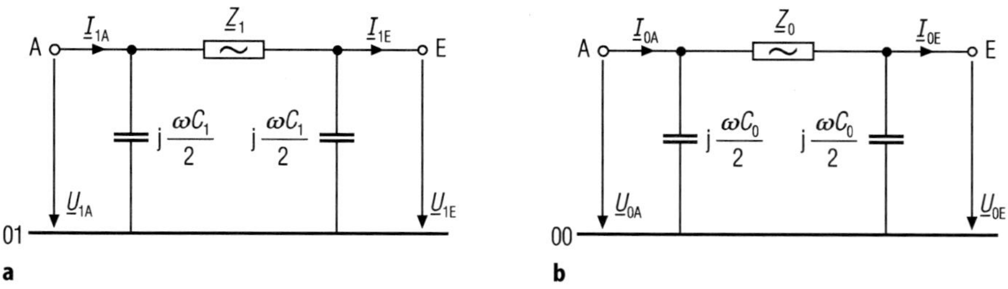

Bild 9.28 a, b. π-Ersatzschaltung. **a** Mitsystem (Gegensystem); **b** Nullsystem

$\lambda = 6000$ km. Ohne Einführung der Vereinfachungen wird die Ausbreitungsgeschwindigkeit $v = \omega/\beta_1$ etwas kleiner als die Lichtgeschwindigkeit. Allgemein gilt:

$$v = 1 / \sqrt{\mu\varepsilon} = 1 / \sqrt{\mu_r \mu_0 \varepsilon_r \varepsilon_0} \tag{9.124}$$

Bei einem Kabel mit $\varepsilon_r = 4$ (Tabelle 10.1) und $\mu_r = 1$ ergibt sich $v \approx 150000$ km/s.

9.6.2 Ersatzschaltungen für die kurze Leitung

Auf der Grundlage der Gl. (9.35) und der entsprechenden Gleichung bei Vorhandensein von Erdseilen sowie der Gl. (9.108) lassen sich für die kurze Leitung im Bereich der Betriebsfrequenz gültige π- oder T-Ersatzschaltungen angeben. Meist wird die π-Ersatzschaltung bevorzugt, weil sie keine inneren Knoten enthält. Bei Aufteilung der Admittanzen auf Anfang und Ende der Leitung ergeben sich die Ersatzschaltungen im Bild 9.28. Zur gleichen Ersatz-

Tabelle 9.10. Impedanz $\underline{Z}_{1A}$ am Anfang der Leitung bei am Ende kurzgeschlossener ($\underline{Z}_{1E} = 0$), leerlaufender ($\underline{Z}_{1E} = \infty$) und reflexionsfrei abgeschlossener Leitung ($\underline{Z}_{1E} = \underline{Z}_{W1}$)

Impedanz am Ende	$\underline{Z}_{1E} = 0$ (Kurzschluss)	$\underline{Z}_{1E} = \infty$ (Leerlauf)	$\underline{Z}_{1E} = \underline{Z}_{W1}$ (reflexionsfreier Abschluss)
Verlustbehaftete Leitung	$\underline{Z}_{1A} = \underline{Z}_{W1} \tanh \underline{\gamma}_1 \ell$	$\underline{Z}_{1A} = \underline{Z}_{W1} \dfrac{1}{\tanh \underline{\gamma}_1 \ell}$	$\underline{Z}_{1A} = \underline{Z}_{W1}$
Verlustlose Leitung ($\alpha_1 = 0$)	$\underline{Z}_{1A} = \mathrm{j}\underline{Z}_{W1} \tan \beta_1 \ell$	$\underline{Z}_{1A} = -\,\mathrm{j}Z_{W1} \dfrac{1}{\tan \beta_1 \ell}$	$\underline{Z}_{1A} = \underline{Z}_{W1}$
Verlustlose kurze Leitung ($\alpha_1 = 0$; $\ell < 500$ km)	$\underline{Z}_{1A} = \mathrm{j}\omega L_1' \ell$	$\underline{Z}_{1A} = -\mathrm{j} \dfrac{1}{\omega C_1' \ell}$	$\underline{Z}_{1A} = \underline{Z}_{W1}$

schaltung kommt man durch eine Reihenentwicklung der hyperbolischen Funktionen in Gl. (9.116) und Verwendung nur der ersten Glieder bei $\underline{\gamma}_1\ell \ll 1$ (Tabelle 9.10).

9.6.3 Wellenwiderstand und natürliche Leistung

Die Gln. (9.117) und (9.118) kann man unter Einführung von

$$\tan\Delta = \frac{R_1'}{\omega L_1'} \qquad (9.125) \qquad\qquad \tan\delta = \frac{G_1'}{\omega C_1'} \qquad (9.126)$$

in die folgende Form bringen:

$$\underline{Z}_{W1} = \sqrt{\frac{L_1'}{C_1'}}\sqrt{\frac{\cos\delta}{\cos\Delta}}\left(\cos\frac{\Delta-\delta}{2} - \mathrm{j}\sin\frac{\Delta-\delta}{2}\right) = \sqrt{\frac{L_1'}{C_1'}}\sqrt{\frac{\cos\delta}{\cos\Delta}}\cdot e^{-\mathrm{j}\xi} \qquad (9.127)$$

$$\underline{\gamma}_1 = \alpha_1 + \mathrm{j}\beta_1 = \omega\sqrt{L_1'C_1'}\frac{1}{\sqrt{\cos\Delta\cos\delta}}\left(\sin\frac{\Delta+\delta}{2} + \mathrm{j}\cos\frac{\Delta+\delta}{2}\right) \qquad (9.128)$$

$\xi = (\Delta - \delta)/2$ wird als Verzerrungswinkel bezeichnet. Man erkennt, dass es außer dem bereits behandelten Fall für $R_1' = G_1' = 0$ noch einen zweiten Fall gibt, bei dem der Wellenwiderstand entsprechend Gl. (9.120) reell wird, nämlich dann, wenn der Verzerrungswinkel ξ zu Null wird.

Für Hochspannungsfreileitungen gilt $\Delta > \delta$, wenn man δ aus dem Mittelwert der Korona- und Isolatorverluste berechnet. Der komplexe Wellenwiderstand wird dann leicht kapazitiv.

Beispiel: 220-kV-Leitung mit 2er-Bündeln Al/St 185/32 mm², 50 Hz: $R_1' = 0{,}073$ Ω/km; $\omega L_1' = 0{,}30$ Ω/km; $G_1' \approx 0{,}062 \cdot 10^{-6}/(\Omega\text{km})$; $\omega C_1' = 3{,}68 \cdot 10^{-6}/(\Omega\text{km})$; $\Delta = 13{,}7°$; $\delta = 1°$; $\xi = 6{,}4°$; $\underline{Z}_{W1} = (288{,}0 - \mathrm{j}\,32{,}5)\Omega$; $\underline{\gamma}_1 = (0{,}271 + \mathrm{j}\,1{,}032) \cdot 10^{-3}$/km; Leitungswinkel $\delta_L \approx 5{,}9°$ pro 100 km (Bild 9.29). Der Absolutbetrag des komplexen Wellenwiderstandes ist nur etwa 1,5 % größer als der Wellenwiderstand nach Gl. (9.120).

Wird die Leitung mit einer Impedanz $\underline{Z}_{1E} = \underline{U}_{1E}/\underline{I}_{1E}$ abgeschlossen, so erhält man mit Gl. (9.116) für die Impedanz $\underline{Z}_{1A}$ am Anfang der Leitung:

$$\underline{Z}_{1A} = \frac{\underline{U}_{1A}}{\underline{I}_{1A}} = \underline{Z}_{W1}\frac{\underline{Z}_{1E}\cosh\underline{\gamma}_1\ell + \underline{Z}_{W1}\sinh\underline{\gamma}_1\ell}{\underline{Z}_{1E}\sinh\underline{\gamma}_1\ell + \underline{Z}_{W1}\cosh\underline{\gamma}_1\ell} = \underline{Z}_{W1}\frac{\dfrac{\underline{Z}_{1E}}{\underline{Z}_{W1}} + \tanh\underline{\gamma}_1\ell}{1 + \dfrac{\underline{Z}_{1E}}{\underline{Z}_{W1}}\tan\underline{\gamma}_1\ell} \qquad (9.129)$$

Für ausgezeichnete Werte von $\underline{Z}_{1E}$ gelten die Ergebnisse für $\underline{Z}_{1A}$ in Tabelle 9.10, wenn man die verlustbehaftete Leitung beliebiger Länge betrachtet und Nähe-

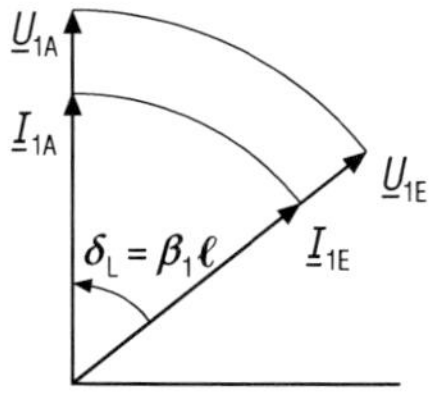

Bild 9.29. Zeigerdiagramm bei Abschluss der verlustlosen Leitung mit Z_{W1}. $\delta_L \approx 6°$ pro 100 km (50 Hz)

rungslösungen für die verlustlose Leitung und für die verlustlose kurze Leitung vergleicht.

Für die am Ende mit Z_{W1} abgeschlossene verlustlose Leitung bzw. für eine entsprechende Belastung der Leitung am Ende gilt ausgehend von Gl. (9.119) mit $\underline{U}_{1E} = Z_{W1}\underline{I}_{1E}$:

$$\underline{U}_{1A} = \underline{U}_{1E}(\cos\beta_1\ell + \mathrm{j}\sin\beta_1\ell) = \underline{U}_{1E}\,\mathrm{e}^{\mathrm{j}\beta_1\ell} \tag{9.130a}$$

$$\underline{I}_{1A} = \underline{I}_{1E}(\cos\beta_1\ell + \mathrm{j}\sin\beta_1\ell) = \underline{I}_{1E}\,\mathrm{e}^{\mathrm{j}\beta_1\ell} \tag{9.130b}$$

Spannung und Strom auf der ganzen Leitung sind in diesem Falle in Phase und dem Betrage nach konstant. Bild 9.29 zeigt das Zeigerdiagramm für diesen Fall.

Bei einer verlustlosen am Ende offenen Leitung mit $I_{1E} = 0$ ergibt sich nach Gl. (9.119):

$$U_{1E} = U_{1A}\frac{1}{\cos(\beta_1\ell)} \quad \text{und daraus} \quad \frac{U_{1E}}{U_{1A}} = \frac{U_E}{U_A} = \frac{1}{\cos(\beta_1\ell)} \tag{9.131}$$

Der kapazitiv bedingte Anstieg der Spannung der am Ende offenen Leitung, dargestellt im Bild 9.30 für einen 380-kV-Stromkreis mit $\beta_1 = 1{,}021 \cdot 10^{-3}$ rad/km nach Gl. (9.131), wird als Ferranti-Effekt bezeichnet. Für die in diesem Fall ($I_{1E} = 0$) am Anfang der Leitung aufgenommene kapazitive Ladeleistung Q_C ermittelt man:

$$\underline{S}_A = 3\underline{U}_{1A}\underline{I}_{1A}^* = -\mathrm{j}Q_C = -\mathrm{j}3\frac{U_{1A}^2}{Z_{W1}}\tan(\beta_1\ell) = -\mathrm{j}\frac{U_A^2}{Z_{W1}}\tan(\beta_1\ell) \tag{9.132}$$

Q_C ist im Bild 9.31 dargestellt für einen 380-kV-Stromkreis mit $Z_{W1} = 241\ \Omega$ bei $U_A = 380$ kV.

Beim Betrieb der Leitung nach den Gln. (9.130) bzw. nach Bild 9.29 liegt Betrieb mit natürlicher Leistung P_{nat} vor. Mit $U_{1A} = U_{1E} = U/\sqrt{3}$ wird:

$$P_{nat} = 3\underline{U}_{1A}\underline{I}_{1A}^* = 3\underline{U}_{1E}\underline{I}_{1E}^* = 3\frac{U_{1A}^2}{Z_{W1}} = 3\frac{U_{1E}^2}{Z_{W1}} = \frac{U^2}{Z_{W1}} \tag{9.133}$$

Die natürliche Leistung gilt als Vergleichsmaß für die Beurteilung der Übertragungsfähigkeit langer Leitungen. Tabelle 9.11 enthält Angaben zur natür-

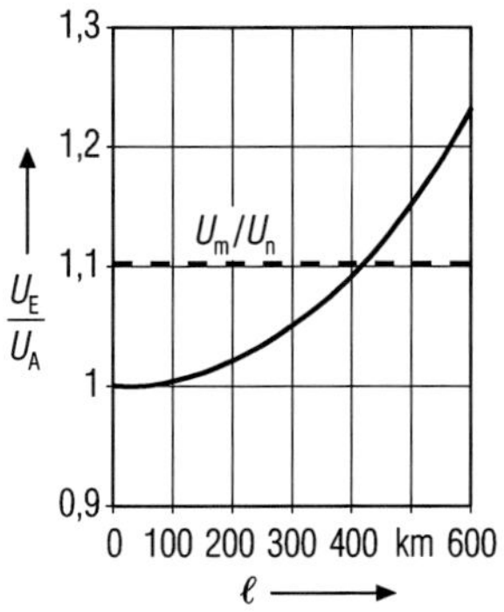

Bild 9.30. Spannungsanhebung am Ende der offenen Leitung nach Gl. (9.131) $\beta_1 = 1{,}021 \cdot 10^{-3}$ rad/km

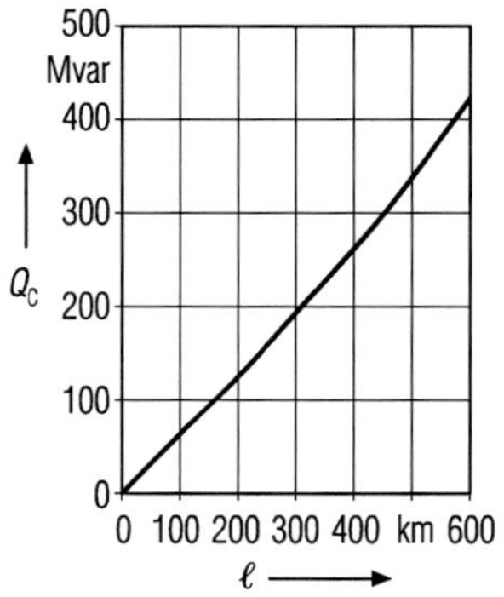

Bild 9.31. Kapazitive Ladeleistung Q_C einer 380-kV-Leitung mit $Z_{W1} = 241\ \Omega$

lichen Leistung und im Vergleich Angaben zur thermischen zulässigen Dauerleistung $S_d = \sqrt{3}\, U_n I_d$ ausgehend vom Dauerstrom I_d nach Tabelle 9.2. Bei kurzen Leitungen in vermaschten Netzen werden diese mit üblichen Leistungen $S_{\text{übl}}$ oberhalb der natürlichen Leistung betrieben [9.13].

9.6.4 Verluste, wirtschaftliche Stromdichte

Für den Wirkverlustbelag des Dreileiterstromkreises einer Freileitung gilt ausgehend vom Wirkwiderstandsbelag $R'_1 = R'_L$ des Leiters bzw. des Teilleiters bei n Teilleitern eines Bündelleiters:

$$P'_{VL} = 3\,\frac{R'_1}{n} I_L^2 = 3\frac{1}{\kappa \cdot nq} I_L^2 = 3\,\frac{1}{\kappa q_B} I_L^2 \qquad (9.134)$$

Dabei ist I_L der gesamte Leiterstrom ($I_L = n\, I_T$, wenn I_T der Teilleiterstrom bei Bündelleitern ist). Bei einem Stromkreis mit drei Leitern Al/St 240/40 mm² und einer Stromdichte von 1 A/mm² ergibt sich bei $n = 1$ der Wirkverlustbelag von $P'_{VL} = 3 \cdot (240\ \text{A})^2 \cdot 0{,}12\ \Omega/\text{km} = 20{,}7$ kW/km (Tabelle 9.11). Bei einem Stromkreis mit Leitern aus Viererbündeln 4×240/40 mm² findet man ebenfalls bei einer Stromdichte von 1 A/mm² einen Wirkverlustbelag des Dreileiterstromkreises von $P'_{VL} = (1/4) \cdot 3 \cdot (4 \times 240\ \text{A})^2 \cdot 0{,}12\ \Omega/\text{km} = 82{,}9$ kW/km (Tabelle 9.11).

Die Summe der mittleren Koronaverluste und der Verluste durch Ableitströme über Isolatoren sind klein gegenüber den Wirkverlusten. Sie werden in der Regel vernachlässigt. Koronaverluste können an Versuchsleitungen abhängig von der Randfeldstärke und von der Witterung statistisch erfasst werden. Bei Viererbündelleitungen 380 kV liegen die mittleren Koronaverluste (Allwetterverluste) bei 1 bis 2,2 % der Wirkverluste bei Betrieb mit P_{nat} [9.8].

Tabelle 9.11. Wellenwiderstände im Mit- und Nullsystem sowie Leistungen von Hochspannungsfreileitungen pro Stromkreis (Anhaltswerte)

Leitung U_n	Seilbelegung Al/St	Z_{W1}	Z_{W0}	P_{nat}	$S_{Ü,1A}$ [1]	$P'_{V,1A}$ [2]	$\frac{P'_{V,1A}}{S_{Ü,1A}}$	$S_d = \sqrt{3}\,U_n I_d$ [3]	$S_{übl.}$ [9.13]
kV	mm²	Ω	Ω	MW	MVA	kW/km	%/km	MVA	MVA
10	50/8	330	-	0,3	0,9	4,3	0,50	3	≈ 1,5
30	120/20	335	-	2,7	6,2	10,5	0,17	14,2	≈ 4,0
110	240/40	380	≈ 900	32	46	20,7	0,045	123	≈ 50
220	2 × 240/40	276	≈ 900	175	183	41,5	0,023	492	(≈ 200)
380	4 × 240/40	240	≈ 820	602	632	83,0	0,013	1700	-
750	4 × 680/85	260	≈ 840	2160	3530	266	0,0075	5980	-

[1] Übertragungsleistung bei einer Stromdichte von 1 A/mm².
[2] Wirkverluste pro Längeneinheit.
[3] Dauernd zulässige Leistung bei I_d nach Tabelle 9.2.

Die jährlichen Kosten für die Übertragung elektrischer Energie über eine Freileitung setzen sich aus den jährlichen festen Kosten und den jährlichen Kosten für die Verluste zusammen. Da durch eine Vergrößerung des Querschnitts die Investitionskosten und damit die jährlichen festen Kosten steigen, gleichzeitig jedoch die Verlustkosten zurückgehen, kann man bei vorgegebener Spannung den Querschnitt so bemessen, dass die Gesamtkosten ein Minimum erreichen. Man spricht dann von einem wirtschaftlichen Querschnitt q_w und einer wirtschaftlichen Stromdichte S_w. Sind K'_{DL} die Errichtungskosten der Doppelleitung nach Gl. (9.1), α der Jahresfaktor für Zinsen, Amortisation, Wartung und Reparaturen, k_{gV} der Gesamtkostenfaktor für Stromwärmeverluste und P'_{VDL} der maximale Verlustbelag der Doppelleitung, so ergeben sich die jährlichen Kosten (Index a für anno) wie folgt:

$$K'_{aDL} = \alpha K'_{DL} + k_{gV} P'_{VDL} \tag{9.135}$$

mit

$$k_{gV} = k_L + \vartheta T_b k_A \tag{9.136}$$

Dabei sind:

k_L Leistungskosten in €/(kW · a); Bei z. B. $K'_{KW} = 1000$ €/kW für die Errichtungskosten der Kraftwerke und $\alpha_{KW} = 0{,}18$/a (bei Kraftwerken), ergibt sich $k_L = 180$ €/kW · a

k_A Arbeitskosten (Brennstoffkosten zur Erzeugung der Verlustarbeit, z. B. $k_A = 0{,}06$ €/kWh)

ϑ Arbeitsverlustfaktor ($\vartheta = 0{,}4 \dots 1{,}0$, abhängig von der Form der Jahresbelastungskurve)

T_b Betriebsdauer (z. B. $T_b = 8760$ h/a)

Ausgehend vom maximalen Strom $I_{\max}$ der Leiter während des Jahres gilt für die Verluste der Doppelleitung:

$$P'_{\mathrm{VDL}} = 2 \cdot \frac{3 I_{\max}^2}{\kappa \cdot q_{\mathrm{B}}} \tag{9.137}$$

Setzt man K'_{DL} nach Gl. (9.1) und k_{gV} nach Gl. (9.136) in Gl. (9.135) ein und differenziert dann partiell nach dem Gesamtquerschnitt q_{B}, um so die wirtschaftliche Stromdichte zu finden, die zu minimalen Jahreskosten führt, so wird:

$$\frac{\partial K'_{\mathrm{aDL}}}{\partial q_{\mathrm{B}}} = \alpha A'_{\mathrm{q}} \sqrt[4]{n} - (k_{\mathrm{L}} + \vartheta T_{\mathrm{b}} k_{\mathrm{A}})\, 2\, \frac{3 I_{\max}^2}{\kappa q_{\mathrm{B}}^2} = 0 \tag{9.138}$$

Für das dritte vom Querschnitt abhängige Glied der Gl. (9.1) wurde als Vorfaktor $A'_{\mathrm{q}} \sqrt[4]{n}$ €/(mm² · km) eingeführt. Das Minimum der Kosten und der wirtschaftliche Querschnitt liegen also dann vor, wenn der jährliche Anteil der querschnittsabhängigen Kosten gleich den Verlustkosten wird. Für die wirtschaftliche Stromdichte S_{w} ergibt sich daraus:

$$S_{\mathrm{w}} = \frac{I_{\max}}{q_{\mathrm{B}}} = \sqrt{\frac{\kappa \alpha A'_{\mathrm{q}} \sqrt[4]{n}}{6\,(k_{\mathrm{L}} + \vartheta T_{\mathrm{b}} k_{\mathrm{A}})}} \tag{9.139}$$

Für den Arbeitsverlustfaktor ϑ setzt man Werte zwischen 0,4 und 1,0 ein abhängig von der Form der geordneten jährlichen Belastungskurve. Im Verteilungsnetz und im Verbundnetz verwendet man für die Kostenermittlung bei Stromwärmeverlusten etwa 0,4 [1.18], während man bei Einspeiseleitungen für Grundlastkraftwerke mit einem Faktor ϑ in der Nähe von 1,0 rechnen kann, ebenso wie bei lastunabhängigen Verlusten (z. B. dielektrischen Verlusten).

Bei einer 380-kV-Doppelleitung mit Viererbündeln Al/St 240/40 mm², q_{B} = 960 mm², wird näherungsweise für das Jahr 2000 nach Gl. (9.1): $K'_{\mathrm{DL}} = (52{,}2 + 0{,}366 \cdot 380 + 174 \cdot \sqrt[4]{4} \cdot 0{,}96)$ T€/km = 427,5 T€/km. Mit Gl. (9.139) wird dann bei den angenommenen Werten k_{L} = 180 €/kWa, k_{A} = 0,06 €/kWh, ϑ = 0,4, T_{b} = 8760 h/a und α = 0,12 (1/a) für Amortisation, Verzinsung, Wartung und Reparatur von stationären Einrichtungen wie Transformatoren, Schaltanlagen und Leitungen im Drehstromnetz in diesem Beispiel:

$$S_{\mathrm{w}} = \sqrt{\frac{34(\mathrm{Sm/mm^2}) \cdot 0{,}12(1/\mathrm{a}) \cdot 174\sqrt[4]{4}\,(€/\mathrm{mm^2 km})}{6 \cdot [180(€/\mathrm{kWa}) + 0{,}4 \cdot 8760\,(\mathrm{h/a}) \cdot 0{,}06(€/\mathrm{kWh})]}} = 0{,}65\ \frac{\mathrm{A}}{\mathrm{mm^2}}$$

9.7 Wirkung der Freileitung auf den Menschen

9.7.1 Elektrische und magnetische Feldstärke am Erdboden

Etwa 1972, nach öffentlicher, auch 30 Jahre später noch andauernder Diskussion, setzte die intensive Forschung über die Wirkungen der elektromagnetischen Felder auf den Menschen ein [9.46]. Die Diskussion über die Gefahren der 50-Hz-Felder, die bei der elektrischen Energieversorgung auftreten, wird wachgehalten durch das verbreitete Interesse an parapsychologischen Effekten, durch Schadensberichte sogenannter Fachleute, durch das Interesse am Verkauf von Gutachten und Schutzeinrichtungen zur Abwehr angeblicher Gefahren und schließlich durch Überlegungen dahingehend, hiermit ein Argument gegen den Neubau energietechnischer Anlagen (wie Freileitungen) in der Hand zu haben [9.46].

Damals wurde auch versucht, die physikalischen Kenngrößen des elektrischen und magnetischen Feldes möglichst genau anzugeben, um dadurch die Grundlagen für biomedizinische Untersuchungen zu schaffen [9.28, 9.31, 9.32].

Die Höhe der elektrischen Feldstärke am Erdboden (oder in der Nähe des Erdbodens) unter einer Drehstromfreileitung wird beeinflusst durch die Höhe der Betriebsspannung, die Geometrie des Mastbildes und die Anordnung der Leiter am Mast. Der Höchstwert der elektrischen unbeeinflussten Feldstärke ist in Spannfeldmitte am Punkt des maximalen Durchhangs der Leiterseile zu erwarten. Die unbeeinflusste elektrische Feldstärke E_0 kann durch Messung oder durch Berechnung ermittelt werden. Nach den Angaben in [9.31] sind für die effektiven Maximalwerte $E_{0\max}$ unter Freileitungen etwa 1...2 kV/m bei 110 kV, etwa 2,5...6 kV/m bei 220 kV und etwa 5...6 kV/m bei 380 kV zu erwarten. In 380-kV-Schaltanlagen rechnet man mit Werten bis etwa 12 kV/m. Unregelmäßigkeiten des Erdbodens oder des Bewuchses haben einen merklichen Einfluss auf die Höhe der elektrischen Feldstärke am Erdboden. Eine Person in diesem niederfrequenten (50 Hz) elektrischen Feld wirkt wegen seines geringen Körperwiderstandes ähnlich wie ein metallischer Körper und verzerrt damit das elektrische Feld in Bodennähe erheblich. Die elektrischen Feldlinien, die bei ungestörtem Feld senkrecht auf den Erdboden treffen, stehen nun näherungsweise senkrecht auf dem menschlichen Körper. Da die erhöhte Feldstärke an der Körperoberfläche wenig aussagefähig ist, gilt das Hauptaugenmerk dem Verschiebungsstrom zum menschlichen, elektrisch leitfähigen Körper. Aus einer Vielzahl von Messungen wurde eine konstante Beziehung zwischen dem gesamten Verschiebungsstrom zum Körper und der ungestörten elektrischen Feldstärke von $I_v/E_0 = (14\ldots15)\,\mu\text{A}/(\text{kV/m})$ gefunden [9.31, 9.46]. Die Verschiebungsströme enden auf der Körperoberfläche und setzen sich im inneren, leitfähigen Gewebe als galvanische Ströme fort. Der Feldkonzentration entsprechend tritt die maximale Stromdichte am Kopf auf.

Bei 50-Hz-Feldern sind das elektrische und magnetische Feld weitgehend entkoppelt. Bei Gleichstrom ist diese Entkopplung vollständig. Das durch die Spannung der Leitung bestimmte elektrische Feld unter der Freileitung darf deshalb getrennt von dem durch den Strom bestimmten magnetischen Feld behandelt werden. Anstelle der magnetischen Feldstärke H wird häufiger die Flussdichte $B = \mu_r \mu_0 H$ zur Kennzeichnung des magnetischen Feldes verwendet. Ausgehend von H in A/m gibt man die magnetische Flussdichte B in Tesla (T) an (1T = 1 Vs/m^2). Im Gegensatz zur elektrischen Feldstärke, die senkrecht zum Erdboden gerichtet ist, hat das magnetische Feld die Form eines elliptischen Drehfeldes, dessen maximale Stärke abhängig von der Anordnung der Leiter entweder in Trassenmitte oder im Bereich der äußeren Leiter auftreten wird. Tabelle 9.12 zeigt für übliche Mastbilder mit Mindestabständen der Leiterseile vom Erdboden nach VDE 0210 und den thermischen Grenzströmen der Leiter bei üblicher Beseilung die „Worst-case-Werte" für E_0 und B_0 nach [9.46].

Beim Einfluss des elektrischen und magnetischen Feldes auf den Menschen unterscheidet man Wärmewirkung und Reizwirkung. Die Wärmewirkung auf den menschlichen Organismus wird bei 50-Hz-Feldern als vollständig unbedenklich angesehen [9.46]. Bei der Reizwirkung beobachtet man bei einer unbeeinflussten elektrischen Feldstärke von etwa 5 kV/m bis 10 kV/m eine leichte Bewegung der Haare, die mit 100 Hz vibrieren. Die Grenze der körperlich störenden Reizempfindung liegt zwischen 15 und 20 kV/m. Flimmererscheinungen am Rand des Sehfeldes sind seit Ende des 19. Jahrhunderts bekannt bei einer magnetischen Flussdichte von etwa 5 bis 10 mT, also bei einer 100- bis 200mal so hohen Flussdichte wie maximal unter einer 380-kV-Freileitung nach Tabelle 9.12.

Erfahrungen aus den letzten 100 Jahren sowie Versuche an Tieren und Menschen, wobei die Versuche an Menschen mit Feldexposition naturgemäß nur Stunden bis zu wenigen Tagen mit Feldstärken bis 20 kV/m und 10 mT (im Kopfbereich bis 60 mT) dauerten, haben bisher keine Hinweise darauf gegeben, dass Menschen oder Tiere durch 50-Hz-Felder der elektrischen Energieversorgung in irgend einer Weise gefährdet werden könnten [9.31, 9.32, 9.46 und weitere dort angegebene Quellen]. Nach [9.46] ist diese Aussage unter Umständen einzuschränken für Personen mit technischen Implantaten wie Herzschrittmachern, wobei allerdings keine ausreichenden Kenntnisse vorlagen, obwohl es bereits 1987 etwa 150000 Träger von Herzschrittmachern allein in Deutschland gab.

Die Berechnung der unbeeinflussten elektrischen Feldstärke (im Folgenden ohne den Index 0) unter einer Freileitung geht von den Ladungen auf den einzelnen Leitern aus. Diese erhält man aus den Gln. (9.81) oder (9.83) oder den entsprechenden Gleichungen beim Vorhandensein von Erdseilen, wobei der Einfluss der Erdseile hier vernachlässigbar ist. Es ist jedoch zu beachten, dass die Potenzialkoeffizienten bzw. die Kapazitäten normalerweise für eine mittlere Höhe $h = h_{\text{Mast}} - 0{,}7\, f_{\max}$ (Gl. (9.4)) angegeben werden, für die maximale Feldstärke über dem Erdboden oder am Erdboden jedoch der minimale Abstand der Leiter vom Erdboden ausschlaggebend ist.

Tabelle 9.12. Maximale Feldstärken am Erdboden unter Freileitungen [9.31]

Leitung	h_{min} [1] m	E_{0max} [2] kV/m	$I_{d\,max}$ [3] A	$B_{0\,max}$ [4] µT
1 × 10 kV	6	0,1	300	6
2 × 30 kV	6	0,6	400	10
2 × 110 kV	6	2,6	650	20
2 × 220 kV	6,75	5,1	1300	30
2 × 380 kV	7,8	9,6	2600	55

[1] Minimale Seilhöhe über dem Erdboden nach VDE 0210;
[2] Im Haushalt (Hausgeräte, Hausinstallation) bis 0,5 kV/m, bei Gewitter im Freien bis max. 20 kV/m;
[3] Thermisch dauernd zulässiger Strom bei üblicher Beseilung (I_d nach Tabelle 9.2);
[4] Im Haushalt bis 100 µT; Erdmagnetfeld in unserer Breite bis 40 µT.

Die von dem Ladungsbelag auf dem Leiter Li hervorgerufene elektrische Feldstärke $\underline{\boldsymbol{E}}_{\mathrm{L}i}$ hat im Aufpunkt P des Bildes 9.32 a die folgenden x- und y-Komponenten, die bei Darstellung des Ladungsbelages als komplexe Größe ebenfalls komplexe Größen sind:

$$\underline{E}_{xi} = \frac{\underline{Q}'_{\mathrm{L}i}}{2\pi\varepsilon_0}\frac{\sin\alpha_i}{s_i} = \frac{\underline{Q}'_{\mathrm{L}i}}{2\pi\varepsilon_0}\frac{x-a_i}{(x-a_i)^2+(y-h_i)^2} \tag{9.140 a}$$

$$\underline{E}_{yi} = -\frac{\underline{Q}'_{\mathrm{L}i}}{2\pi\varepsilon_0}\frac{\cos\alpha_i}{s_i} = \frac{\underline{Q}'_{\mathrm{L}i}}{2\pi\varepsilon_0}\frac{y-h_i}{(x-a_i)^2+(y-h_i)^2} \tag{9.140 b}$$

Die von der negativen Ladung auf dem Spiegelleiter ausgehenden Komponenten ergeben sich entsprechend:

$$\underline{E}'_{xi} = -\frac{\underline{Q}'_{\mathrm{L}i}}{2\pi\varepsilon_0}\frac{\sin\alpha'_i}{s'_i} = -\frac{\underline{Q}'_{\mathrm{L}i}}{2\pi\varepsilon_0}\frac{x-a_i}{(x-a_i)^2+(y+h_i)^2} \tag{9.141 a}$$

$$\underline{E}'_{yi} = -\frac{\underline{Q}'_{\mathrm{L}i}}{2\pi\varepsilon_0}\frac{\cos\alpha'_i}{s'_i} = -\frac{\underline{Q}'_{\mathrm{L}i}}{2\pi\varepsilon_0}\frac{y+h_i}{(x-a_i)^2+(y+h_i)^2} \tag{9.141 b}$$

Bei n Leitern werden alle x- und y-Komponenten überlagert:

$$\begin{aligned}\underline{E}_{\mathrm{x}} &= \sum_{i=1}^{n}\frac{\underline{Q}'_{\mathrm{L}i}}{2\pi\varepsilon_0}\left[\frac{x-a_i}{(x-a_i)^2+(y-h_i)^2}-\frac{x-a_i}{(x-a_i)^2+(y+h_i)^2}\right]\\ &= \mathrm{Re}\,\{\underline{E}_{\mathrm{x}}\}+\mathrm{j}\,\mathrm{Im}\,\{\underline{E}_{\mathrm{x}}\}\end{aligned} \tag{9.142 a}$$

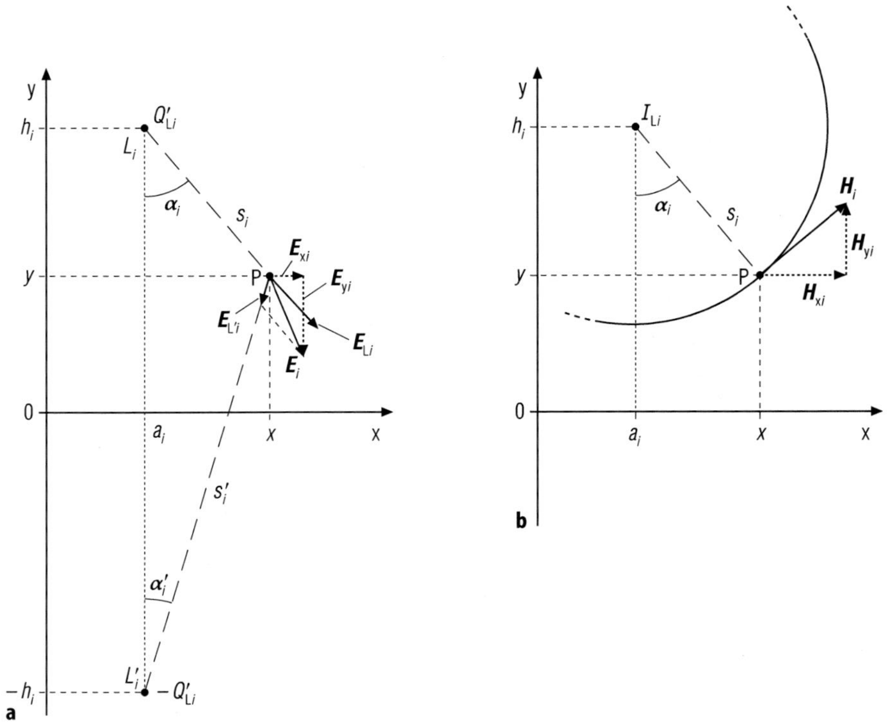

Bild 9.32a,b. Zur Berechnung der elektrischen und magnetischen Feldstärke unter einer Freileitung. **a** elektrische Feldstärke im Aufpunkt P herrührend vom Ladungsbelag Q'_{Li} des Leiters L_i und der Ladung $-Q'_{Li}$ des Spiegelleiters L'_i; **b** magnetische Feldstärke im Aufpunkt P herrührend vom Strom I_{Li} des Leiters L_i

$$\underline{E}_y = \sum_{i=1}^{n} \frac{\underline{Q}'_{Li}}{2\pi\varepsilon_0}\left[\frac{y-h_i}{(x-a_i)^2+(y-h_i)^2} - \frac{y+h_i}{(x-a_i)^2+(y+h_i)^2}\right] \qquad (9.142\,b)$$
$$= \mathrm{Re}\,\{\underline{E}_y\} + \mathrm{j}\,\mathrm{Im}\,\{\underline{E}_y\}$$

Der resultierende Feldstärkevektor ergibt sich aus:

$$\boldsymbol{E} = E_x(t) + \mathrm{j}E_y(t) = \frac{1}{2}\,[\underline{E}_x\,\mathrm{e}^{\mathrm{j}\omega t} + \underline{E}_x^*\,\mathrm{e}^{-\mathrm{j}\omega t}] + \mathrm{j}\,\frac{1}{2}\,[\underline{E}_y\,\mathrm{e}^{\mathrm{j}\omega t} + \underline{E}_y^*\,\mathrm{e}^{-\mathrm{j}\omega t}]$$
$$= \frac{1}{2}\,[\underline{E}_x + \mathrm{j}\underline{E}_y]\,\mathrm{e}^{\mathrm{j}\omega t} + \frac{1}{2}\,[\underline{E}_x^* + \mathrm{j}\underline{E}_y^*]\,\mathrm{e}^{-\mathrm{j}\omega t} \qquad (9.143)$$

Nach Gl. (9.143) verläuft der Feldstärkevektor auf einer elliptischen Ortskurve, die während einer Periode der sinusförmigen Ladungsänderung einmal durchlaufen wird. Das Maximum des Effektivwertes ergibt sich in dem Augenblick, in dem die beiden entgegengesetzt rotierenden Anteile in Gl. (9.143) phasengleich sind. Es gilt dann:

$$\begin{aligned} E_{\max} &= \frac{1}{2}\left|\underline{E}_{\mathrm{x}} + \mathrm{j}\underline{E}_{\mathrm{y}}\right| + \frac{1}{2}\left|\underline{E}_{\mathrm{x}}^{*} + \mathrm{j}\underline{E}_{\mathrm{y}}^{*}\right| \\ &= \frac{1}{2}\sqrt{[\mathrm{Re}\,\{\underline{E}_{\mathrm{x}}\} - \mathrm{Im}\,\{\underline{E}_{\mathrm{y}}\}]^2 + [\mathrm{Re}\,\{\underline{E}_{\mathrm{y}}\} + \mathrm{Im}\,\{\underline{E}_{\mathrm{x}}\}]^2} \\ &+ \frac{1}{2}\sqrt{[\mathrm{Re}\,\{\underline{E}_{\mathrm{x}}\} + \mathrm{Im}\,\{\underline{E}_{\mathrm{y}}\}]^2 + [\mathrm{Re}\{\underline{E}_{\mathrm{y}}\} - \mathrm{Im}\,\{\underline{E}_{\mathrm{x}}\}]^2} \end{aligned} \qquad (9.144)$$

An der Erdoberfläche ist die x-Komponente der elektrischen Feldstärke Null, denn die Feldlinien stehen senkrecht auf der Erdoberfläche. Gleichung (9.144) geht für diesen Sonderfall über in:

$$E_{\mathrm{O\,max}} = \frac{1}{2}\left|\underline{E}_{\mathrm{y}}\right| + \frac{1}{2}\left|\underline{E}_{\mathrm{y}}^{*}\right| = E_{\mathrm{y}} \qquad (9.145)$$

Als Beispiel soll die elektrische Feldstärke am Erdboden unter einer Drehstromdoppelleitung mit Donaumasten nach Bild 9.33 näher betrachtet werden. Als geringste Leiterhöhe wird der zulässige geringste Abstand der Leiterseile vom Erdboden zugrunde gelegt.

Die Ladungen berechnen sich mit der Matrix der Kapazitätskoeffizienten [s. Gl. (9.81)] aus:

$$\begin{bmatrix} \underline{Q}'_{\mathrm{L1}} \\ \underline{Q}'_{\mathrm{L2}} \\ \underline{Q}'_{\mathrm{L3}} \\ \underline{Q}'_{\mathrm{M1}} \\ \underline{Q}'_{\mathrm{M2}} \\ \underline{Q}'_{\mathrm{M3}} \end{bmatrix} = \begin{bmatrix} c'_{\mathrm{L1L1}} & c'_{\mathrm{L1L2}} & c'_{\mathrm{L1L3}} & c'_{\mathrm{L1M1}} & c'_{\mathrm{L1M2}} & c'_{\mathrm{L1M3}} \\ c'_{\mathrm{L2L1}} & c'_{\mathrm{L2L2}} & c'_{\mathrm{L2L3}} & c'_{\mathrm{L2M1}} & c'_{\mathrm{L2M2}} & c'_{\mathrm{L2M3}} \\ c'_{\mathrm{L3L1}} & c'_{\mathrm{L3L2}} & c'_{\mathrm{L3L3}} & c'_{\mathrm{L3M1}} & c'_{\mathrm{L3M2}} & c'_{\mathrm{L3M3}} \\ c'_{\mathrm{M1L1}} & c'_{\mathrm{M1L2}} & c'_{\mathrm{M1L3}} & c'_{\mathrm{M1M1}} & c'_{\mathrm{M1M2}} & c'_{\mathrm{M1M3}} \\ c'_{\mathrm{M2L1}} & c'_{\mathrm{M2L2}} & c'_{\mathrm{M2L3}} & c'_{\mathrm{M2M1}} & c'_{\mathrm{M2M2}} & c'_{\mathrm{M2M3}} \\ c'_{\mathrm{M3L1}} & c'_{\mathrm{M3L2}} & c'_{\mathrm{M3L3}} & c'_{\mathrm{M3M1}} & c'_{\mathrm{M3M2}} & c'_{\mathrm{M3M3}} \end{bmatrix} \begin{bmatrix} \underline{U}_{\mathrm{L1}} \\ \underline{U}_{\mathrm{L2}} \\ \underline{U}_{\mathrm{L3}} \\ \underline{U}_{\mathrm{M1}} \\ \underline{U}_{\mathrm{M2}} \\ \underline{U}_{\mathrm{M3}} \end{bmatrix} \qquad (9.146)$$

Unter der Annahme symmetrischer Spannungen $\underline{U}_{\mathrm{L1}} = \underline{U}_{\mathrm{M1}} = U_{\mathrm{n}}/\sqrt{3}$, $\underline{U}_{\mathrm{L2}} = \underline{U}_{\mathrm{M2}} = \underline{\mathrm{a}}^2\underline{U}_{\mathrm{L1}}$ und $\underline{U}_{\mathrm{L3}} = \underline{U}_{\mathrm{M3}} = \underline{\mathrm{a}}\,\underline{U}_{\mathrm{L1}}$ folgt aus Gl. (9.146):

$$\begin{aligned} \underline{Q}'_{\mathrm{L1}} &= [(c'_{\mathrm{L1L1}} + c'_{\mathrm{L1M1}}) + \underline{\mathrm{a}}^2\,(c'_{\mathrm{L1L2}} + c'_{\mathrm{L1M2}}) + \underline{\mathrm{a}}(c'_{\mathrm{L1L3}} + c'_{\mathrm{L1M3}})]\,U_{\mathrm{n}}\,/\,\sqrt{3} \\ &= \underline{K}'_{\mathrm{L1}}\,U_{\mathrm{n}}\,/\,\sqrt{3} \end{aligned} \qquad (9.147)$$

und allgemein für den Ladungsbelag auf dem i-ten Leiter:

$$\underline{Q}'_{\mathrm{L}i} = [(c'_{\mathrm{L}i\mathrm{L1}} + c'_{\mathrm{L}i\mathrm{M1}}) + \underline{\mathrm{a}}^2\,(c'_{\mathrm{L}i\mathrm{L2}} + c'_{\mathrm{L}i\mathrm{M2}}) + \underline{\mathrm{a}}(c'_{\mathrm{L}i\mathrm{L3}} + c'_{\mathrm{L}i\mathrm{M3}})]\,U_{\mathrm{n}}\,/\,\sqrt{3} = \underline{K}'_{\mathrm{L}i}\,U_{\mathrm{n}}\,/\,\sqrt{3} \qquad (9.148)$$

Für das Zahlenbeispiel 380 kV wird:

$\underline{K}'_{\mathrm{L1}} = \underline{K}'_{\mathrm{L4}} = (15{,}74 - \mathrm{j}\,0{,}37)$ nF/km; $\underline{K}'_{\mathrm{L2}} = \underline{K}'_{\mathrm{L5}} = (-6{,}26 - 11{,}22)$ nF/km;
$\underline{K}'_{\mathrm{L3}} = \underline{K}'_{\mathrm{L6}} = (-7{,}84 + \mathrm{j}13{,}22)$ nF/km

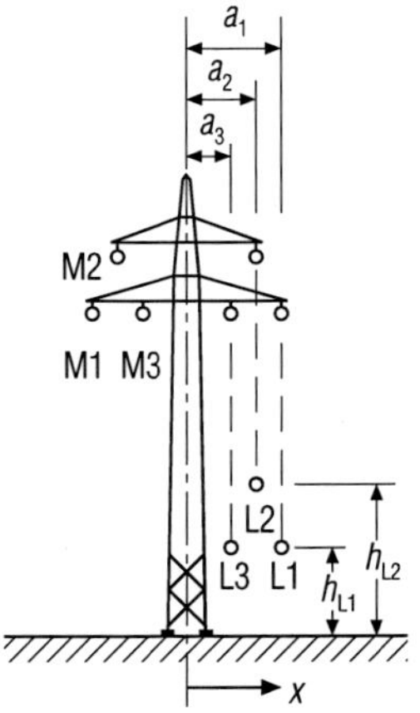

U_n	kV	110	380
Seile	–	1 × 240/40	4 × 240/40
r_L/r_B	cm	1,095	17,74
h_{L1}	m	6[1]	7,8[1]
h_{L2}	m	10	16,8
h_{L3}	m	6	7,8
a_{L1}	m	6,7	14,2
a_{L2}	m	4,95	11,0
a_{L3}	m	3,2	7,8

[1] Mindestabstand gegen Erdboden nach VDE 0210

Bild 9.33. Drehstromdoppelleitung (Donaumastbild) und Abmessungen für 110 kV und 380 kV

Die maximalen elektrischen und magnetischen Feldstärken direkt am Erdboden und 1,7 m über dem Erdboden, mit Rücksicht auf die besondere Empfindlichkeit des menschlichen Kopfes, sind in Bild 9.34a eingetragen.

Die magnetische Feldstärke unter einer Hochspannungsleitung wird durch die zu ihr proportionale Flussdichte ausgedrückt. Sie hängt von den Leiterströmen ab und ist damit entsprechenden Schwankungen unterworfen (Bild 9.34b). Ihre Berechnung erfolgt analog zur Berechnung der elektrischen Feldstärke durch Überlagerung der von den einzelnen Leiterströmen hervorgerufenen Anteilen. Nach Bild 9.32b gilt für die x- und y-Komponente der vom Leiterstrom $\underline{I}_{Li}$ hervorgerufene magnetische Induktion ($\mu_0 = 4\pi \cdot 10^{-7}$ Vs/Am):

$$\underline{B}_{xi} = \mu_0 \underline{H}_{xi} = \mu_0 \frac{\underline{I}_{Li}}{2\pi} \frac{\cos\alpha_i}{s_i} = \mu_0 \frac{\underline{I}_{Li}}{2\pi} \frac{h_i - y}{(x-a_i)^2 + (y-h_i)^2} \tag{9.149a}$$

$$\underline{B}_{yi} = \mu_0 \underline{H}_{yi} = \mu_0 \frac{\underline{I}_{Li}}{2\pi} \frac{\sin\alpha_i}{s_i} = \mu_0 \frac{\underline{I}_{Li}}{2\pi} \frac{x - a_i}{(x-a_i)^2 + (y-h_i)^2} \tag{9.149b}$$

Die Überlagerung bei n Leitern ergibt:

$$\underline{B}_x = \frac{\mu_0}{2\pi} \sum_{i=1}^{n} \underline{I}_{Li} \frac{h_i - y}{(x-a_i)^2 + (y-h_i)^2} = \mathrm{Re}\{\underline{B}_x\} + \mathrm{j}\,\mathrm{Im}\{\underline{B}_x\} \tag{9.150a}$$

$$\underline{B}_y = \frac{\mu_0}{2\pi} \sum_{i=1}^{n} \underline{I}_{Li} \frac{x - a_i}{(x-a_i)^2 + (y-h_i)^2} = \mathrm{Re}\{\underline{B}_y\} + \mathrm{j}\,\mathrm{Im}\{\underline{B}_y\} \tag{9.150b}$$

Der resultierende Vektor der magnetischen Flussdichte verläuft wie der der resultierenden elektrischen Feldstärke auf einer elliptischen Ortskurve. Der ma-

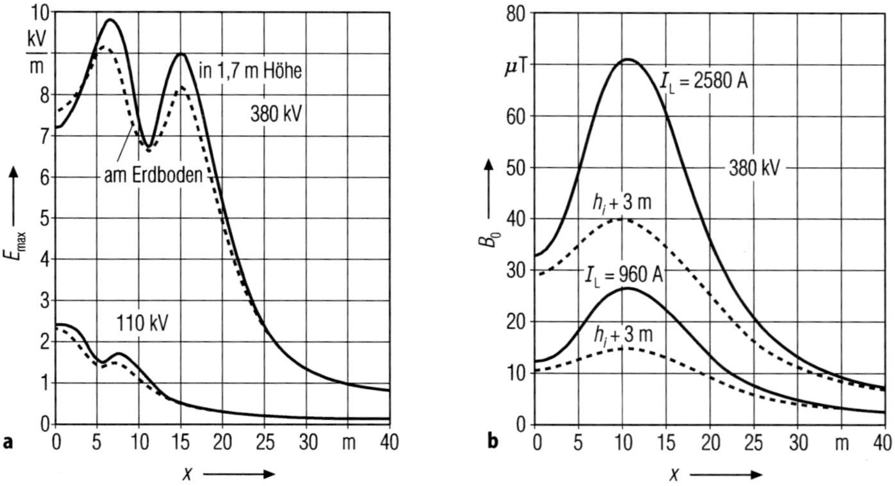

Bild 9.34 a, b. Elektrische und magnetische Feldstärke in der Mitte eines Spannfeldes von Drehstromdoppelleitungen mit Abmessungen nach Bild 9.33. **a** Unbeeinflusste elektrische Feldstärke (Gl. (9.144)) am Erdboden und 1,7 m über dem Erdboden bei 110- und 380-kV-Leitungen; **b** Magnetische Flussdichte in 1,7 m über dem Erdboden unter einer 380-kV-Doppelleitung mit Viererbündeln 4×240/40 cm² Al/St bei Strömen der Bündelleiter I_L = 960 A (1 A/mm²) bzw. 2580 A (thermische Grenze) mit Leiterhöhen nach Bild 9.33 und um drei Meter vergrößerten Leiterhöhen $h_i + 3$ m

ximale Effektivwert wird analog zu Gl. (9.144) berechnet. Der nach [N9.5] berechnete Effektivwert:

$$B_0 = \sqrt{B_x^2 + B_y^2} \tag{9.151}$$

berücksichtigt nicht die unterschiedliche Phasenlage von $\underline{B}_x$ und $\underline{B}_y$ und liefert deshalb stets zu große Werte.

Die unbeeinflusste magnetische Flussdichte B_0 im Bild 9.34b für das Beispiel der 380-kV-Doppelleitung nach Bild 9.33 wurde nach Gl. (9.151) berechnet. Eine genauere Berechnung liefert im vorliegenden Fall einen um etwa 8 % kleineren Maximalwert. Bei I_L = 2580 A beträgt die maximale magnetische Feldstärke am Erdboden nur 50 μT (Tabelle 9.12). Es zeigt sich also, dass die maximale magnetische Feldstärke am Erdboden unter einer 380-kV-Freileitung auch bei sehr hoher Leitungsbelastung etwa in gleicher Höhe liegt wie das natürliche Magnetfeld der Erde von 40 μT in unseren Breiten.

9.7.2 HF-Störfeldstärke und Geräuschpegel

Neben den im Abschn. 9.7.1 bereits behandelten elektrischen und magnetischen Feldern in der Nähe einer Hochspannungsleitung treten noch weitere Wirkungen auf wie die Hochfrequenz-Störfeldstärke und bei Spannungen über 220 kV auch Geräusche während schlechten Wetters.

HF-Störfeldstärke und hörbare Geräusche einer Hochspannungsfreileitung rühren beide von den Koronaentladungen an der Oberfläche der Leiterseile insbesondere bei schlechtem Wetter (Regen, Nebel) her. Der für die Koronaentladungen betrachtete Bereich der elektrischen Randfeldstärke liegt zwischen etwa 12 kV/cm und etwa 20 kV/cm. Koronaentladungen erzeugen abgestrahlte elektrische Felder im Bereich von etwa 0,1 bis etwa 5 MHz, allerdings nur in allernächster Nähe der Leitung [9.7]. Es ist deshalb auch verständlich, dass die HF-Störfeldstärke und die Geräusche sich bei schlechtem Wetter etwa proportional verhalten und dass diese Proportionalität auch bei gutem Wetter näherungsweise noch gilt.

Die Hochfrequenz-Störfeldstärke (HF-Störfeldstärke, radio interference), gemessen mit einer Antenne und einem Messgerät nach den CISPR-Empfehlungen in einer horizontalen Entfernung von 15 m gegen den äußeren Leiter und einer Höhe von 2 m, wird ausgedrückt in dB über 1 µV/m bei 0,5 MHz [N9.6]. Für die Berechnung der HF-Störfeldstärke wird die empirisch bestätigte, zugeschnittene Größengleichung für jeden der Leiter der Drehstromleitung verwendet:

$$\frac{E_{\mathrm{HF}i}}{\mathrm{dB}} = 3{,}5\frac{E_{\max(\mathrm{B})i}}{\mathrm{kV/cm}} + 12\frac{r}{\mathrm{cm}} - 33\ \lg\frac{D_{\mathrm{S}i}}{\mathrm{m}} - 30 \tag{9.152}$$

Dabei sind:

$E_{\max(\mathrm{B})i}$ Maximale Randfeldstärke eines Leiters nach Gl. (9.109) oder des Bündelleiters nach Gl. (9.114) für den Bereich 12 kV/cm $\leq E_{\max(\mathrm{B})} \leq$ 20 kV/cm, $n = 1 \ldots 4$; Teilleiterabstand $20r \leq a \leq 40r$ (i = L1, L2, L3)

r Teilleiterradius 1 cm $\leq r \leq$ 2,5 cm

$D_{\mathrm{S}i}$ Abstand Sender (Leiter)-Messantenne mit 10 m $\leq D_{\mathrm{S}} \leq$ 50 m

Die Faktoren der Gl. (9.152) sind experimentell aus statistischen Messungen gefunden. Die messtechnische Bestätigung für Gl. (9.152) liegt für Leitungen bis 750 kV vor. Die Berechnung für E_{HF} wird getrennt für alle drei Leiter am gleichen Aufpunkt vorgenommen. Die Gesamt-HF-Störfeldstärke E_{HFges} wird nach entsprechender Sortierung $E_{\mathrm{HFL1}} > E_{\mathrm{HFL2}} > E_{\mathrm{HFL3}}$:

$E_{\mathrm{HFges}} = E_{\mathrm{HFL1}}$, wenn $E_{\mathrm{HFL1}} > E_{\mathrm{HFL2}}$ + 3 dB und > E_{HFL3} + 3 dB gilt oder

$$E_{\mathrm{HFges}} = \frac{E_{\mathrm{HFL1}} + E_{\mathrm{HFL2}}}{2} + 1{,}5\mathrm{dB}\,, \quad \text{wenn die obige Bedingung nicht zutrifft.}$$

Verfeinerungen und andere aus Messungen abgeleitete Näherungen findet man in [N9.6] sowie in der dort angegebenen Literatur. Im Anhang A.11 sind berechnete Ergebnisse angegeben für Freileitungen 110 kV bis 1150 kV.

Geräusche in der Nähe von Hochspannungsfreileitungen treten nur bei Spannungen ≥ 220 kV auf. Höchstwerte werden bei starkem Regen erwartet, wenn auch bei Nacht das Leuchten starker Koronaentladungen zu beobachten ist. Das beobachtete Geräusch rührt von den mechanischen Vibrationen der Luftteilchen in der Leiterumgebung her. Man kann deshalb den Schalldruck in

Pascal (Pa) messen (1 Pa = 1 N/m^2). Das menschliche Ohr kann Schalldrücke zwischen 20 µP und 100 µP erfassen. In der Praxis wird der Schalldruckpegel (Geräuschpegel) in Decibel (dB) angegeben als $L_P = 20 \lg (p/p_0)$ dB mit dem Bezugsschalldruck $p_0 = 20$ µPa.

In einzelnen Ländern entwickelte Methoden zur Berechnung findet man in [N9.6]. Berechnete Werte für Freileitungen 110 kV bis 1150 kVsind in A.11 angegeben. Die Messung erfolgt auch hier wieder zwei Meter über dem Erdboden.

Das wachsende Umweltbewusstsein hat auch zur Kritik an der optischen bzw. ästhetischen Auswirkung [9.34] der Freileitungen geführt. Ein unangenehmer Eindruck entsteht häufig dann, wenn mehrere Freileitungen unterschiedlicher Spannung mit unterschiedlichen Mastabständen parallel verlaufen und wenn zudem noch Kreuzungen auftreten. Daraus erwächst die Aufgabe, Mittelspannungsleitungen so weit wie möglich zu verkabeln und bei Hochspannungsleitungen 110 kV und darüber die Maste ästhetisch zu gestalten und die Leitung der Landschaft anzupassen [9.26, 9.48]. Die 110-kV-Leitung im Klein-Walsertal stellt ein gutes Beispiel dar.

10 Kabel

10.1 Allgemeines

Die Kabeltechnik weist eine Tradition von über 150 Jahren auf. Bereits im Jahre 1847 wurde ein Kabel in Berlin verlegt (Guttapercherpresse von Siemens zur Herstellung isolierter Leitungen). Ab 1890 wurden papierisolierte Energiekabel also Kabel mit geschichteter Isolation eingeführt. Im Jahre 1920 wurden die ersten 60-kV-Kabel in Betrieb genommen. Die höchste Nennspannung für Kabel im Betrieb liegt im Jahre 2000 bei 500 kV. Entwicklungsarbeiten für 1000 kV werden durchgeführt.

Leitungen und Kabel werden in der Regel nach nationalen oder internationalen Normen hergestellt und geprüft [10.2, 10.32, 10.36]. Bei den Energiekabeln unterscheidet man Einleiter-, Dreileiter- und im Niederspannungsbereich Vierleiter- oder sogar Fünfleiterkabel. Die Kabel werden, wie auch die Freileitungen, nach ihrer Nennspannung bezeichnet, bei Einleiterkabeln z. B. durch die Angabe $U = U_n$, während man bei Drehstromkabeln häufig U_0/U_n mit $U_0 = U_n/\sqrt{3}$ findet. Kabel müssen dauernd mit U_m betrieben werden können.

10.2 Aufbau der Kabel

Energiekabel sind aus den Leitern, der Isolierung und den Mänteln bzw. Schirmen aufgebaut. Ein Buchstabenkennzeichnungssystem nach Tabelle 10.3 erleichtert die Verständigung. Als Werkstoffe für die Leiter wird entweder weichgeglühtes Elektrolytkupfer oder Leitaluminium verwendet. Als Bauformen der Leiter kommen entweder eindrähtige oder mehrdrähtige Rund- oder Sektorleiter in Betracht und in Sonderfällen auch Hohlleiter, z. B. bei Ölkabeln. Bei sehr großen Querschnitten von 1000 mm² oder darüber kann man die Leiter in Segmente unterteilen, um die Stromverdrängung und die höheren Stromwärmeverluste infolge des Skin-Effekts (Hautwirkung) herabzumildern. Bild 10.1 zeigt Querschnittsformen und dazugehörige Leiter-Aufbaukurzzeichen für ein- und mehrdrähtige Leiter.

D. Oeding, B. Oswald, *Elektrische Kraftwerke und Netze*,
doi 10.1007/978-3-642-19246-3, © Springer 2011

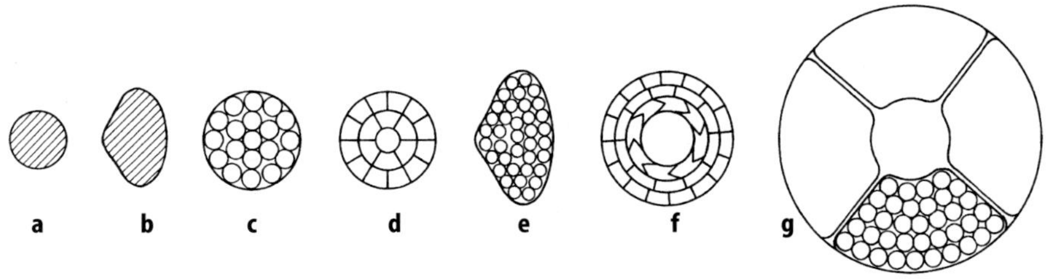

Bild 10.1 a – g. Querschnitte, Drahtzahl und Aufbau-Kurzzeichen für Leiter von Starkstromkabeln. **a** Rundleiter eindrähtig (RE); **b** Sektorleiter eindrähtig (SE); **c** Rundleiter mehrdrähtig (RM); **d** Rundleiter mehrdrähtig verdichtet (RM/V); **e** Sektorleiter mehrdrähtig (SM), meist verdichtet; **f** Rundleiter mehrdrähtig verdichtet mit Hohlkanal (RM/V... H); **g** Segmentgeteilter Hohlleiter für große Querschnitte

Für die Leiterherstellung ist vor allem der Ohmsche Gleichstromwiderstand bei 20 °C maßgebend. Den Nennquerschnitten werden maximal zulässige Gleichstromwiderstände $R'_{=20\,°\mathrm{C\,max}}$ zugeordnet. Bei Einhaltung dieser Werte ergeben sich dann Istquerschnitte, die von den Nennquerschnitten abweichen können.

Zur Isolation der Leiter gegeneinander bei mehradrigen Kabeln und gegen Erde bzw. gegen Mäntel und Schirme werden getränkte Papierisolationen, Kunststoffe wie Polyvinylchlorid (PVC), heute vorwiegend Polyethylen (PE) oder vernetztes Polyethylen (VPE) sowie Isolationen aus Natur- oder Kunstgummi verwendet. Bei Spezialkabeln kommen auch hitzebeständige Isolierstoffe auf der Basis von Asbest und Glasseide oder geeignete Kunststoffe zur Anwendung. Die Auswahl des Isolierstoffes erfolgt nach dem mechanischen Verhalten bei der Verarbeitung, den dielektrischen Daten, wie z. B. dem spezifischen Isolationswiderstand, der Durchschlagfeldstärke, der Dielektrizitätszahl ε_r, dem Verlustfaktor sowie nach dem Verhalten bei der Verlegung und der Montage von Muffen und Kabelendverschlüssen. Tabelle 10.1 zeigt eine Auswahl von Isolierstoffen mit Angaben zu den wichtigsten Eigenschaften.

Kabeltränkmassen für die Papierisolation verwendet man bei Mittelspannungskabeln bis etwa 30 kV (Massekabel), während bei Ölkabeln für höhere Spannungen die Papierisolation mit dünnflüssigem Öl getränkt wird. Bei Gasdruckkabeln (Gasaußen- und Gasinnendruckkabeln) verwendet man zähflüssiges Tränköl. Die Holraumbildung bei Temperaturänderungen in der Isolation wird durch den Gasdruck vermieden. Bei größeren Höhendifferenzen werden bei Mittelspannungskabeln auch Haftmassen verwendet, die selbst bei der maximal zulässigen Temperatur nicht fließen.

Tabelle 10.2 enthält Angaben zur Dicke der Isolierung bei Kabeln abhängig vom Isolationsmaterial und der Nennspannung. Zusätzlich sind in dieser Tabelle die maximal zulässigen Dauertemperaturen ϑ_d und die Endtemperaturen ϑ_e bei Kurzschluss angegeben. Wenn nichts genaueres bekannt ist sind diese in Gl. (15.27) einzusetzen.

Zur Beurteilung der Isolation bei Kabeln werden die Spannungsfestigkeit, der Isolationswiderstand, der Verlustfaktor $\tan\delta$ und das Teilentladungsver-

Tabelle 10.1. Eigenschaften von Isolierstoffen (Anhaltswerte)

Isolierstoff	Dielektrizitätszahl ε_r bei 20 °C	Verlustfaktor $10^3 \tan\delta$ bei 50 Hz und 20 °C	Spez. Isolationswiderstand ρ_{Is} bei 20 °C	Durchschlagfeldstärke E_d [b]	Spez. Masse γ
	–	–	Ω cm	kV/mm	g/cm³
Butylgummi	3,0 – 4,0	50	10^{14}	30 – 40	1,4
Isolieröl	2,2 – 2,8	1 – 2	10^{13}	15 – 25	0,9
Papier, getränkt [a]	3,3 – 4,2	3 – 8	$\approx 10^{15}$	15 – 40	0,8 – 1,1
Polyvinylchlorid (PVC)	3,0 – 4,0	20 – 100	10^{13}	40	1,3 – 1,4
Polyethylen (PE)	2,3	0,2 [d]	10^{17}	60	0,92 – 0,96
Vern. Polyethylen (VPE)	2,4	0,4	10^{16}	95	0,92 – 0,96
Polychloroprene (CK)	3	20 – 80 [c]	10^9–10^{12}	23	1,35 – 1,65
Naturkautschuk	3	2 – 10 [c]	10^{16}	25	0,93
Silikongummi	2,3	0,1 [c]	$>10^{14}$	20 – 30	1,15 – 1,30

[a] Bei papierisolierten Massekabeln rechnet man mit $\varepsilon_r \approx 4$ und $\tan\delta = 10 \cdot 10^{-3}$; bei Ölkabeln und Gasdruckkabeln mit imprägniertem Papier mit $\varepsilon_r \approx 3{,}3 - 3{,}7$ und $\tan\delta \approx (4 - 5) \cdot 10^{-3}$.

[b] Die hier angegebenen Durchschlagfeldstärken gelten für dünne Probestücke, nicht jedoch für die Isolation des Kabels mit größeren Dicken.

[c] Bei 800 Hz.

[d] [10.32]: $\tan\delta = 0{,}4 \cdot 10^{-3}$.

halten bei Kunststoffkabeln (u. U. bei erhöhter Spannung) herangezogen. Zur Beurteilung der Spannungsfestigkeit wird meist die Durchschlagfeldstärke über der Zeit aufgetragen (Langzeitverhalten) und der Abstand gegenüber der Betriebsfeldstärke bei U_m herangezogen [10.20]. Der Isolationswiderstand ist proportional zum spezifischen Isolationswiderstand (Tabelle 10.1), umgekehrt proportional zur Kabellänge und proportional zum Logarithmus $\ln r_a/r_i$, wobei r_a und r_i die äußeren und inneren Radien der Isolierung sind. Der Verlustfaktor $\tan\delta$ bestimmt die dielektrischen Verluste eines Kabels. Erwünscht sind niedrige Werte $\tan\delta$ und möglichst geringe Temperaturabhängigkeit. Das Verhalten der Isolation bei Teilentladungen ist besonders bei Kunststoffkabeln von Bedeutung.

Kunststoffisolierte Niederspannungskabel (0,6/1 kV) werden entweder ohne oder mit äußerem Schirm aus Kupferdrähten ausgeführt. Bei NYY- bzw. NAYY-Kabeln (Buchstabenkennzeichnung nach Tabelle 10.3) für 1 kV besteht die äußere Schutzhülle aus Kunststoff auf PVC-Basis (Bild 10.3a), während bei NYCWY- bzw. NAYCWY-Kabeln für 1 kV ein wellenförmiger Kupferschirm über der Aderisolierung vorhanden ist. Bei Kunststoffkabeln für 10, 20 und 30 kV werden Kupferschirmdrähte verwendet (Bild 10.3 c). Die Nennquer-

Tabelle 10.2. Dicke der Isolierung von Kabeln, zulässige Betriebstemperaturen (Dauertemperaturen) und zulässige Kurzschlusstemperaturen (Endtemperaturen)

Isolierstoff → Spannung, kV	Papier/Masse	Papier/Öl	PVC	PE	VPE
	Dicke der Isolierung in mm				
0,6/1	1,5–2,2[a]	–	1,2–3,0[a]	1,2–3,0[a]	0,9–2,8[a]
3,5/6	2,6	–	3,4	2,5–3,2[a]	2,5–3,2[a]
5,8/10	3,2	–	4,0	3,4	3,4
11,6/20	5,5	–	–	5,5	5,5
17,3/30	7,5	4,5	–	8,0	8,0
34,7/60	–	6,5	–	13	13
64/110	–	11	–	18	18

<table>
<tr><th>Spannung, kV</th><th colspan="5">Zulässige Betriebstemperatur ϑ_d in °C
Zulässige Kurzschlusstemperatur ϑ_e in °C</th></tr>
<tr><td>0,6 – 1 und 3,5/6</td><td>80
180[c]</td><td>–</td><td rowspan="2">70
160</td><td rowspan="6">70
150</td><td rowspan="6">90
250[c]</td></tr>
<tr><td>5,8/10</td><td>65 / 70[b]
165 / 170[c]</td><td>–</td></tr>
<tr><td>11,6/20</td><td>65
155</td><td>–</td><td>–</td></tr>
<tr><td>17,3/30</td><td>60
140</td><td rowspan="3">85
145</td><td>–</td></tr>
<tr><td>34,7/60</td><td>55
135</td><td>–</td></tr>
<tr><td>64/110</td><td>–</td><td>–</td></tr>
</table>

[a] Mit steigendem Leiterquerschnitt größere Dicke der Isolierung.
[b] Gürtelkabel/Radialfeldkabel.
[c] Bei weichgelöteten Verbindungen nur 160 °C zulässig.

schnitte der Kupferschirme werden den Nennquerschnitten der Adern angepasst.

Um die feuchtigkeitsempfindliche Isolation der Papierkabel zu schützen, werden Kabelmäntel aus Blei (Bleimantelkabel, Bild 10.3b), Aluminium (Aluminiummantelkabel) oder Al-Wellrohren (Wellrohrmantelkabel) verwendet. Bei Mehrleiterkabeln mit gemeinsamem Mantel (Gürtelkabel) werden die Einzeladern verseilt, mit Beiläufen versehen und dann ein rohrförmiger Mantel aufgebracht.

Bei Hochspannungskabeln über 30 kV (Mehrleiterkabel, Höchstädterkabel oder Gasdruckkabel) werden die einzeln isolierten Adern mit je einem eige-

Tabelle 10.3. Buchstabenkurzzeichen für Kunststoffkabel, Papierkabel mit Mänteln, Ölkabel und Gasdruckkabel [10.2,10.32, 10.36, 10.40]. Die Buchstabenkurzzeichen für Kabel ergeben sich dadurch, dass dem Anfangsbuchstaben N (N soll kennzeichnen, dass das Kabel den VDE-Bestimmungen entspricht, sonst entfällt N) Buchstaben für wichtige Aufbaubestandteile angehängt werden, dem Kabelaufbau von innen nach außen folgend. Cu-Leiter werden nicht, Al-Leiter durch ein A gekennzeichnet. Kennbuchstaben für Papierisolierung, Beiläufe und innere Faserstoffumhüllungen werden nicht eingeführt

Buchstaben	Bedeutung	Beispiele
A	Leiter aus Aluminium	NAYY
Y	Aderisolierung aus PVC (Polyvinylchlorid)	NAYY
2Y	Aderisolierung aus PE (Polyethylen)	N2YSY
2X	Aderisolierung aus VPE (vernetztes Polyethylen)	NA2XSY
H	Schirmung bei Höchstädter Kabel	NHKRA
S	Schirm aus Kupfer	N2YSY
C	Konzentrischer Kupferleiter (Neutral- bzw. Schutzleiter) oder metallische Abschirmung	NYCY
CW	Konzentrischer Kupferleiter, wellenförmig	NYCWY
E	Einzeln mit Metallmantel und Korrosionsschutz umgebene und verseilte Adern (Mehrmantelkabel, Dreimantelkabel)	NEKBA
K	Bleimantel	NEKBA
KL	Gepresster, glatter Aluminiummantel	NKLEY
KLD	Gepresster Aluminiummantel mit Dehnungselementen	NÖKLDEY
E	Schutzhülle mit eingebetteter Schicht	NKLEY
Y	Mantel oder Schutzhülle aus PVC (am Ende des Kurzzeichens)	NKLEY
2Y	Mantel oder Schutzhülle aus PE (am Ende des Kurzzeichens)	NA2XS2Y
A	Äußere Schutzhülle aus Faserstoffen, z. B. Jutehülle (am Ende des Kurzzeichens)	NKBA
B	Bewehrung aus Stahlband	NKBA
F	Bewehrung aus Stahlflachdraht – geschlossen	NYFGbY
FO	Bewehrung aus Stahlflachdraht – offen	NÖKUDFOY
Gb	Gegenwendel aus Stahlband mit mindestens 50 % Bedeckung	NYFGbY
R	Bewehrung aus Stahlrunddrähten	NHKRA
D	Druckschutzbandage	NÖKDFOA
U	Unmagnetisch (UD unmagnetische Druckschutzbandage)	NÖKUDFOY
Ö	Ölkabel (Niederdruckölkabel)	NÖKUDEY
I	Gasinnendruckkabel, gepresster, gewellter Aluminiummantel (KLD)	NIAKLDEY
P	Gasaußendruckkabel mit verdichteten (V) Einzeladern und einer Bewehrung aus Stahlflachdraht (F) sowie einer äußeren Schutzhülle auf PE-Basis (2Y) im Stahlrohr (St)	NPKDVFSt2Y
-J	Kabel mit grün-gelbem Schutzleiter	NAYY-J
-O	Kabel ohne grün-gelben Schutzleiter	NAYY-O

Tabelle 10.3 (Fortsetzung)

Buchstaben	Bedeutung	Beispiele
E	eindrähtige Leiter	4 × 10 RE
M	mehrdrähtige Leiter	1 × 95 RM
R	Leiter mit kreisförmigem Querschnitt	1 × 95 RM
S	Leiter mit sektorförmigem Querschnitt	3 × 50 SM
V	verdichteter Leiter	1 × 500 RMV

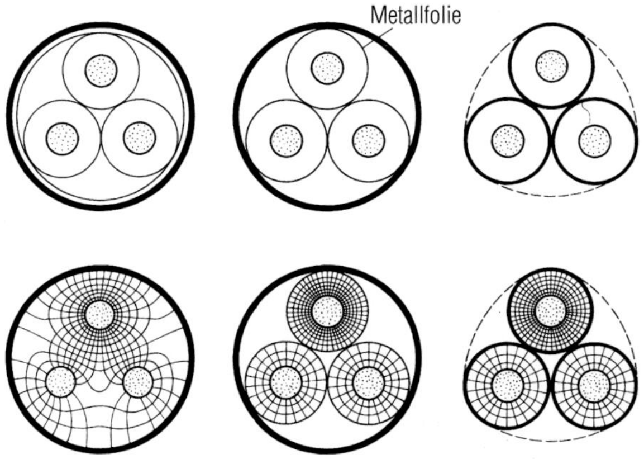

a b c

Bild 10.2 a – c. Kabelaufbau für Dreileiterkabel mit zugehörigen Feldbildern.
a Gürtelkabel (z. B. 6/10 kV, NKBA);
b Höchstädterkabel (Radialfeldkabel);
c Dreimantelkabel (Radialfeldkabel), (z. B. 12/20 kV, NAEKBA)

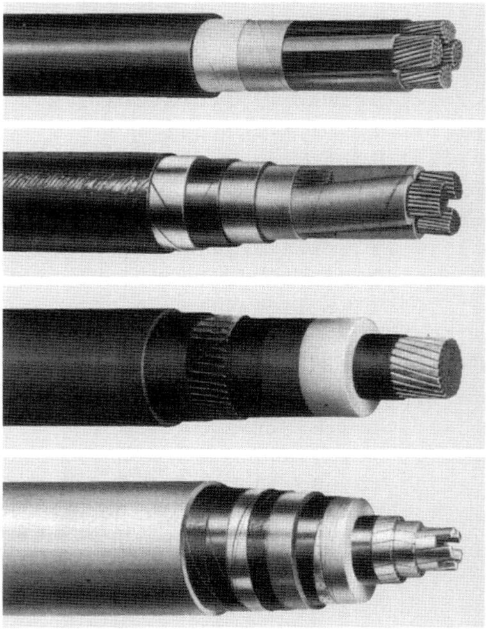

a b c d

Bild 10.3 a – d. Beispiele für den Kabelaufbau (Stufenmuster), (Werkbild Kabel- und Lackdrahtfabriken).
a Vierleiterkabel 1 kV, NYY; **b** Dreileiterkabel 10 kV, NKBA; **c** Einleiterkabel 20 kV, N2XSY; **d** Einleiterölkabel 110 kV, NÖKUDEY

nen Mantel umgeben (Mehrmantelkabel, speziell Dreimantelkabel). Dadurch wird erreicht, dass das elektrische Feld in der Isolation der einzelnen Adern radial verläuft (Radialfeldkabel). Wird ein zusätzlicher mechanischer Schutz der Kabel notwendig, so werden Bewehrungen aus Stahlband oder aus Stahldraht aufgebracht (Bild 10.3 d). Bei Einleiterkabeln muss man wegen der Wirbelstrombildung auf geschlossene Stahlbewehrung verzichten und eine sogenannte offene Bewehrung aus unmagnetischem Material vorsehen. Bei bewehrten Kabeln zur Verlegung in Erde wird auf die Stahlbandbewehrung eine bitumengetränkte Juteschicht aufgebracht.

Bild 10.2 zeigt den Aufbau von Drehstrommittelspannungskabeln als Gürtelkabel und als Radialfeldkabel. Einleiterkabel sind immer Radialfeldkabel. Zur Veranschaulichung des Kabelaufbaus enthält Bild 10.3 vier Beispiele in der Form von Stufenmustern. Weitere Beispiele für den Kabelaufbau findet man im Anhang A.13.

10.3 Kabelauslegung und Belastbarkeit

10.3.1 Allgemeine Überlegungen

Bei Kabeln mit natürlicher Kühlung müssen die Stromwärme der Adern, der metallischen Umhüllungen und Mäntel ebenso wie die dielektrischen Verluste in der Kabelisolierung im stationären Betrieb über die Kabeloberfläche an die Umgebung abgegeben werden. Bei Kabeln im Erdboden muss die gesamte Verlustwärme über die Wärmeleitung des Erdbodens an die Atmosphäre gehen.

Die Temperaturdifferenz $\Delta\vartheta$ zwischen der Leitertemperatur eines Kabels ϑ_L und der Temperatur der Umgebung ϑ_U hängt von dem Gesamtverlustbelag P'_{Vg} des Kabels, der radial nach außen abgegeben werden muss, und der Summe der Wärmewiderstände T_Σ (thermal resistances) [N10.4] ab. Der Wärmefluss folgt einem dem ohmschen Gesetz ähnlichen Gesetz (die Temperaturdifferenz $\Delta\vartheta = \vartheta_L - \vartheta_U$ entspricht der Potenzialdifferenz, der Wärmefluss (längenbezogene Verlustleistung) P'_{Vg} dem Strom und der Wärmewiderstand T_Σ dem elektrischen Widerstand):

$$\Delta\vartheta = \vartheta_L - \vartheta_U = T_\Sigma P'_{Vg} \tag{10.1}$$

Der Wärmewiderstand T_Σ setzt sich aus folgenden Anteilen zusammen:

- T_{Is} Wärmewiderstand der Isolation
- T_{Si} Wärmewiderstand der inneren Schutzhülle
- T_{Sa} Wärmewiderstand der äußeren Schutzhülle, z. B. des PVC-Mantels
- T_E Wärmewiderstand des Erdbodens bei Erdverlegung bzw.
- T_{Lu} Wärmewiderstand für Konvektion und Strahlung bei Verlegung in Luft

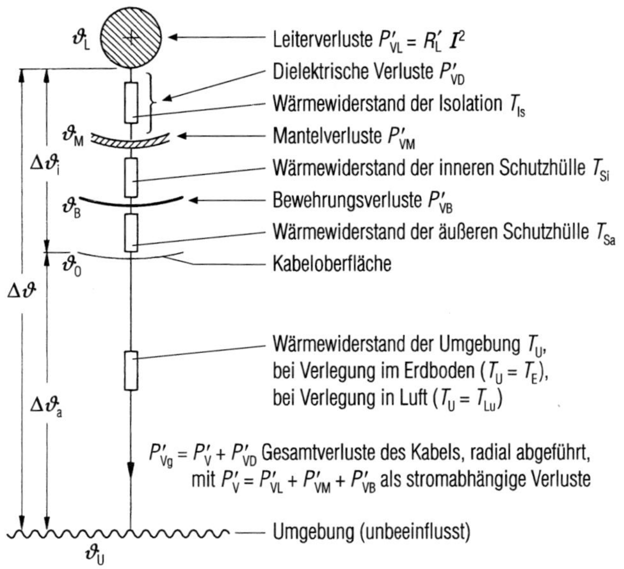

Bild 10.4. Verluste, Wärmewiderstände und Temperaturen zur Berechnung der Strombelastbarkeit eines Einleiterkabels

Die Wärmewiderstände der metallischen Aufbauelemente eines Kabels (Mantel, Schirm, Bewehrung) werden als klein gegenüber den oben genannten Wärmewiderständen vernachlässigt. Die Temperatur des unbeeinflussten Erdbodens (z.B. in 70 cm Tiefe unter der Erdoberkante) oder die Lufttemperatur werden normalerweise vorgegeben (Tabelle 10.4). Die höchstzulässige Temperatur am Leiter wird durch die zulässige Temperatur der Isolation beschränkt (Tabelle 10.2).

10.3.2 Strombelastbarkeit

Gezeigt werden soll die Berechnung der Strombelastbarkeit eines Einleiterkabels in Erde, ausgehend von der Temperaturdifferenz $\Delta\vartheta = \vartheta_L - \vartheta_U$ bei Dauerlast [N10.3]. Der gesamte Wärmewiderstand setzt sich zusammen aus dem Wärmewiderstand des Kabels (Index K) $T_K = T_{Is} + T_{Si} + T_{Sa}$ und dem Wärmewiderstand der Umgebung T_U mit $T_U = T_E$ bei Verlegung in Erde bzw. mit $T_U = T_{Lu}$ bei Verlegung in Luft. Entsprechend erhält man den inneren Anteil $\Delta\vartheta_i$ und den äußeren Anteil $\Delta\vartheta_a$ der Temperaturdifferenz $\Delta\vartheta = \Delta\vartheta_i + \Delta\vartheta_a$ nach Bild 10.4.

Der dielektrischeVerlustbelag P'_{VD} entsteht in der ganzen Isolation. Unter der meist zutreffenden Voraussetzung, dass die Abhängigkeit des Verlustfaktors $\tan\delta$ von der Temperatur vernachlässigbar klein ist, lässt sich zeigen, dass dann für die Temperaturerhöhung durch die dielektrischen Verluste der halbe Wärmewiderstand der Isolation maßgebend ist. Mit den Bezeichnungen im

Bild 10.4 setzt sich der innere Anteil der Temperaturerhöhung $\Delta\vartheta_i$ wie folgt zusammen:

$$\Delta\vartheta_i = \vartheta_L - \vartheta_O = (T_{Is} + T_{Si} + T_{Sa})\,P'_{VL} + (0{,}5T_{Is} + T_{Si} + T_{Sa})\,P'_{VD} + (T_{Si} + T_{Sa})P'_{VM} + T_{Sa}\,P'_{VB} \qquad (10.2\,a)$$

$$\Delta\vartheta_i = T_{Is}(P'_{VL} + 0{,}5P'_{VD}) + T_{Si}(P'_{VL} + P'_{VD} + P'_{VM}) + T_{Sa}(P'_{VL} + P'_{VD} + P'_{VM} + P'_{VB}) \qquad (10.2\,b)$$

Der äußere Anteil der Temperaturerhöhung $\Delta\vartheta_a$ beträgt:

$$\Delta\vartheta_a = \vartheta_O - \vartheta_U = T_U\,(P'_{VL} + P'_{VD} + P'_{VM} + P'_{VB}) \qquad (10.3)$$

Aus den Gln. (10.2 b) und (10.3) folgt für die gesamte Temperaturdifferenz $\Delta\vartheta$ in Bild 10.4:

$$\Delta\vartheta = \Delta\vartheta_i + \Delta\vartheta_a = T_{Is}P'_{VL} + T_{Si}\,(P'_{VL} + P'_{VM}) + (T_{Sa} + T_U)(P'_{VL} + P'_{VM} + P'_{VB}) + (0{,}5\,T_{Is} + T_{Si} + T_{Sa} + T_U)\,P'_{VD} \qquad (10.4)$$

Aus Gl. (10.4) soll der dauernd zulässige Belastungsstrom I_d abhängig von den Kabel- und Verlegungsdaten sowie der zulässigen Temperaturdifferenz $\Delta\vartheta$ ermittelt werden. Zu berücksichtigen ist dabei, dass die dielektrischen Verluste unabhängig vom Strom auftreten. Bezeichnet man die allein durch die dielektrischen Verluste verursachte Temperaturerhöhung mit

$$\Delta\vartheta_D = (0{,}5T_{Is} + T_{Si} + T_{Sa} + T_U)\,P'_{VD} \qquad (10.5)$$

so findet man ausgehend von Gl. (10.4) mit den stromabhängigen Verlustbelägen

$$P'_V = P'_{VL} + P'_{VM} + P'_{VB} \qquad (10.6)$$

folgende Gleichung:

$$\Delta\vartheta - \Delta\vartheta_D = \left(T_{Is}\,\frac{P'_{VL}}{P'_V} + T_{Si}\,\frac{P'_{VL} + P'_{VM}}{P'_V} + T_{Sa} + T_U \right) P'_V \qquad (10.7\,a)$$

Bezeichnet man T^*_K als Ersatzwärmewiderstand des Kabels mit

$$T^*_K = T_{Is}\,\frac{P'_{VL}}{P'_V} + T_{Si}\,\frac{P'_{VL} + P'_{VM}}{P'_V} + T_{Sa} \qquad (10.8)$$

so ergibt sich aus Gl. (10.7 a):

$$\Delta\vartheta - \Delta\vartheta_D = (T^*_K + T_U)\,P'_V \qquad (10.7\,b)$$

Ausgehend von Gl. (10.6) ergibt sich mit dem Widerstandsbelag R'_L des Leiters (der Kabelader):

$$P'_V = P'_{VL}\left(1 + \frac{P'_{VM}}{P'_{VL}} + \frac{P'_{VB}}{P'_{VL}}\right) = R'_L I_d^2\,(1 + \lambda_M + \lambda_B) \qquad (10.9)$$

λ_M wird als Mantelverlustzahl und λ_B als Bewehrungsverlustzahl bezeichnet. Setzt man P'_V nach Gl. (10.9) in Gl. (10.7) ein, und löst man nach I_d auf, so erhält man für den zulässigen Dauerstrom des Einleiterkabels:

$$I_d = \sqrt{\frac{\Delta\vartheta - \Delta\vartheta_D}{R'_L(1+\lambda_M+\lambda_B)(T_K^* + T_U)}}$$
$$= \sqrt{\frac{\Delta\vartheta - (0{,}5T_{Is} + T_{Si} + T_{Sa} + T_U)P'_{VD}}{R'_L[T_{Is} + (1+\lambda_M)T_{Si} + (1+\lambda_M+\lambda_B)(T_{Sa}+T_U)]}} \tag{10.10}$$

Betrachtet man ein n-Leiterkabel (z. B. ein Drehstromgürtelkabel mit $n = 3$), bei dem also die Verluste der n Leiter über T_{Si}, T_{Sa} und T_U abgeführt werden müssen, so geht Gl. (10.10) in folgende Gleichung über [N10.3]:

$$I_d = \sqrt{\frac{\Delta\vartheta - [0{,}5T_{Is} + n(T_{Si} + T_{Sa} + T_U)]P'_{VD}}{R'_L[T_{Is} + (1+\lambda_M)\,nT_{Si} + (1+\lambda_M+\lambda_B)\,n(T_{Sa}+T_U)]}} \tag{10.11}$$

Hier sind λ_M und λ_B die Mantelverlustzahl und die Bewehrungsverlustzahl bezogen auf die Summe der Verluste aller n stromführenden Leiter des Mehrleiterkabels. Bei $n = 1$ geht Gl. (10.11) in Gl. (10.10) über.

10.3.3 Verlustberechnung

Leiterverluste

Der Leiterverlustbelag enthält neben dem ohmschen Verlustbelag auch die Verlustbeläge durch den Skin- und den Proximityeffekt.

$$P'_{VL} = R'_L I^2 = R'_{L=} F_S F_P I^2 \tag{10.12}$$

Dabei sind:

$R'_{L=}$ Gleichstromwiderstandsbelag des Leiters bei Betriebstemperatur,
F_S Faktor zur Berücksichtigung des Skineffekts,
F_P Faktor zur Berücksichtigung des Proximityeffekts.

Den Gleichstromwiderstandsbelag $R'_{L=}$ bei der Leitertemperatur ϑ_L berechnet man aus dem vom Hersteller angegebenen Widerstandsbelag bei 20 °C:

$$R'_{L=} = R'_{L=20}\,[1 + \alpha(\vartheta_L - 20\,°\text{C})] \tag{10.13}$$

mit $\alpha_{Cu} = 0{,}00393/\text{K}$, $\alpha_{Al} = 0{,}00403/\text{K}$ [N10.4].

Die Widerstände $R'_{L=20}$ kann man mit $\rho_{Cu} = 0{,}017241\ \Omega\text{mm}^2/\text{m}$ ($\kappa_{Cu} = 58\ \text{m}/\Omega\text{mm}^2$) oder $\rho_{Al} = 0{,}028264\ \Omega\text{mm}^2/\text{m}$ ($\kappa_{Al} = 35{,}38\ \text{m}/\Omega\text{mm}^2$) berechnen.

Die Widerstandserhöhung durch Skin- und Proximityeffekt berücksichtigt man erst bei Querschnitten $q_n > 185\ \text{mm}^2$. Die genauere Berechnung des Skineffekts führt bei Rundleitern auf Besselfunktionen abhängig vom

Bild 10.5. Eindringtiefe δ ($\delta_{Cu} = 9{,}3$ mm; $\delta_{Al} = 12{,}0$ mm) bei zylindrischen Leitern mit dem Außendurchmesser $D_L = 2r$

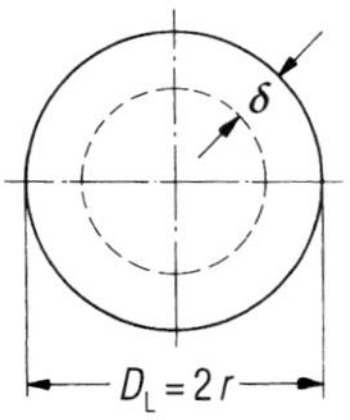

Leiterradius und der Eindringtiefe δ. Die Eindringtiefe ist dabei die Tiefe von der Leiteroberfläche aus gerechnet, in der die elektrische Feldstärke auf den e-ten Teil ihres Wertes an der Leiteroberfläche abgeklungen ist (Bild 10.5). Für δ gilt [9.26]:

$$\delta = \frac{1}{\sqrt{\pi f \kappa \mu_r \mu_0}} = r\sqrt{\frac{R'_{L=}}{f \mu_r \mu_0}} \quad \text{mit} \quad R'_{L=} = \frac{1}{\kappa \pi r^2} \tag{10.14}$$

Führt man den Zusatzindex S für den Widerstandsbelag und den Belag der inneren Induktivität unter Berücksichtigung des Skineffekts ein, so gilt nach [9.26]:

$$R'_{LS} + j\omega L'_{iS} = R'_{L=}\frac{1}{2}\underline{k}r\frac{J_0(\underline{k}r)}{J_1(\underline{k}r)} \quad \text{mit} \quad \underline{k} = (1-j)\sqrt{\pi f \kappa \mu_r \mu_0} = \frac{1-j}{\delta} \tag{10.15}$$

$J_0(\underline{k}r)$ und $J_1(\underline{k}r)$ sind die Besselfunktionen nullter und erster Ordnung bei $r = D_L/2$.

$$J_0(\underline{k}r) = 1 - \frac{1}{1!^2}\left(\frac{\underline{k}r}{2}\right)^2 + \frac{1}{2!^2}\left(\frac{\underline{k}r}{2}\right)^4 - \frac{1}{3!^2}\left(\frac{\underline{k}r}{2}\right)^6 + \cdots \; ; \quad J_1(\underline{k}r) = -\frac{dJ_0(\underline{k}r)}{d(\underline{k}r)}$$

Aus Gl. (10.15) findet man mit guter Näherung unter Berücksichtigung eines Korrekturgliedes $0{,}8x^4$ nach [N10.3] für $0 \le x \le 1$:

$$R'_{LS} = R'_{L=}F_S = R'_{L=}\,\mathrm{Re}\left\{\frac{1}{2}\underline{k}r\frac{J_0(\underline{k}r)}{J_1(\underline{k}r)}\right\} \approx R'_{L=}\left(1 + \frac{x^4}{3 + 0{,}8x^4}\right) \tag{10.16}$$

$$\text{mit} \quad x = \frac{r}{2\delta} = \frac{D_L}{4\delta} = \sqrt{\frac{f\mu_r\mu_0}{4R'_{L=}}}$$

Die Näherungsgleichung (10.16) gilt damit für Querschnitte bis etwa 1000 mm². Für $x > 1$ kann man als Näherung $F_S = x + 0{,}25 + 0{,}05/x$ verwenden [N10.3].

Im Bild 10.6 wurden bei der Aufzeichnung der Faktoren F_S für die Widerstandserhöhung durch den Skineffekt und F_P für die zusätzliche Widerstandserhöhung durch den Proximityeffekt, dann wenn die magnetischen Felder der Leiter eines Drehstromkabels zur Stromverdrängung führen, wie z. B. bei Gürtelkabeln oder bei Kunststoffkabeln ohne Mäntel, folgende Näherungsgleichungen verwendet:

$$F_S \approx 1 + \frac{1}{3} x^4 k_S \quad \text{mit } k_S < 1 \text{ bei Hohlleitern nach Gl. (10.19)} \tag{10.17}$$

$$F_P \approx 1 + \frac{x^4 \left(\frac{D_L}{d}\right)^2}{3 + x^4} \left[0{,}312 \left(\frac{D_L}{d}\right)^2 + \frac{1}{0{,}2825 x^4 + 0{,}2288} \right] \tag{10.18}$$

mit x wie bei Gl. (10.16)

d ist der Abstand zwischen den Leitern, wie im Bild 10.6 angegeben. Bei Hohlleitern mit einem Durchmesser D_h des Hohlkanals gilt:

$$k_S = \frac{1 - D_h / D_L}{1 + D_h / D_L} \left(\frac{1 + 2D_h / D_L}{1 + D_h / D_L} \right)^2 \tag{10.19}$$

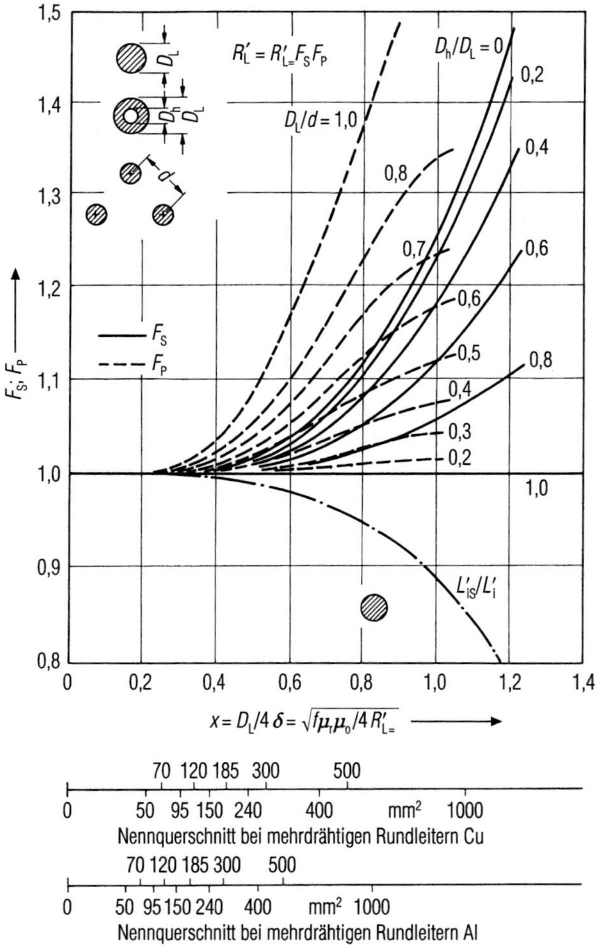

Bild 10.6. Widerstandserhöhung durch Skin- und Proximityeffekt bzw. Absenkung der inneren Induktivität durch den Skineffekt

Für einen Leiter ohne Hohlkanal also $D_h = 0$ ergibt sich $k_S = 1$, während für $D_h/D_L = 1$ keine Stromverdrängung stattfindet und $k_S = 0$ gilt. Bei Hohlleitern wird zur Berechnung von F_P ebenfalls Gl. (10.18) verwendet. Bei in Sektoren unterteilten Leitern ergeben sich kleinere Faktoren F_S und F_P als bei normalen Leitern [N10.3].

Dielektrische Verluste

Die dielektrischen Verluste spielen erst bei Kabeln ab etwa 10 kV eine Rolle. Bei Kabeln mit Spannungen von 110 kV und darüber werden die zulässigen Dauerströme durch die dielektrischen Verluste entscheidend eingeschränkt, weil diese mit dem Quadrat der Betriebsspannung steigen.

Liegt zwischen dem Leiter und dem Mantel bzw. dem Schirm eines Kabels die Spannung $U_0 = U/\sqrt{3}$, so fließt ein Strom, der sich nach Bild 10.7 aus dem kapazitiven Strom I_C und dem Verluststrombelag des Dielektrikums $I'_{VD} = I'_C \tan\delta$ zusammensetzt:

$$P'_{VD} = U_0 I'_{VD} = U_0 I'_C \tan\delta = \omega C' \tan\delta \cdot U_0^2 \tag{10.20}$$

Der Kapazitätsbelag C' ist der Kapazitätsbelag C'_1 im Mitsystem (Bilder 10.24 bis 10.27). Der Winkel δ wird als Verlustwinkel und $\tan\delta$ als Verlustfaktor bezeichnet.

Mantelverluste, Bewehrungsverluste

Die Mantelverluste setzen sich im Allgemeinen aus Verlusten durch Längsströme und Wirbelströme zusammen. Werden bei einem Stromkreis aus drei Einleiterkabeln die Kabelmäntel an beiden Enden niederohmig miteinander verbunden (kurzgeschlossen), so kann man die Wirbelstromverluste gegenüber den Verlusten durch Mantellängsströme vernachlässigen. Man kann sich dann vorstellen, dass in den Mänteln jeweils den Leiterströmen entgegengesetzt gerichtete Mantelströme fließen, die ihrerseits wieder ein Drehstromsystem bilden und sich an den Enden (Verbindungsstellen der Mäntel) zu Null ergänzen. Sind die drei Einleiterkabel in einer Ebene verlegt, so sind die Verluste in den drei Mänteln verschieden. In diesem Fall genügt es häufig trotzdem, den mittleren Wert für die Mantelverluste zu berücksichtigen. Für drei Einleiterkabel mit Mänteln gilt entsprechend Gl. (10.9) bei $\lambda_B = 0$ (Kabel ohne Bewehrung):

$$P'_V = P'_{VL} + P'_{VM} = P'_{VL}(1 + \lambda_M) = P'_{VL}\left(1 + \frac{R'_M I_M^2}{R'_L I_L^2}\right) \tag{10.21}$$

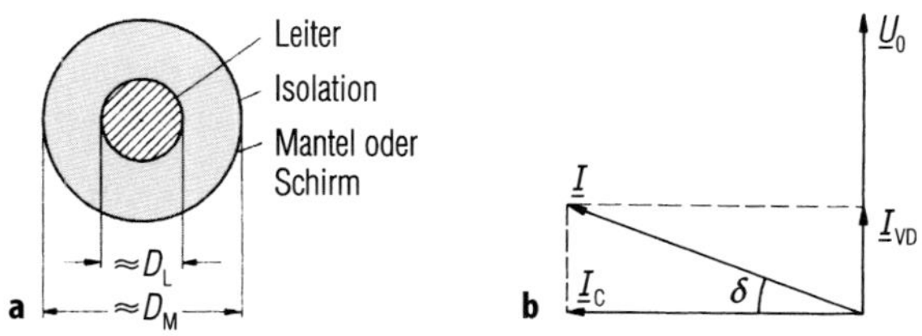

Bild 10.7 a, b. Dielektrische Verluste eines Kabels (Einleiterkabel). **a** Zur Berechnung der Kapazität eines Kabels z. B. nach Gl. (10.83); **b** Dielektrischer Verluststrom $I_{VD} = I_C \tan\delta$

Zur Berechnung von λ_M ist es also notwendig das Verhältnis $I_\mathrm{M}/I_\mathrm{L}$ zu bestimmen, abhängig vom Widerstandsbelag R'_M und der Koppelreaktanz X'_M zwischen Leitern und nichtmagnetischen Mänteln. Durch das magnetische Feld der stromdurchflossenen Leiter wird in den Mänteln eine Spannung induziert. Sind die Kabel nur auf einer Seite zusammengeschlossen und geerdet, so treten auf der anderen Seite der gegeneinander isolierten Kabelmäntel Spannungen gegeneinander und gegen Erde auf, in den Mänteln fließen Wirbelströme und es entstehen Wirbelstromverluste. Werden die Kabelmäntel auf beiden Seiten zusammengeschlossen, so verschwinden diese Spannungen, es fließen Längsströme in den Mänteln. Für den Leiter L1 und den Mantel M1 ergibt sich dann bei drei in Dreieck angeordneten Einleiterkabeln unter Beachtung der Überlegungen zu den mittleren geometrischen Abständen im Abschn. 9.3.1:

$$R'_\mathrm{M}\underline{I}_\mathrm{M1} + \mathrm{j}X'_\mathrm{M}\underline{I}_\mathrm{M2} + \mathrm{j}X'_\mathrm{M}\underline{I}_\mathrm{M3} + \mathrm{j}X'_\mathrm{M}\underline{I}_\mathrm{L2} + \mathrm{j}X'_\mathrm{M}\underline{I}_\mathrm{L3} = 0 \tag{10.22}$$

Für symmetrische Belastung mit $\underline{I}_\mathrm{M2} = \underline{\mathrm{a}}^2\underline{I}_\mathrm{M1}, \underline{I}_\mathrm{M3} = \underline{\mathrm{a}}\underline{I}_\mathrm{M1}, \underline{I}_\mathrm{L2} = \underline{\mathrm{a}}^2\underline{I}_\mathrm{L1}$ und $\underline{I}_\mathrm{L3} = \underline{\mathrm{a}}\underline{I}_\mathrm{L1}$ gilt dann:

$$\frac{I_\mathrm{M1}}{I_\mathrm{L1}} = \frac{I_\mathrm{M}}{I_\mathrm{L}} = \frac{X'_\mathrm{M}}{\sqrt{R'^2_\mathrm{M} + X'^2_\mathrm{M}}} \tag{10.23}$$

Dabei sind:

$$R'_\mathrm{M} = \frac{1}{\kappa_\mathrm{M} q_\mathrm{M}} \tag{10.24}$$

$$X'_{\mathrm{M}\,\substack{\circ\\\circ\circ}} = \omega\frac{\mu_0}{2\pi}\ln\frac{d}{D_\mathrm{M}/2} \quad \text{oder} \quad X'_{\mathrm{M}\circ\circ\circ} = \omega\frac{\mu_0}{2\pi}\ln\frac{\sqrt[3]{2}d}{D_\mathrm{M}/2} \tag{10.25}$$

und d ist der Abstand zwischen den Kabeln nach Bild 10.8, D_M der mittlere Durchmesser des Mantels (Außendurchmesser minus Dicke des Mantels).

Vergleicht man Gl. (10.23) mit Gl. (10.21), so ergibt sich für λ_M bei Kabeln mit beidseitig zusammengeschlossenen Mänteln und Anordnungen nach Bild 10.8:

$$\lambda_\mathrm{M} = \frac{R'_\mathrm{M} I^2_\mathrm{M}}{R'_\mathrm{L} I^2_\mathrm{L}} = \frac{R'_\mathrm{M}}{R'_\mathrm{L}} \cdot \frac{1}{1 + \left(\dfrac{R'_\mathrm{M}}{X'_\mathrm{M}}\right)^2} \tag{10.26}$$

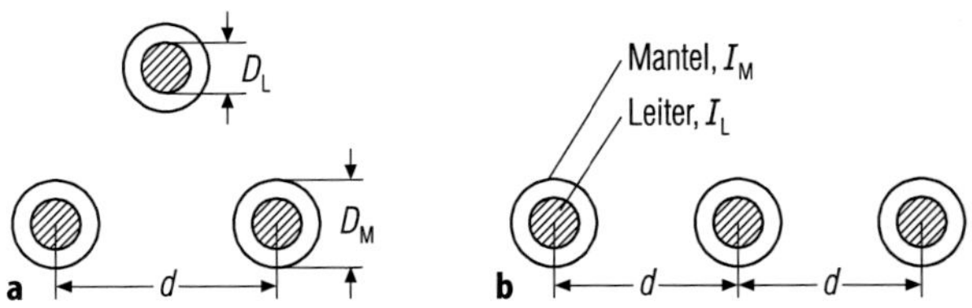

Bild 10.8 a, b. Anordnung von Einleiterkabeln.
a Dreiecksanordnung;
b Einebenenanordnung

Betrachtet man als Beispiel nach Bild 10.8 drei Einleiterkabel 11,6/20 kV NAKLEY, 1×240 rm mit Aluminiummänteln bei $D_M = (34{,}5 - 1{,}3)$ mm, $\kappa_M = 35\ \mathrm{m}/\Omega\mathrm{mm}^2$ und $d = 50$ mm für die Dreiecksanordnung sowie $d = 110$ mm für die Einebenenanordnung, so wird: $R'_M = 0{,}211\ \Omega/\mathrm{km}$, $X'_{M\because} = 0{,}0692\ \Omega/\mathrm{km}$, und nach Gl. (10.26) $\lambda_{M\because} = (R'_M/R'_L) \cdot 0{,}0971$, während sich mit $X'_{M\circ\circ\circ} = 0{,}1333\ \Omega/\mathrm{km}$ nach Gl. (10.26) $\lambda_{M\circ\circ\circ} = (R'_M/R'_L) \cdot 0{,}285$ ergibt.

Bei der Berechnung von λ_B geht man im Allgemeinen so vor, dass man die Verlustberechnung für die Bewehrung und den Mantel zusammenfasst. Man verwendet Gleichungen wie bei der Berechnung der Mantelverluste, indem man die Widerstände R'_M und R'_B parallel schaltet und den geometrischen Mittelwert aus dem Manteldurchmesser und dem Bewehrungsdurchmesser einführt [N10.3].

Führt man P'_{VL} nach Gl. (10.12) noch in Gl. (10.9) ein, so ergibt sich der wirksame Gesamtwiderstandsbelag:

$$R'_{L\mathrm{ges}} = R'_{L=} F_S F_P (1 + \lambda_M + \lambda_B) = R'_{L=} + \Delta R'_L \tag{10.27}$$

Der Zusatzwiderstandbelag $\Delta R'_L$ stellt die Erhöhung des Leiterwiderstandes gegenüber dem Gleichstromwiderstand dar und erfasst den Einfluss von Skin- und Proximityeffekt sowie den Einfluss durch die Mantel- und Bewehrungsströme. Häufig werden Richtwerte für $\Delta R'_L$ angegeben, wie im Bild 10.14.

10.3.4 Wärmewiderstände

Wärmewiderstände des Kabels

Bei Einleiterkabeln liegen die Aufbauelemente konzentrisch zur Kabelachse. Den Wärmewiderstand jeder konzentrischen Schicht T_x mit $T_x = T_{Is}$ oder T_{Si} oder T_{Sa} nach Abschnitt 10.3.1 berechnet man wie folgt:

$$T_x = \frac{\sigma_x}{2\pi} \ln \frac{D_a}{D_i} \tag{10.28}$$

Dabei sind:

- σ_x Der spezifische Wärmewiderstand der Isolation oder der inneren bzw. äußeren Schutzhülle [Papierisolation bei Massekabeln: σ_{Is} = 600 Kcm/ W; Papier/Öl-Isolation: σ_{Is} = (500…550) Kcm/W; PVC: $\sigma_{Is} \approx$ 700 Kcm/ W; PE: $\sigma_{Is} \approx$ 400 Kcm/ W; innere Schutzhülle (PVC): $\sigma_{Si} \approx$ 700 Kcm/W; äußere Schutzhülle (Jute): $\sigma_{Sa} \approx$ 600 Kcm/W].
- D_i, D_a Innerer, äußerer Durchmesser der Schichten der Isolation oder der Schutzhüllen.

Bei mehradrigen Kabeln gelten besondere Berechnungsgleichungen, teilweise auch empirisch gewonnene Kurvenscharen [N10.3].

Wärmewiderstand des Erdbodens

Der Wärmewiderstand T_E des Erdbodens ist abhängig von seinem spezifischen Widerstand σ_E, von der Verlegetiefe h und vom Kabelaußendurchmesser D. Bei der Berechnung von T_E geht man davon aus, dass der Gesamtverlustbelag $P'_{Vg} = P'_V + P'_{VD}$ des Kabels an die Luft abgegeben werden muss. Im einfachsten Fall nimmt man eine konstante Erdbodentemperatur ϑ_U im unbeeinflussten Bereich des Erdbodens und konstanten spezifischen Wärmewiderstand des Erdbodens an.

Ähnlich wie bei der Kapazitätsberechnung wird auch hier spiegelbildlich zum Kabel K_1 in der Tiefe h ein Kabel K'_1 in der Höhe h' über dem Erdboden angenommen. Für den Aufpunkt P im Bild 10.9 ergibt sich dann:

$$\vartheta_P - \vartheta_U = \Delta\vartheta_P = \frac{\sigma_E}{2\pi} \ln \frac{r'_1}{r_1} P'_{Vg} \tag{10.29a}$$

Geht man im Bild 10.9 mit dem Aufpunkt auf die Kabeloberfläche mit der Temperatur ϑ_O, so wird aus Gl. (10.29a), wenn $h/D \gg 1$ ist:

$$\vartheta_O - \vartheta_U = \Delta\vartheta_a = \frac{\sigma_E}{2\pi} \ln \frac{2h}{D/2} P'_{Vg} = T_E P'_{Vg} \tag{10.29b}$$

mit

$$T_E = \frac{\sigma_E}{2\pi} \ln \frac{4h}{D} \tag{10.30}$$

Bei $\sigma_E = 100$ Kcm/W, $h = 70$ cm und dem Durchmesser $D = 5$ cm für ein Drehstromkabel wird damit nach Gl. (10.30): $T_E = 65$ Kcm/W. Hat das Kabel einen Gesamtverlustbelag von $P'_{Vg} \approx 30$ W/m und beträgt $\vartheta_U = 20\,°C$, so ergibt sich nach Gl. (10.29b) eine Temperatur der Kabeloberfläche $\vartheta_O \approx 40\,°C$.

Liegt neben dem Kabel K_1 im Bild 10.9 ein weiteres Kabel K_2 in gleicher Tiefe h und im Abstand d vom Kabel K_1 mit z.B. $P'_{VgK2} = P'_{VgK1} = P'_{Vg}$, so über-

Bild 10.9. Zur Berechnung des Erdbodenwärmewiderstandes T_E für das Kabel K_1 mit dem Gesamtverlustbelag P'_{Vges} und zur Berechnung von ΔT_E

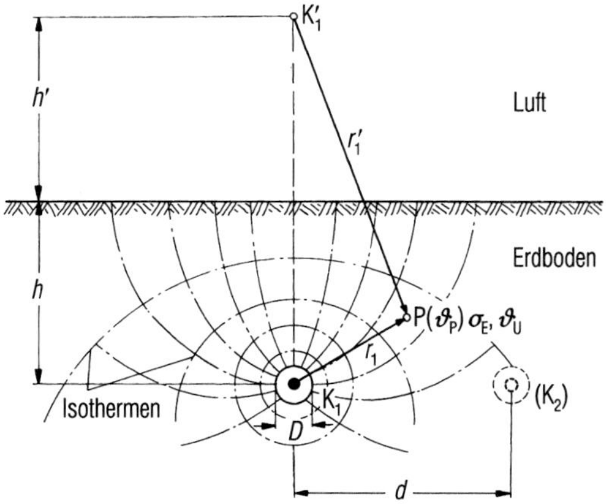

lagern sich die Wärmefelder in einfacher Weise im Erdboden. Gibt das Kabel K_2 seinen Verlustwärmebelag P'_{Vg} an das Erdreich ab, so nimmt das Kabel K_1 ohne eigenen Verlustwärmebelag eine Temperatur ϑ_{zK1} an.

$$\Delta\vartheta_{zK1} = \vartheta_{zK1} - \vartheta_U = \left(\frac{\sigma_E}{2\pi} \ln \sqrt{\left(\frac{2h}{d}\right)^2 + 1} \right) P'_{Vg} \tag{10.31 a}$$

Man erkennt, dass sich die gegenseitige thermische Beeinflussung durch einen zusätzlichen Erdbodenwärmewiderstand ΔT_E ausdrücken lässt:

$$\Delta T_E = \frac{\sigma_E}{2\pi} \ln \sqrt{\left(\frac{2h}{d}\right)^2 + 1} \tag{10.31 b}$$

Als resultierenden Erdbodenwärmewiderstand T_E^* für das Kabel K_1 erhält man mit T_E nach Gl. (10.30):

$$T_E^* = T_E + \Delta T_E \tag{10.32}$$

ΔT_E ist abhängig von der Anordnung der Nachbarkabel. Bild 10.10 zeigt als Beispiele die Gleichungen zur Berechnung von ΔT_E für drei Einleiterkabel eines Stromkreises.

10.3.5 Normalbedingungen für Kabelbelastung und Häufung

Die Größen $R'_{L\,ges}$ und T_K^* und $\Delta\vartheta_D$ in Gl. (10.35) werden von der Bauform und den Materialeigenschaften des Kabels bestimmt, während $\Delta\vartheta = \vartheta_L - \vartheta_U$ sowie T_E^* von den Umgebungsbedingungen und der Parallelverlegung mehrerer Kabel abhängen. Um die Projektierungsarbeit für die Auswahl und die Verlegung zu vereinfachen, werden Normalbedingungen für die Angabe der Strombelastbarkeit festgelegt. Man spricht dann von einem Normwert (Normalwert) I_N des Kabelbelastungsstromes. Eingeführt werden dabei Normalwerte für die Verlegung, für die Last (Dauerlast und EVU-Last) und Normalwerte für den Wärmewiderstand T_E des Erdbodens abhängig vom spezifischen Wärmewiderstand σ_E.

In Tabelle 10.4 sind die wichtigsten Normalbedingungen für Nieder- und Mittelspannungskabel zusammengestellt. Bei Kabeln für 110 kV sind meist Einzelüberlegungen notwendig. In [10.31] findet man eine ausführliche Darstellung der Belastbarkeitsüberlegungen für Starkstromkabel bis 380 kV.

Eine Umrechnung der Kabelbelastbarkeit I_N wird in folgenden Fällen notwendig:

- Volllast = Dauerlast (Reduktion der Belastbarkeit auf 75% des Wertes bei EVU-Last),
- Parallelverlegung von Kabeln im Erdreich oder in Luft (Bild 10.12),

a Kabel in Einebenenanordnung mit Abstand a

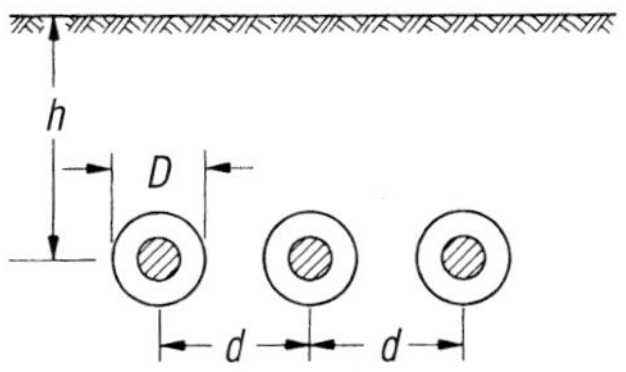

Für das mittlere Kabel:

$$\Delta T_E = \frac{\sigma_E}{2\pi} \ln\left[\left(\frac{2h}{d}\right)^2 + 1\right] \qquad (10.33\,a)$$

Für die äußeren Kabel:

$$\Delta T_E = \frac{\sigma_E}{2\pi} \ln \sqrt{\left[\left(\frac{2h}{d}\right)^2 + 1\right]\left[\left(\frac{h}{d}\right)^2 + 1\right]} \qquad (10.33\,b)$$

b Kabel in Dreiecksanordnung ohne Abstand

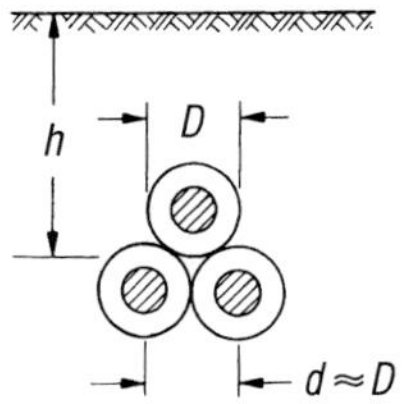

$$\Delta T_E = \frac{\sigma_E}{2\pi} \ln\left(\frac{2h}{D}\right)^2 \qquad (10.34)$$

für $\left(\frac{2h}{D}\right)^2 \gg 1$

Dauerstrombelastbarkeit eines Kabels im Erdboden zu dem andere Kabel mit gleichem Gesamtverlustbelag parallel liegen, ausgehend von Gl. (10.10):

$$I_d = \sqrt{\frac{\Delta\vartheta - \Delta\vartheta_D}{R'_{L\,ges}(T_K^* + T_E^*)}} \qquad (10.35)$$

$\Delta\vartheta_D$ nach Gl. (10.5); $R'_{L\,ges}$ nach Gl. (10.27); T_E nach Gl. (10.30); T_E^* nach Gl. (10.32)

Bild 10.10. Berechnung des Erdbodenwärmewiderstandes und der Strombelastbarkeit bei drei Einleiterkabeln eines Stromkreises. **a** Kabel in Einebenenanordnung mit Abstand; **b** Kabel in Dreiecksanordnung ohne Abstand

- Abweichung von $\vartheta_U = \vartheta_E = 20\,°C$ im Erdreich oder von $\vartheta_U = \vartheta_{Lu} = 30\,°C$ in Luft,
- Abweichender spezifischer Erdbodenwärmewiderstand von $\sigma_E = 100$ Kcm/W, siehe auch Abschn. 10.3.6 bei Bodenaustrocknung [10.29]

Bei paralleler Verlegung mehrerer Drehstromkabel in gleicher Tiefe h, bei gleichen gegenseitigen Abständen d und bei gleichen Verlusten wie im Bild 10.11 kann man einen Ballungsfaktor K_B berechnen, mit dem ermittelt wird, wie sich die Strombelastbarkeit gegenüber der Einzelverlegung vermindert. Ausgehend von Gl. (10.31 a) findet man für das mittlere von n Kabeln (n ungerade):

$$K_B = \frac{1}{2\pi} \sum_{\nu=1}^{(n-1)/2} 2 \cdot \ln \sqrt{\left(\frac{2h}{\nu d}\right)^2 + 1} = \frac{1}{2\pi} \sum_{\nu=1}^{(n-1)/2} \ln\left[\left(\frac{2h}{\nu d}\right)^2 + 1\right] \qquad (10.36)$$

Ist der Ballungsfaktor für das am ungünstigsten gelegene Kabel (mittleres Kabel im Bild 10.11) ermittelt, so ergibt sich für die zusätzliche Erwärmung

Tabelle 10.4. Normalbedingungen für die Strombelastbarkeit von Kabeln im Erdboden und in Luft

Festlegung der Normalbedingungen	Bemerkungen
EVU-Last Auf eine Periode von höchstens 10 Stunden mit Volllast folgt eine mindestens gleichlange Periode mit max. 60 % der Volllast	Bei *Dauerlast* sind die angegebenen Werte der Strombelastbarkeit mit dem *Faktor* 0,75 zu multiplizieren.
Anordnungen von Kabeln:  Einleiter Gleichstromkabel (einzeln)  Drehstromkabel (Mehrleiterkabel, einzeln)  Drei Einleiterkabel als Drehstromstromkreis (7 cm lichter Abstand)  Drei Einleiterkabel als Drehstromstromkreis (ohne Abstand, gebündelt)	Bei *Häufung* von Kabeln im Erdboden (z. B. im gemeinsamen Graben) muss die Normalbelastbarkeit reduziert werden. Eingeführt werden *Reduktionsfaktoren* für die Häufung bzw. ein *Ballungsfaktor* (Bild 10.12)
Spezifischer Wärmewiderstand des Erdbodens: $\sigma_E = 100$ Kcm/W	Zu beachten ist die Bodenart und die Bodenfeuchtigkeit: $\sigma_E \approx 50$ Kcm/W: Lehm $\sigma_E \approx 100$ Kcm/W: Sand mit Tonbeimischung $\sigma_E \approx 500$ Kcm/W: Mit Schlacke, Asche, Bauschutt verunreinigter Boden.
Abdeckung mit Ziegelsteinen oder Zementplatten gegen mechanische Beschädigungen beim Aufgraben mit 10 cm Abstand über dem Kabel	Bei Verlegung in Rohren oder Formsteinen sind entsprechende Reduktionsfaktoren einzuführen.
Verlegetiefe 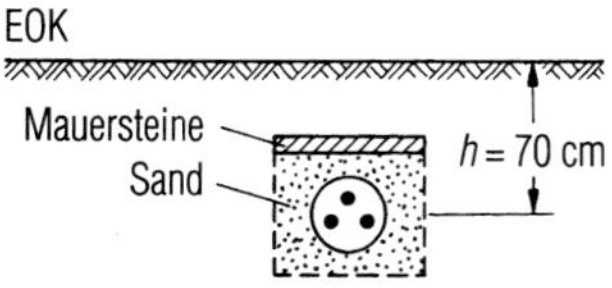 (meist Einbettung in Sand oder gesiebtes Erdreich) *Temperatur des Erdbodens*: $\vartheta_U = \vartheta_E = 20\,°C$	Bei der Berechnung von $T_E = T_{EN}$ wird $h = 70$ cm und $\sigma_E = \sigma_{EN} = 100$ Kcm/W vorausgesetzt. Bei $\vartheta_U = \vartheta_E = 20\,°C$ und einer Verlegetiefe $h = (70\ldots120)$ cm ist eine Neuberechnung nicht erforderlich.
Bei Verlegung in Luft (in Innenräumen, auf dem Fußboden, auf Kabelpritschen oder in Betonkanälen) *Temperatur der Luft*: (in unbeheizten Kellerräumen oder in Schächten im Erdboden kann man u. U. auch 20 °C einsetzen)	Bei Verlegung in Luft ist auf die Reduktion der Kabelbelastbarkeit bei Häufungen zu achten, insbesondere dann, wenn mehrere Roste oder Wannen zur Aufnahme der Kabel übereinander angeordnet werden (Industriebetriebe, Kraftwerke usw.) Bei Kabeln in Kanälen u. U. mit zusätzlicher Belüftung sind Sonderüberlegungen notwendig.

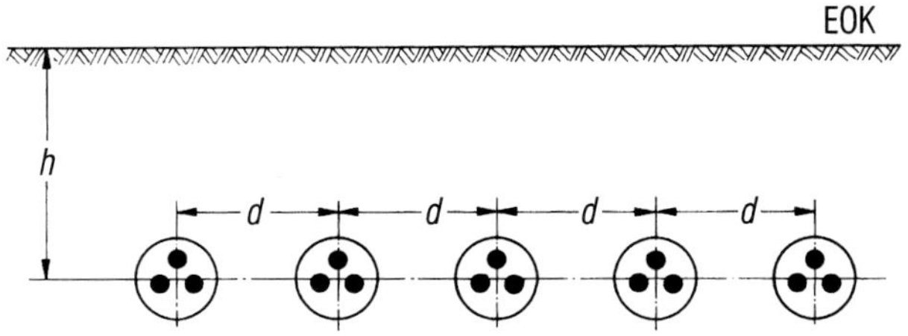

Bild 10.11. Fünf parallele Drehstromkabel mit gleicher Belastung im Erdboden mit σ_E = 100 Kcm/W (Beispiel zur Berechnung von K_B)

dieses Kabels durch die Verluste P'_{VN} der anderen parallelen Kabel unter Normalbedingungen:

$$\Delta\vartheta_{zp} = \sigma_E K_B P'_{VgN} = \Delta T_{ENp} P'_{VgN} \tag{10.37}$$

Ausgehend von Gl. (10.10) für die Dauerstrombelastbarkeit $I_d = I_N$ eines einzelnen Kabels unter Normalbedingungen mit $\Delta\vartheta_N$ und $T_{UN} = T_{EN}$ sowie ausgehend von den Überlegungen im Bild 10.10 ermittelt man:

$$I_{Np} = \sqrt{\frac{\Delta\vartheta_N - \Delta\vartheta_D}{R'_{L\,ges}(T^*_K + T^*_{ENp})}} \tag{10.38}$$

Dabei ist $T^*_{ENp} = T^*_{EN} + \Delta T_{ENp}$ mit $\Delta T_{ENp} = \sigma_E K_B$ bei K_B nach Gl. (10.36) einzusetzen. Der Zusatzindex p soll auf parallele gleichbelastete Kabel hinweisen. Bei ungleichen Abständen zwischen den Kabeln sind die Gln. (10.36) und (10.37) entsprechend abzuwandeln. Gleichung (10.38) bleibt auch dann gültig.

Bild 10.12 zeigt ein Beispiel für Reduktionsfaktoren I_{Np}/I_N abhängig von der Anzahl der parallel verlegten Kabel. Diese Reduktionsfaktoren sind mit den Kabelbelastbarkeiten I_N des Einzelkabels unter Normalbedingungen zu multiplizieren, um damit die zulässige Dauerstrombelastbarkeit bei Parallelverlegung zu finden.

10.3.6 Kabelbelastung bei Bodenaustrocknung und wechselnder Last

Die Belastungsüberlegungen in den Abschn. 10.3.2 bis 10.3.5 nach [N10.3] ausgehend von den zulässigen Leitertemperaturen im Dauerbetrieb gelten unter der Annahme, dass der Erdboden auch bei Wärmeabgabe des Kabels oder der Kabel seinen spezifischen Wärmewiderstand, z. B. σ_E = 100 Kcm/W, beibehält. In der Praxis trifft diese Annahme jedoch oft nicht zu. Bereits bei etwa 40 °C für die Oberflächentemperatur ϑ_O des Kabels kann Bodenaustrocknung einsetzen. Bei der Festlegung der Normalbedingungen für die Kabelbelastbarkeit geht

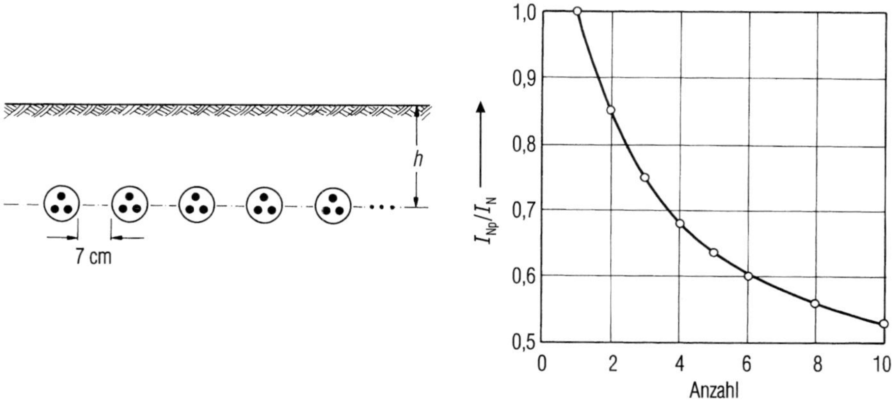

Bild 10.12. Reduktionsfaktoren für die Strombelastbarkeit bei Parallelverlegung von Massekabeln und PVC-Kabeln in Erde bei $h = 70$ cm (Beispiel)

man deshalb von EVU-Last aus mit der Annahme, dass die in der Zeit der Maximallast (Vollast) ausgetrocknete Bodenschicht um das Kabel in der Zeit geringerer Last und niedrigerer Oberflächentemperatur sich wieder regeneriert.

Die Annahme, dass der Boden um ein Kabel sich in Schwachlastzeiten regeneriert, trifft bei hohen zulässigen Leitertemperaturen und damit hohen Temperaturen ϑ_O der Kabeloberfläche, wie z.B. bei Hochspannungskabeln oder bei VPE-Kabeln (Tabelle 10.2), häufig nicht mehr zu. In diesem Falle müsste man, um Bodenaustrocknung und eine damit zusammenhängende Erhöhung von σ_E zu vermeiden, die Kabelbelastbarkeit so bestimmen, dass eine Oberflächentemperatur $\vartheta_O \approx 40\,°C$ nicht überschritten würde.

Dieses Vorgehen würde zu einer verhältnismäßig geringen Kabelauslastung führen, weil die Leitertemperatur ϑ_L nur wenige Temperaturgrade über der Oberflächentemperatur liegt. Besonders bei Kabelhäufungen in einem Kabelgraben würde diese Methode zu niedrigen Werten der Kabelbelastbarkeit führen.

Nimmt man dagegen Belastbarkeitsberechnungen für Kabel in Erde unter Berücksichtigung dosierter Bodenaustrocknung und wechselnder Last vor [10.8, 10.16, 10.31], so wird eine höhere Ausnutzung der Kabel möglich. Hierbei nimmt man um ein Kabel oder eine Gruppe von Kabeln eine kreiszylindrische, ausgetrocknete Zone z. B. mit $\sigma_{Ea} = 250$ Kcm/W anstelle von $\sigma_E = 100$ Kcm/W an. Vorausgesetzt wird dabei, dass die maximal zulässige Leitertemperatur nicht überschritten wird, und dass die Isotherme an der Grenze des ausgetrockneten Bodens eine vorgegebene Temperatur ϑ_G, bei der der Boden noch nicht austrocknet, nicht überschreitet, um so zu verhindern, dass die Bodenaustrocknung unbeabsichtigt weiter fortschreitet.

Zur Berücksichtigung der wechselnden Last wird ein thermischer „Wechselstromwiderstand" des Erdbodens eingeführt, den man aus dem thermischen Widerstand eines Erdboden-Kreiszylinders von „charakteristischem

Durchmesser“ D_y berechnet, wobei D_y von der Art der wechselnden Last und dem thermischen Widerstand des Erdbodens abhängt. D_y ist eine reine Rechengröße und streng zu unterscheiden vom Durchmesser der ausgetrockneten Zone.

Dauerlast und Bodenaustrocknung

Zur Berechnung des zulässigen Kabelstromes bei Dauerlast mit Bodenaustrocknung geht man von Gl. (10.10) bzw. (10.35) aus. Zur Berücksichtigung der Bodenaustrocknung nimmt man auf der einen Seite formal an, dass der Erdboden insgesamt austrocknet (σ_{Ea}, T_{Ea}) und führt auf der anderen Seite ein Zusatzglied $\Delta\vartheta_a$ ein, um diese nicht zutreffende Annahme zu kompensieren. Man erreicht damit die Elimination des Durchmessers der ausgetrockneten Zone. Die Gl. (10.10) für ein Kabel geht über in:

$$I_d = \sqrt{\frac{\Delta\vartheta - \Delta\vartheta_D + \Delta\vartheta_a}{R'_{Lges}(T_K^* + T_{Ea})}} \tag{10.39}$$

T_{Ea} wird z. B. nach Gl. (10.30) berechnet, jedoch mit σ_a für vollständig ausgetrockneten Boden. Entsprechendes gilt für $\Delta\vartheta_D$ nach Gl. (10.5). Für das Zusatzglied $\Delta\vartheta_a$ in Gl. (10.39) gilt:

$$\Delta\vartheta_a = \left(\frac{\sigma_{Ea}}{\sigma_E} - 1\right)(\vartheta_G - \vartheta_U) \tag{10.40}$$

Dabei sind:

- ϑ_U Umgebungstemperatur ($\vartheta_U = \vartheta_E$)
- ϑ_G Temperatur der Grenzisotherme
- σ_E spezifischer Wärmewiderstand des Erdbodens ohne Austrocknung
- σ_{Ea} spezifischer Wärmewiderstand des Erdbodens bei Austrocknung

Die Grenztemperatur ϑ_G wird abhängig vom Lastgrad m und von der Umgebungstemperatur ϑ_U angegeben. Bei Dauerlast mit $m = 1$ setzt man eine niedrigere Temperatur ϑ_U an als bei Wechsellast mit $m < 1$. Da für den Beginn der Austrocknung nicht die absolute Temperatur maßgebend ist, sondern die Differenz zwischen der Grenztemperatur ϑ_G und der Umgebungstemperatur ϑ_U, sind bei hoher Umgebungstemperatur auch hohe Grenztemperaturen zulässig. Auch bei hoher Temperatur des unbeeinflussten Erdbodens enthält dieser noch Feuchtigkeit. Als Beziehung zwischen m, ϑ_U und ϑ_G führt man ein:

$$\vartheta_G\ /\,°\mathrm{C} = 33{,}3 \cdot (1{,}45 - m) + \vartheta_U\ /\,°\mathrm{C} \tag{10.41}$$

Bei Dauerlast mit $m = 1$ und $\vartheta_U = 20\,°\mathrm{C}$ ergibt sich $\vartheta_G = 35\,°\mathrm{C}$, während man bei $m = 0{,}75$ für Wechsellast (EVU-Last) $\vartheta_G \approx 43\,°\mathrm{C}$ findet.

Wechsellast und Bodenaustrocknung

Zur Berechnung des Erdbodenwärmewiderstandes muss der charakteristische Durchmesser D_y bekannt sein. Nach [10.8] wird für den Mittelwert zwischen rechteckförmigem und sinusförmigem Lastverlauf in 24 Stunden vorgeschlagen:

$$\frac{D_y}{\text{mm}} = (649 + 1555\sqrt{\mu})\left(\frac{\sigma_E}{\text{Kcm/W}}\right)^{-0,4} \tag{10.42}$$

μ ist der Scheinarbeitsverlustfaktor. Für die Abhängigkeit des Scheinarbeitsverlustfaktors vom Lastgrad gilt [10.8]: $\mu = 0{,}3m + 0{,}7m^2$, je nach dem vorliegenden Lastverlauf in 24 Stunden. Bei $m = 0{,}75$ für Wechsellast wird $\mu = 0{,}6$ und damit bei $\sigma_E = 100$ Kcm/W nach Gl. (10.42): $D_y \approx 300$ mm.

Zur Berechnung der zulässigen Strombelastbarkeit bei Wechsellast und Dauerlast verwendet man wieder Gl. (10.39), jedoch mit:

$$T_{Ea\sim} = \frac{\sigma_{Ea}}{2\pi}\left(\ln\frac{D_y}{D} + \mu \cdot \ln\frac{4h}{D_y}\right) = \frac{\sigma_{Ea}}{2\pi}\left(\ln\frac{4h}{D} - [1-\mu]\cdot\ln\frac{4h}{D_y}\right) \tag{10.43}$$

Für Dauerlast ($\mu = 1$) geht Gl. (10.43) in Gl. (10.30) über, wenn man dort σ_{Ea} für σ_E einsetzt. Tritt bei Wechsellast keine Bodenaustrocknung auf, so wird $\Delta\vartheta_a = 0$ ($\sigma_{Ea} = \sigma_E$). In die Gl. (10.43) ist σ_E einzusetzen. $\Delta\vartheta_D$ ist nach Gl. (10.5) mit σ_E zu berechnen. Die Wechsellast wird durch D_y in Gl. (10.43) berücksichtigt mit D_y nach Gl. (10.42).

Häufung von Kabeln bei Dauerlast oder Wechsellast und Bodenaustrocknung

Bei der Berechnung des zulässigen Stromes bei Dauerlast und Bodenaustrocknung gelten für den äußeren Wärmewiderstand und den Einfluss der Nachbarkabel die bereits in den Abschn. 10.3.5 und 10.3.6 angegebenen Gleichungen jedoch mit der Änderung, dass σ_{Ea} für σ_E eingesetzt wird.

Bei Wechsellast wird die Berechnung schwieriger, weil bekannt sein muss, wie viele der parallelen Kabel sich innerhalb des Zylinders mit dem charakteristischen Durchmesser D_y befinden. Die einfachsten Fälle werden nachstehend angegeben, wobei $T^*_{Ea\sim} = T_{Ea\sim} + \Delta T_{Ea}$ an die Stelle von T_{Ea} in Gl. (10.39) tritt:

Mehrleiterkabel, wenn ein Kabel innerhalb D_y liegt:

$$T_{Ea\sim} \text{ nach Gl. (10.43);} \quad \Delta T_{Ea\sim} = \mu\frac{\sigma_{Ea}}{2\pi}\sum_{\nu=2}^{n}\ln\sqrt{\left(\frac{2h}{\nu d}\right)^2 + 1} \tag{10.44 a}$$

Einleiterkabel in Einebenenanordnung, wenn ein Kabel innerhalb D_y liegt:

$$T_{Ea\sim} = \frac{\sigma_{Ea}}{2\pi}\left(\ln\frac{D_y}{D} + \mu\ln\frac{4h}{D_y} + \mu^2\sqrt{\left(\frac{2h}{\nu d}\right)^2 + 1}\right); \quad \Delta T_{Ea\sim} = 0 \tag{10.44 b}$$

Drei Einleiterkabel im Dreieck gebündelt, wenn alle drei Kabel innerhalb D_y liegen:

$$T_{Ea\sim} = \frac{\sigma_{Ea}}{2\pi}\left(\ln\frac{D_y}{D} + 2\ln\frac{D_y}{2D} + 3\mu\ln\frac{4h}{D_y}\right); \quad \Delta T_{Ea\sim} = 0 \tag{10.45}$$

$\Delta\vartheta_D$ ist nach Gl. (10.5) mit σ_{Ea} zu berechnen und in Gl. (10.39) einzusetzen.

10.4 Impedanzen und Kapazitäten

10.4.1 Impedanzen im Mit- und Nullsystem

Die Wirkwiderstandsbeläge von Kabeln im Mit- und Gegensystem setzen sich bei der Leitertemperatur ϑ_L nach Gl. (10.27) aus den Gleichstromwiderstandsbelägen $R'_{L=}$ und den Zusatzwiderstandsbelägen $\Delta R'_L$ zusammen:

$$R'_1 = R'_2 = R'_{L\,ges} = R'_{L=} + \Delta R'_L = R'_{L=20}[1 + \alpha(\vartheta_L - 20°C)] + \Delta R'_L \tag{10.46}$$

Für Niederspannungskabel sind die Wirkwiderstandsbeläge bei Leitertemperaturen von 20 °C, und 80 °C (Betriebstemperatur, Tabelle 10.2) ausgehend von den Tabellen A.14.1 und A.15.1 im Bild 10.13 aufgezeichnet. Dabei ist α der Temperaturkoeffizient nach Tabelle 15.22.

Zur Ermittlung von $R'_{L\,ges}$ nach Gl. (10.46) bei Hochspannungskabeln verwendet man $\Delta R'_L$ nach Bild 10.14. Bei Höchstspannungseinleiterkabeln können zur Herabsetzung der Metallmantelverluste die Mäntel nur einseitig geerdet werden. Diese Maßnahme hat dann zur Folge, dass Induktionsspannungen an den nicht geerdeten Enden auftreten (isoliert aufgestellte Endverschlüsse) und ist deshalb auf Kabellängen von etwa 500 m begrenzt. Eine weitere Maßnahme zur Herabsetzung der Mantelverluste ist das Auskreuzen der Mäntel an den Kabelmuffen.

Die Induktivitäten bzw. induktiven Blindwiderstände von Drehstromkabeln im Mit- und Gegensystem werden vom Hersteller angegeben [10.2,10.36]. Sie werden entweder durch Messung oder durch Berechnung bestimmt, wobei metallische Mäntel, Schirme und Bewehrungen die ohne diesen Einfluss berechneten Induktivitäten erheblich beeinflussen können. Tabelle 10.5 enthält einfache Berechnungsgleichungen für Kabel ohne Schirme, Mäntel oder metallische Bewehrungen. Die nach Tabelle 10.5 berechneten mittleren Reaktanzen X'_1 vermindern sich um $\Delta X'_1$, während sich die berechneten Resistanzen um $\Delta R'_1 = \Delta R'_L$ erhöhen, wenn die Kabel metallische Schirme oder Mäntel haben, die geerdet sind und induzierte Ströme führen (siehe Abschnitt 10.4.2). Mit R'_M nach Gl. (10.24) und X'_M nach Gl. (10.25) ergibt sich:

$$\Delta X'_1 = \omega\frac{\mu_0}{2\pi}\left(\ln\frac{d}{D_M/2}\right)\frac{1}{1 + (R'_M / X'_M)^2} \tag{10.47}$$

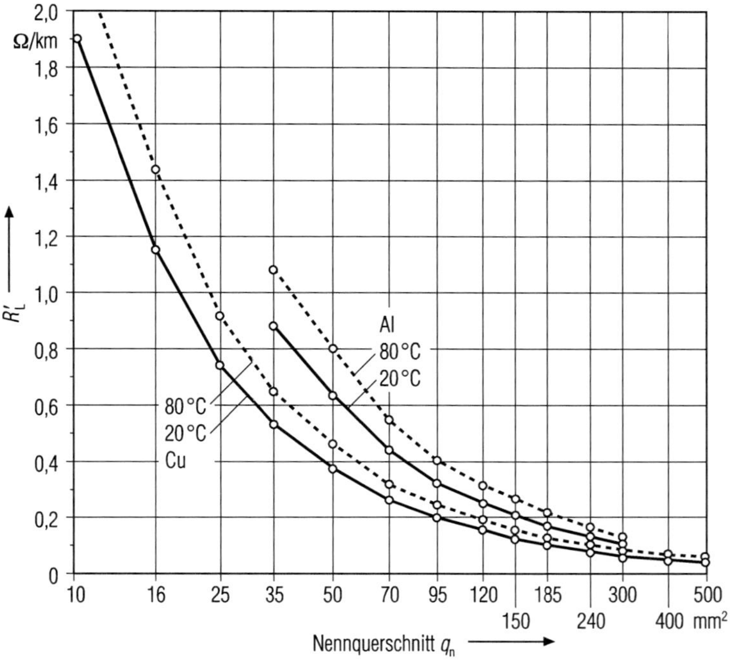

Bild 10.13. Widerstandsbeläge $R'_L = R'_1$ von Niederspannungsdrehstrom- und Niederspannungseinleiterkabeln im Mitsystem für Kupferleiter (Cu) und Aluminiumleiter (Al) (Tabelle A.14.1 und A.15.1)

$$\Delta R'_1 = R'_M \frac{1}{1 + (R'_M / X'_M)^2} \tag{10.48}$$

Sind die metallischen Mäntel nur einseitig geerdet und auf ihrer Länge gegen Erde isoliert, so kann man näherungsweise die Gleichungen der Tabelle 10.5 verwenden.

Bild 10.15 enthält Anhaltswerte für die Reaktanzbeläge von Drehstromkabeln.

Bei der Berechnung der Nullimpedanzen von Niederspannungskabeln muss man berücksichtigen, dass die Nullströme entweder nur über den vierten Leiter, oder über den vierten Leiter und Mantel mit Bewehrung bzw. Schirm oder aber über den vierten Leiter, Mantel mit Bewehrung bzw. Schirm und Erde fließen können. Bei NYY- bzw. NAYY-Kabeln erfolgt die Rückleitung entweder nur über den vierten Leiter oder über den vierten Leiter und Erde. In besiedelten Gebieten stehen daneben u. U. noch weitere metallische Leiter, wie z.B. metallische Wasserrohre, für die Rückleitung zur Verfügung. Bild 10.16 zeigt als Beispiel die Quotienten aus Resistanzen und Reaktanzen im Null- und Mitsystem für Niederspannungs-Vierleiterkabel N(A)YY bei Rückleitung nur über den vierten Leiter und bei Rückleitung über den vierten Lei-

Tabelle 10.5. Reaktanzen und Impedanzen von Kabeln im Mitsystem ohne metallische Schirme und Mäntel für Betriebsfrequenz

Anordnung	Berechnungsgleichungen	Gl.
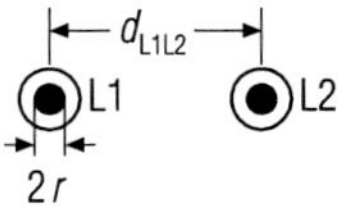	Schleifenreaktanz [9.7] $X' = \omega \frac{\mu_0}{\pi}\left(\frac{1}{4} + \ln \frac{d_{L1L2}}{r}\right)$ $\mu_0 = 4\pi \cdot 10^{-4}\,\mathrm{H/m}$	(10.49)
	Impedanz der Leiterschleife: $\underline{Z}' = 2R' + jX'$	(10.50)
Beliebige Anordnung 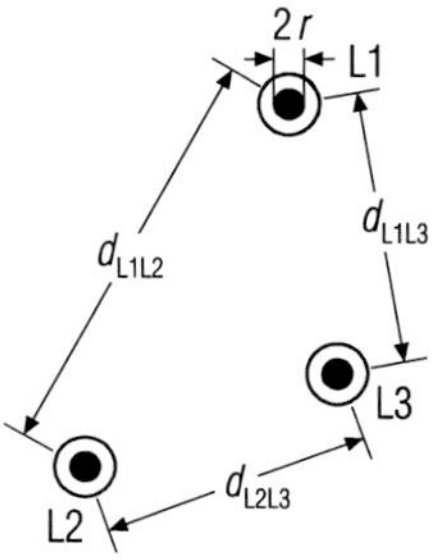	Reaktanz im Mitsystem: $X_1' = \omega \frac{\mu_0}{2\pi}\left(\frac{1}{4} + \ln \frac{d}{r}\right)$ mit $d = \sqrt[3]{d_{L1L2}\, d_{L2L3}\, d_{L3L1}}$	(10.51)
	Impedanz im Mitsystem (= Gegensystem): $\underline{Z}_1' = R_1' + j\omega \frac{\mu_0}{2\pi}\left(\frac{1}{4} + \ln \frac{d}{r}\right)$	(10.52)
Dreiecksverlegung 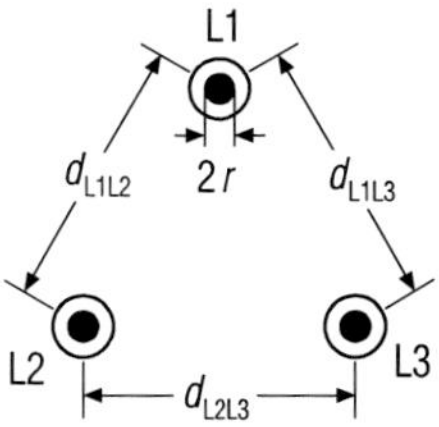	$X_1' = \omega \frac{\mu_0}{2\pi}\left(\frac{1}{4} + \ln \frac{d}{r}\right)$ mit $d = d_{L1L2} = d_{L2L3} = d_{L3L1}$	(10.53)
	$\underline{Z}_1' = R_1' + j\omega \frac{\mu_0}{2\pi}\left(\frac{1}{4} + \ln \frac{d}{r}\right)$	(10.54)
Einebenenverlegung 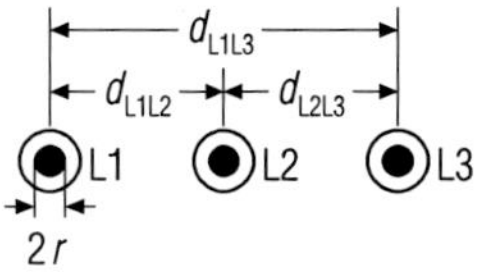	Reaktanz im Mitsystem: $X_1' = \omega \frac{\mu_0}{2\pi}\left(\frac{1}{4} + \ln \frac{d}{r}\right)$	(10.55)
	Impedanz im Mitsystem (= Gegensystem): $\underline{Z}_1' = R_1' + j\omega \frac{\mu_0}{2\pi}\left(\frac{1}{4} + \ln \frac{d}{r}\right)$	(10.56)
	$\underline{Z}_1' = R_1' + j\omega \frac{\mu_0}{2\pi}\left(\frac{1}{4} + \ln \frac{d_{L1L2}\sqrt[3]{2}}{r}\right)$	(10.57)

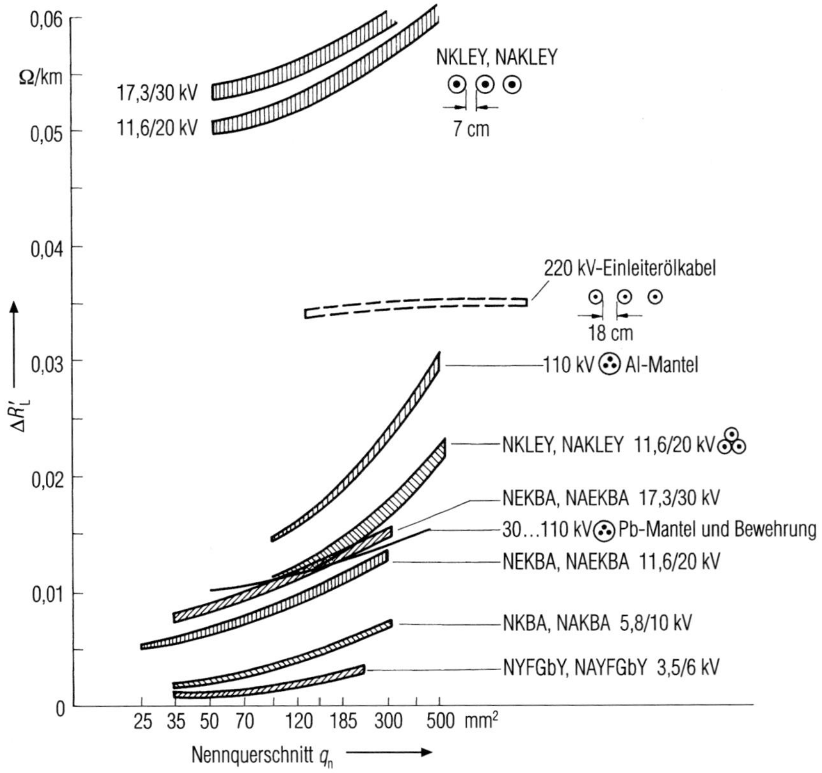

Bild 10.14. Zusatzwiderstandsbeläge $\Delta R'_L$ für Hochspannungskabel nach Gl. (10.48) abhängig von der Kabelart und der Verlegung [10.2, 10.36]

ter und Erde. Bei Rückleitung nur über den vierten Leiter gilt: $R_0/R_1 = 4$ und $X_0/X_1 = 4$. Bei Rückleitung über den vierten Leiter und Erde wird $R_0/R_1 < 4$ und $X_0/X_1 > 4$ bei Cu-Querschnitten bis 150 mm² bzw. $X_0/X_1 \approx 4$ bei größeren Querschnitten.

Impedanzbeläge für Drehstrom-Niederspannungskabel mit 3-, $3^1/_2$- und 4-Leiterkabel sowie die Quotienten R_0/R_1 und X_0/X_1 nach [N15.3] sind im Anhang A.14 angegeben. Entsprechende Angaben für Niederspannungs-Einleiterkunststoffkabel findet man in den Anhängen A.15 und A.16. Bei diesen Angaben wird ein spezifischer Erdwiderstand von $\rho_E = 100\ \Omega\text{m}$ zugrunde gelegt und weiterhin, dass die Länge der Kabel größer ist als die Erdstromtiefe $\delta_E \approx 930$ m.

Bei Hochspannungskabeln sind neben dem Mantel und der Bewehrung im Falle von Einleiterkabeln auch die Verlegungsart zu berücksichtigen. Hier sind Berechnungen häufig unsicher, auch wenn der Kabelaufbau im Einzelnen bekannt ist. Bild 10.17 enthält Anhaltswerte für die Nullimpedanz von Einleiterkabeln (unbewehrt) für 60 bis 220 kV [15.64].

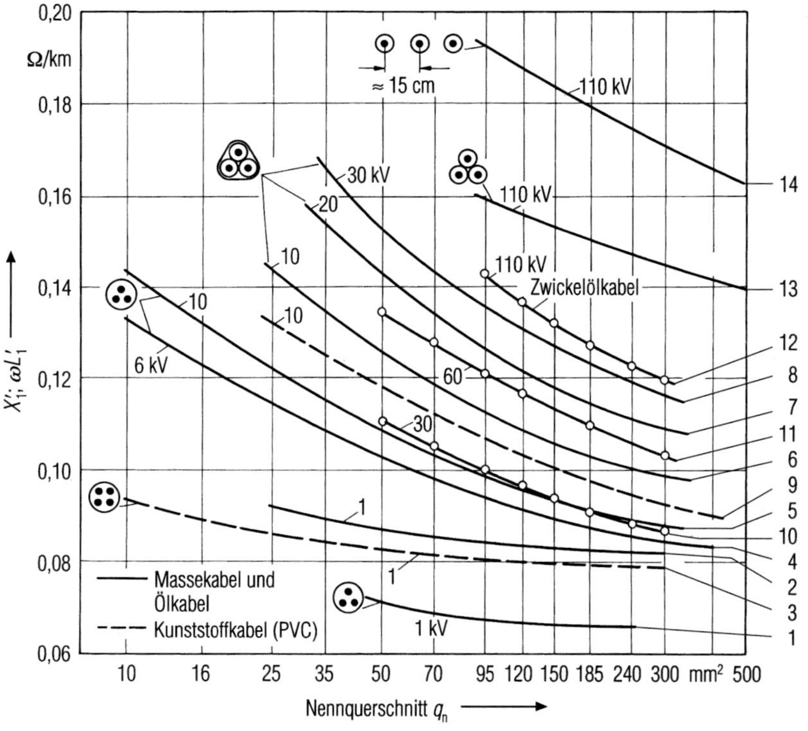

Bild 10.15. Reaktanzbeläge $X_1' = \omega L_1'$ von Drehstromkabeln 1 kV bis 110 kV bei $f = 50$ Hz. *1* Niederspannungskabel: 0,6/1 kV mit 3-Leitern, z. B. NKLEY, NAKLEY; *2* Niederspannungskabel mit $3^1/_2$-Leitern, z.B. NKBA, NAKBA; *3* Niederspannungskabel mit 4-Leitern, z. B. NYY, NAYY, NYCWY; *4* Gürtelkabel, Bleimantel+Bewehrung 6 kV; *5* Gürtelkabel 10 kV; *6* Dreimantelkabel mit Bewehrung 10 kV; *7* wie *6* jedoch 20 kV; *8* wie *6* jedoch 30 kV; *9* Kunststoffisolierte Kabel 10 kV, z.B. NYFGbY; *10* Zwickelölkabel 30 kV; *11* wie *10* jedoch 60 kV; *12* wie *10* jedoch 110 kV; *13* Einleiterölkabel 110 kV im Dreieck verlegt; *14* Einleiterölkabel 110 kV nebeneinander verlegt

Ausgehend von den Grundüberlegungen zur Theorie der mittleren geometrischen Abstände im Abschn. 9.3, sollen Berechnungsgleichungen für die Mit- und die Nullimpedanz von Kunststoffkabeln angegeben werden. Analog zu den Überlegungen im Abschn. 9.4 ergeben sich die in Tabelle 10.5 zusammengestellten Gleichungen für die Mitimpedanzen.

Bei den in Tabelle 10.6 angegebenen Gleichungen für die Berechnung der Nullimpedanzen von Niederspannungskabeln für einzelne Stromkreise muss man zwischen der Rückleitung nur über den vierten Leiter N, die Rückleitung nur über Erde und die Rückleitung über den vierten Leiter und Erde unterscheiden. Weitergehende Angaben zu den Nullimpedanzen von Niederspannungskabeln findet man in den Anhängen A.14 und A.15. Die Nullimpedanz hängt bei Einleiterkabeln auch von der Verlegung ab (A.15) und von weiteren in der Nähe befindlichen Stromkreisen (A.16).

Bild 10.16. Quotienten der Resistanzen und Reaktanzen im Null- und Mitsystem für Niederspannungs-Vierleiterkabel N(A)YY ohne Schirm und Mantel bei f = 50 Hz (Tab. A.14.3)

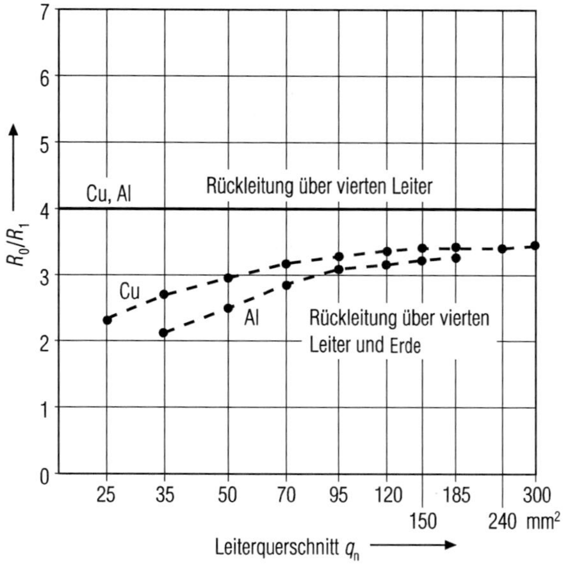

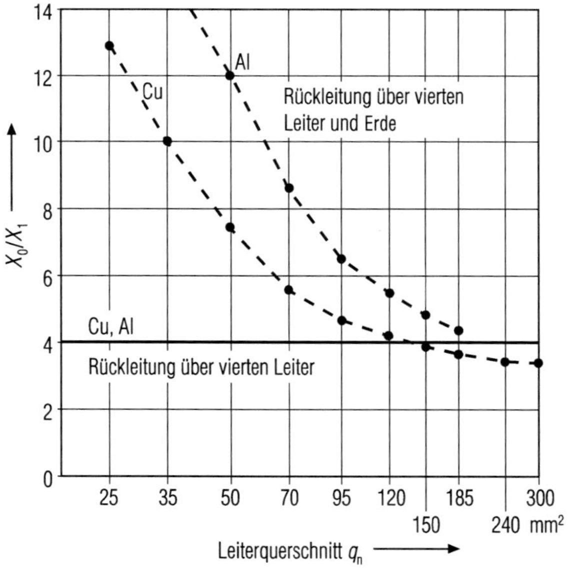

Bild 10.17. R'_0 und X'_0 für Einleiterkabel 60 bis 220 kV bei 50 Hz und $\rho_E = 100\ \Omega m$ [15.64]. Bei 110-kV-Einleiterkabeln in einer Ebene mit $q_n = 240\ mm^2$ gilt z.B.: $R_0/R_1 \approx 7{,}5$ und $X_0/X_1 \approx 1{,}5$

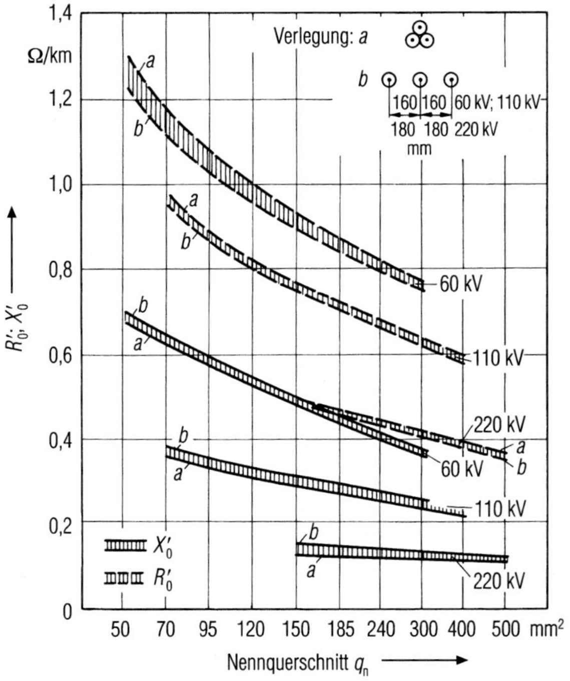

Nach [9.44] ersetzt man bei Kabellängen $\ell \leq 1{,}36\,\delta_E$, was insbesondere bei Niederspannungskabeln zu erwarten ist, die Erdstromtiefe δ_E durch d_E

$$d_E = \frac{2}{e} \cdot \ell \cdot e^{-\frac{\ell}{e\delta_E}} \tag{10.61}$$

und den Ausdruck $R'_E = \omega\mu_0/8$ für den Erdbodenwiderstand in den Gln. (10.59) und (10.60) durch:

$$R'^{*}_E = 0{,}75 R'_E \frac{d_E}{\delta_E} = 0{,}75 \cdot \omega \frac{\mu_0}{8} \cdot \frac{d_E}{\delta_E} \tag{10.62}$$

Die dadurch auftretende Verkleinerung der Quotienten R_{0NE}/R_1 und X_{0NE}/X_1 bei Rückleitung über den 4. Leiter und Erde für Niederspannungskabel 4×1×NYY ist im Bild 10.18 beispielhaft für eine Anordnung der vier Kabel nebeneinander dargestellt (siehe auch Tabelle A.15.7).

Durch die Verminderung des Impedanzbelages $\underline{Z}'_{0NE}$ abhängig von der Kabellänge ℓ nach Bild 10.18 werden sich die berechneten Erdkurzschlussströme I''_{k1} in der Regel nur wenig erhöhen, wie das Beispiel im Bild 10.19 zeigt. Die Kurzschlussleistung S''_{kQ} des speisenden 10-kV-Netzes spielt dabei praktisch keine Rolle. Für den Niederspannungstransformator wurde $X_{0T}/X_T = 0{,}95$ gesetzt. Nur bei kleinen Kabelquerschnitten und damit hohen Werten X_{0NE}/X_1 (Tabelle A.16.7) können größere Abweichungen auftreten.

Tabelle 10.6. Nullimpedanzen von Niederspannungskabeln für Betriebsfrequenz

Rückleitung nur über den 4. Leiter (vier gleiche Leiter)	$\underline{Z}'_{0N} = 4R'_{L} + j4\omega\frac{\mu_0}{2\pi}\left(\frac{1}{4}+\ln\frac{\sqrt{d_{LN}^3}}{r\sqrt{d}}\right) = 4\underline{Z}'_1 + j\Delta X'_{0N}$ (10.58) mit $d=\sqrt[3]{d_{L1L2}\,d_{L1L3}\,d_{L2L3}}$, $d_{LN}=\sqrt[3]{d_{L1N}\,d_{L2N}\,d_{L3N}}$ Allgemein: $\Delta X'_{0N} = 6\omega\frac{\mu_0}{2\pi}\ln\frac{d_{LN}}{d}$ 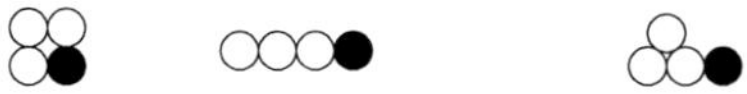 $\Delta X'_{0N}=0$ $\Delta X'_{0N}=6\omega\frac{\mu_0}{2\pi}\ln\sqrt[3]{3}$ $\Delta X'_{0N}=6\omega\frac{\mu_0}{2\pi}\ln\sqrt[6]{12}$
Rückleitung nur über Erde	$\underline{Z}'_{0E} = R'_{L} + 3\omega\frac{\mu_0}{8} + j\omega\frac{\mu_0}{2\pi}\left(\frac{1}{4}+3\ln\frac{\delta_E}{\sqrt[3]{rd^2}}\right)$ (10.59) δ_E nach Gl. (9.27)
Rückleitung über 4. Leiter und Erde (vier gleiche Leiter)	$\underline{Z}'_{0NE} = R'_{L} + 3\omega\frac{\mu_0}{8} + j\omega\frac{\mu_0}{2\pi}\left(\frac{1}{4}+3\ln\frac{\delta_E}{\sqrt[3]{rd^2}}\right) - 3\frac{\left(\omega\frac{\mu_0}{8}+j\omega\frac{\mu_0}{2\pi}\ln\frac{\delta_E}{d_{LN}}\right)^2}{R'_{L}+\omega\frac{\mu_0}{8}+j\omega\frac{\mu_0}{2\pi}\left(\frac{1}{4}+\ln\frac{\delta_E}{r}\right)}$ (10.60)

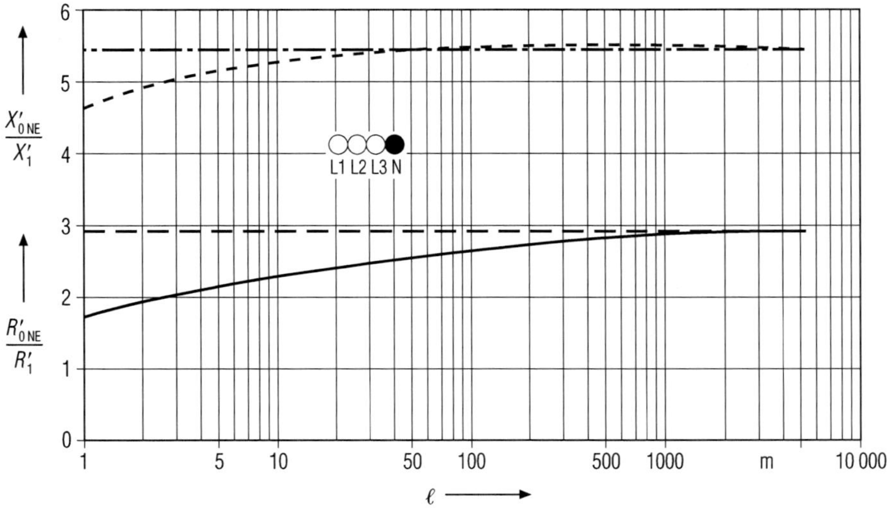

Bild 10.18. Quotienten R_{0NE}/R_1 und X_{0NE}/X_1, gebildet mit Gl. (10.60) und Gl. (10.52) unter Berücksichtigung der Gln. (10.61) und (10.62) für die endliche „kurze" Kabellänge ℓ mit Asymptoten. Beispiel: Vier Einleiterkabel 4×1×95 mm²Cu, nebeneinander

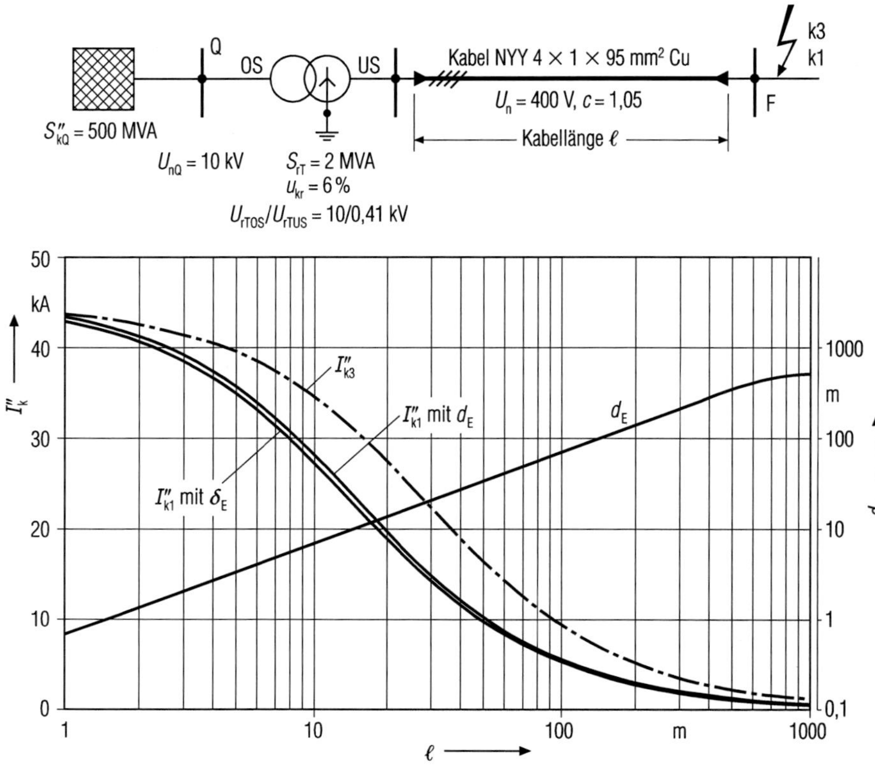

Bild 10.19. Dreipoliger und einpoliger Kurzschlussstrom bei Kurzschluss am Ende von Niederspannungseinleiterkabeln NYY 4×1×95 Cu der Länge ℓ. Nullimpedanzbelag nach Gl. (10.60) mit einer Erdstromtiefe δ_E = 930 m oder d_E nach Gl. (10.61) abhängig von der Länge ℓ des Kabels

10.4.2 Mit- und Nullimpedanzen von Drehstromkabeln mit geerdeten metallischen Mänteln oder Schirmen

Bei Hochspannungskabeln mit beidseitig geerdeten metallischen Mänteln oder Schirmen besteht teilweise die Möglichkeit zur Berechnung der Mit- und Nullimpedanzen unter Berücksichtigung der durch Induktionswirkung in den Mänteln (Schirmen) fließenden Ströme, die Änderungen gegenüber den in Tabelle 10.5 angegebenen Gleichungen für die Mitimpedanzen verursachen und auf jeden Fall die Nullimpedanzen beeinflussen. Vorausgesetzt wird dabei, dass Kabelaufbau und Kabelabmessungen bekannt sind.

Der Fall eines Dreileiterkabels, bei dem ein gemeinsamer Mantel oder Schirm alle drei Kabeladern mit ihrer Isolation umfasst, soll als erster behandelt werden, weil er der Berechnung leicht zugänglich ist, solange keine Stahlbandbewehrung vorhanden ist.

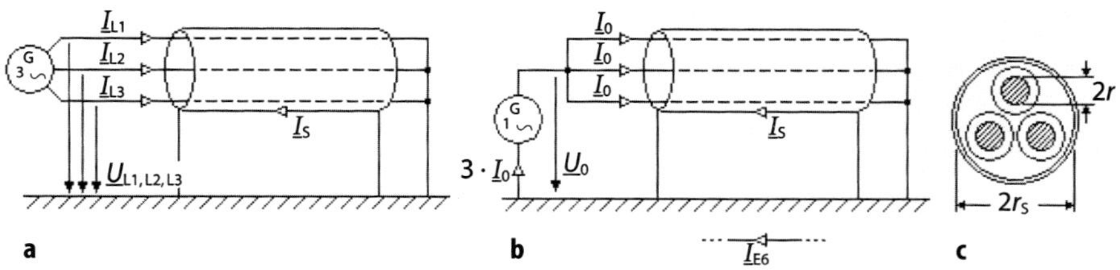

Bild 10.20. Zur Berechnung der Mit- und Nullimpedanzen von Dreileiterkabeln mit gemeinsamem Mantel oder Schirm
a Mitsystem $\underline{I}_S$; **b** Nullsystem $\underline{I}_S + \underline{I}_{E\delta} = 3\underline{I}_0$; **c** Kabelquerschnitt

Die Berechnungsgleichungen für die Mit- und Nullimpedanzbeläge sollen ausgehend von Bild 10.20 abgeleitet werden. Der Index S nach IEC TR 60909-2:2008 [N15.3] wird gleichermaßen für Mantel oder Schirm (sheath oder shield) verwendet.

Für die Anordnung nach Bild 10.20a gilt:

$$\begin{bmatrix} \underline{U}_{L1} \\ \underline{U}_{L2} \\ \underline{U}_{L3} \\ 0 \end{bmatrix} = \begin{bmatrix} \underline{Z}'_{L1L1E} & \underline{Z}'_{L1L2E} & \underline{Z}'_{L1L3E} & \underline{Z}'_{L1SE} \\ \underline{Z}'_{L2L1E} & \underline{Z}'_{L2L2E} & \underline{Z}'_{L2L3E} & \underline{Z}'_{L2SE} \\ \underline{Z}'_{L3L1E} & \underline{Z}'_{L3L2E} & \underline{Z}'_{L3L3E} & \underline{Z}'_{L3SE} \\ \underline{Z}'_{SL1E} & \underline{Z}'_{SL2E} & \underline{Z}'_{SL3E} & \underline{Z}'_{SSE} \end{bmatrix} \cdot l \cdot \begin{bmatrix} \underline{I}_{L1} \\ \underline{I}_{L2} \\ \underline{I}_{L3} \\ -\underline{I}_S \end{bmatrix} \tag{10.63}$$

Dabei bilden $\underline{U}_{L1}$, $\underline{U}_{L2}$, $\underline{U}_{L3}$ ein Drehspannungsmitsystem mit $\underline{U}_{L2} = \underline{a}^2\underline{U}_{L1}$ und $\underline{U}_{L3} = \underline{a}\underline{U}_{L1}$ sowie $\underline{I}_{L1}$, $\underline{I}_{L2}$, $\underline{I}_{L3}$ ein Drehstrommitsystem mit $\underline{I}_{L2} = \underline{a}^2\underline{I}_{L1}$ und $\underline{I}_{L3} = \underline{a}\underline{I}_{L1}$. Die Impedanzbeläge der Schleifen mit Rückleitung über Erde sind in den Gleichungen (9.25b) und (9.26b) definiert.

Aus der vierten Zeile der Gl. (10.63) ergibt sich

$$\underline{I}_S = \underline{I}_{L1} \frac{\underline{Z}'_{SL1E} + \underline{a}^2\,\underline{Z}'_{SL2E} + \underline{a}\,\underline{Z}'_{SL3E}}{\underline{Z}'_{SSE}} \tag{10.64}$$

Eingeführt wird für den mittleren geometrischen Abstand zwischen den einzelnen Leitern und dem Mantel oder Schirm S der mittlere Radius r_S nach A.7, Nr. 3 und die Erdstromtiefe δ_E nach Gl. (9.27):

$$\underline{Z}'_{SL1E} = \omega\frac{\mu_0}{8} + \mathrm{j}\omega\frac{\mu_0}{2\pi}\ln\frac{\delta_E}{r_S} = \underline{Z}'_{SL2E} = \underline{Z}'_{SL3E}$$

Damit ergibt sich $\underline{I}_S = 0$. Es fließt also, wenn die drei Ströme ein Mitsystem bilden, kein Strom im beidseitig geerdeten Mantel oder Schirm. Der Radius r_S ist der mittlere Radius des Mantels oder Schirms mit $r_S = 0{,}5(r_{Si} + r_{Sa})$ bei r_{Si} für den inneren und r_{Sa} für den äußeren Radius. Für den Querschnitt des Mantels (Schirms) gilt: $q_S = 2\pi r_S d_S$, wobei d_S die Dicke des Mantels oder Schirms ist.

$$\text{Mit } \underline{Z}'_{L1L1E} = R'_L + \omega\frac{\mu_0}{8} + j\omega\frac{\mu_0}{2\pi}\left(\frac{1}{4} + \ln\frac{\delta_E}{r}\right),\ \underline{Z}'_{L1L2E} = \omega\frac{\mu_0}{8} + j\omega\frac{\mu_0}{2\pi}\ln\frac{\delta_E}{d_{L1L2}} \text{ usw.}$$

ergibt sich aus der ersten Zeile der Gl. (10.63):

$$\underline{U}_{L1} = (\underline{Z}'_{L1L1E} + \underline{a}^2\,\underline{Z}'_{L1L2E} + \underline{a}\,\underline{Z}'_{L1L3E})\cdot l\cdot \underline{I}_{L1} \tag{10.65}$$

Weil alle drei Leiterabstände d_{L1L2}, d_{L1L3} und d_{L2L3} gleich groß sind, ist es ausreichend nur die erste Zeile der Gl. (10.63) zu verwenden. Mit $\underline{U}_{L1} = \underline{U}_1$ und $\underline{I}_{L1} = \underline{I}_1$ wird dann:

$$\underline{Z}'_1 = R'_L + j\omega\frac{\mu_0}{2\pi}\left(\frac{1}{4} + \ln\frac{d}{r}\right) \quad \text{mit} \quad d = \sqrt[3]{d_{L1L2}d_{L1L3}d_{L2L3}} \tag{10.66}$$

Zur Bestimmung des Nullimpedanzbelages bei Rückleitung über den Mantel oder Schirm S und die Erde geht man von Bild 10.20b aus. In jedem der drei Leiter soll der Strom $\underline{I}_0$ fließen. Der Rückstrom hat dann die Größe $3\underline{I}_0$ und teilt sich auf in $\underline{I}_S$ und $\underline{I}_{E\delta}$. Dabei ist $\underline{I}_{E\delta}$ der über den Halbraum Erde fließende Stromanteil, nachgebildet durch einen Strom in der Erdstromtiefe δ_E. Ersetzt man $\underline{U}_{L1}$, $\underline{U}_{L2}$ und $\underline{U}_{L3}$ in Gl. (10.63) durch $\underline{U}_0$ und entsprechend $\underline{I}_{L1}$, $\underline{I}_{L2}$ und $\underline{I}_{L3}$ durch $\underline{I}_0$, so findet man aus der vierten Zeile mit den Schleifenimpedanzbelägen wie oben:

$$\underline{I}_S = \underline{I}_0\frac{\underline{Z}'_{SL1E} + \underline{Z}'_{SL2E} + \underline{Z}'_{SL3E}}{\underline{Z}'_{SSE}} = 3\underline{I}_0\frac{\omega\frac{\mu_0}{8} + j\omega\frac{\mu_0}{2\pi}\ln\frac{\delta_E}{r_S}}{R'_S + \omega\frac{\mu_0}{8} + j\omega\frac{\mu_0}{2\pi}\ln\frac{\delta_E}{r_S}} \tag{10.67}$$

Mit diesem Ergebnis für $\underline{I}_S$ und den obigen Annahmen für das Nullsystem ergibt sich aus den ersten drei Zeilen der Gl. (10.63):

$$\underline{Z}'_{0SE} = R'_L + 3\omega\frac{\mu_0}{8} + j\omega\frac{\mu_0}{2\pi}\left(\frac{1}{4} + 3\ln\frac{\delta_E}{\sqrt[3]{rd^2}}\right) - 3\frac{\left(\omega\frac{\mu_0}{8} + j\omega\frac{\mu_0}{2\pi}\ln\frac{\delta_E}{r_S}\right)^2}{R'_S + \omega\frac{\mu_0}{8} + j\omega\frac{\mu_0}{2\pi}\ln\frac{\delta_E}{r_S}} \tag{10.68}$$

Der Anteil, der von $3\underline{I}_0$ über das Erdreich zurückfließt, ergibt sich mit Gl. (10.67) aus:

$$\underline{I}_{E\delta} = 3\underline{I}_0 - \underline{I}_S = 3\underline{I}_0\frac{R'_S}{R'_S + \omega\frac{\mu_0}{8} + j\omega\frac{\mu_0}{2\pi}\ln\frac{\delta_E}{r_S}} = 3\underline{I}_0\cdot\underline{r}_1 \tag{10.69}$$

Dabei ist $\underline{r}_1$ der Reduktionsfaktor bei einem gemeinsamen Mantel oder Schirm. Mit diesem Faktor kann man dann auch den Strom $\underline{I}_S = (1 - \underline{r}_1)3\underline{I}_0$ ausdrücken.

Beispiel:
Als Beispiel für die Auswertung der Gl. (10.66) und (10.68), soll ein dreiadriges 10-kV-Kunststoffkabel mit einem gemeinsamen Kupferschirm und einer VPE-Außenumhüllung betrachtet werden.

$q_L = 150\ \text{mm}^2$, $r = 6{,}91\ \text{mm}$, $R'_L = 0{,}206\ \Omega/\text{km}$ (bei 20° C),
$q_S = 50\ \text{mm}^2$, $r_S = 23\ \text{mm}$, $R'_S = 0{,}357\ \Omega/\text{km}$,
Abstand zwischen den Adern $d = 21$ mm,
spezifischer Erdwiderstand $\rho_E = 100\ \Omega\text{m}$:
Nach Gl. (10.66):
$\underline{Z}'_1 = (0{,}206 + \text{j}0{,}0856)\ \Omega/\text{km}$
Nach Gl. (10.68):
$\underline{Z}'_{0SE} = (0{,}3540 + \text{j}\,0{,}8003)\ \Omega/\text{km} + 3 \cdot (0{,}0714 - \text{j}\,0{,}0973)\ \Omega/\text{km} =$
$(0{,}5682 + \text{j}\,0{,}5083)\ \Omega/\text{km}$

Im Hochspannungsnetz werden Einleiterkabel (häufig Kunststoffkabel VPE) verwendet mit unmagnetischen metallischen Mänteln oder Schirmen bei beidseitiger Erdung (z. B. Nr. 8 und Nr. 9 in Tabelle A.13).

Bild 10.21 zeigt die Schaltung zur Bestimmung der Mitimpedanz bei drei Einleiterkabeln in symmetrischer Anordnung (Dreiecksanordnung) oder unsymmetrischer Anordnung (Einebenenanordnung), wobei vorausgesetzt werden soll, dass zugehörig zum Mitsystem der Spannungen ($\underline{U}_{L1}$, $\underline{U}_{L2} = \underline{a}^2\underline{U}_{L1}$ und $\underline{U}_{L3} = \underline{a}\underline{U}_{L1}$) ein Mitsystem der Ströme ($\underline{I}_{L1}$, $\underline{I}_{L2} = \underline{a}^2\underline{I}_{L1}$, und $\underline{I}_{L3} = \underline{a}\underline{I}_{L1}$) vorhanden ist. $\underline{U}_{L1}$ und $\underline{I}_{L1}$ entsprechen dann den symmetrischen Größen $\underline{U}_1$ und $\underline{I}_1$ im Mitsystem. Um eine Unsymmetrie in der Anordnung zu berücksichtigen werden nacheinander die drei Leiter als Bezugsleiter gewählt und dann Mittelwerte gebildet ausgehend von dem Gleichungssystem (10.70).

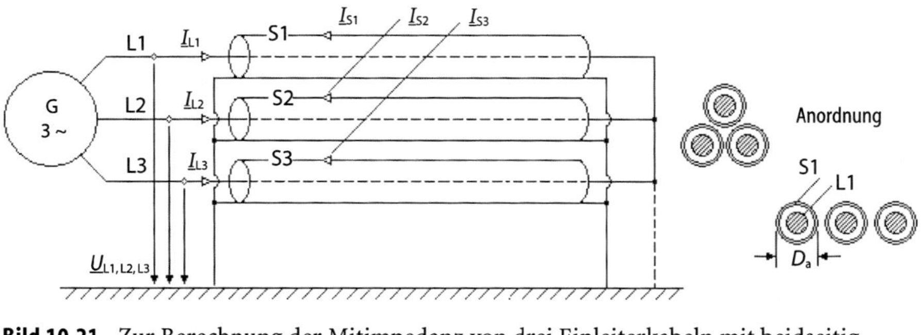

Bild 10.21. Zur Berechnung der Mitimpedanz von drei Einleiterkabeln mit beidseitig geerdeten metallischen Mänteln oder Schirmen

$$\begin{bmatrix} \underline{U}_{L1} \\ \underline{U}_{L2} \\ \underline{U}_{L3} \\ 0 \\ 0 \\ 0 \end{bmatrix} = \begin{bmatrix} \underline{Z}'_{L1L1E} & \underline{Z}'_{L1L2E} & \underline{Z}'_{L1L3E} & \underline{Z}'_{L1S1E} & \underline{Z}'_{L1S2E} & \underline{Z}'_{L1S3E} \\ \underline{Z}'_{L2L1E} & \underline{Z}'_{L2L2E} & \underline{Z}'_{L2L3E} & \underline{Z}'_{L2S1E} & \underline{Z}'_{L2S2E} & \underline{Z}'_{L2S3E} \\ \underline{Z}'_{L3L1E} & \underline{Z}'_{L3L2E} & \underline{Z}'_{L3L3E} & \underline{Z}'_{L3S1E} & \underline{Z}'_{L3S2E} & \underline{Z}'_{L3S3E} \\ \underline{Z}'_{S1L1E} & \underline{Z}'_{S1L2E} & \underline{Z}'_{S1L3E} & \underline{Z}'_{S1S1E} & \underline{Z}'_{S1S2E} & \underline{Z}'_{S1S3E} \\ \underline{Z}'_{S2L1E} & \underline{Z}'_{S2L2E} & \underline{Z}'_{S2L3E} & \underline{Z}'_{S2S1E} & \underline{Z}'_{S2S2E} & \underline{Z}'_{S2S3E} \\ \underline{Z}'_{S3L1E} & \underline{Z}'_{S3L2E} & \underline{Z}'_{S3L3E} & \underline{Z}'_{S3S1E} & \underline{Z}'_{S3S2E} & \underline{Z}'_{S3S3E} \end{bmatrix} \cdot l \cdot \begin{bmatrix} \underline{I}_{L1} \\ \underline{I}_{L2} \\ \underline{I}_{L3} \\ -\underline{I}_{S1} \\ -\underline{I}_{S2} \\ -\underline{I}_{S3} \end{bmatrix} \tag{10.70}$$

Wenn L1 der Bezugsleiter ist, gilt $\underline{U}_{L2} = \underline{a}^2\underline{U}_{L1}$, $\underline{U}_{L3} = \underline{a}\underline{U}_{L1}$, $\underline{I}_{L2} = \underline{a}^2\underline{I}_{L1}$ und $\underline{I}_{L3} = \underline{a}\underline{I}_{L1}$. Auch die Ströme in den Mänteln oder Schirmen bilden ein symmetrisches Stromsystem mit $\underline{I}_{S2} = \underline{a}^2\underline{I}_{S1}$ und $\underline{I}_{S3} = \underline{a}\underline{I}_{S1}$.

Aus dem Mittelwert der drei letzten Gleichungen in (10.70) bestimmt man den Zusammenhang zwischen $\underline{I}_{S1}$ und $\underline{I}_{L1}$:

$$\underline{I}_{S1} = \underline{I}_{L1} \frac{\underline{Z}'_{S1L1E} + \frac{1}{3}\underline{a}(\underline{Z}'_{S1L3E} + \underline{Z}'_{S2L1E} + \underline{Z}'_{S3L2E}) + \frac{1}{3}\underline{a}^2(\underline{Z}'_{S1L2E} + \underline{Z}'_{S2L3E} + \underline{Z}'_{S3L1E})}{\underline{Z}'_{S1S1E} + \frac{1}{3}\underline{a}(\underline{Z}'_{S1S3E} + \underline{Z}'_{S2S1E} + \underline{Z}'_{S3S2E}) + \frac{1}{3}\underline{a}^2(\underline{Z}'_{S1S2E} + \underline{Z}'_{S2S3E} + \underline{Z}'_{S3S1E})} \tag{10.71}$$

mit $\underline{Z}'_{S1L1E} = \underline{Z}'_{S2L2E} = \underline{Z}'_{S3L3E}$ und $\underline{Z}'_{S1S1E} = \underline{Z}'_{S2S2E} = \underline{Z}'_{S3S3E}$

Führt man $\underline{Z}'_{S1S1E}$ nach Gl. (9.25b) und $\underline{Z}'_{S1L3E}$, $\underline{Z}'_{S2L1E}$ usw. nach Gl. (9.26b) für Schleifen- und Koppelimpedanzen mit Rückleitung über Erde ein, so findet man mit $r_i = r_S$, $d_{S1S2} = d_{S1L2}$, $d_{S1S3} = d_{S1L3}$ und $d_{S2S3} = d_{S2L3}$ (s. auch Abschnitt 9.3):

$$\underline{I}_{S1} = \underline{I}_{L1} \frac{\mathrm{j}\omega \frac{\mu_0}{2\pi} \ln \frac{d}{r_S}}{R'_S + \mathrm{j}\omega \frac{\mu_0}{2\pi} \ln \frac{d}{r_S}} \tag{10.72}$$

Dabei gilt $d = \sqrt[3]{d_{L1L2} d_{L1L3} d_{L2L3}} = \sqrt[3]{d_{S1L2} d_{S1L3} d_{S2L3}}$ für den mittleren geometrischen Abstand und r_s für den mittleren Radius des Mantels oder Schirms.

Führt man das Ergebnis nach Gl. (10.72) mit $\underline{I}_{S2} = \underline{a}^2\underline{I}_{S1}$ und $\underline{I}_{S3} = \underline{a}^2\underline{I}_{S1}$ in die ersten drei Gleichungen (10.70) ein und bildet den Mittelwert nach Änderung der Lage des Bezugsleiters, so findet man:

$$\underline{Z}'_{1S} = \underline{Z}'_1 + \Delta\underline{Z}'_1 = R'_L + \mathrm{j}\omega \frac{\mu_0}{2\pi}\left(\frac{1}{4} + \ln\frac{d}{r}\right) + \frac{\left(\omega \frac{\mu_0}{2\pi} \ln \frac{d}{r_S}\right)^2}{R'_S + \mathrm{j}\omega \frac{\mu_0}{2\pi} \ln \frac{d}{r_S}} \tag{10.73}$$

Tabelle 10.7. Mitimpedanz von drei 110-kV-Einleiterkabeln 64/110 kV, 2XK2Y im Dreieck verlegt (s. Bild 10.21). Leiter- und Bleimanteltemperatur 20°C.

q_n	r	q_s	r_s	D_a 1)	R'_1 2)	R'_S 2)	$\Delta R'_1$ 3)	$\Delta X'_1$ 3)	$\underline{Z}'_{1S} = R'_{1S} + jX'_{1S}$ 4)
mm^2	mm	mm^2	mm	mm	Ω/km	Ω/km	Ω/km	Ω/km	Ω/km
240	9,3	440	33,3	72	0,0754	0,473	0,0057	0,00062	0,0811+j 0,1473
300	10,3	460	34,9	74	0,0601	0,453	0,0056	0,00063	0,0657+j 0,1426
400	11,9	480	36,4	77	0,0470	0,434	0,0058	0,00068	0,0529+j 0,1360
500	13,8	520	37,6	80	0,0366	0,401	0,0064	0,00082	0,0430+j 0,1290
630	15,6	550	39,8	85	0,0283	0,379	0,0068	0,00092	0,0351+j 0,1250
800	17,35	580	42,0	88	0,0221	0,359	0,0069	0,00096	0,0290+j 0,1204
1000	19,4	640	44,3	93	0,0176	0,326	0,0076	0,00167	0,0252+j 0,1167
1200	21,7	670	46,4	98	0,0151	0,311	0,0080	0,00130	0,0231+j 0,1128

1) Annahme: $d = 1{,}06\,D_a$; 2) Angaben des Herstellers [10.48]; 3) Gl. (10.74); 4) Gl. (10.73).

Gegenüber Gl. (10.52) ergibt sich damit ein zusätzliches Glied, das zu einer Vergrößerung des Realteils und einer Verkleinerung des Imaginärteils der Mitimpedanz von drei Einleiterkabeln ohne Mäntel (Schirme) führt, wie im Abschnitt 10.4.1 beschrieben. Diese Zusatzglieder entsprechen $\Delta R_1'$ nach Gl. (10.48) und $\Delta X_1'$ nach Gl. (10.47), wenn man den dort verwendeten Index M (Mantel) durch den international verwendeten Index S [N. 15.3] ersetzt:

$$\begin{aligned} \underline{Z}_{1S}' &= R_{1S}' + jX_{1S}' = R_1' + \Delta R_1' + jX_1' + j\Delta X_1' \\ &= R_1' + R_S' \frac{1}{1+(R_S'/X_S')^2} + j\omega \frac{\mu_0}{2\pi}\left(\frac{1}{4} + \ln\frac{d}{r}\right) - jX_S' \frac{1}{1+(R_S'/X_S')^2} \end{aligned} \tag{10.74}$$

mit

$$X_S' = \omega \frac{\mu_0}{2\pi} \ln \frac{d}{r_S}$$

Tabelle 10.7 enthält Abmessungen und nach Gl. (10.73) berechnete Mitimpedanzen von drei 110-kV-Einleiterkabeln mit Bleimänteln in Dreiecksanordnung.

Die Nullimpedanz der drei Einleiterkabel ermittelt man auch nach Bild 10.21, wenn alle drei Spannungen durch $\underline{U}_0$ und alle drei Ströme durch $\underline{I}_0$ ersetzt werden. Der Rückstrom $3\underline{I}_0$ fließt dann über die drei Mäntel und die Erde. Mit diesen Voraussetzungen und den Impedanzbelägen nach Gl. (10.70) bei Berücksichtigung der Gl. (9.25b) und (9.26b) findet man als Mittelwerte:

$$\underline{I}_S = \underline{I}_0 \frac{3\omega \dfrac{\mu_0}{8} + j3\omega \dfrac{\mu_0}{2\pi} \ln \dfrac{\delta_E}{\sqrt[3]{r_S d^2}}}{R_S' + 3\omega \dfrac{\mu_0}{8} + j3\omega \dfrac{\mu_0}{2\pi} \ln \dfrac{\delta_E}{\sqrt[3]{r_S d^2}}} \tag{10.75}$$

und

$$\underline{Z}_{0SE}' = R_L' + 3\omega \frac{\mu_0}{8} + j\omega \frac{\mu_0}{2\pi}\left(\frac{1}{4} + 3\ln\frac{\delta_E}{\sqrt[3]{rd^2}}\right) - \frac{\left(3\omega \dfrac{\mu_0}{8} + j3\omega \dfrac{\mu_0}{2\pi} \ln \dfrac{\delta_E}{\sqrt[3]{r_S d^2}}\right)^2}{R_S' + 3\omega \dfrac{\mu_0}{8} + j3\omega \dfrac{\mu_0}{2\pi} \ln \dfrac{\delta_E}{\sqrt[3]{r_S d^2}}} \tag{10.76}$$

Auch bei der Nullimpedanz ergeben sich wie bei der Mitimpedanz Änderungen im Real- und Imaginärteil durch den Einfluss der beidseitig geerdeten metallischen Mäntel (Schirme). Wie dort wird auch hier der Realteil erhöht und der Imaginärteil erniedrigt jedoch in weit stärkerem Maße als bei der Mitimpedanz.

Die folgende Zusammenstellung soll dies für Einleiterkabel 2XK2Y mit q_n = 240 mm² und Bleimänteln zeigen, wenn diese im Dreieck verlegt sind und wenn wie in Tabelle 10.7 die Annahme $d = 1{,}06D_a$, gilt:

Ohne Mäntel:
$\underline{Z}'_1 = (0{,}0754 + \mathrm{j}\,0{,}1479)\ \Omega/\mathrm{km}, \underline{Z}'_0 = (0{,}2234 + \mathrm{j}\,1{,}9217)\ \Omega/\mathrm{km}.$

Mit Mänteln:
$\underline{Z}'_{1\mathrm{S}} = (0{,}0811 + \mathrm{j}\,0{,}1473)\ \Omega/\mathrm{km}$
mit $\Delta R'_1 = 0{,}0057\ \Omega/\mathrm{km}$ und $\Delta X'_1 = 0{,}00062\ \Omega/\mathrm{km}$,

$\underline{Z}'_{0\mathrm{SE}} = (0{,}5110 + \mathrm{j}\,0{,}2057)\ \Omega/\mathrm{km}$
mit $\Delta R'_0 = 0{,}2876\ \Omega/\mathrm{km}$ und $\Delta X'_0 = 1{,}7160\ \Omega/\mathrm{km}$,

Bild 10. 22 zeigt, dass die Verlegeart der Einleiterkabel starken Einfluss hat auf den Real- und Imaginärteil der Mitimpedanz $\underline{Z}'_{1\mathrm{S}}$, während dieser Einfluss bei der Nullimpedanz nur gering ist.

Der im Bild 10.22 angegebene Reduktionsfaktor r_3 für drei Einleiterkabeln mit je einem Mantel oder Schirm beschreibt den Anteil von $3\underline{I}_0$, der über das Erdreich zurückfließt. Dabei gilt:

$$\underline{I}_{\mathrm{E}\delta} + 3\underline{I}_\mathrm{S} = 3\underline{I}_0 \tag{10.77}$$

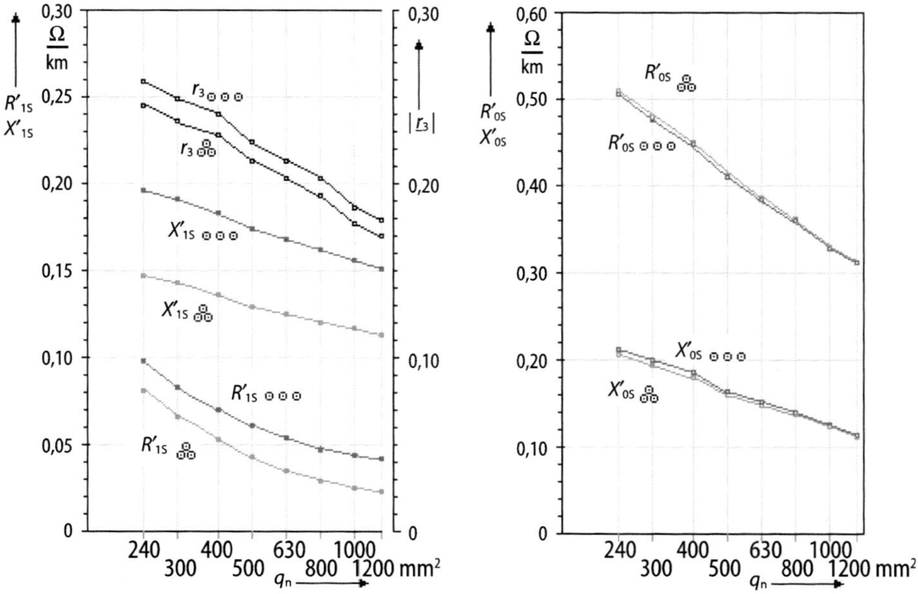

Bild 10.22. Mit- und Nullimpedanzen von drei Einleiterkabeln 64/110 kV, 2XK2Y mit Bleimänteln (Abmessungen in Tabelle 10.7) in unterschiedlicher Verlegeanordnung, entweder im Dreieck bei $d = 1{,}06D_a$ oder in einer Ebene mit Abstand bei $d = (D_a + 70\ \mathrm{mm})\ \sqrt[3]{2}$. Eingetragen ist auch der Reduktionsfaktor r_3 (s. auch Abschnitt 16.5)

Hieraus ergibt sich dann mit $\underline{I}_S$ nach Gl. (10.75)

$$\underline{I}_{E\delta} = 3\underline{I}_0 - 3\underline{I}_S = \left(1 - \frac{\underline{I}_S}{\underline{I}_0}\right) 3\underline{I}_0 = \underline{r}_3 3\underline{I}_0$$

Als Reduktionsfaktor wird eingeführt:

$$\underline{r}_3 = \frac{R'_S}{R'_S + 3\omega \dfrac{\mu_0}{8} + \mathrm{j}3\omega \dfrac{\mu_0}{2\pi} \ln \dfrac{\delta_E}{\sqrt[3]{r_S d^2}}} \tag{10.78}$$

Im Anhang A.13.1 und A.13.2 findet man Tabellen mit Angabe der Mit- und Nullimpedanzbeläge von Einleiter-Kunststoffkabeln N2XS2Y für 10 kV und 20 kV mit Kupferschirm (2X) und äußerem Polyethylenmantel (2Y) mit den Ausgangsdaten nach [10.47].

In den Anhängen A.13.3 bis A.13.5 sind berechnete Mit- und Nullimpedanzbeläge von 110-kV-, 220-kV- und 380-kV-Einleiterkabel mit VPE-Isolierung und Kupferschirm angegeben. Dabei wird neben dem Gleichstromwiderstand des Leiters bei 20 °C [10.48] der Wechselstromwiderstand bei 20 °C angegeben, damit eine Umrechnung auf andere Temperaturen, wie z. B. die mittlere Betriebstemperatur, die höchstzulässige Betriebstemperatur oder die Temperatur für die Berechnung der kleinsten Kurzschlussströme möglich wird. Dabei bestimmt man für die Temperatur ϑ:

$$R'_{\approx\vartheta} = R'_{\approx 20°\mathrm{C}}(1 + \alpha_{20}\,(\vartheta - 20°\mathrm{C})) \tag{10.79}$$

Dabei ist α_{20} der Temperaturkoeffizient bei 20 °C nach Tabelle 15.22.

In der Praxis kommen häufig auch parallel verlegte Stromkreise aus Einleiterkabeln zum Einsatz. In diesem Fall, wenn die Einleiterkabel beidseitig geerdete metallische Mäntel (Schirme) aufweisen, wobei die Kabel eines Stromkreises mit L1, L2 und L3 und die des anderen Stromkreises mit M1, M2 und M3 bezeichnet werden mögen, ergibt sich der Mitimpedanzbelag pro Stromkreis zu:

$$\underline{Z}'_{1S(2)} = R'_L + \mathrm{j}\omega \frac{\mu_0}{2\pi}\left(\frac{1}{4} + \ln \frac{\sqrt[6]{D_{mLM}}}{r\,d_{mL1M1}}\right) + \frac{\left(\omega \dfrac{\mu_0}{2\pi} \ln \dfrac{\sqrt[6]{D_{mLM}}}{r_S\,d_{mL1M1}}\right)^2}{R'_S + \mathrm{j}\omega \dfrac{\mu_0}{2\pi} \ln \dfrac{\sqrt[6]{D_{mLM}}}{r_S\,d_{mL1M1}}} \tag{10.80}$$

wobei zur Kennzeichnung der Mitimpedanz für einen Stromkreis bei zwei parallelen Stromkreisen der Zusatzindex (2) eingeführt wurde. Es gilt:

$$D_{mLM} = (d_{12}d_{13}d_{23})(d_{45}d_{46}d_{56})(d_{15}d_{16}d_{24}d_{26}d_{34}d_{35}) \text{ und}$$

$$d_{mL1M1} = \sqrt[3]{d_{L1M1}\,d_{L2M2}\,d_{L3M3}}$$

Für die Nullimpedanz bei Rückleitung über die sechs Mäntel und Erde ermittelt man:

$$\underline{Z}'_{0SE(2)} = R'_L + 6\omega\frac{\mu_0}{8} + j\omega\frac{\mu_0}{2\pi}\left(\frac{1}{4} + 6\cdot\ln\frac{\delta_E}{\sqrt[6]{r\,d_{mL1M1}\sqrt[3]{D_{mLM}}}}\right)$$
$$-\frac{\left(6\omega\frac{\mu_0}{8} + j6\omega\frac{\mu_0}{2\pi}\ln\frac{\delta_E}{\sqrt[6]{r_S\,d_{mL1M1}\sqrt[3]{D_{mLM}}}}\right)^2}{R'_S + 6\omega\frac{\mu_0}{8} + j6\omega\frac{\mu_0}{2\pi}\ln\frac{\delta_E}{\sqrt[6]{r_S\,d_{mL1M1}\sqrt[3]{D_{mLM}}}}} \quad (10.81)$$

In der Tabelle 10.8 sind die Ergebnisse für $\underline{Z}'_{1S}$ nach Gl. (10.73) angegeben für drei 110-kV-Einleiterkabel XK2Y (Ein Stromkreis L1,L2,L3) mit Bleimänteln in einer Ebene unmittelbar nebeneinander. Die Real- und Imaginärteile sollen als Bezugswerte dienen bei R'_{0SE}/R'_{1S} und X'_{0SE}/X'_{1S} für einen Stromkreis (siehe Gl. (10.76)) und weiterhin bei $R'_{1S(2)}/R'_{1S}$ und $X'_{1S(2)}/X'_{1S}$ (s. Gl. (10.80) sowie $R'_{0SE(2)}/R'_{1S}$ und $X'_{0SE(2)}/X'_{1S}$ (s. Gl. (10.81) pro Stromkreis bei zwei parallelen Stromkreisen.

Tabelle 10.8. Mit- und Nullimpedanzbeläge pro Stromkreis bei einem oder zwei parallelen Stromkreisen aus je drei 110/64-kV-Einleiterkabeln 2XK2Y mit Bleimänteln in einer Ebene unmittelbar nebeneinander ($d = D_a\sqrt[3]{2}$). Erdstromtiefe $\delta_E = 931$ m.

q_n 1)	Anordnung ○○○ L1 L2 L3			Anordnung ○○○○○○ L1 L2L3M1M2M3			
	Gleichung (10.73)	Gleichung (10.76)		Gleichung (10.80)		Gleichung (10.81)	
	$\underline{Z}'_{1S} = R'_{1S} + jX'_{1S}$	$\frac{R'_{0SE}}{R'_{1S}}$	$\frac{X'_{0SE}}{X'_{1S}}$	$\frac{R'_{1SE(2)}}{R'_{1S}}$	$\frac{X'_{1SE(2)}}{X'_{1S}}$	$\frac{R'_{0SE(2)}}{R'_{1S}}$	$\frac{X'_{0SE(2)}}{X'_{1S}}$
mm²	Ω/km	–	–	–	–	–	–
240	0,0836+j0,1577	6,101	1,311	0,9752	0,9478	6,387	1,005
300	0,0684+j0,1530	7,004	1,275	0,9690	0,9463	7,319	0,9813
400	0,0556+j0,1463	8,099	1,238	0,9604	0,9604	8,448	0,9520
500	0,0460+j0,1392	8,972	1,157	0,9482	0,9418	9,316	0,8951
630	0,0383+j0,1351	10,047	1,101	0,9341	0,9405	10,406	0,8556
800	0,0322+j0,1305	11,243	1,063	0,9195	0,9387	11,616	0,8320
1000	0,0287+j0,1266	11,453	0,9797	0,9013	0,9378	11,781	0,7793
1200	0,0268+j0,1226	11,658	0,9403	0,8894	0,9365	11,970	0,7498

1) Weitere Abmessungen r, q_S, r_S, D_a, R'_l und R'_S wie in Tabelle 10.7.

10.4.3 Kapazitäten, Ladeleistungen und kapazitiver Erdschlussstrom

Die geringen Abstände zwischen den Leitern in einem Drehstromkabel und die geringen Abstände zwischen den Leitern und dem Mantel eines Kabels sowie die Dielektrizitätskonstante der Kabelisolation bedingen wesentlich größere Kapazitäten als bei Freileitungen. Die Kabelkapazitäten liegen zwischen 0,1 und 1,2 μF/km während die Freileitungskapazitäten nur etwa 0,005 bis 0,015 μF/km (5 bis 15 · 10^{-9} F/km) erreichen. Bild 10.23 enthält Anhaltswerte für Kapazitäten im Mitsystem (Gegensystem) und Nullsystem.

Bei Gürtelkabeln nach Bild 10.23a gilt wie bei Freileitungen:

$$C_1' = C_E' + 3C' \quad \text{mit} \quad C_0' = C_E' \approx 0{,}6 C_1' \tag{10.82}$$

Anleitungen zur Berechnung von C_E' und C' bei Gürtelkabeln, wobei eine Spiegelung am Mantel (bei Freileitungen an der Erdoberfläche) vorgenommen wird, finden sich in [9.6].

Für Drehstromkabel, bei denen jeder Leiter einen eigenen Mantel hat (Dreimantelkabel) oder bei Höchstädter-Kabeln nach Bild 10.20b ebenso wie bei Einleiterkabeln nach Bild 10.23c, sind die Kapazitäten im Mit- und Nullsystem gleich groß. Es gilt, wenn D_M der Innendurchmesser des Mantels oder Schirms und r der Leiterradius ist:

$$C_1' = C_0' = \frac{2\pi\varepsilon_r\varepsilon_0}{\ln\left(\dfrac{D_M}{2r}\right)} \tag{10.83}$$

Anhaltswerte für die Kapazitäten im Mitsystem bei Gürtelkabeln 1 kV bis 30 kV sind im Bild 10.24 angegeben, während die Bilder 10.25 und 10.26 Anhaltswerte für $C_1' = C_0'$ bei Dreimantel- und Einleiterkabeln enthalten.

Zur Berechnung des kapazitiven Ladestrombelages I_C' und des kapazitiven Ladeleistungsbelages Q_C' ausgehend von C_1' verwendet man wie bei Freileitun-

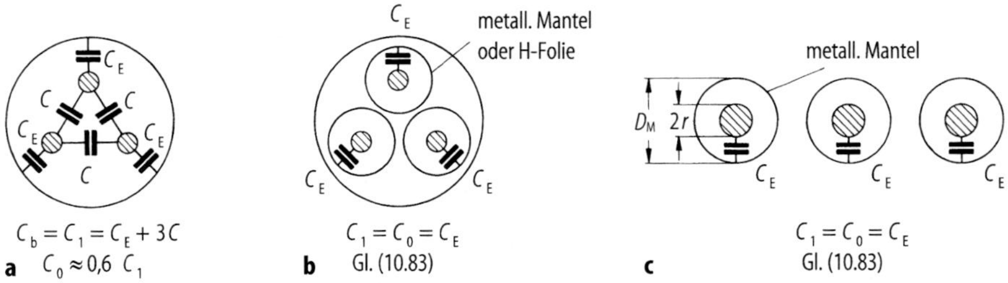

Bild 10.23a–c. Kapazitive Kopplungen zwischen den Leitern und zwischen Leiter und Erde (Mantel, Schirm, Metallfolie) bei Drehstromkabeln (schematisch). **a** Gürtelkabel z.B. 6 bis 30 kV; **b** Dreimantelkabel oder Höchstädter-Kabel z.B. 10 bis 110 kV; **c** Einleiterkabel mit Schirm oder Mantel

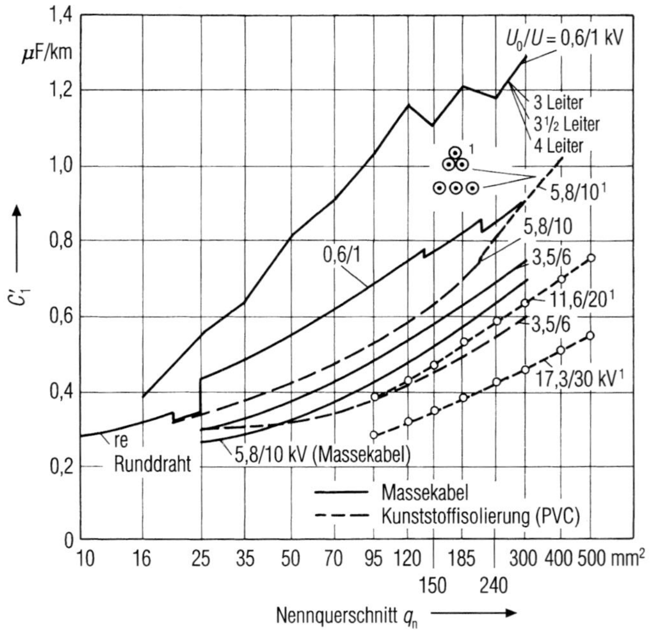

Bild 10.24. Kapazitätsbeläge im Mitsystem von Drehstromgürtelkabeln (Masse- und Kunststoffkabel) mit Sektorleitern (sm), $C_1' = C_2' \neq C_0'$, Beispiele NKBA, NKLEY, NYY usw.
[1] Drei Einleiterkabel im Vergleich: NYHSY oder NHSY, NYHSY

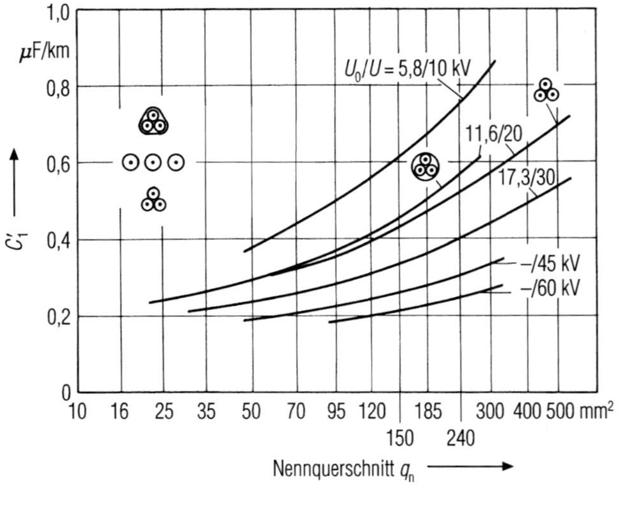

Bild 10.25. Kapazitätsbeläge von Dreimantelkabeln, Höchstädter-Kabeln und Einleiterkabeln (Massekabeln) bei $C_1' = C_2' = C_0'$ (Anhaltswerte)

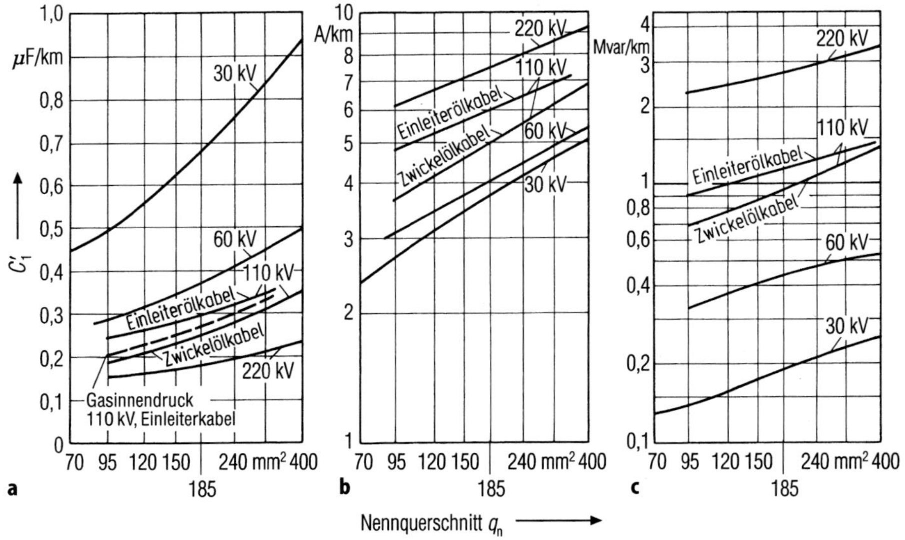

Bild 10.26. Kapazitätsbeläge, kapazitive Ladeströmbeläge und Ladeleistungsbeläge bei $U = U_n$ für Ölkabel 30 bis 220 kV (Anhaltswerte). 30 kV, 60 kV: Zwickelölkabel; 110 kV: Zwickelölkabel und Einleiterkabel; 220 kV: Einleiterölkabel. **a** $C'_1 = C'_2 = C'_0$; **b** Ladestrombelag $I'_C = \omega C'_1 U_0 = \omega C'_1 U_n / \sqrt{3}$ für ω 314 s^{-1}; **c** Ladeleistungsbelag (Drehstromleistung) $Q'_C = \sqrt{3}\, U_n I'_C = \omega C'_1 U_n^2$ für $\omega = 314$ s^{-1}

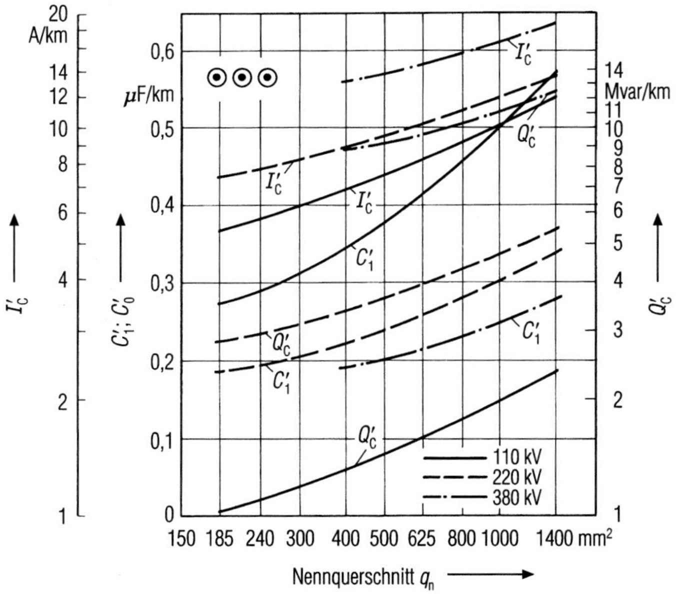

Bild 10.27. Kapazitätsbeläge, Ladestrombeläge und Ladeleistungsbeläge von Einleiter Ölkabel 110 kV bis 380 kV. $C'_1 = C'_2 = C'_0$; $I'_C = \omega C'_1 U_n / \sqrt{3}$ und $Q'_C = \sqrt{3}\, U_n I'_C = \omega C'_1 U_n^2$ für $\omega = 314$ s^{-1}

gen die Gln. (9.102) und (9.103). Die kapazitive Ladeleistung, die als Drehstromleistung angegeben wird, steigt quadratisch mit der Spannung des Kabels. Angaben zur Höhe der Ladestrombeläge und Ladeleistungsbeläge bei Kabeln im Spannungsbereich 30 kV bis 220 kV sind im Bild 10.26 zu finden. Bild 10.27 zeigt ergänzend dazu $C_1' = C_0'$, I_C' und Q_C' für Einleiterölkabel bis zu Leiterquerschnitten von 1400 mm^2.

Kabel ohne künstliche Kühlung können nur mit Übertragungsleistungen betrieben werden, die weit unterhalb der natürlichen Leistung liegen. Bei einem 110-kV-Kabel beträgt der Wellenwiderstand z. B. $Z_{W1} = 42\ \Omega$ ausgehend von $X_1' = 0{,}175\ \Omega/\text{km}$ und $C_1' = 0{,}32\ \mu\text{F/km}$. Als natürliche Leistung ergibt sich damit $P_{nat} = U^2/Z_{W1} \approx 228$ MW, also etwa das Neunfache der natürlichen Leistung eines Stromkreises einer 110-kV-Freileitung. Die Belastbarkeit eines 110-kV-Kabels 240 mm^2 liegt jedoch nur bei knapp 100 MVA, also etwa bei $^1/_3$ der natürlichen Leistung. Kabel ohne künstliche Kühlung nehmen also auch bei Belastung kapazitive Ladeleistung auf, so dass in ausgedehnten Hochspannungskabelnetzen (z. B. in großen Städten) insbesondere in Schwachlastzeiten oder beim Hochfahren eines Kabelnetzes nach einer Störung auf die Bereitstellung ausreichender Ladeleistungen z. B. aus untererregt betriebenen Synchrongeneratoren oder Ladestromdrosselspulen im Netz geachtet werden muss. Drehstromkabel sind deshalb auch nur mit sehr begrenzter Länge als Seekabel einsetzbar. Erst bei forcierter Kühlung (z. B. innerer Wasserkühlung) wird eine Kabelbelastung möglich, die der natürlichen Leistung nahe kommt (Abschn. 10.5).

Die kapazitiven Erdschlussstrombeläge $I_{Ce}' = \sqrt{3}\,\omega C_E' U_n$ liegen bei Kabeln wesentlich höher als bei Freileitungen. Bei Gürtelkabeln mit $C_E' = C_0' \approx 0{,}6 C_1'$ ergibt sich $I_{Ce}' \approx 1{,}8 \cdot I_C'$, während bei Radialfeldkabeln und Einleiterkabeln $I_{Ce}' \approx 3 I_C'$ gilt.

10.5 Hochspannungs- und Hochleistungskabel

Hochspannungskabel mit $U \geq 60$ kV werden hauptsächlich bei der Stadtversorgung, beim Anschluss von Kavernenkraftwerken, als Einführungskabel in Umspann- und Kraftwerken und auch in großen Industriebetrieben eingesetzt. Die 60-kV-Spannungsebene spielt heute nur noch eine untergeordnete Rolle. Für 110 kV und 220 kV kommen entweder Ölkabel, Gasdruckkabel (Gasaußendruck- oder Gasinnendruckkabel) oder Kunststoffkabel (VPE-Kabel) zum Einsatz. Die ersten 380-kV-Kabel wurden 1952 in Schweden verlegt zur senkrechten Ausleitung aus einem Kavernenkraftwerk. Der erste Einsatz eines 380-kV-Kabels mit Öl/Papier-Isolierung in Deutschland wurde 1974 in einem Pumpspeicherkraftwerk vorgenommen. 380-kV-Kabel mit äußerer Wasserkühlung werden vielfach in sehr großen Städten (wie z. B. in London, Wien und Berlin) eingesetzt. Kabel für 500/525 kV kommen in USA und Japan zur Anwendung. Beim Ausbau der Berliner 380-kV-Diagonalverbindung nach dem Fall der Mauer wurden für die beiden Abschnitte von UW-Mitte nach

UW-Friedrichshain (6,3 km) und weiter nach UW-Marzahn (5,2 km) erstmals zwei VPE-Kabelstromkreise (1600 mm^2 Cu, für je 1100 MVA) in einem belüfteten Tunnel verlegt, der bis zu 30 m unter Geländeniveau verläuft.

Bei den konventionellen Hochspannungskabeln mit gewickelter und mit Isolieröl getränkter Papierisolation unterscheidet man folgende Bauformen:

Gasinnendruckkabel: Kabel mit Papierisolation mit zähflüssigem Öl getränkt unter einem Stickstoffdruck von etwa 15 bar. Eingesetzt werden Einleiterkabel mit Ovalleiter und Al-Mantel (u. U. Al-Wellrohrmantel) und Dreileiterkabel in einem Stahlrohr. Diese Kabel werden im allgemeinen bis 110 kV verwendet.

Gasaußendruckkabel: Kabel mit Papierisolation mit zähflüssigem Öl getränkt unter einem Stickstoffdruck von etwa 15 bar. Dabei werden alle drei Adern mit Bleimantel oder PE-Mantel in ein Stahlrohr eingezogen, so dass der Druck von außen auf die drei Adern wirkt, um beim Abkühlen eine Hohlraumbildung zu vermeiden. Diese Kabel werden bis 220 kV verwendet. Vorteilhaft wird der gute mechanische Schutz durch das äußere Stahlrohr und das Einziehen der Adern in das vorher verlegte Stahlrohr beurteilt.

Niederdruck-Ölkabel: Kabel mit Papierisolation mit sehr dünnflüssigem Öl getränkt bei geringem Überdruck von etwa 0,5 bis 2 bar. Diese Kabel werden als Einleiterkabel für 110 kV und darüber eingesetzt. Sie werden im Gegensatz zum Gasaußendruckkabel in der Fabrik fertig hergestellt, geprüft und von einer Trommel aus verlegt.

Hochdruck-Ölkabel: Kabel mit Papierisolation mit sehr dünnflüssigem Öl getränkt. Dabei werden drei Adern ohne Bleimantel in einem ölgefüllten Stahlrohr verlegt mit einem Druck von etwa 15 bar. Anwendung der Kabel für 110 kV und darüber. Zu den Hochdruck-Ölkabeln zählen auch die Oilostatik-Kabel, deren Papierisolation mit zähflüssigem Öl getränkt wird. Oilostatik-Kabel werden in den USA für hohe Spannungen eingesetzt.

Polyethylenisolierte Kabel (PE-Kabel oder VPE-Kabel): Die Isolation dieser Einleiterkabel besteht aus einer homogenen Polyethylenschicht mit einer äußeren Abschirmung aus Metallbändern (kein geschlossener Metallmantel) und einem PVC-Mantel (Korrosionsschutz). Sie werden bis 380 kV und darüber eingesetzt.

Bild 10.28 zeigt als Beispiel den grundsätzlichen Aufbau von Einleiter- und Dreileiter-Ölkabeln und dazu den Aufbau einer Kabelübertragungsanlage.

Bild 10.29 zeigt die Übertragungsleistungen $S_{ü}$ von 110- und 380-kV-Niederdruck-Ölkabeln nach [10.13]. Unterschieden wird zwischen EVU-Last (Tabelle 10.4) und Dauerlast für Kabel ohne künstliche Kühlung. Eingezeichnet sind auch die Übertragungsleistungen bei äußerer Wasserkühlung abhängig von der maximalen Wassertemperatur, die um so kleiner gehalten werden kann, je enger man die Abstände zwischen den Kühlstationen wählt.

Die nur geringe Steigerung der Übertragungsleistungen mit zunehmendem Querschnitt bei Kabeln ohne künstliche Kühlung ist bedingt durch die dielektrischen Verluste und durch die Erhöhung der Wirkwiderstände infolge Skin- und Proximity-Effekt. Führt man Zusatzkühlung ein, so lassen sich Kabel mit Papierisolation auch für hohe Spannungen bauen [10.13, 10.15].

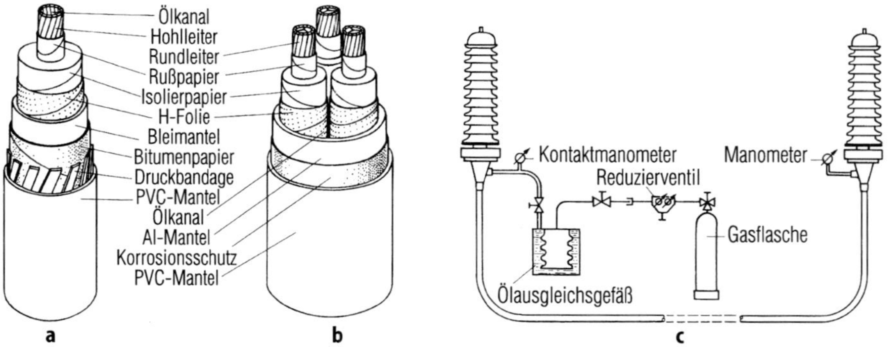

Bild 10.28 a–c. Ölkabel. **a** Einleiter-Ölkabel mit Bleimantel; **b** Dreileiter-Ölkabel mit Al-Mantel; **c** Kabelübertragungsanlage

Zur Steigerung der Übertragungsleistungen von Kabelverbindungen bei vorgegebener Spannung gibt es verschiedene Möglichkeiten: Vergrößerung des Leiterquerschnitts, Verbesserung der Wärmeabgabe an das umgebende Erdreich durch ausgewählte Bettungsmaterialien, durch äußere Wasserkühlung, durch innere Öl- oder Wasserkühlung oder schließlich durch Übergang auf eine andere Technik wie die Übertragung über SF_6-Rohrleiter oder über Tieftemperaturkabel bzw. Supraleitungskabel.

Die Möglichkeit zur Erhöhung der Übertragungsleistung bei papierisolierten Kabeln findet bei einem Querschnitt von etwa 2000 mm^2 ihre Grenze, wie Bild 10.29 zeigt. Eine Erhöhung würde erst dann gelingen, wenn man den Verlustfaktor $\tan\delta$ (Tabelle 10.1) durch neue Materialien auf sehr kleine Werte absenken könnte.

Die Anwendung der äußeren Wasserkühlung für 380-kV-Kabel wird in [10.16] beschrieben. Mit innerer Wasserkühlung z.B. mit einem Kabel nach Bild 10.30 in einer Anordnung nach Bild 10.31 lassen sich sehr hohe Übertragungsleistungen erreichen, wie Bild 10.32 zeigt [10.14, 10.17, 10.23].

Die Übertragungsleistung S_d nach Bild 10.32 hängt neben dem Abstand der Kühlstationen l_{KS} auch vom Durchmesser des Hohlkanals D_h ab. Der Leiterquerschnitt ist größer als bei natürlich gekühlten Kabeln. Das Kühlmittel Wasser muss nicht nur die Stromwärmeverluste des Leiters, sondern auch die dielektrischen Verluste und die Mantelverluste aufnehmen. Vorgesehen ist eine thermische Isolierung auf der Außenseite des Mantels. Eine Begrenzung der Übertragungsleistung durch Erdbodenaustrocknung kann deshalb hier nicht auftreten.

Gasisolierte Rohrleiter (GIL)

Ausgehend von den Entwicklungen der vollgekapselten, SF_6-isolierten Schaltanlagen (Abschn. 11.2.3) wurden SF_6-Rohrleiter entwickelt und mit Erfolg eingesetzt [10.4, 10.6, 10.10, 10.11, 10.12]. Die 380-kV-Ausleitung des Pumpspeicherkraftwerkes Wehr im südlichen Schwarzwald wird z. B. mit zwei SF_6-Rohr-

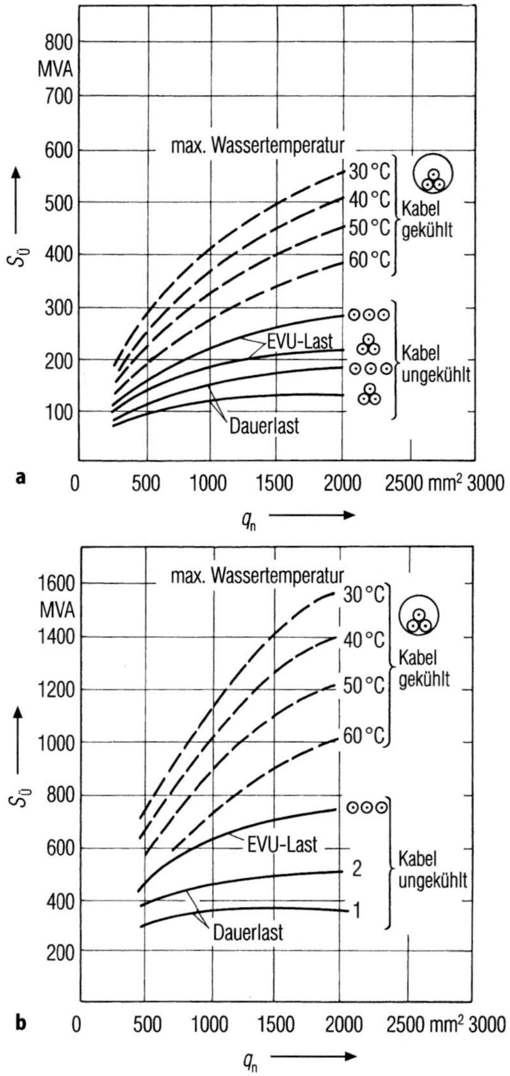

Bild 10.29 a b. Übertragungsleistungen von Einleiter-Niederdruck-Ölkabeln [10.13] ohne Bodenaustrocknung Oberflächentemperatur der Kabel 40 °C). **a** 110 kV; **b** 380 kV: *1* ohne Bodenaustrocknung; *2* mit teilweiser Bodenaustrocknung

leitern von je 600 MVA durch einen etwa 700 m langen Schrägschacht vorgenommen [7.24].

Gasisolierte Rohrleiter (GIL) haben eine Reihe von Vorteilen gegenüber konventionellen Kabeln. Sie können in einpoliger Bauweise für Übertragungsleistungen bis 3800 MVA ausgeführt werden. Die vorgefertigten Rohrstücke von 12 bis 18 m Länge werden vor Ort verschweißt. Als Isoliergas wird ein unter Druck (etwa 7 bar) stehendes Gemisch aus SF_6-Gas und Stickstoff verwendet, wobei der SF_6-Anteil aus Umwelt- und Kostengründen kleiner als 20 % ist. Gasisolierte Rohrleiter haben praktisch keine dielektrischen Verluste. Durch den Leiterquerschnitt lassen sich die Stromwärmeverluste gering halten.

Bild 10.30. Kabel mit innerer Wasserkühlung für 110 kV [10.14]. Kabelaufbau von innen nach außen: Kühlmittelkanal, Al-Leiter, elektrische Isolierung, Bandage, Al-Mantel, thermische Isolierung, PVC-Außenmantel; Typ: NÖAKLDEY 1×3200 rm/v 60 h, 64/110 kV

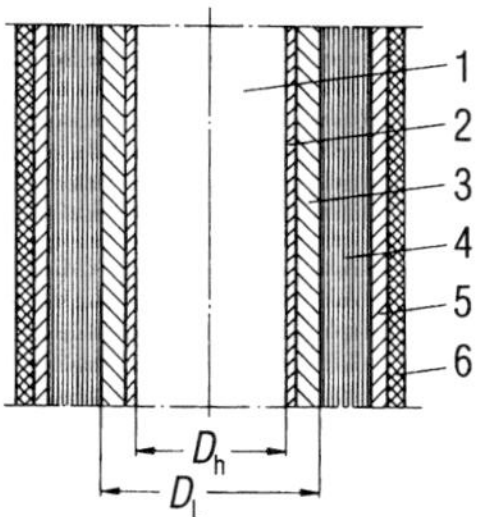

a

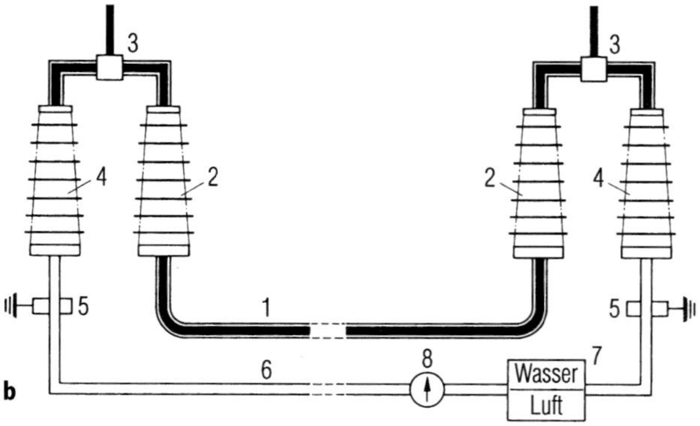

b

Bild 10.31 a, b. Kabel mit innerer Wasserkühlung [10.17]. **a** Längsschnitt durch das Kabel: *1* Kühlmittelkanal; *2* inneres Leiterrohr; *3* Al-Leiter; *4* Öl/Papierisolation; *5* Al-Mantel; *6* thermische Isolierung; **b** Schematische Darstellung der Übertragungsanlage für einen Leiter: *1* Kabel; *2* Kabelendverschlüsse; *3* Leiterbogen mit Kühlwasser; *4* Isolierstrecke für die Wasserkühlung; *5* Erdungsvorrichtung für die Kühlwasserrückführung; *6* Rückführungsrohr; *7* Wärmetauscher Wasser/Luft; 8 Kühlwasserpumpe

Außerdem ist die Wärmeabfuhr durch Konvektion und Strahlung besser als bei feststoffisolierten Kabeln. Durch die niedrige Dielektrizitätszahl $\varepsilon_r \approx 1$ (vergl. Tabelle 10.1) und das zwangsläufig größere Durchmesserverhältnis sind die Kapazitäten der GIL kleiner als die der konventionellen Einleiterkabel. Allerdings sind die Induktivitäten größer, so dass sich ein etwa doppelt so großer Wellenwiderstand wie beim konventinellen Kabel ergibt. GIL können mit der natürlichen Leistung betrieben werden, so dass keine Blindleistungskompensation erforderlich ist. Sie können somit auch für größere Übertragungsstrecken eingesetzt werden. Nachteilig sind die starre Bauweise, der hohe Montageaufwand und der Platzbedarf.

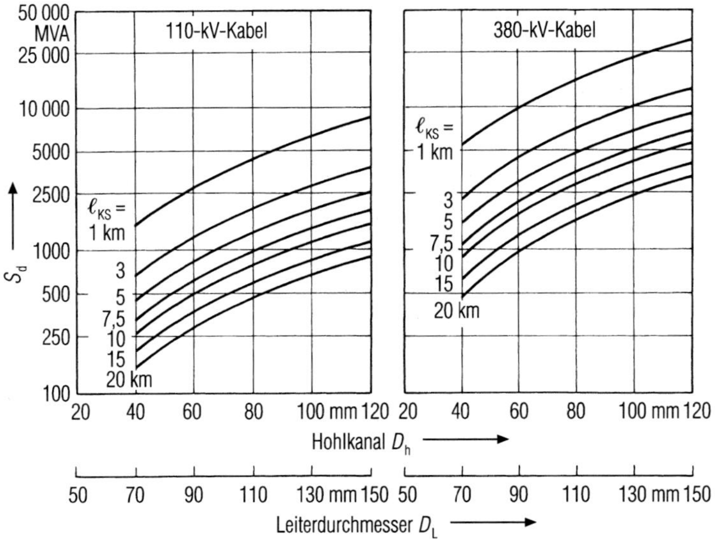

Bild 10.32. Dauerleistungen S_d (Grenzleistungen) von Drehstromkabeln mit innerer Wasserkühlung bei einem Aufbau der Kabel nach Bild 10.30 und 10.31 [10.14]. l_{KS} Abstand der Kühlstationen bzw. Trassenlänge; D_h und D_L nach Bild 10.31

Hochtemperatur-Supraleiter-Kabel, HTSL-Kabel

Höchste Übertragungsleistungen verspricht man sich von supraleitenden Kabeln. Nach dem Scheitern der Entwicklungen auf der Basis von heliumgekühlten metallischen Supraleitern um 1975 wurden nach der Entdeckung der Hochtemperatur-Supraleiter (HTSL) im Jahre 1986 die Forschungsarbeiten zum Bau supraleitender Betriebsmittel wieder aufgenommen. Die Sprungtemperaturen der heute verfügbaren HTSL-Materialien BISCO (Wismut-Strontium-Kupferoxid und YBCO (Yttrium-Barium-Kupferoxid) liegen bei 92 K (−181 °C) und 110 K (−163 °C), so dass als Kühlmittel flüssiger Stickstoff (77 K/−196 °C) eingesetzt werden kann und damit das Problem der Kühlung nicht mehr im Vordergrund steht. Die erreichten Stromdichten der HTSL liegen heute bei 250 A/mm, angestrebt werden 1000 A/mm. Allerdings ist die Magnetfeldbelastbarkeit der bekannten HTSL bei 77 K deutlich schlechter als die der metallischen Supraleiter. Die Forschung konzentriert sich deshalb in der letzten Zeit auf Niedrigfeldanwendungen wie das Kabel und den Transformator sowie schnell wirkende Strombegrenzer. Über Prototypen und Feldversuche mit HTSL-Kabeln wird beispielsweise in [10.41 – 10.46] berichtet. Bei den HTSL-Kabeln verfolgt man zwei unterschiedliche Konzepte. Das HTSL-Kabel mit warmen Dielektikum (WD-Cable) ist im Prinzip wie ein normales Drehstromkabel mit direkter Leiterkühlung aufgebaut. Auf einem inneren, von flüssigem Stickstoff durchströmten Rohr sind die HTSL-Filamentleiter in mehreren Lagen verseilt angebracht. Darüber befindet sich die thermische

Isolation in einem durch ein Stahlwellrohr geschlossenen Vakuumraum. Erst über dem Stahlrohr, also dem Niveau der Umgebungstemperatur, ist die elektrische Isolation aufgebracht. Beim HTSL-Kabel mit kaltem Dielektrikum (CD-Cable) ist die elektrische Isolation unmittelbar über dem inneren HTSL-Leiter angeordnet. Auf der Isolation ist ein weiterer verseilter HTSL-Leiter untergebracht. Die gesamte Anordnung, innerer Leiter, Dielektrikum und äußerer Leiter befinden sich in einem von flüssigem Stickstoff durchströmten Stahlrohr, das von der thermischen Isolierung umschlossen ist. Beim CD-Cable handelt es sich im Gegensatz zum WD-Cable um ein Koaxialkabel. Mit einem Koaxialkabel lassen sich kleinere Induktivitäten bei größeren Kapazitäten realisieren. Kleine Induktivitäten sind erforderlich, wenn bei den hohen Strömen nicht zu große Spannungsfälle auftreten sollen. Die Ladeströme kann man durch niedrige Spannungen klein halten. Nachteilig beim CD-Cable sind die höheren Kosten für die heute noch relativ teuren Bandleiter und die Tatsache, dass die durch die dielektrischen Verluste entstehende Wärme mehr Kühlleistung erfordert.

11 Schalter und Schaltanlagen

11.1
Leistungsschalter

11.1.1
Anforderungen an Leistungsschalter

Ein Drehstrom-Leistungsschalter muss unabhängig vom Löschprinzip und der speziellen Ausführungsform die folgenden Anforderungen erfüllen:

a) Er muss seinen Bemessungsstrom führen können unabhängig von äußeren klimatischen Einflüssen.
b) Er muss bei beliebigem Netzzustand, also auch bei Fehlern im Netz, in kurzer Zeit ein- und ausschalten. Es muss gewährleistet sein, dass sein Schaltvermögen den Anforderungen des Netzes an der Einbaustelle genügt. Für Hochspannungsschalter wird teilweise auch die Beherrschung der KU (Kurzunterbrechung) - Schaltung gefordert. Dazu sind vorgeschriebene Prüfschaltfolgen einzuhalten, wie z. B.: O – t_u – CO – t – CO, wobei die Symbole O für die Ausschaltung, t_u für eine anzugebende kürzeste Unterbrechungszeit C für die Einschaltung und t für eine Pause von etwa 3 Minuten stehen [N11.1].
c) Er muss den höchsten auftretenden Kurzschlussströmen thermisch und dynamisch gewachsen sein.
d) Er soll beim Ein- und Ausschalten keine für die Isolation des Netzes unzulässigen Schaltüberspannungen hervorrufen. Die Bedeutung dieser Forderung steigt mit steigender Netzspannung und kann bei $U_n > 400$ kV Sondermaßnahmen wie Ein- und Ausschaltwiderstände erforderlich machen.
e) Er soll auch im verschmutztem Zustand, die gegen Erde und über den Schalterpolen auftretenden Spannungen halten. In Gebieten starker Verschmutzung (Abschn. 17.5) ist auf diese Forderung besonders zu achten (Auswahl genügend großer spez. Kriechwege, Reinigung oder Oberflächenbeschichtung z. B. mit Silikonfett).
f) Er muss Erschütterungen standhalten (mechanisch fest und rüttelsicher sein).
g) Er soll möglichst wartungsarm sein.

D. Oeding, B. Oswald, *Elektrische Kraftwerke und Netze*,
doi 10.1007/978-3-642-19246-3, © Springer 2011

Zur näheren Erläuterung der Forderung nach b) werden die wichtigsten Schaltfälle im Bild 11.1 dargestellt. Zum Erreichen hoher Ausschaltströme versucht man ein hohes Ausschaltvermögen der einzelnen Teilschaltstrecke (Schaltkammer) zu erreichen, um so die Zahl der in Reihe zu schaltenden Teilschaltstrecken gering zu halten [11.21]. Weiteres Ziel ist es, die Gesamtausschaltzeit bei der Kurzschlussausschaltung klein zu halten, also auch die Schaltereigenzeit = Ausschaltzeit (Zeit vom Erreichen des Ansprechwertes einer Wirkgröße des zum Schalter gehörenden Auslösers bis zur Kontakttrennung beim Öffnen in allen drei Polen) und die Lichtbogenlöschzeit (Zeit von der Kontakttrennung im ersten Schalterpol bis zum Ende des Stromflus-

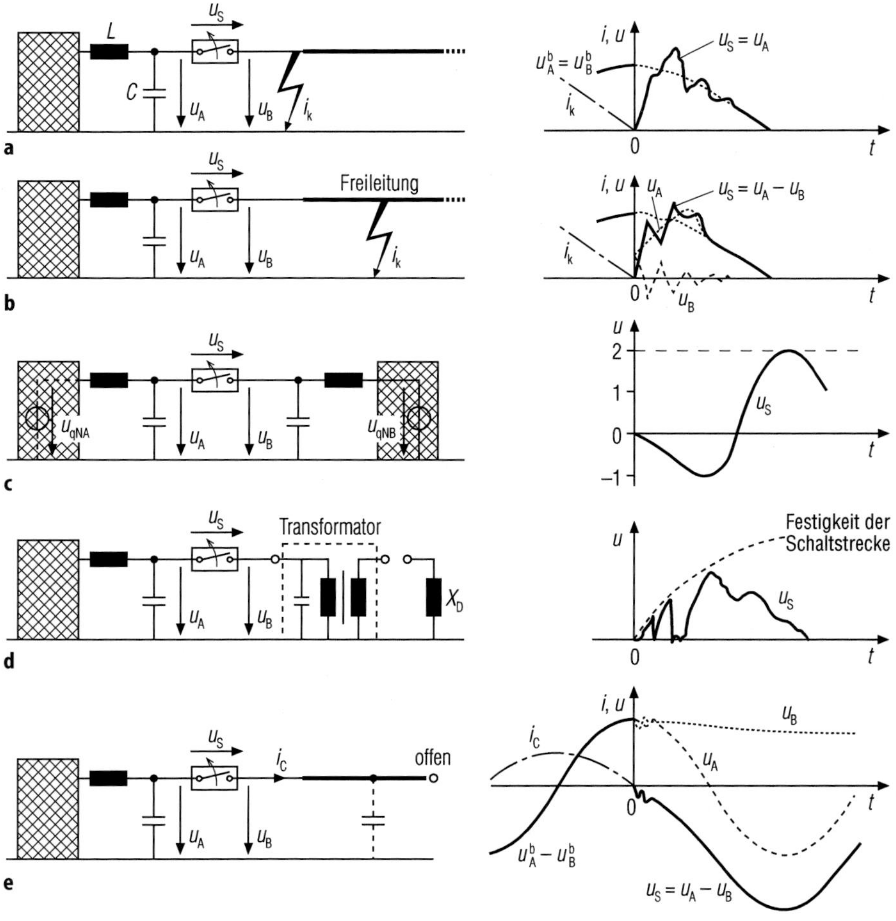

Bild 11.1 a–e. Ausschalten im Drehstromnetz (vereinfachte Darstellung). **a** Klemmenkurzschluss; **b** Abstandskurzschluss; **c** Ausschalten mit nachfolgender Phasenopposition, ungünstiger Fall; **d** Ausschalten kleiner induktiver Ströme (z.B. Ausschalten eines leerlaufenden Transformators oder einer Drosselspule); **e** Ausschalten kapazitiver Ströme (z.B. Ausschalten einer leerlaufenden Leitung oder einer Kondensatorbatterie

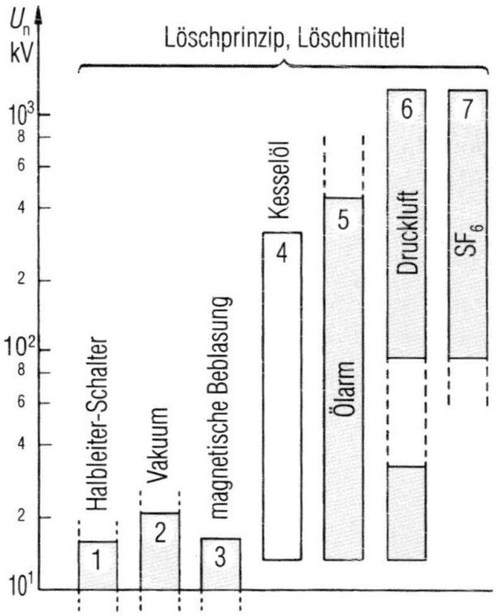

Bild 11.2. Löschprinzipien für Hochspannungs-Leistungsschalter. *1* Halbleiter-Schalter für spezielle Anwendungen, z. B. Elektrolokomotiven; *2* Vakuum-Schalter mit besonderen Anforderungen an Kontaktmaterial und Vakuum; *3* Magnetische Beblasung von Teillichtbögen in engen Spalten. Magnetblasschalter; *4* Kesselölschalter (bulk-oil-breaker), gegenwärtig keine Anwendung mehr; *5* Ölarme Schalter (bis 110 kV eine Löschkammer, bei höheren Spannungen Reihenschaltung mehrerer Kammern); *6* Druckluftschalter, im Bereich bis 36 kV für die Ausschaltung hoher Ströme, für große Schalthäufigkeit und für Sonderfälle, z. B. Ausschalten von Kondensatorbatterien; *7* SF_6-Schalter als Freiluftschalter oder als Schalter in vollgekapselten, SF_6-isolierten Anlagen

ses in allen drei Polen). Im Bild 12.44 sind Zeitbegriffe der Schutztechnik angegeben.

Beim Ausschalten des dreipoligen Kurzschlussstromes in seiner Nähe nach Bild 11.1 a muss der Schalter den höchsten Strom ausschalten. Dabei darf man voraussetzen, dass der Kurzschlussstrom im natürlichen Nulldurchgang oder doch in großer Nähe dazu gelöscht wird. Die nach der Löschung über den Schalterpolen auftretende Spannung u_S, die als Einschwingspannung bezeichnet wird, erhält man als Differenz der Spannungen u_A und u_B auf beiden Seiten des Schalters:

$$u_S = u_A - u_B \tag{11.1}$$

Bei Kurzschluss an der Schalterklemme ist $u_B = 0$ und damit $u_S = u_A$. Form und Größe der Einschwingspannung werden im Abschn. 17.3.4 behandelt. Beim Abstandskurzschluss nach Bild 11.1 b tritt die besondere Schalterbeanspruchung durch den steilen Anstieg der sägezahnförmigen Spannung u_B auf, während der Kurzschlussstrom geringfügig kleiner ist als bei einem Klemmenkurzschluss. Ist die Anstiegssteilheit der Spannung u_A ebenfalls groß, kann der Abstandskurzschluss zur höchsten Schalterbeanspruchung führen.

Bild 11.2 enthält eine Übersicht über die Löschprinzipien von Hochspannungs-Leistungsschaltern. Im Mittelspannungsbereich steht eine Reihe verschiedener Löschprinzipien zur Verfügung. Im Bereich höchster Spannungen sind ölarme Schalter, Druckluftschalter und SF_6-Schalter eingeführt. Neben technischen Kriterien spielen auch wirtschaftliche Gesichtspunkte eine Rolle bei der Schalterauswahl für die Netze der öffentlichen und industriellen Versorgung. Bei beengten Raumverhältnissen, z. B. in Städten, oder in Gebieten starker Verschmutzung haben sich seit mehr als 30 Jahren vollgekapselte, SF_6-isolierte Schaltanlagen weitgehend durchgesetzt [11.9, 11.10, 11.17, 11.20], in denen dann auch Leistungsschalter mit SF_6-Gas als Löschmedium verwendet werden.

11.1.2
Ölschalter, ölarme Schalter

Bei Kesselölschaltern, die früher in einpoliger Ausführung bis 345 kV in England und USA in Betrieb waren, diente nur ein kleiner Teil des Ölvolumens zur Lichtbogenlöschung und der größere Teil zur Isolierung. Im ölarmen Schalter verbleibt nur der für die Lichtbogenlöschung notwendige Anteil des Öls. Bei hohem Druck ist deshalb das Ölvolumen sehr gering. Ölarme Schalter werden in verschiedener baulicher Ausführungsform eingesetzt. Die Bilder 11.3 a, b, c zeigen drei charakteristische Konstruktionen. Im Bild 11.3 a ist der grundsätzliche Aufbau eines Schalters mit elastischer Expansionskammer skizziert. Bild 11.3 b zeigt, wie eine stromunabhängige Ölströmung mit Hilfe eines Hilfskolbens quer zum Lichtbogen erzeugt werden kann. Eine Querströmung ist zur Kühlung und Löschung des Lichtbogens wirksamer als eine Längsströmung. Bild 11.3 c zeigt als weiteres Beispiel die Kammer eines ölarmen Schalters, in dem beim Ausschalten kleiner Ströme eine stromunabhängige Strömung erzeugt wird (Ölströmung für diesen Fall eingezeichnet) und in der beim Ausschalter von Kurzschlussströmen durch die Konstruktion der Kammer eine Querströmung (stromabhängig) entsteht.

Ölarme Schalter haben bei Spannungen bis etwa 150 kV nur eine Schaltkammer. Bei höheren Spannungen werden mehrere in Reihe geschaltete Schaltkammern eingesetzt.

11.1.3
Vakuumschalter

Um 1980 wurden die ersten Vakuumschalter in Deutschland gefertigt. Zwanzig Jahre später wird in einigen Veröffentlichungen die Ansicht vertreten, dass die Vakuumschalttechnik für Mittelspannung in nahezu allen Fällen den anderen Löschprinzipien überlegen ist [11.43, 11.44]. Bild 11.3 d zeigt den Schnitt durch eine Vakuumschaltkammer (Prinzip). Bild 11.4 zeigt, dass bei kleinen Schlagweiten die Durchschlagspannung im Vakuum und bei SF_6-Gas unter Druck ähnlich günstige Werte annimmt.

Der Vakuumschalter ist besonders gut geeignet für hohe Schaltspielzahlen (bis zu 30 000 Schaltungen ohne Wartung) wegen des geringen Energieumsat-

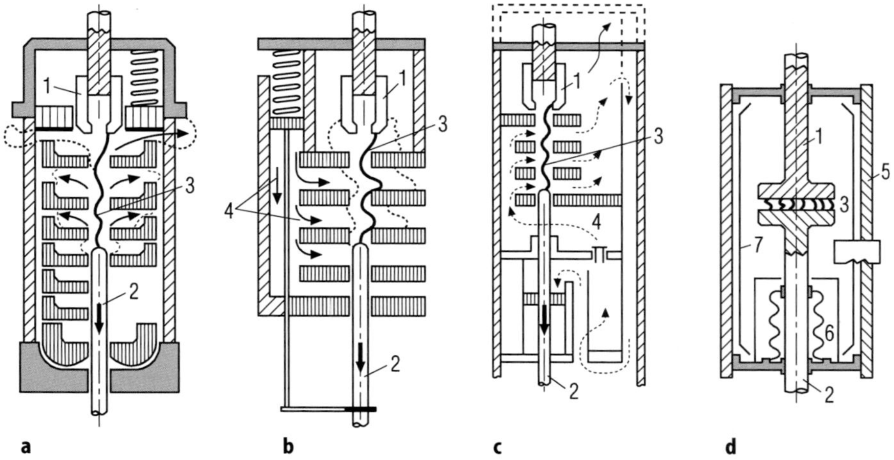

Bild 11.3 a–d. Löschkammern von ölarmen Schaltern für Mittelspannung und im Vergleich dazu die Löschkammer eines Vakuumschalters (Prinzipien). **a** Ölarmer Schalter mit Expansionskammer; **b** Expansionskammer mit Hilfskolben zur Erzeugung einer Querströmung; **c** Löschkammer mit Hilfsölströmung durch einen Kolben am beweglichen Schaltstift bei der Ausschaltung kleiner induktiver Ströme; **d** Vakuumschalter (Grundaufbau). *1* Festes Schaltstück; *2* Schaltstift; *3* Lichtbogen beim Ausschalten; *4* stromunabhängige Ölströmung; *5* Isolierzylinder, evakuiert; *6* Faltenbalg, Stahl; *7* Verdampfungsschirm

zes im Lichtbogen beim Ausschalten. Die früher aufgetretenen Schwierigkeiten, hervorgerufen durch Ausschaltüberspannungen beim Unterbrechen induktiver Ströme, sind weitgehend behoben durch die spezielle Formgebung der Elektroden (Verbundwerkstoff aus Kupfer und Chrom) und die dadurch erreichten niedrigen Abreißströme im Bereich weniger Ampere [11.43]. Trotz dieser Entwicklung kann es in besonderen Fällen, wie bei der Speisung von Lichtbogenöfen, notwendig sein, eine RC-Beschaltung vorzusehen und auch Metalloxidableiter einzusetzen [11.43].

Im Mittelspannungsbereich (10 kV...20 kV) haben weltweit bis zum Jahr 2000 die Vakuumschalter und die SF_6-Schalter (Abschn. 11.1.6) alle Schalter mit anderen Löschprinzipien, und damit auch die ölarmen Schalter, weitgehend verdrängt. Die Konzentration auf diese beiden Löschprinzipien hat bei den Herstellern dazu geführt, dass die Schaltermodule gegenseitig austauschbar wahlweise eingesetzt werden können. Öl- und ölarme Leistungsschalter werden nur noch in China, Osteuropa, Indien und Lateinamerika verwendet [11.46]. Vakuumschalter und SF_6-Schalter werden mit Magnetantrieb ausgerüstet [11.46], wodurch sehr kurze Ausschaltzeiten, die durch die Lichtbogendauer bestimmt sind, erreicht werden und das synchrone Schalten einzelner Schalterpole möglich wird.

Bild 11.4. Durchschlagspannung von Löschmedien in Abhängigkeit von der Schlagweite [11.44]

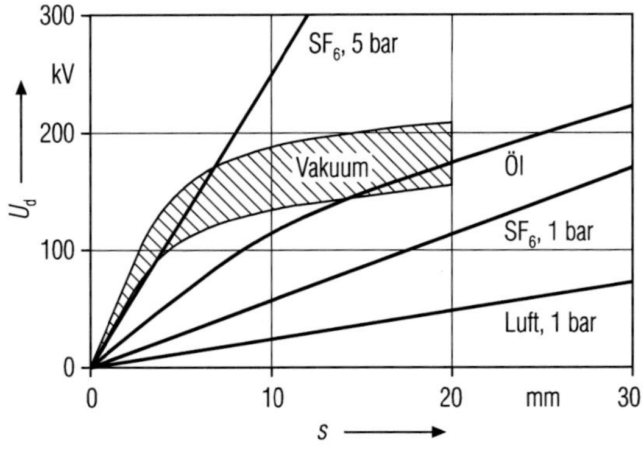

11.1.4 Druckluftschalter

Druckluftschalter benutzen Druckluft zur Lichtbogenlöschung und der danach notwendigen Entionisierung der Schaltstrecke. Längs- und Querströmung zur Lichtbogenlöschung werden durch die Düsenanordnungen und die konstruktive Ausbildung der Schaltkammer erreicht. Bild 11.5 zeigt als Beispiel eines Druckluftschalter den Freistrahlschalter der AEG [11.21].

Bild 11.5. Freistrahlschalter, 420 kV, Ausschaltwechselstrom 80 kA (Werkbild AEG-Telefunken)

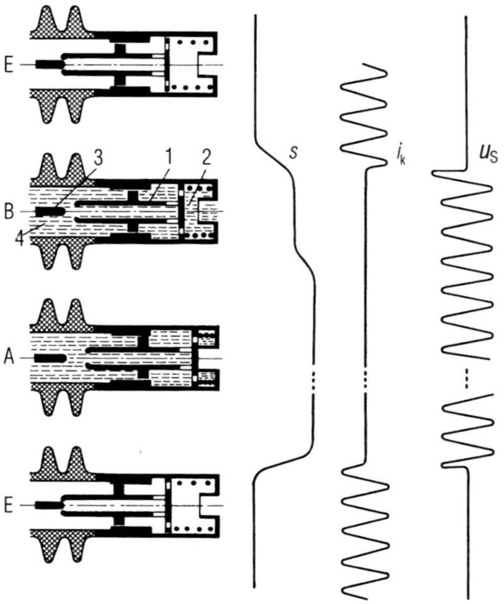

Bild 11.6. Schaltkammer (Prinzip) eines Hochspannugs-Druckluftschalters (BBC). E Einschaltstellung; B Blasstellung; A Ausschaltstellung; S Kontaktbewegung; i_k Kurzschlussstrom; u_S Spannung über den Schaltkontakten. *1* beweglicher Kontakt; *2* Auspuffventil; *3* Festkontakt; *4* Luftströmung

Bild 11.6 zeigt die Löschkammer eines BBC-Druckluftschalters mit Einschaltstellung, Blasstellung und Ausschaltstellung. Der bewegliche Schaltkontakt ist als Hohlkontakt ausgeführt und mit dem Teller des Auspuffventils starr verbunden. Der Ausschaltvorgung wird durch Einblasen von Luft mit hohem Druck in die Kammer eingeleitet. Man unterscheidet dabei die Blasstellung und die Ausschaltstellung. Die Einschaltstellung wird durch Entleeren der Kammer erreicht. Ein starke Feder schließt die Schaltstrecke.

Bild 11.7 zeigt den äußeren Aufbau eines Druckluftschalters mit drei Doppellöschkammern in einer Freiluftschaltanlage. Durch intensive Beblasung des Lichtbogens in der Schaltkammer erreicht man eine Ausschaltzeit von ca. 25 ms (Zeitdifferenz zwischen Ausschaltimpuls und Kontaktöffnung) und eine Gesamtausschaltzeit von ca. 40 ms (Zeitdifferenz zwischen Ausschaltimpuls und Lichtbogenlöschung).

Bei Hochspannungsschaltern mit mehreren in Reihe geschalteten Kammern pro Pol werden häufig Steuerkondensatoren parallel zu den Kammern angeordnet, um eine möglichst gleichmäßige Verteilung der Einschwingspannung auf die einzelnen Kammern zu erreichen (teilweise oder vollständige kapazitive Beschaltung). Neben den Steuerkondensatoren kommen auch Ein- und Ausschaltwiderstände zum Einsatz. Die Wirkung von niederohmigen Ausschaltwiderständen auf den Verlauf der Einschwingspannung zeigt Bild 11.8.

Bild 11.7. Druckluftschalter, 420 kV, Ausschaltleistung 35 GVA (50 kA) (Werkbild BBC)

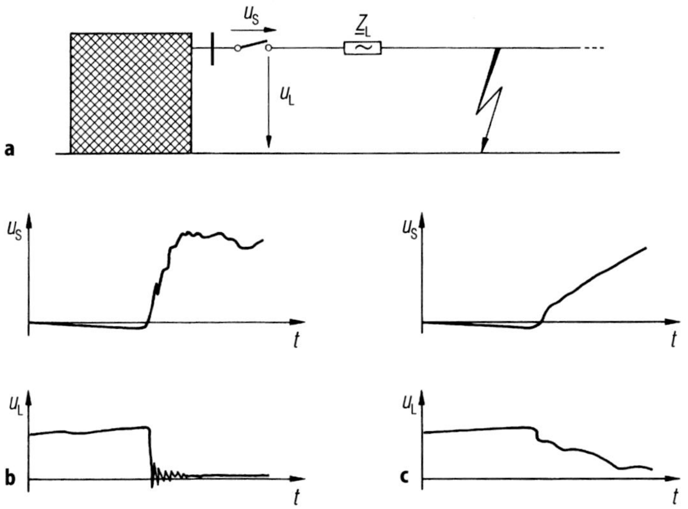

Bild 11.8 a–c. Einschwingspannung beim Ausschalten eines Abstandskurzschlusses. **a** Anordnung; **b** Ausschalten ohne niederohmige Widerstände; **c** Ausschalten mit niederohmigen Widerständen

Bild 11.9. Generatorleistungsschalter (Werkbild BBC) für U_m = 36 kV, Bemessungsstrom 24 kA; Ausschaltstrom 160 kA (Ausschaltleistung 7 GVA bei 27 kV, Bild 5.2)

11.1.5 Generatorschalter

Beim Generatorschalter unterscheidet man zwischen der Ausführung als Trennschalter, Lastschalter oder Leistungsschalter. Die Auswahl ist abhängig von den Aufgaben, die dem Generatorschalter im Rahmen der Eigenbedarfssicherung, der Synchronisierung oder des Blockschutzes zugeordnet sind.

Beim Einsatz eines Generatorleistungsschalters (Abschn. 7.3) benötigt man Schalter mit hohen Bemessungsströmen und hohen Ausschaltströmen. Bild 11.9 zeigt einen solchen Generatorschalter, eingebaut in eine gekapselte Generatorableitung, bei dem die Leistungsschaltfunktion von der Einschalt- und Trennfunktion getrennt und bei dem mit dem Einsatz von Widerständen ein zweistufiges Ausschalten ermöglicht wurde.

Um hohe Ausschaltleistungen zu erreichen, wurden bei dem Druckluftleistungsschalter nach Bild 11.10 zwei Leistungskammern in Reihe geschaltet, wobei eine Leistungskammer mit niederohmigem Parallelwiderstand und Hilfsschaltkammer und die zweite Leistungskammer nur mit niederohmigem Parallelwiderstand ausgerüstet sind. Die hohen Bemessungsströme können durch Zusatzwasserkühlung erreicht werden.

11.1.6 SF_6-Schalter

Neben den guten Isoliereigenschaften, die in vollgekapselten Schaltanlagen genutzt werden, bietet das SF_6-Gas auch besondere Vorteile als Löschmittel in Leistungsschaltern. SF_6-Schalter haben sich deshalb neben den Vakuumschaltern im Mittelspannungsbereich auch im Hochspannungsbereich als Freiluftschalter oder als Schalter in vollgekapselten SF_6-isolierten Schaltanlagen durchgesetzt [11.9, 11.10, 11.11]. SF_6-Gas als mehratomiges elektronegatives

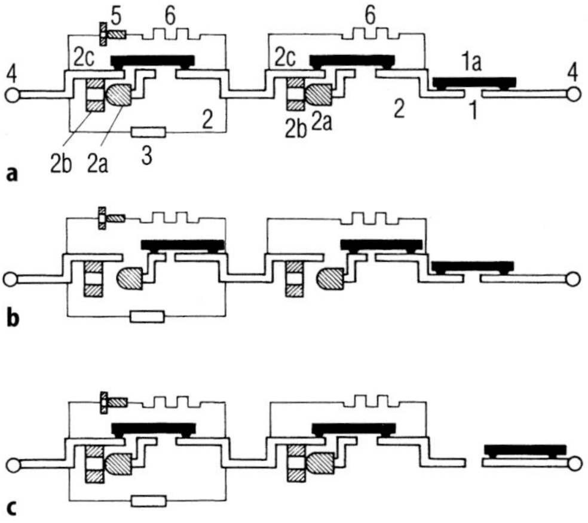

Bild 11.10 a–c. Schaltzustände bei einem Druckluftleistungsschalter $U_m = 36$ kV; $I_r = 12, 24, 36$ kA, Ausschaltleistung 7 GVA (Generatorschalter BBC). **a** Schalter eingeschaltet, Hochstromtrenner geschlossen; Kommutierungskontakt überbrückt, Hilfskammer geschlossen; **b** Schalter beim Ausschalten in Löschstellung. Lichtbogen an den Kontakten 2a–2b wird gelöscht, die niederohmigen Widerstände begünstigen den Löschvorgang und dienen als Potentialsteuerung; nach dem Löschen in den Leistungsschaltkammern öffnet die Hilfsschaltkammer und unterbricht den Strom über die niederohmigen Widerstände; **c** Schalter ausgeschaltet. *1* Hochstromtrenner; *1a* Schubkontakt, Kontaktrohr; *2* Leistungsschaltkammer; *2a* beweglicher Löschkontakt; *2b* fester Löschkontakt (Düse); *2c* Kommutierungskontakt (Kontaktkorb); *3* hochohmiger Widerstand; *4* Schienenanschluss für den Schalter in der Generatorableitung; *5* Hilfsschaltkammer; *6* niederohmiger Widerstand

Gas hat gegenüber Luft eine niedrigere Dissotiationstemperatur, so dass sich für den Lichtbogen auch in der Nähe des Stromnulldurchganges eine gute elektrische Leitfähigkeit ergibt. Die Wärmeleitfähigkeit von Schwefel und Fluor ist verhältnismäßig schlecht, so dass hohe Temperaturen im Lichtbogenkern eine geringe Lichtbogenspannung bewirken. Der Energieumsatz in der Schaltkammer bleibt dadurch gering. Nach Abklingen des Stromes im Lichtbogenkanal verbinden sich Schwefel und Fluor dann zum großen Teil wieder zu Molekülen, die freie Elektronen an sich ziehen und so für eine schnelle Wiederverfestigung der Schaltstrecke sorgen. Als günstig wird weiterhin die hohe dielektrische Festigkeit angesehen (Bild 11.4), weil dadurch kleine Vorzünddistanzen, geringer Kontaktabbrand und hohe Einsatzdauer ohne Wartung erreicht werden.

Der Aufbau und die Düsenanordnungen der Schaltkammern bei SF_6-Hochspannungs-Freiluftschaltern sind ähnlich wie bei Druckluftschaltern. Eine Expansion ist jedoch nur im geschlossenen Kreis möglich. Bild 11.11 zeigt einen Leistungsschalter mit SF_6 als Löschmittel in einer Freiluftschaltanlage.

Mit Rücksicht auf die Verflüssigung des SF_6-Gases bei niedrigen Temperaturen und hohen Drücken sind die Umgebungstemperaturen zu berücksichtigen, u. U. ist eine Zusatzheizung vorzusehen [11.23].

Bild 11.11. SF_6-Leistungsschalter, 420 kV, Ausschaltwechselstrom 63 kA (Werkbild Siemens)

11.2 Schaltanlagen

11.2.1 Allgemeines

Als Schaltanlage bezeichnet man die Gesamtheit aller elektrischen Betriebsmittel (Schalter, Sammelschienen, Wandler und aller anderen zugehörigen Einrichtungen) in einem abgegrenzten Raum oder auf einem abgegrenzten Gelände. Schaltanlagen dienen zum Zusammenschalten bzw. zum Trennen einzelner Freileitungs-, Kabel-, Schienen- oder Transformatorabgänge. Sind in einer Schaltanlage Transformatoren vorhanden, so spricht man auch von Umspannanlagen.

Schaltanlagen sind so zu errichten, dass sie für die Öffentlichkeit und die Bedienenden ein hohes Maß an Sicherheit gewährleisten. Dazu gehören Schutz gegen Berühren, Sicherheit gegen und bei Fehlbedienung, sowie Schutz gegen das Verschleppen unzulässiger Spannungen im ungestörten und gestörten Betrieb an Orte außerhalb der Anlage. Eine große Zahl von VDE-Bestimmungen treffen Festlegungen für das Errichten und Betreiben von Schaltanlagen [1.24].

Schaltanlagen für Nieder- und Hochspannung werden je nach den Aufgaben, den Anforderungen und dem Aufstellungsort als Innenraum- oder als Freiluftanlagen in vielen unterschiedlichen Konstruktionsformen erstellt. Umfangreiche Darstellungen findet man in [1.24, 11.2, 11.6, 11.26, 11.31, 11.33, 11.36]. Die elektrischen Betriebsmittel in Schaltanlagen werden nach der höchsten dauernd zulässigen Betriebsspannung U_m, dem Bemessungsstrom, der thermischen und dynamischen Kurzschlussfestigkeit, dem Ausschaltvermögen bei Leistungsschaltern usw. ausgesucht. Nach [1.24] sind für Hochspannungs-Schaltanlagen in Deutschland sogenannte genormte Kurzschlussströme, also Bemessungswerte festgelegt:

Tabelle 11.1. Stufung der Kurzschlussströme für die Auslegung von Schaltanlagen in Deutschland [1.24]

Netznennspannung	kV	10	20	30	110	220	380
Kurzschlussstrom I''_k	kA	20, 31,5	16, 20, 31,5	20, 31,5	20, 25, 31,5, 40	40, 50, 63	50, 63, 80

11.2.2 Schaltungen in Schaltanlagen

Niederspannungs-Schaltanlagen werden in offener oder gekapselter Bauform erstellt. Bei der offenen Bauform werden die Geräte auf einem Rahmengerüst untergebracht oder in einer Schalttafel für Bemessungsströme bis 600 A. Die Kapselung in Einheitskästen als Guß- oder Isolierstoffverteilungen wird in nicht abgeschlossenen elektrischen Betriebsräumen gewählt. Stahlblechgekapselte NS-Schaltanlagen mit ausziehbaren Geräteblöcken bieten hohe Betriebssicherheit mit kleinsten Unterbrechungszeiten. Sie werden häufig in Industrieanlagen, auch für den Anschluss von Motoren, aufgestellt bis zu Bemessungsströmen von etwa 4000 A im Einspeisefeld.

In der öffentlichen Versorgung dienen Ortsnetzstationen der Umspannung von Mittelspannung auf Niederspannung 400 V. Man unterscheidet Turmstationen, Maststationen und Kabelstationen. Maststationen mit Transformatoren bis 250 kVA und einfachen Sicherungsabgängen auf der NS-Seite dienen der Versorgung einzeln stehender Häuser z. B. bei aufgelockerten Straßensiedlungen.

Bild 11.12 zeigt den Aufbau einer Kabelstation, untergebracht in einer Fertigstation aus Beton, Stahlblech oder glasfaserverstärktem Kunststoff. Bei entsprechend vergrößerten räumlichen Abmessungen kann man auch zwei NS-Transformatoren einsetzen. Die Transformatorleistungen werden meist nicht höher als 630 kVA gewählt. Für die Kurzschlussspannung wird entweder $u_{kr} = 4\,\%$ oder $u_{kr} = 6\,\%$ gewählt, abhängig von der Länge der Niederspannungsleitungen.

Bei Mittel- und Hochspannungsschaltanlagen unterscheidet man verschiedene Grundformen je nach Art der Sammelschienenschaltung wie im Bild 11.13 angegeben. Im Mittelspannungsbereich werden häufig Anordnungen mit Einfach- oder Doppelsammelschiene gewählt (Bild 11.13 a, b). Bei Spannungen von 220 kV und darüber findet man Anordnungen mit Doppelsammelschiene und Doppelsammelschiene mit Umgehungsschiene (Bild 11.13c) oder Schaltanlagen mit $1^1/_2$-Leistungsschalter (Bild 11.13 d) oder die Ringschaltung (Bild 11.13 e).

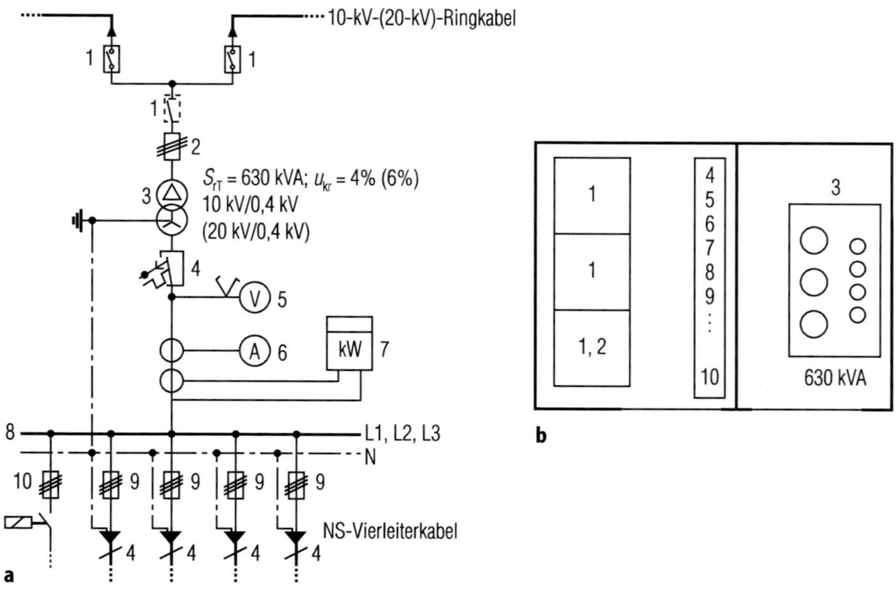

Bild 11.12 a,b. Ortsnetzstation mit NS-Transformator von 10 kV oder 20 kV auf 400 V. *1* Lasttrennschalter; *2* HH-Sicherungen; *3* NS-Transformator, Beispiel S_{rT} = 630 kVA, U_{rTOS} = 10 kV, U_{rTUS} = 0,4 kV (oder 0,41 kV oder 0,42 kV); *4* Niederspannungs-Leistungsschalter mit Überstromauslöser und thermischem Auslöser; *5* Spannungsmesser mit Umschalter für U_{L1}, U_{L2}, U_{L3} und U_{L1L2}, U_{L1L3}, U_{L2L3}; *6* Strommesser mit Maximumanzeiger (Schleppzeiger); *7* Drehstromzähler; *8* NS-Sammelschiene: U_{n} = 400 V; *9* NS-Abgänge mit NH-Sicherungen; *10* Abgang mit zusätzlichem Schutz

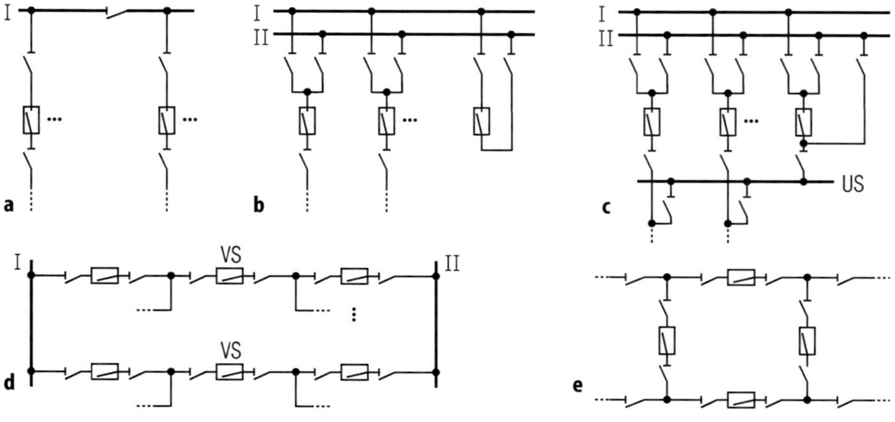

Bild 11.13 a–e. Grundformen von Mittel- und Hochspannungs-Schaltanlagen (Sammelschienenschaltungen. **a** Einfachsammelschiene (mit oder ohne Längstrennung); **b** Doppelsammelschiene; **c** Doppelsammelschiene mit Umgehungsschiene US; **d** $1^1/_2$-Leistungsschalter-Anlage (6 Leistungsschalter für 4 Abgänge), Durchschaltung von zwei Abgängen über die Verbindungsschalter VS; **e** Ringschaltung

Statt Umgehungsschiene wird teilweise auch die Dreifachsammelschiene gewählt, besonders dann, wenn zwei getrennte Netzgruppen betrieben werden oder eine schnelle Auftrennung im Störungsfall zur Begrenzung der Ausschaltleistung vorgenommen werden soll. Die $1^1/_2$-Leistungsschaltermethode ermöglicht große Freizügigkeit beim Schalten und die Freischaltung einer Sammelschiene ohne Unterbrechung der Abzweige. Der wirtschaftliche Aufwand ist ähnlich wie bei der Doppelsammelschiene mit Umgehungsschiene. Bei der Ringschaltung nach Bild 11.13e können einzelne Leistungsschalter ohne Unterbrechung der Abzweige freigeschaltet werden. Eine Erweiterung mit zusätzlichen Abzweigen ist jedoch nicht möglich.

Bild 11.14 zeigt einige Kuppelmöglichkeiten (Längs- und Querkupplung) in Schaltanlagen mit zwei oder drei Sammelschienen und bei Sammelschienenabschnitten [11.33].

Übliche Anordnungen von Strom- und Spannungswandlern in Hochspannungsschaltanlagen sind im Bild 11.15 aufgezeichnet. In 10- und 20-kV-Anlagen findet man häufig Sammelschienen-Spannungswandler (Bild 11.15c), während bei 110 kV und darüber jedem Abzweig Spannungswandler zugeordnet werden (Bilder 11.15a und d). Bild 11.15a zeigt den Anschluss einer Trägerfrequenzeinrichtung für Hochspannungsfreileitungen (TFH) über einen kapazitiven Spannungswandler oder eine Koppelkapazität für die Nachrichtenübertragung (Ferngespräche, Messwerte, Meldungen und Steuersignale, z. B. bei der Schaltermitnahme im Rahmen der Kurzunterbrechung auf Leitungen) auf einem Leiterseil [1.24].

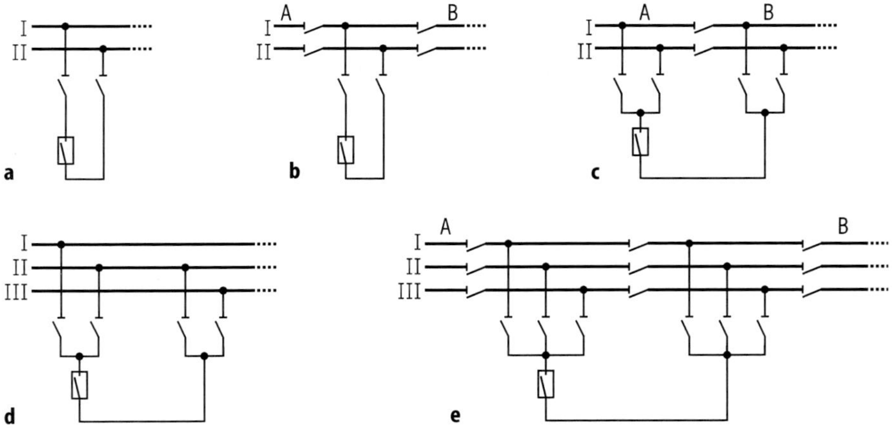

Bild 11.14a–e. Kuppelmöglichkeiten in Anlagen mit zwei und drei Sammelschienen (Auswahl). **a** Querkupplung; **b** Querkupplung zwischen I und II für die Abschnitte A und B; **c** Längskupplung für A und B und Querkupplung über die Längstrenner; **d** Querkupplung bei Dreifachsammelschiene; **e** Längs- und Querkupplung für alle sechs Sammelschienenabschnitte von A und B

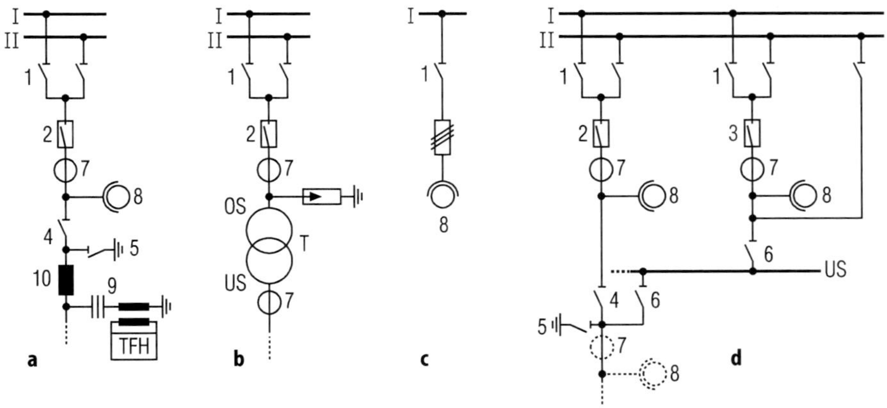

Bild 11.15 a – d. Anordnung von Strom- und Spannungswandlern für Messung und Schutz. **a** Abzweig (Freileitung) mit Strom- und Spannungswandlern und Ankopplung einer TFH-Einrichtung; **b** Transformatorabzweig mit Stromwandlern (z. B. mit zwei Kernen für Messung und Differentialschutz); **c** Sammelschienenspannungswandler in Mittelspannungsanlagen (z. B. drei einpolig geerdete Wandler mit Hilfswicklung in offener Dreieckschaltung); **d** Abzweig- und Kuppelfeld einer Anlage mit Umgehungssammelschiene (US) und Wandlern innerhalb des Abzweigs (Bei Wandlern auf der Leitung – gestrichelt eingetragen – entfallen die Wandler innerhalb des Abzweigs). *1* Sammelschienentrennschalter; *2* Leistungsschalter; *3* Leistungsschalter der Umgehung; *4* Abgangstrennschalter; *5* Erdungsschalter; *6* Umgehungstrennschalter; *7* Stromwandler; *8* Spannungswandler (im Abgang oder bei Mittelspannung auch an der Sammelschiene abhängig von der Art des Netzschutzes); *9* Kapazitiver Spannungswandler mit TFH-Anschluss; *10* TFH-Sperrdrossel

11.2.3 Innenraum- und Freiluftschaltanlagen

Schaltanlagen bis 30 kV (U_m = 36 kV) werden in Deutschland ausschließlich als Innenraumschaltanlagen gebaut, entweder in offener oder in gekapselter Bauform. Die offene Bauform kann nur in abgeschlossenen elektrischen Betriebsräumen angewendet werden.

Die metallgekapselte Bauform ist allseitig mit Stahlblech umgeben. Damit wird ein erhöhter Berührungsschutz erreicht. Sie dürfen deshalb auch außerhalb geschlossener elektrischer Betriebsstätten eingesetzt werden. Bei metallgekapselten Schaltanlagen unterscheidet man zwischen Anlagen mit fest eingebauten Geräten (Betriebsmitteln) und solchen mit herausfahrbaren Geräten, sogenannte Schaltwagenanlagen, bei denen hauptsächlich der Leistungsschalter (Vakuumschalter, SF_6-Schalter oder ölarmer Schalter) auf dem Schaltwagen untergebracht ist.

Bild 11.16 zeigt den typischen Aufbau einer 10- oder 20-kV-Schaltanlage mit ausfahrbaren Schaltwagen und Einfachsammelschiene [1.24, 11.33]. Sammelschienentrennschalter und Abgangstrennschalter (Bild 11.15) werden bei dieser Bauform ersetzt durch ausreichenden Luftabstand bei ausgefahrenem Schaltwagen. In manchen Fällen (hier nicht gezeichnet) wird zwischen dem

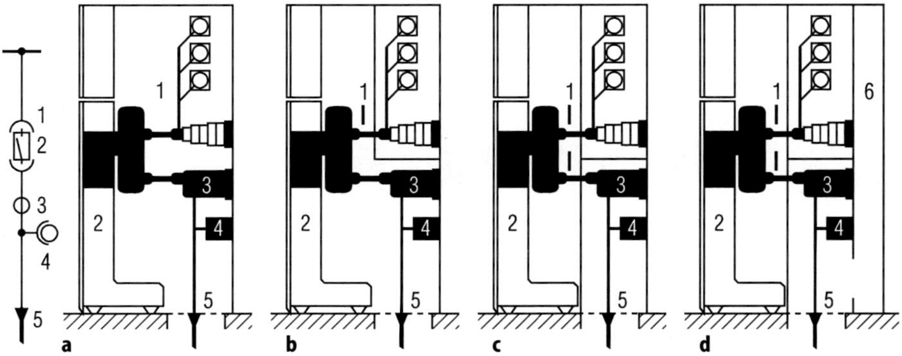

Bild 11.16 a–d. Mittelspannungsschaltfelder in gekapselter Bauweise mit ausfahrbaren Leistungsschaltern. **a** ohne interne Unterteilung; **b** wie a mit zusätzlicher Schottung des Sammelschienenraumes; **c** mit „voller" Schottung; **d** wie c mit zusätzlichem Entlastungskamin. *1* Trennstrecken durch Ausfahren des Schaltwagens; *2* Schaltwagen mit Leistungsschalter und seinem Antrieb; *3* Stromwandler; *4* Spannungswandler; *5* Kabelabgang; *6* Entlastungskamin

Spannungswandler und dem Kabelendverschluss noch ein Erdungsschalter angeordnet. Die einfachste Anordnung zeigt Bild 11.16a. Zur Begrenzung eines möglichen Lichtbogenfehlers auf seinen Entstehungsort werden einzelne Räume durch geerdete metallische Zwischenwände getrennt, wie die Bilder 11.16b, c und d zeigen. Bei ausgefahrenem Schaltwagen werden dann auch die Durchstecklöcher für die Einfahrkontakte des Leistungsschalters verschlossen. Ein Schutz des Bedienungspersonals direkt vor dem Schaltwagen gegen die Wirkungen eines Kurzschlusslichtbogens soll durch spezielle Schließmechanismen der Außentür des Schaltwagens erreicht werden [11.33]. Bild 11.16 d zeigt diese Bauform mit einem zusätzlichen Entlastungskamin. Für die Errichtung vor Ort ist es wichtig, dass für die Montage der Kabelendverschlüsse genügend Platz vorhanden ist. Die Feldteilungen können auch deshalb ein gewisses Maß nicht unterschreiten. Bei 10 kV sind Feldteilungen von 60...80 cm üblich, während bei 20 kV Feldteilungen von 80...100 cm vorkommen (DIN 41488-3).

Schaltanlagen für 110 kV und darüber werden entweder mit konventionellen Geräten als Freiluftanlagen oder als vollgekapselte SF_6-isolierte Anlagen im Innenraum ausgeführt. Bild 11.17 a zeigt Schnitt und Draufsicht einer 110-kV-Freiluftanlage mit Doppelsammelschiene in Reihen-Längsbauweise, wobei ein Freileitungsabgang und ein Transformatorabgang gezeichnet wurden.

Neben der Reihen-Längsbauweise wird auch die Reihen-Querbauweise und die Diagonalbauweise verwendet, wobei die Bezeichnungen aus der Anordnungsform der Sammelschienentrennschalter gebildet werden. Im Bild 11.17b sind als weiteres Beispiel Schnitt und Draufsicht einer 220-kV-Anlage mit Doppelsammelschiene in Diagonalbauweise und mit Rohrsammelschienen gezeigt, wieder für einen Freileitungs- und für einen Transformatorabgang. Die Breite der Anlage und die Feldteilung haben sich gegenüber der 110-kV-

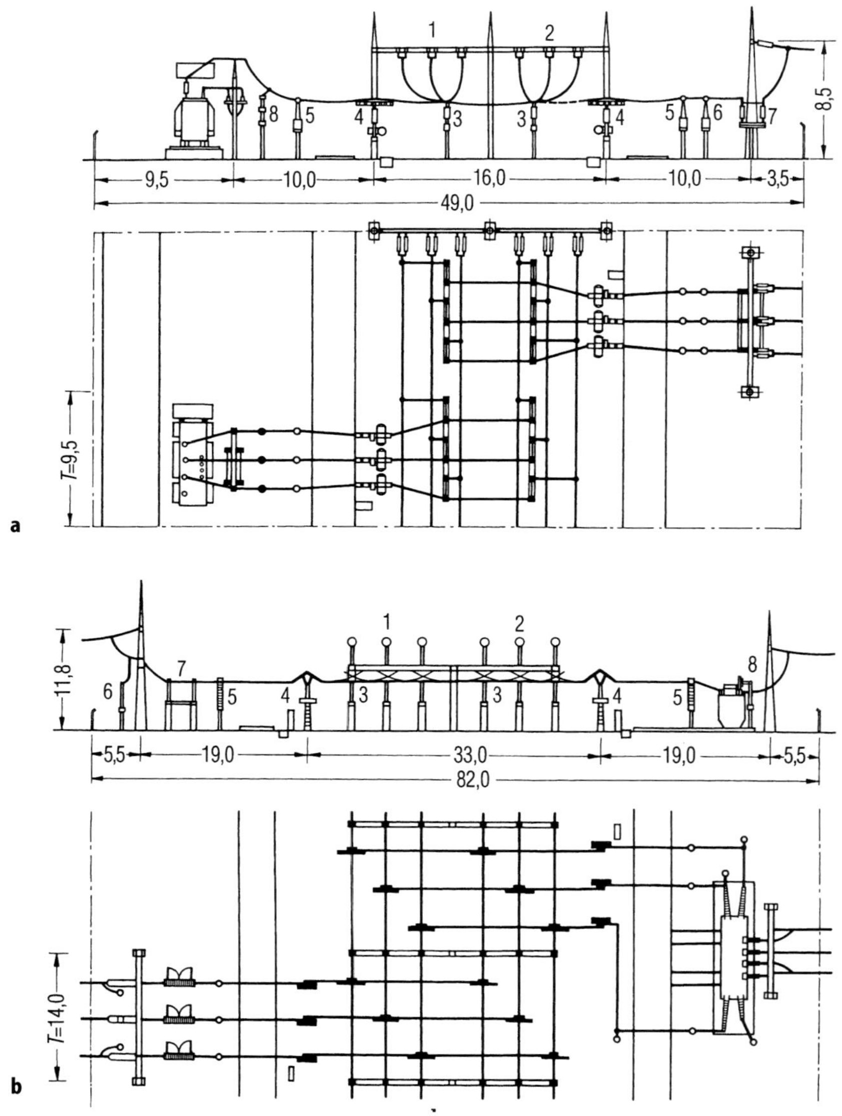

Bild 11.17 a, b. Aufbau von Freiluftschaltanlagen mit Doppelsammelschiene (Beispiele). **a** 110 kV in Reihen-Längsbauweise; **b** 220 kV in Diagonalbauweise mit Al-Rohrsammelschienen. *1, 2* Sammelschienen; *3* Sammelschienentrennschalter; *4* Leistungsschalter; *5* Stromwandler; *6* Spannungswandler; *7* Abgangstrennschalter mit Erdungsschalter; *8* Überspannungsableiter am Transformator

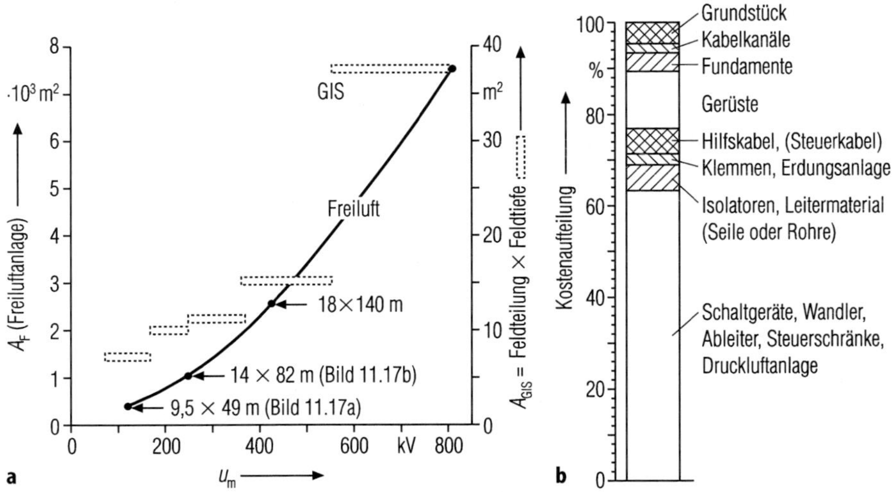

Bild 11.18 a, b. Flächenbedarf bei Freiluftschaltanlagen und GIS sowie Kostenaufteilung. **a** Grundflächenbedarf A_F von Feldern in Hochspannungs-Freiluftschaltanlagen und im Vergleich Fläche für GIS (Feldteilung × Feldtiefe); **b** Beispiel für die prozentuale Kostenaufteilung auf die Anlagenteile einer 220-kV-Freiluftschaltanlage mit Doppelsammelschiene und klassischem Aufbau

Anlage entsprechend erhöht. Ein ähnlicher Aufbau in Diagonalform mit Rohrsammelschienen ist bei einer Feldteilung von etwa 18 m auch für 380 kV möglich.

Bild 18 a enthält Anhaltswerte für den Grundflächenbedarf A_F von Feldern in Freiluftschaltanlagen. Bei unterschiedlicher Bauform kann man mit Abweichungen von ±10 %… ±20 % vom gegebenen Anhaltswert rechnen. Einsäulentrennschalter (Scherentrenner) und unten liegende Sammelschiene wie im Bild 11.17, führen zu Abmessungen am unteren Rand. Anhaltswerte für die Kostenaufteilung in einer 220-kV-Anlage sind im Bild 11.18 b gegeben.

11.2.4
Vollgekapselte, SF_6-isolierte Schaltanlagen

Neben Freiluftschaltanlagen und Innenraumschaltanlagen in offener Bauform wurden schon um 1930 Schaltanlagen bis 33 kV mit vollständiger Metallkapselung aller spannungsführenden Teile insbesondere in England gebaut. (Bei der CIGRE wurde im Jahre 1927 über metall-gekapselte 33-kV-Schaltanlagen berichtet, wobei als Isoliermedium z. T. Öl diente).

Die Entwicklung der gasisolierten Schaltanlagen (GIS) hat in den sechziger Jahren des vorigen Jahrhunderts begonnen. 1965 wurde auf der Hannover-Messe das erste SF_6-Schaltfeld vorgestellt [11.8 bis 11.11]. Das heutige Einsatzgebiet reicht von U_m = 72,5 kV bis 800 kV (765 kV) bei Ausschaltströmen bis

63 kA, in Sonderfällen bis 80 kA [11.33]. Als Isoliermedium und als Löschmedium im Leistungsschalter wird bei höheren Spannungen SF_6-Gas unter Druck (3 bis 6 bar, je nach Spannungshöhe) verwendet. Bis zu $U_m = 72{,}5$ kV kann SF_6 unter Normaldruck verwendet werden. Seine dielektrische Festigkeit ist bereits bei Normaldruck etwa dreimal so hoch wie die der Luft. Neuerdings verwendet man aus Kosten- und Umweltgründen auch ein Gasgemisch aus 20 % SF_6 und 80 % Stickstoff.

Die Vorzüge der GIS sind erheblich geringerer Flächen- und Raumbedarf (Raumersparnis bis zu 90 %) gegenüber der offenen Bauweise, vollständiger Berührungsschutz, Schutz vor Verschmutzung, geringe Störanfälligkeit, geringer Wartungsaufwand und kurze Montagezeiten aufgrund der Baukastenbauweise. Der geringe Platzbedarf kommt besonders zum Tragen bei Spannungen von 110 bis 750 kV (Bild 11.18). Einsatzorte sind deshalb vor allem Städte, Ballungsgebiete und Kraftwerke [11.11, 11.17, 11.20].

Bis zu $U_m = 170$ kV werden sämtliche Anlagenteile wie Sammelschienen, Leistungsschalter, Trennschalter, Erdungsschalter und Messwandler eines Feldes in einer einzigen Kapselung untergebracht (dreipolige Kapselung). Bei geringen Isoliergasdrücken (bis 72,5 kV) kann die Kapselung aus unmagnetischem Stahlblech bestehen. Bei höheren Spannungen verwendet man Aluminiumguss für die Kapselungen. Über 170 kV Nennspannung werden die Geräte eines Feldes grundsätzlich einpolig gekapselt, während die Sammelschienen bis 362 kV entweder einpolig oder dreipolig (je nach Hersteller) gekapselt werden. Für höchste Spannungen werden die Sammelschienen nur in einpolig gekapselter Bauweise ausgeführt. Aus dem radialsymmetrischen Feldaufbau folgt, dass sich die geringste Oberflächenfeldstärke am Leiter der Sammelschiene dann einstellt, wenn das Verhältnis von Innendurchmesser der Kapselung zu Außendurchmesser des Innenleiters der natürlichen Zahl $e = 2{,}718$ entspricht.

Die integrierten SF_6-Leistungsschalter sind weitgehend wartungsfrei. Sie haben einen eigenen abgeschlossenen Gasraum. Je nach der Spannung der Anlage kommen ein bis vier Schaltstrecken je Pol zum Einsatz. Der Antrieb erfolgt mit hydraulischen Federspeichern.

Die GIS werden nach dem Baukastenprinzip aus fabrikgefertigten, stück- und typgeprüften Modulen zusammengesetzt. Als Verbindungselemente dienen Winkel, Krümmer, T-, Kreuz- und Rohrbausteine mit Verbindungs-Steckelementen. Aus den Bausteinen können praktisch alle Schaltfeldvarianten und Erweiterungen aufgebaut werden. An den Übergängen der Bausteine sind scheiben- oder trichterförmige Schottstützer aus Epoxidharz angebracht, die zum einen als Auflager und Halterung für die aktiven Bauteile dienen und zum anderen Fehlerlichtbögen abschotten und bei Störungen den Verlust von Isoliergas klein halten sollen. Die abgeschotteten Gasräume werden auf Dichtigkeit überwacht. Die Leckageverluste liegen unter 1 %, so dass die einmalige Gasfüllung bei der Inbetriebnahme für die gesamte Lebensdauer ausreicht.

Bild 11.19 zeigt ein Beispiel für den inneren Aufbau einer GIS für $U_n = 110$ kV ($U_m = 123$ kV) wobei die Sammelschiene eine dreipolige Kapselung aufweist.

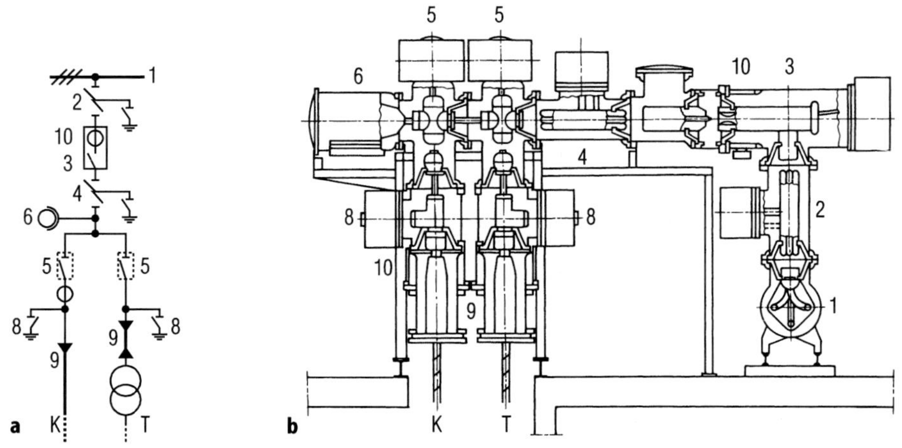

Bild 11.19. Vollgekapselte, SF_6-isolierte 110-kV-Schaltanlage (BBC), Beispiel für den inneren Aufbau einer Ringschaltanlage in einem städtischen Kabelnetz. **a** Übersichtsschaltplan mit Kabelabgang K und Transformatorabgang T; **b** Schnitt durch die Anlage. *1* Sammelschiene; *2* Sammelschienentrennschalter; *3* Leistungsschalter; *4* Abgangstrennschalter; *5* Lasttrennschalter; *6* Spannungswandler; *8* Schnellerder; *9* Kabelendverschluss; *10* Stromwandler

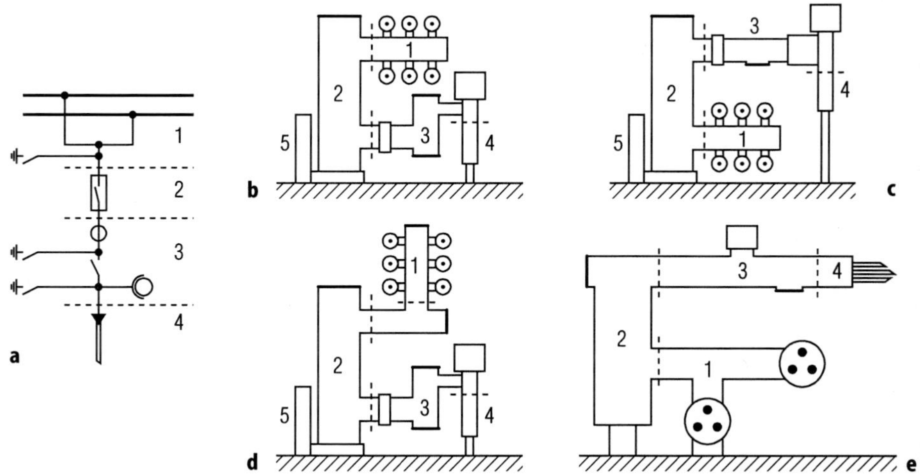

Bild 11.20 a – e. Schnitt durch ein Kabelfeld einer SF_6-gasisolierten Schaltanlage (verschiedene Anlagendispositionen). **a** Übersichtsschaltplan; **b** bis **d** Doppelsammelschiene einpolig gekapselt, Kabelabgang unten; **e** Doppelsammelschiene dreipolig gekapselt, Kabelabgang oben. *1* Sammelschienen mit Sammelschienentrennschalter; *2* Leistungsschalter, stehend; *3* Messwandler; *4* Kabelendverschluss; *5* Schaltschrank

Verschiedene Varianten für die Anordnung der Geräte eines Schaltfeldes für einen Kabelabgang und der Sammelschiene sind aus Bild 11.20 ersichtlich. Durch die Kombination von Sammelschiene und Sammelschienentrennschalter zu einer Baueinheit wird eine äußerst kompakte Bauweise erreicht. Eine möglichst geringe Bauhöhe z.B. für den Einsatz in städtischen Gebäuden erreicht man bei horizontaler Anordnung des Leistungsschalters unter den Sammelschienen.

Bild 11.21 zeigt den Schnitt durch eine 380-/110-kV-Umspannstation mit Doppelsammelschienen-GIS in beiden Spannungsebenen. Der Anschluss des Transformators auf der Oberspannungsseite ist ebenfalls gasisoliert ausgeführt.

Bild 11.22 zeigt den teilweisen Einblick in ein SF_6-Schaltfeld einer GIS mit Doppelsammelschine ausgeführt in einpoliger Kapselung, geeignet für Nennspannungen 362 kV bis 550 kV.

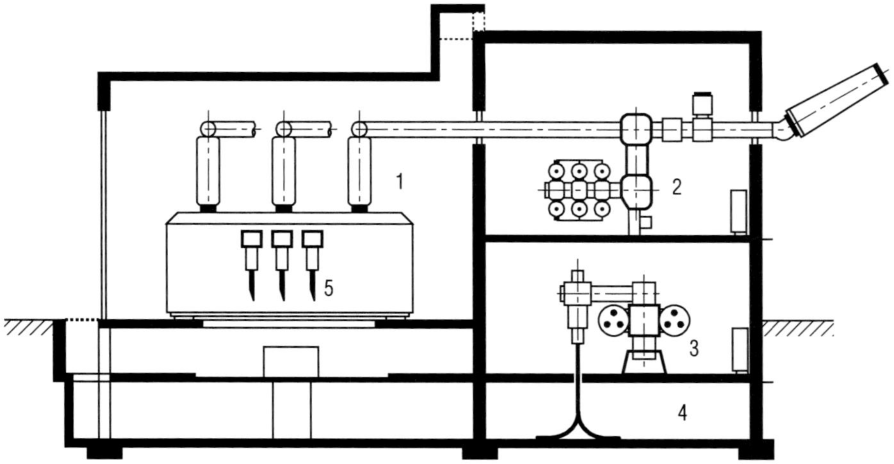

Bild 11.21. Schnitt durch eine 380/110-kV-Umspannstation mit GIS. *1* Transformatoranschluss 380 kV, gasisoliert; *2* 380-kV-GIS mit einpolig gekapselter Sammelschiene und Freileitungsabgang; *3* 110-kV-GIS mit dreipolig gekapselter Doppelsammelschiene und Kabelabgang; *4* Kabelverbindung zum Transformator und Kabelabgänge in das 110-kV-Netz; *5* Transformatorkabelanschluss 110 kV

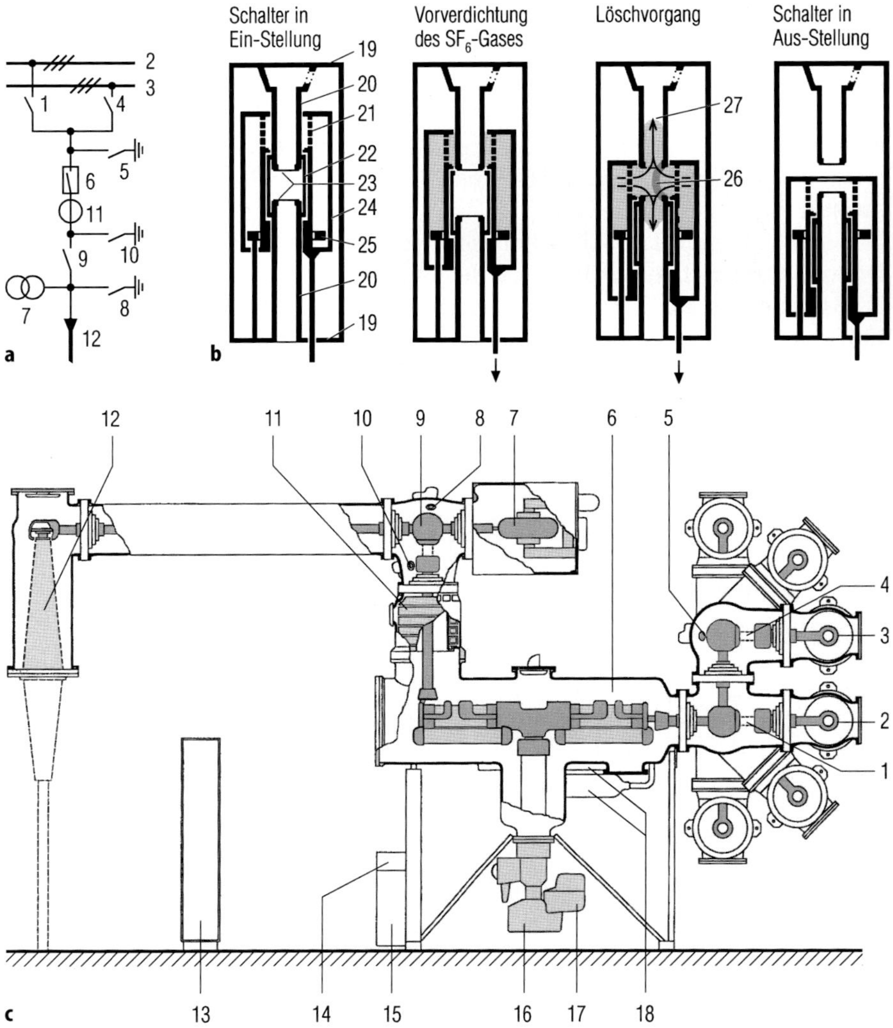

Bild 11.22 a–c. Schaltfeld einer SF_6-Doppelsammelschienen-Anlage für Kabelanschluss, ausgelegt für 362 kV bis 550 kV (Werkbild Siemens, Typ 8DQ1). **a** Schaltplan; **b** Funktionsweise des Leistungsschalters: **c** Gesamtaufbau des Schaltfeldes. *1* Sammelschienen-Trennschalter I; *2* Sammelschiene I; *3* Sammelschiene II; *4* Sammelschienen-Trennschalter II; *5* Erdungsschalter; *6* Leistungsschalter; *7* Spannungswandler; *8* Einschaltfester Erdungsschalter; *9* Kabeltrennschalter; *10* Erdungsschalter; *11* Stromwandler; *12* Kabelendverschluss; *13* Ortssteuerschrank; *14* Gasüberwachungseinheit (integriert in Steuereinheit); *15* Leistungsschalter-Steuereinheit; *16* Elektrohydraulisches Antriebssystem; *17* Ölbehälter; *18* Hydraulikspeicher; *19* Anschlussplatte; *20* Kontaktrohr; *21* Blasgitter; *22* Schaltrohr mit Schaltkontakten; *23* Löschdüsen; *24* Blaszylinder (beweglich); *25* Kolben (feststehend); *26* Lichtbogen; *27* Gasströmung

12 Drehstromnetze

12.1 Netzaufbau, Verbundnetz

Die Drehstromnetze zur Versorgung der Bevölkerung (Haushalte, Gewerbe, Industrie, Verkehr usw.) eines Landes mit elektrischer Energie bestehen aus Teilnetzen mit unterschiedlicher Spannung. Die Kupplung der verschiedenen Spannungsebenen wird über Drehstromtransformatoren vorgenommen. Bild 12.1 zeigt schematisch den Aufbau eines Landesnetzes, das auch die Verbundnetzfunktion [1.4 – 1.8, 1.12] erfüllt. Das Bild 12.1 ist dabei an den Gegebenheiten in Europa ausgerichtet und zeigt auch die Kupplung zu benachbarten Landesnetzen, meist auf der höchsten Spannungsebene.

In vielen europäischen Ländern werden Netze ähnlich wie im Bild 12.1 betrieben. Je nach der Größe der Kraftwerksblöcke speisen diese in die verschiedenen Spannungsebenen ein, wobei die größten Kraftwerksblöcke jeweils in die höchste Spannungsebene einspeisen (Bild 1.4). Die Kupplung der Netze verschiedener Gesellschaften oder verschiedener Länder wird meist auf der höchsten Spannungsebene oder den beiden höchsten Spannungsebenen vorgenommen, in Europa also bei U_n/U_m = 380 kV/420 kV oder auch 220 kV/245 kV, möglichst ohne Zwischenschaltung von Transformatoren, um auch bei transienten durch Störungen ausgelösten Vorgängen im Netz ausreichende Austauschleistungen übertragen zu können.

Der Verbundbetrieb innerhalb Deutschlands wurde Ende der zwanziger Jahre des vergangenen Jahrhunderts eingeführt mit 220-kV-Verbindungen (z. B. Rommerskirchen-Voralberg) zwischen unterschiedlichen Kraftwerksgruppen (Braunkohlenkraftwerken und Steinkohlenkraftwerken auf der einen Seite und Wasserkraftwerken auf der anderen Seite) [1.5]. Eine Ausdehnung des Verbundbetriebes auf Westeuropa begann nach dem zweiten Weltkrieg mit der Gründung der UCPTE (Union für die Zusammenarbeit bei der Erzeugung und dem Transport für elektrische Energie) [1.12] und wurde 1995, einige Jahre nach der politischen Wende im Jahre 1989, auch auf eine Reihe von mittelosteuropäischen Ländern erweitert [12.71, 12.72, 12.80].

Das Verbundnetz hat im Rahmen einer möglichst gesamtwirtschaftlich günstigen elektrischen Energieerzeugung folgende Hauptaufgaben [1.12]:

D. Oeding, B. Oswald, *Elektrische Kraftwerke und Netze*,
doi 10.1007/978-3-642-19246-3, © Springer 2011

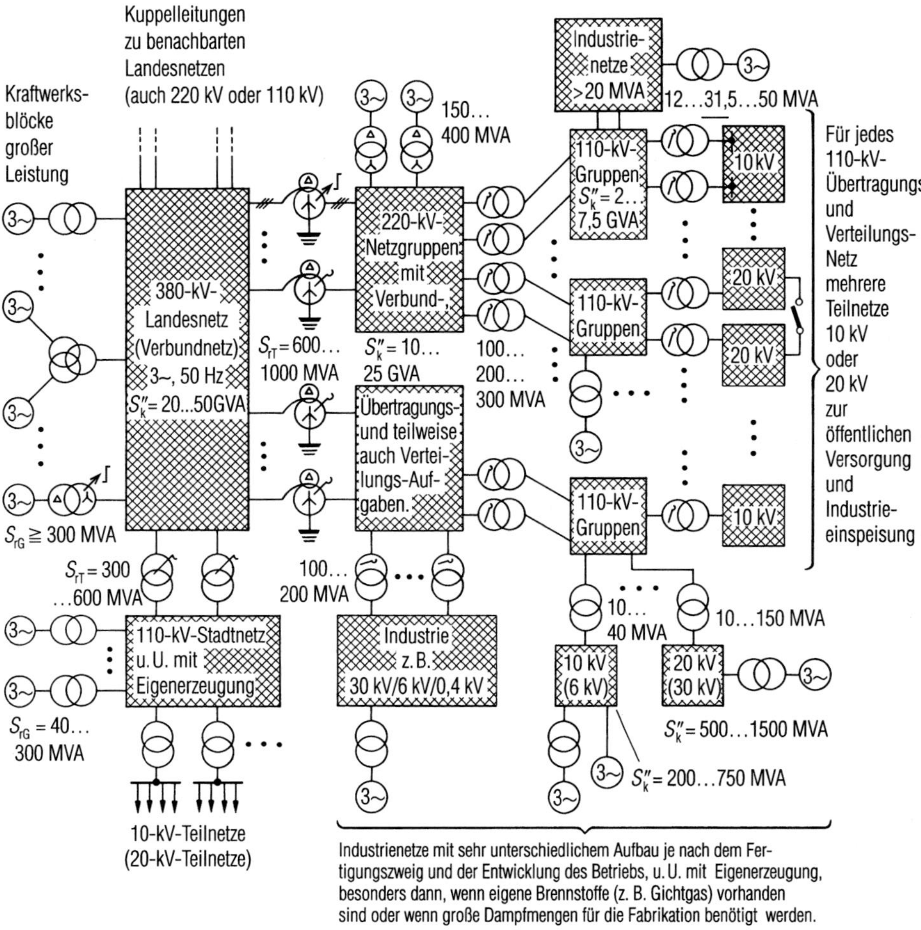

Bild 12.1. Drehstrom-Übertragungs- und -Verteilungsnetz mit verschiedenen Spannungsebenen und Teilnetzen (Prinzip), jedoch ohne Darstellung der Niederspannungsnetze

- Ausnutzung von Laufwasserkraftwerken (hydraulische Überschüsse, z. B. in den Alpen, in Jahren mit reichem Wasseranfall werden heute fast vollständig genutzt),
- Ausnutzung von standortgebundenen Braunkohlenkraftwerken (Grundlastkraftwerken),
- Verringerung der stehenden und mitlaufenden Kraftwerksreserve,
- Energielieferungen aus Kraftwerken der Verbundpartner, wenn eigene Blöcke in Revision oder Reparatur sind,
- Gewährleistung einer möglichst konstanten Netzfrequenz bei Belastungsschwankungen und großen Störungen (Kraftwerksausfall), Abschn. 6.3.

Der europäische Verbundbetrieb hat sich in den zwanzig Jahren zwischen 1955 und 1975 stark ausgeweitet. Im Jahre 1955 waren die Netze von Holland,

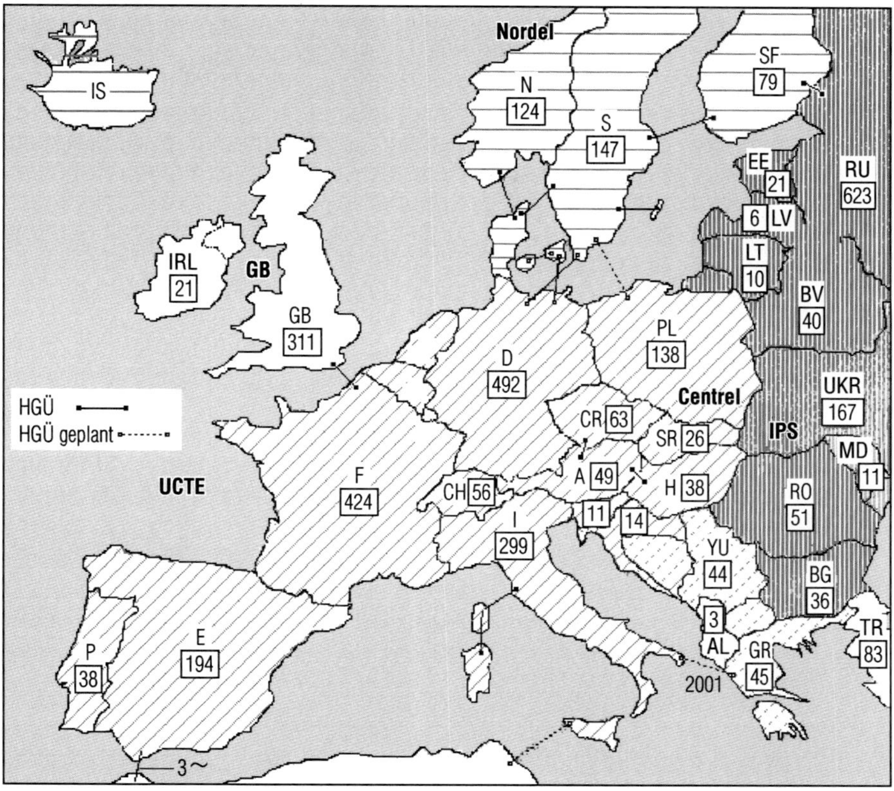

Bild 12.2. Verbundnetze in Europa im Jahre 2000 und HGÜ-Verbindungen [12.71, 12.80]. Angaben zum Stromverbrauch der Länder in TWh = 10^9 kWh; Installierte Kraftwerksleistungen: UCTE+CENTREL: 516 GW; NORDEL: 89 GW; GB (ohne IRL): 75 GW. Elektrische Energie pro Jahr: UCTE+CENTREL: 2081 TWh; NORDEL: 392 TWh; GB (ohne IRL): 311 TWh

Belgien, Luxemburg, Schweiz, Österreich, Norditalien und der damaligen Bundesrepublik Deutschland synchron durch Drehstrom verbunden mit einer parallelgeschalteten Generatorsummenleistung von 24000 MW. Bereits 1973 waren alle Drehstromnetze Westeuropas mit Ausnahme von Großbritanien und Sardinien synchron parallelgeschaltet mit einer Generatorsummenleistung von 133000 MW. Zwischen dem europäischen Drehstromverbundnetz einerseits und Großbritanien, sowie dem schwedischen zum nordischen Verbund gehörenden Netz bestanden HGÜ-Verbindungen über Seekabel (Tabelle 19.1). Zwischen Italien und Sardinien wurde bereits 1967 eine HGÜ-Seekabelverbindung eingerichtet.

Bild 12.2 zeigt den Stand des europäischen Verbundbetriebes im Jahre 2000 zwischen den Übertragungsnetzen und den Kraftwerkskapazitäten für 20 Länder mit etwa 350 Millionen Einwohnern [12.80]. Das UCPTE-Verbundnetz wurde Ende 1995 nach umfangreichen Vorarbeiten, die bald nach dem Fall der

Berliner Mauer begannen, mit dem CENTREL-Netz (Verbundunternehmen der Länder Polen, Tschechische Republik, Slowakische Republik und Ungarn) synchron (probeweise) zusammengeschaltet (Anhang A.17: Entwicklung des Verbundbetriebes in Europa). Zwischen dem Verbundsystem NORDEL (Schweden, Norwegen, Finnland, Dänemark und Island mit der Besonderheit, dass die Netze in Jütland und Fühnen synchron mit der UCPTE-Frequenz laufen) und dem UCPTE-Netzverbund bestehen mehrere leistungsstarke HGÜ-Verbindungen. Geplant ist eine zusätzliche Seekabelverbindung für 600 MW zwischen Südnorwegen und Deutschland (Vicing Cable).

Durch die Balkankriege sind südöstliche Teile des UCPTE-Netzes einschließlich Griechenland vom Hauptnetz getrennt (besondere Kennzeichnung im Bild 12.2). Im Jahre 2001 soll eine HGÜ-Seekabelverbindung für 600 MW zwischen Apulien und Griechenland in Betrieb gehen. Die 380-kV-Drehstromverbindung zwischen Europa und Afrika durch die Straße von Gibraltar könnte der Anfang eines elektrischen Mittelmeerringes sein, der sich von dort über Ägypten, Jordanien, Syrien und die Türkei schließen könnte [12.80].

Bei der Beurteilung der Vorteile des Verbundbetriebes für die Zuverlässigkeit der Versorgung der einzelnen am Verbund teilnehmenden Netze ist nicht so sehr der Gesamtaustausch von Bedeutung, sondern die kurzfristige Leistungslieferung. Die Kuppelleitungen zwischen den Verbundpartnern sind deshalb nicht allein für den langfristig vereinbarten Energieaustausch auszulegen, sondern so, dass sie unter Berücksichtigung ihrer thermischen Grenzbelastbarkeit auch die im Notfall, aus der Erfahrung abzuleitenden, auszutauschenden Leistungen führen können [6.23].

Mit dem Ausbau des internationalen Verbundnetzes zwischen verschieden leistungsstarken Netzen (unterschiedliche Größe der eingesetzten Kraftwerksleistungen und unterschiedliche Leistungszahlen in MW/Hz als Maß für die Statik der Netzteile, also die Teilnahme der Kraftwerksblöcke an der Primärregelung (Abschn. 6.3) wurde die Einführung automatischer Regeleinrichtungen für die Frequenz und die Übergabeleistungen notwendig. Entwickelt wurde eine Übergabeleistungs-Frequenzregelung [6.3, 6.4]. Durch die dadurch erreichte Entkopplung der nationalen Regler wurde es zulässig, Regler verschiedener Stellgeschwindigkeit ohne Schwierigkeiten gleichzeitig arbeiten zu lassen.

12.2 Höchstspannungsübertragung

Die Höhe der Spannung, die man für eine Drehstromübertragung oder ein Übertragungsnetz aus wirtschaftlichen und technischen Gründen wählt, wird stark von der Übertragungsentfernung und der zu übertragenden Leistung bestimmt. Drei im Folgenden beschriebenen Aufgaben haben im Laufe der Zeit zur Einführung immer höherer Spannungsebenen geführt (Bild 1.5).

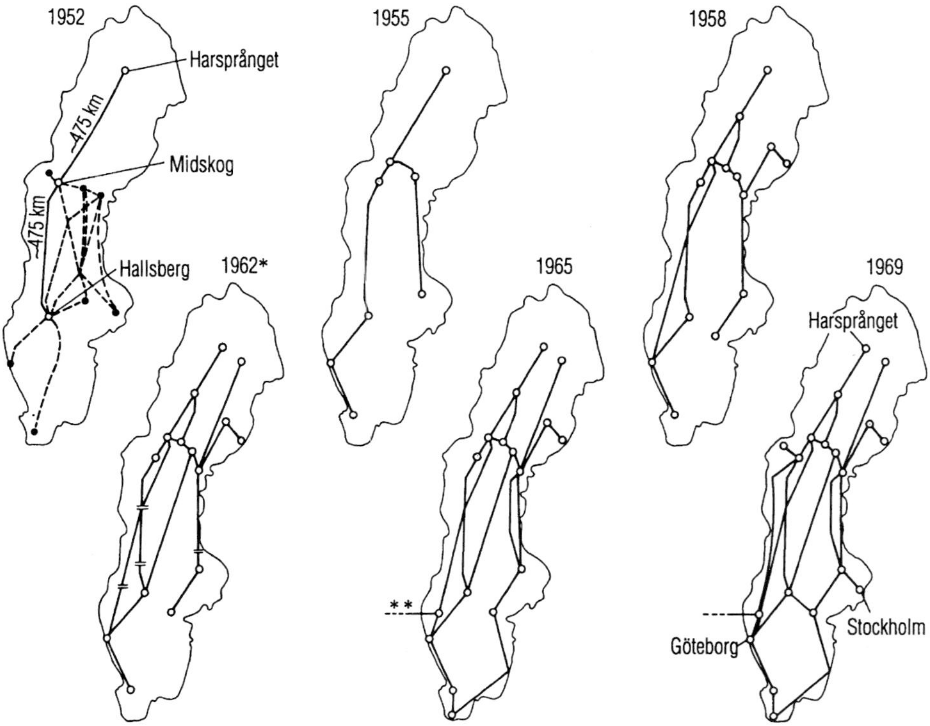

Bild 12.3. Entwicklung des schwedischen 380-kV-Übertragungsnetzes von 1952 bis 1969 (Einfachleitungen mit Zweier- und Dreierbündeln, Reihenkondensatoren und 1970 etwa 5800 km Länge insgesamt [12.2, 12.4, 12.5, 12.18].
* mit Eintragung der Reihenkondensatoren; ** 380-kV-Kupplung mit dem norwegischen Netz; —— 380-kV-Leitungen; - - - - 220-kV-Leitungen, nur für 1952 eingetragen

Als erste Aufgabe soll die Übertragung elektrischer Energie zwischen abgelegenen großen Wasserkraftwerken oder Gruppen von Wasserkraftwerken und Verbraucherzentren genannt werden. Besondere Beispiele für diese Aufgabe sind die 380-kV-Übertragung in Schweden (Bild 12.3), die 500-kV-Übertragung zwischen Kuibyschew und Moskau (Bild 12.5) und die 735-kV-Übertragung zwischen Churchill-Falls und Quebec/Montreal (Bild 12.6 und 12.7). Diese Übertragungen, teilweise mit mehreren parallelen Freileitungen und Entfernungen bis etwa 1000 km sind typische Zweipunktübertragungen. Konkurrierend für diese Aufgabe steht heute bei großen Entfernungen auch die Hochspannungs-Gleichstrom-Übertragung mit Freileitungen (Kap. 19) zur Verfügung.

Als weitere Aufgabe hat die Höchstspannungsübertragung die Verbindung zu benachbarten oder entfernt liegenden Netzteilen übernommen wie beim Zusammenschluss der Landesnetze in Europa zum Europäischen Verbundnetz (z. B. Verbindung zwischen Österreich und Griechenland) oder beim Zusammenschluss der Netzteile in Rußland oder beim Zusammenschluss der

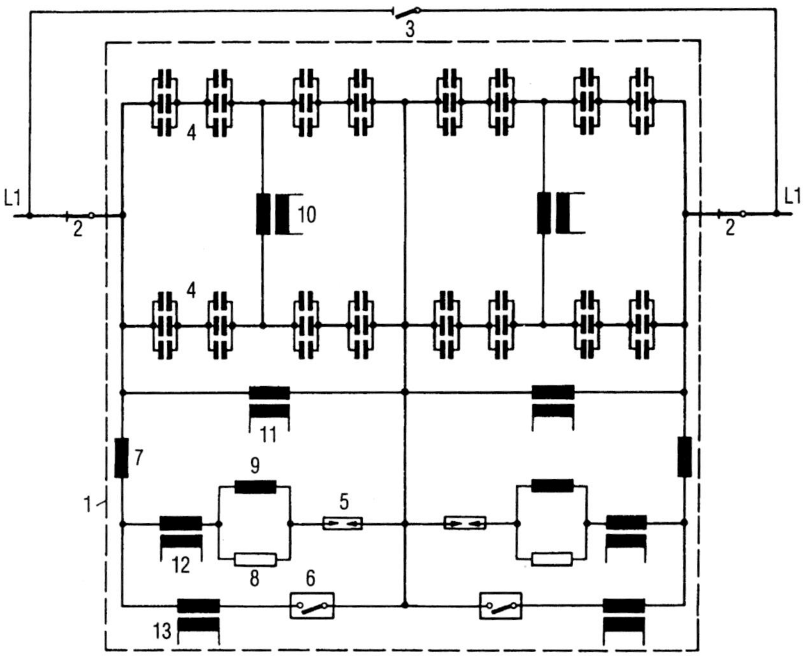

Bild 12.4. Reihenkondensatorbatterie (Leiter L1) in Schweden (Djurmo) im Zuge der 380-kV-Leitung von Midskog nach Hallsberg [12.9], Baujahr 1954. Drehstromleistung der Kondensatorbatterie 105 Mvar, Kondensatorbemessungsspannung 35 kV; $X_C = 35\ \Omega$; $X_C/X_L = 0{,}22$. *1* Isoliertisch; *2* Eingangsschalter; *3* Überbrückungstrennschalter; *4* Reihenkondensatoren; *5* Schutzfunkenstrecke; *6* Überbrückungsschalter; *7* Strombegrenzungsdrosselspule; *6* Dämpfungswiderstand; *9* Dämpfungsdrosselspule; *10* Stromwandler für Spannungsvergleichsschutz; *11* Spannungswandler für Messung und Entladung; *12* Stromwandler zur Anregung des Überbrückungsschalters; *13* Stromwandler für Überbrückungskreis

Netze an der Westküste der USA (Drehstrom- und Gleichstromverbindungen).

Als drittes kann der Höchstspannungsübertragung die Aufgabe des überlagerten Netzes zukommen in einem Gebiet, in dem schon leistungsfähige Hochspannungsnetze vorhanden sind, mit dem Zweck, sehr große Kraftwerksblöcke oder Kraftwerke anschließen zu können, die Zuverlässigkeit zu verbessern, die Kurzschlussströme zu begrenzen (durch Unterteilung der unterlagerten Netze) und die Wirtschaftlichkeit zu verbessern. Das 765-kV-Netz der AEP (American Electric Power) im Ohio-Tal in USA ist ein Beispiel dafür [12.13–12.15].

Bild 12.3 zeigt die Entwicklung des 380-kV-Netzes in Schweden beginnend mit dem Bau der ersten 380-kV-Verbindung in Europa in Form einer Einfachleitung zwischen dem Wasserkraftwerk Harsprånget über Midskog nach Hallsberg mit einer Länge von etwa 950 km. Im Zuge des Ausbaus der Wasserkraftwerke an den großen Flüssen in Schwedisch-Lappland wurden zur Er-

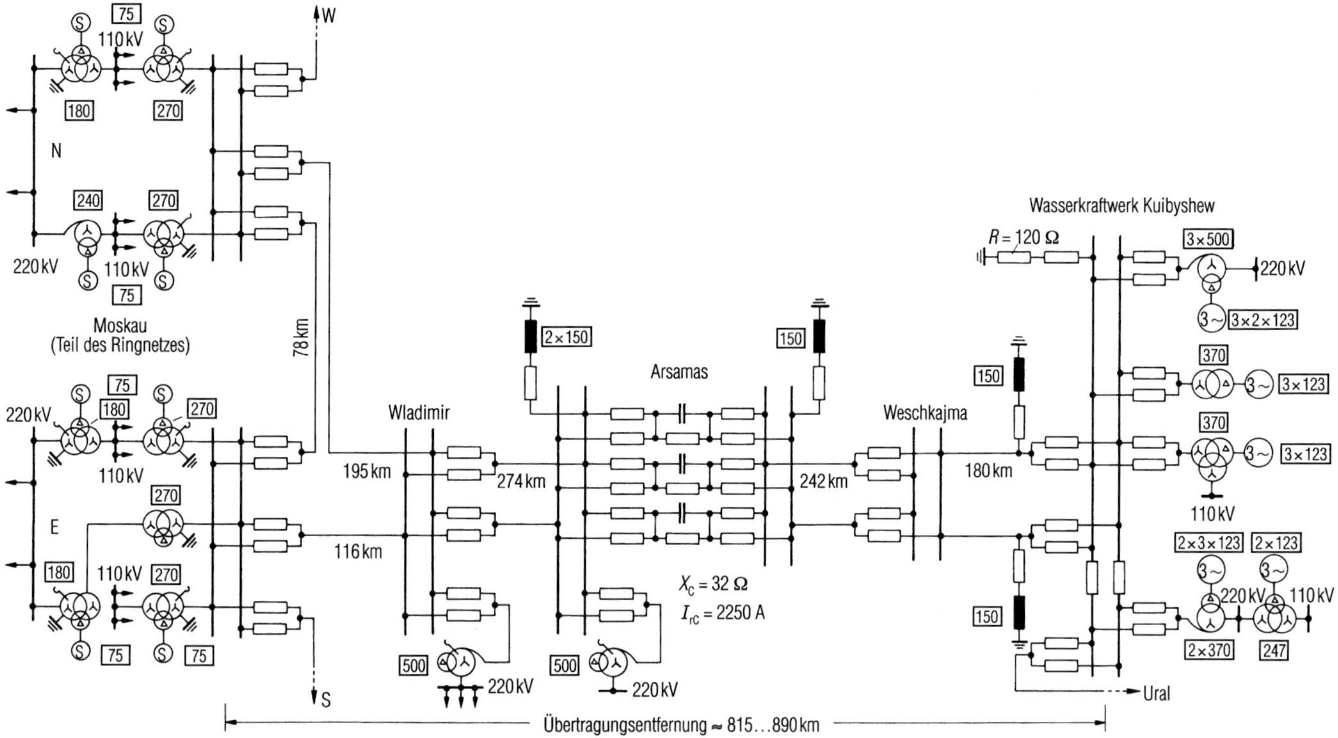

270 Bemessungsscheinleistung für Generatoren, Transformatoren und Ladestromspulen

(S)- Synchronphasenschieber, 75 Bemessungsscheinleistung in MVA, -▭- Leistungsschalter (Trennschalter sind nicht eingetragen)

Bild 12.5. 380-kV(400-kV)-Übertragung Kuibyschew–Moskau mit Ladestromdrosselspulen, Reihenkondensatoren und Synchronphasenschiebern in den Stationen N und E bei Moskau. Einfachleitungen, Portalmaste mit Dreierbündeln 3×480/60 mm² Al/St, Abstand der Teilleiter 400 mm, wirtschaftliche Stromdichte 0,6 A/mm², zwei Erdseile, Schutzwinkel 15–20° [12.1]

Bild 12.6. 735-kV-Netz in der Kanadischen Provinz Quebec, geographische Lage

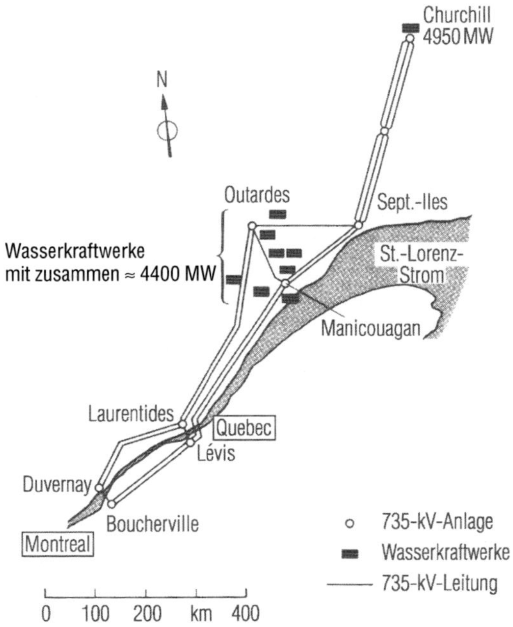

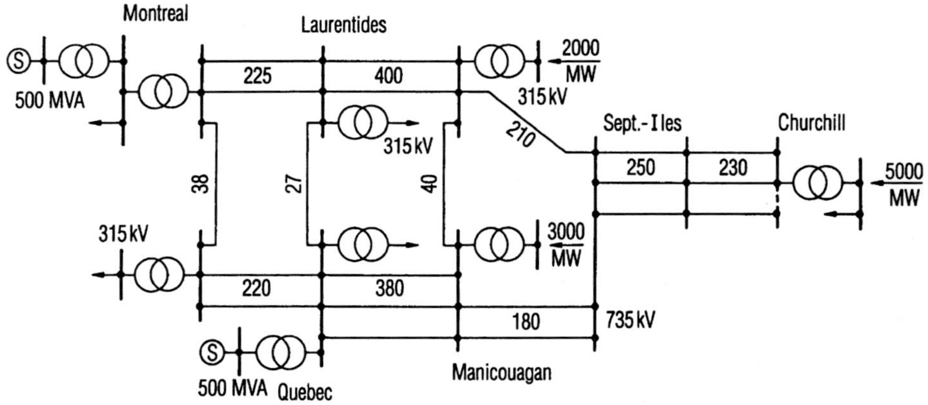

Bild 12.7. 735-kV-Netz in Quebec/Kanada, Schaltungsaufbau und Entfernungen in km

höhung der Übertragungsfähigkeit im Laufe der Jahre dann weitere 380-kV-Nord-Süd-Leitungen gebaut. Durch Einführung von Reihenkondensatoren konnte eine weitere Steigerung der Übertragungsleistung und eine Verbesserung der Stabilität erreicht werden. Die 1962 vorhandenen Reihenkondensatoren sind im Bild 12.3 zu erkennen. Bild 12.4 zeigt den Aufbau und den Schutz einer Reihenkondensatorbatterie, die auf einem Isoliertisch aufgebaut wurde [12.9]. Als wichtigster Schutz sind Funkenstrecken angeordnet. Parallel zu nicht selbstlöschenden Funkenstrecken setzt man Überbrückungsschalter ein, um die schnell ansprechende Funkenstrecke vor Überlastungen zu schützen und um nach Beendigung des Fehlers (z. B. Kurzschluss auf der Leitung) die Kondensatorbatterie wieder zuzuschalten. Außerdem dient der Überbrückungsschalter zum Schutz der Kondensatoren bei länger dauernder betriebsmäßiger Überlastung und zur Überbrückung bei Schäden.

Bild 12.5 zeigt die Fernverbindung zwischen dem Wasserkraftwerk Kuibyschew und Moskau mit einer Länge von 850 km, einer Reihenkondensatoranlage in der Mitte der Leitung und Ladestromdrosselspulen zur Kompensation der kapazitiven Ladeleistung bei am Ende offener Leitung oder bei Betrieb mit unternatürlicher Leistung. In den Empfangsstationen E und N in Moskau sind Synchronphasenschieber angeordnet, angeschlossen an die Tertiärwicklungen von Abspanntransformatoren, zur schnellen Anpassung der Blindleistung an die betrieblichen Erfordernisse der Übertragung [12.1, 12.3, 12.8].

Als letztes Beispiel für die Fernübertragung zeigt Bild 12.6 die räumliche Anordnung der 735-kV-Übertragung zwischen den Wasserkraftwerken an den Churchill-Wasserfällen, den Wasserkraftwerken im Raum Outardes/Manicuagan und den Verbraucherzentren Quebec und Montreal in Kanada. Diese Verbindung war die erste 735-kV-Übertragung der Welt. Die Länge der 1965 in Betrieb genommenen Leitung (Masten dazu im Bild 9.2 a) zwischen Manicuagan und Montreal betrug etwa 650 km (siehe Bild 12.7). Als Übertragungsspannung wurde damals 735 kV gewählt mit dem Ziel ohne Reihenkondensatoren auszukommen und damit mögliche subsynchrone Resonanzen zu vermeiden. Eine Übertragung mit 500 kV und Reihenkondensatoren wurde auch im Hinblick auf die geplante Erweiterung der Übertragung bis zu den Churchill-Wasserfällen mit einer Kraftwerksleistung von etwa 5000 MW bereits während der Planung verworfen. Bis 1972 wurden 10 Stationen und eine Stromkreislänge von 3600 km errichtet. Die ersten Betriebserfahrungen dienten zur Weiterentwicklung der 735-kV-Betriebsmittel [12.24]. Im Jahre 1972 war eine gesamte Transformatorleistung von 19500 MVA in Betrieb, eine Leistung der Ladestromdrosselspulen von zusammen 6240 MVA und etwa 100 Leistungsschalter. Durch die Verwendung von Einschaltwiderständen für die Leistungsschalter der Ladestromdrosselspulen an der Leitung konnten die Einschaltüberspannungen so weit gesenkt werden, dass nur noch Überspannungsfaktoren $k \leq 2$ auftraten, was zur Verkleinerung der Abmessungen neuer Freileitungen führte.

Als Beispiel für die Einführung eines überlagerten Höchstspannungsnetzes in einem Gebiet, in dem schon ein stark ausgebautes Hochspannungsnetz vorhanden war, um dadurch die Einspeisung großer Kraftwerksblöcke zu ermöglichen, den Verbundbetrieb zu stärken, die Zuverlässigkeit zu erhöhen und die Freileitungstrassen hoch auszunutzen, soll das 765-kV-Netz der American Electric Power (AEP) im Gebiet des Ohio-Tales (USA) dienen. Bild 12.8 zeigt dieses Netz im Jahre 1972 [12.14]. Diesem Netz ist ein 345-kV-Netz unterlagert, das 1952 eingeführt wurde, und ein 138-kV-Netz mit mehr als 10 000 km Stromkreislänge, das 1916 begonnen wurde und jetzt zur örtlichen Energie-

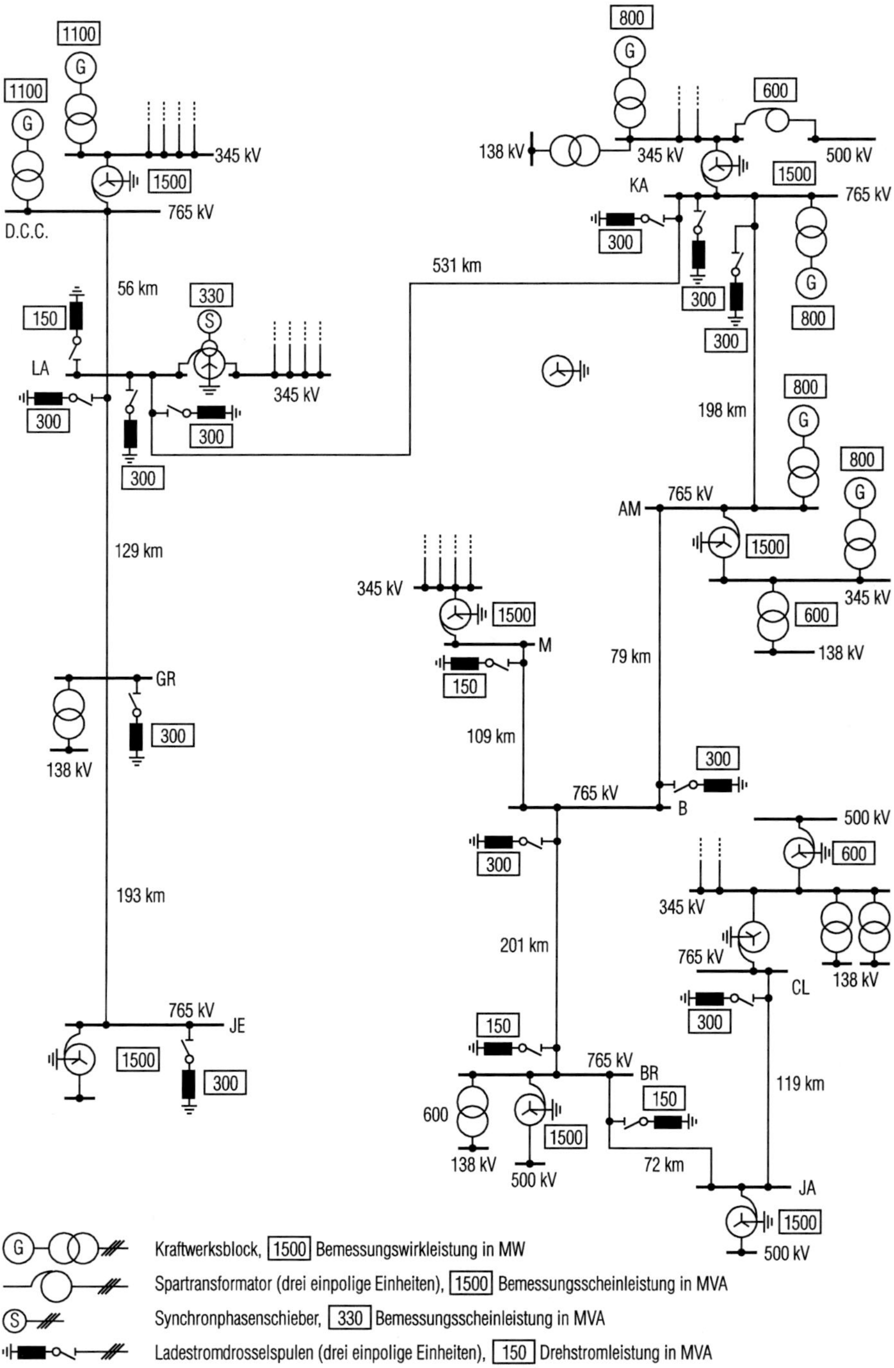

Bild 12.8. Das 765-kV-Netz der American Electric Power (AEP) 1972 mit 10 Einfachleitungen und sieben 765-kV/345-kV/(138-kV)-Freiluftumspannanlagen [12.14, 12.15]. Die Schaltanlagen sind nur sehr vereinfacht dargestellt

verteilung dient. Ein starker Verbundbetrieb besteht u. a. mit dem 345-kV-Netz der Ohio-Vally Electric Corporation.

Die Planungsuntersuchungen der AEP zur Einführung von 765 kV als Spannung des zu überlagernden Netzes haben gezeigt, dass insbesondere bei verhältnismäßig geringen Übertragungsentfernungen von 150 km bis 500 km, die Übertragungsleistungen etwa um den Faktor 5 erhöht werden können, und dass bei zu übertragenden Leistungen von 2000 MW der wirtschaftliche Schnittpunkt zwischen 345 kV und 765 kV schon bei etwa 200 km liegt und mit steigender Leistung noch absinkt [12.17].

12.3 Versorgung großer Städte oder Ballungsräume

Städte oder Ballungsräume mit 500 000 Einwohnern oder mehr stellen besondere Anforderungen an die elektrische Energieversorgung, bedingt durch z. T. hohe Lastdichten, durch Trassenmangel und die Schwierigkeit der Geländebeschaffung für Umspannwerke, auch wenn diese mit SF_6-Schaltanlagen ausgerüstet werden. Die Schwierigkeit der Trassenbeschaffung gilt sowohl für Freileitungen im Randgebiet der Ballungsräume als auch für Kabeltrassen im Kern der Städte.

Lastdichten von 20 MVA/km^2 und mehr auf kleinen Flächen von z. B. 0,5 bis 4 km^2 sind im Zentrum von Ballungsräumen (Hochhäuser, Kaufhäuser) oder in Gebieten mit allelektrischer Versorgung zu finden. Die mittleren Lastdichten großer Städte sind dann geringer, wenn ausgedehnte Grün- und Wasserflächen vorhanden sind. In den Zentren großer Städte (z. B. New York, Paris, Frankfurt am Main) kommen Lastdichten bis 100 MVA/km^2 oder sogar mehr vor (ähnlich hohe Lastdichten gibt es in bestimmten Industrieanlagen). Die in früheren Jahren noch geschlossen zu betreibenden 110-kV-Netze in den Städten mussten bei hoher Lastdichte aufgelöst und in einzelnen Gruppen betrieben werden, gespeist aus einem überlagerten 220-kV- oder 380-kV-Netz.

Bild 12.9 zeigt schematisch zwei unterschiedliche Möglichkeiten zur Versorgung großer Städte. Im ersten Fall nach Bild 12.9a gehen von einem 380-kV-Ring Stichleitungen 110 kV aus, die strahlenförmig in den Lastschwerpunkt vorstoßen und im Außenbereich als Freileitungen ausgeführt werden, während im Innenbereich nur Kabel in Betracht kommen.

Im zweiten Fall nach Bild 12.9b wird ein unterirdisches Hochleistungsnetz (z. B. 380-kV-Kabel mit forcierter Kühlung durch Öl oder Wasser oder wie in Berlin VPE-Kabel in einem unterirdischen Kanal mit Luftkühlung oder aber SF_6-isolierte 380-kV-Rohrleiter) durch den Verdichtungsraum verlegt. Im ersten Fall können Übertragungsleistungen von mehreren 100 MVA bis zu 1000 MVA bei 110 kV günstig sein, während man im zweiten Fall bei der Verwendung kleiner 110-kV-Ringnetze mit Übertragungsleistungen der 110-kV-Kabel von 150 bis 200 MVA auskommen kann, wenn man zwei bis drei Umspannwerke 110 kV/10 kV (Bild 12.12) speist.

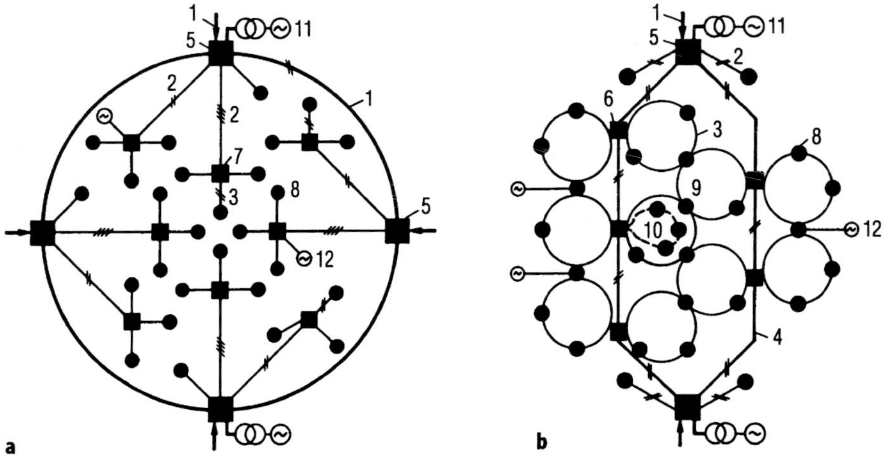

Bild 12.9. Prinzipien der elektrischen Energieversorgung von Ballungsgebieten (Millionenstädten). **a** Ringkonzept mit Stichleitungen (380/110 kV); **b** Durchmesserkonzept mit unterirdischen Hochleistungsverbindungen und Verteilungsringen (380/110 kV); *1* 380-kV-Freileitungen, Anschluss an das Verbundnetz; *2* 110-kV-Freileitungen mit zwei bis vier Stromkreisen und hoher thermischer Übertragungsfähigkeit oder Kabel mit forcierter Kühlung; *3* 110-kV-Kabel zur Speisung von zwei bis drei Umspannwerken 110 kV/10 kV (20 kV); *4* Unterirdische Hochleistungsübertragung 380 kV (Kabel oder SF_6-Rohrleiter); *5* Umspannwerke 380 kV/110 kV Freiluft; *6* Umspannwerke 380 kV/110 kV mit vollgekapselten SF_6-isolierten Schaltanlagen; *7* 110 kV Hauptverteilungswerk; *8* Umspannanlagen 110 kV/10 kV (20 kV); *9* Umspannanlagen 110 kV/10 kV mit Kupplungsmöglichkeiten 110 kV zum Nachbarring im Störungsfall; *10* Zusatzring 110 kV bei hoher Lastdichte; *11* Einspeisung großer Kraftwerksblöcke auf der 380-kV-Seite über Freileitungen; *12* 110-kV-Einspeisung kleinerer Kraftwerke (Heizkraftwerke) im Ballungsraum

Bei den Planungen zur Versorgung von Ballungsräumen ist es wichtig, den Netzaufbau und die Größe und Anzahl parallel arbeitender Transformatoren so zu wählen, dass die Kurzschluss- und Erdkurzschlussströme sicher beherrscht werden können und dass eine ausreichende Versorgungszuverlässigkeit eingehalten wird [1.24, 12.49, 12.64]. Auf der 110-kV-Seite ist man bestrebt eine Kurzschlussleistung $S_k'' = \sqrt{3}\, U_n I_k''$ von 4000 MVA bis höchstens 5000 MVA einzuhalten.

Bild 12.10 zeigt schematisch die Versorgung der Stadt Hamburg mit einem Freileitungshalbring 380 kV und drei großen Freiluftumspannwerken 380/110 kV im Norden, Osten und Süden, jeweils am Stadtrand gelegen. An diese Hauptumspannwerke 380/110 kV sind jeweils drei oder vier 110-kV-Hauptverteilerwerke über leistungsfähige 110-kV-Freileitungen mit Bündelleitern angeschlossen. Diese Hauptverteilerwerke speisen ihrerseits über Kabel mehrere Abspannwerke 110 kV/10 kV, die möglichst in den Lastschwerpunkten liegen sollen.

Im Rahmen einer breit angelegten Studie „Elektrische Hochleistungsübertragung und -verteilung in Verdichtungsräumen" [12.29, 12.37] wurde vor

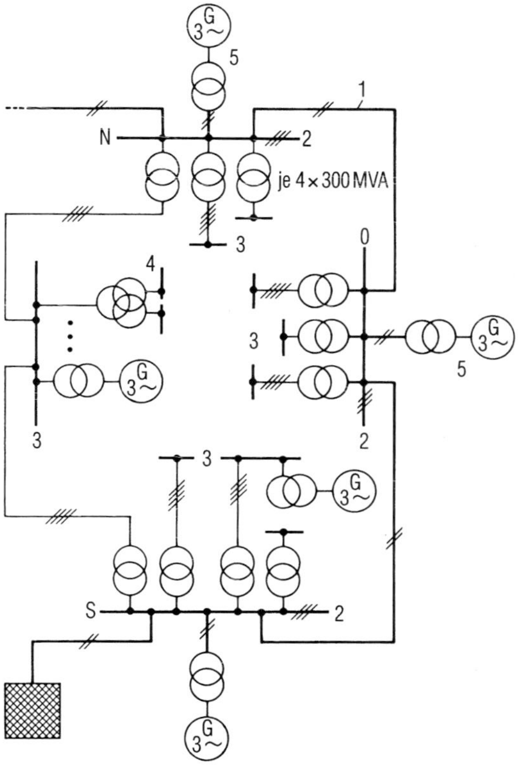

Bild 12.10. Konzept der übergeordneten elektrischen Energieversorgung der Stadt Hamburg (HEW) [12.17, 12.21]. Bei 10 000 MVA Netzlast in Zukunft können 40 Transformatoren 380/110 kV mit jeweils 300 MVA in Gruppen zu je 4 Transformatoren angeschlossen werden. *1* 380-kV-Doppelleitung, eingebunden in das Verbundnetz; *2* Umspannwerke 380/110 kV mit Dreifachsammelschiene; *3* Hauptverteilerwerke 110 kV; *4* 110/10-kV-Umspannwerk ausgerüstet mit maximal 4 Dreiwicklungstransformatoren 64/32/32 MVA; *5* Einspeisung großer Kraftwerke (Entfernung kleiner 100 km)

etwa 35 Jahren auch die Übertragung großer Leistungen mit Drehstrom und Gleichstrom untersucht über Entfernungen von 10 km bis 100 km, wie sie in Deutschland bei verteilt angeordneten thermischen Kraftwerken zu erwarten sind. Auf diese Untersuchungen, auch wenn sie schon längere Zeit zurückliegen, soll hier hingewiesen werden wegen der Untersuchungssystematik und weil die Ergebnisse für den relativen Vergleich verschiedener Varianten untereinander grundsätzlich auch heute noch gültig sein dürften. Die dort [12.37] angegebenen Preise für einzelne Betriebsmittel sind wegen der Inflationsrate, der Änderung der Materialpreise, der Änderung der Arbeitslöhne und anderer Einflussfaktoren natürlich nicht mehr direkt verwendbar.

Bild 12.11 zeigt die Barwerte der Investitionsausgaben, der Ausgaben für fixe, lastunabhängige, jährliche Kosten (wie Steuern, Instandhaltung, Versicherung und der leistungsunabhängigen Verluste) und der Ausgaben für die lastunabhängigen, jährlichen Verluste (ohmsche Verluste) bei einer Leistungsübertragung $S_{\ddot{U}} = 2500$ MVA und $S_{\ddot{U}} = 10\,000$ MVA aus einem Kraftwerk in das 380-kV-Netz, wobei die Übertragung zwischen den Sammelschienen A1 und B2 im Bild 12.11 a betrachtet wird. Beim Einsatz von 750-kV oder 1150-kV-Freileitungen müssen deshalb Abspanntransformatoren und entsprechende Schaltanlagen zwischen B1 und B2 im Bild 12.11 a berücksichtigt werden.

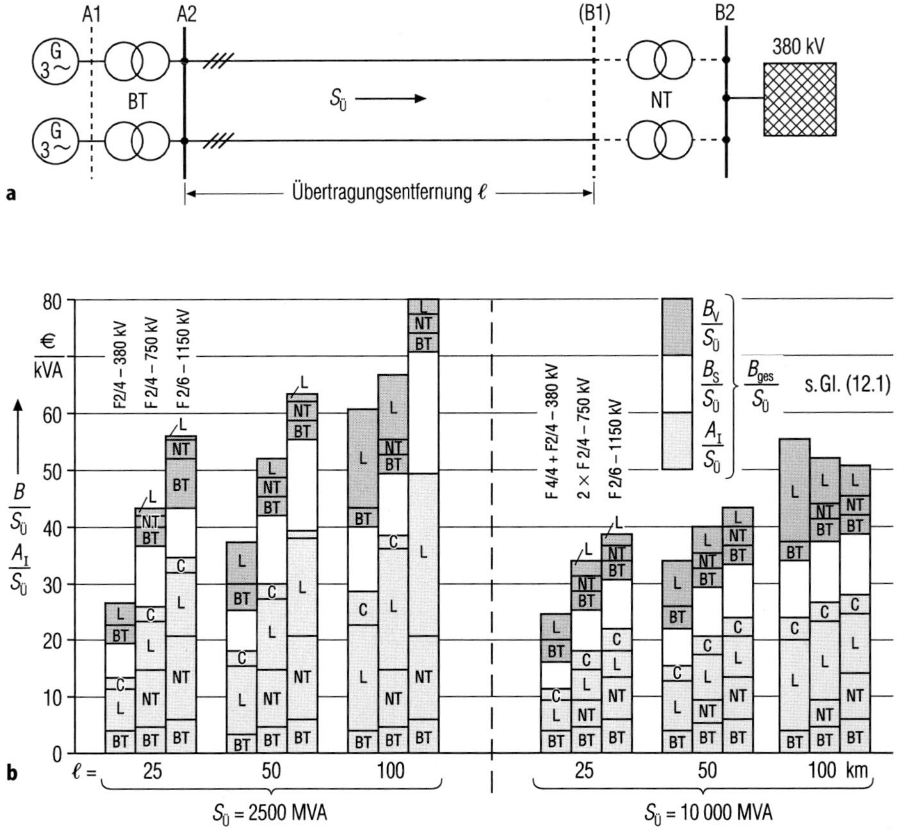

Bild 12.11 a, b. Leistungsbezogene Investitionsausgaben $A_I/S_Ü$ und leistungsbezogene Barwerte der Gesamtausgaben $B_{ges}/S_Ü$ für Kraftwerkseinspeisungen über DHÜ-Freileitungen in ein 380-kV-Netz [12.37]. **a** Aufbau der Übertragung; **b** Barwerte. L Leitungen; BT Blocktransformatoren; NT Netztransformatoren; C Kondensatoren; F 2/4 – 380 kV: Freileitung 380 kVmit zwei Stromkreisen und Viererbündeln, usw.

Für die Angaben im Bild 12.11 gelten die folgenden Voraussetzungen:

- Für die Leistungsübertragung wird das (n-1)-Planungsprinzip [12.49] zugrunde gelegt; ausgenommen hiervon sind die Blocktransformatoren.
- Die Investitionen für die Errichtung der Übertragung einschließlich der Entschädigung für Maststandorte, Überspannung, Umspannwerke werden zum Zeitpunkt der Inbetriebnahme vorgenommen.
- Vorausgesetzt wird, dass die Übertragung unverändert über 25 Jahre betrieben wird. Es wird mit einer mittleren Abschreibungsdauer von 25 Jahren gerechnet.
- Ein jährlicher Zinssatz von 10 % und jährliche Ausgaben für Steuern und Instandhaltung von 4,5 % der Investitionsausgaben wird angenommen.

- Die Verluste und Verlustkosten werden für eine über 25 Jahre gleichbleibende Jahreshöchstlast ermittelt.

Bei der Ermittlung der Barwerte der Ausgaben für Bild 12.11b, wobei vorausgesetzt wurde, dass die Barwerte der Einnahmen unabhängig von der Form der Übertragung sind, ergibt sich für konstante jährliche Ausgaben:

$$\frac{B_{\text{ges}}}{S_{\text{ü}}} = \frac{A_{\text{I}}}{S_{\text{ü}}} + \beta\left(\frac{A_{\text{S}}}{S_{\text{ü}}} + \frac{A_{\text{V}}}{S_{\text{ü}}}\right) = \frac{A_{\text{I}}}{S_{\text{ü}}} + \frac{B_{\text{S}}}{S_{\text{ü}}} + \frac{B_{\text{V}}}{S_{\text{ü}}} \quad \text{mit} \quad \beta = \frac{q^n - 1}{q^n(q-1)} \tag{12.1}$$

Dabei sind:

B_{ges} Gesamter Barwert
$S_{\text{ü}}$ Übertragungsleistung
B_{S} Barwert der jährlichen Verlustkosten, berechnet mit dem Gesamtkostenfaktor k_{gV} = 272,6 DM/kWa nach Gl. (9.136) mit k_{L} = 150 DM/kWa; k_{A} = 0,035 DM/kWh für die Spannungsebene 380 kV und darüber sowie T_{b} = 8760 h/a und ϑ = 0,4 [12.37]
β Barwertfaktor in Gl. (12.1)
q Zinzfaktor (im vorliegenden Fall: 1,145)
n Zahl der Jahre der Nutzungsdauer, Abschreibungsdauer n = 25.

Der Arbeitsverlustgrad ϑ ist definiert als: „Verluste während der Betriebsdauer dividiert durch die Verluste bei durchgehender Höchstlast während der gleichen Betriebsdauer“.

Aus Bild 12.11b erkennt man, dass der gesamte Barwert bezogen auf $S_{\text{Ü}}$ = 2500 MVA bei einer Übertragungsentfernung von 25 km für 750 kV etwa 60 % größer wird als bei 380 kV und für 1150 kV sogar 110 % größer als bei 380 kV. Bei größeren Übertragungsentfernungen und insbesondere bei größeren Leistungen $S_{\text{Ü}}$ = 10 000 MVA wird der Unterschied zwischen den Barwerten geringer; schon bei l = 100 km und $S_{\text{Ü}}$ = 10 000 MVA wird der Barwert bei 750 kV und 1150 kV etwas geringer als bei 380 kV. Eine Kraftwerkseinspeisung für die Entfernungen bis 100 km mit HGÜ-Freileitungen kommt aus Kostengründen nicht in Betracht. Nach [12.37] betragen die Barwerte der Gesamtausgaben der Kraftwerkseinspeisung über HGÜ-Freileitungen das 2- bis 6-fache des Barwertes der 380-kV-Freileitungsvariante. Unterirdische Drehstrom- oder Gleichstromverbindungen sind wesentlich teurer als die Verbindungen mit Freileitungen [12.37]. Hier liegt einer der Gründe, warum bei der räumlichen Verteilung der thermischen Kraftwerke in Mitteleuropa bisher keine höhere Spannung als 380 kV eingeführt wurde.

Aus Bild 12.9 erkennt man, dass die Umspannanlagen 110 kV/10 kV oder 110 kV/20 kV entweder über Stichkabel oder über Ringkabel gespeist werden. Für den Aufbau von 110-kV/10-kV-Umspannwerken kommen beispielsweise Varianten wie in Bild 12.12 gezeigt in Betracht, wobei die beiden Varianten I und II jeweils zwei Betriebstransformatoren A und B und einen Reservetransformator R haben, während die Transformatoren der Variante III für eine vorübergehende Überlast von 100 % ausgelegt werden:

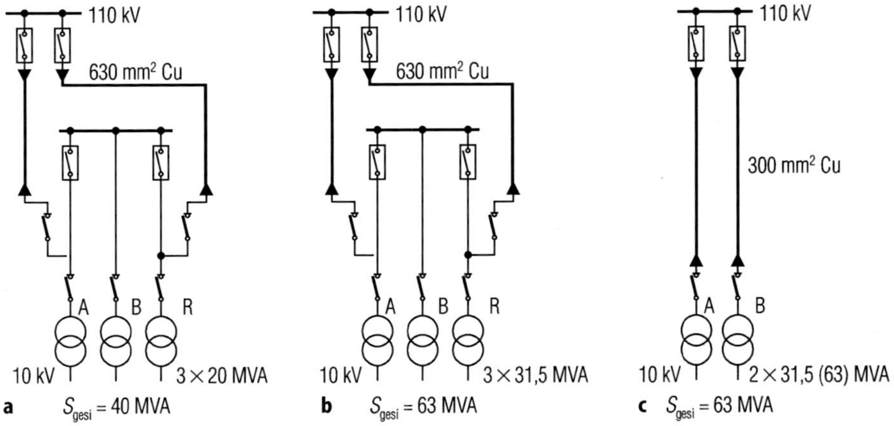

Bild 12.12a–c. Unterschiedliche Aufbauvarianten für Umspannanlagen 110 kV/10 kV [12.43]. **a** Variante I bei Ringkabel; **b** Variante II bei Ringkabel; **c** Variante III bei Stichkabel. A, B: Betriebstransformatoren; R: Reservetransformator; weitere Erläuterungen im Text

Für die drei zur Demonstration gewählten Varianten gilt:

V.I nach Bild 12.12a:
Ein 110-kV-Ringkabel mit einem Cu-Querschnitt von 630 mm² soll drei der gezeigten Umspannanlagen versorgen. Jede Anlage hat drei Transformatoren mit $S_{rT} = 20$ MVA, wobei die beiden Transformatoren A und B betriebsmäßig die beiden Mittelspannungsnetze speisen und der Transformator R als Reserve für A und B gedacht ist. Die gesicherte Leistung S_{gesi} beträgt 40 MVA, weil wegen der äußerst geringen Wahrscheinlichkeit nicht angenommen werden muss, dass zwei Transformatoren gleichzeitig ausfallen. Bei einem Kurzschluss auf dem Ringkabel muss das verbleibende Stück des Ringkabels im ungünstigsten Fall die Leistung von 3×40 MVA übernehmen.

V.II nach Bild 12.12b:
Ein 110-kV-Ringkabel mit einem Cu-Querschnitt von 630 mm² versorgt in diesem Falle zwei der gezeigten Umspannanlagen mit jeweils drei Transformatoren mit $S_{rT} = 31{,}5$ MVA und einer gesicherten Leistung S_{gesi} = 63 MVA. Im ungünstigsten Fall muss nach einem Kabelkurzschluss das verbleibende Kabel 2×63 MVA übernehmen.

V.III nach Bild 12.12c:
Je ein Kabel mit einem Cu-Querschnitt von 300 mm² führt auf einen Transformator mit $S_{rT} = 31{,}5$ MVA, der durch Kühlung vorübergehend 100% überlastbar sein soll. Für ein Kabel tritt dann eine maximale Strombelastung von 330 A auf entsprechend 63 MVA. Wie bei der Variante II erreicht man auch hier eine gesicherte Leistung von 63 MVA.

Ermittelt man die bezogenen Barwerte (bezogen auf das Ergebnis der Variante II bei 5%/a) der Investitionskosten und der Verlustkosten für die drei Varian-

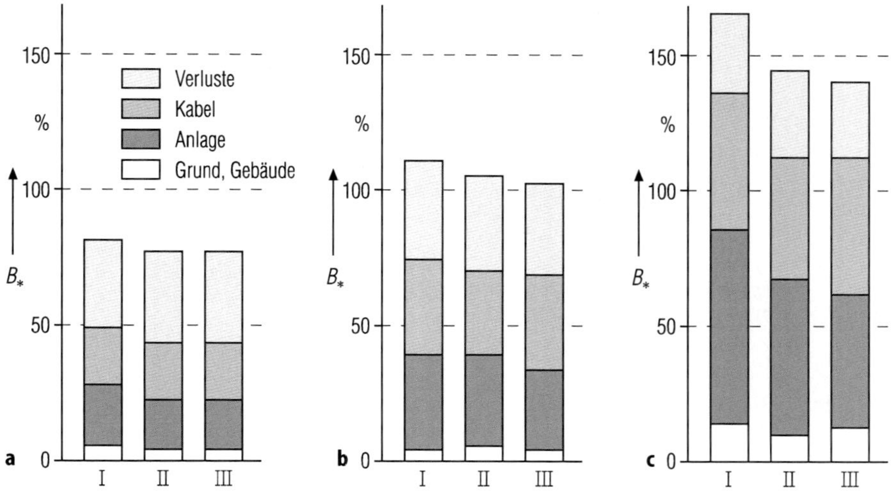

Bild 12.13 a – c. Bezogene Barwerte B_* der Investitions- und Verlustkosten bei unterschiedlichem jährlichen Lastzuwachs p für die drei Varianten nach Bild 12.12. **a** Jährlicher Lastzuwachs $p = 3\,\%/\text{a}$; **b** $p = 5\,\%/\text{a}$; **c** $p = 7\,\%/\text{a}$

ten des Bildes 12.12 bei angenommenen jährlichen Lastzuwächsen von 3 %/a, 5 %/a oder 7 %/a, so findet man, wenn der Lastzuwachs auch durch zusätzliche Umspannanlagen gedeckt wird, die Ergebnisse des Bildes 12.13. Bei geringem jährlichen Lastzuwachs sind die Ergebnisse der drei Varianten ähnlich, während sich bei hohem jährlichen Lastzuwachs zeigt, dass die Variante I wirtschaftlich ungünstig sein wird.

12.4 Verteilungsnetze

Neben der Industrie sind die Haushalte, der Handel und das Gewerbe, öffentliche Einrichtungen und Landwirtschaft die Hauptbezieher elektrischer Energie aus den Mittel- und Niederspannungsnetzen (10 oder 20 kV und 0,4 kV), die man zusammen als Verteilungsnetze bezeichnet. Bei sehr hoher Lastdichte in Ballungsgebieten werden manchmal auch die 60- und 110-kV-Netze als Verteilungsnetze angesehen (Bild 12.9).

Neben vielen Gemeinsamkeiten zwischen den öffentlichen und den industriellen Verteilungsnetzen ergeben sich Unterschiede im Aufbau und bei der Höhe der Kurzschlussströme, in den Fragen der Blindstrom- und der Oberschwingungsbelastung durch Stromrichterantriebe, bei der Anzahl der auf engem Raum angeschlossenen Mittelspannungs- und Niederspannungs-Asynchronmotoren und auch bei der stoßweisen Abnahme von Wirk- und Blindleistungen z. B. durch Schweißmaschinen, durch Lichtbogenöfen (wenn diese nicht an das 110-kV-Netz angeschlossen werden) oder durch gesteuerte Antriebe.

Tabelle 12.1. Gesamtstromkreislängen und Kabellängen der öffentlichen Versorgung in Deutschland

U_n kV	Gesamtstromkreislänge l_{ges} /km			Kabellänge l_K /km		
	1980 [1]	1990 [2]	1998 [2]	1980 [1]	1990 [2]	1998 [2]
10	91658	142675	145045	67673	112063	121634
20	126626	253782	281500	33645	117061	156557
30	12943	14853	11716	6394	6614	5453
110	43674	72536	74917	2561	4128	4547
220	17244	23905	21545	21	47	35
380	8933	16101	18376	19	37	62

[1] Alte Bundesländer; [2] Alte und neue Bundesländer.

Die Investitionskosten der Elektrizitätswirtschaft werden teilweise für die Erzeugung und teilweise für die Übertragung und Verteilung elektrischer Energie benötigt. Bei der verbrauchernahen Erzeugung in weiten Teilen Europas entfallen etwa 50 bis 65 % der Gesamtinvestitionen auf die Übertragung und Verteilung, wobei der größte Teil hiervon für die Verteilung im Mittel- und Niederspannungsnetz benötigt wird. Im langfristigen Mittel teilen sich die Investitionskosten eines großstädtischen Verteilungsnetzes z. B. wie fogt auf:

57 % für Kabel (31 % für Mittelspannungskabel; 26 % für Niederspannungskabel)
39 % für allgemeinen Netzausbau ohne Kabel (Transformatoren, Schaltanlagen)
4 % für Fernsprech- und Steuerkabel

Mittelspannungsnetze außerhalb der großen Städte sind häufig gemischte Freileitungs- und Kabelnetze. In zunehmendem Maße werden jedoch aus Gründen des Landschaftsschutzes, und weil Kabel wenig anfällig sind gegen atmosphärische Störungen, die Mittelspannungsleitungen als Kunststoffkabel verlegt. Tabelle 12.1 zeigt die Stromkreislängen der öffentlichen Versorgung in Deutschland und deren Entwicklung zwischen 1980 und 2000.

Aus Tabelle 12.1 erkennt man, dass die Verteilungsebenen 10 kV und 20 kV zu etwa 50 % oder mehr verkabelt sind und dass die 20-kV-Ebene die dominierende Rolle in der Verteilung spielt. Bei 380 kV ist der Kabelanteil wachsend aber immer noch sehr gering.

Bild 12.14 gibt einen Überblick über den mittleren Quotienten K_K/K_F, wobei K_K die Kosten für Kabel und K_F die Kosten für Freileitungen einschließlich Verlegung aber ohne Verlustkosten bei gleicher Übertragungsleistung ohne Reserve sind.

Die folgenden Punkte sind in Mittel- und Niederspannungsnetzen besonders zu beachten, um die Investitionskosten und die Betriebskosten möglichst zu beschränken, ohne dass die Versorgungszuverlässigkeit leidet:

Bild 12.14. Mittelwert des Quotienten K_K/K_F abhängig von der Netznennspannung U_n einschließlich Verlegung bei gleicher Übertragungsleistung (K_K Kabelkosten; Freileitungskosten K_F) [1.12]

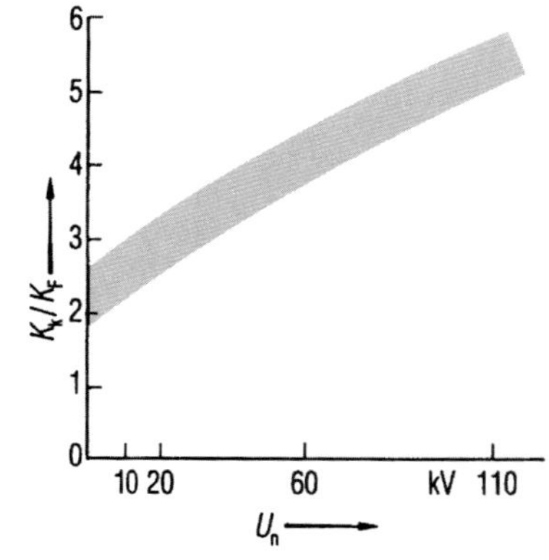

a) Einfacher Netzaufbau, angepasst an die Lastdichte
b) Kostengünstige Spannungswahl und Spannungsstufung
c) Einsatz weniger Typen von Netzbetriebsmitteln (z.B. Beschränkung der Anzahl der Kabelquerschnitte und der Transformator-Bemessungsscheinleistungen)
d) Kostengünstige Wahl der maximalen Kurzschlussströme in den Netzen durch Netzteilung und durch Einsatz geeigneter Betriebsmittel, auch unter dem Gesichtspunkt der zuverlässigen Funktion des Netzschutzes
e) Verwendung von Kompaktstationen

Bild 12.15 zeigt einige typische Formen des Aufbaus von Mittelspannungskabelnetzen (10 kV oder 20 kV). Der im Bild 12.15a gezeigte Aufbau mit offen betriebenen Kabelringen wird häufig in den 10-kV-Verteilungsnetzen der Städte angewendet. Er bietet den Vorteil des anpassungsfähigen und übersichtlichen Netzaufbaus und des einfachen Schutzes (Kurzschlussschutz der auf den Leistungsschalter des Halbrings wirkt und Kurzschlussanzeiger die bei der Lokalisierung des Kurzschlusses helfen sollen. Bei Ausfall einer Ringhälfte muss die verbleibende Ringhälfte nach Umschaltung zeitweise die volle Ringlast übernehmen können, wobei dann auch mit Rücksicht auf die geringe Häufigkeit dieses ungünstigsten Falles eine gewisse thermische Überlastung des Kabels zulässig ist [12.12].

Die Berechnung des Barwertes für die drei unterschiedlichen Netzformen nach Bild 12.15 zeigt bei gleichen Umspannwerksleistungen auch etwa gleiche Wirtschaftlichkeit für Lastdichten von 5 bis 50 MVA/km^2. Für die Netzform mit offenen Ringen ergeben sich leichte wirtschaftliche Vorteile [12.42].

Die installierte Transformatorleistung in den Umspannwerken 110/10 kV oder 110/20 kV liegt meist bei 2×31,5 MVA oder 2×40 MVA mit Kurzschlussspannungen im Bereich u_{kr} = 12 bis maximal 20%. Teilweise werden bei hoher Lastdichte auch Dreiwicklungstransformatoren 63 MVA/31,5 MVA/31,5 MVA eingesetzt [12.21].

Bild 12.16 zeigt Anhaltswerte für den Zusammenhang zwischen der Bemessungsscheinleistung S_{rT} und der Kurzschlussspannung u_{kr} von Transfor-

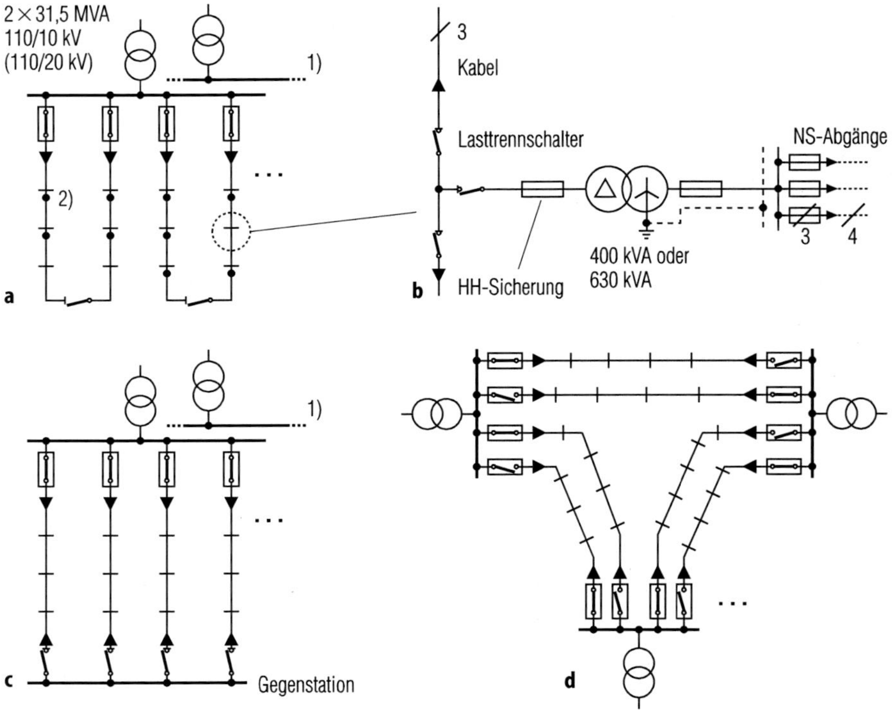

Bild 12.15 a–d. Aufbau von Verteilungsnetzen, 10-kV oder 20-kV-Kabelnetze. **a** Netz mit offen betriebenen Ringen; **b** Ausschnitt mit Anschluss eines Niederspannungstransformators; **c** Netz mit Gegenstation; **d** Netzaufbau mit nur je einem Einspeisetransformator pro Station. 1) Doppelsammelschiene oder Einfachsammelschiene mit Längstrennung; 2) magnetischer Kurzschlussanzeiger (Richtungsanzeiger)

matoren 110 kV/10 kV oder 110 kV/20 kV und den Kurzschlussleistungen $S''_k = 250$ MVA bis 750 MVA auf der Mittelspannungsseite bei $S''_{kQ} = 5$ GVA oder $S''_{kQ} = \infty$ auf der 110-kV-Seite. Dabei wurde angenommen, dass die Transformatorbemessungsspannungen mit den Netznennspannungen übereinstimmen. Der Korrekturfaktor K_T wird nach Gl. (15.29a) berechnet. Will man $S''_k = 250$ MVA bei $U_n = 10$ kV ($I''_k = 14{,}5$ kA) einhalten bei Einsatz eines Transformators $S_{rT} = 31{,}5$ MVA, so muss man also $u_{kr} \approx 14\%$ wählen, wenn man $S''_{kQ} \leq 5000$ MVA im 110-kV-Netz voraussetzt.

Niederspannungsnetze werden als Strahlennetze, als Ringnetze mit Teilvermaschung oder als Maschennetze ausgebildet. Die Anwendung der einzelnen Netzformen wird bestimmt durch die Struktur des Versorgungsgebietes, die Lastdichte, den Ausbauzeitraum u. a. In Städten aber auch in Dörfern wird das Niederspannungsnetz heute verkabelt. Niederspannungsfreileitungen finden Anwendung bei einzeln stehenden Häusern. Dachständernetze in kleinen Orten sind nur noch selten zu finden. Im Bild 12.17 sind einige Netzformen schematisch dargestellt.

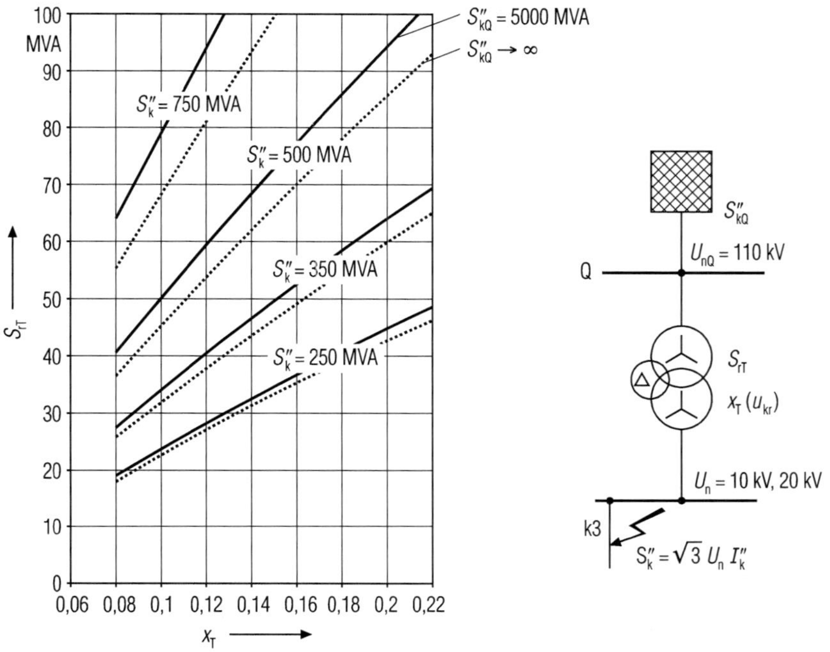

Bild 12.16. Überblick über den Zusammenhang zwischen S_{rT}, u_{kr} für Transformatoren 110/10 kV oder 110/20 kV und der Kurzschlussleistung S''_k auf der 10-kV- oder der 20-kV-Seite des Transformators bei $S''_{kQ} \leq 5000$ MVA oder $S''_{kQ} = \infty$

Beim Strahlennetz nach Bild 12.17 a, angewendet in Siedlungen und Stadtrandgebieten, sind die Kabelstrecken so aufgetrennt, dass von den Transformatorstationen aus betrachtet nur Stichleitungen ausgehen, die sich an den Verteilerkästen noch weiter verzweigen. Als Vorteil gilt der einfache und kostengünstige Auf- und Ausbau, wenn die Lastdichte in Grenzen bleibt. Nachteile sind, dass bei Ausfall eines Kabels mehrere Abnehmer betroffen sind und dass bei stoßartigen Belastungen an Ausläufern die Spannungshaltung schwierig wird.

Beim teilvermaschten Netz (Ringnetz) nach Bild 12.17b werden wie beim Strahlennetz einzelne Teilnetze jeweils von einem Transformator versorgt mit der Möglichkeit der Zusammenschaltung. Innerhalb der Teilnetze werden Ringe gebildet. Beim Maschennetz nach Bild 12.17c werden mehrere Transformatoren über das Niederspannungsnetz verbunden. Sie sollten eine Größe von 20 bis 30 MVA nicht überschreiten. Bild 12.18 zeigt als Beispiel den Ausschnitt aus einem mehrsträngig gespeisten Niederspannungsmaschennetz mit einer Mittelspannungsschaltanlage, von der die speisenden Mittelspannungskabel (z. B. 10 kV) ausgehen.

Vorteile des Maschennetzes sind, insbesondere beim Mehrstrangbetrieb des Mittelspannungsnetzes, die hohe Versorgungszuverlässigkeit und die gute Spannungshaltung. Nachteilig sind die gegenüber einem Strahlennetz höhe-

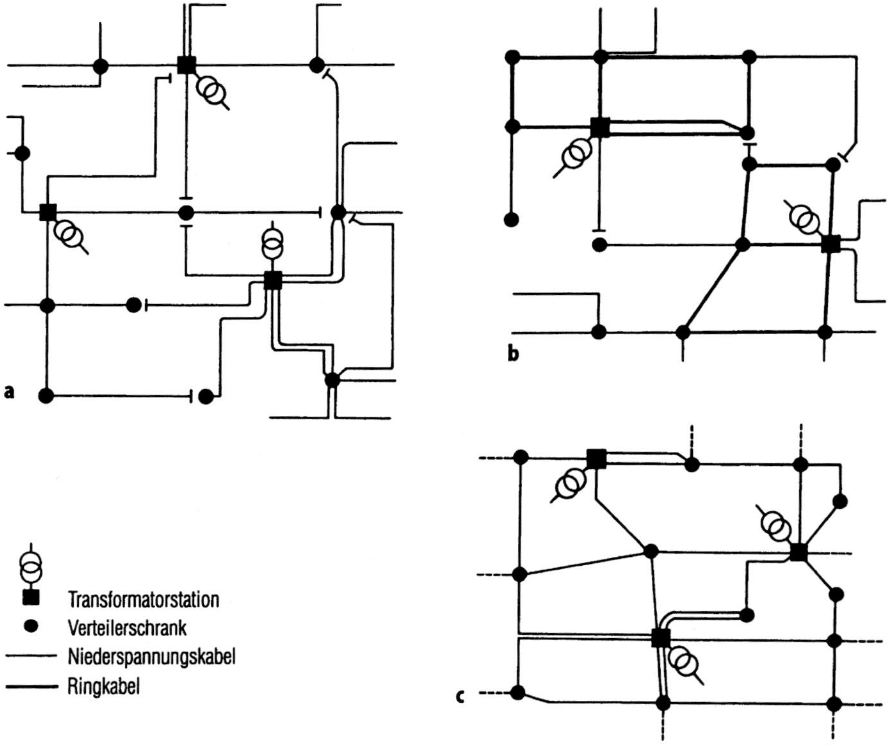

Bild 12.17 a–c. Netzformen von Niederspannungs-Kabelnetzen [12.23]. **a** Strahlennetz; **b** Teilvermaschtes Netz (Ringnetz); **c** Maschennetz Ausschnitt (teilweise mit Verstärkungen in der Nähe der Transformatorstationen)

ren Kosten und die u. U. auftretenden Schwierigkeiten bei einer Wiederinbetriebnahme nach einem Ausfall des ganzen Netzes.

Bild 12.19 zeigt die relativen Barwerte der Investitionskosten im Mittel- und Niederspannungsnetz als Funktion der Lastdichte im Endausbau bei unterschiedlichem Aufbau der Niederspannungsnetze. Die sich durch unterschiedliche Stationsausbaufolge ergebenden Streubänder in den Barwerten wurden der Übersicht wegen nicht angegeben.

Bei dem stationsweise gespeisten Niederspannungsnetz, für das die relativen Barwerte im Bild 12.19 angegeben sind, wird jedes Niederspannungsteilnetz nur von einer Netzstation gespeist. Bei einer Störung der Netzstation werden die Niederspannungskabel durch das Verändern von Netztrennstellen zu angrenzenden Netzen umgeschaltet (Bild 12.17 a). Bei dem einsträngig gespeisten Niederspannungsmaschennetz versorgen mehrere (bis zu fünf) Netzstationen, die an dasselbe Mittelspannungskabel angeschlossen sind, ein Niederspannungsteilnetz. Reserve wird aus den benachbarten Niederspannungsteilnetzen bereitgestellt. Bei dem mehrsträngig gespeisten Niederspannungsmaschennetz werden die Stationen von mehreren Mittelspannungska-

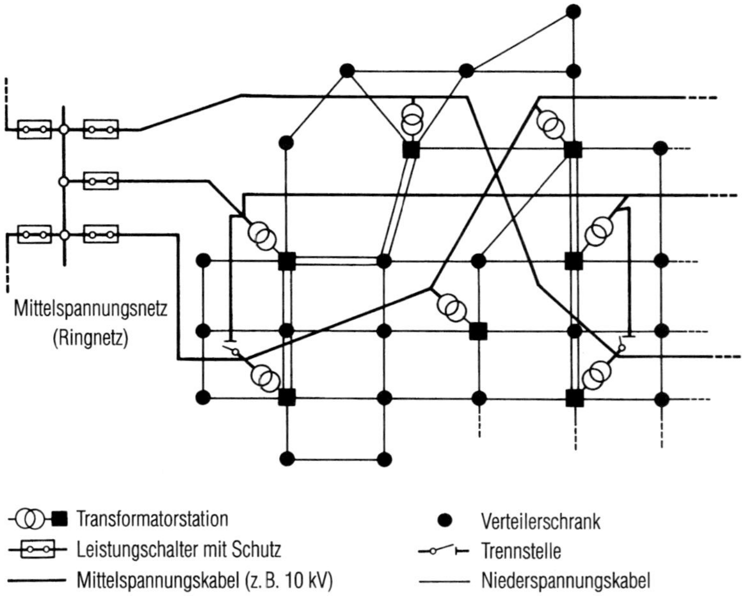

Bild 12.18. Niederspannungsmaschennetz (schematischer Ausschnitt) mit mehrsträngiger Speisung aus einem Mittelspannungsnetz

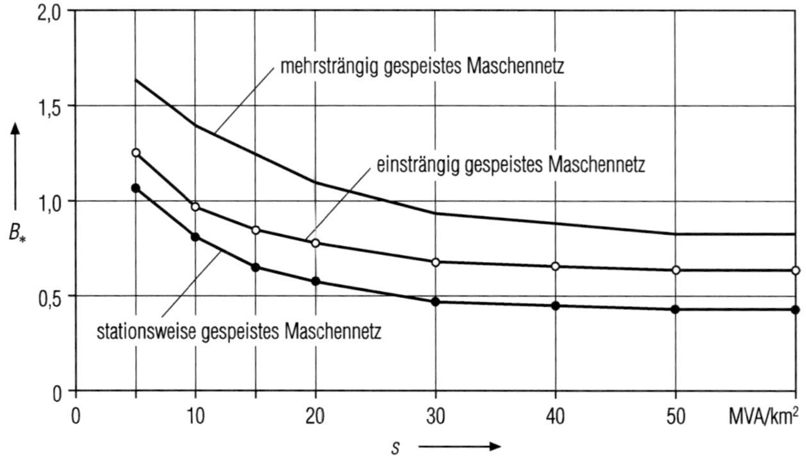

Bild 12.19. Relative Barwerte B_* der Investitionskosten im Nieder- und Mittelspannungsnetz als Funktion der Lastdichte im Endausbau und der Niederspannungsnetzform (siehe Text)

beln versorgt, die an dieselbe Umspannanlage 110/10 kV oder 110/20 kV angeschlossen werden, um Ringströme zu vermeiden. Das Netz wird so ausgelegt, dass bei Ausfall eines Mittelspannungskabels alle Verbraucher des Maschennetzes unterbrechungsfrei weiterversorgt werden.

12.5 Industrielle Stromversorgung

Aufbau und Auslegung der Netze in der Industrie sind abhängig vom Leistungsbedarf, von den Fertigungsvorgängen, von den Anforderungen an die Versorgungssicherheit (Gefährdung von Menschenleben, schwerwiegende Produktionsstörungen und Schäden an Produktionsanlagen) und anderen für den betrachteten Industriebetrieb gegebenen spezifischen Anforderungen [12.35, 12.47].

Bei kleinen Handwerks- und Industriebetrieben wird der Anschluss häufig an das Niederspannungsnetz der öffentlichen Versorgung vorgenommen. Größere Betriebe erhalten einen Anschluss an das Mittelspannungsnetz (Einspeisestation), auch wenn die Verteilung der elektrischen Energie im Betrieb nur über ein Niederspannungsnetz vorgenommen wird. In Betrieben der Großindustrie mit Leistungen im Bereich von 10 MVA bis 300 MVA oder mehr sind allgemeine Aussagen nur schwer möglich. Innerhalb des Werksnetzes können dann eigene Mittel- und Hochspannungsnetze vorhanden sein (z. B. 10 kV, 30 kV, 110 kV oder sogar im begrenzten Umfang 220 kV als Sticheinspeisungen).

Eine Reihe von Sonderproblemen sollen aufgeführt werden:

- Zusammenballung einer großen Anzahl von Hoch- und Niederspannungsmotoren (meist Asynchronmotoren) auf engem Raum (z. B. in einem Gebäude oder Gebäudekomplex), die dann erhebliche Anteile zum Kurzschlussstrom liefern (Kap. 15) und beim Direkteinschalten zu großen Spannungseinbrüchen führen können (Kapitel 7).
- Schweißmaschinen, Lichtbogenöfen und andere unruhige Verbraucher können periodische oder stochastische Blindlaststöße verursachen und damit zu Spannungsschwankungen im eigenen Werksnetz und im einspeisenden öffentlichen Netz im Frequenzbereich zwischen 1 und 100 Hz führen, für die das menschliche Auge besonders empfindlich ist (siehe Flimmergrenzkurven im Bild 12.26) [12.22, 12.74].
- Beim Einsatz großer Stromrichterantriebe und durch den Anschluss von Elektrolyseanlagen treten Oberschwingungsbelastungen auf. Kondensatorbatterien zur Leitungsfaktorverbesserung werden deshalb häufig zu Saugkreisen ausgebildet [12.7].

Im Gegensatz zur öffentlichen Versorgung mit Volllaststunden von 3000 bis 5000 h/a treten in der Industrie werte von 4000 bis 7000 h/a auf. In Betrieben mit elektrischen Erwärmungsanlagen und in Raffinerien sind bis zu 8000 h/a möglich.

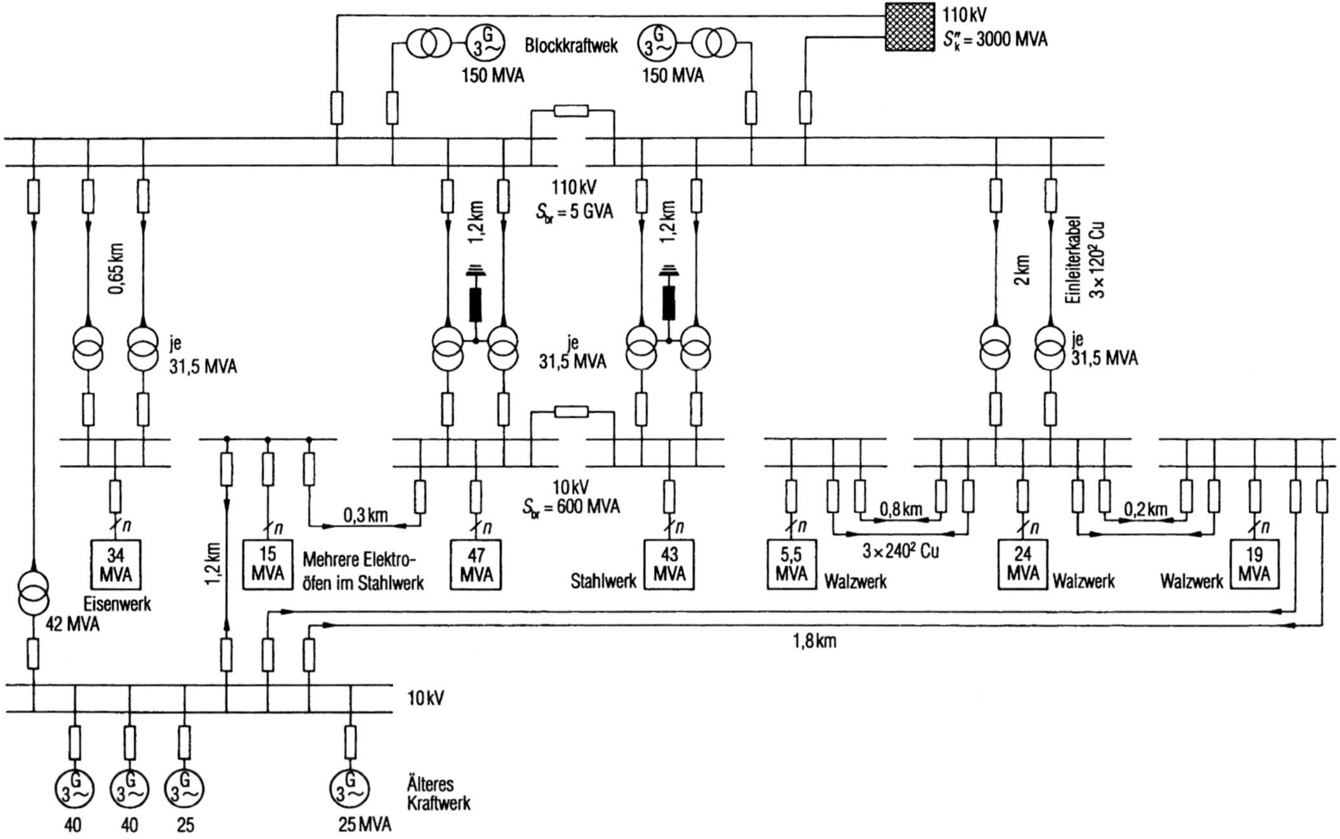

Bild 12.20. Ausbauplanung des Hochspannungsnetzes in einem Werk der Stahlindustrie (Ausbau in mehreren Stufen). Der Endausbau ist für einen Leistungsbedarf von 200 MVA, cos $\varphi = 0,8$ ($^1/_4$-Stunden-Maximum); S_{br}: Bemessungsausschaltleistung

Bedingt durch die hohe Benutzungsdauer sind besondere Maßnahmen zur Herabsetzung der Verluste (Leistungsfaktorverbesserung) und für die Umschaltmöglichkeiten bei Revisionen, Umbauten und Erweiterungen notwendig.

Bild 12.20 zeigt als Beispiel die Ausbauplanung des Netzes für ein großes Werk der eisenschaffenden Industrie. Der gezeigte Ausbauzustand wurde in verschiedenen Stufen erreicht abhängig vom Ausbau der Produktion. Die Hauptschaltanlage 110 kV wird eingespeist von einem nahen Kraftwerk und aus dem öffentlichen Netz. Die Schwerpunkte des Werkes (Eisenwerk, Stahlwerk und Walzwerk) werden über ausgelagerte 31,5-MVA-Transformatoren angeschlossen, um 110-kV-Schaltanlagen im Werksgelände zu vermeiden. Reserveverbindungen 10 kV sorgen dafür, dass die einzelnen Abnehmergruppen auch bei Ausfall eines Transformators 110/10 kV oder bei Ausfall eines 110-kV-Zuleitungskabels weiter versorgt werden können. Kleinere Kraftwerksgeneratoren (älteres Kraftwerk) speisen auf 10 kV ein und bringen so eine zusätzliche Stützung der Versorgung. Bei Fehlern (z.B. Kurzschlüssen) im Einspeisenetz oder im Werksnetz kann man mit Hilfe einer Schnellentkopplung Inselnetze zur Versorgung wichtiger Verbraucher bilden.

Die Verbraucher in den einzelnen Werksbereichen (Lichtbogenöfen, Stromrichterantriebe usw.) werden über 10-kV-Kabel an die 10-kV-Verteilungen angeschlossen. In mehreren Werksbereichen sind 5-kV-Netze vorhanden zum Anschluss großer Asynchronmotoren.

12.6 Blindleistungsbedarf und Kompensation

Der Bedarf an Blindleistung im Drehstromnetz und die Bereitstellung aus Generatoren, Phasenschiebern, Ladestromdrosselspulen und Kondensatoren hat steigende Bedeutung gefunden bei der Auslegung großer Generatoren und der Blindleistungsbereitstellung für Freileitungen und Kabel hoher Spannung. Daneben hat der Blindleistungsbedarf für große Stromrichterantriebe und Lichtbogenöfen zur Entwicklung dynamischer Blindleistungs-Kompensationseinrichtungen sogenannter SVC (Static Voltage Control) geführt. Diese bestehen in ihrem Grundaufbau aus der Parallelschaltung von Kondensatoren und thyristorgesteuerten Drosselsyspulen oder aus der Parallelschaltung von thyristorgesteuerten Kondensatoren und thyristorgesteuerten Drosselspulen. In [12.84] findet man einen Überblick über Aufbau, Wirkungsweise und Einsatz von solchen Einrichtungen unter dem Begriff FACTS (Flexible AC Transmission Systems).

12.6.1 Blindleistungsbedarf der Verbraucher

In hoch industrialisierten Ländern wird bis zu fünfzig Prozent der gesamten erzeugten elektrischen Energie in der Industrie eingesetzt. Blindleistung wird

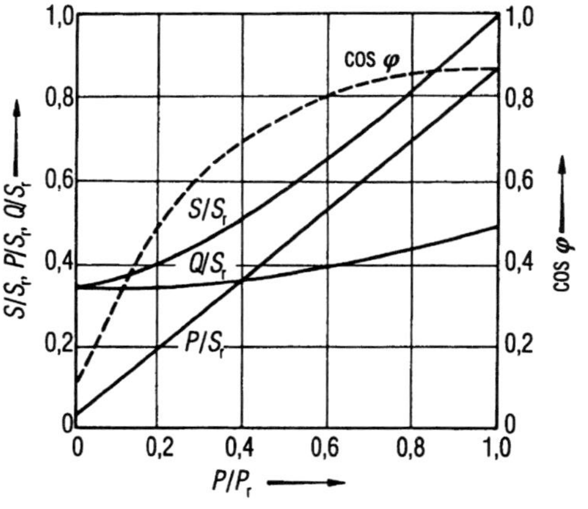

Bild 12.21. Betriebskennlinien eines Niederspannungsasynchronmotors mit Kurzschlussläufer

dabei insbesondere von Asynchrommotoren, Stromrichterantrieben (z. B. für Walzwerke und Fördermaschinen usw.) und Elektroöfen benötigt. Um dies zu veranschaulichen, zeigt Bild 12.21 die Betriebskurven eines Niederspannungsasynchronmotors, der schon bei Leerlauf etwa 35 % der Motorbemessungsscheinleistung als Blindleistung aufnimmt. Bei langsam laufenden Motoren kann dieser Anteil noch höher liegen. Bei reichlicher Wahl der Motorbemessungsleistung im Verhältnis zur geforderten Antriebsleistung für Pumpen, Verdichter oder andere Arbeitsmaschinen muss man im Betrieb mit einem merklich niedrigeren Leistungsfaktor $\cos\varphi$ rechnen als bei Bemessungsbetrieb (Bild 12.21).

Den Blindleistungsbedarf von Stromrichteranlagen, der sich aus Steuerblindleistung und Kommutierungsblindleistung zusammensetzt, versucht man durch blindleistungssparende Steuerverfahren möglichst klein zu halten. Bild 12.22 zeigt den Vergleich zwischen der Blindleistungsaufnahme Q bezogen auf die ideale Gleichstromleistung $U_{\mathrm{di}}I_{\mathrm{d}}$ bei verschiedenen Steuerverfahren. Den Erfolg bei Betrieb mit Nullanode für eine stromrichtergespeiste Fördermaschine erkennt man aus Bild 12.23. Die Blindleistung Q geht in der Spitze von etwa 5,5 Mvar auf 3,5 Mvar zurück.

Neben dem hohen Blindleistungsbedarf von Stromrichterantrieben sind die eingeprägten Oberschwingungsströme von Bedeutung, weil sie ins Netz

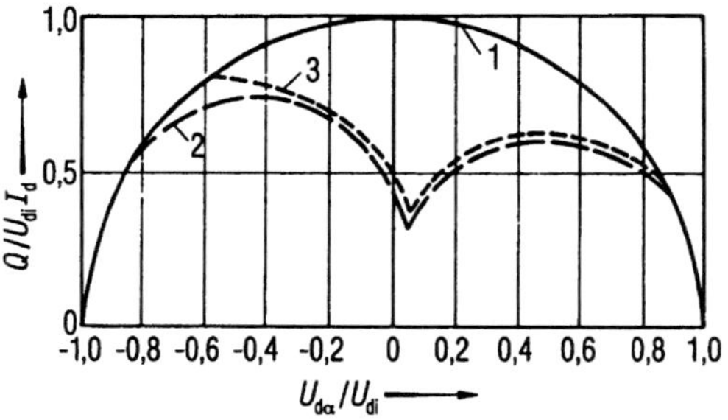

Bild 12.22. Blindleistungsbedarf von Stromrichterantrieben bei verschiedenen Steuerverfahren [12.6]
1 Normale Steuerung;
2 Gefäßfolgesteuerung;
3 Nullanodenschaltung (dreipolig)

Bild 12.23. Wirkleistung P und Grundschwingungsblindleistung Q einer stromrichtergespeisten Fördermaschine [12.6]
1 Wirkleistung;
2 Blindleistung bei Betrieb ohne Nullanode;
3 Blindleistung bei Betrieb mit Nullanode

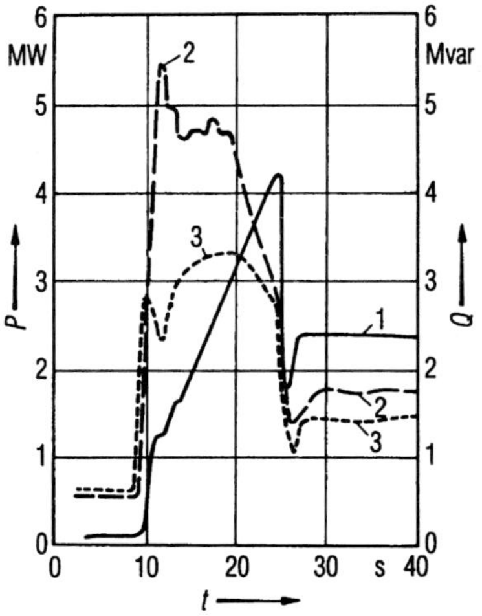

abgegeben werden, dort die Spannung verzerren, zusätzliche Verluste hervorrufen und zur Anregung von LC-Schwingkreisen führen können. Zur Vermeidung dieser Nebenwirkungen werden in Industrienetzen mit Stromrichterantrieben häufig Saugkreise eingesetzt, die aus einer Kondensatorbatterie in Reihe mit einer Saugdrossel bestehen, abgestimmt auf die Frequenz der Stromoberschwingungen. Die Aufgabe der Leistungsfaktorverbesserung wird also mit der Aufgabe der Absaugung der Stromoberschwingungen zusammengefasst (Abschn. 12.6.3).

Als weiteres Beispiel für hohen Blindleistungsbedarf von Drehstromverbrauchern wird der Lichtbogen-Stahlschmelzofen betrachtet. Beim Verarbeiten von Schrott liegt während der Einschmelzphase eine sich schnell ändernde und unsymmetrische Blindleistungsaufnahme vor, die durch wechselnde Kurzschlüsse zwischen den Elektroden im Ofen hervorgerufen wird. Bild 12.24 zeigt die Betriebskennlinien eines Lichtbogenofens bezogen auf den maximalen Ofenstrom entsprechend der Stromaufnahme bei Elektrodenkurzschluss. Man erkennt, dass beim Maximum der aufgenommenen Wirkleistung etwa $P = Q$ gilt und damit $\cos\varphi \approx 0{,}7$. Beim Einschmelzen schwankt der Leistungsfaktor zwischen 0,5 und 0,7. Bild 12.25 zeigt einen Ausschnitt aus dem Schreibstreifen eines 36-MVA-Lichtbogenofens.

Die Wirkungen eines Lichtbogenofens auf das Speisenetz können dadurch unangenehm werden, dass schnelle Blindleistungsänderungen auch im Bereich 5 bis 10 Hz auftreten und Spannungsschwankungen mit dieser Frequenz hervorrufen. Überschreiten diese Spannungsschwankungen in der Amplitude, die in den Flimmergrenzkurven (Bild 12.26) angegebenen Werte, so kommt es zu bemerkbaren bzw. störenden Lichtstromschwankungen bei elektrischer Beleuchtung. Bei einer 60 W/220-V-Glühlampe z. B. betragen die zulässigen Spannungsschwankungen nach Bild 12.26a $\Delta u_{\text{zul}} \approx (0{,}3\ldots0{,}4)$ % im Flimmerfrequenzbereich 4 bis 8 Hz.

Bild 12.24. Betriebskennlinien eines Lichtbogenofens (Lichtbogen-Stahlschmelzofen).
S Scheinleistung; P Wirkleistung; P_V Verlustleistung; Q induktive Blindleistungsaufnahme; $\cos\varphi$ Leistungsfaktor; I/I_{max} Ofenstrom bezogen auf den maximalen Ofenstrom (Strom bei Elektrodenkurzschluss)

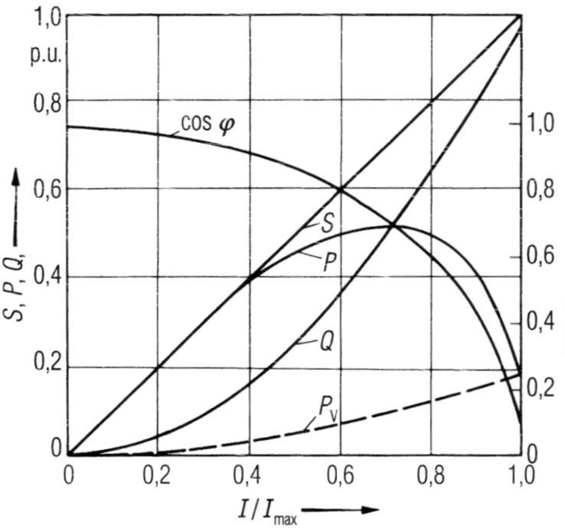

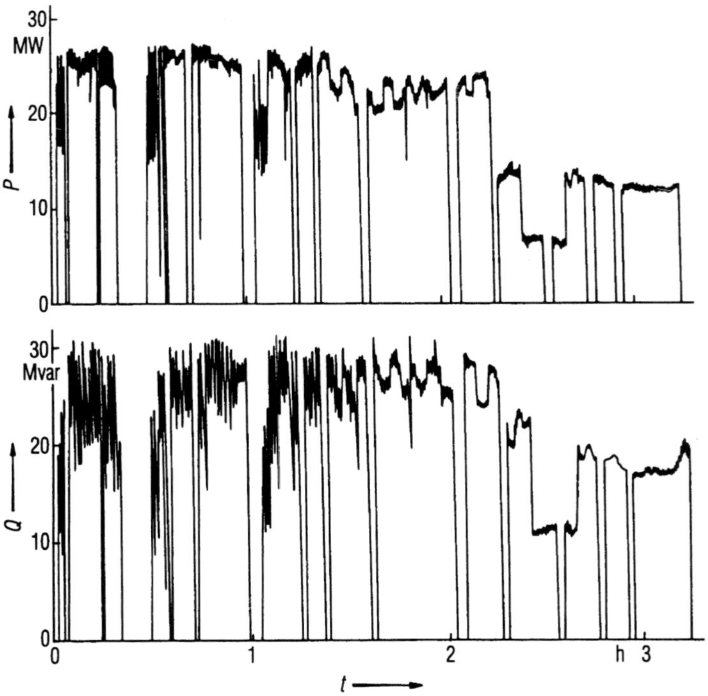

Bild 12.25. Ausschnitt aus dem Schreibstreifen eines 36-MVA-Lichtbogenofens. Fassungsvermögen von 100 t

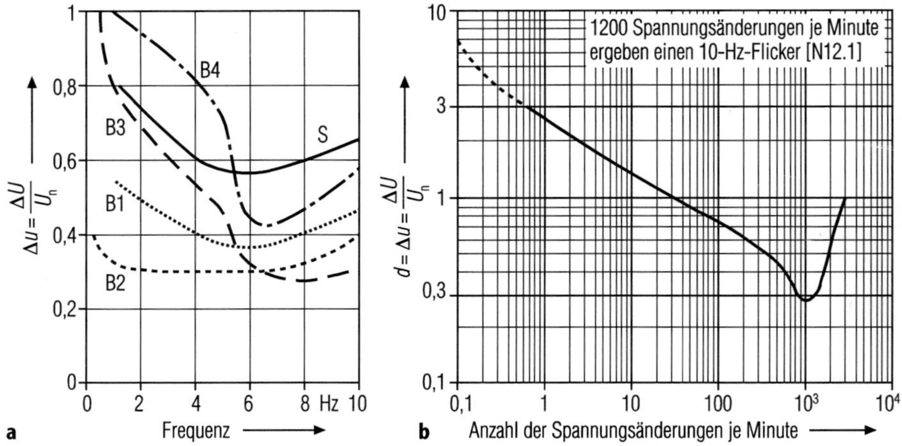

Bild 12.26. Grenzkurven für Spannungsschwankungen, „Flimmergrenzkurven". **a** S Störgrenze für Glühlampen 60 W/220 V [Schwab, F.: 1939]; B1 Bemerkbarkeitsgrenze 60 W/220 V [Schwab, F.: 1939]; B2 Bemerkbarkeitsgrenze 120 V [Concordia, C. CIGRE 1960]; B3 Bemerkbarkeitsgrenze 40 W/220 V [Lemmenmeier, J. 1971]; B4 wie B3 jedoch 100 W/220 V; **b** Kurzzeitflickerkurve für rechteckförmige equidistante Spannungsänderungen [N12.1]

Die Größe der Spannungsschwankungen am Anschlusspunkt oder an einem anderen Punkt des Netzes, z. B. dort wo die öffentliche Versorgung angeschlossen ist, hängt neben der Ofenauslegung und der Prozessführung in starkem Maße von der Kurzschlussleistung am betrachteten Punkt ab. Erwünscht ist ein möglichst hoher Wert S_k''. Zur ersten Abschätzung ob ein oder mehrere Lichtbogenöfen ohne Kompensationsanlagen an das Hochspannungnetz angeschlossen werden können, ohne dass Lichtflimmern zu erwarten ist, dient die folgende Erfahrungsformel:

$$S_k'' \geq S_{\mathrm{Omax}} \cdot 80 \cdot \sqrt[4]{n} \tag{12.2}$$

Dabei sind:

S_k'' Anfangs-Kurzschlusswechselstromleistung ($S_k'' = \sqrt{3}\, U_n I_k''$) am betrachteten Punkt

S_{Omax} Höchstwert der Ofenleistung (u. U. Zweistunden-Leistung des Ofentransformators)

n Anzahl paralleler Lichtbogenöfen der Leistung S_{Omax}

Betrachtet man als Beispiel zwei Lichtbogenöfen mit je $S_{\mathrm{Omax}} = 40$ MVA, gespeist von einer 110-kV-Sammelschiene, so muss die Kurzschlussleistung mindestens $S_k'' = 40\ \mathrm{MVA} \cdot 80 \cdot \sqrt[4]{2} \approx 4000\ \mathrm{MVA}$ betragen.

Bei Gl. (12.2) wird vorausgesetzt, dass etwa 30 % der höchsten Ofenleistung S_{Omax} als schnell schwankende Blindleistung im Bereich 5 bis 10 Hz auftreten und dabei $\Delta u_{\mathrm{zul}} \approx 0{,}4\,\%$ nicht überschritten wird. Mit dieser Zuordnung

$\Delta Q \approx 0{,}3\,S_{\mathrm{Omax}}$ (oder auch $\Delta Q \approx 0{,}4\,S_{\mathrm{Omax}}$) bei einem Lichtbogenofen kann man Δu mit folgender Zahlenwertgleichung abschätzen:

$$\Delta u \approx x\Delta Q\sqrt[4]{n} \approx x \cdot 0{,}3 S_{\mathrm{Omax}}\sqrt[4]{n} \tag{12.3}$$

$\{\Delta u\}$	$\{x\}$	$\{\Delta Q\}, \{S_{\mathrm{Omax}}\}$
%	%/MVA	Mvar, MVA

In Gl. (12.3) ergibt sich die Innenreaktanz x des Netzes in %/MVA am betrachteten Netzpunkt aus der dort anstehenden Kurzschlussleistung S''_{k} mit $x = 110\,\%/S''_{\mathrm{k}}$, wenn man S''_{k} in MVA einsetzt (Abschn. 15.6). Arbeiten zwei Öfen mit stark unterschiedlicher Leistung parallel, so kann man den kleinen Ofen in seiner Wirkung auf Δu häufig vernachlässigen.

12.6.2
Blindleistungsbedarf des Netzes

Der Blindleistungsbedarf der Netztransformatoren wird fast ausschließlich durch die Streuung bestimmt. Er spielt eine Rolle, weil die Summe der Bemessungsleistungen aller Transformatoren etwa drei- bis viermal so groß ist wie die Summe der Generatorleistungen im gleichen Netz [12.6].

Bei Freileitungen hängt der Blindleistungsbedarf von der Übertragungsleistung im Verhältnis zur natürlichen Leistung P_{nat} ab. Bei Netznennspannungen bis 110 kV und verhältnismäßig kurzen Übertragungsentfernungen werden die Freileitungen bei Hochlast im Netz meist mit einer Scheinleistung größer als die natürliche Leistung betrieben (Tabelle 9.11), wobei die Freileitung Blindleistung aufnimmt. Bei Leerlauf der Leitung oder bei einem Betrieb mit Leistungen unterhalb P_{nat} wird Blindleistung abgegeben (oder kapazitive Ladeleistung aufgenommen). Bei Betrieb mit einer Übertragungsleistung $S_{\mathrm{ü}} = P_{\mathrm{nat}}$ tritt keine Blindleistung auf (Bild 12.27 und Abschn. 9.6.2).

Die Blindleistung eines Freileitungsstromkreises ergibt sich aus dem induktiven Anteil Q_{L} und dem kapazitiven Anteil, der kapazitiven Ladeleistung Q_{C}. Bei Leitungslängen bis etwa 250 km kann man wie folgt rechnen:

$$Q = Q_{\mathrm{L}} - Q_{\mathrm{C}} = 3\omega L_1 I^2 - \omega C_1 U^2 \tag{12.4}$$

Nach Ausklammern von Q_{C} folgt daraus:

$$Q = Q_{\mathrm{C}}\left(\frac{Q_{\mathrm{L}}}{Q_{\mathrm{C}}} - 1\right) = Q_{\mathrm{C}}\left(\frac{3\omega L_1 I^2}{\omega C_1 U^2} - 1\right) \tag{12.5}$$

und mit $S_{\mathrm{ü}}^2 = 3U^2 I^2, Z_{\mathrm{W1}}^2 = L_1/C_1$ und $P_{\mathrm{nat}} = U^2/Z_{\mathrm{W1}}$ (Kapitel 9)

$$Q = Q_{\mathrm{C}}\left[\left(\frac{S_{\mathrm{ü}}}{P_{\mathrm{nat}}}\right)^2 - 1\right] \tag{12.6}$$

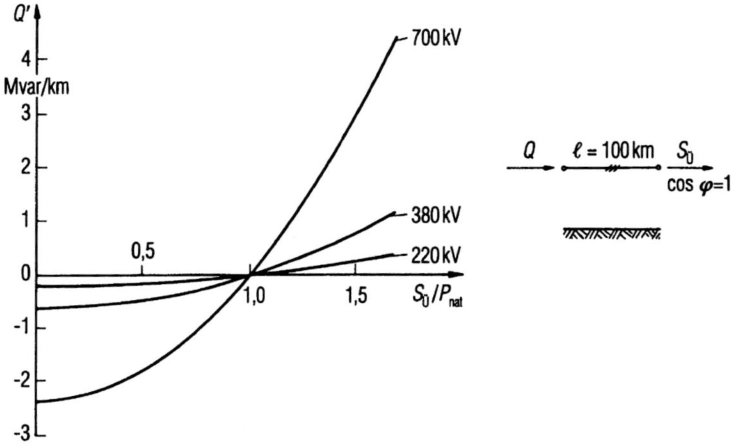

Bild 12.27. Blindleistungsbedarf Q' pro km Leitungslänge von Drehstromfreileitungen (ein Stromkreis) abhängig von der Übertragungsleistung $S_ü$ bezogen auf P_{nat} bei einer Länge von $l = 100$ km

Die Gleichung bestätigt die schon erwähnte Abhängigkeit des Blindleistungsbedarfs von der übertragenen Leistung $S_ü$. Im Leerlauf bei $S_ü = 0$ gibt die Leitung Blindleistung ab (bezieht die Leitung kapazitive Blindleistung) $Q = -Q_C$. Bei Betrieb mit natürlicher Leistung ($S_ü = P_{nat}$) ist die Blindleistungsbilanz mit $Q = 0$ ausgeglichen. Bei Betrieb mit $S_ü > P_{nat}$ nimmt die Leitung Blindleistung auf.

Bild 12.27 zeigt den Blindleistungsbedarf von Hochspannungsfreileitungen bei unterschiedlicher Übertragungsleistung $S_ü$ bezogen auf P_{nat}.

Für eine 380-kV-Leitung mit $C_1' = 13{,}8 \cdot 10^{-9}$ F/km und damit $X_{1C}' = 0{,}231 \cdot 10^6\ \Omega$/km ergibt sich z. B. $Q_C' \approx 63$ Mvar/100 km. Mit $P_{nat} = 605$ MW und $Z_{W1} = 240\ \Omega$ (Tabelle 9.11) findet man bei $S_ü = 1{,}5\, P_{nat}$ nach Gl. (12.6): $Q' = Q_L' - Q_C' \approx (142 - 63)$ Mvar/100 km = 79 Mvar/100 km.

Im Übertragungs- und Verteilungsnetz setzt sich der Blindleistungsbedarf der Verbraucher und der Blindleistungsbedarf der Betriebsmittel des Netzes zum gesamten Blindleistungsbedarf zusammen. Um dies zu veranschaulichen, wird aus [12.6] ein Beispiel übernommen für ein einfaches Netz mit den drei Spannungsebenen 220 kV, 110 kV und 20 kV. Unterschieden wird im Bild 12.28 zwischen dem Fall mit reiner Wirklast und dem Fall mit gemischter Last. Der Blindleistungsbedarf der Verbraucher und der Blindleistungsbedarf bzw. die Blindleistungsabgabe von Leitungen (Freileitungen oder Kabel) sind möglichst in der Nähe des Entstehungsortes zu kompensieren (Abschn. 12.6.3).

Besondere Überlegungen zur Blindleistungskompensation sind bei Drehstrom-Hochspannungs-Übertragungen (DHÜ) und Hochspannungs-Gleichstrom-Übertragungen (HGÜ) notwendig.

Im Teilbild 12.29a für DHÜ wird ein maximaler Leitungswinkel $\delta_L \leq 30°$ vorausgesetzt. Bei einer Leitungslänge größer als 500 km wird deshalb Rei-

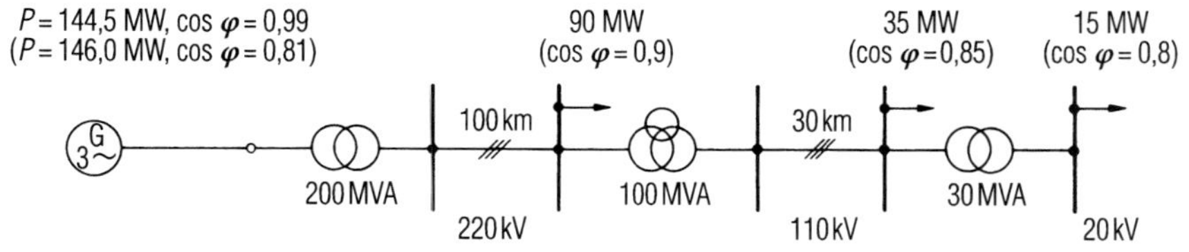

	Verluste P_V in MW					
reine Wirklast	0,6	2,6	0,2	1,1	0,07	Σ 4,6
gemischte Last	0,7	3,4	0,3	1,6	0,09	Σ 6,1
	Blindleistungsbedarf Q in Mvar					
reine Wirklast	16,8	−4,4	4,6	1,4	1,1	Σ 19,5
gemischte Last	20,6	−1,3	6,3	2,5	1,7	Σ 29,8
	Spannungsfall in % der jeweiligen Nennspannung					
reine Wirklast	1,2	2,2	0,8	2,3	0,5	Σ 7,0
gemischte Last	7,3	7,5	4,8	5,6	5,5	Σ 30,7

Bild 12.28. Verluste P_V, Blindleistungsbedarf Q und Spannungsfälle einer Energieübertragung [12.6]. Die eingeklammerten Werte im Bild gelten für gemischte Last

henkompensation Q_{RK} eingeführt (Leitungswinkel 6° pro 100 km). Weiter wird in diesem Teilbild zwischen installierter und eingesetzter Blindleistung $Q = Q_D + Q_{RK}$ unterschieden. Bei einer Übertragungsentfernung von 500 km mit $P = P_{nat}$ wird also $Q_{RK} = 0$ und $Q_D = Q_C$ (kapazitive Ladeleistung bei 500 km und 100% Kompensation dieser Ladeleistung im Leerlauf durch Ladestromdrosselspulen mit Q_D). Bei Betrieb mit P_{nat} werden die Ladestromdrosselspulen ausgeschaltet.

Im Teilbild 12.29b sind dem Blindleistungsbedarf der Drehstromfreileitungen der Blindleistungsbedarf bei HGÜ in der Gleichrichter- und Wechselrichter-Station gegenübergestellt, abhängig von der Gleichstromleistung P_d und unabhängig von der Übertragungsentfernung (Kap. 19). Bei Übertragungsentfernungen kleiner 500 km ist die zu installierende Blindleistung bei DHÜ kleiner als bei HGÜ, auch wenn man Ladestromdrosselspulen zur vollständigen Kompensation der Ladeleistung der Drehstromfreileitung vorsieht.

12.6.3 Blindleistungskompensation

Ein großer Teil der benötigten Blindleistung im Drehstromnetz wird durch Generatoren in Dampf- und Wasserkraftwerken bereitgestellt, während die Bereitstellung aus Synchronphasenschiebern gering ist. Kondensatoren haben einen wachsenden Anteil übernommen [12.7].

Turbogeneratoren können Blindleistung zu geringen mittleren Kosten erzeugen, insbesondere bei einem Leistungsfaktor in der Nähe von $\cos \varphi_r = 1$. Bild 12.30 zeigt die Zunahme der Eisenlänge, der Erregerdurchflutung, der Ankerdurchflutung und der Kosten bei abnehmendem Leistungsfaktor $\cos \varphi_r$

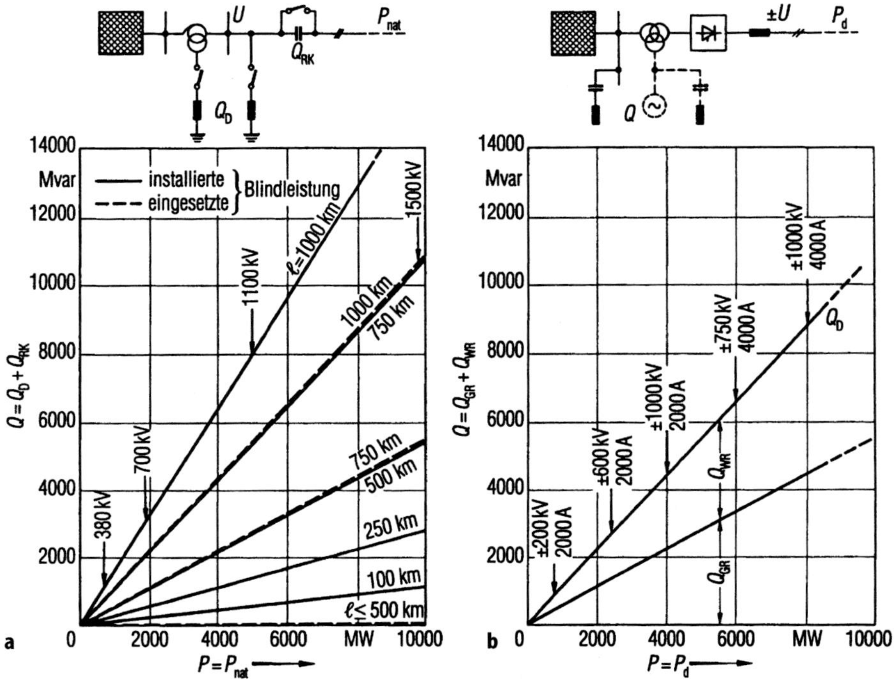

Bild 12.29a, b. Blindleistungsbedarf bei DHÜ und HGÜ [12.19]. **a** Drehstrom-Hochspannungs-Übertragung, ein Stromkreis, $\delta_L \leq 30°$, Betrieb mit P_{nat}; **b** Hochspannungs-Gleichstrom-Übertragung, Blindleistungsbedarf für Gleich- und Wechselrichteranlage (GR+WR)

Bild 12.30. Kosten der Blindleistungserzeugung durch große Turbogeneratoren [5.9]. Θ_A Ankerdurchflutung; Θ_E Erregerdurchflutung; l_{Fe} Eisenlänge; K_G Generatorkosten

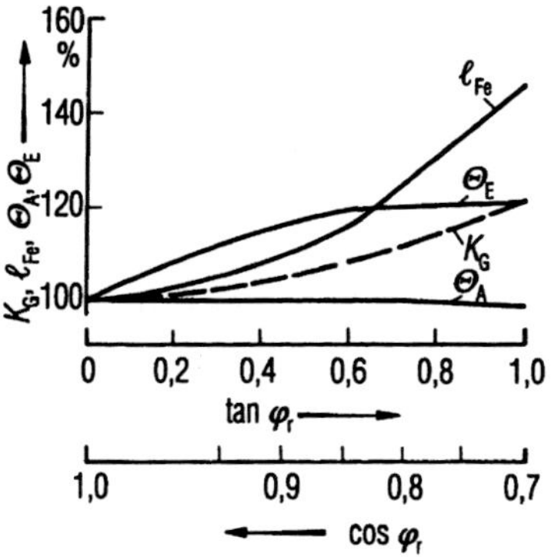

gegenüber $\cos\varphi_r = 1$ [5.9]. Dabei wurde angenommen, dass die verglichenen Turbogeneratoren gleiche Bemessungswirkleistungen aber unterschiedliche Bemessungsblindleistungen haben, dass die Leistung für $\cos\varphi_r > 0{,}85$ durch die Ständererwärmung, die Leistung für $\cos\varphi_r < 0{,}85$ durch die Läufererwärmung begrenzt wird, und dass die Generatorkosten mit der Wurzel aus der Eisenlänge wachsen.

Bild 12.31. Wirkungsgrad η eines Turbogenerators 150 MVA abhängig vom Leistungsfaktor $\cos\varphi$

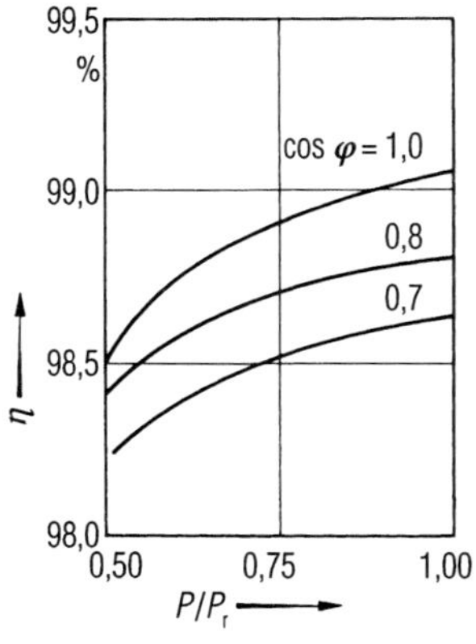

Neben den steigenden Generatorkosten bei fallendem Leistungsfaktor $\cos\varphi_r$ treten auch steigende Verluste im Generator auf und damit fallende Wirkungsgrade, wie Bild 12.31 als Beispiel für einen 150-MVA-Turbogenerator zeigt.

Vergleicht man die Bereitstellungskosten und die Verlustkosten, so ergibt sich, dass die Mehrkosten der Blindleistungsbereitstellung aus Turbogeneratoren beim Übergang von $\cos\varphi_r = 1$ auf $\cos\varphi_r = 0{,}9$ am günstigsten sind, während Kondensatoren und Ladestromdrosselspulen die kleinsten Verluste zeigen. (Die Mehrverluste in W/kvar liegen bei Generatoren um 50 bis 100 % höher als die Verluste bei Kondensatoren.) In Bezug auf Preis und Verluste liegen die Synchronphasenschieber am ungünstigsten, ihre Vorteile liegen jedoch in der dynamischen Spannungsstützung und beim Einsatz für die Hochspannungsübertragung DHÜ und HGÜ.

In Hochspannungsnetzen 380 kV und darüber übersteigt die Blindleistungsabgabe der Freileitungen häufig die Blindleistungsaufnahme der Transformatoren, insbesondere in Schwachlastzeiten. Der Einsatz von Ladestromdrosselspulen mit Anschluss an die Tertiärwicklungen (Dreieckausgleichswicklungen) von Netztransformatoren und/oder direkt an der Hochspannungsleitung wird deshalb nötig. Direkt an die Hochspannungsleitung angeschlossene Ladestromdrosselspulen haben dabei den Vorteil, dass die Spannungshaltung bei Leerlauf verbessert wird und eine Beschränkung der inneren transienten Überspannungen eintritt [12.30]. Bild 12.32 zeigt verschiedene Möglichkeiten der Blindleistungsbereitstellung in Hochspannungsnetzen 220 kV, 380 kV, (750 kV), wobei auch der Einsatz von Kondensatoren für hochausgelasteten Betrieb der Leitungen mit Leistungen oberhalb P_{nat} berücksichtigt wurde.

Bild 12.33 zeigt am Beispiel der 750-kV-Übertragung zwischen dem Wasserkraftwerk Itaipu am Rio Paraná, dem Grenzfluss zwischen Brasilien und Paraguay, und dem Großraum São Paulo den erheblichen Umfang des Einsatzes von Ladestromdrosselspulen, Reihenkondensatoren, Synchronphasenschiebern und auch Parallelkondensatoren zur Blindstromkompensation.

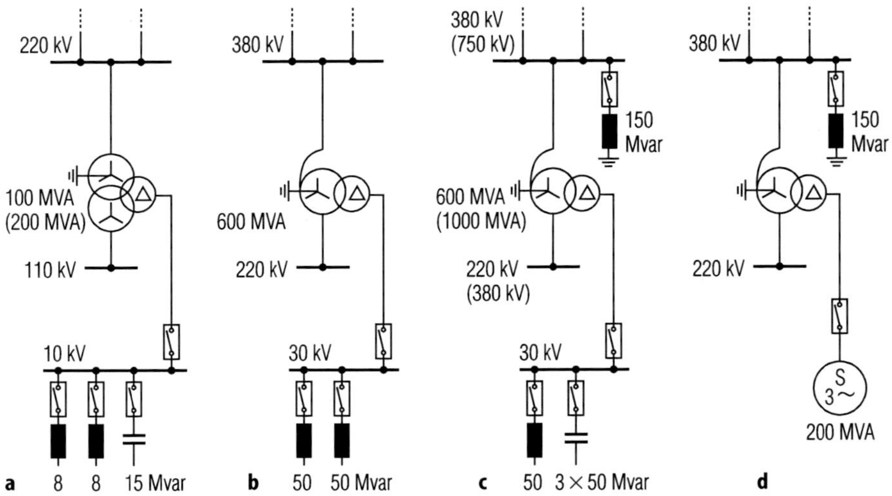

Bild 12.32 a–d. Möglichkeiten zur Blindleistungsbereitstellung in 220-/380-kV-Netzen (Beispiele) [12.6]. **a** Kompensation im 220-kV-Netz; **b** Kompensation mit Ladestromdrosselspulen an der Tertiärseite von Spartransformatoren; **c** Kompensation mit zusätzlichen Ladestromdrosselspulen an der Hochspannungssammelschiene; **d** Kompensation mit einem Synchronphasenschieber und mit Drosselspulen an der Hochspannungssammelschiene

Die Reihenkondensatoren im Bild 12.33 kompensieren 40 bis 50 % der Induktivität der drei Leitungsabschnitte und verkürzen die tatsächlich 910 km lange Leitung elektrisch auf etwa 500 km. Die Parallelkondensatoren des 345-kV-Netzes werden bei hoch ausgelasteten Leitungen mit $S_{Ü} > P_{nat}$ eingesetzt, um ihren induktiven Blindleistungsbedarf zu decken (Bild 12.27). Über die Wirkungsweise der an die Leitung angeschlossenen Ladestromdrosselspulen siehe Abschn. 17.2.2.

Kondensatoren zur Leistungsfaktorverbesserung auf der Abnehmerseite werden häufig in Industrieanlagen eingesetzt. Ein Anreiz dazu besteht durch die Tarifgestaltung beim Scheinarbeitstarif und beim Blindstrom-Überverbrauchstarif. Beim Letzteren wird die Blindleistungsabnahme, die z. B. 50 % der Wirkleistungsabnahme übersteigt, mit einem Preis berechnet der bei 10 bis 20 % des Preises für eine kWh liegt. Kondensatoren werden in diesem Fall zur Kompensation der Blindleistungsaufnahme einzelner Betriebsmittel (z. B. Transformatoren und Motoren), zur Gruppenkompensation meist in regelbaren, abgestuften Batterien für einzelne Netzgruppen und in Form von Saugkreisen in Netzen mit Stromrichterantrieben eingesetzt. Den Zusammenhang zwischen der Kapazität C der Kondensatorbausteine und der Blindleistung eines Drehstromkondensators zeigt Bild 12.34. Gilt für die Kapazitäten $C_Y = 3C_\Delta$, so erreichen die Blindleistung Q_C und die gespeicherte Energie W_C gleiche Größe für Stern- und Dreieckschaltung der Kondensatoren:

$$Q_C = \sqrt{3}UI = \omega C_Y U^2 = 3\omega C_\Delta U^2 \tag{12.7}$$

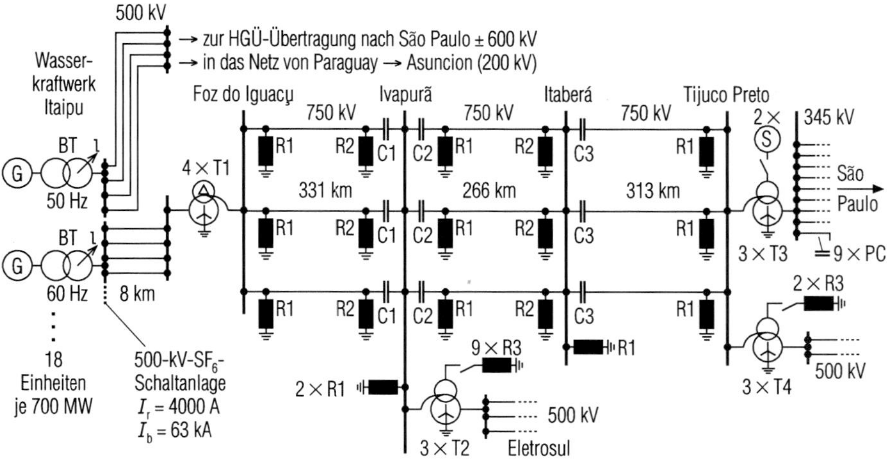

Spartrans-formatoren	Ladestromdrossel-spulen	Reihenkonden-satoren	Parallelkonden-satoren
T1: 765/525 kV; 1650 MVA	R1: 765 kV; 330 Mvar	C1: 800 kV; 1017 Mvar	PC: 345 kV; 200 Mvar
T2,T4: 765/512/ 69 kV; 1650 MVA	R2: 765 kV; 150 Mvar	C2: 800 kV; 1053 Mvar	Synchron-Phasen schieber
T3: 765/ 345/20 kV; 1500 MVA	R3: 69 kV; 180 Mvar	C3: 800 kV; 1442 Mvar	S: 20 kV; 300 MVA

Bild 12.33. Blindleistungskompensation der 750-kV-Übertragung Itaipu – São Paulo/Brasilien. Schaltanlagen vereinfacht dargestellt

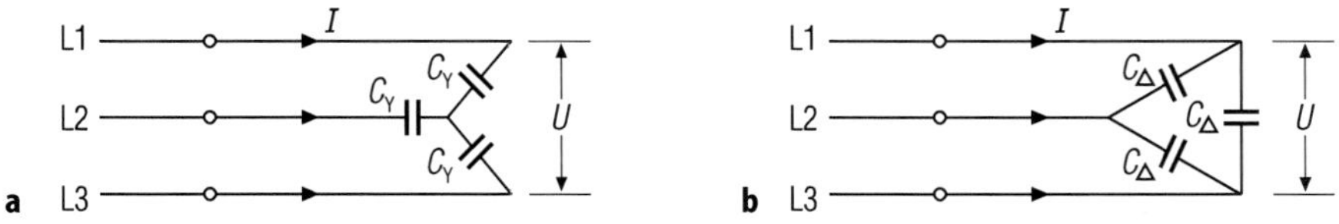

Bild 12.34 a, b. Drehstromkondensatoren. a Kondensatoren mit der Kapazität C_Y in Sternschaltung; b Kondensatoren mit der Kapazität C_Δ in Dreieckschaltung

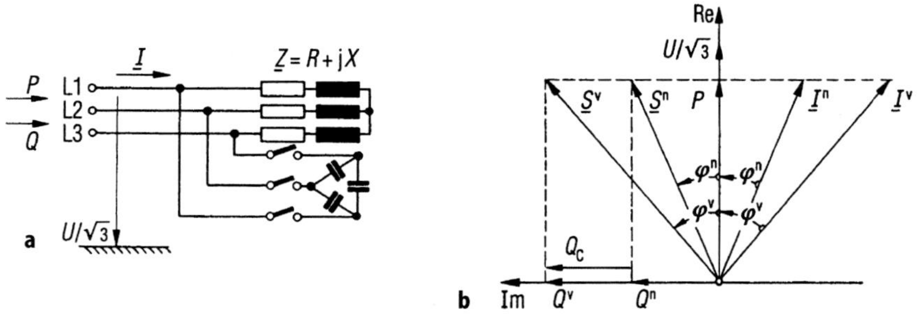

Bild 12.35 a – b. Kompensation von ohmsch-induktiver Last durch eine Kondensatorbatterie **a** Schaltung; **b** Zeigerdiagramm der Ströme und Leistungen (Nebenzeichen oben rechts siehe Text)

oder

$$Q_C = 3I^2 / (\omega C_Y) = I^2 / (\omega C_\Delta) \tag{12.8}$$

$$W_C = (1/2) \cdot C_Y U^2 = (3/2) \cdot C_\Delta U^2 \tag{12.9}$$

Aus Bild 12.35 ergeben sich folgende Beziehungen für die Klemmen L1, L2, L3:

Vor dem Anschluss der Kondensatorbatterie (v) — nach dem Anschluss der Kondensatorbatterie (n)

$$\underline{S}^v = P + jQ^v \qquad \underline{S}^n = P + jQ^n \tag{12.10}$$

$$\cos\varphi^v = P/S^v \qquad \cos\varphi^n = P/S^n \tag{12.11}$$

$$P = S^v \cos\varphi^v = S^n \cos\varphi^n \tag{12.12}$$

$$Q^v = P \tan\varphi^v \qquad Q^n = P \tan\varphi^n \tag{12.13}$$

Die Kondensatorblindleistung Q_C ist die Differenz zwischen Q^v und Q^n:

$$Q_C = Q^v - Q^n = P(\tan\varphi^v - \tan\varphi^n) = Q^v - P\tan\varphi^n = Q^v - S^v \cos\varphi^v \tan\varphi^n \tag{12.14}$$

Die Einzelkompensation von Asynchronmotoren im Niederspannungsnetz ist dann wirtschaftlich, wenn diese dauernd eingeschaltet sind und wenn die Kondensatoren direkt an den Motoranschlüssen liegen. Für kleine Motoren werden nach den Anschlussbedingungen der VDEW Kondensatoren nach Bild 12.36a empfohlen. Um Überkompensation im Leerlauf und Selbsterregung beim Auslaufen zu vermeiden, gilt für den Festanschluss von Kondensatoren, wenn $I_{\ell M}$ den Leerlaufstrom des Motors bezeichnet:

$$Q_C \le 0{,}9\,\sqrt{3} U_{rM} I_{\ell M} \tag{12.15}$$

Für die Einzelkompensation von Transformatoren auf der Niederspannungsseite sind Richtwerte in den Bildern 12.36b und 12.36c angegeben.

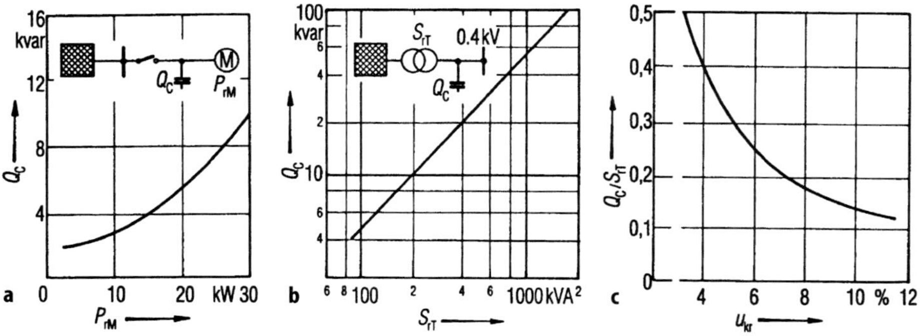

Bild 12.36 a–c. Einzelkompensation von Asynchronmotoren und Transformatoren. **a** Einzelkompensation von Asynchronmotoren nach VDEW-Anschlussbedingungen. Gl. (12.15) muss erfüllt sein; **b** Richtwerte für die Einzelkompensation von Transformatoren; **c** Grenzkurve für die Kondensatorleistung bei Einzelkompensation von Transformatoren abhängig von u_{kr}

Im Niederspannungsnetz werden auch Kondensator-Regelanlagen eingesetzt mit mehreren Stufen zur Anpassung der Kondensatorleistung an den jeweiligen Bedarf. Von Vorteil ist dabei die gute Spannungshaltung ohne länger dauernde Spannungserhöhung bei Wegfall der Belastung und die verminderte Gefahr der Verstärkung der Oberschwingungsspannungen, weil bei Wegfall der gemischten dämpfenden Last auch die Kondensatoren ausgeschaltet werden. Bild 12.37 zeigt Anschluss und Wirkungsweise einer solchen Anlage mit z. B. drei Kondensatoren der Leistungen wie 1:2:2 und damit 5 Stufen zwischen 10 kvar und 50 kvar. Im Bild 12.37 wurde angenommen, dass der Leistungsfaktor $\cos\varphi^{v} = 0{,}7$ vor der Kompensation auf einen mittleren Leistungsfaktor $\cos\varphi_{m}^{n} = 0{,}9$ nach der Kompensation verbessert werden soll. Notwendig ist ein nicht zu gering bemessener Unempfindlichkeitsbereich zwischen der Ein- und Ausschaltgrenze, damit bei schwankender Belastung die Anzahl der Schalthandlungen in Grenzen bleibt.

12.6.4
Parallelresonanz und Absaugung von Stromoberschwingungen

Schließt man wie im Bild 12.38 a eine Kondensatorbatterie parallel zu Stromrichterantrieben im Mittelspannungsnetz an, so ergibt sich eine Ersatzschaltung für die Oberschwingungsströme nach Bild 12.38 b, wobei der Index 1 für das Mitsystem weggelassen wird. Der Stromrichterantrieb nimmt den Grundschwingungsstrom I_1 auf und liefert gleichzeitig die eingeprägten Oberschwingungsströme I_ν, wobei der Index ν die Ordnungszahl der Oberschwingung ist [12.6, 12.7].

$$I_\nu = f_\nu \frac{1}{\nu} I_1 \quad \text{mit} \quad \nu = np \pm 1 \quad (n = 1,2,3\ldots) \tag{12.16}$$

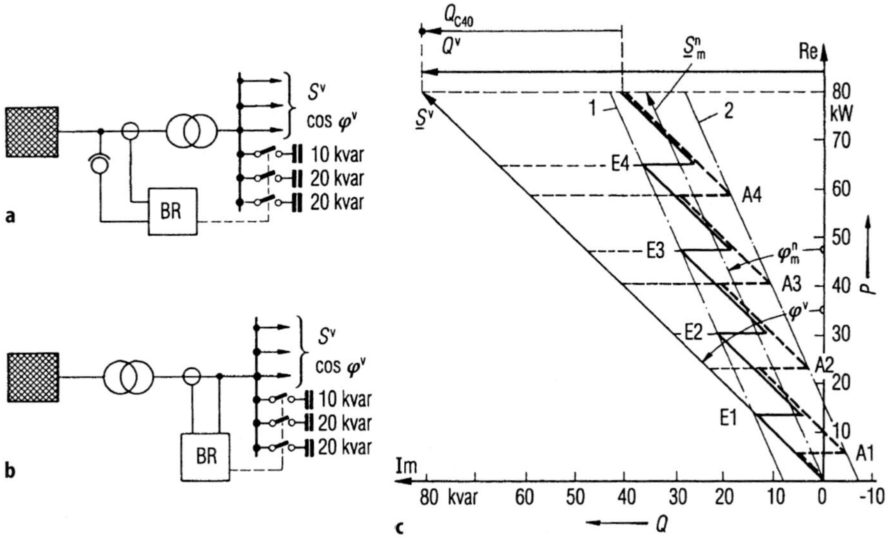

Bild 12.37 a – c. Anschluss und Wirkungsweise einer Kondensator-Regelanlage. **a** Anschluss der Blindleistungsreglers (BR) auf der Hochspannungsseite des Transformators; **b** Anschluss auf der Niederspannungsseite; **c** Wirkungsweise bei Verbesserung von $\cos\varphi^v = 0{,}7$ auf $\cos\varphi^n_m = 0{,}9$ auf. *1* Einschaltgrenze mit den Einschaltpunkten E1, E2, E3, E4; *2* Ausschaltgrenze mit den Ausschaltpunkten A1, A2, A3, A4 der Kondensatorleistungen 10, 20, 30, 40 kvar (Unempfindlichkeitsbereich = 1,5 · 10 kvar)

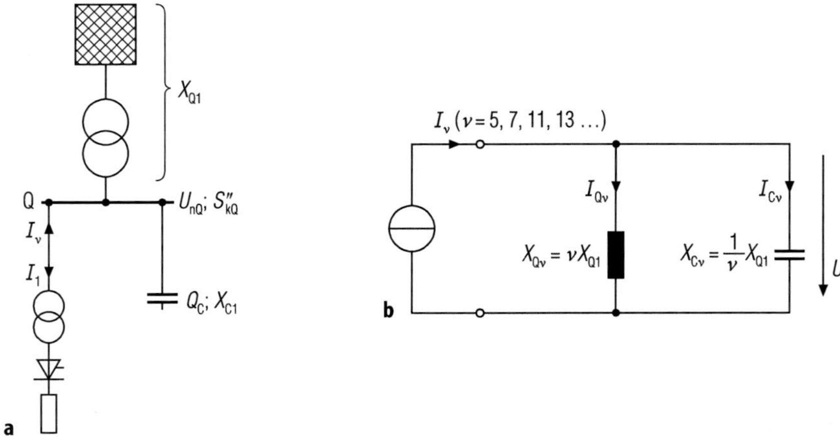

Bild 12.38 a, b. Belastung einer Kondensatorbatterie mit eingeprägten Oberschwingungsströmen I_ν. **a** Netzschaltung; **b** Ersatzschaltung für $\nu = 5, 7, 11, 13$

Dabei ist p die Pulszahl des Stromrichters (z. B. $p = 6, p = 12$), ν die Ordnungszahl der Stromoberschwingung und f_ν ein Faktor kleiner 1, der den Rückgang der Oberschwingungen abhängig von der Aussteuerung der Stromrichter berücksichtigt. Bei Konti-Walzwerken mit Überlappung $u = 20°$ und einem Steuerwinkel $\alpha = 5°$, sowie dem induktiven Gleichspannungsfall $d_x = 4\,\%$ gilt z. B.: $f_5 = 0{,}92, f_7 = 0{,}83, f_{11} = 0{,}62$ und $f_{13} = 0{,}50$ [12.6]. Die eingeprägten Oberschwingungsströme I_ν treffen auf den Parallelschwingkreis im Bild 12.38 b aus der Netzinnenimpedanz und der Kapazität der Kondensatorbatterie. Berücksichtigt man näherungsweise nur die Innenreaktanz X_{Q1} des Netzes und führt man $X_{Q\nu} = \nu X_{Q1}$ sowie $X_{C\nu} = X_{C1}/\nu$ ein, so ergibt sich für den Betrag der resultierenden Impedanz am Anschlusspunkt Q als Funktion von ν:

$$Z_{Q\nu} = \frac{X_{Q\nu} X_{C\nu}}{\left| X_{Q\nu} - X_{C\nu} \right|} = \frac{X_{C1}}{\nu \left| 1 - \frac{1}{\nu^2} \frac{X_{C1}}{X_{Q1}} \right|} = \frac{\nu X_{Q1}}{\left| 1 - \nu^2 \frac{X_{Q1}}{X_{C1}} \right|} \tag{12.17}$$

Für die Oberschwingungsspannung $U_{C\nu}$ am Anschlusspunkt Q und damit am Kondensator findet man:

$$U_{C\nu} = Z_{Q\nu} I_\nu = \frac{\nu X_{Q1}}{\left| 1 - \nu^2 \frac{X_{Q1}}{X_{C1}} \right|} I_\nu \tag{12.18}$$

Die Oberschwingungsströme $I_{C\nu}$, die sich dem Grundschwingungsstrom überlagern, ergeben sich aus:

$$I_{C\nu} = \frac{U_{C\nu}}{X_{C\nu}} = \frac{X_{Q1}}{X_{C1}} \frac{\nu^2}{\left| 1 - \nu^2 \frac{X_{Q1}}{X_{C1}} \right|} I_\nu \tag{12.19}$$

Der gesamte Effektivwert I_C des Kondensatorstromes, der für die thermische Belastung des Kondensators maßgebend ist, setzt sich aus dem Grundschwingungsanteil I_{C1} und den Oberschwingungsanteilen wie folgt zusammen:

$$I_C = \sqrt{I_{C1}^2 + I_{C5}^2 + I_{C7}^2 + I_{C11}^2 + I_{C13}^2 + \ldots} = \sqrt{I_{C1}^2 + \sum_\nu I_{C\nu}^2} \tag{12.20}$$

Bei der Auswahl des Kondensators ist darauf zu achten, dass die Resonanzfrequenz oder (bei mehreren) die Resonanzfrequenzen des Netzes nicht mit der Frequenz eines der eingeprägten Ströme zusammenfallen. In diesem Fall würde es zu hohen Strom- und Spannungsbelastungen des Kondensators kommen. Aus Gl. (12.17) folgt durch Nullsetzen des Nenners von $Z_{Q\nu}$ für die Resonanzbedingung (Parallelresonanz):

$$\nu = \sqrt{\frac{X_{C1}}{X_{Q1}}} = \sqrt{\frac{1}{\omega_1^2 L_1 C_1}} = \frac{1}{\omega_1} \frac{1}{\sqrt{L_1 C_1}} \tag{12.21}$$

und damit für die ungedämpfte Eigenkreisfrequenz ω_0 des Netzes

$$\omega_0 = \nu\,\omega_1 = \frac{1}{\sqrt{L_1 C_1}} = \omega_1 \sqrt{\frac{S''_{kQ}}{1{,}1\,Q_C}} \tag{12.22}$$

In Gl. (12.22) wurden eingesetzt: $X_{C1} = U_{nQ}^2/Q_C$ und $X_{Q1} = 1{,}1\,U_{nQ}^2/S''_{kQ}$. So findet man auch die für eine bestimmte Ordnungszahl ν zur Resonanz führende Kondensatorleistung

$$Q_C = \frac{1}{\nu^2}\,\frac{S''_{kQ}}{1{,}1} \tag{12.23}$$

Als Beispiel soll ein Fall nach Bild 12.39 behandelt werden. Gegeben sind: $S''_{kQ} = 200$ MVA; $U_n = U_{nQ} = 10$ kV; $Q_C = 5$ Mvar und daraus $X_{Q1} = 0{,}55\ \Omega$, $X_{C1} = 20\ \Omega$ und $I_{C1} = 289$ A. Für die Oberschwingungsströme ($p = 6$) wird $I_5 = 100$ A, $I_7 = 64$ A, $I_{11} = 31$ A und $I_{13} = 20$ A vorausgesetzt. Die Ergebnisse sind in Tabelle 12.2 zusammengestellt.

Ausgehend von Gl. (12.23) kann man Bild 12.39b zeichnen. Wegen der Unsicherheit bei der Festlegung von S''_{kQ} und weil sich S''_{kQ} zwischen einem maximalen und einem minimalen Wert ändern kann (Kap. 15), fällt es jedoch schwer, Q_C so auszuwählen, dass Resonanz mit Sicherheit vermieden wird.

In diesen Fällen teilt man dann die Kondensatorbatterie in zwei oder drei Teile und bildet Saugkreise abgestimmt auf $\nu = 5, 7$ oder auf $\nu = 5, 7, 12$ (11+13). Die eingeprägten Oberschwingungsströme I_ν werden dann abgesaugt. Bild 12.40 zeigt ein Beispiel. Die einzelnen Saugkreise müssen in der Kondensatorleistung so ausgelegt werden, dass der vollständig aufgenommene Oberschwingungsstrom I_ν zusammen mit dem Grundschwingungsstrom I_{C1} den zulässigen Effektivwert des Kondensatorstromes nicht überschreitet.

Versucht man den Leistungsfaktor eines Lichtbogen-Stahlschmelzofens, der in der Einschmelzphase bei etwa $\cos\varphi_m$ liegt, durch Einsatz einer Kondensatorbatterie an der Ofensammelschiene zu verbessern, wie in Bild 12.41 gezeigt, so muss man damit rechnen, dass der Parallelschwingkreis aus der Netzinnenimpedanz und der Reaktanz der Kondensatorbatterie mit seiner Eigen-

Tabelle 12.2. Beispiel zur Ermittlung der Zusatzbelastung einer Kondensatorbatterie bei eingeprägten Oberschwingungsströmen I_ν. Netzaufbau nach Bild 12.38 a

ν		–	1	5	7	11	13
I_ν		A	(540)	100	64	31	20
$Z_{Q\nu}$	Gl. (12.17)	Ω	–	8,8	11,1	2,6	1,96
$U_{C\nu}$	Gl. (12.18)	V	5770	880	710	80,6	39,2
$I_{C\nu}$	Gl. (12.19)	A	289	220	248	44,3	25,5
I_C	Gl. (12.20)	A	$\sqrt{I_{C1}^2 + \sum_\nu I_{C\nu}^2} = 443\ \text{A} = 1{,}53\ I_{C1}$				

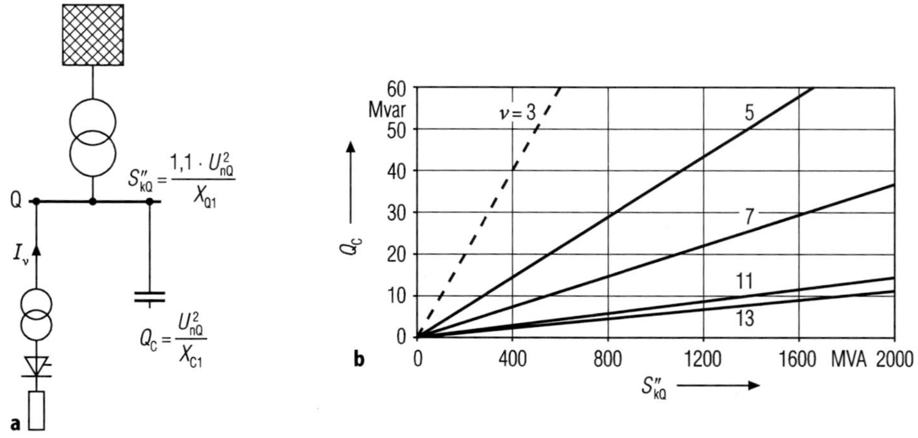

Bild 12.39 a, b. Parallelresonanz bei Anschluss einer Kondensatorbatterie parallel zu Stromrichterantrieben mit eingeprägten Oberschwingungsströmen I_ν. **a** Netzschaltung; **b** Kondensatorleistung bei Parallelresonanz abhängig von S''_{kQ} und ν

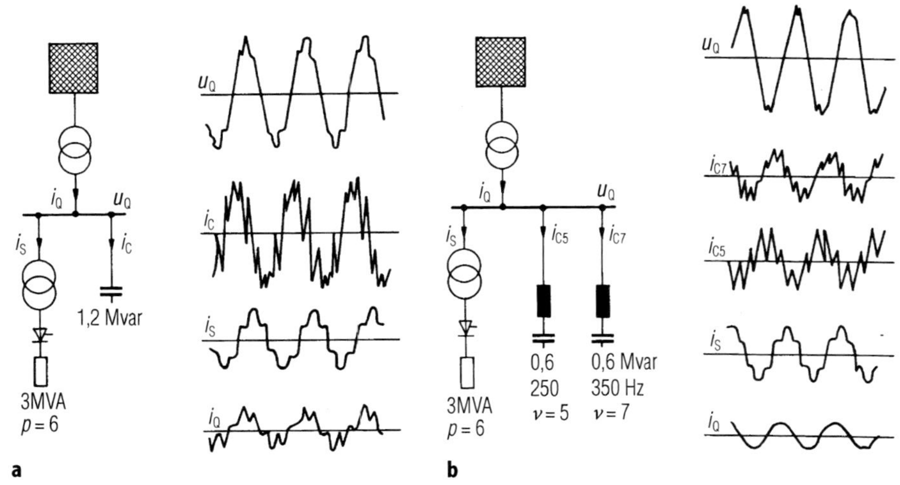

Bild 12.40 a, b. Ausbau einer Kondensatorbatterie zu Saugkreisen für Stromoberschwingungen $\nu = 5$ und $\nu = 7$ [12.7]. **a** Kondensatorbatterie ohne Saugdrosseln; **b** Aufteilung der Kondensatorbatterie zu Saugkreisen

frequenz angestoßen wird, so dass Ausgleichsströme zwischen Netz und Kondensatorbatterie fließen, die zu hoher Strombelastung und Schutzausschaltung der Kondensatorbatterie führen. Die Ausgleichsströme zwischen dem Netz und der Kondensatorbatterie werden durch rasche Spannungsänderungen ΔU_Q angestoßen, besonders wenn die Eigenfrequenz $f_0 = \omega_0/(2\pi)$ bei einigen hundert Hertz liegt und die Dämpfung des Schwingkreises schwach ist.

Zu berücksichtigen ist in all diesen Fällen, dass sich S''_{kQ} u. U. in weiten Grenzen ändern kann und dass dann ein größerer Bereich der Eigenfrequenz f_0 auf-

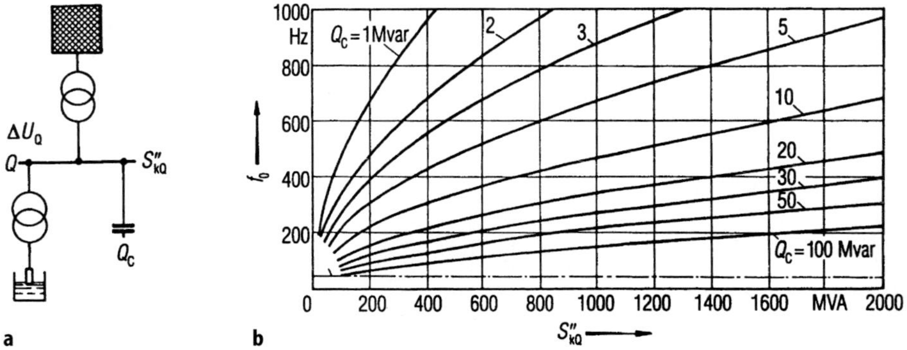

Bild 12.41. Eigenfrequenz f_0 des Parallelschwingkreises zwischen Netzinnenimpedanz und Reaktanz der Kondensatorbatterie. **a** Netzschaltplan mit Ofenschiene Q und Spannungsschwankungen ΔU_Q hervorgerufen durch den unruhigen Betrieb des Lichtbogenofens; **b** Eigenfrequenz f_0 abhängig von S''_{kQ} und Q_C

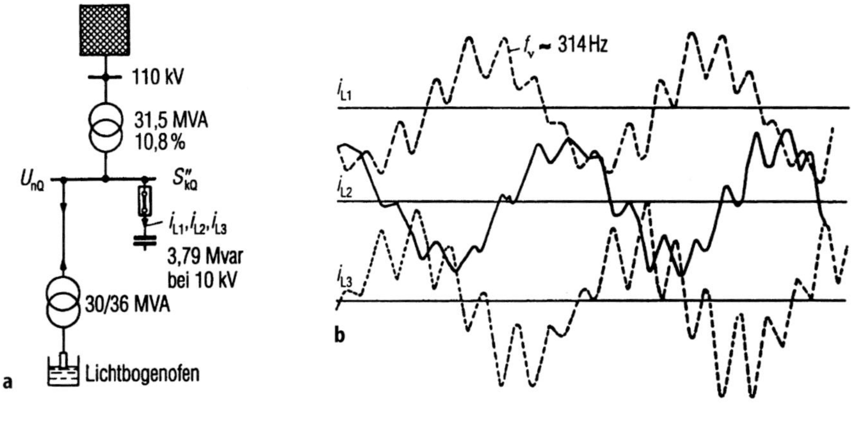

Bild 12.42 a, b. Parallelresonanz zwischen Netz und Kondensatorbatterie an einer Ofenschiene. **a** Netzschaltplan; **b** Ströme der Kondensatorbatterie bei verhältnismäßig ruhigem Ofenbetrieb (Beim Einschmelzbetrieb sprach der Überstromschutz an. Die Kondensatorbatterie konnte nicht in Betrieb gehen). $S''_{kQ} \approx 180$ MVA; $U_{nQ} = 10$ kV; $S_{rTOfen} = 30/36$ MVA; $Q_C = 3{,}79$ Mvar bei 10 kV; Frequenz der Oberschwingungsströme $f_v \approx 314$ Hz; Eigenfrequenz ausgehend von Gl. (12.22): $f_0 = f_1 \sqrt{S''_{kQ} / (1{,}1\, Q_C)} \approx 330$ Hz

tritt. Die Höhe des dem Grundschwingungsstrom überlagerten Oberschwingungsstromes hängt von der Höhe der Eigenfrequenz und der Dämpfung des Parallelschwingkreises ab (Wirkanteil der Netzinnenimpedanz und Verluste der Kondensatorbatterie).

Bild 12.42 zeigt ein Beispiel der beschriebenen Parallelresonanz. Bei $f_0 < 1000$ Hz ist erfahrungsgemäß eine Zusatzdämpfung einzuführen, z. B. durch einen ohmschen Dämpfungskreis parallel zur Kondensatorbatterie, gespeist über einen 50-Hz-Sperrkreis oder durch ohmsche Widerstände parallel zu Drosselspulen, die man in Reihe zur Kondensatorbatterie schaltet, allerdings mit der Nebenwirkung, dass dadurch die Eigenfrequenz herabgesetzt wird.

12.7 Netzschutz

Wie im Abschn. 7.5 sollen auch hier für den Netzschutz lediglich ein grober Überblick und einige Literaturhinweise gegeben werden. Die Ausführungen im Abschn. 7.5.1 gelten auch hier.

12.7.1 Überblick

Die Schutzeinrichtungen im Netz kann man unterteilen in den Leitungsschutz und den Transformatorschutz. Beim Leitungsschutz gibt es neben den Gemeinsamkeiten für Freileitungen und Kabel, die Besonderheit des Überlastschutzes für Kabel, weil diese besonders empfindlich sind gegen thermische Überlastung. Diese Schutzart findet man in der Regel nicht für Freileitungen. Der Sammelschienendifferentialschutz, der in Hochspannungsschaltanlagen 220 kV und 380 kV und in vollgekapselten SF_6-Anlagen eingesetzt wird, kann als besondere Art des Leitungsschutzes angesehen werden.

Bild 12.43 gibt einen Überblick über die Schutzmaßnahmen in Hochspannungsnetzen.

Den Leitungsschutz in Mittel- und Hochspannungsanlagen wählt man abhängig von der Netzform (z. B. einfaches Strahlennetz im Mittelspannungsbereich und vermaschtes Netz im Hochspannungsnetz 110 kV und darüber) und abhängig von der Sternpunktbehandlung. In Netzen mit niederohmiger Sternpunkterdung (Abschn. 16.2) werden einpolige Kurzschlüsse von denselben Schutzeinrichtungen erfasst wie bei mehrpoligen Kurzschlüssen. In Netzen mit isoliertem Sternpunkt oder mit Erdschlusskompensation über eine oder mehrere Petersen-Spulen sind einpolige Fehler mit ihren kapazitiven Erdschlussströmen oder ihren Restströmen an der Fehlerstelle in der Mehrzahl der Fälle selbstlöschend (Abschn. 16.2.2 und 16.2.3). Der Schutz soll in diesen Fällen nicht eingreifen. Zur Erfassung stehender Erdschlüsse (z. B. bei heruntergefallenem Leiterseil einer Freileitung) sind besondere Vorkehrungen notwendig. Eingesetzt werden z. B. Erdschlusswischerrelais oder wattmetrische Relais [12.66] oder spezielle Algorithmen [12.62].

Bei mehrpoligen Kurzschlüssen fordert man kurze Ausschaltzeiten und damit möglichst geringe Kurzschlussdauern, also auch geringe Eigenzeiten für die Schutzrelais und die Leistungsschalter (Bild 12.44) in der ersten Stufe (Schnellzeit) und auch möglichst kurze Zeiten für die in Hochspannungsnetzen 220 kV, 380 kV und darüber übliche mehrpolige Kurzunterbrechung (KU), damit die Verbraucher möglichst wenig von Störungen im Netz betroffen werden und da-

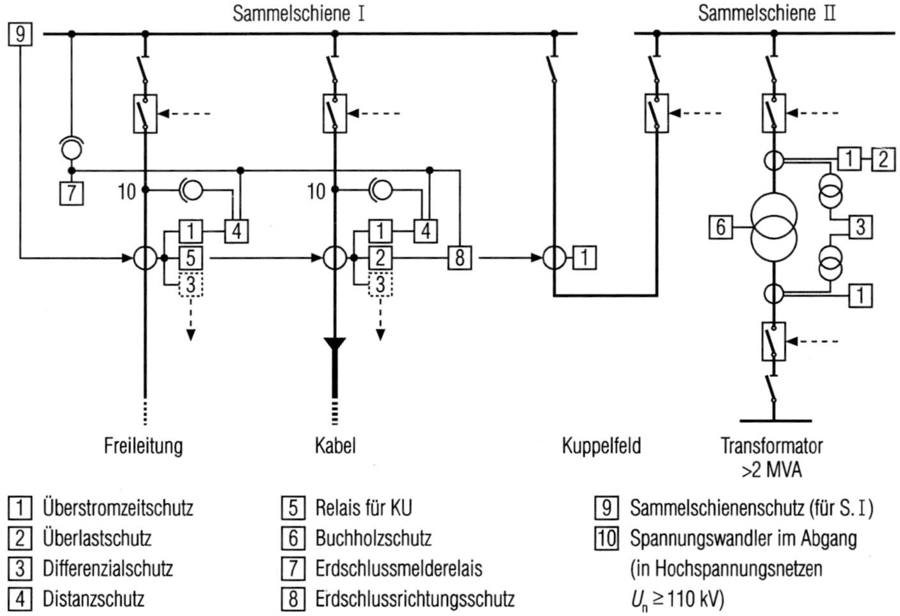

Bild 12.43. Schutzeinrichtungen in Schalt- und Umspannanlagen. Übersicht mit Auswahl der Möglichkeiten (Beispiel für Einfachsammelschiene gezeichnet)

mit Kraftwerksgeneratoren nicht außer Tritt fallen (Abschn. 18.3). Bild 12.44 gibt einen Überblick über die in der Schutztechnik üblichen Zeitbegriffe.

Bei Einführung der digital arbeitenden Netzschutzgeräten und der digitalen Messwerterfassung in Schaltanlagen, einer Entwicklung, die etwa 1980 begonnen hat [12.57], besteht durch Datenaustausch in einem hierarchischen Konzept die Möglichkeit, den Netzschutz gegenüber der klassischen Technik mit elektromechanischen Relais zu verbessern und eine gezielte Störungsaufklärung durchzuführen. Unberührt dabei bleibt das bewährte Prinzip der Autarkie des Netzschutzes. Unter einem hierarchischen digitalen Konzept stellt man sich drei Ebenen vor. Die erste Ebene sind die Mess- und Schutzeinrichtungen in den Abgängen der Schaltanlage. Die zweite Ebene stellt der Stationsrechner dar. Zwischen den Mess- und Schutzeinrichtungen und dem Stationsrechner sind schnelle Datenverbindungen vorzusehen. Die Datenverbindungen zwischen den Stationsrechnern und einem Netzleitrechner sollen den Datenaustausch im ungestörten Betrieb (Messwerte für Strom, Spannung und Leistung sowie Zählerstände) und im gestörten Betrieb (Meldungen über Kurzschlüsse, Erdkurzschlüsse, Schalterauslösungen, KU-Schaltungen usw.) ermöglichen. Auf diese Art ist auch eine spätere detaillierte Störungsaufklärung und eine Schwachstellenanalyse möglich.

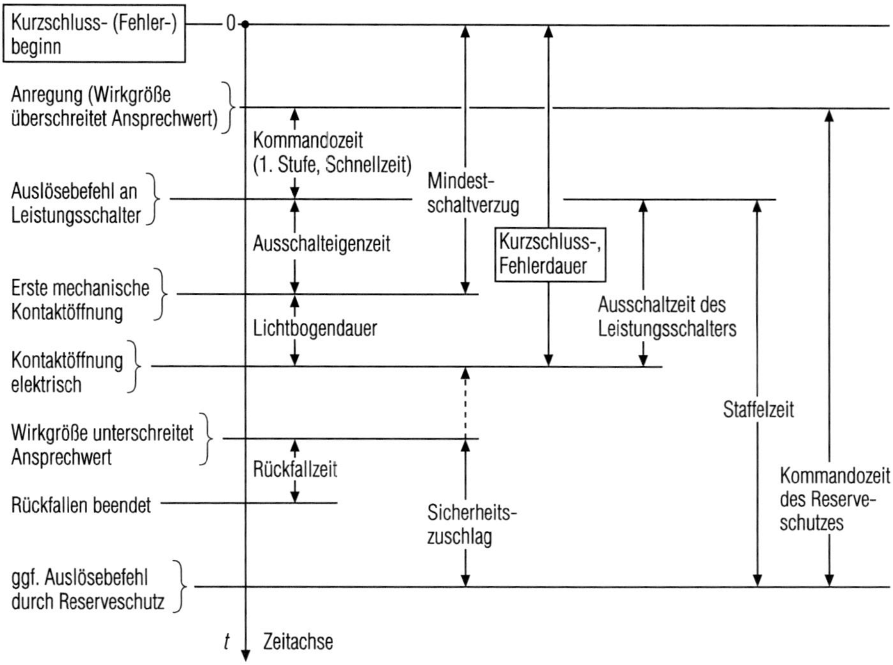

Bild 12.44. Abläufe und zugehörige Zeitbegriffe in der Schutztechnik (Zeitachse nicht maßstäblich)

12.7.2 Leitungsschutz

Die grundsätzliche Schutzausrüstung für Leitungen (Freileitungen und Kabel) ist im Bild 12.43 dargestellt. Bei Stichleitungen genügt ein Überstromzeitschutz, z. B. in Mittelspannungsnetzen (10 oder 20 kV) mit Erdschlusskompensation. Bild 12.45 zeigt ein einfaches Beispiel für ein aus dem 110-kV-Netz gespeistes Mittelspannungs-Stichleitungsnetz mit gestaffeltem Überstromzeitschutz für die Leiter L1 und L3. Bei einfachen Erdschlüssen soll der Kurzschlussschutz nicht eingreifen. Es genügt daher zwei Stromwandler und zwei Schutzrelais am Anfang der einzelnen Leitungsabschnitte vorzusehen. Bei den Mittelspannungsnetzen nach Bild 12.15 sind die Überstromschutzrelais den dort eingezeichneten Leistungsschaltern zugeordnet.

Bei Leitungen in vermaschten Netzen ist zur Erfüllung der Forderung nach Selektivität des Schutzes ein Distanzschutz notwendig, bei dem eine Impedanz-Zeit-Staffelkennlinie eingestellt werden kann. Das Distanzschutzrelais ermittelt (berechnet) bei einem Kurzschluss in Vorwärtsrichtung die Impedanz bzw. die Reaktanz und die Resistanz der Leitung zwischen dem Relaiseinbauort und der Kurzschlussstelle und vergleicht dann mit der eingestellten Kennlinie, um zu entscheiden, ob in der ersten Stufe (Schnellstufe) ausgelöst

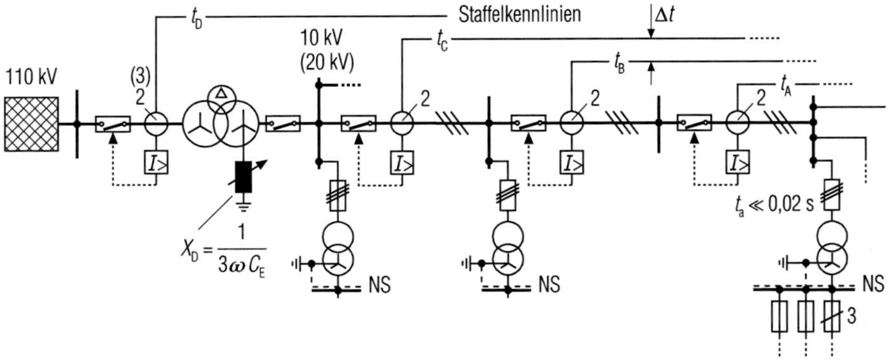

Bild 12.45. Kurzschlussschutz eines Mittelspannungsstrahlennetzes mit Überstromzeitrelais. Netz mit Erdschlusskompensation. Schutz der NS-Transformatren durch Hochspannungs-Hochleistungssicherungen (Bild 12.47). Beispiel: Grundzeit $t_A = 0{,}2$ s; Staffelzeit $\Delta t = 0{,}5$ s; $t_B = t_A + \Delta t$; $t_C = t_B + \Delta t = t_A + 2\Delta t$; $t_D + \Delta t = t_A + 3\Delta t$

werden soll oder erst in einer der Staffelstufen, wenn der Kurzschluss nicht inzwischen von einem oder mehreren anderen Schaltern ausgeschaltet wurde.

Bild 12.46 zeigt ein einfaches Beispiel für ein vermaschtes Netz mit eingezeichneten Staffelkennlinien des Distanzschutzes, der auf jedem Leitungsabgang von einer Sammelschiene eingebaut sein soll. Dabei wurden die von links aus in Vorwärtsrichtung nach rechts verlaufenden Staffelkennlinien ausgezogen dargestellt, während die gegenläufigen Staffelkennlinien gestrichelt gezeichnet wurden. Der Distanzschutz erfasst und schaltet jeden Kurzschluss in Schnellzeit aus, wenn er zwischen dem Leitungsanfang und $(0{,}85\ldots0{,}95)Z_{AB}$ liegt, wobei Z_{AB} die Leitungsimpedanz zwischen zwei Sammelschienen ist (siehe Beispiel im Bild 12.46). Die zweite und die weiteren Stufen des Distanzschutzes stellen die Reserve für die vorgelagerten Distanzschutzeinrichtungen dar. Im Beispiel des Bildes 12.46 stellt jeweils die zweite Stufe des Distanzschutzes auch den Schutz für die Sammelschienen dar, der dann z. B. erst nach 0,6 s eingreift. In 220-kV- und 380-kV-Netzen wird der Distanzschutz meist durch einen Sammelschienenschutz (im Bild 12.46 nicht eingezeichnet) ergänzt, damit ein Kurzschluss an jedweder Kurzschlussstelle in der ersten Stufe (100 ms oder weniger) ausgeschaltet wird. Das Kriterium des Sammelschienenschutzes zur Lokalisierung eines Kurzschlusses auf der Sammelschiene wird aus den Strömen aller Abgänge abgeleitet. Der Distanzschutz ist in diesem Falle dann der Reserveschutz für den Sammelschienenschutz. Der Sammelschienenschutz wird auch in vollgekapselten, SF_6-isolierten Schaltanlagen eingesetzt.

Die einpolige oder mehrpolige Kurzunterbrechung bei ein- oder mehrpoligen Kurzschlüssen ist in Deutschland im 380-kV-Netz durchgängig eingeführt, wobei sich eine Anwendung auf der Zuleitung zwischen einem Kraftwerksblock und der nächstgelegenen Schaltanlage verbietet. Die Kurzunterbrechung, die im Freileitungsnetz mehr als 80 % der Leitungskurzschlüsse

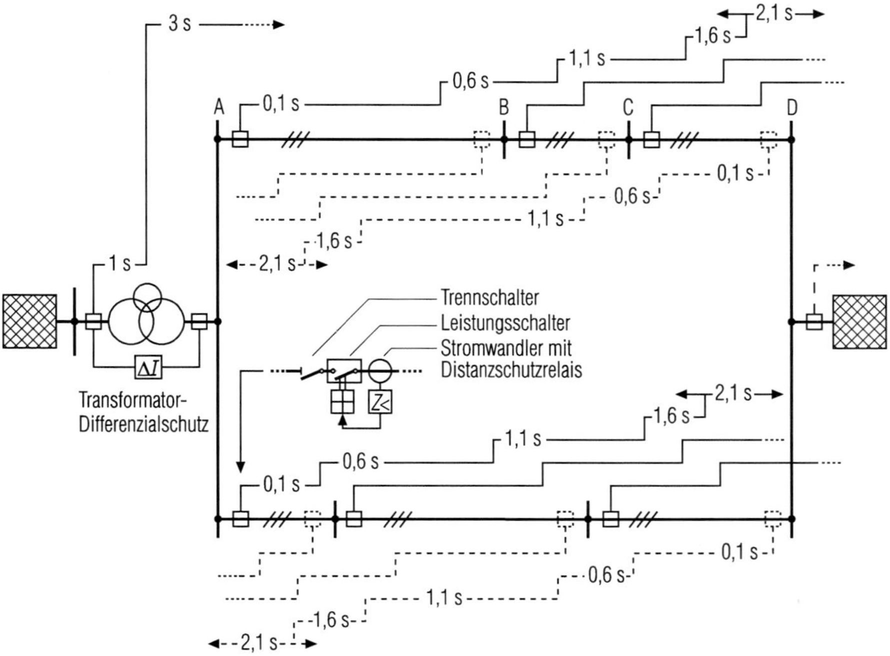

Einzustellende Impedanzen (Beispiel) für das Relais A am Anfang der Leitung von A nach B (obere Leitung): Erste Stufe: $Z_{A1} = (0{,}85\ldots0{,}95)\ Z_{AB}$; $t_{A1} = 0{,}1$ s (Schnellzeit des Relais + Schaltereigenzeit); Zweite Stufe: $Z_{A2} = (0{,}8\ldots0{,}85)\ (Z_{AB} + Z_{BC})$; $t_{A2} = 0{,}6$ s bei einer Staffelzeit $\Delta t = 0{,}5$ s; Dritte Stufe: $Z_{A3} \approx 0{,}85\ (Z_{AB} + Z_{BC} + Z_{CD})$; $t_{A3} = 1{,}1$ s bei einer Staffelzeit $\Delta t = 0{,}5$ s; Vierte Stufe: $Z_{A4} > Z_{A3}$; $t_{A4} = 1{,}6$ s bei einer Staffelzeit $\Delta t = 0{,}5$ s und ungerichtete Endzeit $t_{A\infty} = 2{,}1$ s

Bild 12.46. Grundsätzliche Einstellung (Staffelplan) des Distanzschutzes in einem vermaschten Mittel- oder Hochspannungsnetz

automatisch beseitigt, wird bei Kabeln nicht angewendet, weil sich dadurch ein Isolationsfehler unnötig ausweiten würde und im Gegensatz zur Luftisolation der Freileitung hier keine Regeneration möglich erscheint. Bei der Anwendung der Kurzunterbrechung muss man bei Auslösung eines Schalters eine zeitgleiche Mitnahme des Schalters auf der Gegenseite der Leitung sicherstellen, z. B. durch eine Drahtkupplung oder über einen Lichtwellenleiter im Erdseil, weil nur so eine kurze KU-Pause von z. B. 0,3 s bis zum Wiedereinschalten beider Schalter erreicht werden kann.

12.7.3 Transformatorschutz

Der Schutz von Niederspannungstransformatoren 10/0,4 kV oder 20/0,4 kV in der öffentlichen elektrischen Energieversorgung besteht in der Regel aus Hochspannungs-Hochleistungs (HH)-Sicherungen auf der OS-Seite, manch-

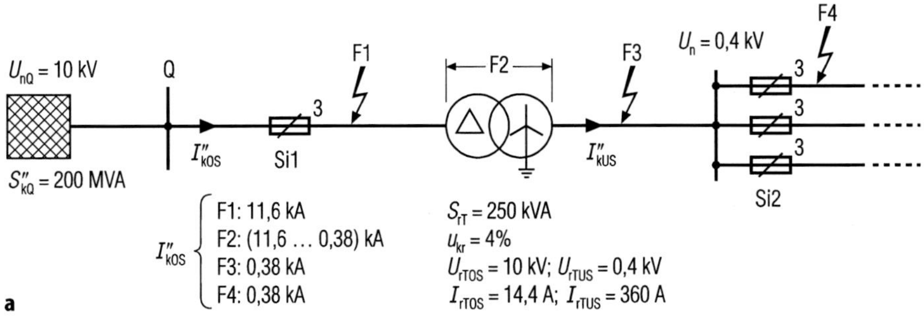

a

S_{rT} kVA	Anhaltswerte für die Bemessungsströme von HH-Sicherungen bei Netznennspannungen U_{nQ} auf der OS-Seite des Transformators		
	6 kV	10 kV	20 kV
50	15	10	6
100	25	25	10
160	40	25	15
250	60	40	25
400	60	40	40
630	100	60	40
800	100	60	40

b

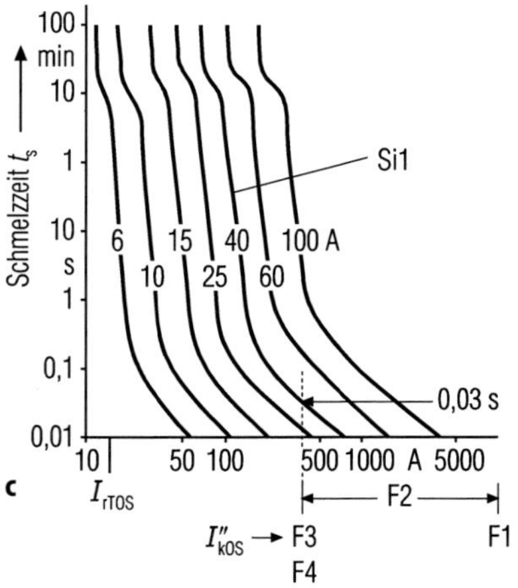

c

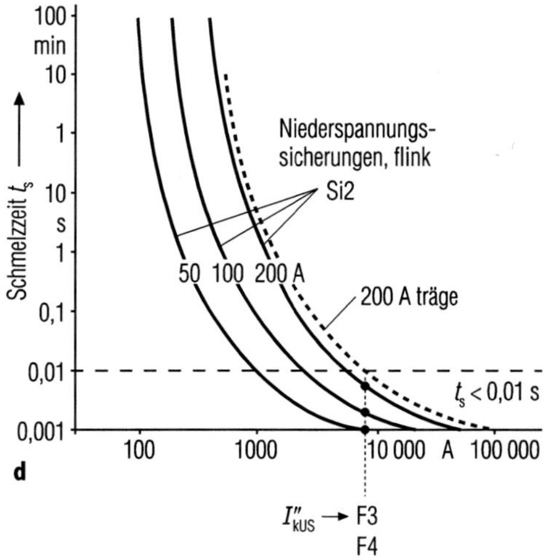

d

Bild 12.47 a–d. Kurzschlussschutz von Niederspannungstransformatoren mit HH-Sicherungen. **a** Netzaufbau mit Daten für das behandelte Beispiel; **b** Anhaltswerte für die Auswahl der HH-Sicherungen für den Kurzschlussschutz von NS-Drehstromtransformatoren; **c** Kennlinien von HH-Sicherungen; **d** Kennlinien von Niederspannungssicherungen (Auswahl) mal zusammen mit einem Sicherungslasttrennschalter, der dreipolig öffnet auch wenn nur eine HH-Sicherung angesprochen hat. Ohne diese Öffnung kann es zu Schwierigkeiten mit Asynchronmotorantrieben kommen. Die bei einpoliger Unterbrechung durch Ansprechen einer Sicherung auf der OS-Seite bei einem Kurzschluss auf der Unterspannungsseite auftretenden Kurzschlussströme kann man nach [N15.1] berechnen. Bei kleinsten Kurzschlussströmen sprechen u. U. keine weiteren Schutzeinrichtungen an, so dass die unsymmetrische Einspeisung des Niederspannungsnetzes längere Zeit bestehen bleibt.

Bild 12.47 zeigt einen Niederspannungstransformator (Beispiel S_{rT} = 250 kVA; U_{rTOS}/U_{rTUS} =10 kV/0,4 kV; u_{kr} = 4%) mit HH-Sicherungen auf der

Tabelle 12.3. Transformatorschutzmaßnahmen, Hinweise für die Auswahl. (W) Warnung; (A) Auslösung OS- u. US-Seite; (AOS) Auslösung nur OS-Seite; (AUS) Auslösung nur US-Seite

Schutzeinrichtung	Kleine Transformatoren (NS-Transformatoren) $S_{rT} \leq 2$ MVA	Hochspannungstransformatoren	
		$S_{rT} \leq 10$ MVA	$S_{rT} > 10$ MVA
Unabhängiger Überstromzeitschutz (A), (AUS)[1]	notwendig, u. U. Sicherungen	zweckmäßig bis notwendig	zweckmäßig (bevorzugt Distanzsch.)
Buchholzrelais (W) und (A)[2]	gelegentlich	notwendig	notwendig
Buchholzrelais für Stufenschalter	-	zweckmäßig	notwendig
Differenzialschutz (A)	-	gelegentlich	notwendig
Distanzschutz (A), (AOS), (AUS)[3]	-	-	zweckmäßig
Temperaturüberwachung (W) (Temperaturwächter, Kontakttherm.)	gelegentlich	notwendig	notwendig
Kühlsystemüberwachung bei Fremdkühlung (W)	-	notwendig	notwendig
Täuberrelais, Thermorelais, thermisches Abbild (W), (A)[4]	-	-	gegebenenfalls
Erdschlussschutz		teilweise im Ausland	
Überspannungsschutz (Abschn. 17.7)	in Freileitungsnetzen immer notwendig		

[1] Bei Einbau auf der OS-Seite → (AOS) und (AUS); bei Einbau auf der US-Seite → (AUS).
[2] Bei Ausrüstung mit zwei Schwimmern und Ölströmungsklappe: Schwimmer → (W); Schwimmer und Klappe → (A).
[3] Richtung auf Trafo → (A); Richtung auf Sammelschiene OS oder US → (AOS) oder (AUS).
[4] Meist nur Warnung.

OS-Seite und Niederspannungssicherungen in den Leitungsabgängen auf der US-Seite. Auch bei einem Kurzschluss zwischen der US-Seite des Transformators und den NS-Sicherungen sollen die HH-Sicherungen ansprechen. Zugehörig zu $S_{rT} = 250$ kVA und $U_n = 10$ kV wird eine HH-Sicherung mit einem Bemessungsstrom von 40 A (Tabelle im Bild 12.47) eingesetzt.

Die Sicherung Si1 spricht auch bei einem Kurzschluss in F3 oder F4 auf der US-Seite des Transformators in einer Zeit von etwa 0,03 s an (Bild 12.47 c). Sie kann damit den Kurzschlussschutz des Transformators und der NS-Sammelschiene übernehmen. Bei flinken Niederspannungssicherungen 50 bis 200 A für die Abgänge ergibt sich ein größter Kurzschlussstrom von $I''_{kUSmax} \approx 9000$ A und damit eine kürzeste Ansprechzeit (Schmelzzeit) von $t < 0{,}01$ s (Bild 12.47 d).

Tabelle 12.3 zeigt Transformatorschutzmaßnahmen zugeordnet zur Bemessungsscheinleistung S_{rT} und die beim Ansprechen der Schutzrelais einzuleitenden Maßnahmen. In Freileitungsnetzen ist ein Überspannungsschutz auf allen Seiten der Transformatoren unbedingt erforderlich (Abschn. 17.7).

13 Mathematische Beschreibung des Drehstromnetzes

Die grundlegenden Gleichungssysteme der Netzberechnung werden angegeben und die Einbeziehung der Fehler- und Unsymmetriezustände in diese behandelt. Neben den klassischen Verfahren zur Berechnung von Einfach- und Doppelfehlern mit symmetrischen Komponenten wird auch ein universelles Verfahren zur Modellierung von Einfach- und Mehrfachfehlern mit beliebigen modalen Komponenten beschrieben [13.22].

13.1 Netzumformungen

Bei Berechnungen in vermaschten Netzen mit vielen Knotenpunkten interessieren häufig nur die Ergebnisse an einem oder einer Reihe von ausgewählten Knotenpunkten. Zur elementaren Netzreduktion verwendet man die Reihen- und Parallelschaltung sowie die Stern-Dreieck- bzw. Dreieck-Sternumwandlung.

Die Tabelle 13.1 enthält eine Zusammenstellung bekannter Gleichungen für Zweipolnetze, wie bei der Darstellung mit symmetrischen Komponenten.

Bei der Umwandlung eines n-strahligen Sterns von Leitwerten $\underline{Y}_1, \underline{Y}_2, \ldots, \underline{Y}_n$ in ein vollständiges n-Eck ergeben sich die Seitenleitwerte $\underline{Y}_{ij}$ jeweils als Produkt der beiden anliegenden Sternleitwerte $\underline{Y}_i$ und $\underline{Y}_j$ dividiert durch die Leitwertsumme des Sterns:

$$\underline{Y}_{ij} = \frac{\underline{Y}_i \, \underline{Y}_j}{\sum\limits_{\nu=1}^{n} \underline{Y}_\nu} \tag{13.1}$$

Die Umwandlung eines vollständigen n-Ecks in einen n-strahligen Stern ist normalerweise nicht möglich [13.5].

13.2 Gleichungssysteme mit Admittanz-, Impedanz- und Hybridmatrix

Die Möglichkeiten zur Formulierung der Gleichungssysteme für die Netzberechnung sind vielfältig [13.10]. Ausgangspunkt sind immer die Ersatzschal-

D. Oeding, B. Oswald, *Elektrische Kraftwerke und Netze*,
doi 10.1007/978-3-642-19246-3, © Springer 2011

Tabelle 13.1. Netzumwandlungen in Zweipolnetzen mit Impedanzen und Admittanzen

Reihenschaltung

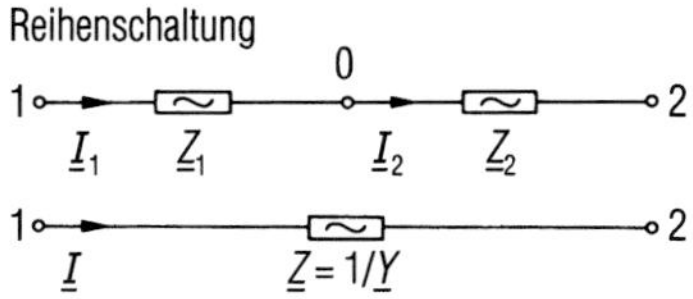

$$\underline{Z}=\underline{Z}_1+\underline{Z}_2$$

$$\underline{Y}=\frac{\underline{Y}_1\,\underline{Y}_2}{\underline{Y}_1+\underline{Y}_2}$$

$$\underline{I}=\underline{I}_1=\underline{I}_2$$

Parallelschaltung

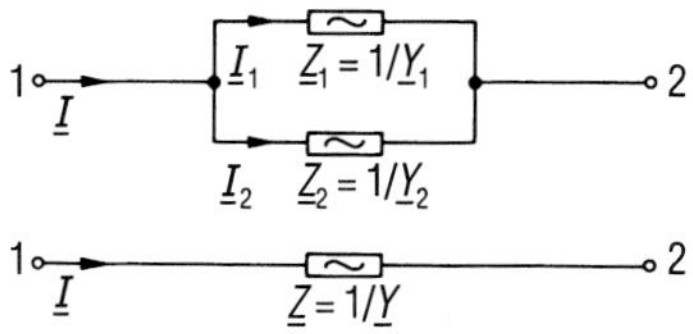

$$\underline{Z}=\frac{\underline{Z}_1\,\underline{Z}_2}{\underline{Z}_1+\underline{Z}_2}$$

$$\underline{Y}=\underline{Y}_1+\underline{Y}_2$$

$$\underline{I}=\underline{I}_1+\underline{I}_2$$

$$\underline{I}_1=\underline{I}\,\frac{\underline{Z}_2}{\underline{Z}_1+\underline{Z}_2}=\underline{I}\,\frac{\underline{Y}_1}{\underline{Y}_1+\underline{Y}_2}$$

$$\underline{I}_2=\underline{I}\,\frac{\underline{Z}_1}{\underline{Z}_1+\underline{Z}_2}=\underline{I}\,\frac{\underline{Y}_2}{\underline{Y}_1+\underline{Y}_2}$$

Stern-Dreieckumwandlung

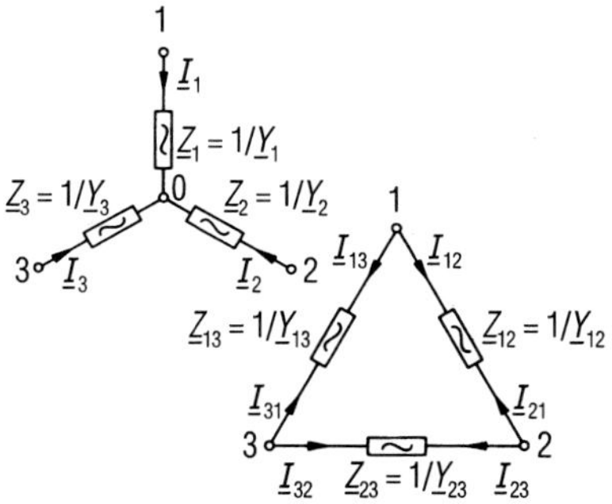

$$\underline{Z}_{12}=\frac{\underline{Z}_1\underline{Z}_2+\underline{Z}_1\underline{Z}_3+\underline{Z}_2\underline{Z}_3}{\underline{Z}_3}$$

$$\underline{Z}_{13}=\frac{\underline{Z}_1\underline{Z}_2+\underline{Z}_1\underline{Z}_3+\underline{Z}_2\underline{Z}_3}{\underline{Z}_2}$$

$$\underline{Z}_{23}=\frac{\underline{Z}_1\underline{Z}_2+\underline{Z}_1\underline{Z}_3+\underline{Z}_2\underline{Z}_3}{\underline{Z}_1}$$

$$\underline{Y}_{12}=\frac{\underline{Y}_1\,\underline{Y}_2}{\underline{Y}_1+\underline{Y}_2+\underline{Y}_3}$$

$$\underline{Y}_{13}=\frac{\underline{Y}_1\,\underline{Y}_3}{\underline{Y}_1+\underline{Y}_2+\underline{Y}_3}$$

$$\underline{Y}_{23}=\frac{\underline{Y}_2\,\underline{Y}_3}{\underline{Y}_1+\underline{Y}_2+\underline{Y}_3}$$

$$\underline{I}_1+\underline{I}_2+\underline{I}_3=0$$

$$\underline{I}_{12}=\frac{\underline{I}_1\underline{Z}_1-\underline{I}_2\underline{Z}_2}{\underline{Z}_{12}}$$

$$\underline{I}_{13}=\frac{\underline{I}_1\underline{Z}_1-\underline{I}_3\underline{Z}_3}{\underline{Z}_{13}}$$

$$\underline{I}_{23}=\frac{\underline{I}_2\underline{Z}_2-\underline{I}_3\underline{Z}_3}{\underline{Z}_{23}}$$

Dreieck-Sternumwandlung

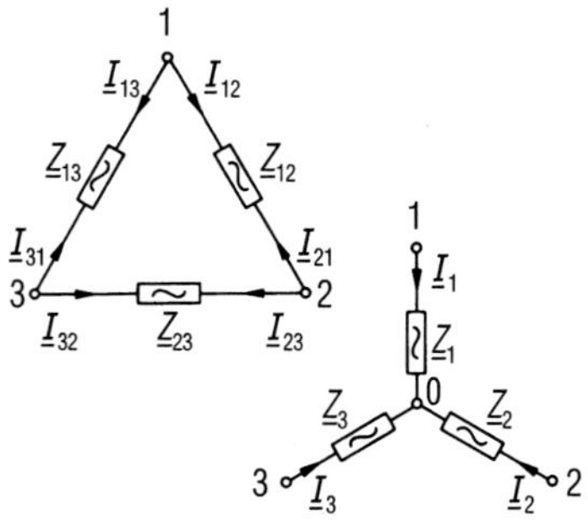

$$\underline{Z}_1=\frac{\underline{Z}_{12}\underline{Z}_{13}}{\underline{Z}_{12}+\underline{Z}_{23}+\underline{Z}_{13}}$$

$$\underline{Z}_2=\frac{\underline{Z}_{12}\underline{Z}_{23}}{\underline{Z}_{12}+\underline{Z}_{23}+\underline{Z}_{13}}$$

$$\underline{Z}_3=\frac{\underline{Z}_{13}\underline{Z}_{23}}{\underline{Z}_{12}+\underline{Z}_{23}+\underline{Z}_{13}}$$

$$\underline{I}_1=\underline{I}_{12}+\underline{I}_{13}$$

$$\underline{I}_2=\underline{I}_{21}+\underline{I}_{23}$$

$$\underline{I}_3=\underline{I}_{31}+\underline{I}_{32}$$

Impedanzen: $\underline{Z}=R+\mathrm{j}X$, Admittanzen: $\underline{Y}=G+\mathrm{j}B$

tungen der Betriebsmittel und die Kirchhoffschen Maschen- und Knotenpunktsätze. Netze der elektrischen Energieversorgung können eine beträchtliche Ausdehnung annehmen. Oft müssen zudem mehrere Netzspannungsebenen in die Betrachtung einbezogen werden. Für große Netze ist die Knotenspannungsanalyse, das sog. Knotenpunktverfahren (KPV) allen anderen Berechnungsverfahren überlegen. Es führt auf ein Gleichungssystem mit den Knotenpunktspannungen (kurz Knotenspannungen) als Unbekannte. Die Koeffizientenmatrix des KPV ist die Knotenadmittanzmatrix. Die beiden Vorteile des KPV bestehen darin, dass die Knotenadmittanzmatrix ohne topologische Hilfsmittel direkt aus dem Netzersatzschaltplan aufgestellt werden kann und dass die Knotenadmittanzmatrix äußerst schwach besetzt ist, was insbesondere bei großen Netzen zu erheblichen Berechnungsvorteilen führt (Kap. 14). Aus dem Vektor der Knotenspannungen können unter Zuhilfenahme der Ersatzschaltungen der Betriebsmittel alle weiteren Größen leicht berechnet werden. Man nennt den Knotenspannungsvektor deshalb auch Zustandsvektor des Netzes.

13.2.1 Knotenpunktverfahren, Admittanzmatrix

Für das Knotenpunktverfahren ist es zweckmäßig, die passiven Betriebsmittel (Leitungen und Transformatoren) durch Pi-Ersatzschaltungen anstelle von T-Ersatzschaltungen und die aktiven Betriebsmittel (Generatoren, Motoren und Ersatznetze) durch Stromquellen-Ersatzschaltungen anstelle von Spannungsquellen-Ersatzschaltungen darzustellen. Man vermeidet so zusätzliche Knoten, die die Ordnung des Gleichungssystems erhöhen würden. Das Bild 13.1 zeigt einen Netzausschnitt aus dem Mit-, Gegen- und Nullsystem mit dem Bezugsknoten 0 und zwei beliebigen Knoten i und j mit den zugehörigen Knotenspannungen $\underline{U}_i$ und $\underline{U}_j$ (ohne den Zusatzindex 1, 2 und 0).

Zwischen den Zweigströmen durch die Zweigadmittanz $\underline{Y}_{ij} = 1/\underline{Z}_{ij}$ und den Knotenspannungen besteht die Beziehung:

$$\underline{I}_{ij} = \underline{Y}_{ij}\underline{U}_{ij} = \underline{Y}_{ij}(\underline{U}_i - \underline{U}_j) = -\underline{I}_{ji} \tag{13.2}$$

Bild 13.1. Netzausschnitt mit den Knoten i und j sowie dem Bezugsknoten 0

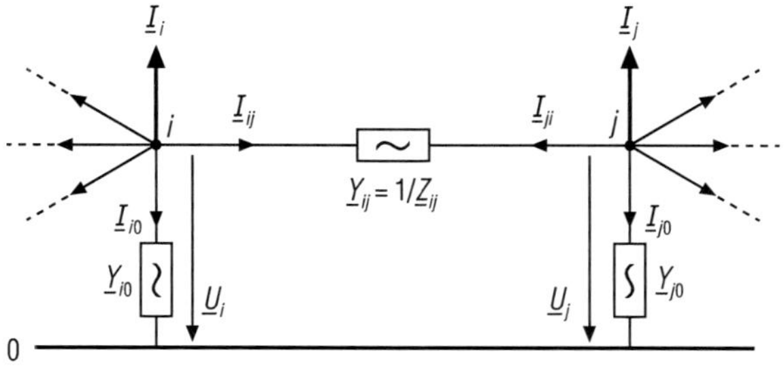

Zum Bezugsknoten 0 fließen die Zweigströme:

$$\underline{I}_{i0} = \underline{Y}_{i0}\underline{U}_i \quad \text{und} \quad \underline{I}_{j0} = \underline{Y}_{j0}\underline{U}_j \tag{13.3, 13.4}$$

Die Ströme $\underline{I}_i$ und $\underline{I}_j$ sind die Knotenströme. Sie berücksichtigen die an den Knoten angeschlossenen Einspeisungen oder Abnahmen, die zunächst noch nicht weiter spezifiziert werden müssen.

Nach dem Knotenpunktsatz gilt am i-ten und allen anderen der insgesamt N Knoten, wenn man den allgemeinen Fall voraussetzt, dass alle Knoten miteinander verbunden sein könnten und Verbindungen zum Bezugsknoten haben könnten:

$$\underline{I}_i + \underline{Y}_{i0}\underline{U}_i + \sum_{j=1,\, j\neq i}^{N} \underline{Y}_{ij}(\underline{U}_i - \underline{U}_j) = 0 \qquad i = 1 \ldots N \tag{13.5}$$

Besteht zwischen zwei Knoten keine Verbindung, so wird die entsprechende Verbindungsadmittanz Null. Für Netze der elektrischen Energieversorgung ist es typisch, dass ein Knoten nur mit wenigen anderen Knoten verbunden ist. Die Anzahl der Verbindungen an einem Knoten bezeichnet man als Knotengrad.

Für das Netz nach Bild 13.2 lauten die N Knotenpunktgleichungen nach Gl. (13.5) in Matrizenschreibweise:

$$\begin{bmatrix} \underline{y}_{11} & \underline{y}_{12} & \cdots & \underline{y}_{1i} & \cdots & \underline{y}_{1N} \\ \underline{y}_{21} & \underline{y}_{22} & \cdots & \underline{y}_{2i} & \cdots & \underline{y}_{2N} \\ \vdots & \vdots & \ddots & \vdots & \cdots & \vdots \\ \underline{y}_{i1} & \underline{y}_{i2} & \cdots & \underline{y}_{ii} & \cdots & \underline{y}_{iN} \\ \vdots & \vdots & \ddots & \vdots & \ddots & \vdots \\ \underline{y}_{N1} & \underline{y}_{N2} & \cdots & \underline{y}_{Ni} & \cdots & \underline{y}_{NN} \end{bmatrix} \begin{bmatrix} \underline{U}_1 \\ \underline{U}_2 \\ \vdots \\ \underline{U}_i \\ \vdots \\ \underline{U}_N \end{bmatrix} = \begin{bmatrix} \underline{I}_1 \\ \underline{I}_2 \\ \vdots \\ \underline{I}_i \\ \vdots \\ \underline{I}_N \end{bmatrix} \tag{13.6a}$$

$$\underline{\boldsymbol{Y}}\,\underline{\boldsymbol{u}} = \underline{\boldsymbol{i}} \tag{13.6b}$$

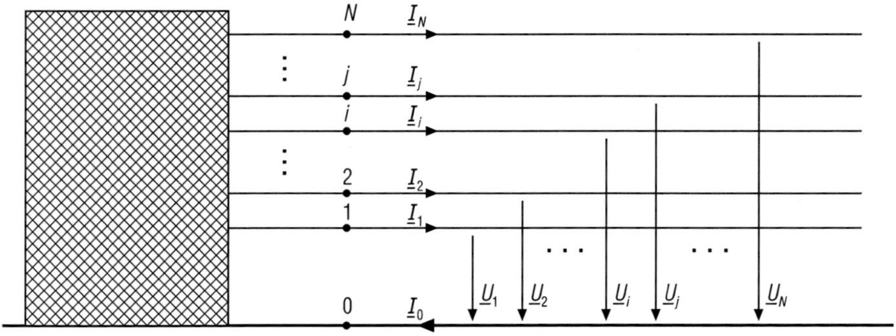

Bild 13.2. Schematische Darstellung eines Netzes mit Bezugsknoten 0 und N unabhängigen Knoten

Die Matrix $\underline{Y}$ ist die Knotenadmittanzmatrix des Netzes. Ihre Elemente werden klein geschrieben, um Verwechselungen mit den Zweigadmittanzen zu vermeiden. Die Knotenadmittanzmatrix hat folgende Eigenschaften:

1. $\underline{Y}$ ist quadratisch von der Ordnung $N \times N$.
2. $\underline{Y}$ ist normalerweise symmetrisch (Ausnahmen Abschn. 8.6.3).
3. $\underline{Y}$ ist nahezu singulär, da die Querglieder $\underline{Y}_{i0}$ relativ klein sind.
4. $\underline{Y}$ ist aufgrund des geringen Knotengrades schwach besetzt (spärlich).
5. $\underline{Y}$ kann unmittelbar aus dem Netzschaltplan ohne topologische Hilfsmittel nach dem folgenden Bildungsgesetz aufgebaut werden.

Das Nichtdiagonalelement $\underline{y}_{ij}$ enthält die Summe der zwischen den Knoten i und j liegenden m parallelen Zweigadmittanzen $\underline{Y}_{ij}$:

$$\underline{y}_{ij} = \sum_{v=1}^{m} \underline{Y}_{ij,v} \tag{13.7}$$

Das Diagonalelement $\underline{y}_{ii}$ enthält die negative Summe der zwischen dem Knoten i und dem Bezugsknoten 0 liegenden n parallelen Zweigadmittanzen $\underline{Y}_{i0}$ und die negative Summe der Nichtdiagonalelemente der i-ten Zeile (Spalte):

$$\underline{y}_{ii} = -\sum_{v=1}^{n} \underline{Y}_{i0,v} - \sum_{j=1,j\neq i}^{N} \underline{y}_{ij} \tag{13.8}$$

In der englischsprachigen Literatur findet man die Knotenadmittanzmatrix und die Knotenströme auch mit umgekehrten Vorzeichen.

Der Aufbau der Knotenadmittanzmatrix soll am Beispiel des Netzes nach Bild 13.3 gezeigt werden. Die Leitungen seien durch Pi-Ersatzschaltungen dargestellt. Die Querglieder sind in $\underline{Y}_{i0}$ an den Knoten zusammengefasst. Die Generatoren, Ersatznetze und die Belastungen an den Knoten werden lediglich durch Knotenströme und zwar mit einheitlichem, vom Knoten wegführenden Zählpfeil berücksichtigt. Der Knotenstrom am Knoten 2 ist Null, da am Knoten 2 weder eine Einspeisung noch eine Abnahme erfolgt. Damit erhält Gl. (13.6) die folgende Form:

$$\begin{bmatrix} \underline{y}_{11} & \underline{Y}_{12} & 0 & 0 & 0 & \underline{Y}_{16} \\ \underline{Y}_{12} & \underline{y}_{22} & \underline{Y}_{23} & \underline{Y}_{24} & \underline{Y}_{25} & 0 \\ 0 & \underline{Y}_{23} & \underline{y}_{33} & \underline{Y}_{34} & 0 & \underline{Y}_{36} \\ 0 & \underline{Y}_{24} & \underline{Y}_{34} & \underline{y}_{44} & 0 & 0 \\ 0 & \underline{Y}_{25} & 0 & 0 & \underline{y}_{55} & 0 \\ \underline{Y}_{16} & 0 & \underline{Y}_{36} & 0 & 0 & \underline{y}_{66} \end{bmatrix} \begin{bmatrix} \underline{U}_1 \\ \underline{U}_2 \\ \underline{U}_3 \\ \underline{U}_4 \\ \underline{U}_5 \\ \underline{U}_6 \end{bmatrix} = \begin{bmatrix} \underline{I}_1 \\ 0 \\ \underline{I}_3 \\ \underline{I}_4 \\ \underline{I}_5 \\ \underline{I}_6 \end{bmatrix}$$

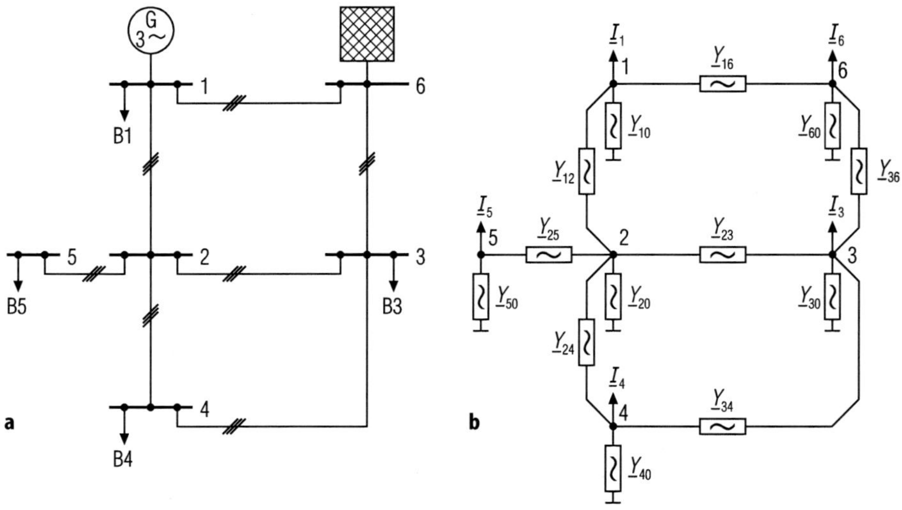

Bild 13.3 a, b. Drehstromnetz mit 6 Knoten, 7 Leitungen, einer Kraftwerkseinspeisung und einer Netzeinspeisung sowie 4 Belastungen B. **a** Netzschaltplan; **b** Ersatzschaltung im Mitsystem

mit den Diagonalelementen nach Gl. (13.8):

$$\underline{y}_{11} = -\underline{Y}_{10} - \underline{Y}_{12} - \underline{Y}_{16}$$
$$\underline{y}_{22} = -\underline{Y}_{20} - \underline{Y}_{12} - \underline{Y}_{23} - \underline{Y}_{24} - \underline{Y}_{25}$$
$$\underline{y}_{33} = -\underline{Y}_{30} - \underline{Y}_{23} - \underline{Y}_{34} - \underline{Y}_{36}$$
$$\underline{y}_{44} = -\underline{Y}_{40} - \underline{Y}_{24} - \underline{Y}_{34}$$
$$\underline{y}_{55} = -\underline{Y}_{50} - \underline{Y}_{25}$$
$$\underline{y}_{66} = -\underline{Y}_{60} - \underline{Y}_{16} - \underline{Y}_{36}$$

Die durch die Leitungskapazitäten und Ableitungsleitwerte gebildeten Querglieder sind zwar relativ klein, bewirken aber, dass die Knotenadmittanzmatrix nicht singulär ist. Würde man nämlich alle Querglieder vernachlässigen, so würden die Diagonalelemente genau die negative Summe aller Nichtdiagonalelemente einer Zeile enthalten. Die Zeilensummen würden Null und die Knotenadmittanzmatrix singulär. Man müsste dann den jetzigen Bezugsknoten fallen lassen und einen anderen Knoten zum Bezugsknoten deklarieren.

Das Beispiel des kleinen Netzes zeigt schon, dass eine Reihe von Elementen der Knotenadmittanzmatrix null sind. In einer Zeile bzw. Spalte von $\underline{\boldsymbol{Y}}$ stehen immer nur so viele Nichtdiagonalelemente, wie Leitungen von dem entsprechenden Knoten abgehen. Da unabhängig von der Größe des Netzes, die die Ordnung der Knotenadmittanzmatrix bestimmt, immer nur wenige Leitungen an einen Knoten angeschlossen sind, ist die Knotenadmittanzmatrix großer Netze zwangsläufig schwach besetzt.

Soll das Drehstromnetz dreipolig modelliert werden (Abschn. 13.7), so lässt sich das Knotenpunktverfahren sinngemäß auf die kompletten Dreileiterersatzschaltungen der Betriebsmittel anwenden. Anstelle der einzelnen Knotenspannungen $\underline{U}_i$ und Knotenströme $\underline{I}_i$ in Gl. (13.6) treten dann die Vektoren:

$$\underline{\boldsymbol{u}}_i = [\underline{U}_{\mathrm{L}1i} \quad \underline{U}_{\mathrm{L}2i} \quad \underline{U}_{\mathrm{L}3i}]^{\mathrm{T}} \tag{13.9}$$

$$\underline{\boldsymbol{i}}_i = [\underline{I}_{\mathrm{L}1i} \quad \underline{I}_{\mathrm{L}2i} \quad \underline{I}_{\mathrm{L}3i}]^{\mathrm{T}} \tag{13.10}$$

und anstelle eines Admittanzelementes $\underline{y}_{ij}$ tritt eine 3×3 Admittanzmatrix:

$$\underline{\boldsymbol{Y}}_{ij} = \begin{bmatrix} \underline{y}_{\mathrm{L1L1}ij} & \underline{y}_{\mathrm{L1L2}ij} & \underline{y}_{\mathrm{L1L3}ij} \\ \underline{y}_{\mathrm{L2L1}ij} & \underline{y}_{\mathrm{L2L2}ij} & \underline{y}_{\mathrm{L2L3}ij} \\ \underline{y}_{\mathrm{L3L1}ij} & \underline{y}_{\mathrm{L3L2}ij} & \underline{y}_{\mathrm{L3L3}ij} \end{bmatrix} \tag{13.11}$$

13.2.2 Impedanzmatrix

Die Auflösung der Gl. (13.6) nach den Knotenspannungen führt auf das Gleichungssystem mit der Knotenimpedanzmatrix $\underline{\boldsymbol{Z}}$:

$$\underline{\boldsymbol{u}} = \underline{\boldsymbol{Y}}^{-1}\, \underline{\boldsymbol{i}} = \underline{\boldsymbol{Z}}\, \underline{\boldsymbol{i}} \tag{13.12a}$$

$$\begin{bmatrix} \underline{U}_1 \\ \underline{U}_2 \\ \vdots \\ \underline{U}_i \\ \vdots \\ \underline{U}_N \end{bmatrix} = \begin{bmatrix} \underline{z}_{11} & \underline{z}_{12} & \cdots & \underline{z}_{1i} & \cdots & \underline{z}_{1N} \\ \underline{z}_{21} & \underline{z}_{22} & \cdots & \underline{z}_{2i} & \cdots & \underline{z}_{2N} \\ \vdots & \vdots & \ddots & \vdots & \cdots & \vdots \\ \underline{z}_{i1} & \underline{z}_{i2} & \cdots & \underline{z}_{ii} & \cdots & \underline{z}_{iN} \\ \vdots & \vdots & \ddots & \vdots & \ddots & \vdots \\ \underline{z}_{N1} & \underline{z}_{N2} & \cdots & \underline{z}_{Ni} & \cdots & \underline{z}_{NN} \end{bmatrix} \begin{bmatrix} \underline{I}_1 \\ \underline{I}_2 \\ \vdots \\ \underline{I}_i \\ \vdots \\ \underline{I}_N \end{bmatrix} \tag{13.12b}$$

Man bildet die Knotenimpedanzmatrix spaltenweise durch geordnete Elimination ausgehend von:

$$\underline{\boldsymbol{Y}}\,\underline{\boldsymbol{Z}} = \boldsymbol{E} = \underline{\boldsymbol{Y}}\,[\underline{\boldsymbol{z}}_1\ \underline{\boldsymbol{z}}_2 \cdots \underline{\boldsymbol{z}}_i \cdots \underline{\boldsymbol{z}}_N] = [\boldsymbol{e}_1\ \boldsymbol{e}_2 \cdots \boldsymbol{e}_i \cdots \boldsymbol{e}_N] \tag{13.13}$$

wobei die $\boldsymbol{e}_i$ die Spaltenvektoren der Einheitsmatrix und die $\underline{\boldsymbol{z}}_i$ die Spaltenvektoren der Impedanzmatrix sind. Gl. (13.13) ist erfüllt für:

$$\underline{\boldsymbol{Y}}\,\underline{\boldsymbol{z}}_i = \boldsymbol{e}_i \tag{13.14}$$

Es sind also N lineare Gleichungssysteme für die N Spaltenvektoren von $\underline{\boldsymbol{Z}}$ zu lösen. Im ersten Schritt wird die Knotenadmittanzmatrix in eine untere ($\underline{\boldsymbol{C}}$)

und eine obere Dreiecksmatrix ($\underline{\boldsymbol{Y}}^{\nabla}$) zerlegt, womit die Gl. (3.14) wie folgt geschrieben werden kann.

$$\underline{\boldsymbol{C}}\,(\underline{\boldsymbol{Y}}^{\nabla}\underline{\boldsymbol{z}}_i) = \underline{\boldsymbol{C}}\,\underline{\boldsymbol{e}}'_i = \boldsymbol{e}_i \tag{13.15}$$

Im zweiten Schritt, dem sog. Abwärtsrechnen, werden die Elemente von $\underline{\boldsymbol{e}}'_i$ aus $\underline{\boldsymbol{C}}\,\underline{\boldsymbol{e}}'_i = \boldsymbol{e}_i$ rekursiv, beginnend mit dem ersten Element von $\underline{\boldsymbol{C}}$, berechnet. Im dritten und letzten Schritt, dem sog. Aufwärtsrechnen, ermittelt man aus $\underline{\boldsymbol{Y}}^{\nabla}\underline{\boldsymbol{z}}_i = \underline{\boldsymbol{e}}'_i$ die Elemente von $\underline{\boldsymbol{z}}_i$ rekursiv, beginnend mit dem letzten Element von $\underline{\boldsymbol{Y}}^{\nabla}$. Wenn die Elemente der Knotenadmittanzmatrix konstant sind, was normalerweise der Fall ist, braucht die Dreiecksfaktorisierung nur einmal zu Beginn der Berechnung durchgeführt zu werden. Für die anschließende Ermittlung einer Spalte von $\underline{\boldsymbol{Z}}$ sind dann nur die Schritte Ab- und Aufwärtsrechnen an der entsprechenden Spalte der Einheitsmatrix durchzuführen, wodurch das Verfahren sehr effizient wird. Bei der geordneten Elimination mit topologischer Steuerung wird als Eliminationszeile immer die Zeile mit dem geringsten Knotengrad gewählt. Dadurch wird erreicht, dass in den Dreiecksmatrizen nur wenige zusätzliche Nichtnullelemente (sog. Füllelemente) gegenüber $\underline{\boldsymbol{Y}}$ entstehen, die Dreiecksmatrizen also wie die Ausgangsmatrix $\underline{\boldsymbol{Y}}$ schwach besetzt bleiben.

Eine Alternative zur Bildung der Knotenimpedanzmatrix durch geordnete Elimination ist ihr direkter schrittweiser Aufbau, der im Folgenden beschrieben wird. Das Verfahren kann auch dazu genutzt werden, Änderungen der Netztopologie direkt an der Impedanzmatrix vorzunehmen. Es sind die drei in Bild 13.4 dargestellten Fälle zu unterscheiden.

Fall 1: Verbindung zwischen dem Bezugsknoten und einem neuen Knoten
Der Aufbau muss immer mit einem Knoten beginnen, der über einen Querzweig mit der Impedanz $\underline{Z}$ mit dem Bezugsknoten verbunden ist. Die Impedanz $\underline{Z}$ geht entsprechend der Zählrichtung im Bild 13.4a mit negativem Vorzeichen in die Diagonale der Impedanzmatrix ein. Für den Knoten p im Bild 13.4a ergibt sich:

$$[\underline{U}_p] = [-\underline{Z}]\;[\underline{I}_p] = [\underline{z}_{pp}]\;[\underline{I}_p] \tag{13.16}$$

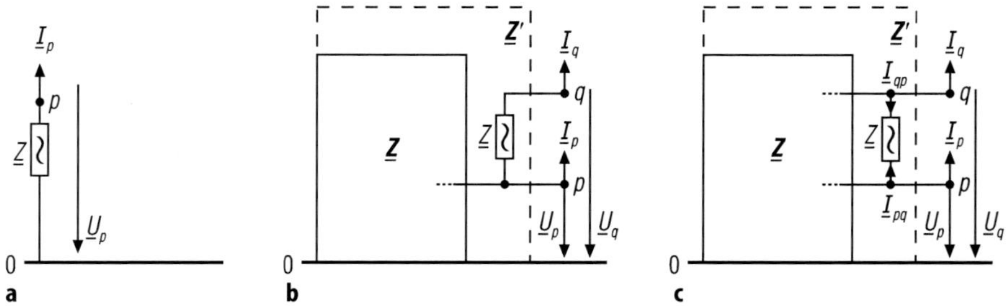

Bild 13.4 a–c. Schrittweiser Aufbau der Impedanzmatrix. **a** Verbindung zwischen dem Bezugsknoten 0 und einem neuen Knoten p; **b** Verbindung zwischen einem vorhandenen Knoten p und einem neuen Knoten q; **c** Verbindung zwischen zwei vorhandenen Knoten p und q

Weitere Knoten mit Querzweigen bilden weitere Diagonalelemente. Das gilt auch, wenn eine bereits aufgebaute Impedanzmatrix mit n Knoten um einen Knoten q mit dem Querzweig $\underline{Z}$ erweitert wird:

$$\begin{bmatrix} \underline{U}_1 \\ \underline{U}_2 \\ \vdots \\ \underline{U}_n \\ \hdashline \underline{U}_q \end{bmatrix} = \left[\begin{array}{cccc:c} \underline{z}_{11} & \underline{z}_{12} & \cdots & \underline{z}_{1n} & 0 \\ \underline{z}_{12} & \underline{z}_{22} & \cdots & \underline{z}_{2n} & 0 \\ \vdots & \vdots & \ddots & \vdots & \vdots \\ \underline{z}_{n1} & \underline{z}_{n2} & \cdots & \underline{z}_{nn} & 0 \\ \hdashline 0 & 0 & \cdots & 0 & -\underline{Z} \end{array}\right] \begin{bmatrix} \underline{I}_1 \\ \underline{I}_2 \\ \vdots \\ \underline{I}_n \\ \hdashline \underline{I}_q \end{bmatrix} = \left[\begin{array}{cccc:c} \underline{z}_{11} & \underline{z}_{12} & \cdots & \underline{z}_{1n} & 0 \\ \underline{z}_{12} & \underline{z}_{22} & \cdots & \underline{z}_{2n} & 0 \\ \vdots & \vdots & \ddots & \vdots & \vdots \\ \underline{z}_{n1} & \underline{z}_{n2} & \cdots & \underline{z}_{nn} & 0 \\ \hdashline 0 & 0 & \cdots & 0 & \underline{z}_{qq} \end{array}\right] \begin{bmatrix} \underline{I}_1 \\ \underline{I}_2 \\ \vdots \\ \underline{I}_n \\ \hdashline \underline{I}_q \end{bmatrix} \tag{13.17}$$

Fall 2: Verbindung zwischen einem vorhandenen Knoten und einem neuen Knoten

Am vorhandenen Knoten p kommt der Strom des neuen Knotens $\underline{I}_q$ hinzu (Bild 13.4b):

$$\begin{aligned} \begin{bmatrix} \underline{U}_1 \\ \underline{U}_2 \\ \vdots \\ \hdashline \underline{U}_p \\ \hdashline \vdots \end{bmatrix} &= \left[\begin{array}{ccc:c:c} \underline{z}_{11} & \underline{z}_{12} & \cdots & \underline{z}_{1p} & \cdots \\ \underline{z}_{21} & \underline{z}_{22} & \cdots & \underline{z}_{2p} & \cdots \\ \vdots & \vdots & \ddots & \vdots & \vdots \\ \hdashline \underline{z}_{p1} & \underline{z}_{p2} & \cdots & \underline{z}_{pp} & \cdots \\ \hdashline \vdots & \vdots & \cdots & \vdots & \ddots \end{array}\right] \begin{bmatrix} \underline{I}_1 \\ \underline{I}_2 \\ \vdots \\ \hdashline \underline{I}_p + \underline{I}_q \\ \hdashline \vdots \end{bmatrix} \\ &= \left[\begin{array}{ccc:c:c|c} \underline{z}_{11} & \underline{z}_{12} & \cdots & \underline{z}_{1p} & \cdots & \underline{z}_{1p} \\ \underline{z}_{21} & \underline{z}_{22} & \cdots & \underline{z}_{2p} & \cdots & \underline{z}_{2p} \\ \vdots & \vdots & \ddots & \vdots & \cdots & \vdots \\ \hdashline \underline{z}_{p1} & \underline{z}_{p2} & \cdots & \underline{z}_{pp} & \cdots & \underline{z}_{pp} \\ \hdashline \vdots & \vdots & \cdots & \vdots & \ddots & \vdots \end{array}\right] \begin{bmatrix} \underline{I}_1 \\ \underline{I}_1 \\ \vdots \\ \hdashline \underline{I}_p \\ \hdashline \vdots \\ \hline \underline{I}_q \end{bmatrix} \end{aligned} \tag{13.18}$$

Die Spannung am neuen Knoten ergibt sich aus:

$$\underline{U}_q = \underline{U}_p - \underline{Z}\,\underline{I}_q = \underline{z}_{p1}\underline{I}_1 + \underline{z}_{p2}\underline{I}_2 + \cdots + \underline{z}_{pp}\underline{I}_p + \cdots + \underline{z}_{pp}\underline{I}_q - \underline{Z}\,\underline{I}_q \tag{13.19}$$

Nach Einfügen der Spannung $\underline{U}_q$ in den Knotenspannungsvektor lautet das erweiterte Gleichungssystem:

$$\begin{bmatrix} \underline{U}_1 \\ \underline{U}_2 \\ \vdots \\ \underline{U}_p \\ \vdots \\ \underline{U}_q \end{bmatrix} = \left[\begin{array}{cccccc:c} \underline{z}_{11} & \underline{z}_{12} & \cdots & \underline{z}_{1p} & \cdots & & \underline{z}_{1p} \\ \underline{z}_{21} & \underline{z}_{22} & \cdots & \underline{z}_{2p} & \cdots & & \underline{z}_{2p} \\ \vdots & \vdots & \ddots & \vdots & \cdots & & \vdots \\ \underline{z}_{p1} & \underline{z}_{p2} & \cdots & \underline{z}_{pp} & \cdots & & \underline{z}_{pp} \\ \vdots & \vdots & \ddots & \vdots & \ddots & & \vdots \\ \hdashline \underline{z}_{1p} & \underline{z}_{2p} & \cdots & \underline{z}_{pp} & \cdots & & \underline{z}_{pp} - \underline{Z} \end{array}\right] \begin{bmatrix} \underline{I}_1 \\ \underline{I}_2 \\ \vdots \\ \underline{I}_p \\ \vdots \\ \underline{I}_q \end{bmatrix}$$

$$= \left[\begin{array}{cccccc:c} \underline{z}_{11} & \underline{z}_{12} & \cdots & \underline{z}_{1p} & \cdots & & \underline{z}_{1q} \\ \underline{z}_{21} & \underline{z}_{22} & \cdots & \underline{z}_{2p} & \cdots & & \underline{z}_{2q} \\ \vdots & \vdots & \ddots & \vdots & \cdots & & \vdots \\ \underline{z}_{p1} & \underline{z}_{p2} & \cdots & \underline{z}_{pp} & \cdots & & \underline{z}_{pq} \\ \vdots & \vdots & \ddots & \vdots & \ddots & & \vdots \\ \hdashline \underline{z}_{q1} & \underline{z}_{q2} & \cdots & \underline{z}_{qp} & \cdots & & \underline{z}_{qq} \end{array}\right] \begin{bmatrix} \underline{I}_1 \\ \underline{I}_2 \\ \vdots \\ \underline{I}_p \\ \vdots \\ \underline{I}_q \end{bmatrix} \qquad (13.20)$$

Man erweitert also die vorhandene Impedanzmatrix um die p-te Zeile und Spalte und ergänzt das Diagonalelement $\underline{z}_{qq} = \underline{z}_{pp} - \underline{Z}$.

Fall 3: Verbindung zwischen zwei vorhandenen Knoten
An den beiden über die Impedanz $\underline{Z}$ zu verbindenden Knoten p und q kommen die Ströme $\underline{I}_{pq}$ und $\underline{I}_{qp} = -\underline{I}_{pq}$ hinzu (Bild 13.4c):

$$\begin{bmatrix} \underline{U}_1 \\ \vdots \\ \underline{U}_p \\ \vdots \\ \underline{U}_q \\ \vdots \\ \underline{U}_n \end{bmatrix} = \left[\begin{array}{cc:cc:cc:cc} \underline{z}_{11} & \cdots & \underline{z}_{1p} & \cdots & \underline{z}_{1q} & \cdots & \underline{z}_{1n} \\ \vdots & \ddots & \vdots & \ddots & \vdots & \ddots & \vdots \\ \hdashline \underline{z}_{p1} & \cdots & \underline{z}_{pp} & \cdots & \underline{z}_{pq} & \cdots & \underline{z}_{pn} \\ \hdashline \vdots & \ddots & \vdots & \ddots & \vdots & \ddots & \vdots \\ \hdashline \underline{z}_{q1} & \cdots & \underline{z}_{qp} & \cdots & \underline{z}_{qq} & \cdots & \underline{z}_{qn} \\ \hdashline \vdots & \ddots & \vdots & \ddots & \cdots & \ddots & \vdots \\ \underline{z}_{n1} & \cdots & \underline{z}_{np} & \cdots & \underline{z}_{nq} & \cdots & \underline{z}_{nn} \end{array}\right] \begin{bmatrix} \underline{I}_1 \\ \vdots \\ \underline{I}_p + \underline{I}_{pq} \\ \vdots \\ \underline{I}_q + \underline{I}_{qp} \\ \vdots \\ \underline{I}_\mathrm{n} \end{bmatrix} \qquad (13.21)$$

Aus (Bild 13.4c)

$$\underline{U}_p - \underline{U}_q = \underline{Z}\,\underline{I}_{pq}$$

und

$$\underline{U}_p = \underline{\boldsymbol{z}}_p^\mathrm{T}\underline{\boldsymbol{i}} + \underline{z}_{pp}\underline{I}_{pq} + \underline{z}_{pq}\,\underline{I}_{qp} \quad \text{sowie} \quad \underline{U}_q = \underline{\boldsymbol{z}}_q^\mathrm{T}\underline{\boldsymbol{i}} + \underline{z}_{qp}\underline{I}_{pq} + \underline{z}_{qq}\,\underline{I}_{qp}$$

nach Gl. (13.21) folgt:

$$\underline{I}_{pq} = -\underline{I}_{qp} = \frac{\underline{\boldsymbol{z}}_p^{\mathrm{T}} - \underline{\boldsymbol{z}}_q^{\mathrm{T}}}{\underline{z}_{pq} + \underline{z}_{qp} + \underline{Z} - \underline{z}_{pp} - \underline{z}_{qq}} \underline{\boldsymbol{i}}$$

Nach Einsetzen der Ströme in Gl. (3.21) erhält man die neue Impedanzmatrix:

$$\underline{\boldsymbol{Z}}' = \underline{\boldsymbol{Z}} + \frac{1}{\underline{z}_{pq} + \underline{z}_{qp} + \underline{Z} - \underline{z}_{pp} - \underline{z}_{qq}} (\underline{\boldsymbol{z}}_p - \underline{\boldsymbol{z}}_q)(\underline{\boldsymbol{z}}_p^{\mathrm{T}} - \underline{\boldsymbol{z}}_q^{\mathrm{T}}) \tag{13.22}$$

Die Gl. (13.22) ist auch als Woodbury-Formel bekannt [1.24, 14.1]. Für eine Verbindung von einem vorhandenen Knoten p zum Bezugsknoten (Einbau eines zusätzlichen Querzweiges) reduziert sich die Gl. (13.22) auf:

$$\underline{\boldsymbol{Z}}' = \underline{\boldsymbol{Z}} + \frac{1}{\underline{Z} - \underline{z}_{pp}} \underline{\boldsymbol{z}}_p \underline{\boldsymbol{z}}_p^{\mathrm{T}} \tag{13.23}$$

Die Einbeziehung einer Verbindung zwischen zwei vorhandenen Knoten in die Impedanzmatrix (Fall 3) ist wesentlich aufwändiger als die Realisierung einer Verbindung von einem vorhandenen Knoten zu einem neuen Knoten (Fälle 1 und 2). Der gesamte Berechnungsaufwand für die Bildung der Impedanzmatrix hängt deshalb von der Reihenfolge der einzelnen Schritte ab.

13.2.3 Hybridmatrix

In der Netzberechnung sind nicht immer alle Knotenströme gegeben. Die Vorgabegrößen können auch zum Teil aus Knotenspannungen bestehen. Quellenspannungen in den Ersatzschaltungen von Betriebsmitteln gehen als bekannte Größen in den Knotenspannungsvektor ein. Bei der Leistungsflussberechnung (Kapitel 14) ist immer eine Knotenspannung vorzugeben. Die Netzknoten unterteilen sich dann in die Generatorknoten (Index G) mit vorgegebener Spannung und die Lastknoten (Index L) mit vorgegebenen Strömen. In dieser Unterteilung lautet Gl. (13.6):

$$\begin{bmatrix} \underline{\boldsymbol{Y}}_{\mathrm{GG}} & \underline{\boldsymbol{Y}}_{\mathrm{GL}} \\ \underline{\boldsymbol{Y}}_{\mathrm{LG}} & \underline{\boldsymbol{Y}}_{\mathrm{LL}} \end{bmatrix} \begin{bmatrix} \underline{\boldsymbol{u}}_{\mathrm{G}} \\ \underline{\boldsymbol{u}}_{\mathrm{L}} \end{bmatrix} = \begin{bmatrix} \underline{\boldsymbol{i}}_{\mathrm{G}} \\ \underline{\boldsymbol{i}}_{\mathrm{L}} \end{bmatrix} \tag{13.24}$$

Aus der zweiten Zeile von Gl. (13.24) lässt sich zunächst $\underline{\boldsymbol{u}}_{\mathrm{L}}$ berechnen:

$$\underline{\boldsymbol{u}}_{\mathrm{L}} = \underline{\boldsymbol{Y}}_{\mathrm{LL}}^{-1} (\underline{\boldsymbol{i}}_{\mathrm{L}} - \underline{\boldsymbol{Y}}_{\mathrm{LG}} \underline{\boldsymbol{u}}_{\mathrm{G}}) = \underline{\boldsymbol{Z}}_{\mathrm{LL}} (\underline{\boldsymbol{i}}_{\mathrm{L}} - \underline{\boldsymbol{Y}}_{\mathrm{LG}} \underline{\boldsymbol{u}}_{\mathrm{G}}) \tag{13.25a}$$

Die Operation $-\underline{\boldsymbol{Y}}_{\mathrm{LG}} \underline{\boldsymbol{U}}_{\mathrm{G}}$ bedeutet eine Umrechnung der gegebenen Spannungen (Quellenspannungen) in äquivalente Quellenströme, die an den Stromknoten zusätzlich zu den gegebenen Knotenströmen $\underline{\boldsymbol{i}}_{\mathrm{L}}$ angreifen. Mit diesen Quellenströmen schreibt sich Gl. (13.25 a):

$$\underline{\boldsymbol{u}}_{\mathrm{L}} = \underline{\boldsymbol{Z}}_{\mathrm{LL}} (\underline{\boldsymbol{i}}_{\mathrm{L}} + \underline{\boldsymbol{i}}_{\mathrm{q}}) \tag{13.25b}$$

In den Gln. (13.25) sind die Generatorknoten eliminiert. Man sagt, das Netz ist auf die Lastknoten transfiguriert. Die Teilmatrix $\underline{\boldsymbol{Y}}_{\mathrm{LL}}$, kann man aus dem vollständigen Netzersatzschaltplan nach dem Bildungsgesetz der Admittanzmatrix im Abschn. 13.2.1 erhalten, wenn man alle Generatorknoten widerstandslos mit dem Bezugsknoten verbindet (kurzschließt).

Mit den bekannten Spannungen $\underline{\boldsymbol{u}}_{\mathrm{L}}$ und $\underline{\boldsymbol{u}}_{\mathrm{G}}$ können nun alle Zweigströme und aus der ersten Zeile von Gl. (13.24) die Generatorströme $\underline{\boldsymbol{i}}_{\mathrm{G}}$ berechnet werden:

$$\underline{\boldsymbol{i}}_{\mathrm{G}} = [\underline{\boldsymbol{Y}}_{\mathrm{GG}} - \underline{\boldsymbol{Y}}_{\mathrm{GL}}\underline{\boldsymbol{Y}}_{\mathrm{LL}}^{-1}\underline{\boldsymbol{Y}}_{\mathrm{LG}}]\,\underline{\boldsymbol{u}}_{\mathrm{G}} + \underline{\boldsymbol{Y}}_{\mathrm{GL}}\underline{\boldsymbol{Y}}_{\mathrm{LL}}^{-1}\underline{\boldsymbol{i}}_{\mathrm{L}} \tag{13.26}$$

Die Gl. (13.26) bezieht sich nur noch auf die Generatorknoten. Das Netz ist auf die Generatorknoten transfiguriert. Dieser Schritt ist z. B. für die Stabilitätsberechnung (Kap. 18) notwendig.

Fasst man die Gl. (13.26) mit der Gl. (13.25 a) zu einer Matrizengleichung zusammen, so ergibt sich das Gleichungssystem mit der Hybridmatrix:

$$\begin{bmatrix}\underline{\boldsymbol{i}}_{\mathrm{G}}\\ \underline{\boldsymbol{u}}_{\mathrm{L}}\end{bmatrix} = \begin{bmatrix}\underline{\boldsymbol{Y}}_{\mathrm{GG}} - \underline{\boldsymbol{Y}}_{\mathrm{GL}}\underline{\boldsymbol{Y}}_{\mathrm{LL}}^{-1}\underline{\boldsymbol{Y}}_{\mathrm{LG}} & -\underline{\boldsymbol{Y}}_{\mathrm{GL}}\underline{\boldsymbol{Y}}_{\mathrm{LL}}^{-1}\\ -\underline{\boldsymbol{Y}}_{\mathrm{LL}}^{-1}\underline{\boldsymbol{Y}}_{\mathrm{LG}} & -\underline{\boldsymbol{Y}}_{\mathrm{LL}}^{-1}\end{bmatrix}\begin{bmatrix}\underline{\boldsymbol{u}}_{\mathrm{G}}\\ -\underline{\boldsymbol{i}}_{\mathrm{L}}\end{bmatrix} = \begin{bmatrix}\underline{\boldsymbol{H}}_{\mathrm{GG}} & \underline{\boldsymbol{H}}_{\mathrm{GL}}\\ \underline{\boldsymbol{H}}_{\mathrm{LG}} & \underline{\boldsymbol{H}}_{\mathrm{LL}}\end{bmatrix}\begin{bmatrix}\underline{\boldsymbol{u}}_{\mathrm{G}}\\ -\underline{\boldsymbol{i}}_{\mathrm{L}}\end{bmatrix} \tag{13.27}$$

Durch das Heranziehen des Minuszeichens an die Lastströme wird die Hybridmatrix bei symmetrischer Admittanzmatrix ebenfalls symmetrisch. Die Teilmatrix $\underline{\boldsymbol{H}}_{\mathrm{GG}}$ ist eine Admittanzmatrix, $\underline{\boldsymbol{H}}_{\mathrm{LL}}$ ist eine Impedanzmatrix, während die Teilmatrizen $\underline{\boldsymbol{H}}_{\mathrm{GL}}$ und $\underline{\boldsymbol{H}}_{\mathrm{LG}}$ dimensionslos sind. Die Gl. (13.12) (nur Lastknoten) ist als Sonderfall in Gl. (13.27) enthalten, wobei zu beachten ist, dass wegen des herausgezogenen Minuszeichens die Teilmatrix $\underline{\boldsymbol{H}}_{\mathrm{LL}}$ der negativen Impedanzmatrix entspricht.

Die gleichzeitige Berechnung von $\underline{\boldsymbol{i}}_{\mathrm{G}}$ und $\underline{\boldsymbol{u}}_{\mathrm{L}}$ mit Gl. (13.27) empfiehlt sich nur, wenn die Ströme $\underline{\boldsymbol{i}}_{\mathrm{L}}$ nicht von den Spannungen $\underline{\boldsymbol{u}}_{\mathrm{L}}$ abhängen, also konstante Lastströme vorgegeben sind. Anderenfalls muss das Gleichungssystem iterativ gelöst werden, wobei die getrennte Berechnung nach den Gln. (13.25) und (13.26) schneller zum Ziel führt, weil die Gl. (13.26) erst am Ende der Iteration gelöst zu werden braucht.

Für den Sonderfall konstanter Lastadmittanzen gilt mit $\underline{\boldsymbol{Y}}_{\mathrm{L}}$ als Diagonalmatrix der einzelnen Lastadmittanzen $\underline{Y}_{\mathrm{L}i}$:

$$\underline{\boldsymbol{i}}_{\mathrm{L}} = \underline{\boldsymbol{Y}}_{\mathrm{L}}\underline{\boldsymbol{u}}_{\mathrm{L}} \tag{13.28}$$

und es folgt aus der zweiten Zeile von Gl. (13.24):

$$\underline{\boldsymbol{u}}_{\mathrm{L}} = -(\underline{\boldsymbol{Y}}_{\mathrm{LL}} - \underline{\boldsymbol{Y}}_{\mathrm{L}})^{-1}\underline{\boldsymbol{Y}}_{\mathrm{LG}}\underline{\boldsymbol{u}}_{\mathrm{G}} = (\underline{\boldsymbol{Y}}_{\mathrm{LL}} - \underline{\boldsymbol{Y}}_{\mathrm{L}})^{-1}\underline{\boldsymbol{i}}_{\mathrm{q}} \tag{13.29}$$

und damit aus der ersten Zeile von Gl. (13.24):

$$\underline{\boldsymbol{i}}_{\mathrm{G}} = [\underline{\boldsymbol{Y}}_{\mathrm{GG}} - \underline{\boldsymbol{Y}}_{\mathrm{GL}}(\underline{\boldsymbol{Y}}_{\mathrm{LL}} - \underline{\boldsymbol{Y}}_{\mathrm{L}})^{-1}\underline{\boldsymbol{Y}}_{\mathrm{LG}}]\,\underline{\boldsymbol{u}}_{\mathrm{G}} = \underline{\boldsymbol{Y}}_{\mathrm{GG}}\underline{\boldsymbol{u}}_{\mathrm{G}} + \underline{\boldsymbol{Y}}_{\mathrm{GL}}(\underline{\boldsymbol{Y}}_{\mathrm{LL}} - \underline{\boldsymbol{Y}}_{\mathrm{L}})^{-1}\,\underline{\boldsymbol{i}}_{\mathrm{q}} \tag{13.30}$$

Die Teilmatrizen $\underline{\boldsymbol{H}}_{\mathrm{LL}}$ und $\underline{\boldsymbol{H}}_{\mathrm{GL}}$ werden Null und die Gln. (13.29) und (13.30) sind unabhängig voneinander lösbar.

Neben der hier beschriebenen rechnerischen Ermittlung der Hybridmatrix aus der Knotenadmittanzmatrix ist es auch möglich, die Hybridmatrix ähnlich wie die Impedanzmatrix, direkt aus dem Netzersatzschaltplan schrittweise aufzubauen [13.9]. Dabei sind insgesamt 9 Fälle zu unterscheiden, die in Tabelle 13.2 zusammengestellt sind. Die Elemente der neuen Hybridmatrix sind darin durch einen Strich von denen der alten Matrix unterschieden. Das Netz habe bereits 1 bis m Generatorknoten und $m+1$ bis n Lastknoten. Ein neu hinzukommender Generatorknoten wird als letzter Generatorknoten eingeordnet, erhält also den Index $m+1$. Der Index aller folgenden Größen erhöht sich damit um eins. Ein neu hinzukommender Lastknoten wird als letzter Lastknoten eingeordnet und erhält den Index $n+1$. Die Knotenzahl N erhöht sich in beiden Fällen auf $n+1$.

Die Fälle 1 bis 3 beziehen sich nur auf Generatorknoten und damit nur auf die Teilmatrix $\underline{\boldsymbol{H}}_{\mathrm{GG}}$. Für sie gelten die Regeln zum Aufbau der Knotenadmittanzmatrix (Abschn. 13.2.1). Die Fälle 4 bis 6 betreffen nur die Lastknoten und beziehen sich damit nur auf die Teilmatrix $\underline{\boldsymbol{H}}_{\mathrm{LL}}$. Die Aufbauschritte entsprechen den drei Fällen zum Aufbau der Impedanzmatrix im Abschn. 13.2.2, wobei jedoch zu beachten ist, dass die Verbindungsimpedanzen wegen des an die Ströme herausgezogenen Minuszeichen mit umgekehrten Vorzeichen in $\underline{\boldsymbol{H}}_{\mathrm{LL}}$ eingehen. Die Fälle 7 bis 9 verknüpfen Generator- und Lastknoten und sollen anhand des Bildes 13.5 betrachtet werden.

Fall 7: Verbindung zwischen einem neuen Lastknoten und einem vorhandenen Generatorknoten

Für die Spannung am neuen Lastknoten mit dem Index $q=n+1$ folgt aus Bild 13.5a:

$$\underline{U}_q=\underline{U}_p-\underline{Z}\,\underline{I}_q=\underline{U}_p+\underline{Z}\,(-\underline{I}_q) \tag{13.31}$$

Da $\underline{U}_p$ und $\underline{I}_q$ gegeben sind, kann die Gl. (13.31) direkt in die neu hinzugekommene q-te Zeile eingebaut werden. Am vorhandenen Generatorknoten p ist noch der Strom $\underline{I}_q$ abzuziehen. Damit wird:

$$\begin{bmatrix} \underline{I}_1 \\ \vdots \\ \underline{I}_p \\ \vdots \\ \underline{I}_m \\ \hline \underline{U}_{m+1} \\ \vdots \\ \underline{U}_n \\ \underline{U}_q \end{bmatrix} = \left[\begin{array}{ccccc|cccc} \underline{h}_{11} & \cdots & \underline{h}_{1p} & \cdots & \underline{h}_{1m} & \underline{h}_{1,m+1} & \cdots & \underline{h}_{1n} & 0 \\ \vdots & \ddots & \vdots & \cdots & \vdots & \vdots & \ddots & \vdots & \vdots \\ \underline{h}_{p1} & \cdots & \underline{h}_{pp} & \cdots & \underline{h}_{pm} & \underline{h}_{p,m+1} & \cdots & \underline{h}_{pn} & 1 \\ \vdots & \ddots & \vdots & \ddots & \vdots & \vdots & \ddots & \vdots & \vdots \\ \underline{h}_{m1} & \cdots & \underline{h}_{mp} & \cdots & \underline{h}_{mm} & \underline{h}_{m,m+1} & \cdots & \underline{h}_{mn} & 0 \\ \hline \underline{h}_{m+1,1} & \cdots & \underline{h}_{m+1,p} & \cdots & \underline{h}_{m+1,m} & \underline{h}_{m+1,m+1}+ & \cdots & \underline{h}_{m+1,n} & 0 \\ \vdots & \ddots & \vdots & \ddots & \vdots & \vdots & \ddots & \vdots & \vdots \\ \underline{h}_{n1} & \cdots & \underline{h}_{np} & \cdots & \underline{h}_{nm} & \underline{h}_{n,m+1} & \cdots & \underline{h}_{nn} & 0 \\ 0 & \cdots & 1 & \cdots & 0 & 0 & \cdots & 0 & \underline{Z} \end{array}\right] \begin{bmatrix} \underline{U}_1 \\ \vdots \\ \underline{U}_p \\ \vdots \\ \underline{U}_m \\ \hline -\underline{I}_{m+1} \\ \vdots \\ -\underline{I}_n \\ -\underline{I}_q \end{bmatrix}$$

(13.32)

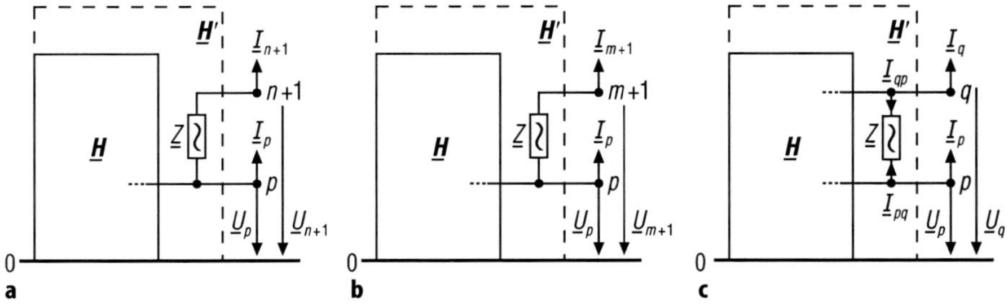

Bild 13.5a–c. Schrittweiser Aufbau der Hybridmatrix. **a** Fall 7: Verbindung zwischen einem neuen Lastknoten $n+1$ und einem vorhandenen Generatorknoten p; **b** Fall 8: Verbindung zwischen einem neuen Generatorknoten $m+1$ und einem vorhandenen Lastknoten p; **c** Fall 9: Verbindung zwischen einem vorhandenen Generatorknoten p und einem vorhandenen Lastknoten q

Fall 8: Verbindung zwischen einem neuen Generatorknoten und einem vorhandenen Lastknoten

Zur Vereinfachung der Schreibweise der Rechenschritte wird der neue Generatorknoten dem Gleichungssystem zunächst als letzter Knoten (Index $q = n+1$) angefügt und erst zuletzt als letzter Generatorknoten mit dem Index $m+1$ eingeordnet. Der Strom am neuen Generatorknoten geht wie $\underline{I}_p$ über die p-te Spalte in das vorhandene Gleichungssystems ein (Bild 13.5b):

$$\begin{bmatrix} \underline{\boldsymbol{i}}_\mathrm{G} \\ \underline{\boldsymbol{u}}_\mathrm{L} \end{bmatrix} = \underline{\boldsymbol{H}} \begin{bmatrix} \underline{\boldsymbol{u}}_\mathrm{G} \\ -\underline{\boldsymbol{i}}_\mathrm{L} \end{bmatrix} + \underline{\boldsymbol{h}}_\mathrm{p}(-\underline{I}_q) \tag{13.33}$$

Aus Bild 13.5b und aus der p-ten Zeile von Gl. (13.33) folgt:

$$\underline{U}_p = \underline{U}_q + \underline{Z}\,\underline{I}_q = \underline{\boldsymbol{h}}_p^\mathrm{T} \begin{bmatrix} \underline{\boldsymbol{u}}_\mathrm{G} \\ -\underline{\boldsymbol{i}}_\mathrm{L} \end{bmatrix} + \underline{h}_{pp}(-\underline{I}_q) \tag{13.34}$$

Daraus erhält man:

$$\underline{I}_q = \frac{1}{\underline{Z} + \underline{h}_{pp}} \underline{\boldsymbol{h}}_p^\mathrm{T} \begin{bmatrix} \underline{\boldsymbol{u}}_\mathrm{G} \\ -\underline{\boldsymbol{i}}_\mathrm{L} \end{bmatrix} - \frac{\underline{U}_q}{\underline{Z} + \underline{h}_{pp}} \tag{13.35}$$

Eingesetzt in Gl. (13.33) folgt:

$$\begin{bmatrix} \underline{\boldsymbol{i}}_\mathrm{G} \\ \underline{\boldsymbol{u}}_\mathrm{L} \end{bmatrix} = \left\{ \underline{\boldsymbol{H}} - \frac{\underline{\boldsymbol{h}}_p \underline{\boldsymbol{h}}_p^\mathrm{T}}{\underline{Z} + \underline{h}_{pp}} \right\} \begin{bmatrix} \underline{\boldsymbol{u}}_\mathrm{G} \\ -\underline{\boldsymbol{i}}_\mathrm{L} \end{bmatrix} + \frac{\underline{\boldsymbol{h}}_p}{\underline{Z} + \underline{h}_{pp}} \underline{U}_q \tag{13.36}$$

Die Gln. (13.35) und (13.36) bilden das neue Gleichungssystem, in das der neue Knoten zunächst noch als letzter Knoten eingefügt ist:

$$\begin{bmatrix} \underline{\boldsymbol{i}}_{\mathrm{G}} \\ \underline{\boldsymbol{u}}_{\mathrm{L}} \\ \hline \underline{I}_q \end{bmatrix} = \left[\begin{array}{c|c} \underline{\boldsymbol{H}} - \dfrac{1}{\underline{Z}+\underline{h}_{pp}} \underline{\boldsymbol{h}}_p \underline{\boldsymbol{h}}_p^{\mathrm{T}} & \dfrac{1}{\underline{Z}+\underline{h}_{pp}} \underline{\boldsymbol{h}}_p \\ \hline \dfrac{1}{\underline{Z}+\underline{h}_{pp}} \underline{\boldsymbol{h}}_p^{\mathrm{T}} & -\dfrac{1}{\underline{Z}+\underline{h}_{pp}} \end{array}\right] \begin{bmatrix} \underline{\boldsymbol{u}}_{\mathrm{G}} \\ -\underline{\boldsymbol{i}}_{\mathrm{L}} \\ \hline \underline{U}_q \end{bmatrix} \tag{13.37}$$

Schließlich wird die Gleichung noch so umsortiert, so dass sich der neu hinzugekommene Generatorknoten an die vorhandenen m Generatorknoten anschließt ($q=m+1$):

$$\begin{bmatrix} \underline{I}_1 \\ \vdots \\ \underline{I}_m \\ \hline \underline{I}_{m+1} \\ \hline \underline{U}_{m+2} \\ \vdots \\ \underline{U}_{p+1} \\ \vdots \\ \underline{U}_{n+1} \end{bmatrix} = \left[\begin{array}{ccc|c|ccccc} \underline{h}'_{11} & \cdots & \underline{h}'_{1m} & \frac{\underline{h}_{1p}}{\underline{Z}+\underline{h}_{pp}} & \underline{h}'_{1,m+1} & \cdots & \underline{h}'_{1p} & \cdots & \underline{h}'_{1n} \\ \vdots & \ddots & \vdots & \vdots & \ddots & \ddots & \vdots & \ddots & \vdots \\ \underline{h}'_{m1} & \cdots & \underline{h}'_{mm} & \frac{\underline{h}_{mp}}{\underline{Z}+\underline{h}_{pp}} & \underline{h}'_{m,m+1} & \cdots & \underline{h}'_{mp} & \cdots & \underline{h}'_{mn} \\ \hline \frac{\underline{h}_{p1}}{\underline{Z}+\underline{h}_{pp}} & \cdots & \frac{\underline{h}_{pm}}{\underline{Z}+\underline{h}_{pp}} & -\frac{1}{\underline{Z}+\underline{h}_{pp}} & \frac{\underline{h}_{p,m+1}}{\underline{Z}+\underline{h}_{pp}} & \cdots & \frac{\underline{h}_{pp}}{\underline{Z}+\underline{h}_{pp}} & \cdots & \frac{\underline{h}_{pn}}{\underline{Z}+\underline{h}_{pp}} \\ \hline \underline{h}'_{m+1,1} & \cdots & \underline{h}'_{m+1,m} & \frac{\underline{h}_{m+1,p}}{\underline{Z}+\underline{h}_{pp}} & \underline{h}'_{m+1,m+1} & \cdots & \underline{h}'_{m+1,p} & \cdots & \underline{h}'_{m+1,n} \\ \vdots & \ddots & \vdots & \vdots & \vdots & \ddots & \vdots & \ddots & \vdots \\ \underline{h}'_{p1} & \cdots & \underline{h}'_{pm} & \frac{\underline{h}_{pp}}{\underline{Z}+\underline{h}_{pp}} & \underline{h}'_{p,m+1} & \cdots & \underline{h}'_{pp} & \cdots & \underline{h}'_{pn} \\ \vdots & \ddots & \vdots & \vdots & \vdots & \ddots & \cdots & \ddots & \vdots \\ \underline{h}'_{n1} & \cdots & \underline{h}'_{nm} & \frac{\underline{h}_{np}}{\underline{Z}+\underline{h}_{pp}} & \underline{h}'_{n,m+1} & \cdots & \underline{h}'_{np} & \cdots & \underline{h}'_{nn} \end{array}\right] \begin{bmatrix} \underline{U}_1 \\ \vdots \\ \underline{U}_m \\ \hline \underline{U}_{m+1} \\ \hline -\underline{I}_{m+2} \\ \vdots \\ -\underline{I}_{p+1} \\ \vdots \\ -\underline{I}_{n+1} \end{bmatrix} \tag{13.38}$$

mit

$$\underline{h}'_{ij} = \underline{h}_{ij} - \frac{\underline{h}_{ip}\underline{h}_{pj}}{\underline{Z}+\underline{h}_{pp}} \qquad i,j=1\ldots m$$

$$\underline{h}'_{i,j+1} = \underline{h}_{ij} - \frac{\underline{h}_{ip}\underline{h}_{pj}}{\underline{Z}+\underline{h}_{pp}} \qquad i=1\ldots m;\ j=m+1\ldots n$$

$$\underline{h}'_{i+1,j+1} = \underline{h}_{ij} - \frac{\underline{h}_{ip}\underline{h}_{pj}}{\underline{Z}+\underline{h}_{pp}} \qquad i,j=m+1\ldots n$$

$$\underline{h}'_{i+1,j} = \underline{h}_{ij} - \frac{\underline{h}_{ip}\underline{h}_{pj}}{\underline{Z}+\underline{h}_{pp}} \qquad i=m+1\ldots n;\ j=1\ldots m$$

Fall 9: Verbindung zwischen einem vorhandenen Generatorknoten und einem vorhandenen Lastknoten

Die Ordnung des Gleichungssystems ändert sich dabei nicht. Zu den Knotenströmen der betroffenen Knoten p und q kommen die vom Verbindungszweig

$\underline{Z}$ verursachten Ströme $\underline{I}_{pq}$ und $\underline{I}_{qp} = -\underline{I}_{pq}$ hinzu (Bild 13.5c):

$$\begin{bmatrix} \underline{I}_1 \\ \vdots \\ \underline{I}_p + \underline{I}_{pq} \\ \vdots \\ \underline{I}_m \\ \hline \underline{U}_{m+1} \\ \vdots \\ \underline{U}_q \\ \vdots \\ \underline{U}_n \end{bmatrix} = \left[\begin{array}{ccccc|ccccc} \underline{h}_{11} & \cdots & \underline{h}_{1p} & \cdots & \underline{h}_{1m} & \underline{h}_{1,m+1} & \cdots & \underline{h}_{1q} & \cdots & \underline{h}_{1n} \\ \vdots & \ddots & \vdots & \ddots & \vdots & \vdots & \ddots & \vdots & \ddots & \vdots \\ \underline{h}_{p1} & \cdots & \underline{h}_{pp} & \cdots & \underline{h}_{pm} & \underline{h}_{p,m+1} & \cdots & \underline{h}_{pq} & \cdots & \underline{h}_{pn} \\ \vdots & \ddots & \vdots & \ddots & \vdots & \vdots & \ddots & \vdots & \ddots & \vdots \\ \underline{h}_{m1} & \cdots & \underline{h}_{mp} & \cdots & \underline{h}_{mm} & \underline{h}_{m,m+1} & \cdots & \underline{h}_{mq} & \cdots & \underline{h}_{mn} \\ \hline \underline{h}_{m+1,1} & \cdots & \underline{h}_{m+1,p} & \cdots & \underline{h}_{m+1,m} & \underline{h}_{m+1,m+1} & \cdots & \underline{h}_{m+1,n} & \cdots & \underline{h}_{m+1,n} \\ \vdots & \ddots & \vdots & \ddots & \vdots & \vdots & \ddots & \vdots & \ddots & \vdots \\ \underline{h}_{q1} & \cdots & \underline{h}_{qp} & \cdots & \underline{h}_{qm} & \underline{h}_{q,m+1} & \cdots & \underline{h}_{qq} & \cdots & \underline{h}_{qn} \\ \vdots & \ddots & \vdots & \ddots & \vdots & \vdots & \ddots & \vdots & \ddots & \vdots \\ \underline{h}_{n1} & \cdots & \underline{h}_{np} & \cdots & \underline{h}_{nm} & \underline{h}_{n,m+1} & \cdots & \underline{h}_{nq} & \cdots & \underline{h}_{nn} \end{array}\right] \begin{bmatrix} \underline{U}_1 \\ \vdots \\ \underline{U}_p \\ \vdots \\ \underline{U}_m \\ \hline -\underline{I}_{m+1} \\ \vdots \\ -(\underline{I}_q + \underline{I}_{qp}) \\ \vdots \\ -\underline{I}_n \end{bmatrix} \tag{13.39}$$

bzw.

$$\begin{bmatrix} \underline{\boldsymbol{i}}_{\mathrm{G}} \\ \underline{\boldsymbol{u}}_{\mathrm{L}} \end{bmatrix} + \boldsymbol{e}_p \underline{I}_{pq} = \underline{\boldsymbol{H}} \begin{bmatrix} \underline{\boldsymbol{u}}_{\mathrm{G}} \\ -\underline{\boldsymbol{i}}_{\mathrm{L}} \end{bmatrix} + \underline{\boldsymbol{h}}_q (-\underline{I}_{qp}) \tag{13.40}$$

mit der p-ten Spalte $\boldsymbol{e}_p$ der Einheitsmatrix $\boldsymbol{E}$ der Ordnung n. Aus der q-ten Zeile der Gl. (13.39) und Bild 13.5 c folgt:

$$\underline{U}_q = \underline{\boldsymbol{h}}_q^{\mathrm{T}} \begin{bmatrix} \underline{\boldsymbol{u}}_{\mathrm{G}} \\ -\underline{\boldsymbol{i}}_{\mathrm{L}} \end{bmatrix} + \underline{h}_{qq}(-\underline{I}_{qp}) = \underline{U}_p + \underline{Z}\,\underline{I}_{qp} \tag{13.41}$$

Umgestellt nach $\underline{I}_{qp}$ ergibt sich:

$$\underline{I}_{qp} = \frac{1}{\underline{h}_{qq} + \underline{Z}} \underline{\boldsymbol{h}}_q^{\mathrm{T}} \begin{bmatrix} \underline{\boldsymbol{u}}_{\mathrm{G}} \\ -\underline{\boldsymbol{i}}_{\mathrm{L}} \end{bmatrix} - \frac{\underline{U}_p}{\underline{h}_{qq} + \underline{Z}} = \frac{1}{\underline{h}_{qq} + \underline{Z}} (\underline{\boldsymbol{h}}_q^{\mathrm{T}} - \boldsymbol{e}_p^{\mathrm{T}}) \begin{bmatrix} \underline{\boldsymbol{u}}_{\mathrm{G}} \\ -\underline{\boldsymbol{i}}_{\mathrm{L}} \end{bmatrix} \tag{13.42}$$

Schließlich erhält man durch Einsetzen des Stromes $\underline{I}_{qp}$ in Gl. (13.40):

$$\begin{aligned} \begin{bmatrix} \underline{\boldsymbol{i}}_{\mathrm{G}} \\ \underline{\boldsymbol{u}}_{\mathrm{L}} \end{bmatrix} &= \left\{ \underline{\boldsymbol{H}} - \frac{1}{\underline{h}_{qq} + \underline{Z}} (\underline{\boldsymbol{h}}_q - \boldsymbol{e}_p)(\underline{\boldsymbol{h}}_q^{\mathrm{T}} - \underline{\boldsymbol{e}}_p^{\mathrm{T}}) \right\} \begin{bmatrix} \underline{\boldsymbol{u}}_{\mathrm{G}} \\ -\underline{\boldsymbol{i}}_{\mathrm{L}} \end{bmatrix} \\ &= \left\{ \underline{\boldsymbol{H}} + \Delta \underline{\boldsymbol{H}} \right\} \begin{bmatrix} \underline{\boldsymbol{u}}_{\mathrm{G}} \\ -\underline{\boldsymbol{i}}_{\mathrm{L}} \end{bmatrix} = \underline{\boldsymbol{H}}' \begin{bmatrix} \underline{\boldsymbol{u}}_{\mathrm{G}} \\ -\underline{\boldsymbol{i}}_{\mathrm{L}} \end{bmatrix} \end{aligned} \tag{13.43}$$

Die Änderung $\Delta\underline{\boldsymbol{H}}$ der Hybridmatrix lautet ausführlich:

$$
\Delta\underline{\boldsymbol{H}} = -\frac{1}{\underline{h}_{qq}+\underline{Z}}
\left[\begin{array}{ccccc|ccccc}
\underline{h}_{1q}\underline{h}_{q1} & \cdots & \underline{h}_{1q}(\underline{h}_{pq}-1) & \cdots & \underline{h}_{1q}\underline{h}_{qm} & \underline{h}_{1q}\underline{h}_{q,m+1} & \cdots & \underline{h}_{1q}\underline{h}_{qq} & \cdots & \underline{h}_{1q}\underline{h}_{qn} \\
\vdots & \ddots & \vdots & \ddots & \vdots & \vdots & \ddots & \vdots & \ddots & \vdots \\
(\underline{h}_{pq}-1)\underline{h}_{q1} & \cdots & (\underline{h}_{pq}-1)(\underline{h}_{pq}-1) & \cdots & (\underline{h}_{pq}-1)\,\underline{h}_{qm} & (\underline{h}_{pq}-1)\underline{h}_{q,m+1} & \cdots & (\underline{h}_{pq}-1)\underline{h}_{qq} & \cdots & (\underline{h}_{pq}-1)\,\underline{h}_{qn} \\
\vdots & \ddots & \vdots & \ddots & \vdots & \vdots & \ddots & \vdots & \ddots & \vdots \\
\underline{h}_{mq}\underline{h}_{q1} & \cdots & \underline{h}_{mq}(\underline{h}_{pq}-1) & \cdots & \underline{h}_{mq}\underline{h}_{qm} & \underline{h}_{mq}\underline{h}_{q,m+1} & \cdots & \underline{h}_{mq}\underline{h}_{qq} & \cdots & \underline{h}_{mq}\underline{h}_{qn} \\
\hline
\underline{h}_{m+1,q}\underline{h}_{q1} & \cdots & \underline{h}_{m+1,q}(\underline{h}_{pq}-1) & \cdots & \underline{h}_{m+1,q}\underline{h}_{qm} & \underline{h}_{m+1,q}\underline{h}_{q,m+1} & \cdots & \underline{h}_{m+1,q}\underline{h}_{qq} & \cdots & \underline{h}_{m+1,q}\underline{h}_{qn} \\
\vdots & \ddots & \vdots & \ddots & \vdots & \vdots & \ddots & \vdots & \ddots & \vdots \\
\underline{h}_{qq}\underline{h}_{q1} & \cdots & \underline{h}_{qq}(\underline{h}_{pq}-1) & \cdots & \underline{h}_{qq}\underline{h}_{qm} & \underline{h}_{qq}\underline{h}_{q,m+1} & \cdots & \underline{h}_{qq}\underline{h}_{qq} & \cdots & \underline{h}_{qq}\underline{h}_{qn} \\
\vdots & \ddots & \vdots & \ddots & \vdots & \vdots & \ddots & \vdots & \ddots & \vdots \\
\underline{h}_{nq}\underline{h}_{q1} & \cdots & \underline{h}_{nq}(\underline{h}_{pq}-1) & \cdots & \underline{h}_{nq}\underline{h}_{qm} & \underline{h}_{nq}\underline{h}_{q,m+1} & \cdots & \underline{h}_{nq}\underline{h}_{qq} & \cdots & \underline{h}_{nq}\underline{h}_{qn}
\end{array}\right]
\tag{13.44}
$$

13.3 Quer- und Längsunsymmetrien

Energieversorgungsnetze sind im Normalbetrieb meist annähernd symmetrisch belastet. Größere Verbraucher erhalten Drehstromanschluss. Verbraucher in Niederspannungsnetzen, die zwischen einem Außenleiter und dem Neutralleiter angeschlossen werden, verteilt man möglichst gleichmäßig auf alle drei Leiter, so dass im speisenden Mittelspannungsnetz eine annähernd symmetrische Belastung zustande kommt. In Einzelfällen können jedoch starke unsymmetrische Belastungen auftreten.

Die Ermittlung der Ströme und Spannungen kann man mit den Leitergrößen, symmetrischen Komponenten oder αβ0-Komponenten durchführen. Die Verwendung der symmetrischen Komponenten hat sich bei der rechnerischen Behandlung von Unsymmetrien allgemein durchgesetzt, obwohl die

Tabelle 13.2. Neun Fälle für den schrittweisen Aufbau der Hybridmatrix

Fall	Verbindung	Berechnung der Matrixelemente	
1	$\underline{Y}$ zwischen neuem G-Knoten (m+1) und Bezugsknoten (0)	$\underline{h}'_{ij} = \underline{h}_{ij}$; $i,j = 1\ldots m$ $\underline{h}'_{i,j+1} = \underline{h}_{ij}$; $i = 1\ldots m; j = m+1\ldots n$ $\underline{h}'_{i+1,j+1} = \underline{h}_{ij}$; $i,j = m+1\ldots n$	$\underline{h}'_{i,m+1} = 0$: $i = 1\ldots n+1$ $\neq m+1$ $\underline{h}'_{m+1,m+1} = -\underline{Y}$
2	$\underline{Y}$ zwischen neuem G-Knoten (m+1) und vorhandenem G-Knoten (p)	$\underline{h}'_{ij} = \underline{h}_{ij}$; $i,j = 1\ldots m, i = j \neq p$ $\underline{h}'_{i,j+1} = \underline{h}_{ij}$; $i = 1\ldots m,\ j = m+1\ldots n$ $\underline{h}'_{i+1,j+1} = \underline{h}_{ij}$; $i,j = m+1\ldots n$ $\underline{h}'_{i,m+1} = 0$: $i = 1\ldots n+1, \neq p, m+1$	$\underline{h}'_{pp} = \underline{h}_{pp} - \underline{Y}$ $\underline{h}'_{p,m+1} = \underline{Y}$ $\underline{h}'_{m+1,m+1} = -\underline{Y}$
3	$\underline{Y}$ zwischen zwei vorh. G-Knoten (p) und (q)	$\underline{h}'_{ij} = \underline{h}_{ij}$; $i,j = 1\ldots n+1, \neq p, q$ $\underline{h}'_{pp} = \underline{h}_{pp} - \underline{Y}$	$\underline{h}'_{qq} = \underline{h}_{qq} - \underline{Y}$ $\underline{h}'_{pq} = \underline{h}_{pq} + \underline{Y}$
4	$\underline{Z}$ zwischen neuem L-Knoten (n+1) und Bezugsknoten (0)	$\underline{h}'_{ij} = \underline{h}_{ij}$; $i,j = 1\ldots n$ $\underline{h}'_{i,n+1} = 0$; $i = 1\ldots n$	$\underline{h}'_{n+1,n+1} = \underline{Z}$
5	$\underline{Z}$ zwischen neuem (n+1) und vorh. L-Knoten (p)	$\underline{h}'_{ij} = \underline{h}_{ij}$; $i,j = 1\ldots n$ $\underline{h}'_{i,n+1} = \underline{h}_{ip}$; $i = 1\ldots n$	$\underline{h}'_{n+1,n+1} = \underline{h}_{pp} + \underline{Z}$
6a	$\underline{Z}$ zwischen zwei vorhandenen L-Knoten (p) und (q)	$\underline{h}'_{ij} = \underline{h}_{ij} + \Delta\underline{h}_{ij}$ $i,j = 1\ldots n$	$\Delta\underline{h}_{ij} = \dfrac{(\underline{h}_{ip} - \underline{h}_{iq})(\underline{h}_{jp} - \underline{h}_{jq})}{2\underline{h}_{pq} - \underline{h}_{pp} - \underline{h}_{qq} - \underline{Z}}$
6b	$\underline{Z}$ zwischen vorhandenem L-Knoten (p) und Bezugsknoten (0)	$\underline{h}'_{ij} = \underline{h}_{ij} - \dfrac{\underline{h}_{ip}\underline{h}_{jp}}{\underline{h}_{pp} + \underline{Z}}$; $i,j = 1\ldots n$	
7	$\underline{Z}$ zwischen neuem L-Knoten (n+1) und vorh. G-Knoten (p)	$\underline{h}'_{ij} = \underline{h}_{ij}$; $i,j = 1\ldots n$ $\underline{h}'_{i,n+1} = 0$; $i = 1\ldots n, \neq p$	$\underline{h}'_{p,n+1} = 1$ $\underline{h}'_{n+1,n+1} = \underline{Z}$
8	$\underline{Z}$ zwischen neuem G-Knoten (m+1) und vorhandenem L-Knoten (p)	$\underline{h}'_{ij} = \underline{h}_{ij} - \dfrac{\underline{h}_{ip}\underline{h}_{jp}}{\underline{h}_{pp} + \underline{Z}}$; $i,j = 1\ldots m$ $\underline{h}'_{i,j+1} = \underline{h}_{ij} - \dfrac{\underline{h}_{ip}\underline{h}_{jp}}{\underline{h}_{pp} + \underline{Z}}$; $i = 1\ldots m$, $j = m+1\ldots n$ $\underline{h}'_{i+1,j+1} = \underline{h}_{ij} - \dfrac{\underline{h}_{ip}\underline{h}_{jp}}{\underline{h}_{pp} + \underline{Z}}$; $i,j = m+1\ldots n$	$\underline{h}'_{i,m+1} = \dfrac{\underline{h}_{ip}}{\underline{h}_{pp} + \underline{Z}}$; $i = 1\ldots n+1;\ \neq m+1$ $\underline{h}'_{m+1,m+1} = -\dfrac{1}{\underline{h}_{pp} + \underline{Z}}$

Tabelle 13.2 (Fortsetzung)

Fall	Verbindung	Berechnung der Matrixelemente	
9	$\underline{Z}$ zwischen vorhandenem G-Knoten (p) und vorhandedem L-Knoten (q)	$\underline{h}'_{ij} = \underline{h}_{ij} - \dfrac{\underline{h}_{iq}\underline{h}_{jq}}{\underline{h}_{qq} + \underline{Z}}; \quad i,j = 1 \ldots n, \neq p$ $\underline{h}'_{ip} = \underline{h}_{ip} - \dfrac{\underline{h}_{iq}(\underline{h}_{pq} - 1)}{\underline{h}_{qq} + \underline{Z}}; \; i = 1 \ldots n, \neq p$	$\underline{h}'_{pp} = \underline{h}_{pp} - \dfrac{(\underline{h}_{pq} - 1)(\underline{h}_{pq} - 1)}{\underline{h}_{qq} + \underline{Z}}$

Transformationsmatrizen $\underline{\boldsymbol{T}}_{\mathrm{S}}$ und $\underline{\boldsymbol{T}}_{\mathrm{S}}^{-1}$ im Gegensatz zu denen der αβ0-Komponenten komplex sind (Abschn. 2.5).

Bild 13.6 zeigt die Belastung eines Drehstromnetzes mit den ungleich angenommenen Impedanzen $\underline{Z}_{\mathrm{F1}}$, $\underline{Z}_{\mathrm{F2}}$ und $\underline{Z}_{\mathrm{F3}}$ zwischen den drei Leitern und dem Punkt M, sowie eine weitere Impedanz $\underline{Z}_{\mathrm{M}}$ zwischen M und der Erde. Zur Unterscheidung von den Leiterströmen $\underline{I}_{\mathrm{L1}}$, $\underline{I}_{\mathrm{L2}}$ und $\underline{I}_{\mathrm{L3}}$ werden die Ströme an der Unsymmetriestelle (Fehlerstelle) mit $\underline{I}_{\mathrm{F1}}$, $\underline{I}_{\mathrm{F2}}$ und $\underline{I}_{\mathrm{F3}}$ bezeichnet.

In Matrizenform erhält man aus Bild 13.6 die Spannungsgleichung:

$$\begin{bmatrix} \underline{U}_{\mathrm{L1}} \\ \underline{U}_{\mathrm{L2}} \\ \underline{U}_{\mathrm{L3}} \end{bmatrix} = \begin{bmatrix} \underline{Z}_{\mathrm{F1}} + \underline{Z}_{\mathrm{M}} & \underline{Z}_{\mathrm{M}} & \underline{Z}_{\mathrm{M}} \\ \underline{Z}_{\mathrm{M}} & \underline{Z}_{\mathrm{F2}} + \underline{Z}_{\mathrm{M}} & \underline{Z}_{\mathrm{M}} \\ \underline{Z}_{\mathrm{M}} & \underline{Z}_{\mathrm{M}} & \underline{Z}_{\mathrm{F3}} + \underline{Z}_{\mathrm{M}} \end{bmatrix} \begin{bmatrix} \underline{I}_{\mathrm{F1}} \\ \underline{I}_{\mathrm{F2}} \\ \underline{I}_{\mathrm{F3}} \end{bmatrix} \tag{13.45}$$

Für die Ströme folgt daraus mit $\underline{Y}_{\mathrm{M}} = 1/\underline{Z}_{\mathrm{M}}$, $\underline{Y}_{\mathrm{F1}} = 1/\underline{Z}_{\mathrm{F1}}$, $\underline{Y}_{\mathrm{F2}} = 1/\underline{Z}_{\mathrm{F2}}$ usw.:

$$\begin{bmatrix} \underline{I}_{\mathrm{F1}} \\ \underline{I}_{\mathrm{F2}} \\ \underline{I}_{\mathrm{F3}} \end{bmatrix} =$$

$$\frac{1}{\underline{Y}} \cdot \begin{bmatrix} \underline{Y}_{\mathrm{F1}}(\underline{Y}_{\mathrm{F2}} + \underline{Y}_{\mathrm{F3}} + \underline{Y}_{\mathrm{M}}) & -\underline{Y}_{\mathrm{F1}}\underline{Y}_{\mathrm{F2}} & -\underline{Y}_{\mathrm{F1}}\underline{Y}_{\mathrm{F3}} \\ -\underline{Y}_{\mathrm{F2}}\underline{Y}_{\mathrm{F1}} & \underline{Y}_{\mathrm{F2}}(\underline{Y}_{\mathrm{F1}} + \underline{Y}_{\mathrm{F3}} + \underline{Y}_{\mathrm{M}}) & -\underline{Y}_{\mathrm{F2}}\underline{Y}_{\mathrm{F3}} \\ -\underline{Y}_{\mathrm{F3}}\underline{Y}_{\mathrm{F1}} & -\underline{Y}_{\mathrm{F3}}\underline{Y}_{\mathrm{F2}} & \underline{Y}_{\mathrm{F3}}(\underline{Y}_{\mathrm{F1}} + \underline{Y}_{\mathrm{F2}} + \underline{Y}_{\mathrm{M}}) \end{bmatrix} \begin{bmatrix} \underline{U}_{\mathrm{L1}} \\ \underline{U}_{\mathrm{L2}} \\ \underline{U}_{\mathrm{L3}} \end{bmatrix}$$

$$\underline{Y} = \underline{Y}_{\mathrm{F1}} + \underline{Y}_{\mathrm{F2}} + \underline{Y}_{\mathrm{F3}} + \underline{Y}_{\mathrm{M}} \tag{13.46}$$

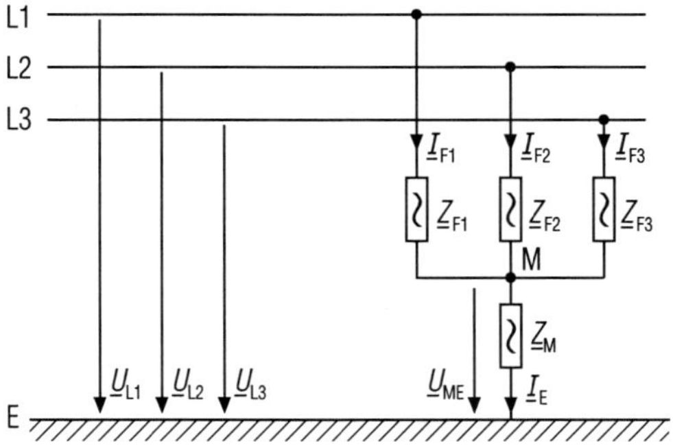

Bild 13.6. Querunsymmetrie im Drehstromnetz

Die Transformation der Gl. (13.46) in symmetrische Komponenten ergibt:

$$\begin{bmatrix}\underline{I}_1\\ \underline{I}_2\\ \underline{I}_0\end{bmatrix}=\frac{1}{3\underline{Y}}\begin{bmatrix}\begin{array}{c}\underline{Y}_M(\underline{Y}_{F1}+\underline{Y}_{F2}+\underline{Y}_{F3})+\\ 3(\underline{Y}_{F1}\underline{Y}_{F2}+\underline{Y}_{F2}\underline{Y}_{F3}+\underline{Y}_{F3}\underline{Y}_{F1})\end{array} & \begin{array}{c}\underline{Y}_M(\underline{Y}_{F1}+\underline{a}^2\underline{Y}_{F2}+\underline{a}\underline{Y}_{F3})-\\ 3(\underline{a}\underline{Y}_{F1}\underline{Y}_{F2}+\underline{Y}_{F2}\underline{Y}_{F3}+\underline{a}^2\underline{Y}_{F3}\underline{Y}_{1F})\end{array} & \underline{Y}_M(\underline{Y}_{F1}+\underline{a}\underline{Y}_{F2}+\underline{a}^2\underline{Y}_{F3})\\ \begin{array}{c}\underline{Y}_M(\underline{Y}_{F1}+\underline{a}\underline{Y}_{F2}+\underline{a}^2\underline{Y}_{F3})-\\ 3(\underline{a}^2\underline{Y}_{F1}\underline{Y}_{F2}+\underline{Y}_{F2}\underline{Y}_{F3}+\underline{a}\underline{Y}_{F3}\underline{Y}_{F1})\end{array} & \begin{array}{c}\underline{Y}_M(\underline{Y}_{F1}+\underline{Y}_{F2}+\underline{Y}_{F3})+\\ 3(\underline{Y}_{F1}\underline{Y}_{F2}+\underline{Y}_{F2}\underline{Y}_{F3}+\underline{Y}_{F3}\underline{Y}_{F1})\end{array} & \underline{Y}_M(\underline{Y}_{F1}+\underline{a}^2\underline{Y}_{F2}+\underline{a}\underline{Y}_{F3})\\ \underline{Y}_M(\underline{Y}_{F1}+\underline{a}^2\underline{Y}_{F2}+\underline{a}\underline{Y}_{F3}) & \underline{Y}_M(\underline{Y}_{F1}+\underline{a}\underline{Y}_{F2}+\underline{a}^2\underline{Y}_{F3}) & \underline{Y}_M(\underline{Y}_{F1}+\underline{Y}_{F2}+\underline{Y}_{F3})\end{bmatrix}\begin{bmatrix}\underline{U}_1\\ \underline{U}_2\\ \underline{U}_0\end{bmatrix} \tag{13.47}$$

Ist $\underline{Z}_M = 0$, so wird die Admittanzmatrix in Gl. (13.46) zu einer Diagonalmatrix mit den Elementen $\underline{Y}_{F1}$, $\underline{Y}_{F2}$ und $\underline{Y}_{F3}$ und Gl. (13.47) geht mit $\underline{Y}_M \to \infty$ über in:

$$\begin{bmatrix}\underline{I}_1\\ \underline{I}_2\\ \underline{I}_0\end{bmatrix}=\frac{1}{3}\begin{bmatrix}\underline{Y}_{F1}+\underline{Y}_{F2}+\underline{Y}_{F3} & \underline{Y}_{F1}+\underline{a}^2\underline{Y}_{F2}+\underline{a}\underline{Y}_{F3} & \underline{Y}_{F1}+\underline{a}\underline{Y}_{F2}+\underline{a}^2\underline{Y}_{F3}\\ \underline{Y}_{F1}+\underline{a}\underline{Y}_{F2}+\underline{a}^2\underline{Y}_{F3} & \underline{Y}_{F1}+\underline{Y}_{F2}+\underline{Y}_{F3} & \underline{Y}_{F1}+\underline{a}^2\underline{Y}_{F2}+\underline{a}\underline{Y}_{F3}\\ \underline{Y}_{F1}+\underline{a}^2\underline{Y}_{F2}+\underline{a}\underline{Y}_{F3} & \underline{Y}_{F1}+\underline{a}\underline{Y}_{F2}+\underline{a}^2\underline{Y}_{F3} & \underline{Y}_{F1}+\underline{Y}_{F2}+\underline{Y}_{F3}\end{bmatrix}\begin{bmatrix}\underline{U}_1\\ \underline{U}_2\\ \underline{U}_0\end{bmatrix} \tag{13.48}$$

Sind die Impedanzen $\underline{Z}_{F1} = \underline{Z}_{F2} = \underline{Z}_{F3} = \underline{Z}_F$ gleich, so ist die Belastung symmetrisch und die Gl. (13.47) vereinfacht sich zu:

$$\begin{bmatrix}\underline{I}_1\\ \underline{I}_2\\ \underline{I}_0\end{bmatrix}=\begin{bmatrix}1/\underline{Z}_F & 0 & 0\\ 0 & 1/\underline{Z}_F & 0\\ 0 & 0 & 1/(\underline{Z}_F+3\underline{Z}_M)\end{bmatrix}\begin{bmatrix}\underline{U}_1\\ \underline{U}_2\\ \underline{U}_0\end{bmatrix} \tag{13.49}$$

Ist der Sternpunkt in Bild 13.6 nicht geerdet, so kann kein Nullstrom fließen. Die Gl. (13.47) geht für $\underline{Y}_M = 0$ über in:

$$\begin{bmatrix}\underline{I}_1\\ \underline{I}_2\\ \underline{I}_0\end{bmatrix}=\frac{1}{\underline{Y}_{F1}+\underline{Y}_{F2}+\underline{Y}_{F3}}\cdot$$

$$\begin{bmatrix}\underline{Y}_{F1}\underline{Y}_{F2}+\underline{Y}_{F2}\underline{Y}_{F3}+\underline{Y}_{F3}\underline{Y}_{F1} & \underline{a}\underline{Y}_{F1}\underline{Y}_{F2}+\underline{Y}_{F2}\underline{Y}_{F3}+\underline{a}^2\underline{Y}_{F3}\underline{Y}_{F1} & 0\\ \underline{a}^2\underline{Y}_{F1}\underline{Y}_{F2}+\underline{Y}_{F2}\underline{Y}_{F3}+\underline{a}\underline{Y}_{F3}\underline{Y}_{F1} & \underline{Y}_{F1}\underline{Y}_{F2}+\underline{Y}_{F2}\underline{Y}_{F3}+\underline{Y}_{F3}\underline{Y}_{F1} & 0\\ 0 & 0 & 0\end{bmatrix}\begin{bmatrix}\underline{U}_1\\ \underline{U}_2\\ \underline{U}_0\end{bmatrix} \tag{13.50}$$

Zwei wichtige Sonderfälle sind die ein- und zweipolige Belastung in Tabelle 13.3. Im Fall der einpoligen Belastung werden die drei Komponentenströme gleich groß, was in der Reihenschalung der Komponentennetze zum Ausdruck kommt. Für eine Belastung der Leiter L2 und L3 mit der gleichen Impedanz $\underline{Z}_F = 1/\underline{Y}_F$ und der gemeinsamen Impedanz $\underline{Z}_M$ wird die Summe der Komponentenströme Null, was zu einer Parallelschaltung der Komponentennetze an der Unsymmetriestelle führt.

Tabelle 13.3. Darstellung unsymmetrischer Belastungen in symmetrischen Komponenten

Zweipolige Belastung an L2 und L3	Einpolige Belastung an L1
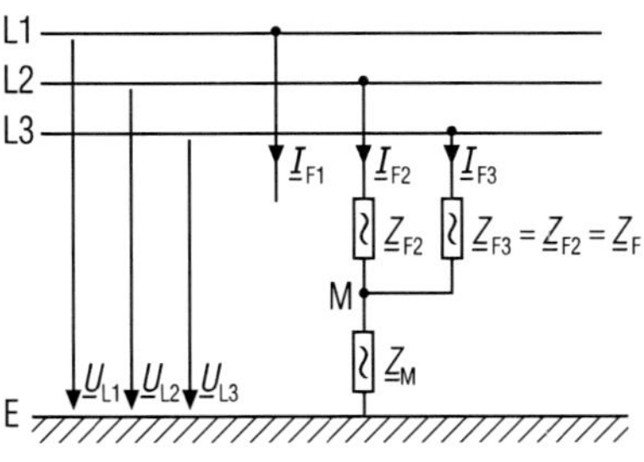	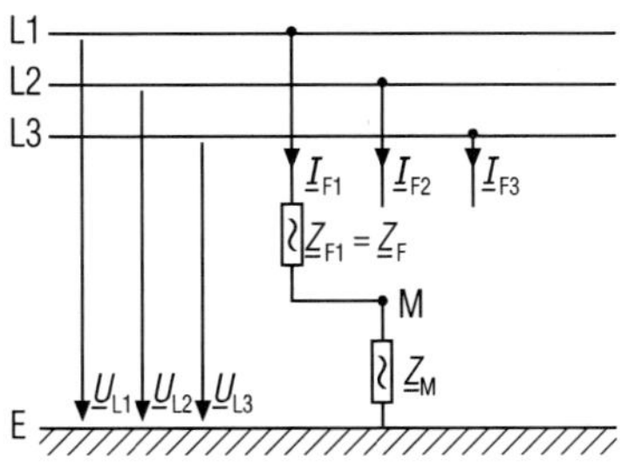
$\begin{bmatrix}\underline{I}_{F1}\\ \underline{U}_{L2}\\ \underline{U}_{L3}\end{bmatrix}=\begin{bmatrix}0 & 0 & 0\\ 0 & \underline{Z}_F+\underline{Z}_M & \underline{Z}_M\\ 0 & \underline{Z}_M & \underline{Z}_F+\underline{Z}_M\end{bmatrix}\begin{bmatrix}\underline{U}_{L1}\\ \underline{I}_{F2}\\ \underline{I}_{F3}\end{bmatrix}$	$\begin{bmatrix}\underline{U}_{L1}\\ \underline{I}_{F2}\\ \underline{I}_{F3}\end{bmatrix}=\begin{bmatrix}\underline{Z}_F+\underline{Z}_M & 0 & 0\\ 0 & 0 & 0\\ 0 & 0 & 0\end{bmatrix}\begin{bmatrix}\underline{I}_{F1}\\ \underline{U}_{L2}\\ \underline{U}_{L3}\end{bmatrix}$
$\begin{bmatrix}\underline{I}_{F1}\\ \underline{I}_{F2}\\ \underline{I}_{F3}\end{bmatrix}=\frac{1}{\underline{Z}_F(\underline{Z}_F+2\underline{Z}_M)}\begin{bmatrix}0 & 0 & 0\\ 0 & \underline{Z}_F+\underline{Z}_M & -\underline{Z}_M\\ 0 & -\underline{Z}_M & \underline{Z}_F+\underline{Z}_M\end{bmatrix}\begin{bmatrix}\underline{U}_{L1}\\ \underline{U}_{L2}\\ \underline{U}_{L3}\end{bmatrix}$	$\begin{bmatrix}\underline{I}_{F1}\\ \underline{I}_{F2}\\ \underline{I}_{F3}\end{bmatrix}=\frac{1}{\underline{Z}_F+\underline{Z}_M}\begin{bmatrix}1 & 0 & 0\\ 0 & 0 & 0\\ 0 & 0 & 0\end{bmatrix}\begin{bmatrix}\underline{U}_{L1}\\ \underline{U}_{L2}\\ \underline{U}_{L3}\end{bmatrix}$
Sternpunkt nicht geerdet $\underline{Z}_M \to \infty$ $\begin{bmatrix}\underline{I}_{F1}\\ \underline{I}_{F2}\\ \underline{I}_{F3}\end{bmatrix}=\frac{1}{\underline{Z}_F}\begin{bmatrix}0 & 0 & 0\\ 0 & 1 & -1\\ 0 & -1 & 1\end{bmatrix}\begin{bmatrix}\underline{U}_{L1}\\ \underline{U}_{L2}\\ \underline{U}_{L3}\end{bmatrix}$	Sternpunkt nicht geerdet $\underline{Z}_M \to \infty$ $\begin{bmatrix}\underline{I}_{F1}\\ \underline{I}_{F2}\\ \underline{I}_{F3}\end{bmatrix}=\begin{bmatrix}0\\ 0\\ 0\end{bmatrix}$

Tabelle 13.3 (Fortsetzung)

Symmetrische Komponenten	
$\begin{bmatrix} \underline{I}_1 \\ \underline{I}_2 \\ \underline{I}_0 \end{bmatrix} = \frac{1}{\underline{Z}} \begin{bmatrix} 2\underline{Z}_F + 3\underline{Z}_M & -(\underline{Z}_F + 3\underline{Z}_M) & -\underline{Z}_F \\ -(\underline{Z}_F + 3\underline{Z}_M) & 2\underline{Z}_F + 3\underline{Z}_M & -\underline{Z}_F \\ -\underline{Z}_F & -\underline{Z}_F & 2\underline{Z}_F \end{bmatrix} \begin{bmatrix} \underline{U}_1 \\ \underline{U}_2 \\ \underline{U}_0 \end{bmatrix}$ $\underline{Z} = 3\underline{Z}_F (\underline{Z}_F + 2\underline{Z}_M)$	$\begin{bmatrix} \underline{I}_1 \\ \underline{I}_2 \\ \underline{I}_0 \end{bmatrix} = \frac{1}{3(\underline{Z}_F + \underline{Z}_M)} \begin{bmatrix} 1 & 1 & 1 \\ 1 & 1 & 1 \\ 1 & 1 & 1 \end{bmatrix} \begin{bmatrix} \underline{U}_1 \\ \underline{U}_2 \\ \underline{U}_0 \end{bmatrix}$
Sternpunkt nicht geerdet $Z_M \to \infty$ $\begin{bmatrix} \underline{I}_1 \\ \underline{I}_2 \\ \underline{I}_0 \end{bmatrix} = \frac{1}{2\underline{Z}_F} \begin{bmatrix} 1 & -1 & 0 \\ -1 & 1 & 0 \\ 0 & 0 & 0 \end{bmatrix} \begin{bmatrix} \underline{U}_1 \\ \underline{U}_2 \\ \underline{U}_0 \end{bmatrix}$	Sternpunkt nicht geerdet $Z_M \to \infty$ $\begin{bmatrix} \underline{I}_1 \\ \underline{I}_2 \\ \underline{I}_0 \end{bmatrix} = \begin{bmatrix} 0 \\ 0 \\ 0 \end{bmatrix}$
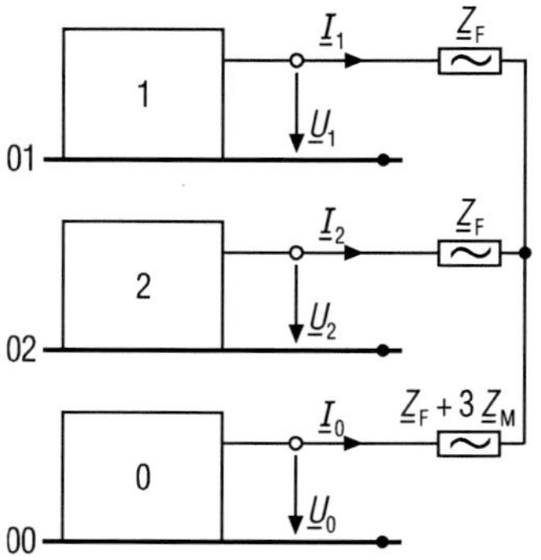	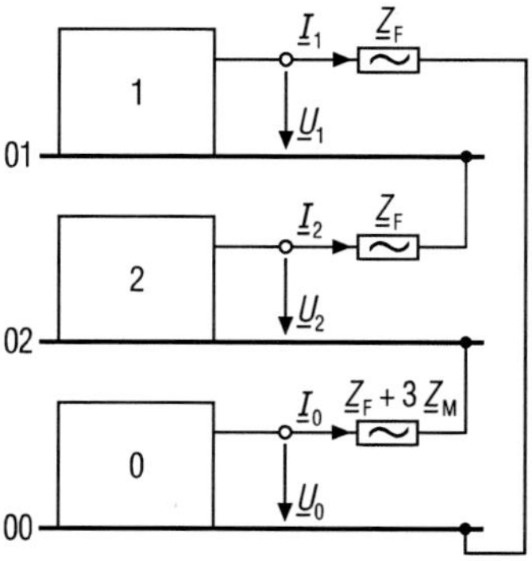

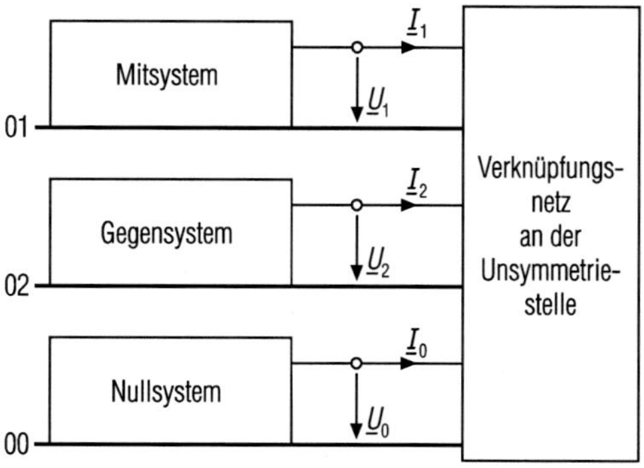

Bild 13.7. Berücksichtigung einer Querunsymmetrie im Knotenspannungs-Gleichungssystem der symmetrischen Komponenten durch ein Verknüpfungsnetz an der Unsymmetriestelle nach Gl. (13.47)

Das Bild 13.7 veranschaulicht, wie ein unsymmetrischer Drehstromquerzweig in das Knotenspannungs-Gleichungssystem der symmetrischen Komponenten einzubeziehen ist. Die Ströme des Querzweiges werden als Knotenströme auf der rechten Seite des Knotenspannungs-Gleichungssystems eingeführt und anschließend mit Hilfe der Gl. (13.47) eliminiert. Durch die von Null verschiedenen Nicht-Diagonalelemente der Admittanzmatrix der Gl. (13.47) entstehen an der Unsymmetriestelle Kopplungen der sonst nicht gekoppelten Komponentennetze.

Längsunsymmetrien lassen sich analog zu den Querunsymmetrien ausgehend von der folgenden Gleichung behandeln:

$$\begin{bmatrix} \underline{I}_{L1} \\ \underline{I}_{L2} \\ \underline{I}_{L3} \end{bmatrix} = \begin{bmatrix} \underline{Y}_{F1} & 0 & 0 \\ 0 & \underline{Y}_{F2} & 0 \\ 0 & 0 & \underline{Y}_{F3} \end{bmatrix} \begin{bmatrix} \underline{U}_{F1} \\ \underline{U}_{F2} \\ \underline{U}_{F3} \end{bmatrix} \tag{13.51}$$

wobei die Spannungen an der Fehlerstelle $\underline{U}_{F1}$, $\underline{U}_{F2}$ und $\underline{U}_{F3}$ durch die Differenz der jeweiligen Leiter-Erde-Spannungen vor und hinter der Fehlerstelle (Unterbrechungsstelle) gegeben sind. Liegt eine Unterbrechung in einem oder mehreren Leitern vor, so sind die entsprechenden Admittanzen Null zu setzen.

13.4 Einfachquerfehler

Unter Fehlern in Energieversorgungsnetzen versteht man allgemein eine Abweichung von der natürlichen Dreileiterstruktur, die bis auf wenige Ausnahmen als symmetrisch vorausgesetzt wird. Je nachdem ob die Struktur in Quer- oder in Längsrichtung fehlerhaft ist, spricht man von Quer- oder Längsfehlern, die wiederum als Einfach- oder Mehrfachfehler auftreten können (Bild 13.8). Unterbrechungen und widerstandslose (satte) Kurzschlüsse sind die Extremfälle von Längs- und Querfehlern.

Fehler treten in der Regel als ungewollte Ereignisse in Form von Störungen (Isolationsdurchschlag, Seilriss u.a.) ein. Aber auch normale Betriebsvorgänge, wie das Ein- und Ausschalten von Betriebsmitteln oder das Schalten infolge von Schutzauslösungen, führen zumindest vorübergehend zu Unsymmetriezuständen, die ebenfalls wie Fehler zu behandeln sind. Die im Abschnitt 13.3 behandelten Unsymmetrien stellen in diesem Sinn auch Fehler dar.

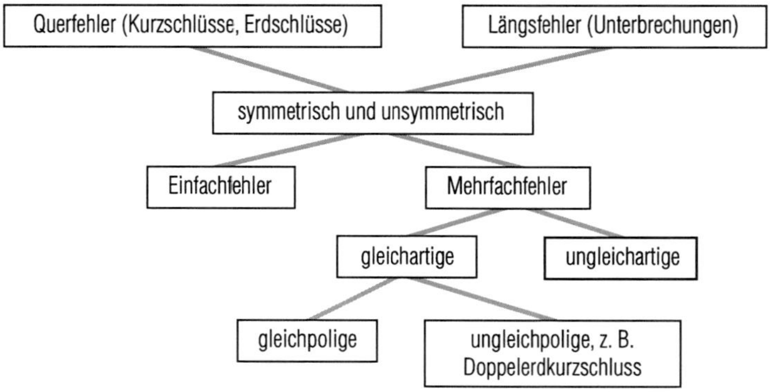

Bild 13.8. Fehlerarten im Drehstromnetz

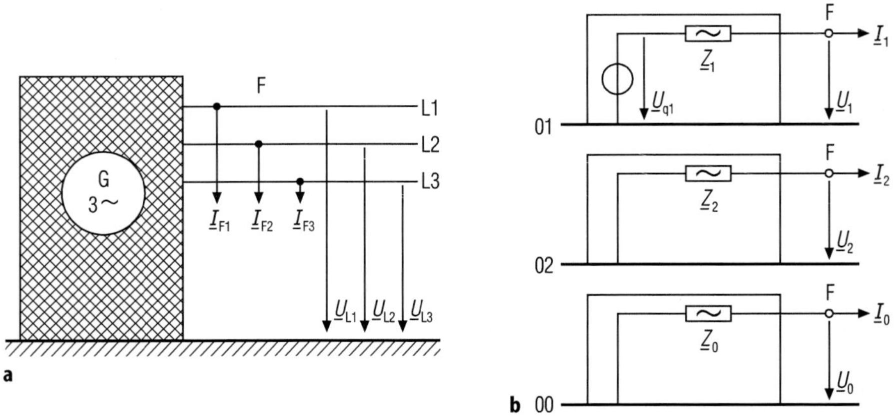

Bild 13.9 a, b. Natürliche Größen und symmetrische Komponenten an der Fehlerstelle. a Drehstromnetz; **b** Symmetrische Komponenten

13.4.1 Strom-Spannungsbeziehungen an der Fehlerstelle

Die Berechnung der Ströme und Spannungen an der Fehlerstelle nach der hier beschriebenen klassischen Methode erfolgt ausgehend von der Fehlerstelle F. An der Fehlerstelle sind 6 Größen unbekannt. Es sind dies die 3 Spannungen und die 3 Ströme entweder als Originalgrößen oder als symmetrische Komponenten (Bild 13.9). Es werden also 6 Gleichungen benötigt. Drei Gleichungen ergeben sich aus den netzseitigen Strom-Spannungsbeziehungen und die restlichen drei Gleichungen aus den Strom-Spannungsbeziehungen auf der Fehlerseite, den sog. Fehlerbedingungen.

Da das Netz bis auf die Fehlerstelle symmetrisch angenommen werden kann, bleiben die symmetrischen Komponenten auf der Netzseite entkoppelt und es gilt (Bild 13.9b und Abschn. 2.4):

$$\begin{aligned} \underline{U}_1 &= -\underline{Z}_1\,\underline{I}_1 + \underline{U}_{q1} \\ \underline{U}_2 &= -\underline{Z}_2\,\underline{I}_2 \\ \underline{U}_0 &= -\underline{Z}_0\,\underline{I}_0 \end{aligned} \tag{13.52}$$

Die Spannungsquelle des Mitsystems $\underline{U}_{q1}$ ist identisch mit der Leerlaufspannung des Mitsystems an der Fehlerstelle für den fehlerfreien Fall (Gl. (13.52) mit $\underline{I}_1 = 0$). Für kleinere Netze ist es leicht möglich von der Fehlerstelle aus die Impedanzen $\underline{Z}_1$, $\underline{Z}_2$ und $\underline{Z}_0$ der symmetrischen Komponenten zu bestimmen.

Die Ermittlung der Leerlaufspannung des Mitsystems kann dagegen auch bei kleineren Netzen schon mit erheblichem Aufwand verbunden sein, wenn das Netz mehrere Quellen enthält. Ausgehend von Gl. (13.6) für das Mitsystem mit $\underline{\boldsymbol{i}} = \underline{\boldsymbol{i}}_{q1}$ (der Knotenstromvektor besteht im Mitsystem nur aus Quellenströmen; nichtmotorische Lasten sind in $\underline{\boldsymbol{Y}}$ enthalten oder werden vernachlässigt) erhält man die gesuchten Größen wie folgt. Die Gleichungssysteme der symmetrischen

Komponenten werden auf der rechten Seite um einen Fehlerstromvektor erweitert. Bei Einfachfehlern sind die Fehlerstromvektoren nur am Fehlerknoten mit den Fehlerstromkomponenten besetzt. Für den Fehler am Knoten F lautet dann das Knotenspannungsgleichungssystem für das Mitsystem:

$$\begin{bmatrix} \underline{y}_{1,11} & \underline{y}_{1,12} & \cdots & \underline{y}_{1,1\mathrm{F}} & \cdots & \underline{y}_{1,1N} \\ \underline{y}_{1,21} & \underline{y}_{1,22} & \cdots & \underline{y}_{1,2\mathrm{F}} & \cdots & \underline{y}_{1,2N} \\ \vdots & \vdots & \ddots & \vdots & \cdots & \vdots \\ \underline{y}_{1,\mathrm{F}1} & \underline{y}_{1,\mathrm{F}2} & \cdots & \underline{y}_{1,\mathrm{FF}} & \cdots & \underline{y}_{1,\mathrm{F}N} \\ \vdots & \vdots & \ddots & \vdots & \ddots & \vdots \\ \underline{y}_{1,N1} & \underline{y}_{1,N2} & \cdots & \underline{y}_{1,N\mathrm{F}} & \cdots & \underline{y}_{1,NN} \end{bmatrix} \begin{bmatrix} \underline{U}_{11} \\ \underline{U}_{12} \\ \vdots \\ \underline{U}_{1\mathrm{F}} \\ \vdots \\ \underline{U}_{1N} \end{bmatrix} = \begin{bmatrix} \underline{I}_{\mathrm{q}11} \\ \underline{I}_{\mathrm{q}12} \\ \vdots \\ \underline{I}_{\mathrm{q}1\mathrm{F}} \\ \vdots \\ \underline{I}_{\mathrm{q}1N} \end{bmatrix} + \begin{bmatrix} 0 \\ 0 \\ \vdots \\ \underline{I}_{1\mathrm{F}} \\ \vdots \\ 0 \end{bmatrix} \tag{13.53}$$

Die Gleichungssysteme für das Gegen- und Nullsystem sind analog aufgebaut, enthalten aber auf der rechten Seite nur den Fehlerstromvektor, da keine Quellen vorhanden sind. Die Auflösung der Gl. (13.53) nach den Knotenspannungen ergibt:

$$\begin{aligned} \begin{bmatrix} \underline{U}_{11} \\ \underline{U}_{12} \\ \vdots \\ \underline{U}_{1\mathrm{F}} \\ \vdots \\ \underline{U}_{1N} \end{bmatrix} &= \begin{bmatrix} \underline{z}_{1,11} & \underline{z}_{1,12} & \cdots & \underline{z}_{1,1\mathrm{F}} & \cdots & \underline{z}_{1,1N} \\ \underline{z}_{1,21} & \underline{z}_{1,22} & \cdots & \underline{z}_{1,2\mathrm{F}} & \cdots & \underline{z}_{1,2N} \\ \vdots & \vdots & \ddots & \vdots & \cdots & \vdots \\ \underline{z}_{1,\mathrm{F}1} & \underline{z}_{1,\mathrm{F}2} & \cdots & \underline{z}_{1,\mathrm{FF}} & \cdots & \underline{z}_{1,\mathrm{F}N} \\ \vdots & \vdots & \ddots & \vdots & \ddots & \vdots \\ \underline{z}_{1,N1} & \underline{z}_{1,N2} & \cdots & \underline{z}_{1,N\mathrm{F}} & \cdots & \underline{z}_{1,NN} \end{bmatrix} \begin{bmatrix} \underline{I}_{\mathrm{q}11} \\ \underline{I}_{\mathrm{q}12} \\ \vdots \\ \underline{I}_{\mathrm{q}1\mathrm{F}} \\ \vdots \\ \underline{I}_{\mathrm{q}1N} \end{bmatrix} \\ &+ \begin{bmatrix} \underline{z}_{1,11} & \underline{z}_{1,12} & \cdots & \underline{z}_{1,1\mathrm{F}} & \cdots & \underline{z}_{1,1N} \\ \underline{z}_{1,21} & \underline{z}_{1,22} & \cdots & \underline{z}_{1,2\mathrm{F}} & \cdots & \underline{z}_{1,2N} \\ \vdots & \vdots & \ddots & \vdots & \cdots & \vdots \\ \underline{z}_{1,\mathrm{F}1} & \underline{z}_{1,\mathrm{F}2} & \cdots & \underline{z}_{1,\mathrm{FF}} & \cdots & \underline{z}_{1,\mathrm{F}N} \\ \vdots & \vdots & \ddots & \vdots & \ddots & \vdots \\ \underline{z}_{1,N1} & \underline{z}_{1,N2} & \cdots & \underline{z}_{1,N\mathrm{F}} & \cdots & \underline{z}_{1,NN} \end{bmatrix} \begin{bmatrix} 0 \\ 0 \\ \vdots \\ \underline{I}_{1\mathrm{F}} \\ \vdots \\ 0 \end{bmatrix} \end{aligned} \tag{13.54}$$

sowie analoge Ausdrücke für das Gegen- und das Nullsystem, jedoch ohne Quellen. Für den Zusammenhang zwischen Strom und Spannung an der Fehlerstelle folgt aus der Zeile für den Fehlerknoten in Gl. (13.54):

$$\underline{U}_{1\mathrm{F}} = \underline{\boldsymbol{z}}_{1,\mathrm{F}}^{\mathrm{T}}\, \underline{\boldsymbol{i}}_{\mathrm{q}1} + \underline{z}_{1,\mathrm{FF}}\, \underline{I}_{1\mathrm{F}} \tag{13.55}$$

Der Vergleich mit Gl. (13.52) ergibt:

$$\underline{Z}_1 = -\,\underline{z}_{1,\mathrm{FF}} \tag{13.56}$$

und

$$\underline{U}_{\mathrm{q}1\mathrm{F}} = \underline{\boldsymbol{z}}_{1,\mathrm{F}}^{\mathrm{T}}\, \underline{\boldsymbol{i}}_{\mathrm{q}1} \tag{13.57}$$

Tabelle 13.4. Fehlerbedingungen und Schaltung der symmetrischen Komponenten für Kurzschlüsse mit und ohne Impedanzen an der Kurzschlussstelle (Kurzschlüsse symmetrisch zum Bezugsleiter L1: Hauptkurzschlüsse)

Kurzschlussart	Kurzschlussbeschreibung im Drehstromnetz und in symmetrischen Komponenten		Komponenten-Schaltplan
	$\underline{Z}_F, \underline{Z}_M$	$\underline{Z}_F = \underline{Z}_M = 0$	$\underline{Z}_F, \underline{Z}_M$
1a. Dreipoliger Kurzschluss 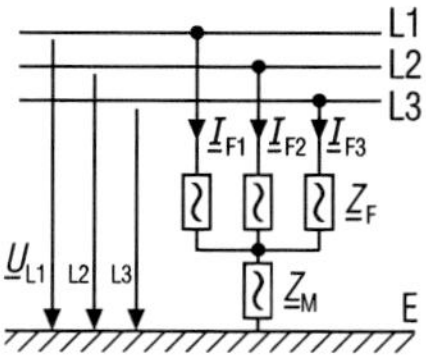	$\underline{U}_{L1} = (\underline{Z}_F + \underline{Z}_M)\underline{I}_{F1} + \underline{Z}_M\underline{I}_{F2} + \underline{Z}_M\underline{I}_{F3}$ $\underline{U}_{L2} = (\underline{Z}_F + \underline{Z}_M)\underline{I}_{F2} + \underline{Z}_M\underline{I}_{F3} + \underline{Z}_M\underline{I}_{F1}$ $\underline{U}_{L3} = (\underline{Z}_F + \underline{Z}_M)\underline{I}_{F3} + \underline{Z}_M\underline{I}_{F1} + \underline{Z}_M\underline{I}_{F2}$ $\underline{U}_1 = \underline{Z}_F\underline{I}_1$ $\underline{U}_2 = \underline{Z}_F\underline{I}_2$ $\underline{U}_0 = (\underline{Z}_F + 3\underline{Z}_M)\underline{I}_0$	$\underline{U}_{L1} = 0$ $\underline{U}_{L2} = 0$ $\underline{U}_{L3} = 0$ $\underline{U}_1 = 0$ $\underline{U}_2 = 0$ $\underline{U}_0 = 0$	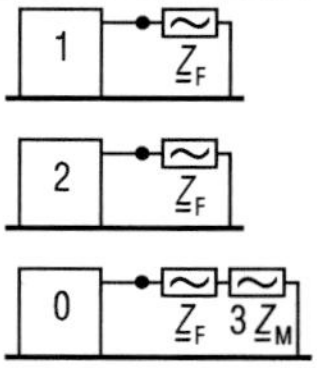
1b: (ohne Erdberührung) 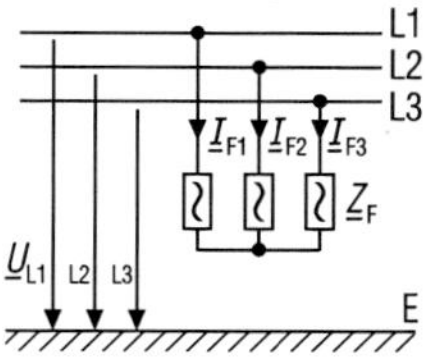	$\underline{I}_{F1} + \underline{I}_{F2} + \underline{I}_{F3} = 0$ $\underline{U}_{L2} - \underline{U}_{L1} = \underline{Z}_F(\underline{I}_{F2} - \underline{I}_{F1})$ $\underline{U}_{L3} - \underline{U}_{L1} = \underline{Z}_F(\underline{I}_{F3} - \underline{I}_{F1})$ $\underline{U}_1 = \underline{Z}_F\underline{I}_1$ $\underline{U}_2 = \underline{Z}_F\underline{I}_2$ $\underline{I}_0 = 0$	$\underline{I}_{F1} + \underline{I}_{F2} + \underline{I}_{F3} = 0$ $\underline{U}_{L2} - \underline{U}_{L1} = 0$ $\underline{U}_{L3} - \underline{U}_{L1} = 0$ $\underline{U}_1 = 0$ $\underline{U}_2 = 0$ $\underline{I}_0 = 0$	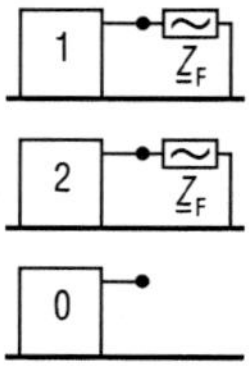
2a: Zweipoliger Kurzschluss 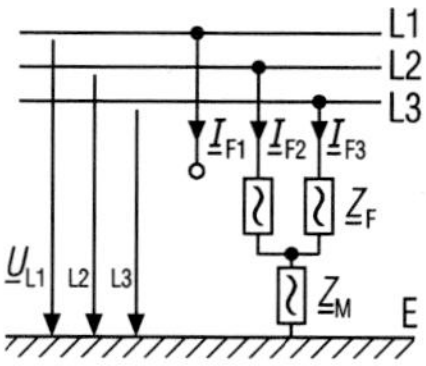	$\underline{I}_{F1} = 0$ $\underline{U}_{L2} = (\underline{Z}_F + \underline{Z}_M)\underline{I}_{F2} + \underline{Z}_M\underline{I}_{F3}$ $\underline{U}_{L3} = (\underline{Z}_F + \underline{Z}_M)\underline{I}_{F3} + \underline{Z}_M\underline{I}_{F2}$ $\underline{I}_1 + \underline{I}_2 + \underline{I}_0 = 0$ $\underline{U}_2 - \underline{Z}_F\underline{I}_2 = \underline{U}_1 - \underline{Z}_F\underline{I}_1$ $\underline{U}_0 - (\underline{Z}_F + 3\underline{Z}_M)\underline{I}_0 = \underline{U}_2 - \underline{Z}_F\underline{I}_2$	$\underline{I}_{F1} = 0$ $\underline{U}_{L2} = 0$ $\underline{U}_{L3} = 0$ $\underline{I}_1 + \underline{I}_2 + \underline{I}_0 = 0$ $\underline{U}_2 = \underline{U}_1$ $\underline{U}_0 = \underline{U}_2$	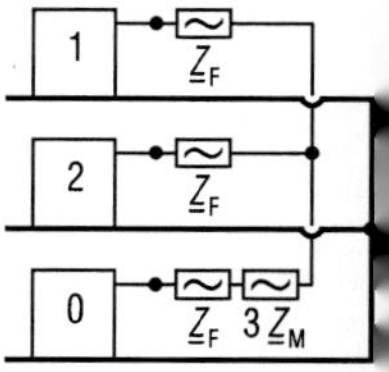
2b: (ohne Erdberührung) 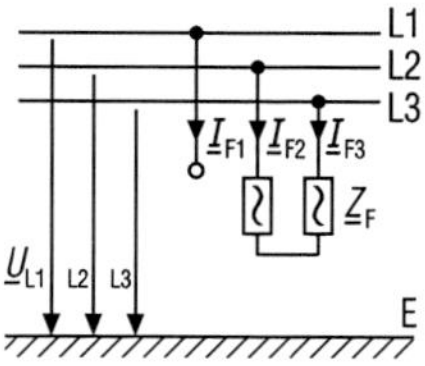	$\underline{I}_{F1} = 0$ $\underline{I}_{F2} + \underline{I}_{F3} = 0$ $\underline{U}_{L3} - \underline{U}_{L2} = \underline{Z}_F(\underline{I}_{F3} - \underline{I}_{F2})$ $\underline{I}_1 + \underline{I}_2 = 0$ $\underline{U}_2 - \underline{Z}_F\underline{I}_2 = \underline{U}_1 - \underline{Z}_F\underline{I}_1$ $\underline{I}_0 = 0$	$\underline{I}_{F1} = 0$ $\underline{I}_{F2} + \underline{I}_{F3} = 0$ $\underline{U}_{L3} - U_{L2} = 0$ $\underline{I}_1 + \underline{I}_2 = 0$ $\underline{U}_2 = \underline{U}_1$ $\underline{I}_0 = 0$	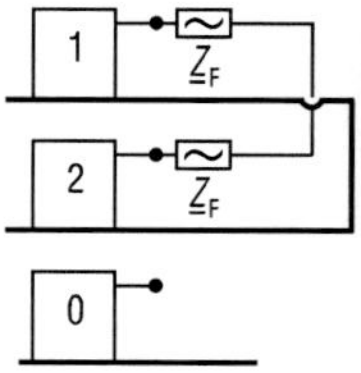

Tabelle 13.4 (Fortsetzung)

Kurzschlussart	Kurzschlussbeschreibung im Drehstromnetz und in symmetrischen Komponenten		Komponenten-Schaltplan
	$\underline{Z}_F, \underline{Z}_M$	$\underline{Z}_F = \underline{Z}_M = 0$	$\underline{Z}_F, \underline{Z}_M$
3: Einpoliger Erdkurzschluss 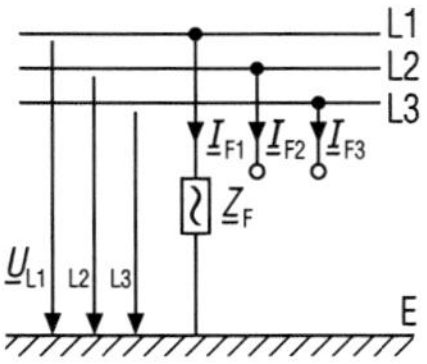	$\underline{U}_{L1} = \underline{Z}_F \underline{I}_{F1}$ $\underline{I}_{F2} = 0$ $\underline{I}_{F3} = 0$ $\underline{U}_1 - \underline{Z}_F \underline{I}_1 + \underline{U}_2 - \underline{Z}_F \underline{I}_2 + \underline{U}_0 - \underline{Z}_F \underline{I}_0 = 0$ $\underline{I}_2 = \underline{I}_1$ $\underline{I}_0 = \underline{I}_2$	$\underline{U}_{L1} = 0$ $\underline{I}_{F2} = 0$ $\underline{I}_{F3} = 0$ $\underline{U}_1 + \underline{U}_2 + \underline{U}_0 = 0$ $\underline{I}_2 = \underline{I}_1$ $\underline{I}_0 = \underline{I}_2$	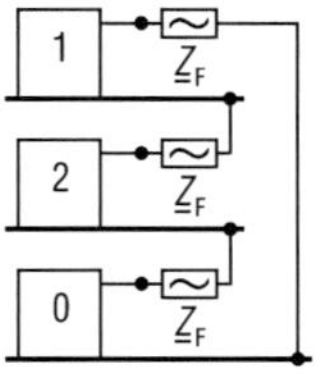

Die Fehlerbedingungen werden am Beispiel des einpoligen Erdkurzschlusses ausführlich behandelt. Für alle anderen Fälle ist die Vorgehensweise analog. In der Tabelle 13.4 sind die Fehlerbedingungen für alle Einfachfehler sowohl für die natürlichen Größen als auch für die symmetrischen Komponenten zusammengestellt. Dabei ist zu beachten, dass die unsymmetrischen Fehler stets symmetrisch zum Bezugsleiter L1 angeordnet sind, weil die Rechnung dann am einfachsten wird. Die symmetrisch zum Bezugsleiter L1 angeordneten Fehler bezeichnet man deshalb auch als Hauptfehler.

Für den einpoligen Erdkurzschluss mit der Impedanz $\underline{Z}_F$ im Leiter L1 lauten die 3 Fehlerbedingungen (Tabelle 13.4):

$$\begin{aligned} \underline{U}_{L1} &= \underline{Z}_F \underline{I}_{F1} \\ \underline{I}_{F2} &= 0 \\ \underline{I}_{F3} &= 0 \end{aligned} \tag{13.58}$$

Die Drehstromgrößen werden mit Hilfe der Transformationsmatrix der symmetrischen Komponenten (Gl. (2.38)) ersetzt. Man erhält, wenn man den Index F an den symmetrischen Komponenten weglässt:

$$\begin{aligned} \underline{U}_{L1} &= \underline{U}_1 + \underline{U}_2 + \underline{U}_0 = \underline{Z}_F (\underline{I}_1 + \underline{I}_2 + \underline{I}_0) \\ \underline{I}_{F2} &= \underline{a}^2 \underline{I}_1 + \underline{a} \underline{I}_2 + \underline{I}_0 = 0 \\ \underline{I}_{F3} &= \underline{a} \underline{I}_1 + \underline{a}^2 \underline{I}_2 + \underline{I}_0 = 0 \end{aligned} \tag{13.59}$$

Die beiden letzten Gleichungen sind bei nicht verschwindenden Strömen nur erfüllt für:

$$\underline{I}_1 = \underline{I}_2 = \underline{I}_0 \tag{13.60}$$

Durch Umordnen erhält man für die symmetrischen Komponenten die folgenden 3 Fehlerbedingungen:

$$\begin{aligned} &\underline{U}_1 - \underline{Z}_F \underline{I}_1 + \underline{U}_2 - \underline{Z}_F \underline{I}_2 + \underline{U}_0 - \underline{Z}_F \underline{I}_0 = 0 \\ &\underline{I}_2 = \underline{I}_1 \\ &\underline{I}_0 = \underline{I}_2 \end{aligned} \tag{13.61}$$

Die Gln. (13.61) lassen sich als eine Reihenschaltung der symmetrischen Komponentennetze unter Einbeziehung der dreifachen Fehlerimpedanz interpretieren (Tabelle 13.4). Im englischsprachigen Schrifttum wird der einpolige Erdkurzschluss deshalb auch als Serienfehler (series fault) bezeichnet. Bei widerstandslosem Erdkurzschluss ist $\underline{Z}_F = 0$ zu setzen, womit sich die erste Bedingung der Gln. (13.61) vereinfacht zu:

$$\underline{U}_1 + \underline{U}_2 + \underline{U}_0 = 0 \tag{13.62}$$

Ein Blick auf die Tabelle 13.4 zeigt, dass sich die Fehlerbedingungen bei symmetrischen Fehlern entweder nur auf die Spannungen oder Ströme beziehen, während sie bei unsymmetrischen Fehlern sowohl die Ströme als auch die Spannungen betreffen.

13.4.2 Einpoliger Erdkurzschluss

Hier wird beispielhaft nur der einpolige Erdkurzschluss behandelt. Die Ströme und Spannungen für alle Kurzschlussarten enthält die Tabelle A.18.

Aus Gln. (13.52) und Gln. (13.61) oder direkt aus dem Maschenumlauf über die in Reihe geschalteten Komponentennetze (Tabelle 13.4, Fall 3) ergibt sich:

$$\underline{I}_1 = \underline{I}_2 = \underline{I}_0 = \frac{\underline{U}_{q1}}{\underline{Z}_1 + \underline{Z}_2 + \underline{Z}_0 + 3\underline{Z}_F} \tag{13.63}$$

Die Spannungen erhält man durch Einsetzen der Ströme in die Gln. (13.52) oder direkt aus der Spannungsteilerregel über den Komponentennetzen:

$$\begin{aligned} \underline{U}_1 &= \frac{\underline{Z}_2 + \underline{Z}_0 + 3\underline{Z}_F}{\underline{Z}_1 + \underline{Z}_2 + \underline{Z}_0 + 3\underline{Z}_F}\underline{U}_{q1} \\ \underline{U}_2 &= -\frac{\underline{Z}_2}{\underline{Z}_1 + \underline{Z}_2 + \underline{Z}_0 + 3\underline{Z}_F}\underline{U}_{q1} \\ \underline{U}_0 &= -\frac{\underline{Z}_0}{\underline{Z}_1 + \underline{Z}_2 + \underline{Z}_0 + 3\underline{Z}_F}\underline{U}_{q1} \end{aligned} \tag{13.64}$$

Die Rücktransformation liefert:

$$\underline{I}_{F1} = 3\underline{I}_1 = \frac{3\underline{U}_{q1}}{\underline{Z}_1 + \underline{Z}_2 + \underline{Z}_0 + 3\underline{Z}_F} \tag{13.65}$$

und $\underline{I}_{F2} = \underline{I}_{F3} = 0$ gemäß den Fehlerbedingungen.

$$\begin{aligned} \underline{U}_{L1} &= \frac{3\underline{Z}_F}{\underline{Z}_1 + \underline{Z}_2 + \underline{Z}_0 + 3\underline{Z}_F}\underline{U}_{q1} \\ \underline{U}_{L2} &= \frac{3\underline{a}^2\underline{Z}_F - \mathrm{j}\sqrt{3}(\underline{Z}_2 - \underline{a}\underline{Z}_0)}{\underline{Z}_1 + \underline{Z}_2 + \underline{Z}_0 + 3\underline{Z}_F}\underline{U}_{q1} \\ \underline{U}_{L3} &= \frac{3\underline{a}\underline{Z}_F + \mathrm{j}\sqrt{3}(\underline{Z}_2 - \underline{a}^2\underline{Z}_0)}{\underline{Z}_1 + \underline{Z}_2 + \underline{Z}_0 + 3\underline{Z}_F}\underline{U}_{q1} \end{aligned} \tag{13.66}$$

Für $\underline{U}_{q1} = \underline{U}''$ und niederohmig geerdetes Netz erhält man den einpoligen Anfangs-Kurzschlusswechselstrom. Der Vergleich der Beträge der einpoligen, zweipoligen und dreipoligen Anfangs-Kurzschlusswechselströme ohne Impedanzen an der Kurzschlussstelle ($\underline{Z}_F = 0$) ergibt:

$$\frac{I''_{k1}}{I''_{k3}} = \frac{3\left|\underline{Z}_1\right|}{\left|\underline{Z}_1 + \underline{Z}_2 + \underline{Z}_0\right|} = \frac{3}{\left|1 + \underline{Z}_2 / \underline{Z}_1 + \underline{Z}_0 / \underline{Z}_1\right|} \approx \frac{3}{2 + X_0 / X_1} \tag{13.67}$$

$$\frac{I''_{kE2E}}{I''_{k3}} = \frac{3\left|\underline{Z}_1\right|}{\left|\underline{Z}_1 + \underline{Z}_0(1 + \underline{Z}_1 / \underline{Z}_2)\right|} = \frac{3}{\left|1 + \underline{Z}_0 / \underline{Z}_1 + \underline{Z}_0 / \underline{Z}_2\right|} \approx \frac{3}{1 + 2X_0 / X_1} \tag{13.68}$$

Die Näherungen gelten bei Vernachlässigung der Wirkwiderstände und unter der Annahme $X_2 = X_1$. Sie sind für Hochspannungsnetze zutreffend und liefern die größten nach Erde fließenden Ströme. Die mit ihnen berechneten Kurzschlussstromverhältnisse sind im Bild 13.10 mit X_0/X_1 als Parameter dargestellt. Unter den getroffenen Annahmen werden bei $X_0 = X_1$ die drei Kurzschlussströme I''_{k1}, I''_{kE2E} und I''_{k3} gleich groß. Für $X_0/X_1 > 1$ gilt die Relation: $I''_{kE2E} < I''_{k1} < I''_{k3}$.

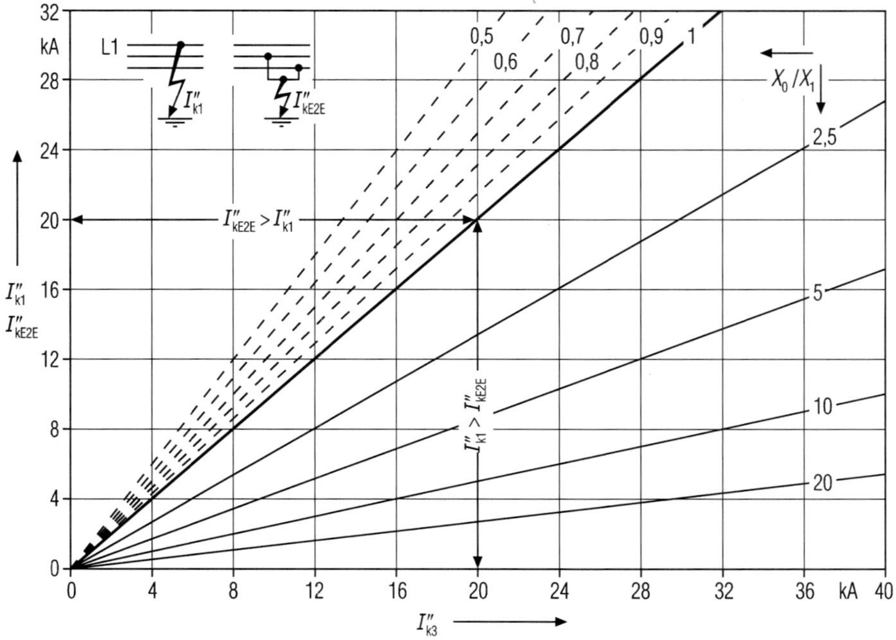

Bild 13.10. Anfangs-Kurzschlusswechselströme I''_{k1} und I''_{kE2E} abhängig von I''_{k3} und dem Verhältnis X_0/X_1 bei $X_2 = X_1$ und Vernachlässigung der Wirkwiderstände

13.5 Einfachlängsfehler

Die Behandlung der Einfachlängsfehler in symmetrischen Komponenten erfolgt nach der gleichen Methode wie für die Einfachquerfehler. Es ist lediglich zu beachten, dass bei einem Längsfehler ein neuer Knoten entsteht und der Fehlerort mit den Spannungen $\underline{U}_{F1}$, $\underline{U}_{F2}$ und $\underline{U}_{F3}$ jetzt zwischen einem Knoten F und dem hinzugekommenen Knoten F′ liegt (Bild 13.11).

13.5.1 Strom-Spannungsbeziehungen an der Fehlerstelle

Die netzseitigen Strom-Spannungsbeziehungen an der Fehlerstelle im Bild 13.11 werden wie bei den Querfehlern durch Zweipolgleichungen analog zur Gl. (13.54) formuliert:

$$\begin{aligned} \underline{U}_1 &= -\underline{Z}_1 \underline{I}_1 + \underline{U}_{q1} \\ \underline{U}_2 &= -\underline{Z}_2 \underline{I}_2 \\ \underline{U}_0 &= -\underline{Z}_0 \underline{I}_0 \end{aligned} \tag{13.73}$$

Die Quellenspannung des Mitsystems $\underline{U}_{q1}$ ist die Leerlaufspannung des Mitsystems an der Fehlerstelle. Sie ist identisch mit der Spannung über der Unterbrechungsstelle im Leiter L1 bei dreipoliger Unterbrechung.

Das Knotenspannungs-Gleichungssystem des Mitsystems lautet mit den Knoten F und F′ der Unterbrechungsstelle:

$$\begin{bmatrix} \underline{y}_{1,11} & \cdots & \underline{y}_{1,1F} & \underline{y}_{1,1F'} & \cdots & \underline{y}_{1,1N} \\ \vdots & \ddots & \vdots & \vdots & \cdots & \vdots \\ \underline{y}_{1,F1} & \cdots & \underline{y}_{1,FF} & \underline{y}_{1,FF'} & \cdots & \underline{y}_{1,FN} \\ \underline{y}_{1,F'1} & \cdots & \underline{y}_{1,F'F} & \underline{y}_{1,F'F'} & \cdots & \underline{y}_{1,F'N} \\ \vdots & \ddots & \vdots & \vdots & \ddots & \vdots \\ \underline{y}_{1,N1} & \cdots & \underline{y}_{1,NF} & \underline{y}_{1,NF'} & \cdots & \underline{y}_{1,NN} \end{bmatrix} \begin{bmatrix} \underline{U}_{11} \\ \vdots \\ \underline{U}_{1F} \\ \underline{U}_{1F'} \\ \vdots \\ \underline{U}_{1N} \end{bmatrix} = \begin{bmatrix} \underline{I}_{q11} \\ \vdots \\ \underline{I}_{q1F} \\ \underline{I}_{q1F'} \\ \vdots \\ \underline{I}_{q1N} \end{bmatrix} + \begin{bmatrix} 0 \\ \vdots \\ \underline{I}_{1F} \\ \underline{I}_{1F'} \\ \vdots \\ 0 \end{bmatrix} \tag{13.74}$$

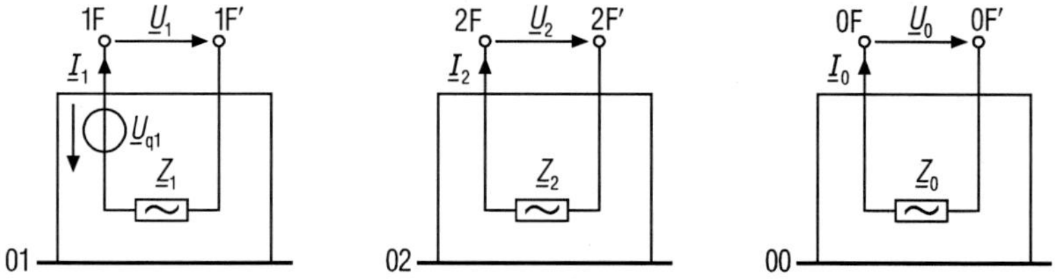

Bild 13.11. Symmetrische Komponenten an der Längsfehlerstelle

Die Gleichungssysteme für das Gegen- und Nullsystem haben die gleiche Form, jedoch ohne Quellenströme. Durch Auflösung der Gl. (13.74) nach den Knotenspannungen erhält man:

$$\begin{bmatrix} \underline{U}_{11} \\ \vdots \\ \underline{U}_{1\mathrm{F}} \\ \underline{U}_{1\mathrm{F}'} \\ \vdots \\ \underline{U}_{1N} \end{bmatrix} = \begin{bmatrix} \underline{z}_{1,11} & \cdots & \underline{z}_{1,1\mathrm{F}} & \underline{z}_{1,1\mathrm{F}'} & \cdots & \underline{z}_{1,1N} \\ \vdots & \ddots & \vdots & \vdots & \cdots & \vdots \\ \underline{z}_{1,\mathrm{F}1} & \cdots & \underline{z}_{1,\mathrm{FF}} & \underline{z}_{1,\mathrm{FF}'} & \cdots & \underline{z}_{1,\mathrm{F}N} \\ \underline{z}_{1,\mathrm{F}'1} & \cdots & \underline{z}_{1,\mathrm{F}'\mathrm{F}} & \underline{z}_{1,\mathrm{F}'\mathrm{F}'} & \cdots & \underline{z}_{1,\mathrm{F}'N} \\ \vdots & \ddots & \vdots & \vdots & \ddots & \vdots \\ \underline{z}_{1,N1} & \cdots & \underline{z}_{1,N\mathrm{F}} & \underline{z}_{1,N\mathrm{F}'} & \cdots & \underline{z}_{1,NN} \end{bmatrix} \begin{bmatrix} \underline{I}_{\mathrm{q}11} \\ \vdots \\ \underline{I}_{\mathrm{q}1\mathrm{F}} \\ \underline{I}_{\mathrm{q}1\mathrm{F}'} \\ \vdots \\ \underline{I}_{\mathrm{q}1N} \end{bmatrix} + \begin{bmatrix} \underline{z}_{1,11} & \cdots & \underline{z}_{1,1\mathrm{F}} & \underline{z}_{1,1\mathrm{F}'} & \cdots & \underline{z}_{1,1N} \\ \vdots & \ddots & \vdots & \vdots & \cdots & \vdots \\ \underline{z}_{1,\mathrm{F}1} & \cdots & \underline{z}_{1,\mathrm{FF}} & \underline{z}_{1,\mathrm{FF}'} & \cdots & \underline{z}_{1,\mathrm{F}N} \\ \underline{z}_{1,\mathrm{F}'1} & \cdots & \underline{z}_{1,\mathrm{F}'\mathrm{F}} & \underline{z}_{1,\mathrm{F}'\mathrm{F}'} & \cdots & \underline{z}_{1,\mathrm{F}'N} \\ \vdots & \ddots & \vdots & \vdots & \ddots & \vdots \\ \underline{z}_{1,N1} & \cdots & \underline{z}_{1,N\mathrm{F}} & \underline{z}_{1,N\mathrm{F}'} & \cdots & \underline{z}_{1,NN} \end{bmatrix} \begin{bmatrix} 0 \\ \vdots \\ \underline{I}_{1\mathrm{F}} \\ \underline{I}_{1\mathrm{F}'} \\ \vdots \\ 0 \end{bmatrix} \tag{13.75}$$

Für die Spannung über der Fehlerstelle folgt daraus:

$$\underline{U}_1 = \underline{U}_{1\mathrm{F}} - \underline{U}_{1\mathrm{F}'} = (\underline{\boldsymbol{z}}^{\mathrm{T}}_{1,\mathrm{F}} - \underline{\boldsymbol{z}}^{\mathrm{T}}_{1,\mathrm{F}'})\,\underline{\boldsymbol{i}}_{\mathrm{q}1} + (\underline{z}_{1,\mathrm{FF}} + \underline{z}_{1,\mathrm{F}'\mathrm{F}'} - \underline{z}_{1,\mathrm{FF}'} - \underline{z}_{1,\mathrm{F}'\mathrm{F}})\,\underline{I}_{1\mathrm{F}} \tag{13.76}$$

Der Vergleich mit Gl. (13.73) ergibt:

$$\underline{U}_{\mathrm{q}1} = (\underline{\boldsymbol{z}}^{\mathrm{T}}_{1,\mathrm{F}} - \underline{\boldsymbol{z}}^{\mathrm{T}}_{1,\mathrm{F}'})\,\underline{\boldsymbol{i}}_{\mathrm{q}1} \tag{13.77}$$

$$\underline{Z}_1 = -(\underline{z}_{1,\mathrm{FF}} + \underline{z}_{1,\mathrm{F}'\mathrm{F}'} - \underline{z}_{1,\mathrm{FF}'} - \underline{z}_{1,\mathrm{F}'\mathrm{F}}) \tag{13.78}$$

Für die Impedanzen des Gegen- und Nullsystems gilt die Gl. (13.78) analog. Die Fehlerbedingungen für Längsfehler sind in Tabelle 13.5 zusammengestellt.

Ein Vergleich der Tabellen 13.4 und 13.5 zeigt, dass die Fehlerbedingungen der Unterbrechungen und Kurzschlüsse mit Erdberührung dual zueinander sind. Diese Systematik ermöglicht die Übernahme der Ergebnisse von den Kurzschlüssen mit Erdberührung nach dem Dualitätsprinzip, wenn man als duale Größe für die Leerlaufspannung im Mitsystem die Stromquelle $\underline{I}_{\mathrm{q}1} = \underline{Y}_1\,\underline{U}_{\mathrm{q}1}$ setzt.

13.5.2 Einpoliger Längsfehler

Der einpolige Längsfehler ist der zum einpoligen Erdkurzschluss duale Fehler. Die Komponentennetze sind an der Fehlerstelle parallel geschaltet (die Parallelschaltung ist die zur Reihenschaltung duale Schaltung). Aus der Gl. (13.73) und den Fehlerbedingungen oder direkt aus der zu den Gln. (13.65) und

Tabelle 13.5. Bedingungen und Komponentenschaltungen für Unterbrechungen mit und ohne Admittanzen an der Unterbrechungsstelle (Hauptunterbrechungen, symmetrisch zum Leiter L1)

Art der Unterbrechung	Fehlerbedingungen im Drehstromnetz und in symmetrischen Komponenten		Komponenten-Schaltplan
	$\underline{Y}_F \neq 0$	$\underline{Y}_F = 0$	
Dreipolig 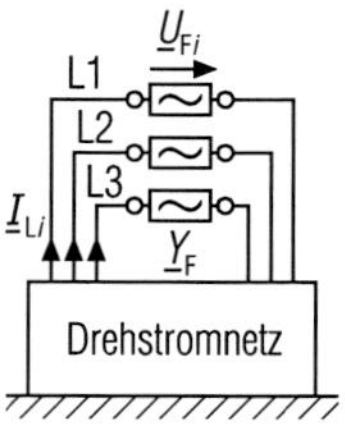	$\underline{I}_{L1} - \underline{Y}_F\underline{U}_{F1} = 0$ $\underline{I}_{L2} - \underline{Y}_F\underline{U}_{F2} = 0$ $\underline{I}_{L3} - \underline{Y}_F\underline{U}_{F3} = 0$	$\underline{I}_{L1} = 0$ $\underline{I}_{L2} = 0$ $\underline{I}_{L3} = 0$	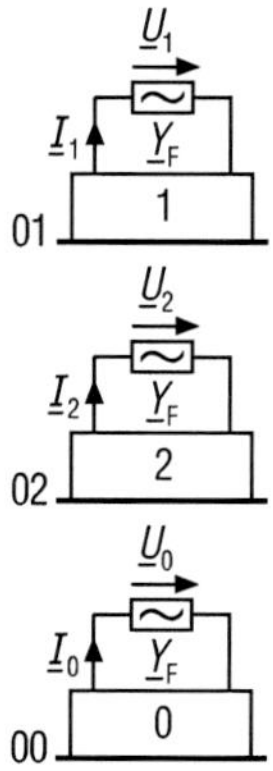
	$\underline{I}_1 - \underline{Y}_F\underline{U}_1 = 0$ $\underline{I}_2 - \underline{Y}_F\underline{U}_2 = 0$ $\underline{I}_0 - \underline{Y}_F\underline{U}_0 = 0$	$\underline{I}_1 = 0$ $\underline{I}_2 = 0$ $\underline{I}_0 = 0$	
Zweipolig 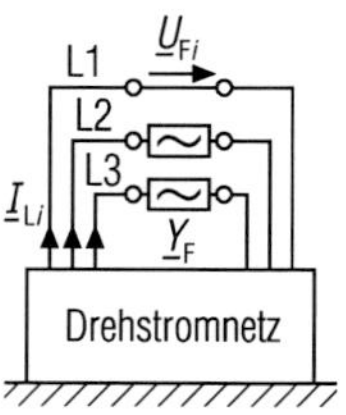	$\underline{U}_{F1} = 0$ $\underline{I}_{L2} - \underline{Y}_F\underline{U}_{F2} = 0$ $\underline{I}_{L3} - \underline{Y}_F\underline{U}_{F3} = 0$	$\underline{U}_{F1} = 0$ $\underline{I}_{L2} = 0$ $\underline{I}_{L3} = 0$	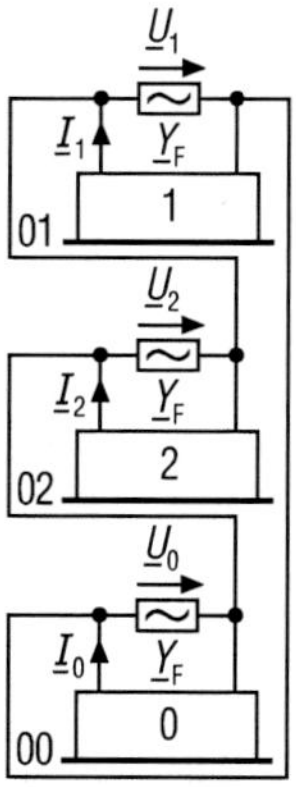
	$\underline{U}_1 + \underline{U}_2 + \underline{U}_0 = 0$ $\underline{I}_2 - \underline{Y}_F\underline{U}_2 = \underline{I}_1 - \underline{Y}_F\underline{U}_1$ $\underline{I}_0 - \underline{Y}_F\underline{U}_0 = \underline{I}_2 - \underline{Y}_F\underline{U}_2$	$\underline{U}_1 + \underline{U}_2 + \underline{U}_0 = 0$ $\underline{I}_2 = \underline{I}_1$ $\underline{I}_0 = \underline{I}_2$	
Einpolig 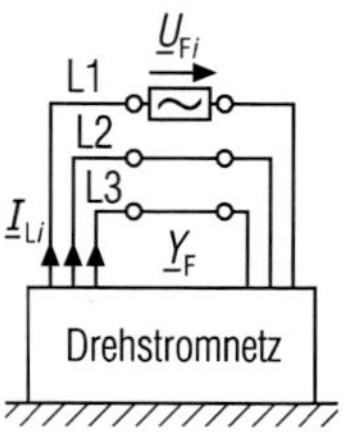	$\underline{I}_{L1} - \underline{Y}_F\underline{U}_{F1} = 0$ $\underline{U}_{F2} = 0$ $\underline{U}_{F3} = 0$	$\underline{I}_{L1} = 0$ $\underline{U}_{F2} = 0$ $\underline{U}_{F3} = 0$	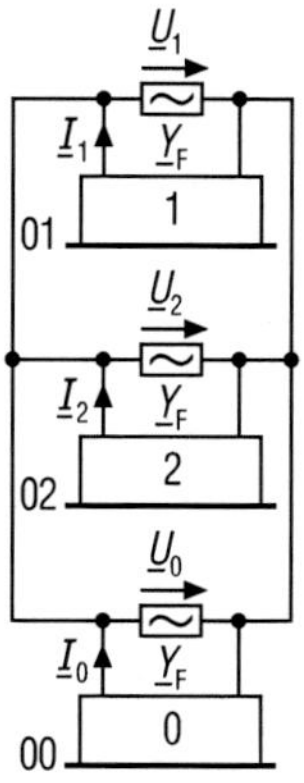
	$\underline{I}_1 - \underline{Y}_F\underline{U}_1 + \underline{I}_2 - \underline{Y}_F\underline{U}_2 + \underline{I}_0 - \underline{Y}_F\underline{U}_0 = 0$ $\underline{U}_2 = \underline{U}_1$ $\underline{U}_0 = \underline{U}_2$	$\underline{I}_1 + \underline{I}_2 + \underline{I}_0 = 0$ $\underline{U}_2 = \underline{U}_1$ $\underline{U}_0 = \underline{U}_2$	

(13.66) dualen Beziehungen erhält man mit $\underline{Y}_1 = 1/\underline{Z}_1$, $\underline{Y}_2 = 1/\underline{Z}_2$ und $\underline{Y}_0 = 1/\underline{Z}_0$ sowie $\underline{I}_{q1} = \underline{Y}_1\underline{U}_{q1}$:

$$\underline{U}_1 = \underline{U}_2 = \underline{U}_0 = \frac{\underline{I}_{q1}}{\underline{Y}_1 + \underline{Y}_2 + \underline{Y}_0 + 3\underline{Y}_F} \tag{13.79}$$

$$\begin{aligned} \underline{I}_1 &= \frac{\underline{Y}_2 + \underline{Y}_0 + 3\underline{Y}_F}{\underline{Y}_1 + \underline{Y}_2 + \underline{Y}_0 + 3\underline{Y}_F}\underline{I}_{q1} \\ \underline{I}_2 &= -\frac{\underline{Y}_2}{\underline{Y}_1 + \underline{Y}_2 + \underline{Y}_0 + 3\underline{Y}_F}\underline{I}_{q1} \\ \underline{I}_0 &= -\frac{\underline{Y}_0}{\underline{Y}_1 + \underline{Y}_2 + \underline{Y}_0 + 3\underline{Y}_F}\underline{I}_{q1} \end{aligned} \tag{13.80}$$

Für $\underline{Y}_F = 0$ liegt eine einpolige Unterbrechung im Leiter L1 vor. Die Gln. (13.79) und (13.80) vereinfachen sich zu:

$$\underline{U}_1 = \underline{U}_2 = \underline{U}_0 = \frac{\underline{I}_{q1}}{\underline{Y}_1 + \underline{Y}_2 + \underline{Y}_0} = \frac{\underline{Z}_2\underline{Z}_0}{\underline{Z}_1\underline{Z}_2 + \underline{Z}_2\underline{Z}_0 + \underline{Z}_0\underline{Z}_1}\underline{U}_{q1} \tag{13.81}$$

$$\begin{aligned} \underline{I}_1 &= \frac{\underline{Z}_2 + \underline{Z}_0}{\underline{Z}_1\underline{Z}_2 + \underline{Z}_2\underline{Z}_0 + \underline{Z}_0\underline{Z}_1}\underline{U}_{q1} \\ \underline{I}_2 &= -\frac{\underline{Z}_0}{\underline{Z}_1\underline{Z}_2 + \underline{Z}_2\underline{Z}_0 + \underline{Z}_0\underline{Z}_1}\underline{U}_{q1} = -\frac{\underline{Z}_0}{\underline{Z}_2 + \underline{Z}_0}\underline{I}_1 \\ \underline{I}_0 &= -\frac{\underline{Z}_2}{\underline{Z}_1\underline{Z}_2 + \underline{Z}_2\underline{Z}_0 + \underline{Z}_0\underline{Z}_1}\underline{U}_{q1} = -\frac{\underline{Z}_2}{\underline{Z}_2 + \underline{Z}_0}\underline{I}_1 \end{aligned} \tag{13.82}$$

Durch Rücktransformation der Gln. (13.81) und (13.82) erhält man:

$$\underline{U}_{F1} = \frac{3\underline{Z}_2\underline{Z}_0}{\underline{Z}_1\underline{Z}_2 + \underline{Z}_2\underline{Z}_0 + \underline{Z}_0\underline{Z}_1}\underline{U}_{q1} \tag{13.83}$$

$\underline{U}_{F2} = \underline{U}_{F3} = 0$ gemäß den Fehlerbedingungen

$\underline{I}_{L1} = 0$ gemäß der Fehlerbedingung

$$\begin{aligned} \underline{I}_{L2} &= -\mathrm{j}\sqrt{3}\frac{\underline{Z}_0 - \underline{a}\underline{Z}_2}{\underline{Z}_1\underline{Z}_2 + \underline{Z}_2\underline{Z}_0 + \underline{Z}_0\underline{Z}_1}\underline{U}_{q1} \\ \underline{I}_{L3} &= \mathrm{j}\sqrt{3}\frac{\underline{Z}_0 - \underline{a}^2\underline{Z}_2}{\underline{Z}_1\underline{Z}_2 + \underline{Z}_2\underline{Z}_0 + \underline{Z}_0\underline{Z}_1}\underline{U}_{q1} \end{aligned} \tag{13.84}$$

13.5.3 Zweipoliger Längsfehler

Die Fehlerbedingungen sind dual zu denen des zweipoligen Erdkurzschlusses mit Fehlerimpedanzen $\underline{Z}_F$ in jedem Leiter und $\underline{Z}_M = 0$. Man kann sich also die

Rechnung ersparen und gleich die entsprechenden dualen Beziehungen aus Tabelle A.18 übernehmen. Hier sollen nur die Beziehungen für vollständige Unterbrechungen der Leiter L2 und L3, die man für $\underline{Y}_F = 0$ erhält, angegeben werden ($\underline{Y}_F = 0$ entspricht $\underline{Z}_F = 0$ bei der Übernahme der Dualitätsbeziehungen aus Tabelle A.18).

$$\underline{I}_1 = \underline{I}_2 = \underline{I}_0 = \frac{\underline{U}_{q1}}{\underline{Z}_1 + \underline{Z}_2 + \underline{Z}_0} \tag{13.85}$$

$$\begin{aligned} \underline{U}_1 &= \frac{\underline{Z}_2 + \underline{Z}_0}{\underline{Z}_1 + \underline{Z}_2 + \underline{Z}_0}\underline{U}_{q1} \\ \underline{U}_2 &= -\frac{\underline{Z}_2}{\underline{Z}_1 + \underline{Z}_2 + \underline{Z}_0}\underline{U}_{q1} \\ \underline{U}_0 &= -\underline{U}_1 - \underline{U}_2 = -\frac{\underline{Z}_0}{\underline{Z}_1 + \underline{Z}_2 + \underline{Z}_0}\underline{U}_{q1} \end{aligned} \tag{13.86}$$

Die zugehörigen Drehstromgrößen sind:

$$\begin{aligned} \underline{I}_{L1} &= 3\underline{I}_1 = \frac{3\underline{U}_{q1}}{\underline{Z}_1 + \underline{Z}_2 + \underline{Z}_0} \\ \underline{I}_{L2} &= \underline{I}_{L3} = 0 \quad \text{gemäß den Fehlerbedingungen} \end{aligned} \tag{13.87}$$

und

$$\begin{aligned} \underline{U}_{F1} &= 0 \quad \text{gemäß den Fehlerbedingungen} \\ \underline{U}_{F2} &= -\mathrm{j}\sqrt{3}\,\frac{\underline{Z}_2 - \underline{a}\,\underline{Z}_0}{\underline{Z}_1 + \underline{Z}_2 + \underline{Z}_0}\underline{U}_{q1} \\ \underline{U}_{F3} &= \mathrm{j}\sqrt{3}\,\frac{\underline{Z}_2 - \underline{a}^2\,\underline{Z}_0}{\underline{Z}_1 + \underline{Z}_2 + \underline{Z}_0 + 3\underline{Z}_F}\underline{U}_{q1} \end{aligned} \tag{13.88}$$

13.6 Doppelerdkurzschluss und andere Doppelfehler

Der am häufigsten vorkommende Doppelfehler ist der Doppelerdkurzschluss in Netzen mit isoliertem Sternpunkt oder mit Erdschlusskompensation.

Die Berechnung der Doppelfehler mit symmetrischen Komponenten kann wie die der Einfachfehler ausgehend von den beiden Fehlerstellen, die mit A und B gekennzeichnet werden, erfolgen. Es sind jetzt 12 Gleichungen für die 6 unbekannten Ströme und 6 unbekannten Spannungen aufzustellen und zu lösen. Sechs Gleichungen liefern die netzseitigen Strom-Spannungsbeziehungen. Die restlichen 6 Gleichungen sind die Fehlerbedingungen an den beiden Fehlerstellen.

Bei der Formulierung der Fehlerbedingungen muss man beachten, dass, von Ausnahmen abgesehen, jetzt nur noch ein Fehler in seiner Lage zum Be-

Tabelle 13.6. Fehlerbedingungen für Kurzschlüsse und Unterbrechungen

Fehlerart	Spannungsbedingungen	Strombedingungen
k1	$\underline{U}_1 + \underline{\alpha}\,\underline{U}_2 + \underline{\alpha}^*\underline{U}_0 = 0$	$\underline{I}_2 = \underline{\alpha}^*\underline{I}_1;\ \underline{I}_0 = \underline{\alpha}\,\underline{I}_1$
k2E	$\underline{U}_2 = \underline{\alpha}^*\underline{U}_1\ ;\ \underline{U}_0 = \underline{\alpha}\,\underline{U}_1$	$\underline{I}_1 + \underline{\alpha}\,\underline{I}_2 + \underline{\alpha}^*\underline{I}_0 = 0$
k2	$\underline{U}_2 = \underline{\alpha}^*\underline{U}_1$	$\underline{I}_1 + \underline{\alpha}\,\underline{I}_2 = 0;\ \underline{I}_0 = 0$
k3E	$\underline{U}_1 = \underline{U}_2 = \underline{U}_0 = 0$	-
k3	$\underline{U}_1 = \underline{U}_2 = 0$	$\underline{I}_0 = 0$
u1	$\underline{U}_2 = \underline{\alpha}^*\underline{U}_1\ ;\ \underline{U}_0 = \underline{\alpha}\,\underline{U}_1$	$\underline{I}_1 + \underline{\alpha}\,\underline{I}_2 + \underline{\alpha}^*\underline{I}_0 = 0$
u2	$\underline{U}_1 + \underline{\alpha}\,\underline{U}_2 + \underline{\alpha}^*\underline{U}_0 = 0$	$\underline{I}_2 + \underline{\alpha}^*\underline{I}_1\ ;\ \underline{I}_0 = \underline{\alpha}\,\underline{I}_1$
u3	-	$\underline{I}_1 = \underline{I}_2 = \underline{I}_0 = 0$

zugsleiter L1 frei gewählt werden kann. Deshalb werden jetzt auch die Fehlerbedingungen in symmetrischen Komponenten für eine beliebige Lage der unsymmetrischen Fehler zum Bezugsleiter L1 benötigt. Diese sind in der Tabelle 13.6 für die Kurzschlüsse und Unterbrechungen zusammengestellt.

Der komplexe Faktor $\underline{\alpha}$ berücksichtigt die Fehlerlage. Er ist für die Hauptfehler (Fehler, die symmetrisch zum Bezugsleiter L1 angeordnet sind) eins.

Tabelle 13.7. Komplexer Faktor $\underline{\alpha}$ für die Fehlerbedingungen in Tabelle 13.6

Querfehler/Längsfehler	1-polig	2-polig	$\underline{\alpha}$
Betroffene Leiter	L1	L2 - L3	1
	L2	L3 - L1	$\underline{a}^2$
	L3	L1 - L2	$\underline{a}$

Die Verifizierung der allgemeinen Fehlerbedingungen nach Tabelle 13.6 durch Schaltverbindungen der Komponentennetze an den Fehlerstellen erfordert, bis auf die Fehler, die symmetrisch zum Bezugsleiter L1 angeordnet sind, ideale Übertrager mit dem komplexen Übersetzungsverhältnis $\underline{\alpha}$ im Mitsystem und $\underline{\alpha}^* = 1/\underline{\alpha}$ im Gegensystem. Dabei muss man aber beachten, dass durch Schaltverbindungen an einer Fehlerstelle, die ohne Übertrager auskommt, keine Kurzschlüsse an der anderen Fehlerstelle entstehen. Es können dann weitere Übertrager mit dem Übersetzungsverhältnis 1:1 erforderlich werden. Die Schaltverbindungen der Komponentennetze spielten früher eine Rolle, als man bei der Untersuchung von Fehlern auf Netzmodelle angewiesen war.

In den weiteren Ausführungen sollen nur aus Kurzschlüssen gebildete Doppelfehler betrachtet werden. Die netzseitigen Strom-Spannungsbeziehungen erhält man aus den um die Fehlerströme $\underline{I}_{iA}$ und $\underline{I}_{iB}$ ($i = 1{,}2{,}0$) erweiterten Knotenspannungs-Gleichungssystemen der symmetrischen Komponenten, von denen hier nur das Mitsystems angegeben wird:

$$\begin{bmatrix} \underline{y}_{1,11} & \cdots & \underline{y}_{1,1\mathrm{A}} & \underline{y}_{1,1\mathrm{B}} & \cdots & \underline{y}_{1,1N} \\ \vdots & \ddots & \vdots & \vdots & \cdots & \vdots \\ \underline{y}_{1,\mathrm{A}1} & \cdots & \underline{y}_{1,\mathrm{AA}} & \underline{y}_{1,\mathrm{AB}} & \cdots & \underline{y}_{1,\mathrm{A}N} \\ \underline{y}_{1,\mathrm{B}1} & \cdots & \underline{y}_{1,\mathrm{BA}} & \underline{y}_{1,\mathrm{BB}} & \cdots & \underline{y}_{1,\mathrm{B}N} \\ \vdots & \ddots & \vdots & \vdots & \ddots & \vdots \\ \underline{y}_{1,N1} & \cdots & \underline{y}_{1,N\mathrm{A}} & \underline{y}_{1,N\mathrm{B}} & \cdots & \underline{y}_{1,NN} \end{bmatrix} \begin{bmatrix} \underline{U}_{11} \\ \vdots \\ \underline{U}_{1\mathrm{A}} \\ \underline{U}_{1\mathrm{B}} \\ \vdots \\ \underline{U}_{1N} \end{bmatrix} = \begin{bmatrix} \underline{I}_{\mathrm{q}11} \\ \vdots \\ \underline{I}_{\mathrm{q}1\mathrm{A}} \\ \underline{I}_{\mathrm{q}1\mathrm{B}} \\ \vdots \\ \underline{I}_{\mathrm{q}1N} \end{bmatrix} + \begin{bmatrix} 0 \\ \vdots \\ \underline{I}_{1\mathrm{A}} \\ \underline{I}_{1\mathrm{B}} \\ \vdots \\ 0 \end{bmatrix} \tag{13.89}$$

Aufgelöst nach den Knotenspannungen ergibt sich:

$$\begin{aligned} \begin{bmatrix} \underline{U}_{11} \\ \vdots \\ \underline{U}_{1\mathrm{A}} \\ \underline{U}_{1\mathrm{B}} \\ \vdots \\ \underline{U}_{1N} \end{bmatrix} &= \begin{bmatrix} \underline{z}_{1,11} & \cdots & \underline{z}_{1,1\mathrm{A}} & \underline{z}_{1,1\mathrm{B}} & \cdots & \underline{z}_{1,1N} \\ \vdots & \ddots & \vdots & \vdots & \cdots & \vdots \\ \underline{z}_{1,\mathrm{A}1} & \cdots & \underline{z}_{1,\mathrm{AA}} & \underline{z}_{1,\mathrm{AB}} & \cdots & \underline{z}_{1,\mathrm{A}N} \\ \underline{z}_{1,\mathrm{B}1} & \cdots & \underline{z}_{1,\mathrm{BA}} & \underline{z}_{1,\mathrm{BB}} & \cdots & \underline{z}_{1,\mathrm{B}N} \\ \vdots & \ddots & \vdots & \vdots & \ddots & \vdots \\ \underline{z}_{1,N1} & \cdots & \underline{z}_{1,N\mathrm{A}} & \underline{z}_{1,N\mathrm{B}} & \cdots & \underline{z}_{1,NN} \end{bmatrix} \begin{bmatrix} \underline{I}_{\mathrm{q}11} \\ \vdots \\ \underline{I}_{\mathrm{q}1\mathrm{A}} \\ \underline{I}_{\mathrm{q}1\mathrm{B}} \\ \vdots \\ \underline{I}_{\mathrm{q}1N} \end{bmatrix} \\ &+ \begin{bmatrix} \underline{z}_{1,11} & \cdots & \underline{z}_{1,1\mathrm{A}} & \underline{z}_{1,1\mathrm{B}} & \cdots & \underline{z}_{1,1N} \\ \vdots & \ddots & \vdots & \vdots & \cdots & \vdots \\ \underline{z}_{1,\mathrm{A}1} & \cdots & \underline{z}_{1,\mathrm{AA}} & \underline{z}_{1,\mathrm{AB}} & \cdots & \underline{z}_{1,\mathrm{A}N} \\ \underline{z}_{1,\mathrm{B}1} & \cdots & \underline{z}_{1,\mathrm{BA}} & \underline{z}_{1,\mathrm{BB}} & \cdots & \underline{z}_{1,\mathrm{B}N} \\ \vdots & \ddots & \vdots & \vdots & \ddots & \vdots \\ \underline{z}_{1,N1} & \cdots & \underline{z}_{1,N\mathrm{A}} & \underline{z}_{1,N\mathrm{B}} & \cdots & \underline{z}_{1,NN} \end{bmatrix} \begin{bmatrix} 0 \\ \vdots \\ \underline{I}_{1\mathrm{A}} \\ \underline{I}_{1\mathrm{B}} \\ \vdots \\ 0 \end{bmatrix} \end{aligned} \tag{13.90}$$

und daraus für die beiden Fehlerstellen, wenn man die ähnlich aufgebauten Gleichungen für das Gegen- und Nullsystem ergänzt:

$$\begin{bmatrix} \underline{U}_{1\mathrm{A}} \\ \underline{U}_{1\mathrm{B}} \end{bmatrix} = \begin{bmatrix} \underline{\boldsymbol{z}}_{1,\mathrm{A}}^{\mathrm{T}} \underline{\boldsymbol{i}}_{\mathrm{q}1} \\ \underline{\boldsymbol{z}}_{1,\mathrm{B}}^{\mathrm{T}} \underline{\boldsymbol{i}}_{\mathrm{q}1} \end{bmatrix} + \begin{bmatrix} \underline{z}_{1,\mathrm{AA}} & \underline{z}_{1,\mathrm{AB}} \\ \underline{z}_{1,\mathrm{BA}} & \underline{z}_{1,\mathrm{BB}} \end{bmatrix} \begin{bmatrix} \underline{I}_{1\mathrm{A}} \\ \underline{I}_{1\mathrm{B}} \end{bmatrix} = \begin{bmatrix} \underline{U}_{\mathrm{q}1\mathrm{A}} \\ \underline{U}_{\mathrm{q}1\mathrm{B}} \end{bmatrix} - \begin{bmatrix} \underline{Z}_{1\mathrm{AA}} & \underline{Z}_{1\mathrm{AB}} \\ \underline{Z}_{1\mathrm{BA}} & \underline{Z}_{1\mathrm{BB}} \end{bmatrix} \begin{bmatrix} \underline{I}_{1\mathrm{A}} \\ \underline{I}_{1\mathrm{B}} \end{bmatrix} \tag{13.91}$$

$$\begin{bmatrix} \underline{U}_{2\mathrm{A}} \\ \underline{U}_{2\mathrm{B}} \end{bmatrix} = \begin{bmatrix} \underline{z}_{2,\mathrm{AA}} & \underline{z}_{2,\mathrm{AB}} \\ \underline{z}_{2,\mathrm{BA}} & \underline{z}_{2,\mathrm{BB}} \end{bmatrix} \begin{bmatrix} \underline{I}_{2\mathrm{A}} \\ \underline{I}_{2\mathrm{B}} \end{bmatrix} = - \begin{bmatrix} \underline{Z}_{2\mathrm{AA}} & \underline{Z}_{2\mathrm{AB}} \\ \underline{Z}_{2\mathrm{BA}} & \underline{Z}_{2\mathrm{BB}} \end{bmatrix} \begin{bmatrix} \underline{I}_{2\mathrm{A}} \\ \underline{I}_{2\mathrm{B}} \end{bmatrix} \tag{13.92}$$

$$\begin{bmatrix} \underline{U}_{0\mathrm{A}} \\ \underline{U}_{0\mathrm{B}} \end{bmatrix} = \begin{bmatrix} \underline{z}_{0,\mathrm{AA}} & \underline{z}_{0,\mathrm{AB}} \\ \underline{z}_{0,\mathrm{BA}} & \underline{z}_{0,\mathrm{BB}} \end{bmatrix} \begin{bmatrix} \underline{I}_{0\mathrm{A}} \\ \underline{I}_{0\mathrm{B}} \end{bmatrix} = - \begin{bmatrix} \underline{Z}_{0\mathrm{AA}} & \underline{Z}_{0\mathrm{AB}} \\ \underline{Z}_{0\mathrm{BA}} & \underline{Z}_{0\mathrm{BB}} \end{bmatrix} \begin{bmatrix} \underline{I}_{0\mathrm{A}} \\ \underline{I}_{0\mathrm{B}} \end{bmatrix} \tag{13.93}$$

Diese Vierpolgleichungen entsprechen den netzseitigen Strom-Spannungsbeziehungen der Einfachfehler (Gl. (13.54)). Zu ihnen lassen sich die T-Ersatz-

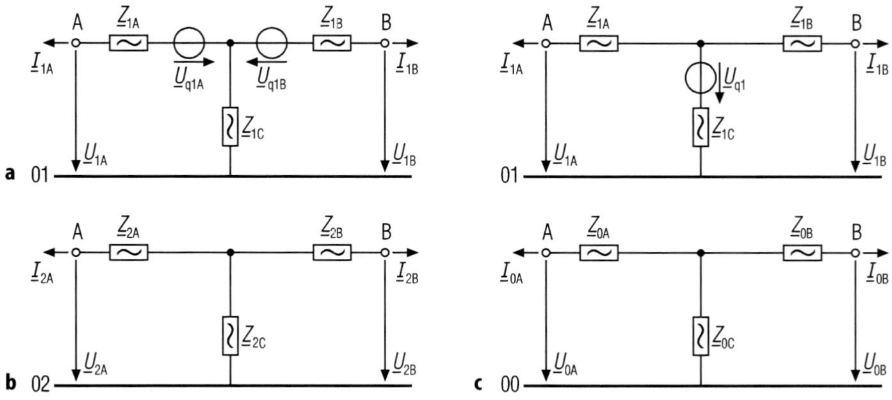

Bild 13.12 a–c. Komponentenersatzschaltungen für Doppelquerfehler. **a** Mitsystem mit unterschiedlichen und gleichen Quellenspannungen; **b** Gegensystem; **c** Nullsystem

schaltungen in Bild 13.12 angeben. Die T-Ersatzschaltungen können in kleineren Netzen unmittelbar durch Netzumformungen erhalten werden. Unter der Annahme gleicher Leerlaufspannungen an den Fehlerstellen A und B kann die Spannungsquelle mit der Quellenspannung $\underline{U}_{q1} = \underline{U}_{q1A} = \underline{U}_{q1B}$ auch im Querzweig der Ersatzschaltung des Mitsystems angeordnet werden.

Zwischen den Impedanzen der T-Ersatzschaltungen und den Elementen der Impedanzmatrizen in den Gln. (13.91) bis (13.93) bestehen folgende Zusammenhänge ($i = 1, 2, 0$):

$$
\begin{aligned}
\underline{Z}_{i\mathrm{AA}} &= -\,\underline{z}_{i,\mathrm{AA}} = \underline{Z}_{i\mathrm{A}} + \underline{Z}_{i\mathrm{C}} \\
\underline{Z}_{i\mathrm{BB}} &= -\,\underline{z}_{i,\mathrm{BB}} = \underline{Z}_{i\mathrm{B}} + \underline{Z}_{i\mathrm{C}} \\
\underline{Z}_{i\mathrm{AB}} &= \underline{Z}_{i\mathrm{BA}} = -\,\underline{z}_{i,\mathrm{AB}} = -\,\underline{z}_{i,\mathrm{BA}} = \underline{Z}_{i\mathrm{C}}
\end{aligned}
\tag{13.94}
$$

Die weitere Vorgehensweise ist nun so, dass in den Gln. (13.92) und (13.93) die Gegen- und Nullsystemgrößen mit Hilfe der Fehlerbedingungen eliminiert werden. Man erhält so eine Beziehung für die Mitsystemgrößen, die nur von den Impedanzen des Gegen- und Nullsystems abhängt. Sie ist von der allgemeinen Form:

$$
\begin{bmatrix} \underline{U}_{1\mathrm{A}} \\ \underline{U}_{1\mathrm{B}} \end{bmatrix} = \begin{bmatrix} \underline{Z}_{\mathrm{AA}} & \underline{Z}_{\mathrm{AB}} \\ \underline{Z}_{\mathrm{BA}} & \underline{Z}_{\mathrm{BB}} \end{bmatrix} \begin{bmatrix} \underline{I}_{1\mathrm{A}} \\ \underline{I}_{1\mathrm{B}} \end{bmatrix}
\tag{13.95}
$$

Diese Gleichung wird in Gl. (13.91) eingesetzt:

$$
\begin{bmatrix} \underline{Z}_{1\mathrm{AA}} + \underline{Z}_{\mathrm{AA}} & \underline{Z}_{1\mathrm{AB}} + \underline{Z}_{\mathrm{AB}} \\ \underline{Z}_{1\mathrm{BA}} + \underline{Z}_{\mathrm{BA}} & \underline{Z}_{1\mathrm{BB}} + \underline{Z}_{\mathrm{BB}} \end{bmatrix} \begin{bmatrix} \underline{I}_{1\mathrm{A}} \\ \underline{I}_{1\mathrm{B}} \end{bmatrix} = \begin{bmatrix} \underline{U}_{q1\mathrm{A}} \\ \underline{U}_{q1\mathrm{B}} \end{bmatrix}
\tag{13.96}
$$

Aus dieser Beziehung lassen sich nun die Mitsystemströme berechnen. Danach können die Mitsystemspannungen aus der Gl. (13.91) berechnet werden und schließlich die Gegen- und Nullsystemgrößen entweder aus den Fehlerbedingungen oder aus den Gln. (13.92) und (13.93) bestimmt werden.

Als Beispiel soll der Doppelerdkurzschluss näher betrachtet werden. An der Stelle A lauten die Fehlerbedingungen nach Tabelle 13.6 (zunächst ohne Festlegung auf einen Leiter):

$$\underline{U}_1 + \underline{\alpha}\underline{U}_2 + \underline{\alpha}^*\underline{U}_0 = 0 \quad \text{und} \quad \underline{I}_2 = \underline{\alpha}^*\underline{I}_1;\ \underline{I}_0 = \underline{\alpha}\underline{I}_1$$

An der Fehlerstelle B unterscheidet sich die Lage des Erdkurzschlusses von der an der Stelle A, weshalb anstelle des Faktors $\underline{\alpha}$ der Faktor $\underline{\beta}$, für den sonst auch die Bedingungen von Tabelle 13.7 gelten, eingeführt wird:

$$\underline{U}_1 + \underline{\beta}\underline{U}_2 + \underline{\beta}^*\underline{U}_0 = 0 \quad \text{und} \quad \underline{I}_2 = \underline{\beta}^*\underline{I}_1;\ \underline{I}_0 = \underline{\beta}\underline{I}_1$$

Aus den Gln. (13.92) und (13.93) und den Fehlerbedingungen erhält man der Gl. (13.95) entsprechend:

$$\begin{aligned}\begin{bmatrix}\underline{U}_{1\mathrm{A}}\\ \underline{U}_{1\mathrm{B}}\end{bmatrix} &= \begin{bmatrix}\underline{Z}_{2\mathrm{AA}} + \underline{Z}_{0\mathrm{AA}} & \underline{\alpha}\underline{\beta}^*\underline{Z}_{2\mathrm{AB}} + \underline{\alpha}^*\underline{\beta}\underline{Z}_{0\mathrm{AB}}\\ \underline{\alpha}^*\underline{\beta}\underline{Z}_{2\mathrm{BA}} + \underline{\alpha}\underline{\beta}^*\underline{Z}_{0\mathrm{BA}} & \underline{Z}_{2\mathrm{BB}} + \underline{Z}_{0\mathrm{BB}}\end{bmatrix}\begin{bmatrix}\underline{I}_{1\mathrm{A}}\\ \underline{I}_{1\mathrm{B}}\end{bmatrix}\\ &= \begin{bmatrix}\underline{Z}_{\mathrm{AA}} & \underline{Z}_{\mathrm{AB}}\\ \underline{Z}_{\mathrm{BA}} & \underline{Z}_{\mathrm{BB}}\end{bmatrix}\begin{bmatrix}\underline{I}_{1\mathrm{A}}\\ \underline{I}_{1\mathrm{B}}\end{bmatrix}\end{aligned} \tag{13.97}$$

Nach Einsetzen der Gl. (13.97) in die Gl. (13.91) ergibt sich die der Gl. (13.96) entsprechende Beziehung zur Bestimmung der Mitsystemströme:

$$\begin{bmatrix}\underline{Z}_{1\mathrm{AA}} + \underline{Z}_{2\mathrm{AA}} + \underline{Z}_{0\mathrm{AA}} & \underline{Z}_{1\mathrm{AB}} + \underline{\alpha}\underline{\beta}^*\underline{Z}_{2\mathrm{AB}} + \underline{\alpha}^*\underline{\beta}\underline{Z}_{0\mathrm{AB}}\\ \underline{Z}_{1\mathrm{BA}} + \underline{\alpha}^*\underline{\beta}\underline{Z}_{2\mathrm{AB}} + \underline{\alpha}\underline{\beta}^*\underline{Z}_{0\mathrm{AB}} & \underline{Z}_{2\mathrm{BB}} + \underline{Z}_{2\mathrm{BB}} + \underline{Z}_{0\mathrm{BB}}\end{bmatrix}\begin{bmatrix}\underline{I}_{1\mathrm{A}}\\ \underline{I}_{1\mathrm{B}}\end{bmatrix} = \begin{bmatrix}\underline{U}_{\mathrm{q1A}}\\ \underline{U}_{\mathrm{q1B}}\end{bmatrix} \tag{13.98}$$

Da bei Doppelerdkurzschluss die beiden Fehler in unterschiedlichen Leitern liegen, gilt, unabhängig von der Lage des Doppelerdkurzschlusses bezüglich der Leiter, stets $\underline{\alpha}\underline{\beta}^* = \underline{a}$ und $\underline{\alpha}^*\underline{\beta} = \underline{a}^2$ (Tabelle 13.7). In Netzen mit isoliertem Sternpunkt oder Erdschlusskompensation sind die Eingangsimpedanzen an den Fehlerstellen des Nullsystems sehr hochohmig, praktisch unendlich groß. In der Ersatzschaltung des Nullsystems nach Bild 13.12c bedeutet das eine unendlich große Querimpedanz $\underline{Z}_{0\mathrm{C}}$. Die Admittanzmatrix des Nullsystems ist ohne jede Verbindung zur Nullschiene singulär. Damit können die Elemente $\underline{Z}_{0\mathrm{AA}}$, $\underline{Z}_{0\mathrm{BB}}$ und $\underline{Z}_{0\mathrm{AB}}$, $\underline{Z}_{0\mathrm{BA}}$ in Gl. (13.93) nicht berechnet werden. Man geht deshalb zunächst von einer endlichen Impedanz $\underline{Z}_{0\mathrm{C}}$ aus und ersetzt in Gl. (13.98) die Nullimpedanzen durch die mit Gl. (13.94) gegebenen Ausdrücke:

$$\begin{aligned}\underline{Z}_{0\mathrm{AA}} &= \underline{Z}_{0\mathrm{A}} + \underline{Z}_{0\mathrm{C}}\\ \underline{Z}_{0\mathrm{AB}} &= \underline{Z}_{0\mathrm{BA}} = \underline{Z}_{0\mathrm{C}}\\ \underline{Z}_{0\mathrm{BB}} &= \underline{Z}_{0\mathrm{B}} + \underline{Z}_{0\mathrm{C}}\end{aligned} \tag{13.99}$$

Gl. (13.98) lässt sich nun nach den Strömen auflösen:

$$\begin{bmatrix} \underline{I}_{1A} \\ \underline{I}_{1B} \end{bmatrix} = \frac{1}{\underline{Z}^2} \begin{bmatrix} \underline{Z}_{1BB} + \underline{Z}_{2BB} + \underline{Z}_{0B} + \underline{Z}_{0C} & -(\underline{Z}_{1AB} + \underline{a}\,\underline{Z}_{2AB} + \underline{a}^2\,\underline{Z}_{0C}) \\ -(\underline{Z}_{1AB} + \underline{a}^2\,\underline{Z}_{2AB} + \underline{a}\,\underline{Z}_{0C}) & \underline{Z}_{1AA} + \underline{Z}_{2AA} + \underline{Z}_{0A} + \underline{Z}_{0C} \end{bmatrix} \begin{bmatrix} \underline{U}_{q1A} \\ \underline{U}_{q1B} \end{bmatrix} \tag{13.100}$$

$$\begin{aligned} \underline{Z}^2 = {} & (\underline{Z}_{1AA} + \underline{Z}_{2AA})\,(\underline{Z}_{1BB} + \underline{Z}_{2BB}) + (\underline{Z}_{1AA} + \underline{Z}_{2AA})\,\underline{Z}_{0B} \\ & + (\underline{Z}_{1BB} + \underline{Z}_{2BB})\,\underline{Z}_{0A} - (\underline{Z}_{1AB} + \underline{a}\,\underline{Z}_{2AB})\,(\underline{Z}_{1AB} + \underline{a}^2\,\underline{Z}_{2AB}) + \underline{Z}_{0A}\underline{Z}_{0B} \\ & + [\underline{Z}_{1AA} + \underline{Z}_{2AA} + \underline{Z}_{1BB} + \underline{Z}_{2BB} + \underline{Z}_{1AB} + \underline{Z}_{2AB} + \underline{Z}_{0A} + \underline{Z}_{0B}]\,\underline{Z}_{0C} \end{aligned}$$

Durch den Grenzübergang $\underline{Z}_{0C} \to \infty$ in Gl. (13.100) erhält man bei Annahme gleicher Leerlaufspannungen an den Fehlerstellen unabhängig von der Lage des Doppelerdkurzschlusses bezüglich der Leiter:

$$\underline{I}_{1A} = \frac{1 - \underline{a}^2}{\underline{Z}_{1AA} + \underline{Z}_{2AA} + \underline{Z}_{1BB} + \underline{Z}_{2BB} + \underline{Z}_{1C} + \underline{Z}_{2C} + \underline{Z}_{0A} + \underline{Z}_{0B}}\,\underline{U}_{q1} \tag{13.101}$$

$$\underline{I}_{1B} = \frac{1 - \underline{a}}{\underline{Z}_{1AA} + \underline{Z}_{2AA} + \underline{Z}_{1BB} + \underline{Z}_{2BB} + \underline{Z}_{1C} + \underline{Z}_{2C} + \underline{Z}_{0A} + \underline{Z}_{0B}}\,\underline{U}_{q1} \tag{13.102}$$

Die Rücktransformation ergibt bei Annahme des Doppelerdkurzschlusses im Leiter L1 an der Stelle A und im Leiter L2 an der Stelle B:

$$\underline{I}_{A} = \underline{I}_{1A} + \underline{I}_{2A} + \underline{I}_{0A} = 3\,\underline{I}_{1A} \tag{13.103}$$

$$\underline{I}_{B} = \underline{a}^2\underline{I}_{1B} + \underline{a}\,\underline{I}_{2B} + \underline{I}_{0B} = \underline{a}^2\underline{I}_{1B} + \underline{a}(\underline{a}\underline{I}_{1B}) + \underline{a}^2\underline{I}_{1B} = 3\underline{a}^2\underline{I}_{1B} = -\underline{I}_{A} \tag{13.104}$$

und mit $I''_{kEE} = I_A = I_B$ und $\underline{U}_{q1} = 1{,}1\,U_n/\sqrt{3}$:

$$I''_{kEE} = \frac{3 \cdot 1{,}1 \cdot U_n}{\left| \underline{Z}_{1AA} + \underline{Z}_{2AA} + \underline{Z}_{1BB} + \underline{Z}_{2BB} + \underline{Z}_{1C} + \underline{Z}_{2C} + \underline{Z}_{0A} + \underline{Z}_{0B} \right|} \tag{13.105a}$$

In [N.15.4] sind folgende Bezeichnungen verwendet: $\underline{Z}_{1AA} = \underline{Z}_{1A}$, $\underline{Z}_{2AA} = \underline{Z}_{2A}$, $\underline{Z}_{1BB} = \underline{Z}_{1B}$, $\underline{Z}_{2BB} = \underline{Z}_{2B}$ (nicht zu verwechseln mit den Elementen der T-Ersatzschaltung), $\underline{Z}_{1C} = \underline{M}_1$, $\underline{Z}_{2C} = \underline{M}_2$, und $\underline{Z}_{0A} + \underline{Z}_{0B} = \underline{Z}_0$; so dass die Gl. (13.105a) dort wie folgt lautet:

$$I''_{kEE} = \frac{3 \cdot 1{,}1 \cdot U_n}{\left| \underline{Z}_{1A} + \underline{Z}_{2A} + \underline{Z}_{1B} + \underline{Z}_{2B} + \underline{M}_1 + \underline{M}_2 + \underline{Z}_0 \right|} \tag{13.105b}$$

Man sieht am Beispiel des Doppelerdkurzschlusses, dass die von den Einfachfehlern übernommene Methode der Berechnung ausgehend von der Fehlerstelle für Mehrfachfehler umständlich wird und Schwierigkeiten entstehen, wenn die Admittanzmatrix des Nullsystem singulär wird. Das Verfahren ist für die Berechnung mit Programmen wenig geeignet. Im folgenden Abschnitt wird deshalb eine Methode beschrieben, mit der Einfach- und beliebige Mehrfachfehler systematisch mit Hilfe von Fehlermatrizen, was der Umsetzung in ein Berechnungsprogramm sehr entgegenkommt, behandelt werden können. Da diese Methode ohne Elemente der Impedanzmatrizen auskommt, treten die am Beispiel des Doppelerdkurzschlusses aufgezeigten Probleme nicht auf.

13.7 Fehlermatrizenverfahren

Die in den vorangegangenen Abschnitten beschriebene Methode zur Behandlung von Netzunsymmetrien und Fehlern in symmetrischen Komponenten ausgehend von der Fehlerstelle ist für Einfachfehler sehr anschaulich. Sie hat den Vorteil, dass sie auf geschlossene Ausdrücke für die einzelnen Fehlerarten führt und auch für die Handrechnung geeignet ist. Bei der Behandlung von Mehrfachfehlern wird das Verfahren jedoch unübersichtlich, insbesondere dann, wenn man sich nicht mehr auf die Hauptfehler (Fehler, die symmetrisch zum Bezugsleiter L1 angeordnet sind) beschränken kann. Das Verfahren hat auch den Nachteil, dass man immer Elemente der Knotenimpedanzmatrix benötigt.

Solange nur Kurzschlüsse mit endlichen Fehlerimpedanzen betrachtet werden, können diese durch Querzweige wie im Bild 13.6 a nachgebildet werden. Die Fehlerquerzweige lassen sich leicht in das Knotenspannungs-Gleichungssystem einbeziehen, das dann durch geordnete Elimination unter Ausnutzung der Schwachbesetztheit der Knotenadmittanzmatrix gelöst werden kann [2.15]. Schwierigkeiten entstehen bei diesem Verfahren dann, wenn Kurzschlüsse ohne Fehlerimpedanzen untersucht werden sollen. Das soll am Beispiel des einpoligen Kurzschlusses und der einpoligen Unterbrechung gezeigt werden. Aus der Tabelle 13.3 übernimmt man für den einpoligen Erdkurzschluss im Leiter L1 mit $\underline{Z}_\mathrm{M} = 0$ und $\underline{Z}_\mathrm{F} = 1/\underline{Y}_\mathrm{F}$ für die symmetrischen Komponenten:

$$\begin{bmatrix} \underline{I}_1 \\ \underline{I}_2 \\ \underline{I}_0 \end{bmatrix} = \frac{\underline{Y}_\mathrm{F}}{3} \begin{bmatrix} 1 & 1 & 1 \\ 1 & 1 & 1 \\ 1 & 1 & 1 \end{bmatrix} \begin{bmatrix} \underline{U}_1 \\ \underline{U}_2 \\ \underline{U}_0 \end{bmatrix} \tag{13.106}$$

Für $\underline{Z}_\mathrm{F} = 0$ geht $\underline{Y}_\mathrm{F} = 1/\underline{Z}_\mathrm{F}$ gegen unendlich. In einem Computerprogramm muss man sich durch Eingabe eines sehr großen Wertes für $\underline{Y}_\mathrm{F}$ behelfen, wodurch die Kondition der Knotenadmittanzmatrix verschlechtert wird und numerische Probleme auftreten können.

Die gleichen Schwierigkeiten ergeben sich bei der Nachbildung von Unterbrechungen. Für die Unterbrechung im Leiter L1 folgt aus der in symmetrische

Komponenten transformierten Gl. (13.51) mit $\underline{Y}_{F1} = 0$ und $\underline{Y}_{F2} = \underline{Y}_{F3} = \underline{Y}_{F}$:

$$\begin{bmatrix} \underline{I}_1 \\ \underline{I}_2 \\ \underline{I}_0 \end{bmatrix} = \frac{\underline{Y}_F}{3} \begin{bmatrix} 2 & -1 & -1 \\ -1 & 2 & -1 \\ -1 & -1 & 2 \end{bmatrix} \begin{bmatrix} \underline{U}_1 \\ \underline{U}_2 \\ \underline{U}_0 \end{bmatrix} \tag{13.107}$$

Hier muss die Admittanz $\underline{Y}_F = 1/\underline{Z}_F$ sehr groß, theoretisch unendlich groß, gewählt werden.

Um Kurzschlüsse und Unterbrechungen mit und ohne Fehlerimpedanzen in beliebiger Konstellation und Häufigkeit exakt und systematisch behandeln zu können, ist es zweckmäßig, zunächst zu den Fehlerbedingungen in natürlichen Leitergrößen zurückzukehren. Der Übergang in modale Komponenten ist mit Hilfe der in Abschn. 2.5 angegebenen Transformationsmatrizen leicht möglich. Die im Folgenden beschriebene Vorgehensweise kann an jeder Form des Gleichungssystems (Differential- oder Zeigergleichungen) erfolgen. Hier sollen die Ausführungen jedoch auf die Zeigerdarstellung beschränkt bleiben, wofür zweckmäßigerweise wieder die Knotenadmittanzdarstellung herangezogen wird (Abschn. 13.5.1).

Tabelle 13.8. Fehlerbedingungen für die Kurzschlüsse und Unterbrechungen (Hauptfehler)

Kurzschlüsse		Unterbrechungen	
ohne Kurzschluss (k)	$\underline{I}_{F1} = 0$ $\underline{I}_{F2} = 0$ $\underline{I}_{F3} = 0$	ohne Unterbrechung (u)	$\underline{U}_{F1} = 0$ $\underline{U}_{F2} = 0$ $\underline{U}_{F3} = 0$
k1 L1–E	$\underline{U}_{L1} - \underline{Z}_{F1}\underline{I}_{F1} = 0$ $\underline{I}_{F2} = 0$ $\underline{I}_{F3} = 0$	u1 L1	$\underline{I}_{L1} - \underline{Y}_{F1}\underline{U}_{F1} = 0$ $\underline{U}_{F2} = 0$ $\underline{U}_{F3} = 0$
k2E L2–L3–E	$\underline{I}_{F1} = 0$ $\underline{U}_{L2} - \underline{Z}_{F2}\underline{I}_{F2} = 0$ $\underline{U}_{L3} - \underline{Z}_{F3}\underline{I}_{F3} = 0$	u2 L2 und L3	$\underline{U}_{F1} = 0$ $\underline{I}_{L2} - \underline{Y}_{F2}\underline{U}_{F2} = 0$ $\underline{U}_{L3} - \underline{Y}_{F3}\underline{U}_{F3} = 0$
k2 L2–L3	$\underline{I}_{F1} = 0$ $\underline{I}_{F2} + \underline{I}_{F3} = 0$ $(\underline{U}_{L3} - \underline{Z}_{F3}\underline{I}_{F3}) - (\underline{U}_{L2} - \underline{Z}_{F2}\underline{I}_{F2}) = 0$		
k3E L1–L2–L3–E	$\underline{U}_{L1} - \underline{Z}_{F1}\underline{I}_{F1} = 0$ $\underline{U}_{L2} - \underline{Z}_{F2}\underline{I}_{F2} = 0$ $\underline{U}_{L3} - \underline{Z}_{F3}\underline{I}_{F3} = 0$	u3	$\underline{I}_{L1} - \underline{Y}_{F1}\underline{U}_{F1} = 0$ $\underline{I}_{L2} - \underline{Y}_{F2}\underline{U}_{F2} = 0$ $\underline{I}_{L3} - \underline{Y}_{F3}\underline{U}_{F3} = 0$
k3 L1–L2–L3	$\underline{I}_{F1} - \underline{I}_{F2} + \underline{I}_{F3} = 0$ $(\underline{U}_{L2} - \underline{Z}_{F2}\underline{I}_{F2}) - (\underline{U}_{L1} - \underline{Z}_{F1}\underline{I}_{F1}) = 0$ $(\underline{U}_{L3} - \underline{Z}_{F3}\underline{I}_{F3}) - (\underline{U}_{L1} - \underline{Z}_{F1}\underline{I}_{F1}) = 0$		

13.7.1 Fehlerbedingungen

Die Fehlerbedingungen für die Kurzschlüsse und Unterbrechungen mit Fehlerimpedanzen und Fehleradmittanzen sind in Tabelle 13.10 für die Hauptfehler mit den Bezeichnungen nach Bild 13.13 zusammengestellt. Im Gegensatz zu den im Abschn. 13.4 behandelten Fehlern, können hier die Fehlerimpedanzen bzw. Fehleradmittanzen (Impedanzen und Admittanzen in der Fehlerstelle) beliebig und unterschiedlich sein. Für widerstandslose Kurzschlüsse und vollständigen Unterbrechungen sind die Fehlerimpedanzen bzw. Fehleradmittanzen Null.

Sämtliche Fehlerbedingungen lassen sich mit Hilfe einer 3×3 Inzidenzmatrix, der Fehlermatrix $\boldsymbol{F}$, und der Einheitsmatrix $\boldsymbol{E}$ einheitlich wie folgt formulieren.

Kurzschlüsse:

$$\boldsymbol{F}\begin{bmatrix}\underline{I}_{F1}\\ \underline{I}_{F2}\\ \underline{I}_{F3}\end{bmatrix}=\mathbf{o} \qquad (\boldsymbol{E}-\boldsymbol{F}^{T})\begin{bmatrix}\underline{U}_{L1}-\underline{Z}_{F1}\underline{I}_{F1}\\ \underline{U}_{L2}-\underline{Z}_{F2}\underline{I}_{F2}\\ \underline{U}_{L3}-\underline{Z}_{F3}\underline{I}_{F3}\end{bmatrix}=\mathbf{o} \qquad (13.108\,a, 13.108\,b)$$

Unterbrechungen:

$$\boldsymbol{F}\begin{bmatrix}\underline{U}_{F1}\\ \underline{U}_{F2}\\ \underline{U}_{F3}\end{bmatrix}=\mathbf{o} \qquad (\boldsymbol{E}-\boldsymbol{F}^{T})\begin{bmatrix}\underline{I}_{L1}-\underline{Y}_{F1}\underline{U}_{F1}\\ \underline{I}_{L2}-\underline{Y}_{F2}\underline{U}_{F2}\\ \underline{I}_{L3}-\underline{Y}_{F3}\underline{U}_{F3}\end{bmatrix}=\mathbf{o} \qquad (13.109\,a, 13.109\,b)$$

Die entsprechenden Fehlermatrizen für die Hauptfehler sind aus der Tabelle 13.9 ersichtlich. Für die Unterbrechungen gilt stets $\boldsymbol{F}^{T}=\boldsymbol{F}$.

Betrifft der Fehler andere Leiter als die in den Tabellen angegebenen, so sind die Matrizenelemente entsprechend zu vertauschen.

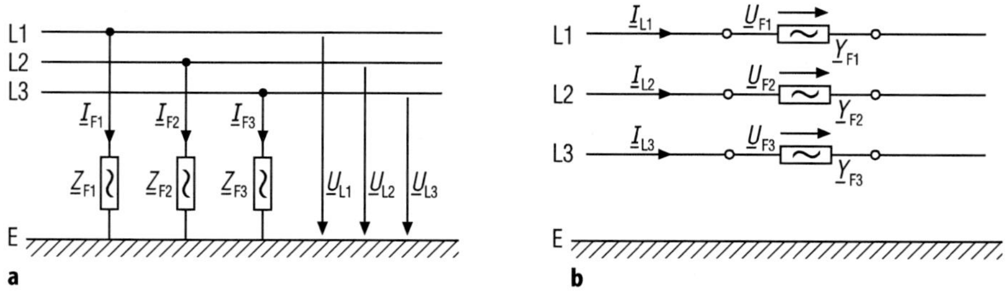

Bild 13.13 a, b. Ströme und Spannungen an der Fehlerstelle. **a** Kurzschlussstelle; **b** Unterbrechungsstelle

Tabelle 13.9. Fehlermatrizen $\boldsymbol{F}$ für die Hauptfehler (symmetrisch zum Leiter L1)

k1: (L1–E) u1: (L1)	k2E: (L2–L3–E) u2: (L2 und L3)	k3E u3
$\begin{bmatrix} 0 & 0 & 0 \\ 0 & 1 & 0 \\ 0 & 0 & 1 \end{bmatrix}$	$\begin{bmatrix} 1 & 0 & 0 \\ 0 & 0 & 0 \\ 0 & 0 & 0 \end{bmatrix}$	$\begin{bmatrix} 0 & 0 & 0 \\ 0 & 0 & 0 \\ 0 & 0 & 0 \end{bmatrix}$
ohne Kurzschluss ohne Unterbrechung	k2: (L2–L3)	k3
$\begin{bmatrix} 1 & 0 & 0 \\ 0 & 1 & 0 \\ 0 & 0 & 1 \end{bmatrix}$	$\begin{bmatrix} 1 & 0 & 0 \\ 0 & 1 & 1 \\ 0 & 0 & 0 \end{bmatrix}$	$\begin{bmatrix} 1 & 1 & 1 \\ 0 & 0 & 0 \\ 0 & 0 & 0 \end{bmatrix}$

13.7.2 Nachbildung von Kurzschlüssen an der Admittanzmatrix

Das dreipolige Knotenspannungs-Gleichungssystem des Netzes habe in Leiterkoordinaten (Abschn.13.2.1) die allgemeine Form:

$$\begin{bmatrix} \underline{\boldsymbol{Y}}_{11} & \underline{\boldsymbol{Y}}_{12} & \cdots & \underline{\boldsymbol{Y}}_{1i} & \cdots & \underline{\boldsymbol{Y}}_{1N} \\ \underline{\boldsymbol{Y}}_{21} & \underline{\boldsymbol{Y}}_{22} & \cdots & \underline{\boldsymbol{Y}}_{2i} & \cdots & \underline{\boldsymbol{Y}}_{2N} \\ \vdots & \vdots & \ddots & \vdots & \cdots & \vdots \\ \underline{\boldsymbol{Y}}_{i1} & \underline{\boldsymbol{Y}}_{i2} & \cdots & \underline{\boldsymbol{Y}}_{ii} & \cdots & \underline{\boldsymbol{Y}}_{iN} \\ \vdots & \vdots & \ddots & \vdots & \ddots & \vdots \\ \underline{\boldsymbol{Y}}_{N1} & \underline{\boldsymbol{Y}}_{N2} & \cdots & \underline{\boldsymbol{Y}}_{Ni} & \cdots & \underline{\boldsymbol{Y}}_{NN} \end{bmatrix} \begin{bmatrix} \underline{\boldsymbol{u}}_1 \\ \underline{\boldsymbol{u}}_2 \\ \vdots \\ \underline{\boldsymbol{u}}_i \\ \vdots \\ \underline{\boldsymbol{u}}_N \end{bmatrix} = \begin{bmatrix} \underline{\boldsymbol{i}}_{q1} \\ \underline{\boldsymbol{i}}_{q2} \\ \vdots \\ \underline{\boldsymbol{i}}_{qi} \\ \vdots \\ \underline{\boldsymbol{i}}_{qN} \end{bmatrix} + \begin{bmatrix} \underline{\boldsymbol{i}}_{F1} \\ \underline{\boldsymbol{i}}_{F2} \\ \vdots \\ \underline{\boldsymbol{i}}_{Fi} \\ \vdots \\ \underline{\boldsymbol{i}}_{FN} \end{bmatrix} \tag{13.110a}$$

bzw.: $\underline{\boldsymbol{Y}}\,\underline{\boldsymbol{u}} = \underline{\boldsymbol{i}}_q + \underline{\boldsymbol{i}}_F$ (13.110b)

Die einzelnen Vektoren und Teilmatrizen setzen sich wie folgt zusammen:

$$\underline{\boldsymbol{u}}_i = [\underline{U}_{L1i}\ \ \underline{U}_{L2i}\ \ \underline{U}_{L3i}]^T\,;\quad \underline{\boldsymbol{i}}_{qi} = [\underline{I}_{q1i}\ \ \underline{I}_{q2i}\ \ \underline{I}_{q3i}]^T\,;\quad \underline{\boldsymbol{i}}_{Fi} = [\underline{I}_{F1i}\ \ \underline{I}_{F2i}\ \ \underline{I}_{F3i}]^T$$

$$\underline{\boldsymbol{Y}}_{ik} = \begin{bmatrix} \underline{y}_{11ik} & \underline{y}_{12ik} & \underline{y}_{13ik} \\ \underline{y}_{21ik} & \underline{y}_{22ik} & \underline{y}_{23ik} \\ \underline{y}_{31ik} & \underline{y}_{32ik} & \underline{y}_{33ik} \end{bmatrix}$$

Der Fehlerstromvektor $\underline{\boldsymbol{i}}_F$ berücksichtigt die möglichen Kurzschlussströme an den Knoten. Theoretisch kann an jedem der insgesamt N Netzknoten ein Kurzschluss einzeln (Einfachfehler) oder zusammen mit Kurzschlüssen an anderen Knoten (Mehrfachfehler) auftreten. Solange das Netz fehlerfrei ist, ist der Fehlerstromvektor $\underline{\boldsymbol{i}}_{\mathrm{F}}$ ein Nullvektor. Er kommt deshalb im Gleichungssystem des ungestörten Netzes nicht vor.

Die Fehlerbedingungen Gln. (13.108) der einzelnen Knoten werden zusammengefasst zu:

$$\begin{bmatrix} \boldsymbol{F}_1 & & & & \\ & \ddots & & & \\ & & \boldsymbol{F}_i & & \\ & & & \ddots & \\ & & & & \boldsymbol{F}_N \end{bmatrix} \begin{bmatrix} \underline{\boldsymbol{i}}_{\mathrm{F1}} \\ \vdots \\ \underline{\boldsymbol{i}}_{\mathrm{F}i} \\ \vdots \\ \underline{\boldsymbol{i}}_{\mathrm{F}N} \end{bmatrix} = \boldsymbol{F}_{\mathrm{F}}\, \underline{\boldsymbol{i}}_{\mathrm{F}} = \mathbf{o} \tag{13.111}$$

und

$$\begin{bmatrix} \boldsymbol{E}-\boldsymbol{F}_1^{\mathrm{T}} & & & & \\ & \ddots & & & \\ & & \boldsymbol{E}-\boldsymbol{F}_i^{\mathrm{T}} & & \\ & & & \ddots & \\ & & & & \boldsymbol{E}-\boldsymbol{F}_N^{\mathrm{T}} \end{bmatrix} \begin{bmatrix} \underline{\boldsymbol{u}}_1 - \underline{\boldsymbol{Z}}_{\mathrm{F1}} \underline{\boldsymbol{i}}_{\mathrm{F1}} \\ \vdots \\ \underline{\boldsymbol{u}}_i - \underline{\boldsymbol{Z}}_{\mathrm{F}i} \underline{\boldsymbol{i}}_{\mathrm{F}i} \\ \vdots \\ \underline{\boldsymbol{u}}_N - \underline{\boldsymbol{Z}}_{\mathrm{F}N} \underline{\boldsymbol{i}}_{\mathrm{F}N} \end{bmatrix} \tag{13.112}$$

$$= (\boldsymbol{E}-\boldsymbol{F}_{\mathrm{F}}^{\mathrm{T}})\;(\underline{\boldsymbol{u}} - \underline{\boldsymbol{Z}}_{\mathrm{F}}\, \underline{\boldsymbol{i}}_{\mathrm{F}}) = \mathbf{o}$$

mit

$$\underline{\boldsymbol{Z}}_{\mathrm{F}} = \begin{bmatrix} \underline{\boldsymbol{Z}}_{\mathrm{F1}} & & & & \\ & \ddots & & & \\ & & \underline{\boldsymbol{Z}}_{\mathrm{F}i} & & \\ & & & \ddots & \\ & & & & \underline{\boldsymbol{Z}}_{\mathrm{F}N} \end{bmatrix} \quad \text{und} \quad \underline{\boldsymbol{Z}}_{\mathrm{F}i} = \begin{bmatrix} \underline{Z}_{\mathrm{F1}i} & & \\ & \underline{Z}_{\mathrm{F2}i} & \\ & & \underline{Z}_{\mathrm{F3}i} \end{bmatrix}$$

Für die fehlerfreien Knoten besteht die Fehlermatrix $\boldsymbol{F}_i$ aus der 3×3 Einheitsmatrix (s. Tabelle 13.9). Ist das Netz fehlerfrei, so wird die resultierende Fehlermatrix $\boldsymbol{F}_{\mathrm{F}}$ zur Einheitsmatrix.

Die Gl. (13.112) wird von links mit der Admittanzmatrix multipliziert und mit Gl. (13.111) wie folgt zusammengefasst:

$$\underline{\boldsymbol{Y}}(\boldsymbol{E}-\boldsymbol{F}_{\mathrm{F}}^{\mathrm{T}})(\underline{\boldsymbol{u}} - \underline{\boldsymbol{Z}}_{\mathrm{F}}\, \underline{\boldsymbol{i}}_{\mathrm{F}}) - \boldsymbol{F}_{\mathrm{F}}\, \underline{\boldsymbol{i}}_{\mathrm{F}} = \underline{\boldsymbol{Y}}(\boldsymbol{E}-\boldsymbol{F}_{\mathrm{F}}^{\mathrm{T}})\underline{\boldsymbol{u}} - [\underline{\boldsymbol{Y}}(\boldsymbol{E}-\boldsymbol{F}_{\mathrm{F}}^{\mathrm{T}})\underline{\boldsymbol{Z}}_{\mathrm{F}} + \boldsymbol{F}_{\mathrm{F}}]\underline{\boldsymbol{i}}_{\mathrm{F}} = \mathbf{o} \tag{13.113}$$

ersetzt man die Fehlerströme noch durch Gl. (13.110), so erhält man:

$$\{[\boldsymbol{F}_{\mathrm{F}} + \underline{\boldsymbol{Y}}(\boldsymbol{E}-\boldsymbol{F}_{\mathrm{F}}^{\mathrm{T}})\underline{\boldsymbol{Z}}_{\mathrm{F}}]\; \underline{\boldsymbol{Y}} - \underline{\boldsymbol{Y}}\,(\boldsymbol{E}-\boldsymbol{F}_{\mathrm{F}}^{\mathrm{T}})\}\; \underline{\boldsymbol{u}} = [\boldsymbol{F}_{\mathrm{F}} + \underline{\boldsymbol{Y}}(\boldsymbol{E}-\boldsymbol{F}_{\mathrm{F}}^{\mathrm{T}})\; \underline{\boldsymbol{Z}}_{\mathrm{F}}]\; \underline{\boldsymbol{i}}_{\mathrm{q}} \tag{13.114}$$

Für widerstandslose Kurzschlüsse, vereinfacht sich Gl. (13.114) mit $\underline{\boldsymbol{Z}}_{\mathrm{F}} = \mathbf{0}$ zu:

$$(\boldsymbol{F}_{\mathrm{F}}\underline{\boldsymbol{Y}} - \underline{\boldsymbol{Y}} + \underline{\boldsymbol{Y}}\,\boldsymbol{F}_{\mathrm{F}}^{\mathrm{T}})\; \underline{\boldsymbol{u}} = \boldsymbol{F}_{\mathrm{F}}\underline{\boldsymbol{i}}_{\mathrm{q}} \tag{13.115}$$

Die Gln. (13.114) und (13.115) lassen sich nach den Knotenspannungen auflösen, wobei man die Schwachbesetztheit der Matrizen ausnutzen wird. Sind die Knotenspannungen bekannt, so ergeben sich die Fehlerströme aus der Gl. (13.110):

$$\underline{\boldsymbol{i}}_{\mathrm{F}} = \underline{\boldsymbol{Y}}\,\underline{\boldsymbol{u}} - \underline{\boldsymbol{i}}_{\mathrm{q}} \tag{13.116}$$

Mit den Gln. (13.114) bzw. (13.115) ist die Berechnung beliebiger Kurzschlüsse auf einfache Operationen mit spärlichen Inzidenzmatrizen am Knotenspannungs-Gleichungssystem zurückgeführt. Die Ordnung des ursprünglichen Knotenspannungs-Gleichungssystems bleibt dabei erhalten.

13.7.3 Nachbildung von Unterbrechungen an der Admittanzmatrix

Unterbrechungen werden in die Netzzweige (Betriebsmittelgleichungen) eingearbeitet. Dadurch werden zusätzliche Knoten (Hilfsknoten), wie bei der klassischen Behandlung der Unterbrechungen (Abschn. 13.6.1) vermieden. Der Zweig mit Unterbrechungen behält seine Dreileiterstruktur bei und geht wie ein fehlerfreier Zweig in das Knotenspannungs-Gleichungssystem ein. Dabei bleibt auch bei unsymmetrischen Unterbrechungen die Ordnung des Knotenspannungs-Gleichungssystems erhalten. Kommen Unterbrechungen und Kurzschlüsse gleichzeitig vor, so sind zunächst die Unterbrechungen an den Netzzweigen zu berücksichtigen, diese in das Knotenspannungs-Gleichungssystem einzubauen und dann das Knotenspannungs-Gleichungssystem wie unter Abschn. 13.7.2 beschrieben zu behandeln.

In Bild 13.14 sind dreipolige Netzzweige, wie sie als Bestandteil der Ersatzschaltpläne von Betriebsmitteln vorkommen, dargestellt. Im allgemeinen Fall sind die Leiter induktiv oder kapazitiv gekoppelt. Vereinfachend soll vorausgesetzt werden, dass die Zweige symmetrisch aufgebaut sind, d.h. jeweils gleiche Selbst- und untereinander gleiche Gegenimpedanzen oder Admittanzen

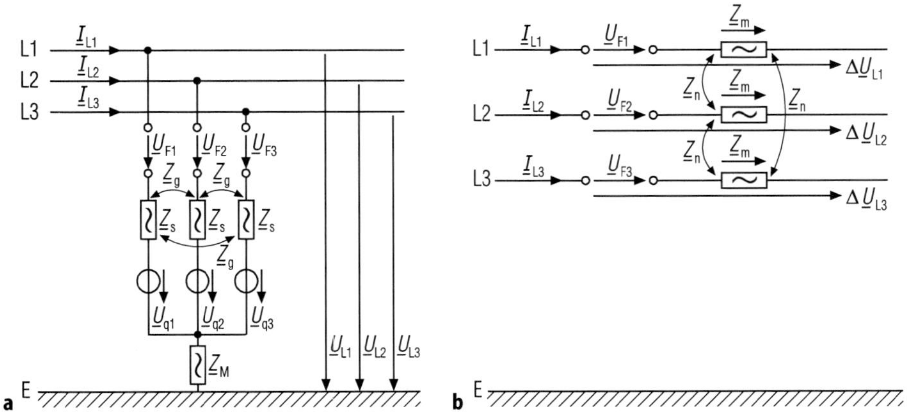

Bild 13.14 a, b. Dreipolige Netzzweige mit Unterbrechungsstellen. **a** Querzweig; **b** Längszweig ohne Querglieder

aufweisen. Diese Voraussetzung ist für die Methode zwar nicht erforderlich, sie dient lediglich der einfacheren Schreibweise. Den Netzzweigen werden dreipolige Unterbrechungsstellen, die im fehlerfreien Fall geschlossen sind, zugeordnet.

Für den Querzweig in Bild 13.14a gilt die Spannungsgleichung:

$$\begin{bmatrix} \underline{U}_{L1} \\ \underline{U}_{L2} \\ \underline{U}_{L3} \end{bmatrix} = \begin{bmatrix} \underline{Z}_m & \underline{Z}_n & \underline{Z}_n \\ \underline{Z}_n & \underline{Z}_m & \underline{Z}_n \\ \underline{Z}_n & \underline{Z}_n & \underline{Z}_m \end{bmatrix} \begin{bmatrix} \underline{I}_{L1} \\ \underline{I}_{L2} \\ \underline{I}_{L3} \end{bmatrix} + \begin{bmatrix} \underline{U}_{q1} \\ \underline{U}_{q2} \\ \underline{U}_{q3} \end{bmatrix} + \begin{bmatrix} \underline{U}_{F1} \\ \underline{U}_{F2} \\ \underline{U}_{F3} \end{bmatrix} \tag{13.117}$$

In den Impedanzelementen

$$\underline{Z}_m = \underline{Z}_s + \underline{Z}_M$$
$$\underline{Z}_n = \underline{Z}_g + \underline{Z}_M$$

ist neben den Selbst- und Gegenimpedanzen auch eine Mittelpunkt-Erde-Impedanz $\underline{Z}_M$ bereits enthalten. Die Auflösung der Gl. (13.117) nach den Strömen ergibt bei zunächst endlich vorausgesetzter Impedanz $\underline{Z}_M$:

$$\begin{bmatrix} \underline{I}_{L1} \\ \underline{I}_{L2} \\ \underline{I}_{L3} \end{bmatrix} = \begin{bmatrix} \underline{Y}_m & \underline{Y}_n & \underline{Y}_n \\ \underline{Y}_n & \underline{Y}_m & \underline{Y}_n \\ \underline{Y}_n & \underline{Y}_n & \underline{Y}_m \end{bmatrix} \left\{ \begin{bmatrix} \underline{U}_{L1} \\ \underline{U}_{L2} \\ \underline{U}_{L3} \end{bmatrix} - \begin{bmatrix} \underline{U}_{q1} \\ \underline{U}_{q2} \\ \underline{U}_{q3} \end{bmatrix} - \begin{bmatrix} \underline{U}_{F1} \\ \underline{U}_{F2} \\ \underline{U}_{F3} \end{bmatrix} \right\} \tag{13.118a}$$

bzw.: $\underline{\boldsymbol{i}} = \underline{\boldsymbol{Y}}_Z (\underline{\boldsymbol{u}} - \underline{\boldsymbol{u}}_q - \underline{\boldsymbol{u}}_F)$ (13.118b)

Die Diagonal- und Nichtdiagonalelemente der Admittanzmatrix in Gl. (13.118) setzen sich wie folgt aus den Elementen der Impedanzmatrix oder den Impedanzen der symmetrischen Komponenten zusammen.

$$\underline{Y}_m = \frac{\underline{Z}_m + \underline{Z}_n}{(\underline{Z}_m - \underline{Z}_n)(\underline{Z}_m + 2\underline{Z}_n)} = \frac{1}{3}\left(\frac{2}{\underline{Z}_1} + \frac{1}{\underline{Z}_0}\right) = \frac{1}{3}(2\underline{Y}_1 + \underline{Y}_0) \tag{13.119}$$

$$\underline{Y}_n = -\frac{\underline{Z}_n}{(\underline{Z}_m - \underline{Z}_n)(\underline{Z}_m + 2\underline{Z}_n)} = -\frac{1}{3}\left(\frac{1}{\underline{Z}_1} - \frac{1}{\underline{Z}_0}\right) = -\frac{1}{3}(\underline{Y}_1 - \underline{Y}_0) \tag{13.120}$$

In den Gl. (13.119) und (13.120) mit $\underline{Z}_0 = \underline{Z}_S + 2\underline{Z}_g + 3\underline{Z}_M$ kann jetzt auch der Fall des isolierten Sternpunktes mit $\underline{Y}_0 = 0$ berücksichtigt werden.

Die Fehlerbedingungen, Gl. (13.109), werden nach Multiplikation von Gl. (13.109a) mit $\underline{\boldsymbol{Y}}_Z + \underline{\boldsymbol{Y}}_F$ von links wie folgt zusammengefasst:

$$\begin{aligned}(\underline{\boldsymbol{Y}}_Z + \underline{\boldsymbol{Y}}_F)\,\boldsymbol{F}\,\underline{\boldsymbol{u}}_F + (\boldsymbol{E} - \boldsymbol{F}^T)\,(\underline{\boldsymbol{i}} - \underline{\boldsymbol{Y}}_F\underline{\boldsymbol{u}}_F) \\ = [(\underline{\boldsymbol{Y}}_Z + \underline{\boldsymbol{Y}}_F)\,\boldsymbol{F} - (\boldsymbol{E} - \boldsymbol{F}^T)\,\underline{\boldsymbol{Y}}_F]\underline{\boldsymbol{u}}_F + (\boldsymbol{E} - \boldsymbol{F}^T)\,\underline{\boldsymbol{i}} = \mathbf{o}\end{aligned} \tag{13.121}$$

Einsetzen von Gl. (13.118) ergibt:

$$[\boldsymbol{F}^T(\underline{\boldsymbol{Y}}_Z + \underline{\boldsymbol{Y}}_F) - (\underline{\boldsymbol{Y}}_Z + \underline{\boldsymbol{Y}}_F) + (\underline{\boldsymbol{Y}}_Z + \underline{\boldsymbol{Y}}_F)\,\boldsymbol{F}]\,\underline{\boldsymbol{u}}_F = (\boldsymbol{E} - \boldsymbol{F}^T)\,\underline{\boldsymbol{Y}}_Z\,(\underline{\boldsymbol{u}}_q - \underline{\boldsymbol{u}}) \tag{13.122}$$

Für vollständige Unterbrechungen vereinfacht sich Gl. (13.122) zu:

$$[\boldsymbol{F}^{\mathrm{T}}\,\underline{\boldsymbol{Y}}_{\mathrm{Z}} - \underline{\boldsymbol{Y}}_{\mathrm{Z}} + \underline{\boldsymbol{Y}}_{\mathrm{Z}}\,\boldsymbol{F}]\,\underline{\boldsymbol{u}}_{\mathrm{F}} = (\boldsymbol{E}-\boldsymbol{F}^{\mathrm{T}})\,\underline{\boldsymbol{Y}}_{\mathrm{Z}}\,(\underline{\boldsymbol{u}}_{\mathrm{q}} - \underline{\boldsymbol{u}}) \qquad (13.123)$$

Aus der Gl. (13.122) ergibt sich für die Spannungen über den Unterbrechungsstellen:

$$\underline{\boldsymbol{u}}_{\mathrm{F}} = [\boldsymbol{F}^{\mathrm{T}}\,(\underline{\boldsymbol{Y}}_{\mathrm{Z}} + \underline{\boldsymbol{Y}}_{\mathrm{F}}) - (\underline{\boldsymbol{Y}}_{\mathrm{Z}} + \underline{\boldsymbol{Y}}_{\mathrm{F}}) + (\underline{\boldsymbol{Y}}_{\mathrm{Z}} + \underline{\boldsymbol{Y}}_{\mathrm{F}})\,\boldsymbol{F}]^{-1}\,(\boldsymbol{E}-\boldsymbol{F}^{\mathrm{T}})\,\underline{\boldsymbol{Y}}_{\mathrm{Z}}\,(\underline{\boldsymbol{u}}_{\mathrm{q}} - \underline{\boldsymbol{u}}) \qquad (13.124)$$

Nach Einsetzen dieser Gleichung in die ursprüngliche Zweiggleichung (13.118) erhält man für den Zweig mit Unterbrechungen schließlich:

$$\begin{aligned}\underline{\boldsymbol{i}} = {} & \{\boldsymbol{E} + \underline{\boldsymbol{Y}}_{\mathrm{Z}}\,[\boldsymbol{F}^{\mathrm{T}}\,(\underline{\boldsymbol{Y}}_{\mathrm{Z}} + \underline{\boldsymbol{Y}}_{\mathrm{F}}) - (\underline{\boldsymbol{Y}}_{\mathrm{Z}} + \underline{\boldsymbol{Y}}_{\mathrm{F}}) + (\underline{\boldsymbol{Y}}_{\mathrm{Z}} + \underline{\boldsymbol{Y}}_{\mathrm{F}})\,\boldsymbol{F}]^{-1}\,(\boldsymbol{E}-\boldsymbol{F}^{\mathrm{T}})\}\cdot\\ & (\underline{\boldsymbol{Y}}_{\mathrm{Z}}\,\underline{\boldsymbol{u}} - \underline{\boldsymbol{Y}}_{\mathrm{Z}}\,\underline{\boldsymbol{u}}_{\mathrm{q}}) = \underline{\boldsymbol{Y}}_{\mathrm{ZF}}\,\underline{\boldsymbol{u}} - \underline{\boldsymbol{Y}}_{\mathrm{ZF}}\,\underline{\boldsymbol{u}}_{\mathrm{q}} = \underline{\boldsymbol{Y}}_{\mathrm{ZF}}\,\underline{\boldsymbol{u}} + \underline{\boldsymbol{i}}_{\mathrm{qF}}\end{aligned} \qquad (13.125)$$

Die so modifizierten Zweige (Index F) werden wie die fehlerfreien Zweige in das Netzgleichungssystem eingefügt. Nach der Berechnung der Knotenspannungen können aus Gl. (13.124) die Spannungen über den Unterbrechungsstellen berechnet werden. In Tabelle 13.10 sind die Elemente der Admittanzmatrix $\underline{\boldsymbol{Y}}_{\mathrm{ZF}}$ für die vollständigen ein- und zweipolige Unterbrechung ($\underline{\boldsymbol{Y}}_{\mathrm{F}} = 0$) zusammengestellt.

Für den Längszweig ohne Querglieder in Bild 13.14b gelten die vorstehenden Gleichungen mit $\underline{Z}_{\mathrm{M}} = 0$ und $\underline{\boldsymbol{u}}_{\mathrm{q}} = \boldsymbol{o}$ sowie $\Delta\underline{U}_{\mathrm{L}i}$ anstelle $\underline{U}_{\mathrm{L}i}$ ($i = 1, 2, 3$). Die

Tabelle 13.10. Stromgleichungen für die Netzquerzweige mit vollständigen Unterbrechungen

u1: Einpolige Unterbrechung L1	u2: Zweipolige Unterbrechung L2 und L3
$\begin{bmatrix}\underline{I}_{\mathrm{L1}}\\ \underline{I}_{\mathrm{L2}}\\ \underline{I}_{\mathrm{L3}}\end{bmatrix} = \begin{bmatrix}0 & 0 & 0\\ 0 & \underline{Y}_{\mathrm{m}} & -\underline{Y}_{\mathrm{n}}\\ 0 & -\underline{Y}_{\mathrm{n}} & \underline{Y}_{\mathrm{m}}\end{bmatrix}\left\{\begin{bmatrix}\underline{U}_{\mathrm{L1}}\\ \underline{U}_{\mathrm{L2}}\\ \underline{U}_{\mathrm{L3}}\end{bmatrix} - \begin{bmatrix}\underline{U}_{\mathrm{q1}}\\ \underline{U}_{\mathrm{q2}}\\ \underline{U}_{\mathrm{q3}}\end{bmatrix}\right\}$ $\underline{Y}_{\mathrm{m}} = \dfrac{\underline{Z}_{\mathrm{m}}}{(\underline{Z}_{\mathrm{m}} - \underline{Z}_{\mathrm{n}})(\underline{Z}_{\mathrm{m}} + \underline{Z}_{\mathrm{n}})} = \dfrac{\underline{Y}_{\mathrm{M}}\underline{Z}_{\mathrm{s}} + 1}{\underline{Y}}$ $\underline{Y}_{\mathrm{n}} = \dfrac{\underline{Z}_{\mathrm{n}}}{(\underline{Z}_{\mathrm{m}} - \underline{Z}_{\mathrm{n}})(\underline{Z}_{\mathrm{m}} + \underline{Z}_{\mathrm{n}})} = \dfrac{\underline{Y}_{\mathrm{M}}\underline{Z}_{\mathrm{g}} + 1}{\underline{Y}}$ $\underline{Y} = (\underline{Z}_{\mathrm{s}} - \underline{Z}_{\mathrm{g}})\,[\underline{Y}_{\mathrm{M}}(\underline{Z}_{\mathrm{s}} + \underline{Z}_{\mathrm{g}}) + 2]$	$\begin{bmatrix}\underline{I}_{\mathrm{L1}}\\ \underline{I}_{\mathrm{L2}}\\ \underline{I}_{\mathrm{L3}}\end{bmatrix} = \underline{Y}\begin{bmatrix}1 & 0 & 0\\ 0 & 0 & 0\\ 0 & 0 & 0\end{bmatrix}\left\{\begin{bmatrix}\underline{U}_{\mathrm{L1}}\\ \underline{U}_{\mathrm{L2}}\\ \underline{U}_{\mathrm{L3}}\end{bmatrix} - \begin{bmatrix}\underline{U}_{\mathrm{q1}}\\ \underline{U}_{\mathrm{q2}}\\ \underline{U}_{\mathrm{q3}}\end{bmatrix}\right\}$ $\underline{Y} = \dfrac{1}{\underline{Z}_{\mathrm{m}}} = \dfrac{1}{\underline{Z}_{\mathrm{s}} + \underline{Z}_{\mathrm{M}}} = \dfrac{\underline{Y}_{\mathrm{M}}}{\underline{Y}_{\mathrm{M}}\underline{Z}_{\mathrm{s}} + 1}$
Querzweig mit freiem Sternpunkt $\underline{Y}_{\mathrm{M}} = 0$	Querzweig mit freiem Sternpunkt $\underline{Y}_{\mathrm{M}} = 0$
$\begin{bmatrix}\underline{I}_{\mathrm{L1}}\\ \underline{I}_{\mathrm{L2}}\\ \underline{I}_{\mathrm{L3}}\end{bmatrix} = \dfrac{\underline{Y}_1}{2}\begin{bmatrix}0 & 0 & 0\\ 0 & 1 & -1\\ 0 & -1 & 1\end{bmatrix}\left\{\begin{bmatrix}\underline{U}_{\mathrm{L1}}\\ \underline{U}_{\mathrm{L2}}\\ \underline{U}_{\mathrm{L3}}\end{bmatrix} - \begin{bmatrix}\underline{U}_{\mathrm{q1}}\\ \underline{U}_{\mathrm{q2}}\\ \underline{U}_{\mathrm{q3}}\end{bmatrix}\right\}$ $\underline{Y}_1 = \dfrac{1}{\underline{Z}_1} = \dfrac{1}{\underline{Z}_{\mathrm{s}} - \underline{Z}_{\mathrm{g}}}$	$\begin{bmatrix}\underline{I}_{\mathrm{L1}}\\ \underline{I}_{\mathrm{L2}}\\ \underline{I}_{\mathrm{L3}}\end{bmatrix} = \begin{bmatrix}0\\ 0\\ 0\end{bmatrix}$

Gleichungen für den Längszweig mit Quergliedern lassen sich auf dem gleichen Weg wie für den Querzweig herleiten.

13.7.4 Nachbildung von Kurzschlüssen an der Impedanzmatrix

Das dreipolige Gleichungssystem mit der Impedanzmatrix ergibt sich aus Gl. (13.110) durch Muliplikation mit $\underline{\boldsymbol{Y}}^{-1} = \underline{\boldsymbol{Z}}$ von links:

$$\underline{\boldsymbol{Z}}\,\underline{\boldsymbol{i}}_{\mathrm{F}} = \underline{\boldsymbol{u}} - \underline{\boldsymbol{Z}}\,\underline{\boldsymbol{i}}_{\mathrm{q}} \tag{13.126}$$

Gl. (13.113) wird ebenfalls von links mit der Knotenimpedanzmatrix multipliziert:

$$(\boldsymbol{E} - \boldsymbol{F}_{\mathrm{F}}^{\mathrm{T}})\,\underline{\boldsymbol{u}} - [(\boldsymbol{E} - \boldsymbol{F}_{\mathrm{F}}^{\mathrm{T}})\,\underline{\boldsymbol{Z}}_{\mathrm{F}} + \underline{\boldsymbol{Z}}\,\boldsymbol{F}_{\mathrm{F}}]\underline{\boldsymbol{i}}_{\mathrm{F}} = \mathbf{o} \tag{13.127}$$

Einsetzen von $\underline{\boldsymbol{u}}$ aus Gl. (13.126) ergibt:

$$[\boldsymbol{F}_{\mathrm{F}}^{\mathrm{T}}\,\underline{\boldsymbol{Z}} - \underline{\boldsymbol{Z}} + \underline{\boldsymbol{Z}}\boldsymbol{F}_{\mathrm{F}} + (\boldsymbol{E} - \boldsymbol{F}_{\mathrm{F}}^{\mathrm{T}})\,\underline{\boldsymbol{Z}}_{\mathrm{F}}]\,\underline{\boldsymbol{i}}_{\mathrm{F}} = (\boldsymbol{E} - \boldsymbol{F}_{\mathrm{F}}^{\mathrm{T}})\,\underline{\boldsymbol{Z}}\,\underline{\boldsymbol{i}}_{\mathrm{q}} \tag{13.128}$$

Für widerstandslose Kurzschlüsse vereinfacht sich Gl. (13.128) zu:

$$(\boldsymbol{F}_{\mathrm{F}}^{\mathrm{T}}\,\underline{\boldsymbol{Z}} - \underline{\boldsymbol{Z}} + \underline{\boldsymbol{Z}}\boldsymbol{F}_{\mathrm{F}})\,\underline{\boldsymbol{i}}_{\mathrm{F}} = (\boldsymbol{E} - \boldsymbol{F}_{\mathrm{F}}^{\mathrm{T}})\,\underline{\boldsymbol{Z}}\,\underline{\boldsymbol{i}}_{\mathrm{q}} \tag{13.129}$$

Nach der Berechnung der Fehlerströme aus Gl. (13.128) oder (13.129) erhält man die Knotenspannungen aus Gl. (13.126):

$$\underline{\boldsymbol{u}} = \underline{\boldsymbol{Z}}\,\underline{\boldsymbol{i}}_{\mathrm{F}} + \underline{\boldsymbol{Z}}\,\underline{\boldsymbol{i}}_{\mathrm{q}} \tag{13.130}$$

Der Nachteil der Fehlernachbildung an der Impedanzmatrix gegenüber der Nachbildung an der Admittanzmatrix besteht darin, dass wie beim klassischen Verfahren der Fehlerberechnung (Abschn. 13.4 und 13.5) zunächst die Impedanzmatrix berechnet werden muss, wobei Schwierigkeiten auftreten, wenn kein Sternpunkt der Betriebsmittel geerdet ist und die Querzweige vernachlässigt werden. Außerdem lassen sich Unterbrechungen in die Impedanzmatrix nur mit Kunstgriffen einbeziehen. Vorteilhaft ist dagegen, dass sich das Gleichungssystem leicht auf die wenigen Fehlerknoten reduzieren lässt.

13.7.5 Nachbildung von Kurzschlüssen und Unterbrechungen in modalen Komponenten

Ist das Drehstromsystem in modalen Komponenten modelliert (Abschn. 2.5), so kann die Nachbildung von Kurzschlüssen und Unterbrechungen nach der gleichen Methode wie hier dargestellt, auch in beliebigen modalen Komponenten (z.B. in symmetrischen Komponenten) erfolgen. Anstelle der Fehlermatrizen $\boldsymbol{F}$ und $\boldsymbol{F}^{\mathrm{T}}$ sind dann lediglich die transformierten Fehlermatrizen:

$$\underline{\boldsymbol{F}}_{\mathrm{M}} = \underline{\boldsymbol{T}}_{\mathrm{M}}^{-1}\,\boldsymbol{F}\,\underline{\boldsymbol{T}}_{\mathrm{M}} \text{ und } \underline{\boldsymbol{F}}_{\mathrm{M}}^{\mathrm{T*}} \text{ sowie } \underline{\boldsymbol{Z}}_{\mathrm{FM}} = \underline{\boldsymbol{T}}_{\mathrm{M}}^{-1}\,\underline{\boldsymbol{Z}}_{\mathrm{F}}\,\underline{\boldsymbol{T}}_{\mathrm{M}} \text{ und } \underline{\boldsymbol{Y}}_{\mathrm{FM}} = \underline{\boldsymbol{T}}_{\mathrm{M}}^{-1}\,\underline{\boldsymbol{Y}}_{\mathrm{F}}\,\underline{\boldsymbol{T}}_{\mathrm{M}}$$

zu verwenden, wobei leistungsinvariante Transformation (s. Anhang 2) vorausgesetzt wird.

14 Leistungsfluss im Drehstromnetz

14.1 Aufgabe

Von der Elektrizitätsversorgung wird gefordert, dass elektrische Energie sicher, umweltfreundlich, kostengünstig und ausreichend bereitgestellt wird. Diese Forderung gilt für den Normalbetrieb des Netzes. Um sie erfüllen zu können, muss neben der ausreichenden Erzeugung genügend Übertragungskapazität vorhanden sein. Bei diesen Überlegungen ist selbstverständlich zu berücksichtigen, dass der Leistungsbedarf im Laufe der Jahre wachsen kann und dass deshalb ein Ausbau der Netze in Stufen notwendig wird, so dass weder Engpässe in der Versorgung z. B. durch Überlastung von Leitungsverbindungen oder Transformatoren entstehen, noch unwirtschaftliche Investitionen vorgenommen werden. Zur Einhaltung dieser Forderungen sind Untersuchungen zum Leistungsfluss im Netz notwendig.

Im Drehstromübertragungs- und -verteilungsnetz treten bis etwa 5 % der erzeugten Wirkleistung als Verluste auf. Der größte Teil davon entfällt auf das Verteilungsnetz. Durch entsprechende Maßnahmen bei der Auslegung und beim Betrieb des Netzes und auch der Kraftwerke muss im Rahmen der Gesamtwirtschaftlichkeit des Netzes ein Minimum der Verluste angestrebt werden. Zur Bestimmung der Verluste sind Leistungsflussberechnungen durchzuführen.

Leistungsflussberechnungen sind auch erforderlich für die Überprüfung der Einhaltung der zulässigen Spannungsabweichungen, die Einstellung von Schutzeinrichtungen und die Überprüfung der Netzzuverlässigkeit durch Ausfallsimulationen. Bei Stabilitätsuntersuchungen und Kurzschlussstromberechnungen nach dem Überlagerungsverfahren und anderen Ausgleichsvorgängen ist immer zunächst der stationäre Ausgangszustand durch eine Leistungsflussberechnung zu ermitteln.

14.2 Leistungsfluss auf Leitungen

Bei Leistungsflussberechnungen auf einzelnen Leitungen mit einer oder mehreren Abnahmen, ebenso wie bei Leitungsflussberechnungen in vermaschten Netzen, wird vorausgesetzt, dass das Netz symmetrisch gespeist und symme-

D. Oeding, B. Oswald, *Elektrische Kraftwerke und Netze*,
doi 10.1007/978-3-642-19246-3, © Springer 2011

trisch aufgebaut ist. Grundsätzlich kann das Drehstromnetz dann durch sein Mitsystem ersetzt werden. Auf eine zusätzliche Indizierung zur Kennzeichnung der Größen im Mitsystem wird in diesem Kapitel verzichtet. Die Leistungen werden als Drehstromleistungen angegeben.

Als einfachster Fall soll die Leistungsübertragung über eine kurze Drehstromleitung nach Bild 14.1 a behandelt werden. Die Kapazitäten sollen vernachlässigt werden. Es gelten zunächst unabhängig von der Art der Belastung folgende Beziehungen:

$$\underline{U}_{\mathrm{Q}} = \underline{U}_{\mathrm{B}} + \underline{Z}_{\mathrm{L}}\,\underline{I}_{\mathrm{Q}} = \underline{U}_{\mathrm{B}} + (R_{\mathrm{L}} + \mathrm{j}X_{\mathrm{L}})\underline{I}_{\mathrm{Q}} \tag{14.1}$$

$$\underline{I}_{\mathrm{B}} = \underline{I}_{\mathrm{Q}} \tag{14.2}$$

$$\underline{S}_{\mathrm{Q}} = 3\underline{U}_{\mathrm{Q}}\underline{I}_{\mathrm{Q}}^{*} = 3U_{\mathrm{Q}}I_{\mathrm{Q}}(\cos\varphi_{\mathrm{Q}} + \mathrm{j}\sin\varphi_{\mathrm{Q}}) = P_{\mathrm{Q}} + \mathrm{j}Q_{\mathrm{Q}} \tag{14.3}$$

$$\underline{S}_{\mathrm{B}} = 3\underline{U}_{\mathrm{B}}\underline{I}_{\mathrm{B}}^{*} = 3U_{\mathrm{B}}I_{\mathrm{B}}(\cos\varphi_{\mathrm{B}} + \mathrm{j}\sin\varphi_{\mathrm{B}}) = P_{\mathrm{B}} + \mathrm{j}Q_{\mathrm{B}} \tag{14.4}$$

Die Differenz der Leistungen $\underline{S}_{\mathrm{Q}}$ und $\underline{S}_{\mathrm{B}}$ ist die von der Drehstromleitung aufgenommene Leistung $\underline{S}_{\mathrm{L}}$. Man erhält für sie aus Gl. (14.3) und (14.4) mit Gl. (14.1):

$$\underline{S}_{\mathrm{L}} = \underline{S}_{\mathrm{Q}} - \underline{S}_{\mathrm{B}} = 3(\underline{U}_{\mathrm{Q}} - \underline{U}_{\mathrm{B}})\underline{I}_{\mathrm{Q}}^{*} = 3\underline{Z}_{\mathrm{L}}\underline{I}_{\mathrm{Q}}\underline{I}_{\mathrm{Q}}^{*} = 3\underline{Z}_{\mathrm{L}}I_{\mathrm{Q}}^{2} = P_{\mathrm{L}} + \mathrm{j}Q_{\mathrm{L}} \tag{14.5}$$

Der Real- und Imaginärteil von $\underline{S}_{\mathrm{L}}$ sind die Verluste P_{L} und der Blindleistungsbedarf Q_{L} der Leitung:

$$P_{\mathrm{L}} = 3R_{\mathrm{L}}I_{\mathrm{Q}}^{2} \tag{14.6}$$

$$Q_{\mathrm{L}} = 3X_{\mathrm{L}}I_{\mathrm{Q}}^{2} \tag{14.7}$$

Die durch die vorstehenden Gleichungen beschriebenen Übertragungsverhältnisse sind durch das Zeigerdiagramm im Bild 14.2 anschaulich dargestellt. Es wurde ausgehend von $\underline{U}_{\mathrm{B}}$ in der reellen Achse bei Vorgabe des Zeigers $\underline{I}_{\mathrm{B}}$ für die Belastung konstruiert. Die Lage des Zeigers $\underline{I}_{\mathrm{B}}$ entspricht einer ohmisch-induktiven Last (Abschn. 2.3). Für diesen Belastungsfall ist die Spannung $\underline{U}_{\mathrm{Q}}$ am Anfang der Leitung größer als am Ende. Wegen der Verluste und des posi-

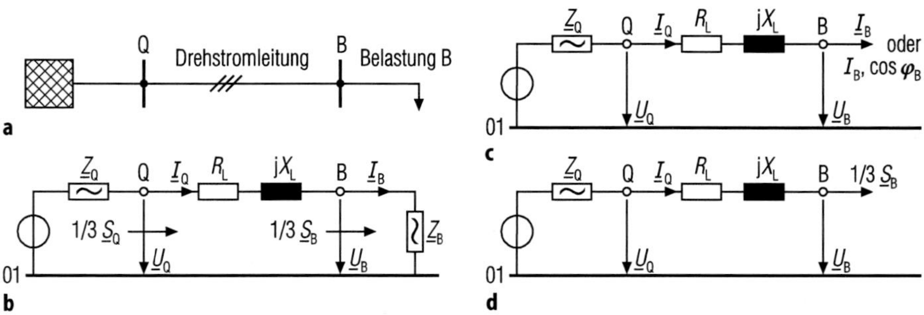

Bild 14.1 a–d. Leistungsübertragung über eine Drehstromleitung. **a** Netzaufbau; **b** Ersatzschaltung im Mitsystem mit konstanter Belastungsimpedanz $\underline{Z}_{\mathrm{B}}$; **c** Belastungsnachbildung durch konstanten Strom $\underline{I}_{\mathrm{B}}$; **d** Belastungsnachbildung durch konstante Leistung $\underline{S}_{\mathrm{B}} = P_{\mathrm{B}} + \mathrm{j}Q_{\mathrm{B}}$

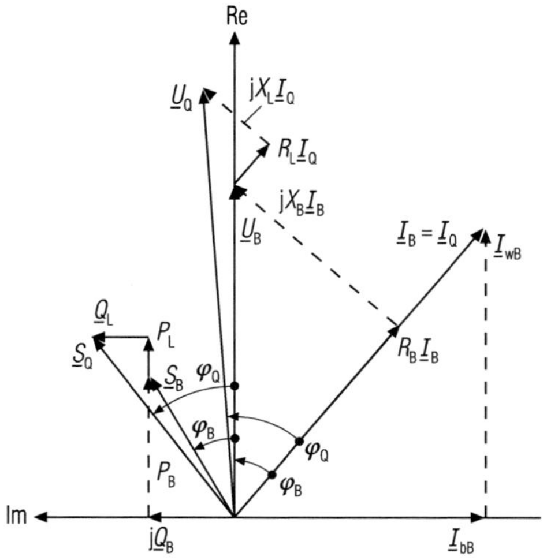

Bild 14.2. Zeigerdiagramm der Spannungen, Ströme und Leistungen für die Leitung im Bild 14.1

tiven Blindleistungsbedarfes der Leitung sind auch P_Q und Q_Q größer als die Abnahmeleistungen P_B und Q_B.

14.2.1 Vorgabe der Belastung als konstante Impedanz

Für diesen im Bild 14.1 b dargestellten Fall gilt:

$$\underline{U}_B = \underline{Z}_B \underline{I}_B \tag{14.8}$$

Eingesetzt in Gl. (14.1) lassen sich bei gegebener Spannung $\underline{U}_Q$ am Anfang der Leitung sofort die Ströme berechnen:

$$\underline{I}_Q = \underline{I}_B = \frac{\underline{U}_Q}{\underline{Z}_L + \underline{Z}_B} \tag{14.9}$$

Mit den Strömen können nun die Spannung $\underline{U}_B$ und die Leistungen nach den Gleichungen im Abschn. 14.2 berechnet werden. Zur Berechnung der Spannung $\underline{U}_B$ kann auch die Spannungsteilerregel herangezogen werden, was den Vorteil hat, dass man nicht erst den Strom zu berechnen braucht:

$$\underline{U}_B = \frac{\underline{Z}_B}{\underline{Z}_L + \underline{Z}_B} \underline{U}_Q \tag{14.10}$$

Oft ist die Belastungsimpedanz nicht direkt gegeben, sondern die Drehstromwirk- und -blindleistung P_B und Q_B bei einer bestimmten Spannung, z. B. der Netznennspannung (Leiter-Leiter-Spannung). Man ermittelt dann mit diesen Werten zunächst die zugehörige Impedanz:

$$\underline{Z}_{Bn} = \frac{U_n^2}{\underline{S}_{Bn}^*} = \frac{U_n^2}{S_{Bn}^2}(P_{Bn} + jQ_{Bn}) \tag{14.11}$$

Die Vorgabe der Belastung durch eine konstante Impedanz bedeutet, dass die mit Gl. (14.11) ermittelte Belastungsimpedanz unabhängig von der sich tatsächlich einstellenden Spannung am Leitungsende in der Berechnung beibehalten wird.

Setzt man $\underline{I}_B^* = \underline{U}_B^* / \underline{Z}_{Bn}^*$ in Gl. (14.4) ein, so sieht man, dass sich bei konstanter Impedanz $\underline{Z}_{Bn}$ die Leistung am Ende der Leitung quadratisch mit der Spannung U_B ändert.

$$\underline{S}_B = 3\underline{U}_B \underline{I}_B^* = 3\frac{U_B^2}{\underline{Z}_{Bn}^*} = 3\frac{R_{Bn} + jX_{Bn}}{R_{Bn}^2 + X_{Bn}^2} U_B^2 = P_B + jQ_B \tag{14.12}$$

Weicht also im Ergebnis der Berechnungen U_B von der Vorgabe $U_n / \sqrt{3}$ ab, so ändern sich auch die von Z_{Bn} aufgenommene Wirk- und Blindleistung entsprechend Gl. (14.12).

Als Berechnungsbeispiel soll die Übertragung über eine 10-kV-Leitung mit folgenden Ausgangsdaten behandelt werden: Spannung an der Einsspeisung: $\underline{U}_Q = U_Q = 10\text{ kV}/\sqrt{3} = 5{,}774$ kV; Nennleistung der Belastung: $\underline{S}_{Bn} = (3 + j1)$ MVA bei $U_n = 10$ kV; Leitungsimpedanz: $\underline{Z}_L = R_L + jX_L = (1{,}2 + j1{,}6)\ \Omega$

Nach Gl. (14.11) erhält man:

$$\underline{Z}_{Bn} = \frac{U_n^2}{S_{Bn}^2}(P_{Bn} + jQ_{Bn}) = \frac{(10\text{ kV})^2}{(3^2 + 1^2)\text{ MVA}^2}(3 + j1)\text{MVA} = (30 + j10)\Omega\,,$$

also $R_{Bn} = 30\ \Omega$ und $X_{Bn} = 10\ \Omega$.

Aus den Gln. (14.10) und (14.12) ergibt sich dann:

$$\underline{U}_B = \frac{\underline{Z}_{Bn}}{\underline{Z}_L + \underline{Z}_{Bn}}\underline{U}_Q = \frac{(30 + j10)\,\Omega}{(31{,}2 + j11{,}6)\,\Omega}\frac{10\text{ kV}}{\sqrt{3}} = 5{,}4849\text{ kV}\,e^{-j1{,}9599°}$$

$$P_B = P_{Bn}\frac{3U_B^2}{U_n^2} = 3\text{MW}\frac{3(5{,}4849\text{ kV})^2}{(10\text{ kV})^2} = 2{,}7076\text{ MW und}$$

$$Q_B = Q_{Bn}\frac{3U_B^2}{U_n^2} = 1\text{MVar}\frac{3(5{,}4849\text{ kV})^2}{(10\text{ kV})^2} = 0{,}9025\text{ MVar}$$

Wegen der gegenüber der Nennspannung $U_n = 10$ kV geringeren Spannung $\sqrt{3}\ U_B = \sqrt{3} \cdot 5{,}4849\text{ kV} = 9{,}5001$ kV sind auch P_B und Q_B kleiner als P_{Bn} und Q_{Bn}.

14.2.2 Vorgabe der Belastung durch konstanten Strom

Sind der Betrag des Belastungsstromes I_B und der $\cos\varphi_B$ und damit der Wirk- und Blindstrom am Ende der Leitung gegeben, wie im Bild 14.1 c, so kann bei bekannter Spannung U_Q die Spannung am Leitungsende $\underline{U}_B$ nicht direkt aus Gl. (14.1) berechnet werden, weil der Phasenwinkel des Stromes $\varphi_{iB} = \varphi_{uB} - \varphi_B$ nicht bekannt ist.

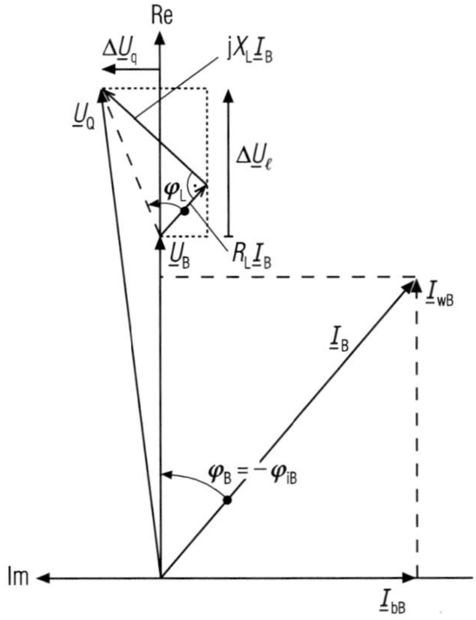

Bild 14.3. Zeigerbild zur Berechnung der Spannung am Ende der Leitung bei gegebenem Belastungsstrom und $\cos\varphi_B$

Eine Lösungsmöglichkeit besteht in der iterativen Lösung der umgestellten Gl. (14.1), beginnend mit $\varphi_{uB} = 0$, wenn $\underline{U}_Q$ in die reelle Achse gelegt wird:

$$\underline{U}_B = U_Q - \underline{Z}_L\, I_Q\,[(\cos(\varphi_{uB} - \varphi_B) + \mathrm{j}\,\sin(\varphi_{uB} - \varphi_B)] \tag{14.13}$$

Die *andere*, nicht iterative Lösung erhält man, wenn man die gesuchte Spannung $\underline{U}_B$ zunächst in die reelle Achse wie im Bild 14.3 legt. Aus Gl. (14.1) folgt dann mit $\varphi_{uB} = 0$, also $\varphi_{iB} = -\varphi_B$:

$$\begin{aligned}\underline{U}_Q &= U_B + \underline{Z}_L\,\underline{I}_B = U_B + (R_L + \mathrm{j}X_L)\,I_B(\cos\varphi_B - \mathrm{j}\sin\varphi_B) = \\ &= U_B + (R_L + \mathrm{j}X_L)\,(I_{wB} - \mathrm{j}I_{bB}) = U_B + R_L\,I_{wB} + X_L\,I_{bB} + \mathrm{j}\,(X_L I_{wB} - R_L I_{bB})\end{aligned} \tag{14.14}$$

Mit den Abkürzungen für den Längs- und Querspannungsfall bezüglich $\underline{U}_B$:

$$\Delta U_\ell = R_L\,I_{wB} + X_L\,I_{bB} = (R_L\cos\varphi_B + X_L\sin\varphi_B)\,I_B \tag{14.15}$$

$$\Delta U_q = X_L\,I_{wB} - R_L\,I_{bB} = (X_L\cos\varphi_B - R_L\sin\varphi_B)\,I_B \tag{14.16}$$

folgt aus dem Real- und Imaginärteilvergleich in Gl. (14.14):

$$U_Q^2 = (U_B + \Delta U_\ell)^2 + \Delta U_q^2 \quad \text{und} \quad U_B = \sqrt{U_Q^2 - \Delta U_q^2} - \Delta U_\ell$$

$$\text{sowie} \quad \varphi_{uQ} = \operatorname{Arctan}\frac{\Delta U_q}{U_B + \Delta U_\ell}$$

Weil U_Q reell gegeben ist, kann man sich nun den Zeiger $\underline{U}_Q$ im Bild 14.3 in die reelle Achse gedreht denken und erhält so schließlich:

$$\underline{U}_B = \left(\sqrt{U_Q^2 - \Delta U_q^2} - \Delta U_\ell\right)\mathrm{e}^{-\mathrm{j}\,\operatorname{Arctan}\frac{\Delta U_q}{U_B + \Delta U_\ell}} \tag{14.17}$$

Da der Querspannungsfall gewöhnlich klein gegenüber der Spannung U_Q ist, lässt sich für den Betrag von $\underline{U}_B$ die folgende Näherung angeben:

$$\begin{aligned} U_B &= U_Q - \Delta U_\ell = U_Q - R_L\, I_{wB} - X_L\, I_{bB} = U_Q - (R_L \cos\varphi_B + X_L \sin\varphi_B)\, I_B \\ &= U_Q - Z_{\varphi B}\, I_B \end{aligned} \tag{14.18}$$

Mit dieser Näherungsbeziehung ist eine reelle Berechnung möglich. Die Impedanz $Z_{\varphi B}$ ist von den Leitungsparametern und dem Leistungswinkel der Belastung abhängig. Die Näherung zeigt auch, dass bei großem Verhältnis X_L/R_L der Blindstrom für den Spannungsfall maßgebend ist.

Ist ursprünglich nicht der Strom, sondern die Leistung nach Wirk- und Blindleistung bei einer bestimmten Spannung, z. B. der Nennspannung, gegeben, so ist zunächst der dazu gehörende Strom zu bestimmen:

$$\underline{I}_{Bn} = \frac{\underline{S}^*_{Bn}}{\sqrt{3}\,U_n} = \frac{P_{Bn} - \mathrm{j}Q_{Bn}}{\sqrt{3}\,U_n}$$

Dieser Strom bleibt unter der Voraussetzung, dass sich der Verbraucher wie ein Konstantstromabnehmer verhält, für die oben gezeigte Berechnung von $\underline{U}_B$ und aller weiteren Größen unverändert. Weicht der berechnete Wert für U_B von der Nennspannung ab, so stellt sich natürlich auch eine andere Leistung als die Nennleistung am Abnehmer ein. Diese hängt bei Konstantstromverhalten linear von der Spannung ab, wie die folgenden Beziehung zeigt:

$$\underline{S}_B = 3\underline{U}_B\, \underline{I}^*_{Bn} = 3U_B\, I_{Bn}(\cos\varphi_{Bn} + \mathrm{j}\sin\varphi_{Bn}) = P_B + \mathrm{j}Q_B \tag{14.19}$$

Für das Berechnungsbeispiel aus Abschn. 14.2.1 ergibt sich:

$$\underline{I}_{Bn} = \frac{\underline{S}^*_{Bn}}{\sqrt{3}\,U_n} = \frac{(3-\mathrm{j}1)\mathrm{MVA}}{\sqrt{3}\cdot 10\,\mathrm{kV}} = (0{,}1732 - \mathrm{j}0{,}0577)\,\mathrm{kA} = 0{,}1826\, \mathrm{e}^{-\mathrm{j}18{,}4349^\circ}\,\mathrm{kA}$$

Mit $\Delta U_\ell = 0{,}3003$ kV und $\Delta U_q = 0{,}2079$ kV nach den Gln. (14.15) und (14.16) wird:

$$U_B = \sqrt{U_Q^2 - \Delta U_q^2} - \Delta U_\ell = \left(\sqrt{(10/\sqrt{3})^2 - 0{,}2079^2} - 0{,}3003\right)\mathrm{kV} = 5{,}4695\,\mathrm{kV}$$

$$\varphi_{uB} = -\mathrm{Arctan}\frac{\Delta U_q}{U_B + \Delta U_\ell} = -2{,}0636^\circ$$

$$P_B = P_{Bn}\frac{\sqrt{3}\,U_B}{U_n} = 2{,}8420\,\mathrm{MW} \quad \text{und} \quad Q_B = Q_{Bn}\frac{\sqrt{3}\,U_B}{U_n} = 0{,}9473\,\mathrm{Mvar}$$

Die Näherungsbeziehung Gl. (14.18) liefert mit $\varphi_B = 18{,}4349°$:

$$\begin{aligned} U_B &= U_Q - Z_{\varphi B}\, I_B = U_Q - (R_L \cos\varphi_B + X_L \sin\varphi_B)\, I_B \\ &= (10/\sqrt{3} - 1{,}6444 \cdot 0{,}1826)\,\mathrm{kV} = 5{,}4733\,\mathrm{kV} \end{aligned}$$

14.2.3 Vorgabe der Belastung durch konstante Leistung

Die Vorgabe einer konstanten Leistung führt immer auf eine iterative Lösung der Leistungsflussgleichungen. Für das Beispiel im Bild 14.1d ist zunächst ein erster Näherungswert für den Strom $\underline{I}_B$ mit einer angenommenen Spannung U_B (Betrag) aus der Leistungsbeziehung zu berechnen:

$$\underline{I}_B^{(\nu)} = \frac{\underline{S}_B^*}{3\underline{U}_B^{*(\nu)}} = \frac{P_B - jQ_B}{3\underline{U}_B^{*(\nu)}} \tag{14.20}$$

Der Index (ν) bezeichnet den Iterationsschritt. Als Startwert ($\nu = 0$) wählt man für die Spannung $U_n/\sqrt{3}$ mit dem Winkel Null. Mit dem Näherungswert für den Strom lässt sich nun über die Gl. (14.1) ein verbesserter Wert für die Spannung $\underline{U}_B$ berechnen:

$$\underline{U}_B^{(\nu+1)} = U_Q - \underline{Z}_L \underline{I}_B^{(\nu)} \tag{14.21}$$

Mit diesem Wert für $\underline{U}_B$ geht man zurück in die Gl. (14.20) zur Bestimmung des Stromes und der Iterationszyklus beginnt von neuem. Man kann die Gln. (14.20) und (14.21) noch zusammenfassen zu:

$$\underline{U}_B^{(\nu+1)} = U_Q - \underline{Z}_L \frac{P_B - jQ_B}{3\underline{U}_B^{*(\nu)}} \tag{14.22}$$

Die Iteration kann abgebrochen werden, wenn sich die Spannung zwischen zwei aufeinanderfolgenden Schritten nur noch wenig ändert. Da die Leistungen aber sehr empfindlich auf Spannungsänderungen reagieren, ist als Abbruchkriterium der Vergleich der mit $\underline{U}_B^{(\nu+1)}$ und $\underline{I}_B^{(\nu)}$ berechneten Leistungen $\underline{S}_B^{(\nu+1)} = 3\underline{U}_B^{(\nu+1)}\underline{I}_B^{*(\nu)}$ mit den gegebenen Leistungen besser geeignet. Für das Beispiel aus Abschn. 14.2.1 zeigt Tabelle 14.1 die Ergebnisse der Iterationsschritte.

Tabelle 14.1. Iterationsrechnung zur Leistungsflussberechnung mit konstanter Abnahmeleistung $\underline{S}_B$ für das Beispiel nach Bild 14.1.

Iterations-Schritt ν	$\underline{U}_B^{(\nu)}$ kV	$\underline{I}_B^{(\nu)}$ kA	$\underline{S}_B^{(\nu+1)} = 3\underline{U}_B^{(\nu+1)}\underline{I}_B^{*(\nu)}$ MVA	$\frac{\Delta P^{(\nu+1)}}{P_n}$ %	$\frac{\Delta Q^{(\nu+1)}}{Q_n}$ %
0 (Start)	5,7735	0,1732 – j 0,0577			
1	5,4733 – j 0,2078	0,1801 – j 0,0677	2,8800 + j 0,8400	4,00	16,00
2	5,4490 – j 0,2069	0,1809 – j 0,0680	2,9867 + j 0,9956	0,4444	0,4444
3	5,4475 – j 0,2078	0,1810 – j 0,0681	2,9994 + j 0,9992	0,0199	0,0797
4	5,4474 – j 0,2078	0,1810 – j 0,0681	2,9999 + j 1,0000	0,0022	0,0022
5	5,4474 – j 0,2078	0,1810 – j 0,0681	3,0000 + j 1,0000	$1{,}03 \cdot 10^{-4}$	$4{,}01 \cdot 10^{-4}$

Wie man sieht, beträgt schon nach dem ersten Iterationsschritt ($\nu = 1$) die Abweichung zwischen der vorgegebenen Abnahmeleistung und der mit den Näherungswerten von $\underline{U}_B$ und $\underline{I}_B$ berechneten Leistung nur noch 4 bzw. 16 %. Nach 4 Iterationsschritten ist praktisch die Lösung gefunden. Der Betrag und Winkel von $\underline{U}_B$ sind 5,4514 kV und -2,185°.

14.2.4 Vorgabe der Abnahmeleistungen als Funktion der Spannung

Die bei der Leistungsflussberechnungen an den einzelnen Knotenpunkten auftretenden Belastungen setzen sich meist aus einer Vielzahl von Einzelverbrauchern zusammen, z. B. aus Motoren, Beleuchtungseinrichtungen, Klimageräten, Haushaltgeräten, elektronische Verbraucher, Elektroöfen u. a. Die aufgenommenen Wirk- und Blindleistungen dieser Einzelverbraucher sind in unterschiedlicher Weise von der Spannung am Anschlusspunkt abhängig und damit auch von der Spannung der einzelnen Knoten des Netzes, selbst wenn die Verbraucher nicht unmittelbar dort angeschlossen sind, sondern über Transformatoren und Leitungsverbindungen an einer unterlagerten Spannungsebene.

Nach [14.17, 14.20] kann die Spannungsabhängigkeit der Lasten in dem bei Leistungsflussberechnungen interessierenden Bereich zwischen 80 und 120 % der Nennspannung durch folgende Exponentialdarstellung nachgebildet werden:

$$P = P_n \left(\frac{U}{U_n} \right)^p \quad \text{und} \quad Q = Q_n \left(\frac{U}{U_n} \right)^q \tag{14.23a, b}$$

Im Spannungsbereich von etwa 90 bis 110% der Nennspannung U_n ist z. B. die von Asynchronmotoren aufgenommene Wirkleistung nahezu konstant ($p = 0$), während sich die Wirkleistung von Glühlampen etwa mit der 1,5-ten Potenz der Spannung ändert. Bei Elektrowärmegeräten ändert sich die Wirkleistung etwa mit der 2-ten Potenz der Spannung. Mit der Wahl der Exponenten p und q kann man auch erreichen, dass sich die Belastungen wie konstante Leistungen (Wirk- und Blindleistung), konstante Ströme (Wirk- und Blindstrom) oder konstante Impedanzen (Widerstand und Reaktanz) verhalten (Bild 14.4.).

Maßgeblich für die Auswahl von Leistungsexponenten ist neben der Zusammensetzung der Last auch der Spannungsbereich (das Spannungsband), der im Normalbetrieb oder im Fehlerfall auftritt. Bei schmalem Spannungsband kann man die Verbraucher entweder durch konstante Leistungs- oder Stromabnahme nachbilden oder durch Exponenten $p = 1$, $q = 2$ [14.20]. Bei Fehlerberechnungen im Netz dagegen mit einem breiten Spannungsband kann man die Belastungen nicht durch konstante Leistungsabnahmen nachbilden. Hier wählt man die Nachbildung durch konstante Belastungsimpedanzen. Bei der Kurzschlussstromberechnung in Drehstromnetzen werden nichtmotorische Verbraucher meist vernachlässigt (Kap. 15).

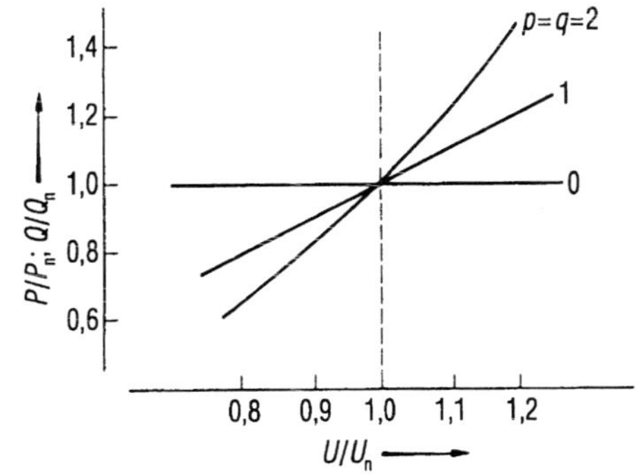

Bild 14.4. Verbraucherkennlinien abhängig von der Spannung für verschiedene Exponenten p und q nach Gl. (14.23)
$p = q = 0$: konstante Wirk- und Blindleistungsabnahme
$p = q = 1$: konstante Wirk- und Blindstromabnahme
$p = q = 2$: konstante Belastungsimpedanz (Admittanz)

Die Anstiege der Leistungskurven im Nennpunkt in Bild 14.4 sind:

$$\left.\frac{\mathrm{d}P}{\mathrm{d}U}\right|_{U=U_\mathrm{n}} = pP_\mathrm{n}\left(\frac{U}{U_\mathrm{n}}\right)^p \left.\frac{1}{U}\right|_{U=U_\mathrm{n}} = p\frac{P_\mathrm{n}}{U_\mathrm{n}} \quad \text{und}$$

$$\left.\frac{\mathrm{d}Q}{\mathrm{d}U}\right|_{U=U_\mathrm{n}} = qQ_\mathrm{n}\left(\frac{U}{U_\mathrm{n}}\right)^q \left.\frac{1}{U}\right|_{U=U_\mathrm{n}} = q\frac{Q_\mathrm{n}}{U_\mathrm{n}}$$

Mit Hilfe dieser Beziehungen kann man aus gemessenen Leistungs- und Spannungsänderungen ΔP, ΔQ und ΔU näherungsweise die Leistungsexponenten bestimmen:

$$p = \frac{\mathrm{d}P}{\mathrm{d}U}\frac{U_\mathrm{n}}{P_\mathrm{n}} \approx \frac{\Delta P/P_\mathrm{n}}{\Delta U/U_\mathrm{n}} = \frac{\Delta P/\%}{\Delta U/\%} \quad \text{und} \tag{14.24a}$$

$$q = \frac{\mathrm{d}Q}{\mathrm{d}U}\frac{U_\mathrm{n}}{Q_\mathrm{n}} \approx \frac{\Delta Q/Q_\mathrm{n}}{\Delta U/U_\mathrm{n}} = \frac{\Delta Q/\%}{\Delta U/\%} \tag{14.24b}$$

14.2.5 Leistungsfluss auf Leitungen bei mehreren Abnahmen

Das Bild 14.5a zeigt schematisch eine einseitig gespeiste Leitung mit m Abnahmen.

Aus dem Maschenumlauf über jeweils zwei benachbarte Spannungen folgt unter Berücksichtigung der Knotenpunktsätze:

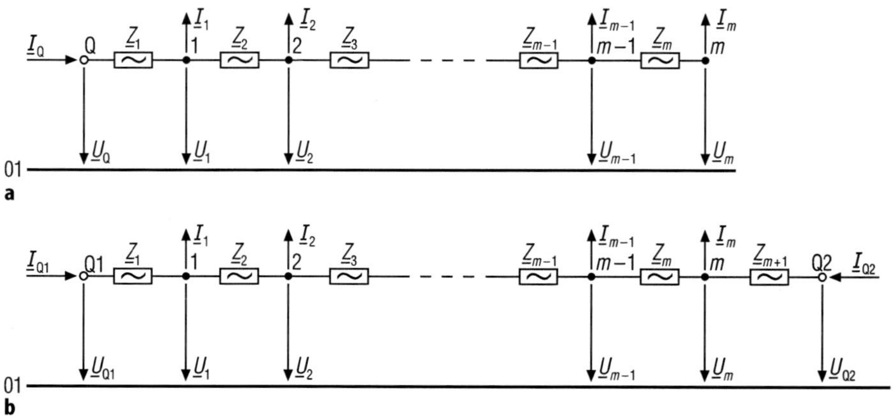

Bild 14.5 a, b. Leitung mit mehreren Abnahmen. **a** einseitig gespeist; **b** zweiseitig gespeist

$$
\begin{aligned}
\underline{U}_1 &= \underline{U}_\mathrm{Q} - \underline{Z}_1(\underline{I}_1 + \underline{I}_2 + \cdots + \underline{I}_{m-1} + \underline{I}_m) \\
\underline{U}_2 &= \underline{U}_1 - \underline{Z}_2(\underline{I}_2 + \cdots + \underline{I}_{m-1} + \underline{I}_m) \\
\vdots \quad & \quad \vdots \\
\underline{U}_m &= \underline{U}_{m-1} - \underline{Z}_m \underline{I}_m
\end{aligned}
\tag{14.25}
$$

Dieses Gleichungssystem wird beginnend mit der ersten Zeile gelöst. Je nach der Vorgabe der Abnahmen sind die Ströme zunächst mit angenommenen Spannungen zu berechnen (Abschn. 14.2.1 bis 14.2.4) und nach der Spannungsberechnung eventuell nochmals zu korrigieren. Lässt man die Näherungen aus Abschn. 14.2.2 gelten, so vereinfacht sich die Spannungsberechnung zu:

$$
\begin{aligned}
U_1 &= U_\mathrm{Q} - Z_{\varphi 1}(I_1 + I_2 + \cdots + I_{m-1} + I_m) \\
U_2 &= U_1 - Z_{\varphi 2}(I_2 + \cdots + I_{m-1} + I_m) \\
&\ \vdots \\
U_m &= U_{m-1} - Z_{\varphi m} I_m
\end{aligned}
\tag{14.26}
$$

Die reellen Impedanzen $Z_{\varphi i} = R_{\mathrm{L}i} \cos\varphi_i + X_{\mathrm{L}i} \sin\varphi_i$ sind mit dem mittleren $\cos\varphi_i$ der Ströme zu bilden.

Bei zweiseitiger Speisung wie im Bild 14.5b kommt in den einzelnen Spannungsfällen der Strom $\underline{I}_{\mathrm{Q2}}$ mit negativem Vorzeichen hinzu. Der Maschenumlauf über die beiden speisenden Spannungen ergibt damit:

$$
\begin{aligned}
\underline{U}_\mathrm{Q1} - \underline{U}_\mathrm{Q2} = {} & \underline{Z}_1(\underline{I}_1 + \underline{I}_2 + \cdots + \underline{I}_{m-1} + \underline{I}_m - \underline{I}_\mathrm{Q2}) \\
& + \underline{Z}_2(\underline{I}_2 + \cdots + \underline{I}_{m-1} + \underline{I}_m - \underline{I}_\mathrm{Q2}) \\
& \vdots \\
& + \underline{Z}_m(\underline{I}_m - \underline{I}_\mathrm{Q2}) \\
& + \underline{Z}_{m+1}(-\underline{I}_\mathrm{Q2})
\end{aligned}
\tag{14.27}
$$

Zunächst wird angenommen, dass die beiden Einspeisespannungen gleich seien. Sortiert nach den Strömen muss dann gelten:

$$\begin{aligned}0 &= \underline{Z}_1 \underline{I}_1 + (\underline{Z}_1 + \underline{Z}_2)\underline{I}_2 + \cdots + (\underline{Z}_1 + \underline{Z}_2 + \cdots + \underline{Z}_m)\underline{I}_m \\ &\quad - (\underline{Z}_1 + \underline{Z}_2 + \cdots + \underline{Z}_m + \underline{Z}_{m+1})\underline{I}_{Q2}\end{aligned}$$

Diese Beziehung weist eine Analogie zum Drehmomentensatz der Mechanik auf, wenn man sich die Ströme als Kräfte und die Impedanzen als Hebelarme vorstellt und Q1 als Drehpunkt annimmt. Für den Strom an der Einspeisestelle 2 erhält man so:

$$\underline{I}_{Q2} = \frac{\underline{Z}_1 \underline{I}_1 + (\underline{Z}_1 + \underline{Z}_2)\underline{I}_2 + \cdots + (\underline{Z}_1 + \underline{Z}_2 + \cdots + \underline{Z}_m)\underline{I}_m}{\underline{Z}_1 + \underline{Z}_2 + \cdots + \underline{Z}_m + \underline{Z}_{m+1}} \tag{14.28}$$

Bei gleichem Leiterquerschnitt kann man anstelle der Impedanzen in Gl. (14.28) gleich die Leiterabschnittslängen verwenden:

$$\underline{I}_{Q2} = \frac{l_1 \underline{I}_1 + (l_1 + l_2)\underline{I}_2 + \cdots + (l_1 + l_2 + \cdots + l_m)\underline{I}_m}{l}$$

Für Näherungsberechnungen lässt sich die folgende reelle Beziehung angeben:

$$I_{Q2} = \frac{Z_{\varphi 1} I_1 + (Z_{\varphi 1} + Z_{\varphi 2})I_2 + \cdots + (Z_{\varphi 1} + Z_{\varphi 2} + \cdots + Z_{\varphi m})I_m}{Z_{\varphi 1} + Z_{\varphi 2} + \cdots + Z_{\varphi m} + Z_{\varphi, m+1}} \tag{14.29}$$

Bei bekanntem $\underline{I}_{Q2}$ berechnet man die Leitungsströme von Q2 aus mit Hilfe der Knotenpunktsätze. Es empfiehlt sich aber eine Kontrolle durch Berechnung von $\underline{I}_{Q1}$ nach dem Drehmomentensatz bei Drehung um Q2:

$$\underline{I}_{Q1} = \frac{\underline{Z}_{m+1} \underline{I}_m + (\underline{Z}_{m+1} + \underline{Z}_m)\underline{I}_{m-1} + \cdots + (\underline{Z}_{m+1} + \underline{Z}_m + \cdots + \underline{Z}_2)\underline{I}_1}{\underline{Z}_1 + \underline{Z}_2 + \cdots + \underline{Z}_m + \underline{Z}_{m+1}} \tag{14.30}$$

Sind die beiden Speisespannungen ungleich, so wird zunächst unter der Annahme gleicher Spannungen eine vorläufige Stromverteilung wie oben beschrieben ermittelt und anschließend der Ausgleichsstrom:

$$\Delta \underline{I}_{12} = \frac{\underline{U}_{Q1} - \underline{U}_{Q2}}{\underline{Z}} \tag{14.31}$$

bzw.:

$$\Delta I_{12} = \frac{U_{Q1} - U_{Q2}}{Z_{\varphi}} \tag{14.32}$$

vorzeichenrichtig überlagert, wobei $\underline{Z}$ oder Z_{φ} jeweils die gesamte Leitungsimpedanz ist.

14.2.6 Leistungsfluss in Ringnetzen

Ringnetze werden wie zweiseitig gespeiste Leitungen im Abschn. 14.2.5 behandelt. Geschlossen betriebene Ringnetze denkt man sich an der Einspeisestelle aufgeschnitten und auseinandergeklappt. Man hat dann den Fall im Bild 14.5b mit gleichen Einspeisespannungen. Offen betriebene Ringnetze entsprechen einer zweiseitig gespeisten Leitung, wobei die beiden speisenden Spannungen verschieden sein können. Bei geschlossenem Ring oder offenem Ring mit gleichen Einspeisespannungen stellen sich die minimalen Verluste ein. Im Bild 14.6 ist ein Beispiel für die Berechnung eines Ringnetzes gegeben. Die Berechnung soll mit den Näherungsbeziehungen erfolgen.

Drehung um Q1 ergibt entsprechend Gl. (14.29):

$$I_{Q2} = \frac{2 \cdot 55 + 6 \cdot 45 + 8 \cdot 50 + 9 \cdot 60}{12} \text{A} = 110\,\text{A}$$

Die sich damit ergebene Stromverteilung ist im Bild 14.6b eingetragen. Bei geöffnetem Ring beträgt der Ausgleichsstrom nach Gl. (14.32):

$$\Delta I_{12} = \frac{10{,}415 - 10{,}0}{\sqrt{3} \cdot 12} \text{A} = 20\,\text{A}$$

Die Überlagerung mit der Stromverteilung aus Bild 14.6b ergibt die Stromverteilung im Bild 14.6c. Für die Spannungsfälle im offenen Ring berechnet man:

$$\begin{aligned} \Delta U_{Q1,1} &= 2\Omega \cdot 120\,\text{A} = 0{,}24\,\text{kV} \\ \Delta U_{1,2} &= 4\Omega \cdot 65\,\text{A} = 0{,}26\,\text{kV} \end{aligned}$$

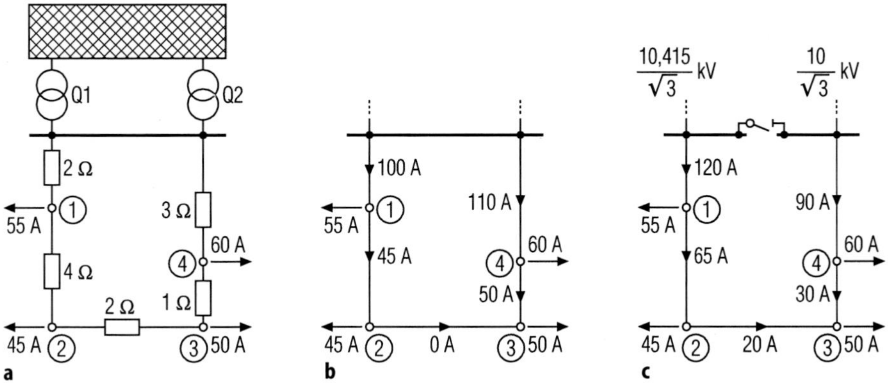

Bild 14.6 a–c. Berechnungsbeispiel Ringnetz. **a** Impedanzen Z_φ und Abnahmeströme; **b** Stromverteilung für den geschlossenen Ring; **c** Stromverteilung für den geöffneten Ring mit $U_{Q1} = 10{,}416/\sqrt{3}$ kV und $U_{Q2} = 10/\sqrt{3}$ kV

$$\Delta U_{2,3} = 2\Omega \cdot 20\,\text{A} = 0{,}04\,\text{kV}$$
$$\Delta U_{3,4} = -1\Omega \cdot 30\,\text{A} = -0{,}03\,\text{kV}$$
$$\Delta U_{4,Q2} = -3\Omega \cdot 90\,\text{A} = -0{,}27\,\text{kV}$$

Der gesamte Spannungsfall beträgt demnach 0,24 kV als Leiter-Erde-Spannung und als Leiter-Leiter-Spannung $\sqrt{3} \cdot 0{,}24$ kV = 0,416 kV in guter Übereinstimmung mit dem gegebenen Wert 0,415 kV.

14.3 Leistungsfluss in vermaschten Netzen

14.3.1 Methoden der Leistungsflussberechnung – Einführung

In der elektrischen Energieversorgung unterscheidet man zwischen unvermaschten und vermaschten Netzteilen. Netze der elektrischen Energieversorgung sind nur schwach vermascht. Das Maß für die Vermaschung ist der Vermaschungsgrad. Liegen zwischen den Knotenpunkten eines Netzes (Sammelschienen) nur Einfachleitungen oder fasst man Doppel- und Mehrfachleitungen zu einer Ersatzleitung zwischen je zwei Knotenpunkten zusammen, so lässt sich der Vermaschungsgrad v aus der Anzahl der Leitungen L und der Anzahl der Knotenpunkte N (ohne Bezugsknoten) wie folgt bestimmen:

$$v = \frac{L}{N} \tag{14.33}$$

Bild 14.7 zeigt einige Netzteile mit der Angabe ihres Vermaschungsgrads.

Bei einem vollständig vermaschten Netz, in dem jeder Knotenpunkt mit jedem anderen über Leitungen verbunden ist, würde eine maximale Zahl von Leitungen vorhanden sein mit $L_{\max} = N(N\text{-}1)/2$ und demzufolge ein maximaler Vermaschungsgrad $v_{\max} = (N - 1)/2$. Dieser hohe Vermaschungsgrad wird in der Praxis keinesfalls erreicht. Die tatsächlich auftretenden Vermaschungsgrade liegen zwischen 1 und 2, in Hochspannungsnetzen meist jedoch unter 1,5 (Bild 14.7d). Diese Tatsache wird von Programmen zur Leistungsfluss- und Kurzschlussstromberechnung in Netzen ausgenutzt.

Für die Leistungsflussberechnung müssen an den Netzknotenpunkten Vorgaben über die Art der Belastung gemacht werden, wie sie in den Abschn. 14.2.1 bis 14.2.4 beschrieben sind. Nach der Art der Vorgabe werden die Knotenpunkte zunächst eingeteilt in Last- oder Verbraucherknoten und Einspeise- oder Generatorknoten (Tabelle 14.2). An den Lastknoten werden im allgemeinen Fall Wirk- und Blindleistung bei einer Spannung U_0 (meist bei Nennspannung U_n) als bekannt vorausgesetzt. In der Umgebung dieses Spannungswertes werden $P(U)$ und $Q(U)$ durch die Gln. (14.23) angenähert, wofür auch die entsprechenden Exponenten p und q vorzugeben sind. Die Leistungsexponenten hängen von der Art und Zusammensetzung der einzelnen

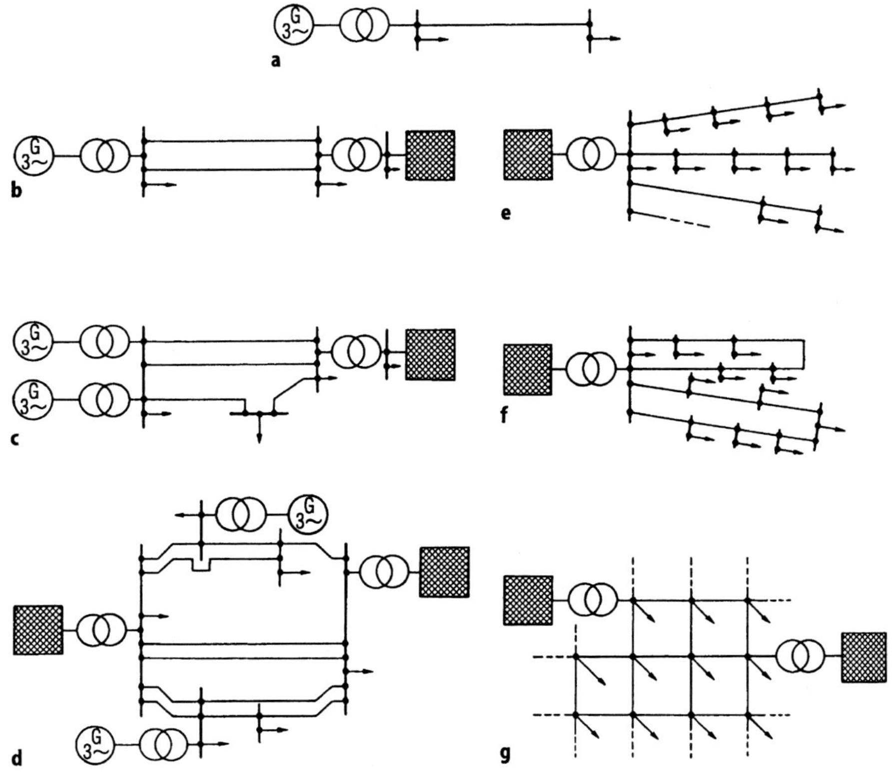

Bild 14.7 a – g. Netzteile mit unterschiedlichem Vermaschungsgrad.

a	Stichleitung einseitig gespeist:	$N = 2$	$L = 1$	$v = 1/2$
b	Leitung zweiseitig gespeist:	$N = 3$	$L = 2$	$v = 2/3$
c	schwach vermaschtes Netz:	$N = 4$	$L = 4$	$v = 1$
d	stark vermaschtes Netz:	$N = 6$	$L = 9$	$v = 3/2$
e	Stichleitungsnetz (Mittelspannung):	$N = N$	$L = N - 1$	$v = 1 - 1/N < 1$
f	Ringnetz (Mittelspannung):	$N = N$	$L = N$	$v = 1$
g	Maschennetz (Niederspannung):	$N = N$	$L = 2(N - \sqrt{N})$	$v = 2 - 2/\sqrt{N} > 1$

Verbraucher an den Knoten ab. Sonderfälle wie Abnahme mit konstanter Leistung, konstanter Impedanz oder konstantem Strom sind in Abschn. 14.2.2 beschrieben. Nach den Vorgabewerten bezeichnet man die Lastknoten auch als P-Q-Knoten.

Bei den Einspeiseknoten unterscheidet man zwischen Knoten an denen P und Q vorgegeben sind, und Knoten an denen P und der Betrag der Spannung U bekannt sind (sog. P-U-Knoten). Erstere Knoten werden wie Lastknoten mit umgekehrten Vorzeichen behandelt und diesen zugeordnet. Die Vorgabe konstanter Wirkleistung und konstanter Spannung trifft für Kraftwerke, bei denen die Wirkleistung und Spannung geregelt werden, zu.

Tabelle 14.2. Einteilung der Knotenpunkte bei Leistungsflussberechnungen mit Angabe der gegebenen und der gesuchten Größen

Bezeichnung der Knoten	Größen		Bemerkungen
	gegeben	gesucht	
Slack-Knoten	U, δ[a]	P, Q	Bezugsknoten z. B. $\underline{U} = U_n/\sqrt{3}$ (reell)
Einspeise-knoten	U, P P, Q	δ, Q U, δ	Generatorknoten Negativer Verbraucherknoten
Verbraucher-knoten	$P/P_0 = (U/U_0)^p$ $Q/Q_0 = (U/U_0)^q$	U, δ	Verbraucher mit spannungsabhängigen Leistungen

[a] In der Leistungsflussberechnung werden die Spannungswinkel mit δ bezeichnet.

Bei Leistungsflussberechnungen muss mindestens *ein* Knoten vorhanden sein, an dem die Spannung nach Betrag und Winkel vorgegeben wird. Diesen einen Knoten bezeichnet man als Bilanz- oder Slack-Knoten. An ihm stellen sich P und Q so ein, dass im ganzen Netz ein Gleichgewicht besteht zwischen den eingespeisten und abgenommenen Leistungen einschließlich der Netzverluste und des Blindleistungsbedarfs der Betriebsmittel. Bei der Auswahl des Slack-Knotens ist darauf zu achten, dass es sich um einen leistungsstarken Knoten handelt, der den ihm zugewiesenen Ausgleich der Leistungsbilanz auch übernehmen kann. Gewöhnlich wählt man Netzeinspeisungen oder das leistungsstärkste Kraftwerk als Slack-Knoten.

Nur dann, wenn für alle Knotenpunkte im Netz bis auf den Slack-Knoten I und φ_i vorgegeben werden, also für alle Einspeise- und Verbraucherknoten, ist eine Leistungsflussberechnung ohne Iteration möglich. In allen anderen Fällen muss zur Leistungsflussberechnung ein Iterationsprozess zur Lösung des nichtlinearen Gleichungssystems herangezogen werden (die Leistungen sind quadratisch von der Spannung abhängig). Ein einfaches Beispiel für den Iterationsprozess wurde bereits im Abschn. 14.2.3 behandelt.

In der Geschichte der Leistungsflussberechnung, die teilweise parallel mit dem Ausbau der Netze und der Entwicklung der Computertechnik verlief, wurden ausgehend von einfachen Methoden für die Handrechnung (Maschenverfahren) immer leistungsfähigere Methoden entwickelt. Heute übliche Leistungsflussprogramme können Netze mit über 1000 Knoten behandeln. Eine Übersicht über die gebräuchlichen Verfahren zur Leistungsflussberechnung gibt Bild 14.8. Man unterscheidet zwei grundlegende Verfahren, das Knotenpunkt- und das Newton- oder Newton-Raphson-Verfahren. Sehr große Netze kann man zur effizienten Berechnung mit Hilfe sog. Diakoptics-Verfahren in einzelne Teilnetze aufspalten [14.15, 14.19].

Bis 1930 wurden alle Leistungsflussberechnungen von Hand durchgeführt. Danach kamen Netzmodelle und Netzanalysatoren zum Einsatz. Im Jahre 1956

Bild 14.8. Übersicht über die Methoden zur Leistungsflussberechnung

berichten Ward und Hale erstmals über ein Computerprogramm, das auf der Grundlage des Knotenpunktverfahrens mit Lösung nach dem Einzelschritt- oder Gauß-Seidel-Verfahren beruhte [14.3]. Das Knotenpunktverfahren geht, wie der Name sagt, von der Strombilanz an jedem Knoten aus. Diese Stromgleichungen wurden anfangs nach dem Gesamtschritt- oder Einzelschrittverfahren gelöst. Man nennt diese Verfahren auch indirekte Lösungsverfahren (Abschn. 14.3.2). Die indirekten Verfahren haben einen einfachen Algorithmus, erfordern aber meist eine große Zahl von Iterationsschritten oder konvergieren überhaupt nicht, wenn die Elemente der Hauptdiagonalen nur wenig größer sind als die Nebendiagonalelemente und wenn die Netze zu groß sind. Zur Abhilfe wurden besondere Maßnahmen zur Konvergenzbeschleunigung eingeführt, direkte Lösungsverfahren eingesetzt und als Alternative das Newton-Raphson-Verfahren entwickelt. Zu den direkten Lösungsverfahren für das Knotenpunktverfahren zählen die geordnete Elimination nach Gauß mit topologischer Steuerung der Eliminationsreihenfolge, die Bildung der Inversen der Knotenadmittanzmatrix und die seltener angewendete Lösung der Stromgleichung nach dem Newtonalgorithmus [14.18]. Insbesondere im englischsprachigen Schrifttum wird das Knotenpunktverfahren in einer Variante mit einer Knotenimpedanzmatrix beschrieben. Dieses als Z-Bus-Verfahren bezeichnete Verfahren zeichnet sich bei Lösung mit dem Gesamtschritt- oder Einzelschrittverfahren durch besseres Konvergenzverhalten als das gewöhnliche Knotenpunktverfahren aus. Das Newton-Raphson-Verfahren der Leistungsflussberechnung wurde anfangs der 60er-Jahre entwickelt, als es Schwierigkeiten mit der Berechnung großer Netze gab [14.4, 14.5, 14.7]. Es beruht im Gegensatz zum Knotenpunktverfahren auf der Leistungsbilanz an den Netzknoten. Die Leistungsgleichungen werden linearisiert und nach dem Newton-Algorithmus iterativ unter Anwendung der geordneten Elimination mit topologischer Steuerung und Nullerkennung wie beim Knotenpunktverfahren gelöst. Das Newton-Raphson-Verfahren zeichnet sich bekanntlich durch optimale Konvergenzeigenschaften aus. Es konvergiert unabhängig von der Netzgröße nach wenigen Schritten, wenn die Startwerte nicht zu weit von den Lösungen entfernt liegen.

14.3.2 Knotenpunktverfahren

Das Knotenpunktverfahren beruht auf dem Knotenspannungs-Gleichungssystem für das Mitsystem (Abschn. 13.5.1):

$$\begin{bmatrix} \underline{Y}_{11} & \underline{Y}_{12} & \cdots & \underline{Y}_{1i} & \cdots & \underline{Y}_{1N} \\ \underline{Y}_{21} & \underline{Y}_{22} & \cdots & \underline{Y}_{2i} & \cdots & \underline{Y}_{2N} \\ \vdots & \vdots & \ddots & \vdots & \cdots & \vdots \\ \underline{Y}_{i1} & \underline{Y}_{i2} & \cdots & \underline{Y}_{ii} & \cdots & \underline{Y}_{iN} \\ \vdots & \vdots & \ddots & \vdots & \ddots & \vdots \\ \underline{Y}_{N1} & \underline{Y}_{N2} & \cdots & \underline{Y}_{Ni} & \cdots & \underline{Y}_{NN} \end{bmatrix} \begin{bmatrix} \underline{U}_1 \\ \underline{U}_2 \\ \vdots \\ \underline{U}_i \\ \vdots \\ \underline{U}_N \end{bmatrix} = \begin{bmatrix} \underline{I}_1 \\ \underline{I}_2 \\ \vdots \\ \underline{I}_i \\ \vdots \\ \underline{I}_N \end{bmatrix} \tag{14.34 a}$$

oder

$$\underline{\boldsymbol{Y}}\,\underline{\boldsymbol{u}} = \underline{\boldsymbol{i}} \tag{14.34 b}$$

Wegen der relativ kleinen Queradmittanzen in einem Netz ist die Knotenadmittanzmatrix $\underline{\boldsymbol{Y}}$ nahezu singulär (Abschn. 13.2.1) und bei Vernachlässigung der Leitungskapazitäten und Transformatormagnetisierungsströme sogar exakt singulär und damit Gl. (14.34) nicht nach den Knotenspannungen auflösbar. Durch Vorgabe mindestens einer Spannung wird die Ordnung des Gleichungssystems um Eins reduziert und das Gleichungssystem lösbar. Ist beispielsweise der N-te Knoten als Slack-Knoten vorgesehen, so geht Gl. (14.34) über in:

$$\begin{bmatrix} \underline{Y}_{11} & \underline{Y}_{12} & \cdots & \underline{Y}_{1i} & \cdots & \underline{Y}_{1,N\text{-}1} \\ \underline{Y}_{21} & \underline{Y}_{22} & \cdots & \underline{Y}_{2i} & \cdots & \underline{Y}_{2,N\text{-}1} \\ \vdots & \vdots & \ddots & \vdots & \cdots & \vdots \\ \underline{Y}_{i1} & \underline{Y}_{i2} & \cdots & \underline{Y}_{ii} & \cdots & \underline{Y}_{i,N\text{-}1} \\ \vdots & \vdots & \ddots & \vdots & \ddots & \vdots \\ \underline{Y}_{N\text{-}1,1} & \underline{Y}_{N\text{-}1,2} & \cdots & \underline{Y}_{N\text{-}1,i} & \cdots & \underline{Y}_{N\text{-}1,N\text{-}1} \end{bmatrix} \begin{bmatrix} \underline{U}_1 \\ \underline{U}_2 \\ \vdots \\ \underline{U}_i \\ \vdots \\ \underline{U}_{N\text{-}1} \end{bmatrix} = \begin{bmatrix} \underline{I}_1 \\ \underline{I}_2 \\ \vdots \\ \underline{I}_i \\ \vdots \\ \underline{I}_{N\text{-}1} \end{bmatrix} - \begin{bmatrix} \underline{Y}_{1N} \\ \underline{Y}_{2N} \\ \vdots \\ \underline{Y}_{iN} \\ \vdots \\ \underline{Y}_{N\text{-}1,N} \end{bmatrix} \underline{U}_N \tag{14.35}$$

Gesucht sind die N-1 Knotenspannungen und der Strom am Slack-Knoten. Bei bekannten Knotenspannungen können alle Zweigströme und Leistungsflüsse sowie die Netzverluste und der Blindleistungsbedarf des Netzes berechnet werden. Man nennt den Knotenspannungsvektor in der Leistungsflussberechnung deshalb auch Zustandsvektor. Die Knotenströme auf der rechten Seite des reduzierten Knotenspannungs-Gleichungssystems Gl. (14.35) sind entweder gegeben (Vorgabe von Lastströmen) oder werden für den folgenden Iterationsschritt aus den gegebenen Knotenleistungen mit den aktuellen Näherungswerten für die Knotenspannungen nach

$$\underline{I}_i = \frac{\underline{S}_i^*(U_i)}{3\underline{U}_i^*} = \frac{P_i(U_i) - \mathrm{j}Q_i(U_i)}{3\underline{U}_i^*} = \frac{P_i(U_i) - \mathrm{j}Q_i(U_i)}{3U_i^2}\underline{U}_i \tag{14.36}$$

berechnet, wobei für die Spannungsabhängigkeit der Leistungen die Gln. (14.23) herangezogen werden können.

Der Knotenstrom am Slack-Knoten wird nach der Lösung der Gl. (14.35) aus der letzten Zeile der Gl. (14.34) erhalten:

$$\underline{I}_N = [\underline{y}_{N1} \ \underline{y}_{N2} \ \cdots \ \underline{y}_{Ni} \ \cdots \ \underline{y}_{NN}]\,\underline{\boldsymbol{u}} \tag{14.37}$$

Die iterative Lösung der Gln. (14.35) und (14.36) lässt sich beschleunigen, wenn man mit den Startwerten der Spannungen $\underline{U}_i^{(0)}$eine Lastadmittanz wie folgt berechnet und diese in die Diagonale der Knotenadmittanzmatrix einbaut [14.29].

$$\underline{Y}_{\mathrm{L}i} = \frac{P_i(U_i^{(0)}) - \mathrm{j}Q_i(U_i^{(0)})}{3(U_i^{(0)})^2}$$

Im Stromvektor auf der rechten Seite der Gl. (14.35) stehen dann nur noch die Stromänderungen:

$$\Delta\underline{I}_i = \frac{\underline{S}_i^*(U_i)}{3\underline{U}_i^*} - \underline{Y}_{\mathrm{L}i}\underline{U}_i = \left[\frac{P_{i0}\left(\dfrac{U_i}{U_{i0}}\right)^{p_i} - \mathrm{j}Q_{i0}\left(\dfrac{U_i}{U_{i0}}\right)^{q_i}}{P_{i0} - \mathrm{j}Q_{i0}}\left(\frac{U_{i0}}{U_i}\right)^2 - 1\right]\underline{Y}_{\mathrm{L}i}\underline{U}_i$$

Diese Stromänderungen korrigieren dann lediglich eine Abweichung des Belastungsverhaltens von dem einer konstanten Admittanz, denn für $p_i = q_i = 2$ wird die Stromänderung Null.

Für die Lösung der Gln. (14.35) und (14.36) nach dem Gesamtschritt- oder Einzelschrittverfahren [2.12] wird diese nach den Diagonalelementen aufgelöst:

$$\begin{bmatrix} \underline{Y}_{11}\underline{U}_1 \\ \underline{Y}_{22}\underline{U}_2 \\ \vdots \\ \underline{Y}_{ii}\underline{U}_i \\ \vdots \\ \underline{Y}_{N\text{-}1,N\text{-}1}\underline{U}_{N\text{-}1} \end{bmatrix} = \begin{bmatrix} \underline{I}_1 \\ \underline{I}_2 \\ \vdots \\ \underline{I}_i \\ \vdots \\ \underline{I}_{N\text{-}1} \end{bmatrix} - \begin{bmatrix} 0 & \underline{Y}_{12} & \cdots & \underline{Y}_{1i} & \cdots & \underline{Y}_{1,N\text{-}1} \\ \underline{Y}_{21} & 0 & \cdots & \underline{Y}_{2i} & \cdots & \underline{Y}_{2,N\text{-}1} \\ \vdots & \vdots & \ddots & \vdots & \cdots & \vdots \\ \underline{Y}_{i1} & \underline{Y}_{i2} & \cdots & 0 & \cdots & \underline{Y}_{i,N\text{-}1} \\ \vdots & \vdots & \ddots & \vdots & \ddots & \vdots \\ \underline{Y}_{N\text{-}1,1} & \underline{Y}_{N\text{-}1,2} & \cdots & \underline{Y}_{N\text{-}1,i} & \cdots & 0 \end{bmatrix} \begin{bmatrix} \underline{U}_1 \\ \underline{U}_2 \\ \vdots \\ \underline{U}_i \\ \vdots \\ \underline{U}_{N\text{-}1} \end{bmatrix} - \begin{bmatrix} \underline{Y}_{1N} \\ \underline{Y}_{2N} \\ \vdots \\ \underline{Y}_{iN} \\ \vdots \\ \underline{Y}_{N\text{-}1,N} \end{bmatrix} \underline{U}_N \tag{14.38}$$

Beim Gesamtschrittverfahren ergeben sich die Spannungen im (ν+1)-ten Iterationsschritt zu:

$$\underline{U}_i^{(\nu+1)} = \frac{1}{\underline{Y}_{ii}} \left(\underline{I}_i^{(\nu)} - \underline{Y}_{iN}\underline{U}_N - \sum_{\substack{j=1 \\ j\neq i}}^{N-1} \underline{Y}_{ij}\underline{U}_j^{(\nu)} \right) \tag{14.39}$$

Es ist ersichtlich, dass das Verfahren um so schneller konvergiert, je größer die Diagonalelemente der Knotenadmittanzmatrix im Vergleich zu den Nichtdiagonalelementen sind.

Beim Einzelschrittverfahren werden die während eines Iterationsschrittes bereits korrigierten Spannungen sofort in die Berechnung der nächsten Spannungen einbezogen, wodurch das Einzelschrittverfahren schneller konvergiert. Die Berechnungsvorschrift lautet:

$$\underline{U}_i^{(\nu+1)} = \frac{1}{\underline{Y}_{ii}} \left(\underline{I}_i^{(\nu)} - \underline{Y}_{iN}\underline{U}_N - \sum_{\substack{j=1 \\ j\neq i}}^{i-1} \underline{Y}_{ij}\underline{U}_j^{(\nu+1)} - \sum_{j=i+1}^{N-1} \underline{Y}_{ij}\underline{U}_j^{(\nu)} \right) \tag{14.40}$$

Die numerische Durchführung der indirekten Lösungsverfahren soll an dem folgenden einfachen Beispiel des Bildes 14.9a gezeigt werden. Alle Knoten sollen, was in größeren Netzen natürlich nicht mehr der Fall ist, untereinander mit einer induktiven Reaktanz von j1 Ω verbunden sein. Jeder Knoten ist außerdem über eine kapazitive Suszeptanz von j 2/3 S (Siemens) mit dem Bezugsknoten verbunden. Am Knoten 1 wird ein induktiver Abnahmeblindstrom von $\underline{I}_1 = -\text{j}1$ A vorgegeben. Als Slack-Knoten wird der Knoten 4 mit der Spannung $\underline{U}_4 = 10$ V gewählt. Der Gl. (14.34) entsprechend erhält man:

$$\text{j}\begin{bmatrix} \frac{7}{3} & -1 & -1 & -1 \\ -1 & \frac{7}{3} & -1 & -1 \\ -1 & -1 & \frac{7}{3} & -1 \\ -1 & -1 & -1 & \frac{7}{3} \end{bmatrix} \begin{bmatrix} \underline{U}_1 \\ \underline{U}_2 \\ \underline{U}_3 \\ \underline{U}_4 \end{bmatrix} = \text{j}\begin{bmatrix} -1 \\ 0 \\ 0 \\ 0 \end{bmatrix}$$

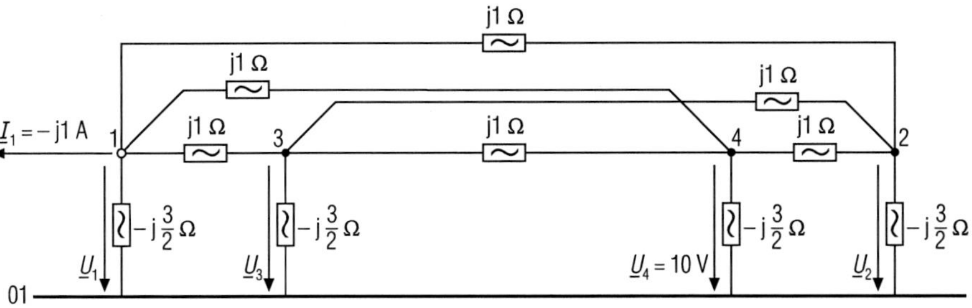

a

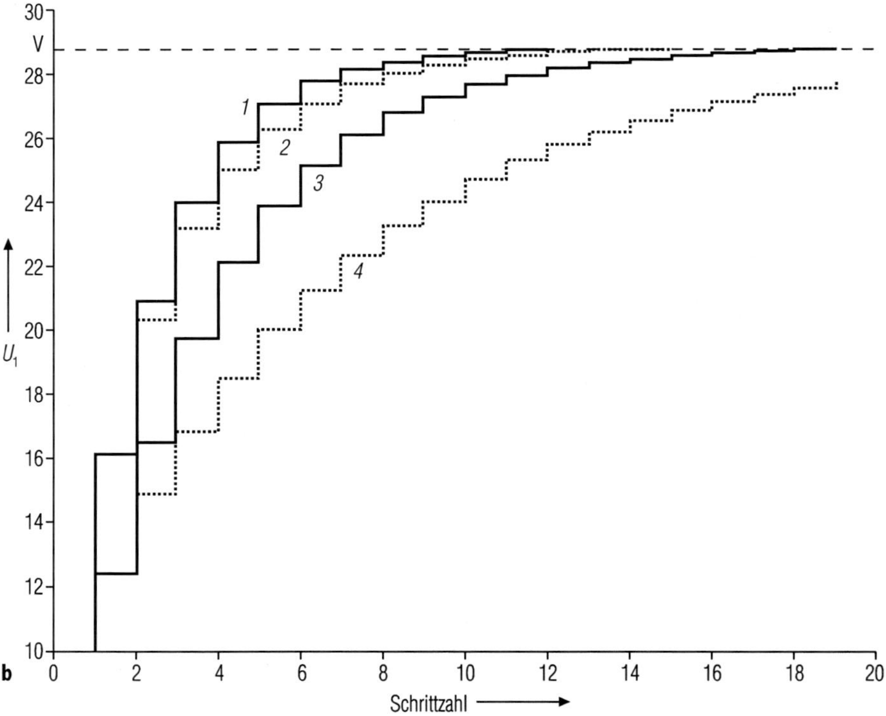

b

Bild 14.9 a, b. Beispiel zum Knotenpunktverfahren. **a** Netzersatzschaltplan; **b** Iteration bei verschiedenen Lösungsverfahren. *1* Z-Bus Einzelschrittverfahren; *2* Z-Bus Gesamtschrittverfahren; *3* Y-Matrix Einzelschrittverfahren; *4* Y-Matrix Gesamtschrittverfahren

Bei Angabe von I_1 in Ampere und U_4 in Volt sind die Admittanzen in Siemens einzusetzen. Das um die Zeile und Spalte des Slack-Knoten reduzierte Gleichungssystem entsprechend (14.35) lautet nach Division von –j auf beiden Seiten:

$$\begin{bmatrix} -\frac{7}{3} & 1 & 1 \\ 1 & -\frac{7}{3} & 1 \\ 1 & 1 & -\frac{7}{3} \end{bmatrix} \begin{bmatrix} U_1 \\ U_2 \\ U_3 \end{bmatrix} = \begin{bmatrix} 1 \\ 0 \\ 0 \end{bmatrix} - \begin{bmatrix} 1 \\ 1 \\ 1 \end{bmatrix} U_4$$

Als Ausgangspunkt für die indirekten Lösungsverfahren ergibt sich der Gl. (14.38) entsprechend:

$$\begin{bmatrix} -\frac{7}{3}U_1 \\ -\frac{7}{3}U_2 \\ -\frac{7}{3}U_3 \end{bmatrix} = \begin{bmatrix} 1 \\ 0 \\ 0 \end{bmatrix} - \begin{bmatrix} 0 & 1 & 1 \\ 1 & 0 & 1 \\ 1 & 1 & 0 \end{bmatrix} \begin{bmatrix} U_1 \\ U_2 \\ U_3 \end{bmatrix} - \begin{bmatrix} 1 \\ 1 \\ 1 \end{bmatrix} U_4$$

Die Lösungsverläufe für U_1 nach dem Gesamt- und Einzelschrittverfahren mit den Startwerten für den Slack-Knoten $U_1^{(0)} = U_2^{(0)} = U_2^{(0)} = 10$ V sind im Bild 14.9 b in Abhängigkeit von der Schrittzahl v dargestellt. Für beide Verfahren ist eine größere Anzahl von Iterationsschritten notwendig, um eine genügend genaue Annäherung an die Endwerte zu erreichen. Das Bild zeigt auch die schon erwähnte bessere Konvergenz für das Einzelschrittverfahren. Die exakten Lösungen, gegen die die Iterationslösungen streben, sind: $U_1 = 28{,}8$ V und $U_2 = U_3 = 29{,}1$ V.

Das Z-Bus-Verfahren [14.18, 14.27, 14.29] geht davon aus, dass als Bezugsknoten nicht die Nullschiene des Mitsystems, sondern der Slack-Knoten gewählt wird (Bild 14.10).

Wie aus Bild 14.10 ersichtlich, setzen sich die Knotenspannungen jetzt aus den Differenzspannungen $\underline{U}_i - \underline{U}_N$ zusammen, wenn wieder der Knoten N als Slack gewählt wird. Die Ströme in den Querzweigen $\underline{Y}_{i0}\,\underline{U}_i$ werden den Knotenströmen hinzugefügt und wie diese für einen Iterationsschritt als gegeben vorausgesetzt, womit man folgendes Gleichungssystem erhält:

$$\begin{bmatrix} \underline{y}_{11} & \underline{y}_{12} & \cdots & \underline{y}_{1i} & \cdots & \underline{y}_{1,N\text{-}1} \\ \underline{y}_{21} & \underline{y}_{22} & \cdots & \underline{y}_{2i} & \cdots & \underline{y}_{2,N\text{-}1} \\ \vdots & \vdots & \ddots & \vdots & \cdots & \vdots \\ \underline{y}_{i1} & \underline{y}_{i2} & \cdots & \underline{y}_{ii} & \cdots & \underline{y}_{i,N\text{-}1} \\ \vdots & \vdots & \ddots & \vdots & \ddots & \vdots \\ \underline{y}_{N\text{-}1,1} & \underline{y}_{N\text{-}1,2} & \cdots & \underline{y}_{N\text{-}1,i} & \cdots & \underline{y}_{N\text{-}1,N\text{-}1} \end{bmatrix} \begin{bmatrix} \underline{U}_1 - \underline{U}_N \\ \underline{U}_2 - \underline{U}_N \\ \vdots \\ \underline{U}_i - \underline{U}_N \\ \vdots \\ \underline{U}_{N\text{-}1} - \underline{U}_N \end{bmatrix} = \begin{bmatrix} \underline{I}_1 - \underline{Y}_{10}\underline{U}_1 \\ \underline{I}_2 - \underline{Y}_{20}\underline{U}_2 \\ \vdots \\ \underline{I}_i - \underline{Y}_{i0}\underline{U}_i \\ \vdots \\ \underline{I}_{N\text{-}1} - \underline{Y}_{N\text{-}1,0}\underline{U}_{N\text{-}1} \end{bmatrix} \tag{14.41}$$

Bild 14.10. Zur Herleitung des Z-Bus-Verfahrens mit dem Knoten *N* als Bezugsknoten

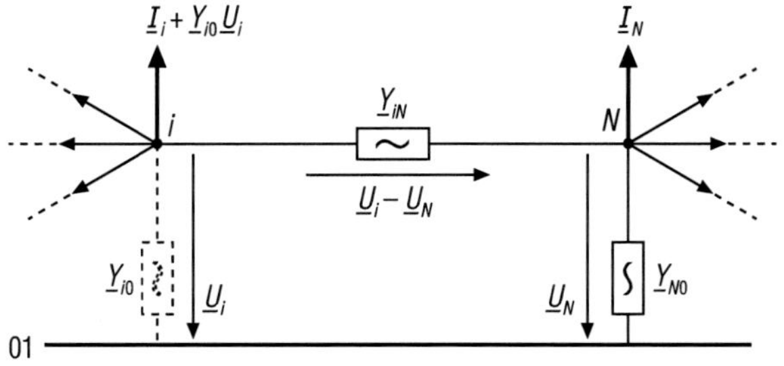

Aufgelöst nach den Differenzspannungen ergibt sich:

$$\begin{bmatrix} \underline{U}_1-\underline{U}_N \\ \underline{U}_2-\underline{U}_N \\ \vdots \\ \underline{U}_i-\underline{U}_N \\ \vdots \\ \underline{U}_{N\text{-}1}-\underline{U}_N \end{bmatrix} = \begin{bmatrix} \underline{z}_{11} & \underline{z}_{12} & \cdots & \underline{z}_{1i} & \cdots & \underline{z}_{1,N\text{-}1} \\ \underline{z}_{21} & \underline{z}_{22} & \cdots & \underline{z}_{2i} & \cdots & \underline{z}_{2,N\text{-}1} \\ \vdots & \vdots & \ddots & \vdots & \cdots & \vdots \\ \underline{z}_{i1} & \underline{z}_{i2} & \cdots & \underline{z}_{ii} & \cdots & \underline{z}_{i,N\text{-}1} \\ \vdots & \vdots & \ddots & \vdots & \ddots & \vdots \\ \underline{z}_{N\text{-}1,1} & \underline{z}_{N\text{-}1,2} & \cdots & \underline{z}_{N\text{-}1,i} & \cdots & \underline{z}_{N\text{-}1,N\text{-}1} \end{bmatrix} \begin{bmatrix} \underline{I}_1-\underline{Y}_{10}\underline{U}_1 \\ \underline{I}_2-\underline{Y}_{20}\underline{U}_2 \\ \vdots \\ \underline{I}_i-\underline{Y}_{i0}\underline{U}_i \\ \vdots \\ \underline{I}_{N\text{-}1}-\underline{Y}_{N\text{-}1,0}\underline{U}_{N\text{-}1} \end{bmatrix} \tag{14.42}$$

Zur Lösung dieser Gleichung können wieder das Gesamtschritt- oder das Einzelschrittverfahren herangezogen werden. Die Impedanzmatrix in Gl. (14.42) kann alternativ auch schrittweise direkt aus dem Netzschaltplan des Mitsystems aufgebaut werden (Abschn. 13.5.3).

Für das Beispiel des Bildes 14.9a haben die Gln. (14.41) und (14.42) nach Division mit –j die Form:

$$\mathrm{j}\begin{bmatrix} 3 & -1 & -1 \\ -1 & 3 & -1 \\ -1 & -1 & 3 \end{bmatrix}\begin{bmatrix} U_1-U_4 \\ U_2-U_4 \\ U_3-U_4 \end{bmatrix} = \mathrm{j}\begin{bmatrix} -1+\frac{2}{3}U_1 \\ +\frac{2}{3}U_2 \\ +\frac{2}{3}U_3 \end{bmatrix}$$

$$\begin{bmatrix} U_1 \\ U_2 \\ U_3 \end{bmatrix} = \frac{1}{4}\begin{bmatrix} 2 & 1 & 1 \\ 1 & 2 & 1 \\ 1 & 1 & 2 \end{bmatrix}\begin{bmatrix} 1-\frac{2}{3}U_1 \\ -\frac{2}{3}U_2 \\ -\frac{2}{3}U_3 \end{bmatrix} + \begin{bmatrix} U_4 \\ U_4 \\ U_4 \end{bmatrix}$$

Die iterative Lösung für U_1 nach dem Gesamt- und Einzelschrittverfahren ist ebenfalls in das Bild 14.10b eingetragen. Man sieht das bessere Konvergenzverhalten des Z-Bus-Verfahrens. Es wird aber erkauft durch mehr Rechenoperationen auf der rechten Seite bedingt durch die fast vollbesetzte Z-Matrix (dieser Unterschied wird in dem kleinen Netz nach Bild 14.9a noch nicht deutlich).

Das Einzelschritt- und Gesamtschrittverfahren werden als indirekte Lösungsverfahren bezeichnet, weil außer der Spannungsabhängigkeit der Ströme die gesuchten Spannungen auch auf der rechten Seite vorkommen. Die direkten Lösungsverfahren gehen von der Gl. (14.35) aus. Darin kommen die gesuchten Spannungen nur im Stromvektor auf der rechten Seite vor. Das wichtigste direkte Lösungsverfahren ist das Gaußsche Eliminationsverfahren. Beim gewöhnlichen Gaußschen Eliminationsverfahren steigen die Rechenzeiten etwa mit der dritten Potenz der Zahl der Knotenpunkte. Nutzt man aber die Schwachbesetztheit der Knotenadmittanzmatrix aus und steuert die Eliminationsreihenfolge so, dass möglichst wenige Füllelemente bei der Dreiecksfaktorisierung der Knotenadmittanzmatrix entstehen (topologisch gesteuerte Elimination nach dem geringsten Knotengrad), so lässt sich der Aufwand um mehr als eine Potenz senken. Da die Elemente der Knotenadmittanzmatrix konstant sind, braucht die Dreiecksfaktorisierung nur einmal zu Beginn der Lösungsprozedur durchgeführt zu werden. Nach jeder Stromiteration sind nur noch die Schritte Ab- und Aufwärtsrechnen an der dreiecksfaktorisierten Knotenadmittanzmatrix vorzunehmen. Insbesondere für die Berechnung großer Netze sind solche aufwandsmindernde Maßnahmen zwingend notwendig [1.24(1.4), 1.27, 1.29, 1.32].

Bisher wurden neben dem Slack-Knoten ausschließlich P-Q-Knoten betrachtet. Sie sind auch der in der Praxis am häufigsten vorkommende Knotentyp. Am Generatorknoten sind P und U (Betrag) gegeben. Bei der Berechnung der Ströme nach Gl. (14.36) muss man einen Startwert für die Blindleistung vorgeben. Nach jedem Iterationsschritt ist der Betrag der Spannung an einem Generatorknoten auf den vorgegebenen Betrag zurückzusetzen. Mit dem so korrigierten Spannungsvektor werden vor dem nächsten Iterationsschritt die Generatorströme aus Gl. (14.36) berechnet und die Blindleistung entsprechend

$$Q = \mathrm{Im}\{3\,\underline{U}\,\underline{I}^{*}\}$$

korrigiert. Wird die vorgegebene minimale oder maximale Blindleistung an einem Generatorknoten während der Lösung überschritten, so wird für den nächsten Lösungsschritt der entsprechende Grenzwert der Blindleistung festgehalten. Der Knoten wird zum P-Q-Knoten und die Forderung nach konstanter Spannung muss aufgegeben werden.

Wie bei den Lastknoten kann man zur Beschleunigung des Lösungsprozesses auch bei den Generatorknoten zu Beginn mit einer angenommenen Blindleistung eine Admittanz berechnen und diese in die Diagonale der Knotenadmittanzmatrix einbauen. Auf der rechten Seite von Gl. (14.35) erscheinen dann an den Generatorknoten nur noch Stromänderungen, die den Abweichungen vom angenommenen Ausgangszustand entsprechen.

Die Nebenbedingungen für die Generatorknoten lassen sich bei den indirekten Lösungsverfahren einfacher realisieren als bei den direkten Lösungsverfahren [14.18, 14.27, 14.32]. Es ist aber ein genereller Mangel des Knotenpunktverfahrens, dass die Generatorknoten schlecht in das Konzept passen und den Lösungsverlauf nachteilig beeinflussen. Diesen Nachteil weist das im nächsten Abschnitt beschriebene Newtonverfahren nicht auf.

14.3.3 Newton-Verfahren

Das Newton- oder auch das als Newton-Raphson- bezeichnete Verfahren geht von der Leistungsgleichung aus. Diese wird aus der Stromgleichung des Knotenpunktverfahrens Gl. (14.34) erhalten, indem man diese zunächst komplex konjugiert und anschließend von links mit dem Faktor 3 und einer Diagonalmatrix $\underline{\boldsymbol{U}}$ mit den Knotenpunktspannungen als Elemente multipliziert:

$$3\underline{\boldsymbol{U}}\,\underline{\boldsymbol{Y}}^*\underline{\boldsymbol{u}}^* = 3\underline{\boldsymbol{U}}\underline{\boldsymbol{i}}^* = \underline{\boldsymbol{s}} = (\boldsymbol{p} + \mathrm{j}\boldsymbol{q}) \tag{14.43}$$

mit

$$\underline{\boldsymbol{U}} = \mathrm{diag}(\underline{U}_1 \quad \underline{U}_2 \quad \cdots \quad \underline{U}_i \quad \cdots \quad \underline{U}_N)$$

$$\boldsymbol{p} = [P_1 \quad P_2 \quad \cdots \quad P_i \quad \cdots \quad P_N]^{\mathrm{T}}$$

$$\boldsymbol{q} = [Q_1 \quad Q_2 \quad \cdots \quad Q_i \quad \cdots \quad Q_N]^{\mathrm{T}}$$

Auf der linken Seite der Gl. (14.43) stehen die in den Netzzweigen transportierten und umgesetzten Leistungen und auf der rechten Seite die vorgegebenen Knotenleistungen als Funktion der Knotenspannungen entsprechend Gl. (14.23). Das Gleichungssystem wird so umgestellt, dass auf der rechten Seite ein Nullvektor steht:

$$3\underline{\boldsymbol{U}}\,\underline{\boldsymbol{Y}}^*\underline{\boldsymbol{u}}^* - (\boldsymbol{p} + \mathrm{j}\boldsymbol{q}) = \Delta\boldsymbol{p} + \mathrm{j}\Delta\boldsymbol{q} = \mathbf{o} + \mathrm{j}\mathbf{o} \tag{14.44}$$

Das Leistungsflussproblem besteht jetzt in der Nullstellenbestimmung dieses komplexen Gleichungssystems, wofür das bekannte Newton-Verfahren auf den Real- und Imaginärteil angewendet wird:

$$\mathrm{Re}\{3\underline{\boldsymbol{U}}\,\underline{\boldsymbol{Y}}^*\underline{\boldsymbol{u}}^*\} - \boldsymbol{p} = \bar{\boldsymbol{p}} - \boldsymbol{p} = \Delta\boldsymbol{p} = \mathbf{o} \tag{14.45a}$$

$$\mathrm{Im}\{3\underline{\boldsymbol{U}}\,\underline{\boldsymbol{Y}}^*\underline{\boldsymbol{u}}^*\} - \boldsymbol{q} = \bar{\boldsymbol{q}} - \boldsymbol{q} = \Delta\boldsymbol{q} = \mathbf{o} \tag{14.45b}$$

Vor der Real- und Imaginärteilbildung ist eine Festlegung auf die kartesischen oder Polarkoordinaten entsprechend Tabelle 14.3 erforderlich.

Im reellen Zustandsvektor $\boldsymbol{x}$ stehen in Polarkoordinaten neben den Spannungswinkeln zweckmäßigerweise die auf den vorangegangenen Iterationsschritt bezogenen Spannungen:

$$u_i^{(\nu+1)} = \frac{U_i^{(\nu+1)}}{U_i^{(\nu)}}$$

Die Gln. (14.45) werden durch eine Taylor-Entwicklung für jeden Iterationsschritt ν linearisiert:

$$\left(\frac{\partial \Delta \boldsymbol{p}}{\partial \boldsymbol{x}}\right)_{(\nu)} \Delta \boldsymbol{x}_{(\nu+1)} + \Delta \boldsymbol{p}_{(\nu)} = \mathbf{o} \quad \text{und} \quad \left(\frac{\partial \Delta \boldsymbol{q}}{\partial \boldsymbol{x}}\right)_{(\nu)} \Delta \boldsymbol{x}_{(\nu+1)} + \Delta \boldsymbol{q}_{(\nu)} = \mathbf{o}$$

Tabelle 14.3. Koordinatendarstellung beim Newton-Verfahren

	Kartesische Koordinaten	Polarkoordinaten
$\underline{U}_i$	$E_i + \mathrm{j}F_i$	$U_i\,\mathrm{e}^{\mathrm{j}\delta_i}$
$\underline{y}_{ij}$	$G_{ij} + \mathrm{j}B_{ij}$	$y_{ij}\,\mathrm{e}^{\mathrm{j}\alpha_{ij}}$
$\boldsymbol{x}$	$[\boldsymbol{e}^{\mathrm{T}} \,\vert\, \boldsymbol{f}^{\mathrm{T}}]^{\mathrm{T}} =$	$[\boldsymbol{\delta}^{\mathrm{T}} \,\vert\, \boldsymbol{u}^{\mathrm{T}}]^{\mathrm{T}} =$
	$[E_1\, E_2 \cdots E_N \,\vert\, F_1\, F_2 \cdots F_N]^{\mathrm{T}}$	$[\delta_1\, \delta_2 \cdots \delta_N \,\vert\, u_1\, u_2 \cdots u_N]^{\mathrm{T}}$

Beide Gleichungen werden zusammengefasst und umgeordnet:

$$\begin{bmatrix} \dfrac{\partial \Delta \boldsymbol{p}}{\partial \boldsymbol{x}} \\ \dfrac{\partial \Delta \boldsymbol{q}}{\partial \boldsymbol{x}} \end{bmatrix}_{(\nu)} \Delta \boldsymbol{x}_{(\nu+1)} = \underbrace{\begin{bmatrix} \boldsymbol{H} & \boldsymbol{N} \\ \boldsymbol{M} & \boldsymbol{L} \end{bmatrix}_{(\nu)}}_{\boldsymbol{J}_{(\nu)}} \Delta \boldsymbol{x}_{(\nu+1)} = -\begin{bmatrix} \Delta \boldsymbol{p} \\ \Delta \boldsymbol{q} \end{bmatrix}_{(\nu)} \tag{14.46}$$

Für den Slack-Knoten gilt $\Delta u = \Delta\delta = 0$ oder $\Delta E = \Delta F = 0$. Er wird in Gl. (14.46) einbezogen, indem die zu ihm gehörenden beiden Spalten und Zeilen gestrichen werden. Die so reduzierte Gl. (14.46) wird beginnend mit $\nu = 0$ iterativ unter Anwendung des Gaußschen Eliminationsverfahrens gelöst. Die Koeffizientenmatrix $\boldsymbol{J}$ in Gl. (14.46) ist die Jacobi-Matrix. Sie ist im Gegensatz zum Knotenpunktverfahren arbeitspunktabhängig und muss deshalb in jedem Iterationsschritt neu gebildet werden. Wegen des Zusammenhangs der Leistungsgleichung mit der Stromgleichung überträgt sich die Schwachbesetztheit der Knotenadmittanzmatrix auch auf die Jacobi-Matrix, so dass sich auch bei der Lösung der Gl. (14.46) eine topologische Steuerung der Eliminationsreihenfolge lohnt.

Zur Demonstration der Bildung der Jacobi-Matrix sei beispielhaft die i-te Zeile der Gl. (14.46) in der Polarkoordinatendarstellung herausgegriffen (ohne Indizes ν und ν+1):

$$\Delta P_i = 3U_i \sum_{j=1}^{N} U_j\, y_{ij} \cos(\delta_{ij} - \alpha_{ij}) - P_i(U_i) = \overline{P}_i(U_i) - P_i(U_i);$$

$$\delta_{ij} = \delta_i - \delta_j$$

$$\underbrace{\frac{\partial \Delta P_i}{\partial \delta_1}\Delta\delta_1 + \frac{\partial \Delta P_i}{\partial \delta_2}\Delta\delta_2 + \ldots + \frac{\partial \Delta P_i}{\partial \delta_i}\Delta\delta_i + \ldots + \frac{\partial \Delta P_i}{\partial \delta_N}\Delta\delta_N +}_{i\text{-te- Zeile von } \boldsymbol{H}\,\Delta\boldsymbol{\delta}}$$

$$\underbrace{\frac{\partial \Delta P_i}{\partial U_1} U_1 \underbrace{\frac{\Delta U_1}{U_1}}_{\Delta u_1} + \frac{\partial \Delta P_i}{\partial U_2} U_2 \underbrace{\frac{\Delta U_2}{U_2}}_{\Delta u_2} + \ldots + \frac{\partial \Delta P_i}{\partial U_i} U_i \underbrace{\frac{\Delta U_i}{U_i}}_{\Delta u_i} + \ldots + \frac{\partial \Delta P_i}{\partial U_N} U_N \underbrace{\frac{\Delta U_N}{U_N}}_{\Delta u_N}}_{i\text{-te Zeile von } \boldsymbol{N}\,\Delta\boldsymbol{u}} =$$

$$
\begin{aligned}
&= 3U_i U_1 y_{i1} \sin(\delta_{i1} - \alpha_{i1})\Delta\delta_1 + 3U_i U_2 y_{i2} \sin(\delta_{i2} - \alpha_{i2})\Delta\delta_2 + \ldots \\
&- 3U_i \sum_{j=1,\neq i}^{N} U_j y_{ij} \sin(\delta_{ij} - \alpha_{ij})\Delta\delta_i + \ldots + 3U_i U_N y_{iN} \sin(\delta_{iN} - \alpha_{iN})\Delta\delta_N + \\
&+ 3U_i U_1 y_{i1} \cos(\delta_{i1} - \alpha_{i1})\Delta u_1 + 3U_i U_2 y_{i2} \cos(\delta_{i2} - \alpha_{i2})\Delta u_2 + \ldots \\
&+ \left\{ 3U_i \sum_{j=1,\neq i}^{N} U_j y_{ij} \cos(\delta_{ij} - \alpha_{ij}) + 2 \cdot 3U_i^2 y_{ii} \cos\alpha_{ii} - \frac{\partial P_i}{\partial U_i} U_i \right\} \Delta u_i + \cdots \\
&+ 3U_i U_N y_{iN} \cos(\delta_{iN} - \alpha_{iN})\Delta u_N
\end{aligned}
$$

Durch die Erweiterung mit U_i des vorhergehenden Spannungswertes im Zähler und Nenner ergibt die Ableitung der Leistungsausdrücke nach der Spannung wieder Leistungsausdrücke und man erreicht, dass sich so die Elemente der Jacobi-Matrix aus den gleichen Ausdrücken wie die auf der rechten Seite der Gl. (14.46) vorkommenden Leistungen $\overline{P}_i(\boldsymbol{x})$ und $\overline{Q}_i(\boldsymbol{x})$ zusammensetzen und damit der Aufwand für die Aktualisierung der rechten Seite und der Jacobi-Matrix in jedem Iterationsschritt minimiert wird.

Die Bildung der Jacobi-Matrix kann rechentechnisch elegant mit der wie folgt gebildeten spärlichen Hilfsmatrix erfolgen:

$$
\underline{\boldsymbol{S}}_\mathrm{J} = 3\underline{\boldsymbol{U}}\,\underline{\boldsymbol{Y}}^*\underline{\boldsymbol{U}}^* =
$$

$$
3\begin{bmatrix}
U_1 y_{11} U_1 \mathrm{e}^{\mathrm{j}(\delta_{11}-\alpha_{11})} & U_1 y_{12} U_2 \mathrm{e}^{\mathrm{j}(\delta_{12}-\alpha_{12})} & \cdots & U_1 y_{1N} U_N \mathrm{e}^{\mathrm{j}(\delta_{1N}-\alpha_{1N})} \\
U_2 y_{21} U_1 \mathrm{e}^{\mathrm{j}(\delta_{21}-\alpha_{21})} & U_2 y_{22} U_2 \mathrm{e}^{\mathrm{j}(\delta_{22}-\alpha_{22})} & \cdots & U_2 y_{2N} U_N \mathrm{e}^{\mathrm{j}(\delta_{2N}-\alpha_{2N})} \\
\vdots & \vdots & \ddots & \vdots \\
U_N y_{N1} U_1 \mathrm{e}^{\mathrm{j}(\delta_{N1}-\alpha_{N1})} & U_N y_{N2} U_2 \mathrm{e}^{\mathrm{j}(\delta_{N2}-\alpha_{N2})} & \cdots & U_N y_{NN} U_N \mathrm{e}^{\mathrm{j}(\delta_{NN}-\alpha_{NN})}
\end{bmatrix}
$$

$$
\begin{aligned}
\boldsymbol{H} &= \mathrm{Im}\,\{\underline{S}_\mathrm{J}\} - \mathrm{diag}\,(\overline{Q}_i) \\
\boldsymbol{M} &= -\mathrm{Re}\,\{\underline{S}_\mathrm{J}\} + \mathrm{diag}\,(\overline{P}_i) \\
\boldsymbol{N} &= \mathrm{Re}\,\{\underline{S}_\mathrm{J}\} + \mathrm{diag}\,(\overline{P}_i - p_i P_i) \\
\boldsymbol{L} &= \mathrm{Im}\,\{\underline{S}_\mathrm{J}\} + \mathrm{diag}\,(\overline{Q}_i - q_i Q_i)
\end{aligned}
$$

An Generatorknoten ist $\Delta u = 0$. Diese Bedingung lässt sich in der Polarkoordinatendarstellung leicht durch Streichen der zugehörigen Zeile und Spalte in Gl. (14.50) erfüllen.

Eine vergleichende Bewertung des Knotenpunkt- und Newtonverfahrens geht aus der Tabelle 14.4 hervor.

14.3.4 Entkoppelte Leistungsflussberechnung

Für kleine Spannungsdifferenzwinkel δ_{ij} und große Impedanzwinkel, wie sie im Hochspannungsnetz auftreten, gelten die Näherungen:

$$\cos(\delta_{ij} - \alpha_{yij}) = 0 \text{ und } \sin(\delta_{ij} - \alpha_{ij}) = 1 \,.$$

Tabelle 14.4. Vergleich zwischen Knotenpunkt- und Newton-Verfahren (+ vorteilhaft, – nachteilig)

Knotenpunktverfahren	Newton-Verfahren
+ einfacher Algorithmus	– Jacobi-Matrix arbeitspunktabhängig
– mehr Iterationsschritte; abhängig von der Netzgröße	+ Anzahl der Iterationen gering (3...6); unabhängig von der Netzgröße
+ größerer Konvergenzradius	– empfindlich gegen schlechte Startwerte
– Einbeziehung von Generatorknoten umständlich	+ leichte Einbeziehung von Generatorknoten

Vernachlässigt man außerdem die Spannungsabhängigkeit der Knotenleistungen bei der Bildung der Jacobi-Matrix, so werden die Untermatrizen $\boldsymbol{M}$ und $\boldsymbol{N}$ der Jacobi-Matrix Null und die Ausdrücke für die H- und L-Matrix vereinfachen sich, indem sie unabhängig von den Spannungs- und Impedanzwinkeln werden. Bezeichnet man die vereinfachte H- und L-Matrix mit $\boldsymbol{H}'$ und $\boldsymbol{L}'$, so lautet das verbleibende Gleichungssystem:

$$\boldsymbol{H}'\Delta\boldsymbol{\delta} = -\Delta\boldsymbol{p} \tag{14.47}$$

$$\boldsymbol{L}'\Delta\boldsymbol{u} = -\Delta\boldsymbol{q} \tag{14.48}$$

Die $\boldsymbol{L}'$- und $\boldsymbol{H}'$-Matrix sowie die rechten Seiten der Gln. (14.47) und (14.48) sind aber weiterhin von den Spannungen abhängig, wodurch die beiden Gleichungen noch gekoppelt sind. Da die Knotenspannungen sich normalerweise nur wenig im Betrag unterscheiden, kann man in jeder Zeile von $\boldsymbol{H}'$ und $\boldsymbol{L}'$ (aber nicht auf der rechten Seite) $U_j = U_i$ $(j \neq i)$ setzen und die Spannungen nach links herausziehen. Man erhält so:

3

$$\begin{bmatrix} U_1^2 & & & & & \\ & U_2^2 & & & & \\ & & \ddots & & & \\ & & & U_i^2 & & \\ & & & & \ddots & \\ & & & & & U_N^2 \end{bmatrix} \begin{bmatrix} y'_{11} & y_{12} & \cdots & y_{1i} & \cdots & y_{1N} \\ y_{21} & y'_{22} & \cdots & y_{2i} & \cdots & y_{2N} \\ \vdots & \vdots & \ddots & \vdots & \cdots & \vdots \\ y_{i1} & y_{i2} & \cdots & y'_{ii} & \cdots & y_{iN} \\ \vdots & \vdots & \ddots & \vdots & \ddots & \vdots \\ y_{N1} & y_{N2} & \cdots & y_{Ni} & \cdots & y'_{NN} \end{bmatrix} \begin{bmatrix} \Delta\delta_1 \\ \Delta\delta_2 \\ \vdots \\ \Delta\delta_i \\ \vdots \\ \Delta\delta_N \end{bmatrix} = - \begin{bmatrix} \Delta P_1 \\ \Delta P_2 \\ \vdots \\ \Delta P_i \\ \vdots \\ \Delta P_N \end{bmatrix} \tag{14.49 a}$$

$$\text{mit} \quad y'_{ii} = -\sum_{j=1,\neq i}^{N} y_{ij}.$$

$$3\begin{bmatrix} U_1^2 & & & & & \\ & U_2^2 & & & & \\ & & \ddots & & & \\ & & & U_i^2 & & \\ & & & & \ddots & \\ & & & & & U_N^2 \end{bmatrix}\begin{bmatrix} y''_{11} & y_{12} & \cdots & y_{1i} & \cdots & y_{1N} \\ y_{21} & y''_{22} & \cdots & y_{2i} & \cdots & y_{2N} \\ \vdots & \vdots & \ddots & \vdots & \cdots & \vdots \\ y_{i1} & y_{i2} & \cdots & y''_{ii} & \cdots & y_{iN} \\ \vdots & \vdots & \ddots & \vdots & \ddots & \vdots \\ y_{N1} & y_{N2} & \cdots & y_{Ni} & \cdots & y''_{NN} \end{bmatrix}\begin{bmatrix} \Delta u_1 \\ \Delta u_2 \\ \vdots \\ \Delta u_i \\ \vdots \\ \Delta u_N \end{bmatrix} = -\begin{bmatrix} \Delta Q_1 \\ \Delta Q_2 \\ \vdots \\ \Delta Q_i \\ \vdots \\ \Delta Q_N \end{bmatrix}$$

14.50 a)

mit $y''_{ii} = -y'_{ii} + 2y_{ii}$.

Oder in Kurzform:

$$3\boldsymbol{U}^2\boldsymbol{B}'\Delta\boldsymbol{\delta} = -\Delta\boldsymbol{p} \tag{14.49b}$$

$$3\boldsymbol{U}^2\boldsymbol{B}''\Delta\boldsymbol{u} = -\Delta\boldsymbol{q} \tag{14.50b}$$

Durch Multiplikation von links mit $\boldsymbol{U}^{-2}$ folgt schließlich:

$$3\boldsymbol{B}'\Delta\boldsymbol{\delta} = -\boldsymbol{U}^{-2}\Delta\boldsymbol{p} \tag{14.51}$$

$$3\boldsymbol{B}''\Delta\boldsymbol{u} = -\boldsymbol{U}^{-2}\Delta\boldsymbol{q} \tag{14.52}$$

Die Gln. (14.51) und (14.52) bilden das Gleichungssystem für die sog. entkoppelte Leistungsflussberechnung, wobei die Entkopplung nur die linke Seite betrifft. Auf der rechten Seite besteht weiterhin die Kopplung über die Spannungen. Durch die Näherungen wurde aber erreicht, dass die Koeffizientenmatrizen $\boldsymbol{B}'$ und $\boldsymbol{B}''$ konstant sind. Sie weisen die gleiche Struktur wie die Knotenadmittanzmatrix auf und sind deshalb auch schwach besetzt. Die Lösung der Gln. (14.51) und (14.52) erfolgt nach Streichen der Zeilen und Spalten für den Slack-Knoten simultan durch topologisch gesteuerte Elimination, wobei für beide Gleichungen die gleiche Eliminationsreihenfolge gilt.

14.3.5 Gleichstromleistungsflussberechnung

Durch weitere Vereinfachungen des Gleichungssystems für die entkoppelte Leistungsflussberechnung entsteht das Gleichungssystem der schnellen entkoppelten Leistungsflussberechnung, die man auch als Gleichstromleistungsflussberechnung bezeichnet. Der Ausdruck für die Netzwirkleistung auf der rechten Seite der Gl. (14.51) wird mit $\alpha_{ij} = -\pi/2$ wie folgt angenähert:

$$\overline{P}_i = 3U_i\sum_{j=1}^{N}U_j\,y_{ij}\cos(\delta_{ij}-\alpha_{ij}) \approx -3U_i\sum_{j=1}^{N}U_j\,y_{ij}\sin\delta_{ij} \approx -3U_i\sum_{j=1}^{N}U_j\,y_{ij}(\delta_i-\delta_j) \tag{14.53}$$

Weiter wird für alle Spannungen ein einheitlicher Wert, z.B. $U_n/\sqrt{3}$ angenommen. Die Gl. (14.52) wird damit überflüssig. Gleichung (14.51) geht mit Gl. (14.53) über in:

$$\begin{bmatrix} y'_{11} & y_{12} & \cdots & y_{1i} & \cdots & y_{1N} \\ y_{21} & y'_{22} & \cdots & y_{2i} & \cdots & y_{2N} \\ \vdots & \vdots & \ddots & \vdots & \cdots & \vdots \\ y_{i1} & y_{i2} & \cdots & y'_{ii} & \cdots & y_{iN} \\ \vdots & \vdots & \ddots & \vdots & \ddots & \vdots \\ y_{N1} & y_{N2} & \cdots & y_{Ni} & \cdots & y'_{NN} \end{bmatrix} \begin{bmatrix} \Delta\delta_1 \\ \Delta\delta_2 \\ \vdots \\ \Delta\delta_i \\ \vdots \\ \Delta\delta_N \end{bmatrix}$$

$$= \frac{1}{U_n^2} \begin{bmatrix} P_1 \\ P_2 \\ \vdots \\ P_i \\ \vdots \\ P_N \end{bmatrix} - \begin{bmatrix} y'_{11} & y_{12} & \cdots & y_{1i} & \cdots & y_{1N} \\ y_{21} & y'_{22} & \cdots & y_{2i} & \cdots & y_{2N} \\ \vdots & \vdots & \ddots & \vdots & \cdots & \vdots \\ y_{i1} & y_{i2} & \cdots & y'_{ii} & \cdots & y_{iN} \\ \vdots & \vdots & \ddots & \vdots & \ddots & \vdots \\ y_{N1} & y_{N2} & \cdots & y_{Ni} & \cdots & y'_{NN} \end{bmatrix} \begin{bmatrix} \delta_1 \\ \delta_2 \\ \vdots \\ \delta_i \\ \vdots \\ \delta_N \end{bmatrix}$$

und mit $\Delta\delta_i = \Delta\delta_i^{(\nu+1)} = \delta_i^{(\nu+1)} - \delta_i^{(\nu)}$ auf der linken Seite und $\delta_i = \delta_i^{(\nu)}$ auf der rechten Seite:

$$\begin{bmatrix} y'_{11} & y_{12} & \cdots & y_{1i} & \cdots & y_{1N} \\ y_{21} & y'_{22} & \cdots & y_{2i} & \cdots & y_{2N} \\ \vdots & \vdots & \ddots & \vdots & \cdots & \vdots \\ y_{i1} & y_{i2} & \cdots & y'_{ii} & \cdots & y_{iN} \\ \vdots & \vdots & \ddots & \vdots & \ddots & \vdots \\ y_{N1} & y_{N2} & \cdots & y_{Ni} & \cdots & y'_{NN} \end{bmatrix} \begin{bmatrix} \delta_1 \\ \delta_2 \\ \vdots \\ \delta_i \\ \vdots \\ \delta_N \end{bmatrix} = \frac{1}{U_n^2} \begin{bmatrix} P_1 \\ P_2 \\ \vdots \\ P_i \\ \vdots \\ P_N \end{bmatrix} \tag{14.54a}$$

bzw.

$$\boldsymbol{B}'\boldsymbol{\delta} = \frac{1}{U_n^2}\boldsymbol{p} \tag{14.54b}$$

Nach Streichen der Zeile und Spalte für den Slack-Knoten lässt sich die Gl. (14.54) im Vergleich zu allen anderen Leistungsflussgleichungen schnell lösen, wovon dieses Modell seinen Namen hat. Da die Blindleistungsbilanz dabei keine Rolle mehr spielt, bezeichnet man die schnelle entkoppelte Leistungsflussberechnung auch als Gleichstromleistungsflussberechnung. Die Gl. (14.54) beruht letztendlich auf der im Hochspannungsnetz dominierenden Abhängigkeit der Spannungswinkel von den Wirkleistungsflüssen.

15 Kurzschlussströme und Kurzschlussbeanspruchungen

15.1 Einführung

Die Berechnung der Kurzschlussströme wurde bis 1962 nach VDE 0670 oder anderen Unterlagen, z. B. [15.2 – 15.6], durchgeführt. Erste eigene VDE-Bestimmungen für die Kurzschlussstromberechnung wurden in Deutschland 1962/64 veröffentlicht. Im Jahre 1972 wurde das Technische Komitee 73 der Internationalen Elektrotechnischen Kommission (IEC) gegründet mit der Aufgabe möglichst einfache Vorschriften für die Berechnung der Kurzschlussströme und ihrer Wirkungen zu entwickeln unter Beachtung von VDE 0102 und VDE 0103. Seit dieser Zeit werden die auf diesem Gebiet durchgeführten Arbeiten beim TC 73 der IEC eingebracht, so dass heute internationale Normen für die Berechnung der Kurzschlussströme in Drehstromnetzen [N15.1 bis N15.5] und auch für die Berechnung der dynamischen und thermischen Kurzschlusswirkungen in Drehstromnetzen [N15.6, N15.7, 15.81] vorliegen. Die Berechnungsanweisungen für Kurzschlussströme und ihre Wirkungen in Gleichstromanlagen in Kraftwerken und großen Schaltanlagen sind ebenfalls in IEC-Normen zusammengestellt [N15.8 bis N15.10].

Alle elektrischen Betriebsmittel müssen grundsätzlich den mechanischen und thermischen Beanspruchungen durch die Kurzschlussströme standhalten [DIN 57101/VDE 0101, DIN VDE 0100]. Diese Forderung begründet die überragende Bedeutung der Berechnung der Kurzschlussströme und ihrer Wirkungen für die Bemessung aller Betriebsmittel im Netz. Diese Forderung nach Kurzschlussfestigkeit wird nur in einigen Sonderfällen dadurch abgeschwächt, dass bei kurzzeitigen Umschaltvorgängen die zulässigen Kurzschlussströme überschritten werden dürfen, oder dass besonders seltene Fälle, z. B. Kurzschlüsse zwischen Leistungsschalter und Kurzschlussstrom-Begrenzungsdrosselspule, außer Betracht bleiben dürfen [DIN 57101].

Kurzschlüsse entstehen durch Überbrückung oder Durchschlag der Isolation zwischen drei Leitern oder zwischen zwei Leitern bzw. Wicklungen (Wicklungssträngen) des Drehstromnetzes ohne oder mit Erdberührung sowie zwischen einem Leiter und Erde bzw. geerdeten Leitern oder geerdeten Anlageteilen in Drehstromnetzen mit niederohmiger Sternpunkterdung. Dabei soll unter niederohmiger Sternpunkterdung die direkte Erdung und die

D. Oeding, B. Oswald, *Elektrische Kraftwerke und Netze*,
doi 10.1007/978-3-642-19246-3, © Springer 2011

Sternpunkterdung über eine niederohmige Impedanz, um den Erdkurzschlussstrom zu begrenzen, verstanden werden. Bei einpoligen Fehlern mit Erdberührung in Netzen mit isoliertem Sternpunkt oder in Netzen mit Erdschlusskompensation spricht man zur Unterscheidung von einem Erdschluss und nicht von einem Erdkurzschluss (Kap. 16).

Bild 15.1 beschreibt die Bedeutung der Kurzschlussstromberechnung für viele Überlegungen zur Bemessung der Betriebsmittel in Netzen. Hervorgehoben ist der Aufgabenbereich von [N15.1]. Aufgeführt sind die einfachen Fälle: Dreipoliger Kurzschluss, zweipoliger Kurzschluss ohne und mit Erdberührung und einpoliger Erdkurzschluss in Netzen mit niederohmiger Sternpunkterdung sowie zusätzlich der Doppelerdkurzschluss in Netzen mit isoliertem Sternpunkt oder mit Erdschlusskompensation. Das Bild 15.2 veranschaulicht diese Kurzschlussarten und die zur Kennzeichnung verwendeten Indizes. Mehrfachfehler, also das Auftreten von gleichzeitigen symmetrischen und/oder unsymmetrischen Kurzschlüssen oder Erdschlüssen an mehreren Orten eines Netzes, werden im Abschn.13.7 behandelt.

In Netzen mit isoliertem Sternpunkt wird der bei einem Fehler mit Erdberührung über Erde fließende Strom als kapazitiver Erdschlussstrom I_{Ce} bezeichnet. In Netzen mit Erdschlusskompensation bei Einsatz einer Kompensationsdrosselspule (Petersenspule) tritt bei einpoligen Fehlern mit Erdberührung ein Erdschlussreststrom I_{Rest} an der Fehlerstelle auf (Bild 15.1). Die Berechnung von I_{Ce} und I_{Rest} wird im Kap. 16 gezeigt. Sie unterscheidet sich wegen der unterschiedlichen Sternpunktbehandlung der Netze von der Berechnung für I''_{k1}.

Man unterscheidet zwischen den größten und den kleinsten Kurzschlussströmen (Abschn.15.3.3). Die größten Kurzschlussströme sind für die kurzschlussfeste Auslegung der Betriebsmittel und Anlagen maßgebend, für die Berechnung der induktiven Beeinflussungen (Abschn.16.5) und für die Auslegung der Erdungsanlagen und der Schutzmaßnahmen gegen zu hohe Berührungs- und Schrittspannungen. Die kleinsten Kurzschlussströme sind bestimmend für die Auswahl und die Einstellung der Schutzeinrichtungen wie z. B. Schutzrelais und Sicherungen.

Größte und kleinste Kurzschlussströme hängen ab vom Netzaufbau, von den Bemessungsdaten der Betriebsmittel, vom Einsatz der Kraftwerksgeneratoren, den in Betrieb befindlichen Motoren, von der Art des metallischen oder über einen Lichtbogen verlaufenden Kurzschlusses, von der Höhe der Betriebsspannung des Netzes an der späteren Kurzschlussstelle vor dem Kurzschluss $U^{b}_{min} \leq U^{b} \leq U^{b}_{max} \leq U_{m}$, wobei U^{b} die sich ändernde Betriebsspannung und U_{m} die höchste Spannung für Betriebsmittel bezeichnen, vom Verbraucherverhalten (z. B. Abtrennen von Verbrauchern durch Unterspannungsrelais bei $U \leq 0{,}85 \cdot U_{n}$), vom Einfluss der Spannungsregler der Generatoren während des Kurzschlusses und von der Stufenstellung der während des Betriebes verstellbaren Stufenschalter von Transformatoren. Aus dieser Aufzählung der vielfältigen Abhängigkeiten, erkennt man, dass es für eine Kurzschlussstelle im Netz nicht *den* größten oder *den* kleinsten Kurzschlussstrom gibt, sondern dass ein gewisses Streuband vorliegt für die größten und die kleinsten Kurz-

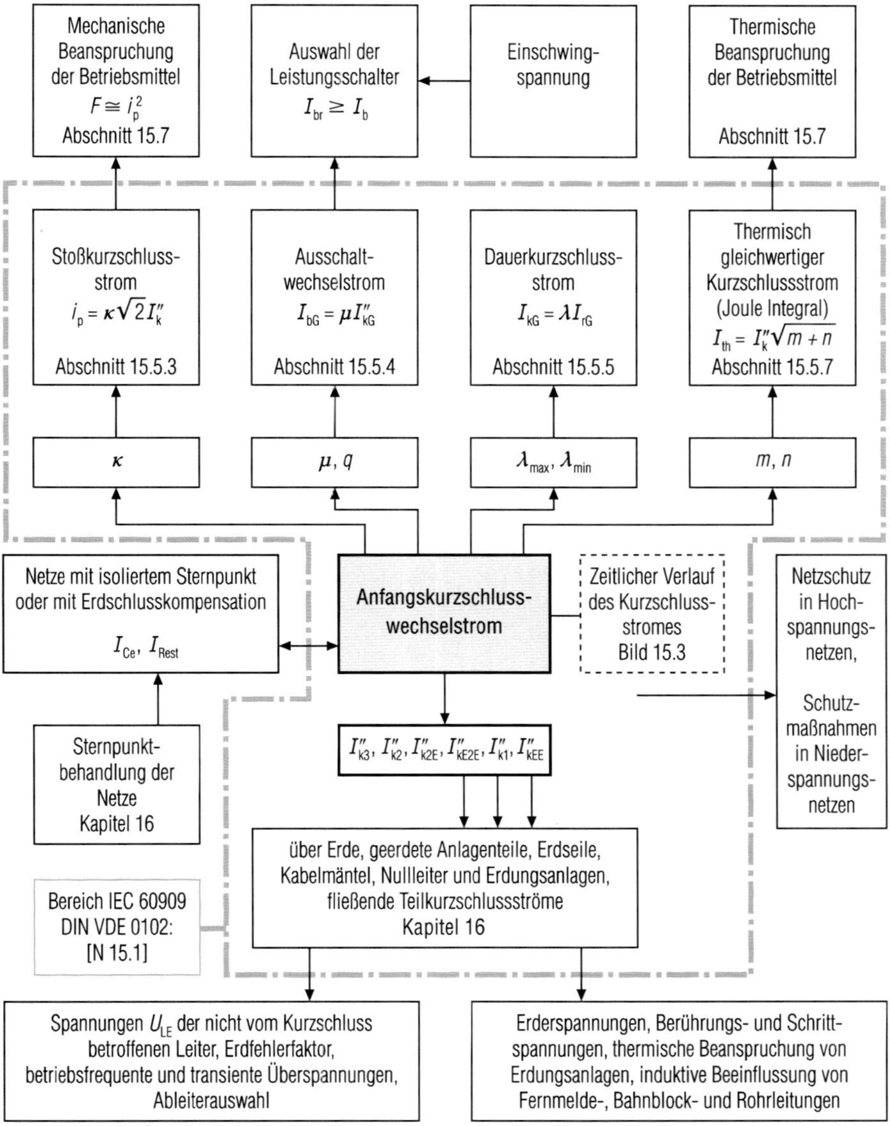

Bild 15.1. Bedeutung der Kurzschlussströme bei symmetrischen und unsymmetrischen Kurzschlüssen (schematische Übersicht)

schlussströme, wobei dieses für die kleinsten erheblich größer sein kann als für die größten Kurzschlussströme. Es ist daher nicht möglich, von einem bestimmten Leistungsfluss vor dem Kurzschluss (z.B. einem Starklastfall im Winter) ausgehend, mit Hilfe des Überlagerungsverfahrens (Abschn. 15.3.2) ohne weiteres den größten Kurzschlussstrom eines Netzknotens zu finden. Es gibt vielmehr so viele in der Größe unterschiedliche Kurzschlussströme in je-

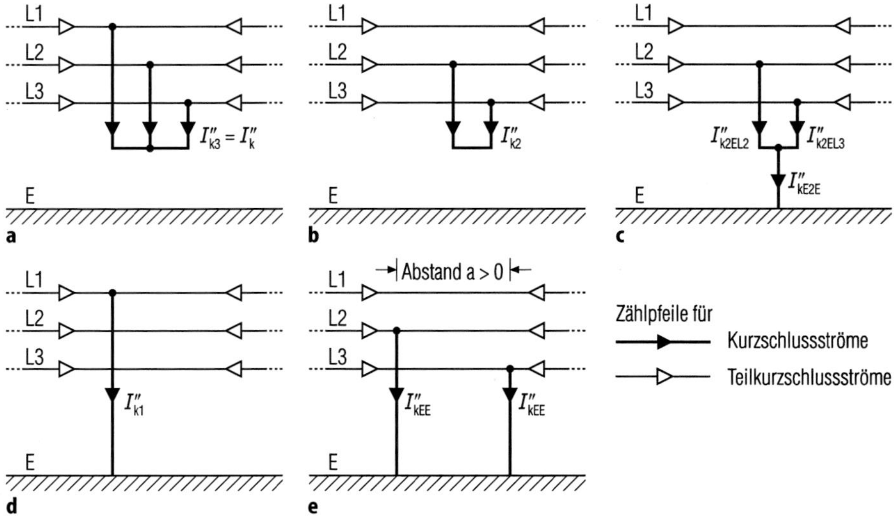

Bild 15.2 a–e. Bezeichnung der Kurzschlussarten in Drehstromnetzen und der Kurzschlussströme. **a** Dreipoliger Kurzschluss; **b** Zweipoliger Kurzschluss; **c** Zweipoliger Kurzschluss mit Erdberührung; **d** Einpoliger Erdkurzschluss; **e** Doppelerdkurzschluss (Hauptfehler, symmetrisch zum Leiter L1)

dem Knotenpunkt wie es Lastzustände gibt. Sogar dann, wenn man an einem Knotenpunkt eine bestimmte Spannung vor dem Kurzschluss hat, die man beim Überlagerungsverfahren verwendet, gibt es unterschiedliche Größen der Kurzschlussströme, z. B. durch unterschiedliche Stellungen der Stufenschalter der Transformatoren bei unterschiedlichen Belastungen des Netzes. Die Norm IEC 60909-0 [N15.1] versucht diese Schwierigkeit zu überwinden durch Einführung einer Ersatzspannungsquelle an der Kurzschlussstelle mit dem Faktor c und Impedanzkorrekturfaktoren für elektrische Betriebsmittel sowie besondere Bedingungen unter denen die größten und die kleinsten Kurzschlussströme berechnet werden sollen. Dieses Verfahren soll auf Ergebnisse für die größten Kurzschlussströme führen, die auf der sicheren Seite liegen, ohne die Forderung nach Wirtschaftlichkeit bei der Auslegung der Betriebsmittel und Anlagen zu vernachlässigen [N15.2].

Die größten Kurzschlussströme lassen sich durch das in [15.57, 15.63, 15.83] beschriebene lineare Optimierungsverfahren finden, wenn man die Betriebsbedingungen des Netzes in bestimmten Grenzen vorgibt, das heißt, wenn man das zulässige Spannungsband (z. B. $0{,}95U_n$ bis U_m), den zulässigen über- und untererregten Betriebsbereich der Generatoren festlegt, den vollen Bereich der Transformatorstufenschalter wählt, oder der Betriebserfahrung folgend einschränkt, und die möglichen Leistungsbereiche der Verbraucher nach Größe und Phasenlage vorgibt.

Für die Wirkung der Kurzschlussströme ist neben der Dauer auch die Höhe und der zeitliche Verlauf wichtig. Der größtmögliche Augenblickswert des

Kurzschlussstromes tritt etwa eine halbe Periode nach Eintritt des Kurzschlusses auf. Dieser Wert wird als Stoßkurzschlussstrom i_p bezeichnet und ist vom Abklingen des Gleich- und des Wechselstromanteils im Kurzschlussstrom abhängig. Die Kurzschlusskraft, die z. B. auf Transformatorwicklungen, auf Sammelschienen in Schaltanlagen und andere Teile des Netzes wirkt, ist proportional zum Quadrat des Stoßkurzschlussstromes. Der thermisch gleichwertige Kurzschlussstrom bzw. das Joule-Integral ist bestimmend für die thermische Wirkung (Abschn. 15.7).

Bei der Berechnung der Kurzschlussströme in Niederspannungsnetzen ergeben sich einige Besonderheiten, auf die im Abschnitt 15.9 näher eingegangen wird.

15.2 Zeitlicher Verlauf des Kurzschlussstromes

Der zeitliche Verlauf des Kurzschlussstromes an der Kurzschlussstelle (Bild 15.2) lässt sich in guter Näherung durch die folgende Gleichung beschreiben:

$$i_k(t) = i_{kw}(t) + i_{kg}(t) = \sqrt{2}\,[(I''_k - I'_k)\,e^{-t/T''_d} + (I'_k - I_k)\,e^{-t/T'_d} + I_k] \cdot \sin(\omega t + \varphi_u - \gamma) + \sqrt{2} I''_k\,e^{-t/T_g} \sin(\gamma - \varphi_u) \quad (15.1a)$$

Dabei sind:

$i_{kw}(t), i_{kg}(t)$ Wechselstrom-, Gleichstromanteil im Kurzschlussstrom
I''_k Anfangs-Kurzschlusswechselstrom
I'_k Übergangs-Kurzschlusswechselstrom
I_k Dauerkurzschlussstrom
T''_d, T'_d, T_g Subtransiente, transiente Zeitkonstante, Gleichstromzeitkonstante
$I_{g\,max} = \sqrt{2}\,I''_k$ Maximaler Anfangswert des Gleichstromanteils im Kurzschlussstrom, Bild 15.3
φ_u Spannungswinkel bei Kurzschlusseintritt mit $u^b = \hat{u} \sin(\omega t + \varphi_u)$
γ Impedanzwinkel, $\gamma = \text{Arctan}\,(X/R)$

Aus Gl. (15.1 a) erkennt man, dass zum Zeitpunkt $t = 0$ der Kurzschlussstrom gleich Null ist: $i_k(t = 0) = \sqrt{2}\,I''_k \sin(\varphi_u - \gamma) + \sqrt{2}\,I''_k \sin(\gamma - \varphi_u) = 0$. Die Teilkurzschlussströme in den Leitern hingegen sind im Allgemeinen ungleich Null zum Zeitpunkt $t = 0$ (Bild 15.2).

Bei generatorfernem Kurzschluss geht man davon aus, dass $I''_k \approx I'_k \approx I_k$ gilt. Gl. (15.1 a) geht dann über in:

$$i_k(t) = i_{kw}(t) + i_{kg}(t) = \sqrt{2} I''_k \sin(\omega t + \varphi_u - \gamma) + \sqrt{2} I''_k\,e^{-t/T_g} \sin(\gamma - \varphi_u) \quad (15.2a)$$

Bild 15.3 zeigt den zeitlichen Verlauf des Kurzschlussstromes bei generatornahem (Bild 15.3 a) und bei generatorfernem (Bild 15.3 b) Kurzschluss in schematischer Form. Bei generatornahem Kurzschluss, zum Beispiel bei Kurz-

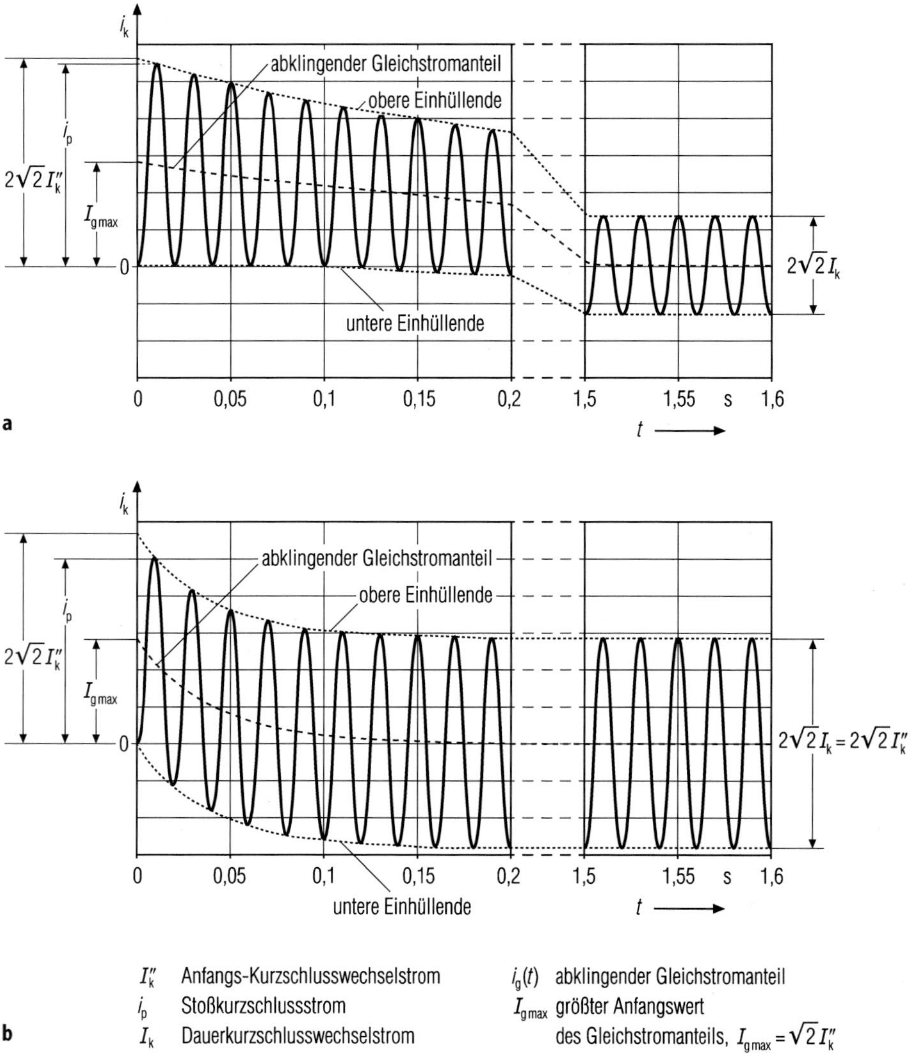

Bild 15.3 a, b. Zeitlicher Verlauf des Kurzschlussstromes (schematisch). **a** Generatornaher Kurzschluss; **b** Generatorferner Kurzschluss

schluss an den Klemmen einer Synchronmaschine, kann der Wechselstromanteil im Kurzschlussstrom schneller abklingen als der Gleichstromanteil, was zu fehlenden Nulldurchgängen des Kurzschlussstromes führt. Die vorgenommene Unterscheidung in generatornahe und generatorferne Kurzschlüsse [N15.1] ist aus praktischen Gründen getroffen worden, weil man in vielen Fällen leicht erkennen kann, wann es sich um einen generatorfernen Kurzschluss mit $I_k'' \approx I_b \approx I_k$ handelt. Entsprechend sind auch motornaher und motorferner Kurzschluss einzuordnen [N15.1]:

- *Generatornaher* Kurzschluss ist ein Kurzschluss zu dem zumindest ein Synchrongenerator einen Anfangs-Kurzschlusswechselstrom I''_{kG} liefert, der größer ist als sein zweifacher Bemessungsstrom I_{rG} oder ein Kurzschluss zu dem Asynchronmotoren mehr als 5% zum Anfangs-Kurzschlusswechselstrom I''_{kM} ohne Motoren beitragen: $I''_k > I_b > I_k$ (Bild 15.3a).
- *Generatorferner* Kurzschluss ist ein Kurzschluss bei dem der Wechselstromanteil im Kurzschlussstrom während des Kurzschlusses im wesentlichen konstant bleibt, bei dem also der Anfangs-Kurzschlusswechselstrom I''_k, der Ausschaltwechselstrom I_b und der Dauerkurzschlussstrom I_k etwa gleich groß sind: $I''_k \approx I_b \approx I_k$ (Bild 15.3b).

Der größte positive Anfangswert $I_{g\,max} = \sqrt{2}\,I''_k$ des Gleichstromanteils im Kurzschlussstrom, der jedoch nicht unbedingt zum Stoßkurzschlussstrom führen muss (s. Abschn. 15.5.1), tritt auf für $\sin(\gamma - \varphi_u) = 1$, d.h. $\varphi_u = \gamma - \pi/2$, woraus sich ausgehend von Gl. (15.1a) für den generatornahen Kurzschluss ergibt:

$$i_k(t) = -\sqrt{2}\,[(I''_k - I'_k)\,e^{-t/T''_d} + (I'_k - I_k)\,e^{-t/T'_d} + I_k] \cdot \cos\omega t + \sqrt{2} I''_k e^{-t/T_g} \tag{15.1b}$$

Für den generatorfernen Kurzschluss mit $I_k = I'_k = I''_k$ gilt entsprechend:

$$i_k(t) = -\sqrt{2} I''_k \cos\omega t + \sqrt{2} I''_k e^{-t/T_g} \tag{15.2b}$$

Die beiden Gln. (15.1b) und (15.2b) werden zur Berechnung des thermisch gleichwertigen Kurzschlussstromes I_{th} oder des Joule-Integrals mit Hilfe der Faktoren *m* und *n* verwendet (Abschn. 15.5.7).

Bei den Zeitkonstanten der Gln. (15.1) und (15.2) muss man unterscheiden zwischen den Zeitkonstanten bei Klemmenkurzschluss, die allein durch den Synchrongenerator bestimmt sind, und den Zeitkonstanten bei Netzkurzschluss mit einer Reaktanz X_N zwischen den Klemmen und der Kurzschlussstelle.

Bei steigender Netzreaktanz $x_N = X_N/X_{rG}$ mit $X_{rG} = U^2_{rG}/S_{rG}$ steigen auch die Wechselstromzeitkonstanten T''_d und T'_d. Die Gleichstromzeitkonstante T_g dagegen fällt bei steigenden Werten x_N, da $r_N/r_G > x_N/x''_d$. Bezeichnet man die Zeitkonstanten bei Netzkurzschluss mit dem Zusatzindex N, so gilt für die subtransiente Zeitkonstante:

$$T''_{dN} \approx T''_d \frac{1 + x_N / x''_d}{1 + x_N / x'_d} \approx T''_{d0} \frac{x''_d + x_N}{x'_d + x_N} \tag{15.3}$$

und für die transiente Zeitkonstante:

$$T'_{dN} \approx T'_d \frac{1 + x_N / x'_d}{1 + x_N / x_d} \approx T'_{d0} \frac{x'_d + x_N}{x_d + x_N} \tag{15.4}$$

Richtwerte für die Zeitkonstanten von Synchrongeneratoren sind in Tabelle A.4 angegeben.

Mit $T'_{d0} = 12$ s, $x'_d = 0{,}24$ p. u., $x_d = 1{,}78$ p. u. und $x_N = 0{,}15$ p. u. ermittelt man z. B. nach Gl. (15.4): $T'_d = T'_{d0}(x'_d/x_d) = 1{,}62$ s, $T'_{dN} = 2{,}42$ s und damit $T'_{dN}/T'_d = 1{,}5$ (Bild 15.4 c), also eine bei Kurzschluss auf der Oberspannungsseite eines Kraftwerksblockes mit einem Blocktransformator $S_{rT} = S_{rG}$ und $u_{kr} = 15\,\%$ auftretende transiente Zeitkonstante, die 50 % größer ist als die transiente Zeitkonstante bei Klemmenkurzschluss des Generators: $T'_{dN} = 1{,}5\ T'_d$.

Für die Gleichstromzeitkonstante bei Netzkurzschluss gilt mit $T_g = x''_d/(\omega_r\, r_G)$:

$$T_{gN} = T_g \frac{1 + x_N / x''_d}{1 + \omega_r T_g r_N / x''_d} = \frac{x''_d + x_N}{\omega_r (r_G + r_N)} \tag{15.5}$$

Dabei ist r_G der bezogene Wirkwiderstand der Ständerwicklung der Synchronmaschine.

Bild 15.4 zeigt Ergebnisse der Untersuchung für drei verschiedene Leerlaufkennlinien (Reihe 1, 2, 3) nach [5.6] für die Abhängigkeit der Zeitkonstanten von der äußeren Reaktanz x_N zwischen den Generatorklemmen und dem Ort des dreipoligen Kurzschlusses. Im Bild 15.4b wurde im Vergleich zu T''_{dN}/T''_d nach Gl. (15.3) auch $T''_{qN}/T''_q \approx (1 + x_N/x''_q)/(1 + x_N/x_q)$ [5.6] angegeben.

Bild 15.5 zeigt ein einfaches Beispiel bei konstanter Generatorerregung zur Veranschaulichung des unterschiedlichen Abklingverhaltens des Wechselstromanteils (bei Verwendung der Hüllkurve) und des Gleichstromanteils im Kurzschlussstrom bei Netzkurzschluss, im Vergleich zum Klemmenkurzschluss. Die drei Fälle im Bild 15.5 wurden nach Gl. (15.1 a) mit den Zeitkonstanten T''_{dN}, T'_{dN} und T_{gN} berechnet. Das schnelle Abklingen des Gleichstromanteils bei Netzkurzschlüssen wird besonders deutlich. Der Wechselstromanteil klingt in diesem Beispiel bei konstanter Erregung rascher ab als in Wirklichkeit, weil dort die Erregerspannung auf die maximale Erregerspannung ansteigt.

Der Verlauf des Wechselstromanteils wird im transienten Bereich des Kurzschlussstromes und im Bereich des Dauerkurzschlussstromes nach dem Abklingen aller Ausgleichsvorgänge stark durch die Erregereinrichtung und die maximale Erregerspannung $u_{fmax} = U_{fmax}/U_{fr}$ beeinflusst. Bild 15.6 zeigt als Beispiel für diese Einflüsse die Verläufe des Kurzschlusswechselstromes einmal für $x_N = 0{,}10$ p. u. und zum anderen für $x_N = 0{,}30$ p. u. bei $x_N = x_T + x_L$. Man erkennt für $x_N = 0{,}30$ p. u., dass hier bereits ein „generatorferner" Kurzschluss nach [N15.1] vorliegt.

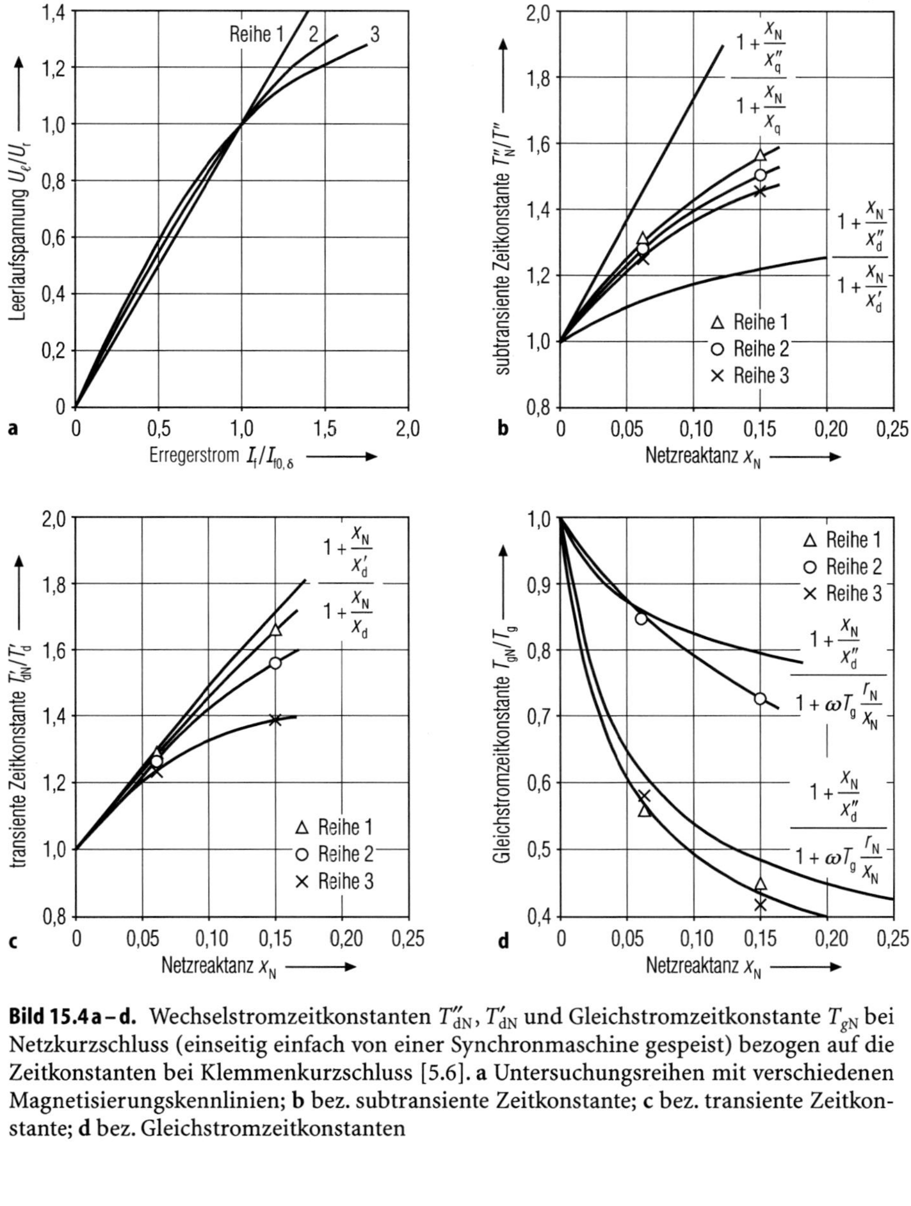

Bild 15.4 a – d. Wechselstromzeitkonstanten T''_{dN}, T'_{dN} und Gleichstromzeitkonstante T_{gN} bei Netzkurzschluss (einseitig einfach von einer Synchronmaschine gespeist) bezogen auf die Zeitkonstanten bei Klemmenkurzschluss [5.6]. **a** Untersuchungsreihen mit verschiedenen Magnetisierungskennlinien; **b** bez. subtransiente Zeitkonstante; **c** bez. transiente Zeitkonstante; **d** bez. Gleichstromzeitkonstanten

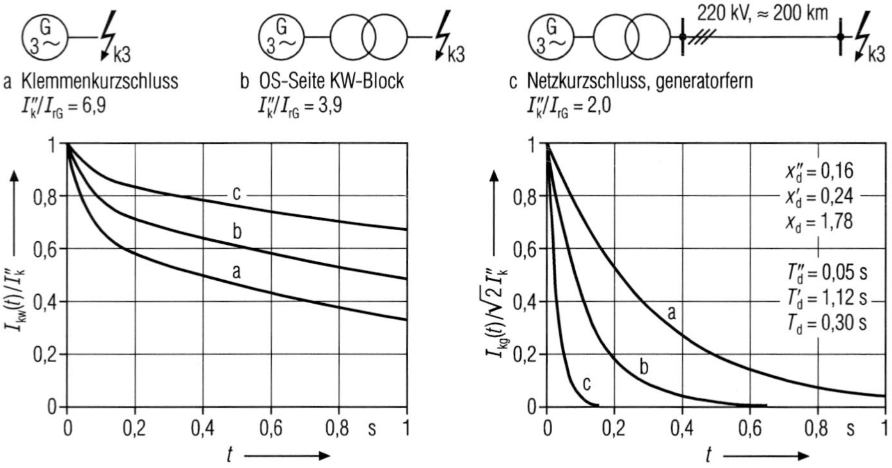

Bild 15.5. Zeitlicher Verlauf des Wechselstromanteils und des Gleichstromanteils im dreipoligen Kurzschlussstrom bei konstanter Erregung abhängig von der Netzreaktanz zwischen den Generatorklemmen und der Kurzschlussstelle, ausgehend von Gl. (15.1b). $S_{rG} = 200$ MVA, $U_{rG} = 10{,}5$ kV, $S_{rT} = S_{rG}$

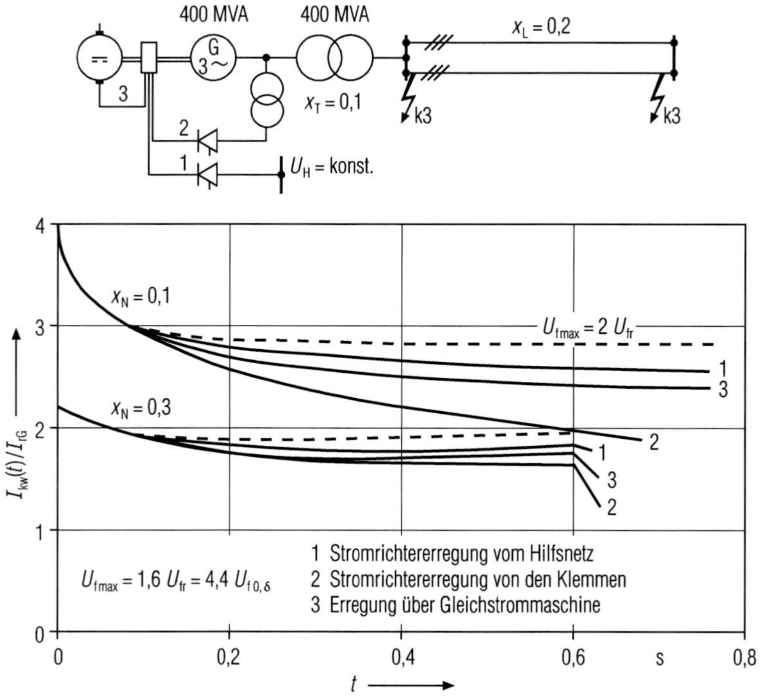

Bild 15.6. Einfluss der Erregereinrichtung und der maximalen Erregerspannung auf das Abklingen des Kurzschlusswechselstromes bei dreipoligem Kurzschluss. Daten des Turbogenerators: $x''_d = x''_q = 0{,}195$; $x'_d = 0{,}29$; $x_d = 2{,}05$; $x_q = 1{,}95$; $T''_d = 0{,}03$ s; $T'_d = 1{,}16$ s

15.3 Methoden zur Berechnung der Kurzschlussströme

15.3.1 Allgemeines

Kurzschlussströme sind in der Regel zu berechnen. Messungen sind in Niederspannungsnetzen möglich [15.25, 15.32]. Dabei werden durch Zuschalten einer Belastungsimpedanz und Messung der dadurch hervorgerufenen Spannungsänderungen die Kurzschlussimpedanzen im Mit- und Nullsystem des Netzes bestimmt, ohne den Netzbetrieb zu stören. Beim Vergleich zwischen gemessenen und berechneten Werten, treten Schwierigkeit auf durch die Unsicherheiten bei den Nullimpedanzen der Kabel bei Rückleitung auch über Erde [9.41, 15.32, 15.38, 15.41]. Kurzschlussversuche in Hochspannungsnetzen sind aufwändig und häufig auch riskant. Die Aufzeichnungen von Spannungsstörschreibern in Schaltanlagen in der Nähe von dreipoligen Kurzschlüssen im Netz lassen manchmal, wenn die Impedanz zwischen dem Ort der Spannungsaufzeichnung und dem Kurzschlussort im Hochspannungsnetz bekannt ist, Rückschlüsse auf die Netzinnenimpedanz am Messort der Spannung und damit auf den Kurzschlussstrom zu.

Zur Berechnung der Anfangs-Kurzschlusswechselströme eignen sich grundsätzlich sowohl das Überlagerungsverfahren nach Abschn. 15.3.2 als auch das Verfahren mit der Ersatzspannungsquelle an der Kurzschlussstelle nach Abschn. 15.3.3, das in der Norm für die Berechnung der Kurzschlussströme verwendet wird [N15.1].

Das Überlagerungsverfahren wird neben der Ermittlung des Anfangs-Kurzschlusswechselstromes auch verwendet, um Startwerte für die Berechnung des Zeitverlaufes des Kurzschlussstromes zu finden, wenn es notwendig sein sollte, außer den charakteristischen Werten I''_k, i_p, I_b und I_k (Bild 15.3), die ausreichend sind für die Berechnung der mechanischen und thermischen Beanspruchungen [N15.6], sowie die Schalterauswahl usw., auch noch den Zeitverlauf $i_k(t)$ im Einzelnen zu kennen.

15.3.2 Überlagerungsverfahren

Das Überlagerungsverfahren setzt voraus, dass man den Leistungsflusszustand eines Netzes, die eingestellten Spannungssollwerte der speisenden Generatoren und die Einstellung der Stufenschalter der Transformatoren, sowie die davon abhängenden Transformatorimpedanzen, vor dem Kurzschluss kennt. Hieraus ergibt sich schon, dass das Überlagerungsverfahren für die Planung neuer Netze oder Netzteile nur schwer anwendbar sein dürfte. Mit dem Überlagerungsverfahren ermittelt man die aktuellen Kurzschlussströme zugehörig zu dem einen zugrunde liegenden Leistungsfluss und den dabei möglichen Betriebsspannungen U^b der Knotenpunkte bei $U_{min} < U^b \leq U_m$, wobei

U_{min} auch noch unterhalb der Netznennspannung liegen kann. Auch wenn die Spannung U^b vor dem Kurzschluss bekannt ist, kann es noch viele unterschiedliche Kurzschlussströme und Teilkurzschlussströme geben durch unterschiedlichen Kraftwerkseinsatz, unterschiedliche Belastungen und unterschiedliche Stufenschalterstellungen der Transformatoren.

In [15.57, 15.63, 15.83] wird gezeigt, wie man für jeden Knoten eines Netzes den ungünstigsten (pessimalen) Leistungsfluss finden kann, der für diese Kurzschlussstelle abhängig von den Randbedingungen zum größten Kurzschlussstrom führt. Zu bedenken ist, dass dieser pessimale Leistungsfluss, wenn überhaupt, nur selten auftritt. Die ausgehend vom pessimalen Leistungsfluss ermittelten maximalen Kurzschlussströme liegen statistisch bis zu etwa 5 % über den größten mit der Ersatzspannungsquelle an der Kurzschlussstelle ermittelten Kurzschlussströmen [N15.2].

Beim Überlagerungsverfahren überlagert man den Netzzustand vor dem Kurzschluss mit einem Änderungszustand hervorgerufen durch den Kurzschluss. Es soll gezeigt werden, dass der Änderungszustand gleichbedeutend ist mit der „Rückwärtseinspeisung" der Betriebsspannung an der späteren Kurzschlussstelle.

Ausgangspunkt für eine allgemeine Darstellung des Überlagerungsverfahrens ist die Beschreibung des Netzes durch eine Knotenadmittanzmatrix $\underline{\boldsymbol{Y}}$, wie sie im Abschn.13.2.1 hergeleitet wurde. Für den Zustand unmittelbar vor dem Kurzschluss (gekennzeichnet durch das Nebenzeichen b oben rechts vom Formelzeichen) genügt die Betrachtung des Mitsystems (Bild 13.2). An den Knoten 1 bis N werden Ersatzschaltungen für die Betriebsmittel eingeführt, wobei zwischen aktiven und passiven Betriebsmitteln zu unterscheiden ist.

Aktive Betriebsmittel sind Generatoren, Motoren und gegebenenfalls Ersatznetze. Sie werden durch Spannungsquellenersatzschaltungen nachgebildet und sollen an den Knoten 1 bis m vorhanden sein. Man bezeichnet diese Knoten allgemein als Generatorknoten. Passive Betriebsmittel sind alle nichtmotorischen Lasten. Sie werden durch Impedanz- oder Admittanzersatzschaltungen nachgebildet und ergeben die Menge der Lastknoten 1 bis p im Bild 15.7. Die Generator- und Lastknoten ergeben zusammen die N Knotenpunkte des Netzes. Prinzipiell können an den Generatorknoten zusätzlich auch Lasten angeschlossen sein (wie z. B. der Eigenbedarf von Kraftwerken). Im Bild 15.7 ist darauf der Übersichtlichkeit wegen verzichtet worden. Die Einbeziehung entsprechender Admittanzen erfolgt analog zu der Einbeziehung der Lastadmittanzen und kann deshalb hier außer Betracht bleiben.

Die Gl. (13.6) lautet partitioniert nach den Generatorknoten G und den Lastknoten L:

$$\begin{bmatrix} \underline{\boldsymbol{Y}}_{GG} & \underline{\boldsymbol{Y}}_{GL} \\ \underline{\boldsymbol{Y}}_{LG} & \underline{\boldsymbol{Y}}_{LL} \end{bmatrix} \begin{bmatrix} \underline{\boldsymbol{u}}_{G}^{b} \\ \underline{\boldsymbol{u}}_{L}^{b} \end{bmatrix} = \begin{bmatrix} \underline{\boldsymbol{i}}_{G}^{b} \\ \underline{\boldsymbol{i}}_{L}^{b} \end{bmatrix} \tag{15.6}$$

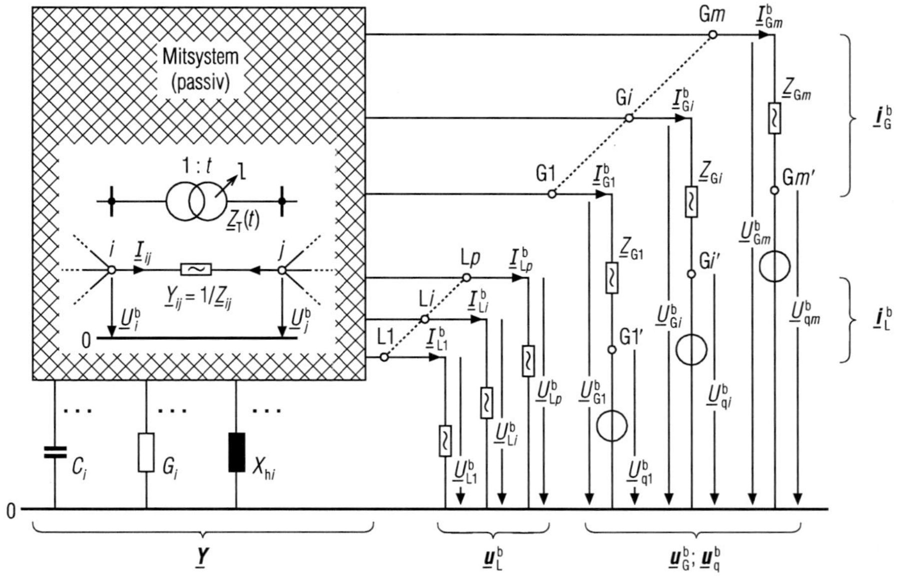

Bild 15.7. Netzzustand vor dem Kurzschluss im Mitsystem zur Aufstellung der Gl. (15.6). (Hochgestelltes Nebenzeichen b für bevor). Bezugspunkt 0 ist die Nullschiene des Mitsystems 01. ($\underline{Z}_T\,(t)$ ist die Transformatorimpedanz abhängig vom Übersetzungsverhätlnis $t = U_{rTOS}\,(1 + p_T)/U_{rTUS}$)

Für den i-ten Generator (Bild 15.7) gilt:

$$\underline{U}^b_{Gi} = \underline{U}^b_{qi} + \underline{Z}_{Gi}\underline{I}^b_{Gi} \quad \text{oder} \quad \underline{I}^b_{Gi} = \underline{Y}_{Gi}\underline{U}^b_{Gi} - \underline{Y}_{Gi}\underline{U}^b_{qi} = \underline{Y}_{Gi}\underline{U}^b_{Gi} + \underline{I}^b_{qi})$$

$$\text{mit} \quad \underline{Y}_{Gi} = \frac{1}{\underline{Z}_{Gi}} = \frac{1}{R_{Gi} + \mathrm{j}X''_{di}} \quad \text{oder} \quad \frac{1}{\underline{Z}_{Mi}} = \frac{1}{R_{Mi} + \mathrm{j}X_{Mi}} \quad \text{oder}$$

$$\frac{1}{\underline{Z}_{Qi}} = \frac{1}{R_{Qi} + \mathrm{j}X_{Qi}}$$

Die Quellenspannung $\underline{U}^b_{qi}$ ist bei den Synchronmaschinen die subtransiente Spannung $\underline{U}''$ bei den Asynchronmaschinen in der Regel die transiente Spannung $\underline{U}'_M$ und bei Ersatznetzen die innere Spannung $\underline{U}_{qQ}$ hinter der Netzinnenimpedanz $\underline{Z}_Q$.

Für die i-te Last gilt:

$$\underline{I}^b_{Li} = \underline{Y}_{Li}\underline{U}^b_{Li} \quad \text{mit} \quad \underline{Y}_{Li} = \frac{P^b_{Li} - \mathrm{j}Q^b_{Li}}{3(U^b_{Li})^2}$$

Alle Generator- und Motorströme werden zu $\underline{\boldsymbol{i}}^b_G$ und alle Lastströme zu $\underline{\boldsymbol{i}}^b_L$ zusammengefast und in Gl. (15.6) eingesetzt:

$$\begin{bmatrix} \underline{\boldsymbol{Y}}_{GG} & \underline{\boldsymbol{Y}}_{GL} \\ \underline{\boldsymbol{Y}}_{LG} & \underline{\boldsymbol{Y}}_{LL} \end{bmatrix} \begin{bmatrix} \underline{\boldsymbol{u}}^b_G \\ \underline{\boldsymbol{u}}^b_L \end{bmatrix} = \begin{bmatrix} \underline{\boldsymbol{i}}^b_G \\ \underline{\boldsymbol{i}}^b_L \end{bmatrix} = \begin{bmatrix} \underline{\boldsymbol{Y}}_G(\underline{\boldsymbol{u}}^b_G - \underline{\boldsymbol{u}}^b_q) \\ \underline{\boldsymbol{Y}}_L\,\underline{\boldsymbol{u}}^b_L \end{bmatrix} \tag{15.7}$$

mit

$$\underline{\boldsymbol{i}}_{\mathrm{G}}^{\mathrm{b}} = [\underline{I}_{\mathrm{G}1}^{\mathrm{b}}\ \underline{I}_{\mathrm{G}2}^{\mathrm{b}} \cdots \underline{I}_{\mathrm{G}i}^{\mathrm{b}} \cdots \underline{I}_{\mathrm{G}m}^{\mathrm{b}}]^{\mathrm{T}} \text{ und } \underline{\boldsymbol{Y}}_{\mathrm{G}} = \mathrm{diag}(\underline{Y}_{\mathrm{G}1}\ \underline{Y}_{\mathrm{G}2} \cdots \underline{Y}_{\mathrm{G}i} \cdots \underline{Y}_{\mathrm{G}m}) \text{ sowie}$$

$$\underline{\boldsymbol{i}}_{\mathrm{L}}^{\mathrm{b}} = [\underline{I}_{\mathrm{L}1}^{\mathrm{b}}\ \underline{I}_{\mathrm{L}2}^{\mathrm{b}} \cdots \underline{I}_{\mathrm{L}i}^{\mathrm{b}} \cdots \underline{I}_{\mathrm{L}p}^{\mathrm{b}}]^{\mathrm{T}} \text{ und } \underline{\boldsymbol{Y}}_{\mathrm{L}} = \mathrm{diag}(\underline{Y}_{\mathrm{L}1}\ \underline{Y}_{\mathrm{L}2} \cdots \underline{Y}_{\mathrm{L}i} \cdots \underline{Y}_{\mathrm{L}p})$$

Durch Umformen, wobei die Spaltenvektoren auf der rechten Seite nach links gebracht werden und die Gleichung für die Generator- und Motorströme eingearbeitet wird, findet man:

$$\underbrace{\begin{bmatrix} -\underline{\boldsymbol{Y}}_{\mathrm{G}} & \underline{\boldsymbol{Y}}_{\mathrm{G}} & \boldsymbol{0} \\ \underline{\boldsymbol{Y}}_{\mathrm{G}} & \underline{\boldsymbol{Y}}_{\mathrm{GG}} - \underline{\boldsymbol{Y}}_{\mathrm{G}} & \underline{\boldsymbol{Y}}_{\mathrm{GL}} \\ \boldsymbol{0} & \underline{\boldsymbol{Y}}_{\mathrm{LG}} & \underline{\boldsymbol{Y}}_{\mathrm{LL}} - \underline{\boldsymbol{Y}}_{\mathrm{L}} \end{bmatrix}}_{\underline{\boldsymbol{Y}}_{\mathrm{e}}} \begin{bmatrix} \underline{\boldsymbol{u}}_{\mathrm{q}}^{\mathrm{b}} \\ \underline{\boldsymbol{u}}_{\mathrm{G}}^{\mathrm{b}} \\ \underline{\boldsymbol{u}}_{\mathrm{L}}^{\mathrm{b}} \end{bmatrix} = \begin{bmatrix} \underline{\boldsymbol{i}}_{\mathrm{G}}^{\mathrm{b}} \\ \boldsymbol{0} \\ \boldsymbol{0} \end{bmatrix} \qquad (15.8\,\mathrm{a})$$

Die um die inneren Generatorknoten erweiterte Admittanzmatrix $\underline{\boldsymbol{Y}}_{\mathrm{e}}$ mit den einbezogenen Generator- und Lastadmittanzen wird im Bild 15.8 veranschaulicht. Die inneren Generatorknoten sind nach links herausgezogen. Auf der rechten Seite findet man nur noch die (äußeren) Generatorknoten und die Lastknoten, also die eigentlichen Netzknoten. Nur an diesen Knoten werden Kurzschlüsse betrachtet.

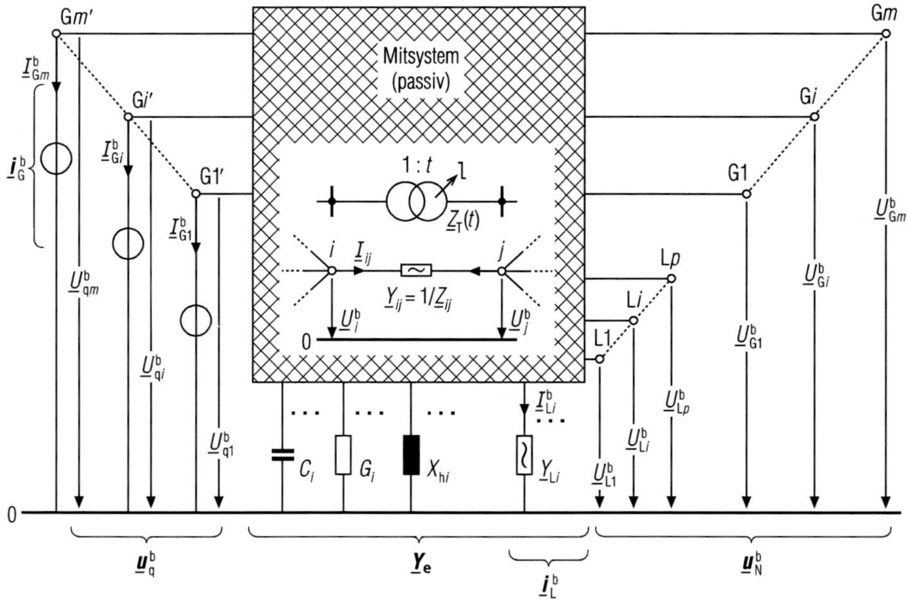

Bild 15.8. Erweiterte Admittanzmatrix $\underline{\boldsymbol{Y}}_{\mathrm{e}}$ nach Gl. (15.8a) nach Einbeziehung der Generatoradmittanzen $\underline{\boldsymbol{Y}}_{\mathrm{G}}$ und der Belastungsadmittanzen $\underline{\boldsymbol{Y}}_{\mathrm{L}}$ für den Zustand vor dem Kurzschluss. Die inneren Generatorknoten G1′, …, Gm′ sind von den äußeren Generatorknoten G1, …, Gm, an denen die Kurzschlüsse betrachtet werden, getrennt

Für die weiteren Schritte ist es zweckmäßig, die Generatorknoten und die Lastknoten wieder zusammenzufassen und zur Unterscheidung von den inneren Generatorknoten mit dem Index N für Netzknoten zu bezeichnen. Damit vereinfacht sich die Schreibweise der Gl. (15.8a) zu:

$$\begin{bmatrix} -\underline{\boldsymbol{Y}}_{\mathrm{G}} & \underline{\boldsymbol{Y}}_{\mathrm{GN}} \\ \underline{\boldsymbol{Y}}_{\mathrm{NG}} & \underline{\boldsymbol{Y}}_{\mathrm{NN}} \end{bmatrix} \begin{bmatrix} \underline{\boldsymbol{u}}_{\mathrm{q}}^{\mathrm{b}} \\ \underline{\boldsymbol{u}}_{\mathrm{N}}^{\mathrm{b}} \end{bmatrix} = \begin{bmatrix} \underline{\boldsymbol{i}}_{\mathrm{G}}^{\mathrm{b}} \\ \boldsymbol{0} \end{bmatrix} \tag{15.8b}$$

Der Kurzschlusszustand wird durch das Nebenzeichen k oben rechts am Formelzeichen gekennzeichnet. Die Quellenspannungen bleiben beim Übergang vom stationären Zustand vor dem Kurzschluss in den Kurzschluss unverändert ($\underline{\boldsymbol{u}}_{\mathrm{q}}^{\mathrm{k}} = \underline{\boldsymbol{u}}_{\mathrm{q}}^{\mathrm{b}}$). Die Kurzschlussströme an den Netzknoten werden durch den Vektor $\underline{\boldsymbol{i}}_{\mathrm{N}}^{\mathrm{k}}$ eingeführt. Gleichung (15.8b) geht damit über in:

$$\begin{bmatrix} -\underline{\boldsymbol{Y}}_{\mathrm{G}} & \underline{\boldsymbol{Y}}_{\mathrm{GN}} \\ \underline{\boldsymbol{Y}}_{\mathrm{NG}} & \underline{\boldsymbol{Y}}_{\mathrm{NN}} \end{bmatrix} \begin{bmatrix} \underline{\boldsymbol{u}}_{\mathrm{q}}^{\mathrm{b}} \\ \underline{\boldsymbol{u}}_{\mathrm{N}}^{\mathrm{k}} \end{bmatrix} = \begin{bmatrix} \underline{\boldsymbol{i}}_{\mathrm{G}}^{\mathrm{k}} \\ \underline{\boldsymbol{i}}_{\mathrm{N}}^{\mathrm{k}} \end{bmatrix} \tag{15.9}$$

Handelt es sich um einen Einfachkurzschluss, so ist der Kurzschlussstromvektor $\underline{\boldsymbol{i}}_{\mathrm{N}}^{\mathrm{k}}$ nur an der Stelle des kurzschlussbetroffenen Knotens i mit dem Kurzschlussstrom besetzt. Bei sattem Kurzschluss wird dann die Spannung am Kurzschlussknoten Null. Der Kurzschlussstromvektor und der Spannungsvektor der N Netzknoten nehmen dann die folgende Form an:

$$\underline{\boldsymbol{i}}_{\mathrm{N}}^{\mathrm{k}} = [0 \;\; 0 \cdots \;\; \underline{I}_i^{\mathrm{k}} \;\; \cdots \;\; 0]^{\mathrm{T}} \qquad i = 1,\ldots,N$$
$$\underline{\boldsymbol{u}}_{\mathrm{N}}^{\mathrm{k}} = [\underline{U}_1^{\mathrm{k}} \;\; \underline{U}_2^{\mathrm{k}} \cdots \underline{U}_i^{\mathrm{k}} = 0 \cdots \underline{U}_N^{\mathrm{k}}]^{\mathrm{T}}$$

Bild 15.9 soll die Gl. (15.9) veranschaulichen.

Der Kurzschlusszustand ergibt sich durch Überlagerung des Zustandes unmittelbar vor dem Kurzschluss (Kennzeichnung b) mit einem Änderungszustand (Kennzeichnung Δ). Folglich erhält man die Gleichungen für den Änderungszustand aus der Subtraktion der Gleichungen für den Zustand vor dem Kurzschluss (Gl. (15.9)) von denen für den Kurzschluss (Gl. (15.8)):

$$\begin{bmatrix} -\underline{\boldsymbol{Y}}_{\mathrm{G}} & \underline{\boldsymbol{Y}}_{\mathrm{GN}} \\ \underline{\boldsymbol{Y}}_{\mathrm{NG}} & \underline{\boldsymbol{Y}}_{\mathrm{GG}} \end{bmatrix} \left\{ \begin{bmatrix} \underline{\boldsymbol{u}}_{\mathrm{q}}^{\mathrm{b}} \\ \underline{\boldsymbol{u}}_{\mathrm{N}}^{\mathrm{k}} \end{bmatrix} - \begin{bmatrix} \underline{\boldsymbol{u}}_{\mathrm{q}}^{\mathrm{b}} \\ \underline{\boldsymbol{u}}_{\mathrm{N}}^{\mathrm{b}} \end{bmatrix} \right\} = \begin{bmatrix} \underline{\boldsymbol{i}}_{\mathrm{G}}^{\mathrm{k}} \\ \underline{\boldsymbol{i}}_{\mathrm{N}}^{\mathrm{k}} \end{bmatrix} - \begin{bmatrix} \underline{\boldsymbol{i}}_{\mathrm{G}}^{\mathrm{b}} \\ \boldsymbol{0} \end{bmatrix} \tag{15.10a}$$

oder mit den Bezeichnungen $\underline{\boldsymbol{u}}_{\mathrm{N}}^{\Delta} = \underline{\boldsymbol{u}}_{\mathrm{N}}^{\mathrm{k}} - \underline{\boldsymbol{u}}_{\mathrm{N}}^{\mathrm{b}}$ und $\underline{\boldsymbol{i}}_{\mathrm{G}}^{\Delta} = \underline{\boldsymbol{i}}_{\mathrm{G}}^{\mathrm{k}} - \underline{\boldsymbol{i}}_{\mathrm{G}}^{\mathrm{b}}$:

$$\begin{bmatrix} -\underline{\boldsymbol{Y}}_{\mathrm{G}} & \underline{\boldsymbol{Y}}_{\mathrm{GN}} \\ \underline{\boldsymbol{Y}}_{\mathrm{NG}} & \underline{\boldsymbol{Y}}_{\mathrm{NN}} \end{bmatrix} \begin{bmatrix} \boldsymbol{0} \\ \underline{\boldsymbol{u}}_{\mathrm{N}}^{\Delta} \end{bmatrix} = \begin{bmatrix} \underline{\boldsymbol{i}}_{\mathrm{G}}^{\Delta} \\ \underline{\boldsymbol{i}}_{\mathrm{N}}^{\mathrm{k}} \end{bmatrix} \tag{15.10b}$$

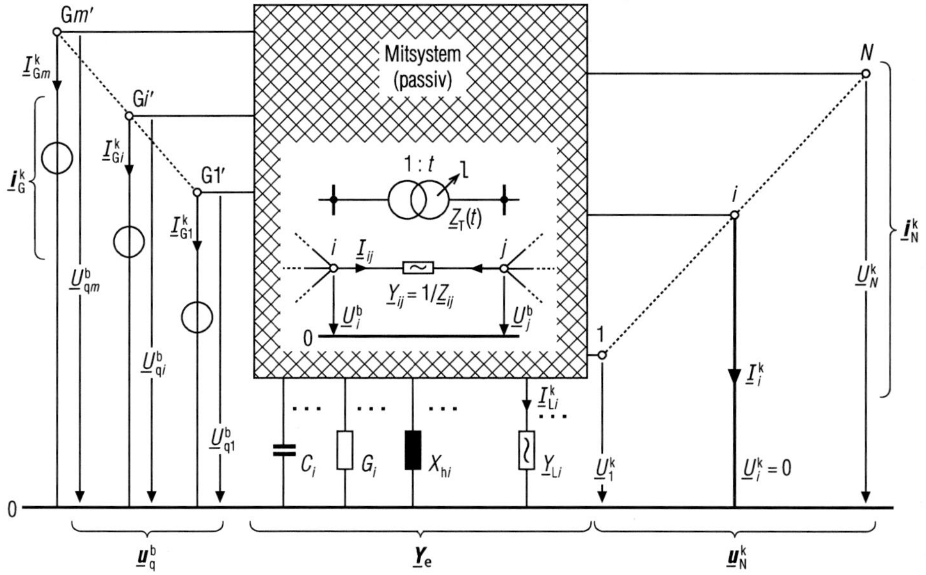

Bild 15.9. Zustand beim Kurzschluss am Netzknoten i nach Gl. (15.9)

Wegen der Konstanz der Quellenspannungen beim Übergang zum Kurzschluss fallen die Änderungen der Quellenspannungen in Gl. (15.10) heraus. Im Gleichungssystem der Änderungen kommen in den Generatorzweigen deshalb keine Quellen mehr vor (Bild 15.10). Die Änderung des Kurzschlussstromvektors entspricht dem Kurzschlussstromvektor, weil an der Kurzschlussstelle vor dem Kurzschluss kein Strom fließt.

Der Vektor $\underline{\boldsymbol{u}}_{\mathrm{N}}^{\Delta}$ ist am Kurzschlussknoten i mit $-\underline{U}_i^{\mathrm{b}}$ besetzt, weil die Spannung $\underline{U}_i^{\mathrm{k}}$ am Kurzschlussort Null wird. Im Bild 15.10 ist damit die Spannung $\underline{U}_i^{\mathrm{b}}$ die einzige Quelle. Das Minuszeichen ist durch den nach oben gerichteten Zählpfeil berücksichtigt. Man spricht aufgrund des umgekehrten Zählpfeils auch von der Rückwärtseinspeisung an der Kurzschlussstelle.

Gleichung (15.10b) kann in ein Gleichungssystem für die Kurzschlussströme und die Änderungen der Knotenspannungen sowie die Änderungen der Generatorströme zerlegt werden. Die beiden Gleichungssysteme lauten:

$$\underline{\boldsymbol{Y}}_{\mathrm{NN}}\underline{\boldsymbol{u}}_{\mathrm{N}}^{\Delta} = \underline{\boldsymbol{i}}_{\mathrm{N}}^{\mathrm{k}} \tag{15.11a}$$

$$\underline{\boldsymbol{i}}_{\mathrm{G}}^{\Delta} = \underline{\boldsymbol{Y}}_{\mathrm{GN}}\underline{\boldsymbol{u}}_{\mathrm{N}}^{\Delta} = [\underline{\boldsymbol{Y}}_{\mathrm{G}} \quad \boldsymbol{0}]\begin{bmatrix}\underline{\boldsymbol{u}}_{\mathrm{G}}^{\Delta}\\ \underline{\boldsymbol{u}}_{\mathrm{L}}^{\Delta}\end{bmatrix} = \underline{\boldsymbol{Y}}_{\mathrm{G}}\underline{\boldsymbol{u}}_{\mathrm{G}}^{\Delta} \tag{15.12}$$

Zuerst wird Gl. (15.11a) gelöst. Mit den gefundenen Spannungsänderungen lassen sich dann die Änderungen der Generatorströme nach Gl. (15.12) be-

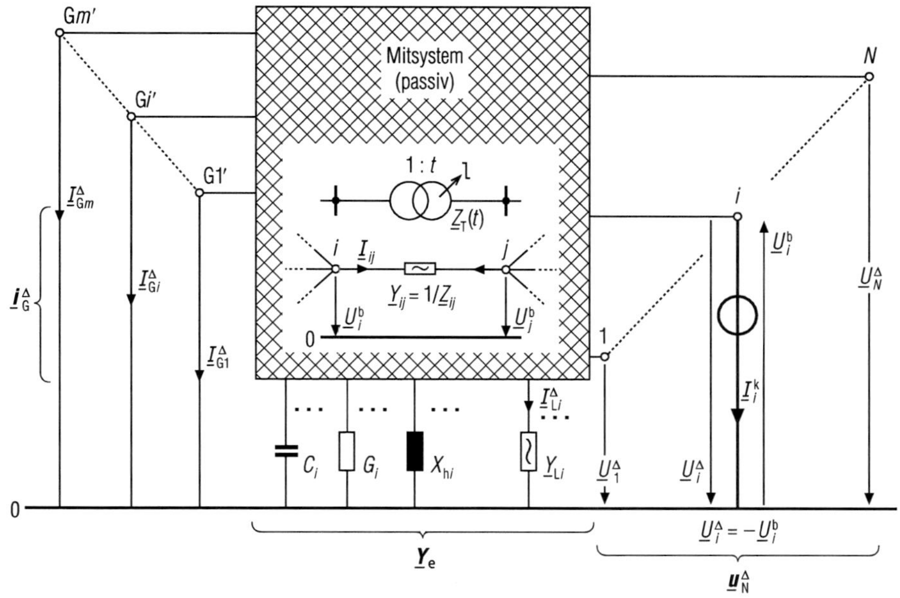

Bild 15.10. Änderungszustand als Differenz aus dem Kurzschlusszustand und dem Betriebszustand vor dem Kurzschluss

rechnen. Gleichung (15.11a) lautet ausführlich für einen Kurzschluss am Knoten i bei $\underline{U}_i^\Delta = \underline{U}_i^\mathrm{k} - \underline{U}_i^\mathrm{b} = 0 - \underline{U}_i^\mathrm{b}$:

$$\underline{\boldsymbol{Y}}_\mathrm{NN}\begin{bmatrix}\underline{U}_1^\Delta\\ \underline{U}_2^\Delta\\ \vdots\\ \underline{U}_i^\Delta\\ \vdots\\ \underline{U}_N^\Delta\end{bmatrix} = \begin{bmatrix}\underline{y}_{\mathrm{N}11} & \underline{y}_{\mathrm{N}12}\cdots & \underline{y}_{\mathrm{N}1i}\cdots & \underline{y}_{\mathrm{N}1N}\\ \underline{y}_{\mathrm{N}21} & \underline{y}_{\mathrm{N}22}\cdots & \underline{y}_{\mathrm{N}2i}\cdots & \underline{y}_{\mathrm{N}2N}\\ \vdots & \vdots & \vdots & \vdots\\ \underline{y}_{\mathrm{N}i1} & \underline{y}_{\mathrm{N}i2}\cdots & \underline{y}_{\mathrm{N}ii}\cdots & \underline{y}_{\mathrm{N}iN}\\ \vdots & \vdots & \vdots & \vdots\\ \underline{y}_{\mathrm{N}N1} & \underline{y}_{\mathrm{N}N2}\cdots & \underline{y}_{\mathrm{N}Ni}\cdots & \underline{y}_{\mathrm{N}NN}\end{bmatrix}\begin{bmatrix}\underline{U}_1^\mathrm{k}-\underline{U}_1^\mathrm{b}\\ \underline{U}_2^\mathrm{k}-\underline{U}_2^\mathrm{b}\\ \vdots\\ 0-\underline{U}_i^\mathrm{b}\\ \vdots\\ \underline{U}_N^\mathrm{k}-\underline{U}_N^\mathrm{b}\end{bmatrix} = \begin{bmatrix}0\\ 0\\ \vdots\\ \underline{I}_i^\mathrm{k}\\ \vdots\\ 0\end{bmatrix} \tag{15.11b}$$

Prinzipiell könnte Gl. (15.11) so gelöst werden, dass die i-te Zeile gestrichen und die dadurch verkürzte i-te Spalte mit der bekannten Spannung $\underline{U}_i^\mathrm{b}$ auf die rechte Seite gebracht wird. Man erhält dann zunächst die Änderungen der (N – 1)-Knotenspannungen an den nicht vom Kurzschluss betroffenen Knoten und kann in einem zweiten Schritt aus der i-ten Zeile den Kurzschlussstrom berechnen. Diese Vorgehensweise hat den Nachteil, dass für jeden Kurzschlussort durch das Streichen der entsprechenden Zeile eine andere Koeffizientenmatrix entsteht, die im Lösungsprozess der geordneten Elimination neu zu dreiecksfaktorisieren wäre. Man geht deshalb so vor, dass Gl. (15.11) zunächst formal umgestellt wird:

$$\begin{bmatrix} \underline{U}_1^{\Delta} \\ \underline{U}_2^{\Delta} \\ \vdots \\ -\underline{U}_i^{\mathrm{b}} \\ \vdots \\ \underline{U}_N^{\Delta} \end{bmatrix} = \underline{\boldsymbol{Y}}_{\mathrm{NN}}^{-1} \begin{bmatrix} 0 \\ 0 \\ \vdots \\ \underline{I}_i^{\mathrm{k}} \\ \vdots \\ 0 \end{bmatrix} = \begin{bmatrix} \underline{z}_{\mathrm{N}11} & \underline{z}_{\mathrm{N}12} \cdots & \underline{z}_{\mathrm{N}1i} \cdots & \underline{z}_{\mathrm{N}1N} \\ \underline{z}_{\mathrm{N}21} & \underline{z}_{\mathrm{N}22} \cdots & \underline{z}_{\mathrm{N}2i} \cdots & \underline{z}_{\mathrm{N}2N} \\ \vdots & \vdots & \vdots & \vdots \\ \underline{z}_{\mathrm{N}i1} & \underline{z}_{\mathrm{N}i2} \cdots & \underline{z}_{\mathrm{N}ii} \cdots & \underline{z}_{\mathrm{N}iN} \\ \vdots & \vdots & \vdots & \vdots \\ \underline{z}_{\mathrm{NN}1} & \underline{z}_{\mathrm{NN}2} \cdots & \underline{z}_{\mathrm{NN}i} \cdots & \underline{z}_{\mathrm{NNN}} \end{bmatrix} \begin{bmatrix} 0 \\ 0 \\ \vdots \\ \underline{I}_i^{\mathrm{k}} \\ \vdots \\ 0 \end{bmatrix} \tag{15.13}$$

Aus der i-ten Zeile folgt nun:

$$\underline{I}_i^{\mathrm{k}} = -\frac{\underline{U}_i^{\mathrm{b}}}{\underline{z}_{\mathrm{N}ii}} \tag{15.14}$$

Mit $\underline{I}_i^{\mathrm{k}}$ nach Gl. (15.14) ergeben sich schließlich die Spannungsänderungen an den nicht vom Kurzschluss betroffenen Knoten:

$$\underline{U}_j^{\Delta} = \underline{z}_{\mathrm{N}ji} \underline{I}_i^{\mathrm{k}} = -\frac{\underline{z}_{\mathrm{N}ji}}{\underline{z}_{\mathrm{N}ii}} \underline{U}_i^{\mathrm{b}} \quad j = 1 \ldots N, \quad j \neq i \tag{15.15}$$

Wie man sieht, wird für die Berechnung der Kurzschlussströme am Knoten i das i-te Diagonalelement der Impedanzmatrix benötigt. Es ist identisch mit der resultierenden Impedanz des passiven Netzes von der Kurzschlussstelle aus gesehen und wird deshalb auch als Torimpedanz bezeichnet. Für die Berechnung der Kurzschlussströme an allen Knoten werden alle Diagonalelemente von $\underline{\boldsymbol{Z}}$ benötigt. Sollen auch alle Spannungsänderungen berechnet werden, so ist die komplette Impedanzmatrix zu berechnen (Abschn. 13.2.2).

Mit den Spannungsänderungen lassen sich nun die Änderungen der Zweigströme berechnen:

$$\underline{I}_{ij}^{\Delta} = \underline{Y}_{ij}(\underline{U}_i^{\Delta} - \underline{U}_j^{\Delta}) \tag{15.16}$$

Für den gesamten Teilkurzschlussstrom eines Netzzweiges zwischen i und j fehlt noch der stationäre Anteil vor dem Kurzschluss:

$$\underline{I}_{ij}^{\mathrm{b}} = \underline{Y}_{ij}(\underline{U}_i^{\mathrm{b}} - \underline{U}_j^{\mathrm{b}}) \tag{15.17}$$

15.3.3 Verfahren mit der Ersatzspannungsquelle an der Kurzschlussstelle

Die Tatsache, dass allein mit dem Änderungszustand der Kurzschlussstrom an der Kurzschlussstelle exakt berechnet wird, legt den Gedanken nahe, die Kurzschlussstromberechnung überhaupt nur mit dem Änderungszustand durchzuführen. Die Vorteile sind, dass das gesamte Netz passiv ist und nur eine einzige Spannungsquelle, nämlich $-\underline{U}_i^{\mathrm{b}}$, an der Kurzschlussstelle erscheint. Der Nachteil ist, dass man die Teilkurzschlussströme nur unvollständig erhält (Gl.

(15.16)) und dass die Spannung $\underline{U}_i^{\mathrm{b}}$ und damit der Summenkurzschlussstrom vom Betriebszustand vor dem Kurzschluss abhängig ist.

Durch die Einbeziehung der Lastimpedanzen und die Berücksichtigung der aktuellen Stufenschalterstellungen der Transformatoren sind letztendlich auch die Elemente der Admittanz- und Impedanzmatrix vom aktuellen Betriebszustand abhängig.

Der Einfluss des stationären Anteils auf den Teilkurzschlussstrom $\underline{I}_{ij}^{\mathrm{k}}$, wird um so größer, je größer die Spannungsdifferenz $\underline{U}_i^{\mathrm{b}} - \underline{U}_j^{\mathrm{b}}$ vor dem Kurzschluss war:

$$\underline{I}_{ij}^{\mathrm{k}} = \underline{I}_{ij}^{\Delta} + \underline{I}_{ij}^{\mathrm{b}} = \underline{I}_{ij}^{\Delta}\left(1 + \frac{\underline{U}_i^{\mathrm{b}} - \underline{U}_j^{\mathrm{b}}}{(\underline{U}_i^{\mathrm{k}} - \underline{U}_i^{\mathrm{b}}) - (\underline{U}_j^{\mathrm{k}} - \underline{U}_j^{\mathrm{b}})}\right) \tag{15.18}$$

Für einen Zweig, der vom Kurzschlussknoten *i* zu einem beliebigen Knoten *j* führt, gilt mit $\underline{U}_i^{\mathrm{k}} = 0$ nach Gl. (15.18):

$$\underline{I}_{ij}^{\mathrm{k}} = \underline{I}_{ij}^{\Delta}\left(1 - \frac{\underline{U}_i^{\mathrm{b}} - \underline{U}_j^{\mathrm{b}}}{\underline{U}_i^{\mathrm{b}} - \underline{U}_j^{\mathrm{b}} + \underline{U}_j^{\mathrm{k}}}\right) = \underline{I}_{ij}^{\Delta}\left(1 - \frac{\underline{U}_i^{\mathrm{b}} - \underline{U}_j^{\mathrm{b}}}{\underline{U}_i^{\mathrm{b}}\left(1 - \frac{\underline{U}_j^{\mathrm{b}} - \underline{U}_j^{\mathrm{k}}}{\underline{U}_i^{\mathrm{b}}}\right)}\right) = \underline{I}_{ij}^{\Delta}\left(1 - \frac{\Delta\underline{U}_{ij*}^{\mathrm{b}}}{1 - \Delta\underline{U}_{j*}^{\mathrm{k}}}\right) \tag{15.19}$$

Den Zweigstrom $\underline{I}_{ij}^{\mathrm{k}}$ erhält man um so genauer aus dem Änderungszustand $\underline{I}_{ij}^{\Delta}$, je kleiner die bezogene Spannungsdifferenz zwischen dem Knoten *j* und der Kurzschlussstelle vor dem Kurzschluss und je kleiner die Spannungsabsenkung am Knoten *j* während des Kurzschlusses ist.

Den Zusammenhang zwischen der bezogenen Spannungsdifferenz $\Delta\underline{U}_{ij*}^{\mathrm{b}}$, dem exakten Strom $\underline{I}_{ij}^{\mathrm{k}}$ nach dem Überlagerungsverfahren und dem Strom $\underline{I}_{ij}^{\Delta}$, des Änderungszustandes, der als Näherungswert angesehen wird, findet man an Beispielen auch in [N15.2].

Um dennoch allein mit dem Änderungszustand auch die Teilkurzschlussströme genügend genau berechnen zu können und weitgehend unabhängig vom ungewissen vorangegangenen Betriebszustand zu werden, wurde das Verfahren mit der Ersatzspannungsquelle an der Kurzschlussstelle entwickelt und in die Norm [N15.1] aufgenommen. Es geht von folgenden Voraussetzungen aus:

1. Einführung der Ersatzspannungsquelle $cU_{\mathrm{n}}/\sqrt{3}$ an der Kurzschlussstelle anstelle von U_i^{b},
2. Verwendung der Impedanzwerte der Transformatoren für die Mittelstellung bei Stufenschaltern oder bei Anzapfungen,
3. Umrechnung von Impedanzen auf andere Spannungsebenen mit den Bemessungs-Übersetzungsverhältnissen der Transformatoren $t_{\mathrm{r}} = U_{\mathrm{rTOS}}/U_{\mathrm{rTUS}}$,
4. Vernachlässigung der Lastimpedanzen von nichtmotorischen Abnehmern und gleichzeitig Vernachlässigung der Leitungskapazitäten im Mitsystem (und im Gegensystem),
5. Lichtbogenwiderstände werden nicht berücksichtigt.

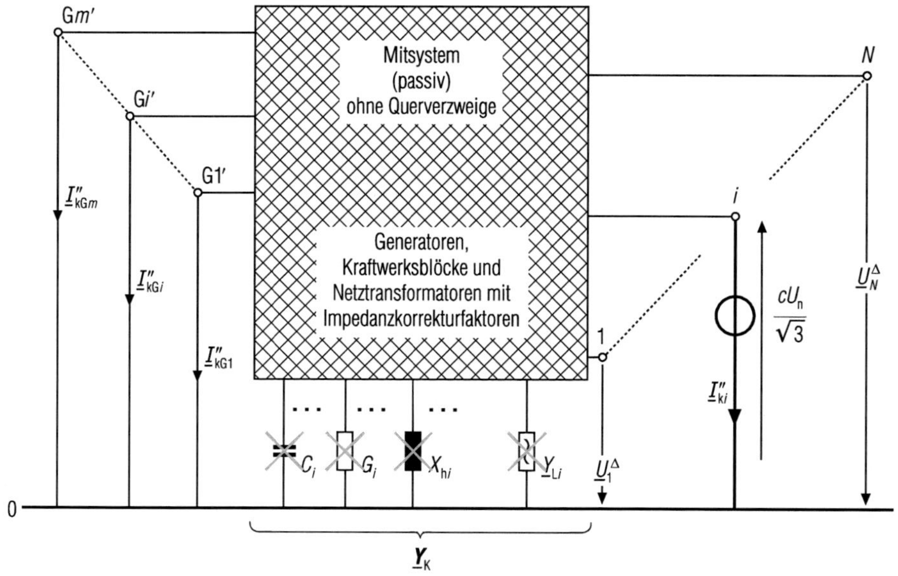

Bild 15.11. Verfahren mit der Ersatzspannungsquelle an der Kurzschlussstelle im Vergleich zum Überlagerungsverfahren. Queradmittanzen werden vernachlässigt, Impedanzkorrekturfaktoren eingeführt, die Mittelstellung der Transformatorstufenschalter ist zu wählen (Weitere Bedingungen siehe Text)

Das Prinzip des Verfahrens mit der Ersatzspannungsquelle an der Kurzschlussstelle ist im Bild 15.11 dargestellt. Die durch die Voraussetzungen 2 bis 4 geänderte Admittanzmatrix wird mit dem Index K (korrigiert) gekennzeichnet.

Durch den Spannungsfaktor c nach Tabelle 15.1 und die Impedanzkorrekturfaktoren soll erreicht werden, dass die Ergebnisse für die Berechnung der größten und der kleinsten Kurzschluss- und Teilkurzschlussströme auf der sicheren Seite liegen.

Umfangreiche Vergleichsberechnungen mit dem Überlagerungsverfahren und dem Verfahren mit der Ersatzspannungsquelle an der Kurzschlussstelle [15.48, 15.50, 15.52, 15.57, 15.58, 15.61, 15.63, 15.71 bis 15.80, 15.83] geben Hinweise auf die ausreichende Genauigkeit des Verfahrens mit der Ersatzspannungsquelle.

Setzt man voraus, dass die Spannungsunterschiede Δu im ungestörten Netz normalerweise 10 % nicht überschreiten, so erscheint $c = c_{\max} = 1{,}1$ ein angemessener Wert bei der Berechnung der größten Kurzschlussströme [N15.2]. Bei der Berechnung der Teilkurzschlussströme von Generatoren, Kraftwerksblöcken und Netztransformatoren bei hohen Reaktanzen und Abweichungen der Übersetzung vom Verhältnis der Netznennspannungen ist $c = 1{,}1$ allein nicht ausreichend. In den Abschn. 15.4.4 bis 15.4.8 wird gezeigt, dass zusätzliche Impedanzkorrekturfaktoren einzuführen sind, damit man mit dem Verfahren der Ersatzspannungsquelle näherungsweise die Ergebnisse findet, die sich in ungünstigen Fällen mit dem Überlagerungsverfahren ergeben.

Tabelle 15.1. Spannungsfaktor c [N15.1]

Netznennspannung	Spannungsfaktor c für die Berechnung der	
	größten Kurzschlussströme c_{max} [a]	kleinsten Kurzschlussströme c_{min}
Niederspannung 100 V bis 1000 V	1,05 [c] 1,10 [d]	0,95
Mittelspannung > 1 kV bis 35 kV	1,1	1,0
Hochspannung > 35 kV [b]	1,1	1,0

[a] $c_{max} U_n$ soll die höchste Spannung U_m für Betriebsmittel nicht überschreiten.
[b] Wenn keine Nennspannung bekannt ist, soll $c_{max} U_n = U_m$ und $c_{min} U_n = 0{,}9\, U_m$ gewählt werden.
[c] Für Niederspannungsnetze mit einer Toleranz von +6% [IEC 60038], z. B. bei einer Umbenennung von 380 V auf 400 V.
[d] Für Niederspannungsnetze mit einer Toleranz von +10%.

Bei der Berechnung der größten und der kleinsten Kurzschlussströme beim Verfahren mit der Ersatzspannungsquelle an der Kurzschlussstelle ist es notwendig, die folgenden Bedingungen einzuhalten:

Größte Kurzschlussströme:
- Der Faktor c_{max} nach Tabelle 15.1 ist einzuführen.
- Es soll der Netzaufbau und der Einsatz der Generatoren, Kraftwerksblöcke und Ersatznetzeinspeisungen gewählt werden, der zu dem größten Kurzschlussstrom am betrachteten Kurzschlussort führt. (Es ist selbstverständlich, dass dieser Zustand zusammen mit den Betriebsmittelimpedanzen und den Impedanzkorrekturfaktoren dokumentiert wird.)
- Bei der Ersatznetzdarstellung durch eine Impedanz $\underline{Z}_Q$, soll der kleinste Wert gewählt werden.
- Die Motoren sollen mit ihrem größten Beitrag zum Kurzschlussstrom berücksichtigt werden.
- Die Resistanzen R_L der Leitungen (Freileitungen oder Kabel) sind bei einer Temperatur von 20 °C einzuführen.
- Einführung von Korrekturfaktoren für die Impedanzen bestimmter Betriebsmittel (Abschn 15.4.4 bis 15.4.6).

Kleinste Kurzschlussströme:
- Der Faktor c_{min} nach Tabelle 15.1 ist einzuführen.
- Es soll der Netzaufbau und der Einsatz der Generatoren, Kraftwerksblöcke und Ersatznetzeinspeisungen gewählt werden, der zu dem kleinsten Kurzschlussstrom am betrachteten Kurzschlussort führt.
- Bei der Ersatznetzdarstellung ist in diesem Fall von $\underline{I}''_{kQmin}$ bzw. $\underline{Z}_{Qmax}$ auszugehen.
- Die Motoren sind zu vernachlässigen.

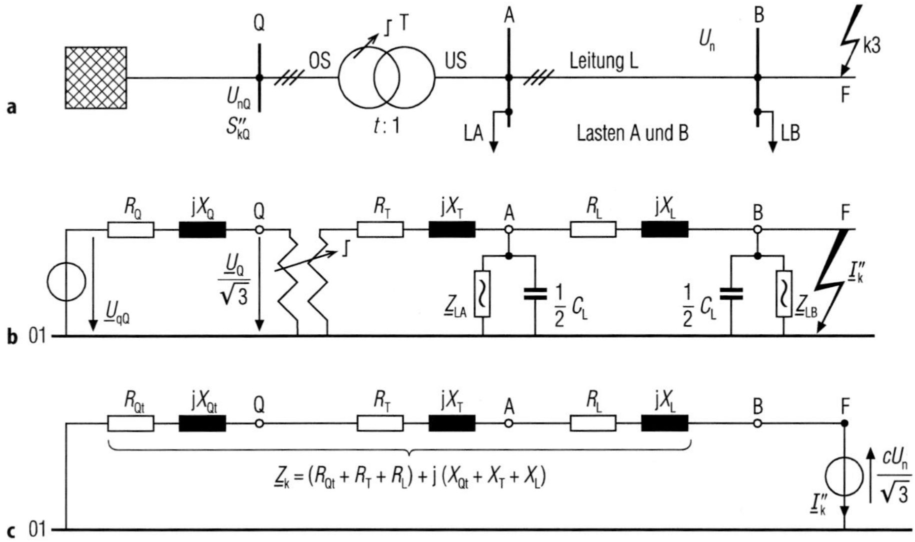

Bild 15.12 a – c. Ersatzschaltplan zur Berechnung des Kurzschlussstromes (einfaches Beispiel). **a** Netzschaltplan; **b** Ersatzschaltplan im Mitsystem zur Berechnung des dreipoligen Kurzschlussstromes mit Berücksichtigung der Leitungskapazität C_L und der nichtmotorischen Lasten LA und LB, nachgebildet durch $\underline{Z}_{LA}$ und $\underline{Z}_{LB}$; **c** Ersatzschaltplan im Mitsystem zur Berechnung des dreipoligen Kurzschlussstromes nach dem Verfahren mit der Ersatzspannungsquelle $cU_n/\sqrt{3}$ an der Kurzschlussstelle [N15.1]

- Die Resistanzen R_L der Leitungen (Freileitungen oder Kabel) sind bei der Temperatur am Ende des Kurzschlusses einzuführen (Abschn. 15.4.3).
- Impedanzkorrekturfaktoren sind nicht einzuführen.

Bild 15.12 soll an einem Beispiel das Vorgehen bei der Netznachbildung im Mitsystem bei Verwendung des Verfahrens mit der Ersatzspannungsquelle an der Kurzschlussstelle zeigen. Ausgehend vom Netzschaltplan im Bild 15.12a ergibt sich im Bild 15.12b ein Ersatzschaltplan im Mitsystem mit der treibenden Spannung $\underline{U}_{qQ}$ hinter der Ersatznetzimpedanz $\underline{Z}_Q$ und daran anschließend eine Transformatornachbildung, bestehend aus einem idealen Übertrager mit dem Übersetzungsverhältnis $t = U_{rTOS}(1 \pm p_T)/U_{rTUS}$ und der Transformatorimpedanz $\underline{Z}_T$ auf der Unterspannungsseite. Die Leitung zwischen A und B ist durch ein π-Glied nachgebildet, wodurch dann in A und B neben den Belastungsimpedanzen die Kapazitäten der Leitung erscheinen.

Bild 15.12c zeigt den Ersatzschaltplan im Mitsystem für die Berechnung des dreipoligen Kurzschlussstromes mit dem Verfahren der Ersatzspannungsquelle an der Kurzschlussstelle. Dabei gilt $\underline{Z}_{Qt} = \underline{Z}_Q/t_r^2$ (Abschn. 15.4.4) und $\underline{Z}_{TK} = K_T\underline{Z}_T$ bezogen auf die Unterspannungsseite des Transformators ausgehend von u_{kr} und P_{kr}. Die Querzweige (Kapazitäten und nichtmotorische Abnehmer) wurden gestrichen. Die Spannungsquelle wird kurzgeschlossen und an der Kurzschlussstelle wird $cU_n/\sqrt{3}$ als Ersatzspannungsquelle eingefügt.

Will man die Ergebnisse des Verfahrens mit der Ersatzspannungsquelle an der Kurzschlussstelle mit den Ergebnissen des Überlagerungsverfahrens überprüfen oder durch einen Vergleich weitere Verbesserungen für das Verfahren mit der Ersatzspannungsquelle erreichen, so sind entsprechende Untersuchungen mit unterschiedlichen elektrischen Betriebsmitteln für eine größere Zahl von Fällen durchzuführen, weil nur so eine statistische Aussage zur ausreichenden Übereinstimmung der Näherungsergebnisse nach der Methode mit der Ersatzspannungsquelle mit den Ergebnissen nach dem Überlagerungsverfahren möglich wird. Weiterhin ist es dazu notwendig, bei der Ermittlung der größten Kurzschlussströme, den ungünstigsten Leistungsfluss vor dem Kurzschluss zu finden, der nach Eintritt des Kurzschlusses bei Anwendung des Überlagerungsverfahrens zu einem größten, wenn nicht dem größten, Kurzschlussstrom am betrachteten Netzknoten führt.

Einfache Beispiele für den Vergleich der mit dem Überlagerungsverfahren gefundenen Ergebnisse mit dem Ergebnis nach der Methode mit der Ersatzspannungsquelle an der Kurzschlussstelle findet man in den Abschn. 15.4.4 bis 15.4.8.

15.4 Nachbildung der Betriebsmittel beim Verfahren mit der Ersatzspannungsquelle an der Kurzschlussstelle

15.4.1 Allgemeines

Bei der Berechnung der Kurzschlussströme in Drehstromnetzen mit der Ersatzspannungsquelle an der Kurzschlussstelle [N15.1] werden nur die charakteristischen Größen I''_k, i_p, I_b, I_k und I_{th} bestimmt und nicht der vollständige zeitliche Verlauf, weil diese Größen in der Regel ausreichen.

Man beginnt mit der Nachbildung der Betriebsmittel im Mit-, Gegen- und Nullsystem der symmetrischen Komponenten und berechnet dann die Anfangs-Kurzschlusswechselströme bei dreipoligem Kurzschluss und bei unsymmetrischen Kurzschlüssen, ehe man die Stoßkurzschlussströme, die Ausschaltwechselströme, die Dauerkurzschlussströme und die thermisch gleichwertigen Kurzschlussströme bestimmen kann.

Bei der Berechnung in Niederspannungsnetzen ist es in der Regel notwendig, die komplexen Impedanzen der Betriebsmittel zu verwenden, während es in Hochspannungsnetzen, wenn man, um einen Überblick zu gewinnen, nur nach I''_k sucht, häufig ausreichend ist, nur die Reaktanzen der Betriebsmittel zu verwenden, weil hier die Resistanzen der Betriebsmittel meist sehr viel kleiner sind als die Reaktanzen und demzufolge auch $R_k \ll X_k$ an der Kurzschlussstelle gilt.

Setzt man Programme zur Berechnung der Kurzschlussströme ein, so wird man eine Nachbildung der Betriebsmittel durch komplexe Impedanzen und bei der Berechnung der Stoßkurzschlussströme das Verfahren mit der Ersatzfrequenz (Abschn. 15.5.3, Methode c) wählen [N15.1].

Die Kurzschlussimpedanzen der Betriebsmittel im Mitsystem lassen sich aus ihren Bemessungsdaten bestimmen. Auch die vereinfachten Impedanzkorrekturfaktoren K_G, K_S bzw. K_{SO} und K_T nach den Abschn. 15.4.4 bis 15.4.8 sind nur von den Bemessungsdaten der Betriebsmittel abhängig. Bei Leitungen (Freileitungen und Kabeln) bestimmt man die Impedanzen des Mitsystems (Mitsystem gleich Gegensystem) und des Nullsystems aus den geometrischen Abmessungen oder aus Messungen, wie z. B. im Bild 15.15 gezeigt. Ersatzschaltpläne für das Mit- und Nullsystem von Transformatoren sind im Anhang A.6 angegeben. Beispiele zur Berechnung der Impedanzen von Betriebsmitteln im Mit- und Nullsystem findet man auch in [N15.5].

15.4.2 Netzeinspeisungen

Die Nachbildung von Netzen oder Netzteilen, die zum Kurzschlussstrom beitragen, durch eine Ersatznetzdarstellung am Anschlusspunkt Q oder bei Speisung über einen Transformator am Anschlusspunkt A, sind in den Bildern 15.13 und 15.14 für das Mitsystem dargestellt.

Bei der Darstellung einer Netzeinspeisung als Ersatz für ein ganzes Netz mit Generatoren, Kraftwerksblöcken, Motoren, Leitungen und Transformatoren setzt man voraus, dass die angegebene Ersatzgröße I''_{kQ} oder S''_{kQ} nach den Regeln der Norm [N15.1] bestimmt wurde:

$$\underline{I}''_{kQ} = \frac{cU_{nQ}}{\sqrt{3}\underline{Z}_Q} \quad \text{oder} \quad \underline{S}''_{kQ} = \sqrt{3}U_{nQ}\underline{I}''_{kQ} \tag{15.20}$$

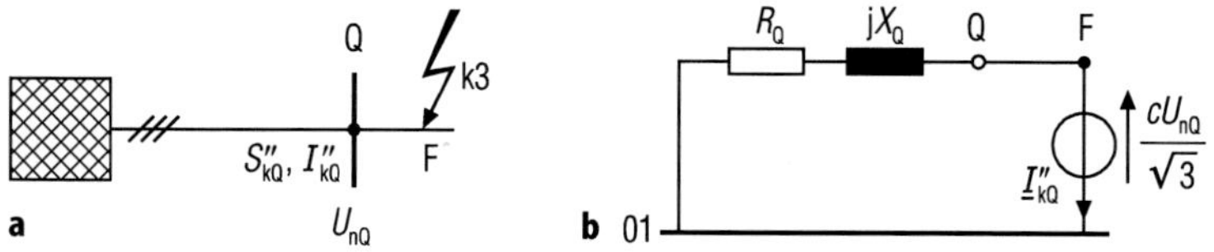

Bild 15.13 a, b. Nachbildung einer Netzeinspeisung im Mitsystem. **a** Schaltplan; **b** Ersatzschaltplan im Mitsystem

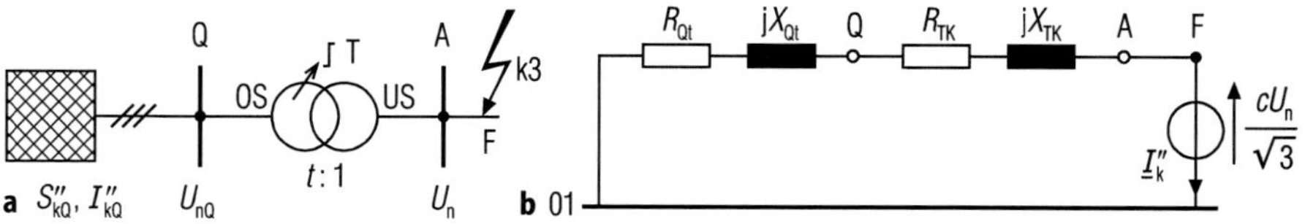

Bild 15.14 a, b. Nachbildung einer Netzeinspeisung über einen Transformator im Mitsystem, $t_r = U_{rTOS}/U_{rTUS}$. **a** Schaltplan; **b** Ersatzschaltplan im Mitsystem

Damit folgt für die Innenimpedanz des Ersatznetzes im Bild 15.13:

$$\underline{Z}_{\mathrm{Q}} = R_{\mathrm{Q}} + \mathrm{j}X_{\mathrm{Q}} = \frac{cU_{\mathrm{nQ}}}{\sqrt{3}\,\underline{I}''_{\mathrm{kQ}}} = \frac{cU^2_{\mathrm{nQ}}}{\underline{S}''_{\mathrm{kQ}}} \tag{15.21}$$

Die Kurzschlussleistung in Gl. (15.20) hat sich in der Praxis als leicht handhabbare Größe zugehörig zu einer Spannungsebene bewährt, auch wenn sie in den Normen für Schaltgeräte nicht mehr vorkommt. Sie ist keine physikalische sondern eine fiktive Größe. Physikalisch tritt an der Kurzschlussstelle ein Strom auf aber keine Leistung, wenn man die Voraussetzung nach [N15.1] beachtet, dass Lichtbögen an der Kurzschlussstelle nicht berücksichtigt werden (metallischer Kurzschluss). Nur wenn ein Lichtbogen vorhanden ist, tritt eine physikalischen Leistung, gebildet aus dem Kurzschlussstrom und der Lichtbogenspannung, auf.

Bei den Angaben im Bild 15.13 sowie für die Gln. (15.20) oder (15.21) muss natürlich zusätzlich noch angegeben werden, ob es sich um $\underline{I}''_{\mathrm{kQmax}}$ oder um $\underline{I}''_{\mathrm{kQmin}}$ handelt und welcher Faktor c nach Tabelle 15.1 verwendet wurde:

$$I''_{\mathrm{kQmax}} = \frac{c_{\mathrm{max}}U_{\mathrm{nQ}}}{\sqrt{3}Z_{\mathrm{Qmin}}}\ ;\quad I''_{\mathrm{kQmin}} = \frac{c_{\mathrm{min}}U_{\mathrm{nQ}}}{\sqrt{3}Z_{\mathrm{Qmax}}} \tag{15.22}$$

Bei der Ersatzdarstellung eines Netzes hinter einem Transformator, von der Kurzschlussstelle aus betrachtet, gilt nach Bild 15.14 [N15.1]:

$$\underline{Z}_{\mathrm{Qt}} = R_{\mathrm{Qt}} + \mathrm{j}X_{\mathrm{Qt}} = (R_{\mathrm{Q}} + \mathrm{j}X_{\mathrm{Q}})\cdot\frac{1}{t_{\mathrm{r}}^2} = \frac{cU_{\mathrm{nQ}}}{\sqrt{3}\,\underline{I}''_{\mathrm{kQ}}}\cdot\frac{U^2_{\mathrm{rTUS}}}{U^2_{\mathrm{rTOS}}} = \frac{cU^2_{\mathrm{nQ}}}{\underline{S}''_{\mathrm{kQ}}}\cdot\frac{U^2_{\mathrm{rTUS}}}{U^2_{\mathrm{rTOS}}} \tag{15.23}$$

An der Kurzschlussstelle F im Bild 15.14 ergibt sich dann als Kurzschlussimpedanz:

$$\underline{Z}_{\mathrm{k}} = R_{\mathrm{k}} + \mathrm{j}X_{\mathrm{k}} = (R_{\mathrm{Qt}} + R_{\mathrm{TK}}) + \mathrm{j}(X_{\mathrm{Qt}} + X_{\mathrm{TK}}) \tag{15.24}$$

Der Zusatzindex t für die Netzinnenimpedanz am Anschlusspunkt Q soll die Umrechnung (Transformation) über einen Transformator anzeigen entweder auf dessen Unterspannungsseite (Bild 15.14) oder auf dessen Oberspannungsseite. Demzufolge soll der Index t ausdrücken, dass mit $t_r^2 = (U_{\mathrm{rTOS}}/U_{\mathrm{rTUS}})^2$ dividiert wird wie in Gl. (15.23) oder mit t_r^2 multipliziert wird. Der Zusatzindex K für die Transformatorimpedanz $\underline{Z}_{\mathrm{T}} = \underline{Z}_{\mathrm{TUS}}$ bedeutet die Einführung eines Impedanzkorrekturfaktors K_{T} (Abschn. 15.4.4) und damit $\underline{Z}_{\mathrm{TK}} = K_{\mathrm{T}}\underline{Z}_{\mathrm{T}} = K_{\mathrm{T}}(R_{\mathrm{T}} + \mathrm{j}X_{\mathrm{T}})$.

Wird, wie häufig in der Praxis, nur der Betrag von $\underline{I}''_{\mathrm{kQ}}$ oder $\underline{S}''_{\mathrm{kQ}}$ angegeben, so muss zusätzlich das Verhältnis $R_{\mathrm{Q}}/X_{\mathrm{Q}}$ bekannt sein, so dass man ausgehend von Z_{Q} und $R_{\mathrm{Q}}/X_{\mathrm{Q}}$ dann X_{Q} wie folgt bestimmen kann:

$$X_{\mathrm{Q}} = \frac{Z_{\mathrm{Q}}}{\sqrt{1 + (R_{\mathrm{Q}}/X_{\mathrm{Q}})^2}} \tag{15.25}$$

Nach [N15.1] ist es erlaubt, $R_Q = 0{,}1X_Q$ zu setzen, also $X_Q = 0{,}995Z_Q$, wenn keine genauere Angabe vorliegt. Alle Angaben für $\underline{Z}_Q$ und $\underline{Z}_{Qt}$ gelten gleichermaßen auch für das Gegensystem. Wird der Kurzschluss direkt aus einem Netz mit niederohmiger Sternpunkterdung gespeist, so wird die Angabe von $\underline{Z}_{0Q}$ oder zumindest von X_{0Q}/X_Q notwendig. Auch hier kann $R_{0Q}/X_{0Q} = 0{,}1$ gesetzt werden, wenn eine genauere Angabe fehlt.

15.4.3 Leitungen (Freileitungen und Kabel)

Die Impedanzen von Freileitungen und Kabeln im Mit- und Gegensystem $\underline{Z}_{1L} = \underline{Z}_{2L} = \underline{Z}_L = R_L + jX_L$ können bei bekannter Länge aus den Leiterdaten und den Mittenabständen der Leiter bestimmt werden (Kap. 9 und 10). Bei der Nullimpedanzberechnung sind darüber hinaus geerdete Leiter wie Erdseile, Nulleiter, Kabelmäntel usw. zu berücksichtigen und der spezifische Erdwiderstand, wenn der Rückstrom allein oder teilweise über Erde fließt. Für die Berücksichtigung des Rückstromes über Erde sind lange und kurze Leitungen zu unterscheiden (Kap. 10).

Bild 15.15 zeigt als Beispiel die Bedeutung oder die mögliche Messung der Mit- und Nullimpedanz einer Hochspannungsfreileitung mit einem Erdseil (Einfachleitung). Vorausgesetzt wird in der Regel symmetrischer Aufbau oder Verdrillung [N15.1, N15.5].

Tabelle 15.2 zeigt die Berechnung der Wirkwiderstände von Freileitungen mit Einfachleitern oder Bündelleitern. Die Gl. (15.27) für die Berechnung von R'_L bei höheren Temperaturen, wenn kleinste Kurzschlussströme gesucht werden, gilt auch für Kabel. Die Berechnung der Impedanzen im Mit-, Gegen- und Nullsystem wird ausführlich in den Kap. 9 und 10 behandelt.

Als Hilfe für die Durchführung praktischer Berechnungen in Niederspannungsnetzen sind in den Anhängen A.14 bis A.16 die Verhältnisse R_0/R_1 und X_0/X_1 für Niederspannungs-Mehrleiterkabel und -Einleiterkabel angegeben.

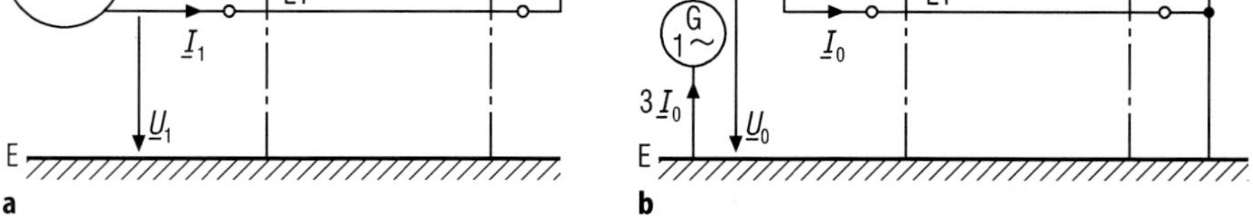

Bild 15.15 a, b. Impedanzmessung einer Freileitung (Einfachleitung) mit Erdseil. **a** Mitimpedanz $\underline{Z}_1 = \underline{U}_1/\underline{I}_1$; **b** Nullimpedanz $\underline{Z}_0 = \underline{U}_0/\underline{I}_0$

Tabelle 15.2. Berechnung des Resistanzbelages für Freileitungen pro Stromkreis im Mitsystem

Einfachleiter:	Spezifischer Widerstand bei 20 °C		
$R'_L = \frac{\rho}{q_n}$ (15.26a)	Kupfer	Aluminium und Al/St[a]	Aluminium Alloy
Bündelleiter: $R'_{LB} = \frac{1}{n} \cdot \frac{\rho}{q_n}$ (15.26b)	$\frac{1}{54} \cdot \frac{\Omega mm^2}{m}$	$\frac{1}{34} \cdot \frac{\Omega mm^2}{m}$	$\frac{1}{31} \cdot \frac{\Omega mm^2}{m}$
für n Teilleiter mit dem Nennquerschnitt q_n	Für die kleinsten Kurzschlussströme sind die Resistanzen bei ϑ_e >20 °C zu berechnen: $R'_L = [1 + \alpha(\vartheta_e - 20°C)] \cdot R'_{L20}$ [b,c] (15.27)		

[a] Bei Al/St-Seilen wird nur der Al-Querschnitt eingesetzt.
[b] $\alpha = 0{,}004/K$ mit genügender Genauigkeit für Kupfer, Aluminium, Al/St und Aluminium Alloy.
[c] ϑ_e ist die Leitertemperatur in Grad Celsius am Ende des Kurzschlusses [N15.1].

15.4.4 Transformatoren

Die Berechnung der Impedanzen von Zwei- und Dreiwicklungstransformatoren wird im Kap. 8 behandelt, dort jedoch ohne die Impedanzkorrekturfaktoren, wie sie zur Berechnung der Kurzschlussströme in [N15.1] eingeführt wurden. Ersatzschaltpläne für das Mit- und Nullsystem abhängig von der Sternpunktbehandlung findet man im Anhang A.6.

Für Netztransformatoren mit und ohne Stufenschalter wird in [N15.1] der Impedanzkorrekturfaktor K_T eingeführt. Blocktransformatoren in Kraftwerken werden zusammen mit den Generatoren in den Abschn. 15.4.6 und 15.4.7 behandelt. Eigenbedarfstransformatoren und Niederspannungstransformatoren im Kraftwerkseigenbedarf werden wie Netztransformatoren behandelt.

Für Zweiwicklungs-Netztransformatoren gilt [N15.1]:

$$\underline{Z}_{TK} = K_T \underline{Z}_T = K_T(R_T + jX_T) \tag{15.28}$$

Dabei ist $\underline{Z}_T$ nach den Gln. (8.3) bis (8.6) entweder bezogen auf die Oberspannungsseite oder bezogen auf die Unterspannungsseite zu berechnen. Für den Impedanzkorrekturfaktor K_T gilt entweder Gl. (15.29a) oder, wenn die Betriebsbedingungen vor dem Kurzschluss aus langjähriger Erfahrung oder durch entsprechende Untersuchungen bekannt sind, Gl. (15.29b) [N15.1]:

$$K_T = 0{,}95 \frac{c_{max}}{1 + 0{,}6 \cdot x_T} \tag{15.29a}$$

$$K_T = \frac{U_n}{U^b} \cdot \frac{c_{max}}{1 + x_T \,(I_T^b / I_{rT}) \sin\varphi_T^b} \tag{15.29b}$$

Der Faktor c_{max} ist Tabelle 15.1 zu entnehmen zugehörig zur Nennspannung des Netzes auf der Unterspannungsseite des Transformators. Bei einem Niederspannungstransformator zur Speisung eines Netzes mit $U_n = 400$ V und einer Toleranz von + 6 %, gilt also $c_{max} = 1{,}05$ (Tabelle 15.1, Fußnote c). Dies trifft auch zu, wenn $\underline{Z}_T$ für die OS-Seite des Transformators berechnet wird [N15.1]. Die bezogene Reaktanz x_T wird ausgehend von u_{kr} und P_{kr} nach Abschn. 8 bestimmt. Man erkennt, dass Gl. (15.29 b) bei $U_n/U^b = 0{,}95$ und $(I_T^b/I_{rT}) \sin\varphi_T^b = 0{,}6$ in Gl. (15.28 a) übergeht.

Bei Dreiwicklungstransformatoren mit einem Ersatzschaltplan nach Bild 8.10 b geht man so vor, dass man drei Impedanzkorrekturfaktoren nach Gl. (15.29) bestimmt, wobei in der Regel nur K_T nach Gl. (15.29 a) in Betracht kommt:

$$K_{TAB} = 0{,}95 \frac{c_{max}}{1 + 0{,}6 \cdot x_{TAB}} \tag{15.30 a}$$

$$K_{TAC} = 0{,}95 \frac{c_{max}}{1 + 0{,}6 \cdot x_{TAC}} \tag{15.30 b}$$

$$K_{TBC} = 0{,}95 \frac{c_{max}}{1 + 0{,}6 \cdot x_{TBC}} \tag{15.30 c}$$

Mit Hilfe dieser Korrekturfaktoren, wobei sich c_{max} nach der Netznennspannung auf der US-Seite bestimmt, werden die korrigierten Impedanzen $\underline{Z}_{ABK} = K_{TAB}\underline{Z}_{AB}$, $\underline{Z}_{ACK} = K_{TAC}\underline{Z}_{AC}$ und $\underline{Z}_{BCK} = K_{TBC}\underline{Z}_{BC}$ berechnet und diese dann in die Gln. (8.21) zur Berechnung der Impedanzen des Ersatzschaltplanes eingesetzt [N15.1]. Dabei gilt: OS ≙ A; MS ≙ B und US ≙ C.

$$\underline{Z}_{AK} = \frac{1}{2}(\underline{Z}_{ABK} + \underline{Z}_{ACK} - \underline{Z}_{BCK}) \tag{15.31 a}$$

$$\underline{Z}_{BK} = \frac{1}{2}(\underline{Z}_{BCK} + \underline{Z}_{ABK} - \underline{Z}_{ACK}) \tag{15.31 b}$$

$$\underline{Z}_{CK} = \frac{1}{2}(\underline{Z}_{ACK} + \underline{Z}_{BCK} - \underline{Z}_{ABK}) \tag{15.31 c}$$

Ein Beispiel für die Berechnung der korrigierten Ersatzimpedanzen eines Dreiwicklungstransformators nach Gl. (15.31) ist in [N15.5] gegeben.

Die Korrekturfaktoren K_T sind auch im Gegen- und Nullsystem zu verwenden, jedoch nicht für Sternpunktimpedanzen $\underline{Z}_N$, die zwischen dem Transformatorsternpunkt und Erde (oder Neutralleiter) eingesetzt werden, z. B. um den Erdkurzschlussstrom zu begrenzen. Sie werden ohne Korrekturfaktor mit $3\underline{Z}_N$ im Nullsystem berücksichtigt, siehe auch Anhang A.6.

Eine statistische Untersuchung für etwa 150 Netztransformatoren, die sich in Deutschland und im Ausland sowohl in den Netzen der Elektrizitätsversorgung als auch in den Netzen der Industrie im Einsatz befinden, hat gezeigt, dass mit einem Korrekturfaktor nach Gl. (15.29 a) befriedigende Ergebnisse zu erwarten sind [N15.2, 15.74, 15.75, 15.79, 15.80]. Wenn in Ausnahmefällen hohe Kurzschlussspannungen von z. B. 30 % vorkommen [N.15.3], so würde sich bei $c_{max} = 1{,}1$ ein Korrekturfaktor $K_T = 0.885$ ergeben, während sich dagegen im Falle eines Niederspannungstransformators mit $u_{kr} = 4\%$ und $u_{Rr} = 1{,}5\%$ bei $c_{max} = 1{,}05$ ein Wert von $K_T = 0{,}98$ ergibt, der also nur wenig von 1 verschieden ist.

Bild 15.16 a zeigt die Anordnung, die den Untersuchungen zur Ermittlung des Impedanzkorrekturfaktors K_T nach Gl. (15.29) zugrunde lag [15.74]. Der Kurzschluss soll auf der Unterspannungsseite auftreten und allein über einen oder zwei parallel geschaltete, gleiche Transformatoren gespeist werden, weil man bei einer solchen Anordnung am ehesten die Wirkung eines Korrekturfaktors erkennen kann. Bild 15.16 b zeigt den Ersatzschaltplan vor dem Kurzschluss und Bild 15.16 c den Ersatzschaltplan bei Rückwärtseinspeisung (Abschn. 15.3.2). Der Teilkurzschlussstrom $\underline{I}''_{kT(S)}$ ergibt sich aus der Überlagerung der Ströme $\underline{I}^b_T$ im Bild 15.16 b und $\underline{I}^\Delta_T$ im Bild 15.16 c. Zur Kennzeichnung, dass es sich um die Berechnung nach dem Überlagerungsverfahren handelt (Superposition method), wird ein zusätzlicher Index (S) eingeführt.

$$\underline{I}''_{kT(S)} = \underline{I}^b_T + \underline{I}^\Delta_T = I^b_T \cos\varphi^b_T - \mathrm{j}\left(I^b_T \sin\varphi^b_T + \frac{U^b}{\sqrt{3}(X_T(t) + X_{Qt})}\right) \qquad (15.32)$$

Die Resistanzen R_Q und R_T sollen als klein gegenüber den Reaktanzen angenommen und deshalb hier nicht berücksichtigt werden. Für die Nachbildung

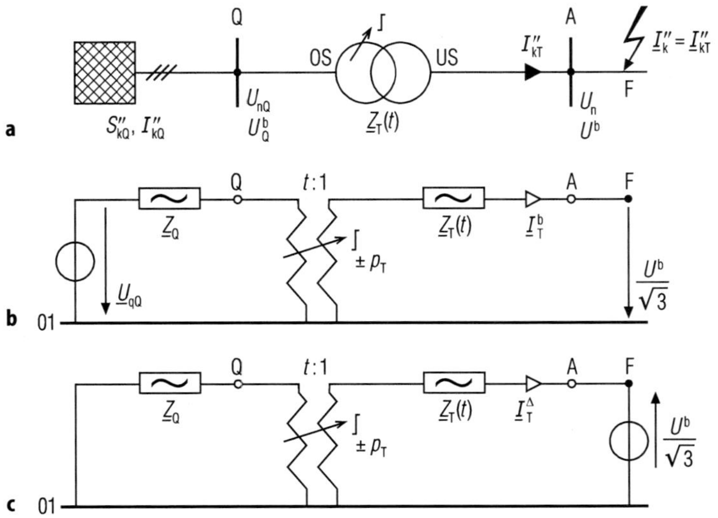

Bild 15.16 a–c. Überlagerungsverfahren zur Ermittlung des Teilkurzschlussstromes auf der US-Seite eines Netztransformators mit Stufenschalter. **a** Netzschaltplan; **b** Ersatzschaltplan im Mitsystem vor dem Kurzschluss; **c** Rückwärtseinspeisung an der Kurzschlussstelle

der Netzeinspeisung wird X_{Qt} nach Gl. (15.23) verwendet. Die Reaktanz des Transformators auf der US-Seite hängt von der Übersetzung $t = U_{rTOS}(1 \pm p_T)/U_{rTUS}$ ab. Für den Zusammenhang zwischen U_Q^b und U^b gilt:

$$U_Q^b = tU^b \sqrt{1 + 2x_T(t)\frac{U_{rTUS}}{U^b} \cdot \frac{I_T^b}{I_{rTUS}} \sin\varphi_T^b + \left(x_T(t)\frac{U_{rTUS}}{U^b} \cdot \frac{I_T^b}{I_{rTUS}}\right)^2} \tag{15.33}$$

Die bezogene Reaktanz $x_T(t)$ ist abhängig von der Übersetzung t (Bild 15.17) und ergibt sich aus $x_T(t) = X_T(t)/Z_{rT}$ mit $Z_{rT} = U_{rTUS}^2/S_{rT}$, wenn $X_T(t)$ für die Unterspannungsseite des Transformators gilt. Für die mögliche Kurzschlussleistung des 380-kV-Ersatznetzes wird ein Bereich von 5 GVA bis 60 GVA entsprechend $I''_{kQ} \approx 7{,}5$ kA bis ≈ 90 kA angenommen und dazu noch ein Grenzwert $S''_{kQ} \to \infty$, bei einem Bereich der Spannung $U_Q^b = 380 \ldots 420$ kV ($U_m = 420$ kV).

Für die Berechnung des Teilkurzschlussstromes mit der Methode der Ersatzspannungsquelle an der Kurzschlussstelle geht man von Bild 15.14 aus unter Berücksichtigung des Impedanzkorrekturfaktors K_T:

$$\underline{I}''_{kT} = \frac{cU_n}{\sqrt{3}(jX_T K_T + jX_{Qt})} \tag{15.34}$$

mit

$$X_T = X_{TUS} = \frac{u_{Xr}}{100\%} \cdot \frac{U_{rTUS}^2}{S_{rT}} \quad \text{bei} \quad u_{kr} \approx u_{Xr} \quad \text{und} \tag{15.35}$$

$$X_{Qt} = X_Q \frac{1}{t_r^2} = \frac{c_Q U_{nQ}}{\sqrt{3} I''_{kQ}} \cdot \frac{U_{rTUS}^2}{U_{rTOS}^2} = \frac{c_Q U_{nQ}^2}{S''_{kQ}} \cdot \frac{U_{rTUS}^2}{U_{rTOS}^2} \tag{15.36}$$

Bild 15.17 zeigt die Ergebnisse der Berechnungen für $I''_{kT(S)}$ nach Gl. (15.32) sowie U_Q^b bei $U^b = 115$ kV nach Gl. (15.33) abhängig von der Stufenschalterstellung oder dem Übersetzungsverhältnis t des Transformators mit den folgenden Daten:

$S_{rT} = 300$ MVA; $U_{rTOS} = 400$ kV; $U_{rTUS} = 120$ kV; $t = U_{rTOS}(1 \pm p_T)/U_{rTUS}$ mit $p_T = 16{,}25\%$ bei ± 13 Stufen (27 Stufen); $u_{kr} = 19{,}4\%$; $u_{kr+} = 21{,}1\%$ (Stufe 1) $u_{kr-} = 18{,}2\%$ (Stufe 27).

Für die Abweichungen der Ergebnisse nach Gl. (15.34) von den Ergebnissen des Überlagerungsverfahrens nach Gl. (15.32) wird eingeführt:

$$\Delta I''_{kT} = \frac{I''_{kT} - I''_{kT(S)}}{I''_{kT(S)}} \cdot 100\% \tag{15.37}$$

Der Impedanzkorrekturfaktor K_T wurde nach Gl. (15.29 a) berechnet:

$$K_T = 0{,}95 \frac{c_{max}}{1 + 0{,}6 x_T} = 0{,}95 \frac{1{,}1}{1 + 0{,}6 \cdot 0{,}194} = 0{,}936$$

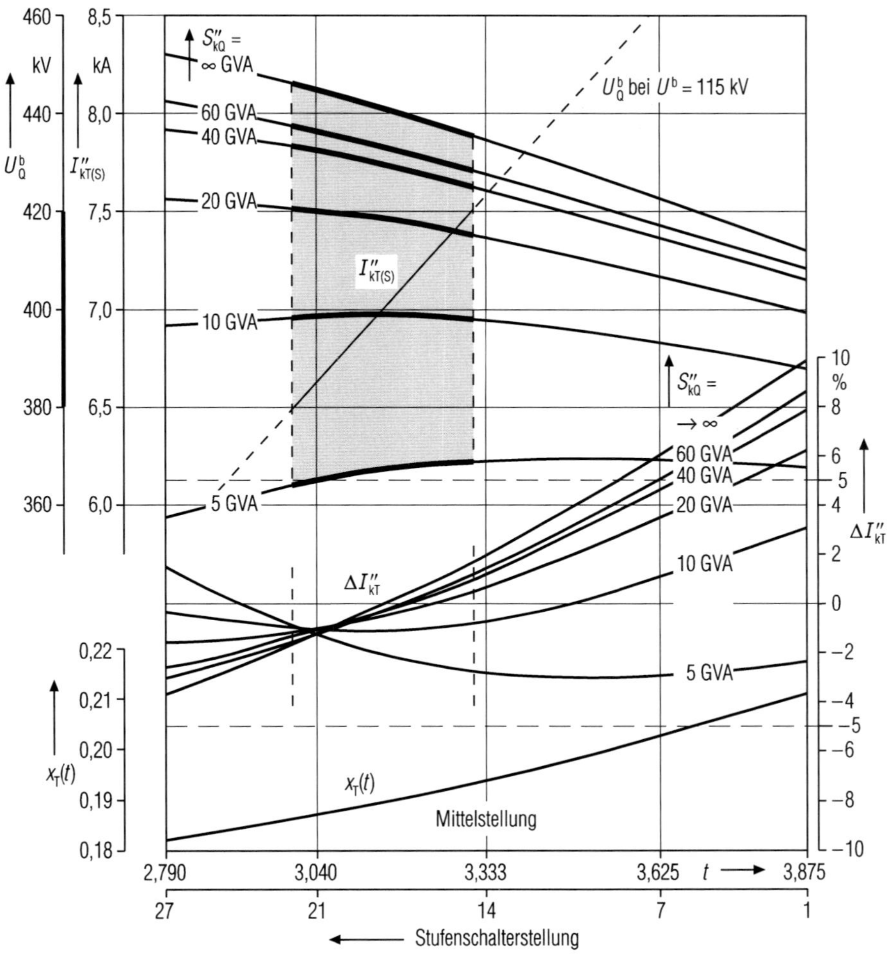

Bild 15.17. Kurzschlussströme $I''_{kT(S)}$ nach Gl. (15.32) und U^b_Q nach Gl. (15.33) bei U^b = 115 kV, sowie $x_T(t)$ und die Abweichungen $\Delta I''_{kT}$ nach Gl. (15.37)

Angenommen für Bild 15.17 wurde $I^b_T = I_{rTUS}$ und $\cos\varphi^b_T = 0{,}9$. Man erkennt, dass die Abweichungen $\Delta I''_{kT}$ in dem besonders gekennzeichneten Bereich, zugeordnet zu dem grauen Bereich für die möglichen Kurzschlussströme, zwischen + 1,6 % und − 2,9 % liegen, wobei die positiven Abweichungen dann auftreten, wenn die Berechnung mit der Ersatzspannungsquelle $cU_n/\sqrt{3}$ zu größeren Werten führt als die Berechnung mit dem Überlagerungsverfahren, also bei Betrachtung des größten Kurzschlussstromes auf der „sicheren" Seite liegt. Der grau unterlegte Bereich für $I''_{kT(S)}$ im Bild 15.17 wird durch den vorgegebenen Bereich für U^b_Q = 380 ... 420 kV begrenzt.

Ergänzend zum Bild 15.17 enthält Bild 15.18 einen Vergleich der Abweichungen $\Delta I''_{kT}$ einmal für den Fall $K_T = 1$ (links) und zum anderen für den Fall

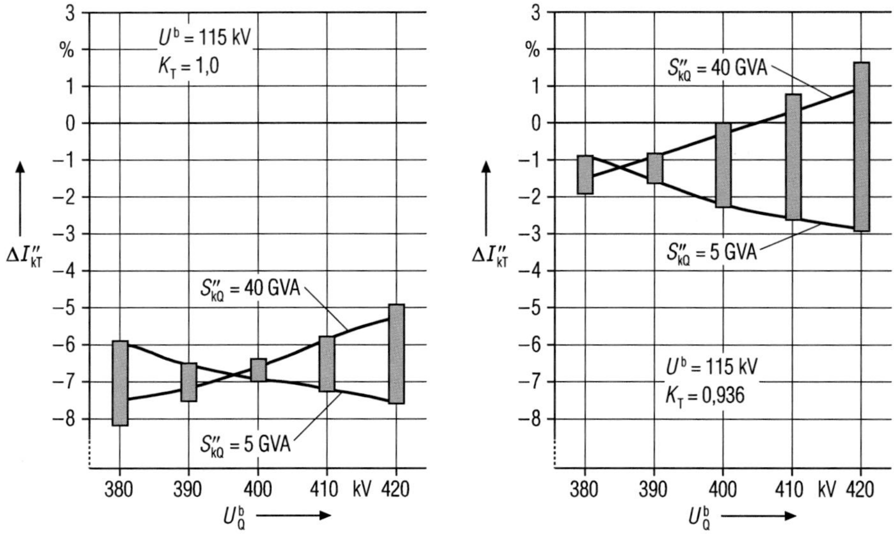

Bild 15.18. Abweichungen $\Delta I''_{kT}$ nach Gl. (15.37) bei $K_T = 1$ (ohne Impedanzkorrektur) und $K_T = 0{,}936$ nach Gl. (15.29 a) für S''_{kQ} im Bereich zwischen 5 GVA und $\to \infty$ GVA (Ergänzung zum Bild 15.17)

$K_T = 0{,}936$ (rechts), berechnet nach Gl. (15.29 a) bei $x_T = 0{,}194$. Greift man $U^b_Q = 400$ kV als Spannung vor dem Kurzschluss heraus, so zeigen sich bei $K_T = 1$ Abweichungen $\Delta I''_{kT}$ zwischen etwa -6,5 % und -7 % bei S''_{kT} im Bereich zwischen 5 GVA und 60 GVA. Nach Einführung von $K_T = 0{,}936$ liegen die Abweichungen zwischen 0 % und -2,2 % (Bild 15.17).

Als weitere Ergänzung zum Bild 15.17 zeigt Bild 15.19 die Abweichungen $\Delta I''_{kT}$ abhängig von der Spannung U^b. Auch wenn man davon ausgehen würde, dass die Betriebsspannung $U^b = U_n = 110$ kV nicht überschritten würde, verschiebt der Korrekturfaktor K_T die Ergebnisse für I''_{kT} dennoch nicht unzumutbar auf die sichere Seite ($\Delta I''_{kT}$ = +0,7 % ... + 7,4 %). Greift man wieder $U^b_Q = 400$ kV heraus, so liegen die Abweichungen zwischen +1,4 % und +5,2 % abhängig von S''_{kQ}.

Die Ergebnisse für $U^b = 115$ kV in der Mitte des Bildes 15.19 entsprechen den Ergebnissen des Bildes 15.18. Bei $U^b = 120$ kV im rechten Teil des Bildes zeigt sich, dass ohne Korrektur, also bei $K_T = 1$, die Abweichungen etwa zwischen -10 % und -12,5 % auf der unsicheren Seite liegen würden. Durch die Einführung von K_T nach Gl. (15.29 a) verbessert sich die Situation erheblich. Bei $U^b_Q = 400$ kV liegt die Abweichung bei etwa -5 % weitgehend unabhängig von S''_{kQ}. Ist die hohe Betriebsspannung $U^b = 120$ kV bekannt, so wird es möglich nach Gl. (15.29 b) einen Korrekturfaktor von

$$K_T = \frac{U_n}{U^b} \cdot \frac{c_{max}}{1 + x_T (I^b_T / I_{rT}) \sin\varphi^b_T} = \frac{110 \text{ kV}}{120 \text{ kV}} \cdot \frac{1{,}1}{1 + 0{,}6 \cdot 0{,}194} = 0{,}903$$

zu berechnen (für $(I^b_T/I_{rT}) \sin\varphi^b_T$ wurde der ungünstige Wert 0,6 eingeführt) und damit den Bereich der negativen Abweichungen $\Delta I''_{kT}$ auf kleinere Werte

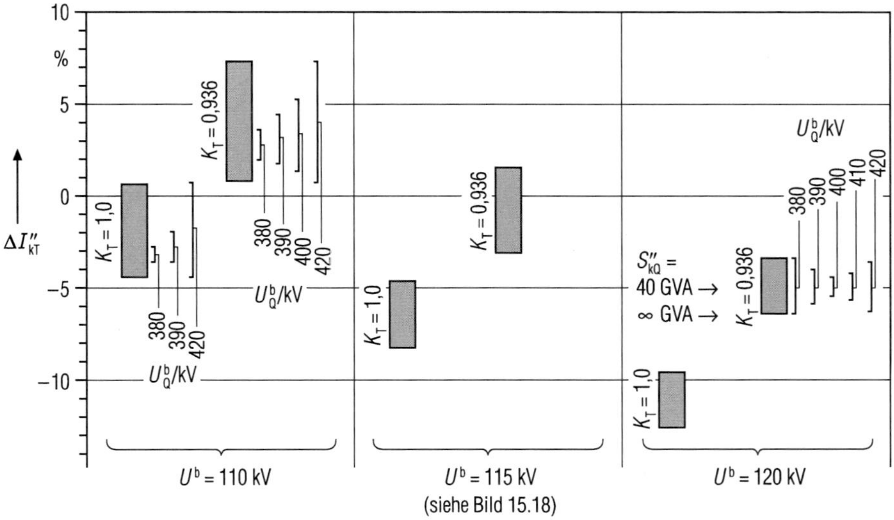

Bild 15.19. Abweichungen $\Delta I''_{kT}$ nach Gl. (15.37) für $U^b = 110$ kV, $U^b = 115$ kV und $U^b = 120$ kV bei $K_T = 1$ und $K_T = 0{,}936$ (Ergänzung zu den Bildern 15.17 und 15.18)

zwischen etwa 0% und −3,2% zu reduzieren. Bei $U^b_Q = 400$ kV liegt die Abweichung dann bei etwa −1,8% ebenfalls weitgehend unabhängig von S''_{kQ}.

Die vorgestellte Einzeluntersuchung für den Transformator $S_{rT} = 300$ MVA kann die Großzahluntersuchung [15.74] nicht ersetzen, sie ist jedoch in der Lage die grundsätzliche Vorgehensweise zu erläutern.

15.4.5 Generatoren

Behandelt werden Synchrongeneratoren, die direkt ohne Blocktransformator in das Nieder- oder Mittelspannungsnetz einspeisen, wie im Bild 15.20 gezeigt.

Für die Generatorimpedanz wird $\underline{Z}_G = R_G + jX''_d$ eingesetzt, wobei X''_d die subtransiente Reaktanz des Generators ist, hinter der die subtransiente Spannung $\underline{U}''$ wirkt. R_G ist der Wirkwiderstand, der meist sehr klein gegenüber X''_d ist [N15.3]. Im Bild 15.21 ist dazu ein Zeigerdiagramm für den Zustand vor dem Kurzschluss gezeichnet (s. auch Bild 15.24c). Aus dem Zeigerdiagramm ergibt sich:

$$\underline{I}^b_G = \frac{\underline{U}'' - U^b_G / \sqrt{3}}{R_G + jX''_d} \tag{15.38}$$

Wendet man das Überlagerungsverfahren zur Ermittlung des Teilkurzschlussstromes $\underline{I}''_{kG(S)}$ an, so legt man Bild 15.22 zugrunde. Bild 15.22a und Gl. (15.38) entsprechen dem Zustand vor dem Kurzschluss. Wenn angenommen wird,

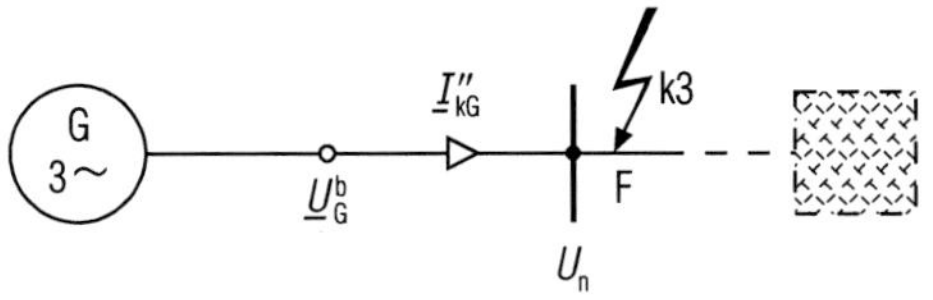

Bild 15.20. Teilkurzschlussstrom $\underline{I}''_{kG}$ eines Generators, der direkt ins Netz einspeist

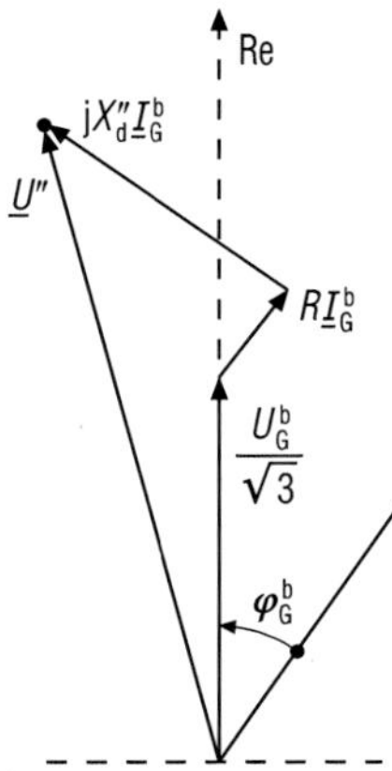

Bild 15.21. Zeigerdiagramm für einen Generator mit subtransienter Spannung $\underline{U}''$ im EZS

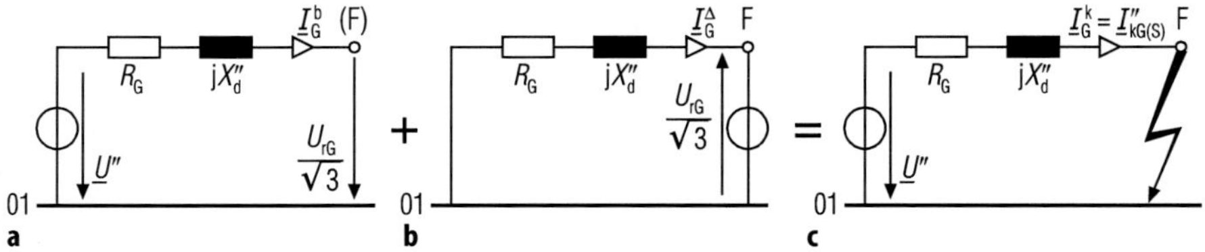

Bild 15.22 a – c. Überlagerungsverfahren zur Berechnung von $\underline{I}''_{kG(S)}$. **a** Betrieb vor dem Kurzschluss mit $U^b_G = U_{rG}$; **b** Rückwärtseinspeisung; **c** Kurzschlusszustand $\underline{I}''_{kG(S)} = \underline{I}^b_G + \underline{I}^\Delta_G$

dass die Klemmenspannung des Generators auf den konstanten Wert U_{rG} geregelt wird, unabhängig von der abgegebenen Leistung $\underline{S}_G = P_G + jQ_G$, so gilt $U^b_G = U_{rG}$. Bild 15.22b zeigt die Rückwärtseinspeisung. Die zugehörige Gleichung ist:

$$\underline{I}^\Delta_G = \frac{U_{rG}/\sqrt{3}}{R_G + jX''_d} \tag{15.39}$$

und in Übereinstimmung mit der Überlagerung im Bild 15.22c:

$$\underline{I}''_{kG(S)} = \underline{I}^b_G + \underline{I}^\Delta_G = \frac{\underline{U}'' - U_{rG}/\sqrt{3}}{R_G + jX''_d} + \frac{U_{rG}/\sqrt{3}}{R_G + jX''_d} = \frac{\underline{U}''}{R_G + jX''_d} \tag{15.40}$$

Will man erreichen, dass das Verfahren mit der Ersatzspannungsquelle an der Kurzschlussstelle zu ähnlichen Ergebnissen führt wie das Überlagerungsverfahren nach Gl. (15.40), so ist ein komplexer Impedanzkorrekturfaktor $\underline{K}_G$ einzuführen:

$$\underline{I}''_{kG} = \frac{cU_n}{\sqrt{3}\,\underline{K}_G (R_G + jX''_d)} \tag{15.41}$$

mit

$$\underline{K}_G = \frac{U_n}{U_{rG}} \cdot \frac{c}{1 + \frac{\sqrt{3} I_G^b}{U_{rG}} (R_G \cos\varphi_G^b + X''_d \sin\varphi_G^b) + j\frac{\sqrt{3} I_G^b}{U_{rG}} (X''_d \cos\varphi_{GG}^b - R_G \sin\varphi_G^b)} \tag{15.42}$$

Mit $R_G \ll X''_d$ erreicht man folgende Vereinfachung für den Impedanzkorrekturfaktor:

$$K_G = \frac{U_n}{U_{rG}} \cdot \frac{c}{1 + (I_G^b / I_{rG})\, x''_d \sin\varphi_G^b} \tag{15.43}$$

bei $x''_d = X''_d / Z_{rG}$ und $Z_{rG} = U_{rG}^2 / S_{rG}$. Der maximale Teilkurzschlussstrom ergibt sich, wenn man $c = c_{max}$ (Tabelle 15.1) einführt und wenn der Nenner des zweiten Teils der rechten Seite der Gl. (15.43) sein Maximum erreicht. Normalerweise trifft dies zu, wenn der Generator vor dem Kurzschluss in seinem Bemessungspunkt mit S_{rG}, U_{rG} und $\cos\varphi_{rG}$ oder in dessen Nähe gearbeitet hat und wenn man den extrem übererregten Betrieb mit $Q > Q_{rG}$ ausschließt (Bild 15.23). Es erscheint deshalb zulässig, $I_G^b = I_{rG}$ und $\sin\varphi_G^b = \sin\varphi_{rG}$ einzuführen. Aus Gl. (15.43) wird dann die in [N15.1] angegebene Gleichung zur Berechnung von K_G:

$$K_G = \frac{U_n}{U_{rG}} \cdot \frac{c_{max}}{1 + x''_d \sin\varphi_{rG}} \tag{15.44}$$

Beispiel:
$S_{rG} = 20$ MVA; $U_{rG} = 10{,}5$ kV; $\cos\varphi_{rG} = 0{,}8$; $x''_d = 0{,}12$. Der Generator soll direkt in ein Netz mit $U_n = 10$ kV einspeisen. Für den Impedanzkorrekturfaktor nach Gl. (15.44) gilt:

$$K_G = \frac{10\ \text{kV}}{10{,}5\ \text{kV}} \cdot \frac{1{,}1}{1 + 0{,}12 \cdot 0{,}6} = 0{,}952 \cdot 1{,}026 = 0{,}977$$

Man erkennt, dass der erste Teil im Ergebnis des Korrekturfaktors, der aus dem Verhältnis U_n / U_{rG} stammt, kleiner als 1 ist, weil die Bemessungsspannung U_{rG} in der Regel, wie auch hier, 5 % höher liegt als die Netznennspannung U_n, und der zweite Teil aus dem Unterschied von U'' und $U_{rG}/\sqrt{3}$ stammt. Dieser zweite Teil wird ≈ 1 bei $x''_d = 0{,}15$. (Bei Generatoren mit $S_{rG} > 200$ MVA treten Werte von $x''_d = 0{,}20 \dots 0{,}35$ auf [N15.3]. Generatoren dieser Größe speisen jedoch immer über Blocktransformatoren ins Netz.)

Die Berechnung des Kurzschlussstromes mit dem Überlagerungsverfahren nach Gl. (15.40) führt bei Bemessungsbetrieb vor dem Kurzschluss und bei $R_G = 0$ auf $\underline{I}''_{kG(S)} = (0{,}8 - j9{,}82)$ kA d.h. $I''_{kG(S)} = 9{,}86$ kA bei $U'' = 11{,}30$ kV/ $\sqrt{3}$.

Die Berechnung nach Gl. (15.41) mit $K_G = 0{,}977$ nach Gl. (15.44) ergibt beim Verfahren mit der Ersatzspannungsquelle einen Kurzschlussstrom $I''_{kG} = 9{,}82$ kA. Die Abweichung gegenüber dem Ergebnis nach dem Überlagerungsverfahren ist gering.

Bild 15.23a enthält für dieses Beispiel das Betriebsdiagramm des Synchrongenerators mit den bezogenen Leistungen P_* und Q_*, wenn $\delta_{max} = 70°$ zugelassen wird (Abschn. 5.2) und die Mindestwirkleistung $P_{min*} = 0{,}2$ p.u. beträgt. Für die einzelnen Betriebspunkte $\nu = 1$ bis 10 und 9′, 10′ bei $Q_* = Q_{r*} = 0{,}6$ p.u. ergeben sich die im Bild 15.23b angegebenen Kurzschlussströme $I''_{kG(S)\nu}$, bezogen auf $I''_{kG(S)1}$ im Betriebspunkt 1, der dem Bemessungspunkt entspricht.

An dem vorstehenden Beispiel zeigt sich, wie auch an vielen anderen Fällen, dass es für die Bestimmung des größten Kurzschlussstromes ausreicht, den für den Bemessungspunkt abgeleiteten Impedanzkorrekturfaktor nach Gl. (15.44) zu verwenden. Wenn der Sollwert der Regelung der Generatorspannung jedoch dauernd von U_{rG} verschieden ist, kann es notwendig werden, diesen Wert anstelle von U_{rG} zu berücksichtigen und entsprechend $U_G = U_{rG}(1 \pm p_G)$ in Gl. (15.44) einzusetzen [N15.1].

Die folgenden Werte für die fiktiven Resistanzen R_{Gf} sollen bei der Berechnung des Stoßkurzschlussstromes eingesetzt werden [N15.1]:

$$R_{Gf} = 0{,}05\, X''_d \quad \text{für Generatoren mit } U_{rG} > 1\text{ kV und } S_{rG} \geq 100\text{ MVA} \tag{15.45a}$$

$$R_{Gf} = 0{,}07\, X''_d \quad \text{für Generatoren mit } U_{rG} > 1\text{ kV und } S_{rG} < 100\text{ MVA} \tag{15.45b}$$

$$R_{Gf} = 0{,}15\, X''_d \quad \text{für Generatoren mit } U_{rG} < 1\text{ kV} \tag{15.45c}$$

Die vorstehenden Festlegungen für R_{Gf} sollen dazu beitragen, dass neben dem Abklingen des Gleichstromanteils im Kurzschlussstrom, das durch den Faktor κ berücksichtigt wird (Abschn. 15.5.3), auch das Abklingen des Wechselstromanteils im Kurzschlussstrom in den ersten etwa 10 ms nach Kurzschlusseintritt (bei 50 Hz) angemessen Berücksichtigung findet. Der Einfluss verschiedener Wicklungstemperaturen muss nicht betrachtet werden [N15.1].

Diese fiktiven Resistanzen R_{Gf} dürfen nicht verwendet werden, wenn man den zeitlichen Verlauf des Gleichstromanteils im Kurzschlussstrom bestimmen will, um z.B. seinen Einfluss auf den Ausschaltstrom berücksichtigen zu können (Abschn. 15.5.4). Zu verwenden sind hierfür die vom Hersteller anzu-

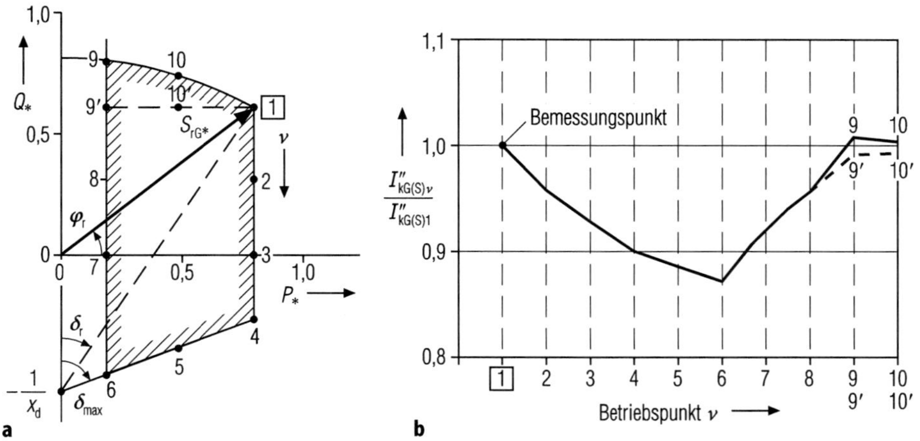

Bild 15.23 a, b. Kurzschlussstrom $I''_{kG(S)}$ abhängig vom Betriebszustand vor dem Kurzschluss. **a** Betriebsdiagramm mit bezogenen Leistungen; **b** Kurzschlussströme nach dem Überlagerungsverfahren. Generator: $S_{rG} = 20$ MVA, $U_{rG} = 10{,}5$ kV; $x''_d = 0{,}12$; $x_d = 1{,}80$; $\cos\varphi_{rG} = 0{,}8$; $\delta_{max} = 70°$ ($S_* = S/S_{rG}$, $P_* = P/S_{rG}$, $Q_* = Q/S_{rG}$, $U_{1G*} = 1$ p. u., $x_d = X_d/Z_{rG}$ mit $Z_{rG} = U_{rG}/(\sqrt{3}\,I_{rG})$

gebenden tatsächlichen Resistanzen der Ständerwicklung der Synchronmaschine, die sehr viel kleiner als R_{Gf} sind.

Bei der Berechnung des Anfangs-Kurzschlusswechselstromes I''_{kG} kann man R_{Gf} verwenden, ohne dabei im Allgemeinen einen merklichen Fehler zu machen. Im obigen Beispiel des 20-MVA-Generators ergäbe sich mit $R_{Gf} = 0{,}07 \cdot X''_d = 0{,}07 \cdot 0{,}6615\,\Omega = 0{,}0463\,\Omega$ ein Strom $I''_{kG} = 9{,}80$ kA. Dieses Ergebnis weicht von dem Ergebnis $I''_{kG} = 9{,}82$ kA bei der Berechnung ohne R_G nur geringfügig ab.

Die Kurzschlussimpedanzen im Gegen- und Nullsystem sollen nach [N15.1] wie folgt bestimmt werden:

$$\underline{Z}_{2GK} = K_G(\mathrm{R}_{2G} + \mathrm{j}\mathrm{X}_{2G}) = K_G\,\underline{Z}_{2G} \approx K_G\,\underline{Z}_G = K_G(R_G + \mathrm{j}X''_d) \tag{15.46}$$

Bei verschiedenen Werten X''_d und X''_q kann man $X_{2G} = (X''_d + X''_q)/2$ verwenden.

$$X_{0GK} = K_G(R_{0G} + \mathrm{j}X_{0G}) \tag{15.47}$$

Die Nullreaktanz X_{0G} ist kleiner als die subtransiente Reaktanz X''_d (Anhang A.4). Wenn eine Impedanz zwischen dem Generatorsternpunkt und Erde bzw. dem Nulleiter vorgesehen ist, so soll der Impedanzkorrekturfaktor K_G nicht auf diese Impedanz angewendet werden.

15.4.6 Kraftwerksblöcke mit Stufenschalter

Bei der Nachbildung der Kraftwerksblöcke (Generator und Blocktransformator) für die Kurzschlussstromberechnung mit der Ersatzspannungsquelle an der Kurzschlussstelle wird unterschieden zwischen Kraftwerksblöcken, bei denen der Blocktransformator einen Stufenschalter auf der OS-Seite hat (Index S) und Kraftwerksblöcken, bei denen der Blocktransformator eine feste Übersetzung aufweist (Abschn. 15.4.7) und dabei allenfalls Anzapfungen hat, die bei abgeschaltetem Transformator umgeklemmt werden können (Index SO). Dies ist erforderlich, weil bei Blöcken mit Stufenschalter der größte vom Generator gelieferte Teilkurzschlussstrom auf der OS-Seite des Blocktransformators dann auftritt, wenn die Betriebsspannung sich vor dem Kurzschluss am unteren für den Betrieb des Netzes noch verträglichen Rand befindet, während bei Blöcken ohne Stufenschalter, die größten Teilkurzschlussströme dann auftreten, wenn die Spannung vor dem Kurzschluss möglichst hoch ist, also z. B. bei $U^{\mathrm{b}} \leq U_{\mathrm{m}}$ liegt.

Zur Ableitung des Impedanzkorrekturfaktors K_{S} für Kraftwerksblöcke mit Stufenschalter verwendet man Bild 15.24. Dabei enthält Bild 15.24a den Schaltplan der Anordnung aus Generator und Blocktransformator. Davon ausgehend ist im Bild 15.24b der Ersatzschaltplan im Mitsystem gegeben für den Betrieb vor dem Kurzschluss. Bild 15.24c enthält ein Zeigerdiagramm für den Betrieb des Kraftwerksblockes vor dem Kurzschluss. Mit $\underline{U}^{\mathrm{b}}_{\mathrm{Qt}} = \underline{U}^{\mathrm{b}}_{\mathrm{Q}}/t$ folgt:

$$\underline{I}^{\mathrm{b}}_{\mathrm{S}} = \frac{1}{t}\underline{I}_{\mathrm{G}} = \frac{1}{t}\cdot\frac{\underline{U}'' - \underline{U}^{\mathrm{b}}_{\mathrm{Qt}}/\sqrt{3}}{\underline{Z}_{\mathrm{G}} + \underline{Z}_{\mathrm{TUS}}} \tag{15.48}$$

Verwendet man die Überlagerungsmethode, so ist dem Strom $\underline{I}^{\mathrm{b}}_{\mathrm{S}}$ ein Strom $\underline{I}^{\Delta}_{\mathrm{S}}$ zu überlagern, den man bei Einspeisung von $\underline{U}^{\mathrm{b}}_{\mathrm{Q}}/\sqrt{3}$ an der Kurzschlussstelle bei kurzgeschlossener subtransienter Spannung $\underline{U}''$ findet.

$$\underline{I}^{\Delta}_{\mathrm{S}} = \frac{1}{t^2}\cdot\frac{\underline{U}^{\mathrm{b}}_{\mathrm{Q}}/\sqrt{3}}{\underline{Z}_{\mathrm{G}} + \underline{Z}_{\mathrm{TUS}}} = \frac{1}{t}\cdot\frac{\underline{U}^{\mathrm{b}}_{\mathrm{Qt}}/\sqrt{3}}{\underline{Z}_{\mathrm{G}} + \underline{Z}_{\mathrm{TUS}}} \tag{15.49}$$

$\underline{Z}_{\mathrm{TUS}}$ hängt dabei von dem Übersetzungsverhältnis t ab. Durch Überlagerung der beiden Ströme nach Gl. (15.48) und (15.49) findet man den Teilkurzschlussstrom auf der OS-Seite des Blocktransformators:

$$\underline{I}''_{\mathrm{kS(S)}} = \underline{I}^{\mathrm{b}}_{\mathrm{S}} + \underline{I}^{\Delta}_{\mathrm{S}} = \frac{1}{t}\cdot\frac{\underline{U}'' - \underline{U}^{\mathrm{b}}_{\mathrm{Qt}}/\sqrt{3}}{\underline{Z}_{\mathrm{G}} + \underline{Z}_{\mathrm{TUS}}} + \frac{1}{t}\cdot\frac{\underline{U}^{\mathrm{b}}_{\mathrm{Qt}}/\sqrt{3}}{\underline{Z}_{\mathrm{G}} + \underline{Z}_{\mathrm{TUS}}} = \frac{1}{t}\cdot\frac{t_{\mathrm{r}}^2\underline{U}''}{t_{\mathrm{r}}^2\underline{Z}_{\mathrm{G}} + \underline{Z}_{\mathrm{T}}} \tag{15.50}$$

Dabei bedeuten: $\underline{Z}_{\mathrm{T}} = \underline{Z}_{\mathrm{TOS}} = t_{\mathrm{r}}^2\,\underline{Z}_{\mathrm{TUS}}$ und $t_{\mathrm{r}} = U_{\mathrm{rTOS}}/U_{\mathrm{rTUS}}$.

Ohne die Kenntnis des Leistungsflusses im Netz, an das der Kraftwerksblock angeschlossen ist, kann weder die Spannung $\underline{U}^{\mathrm{b}}_{\mathrm{Q}}$ am Anschlusspunkt Q noch das Übersetzungsverhältnis t und damit auch nicht $\underline{U}''$ bestimmt werden.

Die subtransiente Spannung $\underline{U}''$ kann mit Hilfe des Bildes 15.24c ersetzt werden. Bei $\underline{U}^{\mathrm{b}}_{\mathrm{G}} = U^{\mathrm{b}}_{\mathrm{G}}$ wird $\underline{I}^{\mathrm{b}}_{\mathrm{G}} = I^{\mathrm{b}}_{\mathrm{G}}(\cos\varphi^{\mathrm{b}}_{\mathrm{G}} - \mathrm{j}\sin\varphi^{\mathrm{b}}_{\mathrm{G}})$ und es gilt:

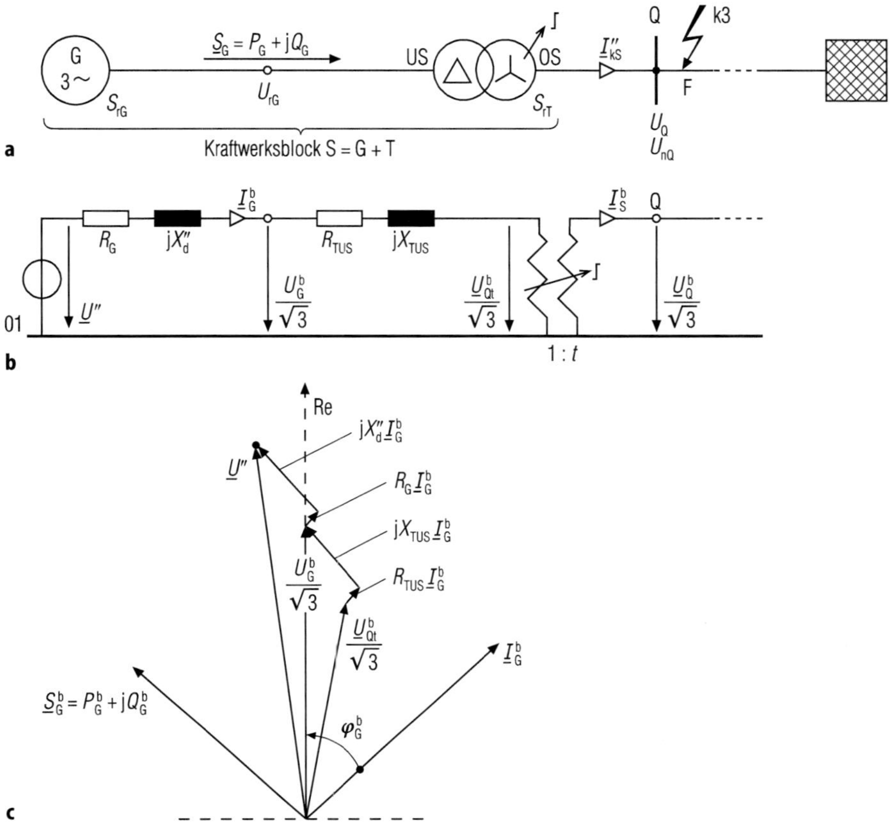

Bild 15.24a–c. Kraftwerksblock: Generator und Blocktransformator mit Stufenschalter. **a** Schaltplan für Kraftwerksblock mit Stufenschalter, $t \neq t_r = U_{rTOS}/U_{rTUS}$; **b** Ersatzschaltplan im Mitsystem für den Kraftwerksblock vor dem Kurzschluss; **c** Zeigerdiagramm für übererregten Generatorbetrieb, $P_G > 0$; $Q_G > 0$ im EZS

$$\underline{U}'' = \frac{\underline{U}_G^b}{\sqrt{3}} + \underline{Z}_G \underline{I}_G^b = \frac{U_G^b}{\sqrt{3}}\left[1 + \frac{\sqrt{3}I_G^b}{U_G^b}(R_G\cos\varphi_G^b + X''_d\sin\varphi_G^b) + j\frac{\sqrt{3}I_G^b}{U_G^b}(X''_d\cos\varphi_G^b - R_G\sin\varphi_G^b)\right] \quad (15.51)$$

Das Übersetzungsverhältnis $t = U_Q^b/U_{Qt}^b = \underline{U}_Q^b/\underline{U}_{Qt}^b$ kann ersetzt werden mit $\underline{U}_{Qt}^b/\sqrt{3}$ nach Bild 15.24c:

$$\frac{\underline{U}_{Qt}^b}{\sqrt{3}} = \frac{\underline{U}_G^b}{\sqrt{3}} - \underline{Z}_{TUS}\underline{I}_G^b = \frac{U_G^b}{\sqrt{3}}\left[1 - \frac{\sqrt{3}I_G^b}{U_G^b}(R_{TUS}\cos\varphi_G^b + X_{TUS}\sin\varphi_G^b) - j\frac{\sqrt{3}I_G^b}{U_G^b}(X_{TUS}\cos\varphi_G^b - R_{TUS}\sin\varphi_G^b)\right] \quad (15.52)$$

Setzt man $\underline{U}''$ nach Gl. (15.51) und $\underline{U}_{\mathrm{Qt}}^{\mathrm{b}}$ nach Gl. (15.52) sowie die Ersatzspannungsquelle $cU_{\mathrm{nQ}}/\sqrt{3}$ an der Kurzschlussstelle in die Gl. (15.50) ein, so findet man, wenn man auch hier wieder den Index (S) für das Überlagerungsverfahren verwendet:

$$\underline{I}''_{\mathrm{kS(S)}} = \frac{cU_{\mathrm{nQ}}}{\sqrt{3}(t_{\mathrm{r}}^2 \underline{Z}_{\mathrm{G}} + \underline{Z}_{\mathrm{T}})\,\underline{K}_{\mathrm{S}}} \tag{15.53}$$

mit $t_{\mathrm{r}} = U_{\mathrm{rTOS}}/U_{\mathrm{rTUS}}$, $\underline{Z}_{\mathrm{G}} = R_{\mathrm{G}} + \mathrm{j}X''_{\mathrm{d}}$, $\underline{Z}_{\mathrm{T}} = \underline{Z}_{\mathrm{TOS}} = R_{\mathrm{TOS}} + \mathrm{j}X_{\mathrm{TOS}}$ und

$$\underline{K}_{\mathrm{S}} = \frac{U_{\mathrm{nQ}}U_{\mathrm{Q}}^{\mathrm{b}}}{(U_{\mathrm{G}}^{\mathrm{b}})^2} \cdot \frac{U_{\mathrm{rTUS}}^2}{U_{\mathrm{rTOS}}^2} \tag{15.54}$$

$$\cdot \frac{c}{1 + \dfrac{\sqrt{3}I_{\mathrm{G}}^{\mathrm{b}}}{U_{\mathrm{G}}^{\mathrm{b}}}\left[(R_{\mathrm{G}}\cos\varphi_{\mathrm{G}}^{\mathrm{b}} + X''_{\mathrm{d}}\sin\varphi_{\mathrm{G}}^{\mathrm{b}}) + \mathrm{j}\,(X''_{\mathrm{d}}\cos\varphi_{\mathrm{G}}^{\mathrm{b}} - R_{\mathrm{G}}\sin\varphi_{\mathrm{G}}^{\mathrm{b}})\right]}$$

$$\cdot \frac{1}{1 - \dfrac{\sqrt{3}I_{\mathrm{G}}^{\mathrm{b}}}{U_{\mathrm{G}}^{\mathrm{b}}}\left[(R_{\mathrm{TUS}}\cos\varphi_{\mathrm{G}}^{\mathrm{b}} + X_{\mathrm{TUS}}\sin\varphi_{\mathrm{G}}^{\mathrm{b}}) + \mathrm{j}\,(X_{\mathrm{TUS}}\cos\varphi_{\mathrm{G}}^{\mathrm{b}} - R_{\mathrm{TUS}}\sin\varphi_{\mathrm{G}}^{\mathrm{b}})\right]}$$

Bei $R_{\mathrm{G}} \ll X''_{\mathrm{d}}$ und $R_{\mathrm{TUS}} \ll X_{\mathrm{TUS}}$ kann man Gl. (15.54) vereinfachen und findet bei $U_{\mathrm{G}}^{\mathrm{b}} = U_{\mathrm{rG}}$ (Sollwert der Spannungsregelung) für die Berechnung des größten Teilkurzschlussstromes mit $c = c_{\max}$:

$$K_{\mathrm{S}} \approx \frac{U_{\mathrm{nQ}}U_{\mathrm{Q}}}{U_{\mathrm{rG}}^2} \cdot \frac{U_{\mathrm{rTUS}}^2}{U_{\mathrm{rTOS}}^2} \tag{15.55}$$

$$\cdot \frac{c_{\max}}{\sqrt{1 + 2x''_{\mathrm{d}}\left(\dfrac{I_{\mathrm{G}}^{\mathrm{b}}}{I_{\mathrm{rG}}}\right)\sin\varphi_{\mathrm{G}} + x''^2_{\mathrm{d}}\left(\dfrac{I_{\mathrm{G}}^{\mathrm{b}}}{I_{\mathrm{rG}}}\right)^2} \cdot \sqrt{1 - 2x_{\mathrm{T}}\left(\dfrac{I_{\mathrm{G}}^{\mathrm{b}}}{I_{\mathrm{rG}}}\right)\sin\varphi_{\mathrm{G}} + x_{\mathrm{T}}^2\left(\dfrac{I_{\mathrm{G}}^{\mathrm{b}}}{I_{\mathrm{rG}}}\right)^2}}$$

mit $x''_{\mathrm{d}} = X''_{\mathrm{d}}/Z_{\mathrm{rG}}$ und $x_{\mathrm{T}} = X_{\mathrm{T}}/Z_{\mathrm{rT}}$ und $Z_{\mathrm{rG}} = Z_{\mathrm{rT}} = U_{\mathrm{rG}}/(\sqrt{3}\,I_{\mathrm{rG}})$ bei $U_{\mathrm{rG}} = U_{\mathrm{rTUS}}$ sowie $S_{\mathrm{rG}} = S_{\mathrm{rT}}$, also mit Annahmen, die zumindest in vielen Fällen näherungsweise zutreffen [N15.3].

Die Untersuchungen für eine größere Anzahl von Kraftwerksblöcken mit Stufenschalter haben ergeben, ähnlich wie für Generatoren im Abschn. 15.4.5, dass der größte Teilkurzschlussstrom häufig dann zu erwarten ist, wenn der Generator des Blockes vor dem Kurzschluss in seinem Bemessungspunkt gearbeitet hat [15.71 – 15.74, 15.77, 15.78]. Bei 22 von 47 untersuchten Kraftwerksblöcken mit S_{rG} = 32 MVA bis 1640 MVA tritt der größte Teilkurzschlussstrom dann auf, wenn sie vor dem Kurzschluss im Bemessungspunkt $\underline{S}_{\mathrm{rG}}$ betrieben wurden und bei weiteren 16 Kraftwerksblöcken, wenn sie bei $Q > Q_{\mathrm{rG}}$ betrieben wurden. Nur in den 7 verbleibenden Fällen, kann der maximale Teilkurzschlussstrom erwartet werden nach einem Betrieb im untererregten Bereich. In 6 dieser 7 Fälle gilt $x_T > x''_d$ bei $S_{rG} = 32$ MVA ... 147 MVA [15.77].

Als weitere Vereinfachung der Gl. (15.55), um alle Betriebsgrößen zu eliminieren, bietet sich die folgende Form an

$$K_S = \frac{U_{nQ}^2}{U_{rG}^2} \cdot \frac{U_{rTUS}^2}{U_{rTOS}^2} \cdot \frac{c_{max}}{1 + | x''_d - x_T | \sin\varphi_{rG}} \tag{15.56}$$

weil die größten Kurzschlussströme bei $U_Q = U_{nQ}$ auftreten, wenn man voraussetzt, dass die niedrigste Betriebsspannung am Anschlusspunkt des Kraftwerksblockes die Nennspannung des Netzes nicht wesentlich unterschreitet (Bild 15.25b). Zusammen mit dem Korrekturfaktor nach Gl. (15.56) verwendet man deshalb Gl. (15.53) zur Berechnung von $\underline{I}''_{kG(S)}$ [N15.1].

Die Transformatorimpedanz $\underline{Z}_T = \underline{Z}_{TOS}$ wird ausgehend von u_{kr} und P_{krT} berechnet. Wenn die Klemmenspannung durch Sollwertvorgabe dauernd höher als U_{rG} ist, dann soll $U_{Gmax} = U_{rG}(1 + p_G)$ in Gl. (15.56) eingeführt werden [N15.1].

Bild 15.25 zeigt als Beispiel die Teilkurzschlussströme eines Kraftwerksblockes mit $S_{rG} = S_{rT} = 395$ MVA abhängig vom Betriebspunkt vor dem Kurzschluss, ermittelt nach dem Überlagerungsverfahren mit Gl. (15.53) bei K_S nach Gl. (15.55). Bei einem Kraftwerksblock mit $S_{rG} = 395$ MVA trifft die oben getroffene Voraussetzung $R_G \ll X''_d$ und $R_T \ll X_T$ sicher zu.

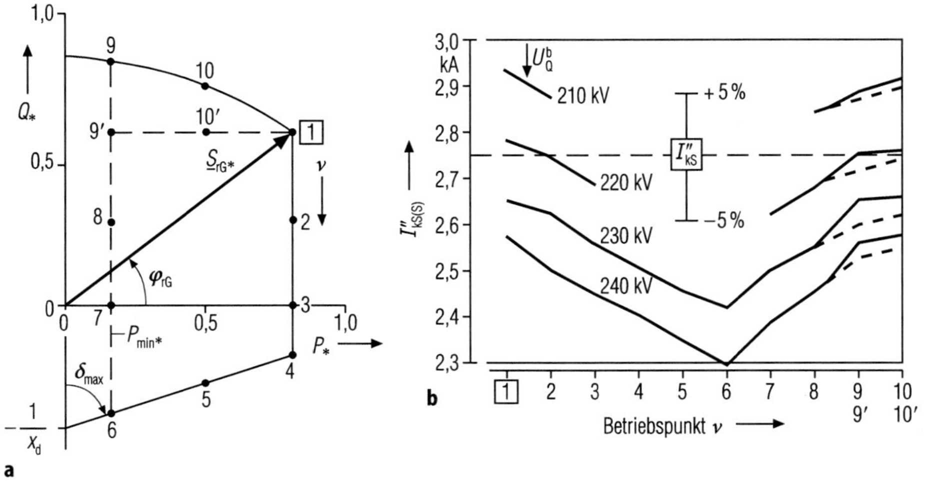

Bild 15.25 a, b. Kurzschlussströme $I''_{kS(S)}$ abhängig vom Betriebszustand vor dem Kurzschluss, $U_{1G*} = 1$. **a** Betriebsdiagramm mit bezogenen Leistungen; **b** Kurzschlussströme nach dem Überlagerungsverfahren. *Beispiel:* $S_{rG} = S_{rT} = 395$ MVA; $U_{rG} = 21$ kV; $\cos\varphi_{rG} = 0{,}8$; $x''_d = 0{,}25$; $x_d = 2{,}38$; $P_{Gmin} = 0{,}2 P_{rG}$; $U_{rTOS} = 245$ kV; $U_{rTUS} = 21$ kV; $t = U_{rTOS}(1 \pm 0{,}112)/U_{rTUS}$; $u_{kr} = 15\,\%$; $u_{k+} = 15{,}8\,\%$; $u_{k-} = 14{,}5\,\%$; $U_{nQ} = 220$ kV

Bild 15.25a zeigt das Leistungsdiagramm (Abschn. 5.2) mit eingetragenen Betriebspunkten bei der bezogenen Bemessungsscheinleistung $\underline{S}_{rG*} = (0.8 + j0.6)$ p. u. für $\cos \varphi_{rG} = 0{,}8$ und einem zulässigen Polradwinkel im stationären Betrieb von $\delta_{max} = 70°$. Bild 15.25b enthält die zugehörigen Berechnungsergebnisse bei unterschiedlichen Spannungen U_Q vor dem Kurzschluss an der Kurzschlussstelle auf der OS-Seite des Blocktransformators bei konstanter Klemmenspannung $U_G = U_{rG}$. Bei dieser Berechnung wurde vereinfachend vorausgesetzt, dass das Übersetzungsverhältnis t des Transformators kontinuierlich veränderbar ist und nicht nur in den Stufen, die durch den Stufenschalter vorgegeben sind. Bei $U_Q = 210$ kV und 220 kV ist ein Betrieb nur bei $Q > 0$ möglich. Bei allen Spannungen U_Q tritt der jeweils größte Kurzschlussstrom bei Kurzschluss nach Betrieb im Betriebspunkt 1 auf. Am Punkt 10 ist der Kurzschlussstrom etwa ebenso groß wie im Punkt 1.

Eingezeichnet im Bild 15.25b ist der mit der Ersatzspannungsquelle $cU_n/\sqrt{3}$ an der Kurzschlussstelle und dem Korrekturfaktor K_S nach Gl. (15.56) berechnete Teilkurzschlussstrom des Kraftwerksblockes mit Stufenschalter des Blocktransformators:

$$I''_{kS} = \frac{1{,}1 \cdot 220\ \text{kV}}{\sqrt{3}\left(\left(\dfrac{245\ \text{kV}}{21\ \text{kV}}\right)^2 \cdot 0{,}2791\ \Omega + 22{,}794\ \Omega\right) \cdot 0{,}8367} = 2{,}747\,\text{kA}$$

mit

$$K_S = \frac{(220\,\text{kV})^2}{(21\,\text{kV})^2} \cdot \frac{(21\,\text{kV})^2}{(245\,\text{kV})^2} \cdot \frac{1{,}1}{1 + |0{,}25 - 0{,}15| \cdot 0{,}6} = 0{,}8367$$

Nach [N15.1] ist es, wenn man den in der Praxis auftretenden Bereich der Spannung U_Q am Anschlusspunkt des Blockes aus längerer Betriebserfahrung kennt, möglich, den niedrigsten Wert des Bereiches $U_{Qmin} > U_{nQ}$ anstelle von U_{nQ} in Gl. (15.56) einzusetzen und somit $U_{nQ} U_{Qmin}$ für U_{nQ}^2 zu schreiben, um auf diese Weise auch wirtschaftlichen Gesichtspunkten Rechnung zu tragen ohne die Sicherheit zu gefährden [N15.1].

Um die Wirksamkeit von K_S nach Gl. (15.56) zu überprüfen, wurde eine statistische Untersuchung für 47 Kraftwerksblöcke mit Stufenschaltern durchgeführt. Bild 15.26 zeigt die Ergebnisse einmal mit $K_S = 1$ und zum anderen mit K_S nach Gl. (15.56) jeweils bezogen auf das Ergebnis nach dem Überlagerungsverfahren bei $U_Q^b = U_{nQ}$.

$$\Delta I''_{kS} = \frac{I''_{kS(v)} - I''_{kS(S)}}{I''_{kS(S)}} \cdot 100\% \qquad (15.57)$$

Bild 15.26 zeigt, dass die Ergebnisse ohne Korrekturfaktor ($K_S = 1$) in etwa 50 % der Fälle auf negative Abweichungen von mehr als –5 % führen würden.

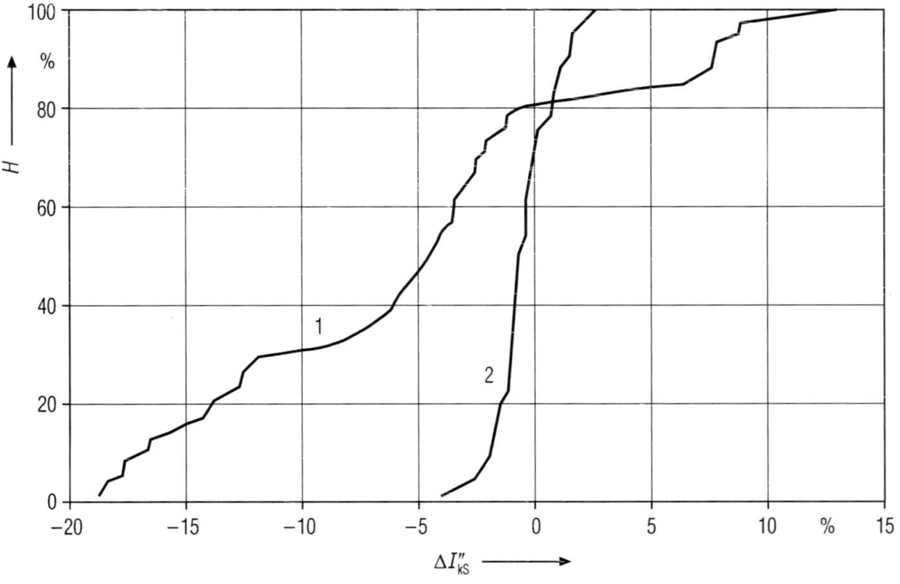

Bild 15.26. Summenhäufigkeit H der Abweichungen $\Delta I''_{kS}$ nach Gl. (15.57) [15.77, 15.78]. $v = 1$: I''_{kS} nach Gl. (15.53) mit $K_S = 1$; $v = 2$: I''_{kS} nach Gl. (15.53) mit K_S nach Gl. (15.56)

Der vereinfachte Korrekturfaktor K_S nach Gl. (15.56) hingegen führt auf befriedigende Ergebnisse bei der Berechnung der größten Kurzschlussströme.

Wenn man berücksichtigt, dass der Eigenbedarfstransformator (EBT im Bild 15.29) in Kraftwerken mit fossiler Feuerung eine Bemessungsscheinleistung von $S_{rEBT} \approx 0{,}1 \cdot S_{rG}$ hat und dass die Leistung der Eigenbedarfsmotoren während des Betriebes nur etwa $0{,}6 \cdot S_{rEBT}$ erreicht (merklich weniger als beim Anfahren), so wird klar, dass der Beitrag der Motoren des Eigenbedarfs bei der Kurzschlussstromberechnung auf der OS-Seite des Blocktransformators oder im Netz nicht berücksichtigt zu werden braucht [N15.5]. Dies gilt gleichermaßen für die Berechnung von I''_{kS} und I''_{kSO}. Bei Wasserkraftwerken ist der Eigenbedarf meist noch sehr viel kleiner als in Dampfkraftwerken, so dass das oben gesagte auch hier zutrifft. Sonderfälle sind zu beachten [N15.1].

Bei der Berechnung der kleinsten Kurzschlussströme, z. B. für Netze in Schwachlastzeiten in Sommernächten, sind die im Abschn. 15.3.3 aufgeführten Bedingungen einzuhalten. Auch wenn, wie Bild 15.25 zeigt, im untererregten Betriebsbereich kleinere Kurzschlussströme als im übererregten Bereich zu erwarten sind, sollte man nicht auf die Berücksichtigung von K_S verzichten, weil auch bei Schwachlastzuständen allenfalls einige Kraftwerksblöcke untererregt betrieben werden, um kapazitive Blindleistung ins Netz zu liefern und damit die Spannungshaltung zu beeinflussen.

Bei der Berechnung der Kurzschlussströme für unsymmetrische Fehler auf der OS-Seite des Blocktransformators, z. B. bei der Berechnung des einpoligen Erdkurzschlussstromes, muss man neben der Frage, ob der Blocktransformator einen Stufenschalter hat oder nicht, auch die Art der Sternpunktbehandlung des Blocktransformators beachten, insbesondere dann, wenn es darum geht die Teilkurzschlussströme auch über den Transformatorsternpunkt und Erde auf der Kraftwerksseite zu bestimmen bei untererregtem Betrieb des Kraftwerksblockes mit oder ohne Stufenschalter. Überlegungen zu dieser Spezialfrage findet man in [15.79].

Wenn nur übererregter Betrieb zu erwarten ist, kann man nach [N15.1] den Impedanzkorrekturfaktor nach Gl. (15.56) auch im Gegen- und Nullsystem anwenden, wobei eine gegebenenfalls zwischen Transformatorsternpunkt und Erde vorhandene niederohmige Impedanz nicht korrigiert werden soll. Bei Kraftwerksblöcken in Deutschland mit Anschluss an niederohmig geerdete Hochspannungsnetze werden die Sternpunkte der Blocktransformatoren auf der OS-Seite entweder direkt geerdet, isoliert betrieben oder über Impedanzen von 1 bis 3 Ω geerdet.

15.4.7 Kraftwerksblöcke ohne Stufenschalter

Bei der Ableitung des Impedanzkorrekturfaktors für Kraftwerksblöcke ohne Stufenschalter (Zusatzindex O) verwendet man Bild 15.27, ähnlich wie Bild 15.24, jedoch mit dem Unterschied, dass für das Übersetzungsverhältnis $t = t_{\mathrm{r}} = U_{\mathrm{rTOS}}/U_{\mathrm{rTUS}}$ gilt und die Klemmenspannung des Generators von U_{rG} verschiedenen sein kann mit $U_{\mathrm{G}} = U_{\mathrm{rG}}(1 \pm p_{\mathrm{G}})$, um so bei einer durch das Netz vorgegebenen Spannung $U_{\mathrm{Q}}^{\mathrm{b}}$ auf der Oberspannungsseite des Blocktransformators Leistungen P und Q ins Netz abgeben zu können.

Der größte Teilkurzschlussstrom auf der Oberspannungsseite des Blocktransformators ist nach dem Überlagerungsverfahren dann zu erwarten, wenn die Betriebsspannung $U_{\mathrm{Q}}^{\mathrm{b}}$ ein Maximum aufweist. Bei diesen Kraftwerksblöcken wird U_{rTOS} größer als U_{nQ}, in manchen Fällen sogar größer als U_{m} gewählt [15.71, 15.72, 15.77, 15.78].

Für den Betriebsstrom vor dem Kurzschluss gilt:

$$\underline{I}_{\mathrm{SO}}^{\mathrm{b}} = \frac{1}{t_{\mathrm{r}}} \underline{I}_{\mathrm{G}}^{\mathrm{b}} = \frac{1}{t_{\mathrm{r}}} \cdot \frac{\underline{U}'' - \underline{U}_{\mathrm{Qt}}^{\mathrm{b}} / \sqrt{3}}{\underline{Z}_{\mathrm{G}} + \underline{Z}_{\mathrm{TUS}}} \tag{15.58}$$

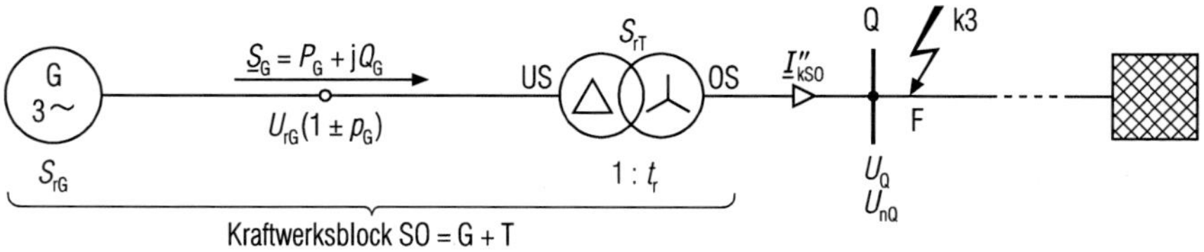

Bild 15.27. Kraftwerksblock: Generator und Blocktransformator ohne Stufenschalter, $t_{\mathrm{r}} = U_{\mathrm{rTOS}}/U_{\mathrm{rTUS}}$

Dem Betriebsstrom $\underline{I}_{SO}^{b}$ ist der Strom $\underline{I}_{SO}^{\Delta}$ zu überlagern, den man bei der Rückwärtseinspeisung und kurzgeschlossener subtransienter Spannung $\underline{U}''$ findet:

$$\underline{I}_{SO}^{\Delta} = \frac{1}{t_r} \cdot \frac{\underline{U}_{Qt}^{b} / \sqrt{3}}{\underline{Z}_G + \underline{Z}_{TUS}} = \frac{\underline{U}_{Q}^{b} / \sqrt{3}}{t_r^2 \underline{Z}_G + \underline{Z}_T} \tag{15.59}$$

Dabei gilt $\underline{Z}_T = \underline{Z}_{TOS} = t_r^2 \underline{Z}_{TUS}$. Durch Überlagerung der beiden Ströme $\underline{I}_{SO}^{b}$ und $\underline{I}_{SO}^{\Delta}$ wird:

$$\underline{I}''_{kSO(S)} = \underline{I}_{SO}^{b} + \underline{I}_{SO}^{\Delta} = \frac{t_r \underline{U}''}{t_r^2 \underline{Z}_G + \underline{Z}_T} \tag{15.60}$$

Führt man $\underline{U}'' = U_G^b / \sqrt{3} + \underline{Z}_G \underline{I}_G^b$ nach Gl. (15.51) ein, so findet man:

$$\underline{I}''_{kSO(S)} = \frac{c U_{nQ}}{\sqrt{3}(t_r^2 \underline{Z}_G + \underline{Z}_T) \underline{K}_{SO}} \tag{15.61}$$

mit

$$\underline{K}_{SO} = \frac{U_{nQ}}{U_{rG}(1 \pm p_G)} \cdot \frac{U_{rTUS}}{U_{rTOS}} \cdot \frac{c}{1 + \frac{\sqrt{3} I_G^b}{U_G^b} [(R_G \cos\varphi_G^b + X''_d \sin\varphi_G^b) + \mathrm{j}\,(X''_d \cos\varphi_G^b - R_G \sin\varphi_G^b)]} \tag{15.62}$$

Im ersten Teil wurde dabei $U_G^b = U_{rG}\,(1 \pm p_G)$ eingeführt.

Nimmt man $R_G \ll X''_d$ an, so kann man Gl. (15.62) vereinfachen für die Berechnung des größten Kurzschlussstromes mit $U_{Gmax} = U_{rG}(1 + p_G)$ und $c = c_{max}$:

$$K_{SO} \approx \frac{U_{nQ}}{U_{rG}(1 + p_G)} \cdot \frac{U_{rTUS}}{U_{rTOS}} \cdot \frac{c_{max}}{\sqrt{1 + 2x''_d \left(\frac{I_G^b}{I_{rG}} \cdot \frac{U_{rG}}{U_G^b} \right) \sin\varphi_G^b + x''^2_d \left(\frac{I_G^b}{I_{rG}} \cdot \frac{U_{rG}}{U_G^b} \right)^2}} \tag{15.63}$$

Als weitere Vereinfachung, um alle Betriebsgrößen zu eliminieren, bietet sich der in [N15.2] angegebene Korrekturfaktor [15.71, 15.72] an:

$$K_{SO} = \frac{U_{nQ}}{U_{rG}(1 + p_G)} \cdot \frac{U_{rTUS}}{U_{rTOS}} \cdot \frac{c_{max}}{1 + x''_d \sin\varphi_{rG}} \tag{15.64a}$$

Hat der Transformator einige Anzapfungen, auf die nur im spannungslosen Zustand umgeschaltet werden kann, so lässt sich Gl. (15.64a) dieser Situation wie folgt anpassen [N15.1]:

$$K_{\mathrm{SO}} = \frac{U_{\mathrm{nQ}}}{U_{\mathrm{rG}}(1+p_{\mathrm{G}})} \cdot \frac{U_{\mathrm{rTUS}}}{U_{\mathrm{rTOS}}} \cdot (1 \pm p_{\mathrm{T}}) \cdot \frac{c_{\max}}{1 + x_{\mathrm{d}}'' \sin\varphi_{\mathrm{rG}}} \tag{15.64b}$$

Zur Überprüfung der Wirksamkeit des Korrekturfaktors K_{SO} nach Gl. (15.64a) wurden 27 Kraftwerksblöcke ohne Stufenschalter des Blocktransformators untersucht. Dabei wurden die Ergebnisse nach Gl. (15.61) mit $\underline{K}_{\mathrm{SO}}$ nach Gl. (15.62) für das Überlagerungsverfahren verwendet und K_{SO} nach Gl. (15.64a) beim Verfahren mit der Ersatzspannungsquelle. Im Bild 15.28 sind die Summenhäufigkeiten H der Abweichungen $\Delta I_{\mathrm{kSO}}''$ für drei Untersuchungsvarianten aufgetragen.

$$\Delta I_{\mathrm{kSO}}'' = \frac{I_{\mathrm{kSO}(\nu)}'' - I_{\mathrm{kSO(S)}}''}{I_{\mathrm{kSO(S)}}''} \cdot 100\,\% \tag{15.65}$$

Die Kurve $\nu = 1$ im Bild 15.28 zeigt, dass man ohne einen Korrekturfaktor nicht auskommt. Die Kurve $\nu = 2$ macht deutlich, dass der Korrekturfaktor K_{KW} nach DIN VDE 0102: 1990, Gl. (44) für Kraftwerksblöcke ohne Stufenschalter ungeeignet war, weil er in 50 % der untersuchten Fälle auf Ergebnisse auf der unsicheren Seite unterhalb von –5 % führt. Die Kurve $\nu = 3$ zeigt, dass der Impedanzkorrekturfaktor nach Gl. (15.64a) gute Ergebnisse liefert.

Der Korrekturfaktor K_{SO} nach Gl. (15.64) soll bei der Berechnung von unsymmetrischen Kurzschlussströmen auch auf die Impedanzen im Gegen- und

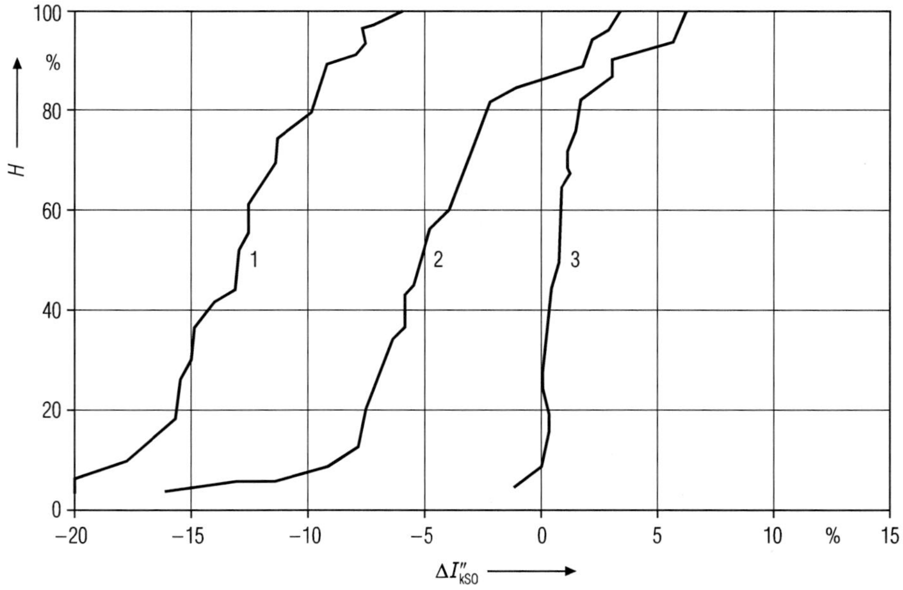

Bild 15.28. Summenhäufigkeit H der Abweichungen $\Delta I_{\mathrm{kSO}}''$ nach Gl. (15.65) [N15.2, 15.71, 15.72, 15.77]. $\nu = 1$: $K_{\mathrm{SO}} = 1$; $\nu = 2$: $K_{\mathrm{SO}} = K_{\mathrm{KW}}$ nach DIN VDE 0102:1990, Gl. (44); $\nu = 3$: K_{SO} nach Gl. (15.64a)

Nullsystem angewendet werden. Er soll jedoch nicht angewendet werden auf eine Impedanz zwischen dem Transformatorsternpunkt und Erde. Die Anwendung von K_{SO} soll unabhängig davon erfolgen, ob der Generator vor dem Kurzschluss im über- oder im untererregten Bereich gearbeitet hat [N15.1].

Wie im Abschn. 15.4.6 ist es auch hier nicht notwendig, den Beitrag der Asynchronmotoren des Eigenbedarfs bei der Berechnung des Kurzschlussstromes auf der OS-Seite des Blocktransformators zu berücksichtigen [N15.1].

15.4.8 Korrekturfaktoren bei Kurzschluss zwischen Generator und Blocktransformator

Die Berechnung der Kurzschlussströme auf der Generatorableitung zwischen Generator und Blocktransformator und auf dem Abzweig zum Eigenbedarfstransformator (bei großen Blöcken u. U. zu zwei Eigenbedarfstransformatoren) wird in der Regel nur einmal, und zwar während der Planungsphase des Kraftwerksblockes, mit entsprechender Sorgfalt durchgeführt, um damit die mechanische und thermische Auslegung der Generatorableitung sowie gegebenenfalls die Auswahl eines Generatorschalters vorzunehmen. Eine zu schwache Auslegung, die sich bei einer späteren Berechnung herausstellen würde, wird auf jeden Fall zumindest großen finanziellen Schaden nach sich ziehen, einmal durch Umbaumaßnahmen und zum anderen durch den Stillstand des Blockes und die während dieser Zeit nicht gelieferte elektrische Energie.

Vor diesem Hintergrund ist es verständlich, dass, bei der Berechnung der Kurzschlussströme auf der Generatorableitung, die auf der OS-Seite des Blocktransformators während der Lebensdauer des Kraftwekes maximal zu erwartende Kurzschlussleistung $S''_{kQmax} = \sqrt{3}\, U_{nQ} I''_{kQmax}$ berücksichtigt werden muss [N15.1]. Bei dieser Forderung geht man davon aus, dass eine Langfristplanung vorliegt, die nicht nur die Grundlagen für Größe, Art und Auslegung des Kraftwerksblockes enthält, sondern auch die Anschlussbedingungen auf der elektrischen Seite einschließlich der Eigenbedarfssicherung und schließlich die mögliche Entwicklung der Kurzschlussleistung am Anschlusspunkt bis zum Ende der Lebensdauer des Kraftwerkes.

Die Berechnung der größten Kurzschlussströme auf der Generatorableitung ist daher losgelöst von der Kurzschlussstromberechnung im Netz durchzuführen. Der Knotenpunkt zwischen Generator und Blocktransformator spielt eine Rolle bei der Leistungsflussberechnung im Netz (Kap. 14) nicht aber bei den nach [N15.1] durchzuführenden Kurzschlussstromberechnungen im Hochspannungsnetz, die bei Änderungen der Netzverhältnisse häufiger vorgenommen werden müssen, z. B. für verschiedene Schaltzustände, Veränderungen in der Kupplung zu Nachbarnetzen, bei In- und Außerbetriebnahme von Kraftwerksblöcken und bei Veränderungen in den Netzen und Anlagen angeschlossener Industriebetriebe, deren Generatoren und Motoren zum Kurzschlussstrom beitragen.

Untersuchungen für eine größere Zahl von Kraftwerksblöcken mit und ohne Stufenschalter des Blocktransformators haben gezeigt, dass abhängig davon, ob Teilkurzschlussströme oder Summenkurzschlussströme berechnet werden sollen, unterschiedliche Impedanzkorrekturfaktoren einzuführen sind [N15.1, N15.2, 15.76, 15.78].

Bild 15.29 zeigt den Aufbau eines Kraftwerksblockes mit Generator, Blocktransformator, Eigenbedarfstransformator (EBT) und Hauptsammelschiene (A) des Eigenbedarfs mit z. B. U_{nA} = 6 kV oder 10 kV. Eingezeichnet sind die betrachteten Kurzschlussstellen F1 bis F3 und die zugehörigen Teilkurzschlussströme. Dabei stellt sich die Frage, welcher der Teilkurzschlussströme I''_{kG} oder I''_{kT} der größere ist, weil daraus die höchste Beanspruchung der Generatorableitung resultiert. Wenn ein Generatorleistungsschalter zwischen Generator und Eigenbedarfsabzweig eingesetzt wird, so dient der größte Teilkurzschlussstrom auch zur Schalterauswahl bezüglich seiner Ausschaltfähigkeit.

Bei Kurzschlüssen auf der Generatorableitung muss der Beitrag der Motoren (Mittel- und Niederspannungsmotoren) des Eigenbedarfs zum Kurzschlussstrom berücksichtigt werden.

Aus Bild 15.29 liest man für den dreipoligen Kurzschluss ab:

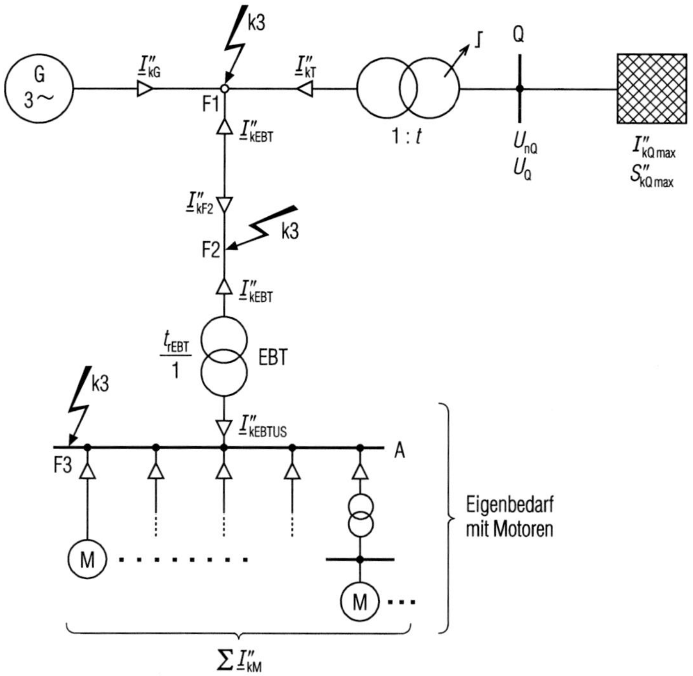

Bild 15.29. Kraftwerksblock mit Eigenbedarf (Blocktransformator mit oder ohne Stufenschalter); Teilkurzschlussströme in F1 bis F3

Kurzschluss zwischen den Generatoranschlüssen und F1 führt zu den folgenden Teilkurzschlussströmen:

$$\underline{I}''_{\mathrm{kG}} \quad \text{und} \quad \underline{I}''_{\mathrm{kT}} + \underline{I}''_{\mathrm{kEBT}} \tag{15.66}$$

Kurzschluss zwischen den Transformatoranschlüssen (US-Seite) und F1 führt zu den folgenden Teilkurzschlussströmen:

$$\underline{I}''_{\mathrm{kG}} + \underline{I}''_{\mathrm{kEBT}} \quad \text{und} \quad \underline{I}''_{\mathrm{kT}} \tag{15.67}$$

Will man den Summenkurzschlussstrom an der Kurzschlussstelle F1 auf der Generatorableitung ermitteln, so kann man $\underline{I}''_{\mathrm{kG}}$, $\underline{I}''_{\mathrm{kT}}$ und $\underline{I}''_{\mathrm{kEBT}}$ addieren und erhält so ein auf der sicheren Seite liegendes Ergebnis, weil der größte Wert $\underline{I}''_{\mathrm{kG}}$ nach Gl. (15.69) und der größte Wert von $\underline{I}''_{\mathrm{kT}}$ nach Gl. (15.71) nicht gleichzeitig auftreten können. Zu einem genaueren Ergebnis führt Gl. (15.74).

Für die Auslegung der Generatorableitung nach Bild 15.29 zwischen Generator und Blocktransformator wird der größere der beiden Teilkurzschlussströme $\underline{I}''_{\mathrm{kT}} + \underline{I}''_{\mathrm{kEBT}}$ oder $\underline{I}''_{\mathrm{kG}} + \underline{I}''_{\mathrm{kEBT}}$ verwendet. Bei einem Schalter zwischen dem Generator und dem Eigenbedarfsabzweig ist entweder $\underline{I}''_{\mathrm{kG}}$ oder $\underline{I}''_{\mathrm{kT}} + \underline{I}''_{\mathrm{kEBT}}$ maßgeblich. Bei der Berechnung dieser Kurzschlussströme wird die Impedanz der Generatorableitung und die Impedanz der Zuleitung zum Eigenbedarfstransformator vernachlässigt, weil diese äußerst klein sind gegenüber den Impedanzen des Generators, Blocktransformators und Eigenbedarfstransformators.

Bei Kurzschluss an der Kurzschlussstelle F2 im Bild 15.29 auf der Zuleitung zum Eigenbedarfstransformator treten die Teilkurzschlussströme $\underline{I}''_{\mathrm{kF2}}$ und $\underline{I}''_{\mathrm{kEBT}}$ auf. $\underline{I}''_{\mathrm{kF2}}$ ist nach Gl. (15.74) oder Gl. (15.82) und der Teilkurzschlussstrom $\underline{I}''_{\mathrm{kEBT}}$ nach Gl. (15.73) zu berechnen. Die Bezeichnung $\underline{I}''_{\mathrm{kF2}}$ wurde in Übereinstimmung mit [N15.1, Bild 13 und Gl. (38) bzw. (43)] gewählt. Es ist darauf zu achten, dass es sich hier nur um einen Teilkurzschlussstrom handelt.

Beim Kurzschluss an der Kurzschlussstelle F3 nach Bild 15.29 auf der Hauptsammelschiene A des Eigenbedarfs berechnet man:

$$\underline{I}''_{\mathrm{kF3}} = \underline{I}''_{\mathrm{kEBTUS}} + \sum \underline{I}''_{\mathrm{kM}} \tag{15.68}$$

Der Teilkurzschlussstrom $\sum \underline{I}''_{\mathrm{kM}}$ besteht aus allen Beiträgen der Mittelspannungs- und der Niederspannungsmotoren des Eigenbedarfs (Abschn. 15.4.9 und 15.5.6).

Bei der Berechnung der Teilkurzschlussströme und der Summenkurzschlussströme bei Kurzschlüssen zwischen Generator, Blocktransformator und Eigenbedarfstransformator sowie an der Kurzschlussstelle F3 in Bild 15.29 wird nach [N15.1] zwischen dem Fall des Kraftwerksblockes mit Stufenschalter und dem Fall des Kraftwerksblockes ohne Stufenschalter des Blocktransformators unterschieden.

Kraftwerksblock mit Stufenschalter des Blocktransformators:
Teilkurzschlussströme bei *Kurzschluss in F1*:

$$\underline{I}''_{\mathrm{kG}} = \frac{cU_{\mathrm{rG}}}{\sqrt{3}K_{\mathrm{G,S}}\underline{Z}_{\mathrm{G}}} \tag{15.69}$$

mit

$$K_{\mathrm{G,S}} = \frac{c_{\max}}{1 + x''_{\mathrm{d}} \sin\varphi_{\mathrm{rG}}} \tag{15.70}$$

und

$$\underline{I}''_{\mathrm{kT}} = \frac{cU_{\mathrm{rG}}}{\sqrt{3}\left(\underline{Z}_{\mathrm{TUS}} + \dfrac{1}{t_{\mathrm{r}}^2}\underline{Z}_{\mathrm{Qmin}}\right)} \tag{15.71}$$

mit

$$\underline{Z}_{\mathrm{Qmin}} = \frac{c_{\mathrm{Qmax}}U_{\mathrm{nQ}}}{\sqrt{3}\underline{I}''_{\mathrm{kQmax}}} \tag{15.72}$$

sowie

$$\underline{I}''_{\mathrm{kEBT}} = \frac{cU_{\mathrm{rG}}}{\sqrt{3}(K_{\mathrm{T}}\underline{Z}_{\mathrm{EBT}} + t_{\mathrm{rEBT}}^2\underline{Z}_{\mathrm{k\Sigma M}})} \tag{15.73}$$

Dabei sind $\underline{Z}_{\mathrm{G}} = R_{\mathrm{G}} + \mathrm{j}X''_{\mathrm{d}}$, $x''_{\mathrm{d}} = X''_{\mathrm{d}}/Z_{\mathrm{rG}}$ mit $Z_{\mathrm{rG}} = U_{\mathrm{rG}}^2/S_{\mathrm{rG}}$, $\underline{Z}_{\mathrm{TUS}} = R_{\mathrm{TUS}} + \mathrm{j}X_{\mathrm{TUS}}$ nach Gl. (8.9), $t_{\mathrm{r}} = U_{\mathrm{rTOS}}/U_{\mathrm{rTUS}}$ (Blocktransformator), $\underline{Z}_{\mathrm{EBT}} = R_{\mathrm{EBT}} + \mathrm{j}X_{\mathrm{EBT}}$, K_{T} nach Gl. (15.29) für den Eigenbedarfstransformator, $t_{\mathrm{rEBT}} = U_{\mathrm{rEBTOS}}/U_{\mathrm{rEBTUS}}$, $\underline{Z}_{\mathrm{k\Sigma M}}$ für alle Motoren des Eigenbedarfs bezogen auf die Sammelschiene A und $\underline{I}''_{\mathrm{kQmax}}$ als größtmöglicher Anfangs-Kurzschlusswechselstrom während der Lebensdauer des Kraftwerkes, berechnet mit c_{Qmax} [N15.1, 4.2.1.3].

Für den Teilkurzschlussstrom $\underline{I}''_{\mathrm{kF2}}$ [N15.1] an der *Kurzschlussstelle F2*, der für die Auslegung der Anbindung des Eigenbedarfstransformators benötigt wird, gilt:

$$\underline{I}''_{\mathrm{kF2}} = \frac{cU_{\mathrm{rG}}}{\sqrt{3}}\left[\frac{1}{K_{\mathrm{G,S}}\underline{Z}_{\mathrm{G}}} + \frac{1}{K_{\mathrm{T,S}}\underline{Z}_{\mathrm{TUS}} + \dfrac{1}{t_{\mathrm{r}}^2}\underline{Z}_{\mathrm{Qmin}}}\right] = \frac{cU_{\mathrm{rG}}}{\sqrt{3}\underline{Z}_{\mathrm{rslS}}} \tag{15.74}$$

mit

$$K_{\mathrm{T,S}} = \frac{c_{\max}}{1 - x_{\mathrm{T}} \sin\varphi_{\mathrm{rG}}} \tag{15.75}$$

und $K_{\mathrm{G,S}}$ nach Gl. (15.70).

Die Summenkurzschlussströme $\underline{I}''_{k\Sigma F1}$ oder $\underline{I}''_{k\Sigma F2}$ für die Kurzschlussstellen F1 oder F2 ergeben sich gleichermaßen ausgehend von Gl. (15.74) für den Teilkurzschlussstrom $\underline{I}''_{kF2}$ nach Ergänzung durch den Motoranteil zu:

$$\underline{I}''_{k\Sigma F1} = \underline{I}''_{k\Sigma F2} = \underline{I}''_{kF2} + \underline{I}''_{kEBT} \tag{15.76}$$

$$= \frac{cU_{rG}}{\sqrt{3}}\left[\frac{1}{K_{G,S}\underline{Z}_G} + \frac{1}{K_{T,S}\underline{Z}_{TUS} + \frac{1}{t_r^2}\underline{Z}_{Qmin}} + \frac{1}{K_T\underline{Z}_{EBT} + t_{rEBT}^2\underline{Z}_{k\Sigma M}}\right]$$

Die Impedanz $\underline{Z}_{k\Sigma M}$ berechnet man wie folgt:

$$\underline{Z}_{k\Sigma M} = \frac{cU_{nA}}{\sqrt{3}\sum \underline{I}''_{kM}} \tag{15.77}$$

Den Teilkurzschlussstrom $\underline{I}''_{kEBTUS}$ bei *Kurzschluss in F3* im Bild 15.29 berechnet man mit:

$$\underline{I}''_{kEBTUS} = \frac{cU_{nA}}{\sqrt{3}\left(K_T\underline{Z}_{EBTUS} + \frac{1}{t_{rEBT}^2}\underline{Z}_{rslS}\right)} \tag{15.78}$$

Die resultierende Impedanz $\underline{Z}_{rslS}$ ist für den Kraftwerksblock S mit Stufenschalter durch Gl. (15.74) gegeben. U_{nA} ist die Nennspannung des Eigenbedarfsnetzes an der Sammelschiene A und K_T der Impedanzkorrekturfaktor nach Gl. (15.29) für den Eigenbedarfstransformator.

Bei dem Kraftwerksblock mit Stufenschalter wurde vorausgesetzt, dass vor dem Kurzschluss die geregelte Spannung U_{rG} vorhanden ist. Wenn es trotz des Transformatorstufenschalters notwendig sein sollte, den Sollwert auf eine andere Größe als U_{rG} einzustellen, so sollen bei der Berechnung der Kurzschlussströme zwischen Generator, Blocktransformator und Eigenbedarfstransformator sowie für den Teilkurzschlussstrom $\underline{I}''_{kEBTUS}$ die Gleichungen für den Kraftwerksblock ohne Stufenschalter verwendet werden [N15.1] oder es sind Zusatzüberlegungen durchzuführen z.B. nach dem Überlagerungsverfahren.

Beispiel:
$S_{rG} = 125$ MVA; $U_{rG} = 10{,}5$ kV; $\cos\varphi_{rG} = 0{,}8$; $x''_d = 0{,}12$;
$S_{rT} = 125$ MVA; $U_{rTOS} = 117$ kV; $U_{rTUS} = 10{,}5$ kV; $p_T \pm 16\,\%$; $u_{kr} = 14{,}7\,\%$;
$U_{nQ} = 110$ kV; $S''_{kQmax} = 7500$ MVA.

Es ergibt sich nach:

Gl. (15.70): $K_{G,S} = \dfrac{1{,}1}{1 + 0{,}12 \cdot 0{,}6} = 1{,}026;$

$$\underline{Z}_{\mathrm{G}} \approx \mathrm{j}X''_{\mathrm{d}} = \mathrm{j}\,0{,}12\,\frac{(10{,}5\ \mathrm{kV})^2}{125\ \mathrm{MVA}} = \mathrm{j}\,0{,}1058\ \Omega$$

Gl. (15.69): $$\underline{I}''_{\mathrm{kG}} = -\mathrm{j}\,\frac{1{,}1\cdot 10{,}5\ \mathrm{kV}}{\sqrt{3}\cdot 1{,}026\cdot 0{,}1058\ \Omega} = -\mathrm{j}\,61{,}43\ \mathrm{kA}$$

Gl. (8.9): $$\underline{Z}_{\mathrm{TUS}} \approx \mathrm{j}X_{\mathrm{TUS}} = \mathrm{j}\,\frac{14{,}7\%}{100\,\%}\cdot\frac{(10{,}5\ \mathrm{kV})^2}{125\ \mathrm{MVA}} = \mathrm{j}\,0{,}130\ \Omega$$

Gl. (15.72): $$X_{\mathrm{Qmin}} \approx \frac{1{,}1\cdot(110\ \mathrm{kV})^2}{7500\ \mathrm{MVA}} = 1{,}775\ \Omega \quad (R_{\mathrm{Q}} \ll X_{\mathrm{Q}})$$

Gl. (15.71): $$\underline{I}''_{\mathrm{kT}} = -\mathrm{j}\,\frac{1{,}1\cdot 10{,}5\ \mathrm{kV}}{\sqrt{3}\left(0{,}130\ \Omega + \frac{(10{,}5\ \mathrm{kV})^2}{(117\ \mathrm{kV})^2}1{,}775\ \Omega\right)} = -\mathrm{j}\,46{,}21\ \mathrm{kA}$$

Die subtransiente Reaktanz X''_{d} des Generators ist kleiner als X_{TUS} und deshalb wird I''_{kG} größer als I''_{kT}.

Für den Teilkurzschlussstrom $\underline{I}''_{\mathrm{kF2}}$ wird nach Gl. (15.74):

$$\underline{I}''_{\mathrm{kF2}} = -\mathrm{j}\,\frac{1{,}1\cdot 10{,}5\ \mathrm{kV}}{\sqrt{3}}$$

$$\left[\frac{1}{1{,}026\cdot 0{,}1058\ \Omega} + \frac{1}{1{,}206\cdot 0{,}130\ \Omega + \frac{(10{,}5\ \mathrm{kV})^2}{(117\ \mathrm{kV})^2}1{,}775\ \Omega}\right] = -\mathrm{j}\ 100{,}41\ \mathrm{kA}$$

mit $K_{\mathrm{T,S}} = \dfrac{1{,}1}{1-0{,}147\cdot 0{,}6} = 1{,}206$ nach Gl. (15.75)

I''_{kF2} ist etwa 7 % kleiner als die Summe der Ströme $I''_{\mathrm{kG}} + I''_{\mathrm{kT}}$. Für die resultierende Impedanz ergibt sich $\underline{Z}_{\mathrm{rslS}} = \mathrm{j}\ 0{,}0664\ \Omega$.

Ein ausführliches Beispiel für die Berechnung der Ströme bei Kurzschluss auf der Generatorableitung und im Eigenbedarf findet man in [N15.5].

Kraftwerksblock ohne Stufenschalter des Blocktransformators

Teilkurzschlussströme bei *Kurzschluss in F1*:

$$\underline{I}''_{\mathrm{kG}} = \frac{cU_{\mathrm{rG}}}{\sqrt{3}K_{\mathrm{G,SO}}\underline{Z}_{\mathrm{G}}} \tag{15.79}$$

mit

$$K_{\mathrm{G,SO}} = \frac{1}{1+p_{\mathrm{G}}}\cdot\frac{c_{\max}}{1+x''_{\mathrm{d}}\sin\varphi_{\mathrm{rG}}} \tag{15.80}$$

$$\underline{I}''_{\mathrm{kT}} = \frac{cU_{\mathrm{rG}}}{\sqrt{3}\left(\underline{Z}_{\mathrm{TUS}} + \frac{1}{t_{\mathrm{r}}^2}\underline{Z}_{\mathrm{Qmin}}\right)} \tag{15.81}$$

mit $\underline{Z}_{\mathrm{Qmin}}$ nach Gl. (15.72). Für die Berechnung des Teilkurzschlussstromes $\underline{I}''_{\mathrm{kEBT}}$ gilt Gl. (15.73).

Teilkurzschlussströme bei *Kurzschluss in F2*:

$$\underline{I}''_{\mathrm{kF2}} = \frac{cU_{\mathrm{rG}}}{\sqrt{3}}\left[\frac{1}{K_{\mathrm{G,SO}}\underline{Z}_{\mathrm{G}}} + \frac{1}{K_{\mathrm{T,SO}}\underline{Z}_{\mathrm{TUS}} + \frac{1}{t_{\mathrm{r}}^2}\underline{Z}_{\mathrm{Qmin}}}\right] = \frac{cU_{\mathrm{rG}}}{\sqrt{3}\,\underline{Z}_{\mathrm{rsl\,SO}}} \tag{15.82}$$

mit

$$K_{\mathrm{T,SO}} = \frac{1}{1+p_{\mathrm{G}}} \cdot \frac{c_{\max}}{1 - x_{\mathrm{T}}\sin\varphi_{\mathrm{rG}}} \tag{15.83}$$

und $K_{\mathrm{G,SO}}$ nach Gl. (15.80).

Der Teilkurzschlussstrom $\underline{I}''_{\mathrm{kEBT}}$ wird mit Gl. (15.73) berechnet.

Für den Teilkurzschlussstrom $\underline{I}''_{\mathrm{kEBTUS}}$ bei *Kurzschluss in F3* im Bild 15.29 gilt:

$$\underline{I}''_{\mathrm{kEBTUS}} = \frac{cU_{\mathrm{nA}}}{\sqrt{3}\left(K_{\mathrm{T}}\underline{Z}_{\mathrm{EBTUS}} + \frac{1}{t_{\mathrm{rEBT}}^2}\underline{Z}_{\mathrm{rslSO}}\right)} \tag{15.84}$$

Die Berechnungsgleichungen für den Kraftwerksblock ohne Stufenschalter unterscheiden sich also durch die Einführung von $K_{\mathrm{G,SO}}$ und $K_{\mathrm{T,SO}}$ nach Gl. (15.80) und (15.83) gegenüber $K_{\mathrm{G,S}}$ und $K_{\mathrm{T,S}}$ nach Gl. (15.70) und (15.75) für den Kraftwerksblock mit Stufenschalter.

Beispiel:
$S_{\mathrm{rG}} = 125$ MVA; $U_{\mathrm{rG}} = 10{,}5$ kV; $p_{\mathrm{G}} \pm 5\,\%$; $\cos\varphi_{\mathrm{rG}} = 0{,}88$; $x''_{\mathrm{d}} = 0{,}1685$;
$S_{\mathrm{rT}} = 125$ MVA; $U_{\mathrm{rTOS}} = 235$ kV; $U_{\mathrm{rTUS}} = 10{,}5$ kV; $u_{\mathrm{kr}} = 11{,}14\,\%$;
$U_{\mathrm{nQ}} = 220$ kV; $S''_{\mathrm{kQmax}} = 20\,000$ MVA.

Es ergibt sich nach:

Gl. (15.80) $$K_{\mathrm{G,SO}} = \frac{1}{1+0{,}05} \cdot \frac{1{,}1}{1+0{,}1685 \cdot 0{,}475} = 0{,}952 \cdot 1{,}018 = 0{,}97;$$

$$\underline{Z}_{\mathrm{G}} \approx \mathrm{j}X''_{\mathrm{d}} = \mathrm{j}\,0{,}1685\,\frac{(10{,}5\ \mathrm{kV})^2}{125\ \mathrm{MVA}} = \mathrm{j}\,0{,}1486\ \Omega$$

Gl. (15.79) $$\underline{I}''_{\mathrm{kG}} = -\mathrm{j}\,\frac{1{,}1 \cdot 10{,}5\ \mathrm{kV}}{\sqrt{3} \cdot 0{,}97 \cdot 0{,}1486\ \Omega} = -\mathrm{j}\,46{,}26\ \mathrm{kA}$$

Gl. (8.9) $\underline{Z}_{\mathrm{TUS}} \approx \mathrm{j}X_{\mathrm{TUS}} = \mathrm{j}\,\dfrac{11{,}14\,\%}{100\,\%} \cdot \dfrac{(10{,}5\ \mathrm{kV})^2}{125\ \mathrm{MVA}} = \mathrm{j}\,0{,}0983\ \Omega$

Gl. (15.72) $X_{\mathrm{Qmin}} \approx \dfrac{1{,}1 \cdot (220\ \mathrm{kV})^2}{20\,000\ \mathrm{MVA}} = 2{,}662\ \Omega \quad (R_{\mathrm{Q}} \ll X_{\mathrm{Q}})$

Gl. (15.81) $\underline{I}''_{\mathrm{kT}} = -\mathrm{j}\,\dfrac{1{,}1 \cdot 10{,}5\ \mathrm{kV}}{\sqrt{3}\left(0{,}0983\,\Omega + \dfrac{(10{,}5\ \mathrm{kV})^2}{(235\ \mathrm{kV})^2} \cdot 2{,}662\,\Omega\right)} = -\,\mathrm{j}\,64{,}36\ \mathrm{kA}$

Die Reaktanz X_{TUS} ist kleiner als die subtransiente Reaktanz X''_{d} und deshalb wird I''_{kT} größer als I''_{kG}.

Für den Teilkurzschlussstrom I''_{kF2} findet man:

$$\underline{I}''_{\mathrm{kF2}} = -\mathrm{j}\,\frac{1{,}1 \cdot 10{,}5\ \mathrm{kV}}{\sqrt{3}}$$

$$\left[\frac{1}{0{,}97 \cdot 0{,}1486\ \Omega} + \frac{1}{1{,}106 \cdot 0{,}0983\ \Omega + \dfrac{(10{,}5\ \mathrm{kV})^2}{(235\ \mathrm{kV})^2} \cdot 2{,}662\,\Omega}\right] = -\,\mathrm{j}\,104{,}74\ \mathrm{kA}$$

$$\text{mit } K_{\mathrm{T,SO}} = \frac{1}{1+0{,}05} \cdot \frac{1{,}1}{1-0{,}1114 \cdot 0{,}475} = 0{,}952 \cdot 1{,}161 = 1{,}106$$

I''_{kF2} ist etwa 5 % kleiner als die Summe der Ströme I''_{kG} und I''_{kT}. Für die resultierende Impedanz ergibt sich $\underline{Z}_{\mathrm{rslSO}} = \mathrm{j}\,0{,}0637\ \Omega$.

15.4.9 Motoren

Synchronmotoren und Synchronphasenschieber können bei der Berechnung des Anfangs-Kurzschlusswechselstromes, des Stoßkurzschlussstromes und des Ausschaltstromes wie Synchrongeneratoren behandelt werden [N15.1]. Bei generatornahem Kurzschluss hängt der Dauerkurzschlussstrom stark von der Erregungseinrichtung und der höchsten Erregerspannung ab, so dass hier Unterschiede zu Synchrongeneratoren auftreten können.

Asynchronmotoren mit Kurzschlussläufer und Schleifringläufer tragen zum Anfangs-Kurzschlusswechselstrom I''_{k}, zum Stoßkurzschlussstrom i_{p}, zum Ausschaltwechselstrom I_{b} und bei unsymmetrischen Kurzschlüssen auch zum Dauerkurzschlussstrom I_{k} bei [N15.1]. Motoren sind nach Abschn. 15.3.3 bei der Berechnung der größten Kurzschlussströme zu berücksichtigen nicht aber bei der Berechnung der kleinsten Kurzschlussströme. Alle Ausführungen über Motoren im Zusammenhang mit dem Verfahren der Ersatzspannungsquelle an der Kurzschlussstelle gelten also für die Ermittlung der größten Kurzschlussströme.

Motoren sind besonders dann zu berücksichtigen, wenn sie in großer Zahl (auf engem Raum) z. B. in Industrienetzen, im Kraftwerkseigenbedarf, in Pumpstationen oder ähnlichen Anlagen auftreten. Bei diesen Betrachtungen sind jedoch immer nur die Asynchronmotoren zu berücksichtigen, die abhängig von der Prozesssteuerung im ungünstigsten Fall gleichzeitig in Betrieb sind.

Nach [N15.1] darf man den Beitrag von Motoren zum größten Kurzschlussstrom vernachlässigen, wenn er kleiner als 5 % des Anfangs-Kurzschlusswechselstromes ohne Motoren ist:

$$\sum I_{\mathrm{rM}} \leq 0{,}01 \cdot I''_{\mathrm{kM}} \tag{15.85}$$

Dabei ist $\sum I_{\mathrm{rM}}$ die Summe der Bemessungsströme der Motoren, die direkt ohne Transformator an das Netz angeschlossen sind, in dem der Kurzschluss betrachtet wird, und I''_{kM} der Anfangs-Kurzschlusswechselstrom ohne Motoren. Es wurde für diese Abschätzung vorausgesetzt, dass näherungsweise $I_{\mathrm{an}}/I_{\mathrm{rM}} = 5$ gilt (Gl. (15.86)).

Bild 15.30 soll an einem einfachen Beispiel demonstrieren, dass der Einfluss großer Motorgruppen in einem Industrienetz auf I''_{k} und i_{p} erheblich sein kann. Man erkennt an der Kurzschlussstelle F1, dass I''_{k} durch den Einfluss der Motoren um etwa 25 % erhöht wird, während der Stoßkurzschlussstrom i_{p} um etwa 20 % steigt. Der Dauerkurzschlussstrom I_{k} ist an beiden generatorfernen

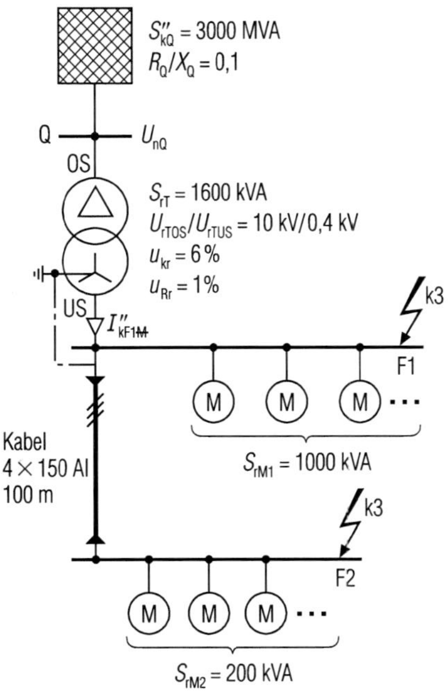

Ohne Asynchronmotoren

Kurzschlussstelle		F1	F2
I''_{k}	kA	35,1	9,4
κ	–	1,62	1,03
i_{p}	kA	80,4	13,7
I_{k}	kA	35,1	9,4

Mit Asynchronmotoren

Kurzschlussstelle		F1	F2
I''_{k}	kA	43,8	10,9
κ	–	1,56	1,06
i_{p}	kA	96,8	16,4
I_{k}	kA	35,1	9,4

Bild 15.30. Beispiel für die Berücksichtigung von Niederspannungs-Motorgruppen bei der Berechnung der größten Kurzschlussströme mit $c = c_{\max} = 1{,}05$, $I_{\mathrm{an}}/I_{\mathrm{rM}} = 5$ und $\kappa = 1{,}3$ [N15.1], ($S_{\mathrm{rM}} = P_{\mathrm{rM}}/\cos\varphi_{\mathrm{rM}}\,\eta_{\mathrm{rM}}$)

Kurzschlussstellen F1 und F2 ebenso groß wie I''_{kM}, weil Asynchronmotoren bei dreipoligem Klemmenkurzschluss oder bei dreipoligem Kurzschluss in elektrischer Nähe zu ihren Klemmen keinen Beitrag zum Dauerkurzschlussstrom leisten können, siehe dazu Tabelle 15.15. An der Kurzschlussstelle F2 im Bild 15.30 erhöht sich I''_k um etwa 16 % und i_p um etwa 20 % gegenüber den Ergebnissen ohne Motoren.

Die Kurzschlussimpedanz von Asynchronmotoren wird ausgehend vom Verhältnis I_{an}/I_{rM} bestimmt:

$$Z_M = \frac{1}{I_{an} / I_{rM}} \cdot \frac{U_{rM}}{\sqrt{3} I_{rM}} = \frac{1}{I_{an} / I_{rM}} \cdot \frac{U_{rM}^2}{S_{rM}} = \frac{1}{I_{an} / I_{rM}} \cdot \frac{U_{rM}^2}{P_{rM} / (\cos\varphi_{rM} \eta_{rM})} \tag{15.86}$$

I_{an} ist der Anzugsstrom bei festgebremstem Läufer in der ungünstigsten Stellung beim Anlegen der Bemessungsspannung U_{rM}. Die Leistung $S_{rM} = \sqrt{3}\, U_{rM} I_{rM}$ ist die Bemessungsscheinleistung eines Drehstromasynchronmotors an den Anschlussklemmen, während P_{rM} an der Antriebswelle des Motors gilt. In [N15.1] wird I_{LR}/I_{rM} anstelle von I_{an}/I_{rM} verwendet, wobei der Index LR für „locked rotor" steht. Ein Impedanzkorrekturfaktor wird in [N15.1] nicht eingeführt, auch wenn die innere Motorspannung im ungünstigsten Fall (für die Berechnung der größten Kurzschlussströme) bei Leerlauf kleiner ist als die Klemmenspannung. Die Begründung dafür ist, dass die bezogenen Impedanzen $z_M = Z_M/Z_{rM}$ mit $Z_{rM} = U_{rM}/(\sqrt{3}\, I_{rM})$ den Bereich 0,12 bis 0,25 nicht überschreiten [N15.3] und damit kein Anlass gegeben ist, eine Korrektur ähnlich wie bei Generatoren, Kraftwerksblöcken und Transformatoren, bei denen teilweise sehr viel höhere bezogene Impedanzen auftreten, einzuführen [15.3]. Des Weiteren kann die Betriebsspannung an den Klemmen der Motoren vor dem Kurzschluss höher sein als die Netznennspannung.

Wenn R_M/X_M bekannt ist, so soll X_M ausgehend von Z_M nach Gl. (15.86) wie folgt berechnet werden:

$$X_M = \frac{Z_M}{\sqrt{1 + (R_M / X_M)^2}} \tag{15.87}$$

Wenn das Verhältnis R_M/X_M unbekannt ist, kann man nach [N15.1] die folgenden Werte wählen:

$R_M/X_M = 0{,}10$	mit $X_M = 0{,}995\, Z_M$	für Mittelspannungsmotoren mit Leistungen $P_{rM}/p \geq 1$ MW
$R_M/X_M = 0{,}15$	mit $X_M = 0{,}989\, Z_M$	für Mittelspannungsmotoren mit Leistungen $P_{rM}/p < 1$ MW
$R_M/X_M = 0{,}42$	mit $X_M = 0{,}922\, Z_M$	für Gruppen von Niederspannungsmotoren einschließlich ihrer Verbindungskabel zur Sammelschiene

Niederspannungs-Motorgruppen einschließlich ihrer Verbindungskabel können nach [N15.1, 3.8.2] wie folgt nachgebildet werden:

Z_M nach Gl. (15.86),
I_{rM} Summe der Bemessungsströme der Motoren der Gruppe (Ersatzmotor),
I_{an}/I_{rM} = 5
R_M/X_M = 0,42, was auf $\kappa = 1{,}3$ führt
P_{rM}/p = 0,05 MW solange keine genaueren Angaben über einen wirksamen Mittelwert vorliegen.

Die bei Klemmenkurzschluss zu verwendenden Berechnungsgleichungen für die Teilkurzschlussströme der Asynchronmotoren oder der Motorgruppen sind in Tabelle 15.15 angegeben.

Bei Netzkurzschluss werden Asynchronmotoren oder Gruppen von Motoren im Mit- und Gegensystem durch die Impedanz Z_M nach Gl. (15.81) nachgebildet. Die Nullimpedanz Z_{0M} soll, wenn sie benötigt wird, vom Hersteller erfragt werden [N15.1, 3.8.1].

Bei Stromrichterantrieben werden die Beiträge zum dreipoligen Kurzschlussstrom nur dann betrachtet [N15.1], wenn die rotierende Masse und die Stromrichterschaltung eine transiente Rückspeisung während des Kurzschlusses im Drehstromnetz erlaubt. Solche Antriebe liefern dann Beiträge zu I''_k und i_p [15.47]. Sie können nach [N15.1] ähnlich wie Asynchronmotoren behandelt werden mit folgenden Vorgaben:

Z_M nach Gl. (15.86)
U_{rM} Bemessungsspannung des Stromrichtertransformators auf der Netzseite oder Bemessungsspannung des Stromrichters, wenn kein Transformator vorhanden ist
I_{rM} Bemessungsstrom des Stromrichtertransformators auf der Netzseite oder Bemessungsstrom des Stromrichters, wenn kein Transformator vorhanden ist
I_{an}/I_{rM} = 3
R_M/X_M = 0,1 mit $X_M = 0{,}995\, Z_M$, was auf $\kappa \approx 1{,}75$ führt.

15.5 Kurzschlussströme und ihre Berechnung

15.5.1 Allgemeines

Bei der Berechnung der Kurzschlussströme ist es zur Charakterisierung zweckmäßig zwischen generatornahem und generatorfernem Kurzschluss zu unterscheiden. Bild 15.31 zeigt als Beispiel die Verläufe des Kurzschlussstromes mit Wechsel- und Gleichstromteil für dreipoligen generatornahen Kurzschluss, wobei in einem Leiter der größtmögliche Gleichstromanteil auftritt. Nach Abschn. 15.2 liegt ein generatornaher Kurzschluss dann vor, wenn zumindest ein Generator einen Teilkurzschlussstrom liefert, der das Zweifache seines Bemessungsstromes überschreitet [N15.1].

- Bei *generatornahem Kurzschluss* gilt:
  Der Wechselstromanteil im Kurzschlussstrom klingt während des Kurzschlusses vom Anfangs-Kurzschlusswechselstrom I''_k über den Ausschaltwechselstrom I_b und nachdem alle Ausgleichsvorgänge abgeklungen sind bis auf den Dauerkurzschlussstrom I_k ab. Es gilt somit hier im Allgemeinen $I''_k > I_b > I_k$. Der Gleichstromanteil nimmt von seinem Anfangswert bis auf Null ab. Bei der Kurzschlussstromberechnung nach [N15.1] wird bei mehrpoligem Kurzschluss immer der Kurzschlussstrom betrachtet, der den größtmöglichen Gleichstromanteil enthällt.
- Bei *generatorfernem Kurzschluss* gilt:
  Der Wechselstromanteil im Kurzschlussstrom bleibt während des Kurzschlusses weitgehend konstant, so dass der Anfangs-Kurzschlusswechselstrom I''_k, der Ausschaltwechselstrom I_b und der Dauerkurzschlussstrom I_k etwa gleich groß sind: $I''_k \approx I_b \approx I_k$. Auch hier klingt der Gleichstromanteil von seinem Anfangswert bis auf Null ab. Im Abschn. 15.2 wurde bereits darauf hingewiesen, dass der Gleichstromanteil bei generatorfernem Kurzschluss merklich schneller abklingt als bei generatornahem Kurzschluss.

Bild 15.31 zeigt den zeitlichen Verlauf der Kurzschlussströme in allen drei Leitern bei dreipoligem generatornahem Kurzschluss. Die Berechnung wurde mit den folgenden Gleichungen durchgeführt (Gl. (15.1a)).

$$\begin{aligned} i_{\mathrm{kL1}}(t) &= i_{\mathrm{kwL1}}(t) + i_{\mathrm{kgL1}}(t) \\ &= \sqrt{2} I''_k \left[\left(1 - \frac{I'_k}{I''_k}\right) \cdot \mathrm{e}^{-\frac{t}{T''_d}} + \left(\frac{I'_k}{I''_k} - \frac{I_k}{I''_k}\right) \cdot \mathrm{e}^{-\frac{t}{T'_d}} + \frac{I_k}{I''_k} \right] \cdot \\ &\quad \sin(\omega t + \varphi_u - \gamma) + \sqrt{2} I''_k \cdot \mathrm{e}^{-\frac{t}{T_g}} \sin(\gamma - \varphi_u) \end{aligned} \tag{15.88a}$$

$$\begin{aligned} i_{\mathrm{kL2}}(t) &= i_{\mathrm{kwL2}}(t) + i_{\mathrm{kgL2}}(t) \\ &= \sqrt{2} I''_k \left[\left(1 - \frac{I'_k}{I''_k}\right) \cdot \mathrm{e}^{-\frac{t}{T''_d}} + \left(\frac{I'_k}{I''_k} - \frac{I_k}{I''_k}\right) \cdot \mathrm{e}^{-\frac{t}{T'_d}} + \frac{I_k}{I''_k} \right] \sin\left(\omega t + \varphi_u - \gamma - \frac{2\pi}{3}\right) \\ &\quad + \sqrt{2} I''_k \cdot \mathrm{e}^{-\frac{t}{T_g}} \sin\left(\gamma - \varphi_u - \frac{2\pi}{3}\right) \end{aligned} \tag{15.88b}$$

$$\begin{aligned} i_{\mathrm{kL3}}(t) &= i_{\mathrm{kwL3}}(t) + i_{\mathrm{kgL3}}(t) \\ &= \sqrt{2} I''_k \left[\left(1 - \frac{I'_k}{I''_k}\right) \cdot \mathrm{e}^{-\frac{t}{T''_d}} + \left(\frac{I'_k}{I''_k} - \frac{I_k}{I''_k}\right) \cdot \mathrm{e}^{-\frac{t}{T'_d}} + \frac{I_k}{I''_k} \right] \sin\left(\omega t + \varphi_u - \gamma + \frac{2\pi}{3}\right) \\ &\quad + \sqrt{2} I''_k \cdot \mathrm{e}^{-\frac{t}{T_g}} \sin\left(\gamma - \varphi_u + \frac{2\pi}{3}\right) \end{aligned} \tag{15.88c}$$

Dabei sind:

I''_k Anfangs-Kurzschlusswechselstrom
I'_k Transienter Kurzschlusswechselstrom
I_k Dauerkurzschlussstrom
T''_d Subtransiente Kurzschlusszeitkonstante in der d-Achse (Abschn. 5.5.2 und Anhang A.4)
T'_d Transiente Kurzschlusszeitkonstante in der d-Achse (Abschn. 5.5.2 und Anhang A.4)
T_g Gleichstromzeitkonstante $T_g = X''_d/(\omega R_G)$ (Abschn. 5.5.2 und Anhang A.4)
φ_u Spannungswinkel bei Kurzschlusseintritt (Bild 15.41)
γ Impedanzwinkel, $\gamma = \text{Arctan}\ (X''_d/R_G)$; das Verhältnis X''_d/R_G ist bei großen Generatoren so hoch, dass γ einen Wert eben unterhalb von $\pi/2$ annimmt

Im Bild 15.31 a sind die drei Wechselstromanteile und die drei Gleichstromanteile nach den Gln. (15.88) aufgetragen, während Bild 15.31 b die drei Gesamtströme mit Wechsel- und Gleichstromanteil enthält.

Es gilt in jedem Augenblick:

$$i_{kwL1}(t) + i_{kwL2}(t) + i_{kLw3}(t) = 0 \tag{15.89a}$$

$$i_{kgL1}(t) + i_{kgL2}(t) + i_{kgL3}(t) = 0 \tag{15.89b}$$

$$i_{kL1}(t) + i_{kL2}(t) + i_{kL3}(t) = 0 \tag{15.89c}$$

Untersucht man Gl. (15.88 a) für den generatornahen Kurzschluss näher, so findet man, dass der größte Augenblickswert des Kurzschlussstromes $i_{kL1}(t)$ bei $\varphi_u \approx 0$ auftritt, also dann, wenn der Kurzschluss in der Nähe des Nulldurchganges der Spannung des Leiters L1 stattfindet. Bild 15.32 zeigt bei den Daten, die auch dem Verlauf des Kurzschlussstromes im Bild 15.31 zugrunde liegen, dass der maximale Augenblickswert des Kurzschlussstromes im Leiter L1 bei $t_p \approx 9{,}38$ ms für $\varphi_u \approx 0{,}04$ rad $\triangleq 2{,}29°$ auftritt und dass dieser nur geringfügig größer ist als der Augenblickswert bei $\varphi_u = 0$, also bei Kurzschluss exakt im Spannungsnulldurchgang.

Bei generatorfernem Kurzschluss, bei dem vorraussetzungsgemäß der Wechselstromanteil im Kurzschlussstrom nicht abklingen soll, gilt für den Leiter L1:

$$i_{kL1}(t) = \sqrt{2} I''_k \sin(\omega t + \varphi_u - \gamma) + \sqrt{2} I''_k \, e^{-\frac{t}{T_g}} \sin(\gamma - \varphi_u) \tag{15.90}$$

In diesem Fall wird der maximale Augenblickswert exakt bei $\varphi_u = 0$ erreicht (Abschn. 15.5.3).

Bei unsymmetrischen generatornahen Kurzschlüssen sind der Anfangs-Kurzschlusswechselstrom und das Maß des Abklingens des Wechselstromanteils im Kurzschlussstrom von der Art des Kurzschlusses abhängig, weil der Abklingvorgang dann auch von den Impedanzen im Gegen- und Nullsystem des Generators beeinflusst wird.

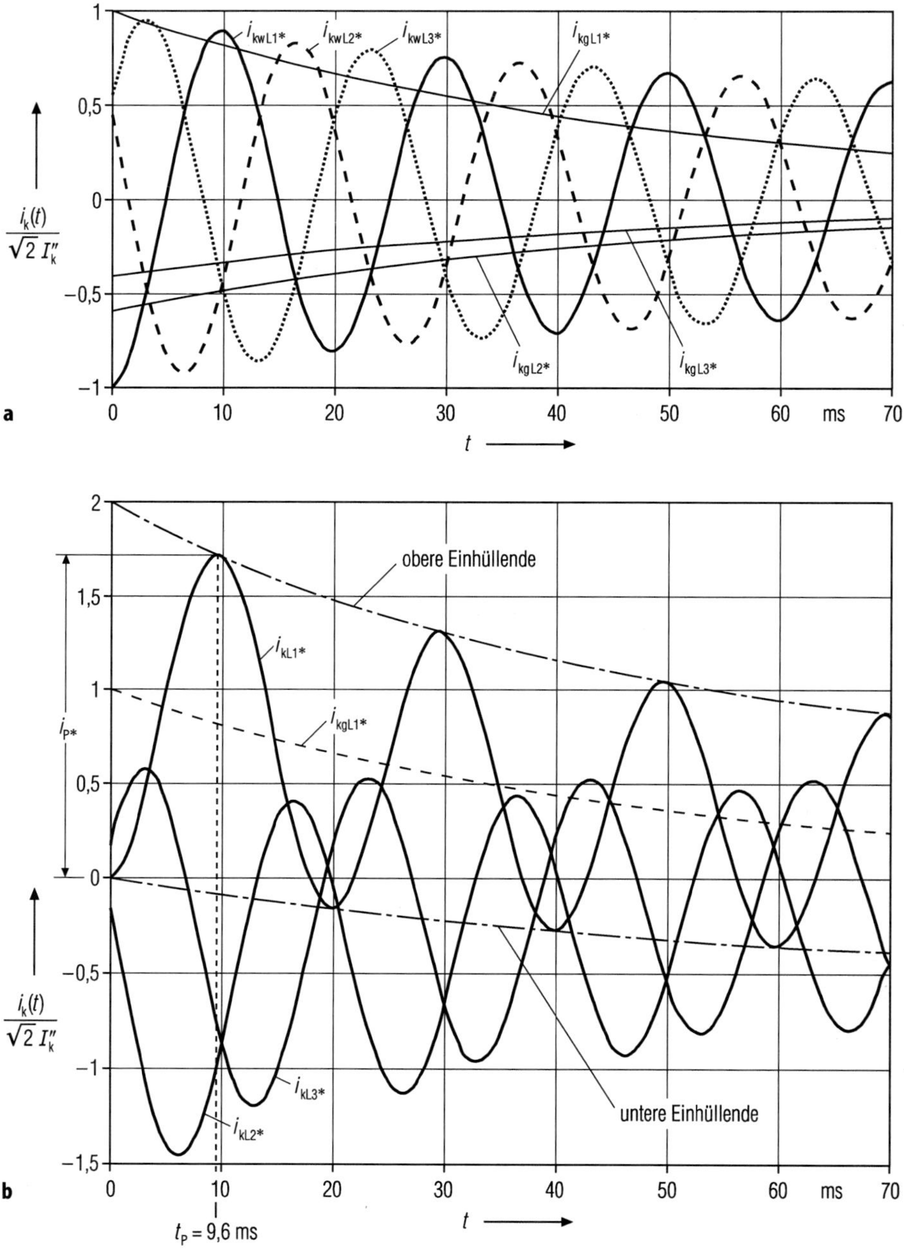

Bild 15.31 a, b. Verlauf der Kurzschlussströme bei dreipoligem Kurzschluss mit maximalem Gleichstromglied im Leiter L1. (Auf $\sqrt{2}\,I_k''$ bezogene Ströme, gekennzeichnet mit *). **a** Wechselstrom- und Gleichstromanteile im Kurzschlussstrom; **b** Zeitlicher Verlauf der Kurzschlussströme mit Gleich- und Wechselstromanteil

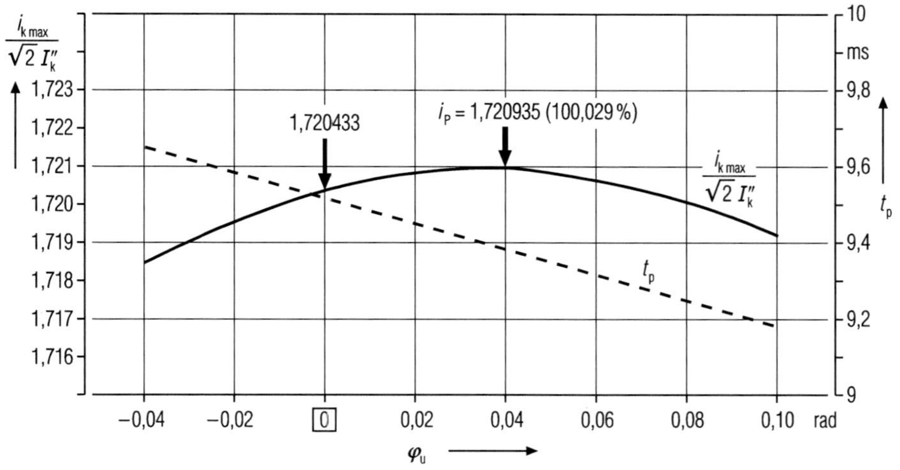

Bild 5.32. Maximaler Augenblickswert des generatornahen Kurzschlussstromes nach Gl. (15.88 a) abhängig vom Winkel φ_u bei Kurzschlusseintritt und dem Zeitpunkt t_p beim Auftreten des bezogenen maximalen Stromes $i_{kmax}/(\sqrt{2}\,I''_k)$. Daten: $x''_d = 0{,}2$; $x'_d = 0{,}3$; $x_d = 1{,}8$; $T''_d = 30$ ms; $T'_d = 500$ ms, $T_g = 50$ ms; $\gamma = 1{,}50722$, $f = 50$ Hz

Bild 15.33 erlaubt einen Überblick zu der Frage, bei welcher Kurzschlussart der größte Kurzschlusswechselstrom zu erwarten ist abhängig vom Verhältnis Z_2/Z_1 und Z_2/Z_0 bzw. Z_0/Z_2, wobei gleiche Impedanzwinkel für $\underline{Z}_1$, $\underline{Z}_2$ und $\underline{Z}_0$ vorausgesetzt wurden. In der Diskussion zu [15.19] wurde darauf hingewiesen, dass die Darstellung nach Bild 15.33 auch noch für Impedanzwinkeldifferenzen $\psi_{10} = (\text{Arctan}\, X_1/R_1 - \text{Arctan}\, X_0/R_0) \leq 15°$ bei einem Fehler $\approx < 5\,\%$ gilt.

Man erkennt, dass im ersten Kurzschlussaugenblick mit $Z_1 \approx Z_2$ der rechte Rand des Bildes 15.33 gültig ist. Im ersten Kurzschlussaugenblick ist also I''_{k3} der größte Kurzschlussstrom solange $Z_0 > Z_2$ und damit auch $Z_0 > Z_1$ bleibt. Nur in der Nähe von Transformatoren mit der Schaltgruppe YNd5 (z. B. Blocktransformatoren in Kraftwerken) oder bei Niederspannungstransformatoren mit der Schaltgruppe Yzn und direkter Erdung des Sternpunktes, im zweiten Fall auf der z-Seite, kann man $X_0 < X_1$ erwarten wegen $X_{0T} < X_{1T}$, so dass damit $I''_{kE2E} > I''_{k3}$ wird (siehe dazu Tabelle 8.2).

Eingetragen sind in das Bild 15.33 auch die üblichen Bereiche für Z_0/Z_2 bei $Z_2 \approx Z_1$ in Netzen mit niederohmiger Sternpunkterdung bei Erdfehlerfaktoren $\delta \leq 1{,}4$ und $>1{,}4$ sowie für Netze mit isoliertem Sternpunkt oder mit Erdschlusskompensation bei Erdfehlerfaktoren $\delta \approx \sqrt{3}$.

Der rechte Rand des Bildes 15.33 gilt für generatorfernen Kurzschluss, während das übrige Feld für generatornahen Kurzschluss gültig ist. Tabelle 15.3 enthält ein einfaches Beispiel für den generatornahen Kurzschluss in der Nähe eines Kraftwerksblockes. Für den Generator ist im ersten Kurzschlussaugenblick die subtransiente Reaktanz X''_d wirksam, danach im Übergangszustand die transiente Reaktanz X'_d und im Dauerzustand die synchrone Reaktanz X_d, alle im Mitsystem. Die Reaktanz X_{2G} im Gegensystem sei so groß wie

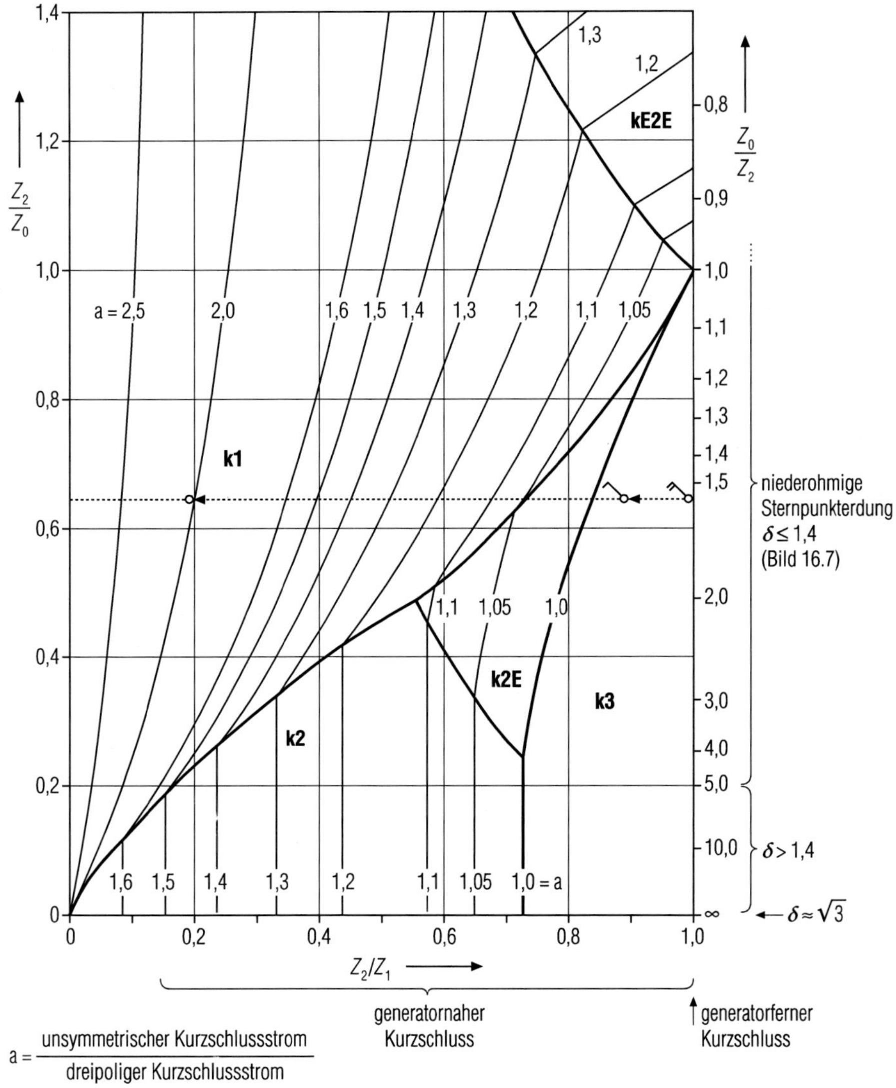

Bild 15.33. Größte Kurzschlusswechselströme bei unsymmetrischen Fehlern, Beispiel nach Tabelle 15.3

X''_d . Alle in Tabelle 15.3 angegebenen Reaktanzen sind auf $X_{rG} = U^2_{rG}/S_{rG}$ bezogen und durch Kleinbuchstaben gekennzeichnet. Die Ergebnisse der Tabelle 15.3 sind in das Bild 15.33 eingetragen. Der Dauerkurzschlussstrom bei einpoligem Erdkurzschluss ist demnach wesentlich größer als bei dreipoligem Kurzschluss.

Das Gegenstück zu Bild 15.33 ist Bild 15.34 für die kleinsten Kurzschlussströme bei unsymmetrischen Kurzschlüssen, auch hier wiederum im Ver-

Tabelle 15.3. Daten für das Beispiel „größte Kurzschlussströme" bei unsymmetrischen Fehlern

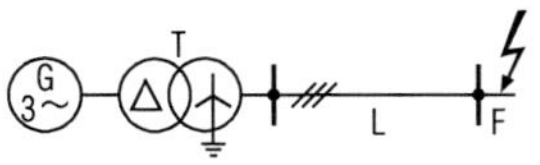

$x''_d = 0{,}14$ $x_{1T} = 0{,}12$ $x_{1L} = 0{,}20$
$x'_d = 0{,}20$ $x_{2T} = 0{,}12$ $x_{2L} = 0{,}20$
$x_d = 2{,}00$ $x_{0T} = 0{,}11$ $x_{0L} = 0{,}60$
$x_{2G} = 0{,}14$

Reaktanz der Kurzschlussbahn	Kurzschlussaugenblick	Übergangszustand	Dauerzustand
Mitsystem x_1	$x''_d + x_{1T} + x_{1L} = 0{,}46$	$x'_d + x_{1T} + x_{1L} = 0{,}52$	$x_d + x_{1T} + x_{1L} = 2{,}32$
Gegensystem x_2	$x_{2G} + x_{2T} + x_{2L} = 0{,}46$		
Nullsystem x_0	$x_{0T} + x_{0L} = 0{,}71$		
x_2/x_1	1,0	0,885	0,198
x_2/x_0	0,648		

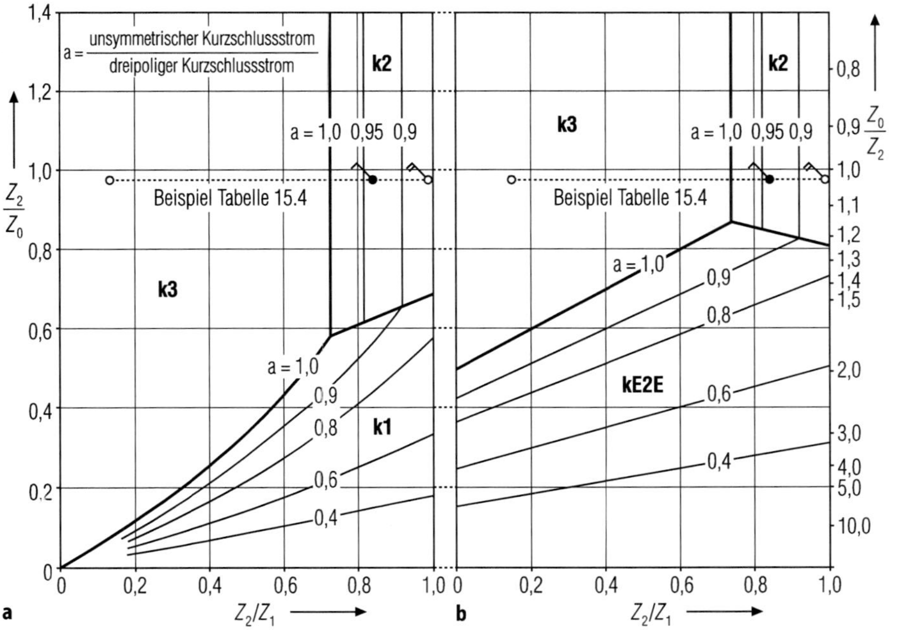

Bild 15.34 a, b. Kleinste Kurzschlusswechselströme bei unsymmetrischen Fehlern, Beispiel nach Tabelle 15.4. **a** Berücksichtigt werden nur k3, k2 und k1; **b** Berücksichtigt werden k3, k2, k2E, kE2E, k1

Tabelle 15.4. Daten für das Beispiel »kleinste Kurzschlussströme« bei unsymmetrischen Fehlern

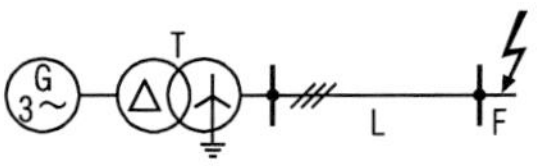

$x''_d = 0{,}14$ $x_{1T} = 0{,}12$ $x_{lL} = 0{,}04$
$x'_d = 0{,}20$ $x_{2T} = 0{,}12$ $x_{2L} = 0{,}04$
$x_d = 2{,}00$ $x_{0T} = 0{,}11$ $x_{0L} = 0{,}20$
$x_{2G} = 0{,}14$

Reaktanz der Kurzschlussbahn	Kurzschluss-augenblick	Übergangs-zustand	Dauer-zustand
Mitsystem x_1	$x''_d + x_{1T}$ $+ x_{lL} = 0{,}30$	$x'_d + x_{1T}$ $+ x_{lL} = 0{,}36$	$x_d + x_{1T}$ $+ x_{lL} = 2{,}16$
Gegensystem x_2	$x_{2G} + x_{2T} + x_{2L} = 0{,}30$		
Nullsystem x_0	$x_{0T} + x_{0L} = 0{,}31$		
x_2/x_1	1,0	0,833	0,139
x_2/x_0	0,968		

gleich zum dreipoligen Kurzschlussstrom dargestellt. Das Teilbild 15.34a berücksichtigt nur den dreipoligen, den zweipoligen und den einpoligen Kurzschluss, während das Teilbild 15.34b auch den zweipoligen Kurzschluss mit Erdberührung einbezieht. Der Anfangs-Kurzschlusswechselstrom bei unsynmmetrischen Kurzschlüssen ist kleiner als bei dreipoligem Kurzschluss, was man an der rechten Begrenzung des Bildes 15.34 abliest. Tabelle 15.4 enthält die Daten für das im Bild 15.34 eingezeichnete Beispiel bei generatornahem Kurzschluss.

Die Bilder 15.33 und 15.34 dienen zur Orientierung und nicht zur Berechnung, weil die Impedanzwinkel im Mit- und Nullsystem verschieden sein können.

15.5.2 Anfangs-Kurzschlusswechselstrom

Die Berechnungsgleichungen für den Anfangs-Kurzschlusswechselstrom I''_k bei symmetrischen und unsymmetrischen Kurzschlüssen sind in Tabelle 15.5 zusammengestellt.

Der dreipolige Kurzschlussstrom $I''_{k3} = I''_k$ (der Einfachheit halber kann bei der Bezeichnung des dreipoligen Kurzschlussstromes die 3 im Index weggelassen werden) und der Stoßkurzschlussstrom $i_p = \kappa\sqrt{2}\,I''_k$ bei dreipoligem Kurzschluss (Abschn. 15.5.3) sind von entscheidender Bedeutung für die thermischen und mechanischen Wirkungen (Abschn. 15.7), während der einpolige Erdkurzschlussstrom I''_{k1}, und wenn er größer als I''_{k1} wird, auch der über Erde fließende Anteil I''_{kE2E} bei zweipoligem Kurzschluss mit Erdberührung, für die Auslegung der Erdungsanlagen, die Schritt- und Berührungsspannungen und die induktive Beeinflussung verantwortlich sind (Kap. 16).

Tabelle 15.5. Gleichungen zur Berechnung der Anfangs-Kurzschlusswechselströme [N15.1]

Kurzschlussart	Berechnungsgleichungen	Gl.
Dreipolig, Bild 15.2 a,	$\underline{I}''_{k3} = \underline{I}''_k = \frac{cU_n}{\sqrt{3}\underline{Z}_k} = \frac{cU_n}{\sqrt{3}(R_k + jX_k)}$; $I''_k = \frac{cU_n}{\sqrt{3}\sqrt{R_1^2 + X_1^2}}$ [a]	(15.91)
Kurzschluss-leistung	$S''_k = \sqrt{3}U_n I''_k$ [b]	(15.92)
Zweipolig ohne Erd-berührung, Bild 15.2 b	$\underline{I}''_{k2} = \frac{cU_n}{\underline{Z}_1 + \underline{Z}_2}$; bei $\underline{Z}_2 = \underline{Z}_1$: $I''_{k2} = \frac{\sqrt{3}}{2} I''_k$ [c]	(15.93)
Zweipolig mit Erd-berührung, Bild 15.2 c $\underline{I}''_{k2EL2} + \underline{I}''_{k2EL3} = \underline{I}''_{kE2E}$	$\underline{I}''_{k2EL2} = \frac{-jcU_n(\underline{Z}_0 - \underline{a}\underline{Z}_2)}{\underline{Z}_1\underline{Z}_2 + \underline{Z}_1\underline{Z}_0 + \underline{Z}_2\underline{Z}_0}$; bei $\underline{Z}_2 = \underline{Z}_1$: $I''_{k2EL2} = \frac{cU_n \left\| \frac{\underline{Z}_0}{\underline{Z}_1} - \underline{a} \right\|}{\|\underline{Z}_1 + 2\underline{Z}_0\|}$ [d]	(15.94)
	$\underline{I}''_{k2EL3} = \frac{jcU_n(\underline{Z}_0 - \underline{a}^2\underline{Z}_2)}{\underline{Z}_1\underline{Z}_2 + \underline{Z}_1\underline{Z}_0 + \underline{Z}_2\underline{Z}_0}$; bei $\underline{Z}_2 = \underline{Z}_1$: $I''_{k2EL3} = \frac{cU_n \left\| \frac{\underline{Z}_0}{\underline{Z}_1} - \underline{a}^2 \right\|}{\|\underline{Z}_1 + 2\underline{Z}_0\|}$ [d]	(15.95)
	$\underline{I}''_{kE2E} = -\frac{\sqrt{3}cU_n\underline{Z}_2}{\underline{Z}_1\underline{Z}_2 + \underline{Z}_1\underline{Z}_0 + \underline{Z}_2\underline{Z}_0}$; bei $\underline{Z}_2 = \underline{Z}_1$: $I''_{kE2E} = \frac{\sqrt{3}cU_n}{\|\underline{Z}_1 + 2\underline{Z}_0\|}$ [e]	(15.96)
Einpolig, Erdkurz-schluss Bild 15.2 d	$\underline{I}''_{k1} = \frac{\sqrt{3}cU_n}{\underline{Z}_1 + \underline{Z}_2 + \underline{Z}_0}$; bei $\underline{Z}_2 = \underline{Z}_1$: $I''_{k1} = \frac{\sqrt{3}cU_n}{\|2\underline{Z}_1 + \underline{Z}_0\|}$ [e]	(15.97)
Doppelerd-kurzschluss zwischen den Fehlerstellen A, B Bild 15.2 e	$I''_{kEE} = \frac{3cU_n}{\|\underline{Z}_{1A} + \underline{Z}_{2A} + \underline{Z}_{1B} + \underline{Z}_{2B} + \underline{M}_1 + \underline{M}_2 + \underline{Z}_0\|}$ [f] $\underline{M}_1, \underline{M}_2$ Koppelimpedanzen, siehe Gl. (13.105)	(15.98)

[a] Kurzschlussimpedanz $\underline{Z}_k = \underline{Z}_1$.
[b] Kurzschlussleistung nur für dreipoligen Kurzschluss, siehe [N15.1, 1.3.6].
[c] Bei generatorfernem Kurzschluss kann man $\underline{Z}_2 = \underline{Z}_1$ setzen.
[d] Bei $Z_2 = Z_1$ und $Z_0/Z_1 = 1 \ldots \infty$ wird $I''_{k2EL2} = I''_{k2EL3} \leq I''_{k3}$ (Bild 15.33).
[e] Der Strom I''_{kE2E} wird bei $Z_0 > Z_1$ kleiner als I''_{k1}. Bei $Z_1 = Z_2 = Z_0$ gilt: $I''_{k3} = I''_{kE2E} = I''_{k1}$ (Bild 15.33).
[f] Der nur in Netzen mit isoliertem Sternpunkt oder Erdschlusskompensation betrachtete Strom I''_{kEE} erreicht seinen größten Wert, wenn die Fehlerstellen A und B zusammenfallen. Es gilt dann: $I''_{kEE} \rightarrow I''_{k2} = 0{,}866\, I''_{k3}$.

Bild 15.35 a, b. Kurzschlussimpedanzen eines Drehstromnetzes an der Kurzschlussstelle F in symmetrischen Komponenten [N15.1]. **a** Mitsystem; **b** Gegensystem; **c** Nullsystem

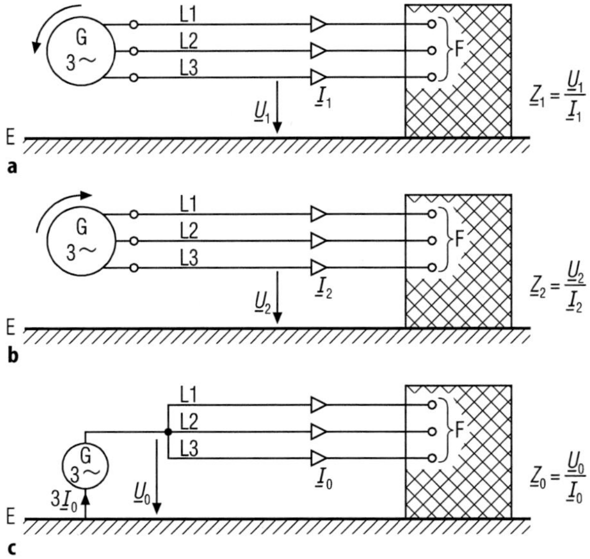

Die resultierenden Impedanzen $\underline{Z}_1$, $\underline{Z}_2$, $\underline{Z}_0$ an der Kurzschlussstelle, mit denen die Kurzschlussströme nach den Gleichungen in Tabelle 15.5 berechnet werden sollen, setzen sich aus den Impedanzen der im Netz vorhandenen elektrischen Betriebsmittel zusammen. Zur Veranschaulichung der Bedeutung der Kurzschlussimpedanzen im Mit- Gegen- und Nullsystem in F dient Bild 15.35. Zu beachten sind dabei nach [N15.1] die folgenden

Bedingungen für die Berechnung mit der Ersatzspannungsquelle $c\,U_n/\sqrt{3}$ *an der Kurzschlussstelle* [N15.1]:

Mitimpedanz $\underline{Z}_1$**:**
Die Mitimpedanz nach Bild 15.35a erhält man, wenn an der Kurzschlussstelle F ein mitlaufendes Spannungssystem mit $\underline{U}_{L1}$, $\underline{U}_{L2} = \underline{a}^2\underline{U}_{L1}$ und $\underline{U}_{L3} = \underline{a}\underline{U}_{L1}$ angelegt wird und alle Synchron- und Asynchronmaschinen hinter ihren Innenimpedanzen $\underline{Z}_G = R_G + jX''_d$ und $\underline{Z}_M = R_M + jX_M$ kurzgeschlossen gedacht werden. Leitungskapazitäten und nichtmotorische Verbraucher im Mitsystem müssen dabei unberücksichtigt bleiben.

Gegenimpedanz $\underline{Z}_2$**:**
Die Gegenimpedanz $\underline{Z}_2$ nach Bild 15.35b erhält man, wenn an der Kurzschlussstelle F ein gegenlaufendes Spannungssystem mit $\underline{U}_{L1}$, $\underline{U}_{L2} = \underline{a}\underline{U}_{L1}$ und $\underline{U}_{L3} = \underline{a}^2\underline{U}_{L1}$ angelegt wird. Bei der Berechnung unsymmetrischer Kurzschlussströme werden alle Leitungskapazitäten und nichtmotorischen Queradmittanzen im Gegensystem vernachlässigt.

Nullimpedanz $\underline{Z}_0$**:**
Die Nullimpedanz $\underline{Z}_0$ nach Bild 15.35c erhält man, wenn an der Kurzschlussstelle F drei in Betrag und Phase gleiche Spannungen (Spannungsnullsystem) zwischen den Leitern und den gemeinsamen Rückleitern (Erde, Erdungsanla-

gen, Nulleiter, Erdseile, Kabelmäntel, Kabelbewehrungen usw.) angelegt werden. Bei der Berechnung unsymmetrischer Kurzschlussströme mit Erdberührung müssen die Leitungskapazitäten und nichtmotorischen Queradmittanzen im Nullsystem grundsätzlich berücksichtigt werden.

Nach [N15.1] müssen die Leitungskapazitäten im Nullsystem besonders dann berücksichtigt werden, wenn unsymmetrische Kurzschlussströme mit Erdberührung in Mittel- und Hochspannungsnetzen mit isoliertem Sternpunkt oder mit Erdschlusskompensation oder in Netzen mit niederohmiger Sternpunkterdung bei einem Erdfehlerfaktor $\delta > 1{,}4$ (Abschn. 16.2.4) berechnet werden.

In reinen Hochspannungsfreileitungsnetzen mit niederohmiger Sternpunkterdung und einem Erdfehlerfaktor $\delta \leq 1{,}4$ kann man in vielen Fällen auf die Berücksichtigung die Leitungskapazitäten auch im Nullsystem verzichten.

Bei Kurzschlussstromberechnungen in Niederspannungsnetzen darf man die Kapazitäten von Leitungen (Freileitungen und Kabeln) auch im Nullsystem vernachlässigen [N15.1].

Tabelle 15.6 enthält eine Zusammenstellung der Gleichungen für die Berechnung der Kurzschlussmitimpedanzen von Betriebsmitteln bei der Anwendung des Verfahrens mit der Ersatzspannungsquelle an der Kurzschlussstelle.

Kurzschluss bei einseitig einfacher Speisung:
Bild 15.36 zeigt Anordnungen für einseitig einfach gespeisten Kurzschluss. Nach Bild 15.36 a wird der Kurzschlussstrom aus einem Ersatznetz über einen

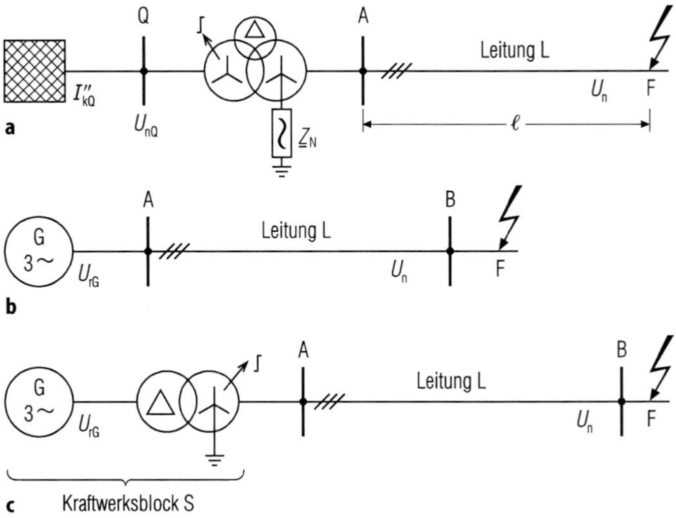

Bild 15.36 a–c. Beispiele für einseitig einfach gespeisten Kurzschluss in Netzen mit $U_n >$ 1 kV. **a** Kurzschluss gespeist aus einem Ersatznetz; **b** Kurzschluss gespeist aus einem Generator; **c** Kurzschluss gespeist aus einem Kraftwerksblock (Generator und Blocktransformator mit Stufenschalter)

Tabelle 15.6. Kurzschlussimpedanzen elektrischer Betriebsmittel im Mitsystem

Betriebsmittel	Impedanz im Mitsystem	Bemerkungen, Korrekturfaktoren
Netzeinspeisung (15.4.2) 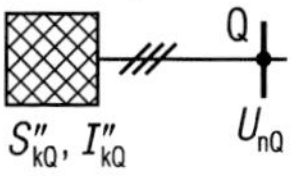	$Z_Q = \frac{cU_{nQ}}{\sqrt{3}I''_{kQ}} = \frac{cU_{nQ}^2}{S''_{kQ}}$ $X_Q = \frac{Z_Q}{\sqrt{1+(R_Q/X_Q)^2}}$	$S''_{kQ} = \sqrt{3}U_{nQ}I''_{kQ}$ Zu unterscheiden ist zwischen S''_{kQmax} und S''_{kQmin}. Wenn R_Q/X_Q unbekannt ist, so setzt man: $R_Q = 0{,}1\,X_Q$ und $X_Q = 0{,}995\,Z_Q$.
Leitung (15.4.3) 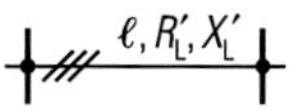	$\underline{Z}_L = R_L + jX_L$ $= (R'_L + jX'_L) \cdot \ell$	Freileitungen und Kabel R'_L nach Tab.15.2; X'_L nach Kap. 9 oder 10.
Transformator (Zweiwicklungs-Transformator) (15.4.4) 	$Z_T = \frac{u_{kr}}{100\%} \cdot \frac{U_{rT}^2}{S_{rT}}$ $R_T = \frac{u_{Rr}}{100\%} \cdot \frac{U_{rT}^2}{S_{rT}}$ $X_T = \sqrt{Z_T^2 - R_T^2}$ Netztransformatoren: $\underline{Z}_{TK} = K_T\,(R_T + jX_T)$	Die Transformatorimpedanz wird für die Ober- oder Unterspannungsseite berechnet (oder auch für die MS-Seite bei einem Dreiwicklungstransformator nach Bild 8.10). $K_T = 0{,}95 \cdot \frac{c_{max}}{1+0{,}6 \cdot x_T}$ nach Gl. (15.29a), c_{max} gilt für die US-Seite [N15.1, 3.3.3], Dreiwicklungstransformator, Abschn. 15.4.4
Generator (15.4.5) 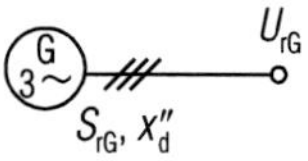	$\underline{Z}_G = R_G + jX''_d$ $\underline{Z}_{GK} = K_G\,(R_G + jX'')$	$K_G = \frac{U_n}{U_{rG}} \cdot \frac{c_{max}}{1+x''_d \sin\varphi_{rG}}$ nach Gl. (15.44) Bei der Berechnung des Stoßkurzschlussstromes sind die folgenden Resistanzen zu verwenden: $R_{Gf} = 0{,}05X''_d$; $U_{rG} > 1$ kV; $S_{rG} \geq 100$ MVA $R_{Gf} = 0{,}07X''_d$; $U_{rG} > 1$ kV; $S_{rG} < 100$ MVA $R_{Gf} = 0{,}15X''_d$; $U_{rG} < 1$ kV
Kraftwerksblock mit Stufen-Schalter (15.4.6) 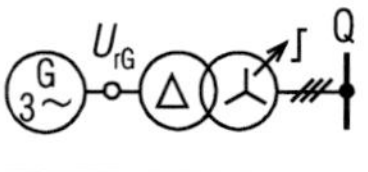	$\underline{Z}_{SK} = K_S(t_r^2\underline{Z}_G + \underline{Z}_T)$ $(\underline{Z}_T = \underline{Z}_{TOS})$	$K_S = \frac{U_{nQ}^2}{U_{rG}^2} \cdot \frac{U_{rTUS}^2}{U_{rTOS}^2} \cdot \frac{c_{max}}{1+\lvert x''_d - x_T \rvert \sin\varphi_{rG}}$ nach Gl. (15.56) $t_r = U_{rTOS}/U_{rTUS}$
Kraftwerksblock ohne Stufenschalter (15.4.7) 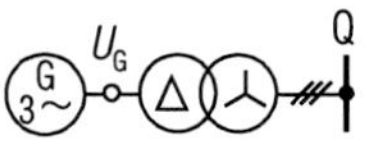	$\underline{Z}_{SOK} = K_{SO}(t_r^2\underline{Z}_G + \underline{Z}_T)$ $(\underline{Z}_T = \underline{Z}_{TOS})$	$K_{SO} = \frac{U_{nQ}}{U_{rG}(1+p_G)} \cdot \frac{U_{rTUS}}{U_{rTOS}}(1 \pm p_T) \cdot \frac{c_{max}}{1+x''_d \sin\varphi_{rG}}$ nach Gl. (15.64b) $t_r = U_{rTOS}/U_{rTUS}$

Tabelle 15.6 (Fortsetzung)

Betriebsmittel	Impedanz im Mitsystem	Bemerkungen, Korrekturfaktoren
Asynchronmotor (15.4.9) 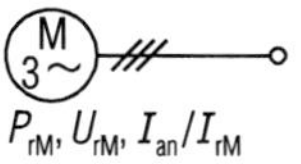 P_{rM}, U_{rM}, I_{an}/I_{rM}	$Z_M = \frac{1}{I_{an}/I_{rM}} \cdot \frac{U_{rM}}{\sqrt{3} I_{rM}}$ $X_M = \frac{Z_M}{\sqrt{1+(R_M/X_M)^2}}$	$S_{rM} = \sqrt{3}\, U_{rM} I_{rM}$ Nach [N15.1, 3.8.1] darf man verwenden: $R_M/X_M = 0{,}10$ bei $P_{rM}/p \geq 1$ MW $R_M/X_M = 0{,}15$ bei $P_{rM}/p < 1$ MW $R_M/X_M = 0{,}42$ bei Niederspannungsmotoren
Kurzschlussstrom-Begrenzungs-Drosselspule 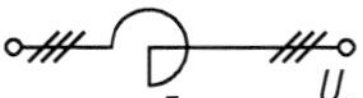 u_{kD}, I_{rD} U_n	$Z_D = \frac{u_{kD}}{100\%} \cdot \frac{U_n}{\sqrt{3} I_{rD}}$ $R_D \ll X_D$	$S_{rD} = \sqrt{3}\, U_n I_{rD}$ u_{kD} und I_{rD} werden auf dem Typenschild angegeben. U_n ist die Netznennspannung des Netzes, in dem die Drosselspule eingebaut wird

Netztransformator (Zweiwicklungstransformator oder Transformator mit Dreieckausgleichswicklung, der als Zweiwickler behandelt werden kann) und eine Leitung (Freileitung oder Kabel) gespeist.

Für die Impedanz im Mitsystem des Bildes 15.36a gilt:

$$\underline{Z}_k = \underline{Z}_{Qt} + \underline{Z}_{TUSK} + \underline{Z}'_L \ell = (R_{Qt} + K_T R_{TUS} + R'_L \ell) + j(X_{Qt} + K_T X_{TUS} + X'_L \ell)$$

Die Impedanz $\underline{Z}_Q$ nach 15.4.2 wird auf die US-Seite des Transformators umgerechnet: $\underline{Z}_{Qt} = \underline{Z}_Q / t_r^2$ mit $t_r = U_{rTOS}/U_{rTUS}$. Die Impedanz des Transformators wird mit den Gln. (8.3) bis (8.6) auf der US-Seite berechnet. Der Impedanzkorrekturfaktor wird nach Gl. (15.29a) mit der bezogenen Reaktanz $x_T = X_T/Z_{rT}$ bei $Z_{rT} = U_{rTUS}^2/S_{rT}$ und $X_T = \sqrt{Z_T^2 - R_T^2}$ bestimmt. In vielen Fällen kann man im Hochspannungsnetz näherungsweise $x_T \approx z_T = u_{kr}/100\,\%$ setzen, wenn u_{kr} in % angegeben ist. Die Impedanz $\underline{Z}_L$ ergibt sich aus dem Impedanzbelag $\underline{Z}'_L$ und der Leitungslänge ℓ bis zur Kurzschlussstelle F.

Den größten dreipoligen Anfangs-Kurzschlusswechselstrom I''_k berechnet man nach Gl. (15.91) mit $c = c_{max} = 1{,}1$ nach Tabelle 15.1 für Hochspannungsnetze.

Hier wird angenommen, dass es sich um einen generatorfernen Kurzschluss handelt und dass damit $\underline{Z}_{2Q} = \underline{Z}_Q$ gilt. Daraus folgt dann $\underline{Z}_2 = \underline{Z}_1 = \underline{Z}_k$ und damit $I''_{k2} = (\sqrt{3}/2) I''_k$ nach Gl. (15.93).

Die Nullimpedanz für das Bild 15.36a ergibt sich zu:

$$\underline{Z}_0 = \underline{Z}_{0TUSK} + 3\underline{Z}_N + \underline{Z}'_{0L}\ell = (K_T R_{0TUS} + 0 + R'_{0L}\ell) + j(K_T X_{0TUS} + 3X_N + X'_{0L}\ell)$$

Dabei wurde angenommen, dass der ohmsche Anteil der Sternpunktimpedanz $\underline{Z}_N$ sehr klein ist gegenüber dem induktiven Anteil ($\underline{Z}_N \approx jX_N$ für $R_N \ll X_N$). Zur Nachbildung des Transformators im Nullsystem beachte man den Fall Nr. 3 der Tabelle A.6. Nach Abschn. 15.4.4 ist K_T im Mit-, Gegen- und Nullsystem zu verwenden, jedoch nicht für $\underline{Z}_N$. Für die Verhältnisse X_{0L}/X_{1L} enthält Tabelle 9.7 Anhaltswerte bei 110-, 220- und 380-kV-Freileitungen, siehe auch [N15.5]. Den einpoligen Erdkurzschlussstrom ermittelt man nach Gl. (15.97) bei $\underline{Z}_2 = \underline{Z}_1$.

Unterstellt man $Z_0/Z_2 > 1$ wegen der Sternpunktimpedanz $\underline{Z}_N$, so tritt nach Bild 15.33 bei diesem generatorfernen Kurzschluss ($\underline{Z}_2 = \underline{Z}_1$) der größte Anfangs-Kurzschlusswechselstrom bei dreipoligem Kurzschluss auf.

Für die Impedanz im Mitsystem des Bildes 15.36b gilt:

$$\underline{Z}_k = \underline{Z}_{GK} + \underline{Z}_L = (K_G R_G + R_L) + j(K_G X''_d + X_L)$$

K_G wird nach Gl. (15.44) berechnet. U_{rG} ist in der Regel 5% höher als die Netznennspannung U_n. Setzt man $R_G = R_{Gf} = 0{,}07\,X''_d$ ein nach Gl. (15.45b) für einen Generator $S_{rG} < 100$ MVA mit $U_{rG} > 1$ kV, so wird dies zu einem unbedeutend kleinerem Ergebnis für I''_k führen, aber mit dem Vorteil, dass dann κ nach Gl. (15.110) mit R_k/X_k bestimmt werden kann ohne neue Überlegungen.

Für die Impedanz im Mitsystem des Bildes 15.36c gilt:

$$\underline{Z}_k = \underline{Z}_{SK} + \underline{Z}_L = K_S(R_G t_r^2 + R_{TOS}) + R_L + j[K_S(X''_d t_r^2 + X_{TOS}) + X_L]$$

Dabei sind K_S nach Gl. (15.56) und $t_r = U_{rTOS}/U_{rTUS}$ einzusetzen. $\underline{Z}_2$ ist dann von $\underline{Z}_1$ verschieden, wenn X_{2G} von X''_d verschieden ist (Tabelle A.4).

Die Nullimpedanz für das Bild 15.36c ergibt sich zu:

$$\underline{Z}_0 = \underline{Z}_{0TOSK} + \underline{Z}_{0L} = (K_S R_{0TOS} + R_{0L}) + j(K_S X_{0TOS} + X_{0L})$$

Dabei wurde K_S nach Abschn. 15.4.6 auch im Nullsystem berücksichtigt unter der Annahme, dass der Kraftwerksblock nur im übererregten Betrieb arbeitet. Wenn das nicht der Fall ist, siehe [15.78].

Die Bilder 15.37 und 15.38 zeigen Überlegungen für die aus dem Mittelspannungsnetz 10 kV, 20 kV und 30 kV (Ersatznetz) in das Niederspannungsnetz mit $U_n = 400$ V, $c_{max} = 1{,}05$ (Tabelle 15.1) gelieferten Kurzschlussströme.

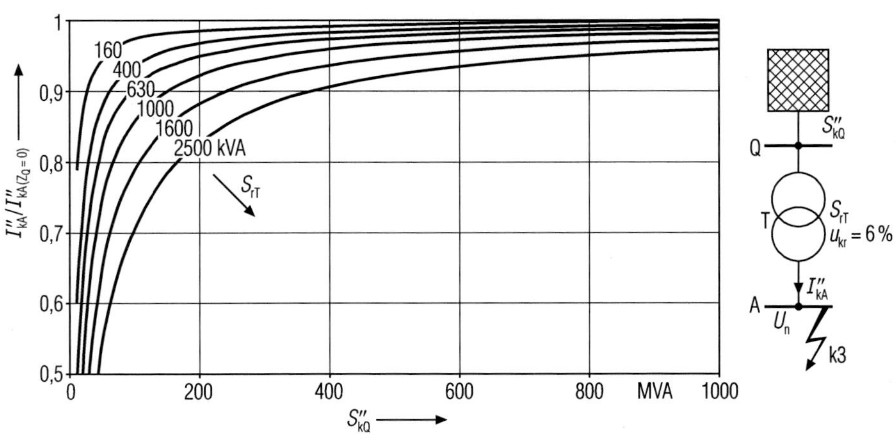

Bild 15.37. Einfluss der Kurzschlussleistung S''_{kQ} im Mittelspannungsnetz auf die Höhe des Kurzschlussstromes I''_{kA} auf der US-Seite des Niederspannungstransformators

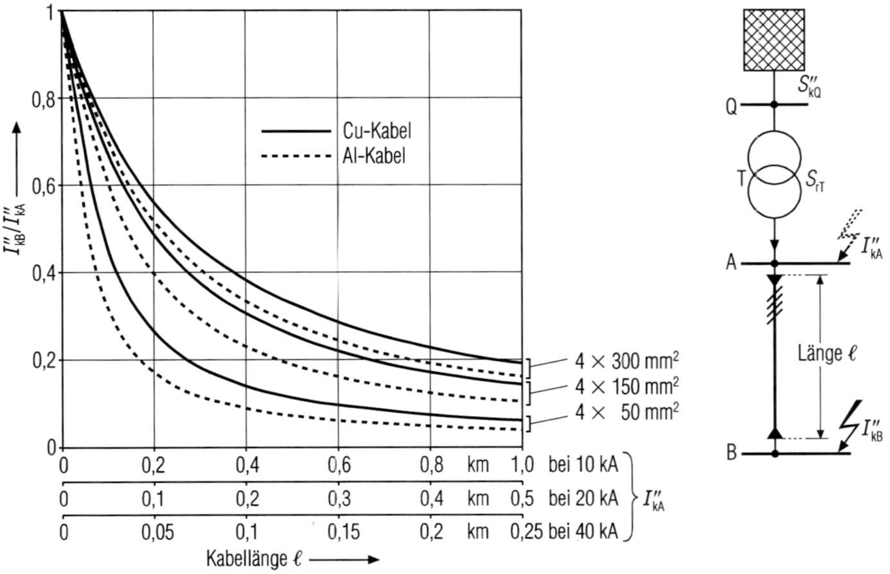

Bild 15.38. Einfluss der Kabellänge und des Querschnitts auf die Höhe der Kurzschlussströme im Niederspannungsnetz bezogen auf den Kurzschlussstrom I''_{kA} auf der US-Seite des oder der einspeisenden Niederspannungstransformatoren

Bild 15.37 zeigt den Einfluss der endlichen Kurzschlussleistung des Mittelspannungsnetzes auf den Kurzschlussstrom I''_{kA} auf der Unterspannungsseite des Niederspannungstransformators bei $S_{rT} = 160$ kVA bis 2500 kVA und $u_{kr} = 6\,\%$. Der Bereich der Kurzschlussleistung wurde bis $S''_{kQ} = 1000$ MVA berücksichtigt entsprechend den in Mittelspannungsnetzen 10 bis 30 kV auftretenden Größen. Die Ergebnisse sind unabhängig von U_{nQ} und U_{nA}, weil I''_{kA} auf $I''_{kA(Z_Q=0)}$ bei $Z_Q = 0$ (also bei $S''_{kQ} \to \infty$) bezogen wurde [15.27].

Bild 15.38 soll einen Eindruck der dämpfenden Wirkung von Niederspannungskabeln auf die Größe der Kurzschlussströme auf der Unterspannungsseite eines Niederspannungstransformators vermitteln, wobei diese Wirkung besonders stark bei kleinen Kabelquerschnitten in Erscheinung tritt. Auch hier gilt $c_{max} = 1{,}05$ für die Berechnung der größten Kurzschlussströme in Niederspannungsnetzen. Kabelresistanzen und Kabelreaktanzen für Niederspannungskabel sind in den Anhängen A.14 bis A.16 gegeben. Da die Verhältnisse R_{0L}/R_{1L} und X_{0L}/X_{1L} zum Teil erheblich größer als eins sind, insbesondere bei kleinen Kabelquerschnitten [15.38], wird die zulässige Kabellänge in Niederspannungsnetzen (NT-Netzen) dadurch beschränkt, dass die Auslösung der Sicherung bei einpoligem Kurzschluss oder zweipoligem Kurzschluss mit Erdberührung (rechte Begrenzung des Bildes 15.34) noch sicher gewährleistet sein muss.

In Großstädten werden, um eine möglichst unterbrechungsarme Elektrizitätsversorgung zu gewährleisten, teilweise Niederspannungs-Maschennetze betrieben, die bedingt durch die städttische Bebauungsstruktur weitgehend gleichmäßige Kabelmaschen aufweisen. Überlegungen zur Kurzschlussstromabschätzung in solchen Fällen findet man in [15.35].

Kurzschluss im unvermaschten mehrseitig einfach gespeisten Netz:
Bild 15.39 zeigt ein Beispiel für den mehrseitig einfach gespeisten Kurzschluss im unvermaschten Drehstromnetz mit vier Teilkurzschlussströmen, die der Kurzschlussstelle F zufließen. Für den Anfangs-Kurzschlusswechselstrom an der Kurzschlussstelle F im Bild 15.39 gilt:

$$\underline{I}''_{\mathrm{k}} = \sum \underline{I}''_{\mathrm{k}i} = \underline{I}''_{\mathrm{kT}} + \underline{I}''_{\mathrm{kS}} + \underline{I}''_{\mathrm{kG}} + \underline{I}''_{\mathrm{kM}} \quad (15.99)$$

Nach [N15.1] ist es zulässig die Beträge der einzelnen Teilkurzschlussströme zu addieren. Gleichzeitig wird jedoch in [N15.1] auch empfohlen mit Rücksicht auf die Anwendung von Programmen zur Kurzschlussstromberechnung, die Berechnung auch in diesem Fall komplex durchzuführen, also entsprechend Gl. (15.99) vorzugehen oder aber zuerst eine resultierende Kurzschlussimpedanz $\underline{Z}_{\mathrm{k}}$ zu berechnen und diese dann in Gl. (15.91) einzusetzen.

Kurzschluss im vermaschten Netz:
Der dreipolige Anfangs-Kurzschlusswechselstrom wird mit Gl. (15.91) berechnet. Dazu muss die Kurzschlussimpedanz $\underline{Z}_1 = \underline{Z}_{\mathrm{k}}$ bestimmt werden. Dies kann man in einfachen Fällen, z. B. dann, wenn nur die Reaktanzen der Betriebsmittel berücksichtigt werden und die Anzahl der Netzknoten nicht zu groß ist, durch Reduktion des Mitsystems (Reihen- und Parallelschaltung sowie Dreieck-Sternumrechnung) auf die resultierende Reaktanz X_{k} erreichen, oder durch direkten Aufbau der Impedanzmatrix oder durch Aufstellen der Knotenpunktadmittanzmatrix mit anschließender Inversion nach Abschn. 13.2.2.

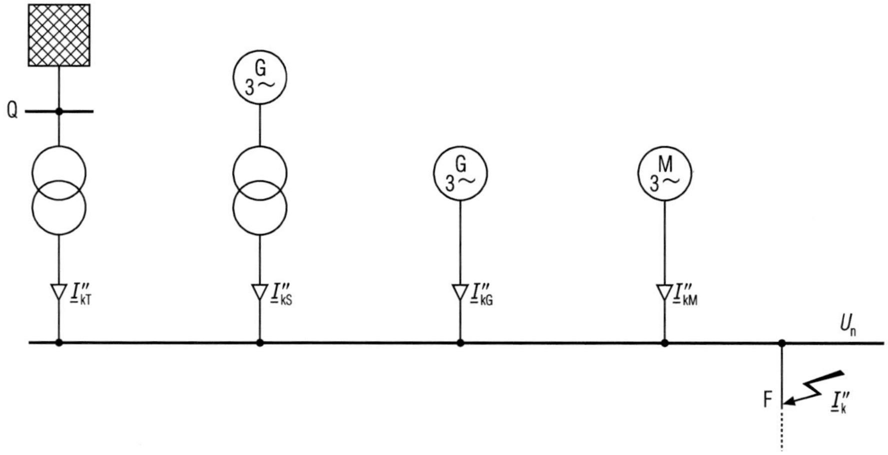

Bild 15.39. Beispiel für die Kurzschlussstromberechnung in einem unvermaschten Netz

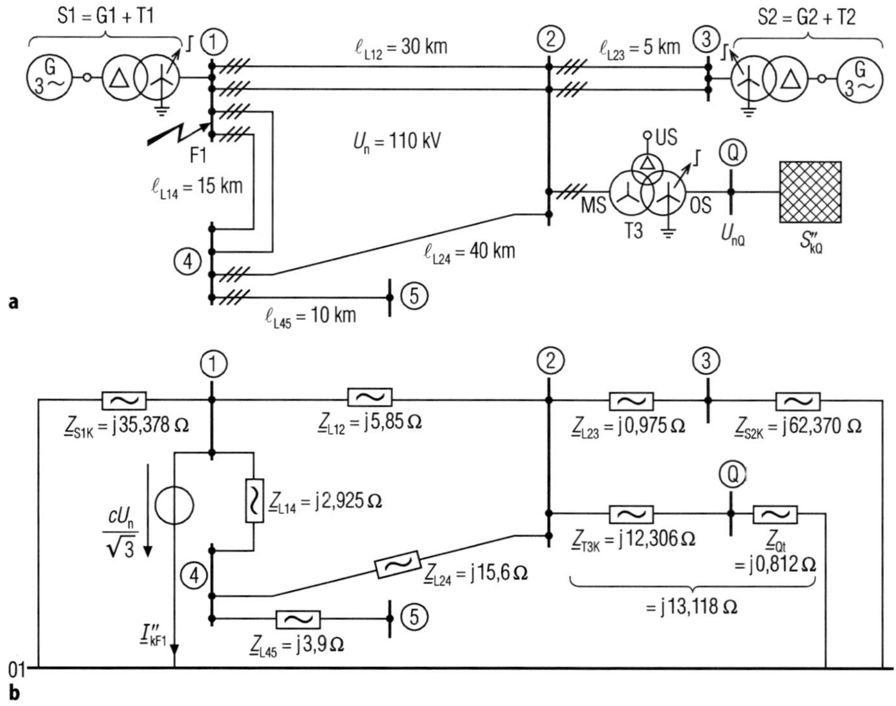

Bild 15.40 a, b. Beispiel für die Kurzschlussstromberechnung in einem vermaschten 110-kV-Netz. **a** Schaltplan des Netzes; **b** Ersatzschaltplan im Mitsystem, dreipoliger Kurzschluss in F1 (nur Reaktanzen der Betriebsmittel eingetragen)

Für das *Beispiel* nach Bild 15.40 sollen die verschiedenen Möglichkeiten der Kurzschlussstromberechnung in vermaschten Netzen gezeigt werden. Vorgegeben sind die folgenden Daten:

Kraftwerksblock S1: $S_{\mathrm{rG1}} = 100$ MVA; $U_{\mathrm{rG1}} = 10{,}5$ kV; $\cos\varphi_{\mathrm{rG1}} = 0{,}85$; $x''_{\mathrm{dG1}} = 0{,}15$;
$S_{\mathrm{rT1}} = 100$ MVA; $U_{\mathrm{rT1OS}}/U_{\mathrm{rT1US}} = 115$ kV/10,5 kV;
$u_{\mathrm{krT1}} = 12\,\%$ (mit Stufenschalter).

Kraftwerksblock S2: $S_{\mathrm{rG2}} = 50$ MVA; $U_{\mathrm{rG2}} = 10{,}5$ kV; $\cos\varphi_{\mathrm{rG2}} = 0{,}8$; $x''_{\mathrm{dG2}} = 0{,}12$;
$S_{\mathrm{rT2}} = 50$ MVA; $U_{\mathrm{rT2OS}}/U_{\mathrm{rT2US}} = 110$ kV/10,5 kV;
$u_{\mathrm{krT2}} = 11{,}5\,\%$ (mit Stufenschalter).

Netztransformator T3: $S_{\mathrm{rT3OSMS}} = 150$ MVA; $U_{\mathrm{rT3OS}}/U_{\mathrm{rT3MS}} = 230$ kV/110 kV;
$u_{\mathrm{krT3OSMS}} = 16\,\%$.

110-kV-Freileitungen: $\underline{Z}'_{\mathrm{L}} = (0{,}12 + \mathrm{j}0{,}39)$ Ω/km und Stromkreis.

Ersatznetz: $S''_{\mathrm{kQ}} = 15000$ MVA bei $U_{\mathrm{nQ}} = 220$ kV und $c_{\mathrm{Q}} = 1{,}1$.

Die unterschiedlichen Berechnungen für das Netz nach Bild 15.40 sollen der Übersichtlichkeit wegen vorerst nur mit Kurzschlussreaktanzen der Betriebsmittel durchgeführt werden. Daran anschließend werden dann auch die Ergebnisse bei Berechnung mit Impedanzen angegeben, um die Berechnung der Stoßkurzschlussströme zeigen zu können.

Für die Reaktanzen der Betriebsmittel gilt:

$$X_{S1K} = K_{S1}(X_{G1}t_{rT1}^2 + X_{T1}) = 35{,}378\ \Omega$$

$$\text{mit}\quad K_{S1} = \frac{(U_n)^2}{(U_{rG1})^2} \cdot \frac{(U_{rT1US})^2}{(U_{rT1OS})^2} \cdot \frac{c_{max}}{1 + |x''_{dG1} - x_{T1}| \sin\varphi_{rG1}} = 0{,}991$$

$$X_{S2K} = K_{S2}(X_{G2}t_{rT2}^2 + X_{T2}) = 62{,}370\ \Omega$$

$$\text{mit}\quad K_{S2} = \frac{(U_n)^2}{(U_{rG2})^2} \cdot \frac{(U_{rT2US})^2}{(U_{rT2OS})^2} \cdot \frac{c_{max}}{1 + |x''_{dG2} - x_{T2}| \sin\varphi_{rG}} = 1{,}097$$

$$X_{T3K} = K_{T3}X_{T3MS} = K_{T3}\frac{u_{krT3OSMS}}{100\%} \cdot \frac{U_{rT3MS}^2}{S_{rT3OSMS}} = 12{,}306\ \Omega$$

$$\text{mit}\quad K_{T3} = 0{,}95\frac{c_{max}}{1 + 0{,}6 \cdot x_{T3}} = 0{,}953$$

$$X_{Qt} = X_Q \cdot \frac{1}{t_{rT3}^2} = \frac{c_{Qmax}(U_{nQ})^2}{S''_{kQ}} \cdot \frac{U_{rTMS}^2}{U_{rTOS}^2} = 0{,}812\ \Omega$$

$$X_{L12} = 5{,}85\ \Omega;\ X_{L23} = 0{,}975\ \Omega;\ X_{L14} = 2{,}925\ \Omega;$$

$$X_{L24} = 15{,}6\ \Omega;\ X_{L45} = 3{,}9\ \Omega$$

Tabelle 15.7 zeigt wie man in Tabellenform den Anfangs-Kurzschlusswechselstrom für die Kurzschlussstelle F1 bestimmen kann. Für das Dreieck aus den Leitungen L12, L14 und L24 berechnet man durch Dreieck-Sternumwandlung nach Tabelle 13.1:

$$X_{L1} = \frac{X_{L12}X_{L14}}{X_{L12} + X_{L14} + X_{L24}} = \frac{5{,}85\ \Omega \cdot 2{,}925\ \Omega}{(5{,}85 + 2{,}925 + 15{,}6)\ \Omega} = 0{,}702\ \Omega$$

$$X_{L2} = \frac{X_{L12}X_{L24}}{X_{L12} + X_{L14} + X_{L24}} = \frac{5{,}85\ \Omega \cdot 15{,}6\ \Omega}{(5{,}85 + 2{,}925 + 15{,}6)\ \Omega} = 3{,}744\ \Omega$$

$$X_{L4} = \frac{X_{L14}X_{L24}}{X_{L12} + X_{L14} + X_{L24}} = \frac{2{,}925\ \Omega \cdot 15{,}6\ \Omega}{(5{,}85 + 2{,}925 + 15{,}6)\ \Omega} = 1{,}872\ \Omega$$

Die von den beiden Generatoren gelieferten Teilkurzschlussströme I''_{kG1} und I''_{kG2} findet man durch Aufteilung des Kurzschlussstromes $I''_{kF1} = 6{,}537$ kA entsprechend den Leitwerten in Spalte 4 der Tabelle 15.7. Für den Kraftwerksblock S1 gilt z. B.

$$I''_{kS1} = I''_{kF1}\frac{0{,}02827 \cdot 1/\Omega}{0{,}09357 \cdot 1/\Omega} = 1{,}975\ \text{kA}$$

Der auf die OS-Seite des Blocktransformators T1 umgerechnete Strom I_{rG1} ist:

$$I_{rG1t} = \frac{S_{rG1}}{\sqrt{3}U_{rG1}} \cdot \frac{U_{rT1US}}{U_{rT1OS}} = \frac{100\ \text{MVA}}{\sqrt{3} \cdot 10{,}5\ \text{kV}} \cdot \frac{10{,}5\ \text{kV}}{115\ \text{kV}} = 0{,}502\ \text{kA}$$

Tabelle 15.7. Tabellarische Berechnung von I''_{kF1} nach Bild 15.40

1	2	3		4	5	6	7
Nr.	Betriebs-mittel	X		$1/X$	$I''_{\mathrm{k}}, I''_{\mathrm{k}i}$	$I''_{\mathrm{k}i}/I_{\mathrm{rG}i\mathrm{t}}$	$\mu_i(t_{\min} = 0{,}1\ \mathrm{s})$ nach Gl. (15.123)
		Ω		$1/\Omega$	kA	–	
1	S2	$X_{\mathrm{S2K}} = 62{,}370$			0,783	2,98 [d]	0,897
2	L23	$X_{\mathrm{L23}} = \underline{\ 0{,}975}$					
3	1+2	63,345	→	0,01579	0,783		
4	Q	$X_{\mathrm{Qt}} = 0{,}812$					
5	T3	$X_{\mathrm{T2K}} = \underline{12{,}306}$			↑[b]		
6	4+5	= 13,118	→	<u>0,07623</u>	3,779		
7	3‖6	10,867	←	0,09202	4,562 ↑[b]		
8	L2 [a]	$X_{\mathrm{L2}} = 3{,}744$					
9	L1 [a]	$X_{\mathrm{L1}} = \underline{\ 0{,}702}$					
10	7+8+9	15,313	→	0,06530	4,562		
11	S1	$X_{\mathrm{S1K}} = 35{,}378$	→	<u>0,02827</u>	1,975 ↑[b]	3,93 [c]	0,825
12	10‖11	$X_{\mathrm{kF1}} = 10{,}687$	←	0,09357 [e] →	$I''_{\mathrm{kF1}} = \mathbf{6{,}537}$		

[a] Ergebnis der Dreiecksternumwandlung, siehe Text.
[b] Stromaufteilung auf S1 und S2 mit Hilfe der Leitwerte.
[c] $I_{\mathrm{rG1}} = 5{,}5\ \mathrm{kA}$, $I_{\mathrm{rG1t}} = I_{\mathrm{rG1}}/t_{\mathrm{rT1}} = 0{,}502\ \mathrm{kA}$, $I''_{\mathrm{kS1}}/I_{\mathrm{rG1t}} = 1{,}975\ \mathrm{kA}/0{,}502\ \mathrm{kA} = 3{,}93$.
[d] $I_{\mathrm{rG2}} = 2{,}75\ \mathrm{kA}$, $I_{\mathrm{rG2t}} = I_{\mathrm{rG2}}/t_{\mathrm{rT2}} = 0{,}2625\ \mathrm{kA}$, $I''_{\mathrm{kS2}}/I_{\mathrm{rG2t}} = 0{,}783\ \mathrm{kA}/0{,}2625\ \mathrm{kA} = 2{,}98$.
[e] Nach Gl. (15.86) ergibt sich: $I''_{\mathrm{kF1}} = (c_{\max}U_{\mathrm{n}}/\sqrt{3}) \cdot 0{,}09357/\Omega = 6{,}537\ \mathrm{kA}$ bei $c_{\max} = 1{,}1$ und $U_{\mathrm{n}} = 110\ \mathrm{kV}$.

Damit ergibt sich $I''_{\mathrm{kS1}}/I_{\mathrm{rG1t}} = 3{,}93$ (Spalte 6, Tabelle 15.7) und weiter ein Faktor $\mu_{0,1} = 0{,}825$ nach Gl. (15.123) bei $t_{\min} = 0{,}1$ s (Spalte 7 der Tabelle 15.7).

Für die mathematische Ermittlung der Knotenpunktadmittanzmatrix des Mitsystems nach Bild 15.40b geht man von der Admittanzmatrix $\underline{Y}$ für die 5 Knotenpunkte 1 bis 5 aus. Zu beachten ist, dass Einspeisungen (Kraftwerksblöcke und Netzeinspeisungen über Transformatoren) als Zweige behandelt werden. Die Nebendiagonalelemente der Admittanzmatrix ergeben sich aus den Admittanzen der Netzzweige, wobei auch hier bei Vernachlässigung der Resistanzen nur die Kehrwerte der Reaktanzen der Netzzweige einzusetzen sind. Die Hauptdiagonalelemente ergeben sich aus der negativen Summe aller Nebendiagonalelemente der zugehörigen Zeile unter Einbeziehung von $-\underline{y}_{i0} = -1/(\mathrm{j}X_{i0})$, jeweils gerundet auf drei Nachkommastellen:

$$\underline{Y} = \mathrm{j}\begin{bmatrix} 0{,}541 & -0{,}171 & 0 & -0{,}342 & 0 \\ -0{,}171 & 1{,}337 & -1{,}026 & -0{,}064 & 0 \\ 0 & -1{,}026 & 1{,}042 & 0 & 0 \\ -0{,}342 & -0{,}064 & 0 & 0{,}662 & -0{,}256 \\ 0 & 0 & 0 & -0{,}256 & 0{,}256 \end{bmatrix}\frac{1}{\Omega} \tag{15.100}$$

Die Hauptdiagonalelemente ergeben sich aus:

$$\underline{y}_{11} = -\underline{y}_{12} - \underline{y}_{14} - \frac{1}{\mathrm{j}X_{\mathrm{S1K}}} = \mathrm{j}\,0{,}541\,\frac{1}{\Omega}$$

$$\underline{y}_{22} = -\underline{y}_{21} - \underline{y}_{23} - \underline{y}_{24} - \frac{1}{\mathrm{j}\,(X_{\mathrm{T3K}} + X_{\mathrm{Qt}})} = \mathrm{j}\,1{,}337\,\frac{1}{\Omega}$$

$$\underline{y}_{33} = -\underline{y}_{32} - \frac{1}{\mathrm{j}X_{\mathrm{S2K}}} = \mathrm{j}\,1{,}042\,\frac{1}{\Omega}$$

$$\underline{y}_{44} = -\underline{y}_{41} - \underline{y}_{42} - \underline{y}_{45} = \mathrm{j}\,0{,}662\,\frac{1}{\Omega}$$

$$\underline{y}_{55} = -\underline{y}_{45} = \mathrm{j}\,0{,}256\,\frac{1}{\Omega}$$

Aus der Inversion der Admittanzmatrix ergibt sich die folgende Knotenpunktimpedanzmatrix:

$$\underline{\underline{Z}} = -\mathrm{j}\begin{bmatrix} 10{,}687 & 7{,}585 & 7{,}468 & 10{,}197 & 10{,}197 \\ 7{,}585 & 8{,}538 & 8{,}406 & 7{,}735 & 7{,}735 \\ 7{,}468 & 8{,}406 & 9{,}237 & 7{,}616 & 7{,}616 \\ 10{,}197 & 7{,}735 & 7{,}616 & 12{,}272 & 12{,}272 \\ 10{,}197 & 7{,}735 & 7{,}616 & 12{,}272 & 16{,}172 \end{bmatrix}\Omega \tag{15.101}$$

Ausgehend von den negativen Hauptdiagonalelementen der Impedanzmatrix findet man die Kurzschlussströme an den Knotenpunkten 1 bis 5 des Bildes 15.40 a:

$$\underline{I}''_{\mathrm{kF1}} = \frac{c_{\max} U_{\mathrm{n}}}{\sqrt{3}(-\underline{z}_{11})} = \frac{1{,}1 \cdot 110\ \mathrm{kV}}{\sqrt{3}(\mathrm{j}\,10{,}687\ \Omega)} = -\mathrm{j}\,6{,}537\ \mathrm{kA}$$

$$\underline{I}''_{\mathrm{kF2}} = -\mathrm{j}\,8{,}183\ \mathrm{kA};\quad \underline{I}''_{\mathrm{kF3}} = -\mathrm{j}\,7{,}563\ \mathrm{kA}; \tag{15.102}$$

$$\underline{I}''_{\mathrm{kF4}} = -\mathrm{j}\,5{,}693\ \mathrm{kA};\quad \underline{I}''_{\mathrm{kF5}} = -\mathrm{j}\,4{,}320\ \mathrm{kA}.$$

Mit Hilfe der Nebendiagonalelemente der Matrix nach Gl. (15.101) kann man die Spannungen der nicht vom Kurzschluss betroffenen Knotenpunkte für jeden Kurzschluss bestimmen. Für den Kurzschluss in F1 ergibt sich z. B.:

$$\underline{U}_{\mathrm{2F1}} = \frac{c_{\max} U_{\mathrm{n}}}{\sqrt{3}} + \underline{z}_{21}\,\underline{I}''_{\mathrm{kF1}} = \frac{1{,}1 \cdot 110\ \mathrm{kV}}{\sqrt{3}} + (-\mathrm{j}\,7{,}585\ \Omega)\cdot(-\mathrm{j}\,6{,}537\ \mathrm{kA}) = 20{,}282\ \mathrm{kV}$$

$$\underline{U}_{\mathrm{3F1}} = 21{,}046\ \mathrm{kV};\ \underline{U}_{\mathrm{4F1}} = 3{,}202\ \mathrm{kV};\ \underline{U}_{\mathrm{5F1}} = \underline{U}_{\mathrm{4F1}}$$

Mit Hilfe dieser Spannungen und der einzigen treibenden Spannung im Netz, der Ersatzspannungsquelle $c_{\max}U_n/\sqrt{3}$, kann man die Teilkurzschlussströme ermitteln. Für die Kurzschlussstelle F1 gilt:

$$\underline{I}''_{\mathrm{kF1,01}} = \underline{I}''_{\mathrm{kF1,S1}} = \frac{c_{\max}U_n/\sqrt{3} - \underline{U}_{\mathrm{F1,1}}}{\underline{Z}_{\mathrm{S1K}}} = \frac{1{,}1 \cdot 110\,\mathrm{kV}/\sqrt{3} - 0}{\mathrm{j}\,35{,}378\,\Omega} = -\mathrm{j}\,1{,}975\,\mathrm{kA}$$

$$\underline{I}''_{\mathrm{kF1,21}} = \frac{\underline{U}_{\mathrm{F1,2}} - \underline{U}_{\mathrm{F1,1}}}{\underline{Z}_{\mathrm{L12}}} = \frac{20{,}284\,\mathrm{kV} - 0}{\mathrm{j}\,5{,}85\,\Omega} = -\mathrm{j}\,3{,}467\,\mathrm{kA}$$

$$\underline{I}''_{\mathrm{kF1,41}} = \frac{\underline{U}_{\mathrm{F1,4}} - \underline{U}_{\mathrm{F1,1}}}{\underline{Z}_{\mathrm{L14}}} = \frac{3{,}203\,\mathrm{kV} - 0}{\mathrm{j}2{,}925\,\Omega} = -\mathrm{j}\,1{,}095\,\mathrm{kA}$$

Für die Kurzschlussstelle F1 gilt: $\underline{I}''_{\mathrm{kF1,01}} + \underline{I}''_{\mathrm{kF1,21}} + \underline{I}''_{\mathrm{kF1,41}} \approx -\mathrm{j}6{,}537\,\mathrm{kA} = \underline{I}''_{\mathrm{kF1}}$. Weiter ergeben sich die Teilkurzschlussströme: $\underline{I}''_{\mathrm{kF1,32}} = -\mathrm{j}0{,}783\,\mathrm{kA}$, $\underline{I}''_{\mathrm{kF1,24}} = -\mathrm{j}1{,}095\,\mathrm{kA}$; $\underline{I}''_{\mathrm{k02}} = \underline{I}''_{\mathrm{kQt}} = -\mathrm{j}3{,}779\,\mathrm{kA}$. Von den beiden Kraftwerksblöcken werden demnach $\underline{I}''_{\mathrm{kF1,S1}} \approx -\mathrm{j}\,1{,}975\,\mathrm{kA}$ und $\underline{I}''_{\mathrm{kF1,S2}} \approx -\mathrm{j}0{,}783\,\mathrm{kA}$ zur Kurzschlussstelle F1 geliefert.

Tabelle 15.8 enthält eine Zusammenstellung der Spannungen und Teilkurzschlussströme für dreipolige Kurzschlüsse an allen fünf Knotenpunkten des Netzes nach Bild 15.40.

Der Berechnungsweg ausgehend von der Admittanzmatrix liefert also mit den Elementen der Impedanzmatrix die vollständige Information (Anfangs-Kurzschlusswechselströme, Teilkurzschlussströme aller Zweige und die Spannungen aller Knotenpunkte) für den ersten Kurzschlussaugenblick an allen fünf Knotenpunkten (Tabelle 15.8). Bei der tabellarischen Handrechnung in Tabelle 15.7 dagegen ist für jede Kurzschlussstelle eine neue Netzreduktion auf X_k durchzuführen mit anschließender Aufteilung des Kurzschlussstromes in die Teilkurzschlussströme und eventuell einer Berechnung der Spannungsverteilung im Netz.

Beim schrittweisen Aufbau der Impedanzmatrix nach Abschn. 13.2 mit den Gleichungen nach Tabelle 13.2 beginnt man z.B. mit der Reaktanz X_{S1K} zwi-

Tabelle 15.8. Ströme und Spannungen bei Kurzschluss in F1 bis F5 des Netzes nach Bild 15.40. Angegeben werden nur die Beträge der Ströme (Einzelangaben für F1 im Text)

F	I''_k kA	U_1 kV	U_2 kV	U_3 kV	U_4 kV	U_5 kV	I''_{kS1} [a] kA	I''_{kS2} [a] kA	I''_{kQt} [a] kA	I''_{k12} kA	I''_{k14} kA	I''_{k24} kA	I''_{k23} kA	I''_{k45} kA
1	6,537	0	20,282	21,046	3,202	3,202	1,975	0,783	3,779	3,467	1,095	1,095	0,783	0
2	8,183	7,799	0	1,075	6,568	6,568	1,754	1,103	5,325	1,333	0,421	0,421	1,103	0
3	7,563	13,380	6,282	0	12,259	12,259	1,596	1,120	4,847	1,213	0,383	0,383	6,443	0
4	5,693	11,809	25,827	26,504	0	0	1,641	0,695	3,357	2,396	4,037	1,656	0,695	0
5	4,320	25,811	36,446	36,960	16,847	0	1,245	0,527	2,547	1,818	3,064	1,256	0,527	4,320

Die Beiträge der Kraftwerksblöcke S1 und S2 sowie der Beitrag des 220-kV-Netzes über den Transformator T3 ergeben in der Summe immer den Kurzschlussstrom: $\underline{I}''_{\mathrm{kS1}} + \underline{I}''_{\mathrm{kS2}} + \underline{I}''_{\mathrm{kQt}} = \underline{I}''_{\mathrm{kF}}$.

schen der Nullschiene des Mitsystems 01 (hier abgekürzt 0) und dem Knotenpunkt 1. Die weiteren Operationen zum Aufbau des Netzes sind dann beliebig, solange ein Anschluss an das bereits aufgebaute Teilnetz vorhanden ist.

Bei der nachfolgenden Darstellung des schrittweisen Aufbaus wird zur Vereinfachung die Einheit Ω weggelassen. Die Elemente der Impedanzmatrix werden mit Kleinbuchstaben $\underline{z}$ gekennzeichnet auch dann, wenn nur Reaktanzen berücksichtigt werden, wobei die gestrichenen Werte $\underline{z}'$ immer die neuen Elemente sind. Die Betriebsmittelreaktanzen werden mit Großbuchstaben X bezeichnet. Die angegebenen Fälle sind die Fälle der Tabelle 13.2, wobei allerdings zu beachten ist, dass die Elemente der Impedanzmatrix das entgegengesetzte Vorzeichen haben wie die Elemente der Hybridmatrix. Die Impedanzmatrizen sind symmetrisch zur Hauptdiagonalen. Deshalb werden die Nebendiagonalelemente der unteren Dreiecksmatrix nicht angegeben.

1. Schritt, Fall 4, $n = 0$ $\underline{z}'_{11} = -\mathrm{j}X_{\mathrm{S1K}}$ 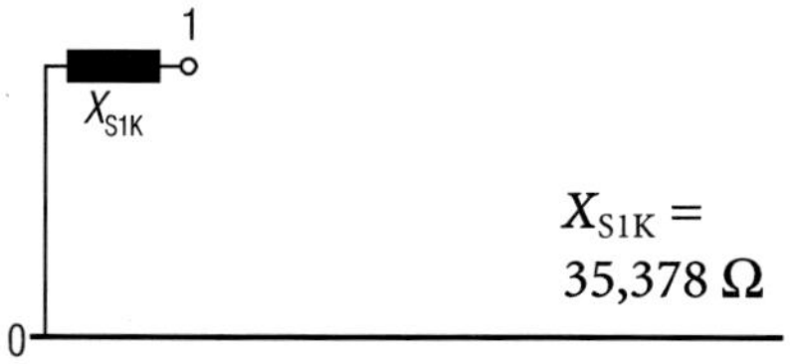 $X_{\mathrm{S1K}} =$ 35,378 Ω	$\underline{Z}^{(1)} = -\mathrm{j}[35{,}378]$ n ist die Summe der Knoten vor dem nächsten Aufbauschritt. Beginn $n = 0$
2. Schritt, Fall 5, $n = 1, p = 1$ $\underline{z}'_{11} = \underline{z}_{11}, \underline{z}'_{12} = \underline{z}_{11}, \underline{z}'_{22} = \underline{z}_{11} - \mathrm{j}X_{\mathrm{L12}}$ 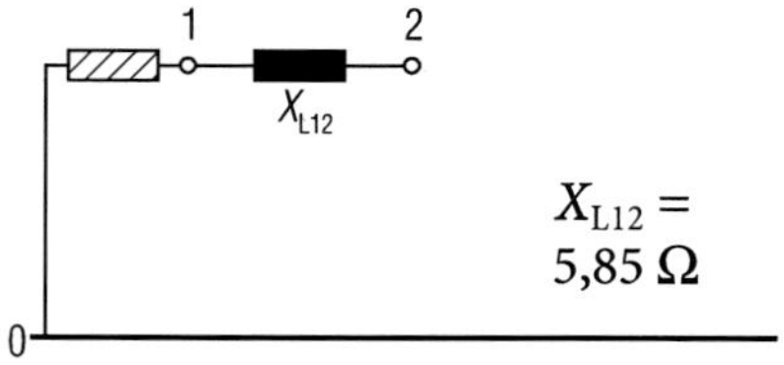 $X_{\mathrm{L12}} =$ 5,85 Ω	$\underline{Z}^{(2)} = -\mathrm{j}\begin{bmatrix} 35{,}378 & 35{,}378 \\ & 41{,}228 \end{bmatrix}$
3. Schritt, Fall 6b, $n = 2, p = 2$ $\underline{z}'_{ij} = \underline{z}_{ij} + \dfrac{\underline{z}_{i2}\underline{z}_{j2}}{\mathrm{j}X_{02} - \underline{z}_{22}} \quad (i, j = 1 \ldots 2)$ 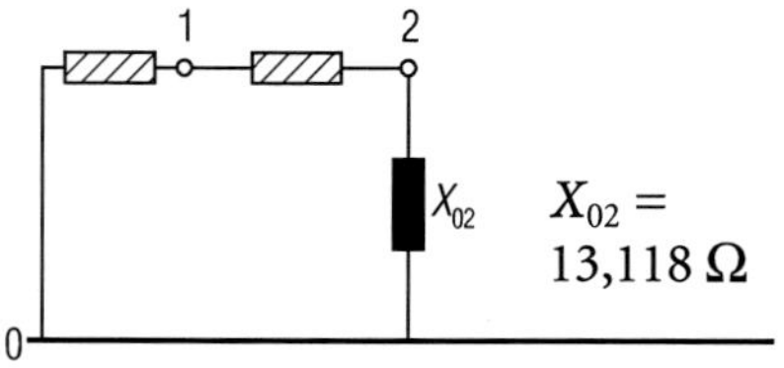 $X_{02} =$ 13,118 Ω	$\underline{Z}^{(3)} = -\mathrm{j}\begin{bmatrix} 12{,}3483 & 8{,}5401 \\ & 9{,}9522 \end{bmatrix}$

4. Schritt, Fall 5, $n = 2, p = 2$ $\underline{z}'_{ij} = \underline{z}_{ij}, \underline{z}'_{i3} = \underline{z}_{i2}\ (i,j = 1\ldots 2)$, $\underline{z}'_{33} = \underline{z}_{22} - \mathrm{j}X_{\mathrm{L23}}$ 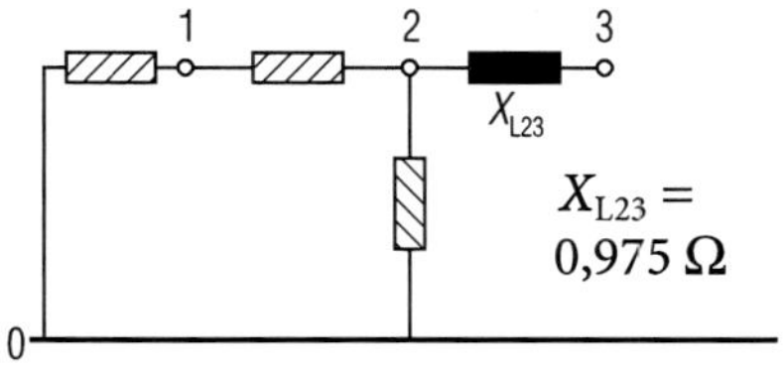 	$\underline{\boldsymbol{Z}}^{(4)} = -\mathrm{j}\begin{bmatrix} 12{,}3483 & 8{,}5401 & 8{,}5401 \\ & 9{,}9522 & 9{,}9522 \\ & & 10{,}9272 \end{bmatrix}$
5. Schritt, Fall 6 b, $n = 3, p = 3$ $\underline{z}'_{ij} = (i,j = 1\ldots 3)$ $\underline{z}'_{ij} = \underline{z}_{ij} + \dfrac{\underline{z}_{i3}\underline{z}_{j3}}{\mathrm{j}X_{\mathrm{2SK}} - \underline{z}_{33}},\ (i,j = 1\ldots 3)$ 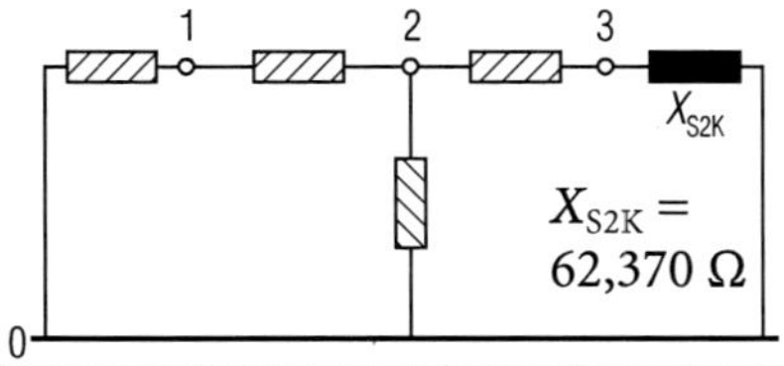 	$\underline{\boldsymbol{Z}}^{(5)} = -\mathrm{j}\begin{bmatrix} 11{,}353 & 7{,}381 & 7{,}267 \\ & 8{,}601 & 8{,}469 \\ & & 9{,}298 \end{bmatrix}$
6. Schritt, Fall 5, $n = 3, p = 1$ $\underline{z}'_{ij} = \underline{z}_{ij}, \underline{z}'_{i4} = \underline{z}_{i1}, (i,j = 1\ldots 3)$ $\underline{z}'_{44} = \underline{z}_{11} - \mathrm{j}X_{\mathrm{L14}}$ 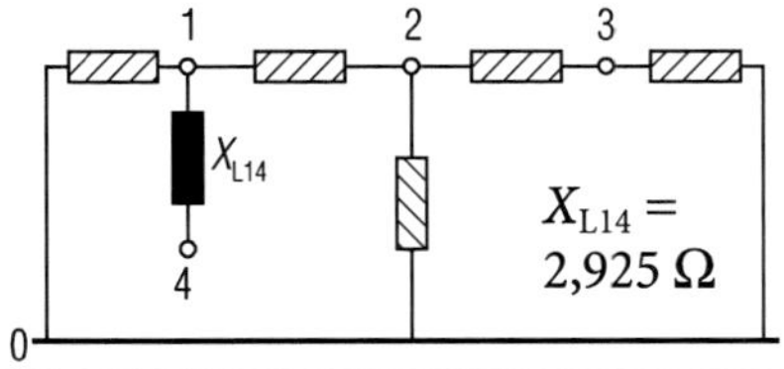 	$\underline{\boldsymbol{Z}}^{(6)} = -\mathrm{j}\begin{bmatrix} 11{,}353 & 7{,}381 & 7{,}267 & 11{,}353 \\ & 8{,}601 & 8{,}469 & 7{,}381 \\ & & 9{,}298 & 7{,}267 \\ & & & 14{,}278 \end{bmatrix}$
7. Schritt, Fall 6a, $n = 4, p = 2, q = 4$ $\underline{z}'_{ij} = \underline{z}_{ij} + \dfrac{(\underline{z}_{i2} - \underline{z}_{i4})(\underline{z}_{j2} - \underline{z}_{j4})}{\mathrm{j}X_{\mathrm{L24}} - \underline{z}_{22} - \underline{z}_{44} + 2\underline{z}_{24}}$ $(i,j = 1\ldots 4)$ 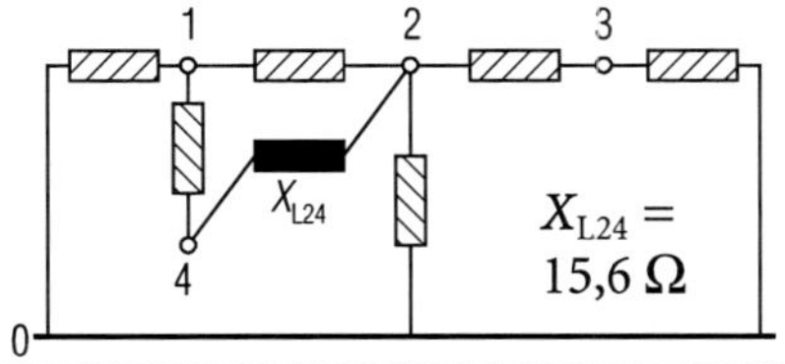 	$\underline{\boldsymbol{Z}}^{(7)} = -\mathrm{j}\begin{bmatrix} 10{,}688 & 7{,}585 & 7{,}468 & 10{,}198 \\ & 8{,}538 & 8{,}407 & 7{,}736 \\ & & 9{,}237 & 7{,}617 \\ & & & 12{,}272 \end{bmatrix}$

8. Schritt, Fall 5, $n = 4, p = 4$

$\underline{z}'_{ij} = \underline{z}_{ij}, \underline{z}'_{i5} = \underline{z}_{i4}, (i, j = 1 \ldots 4)$

$\underline{z}'_{55} = \underline{z}_{44} - \mathrm{j}X_{L45}$

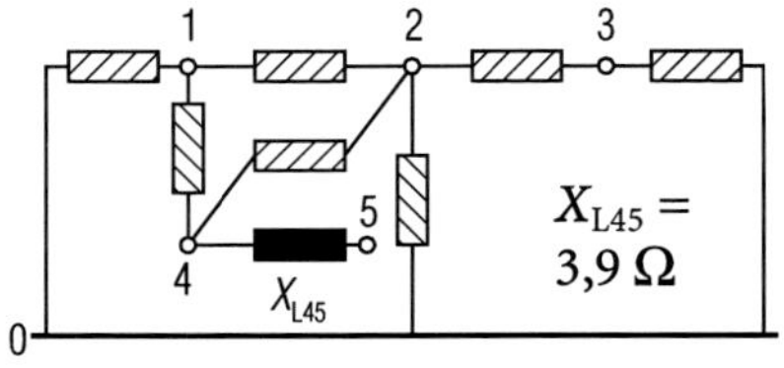

$$\underline{Z}^{(8)} = -\mathrm{j} \cdot \begin{bmatrix} 10{,}688 & 7{,}585 & 7{,}468 & 10{,}198 & 10{,}198 \\ & 8{,}538 & 8{,}407 & 7{,}736 & 7{,}736 \\ & & 9{,}237 & 7{,}617 & 7{,}617 \\ & & & 12{,}272 & 12{,}272 \\ & & & & 16{,}172 \end{bmatrix}$$

Bei der Berechnung mit Impedanzen der Betriebsmittel geht man von folgenden Werten aus:

$\underline{Z}_{S1K} = (1{,}769 + \mathrm{j}35{,}378)\ \Omega$; $\underline{Z}_{S2K} = (4{,}060 + \mathrm{j}62{,}370)\ \Omega$;
$\underline{Z}_{T3K} + \underline{Z}_{Qt} = (0{,}512 + \mathrm{j}13{,}118)\Omega$;
$\underline{Z}_{L12} = (1{,}8 + \mathrm{j}5{,}85)\ \Omega$; $\underline{Z}_{L23} = (0{,}3 + \mathrm{j}0{,}975)\ \Omega$; $\underline{Z}_{L14} = (0{,}9 + \mathrm{j}2{,}925)\ \Omega$;
$\underline{Z}_{L24} = (4{,}8 + \mathrm{j}15{,}6)\ \Omega$; $\underline{Z}_{L45} = (1{,}2 + 3{,}9)\ \Omega$;

Als Admittanzmatrix (auf drei Stellen nach dem Komma gerundet) ergibt sich:

$$\underline{Y} = \begin{bmatrix} -0{,}146 + \mathrm{j}0{,}497 & 0{,}048 - \mathrm{j}0{,}156 & 0 & 0{,}096 - \mathrm{j}0{,}312 & 0 \\ & -0{,}357 + \mathrm{j}1{,}228 & 0{,}288 - \mathrm{j}0{,}937 & 0{,}018 - \mathrm{j}0{,}059 & 0 \\ & & -0{,}289 + \mathrm{j}0{,}953 & 0 & 0 \\ & & & -0{,}186 + \mathrm{j}0{,}605 & 0{,}072 - \mathrm{j}0{,}234 \\ & & & & -0{,}072 + \mathrm{j}0{,}234 \end{bmatrix}$$

Die Elemente der Hauptdiagonale der Impedanzmatrix, die aus vorstehender Admittanzmatrix gewonnen wurden, sind in der Spalte 2 der Tabelle 15.9 angegeben zusammen mit den sich daraus bei komplexer Berechnung ergebenden Anfangs-Kurzschlusswechselströmen in Spalte 4 und einem Vergleich zu den Ergebnissen, die gewonnen wurden ausgehend von der Berechnung nur mit Reaktanzen der Betriebsmittel in Spalte 5. Man erkennt, dass die Abweichungen in diesem Beispiel nur zwischen 0,16 % und 1,5 % liegen. In vielen Fällen, wie auch in diesem, kann man deshalb die Anfangs-Kurzschlusswechselströme in Hochspannungs-Freileitungsnetzen nur mit Reaktanzen der Betriebsmittel berechnen. Schwierig wird es allerdings dann, wenn man auch die Stoßkurzschlussströme sucht. Im vorliegenden Fall müsste man dann nach der Methode (a) nach Abschn. 15.5.3 zur Berechnung des Stoßkurzschlussstrom mit $\kappa_{(a)} = 1{,}89$ rechnen ausgehend vom kleinsten Verhältnis R/X des Zweiges mit dem Transformator T3 und dem 220-kV-Ersatznetz.

Aus den Verhältnissen R_k/X_k in der Spalte 6 an den Kurzschlussstellen F1 bis F5 berechnet man mit Gl. (15.110) den Stoßfaktor $\kappa_{(b)}$ (hier wird i_p ohne den

Tabelle 15.9. Kurzschlussströme I''_k im Netz nach Bild 15.40 bei komplexer Berechnung

1	2	3	4	5	6	7	8
F	$\underline{Z}_k$ Ω	Z_k Ω	I''_k kA	$\Delta I''_k$ [a] %	R_k/X_k –	$\kappa_{(b)}$ [b] –	$\kappa_{(c)}$ [c] –
1	1,061 + j10,699	10,751	6,498	0,60	0,0991	1,748	1,750
2	0,440 + j8,540	8,551	8,169	0,16	0,0515	1,860	1,860
3	0,657 + j9,239	9,262	7,543	0,27	0,0711	1,812	1,812
4	1,567 + j12,279	12,379	5,643	0,89	0,1276	1,688	1,690
5	2,767 + j16,179	16,414	4,256	1,50	0,1710	1,607	1,608

[a] Abweichung der nur mit Reaktanzen berechneten Kurzschlussströme nach Tabelle 15.8 gegenüber den in Spalte 4 angegebenen Kurzschlussströmen für komplexe Berechnung.
[b] Nach Gl. (15.110): $\kappa_{(b)} = 1{,}02 + 0{,}98\,e^{-3R_k/X_k}$.
[c] $\kappa_{(c)}$ nach der 20-Hz-Methode (Abschn. 15.5.3).

Faktor 1,15 berechnet, weil in allen Zweigen $R/X < 0{,}3$ gilt [N15.1]). Im Vergleich dazu sind die mit der 20-Hz-Methode, bei der Betriebsfrequenz 50 Hz, ermittelten Werte $\kappa_{(c)}$ in der Spalte 8 der Tabelle 15.9 angegeben.

15.5.3 Stoßkurzschlussstrom

Der Stoßkurzschlussstrom i_p ist der maximal mögliche Augenblickswert des Kurzschlussstromes $i_k(t)$. In den Bildern 15.3a und 15.3b sind die Stoßkurzschlussströme eingezeichnet, die in 50-Hz-Netzen etwa 10 ms nach Kurzschlusseintritt zu erwarten sind. Der Stoßkurzschlussstrom wird mit Hilfe des Faktors κ berechnet:

$$i_p = \kappa\sqrt{2}I''_k \tag{15.103}$$

Der Stoßkurzschlussstrom i_p ist der größte in einem Leiter des Drehstromnetzes bei Kurzschluss im ungünstigsten Augenblick der Spannung, nämlich bei generatorfernem Kurzschluss im Spannungsnulldurchgang, auftretende Augenblickswert des Kurzschlussstromes. Diese Aussage bestätigt sich am leichtesten aus dem Mitsystem eines einfachen Netzes, bestehend aus einer Impedanz nach Bild 15.41a oder der Reihenschaltung von Impedanzen, bei dem im Zeitpunkt $t = 0$ ein Kurzschluss eingeleitet wird. Nicht berücksichtigt wird in [N15.1] der Übergang vom zweipoligen in den dreipoligen Kurzschluss 5 ms nach Kurzschlusseintritt, bei dem ein höherer Stoßkurzschlussstrom auftreten kann [15.22, 15.37].

Für die Reihenschaltung aus R und L nach Bild 15.41a gilt die folgende Differentialgleichung bei $t \geq 0$:

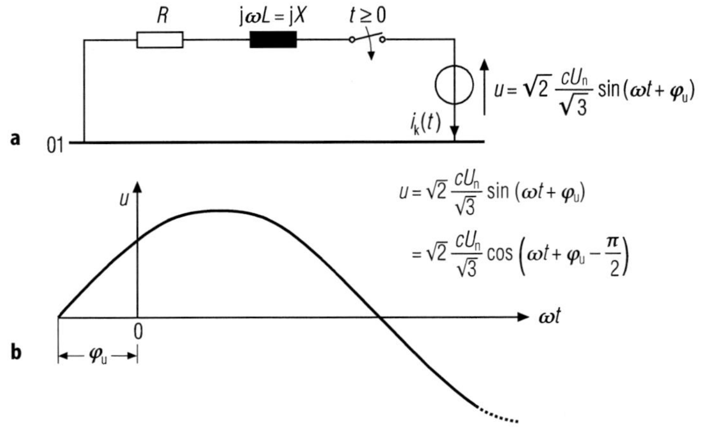

Bild 15.41 a, b. Berechnung des Kurzschlussstromes $i_k(t)$ zur Ableitung des Faktors κ bei einem einseitig einfach gespeisten Kurzschluss. **a** Ersatzschaltplan im Mitsystem zur Berechnung von $i_k(t)$; **b** Zur Definition des Spannungswinkels φ_u

$$Ri_k(t) + L\,\frac{di_k(t)}{dt} = \sqrt{2}\,\frac{cU_n}{\sqrt{3}}\sin(\omega t + \varphi_u) \tag{15.104}$$

Die Lösung dieser Gleichung führt auf Gl. (15.90) für generatorfernen Kurzschluss:

$$i_k(t) = \sqrt{2}I_k''\left[\sin(\omega t + \varphi_u - \gamma) + e^{-\frac{R}{\omega L}\omega t}\sin(\gamma - \varphi_u)\right] = \sqrt{2}I_k''\,\kappa_u \tag{15.105}$$

mit dem Anfangs-Kurzschlusswechselstrom

$$I_k'' = \frac{cU_n}{\sqrt{3}Z} = \frac{cU_n}{\sqrt{3}\sqrt{R^2 + (\omega L)^2}} \tag{15.106}$$

und dem Abklingfaktor κ_u, der von φ_u, t und γ abhängig ist:

$$\kappa_u = \sin(\omega t + \varphi_u - \gamma) + e^{-\frac{R}{X}\omega t}\sin(\gamma - \varphi_u) \tag{15.107}$$

Dabei sind:

Z Kurzschlussimpedanz $Z = \sqrt{R^2 + (\omega L)^2} = \sqrt{R^2 + X^2}$

γ Impedanzwinkel, $\gamma = \mathrm{Arctan}\,\frac{X}{R}$

φ_u Spannungswinkel bei Kurzschlusseintritt nach Bild 15.41 b

Der größte Wert von $i_k(t)$ nach Gl. (15.105), der als Stoßkurzschlussstrom bezeichnet wird, ergibt sich für den größten Wert κ_u. Diesen findet man durch partielle Differentiation der Gl. (15.107) nach t und φ_u:

$$\left.\frac{\partial \kappa_u}{\partial t}\right|_{t=t_p,\,\varphi_u=\varphi_{up}} = \omega \cos(\omega t_p + \varphi_{up} - \gamma) - \frac{R}{X}\omega \mathrm{e}^{-\frac{R}{X}\omega t_p} \sin(\gamma - \varphi_{up}) = 0 \tag{15.108a}$$

$$\left.\frac{\partial \kappa_u}{\partial \varphi_u}\right|_{t=t_p,\,\varphi_u=\varphi_{up}} = \cos(\omega t_p + \varphi_{up} - \gamma) - \mathrm{e}^{-\frac{R}{X}\omega t_p} \cos(\gamma - \varphi_{up}) = 0 \tag{15.108b}$$

Aus den Gln. (15.108a) und (15.108b) ergibt sich:

$$\frac{X}{R} = \frac{\sin(\gamma - \varphi_{up})}{\cos(\gamma - \varphi_{up})} = \tan(\gamma - \varphi_{up}) \tag{15.108c}$$

Beachtet man $\gamma = \text{Arctan}\, X/R$, so zeigt sich, dass κ_u dann maximal wird, wenn der Kurzschluss bei $\varphi_u = 0$ eintritt. Aus Gl. (15.107) wird dann für $\kappa_{u\,max} = \kappa$ und zugehörig $t = t_p$:

$$\kappa = \sin(\omega t_p - \gamma) + \mathrm{e}^{-\frac{R}{X}\omega t_p} \sin\gamma \tag{15.109}$$

Den Faktor κ und die Zeit t_p, zu der i_p auftritt, gewinnt man durch Iteration. Eingezeichnet in das Bild 15.42 ist auch die Abweichung $\Delta\kappa_{VDE}$, die sich aus dem Vergleich von κ nach Gl. (15.109) mit der folgenden numerischen Näherung nach [N15.1] ergibt:

$$\kappa_{VDE} = 1{,}02 + 0{,}98\,\mathrm{e}^{-3R/X} \tag{15.110}$$

Bei einem Spannungswinkel $\varphi_u \neq 0$ wird $\kappa(\varphi_u \neq 0) < \kappa$, siehe dazu beispielsweise Bild 15.31 in den Leitern L2 und L3, wenn im Leiter L1 bei dreipoligem Kurzschluss der größtmögliche Wert κ auftritt.

Die Überlegung, dass der größtmögliche Wert κ bei generatorfernem Kurzschluss und bei $\varphi_u = 0$ auftritt, gilt nicht nur bei einseitig einfach gespeistem Kurzschluss nach Bild 15.41 sondern auch bei generatorfernem Kurzschluss in vermaschten Netzen, deren Variationsbreite durch zwei parallele Zweige abgedeckt werden kann, in denen die Verhältnisse R/X in weiten Grenzen verändert werden [N15.2, 2.4.3]. Weiter ergibt sich, dass der Faktor κ größer wird als im Bild 15.42 und in der Gl. (15.109) bzw. (15.110) angegeben, wenn die Verhältnisse R/X in den beiden Zweigen verschieden sind. Diese Erscheinung zeigt Bild 15.43 bei zwei parallelen Zweigen mit R_I/X_I und R_{II}/X_{II}, im dargestellten Fall allerdings bei $Z_I = Z_{II}$, aufgetragen über R_k/X_k bei $\underline{Z}_k = \underline{Z}_I\underline{Z}_{II}/(\underline{Z}_I + \underline{Z}_{II})$.

Tabelle 15.10 enthält eine Zusammenstellung der Gleichungen zur Berechnung der Stoßkurzschlussströme bei symmetrischen und unsymmetrischen Kurzschlüssen nach [N15.1, 4.3]. Die in vermaschten Netzen anzuwendenden Methoden zur Bestimmung des Faktors κ werden nachfolgend erläutert. Nach [N15.1] unterscheidet man die Methoden a, b und c:

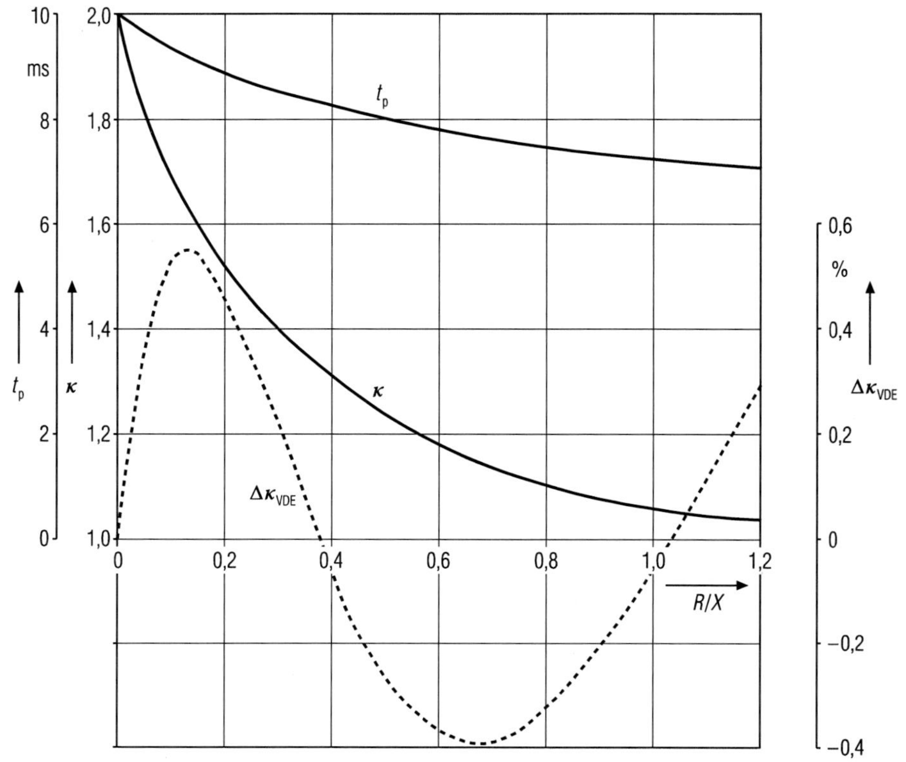

Bild 15.42. Faktor κ_u und t_p abhängig von R/X.
Abweichung $\Delta\kappa_{VDE} = \frac{\kappa_{VDE} - \kappa}{\kappa} \cdot 100\%$, κ_{VDE} nach Gl. (15.110)

Methode a: *Einheitliches Verhältnis R/X,* $\kappa = \kappa_{(a)}$

Der Faktor $\kappa_{(a)}$ wird aus Bild 15.42 bestimmt oder mit Gl. (15.110) berechnet abhängig vom kleinsten Verhältnis R/X aller Netzzweige, die Teilkurzschlussströme führen und zum kurzschlussbetroffenen Netz mit der Netznennspannung U_n gehören. Dabei müssen auch Zweige mit Transformatoren, die an das Netz angrenzen, berücksichtigt werden.

Diese Methode führt zu Ergebnissen, die u. U. erheblich auf der sicheren Seite liegen können. Auf der unsicheren Seite sind nur sehr geringe Abweichungen möglich [N15.2, Bild 26]. Diese Methode sollte deshalb aus wirtschaftlichen Gründen nur zur Abschätzung dienen und nur dann angewendet werden, wenn der Anfangs-Kurzschlusswechselstrom nur mit den Reaktanzen der Betriebsmittel berechnet wurde, siehe dazu das Beispiel im Abschn. 15.5.2, Bild 15.40 und Tabelle 15.9. Bei diesem Beispiel würden sich durch Anwendung der Methode a Abweichungen zwischen 1,6% und 17% je nach Kurzschlussort ergeben.

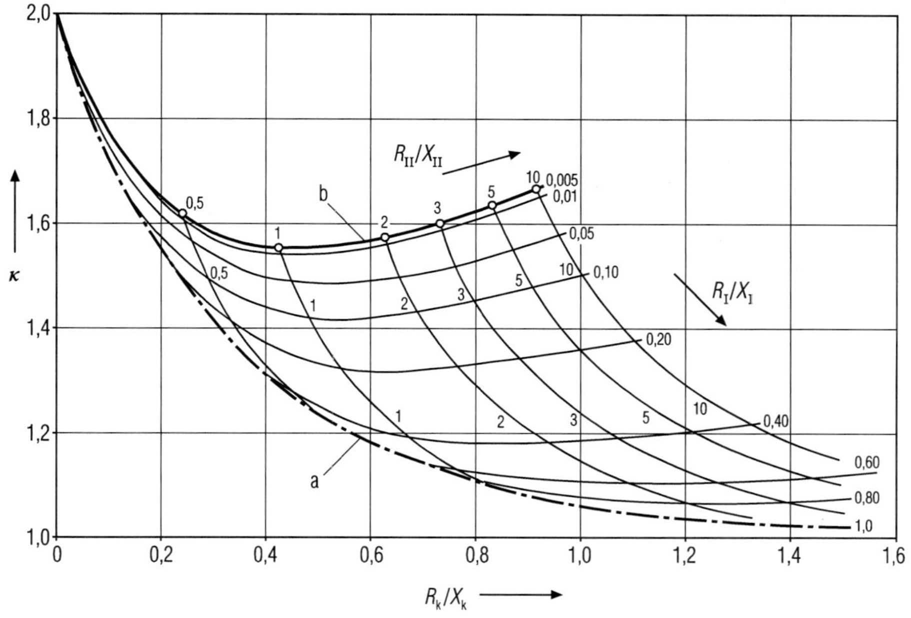

Bild 15.43. Faktor κ zur Berechnung von $i_p = \kappa\sqrt{2}\,I''_k$ bei parallelen Netzzweigen mit $Z_I = Z_{II}$ und $0{,}005 \leq R_I/X_I \leq 1{,}0$ sowie $0{,}005 \leq R_{II}/X_{II} \leq 10$. a untere Einhüllende: κ nach Gl. (15.109); b obere Einhüllende: $R_I/X_I = 0$

Methode b: *Verhältnis R_k/X_k an der Kurzschlussstelle, $\kappa = 1{,}15\kappa_{(b)}$*
Der Faktor $\kappa_{(b)}$ wird ausgehend von R_k/X_k an der Kurzschlussstelle ($\underline{Z}_k = R_k + jX_k$) entweder nach Bild 15.42 oder nach Gl. (15.110) bestimmt. Der Stoßkurzschlussstrom wird dann nach [N15.1] berechnet mit:

$$i_{p(b)} = 1{,}15 \cdot \kappa_{(b)} \cdot \sqrt{2} I''_k \tag{15.116}$$

Der Faktor 1,15 ist nach Bild 15.43 notwendig, damit bei dieser Methode keine zu große Abweichung auf der unsicheren Seite gegenüber dem exakten Wert auftritt, wenn die einzelnen Zweige im Netz unterschiedliche Verhältnisse R/X aufweisen.

Der Faktor 1,15 kann entfallen, wenn das Verhältnis R/X in allen Zweigen des Netzes kleiner als 0,3 bleibt [N15.1]. In Hochspannungsnetzen mit Freileitungen ist dies häufig der Fall. Die Methode b führt dann zu annehmbaren Ergebnissen im Vergleich zu den Ergebnissen der Methode c, wie in Tabelle 15.9 zu erkennen.

Nach [N15.1] ist $1{,}15 \cdot \kappa_{(b)}$ in Niederspannungsnetzen auf 1,8 und in Hochspannungsnetzen auf 2,0 begrenzt.

Im Allgemeinen sollte man in vermaschten Netzen die Methode c anwenden.

Tabelle 15.10. Gleichungen zur Berechnung des Stoßkurzschlussstromes

Kurzschlussart	Berechnungsgleichungen und Nebenbedingungen	Gl.
Dreipolig Bild 15.2 a	$i_p = i_{p3} = \kappa\sqrt{2}I''_k$ $\kappa = 1{,}02 + 0{,}98\,e^{-3R/X}$ oder Bild 15.42 *Einseitig einfach gespeister Kurzschluss, Bild 15.36:* $R/X = R_k/X_k$ bei $\underline{Z}_k = R_k + jX_k$ *Mehrseitig einfach gespeister Kurzschluss, Bild 15.39:* $i_p = \sum_i i_{pi}$ (Diese Gleichung ist auf den dreipoligen Kurzschluss beschränkt) Beispiel Bild 15.39: $i_p = i_{pT} + i_{pS} + i_{pG} + i_{pM}$ $= \kappa_T\sqrt{2}I''_{kT} + \kappa_S\sqrt{2}I''_{kS} + \kappa_G\sqrt{2}I''_{kG} + \kappa_M\sqrt{2}I''_{kM}$ mit $\kappa_G = f(R_{Gf}/X''_d)$ nach 15.4.5 und $\kappa_M = f(R_M/X_M)$ nach 15.4.9 *Kurzschluss im vermaschten Netz, Beispiel Bild 15.40:* i_p nach Gl. (15.103) mit κ nach Gl. (15.110) R/X wird nach Methode a, b oder c bestimmt, wie im Text beschrieben	(15.103) (15.110) (15.111)
Zweipolig ohne Erdberührung Bild 15.2 b	$i_{p2} = \kappa\sqrt{2}I''_{k2}$ Bei $\underline{Z}_2 = \underline{Z}_1$ ergibt sich: $i_{p2} = \frac{\sqrt{3}}{2}i_{p3}$ κ ist wie beim dreipoligen Kurzschluss abhängig vom Netzaufbau zu bestimmen, ausgenommen Gl. (15.111). Nach [N15.1, 4.3.2] darf κ wie beim dreipoligen Kurzschluss eingesetzt werden.	(15.112 a) (15.112 b)
Zweipolig mit Erdberührung Bild 15.2 c	$i_{p2E} = \kappa\sqrt{2}I''_{k2E}$ κ ist wie beim dreipoligen Kurzschluss abhängig vom Netzaufbau zu bestimmen, ausgenommen Gl. (15.111). Der Stoßkurzschlussstrom i_{2pE} ist nur dann zu berechnen, wenn $\underline{Z}_0 \approx < 0{,}25\,\underline{Z}_1$ ist. Nach [N15.1, 4.3.2] darf κ wie beim dreipoligen Kurzschluss eingesetzt werden.	(15.113)
Einpolig, Erdkurzschluss Bild 15.2 d	$i_{pEE} = \kappa\sqrt{2}I''_{kEE}$ κ ist wie beim dreipoligen Kurzschluss abhängig vom Netzaufbau zu bestimmen, ausgenommen Gl. (15.111). Nach [N15.1, 4.3.2] darf κ wie beim dreipoligen Kurzschluss eingesetzt werden, siehe auch [N15.2].	(15.114)

Tabelle 15.10 (Fortsetzung)

Kurz-schlussart	Berechnungsgleichungen und Nebenbedingungen	Gl.
Doppelerd-kurzschluss zwischen den Fehlerstellen A und B Bild 15.2e	$i_{\mathrm{pEE}} = \kappa\sqrt{2}I''_{\mathrm{kEE}}$ Für den Faktor κ ist der gleiche Wert wie für den dreipoligen Kurzschluss an den Stellen A oder B einzusetzen. Sind die beiden κ-Werte unterschiedlich, so ist der größere der beiden zu verwenden [N15.4, 2.1.2].	(15.115)

Methode c: *Verfahren der Ersatzfrequenz $f_c = 20$ Hz oder $f_c = 24$ Hz, $\kappa = \kappa_{(c)}$*
Dieses von Koglin [15.26, 15.30] angegebene Verfahren führt in vermaschten Netzen mit unterschiedlichen Verhältnissen R/X der Zweige auf sicherheitstechnisch und wirtschaftlich annehmbare Ergebnisse, d. h. auf Abweichungen, die innerhalb des Bereiches ±5% bleiben gegenüber dem genauen Wert, solange die R/X-Verhältnisse in allen Zweigen innerhalb des Bereiches $0{,}005 \le R/X \le 5{,}0$ bleiben [N15.2]. Den Faktor $\kappa_{(c)}$ findet man nach Bild 15.42 oder nach Gl. (15.110) ausgehend von

$$\frac{R}{X} = \frac{R_c}{X_c} \cdot \frac{f_c}{f} \tag{15.117}$$

bei $\underline{Z}_c = R_c + \mathrm{j}X_c$ eines mit der Ersatzfrequenz $f_c = 20$ Hz (bei der Betriebsfrequenz $f = 50$ Hz) oder $f_c = 24$ Hz (bei der Betriebsfrequenz $f = 60$ Hz) auf die Ersatzimpedanz $\underline{Z}_c$ an der Kurzschlussstelle reduzierten Netzes. Bei Anwendung eines Digitalprogramms zur Kurzschlussstromberechnung ist diese Methode c einfach durchzuführen, in dem man nach der Berechnung der Anfangs-Kurzschlusswechselströme für einen zweiten Rechengang die Impedanzen aller Betriebsmittel auf 20 Hz oder 24 Hz umrechnet, um dann erneut die Knotenpunktadmittanzmatrix aufzustellen. In der Hauptdiagonale der „20-Hz-Impedanzmatrix" findet man $\underline{Z}_c$ für die einzelnen Kurzschlussstellen. Tabelle 15.9 enthält in der Spalte 8 die nach diesem Vorgehen ermittelten Faktoren $\kappa_{(c)}$ für das Netz nach Bild 15.40.

Methode d: *Unabhängige Parallelschaltung; $\kappa = \kappa_{(u)}$*
Das in USA zum Teil verwendete Verfahren des unabhängigen Parallelschaltens (Independent paralleling) von Resistanzen (bei $f = 0$) und Reaktanzen (bei $f \to \infty$, d. h. bei $R = 0$) wird in [N15.1] nicht verwendet, weil es in vermaschten Netzen mit unterschiedlichen Verhältnissen R/X der einzelnen Netzzweige zu ungenauen Ergebnissen führen kann.

Das folgende Beispiel im Bild 15.44 für einen Kraftwerksblock mit Eigenbedarfs-Sammelschiene bei $U_n = 10$ kV und einer Kurzschlussstrom-Begrenzungsdrosselspule anstelle eines Eigenbedarfstransformators soll die Ergebnisse zeigen, die sich bei den oben behandelten Näherungsmethoden für die Ermittlung von κ ergeben können.

Für die Zweige zwischen Q und der Kurzschlussstelle F im Bild 15.44 ergibt sich ohne die für diese Überlegungen nicht wichtigen Impedanzkorrekturfaktoren:

$$\underline{Z}_{\mathrm{I}} = (0{,}00513 + \mathrm{j}0{,}513)\ \Omega;\ R_{\mathrm{I}} / X_{\mathrm{I}} = 0{,}01;\ Z_{\mathrm{I}} = 0{,}51303\ \Omega$$

$$\underline{Z}_{\mathrm{II}} = (0{,}371 + \mathrm{j}0{,}345)\ \Omega;\ R_{\mathrm{II}} / X_{\mathrm{II}} = 1{,}0754;\ Z_{\mathrm{II}} = 0{,}5066\ \Omega$$

Die Kurzschlussimpedanz an der Kurzschlussstelle F im Bild 15.44 wird:

$$\underline{Z}_{\mathrm{k}} = \frac{\underline{Z}_{\mathrm{I}}\underline{Z}_{\mathrm{II}}}{\underline{Z}_{\mathrm{I}} + \underline{Z}_{\mathrm{II}}} = (0{,}11276 + \mathrm{j}\,0{,}25349)\ \Omega;$$

$$Z_{\mathrm{k}} = 0{,}27744\ \Omega;\ \gamma = 1{,}15225;\ R_{\mathrm{k}} / X_{\mathrm{k}} = 0{,}445$$

In einem Iterationsprozess findet man: $\kappa = \kappa_{\mathrm{exakt}} = 1{,}54655$: $t_{\mathrm{p}} = 8{,}58$ ms ($f =$ 50 Hz). Mit $R_{\mathrm{k}}/X_{\mathrm{k}} = 0{,}445$ und $Z_{\mathrm{I}} \approx Z_{\mathrm{II}}$ kann man dieses Ergebnis ungefähr auch aus dem Bild 15.43 erkennen.

Eine Zusammenstellung der Ergebnisse der Näherungsmethoden für die Ermittlung von κ mit den Abweichungen $\Delta\kappa$ gegenüber dem exakten Wert κ_{exakt} ist in Tabelle 15.11 gegeben.

Tabelle 15.11 zeigt, dass die Methoden a und d ungeeignet sind, wenn die Verhältnisse R/X in den Zweigen stark unterschiedlich sind. Bei der Methode b erkennt man, dass der Zusatzfaktor 1,15 hier unbedingt erforderlich ist. Das Ergebnis nach Methode c mit der Ersatzfrequenz $f_{\mathrm{c}} = 20$ Hz (bei einer Netzfrequenz $f = 50$ Hz) kommt dem genauen Ergebnis am nächsten.

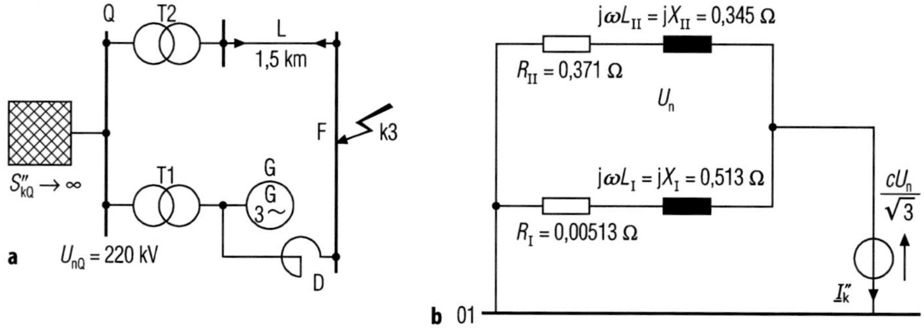

Generator	$S_{\mathrm{r}} = 100$ MVA	$U_{\mathrm{r}} = 10$ kV	$x''_{\mathrm{d}} = 11\%$	$r_{\mathrm{G}} = 0{,}11\%$	
Transformator T1	$S_{\mathrm{r}} = 100$ MVA	$U_{\mathrm{rOS}} = 220$ kV	$U_{\mathrm{rUS}} = 10$ kV	$u_{\mathrm{kr}} = 11\%$	$u_{\mathrm{Rr}} = 0{,}11\%$
Transformator T2	$S_{\mathrm{r}} = 31{,}5$ MVA	$U_{\mathrm{rOS}} = 220$ kV	$U_{\mathrm{rUS}} = 10$ kV	$u_{\mathrm{kr}} = 6\%$	$u_{\mathrm{Rr}} = 0{,}75\%$
Kabel	$R'_{\mathrm{L}} = 0{,}231\ \Omega$/km; $X'_{\mathrm{L}} = 0{,}104\ \Omega$/km				
Drosselspule	$R_{\mathrm{D}} = 0{,}00458\ \Omega$; $X_{\mathrm{D}} = 0{,}458\ \Omega$				

Bild 15.44 a, b. Beispiel für die Berechnung von κ mit verschiedenen Näherungsmethoden. **a** Netzschaltplan, $f = 50$ Hz; **b** Ersatzschaltplan im Mitsystem

Tabelle 15.11. Ergebnisse κ für das Netz nach Bild 15.44

Methode	R/X	κ nach Gl. (15.110)	$\Delta\kappa$[a] %	Bemerkungen
a	$\frac{R}{X} = \left(\frac{R}{X}\right)_{min} = \frac{R_I}{X_I} = 0{,}01$	$\kappa = \kappa_{(a)} = 1{,}971$	+27,5	Die Methode a sollte nicht angewendet werden, weil $R_k > 0{,}3\ X_k$
b	$\frac{R}{X} = \frac{R_k}{X_k} = 0{,}445$	$\kappa_{(b)} = 1{,}276$ $1{,}15\ \kappa_{(b)} = 1{,}470$	(−17,5) − 5,0	$\Delta(1{,}15\,\kappa_{(b)}) \leq -5\,\%$, solange $R/X \leq 1$ für alle Zweige gilt
c	$\frac{R}{X} = \frac{R_c}{X_c} \cdot \frac{20\ \text{Hz}}{50\ \text{Hz}} = 0{,}173$[b]	$\kappa = \kappa_{(c)} = 1{,}603$	+3,64	$\Delta\kappa_{(c)}$ bleibt kleiner als, $\pm$ 5 %, solange $R/X \leq 5$ für alle Zweige gilt
d[c]	$\frac{R}{X} = \frac{R_u}{X_u} = 0{,}0245$	$\kappa = \kappa_{(u)} = 1{,}93$	+24,8	Im vorliegenden Fall bei unterschiedlichen Verhältnissen R/X der Zweige ungeeignet

[a] $\Delta\kappa = \frac{\kappa_v - \kappa}{\kappa} \cdot 100\%$; $\kappa_v = \kappa_{(a)}$, $1{,}15\ \kappa_{(b)}$, $\kappa_{(c)}$ und $\kappa_{(u)}$ bei $\kappa = \kappa_{exakt} = 1{,}54655$.

[b] $\underline{Z}_c = (0{,}0634 + j0{,}14644)\ \Omega$; $R_c/X_c = 0{,}43294$.

[c] Unabhängige Parallelschaltung: $R_u = R_I R_{II}/(R_I + R_{II}) = 0{,}00506\ \Omega$; $X_u = X_I X_{II}/(X_I + X_{II}) = 0{,}2063\ \Omega$.

15.5.4 Ausschaltstrom

Der Ausschaltstrom setzt sich im Allgemeinen aus einem Ausschaltwechselstrom und einem Gleichstromanteil im Strom zum Ausschaltzeitpunkt zusammen. Meist ist der Gleichstromanteil jedoch von untergeordneter Bedeutung.

Bei generatornahem Kurzschluss klingt der Wechselstromanteil im Kurzschlussstrom vom Anfangs-Kurzschlusswechselstrom I''_k zur Zeit $t = 0$ auf den Ausschaltwechselstrom I_b (Index b von breaking current) zur Zeit $t = t_{min}$ ab (Bild 15.3). Dabei ist t_{min} der Mindestschaltverzug (kürzeste Zeitdauer zwischen dem Beginn des Kurzschlussstromes und der Kontakttrennung des ersten sich öffnenden Poles der Schalteinrichtung als Summe der kürzesten Ansprechzeit der Schutzeinrichtung/des Schutzrelais und der kürzesten Eigenzeit des Leistungsschalters oder einer anderen Schalteinrichtung ohne Berücksichtigung von einstellbaren Zeitverzögerungen).

Die Größe des Ausschaltwechselstromes wird durch folgende Faktoren beeinflusst:

- Die Lage des symmetrischen oder unsymmetrischen Kurzschlusses innerhalb des Kraftwerkes (z.B. zwischen Generator und Blocktransformator) oder außerhalb im Netz;

- Die Reaktanzen und Zeitkonstanten des Generators (Abschn. 15.2);
- Die Betriebsbedingung des Generators vor dem Kurzschluss zwischen Leerlauf und Vollast im über- oder untererregten Bereich (Bild 15.45);
- Die Art und Reaktionszeit der Erregereinrichtung und Regelung (Bild 15.6);
- Die Schwungmasse des Maschinensatzes (Generator und Turbine);
- Die Eigenschaften des Blocktransformators (Stufenschalterstellung, Sättigung), wenn der Kurzschluss im Netz auftritt.

In [N15.2, 2.5.1] wird auf die Erfahrung hingewiesen, dass wegen der verschiedenen Einflussfaktoren selbst Ergebnisse, die unter Berücksichtigung dieser Faktoren mit einer transienten Berechnung ermittelt wurden, nicht immer auf ein sogenanntes „genaues" Ergebnis führen.

Bei der Berechnung des Ausschaltwechselstromes nach [N15.1] werden die ungünstigsten Bedingungen wie folgt berücksichtigt:

- Man erhält die größten Werte I_b bei kleinsten Werten für den Mindestschaltverzug t_{min}. Dabei ist der Mindestschaltverzug $t_{min} = 0{,}02$ s für Niederspannungsnetze vorgesehen. In Hochspannungsnetzen ist in der Regel mit $t_{min} \geq 0{,}05$ s zu rechnen (Beim Einsatz von sog. „I_s-Begrenzern" (Abschn. 15.8) sind Unterbrechungszeiten < 0,01 s möglich).
- Der Kurzschlusswechselstrom großer Generatoren klingt im Allgemeinen langsamer ab als der kleinerer Generatoren. Der Faktor μ zur Berechnung des Ausschaltwechselstromes nach [N15.1] im Bild 15.45 oder nach den Gln. (15.123) wurde deshalb oberhalb der höchsten durch Messungen und Berechnungen gefundenen Werte [15.31] festgelegt.

Nach [N15.1, Gl. (69)] soll die folgende Gleichung nur zur Berechnung des Ausschaltwechselstromes für einen Generator oder im Fall eines einfach gespeisten Kurzschlusses nach Bild 15.36 oder bei mehrseitig einfach gespeistem Kurzschluss nach Bild 15.39 verwendet werden.

$$I_b = \mu I''_k \tag{15.118}$$

Der Faktor μ ist dabei abhängig vom Mindestschaltverzug t_{min} und vom Verhältnis I''_{kG}/I_{rG}. Bei generatorfernem Kurzschluss gilt $\mu = 1$ für $I''_{kG}/I_{rG} \leq 2$ [N15.1].

Tabelle 15.12 enthält eine Zusammenstellung der Berechnungsgleichungen für den Ausschaltwechselstrom.

Bei generatorfernen symmetrischen und unsymmetrischen Kurzschlüssen gilt, dass der Ausschaltwechselstrom gleich dem Anfangs-Kurzschlusswechselstrom ist: Siehe dazu die Gln. (15.119) bis (15.122) in der Tabelle 15.12.

Bei einfach gespeistem oder mehrseitig einfach gespeistem dreipoligem generatornahem Kurzschluss verwendet man Gl. (15.118), wie in Tabelle 15.12 dargestellt.

Bei generatornahem dreipoligem Kurzschluss in vermaschten Netzen kann man nach [N15.1] in erster Näherung $I_b = I''_k$ setzen (Gl. (15.125b)). Dieses Vorgehen führt zu Ergebnissen auf der sicheren Seite. Für höhere Genauigkeit

Tabelle 15.12. Gleichungen zur Berechnung des Ausschaltwechselstromes

Kurzschlussart	Berechnungsgleichungen und Hinweise	Gl.
Generatorferner Kurzschluss	Dreipolig $I_b = I''_k$ Zweipolig $I_{b2} = I''_{k2}$ Zweipolig mit Erdberührung $I_{b2E} = I''_{k2E}$ Einpolig $I_{b1} = I''_{k1}$	(15.119) (15.120) (15.121) (15.122)
Generatornaher Kurzschluss (symmetrisch)	$I_b = \mu I''_k$ Faktor μ nach Bild 15.45 oder mit: – $\mu_{0,02} = 0{,}84 + 0{,}26\, e^{-0{,}26 I''_{kG}/I_{rG}}$ für $t_{min} = 0{,}02$ s – $\mu_{0,05} = 0{,}71 + 0{,}51\, e^{-0{,}30 I''_{kG}/I_{rG}}$ für $t_{min} = 0{,}05$ s – $\mu_{0,1} = 0{,}62 + 0{,}72\, e^{-0{,}32 I''_{kG}/I_{rG}}$ für $t_{min} = 0{,}10$ s – $\mu_{0,25} = 0{,}56 + 0{,}94\, e^{-0{,}38 I''_{kG}/I_{rG}}$ für $t_{min} \geq 0{,}25$ s Einseitig einfach gespeister Kurzschluss nach Bild 15.36b: I''_k nach Gl. (15.91) $\to I''_{kG} = I''_k \to \mu$ nach Gl. (15.123), Bild 15.45 Einseitig einfach gespeister Kurzschluss nach Bild 15.36c: I''_k nach Gl. (15.91) $\to I''_{kG} = t_r I''_k \to \mu$ nach Gl. (15.123), Bild 15.45 Mehrseitig einfach gespeister Kurzschluss (unvermaschtes Netz) nach Bild 15.39, siehe Gl. (15.99): $I_b = I_{bT} + I_{bS} + I_{bG} + I_{bM} = I''_{kT} + \mu I''_{kS} + \mu I''_{kG} + \mu q I''_{kM}$ Kurzschluss im vermaschten Netz (siehe Text): $\underline{I}_b = \underline{I}''_k - \sum_i \frac{\Delta \underline{U}''_{Gi}}{cU_n/\sqrt{3}}(1-\mu_i)\underline{I}''_{kGi} - \sum_j \frac{\Delta \underline{U}''_{Mj}}{cU_n/\sqrt{3}}(1-\mu_j q_j)\,\underline{I}''_{kMj}$ mit $\Delta \underline{U}''_{Gi} = jX''_{diK}\underline{I}''_{kGi}$ und $\Delta \underline{U}''_{Mj} = jX_{Mj}\underline{I}''_{kMj}$ Als Näherungsgleichung auf der sicheren Seite kann nach [N15.1] verwendet werden: $I_b = I''_k$	(15.118) (15.123) (15.124) (15.125a) (15.126a,b) (15.125b)
Generatorferner Kurzschluss (unsymmetrisch)	Näherungsgleichungen nach [N15.1, 4.5.2.3 und 4.5.2.4]: $I_{b2} = I''_{k2}$; $I_{b2E} = I''_{k2E}$; $I_{b1} = I''_{k1}$	(15.127)

verwendet man Gl. (15.125a) mit $\Delta\underline{U}''_{Gi}$ nach Gl. (15.126a) und $\Delta\underline{U}''_{Mj}$ nach Gl. (15.126b). Für diese Gleichungen gilt:

μ_i, μ_j Faktoren nach Gl. (15.123) für Synchrongeneratoren *i* und Asynchronmotoren *j*

q_j Faktor für Asynchronmotoren nach Gl. (15.128) oder Bild 15.46

X''_{diK} Korrigierte subtransiente Reaktanz des Synchrongenerators *i* mit $X''_{diK} = K_\nu X''_{di}$ bei $K_\nu = K_G, K_S$ oder K_{SO}

X_{Mj} Reaktanz des Asynchronmotors j

I''_{kGi}, I''_{kMj} Teilkurzschlussströme der Synchrongeneratoren i und der Asynchronmotoren j an der Anschlussstelle der Maschinen

$\Delta \underline{U}''_{Gi}, \Delta \underline{U}''_{Mj}$ Spannungsfälle der Synchrongeneratoren i und der Asynchronmotoren j an den Anschlussstellen der Maschinen nach Gln. (15.126 a, b)

Wenn der Kurzschluss, für den I_b nach Gl. (15.125 a) berechnet werden soll, ein motorferner Kurzschluss ist, wenn also $\mu_j = 1$ gilt, wird unabhängig von q_j der Term $1 - \mu_j q_j$ gleich Null gesetzt. Man vermeidet dadurch einen zu kleinen Wert für I_b.

Der Faktor q für das Abklingen des Teilkurzschlussstromes von Asynchronmotoren, das schneller erfolgt als das von Synchrongeneratoren, weil Asynchronmotoren ihre Erregung über den Luftspalt aus dem Netz beziehen, wird nach Bild 15.46 ermittelt oder nach den Gln. (15.128) berechnet.

$$\begin{aligned} q_{0,02} &= 1{,}03 + 0{,}12 \ln(P_{rM}/p) && \text{für } t_{min} = 0{,}02\ \text{s} \\ q_{0,05} &= 0{,}79 + 0{,}12 \ln(P_{rM}/p) && \text{für } t_{min} = 0{,}05\ \text{s} \\ q_{0,1} &= 0{,}57 + 0{,}12 \ln(P_{rM}/p) && \text{für } t_{min} = 0{,}10\ \text{s} \\ q_{0,25} &= 0{,}26 + 0{,}10 \ln(P_{rM}/p) && \text{für } t_{min} \geq 0{,}25\ \text{s} \end{aligned} \tag{15.128}$$

Dabei ist P_{rM} die Bemessungswirkleistung in MW und p die Polpaarzahl des Asynchronmotors. Wenn die Berechnung nach Gl. (15.128) einen Wert größer als 1 ergibt, setzt man $q = 1$.

In das Bild 15.46 wurden neben den ausgezogenen Linien für den Faktor q nach den Gln. (15.128) auch die berechneten Ergebnisse für 28 Asynchronmotoren mit $P_{rM}/p = 0{,}0055$ bis 5,0 MW eingetragen [15.65]. Im Gegensatz zu den Festlegungen für den Faktor μ (Bild 15.45) sind hier Mittelwerte gewählt wor-

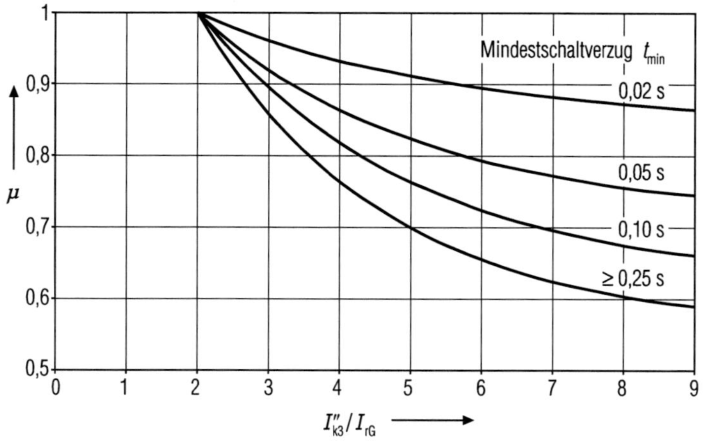

Bild 15.45. Faktor μ zur Berechnung des Ausschaltwechselstromes [N15.1, Bild 17]. μ-Kurven nach den Gln. (15.123). Beispiele für Messungen und Berechnungen in [15.31, N15.2]

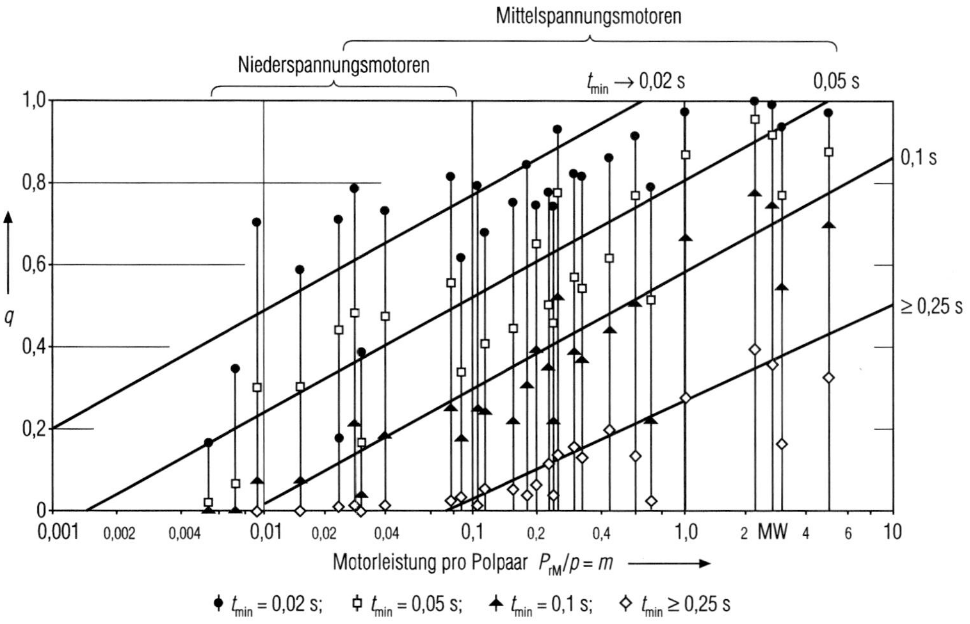

Bild 15.46. Faktor q zur Berechnung des Ausschaltwechselstromes $I_{bM} = \mu q I''_{kM}$ von Asynchronmotoren und zur Berechnung von I_b in vermaschten Netzen nach Gl. (15.125 a) [N15.2]

den. Der große Streubereich der Ergebnisse bei gleichen oder ähnlichen Werten P_{rM}/p ist bedingt durch die unterschiedliche Konstruktion der Motoren mit Rücksicht auf ihre Verwendung, wozu u.a. die Ausprägung des Läufers gehört (Kurzschlussläufer, Schleifringläufer, Tiefnutläufer usw.). Die Daten der 28 Asynchronmotoren sind im Anhang A.19 angegeben.

Will man auch den Gleichstromanteil im Ausschaltstrom (Bild 15.3) berechnen, so kann man nach [N15.1] folgende Gleichung verwenden:

$$i_{kg} = \sqrt{2} I''_k \, e^{-2\pi f t \frac{R}{X}} \tag{15.129}$$

Dabei ist dann $t = t_{min}$ einzusetzen und R/X nach Abschn. 15.5.3 zu bestimmen für die dort beschriebene Methode a bei $R/X = (R/X)_{min}$ oder die Methode c bei R/X nach Gl. (15.117), jedoch mit einer von 20 Hz (bei $f = 50$ Hz) abweichenden Ersatzfrequenz nach folgender Tabelle 15.13 bzw. dem dort eingefügten Bild [15.26].

Den prinzipiellen Verlauf des Faktors μ abhängig von I''_{kG}/I_{rG} und $t = t_{min}$ kann man ausgehend von Gl. (15.1 a) ermitteln, wenn man den Effektivwert des Wechselstromanteils betrachtet:

$$I_{kw}(t) = (I''_{kG} - I'_{kG}) e^{-t/T''_{dN}} + (I'_{kG} - I_{kG}) \, e^{-t/T'_{dN}} + I_{kG} \tag{15.130}$$

Tabelle 15.13. Ersatzfrequenz f_c für die Berechnung von R/X nach Gl. (15.117) bei der Bestimmung von i_{kg} nach Gl. (15.129)

[N15.1, 4.4]:

$f \cdot t$	f_c/f
< 1	0,27
<2,5	0,15
<5	0,092
<12,5	0,055

[15.26]: f = 50 Hz, $\frac{f_c}{\text{Hz}} = 0{,}97\left(\frac{t}{\text{s}}\right)^{-\frac{2}{3}}$

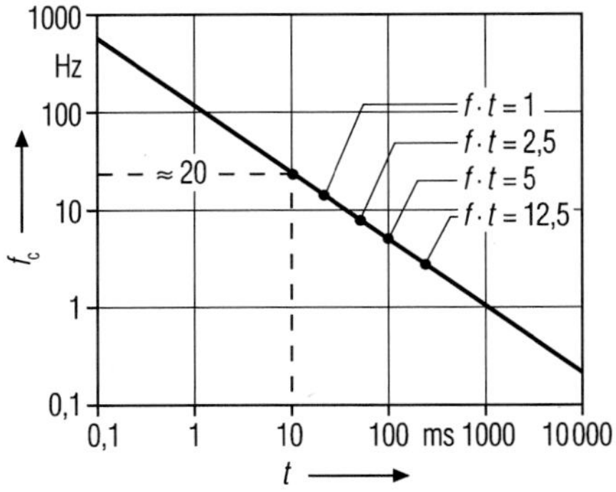

Für den Faktor μ bei einem Generator und bei einer Beschränkung auf $t = t_{min}$ = 0,02 s bis 0,25 s ergibt sich ausgehend von Gl. (15.130), wenn man bei $e^{-t/T'_{dN}}$ ≈ 1 einführt unter der Voraussetzung $T'_{dN} \geq T'_d \approx 1$ s (Tabelle A.4) als Abschätzung auf der sicheren Seite, weil kein Abklingen des transienten Stromanteils angenommen wird:

$$\mu = \frac{I_{kw}(t)}{I''_{kG}} = \left(1 - \frac{I'_{kG}}{I''_{kG}}\right) e^{-t/T''_{dN}} + \frac{I'_{kG}}{I''_{kG}} \tag{15.131}$$

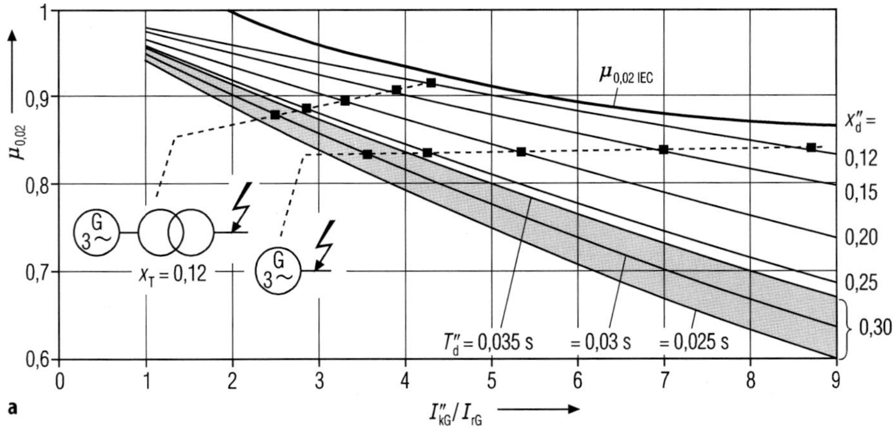

Bild 15.47 a – d. Faktoren μ nach Gl. (15.134) für T''_d = 0,03 s, x''_d = 0,12 … 0,30 im Vergleich zu μ_{IEC} nach Gl. (15.123) bei $t = t_{min}$ = 0,02 s … ≥ 0,25 s

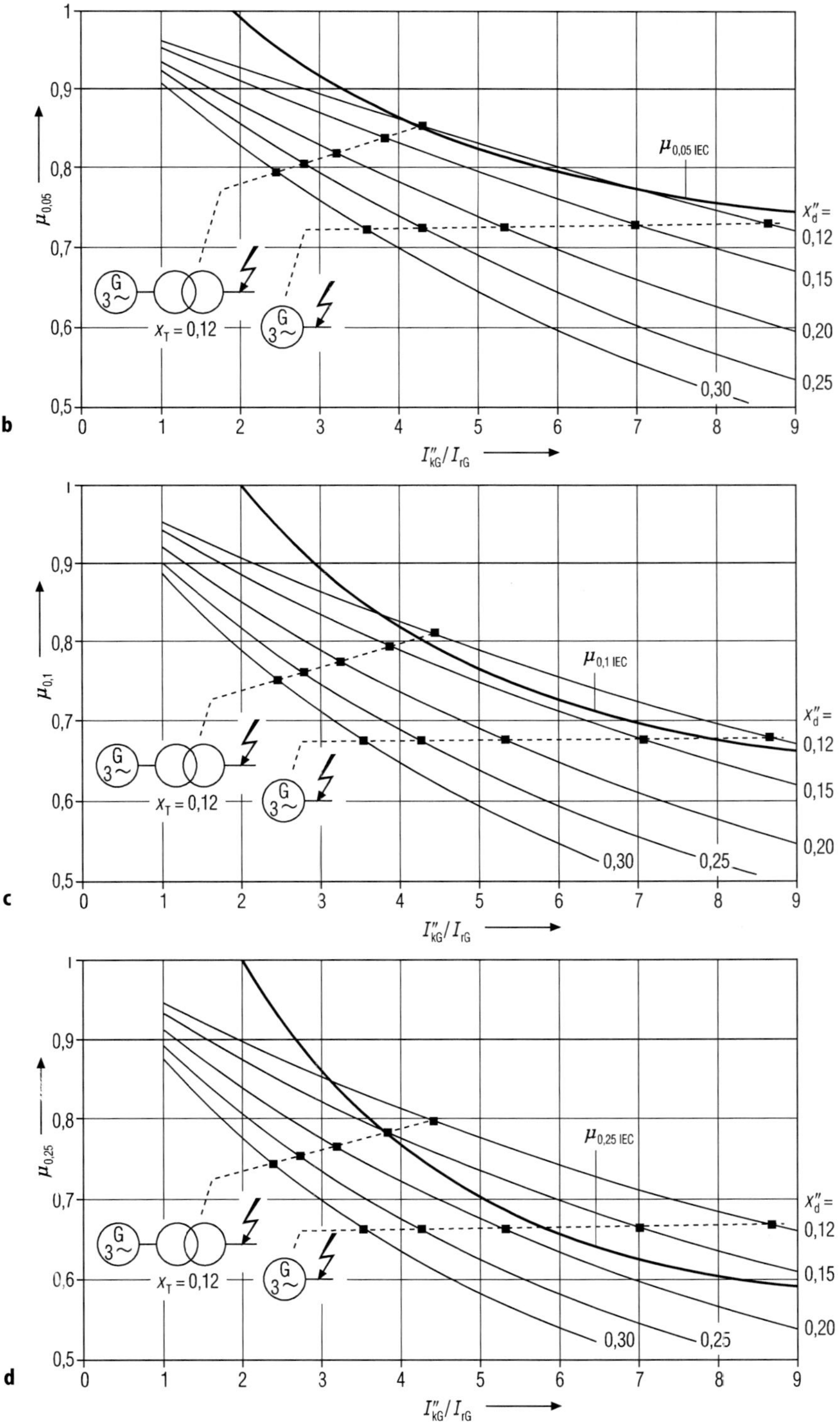

Bild 15.47 b–d (Fortsetzung)

Für Leerlaufbetrieb vor dem Kurzschluss werden die folgenden Ausdrücke für I''_{kG} und I'_{kG} eingeführt und die subtransiente Zeitkonstante T''_{dN} nach Gl. (15.3):

$$I''_{\mathrm{kG}} = \frac{U''}{X''_{\mathrm{d}} + X_{\mathrm{N}}} \approx \frac{U_{\mathrm{rG}}}{\sqrt{3}(X''_{\mathrm{d}} + X_{\mathrm{N}})} \tag{15.132a}$$

$$I'_{\mathrm{kG}} = \frac{U'}{X'_{\mathrm{d}} + X_{\mathrm{N}}} \approx \frac{U_{\mathrm{rG}}}{\sqrt{3}(X'_{\mathrm{d}} + X_{\mathrm{N}})} \tag{15.132b}$$

$$T''_{\mathrm{dN}} = T''_{\mathrm{d}} \frac{x''_{\mathrm{d}} + x_{\mathrm{N}}}{x''_{\mathrm{d}} + x_{\mathrm{N}} x''_{\mathrm{d}} / x'_{\mathrm{d}}} \tag{15.133}$$

Eliminiert man in den vorstehenden Gleichungen X_{N} mit Hilfe von $I''_{\mathrm{kG}} = 1{,}1 \cdot U_{\mathrm{n}}/\sqrt{3}(X''_{\mathrm{d}} + X_{\mathrm{N}}))$ bei $c = c_{\max} = 1{,}1$ und $I_{\mathrm{rG}} = U_{\mathrm{rG}}/(\sqrt{3}\,Z_{\mathrm{rG}})$, so wird mit $x''_{\mathrm{d}} = X''_{\mathrm{d}}/Z_{\mathrm{rG}}$, $x_{\mathrm{N}} = X_{\mathrm{N}}/Z_{\mathrm{rG}}$ und $x'_{\mathrm{d}} = 1{,}5\,x''_{\mathrm{d}}$:

$$\mu = \frac{1}{1 + 0{,}476 \cdot x''_{\mathrm{d}} \cdot I''_{\mathrm{kG}} / I_{\mathrm{rG}}} (1 - \mathrm{e}^{-t/T''_{\mathrm{dN}}}) + \mathrm{e}^{-t/T''_{\mathrm{dN}}} \tag{15.134}$$

mit

$$T''_{\mathrm{dN}} = T''_{\mathrm{d}} \frac{1}{0{,}667 + 0{,}317 \cdot x''_{\mathrm{d}} \cdot I''_{\mathrm{kG}} / I_{\mathrm{rG}}} \tag{15.135}$$

Aus den beiden Gln. (15.134) und (15.135) erkennt man, dass μ außer von $I''_{\mathrm{kG}}/I_{\mathrm{rG}}$ und $t = t_{\min}$ noch von x''_{d} und T''_{d} abhängt. Bild 15.47 zeigt Ergebnisse nach Gl. (15.134) bei $T''_{\mathrm{d}} = 0{,}03$ s (Tabelle A.4) und den Vergleich mit den Kurven $\mu = \mu_{\mathrm{IEC}}$ nach Gl. (15.123).

15.5.5 Dauerkurzschlussstrom

Die Bestimmung des Dauerkurzschlussstromes I_{k} ist sehr viel weniger genau als die Berechnung des Anfangs-Kurzschlusswechselstromes I''_{k}. Nach Tabelle 15.14 unterscheidet man für generatorfernen Kurzschluss zwischen dem größten Dauerkurzschlussstrom I_{kmax} nach Gl. (15.136) ohne Berücksichtigung von Asynchronmotoren (Index ~~M~~) und dem kleinsten Dauerkurzschlussstrom I_{kmin} nach Gl. (15.137). Dabei sind die Bedingungen nach Abschn. 15.3.3 zu beachten.

Die Annahme, dass die Kurzschlusswechselströme während der Kurzschlussdauer praktisch nicht abklingen, dass also $I''_{\mathrm{k}} \approx I_{\mathrm{b}} \approx I_{\mathrm{k}}$ gilt, wird nach [N15.1, 4.6.4] auch bei unsymmetrischen generatornahen Kurzschlüssen getroffen (Tabelle 15.14: Gln. (15.143) bis (15.146)).

Eine Abnahme des dreipoligen Anfangs-Kurzschlusswechselstromes, nach Abklingen der Ausgleichsvorgänge, also auch nach Abklingen des Gleich-

Tabelle 15.14. Gleichungen zur Berechnung des Dauerkurzschlussstromes

Kurzschlussart	Berechnungsgleichungen und Hinweise	Gl.
Generatorferner Kurzschluss (symmetrisch)	$I_{\mathrm{kmax}} = I''_{\mathrm{kmaxM}}$ (Index ~~M~~: ohne Motoren) $I_{\mathrm{kmin}} = I''_{\mathrm{kmin}}$ Bedingungen für I''_{kmax} und I''_{kmin} nach 15.3.3	(15.136) (15.137)
Generatornaher Kurzschluss (symmetrisch)	$I_{\mathrm{kmax}} = \lambda_{\max} I_{\mathrm{rG}}$ $\lambda_{\max} = f(I''_{\mathrm{kG}}/I_{\mathrm{rG}}, x_{\mathrm{dsat}}, u_{\mathrm{fmax}})$ nach Bild 15.48 für Turbogeneratoren oder nach Bild 15.49 für Schenkelpolmaschinen oder nach Gl. (15.150) $I_{\mathrm{kmin}} = \lambda_{\min} I_{\mathrm{rG}}$ $\lambda_{\min} = f(I''_{\mathrm{kG}}/I_{\mathrm{rG}})$ nach Bild 15.48 für Turbogeneratoren oder nach Bild 15.49 für Schenkelpolmaschinen *Einseitig einfach gespeister Kurzschluss* aus einem Kraftwerksblock nach Bild 15.36 c: I''_{k} nach Gl. (15.91) $\rightarrow I''_{\mathrm{kG}} = t_{\mathrm{r}} I''_{\mathrm{k}} \rightarrow \lambda_{\max}$ oder $\lambda_{\min}$ *Mehrseitig einfach gespeister Kurzschluss* (unvermaschtes Netz) nach Bild 15.39, siehe auch Gl. (15.99) und Gl. (15.124): $$I_{\mathrm{k}} = I_{\mathrm{kT}} + I_{\mathrm{kS}} + I_{\mathrm{kG}} + I_{\mathrm{kM}} = I''_{\mathrm{kT}} + \lambda_{\mathrm{S}} \frac{I_{\mathrm{rG,S}}}{t_{\mathrm{r}}} + \lambda_{\mathrm{G}} I_{rG} + 0$$ Bei einem kompounderregten Generator bei einseitig einfach gespeistem Kurzschluss gilt [N15.1]: $$I_{\mathrm{kmin}} = \frac{c_{\min} U_{\mathrm{rG}}}{\sqrt{3}\sqrt{R_{\mathrm{k}}^2 + X_{\mathrm{k}}^2}}$$ Als wirksame Reaktanz des kompoundierten Generators ist einzusetzen: $$X_{\mathrm{dP}} = \frac{U_{\mathrm{rG}}}{\sqrt{3} I_{\mathrm{kP}}}$$ Der Dauerkurzschlussstrom I_{kP} des Generators ist vom Hersteller anzugeben *Kurzschluss im vermaschten Netz:* I_{kmax} nach Gl. (15.136) und I_{kmin} nach Gl. (15.137)	(15.138) (15.139) (15.140) (15.141) (15.142)
Generatornaher und generatorferner Kurzschluss (unsymmetrisch)	$I_{\mathrm{k2}} = I''_{\mathrm{k2}}$ $I_{\mathrm{k2E}} = I''_{\mathrm{k2E}}$ $I_{\mathrm{kE2E}} = I''_{\mathrm{kE2E}}$ $I_{\mathrm{k1}} = I''_{\mathrm{k1}}$	(15.143) (15.144) (15.145) (15.146)

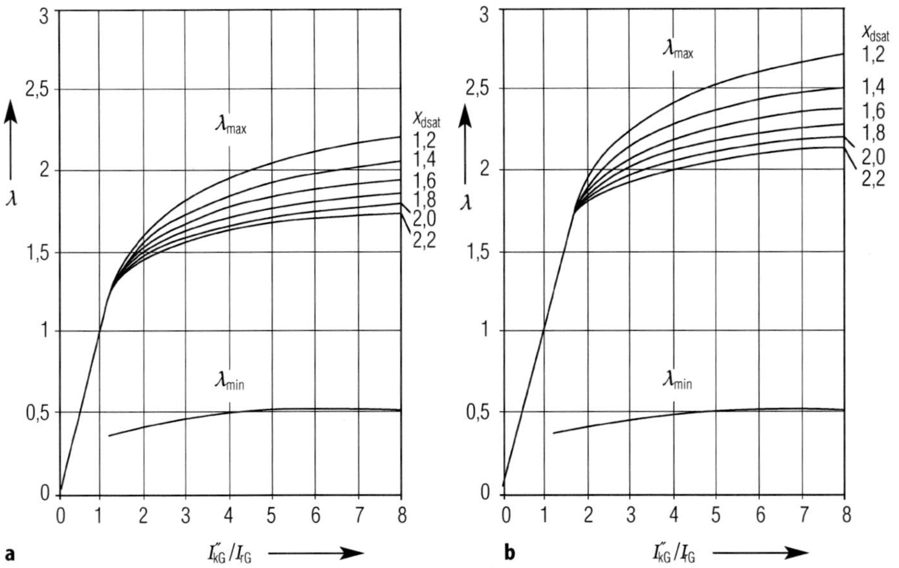

Bild 15.48 a, b. Faktoren λ_{max} und λ_{min} für Turbogeneratoren. **a** $u_{\text{fmax}} = 1{,}3$; **b** $u_{\text{fmax}} = 1{,}6$

stromanteils im Kurzschlussstrom, auf den Dauerkurzschlussstrom I_{kmax} nach Gl. (15.138) und I_{kmin} nach Gl. (15.139) wird nur bei einfach gespeistem Kurzschluss nach Bild 15.36 b, c und bei mehrseitig einfach gespeistem Kurzschluss nach Bild 15.39 behandelt [N15.1, 4.6]. Die Faktoren λ_{max} und λ_{min} kann man aus Bild 15.48 für Turbogeneratoren und Bild 15.49 für Schenkelpolmaschinen entnehmen. Dabei ist λ_{max} von der bezogenen und gesättigten synchronen Reaktanz x_{dsat} der Synchronmaschine abhängig, während λ_{min} für Leerlauferregung gilt. Bei der Abschätzung von I_{kmin} wird also zusätzlich zu einem Versagen des Kurzschlussschutzes, weil sonst kein Dauerkurzschlussstrom auftreten kann, angenommen, dass der Spannungsregler defekt ist und der Kurzschluss nach einem Betrieb im Leerlauf eintritt.

Im Fall des generatornahen Kurzschlusses wird I_{kmin} in der Regel den Überlegungen zum Generatorschutz zugrunde gelegt und I_{kmax} zur Berechnung der thermischen Wirkung des Kurzschlussstromes verwendet.

Ist der Synchrongenerator mit einer von den Klemmen gespeisten Stromrichtererregung nach Bild 6.4 ausgerüstet, so kann er bei einem dreipoligen Klemmenkurzschluss keinen Beitrag zum Dauerkurzschlussstrom leisten ($\lambda_{\text{max}} = \lambda_{\text{min}} = 0$). Ein Beitrag zum Dauerkurzschlussstrom ist in diesem Fall nur dann zu erwarten, wenn zwischen den Klemmen und der Kurzschlussstelle eine Impedanz liegt, z. B. wenn der Kurzschluss auf der Oberspannungsseite des Blocktransformators auftritt, und wenn mit Rücksicht auf den in diesem Fall auftretenden Spannungseinbruch an den Klemmen eine entsprechend hohe maximale Erregerspannung $u_{\text{fmax}} = U_{\text{fmax}}/U_{\text{fr}}$ gewählt wurde.

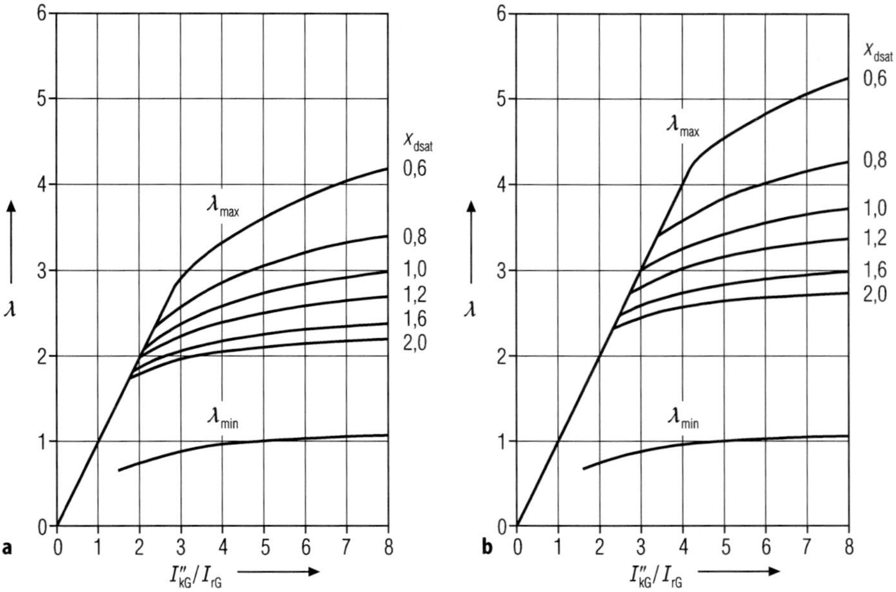

Bild 15.49 a, b. Faktoren λ_{max} und λ_{min} für Schenkelpolmaschinen. **a** $u_{fmax} = 1{,}6$; **b** $u_{fmax} = 2{,}0$

Nach einem Vorschlag in [15.54] lassen sich die λ_{max}-Kurven bei generatornahem dreipoligem Kurzschluss, also bei $I''_{kG}/I_{rG} \geq 2$, näherungsweise wie folgt berechnen [N15.2]:

$$\lambda_{max} = \frac{I_{kG\,max}}{I_{rG}} = \frac{u_{f\,max} \cdot U_{pr}}{(X_{dsat} - X''_d)I_{rG} + U'' \cdot I_{rG} \,/\, I''_{kG}} \tag{15.147}$$

Dabei sind:

- U'' subtransiente interne Spannung, die im Kurzschlussaugenblick hinter der subtransienten Reaktanz X''_d wirksam ist
- U_{pr} Polradspannung bei Bemessungsbetrieb mit U_{rG}, I_{rG} und $\cos\varphi_{rG}$
- u_{fmax} bezogene höchstmögliche Erregerspannung: $u_{fmax} = U_{fmax}/U_{fr}$
- U_{fr} Erregerspannung bei Bemessungsbetrieb mit U_{rG}, I_{rG} und $\cos\varphi_{rG}$
- X_{dsat} gesättigte synchrone Reaktanz in der d-Achse (die gesättigten Werte x_{dsat} sind 5 bis 20 % kleiner als die ungesättigten Werte x_d, siehe A.4 und [N15.3])

Für die subtransiente Spannung U'' und die Polradspannung U_{pr} bei Bemessungsbetrieb findet man näherungsweise:

$$U'' = \frac{U_{rG}}{\sqrt{3}} + I_{rG}X''_d \sin\varphi_{rG} = \frac{U_{rG}}{\sqrt{3}}(1 + x''_d \sin\varphi_{rG}) \tag{15.148}$$

$$\begin{aligned} U_{pr} &= \sqrt{\left(\frac{U_{rG}}{\sqrt{3}}\right)^2 + 2\frac{U_{rG}}{\sqrt{3}} I_{rG} X_{dsat} \sin\varphi_{rG} + (I_{rG} X_{dsat})^2} \\ &= \frac{U_{rG}}{\sqrt{3}} \sqrt{1 + 2x_{dsat} \sin\varphi_{rG} + x_{dsat}^2} \end{aligned} \tag{15.149}$$

mit $x''_d = X''_d / Z_{rG}$, $x_{dsat} = X_{dsat}/Z_{rG}$ bei $Z_{rG} = U_{rG}/(\sqrt{3}\, I_{rG})$.

Führt man U'' und U_{pr} in die Gl. (15.147) ein, so ergibt sich:

$$\lambda_{max} = \frac{I_{kmax}}{I_{rG}} = \frac{u_{f\,max}\sqrt{1 + 2x_{dsat}\sin\varphi_{rG} + x_{dsat}^2}}{x_{dsat} - x''_d + (1 + x''_d \sin\varphi_{rG}) I_{rG} / I''_{kG}} \tag{15.150}$$

Für die λ_{max}-Kurven in den Bildern 15.48 und 15.49 [N15.1, Bilder 18 und 19] wurden $x''_d = 0{,}2$ und $\cos\varphi_{rG} = 0{,}85$ gewählt bei $u_{fmax} = 1{,}3$ und 1,6 für Turbogeneratoren sowie $u_{fmax} = 1{,}6$ und 2,0 für Schenkelpolmaschinen bei $I''_{kG}/I_{rG} > 2$ für generatornahen Kurzschluss. Bei $I''_{kG}/I_{rG} \leq 2$ für generatorfernen Kurzschluss gilt $\lambda_{max} = I''_{kG}/I_{rG}$.

Tritt der dreipolige generatornahe Kurzschluss im vermaschten Netz mit mehreren Generatoren bzw. Kraftwerksblöcken auf, so ist abhängig vom Netzaufbau und der Kurzschlussstelle nach einer Kurzschlussdauer von etwa 0,3 s ein Außertrittfallen der Generatoren möglich mit anschließendem Asynchronlauf. Bei diesem asynchronen Lauf von einem oder einigen Generatoren gegenüber dem restlichen Netz treten Ausgleichsströme auf, die die Größe des dreipoligen Anfangs-Kurzschlusswechselstromes erreichen oder sogar übersteigen können (Bild 18.19). Zur ersten Abschätzung des dreipoligen Dauerkurzschlussstromes in vermaschten Netzen gelten nach [N15.1, 4.6.3] deshalb die Gln. (15.136) und (15.137) in Tabelle 15.14, unabhängig davon ob es sich um einen generatorfernen oder einen generatornahen Kurzschluss handelt.

15.5.6 Beitrag von Asynchronmotoren zum Kurzschlussstrom

Dieser Abschnitt enthält zusätzlich zu Abschn. 15.4.9 Angaben zur Berechnung des Beitrages von Asynchronmotoren oder der Gruppen von Asynchronmotoren zum Anfangs-Kurzschlusswechselstrom I''_k, zum Stoßkurzschlussstrom i_p und im Falle von unsymmetrischen Kurzschlüssen zum Dauerkurzschlussstrom. Im Bild 15.30 wurde bereits an einem einfachen Beispiel gezeigt, dass Gruppen von Niederspannungs-Asynchronmotoren in Industrienetzen die Kurzschlussströme I''_k und i_p um 20 bis 30% heraufsetzen können gegenüber dem Fall ohne Motoren. Tabelle 15.15 enthält die Berechnungsgleichungen nach [N15.1] für die Kurzschlussströme von Asynchronmotoren bei Kurzschluss am Motoranschlusspunkt, zum Beispiel in F1 in einem Netz nach Bild 15.50.

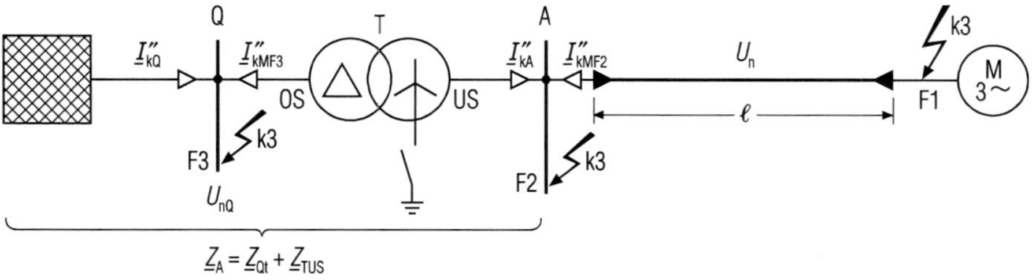

Bild 15.50. Kurzschluss am Anschlusspunkt eines Asynchronmotors (F1) oder Kurzschluss an der Sammelschiene A unter Berücksichtigung des Anschlusskabels (F2) oder Kurzschluss auf der OS-Seite des speisenden Transformators (F3)

Die Gleichungen für dreipoligen Kurzschluss in Tabelle 15.15 zeigen, dass der Anfangs-Kurzschlusswechselstrom I''_{k3M} bei Kurzschluss am Anschlusspunkt auf I_{b3M} und dann weiter auf $I_{k3M} = 0$ abklingt. Bei zweipoligem Kurzschluss dagegen wird nach [N15.1, 4.7] angenommen, dass das Abklingen so gering ist, dass man dann $I''_{k2M} \approx I_{b2M} \approx I_{k2M} = (\sqrt{3}/2)I''_{k3M}$ setzen kann.

Entsprechendes gilt für den einpoligen Kurzschluss, wenn der Asynchronmotor an ein Netz mit niederohmiger Sternpunkterdung (z.B. an ein Niederspannungsnetz NT) angeschlossen ist, selbst jedoch wie üblich mit isoliertem Sternpunkt betrieben wird.

Tabelle 15.15. Berechnungsgleichungen bei Kurzschluss am Anschlusspunkt von Asynchronmotoren (F1 im Bild 15.50, Z_M nach Gl. (15.86)) [N15.1]

Kurzschluss	Dreipoliger Kurzschluss	Zweipoliger Kurzschluss	Einpoliger Kurzschluss
Anfangs-Kurzschluss-wechselstrom	$I''_{k3M} = \frac{cU_n}{\sqrt{3}Z_M}$ (15.151)	$I''_{k2M} = \frac{\sqrt{3}}{2} I''_{k3M}$ (15.155)	Zur Berechnung von I''_{k1M} siehe Text und Gl. (15.162)
Stoßkurz-schlussstrom	$i_{p3M} = \kappa_M \sqrt{2} I''_{k3M}$ (15.152)	$i_{p2M} = \kappa_M \sqrt{2} I''_{k2M}$ (15.156)	$i_{p1M} = \kappa_M \sqrt{2} I''_{k1M}$ (15.159)
	Mittelspannungsmotoren: $\kappa_M = 1{,}75$ ($R_M/X_M = 0{,}10$) für Leistungen $P_{rM}/p \geq 1$ MW $\kappa_M = 1{,}65$ ($R_M/X_M = 0{,}15$) für Leistungen $P_{rM}/p < 1$ MW Niederspannungsmotorgruppen: $\kappa_M = 1{,}30$ ($R_M/X_M = 0{,}42$), siehe Abschn. 15.4.9		
Ausschalt-wechselstrom	$I_{b3M} = \mu q I''_{k3M}$ (15.153) μ nach Gl. (15.123) mit I''_{k1M}/I_{rM} q nach Gl. (15.128)	$I_{b2M} \approx I''_{k2M}$ (15.157)	$I_{b1M} \approx I''_{k1M}$ (15.160)
Dauerkurz-schlussstrom	$I_{k3M} = 0$ (15.154)	$I_{k2M} \approx I''_{k2M}$ (15.158)	$I_{k1M} \approx I''_{k1M}$ (15.161)

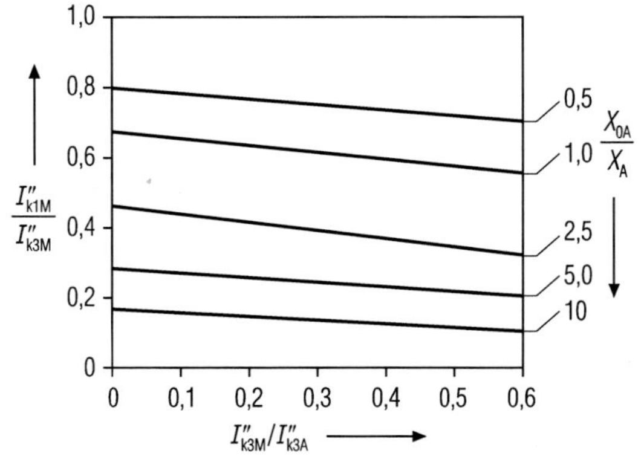

Bild 15.51. Verhältnis $I''_{k\,1M}/I''_{k\,3M}$ nach Gl. (15.162) für einpoligen Klemmenkurzschluss in F1 nach Bild 15.50 (Tabelle 15.15)

Fasst man das Ersatznetz am Anschlusspunkt Q und den Transformator im Bild 15.50 zusammen zu $\underline{Z}_A$ und vernachlässigt man das Anschlusskabel des Motors, so ergibt sich für den einpoligen Anfangs-Kurzschlusswechselstrom $I''_{k\,1M}$ des Motors bezogen auf den dreipoligen Kurzschlussstrom $I''_{k\,3M}$ bei $\underline{Z}_A \approx \mathrm{j}X_A$ und $\underline{Z}_{0A} \approx \mathrm{j}X_{0A}$:

$$\frac{I''_{k1M}}{I''_{k3M}} = \frac{1}{\left|1 + \frac{1}{2} \cdot \frac{X_{0A}}{X_A}\left(1 + \frac{\underline{I}''_{k3M}}{\underline{I}''_{k3A}}\right)\right|} \tag{15.162}$$

Bild 15.51 zeigt $I''_{k\,1M}/I''_{k\,3M}$ abhängig von $I''_{k\,3M}/I''_{k\,3A} = Z_A/Z_M$, wenn man gleiche Phasenlage annimmt, und abhängig von X_{0A}/X_A. Der Teilkurzschlussstrom $I''_{k\,1M}$ wird danach in der Regel kleiner als $I''_{k\,2M} = 0{,}86 \cdot I''_{k\,3M}$ nach Gl. (15.155).

Wird das Netz, an das der Asynchronmotor angeschlossen ist, mit isoliertem Sternpunkt oder mit Erdschlusskompensation betrieben, so wird $X_{0A} \gg X_A$ und damit geht dann $I''_{k\,1M}/I''_{k\,3M}$ gegen Null. Der Asynchronmotor liefert keinen Teilkurzschlussstrom $I''_{k\,1M}$ mehr.

Nach [N15.1] werden die Anschlusskabel der Asynchronmotoren mit in die Modellbildung des Ersatzmotors für eine Gruppe von Niederspannungsmotoren einbezogen. Das Verhältnis I_{an}/I_{rM}, das bei einzelnen Niederspannungsmotoren meist im Bereich zwischen 6 und 8 liegt mit einem mittleren Wert von 6,5 bis 7 [N15.3] (siehe auch Bild 15.55 und A.19), wird nach [N15.1] für Ersatzmotoren auch deshalb auf $I_{an}/I_{rM} = 5$ festgelegt (Abschn. 15.4.9), weil die innere Spannung im ersten Kurzschlussaugenblick kleiner ist als die Klemmenspannung und weil parallel arbeitende Motoren im Kurzschluss Ausgleichsströme führen können. Bei der inneren Spannung ist zu berücksichtigen, dass diese bei Leerlauf am größten wird und dass Asynchronmotoren verhältnismäßig hohe Leerlaufströme haben ($I_\ell/I_{rM} \approx 0{,}25\ldots0{,}40$ für Niederspannungsmotoren bis 200 kVA und $I_\ell/I_{rM} \approx 0{,}25\ldots0{,}35$ für Mittelspannungsmotoren bis 1500 kVA; erst bei hohen Leistungen bis 10000 kVA nimmt das Verhältnis bis auf etwa 0,15 ab).

Ungenauigkeiten in den Ergebnissen für die Teilkurzschlussströme von Niederspannungs-Asynchronmotorgruppen können insbesondere dann auftreten, wenn die Motoren einer Gruppe vorwiegend aus kleinen oder vorwiegend aus großen Asynchronmotoren bestehen. Bei kleinen Motoren mit Leistungen von etwa 10 kW pro Polpaar und darunter klingt neben dem Gleichstromanteil im Kurzschlussstrom auch der Wechselstromanteil bereits in den ersten 10 ms nach Kurzschlusseintritt so stark ab, dass der Ansatz für den Faktor κ nach Gl. (15.107) nicht mehr zutrifft. Dort wurde vorausgesetzt, dass der Wechselstromanteil in den ersten 10 ms praktisch nicht abklingt, bzw. dass man das geringe Maß des Abklingens wie bei den Synchronmaschinen durch die Festlegung fiktiver Verhältnisse R/X berücksichtigen kann (Abschn. 15.4.5). Die darauf aufbauende Ableitung der Faktors κ führte deshalb auf Werte zwischen 1 und 2 (Bild 15.42).

Bei Asynchronmotoren liegen die Zeitkonstanten, mit denen die Wechsel- und die Gleichstromanteile im Kurzschlussstrom abklingen etwa in gleicher Größe. Diese Zeitkonstanten können bei Motorleistungen pro Polpaar von 10 kW und darunter sogar merklich kleiner als 10 ms werden. In diesen Fällen erreicht t_p dann Werte wesentlich unter 10 ms.

Bei großen Niederspannungs-Asynchronmotoren klingen die Wechsel- und die Gleichstromanteile im Kurzschlussstrom nur langsam ab. Der Stoßfaktor kann dann Werte bis zu $\kappa \approx 1{,}85$ annehmen. Mit $I_{an}/I_{rM} > 5$ für diese Motoren findet man deshalb für den Stoßkurzschlussstrom von Motorgruppen, die vorwiegend aus großen Motoren bestehen, höhere Werte als nach [N15.1] bei $I_{an}/I_{rM} = 5$ und $\kappa = \kappa_{IEC\,Gr} = 1{,}3$ für Gruppen von Niederspannungs-Asynchronmotoren.

In beiden Fällen, also bei Gruppen die vorwiegend aus kleinen oder vorwiegend aus großen Motoren bestehen, werden die dadurch bedingten Ungenauigkeiten gegenüber einer transienten Berechnung durch Berücksichtigung der Kabelimpedanzen bis zur speisenden Sammelschiene nicht ausgeglichen. In Industrienetzen mit vielen Asynchronmotoren, wie zum Beispiel in der chemischen Industrie, rechnet man im Mittel mit Kabellängen von etwa 100 bis 120 Metern. Eine Anpassung des Kabelquerschnitts an die Leistungsgröße des Motors ist nicht immer gegeben.

Für den zeitlichen Verlauf des Kurzschlussstromes bis zum Stoßkurzschlussstrom eines Asynchronmotors kann man bei dreipoligem Kurzschluss mit folgender Näherung rechnen:

$$i_{kM}(t) = \frac{\sqrt{2}U_{rM}(1-\sigma)}{\sqrt{3}Z'_M}\left[\frac{1}{1-\sigma}\cdot \mathrm{e}^{-\frac{t}{T'_S}} - \mathrm{e}^{-\frac{t}{T'_R}}\cos\omega t\right] \tag{15.163a}$$

Dabei ist Z'_M die wirksame transiente Kurzschlussimpedanz des Motors bei einem Schlupf $s = 1$. Sie kann ausgehend von I_{an}/I_{rM} nach Gl. (15.86) bestimmt werden, wobei $Z'_M = Z_M$ gesetzt wird und angenommen wird, dass I_{an}/I_{rM} vom Hersteller unter Berücksichtigung der Sättigung der Ständerstreureaktanz $X_{\sigma S}$ und der Läuferstreureaktanz $X_{\sigma R}$ angegeben wurde. Die Hauptreaktanz X_h, und ihr durch Sättigung abnehmender Wert, ist sehr viel größer als die Streureaktanzen $X_{\sigma S}$ und $X_{\sigma R}$ und spielt deshalb nur eine untergeordnete Rolle für die Größe des Kurzschlussstromes. Sie kann deshalb meist vernachlässigt werden. Es gelten dann die folgenden Beziehungen und ihre Näherungen, wobei die Läufergrößen (Index R) auf die Ständerseite (Index S) bezogen wurden:

$$\underline{Z}'_M = R_S + jX_{\sigma S} + \frac{jX_h(R_R + jX_{\sigma R})}{R_R + j(X_h + X_{\sigma R})} \approx R_S + R_R + j(X_{\sigma S} + X_{\sigma R}) \tag{15.164}$$

$$T'_S = \frac{L_{\sigma S} + \dfrac{L_h \cdot L_{\sigma R}}{L_h + L_{\sigma R}}}{R_S} \approx \frac{L_{\sigma S} + L_{\sigma R}}{R_S} = \frac{X'_M}{\omega_r R_S} \tag{15.165a}$$

$$T'_R = \frac{L_{\sigma R} + \dfrac{L_h \cdot L_{\sigma S}}{L_h + L_{\sigma S}}}{R_R} \approx \frac{L_{\sigma R} + L_{\sigma S}}{R_R} = \frac{X'_M}{\omega_r R_R} \tag{15.165b}$$

Der Ausdruck $1-\sigma$ in der Gl. (15.163 a) soll berücksichtigen, dass die innere treibende Spannung eines Asynchronmotors bei Klemmenkurzschluss kleiner ist als die Klemmenspannung vor dem Kurzschluss. Er liegt in der Größenordnung von 0,9 bis 0,96.

Für den Fall des dreipoligen Kurzschlusses an der Sammelschiene A (F2) des Bildes 15.50, bei Anschluss des Motors über ein Kabel, wird der zeitliche Verlauf wie folgt berechnet:

$$i_{kMN}(t) = \frac{\sqrt{2}U_n(1-\sigma)}{\sqrt{3}Z'_{MN}} \cdot \left[\frac{1}{1-\sigma} \cdot e^{-\frac{t}{T'_{SN}}} - e^{-\frac{t}{T'_{RN}}} \cos\omega t\right] \tag{15.163b}$$

Einzusetzen sind $Z'_{MN} = |\underline{Z}'_M + \underline{Z}_N|$ (im Fall nach Bild 15.52 gilt $\underline{Z}_N = \underline{Z}_L$) und

$$T_{SN} \approx \frac{X'_M + X_N}{\omega_r(R_S + R_N)} \tag{15.166a}$$

$$T_{RN} \approx \frac{X'_M + X_N}{\omega_r R_R} \tag{15.166b}$$

Die Veränderung des Faktors $1-\sigma$ in Gl. (15.163b) gegenüber dem Fall bei Klemmenkurzschluss wird der Einfachheit halber nicht betrachtet.

Aus den Gln. (15.166 a, b) sieht man, dass bei zunehmender Impedanz des Anschlusskabels $\underline{Z}_N = R_N + jX_N = \underline{Z}'_L l$ mit $R'_L > X'_L$ die Zeitkonstante T_{SN} abnehmen und die Zeitkonstante T_{RN} zunehmen wird mit wachsender Kabellänge. Bei dem Beispiel nach Bild 15.52 gilt ausgehend von $T_S = 32$ ms und $T_R = 38{,}3$ ms

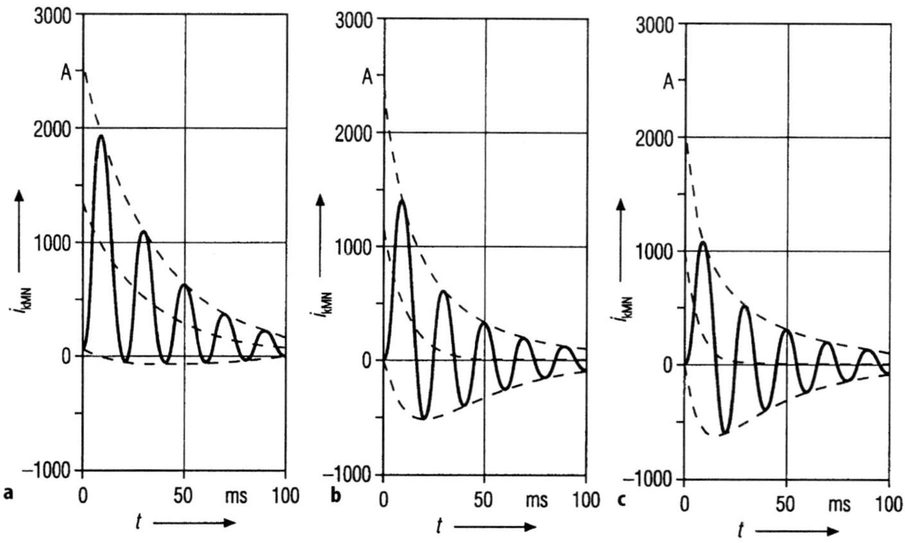

Teilbild	ℓ m	I''_{kM} A	i_{pM} A	$\kappa = \frac{i_{pM}}{\sqrt{2} I''_{kM}}$	$\frac{I''_{kM}}{I_{rM}} \cdot \frac{1}{1-\sigma}$
a	0	888	1947	1,55	6,8
b	100	817	1415	1,22	6,26
c	200	740	1097	1,05	5,7

Bild 15.52 a – c. Zeitlicher Verlauf des Kurzschlussstromes eines Asynchronmotors S_{rM} = 90 kVA, U_{rM} = 380 V; I_{an}/I_{rM} = 6,8 mit Anschlusskabel NYY 4×50 mm^2

bei l = 200 m Kabel zwischen Motor und Kurzschlussstelle dann T_{SN} = 6,85 ms, T_{RN} = 41,1 ms.

Bild 15.52 a zeigt den zeitlichen Verlauf des Kurzschlussstromes $i_{kM}(t)$, den Verlauf des Gleichstromgliedes und die Einhüllenden für einen Asynchronmotor mit den folgenden Daten:

P_{rM} = 75 kW; p = 2; S_{rM} = 90 kVA; U_{rM} = 380 V; I_{an}/I_{rM} = 6,8; R_S = 0,02297 Ω; R_R = 0,01927 Ω; $L_{\sigma S}$ = 0,256 mH; $L_{\sigma R}$ = 0,482 mH; n_r = 1475 min^{-1}; $1 - \sigma = 0{,}955$.

Zusätzlich wurde ein Anschlusskabel NYY 4×50 mm^2 Cu mit $\underline{Z}'_L$ = (0,463 + j0,086) Ω/km berücksichtigt.

Das Bild 15.53 zeigt ein weiteres Beispiel für den zeitlichen Verlauf des Kurzschlussstromes eines Asynchronmotors. Es handelt sich um einen kleinen Motor mit P_{rM} = 5 kW, p = 2, angeschlossen über ein Niederspannungskabel an die 660-V-Sammelschiene. Deutlich wird, dass der Stoßfaktor schon bei Klemmenkurzschluss kleiner als 1 ist und mit steigender Kabellänge noch weiter abnimmt.

Bild 15.54 zeigt die Abhängigkeit des Stoßfaktors κ_{MM} von der Motorleistung pro Polpaar P_{rM}/p. Der neue Stoßfaktor soll mit κ_{MM} bezeichnet werden,

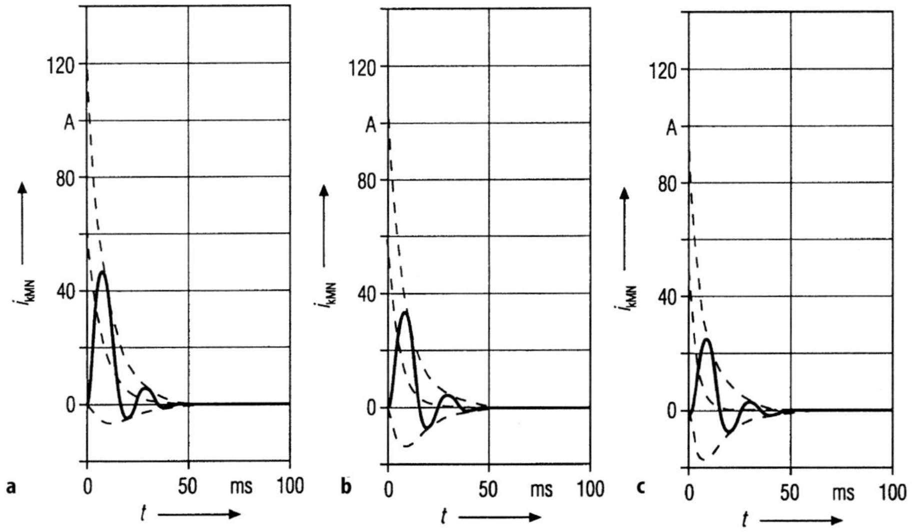

Teilbild	ℓ m	I''_{kM} A	i_{pM} A	$\kappa = \frac{i_{pM}}{\sqrt{2}\, I''_{kM}}$	$\frac{I''_{kM}}{I_{rM}} \cdot \frac{1}{1-\sigma}$
a	0	42,8	46,6	0,77	7,0
b	100	38,4	33,0	0,61	6,3
c	200	34,3	25,1	0,52	5,6

Bild 15.53 a – c. Zeitlicher Verlauf des Kurzschlussstromes eines Asynchronmotors S_{rM} = 7,77 kVA, U_{rM} = 660 V, I_{an}/I_{rM} = 7 mit Anschlusskabel NYY 4×1,5 mm² Cu

um ihn von dem Faktor $\kappa_M = \kappa_{IEC}$ nach Gl. (15.105) zu unterscheiden, der nur Werte zwischen 1 und 2 annehmen kann. Der in [N15.1] vorgeschlagene Faktor $\kappa_{M(Gr)}$ = 1,3 für Gruppen von Niederspannungs-Asynchronmotoren mit ihren Kabeln könnte also nur dann näherungsweise zutreffen, wenn Motoren unterschiedlicher Leistung zu einer „passenden“ Gruppe zusammengefasst worden wären.

Bild 15.55 zeigt die mit Berechnungen nach Gl. (15.163 b) ermittelte Abhängigkeiten des Verhältnisses i_{pMF2}/i_{pMF1} und des Stoßfaktors κ_{MM} von der Länge ℓ des Anschlusskabels. Die Impedanz Z_M wurde ausgehend von I_{an}/I_{rM} bestimmt und daraus dann X_M nach Gl. (15.164) bei bekannten Werten für die Wirkwiderstände R_S und R_R.

Da in der Regel die Wirkwiderstände des Asynchronmotors, das Sättigungsverhalten und weitere Daten nicht vorliegen und diese im Einzelfall stark von der Auslegung des Motors abhängen, kann man Berechnungen mit transienten Programmen oder Berechnungen nach Gl. (15.158 b) in der Praxis nicht durchführen, insbesondere dann nicht, wenn eine große Zahl von Motoren zu berücksichtigen ist. Vorgeschlagen wird deshalb die fiktive Zuordnung des Verhältnisses R_{MM}/X_{MM} zu dem Stoßfaktor κ_{MM} nach Bild 15.54 über die

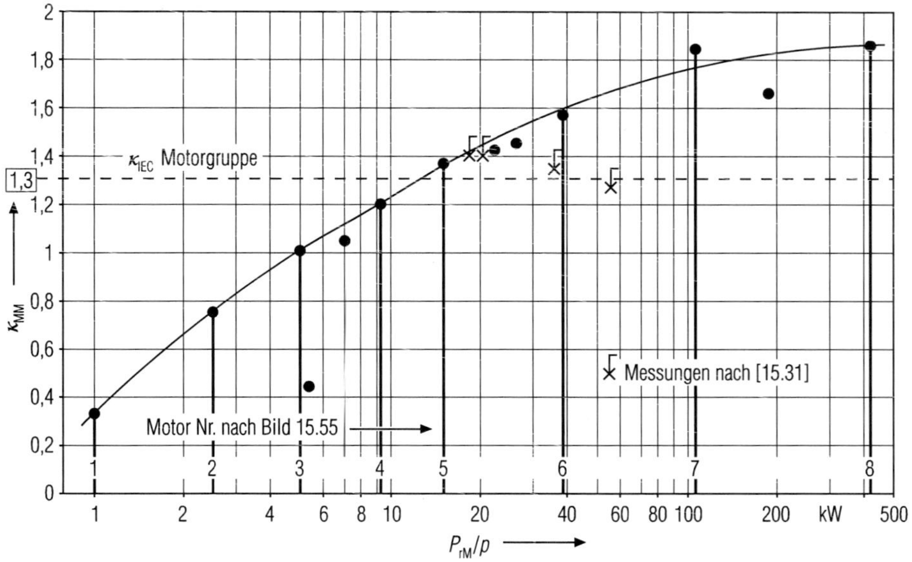

Bild 15.54. Stoßfaktor κ_{MM} von Niederspannungs-Asynchronmotoren bei $U_{rM} = 380$ V oder $U_{rM} = 660$ V. Einige Versuchsergebnisse nach [15.32] sind eingetragen

folgende Gleichung:

$$\kappa_{MM} = 0{,}2 + 0{,}7 \cdot \ln \frac{1{,}15}{R_{MM} / X_{MM}} \quad \text{oder} \quad \frac{R_{MM}}{X_{MM}} = 1{,}15 \cdot e^{-\frac{\kappa_{MM} - 0{,}2}{0{,}7}} \tag{15.167}$$

Dem Motor mit $P_{rM} = 5$ kW, $P_{rM}/p = 2{,}5$ kW sowie $S_{rM} = 7{,}77$ kVA, dessen zeitlicher Kurzschlussstromverlauf in Bild 15.53 dargestellt wurde, würde man nach Bild 15.54 ein $\kappa_{MM} = 0{,}77$ zuordnen und damit nach Gl. (15.167) ein Verhältnis $R_{MM}/X_{MM} = 0{,}509$. Mit $Z_M = 8{,}009\ \Omega$ nach Gl. (15.164) findet man dann $\underline{Z}_{MM} = (3{,}63 + j7{,}136)\ \Omega$ und weiter $\underline{Z}_{MMN} = \underline{Z}_{MM} + \underline{Z}_L = (5{,}08 + j7{,}1475)\ \Omega$ bei $\ell = 100$ m Länge eines Kabels $4 \times 1{,}5$ mm^2 Cu. Hieraus wird dann nach Gl. (15.167) $\kappa_{MM} = 0{,}54$. Mit diesen Daten ergibt sich $I''_{kMMN(\ell = 100\,m)} = 1{,}05 \cdot 660$ V/$(\sqrt{3} \cdot 8{,}763\ \Omega) = 45{,}6$ A und $i_{pMMN(\ell = 100\,m)} = 0{,}54 \cdot \sqrt{2} \cdot 45{,}6$ A $= 34{,}8$ A. Im Vergleich dazu liefert Bild 15.53b das Ergebnis $i_{pM(\ell = 100\,m)} = 33{,}0$ A. Das Näherungsergebnis mit Hilfe der Gl. (15.167) liefert in diesem Fall also einen um etwa 6 % auf der sicheren Seite liegenden Stoßkurzschlussstrom.

Bild 15.56 enthält eine Untersuchung für mehrere Motoren über die Abweichung Δi_{pMIEC} der nach IEC [N15.1] berechneten Werte bei $I_{an}/I_{rM} = 5$ und $R_M/X_M = 0{,}42$ für Motorgruppen und die Abweichung Δi_{pMMN} der mit κ_{MM} nach Gl. (15.167) berechneten Werte gegenüber den Stoßkurzschlussströmen $i_{kMN}(t_p)$ nach Gl. (15.163b).

$$\Delta i_{pMIEC} = \frac{i_{pMIEC} - i_{kMN}(t_p)}{i_{kMN}(t_p)} \cdot 100\% \tag{15.168}$$

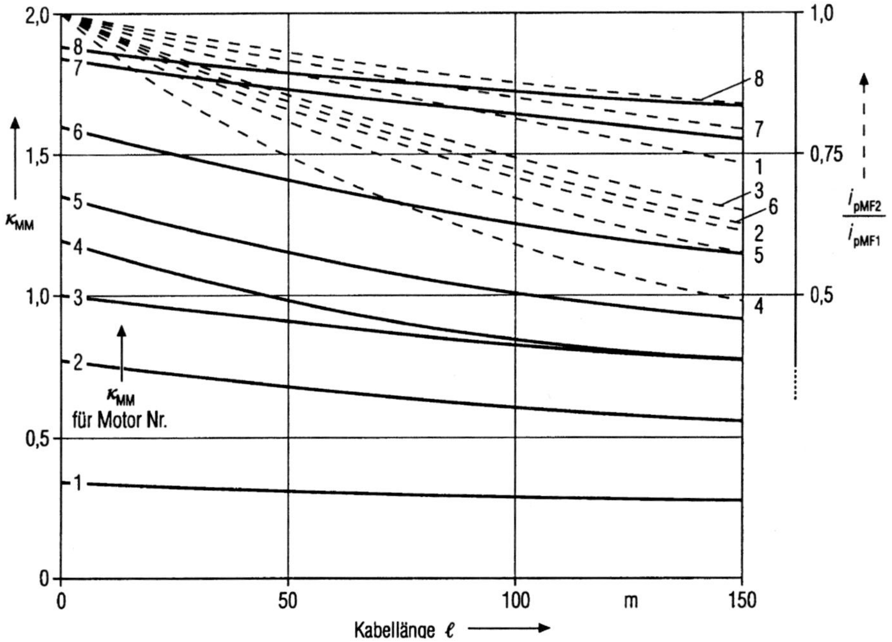

Motor Nr.	P_{rM} kW	p –	S_{rM} kVA	U_{rM} V	I_{an}/I_{rM} –	Z_M Ω	R_S Ω	R_R Ω	q_{nLCu} mm²	$\underline{Z}'_L$ Ω/km
1	2	2	3,03	660	6,5	22,12	9,63	8,66	4×1,5	14,5 + j0,115
2	5	2	7,77	660	7	8,009	2,75	1,92	4×1,5	14,5 + j0,115
3	10	2	12,6	660	7	4,939	1,405	0,809	4×2,5	8,87 + j0,107
4	18,5	2	24	380	6	1,003	0,237	0,127	4×10	2,19 + j0,095
5	30	2	40	380	6,5	0,555	0,0917	0,066	4×16	1,38 + j0,09
6	75	2	90	380	6,8	0,236	0,023	0,0193	4×50	0,463 + j0,085
7	215	2	253	660	6,5	0,265	0,0146	0,0089	4×95	0,232 + j0,082
8	430	1	484	660	5,5	0,164	0,0054	0,0082	4×240	0,0925 + j0,08

Bild 15.55. Abnahme des Stoßfaktors κ_{MM} und des Stoßkurzschlussstromes abhängig von der Länge ℓ des Anschlusskabels)

mit

$$i_{pMIEC} = 1{,}3 \cdot \sqrt{2} \cdot c \cdot \frac{S_{rM}}{\sqrt{3} \cdot U_{rM}} \cdot \frac{I_{an}}{I_{rM}} \tag{15.169}$$

$$\Delta i_{pMMN} = \frac{i_{pMMN} - i_{kMN}(t_p)}{i_{kMN}(t_p)} \cdot 100\% \tag{15.170}$$

mit

$$i_{\mathrm{pMMN}} = \kappa_{\mathrm{MM}} \cdot \sqrt{2} \cdot I''_{\mathrm{kMMN}} \tag{15.171}$$

$$\text{bei} \quad I''_{\mathrm{kMMN}} = \frac{cU_{\mathrm{n}}}{\sqrt{3}\,|\,\underline{Z}_{\mathrm{MM}} + \underline{Z}_{\mathrm{N}}\,|} \quad \text{mit} \quad \underline{Z}_{\mathrm{MM}} = Z_{\mathrm{M}} \left(\frac{R_{\mathrm{MM}}}{X_{\mathrm{MM}}} + \mathrm{j} \right) \cdot \frac{1}{\sqrt{1 + \left(\frac{R_{\mathrm{MM}}}{X_{\mathrm{MM}}} \right)^2}}$$

$R_{\mathrm{MM}}/X_{\mathrm{MM}}$ bestimmt man nach Gl. (15.167) ausgehend von κ_{MM} nach Bild 15.54 für den betrachteten Motor.

Bild 15.56 zeigt im oberen Teil, dass bei der Berechnung für Motorgruppen nach IEC [N15.1, 3.8.2] zu große Ergebnisse zu erwarten sind, wenn die Gruppen vorwiegend aus kleinen Asynchronmotoren bestehen und zu kleine Ergebnisse, wenn die Gruppen hauptsächlich aus großen Motoren bestehen. Im unteren Teil des Bildes 15.56 zeigt sich bei Anwendung von κ_{MM} eine wesentliche Verbesserung gegenüber den Ergebnissen, die nach der IEC-Anweisung für Motorgruppen gefunden wurden. Nachteilig ist bei diesem neuen Vorschlag allerdings, dass man die Motoren mit ihren Anschlusskabeln einzeln behandeln muss ausgehend von den individuellen Verhältnissen $I_{\mathrm{an}}/I_{\mathrm{rM}}$. Gleiche oder ähnliche Motoren kann man zusammenfassen. Bild 15.54 liefert die zugehörigen Werte κ_{MM}. Der Aufwand gegenüber dem Verfahren für Motorgruppen nach IEC ist hier also wesentlich größer, jedoch bei Bearbeitung mit einem geeigneten Programm noch erträglich.

Bild 15.57 behandelt die Wirkung einer größeren Zahl von Asynchronmotoren auf den Stoßkurzschlussstrom an der speisenden Niederspannungssammelschiene und ihren Beitrag auf der nächst höheren Spannungsebene 6 kV. Haben die Motoren eine Summenleistung, die der Bemessungsscheinleistung des speisenden Niederspannungs-Transformators entspricht, so kann der Beitrag auf der 6-kV-Ebene etwa 5 % erreichen oder sogar überschreiten, wenn wie in der Praxis häufig üblich, Niederspannungsmotoren über mehrere Transformatoren speisen. Auf der 20-kV-Ebene im Bild 15.57 wird der Einfluss der Niederspannungsmotoren auf den Stoßkurzschlussstrom klein, in vielen Fällen sogar vernachlässigbar klein. Im Beispiel nach Bild 15.57 beträgt der Beitrag, der an einen Niederspannungstransformator angeschlossenen Motoren zum Stoßkurzschlussstrom nur etwa 1 %, wenn man die Berechnung nach IEC durchführt.

Bild 15.57 zeigt die in F1 (660 V) und in F2 (6 kV) zu erwartenden Abweichungen nach den Gln. (15.168) und (15.170) für die Stoßkurzschlussströme i_{pMIEC} und i_{pMMN} gegenüber den Ergebnissen nach Gl. (15.163b) für $t = t_{\mathrm{p}}$. Die Abweichungen $\Delta i_{\mathrm{kMIEC}}$ sind dann besonders groß, wenn die Motorgruppe aus einer großen Zahl kleiner Asynchronmotoren ($\leq$ 10 kW) besteht.

Bei einer Mischung von Niederspannungs-Asynchronmotoren unterschiedlicher Leistung mit unterschiedlich langen Anschlusskabeln in einer Gruppe sind die Abweichungen bei einer Berechnung nach IEC [N15.1] ähnlich zu beurteilen wie bei einer Berechnung mit Hilfe von κ_{MM} nach Gl. (15.167).

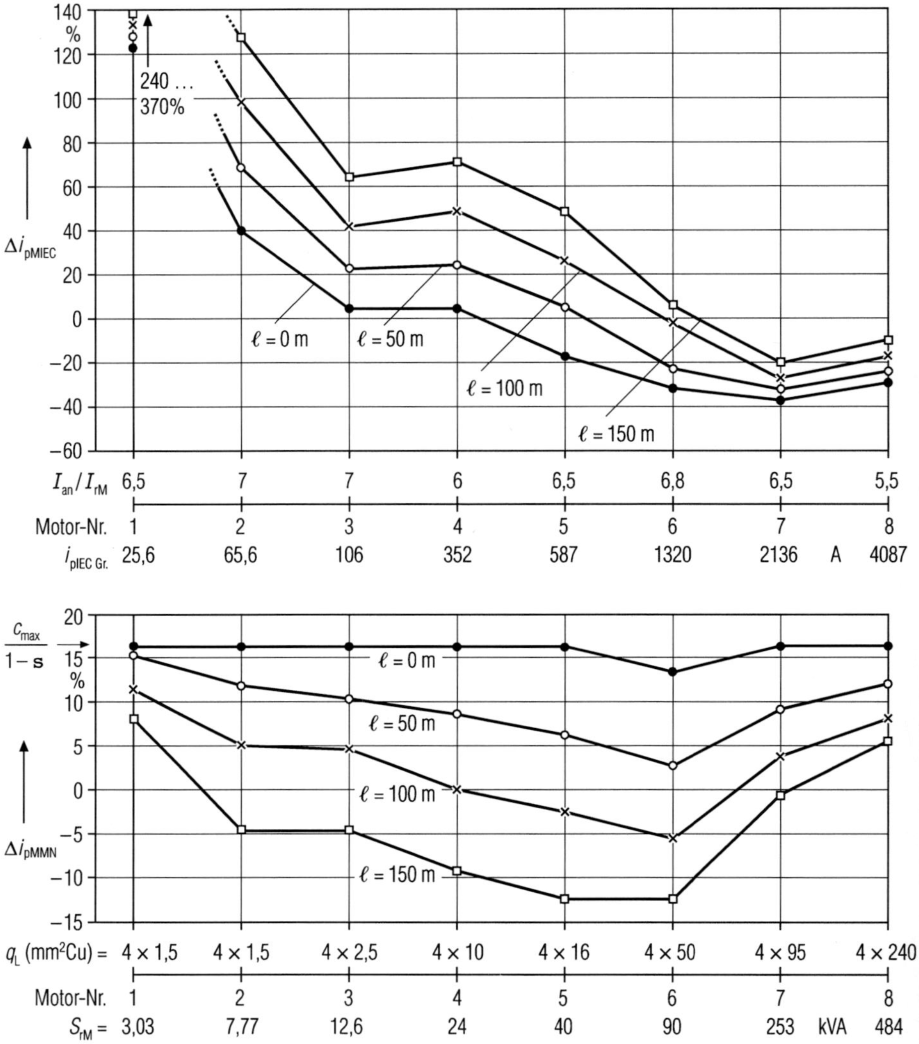

Bild 15.56. Abweichungen des Stoßkurzschlussstromes nach Gl. (15.168) und Gl. (15.170) für die Motoren 1 bis 8 nach Bild 15.55 bei Kabellängen $l = 0 \ldots 150$ m

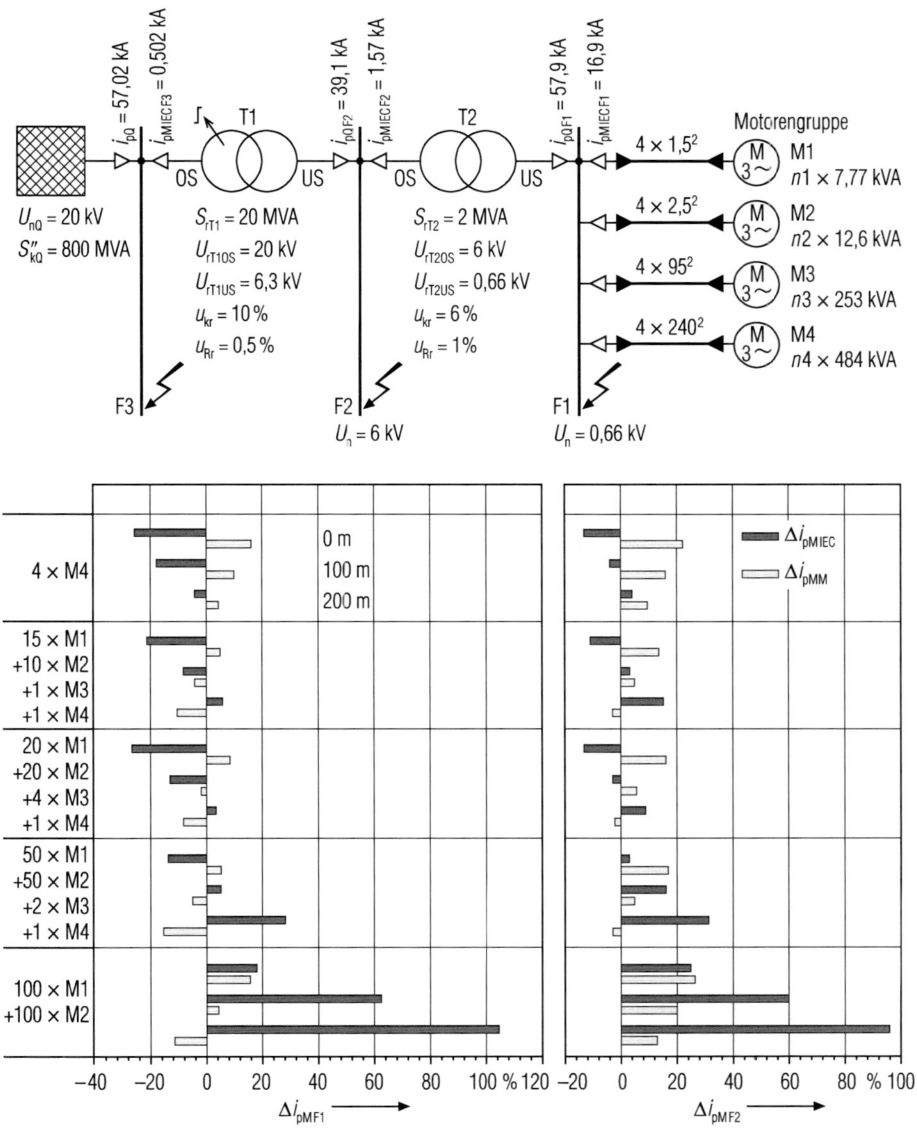

Bild 15.57. Einfaches Beispiel für die Beiträge von Asynchronmotoren zum Stoßkurzschlussstrom in einem Industrienetz. Die den Kurzschlussstellen F1 bis F3 von den Niederspannungs-Asynchronmotoren zufließenden Teilkurzschlussströme $i_{pMIECF1}$ bis $i_{pMIECF3}$ wurden für eine Motorgruppe mit $S_{rM} = S_{rT2}$ berechnet

15.5.7 Thermisch gleichwertiger Kurzschlussstrom und Joule-Integral

Die Berechnung des thermisch gleichwertigen Kurzschlussstromes I_{th} oder des Joule-Integrals wird nach [N15.1, 4.8 und Anhang A] mit Hilfe der Faktoren m und n vorgenommen. Dabei soll der Faktor m den zeitabhängigen Erwärmungseffekt in einem vom Kurzschlussstrom durchflossenen Leiter durch dessen Gleichstromanteil und der Faktor n den Erwärmungseffekt durch dessen Wechselstromanteil nachbilden. Wegen der geringen Kurzschlussdauer kann in der Regel adiabatische Erwärmung vorausgesetzt werden.

Für einen einzelnen dreipoligen Kurzschluss gilt nach [N15.1] für das Joule-Integral bei einer Kurzschlussdauer T_{k}

$$\int i^2 \mathrm{d}t = \int_0^{T_{\mathrm{k}}} i_{\mathrm{k}}^2(t)\,\mathrm{d}t = I_{\mathrm{k}}''^2 (m+n)\, T_{\mathrm{k}} = I_{\mathrm{th}}^2 T_{\mathrm{k}} \tag{15.172a}$$

oder für den thermisch gleichwertigen Kurzschlussstrom

$$I_{\mathrm{th}} = I_{\mathrm{k}}'' \sqrt{m+n} \tag{15.173a}$$

Dabei sind

- I_{k}'' Anfangs-Kurzschlusswechselstrom, $I_{\mathrm{k}}'' = I_{\mathrm{k3}}''$ nach Gl. (15.91)
- T_{k} Kurzschlussdauer ($T_{\mathrm{k}} > t_{\mathrm{min}}$)
- m Faktor für die thermische Wirkung des Gleichstromanteils im Kurzschlussstrom
- n Faktor für die thermische Wirkung des Wechselstromanteils im Kurzschlussstrom

Folgen mehrere Kurzschlussvorgänge i bei $i = 1, 2, \ldots r$ zeitlich aufeinander mit geringem zeitlichem Abstand wie z. B. bei einer erfolglosen Kurzunterbrechung oder bei aufeinanderfolgenden Kurzschlussvorgängen während eines Gewitters so, dass in der Zwischenzeit keine merkliche Abkühlung eintritt, dann gelten die folgenden Berechnungsgleichungen:

$$\int i^2 \mathrm{d}t = \sum_{i=1}^{r} I_{\mathrm{k}i}''^2 (m_i + n_i)\, T_{\mathrm{k}i} = I_{\mathrm{th}}^2 T_{\mathrm{k}} \tag{15.172b}$$

$$\text{mit} \quad T_{\mathrm{k}} = \sum_{i=1}^{r} T_{\mathrm{k}i} \tag{15.174}$$

$$I_{\mathrm{th}} = \sqrt{\frac{1}{T_{\mathrm{k}}} \cdot \sum_{i=1}^{r} I_{\mathrm{k}i}''^2 (m_i + n_i)\, T_{\mathrm{k}i}} \tag{15.73b}$$

Dabei sind dann I_{k}'', m_i, n_i und $T_{\mathrm{k}i}$ die dem einzelnen Kurzschlussvorgang i zuzuordnenden Größen des i-ten-Kurzschlussstromes und seiner Dauer $T_{\mathrm{k}i}$.

Bei der Angabe der Größe des Joule-Integrals und des thermisch gleichwertigen Kurzschlussstromes ist es notwendig, jeweils die zugehörige Kurzschlussdauer T_k anzugeben, weil auch die Faktoren m und n von ihr abhängig sind.

Zur Ableitung der Faktoren m und n geht man vom zeitlichen Verlauf des von einem Synchrongenerator gelieferten dreipoligen Kurzschlussstromes nach Gl. (15.2b) bei generatorfernem Kurzschluss mit maximalem Gleichstromglied aus. Dabei kann man für den Zusammenhang zwischen T_{gN} nach Gl. (15.5) und κ nach Gl. (15.110) folgende Beziehung einführen:

$$T_{gN} = \frac{x''_d + x_N}{\omega_r (r_G + r_N)} = -\frac{3}{2\pi f_r \ln\left(\dfrac{\kappa - 1{,}02}{0{,}98}\right)} \tag{15.175}$$

Zur Ableitung des Faktors m wird zunächst $n = 1$ eingeführt und man erhält dann für den Faktor m ausgehend von Gl. (15.172a) mit Gl. (15.2b) und $\omega_r = \omega$:

$$m = \frac{1}{I''^2_k T_k} \int_0^{T_k} i_k^2(t)\mathrm{d}t - n = \frac{2}{T_k} \int_0^{T_k} \left(-\cos\omega t + \mathrm{e}^{-\frac{t}{T_{gN}}} \right)^2 \mathrm{d}t - 1 \tag{15.176a}$$

Nach Durchführung der Integration in den Grenzen zwischen 0 und T_k findet man:

$$\begin{aligned} m = {} & \frac{T_{gN}}{T_k}\left(1 - \mathrm{e}^{-\frac{2T_k}{T_{gN}}}\right) + \frac{1}{2\omega T_k}\sin 2\omega T_k \\ & - \frac{4}{T_k T_{gN}\left(\dfrac{1}{T_{gN}^2} + \omega^2\right)}\left[1 + \mathrm{e}^{-\frac{T_k}{T_{gN}}}(T_{gN}\omega \sin\omega T_k - \cos\omega T_k)\right] \end{aligned} \tag{15.176b}$$

In [15.65] wird angegeben, dass man die Glieder, die $\sin\omega T_k$ und $\cos\omega T_k$ enthalten, vernachlässigen kann, weil sie nur wenig zur thermischen Wirkung beitragen. Ähnlich wurde bereits in [15.5] argumentiert. Der Faktor m in [N15.1, 4.8 und Anhang A] wird deshalb ausgehend vom ersten Glied in Gl. (15.176b) berechnet mit T_{gN} nach Gl. (15.175), wenn auch in numerisch vereinfachter Form, wie im letzten Teil der folgenden Gleichung angegeben:

$$\begin{aligned} m_{IEC} & = \frac{T_{gN}}{T_k}\left(1 - \mathrm{e}^{-\frac{2T_k}{T_{gN}}}\right) = \frac{3}{\omega T_k \cdot \ln\left(\dfrac{\kappa - 1{,}02}{0{,}98}\right)}\left(\mathrm{e}^{+\frac{2\omega T_k}{3}\ln\left(\frac{\kappa-1{,}02}{0{,}98}\right)} - 1\right) \\ & \approx \frac{1}{2f\,T_k \ln(\kappa - 1)}\left(\mathrm{e}^{+4f\,T_k \ln(\kappa-1)} - 1\right) \end{aligned} \tag{15.177}$$

Bild 15.58 zeigt den Faktor m nach Gl. (15.176b) für $T_k = (0{,}01 \ldots 10)$s bei $\kappa =$ 1,8 und bei $\kappa = 1{,}2$ im Vergleich zu m_{IEC} nach Gl. (15.177) und als jeweils dritte

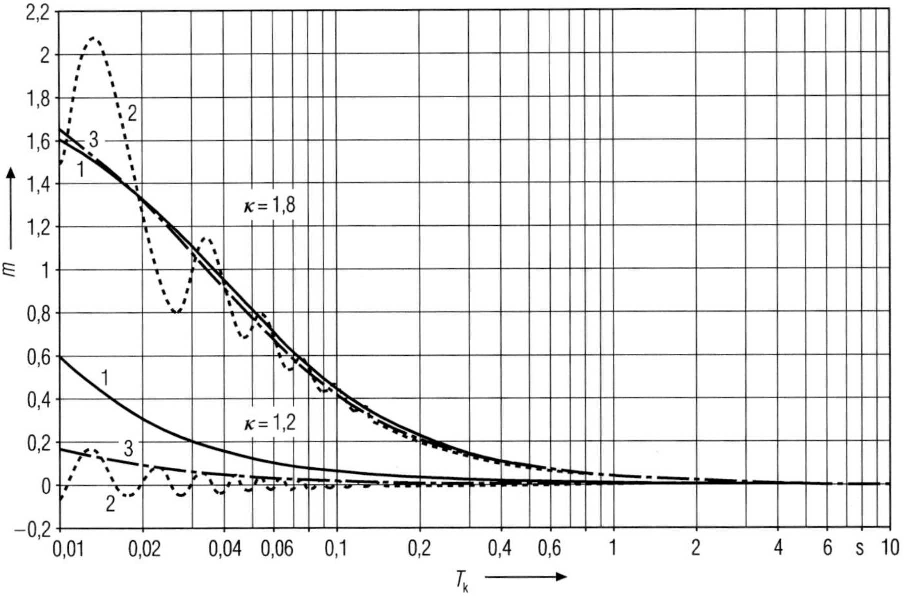

Bild 15.58. Faktoren m für $\kappa = 1{,}8$ und $\kappa = 1{,}2$ (Beispiele, siehe auch Bild 15.59). *1* m_{IEC} nach Gl. (15.177) [N15.2]; *2* m nach Gl. (15.176b); *3* m_a nach Gl. (15.178), Näherung für m

Kurve eine Näherung für m, die mit m_a (Index a für Approximation) bezeichnet wird nach Gl. (15.178):

$$m_a = \frac{T_{gN}}{T_k}\left(1 - e^{-\frac{2T_k}{T_{gN}}}\right) + \frac{1}{2\omega T_k} - \frac{4}{T_k T_{gN}\left(\frac{1}{T_{gN}^2} + \omega^2\right)} \tag{15.178}$$

Bei hohen Werten κ ($\kappa = 1{,}8$ in Bild 15.58) wird insbesondere durch das dritte Glied in Gl. (15.176b) dem ersten Glied eine sich sinusförmig ändernde Schwingung überlagert, deren Amplitude mit steigender Kurzschlussdauer T_k schnell abnimmt. Die Werte für m_a unterscheiden sich hier nur wenig von m_{IEC}.

Bei kleinen Werten κ ($\kappa = 1{,}2$ in Bild 15.58) liegen die Ergebnisse für m nach Gl. (15.176b) merklich niedriger als die Ergebnisse für m_{IEC} nach Gl. (15.177). Die Ergebnisse für m_a nach Gl. (15.178) decken hier die Ergebnisse für m ab, liegen also auf der konservativen Seite, auch wenn sie niedriger als die Werte für m_{IEC} sind. Bei $\kappa = 1{,}1$ ergibt sich $m_a \approx 0$ (siehe Bild 15.59).

Bei generatorfernem Kurzschluss mit $n = 1$ in Niederspannungsnetzen mit niedrigen Werten κ wird die thermische Wirkung des Gleichstromgliedes mit m_{IEC} eher zu groß berechnet; bei hohen Werten κ liefert m_{IEC} dagegen eher zu kleine Ergebnisse, wobei diese Aussagen sich auf kleine Kurzschlussdauern unter $T_k = 0{,}1$ s beziehen. Die Grenze zwischen diesen beiden Bereichen liegt etwa bei $\kappa = 1{,}7$.

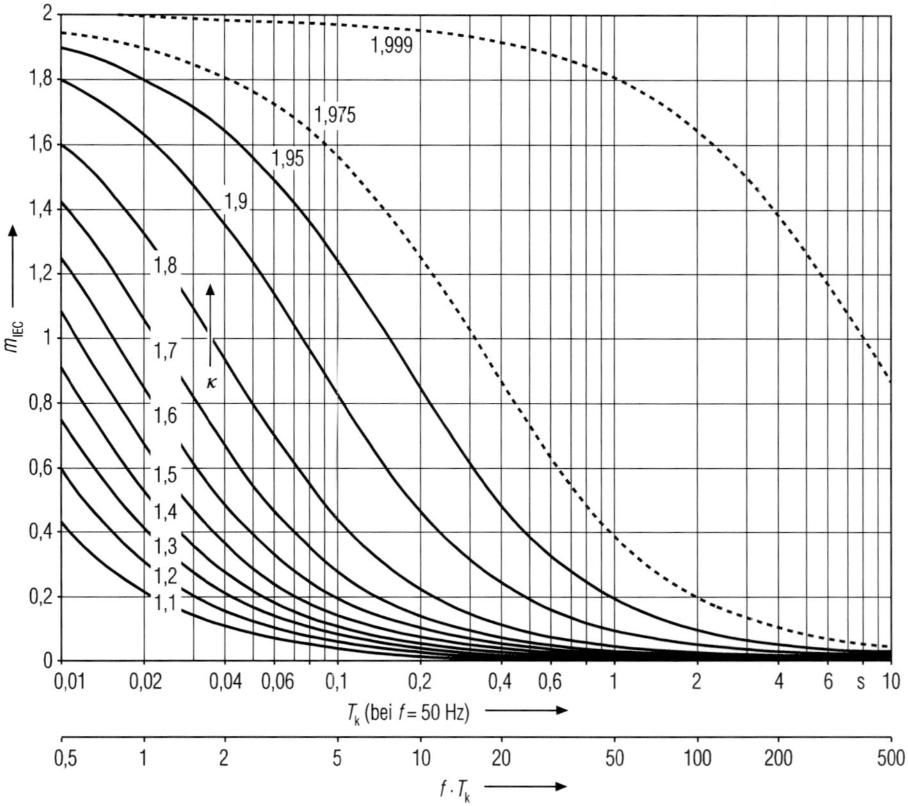

Bild 15.59. Faktor m_{IEC} nach Gl. (15.177), mittlerer Teil, für die thermische Wirkung des Gleichstromanteils im Kurzschlussstrom (vergl. Bild 15.58 für $\kappa = 1{,}8$ und $\kappa = 1{,}2$)

Bild 15.59 zeigt den Faktor m_{IEC} nach Gl. (15.177) [N15.1, Anhang A].

Im Bild 15.60 sind die Abweichungen Δm_{IEC} des Faktors m_{IEC} nach Gl. (15.177) von m_{a} nach Gl. (15.178) angegeben:

$$\Delta m_{\mathrm{IEC}} = \frac{m_{\mathrm{IEC}} - m_{\mathrm{a}}}{m_{\mathrm{a}}} \cdot 100\% \tag{15.179}$$

Man erkennt sehr deutlich, dass die Abweichungen Δm_{IEC} für kleine Werte κ eine Rolle spielen.

Nachdem m bekannt ist, wird n ausgehend von Gl. (15.172a) wie folgt berechnet bei $\omega = \omega_{\mathrm{r}}$:

$$n = \frac{1}{I_{\mathrm{k}}''^{2} T_{\mathrm{k}}} \int_{0}^{T_{\mathrm{k}}} i_{\mathrm{k}}^{2}(t)\, \mathrm{d}t - m \tag{15.180a}$$

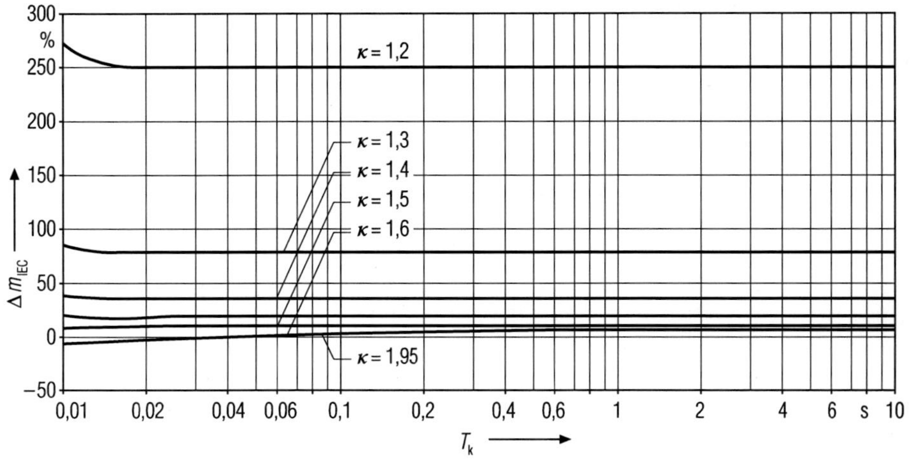

Bild 15.60. Abweichungen Δm_{IEC} nach Gl. (15.179) für $\kappa = 1{,}2$ bis 1,95 abhängig von T_k

$$n = \frac{1}{(I_k''/I_k)^2} \cdot \frac{2}{I_k^2 T_k} \cdot \int_0^{T_k} \left\{ \left[(I_k'' - I_k')\, e^{-\frac{t}{T_{dN}''}} + (I_k' - I_k)\, e^{-\frac{t}{T_{dN}'}} + I_k \right] \cos\omega t - I_k''\, e^{-\frac{t}{T_{gN}}} \right\}^2 dt - m \tag{15.180b}$$

$$n = \frac{1}{(I_k''/I_k)^2} \left[\begin{aligned} &1 + \left(\frac{I_k''}{I_k} - \frac{I_k'}{I_k}\right)^2 \cdot \frac{T_{dN}''}{2T_k}\left(1 - e^{-\frac{2T_k}{T_{dN}''}}\right) + \left(\frac{I_k'}{I_k} - 1\right)^2 \cdot \frac{T_{dN}'}{2T_k}\left(1 - e^{-\frac{2T_k}{T_{dN}'}}\right) \\ &+ \left(\frac{I_k''}{I_k} - \frac{I_k'}{I_k}\right) \cdot \frac{2T_{dN}''}{T_k}\left(1 - e^{-\frac{T_k}{T_{dN}''}}\right) + \left(\frac{I_k'}{I_k} - 1\right) \cdot \frac{2T_{dN}'}{T_k}\left(1 - e^{-\frac{T_k}{T_{dN}'}}\right) \\ &+ \left(\frac{I_k''}{I_k} - \frac{I_k'}{I_k}\right)\left(\frac{I_k'}{I_k} - 1\right) \cdot \frac{2T_{SN}}{T_k}\left(1 - e^{-\frac{T_k}{T_{SN}}}\right) + \left(\frac{I_k''}{I_k}\right)^2 \cdot \frac{T_{gN}}{T_k}\left(1 - e^{-\frac{2T_k}{T_{gN}}}\right) \end{aligned} \right] - m

$$
\frac{1}{\ldots{}''_{\mathrm{k}}/I_{\mathrm{k}})^2}
\left[
\begin{aligned}
&\left(\frac{I''_{\mathrm{k}}}{I_{\mathrm{k}}}-\frac{I'_{\mathrm{k}}}{I_{\mathrm{k}}}\right)^2\cdot\frac{2}{T_{\mathrm{k}}T''_{\mathrm{dN}}}\cdot\frac{1}{\left(\frac{2}{T''_{\mathrm{dN}}}\right)^2+(2\omega)^2}\left(1+\mathrm{e}^{-\frac{2T_{\mathrm{k}}}{T''_{\mathrm{dN}}}}(\omega T''_{\mathrm{dN}}\sin 2\omega T_{\mathrm{k}}-\cos 2\omega T_{\mathrm{k}})\right)\\
&+\left(\frac{I'_{\mathrm{k}}}{I_{\mathrm{k}}}-1\right)^2\cdot\frac{2}{T_{\mathrm{k}}T'_{\mathrm{dN}}}\cdot\frac{1}{\left(\frac{2}{T'_{\mathrm{dN}}}\right)^2+(2\omega)^2}\left(1+\mathrm{e}^{-\frac{2T_{\mathrm{k}}}{T'_{\mathrm{dN}}}}(\omega T'_{\mathrm{dN}}\sin 2\omega T_{\mathrm{k}}-\cos 2\omega T_{\mathrm{k}})\right)\\
&+\left(\frac{I''_{\mathrm{k}}}{I_{\mathrm{k}}}-\frac{I'_{\mathrm{k}}}{I_{\mathrm{k}}}\right)\cdot\frac{2}{T_{\mathrm{k}}T''_{\mathrm{dN}}}\cdot\frac{1}{\left(\frac{1}{T''_{\mathrm{dN}}}\right)^2+(2\omega)^2}\left(1+\mathrm{e}^{-\frac{T_{\mathrm{k}}}{T''_{\mathrm{dN}}}}(2\omega T''_{\mathrm{dN}}\sin 2\omega T_{\mathrm{k}}-\cos 2\omega T_{\mathrm{k}})\right)\\
&+\left(\frac{I'_{\mathrm{k}}}{I_{\mathrm{k}}}-1\right)\cdot\frac{2}{T_{\mathrm{k}}T'_{\mathrm{dN}}}\cdot\frac{1}{\left(\frac{1}{T'_{\mathrm{dN}}}\right)^2+(2\omega)^2}\left(1+\mathrm{e}^{-\frac{T_{\mathrm{k}}}{T'_{\mathrm{dN}}}}(2\omega T'_{\mathrm{dN}}\sin 2\omega T_{\mathrm{k}}-\cos 2\omega T_{\mathrm{k}})\right)\\
&+\left(\frac{I''_{\mathrm{k}}}{I_{\mathrm{k}}}-\frac{I'_{\mathrm{k}}}{I_{\mathrm{k}}}\right)\left(\frac{I'_{\mathrm{k}}}{I_{\mathrm{k}}}-1\right)\cdot\frac{2}{T_{\mathrm{k}}T_{\mathrm{SN}}}\cdot\frac{1}{\left(\frac{1}{T_{\mathrm{SN}}}\right)^2+\left(2\omega\right)^2}\left(1+\mathrm{e}^{-\frac{T_{\mathrm{k}}}{T_{\mathrm{SN}}}}(2\omega T_{\mathrm{SN}}\sin 2\omega T_{\mathrm{k}}-\cos 2\omega T_{\mathrm{k}})\right)\\
&-\left(\frac{I''_{\mathrm{k}}}{I_{\mathrm{k}}}-\frac{I'_{\mathrm{k}}}{I_{\mathrm{k}}}\right)\frac{I''_{\mathrm{k}}}{I_{\mathrm{k}}}\cdot\frac{4}{T_{\mathrm{k}}T''_{\mathrm{gN}}}\cdot\frac{1}{\left(\frac{1}{T''_{\mathrm{gN}}}\right)^2+\left(\omega\right)^2}\left(1+\mathrm{e}^{-\frac{T_{\mathrm{k}}}{T''_{\mathrm{gN}}}}(\omega T''_{\mathrm{gN}}\sin 2\omega T_{\mathrm{k}}-\cos 2\omega T_{\mathrm{k}})\right)\\
&-\left(\frac{I'_{\mathrm{k}}}{I_{\mathrm{k}}}-1\right)\frac{I''_{\mathrm{k}}}{I_{\mathrm{k}}}\cdot\frac{4}{T_{\mathrm{k}}T'_{\mathrm{gN}}}\cdot\frac{1}{\left(\frac{1}{T'_{\mathrm{gN}}}\right)^2+(\omega)^2}\left(1+\mathrm{e}^{-\frac{T_{\mathrm{k}}}{T'_{\mathrm{gN}}}}(\omega T'_{\mathrm{gN}}\sin 2\omega T_{\mathrm{k}}-\cos 2\omega T_{\mathrm{k}})\right)\\
&\left(1-\frac{I''_{\mathrm{k}}}{I_{\mathrm{k}}}\right)\cdot\frac{4}{T_{\mathrm{k}}T_{\mathrm{gN}}}\cdot\frac{1}{\left(\frac{1}{T_{\mathrm{gN}}}\right)^2+(\omega)^2}\left(1+\mathrm{e}^{-\frac{T_{\mathrm{k}}}{T_{\mathrm{gN}}}}(\omega T_{\mathrm{gN}}\sin 2\omega T_{\mathrm{k}}-\cos 2\omega T_{\mathrm{k}})\right)
\end{aligned}
\right]
\tag{15.180 c}
$$

Dabei sind:

$$
\frac{1}{T_{\mathrm{SN}}}=\frac{1}{T''_{\mathrm{dN}}}+\frac{1}{T'_{\mathrm{dN}}};\quad \frac{1}{T''_{\mathrm{gN}}}=\frac{1}{T''_{\mathrm{dN}}}+\frac{1}{T_{\mathrm{gN}}};\quad \frac{1}{T'_{\mathrm{gN}}}=\frac{1}{T'_{\mathrm{dN}}}+\frac{1}{T_{\mathrm{gN}}}
$$

Der erste Teil der Gl. (15.180c) stellt die Grundlage dar für den in IEC [N15.1, Anhang A] verwendeten Faktor n, der hier deshalb mit n_{IEC} bezeichnet werden soll. Führt man $m = m_{\mathrm{IEC}}$ nach Gl. (15.177) in diesen ersten Teil ein, so erkennt man, dass m_{IEC} gerade dem letzten Glied des ersten Teils der Gl. (15.180) entspricht.

Zur Ermittlung von n_{IEC} wurde nach [15.5] $T''_{\mathrm{dN}} = 0{,}1 \cdot T'_{\mathrm{dN}}$ eingesetzt und damit ergibt sich dann auch $T_{\mathrm{SN}} = (1/11)\, T'_{\mathrm{dN}}$. Der erste Teil der Gl. (15.180c) mit $m = m_{\mathrm{IEC}}$ nach Gl. (15.177) wird:

$$n_{\mathrm{IEC}} = \frac{1}{(I''_{\mathrm{k}}/I_{\mathrm{k}})^2} \left[\begin{array}{l} 1 + \dfrac{T'_{\mathrm{dN}}}{20\,T_{\mathrm{k}}}\left(1 - \mathrm{e}^{-\frac{20 T_{\mathrm{k}}}{T'_{\mathrm{dN}}}}\right)\left(\dfrac{I''_{\mathrm{k}}}{I_{\mathrm{k}}} - \dfrac{I'_{\mathrm{k}}}{I_{\mathrm{k}}}\right)^2 + \dfrac{T'_{\mathrm{dN}}}{2\,T_{\mathrm{k}}}\left(1 - \mathrm{e}^{-\frac{2 T_{\mathrm{k}}}{T'_{\mathrm{dN}}}}\right)\left(\dfrac{I'_{\mathrm{k}}}{I_{\mathrm{k}}} - 1\right)^2 \\ + \dfrac{T'_{\mathrm{dN}}}{5\,T_{\mathrm{k}}}\left(1 - \mathrm{e}^{-\frac{10 T_{\mathrm{k}}}{T'_{\mathrm{dN}}}}\right)\left(\dfrac{I''_{\mathrm{k}}}{I_{\mathrm{k}}} - \dfrac{I'_{\mathrm{k}}}{I_{\mathrm{k}}}\right) + \dfrac{2\,T'_{\mathrm{dN}}}{T_{\mathrm{k}}}\left(1 - \mathrm{e}^{-\frac{T_{\mathrm{k}}}{T'_{\mathrm{dN}}}}\right)\left(\dfrac{I'_{\mathrm{k}}}{I_{\mathrm{k}}} - 1\right) \\ + \dfrac{T'_{\mathrm{dN}}}{5{,}5\,T_{\mathrm{k}}}\left(1 - \mathrm{e}^{-\frac{11 T_{\mathrm{k}}}{T'_{\mathrm{dN}}}}\right)\left(\dfrac{I''_{\mathrm{k}}}{I_{\mathrm{k}}} - \dfrac{I'_{\mathrm{k}}}{I_{\mathrm{k}}}\right)\left(\dfrac{I'_{\mathrm{k}}}{I_{\mathrm{k}}} - 1\right) \end{array} \right] \tag{15.181}$$

Bild 15.61 zeigt das Ergebnis für n_{IEC} nach Gl. (15.181) abhängig von T_{k} bei Verhältnissen $I''_{\mathrm{k}}/I_{\mathrm{k}} = 1{,}25 \ldots 10$ [N15.1]. Die angegebenen Kurven sind unabhängig von κ, weil T_{gN} nicht mehr vorkommt nachdem m_{IEC} eingeführt wurde. Bei $I''_{\mathrm{k}}/I_{\mathrm{k}} = I'_{\mathrm{k}}/I_{\mathrm{k}} = 1$, also bei generatorfernem Kurzschluss, setzt man $n_{\mathrm{IEC}} = 1$. Wäre ein Kurzschluss ohne Gleichstromanteil in allen drei Leitern des Drehstromnetzes möglich, so würde man $n = 1$ und $m = 0$ setzen können und erhielte nach Gl. (15.173 a): $I_{\mathrm{th}} = I''_{\mathrm{k}}$.

Bei der Darstellung im Bild 15.61 für n_{IEC} wurde

$$\frac{I'_{\mathrm{k}}}{I_{\mathrm{k}}} = \frac{I''_{\mathrm{k}}/I_{\mathrm{k}}}{0{,}88 + 0{,}17(I''_{\mathrm{k}}/I_{\mathrm{k}})} \tag{15.182}$$

und

$$T'_{\mathrm{dN}} = \frac{3{,}1\,\mathrm{s}}{I'_{\mathrm{k}}/I_{\mathrm{k}}} \tag{15.183}$$

nach [N15.1] verwendet, um so eine alleinige Abhängigkeit von $I''_{\mathrm{k}}/I_{\mathrm{k}}$ zu erreichen. Die Ergebnisse gelten natürlich nur für den einen in [15.67] zugrunde gelegten Modellgenerator mit den folgenden Daten:

$x''_{\mathrm{d}} = 0{,}225$; $x'_{\mathrm{d}} = 0{,}34 \approx 1{,}5 \cdot x''_{\mathrm{d}}$; $x_{\mathrm{d}} = 2{,}35$; $T'_{\mathrm{d0}} = 10\,\mathrm{s}$ (Daraus ergibt sich dann T'_{dN} nach Gl. (15.4); $\cos\varphi_{\mathrm{rG}} = 0{,}8$; $u_{\mathrm{fmax}} = U_{\mathrm{fmax}}/U_{\mathrm{fr}} = 1{,}3$.

Für die Berechnung der Ströme I''_{k}, I'_{k} und I_{k} werden die folgenden Gleichungen verwendet, wenn X_{N} zwischen den Klemmen des Synchrongenerators und

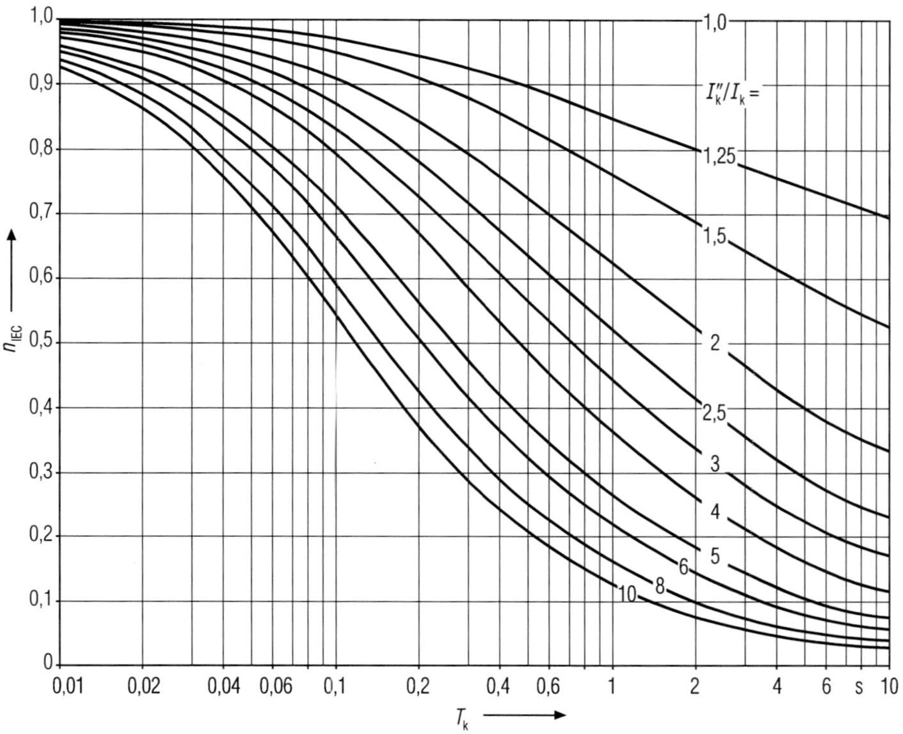

Bild 15.61. Faktor n_{IEC} nach Gl. (15.181) [N15.1, Anhang A] für den Modellgenerator [N15.2, Tabelle 4] mit den im Text angegebenen Daten; I'_k/I_k nach Gl. (15.182) und T'_{dN} nach Gl. (15.183)

der Kurzschlussstelle liegt:

$$I''_k \approx \frac{U''}{X''_d + X_N} \tag{15.184a}$$

$$I'_k \approx \frac{U'}{X'_d + X_N} \tag{15.184b}$$

$$I_k \approx \frac{U_P}{X_d + X_N} \tag{15.184c}$$

Die Spannungen können ersetzt werden durch:

$$U'' = (U_{rG} / \sqrt{3}) \sqrt{1 + 2x''_d \sin\varphi_{rG} + x''^2_d} \tag{15.185a}$$

$$U' = (U_{rG} / \sqrt{3}) \sqrt{1 + 2x'_d \sin\varphi_{rG} + x'^2_d} \tag{15.185b}$$

$$U_P = u_{f\,max}(U_{rG} / \sqrt{3}) \sqrt{1 + 2x_d \sin\varphi_{rG} + x^2_d} \tag{15.185c}$$

Man erhält:

$$\frac{I'_k}{I_k} = \frac{I''_k / I_k}{\frac{U''}{U'} \cdot \frac{x_d - x'_d}{x_d - x''_d} + \frac{U_P}{U'} \cdot \frac{x'_d - x''_d}{x_d - x''_d} (I''_k / I_k)} \tag{15.186a}$$

und mit den Daten des Modellgenerators:

$$\frac{I'_k}{I_k} = \frac{I''_k / I_k}{0{,}88 + u_{f\max} \cdot 0{,}134 \cdot (I''_k / I_k)} \tag{15.186b}$$

Mit $u_{f\max} = 1{,}3$ ergibt sich Gl. (15.182). Ausgehend von Gl. (15.4) findet man mit Hilfe der Gln. (15.184b) und (15.184c):

$$T'_{dN} = T'_{d0} \frac{x'_d + x_N}{x_d + x_N} = T'_{d0} \frac{U' / U_P}{I'_k / I_k} \tag{15.187a}$$

Mit den Daten des Modellgenerators wird:

$$T'_{dN} = \frac{4{,}04\,\mathrm{s}}{u_{f\max} (I'_k / I_k)} \tag{15.187b}$$

Für $u_{f\max} = 1{,}3$ ergibt sich dann Gl. (15.183).

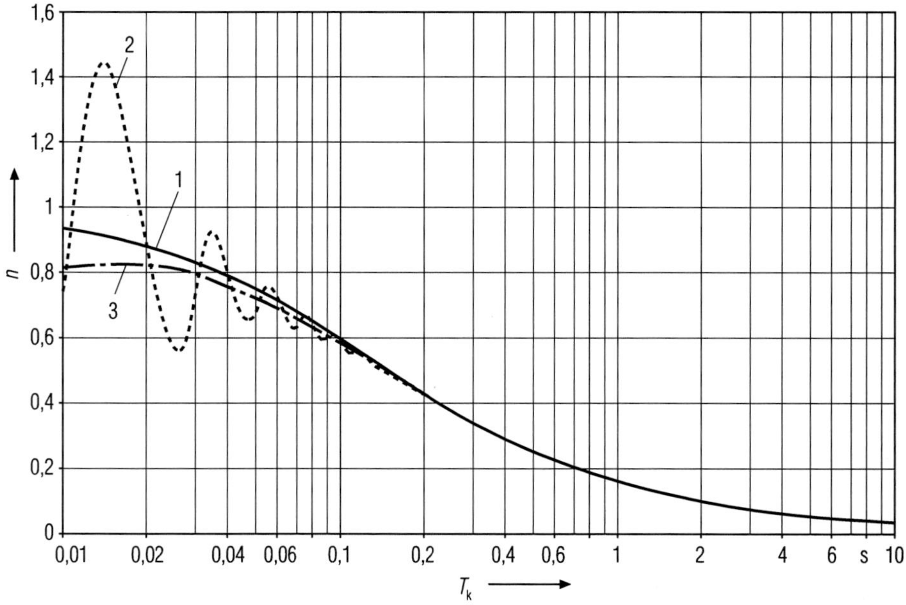

Bild 15.62. Faktoren n für $I''_k/I_k = 8$ bei $\kappa = 1{,}8$ und für den Modellgenerator (siehe Text). *1* n_{IEC} nach Gl. (15.181); *2* n nach Gl. (15.180c); *3* n_a nach Gl. (15.188)

Das Integrationergebnis nach Gl. (15.180) bei Berücksichtigung aller Glieder ist von T_{gN} und damit von κ abhängig, wobei diese Abhängigkeit erwartungsgemäß besonders für kleine Werte T_k im Bereich von 0,01 s bis ≈ 0,1 s gilt.

Bild 15.62 zeigt n_{IEC} nach Gl. (15.181), n nach Gl. (15.180c) und n_a nach Gl. (15.188), als eine Näherung für n, für das Beispiel $I''_k/I_k = 8$ bei $\kappa = 1{,}8$ und den Daten des Modellgenerators.

Im letzten Glied der Gl. (15.188) wurde das letzte Glied der Gl. (15.176b) für m berücksichtigt, siehe Gl. (15.180) letzter Teil.

$$n_a = n_{IEC} + \frac{1}{(I''_k / I_k)^2} \cdot \left[\left(\frac{I''_k}{I'_k} - \frac{I'_k}{I_k}\right)^2 \frac{2}{T_k T''_{dN}} \cdot \frac{1}{\left(\frac{2}{T''_{dN}}\right)^2 + (2\omega)^2} + \left(\frac{I'_k}{I_k} - 1\right)^2 \frac{2}{T_k T'_{dN}} \cdot \frac{1}{\left(\frac{2}{T'_{dN}}\right)^2 + (2\omega)^2} \right.$$
$$+ \left(\frac{I''_k}{I'_k} - \frac{I'_k}{I_k}\right) \frac{2}{T_k T''_{dN}} \cdot \frac{1}{\left(\frac{1}{T''_{dN}}\right)^2 + (2\omega)^2} + \left(\frac{I'_k}{I_k} - 1\right) \frac{2}{T_k T'_{dN}} \cdot \frac{1}{\left(\frac{1}{T'_{dN}}\right)^2 + (2\omega)^2}$$
$$+ \left(\frac{I''_k}{I'_k} - \frac{I'_k}{I_k}\right)\left(\frac{I'_k}{I_k} - 1\right) \frac{2}{T_k T_{SN}} \cdot \frac{1}{\left(\frac{1}{T_{SN}}\right)^2 + (2\omega)^2}$$
$$- \left(\frac{I''_k}{I'_k} - \frac{I'_k}{I_k}\right) \frac{I''_k}{I_k} \cdot \frac{4}{T_k T''_{gN}} \cdot \frac{1}{\left(\frac{1}{T''_{gN}}\right)^2 + \omega^2} - \left(\frac{I'_k}{I_k} - 1\right) \frac{I''_k}{I_k} \cdot \frac{4}{T_k T'_{gN}} \cdot \frac{1}{\left(\frac{1}{T'_{gN}}\right)^2 + \omega^2}$$
$$\left. - \left(\frac{I''_k}{I'_k} - 1\right) \cdot \frac{4}{T_k T_{gN}} \cdot \frac{1}{\left(\frac{1}{T_{gN}}\right)^2 + \omega^2} \right] \tag{15.188}$$

Aus dem Bild 15.63 erkennt man die Abweichung von n_{IEC} nach Gl. (15.189) bezogen auf n_a nach Gl. (15.188):

$$\Delta n_{IEC} = \frac{n_{IEC} - n_a}{n_a} \cdot 100\% \tag{15.189}$$

Bei kleinen Werten κ und geringen Kurzschlussdauern $T_k < 0{,}1$ s treten positive Abweichungen Δn_{IEC} auf. Die Berechnung nach IEC für die thermische Wirkung des Wechselstromanteils im Kurzschlussstrom liefert somit ins-

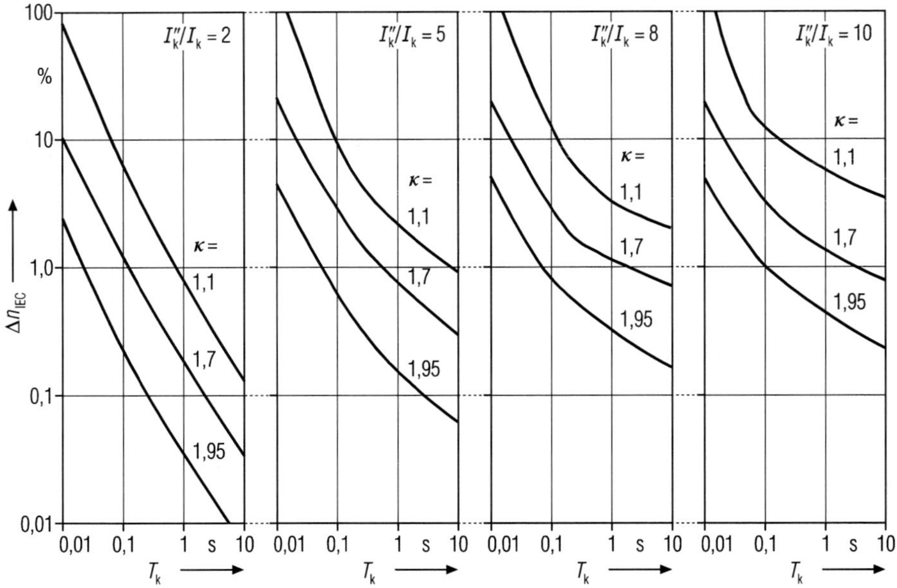

Bild 15.63. Abweichungen Δn_{IEC} nach Gl. (15.189) für $I''_k/I_k = 1{,}5 \ldots 10$ für Stoßfaktoren $\kappa = 1{,}1$; 1,7 und 1,95 (siehe auch die Bilder 15.61 und 15.62)

besondere bei großen Verhältnissen I''_k/I_k Ergebnisse auf der konservativen Seite.

Die Faktoren m und n treten nach den Gln. (15.172) und (15.173) immer gemeinsam auf. Ausgehend von Gl. (15.173 a) für den thermisch gleichwertigen Kurzschlussstrom findet man:

$$\Delta(I_{th} / I''_k)_{IEC} = \frac{I_{thIEC} / I''_k - I_{tha} / I''_k}{I_{tha} / I''_k} \cdot 100\% = \frac{\sqrt{m_{IEC} + n_{IEC}} - \sqrt{m_a + n_a}}{\sqrt{m_a + n_a}} \cdot 100\% \tag{15.190}$$

Die zum Teil erheblichen Abweichungen Δn_{IEC} nach Bild 15.63 wirken sich auch auf $\Delta(I_{th}/I''_k)_{IEC}$ nach Bild 15.64 aus. Dies trifft auch zu, wenn bei generatorfernem Kurzschluss $n = 1$ gesetzt wird. Bild 15.64 zeigt, dass die Abweichungen nach Gl. (15.190) bis auf den Fall sehr hoher Werte κ im positiven Bereich bleiben und bei kleinen Werten κ groß werden. Dies gilt auch bei $n = 1$ für den generatorfernen Kurzschluss mit $I''_k/I_k = 1$, wenn auch in geringerem Maße als im Bild 15.64 dargestellt.

Im Anhang A.22 wird die Berechnung von m, n und I_{th}/I''_k für ein einfaches Netz an verschiedenen Kurzschlussorten gezeigt bei Generatordaten, die von den Daten des Modellgenerators abweichen. Die Ergebnisse werden auch mit Ergebnissen nach IEC [N15.1] verglichen.

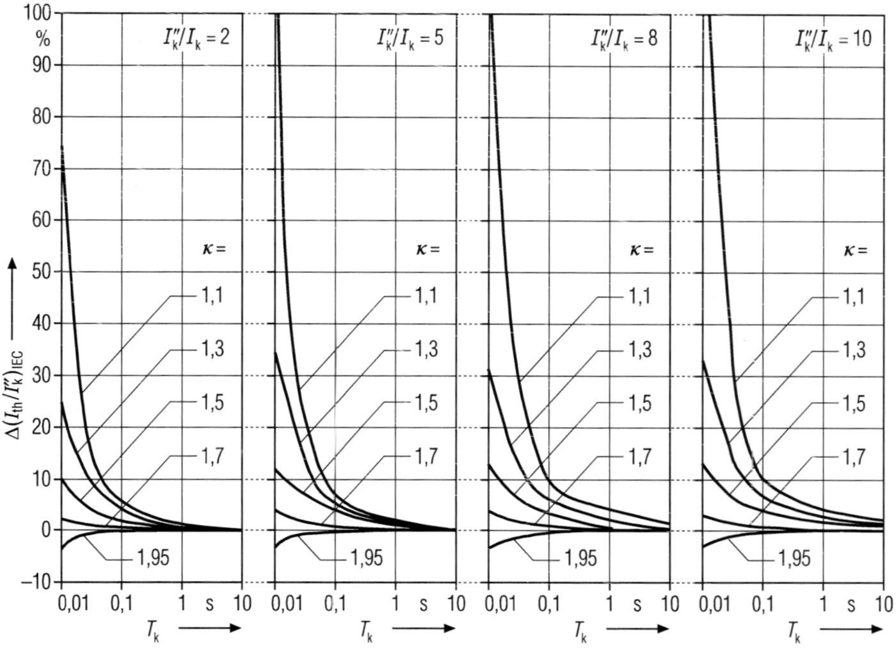

Bild 15.64. Abweichungen $\Delta(I_{th}/I''_k)_{IEC}$ nach Gl. (15.190) für ausgewählte Werte I''_k/I_k und κ

Bei der Berechnung von I_{th}/I''_k in einem vermaschten Netz, in dem mehrere Generatoren mit unterschiedlichen Daten (Turbo- und Wasserkraftgeneratoren) zum Kurzschlussstrom beitragen, berechnet man den Faktor m in guter Näherung (weil das Abklingen des Gleichstromanteils im Kurzschlussstrom im Allgemeinen von mehreren Gleichstromzeitkonstanten bestimmt wird) nach Gl. (15.177) abhängig von κ an der Kurzschlussstelle. In vermaschten Netzen wird auch bei generatornahem Kurzschluss $I_{kmax} = I''_{kmaxM}$ gesetzt (Tabelle 15.14, Gl. (15.136)) und damit dann $I''_k/I_k = 1$ und $n = 1$ (Bild 15.61). Auf diese Weise erhält man Ergebnisse für I_{th}/I''_k, die in jedem Falle auf der sicheren Seite liegen. Bild 15.65 enthält $I_{th}/I''_k = \sqrt{m+1}$, abhängig von T_k mit dem Parameter κ, für Kurzschlüsse in vermaschten Netzen mit mehreren Generatoreinspeisungen bei generatorfernem und generatornahem Kurzschluss.

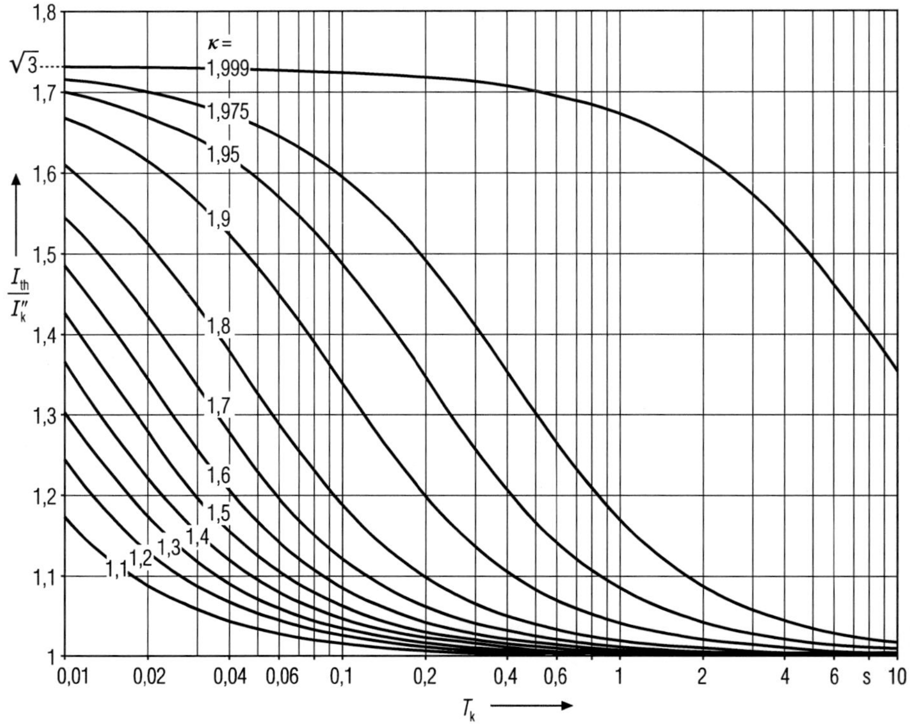

Bild 15.65. Thermisch gleichwertiger Kurzschlussstrom I_{th} bezogen auf den Anfangs-Kurzschlusswechselstrom I''_k ($I_{th}/I''_k = \sqrt{m+1}$) in vermaschten Netzen mit mehreren unterschiedlichen Generatoren bei generatorfernem und auch bei generatornahem Kurzschluss ($I''_k/I_k = 1$ und $n = 1$)

15.6 Berechnung der Kurzschlussströme im per-unit- oder im %/MVA-System

15.6.1 Physikalische, relative und semirelative Größen

Die Berechnung der Kurzschlussströme wird in der Praxis meist mit physikalischen Größen durchgeführt. Als Einheiten werden dabei praktischerweise kV, kA, Ω und MVA in Hochspannungsnetzen oder V, kA, mΩ und kVA in Niederspannungsnetzen verwendet. Die Gleichungen sind Größengleichungen und somit invariant gegen über einem Wechsel in den Einheiten.

Daneben werden insbesondere in angelsächsischen Ländern Maschinen- und Netzberechnungen auch mit relativen Größen des per-unit-System durchgeführt. Das p. u.-System wird häufig im Zusammenhang mit Betrachtungen für Synchronmaschinen verwendet. Zum Beispiel werden die Reaktanzen der

Synchronmaschine x''_{d}, x'_{d}, x_{d} und x_{q} vom Hersteller in p.u. oder in % (p.u.-Größe multipliziert mit 100%) angegeben (Tabelle A.4).

Im deutschsprachigen Raum werden Netzberechnungen teilweise auch mit semirelativen Größen des %/MVA-Systems vorgenommen [15.13]. Berechnungen mit Größen des %/MVA-Systems eignen sich besonders gut für eine rasche überschlägige Berechnung der Anfangs-Kurzschlusswechselstromleistung $S''_{\mathrm{k}} = \sqrt{3}U_{\mathrm{n}}I''_{\mathrm{k}}$. Impedanzen (Reaktanzen) der Betriebsmittel lassen sich dabei häufig leicht in %/MVA angeben.

Versteht man unter einer physikalischen Größe messbare Eigenschaften physikalischer Objekte, Vorgänge oder Zustände, von denen physikalisch sinnvoll Summen und Differenzen gebildet werden können, so gilt als Rechenvorschrift:

$$\text{Größe} = \text{Zahlenwert} \cdot \text{Einheit} \tag{15.191}$$

Als Beispiel kann man schreiben: $U = \{U_{\mathrm{V}}\} \cdot \mathrm{V}$, wobei die geschweifte Klammer den Zahlenwert kennzeichnet und der Index auf die Einheit hinweisen soll. Als relative Größe versteht man dann den Quotienten zweier gleichartiger physikalischer Größen. Die Einheit einer relativen Größe ist damit definitionsgemäß gleich Eins (1), weil die Gleichartigkeit voraussetzt, dass die beiden physikalischen Größen mit gleicher Einheit angegeben werden. Die im Nenner stehende Größe wird als Bezugsgröße bezeichnet und erhält den Index Bez:

$$\text{Relative Größe} = \frac{\text{Größe}}{\text{Bezugsgröße}} \tag{15.192}$$

Als Beispiel für eine relative Spannung läßt sich schreiben: $u = U/U_{\mathrm{Bez}} = \{U_{\mathrm{V}}\} \cdot \mathrm{V}/\{U_{\mathrm{BezV}}\} \cdot \mathrm{V}$.

Bei Netzberechnungen im eingeschwungenen Zustand benötigt man zur Kennzeichnung der physikalischen Zusammenhänge vier Größen (Grundgrößen). Gewählt werden meist die Spannung U, der Strom I, die Impedanz Z und die Scheinleistung S in den physikalischen Einheiten V, A, Ω und VA. Diese Größen sind über das ohmsche Gesetz ($Z = U/I$) und die Leistungsgleichung ($S = UI$ oder $S = \sqrt{3}UI$ bei Drehstrom) gekoppelt, so dass man zur Bildung relativer Größen (p.u.-Größen) nur zwei Bezugsgrößen frei wählen kann. Meist werden U_{Bez} und S_{Bez} gewählt. Für die bezogenen Größen (p.u.-Größen) werden U_*, I_*, Z_* und S_* eingeführt.

Bei einem System semirelativer Größen wie dem %/MVA-System wird von den zwei frei wählbaren Bezugsgrößen nur *eine* gewählt (hier nur die Bezugsspannung U_{Bez}). In den Definitionsgleichungen für die semirelativen Größen tritt deshalb nur die Spannug U_{Bez} auf. Beim %/MVA-System wird dazu noch das %-Zeichen *formal* als Einheit benutzt, um so zu erreichen, dass alle vier semirelativen Größen des %/MVA-Systems ${}^*U$, ${}^*I$, ${}^*Z$ und ${}^*S$ unter sich und von 1 verschiedene Einheiten haben und man so bei Berechnungen eine Einheitenkontrolle vornehmen kann [15.13].

Bei Netzberechnungen bietet es sich häufig an, $U_{\mathrm{Bez}} = U_{\mathrm{n}}$ zu wählen und z.B. $S_{\mathrm{Bez}} = 100$ MVA. Bei der Behandlung elektrischer Maschinen dagegen kann es vorteilhaft sein $U_{\mathrm{Bez}} = U_{\mathrm{r}}$ und $S_{\mathrm{Bez}} = S_{\mathrm{r}}$ zu wählen.

15.6.2 Definition der Größen des p. u.-Systems und des %/MVA-Systems

Tabelle 15.16 enthält die Definitionen für die vier Grundgrößen im p. u.-System und im %/MVA-System. Die angegebenen Gleichungen dienen gleichzeitig dazu die Größen von einem Größensystem in das andere umzurechnen. In der Praxis wird häufig nur ein Teil der Umrechnungsbeziehungen verwendet, wie später beschrieben.

Tabelle 15.16. Definition der p. u.-Größen und der %/MVA-Größen. (Der Stern rechts unten vom Formelzeichen wird nach DIN 1304, Teil 1 für relative Größen verwendet. Der Stern links oben vom Formelzeichen soll die %/MVA-Größen kennzeichnen)

Physikalische Größen	Einheit	p. u.-Größen	Einheit	%/MVA-Größen	Einheit[b]
Spannung U	V[a]	$U_* = \frac{U}{U_{\text{Bez}}}$	1	${}^*U = \frac{U}{U_{\text{Bez}}} \cdot 100\%$	%[c]
Strom I	A[a]	$I_* = I \frac{U_{\text{Bez}}}{S_{\text{Bez}}}$	1	${}^*I = I \cdot U_{\text{Bez}}$	MVA
Impedanz Z	Ω[a]	$Z_* = Z \frac{S_{\text{Bez}}}{U_{\text{Bez}}^2}$	1	${}^*Z = \frac{Z}{U_{\text{Bez}}^2} \cdot 100\%$	%/MVA
Leistung S	VA[a]	$S_* = \frac{S}{S_{\text{Bez}}}$	1	${}^*S = S \cdot 100\%$	% · MVA

[a] In der Praxis wählt man bei der Kurzschlussstromberechnung die Einheiten kV, kA, Ω und MVA im Hochspannungsnetz und V, kA, mΩ und kVA im Niederspannungsnetz.
[b] In der Regel im Hochspannungsnetz angewendet, deshalb hier MVA als Leistungseinheit.
[c] Das %-Zeichen wird *formal* als Einheit eingeführt: % = 1/100.

Als Beispiel für die Anwendung der Tabelle 15.16 soll der Anfangs-Kurzschlusswechselstrom I''_k ausgehend von der Ersatzspannungsquelle $cU_n/\sqrt{3} = 1{,}1 \cdot 20\ \text{kV}/\sqrt{3}$ an der Kurzschlussstelle mit der Kurzschlussimpedanz $Z_k = 3\,\Omega$ behandelt werden:

Größengleichung: $I''_k = \frac{cU_n}{\sqrt{3}Z_k} = \frac{1{,}1 \cdot 20\ \text{kV}}{\sqrt{3} \cdot 3\,\Omega} = 4{,}234\ \text{kA}$

Relative Größen (p. u.-Größen):

$$U_{\text{Bez}} = U_n = 20\ \text{kV};\ U_{n*} = U_n/U_{\text{Bez}} = 20\ \text{kV}/20\ \text{kV} = 1\ \text{p.u.};\ S_{\text{Bez}} = 100\ \text{MVA}$$

$$Z_{k*} = Z_k \cdot \frac{S_{\text{Bez}}}{U_{\text{Bez}}^2} = 3\,\Omega \cdot \frac{100\ \text{MVA}}{(20\ \text{kV})^2} = 0{,}75\ \text{p.u.}$$

$$I''_{k*} = \frac{cU_{n*}}{\sqrt{3}Z_{k*}} = \frac{1{,}1 \cdot 1\ \text{p.u.}}{\sqrt{3} \cdot 0{,}75\ \text{p.u.}} = 0{,}847\ \text{p.u.}$$

Mit $I_* = I \cdot U_{\text{Bez}} / S_{\text{Bez}}$ nach Tabelle 15.16 findet man:

$$I_k'' = I_{k*}'' \cdot \frac{S_{\mathrm{Bez}}}{U_{\mathrm{Bez}}} = 0{,}847 \text{ p.u.} \cdot \frac{100 \text{ MVA}}{20 \text{ kV}} = 4{,}234 \text{ kA}$$

Semirelative Größen (%/MVA-Größen):

$$U_{\mathrm{Bez}} = U_{\mathrm{n}} = 20 \text{ kV};\ {}^*U_{\mathrm{n}} = (U_{\mathrm{n}}/U_{\mathrm{Bez}}) \cdot 100\% = 100\%$$

$${}^*Z_{\mathrm{k}} = \frac{Z_{\mathrm{k}}}{U_{\mathrm{Bez}}^2} \cdot 100\,\% = \frac{3\,\Omega}{(20 \text{ kV})^2} \cdot 100\% = 0{,}75 \frac{\%}{\text{MVA}}$$

$${}^*I_k'' = \frac{c^* U_{\mathrm{n}}}{\sqrt{3}\,{}^*Z_{\mathrm{k}}} = \frac{1{,}1 \cdot 100\,\%}{\sqrt{3} \cdot 0{,}75\,\% \,/\, \text{MVA}} = 84{,}68 \text{MVA}$$

Mit ${}^*I = I \cdot U_{\mathrm{Bez}}$ nach Tabelle 15.16 findet man:

$$I_k'' = {}^*I_k'' \cdot \frac{1}{U_{\mathrm{Bez}}} = 84{,}68 \text{ MVA} \cdot \frac{1}{20 \text{ kV}} = 4{,}234 \text{ kA}$$

Besonders günstig bei der Anwendung des %/MVA-Systems ist es ausgehend von ${}^*Z_{\mathrm{k}}$ direkt die Kurzschlussleistung $S_k'' = \sqrt{3}\, U_{\mathrm{n}} I_k''$ zu berechnen und daraus dann den Kurzschlussstrom I_k'' mit der nachfolgenden „Zahlenwertgleichung", in die ${}^*Z_{\mathrm{k}}$ in %/MVA einzusetzen ist und sich S_k'' in MVA ergibt:

$$S_k'' = \frac{c \cdot 100\%}{{}^*Z_{\mathrm{k}}} \tag{15.193}$$

Für das behandelte Beispiel ergibt sich:

$$S_k'' = \frac{1{,}1 \cdot 100\%}{0{,}75\,\% \,/\, \text{MVA}} = 146{,}67 \text{ MVA} \quad \text{und daraus}$$

$$I_k'' = \frac{S_k''}{\sqrt{3} U_{\mathrm{n}}} = \frac{146{,}67 \text{MVA}}{\sqrt{3} \cdot 20 \text{kV}} = 4{,}234 \text{ kA}$$

15.6.3 Kurzschlussstromberechnung im %/MVA-System

Ein einfaches Beispiel für die Berechnung mit p.u.-Größen ist in [N15.5] angegeben.

Zwischen den %/MVA-Größen und den p.u.-Größen bestehen bei Beachtung von % = 1/100 die folgenden Beziehungen:

$${}^*U = U_*;\ {}^*I = I_* \,/\, S_{\mathrm{Bez}};\ {}^*Z = Z_* \,/\, S_{\mathrm{Bez}};\ {}^*S = S_* \cdot S_{\mathrm{Bez}} \tag{15.194}$$

Man erkennt aus Gl. (15.194), dass die folgenden Grundüberlegungen des %/MVA-Systems sich leicht auf das p.u.-System übertragen lassen, zum Beispiel die Überlegung für den Korrekturfaktor K_{tB} nach Gl. (15.203) zur Berücksichtigung der von den Verhältnissen der Netznennspannungen abweichenden Verhältnissen der Transformatorübersetzungen t_r in Netzen mit mehreren Spannungsebenen.

Tabelle 15.17 enthält ähnlich wie Tabelle 15.6 eine Zusammenstellung der Anweisungen zur Berechnung der Kurzschlussimpedanzen der Betriebsmittel, hier in %/MVA.

Die Angaben der Tabelle 15.17 zeigen, dass man die Impedanzen oder Reaktanzen der Betriebsmittel in %/MVA leicht aus den Angaben der Typenschilder finden kann. Bei den Leitungen ist darauf zu achten, dass $U_n = U_{Bez}$ die Nennspannung *des* Netzes ist, in dem sich die Leitung befindet. Sind Leitungen in verschiedenen Netzteilen mit unterschiedlichen Nennspannungen vorhanden, ergeben sich auch unterschiedliche Werte $U_n = U_{Bez}$. Dies trifft auch für das p. u.-System zu.

Wenn die Verhältnisse der Netznennspannungen in einem Netz mit mehreren Spannungsebenen nicht mit den Bemessungswerten t_r der Übersetzungsverhältnisse der Transformatoren zwischen den Spannungsebenen übereinstimmen, werden die mit den Kurzschlussimpedanzen nach Tabelle 15.17 ermittelten Kurzschlussleistungen bzw. Kurzschlussströme von den Kurzschlussströmen abweichen, die man bei einer Berechnung mit physikalischen Einheiten und einem Vorgehen nach [N15.1] findet, wobei dort die Impedanzen der Betriebsmittel aller nicht vom Kurzschluss betroffenen Spannungsebenen mit den Übersetzungsverhältnissen $t_r = U_{rTOS}/U_{rTUS}$ der Transformatoren umzurechnen sind. Hieraus folgt, dass die Kurzschlussstromberechnung mit Impedanzen in %/MVA nach Tabelle 15.17 nur auf Näherungslösungen führen kann.

Will man dies ändern, so kann man einen Korrekturfaktor K_{tB} einführen, der in der Nähe von 1 liegt und der in unterschiedlicher Größe für jedes Betriebsmittel anzuwenden ist, das nicht in der kurzschlussbetroffenen Spannungsebene liegt. Bild 15.66 zeigt das Vorgehen zur Ermittlung dieses Korrekturfaktors K_{tB} für ein Betriebsmittel B.

Für das Hochspannungsnetz nach Bild 15.67 soll die praktische Durchführung der Berechnung mit Reaktanzen in %/MVA gezeigt werden im Vergleich zur Berechnung mit Rektanzen in Ω. Dabei soll die Berechnung im %/MVA-System einmal ohne den Übersetzungskorrekturfaktor K_{tB} (Näherungsberechnung) und einmal mit K_{tB} nach Gl. (15.203) durchgeführt werden.

Folgende Impedanzkorrekturfaktoren sind einzuführen, unabhängig davon in welchem Einheitensystem die Kurzschlussstromberechnung durchgeführt wird (Tabelle 15.18):

$$K_{S1} = \frac{U_{nQ}^2}{U_{rG}^2} \cdot \frac{U_{rTUS}^2}{U_{rTOS}^2} \cdot \frac{c_{max}}{1 + |x_d'' - x_T| \sin\varphi_{rG}}$$

$$= \frac{(110\,\mathrm{kV})^2}{(10{,}5\,\mathrm{kV})^2} \cdot \frac{(10{,}5\,\mathrm{kV})^2}{(115\,\mathrm{kV})^2} \cdot \frac{1{,}1}{1 + 0{,}03 \cdot 0{,}6} = 0{,}989$$

$$K_{T2} = 0{,}95 \cdot \frac{c_{max}}{1 + 0{,}6 x_T} = 0{,}95 \cdot \frac{1{,}1}{1 + 0{,}6 \cdot 0{,}1} = 0{,}986$$

Tabelle 15.17. Kurzschlussimpedanzen elektrischer Betriebsmittel in %/MVA, $U_{Bez} = U_n$

Betriebsmittel	Impedanzen im Mitsystem %/MVA	Bemerkungen, Korrekturfaktoren
Netzeinspeisung 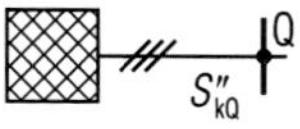	$^*Z_Q = \frac{c \cdot 100\%}{S''_{kQ}}$ (15.195) $^*X_Q = 0{,}995\ ^*Z_Q$ bei $^*R_Q/^*X_Q = 0{,}1$	S''_{kQ} in MVA $S''_{kQ} = \sqrt{3} U_{nQ} I''_{kQ}$
Leitung Freileitung und Kabel 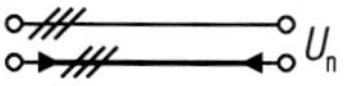	$^*\underline{Z}_L = \underline{Z}_L \frac{100\%}{U_n^2}$ (15.196) $\underline{Z}_L = \underline{R}_L + jX_L$	U_n in kV ist die Nennspannung des Netzes, in dem die Leitung sich befindet! $\underline{Z}_L$ in Ω
Transformator (Zweiwicklungs-Transformator) 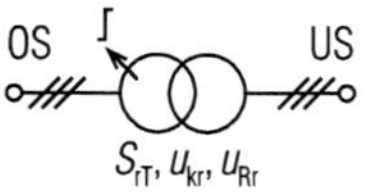	$^*Z_T = \frac{u_{kr}}{S_{rT}}$ (15.197 a) $^*R_T = \frac{u_{Rr}}{S_{rT}}$ (15.197 b) $^*X_T = \sqrt{^*Z_T^2 - ^*R_T^2}$ (15.197 c)	S_{rT} in MVA u_{kr}, u_{Rr} in % $^*\underline{Z}_{TK} = {}^*\underline{Z}_T \cdot K_T$ K_T nach Gl. (15.29)
Generator (ohne Block-transformator) 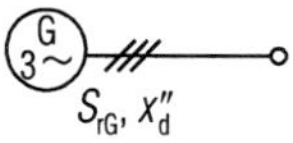	$^*\underline{Z}_G = {}^*R_G + j\,^*X''_d$ (15.198 a) $^*X''_d = \frac{x''_d}{S_{rG}}$ (15.198 b) $^*R_G = \frac{R_G}{X''_d} \cdot {}^*X''_d$ (15.198 c)	S_{rG} in MVA x''_d in % $^*\underline{Z}_{GK} = {}^*\underline{Z}_G \cdot K_G$ K_G nach Gl. (15.44)
Kraftwerksblock mit Stufenschalter 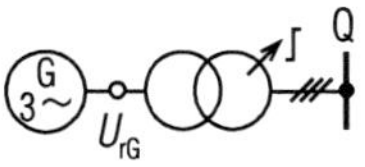	$^*\underline{Z}_{SK} = K_S({}^*\underline{Z}_G + {}^*\underline{Z}_T)$ (15.199)	$^*\underline{Z}_G$ nach Gl. (15.198 a) $^*\underline{Z}_T$ nach Gl. (15.197) K_S nach Gl. (15.56)
Kraftwerksblock ohne Stufen-schalter 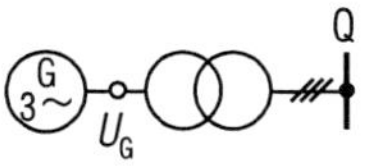	$^*\underline{Z}_{SOK} = K_{SO}({}^*\underline{Z}_G + {}^*\underline{Z}_T)$ (15.200)	$^*\underline{Z}_G$ nach Gl. (15.198 a) $^*\underline{Z}_T$ nach Gl. (15.197) K_{SO} nach Gl. (15.64)
Asynchronmotor 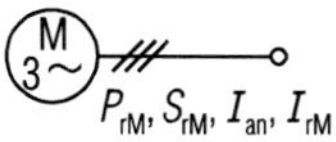	$^*Z_M = \frac{1}{I_{an}/I_{rM}} \cdot \frac{100\%}{S_{rM}}$ (15.201)	$S_{rM} = \sqrt{3}\ U_{rM} I_{rM}$ in MVA $S_{rM} = P_{rM}/(\cos\varphi_{rM}\ \eta_{rM})$ R_M/X_M nach Tabelle 15.6
Kurzschlussstrom-Begrenzungs-Drosselspule 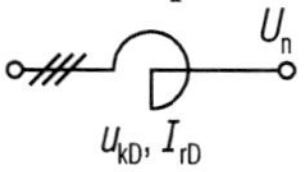	$^*Z_D = \frac{u_{kD}}{S_{rD}}$ (15.202) $^*R_D \ll {}^*X_D$	$S_{rD} = \sqrt{3}\, U_n I_{rD}$ in MVA nach Tabelle 15.6 u_{kD} in %

Tabelle 15.18. Berechnung der Anfangs-Kurzschlusswechselströme in F1 und F2 des Netzes nach Bild 15.67. Vergleich von Berechnungen mit Reaktanzen in Ω und in %/MVA ohne und mit Übersetzungskorrekturfaktor K_{tB}

	Berechnung mit Reaktanzen in Ω			Berechnung mit Reaktanzen in %/MVA ohne K_{tB}			Berechnung mit Reaktanzen in %/MVA mit K_{tB}		
	Betriebsmittel	Ω	1/Ω	Betriebsmittel	%/MVA	MVA/%	Betriebsmittel	%/MVA	MVA/%
1	$X_Q = \frac{cU_{nQ}^2}{S''_{kQ}}$	4,43667		$^*X_Q = \frac{110\%}{S''_{kQ}}$	0,03667		$^*X_{QKt} = {}^*X_Q K_{tQ}$	0,03355	
2	$X_{L1} = 0{,}5 \cdot 0{,}4 \frac{\Omega}{\text{km}} \cdot 20\ \text{km}$	4,00000		$^*X_{L1} = X_{L1} \frac{100\%}{U_{nL1}^2}$	0,03306		$^*X_{L1Kt} = {}^*X_{L1} K_{tL1}$	0,03024	
3	1+2	8,43667	→ 0,11853	1+2	0,06973	→ 14,34216	1+2	0,06379	→ 15,67576
4	$X_{SIK} = K_{S1}(t_{rT1}^2 X_{G1} + X_{T1})$	32,6988	→ 0,03058	$^*X_{SIK} = K_{S1}(^*X_{G1} + {}^*X_{T1})$	0,24725	→ 4,04449	$^*X_{SIKKt} = {}^*X_{SIK} K_{tS1}$	0,24725	→ 4,04449
5	3‖4 $X_{3\|4}$	6,70635 ←	0,14911	3‖4	0,05438 ←	18,38665	3‖4	0,05071 ←	19,72027
5 a	$X_{3\|4}/t_{rT2}^2$	0,05071		–			–		
6	$X_{T2USK} = K_{T2} X_{T2US}$	0,31302		$^*X_{T2K} = K_{T2} \frac{u_{krT2}}{S_{rT2}}$	0,31302		$^*X_{T2KKt} = {}^*X_{T2K} K_{tT2}$	0,31302	
7	5 a+6	0,36373	→ 2,74933	5+6	0,36740	→ 2,72181	5+6	0,36373	→ 2,74933

Tabelle 15.18 (Fortsetzung)

	Berechnung mit Reaktanzen in Ω			Berechnung mit Reaktanzen in %/MVA ohne K_{tB}			Berechnung mit Reaktanzen in %/MVA mit K_{tB}		
	Betriebsmittel	Ω	1/Ω	Betriebsmittel	%/MVA	MVA/%	Betriebsmittel	%/MVA	MVA/%
8	$X_{G2K} = K_{G2} X_{G2}$	1,29257	→ 0,77365	$^{*}X_{G2K} = K_{G2} \frac{x''_{dG2}}{S_{rG2}}$	1,1724	→ 0,85295	$^{*}X_{G2KKt} = {}^{*}X_{G2K} K_{tG2}$	1,29257	→ 0,77365
9	7‖8 $\mathbf{X_{kF1}}$	**0,28385 ←**	3,52298	7‖8 $^{*}\mathbf{X_{kF1}}$	**0,27974 ←**	3,57476	7‖8 $^{*}\mathbf{X_{kF1Kt}}$	**0,28385 ←**	3,52298
10	$X_{L2} = 0{,}5 \cdot 0{,}1 \frac{\Omega}{\mathrm{km}} \cdot 0{,}2\,\mathrm{km}$	0,0100		$^{*}X_{L2} = X_{L2} \frac{100\%}{U^2_{nL2}}$	0,01000		$^{*}X_{L2Kt} = {}^{*}X_{L2} K_{tL2}$	0,01000	
11	9 + 10 $\mathbf{X_{kF2}}$	**0,29385**		9 + 10 $^{*}\mathbf{X_{kF2}}$	**0,28974**		9 + 10 $^{*}\mathbf{X_{kF2Kt}}$	**0,29385**	
12	$I''_{kF1} = \frac{1{,}1 \cdot 10\ \mathrm{kV}}{\sqrt{3} \cdot 0{,}28385\ \Omega} = 22{,}374\ \mathrm{kA}$			$S''_{kF1} = \frac{1{,}1 \cdot 100\%}{0{,}27974\%/\mathrm{MVA}} = 393{,}222\ \mathrm{MVA}$ $I''_{kF1} = \frac{S''_{kF1}}{\sqrt{3} U_n} = \frac{393{,}222\ \mathrm{MVA}}{\sqrt{3} \cdot 10\ \mathrm{kV}} = 22{,}703\ \mathrm{kA}$			$S''_{kF1} = \frac{1{,}1 \cdot 100\%}{0{,}28385\%/\mathrm{MVA}} = 387{,}529\ \mathrm{MVA}$ $I''_{kF1} = \frac{S''_{kF1}}{\sqrt{3} U_n} = \frac{387{,}529\ \mathrm{MVA}}{\sqrt{3} \cdot 10\ \mathrm{kV}} = 22{,}374\ \mathrm{kA}$		
13	$I''_{kF2} = 21{,}613\ \mathrm{kA}$			$I''_{kF2} = 21{,}919\ \mathrm{kA}$			$I''_{kF2} = 21{,}613\ \mathrm{kA}$		

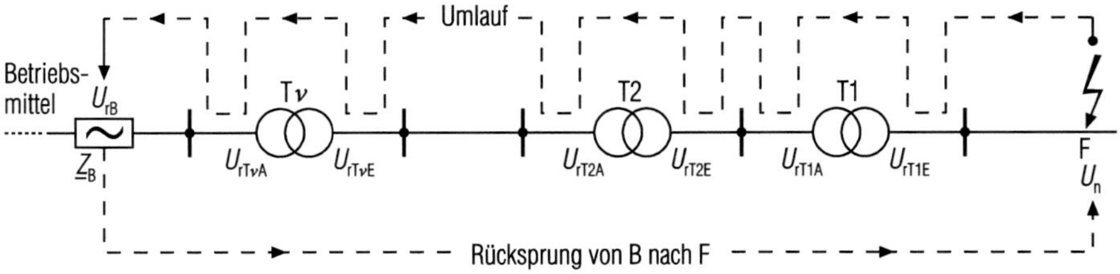

U_{rTE} Eingangsseite des Transformators auf dem Hinweg des Umlaufs von F bis B mit einem Rücksprung zu F

U_{rTA} Ausgangsseite des Transformators beim Hinweg des Umlaufs

$$K_{tB} = \left(\frac{U_{rT1E}}{U_{rT1A}} \cdot \frac{U_{rT2E}}{U_{rT2A}} \cdot \;\ldots\; \cdot \frac{U_{rT\nu T}}{U_{rT\nu T}}\right)^2 \cdot \left(\frac{U_{rB}}{U_n}\right)^2 \qquad (15.203)$$

Ist das Betriebsmittel B eine Leitung, so tritt die Nennspannung U_{nL} des Netzes, in der sich die Leitung befindet, an die Stelle von U_{rB} in Gl. (15.203);
Ist das Betriebsmittel ein Ersatznetz am Anschlusspunkt Q, so ist U_{nQ} anstelle von U_{rB} in Gl. (15.203) einzusetzen.

Bild 15.66. Korrekturfaktor K_{tB} für Betriebsmittel B in Netzebenen, die mit der Kurzschlussstelle über die Transformatoren T1, T2, …T$_\nu$ verbunden sind

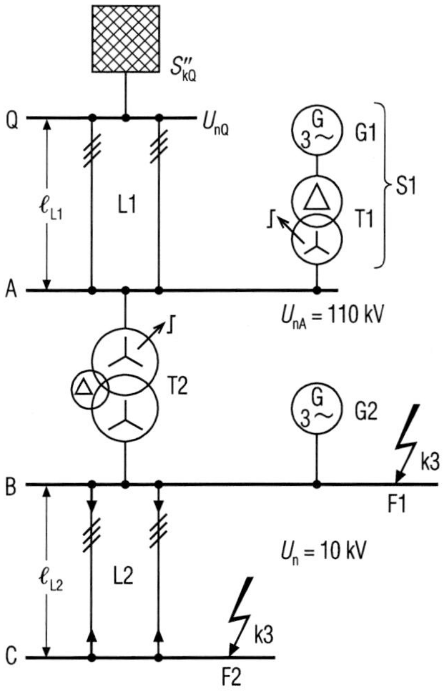

Daten der Betriebsmittel:

Netzeinspeisung
$U_{nQ} = 110$ kV
$S''_{kQ} = 3000$ MVA

Leitung L1: (Doppelfreileitung)
$\ell_{L1} = 20$ km; $X'_{L1} = 0{,}5 \cdot 0{,}4\ \Omega$/km

Kraftwerksblock S1 = G1 + T1:
$S_{rG1} = 100$ MVA; $U_{rG1} = 10{,}5$ kV;
$x''_d = 14\,\%$; $\cos\varphi_{rG} = 0{,}8$;
$S_{rT1} = 100$ MVA; $u_{krT1} = 11\,\%$;
$U_{rT1OS} = 115$ kV; $U_{rT1US} = 10{,}5$ kV;

Transformator T2:
(als Zweiwicklungs-Transformator behandelt)
$S_{rT2} = 31{,}5$ MVA; $u_{krT2} = 10\,\%$;
$U_{rT2OS} = 115$ kV; $U_{rT2US} = 10$ kV;

Generator G2:
$S_{rG2} = 10$ MVA; $U_{rG2} = 10{,}5$ kV;
$x''_d = 12\,\%$; $\cos\varphi_{rG} = 0{,}8$;

Leitung L2: (zwei Drehstromkabel)
$\ell_{L2} = 0{,}2$ km; $X'_{L2} = 0{,}5 \cdot 0{,}1\ \Omega$/km

Bild 15.67. Beispiel für die Kurzschlussstromberechnung mit Reaktanzen in %/MVA; Netzaufbau und Daten der Betriebsmittel

$$K_{G2} = \frac{U_n}{U_{rG}} \cdot \frac{c_{max}}{1 + x''_d \sin\varphi_{rG}} = \frac{10 \text{ kV}}{10{,}5 \text{ kV}} \cdot \frac{1{,}1}{1 + 0{,}12 \cdot 0{,}6} = 0{,}977$$

In Tabelle 15.18 werden folgende Übersetzungskorrekturfaktoren K_{tB} nach Gl. (15.203) eingeführt:

$$K_{tQ} = 0{,}9149; K_{tL1} = K_{tQ}; K_{tS1} = 1; K_{tT2} = 1; K_{tG2} = 1{,}1025; K_{tL2} = 1.$$

Aus dem mittleren Teil der Tabelle 15.18 erkennt man, dass bei der vereinfachten Berechnung mit Reaktanzen in %/MVA geringe Abweichungen (–1,4%) gegenüber der Berechnung im linken Teil der Tabelle auftreten. Berücksichtigt man die Übersetzungskorrekturfaktoren K_{tB} wie im rechten Teil der Tabelle, so besteht erwartungsgemäß Übereinstimmung mit den Ergebnissen im linken Teil.

15.7 Mechanische und thermische Kurzschlussfestigkeit

15.7.1 Grundüberlegungen zu Kurzschlusskräften

Elektrische Betriebsmittel sind in ihrer mechanischen Festigkeit so auszulegen, dass dreipolige und zweipolige Kurzschlüsse im Netz außerhalb der Betriebsmittel bis zu einem angegebenen Stoßkurzschlussstrom i_p (oder dem Durchlassstrom von Sicherungen oder strombegrenzenden Schaltern) ohne Schaden ausgehalten werden. Der Bemessungsstoßstrom soll also größer sein als der im Netz zu erwartende Stoßkurzschlussstrom.

Die Beanspruchungen von biegesteifen Leitern (Sammelschienen in Schaltanlagen und z. B. Generatorableitungen ohne Einzelkapselung) kann man nach [N15.6] berechnen. Dabei ist ein Verfahren ohne Berücksichtigung der Leiterkennfrequenz und zur genaueren Berechnung ein Verfahren mit Berücksichtigung der Leiterkennfrequenz möglich, um gegebenenfalls eine Überdimensionierung zu vermeiden. Die Beanspruchungen bei flexiblen Leitern (Sammelschienenseilen in Schaltanlagen oder Leiterseilen von Freileitungen) kann man ebenfalls nach [N15.6] bestimmen.

Bei der Berechnung oder der Prüfung durch Versuche sind Einbau und Betriebsbedingungen zu berücksichtigen (bei einer Generatorableitung mit Einzelkapselung z. B. die Reduzierung der Stromkräfte auf die Hauptleiter durch die magnetische Abschirmung infolge der Stöme in den Kapselungen).

Bild 15.68 zeigt Beispiele für die Kräfte zwischen zwei und drei stromdurchflossenen, langgestreckten, parallelen Leitern. Als Kraftbelag F' wird die Stromkraft pro Längeneinheit bezeichnet. Sind zwei parallele Leiter vom Strom durchflossen mit $i_1 = -i_2$ (abstoßende Kraftwirkung) oder $i_1 = i_2$ (anziehende Kraftwirkung), so gilt:

$$F' = i_1 B_2 = i_2 B_1 \tag{15.204}$$

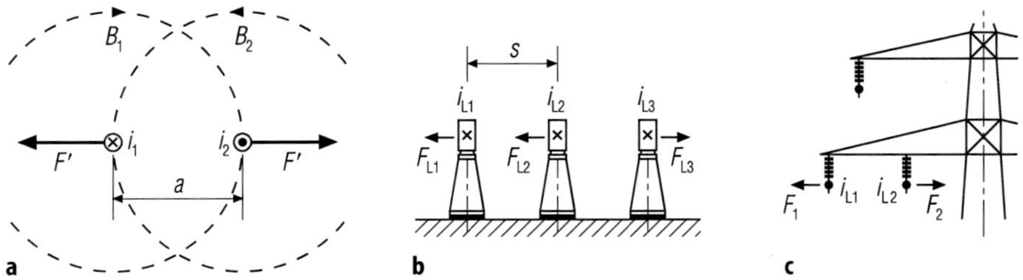

Bild 15.68 a–c. Kraftbeläge F' zwischen stromdurchflossenen, langgestreckten und parallelen Leitern (Hauptleitern). **a** Runde Leiter mit eingezeichnetem magnetischen Feld; **b** Sammelschienenanordnung mit den Strömen i_{L1}, i_{L2} und i_{L3} (bei dreipoligem Kurzschluss); **c** Seilanordnung am Freileitungsmast und die Ströme i_{L1}, i_{L2}

Mit $B = \mu_r \mu_0 H$ (in Luft $\mu_r = 1$) und $H = i/(2\pi a)$ ergibt sich:

$$F' = \frac{\mu_0 \mu_r}{2\pi} i_1 i_2 \frac{1}{a} \tag{15.205}$$

Setzt man $i_1 = -i_2 = \sqrt{2}\, I_k'' \sin(\omega t + \varphi_u - \gamma) + \sqrt{2}\, I_k'' \mathrm{e}^{-t/T_{gN}} \sin(\gamma + \varphi_u)$ und $\gamma \approx \pi/2$ sowie $\mathrm{e}^{-t/T_{gN}} \approx \kappa - 1$, so findet man für die größte Kraft:

$$F_{max} = F'_{max} l = \frac{\mu_0}{2\pi} \cdot i_p^2 \cdot \frac{l}{a} \tag{15.206}$$

Dabei wurde $i_p = \kappa \sqrt{2}\, I_k''$ eingeführt. F ist die Gesamtkraft auf den Leiter mit der Länge l zwischen zwei Stützpunkten bei parallelem Schienenverlauf und damit gleichmäßiger Verteilung der Kraft über der Länge.

Der Abstand a ist der wirksame Abstand zwischen den beiden stromdurchflossenen Leitern. Bei runden Leitern ist der wirksame Abstand a dem Schwerpunktabstand s gleichzusetzen. Bei rechteckigen Leitern (Stromschienen wie im Bild 15.68b und im Bild 15.69) ist der wirksame Abstand a in der Regel größer als der Schwerpunktabstand s. Bild 15.69 enthält das Verhältnis a/s abhängig vom Schwerpunktabstand s für Stromschienen mit $b = 1$ bis 16 cm und $d = 1$ cm (oberer Teil des Bildes). Nur wenn die Schienen wie im unteren Teil des Bildes 15.69 in Kraftrichtung liegen, ergeben sich Verhältnisse $a/s < 1$. Nach [N15.6] sollen die Werte bei $d = 10$ cm und $b = 1$ cm als Grenzwerte behandelt werden. Der obere Teil des Bildes gilt auch, wenn die Hauptleiter aus mehreren Teilleitern bestehen.

In Drehstromanlagen mit der typischen Einebenenanordnung der Sammelschienen wirkt bei dreipoligem Kurzschluss die größte Kraft auf den in der Mitte liegenden Leiter. Im ungünstigen Fall des generatorfernen Kurzschlusses, bei dem der Wechselstromanteil im Kurzschlussstrom nicht abklingt, kann man mit Bild 15.68b und den dort angegebenen Zählpfeilen für die Ströme und die auf die drei Leiter wirkenden Kräfte, folgende Gleichungen verwenden:

$$i_{L1} = \sqrt{2} I_k'' [\sin(\omega t + \varphi_u - \gamma) + \mathrm{e}^{-t/T_{gN}} \sin(\gamma - \varphi_u)] \tag{15.207 a}$$

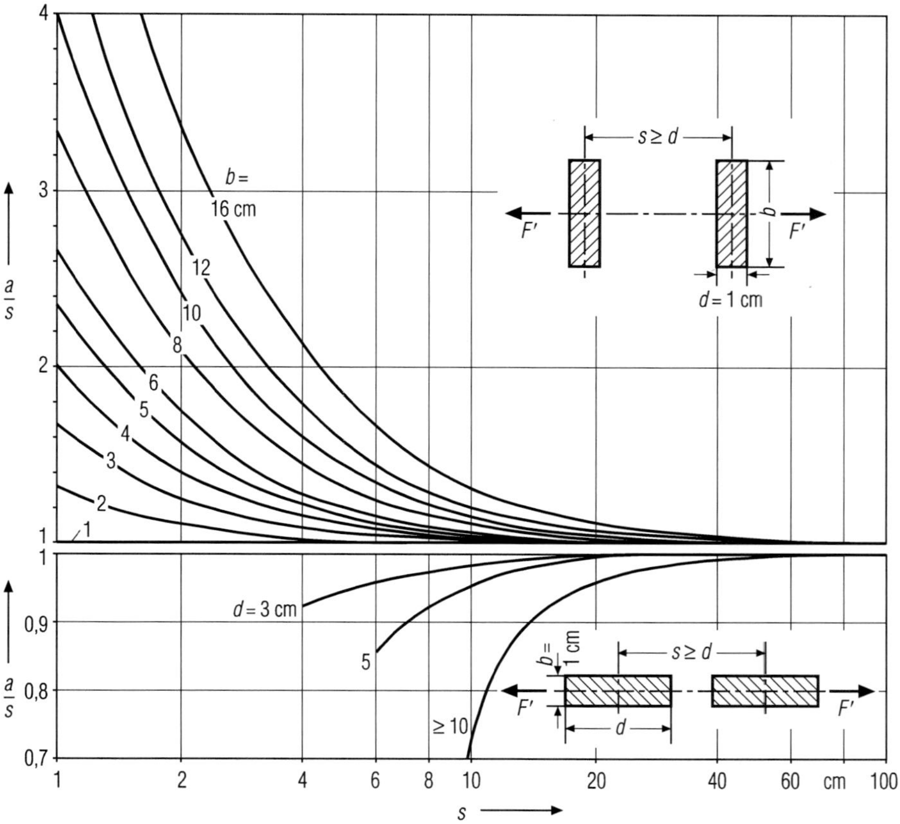

Bild 15.69. Wirksamer Abstand a zur Berechnung der Kraft F nach Gl. (15.206) im Verhältnis zum Schwerpunktabstand s bei Rechteckschienen

$$i_{L2} = \sqrt{2} I_k'' \left[\sin\left(\omega t + \varphi_u - \gamma - \frac{2\pi}{3} \right) + e^{-t/T_{gN}} \sin\left(\gamma - \varphi_u + \frac{2\pi}{3} \right) \right] \quad (15.207\,b)$$

$$i_{L3} = \sqrt{2} I_k'' \left[\sin\left(\omega t + \varphi_u - \gamma + \frac{2\pi}{3} \right) + e^{-t/T_{gN}} \sin\left(\gamma - \varphi_u - \frac{2\pi}{3} \right) \right] \quad (15.207\,c)$$

Für die Kraftbeläge auf die Leiterschienen ergibt sich mit Hilfe der Grundgleichung (15.205):

$$F'_{L1} = -\frac{\mu_0}{2\pi} i_{L1} i_{L2} \frac{1}{a} - \frac{\mu_0}{2\pi} i_{L1} i_{L3} \frac{1}{2a} = -\frac{\mu_0}{2\pi a} i_{L1} \left(i_{L2} + \frac{1}{2} i_{L3} \right) \quad (15.208\,a)$$

$$F'_{L2} = \frac{\mu_0}{2\pi} i_{L2} i_{L1} \frac{1}{a} - \frac{\mu_0}{2\pi} i_{L2} i_{L3} \frac{1}{a} = \frac{\mu_0}{2\pi a} i_{L2} (i_{L1} - i_{L3}) \quad (15.208\,b)$$

$$F'_{L3} = -\frac{\mu_0}{2\pi} i_{L3} i_{L2} \frac{1}{a} + \frac{\mu_0}{2\pi} i_{L3} i_{L1} \frac{1}{2a} = -\frac{\mu_0}{2\pi a} i_{L3} \left(i_{L2} + \frac{1}{2} i_{L1} \right) \qquad (15.208\,c)$$

Führt man die Ströme der Gln. (15.207) in die Gleichungen der Kraftbeläge ein, so ergibt sich nach einigen Umformungen für den Leiter L2 mit dem höchsten Kraftbelag [15.8, 15.37, 15.40]:

$$F'_{L2} = \frac{\mu_0}{2\pi a} (\sqrt{2} I''_k)^2 \frac{\sqrt{3}}{2} \left\{ \begin{array}{l} -\cos\left(2\omega t + 2\varphi_u - 2\gamma - \frac{5\pi}{6}\right) + 2\mathrm{e}^{-\frac{t}{T_{gN}}} \cos\left(\omega t + 2\varphi_u - 2\gamma - \frac{5\pi}{6}\right) \\ -\mathrm{e}^{-\frac{2\cdot t}{T_{gN}}} \cos\left(2\varphi_u - 2\gamma - \frac{5\pi}{6}\right) \end{array} \right. \qquad (15.209\,a)$$

Der Maximalwert des Kraftbelages wird nach einem Kurzschluss bei $\varphi_u = 5\pi/12$ auftreten. Nimmt man näherungsweise an, dass $\omega t = \pi$ gilt (Maximalwert 10 ms nach Kurzschlusseintritt), so ergibt sich bei $\gamma \approx \pi/2$:

$$F'_{L2\max} = \frac{\mu_0}{2\pi a} (\sqrt{2} I''_k)^2 \frac{\sqrt{3}}{2} \left\{ -\cos\pi + 2\mathrm{e}^{-\frac{10\,\mathrm{ms}}{T_{gN}}} \cos(0) - \mathrm{e}^{-\frac{2\cdot 10\,\mathrm{ms}}{T_{gN}}} \cos(-\pi) \right\}$$

$$= \frac{\mu_0}{2\pi a} (\sqrt{2} I''_k)^2 \frac{\sqrt{3}}{2} \left(1 + \mathrm{e}^{-\frac{10\,\mathrm{ms}}{T_{gN}}} \right)^2 = \frac{\mu_0}{2\pi a} \cdot \frac{\sqrt{3}}{2} \cdot i_p^2 \qquad (15.209\,b)$$

Dabei wurde als Näherung $\kappa \approx 1 + \mathrm{e}^{-10\,\mathrm{ms}/T_{gN}} \approx 1 + \mathrm{e}^{-3R/X}$ eingeführt. Bild 15.70 a zeigt den zeitlichen Kraftverlauf F'_{L2} für $R/X = 0$; $\kappa = 2$ (strichpunktiert) und für $R/X = 0{,}07$; $\kappa \approx 1{,}8$ (ausgezogener Verlauf mit dem bezogenen Maximum von $\kappa^2 \sqrt{3}/2 \approx 2{,}85$ bei $t \approx 9{,}6$ ms). Der Kraftverlauf nach Gl. (15.209 a) setzt sich aus einem nicht abklingenden Anteil mit doppelter Netzfrequenz, einem abklingenden Anteil mit Netzfrequenz und einem abklingenden Gleichanteil zusammen. Nach dem Abklingen des Gleichanteils im Kurzschlussstrom verbleibt eine Schwingung mit doppelter Netzfrequenz und dem Mittelwert Null.

Bild 15.70 b zeigt den ungünstigsten zeitlichen Verlauf des Kraftbelages der Leiter L1 und L3 bei dreipoligem Kurzschluss (bei unterschiedlichem Kurzschlusseintritt). Das bezogene Maximum mit $\approx 2{,}65$ bei $t \approx 9{,}6$ ms ist etwa 7 % kleiner als im Leiter L2. Zusätzlich zu den schon bekannten Anteilen in F'_{L2} tritt hier noch ein konstanter Gleichanteil auf. Nach dem Abklingen des Gleichanteils im Kurzschlussstrom verbleibt eine Komponente mit doppelter Netzfrequenz und einem bezogenen Mittelwert von $3/8 = 0{,}375$, wie man aus der nachfolgenden Gleichung erkennt [15.37]:

$$F'_{L3} = \frac{\mu_0}{2\pi a}(\sqrt{2}I''_k)^2 \frac{\sqrt{3}}{2} \left\{ \begin{aligned} & \frac{\sqrt{3}}{4} + \frac{1}{2}\cos\left(2\omega t + 2\varphi_u - 2\gamma + \frac{\pi}{6}\right) \\ & + e^{-\frac{t}{T_{gN}}}\left[\cos\left(\omega t + 2\varphi_u - 2\gamma + \frac{\pi}{6}\right) - \frac{\sqrt{3}}{2}\cos\omega t\right] \\ & + e^{-\frac{2 \cdot t}{T_{gN}}}\left[\frac{1}{2}\cos\left(2\varphi_u - 2\gamma + \frac{\pi}{6}\right) + \frac{\sqrt{3}}{4}\right] \end{aligned} \right\} \tag{15.210a}$$

Auch hier für F'_{L3} ergibt sich das Maximum des Kraftbelages bei $\varphi_u = 5\pi/12$:

$$F'_{L3max} = \frac{\mu_0}{2\pi a}(\sqrt{2}I''_k)^2 \frac{\sqrt{3}}{2}\left\{\frac{\sqrt{3}}{4} + \frac{1}{2} + e^{-\frac{10\,\text{ms}}{T_{gN}}}\left(1 + \frac{\sqrt{3}}{2}\right) + e^{-\frac{2\cdot 10\,\text{ms}}{T_{gN}}}\left(\frac{1}{2} + \frac{\sqrt{3}}{4}\right)\right\}$$

$$= \frac{\mu_0}{2\pi a}(\sqrt{2}I''_k)^2 \frac{\sqrt{3}}{2} \cdot \kappa^2 \cdot \frac{\sqrt{3}+2}{4} = \frac{\mu_0}{2\pi a} \cdot \frac{\sqrt{3}}{2} \cdot i_p^2 \cdot 0{,}933 \tag{15.210b}$$

Das Maximum des Kraftbelages des Leiters L3 (und auch des Leiters L1) beträgt also 93 % des Maximums des Leiters L2 (siehe Bild 15.70 b: $(\sqrt{3}/2)\ \kappa^2\ (\sqrt{3}+2)/4 \approx 3{,}23$ bei $\kappa = 2$ und entsprechend $\approx 2{,}65$ bei $R/X = 0{,}07$; $\kappa \approx 1{,}8$).

Beim zweipoligen Kurzschluss zwischen zwei nebeneinander liegenden Leitern der Einebenenanordnung ergibt sich der bezogene Kraftbelag nach Bild 15.70 c. Auch hier verbleibt nach Abklingen des Gleichstromanteils im Kurzschlussstrom ein Mittelwert des bezogenen Kraftbelages von 0,375, so wie im Bild 15.70 b. Der Kraftbelag wird auch hier auf den dreipoligen Anfangs-Kurzschlusswechselstrom bei $I''_{k2} = (\sqrt{3}/2)I''_k$ bezogen:

$$F'_{k2} = \frac{\mu_0}{2\pi a}\left(\frac{\sqrt{3}}{2}\sqrt{2}I''_k\right)^2 \left\{ \begin{aligned} & \frac{1}{2} + \frac{1}{2}\cos(2\omega t + 2\varphi_u - 2\gamma) \\ & - 2e^{-\frac{t}{T_{gN}}}\cos(\omega t + \varphi_u - \gamma)\cos(\varphi_u - \gamma) \\ & + e^{-\frac{2\cdot t}{T_{gN}}}\cos^2(\varphi_u - \gamma) \end{aligned} \right\} \tag{15.211a}$$

Der maximale Kraftbelag tritt auf für einen Kurzschluss bei $\varphi_u = \pi/2$. Damit ergibt sich dann mit $\gamma = \pi/2$ und $\kappa \approx 1 + e^{-10\,\text{ms}/T_{gN}}$:

$$F'_{k2max} = \frac{\mu_0}{2\pi a} \cdot \frac{3}{4}(\sqrt{2}I''_k)^2\kappa^2 = \frac{\mu_0}{2\pi a} \cdot \frac{3}{4} \cdot i_p^2 \tag{15.211b}$$

Die Darstellung im Bild 15.70 c zeigt die bezogenen Kraftbeläge bei $\kappa = 2$ (gestrichelt) und bei $R/X = 0{,}07$, $\kappa \approx 1{,}8$ (ausgezogen).

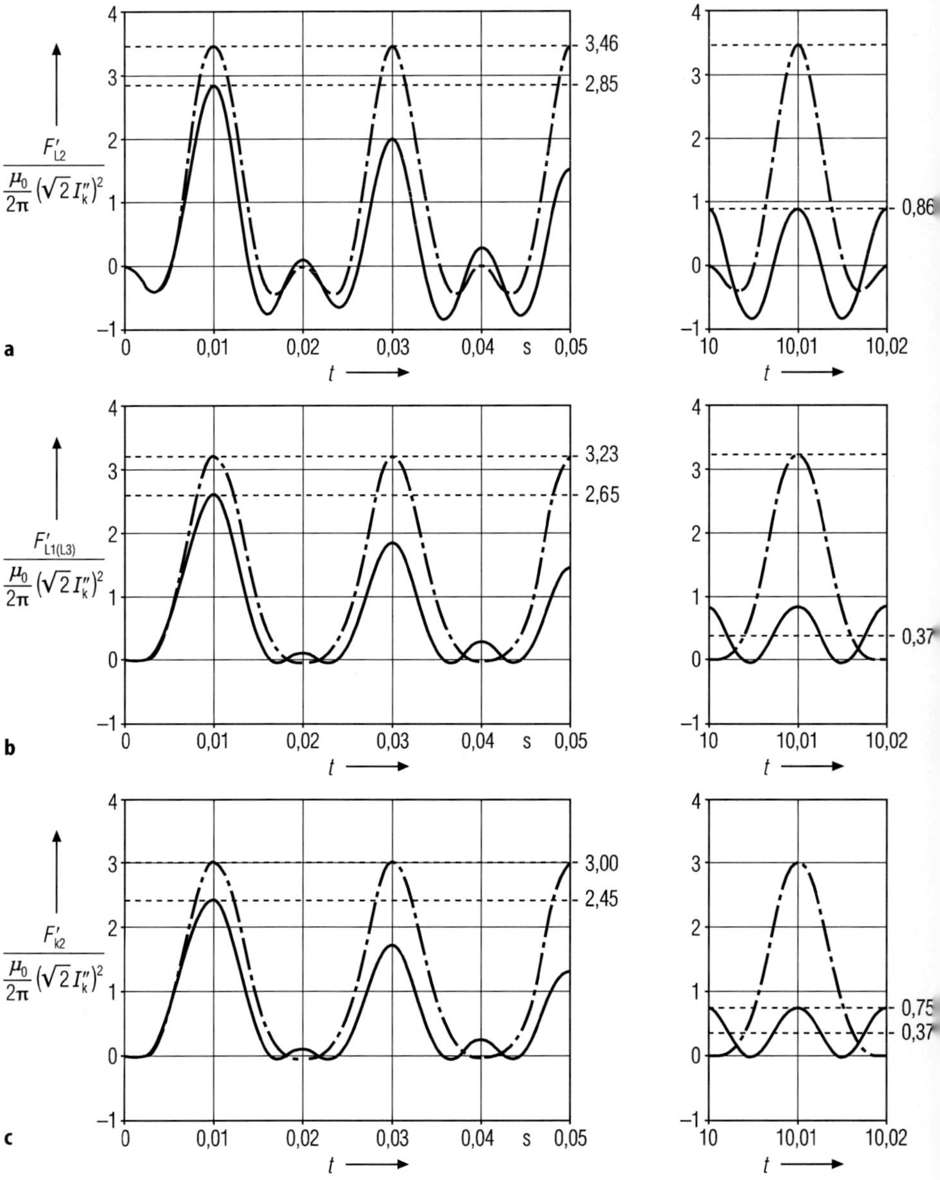

Bild 15.70 a – c. Größte bezogene Kraftbeläge bei dreipoligem und bei zweipoligem Kurzschluss bei $R/X = 0$ ($\kappa = 2$)– strichpunktierte Kurven – und bei $R/X = 0{,}07$ ($\kappa \approx 1{,}8$) – ausgezogene Kurven. **a** Mittlerer Leiter L2 bei dreipoligem Kurzschluss; **b** Außenleiter L1, L3 (unterschiedliche Winkel φ_u) bei dreipoligem Kurzschluss; **c** Benachbarte Leiter bei zweipoligem Kurzschluss

Zur Berechnung der maximalen Kraft auf biegesteife Hauptleiter (H) wird deshalb nach [N15.6] die folgende Gleichung verwendet:

$$F_{\mathrm{H}} = F_{\mathrm{H}}'\, l = \frac{\mu_0}{2\pi} \cdot \frac{\sqrt{3}}{2} i_{\mathrm{p}}^2 \frac{l}{a} \tag{15.212}$$

In [15.22 und 15.44] findet man Untersuchungen über die Höhe des Stoßkurzschlussstromes, die Höhe der Kräfte und die Höhe der dynamischen Beanspruchungen von biegesteifen Leitern bei nicht gleichzeitig auftretenden Kurzschlüssen, also für die Fälle, in denen zum Beispiel ein zweipoliger Kurzschluss nach kurzer Zeit in einen dreipoligen übergeht. Dieser Fall kann z. B. auftreten nach erfolgloser Kurzunterbrechung und bei Fehlschaltungen auf kurzgeschlossene und geerdete Betriebsmittel, dadurch, dass die mechanisch entkoppelten Schalterpole in Hochspannungsnetzen Schaltzeitdifferenzen von bis zu 10 ms aufweisen können. Bei einer Zeitdifferenz von 5 ms zwischen einem zweipoligen und einem nachfolgenden dreipoligen Kurzschluss mit z. B. $R/X = 0{,}07$ steigt der Stoßfaktor κ von 1,806 bei gleichzeitigem dreipoligen Kurzschluss auf 2,106 an, beim ungünstigsten Fall des Übergangs vom zweipoligen auf den dreipoligen Kurzschluss, also um etwa 16,5 %. Kräfte und Beanspruchungen steigen ebenfalls erheblich an [15.44]. Diese Fälle müssen jedoch nach [N15.1 und N15.6] nicht berücksichtigt werden.

Für die Teilleiterkräfte F_{T}, wenn die Hauptleiter aus zwei oder mehr Teilleitern bestehen und wenn angenommen wird, dass der Hauptleiterstrom sich zu gleichen Teilen auf die Teilleiter aufteilt, gilt ausgehend von der Grundgleichung (15.205):

$$F_{\mathrm{T}} = \frac{\mu_0}{2\pi} \cdot \left(\frac{i_{\mathrm{p}}}{n}\right)^2 \cdot \frac{l_{\mathrm{T}}}{a_{\mathrm{T}}} \tag{15.213}$$

Dabei ist i_{p}/n der auf jeden der Teilleiter entfallende Anteil des Stoßkurzschlussstromes, l_{T} die größte Länge der Teilleiter zwischen zwei Zwi-

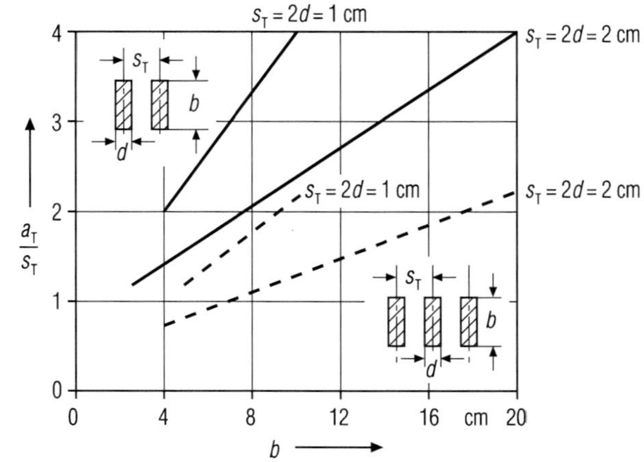

Bild 15.71. Wirksame Teilleiterabstände a_{T} bei Rechteckteilleitern im Verhältnis zum Schwerpunktabstand s_{T}

schenstücken (Tabelle 15.19) und a_T der wirksame Abstand der Teilleiter, der bei runden Leitern dem Schwerpunktabstand entspricht und bei Rechteckleitern Bild 15.71 zu entnehmen ist.

15.7.2 Beanspruchung biegesteifer Leiter und Stützpunktbeanspruchung

Die Durchbiegung biegesteifer Leiter durch Kurzschlusskräfte soll klein bleiben. Abhängig von der Befestigung (Lagerung) der Sammelschienen ergeben sich unterschiedlich hohe Kräfte auf die Befestigungsstellen. Bei Mehrfachlagerung und Einspannung ergeben sich einfach oder mehrfach statisch unbestimmte Lagerungen. Eine Berechnung wird möglich durch Anwendung des Satzes vom Minimum der Formänderungsarbeit (Satz von Castigliano).

Für die statisch bestimmte Lagerung eines biegesteifen Hauptleiters (in der Mechanik wird häufig der Begriff Balken verwendet) auf zwei Stützen nach Bild 15.72 können an den Auflagern keine Biegemomente M übertragen werden. Aus Symmetriegründen gilt für die Auflagerkräfte:

$$F_A = F_B = 0{,}5 F_H = 0{,}5 F'_H \cdot l \tag{15.214}$$

Den Biegemomentenverlauf im Bild 15.72b erhält man ausgehend von:

$$M(x) = F_A x - \int_0^x F'_H x \, dx = \frac{1}{2} F'_H \, l x - \frac{1}{2} F'_H \, x^2 \tag{15.215a}$$

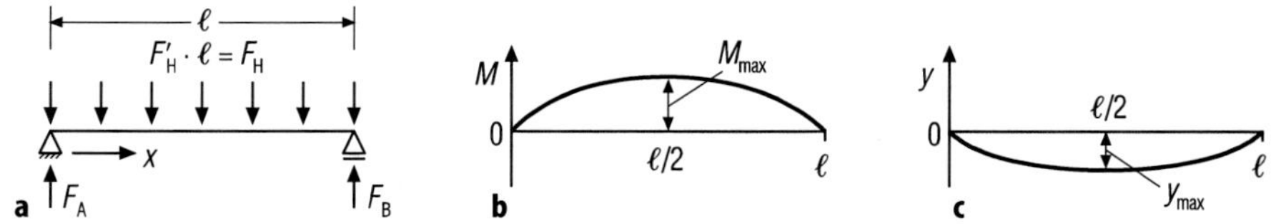

Bild 15.72 a – c. Hauptleiter auf zwei Stützen, gelenkig gelagert ($M_A = M_B = 0$); E Elastizitätsmodul (Bild 15.79); J Flächenträgheitsmoment (Gl. (15.217)). **a** Kraft $F'_H l = F_H$ und Auflagerkräfte F_A und F_B; **b** Biegemomentenverlauf $M_{max} = F'_H l^2/8$; **c** Biegelinie $y_{max} = -5 F'_H l^4/(384\,EJ)$

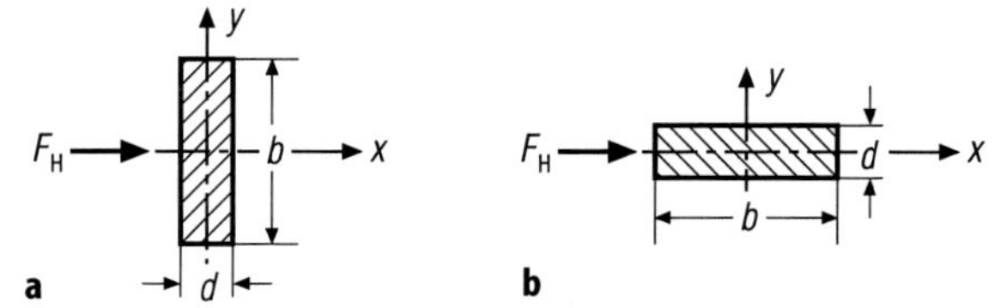

Bild 15.73 a, b. Zur Berechnung des Flächenträgheitsmoments J und des Widerstandsmoments W bei Biegung um die y-Achse. **a** Rechteckleiter quer zur Kraftrichtung; **b** Rechteckleiter in Kraftrichtung

Bei $x = 0$ und bei $x = l$ wird $M = 0$. M_{max} ergibt sich bei $x = l/2$ in der Mitte zwischen den Auflagern A und B.

$$M(l/2) = M_{max} = \frac{1}{4} F'_H l^2 - \frac{1}{8} F'_H l^2 = \frac{1}{8} F'_H l^2 = \frac{1}{8} F_H l \tag{15.215b}$$

Die Beanspruchung σ des Materials des Hauptleiters ist vom Biegemoment M und dem Widerstandsmoment W (section modulus) abhängig. Die maximale Hauptleiterbeanspruchung (Tabelle 15.18) ergibt sich in diesem Fall zu:

$$\sigma_{max} = \frac{M_{max}}{W} = \frac{F_H l}{8W} \tag{15.216}$$

Bei einem Rechteckquerschnitt des Hauptleiters ist W das axiale Widerstandsmoment um die Biegeachse y nach Bild 15.73.

Das Widerstandsmoment W ergibt sich aus dem Flächenträgheitsmoment $J = J_y = \int x^2 b\,dx$ in Bezug auf die Nullinie (die Nullinie trennt das Gebiet der Dehnungen vom Gebiet der Stauchungen) und dem Abstand e der Nullinie von der Außenkante des Querschnitts $q = b \times d$. Für das Widerstandsmoment des Hauptleiters nach Bild 15.73a und b ergibt sich damit:

$$W_{(a)} = \frac{1}{e} J_y = \frac{1}{d/2} \int_{x=-d/2}^{x=+d/2} x^2 b\,dx = \frac{1}{d/2} b \left[\frac{x^3}{3}\right]_{-d/2}^{+d/2} = \frac{1}{d/2} b \left(\frac{d^3}{24} + \frac{d^3}{24}\right) = \frac{1}{6} b d^2 \tag{15.217a}$$

$$W_{(b)} = \frac{1}{e} J_y = \frac{1}{b/2} \int_{x=-b/2}^{x=+b/2} x^2 d\,dx = \frac{1}{b/2} d \left[\frac{x^3}{3}\right]_{-b/2}^{+b/2} = \frac{1}{b/2} d \left(\frac{b^3}{24} + \frac{b^3}{24}\right) = \frac{1}{6} d b^2 \tag{15.217b}$$

Tauscht man in Bild 15.73 die Bezeichnungen b und d und wählt man somit in beiden Fällen des Bildes 15.73 die Abmessung d in Kraftrichtung, so gilt das Ergebnis in Gl. (15.217a) für beide Fälle.

Besteht der Hauptleiter aus zwei oder mehr Teilleitern ohne Zwischenstück oder mit nur einem Zwischenstück, so gilt als Widerstandsmoment des Hauptleiters die Summe der Widerstandsmomente der Teilleiter [N15.6]. Bei zwei oder mehr Zwischenstücken zwischen den Teilleitern zur Versteifung des Hauptleiters und zur Verkürzung der Teilleiterlänge l_T wird das Widerstandsmoment des Hauptleiters mit Hilfe des Steinerschen Satzes auf die Linie 0 bezogen und größer als die Summe der Widerstandsmomente der Teilleiter. Tabelle A.20 enthält berechnete Werte für das Flächenträgheitsmoment und das Widerstandsmoment für Hauptleiter mit bis zu vier Teilleitern und die verwendeten Berechnungsgleichungen.

Die Biegelinie im Bild 15.72c erhält man durch zweifache Integration aus dem Momentenverlauf $M(x)$ nach Gl. (15.215a):

$$\frac{d^2y}{dx^2} = \frac{M(x)}{EJ} = \frac{F'_H}{EJ}\left(\frac{1}{2}lx - \frac{1}{2}x^2\right) \tag{15.218a}$$

$$\frac{dy}{dx} = \frac{F'_H}{EJ}\left(\frac{1}{4}lx^2 - \frac{1}{6}x^3 + C_1\right) \tag{15.218b}$$

$$y = \frac{F'_H}{EJ}\left(\frac{1}{12}lx^3 - \frac{1}{24}x^4 + C_1x + C_2\right) = \frac{F'_H\,l^4}{24\,EJ}\left[2\left(\frac{x}{l}\right)^3 - \left(\frac{x}{l}\right)^4 - \frac{x}{l}\right] \tag{15.218c}$$

Aus den Randbedingungen $x = 0, y = 0$ ergibt sich $C_2 = 0$ und aus $x = l, y = 0$ dann $C_1 = -(1/24)l^3$. Für die maximale Durchbiegung findet man:

$$y_{\max} = y(x = l/2) = \frac{F'_H l^4}{24\,EJ}\left[\frac{1}{4} - \frac{1}{16} - \frac{1}{2}\right] = -\frac{5F'_H l^4}{384\,EJ} \tag{15.219}$$

Sammelschienen mit mehreren Auflagern (Abstützungen) nach Bild 15.77 werden am höchsten in den Endfeldern beansprucht. Ihre Biegelinie hat für die mittleren Felder eine waagerechte Tangente an den Auflagern. Die Beanspruchung in den Endfeldern kann deshalb etwa so wie bei einer einseitig eingespannten und auf der anderen Seite gelenkig gelagerten Sammelschiene berechnet werden, während die Beanspruchung in den Mittelfeldern so wie bei einer beidseitig eingespannten Sammelschiene auftritt. In beiden Fällen liegen statisch einfach unbestimmte Lagerungen vor, bei denen die unbestimmte Größe über das Minimum der Formänderungsarbeit ermittelt werden kann.

Bei Biegung ohne Schubbeanspruchung gilt nach Bild 15.74 für die Formänderungsarbeit A_F bei Durchbiegung f an der Stelle der Einzelkraft F:

$$A_F = \frac{1}{2}F \cdot f = \iiint_{xyz} \frac{\sigma^2}{2E}\,dx\,dy\,dz \tag{15.220a}$$

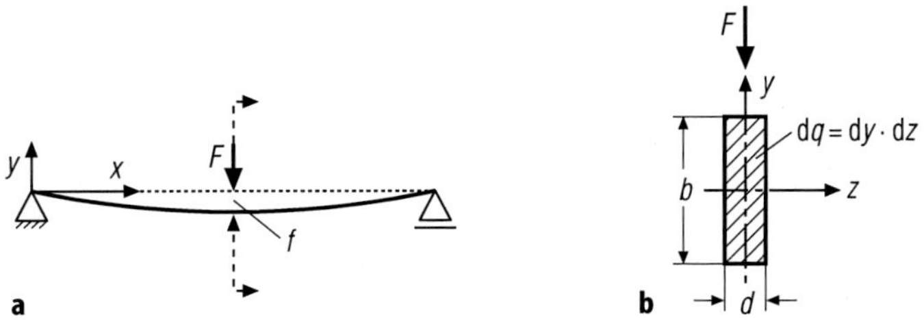

Bild 15.74 a, b. Anordnung zur Berechnung der Formänderungsarbeit A_F durch eine Einzelkraft F. **a** Durchbiegung f an der Stelle der Kraft F; **b** Querschnittsfläche q und $J = \int_q y^2 dq = (1/12)\,db^3$

Mit $dy \cdot dz = dq$ und $\sigma = (M(x)/J)y$ ergibt sich:

$$A_F = \int_{x=0}^{x=l} \int_q \frac{M^2(x)}{2EJ^2} dx\, y^2 dq = \frac{1}{2EJ^2} \int_q y^2 dq \int_{x=0}^{x=l} M^2(x) \cdot dx = \frac{1}{2EJ} \int_{x=0}^{x=l} M^2(x) dx \tag{15.220b}$$

Dabei sind E der Elastizitätsmodul, J das Flächenträgheitsmoment (Gl. (15.217)), und σ die Biegebeanspruchung (Biegespannung). Die partielle Ableitung der Formänderungsarbeit nach der Einzelkraft F ist proportional zur Durchbiegung an der Stelle der Kraft. Wählt man für F eine Auflagerkraft F_A, so gilt $\partial A_F / \partial_A = 0$, weil die Durchbiegung an der Stelle der Kraft F_A Null wird.

Für das Beispiel der einseitig eingespannten Schiene im Bild 15.75 sollen die Auflagerkräfte, der Momentenverlauf und die Biegelinie mit Hilfe dieser Methode bestimmt werden.

Für den Momentenverlauf $M(x)$ gilt ausgehend von Bild 15.75a:

$$M(x) = F_B x - \frac{1}{2} F'_H x^2 \tag{15.221a}$$

Setzt man $M(x)$ in Gl. (15.220b) ein, so findet man:

$$A_F = \frac{1}{2EJ} \int_{x=0}^{x=l} \left(F_B^2 x^2 - F_B F'_H x^3 + F'^2_H \frac{x^4}{4} \right) dx = \frac{1}{2EJ} \left(F_B^2 \frac{l^3}{3} - F_B F'_H \frac{l^4}{4} + F'^2_H \frac{l^5}{20} \right) \tag{15.222a}$$

$$\frac{\partial A_F}{\partial F_B} = \frac{1}{2EJ} \left(2F_B \frac{l^3}{3} - F'_H \frac{l^4}{4} \right) = 0 \tag{15.222b}$$

Daraus ergibt sich $F_B = (3/8) F'_H l$ und mit der Gleichgewichtsbedingung $F_A + F_B = F'_H l$ dann $F_A = (5/8) F'_H l$ (Tabelle 15.19). Für den Momentenverlauf wird damit:

$$M(x) = \frac{3}{8} F'_H l x - \frac{1}{2} F'_H x^2 = \frac{F'_H l^2}{8} \left(3\frac{x}{l} - 4\left(\frac{x}{l}\right)^2 \right) \tag{15.221b}$$

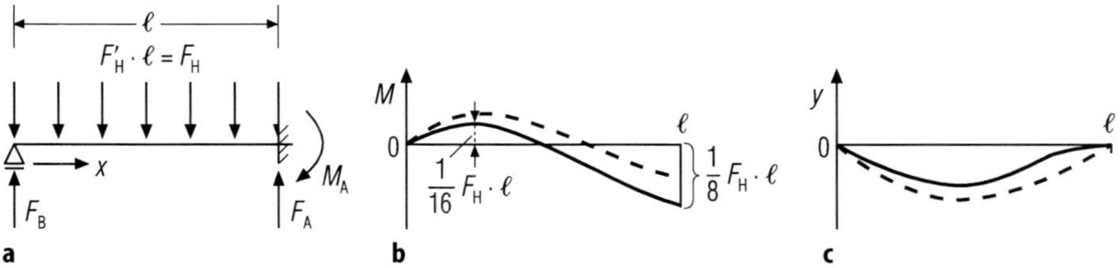

Bild 15.75 a – c. Einseitig eingespannter Hauptleiter (statisch einfach unbestimmte Lagerung). **a** Auflagekräfte F_A, F_B, Einspannmoment M_A; **b** Momentenverlauf; **c** Biegelinie. (Ausgezogene Linien gelten für „starre" Einspannung, gestrichelte Linien gelten beim Minimum der maximalen Momente)

Das maximale Moment tritt bei $x = l$ auf: $M_{max} = M(x = l) = -(1/8)F'_H l^2$.

Die Biegelinie im Bild 15.75c ermittelt man wie folgt:

$$\frac{d^2y}{dx^2} = \frac{M(x)}{EJ} = \frac{F'_H l^2}{8EJ}\left[3\frac{x}{l} - 4\left(\frac{x}{l}\right)^2\right] \tag{15.223a}$$

$$\frac{dy}{dx} = \frac{F'_H l^3}{8EJ}\left[\frac{3}{2}\left(\frac{x}{l}\right)^2 - \frac{4}{3}\left(\frac{x}{l}\right)^3 + C_1\right] \tag{15.223b}$$

$$y = \frac{F'_H l^4}{8EJ}\left[\frac{1}{2}\left(\frac{x}{l}\right)^3 - \frac{1}{3}\left(\frac{x}{l}\right)^4 + C_1\frac{x}{l} + C_2\right] \tag{15.223c}$$

Aus den Randbedingungen $x = 0, y = 0$ und $x = l, y = 0$ ergeben sich $C_2 = 0$ und $C_1 = -(1/6)l$. Die maximale Durchbiegung bei $x \approx 0{,}42\, l$ beträgt $y_{max} \approx -1{,}9 \cdot F'_H l^4/384EJ$ und erreicht damit nur etwa $^2/_5$ der Durchbiegung im Bild 15.72c. Da es eine „absolut starre" Einspannung nicht geben wird, kann man damit rechnen, dass sich der Mindestwert des maximalen Momentes einstellen wird und damit eine vergrößerte Durchbiegung. Der veränderte Momentenverlauf und die veränderte Biegelinie sind gestrichelt in die Bilder 15.75b und c eingetragen. Sie ergeben sich bei $F_B \approx (3{,}31/8)F'_H l$ und $F_A = F'_H l - F_B < (5/8)F'_H l$. Für das kleinste maximale Moment, das gleichermaßen bei $x \approx 0{,}42l$ und $x = l$ auftritt ergibt sich damit $M_{max} \approx 0{,}7 \cdot (1/8)F'_H l$. Nach [N15.6] gilt, wie auch in Tabelle 15.19 angegeben, der Faktor $\beta = 0{,}73$ als ein auf der sicheren Seite liegender Wert.

Für die beidseitig eingespannte Schiene im Bild 15.76 liegt ebenfalls eine statisch unbestimmte Lagerung vor, auch wenn hier $F_A = F_B = 0{,}5 \cdot F'_H l$ gilt. Für das Biegemoment ergibt sich:

$$M(x) = -M_A + \frac{1}{2}F'_H l x - \frac{1}{2}F'_H x^2 \tag{15.224a}$$

Hiermit berechnet man dann die Biegelinie:

$$\frac{d^2y}{dx^2} = \frac{M(x)}{EJ} = \frac{F'_H}{EJ}\left(-\frac{M_A}{F'_H} + \frac{1}{2}lx - \frac{1}{2}x^2\right) \tag{15.225a}$$

$$\frac{dy}{dx} = \frac{F'_H}{EJ}\left(-\frac{M_A}{F'_H}x + \frac{1}{4}lx^2 - \frac{1}{6}x^3 + C_1\right) \tag{15.225b}$$

$$y = \frac{F'_H}{EJ}\left(-\frac{1}{2}\frac{M_A}{F'_H}x^2 + \frac{1}{12}lx^3 - \frac{1}{24}x^4 + C_1 x + C_2\right) \tag{15.225c}$$

Mit den Randbedingungen $x = 0, y = 0$ und $x = 0$, $dy/dx = 0$ (waagerechte Tangente) findet man $C_1 = 0$ und $C_2 = 0$ und weiter mit der Randbedingung $x = l$,

$dy/dx = 0$ dann $M_A = -M_B = (1/12)F'_H l^2$. Für den Momentenverlauf in Bild 15.67 gilt damit:

$$M(x) = \frac{F'_H l^2}{8}\left[-4\left(\frac{x}{l}\right)^2 + 4\frac{x}{l} - \frac{2}{3}\right] \quad (15.224\text{b})$$

Bei $x = l/2$ ergibt sich $M(x = l/2) = (1/24)F'_H l^2$. Damit wird für die Biegelinie im Bild 15.76c (ausgezogene Linie):

$$y = \frac{F'_H l^4}{24 \cdot EJ}\left[-\left(\frac{x}{l}\right)^2 + 2\left(\frac{x}{l}\right)^3 - \left(\frac{x}{l}\right)^4\right] \quad (15.226)$$

Die größte Durchbiegung in der Mitte bei $x = l/2$ ergibt $y_{max} = -F'_H l^4/(384\ EJ)$. Sie liegt damit bei $^1/_5$ der maximalen Durchbiegung der Schiene mit freier Auflage im Bild 15.72c. Die tatsächliche Durchbiegung wird zwischen den beiden Werten liegen und wird so bestimmt, dass M_{max} ein Minimum wird. Dies trifft zu für

$$M(x) = \frac{F'_H l^2}{8}\left[-4\left(\frac{x}{l}\right)^2 + 4\frac{x}{l} - \frac{1}{2}\right] \quad (15.227)$$

Hiermit findet man dann für das größte Moment: $0{,}5 \cdot F'_H l^2/8$ bei $x = 0$, bei $x = l$ und bei $x = l/2$ und damit einen Faktor $\beta = 0{,}5$ in der Tabelle 15.19 nach [N15.6]. Dieser Momentenverlauf bei „nicht absolut starrer" Einspannung ist im Bild 15.76 gestrichelt eingezeichnet.

Für die Berechnung der Biegelinie gilt damit:

$$\frac{d^2y}{dx^2} = \frac{M(x)}{EJ} = \frac{F'_H l^2}{8EJ}\left[-4\left(\frac{x}{l}\right)^2 + 4\frac{x}{l} - \frac{1}{2}\right] \quad (15.228\text{a})$$

$$\frac{dy}{dx} = \frac{F'_H l^3}{8EJ}\left[-\frac{4}{3}\left(\frac{x}{l}\right)^3 + 2\left(\frac{x}{l}\right)^2 - \frac{1}{2}\frac{x}{l} - \frac{1}{12}\right] \quad (15.228\text{b})$$

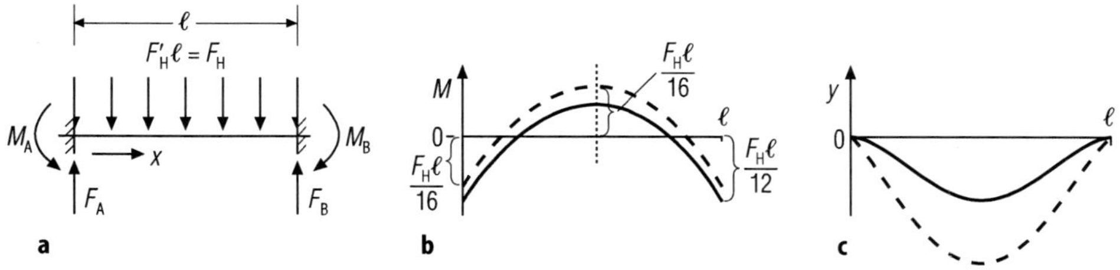

Bild 15.76a–c. Beidseitig eingespannter Hauptleiter (statisch einfach unbestimmte Lagerung). a Auflagerkräfte F_A, F_B, Einspannmomente M_A, M_B; **b** Momentenverlauf; c Biegelinie (gestrichelter Verlauf bei „nicht absolut starrer" Einspannung)

Für $x = 0$ gilt $\mathrm{d}y/\mathrm{d}x = -F'_H l^3/(96EJ)$ während sich erwartungsgemäß für $x = l$ der gleiche Wert mit positivem Vorzeichen ergibt.

$$y = \frac{F'_H l^4}{24EJ}\left[-\left(\frac{x}{l}\right)^4 + 2\left(\frac{x}{l}\right)^3 - \frac{3}{4}\left(\frac{x}{l}\right)^2 - \frac{1}{4}\frac{x}{l}\right] \qquad (15.228\,c)$$

Bei $x = 0$ und $x = l$ ergibt sich $y = 0$. Bei $x = l/2$ findet man $y = -F'_H l^4/(192EJ)$. Die maximale Durchbiegung wird also doppelt so groß wie in dem Fall der absolut starren Einspannung (siehe die gestrichelte Kurve im Bild 15.76c).

Bild 15.77 zeigt einen mehrfach ($n > 3$) gelagerten Hauptleiter mit dem zugehörigen Momentenverlauf, der sich näherungsweise für die Mittelfelder aus den Überlegungen zur beidseitig eingespannten Schiene und der sich für die Endfelder aus den Überlegungen für die einseitig eingespannte Schiene ergibt.

Ähnliche Überlegungen wie für den zweiseitig eingespannten Hauptleiter gelten auch für den einseitig eingespannten und auf der anderen Seite gelenkig gelagerten Hauptleiter, so wie bei einem Endfeld einer mehrfach gestützten Sammelschiene nach Bild 15.77. Bei starrer Einspannung in A gilt $F_A = (5/8)F_H$ und $F_B = (3/8)F_H$ und für das maximale Moment an der Stelle der starren Einspannung $M_A = M_{max} = (1/8)F_H l$. Auch hier darf man wieder von einer solchen Art der Einspannung in A ausgehen, bei der das kleinste maximale Moment auftritt. Nach [N15.6] wird dafür auf der sicheren Seite liegend $M_{max} = 0{,}73 \cdot (1/8)F_H l$ gesetzt.

Tabelle 15.19 enthält eine Zusammenstellung der Gleichungen für die Berechnung der Hauptleiter-, Teilleiter- und Stützpunktbeanspruchungen bei verschiedenen Schienenbefestigungen. Lässt man für den Verformungsfaktor

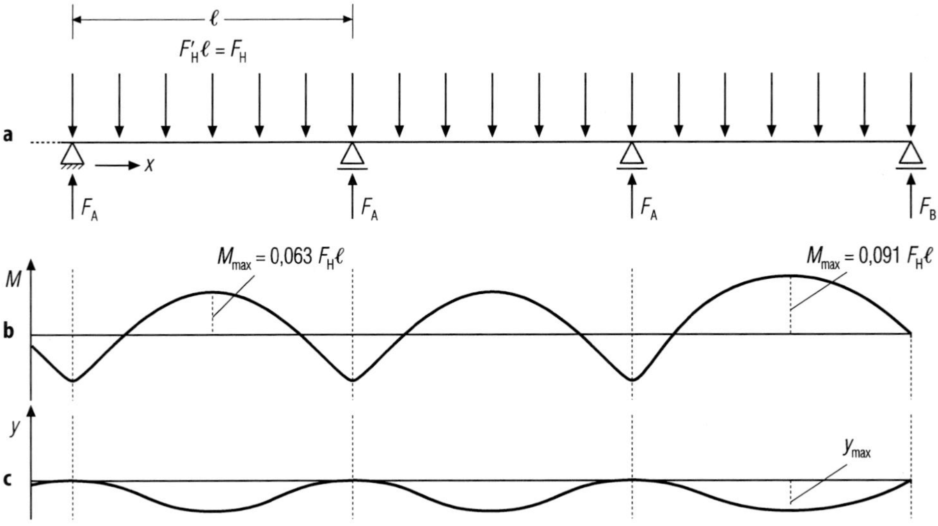

Bild 15.77 a–c. Mehrfach gelagerter Hauptleiter ($n \geq 3$). **a** Anordnung mit Kräften; **b** Biegemomentenverlauf; **c** Biegelinie

Tabelle 15.19. Berechnungsgleichungen für die Hauptleiter (H)-, die Teilleiter (T)- und die Stützpukt (S)-Beanspruchungen von biegesteifen Drehstromschienen durch den Kurzschlussstrom; Faktoren α, β und γ [N15.6, Tabelle 3] sowie V_F, V_σ und V_{KU} nach Bild 15.78

Anordnung und Bezeichnungen von Drehstromschienen

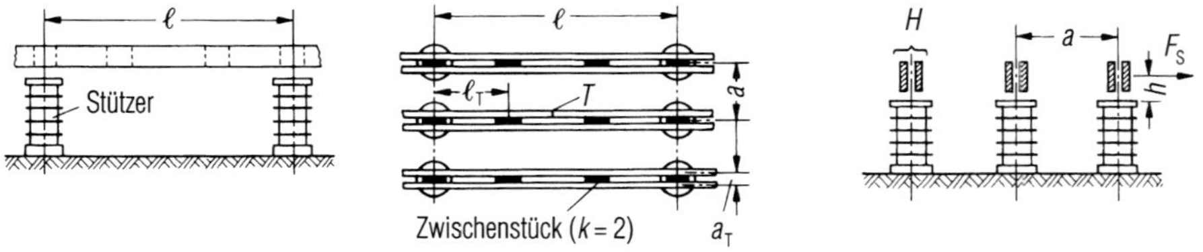

Hauptleiterbeanspruchung	Teilleiterbeanspruchung	Stützpunktbeanspruchung
$F_H = \frac{\mu_0}{2\pi} \cdot \frac{\sqrt{3}}{2} i_p^2 \frac{l}{a}$ (15.212)	$F_T = \frac{\mu_0}{2\pi} \cdot \left(\frac{i_p}{n}\right)^2 \frac{l_T}{a_T}$ (15.213)	$F_S = V_F V_{KU} \alpha F_H$ (15.229)
$\sigma_H = V_\sigma V_{KU} \beta \frac{F_H \, l}{8W}$ (15.230)	$\sigma_T = V_{\sigma T} V_{KUT} \frac{F_T \, l_T}{16 \, W_T}$ (15.231)	Größtmögliche Werte von $V_F V_{KU}$:
Ohne Kurzunterbrechung (KU) $V_\sigma V_{KU} = 1$ (15.232)	$V_{\sigma T} V_{KU} = 1$ (15.233)	2,7 für $\frac{\sigma_{tot}}{0{,}8\,R_{p0,2}} \leq 0{,}37$ $\frac{0{,}8\,R_{p0,2}}{\sigma_{tot}}$ für $0{,}37 < \frac{\sigma_{tot}}{0{,}8\,R_{p0,2}} < 1$ 1,0 für $1{,}0 \leq \frac{\sigma_{tot}}{0{,}8\,R_{p0,2}}$
Mit dreipoliger Kurzunterbrechung (KU3) $V_\sigma V_{KU} = 1{,}8$ (15.234) $\sigma_H \leq q \cdot R_{p0,2}$ (15.236)	$V_{\sigma T} V_{KU} = 1{,}8$ (15.235) $\sigma_T \leq R_{p0,2}$ (15.237)	
$\sigma_{tot} = \sigma_H + \sigma_T \leq q \cdot R_{p0,2}$ (15.238)		
		$F_S \leq$ Mindestbruchlast der Isolatoren unter Beachtung des Angriffspunktes der Kraft

a, a_T wirksamer Abstand der Hauptleiter, Teilleiter (Bild 15.69, Bild 15.71); $R_{p0,2}$ Streckgrenze (zur Bedeutung siehe Bild 15.79); q Verformungsfaktor, bei Rechteckquerschnitten $q = 1{,}5$ (Anhang A.21)

Faktor β für die Hauptleiterbeanspruchung	Schienenbefestigung und Faktor γ zur Bestimmung der Eigenfrequenz		Faktor α für die Stützpunktbeanspruchung
$\beta = 1$		$n = 1$; $\gamma = 1{,}57$	$\alpha_A = \alpha_B = 0{,}5$
$\beta = 0{,}73$	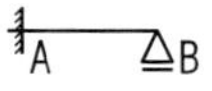	$n = 1$; $\gamma = 2{,}45$	$\alpha_A = 0{,}625$; $\alpha_B = 0{,}375$
$\beta = 0{,}5$	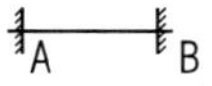	$n = 1$; $\gamma = 3{,}56$	$\alpha_A = \alpha_B = 0{,}5$
$\beta = 0{,}73$	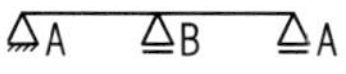	$n = 2$; $\gamma = 2{,}45$	$\alpha_A = 0{,}375$; $\alpha_B = 1{,}25$
$\beta = 0{,}73$	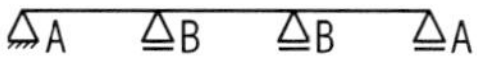	$n \geq 3$; $\gamma = 3{,}56$	$\alpha_A = 0{,}4$; $\alpha_B = 1{,}1$

q Werte zwischen 1 und 1,5 zu, bei Rechteckschienen z. B.: $q = 1{,}5$, so ist nach Auftreten eines maximalen Kurzschlussstromes eine gewisse bleibende plastische Verformung möglich, die jedoch erfahrungsgemäß die Betriebstüchtigkeit der Anlage nicht beeinträchtigt.

Die einfache Berechnung mit den Angaben in der Tabelle 15.19 kann in bestimmten Fällen eine Überdimensionierung der Leiter und der Befestigung ergeben, siehe das Beispiel am Ende des Abschnitts. Eine genauere Berechnung erfordert die Bestimmung der natürlichen Leitereigenfrequenz f_c, die von der Lagerung bzw. Einspannung (Faktor γ in der Tabelle 15.19), vom Stützabstand l, vom Elastizitätsmodul E, vom Flächenträgheitsmoment J des Leiters und von der Masse je Längeneinheit $m' = m/l$ abhängt.

$$f_c = \frac{\gamma}{l^2}\sqrt{\frac{EJ}{m'}} \tag{15.239a}$$

Diese Gleichung lässt sich unmittelbar auf die Hauptleiter anwenden, wenn sie aus einfachen Schienen bestehen, also nicht in Teilleiter unterteilt sind.

Besteht der Hauptleiter aus Teilleitern mit Rechteckquerschnitt, so ist die maßgebliche Eigenfrequenz des Hauptleiters nach [N15.6] wie folgt zu berechnen:

$$f_c = c \cdot \frac{\gamma}{l^2}\sqrt{\frac{EJ_T}{m'_T}} \tag{15.239b}$$

Der Faktor c kann abhängig von der Anzahl der Versteifungselemente oder der Abstandshalter dem Angang A.21 entnommen werden. Sind keine Verbindungsstücke vorhanden, so ist $c = 1$ zu setzen.

Für die Berechnung der Teilleiterbeanspruchung soll die Eigenfrequenz wie folgt bestimmt werden:

$$f_{cT} = \frac{3{,}56}{l_T^2}\sqrt{\frac{EJ_T}{m'_T}} \tag{15.240}$$

Für γ wurde der Faktor wie für einen beidseitig eingespannten Leiter eingeführt (Tabelle 15.19). Die Flächenträgheitsmomente J und J_T sind zu berechnen oder dem Anhang A.20 zu entnehmen.

Bildet man f_c/f oder f_{cT}/f, wobei f die Betriebsfrequenz des Netzes ist (z. B. 50 Hz), so kann man die Faktoren V_F, V_σ und $V_{\sigma T}$ aus dem Bild 15.78 ablesen und in die Gleichungen für F_S, F_H, und F_T in Tabelle 15.19 einführen, um so eine bessere Näherung für diese Kräfte abhängig von der Nähe zur Resonanz zu finden. Abhängig vom Stoßfaktor κ gelten unterschiedliche Kurven. In Fällen ohne automatische Kurzunterbrechung ist $V_{KU} = V_{KUT} = 1$ zu setzen.

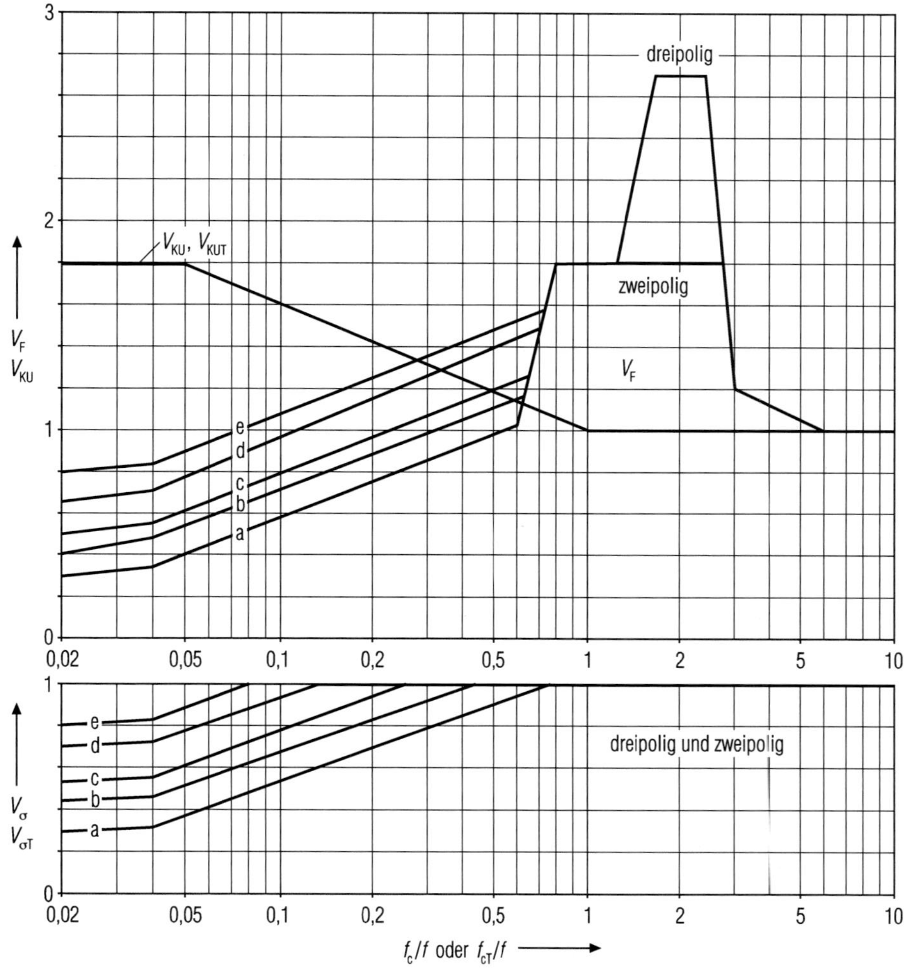

Bild 15.78. Faktoren V_F, V_σ, $V_{\sigma T}$ und V_{KU}, V_{KUT} bei drei- und zweipoligen Kurzschlüssen. a: $\kappa = 1{,}60$; b: $\kappa = 1{,}40$; c: $\kappa = 1{,}25$; d: $\kappa = 1{,}10$; e: $\kappa = 1{,}00$

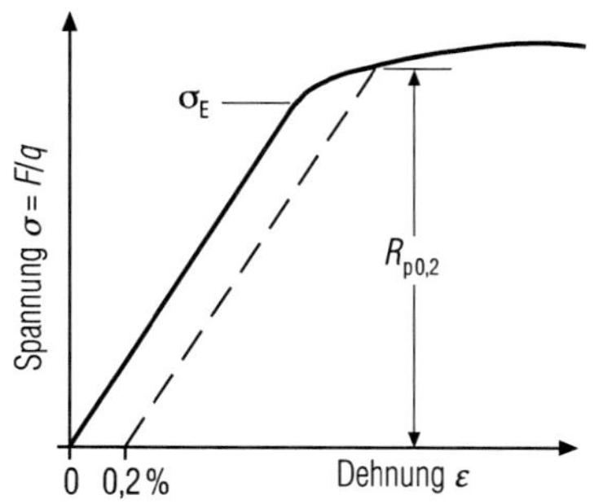

Material	$R_{p0,2}$ N/mm²	E N/mm²
E-CuF30	250 … 360	110000
E-AlF10	70 … 120	65000
E-AlMgSi0,5	120 … 180	70000

Bild 15.79. Spannungs-Dehnungs-Diagramm (Prinzip); $R_{p0,2}$ Streckgrenze mit bleibender Dehnung ≤ 2 %; σ_E Elastizitätsgrenze; Elastizitätsmodul: $E = \sigma/\varepsilon$

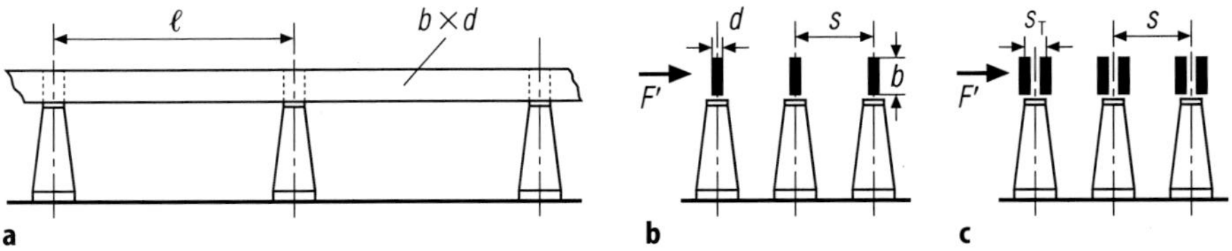

Bild 15.80 a–c. Drehstromsammelschiene mit $n > 3$, $l = 0.9$ m, $s = 0{,}21$ m, $s_T = 2d$, $q = b \times d = 60$ mm×10 mm, $m' = 1{,}62$ kg/m, $E = 70\,000$ kg/mm², $R_{p0,2} = (120 \ldots 180)$N/mm² (Bild 15.79). Bei zwei Teilleitern pro Hauptleiter ohne, mit einem oder mit drei gleichmäßig verteilten Zwischenstücken

Beispiel zur Berechnung der mechanischen Kurzschlussfestigkeit biegesteifer Leiter

Für die Sammelschienenanordnung nach Bild 15.80 mit Hauptleitern, die entweder aus einer oder aus zwei parallelen Schienen E-AlMgSi0,5: 60 mm× 10 mm mit dem lichten Abstand von 1 cm bestehen, soll die Beanspruchung bei generatorfernem Kurzschluss abhängig von i_p ermittelt werden.

Für das Flächenträgheitsmoment einer Schiene, bei der im Bild 15.80 angegebenen Kraftrichtung, ergibt sich nach Gl. (15.217a) $J_y = 0{,}5$ cm⁴ und für das Widerstandsmoment (Tabelle A.20) $W = W_y = (1/e)J_y = 1$ cm³ bei $e = d/2 = 0{,}5$ cm.

Die Kraft F_H auf den Hauptleiter berechnet man mit Gl. (15.212). Bei $i_p =$ 20 kA wird:

$$F_H = \frac{\mu_0}{2\pi}\frac{\sqrt{3}}{2} i_p^2 \frac{l}{a} = \frac{4\pi \cdot 10^{-7}}{2\pi}\frac{\text{Vs}}{\text{Am}}\frac{\sqrt{3}}{2}(20\ \text{kA})^2 \frac{0{,}9\ \text{m}}{0{,}21\ \text{m}} = 296{,}9\ \text{N}$$

Nach Bild 15.69 gilt bei $s = 0{,}21$ m: $a \approx s$. Bei der numerischen Auswertung der Gleichung ist zu beachten, dass 1 VAs/m = 1 N gilt.

Bei Verwendung von zwei Teilleitern ($n = 2$) berechnet man die Kraft auf die Teilleiter nach Gl. (15.213), wenn kein Zwischenstück vorhanden ist, wie folgt:

$$F_T = \frac{\mu_0}{2\pi}\left(\frac{i_p}{n}\right)^2 \frac{l_T}{a_T} = \frac{4\pi \cdot 10^{-7}}{2\pi}\frac{\text{Vs}}{\text{Am}}\left(\frac{20\ \text{kA}}{2}\right)^2 \frac{0{,}9\ \text{m}}{0{,}034\ \text{m}} = 529{,}4\ \text{N}$$

Für den Schwerpunktabstand $s_T = 2d = 2$ cm der beiden Teilleiter ergibt sich nach Bild 15.71 $a_T/s_T = 1{,}7$ und somit $a_T = 3{,}4$ cm $= 0{,}034$ m. Bei einem Zwischenstück (1 Z) ist $l_T = 0{,}45$ m und bei drei Zwischenstücken (3Z) ist $l_T = 0{,}225$ m einzusetzen. Für diese Fälle ist F_T zusammen mit F_H abhängig von i_p im Bild 15.81 a dargestellt.

Die Biegebeanspruchung für den aus einer Schiene bestehenden Hauptleiter wird mit dem vereinfachten Verfahren [N15.6] bei $V_\sigma V_{KU} = 1$ nach Gl. (15.230) berechnet und im Bild 15.81 b dargestellt. Für $i_p = 20$ kA gilt $F_H = 296{,}9$ N und damit dann:

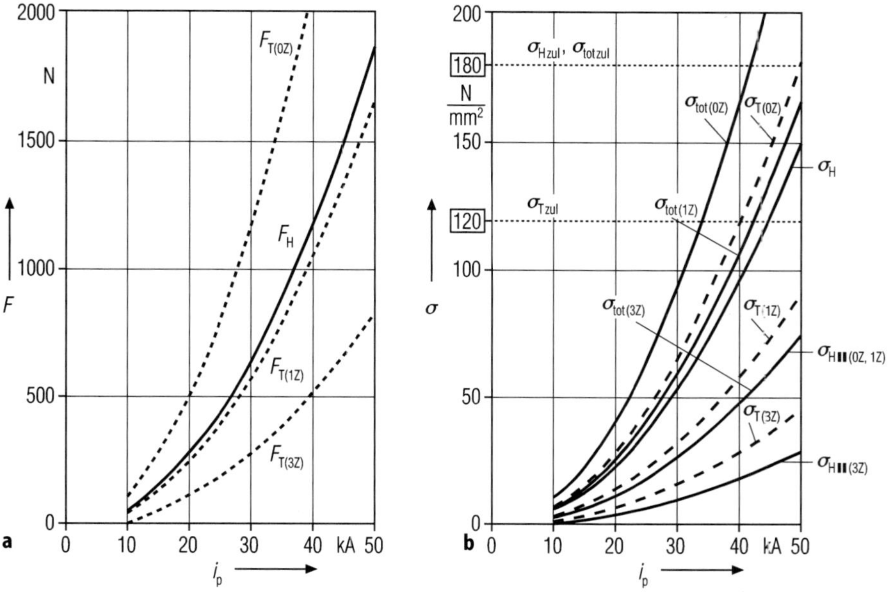

Bild 15.81 a, b. Ergebnisse für die Kräfte F und die Biegebeanspruchungen σ der Sammelschienenanordnung nach Bild 15.80 abhängig vom Stoßkurzschlussstrom i_p. **a** Kräfte F_H und F_T; **b** Biegebeanspruchungen σ_H, σ_T, σ_{tot}

$$\sigma_H = V_\sigma V_{KU}\,\beta \frac{F_H\, l}{8 \cdot W} = 1 \cdot 0{,}73\,\frac{296{,}9\text{ N} \cdot 0{,}9\text{ m}}{8 \cdot 1\text{ cm}^3} = 24{,}4\text{ N/mm}^2$$

Die zulässige Biegebeanspruchung ergibt sich aus $R_{p0,2\,min} = 120$ N/mm² (Bild 15.79) und dem Faktor $q = 1{,}5$ für Rechteckschienen (Anhang A.21): $\sigma_{Hzul} = qR_{p0,2\,min} = 180$ N/mm². Die Biegebeanspruchung σ_H ist abhängig von i_p im Bild 15.81 b dargestellt.

Besteht jeder Hauptleiter aus zwei Teilleitern, so wird die Hauptleiterbeanspruchung bei keinem Zwischenstück (0 Z) oder einem Zwischenstück (1 Z) [N15.6] für $i_p = 20$ kA wie folgt berechnet ($W = 2\,W_y = 2 \cdot 1$ cm³):

$$\sigma_{H(0Z,1Z)} = V_\sigma V_{KU}\beta \frac{F_H\, l}{8 \cdot W} = 1 \cdot 0{,}73\,\frac{296{,}9\text{ N} \cdot 0{,}9\text{ m}}{8 \cdot 2 \cdot 1\text{ cm}^3} = 12{,}2\text{N/mm}^2$$

Bei drei Zwischenstücken, die als Versteifungselemente angesehen werden können, erhält man mit $W = 0{,}6 \cdot W_0 = 5{,}2$ cm³ nach Tabelle A.20:

$$\sigma_{H(3Z)} = V_\sigma V_{KU}\beta\,\frac{F_H\, l}{8 \cdot W} = 1 \cdot 0{,}73\,\frac{296{,}9\text{ N} \cdot 0{,}9\text{ m}}{8 \cdot 5{,}2\text{ cm}^3} = 4{,}7\text{ N/mm}^2$$

Für die Teilleiterbeanspruchung σ_T nach Gl. (15.231) ergibt sich mit $V_{\sigma T} V_{KUT} = 1$ bei der vereinfachten Berechnung im Fall ohne Zwischenstück (0 Z) und bei $i_p = 20$ kA:

$$\sigma_{T(0Z)} = V_{\sigma T} V_{KUT} \frac{F_T\, l_T}{16 \cdot W_T} = 1 \cdot \frac{529{,}4\ \mathrm{N} \cdot 0{,}9\ \mathrm{m}}{16 \cdot 1\ \mathrm{cm}^3} = 29{,}8\ \mathrm{N/mm}^2$$

Mit einem Zwischenstück bei $l_T = 0{,}5 \cdot l$ wird $\sigma_{T(1Z)} = 14{,}9$ N/mm² und mit drei Zwischenstücken bei $l_T = 0{,}225 \cdot l$ wird $\sigma_{T(3Z)} = 7{,}5$ N/mm² jeweils bei i_p = 20 kA. Auch diese Teilleiterbeanspruchungen sind in das Bild 15.81 b eingetragen. Nach Gl. (15.237) gilt $\sigma_{zul} \leq R_{p0,2}$.

Wenn die Hauptleiter Teilleiter aufweisen, muss man auch die totale Beanspruchung $\sigma_{tot} = \sigma_H + \sigma_T$ auf ihre Zulässigkeit überprüfen mit $\sigma_{tot} \leq q \cdot R_{p0,2}$ nach Gl. (15.238). Bild 15.81 b zeigt, dass die Anordnung mit einer Schiene bis i_p = 50 kA kurzschlussfest ist. Bei zwei Teilleitern wird die Beanspruchung dann besonders klein, wenn man drei Zwischenstücke als Versteifungselemente einsetzt.

Für die Stützpunktbeanspruchung F_S ergibt sich unabhängig von der Anzahl der Teilleiter mit der vereinfachten Berechnungsmethode nach Gl. (15.229) bei $\alpha = 1{,}1$ (Innenstütze, Tabelle 15.19) und $V_F \cdot V_{KU} = 2{,}7$ (Nach Tabelle 15.19: $\sigma_{tot}/(0{,}8\, R_{p0,2}) = 0{,}25 \leq 0{,}37$ bei $\sigma_{tot} = \sigma_H = 24{,}4$ N/mm²):

$$F_S = V_F V_{KU} \alpha F_H = 2{,}7 \cdot 1{,}1 \cdot 296{,}9\ \mathrm{N} = 881{,}8\ \mathrm{N}$$

Für die *Berechnung mit dem ausführlichen Verfahren* [N15.6, 2.2.2.6] unter Berücksichtigung der Eigenfrequenz (der maßgeblichen natürlichen Frequenz) findet man für die Anordnung mit einer Schiene pro Hauptleiter nach Gl. (15.239 a):

$$f_c = \frac{\gamma}{l^2}\sqrt{\frac{E\,J}{m'}} = \frac{3{,}56}{(0{,}9\ \mathrm{m})^2}\sqrt{\frac{70000\ \mathrm{N/mm}^2 \cdot 0{,}5\ \mathrm{cm}^4}{1{,}62\ \mathrm{kg/m}}}$$

$$= \frac{3{,}56}{(0{,}9\ \mathrm{m})^2}\, 14{,}7\, \frac{\mathrm{m}^2}{\mathrm{s}} = 64{,}6\ \mathrm{Hz}$$

Tabelle 15.20. Leiter- und Stützpunktbeanspruchung bei zwei Teilleitern (Bild 15.80 c); $V_{KU} = 1$

Anzahl der Zwischenstücke		–	0	1	3
Hauptleiterfrequenz f_c		Hz	64,6	61,4	93,7
Teilleiterfrequenz f_{cT}		Hz	64,6	258,0	1034
V_σ		–	1,0	1,0	1,0
$V_{\sigma T}$		–	1,0	1,0	1,0
V_F		–	2,0	1,1	1,0
σ_H	nach Gl. (15.230)	N/mm²	12,2	12,2	4,7
σ_T	nach Gl. (15.231)	N/mm²	29,8	14,9	7,5
$\sigma_{tot} = \sigma_H + \sigma_T$	nach Gl. (15.238)	N/mm²	42,0	27,1	12,2
F_S ($\alpha = 1{,}1$ für innere Stützen)	nach Gl. (15.229)	N	653	359	327

Eingeführt wurde 1 N/mm² = 1 kgm/(s²mm²) = 10^6 kg/(s²m). Bei f = 50 Hz findet man f_c/f = 1,29 und damit bei dreipoligem Kurzschluss nach Bild 15.78: V_σ = 1,0; V_{KU} = 1 (Netz ohne KU); $V_F \approx 2{,}0$. Mit diesen Werten ergibt sich bei i_p = 20 kA nach Gl. (15.230) und (15.229):

$$\sigma_H = V_\sigma V_{KU} \beta \frac{F_H\, l}{8W} = 1{,}0 \cdot 1{,}0 \cdot 0{,}73\,\frac{296{,}9\text{N} \cdot 0{,}9\ \text{m}}{8 \cdot 1\ \text{cm}^3} = 24{,}4\ \text{N/mm}$$

$$F_S = V_F V_{KU} \alpha F_H = 2{,}0 \cdot 1{,}0 \cdot 1{,}1 \cdot 296{,}9\ \text{N} = 653{,}2\ \text{N}$$

Für den Fall, dass die Hauptleiter zwei Teilleiter aufweisen, verwendet man Gl. (15.239b) zur Berechnung der Frequenz f_c mit Hilfe des Faktors c nach Anhang A.21, wobei vorausgesetzt werden soll, dass die Zwischenstücke als Versteifungselemente dienen. Für die Masse eines Zwischenstücks 60 mm × 60 mm × 10 mm ergibt sich m_Z = 1,62 kg/m · 0,06 m = 0,0972 kg.

$$f_{c(0Z)} = c\frac{\gamma}{l^2}\sqrt{\frac{E J_T}{m'_T}} = 1{,}0\frac{3{,}56}{(0{,}9\ \text{m})^2}\sqrt{\frac{70000\ \text{kg/mm}^2 \cdot 0{,}5\ \text{cm}^4}{1{,}62\ \text{kg/m}}} = 64{,}6\ \text{Hz}$$

$$f_{c(1Z)} = c\frac{\gamma}{l^2}\sqrt{\frac{E J_T}{m'_T}} = 0{,}95\frac{3{,}56}{(0{,}9\ \text{m})^2}\sqrt{\frac{70000\ \text{kg/mm}^2 \cdot 0{,}5\ \text{cm}^4}{1{,}62\ \text{kg/m}}} = 61{,}4\ \text{Hz}$$

$$f_{c(3Z)} = c\frac{\gamma}{l^2}\sqrt{\frac{E J_T}{m'_T}} = 1{,}45\frac{3{,}56}{(0{,}9\ \text{m})^2}\sqrt{\frac{70000\ \text{kg/mm}^2 \cdot 0{,}5\ \text{cm}^4}{1{,}62\ \text{kg/m}}} = 93{,}7\ \text{Hz}$$

Für die Ermittlung der Teilleiterbeanspruchung ist die Frequenz f_{cT} nach Gl. (15.240) zu verwenden:

$$f_{cT(0Z)} = \frac{3{,}56}{l_T^2}\sqrt{\frac{E J_T}{m'_T}} = \frac{3{,}56}{(0{,}9\ \text{m})^2}\sqrt{\frac{70\,000\ \text{kg/mm}^2 \cdot 0{,}5\ \text{cm}^4}{1{,}62\ \text{kg/m}}} = 64{,}6\ \text{Hz}$$

$$f_{cT(1Z)} = \frac{3{,}56}{l_T^2}\sqrt{\frac{E J_T}{m'_T}} = \frac{3{,}56}{(0{,}45\ \text{m})^2}\sqrt{\frac{70\,000\ \text{kg/mm}^2 \cdot 0{,}5\ \text{cm}^4}{1{,}62\ \text{kg/m}}} = 258{,}0\ \text{Hz}$$

$$f_{cT(3Z)} = \frac{3{,}56}{l_T^2}\sqrt{\frac{E J_T}{m'_T}} = \frac{3{,}56}{(0{,}225\ \text{m})^2}\sqrt{\frac{70\,000\ \text{kg/mm}^2 \cdot 0{,}5\ \text{cm}^4}{1{,}62\ \text{kg/m}}} = 1034\ \text{Hz}$$

Mit diesen Eigenfrequenzen ergeben sich die in Tabelle 15.20 aufgeführten Beanspruchungen bei zwei Teilleitern und bei i_p = 20 kA.

Die nach dem ausführlichen Verfahren berechneten Schienenbeanspruchungen stimmen mit den Schienenbeanspruchungen überein, die mit dem vereinfachten Verfahren berechnet wurden. Bei den Kräften F_S ergeben sich jedoch kleinere Werte als nach dem Näherungsverfahren.

Der vorstehend am Beispiel einer Mittelspannungs-Sammelschiene dargestellte Berechnungsgang für biegesteife Leiter mit den Gleichungen der Tabelle 15.19 gilt auch für Hochspannungsanlagen mit Rohrsammelschienen (Bild

Tabelle 15.21. Mechanische Kurzschlussbeanspruchungen in Anlagen mit Rohrsammelschienen bei $U_n = 110$ kV bis 380 kV, Beispiele bei hohen Stoßkurzschlussströmen und bei KU in den Netzen. Rohr AlMgSi0,5: $D = 200$ mm, $s = 6$ mm; $n = 2$ Spannfelder

Nennspannung	U_n	kV	110	220	380
Höchste Spannung für Betriebsmittel	U_m	kV	123	245	420
Anfangs-Kurzschlusswechselstrom [a]	I''_k	kA	40	63	80
Kurzschlussleistung $S''_k = \sqrt{3} U_n I''_k$ [a]	S''_k	MVA	7500	24 000	53 000
Stoßkurzschlussstrom bei $\kappa = 1{,}8$	i_p	kA	100	160	200
Spannweite [b]	l	m	8	12	18
Rohrabstand (Leiterabstand) [c]	a	m	2	5	8
Massenbelag des Rohres (AlMgSi0,5)	m'	kg/m	9,87		
Trägheitsmoment	J	m^4	$J = \frac{\pi}{64}(D^4 - (D-2s)^4)$ $= 17{,}22 \cdot 10^{-6}\,m^4$		
Widerstandsmoment	W	m^3	$W = J/(D/2) = 172{,}2\ m^3$		
Kraft auf das Rohr, Gl. (15.212)	F_H	kN	6,93	10,64	15,59
Vereinfachtes Verfahren ohne Kurzunterbrechung					
Biegebeanspruchung, Gl. (15.230) [d]	σ_H [f]	N/mm^2	29,4	67,7	148,7
Hilfsgröße mit $R_{p0,2} = 240\ N/mm^2$	$\frac{\sigma_H}{0{,}8 R_{p0,2}}$	–	0,153	0,35	0,77
$V_F V_{KU}$ abhängig von $\sigma_H/(0{,}8\ R_{p0,2})$	$V_F V_{KU}$	–	2,7	2,7	1,29
Kraft auf den Stützpunkt, Gl. (15.229) [e]	F_S	kN	23,4	35,9	25,1
Ausführliches Verfahren ohne und mit Kurzunterbrechung					
Wirksame Frequenz, Gl. (15.239 a), $\gamma = 2{,}45$	f_c	Hz	13,4	5,9	2,6
Bezogene Frequenz	f_c/f	–	0,27	0,12	0,052
Faktor V_σ, Bild 15.78 ($\kappa > 1{,}6$)	V_σ	–	0,7	0,53	0,35
Faktor zur Berücksichtigung der KU, Bild 15.78	V_{KU}	–	1,35	1,6	1,78
Faktor für Stützpunktkraft, Bild 15.78	V_F	–	0,85	0,65	0,35
Biegebeanspruchung, Gl. (15.230) ohne KU	σ_H [f]	N/mm^2	20,6	35,9	52,0
Biegebeanspruchung, Gl. (15.230) mit KU	σ_H [f]	N/mm^2	27,8	57,4	92,6
Kraft auf den Stützpunkt Gl. (15.229), ohne KU	F_S [g]	kN	7,4	7,1	6,8
Kraft auf den Stützpunkt Gl. (15.229), mit KU	F_S [g]	kN	9,9	13,8	12,1

[a] Als sinnvoll angesehene Obergrenze eingestuft [1.24]. Nach einer CIGRE-Umfrage werden maximal erwartet: $I''_k = 80$ kA bei 110 kV; $I''_k = 70$ kA bei 220 kV; $I''_k = 100$ kA bei 380 kV.

11.17b) in Netzen mit $U_n = 110$ kV und darüber. Mit steigenden Spannfeldlängen l gehen die Eigenfrequenzen f_c bis auf einige Hertz zurück und beeinflussen damit die Ergebnisse der Berechnung mit dem ausführlichen Verfahren merklich. Tabelle 15.21 enthält dazu einige Beispiele, die einen Überblick über die Höhe der Beanspruchungen in Anlagen mit Rohrsammelschienen ermöglichen sollen.

15.7.3 Beanspruchung in Hochspannungsanlagen mit Seilen

Freiluftschaltanlagen mit Sammelschienen und Verbindungen aus Seilen sind zum einen für die mechanische Festigkeit im Betrieb unter dem Einfluss des Eigengewichts, der Windlast und der Eislast zu bemessen und zum anderen auf mechanische Festigkeit bei Kurzschluss unter dem Einfluss des Eigengewichts und der Kurzschlusskraft. Die Bemessung auf die mechanische Festigkeit im Betrieb ist nach den üblichen Baunormen vorzunehmen ohne Berücksichtigung des Kurzschlussfalles [1.24]. Im zweiten Lastfall werden, wegen der geringen Zeitdauer in der die Kurzschlusskräfte wirken, höhere Beanspruchungen zugelassen, trotzdem wird dieser Fall in der Regel der für die Bemessung der Leiter, Isolatoren, Gerüste und Geräte maßgebliche Fall sein, weil man die Schaltanlagen meist für die höchsten während der Lebensdauer zu erwartenden Kurzschlussströme auslegen wird. Diese Grundüberlegungen gelten natürlich auch für Freiluftanlagen mit Rohrsammelschienen, die beispielhaft bereits in 15.7.2 behandelt wurden.

Die Berechnung der Kurzschlusswirkungen in Anlagen mit Seilen ist sehr viel schwieriger als in Anlagen mit Rohren (biegesteife Leiter), weil sich die Seile während der Kurzschlussdauer und auch noch danach sehr stark bewegen (ausschwingen) und in ihrer Länge verändern können, einmal durch hohe Seilzugkräfte und zum anderen durch die Erwärmung durch den Kurzschlussstrom. Während der vergangenen Jahrzehnte wurden einfache, mittlere und aufwändige Berechnungsmethoden entwickelt [15.46, 15.47, 15.61, 15.68, 15.69, 15.70]. Versuche zur Kurzschlussfestigkeit wurden in Hochstromlaboratorien in Belgien, Deutschland, Frankreich, Japan, Kanada, Niederlande und Schweden durchgeführt und zum Teil veröffentlicht [15.81, Teil 2]. Eine einfa-

---

[b] Nach [15.81] gelten folgende Bereiche als typisch: $l = (7 \dots 20)$ m bei 110 kV; $l = (5 \dots 22)$ m bei 220 kV; $l = (8 \dots 22)$ m bei 380 kV.

[c] Nach [15.81] gelten folgende Bereiche als typisch: $a = (2 \dots 2{,}5)$ m bei 110 kV; $a = (4 \dots 8)$ m bei 220 kV; $a = (4{,}5 \dots 10)$ m bei 380 kV.

[d] $V_\sigma V_{KU} = 1$; $\beta = 0{,}73$ nach Tabelle 15.19 Netzbetrieb ohne Kurzunterbrechung.

[e] $\alpha = 1{,}25$ nach Tabelle 15.19 bei zwei Spannfeldern.

[f] $\sigma_{zul} = qR_{p0,2} = 1{,}31 \cdot 160\ \mathrm{N/mm^2} = 210\ \mathrm{N/mm^2}$, q nach Tabelle A.21.

[g] Ausgehend von F_S muss das Biegemoment am Fuß des Stützisolators berechnet und mit der Mindestbruchlast verglichen werden. Entsprechende Überlegungen sind auch für die Unterkonstruktion durchzuführen.

che Näherungsmethode wurde auch unter Vergleich mit Messergebnissen entwickelt und international genormt [N15.6 und N15.7]. Hier soll nur ein vereinfachter Überblick über die Grundüberlegungen für die Seilbewegung unter dem Einfluss der Kurzschlusskräfte gegeben werden. Zur Berechnung der Seilkräfte während der Kurzschlussdauer, nach Kurzschlussende durch das „Herabfallen" des Seils und durch die Anziehung der Seile bei Seilbündeln (Pintscheffekt) kurz nach dem Eintritt des Kurzschlusses findet man Anweisungen in [N15.6] und in der dort angegebenen Spezialliteratur zu diesem Thema. Beispiele zur Berechnung sind in [N15.7] gegeben.

Entscheidend für die Auswirkung der Kurzschlusskraft auf mechanische Anordnungen, wie die biegesteifen Sammelschienen im Abschn. 15.7.2 und die hier behandelten Seilsammelschienen (Beispiele für Schaltanlagen mit Seilsammelschienen sind in den Bildern 11.7 und 11.17 gegeben) ist das Verhältnis zwischen der maßgeblichen Eigenfrequenz der mechanischen Anordnung und der Frequenz der anregenden Kraft. Im Abschn. 15.7.1 wurde bereits gezeigt, dass die Kurzschlusskraft einen Gleichanteil, einen abklingenden Wechselanteil mit 50 Hz und einen Wechselanteil mit 100 Hz aufweist. Bei den biegesteifen Sammelschienen in Mittelspannungsschaltanlagen liegt die mechanische Eigenfrequenz häufig oberhalb der Anregefrequenz 50 Hz (siehe dazu die Berechnung für das Beispiel im Bild 15.80). Die Reaktion folgt dann der Anregefrequenz. Bei Hochspannungs-Seilanlagen dagegen, liegt die maßgebliche Eigenfrequenz in der Nähe von 1 Hz. In diesem Fall wird die Reaktion auf die nicht schwingende Anregefunktion folgen. Es ist deshalb verständlich, dass man bei Seilanlagen die Kräfte mit dem Effektivwert I''_k berechnet und nicht mit i_p [N15.6; 15.81].

Bild 15.82 zeigt das Grundmuster der Seilbewegung bei dreipoligem und bei zweipoligem Kurzschluss. Beim dreipoligen Kurzschluss schwingen die äußeren Leiter nach außen während sich der mittlere Leiter verhältnismäßig wenig bewegt. Im Bild 15.70a wurde bereits gezeigt, dass im mittleren Leiter nach Abklingen des Gleichstromanteils kein stationärer Mittelwert der Kraft auftritt.

Beim zweipoligen Kurzschluss dagegen zeigen die beiden benachbarten Leiter ein entgegengesetztes Ausschwingen und nähern sich dann beim Zurückschwingen nach dem Kurzschluss auf a_{min}, wobei die Verlängerung des Seils durch die dynamische Seilzugkraft, weil diese über die statische Seilzugkraft F_{st} erheblich hinausgeht, und durch die Kurzschlusserwärmung berücksichtigt werden muss. Die Seilzugkraft während des Kurzschlusses F_t (tensile

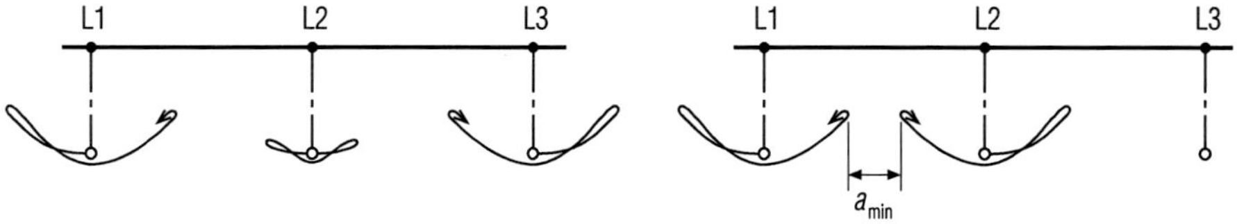

Bild 15.82. Grundmuster der Seilbewegung bei dreipoligem und bei zweipoligem Kurzschluss. Seilbewegung in der Mitte des Spannfeldes

force) und die Seilzugkraft beim Herunterstürzen des Seils von einer hoch ausgeschwungenen Position nach dem Kurzschluss F_f (drop force) werden deshalb für den zweipoligen Kurzschluss berechnet ebenso wie die größte Annäherung. Wie bereits begründet, wird dabei der Anfangs-Kurzschlusswechselstrom I''_{k2} verwendet:

$$F' = \frac{\mu_0}{2\pi} I''^2_{k2} \frac{1}{a} \cdot \frac{l_c}{l} = \frac{\mu_0}{2\pi} \cdot \frac{3}{4} I''^2_k \frac{1}{a} \cdot \frac{l_c}{l} \tag{15.241}$$

Dabei ist l_c die gespannte Seillänge, während l die Gesamtlänge des Spannfeldes ist zwischen zwei Befestigungspunkten. Bei aufgelegten Seilen ist $l_c = l$, bei abgespannten Seilen ist $l_c = l - 2\,l_I$ wobei l_I die Länge der Abspannisolatoren ist. Die Seilbewegung während des Kurzschlusses wird stark beeinflusst vom Verhältnis r des Stromkraftbelages F' und des Gewichtskraftbelages G' nach Gl. (15.242) und weiter von der maßgeblichen Eigenfrequenz, die vom Durchhang und damit auch von der statischen Seilzugkraft F_{st} abhängt. Bild 15.83 zeigt schematisch drei charakteristische Fälle der Seilbewegung während und nach dem Kurzschluss, wobei jeweils nur der linke Leiter gezeichnet wurde (vergl. Bild 15.82).

Die bei t_{pi}, eingezeichnet in Bild 15.83, kurz nach dem Kurzschlussbeginn (0,05...0,1 s) auftretende Kontraktionskraft zwischen zwei oder mehr vorhandenen Teilleitern (Seilen) eines Hauptleiters wird mit F_{pi} (Pincheffekt) bezeichnet. Sie wird mit dem dreipoligen Kurzschlussstrom I''_k berechnet.

Beim Teilbild 15.83 a mit $\delta_m < 70°$ tritt die maximale Seilzugkraft F_t etwa am Kurzschlussende bei $t_t \approx T_k$ auf. Die Kraft F_f tritt nicht auf, weil das Seil gedämpft zurückschwingt und keine Fallbewegung durchführt.

Beim Teilbild 15.83 b bewegt sich das Seil nach Kurzschlussende bis zu einem Punkt an dem die kinetische Energie weitgehend aufgebraucht ist und stürzt dann ab, wobei ein Fallmaximum der Seilzugkraft F_f zum Zeitpunkt t_f auftritt.

Bild 15.83 c zeigt, dass das Seil mit hoher kinetischer Energie verschiedene Bewegungsbahnen mit mehrfacher Rotation durchlaufen kann, und dass dabei auch ein Absturz aus einer ungünstigen Position möglich ist.

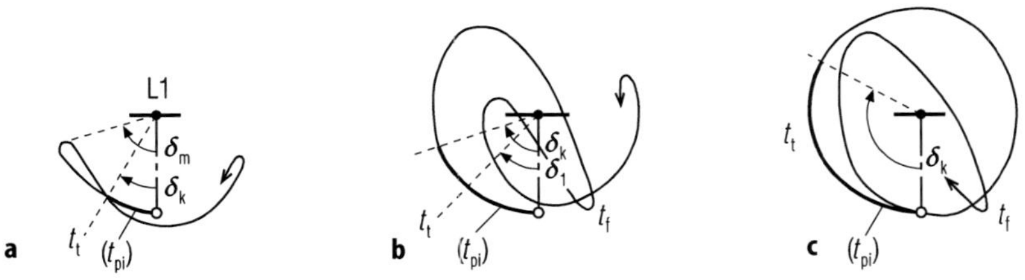

Bild 15.83 a – c. Seilbewegung in Spannfeldmitte (schematisch), abhängig von der Größe des Winkels δ_m bei zweipoligem Kurzschluss zwischen L1 und L2. Gezeichnet wurde nur die Bewegung des Seils L1. **a** Seilbewegung bei $\delta_m < 70°$; **b** Seilbewegung bei $70° \leq \delta_m < 180°$; **c** Seilbewegung bei $\delta_m \geq 180°$

Mit dem Kraftbelag F' nach Gl. (15.241) und dem Gewichtskraftbelag G' wird in [N15.6] eingeführt:

$$r \approx \frac{F'}{G'} = \frac{F'}{n \cdot m'_S \, g_n} \tag{15.242}$$

Dabei ist m'_S der Massenbelag des einzelnen Seils, n die Anzahl der Teilleiter (Seile) und $g_n = 9{,}81\ \text{m/s}^2$ die Fallbeschleunigung.

Für die Schwingungsdauer der stromlosen Seilparabel gilt für kleine Ausschwingwinkel, wenn b_c der Durchhang in der Mitte ist und wenn $b_c \ll l$ zutrifft:

$$T = 2\pi \sqrt{0{,}8 \frac{b_c}{g_n}} \tag{15.243}$$

Die resultierende Schwingungsdauer bei Stromkräften für große Winkel ergibt sich damit nach [N15.6] zu:

$$T_{res} = \frac{T}{\sqrt[4]{1+r^2}\left(1 - \frac{1}{16}\delta_1^2\right)} \tag{15.244}$$

Dabei ist δ_1 der Winkel gegen die Senkrechte, der sich bei stationärem Angriff der Kraftbeläge F' und G' für das Seil einstellen würde.

$$\delta_1 = \text{Arc}\tan r \tag{15.245}$$

Mit diesen Einflussgrößen ergibt sich nach [N15.6] ausgehend von der Bewegungsdifferentialgleichung des Pendels für den zeitlichen Verlauf des Winkels δ während der Kurzschlussdauer, wenn der übliche Bereich $0 < r < 10$ eingehalten wird:

$$\delta(t) = \delta_1 \left[1 - \cos\left(2\pi \frac{t}{T_{res}}\right)\right] \tag{15.246a}$$

Am Ende des Kurzschlusses ergibt sich mit $t = T_k$

$$\delta\,(t = T_k) = \delta_k = \delta_1 \left[1 - \cos\left(2\pi \frac{T_k}{T_{res}}\right)\right] \tag{15.246b}$$

Der Ausschwingwinkel δ_m nach Ende des Kurzschlusses (Bild 15.83) ergibt sich für Stillstand des Seils bei $\dot{\delta} = 0$, wenn die kinetische Energie aufgebraucht ist, mit entsprechenden Zuschlägen, die aus dem Vergleich zwischen Messung und Berechnung abgeleitet wurden [N15.6], wie folgt:

$$\delta_{m1} = 1{,}25 \cdot \text{Arc}\cos\,(1 - r \cdot \sin\delta_k) \quad \text{bei} \quad 0{,}766 \le (1 - r\sin\delta_k) \le 1.0 \tag{15.247a}$$

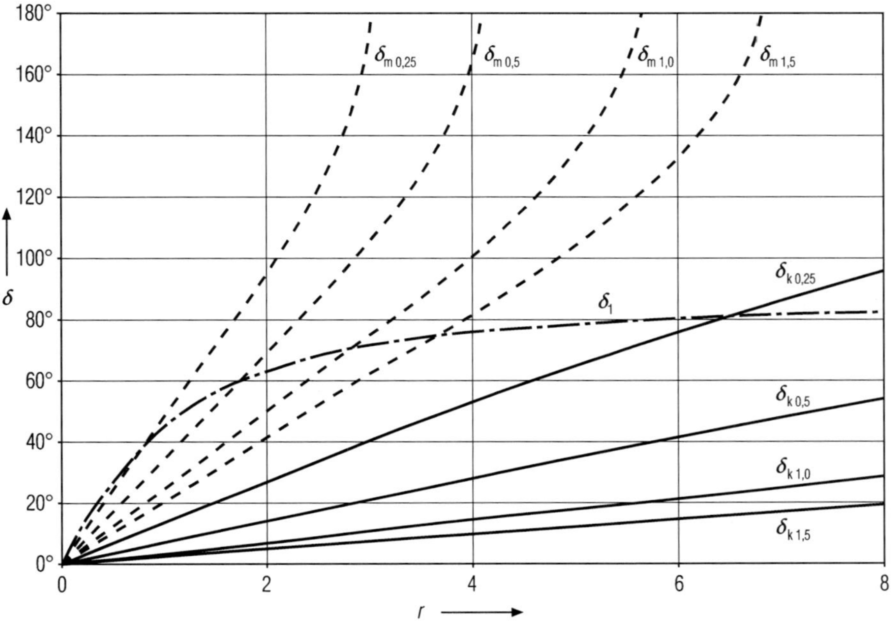

Bild 15.84. Ausschwingwinkel δ_1, δ_k und δ_m eines Seils abhängig von r nach Gl. (15.242) bei $T_k = 0{,}1$ s, mit dem Parameter des Durchhangs b_c (in Meter, angefügt als zusätzlicher Index). Der Übergang zwischen δ_{m1} und δ_{m2} liegt bei etwa 50°

$$\delta_{m2} = 0{,}1474 + \mathrm{Arc}\cos(1 - r \cdot \sin\delta_k) \quad \text{bei} \quad -0{,}985 \leq (1 - r\sin\delta_k) \leq 0{,}766 \tag{15.247 b}$$

$$\delta_{m3} = 180° \quad \text{bei} \quad (1 - r\sin\delta_k) < -0{,}985 \tag{15.247 c}$$

Bild 15.84 zeigt ein Beispiel für die Winkel der Seilbewegung bei $T_k = 0{,}1$ s. Mit zunehmender Kurzschlussdauer werden sich die Winlel δ_k und δ_m rasch erhöhen.

Beispiel: Ausschwingen der Seile in einer Hochspannungs-Schaltanlage:

Daten: $I''_k = 25{,}6$ kA; $T_k = 0{,}1$ s; $l = l_c = 10$ m; $a = 2{,}5$ m; $b_c = 0{,}5$ m; $m'_S = 2$ kg/m

Mit diesen Daten ergibt sich nach den oben behandelten Gleichungen:

$$F' = \frac{\mu_0}{2\pi} \cdot \frac{3}{4} I''^2_k \frac{1}{a} \cdot \frac{l_c}{l} = \frac{4\pi \cdot 10^{-7}}{2\pi} \cdot \frac{\mathrm{Vs}}{\mathrm{Am}} \cdot \frac{3}{4} (25{,}6 \text{ kA})^2 \frac{1}{2{,}5 \text{ m}} \cdot \frac{10 \text{ m}}{10 \text{ m}} = 39{,}3 \text{ N/m}$$

$$r = \frac{F'}{m'_S g_n} = \frac{39{,}3 \text{ N/m}}{2 \text{ kg/m} \cdot 9{,}81 \text{ m/s}^2} = 2{,}0$$

$$\delta_1 = \mathrm{Arc}\tan r = \mathrm{Arc}\tan 2{,}0 = 1{,}107 \mathrel{\hat{=}} 63{,}4° \quad \text{(Bild 15.84)}$$

$$T = 2\pi \sqrt{0{,}8 \frac{b_c}{g_n}} = 2\pi \sqrt{0{,}8 \frac{0{,}5 \text{ m}}{9{,}81 \text{ m/s}^2}} = 1{,}27 \text{ s}$$

Dem Durchhang b_c entspricht ein statischer Seilzug von:

$$F_{st} = \frac{m'_S \, g_n \, l^2}{8b_c} = \frac{2 \text{ kg/m} \cdot 9{,}81 \text{ m/s}^2 \cdot (10 \text{ m})^2}{8 \cdot 0{,}5 \text{ m}}$$

Um unterschiedliche Umgebungstemperaturen zu berücksichtigen, wird man in der Praxis unterscheiden zwischen statischen Seilzügen und Durchhängen bei Temperaturen von −20 °C und +60 °C.

$$T_{res} = \frac{T}{\sqrt[4]{1+r^2}\left(1-\frac{1}{16}\delta_1^2\right)} = \frac{1{,}27 \text{ s}}{\sqrt[4]{1+2^2}\left(1-\frac{1}{16}1{,}107^2\right)} = 0{,}919 \text{ s}$$

$$\delta_k = \delta_1\left[1-\cos\left(2\pi\frac{T_k}{T_{res}}\right)\right] = 63{,}4° \left[1-\cos\left(2\pi\frac{0{,}1 \text{ s}}{0{,}919 \text{ s}}\right)\right] = 14{,}2°$$

(Bild 15.84)

Da $(1 - r \cdot \sin\delta_k) = 0{,}51$ gilt δ_{m2} nach Gl. (15.247b):

$\delta_m = 0{,}1474 + \text{Arc}\cos(1 - r \cdot \sin\delta_k) = 0{,}1474 + \text{Arc}\tan 0{,}51 = 1{,}212 \triangleq 69{,}5°$ (Bild 15.84).

Die Seilbewegung entspricht somit dem Prinzip im Bild 15.82a für $\delta_m < 70°$.

Wesentliche Änderungen in den Ergebnissen des vorstehenden Beispiels ergeben sich, wenn sich r nach Gl. (15.242) verändert, wie Bild 15.84 zeigt.

Zur Übersicht soll das nachfolgende Bild 15.85 dienen für δ_1, δ_k, δ_m und T_{res} bei einem Seil mit $m'_S = 2$ kg/m für Kurzschlussströme im Bereich von 5 kA

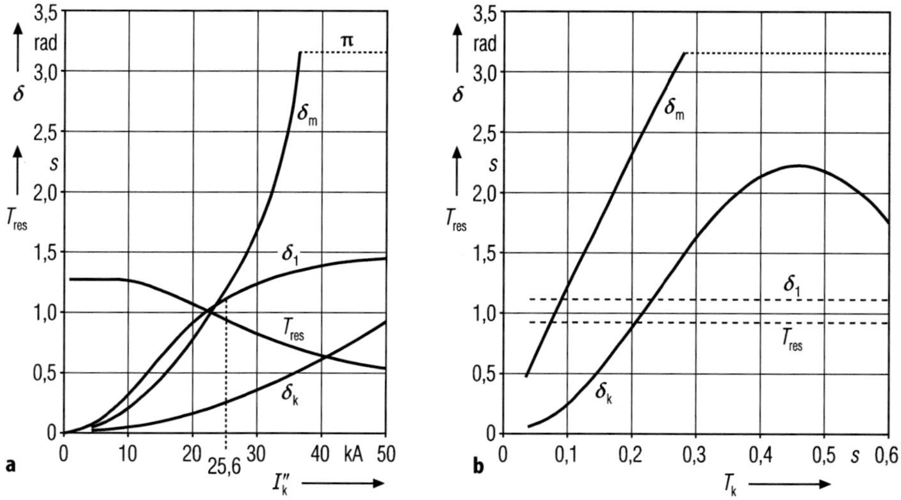

Bild 15.85 a, b. Winkel δ_1, δ_k, δ_m und T_{res} bei m'_S = 2 kg/m, a = 2,5 m; b_c = 0,5 m, $l_c = l$. **a** T_k = 0,1 s; **b** I''_k = 25,6 kA

bis 50 kA (Teilbild a) und einer Kurzschlussdauer von $T_k = 0{,}1$ s. Das Teilbild 15.85b gilt für $I''_k = 25{,}6$ kA bei Kurzschlussdauern T_k zwischen 0,1 s und 0,6 s.

Wenn sich der Massenbelag des Seils vergrößert, z. B. durch ein dickeres Seil oder durch ein Zweierbündel oder sogar durch mehr als zwei Teilleiter, so verlangsamt sich die Bewegung während des Kurzschlusses, das Verhältnis r nimmt ab und die Winkel δ_k und δ_m werden kleiner bei gleichen Werten I''_k und T_k. Bei $m'_S = 2$ kg/m und $I''_k = 25{,}6$ kA wird bei $T_k \approx 0{,}3$ s ein Winkel $\delta_m =$ 180° erreicht. Bei $m'_S = 4$ kg/m und sonst gleichen Bedingungen wird nur 85° erreicht und bei $m'_S = 8$ kg/m sogar nur etwa 50°. In gleicher Richtung wie steigender Massenbelag des Seils wirkt eine geringere statische Seilzugkraft F_{st} entsprechend einem größeren Durchhang b_c wie bereits Bild 15.84 zeigt.

15.7.4 Thermische Kurzschlussfestigkeit

Zur Ermittlung der thermischen Beanspruchung von Leitungen und elektrischen Betriebsmitteln durch den Kurzschlussstrom geht man vom thermisch gleichwertigen Kurzschlussstrom I_{th} nach Gl. (15.173) oder vom Joule-Integral [N15.6] aus.

Zur Berechnung der thermischen Wirkung, also der Temperaturerhöhung oder der thermischen Längendehnung und der dadurch hervorgerufenen Kräfte [10.7], sind folgende Vereinfachungen zweckmäßig [N15.6]:

- der Skin- und der Proximity-Effekt (Abschn. 10.3.3) werden vernachlässigt,
- die ungleiche Stromaufteilung auf die Teilleiter eines Hauptleiters wird vernachlässigt,
- die Widerstand-Temperatur Abhängigkeit des Materials $\alpha = \alpha_{20}$ wird als linear vorausgesetzt, die spezifische Wärme c wird als konstant betrachtet,
- die Erwärmung bei geringer Kurzschlussdauer wird als adiabatisch angenommen.

Durch einen thermisch gleichwertigen Kurzschlussstrom I_{th} wird, unter diesen Voraussetzungen, in einem Widerstand R im Zeitraum dt die folgende elektrische Energie in Wärme dW umgesetzt:

$$\mathrm{d}W = I_{th}^2 R\,\mathrm{d}t \tag{15.248}$$

Für R führt man als temperaturabhängigen Widerstand (Tabelle 15.2)

$$R = \frac{l}{\kappa_{20}\,q} \cdot [1 + \alpha_{20}(\vartheta - 20°\mathrm{C})] \tag{15.249}$$

ein, wobei $q \approx q_n$ der elektrisch wirksame Querschnitt ist. Ersetzt man $\mathrm{d}W = m \cdot c \cdot \mathrm{d}\vartheta$, wobei vorausgesetzt wird, dass bei adiabatischer Erwärmung die Wärmemenge allein der Temperaturerhöhung dient, so ergibt sich:

$$m \cdot c \cdot \mathrm{d}\vartheta = I_{th}^2 \frac{l}{\kappa_{20}\,q} \cdot [1 + \alpha_{20}(\vartheta - 20\ °\mathrm{C})]\ \mathrm{d}t \tag{15.250}$$

Dabei ist $m = \rho \cdot l \cdot q$ die Masse des Leiters und ρ seine Dichte (auf das Volumen $q \cdot l$ bezogene Masse). Aus Gl. (15.250) ergibt sich für den Temperaturanstieg $\mathrm{d}\vartheta$ im Zeitintervall $\mathrm{d}t$:

$$\mathrm{d}\vartheta = \frac{I_{\mathrm{th}}^2}{q^2} \cdot \frac{1}{\rho \cdot c \cdot \kappa_{20}} [1 + \alpha_{20}(\vartheta - 20°\mathrm{C})]\ \mathrm{d}t \tag{15.251}$$

Für den Anstieg der Temperatur von ϑ_{a} unmittelbar vor dem Kurzschluss auf die Temperatur ϑ_{e} am Ende der Kurzschlussdauer T_{k} gilt:

$$\int_{\vartheta_{\mathrm{a}}}^{\vartheta_{\mathrm{e}}} \frac{1}{1 + \alpha_{20}(\vartheta - 20°\mathrm{C})} \cdot \mathrm{d}\vartheta = \left(\frac{I_{\mathrm{th}}}{q}\right)^2 \cdot \frac{1}{\rho \cdot c \cdot \kappa_{20}} \int_0^{T_{\mathrm{k}}} \mathrm{d}t \tag{15.252 a}$$

$$\frac{1}{\alpha_{20}} \ln \frac{1 + \alpha_{20}(\vartheta_{\mathrm{e}} - 20°\mathrm{C})}{1 + \alpha_{20}(\vartheta_{\mathrm{a}} - 20°\mathrm{C})} = S_{\mathrm{th}}^2 \cdot \frac{1}{\rho \cdot c \cdot \kappa_{20}} \cdot T_{\mathrm{k}} \tag{15.252 b}$$

Ausgehend von Gl. (15.252 b), in der die thermisch gleichwertige Stromdichte $S_{\mathrm{th}} = I_{\mathrm{th}}/q$ eingeführt wurde, lässt sich bei vorgegebener Betriebstemperatur ϑ_{a} vor dem Kurzschluss und vorgegebener Kurzschlussdauer T_{k} sowie mit den Materialeigenschaften ME nach Gl. (15.255) die Temperatur ϑ_{e} am Ende des Kurzschlusses berechnen:

$$\vartheta_{\mathrm{e}} = 20°\mathrm{C} + \frac{1}{\alpha_{20}} \left\{ [1 + \alpha_{20}(\vartheta_{\mathrm{a}} - 20°\mathrm{C})] \cdot \mathrm{e}^{\frac{S_{\mathrm{th}}^2 \cdot T_{\mathrm{k}}}{ME}} - 1 \right\} \tag{15.253}$$

Legt man eine Bemessungs-Kurzschlussdauer von z. B. $T_{\mathrm{kr}} = 1$ s fest, eine Betriebstemperatur ϑ_{a} (z. B. die höchste dauernd zulässige Betriebstemperatur) und die Endtemperatur ϑ_{e} (z. B. die höchste für die Isolation des betrachteten Kabels zulässige Temperatur nach Tabelle 10.2), so kann man ausgehend von Gl. (15.252 b) die gerade noch zulässige Bemessungs-Kurzzeitstromdichte S_{thr} für den Vergleich in Gl. (15.257) ermitteln:

$$S_{\mathrm{thr}} = \frac{1}{\sqrt{T_{\mathrm{kr}}}} \cdot \sqrt{ME \cdot \ln \frac{1 + \alpha_{20}(\vartheta_{\mathrm{e}} - 20°\mathrm{C})}{1 + \alpha_{20}(\vartheta_{\mathrm{a}} - 20°\mathrm{C})}} \tag{15.254}$$

Die Größe ME in den Gln. (15.253) und (15.254) fasst die Materialeigenschaften wie folgt zusammen (siehe Tabelle 15.22):

$$ME = \frac{c \cdot \rho \cdot \kappa_{20}}{\alpha_{20}} \tag{15.255}$$

Bild 15.86 enthält die Endtemperaturen ϑ_{e} nach Gl. (15.253) abhängig von S_{th} und ϑ_{a} bei $T_{\mathrm{k}} = 0{,}1$ s und $T_{\mathrm{k}} = 1{,}0$ s. Nach [N15.6] soll für blanke Leiter aus Kupfer, Aluminium und Aldrey eine Temperatur von $\vartheta_{\mathrm{e}} = 200\,°\mathrm{C}$ nicht überschritten werden. Bei Stahl wird $\vartheta_{\mathrm{e\,max}} = 300\,°\mathrm{C}$ empfohlen.

Im Bild 15.87 ist die Bemessungs-Kurzzeitstromdichte S_{thr} nach Gl. (15.254) angegeben für Cu, Al und St abhängig von ϑ_{a} und ϑ_{e} mit den Materialeigenschaften nach Tabelle 15.22. Die Angaben für Blei (Pb) in Tabelle 15.22 kann man zur Berechnung der Kurzschlusstemperatur von Kabelmänteln verwenden. Die Temperatur ϑ_{e} darf höchstens die zulässige Endtemperatur $\vartheta_{\mathrm{e\,zul}}$ erreichen, bei einem Kabel mit PVC-Isolation z. B. 160 °C nach Tabelle 10.2, wenn man die zulässige Bemessungs-Kurzzeitstromdichte S_{thr} ablesen will, um diese dann nach Gl. (15.257) mit der aus einer Kurzschlussstromberechnung bestimmten Stromdichte $S_{\mathrm{th}} = I_{\mathrm{th}}/q$ am Einbauort zu vergleichen.

Der thermisch gleichwertige Kurzschlussstrom I_{th} nach Gl. (15.173) ist für elektrische Betriebsmittel als zulässig anzusehen [N15.6], wenn gilt:

$$I_{\mathrm{th}} \leq I_{\mathrm{thr}} \qquad \text{bei} \quad T_{\mathrm{k}} \leq T_{\mathrm{kr}} \tag{15.256a}$$

$$I_{\mathrm{th}} \leq I_{\mathrm{thr}} \sqrt{\frac{T_{\mathrm{kr}}}{T_{\mathrm{k}}}} \qquad \text{bei} \quad T_{\mathrm{k}} \geq T_{\mathrm{kr}} \tag{15.256b}$$

Der Bemessungs-Kurzzeitstrom I_{thr} für die thermische Beanspruchung elektrischer Betriebsmittel ist zusammen mit der zugehörigen Bemessungs-Kurzschlussdauer T_{kr} vom Hersteller anzugeben.

Bei Betriebsmitteln wie Transformatoren, Drosselspulen, Stromwandlern und Schaltern wird entweder der Bemessungs-Kurzzeitstrom I_{thr} bei $T_{\mathrm{kr}} = 1$ s (Einsekundenstrom) oder die zulässige Kurzschlussdauer T_{k} beim Bemessungs-Kurzzeitstrom angegeben. Bei Kurzschlussstrom-Begrenzungsdrosselspulen darf I_{th} das 25fache von I_{rD} nicht überschreiten während einer Dauer von $T_{\mathrm{k}} = 3$ s [N8.2]. Bei Stromwandlern wird der thermische Grenzstrom (Einsekundenstrom) auf dem Leistungsschild angegeben. Wird bei $T_{\mathrm{kr}} < 1$ s der thermisch gleichwertige Kurzschlussstrom $I_{\mathrm{th}} < I_{\mathrm{thr}}$, so ist aus Gründen der dynamischen Kurzschlussfestigkeit außerdem $I_{\mathrm{th}} \leq 0{,}4 i_{\mathrm{p}}$ einzuhalten [11.26, VDE 0414, Bestimmungen für Messwandler].

Blanke Leiter haben dann eine ausreichende thermische Festigkeit, wenn die folgende Beziehung erfüllt wird [N15.6]:

Tabelle 15.22. Materialeigenschaften *ME* für die Berechnung von ϑ_{e} nach Gl. (15.253) und die Bemessungs-Kurzzeitstromdichte S_{thr} nach Gl. (15.254) [N15.6], [10.8]

Material	Spez. Wärme c	Dichte ρ	Spez. Leitfähigkeit κ_{20}	Temperaturkoeffizient α_{20}	$ME = \frac{c \cdot \rho \cdot \kappa_{20}}{\alpha_{20}}$
	$\frac{\mathrm{J}}{\mathrm{kg\,K}} = \frac{\mathrm{VAs}}{\mathrm{kg\,K}}$	$\frac{\mathrm{kg}}{\mathrm{m}^3}$	$\frac{1}{\Omega\mathrm{m}}$	$\frac{1}{\mathrm{K}}$	$\left(\frac{\mathrm{A}}{\mathrm{mm}^2}\right)^2 \cdot \mathrm{s}$
Cu	390	8900	$56 \cdot 10^6$	0,0039	$49{,}84 \cdot 10^3$
Al; Al/St	910	2700	$34{,}6 \cdot 10^6$	0,004	$21{,}38 \cdot 10^3$
St	480	7850	$7{,}25 \cdot 10^6$	0,0045	$6{,}071 \cdot 10^3$
Pb	130	11300	$4{,}67 \cdot 10^6$	0,004	$1{,}715 \cdot 10^3$

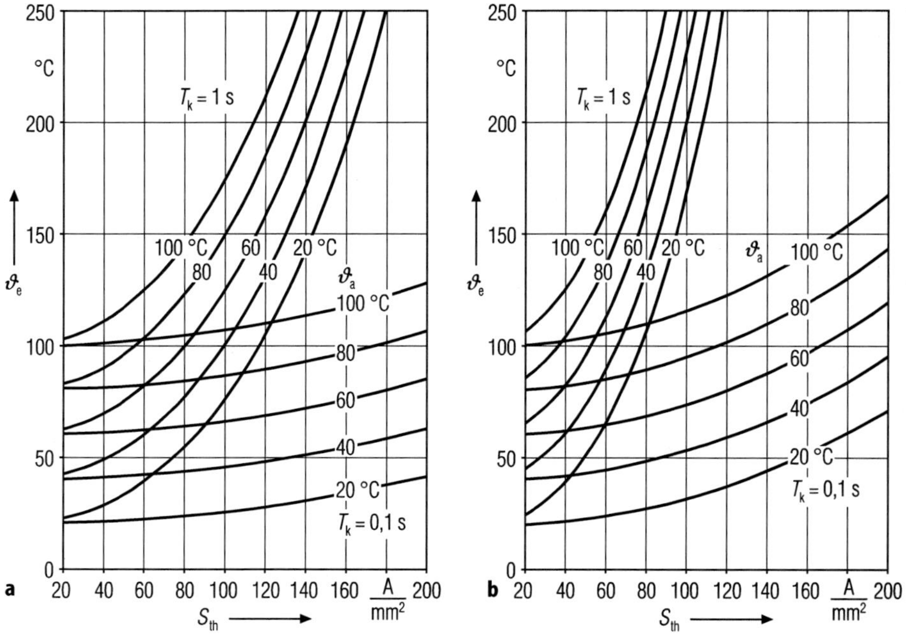

Bild 15.86 a, b. Kurzschlussendtemperatur bei T_k = 0,1 s und T_k = 1,0 s abhängig von der thermisch gleichwertigen Kurzschlussstromdichte $S_{th} = I_{th}/q$. **a** Kupfer; **b** Aluminium, Aldrey, Al/St-Seile

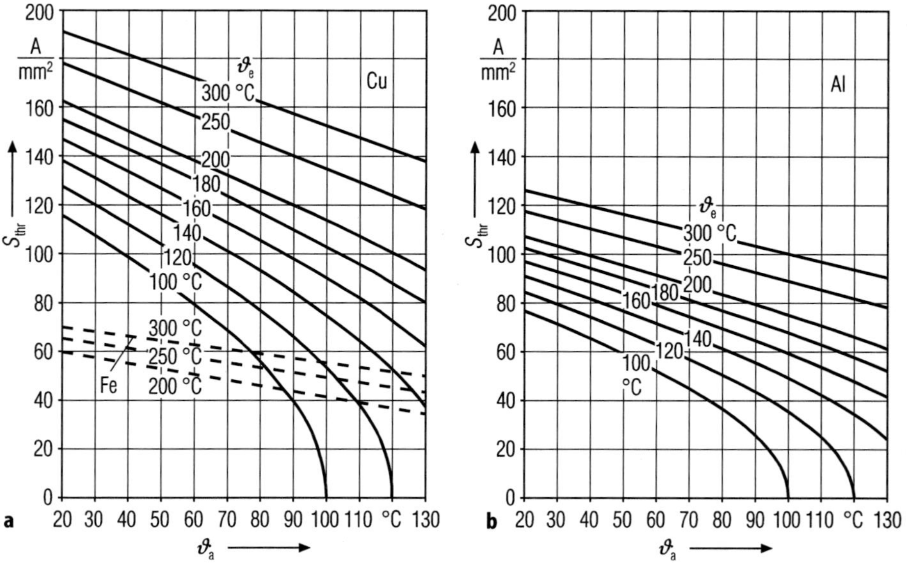

Bild 15.87 a, b. Bemessungs-Kurzzeitstromdichte S_{thr} nach Gl. (15.254) bei Bemessungs-Kurzschlussdauer T_{kr} = 1,0 s. **a** Ausgezogene Kurven: Kupfer; gestrichelte Kurven: Stahl (Bänder Profile, Seile); **b** Aluminium, Aldrey, Al/St-Seile

$$S_{\mathrm{th}} \leq S_{\mathrm{thr}} \sqrt{\frac{T_{\mathrm{kr}}}{T_{\mathrm{k}}}} = \frac{I_{\mathrm{thr}}}{q} \sqrt{\frac{T_{\mathrm{kr}}}{T_{\mathrm{k}}}} \tag{15.257}$$

Die Bemessungs-Kurzzeitstromdichte S_{thr} ist im Bild 15.87 angegeben oder kann nach Gl. (15.254) berechnet werden, wenn man angemessene Werte für ϑ_{a} und $\vartheta_{\mathrm{e}} = \vartheta_{\mathrm{e\,zul}}$ einführt. Bei Al/St-Seilen soll der Kern aus Stahldrähten bei der Bestimmung von $S_{\mathrm{th}} = I_{\mathrm{th}}/q_{\mathrm{Al}}$ nicht berücksichtigt werden. Bei Kabeln wird die thermische Kurzschlussbelastbarkeit auch ausgehend von I_{thr} beurteilt bei $I_{\mathrm{thzul}} = I_{\mathrm{thr}} \sqrt{T_{\mathrm{kr}} / T_{\mathrm{k}}}$ und $I_{\mathrm{th}} \leq I_{\mathrm{th\,zul}}$ [10.32]. In Kabeltabellen wird dann der Bemessungs-Kurzschlussstrom des Leiters (bei $T_{\mathrm{kr}} = 1$ s) angegeben. Darüber hinaus kann die thermische Kurzschlussbelastbarkeit von Metallmänteln und Schirmen eine Rolle spielen, z. B. auch bei langdauernden Erdschlussströmen in Netzen mit isoliertem Sternpunkt oder mit Erdschlusskompensation.

Die thermisch zulässige Stromdichte für die Leiter von Niederspannungs- oder Mittelspannungs-Cu-Kabeln erreicht bei PVC-Isolierung etwa 115 A/ mm² bei $T_{\mathrm{kr}} = 1$ s, während bei VPE-Isolierung etwa 140 A/mm² erreicht werden. Bei Al-Leitern von Niederspannungs- und Mittelspannungskabeln werden bei $T_{\mathrm{kr}} =$ 1s thermisch zulässige Stromdichten von nur etwa 75 bis 80 A/mm² erreicht. Bei sehr großen Querschnitten gelten zum Teil etwas kleinere Werte.

Das folgende Beispiel soll zeigen, bis zu welchem Kurzschlussstrom die in Bild 15.80b dargestellte Sammelschienenanordnung in einer 10-kV-Schaltan-

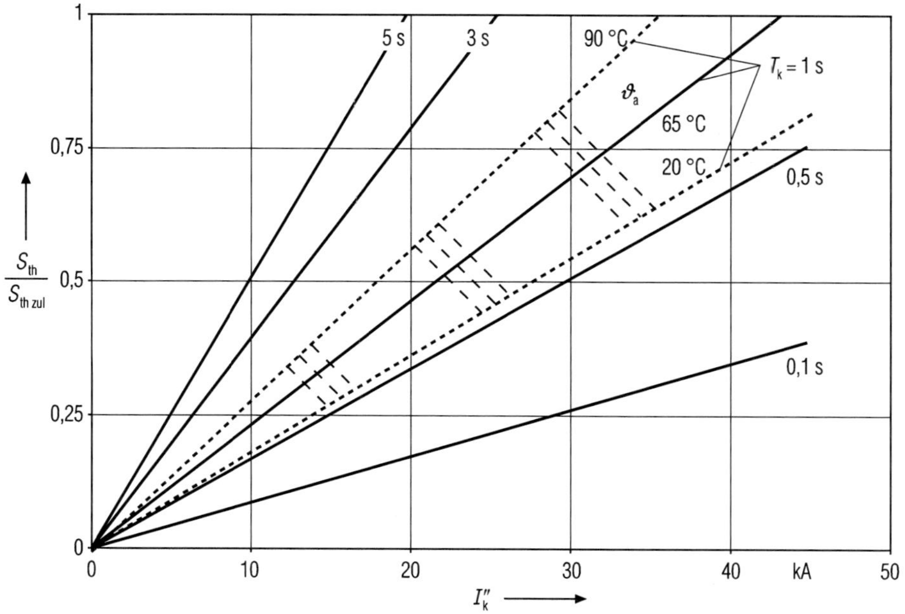

Bild 15.88. Thermische Kurzschlussfestigkeit einer Schienenanordnung AlMgSi0,5: 60 mm × 10 mm. $\vartheta_{\mathrm{a}} = 65\,°\mathrm{C}$; $\vartheta_{\mathrm{e}} = 150\,°\mathrm{C}$; $S_{\mathrm{thr}} = 73{,}6$ A/mm² bei $T_{\mathrm{kr}} = 1$ s; generatorferner Kurzschluss mit $\kappa = 1{,}8$

lage thermisch kurzschlussfest ist. Angenommen wird als oberer Wert $\kappa = 1{,}8$ bei generatorfernem Kurzschluss, für den dann $I_{th} = I''_k \sqrt{m+1}$ gilt und $m = m_{IEC}$ abhängig von T_k einzusetzen ist. Als höchste Betriebstemperatur vor dem Kurzschluss soll $\vartheta_a = 65\,°C$ gelten. Als höchste Temperatur am Ende des Kurzschlusses wird $\vartheta_{e\,zul} = 150\,°C$ festgelegt mit Rücksicht auf die Schienenbefestigung und angeschlossene Betriebsmittel. Für die Schienen aus legiertem Aluminium ergibt sich damit nach Gl. (15.254) oder nach Bild 15.86b eine Bemessungs-Kurzzeitstromdichte von $S_{thr} = 73{,}6\ A/mm^2$.

Bild 15.88 zeigt $S_{th}/S_{th\,zul}$ abhängig von I''_k und dem Parameter T_k bei $S_{th\,zul} = S_{thr} \sqrt{T_{kr} / T_k}$ nach Gl. (15.257). Für $T_k = T_{kr} = 1$ s ist zusätzlich der Einfluss von ϑ_a dargestellt. Die Schienenanordnung ist solange thermisch kurzschlussfest wie $S_{th}/S_{th\,zul} = 1$ nicht überschritten wird. Kleinere Werte κ ändern nur wenig im Bild 15.88.

15.8 Begrenzung der Kurzschlussströme

Steigende Kurzschlussströme und Erdkurzschlussströme durch zunehmende Netzvermaschung und durch Einspeisung einer größeren Zahl von Kraftwerksblöcken in ein vorhandenes Netz können dazu führen, dass die Investitionen neuer Anlagen steigen, dass ältere im Netz vorhandene Anlagen an die Grenze ihrer mechanischen und thermischen Kurzschlussfestigkeit gelangen und ertüchtigt oder sogar neu gebaut werden müssen, dass die Aufwendungen für den Einbau von Schutzmaßnahmen gegen zu hohe Gefährdungsspannungen erheblich ansteigen und dass die Zerstörungen an und in der Nähe eines Kurzschlussortes erheblich zunehmen. Es kann daher wirtschaftlich oder sogar technisch notwendig sein, die Kurzschlussströme bei symmetrischen und unsymmetrischen Kurzschlüssen mit Erdberührung durch besondere Maßnahmen zu begrenzen.

In Ausnahmefällen dagegen sind hohe Kurzschlussleistungen erwünscht, zum Beispiel beim Anschluss eines Lichtbogenofens oder eines anderen Abnehmers mit stark wechselnder Leistungsaufnahme an einer bestimmten Stelle des Netzes, ohne dass dadurch andere Abnehmer durch Lichtflimmern gestört werden (Abschn. 12.6.1).

Bei den Begrenzungsmaßnahmen für Kurzschlussströme kann man Maßnahmen im Netz, Maßnahmen in einzelnen Anlagen und Maßnahmen mit Hilfe einzelner elektrischer Betriebsmittel unterscheiden.

Maßnahmen im Netz:

- Wahl höherer Nennspannung einzelner Netzteile unter Beibehaltung der Leistung einspeisender Transformatoren (z. B. im Mittelspannungsnetz, Wahl von 20 kV anstelle von 10 kV).
- Aufbau einer überlagerten Spannungsebene und damit Unterteilung des vorhandenen dann unterlagerten Netzes in mehrere Gruppen (z. B. Einführung von 380 kV bei einem vorhandenen 220- oder 110-kV-Netz).

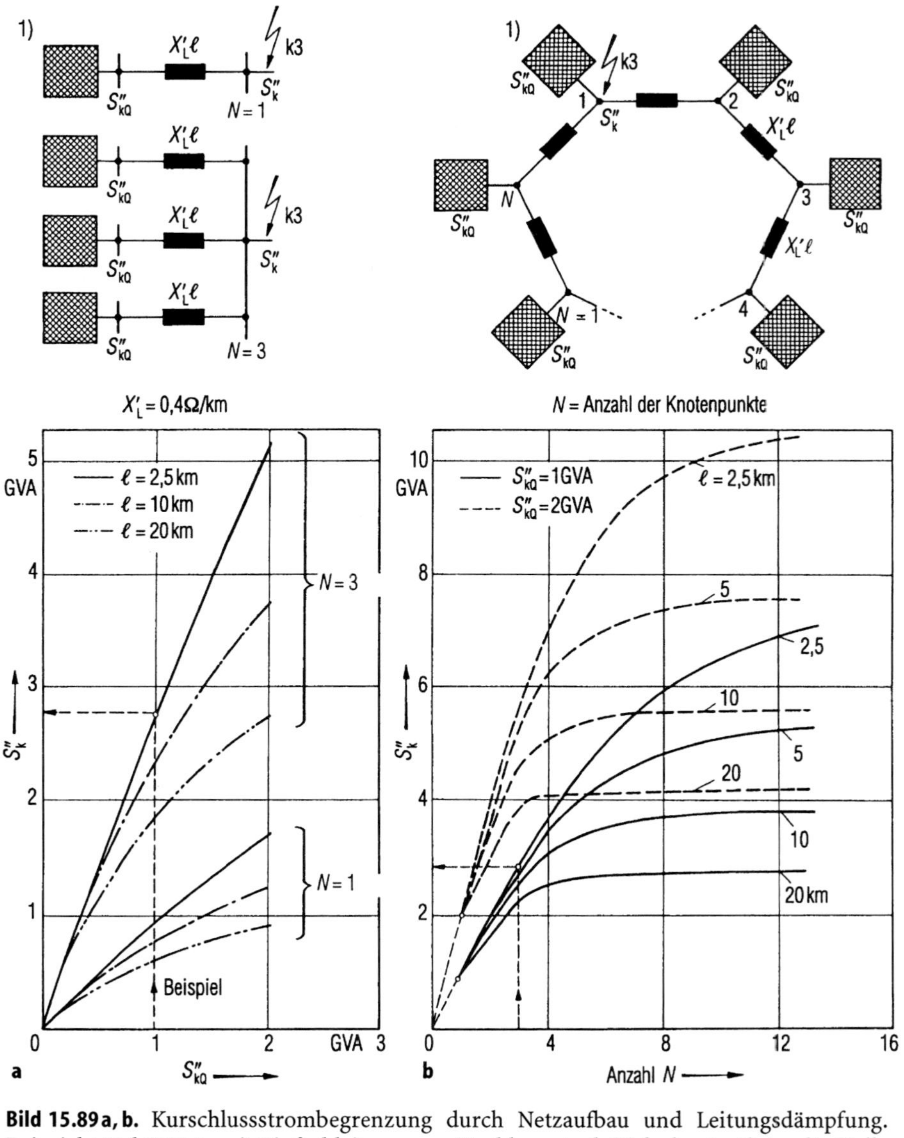

Bild 15.89 a, b. Kurschlussstrombegrenzung durch Netzaufbau und Leitungsdämpfung. Beispiel 110-kV-Netz mit Einfachleitungen. **a** Strahlennetz; **b** Vielecknetz. 1) An die Stelle der Netzeinspeisung können auch Kraftwerksblöcke treten

- Verteilung der Kraftwerks- und Transformatoreinspeisungen in ein Netz auf möglichst viele Punkte (z. B. Verteilung des Anschlusses der Blöcke eines Kraftwerkes auf verschiedene Netzknoten einer oder mehrerer Spannungsebenen oder z. B. Verteilung der einspeisenden Mittelspannungstransformatoren auf verschiedene Knotenpunkte eines Niederspannungs-Maschennetzes).

- Kupplung einzelner Netzteile nur an Punkten geringer Kurzschlussleistung (Bild 15.90 a), Einschleifung jeweils nur eines Stromkreises einer Doppelleitung in eine Umspannanlage.
- Netzaufbau vom Prinzip her im Ring (Vielecknetz) und nicht in Strahlenform mit einer Zentralanlage, um so die Leitungsdämpung und die dadurch bedingten Sättigungserscheinungen beim Ansteig des Kurzschlussstromes auszunutzen (Bild 15.89).

Maßnahmen in Anlagen:

- Betrieb mit Mehrfachsammelschienen (z. B. zwei Betriebssammelschienen und eine Reserve- oder Umgehungssammelschiene).
- Betrieb mit offener Längskupplung und verteilter Einspeisung auf die Sammelschienenabschnitte (Kupplung nur wenn eine Einspeisung ausgefallen ist).
- Einsatz eines schnell öffnenden Kuppelschalters in einer Anlage (Bild 15.90 b).
- Einsatz von Kurzschlussstrom-Begrenzungsdrosselspulen (Bild 15.91a) in Abgängen oder im Zuge einer Sammelschiene (u. U. überbrückt mit einem „I_s-Begrenzer“, d. h. einer Einrichtung zur Begrenzung des Stoßkurzschlussstromes i_p) in Nieder- und Mittelspannungsnetzen. Der Einsatz von Kurzschlussstrom-Begrenzungsdrosselspulen in Netzen mit $U_n \geq 110$ kV ist, wenn nicht vermeidbar, mit besonderer Vorsicht zu planen, z. B. auch um Stabilitätsschwierigkeiten der dorthin einspeisenden Kraftwerksblöcke zu vermeiden.
- Einsatz von Sicherungen oder strombegrenzenden Schaltern (im Niederspannungsnetz). Bild 15.92 zeigt dazu Beispiele. Beim Einsatz strombegrenzender Sicherungen und Schaltgeräte muss auf die Selektivität des Ansprechens geachtet werden.

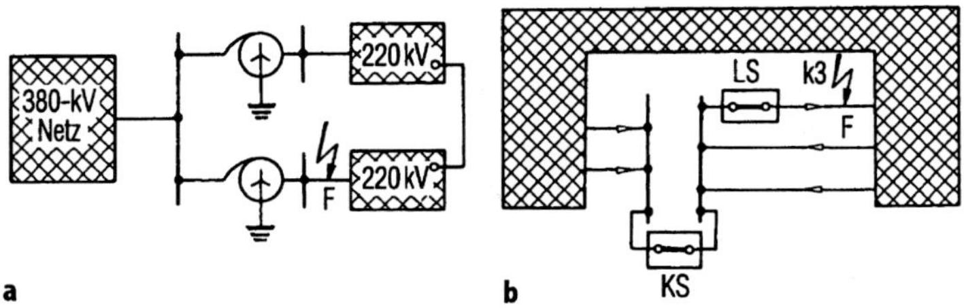

Bild 15.90 a, b. Maßnahmen zur Kurzschlussstrombegrenzung in Hochspannungsnetzen (Beispiel). **a** Getrennte Sammelschiene (220 kV) in der Schwerpunktanlage und Verbindung an Punkten geringer Kurzschlussleistung; **b** Sammelschienenschnellentkupplung mit dem Schalter KS bei Kurzschluss in F, damit die von links zufließenden Teilkurzschlussströme nicht vom Schalter LS ausgeschaltet werden müssen (Reduzierung von I_a aber nicht von i_p). Anwendung nur in einer oder einigen Anlages eines Netzes

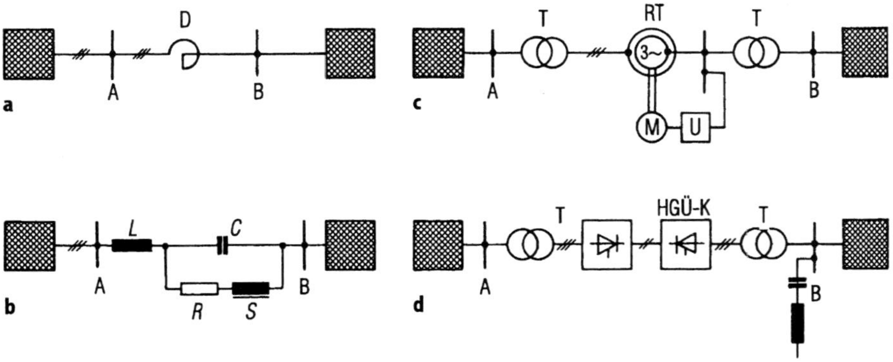

Bild 15.91 a–d. Kurzschlussstrombegrenzung in Mittel- und Hochspannungsnetzen. **a** Kurzschlussstrom-Begrenzungsdrosselspule (vorzugsweise Mittelspannungsnetz); **b** Begrenzungskupplung [15.16]: L Hauptdrosselspule, C Kondensator; R Dämpfungswiderstand, S Sättigungsdrosselspule; **c** Rotierender Transformator RT (Pinzip); M Antriebsmotor, U statischer Umrichter; **d** HGÜ-Kurzkupplung (s. Kap. 19)

Maßnahmen mit Hilfe einzelner Betriebsmittel:

- Einsatz von Transformatoren mit hoher Kurzschlussspannung u_k (zu beachten ist dabei auch der Stellbereich von Stufenschaltern).
- Einsatz von Generatoren mit hohen subtransienten Reaktanzen x''_d (Die Verwendung von Blocktransformatoren zum Anschluss großer Generatoren ist ohnehin selbstverständlich).
- Einsatz besonderer Einrichtungen zur Kurzschlussstrombegrenzung im Hochspannungsnetz wie in den Bildern 15.91 b bis 15.91 d gezeigt. Da diese Einrichtungen erhebliche Investitionsmittel erfordern, wird man sie nur dann einsetzen, wenn andere Maßnahmen keinen ausreichenden Erfolg bringen oder wenn man, wie das mit den Einrichtungen nach Bild 15.91 c und 15.91 d möglich ist, zudem noch asynchrone Netze oder Netze mit unterschiedlicher Frequenz (50 Hz/60 Hz) kuppeln will.

Maßnahmen zur Kurzschlussstrombegrenzung können sich nachteilig auf die Spannungshaltung, die Höhe der Netzverluste, die Übersichtlichkeit der Betriebsführung und die Aufrechterhaltung der Stabilität auswirken. Wählt man z. B. Transformatoren mit hoher Werten für u_k, so ist u. U. ihr Stufenschalterstellbereich zu erhöhen oder sogar ein eigener Stelltransformator vorzusehen.

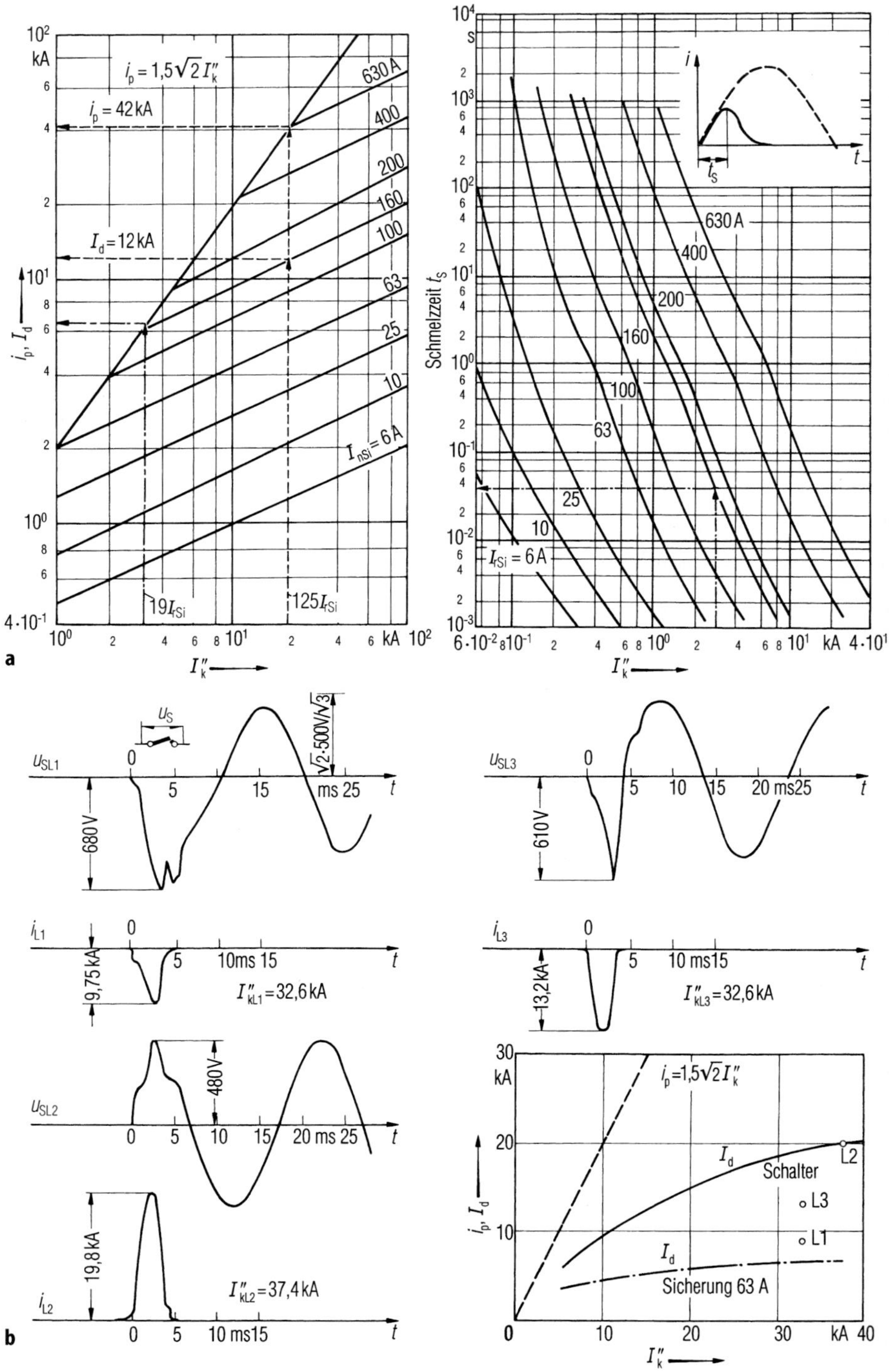

Bild 15.92a,b. Begrenzung des Stoßkurzschlussstromes durch Sicherungen und strombegrenzende Schalter. **a** Strombegrenzung auf den Durchlassstrom I_d und Schmelzzeit von Niederspannungssicherungen (NH-Sicherungen, träge) abhängig von I_k'' und vom Bemessungsstrom der Sicherung I_{rSi}; **b** Durchlassstrom eines strombegrenzenden NS-Leistungsschalters 500 V, 63 A Bemessungsstrom. Zum Vergleich im Teilbild rechts der Durchlassstrom einer NH-Sicherung 63 A

15.9 Kurzschlussstromberechnung in Niederspannungsnetzen

15.9.1 Allgemeines

Kurzschlussstromberechnungen in Niederspannungsnetzen für die kleinsten einpoligen Kurzschlussströme in TN-Netzen, als der häufigste Form der öffentlichen Versorgungsnetze, dienen der Auswahl von Schutzeinrichtungen zur Schnellausschaltung, um so Personengefährdung möglichst auszuschließen.

Die größten dreipoligen Kurzschlussströme werden berechnet, wie im Hochspannungsnetz, um die mechanische und thermische Festigkeit der eingesetzten Betriebsmittel überprüfen zu können.

In vielen praktischen Fällen der Elektroinstallation wie bei Einfamilienhäusern oder bei Wohnungen geht man so vor, dass eine aus der Erfahrung gewonnene Kombination von Schutzeinrichtung (z. B. Leitungsschutzschalter) und zulässigen Leitungslängen bei festgelegtem Querschnitt gewählt wird, bis zu welcher eine sichere und schnelle Auslösung gewährleistet ist. Wird die zulässige Leitungslänge nicht überschritten, so erübrigt sich in vielen Fällen eine Berechnung des kleinsten einpoligen Kurzschlussstromes.

Die sachgerechte Ausführung jeder Berechnung beruht auf der Anwendung einer anerkannten Methode [N 15.1] und [N 15.4] und den zutreffenden Daten der elektrischen Betriebsmittel (Netzeinspeisung, Transformatoren, Kabel und Leitungen). Die benötigten Daten der Betriebsmittel werden von den Herstellern, in Tabellenbüchern oder in Normen ausnahmslos im Mitsystem (Gegensystem = Mitsystem) und Nullsystem der symmetrischen Komponenten angegeben, auch wenn vielleicht nicht immer in ausreichender Weise darauf hingewiesen wird, dass es sich bei den Angaben um Leitungsimpedanzen (Resistanzen und Reaktanzen) des Mitsystems handelt oder um Daten aus denen man die Mitimpedanz berechnen kann, wie z. B. bei Transformatoren.

Als besondere Problematik im TN-Netz tritt neben den drei Hauptleitern L1, L2 und L3 der vierte Leiter PEN oder N auf, der bei Anschluß von Wechselstromabnehmern mit $U_n/\sqrt{3}$ zwischen die Leiter L1, L2 oder L3 und den PEN- bzw. N- Leiter, den Rückstrom aufnehmen soll und der mit dem geerdeten Sternpunkt (Neutralpunkt N) auf der US-Seite des oder der parallelen Transformatoren zwischen Mittel- und Niederspannungsnetz verbunden wird. Dabei wird häufig davon ausgegangen, dass für die Transformatoren in der Regel die Schaltgruppe Dyn5 verwendet wird. Bei größeren Freileitungs- oder Kabellängen sind zusätzliche Erdungspunkte vorgeschrieben. Man will hiermit erreichen, dass der Rückstrom bei einpoligem Kurzschluss einen Weg mit geringer Impedanz findet und dass nur geringe Potentialunterschiede entstehen.

Alle Häuser (Ein- und Mehrfamilienhäuser) und alle Gebäude (Schulgebäude, Verwaltungsgebäude usw.), die einen elektrischen Anschluss haben, müssen mit einem Fundamenterder ausgerüstet werden. Dieser Fundamenterder und eine u. U. vorhandene Blitzschutzerde werden an eine Potentialausgleichsschiene (PAS) angeschlossen. An diese PAS werden auch metallische Rohre für Wasser, Gas, Heizung und Sanitär angeschlossen und natürlich auch der PEN-Leiter sowie der 5. Leiter (PE) für die Verteilung in einer modernen Hausinstallation sowie die metallischen Gehäuse einzelner Geräte (Bild 15.98).

Nachdem das frühere Konzept der Niederspannungs-Maschennetzes in Großstädten praktisch nicht mehr verfolgt wird, sollen die nachfolgenden Überlegungen und das Beispiel sich auf einseitig gespeiste Niederspannungs-Strahlennetze ohne eigene Generatoren beschränken. Für die Sonderfälle der mehrseitigen Speisung oder sogar des Niederspannungs-Maschennetzes greift man auf [N15.1] und Abschnitt 15.5.2 zurück.

Vorhandene Niederspannungsmotoren werden bei der sicherheitsrelevanten Berechnung des kleinsten einpoligen Kurzschlussstromes nicht berücksichtigt. Zur Berücksichtigung größerer Gruppen von Niederspannungsmotoren in der Industrie bei der Berechnung des größten dreipoligen Kurzschlussstromes siehe [N15.1].

15.9.2 Berechnung der Kurzschlussströme

Zu unterscheiden ist zwischen größten und kleinsten Kurzschlussströmen, wobei in der Regel der größte dreipolige Kurzschlussstrom und der kleinste einpolige Kurzschlussstrom gesucht werden.

Größte Kurzschlussströme (s. auch 15.3.3):

- Berücksichtigt werden soll die Netzschaltung des einspeisenden Mittelspannungsnetz und die Schaltung des betrachteten Niederspannungsnetz, die zum größten Kurzschlussstrom führt.
- Verwendet werden soll c_{Qmax} des Mittelspannungsnetzes (oder anders ausgedrückt der kleinste Wert von Z_{Q}) und $c_{\max}$ des Niederspannungsnetzes nach Tabelle 15.1.
- Die Niederspannungs-Asynchronmotoren sollen mit ihrem größten Beitrag zum Kurzschlussstrom berücksichtigt werden. Sie dürfen vernachlässigt werden, wenn bei mehreren gleichzeitig laufenden Motoren die Summe ihrer Bemessungsströme $\sum_i I_{\mathrm{rM}i}$ kleiner oder gleich 1% des Anfangs-Kurzschlusswechselstromes I''_{kM} ohne Motoren wird. Nach Gl. (25) aus [N 15.1] sind Motoren vernachlässigbar, wenn gilt: $\sum_i I_{\mathrm{rM}i} \leq 0{,}01 \cdot I''_{\mathrm{kM}}$
- Die Resistanzen (ohmschen Widerstände) von Kabeln und Leitungen sind bei einer Temperatur von 20 °C einzuführen.
- Der Impedanzkorrekturfaktor K_{T} für den oder die Einspeisetransformatoren soll nach IEC 60909-0, Gl. (12a) berücksichtigt werden.

Kleinste Kurzschlussströme (s. auch 15.3.3):

- Berücksichtigt werden soll die Netzschaltung des einspeisenden Mittelspannungsnetz und die Schaltung des betrachteten Niederspannungsnetz, die zum kleinsten Kurzschlussstrom führt.
- Verwendet werden soll $c_{Q\min}$ des Mittelspannungsnetzes (oder anders ausgedrückt der größte Wert von Z_Q) und $c_{\min}$ des Niederspannungsnetzes nach Tabelle 15.1.
- Niederspannungsmotoren werden nicht berücksichtigt.
- Die Resistanzen (ohmschen Widerstände) von Kabeln und Leitungen sind bei der Temperatur am Ende des Kurzschlusses einzuführen: $R_L = [1 + \alpha\,(\vartheta_e - 20\,°C]\,R_{L20}$ mit $\alpha = 0{,}004/K$. Dabei sind ϑ_e die Celsiustemperatur am Ende des Kurzschlusses und R_{L20} der Widerstand bei 20 °C (siehe Text).
- Der Impedanzkorrekturfaktor K_T nach IEC 60909-0, Gl. (12a) darf nicht berücksichtigt werden.
- Bei der Auswahl der Nullimpedanzen von Vierleiterkabeln oder vier Einleiterkabeln ist davon auszugehen, dass der Rückstrom nur über den vierten Leiter fließt, auch wenn das in Wirklichkeit nicht zutrifft.

Wenn als Angabe nur I''_{kQ} oder S''_{kQ} vorliegt ohne nähere Angabe, so muss man in der Regel davon ausgehen, dass $I''_{kQ\max}$ oder $S''_{kQ\max}$ gemeint sind. Damit ergibt sich dann für die Netzinnenimpedanz am Punkt Q ausgehend von Gl. (15.22):

$$Z_Q = \frac{c_{Q\max} U_{nQ}}{\sqrt{3}\; I''_{kQ\max}} = \frac{c_{Q\max} U_{nQ}^2}{S''_{kQ}}$$

Bei Umrechnung von der Mittelspannungsseite auf die Niederspannungsseite mit dem Bemessungswert $t_r = U_{rTOS}/U_{rTUS}$ der Transformatorübersetzung gilt dann weiter nach Gl. (15.23):

$$Z_{Qt} = Z_Q \frac{1}{t_r^2} = \frac{c_{Q\max} U_{nQ}}{\sqrt{3}\; I''_{kQ\max}} \cdot \left(\frac{U_{rTUS}}{U_{rTOS}}\right)^2 = \frac{c_{Q\max} U_{nQ}^2}{S''_{kQ}} \cdot \left(\frac{U_{rTUS}}{U_{rTOS}}\right)^2 \tag{15.258}$$

Beim Fehlen genauerer Angaben darf man nach [N 15.1] $X_{QT} = 0{,}995 Z_{QT}$ und $R_{Qt} = 0{,}1 X_{Qt}$ setzen. Die Mitimpedanz $\underline{Z}_{Qt}$ ist gleich der Gegenimpedanz $\underline{Z}_{2Qt}$.

Bei der Berechnung des einpoligen Kurzschlussstromes im Niederspannungsnetz bei Speisung über einen Transformator der Schaltgruppe Dy5n wird im Mittelspannungsnetz ein Strom wie bei einem zweipoligen Kurzschluss ohne Erdberührung fließen (ähnlich wie Bild 8.12b).

Wenn unterschiedliche Angaben zu $I''_{kQ\max}$ und $I''_{kQ\min}$ vorliegen, so muss der Unterschied mindestens 10% betragen, wegen $c_{\max}/c_{\min} = 1{,}1$ im Hoch- und Mittelspannungsnetz nach Tabelle 15.1. Zur Berechnung der kleinsten einpoligen Kurzschlussröme im Niederspannungsnetz wählt man dann $I''_{kQ\min}$ oder $S''_{kQ\min}$.

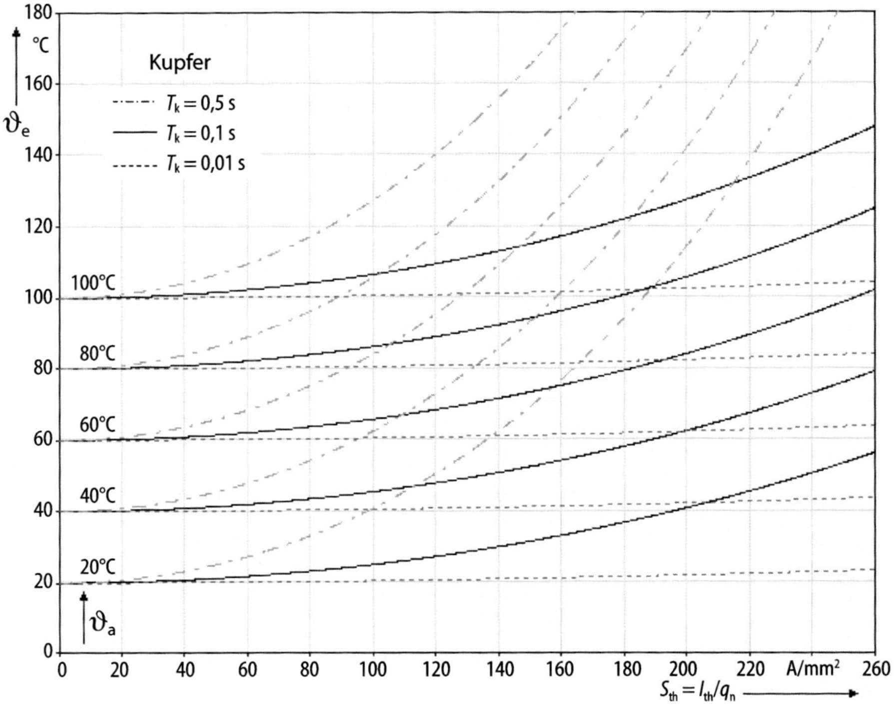

Bild 15.93 Leitertemperatur am Kurzschlussende ϑ_e abhängig von der Temperatur vor dem Kurzschluss ϑ_a und der thermischen Stromdichte S_{th} bei Kurzschluss für Kupferleiter

Die Forderung bei der Berechnung des kleinsten einpoligen Kurzschlussstromes die Leiterwiderstände bei der Temperatur ϑ_e am Ende des Kurzschlusses einzuführen, führt auf die Schwierigkeit, dass diese bei der Berechnung zuerst unbekannt ist. Erst wenn man den Anfangs-Kurzschlusswechselstrom kennt und die Faktoren m und n, so kann man nach Gl. (15.173.a) den thermisch gleichwertigen Kurzschlussstrom I_{th} bestimmen und daraus die Stromdichte $S_{th} = I_{th}/q_n$, wobei q_n der Querschnitt des betrachteten Leiters ist.

Im Niederspannungsnetz ohne Generatoren wird generatorferner Kurzschluss vorausgesetzt und damit $n = 1$ gewählt. Setzt man sehr kleine Kurzschlussdauer und $\kappa \leq 1{,}8$ im Niederspannungsnetz voraus, so ergibt sich nach Bild 15.59 der Faktor $m \leq 1{,}6$ und somit $I_{th} \leq 1{,}6 I''_k$. Nach Gl. (15.253) kann man dann ϑ_e berechnen. Als Hilfe dazu dienen die Bilder 15.93 für Kupferleiter und 15.94 für Aluminiumleiter.

Kann man im Niederspannungsnetz z. B. Kurzschlussdauern $T_k \leq 0{,}1$s voraussetzen, wie sie beim Einsatz von Leitungsschutzschaltern erreicht werden, so dürfte es für eine Berechnung auf der konservativen Seite ausreichen $\vartheta_e = \vartheta_a + 25\,°C$ für Kupferleiter und $\vartheta_e = \vartheta_a + 50\,°C$ für Aluminiumleiter einzusetzen ohne S_{th} zu kennen. Damit ergeben sich dann bei $\vartheta_a = 70\,°C$ (maximal

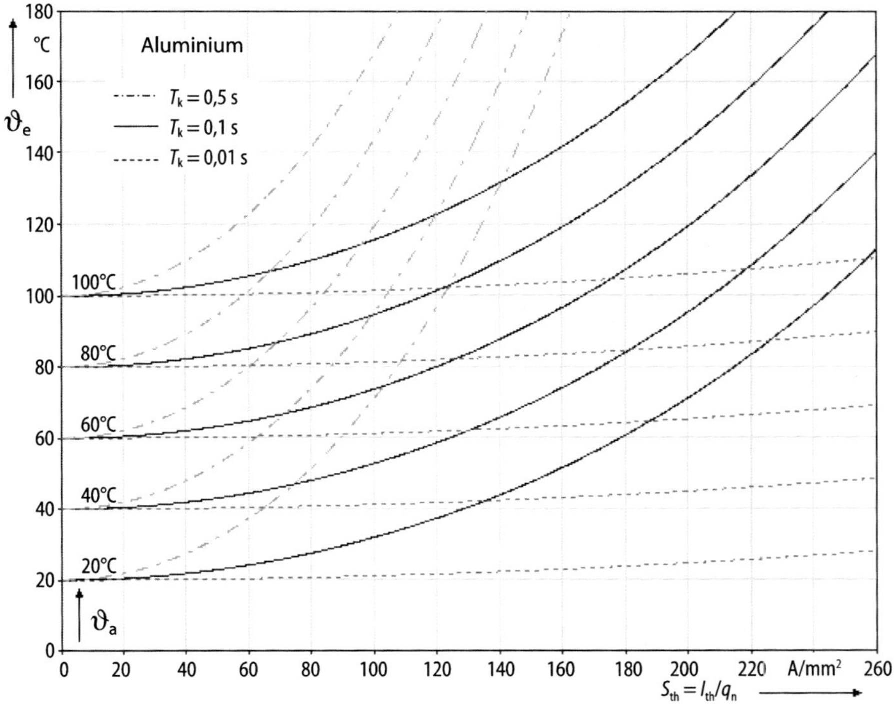

Bild 15.94 Leitertemperatur am Kurzschlussende ϑ_e abhängig von der Temperatur vor dem Kurzschluss ϑ_a und der thermischen Stromdichte S_{th} bei Kurzschluss für Aluminiumleiter

zulässige Betriebstemperatur für PVC-Niederspannungskabel nach Tabelle 10.2) mit Gl. (15.27) die folgenden Höchstwerte:

$$R'_{\text{LCumax}} = 1{,}3 \cdot R'_{\text{LCu20}} \quad \text{und} \quad R'_{\text{LAlmax}} = 1{,}4 \cdot R'_{\text{LAl20}} \qquad (15.259)$$

Will man dieser Problematik aus dem Wege gehen, so wird man für ϑ_a die zulässige Kurzschlusstemperatur einsetzen, die für NYY-Kabel bei 160 °C liegt und dann entsprechend $R'_{\text{Lmax}} = 1{,}56 \cdot R'_{\text{L20}}$ einführen. Bei der Berechnung des kleinsten Kurzschlussstromes liegt man damit auf der sicheren Seite.

In [15.84] wird ohne Begründung $\vartheta_a = 80$ °C empfohlen, was nach obiger Untersuchung nicht in jedem Fall ausreichend sein dürfte (s. auch Abschnitt 15.9.3). In [N15.1] wird deshalb angegeben, dass die Temperatur am Kurzschlussende zu verwenden ist.

Berechnungsgleichungen

Größter dreipoliger Kurzschlussstrom:

$$I''_{\mathrm{k3max}} = \frac{c_{\max} U_{\mathrm{n}}}{\sqrt{3}\left|\underline{Z}_1\right|} = \frac{c_{\max} U_{\mathrm{n}}}{\sqrt{3}\sqrt{R_1^2 + X_1^2}} \tag{15.260}$$

$\underline{Z}_1 = R_1 + \mathrm{j}X_1 = \underline{Z}_{\mathrm{k}}$ ist die Kurzschlussmitimpedanz im Mitsystem an der betrachteten Kurzschlussstelle des Niederspannungsnetzes. Sie setzt sich aus den Mitimpedanzen der einzelnen in der Kurzschlussbahn liegenden Betriebsmittel zusammen.

Kleinster einpoliger Kurzschlussstrom:

$$I''_{\mathrm{k1min}} = 3 \cdot I_1 = \frac{3 \cdot c_{\min} U_{\mathrm{n}}}{\sqrt{3}\left|2\underline{Z}_1 + \underline{Z}_0\right|} = \frac{\sqrt{3} c_{\min} U_{\mathrm{n}}}{\left|2\underline{Z}_1 + \underline{Z}_0\right|} = \frac{\sqrt{3} c_{\min} U_{\mathrm{n}}}{\sqrt{\left(2R_1 + R_0\right)^2 + \left(2X_1 + X_0\right)^2}} \tag{15.261}$$

Dabei ist I_1 der Strom im Mitsystem nach Bild 15.95b, $\underline{Z}_1 = R_1 + \mathrm{j}X_1$ die Kurzschlussmitimpedanz und $\underline{Z}_0 = R_0 + \mathrm{j}X_0$ die Kurzschlussnullimpedanz an der betrachteten Kurzschlussstelle des Niederspannungsnetzes. Vorausgesetzt werden kann, wie in Gl. (15.261), dass in Niederspannungsnetzen ohne Generatoren $\underline{Z}_2 = \underline{Z}_1$ gilt. Wie die Kurzschlussmitimpedanz setzt sich auch die Kurzschlussnullimpedanz aus den Nullimpedanzen der einzelnen in der Kurzschlussbahn liegenden Betriebsmittel zusammen.

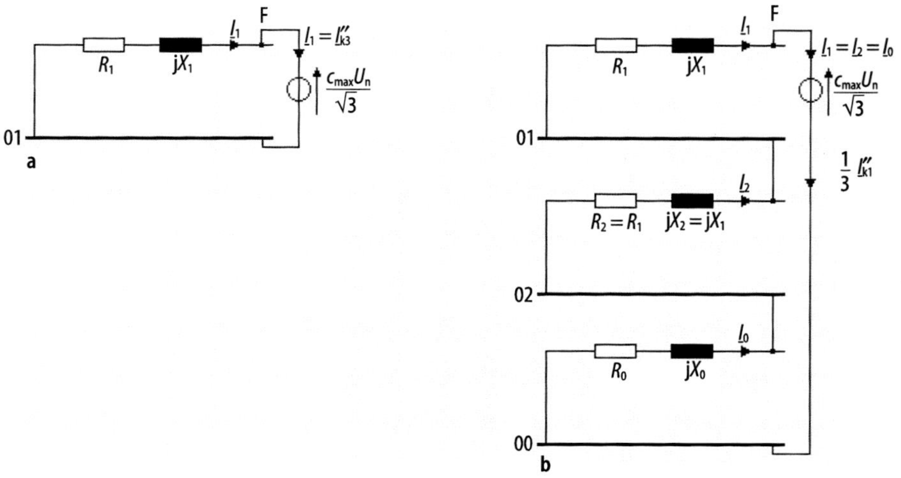

Bild 15.95 Ersatzschaltungen der symmetrischen Komponenten
a zur Berechnung des größten dreipoligen Kurzschlussstromes nach Gl. (15.260)
b zur Berechnung des kleinsten einpoligen Kurzschlussstromes nach Gl. (15.261)

Bild 15.95 zeigt die beiden zu den Gl. (15.260) und (15.261) gehörenden Ersatzschaltpläne im Mit-, Gegen- und Nullsystem der symmetrischen Komponenten (s. Abschnitt 2.4).

Aus Bild 15.95 erkennt man, dass zur Berechnung des symmetrischen dreipoligen Kurzschlussstromes nur die Mitimpedanz bestimmt werden muss. Bei der Berechnung des einpoligen Kurzschlussstromes benötigt man dagegen die Impedanzen des Mit-, (Gegen-) und Nullsystems. An der Kurzschlusstelle wird die Ersatzspannungsquelle des Mitsystems eingeführt, mit c_{max} bei der Berechnung des größten dreipoligen und c_{min} bei der Berechnung des kleinsten einpoligen Kurzschlussstromes.

Nach VDE 0100-410, Abschnitt 411.4, sind in den betrachteten TN-Netzen die Schutzeinrichtungen und Leiterquerschnitte (bei vorgegebener Länge) bzw. die Schutzeinrichtungen und Leiterlängen (bei vorgegebenem Querschnitt) so zu wählen, dass $Z_S I_a \leq U_0$ erfüllt wird. Dabei ist I_a der Strom, der das Ausschalten eines LS-Schalters oder einer Niederspannungssicherung (siehe Bild 12.47) bewirkt, $U_0 = U_n/\sqrt{3}$ ist die Nennspannung zwischen Leiter und Neutralleiter und Z_S die Impedanz der Fehlerschleife bei einem Erdkurzschluss. In Netzen mit $U_0 \leq 230\ \text{V} = 400\ \text{V}/\sqrt{3}$ ist eine Ausschaltzeit von maximal 0,4 s einzuhalten. Aus dieser normativen Festlegung ergibt sich, dass der minimale einpolige Kurzschlussstrom nach Gl. (15.261) größer sein muss als der Strom I_a, der das Ausschalten bewirken soll.

$$I_a < I''_{k1min} = \frac{c_{min} U_n}{\sqrt{3}\left|\underline{Z}_S\right|} \tag{15.262}$$

Vergleicht man Gl. (15.262) mit Gl. (15.261) für I''_{k1min}, so findet man:

$$\underline{Z}_S = \frac{1}{3}(2\underline{Z}_1 + \underline{Z}_0) \text{ oder } Z_S = \left|\underline{Z}_S\right| = \frac{1}{3}\sqrt{\left(2R_1 + R_0\right)^2 + \left(2X_1 + X_0\right)^2} \tag{15.263}$$

Hieraus folgt, dass man bei der Berechnung des einpoligen Kurzschlussstromes immer die Mit- und die Nullimpedanzen aller Betriebsmittel der Kurzschlussbahn kennen bzw. berechnen muss. Bild 15.96 zeigt dies an einem einfachen Beispiel.

Die eigentliche Arbeit der Kurzschlussstromberechnung in Niederspannungsstrahlennetzen besteht also in der Ermittlung der Mit- und Nullimpedanzen der elektrischen Betriebsmittel und ihrer Aufsummierung für die betrachteten Kurzschlussstellen.

Der vom Mittelspannungsnetz an den Anschlusspunkt Q gelieferte Kurzschlussstrom I''_{kQ} bei dreipoligem Kurzschluss ergibt sich aus einer vorangegangenen Berechnung oder aus der Angabe des Netzbetreibers. Zur Berechnung verwendet man Abschnitt 15.4.2 und Gl. (15.258). Wenn I''_{kQmin} bekannt ist, so rechnet man bei der Bestimmung des kleinsten einpoligen Kurzschlussstromes mit c_{Qmin} und I''_{kQmin}.

Die Impedanzen $\underline{Z}_{\mathrm{TUS}}$ und $\underline{Z}_{0\mathrm{TUS}}$ berechnet man nach Abschnitt 8.3.1 und Tabelle 8.2 abhängig von den Angaben des Herstellers und der Schaltgruppe. Häufig werden Zweiwicklungstransformatoren der Schaltgruppe Dyn5 verwendet. Als Hilfe kann Tabelle 15.23 mit den Daten von Niederspannungstransformatoren ($U_{\mathrm{rTUS}} = 400\,\mathrm{V}$) mit Ölkühlung nach DIN 42500 bei Bemessungsspannungen von 10 oder 20 kV auf der OS-Seite dienen, wobei darauf zu achten ist, dass K_{T} nur bei der Berechnung von I''_{k3max} verwendet werden darf (z. B. $K_{\mathrm{T}} = 0{,}963$ bei $u_{\mathrm{kr}} = 6\%$ und $K_{\mathrm{T}} = 0{,}974$ bei $u_{\mathrm{kr}} = 4\%$ und $c_{\max} = 1{,}05$). Für $\underline{Z}_{0\mathrm{TUS}}$ kann man bei der Schaltgruppe Dyn näherungsweise $\underline{Z}_{0\mathrm{TUS}} \approx \underline{Z}_{1\mathrm{TUS}} = \underline{Z}_{\mathrm{TUS}}$ setzen.

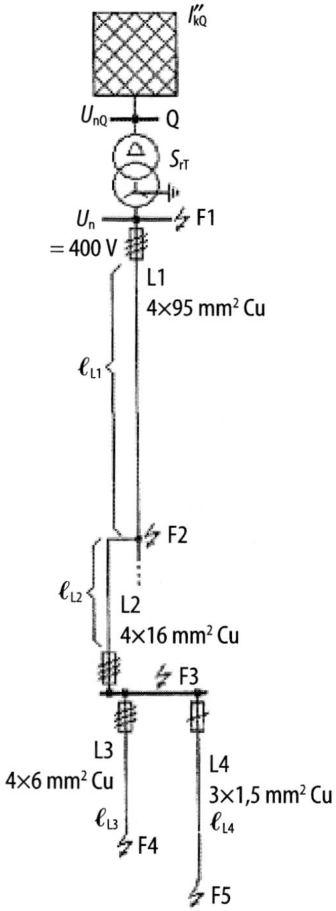

Impedanzen der Betriebsmittel	Impedanzen an der Kurzschlussstelle
$\underline{Z}_{\mathrm{Qt}} = R_{\mathrm{Qt}} + \mathrm{j}X_{\mathrm{Qt}}$.	
$\underline{Z}_{\mathrm{TUS}} = R_{\mathrm{TUS}} + \mathrm{j}X_{\mathrm{TUS}}$, $\underline{Z}_{0\mathrm{TUS}} \approx \underline{Z}_{\mathrm{TUS}}$.	**F1** $\underline{Z}_{1\mathrm{F1}} = \underline{Z}_{\mathrm{Qt}} + \underline{Z}_{\mathrm{TUS}}$, $\underline{Z}_{0\mathrm{F1}} = \underline{Z}_{0\mathrm{TUS}}$
$\underline{Z}_{\mathrm{L1}} = (R'_{\mathrm{L1}} + \mathrm{j}X'_{\mathrm{L1}})\,\ell_{\mathrm{L1}}$, $\underline{Z}_{0\mathrm{L1}} = 4\underline{Z}_{\mathrm{L1}}$.	**F2** $\underline{Z}_{1\mathrm{F2}} = \underline{Z}_{\mathrm{Qt}} + \underline{Z}_{\mathrm{TUS}} + \underline{Z}_{\mathrm{L1}}$, $\underline{Z}_{0\mathrm{F2}} = \underline{Z}_{0\mathrm{TUS}} + \underline{Z}_{0\mathrm{L1}}$.
$\underline{Z}_{\mathrm{L2}} = (R'_{\mathrm{L2}} + \mathrm{j}X'_{\mathrm{L2}})\,\ell_{\mathrm{L2}}$, $\underline{Z}_{0\mathrm{L2}} = 4\underline{Z}_{\mathrm{L2}}$.	**F3** $\underline{Z}_{1\mathrm{F3}} = \underline{Z}_{\mathrm{Qt}} + \underline{Z}_{\mathrm{TUS}} + \underline{Z}_{\mathrm{L1}} + \underline{Z}_{\mathrm{L2}}$ $\underline{Z}_{0\mathrm{F3}} = \underline{Z}_{0\mathrm{TUS}} + \underline{Z}_{0\mathrm{L1}} + \underline{Z}_{0\mathrm{L2}}$
$\underline{Z}_{\mathrm{L3}} = (R'_{\mathrm{L3}} + \mathrm{j}X'_{\mathrm{L3}})\,\ell_{\mathrm{L3}}$, $\underline{Z}_{0\mathrm{L2}} = 4\underline{Z}_{\mathrm{L2}}$.	**F4** $\underline{Z}_{1\mathrm{F4}} = \underline{Z}_{\mathrm{Qt}} + \underline{Z}_{\mathrm{TUS}} + \underline{Z}_{\mathrm{L1}} + \underline{Z}_{\mathrm{L2}} + \underline{Z}_{\mathrm{L3}}$ $\underline{Z}_{0\mathrm{F4}} = \underline{Z}_{0\mathrm{TUS}} + \underline{Z}_{0\mathrm{L1}} + \underline{Z}_{0\mathrm{L2}} + \underline{Z}_{0\mathrm{L3}}$
$\underline{Z}_{\mathrm{L4}} = (R'_{\mathrm{L4}} + \mathrm{j}X'_{\mathrm{L4}})\,\ell_{\mathrm{L4}}$ $\underline{Z}_{0\mathrm{L4}} = 4\underline{Z}_{\mathrm{L4}}$	**F5** $\underline{Z}_{1\mathrm{F5}} = \underline{Z}_{\mathrm{Qt}} + \underline{Z}_{\mathrm{TUS}} + \underline{Z}_{\mathrm{L1}} + \underline{Z}_{\mathrm{L2}} + \underline{Z}_{\mathrm{L4}}$ $\underline{Z}_{0\mathrm{F5}} = \underline{Z}_{0\mathrm{TUS}} + \underline{Z}_{0\mathrm{L1}} + \underline{Z}_{0\mathrm{L2}} + \underline{Z}_{0\mathrm{L4}}$

1) Es wird nur eine Sicherung oder ein LS-Schalter für den verwendeten Hauptleiter L1 oder L2 oder L3 eingeführt. Die Leiter N (Rückleiter) und PE (Schutzleiter) erhalten keine Sicherung. Die Berechnung der Impedanzen der dreiadrigen Leitung oder der drei einadrigen Leitungen dieses Abgangs wird am Ende dieses Abschnitts behandelt.

Bild 15.96 Ermittlung der Mit- und Nullimpedanz an verschiedenen Kurzschlussstellen eines strahlenförmigen Niederspannungsnetzes zur Berechnung des minimalen einpoligen Kurzschlussstromes (Annahme: Transformator der Schaltgruppe Dyn5. Stromrückleitung **nur** über den vierten Leiter PEN oder den PE-Leiter bei F5)

Tabelle 15.23 Kurzschlussspannungen, Verluste und Impedanzen von Niederspannungstransformatoren ($U_{\mathrm{rTUS}} = 400$ V) mit Ölkühlung nach DIN 42500. OS-Seite: 10 kV, 20 kV.

S_{rT} kVA	I_{rTUS} A	u_{kr} %	u_{Rr} %	P_{krT} kW	Z_{TUS} mΩ	$\underline{Z}_{\mathrm{TUS}}$[a] mΩ	$\underline{Z}_{\mathrm{TUS}} = K_{\mathrm{T}}\underline{Z}_{\mathrm{TUS}}$[b] mΩ
160	230,9	4	1,47	2,35	40,0	14,7 + j 37,2	14,3 + j 36,2
250	360,8	4	1,30	3,25	25,6	8,3 + j 24,2	8,1 + j 23,6
400	577,4	4	1,15	4,60	16,0	4,6 + j 15,3	4,5 + j 14,9
630	909,3	4	1,03	6,50	10,2	2,6 + j 9,81	2,6 + j 9,56
630	909,3	6	1,07	6,75	15,2	2,72 + j 14,99	2,62 + j 14,44
1000	1443,4	6	1,05	10,50	9,60	1,68 + j 9,45	1,62 + j 9,10
1600	2309,4	6	1,06	17,00	6,00	1,06 + j 5,91	1,02 + j 5,68
2500	3608,4	6	1,06	26,50	3,84	0,68 + j 3,78	0,65 + j 3,64

a) Zur Berechnung von I''_{k1min}; b) Nur zur Berechnung von I''_{k3max}.

Tabelle 15.24 Impedanzbeläge von Niederspannungsvierleiterkabeln NYY-J 4×...0,6/1 kV. [DIN EN 60909-4:2009-06, Tab. 12]

q_{n} mm²	r_{L} mm	d[a] mm	$\underline{Z}'_{\mathrm{L}}$ (20°C) Ω/km	$\underline{Z}'_{\mathrm{0L4}} = 4\underline{Z}'_{\mathrm{L}}$ (20°C) Ω/km	$\underline{Z}'_{\mathrm{0L4E}}$ (20°C)[b] Ω/km	r[c] –	I_{dzul}[d] A
4 × 1,5	0,691	3,347	12,1 + j 0,115	48,40 + j 0,460	12,40 + j 2,45	0,99	18,6/–
4 × 2,5	0,892	3,798	7,41 + j 0,107	29,64 + j 0,427	7,79 + j 2,39	0,98	25/–
4 × 4	1,128	4,777	4,61 + j 0,106	18,44 + j 0,426	5,11 + j 2,29	0,97	33,0/–
4 × 6	1,382	5,347	3,08 + j 0,101	12,32 + j 0,403	3,72 + j 2,17	0,95	42,0/–
4 × 10	1,78	6,30	1,830 + j 0,0951	7,320 + j 0,380	2,675 + j 1,909	0,89	57,0/–
4 × 16	2,26	7,3	1,150 + j 0,0894	4,600 + j 0,358	2,128 + j 1,547	0,79	75/98
4 × 25	3,24	10,2	0,727 + j 0,0878	2,908 + j 0,351	1,694 + j 1,115	0,66	102/129
4 × 35	3,82	11,5	0,524 + j 0,0850	2,096 + j 0,340	1,394 + j 0,845	0,54	126/156
4 × 50	4,54	13,6	0,387 + j 0,0846	1,548 + j 0,338	1,126 + j 0,648	0,44	152/185
4 × 70	5,40	15,6	0,268 + j 0,0824	1,072 + j 0,330	0,836 + j 0,485	0,36	193/228
4 × 95	6,30	18,1	0,193 + j 0,0820	0,772 + j 0,328	0,625 + j 0,401	0,26	238/274
4 × 120	7,10	19,9	0,153 + j 0,0805	0,612 + j 0,322	0,503 + j 0,361	0,22	276/313
4 × 150	7,95	22,3	0,124 + j 0,0805	0,496 +j 0,322	0,412 + j 0,338	0,19	315/352
4 × 185	8,80	24,6	0,0991 + j 0,0803	0,396 + j 0,321	0,332 + j 0,322	0,17	361/398
4 × 240	10,05	27,9	0,0754 + j 0,0799	0,302 + j 0,320	0,254 + j 0,308	0,15	430/464
4 × 300	11,25	31,2	0,0601 + j 0,0798	0,240 + j 0,319	0,203 + j 0,302	0,14	493/525

a $d = \sqrt[3]{d_{\mathrm{L1L2}} d_{\mathrm{L1L3}} d_{\mathrm{L2L3}}}$; b Rückleitung über vierten Leiter und Erde bei $\rho_{\mathrm{E}} = 100$ Ωm und einer Kabellänge größer 500 m, siehe Tabelle A.15.7. c r = Reduktionsfaktor nach DIN EN 60909-0 Bbl. 4, Gl. (21). Mit dem Reduktionsfaktor ermittelt man den über Erde fließenden Anteil des einpoligen Erdkurzschlussstromes: $I_{\mathrm{E}} = r3I_0 = rI''_{\mathrm{k1}}$. d Zulässige Dauerstrombelastbarkeit: *Frei in Luft/ in Erde* nach [10.36, S. 227].

Niederspannungs-Drehstrom-Trockentransformatoren (Gießharztransformatoren) weisen bei $u_{kr} = 4\%$ und $u_{kr} = 6\%$ ähnliche Kurzschlussverluste auf wie die in Tabelle 15.23 aufgeführten Transformatoren mit Ölkühlung.

Die Impedanzbeläge von Niederspannungskabeln und -leitungen im Mit- und Nullsystem findet man in den Anhängen A.14, A.15 und A.16 sowie in [N 15.3]. Tabelle 15.24 enthält die Mit- und Nullimpedanzbeläge bei Niederspannungsvierleiterkabeln auch für kleine Querschnitte, wie sie in der Gebäudeinstallation verwendet werden. Man erkennt, dass die Beträge der Nullimpedanzbeläge $\underline{Z}'_{0L4}$ bei Rückleitung allein über den vierten Leiter immer größer sind als die Beträge der Nullimpedanzbeläge $\underline{Z}'_{0L4E}$ bei Rückleitung über den vierten Leiter und Erde.

Bei der Berechnung der kleinsten einpoligen Kurzschlussströme wird man also, ohne Rücksicht darauf wo der Rückstrom tatsächlich fließt, annehmen, dass der Rückstrom allein über den vierten Leiter (PEN) fließt und somit $\underline{Z}'_{0L4} = 4\underline{Z}'_{L}$ verwenden, auch wenn, wie der Reduktionsfaktor in Tabelle 15.24 insbesondere für kleine Querschnitte zeigt, der größte Teil des Rückstromes über Erde fließen kann, wenn eine niederohmige Erdverbindung besteht.

Bei Stromkreisen aus Niederspannungseinleiterkabeln hängen die Mit- und Nullimpedanzen von der Verlegeart ab. Tabelle 15.25 enthält die Impedanzbeläge im Mit- und Nullsystem bei Vierecksverlegung und bei Verlegung in einer Ebene, wenn der Rückstrom bei einpoligem Kurzschluss nur über den vierten Leiter geht.

Auch hier, wie in der Tabelle 15.24, sind die angegeben Nullimpedanzen bei Rückleitung nur über den vierten Leiter PEN größer als bei Rückleitung über vierten Leiter und Erde. Sucht man den kleinsten einpoligen Kurzschlussstrom, ohne den Verlauf des Rückstromes genau zu kennen, so wählt man für Niederspannungseinleiterkabel die Mit- und Nullimpedanzen nach Tabelle 15.25.

Eine allgemeine Anweisung zur Berechnung der Mit- und Nullimpedanzen bei parallelen Stromkreisen aus Einleiterkabeln findet man im Angang A.16. Diese Überlegungen sind von besonderer Bedeutung bei der Berechnung minimaler einpoliger Kurzschlussströme, weil die Impedanzbeläge pro Stromkreis im Nullsystem bei ungünstiger Verlegung und bei parallelen Stromkreisen merklich größer werden können als bei einem Drehstromstromkreis allein. Beispiele dafür sind im Anhang A.16 angegeben.

Zum Anschluss von Niederspannungsverbrauchern kleiner Leistung (Wechselstromverbraucher) werden bei der Endverteilung wie im Bild 15.96 und im Bild 15.98 dreiadrige Leitungen oder drei einadrige Leitungen, gegebenfalls in einer Ebene, verwendet, wahlweise L1, N, PE oder L2, N, PE oder L3, N, PE. Angestrebt wird durch entsprechenden Anschluss der Wechselstromverbraucher eine möglichst gleichmäßige Belastung der drei Leiter des Niederspannungsnetzes.

Zur Bestimmung der Impedanzen bei Rückleitung nur über den PE-Leiter bei einpoligem Kurzschluss zwischen L1 und PE (bzw. L2 und PE oder L3 und

Tabelle 15.25 Impedanzbeläge bei vier Niederspannungseinleiterkabeln NYY 4×1 ×...0,6/1 kV

q_n	r_L	D_a	Anordnung[a,c] L1 L2 / L3 PEN DIN EN 60909-4, 2009-06, Tabelle 11		Anordnung[b,c] L1 L2 L3 PEN	
			$\underline{Z}'_L$ (20°C)	$\underline{Z}'_{0L4}=4\underline{Z}'_L$ (20°C)	$\underline{Z}'_L$ (20°C)	$\underline{Z}'_{0L4}$ (20°C)
mm²	mm	mm	Ω/km	Ω/km	Ω/km	Ω/km
4 × 1 × 10r	1,78	12	1,830+j0,143	7,320+j0,572	1,830+j0,150	7,320+j0,739
4 × 1 × 16r	2,26	13	1,150+j0,133	4,600+j0,532	1,150+j0,140	4,600+j0,699
4 × 1 × 25rST	3,24	15	0,727+j0,119	2,908+j0,476	0,727+j0,127	2,908+j0,644
4 × 1 × 35rST	3,82	16	0,524+j0,113	2,096+j0,452	0,524+j0,120	2,096+j0,619
4 × 1 × 50rST	4,54	18	0,387+j0,110	1,548+j0,440	0,387+j0,117	1,548+j0.605
4 × 1 × 70rST	5,40	19	0,268+j0,102	1,072+j0,408	0,268+j0,109	1,072+j0,575
4 × 1 × 95rST	6,30	21	0,193+j0,099	0,772+j0,396	0,193+j0,106	0,772+j0,562
4 × 1 × 120rST	7,10	23	0,153+j0,097	0,612+j0,388	0,153+j0,104	0,612+j0,554
4 × 1 × 150rST	7,95	26	0,124+j0,097	0,496+j0,388	0,124+j0,105	0,496+j0,557
4 × 1 × 185rST	8,80	28	0,099+j0,096	0,396+j0,384	0,099+j0,103	0,396+j0,550
4 × 1 × 240rST	10,05	31	0,075+j0,094	0,300+j0,376	0,075+j0,101	0,300+j0,542
4 × 1 × 300rST	11,25	33	0,060+j0,091	0,240+j0,364	0,060+j0,098	0,240+j0,529

a $d = D_a \sqrt[6]{2}$; $d_{LN} = d_{LPEN} = d$; b $d = D_a \sqrt[3]{2}$; $d_{LN} = d_{LPEN} = D_a \sqrt[3]{6}$;

c Für eine höhere Temperatur ϑ_e wird hier der Realteil der Impedanzen nach Gl. (15.27) umgerechnet.

$R'_{L\vartheta e} = \left[1 + \frac{0{,}004}{K}\left(\vartheta_e - 20^\circ C\right)\right] \cdot R'_{L20^\circ C}$. Für ϑ_e siehe die Bilder 15.93 und 15.94.

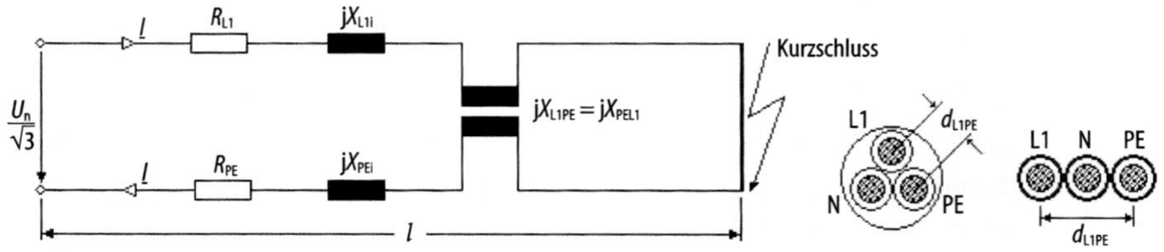

Bild 15.97 Leiterschleife aus L1 und PE

PE) ermittelt man nach Bild 15.97 die Schleifenimpedanz für den Leiter L1 und den PE-Leiter (siehe dazu auch die Gl.(9.14) und (9.15)):

$$\underline{Z}'_{S(L1PE)} = R'_{L1} + R'_{PE} + j2\omega \frac{\mu_0}{2\pi}\left(\frac{1}{4} + \ln \frac{d_{L1PE}}{\sqrt{r_{L1} r_{PE}}}\right) \tag{15.264}$$

Wenn beide Leiter gleiche Abmessungen haben, wie bei kleinen Querschnitten 1,5 mm² oder 2,5 mm², mit $R'_{PE} = R'_{L1}$ und $r_{PE} = r_{L1}$ ergibt sich:

$$\underline{Z}'_{S(L1PE)} = 2 \cdot \left(R'_{L1} + j\omega \frac{\mu_0}{2\pi} \left(\frac{1}{4} + \ln \frac{d_{L1PE}}{r_{L1}} \right) \right) \tag{15.265}$$

Nach Gl. (15.263) gilt $3\underline{Z}'_S = 2\underline{Z}'_1 + \underline{Z}'_0$. Im vorliegenden Fall der Schleife aus L1 und PE wird damit:

$$2\underline{Z}'_1 + \underline{Z}'_0 = 6 \left(R'_{L1} + j\omega \frac{\mu_0}{2\pi} \left(\frac{1}{4} + \ln \frac{d_{L1PE}}{r_L} \right) \right) \tag{15.266}$$

Für die Endstromkreise mit drei Adern (L1,N und PE) kann man also bei praktischen Berechnungen für kleine Querschnitte die numerischen Angaben der Tabellen 15.24 und 15.25 bei Rückleitung nur über den vierten Leiter verwenden, zumal in diesen Fällen die Realteile der Nullimpedanz sehr viel größer sind als die Imaginärteile und weil der Unterschied zwischen d (Tabelle 15.24 und 15.25) und d_{L1PE} (Bild 15.97 und Gl. (15.266)) unter dem Logarithmus keine Rolle spielt.

15.9.3
Berechnungsbeispiel Niederspannungs-Hausanschluss

Die praktische Durchführung der Berechnung der größten dreipoligen und des kleinsten einpoligen Kurzschlussströme soll an dem Beispiel nach Bild 15.98 für die Versorgung von Häusern mit dem TN-System gezeigt werden, wobei für den vom Transformator in der Ortsnetzstation (Trafostation) gespeisten Hauptstrang die Funktionen des Schutzleiters und des Neutralleiters in einem Leiter, dem PEN-Leiter, zusammengefaßt werden. Die Länge des Kabels A soll zwischen 10 m und 800 m verändert werden. Betrachtet werden die Kurzschlussstellen F1 bis F4.

Als Schutzeinrichtungen für das Netz sind Leitungsschutzschalter (LS-Schalter) oder Sicherungen vorgesehen. Bei der Berechnung der größten dreipoligen Kurzschlussströme werden Leitertemperaturen von 20 °C angenommen, während bei der Berechnung der kleinsten einpoligen Kurzschlussströme Leitertemperaturen von 160 °C (maximal zulässige Kurzschlusstemperatur für NYY-Kabel) eingesetzt werden (siehe Abschnitt 15.9.2).

Daten und Impedanzen der Betriebsmittel:
Mittelspannungsnetz am Anschlusspunkt Q:

$U_{nQ} = 20$ kV; $I''_{kQ} = 5{,}77$ kA ($S''_{kQ} = 200$ MVA).

Nach Gl. (15.258) ergibt sich bei $U_{rTOS}/U_{rTUS} = U_{nQ}/U_n$:

$$Z_{Qt} = \frac{c_Q U_n^2}{S''_{kQ}} = \frac{1{,}1 \cdot (0{,}4\ \text{kV})^2}{200\ \text{MVA}} = 0{,}88\,\text{m}\Omega;$$

$$\underline{Z}_{Qt} = R_{Qt} + jX_{Qt} = (0{,}088 + j0{,}876)\ \text{m}\Omega.$$

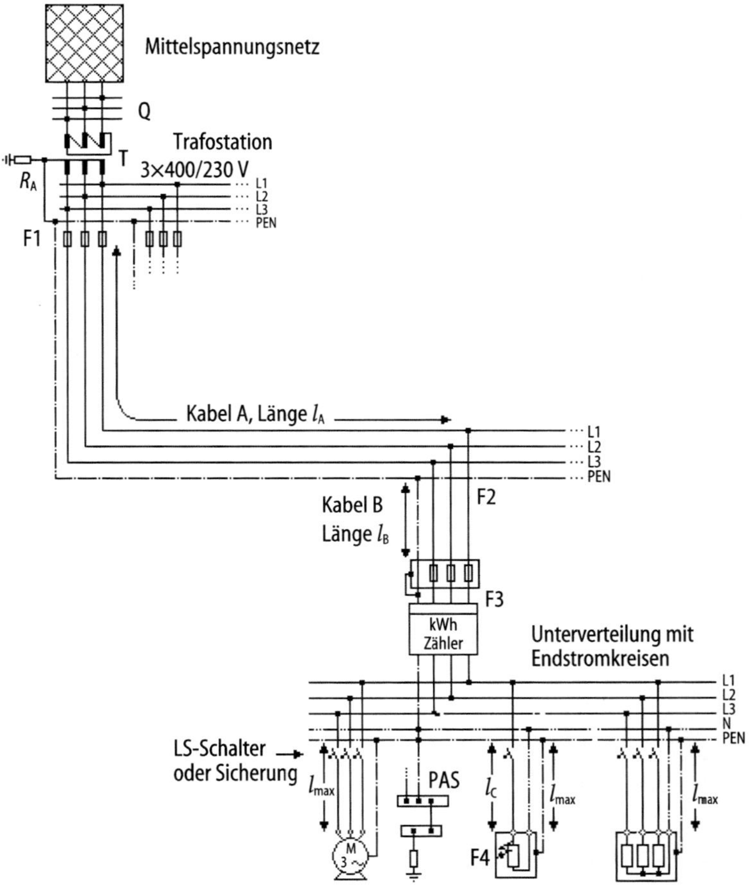

Bild 15.98 Niederspannungsnetz TN zur Hausversorgung (schematisch) mit den Kurzschlussstellen F1 bis F4 und der Länge l_A des in oder an der Straße verlegten Kabels zwischen 10 m und 800 m Länge
(ℓ_{max}: Maximal zulässige Länge von Endstromkreisen, siehe Abschnitt 15.9.4)

Transformator Dyn5:

$U_{rTOS}/U_{rTUS} = 20$ kV/0,4 kV; $S_{rT} = 630$ kVA; $u_{kr} = 6\%$, $u_{Rr} = 1{,}07\%$,
($\underline{Z}_{TUS}$ nach Gl. (8.9) oder nach Tab. 15.23)
$\underline{Z}_{TUS} = (2{,}72 + \mathrm{j}14{,}99)$ mΩ; $K_T = 0{,}963$: Impedanzkorrekturfaktor nur bei der Berechnung der größten Kurzschlussströme; $\underline{Z}_{0TUS} = \underline{Z}_{TUS}$

Kabel A: NYY-J 4×185 mm² Cu (Tab. 15.24), Länge l_A,
Rückleitung nur über 4. Leiter PEN.
$\underline{Z}'_A = (0{,}0991 + \mathrm{j}0{,}0803)\ \Omega$/km; $\underline{Z}'_{A,160°C} = (0{,}1546 + \mathrm{j}0{,}0803)\ \Omega$/km
$\underline{Z}'_{0A} = (0{,}3964 + \mathrm{j}0{,}3212)\ \Omega$/km; $\underline{Z}'_{0A,160°C} = (0{,}6184 + \mathrm{j}0{,}3212)\ \Omega$/km

Leitung B: NYY-J 4×35 mm² Cu (Tab. 15.24), Länge l_B =15 m,
Rückleitung nur über 4. Leiter PEN.
$\underline{Z}_B = (7{,}86 + j1{,}275)\ m\Omega$; $\underline{Z}_{B,160°C} = (12{,}262 + j1{,}275)\ m\Omega$
$\underline{Z}_{0B} = (31{,}44 + j5{,}10)\ m\Omega$; $\underline{Z}_{0B,160°C} = (49{,}048 + j5{,}10)\ m\Omega$

Leitung C1 NYM-J 3×2,5 mm² Cu (R'_L n. Tabelle 15.24, $X'_L \approx 0{,}1\ \Omega/km$);
Länge $l_{C1} = 20$ m,
Rückleitung nur über PE und PEN.
$\underline{Z}_{C1} = (148{,}2 + j2{,}14)\ m\Omega$; $\underline{Z}_{C1,160°C} = (231{,}2 + j2{,}14)\ m\Omega$
$\underline{Z}_{0C1} = (592{,}8 + j8{,}56)\ m\Omega$; $\underline{Z}_{0C1,160°C} = (924{,}8 + j8{,}56)\ m\Omega$

oder
Leitung C2: NYM-J 3×1,5 mm² Cu (R'_L n. Tabelle 15.24, $X'_L \approx 0{,}11\ \Omega/km$);
Länge $l_{C2} = 20$ m
Rückleitung nur über PE und PEN.
$\underline{Z}_{C2} = (242{,}0 + j2{,}3)\ m\Omega$; $\underline{Z}_{C2,160°C} = (377{,}52 + j2{,}3)\ m\Omega$
$\underline{Z}_{0C2} = (968{,}0 + j9{,}2)\ m\Omega$; $\underline{Z}_{0C2,160°C} = (1510{,}08 + j9{,}2)\ m\Omega$

Kurzschlussströme
Kurzschlussstelle F1 (US-Seite des Transformators)
$\underline{Z}_{F1} = \underline{Z}_{Qt} + \underline{Z}_{TUS}K_T = (2{,}707 + j15{,}311)\ m\Omega$;

$$I''_{k3F1max} = \frac{c_{max}U_n}{\sqrt{3}\left|\underline{Z}_{F1}\right|} = \frac{1{,}05 \cdot 400\,V}{\sqrt{3}\left|2{,}707 + j15{,}311\right| m\Omega} = 15{,}595\,kA$$

$\underline{Z}_{F1(1)} = \underline{Z}_{Qt} + \underline{Z}_{TUS} = (2{,}808 + j15{,}866)\ m\Omega$;
$\underline{Z}_{0F1} = \underline{Z}_{0TUS} = (2{,}72 + j14{,}99)\ m\Omega$

$$I''_{k1F1min} = \frac{\sqrt{3}\,c_{min}U_n}{\left|2\underline{Z}_{F1(1)} + \underline{Z}_{0F1}\right|} = \frac{\sqrt{3} \cdot 0{,}95 \cdot 400\,V}{\left|8{,}336 + j46{,}722\right| m\Omega} = 13{,}868\,kA$$

Kurzschlussstelle F2 bei $l_A = 10$ m
$\underline{Z}_{F2(10m)} = \underline{Z}_{F1} + \underline{Z}_{A(10m)} = (3{,}698 + j16{,}114)\ m\Omega$

$$I''_{k3F2max(10m)} = \frac{c_{max}U_n}{\sqrt{3}\left|\underline{Z}_{F2(10m)}\right|} = \frac{1{,}05 \cdot 400\,V}{\sqrt{3}\left|3{,}698 + j16{,}114\right| m\Omega} = 14{,}667\,kA$$

$\underline{Z}_{F2,\,160°C(10m)} = \underline{Z}_{F1(1)} + \underline{Z}_{A,\,160°C(10m)} = (4{,}354 + j16{,}669)\ m\Omega$
$\underline{Z}_{0F2,\,160°C(10m)} = \underline{Z}_{0F1} + \underline{Z}_{0A,\,160°C(10m)} = (8{,}964 + j18{,}202)\ m\Omega$

$$I''_{k1F2min(10m)} = \frac{\sqrt{3}\,c_{min}U_n}{\left|2\underline{Z}_{F2,160°C(10m)} + \underline{Z}_{0F2,160°C(10m)}\right|} =$$

$$= \frac{\sqrt{3} \cdot 0{,}95 \cdot 400\,V}{\left|17{,}612 + j51{,}54\right| m\Omega} = 12{,}084\,kA$$

Kurzschlussstelle F3 bei l_A =10 m:

$\underline{Z}_{F3(10m)} = \underline{Z}_{F2(10m)} + \underline{Z}_B = (11{,}558 + j17{,}389)$ mΩ

$$I''_{k3F3max(10m)} = \frac{c_{max} U_n}{\sqrt{3}\left|\underline{Z}_{1F3(10m)}\right|} = \frac{1{,}05 \cdot 400\,\text{V}}{\sqrt{3}\left|11{,}558 + j17{,}389\right|\text{m}\Omega} = 11{,}613\ \text{kA}$$

$\underline{Z}_{F3,160°C(10m)} = \underline{Z}_{F2,160°C(10m)} + \underline{Z}_{B,160°C} = (16{,}617 + j17{,}944)$ mΩ

$\underline{Z}_{0F3,160°C(10m)} = \underline{Z}_{0F2,160°C(10m)} + \underline{Z}_{0B,160°C} = (57{,}95 + j23{,}302)$ mΩ

$$I''_{k1F3min(10m)} = \frac{\sqrt{3}\, c_{min} U_n}{\left|2\underline{Z}_{F3,160°C(10m)} + \underline{Z}_{0F3,160°C(10m)}\right|} =$$

$$= \frac{\sqrt{3} \cdot 0{,}95 \cdot 400\,\text{V}}{\left|91{,}181 + j59{,}19\right|\text{m}\Omega} = 6{,}054\ \text{kA}$$

Kurzschlussstelle F4 bei NYM 3×2,5 mm² und bei l_A =10 m:

$\underline{Z}_{F4(10m)} = \underline{Z}_{F3(10m)} + \underline{Z}_{C1} = (159{,}76 + j19{,}529)$ mΩ

$$I''_{k3F4max(10m)} = \frac{c_{max} U_n}{\sqrt{3}\left|\underline{Z}_{F4(10m)}\right|} = \frac{1{,}05 \cdot 400\,\text{V}}{\sqrt{3}\left|159{,}76 + j19{,}529\right|\text{m}\Omega} = 1{,}507\ \text{kA}$$

$\underline{Z}_{F4,160°C(10m)} = \underline{Z}_{F3,160°C(10m)} + \underline{Z}_{C1,160°C} = (247{,}807 + j(20{,}084)$ mΩ

$\underline{Z}_{0F4,160°C(10m)} = \underline{Z}_{0F3,160°C(10m)} + \underline{Z}_{C1,160°C} = (982{,}78 + j(31{,}862)$ mΩ

$$I''_{k1F4min(10m)} = \frac{\sqrt{3}\, c_{min} U_n}{\left|2\underline{Z}_{F4,160°C(10m)} + \underline{Z}_{0F4,160°C(10m)}\right|} = \frac{\sqrt{3} \cdot 0{,}95 \cdot 400\,\text{V}}{\left|1478{,}33 + j72{,}03\right|\text{m}\Omega} = 0{,}445\ \text{kA}$$

Kurzschlussstelle F4 bei NYM 3×1,5 mm² und bei l_A =10 m:

$$I''_{k3F4max(10m)} = \frac{c_{max} U_n}{\sqrt{3}\left|\underline{Z}_{F4(10m)}\right|} = \frac{1{,}05 \cdot 400\,\text{V}}{\sqrt{3}\left|253{,}56 + j19{,}69\right|\text{m}\Omega} = 0{,}953\ \text{kA}$$

$$I''_{k1F4min(10m)} = \frac{\sqrt{3}\, c_{min} U_n}{\left|2\underline{Z}_{F4,160°C(10m)} + \underline{Z}_{0F4,160°C(10m)}\right|} =$$

$$= \frac{\sqrt{3} \cdot 0{,}95 \cdot 400\,\text{V}}{\left|2356{,}3 + j72{,}99\right|\text{m}\Omega} = 0{,}279\ \text{kA}$$

Kurzschlussstelle F2 bei l_K = 50 m:

$\underline{Z}_{F2(50m)} = \underline{Z}_{F1} + \underline{Z}_{A(50m)} = (2{,}707 + j15{,}311)$ mΩ
$+ (4{,}955 + j4{,}015)$ mΩ $= (7{,}662 + j19{,}326)$ mΩ

$$I''_{k3F2max(50m)} = \frac{c_{max} U_n}{\sqrt{3}\left|\underline{Z}_{F2(50m)}\right|} = \frac{1{,}05 \cdot 400\,\text{V}}{\sqrt{3}\left|7{,}662 + j19{,}326\right|\text{m}\Omega} = 11{,}664\ \text{kA}$$

$\underline{Z}_{\mathrm{F2,\,160°C(50m)}} = \underline{Z}_{\mathrm{F1(1)}} + \underline{Z}_{\mathrm{A,160°C(50m)}} = (2{,}808 + \mathrm{j}15{,}866)\ \mathrm{m\Omega}$
$+ (7{,}7298 + \mathrm{j}4{,}015)\ \mathrm{m\Omega} = (10{,}538 + \mathrm{j}19{,}881)\ \mathrm{m\Omega}$
$\underline{Z}_{\mathrm{0F2,\,160°C(50m)}} = \underline{Z}_{\mathrm{0F1}} + \underline{Z}_{\mathrm{0A,160°C(50m)}} = (2{,}72 + \mathrm{j}14{,}99)\ \mathrm{m\Omega} + (30{,}919 + \mathrm{j}16{,}06)\ \mathrm{m\Omega}$
$= (10{,}538 + \mathrm{j}19{,}881)\ \mathrm{m\Omega}$

$$I''_{\mathrm{k1F2min(50m)}} = \frac{\sqrt{3}\, c_{\min} U_{\mathrm{n}}}{\left|2\underline{Z}_{\mathrm{F2,160°C(50m)}} + \underline{Z}_{\mathrm{0F2,160°C(50m)}}\right|} =$$

$$= \frac{\sqrt{3} \cdot 0{,}95 \cdot 400\,\mathrm{V}}{\left|54{,}715 + \mathrm{j}70{,}812\right| \mathrm{m\Omega}} = 7{,}355\,\mathrm{kA}$$

usw.

Vorstehend einzeln berechnete und weitere in entsprechender Weise ermittelte Ergebnisse sind in Tabelle 15.26 zusammengestellt. Man kann erkennen, dass die Ergebnisse bei Kurzschluss in F4 durch die Resistanzen der Leitungen 2,5 mm^2 oder 1,5 mm^2 bestimmt werden. Dies hat in manchen Veröffentlichungen [15.84, N15.11] dazu geführt eine sogenannte „vereinfachte Methode“ einzuführen, die bei ausgewählten Beispielen mit kleinen Leiterquerschnitten zwar zu ähnlichen Ergebnissen führt wie die Berechnung nach [N15.1], die aber erhebliche methodische Fehler aufweist.

Für die Sicherung am Anfang der Leitung C im Bild 15.98 soll eine Niederspannungssicherung nach Tabelle 15.28 mit einem Bemessungsstrom von 16 A oder 25 A eingesetzt werden oder ein LS-Schalter 16 A mit der Charakteristik C nach Bild 15.100, bei dem sehr kurze Auslösezeiten erreicht werden, wenn der einpolige Kurzschlussstrom 160 A überschreitet.

Die Ergebnisse der Tabelle 15.26 für die minimalen einpoligen Ströme I''_{k1F4min} zwischen 0,445 kA und 0,292 kA abhängig von l_{A} bei einem Quer-

Tabelle 15.26 Kurzschlussströme I''_{k3max} und I''_{k1min} für die Fehlerstellen F2 bis F4 im Bild 15.98 bei unterschiedlichen Längen l_{A} zwischen 10 m und 800 m, $\vartheta_{\mathrm{e}} = 160$ °C

l_{A}	m	10	50	200	800
I''_{k3F2max}	kA	14,667	11,664	6,279	2,123
I''_{k1F2min}	kA	12,084	7,355	2,732	0,760
I''_{k3F3max}	kA	11,613	9,401	5,437	2,006
I''_{k1F3min}	kA	6,055	4,377	2,144	0,705
$q_{\mathrm{C1}} = 2{,}5$ mm^2					
$I''_{\mathrm{k3F4max(C1)}}$	kA	1,507	1,467	1,333	0,962
$I''_{\mathrm{k1F4min(C1)}}$	kA	0,445	0,434	0,396	0,292
$q_{\mathrm{C2}} = 1{,}5$ mm^2					
$I''_{\mathrm{k3F4max(C2)}}$	kA	0,953	0,938	0,883	0,709
$I''_{\mathrm{k1F4min(C2)}}$	kA	0,279	0,275	0,259	0,211

schnitt 2,5 mm² führen bei Einsatz der 16-A-Sicherung auf Schmelzzeiten zwischen etwa 0,01 s und 0,02 s während sich bei Einsatz einer 25-A-Sicherung Schmelzzeiten zwischen etwa 0,03 s und 0,15 s ergeben. Bei Einsatz eines LS-Schalters 16 A wird eine Auslösezeit ≤ 0,01 s erreicht. Entsprechendes würde auch bei einem LS-Schalter 25 A gelten, weil noch immer $I''_{\text{k1F4min}} > 10 \cdot I_{\text{rLS}}$ gilt. Dies ändert sich, wenn der betrachtete Endstromkreis mit einem Querschnitt von 1,5 mm² ausgeführt wird, wie Tabelle 15.26 bei $l_{\text{A}} = 800$ m zeigt.

Die folgenden Überlegungen sollen zeigen, wie hoch die Temperaturen ϑ_{e} am Ende des einpoligen Kurzschlusses tatsächlich liegen können bei adiabatischer Erwärmung. Bild 15.99 zeigt dazu die Temperatur ϑ_{eF2} abhängig von der Leitungslänge l_{A} im Bild 15.98.

Die Temperaturen ϑ_{eF2} im Bild 15.99 wurden ausgehend von $\underline{I}''_{\text{k1F2min}\vartheta\text{e}} = f(\underline{Z}_{\text{F2}\vartheta\text{e}(l\text{A})}, \underline{Z}_{\text{0F2}\vartheta\text{e}(l\text{A})})$ iterativ ermittelt mit $R/X = \text{Re}(2\underline{Z}_{\text{F2}\vartheta\text{e}(l\text{A})} + \underline{Z}_{\text{0F2}\vartheta\text{e}(l\text{A})})/ \text{Im}(2\underline{Z}_{\text{F2}\vartheta\text{e}(l\text{A})} + \underline{Z}_{\text{0F2}\vartheta\text{e}(l\text{A})})$ für κ_{1p} bei einpoligem Kurzschluss nach Gl. (15.110) und $m_{\text{F2}} = f(\kappa_{\text{1p}}, T_{\text{k}})$ nach Gl. (15.177) sowie dem thermisch gleichwertigen Kurzschlussstrom $I_{\text{th}} = I''_{\text{k}}\sqrt{m+n}$ nach Gl. (15.173a) bei $n = 1$ für generatorfernen Kurzschluss ($I''_{\text{k}}/I_{\text{k}} = 1$ im Bild 15.61) und $S_{\text{th}} = I_{\text{th}}/q$ sowie ϑ_{e} am Ende des Kurz-

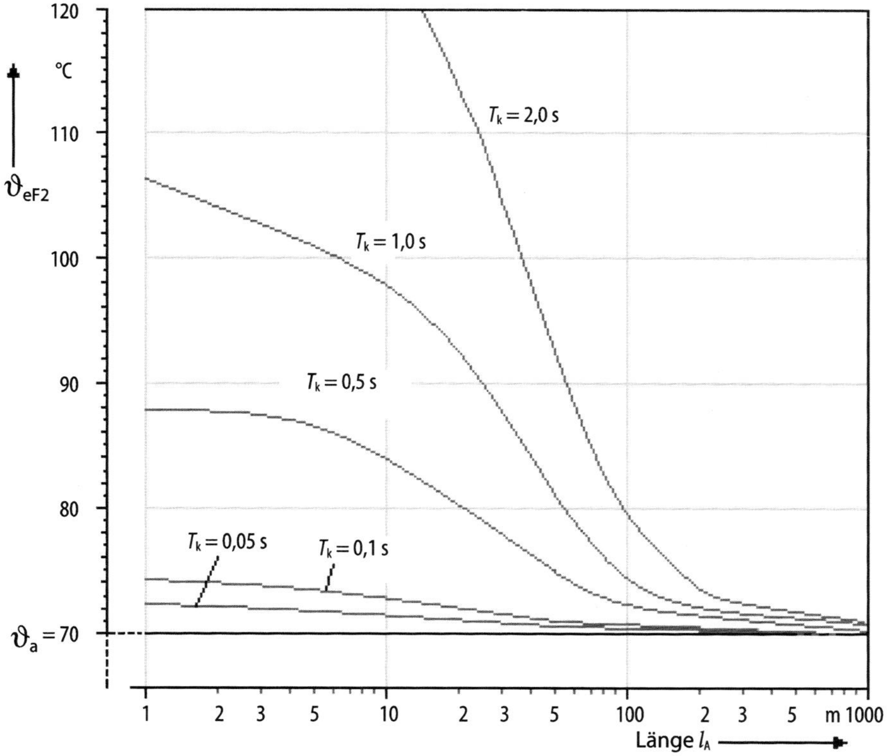

Bild 15.99 Temperatur ϑ_{eF2} am Ende des einpoligen Kurzschlusses in F2 (Bild 15.98) abhängig von l_{A} und T_{k} ausgehend von einer maximalen Betriebstemperatur $\vartheta_{\text{a}} = 70\,°\text{C}$ vor dem Kurzschluss

schlusses nach Gl. (15.253). Man ändert die angenommene Temperatur ϑ_e zur Berechnung von $I''_{k1F2min}$ so lange bis sie mit dem Ergebnis nach Gl. (15.253) übereinstimmt.

Beispiel:

Einpoliger Kurzschluss an der Fehlerstelle F2 im Bild 15.98 bei l_A = 10 m und T_k = 0,5 s.

Für diesen Fall ergab sich nach Tabelle 15.26: $I''_{k1F2min(160°C)}$ = 12,084 kA bei ϑ_e = 160 °C. Auf dem oben beschriebenen Weg findet man: R/X = 0,324, κ_{1p} = 1,37 sowie m_{F2} = 0,0202 und damit $I_{thF2} = I''_{k1F2min}\sqrt{m+1} = 12{,}206$ kA. Für die thermisch gleichwertige Stromdichte berechnet man damit S_{th} = 65,98 A/mm². Bei ϑ_a = 70 °C ergibt sich dann nach Gl. (15.253) für die Endtemperatur:

$$\vartheta_e = 20°\mathrm{C} + \frac{1}{\alpha_{20}}\left\{\left[1+\alpha_{20}(\vartheta_a - 20°\mathrm{C})\right]\cdot \mathrm{e}^{\frac{S_{th}^2 T_k}{ME}} - 1\right\}$$

$$= 20°\mathrm{C} + \frac{1}{0{,}0039\,/\,\mathrm{K}}\left\{\left[1+0{,}0039\frac{1}{\mathrm{K}}(70°\mathrm{C}-20°\mathrm{C})\right]\cdot \mathrm{e}^{\frac{(65{,}98\,\mathrm{A/mm^2})^2\cdot 0{,}5\,\mathrm{s}}{49{,}84\cdot 10^3(\mathrm{A/mm^2})^2\cdot \mathrm{s}}} - 1\right\}$$

$$= 83{,}68°\mathrm{C}$$

Setzt man bei der Berechnung des minimalen einpoligen Kurzschlussstromes für die Leitertemperatur nicht ϑ_e = 160 °C sondern ϑ_e = 84 °C ein, ausgehend von dem oben berechneten Wert 83,68 °C, so findet man $I''_{k1F2min(84°C)}$ = 12,209 kA. Weiter berechnet man R/X = 0,3066 und κ_{1p} = 1,41 sowie $m_{F2(84°C)}$ = 0,0225 und damit dann $I_{thF2(84°C)}$ = 12,346 kA. Mit $S_{th(84°C)}$ = 66,73 A/mm² ergibt sich schließlich nach Gl. (15.253): $\vartheta_{e(84°C)}$ = 83,999 °C ≈ 84 °C (siehe Bild 15.99).

Für diesen vorstehend behandelten Fall mit l_A = 10 m sollen die Endtemperaturen ϑ_{eF3} und ϑ_{eF4} berechnet werden. Man bestimmt dazu $I''_{k1F3min}$ und $I''_{k1F4min}$ und davon ausgehend die sehr unterschiedlichen thermisch gleichwertigen Kurzschlussstromdichten wegen der sehr unteschiedlichen Leiterquerschnitte der einzelnen Abschnitte q_{LA} = 185 mm², q_{LB} = 35 mm² und q_{LC1} = 2,5 mm² bzw. q_{LC2} = 1,5 mm². Tabelle 15.27 zeigt die Ergebnisse für die Kurzschlussstellen F3 und F4 im Bild 15.98 bei l_A = 10 m. Angegeben werden die minimalen einpoligen Kurzschlussströme, die sich von den in Tabelle 15.26 angegebenen Werten unterscheiden, die Stromdichten S_{th} und die durch Iteration gefundenen Endtemperaturen der einzelnen Kabelabschnitte.

Aus diesen Überlegungen erkennt man, dass die Annahme ϑ_e = 160 °C bei der Bestimmung der Kabel- und Leitungswiderstände für die Berechnung der kleinsten einpoligen Kurzschlussströme in vielen Fällen auf der konservativen Seite liegt (siehe dazu Abschnitt 15.9.2). Es gilt jedoch die Einschränkung für minimale einpolige Kurzschlüsse, die ganz am Anfang eines neuen Kabels mit sehr viel kleinerem Querschnitt als das speisende Kabel liegen. Als Beispiel wird eine Fehlerstelle F4 im Bild 15.98 betrachtet mit l_{C2} = 2 m bei T_K = 0,01 s und 0,02 s sowie l_A = 50 m, l_B = 15 m.

Tabelle 15.27 Minimale einpolige Kurzschlussströme, thermische Kurzschlussstromdichten und Endtemperaturen der Kabel A, B, C bei Kurzschluss in F3 und F4 im Bild 15.98. Länge der Kabel: $l_A = 10$ m, $l_B = 15$ m, $l_{C1} = l_{C2} = 20$ m

T_k	s	0,01	0,02	0,05	0,10
F3					
$I''_{k1F3min}$ [a]	kA	7,021	6,994	6,92	6,79
S_{thA}	A/mm²	43	41	39	37
ϑ_{eA}	°C	70,1	70,2	70,46	70,86
S_{thB}	A/mm²	230	215	204	197
ϑ_{eB}	°C	73,3	75,75	83,0	94,81
F4, $q_{c1} = 2{,}5\ \text{mm}^2$					
$I''_{k1F4min(C1)}$ [b]	kA	0,570	0,564	0,549	0,528
S_{thA}	A/mm²	3,4	3,2	3,0	2,9
ϑ_{eA}	°C	70,001	70,001	70,003	70,005
S_{thB}	A/mm²	18,2	17,1	16,1	15,3
ϑ_{eB}	°C	70,02	70,03	70,08	70,14
S_{thC1}	A/mm²	255	239	225	213
ϑ_{eC1}	°C	74,03	77,14	86,0	99,5
F4, $q_{c2} = 1{,}5\ \text{mm}^2$					
$I''_{k1F4min(C2)}$ [c]	kA	0,357	0,354	0,344	0,329
S_{thA}	A/mm²	2,2	2,0	1,9	1,8
ϑ_{eA}	°C	70,000	70,000	70,001	70,002
S_{thB}	A/mm²	11,4	10,7	10,0	9,5
ϑ_{eB}	°C	70,01	70,01	70,03	70,06
S_{thC2}	A/mm²	267	250	235	222
ϑ_{eC2}	°C	74,4	77,80	87,4	102,0

a Bei $\vartheta_e = 160$ °C: $I''_{k1F3min} = 6{,}055$ kA nach Tabelle 15.26,
b Bei $\vartheta_e = 160$ °C: $I''_{k1F4min(C1)} = 0{,}445$ kA nach Tabelle 15.26,
c Bei $\vartheta_e = 160$ °C: $I''_{k1F4min(C2)} = 0{,}279$ kA nach Tabelle 15.26.

Bei $\vartheta_e = 160\,°\text{C}$ findet man

$$I''_{k1F4min,160°C(lC2=2m)} = \frac{\sqrt{3}c_{min}U_n}{\left|2\cdot \underline{Z}_{F4,160°C(50m)} + \underline{Z}_{0F4,160°C(50m)}\right|} =$$

$$= \frac{\sqrt{3}\cdot 0{,}95\cdot 400\,\text{V}}{\left|345{,}79 + \text{j}79{,}84\right|\text{m}\Omega} = 1{,}810\ \text{kA}$$

Nach dem Iterationsprozess zur Bestimmung der Leitertemperaturen für die Kabel A, B und C2, in der oben beschriebenen Art, ergeben sich:

$T_k = 0{,}01$ s:
$I''_{k1F4min,Tk=0,01s(lC2=2m)} = 1{,}813$ kA, $\vartheta_{eA} = 70{,}007\,°C$, $\vartheta_{eB} = 70{,}21\,°C$, $\vartheta_{eC2} = 206{,}4\,°C$
$T_k = 0{,}02$ s:
$I''_{k1F4min,Tk=0,02s(lC2=2m)} = 1{,}619$ kA, $\vartheta_{eA} = 70{,}01°C$, $\vartheta_{eB} = 70{,}30\,°C$, $\vartheta_{eC2} = 282{,}8\,°C$

Hier ($T_k = 0{,}02$ s) gilt $I_{th} = 1{,}72$ kA und damit $S_{thA} = 9{,}29\ A/mm^2$, $S_{thb} = 49{,}1\ A/\ mm^2$ und $S_{thC2} = 1147\ A/mm^2$.

15.9.4 Maximal zulässige Leitungslängen von Niederspannungs-Endstromkreisen in TN-Netzen

Zur sachgerechten Auswahl von Leitungsquerschnitten bei vorgegebener Länge und der Zuordnung der Schutzeinrichtungen ist es nicht in jedem Falle notwendig eine aufwendige Kurzschlussstromberechnung durchzuführen. In vielen Fällen wählt man einen Leiterquerschnitt mit seinem zulässigen Dauerstrom $I_{z,70°C}$ abhängig von dem anzuschließenden Verbraucher mit der zugehörigen Schutzeinrichtung (Sicherung oder Leitungs-Schutzschalter) und kann dann z. B. nach [15.84] die zulässige Leitungslänge bestimmen, bei der die Schutzeinrichtung noch in der gewünschten Ausschaltzeit auslöst.

Das Beispiel im Bild 15.98 soll verwendet werden zur Bestimmung der maximal zulässigen Leitungslänge l_{max} der Endstromkreise einer Niederspannungsversorgung, wobei das einspeisende Netz bis zum Anschlusspunkt der Endstromkreise durch eine Kurzschlussvorimpedanz $\underline{Z}_{kV}$ für einpoligen Kurzschluss nachgebildet werden soll. Diese Vorimpedanz wird aus der Mit-, Gegen- und Nullimpedanz des speisenden Netzes bis zum Anschlusspunkt der Endstromkreise (im Bild 15.98 also bis zur Unterverteilung bzw. bis zur Kurzschlussstelle F3) gebildet. Dabei wird:

$$I''_{kVmin} = \frac{\sqrt{3}c_{min}U_n}{\underline{Z}_{kV}} = \frac{\sqrt{3}c_{min}U_n}{R_{kV} + jX_{kV}} \tag{15.267}$$

wobei für das Beispiel nach Bild 15.98 gilt

$$R_{kV} = 2 \cdot R_{Qt} + 2 \cdot R_T + 2 \cdot R_{LA} + 2 \cdot R_{LB} + R_{0T} + R_{0LA} + R_{0LB}$$
$$X_{kV} = 2 \cdot X_{Qt} + 2 \cdot X_T + 2 \cdot X_{LA} + 2 \cdot X_{LB} + X_{0T} + X_{0LA} + X_{0LB}$$

Nimmt man nun einen einpoligen Kurzschluss an oder in einem der Verbraucher (Motor, Wechselstromverbraucher oder unsymmetrischer Drehstromverbraucher) am Ende der Endstromkreise des Bildes 15.98 an, so ergibt sich für die Kurzschlussstelle F4:

$$I''_{k1min} = \frac{\sqrt{3}c_{min}U_n}{\sqrt{(R_{kV} + (2 \cdot R'_L + R'_{0L})l)^2 + (X_{kV} + (2 \cdot X'_L + X'_{0L})\,l)^2}} \tag{15.268}$$

Wenn man I''_{k1min} durch den Ausschaltstrom des Leitungs-Schutzschalters (LS-Schalter) ersetzt, z. B. mit $I_{\mathrm{aLS}} = 5 \cdot I_{\mathrm{rLS}}$, bei einem LS-Schalter der Charakteristik B nach Bild 15.100 mit $I_{\mathrm{rLS}} = 16$ A also $I_{\mathrm{aLS}} = 80$ A, oder bei einer Niederspannungssicherung (Betriebsklasse gG) [DIN VDE 0636-2:2008-03] mit $I_{\mathrm{rSi}} = 6$ A durch den Schmelzstrom $I_{\mathrm{aSi}} = 51$ A bei einer Ansprechzeit von $t_{\mathrm{aSi}} = 0{,}4$ s nach Tabelle 15.28, so findet man nach Auflösen der Gleichung (15.268) die folgende Lösung für die maximal zulässige Leitungslänge:

$$l_{\max} = -\frac{1}{2}\cdot\frac{B}{A} + \sqrt{\frac{1}{4}\cdot\left(\frac{B}{A}\right)^2 - \frac{C}{A}} \tag{15.269}$$

mit

$$A = \left(2\cdot R'_{\mathrm{L}} + R'_{\mathrm{0L}}\right)^2 + \left(2\cdot X'_{\mathrm{L}} + X'_{\mathrm{0L}}\right)^2$$

$$B = 2\cdot R_{\mathrm{kV}}\left(2\cdot R'_{\mathrm{L}} + R'_{\mathrm{0L}}\right) + 2\cdot X_{\mathrm{kV}}\left(2\cdot X'_{\mathrm{L}} + X'_{\mathrm{0L}}\right)$$

$$C = R_{\mathrm{kV}}^2 + X_{\mathrm{kV}}^2 - \left(\frac{\sqrt{3}c_{\min}U_{\mathrm{n}}}{I_{\mathrm{a}}}\right)^2$$

Die maximal zulässige Leitungslänge $l_{\max}$ hängt also vom Querschnitt und damit von den Impedanzbelägen des betrachteten Endstromkreises, vom

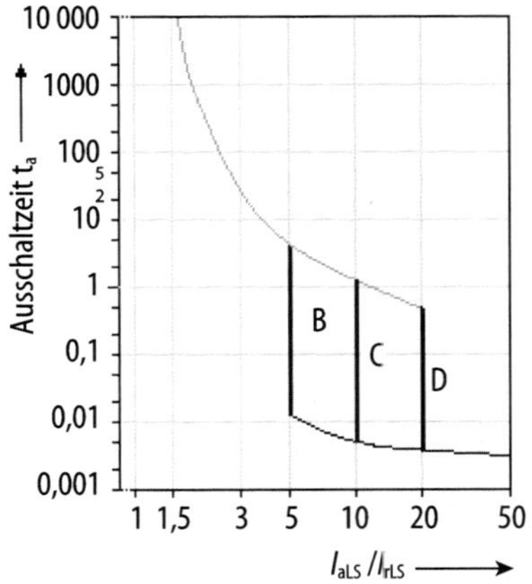

Bild 15.100 Zeit- Auslösestromkennlinien von Leitungs-Schutzschaltern (LS-Schaltern) mit den Charakteristiken B, C und D

Tabelle 15.28 Ausschaltströme von Niederspannungssicherungen (gG- bzw. gL-Sicherungen) bei vorgegebenen Ausschaltzeiten t_{a}

I_{rSi}	A	6	10	16	20	25	40	63
I_{aSi} bei $t_{\mathrm{a}} = 5$ s	A	30	48	70	85	140	200	340
I_{aSi} bei $t_{\mathrm{a}} = 0{,}4$ s	A	51	85	125	140	220	350	650
I_{aSi} bei $t_{\mathrm{a}} = 0{,}1$ s	A	75	120	190	220	310	500	900

Ausschaltstrom I_a der Schutzeinrichtung, von I''_{kVmin}, bzw. dem Verhältnis $I''_{kVmin}/I_a > 1{,}0$ und dem Quotienten R_{kV}/X_{kV} ab. Der Strom $\underline{I}''_{kVmin}$ bzw. die Impedanz $\underline{Z}_{kV} = R_{kV} + jX_{kV}$ muss vorher berechnet oder durch das Energieversorgungsunternehmen angegeben werden.

Weil die kleinsten zulässigen Werte l_{max} gesucht werden, werden die höchsten für **einen einzelnen** Endstromkreis zu erwartenden Nullimpedanzwerte $\underline{Z}'_{(0)L} = 4\underline{Z}'_L$ eingeführt, um so die Tabelle 15.29 zu erstellen.

Als weitere Grenze für die zulässige Leitungslänge gilt der zulässige Spannungsfall für den Endstromkreis, wobei diese Grenze eher als weiche Grenze zu verstehen ist. Zur Berechnung wird eine höchste Strombelastung im Betrieb von $I = I_a$ angenommen bei $\cos\varphi = 0{,}9$. Bei einem Drehstromanschluss (siehe den Motoranschluss und den unsymmetrischen Drehstromanschluss in Bild 15.98) ergibt sich für einen maximal zulässigen Spannungsfall $\Delta u = \Delta u_{max}$ (z. B. $\Delta u_{max} = 0{,}03$; also 3%) die folgende maximale Leitungslänge:

$$l_{max3\Delta} = \frac{U_n}{\sqrt{3}\left|I(\cos\varphi - j\sin\varphi)(R'_L + jX'_L)\right|} \cdot \Delta u \tag{15.270}$$

Bei einem Wechselstromanschluss (siehe Bild 15.98) gilt:

$$l_{max2\Delta} \approx \frac{U_n}{\sqrt{3}\left|I(\cos\varphi - j\sin\varphi)\cdot 2\cdot(R'_L + jX'_L)\right|} \cdot \Delta u = \frac{1}{2}\cdot l_{max3\Delta} \tag{15.271}$$

Für die Angaben in Tabelle 15.29 wurde mit 70 °C gerechnet.

Tabelle 15.29 enthält eine Zuordnung der maximalen Leitungslängen zu den Querschnitten der Endstromkreise und den eingesetzten LS-Schaltern abhängig vom Verhältnis I''_{kV}/I_a bei unterschiedlichen Verhältnissen R_{kV}/X_{kV} und dem bei 70°C zulässigen Dauerstrom $I_{z,70}$.

Tabelle 15.29 zeigt, dass in allen betrachteten Fällen, mit Ausnahme des Bereiches $I''_{kV}/I_a = 1{,}0$ bis 2,0, der vorgegebene Spannungsfall von 3% (allein für den Endstromkreis) die maximal zulässige Länge der Endstromkreise ergibt. Für andere Spannungsfälle können die Ergebnisse $l_{max3\Delta}$ oder $l_{max2\Delta}$ proportional umgerechnet werden.

Diese Überlegungen zeigen, dass bei der Installation in Wohnhäusern und Wohngebäuden eine Berechnung von I''_{klmin} für die Vielzahl der Endstromkreise mit kleinen Leiterquerschnitten nicht notwendig ist. Es reicht die Zuordnung von maximal zulässigen Leitungslängen zu den gewählten Querschnitten und ihren Schutzeinrichtungen. Entsprechendes gilt in der Regel auch für Industrieinstallationen und sogar für fabrikfertige Niederspannungs-Schienensysteme solange die Leiter nicht in Teilleiter unterteilt sind.

Tabelle 15.29 Maximal zulässige Niederspannungs-Kabellängen bei Leitungsschutzschaltern. (LS-Schalter mit $I_a = 5I_{rLS}$. Max. Spannungsfall $\Delta u = 3\%$)

q_n	R'_{L80}	X'_L	$I_{z,70}$	I_{rLS}	I_a	$\frac{I''_{kVmin}}{I_a}$	$R_{kV}/X_{kV} =$ 0,1	0,5	1,0	5,0[a]	$l_{max3\Delta}$ $l_{max2\Delta}$[c] (70°C)
							l_{max}				
mm²	Ω/km	Ω/km	A	A	A	–	m	m	m	m	m
1,5	15,00	0,115	27	16	80	2	74	61	53	46	
						10	90	87	85	82	**30**
						∞[b]	91	91	91	91	**15**
				20	100	2	59	48	42	36	
						10	72	69	68	65	**24**
						∞[b]	73	73	73	73	**12**
				25	125	2	47	39	33	29	
						10	57	55	54	52	**19**
						∞[b]	58	58	58	58	**10**
2,5	9,19	0,107	36	16	80	2	121	99	86	75	
						10	146	141	138	134	**48**
						∞[b]	149	149	149	149	**24**
				20	100	2	96	79	69	60	
						10	117	113	110	107	**39**
						∞[b]	119	119	119	119	**19**
				25	125	2	77	63	55	48	
						10	93	90	88	86	**31**
						∞[b]	95	95	95	95	**15**
				32	160	2	60	49	43	37	
						10	73	70	69	67	25
						∞[b]	74	74	74	74	13
4,0	5,72	0,106	46	25	125	2	124	101	88	77	
						10	150	145	141	138	**50**
						∞[b]	153	153	153	153	**25**
				32	160	2	96	79	69	60	
						10	117	113	110	108	**39**
						∞[b]	119	119	119	119	**20**
				40	200	2	77	63	55	48	
						10	94	91	88	86	**31**
						∞[b]	95	95	95	95	**16**
				50	250	2	62	50	44	38	
						10	75	72	70	69	**25**
						∞[b]	76	76	76	76	**13**

Tabelle 15.29 (Fortsetzung)

q_n	R'_{L80}	X'_L	$I_{z,70}$	I_{rLS}	I_a	$\frac{I''_{kVmin}}{I_a}$	R_{kV}/X_{kV} = 0,1	0,5	1,0	5,0[a]	$l_{max3\Delta}$ $l_{max2\Delta}$[c] (70°C)
							l_{max}				
mm²	Ω/km	Ω/km	A	A	A	–	m	m	m	m	m
6,0	3,82	0,101	59	32	160	2	144	118	103	90	
						10	176	170	165	161	**58**
						∞[b]	179	179	179	179	**29**
				40	200	2	115	95	82	72	
						10	141	136	132	129	**47**
						∞[b]	143	143	143	143	**23**
				50	250	2	92	76	66	57	
						10	112	108	106	103	**37**
						∞[b]	114	114	114	114	**19**
10	2,27	0,095	79	50		2	154	126	110	97	
						10	189	183	178	174	**63**
						∞[b]	192	192	192	192	**32**
				63		2	122	100	87	77	
						10	150	145	141	138	**50**
						∞[b]	153	153	153	153	**25**
				80		2	96	79	69	60	
						10	118	114	111	108	**39**
						∞[b]	120	120	120	120	**20**
16	1,424	0,089	101	63	315	2	192	158	138	122	
						10	238	230	225	219	**80**
						∞[b]	243	243	243	243	**40**
				80	400	2	151	125	109	96	
						10	188	181	177	173	**63**
						∞[b]	191	191	191	190	**31**
				100	500	2	121	100	87	77	
						10	150	145	141	138	**50**
						∞[b]	153	153	153	152	**25**

a R_{kV}/X_{kV} = 5...100; b ∞ ≙ 50000 A und mehr; c $l_{max3\Delta}$ bei Drehstrom mit $\Delta u = 0{,}03$ (≙ 3%); $l_{max2\Delta}$ bei Wechselstrom mit $\Delta u = 0{,}03$ (≙ 3%): Bei anderen Werten Δu kann proportional umgerechnet werden.

16 Sternpunktbehandlung und Erdung in Hochspannungsnetzen

16.1 Überblick

Planung und Betrieb von Hochspannungsnetzen erfordern Überlegungen und Maßnahmen zur Sternpunktbehandlung des Netzes. Die Art der Sternpunktbehandlung hat wesentlichen Einfluss auf die Größe der bei Fehlern mit Erdberührung auftretenden Ströme, auf betriebsfrequente Spannungserhöhungen und transiente Überspannungen (Kap. 17). Insbesondere bei großen Erdkurzschlussströmen müssen Schutzmaßnahmen getroffen werden, um eine Gefährdung von Mensch und Tier auszuschließen.

Für die Bemessung von Erdungsanlagen und zu ihrer Beurteilung werden unterschiedliche Methoden angewendet. Diese lassen sich nach vier Merkmalen ordnen [16.25]:

a) Vorgabe der Form der Erdungsanlage und der Anschlüsse der Betriebsmittel,
b) Vorgabe der zulässigen Erderspannung,
c) Vorgabe der zulässigen Berührungs- und Schrittspannung,
d) Vorgabe des höchstzulässigen Stromes durch den menschlichen Körper.

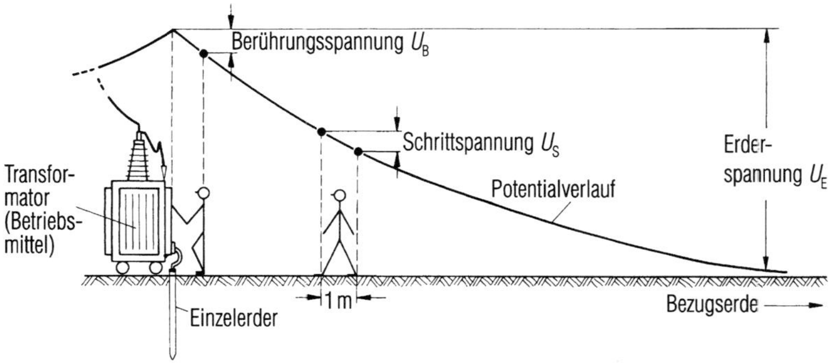

Bild 16.1. Potentialverlauf um einen Einzelerder an einem fehlerbetroffenen Betriebsmittel [N16.1]

D. Oeding, B. Oswald, *Elektrische Kraftwerke und Netze*,
doi 10.1007/978-3-642-19246-3, © Springer 2011

Tabelle 16.1. Sternpunktbehandlung in Hochspannungsnetzen – Merkmale und Anwendung

Spalte →	1	2	3	4
Sternpunktbehandlung	isolierter Sternpunkt 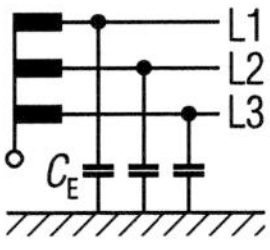 	Erdschlusskompensation 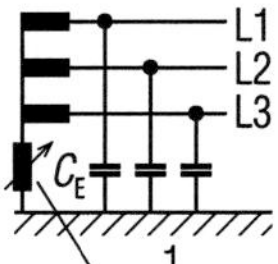 $X_D \approx \frac{1}{3\omega C_E}$	strombegrenzend geerdet 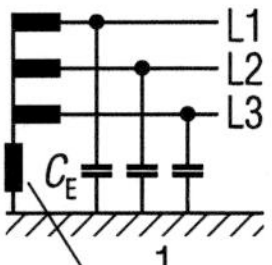 $X_D < \frac{1}{3\omega C_E}$	niederohmige Erdung 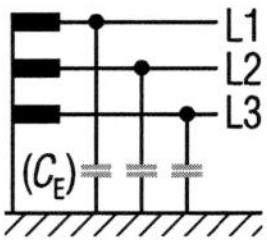
Anwendung	Netze geringer Ausdehnung; KW-Eigenbedarf	Freileitungsnetze 10 bis 110 kV	Kabelnetze 10 bis 110 kV in Städten	Hochspannungsnetze 110 kV und darüber
$\lvert \underline{Z}_0/\underline{Z}_1 \rvert$ an der Fehlerstelle	$\left\lvert \frac{1/(\mathrm{j}\omega C_E)}{\underline{Z}_1} \right\rvert$	sehr hochohmig	> 4…5	2…4…5 (Abschn. 13.4)
Strom an der Fehlerstelle bei einpoligem Fehler	kapazitiver Erdschlussstrom $I_{Ce} \approx \sqrt{3}\omega C_E U_n$	Erdschlussreststrom $I_{Rest} \approx$ $\sqrt{3}\omega C_E \cdot$ $\lvert d + \mathrm{j}v \rvert U_n$ d Dämpfungsgrad v Verstimmungsgrad	Erdkurzschlussstrom $I''_{k1} = \frac{\sqrt{3}cU_n}{\lvert 2\underline{Z}_1 + \underline{Z}_0 \rvert}$ (16.1) $\frac{I''_{k1}}{I''_{k3}} \approx \frac{3X_1}{2X_1 + X_0} = \frac{3}{2 + X_0 / X_1}$	
I''_{k1}/I''_{k3}	I_{Ce}/I''_{k3}	I_{Rest}/I''_{k3}	0,05…0,5	0,5…0,75
Erdfehlerfaktor δ $U_{LEmax}/(U^b/\sqrt{3})$	$\approx \sqrt{3}$	$\approx (1{,}0\ldots1{,}1)\sqrt{3}$	$(0{,}8\ldots1{,}0)\sqrt{3}$	$(0{,}75\ldots\leq 0{,}8)\sqrt{3}$
$U_{0max}/(U^b/\sqrt{3})$	$\approx 0{,}6\sqrt{3}$	$\approx 0{,}6\sqrt{3}$	$(\approx 0{,}45\ldots0{,}6)\sqrt{3}$	$(\approx 0{,}3\ldots0{,}45)\sqrt{3}$
Spannungsanhebung der gesunden Leiter im gesamten Netz	ja	ja	nein	nein
Fehlerdauer	Ohne selbsttätige Löschung oder vorübergehende niederohmige Sternpunkterdung $\approx$ 10…60 min		< 1 s Schnellausschaltung T_k < 0,5 s	< 1 s

Tabelle 16.1 (Fortsetzung)

Spalte →	1	2	3	4
Erdschlusslichtbogen in Luft	selbstlöschend bis zu einigen Ampere	häufig selbstlöschend, wenn Löschgrenze nicht überschritten	meist stehend	stehend
Erfassung	Suchen durch kurzzeitige Teilausschaltung, Erdschlussrelais oder bei vorübergehender niederohmiger Sternpunkterdung Ausschaltung durch Netzschutz		Selektive Ausschaltung durch den Schutz	Kurzschlussschutz
Doppelerdkurzschlussgefahr	ja		nein	nein
Erdungsmaßnahmen	Erderspannung $U_E \leq 125$ V, Berührungsspannung $U_B \leq 65$ V		Erderspannung $U_E > 125$ V zulässig, Berührungsspannung nach Bild 16.24	
Maßnahmen gegen unzulässige Beeinflussung (Abschn.16.5)	im Allgemeinen nicht erforderlich Ausnahmen bei Bahnblockleitungen	nicht erforderlich	bei längerer Näherung zu Freileitungen u. U. erforderlich. In Kabelnetzen mit geringem Reduktionsfaktor im Allgemeinen nicht erforderlich	

Die deutschen Bestimmungen [N16.1] bauen im Wesentlichen auf den Merkmalen a bis c auf. Die amerikanischen Empfehlungen [16.23] benutzen das Merkmal d.

Die Bedeutung der Begriffe Erderspannung, Berührungs-und Schrittspannung zeigt Bild 16.1.

Bei der Sternpunktbehandlung in Hochspannungsnetzen unterscheidet man Netze mit isoliertem (freiem) Sternpunkt, Netze mit Erdschlusskompensation und Netze mit niederohmiger Sternpunkterdung, d.h. Sternpunkterdung entweder über strombegrenzende Resistanzen oder Reaktanzen oder direkte (starre) Sternpunkterdung. Die Wirksamkeit der Sternpunkterdung wird an Hand des Erdfehlerfaktors δ beschrieben (Tabelle 16.1). Auch bei niederohmiger Sternpunkterdung mit niedrigem Erdfehlerfaktor muss nicht jeder mögliche Transformatorsternpunkt geerdet sein.

16.2 Sternpunktbehandlung

16.2.1 Einführung

Einpolige Fehler (Erdschlüsse, Erdkurzschlüsse) sind die häufigsten Fehler in Hochspannungsnetzen. Unterschiede im Verhalten der Netze treten bei einpoligen Fehlern besonders deutlich in Erscheinung durch die Art und Höhe der Ströme an der Fehlerstelle sowie die Höhe der betriebsfrequenten Spannungsanhebungen und die Höhe der transienten (inneren) Überspannungen. Tabelle 16.1 gibt einen Überblick über die Merkmale der verschiedenen Arten der Sternpunktbehandlung. Kleine Ströme an der Fehlerstelle sind in der Regel mit hohen betriebsfrequenten Spannungsanhebungen und hohen transienten Überspannungen der nicht vom Fehler betroffenen Leiter verbunden.

Netze mit isoliertem Sternpunkt (Netze mit geringer Ausdehnung) oder mit Erdschlusskompensation kann man nach dem Auftreten eines einpoligen Fehlers, auch wenn dieser nicht selbstlöschend ist, noch eine gewisse Zeitdauer weiter betreiben, um zweckmäßige Maßnahmen zur Aufrechterhaltung der Versorgung zu ergreifen. Bei diesem Vorgehen läuft man jedoch Gefahr, dass der einfache Erdschluss sich zu einem Doppelerdkurzschluss (mit hohen Kurzschlussströmen und Ausschaltung) ausweitet bei dem u. U. auch ein größerer Teil des Netzes ausfallen kann. In Netzen mit niederohmiger Sternpunkterdung wird der einpolige Erdkurzschluss vom Netzschutz erfasst und schnell ausgeschaltet. Doppelerdkurzschlüsse treten praktisch nicht auf.

16.2.2 Netze mit isoliertem Sternpunkt

Mittelspannungsnetze mit geringer Ausdehnung und geringem kapazitiven Erdschlussstrom I_{Ce} können mit isoliertem Sternpunkt betrieben werden. Eigenbedarfsnetze in Kraftwerken werden häufig so betrieben. In Freileitungsnetzen kann man mit Selbstlöschung des Lichtbogens rechnen, wenn der kapazitive Erdschlussstrom einige Ampere nicht überschreitet. Die Wetterbedingungen, insbesondere die Windgeschwindigkeit, spielen dabei eine große Rolle.

Zur Berechnung des kapazitiven Erdschlussstromes im Bild 16.2 ausgehend von Gl. (16.1) verwendet man bei Vernachlässigung der Mit- und Gegenimpe-

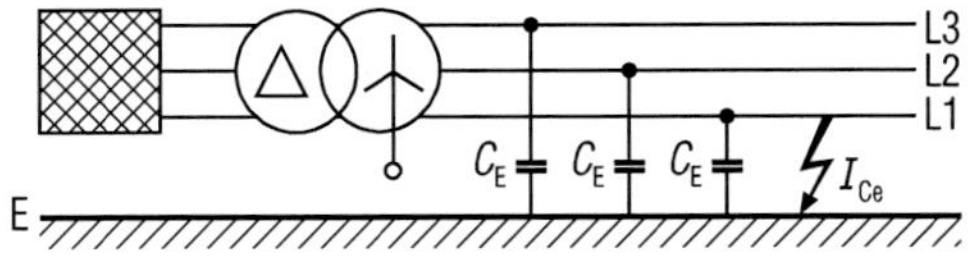

Bild 16.2. Erdschluss des Leiters L1 in einem Netz mit isoliertem Sternpunkt. Die verteilten Leiter-Erde-Kapazitäten sind zu Ersatzkapazitäten $C_E = C_0$ zusammengefasst

danz und des Lichtbogenwiderstandes an der Fehlerstelle die folgende Näherungsgleichung:

$$I_{\mathrm{Ce}} = 3I_0 = \frac{\sqrt{3}U_{\mathrm{n}}}{\left|\underline{Z}_0\right|} = \sqrt{3}\omega C_{\mathrm{E}} U_{\mathrm{n}} \tag{16.2}$$

Bild 16.3a zeigt den zeitlichen Verlauf der Leiterspannungen u_{L1}, u_{L2} und u_{L3} bei einem Erdschluss des Leiters L1. Angenommen wird, dass der Erdschluss beim Scheitelwert der Spannung auftritt, nach einer 50-Hz-Halbwelle erlischt und dann u. U. beim nächsten Scheitelwert der Spannung u_{L1} neu zündet. In den Bildern 16.3b und 16.3c sind die Effektivwertzeiger der drei Spannungen $\underline{U}_{\mathrm{L1}}$, $\underline{U}_{\mathrm{L2}}$ und $\underline{U}_{\mathrm{L3}}$ vor und nach dem Eintritt des Erdschlusses aufgezeichnet. Nach dem Eintreten des Erdschlusses mit $Z_{\mathrm{F}} = 0$ gilt $U_{\mathrm{L2}} \approx U_{\mathrm{L3}} \approx U^{\mathrm{b}}$. Die Anhebung der Spannung von $U/\sqrt{3}$ auf U bezeichnet man als betriebsfrequente Spannungsanhebung.

Die transiente Überspannung $u_{\ddot{\mathrm{u}}}$ unmittelbar nach Erdschlusseintritt im Bild 16.3a wird durch den Überspannungsfaktor k_{LE} beschrieben, wobei die Überspannung auf den Scheitelwert der betriebsfrequenten Leiter-Erde-Spannung $\hat{u}^{\mathrm{b}}_{\mathrm{LE}} = \sqrt{2}\ U^{\mathrm{b}}/\sqrt{3}$ im fehlerfreien Zustand bezogen wird.

$$k_{\mathrm{LE}} = \frac{u_{\ddot{u}}}{\sqrt{2}U^{\mathrm{b}}/\sqrt{3}} \tag{16.3}$$

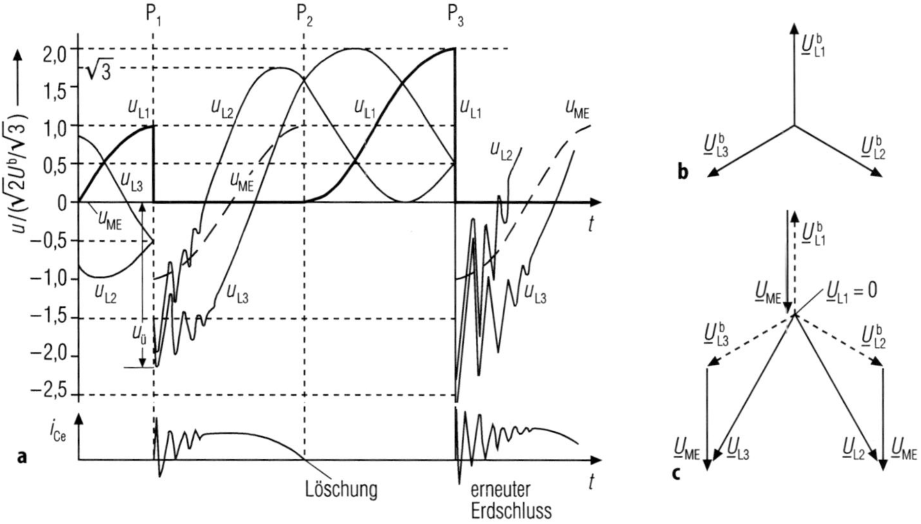

Bild 16.3 a – c. Spannungen der Leiter eines Netzes mit isoliertem Sternpunkt bei Erdschluss des Leiters L1. **a** Zeitlicher Verlauf der bezogenen Spannungen bei Erdschluss im Spannungsmaximum (P_1), Erlöschen (P_2) und Wiederzünden (P_3); **b** Zeigerdiagramm vor dem Erdschluss; **c** Zeigerdiagramm nach dem Eintritt des ersten Erdschlusses (P_1) bis zur Löschung (P_2)

Bild 16.3 a zeigt, dass der höherfrequente Anteil der Erdschlussüberspannung rasch abklingt. Bezeichnet man das Verhältnis der ersten Amplitude der gedämpften Ausgleichsschwingung zu der Amplitude der ungedämpften Ausgleichsschwingung mit d, so ergibt sich für den Überspannungsfaktor beim Eintritt des ersten Erdschlusses in P_1:

$$k_{\mathrm{LE(P1)}} = \frac{u_{\ddot{u}}}{\sqrt{2}U^{\mathrm{b}} / \sqrt{3}} = 0{,}5 + 2d \tag{16.4a}$$

Ohne Dämpfung der Ausgleichsschwingung wird $d = 1$ und $k_{\mathrm{LE}} = 2{,}5$. Beim Wiederzünden des Erdschlusses im Punkt P_3 des Bildes 16.3 a wird der Überspannungsfaktor entsprechend größer:

$$k_{\mathrm{LEP3}} = \frac{u_{\ddot{u}}}{\sqrt{2}U^{\mathrm{b}} / \sqrt{3}} = 1{,}5 + 2d \tag{16.4b}$$

Ohne Dämpfung ($d = 1$) wird $k_{\mathrm{LEP3}} = 3{,}5$. Die tatsächlichen Verhältnisse im Netz liegen dadurch günstiger, dass $d \leq 0{,}75$ ist und weiterhin dadurch, dass Neuzündungen meist nicht im Spannungsmaximum sondern zeitlich danach auftreten. Für die Eigenfrequenz der Ausgleichsschwingung gilt näherungsweise $f_{\mathrm{e}} \approx 1 / (2\pi\sqrt{3L_1C_0})$, wobei L_1 die Induktivität des Mitsystems an der Fehlerstelle und $C_0 = C_{\mathrm{E}}$ die Kapazität Leiter gegen Erde des fehlerbetroffenen Netzes ist [17.8].

16.2.3
Netze mit Erdschlusskompensation

In Netzen mit Erdschlusskompensation werden ein oder mehrere Transformatorsternpunkte über Erdschlusslöschspulen (Petersenspulen) geerdet. Die Erdschlusslöschspulen haben entweder keine Verstellmöglichkeit oder einen Stufenschalter bzw. einen Tauchkern zur Veränderung der Induktivität. Bei einer Abstimmung der Induktivität der Löschspule(n) auf die Kapazität $C_{\mathrm{E}} = C_0$ des Netzes fließt bei Erdschluss nur der Erdschlussreststrom I_{Rest} an der Fehlerstelle. In Freileitungsnetzen oder in gemischten Freileitungs-Kabelnetzen gelingt es dadurch, dass die überwiegende Zahl der Erdschlüsse selbsttätig löscht. Eine Betriebsunterbrechung wird dadurch vermieden. In reinen Kabelnetzen dagegen ist meist nur eine Begrenzung des Fehlerstromes möglich. Es ist dann günstiger eine Sternpunkterdung über Reaktanzen oder eine vorübergehende Sternpunkterdung über Reaktanzen vorzusehen (Tabelle 16.1, Spalte 3).

Bei einer Anordnung nach Bild 16.4 und Abstimmung der Löschspule auf C_{E} gilt:

$$3X_{\mathrm{D}} = 3\omega L_{\mathrm{D}} = \omega L_{0\mathrm{D}} = \frac{1}{\omega C_{\mathrm{E}}} \tag{16.5}$$

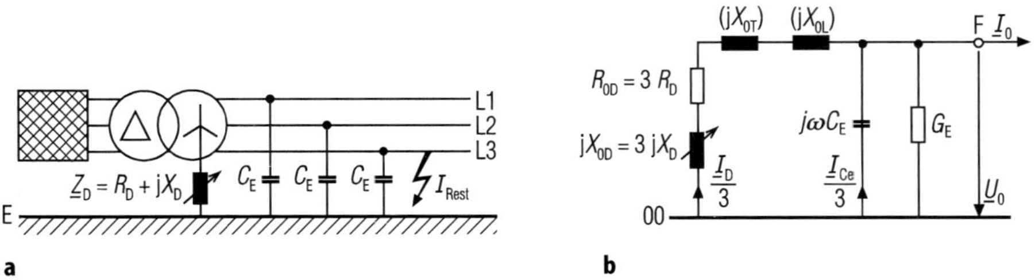

Bild 16.4 a, b. Erdschluss des Leiters L1 in einem Netz mit Erdschlusskompensation. **a** Netzaufbau, vereinfacht; **b** Ersatzschaltung im Nullsystem (vereinfacht)

Vernachlässigt man X_{0L} und X_{0T}, so ergibt sich aus Bild 16.4b für die Admittanz des Nullsystems an der Fehlerstelle:

$$Y_0 = G_E + j\omega C_E + \frac{1}{R_{0D} + jX_{0D}} = G_E + j\omega C_E + \frac{R_{0D} - jX_{0D}}{R_{0D}^2 + X_{0D}^2} \tag{16.6}$$

Mit $R_{0D} \ll X_{0D}$ wird daraus:

$$\underline{Y}_0 = G_E + j\omega C_E + \frac{R_{0D} - jX_{0D}}{X_{0D}^2} \tag{16.7}$$

Nach Ausklammern von ωC_E findet man:

$$\underline{Y}_0 = \omega C_E \left[\frac{G_E}{\omega C_E} + \frac{R_{0D}}{\omega C_E X_{0D}^2} + j\left(1 - \frac{1}{\omega C_E X_{0D}}\right)\right] \tag{16.8a}$$

Führt man d für die Dämpfung im Nullsystem und v für den Verstimmungsgrad ein, so erhält man abgekürzt:

$$\underline{Y}_0 = \omega C_E\,(d + jv) \tag{16.8b}$$

mit

$$v = 1 - \frac{1}{\omega C_E X_{0D}} \approx \frac{I_{Ce} - I_D}{I_{Ce}} = 1 - \frac{I_D}{I_{Ce}} \tag{16.9}$$

$$d = \frac{G_E}{\omega C_E} + \frac{R_{0D}}{\omega C_E X_{0D}^2} \tag{16.10}$$

Bei einer Abstimmung der Löschspule nach Gl. (16.5) wird $v = 0$ und $I_D \approx I_{Ce}$. Vernachlässigt man R_D, so gilt dann $I_D = 3U_0/X_D = I_{Ce} = 3\omega C_E U_0$.

Mit $\underline{Z}_1 = \underline{Z}_2 \ll 1/\underline{Y}_0$ und $\underline{U}_0 \approx -U_n/\sqrt{3}$ findet man den Reststrom an der Fehlerstelle:

$$\underline{I}_{Rest} = 3\underline{I}_0 = 3\underline{Y}_0 U_n/\sqrt{3} = \sqrt{3}\omega C_E(d + jv)U_n = I_{Rest\,w} + jI_{Rest\,b} \tag{16.11 a}$$

und seinen in Tabelle 16.1 angegebenen Betrag

$$I_{\text{Rest}} = \sqrt{I_{\text{Rest w}}^2 + I_{\text{Rest b}}^2} = \sqrt{3}\omega\, C_{\text{E}} U_{\text{n}} \sqrt{d^2 + v^2} = I_{\text{Ce}} \sqrt{d^2 + v^2} \tag{16.11b}$$

Wird $v = 0$, also $\omega C_{\text{E}} X_{0\text{D}} = 1$ oder $X_{\text{D}} = 1/(3\omega C_{\text{E}})$, so ist der Reststrom ein reiner Wirkstrom. Zum Wirkreststrom tragen auch die Ströme über die Ableitungswiderstände insbesondere der Freileitungen bei. In der Praxis auftretende Oberschwingungsströme wurden hier vernachlässigt.

In Freileitungsnetzen kann der Reststrom meist kleiner als 10 % des kapazitiven Erdschlussstromes gehalten werden. Vorausgesetzt werden dabei etwa gleichgroße Leitererdkapazitäten für die drei Leiter des Netzes. Bei großer kapazitiver Unsymmetrie scheitert eine Abstimmung der Erdschlusslöschspule(n). In Kabelnetzen erreicht man $I_{\text{Rest}} \approx (0{,}3\ldots0{,}04)\, I_{\text{Ce}}$.

Die kapazitive Unsymmetrie des Netzes führt bereits im fehlerfreien Betrieb zu einer Sternpunkt-Erde-Spannung (Verlagerungsspannung), die ihren Maximalwert bei $v = 0$ erreicht. Man nutzt die Abhängigkeit der Verlagerungsspannung von v, um über Regler auch bei einer Änderung des Netzzustandes die Abstimmung einzuhalten [1.24: Abschn. 2.1.5.3.2]. Die Abstimmung wird durch Verstellen des Spulenstromes I_{D} an Tauchkernspulen oder Spulen mit Anzapfungen [16.54] vorgenommen. In der Regel stellt man I_{D} etwas höher als I_{Ce} ein [1.24].

Bild 16.5 zeigt die Aufzeichnung der drei Leiter-Erde-Spannungen eines 60-kV-Freileitungsnetzes bei Erdschluss im Leiter L3, wobei der Fehler in unmittelbarer Nähe der Registriereinrichtung auftrat. Die Ausgleichsschwingung ist nur schwach ausgeprägt.

Bild 16.6 zeigt die Magnetbandaufzeichnungen der drei Leiter-Erde-Spannungen beim Erlöschen eines Erdschlusses, bei genauer und zum Vergleich bei ungenauer Kompensation. Bei ungenauer Kompensation (Bild 16.6b) stimmt die Eigenfrequenz des aus der Erdschlusslöschspule und der Netzka-

Bild 16.5. Erdschluss des Leiters L3 in einem 60-kV-Freileitungsnetz [16.29]. Die Leiter-Erde-Spannungen der Leiter L1 und L2 gehen auf die Leiter-Leiter-Spannung

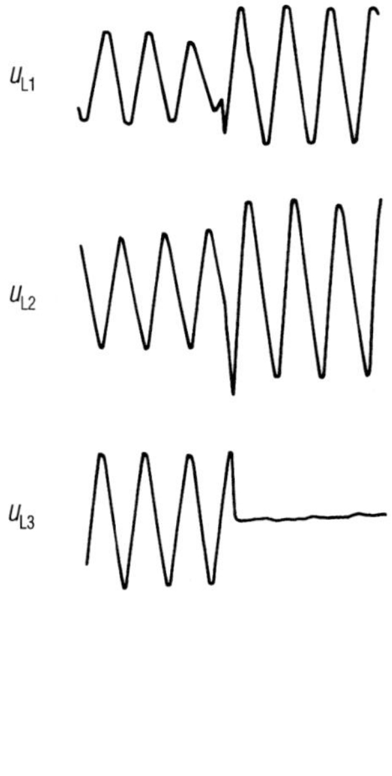

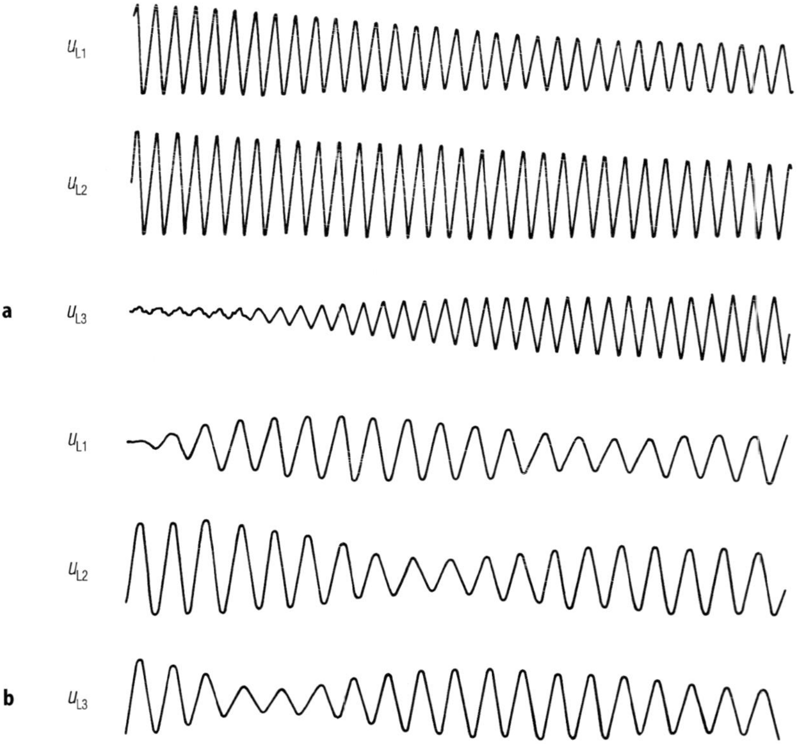

Bild 16.6 a, b. Ausgleichsvorgänge nach Erlöschen von Erdschlüssen in Netzen mit Erdschlusskompensation. Beispiele nach [16.29]. **a** Nach Erlöschen des Erdschlusses in L3 bei genauer Kompensation; **b** nach Erlöschen des Erdschlusses in L1 bei ungenauer Kompensation

pazität C_E gebildeten Schwingkreises nicht mit der Netzfrequenz 50 Hz überein. Der Löschvorgang zeigt deshalb eine Schwebung mit der Differenzfrequenz. Die Spannungen der nicht vom Fehler betroffenen Leiter L2 und L3 sinken dabei kurzzeitig sogar unter den Normalwert ab (kein erneuter Erdschluss!).

Der Verlauf der transienten Überspannung nach einem Erdschluss in einem Netz mit Erdschlusskompensation ist im ersten Augenblick ähnlich wie in einem Netz mit isoliertem Sternpunkt (Bild 16.3 a). Der weitere Verlauf der Spannung wird dadurch anders, dass die Gleichspannungsladung über die Erdschlusslöschspule abfließen kann. Ein Aufschaukeln der Spannung bei intermittierendem Erdschluss tritt deshalb nicht ein. Wieder abhängig von d rechnet man mit einem Überspannungsfaktor $k_{LE} = 1{,}5 + d$, wobei dies unabhängig davon gilt, ob der Erdschluss nach einer 50-Hz-Halbwelle erlischt oder aber schon nach der ersten Ausgleichsschwingung. Erfahrungsgemäß liegt d bei Werten $\leq 0{,}75$.

16.2.4 Netze mit niederohmiger Sternpunkterdung

Ein Netz mit niederohmiger Sternpunkterdung liegt dann vor, wenn der Sternpunkt eines oder mehrerer Transformatoren oder Sternpunktbildner unmittelbar oder über strombegrenzende Impedanzen geerdet ist und der Netzschutz so ausgebildet ist, dass es auch bei einem einpoligen Fehler mit Erdberührung an beliebiger Stelle des Netzes zur selbsttätigen Ausschaltung kommen muss. Die Wirksamkeit der niederohmigen Sternpunkterdung wird durch den Erdfehlerfaktor δ beschrieben:

$$\delta = \frac{U_{\mathrm{LEmax}}}{U^{\mathrm{b}} / \sqrt{3}} \tag{16.12}$$

Dabei ist U_{LEmax} der höchste bei Erdkurzschluss (oder einem anderen Fehler mit Erdberührung) im Netz auftretende Wert der betriebsfrequenten Spannungen Leiter gegen Erde, während U^{b} die Leiter-Leiter-Spannung vor Fehlereintritt ist oder zum Beispiel beim Zusammentreffen von Entlastung und Erdkurzschluss die Leiter-Leiter-Spannung, die sich allein durch die Entlastung ergeben würde. Bei niederohmiger Sternpunkterdung tritt U_{LEmax} an der Kurzschlussstelle auf, während in Netzen mit isoliertem Sternpunkt oder mit Erdschlusskompensation der Höchstwert der Leiter-Erde-Spannung durch kapazitive Spannungsanhebung in der Regel entfernt von der Fehlerstelle auftreten wird. Der Erdfehlerfaktor ist also nicht rein mechanisch zu bilden, sondern unter Berücksichtigung des Fehlerfalles und der Sternpunktbehandlung im Netz.

Ein ausgezeichneter Fall der niederohmigen Sternpunkterdung ist die sogenannte starre Sternpunkterdung mit einem Erdfehlerfaktor $\delta \leq 1{,}4$. Dieser Fall wird in Netzen mit $U_{\mathrm{n}} = 220$ kV und darüber angestrebt.

Eine Darstellung der Berechnung des einpoligen Erdkurzschlusses und der Spannungen der nicht vom Kurzschluss betroffenen Leiter ist im Abschn. 13.4.2 gegeben. Vernachlässigt man die Impedanz $\underline{Z}_{\mathrm{F}}$ (Lichtbogenimpedanz) an der Kurzschlussstelle F, und setzt $\underline{Z}_2 = \underline{Z}_1$ für den ersten Kurzschlussaugenblick, so gilt bei Erdkurzschluss im Leiter L1:

$$\underline{U}_{\mathrm{L2}} = -\mathrm{j}\sqrt{3}\,\frac{\underline{Z}_1 - \underline{\mathrm{a}}\underline{Z}_0}{2\underline{Z}_1 + \underline{Z}_0}\,\underline{U}_{\mathrm{q1}} = -\frac{1}{2}\sqrt{3}\left(\frac{\sqrt{3}}{1 + 2\underline{Z}_1 / \underline{Z}_0} + \mathrm{j}\right)\underline{U}_{\mathrm{q1}} \tag{16.13a}$$

$$\underline{U}_{\mathrm{L3}} = +\mathrm{j}\sqrt{3}\,\frac{\underline{Z}_1 - \underline{\mathrm{a}}^2\underline{Z}_0}{2\underline{Z}_1 + \underline{Z}_0}\,\underline{U}_{\mathrm{q1}} = -\frac{1}{2}\sqrt{3}\left(\frac{\sqrt{3}}{1 + 2\underline{Z}_1 / \underline{Z}_0} - \mathrm{j}\right)\underline{U}_{\mathrm{q1}} \tag{16.13b}$$

Um den Erdfehlerfaktor bei Berechnungen von der vor Fehlereintritt herrschenden Spannung unabhängig zu machen [N17.3] und als rein numerisches

Verhältnis angeben zu können, werden hier die Gln. (16.13) durch $\underline{U}_{q1}$ dividiert und man erhält:

$$\delta_{k1L2} = \frac{1}{2}\sqrt{3}\left|\frac{\sqrt{3}}{1+2\underline{Z}_1/\underline{Z}_0} + \mathrm{j}\right| \tag{16.14a}$$

$$\delta_{k1L3} = \frac{1}{2}\sqrt{3}\left|\frac{\sqrt{3}}{1+2\underline{Z}_1/\underline{Z}_0} - \mathrm{j}\right| \tag{16.14b}$$

Der Erdfehlerfaktor δ_{k1} bei einpoligem Kurzschluss ist der größere der beiden Werte δ_{k1L2} und δ_{k1L3}. Wird der Quotient $\underline{Z}_1/\underline{Z}_0$ reell, so gilt $\delta_{k1} = \delta_{k1L2} = \delta_{k1L3}$. Wählt man als Beispiel $\underline{Z}_0/\underline{Z}_1 = X_0/X_1 = 4$, so ergibt sich nach Gl. (13.67) $I''_{k1}/I''_{k3} = 0{,}5$ und aus den Gln. (16.14) $\delta_{k1} = \delta_{k1L2} = \delta_{k1L3} = 1{,}32$.

Für den zweipoligen Kurzschluss mit Erdberührung ohne Lichtbogenwiderstand in den Leitern L2 und L3 gilt bei $\underline{Z}_2 = \underline{Z}_1$ für den Leiter L1

$$\underline{U}_{L1} = \frac{3}{2+\underline{Z}_1/\underline{Z}_0}\underline{U}_{q1} \tag{16.15}$$

und damit für den Erdfehlerfaktor:

$$\delta_{k2E} = \left|\frac{3}{2+\underline{Z}_1/\underline{Z}_0}\right| \tag{16.16}$$

Wählt man als Beispiel $\underline{Z}_0/\underline{Z}_1 = X_0/X_1 = 4$, so ergibt sich $I''_{kE2E}/I''_{k3} = 1/3$ und nach Gl. (16.16) $\delta_{k2E} = 1{,}333$. Man erkennt, dass hier $\delta_{k2E} > \delta_{k1}$ gilt. Dies trifft bei $R_1 = R_0 = 0$ im Bereich $1 \le X_0/X_1 \le 4{,}4$ auch zu. Man hat jeweils den größeren der Erdfehlerfaktoren δ_{k1} oder δ_{k2E} zugrunde zu legen.

Bild 16.7 gibt einen Überblick über die Größe des Erdfehlerfaktors und des zugehörigen Verhältnisses I''_{k1}/I''_{k3} abhängig von X_0/X_1 bei $X_2 = X_1$, $R_2 = R_1 = 0$ und $\underline{Z}_F = 0$. Der Bereich links von $X_0/X_1 = 0$ ist unzulässig für den Betrieb, er würde bei einer Sternpunkterdung über eine Kapazität auftreten. Es ist bereits gefährlich, wenn man in einem Netz mit Erdschlusskompensation eine unzureichend große Löschspule oder eine unzureichende Anzahl von Erdschlusslöschspulen aufstellt, weil dann $\delta > \sqrt{3}$ wird. In einem solchen Falle wäre es besser, das Netz mit isoliertem Sternpunkt zu betreiben.

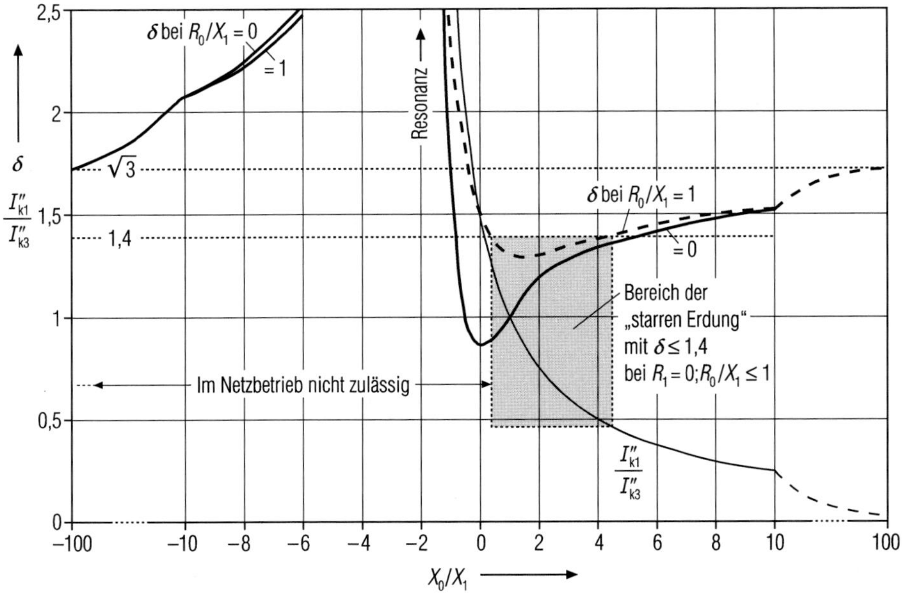

X_0/X_1		0	0,5	1	2	3	4	5	10
$\delta_{k1L2,L3}$	$R_1 = R_0 = 0$	0,866	0,917	1	1,146	1,249	1,323	1,378	1,521
δ_{k1L3}	$R_0 = X_1$	1,496	1,362	1,311	1,311	1,347	1,387	1,423	1,534
δ_{k2E}	$R_1 = R_0 = 0$	0	0,75	1	1,2	1,286	1,333	1,364	1,429
δ_{k2E}	$R_0 = X_1$	1,342	1,186	1,177	1,246	1,303	1,342	1,368	1,429

Bild 16.7. Erdfehlerfaktor δ und I''_{k1}/I''_{k3} abhängig von X_0/X_1. $R_1 = R_2 = 0$; $X_2 = X_1$; $R_0/X_1 = 0$ oder $= 1$; $\underline{Z}_F = 0$; $\delta = \text{Max}\{\delta_{k1}, \delta_{k2E}\}$

16.3 Sternpunktbehandlung auf der OS- und US-Seite eines Yy0 d5-Transformators

Ein Netztransformator der Schaltgruppe YNyn0 mit Dreieckausgleichswicklung für ein Drittel der Bemessungsleistung, bei dem sowohl der Sternpunkt auf der OS-Seite als auch auf der MS-Seite entweder direkt oder über eine Erdschlusslöschspule geerdet wird, kann bei einem einpoligen Fehler im Netz auf der OS-Seite eine Nullspannung auf die Mittelspannungsseite übertragen, durch die ein Erdschluss im MS-Netz vorgetäuscht wird, und die weiterhin die Isolation des MS-Netzes bis zum Über- oder Durchschlag gefährden kann. Einer gleichzeitigen Erdung oder einem gleichzeitigen Anschluss von Löschspulen an beide Sternpunkte eines Transformators muss deshalb in jedem Falle eine Prüfung auf Zulässigkeit vorausgehen. Tabelle 16.2 gibt dazu einige Hinweise. Bei einem Transformator ohne Ausgleichswicklung wird die übertragene Nullspannung meist größer als bei einem Transformator mit Ausgleichswicklung.

Tabelle 16.2. Möglichkeiten und Beurteilung der Sternpunktbehandlung auf der OS- und der MS-Seite eines Netztransformators YNyn0 d5

Fall	Sternpunktbehandlung	Beurteilung	Bemerkungen
1	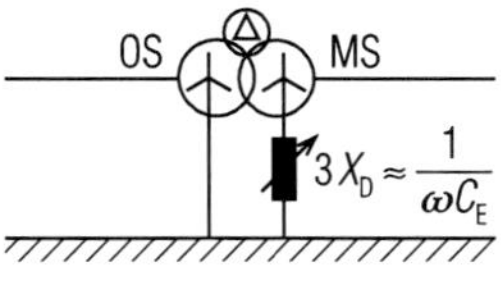	wenig empfehlenswert bis verboten bei großem Wert t_{OSMS}	Nullspannungsübertragung auf die MS-Seite bei Erdkurzschluss im OS-Netz (kurzzeitig)
2	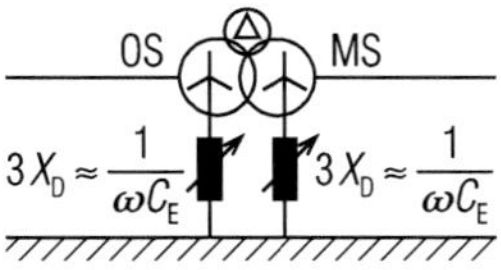	nicht empfehlenswert bei großem Wert t_{OSMS}	Nullspannungsübertragung auf die MS-Seite bei Erdschluss im OS-Netz (langdauernd)
3	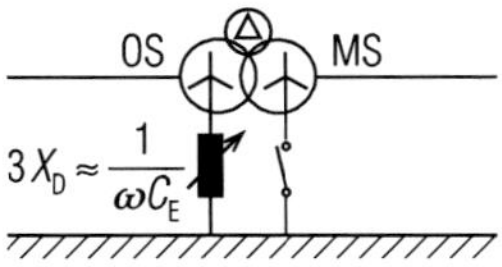	möglich bei vorübergehender niederohmiger Sternpunkterdung auf der MS-Seite	
4	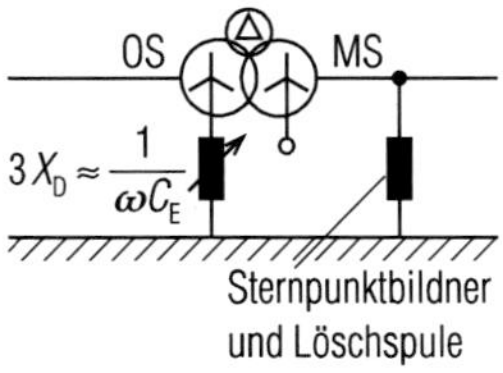	empfehlenswert auch bei direkter oder niederohmiger Erdung des OS-Sternpunktes	Keine Nullspannungsübertragung auf die MS-Seite bei Erdschluss oder Erdkurzschluss im OS-Netz
5	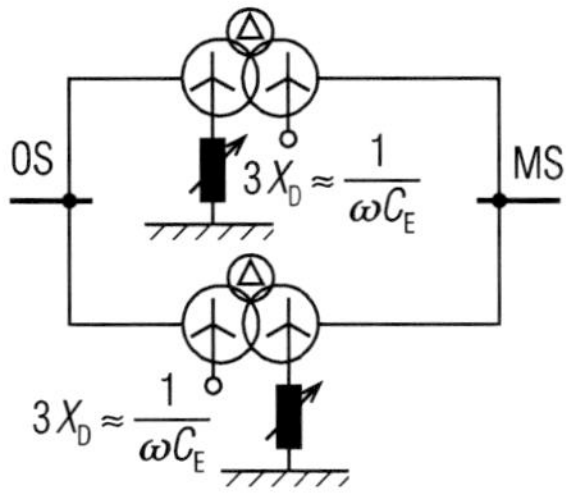	empfehlenswert auch bei direkter oder niederohmiger Erdung des OS-Sternpunktes	Keine Nullspannungsübertragung auf die MS-Seite bei Erdschluss oder Erdkurzschluss im OS-Netz

Ausgehend von der Anordnung im Bild 16.8 soll die Größe der auf die MS-Seite des Transformators übertragenen Nullspannung $\underline{U}_{0MS}$ bestimmt werden. Mit $X_a = X_{0TOS} + 3X_{DOS}$ und $X_b = X_{0TMS} + 3X'_{DMS}$ (X_{0TOS}, X_{0TMS} und X_{0TUS} sind die für die OS-Seite des Transformators berechneten Nullreaktanzen des Transformators) ermittelt man mit der Spannungsteilerregel:

$$\underline{U}_{0MS} = \frac{\underline{U}'_{0MS}}{t_{OSMS}} = \frac{\underline{U}_0}{t_{OSMS}} \cdot \frac{jX_{0TUS}\underline{Z}'_{MS}}{j(X_a + X_{0TUS})\underline{Z}'_{MS} - (X_a + X_b)X_{0TUS} - X_a X_b} \tag{16.17 a}$$

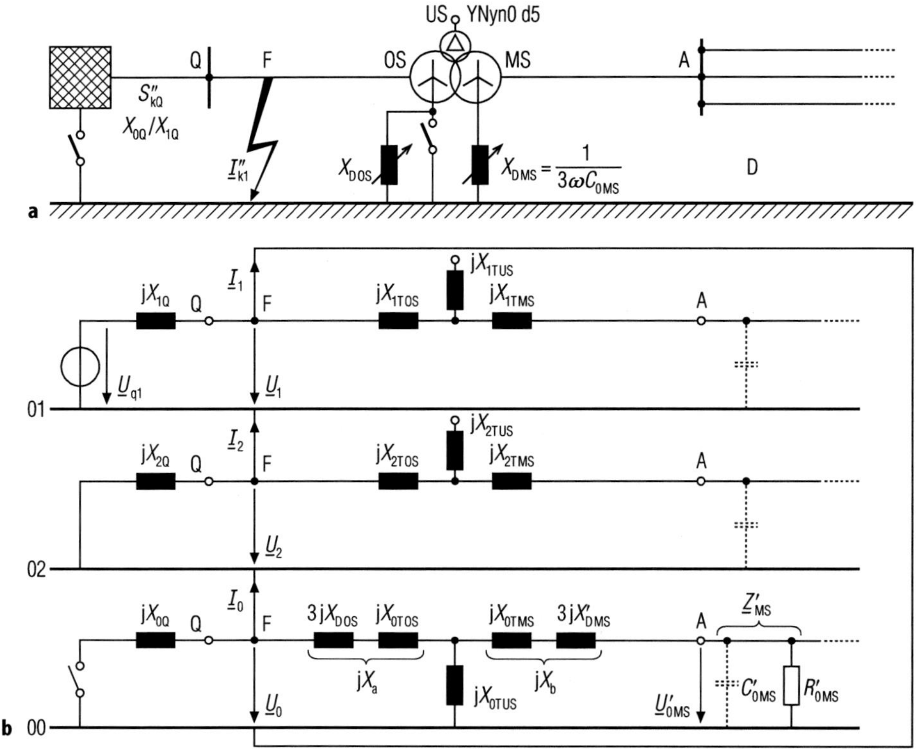

Bild 16.8 a, b. Direkte Erdung oder Anschluss einer Löschspule auf der OS-Seite sowie Anschluss einer Löschspule auf der MS-Seite eines Netztransformators YNyn0 d5 (Ersatzschaltpläne in A.6). **a** Netzaufbau; **b** Ersatzschaltung in symmetrischen Komponenten, Erdschluss oder Erdkurzschluss in F

$\underline{Z}'_{MS}$ ergibt sich aus der Parallelschaltung von $1/(j\omega C'_{0MS}) = -jX'_{C0MS}$ und R'_{0MS}, wobei für Freileitungsnetze $X'_{C0MS}/R'_{0MS} \approx 0{,}1$ und für Kabelnetze $\approx 0{,}05$ angesetzt werden kann.

Durch Umformung findet man:

$$\underline{U}_{0MS} = \frac{1}{t_{OSMS}} \cdot \frac{-\underline{U}_{q1}}{1 + 2\underline{Z}_1/\underline{Z}_0} \tag{16.17b}$$

$$\cdot \frac{X'_{C0MS} X_{0TUS}}{X'_{C0MS}(X_a + X_{0TUS}) - (X_a X_b + X_a X_{0TUS} + X_b X_{0TUS})\left(1 - j\dfrac{X'_{C0MS}}{R'_{0MS}}\right)}$$

Bei direkter Erdung des Transformatorsternpunktes auf der OS-Seite setzt man $X_{DOS} = 0$ und $\underline{Z}_1/\underline{Z}_0 \approx X_{1Q}/X_{0Q}$ (Bild 16.8). Führt man v nach Gl. (16.9) für die Verstimmung im Netz auf der MS-Seite des Transformators ein, so gilt:

$$\frac{1}{1-\nu} = \frac{X_a X_b + X_{0TOS}(X_a + X_b)}{(X_{0TUS} + X_a) X'_{C0MS}} \tag{16.18}$$

Für U_{0MS} abhängig von ν und $U_{q1}/t_{OSMS} \approx U_{nMS}/\sqrt{3}$ wird damit

$$\underline{U}_{0MS} = -\frac{U_{nMS}}{\sqrt{3}(1 + 2\underline{Z}_1/\underline{Z}_0)} \cdot \frac{X_{0TUS}}{(X_{0TUS} + X_{0TOS} + 3X_{DOS})\frac{1}{1-\nu}(-\nu + jX'_{C0MS}/R'_{0MS})} \tag{16.19a}$$

und für den Betrag:

$$U_{0MS} = \frac{U_{nMS}}{\sqrt{3}\left|1 + 2\underline{Z}_1/\underline{Z}_0\right|} \cdot \frac{1}{\left(1 + \frac{X_{0TOS} + 3X_{DOS}}{X_{0TUS}}\right)\frac{1}{1-\nu}\sqrt{\nu^2 + \left(\frac{X_{C0MS}}{R_{0MS}}\right)^2}} \tag{16.19b}$$

Das Maximum der Nullspannung auf der MS-Seite ergibt sich für $\nu = 0$:

$$U_{0MS} = \frac{U_{nMS}}{\sqrt{3}\left|1 + 2\underline{Z}_1/\underline{Z}_0\right|} \cdot \frac{1}{\left(1 + \frac{X_{0TOS} + 3X_{DOS}}{X_{0TUS}}\right)\frac{X_{C0MS}}{R_{0MS}}} \tag{16.19c}$$

Bild 16.9 zeigt einige Ergebnisse für U_{0MS} bezogen auf $U_{nMS}/\sqrt{3}$ einmal bei direkter Erdung des Sternpunktes auf der OS-Seite und zum anderen bei gleichzeitigem Anschluss von Erdschlusslöschspulen an beiden Transformator-

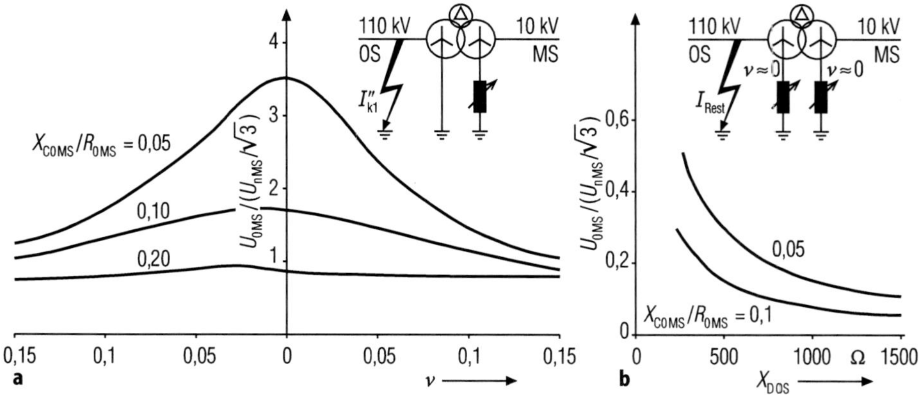

Bild 16.9 a, b. Übertragene Nullspannung im Netz auf der MS-Seite des Transformators bei Erdkurzschluss im Netz auf der OS-Seite. **a** OS-Sternpunkt direkt geerdet; **b** Einsatz von Löschspulen an den OS- und MS-Sternpunkten ($\nu \approx 0$). Transformatordaten: S_{rTOSMS} = 25 MVA, 108 kV ± 22%/10,5 kV; YNyn0 d5, Dreieckausgleichswicklung (1/3) · 25 MVA; $X_{0TOS} = 54{,}29\ \Omega$; $X_{0TMS} = -1{,}79\ \Omega$; $X_{0TUS} = 22{,}21\ \Omega$; Reaktanzen bei $U_{rTOS} = 108$ kV

sternpunkten. Daten des Transformators nach Abschn. 8.3.3 in der Bildunterschrift.

16.4 Erdung in Hochspannungsnetzen

16.4.1 Über Erde fließende Teilkurzschlussströme

Die über Erdungsanlagen und Erde fließenden Ströme können in Netzen mit isoliertem Sternpunkt oder mit Erdschlusskompensation durch Erdschlüsse oder durch Doppelerdkurzschlüsse verursacht werden. In Netzen mit niederohmiger Sternpunkterdung treten Ströme über Erde als Folge von einpoligen Erdkurzschlüssen oder zweipoligen Kurzschlüssen mit Erdberührung auf. Bei $X_0/X_1 > 1$ ist I''_{k1} größer als I''_{kE2E}, sodass zur Auslegung der Erdungsanlagen meist I''_{k1} zugrunde gelegt werden kann. Tabelle 16.3 enthält eine Zusammenstellung der Ströme, die maßgebend sind für die Erder-, Schritt- und Berührungsspannungen auf der einen Seite und die thermische Belastung der Erder, Erdungssammelleitungen und Erdungsleitungen auf der anderen Seite.

Der in Netzen mit niederohmiger Sternpunkterdung an der Kurzschlussstelle auftretende Erdkurzschlussstrom I''_{k1} fließt nur zum Teil über die Gesamterdungsimpedanz nach Gl. (16.23) oder (16.24). Die Erderspannung U_E wird deshalb nur hervorgerufen durch den Erderstrom I_E (Teil des Erdkurzschlussstromes I''_{k1} an der Kurzschlussstelle, wie I_{EB} im Bild 16.10), der über die Gesamterdungsimpedanz $\underline{Z}_{\Sigma E}$ (z. B. Ausbreitungswiderstand einer Erdungsanlage einschließlich der angeschlossenen Ausläufererdungen in Form von angeschlossenen Erdseilen, Bodenseilen, Kabelmänteln, Rohrleitungen usw.) fließt. Besondere Überlegungen zur Erderspannung bei Erdkurzschluss an einem Mast in der Nähe einer Anlage findet man im Abschn. 16.4.3.

Bild 16.10 für das Beispiel eines Erdkurzschlusses in einem Umspannwerk B mit abgehenden Freileitungen soll das Vorgehen zur Ermittlung der Teilkurzschlussströme zeigen. Der Erdkurzschlussstrom $\underline{I}''_{k1}$ setzt sich in diesem Fall aus den drei Anteilen des dreifachen Nullstromes zusammen:

$$\underline{I}''_{k1} = 3\underline{I}_{0A} + 3\underline{I}_{0B} + 3\underline{I}_{0C} \tag{16.20}$$

Der Teil $3\underline{I}_{0B}$ des Erdkurzschlussstromes fließt über das Erdermaschennetz der Anlage B zum Sternpunkt des Transformators (oder der Transformatoren) in B zurück. Ist kein Transformator in B vorhanden oder keiner geerdet, so entfällt der Anteil $3\underline{I}_{0B}$ in Gl. (16.20). Der Teilstrom $3\underline{I}_{0B}$ belastet das Erdermaschennetz der Anlage B thermisch, trägt aber nicht zur Erderspannung der Anlage B bei. Für den Erdungsstrom $\underline{I}_{EB}$ der Anlage B gilt somit, wenn man berücksichtigt, dass die Stromanteile $(1 - \underline{r}_A)3\underline{I}_{0A}$ und $(1 - \underline{r}_C)3\underline{I}_{0C}$ durch Induktionswirkung in den Erdseilen fließen und nicht über Erde:

$$\underline{I}_{EB} = 3\underline{I}_{0A} + 3\underline{I}_{0C} - (1-\underline{r}_A)3\underline{I}_{0A} - (1-\underline{r}_C)3\underline{I}_{0C} = \underline{r}_A 3\underline{I}_{0A} + \underline{r}_C 3\underline{I}_{0C} \tag{16.21}$$

Tabelle 16.3. Ströme für die Bemessung in Erdungsanlagen und einzuhaltende Erder- und Berührungsspannungen [N16.1]

Sternpunktbehandlung des Netzes	Isolierter Sternpunkt	Erdschlusskompensation	Niederohmige Sternpunkterdung[a]
Maßgebend für: Erderspannung (Berührungsspannung)	I_{Ce}	mit Spule[b]: $\sqrt{I_{rD}^2 + I_{Rest}^2}$ ohne Spule[c]: I_{Rest}	I_E[d]
Maßgebend für: Thermische Belastung der Erder und Erdungssammelleitungen	I''_{kEE}	I''_{kEE}	I''_{k1}
Erdungsleitungen	I_{Ce}	mit Spule[b]: $\sqrt{I_{rD}^2 + I_{Rest}^2}$ ohne Spule[c]: I_{Rest}	I''_{k1}
Einzuhaltende Erderspannung U_E und Berührungsspannung U_B	$U_E \leq 125$ V: keine Maßnahmen erforderlich		
	$U_E > 125$ V dann $U_B \leq 65$ V oder Ersatzmaßnahmen nach Abschn. 16.4.5		$U_E > 125$ V: dann U_B nach Bild 16.24[e]

[a] Auch für Netze mit Erdschlusskompensation und vorübergehender niederohmiger Sternpunkterdung in den Anlagen, in denen vorübergehend geerdet wird.
[b] In Anlagen mit Erdschlusslöschspulen bei I_{rD} als Summe der Bemessungsströme der Spulen, meist ist: $\sqrt{I_{rD}^2 + I_{Rest}^2} \approx I_{rD}$.
[c] In Anlagen ohne Erdschlusslöschspulen.
[d] Erdungsströme, die über die Erdungsimpedanzen $\underline{Z}_{\Sigma EA}$, $\underline{Z}_{\Sigma EB}$, $\underline{Z}_{\Sigma EC}$ in den Bildern 16.10 und 16.11 bzw. die Erdungsimpedanz $\underline{Z}_{\Sigma EB}$ im Bild 16.17 fließen.
[e] Oder Schnellausschaltung und Ersatzmaßnahmen nach Abschn. 16.4.5.

Für die Erderspannung der Anlage B im Bild 16.10 ergibt sich mit $\underline{I}_{EB}$ nach Gl. (16.21) und $\underline{Z}_{\Sigma EB}$ nach Gl. (16.23):

$$\underline{U}_{EB} = R_B \underline{I}_B = \underline{Z}_{\Sigma EB} \underline{I}_{EB} \tag{16.22}$$

wobei R_B der Erdausbreitungswiderstand des Maschenerders der Anlage B, $\underline{I}_B$ der über diesen fließende Teilstrom, $\underline{Z}_{\Sigma EB}$ die Gesamterdungsimpedanz und $\underline{I}_{EB}$ der gesamte zur Erde abfließende Strom nach Gl. (16.21) ist.

Die Gesamterdungsimpedanz einer Anlage (hier der Anlage B) ergibt sich aus der Parallelschaltung des Erdausbreitungswiderstandes R_B des Maschenerders mit den Kettenleiterimpedanzen $\underline{Z}_P$ Erdseil-Maste aller abgehenden Freileitungen und den Wellenwiderständen $\underline{Z}_U$ aller angeschlossener Kabelmäntel, Rohrleitungen, Eisenbahnschienen u. ä. [N15.4, 16.19]:

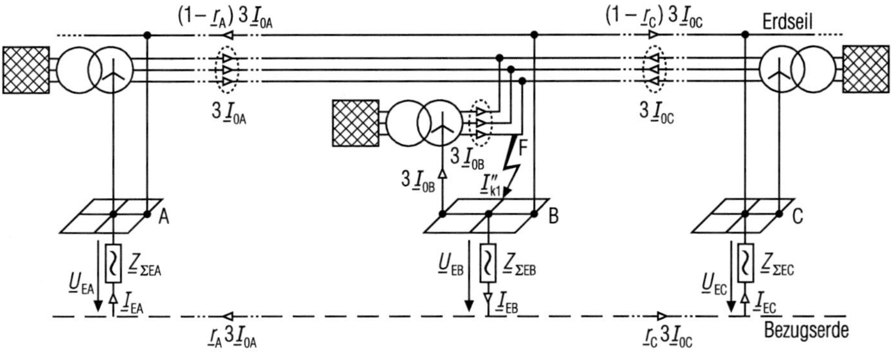

Bild 16.10. Teilkurzschlussströme bei Erdkurzschluss in der Anlage B eines Netzes mit niederohmiger Sternpunkterdung. A, B, C: Umspannwerke mit Erdungsanlagen; $3\underline{I}_{0A}$, $3\underline{I}_{0B}$, $3\underline{I}_{0C}$: dreifache Nullströme in den Leitern des Drehstromnetzes; $\underline{r}_A$, $\underline{r}_C$: Erdseilreduktionsfaktoren; $\underline{Z}_{\Sigma EA}$, $\underline{Z}_{\Sigma EB}$, $\underline{Z}_{\Sigma EC}$: Gesamterdungsimpedanzen der Anlagen A, B und C (einschließlich der Kettenleiterimpedanzen Erdseil-Maste $\underline{Z}_P$ und der Impedanzen $\underline{Z}_U$ anderer metallischer Leiter, wie z. B. Kabelmäntel); $\underline{I}_{EA}$, $\underline{I}_{EB}$ $\underline{I}_{EC}$: Erdungsströme der Anlagen A, B und C

$$\underline{Z}_{\Sigma EB} = \frac{1}{\dfrac{1}{R_B} + \sum \dfrac{1}{\underline{Z}_P} + \sum \dfrac{1}{\underline{Z}_U}} \tag{16.23}$$

Aus Bild 16.10 erkennt man, dass Teilkurzschlussströme auch über die Gesamterdungsimpedanzen $\underline{Z}_{\Sigma EA}$ und $\underline{Z}_{\Sigma EC}$ fließen, so dass bei einem Erdkurzschluss in der Anlage B auch in den Anlagen A und C Erderspannungen $\underline{U}_{EA} = \underline{Z}_{\Sigma EA}\underline{r}_A 3\underline{I}_{0A}$ und $\underline{U}_{EC} = \underline{Z}_{\Sigma EC}\underline{r}_C 3\underline{I}_{0C}$ auftreten.

Für ein *Beispiel* wird $I''_{k1} = 15$ kA angenommen, wobei $3I_{0A} = 3I_{0B} = 3I_{0C} = 5$ kA gelten möge. Die Erdseile Al/St 240/40 sollen einen Reduktionsfaktor $r_A = r_C = 0{,}67$ (Bild 16.13) haben. Nach Gl. (16.21) ergibt sich dann, wenn man in erster Näherung mit Beträgen rechnet: $I_{EB} = 0{,}67 \cdot 5$ kA $+ 0{,}67 \cdot 5$ kA $= 6{,}7$ kA und damit $I_{EB}/I''_{k1} \approx 0{,}45$. Für die Anlagen A und C würde sich bei Kurzschluss in B maximal $I_{EA} = I_{EC} = 0{,}67 \cdot 5$ kA $\approx 3{,}4$ kA ergeben.

Bei einem Erdkurzschluss an einem Freileitungsmast weit außerhalb der Anlagen B und C des Bildes 16.11 ergibt sich die Gesamterdungsimpedanz eines Mastes mit aufgelegtem Erdseil aus der Parallelschaltung R_M mit den Kettenleiterimpedanzen $\underline{Z}_{Pr}$ und $\underline{Z}_{P\ell}$ der Ketten Erdseil-Maste (Bild 16.14) rechts und links des kurzschlussbetroffenen Mastes, wenn die Ausbreitungswiderstände R_M und die Abstände d_M zwischen den Masten gleich groß sind.

$$\underline{Z}_{\Sigma EM} = \frac{1}{\dfrac{1}{R_M} + \dfrac{1}{\underline{Z}_{Pr}} + \dfrac{1}{\underline{Z}_{P\ell}}} = \frac{1}{\dfrac{1}{R_M} + \dfrac{2}{\underline{Z}_P}} \tag{16.24}$$

Neben den durch Induktionswirkung im Erdseil fließenden Teilkurzschlussströmen $(1-\underline{r})3\underline{I}_0$ (Bilder 16.10 und 16.11) fließen in der Nähe der Kurzschluss-

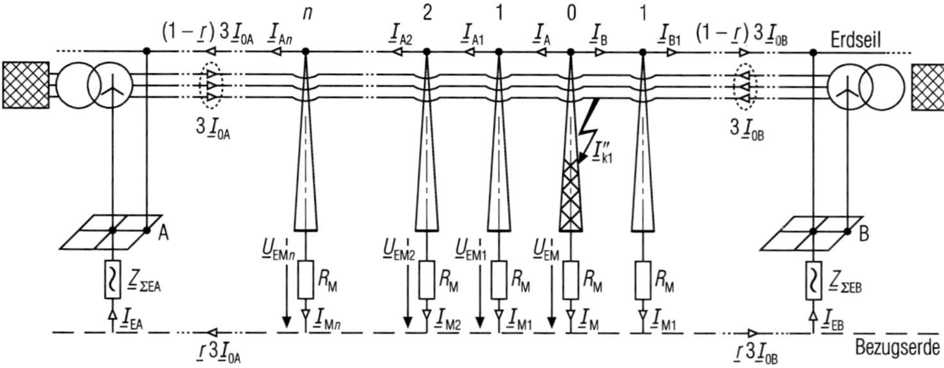

Bild 16.11. Stromverteilung im Erdseil und über die Mastausbreitungswiderstände in der Nähe der Erdkurzschlussstelle an einem stationsfernen Mast zwischen den Anlagen A und B

stelle Ströme in den Erdseilen entsprechend der Aufteilung des Erdungsstromes auf die Anteile der Gesamterdungsimpedanz. Dies gilt besonders bei Verwendung von gut leitfähigen Erdseilen Al/St oder bei Verwendung von Erd- und Bodenseilen. Für die Anordnung nach Bild 16.11 bei Erdkurzschluss an einem stationsfernen Mast ergibt sich mit den dort eingetragenen Bezeichnungen:

$$\underline{I}''_{k1} = 3\underline{I}_{0A} + 3\underline{I}_{0B} = \underline{I}_A + \underline{I}_B + \underline{I}_M \tag{16.25}$$

Für die Erderspannung gilt:

$$\underline{U}_{EM} = R_M \underline{I}_M = \underline{Z}_{\Sigma EM}\, \underline{r}\, \underline{I}''_{k1} \tag{16.26}$$

und damit für die Stromaufteilung:

$$\underline{I}_A = (1-\underline{r})\, 3\underline{I}_{0A} + \frac{\underline{U}_{EM}}{\underline{Z}_P} = (1-\underline{r})\, 3\underline{I}_{0A} + \underline{r}\, \underline{I}''_{k1} \frac{1}{\underline{Z}_P} \underline{Z}_{\Sigma EM} \tag{16.27a}$$

$$\underline{I}_B = (1-\underline{r})\, 3\underline{I}_{0B} + \frac{\underline{U}_{EM}}{\underline{Z}_P} = (1-\underline{r})\, 3\underline{I}_{0B} + \underline{r}\, \underline{I}''_{k1} \frac{1}{\underline{Z}_P} \underline{Z}_{\Sigma EM} \tag{16.27b}$$

$$\underline{I}_M = \frac{\underline{U}_{EM}}{R_M} = \underline{r}\, \underline{I}''_{k1} \frac{1}{R_M} \underline{Z}_{\Sigma EM} \tag{16.28}$$

Wird die Kurzschlussstelle nur einseitig von der Anlage A aus gespeist, so bleibt Gl. (16.27 a) erhalten. In der Gl. (16.27 b) entfällt das Glied $(1 - \underline{r})\, 3\underline{I}_{0B}$. Für die Erdseilströme in den dem kurzschlussbetroffenen Mast benachbarten Spannfeldern und die Erderspannungen der Nachbarmaste mit gleichen Widerständen R_M findet man für die Kette ausgehend vom kurzschlussbetroffenen Mast in Richtung zur Anlage A [16.26]:

$$\underline{U}_{EMn} = \underline{U}_{EM}\underline{\alpha}^n \qquad \text{für } n = 1, 2, 3 \ldots \tag{16.29}$$

$$\underline{I}_{\mathrm{A}} = (1-\underline{r})\,3\underline{I}_{0\mathrm{A}} + \frac{\underline{U}_{\mathrm{EM}}}{\underline{Z}_{\mathrm{P}}} \tag{16.30}$$

$$\underline{I}_{\mathrm{A}n} = (1-\underline{r})\,3\underline{I}_{0\mathrm{A}} + \frac{\underline{U}_{\mathrm{EM}n}}{\underline{Z}_{\mathrm{P}}} \qquad \text{für } n = 1, 2, 3 \ldots \tag{16.31}$$

mit dem Ausbreitungsfaktor $\underline{\alpha}$ [16.26]:

$$\underline{\alpha} = 1 - \frac{\underline{Z}_{\mathrm{Q}}}{\underline{Z}_{\mathrm{P}}} = \frac{R_{\mathrm{M}}}{R_{\mathrm{M}} + \underline{Z}_{\mathrm{P}}} \tag{16.32}$$

Dabei ist $\underline{Z}_{\mathrm{Q}} = \underline{Z}'_{\mathrm{Q}} d_{\mathrm{M}}$ die Erdseilimpedanz bei Rückleitung über Erde mit $\underline{Z}'_{\mathrm{Q}} = \underline{Z}'_{\mathrm{QQE}}$ nach Gl. (9.50) und $\underline{Z}_{\mathrm{P}}$ die Kettenleiterimpedanz nach Gl. (16.43b).

Mit $\underline{U}_{\mathrm{EMn}}$ nach Gl. (16.29) lässt sich der Strom $\underline{I}_{\mathrm{M}n}$ über den Mastausbreitungswiderstand R_{M} bestimmen und so die Stromverteilung entlang der Mastkette. Für genügend großen Abstand des Mastes n vom kurzschlussbetroffenen Mast geht $\underline{I}_{\mathrm{An}}$ auf $(1 - \underline{r})\,3\underline{I}_{0\mathrm{A}}$ zurück, $\underline{U}_{\mathrm{EMn}}$ und $\underline{I}_{\mathrm{Mn}}$ werden zu Null. Der Rückgang der Erderspannung mit zunehmender Entfernung lässt sich nach [16.26] wie folgt beschreiben:

$$U_{\mathrm{EMn}} = U_{\mathrm{EM}}\,|\,\underline{\alpha}^{n}\,| = U_{\mathrm{EM}} \cdot \mathrm{e}^{-\frac{d_{\mathrm{M}}}{L} n} \tag{16.33}$$

Für die dabei eingeführte Längenkonstante L ergibt sich mit der Näherung für $\underline{Z}_{\mathrm{P}}$ nach Gl. (16.43b):

$$L = \frac{d_{\mathrm{M}}}{\mathrm{Re}\left\{\sqrt{\underline{Z}_{\mathrm{Q}} / R_{\mathrm{M}}}\right\}} = \frac{d_{\mathrm{M}}\sqrt{R_{\mathrm{M}}}}{\mathrm{Re}\left\{\sqrt{\underline{Z}_{\mathrm{Q}}}\right\}} \tag{16.34}$$

Dabei ist d_{M} der Abstand zwischen zwei Masten (Spannfeldlänge) und $\underline{Z}_{\mathrm{Q}}$ die Schleifenimpedanz des Erdseils mit Rückleitung über Erde ($\underline{Z}'_{\mathrm{Q}} = \underline{Z}'_{\mathrm{QQE}}$ nach Gl. (9.50)).

In [N15.4] wurde die Größe L als Ausgangswert verwendet, um den Fernabstand der Kurzschlussstelle $D_{\mathrm{F}} = 3 \cdot L$ von einer Anlage zu definieren.

Bei einem spezifischen Erdwiderstand $\rho_{\mathrm{E}} = 100\ \Omega\mathrm{m}$ gilt für ein Erdseil St 70 der Impedanzbelag: $\underline{Z}'_{\mathrm{Q}} = (3{,}9 + \mathrm{j}1{,}16)\ \Omega/\mathrm{km}$ und für ein Erdseil Al/St 240/40: $\underline{Z}'_{\mathrm{Q}} = (0{,}172 + \mathrm{j}0{,}730)\ \Omega/\mathrm{km}$. Für die Längenkonstanten wird dann z. B. bei $R_{\mathrm{M}} = 5\ \Omega$ und $d_{\mathrm{M}} = 0{,}3$ km für St 70 etwa $L = 0{,}6$ km und für Al/St 240/40 etwa $L = 1{,}8$ km.

Erderspannungen am Mast und in einer Anlage, wenn der Kurzschluss an einem Mast in der Nähe einer Anlage auftritt, werden im Abschn. 16.4.3 behandelt.

16.4.2 Schleifenimpedanzen, Erdseilreduktionsfaktoren und Kettenleiterimpedanzen

In Netzen mit niederohmiger Sternpunkterdung und Freileitungen mit Stahlgittermasten (110 kV und darüber) sollen Erdseile vorhanden sein, die mit

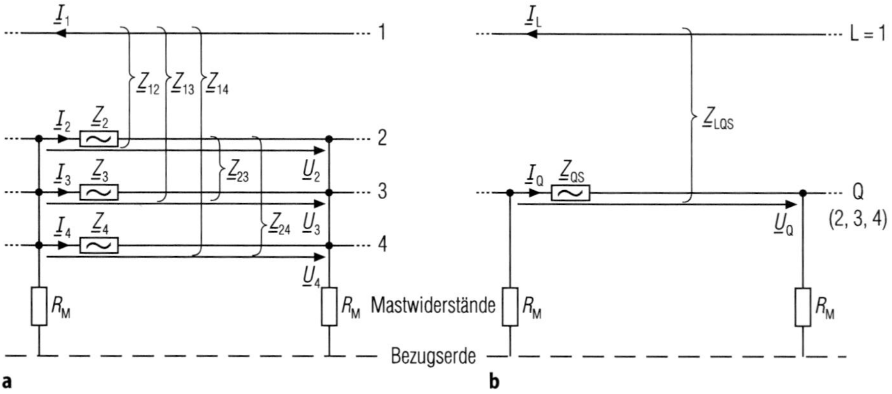

Bild 16.12 a, b. Erd- und Bodenseilanordnung in einem Freileitungsspannfeld. **a** Schema: *1* Leiterseil oder drei Leiter einer Drehstromleitung; *2*, *3* Erdseile; *4* Bodenseil; **b** Ersatzschaltplan: L Leiterseil oder drei Leiter einer Drehstromleitung; Q Ersatzleiter für die Leiter *2*, *3* und *4*

den Stationserdungsanlagen verbunden werden [N16.1]. Häufig werden gut leitfähige Al/St-Erdseile aufgelegt, bei Leitungen mit Bündelleitern z. B. ein teilleitergleiches Erdseil. Neben dem weitgehenden Schutz gegen direkten Blitzeinschlag in ein Leiterseil, erreicht man bei gut leitfähigen Erdseilen oder sogar zwei Erdseilen, dass hohe Teilströme bei Erdkurzschluss ohne Beschädigung aufgenommen werden können, und dass die Erdungsverhältnisse der Stationen und der Freileitungsmasten verbessert werden.

Bild 16.12 zeigt schematisch eine Anordnung mit einem stromdurchflossenen Leiter als Ersatz für die drei Leiter einer Drehstromfreileitung, in denen zusammen $3\underline{I}_0$ fließen (Bild 16.10) und parallel dazu drei geerdete Leiter eines Spannfeldes (z. B. zwei Erdseile und ein Bodenseil oder ein Luftkabel wie in Bild 16.13). Aus Bild 16.12 liest man ab:

$$\begin{aligned}\underline{U}_2 + \underline{Z}_{12}\underline{I}_1 &= \underline{Z}_2\underline{I}_2 + \underline{Z}_{23}\underline{I}_3 + \underline{Z}_{24}\underline{I}_4\\ \underline{U}_3 + \underline{Z}_{13}\underline{I}_1 &= \underline{Z}_{23}\underline{I}_2 + \underline{Z}_3\underline{I}_3 + \underline{Z}_{34}\underline{I}_4\\ \underline{U}_4 + \underline{Z}_{14}\underline{I}_1 &= \underline{Z}_{24}\underline{I}_2 + \underline{Z}_{34}\underline{I}_3 + \underline{Z}_4\underline{I}_4\end{aligned} \tag{16.35}$$

Die drei Gln. (16.35) enthalten die drei Unbekannten $\underline{I}_2$, $\underline{I}_3$ und $\underline{I}_4$. Wegen des Zusammenschlusses der drei Leiter 2, 3 und 4 gilt: $\underline{U}_2 = \underline{U}_3 = \underline{U}_4 = \underline{U}_{\mathrm{Q}}$. Der Strom $\underline{I}_1 = \underline{I}_{\mathrm{L}}$ ist eingeprägt. Durch Auflösen nach den drei Strömen und Zusammenfassen erhält man:

$$\underline{U}_{\mathrm{Q}} + \underline{Z}_{\mathrm{LQS}}\underline{I}_{\mathrm{L}} = \underline{Z}_{\mathrm{QS}}(\underline{I}_2 + \underline{I}_3 + \underline{I}_4) = \underline{Z}_{\mathrm{QS}}\underline{I}_{\mathrm{Q}} \tag{16.36}$$

$\underline{Z}_{\mathrm{QS}}$ und $\underline{Z}_{\mathrm{LQS}}$ sind Ersatzimpedanzen eines Spannfeldes, zusammengesetzt aus den Schleifenimpedanzen eines Leiters mit Rückleitung über Erde und den Gegenimpedanzen zweier Schleifen mit Rückleitung über Erde. Die Schleifenimpedanz eines einzelnen Leiters mit Rückleitung über Erde ermittelt man

Tabelle 16.4. Ersatzschleifenimpedanzen $\underline{Z}_{QS}$ und Ersatzkoppelimpedanzen $\underline{Z}_{LQS}$ (Bild 16.12). (Index 1 gilt für das Leiterseil, siehe Text)

Voraussetzung	Schleifenimpedanz $\underline{Z}_{QS}$	Koppelimpedanz $\underline{Z}_{LQS}$
Ein Erdseil $\nu = 2$	$\underline{Z}_2$	$\underline{Z}_{12}$
Zwei Erdseile $\nu = 2, 3$ $\underline{Z}_2 = \underline{Z}_3$; $\underline{Z}_{12} \neq \underline{Z}_{13}$	$\dfrac{\underline{Z}_2 + \underline{Z}_{23}}{2}$	$\dfrac{\underline{Z}_{12} + \underline{Z}_{13}}{2}$
Zwei Erdseile $\nu = 2, 3$ $\underline{Z}_2 = \underline{Z}_3$; $\underline{Z}_{12} = \underline{Z}_{13}$	$\dfrac{\underline{Z}_2 + \underline{Z}_{23}}{2}$	$\underline{Z}_{12}$
Ein Erdseil $\nu = 2$, ein Bodenseil $\nu = 4$ $\underline{Z}_2 \neq \underline{Z}_4$; $\underline{Z}_{12} \neq \underline{Z}_{14}$	$\dfrac{\underline{Z}_2\underline{Z}_4 - \underline{Z}_{24}^2}{\underline{Z}_2 + \underline{Z}_4 - 2\underline{Z}_{24}}$	$\dfrac{\underline{Z}_{12}(\underline{Z}_4 - \underline{Z}_{24}) + \underline{Z}_{14}(\underline{Z}_2 - \underline{Z}_{24})}{\underline{Z}_2 + \underline{Z}_4 - 2\underline{Z}_{24}}$

nach Gl. (9.50), während man die entsprechende Gegenimpedanz nach Gl. (9.51) berechnen kann. Gleichungen zur Ermittlung der Ersatzimpedanzen $\underline{Z}_{QS}$ und $\underline{Z}_{LQS}$ sind für einige Fälle in Tabelle 16.4 zusammengestellt.

Setzt man $\underline{U}_Q = 0$, so bedeutet das, dass zwei benachbarte Maste gleiches Potential haben und dass dann der induzierte Strom nur in den Längsimpedanzen und in der Erde fließt und nicht über die Mastausbreitungswiderstände. Mit $\underline{U}_Q = 0$ ergibt sich aus Gl. (16.36):

$$\underline{I}_Q = \underline{I}_L \frac{\underline{Z}_{LQS}}{\underline{Z}_{QS}} = \underline{I}_L(1 - \underline{r}) \tag{16.37}$$

und damit für den Reduktionsfaktor

$$\underline{r} = 1 - \frac{\underline{Z}_{LQS}}{\underline{Z}_{QS}} = \frac{\underline{I}_L - \underline{I}_Q}{\underline{I}_L} = \frac{\text{Fehlerstromanteil im Erdreich}: \underline{r}3\underline{I}_0}{\text{Fehlerstrom}: 3\underline{I}_0} \tag{16.38}$$

Bild 16.13 enthält Angaben zur Größe der Reduktionsfaktoren r für verschiedene Erdseil- und Erdseil-Bodenseil-Anordnungen abhängig vom Abstand D_{12} zwischen Leiterseil und Erdseil bei $\rho_E = 100\ \Omega$m. Der Reduktionsfaktor ist unabhängig vom Mastausbreitungswiderstand R_M und vom Mastabstand d_M. Die jeweils größten Werte des Reduktionsfaktors erhält man für den größten Abstand Leiterseil-Erdseil. Bei einem Donaumastbild mit einem Erdseil gilt etwa $D_{12} = 13$ m für 110 kV, $D_{12} = 20$ m für 220 kV und $D_{12} = 30$ m für 380 kV.

Bild 16.14 zeigt den Kettenleiter Erdseil-Maste, bestehend aus gleichen Erdseil-Erde-Schleifenimpedanzen $\underline{Z}_Q$ und gleichen Mastausbreitungswiderständen R_M. Für die Spannungs- und Stromverteilung längs der Vierpolkette gilt mit den Bezeichnungen im Bild 16.14

$$\begin{bmatrix} \underline{U}_{i+1} \\ \underline{I}_{i+1} \end{bmatrix} = \begin{bmatrix} 1 + \underline{Z}_Q / R_M & \underline{Z}_Q \\ 1/R_M & 1 \end{bmatrix} \begin{bmatrix} \underline{U}_i \\ \underline{I}_i \end{bmatrix} = \underline{\boldsymbol{M}} \begin{bmatrix} \underline{U}_i \\ \underline{I}_i \end{bmatrix} \tag{16.39}$$

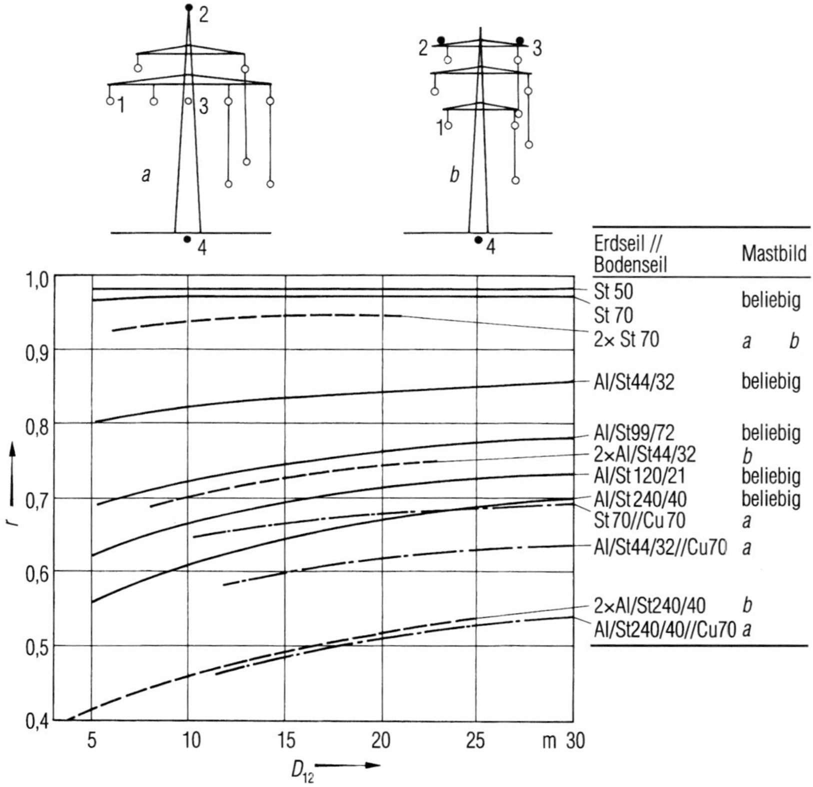

Bild 16.13. Erdseilreduktionsfaktoren r nach Gl. (16.38) abhängig vom Abstand Leiterseil-Erdseil D_{12} bei $\rho_E = 100\ \Omega\text{m}$ mit Z_{QS} und Z_{LQS} nach Tabelle 16.4

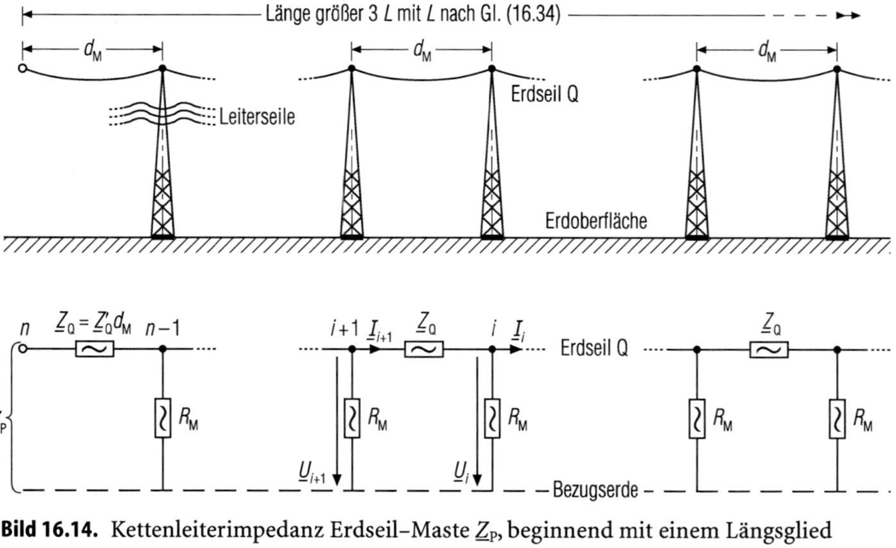

Bild 16.14. Kettenleiterimpedanz Erdseil–Maste $\underline{Z}_P$, beginnend mit einem Längsglied

Für eine Kette aus n Gliedern, beginnend mit $\underline{U}_0$ und $\underline{I}_0$ erhält man durch n-fache Multiplikation der Gl. (16.39):

$$\begin{bmatrix} \underline{U}_n \\ \underline{I}_n \end{bmatrix} = \underline{\boldsymbol{M}}^n \begin{bmatrix} \underline{U}_0 \\ \underline{I}_0 \end{bmatrix} = \begin{bmatrix} \underline{a}_n & \underline{b}_n \\ \underline{c}_n & \underline{d}_n \end{bmatrix} \begin{bmatrix} \underline{U}_0 \\ \underline{I}_0 \end{bmatrix} \tag{16.40}$$

mit den folgenden Elementen der Kettenleitermatrix $\underline{\boldsymbol{M}}^n$ [16.53]:

$$\underline{a}_n = \frac{\underline{Z}_\mathrm{P}\underline{k}^n + (\underline{Z}_\mathrm{P} - \underline{Z}_\mathrm{Q})\underline{k}^{-n}}{2\underline{Z}_\mathrm{P} - \underline{Z}_\mathrm{Q}} \tag{16.41 a}$$

$$\underline{b}_n = \frac{\underline{Z}_\mathrm{P}(\underline{Z}_\mathrm{P} - \underline{Z}_\mathrm{Q})(\underline{k}^n - \underline{k}^{-n})}{2\underline{Z}_\mathrm{P} - \underline{Z}_\mathrm{Q}} \tag{16.41 b}$$

$$\underline{c}_n = \frac{\underline{k}^n - \underline{k}^{-n}}{2\underline{Z}_\mathrm{P} - \underline{Z}_\mathrm{Q}} \tag{16.41 c}$$

$$\underline{d}_n = \frac{(\underline{Z}_\mathrm{P} - \underline{Z}_\mathrm{Q})\,\underline{k}^n + \underline{Z}_\mathrm{P}\underline{k}^{-n}}{2\underline{Z}_\mathrm{P} - \underline{Z}_\mathrm{Q}} \tag{16.41 d}$$

bei $\underline{k}$ als dem Kehrwert des Ausbreitungsfaktors $\underline{\alpha}$ nach Gl. (16.32):

$$\underline{k} = 1 + \underline{Z}_\mathrm{Q}\left(\frac{1}{R_\mathrm{M}} + \frac{1}{\underline{Z}_\mathrm{P}}\right) = \frac{R_\mathrm{M} + \underline{Z}_\mathrm{P}}{R_\mathrm{M}} = \frac{\underline{Z}_\mathrm{P}}{\underline{Z}_\mathrm{P} - \underline{Z}_\mathrm{Q}} = \frac{1}{\underline{\alpha}} \tag{16.41 e}$$

Mit $\underline{I}_i = \underline{U}_i/\underline{Z}_\mathrm{P}$ und $\underline{U}_i = \underline{Z}_\mathrm{P}\underline{I}_i$ ergibt sich dann aus Gl. (16.39):

$$\underline{U}_{i+1} = \left(1 + \frac{\underline{Z}_\mathrm{Q}}{R_\mathrm{M}} + \frac{\underline{Z}_\mathrm{Q}}{\underline{Z}_\mathrm{P}}\right)\underline{U}_i = \underline{k}\underline{U}_i \tag{16.42 a}$$

$$\underline{I}_{i+1} = \left(\frac{\underline{Z}_\mathrm{P}}{R_\mathrm{M}} + 1\right)\underline{I}_i = \underline{k}\underline{I}_i \tag{16.42 b}$$

$\underline{Z}_\mathrm{P}$ ist die Eingangsimpedanz einer unendlich langen Kette Erdseil–Maste, beginnend mit einem Längsglied $\underline{Z}_\mathrm{Q}$. Man berechnet sie rekursiv aus der Beziehung:

$$\underline{Z}_{\mathrm{P}n} = \underline{Z}_\mathrm{Q} + \frac{R_\mathrm{M}\underline{Z}_{\mathrm{P}n-1}}{R_\mathrm{M} + \underline{Z}_{\mathrm{P}n-1}} \tag{16.43 a}$$

Für $n \rightarrow \infty$ (und in der Praxis bereits für eine Kette, die länger als $3L$ ist, wie Bild 16.16 zeigt) gilt $\underline{Z}_{\mathrm{P}n} = \underline{Z}_{\mathrm{P}n\text{-}1} = \underline{Z}_\mathrm{P}$ und damit:

$$\underline{Z}_\mathrm{P} = \frac{\underline{Z}_\mathrm{Q}}{2} + \sqrt{\left(\frac{\underline{Z}_\mathrm{Q}}{2}\right)^2 + R_\mathrm{M}\underline{Z}_\mathrm{Q}} \approx \frac{\underline{Z}_\mathrm{Q}}{2} + \sqrt{R_\mathrm{M}\underline{Z}_\mathrm{Q}} \tag{16.43 b}$$

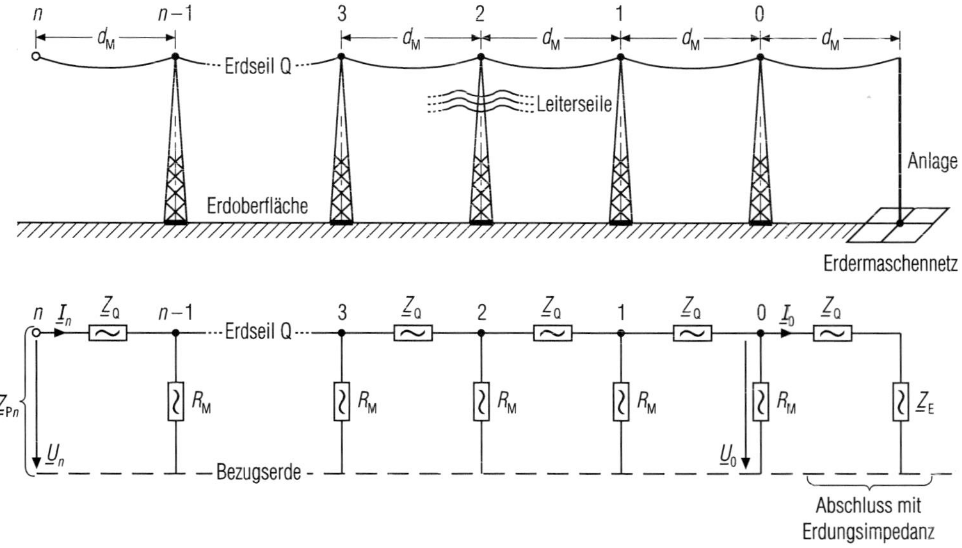

Bild 16.15. Kettenleiterimpedanz Erdseil – Maste $\underline{Z}_{Pn}$ für eine Kette mit n Gliedern beginnend mit einem Längsglied $\underline{Z}_Q$ und abgeschlossen mit einer Erdungsimpedanz $\underline{Z}_E$

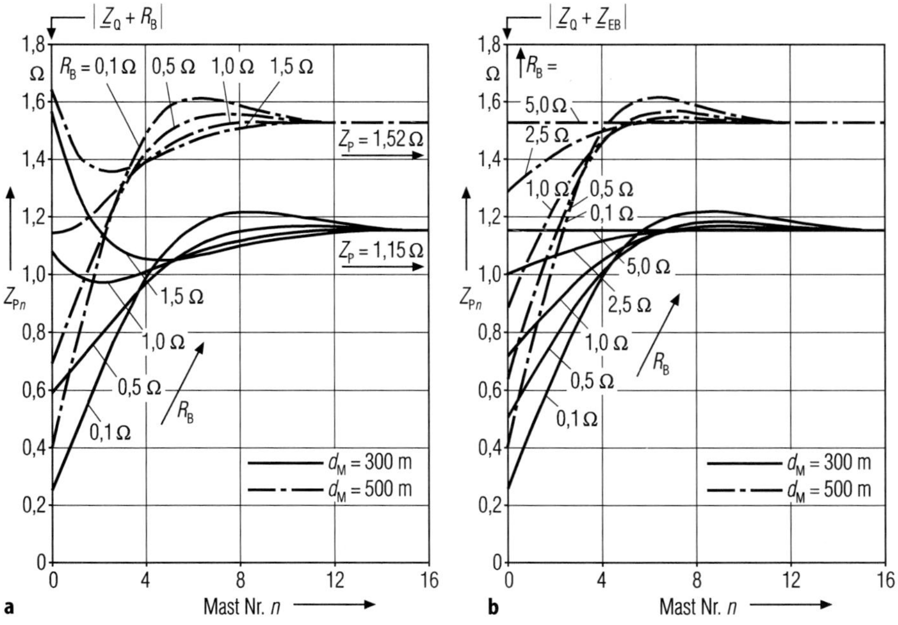

Bild 16.16 a, b. Kettenleiterimpedanz Z_{Pn} nach Gl. (16.44). Erdseil Al/St 240/40, $\rho_E = 100\ \Omega$m, $R_M = 5\ \Omega$, $d_M = 300$ m: $\underline{Z}_Q = (0{,}0508 + j0{,}2187)\ \Omega$; $d_M = 500$ m: $\underline{Z}_Q = (0{,}0847 + j0{,}3644)\ \Omega$; **a** $\underline{Z}_{EB} = R_B$; **b** $\underline{Z}_{EB} = R_B\underline{Z}_P/(R_B + \underline{Z}_P)$ nach Gl. (16.52)

In der Praxis haben Freileitungen unterschiedliche Ausbreitungswiderstände R_M der Masten und unterschiedliche Abstände d_M zwischen den einzelnen Masten. In diesem Fall ermittelt man $\underline{Z}_P$ aus den Mittelwerten von R_M und d_M oder besser mit Hilfe eines geeigneten Programms durch schrittweisen Aufbau der Kettenleiterimpedanz.

Die Kettenleiterimpedanz $\underline{Z}_{Pn}$ einer nur aus n Gliedern bestehenden Kette Erdseil–Maste nach Bild 16.15 mit der Abschlussimpedanz $\underline{Z}_E$ (z. B. der Erdungsimpedanz einer Anlage B nach Gl. (16.52)) ergibt sich aus Gl. (16.40) mit $\underline{U}_0 = (\underline{Z}_Q + \underline{Z}_E)\underline{I}_0$ zu:

$$\underline{Z}_{Pn} = \frac{\underline{U}_n}{\underline{I}_n} = \frac{\underline{a}_n(\underline{Z}_Q + \underline{Z}_E) + \underline{b}_n}{\underline{c}_n(\underline{Z}_Q + \underline{Z}_E) + \underline{d}_n} = \frac{\underline{Z}_P(\underline{Z}_E + \underline{Z}_P)\underline{k}^n + (\underline{Z}_P - \underline{Z}_Q)(\underline{Z}_E - \underline{Z}_P + \underline{Z}_Q)\underline{k}^{-n}}{(\underline{Z}_E + \underline{Z}_P)\underline{k}^n - (\underline{Z}_E - \underline{Z}_P + \underline{Z}_Q)\underline{k}^{-n}} \tag{16.44}$$

Für $n \to \infty$ geht $\underline{Z}_{Pn} \to \underline{Z}_P$ nach Gl. (16.43 b). In der Praxis trifft dies bereits bei $n \cdot d_M = D_F$ mit $D_F = 3 \cdot L$ zu. Bei $n = 0$, also am ersten Mast vor der Anlage (Bild 16.15), ergibt sich mit $\underline{a}_0 = 1, \underline{b}_0 = 0, \underline{c}_0 = 0, \underline{d}_0 = 1$ nach Gl. (16.44) erwartungsgemäß: $\underline{Z}_{P0} = \underline{Z}_Q + \underline{Z}_E$.

Bild 16.16 zeigt Z_{Pn} abhängig von n für die ersten Maste außerhalb einer Anlage B mit der Erdungsimpedanz $\underline{Z}_{EB}$, einmal für $\underline{Z}_{EB} = R_B$ (z. B. für eine Kopfstation, von der keine weiteren geerdeten Ausläufererdungen ausgehen) und zum anderen für $\underline{Z}_{EB} = R_B\underline{Z}_P/(R_B + \underline{Z}_P)$ nach Gl. (16.52), wenn von der Anlage B außer der betrachteten noch eine weitere längere Freileitung mit Erdseil abgeht. Dies gilt z. B. für einen Mast n auf der Leitung von B nach C in der Nähe von B nach Bild 16.10.

16.4.3 Erdkurzschluss in der Nähe einer Anlage

Bei Erdkurzschluss in der Nähe einer Anlage stellt sich die Frage, ob die Erderspannung des kurzschlussbetroffenen Mastes in der Nähe der Anlage höher ist als bei weit entferntem Erdkurzschluss (Entfernung größer als $D_F = 3L$) und weiterhin die Frage, ob die dabei auftretende Erderspannung in der nahen Anlage größer werden kann als die Erderspannung bei Erdkurzschluss in der Anlage selbst (Bild 16.10). Bei der Berechnung der Erderspannungen bei einem Erdkurzschluss an einem Mast in der Nähe einer Anlage (Anlage B im Bild 16.17) ist zwischen den Fällen geerdeter und nichtgeerdeter Transformatorsternpunkte in der nahen Anlage zu unterscheiden.

Für den Fall, dass im Bild 16.17 der Transformatoren in B nicht geerdet ist, gilt:

$$\underline{I}''_{k1} = 3\underline{I}_{0A} + 3\underline{I}_{0C} = (1 - \underline{r})\,(3\underline{I}_{0A} + 3\underline{I}_{0B}) + \underline{r}\underline{I}''_{k1} \tag{16.45}$$

Am kurzschlussbetroffenen Mast erfolgt die Aufteilung der Anteile der Gl. (16.45). Die beiden Anteile $(1 - \underline{r})\,3\underline{I}_{0A}$ und $(1 - \underline{r})\,3\underline{I}_{0C}$ fließen durch Induktion im Erdseil links und rechts von der Kurzschlussstelle. Der Anteil $\underline{r}\underline{I}''_{k1}$ geht über

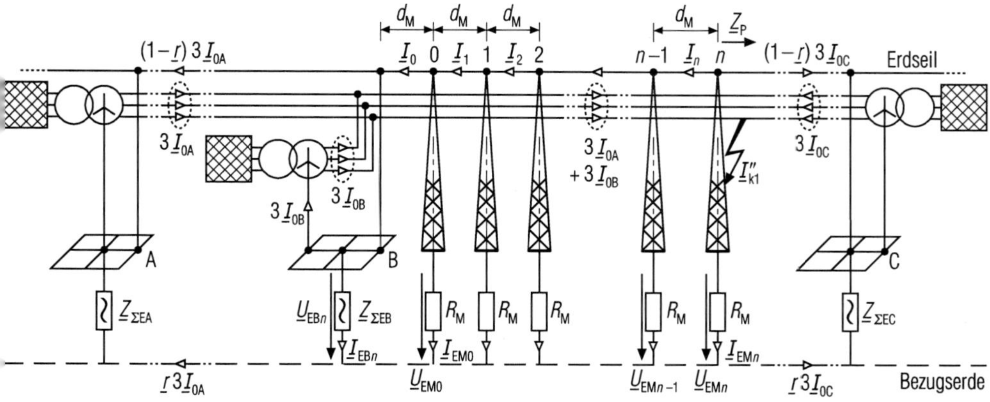

Bild 16.17. Erdkurzschluss an einem Mast n in der Nähe der Anlage B (weit entfernt von A und C)

die Gesamterdungsimpedanz $Z_{\Sigma \mathrm{EM}n}$ des Mastes n, die sich aus der Parallelschaltung von R_M mit der Impedanz $\underline{Z}_\mathrm{P}$ des Kettenleiters rechts vom Mast n und der Impedanz $\underline{Z}_{\mathrm{P}n}$ des Kettenleiters links vom Mast n mit Abschluss durch $\underline{Z}_\mathrm{EB}$ zusammensetzt. Die Erderspannung am Mast n (wobei der Stern links oben vom Formelzeichen auf den Fall nicht geerdeter Transformatorsternpunkt in B hinweisen soll) berechnet man entweder aus

$$^{*}\underline{U}_{\mathrm{EM}n} = \underline{Z}_{\sum \mathrm{EM}n}\underline{r}\underline{I}''_{\mathrm{kl}} = \frac{1}{\dfrac{1}{R_\mathrm{M}} + \dfrac{1}{\underline{Z}_\mathrm{P}} + \dfrac{1}{\underline{Z}_{\mathrm{P}n}}}\underline{r}\underline{I}''_{\mathrm{kl}} \tag{16.46}$$

oder aus:

$$^{*}\underline{U}_{\mathrm{EMn}} = \underline{Z}_\mathrm{EM}\,{}^{*}\underline{I}_{\mathrm{EMn}} = \underline{Z}_\mathrm{EM}\underline{r}\underline{I}''_{\mathrm{kl}}\,\frac{\underline{Z}_{\mathrm{P}n}}{\underline{Z}_{\mathrm{P}n} + \underline{Z}_\mathrm{EM}} \tag{16.47}$$

mit der von $\underline{Z}_{\Sigma \mathrm{EM}n}$ zu unterscheidenden Erdungsimpedanz

$$\underline{Z}_\mathrm{EM} = \frac{1}{\dfrac{1}{R_\mathrm{M}} + \dfrac{1}{\underline{Z}_\mathrm{P}}} \tag{16.48}$$

Die Erderspannung in der Anlage B ergibt sich in diesem Fall aus:

$$^{*}\underline{U}_{\mathrm{EB}n} = \underline{Z}_\mathrm{EB}\,{}^{*}\underline{I}_{\mathrm{EB}n} = \frac{1}{\dfrac{1}{R_\mathrm{B}} + \dfrac{1}{\underline{Z}_\mathrm{P}} + \sum \dfrac{1}{\underline{Z}_\mathrm{U}}}\,{}^{*}\underline{I}_{\mathrm{EB}n} \tag{16.49}$$

Wegen $3\underline{I}_{0\mathrm{B}} = 0$ gilt ${}^{*}\underline{I}_{\mathrm{EB}n} = {}^{*}\underline{I}_0$ (Bild 16.17). Der Strom am Ende des Kettenleiters kann mit Hilfe der Gl. (16.40) aus dem Strom ${}^{*}\underline{I}_n$ am Anfang berechnet werden.

Aus der zweiten Zeile der Gl. (16.40) erhält man mit $\underline{U}_0 = {}^*\underline{U}_{EM0} = (\underline{Z}_Q + \underline{Z}_{EB})^*\underline{I}_0$:

$$^*\underline{I}_0 = {}^*\underline{I}_{EBn} = \frac{1}{(\underline{Z}_Q + \underline{Z}_{EB})\,\underline{c}_n + \underline{d}_n}\,{}^*\underline{I}_n \tag{16.50}$$

Führt man $^*\underline{I}_0 = \underline{r}\,\underline{I}''_{k1}\,\underline{Z}_{EM}/(\underline{Z}_{EM} + \underline{Z}_{Pn})$ entsprechend der Stromteilerregel am Mast n ein und weiterhin die Ausdrücke für $\underline{c}_n$ und $\underline{d}_n$ nach den Gln. (16.41 c) und (16.41d), so erhält man schließlich:

$$^*\underline{I}_{EBn} = \frac{2\underline{Z}_P - \underline{Z}_Q}{(\underline{Z}_{EB} + \underline{Z}_P)\underline{k}^n - (\underline{Z}_{EB} - \underline{Z}_P + \underline{Z}_Q)\underline{k}^{-n}} \cdot \frac{\underline{Z}_{EM}}{\underline{Z}_{EM} + \underline{Z}_{Pn}}\,\underline{r}\,\underline{I}''_{kl} \tag{16.51}$$

Dabei ist $\underline{Z}_{EM}$ nach Gl. (16.48) einzusetzen und $\underline{Z}_{EB}$ nach folgender Gleichung:

$$\underline{Z}_{EB} = \frac{1}{\dfrac{1}{R_B} + \dfrac{1}{\underline{Z}_P} + \sum \dfrac{1}{\underline{Z}_U}} \tag{16.52}$$

Wenn, wie im Bild 16.17 keine Impedanzen $\underline{Z}_U$ vorhanden sind, gilt also die Parallelschaltung aus dem Ausbreitungswiderstand R_B des Maschenerders und der Kettenleiterimpedanz $\underline{Z}_P$ der Kette Erdseil – Maste der Freileitung zwischen den Anlagen B und A.

Ist im Bild 16.17 der Transformator in der Anlage B geerdet, so trägt der über den Transformatorsternpunkt fließende Anteil $3\underline{I}_{0B}$ zum Kurzschlussstrom bei. An die Stelle der Gl. (16.45) tritt dann die Beziehung:

$$\underline{I}''_{kl} = 3\underline{I}_{0A} + 3\underline{I}_{0B} + 3\underline{I}_{0C} = (1 - \underline{r})\,(3\underline{I}_{0A} + 3\underline{I}_{0B} + 3\underline{I}_{0C}) + \underline{r}\,\underline{I}''_{kl} \tag{16.53}$$

Der Anteil $(1 - \underline{r})\,3\underline{I}_{0B}$ fließt über das Erdseil und das Erdermaschennetz zum Sternpunkt des Transformators in B zurück. Der Anteil $\underline{r}\,3\underline{I}_{0B}$ fließt über den Ausbreitungswiderstand des kurzschlussbetroffenen Mastes n und die Kettenleiterimpedanzen rechts und links des Mastes unter der Maßgabe, dass auch $\underline{r}\,3\underline{I}_{0B}$ zum Sternpunkt des Transformators in B zurückkehrt. Die Verteilung von $\underline{r}\,3\underline{I}_{0B}$ wird der Verteilung von $\underline{r}\,3\underline{I}_{0A} + \underline{r}\,3\underline{I}_{0C}$ überlagert. Für die Berechnung der Erderspannungen interessiert wieder nur die Aufteilung des Stromes $\underline{r}\underline{I}''_{k1}$.

Nach dem Überlagerungsverfahren berechnet man in einem ersten Schritt mit der Einspeisung von $\underline{r}\,\underline{I}''_{k1}$ an der Kurzschlussstelle unter der Bedingung $\underline{r}\,3\underline{I}_{0B} = 0$ eine vorläufige Stromverteilung und in einem zweiten Schritt die von $\underline{r}\,3\underline{I}_{0B}$ in der Anlage B ohne Einspeisung an der Kurzschlussstelle erzwungene Stromverteilung, um dann beide zu überlagern. Der erste Schritt ist mit der Berechnung im Fall des nicht geerdeten Transformatorsternpunktes in B identisch. Es ist nur darauf zu achten, dass $\underline{I}''_{k1}$ nach Gl. (16.53) zu berechnen ist.

Für die Berechnung der von $\underline{r}\,3\underline{I}_{0B}$ in der Anlage B ausgehende Stromverteilung im zweiten Schritt des Überlagerungsverfahrens ist die Kurzschlussstelle stromlos, so dass für die Aufteilung von $\underline{r}3\underline{I}_{0B}$ auf ${}^{**}I_0$ und ${}^{**}I_{EBn}$ allein die Erdungsimpedanz $\underline{Z}_{EB}$ und die Impedanz $\underline{Z}_P$ der unendlich langen Kette Erdseil–Maste nach rechts von der Anlage B maßgebend sind. Diese Aufteilung ist durch zwei Sterne links oben vom Formelzeichen gekennzeichnet. Man erhält nach der Stromteilerregel:

$$^{**}\underline{I}_0 = \underline{r}3\underline{I}_{0B}\frac{\underline{Z}_{EB}}{\underline{Z}_{EB}+\underline{Z}_P} \tag{16.54}$$

$$^{**}\underline{I}_{EBn} = -\,\underline{r}3\underline{I}_{0B}\frac{\underline{Z}_P}{\underline{Z}_{EB}+\underline{Z}_P} \tag{16.55}$$

Die Überlagerung des Stromes nach Gl. (16.55) mit dem aus Gl. (16.51) bei $\underline{I}''_{k1}$ nach Gl. (16.53) liefert:

$$\begin{aligned}\underline{I}_{EBn} &= {}^{*}\underline{I}_{EBn} + {}^{**}\underline{I}_{EBn}\\ &= \frac{2\underline{Z}_P-\underline{Z}_Q}{(\underline{Z}_{EB}+\underline{Z}_P)\underline{k}^n-(\underline{Z}_{EB}-\underline{Z}_P+\underline{Z}_Q)\underline{k}^{-n}}\cdot\frac{\underline{Z}_{EM}}{\underline{Z}_{EM}+\underline{Z}_{Pn}}\underline{r}\underline{I}''_{k1}-\underline{r}3\underline{I}_{0B}\frac{\underline{Z}_P}{\underline{Z}_{EB}+\underline{Z}_P}\end{aligned} \tag{16.56}$$

Der Strom ${}^{**}I_0$ nach Gl. (16.54) verteilt sich entlang des Kettenleiters. Für den Strom ${}^{**}I_n$ am n-ten Mast ergibt sich nach Gl. (16.42 b):

$$^{**}\underline{I}_n = \frac{1}{\underline{k}^n}\,{}^{**}\underline{I}_0 \tag{16.57}$$

Mit Gl. (16.54) erhält man:

$$^{**}\underline{I}_{EMn} = -\,{}^{**}\underline{I}_n = -\,\underline{r}3\underline{I}_{0B}\frac{\underline{Z}_{EB}}{\underline{Z}_{EB}+\underline{Z}_P}\cdot\frac{1}{\underline{k}^n} \tag{16.58}$$

Die Überlagerung mit dem Anteil ${}^{*}\underline{I}_{EMn}$ aus der Berechnung mit nicht geerdetem Transformatorsternpunkt in B nach Gl. (16.47) ergibt:

$$\underline{I}_{EMn} = {}^{*}\underline{I}_{EMn} + {}^{**}\underline{I}_{EMn} = \underline{r}\underline{I}''_{k1}\frac{\underline{Z}_{Pn}}{\underline{Z}_{Pn}+\underline{Z}_{EM}} - \underline{r}3\underline{I}_{0B}\frac{\underline{Z}_{EB}}{\underline{Z}_{EB}+\underline{Z}_P}\cdot\frac{1}{\underline{k}^n} \tag{16.59}$$

Mit dem Strom $\underline{I}_{EBn}$ nach Gl. (16.56) und dem Strom $\underline{I}_{EMn}$ nach Gl. (16.59) sowie $\underline{Z}_{EB}$ nach Gl. (16.52) und $\underline{Z}_{EM}$ nach Gl. (16.48) können schließlich die Erderspannungen in der Anlage B und am Mast n berechnet werden bei Erdkurzschluss an einem Mast in der Nähe der Anlage B:

$$\underline{U}_{EBn} = \underline{Z}_{EB}\,\underline{I}_{EBn} \tag{16.60}$$

$$\underline{U}_{EMn} = \underline{Z}_{EM}\,\underline{I}_{EMn} \tag{16.61}$$

Als *Beispiel* soll die Berechnung der Erderspannungen $\underline{U}_{EM}$ und $\underline{U}_{EB}$ für das Netz nach Bild 16.18 gezeigt werden mit den folgenden Daten:

220-kV-Leitungen: $\underline{Z}'_{\mathrm{L}} = (0{,}06 + \mathrm{j}0{,}298)\,\Omega/\mathrm{km}$; $\underline{Z}'_{0\mathrm{L}} = (0{,}16 + \mathrm{j}0{,}98)\,\Omega/\mathrm{km}$;
$\ell_{\mathrm{A}} = 35$ km; $\ell_{\mathrm{C}} = 100$ km
$\underline{Z}_{\mathrm{Q}} = (0{,}068 + \mathrm{j}0{,}2919)\,\Omega$ bei $d_{\mathrm{M}} = 0{,}4$ km; $R_{\mathrm{M}} = 5\,\Omega$;
$\underline{r} = r = 0{,}67$.
Netzeinspeisungen: $\underline{Z}_{\mathrm{QA}} = (0 + \mathrm{j}6{,}4)\,\Omega$; $\underline{Z}_{\mathrm{QB}} = (0 + \mathrm{j}7{,}6)\,\Omega$; $\underline{Z}_{\mathrm{QC}} = (0 + \mathrm{j}21)\,\Omega$;
$\underline{Z}_{0\mathrm{QA}} = (0 + \mathrm{j}12)\,\Omega$; $\underline{Z}_{0\mathrm{QB}} = (0 + \mathrm{j}7)\,\Omega$; $\underline{Z}_{0\mathrm{QC}} = (0 + \mathrm{j}20{,}3)\,\Omega$.
Ausbreitungswiderstände der Erdungsanlagen: $R_{\mathrm{A}} = R_{\mathrm{B}} = R_{\mathrm{C}} = 1\,\Omega$.

Tabelle 16.5 enthält die Größe der Kurzschlussströme bei drei- und einpoligem Kurzschluss in den Anlagen A, B und C des Bildes 16.18 sowie am Mast Nr. 125 in der Mitte zwischen den Anlagen B und C. Weiterhin sind die dreifachen Nullströme in A, B und C und die Erderspannungen der Anlagen und die des Mastes Nr. 125 angegeben. Erwartungsgemäß sind die Erderspannungen bei Erdkurzschluss in der eigenen Anlage jeweils am größten verglichen mit den Erderspannungen der anderen nicht vom Kurzschluss betroffenen Anlagen.

Bild 16.19 zeigt die Erderspannungen $U_{\mathrm{EM}n}$ der ersten 15 Masten ($n = 0, 1, \ldots, 14$) vor der Anlage B bei Erdkurzschluss am jeweiligen Mast n. Der Erdkurzschlussstrom I''_{k1} nimmt von 26,39 kA am Mast $n = 0$ (erster Mast vor der Anlage) auf 18,05 kA am Mast $n = 14$ (15ter Mast vor der Anlage) ab. Bei Erdkurzschluss in der Anlage B selbst ergab sich $I''_{\mathrm{k1B}} = 27{,}34$ kA nach Tabelle 16.5.

Tabelle 16.5. Kurzschlussströme, dreifache Nullströme und Erderspannungen der Anlagen A, B, C und des Mastes Nr. 125 im 220-kV-Netz nach Bild 16.18

Kurzschlussort →		Anlage A	Anlage B	Anlage C	Mast Nr. 125
I''_{k}	kA	29,91	29,30	10,54	10,69
I''_{k1}	kA	22,47	27,34	9,62	7,33
Z_0/Z_1 [a]	-	2,0	1,2	1,3	2,4
$3I_{0\mathrm{A}}$	kA	17,44 [b]	3,40	0,20	-
$3I_{0\mathrm{B}}$	kA	4,79	22,64 [b]	1,36	3,53
$3I_{0\mathrm{C}}$	kA	0,28	1,33	8,08 [b]	-
$Z_{\Sigma\mathrm{E}}$	Ω	0,616	0,431	0,616	0,611
U_{EA}	kV	2,09 [c]	0,98	0,08	-
U_{EB}	kV	1,38	1,36 [c]	0,39	1,02 [d]
U_{EC}	kV	0,12 [d]	0,55	0,64 [c]	-
$U_{\mathrm{EM\,125}}$	kV	-	-	-	3,00

[a] An der Kurzschlussstelle.

[b] Dreifacher Nullstrom, der zum „Transformatorsternpunkt" in der kurzschlussbetroffenen Anlage fließt, also nicht zur Erderspannung in der kurzschlussbetroffenen Anlage beiträgt.

[c] Erderspannungen der Anlagen A, B, C bei Erdkurzschluss in der jeweiligen Anlage. Bei Erdkurzschluss in B gilt näherungsweise: $I_{\mathrm{EB}} = 3I_{0\mathrm{A}} + 3I_{0\mathrm{C}} \approx (3{,}40 + 1{,}33)$ kA und damit $U_{\mathrm{EB}} \approx rI_{\mathrm{EB}}\,Z_{\Sigma\mathrm{E}} = 0{,}67 \cdot 4{,}73\ \mathrm{kA} \cdot 0{,}431\ \Omega \approx 1{,}36$ kV.

[d] Erderspannung der Anlage B bei weit entferntem Erdkurzschluss am Mast Nr. 125 (50 km von der Anlage B entfernt). Es gilt näherungsweise: $U_{\mathrm{EB(k\ am\ Mast\ 125)}} \approx r \cdot 3I_{0\mathrm{B}} \cdot Z_{\Sigma\mathrm{EB}} = 0{,}67 \cdot 3{,}53\ \mathrm{kA} \cdot 0{,}431\ \Omega = 1{,}02$ kV.

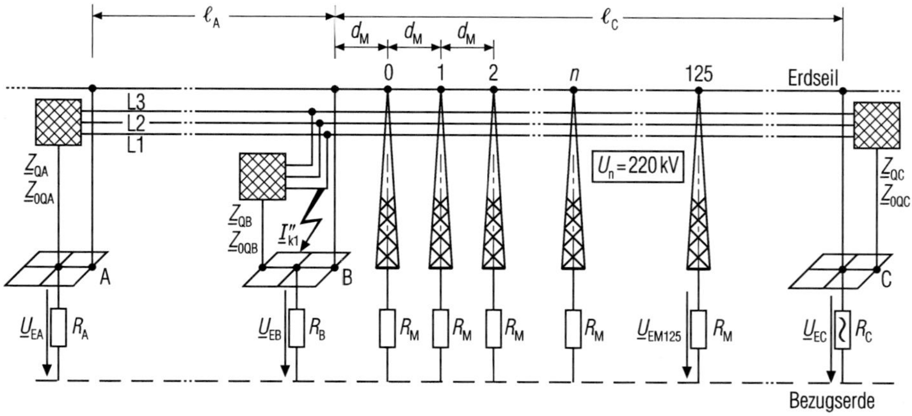

Bild 16.18. 220-kV-Netz; Beispiel zur Berechnung der Erderspannungen der Anlagen A, B und C (eingezeichnet Erdkurzschluss in der Anlage B) und der Erderspannungen an Freileitungsmasten in der Nähe der Anlage B und weit entfernt von den Anlagen B und C (Mast Nr. 125 in der Mitte der Leitung zwischen B und C)

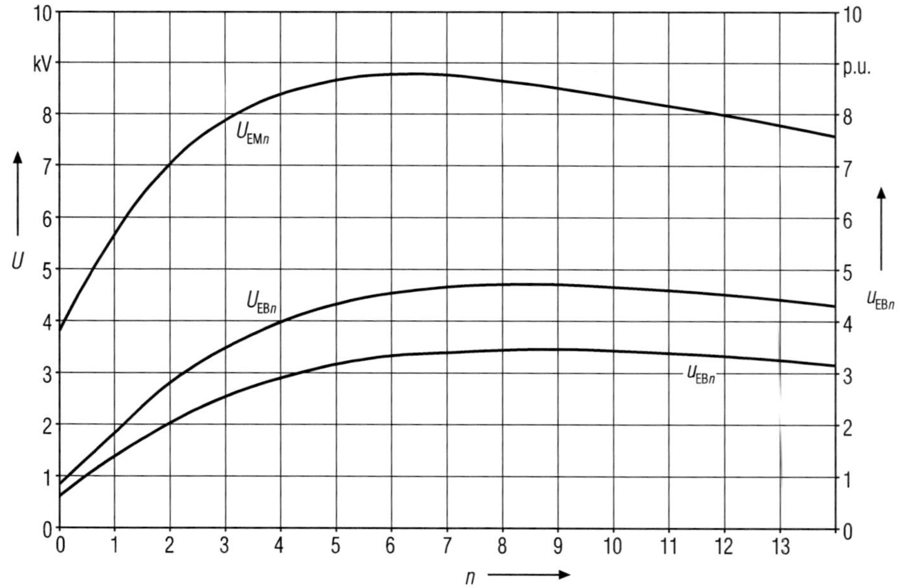

Bild 16.19. Erderspannungen $U_{\mathrm{EM}n}$, $U_{\mathrm{EB}n}$ und die bezogene Erderspannungen $u_{\mathrm{EB}n} = U_{\mathrm{EB}n}/U_{\mathrm{EB}}$ (mit $U_{\mathrm{EB}} = 1{,}36$ kV nach Tabelle 16.5) bei Erdkurzschluss an den ersten Masten $n = 0, 1, \ldots 14$ vor der Anlage B nach Bild 16.18

Zusätzlich enthält das Bild 16.19 die Erderspannung U_{EBn} der Anlage B bei Erdkurzschluss am Mast n vor der Anlage.

Man erkennt, dass der höchste Wert $U_{EMn} = 8{,}8$ kV bei Erdkurzschluss am siebten Mast ($n = 6$) vor der Anlage B zu erwarten ist, während der höchste Wert der Erderspannung U_{EBn} der Anlage B bei Erdkurzschluss am Mast Nr. 9 vor der Anlage auftritt. Angegeben im Bild 16.19 wird auch der bezogene Wert $u_{EBn} = U_{EBn}/U_{EB}$ bei $U_{EB} = 1{,}36$ kV für die Erderspannung der Anlage B bei Erdkurzschluss in B (Tabelle 16.5). Die Erderspannung der Anlage B wird in diesem Fall also nicht am größten bei Erdkurzschluss in der Anlage, sondern bei einem Erdkurzschluss am Mast Nr. 9 (vier Kilometer vor der Anlage B) der Freileitung von B nach C mit einem Betrag $U_{EB9} = 4{,}7$ kV, der etwa 3,5mal so hoch ist wie bei Erdkurzschluss in der Anlage B mit $U_{EB} = 1{,}36$ kV.

Die Höhe der Erderspannung U_{EMn} bei Erdkurzschluss am Mast n vor der Anlage B hängt schwach von R_B und stärker von R_M ab. Ändert man gegenüber der Grundvariante R_B auf 0,1 Ω und R_M auf 10 Ω, so steigt der höchste Wert U_{EMn} von vorher 8,8 kV auf 12,6 kV an.

Vermindert man R_B gegenüber der Grundvariante ($R_B = 1\,\Omega$) auf $R_B = 0{,}1\,\Omega$, so geht die Erderspannung U_{EB} der Anlage B bei Erdkurzschluss in B stark zurück und ebenfalls die Erderspannungen U_{EBn}. Die bezogenen Werte $u_{EBn} = U_{EBn}/U_{EB}$ verändern sich nur wenig. Erhöht man R_M auf 10 Ω gegenüber der Grundvariante ($R_M = 5\,\Omega$), so steigt U_{EMn} bis auf 11,7 kV. Die bezogene Spannung u_{EMn} bleibt maximal bei etwa 3, auch wenn sich U_{EMn} gegenüber der Grundvariante erhöht hat.

Von besonderem Einfluss auf $u_{EBn} = U_{EBn}/U_{EB}$ ist das Verhältnis $3I_{0B}/I''_{k1}$ bei Erdkurzschluss an einem Mast vor der Station B (Gl. (16.56)). Verdoppelt man z. B. die Nullimpedanz $\underline{Z}_{0QB}$ des einspeisenden Netzes in B (Bild 16.18) gegenüber der Grundvariante bei sonst unveränderten Daten, so geht $u_{EBn\max}$ von 3,45 auf 1,84 zurück. Bei einer Vervierfachung von $\underline{Z}_{0QB}$ ergibt sich $u_{EBn\max} = 0{,}99$ bei $U_{EB} = 2{,}22$ kV. In diesem Fall wird also U_{EBn} nicht größer als U_{EB}.

16.5 Stromverteilung für Kabel mit geerdeten Mänteln (Schirmen) bei Erdkurzschluss

Der Reduktionsfaktor von Hochspannungskabeln mit metallischen beidseitig geerdeten Mänteln oder Schirmen und die damit verbundene Stromverteilung auf die Mäntel (Schirme) und das Erdreich bei einpoligem Erdkurzschluss am Ende oder auf dem Kabel hängt vom Material und dem Querschnitt der Mäntel oder Schirme ab. Es wird in diesen Fällen immer vorausgesetzt, dass die Kabel einen äußeren thermoplastischen Mantel haben. Bei Kabeln mit zusätzlicher Bewehrung aus Stahldraht oder Stahlband gelingt die Feststellung des Reduktionsfaktors meist nur durch Versuche. Reduktionsfaktoren abhängig vom Kurzschlussstrom werden in diesem Falle dann vom Hersteller angegeben [10.36]. Anhaltswerte findet man in [N15.3].

16.5.1 Stromverteilung und Reduktionsfaktor bei Dreileiterkabeln

Der einfachste Fall ist der des einseitig gespeisten Dreileiterkabels mit einem auf beiden Seiten geerdeten gemeinsamen Mantel oder Schirm mit Erdkurzschluss in der Station B nach Bild 16.20. Die Stationsausbreitungswiderstände $\underline{Z}_{EA}$ und $\underline{Z}_{EB}$ werden bei der Berechnung des einpoligen Erdkurzschlussstromes vernachlässigt, jedoch bei der Bestimmung der Erderspannung berücksichtigt [N 15.4]. Dies soll bei der Berechnung der größten Stromanteile über Erde und der dadurch bedingten Potentialanhebungen von Erdungsanlagen und bei der Berechnung von Beeinflussungsspannungen (Abschnitt 16.8) zu Ergebnissen auf der sicheren Seite führen.

Der Reduktionsfaktor $\underline{r}_1$ (Index 1 für einen Mantel) liefert den Teil des Erdkurzschlussstromes $\underline{I}''_{k1}$ der durch die Erde zurückfließt:

$$\underline{r}_1 = \frac{\underline{I}_{E\delta A}}{3\underline{I}_{0A}} = 1 - \frac{\underline{Z}'_{SL}}{\underline{Z}'_S} = \frac{R'_S}{\underline{R}'_S + \omega\frac{\mu_0}{8} + j\omega\frac{\mu_0}{2\pi}\ln\frac{\delta_E}{r_S}} \quad (16.62)$$

$\underline{I}_{E\delta A}$ ist der Anteil des Kurzschlussstromes $\underline{I}''_{k1} = 3\underline{I}_{0A}$ der durch die Erde (den Halbraum Erde unter dem Kabel) zurückfließt, während $\underline{I}_{SA}$ im Bild 16.20 den Teil von $3\underline{I}_{0A}$ angibt, der über den in A und B geerdeten Mantel oder Schirm fließt. Der Strom $\underline{I}_{E\delta A}$ führt zu Potentialanhebungen bzw. Erderspannungen $\underline{U}_{EA} = \underline{Z}_{EA}\underline{I}_{E\delta A}$ und $\underline{U}_{EB} = \underline{Z}_{EB}\underline{I}_{E\delta A}$ in den Anlagen A und B.

$$\underline{I}_{SA} = \left(1 - \underline{r}_1\right)3\underline{I}_{0A} = \left(1 - \underline{r}_1\right)\underline{I}''_{k1} \quad (16.63)$$

$$\underline{I}_{E\delta A} = \underline{r}_1 3\underline{I}_{0A} = \underline{r}_1\underline{I}''_{k1} \quad (16.64)$$

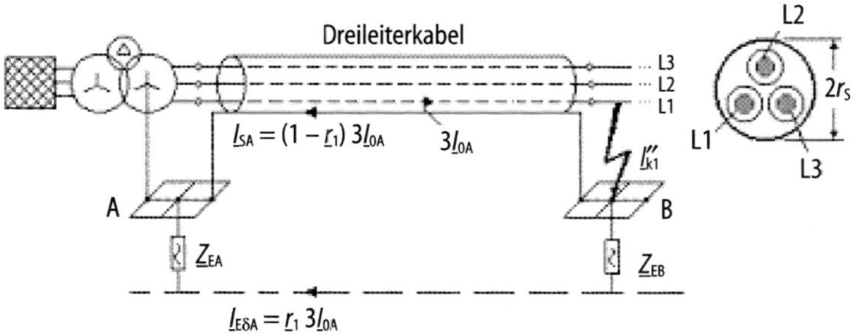

Bild 16.20. Einseitig gespeistes Dreileiterkabel mit metallischem beidseitig geerdetem Mantel oder Schirm

Nur bei einseitig einfacher Speisung nach Bild 16.20 gilt: $3\underline{I}_{0A} = \underline{I}''_{k1}$.

$\underline{Z}'_S$ ist der Impedanzbelag des metallischen (nicht magnetischen) Mantels oder Schirms mit Erdrückleitung:

$$\underline{Z}'_S = R'_S + \omega\frac{\mu_0}{8} + j\omega\frac{\mu_0}{2\pi}\ln\frac{\delta_E}{r_S} \tag{16.65}$$

Dabei ist R'_S der Resistanzbelag der Mantels oder des Schirms (Kupfer, Aluminium oder Blei mit $R'_S = 1/(\kappa q_S)$ bei $q_S = 2\pi r_S d_S$, wobei d_S für die Dicke des Mantels oder Schirms steht). Der Index S wird nach [N.15.4] verwendet für Mantel oder Schirm (sheath oder shield). δ_E ist die Erdstromtiefe nach Gl. (9.27) und r_S der mittlere Radius des Mantels oder Schirms.

$\underline{Z}'_{SL}$ ist der Gegenimpedanzbelag zwischen dem Mantel oder Schirm und einem der drei Leiter L1, L2 oder L3 unabhängig von deren Lage, weil der mittlere geometrische Abstand jedes Leiters innerhalb des Mantels oder Schirm gleich dem Radius des Mantels oder Schirms ist (siehe A.7, Nr.3 und A.8, Gl. (A.8.3)):

$$\underline{Z}'_{SL} = \omega\frac{\mu_0}{8} + j\omega\frac{\mu_0}{2\pi}\ln\frac{\delta_E}{r_S} \tag{16.66}$$

Die vorstehenden Überlegungen können auch auf zweiseitig gespeiste Dreileiterkabel mit beidseitig geerdeten Mänteln oder Schirmen nach Bild 16.21 ausgeweitet werden, wobei vorausgesetzt wird, dass beide Kabel gleiche Eigenschaften haben. Dabei wird z. B. ein einpoliger Kurzschluss in der Anlage C angenommen.

An der Kurzschlussstelle F im Bild 16.21 bei Speisung aus den Netzen A und B gilt bei einpoligem Erdkurzschluss:

$$\underline{I}''_{k1} = 3\underline{I}_{0A} + 3\underline{I}_{0B} = \underline{I}_{SA} + \underline{I}_{SB} + \underline{I}_{EC} \tag{16.67}$$

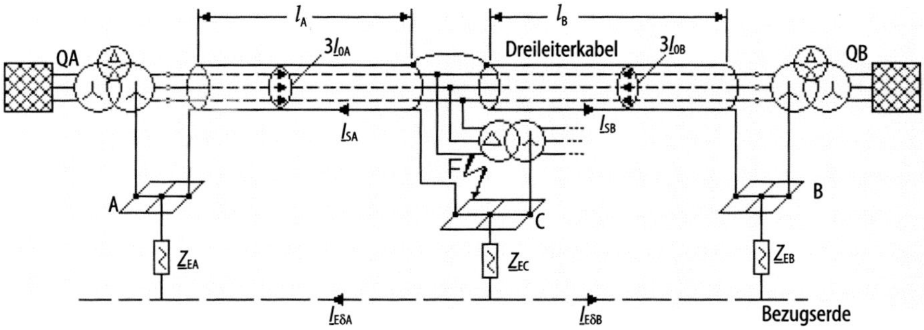

Bild 16.21. Zweiseitig gespeiste Dreileiterkabel mit metallischen beidseitig geerdeten Mänteln oder Schirmen und Erdkurzschluss in der Zwischenstation C

Dabei sind $\underline{I}_{SA}$ der über den Mantel (bzw. Schirm) zur Anlage A, $\underline{I}_{SB}$ der über den Mantel (bzw. Schirm) zur Anlage B und $\underline{I}_{EC}$ der über den Erdausbreitungswiderstand $\underline{Z}_{EC}$ der Anlage C fließende Stromanteil.

$$\underline{I}_{SA} = (1-\underline{r}_1)3\underline{I}_{0A} + \underline{r}_1 3\underline{I}_{0A}\frac{\underline{Z}_{EStot}}{\underline{Z}'_S l_A} + \underline{r}_1 3\underline{I}_{0B}\frac{\underline{Z}_{EStot}}{\underline{Z}'_S l_A} \tag{16.68}$$

$$\underline{I}_{SB} = (1-\underline{r}_1)3\underline{I}_{0B} + \underline{r}_1 3\underline{I}_{0B}\frac{\underline{Z}_{EStot}}{\underline{Z}'_S l_B} + \underline{r}_1 3\underline{I}_{0A}\frac{\underline{Z}_{EStot}}{\underline{Z}'_S l_B} \tag{16.69}$$

$$\underline{I}_{EC} = \underline{r}_1 3\underline{I}_{0A}\frac{\underline{Z}_{EStot}}{\underline{Z}_{EC}} + \underline{r}_1 3\underline{I}_{0B}\frac{\underline{Z}_{EStot}}{\underline{Z}_{EC}} \tag{16.70}$$

mit

$$\underline{Z}_{EStot} = \frac{1}{\frac{1}{\underline{Z}'_S l_A} + \frac{1}{\underline{Z}'_S l_B} + \frac{1}{\underline{Z}_{EC}}} \tag{16.71}$$

Nach dem Induktionsgesetz muss für die Kabel zwischen A und C sowie zwischen B und C gelten:

$$\underline{I}_{E\delta A} = 3\underline{I}_{0A} - \underline{I}_{SA} = \underline{r}_1 3\underline{I}_{0A}\frac{\underline{Z}_{EStot}}{\underline{Z}'_S l_B} - \underline{r}_1 3\underline{I}_{0B}\frac{\underline{Z}_{EStot}}{\underline{Z}'_S l_A} + \underline{r}_1 3\underline{I}_{0A}\frac{\underline{Z}_{EStot}}{\underline{Z}_{EC}} \tag{16.72}$$

$$\underline{I}_{E\delta B} = 3\underline{I}_{0B} - \underline{I}_{SB} = \underline{r}_1 3\underline{I}_{0B}\frac{\underline{Z}_{EStot}}{\underline{Z}'_S l_A} - \underline{r}_1 3\underline{I}_{0A}\frac{\underline{Z}_{EStot}}{\underline{Z}'_S l_B} + \underline{r}_1 3\underline{I}_{0B}\frac{\underline{Z}_{EStot}}{\underline{Z}_{EC}} \tag{16.73}$$

Mit den Strömen $\underline{I}_{E\delta A}$, $\underline{I}_{E\delta B}$ und $\underline{I}_{EC}$ sowie den Erdungsimpedanzen $\underline{Z}_{EA}$, $\underline{Z}_{EB}$ und $\underline{Z}_{EC}$ ermittelt man die Erderspannungen in den Anlagen A, B und C.

Beispiel für Bild 16.20: Erdkurzschluss am Kabelende in der Anlage B.

10-kV-Dreileiterkabel mit Al-Leitern und Kupferschirm NA2XS2Y 3×150/25.
Aluminiumadern: $q_L = 150\ \text{mm}^2$, $r_L = 6{,}91$ mm, $R'_L = 0{,}206\ \Omega$/km;
Kupferschirm: $q_S = 50\ \text{mm}^2$ $r_S = 23$ mm, $R'_S = 0{,}357\ \Omega$/km;
Außendurchmesser des Kabels: $D_a = 53$ mm;
Abstand zwischen den Adern: $d = 22{,}38$ mm.
Spezifischer Erdwiderstand $\rho_E = 100\ \Omega$m, Erdstromtiefe δ_E nach Gl. (9.27).

Nach den Gl. (10.66) und (10.68) ergeben sich damit:
$\underline{Z}'_{1L} = (0{,}206 + j0{,}0856)\ \Omega$/km und $\underline{Z}'_{0LSE} = (0{,}5682 + j0{,}5083)\ \Omega$/km.
Anmerkung: In beiden Fällen wurde der zusätzliche Index L eingeführt gegenüber den genannten Gleichungen, um hier einen deutlichen Hinweis auf die Leitergrößen zu geben.

Erdungsimpedanzen (Erdungswiderstände) $Z_{EA} = Z_{EB} = 0{,}2\ \Omega$
Netzeinspeisung und Transformator:
$S''_{kQ} = 3000$ MVA, $U_{nQ} = 110$ kV, $R_Q/X_Q = 0{,}1$;
$S_{rT} = 31{,}5$ MVA, $U_{rTOS} = 115$ kV, $U_{rTUS} = 10{,}5$ kV, $u_{kr} = 12\%$, $u_{Rr} = 1\%$,
$\underline{Z}_{0t} = 1{,}6 \cdot \underline{Z}_{1T}$.

Maximaler dreipoliger Kurzschlussstrom in B (Bild 16.20) abhängig von der Kabellänge l:

$$\underline{I}''_{k3}(l) = \frac{c_{\max} U_n}{\sqrt{3}(\underline{Z}_{Qt} + \underline{Z}_{TUS} K_T + \underline{Z}'_{1L} \cdot l)} \tag{16.74}$$

$$\underline{I}''_{k3}(l=0) = (1{,}148 + j13{,}519)\,\text{kA};\ I''_{k3}(l=0) = 13{,}567\,\text{kA}$$

Maximaler einpoliger Erdkurzschluss in B (Bild 16.20) abhängig von der Kabellänge l:

$$\underline{I}''_{k1}(l) = \frac{\sqrt{3} c_{\max} U_n}{2\underline{Z}_{Qt} + 2\underline{Z}_{TUS} K_T + \underline{Z}_{0TUS} K_T + (2\underline{Z}'_{1L} + \underline{Z}'_{0LSE}) \cdot l} \tag{16.75}$$

Dabei werden eingesetzt:
$\underline{Z}_{Qt} = (0{,}0037 + j0{,}3668)\ \Omega$ nach Gl. (15.23), und $\underline{Z}_{TUS} = (0{,}035 + j0{,}4185)\ \Omega$ nach Gl. (8.9) mit $K_T = 1{,}026$ nach Gl. (15.29a).

Im Kupferschirm fließt nach Gl. (16.63): $\underline{I}_{SA}(l) = (1 - \underline{r}_1)\, 3\underline{I}_{0A}(l) = (1 - \underline{r}_1)\, \underline{I}''_{k1}(l)$.
Dabei ist $\underline{r}_1$ der Reduktionsfator:

$$\underline{r}_1 = \frac{R'_S}{R'_S + \omega\frac{\mu_0}{8} + j\omega\frac{\mu_0}{2\pi}\ln\frac{\delta_E}{r_S}} = \frac{0{,}357\,\Omega/\text{km}}{\left(0{,}357 + 0{,}05 + j0{,}0628 \cdot \ln\frac{931 \cdot 10^3\ \text{mm}}{23\text{mm}}\right)\Omega/\text{km}}$$

$$\underline{r}_1 = 0{,}238 - j0390,\ r_1 = 0{,}457$$

Tabelle 16.6. Ergebnisse für das Beispiel nach Bild 16.20 bei einem Kabelreduktionsfaktor $r_1 = 0{,}46$

l km	I''_{k3} kA	$\underline{I}''_{k1}$ kA	I''_{k1} kA	I''_{k1}/I''_{k3}	I_{SA} kA	$I_{E\delta A}$ kA	U_{EA} kV
0	13,57	1,01 – j 11,97	12,01	0,89	–	–	–
1	10,51	3,34 – j 6,78	7,56	0,72	6,47	3,46	0,69
2,5	7,23	2,82 – j 3,58	4,56	0,63	3,91	2,09	0,42
5,0	4,55	1,91 – j 1,89	2,69	0,59	2,30	1,23	0,25
10,0	2,56	1,12 – j 0,95	1,47	0,57	1,26	0,67	0,13

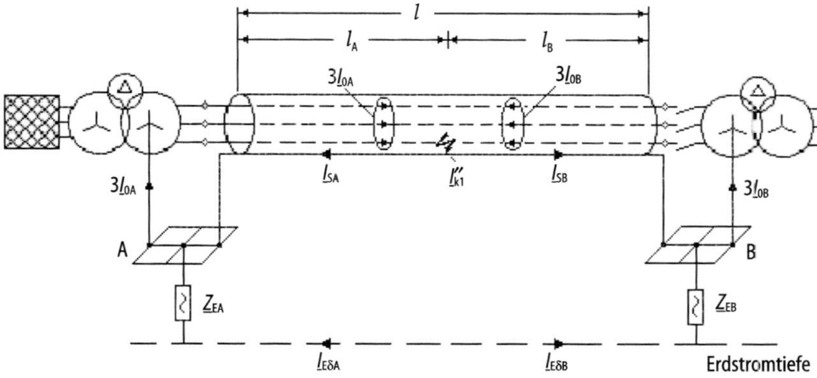

Bild 16.22. Stromverteilung bei einpoligem Kurzschluss zwischen einer Kabelader und dem Mantel (Zwei- oder einseitige Speisung)

Der Rückstrom geht in diesem Falle also zu etwa 46% von I''_{k1} über das Erdreich. Der Anteil, der über den Schirm zurückfließt ist größer als 54%, bedingt dadurch, dass die Ströme komplex sind. Tabelle 16.6 zeigt Ergebnisse für einige ausgewählte Kabellängen.

Bei einem einpoligen Kurzschluss auf dem Kabel zwischen einer Kabelader und dem Mantel nach Bild 16.22 werden in dem allgemeinen Fall der zweiseitigen Speisung von Teilkurzschlussströmen aus den Netzen A und B Teilströme in den Mänteln rechts und links der Kurzschlussstelle und durch das Erdreich fließen. Um die Möglichkeit auch der einseitigen Speisung behandeln zu können, ist in B ein Schalter eingezeichnet.

Für die Mantelströme und den Strom über das Erdreich gelten folgende Berechnungsgleichungen:

$$\underline{I}_{SA} = (1-\underline{r}_1)3\underline{I}_{0A} + \underline{r}_1 3\underline{I}_{0A}\frac{l_B}{l} + \underline{r}_1 3\underline{I}_{0B}\frac{l_B}{l} \tag{16.76}$$

$$\underline{I}_{SB} = (1-\underline{r}_1)3\underline{I}_{0B} + \underline{r}_1 3\underline{I}_{0B}\frac{l_A}{l} + \underline{r}_1 3\underline{I}_{0A}\frac{l_A}{l} \tag{16.77}$$

$$\underline{I}_{E\delta A} = -\underline{I}_{E\delta B} = 3\underline{I}_{0A} - \underline{I}_{SA} = \underline{r}_1 3\underline{I}_{0A}\frac{l_A}{l} - \underline{r}_1 3\underline{I}_{0B}\frac{l_B}{l} \tag{16.78}$$

Die Gl. (16.76) bis (16.78) lassen sich auch ausgehend von den Gl. (16.68) und (16.69) sowie (16.72) ermitteln, wenn man $R_{EC} \to \infty$ setzt.

Bei einseitiger Einspeisung entfallen in den Gl. (16.76) bis (16.78) die Glieder mit $3\underline{I}_{0B}$. Es gilt dann $3\underline{I}_{0A} = 3\underline{I}''_{k1}$.

Der höchste Strom durch den Mantel (Schirm) wird auftreten, wenn der Kurzschluss von beiden Seiten gespeist wird und wenn die Kurzschlussstelle nahe der Station A oder B liegt. Dies trifft auch zu für den höchsten Stromanteil über das Erdreich, wenn man auch für kurze Leitungslängen die Erdstromtiefe voraussetzt (siehe dazu Abschnitt 9.4 und A.15.7).

Beispiel für Bild 16.22: Kurzschluss auf dem Kabel
Mit den Daten des Beispiels für Bild 16.20 werden die Berechnungen für das Bild 16.23 durchgeführt. Bei einseitiger Speisung liefern die Ergebnisse im Bild 16.23 für den einpoligen Kurzschluss bei $l_A = l$, also für den Kurzschluss am Ende des Kabels, gerade die Ergebnisse aus Tabelle 16.6 für $l = 2{,}5$ km mit $I''_{k1} = 4{,}56$ kA, $I_{SA} = 3{,}91$ kA und $I_{E\delta A} = I_{E\delta B} = 2{,}09$ kA. In diesem Fall gilt auch $\underline{I}_{SB} = \underline{I}_{E\delta A}$. Die Erderspannung in der Anlage A ist mit $U_{EA} = 0{,}42$ kV verhältnismäßig gering weil $R_{EA} = R_{EB} = 0{,}2\ \Omega$ angenommen wurde.

Für die Ergebnisse im Bild 16.23b bei zweiseitiger Speisung wurde wieder $l = 2{,}5$ km angenommen, um die Ergebnisse vergleichbar zu machen, aber dazu eine zusätzliche Netzeinspeisung in der Anlage B mit $S''_{kQB} = 1500$ MVA bei 110 kV und einem Transformator mit $S_{rTB} = 20$ MVA bei gleichen Werten für u_{Rr} und u_{Xr} und gleichen Bemessungsspannungen auf der OS- und US-Seite. Der einpolige Kurzschlussstrom $\underline{I}''_{k1} = 3\underline{I}_0$ setzt sich in diesem Falle aus $3\underline{I}_{0A}$ und $3\underline{I}_{0B}$ zusammen, wobei gilt:

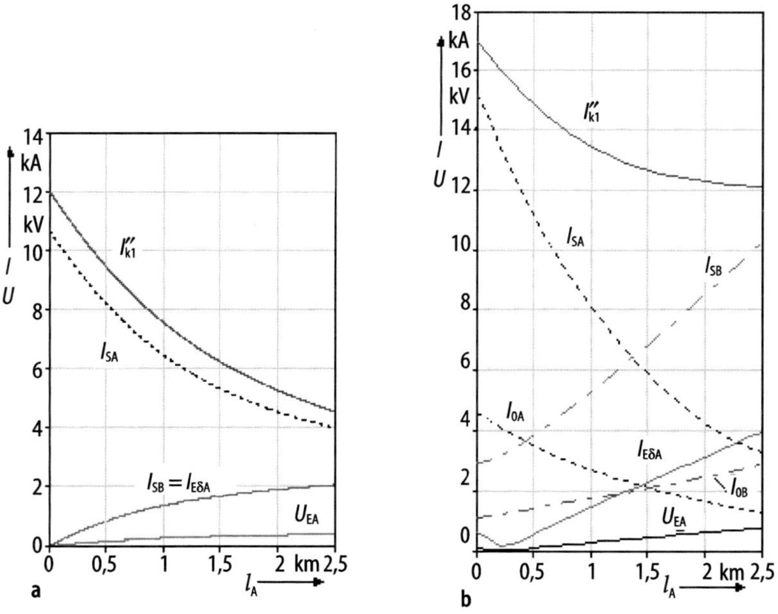

Bild 16.23. Einpoliger Kurzschlussstrom und Teilströme im Mantel und durch die Erde bei einseitiger und bei zweiseitiger Speisung für die Anordnung nach Bild 16.22
a Einseitige Speisung; **b** Zweiseitige Speisung

$$3\underline{I}_{0A} = \frac{\underline{Z}_{0B}}{\underline{Z}_{0A} + \underline{Z}_{0B}} 3\underline{I}_0 \text{ und } 3\underline{I}_{0B} = \frac{\underline{Z}_{0A}}{\underline{Z}_{0A} + \underline{Z}_{0B}} 3\underline{I}_0 \text{ mit}$$

$\underline{Z}_{0A}$ $(l_A = 2{,}5 \text{ km}) = 1{,}6 \cdot \underline{Z}_{TUS}K_T + \underline{Z}'_{0LSE} \cdot l_A = (1{,}478 + \text{j}1{,}958)\ \Omega$ und
$\underline{Z}_{0B}$ $(l_A = 0 \text{ km}) = 1{,}6 \cdot \underline{Z}_{TUSB}K_T + \underline{Z}'_{0LSE} \cdot (l - l_A) = (1{,}511 + \text{j}2{,}353)\ \Omega$

Mit den Gl. (16.76) bis (16.78) ergeben sich dann:
I_{SA} $(l_A = 2{,}5 \text{ km}) = 3{,}3$ kA, $I_{SB}(l_A = 2{,}5 \text{ km}) = 10{,}3$ kA, $I_{E\delta A}(l_A = 2{,}5 \text{ km}) = 4$ kA.

Bei $\underline{Z}_{EA} = R_{EA} = 0{,}2\ \Omega$ findet man damit $U_{EA} = 0{,}8$ kV.

16.5.2 Stromverteilung und Reduktionsfaktor bei drei Einleiterkabeln

Die behandelten Anordnungen bei einseitiger oder zweiseitiger Speisung des einpoligen Kurzschlussstromes bei drei Einleiterkabeln mit beidseitig geerdeten Mänteln oder Schirmen sind im Bild 16.24 wiedergegeben.

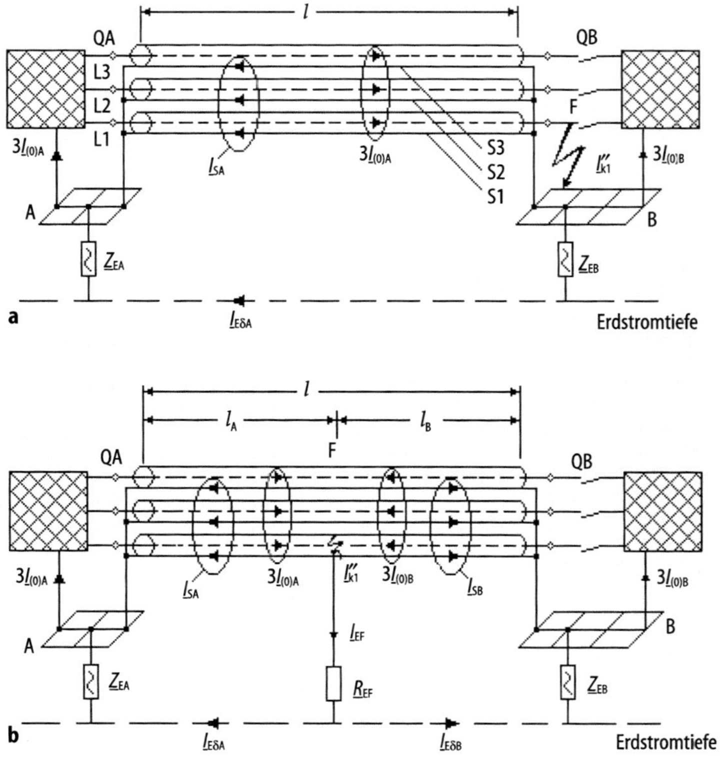

Bild 16.24. Stromverteilung und Reduktionsfaktor bei einseitig und zweiseitig gespeisten Einleiterkabeln mit metallischen beidseitig geerdeten Mänteln oder Schirmen
a Erdkurzschluss in der Station B, **b** Erdkurzschluss auf dem Kabel zwischen A und B

Für den Reduktionsfaktor $\underline{r}_3$ ergibt sich ausgehend von Gl. (10.75) und unter der Voraussetzung, dass $\underline{I}_{\mathrm{E}\delta} + 3\underline{I}_\mathrm{S} = 3\underline{I}_0$ gilt:

$$\underline{r}_3 = \frac{\underline{I}_{\mathrm{S}1} + \underline{I}_{\mathrm{S}2} + \underline{I}_{\mathrm{S}3}}{3\underline{I}_0} = \frac{R'_\mathrm{S}}{R'_\mathrm{S} + 3\omega\dfrac{\mu_0}{8} + \mathrm{j}3\omega\dfrac{\mu_0}{2\pi}\ln\dfrac{\delta_\mathrm{E}}{\sqrt[3]{r_\mathrm{S}d^2}}} \tag{16.79}$$

mit $d = \sqrt[3]{d_{12}d_{13}d_{23}}$. In [N.15.4] wird für d^2 der bei einer Einebenenanordnung einen etwas größeren Wert ergebende Ausdruck $d_{\mathrm{L1L2}}d_{\mathrm{L1L3}}$ vorgeschlagen.

Bei einseitiger Speisung nach Bild 16.24a (Schalter in der Anlage B ist offen) verwendet man zur Berechnung des einpoligen Kurzschlussstromes am Ende des Kabels die Mit- und Nullimpedanz der drei Einleiterkabel mit Rückleitung über die drei Schirme und die Erde nach den Gl. (10.74) und (10.76). Die Erdungsimpedanzen werden hierbei vernachlässigt, um ein Ergebnis auf der sicheren Seite zu erzielen [N.15.4].

Für die Ströme in den drei Mänteln gilt nach Bild 16.24a:

$$\underline{I}_{\mathrm{SA}} = \underline{I}_{\mathrm{S1A}} + \underline{I}_{\mathrm{S2A}} + \underline{I}_{\mathrm{S3A}} = (1 - \underline{r}_3)\, 3\underline{I}_{0\mathrm{A}} \tag{16.80}$$

Bei der einseitigen Speisung nach Bild 16.24a fließen jedoch keine Ströme in den Mänteln (Schirmen) S2 und S3, weil $\underline{I}_{\mathrm{L2}} = 0$ und $\underline{I}_{\mathrm{L3}} = 0$ gilt. Der Strom $\underline{I}_{\mathrm{SA}} = (1 - \underline{r}_3)\, 3\underline{I}_0 = (1 - \underline{r}_3)\, \underline{I}''_{\mathrm{k1}}$ fließt also allein im Mantel S1.

Der zur Station A durch die Erde zurückfließende Strom ergibt sich dementsprechend zu:

$$\underline{I}_{\mathrm{E}\delta\mathrm{A}} = \underline{r}_3 3\underline{I}_{0\mathrm{A}} \tag{16.81}$$

Bei dem einpoligen Kurzschluss auf einem Kabel im Bild 16.24b wird entweder angenommen, dass der Mantel oder Schirm an der Kurzschlussstelle beschädigt ist, zum Beispiel durch Gewalteinwirkung von außen her, wodurch dann eine Verbindung zum umgebenden Erdreich hergestellt wird mit einem Widerstand an der Fehlerstelle gegen Bezugserde, oder aber, dass der Fehler nur im Kabelinnern zwischen Ader und Mantel (Schirm) aufgetreten sein soll ($R_{\mathrm{EF}} \to \infty$). Vorstellbar ist in diesem Fall der Einleiterkabel natürlich auch der im Bild 16.21 für Dreileiterkabel gezeichnete Fall, dass eine Zwischenstation vorhanden ist ohne Einspeisung von Kurzschlussleistung mit einer Erdungsimpedanz $\underline{Z}_{\mathrm{EC}}$ der Anlage C (siehe Bild 16.21). An die Stelle des in seiner Größe schwer abschätzbaren Wertes R_{EF} tritt dann $\underline{Z}_{\mathrm{EC}}$. Beide Fälle sollen in den nachfolgenden Berechnungsgleichungen berücksichtigt werden

Für die Summe der drei Ströme in den drei Mänteln oder Schirmen der Anordnung nach Bild 16.24b gelten die folgenden Gleichungen:

$$\underline{I}_{\mathrm{SA}} = \left(1 - \underline{r}_3\right)3\underline{I}_{0\mathrm{A}} + \underline{r}_3\left(3\underline{I}_{0\mathrm{A}} + 3\underline{I}_{0\mathrm{B}}\right)\frac{\underline{Z}_{\mathrm{EStot}}}{\underline{Z}'_\mathrm{S} l_\mathrm{A}} \tag{16.82}$$

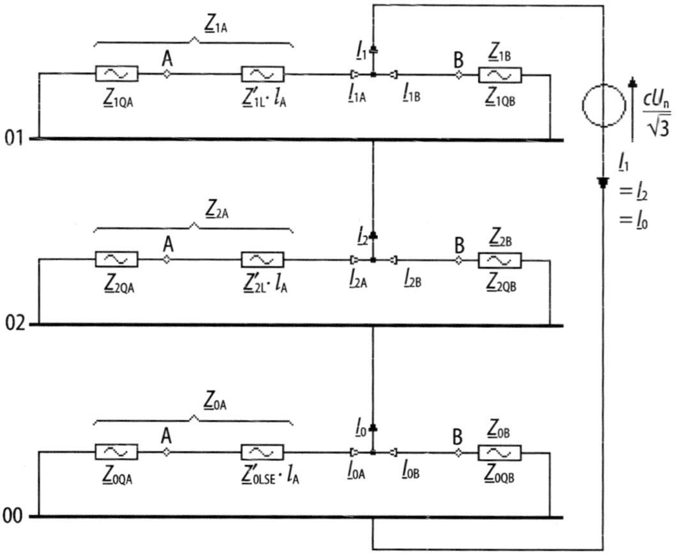

Bild 16.25. Komponenten-Ersatzschaltplan bei zweiseitiger Speisung und Erdkurzschluss in B

$$\underline{I}_{\mathrm{SB}} = \left(1-\underline{r}_3\right)3\underline{I}_{0\mathrm{B}} + \underline{r}_3\left(3\underline{I}_{0\mathrm{A}} + 3\underline{I}_{0\mathrm{B}}\right)\frac{\underline{Z}_{\mathrm{EStot}}}{\underline{Z}'_{\mathrm{S}} l_{\mathrm{B}}} \tag{16.83}$$

Dabei setzt man entsprechend den Angaben im obigen Text ein:

$$\underline{Z}_{\mathrm{EStot}} = \frac{1}{\dfrac{1}{\underline{Z}'_{\mathrm{S}} l_{\mathrm{A}}} + \dfrac{1}{\underline{Z}'_{\mathrm{S}} l_{\mathrm{B}}} + \dfrac{1}{R_{\mathrm{EF}}}} \quad \text{bzw.} \quad \underline{Z}_{\mathrm{EStot}} = \frac{1}{\dfrac{1}{\underline{Z}'_{\mathrm{S}} l_{\mathrm{A}}} + \dfrac{1}{\underline{Z}'_{\mathrm{S}} l_{\mathrm{B}}} + \dfrac{1}{\underline{Z}_{\mathrm{EC}}}} \tag{16.84}$$

Für den an der Kurzschlussstelle nach Erde fließenden Strom erhält man:

$$\underline{I}_{\mathrm{EF}} = \underline{r}_3\left(3\underline{I}_{0\mathrm{A}} + 3\underline{I}_{0\mathrm{B}}\right)\frac{\underline{Z}_{\mathrm{EStot}}}{R_{\mathrm{EF}}} \quad \text{bzw.} \quad \underline{I}_{\mathrm{EC}} = \underline{r}_3\left(3\underline{I}_{0\mathrm{A}} + 3\underline{I}_{0\mathrm{B}}\right)\frac{\underline{Z}_{\mathrm{EStot}}}{\underline{Z}_{\mathrm{EC}}} \tag{16.85}$$

Für die Ströme durch die Erde gilt dann:

$$\underline{I}_{\mathrm{E\delta A}} = \underline{r}_3 3\underline{I}_{0\mathrm{A}}\left(\frac{\underline{Z}_{\mathrm{EStot}}}{\underline{Z}'_{\mathrm{S}} l_{\mathrm{B}}} + \frac{\underline{Z}_{\mathrm{EStot}}}{R_{\mathrm{EF}}}\right) - \underline{r}_3 3\underline{I}_{0\mathrm{B}}\frac{\underline{Z}_{\mathrm{EStot}}}{\underline{Z}'_{\mathrm{S}} l_{\mathrm{A}}} \tag{16.86a}$$

$$\underline{I}_{\mathrm{E\delta B}} = \underline{r}_3 3\underline{I}_{0\mathrm{B}}\left(\frac{\underline{Z}_{\mathrm{EStot}}}{\underline{Z}'_{\mathrm{S}} l_{\mathrm{A}}} + \frac{\underline{Z}_{\mathrm{EStot}}}{R_{\mathrm{EF}}}\right) - \underline{r}_3 3\underline{I}_{0\mathrm{A}}\frac{\underline{Z}_{\mathrm{EStot}}}{\underline{Z}'_{\mathrm{S}} l_{\mathrm{B}}} \tag{16.87a}$$

bzw.

$$\underline{I}_{\mathrm{E\delta A}} = \underline{r}_3 3\underline{I}_{\mathrm{0A}} \left(\frac{\underline{Z}_{\mathrm{EStot}}}{\underline{Z}'_{\mathrm{S}} l_{\mathrm{B}}} + \frac{\underline{Z}_{\mathrm{EStot}}}{\underline{Z}_{\mathrm{EC}}} \right) - \underline{r}_3 3\underline{I}_{\mathrm{0B}} \frac{\underline{Z}_{\mathrm{EStot}}}{\underline{Z}'_{\mathrm{S}} l_{\mathrm{A}}} \tag{16.86a}$$

$$\underline{I}_{\mathrm{E\delta B}} = \underline{r}_3 3\underline{I}_{\mathrm{0B}} \left(\frac{\underline{Z}_{\mathrm{EStot}}}{\underline{Z}'_{\mathrm{S}} l_{\mathrm{A}}} + \frac{\underline{Z}_{\mathrm{EStot}}}{\underline{Z}_{\mathrm{EC}}} \right) - \underline{r}_3 3\underline{I}_{\mathrm{0A}} \frac{\underline{Z}_{\mathrm{EStot}}}{\underline{Z}'_{\mathrm{S}} l_{\mathrm{B}}} \tag{16.87b}$$

Der Selbstimpedanzbelag $\underline{Z}'_{\mathrm{S}}$ eines Mantels oder Schirms wird nach Gl. (16.65) berechnet.

Beispiel: Drei Einleiterkabel 110 kV bei einseitiger Speisung (Bild 16.24a)
Einleiterkabel 2XK2Y 500 mm² Cu mit Bleimantel, in einer Ebene verlegt ($d = D_{\mathrm{a}} \sqrt[3]{2}$).
Kabeldaten:
$\underline{Z}'_{\mathrm{1S}} = (0{,}0460 + \mathrm{j}0{,}1392)\ \Omega/\mathrm{km}$,
$\underline{Z}'_{\mathrm{0SE}} = (0{,}4127 + \mathrm{j}0{,}1611)\ \Omega/\mathrm{km}$.
Speisendes Netz:
$\underline{S}''_{\mathrm{kQA}} = 4000$ MVA: $\underline{Z}_{\mathrm{1QA}} = (0{,}331 + \mathrm{j}3{,}311)\ \Omega$, $\underline{Z}_{\mathrm{0QA}} = (0{,}662 + \mathrm{j}6{,}622)\ \Omega$.
Bei einer Kabellänge von $l = 5$ km findet man:

$$\underline{I}''_{\mathrm{k1}} = 3\underline{I}_{\mathrm{0A}} = 3 \cdot \frac{c_{\max} U_{\mathrm{n}} / \sqrt{3}}{2\underline{Z}_{\mathrm{1QA}} + \underline{Z}_{\mathrm{0QA}} + (2\underline{Z}'_{\mathrm{1S}} + \underline{Z}'_{\mathrm{0SE}}) l}$$

$$= 3 \cdot \frac{1{,}1 \cdot 110\,\mathrm{kV} / \sqrt{3}}{(1{,}324 + \mathrm{j}13{,}243)\Omega + (0{,}5047 + \mathrm{j}0{,}4395)\Omega/\mathrm{km} \cdot 5\,\mathrm{km}} = (3{,}185 - \mathrm{j}12{,}779)\,\mathrm{kA}$$

Der Stromrückfluss geht nach Gl. (16.80) nur über den Mantel S1 mit

$\underline{I}_{\mathrm{SA}} = \underline{I}_{\mathrm{S1A}} = (1 - \underline{r}_3)\ \underline{I}''_{\mathrm{k1}} = (5{,}608 - \mathrm{j}11{,}317)$ kA, $I_{\mathrm{SA}} = 12{,}630$ kA,

und über die Erde nach Gl. (16.81) mit

$\underline{I}_{\mathrm{E\delta A}} = \underline{r}_3 \underline{I}''_{\mathrm{k1}} = (-2{,}424 - \mathrm{j}1{,}462)$ kA, $I_{\mathrm{E\delta A}} = 2{,}831$ kA.

Dabei gilt nach Gl. (116.79): $\underline{r}_3 = 0{,}063 - \mathrm{j}0{,}205$ und $r_3 = 0{,}215$.

Beispiel: Drei Einleiterkabel 110 kV bei zweiseitiger Speisung (Bild 16.24a)
Der Schalter in der Anlage B ist geschlossen. Die Daten des vorstehenden Beispiels sollen weiterhin gelten. Weiter wird angenommen:
$\underline{S}''_{\mathrm{kQB}} = 1500$ MVA, $\underline{Z}_{\mathrm{1QB}} = (0{,}8829 + \mathrm{j}8{,}829)\ \Omega$, $\underline{Z}_{\mathrm{0QB}} = (2{,}649 + \mathrm{j}26{,}487)\ \Omega$.

Aus der Darstellung in symmetrischen Komponenten nach Bild 16.25 ergibt sich bei $l = l_{\mathrm{A}} = 5$ km:

$$\underline{Z}_1 = \underline{Z}_2 = \frac{\underline{Z}_{\mathrm{1A}} \cdot \underline{Z}_{\mathrm{1B}}}{\underline{Z}_{\mathrm{1A}} + \underline{Z}_{\mathrm{1B}}} = (0{,}351 + \mathrm{j}2{,}757)\Omega; \quad \underline{Z}_0 = \frac{\underline{Z}_{\mathrm{0A}} \cdot \underline{Z}_{\mathrm{0B}}}{\underline{Z}_{\mathrm{0A}} + \underline{Z}_{\mathrm{0B}}} = (1{,}779 + \mathrm{j}5{,}870)\Omega$$

$$\underline{I}_1 = \underline{I}_2 = \underline{I}_0 = \frac{c_{\max} U_n}{\sqrt{3}\left(2\underline{Z}_1 + \underline{Z}_0\right)} = (1{,}277 - \mathrm{j}5{,}858)\mathrm{kA}, \quad \underline{I}''_{\mathrm{k1}} = 3\underline{I}_0 = (3{,}831 - \mathrm{j}17{,}575)\mathrm{kA}$$

Für die Teilströme aus Richtung A und B ergibt sich damit:

$$\underline{I}_{1A}=\underline{I}_{2A}=\underline{I}_1\frac{\underline{Z}_{1B}}{\underline{Z}_{1A}+\underline{Z}_{1B}}=(0{,}927-\mathrm{j}4{,}013)\,\mathrm{kA},\ \underline{I}_{0A}=\underline{I}_0\frac{\underline{Z}_{0B}}{\underline{Z}_{0A}+\underline{Z}_{0B}}=(1{,}249-\mathrm{j}4{,}477)\,\mathrm{kA}$$

$$\underline{I}_{1B}=\underline{I}_{2B}=\underline{I}_1\frac{\underline{Z}_{1A}}{\underline{Z}_{1A}+\underline{Z}_{1B}}=(0{,}350-\mathrm{j}1{,}845)\,\mathrm{kA},\ \underline{I}_{0B}=\underline{I}_0\frac{\underline{Z}_{0A}}{\underline{Z}_{0A}+\underline{Z}_{0B}}=(0{,}028-\mathrm{j}1{,}381)\,\mathrm{kA}$$

Mit diesen Teilströmen im Mit-, Gegen- und Nullsystem links und rechts der Kurzschlusstelle kann man schließlich die Leiterströme links und rechts der Kurzschlussstelle ermitteln:

$$\underline{I}_{L1A}=\underline{I}_{1A}+\underline{I}_{1A}+\underline{I}_{0A}=(3{,}103-\mathrm{j}12{,}504)\,\mathrm{kA},$$

$$\underline{I}_{L2A}=\underline{a}^2\underline{I}_{1A}+\underline{a}\underline{I}_{1A}+\underline{I}_{0A}=(0{,}322-\mathrm{j}0{,}464)\,\mathrm{kA}=\underline{I}_{L3A}$$

Für den Strom in den drei Mänteln und den Rückstrom über Erde ergibt sich ausgehend von Gl. (16.82) und Gl. (16.86a):

$$\underline{I}_{SA}=(1-\underline{r}_3)3\underline{I}_{0A}=(6{,}270-\mathrm{j}11{,}812)\,\mathrm{kA}\ \text{und}\ \underline{I}_{E\delta A}=\underline{r}_3 3\underline{I}_{0A}=(-2{,}522-\mathrm{j}1{,}619)\,\mathrm{kA}$$

Mit den Leiterströmen und dem Reduktionsfaktor lassen sich auch die Mantelströme in den einzelnen drei Mänteln bestimmen:

$$\underline{I}_{S1A}=(1-\underline{r}_3)\underline{I}_{L1A}=(5{,}475-\mathrm{j}11{,}075)\,\mathrm{kA},\ \underline{I}_{S2A}=(1-\underline{r}_3)\underline{I}_{L2A}=(0{,}397-\mathrm{j}0{,}368)\,\mathrm{kA}=\underline{I}_{S3A}\ .$$

Beispiel: Drei Einleiterkabel bei zweiseitiger Speisung und einpoligem Kurzschluss auf einem Kabel nach Bild 16.24b zwischen A und B bei $R_{EF}\to\infty$
Ausgehend von den Gl. (16.82) bis (16.87) gelten für diesen Fall bei $\underline{Z}_{EStot}$ = $(\underline{Z}'_S l_A l_B)/l$:

$$\underline{I}_{SA}=(1-\underline{r}_3)3\underline{I}_{0A}+\underline{r}_3(3\underline{I}_{0A}+3\underline{I}_{0B})\frac{l-l_A}{l} \tag{16.88}$$

$$\underline{I}_{SB}=(1-\underline{r}_3)3\underline{I}_{0B}+\underline{r}_3(3\underline{I}_{0A}+3\underline{I}_{0B})\frac{l_A}{l} \tag{16.89}$$

$$\underline{I}_{E\delta A}=\underline{r}_3 3\underline{I}_{0A}\frac{l_A}{l}-\underline{r}_3 3\underline{I}_{0B}\frac{l-l_A}{l} \tag{16.90}$$

$$\underline{I}_{E\delta B}=\underline{r}_3 3\underline{I}_{0B}\frac{l-l_A}{l}-\underline{r}_3 3\underline{I}_{0A}\frac{l_A}{l} \tag{16.91}$$

Verwendet werden sollen die Netzdaten aus dem vorangegangenen Beispiel mit

$$S''_{kQA}=4000\,\mathrm{MVA}:\ \underline{Z}_{1QA}=(0{,}331+\mathrm{j}3{,}311)\,\Omega,\ \underline{Z}_{0QA}=(0{,}662+\mathrm{j}6{,}622)\,\Omega$$

$$S''_{kQB}=1500\,\mathrm{MVA}:\ \underline{Z}_{1QB}=(0{,}8829+\mathrm{j}8{,}829)\,\Omega,\ \underline{Z}_{0QB}=(2{,}649+\mathrm{j}26{,}487)\,\Omega$$

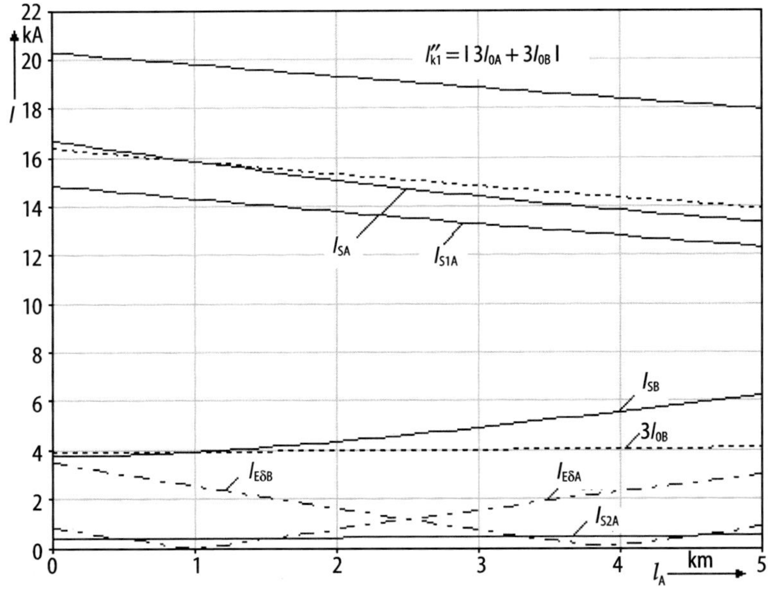

Bild 16.26. Einpoliger Kurzschlussstrom und Teilströme über die Kabelmäntel und das Erdreich abhängig von der Lage der Fehlerstelle auf einer Kabelader. (Beispiel für die Anordnung nach Bild 16.24b bei geschlossenem Schalter in B)

110-kV-Kabel 2XK2Y 3 × 1 × 500 mm² Cu:

$$\underline{Z}'_{1S} = (0{,}0460 + \mathrm{j}0{,}1392)\Omega/\mathrm{km}, \ \underline{Z}'_{0SE} = (0{,}4127 + \mathrm{j}0{,}1611)\Omega/\mathrm{km}$$

Die Berechnungen werden ähnlich wie im Bild 16.25 durchgeführt, jedoch mit

$$\underline{Z}_{1B} = \underline{Z}_{2B} = \underline{Z}_{1QB} + \underline{Z}'_{1L} \cdot l_B \ \text{und} \ \underline{Z}_{0B} = \underline{Z}_{0QB} + \underline{Z}'_{0LSE} \cdot l_B.$$

Bild 16.26 zeigt die Ergebnisse der Berechnung abhängig von der Kabellänge l_A zwischen der Station A und der Fehlerstelle bei einer gesamten Kabellänge $l = 5$ km. Bei $l_A = 5$ km stimmen die Ergebnisse des Bildes 16.26 erwartungsgemäß mit den Ergebnissen des vorangegangenen Beispiels bei zweiseitiger Speisung nach Bild 16.25 für I_{0A}, I_{SA} und $I_{E\delta A}$ überein. Auch hier zeigt sich, dass I_{S1A} nur wenig kleiner ist als I_{SA}.

16.6 Ausbreitungswiderstände von Erdern und Erdungsanlagen

Bei Ausbreitungswiderständen von Einzelerdern und Erdungsanlagen unterscheidet man zwischen den 50-Hz-Ausbreitungswiderständen R_A bei Durchgang eines betriebsfrequenten Erderstromes und den Stoßausbreitungswiderständen R_{ASt} bei Durchgang eines Stoßstromes als Folge einer atmosphärischen Entladung.

Tabelle 16.7. Berechnungsgleichungen (Näherungen) für Erderanordnungen bei homogenem Erdreich mit einem spezifischen Erdwiderstand ρ_E

Erder		Berechnungs- gleichung	Näherungs- gleichung
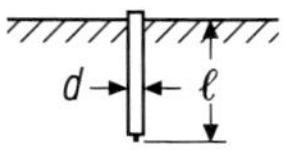	Tiefenerder	$R_A = \frac{\rho_E}{2\pi\ell} \ln \frac{4\ell}{d}$	$R_A \approx \frac{\rho_E}{\ell}$
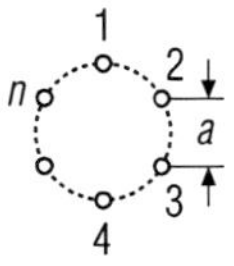	Mehrfachtiefenerder $a \geq \ell$	$R_A \approx k \frac{1}{n} R_{AEinzelerde}$ $a/\ell = 3; n = 5: k \approx 1{,}2$ $n = 10: k \approx 1{,}25$	mit $k = 1 \ldots 1{,}5$
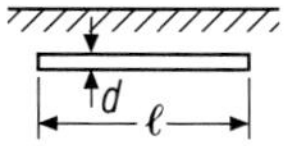	Banderder (Oberflächenerder)	$R_A = \frac{\rho_E}{\pi\ell} \ln \frac{2\ell}{d}$	$R_A \approx \frac{2\rho_E}{\ell}$
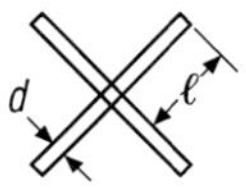	Vierstrahlerder (gekreuzter Banderder)	–	$R_A \approx \frac{\rho_E}{2\pi\ell}\left(\ln \frac{4\ell}{d} + 2{,}5\right)$
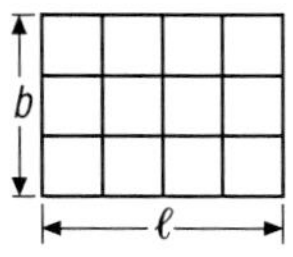	Maschenerder $D = \sqrt{\frac{4b \cdot \ell}{\pi}}$	$R_A \approx \frac{\rho_E}{2D} + \frac{\rho_E}{\ell_{ges}}$ ℓ_{ges} Gesamtlänge des verlegten Erders	$R_A \approx \frac{\rho_E}{2D}$ (16.92)

Der Ausbreitungswiderstand R_A von Einzelerdern oder Erdungsanlagen ist direkt proportional zum spezifischen Erdwiderstand ρ_E (Tabelle 16.7).

Häufig gemessene Werte für ρ_E liegen in den folgenden Bereichen:

Moorboden (5…40) Ωm; Lehm, Ton, Humus, Ackerboden (20…200) Ωm; Sand (200…2500) Ωm; Kies (2000…3000) Ωm; Gebirge, Felsen (500…3000) Ωm [16.26].

Maschenerder (Erdermaschennetze) ergeben sich bei Erdung von Schalt-, Umspann- und Kraftwerksanlagen. Die Maschenweite eines Erdermaschennetzes wird durch den Aufbau der Anlage und den Anschluss der einzelnen Betriebsmittel bestimmt. In 110-kV-Freiluftschaltanlagen z. B. erhält man meist eine Maschenweite von etwa 10 m. Der Ausbreitungswiderstand eines Maschenerders wird zwischen dem Ausbreitungswiderstand eines Plattenerders und eines Ringerders mit gleichem Umfang liegen. Man verwendet näherungsweise $R_A \approx \rho_E/(2D)$ nach Tabelle 16.7. Eine weitere Näherung stellt die von Laurent [16.4] aus praktischen Messungen abgeleitete und ebenfalls in Tabelle 16.7 angegebene Gleichung dar, bei der außer dem Durchmesser eines flächengleichen Kreises auch die Gesamtlänge des verlegten Erders (Band oder Seil) berücksichtigt wird. Bei einer Erdungsanlage 50×100 m mit einer Maschen-

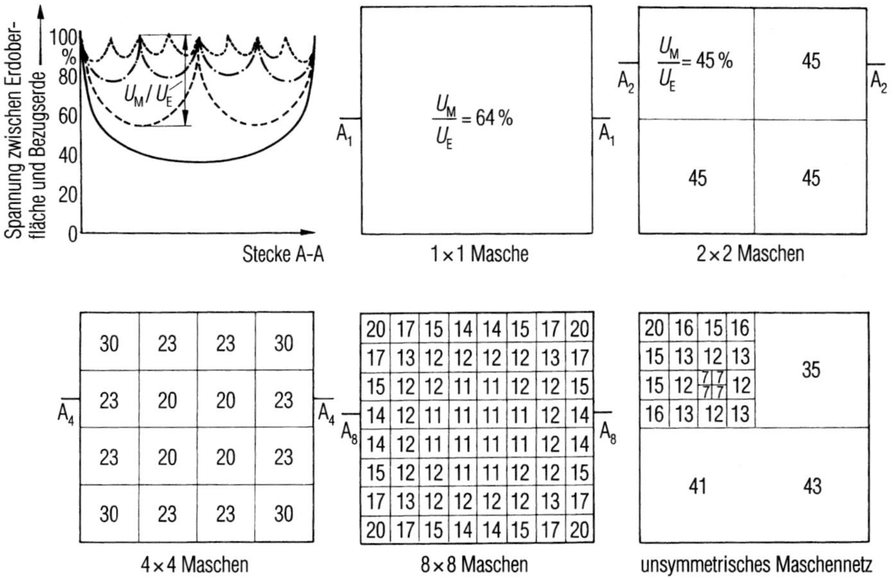

Bild 16.27. Maschenspannung U_M in Prozenten der Erderspannung U_E von Erdermaschennetzen [16.3]

weite 10×10 m ergibt sich bei $\rho_E = 100\ \Omega\text{m}$ ein Ausbreitungswiderstand $R_A = 100\ \Omega\text{m}/(2 \cdot 80\ \text{m}) + 100\ \Omega\text{m}/1150\ \text{m} = 0{,}625\ \Omega + 0{,}087\ \Omega \approx 0{,}71\ \Omega$. Das zweite Glied ist meist von geringer Bedeutung. Man erkennt weiterhin, dass der Versuch, R_A durch enge Maschen herabzusetzen, nicht zweckmäßig ist. Auch zusätzlich in einem Maschenerder angebrachte Tiefenerder können nur wenig zur Erniedrigung von R_A beitragen. Zusätzliche Tiefenerder sind nur zweckmäßig an Stellen, an denen Stoßströme direkt eingeleitet werden (z. B. an den Erdungspunkten von Überspannungsableitern oder Funkenstrecken).

Die Maschenweite hat jedoch erheblichen Einfluss auf die Maschenspannung U_M eines Erdermaschennetzes und damit auf die innerhalb einer Anlage auftretenden Berührungs- und Schrittspannungen, wie Bild 16.27 nach einer Untersuchung von Koch [16.3] zeigt. Die Maschenspannung U_M ist etwa proportional $\rho_E I_E / l_{ges}$. Mit $U_E \approx \rho_E I_E/(2D)$ ergibt sich für die Abschätzung der Maschenspannung eines gleichmäßig unterteilten Erdermaschennetzes:

$$\frac{U_M}{U_E} \approx \frac{2D}{l_{ges}} \tag{16.93}$$

Für ein Maschennetz 50×100 m mit $l_{ges} = 1150$ m ist also $U_M/U_E \approx 0{,}14$ zu erwarten. Die ungünstigsten Verhältnisse für Berührungs- und Schrittspannungen treten jeweils am Rand des Maschennetzes auf.

Die Unsicherheit bei der Vorausberechnung von R_A für ein Erdermaschennetz liegt in der Bestimmung des wirksamen spezifischen Erdwiderstandes

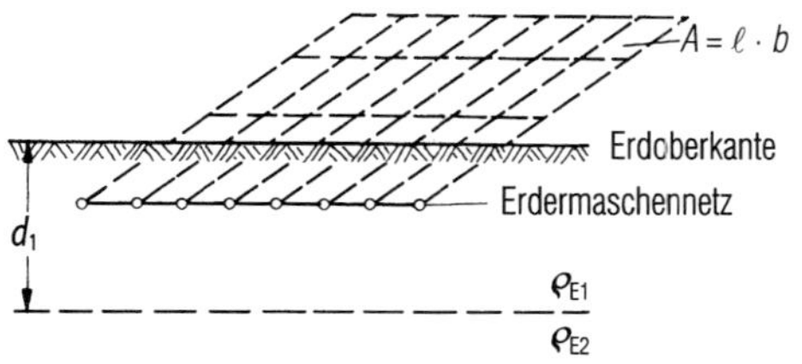

Bild 16.28. Erdermaschennetz mit der Fläche $A = \ell \cdot b$ eingebettet in eine Schicht an der Erdoberfläche mit ρ_{E1} und der Dicke d_1

ρ_E. Misst man ρ_E mit der Methode nach Wenner [16.1], so darf man nicht nur den Wert an der Oberfläche bestimmen. Eine schlecht leitfähige Schicht (z. B. Sand) an der Oberfläche mit ρ_{E1} bei einer Dicke von d_1 nach Bild 16.28 kann man in grober Näherung durch das zweite Glied der Gl. (16.64) berücksichtigen. Praktische Erfahrungen haben gezeigt, dass man in Deutschland ρ_{E2} = (50...100) Ωm meist einsetzen darf.

Für ein Erdermaschennetz $A = 50\ \text{m} \times 100\ \text{m}$ ergibt sich dann bei $d_1 = 5$ m und $\rho_{E1} = 500$ Ωm nach Gl. (16.94) etwa $R_A \approx 100\ \Omega\text{m}/(2 \cdot 80\ \text{m}) + 500\ \Omega\text{m} \cdot 5\ \text{m}/5000\ \text{m}^2 = 0{,}625\ \Omega + 0{,}5\ \Omega \approx 1{,}1\ \Omega$.

$$R_A = \frac{\rho_{E2}}{2D} + \frac{\rho_{E1} d_1}{A} \tag{16.94}$$

Stoß-Erdungswiderstand

Bei Blitzeinschlag in geerdete Teile elektrischer Anlagen (z. B. Erdseile, Stahlgittermaste, Stahlgerüste von Freiluftanlagen) kann es zwischen den geerdeten Metallteilen und den Leitern des Betriebsstromkreises zu Überschlägen kommen, die dann als rückwärtige Überschläge bezeichnet werden. Rückwärtige Überschläge sind dann zu erwarten, wenn der Stoß-Erdungswiderstand R_{ASt} und der Blitzstrom I_{Bi} (Tabelle 16.8) hohe Werte annehmen. Nach [N16.1] wird ein rückwärtiger Überschlag vermieden, wenn folgende Bedingung erfüllt ist:

$$R_{ASt} \leq \frac{U_{rB}}{I_{Bi}} \tag{16.95}$$

Dabei bezeichnet U_{rB} den Bemessungswert der Blitzstoßspannung nach Tabelle 17.9 oder 17.10. In Tabelle 16.8 ist die Häufigkeit der Höhe von Blitzströmen angegeben, mit der bei Blitzeinschlag in eine Freileitung gerechnet werden kann.

Bei Erdern geringer räumlicher Ausdehnung (z. B. Mastfüße von Freileitungen, Tiefenerder bis 10 m Länge und Strahlenerder bis etwa 20 m Länge) können die Stoß-Erdungswiderstände in erster Näherung den 50-Hz-Ausbreitungswiderständen gleichgesetzt werden. Allgemein gilt:

Tabelle 16.8. Häufigkeit der Blitzströme in Masten von Freileitungen mit Erdseil [N16.1]

Blitzstrom I_{Bi} im Mast bis	kA	20	30	40	50	60
Summenhäufigkeit aller Blitzeinschläge	%	80	90	95	98	99

$$R_{\text{ASt}} = \alpha_{\text{St}} R_{\text{A}} \tag{16.96}$$

Bei $\alpha_{\text{St}} < 1$ tritt für einen räumlich eng begrenzten Erder durch hohe Austrittsstromdichte und Durchschläge im Erdboden eine ionisierte Zone in unmittelbarer Umgebung des Erders auf und verursacht so eine scheinbare Vergrößerung des Erders. Bei $\alpha_{\text{St}} > 1$ tritt eine Vergrößerung von R_{ASt} gegen R_{A} auf bedingt durch die bei größerer Ausdehnung des Erders nicht mehr vernachlässigbare Induktivität bei der Ableitung von Stoßströmen.

16.7 Bau von Erdungsanlagen und Erdungsmessungen

Beim Bau von Erdungsanlagen stehen die Gesichtspunkte der thermischen Festigkeit und der Einhaltung der zulässigen Berührungsspannung im Vordergrund. Daneben ist auf ausreichende mechanische Festigkeit und mögliche Querschnittsverminderung durch Korrosion im Erdboden zu achten. Nach [N16.1] sollen deshalb Erder aus Stahl mit leitender Auflage (z.B. aus Zink) einen Mindestquerschnitt von 100 mm^2 haben, während für Kupferband 50 mm^2, für Kupferseil und Rundkupfer 35 mm^2 gefordert werden. Diese Mindestabmessungen gelten für Erdungsleitungen zur Verbindung eines zu erdenden Anlagenteils oder Betriebsmittels mit dem Erder. Bei Erdungssammelleitungen ist die Bemessung nach $I''_{\text{kEEmax}} \leq 0{,}86\, I''_{\text{k}}$ oder nach dem einpoligen Erdkurzschlussstrom $I''_{\text{k1}} \geq I''_{\text{kE2E}}$ vorzunehmen (Tabelle 16.3).

Als Material für Erdungsanlagen in Hochspannungsnetzen mit isoliertem Sternpunkt oder mit Erdschlusskompensation wird meist verzinktes Stahlband (z.B. 4×40 mm^2) verwendet, während man in niederohmig geerdeten Hochspannungsnetzen als Material häufig Kupfer vorsieht, um hohe Ströme aufnehmen zu können und eine lange Lebensdauer der Erdungsanlagen zu erreichen. Der Überzug des Kupfers mit Blei oder Zinn (z.B. bleiumpresstes Kupferseil oder verzinntes Kupferband) soll verhindern, dass Stahlteile im Erdboden (z.B. Erder aus verzinktem Stahlband oder auch Stahlrohre) durch elektrolytische Korrosion angegriffen werden. Die Erfahrung hat gezeigt, dass diese Vorsichtsmaßnahme nur dann notwendig ist, wenn elektrolytisch ungünstiger Erdboden vorhanden ist.

Anordnung und Ausführung der Erdung in Anlagen
Anordnung und Ausführung von Erdern und Erdungsleitungen sind nach [N16.1] vorzunehmen. Oberflächenerder (Banderder, Strahlenerder, Erdermaschennetze) in elektrischen Anlagen (Umspannanlagen, Kraftwerksanlagen usw.) sind in einer Tiefe von 0,5 m bis 1 m in Erde zu verlegen (häufig wird etwa 0,8 m gewählt). Auffüllen der Gräben mit Steinen und Schotter ist zu vermeiden.

Bei der Projektierung eines Erdermaschennetzes sind die Erder so zu führen, dass ein möglichst einfacher Anschluss aller Betriebsmittel der Anlage möglich ist. Die sich dabei ergebende Maschenform und Maschenweite ist von untergeordneter Bedeutung. Nach [N16.1] wird nur gefordert, dass ein geschlossener Ring vorhanden sein soll, und dass die Maschen kleiner als 10× 50 m bleiben. Bei Verwendung von Seilen sollte man möglichst wenig schneiden und an den Geräten Seilschlaufen mit geeigneten Befestigungsschellen verwenden. Bleiumpresste Kupferseile sind an den Verbindungsstellen abzumanteln, um eine gut leitfähige Verbindung durch Hülsenverbinder zu erreichen. Bei Erdern aus Stahlband werden entweder Schweiß- oder Schraubverbindungen gewählt. Schalter, Sicherungen oder leicht ohne Werkzeuge lösbare Verbindungen dürfen in Erdern oder Erdungsleitungen nicht eingebaut werden, um eine unbeabsichtigte Abtrennung einzelner Teile einer Erdungsanlage auf jeden Fall zu vermeiden. Aus diesem Grunde ist auch der Zusammenschluss nebeneinanderliegender Erdungsanlagen (z.B. von Kraftwerk und Schaltanlage oder zwischen Schaltanlagen verschiedener Spannung) mit mehreren Verbindungen herzustellen (Beispiel Bild 16.30).

Als Grundsatz für die Geräte in Anlagen mit Nennspannungen über 1 kV gilt, dass alle Metallteile der Anlage, die nicht zum Betriebsstromkreis gehören, zu erden sind (Anschluss über Erdungsleitungen an die Erdungsanlage). Beispiele dafür sind: Gerätefüße, Geräterahmen, Geräteschlitten bei Schaltwagenanlagen, Gehäuse von Transformatoren, Durchführungsflansche, erdseitige Armaturen von Überspannungsableitern und Wandlern, Schutzgitter und Verkleidungen, Betätigungsorgane von Steuereinrichtungen, Sekundärkreise von Messwandlern (mindestens 4 mm^2), zu erdende Nullleiter im Niederspannungsnetz (Eigenbedarfsnetz), Fundamenterder von Gebäuden in Anlagen, die zu einem Netz mit niederohmiger Sternpunkterdung gehören, Mäntel, Bewehrungen und Schirme von Starkstromkabeln (Erdung mindestens an einem Ende u.U. mit Zwischenschaltung einer Durchschlagsicherung), Mäntel von Fernmeldekabeln [N16.6, 15.26], Bahnanschlussgleise in der Anlage und metallische Rohrleitungen (Isolierstücke dürfen am Rand und außerhalb der Anlage eingebaut werden, um Potentialverschleppungen zu vermeiden).

Eine Ausnahme stellen metallene Außenzäune von Anlagen dar. Sie sind gesondert durch Tiefen- oder Banderder zu erden und nicht an die Erdungsanlage der Umspannwerke oder Kraftwerke anzuschließen. Bei äußeren Umzäunungen aus kunststoffummanteltem Maschendraht und Betonpfosten sind keine Maßnahmen zur Erdung und Potentialsteuerung erforderlich [N16.1]. Für Tore in äußeren Umzäunungen muss eine Potentialsteuerung oder eine Standortisolierung vorgesehen werden.

Die Bilder 16.29 und 16.30 zeigen Beispiele für die Ausführung von Erdermaschennetzen. Dabei gibt Bild 16.29 einen Überblick über die Erdungsanlage eines Wasserkraftwerkes mit benachbarter 110-kV-Schaltanlage in einem Netz mit niederohmiger Sternpunkterdung.

Bild 16.30 gibt einen Überblick über die Erdungsanlage eines Kraft- und Umspannwerkes 220/110 kV bei niederohmiger Sternpunkterdung im 220-kV-Netz und Erdschlusskompensation im 110-kV-Netz. Das Erdermaschennetz der 110-kV-Anlage besteht aus verzinktem Stahlband, während für das später errichtete Maschennetz der 220-kV-Schaltanlage blankes Kupferband

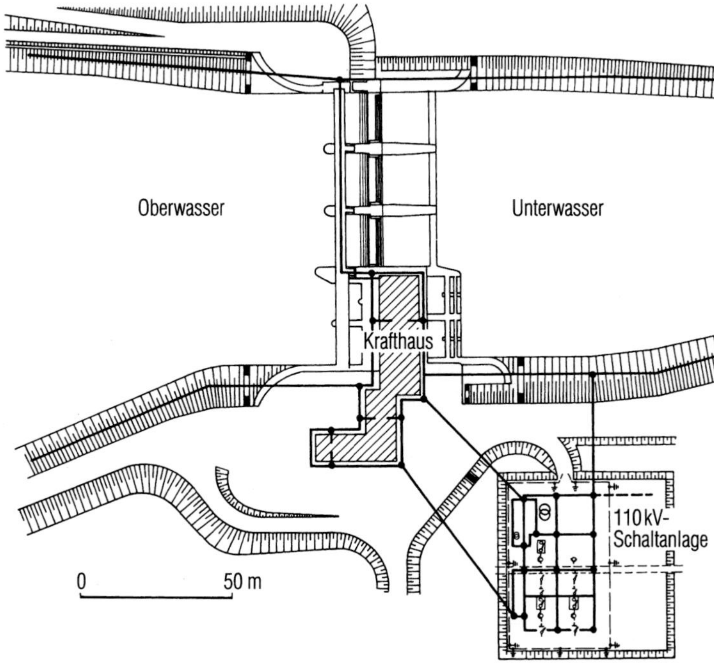

Bild 16.29. Gesamterdungsanlage eines Laufwasserkraftwerkes. Zusammenschluss der Erdungsanlagen der 110-kV-Schaltanlage und des Krafthauses. Ausläufererdungen in den Böschungen von Ober- und Unterwasser

verlegt wurde. Untersuchungen mehrere Jahre nach dem Bau der 220-kV-Schaltanlage haben gezeigt, dass die Korrosionserscheinungen an den Stahlrohrerdern und dem verzinkten Stahlband sich im üblichen Rahmen halten, wie er bei Stahl im Erdboden zu erwarten ist.

Die Erdung von Stahlgittermasten und Stahlbetonmasten wird als durch den Mastfuß gegeben angesehen. Ein 1-m-Erdungsring wird gefordert für Masten mit Mastschaltern [N16.1].

In Netzen mit isoliertem Sternpunkt oder mit Erdschlusskompensation wird die Einhaltung einer Berührungsspannung $U_B \leq 65$ V gefordert [N16.1]. Dies gilt als erfüllt, wenn die Erderspannung $U_E \leq 125$ V bleibt. Für die Erdungsimpedanz $Z_{\Sigma EM}$ eines Mastes nach Gl. (16.24) muss deshalb eingehalten werden (Bei Mittelspannungsfreileitungen ohne Erdseil geht $Z_{\Sigma EM}$ in R_M über):

$$Z_{\Sigma EM} \leq \frac{125\ \text{V}}{I_{Ce}} \quad \text{bzw.} \quad Z_{\Sigma EM} \leq \frac{125\ \text{V}}{I_{Rest}} \tag{16.97}$$

In Netzen mit niederohmiger Sternpunkterdung sind besondere Maßnahmen an Masten zur Einhaltung der Berührungsspannung U_B nach Bild 16.31 nur erforderlich, wenn diese Masten im Gelände von Freibädern oder Camping-

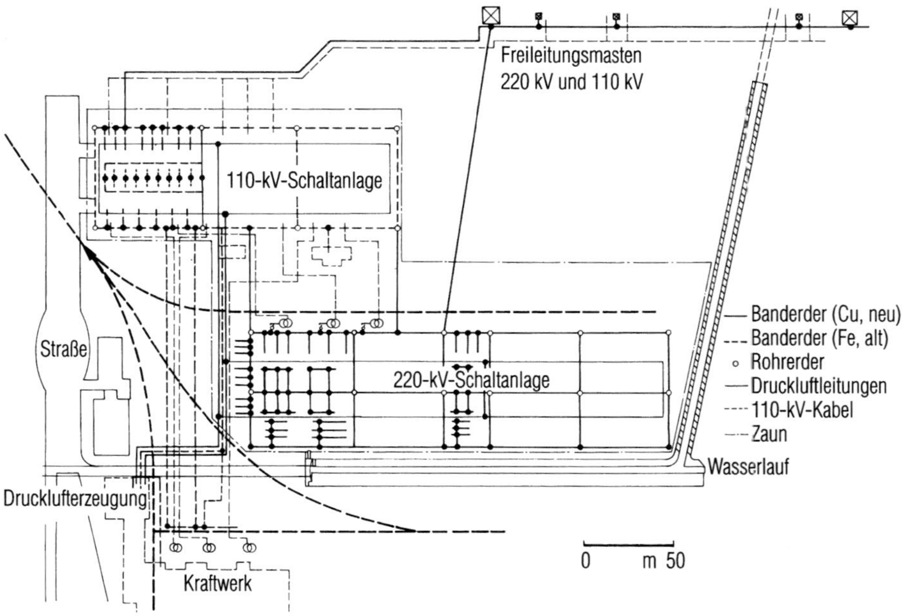

Bild 16.30. Erdungsanlage eines Kraft- und Umspannwerkes 220/110 kV bei niederohmiger Erdung im 220-kV-Netz. Erdungsanlage 110 kV: verzinktes Stahlband. Erdungsanlage 220 kV: Kupferband und zusätzliche Stahlrohrerder. Anschluss der Mäntel der 110-kV-Kabel, der Rohre der Druckluftversorgungsanlage (Cu) und der Eisenbahnschienen (Trennstücke am Rand der Anlage)

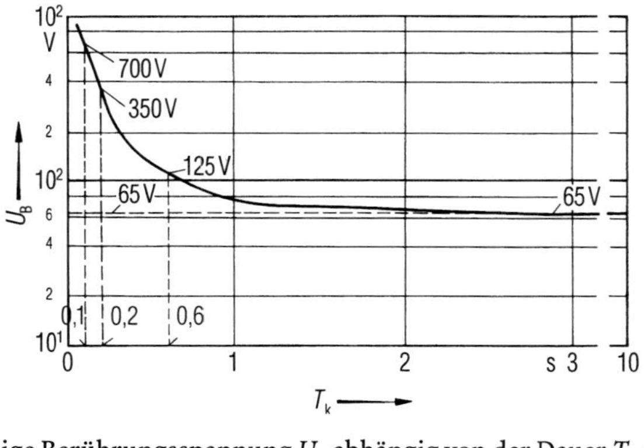

Bild 16.31. Zulässige Berührungsspannung U_B abhängig von der Dauer T_k des Kurzschlussstromes in Netzen mit niederohmiger Sternpunkterdung und in Anlagen, in denen vorübergehend geerdet wird (in Netzen mit Erdschlusskompensation und vorübergehender niederohmiger Erdung bis zu einer Dauer von 10 s)

plätzen stehen und man damit rechnen kann, dass sich Personen am Mastfuss oder in der Nähe des Mastes längere Zeit aufhalten. Hier wird dann sogar gefordert, dass U_B zwischen beliebigen 1,5 m voneinander entfernten Punkten eingehalten wird. Als Maßnahmen kann man Standortisolierung [16.25] oder eine Potenzialsteuerung [16.26] oder die Abgrenzung durch einen Zaun anwenden.

Erder- und Berührungsspannung (Messung)
Kann man eine Erderspannung $U_E \leq 125$ V einhalten, so sind, unabhängig von der Sternpunktbehandlung des Netzes, keine Sondermaßnahmen notwendig, weil dann vorausgesetzt werden kann, dass $U_B \leq 65$ V bleibt.

In Netzen mit isoliertem Sternpunkt oder mit Erdschlusskompensation kann man $U_E = (125...250)$ V zulassen, wenn $U_B \leq 65$ V bleibt oder wenn entsprechende Ersatzmaßnahmen durchgeführt werden [N16.1].

In Netzen mit niederohmiger Sternpunkterdung ist $U_E > 125$ V zulässig, wenn man U_B nach Bild 16.31 einhält.

Zur Feststellung der Erderspannung ist es notwendig, den Ausbreitungswiderstand oder die Erdungsimpedanz zu berechnen oder zu messen. Bei Einzelerdern und Erdungsanlagen geringer Ausdehnung (z. B. einzelne Staberder, Banderder oder Ringerder um Freileitungsmastfüße bei abgehobenem Erdseil) kann man eine Erdungsmessbrücke (Frequenz kleiner 150 Hz) zur Bestimmung von R_A benutzen [16.1]. Zur Messung des Ausbreitungswiderstandes R_M eines Freileitungsmastes kann man auch ein Hochfrequenzmessgerät [16.37] verwenden. Die Frequenz des Messgerätes liegt so hoch, dass $\underline{Z}_P$ hochohmig wird gegen R_M, so dass $Z_{\Sigma EM} \approx R_M$ gilt, Gl. (16.24).

Bei ausgedehnten Erdungsanlagen für Kraft- und Umspannwerke verwendet man die Strom-Spannungsmessung zur Ermittlung der Erdungsimpedanz $\underline{Z}_E$. Bild 16.32 zeigt dazu ein Beispiel für eine Freiluftanlage mit abgehenden Freileitungen und der Einspeisung eines Versuchsstromes $\underline{I}_V$ über einen Drehstromtransformator. Verwendet man die Leiter einer Freileitung als Verbindung zum entfernten Gegenerder, so muss man in diesem Fall den Erdseilstrom $(1 - \underline{r})\underline{I}_V$ berücksichtigen. Nach Bild 16.32 muss ausgehend von $\underline{I}_V$ der Erdungsstrom $\underline{I}_{EV} = \underline{r}\underline{I}_V$ berechnet werden mit $\underline{r}$ nach Gl. (16.38) und Tabelle 16.4. Für die Erdungsimpedanz $\underline{Z}_E$ und die Erderspannung $\underline{U}_E$ im Fehlerfall ergibt sich dann, wenn $\underline{I}_E$ der Erderstrom im Fehlerfall ist (in der Regel wird man nur die Beträge messen):

$$\underline{Z}_E = \frac{\underline{U}_{EV}}{\underline{r}\underline{I}_V} \tag{16.98}$$

$$\underline{U}_E = \underline{U}_{EV} \frac{\underline{I}_E}{\underline{r}\underline{I}_V} \tag{16.99}$$

Für den Versuch wählt man Ströme von 50 A und darüber, so dass U_{EV} möglichst oberhalb von vorhandenen Störspannungen, jedoch nicht höher als 65 V liegt. Der Innenwiderstand des Spannungsmessers für U_{EV} sollte größer als

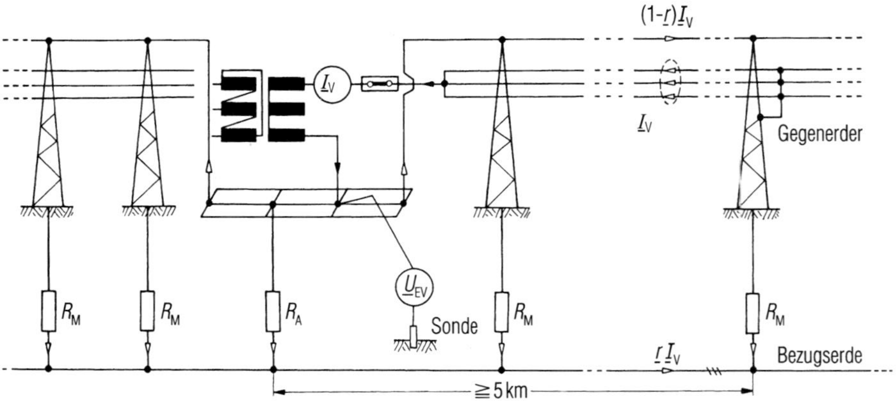

Bild 16.32. Ermittlung der Erdungsimpedanz durch Strom- und Spannungsmessung bei angeschlossenen Ausläufererdungen (Beispiel). $\underline{U}_{EV}$ Erderspannung beim Versuch; $\underline{I}_V$ Versuchsstrom; $\underline{Z}_E = \underline{U}_{EV}/(\underline{r}\underline{I}_V)$ Erdungsimpedanz

das Zehnfache des Ausbreitungswiderstandes der Sonde bzw. des Gegenerders (Bild 16.32) sein.

Führt man eine Strom- und Spannungsmessung zur Ermittlung von Z_E aus, so kann man gleichzeitig auch Berührungsspannungen in und am Rand der Anlage bestimmen. Man verwendet dazu einen Spannungsmesser mit einem Innenwiderstand von etwa 1 kΩ. Messelektroden zur Nachbildung der Füße und des Körpergewichts eines Menschen sollen eine Fläche von insgesamt 400 cm^2 und eine Mindestgewichtskraft von insgesamt 500 N haben. Teilweise ist es auch praktisch, Metallsohlen [16.26] zu verwenden.

Zusammenschluss oder Trennung von Erdungen in Hoch- und Niederspannungsanlagen

Werden aus einer Hochspannungsanlage nur solche Niederspannungsanlagen versorgt, die innerhalb des Gebietes der Hochspannungsanlage liegen, so sind die Hoch- und Niederspannungserdungen (Schutz- und Betriebserdungen) zusammenzuschließen, wie Bild 16.33 zeigt.

Werden Niederspannungsanlagen außerhalb der Hochspannungsanlagen versorgt und liegen diese in Gebieten mit geschlossener Bebauung oder in Industriewerken, so wird man eine wirksame Trennung nicht durchführen können bedingt durch vielfältige Verbindungen über Elektrizitäts-, Gas-, Wasser- und Fernmeldeleitungen mit Erderwirkung. Hier wird man einen Zusammenschluss der Erdungen über mehrere Verbindungen vornehmen, um so eine möglichst niedrige Gesamterdungsimpedanz zu erreichen (Bild 16.33). Ein Zusammenschluss ist auch zulässig bei $U_E \leq 125$ V. Bei $U_E > 125$ V darf nur zusammengeschlossen werden, wenn $U_B \leq 65$ V bleibt und diese Spannung nicht länger als eine Sekunde ansteht.

Bei Anlagen in Hochspannungsnetzen mit niederohmiger Sternpunkterdung und Betrieb des Niederspannungsnetzes als TN-Netz muss bei $U_E >$

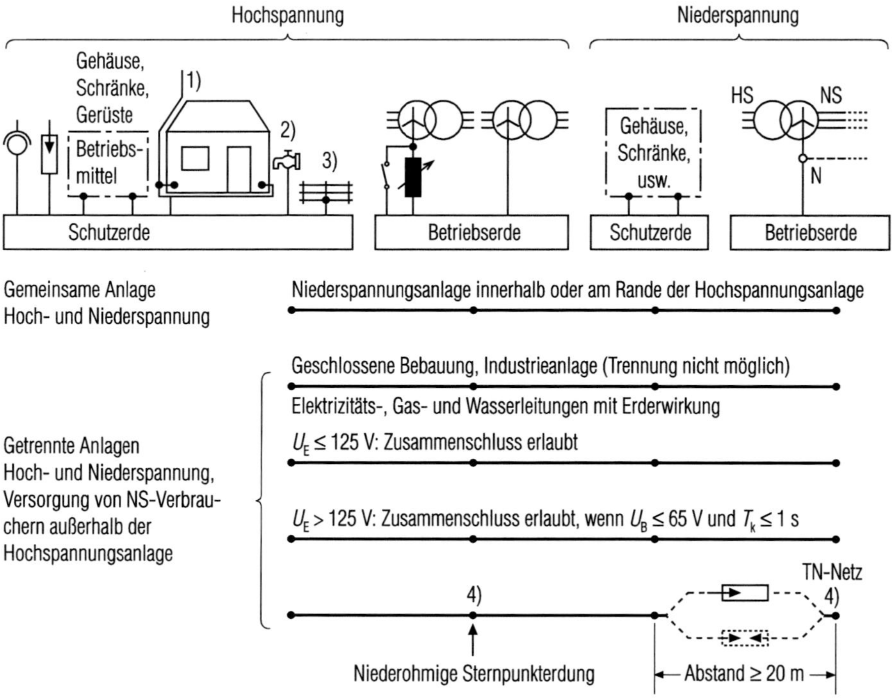

Bild 16.33. Zusammenschluss oder Trennung der Erdung in Hochspannungs- und Niederspannungsanlagen (Schutz- und Betriebserde) [N16.1, 16.25]. *1* Blitzschutzanlage wird angeschlossen; *2* Trennung am Rand der Anlage bei großen Werten U_E; *3* Bei Außenzaun: Trennung meist zweckmäßig, lokale Potentialsteuerung; *4* Trennung

125 V eine Trennung zwischen Hochspannungserde und Niederspannungsbetriebserde vorgenommen werden. Dabei wird die Niederspannungsschutzerde mit der Hochspannungserde zusammengeschlossen [N16.1].

16.8 Beeinflussung

Beeinflussung ist nach [1.24, Abschn. 1.8] der Sammelbegriff für alle unerwünschten Wechselwirkungen zwischen den Anlagen der elektrischen Energieversorgung und ihrer Umgebung. In der Schiedsstelle für Beeinflussungsfragen arbeiten in Deutschland die Post, die Bahn und die Elektrizitätsversorgungsunternehmen zusammen, um technische Empfehlungen zur Berechnung herauszugeben [N16.7] und um in strittigen Fragen technisch-wirtschaftlich optimale Abhilfemaßnahmen zu treffen. Informationen findet man in [1.24, 16.17].

Bei der netzfrequenten Beeinflussung können gegenseitige Näherungen zwischen den Leitungen der elektrischen Energieversorgung einerseits und

Tabelle 16.9. Übersicht über betriebsfrequente Beeinflussung von Drehstromnetzen auf Fernmeldenetze und die nach [N16.5, N16.6] durchzuführenden Untersuchungen

Drehstromnetz mit Freileitungen [F] oder Kabeln [K]			Fernmeldenetz mit Freileitungen (F) oder Kabeln (K)					
Sternpunktbehandlung	Betriebszustand		Beeinflussungsmöglichkeiten und Notwendige Untersuchungen					
			induktiv		kapazitiv		ohmsch	
			(F)	(K)	(F)	(K)	(F)	(K)
Niederohmige Sternpunkterdung	ohne Fehler	[F]	+[a]	+[a]	+[a]	–	–	–
		[K]	–	–	–	–	–	–
	I''_{k1}, I''_{kE2E}	[F]	+	+	–	–	–	+
		[K]	–	+[a]	–	–	–	–
Isolierter Sternpunkt, Erdschlusskompensation oder vorübergehende niederohmige Sternpunkterdung	ohne Fehler	[F]	+[a]	+[a]	+[a]	–	–	–
		[K]	–	–	–	–	–	–
	Erdschluss oder	[F]	–	–	+	–	–	+[b]
	Erdkurzschluss	[K]	–	–	–	–	–	+[b]
	Doppelerdkurzschluss [d]	[F]	+[c]	+[c] –	–	–	–	+[c]
		[K]	–	–	–	–	–	–

+ Untersuchung notwendig, wenn Abstand kleiner als Grenzabstand (Bild 16.36); – keine Untersuchung notwendig.

+[a] Untersuchung in ungünstigen Fällen notwendig, z. B. bei Fernmeldeleitung auf gleichem Gestänge wie Hochspannungsfreileitung.

+[b] Untersuchung nur in den Anlagen, in denen vorübergehende niederohmige Sternpunkterdung durchgeführt wird.

+[c] Untersuchung nur dann, wenn Löschgrenze nach Bild 16.34 überschritten wird.

[d] Induktive Beeinflussung wird bei Parallelführung mit erdungssymmetrischen Bahnblockleitungen immer berücksichtigt.

Fernmeldeleitungen, Bahnblockleitungen und metallischen Rohrleitungen andererseits durch induktive und kapazitive Kopplung zu einer Gefährdung führen. Gefährdung ist dabei die Möglichkeit der Schädigung von Personen oder der Beschädigung von Anlagen durch elektrische Einwirkungen der energietechnischen Anlagen [N16.5]. Tabelle 16.9 gibt eine Übersicht über die Möglichkeiten dieser Beeinflussung. Die induktive Beeinflussung bei Doppelerdkurzschluss in Netzen mit isoliertem Sternpunkt oder mit Erdschlusskompensation wird z. B. nur dann untersucht, wenn die Löschgrenze nach Bild 16.34 überschritten wird.

Die Grenzen der zugelassenen Beeinflussungsspannungen gegen Erde bei induktiver oder ohmscher Beeinflussung sind in Tabelle 16.10 angegeben.

Tabelle 16.10. Grenzwerte der zugelassenen Beeinflussungsspannungen gegen Erde bei induktiver und ohmscher Kopplung [N16.6]

Fernmeldeleitung	Schutz-einrichtungen	Grenzwerte der Beeinflussungsspannungen	
		Langzeitbeeinflussung U_{LB} [a] V	Kurzzeitbeeinflussung U_{KB} [b] V
Freileitung	ohne	65	300 [c] ...500
	mit	125	500
Kabel	ohne	65	300 [c] ...500
	mit	250	1200 [d]

[a] Bei fehlerfreiem Betrieb des Drehstromnetzes.
[b] Bei Fehlern im Drehstromnetz. Nach [N16.8] wird eine Ausschaltzeit von 0,2 bis 0,5 s vorausgesetzt.
[c] Der Grenzwert 300 V gilt für Fernmeldeanlagen der Deutschen Bundespost, er entspricht dem Grenzwert 430 V des CCITT [N16.8], wenn man den Erwartungsfaktor $w = 0{,}7$ zusätzlich in Gl. (16.100) berücksichtigt (siehe Text).
[d] Dieser Wert entspricht 60 % der Prüfwechselspannung von 2000 V zwischen Adern und Metallmantel bzw. Schirm. Bei Kabeln und Garnituren mit höheren Prüfwechselspannungen sind höhere Werte zulässig (beim Arbeiten sind besondere Schutzmaßnahmen erforderlich).

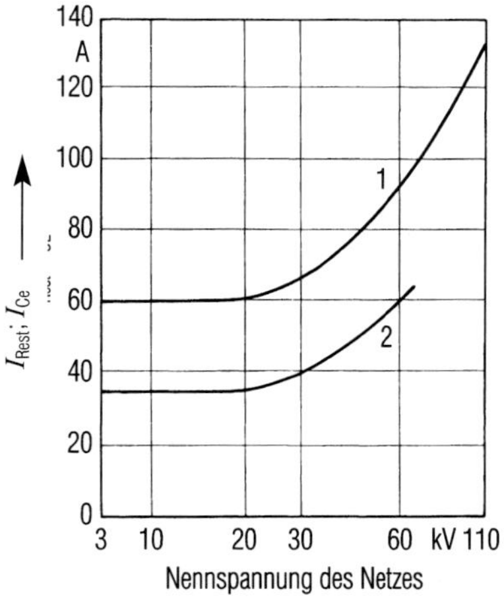

Bild 16.34. Löschgrenze für Erdschlussreststrom I_{Rest} oder kapazitiven Erdschlussstrom I_{Ce} [N16.6]. *1* Reststrom in Netzen mit Erdschlusskompensation; *2* kapazitiver Erdschlussstrom

Zu den Schutzeinrichtungen von Fernmeldeleitungen gegen induktive Beeinflussung gehören der Einbau von Überspannungsableitern, z. B. an den Enden der Beeinflussungsstrecke, der Einsatz von Schutz- und Trennübertragern und der Einsatz von Kabeln mit verbessertem Reduktionsfaktor. Zu den Schutzeinrichtungen gegen kapazitive Beeinflussung gehört z. B. der Einbau von Drosselspulen gegen Erde, über die die kapazitive Ladung abfließen kann. Bei ohmscher Beeinflussung sind die Schutzeinrichtungen wie bei induktiver

Beeinflussung zu verwenden. Zusätzlich kann man eine hochwertige Mantelisolierung anwenden für Kabel, die den Spannungstrichter einer Anlage durchlaufen. Der Kabelmantel darf in diesem Falle nicht mit der Erdungsanlage verbunden sein.

Der in der zu einer Hochspannungsleitung parallel verlaufende Fernmeldeleitung induzierte Längsspannungsbelag U'_{ink} kann in guter Näherung wie folgt berechnet werden:

$$U'_{\text{ink}} = Z'_{ik\text{E}}\, r\, I_{0\text{k}} \tag{16.100}$$

Dabei sind:

U'_{ink} induzierter Längsspannungsbelag durch eine parallele erdkurzschlussbetroffene Hochspannungsfreileitung

$I_{0\text{k}}$ in Drehstromnetzen: $I_{0\text{k}} = 3I_0 = I''_{\text{k1}}$ oder $= I''_{\text{kE2E}}$ oder $= I''_{\text{kEE}}$, in Bahnstromfernleitungsnetzen: $I_{0\text{k}} = 2I_0$ (Wechselstromnetz $16\,^2/_3$ Hz), in Fahrleitungsnetzen: $I_{0\text{k}} = I_{\text{kF}}$ (Kurzschlussstrom in der Fahrleitung)

r resultierender Reduktionsfaktor, der sich aus mehreren Einzelfaktoren zusammensetzen kann: Reduktionsfaktor von Erdseilen, Reduktionsfaktor von Kabelmänteln, Reduktionsfaktor von Bahnschienen, Reduktionsfaktoren anderer parallel verlaufender metallischer Leiter (Gas- und Wasserrohre). Die Berechnung für einfache Fälle ist in Tabelle 16.4 gegeben

$Z'_{ik\text{E}}$ Gegenimpedanzbelag zwischen den Leiterschleifen mit Rückleitung über Erde des beeinflussenden und des beeinflussten Leiters im Abstand d_{ik}, in der Regel bei Betriebsfrequenz nach Bild 16.35

Unabhängig vom Abstand zwischen den beiden Leitern i und k nach Bild 9.14 verwendet man zur Berechnung von $Z'_{ik\text{E}}$ wie im Bild 16.35 günstigerweise $Z'_{ik\text{DE}}$ nach Gl. (9.29b). Durch Vergleich dieser Ergebnisse für $\rho_{\text{E}} = 50\ \Omega\text{m}$ ($\kappa_{\text{E}} = 0{,}02$ S/m) mit dem Ergebnis in [1.24, Bild 1.8.6] erkennt man, dass die aufwändige Berechnung mit Carson-Reihen entfallen kann, wenn man Gl. (9.29b) verwendet.

Die bei induktiver Beeinflussung durch Drehstromfreileitungen mit 50 Hz zu berücksichtigenden Entfernungen liegen bei 2000 m für Fernmeldeleitungen und bei 1000 m bei Rohrleitungen [N16.6, N16.7].

Der früher in Deutschland in der Gl. (16.100) zusätzlich verwendete Erwartungsfaktor $w = 0{,}7$ wurde eingeführt unter der Annahme, dass man $I_{0\text{k}}$ nur als grob geschätzten Wert für Schaltanlagen kennt. Bei den heutigen Möglichkeiten zur Kurzschlussstromberechnung, gezielt für den betrachteten Beeinflussungsabschnitt, ist $w = 1$ zu setzen, um Ergebnisse auf der unsicheren Seite zu vermeiden.

Sind mehrere Näherungsabschnitte l_1, l_2, l_3 im Bereich bis zu dem Grenzabstand G, wie im Bild 16.36 gezeichnet, vorhanden, so addiert man die für die Einzelabschnitte nach Gl. (16.100) berechneten induzierten Spannungen. Bei entgegengesetztem Verlauf kann auch eine Subtraktion notwendig werden. Bei einer schrägen Näherung der Leiter darf statt der aufwändigen Integration

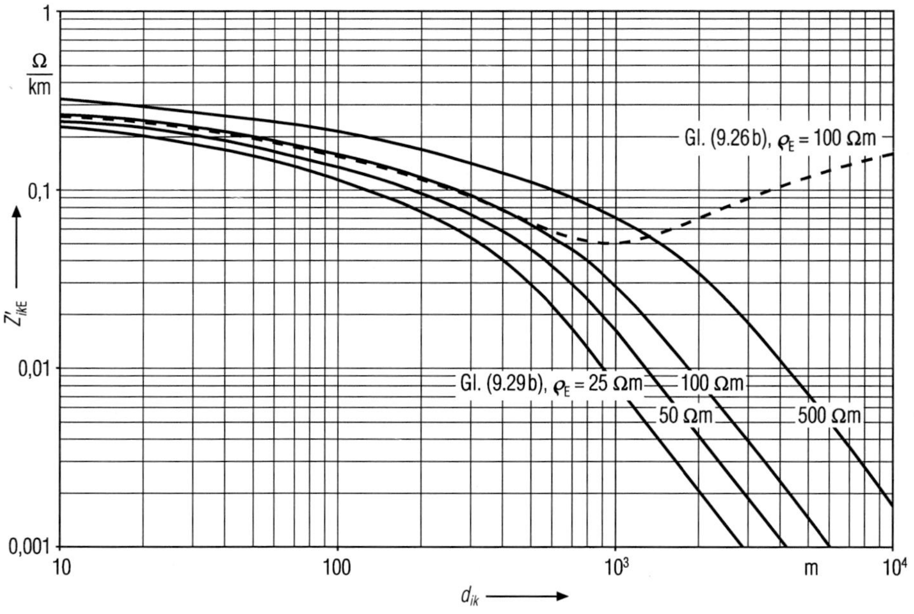

Bild 16.35. Gegenimpedanzbelag Z'_{ikE} bei $f = 50$ Hz abhängig von d_{ik} (Bild 9.14) und von ρ_E. Leiterhöhen: $h_i = 10$ m; $h_k = 4$ m. Gl. (9.29b) lässt auch negative Werte für h_k zu. Für Beeinflussungsberechnungen in Deutschland (mitteleuropäisches Flachland) wird häufig $\rho_E = 50\ \Omega\text{m}$ verwendet

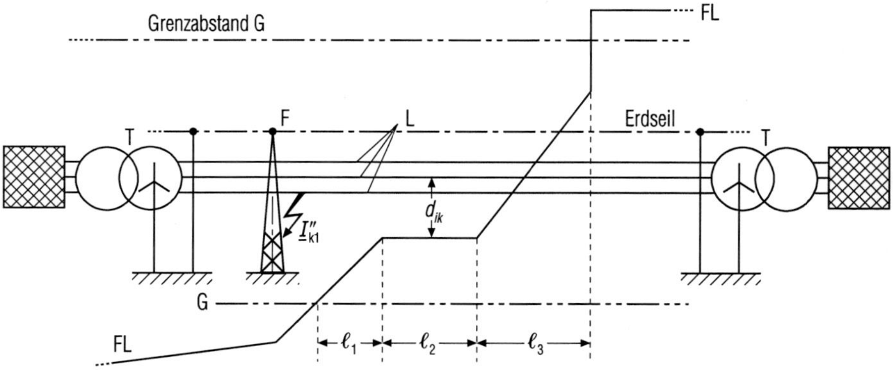

Bild 16.36. Näherung zwischen einer Fernmeldeleitung und einer Hochspannungsfreileitung. T Transformator mit Sternpunkterdung, L Drehstrom-Hochspannungsfreileitung mit Erdseil; FL Fernmeldeleitung (Kabel oder Freileitung); l_1, l_2, l_3 Näherungsabschnitte; G Grenze bestimmt durch Grenzabstand (2000 m)

die Gegenimpedanz mit dem geometrischen Mittel aus den Abständen am Anfang und am Ende bestimmt werden, solange der Quotient der beiden Abstände zwischen einem Drittel und drei liegt [1.24].

In Stadtgebieten, insbesondere in Großstädten, wird der wirksame spezifische Erdwiderstand durch Rohrleitungen, Kabel und Straßenbahnschienen beeinflusst. Der wirksame spezifische Erdwiderstand kann dann kleine Werte annehmen. Diese Erscheinung wird manchmal auch durch einen eigenen Reduktionsfaktor in Gl. (16.100), den sogenannten Zivilisationsfaktor, berücksichtigt. Die Gegenimpedanz wird in diesem Falle dann mit $\rho_E = 50\ \Omega m$ berechnet.

17 Überspannungen und Isolationskoordination

17.1 Übersicht

Betriebsmittel und Anlagen müssen der Spannungsbeanspruchung sowohl im stationären als auch im nichtstationären Betrieb standhalten. Die Spannungsbeanspruchung tritt auf in Form der höchsten betriebsfrequenten Dauerspannung im fehlerfreien Betrieb, zeitweiliger Spannungserhöhungen, Schaltüberspannungen und Blitzüberspannungen. Nach der Ursache ihres Entstehens werden Schaltüberspannungen auch als innere und Blitzüberspannungen als äußere Überspannungen bezeichnet. Die wichtigsten Ursachen werden behandelt und später im Sinne der Isolationskoordination klassifiziert.

Die Isolierung der Betriebsmittel wird durch das elektrische Feld beansprucht. Die Beanspruchung hängt damit außer von der Form, der Amplitude und Zeitdauer der Überspannung auch von der Isolieranordnung ab. Das Durchschlagsverhalten gasförmiger, flüssiger und fester Isolierstoffe unterscheidet sich grundsätzlich. Es hängt auch vom Alterungsverhalten, von lokalen Störstellen und den Umgebungsbedingungen in Form von Druck, Temperatur und Feuchte ab. Man unterscheidet deshalb zwischen äußeren Isolierungen, die äußeren Einwirkungen wie Verschmutzung, Feuchtigkeit u. a. ausgesetzt sind, und inneren Isolierungen, die vor äußeren Einwirkungen geschützt werden.

Ziel der Isolationskoordination ist es, die Spannungsfestigkeit der Betriebsmittel mit den in einem Netz auftretenden Spannungserhöhungen und Überspannungen unter Berücksichtigung der Eigenschaften der Isolierung, der Umgebungsbedingungen und der Überspannungs-Schutzeinrichtungen so abzustimmen, dass die Überschlags- oder Durchschlagswahrscheinlichkeit auf ein wirtschaftlich und betrieblich vertretbares Maß reduziert wird.

Sowohl die Festigkeit der Isolierung als auch die Spannungsbeanspruchung haben stochastischen Charakter, sind also als Zufallsgrößen anzusehen. Bei der deterministischen Isolationskoordination werden Festwerte für die Überspannungen und die Stehspannung angenommen (angenommener Maximalwert für die Überspannungen und Minimalwert für die Stehspannung), während bei der statistischen Isolationskoordination die Verteilungsfunktio-

D. Oeding, B. Oswald, *Elektrische Kraftwerke und Netze*,
doi 10.1007/978-3-642-19246-3, © Springer 2011

nen für die Überspannungen und Stehspannungen zugrunde gelegt werden. Bei vorliegenden Verteilungsfunktionen bzw. Dichtefunktionen wählt man für die deterministische Isolationskoordination als Festwert für die Überspannung den 2%-Überschreitungswert (nur 2% aller Überspannungen sind größer als dieser Wert) und für die Stehspannung von selbstheilenden Isolierungen den 90%-Stehwert (10%-Durchschlagswahrscheinlichkeit). Für nichtselbstheilende Isolierungen (Feststoffisolierungen) muss aufgrund fehlender Angaben zu einer Verteilungsfunktion von einer Zweipunktverteilung (100% Stehwahrscheinlichkeit) wie bei der deterministischen Isolationskoordination ausgegangen werden.

Das unterschiedliche Verhalten der Isolierungen, wegen ihrer unterschiedlichen Durchschlagmechanismen, gegenüber Form, Höhe und Dauer der Spannungsbeanspruchung, berücksichtigt man bei der Isolationskoordination durch die Klassifizierung und Einteilung der Überspannungen in Kategorien, denen entsprechende Stehspannungen und Prüfverfahren zugeordnet werden. Da einerseits die Spannungsbeanspruchung durch den Einsatz von Überspannungs-Schutzgeräten begrenzt werden kann und andererseits das Stehvermögen durch isolationsmindernde Einflüsse wie Alterungsprozesse, Verschmutzung und andere Umwelteinflüsse herabgesetzt wird, spielen beide Einflüsse eine wichtige Rolle bei der Isolationskoordination.

17.2 Spannungserhöhungen

17.2.1 Zeitweilige Spannungserhöhung bei Erdschluss

Die zeitweilige betriebsfrequente Spannungserhöhung bei Erdschluss oder Erdkurzschluss wird durch den Erdfehlerfaktor $\delta = U_{\mathrm{LE}}/U^{\mathrm{b}}_{\mathrm{LE}}$ gekennzeichnet. Der höchste Wert ergibt sich bei Erdschluss in Netzen mit isoliertem Sternpunkt oder mit Erdschlusskompensation (Kap. 16).

17.2.2 Zeitweilige Spannungserhöhung bei Lastabwurf, Ferranti-Effekt

Bei Lastabwurf an einem Generator nimmt die Generatorklemmenspannung den Wert der inneren Generatorspannung an. Im ersten Augenblick erfolgt ein sprunghafter Anstieg auf die subtransiente Spannung, die vom vorausgegangenen Lastzustand abhängt. Im VZS gilt:

$$\underline{U}'' = \underline{U}^{\mathrm{b}}_{1\mathrm{G}} - (R_{\mathrm{G}} + \mathrm{j}X''_{\mathrm{d}})\underline{I}^{\mathrm{b}}_{1\mathrm{G}} \tag{17.1}$$

Erfolgt der Lastabwurf auf der Oberspannungsseite des Blocktransformators, so ist zusätzlich das Übersetzungsverhältnis t zu berücksichtigen:

$$U_{1\mathrm{OS}} = tU'' \tag{17.2}$$

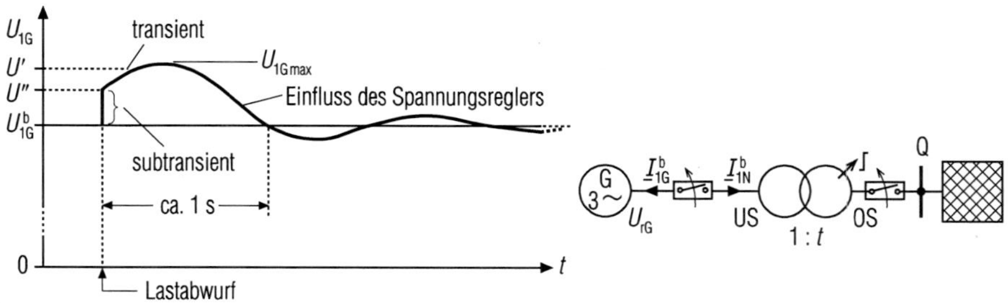

Bild 17.1. Zeitweilige betriebsfrequente Spannungserhöhung an den Generatorklemmen nach Lastabwurf aus dem übererregten Betrieb

Ohne Wirkung des Spannungsreglers würde die Generatorspannung von U'' aus auf die Polradspannung U_p ansteigen. Der Spannungsregler kann diesen Anstieg aufgrund seiner verzögerten Wirkung nicht sofort aufhalten, aber doch etwa auf die transiente Spannung begrenzen und danach auf den Sollwert der Spannung zurückführen, wie Bild 17.1 zeigt.

$$\underline{U}' = \underline{U}_{1G}^{b} - (R_G + jX_d')\underline{I}_{1G}^{b} \tag{17.3}$$

Ohne genaue Untersuchung unter Einbeziehung des Spannungsreglers und des Erregersystems rechnet man häufig mit Lastabwurffaktoren

$$\delta_L = \frac{U_{1G\max}}{U_{1G}^{b}} \tag{17.4}$$

und setzt $\delta_L = 1{,}3$ für Turbogeneratoren und $\delta_L = 1{,}5$ für Schenkelpolgeneratoren, die in der Regel höhere Werte für die subtransiente und die transiente Reaktanz haben als Turbogeneratoren (Anhang A.4). Bei Lastabwurf im Netz, (elektrisch) weit entfernt von den Generatoren, rechnet man häufig mit $\delta_L = 1{,}05\ldots1{,}1$.

Wird die Last am Ende einer Leitung abgeworfen, wie im Bild 17.2 dargestellt, so ergibt sich nach Gl. (9.116) mit $\underline{I}_{1E} = 0$ für die Spannung am Ende ohne Ladestromspulen:

$$\frac{\underline{U}_{1E}}{\underline{U}_{1A}} = \frac{1}{\cosh \underline{\gamma}_1\, l} \tag{17.5a}$$

Die sich am Leitungsende einstellende Spannungserhöhung wird als Ferranti-Effekt bezeichnet. Für die verlustlos betrachtete Leitung gilt $\underline{\gamma}_1 = j\beta_1 = j\omega\sqrt{L_1'C_1'} = j\omega\sqrt{\mu_0\varepsilon_0} = j\omega / c$ und $\beta_1 l = \omega l/c = \omega\tau$ und somit:

$$\frac{\underline{U}_{1E}}{\underline{U}_{1A}} = \frac{U_{1E}}{U_{1A}} = \frac{1}{\cos\beta_1 l} = \frac{1}{\cos\omega\tau} \tag{17.5b}$$

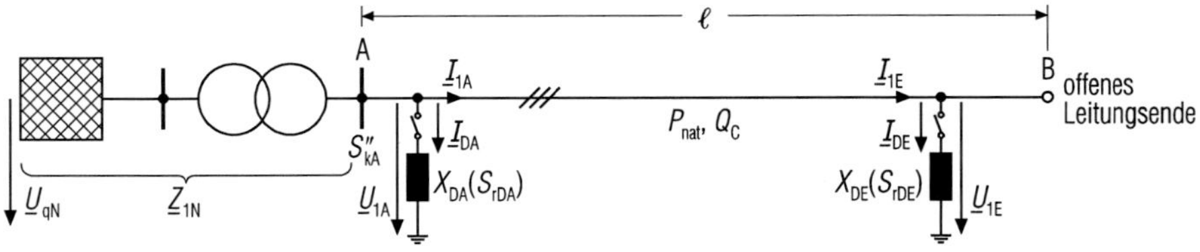

Bild 17.2. Hochspannungs-Freileitungsübertragung mit offenem Leitungsende, gespeist aus einem Netz mit $\underline{Z}_{1N}$ und der Kurzschlussleistung S''_{kA} am Anschlusspunkt der Leitung. Ladestromspulen X_{DA} und X_{DE} bei U_n^2/S_{rD}

Bei 50 Hz und c = 300 000 km/s ergibt sich $\beta_1 = \omega/c = 2\pi/6000$ km. Für $\beta_1 l = \pi/2$ wird $\cos\beta_1 l = 0$. Nach Gl. (17.5b) würde dann U_{1E} unendlich groß werden. Dieser Fall würde für 50 Hz bei einer Leitungslänge von 1500 km eintreten.

Aus Gl. (9.116) ergibt sich bei $\underline{U}_{1A} = \underline{U}_{qN} - \underline{Z}_{1N}\underline{I}_{1A}$ und $\underline{I}_{1A} = (\underline{U}_{1E}/\underline{Z}_{W1})\sinh\gamma_1 l$ bezogen auf die Quellenspannung des Netzes:

$$\frac{\underline{U}_{1E}}{\underline{U}_{qN}} = \frac{\underline{U}_{1A}}{\underline{U}_{qN}}\cdot\frac{\underline{U}_{1E}}{\underline{U}_{1A}} = \frac{\cosh\underline{\gamma}_1 l}{\cosh\underline{\gamma}_1 l + \dfrac{\underline{Z}_{1N}}{\underline{Z}_{W1}}\sinh\underline{\gamma}_1 l}\cdot\frac{1}{\cosh\underline{\gamma}_1 l} \tag{17.6a}$$

Für die verlustlose Leitung und $R_{1N} = 0$ vereinfacht sich Gl. (17.6a) mit $\underline{Z}_{W1} = U_n^2/P_{nat}$ und $X_{1N} = 1{,}1\,U_n^2/S''_{kA}$ zu:

$$\frac{U_{1E}}{U_{qN}} = \frac{U_{1A}}{U_{qN}}\cdot\frac{U_{1E}}{U_{1A}} = \frac{\cos\beta_1 l}{\cos\beta_1 l - 1{,}1\,\dfrac{P_{nat}}{S''_{kA}}\sin\beta_1 l}\cdot\frac{1}{\cos\beta_1 l} \tag{17.6b}$$

Bild 17.3 zeigt die nach Gl. (17.6b) berechneten Spannungsverhältnisse ohne Kompensation. S''_{kA}/P_{nat} = 2,5 kann sich ergeben, wenn die Leitung an ein einzelnes Kraftwerk angeschlossen ist.

Zur Vermeidung oder Minderung der Spannungsanhebung bei Lastabwurf tragen Ladestromspulen bei, die am Anfang und Ende der Leitung angeschlossen werden. Mit den Reaktanzen X_{DA} und X_{DE} lässt sich aus Gl. (9.116) folgende Beziehung herleiten:

$$\frac{\underline{U}_{1E}}{\underline{U}_{qN}} = \frac{1}{\left[1 + \dfrac{\underline{Z}_{1N}}{\mathrm{j}X_{DA}} + \dfrac{\underline{Z}_{1N}}{\mathrm{j}X_{DE}}\right]\cosh\underline{\gamma}_1 l + \left[\dfrac{\underline{Z}_{1N}}{\underline{Z}_{W1}} + \dfrac{\underline{Z}_{W1}}{\mathrm{j}X_{DE}}\left(1 + \dfrac{\underline{Z}_{1N}}{\mathrm{j}X_{DA}}\right)\right]\sinh\underline{\gamma}_1 l} \tag{17.7a}$$

Ohne Berücksichtigung der Verluste vereinfacht sich Gl. (17.7a), wenn man wieder S''_{kA}, P_{nat} und $S_{rD} = U_n^2/X_D$ für die Ladestromspulen einführt:

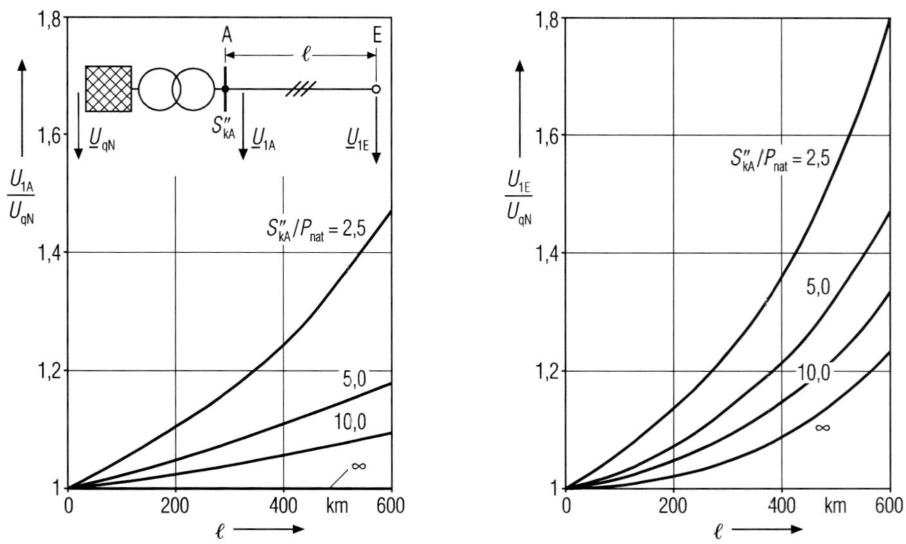

Bild 17.3. Spannung am Anfang und am Ende der am Ende offenen Leitung mit S''_{kA} am Anschlusspunkt ohne Ladestromspulen

$$\frac{\underline{U}_{1E}}{\underline{U}_{qN}} = \frac{U_{1E}}{U_{qN}} = \frac{1}{\left[1+1{,}1\,\dfrac{S_{rDA}}{S''_{kA}}+1{,}1\,\dfrac{S_{rDE}}{S''_{kA}}\right]\cos\beta_1 l - \left[1{,}1\,\dfrac{P_{nat}}{S''_{kA}} - \dfrac{S_{rDE}}{P_{nat}}\left(1+1{,}1\,\dfrac{S_{rDA}}{S''_{kA}}\right)\right]\sin\beta_1 l} \tag{17.7b}$$

Die Gln. (17.7) enthalten als Sonderfälle auch die Gln. (17.6). Ist eine Ladestromspule nicht vorhanden, so ist die betreffende Reaktanz in Gl. (17.7 a) unendlich groß zu setzen, wodurch der entsprechende Ausdruck verschwindet. Für $\underline{Z}_{1N} = 0$ ist eine Ladestromspule am Anfang der Leitung unwirksam, denn aus Gl. (17.7 a) folgt für diesen Fall:

$$\frac{\underline{U}_{1E}}{\underline{U}_{qN}} = \frac{1}{\cosh \underline{\gamma}_1 l + \dfrac{\underline{Z}_{W1}}{jX_{DE}} \sinh \underline{\gamma}_1 l} \tag{17.8}$$

Im Bild 17.4 sind die Spannungsverhältnisse für eine kompensierte Leitung entsprechend Gl. (17.7b) dargestellt. Dem Verhältnis $S''_{kA}/P_{nat} = 5$ entspricht eine Kurzschlussleistung von etwa 3000 MVA bei 380 kV und etwa 1100 MVA bei 750 kV.

Den Einfluss der Ladestromspulen auf den Betriebszustand und die Höhe der zeitweiligen Spannungsanhebung bei anschließendem Lastabwurf zeigt Bild 17.5. Dargestellt sind die Leiter-Erde-Spannungen in Abhängigkeit von der Entfernung von der Einspeisestelle bezogen auf die höchste dauernd

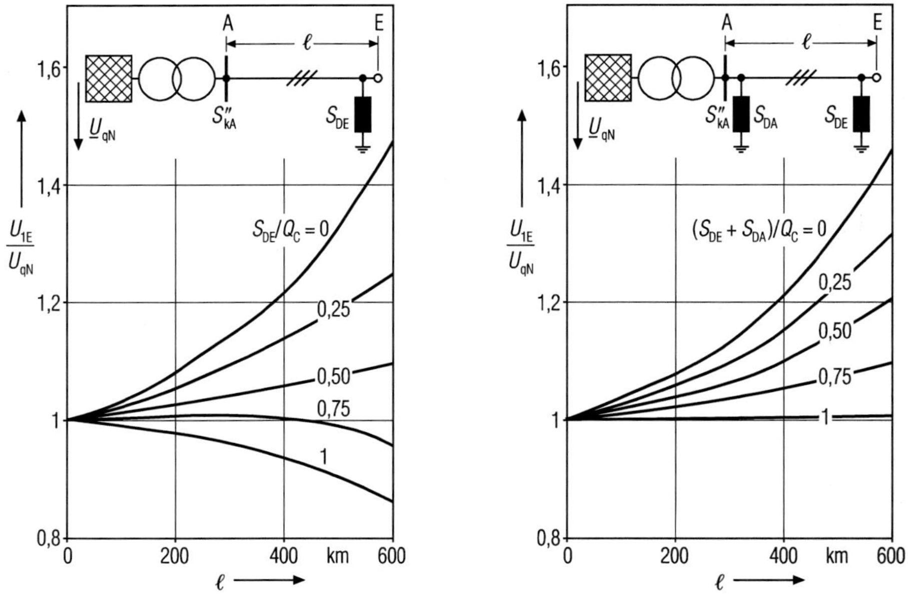

Bild 17.4. Spannung am Ende einer am Ende oder am Anfang und Ende mit Ladestromspulen beschalteten Leitung, gespeist aus einem Netz mit $S''_{kA}/P_{nat} = 5$

zulässige Spannung $U_m/\sqrt{3} = 765\,kV/\sqrt{3}$ [12.30]. Die Kraftwerksleistung von 2500 MVA setzt sich aus mehreren Blöcken zusammen. Die Speisung der Leitung erfolgt über Netztransformatoren aus dem 380-kV-Netz. Durch die Reihenschaltung von zwei Transformatoren erreicht die Kurzschlussleistung am Leitungsanfang nur etwa das 2,5- bis 3fache der natürlichen Leistung der 750-kV-Leitung. Die Ladestromspulen werden am Anfang und Ende der Leitung fest angeschlossen. Für die Generatoren wird die Ersatzschaltung mit der transienten Spannung hinter der transienten Reaktanz zugrunde gelegt.

Die Kurve *1* im Bild 17.5 für die leerlaufende Leitung mit $U_{1E} = U_m/\sqrt{3}$ zeigt, wie die (auf 750 kV umgerechnete) Generatorspannung zurückgenommen werden muss, damit die Spannung am Leitungsende nicht den dauernd zulässigen Wert überschreitet. Bei reiner Wirkbelastung der Leitung mit $U_{1A} = U_m/\sqrt{3}$ (Kurve *2*) ist der Generator übererregt. Wird diese Last am Leitungsende abgeworfen, so stellt sich dort eine zeitweilige maximale Spannungsanhebung auf etwa $U_{1E} = 1{,}5U_m/\sqrt{3}$ ein. Die Kurven *4* für die Leiter L1, L2 und L3 gelten für Lastabwurf mit gleichzeitigem Erdkurzschluss im Leiter L1. Die Spannungen in den nicht vom Erdkurzschluss betroffenen Leitern hängen vom Verhältnis $\underline{Z}_1/\underline{Z}_0$ ab. Im Bild 17.5 tritt die höchste Spannungsanhebung von etwa $U_{1E} = 1{,}7U_m/\sqrt{3}$ im Leiter L3 auf.

Einen Eindruck vom Einfluss der Bemessungsleistung der Ladestromspulen auf die zeitweilige Spannungserhöhung bei Lastabwurf vermittelt Bild 17.6.

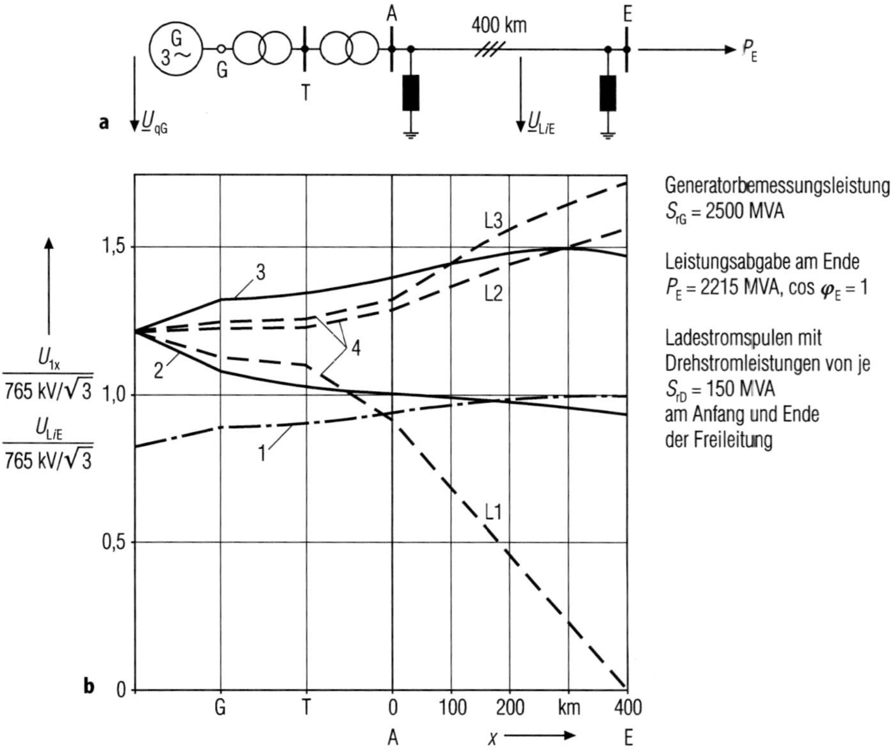

Bild 17.5 a, b. Betriebsfrequente Leitererdespannung bei einer 400 km langen 765-kV-Leitung [12.30]. **a** Netzschaltplan; **b** Betriebsfrequente Spannung bezogen auf 765 kV/ $\sqrt{3}$ *1* Leerlauf; *2* Abgabe von $P_E = 2215$ MW am Leitungsende mit $\cos\varphi_E = 1$; *3* Lastabwurf mit U_{qG} wie für Kurve *2*; *4* Lastabwurf mit Erdkurzschluss des Leiters L1 am Leitungsende mit U_{qG} wie für Kurve *2* für die drei Leiter L1, L2, L3

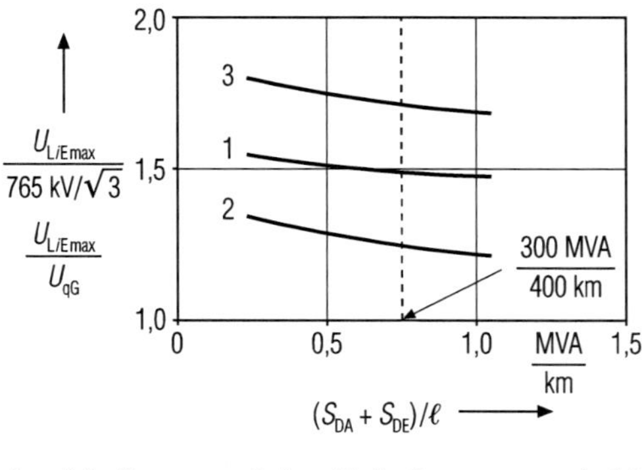

Bild 17.6. Maximale betriebsfrequente Leiter-Erde-Spannungen bei Lastabwurf und Erdkurzschluss für die Anordnung nach Bild 17.5a bei unterschiedlicher Leistung der Ladestromspulen ($P_E = 2215$ MW, $\cos\varphi_E = 1$). *1* Lastabwurf bezogen auf 765 kV/ $\sqrt{3}$; *2* Lastabwurf bezogen auf U_{qG}; *3* Lastabwurf bei Erdkurzschluss bezogen auf 765 kV/ $\sqrt{3}$

17.2.3 Spannungserhöhung durch kapazitive Unsymmetrie

In Netzen mit isoliertem Sternpunkt oder mit Erdschlusskompensation stellt sich auch im fehlerfreien Betrieb aufgrund der kapazitiven Unsymmetrie der Leitungen eine Sternpunkt-Erde-Spannung $\underline{U}_{ME}$ (Verlagerungsspannung) ein, die sich wie folgt auf die Leiter-Erde-Spannungen auswirkt, wenn man $\underline{U}_{qLi}$ für die Leiter-Erde-Spannungen bei vollständiger Symmetrie verwendet (Bild 17.7b).

$$\underline{U}_{Li} = \underline{U}_{qLi} + \underline{U}_{ME} = \underline{U}_{qLi}(1 + \underline{U}_{ME} / \underline{U}_{qLi}); \quad i = 1, 2, 3 \tag{17.9}$$

Die Verlagerungsspannung $\underline{U}_{ME}$ hängt vom Dämpfungsgrad d im Nullsystem (Gl. (16.10)), dem Verstimmungsgrad v (Gl. (16.9)) und einem Unsymmetriefaktor $\underline{k}$ ab:

$$\underline{U}_{ME} = \frac{\underline{k}}{d + \mathrm{j}v} \underline{U}_{qL1} \quad \text{mit} \quad \underline{k} = -\mathrm{j} \frac{C_{L1E} + \underline{a}^2 C_{L2E} + \underline{a} C_{L3E}}{C_{L1E} + C_{L2E} + C_{L3E}} \tag{17.10}$$

Der Betrag U_{ME} hat abhängig von v die Form einer Glockenkurve mit dem Maximum kU_{qL1}/d bei $v = 0$. U_{ME} und die sich bei einem extremen Beispiel ergebenden Leiter-Erde-Spannungen sind im Bild 17.7 als bezogene Größen dargestellt.

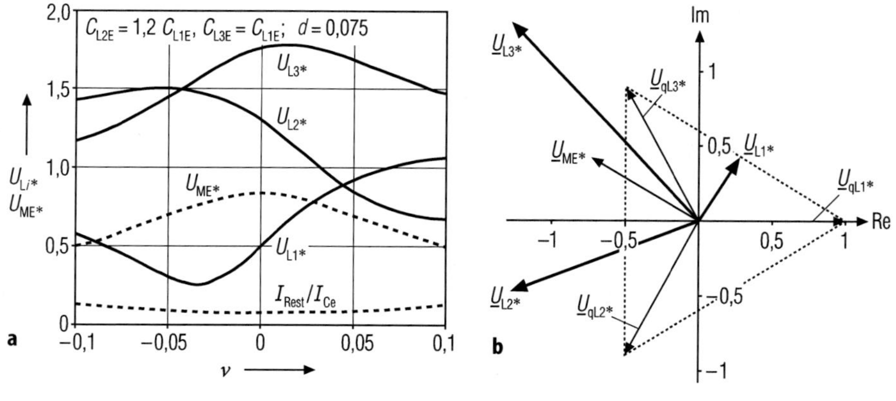

Bild 17.7 a, b. Verlagerungsspannung in Abhängigkeit vom Verstimmungsgrad (Beispiel). a Beträge der kapazitiven Verlagerungsspannung und der Leiter-Erde-Spannungen (eingezeichnet ist auch der Reststrom (Gl. (16.11b)) bezogen auf den kapazitiven Erdschlussstrom); b Zeigerdarstellung

17.2.4 Resonanzüberspannungen

Nicht betriebsfrequente Resonanzüberspannungen entstehen bei Anregung einer oder mehrerer Eigenfrequenzen des Netzes durch Oberschwingungen. Bei Anregung eines Reihenschwingkreises entstehen Überspannungen und bei Anregung eines Parallelschwingkreises Überströme mit der Eigenfrequenz des angeregten Schwingkreises. Durch den Einsatz von Saugkreisanlagen (Abschn. 12.6.4), die auf die anregenden Oberschwingungen abgestimmt werden, können Oberschwingungsströme kurzgeschlossen und gleichzeitig die Netzeigenwerte aus dem Resonanzbereich verschoben werden.

Unter Ferroresonanzen versteht man Resonanzerscheinungen zwischen eisengesättigten Induktivitäten und Kapazitäten. Bei der sog. Selbsterregung der Generatoren handelt es sich um einen betriebsfrequenten Resonanzzustand zwischen der Hauptinduktivität eines Generators und den Kapazitäten einer leerlaufenden Leitung (Abschn. 18.2.3). Dabei stellen sich relativ hohe Überspannungen, die durch den Schnittpunkt der gekrümmten Magnetisierungskennlinie des Generators mit der Kapazitätsgeraden der Leitung bestimmt werden, ein [17.70]. Im Fall der Selbsterregung bezieht der Generator seine Magnetisierungsblindleistung vollständig von den Leitungskapazitäten. Die Resonanzbedingung lautet $X_{hd} - X_{1C} - X_{\sigma}$ und wird erst bei relativ langen Leitungen erreicht und kann dann beispielsweise als Folge eines Lastabwurfs am Leitungsende auftreten. Zur Vermeidung der Selbsterregung werden Ladespulen eingesetzt.

In Netzen mit isoliertem Sternpunkt kann es zur Resonanz zwischen der nichtlinearen Magnetisierungskennlinie einpolig geerdeter Spannungswandler und den Erdkapazitäten kommen. Typisch für diesen Resonanzzustand ist der sprungförmige Wechsel des Arbeitspunktes vom positiven zum negativen Ast der Magnetisierungskurve und zurück im Takt der erregenden Spannung. Der Vorgang wird deshalb auch als Kippschwingung bezeichnet. Neben der Grundfrequenz treten auch höhere Harmonische in der Spannung auf. Sie können durch Beschaltung der Tertiärseite der Spannungswandler mit einem Dämpfungswiderstand beseitigt werden.

Resonanzüberspannungen werden bei der Isolationskoordination nicht berücksichtigt. Man geht davon aus, dass sie durch Gegenmaßnahmen vermieden oder weitgehend unterdrückt werden können.

17.3 Innere Überspannungen

17.3.1 Transiente Erdschlussüberspannungen

Die transienten Erdschlussüberspannungen werden durch den Ausgleichsvorgang zwischen den betriebsfrequenten Spannungen unmittelbar vor und nach dem Erdschlusseintritt verursacht. Hat man die betriebsfrequenten Spannungen bei Erdschluss ermittelt, so kann man bereits eine grobe Aussage zu den Höchstwerten der transienten Anteile treffen, da sich ohne Dämpfung ein Überschwingen auf den doppelten Wert der Differenz zwischen den betriebsfrequenten Spannungen vor und nach Erdschlusseintritt ergibt.

Bild 17.8 zeigt beispielhaft die Spannungsverläufe bei Erdschluss des Leiters L1 im Spannungsmaximum. Die Spannungen in den nicht vom Erdschluss betroffenen Leitern L2 und L3 nehmen im stationären Zustand den $\sqrt{3}$-fachen Wert gegenüber dem Ausgangszustand vor Erdschlusseintritt an (Erdfehlerfaktor $\delta = \sqrt{3}$, Kap. 16). Der Übergang erfolgt, da sich die Spannungen an den Leiter-Erde-Kapazitäten nicht sprunghaft ändern können, in Form eines transienten Ausgleichsvorganges. Die transienten Anteile weisen Eigenfrequenzen in der Größenordnung einiger Hundert Hertz auf und werden stark gedämpft. Sie hängen hauptsächlich von den Induktivitäten und Kapazitäten des Mitsystems und damit von der Netznennspannung und der Netzausdehnung ab. Ohne Berücksichtigung der Dämpfung würde der transiente Spannungsanteil genau auf den doppelten Wert der Änderung der betriebsfre-

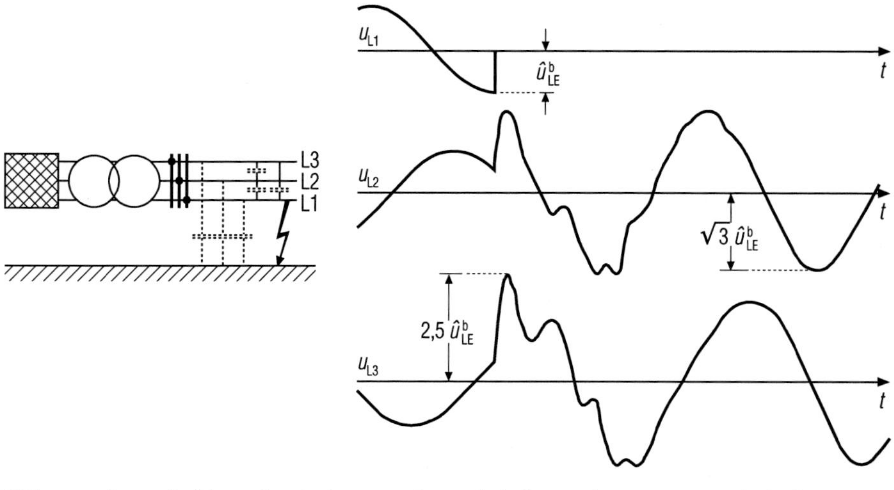

Bild 17.8 a, b. Erdschluss des Leiters L1 im Scheitelwert der Spannung bei einer Einschwingfrequenz des Netzes von etwa 300 Hz. **a** Netzschaltung; **b** Ausgleichsvorgang der Spannungen

quenten Spannung unmittelbar nach Erdschlusseintritt überschwingen, wobei ohne Dämpfung ein Spannungsmaximum von $u_{\mathrm{LEmax}} = (0{,}5 + 1 + 1)\hat{u}^{\mathrm{b}}_{\mathrm{LE}} = 2{,}5\hat{u}^{\mathrm{b}}_{\mathrm{LE}}$ erreicht würde (Bild 16.3). Bei Erdschluss im Leiter L1 steigt der betriebsfrequente Anteil der Spannung im Leiter L3 zunächst noch von $1{,}5 \cdot \hat{u}^{\mathrm{b}}_{\mathrm{L3}}$ auf $\sqrt{3} \cdot \hat{u}^{\mathrm{b}}_{\mathrm{L3}}$ an. Würde man einen ungedämpften transienten Anteil überlagern, also die schnell wirkende Dämpfung vernachlässigen, so ergäbe sich ein theoretischer Höchstwert von $u_{\mathrm{LEmax}} = (1 + \sqrt{3})\hat{u}^{\mathrm{b}}_{\mathrm{LE}} = 2{,}73\hat{u}^{\mathrm{b}}_{\mathrm{LE}}$.

Bild 16.3 zeigt, dass sich bei isoliertem Sternpunkt nach der Löschung die Nullspannung zunächst im gesamten Netz als Gleichspannungskomponente erhält und sich im ehemals erdschlussbetroffenen Leiter innerhalb von 10 ms die doppelte betriebsfrequente Spannung aufbaut. Kommt es zu diesem Zeitpunkt zu einem erneuten Durchschlag an der Erdschlussstelle, so würde sich ohne Dämpfung $u_{\mathrm{LEmax}} = (0{,}5 + 1 + 2)\,\hat{u}^{\mathrm{b}}_{\mathrm{LE}} = 3{,}5\,\hat{u}^{\mathrm{b}}_{\mathrm{LE}}$ ergeben.

In Netzen mit Erdschlusskompensation und genauer Abstimmung schwingt das Nullsystem nach dem Verlöschen des Erdschlussstromes mit 50 Hz aus, wodurch die Spannung am ehemals erdschlussbetroffenen Leiter wesentlich langsamer als bei isoliertem Sternpunkt wiederkehrt und deshalb die Gefahr einer Neuzündung nicht besteht.

Die höchsten Überspannungen können bei aussetzenden Erdschlüssen, bei denen der Erdschlussstrom bereits im ersten Nulldurchgang der Ausgleichsschwingung verlischt entstehen. Theoretisch sind dabei sehr hohe Überspannungen möglich [17.8]. Die Neigung zu intermittierenden Erdschlüssen besteht insbesondere bei kleinen Erdschlussströmen mit instabilen Lichtbögen ($I_{\mathrm{Ce}} < 10$ A). Das Oszillogramm eines aussetzenden Erdschlusses zeigt Bild 17.9. Als Überspannungsfaktor k wird dabei im Allgemeinen der Augenblickswert der Überspannung bezogen auf den Scheitelwert der höchsten dauernd zulässigen Leiter-Erde-Spannung bezeichnet: $k = u_{\ddot{\mathrm{u}}}/(\sqrt{2}\,U_{\mathrm{m}}/\sqrt{3})$. Die Angaben im Bild 17.9 beziehen sich auf $k = u_{\ddot{\mathrm{u}}}/\hat{u}^{\mathrm{b}}_{\mathrm{LE}}$, wobei $\hat{u}^{\mathrm{b}}_{\mathrm{LE}}$ der Scheitelwert der betriebsfrequenten Leiter-Erde-Spannung vor dem Erdschluss ist (Gl. (16.3)).

Unter ungünstigen Bedingungen kann es auch beim Übergang in einen Doppelerdkurzschluss als Folge eines stehenden Erdschlusses zu höheren Überspannungen als beim Eintritt eines einfachen Erdschlusses kommen.

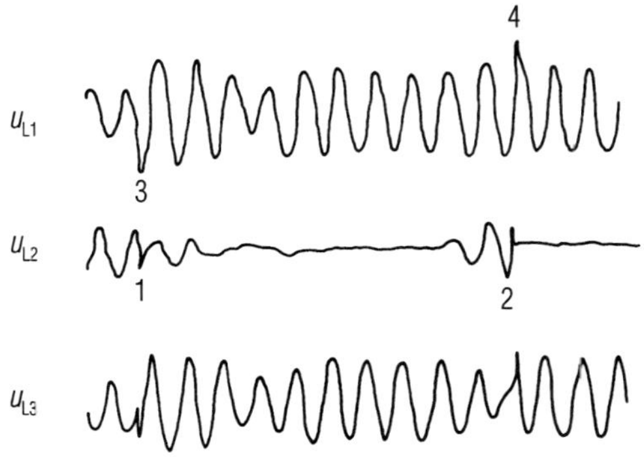

Bild 17.9. Aussetzender Erdschluss bei starker Verstimmung der Erdschlusskompensation. *1* Erster Erdschluss im Leiter L2; *2* zweiter Erdschluss im Leiter L2; *3* $k = 2{,}3$; *4* $k = 2{,}6$ (Gl. 16.3)

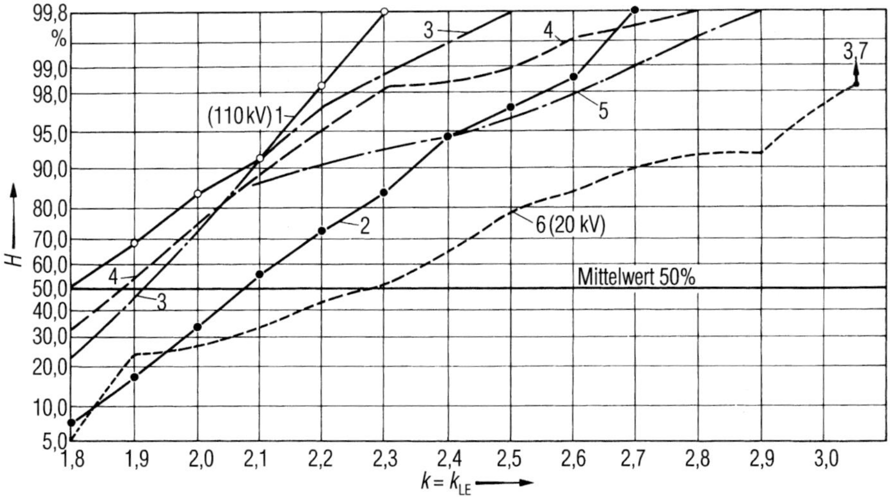

Bild 17.10. Summenhäufigkeit H der Überspannungsfaktoren $k = k_{\text{LE}}$ für drei verschiedene 110-kV-Netze mit Erdschlusskompensation und ein 20-kV-Netz (Beim 20-kV-Netz nur Auswertung von Folgefehlern) [17.30]. *1* Messstelle Nördlingen im 110-kV-Netz der EVS, 58 Erdschlüsse, $k_{\max} = 2{,}3$; *2* Messstelle Grünkraut an einem Ausläufer des 110-kV-Netzes der EVS, 79 Erdschlüsse, $k_{\max} = 2{,}7$; *3* Messstelle Karlsfeld im 110-kV-Netz der Bayernwerke, 217 Erdschlüsse, $k_{\max} = 2{,}5$; *4* Messstelle Aschaffenburg im 110-kV-Netz der Bayernwerke, 208 Erdschlüsse, $k_{\max} = 2{,}8$; *5* 110-kV-Netz der Pfalzwerke, 98 Erdschlüsse, $k_{\max} = 2{,}9$; *6* Auswertung von 41 Folgefehlern in einem 20-kV-Netz, $k_{\max} = 3{,}7$ (die Auswertung von 121 einfachen Erdschlüssen im gleichen Netz hat einen Mittelwert $k = 1{,}9$ ergeben und $k_{\max} = 2{,}9$)

Bild 17.10 zeigt die Auswertung von Überspannungsmessungen in 110-kV- und 20-kV-Netzen über einen Zeitraum von acht Jahren [17.30]. Ergibt sich annähernd eine Gerade wie bei den Kurven *1* und *2*, so liegt eine Normalverteilung vor. Bei den Kurven *3*, *4* und *5* im Bild 17.10 erkennt man ein starkes Abknicken im oberen Bereich. Für die höheren Werte der Überspannungsfaktoren sind zusätzliche Einflüsse wie aussetzender Erdschluss, Auftreten von Folgefehlern, z. B. Doppelerdkurzschluss, und Spannungserhöhungen im Nullsystem auf Ausläuferleitungen zur Erklärung heranzuziehen. Der höchste registrierte Wert $k_{\max} = 2{,}9$ der Verteilung *5* im Bild 17.10 trat z. B. im Verlauf eines aussetzenden Erdschlusses auf.

In Netzen mit niederohmiger Sternpunkterdung und einem Erdfehlerfaktor $\delta \leq 1{,}4$ hat die Ausgleichsschwingung auch eine kleinere Amplitude als in Netzen mit Erdschlusskompensation. Die Überspannungsfaktoren sind entsprechend geringer. In einem 220-kV-Netz mit niederohmiger Sternpunkterdung wurde während einer Beobachtungszeit von fünf Jahren ein maximaler Überspannungsfaktor von $k = 1{,}7$ gemessen.

Für Netze mit Erdschlusskompensation ist nur in 0,5 % aller Fälle mit einem Überspannungsfaktor größer als 2,8 zu rechnen. Nach [17.30] ergaben sich bei 1250 Messungen folgende Fälle mit $k > 2{,}8$: In 110-kV-Netzen ein Fall mit

$k = 2{,}9$ bei aussetzendem Erdschluss, ein Fall mit $k = 3{,}0$ bei Erdschluss im unterkompensierten Netz und ein Fall mit $k = 3{,}3$ bei einem Folgefehler und weiter in 20-kV-Netzen zwei Fälle mit $k = 3{,}0$ und ein Fall mit $k = 3{,}7$ (Bild 17.10, Kurve 6) bei Folgefehlern. Man kann daraus schließen, dass in Netzen mit langen Ausläuferleitungen und in Netzen mit starker Fehlkompensation relativ hohe Überspannungsfaktoren zu erwarten sind, wenn damit auch nicht alle „Ausreißer" zu erklären sind. In Netzen mit niederohmiger Sternpunkterdung ergeben sich bei Erdkurzschluss Überspannungsfaktoren $k < 2$, so dass hier andere innere Überspannungen, z. B. Schaltüberspannungen für die Isolationsbemessung maßgebend werden.

Ausführlich wird die Frage der transienten Erdschlussüberspannungen in [16.2, 16.8, 17.8, 17.30, 17.32] behandelt.

17.3.2
Überspannungen beim Schalten kleiner induktiver Ströme

Unter kleinen (im Vergleich zu Kurzschlussströmen) induktiven Strömen versteht man Ströme der Größenordnung bis etwa 100 A. Der wesentliche Unterschied bei der Ausschaltung kleiner und großer Ströme besteht darin, dass große Ströme im natürlichen Nulldurchgang oder in unmittelbarer Nähe desselben unterbrochen werden, während kleine Ströme aufgrund ihres instabilen Lichtbogens bereits deutlich vor dem Nulldurchgang abgerissen werden. Dabei spielen auch die Eigenschaften des Schalters eine Rolle. Man spricht in diesem Zusammenhang von harten und weichen Schaltern. Wie auch beim Ausschalten großer induktiver Ströme wirkt sich außerdem ungünstig aus, dass die betriebsfrequente Wiederkehrspannung am Schalter im Moment der Ausschaltung ihr Maximum oder nahezu ihr Maximum aufweist.

Typische Fälle für das Ausschalten kleiner Ströme sind das Ausschalten leerlaufender oder unterspannungsseitig mit Ladestromspulen belasteter Transformatoren, das Ausschalten von Ladestromspulen mit direktem Anschluss an die Hochspannungsleitung oder das Ausschalten von Hochspannungsmotoren.

Grundsätzliche Überlegungen über das Zustandekommen der Überspannungen beim Ausschalten kleiner induktiver Ströme lassen sich anhand der einfachen Anordnung im Bild 17.11 a anstellen.

Für die Seite B gelten nach der Lichtbogenlöschung ($i_S = 0$) folgende Beziehungen:

$$L_B \frac{di_{LB}}{dt} = u_B \quad \text{mit} \quad C_B \frac{du_B}{dt} = i_{CB} = -i_{LB} \tag{17.11}$$

Setzt man die zweite Gleichung und deren Ableitung in die erste Gleichung ein, so erhält man folgende homogene Differentialgleichung für die Spannung auf der Seite B:

$$L_B C_B \frac{d^2 u_B}{dt^2} + u_B = 0 \tag{17.12}$$

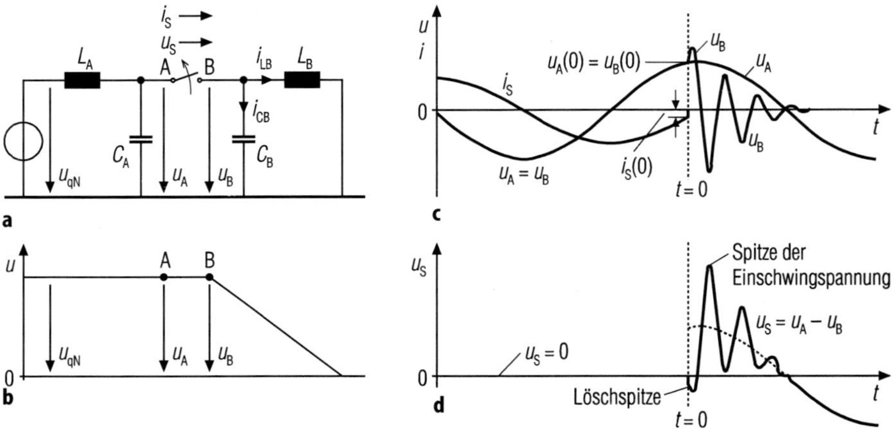

Bild 17.11 a–d. Ausschalten eines kleinen induktiven Stromes i_S mit „Stromabriß" $i_S(0)$ vor dem natürlichen Nulldurchgang des Stromes ohne Neuzündung im Schalter. **a** Schaltplan; **b** Effektivwerte der Spannungen vor dem Ausschalten $U_{qN} \approx U_A = U_B$; **c** zeitlicher Verlauf von i_S, u_A und u_B ohne Neuzündung im Schalter; **d** zeitlicher Verlauf von $u_S = u_A - u_B$ über dem Schalter

mit der allgemeinen Lösung:

$$u_B = k_1 e^{\lambda_1 t} + k_2 e^{\lambda_2 t} \tag{17.13}$$

und den Eigenwerten:

$$\lambda_{1,2} = \pm j \frac{1}{\sqrt{L_B C_B}} = \pm j\omega_{e0} \tag{17.14}$$

wobei ω_{e0} die Eigenkreisfrequenz des ungedämpften Schwingkreises ist. Die Konstanten k_1 und k_2 bestimmt man aus den Anfangsbedingungen für u_B und $du_B/dt = -i_{LB}/C_B$ bei $t = 0$, wobei $i_{LB}(0) = i_S(0)$ angenommen werden kann. Schließlich erhält man mit $Z_{WB} = \sqrt{L_B / C_B}$:

$$u_B = u_B(0) \cos \omega_{e0t} t - i_S(0) Z_{WB} \sin \omega_{e0} t \tag{17.15}$$

Der Augenblickswert des Abreißstromes in Gl. (17.15) ist vorzeichenbehaftet einzusetzen. Er ist im Bild 17.11 c negativ. Die zum Zeitpunkt der Ausschaltung im Schwingkreis auf der Seite B gespeicherte Energie muss erhalten bleiben und ist zum Zeitpunkt des Nulldurchgangs von i_{LB} ausschließlich in der Kapazität gespeichert:

$$\frac{1}{2} C_B u_{B\max}^2 = \frac{1}{2} L_B i_S^2(0) + \frac{1}{2} C_B u_B^2(0)$$

Daraus ergibt sich:

$$u_{\mathrm{Bmax}} = \sqrt{u_{\mathrm{B}}^2(0) + Z_{\mathrm{WB}}^2 i_{\mathrm{S}}^2(0)} \tag{17.16}$$

Auf der Seite A kommt es im Unterschied zum Ausschalten von Kurzschlussströmen zu keiner nennenswerten Ausgleichsschwingung (Bild 17.11c), da der relativ kleine Strom vor dem Ausschalten nahezu keinen Spannungsfall über der Induktivität L_{A} verursacht. Für die Spannung u_{A} kann deshalb $u_{\mathrm{A}} = u_{\mathrm{qN}} = \hat{u}_{\mathrm{qN}}\cos(\omega t + \varphi_{\mathrm{u}})$ angenommen werden. Damit ergibt sich für die Einschwingspannung über dem Schalter (Bild 17.10d):

$$u_{\mathrm{S}} = u_{\mathrm{A}} - u_{\mathrm{B}} = u_{\mathrm{qN}}\cos(\omega t + \varphi_{\mathrm{u}}) - u_{\mathrm{B}}(0)\cos\omega_{\mathrm{e0}}t + i_{\mathrm{S}}(0)Z_{\mathrm{WB}}\sin\omega_{\mathrm{e0}}t \tag{17.17}$$

Die Löschspitze im Bild 17.11 verursacht eine hohe Anfangssteilheit von u_{S}. Sie verschwindet bei Stromlöschung im natürlichen Nulldurchgang. Zur Betrachtung der ersten Spitzen der Einschwingspannung kann man die zeitliche Änderung von u_{A} noch vernachlässigen und erhält so für den ersten Zeitbereich den Näherungsausdruck:

$$u_{\mathrm{S}} = u_{\mathrm{B}}(0)(1 - \cos\omega_{\mathrm{e0}}t) + i_{\mathrm{S}}(0)Z_{\mathrm{WB}}\sin\omega_{\mathrm{e0}}t \tag{17.18}$$

Bild 17.12 zeigt die Ausschaltung eines Drehstrom-Spartransformators 400/231/30 kV auf der 220-kV-Seite bei Belastung nur mit einer an die Dreieckausgleichswicklung angeschlossenen 50-MVA-Ladestromspule. Ausgeschaltet wurde ein Strom von etwa 145 A in der Nähe des natürlichen Nulldurchganges. Als maximaler Überspannungsfaktor ergab sich $k_{\mathrm{LE}} = 1{,}65$ bezogen auf $\sqrt{2}\,U^{\mathrm{b}}/\sqrt{3}$ und ebenfalls $k_{\mathrm{LL}} = 1{,}65$ bezogen auf $\sqrt{2}\,U^{\mathrm{b}}$. Die Überspannungen werden bei den niedrigen Frequenzen (in diesem Fall 420 Hz) etwa linear auf

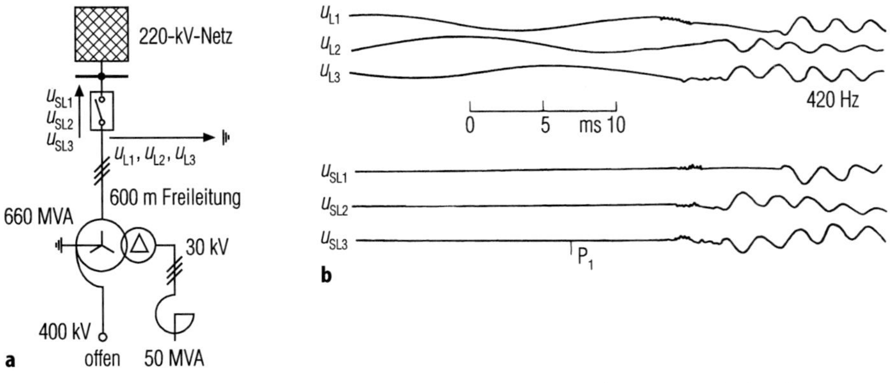

Bild 17.12 a, b. Leiter-Erde-Spannungen und Spannungen über dem Schalter beim Ausschalten eines mit einer 50-MVA-Ladestromspule belasteten Spartransformators 660 MVA (3×220 MVA). Ausschaltstrom etwa 145 A ohne Durchzünden der Schaltstrecken [17.50]. **a** Anordnung; **b** Oszillogramm; P_1 galvanische Trennung des ersten Schalterpols

die 380-kV- und die 30-kV-Seite des Transformators übertragen, so dass auch dort entsprechende Überspannungsfaktoren auftraten.

Erreicht die Einschwingspannung die Durchschlagspannung der sich nach der Lichtbogenlöschung wieder verfestigenden Schaltstrecke, so kommt es zu einer Neuzündung der Schaltstrecke. Die Spannung an der Kapazität C_B (Bild 17.11 a) wird schwingend auf die Netzspannung u_A umgeladen. Dabei wird Energie von der Seite B an das Netz abgegeben. Die Frequenz dieses Ausgleichsvorganges wird durch die Kapazitäten C_A und C_B und die dazwischen liegende relativ kleine Induktivität bestimmt und ist deshalb verhältnismäßig hoch (häufig einige kHz). Der Lichtbogen im Schalter kann im ersten folgenden Nulldurchgang dieser hochfrequenten Ausgleichsschwingung erneut löschen. Die noch vorhandene magnetische Energie der Induktivität L_B führt aber erneut zum Spannungsanstieg an C_B und u. U. zur erneuten Durchzündung. Dieses Durchzündspiel, das man am sägezahnförmigen Verlauf der Spannung Leiter gegen Erde auf der abgeschalteten Seite erkennt (Bilder 17.13 und 17.15), wird bei steigenden Amplituden der Spannung so lange fortgesetzt, bis durch Abbau der magnetischen Energie die Spannung über die Schaltstrecke kleiner wird als ihre Durchschlagspannung. Das Durchzünden des Schalters ist in diesem Fall durchaus erwünscht, um die Überspannungen herabzusetzen.

Bei Erdung des Transformatorsternpunkts können die Ströme in den einzelnen Leitern unabhängig voneinander fließen, so dass ein einpoliger Ersatzkreis ausreicht, um den Vorgang des mehrfachen Durchzündens zu beschreiben. Die Ausgleichsschwingung, die durch die magnetische Energie der Wicklung beim Abreißen des Magnetisierungsstromes auftritt, wird in ihrer Frequenz und Höhe bestimmt durch die Transformatorhauptinduktivität L_h (im Bild 17.11 durch L_B repräsentiert) und die in C_B zusammengefasste Kapazität der Zuleitung zwischen Schalter und Transformator sowie die Kapazität des Transformators selbst. Die größtmögliche Ausgleichsspannung auf der Seite B ergibt sich bei Stromabriss im Maximum des Magnetisierungsstromes.

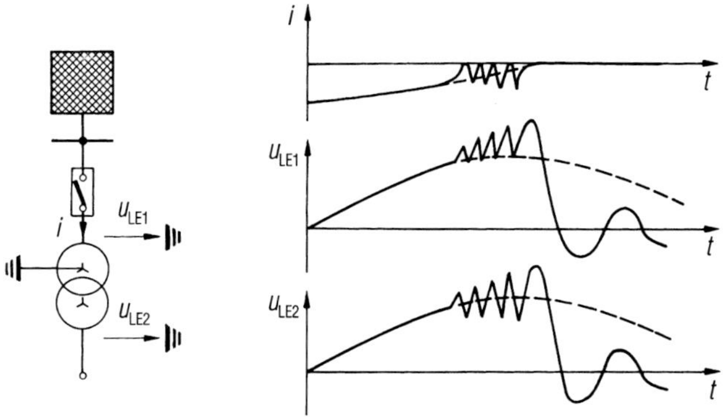

Bild 17.13. Ausschalten eines leer laufenden Transformators bei mehrmaligem Durchzünden im Schalter. Vereinfachte Darstellung nach [17.15]

Mit $|i_S(0)| = \sqrt{2} I_m = \sqrt{2}\ U^b/(\sqrt{3}\,\omega L_h)$ erhält man aus Gl. (17.16) mit $u_B(0) = 0$ und $f_e = 1/(2\pi\sqrt{L_B / C_B})$ nach Gl. (17.14):

$$u_{Smax} = \frac{\sqrt{2}}{\sqrt{3}} U^b \frac{f_e}{f}. \tag{17.19}$$

Die Frequenz der Ausgleichsschwingung beim Durchzünden wird im Wesentlichen durch die Streuinduktivität des Transformators und die Kapazitäten C_A und C_B bestimmt und erreicht einige kHz bedingt dadurch die schnelle Folge von Durchzündung und Löschung (Bild 17.13). Baut sich die sägezahnförmige Spannung entsprechend hoch auf, so kann es zu Leiter–Erde-Überschlägen kommen oder bei einem Leiter–Leiter-Überschlag u. U. zur selten beobachteten Umschlagstörung, bei der ein zweipoliger Fehler über durchgezündete Schaltkammern ans Netz geschaltet wird in einer Stellung des Schalters, in der u. U. keine Kurzschlussstromunterbrechung mehr möglich ist.

Das in früheren Jahren viel diskutierte Problem der Ausschaltung leer laufender Transformatoren hat weitgehend an Bedeutung verloren, weil die heute verwendeten kalt gewalzten Bleche nur noch einen Bruchteil des Magnetisierungsstromes der früher verwendeten Bleche haben, so dass auch die Eigenfrequenz der Ausgleichsschwingung und damit der Maximalwert der Ausgleichsspannung entsprechend Gl. (17.19) zurückgehen. Bei Transformatoren hoher Spannung und großer Leistung ist darüber hinaus auch die Eigenkapazität der Transformatoren entsprechend hoch, wodurch ebenfalls die Eigenfrequenz kleiner wird [17.47].

Hohe Überspannungen bei großen Transformatoren mit Spannungen von 380 kV und darüber sind nur noch beim Ausschalten induktiv belasteter Transformatoren (z. B. Belastung durch Ladestromspulen), beim Ausschalten im Rush oder beim Ausschalten übererregter Transformatoren (z. B. Blocktransformatoren im Kraftwerk) möglich. Dies zeigen die Ein- und Ausschaltversuche bei 380/220-kV-Transformatoren zum Teil mit Belastung durch Ladestromspulen [17.50]. Die wichtigsten Ergebnisse sind in Tabelle 17.1 zusammengestellt. Netzaufbau und Messstellen sind aus Bild 17.14 ersichtlich.

Aus Tabelle 17.1 erkennt man, dass beim Einschalten der unbelasteten Transformatoren Überspannungsfaktoren bis maximal 2,3 ermittelt wurden (bei k_{LE2} = 2,3 wurden Eigenschwingungen der freien Wicklungsteile angeregt), während beim Ausschalten keine Überspannungen auftraten. Beim Schalten induktiv belasteter Transformatoren dagegen sind sowohl beim Ein- als auch beim Ausschalten Überspannungsfaktoren bis maximal 2,75 bzw. 2,85 aufgetreten und in einem Falle sogar ein Überschlag an einer 380-kV-Abspannkette beim Ausschalten auf der 220-kV-Seite. Die Leiter–Erde-Spannungen bei diesem Versuch auf der 220-kV- und 380-kV-Seite sind im Bild 17.15 wiedergegeben [17.50]. Allgemein war festzustellen, dass die Überspannungsfaktoren auf der nicht geschalteten 380-kV-Seite sogar größer waren als die Überspannungsfaktoren auf der geschalteten 220-kV-Seite.

Tabelle 17.1. Schaltüberspannungen beim Ein- und Ausschalten von unbelasteten und mit Lade stromspulen belasteten Bänken aus einpoligen Spartransformatoren 3×220 MVA, (400 kV $\sqrt{3}$) (231 kV/ $\sqrt{3}$)± 18 %/30 kV, Dreieckwicklung 3×66 MVA [17.50]. Anlagenaufbau nach Bild 17.14

Schaltung	Ort	Anzahl der Versuche	Maximale Überspannungsfaktoren An den Messstellen nach Bild 17.14						
			220 kV k_{LE1}	380 kV k_{LE2}	k_{LE2}	30 kV k_{LE3}	k_{LE3}	$\frac{i_{Rush}}{\sqrt{2}\,I_r}$	I_b A
Einschalten Trafo unbelastet 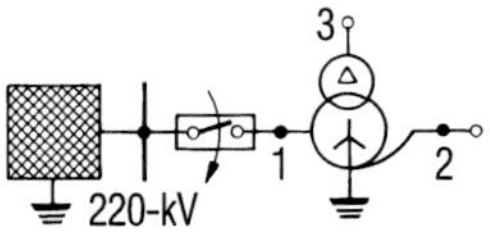	Daxlanden Dollern	16 7	1,45 1,6	1,45 2,3	1,4 –	1,85 2,05	1,7 –	1,05 2,2	– –
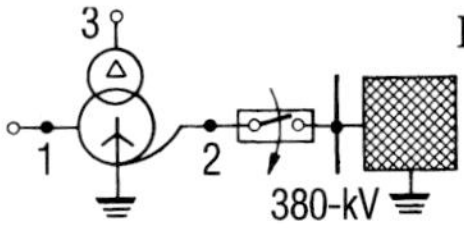	Daxlanden	15	1,55	1,45	1,4	–	1,6	0,95	–
Einschalten Trafo induktiv belastet 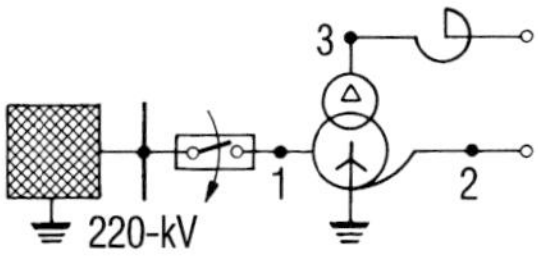	Daxlanden Dollern	11 5	1,35 1,5	1,35 2,3	1,45 –	1,75 2,75	1,65 –	1,35 2,05	– –
Ausschalten Trafo induktiv belastet 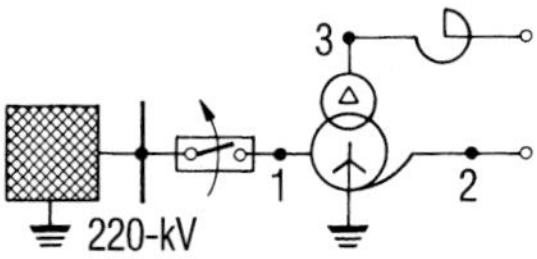	Daxlanden[a] Dollern[b]	12 1	2,8 2,4	2,85 2,85	2,55 –	2,25 2,1	2,5 –	– –	≈ 150 ≈ 104
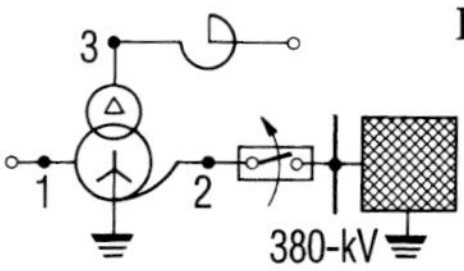	Daxlanden[c]	5	2,45	2,5	2,6	–	2,4	–	≈ 73

[a] Bei einem Versuch Überschlag an einer 380-kV-Abspannkette, bei mehreren Versuchen Ansprech von Ableitern auf der 30-kV-Seite und an den Regelwicklungen (Bilder 17.12 und 17.15).
[b] Ansprechen eines 380-kV-Ableiters.
[c] Ansprechen von Ableitern auf der 30-kV-Seite und an der Regelwicklung.
1, 2, 3: Messstellen, siehe auch Bild 17.14.

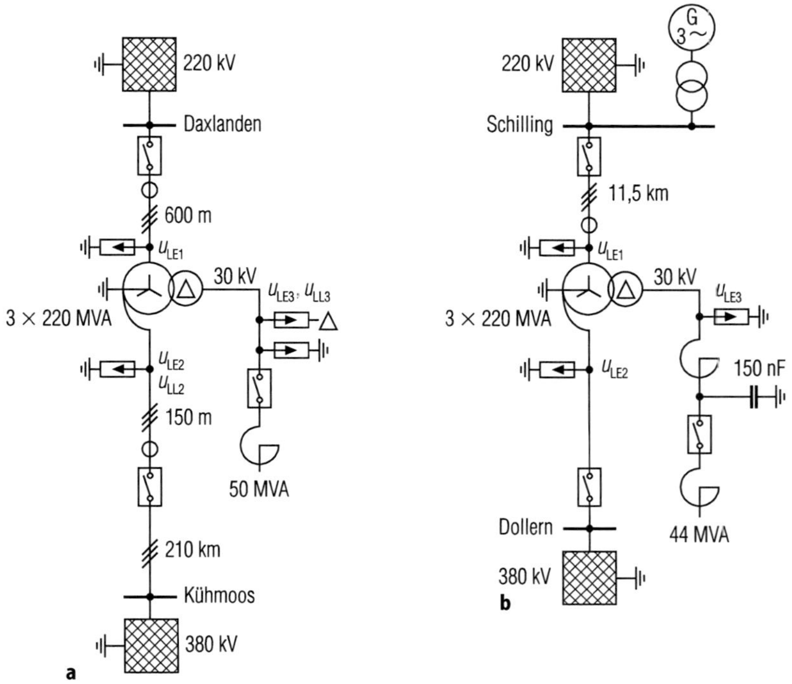

Bild 17.14 a, b. Netzaufbau und Messstellen zur Ermittlung der Ein- und Ausschaltüberspannungen für unbelastete (leerlaufende) und mit Ladestromspulen belastete Spartransformatoren 3×220 MVA, (400 kV/ $\sqrt{3}$)/(231 kV/ $\sqrt{3}$) ± 18 %/30 kV, Dreieckausgleichswicklung 3×66 MVA; u_{krOSMS}=10 % [17.50]. **a** Versuchsanordnung Daxlanden; Ableiterlöschspannungen: 228 kV, 406 kV, 44 kV und 36 kV (in Dreieck geschaltete Ableiter während der Versuche); **b** Versuchsanordnung Dollern; Ableiterlöschspannungen: 209 kV, 361 kV, 37 kV

Ausgehend von diesen Versuchen wurden folgende Schlussfolgerungen für die Bemessung und den Betrieb von Anlagen mit Netztransformatoren 400/231 kV gezogen [17.49]:

- Das betriebsmäßige Aus- und Einschalten eines leer laufenden Netztransformators soll nur dann durchgeführt werden, wenn die an die Tertiärseite anzuschließenden Ladestromspulen ausgeschaltet sind.
- Um Schaltüberspannungen bei entsprechenden Ausschaltungen durch den Schutz oder durch Fehlbedienung zu vermeiden, wird geprüft, ob der 30-kV-Schalter vor den 220-kV- bzw. 380-kV-seitigen Schaltern geöffnet werden kann. Dies sollte möglichst durch einen schnellen 30-kV-Schalter gewährleistet werden.
- Wegen der höheren Wahrscheinlichkeit von Schutzauslösungen sollten längere Freileitungen nicht ohne Zwischenschaltung eines Leistungsschalters mit 380/220-kV-Transformatoren verbunden werden, sofern an diese Transformatoren Ladestromspulen angeschlossen sind.

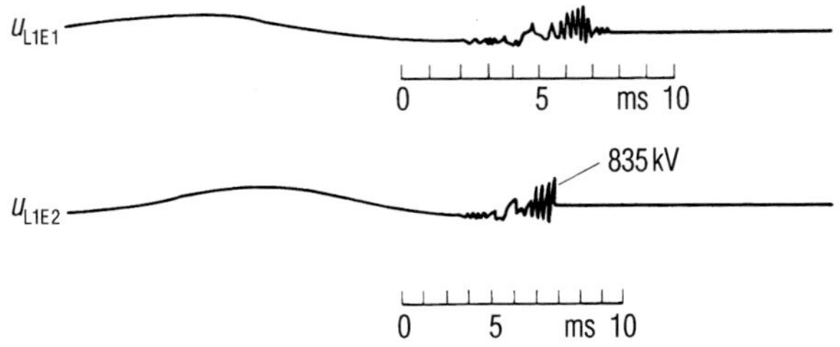

Bild 17.15. Ausschalten des induktiv belasteten Transformators nach Bild 17.14a auf der 220-kV-Seite mit Durchzündungen im Schalterpol L1 und Überschlag einer 380-kV-Abspannkette bei 835 kV [17.50]. Die zeitlichen Abstände der Durchzündungen betragen etwa 300 μs

- Jeder Überschlag einer Pegelfunkenstrecke der Transformatordurchführungen ist mit einem ungedämpften, steilen Spannungszusammenbruch verbunden und bedeutet für die Wicklung des Transformators eine Beanspruchung mit abgeschnittener Schaltspannung. Um die Transformatoren nicht zu gefährden wurden in den Anlagen nach Bild 17.14 vorhandene Pegelfunkenstrecken an den 220-kV- und 380-kV-Durchführungen sowie am Sternpunkt nach Rücksprache mit den Transformatorherstellern abgebaut.
- Die Ansprechwerte für Schaltspannungen der 220-kV- und 380-kV-Ableiter müssen zuverlässig bekannt sein, da sie zum Schutz der Transformatorisolierung gegen Schaltspannungen unerlässlich sind. Im räumlichen Bereich der Transformatoren sind die Schaltspannungswerte der äußeren Isolierung denjenigen der Überspannungsableiter anzupassen.

17.3.3 Überspannungen beim Schalten von Kondensatoren und Leitungen

Können Schalter ohne Durchzündungen der Schaltstrecke Kondensatorbatterien oder leer laufende Leitungen ausschalten, so sind keine transienten Schaltüberspannungen zu erwarten. Schaltüberspannungen in erheblichem Maße sind dagegen bei einmaligen und besonders bei mehrmaligen Wiederzündungen möglich. Bei der Auswahl der Schalter besonders zum Ausschalten von Kondensatorbatterien wird man deshalb solche auswählen, bei denen sich die Schaltstrecke schnell verfestigt und somit keine Neigung zum Durchzünden besteht. Beim Ausschalten leer laufender Leitungen in Netzen mit Erdschlusskompensation besteht dazu noch die Forderung, dass auch die leer laufende Leitung mit einpoligem Erd(kurz)schluss rückzündungsfrei ausgeschaltet werden kann.

Bild 17.16 zeigt die Spannungen beim Ausschalten einer in Stern geschalteten Kondensatorbatterie, wobei einmal der Sternpunkt der Batterie geerdet ist und zum anderen gegen Erde isoliert bleibt. In beiden Fällen wurde niederohmig geerdeter Sternpunkt des Einspeisetransformators angenommen. Ähnliche Verhältnisse ergeben sich bei Erdschlusskompensation.

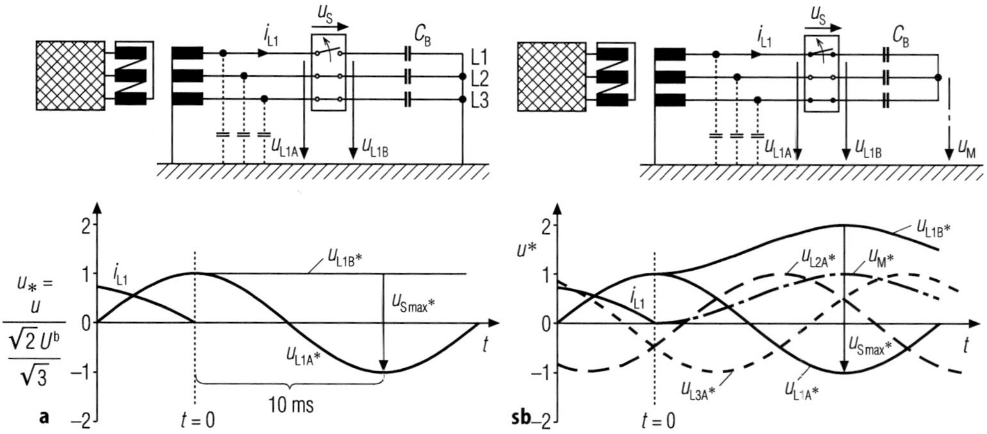

Bild 17.16 a, b. Ausschalten einer Kondensatorbatterie C_B ohne Durchzünden der Schaltstrecke. Schalterpol L1 öffnet, die Schalterpole L2 und L3 bleiben geschlossen. **a** Sternpunkt der Kondensatorbatterie geerdet; **b** Sternpunkt der Kondensatorbatterie isoliert

Beim Nulldurchgang wird der kapazitive Strom unterbrochen. Die augenblickliche Spannung $u_{L1B} = \sqrt{2}\,U^b/\sqrt{3}$ an der Kapazität im Bild 17.16a bleibt erhalten (ohne Entladewiderstände verliert der Kondensator seine Ladung nur langsam). Die Spannung auf der Netzseite des Schalters verläuft auch nach der Stromunterbrechung weiter sinusförmig, so dass sich über dem Schalter ergibt:

$$u_S = u_{L1A} - u_{L1B} = \frac{\sqrt{2}}{\sqrt{3}}\,U^b(\cos\omega t - 1) \tag{17.20}$$

Das Maximum der Spannung über dem Schalter wird $u_{Smax} = 2\sqrt{2}\,U^b/\sqrt{3}$. Die drei Leiter können im Fall des Bildes 17.16a unabhängig voneinander betrachtet werden. Die Ausschaltung des zweit- und drittlöschenden Schalterpols verläuft wie die Ausschaltung des erstlöschenden Schalterpols.

Bei nicht geerdetem Sternpunkt der Kondensatorbatterie im Bild 17.16b tritt eine Verlagerung des Sternpunktes M der Kondensatorbatterie auf. Als höchste Spannung über dem erstlöschenden Schalterpol würde 10 ms später dann $u_{Smax} = 3\sqrt{2}\,U^b/\sqrt{3}$ auftreten. Tatsächlich werden jedoch die beiden anderen Schalterpole den Strom schon unterbrochen haben ehe dieser Wert erreicht wird. Bei der Ausschaltung im Bild 17.17 z. B. werden die Ströme i_{L2} und i_{L3} etwa 5 ms nach der Unterbrechung von i_{L1} gleichzeitig unterbrochen. Im Zeitabschnitt zwischen 1 und 2 steigt die Spannung u_{L1B} von $\sqrt{2}\,U^b/\sqrt{3}$ auf $1{,}5\sqrt{2}\,U^b/\sqrt{3}$. Bei der Ausschaltung von i_{L2} und i_{L3} erreichen die Spannungen u_{L2B} und u_{L3B} gerade $0{,}872\sqrt{2}\,U^b/\sqrt{3}$ (sin 60° = 0,87). Für die höchste Span-

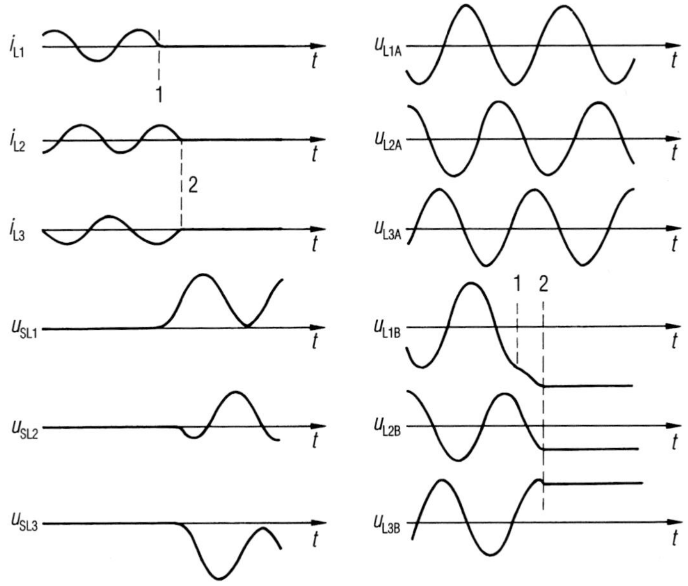

Bild 17.17. Ausschalten einer Kondensatorbatterie im 10-kV-Netz mit $I \approx 200$ A ohne Durchzünden der Schaltstrecken. *1* Strom i_{L1} wird unterbrochen; *2* Ströme i_{L2} und i_{L3} werden 5 ms später gleichzeitig unterbrochen (Sternpunkt der Kondensatorbatterie nicht geerdet)

nung über dem erstlöschenden Schalterpol L1 gilt $u_{Smax} = 2{,}5\sqrt{2}U^b/\sqrt{3}$. Kommt es zum Durchzünden der Schaltstrecken bei Ausschaltungen von Kapazitäten, können Überspannungen auftreten, die u. U. zu Überschlägen an anderen Anlagenteilen im Netz führen. Bild 17.18 zeigt die Ausschaltung einer 3,79-MVA-Kondensatorbatterie im 10-kV-Netz mit einem ungeeigneten ölarmen Leistungsschalter.

Das Ausschalten leerlaufender Leitungen geht grundsätzlich ähnlich vor sich wie das Ausschalten von Kondensatorbatterien, nur ist bei Leitungen zu beachten, dass Kapazitäten zwischen Leiter und Erde sowie Kapazitäten zwischen den Leitern vorhanden sind.

Neben dem Ausschalten von Kondensatorbatterien und Leitungen ist auch das Einschalten von Kondensatorbatterien, wegen der damit verbundenen Einschaltströme (insbesondere beim Zuschalten einer Kondensatorbatterie zu einer bereits vorhandenen) und das Einschalten langer Hochspannungsleitungen (bei Spannungen von 380 kV und besonders darüber) wegen der damit verbundenen Einschaltüberspannungen zu beachten. Bei der Einführung der Spannungsebene 765 kV und bei Überlegungen für Spannungen darüber sind die Einschaltüberspannungen von entscheidender Bedeutung bei der Festlegung der Isolation und damit für die Konstruktion und die Kosten der Betriebsmittel.

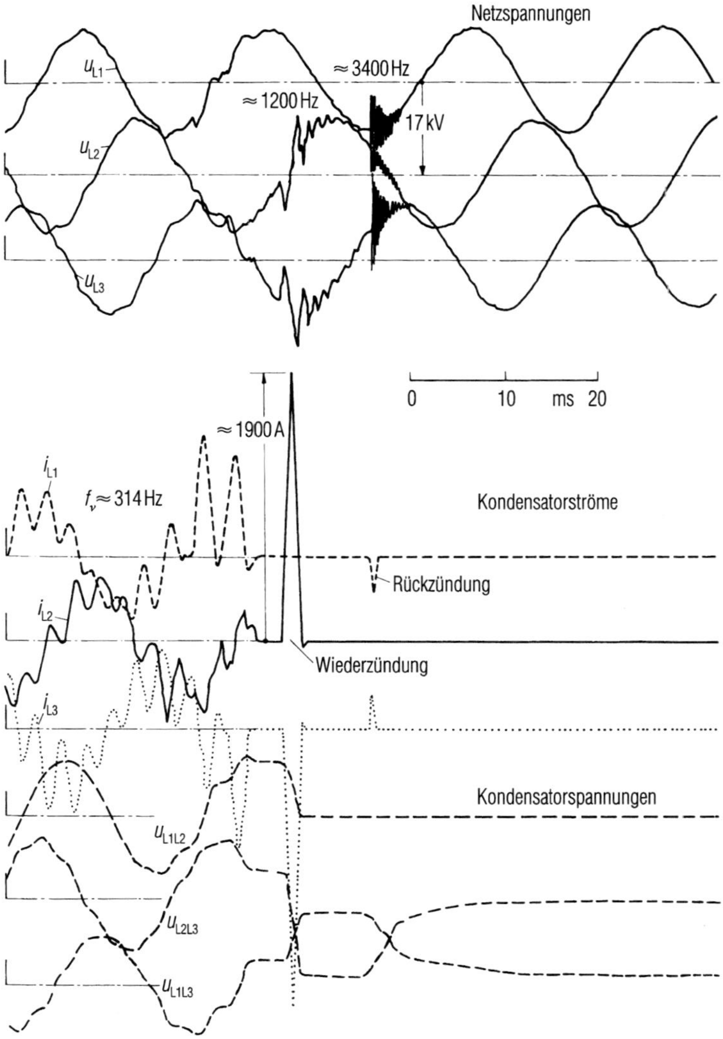

Bild 17.18. Ausschalten einer 3,79-MVA-Kondensatorbatterie durch einem ölarmen Leistungsschalter mit Wieder- und Rückzündungen und dadurch bedingte hohe Stromstöße und Überspannungen. Anordnung nach Bild 12.42. u_{L1}, u_{L2}, u_{L3} Netzspannungen; i_{L1}, i_{L2}, i_{L3} Kondensatorströme; u_{L1L2}, u_{L2L3}, u_{L1L3} Kondensatorspannungen

Bild 17.19 zeigt ein Oszillogramm von der Einschaltung einer 140 km langen am Ende offenen 380-kV-Leitung. Der Ausgleichsvorgang zur Aufladung der Leitung ist nach etwa 100 ms abgeschlossen und hat zu einer Überspannung von maximal 495 kV geführt. Bezogen auf $\sqrt{2} \cdot 380\,\text{kV}/\sqrt{3}$ ergibt das einen Überspannungsfaktor $k_{LE} = 1{,}6$ und führt damit bei der Isolation der Betriebsmittel im 380-kV-Netz nicht zu einer gravierenden Beanspruchung. Erst

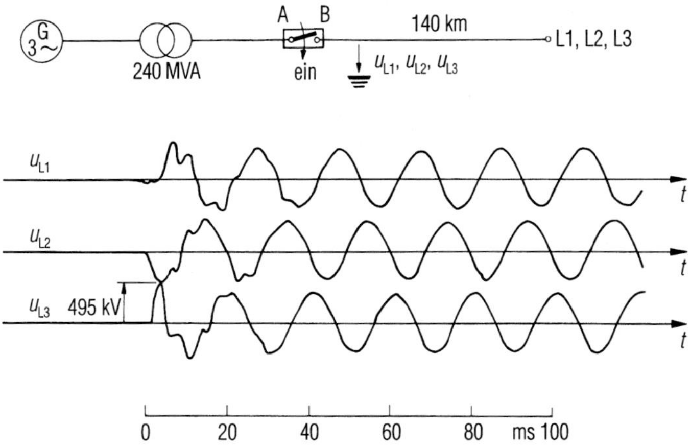

Bild 17.19. Spannungen am Anfang einer 380-kV-Freileitung (Länge 140 km) beim Einschalten

beim Erreichen von Schaltüberspannungsfaktoren von 2,5 und darüber wäre mit Schwierigkeiten zu rechnen.

In 765-kV-Netzen ist man bemüht, die Überspannungsfaktoren bei inneren Überspannungen und damit auch beim Einschalten von Leitungen und beim Einschalten von Leitungen mit angeschlossenem Transformator kleiner als 2 zu halten. Zur Verminderung der Einschaltüberspannungen werden Einschaltwiderstände an den Leistungsschaltern und Ladestromspulen mit direktem Anschluss an die Hochspannungsleitung eingesetzt, wobei die Ladestromspulen beim Anstieg der Spannung über $\sqrt{2}U_m/\sqrt{3}$ in Sättigung gehen und damit zusätzliche Begrenzungswirkungen ausüben [12.30].

Bild 17.20 zeigt die statistische Auswertung gemessener Überspannungen beim Einschalten und Wiedereinschalten nach kurzer Unterbrechung auf die noch geladene Leitung im AEP-Netz (Bild 12.8). Die 765-kV-Leitung mit einem Stromkreis und horizontaler Anordnung der Leiterseile (4er-Bündel) hatte eine Länge von 109 km und war am Ende mit einer Transformatorbank 3×500 MVA und Ladestromspulen 3×50 MVA abgeschlossen.

Die höchsten Einschaltüberspannungen sind am Ende der leer laufenden Leitung zu erwarten, wenn am Anfang zugeschaltet wird, weil sich dann die betriebsfrequente Spannungsanhebung durch den Ferranti-Effekt mit der transienten Überspannung des Ausgleichsvorgangs zur Gesamtüberspannung zusammensetzt. Es ist daher teilweise üblich, den gesamten Überspannungsfaktor als Produkt aus dem Überspannungsfaktor der betriebsfrequenten Spannungserhöhung (Abschn. 17.2) und dem der transienten Überspannung zu bilden. Eine ausführliche Parameterstudie zum Einfluss von Einschaltwiderständen (in der Größe des einfachen bis zum doppelten Wellenwiderstand der Leitung), dem Einsatz von Ladestromspulen und dem Einfluss von geringen Kurzschlussleistungen an einem Ende von Fernübertragungen auf diesen

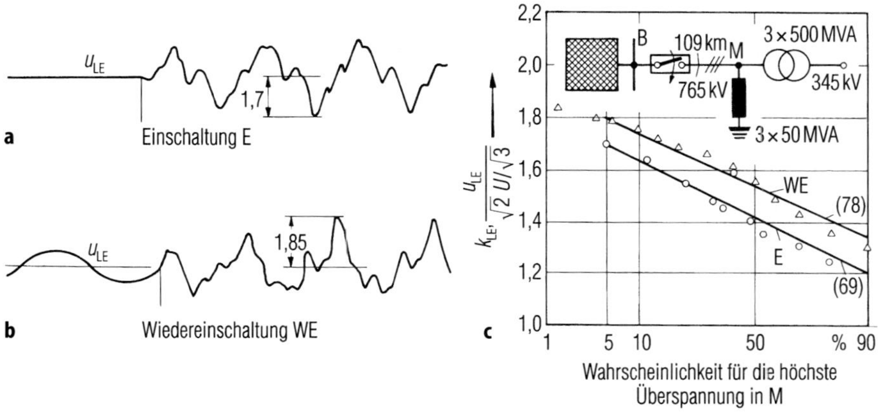

Bild 17.20 a–c. Einschaltüberspannungen der 765-kV-Leitung zwischen Baker (B) und Marquis (M) im AEP-Netz mit Transformator und Ladestromspule am Ende der Leitung. Einschaltwiderstände des Druckluftschalters: 350 Ω [17.49]. **a** Spannung in M beim Einschalten in B ($k = 1{,}7$); **b** Spannung in M beim dreipoligen Wiedereinschalten in B auf die noch geladene Leitung ($k = 1{,}85$); **c** Wahrscheinlichkeit für die höchste Überspannung in M beim Einschalten (E) und beim Wiedereinschalten (WE), ermittelt aus 69 bzw. 78 Einzelwerten

gesamten Überspannungsfaktor findet man für 765-kV-Freileitungen in [17.47].

17.3.4 Überspannungen beim Ausschalten von Kurzschlussströmen

Beim Ausschalten von Kurzschlussströmen entstehen, abgesehen vom Fall des Kurzschlusses unmittelbar hinter dem Schalter, dem sogenannten Klemmenkurzschluss, auf beiden Seiten des Schalters Überspannungen, weil die betriebsfrequenten Spannungen nicht sprungartig wiederkehren können. Der betriebsfrequenten Wiederkehrspannung sind die transienten Einschwingspannungen als Ausgleichsvorgang überlagert. Die Schaltstrecke wird durch die Differenz der Spannungen auf beiden Seiten des Schalters beansprucht. Bei dreipoligem Klemmenkurzschluss bleiben die Spannungen auf der Kurzschlussseite null. Befindet sich der Kurzschluss auf einer Leitung in einem gewissen Abstand vom Schalter (Abstandskurzschluss), so können auf der Kurzschlussseite und damit über der Schaltstrecke sehr steile Einschwingspannungen durch Wanderwellenvorgänge hervorgerufen werden.

Der transiente Anteil der Wiederkehrspannung enthält gewöhnlich mehrere Eigenfrequenzen. Wenn die erste Eigenfrequenz dominiert, wie im Bild 17.21, lässt sich die Einschwingspannung in einfacher Weise durch diese Frequenz und den Überschwingfaktor kennzeichnen, der sich aus dem Maximalwert der Einschwingspannung, bezogen auf die Amplitude der betriebsfrequenten Wiederkehrspannung ergibt. Mehrfrequente Einschwingspannungen können häufig durch das Vierparameterverfahren charakterisiert werden

[17.9]. Parameter sind dabei neben dem Überschwingfaktor der Aufschwingfaktor, die Ersatzfrequenz und die Anfangssteilheit. Letztere ist besonders aussagefähig für die Spannungsbeanspruchung der Schaltstrecke. Hohe Eigenfrequenzen in der Einschwingspannung sind mit hoher Anfangssteilheit verbunden. Die dielektrische Wiederverfestigung der Schaltstrecke (Anstieg der Durchschlagsspannung) muss schneller als der durch die Anfangssteilheit gegebene Spannungsverlauf erfolgen, weil es sonst zu Rückzündungen oder schlimmstenfalls zur Zerstörung des Schalters kommt, ohne dass der Bemessungsausschaltstrom überschritten wurde.

Unter der unbeeinflussten Einschwingspannung versteht man die Einschwingspannung, die sich bei der Stromlöschung im natürlichen Nulldurchgang ergibt. Nach der Reihenfolge der Stromunterbrechung spricht man vom erst-, zweit- und drittlöschendem Schalterpol. Die Entstehung der Ausgleichsvorgänge am erstlöschenden Schalterpol soll für die Ausschaltung des dreipoligen Klemmenkurzschlusses am Bild 17.21 erklärt werden.

Nach der Stromunterbrechung ($t \geq 0$) gelten mit $i = i_C$ die Beziehungen:

$$L\frac{\mathrm{d}i_C}{\mathrm{d}t} + R i_C + u_C = u_q \quad \text{und} \quad C\frac{\mathrm{d}u_C}{\mathrm{d}t} = i_C$$

Beide Gleichungen lassen sich zu einer Differentialgleichung für die Einschwingspannung $u_S = u_C = u_A$ zusammenfassen:

$$LC\frac{\mathrm{d}^2u_S}{\mathrm{d}t^2} + RC\frac{\mathrm{d}u_S}{\mathrm{d}t} + u_S = u_q \tag{17.21}$$

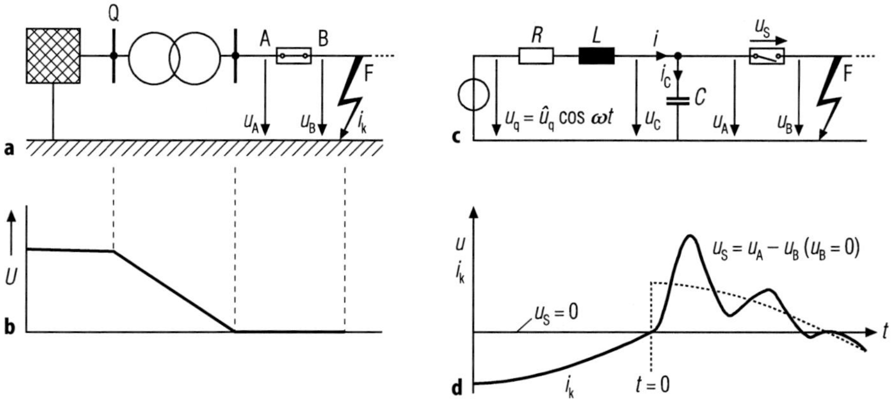

Bild 17.21 a–d. Sammelschienenkurzschluss ($u_B = 0$) und Einschwingspannung $u_S = u_A$ nach der Kurzschlussausschaltung (schematisch). **a** Netzaufbau; **b** Effektivwert der Spannung während des Kurzschlusses; **c** Ersatzschaltplan zur Berechnung der Einschwingspannung; **d** Einschwingspannung für $t \geq 0$: $u_S = u_A - u_B$ bei $u_B = 0$

Aus dem Lösungsansatz für die homogene Lösung $u_{\mathrm{Sh}} = k\,e^{\lambda t}$ ergeben sich bei $\frac{1}{LC} > \left(\frac{R}{2L}\right)^2$ die konjugiert komplexen Eigenwerte:

$$\lambda_{1,2} = -\frac{R}{2L} \pm \mathrm{j}\frac{1}{\sqrt{LC}}\sqrt{1-(R\,/\,2L)^2 LC} = -\delta \pm \mathrm{j}\omega_{\mathrm{e0}}\sqrt{1-(\delta\,/\,\omega_{\mathrm{e0}})^2} = -\delta \pm \mathrm{j}\omega_{\mathrm{e}} \tag{17.22}$$

wobei $\delta = R/(2L)$ der Dämpfungsfaktor und $\omega_{\mathrm{e}} \approx \omega_{\mathrm{e0}} = 1/\sqrt{LC}$ die Eigenkreisfrequenz ist. Unter der gerechtfertigten Annahme, dass für die partikuläre Lösung genügend genau $u_{\mathrm{Sp}} = u_{\mathrm{q}} = \hat{u}_{\mathrm{q}} \cos \omega t$ gilt, wird:

$$u_{\mathrm{S}} = \hat{u}_{\mathrm{q}}\left[\cos\omega t - \mathrm{e}^{-\delta t}\left(\cos\omega_{\mathrm{e}} t + \frac{\delta}{\omega_0}\sin\omega_{\mathrm{e}} t\right)\right] \approx \hat{u}_{\mathrm{q}}[\cos\omega t - \mathrm{e}^{-\delta t}\cos\omega_{\mathrm{e}} t] \tag{17.23}$$

Der Maximalwert der Einschwingspannung tritt in der Nähe von $t = \pi/\omega_{\mathrm{e}}$ auf und beträgt nach der Näherungsbeziehung in Gl. (17.23):

$$u_{\mathrm{S\,max}} = \hat{u}_{\mathrm{q}}[\cos\omega t_{\mathrm{max}} + \mathrm{e}^{-\delta t_{\mathrm{max}}}]. \tag{17.24}$$

Bei einem Abstandskurzschluss befindet sich der Kurzschlussort wenige Kilometer von der Schaltanlage entfernt, so dass einerseits der Kurzschlussstrom noch nicht wesentlich kleiner als bei Klemmenkurzschluss ist, und andererseits durch kurze Laufzeiten auf der Leitung sehr steile Einschwingspannungen auf der Kurzschlussseite entstehen [17.14, 17.21, 17.27, 17.33, 17.39]. Der Verlauf der Einschwingspannungen auf beiden Seiten des Schalters und über dem erstlöschenden Schalterpol ist im Bild 17.22 dargestellt.

Die dreiecksförmige Einschwingspannung auf der Leitungsseite hat eine Periodendauer von 4τ, wenn mit $\tau = l/v$ die Laufzeit des kurzen Leitungsstückes zwischen Schalter und Kurzschlussstelle bezeichnet wird. Mit dem Effektivwert I_{b} des Ausschaltwechselstromes ergibt sich für die Steilheit auf der Leitungsseite B (Bild 17.22 c):

$$S_{\mathrm{B}} = \omega Z_{\mathrm{W}}\sqrt{2}I_{\mathrm{b}} \tag{17.25}$$

Z_{W} bezeichnet hier den wirksamen Wellenwiderstand, der sich aus den Wellenwiderständen im Mit- und Nullsystem zusammensetzt und von der Kurzschlussart sowie dem betrachteten Schalterpol abhängig ist. Für den erstlöschenden Schalterpol nach dreipoligem Kurzschluss mit Erdberührung gilt z. B. $Z_{\mathrm{W}} = 3Z_{\mathrm{W1}}Z_{\mathrm{W0}}/(Z_{\mathrm{W1}} + 2Z_{\mathrm{W0}})$. Weiter ist zu berücksichtigen, dass die Teilleiter bei Bündelleitern während des Kurzschlusses zusammenschlagen.

Zur Berechnung der Einschwingspannung kann man vorteilhaft die Methode der Strominjektion heranziehen. Sie beruht auf dem Überlagerungssatz, nach dem sich jede Größe im (linearen) Netz aus einem stationären An-

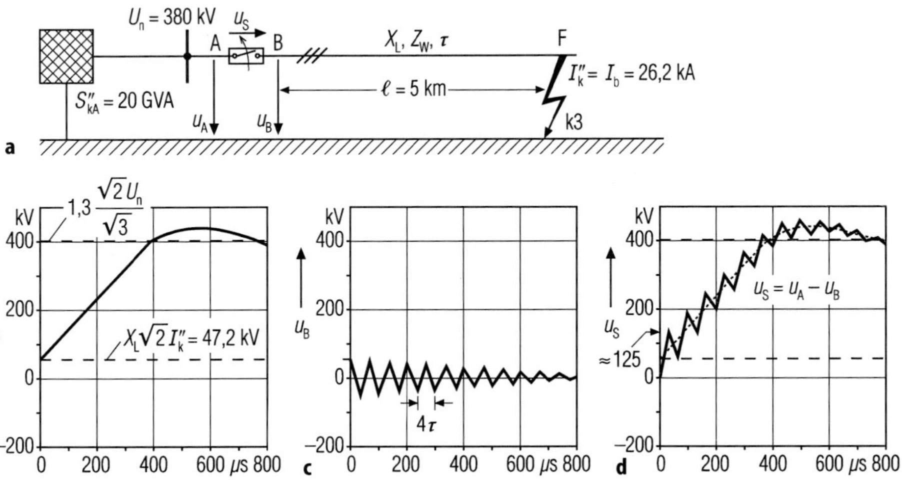

Bild 17.22 a – d. Einschwingspannung des erstlöschen Schalterpols beim Ausschalten eines dreipoligen Abstandskurzschlusses mit Erdberührung in 5 km Entfernung vor der Schaltanlage. **a** Netzaufbau und Daten: X'_L = 0,255 Ω/km; Z_W = 300 Ω; τ = 16,67 µs; **b** Einschwingspannung Leiter gegen Erde auf der Netzseite, mittlere Steilheit $S_A \approx$ 0,9 kV/µs; **c** Einschwingspannung Leiter gegen Erde auf der Leitungsseite des Schalters $S_B = \omega Z_W \sqrt{2}$ I_b = 314 s^{-1} · 300 Ω · $\sqrt{2}$ · 26,2 kA = 3,49 kV/µs; **d** Einschwingspannung über dem erstlöschenden Schalterpol, Anfangssteilheit $S_S \approx$ 125 kV/33,3 =3,75 kV/µs

teil vor der Ausschaltung (gekennzeichnet durch das Nebenzeichen b) und einer Änderung (gekennzeichnet durch den Vorsatz Δ) zusammensetzt. Für die Einschwingspannung ist $u_S^b = 0$, so dass $u_S = \Delta u_S$ gilt. Für die Änderung des Stromes am Schalter ergibt sich aus der Bedingung $i_S = i_S^b + \Delta i_S = 0$ nach dem Ausschalten die Beziehung $\Delta i_S = - i_S^b$. Für die Quelle im Netz gilt $u_q = u_S^b$, weil $\Delta u_q = 0$. Wegen $u_S = \Delta u_S$ genügt zur Berechnung der Einschwingspannung die Betrachtung des Änderungszustandes mit der Einspeisung (Injektion) des zeitlichen Verlaufs des Stromes i_S^b mit umgekehrtem Vorzeichen an den Schalterklemmen in das passive Netz. Diese Vorgehensweise entspricht der Kurzschlussstromberechnung mit der Einspeisung der Ersatzspannung an der Kurzschlussstelle.

Zur Berechnung des betriebsfrequenten Anteils der Einschwingspannung für den erst-, zweit- oder drittlöschenden Schalterpol wendet man die Methode der Strominjektion auf die symmetrischen Komponenten (mit passivem Mitsystem) an oder betrachtet die Schalterklemmen als Unterbrechungsstellen und übernimmt die im Abschn.13.5 zusammengestellten Beziehungen für Längsfehler. Die Kenntnis des betriebsfrequenten Anteils der Einschwingspannung liefert insofern bereits einen Hinweis auf die maximale Einschwingspannung, weil bei unbeeinflusstem Schalten der transiente Anteil höchstens auf den doppelten Wert des betriebsfrequenten Anteils der Einschwingspannung ansteigen kann.

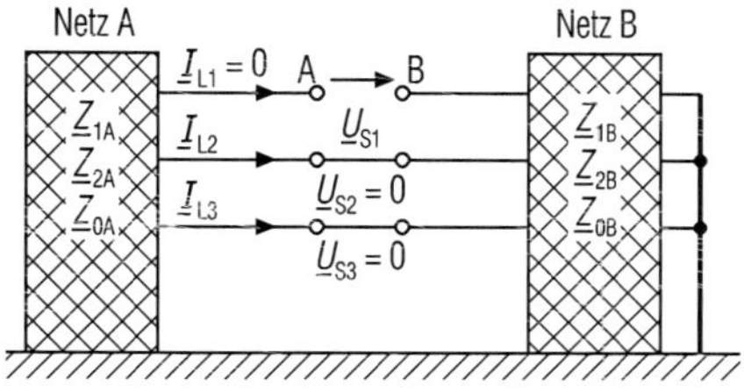

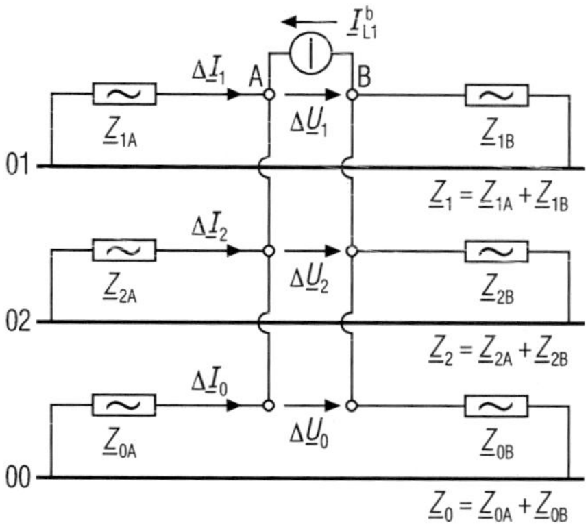

Bild 17.23 a, b. Berechnung des betriebsfrequenten Anteils der Einschwingspannung des erstlöschenden Schalterpols in einem Drehstromnetz mit den Teilen A und B. **a** Netzschaltung; **b** Ersatzschaltplan für den Änderungszustand

Das Prinzip der Berechnung der betriebsfrequenten wiederkehrenden Spannung nach der Methode der Strominjektion soll am Beispiel des Bildes im Bild 17.23 gezeigt werden. Für die Änderungen der Größen am Schalter gilt bei erstlöschendem Schalterpol in L1:

$$\Delta\underline{I}_{S1} = -\underline{I}^{b}_{L1} \tag{17.26a}$$

$$\Delta\underline{U}_{S2} = \underline{U}^{b}_{S2} = 0 \tag{17.26b}$$

$$\Delta\underline{U}_{S3} = \underline{U}^{b}_{S3} = 0 \tag{17.26c}$$

Die Transformation in symmetrische Komponenten ergibt:

$$\Delta\underline{I}_1 + \Delta\underline{I}_2 + \Delta\underline{I}_0 = -\underline{I}^{b}_{L1} \tag{17.27a}$$

$$\Delta\underline{U}_1 = \Delta\underline{U}_2 = \Delta\underline{U}_0 \tag{17.27b}$$

Den Gln. (17.27) entspricht die Parallelschaltung der passiven Mit-, Gegen- und Nullsysteme (die Quellen im Mitsystem erfahren keine Änderung) mit einer Stromquelle, die den Strom $\underline{I}^{b}_{L1}$ von B nach A an den Schalterklemmen (Bild 17.23 b) einprägt. Für die symmetrischen Komponenten der Spannungen an der Unterbrechungsstelle liest man bei $\underline{Z}_2 = \underline{Z}_1$ aus Bild 17.23 b ab:

$$\Delta\underline{U}_1 = \Delta\underline{U}_2 = \Delta\underline{U}_0 = \underline{Z}_1\underline{I}^{b}_{L1}\frac{1}{2+\underline{Z}_1/\underline{Z}_0} \tag{17.28}$$

Die Rücktransformation liefert:

$$\underline{U}_{S1} = \Delta\underline{U}_{S1} = 3\Delta\underline{U}_1 = \underline{Z}_1\underline{I}^{b}_{L1}\frac{3}{2+\underline{Z}_1/\underline{Z}_0} = \underline{Z}_1\underline{I}^{b}_{L1}\underline{a} \tag{17.29}$$

In Tabelle 17.2 sind weitere Fälle zusammengestellt.

Tabelle 17.2. Gleichungen zur Berechnung des betriebsfrequenten Anteils der Einschwingspannung (Polfaktor nach Gl. (17.29)) nach dreipoligem Kurzschluss ohne und mit Erdberührung für den erstlöschenden Schalterpol ($\underline{Z}_2 = \underline{Z}_1$)

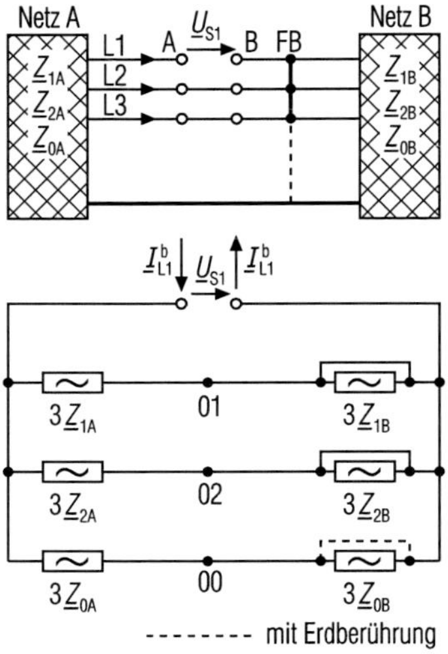

ohne Erdberührung:

$$\underline{U}_{S1} = \underline{Z}_{1A}\underline{I}_{L1}^{b}\frac{3\,(\underline{Z}_{0A}+\underline{Z}_{0B})}{\underline{Z}_{1A}+2\,(\underline{Z}_{0A}+\underline{Z}_{0B})} \tag{17.33}$$

$\underline{Z}_{0A}\,/\,\underline{Z}_{1A} = 3;\ \underline{Z}_{0B}\,/\,\underline{Z}_{1B} = 3{:}\ \underline{U}_{S1} \approx 1{,}4\cdot\underline{Z}_{1A}\underline{I}_{L1}^{b}$

$Z_{0A} \to \infty$ oder $Z_{0B} \to \infty{:}\ \underline{U}_{S1} = 1{,}5\cdot\underline{Z}_{1A}\underline{I}_{L1}^{b}$

mit Erdberührung:

$$\underline{U}_{S1} = \underline{Z}_{1A}\underline{I}_{L1}^{b}\frac{3\underline{Z}_{0A}}{\underline{Z}_{1A}+2\underline{Z}_{0A}} \tag{17.34}$$

$\underline{Z}_{0A}\,/\,\underline{Z}_{1A} = 3{:}\ \underline{U}_{S1} \approx 1{,}3\cdot\underline{Z}_{1A}\underline{I}_{L1}^{b}$

$Z_{0A} \to \infty{:}\ \underline{U}_{S1} = 1{,}5\cdot\underline{Z}_{1A}\underline{I}_{L1}^{b}$

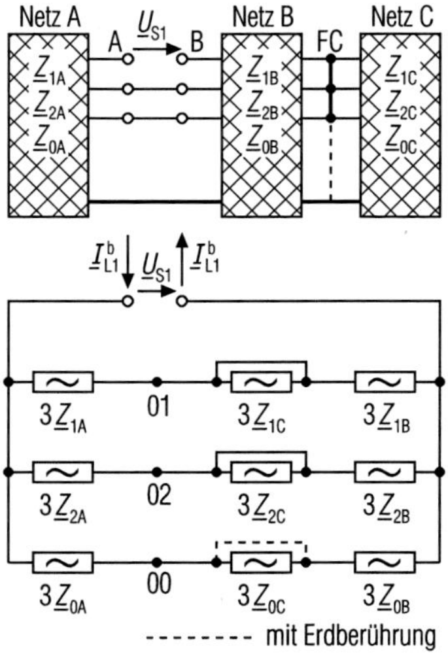

ohne Erdberührung:

$$\underline{U}_{S1} = (\underline{Z}_{1A}+\underline{Z}_{1B})\underline{I}_{L1}^{b}\frac{3(\underline{Z}_{0A}+\underline{Z}_{0B}+\underline{Z}_{0C})}{\underline{Z}_{1A}+\underline{Z}_{1B}+2(\underline{Z}_{0A}+\underline{Z}_{0B}+\underline{Z}_{0C})}$$

$\underline{Z}_{0A}\,/\,\underline{Z}_{1A} = \underline{Z}_{0B}\,/\,\underline{Z}_{1B} = \underline{Z}_{0C}\,/\,\underline{Z}_{1C} = 3{:}$ (17.35)

$\underline{U}_{S1} \approx 1{,}4\cdot(\underline{Z}_{1A}+\underline{Z}_{1B})\underline{I}_{L1}^{b}$

$Z_{0A} \to \infty$ oder $Z_{0B} \to \infty$ oder $Z_{0C} \to \infty{:}$
$\underline{U}_{S1} = 1{,}5\cdot(\underline{Z}_{1A}+\underline{Z}_{1B})\underline{I}_{L1}^{b}$

mit Erdberührung:

$$\underline{U}_{S1} = (\underline{Z}_{1A}+Z_{1B})\underline{I}_{L1}^{b}\frac{3(\underline{Z}_{0A}+\underline{Z}_{0B})}{\underline{Z}_{1A}+Z_{1B}+2(\underline{Z}_{0A}+\underline{Z}_{0B})} \tag{17.36}$$

$\underline{Z}_{0A}\,/\,\underline{Z}_{1A} = 3;\ \underline{Z}_{0A}\,/\,\underline{Z}_{1A} = 3{:}\ \underline{U}_{S1} \approx 1{,}3\cdot(\underline{Z}_{1A}+\underline{Z}_{1A})\underline{I}_{L1}^{b}$

$Z_{0A} \to \infty$ oder $Z_{0B} \to \infty{:}\ \underline{U}_{S1} = 1{,}5\cdot(\underline{Z}_{1A}+\underline{Z}_{1A})\underline{I}_{L1}^{b}$

Für den dreipoligen Klemmenkurzschluss auf der Seite B des Schalters ist der Strom $\underline{I}^{b}_{L1}$ mit dem Kurzschlussstrom $I''_k = \underline{U}_q/\underline{Z}_1$ identisch. Für die Spannung erhält man damit:

$$\underline{U}_{S1} = \underline{U}_q \frac{3}{2 + \underline{Z}_1 / \underline{Z}_0} = \underline{U}_q \underline{a} \tag{17.30}$$

Der Faktor $\underline{a}$ in den Gln. (17.29) und (7.30) ist der Polfaktor für den erstlöschen Schalterpol beim Ausschalten eines dreipoligen Kurzschlussstromes. Für $\underline{Z}_1/\underline{Z}_0 = 1$ wird $a = 1$ und für $\underline{Z}_0 \rightarrow \infty$ wird $a = 1{,}5$. In Netzen mit freiem Sternpunkt oder bei dreipoligem Kurzschluss ohne Erdberührung rechnet man demnach mit $a = 1{,}5$, während man in niederohmig geerdeten Netzen bei $|\underline{Z}_0/\underline{Z}_1| = 3$ mit $a \approx 1{,}3$ rechnen kann (Tabelle 17.2).

Die Gln. (17.33) bis (17.36) in Tabelle 17.2 können auch zur Berechnung des Anfangsverlaufs der transienten Einschwingspannung, bzw. zur Ermittlung der Anfangssteilheit dienen, wenn man anstelle der Impedanzen der symmetrischen Komponenten die Wellenwiderstände und anstelle der Zeiger die Momentanwerte einsetzt (Abschn.17.4.3). Der Momentanwert des Injektionsstromes verläuft bei Kurzschlussausschaltung im Nulldurchgang nach einer Sinusfunktion (das umgekehrte Vorzeichen ist bereits durch den Zählpfeil an der Unterbrechungsstelle berücksichtigt):

$$i = \sqrt{2} I_b \sin \omega t \tag{17.31}$$

Für den interessierenden ersten Zeitbereich bis rücklaufende Wellen am Schalter ankommen, kann Gl. (17.31) durch $i = \sqrt{2}\, I_b \omega t$ ersetzt werden.

Bei einem dreipoligen Sammelschienenkurzschluss auf der Seite B eines Abgangsschalters in einem Netz mit isoliertem Sternpunkt oder mit Erdschlusskompensation gilt $Z_{0A} \rightarrow \infty$ und damit unabhängig davon ob der dreipolige Kurzschluss ohne oder mit Erdberührung auftritt immer ein Polfaktor $a = 1{,}5$ (Tabelle 17.2). Weiterhin gilt, dass die Nachbildung des Netzes zur Berechnung des zeitlichen Verlaufs von u_A allein mit den Größen des Mitsystems vorgenommen werden kann.

Bei Einspeisung der Kurzschlussstelle im Falle des Sammelschienenkurzschlusses nur über n-Freileitungen gilt dementsprechend für die Anfangssteilheit $S_{A(Anfang)}$ solange bis rücklaufende Wanderwellen wieder in A ankommen:

$$S_{A(Anfang)} = \frac{1}{n} \omega Z_{W1} \sqrt{2} I_b \tag{17.32}$$

In 110-kV-Netzen mit Erdschlusskompensation und Freileitungen mit $Z_{W1} = 380\ \Omega$ sowie $I_b \leq 20$ kA ($S''_k \leq 4000$ MVA) ergibt sich damit $S_{A(Anfang)}$ $(1/n) \cdot$ 3,3 kV/µs.

Höhere Werte als nach Gl. (17.32) treten dann auf, wenn ein erheblicher Teil von I_b über nahe Netzkuppeltransformatoren oder aus nahen Kraftwerksblöcken geliefert wird.

Für die rechnerische Ermittlung verwendet man entweder ein Wanderwellenprogramm (Abschn. 17.4.3) oder ein Programm nach dem π-Glieder-Verfahren, bei dem für jeden Energiespeicher (Teilinduktivität, Teilkapazität) eine Differentialgleichung aufgestellt wird [17.19]. Im Gegensatz zu den Ausbreitungsvorgängen bei Blitzeinschlag mit hoher Stirnsteilheit, für deren Behandlung nur das Wanderwellenverfahren in Betracht kommt, ist bei der Berechnung der Einschwingspannung mit einem Stromanstieg nach Gl. (17.31) eine Nachbildung der Leitungen durch einzelne π-Glieder für etwa 3 bis 4 km Leitungslänge bei 110 kV bzw. 5 bis 6 km bei 220 kV und darüber ausreichend. Die wegen der Stromverdrängung und der Wirbelströme im Eisen gegenüber 50 Hz reduzierten Streuinduktivitäten von Generatoren und Transformatoren werden durch experimentell ermittelte Reduktionsfaktoren bestimmt. Bei Vervollständigung mit Eingangskapazitäten im Bereich von einigen nF ergeben sich Eigenfrequenzen von etwa 3 bis 10 kHz für Kuppeltransformatoren zwischen 220 kV und 110 kV. Unabhängig vom Berechnungsverfahren muss man das Netz soweit nachbilden, dass der Maximalwert der Einschwingspannung noch sicher erfasst wird. In 110-kV-Netzen geringer Ausdehnung mit kleinen mittleren Leitungslängen sind die Maximalwerte im Zeitbereich bis 500 μs zu erwarten. Eine Abschätzung ist dadurch leicht möglich, dass man

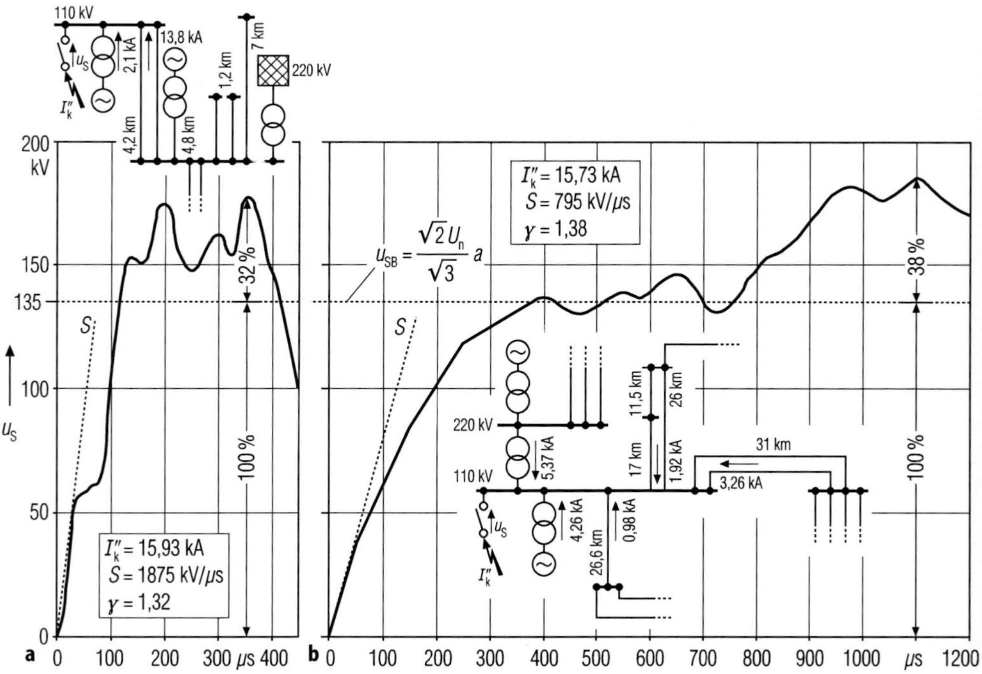

Bild 17.24 a, b. Beispiele für berechnete Einschwingspannungen $u_S = u_A$ über dem erstlöschenden Schalterpol im 110-kV-Netz mit Erdschlusskompensation (a = 1,5). **a** Beispiel für hohe Anfangssteilheit mit Netzausschnitt in Schalternähe; **b** Beispiel für geringe Anfangssteilheit und großen Zeitraum bis u_{Smax}

0,34 µs/km Leitungslänge aufaddiert mit etwa 50 µs für die Laufzeit durch einen Transformator. Bild 17.24 zeigt zwei charakteristische Beispiele für Berechnungen im 110-kV-Netz. Im Teilbild a mit kurzen Leitungen in der Nähe der Kurzschlussstelle ergibt sich eine hohe Anfangssteilheit S und ein Überschwingfaktor $\gamma = 1{,}32$ bezogen auf $u_{SB} = (\sqrt{2}\,U_n/\sqrt{3}) \cdot 1{,}5 = 135$ kV bei einem Polfaktor $a = 1{,}5$. Der höchste Wert der Einschwingspannung tritt etwa 350 µs nach Löschung des Lichtbogens im erstlöschenden Schalterpol auf. Im Teilbild b dagegen ist die Anfangssteilheit sehr viel geringer, weil Freileitungen größerer Länge von der betrachteten Sammelschiene abgehen. Der Überschwingfaktor ist ähnlich wie im Teilbild a. Der höchste Wert der Einschwingspannung tritt 1100 µs nach Lichtbogenlöschung auf.

17.4 Äußere Überspannungen

17.4.1 Überblick

Äußere Überspannungen, auch als atmosphärische Überspannungen bezeichnet, treten durch direkten Blitzeinschlag in das Leiterseil einer Freileitung, durch Blitzeinschlag in ein geerdetes Anlagenteil (z.B. Erdseil einer Freileitung) mit rückwärtigem Überschlag auf den Betriebsstromkreis oder durch induzierte Spannungen infolge von nahen Blitzeinschlägen auf. Sie können ohne entsprechende Schutzmaßnahmen zu Isolationsschäden im Netz führen.

Bei einem Direkteinschlag in ein Leiterseil einer Freileitung mit $Z_W = 400\,\Omega$ werden Wanderwellenspannungen von 200 kV je kA Blitzstrom i_B erzeugt, die sich nach Bild 17.25a nach beiden Seiten etwa mit Lichtgeschwindigkeit ausbreiten. Die Stirnsteilheit der Spannungswellen kann entsprechend der Stirnsteilheit des Blitzstroms sehr hoch sein und einige 1000 kV/µs. betragen. Überschreitet die Wanderwellenspannung die Überschlagsspannung $u_ü$ der Leitungsisolation, so kommt es, wie im Bild 17.25a schematisch gezeichnet, zu einem Überschlag vom Leiterseil zum Mast. Im Mast fließt der Strom i_M, an ihm baut sich die Mastspannung $R_{ASt}\,i_M$ auf, wobei R_{ASt} der Stoß-Erdungswiderstand des Mastes ist (Abschn.16.4.4). Die auf der Leitung weiterlaufende Wanderwelle wird durch diesen Vorgang auf die Stehstoßspannung der Leitungsisolation begrenzt, die dann z.B. in eine Umspannstation einläuft und dort zu einer Stoßspannungsbeanspruchung eines Transformators führt.

Bild 17.25b zeigt die Wanderwellenspannung auf dem Leiterseil bei Einschlag in einen Freileitungsmast mit rückwärtigem Überschlag zum Leiterseil, für den Fall, dass $R_{ASt}\,i_M$ größer als die Stehstoßspannung der Leitungsisolation wird.

Bei direktem Leiterseileinschlag mit Überschlag der Isolation oder bei rückwärtigem Überschlag folgt dem Blitzstrom ein 50-Hz-Strom (Folgestrom). Direkte Leiterseileinschläge kann man bei Hochspannungsleitungen

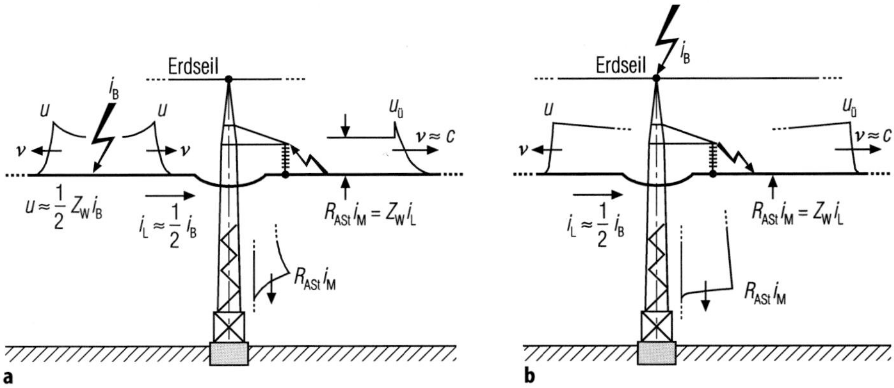

Bild 17.25 a, b. Wanderwellenspannungen bei Blitzeinschlag in eine Freileitung (schematisch). **a** Einschlag in ein Leiterseil mit Überschlag nach Erde am nächsten Mast; **b** Einschlag in einen Mast oder in das Erdseil mit rückwärtigem Überschlag zum Leiterseil

($U_n \geq 60$ kV) mit Stahlgittermasten durch ein oder auch zwei Erdseile (Blitzschutzseile) weitgehend vermeiden, wenn für den Erdseilschutzwinkel etwa 20 bis 30° gewählt werden. Rückwärtige Überschläge vermeidet man weitgehend dadurch, dass das Produkt aus Stoß-Erdungswiderstand und Blitzstrom unter dem für die Bemessungs-Blitzstoßspannung der Leitung zulässigen Wert bleibt.

17.4.2 Atmosphärische Entladung und Blitzeinschlag

Zur Entstehung der Blitze und die diesen vorausgehende Ladungstrennung in Gewitterwolken (Gewitterzellen) hat Baatz in seinem Buch [17.8] einen historischen Rückblick und einen Überblick über den Erkenntnisstand gegeben zusammen mit zahlreichen Hinweisen auf das Schrifttum. Der historischen Entwicklung der Ansichten über den Blitz geht Prinz in seiner Darstellung „Feuer, Blitz und Funke“ [17.29] nach. Die Ergebnisse der umfangreichen Blitzforschung auf dem Monte San Salvatore in der Schweiz wurden von Berger veröffentlicht [17.44].

Bild 17.26 a zeigt die Häufigkeit der Scheitelwerte von Blitzströmen $i_B \geq$ 10 kA, während Bild 17.26 b die von Müller-Hillebrand zusammengestellten Häufigkeiten der Stirnzeiten T_1 und der Rückenhalbwertzeiten T_2 für den ersten stromstarken Teil der Hauptentladung enthält. Im Bild 17.26 a sind nur Blitzströme mit $i_B \geq 10$ kA berücksichtigt. Werden auch kleinere Ströme einbezogen, angefangen bei Werten von 1 bis 3 kA, so liegen 60 bis 80% aller Blitze über 10 kA. Bei diesen Messungen sind nur die jeweils höchsten Teilentladungen der Blitze berücksichtigt. In Amerika und Deutschland wurden Messungen vielfach mit Magnetstäbchen (Stahlstäbchen) durchgeführt, die im magnetischen Feld eines Stromes magnetisiert werden und eine Remanenz behalten, aus der man dann später die Größe des Stromes bestimmen kann

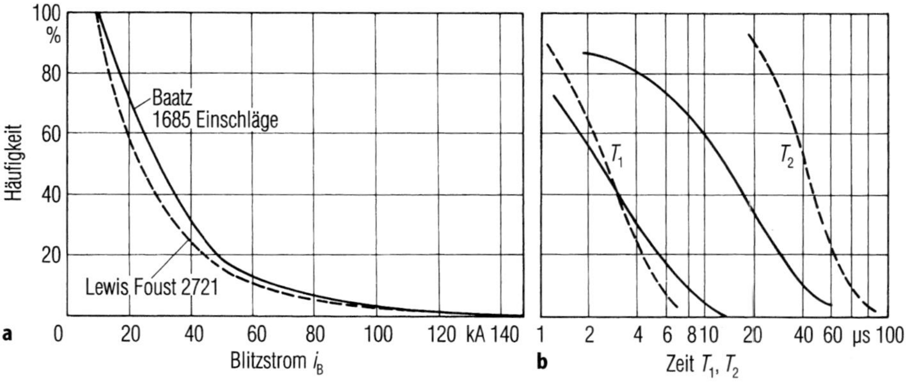

Bild 17.26 a, b. Häufigkeit der Scheitelwerte und der Form von Blitzströmen [17.8]. **a** Häufigkeit der Scheitelwerte der Blitzströme $i_B \geq 10$ kA im Blitzkanal (Anzahl der Blitzströme, die mit ihrem Scheitelwert den Wert der Abszisse überschreiten); **b** Häufigkeiten der Stirnzeiten T_1 und der Rückenhalbwertzeiten T_2 von Blitzströmen, die den Wert der Abszisse überschreiten

[17.8]. Messungen in Amerika haben 50-%-Werte der Stirnzeit von etwa 2,5 µs ergeben, jedoch Halbwertzeiten nicht von etwa 15 µs sondern von 40 µs (Bild 17.26 b).

Für Prüfzwecke wird eine Blitzstoßspannung 1,2/50 gewählt [N 17.1], d.h. eine Stoßwelle mit einer Stirnzeit $T_1 = 1{,}2$ µs und einer Rückenhalbwertzeit von $T_2 = 50$ µs mit entsprechenden Toleranzen.

Bei Freileitungen wird die Höhe der Überspannungen durch das Isolierungsvermögen der Leitungsisolation gegen Blitzstoßspannungen begrenzt. Naturgemäß sind deshalb an Holzmastleitungen die höchsten Überspannungen zu erwarten. Die Ausbreitung der Überspannung entlang der Leitungen wird weitgehend von der Dämpfung, den Koronaverlusten und den Reflexionsbedingungen (Abschn. 17.4.3) bestimmt. Die mittlere Geschwindigkeit der Überspannungswellen auf Freileitungen liegt etwas unterhalb der Lichtgeschwindigkeit, bei Kabeln dagegen bei wesentlich geringeren Werten, z.B. nur bei 150 m/µs. Die Überspannungswellen erfahren auf ihrem Wege Dämpfung und Verformung, so dass die Amplitude und auch die Stirnsteilheit abnehmen, so lange keine Reflexionsvorgänge am offenen Leitungsende oder an Transformatoren auftreten, die zu einem Aufbau der Überspannung führen können bis hin zum Überschlag nach Erde.

Angaben zur Gewitterhäufigkeit in Deutschland (Gewittertage pro Jahr) findet man in [17.34, 17.37]. Danach ist im größten Teil des Bundesgebietes mit 21 bis 25 Gewittertagen pro Jahr zu rechnen, in Schleswig-Holstein dagegen nur mit 16 bis 20 Gewittertagen. Im Mittelgebirge (z.B. Schwarzwald, Rhön, Weserbergland) und in Teilen Bayerns sind 26 bis 30 Gewittertage pro Jahr zu erwarten. Die Anzahl der Blitzeinschläge in eine Freileitung ist proportional zu den Gewittertagen pro Jahr. Bei Freileitungen ohne Erdseil wird etwa die Hälfte der Blitzeinschläge die Leiterseile treffen, während der Rest in die Maste geht. Bei Freileitungen mit einem Erdseil dagegen werden nur etwa 5 % aller Blitzeinschläge direkte Leiterseileinschläge sein [17.4]. Darüber hinaus ist die Anzahl der Leiterseileinschläge abhängig vom Erdseilschutzwinkel und von der Masthöhe [17.16, 17.37, 17.38, 17.42, 17.64]. Eine Zusammenstellung von Blitzstörungen an Hochspannungsfreileitungen findet man in [17.64].

17.4.3 Wanderwellen auf Leitungen

Ausführliche Darstellungen zur Wanderwellentheorie findet man in [17.5, 17.8, 17.23, 17.72]. Hier sollen zum grundlegenden Verständnis nur die Vorgänge auf verlustlos angenommenen Leitungen und die grafischen Verfahren nach Bewley und Bergeron für eine anschauliche Interpretation der Vorgänge betrachtet werden. Zur Berechnung stehen heute leistungsfähige Programme auf der Grundlage der vollständigen Wellengleichungen zur Verfügung.

Die Gleichungen der verlustlosen Leitung lauten:

$$\frac{\partial^2 u}{\mathrm{d}x^2} - \frac{1}{v^2}\frac{\partial^2 u}{\mathrm{d}t^2} = 0; \quad \frac{\partial^2 i}{\mathrm{d}x^2} - \frac{1}{v^2}\frac{\partial^2 i}{\mathrm{d}t^2} = 0 \qquad (17.37\,\mathrm{a,b})$$

mit der Ausbreitungsgeschwindigkeit $v = 1/\sqrt{L'C'}$ von Strom und Spannung. Bei Freileitungen gilt $v \approx c$, wobei c der Lichtgeschwindigkeit im Vakuum ist, während bei Kabeln ($\varepsilon_r = 4$) etwa $v = 0{,}5\,c$ gilt. Die Lösungen der Gln. (17.37) lauten:

$$u = f(x - vt) + F(x + vt) = u_v + u_r \qquad (17.38\,\mathrm{a})$$

$$i = \frac{1}{Z_W}[f(x - vt) - F(x + vt)] = i_v + i_r = \frac{1}{Z_W}u_v - \frac{1}{Z_W}u_r \qquad (17.38\,\mathrm{b})$$

Die noch näher zu bestimmenden Funktionen $f(x - vt)$ und $F(x + vt)$ stellen eine bezüglich der x-Richtung mit der Zeit vorlaufende und eine rücklaufenden ungedämpften Welle dar.

Auf den Gln. (17.38) beruht das Verfahren von Bewley [17.5, 17.8, 17.23]. Die Spannungen und Ströme an einer Stelle x ergeben sich durch Überlagerung der an diesem Ort zu den verschiedenen Zeiten eintreffenden vor- und rücklaufenden Wellen. Im x-t-Diagramm des Bildes 17.28, auch Bewley'sches Wellengitter genannt, bewegt sich eine vorlaufende Welle konstanter Amplitude längs eines homogenen Leitungsabschnittes auf einer fallenden Geraden für die $x - vt = const.$ gilt. Eine rücklaufende Welle bewegt sich bei konstanter Amplitude auf einer Geraden mit $x + vt = const.$ Die konkrete Lage dieser Geraden ergibt sich aus den Anfangsbedingungen für x und den Laufzeiten. Treffen die Wellen auf eine Inhomogenität, z. B. auf einen Übergang von einer Freileitung auf ein Kabel oder ein Leitungsende, das leerlaufend oder kurzgeschlossen oder mit einer Belastung abgeschlossen sein kann, so kommt es zu

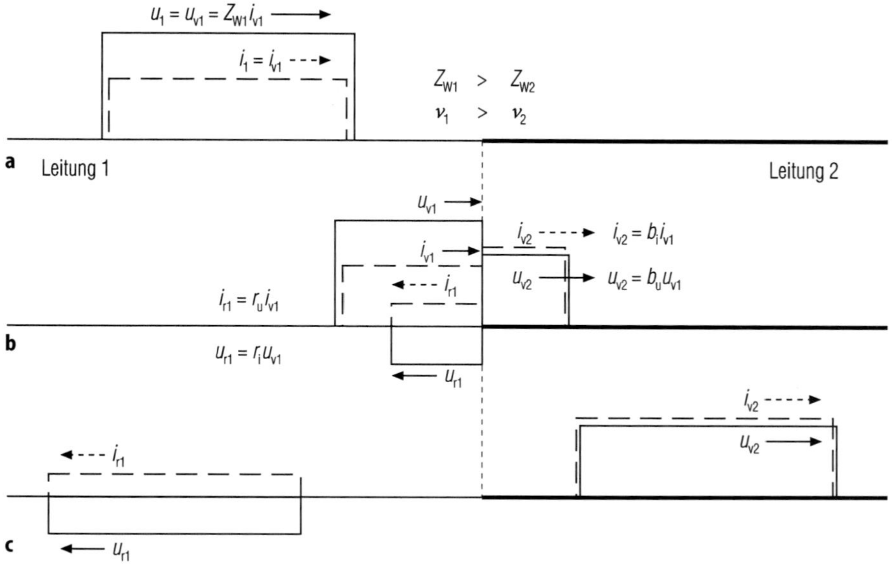

Bild 17.27 a – c. Übergang der Wanderwellen u und i von einer Leitung 1 (Z_{W1}, ν_1) auf eine Leitung 2 (Z_{W2}, ν_2) mit Brechung und Reflektion für Rechteckwellen (Tabelle 17.3, Fall 1)
a vor dem Übergang; **b** während des Übergangs; **c** nach dem Übergang

Reflexionen und Brechungen. Im Bild 17.27 ist beispielhaft der Fall dargestellt, dass eine vorlaufende Spannungswelle auf der Leitung mit dem Wellenwiderstand Z_{W1} auf eine Leitung mit $Z_{W2} < Z_{W1}$ trifft. An der Übergangsstelle muss gelten, da auf der Leitung 2 noch keine rücklaufenden Wellen vorhanden sind (Fall Nr. 1 in Tabelle 17.3):

$$u_1 = u_2 = u_{v1} + u_{r1} = u_{v2} \tag{17.39a}$$

$$i_1 = i_2 = i_{v1} + i_{r1} = i_{v2} \tag{17.39b}$$

Mit $i_v = u_v/Z_W$ und $i_r = -\, u_r/Z_W$ nach Gl. (17.38b) folgt:

$$u_{r1} = \frac{Z_{W2} - Z_{W1}}{Z_{W2} + Z_{W1}}\, u_{v1} = r_u\, u_{v1} \tag{17.40a}$$

$$u_{v2} = (1 + r_u)\, u_{v1} = \frac{2Z_{W2}}{Z_{W2} + Z_{W1}}\, u_{v1} = b_u\, u_{v1} \tag{17.40b}$$

sowie

$$i_{r1} = -r_u\, i_{v1} = r_i\, i_{v1} \tag{17.41a}$$

$$i_{v2} = \frac{2Z_{W1}}{Z_{W2} + Z_{W1}}\, i_{v1} = b_i\, i_{v1} \tag{17.41b}$$

Tabelle 17.3. Reflexions- und Brechungsfaktoren für Wanderwellen. Index u: Spannungswellen; Index i: Stromwellen; Wellenwiderstand $Z_W = \sqrt{L'/C'}$

Nr.	Schaltung $u_1 = u_{v1}$	Reflektierte Welle $u_{r1} = r_u u_{v1}$; $i_{r1} = r_i i_{v1}$	Gebrochene Welle $u_2 = b_u u_{v1}$; $i_2 = b_i i_{v1}$
1	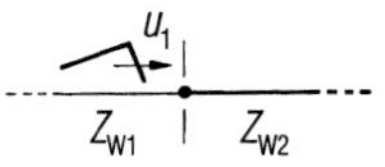	$r_u = \dfrac{Z_{W2} - Z_{W1}}{Z_{W1} + Z_{W2}}$ $r_i = -\dfrac{Z_{W2} - Z_{W1}}{Z_{W1} + Z_{W2}} = -r_u$	$b_u = \dfrac{2Z_{W2}}{Z_{W1} + Z_{W2}}$ $b_i = \dfrac{2Z_{W1}}{Z_{W1} + Z_{W2}}$
2	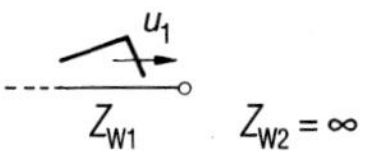	$r_u = 1$ $r_i = -1 = -r_u$	$b_u = 2$ $b_i = 0$
3	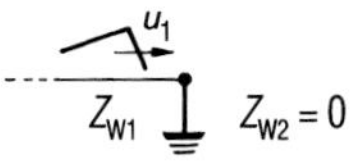	$r_u = -1$ $r_i = 1 = -r_u$	$b_u = 0$ $b_i = 2$
4	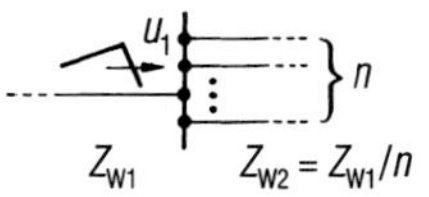	$r_u = \dfrac{1-n}{1+n}$ $r_i = -\dfrac{1-n}{1+n} = -r_u$	$b_u = \dfrac{2}{1+n}$ $b_i = \dfrac{2n}{1+n}$
5	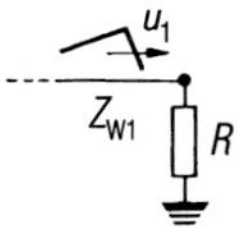	$r_u = \dfrac{R - Z_{W1}}{R + Z_{W1}}$ $r_i = -\dfrac{R - Z_{W1}}{R + Z_{W1}} = -r_u$	$b_u = \dfrac{2R}{R + Z_{W1}}$ $b_i = \dfrac{2Z_{W1}}{R + Z_{W1}}$
6	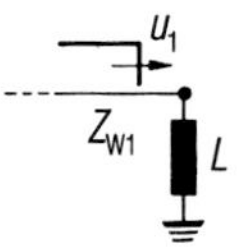	$r_u = 2e^{-\frac{Z_{W1}}{L}t} - 1$ $r_i = 2e^{-\frac{Z_{W1}}{L}t} - 1$ u_1 ist eine Rechteckwelle	$b_u = 2e^{-\frac{Z_{W1}}{L}t}$ $b_i = 2\left(1 - e^{-\frac{Z_{W1}}{L}t}\right)$
7	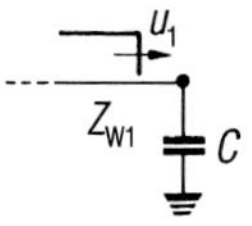	$r_u = 1 - 2e^{-\frac{1}{Z_{W1}C}t}$ $r_i = 1 - 2e^{-\frac{1}{Z_{W1}C}t}$ u_1 ist eine Rechteckwelle	$b_u = 2\left(1 - e^{-\frac{1}{Z_{W1}C}t}\right)$ $b_i = 2e^{-\frac{1}{Z_{W1}C}t}$

Für die Fälle 1 bis 5 gelten die Beziehungen: $r_u = b_u - 1$ und $r_i = b_i - 1$.

Die Größen r_u und r_i sind die Reflektionsfaktoren, mit denen die Spannungs- und Stromwelle an der Unstetigkeitsstelle reflektiert werden und die Größen b_u und b_i die entsprechenden Brechungsfaktoren, mit denen die vorlaufenden Wellen verändert werden. Ist $Z_{W2} < Z_{W1}$ wie im Bild 17.27, so ist $r_u < 0$, die reflektierte rücklaufende Spannungswelle ist deshalb negativ.

An einem offenen Leitungsende erfolgt ein Übergang auf $Z_W = \infty$. Die Reflektionsfaktoren werden $r_u = 1$ und $r_i = -1$. Die Spannungswelle wird vollständig reflektiert, so dass sich die Spannung am offenen Ende nach Einlaufen der Wanderwelle auf den doppelten Wert erhöht. Die Wanderwelle des Stromes läuft als gleich große negative Welle zurück, womit die Bedingung $i = 0$ am offenen Ende erfüllt ist. In Tabelle 17.3 sind die Reflexions- und Brechungsfaktoren für verschiedene Inhomogenitätsstellen zusammengestellt.

Um die Spannung und den Strom an einer bestimmten Stelle der Leitung in Abhängigkeit von der Zeit zu erhalten, muss man alle vor- und rücklaufenden Wellen am Ort überlagern. Diese Vorgehensweise soll am Beispiel der Anordnung des Bildes 17.28 erläutert werden.

Durch einen rückwärtigen Überschlag der Freileitung werde, 600 m vom Kabelendmast entfernt, eine Rechteckspannung der Höhe $U_0 = 630$ kV aufgeprägt. Da der Wellenwiderstand des Transformators sehr viel größer als der des Kabels ist, kann das Kabelende als offen angenommen werden (Fall 3 in Tabelle 17.3). Beim Zeichnen des Wellengitters wird die unterschiedliche Laufzeit von Freileitung und Kabel durch eine Streckung der Kabellänge auf $l'_K = v_F/v_L \cdot l_K = 300/200 \cdot 400$ m $= 600$ m berücksichtigt, was den Vorteil hat, dass man einen linearen Zeitmaßstab erhält und keine Knicke in den Wellenzügen an der Übergangsstelle K auftreten. Der Punkt K teilt dann die x-Koordinate im Verhältnis $l_F/l'_K = \tau_F/\tau_K = 3/4 = 0{,}75$.

Das Wellenspiel beginnt mit einer vorlaufenden (Spannungs-)Welle im Punkt M im Wellengitter ($x = 0, t = 0$). Die entsprechende Kennlinie ist durch diesen Punkt und den Punkt K, den die Welle nach der Laufzeit der Freileitung bei $t = 2$ µs erreicht, gegeben. In K erfolgt der Übergang auf das Kabel, wobei die Welle reflektiert und gebrochen wird. Wegen $Z_{WK} < Z_{WF}$ ist der Reflektionsfaktor r_{uFK} negativ. Im Wellenfahrplan wird die reflektierte Welle durch $-r = |r_{uFK}|$ gekennzeichnet. Sie erreicht als negative rücklaufende Welle nach 4 µs wieder den Ausgangspunkt M. In das Spannungs-Zeit-Diagramm nach Bild 17.29 ist bei $t = 2$ µs ein Spannungssprung der Höhe $u_K = U_0 - rU_0 = (1 - r)U_0 = (1 - 0{,}875) \cdot 630$ V bzw. der bezogene Wert $u_K/U_0 = 1 - 0{,}875 = 0{,}125$ einzutragen. Der in K gebrochene Teil $b_{uFK}\, U_0 = (1 - r)U_0$ erreicht als vorlaufende Welle nach weiteren 2,67 µs den Punkt T und wird, da das Ende als offen betrachtet wird, voll reflektiert ($r_{uT} = 1$) und läuft als positive Welle zurück zu K. Im Spannungs-Zeit-Diagramm ist bei $t = 4{,}67$ µs ein Spannungssprung der Höhe $u_T = 2(1 - r)U_0 = 2 \cdot 0{,}125 \cdot 630$ kV bzw. der bezogene Wert $u_T/U_0 = 2 \cdot 0{,}125$ zu verzeichnen. Wenn die rücklaufende Welle zur Zeit $t = 7{,}33$ µs wieder den Punkt K erreicht, wird sie gebrochen und reflektiert, wobei zu beachten ist, dass der Reflektionsfaktor beim Übergang auf einen größeren Wellenwiderstand positiv ist ($r_{uKF} = -r_{uFK} = +r$) und sich als Brechungsfaktor $b_{uKF} =$

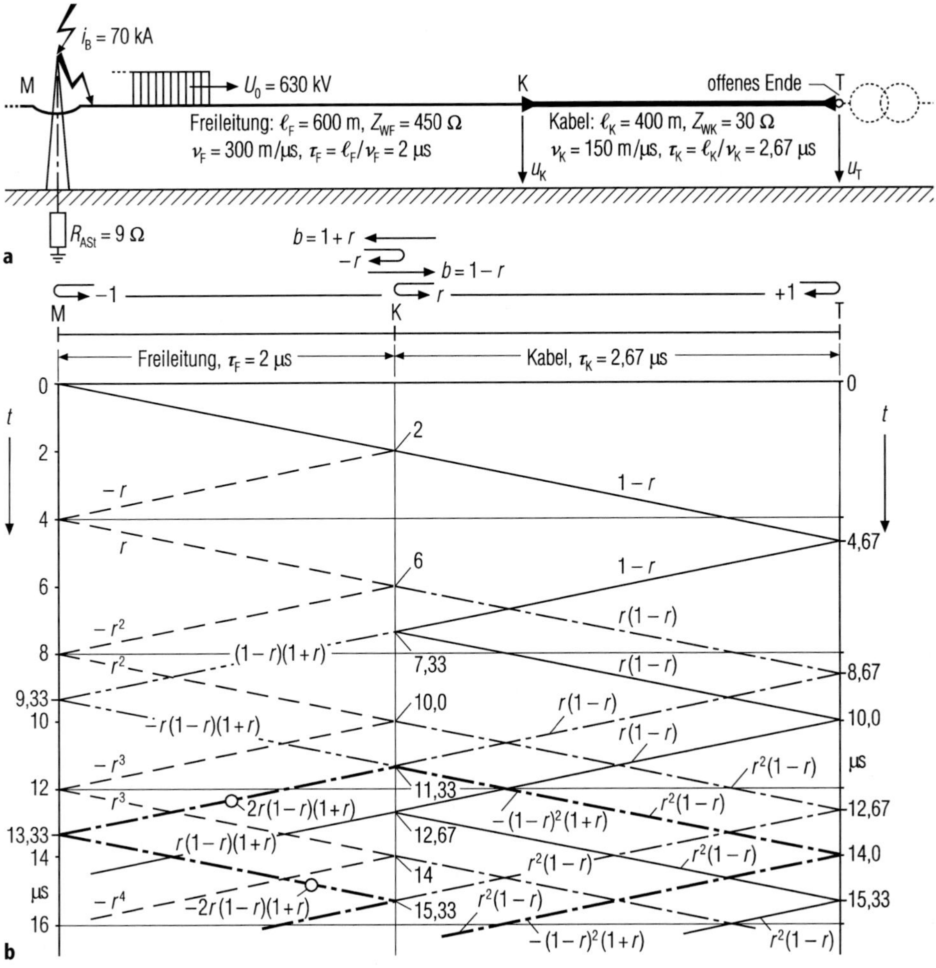

Bild 17.28. Berechnung der Strom- und Spannungsverläufe bei nahem Blitzeinschlag in eine 110-kV-Freileitung und direkter Kabeleinführung in einen Transformator nach dem Verfahren von Bewley. **a** Daten; **b** Wellenlaufplan bei einem Laufzeitverhältnis $\tau = \tau_F/\tau_K = 2\ \mu s/2{,}66\ \mu s = 0{,}75$ und einer Transformatoreingangsimpedanz $\rightarrow \infty$

$1 + r$ ergibt. Folglich erhält man für die Änderung der Spannung in K zur Zeit $t = 7{,}33\ \mu s$: $\Delta u_K\,(7{,}33)/U_0 = (1 - r) + r\,(1 - r) = (1 - r)\,(1 + r) = 0{,}125 \cdot 1{,}875 = 0{,}2344$. Die Änderungen zu den einzelnen Zeitpunkten sind in Tabelle 17.4 eingetragen. Man addiert alle in einem Punkt zusammenlaufenden Wellen. An der Übergangsstelle K ist es gleichgültig, ob man die Wellen links oder rechts von K addiert.

Stoßwellen mit ansteigender Stirn und abfallendem Rücken lassen sich näherungsweise durch die Überlagerung von zwei Exponentialfunktionen

Tabelle 17.4. Berechnung der Spannungen u_K am Kabeleingang und u_T am Transformator für die Anordnung nach Bild 17.28a anhand des Wellengitters nach Bild 17.28b

t µs	Änderungen		Werte zum Zeitpunkt t	
	$\Delta u_K/U_0$	$\Delta u_T/U_0$	$\Delta u_K/U_0$	u_T/U_0
0	0	0	0	0
2,00	$1-r$	0	0,125	0
4,67	0	$2(1-r)$	0,125	0,250
6,00	$r-r^2$	0	0,234	0,250
7,33	$(1-r)(1+r)$	0	0,469	0,250
8,67	0	$2r(1-r)$	0,469	0,469
10,0	r^2-r^3	$2r(1-r)$	0,564	0,688
11,33	$(2r-1)(1-r)(1+r)$	0	0,740	0,688
12,67	$r(1-r)+r^2(1-r)$	$2r^2(1-r)$	0,945	0,879
14,00	r^3-r^4	$2r^2(1-r)-2(1-r)^2(1+r)$	1,029	1,012
15,33	$(3r^2-2r)(1-r)(1+r)$	$2r^2(1-r)$	1,157	1,203
⋮	⋮	⋮	⋮	⋮

$$r=\left|r_{\mathrm{uFK}}\right|=\left|\frac{Z_{\mathrm{WK}}-Z_{\mathrm{WF}}}{Z_{\mathrm{WF}}+Z_{\mathrm{WK}}}\right|=\left|\frac{30\,\Omega-450\,\Omega}{30\,\Omega+450\,\Omega}\right|=0{,}875;\quad b=1-r$$

nachbilden:

$$u=U_0\left(\mathrm{e}^{-\frac{t}{T_2}}-\mathrm{e}^{-\frac{t}{T_1}}\right)$$

Den Unterschied zwischen rechteckiger und keilförmiger Form der Wanderwelle ist aus dem im Bild 17.30 dargestellten Berechnungsbeisiel für einen Naheinschlag auf eine Anordnung mit direkter Kabeleinführung in einen Transformator ersichtlich.

Das relativ einfache Beispiel aus Bild 17.28 zeigt schon, dass die Berechnung anhand des Wellengitters schnell unübersichtlich wird. Eine Verbesserung stellt das von Bergeron entwickelte und nach ihm benannte Verfahren dar [17.18, 17.23, 17.72]. Ausgehend von der Tatsache, dass die Funktionen $f(x - vt)$ und $F(x - vt)$ während eines Laufes im Wellengitter konstant sind, erhält man durch Addition und Subtraktion der Gl. (17.38a) und der mit Z_W multiplizierten Gl. (17.38b):

$$u+Z_W i=2f(x-vt)=K_v \tag{17.42a}$$

$$u-Z_W i=2F(x+vt)=K_r \tag{17.42b}$$

oder

$$u=K_v-Z_W i \tag{17.43a}$$

$$u=K_r+Z_W i \tag{17.43b}$$

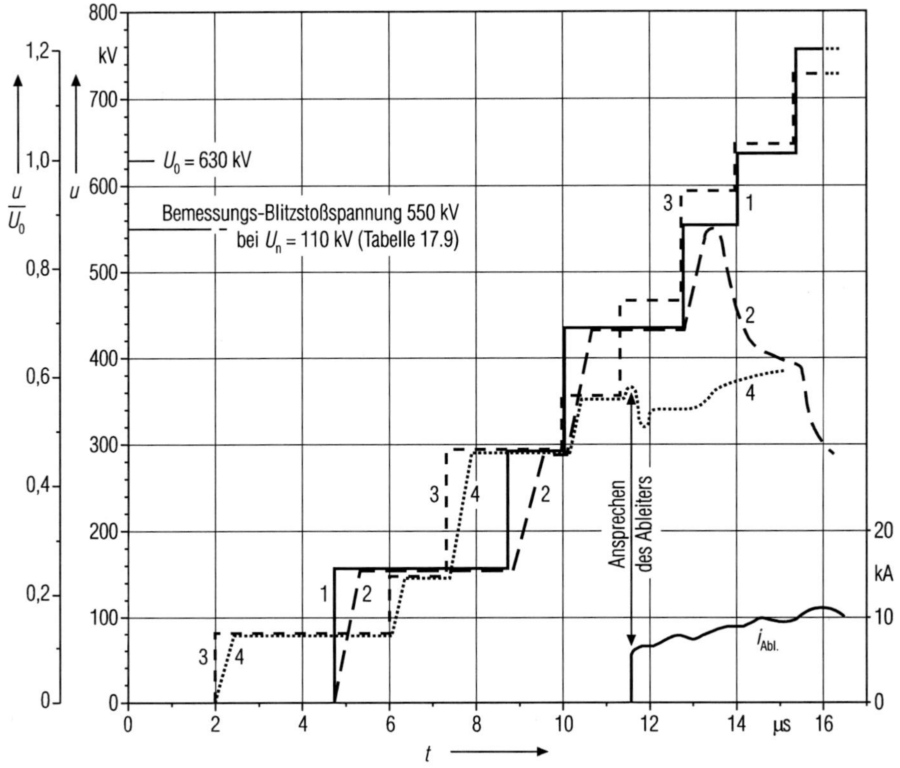

Bild 17.29. Spannungsverlauf u_K und u_T nach Tabelle 17.4 bei einer einlaufenden Welle U_0 = 630 kV (Scheitelwert der Rechteckwelle) für die Anordnung im Bild 17.28 und Vergleich mit den Ergebnissen eines Digitalprogramms (Stirnzeit 1 µs) unter Berücksichtigung eines Ableiters am Übergang Freileitung/Kabel [17.21]. *1* u_T Spannung am Transformator nach Tabelle 17.4; *2* u_T Spannung am Transformator bei Stirnzeit 1 µs; *3* u_K Spannung am Übergang Freileitung/Kabel nach Tabelle 17.4; *4* u_K Spannung am Übergang Freileitung/Kabel bei Stirnzeit 1 µs und Ansprechen des Ableiters bei 375 kV; $i_{Abl.}$ Strom durch den Funkenstreckenableiter am Kabeleingang

Die Gln. (17.43) sind die Bergeron-Geraden im *u*-*i*-Diagramm (Bild 17.31). Zu jedem Wellenzug im Wellengitter gehört eine bestimmte Bergeron-Gerade. Für in x-Richtung vorlaufende Wellen ist ihr Anstieg gleich dem negativen Wellenwiderstand und für rücklaufende Wellen gleich dem positiven Wellenwiderstand. Die Lage der Bergeron-Geraden ist durch die an einem bestimmten Ort zu einer bestimmten Zeit herrschenden Bedingungen für *u* und *i* festgelegt (Bild 17.31 c). Man bestimmt die Konstanten K_v und K_r also nicht explizit. Die Anwendung des Bergeron-Verfahrens soll am Beispiel des Einschaltens einer belasteten Leitung nach Bild 17.32 gezeigt werden.

Die Strom-Spannungsbedingungen am Anfang und Ende der Leitung im Bild 17.32b sind durch die Kennlinien $u_A = U_0 - R_i i_A$ (Generatorkennlinie) und

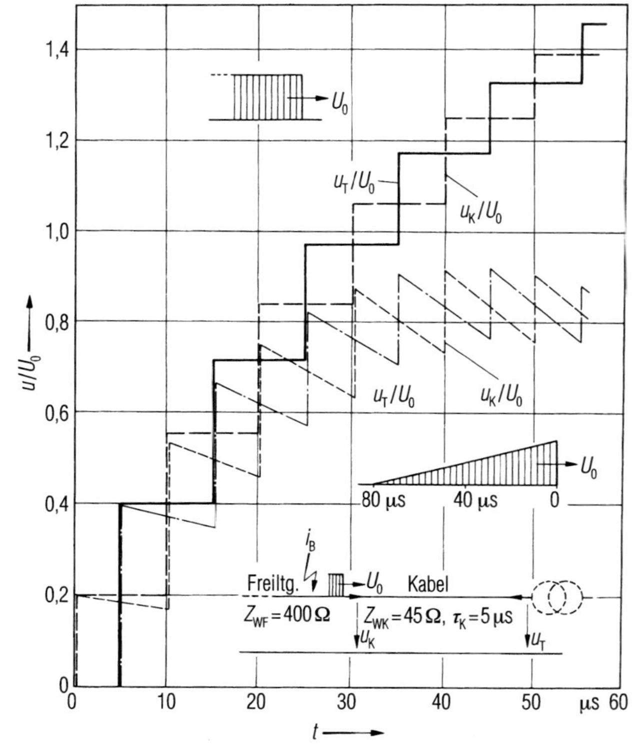

Bild 17.30. Direkter Leiterseileinschlag (Naheinschlag) bei Kabeleinführung in einen Transformator (Beispiel). Verlauf der Spannungen u_K und u_T bezogen auf U_0 für eine Rechteckwelle und im Vergleich für eine Keilwelle mit 40 µs Halbwertzeit $(Z_{WF} - Z_{WK})/(Z_{WF} + Z_{WK}) = 0{,}8$

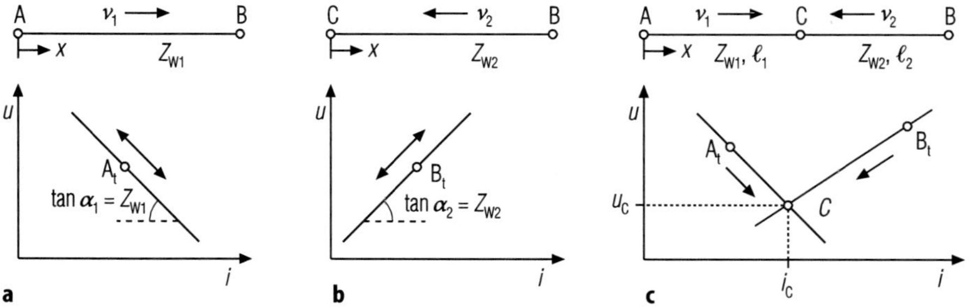

Bild 17.31 a–c. Bergeron-Geraden im u-i-Diagramm. **a** Vorlaufende Welle mit $x - vt = \text{const.}$ auf der Geraden $u + Z_W i = \text{const.}$; **b** Rücklaufende Welle mit $x + vt = \text{const.}$ auf der Geraden $u - Z_W i = \text{const.}$; **c** Vor- und rücklaufende Welle auf zwei Leitungsabschnitten mit dem Treffpunkt C

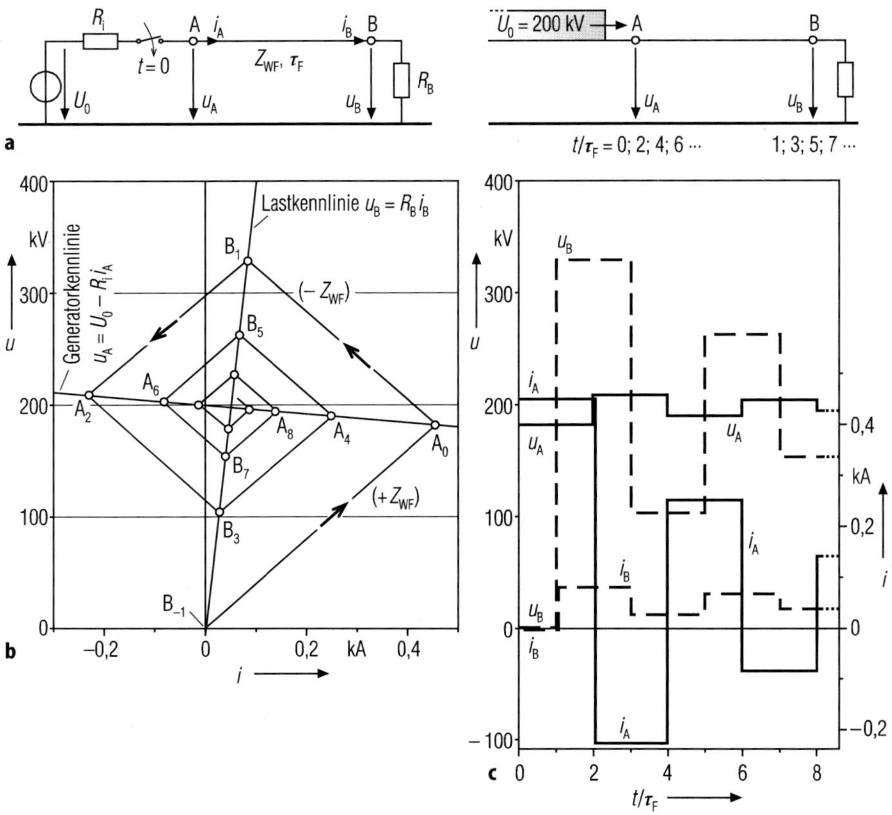

Bild 17.32 a – c. Wanderwellen auf einer Leitung nach Bergeron mit einem Beobachter (Wellenreiter) [17.23]. **a** Anordnung und Daten; **b** Bergeron-Diagramm mit den Geraden (+Z_{WF}) und (–Z_{WF}); **c** Spannungs- und Stromverlauf, wobei für jeden Zeitpunkt $u_A = U_0 - R_i i_A$ und $u_B = R_B i_B$ gilt

$u_B = R_B i_B$ (Lastkennlinie) gegeben. Bei $t = 0$ startet eine vorlaufende Welle in A_0 =A(t = 0). Gleichzeitig muss eine rücklaufende Welle von B aus eintreffen. Dabei muss es sich um eine Nullwelle handeln, die bei $t = -\tau_F$ in B_{-1} gestartet ist, da die Leitung vorher spannungslos war. Die Bergeron-Gerade der Nullwelle geht durch den Koordinatenursprung (Gl. (17.43 b)) und liegt zugleich auf der Lastkennlinie, die ebenfalls durch den Koordinatenursprung verläuft. Durch die Lage der Kennlinie für die Nullwelle ist auch die Kennlinie der bei $t = 0$ in A startenden vorlaufenden Welle bestimmt, denn beide müssen sich im Punkt A_0 auf der Generatorkennlinie schneiden. Die vorlaufende Welle trifft nach der Laufzeit τ_F am Leitungsende B ein (Punkt B_1 im u-i-Diagramm). Durch den gleichen Punkt muss die Kennlinie der zum gleichen Zeitpunkt startenden rücklaufenden Welle verlaufen, usw. Bei komplizierteren Anordnungen, insbesondere mit Leitungsabschnitten unterschiedlicher Laufzeit nimmt man zur bessere Orientierung noch das Bewley-Wellengitter zur

Hilfe. Die Übertragung der Strom- und Spannungswerte zu den einzelnen Zeitpunkten ergibt die zeitlichen Verläufe von Strom und Spannung im Bild 17.32 c.

In das Bergeron-Verfahren können auch leicht nichtlineare Generator- oder Lastkennlinien oder die nichtlinearen Kennlinien von Überspannungs-Schutzeinrichtungen einbezogen werden.

17.5 Isolationsminderung

Die Entwicklung der Schaltertechnik und der Netztechnik (z. B. niederohmige Sternpunkterdung) hat ebenso wie die Entwicklung der Ableitertechnik zur Herabsetzung der Spannungsbeanspruchungen der Netze durch innere und äußere Überspannungen geführt, so dass die Bedeutung der Isolationsminderung durch Verschmutzung in den letzen Jahren zugenommen hat. Das Verhalten gegenüber Verschmutzung steht deshalb teilweise im Vordergrund der Diskussion um die Bemessung der Isolation von Freileitungen und Freiluftschaltanlagen.

Bild 17.33 zeigt das 10-Jahresmittel der Schadensanlässe in Schaltanlagen und bei Freileitungen. Man erkennt, dass Fremdschichtüberschläge bei Spannungen von 110 kV und darüber eine bedeutende Rolle spielen können.

Bild 17.34 a zeigt einen Isolator mit eingetragener Kennzeichnung der Isolierstrecken. Neben der Baulänge l_B unterscheidet man die Isolierlänge l_I als Abstand zwischen den Armaturen, die Durchschlaglänge l_d der inneren Isolierstrecke, den Überschlagsweg $l_ü$ und den Kriechweg l_K.

Bei Isolatoren zum Einsatz in Gebieten mit Salzverschmutzung (Küste) oder mit Industrieverschmutzung sucht man ein günstiges Verhältnis zwischen l_K und l_B oder l_I unter Berücksichtigung der Formgebung. Bild 17.34 b zeigt die Überschlagwechselspannung verschiedener Langstabisolatoren gleicher Baulänge. Man erkennt daraus, dass es nicht allein genügt, bei gleicher Baulänge den Kriechweg zu erhöhen, z. B. durch Anbringen von mehr Schirmen bei entsprechend geringerem Schirmabstand, sondern dass noch weitere Eigenschaften wichtig sind, wozu auch die Ausbildung der Schirme, die Selbstreinigungseigenschaften des Isolators und der mittlere Durchmesser abhängig vom Formfaktor gehören.

Tabelle 17.5 enthält zwei Vorschläge zur Einteilung der in der Natur vorkommenden Verschmutzung in Verschmutzungsklassen bzw. Verschmutzungsgrade. Der erste Vorschlag zur Einteilung in vier Klassen [9.9] ist vor allem für die Industrieverschmutzung gedacht, während der zweite Vorschlag [N17.2] sowohl Industrie- als auch Salzverschmutzung berücksichtigt. Die den Verschmutzungsklassen a bis d zugeordneten spezifischen Kriechwege haben sich bei richtiger Einschätzung der Verschmutzungssituation für Langstäbe zur Leiterisolation von Freileitungen und für Geräteisolatoren in Schaltanlagen in der Praxis bewährt.

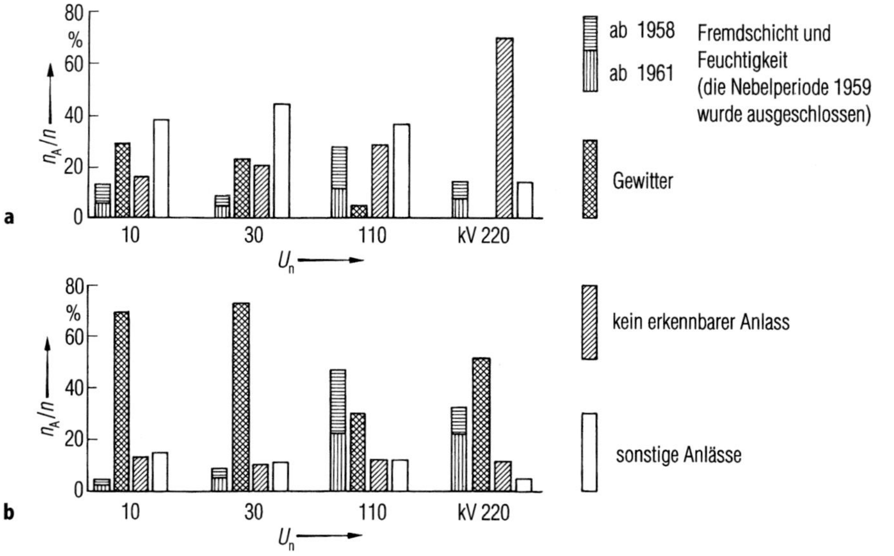

Bild 17.33 a, b. Schadensanlässe in Schaltanlagen und auf Freileitungen in der BR Deutschland 1958 bis 1967 (10-Jahresmittel) [17.41]. **a** Prozentualer Anteil n_A für verschiedene Schadensanlässe in Schaltanlagen bezogen auf die jeweilige Anzahl n, wobei n die Schadensanzahl je 100 Zellen in 10 Jahren ist. $U_n = 10$ kV: $n \approx 10$; $U_n = 30$ kV: $n \approx 35$; $U_n = 110$ kV: $n \approx 70$; $U_n = 220$ kV: $n \approx 115$; **b** Prozentualer Anteil n_A für verschiedene Schadensanlässe bei Freileitungen bezogen auf die jeweilige Anzahl n, wobei n die Schadensanzahl je 100 km Leitung in 10 Jahren ist. $U_n = 10$ kV: $n \approx 85$; $U_n = 30$ kV: $n \approx 70$; $U_n = 110$ kV: $n \approx 12$; $U_n = 220$ kV: $n \approx 12$

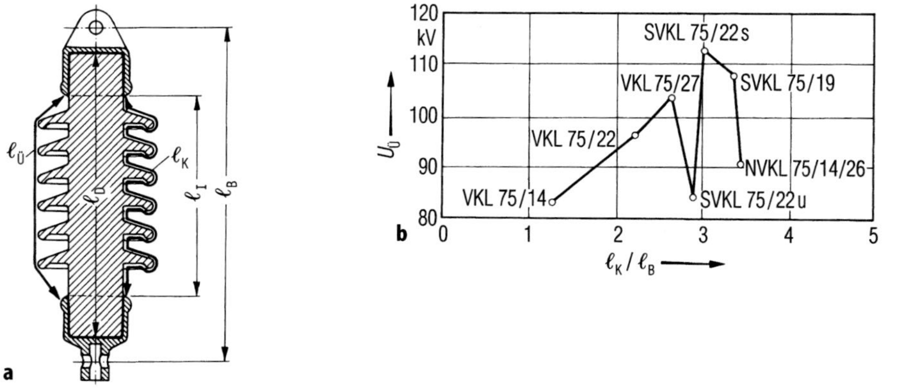

Bild 17.34 a, b. Längenbezeichnung, Isolierstrecken und Überschlagspannung von Isolatoren (Beispiel: Langstab). **a** l_B Baulänge; l_I Isolierlänge; $l_ü$ Überschlagsweg; l_K Kriechweg; l_d Durchschlagslänge; **b** Überschlagwechselspannung $U_ü$ verschmutzter Langstabisolatoren verschiedener Bauform aber gleicher Baulänge (l_B = 127 cm) bei künstlicher Verschmutzung (Mittelwert aus 7 Versuchsreihen in drei Laboratorien) [17.39]

Tabelle 17.5. Einteilung der Verschmutzung in Klassen bzw. Verschmutzungsgrade der Umgebung nach [9.9, N17.2]. U_b ist die Betriebsspannung zwischen den Leitern

Verschmutzungsklasse	Beschreibung der Verschmutzungsklassen	Spez. Kriechweg l_K/U_b cm/kV	Verschmutzungsgrad [a]	Beschreibung des Verschmutzungsgrades	Kleinster bez. Nenn-Kriechweg l_K/U_m mm/kV [b]
a	Land- und forstwirtschaftliche Bodennutzung, keine Industrie, saubere Atmosphäre	1,7...2,0	I LEICHT	Gebiete ohne Industrie und mit geringer Dichte von Häusern mit Heizungsanlagen. Gebiete mit geringer Dichte an Industrie oder Häusern, die aber häufig Winden und/oder Regenfällen ausgesetzt sind. Landwirtschaftliche Gebiete. Bergige Gebiete (Entfernung > 10...20 km vom Meer)	16,0
b	Schwache Verschmutzung (Randzonen großer Industriegebiete) Häufige und starke Nebel (Flusstäler)	2,2...2,5	II MITTEL	Gebiete mit Industrie, die keine besonders verschmutzenden Abgase erzeugt und/oder mit einer durchschnittlichen Dichte von Häusern mit Heizungsanlagen. Gebeite mit hoher Dichte von Häusern und/oder Industrien, die aber häufig Winden und oder Regenfällen ausgesetzt sind. Gebiete, die Seewind ausgesetzt sind, aber nicht zu nahe an der Küste liegen (mindestens mehrere km entfernt)	20,0
c	Starke Industrieverschmutzung (z. B. Ruhrgebiet, Kölner und Mannheimer Industriegebiet). ((Die Verhältnisse in diesen Gebieten haben sich merklich verbessert))	2,6...3,2	III STARK	Gebiete mit hoher Industriedichte und Vorstädte großer Städte mit hoher Dichte an Verschmutzung verursachenden Heizungsanlagen. Gebiete, die nahe am Meer liegen oder in jedem Fall verhältnismäßig starken Seewinden ausgesetzt sind.	25.0
d	Sehr starke und leitfähige Verschmutzung (Nähe von Großkraftwerken, chemischen Indutrie- und Hüttenwerken) ((Keine Notwendigkeit	≥3,8	IV SEHR STARK	Gebiete mit begrenzter Ausdehnung, die leitfähigen Stäuben und Industrieabgasen ausgesetzt sind, welche besonders dicke leitfähige Niederschläge bilden. Gebiete mit begrenzter Ausdehnung,	31,0

Tabelle 17.5 (Fortsetzung)

Verschmutzungsklasse	Beschreibung der Verschmutzungsklassen	Spez. Kriechweg l_K/U_b cm/kV	Verschmutzungsgrad [a]	Beschreibung des Verschmutzungsgrades	Kleinster bez. Nenn-Kriechweg l_K/U_m mm/kV [b]
	mehr in Deutschland wegen gesetzlicher Auflagen zur Entstaubung, Entschwefelung und Entstickung))			die sehr nahe an der Küste liegen und Sprühwirkungen vom Meer oder sehr starken und verschmutzenden See winden ausgesetzt sind. Wüstengebiete, gekennzeichnet durch lange regenlose Perioden, die Sand und Salz mitführenden Winden sowie regelmäßiger Kondensation ausgesetzt sind	

[a] Diese Angaben können nur für Glas- und Porzellanisolatoren angewendet werden.
[b] Nach IEC 815, kleinster Nennkriechweg für Isolatoren zwischen Leiter und Erde.

Um eine Beurteilung des Verschmutzungsproblems von Isolatoren vor dem Einbau an Freileitungen oder in Freiluftanlagen (neue Isolatorformen, neue Geräteisolierung) möglich zu machen, und um eine Rangfolge von Isolatoren zu ermitteln bezüglich des Einsatzes in verschiedenen Verschmutzungsgebieten wurden verschiedene Prüfverfahren mit künstlichen Fremdschichten entwickelt. Dabei unterscheidet man Prüfverfahren mit haftenden und mit fließenden Fremdschichten [17.46, N17.5].

Als Beispiel für das Ergebnis von Fremdschichtuntersuchungen in Laboratorien zeigt Bild 17.35 die Fremdschicht-Stehspannungskennlinie $U_{F90} = f(\kappa_{F20^\circ})$ für vier Isolatoren nach [17.46].

Trotz verschiedener Ansätze [17.48, 17.52] ist es noch nicht in allen Fällen gelungen, die Ergebnisse bei künstlichen und natürlichen Fremdschichten in ausreichendem Maße in Übereinstimmung zu bringen, weil nicht alle Einflüsse quantitativ ausreichend festzulegen sind und weil es an Unterlagen mangelt, nach denen einzelne Gebiete den Verschmutzungsklassen (Tabelle 17.5) zuzuordnen sind.

Tabelle 17.6 enthält einen Vergleich von Langstabisolatoren gleicher Baulänge bei natürlicher und künstlicher Verschmutzung [17.64]. Dabei wird eine äquivalente Steh-Schichtleitfähigkeit κ_F^* eingeführt:

$$\kappa_F^* = \kappa_F \frac{l_K}{l_I} \tag{17.41}$$

Aus Tabelle 17.6 erkennt man, dass die Rangfolge nach der äquivalenten Steh-Schichtleitfähigkeit gut mit den Ergebnissen während 14 Monaten auf der

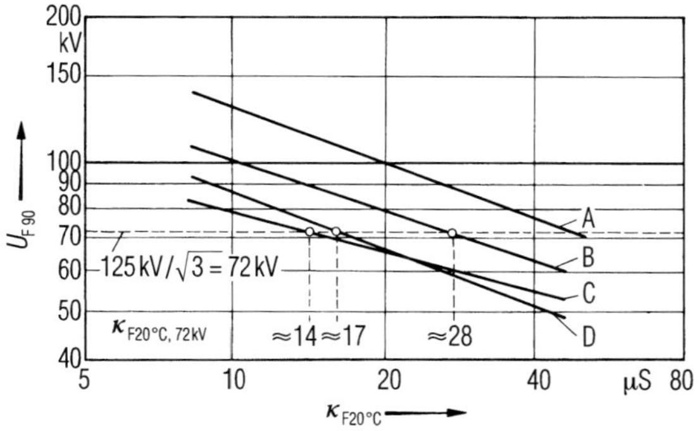

Bild 17.35. Fremdschicht-Stehspannungskennlinien nach dem Kieselgur-Prüfverfahren [17.46], $U_{F90} = f(\kappa_{F20°})$ bzw. 10 %-Überschlagspannung. A Kette aus 9 Kappenisolatoren T 9336 (Bullers: 14/28 cm), l_B/l_K = 1260 mm/3900 mm; B Langstabisolator LG 75/18; l_B/l_K = 1270 mm/4250 mm; C Langstabisolator LG 75/27; l_B/l_K = 1270 mm/2770 mm; D Langstabisolator LG 75/22; l_B/l_K = 1270 mm/2490 mm

Tabelle 17.6. Langstabisolatoren und ihr Verhalten unter natürlichen und künstlichen Fremdschichten [17.43, 17.64]

Langstabisolator (Strunkdurchmesser 75 mm)		LG 75/22 1270	LG 75/27 1270	LG75/22s 1270	LG 75/18+18 1270
Baulänge l_B	cm	127	127	127	127
Isolierlänge l_I	cm	107	107	107	107
Schirmzahl	–	22	27	22	18+18
Schirmdurchmesser	cm	15	15	17,5	16,9+18,7
Mindest-Kriechweg l_{Kmin}	cm	245	267	298	425
l_{Kmin}/l_I	–	2,3	2,5	2,8	4,0
Formfaktor f [17.71]	–	7,8	8,5	8,5	12
Mittlerer Durchmesser $\overline{D} = l_K/\pi f$	cm	9,5	9,9	10,5	10,6
Überschlaghäufigkeit unter natürlicher Fremdschicht auf der Friesenheimer Insel [a]	%	6,4	5,3	4,5	1,9
Steh-Schichtleitfähigkeit κ_F [b]	µs	16	15	23	28
Äqui. Steh-Schichtleitfähigkeit κ_F^* [c]	µs	37	38	64	112
Steh-Salzgehalt γ_S [d]	kg/m³	5…10	7…14	14…28	20…40

[a] bei U_p = 125 kV;

[b] bei U_p = 125 kV/$\sqrt{3}$= 72 kV. Prüfung mit haftender Fremdschicht (Kieselgur-Prüfverfahren) nach VDE 0448, Teil 1 (1975);

[c] κ_F^* nach Gl. (17.41);

[d] Prüfung durchgeführt von der FGH (1972) bei U_p = 125 kV/$\sqrt{3}$ = 72 kV mit Salznebel-Prüfverfahren nach VDE 0448, Teil 2 (1977).

Friesenheimer Insel (starke Industrieverschmutzung) übereinstimmt. Die Rangfolge bei der Prüfung nach dem Salznebel-Prüfverfahren zeigt dagegen schlechte Übereinstimmung mit den Ergebnissen der Friesenheimer Insel.

17.6 Isolationskoordination

Das Grundprinzip der Isolationskoordination besteht darin, aus der Vielfalt der Spannungserhöhungen und Überspannungen wenige, für die Auslegung der Isolation repräsentative Überspannungen auszuwählen, denen eine Kombination von Bemessungsspannungen, die den Isolationspegel bilden, gegenübergestellt wird [N 17.1]. Dazu werden die Überspannungen nach ihrer Form und Zeitdauer klassifiziert und in Kategorien entsprechend ihrer Auswirkung auf die Isolierung oder das Schutzgerät eingeteilt (Tabelle 17.7). Diese Einteilung entspricht damit nicht vordergründig der Ursache der Überspannungen, wie sie bei der Analyse der Überspannungen vorgenommen wurde (Abschn.17.2 bis 17.4). Man unterscheidet niederfrequente Überspannungen dauernd und zeitweilig (auch als zeitweilige Spannungserhöhungen bezeichnet), sowie transiente Überspannungen mit langsamen, schnellem und sehr schnellem Anstieg

Die Bemessung der Isolation erfolgt gegenüber Wechselspannung, Schaltüberspannung und Blitzüberspannung. Die entsprechenden genormten Spannungsformen sind die Kurzzeitwechselspannung, die genormte Schaltstoßspannung und die genormte Blitzstoßspannung. Eine Kombination von Bemessungsspannungen, die garantiert, dass die Isolierung einer oder mehreren Stehspannungen entspricht, wird als Isolationspegel bezeichnet. Als Stehspannung bezeichnet man den Wert der Prüfspannnung, der zu einer tolerierten Zahl von Durchschlägen führt. Dabei muss man zwischen selbstheilender und nichtselbstheilender Isolierung unterscheiden. Für nichtselbstheilende Isolierungen können keine Durchschläge zugelassen werden (angenommene konventionelle Stehspannung), während für selbstheilende Isolierungen ein statistischer Wert von 10 % (Durchschlagswahrscheinlichkeit) zugelassen wird (statistische Stehspannung) [N 17.1].

Die Schritte zur Auswahl einer Kombination von Bemessungsspannungen für die Isolierung nach dem Verfahren der deterministischen Isolationskoordination beschreibt das Bild 17.36.

Zunächst müssen durch Netzanalysen die repräsentativen Überspannungen unter Berücksichtigung der Überspannungs-Schutzgeräte bestimmt werden. Das Ergebnis kann deterministisch in Form eines angenommenen Maximums U_{rp} oder statistisch in Form einer Verteilungsfunktion vorliegen. Bei der deterministischen Isolationskoordination wird aus der Verteilungsfunktion der 2 % Überschreitungswert zugrunde gelegt. Durch Multiplikation der repräsentativen Überspannung mit einem Koordinationsfaktor K_c erhält man die entsprechende Koordinationsstehspannung U_{cw} (Bild 17.36). Die Koordi-

Tabelle 17.7. Kategorien von Überspannungen [N 17.1]

Kategorie	niederfrequent		transient		
	dauernd	zeitweilig	langsamer Anstieg	schneller Anstieg	sehr schneller Anstieg
Spannungsform	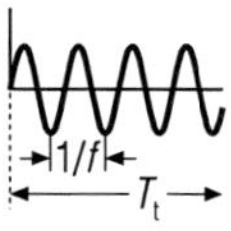	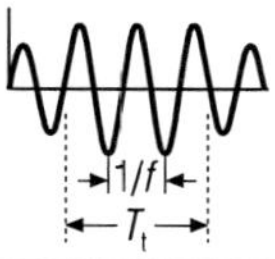	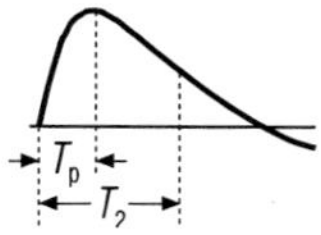	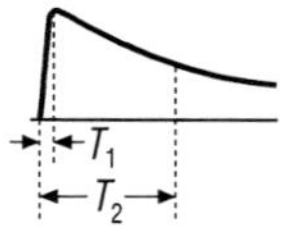	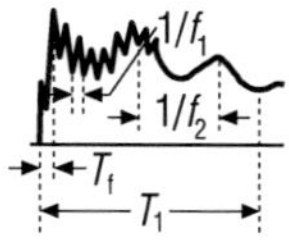
Zeitbereich	$f = 50$ Hz oder $f = 60$ Hz	10 Hz $< f$ $<$ 500 Hz 3600 s $\geq$ $T_t \geq 0{,}03$ s	5000 µs $\geq$ $T_p >$ 20 µs $T_2 \leq$ 20 ms	20 µs $\geq T_1$ $>$ 0,1 µs $T_2 \leq$ 300 µs	100 ns $\geq T_f >$3 ns 0,3 MHz $< f_1$ $<$ 100 MHz 30 kHz $< f_2$ $<$ 300kHz $T_1 \leq$ 3 ms
Ursachen (s. Text)		Erdfehler, Lastabwurf, Ferranti-Effekt	Schaltvorgänge, ferne Blitzeinschläge	Schaltvorgänge, direkte Blitzeinschläge	Schaltvorgänge und Fehler in gasisolierten Schaltanlagen
Genormte Spannungsform	$f = 50$ Hz oder $f = 60$ Hz T_t [a]	48 Hz $\geq f$ $\leq$ 62 Hz $T_t = 60$ s	$T_p = 250$ µs $T_2 = 2500$ µs	$T_1 = 1{,}2$ µs $T_2 = 50$ µs	[a]
Genormte Spannungsprüfung		Kurzzeit-Wechselspannungsprüfung	Schaltstoß-Spannungsprüfung	Blitzstoß-Spannungsprüfung	[a]

[a] Festzulegen durch das zuständige Gerätekomitee.

nationsstehspannung hat die Form der repräsentativen Überspannung und entspricht der niedrigsten Stehspannung in Form eines Festwertes bei nichtselbstheilender Isolierung oder als 90%-Stehwert bei vorliegender Verteilungsfunktion für die Durchschlagswahrscheinlichkeit bei selbstheilenden Isolierungen. Der Koordinationsfaktor berücksichtigt die Unsicherheit der angenommenen Werte für die repräsentative Überspannung und die Stehspannung. Durch Umrechnung der Kordinationsstehspannung auf genormte Prüfbedingungen unter Einbeziehung von Alterungsprozessen und anderen isolationsmindernden Einflüssen erhält man die erforderliche Stehspannung U_{rw}. Der Unterschied zwischen Koordinationsstehspannung und erforderlicher Stehspannung ist in dem Sicherheitsfaktor K_s zusammengefasst. In [N 17.2] wird für die innere Isolation $K_s = 1{,}15$ und für die äußere Isolation $K_s = 1{,}05$ empfohlen.

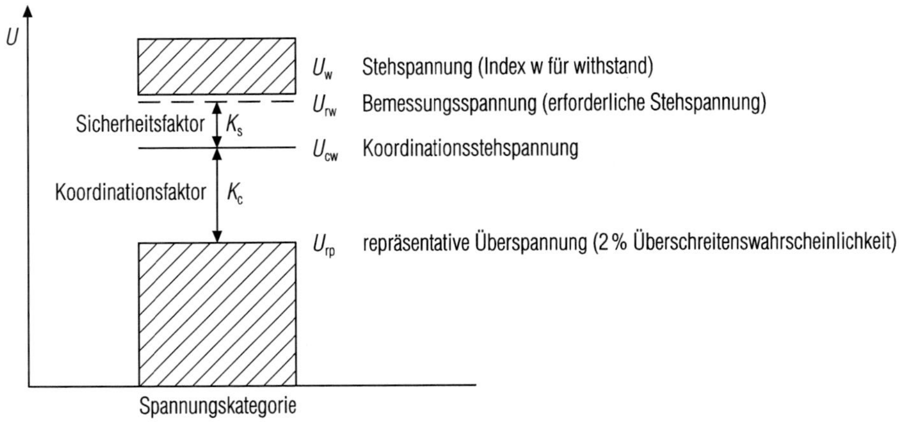

Bild 17.36. Auswahl der genormten Bemessungsspannung einer Spannungskategorie (Tabelle 17.7) bei der deterministischen Isolationskoordination

Die Auswahl des Bemessungsisolationspegels in Form von wirtschaftlichen Kombinationen von Bemessungsspannungen U_w (Auswahl nach Tabelle 17.8) erfolgt so, dass alle erforderlichen Stehspannungen erfüllt sind. Dabei lässt man sich von der Erfahrung leiten, dass bestimmte Kategorien von Überspannungen im Bereich kleinerer Betriebspannungen eine andere Bedeutung als im Bereich größerer Betriebsspannungen haben, und teilt deshalb die genormten höchsten Betriebspannungen für Betriebsmittel in die Bereiche I (1 kV bis 245 kV) und II (über 245 kV) ein und ordnet sie maßgebenden Bemessungspannungen zu [N 17.1]. Für die bevorzugten Kombinationen sind so nur jeweils zwei Bemessungsspannungen notwendig:

Im *Bereich I*: Bemessungs-Kurzzeit-Wechselspannung und Bemessungs-Blitzstoßspannung (Tabelle 17.9)

Im *Bereich II*: Bemessungs-Schaltstoßspannung und Bemessungs-Blitzstoßspannung (Tabelle 17.10)

Tabelle 17.8. Genormte Bemessungsspannungen [N17.1]

Bemessungs-Kurzzeit-Wechselspannungen (Effektivwerte in kV)									
10	20	28	38	50	70	95	140	185	230
275	325	360	395	460	510	570	630	680	
Bemessungs-Stoßspannungen (Scheitelwerte in kV)									
20	40	60	75	95	125	145	170	250	325
450	550	650	750	850	950	1050	1175	1300	1425
1550	1675	1800	1950	2100	2250	2400			

Tabelle 17.9. Genormte Isolationspegel im Bereich I (1 kV < $U_m \leq 245$ kV), Auswahl [N17.1]

U_n kV	U_m kV	Bemessungs-Kurzzeit-Wechselspannung kV	Bemessungs-Blitzstoßspannung kV
6	7,2	20	40
			60
10	12	28	60
			75
			95
15	17,5	38	75
			95
20	24	50	95
			125
			145
30	36	70	145
			170
110	123	(185)	450
		230	550
220	245	(275)	(650)
		(325)	(750)
		360	850
		395	950
		460	1050

Tabelle 17.10. Genormte Isolationspegel im Bereich II ($U_m < 245$ kV), Auswahl nach [N17.1]

U_m kV	Bemessungs-Schaltstoßspannung			Bemessungs-Blitzstoßspannung kV
	Längsisolation [b] kV	Leiter-Erde kV	$\frac{\text{Leiter – Leiter}}{\text{Leiter – Erde}}$	
420 [a]	850	850	1,6	1050
				1175
	950	1050	1,6	1175
				1300
	950	1175	1,5	1300
				1425
765 [c]	1175	1300	1,7	1675
				1800
	1175	1425	1,7	1800
				1950
	1175	1550	1,6	1950
				2100

[a] Unterschiedliche Nennspannungen (380, 400) kV; Festlegung auf $U_n = 380$ kV in [N15.1];
[b] Wert der Stoßspannung in kombinierter Prüfung;
[c] Die Einführung von $U_m = 800$ kV anstelle von 765 kV ist in Beratung [N17.1].

Nach [N17.1] dürfen auch andere Kombinationen gewählt werden, wenn es sich technisch und wirtschaftlich rechtfertigen lässt.

Die Isolation ist aus wirtschaftlicher und betrieblicher Sicht optimal ausgewählt, wenn die Wahrscheinlichkeit eines Isolationsfehlers oder die Beeinträchtigung des Betriebes auf ein akzeptables Maß reduziert wird. Richtwerte für akzeptable Fehlerraten erhält man aus Störungsstatistiken. Für Betriebsmittel liegen die akzeptablen Fehlerraten infolge von Überspannungen in der Größenordnung von 0,001 bis 0,004/a je nach Reparaturzeit, während für Blitzüberspannungen 0,1 bis 20 pro 100 km und Jahr angegeben werden, wobei die größeren Werte für Verteilungsnetze zutreffen. Bei Schaltüberspannungen sind Fehlerraten von 0,01 bis 0,001 pro Schalterbetätigung akzeptabel [N 17.2]. Allerdings lassen sich bei der deterministischen Isolationskoordination a priori keine Aussagen zur Fehlerwahrscheinlichkeit machen, hier muss man sich größtenteils auf Erfahrungswerte verlassen.

Der statistischen Isolationskoordination liegen anstelle von Festwerten für die Überspannungen und die Stehspannungen die Wahrscheinlichkeitsdichtefunktion der Überspannungen $f(U)$ und die integrale Verteilungsfunktion der Durchschlagswahrscheinlichkeit $P(U)$ zugrunde (Bild 17.37). Durch Monte-Carlo-Simulation oder durch geeignete mathematische Beschreibung der Überspannungshäufigkeit und der Durchschlagswahrscheinlichkeit durch Verteilungsfunktionen im Überlappungsbereich lässt sich für eine Kategorie von transienten Überspannungen die Fehlerwahrscheinlichkeit wie folgt ermitteln (Bild 17.37):

$$R = \int_0^\infty f(U) \cdot P(U) \mathrm{d}U \qquad (17.42)$$

17.7 Auswahl und Einsatz von Überspannungsableitern

Überspannungsableiter sollen Betriebsmittel, insbesondere Transformatoren, gegen Überspannungen schützen. Um eine ordnungsgemäße Funktion des Überspannungsableiters zu gewährleisten, ist eine sachgerechte Auswahl vorzunehmen, wobei die Funktionsweise der Überspannungsableiter zu berücksichtigen ist. Als Überspannungsableiter werden Funkenstreckenableiter und seit den 1980er Jahren vorwiegend Metalloxidableiter eingesetzt [17.76].

17.7.1 Funkenstreckenableiter

Funkenstreckenableiter (Ventilableiter) bestehen aus Funkenstrecken mit in Reihe geschalteten Silicium-Carbid-Widerständen. Die Funkenstrecken können auch magnetisch beblasen werden, wodurch die Löschspannung und damit das Schutzniveau herabgesetzt wird. Nach dem Ansprechen der Fun-

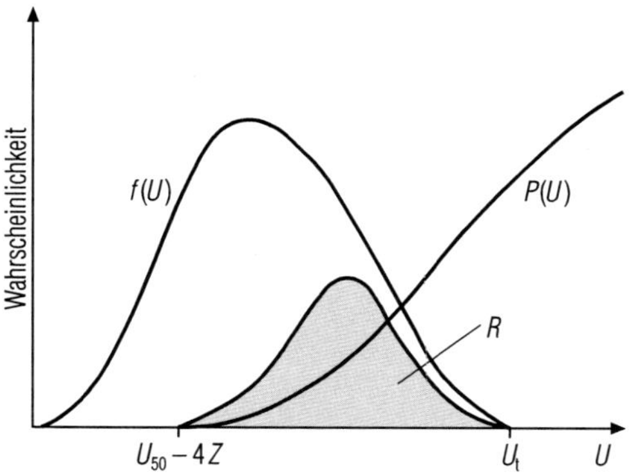

$$R = \int_{U_{50}-4Z}^{U_t} f(U)P(U)\,\mathrm{d}U$$

R	Fehlerwahrscheinlichkeit
$f(U)$	Wahrscheinlichkeit des Auftretens von Überspannung
$P(U)$	Durch-/Überschlagwahrscheinlichkeit der Isolierung
U_t	Abbruchwert der Überspannungswahrscheinlichkeitsverteilung
$U_{50} - 4Z$	Abbruchwert der Durch-/Überschlagwahrscheinlichkeitsverteilung
Z	Standardabweichung der $P(U)$ einer selbstheilenden Isolierung

Bild 17.37. Zur Berechnung der Fehlerwahrscheinlichkeit beim statistischen Verfahren der Isolationskoordination [N17.1 und N17.2]

kenstrecke fließt der Ableitstoßstrom, der die Höhe der Restspannung entsprechend der nichtlinearen Kennlinie der Silicium-Carbid-Widerstände bestimmt. Nach dem Abklingen der Überspannungen geht der Strom auf den Folgestrom zurück. Dieser darf die Größenordnung von 200 A nicht überschreiten, damit die Funkenstrecke im nächsten Stromnulldurchgang verlischt und der Ventilableiter keiner thermischen Überbeanspruchung ausgesetzt wird. Ansprechspannung, Löschspannung, Nenn-Ableitstoßstrom und Restspannung bei Stoßströmen sind Kennwerte für den Ventilableiter. Ventilableiter werden nach ihrer Löschspannung, die zugleich die Bemessungsspannung U_r ist, benannt [N17.6, 17.8].

Der Schaltstoß-Schutzpegel ist der höchste Wert aus Ansprech-Schaltstoßspannung und Restspannung bei Schalt-Stoßstrom. Ist die Ansprech-Schaltstoßspannung nicht bekannt, so kann sie näherungsweise aus der Ansprech-Wechselspannung ermittelt werden.

Der Blitzstoß-Schutzpegel ist der höchste Wert aus Ansprech-Blitzstoßspannung und Restspannung bei Nenn-Ableitstoßstrom.

Der Nenn-Ableitstoßstrom ist der Scheitelwert eines Stoßstromes der Form 8/20 μs, der den Ableiter kennzeichnet. Die Erfahrung hat gezeigt, dass in Netzen mit höchsten Spannungen U_m im Bereich I (Tabelle 17.9) Überspannungsableiter mit Nenn-Ableitstoßströmen von 5 oder 10 kA (über 72,5 kV) einen zufriedenstellenden Schutz darstellen, während für Netze im Bereich II (Tabelle 17.10) Ableiter mit Nenn-Ableitstoßströme 10 oder 20 kA einen ausreichenden Schutz bieten. Beispiele für gebräuchliche Kennwerte enthält Tabelle 17.11.

Die Löschspannung muss im Hinblick auf ein einwandfreies Löschverhalten so gewählt werden, dass sie gleich ist oder größer als die höchste an seinen Klemmen im Betrieb auftretende betriebsfrequente Wechselspannung. Spannungserhöhungen im Netz durch Entlastung (z. B. Lastabwurf eines Kraftwerks) oder durch Erdschlüsse bzw. Erdkurzschlüsse oder andere Betriebsbedingungen sind zu berücksichtigen. In Ausnahmefällen wird jedoch ein mögliches Überschreiten der Löschspannung durch betriebsfrequente Spannungserhöhungen bewusst in Kauf genommen, wenn sonst kein Schutz durch den Ableiter erreicht werden kann. Man muss in diesem Fall besonders auf die Kurzschlussfestigkeit des Ableiters achten und u. U. Reserveableiter bereitstellen.

Ableiter können zwischen Leiter und Erde, zwischen dem Sternpunkt eines Transformators und Erde und in seltenen Fällen zwischen den Leitern eingesetzt werden (z. B. zum Schutz einer Dreieckswicklung). Für Ableiter zwischen Leiter und Erde in einem Drehstromnetz wird die Löschspannung/Bemessungsspannung U_r abhängig von der höchsten betriebsfrequenten Spannung Leiter gegen Erde sowie δ und δ_L gewählt. Für die Ableiterauswahl gilt damit:

$$U_r \geq U_{LEmax} = \delta \cdot \delta_L \cdot U_m / \sqrt{3} \tag{17.43}$$

Der Erdfehlerfaktor δ ist abhängig von der Sternpunktbehandlung des Netzes (Netze mit freiem Sternpunkt oder Erdschlusskompensation: $\delta = \sqrt{3}$, Netze mit niederohmiger Sternpunkterdung bei $X_0/X_1 \leq 3$: $\delta = 1{,}4$). Der Faktor δ_L ist der Lastabwurffaktor nach Gl. (17.4). Für ein 220-kV-Netz mit $U_m = 245$ kV, $\delta = 1{,}4$ sowie einem Ort mit $\delta_L = 1{,}15$ ergibt sich $U_{LEmax} = 1{,}4 \cdot 1{,}15 \cdot 245\ \text{kV}/\sqrt{3}$ = 227,2 kV. Man wählt für diesen Ort einen Ableiter mit $U_r = 230$ kV. Für $\delta_L \approx$ 1,05 ist ein Ableiter mit $U_r = 216$ kV ausreichend (Tabelle 17.11 und 17.12).

Von der Bemessungsspannung eines Ableiters hängen seine Ansprechwechselspannung U_{aW} und seine Restspannung U_{rsd} (Höchstwert der Spannung am Ableiter beim Durchgang des Nennableitstoßstromes) ab [N17.8].

Tabelle 17.11. Kennwerte von gebräuchlichen Ventilableitern Leiter-Erde [N17.8]

Netznenn-spannung U_n kV	Lösch-Spannung, Bemessungs-spannung U_r kV	Ansprechspannungen Wechsel-spannung U_{aW} kV	Ansprechspannungen Blitzstoß-spannung U_{aB100} kV	Ansprechspannungen Schaltstoß-spannung, U_{aS100} kV	Restspan-nung bei Nenn-Ableit-stoßstrom max. U_{rsd} [c] kV
10 [a]	20	20 bis 25	40	–	40
20 [a]	24	40 bis 50	80	–	80
110 [a]	132	200 bis 240	320	–	350
110 [b]	120	180 bis 200	290	–	310
220 [b]	216	325 bis 395	520	–	560
380 [b]	360	≥ 540	840	880	900

[a] Sternpunkt isoliert/kompensiert;
[b] Sternpunkt geerdet;
[c] rsd Rest (residuus) nach DIN 1304, Teil 1.

Mit Rücksicht auf das Löschverhalten kann ein bestimmtes Verhältnis U_{aWmin} / $U_{\mathrm{r}} \approx 1{,}5\ldots1{,}7$ (1,7 bei kleinen Bemessungsspannung, 1,5 bei großen Bemessungsspannung über etwa 100 kV) nicht unterschritten werden. Der Höchstwert (100%-Wert) der Ansprechblitzstoßspannung U_{aB100} und die obere Grenze der Ansprechwechselspannung U_{aWmax} stehen meist in einem bestimmten Verhältnis (Tabelle 17.11). Ebenso hängt der Höchstwert (100%-Wert) der Ansprechschaltstoßspannung mit der Ansprechwechselspannung zusammen ($U_{\mathrm{aS}} = k\sqrt{2}\,U_{\mathrm{aWmax}}$, $k = 1\ldots1{,}2$). Der Höchstwert der Restspannung bei einem Ableitstoßstrom von 10 kA (Welle 8/20 µs) entspricht häufig dem Höchstwert der Ansprechblitzstoßspannung U_{aB100}. Die Spannungen U_{r} und U_{aW} werden als Effektivwerte angegeben, während U_{aB}, U_{aS} und U_{rsd} sowie die Stirnansprechspannungen als Scheitelwerte angegeben werden.

17.7.2 Metalloxidableiter

Metalloxidableiter haben normalerweise keine Funkenstrecke und damit auch keine Ansprechspannung. Ihre Spannungs-Strom-Kennlinie ist extrem nichtlinear (Bild 17.42b). Die Dauerspannung U_{c} (Index c für continuous) ist der höchstzulässige Effektivwert der betriebsfrequenten Wechselspannung, die dauernd am Ableiter anstehen darf, ohne dass er thermisch überlastet wird. Im Bereich der dauernd zulässige Betriebsspannung (Dauerspannung) U_{c} fließen Ruheströme in der Größenordnung von 1 mA pro cm^2 Scheibenquerschnitt während die Nennableitstoßströme 5 oder 10 kA betragen. Die Dauerspannung sollte immer höher sein als die Betriebsspannung, die der höchsten Spannung im Netz entspricht. Oberschwingungen können durch einen Sicherheitszuschlag von 5% berücksichtigt werden. Die Bemessungsspannung U_{r} ist die höchste betriebsfrequente Wechselspannung (Effektivwert), die bei der Prüfung während 10 s am Ableiter anliegt. Sie wird unter Berücksichtigung der zeitweiligen Spannungserhöhungen, bedingt durch Erdfehler und Lastabwurf, nach Amplitude und Dauer bestimmt. Zeitweilige Spannungserhöhungen mit einer Amplitude U_{t} einer Zeitdauer T_{t} zwischen 0,1 und 10 s können näherungsweise mit der folgenden Beziehungen in eine äquivalente Amplitude U_{eq} mit der Dauer von 10 s, wie sie der Festlegung der Bemessungsspannung zugrunde liegt, umgerechnet werden. Für die Bemessungsspannung sollte dann gelten [N17.8]:

$$U_{\mathrm{r}} \geq U_{\mathrm{eq}} = U_{\mathrm{t}} \left(\frac{T_{\mathrm{t}} / \mathrm{s}}{10} \right)^{0{,}02} \tag{17.44}$$

Metalloxidableiter weisen gegenüber den Funkenstreckenableitern eine Reihe von Vorteilen auf, so dass heute bevorzugt Metalloxidableiter eingesetzt werden [17.75, 17.76, 17.81, 17.82].

Der Schaltstoß-Schutzpegel (Schutz der Betriebsmittel gegen langsam ansteigende Überspannungen) ist der Maximalwert der Restspannung bei den festgelegten Schaltstoßströmen. Ist die Ansprech-Schaltstoßspannung nicht bekannt, so kann sie näherungsweise aus der Ansprech-Wechselspannung ermittelt werden. Der Blitzstoß-Schutzpegel (Schutz der Betriebsmittel gegen schnell ansteigende Überspannungen) ist der Maximalwert der Restspannung beim Nenn-Ableitstoßstrom. Der Nenn-Ableitstoßstrom dient wie beim Funkenstreckenableiter der Klassifizierung. Er ist der Hauptparameter für die Schutzwirkung und das Energieaufnahmevermögen. Für die Höhe des Nenn-Ableitstoßstromes in Abhängigkeit von der höchsten Spannung des Netzes gelten die gleichen Erfahrungswerte wie bei den Funkenstreckenableitern. Beispiele für gebräuchliche Kennwerte enthält Tabelle 17.12.

Tabelle 17.12. Kennwerte von gebräuchlichen Metalloxidableitern Leiter-Erde [N17.8]

Netznenn-spannung U_n kV	Dauer-Spannung[a] min. U_c kV	Bemessungs-spannung[a] min. U_r kV	Restpannung bei	
			Nenn-Ableitstoß-strom max. kV	Schaltstoßstrom max. kV
10[b]	12	15	40	–
20[b]	24	30	80	–
110[b]	123	144	370	320
110[c]	75	126	310	260
220[c]	160	216	530	440
380[c]	260	360	900	750

[a] niedrigere Werte können ausgewählt werden, wenn die höchste Betriebsspannung des Netzes niedriger als die höchste Spannung für Betriebsmittel ist oder wenn die Wechselspannungs-Zeit-Kennlinie angewendet wird (Gl. (17.44));
[b] Sternpunkt isoliert/kompensiert;
[c] Sternpunkt geerdet.

17.7.3 Ableitereinsatz

Ableiter sind in möglichst geringer Entfernung vom Schutzobjekt einzubauen, bei Transformatoren z. B. möglichst direkt neben dem Transformatorkessel (unter Einhaltung des notwendigen Spannungsabstandes) oder auch auf dem Kessel (z. B. bei Ableitern an einer Tertiärwicklung). Bei direkt eingeführten Kabeln in Transformatoren sind besondere Überlegungen notwendig (Abschn. 17.4.3). Bei sehr steilem Anstieg einer einlaufenden Stoßspannung z. B. nach direktem Leiterseileinschlag in unmittelbarer Nähe eines Transformators kann jedoch ein sicherer Schutz nicht immer erreicht werden, auch wenn Ableiter unmittelbar am Transformator eingebaut sind. Schaltanlagen mit einlaufenden Freileitungen oder Freileitungen mit direktem Transformatoranschluss sind deshalb ausreichend gegen Naheinschlag in die Leiterseile zu schützen.

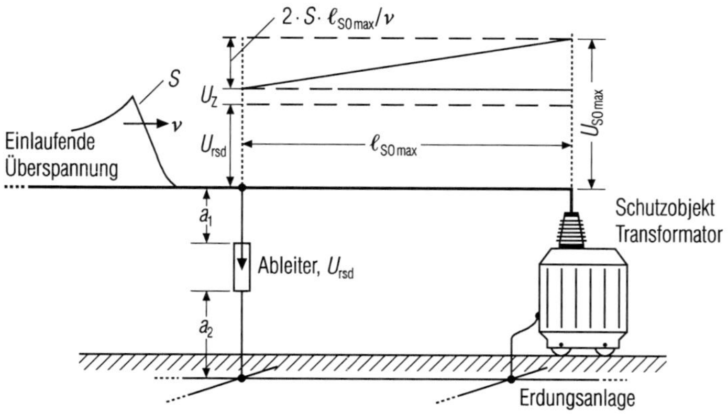

U_n kV	ℓ_{SOmax} m
10 – 30	10 – 15
45 – 110	15 – 20
220 – 380	20 – 30

Bild 17.38. Ableiterschutzbereich. l_{SOmax}, maximale Leitungslänge zwischen Ableiter und Schutzobjekt SO; U_{SOmax}, maximal zulässige Überspannung am Schutzobjekt; S, Steilheit der einlaufenden Überspannungswelle; v, Geschwindigkeit der Überspannungswelle; U_{rsd}, Restspannung des Ableiters; U_Z, Zusatzspannung (Spannungsfall der Ableiteranschlussleitung) nach Gl. (17.46); a, Länge der Ableiteranschlussleitung ($a = a_1 + a_2$)

In der Praxis ist es nicht immer möglich, die Ableiter nahe am Schutzobjekt aufzustellen. Aus diesem Grunde wird es notwendig, einen Ableiter-Schutzbereich abzuschätzen. Ausgehend vom Bild 17.38 findet man für die maximale Leitungslänge l_{SOmax} zwischen den Ableitern und dem Schutzobjekt (Schutzbereich):

$$l_{SOmax} = \frac{U_{SOmax} - (U_{rsd} + U_Z)}{2S} v \qquad (17.45)$$

Für die Zusatzspannung U_Z ergibt sich in erster Näherung, wenn $L' \approx 1\ \mu\text{H/m}$ die Induktivität der Anschlussleitung mit der Länge a ist:

$$U_Z \approx a L' \frac{\mathrm{d}i}{\mathrm{d}t} \qquad (17.46)$$

Dabei ist $\mathrm{d}i/\mathrm{d}t$ die Steilheit des Ableiterstoßstromes. Für die Laufgeschwindigkeit v der Überspannungswelle ist bei Freileitungen $v_F \approx 300$ m/µs und bei Kabeln $v_K \approx 150$ m/µs einzusetzen. Die Steilheit S der Überspannungswelle kann an der Blitzeinschlagstelle mehrere 1000 kV/µs betragen. Während der Ausbreitung der Blitzüberspannung auf Leitungen tritt jedoch eine Verformung und rasche Abflachung der Überspannungswelle ein. Im Bild 17.38 sind einige Anhaltswerte für l_{SOmax} angegeben, die man auch dann nicht überschreiten sollte, wenn Maßnahmen zur Verhinderung eines Direkteinschlags oder rückwärtigen Überschlages im Anlagenbereich getroffen wurden.

Die maximal zulässige Spannung U_{SOmax} eines Schutzobjektes ist hier die Steh-Blitz-Stoßspannung der Isolation für die betrachtete Steilheit S. Für U_{SOmax} kann man z.B. näherungsweise den Stoßpegel nach Tabelle 17.9 bzw. 17.10 einsetzen.

Die Auswahl der Sternpunktableiter richtet sich nach der Sternpunktisolation der Transformatoren. Bei voller Sternpunktisolation, wie sie bei Mittelspannungstransformatoren und 110-kV-Transformatoren meist vorhanden ist, werden Ableiter mit einer Löschspannung von 80% derjenigen der Ableiter Leiter gegen Erde gewählt. Wählt man z. B. in einem 110-kV-Netz mit niederohmiger Sternpunkterdung einen Leiter-Erde-Ableiter mit $U_r = 108$ kV, so passen dazu Sternpunktableiter mit $U_r \approx 85$ kV, die an den Transformatoren eingesetzt werden, deren Sternpunkte nicht direkt geerdet sind.

Bei der Auswahl der Sternpunktableiter kann man berücksichtigen, dass am Sternpunkt nur flache Stoßwellen auftreten mit Strömen bis zu 1 kA (die Restspannung bei einem Ableitstoßstrom von 1 kA ist kleiner als bei 10 kA). Wählt man niedrige Werte U_{aW} und damit niedrige Werte U_{aS} kann der Sternpunktableiter Schaltüberspannungen am Sternpunkt (Sternpunktschwingungen) wirkungsvoll begrenzen und damit eine Entlastung für die Leiter-Erde-Ableiter bringen. Man nimmt in Kauf, dass der Sternpunktableiter verhältnismäßig häufig beansprucht wird.

Ableiter für besondere Anwendungsfälle (z. B. Ableiter für den Einsatz zwischen den Leitern oder über den Stufenwicklungen von Transformatoren oder zur Begrenzung von Schaltüberspannungen in Kabelnetzen) sind besonders auszuwählen. In gewissen Grenzen lassen sich auch die Ansprechspannungen der Schutzaufgabe anpassen. Setzt man Ableiter zur Begrenzung von Schaltüberspannungen ein, z. B. an Transformatoren für Lichtbogenöfen oder an Hochspannungsmotoren kleiner Leistung, so muss man damit rechnen, dass diese Ableiter verhältnismäßig oft ansprechen, wenn die Betriebsmittel häufig ein- und ausgeschaltet werden.

Der Erdanschluss der Ableiter ist direkt oder indirekt über eine zweckmäßig ausgebildete Erdungsanlage mit dem zu schützenden Betriebsmittel zu verbinden. Bei direkter Verbindung wirkt sich der Spannungsfall am Stoßausbreitungswiderstand der Erdungsanlage nicht als zusätzliche Spannungsbeanspruchung für die zu schützende Isolation aus. Beim Anschluss des Ableiters an die Erdungsanlage, an die auch die zu erdenden Teile des Schutzobjektes angeschlossen werden, ist für einen möglichst geringen Stoßausbreitungswiderstand der Erdungsanlage an der Anschlussstelle des Ableiters zu sorgen, z. B. durch Mehrfachanschluss und zusätzliche Tiefenerder. Die Erdanschlussleitung des Ableiters ist eine Erdungsleitung [16.44]. Beim Anschluss von Ansprechzählern und/oder Überwachungsfunkenstrecken, die man einbaut, um die Häufigkeit des Ansprechens und bei den Überwachungsfunkenstrecken auch die Höhe des Ableitstromes festzustellen, ist die Leitung zwischen den Kontrolleinrichtungen und Erde zu isolieren (Isolation für 1 kV Nennspannung ist meist ausreichend). Kontrolleinrichtungen baut man insbesondere in gewitterreichen Gebieten ein und bei Ableitern zur Begrenzung von Schaltüberspannungen, bei denen häufiges Ansprechen zu erwarten ist oder bereits beobachtet wurde. Bei Ableitern zum Schutz von Lichtbogen-Transformatoren wurden z. T. mehrere hundert Ansprechvorgänge aufgezeichnet, wobei meist geringe Ströme über die Ableiter geflossen sind.

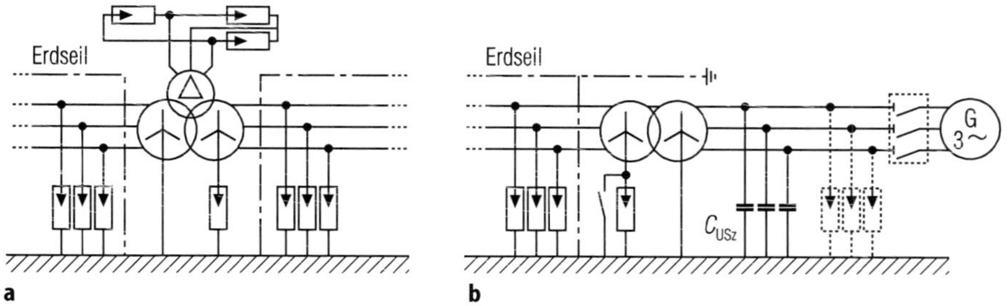

Bild 17.39 a, b. Ableitereinsatz an Hochspannungsnetztransformatoren und Blocktransformatoren mit Anschluss an das Freileitungsnetz. **a** Netztransformator YNynd5, Ableiter an der Dreiecksausgleichswicklung entweder in Dreiecksschaltung (gezeichnet) oder in Sternschaltung gegen Erde (u. U. mit zusätzlichen Überspannungsschutzkondensatoren); **b** Blocktransformator YNd5, Sternpunktableiter, wenn Sternpunkt nicht geerdet wird, zusätzliche Überspannungsschutzkondensatoren C_{USz} (und in manchen Fällen auch Ableiter auf der US-Seite)

In Hochspannungs-Freileitungsnetzen findet man Ableiter meist an den Eingangsklemmen der Transformatoren, häufig sowohl auf der OS-Seite als auch auf der US-Seite der Transformatoren, wie das Bild 17.39 a zeigt, wobei der Schutz für Spartransformatoren ähnlich ausgeführt wird wie für Volltransformatoren. Die Tertiärseite (Ausgleichswicklung) wird entweder durch Ableiter zwischen den Leitern oder durch Ableiter gegen Erde geschützt, insbesondere dann, wenn dort keine Verbraucher angeschlossen werden. In manchen Fällen werden auch Überspannungsschutz-Kondensatoren gegen Erde eingesetzt. Ableiter zum Schutz der Tertiärwicklung werden insbesondere dann notwendig, wenn die Sternpunkte nicht geerdet werden.

Bei Spartransformatoren werden Ableiter über die Zusatzwicklungen zur Längs- und Schrägregulierung (Bild 8.26) geschaltet.

Transformatoren mit direkt eingeführten Kabeln mit einer Länge bis zu einigen hundert Metern können durch Ableiter am Kabeleingang und durch einen Ableiter am OS-Sternpunkt meist zufriedenstellend geschützt werden, wenn durch Zusatzmaßnahmen Naheinschläge und rückwärtige Überschläge verhindert werden (Abschn. 17.4.3). Bei Kabeln mit einer Länge von einigen Kilometern tritt ein Selbstschutz durch die große Kabelkapazität auf, so dass Überspannungsschutzmaßnahmen für den Transformator entfallen können.

Bei ausgedehnten Hochspannungsfreiluftanlagen mit Transformatoren kann es in gewitterreichen Gebieten notwendig werden, auch Ableiter an den einlaufenden Freileitungen anzuordnen. In Anlagen geringer Ausdehnung ist es auf der anderen Seite auch möglich, dass Ableiter an den Freileitungseingängen auch den Schutz der Transformatoren übernehmen. Voraussetzung ist die Einhaltung des Schutzbereiches.

Vollgekapselte SF_6-Schaltanlagen in Freileitungsnetzen werden durch Ableiter an den Freileitungseingängen geschützt. Diese Ableiter können häufig auch den Schutz angeschlossener Transformatoren mit übernehmen. Wenn in

Sonderfällen zwischen der SF_6-Anlage und den Transformatoren (z. B. Blocktransformatoren in einem Kraftwerk) eine Freiluftverbindung von einigen 10 bis 200 m besteht, so ist es zweckmäßig, Ableiter am Eingang der SF_6-Anlage und am Transformator anzuordnen.

Sternpunktableiter an Transformatoren werden in Netzen mit Spannungen von 110 kV und darüber eingesetzt, wenn die Sternpunkte nicht oder nur zeitweise geerdet werden. Diese Ableiter ergeben einen Schutz bei atmosphärischen und bei inneren Überspannungen. Sie sind besonders dann unentbehrlich, wenn die Transformatoren im Sternpunkt mit einer geringeren Isolation ausgeführt werden als an den Eingangsklemmen. In Netzen mit Erdschlusskompensation werden Sternpunktableiter parallel zu den Löschspulen eingesetzt. Der Schutz von freien Transformatorsternpunkten ist besonders für Transformatoren am Ende einer Stichleitung wichtig.

Nur in besonderen Fällen, z. B. bei Einspeisetransformatoren von großen Lichtbogenofenanlagen oder für die Ofentransformatoren selbst kann es notwendig werden, auch Ableiter oder nur Ableiter zwischen den Drehstromleitern anzuordnen. In manchen Fällen muss man Sechs-Ableiter-Schaltungen wählen. Bild 17.40 zeigt dazu ein Beispiel.

Die Ableiter im Bild 17.40 übernehmen den Schutz gegen Schaltüberspannungen. Die Ableiter zwischen den Drehstromleitern können entfallen, wenn man Einphasentransformatoren einsetzt oder einen höheren Isolationspegel für die Hauptisolation im Drehstromtransformator wählt.

Bild 17.41 zeigt den Ausschaltvorgang eines Ofentransformators, einmal ohne und einmal mit Ableiteransprechen. Eingebaut sind nur Ableiter zwischen den Leitern an den Klemmen des Ofentransformators. Zur Reduzierung der übertragenen Schaltüberspannungen bei Ofentransformatoren setzt man teilweise auch Ableiter an der Zwischenkreiswicklung (Regulierwicklung) und *RC*-Beschaltungen ($R = 1\ \Omega$; $C = 10\ \mu F$) auf der US-Seite (Bild 17.40) ein.

Bild 17.42 zeigt die Wirkung von Metalloxidableitern (ZnO-Ableitern) gegenüber Funkenstreckenableitern auf der OS-Seite von Blocktransformatoren 2×850 MVA, 420 kV ±12,3 %/27 kV zum Schutz gegen einlaufende Blitzüberspannungen als Folge eines nahen Blitz-einschlages oder gegen Überspannungen durch Trennerschalten in der vorgelagerten Schaltanlage (Bild 17.42 a).

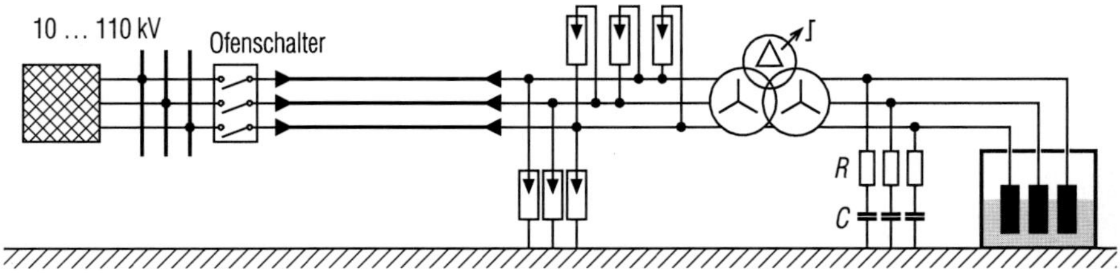

Bild 17.40. Ableitereinsatz an einem Lichtbogenofen-Transformator (Sechs-Ableiter-Schaltung) und *RC*-Beschaltung auf der US-Seite

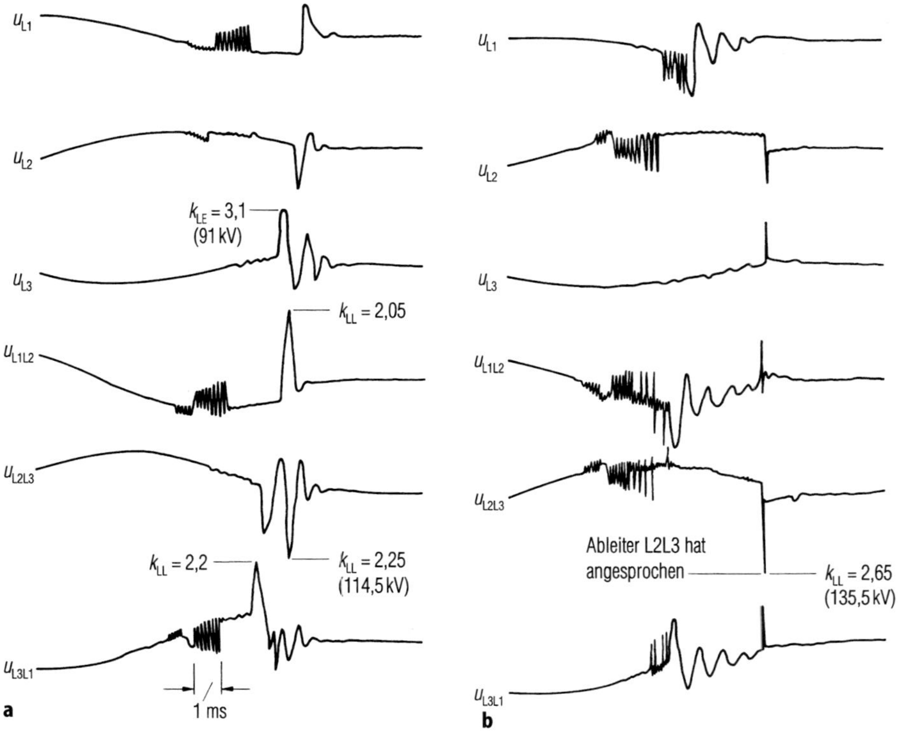

Bild 17.41 a, b. Ausschaltvorgänge eines Ofentransformators 1,8 MVA an einem 35-kV-Netz (Isolation für $U_m = 36$ kV); **a** ohne Ansprechen der Ableiter; **b** mit Ansprechen des Ableiters zwischen L2 und L3. Ableiter mit Löschspannung 40 kV zwischen den Leitern; Die Überspannungsfaktoren k_{LE} und k_{LL} sind auf $\sqrt{2} \cdot 36$ kV/$\sqrt{3}$ bzw. auf $\sqrt{2} \cdot 36$ kV bezogen

Zum Schutz gegen kapazitiv auf die Generatorableitung von der OS-Seite übertragene Stoßspannungen, die z.B. bei nahem Blitzeinschlag oder beim Ausschalten von Trennschaltern in der vorgelagerten Schaltanlage (Bild 17.42 a) entstehen können, sind Zusatzkondensatoren (im Bild 17.42 a nicht gezeichnet) von 10 nF je Leiter an jedem Blocktransformator auf der US-Seite eingebaut [17.54].

Bild 17.42 c zeigt die bei einem Blitzeinschlag in ein Leiterseil auf einem der abgehenden Freileitungsstromkreise in 3,6 km Entfernung von der KW-Schaltanlage auf der OS-Seite der Blocktransformatoren einlaufende Überspannung u_{TOS}, wobei die überlagerte schnelle Schwingung eine Frequenz von etwa 30 kHz hat und im wesentlichen bedingt ist durch das Wanderwellenspiel auf der Anschlussfreileitung des Kraftwerksblockes mit einer Länge von 1761 m (Bild 17.42 a). Vorausgesetzt wird, dass der Funkenstreckenableiter mit einer Stoßansprechspannung von 965 kV gerade nicht angesprochen hat. Durch den ZnO-Ableiter dagegen wird die 30-kHz-Schwingung fast vollständig unterdrückt, wie $u_{TOS,ZnO}$ zeigt.

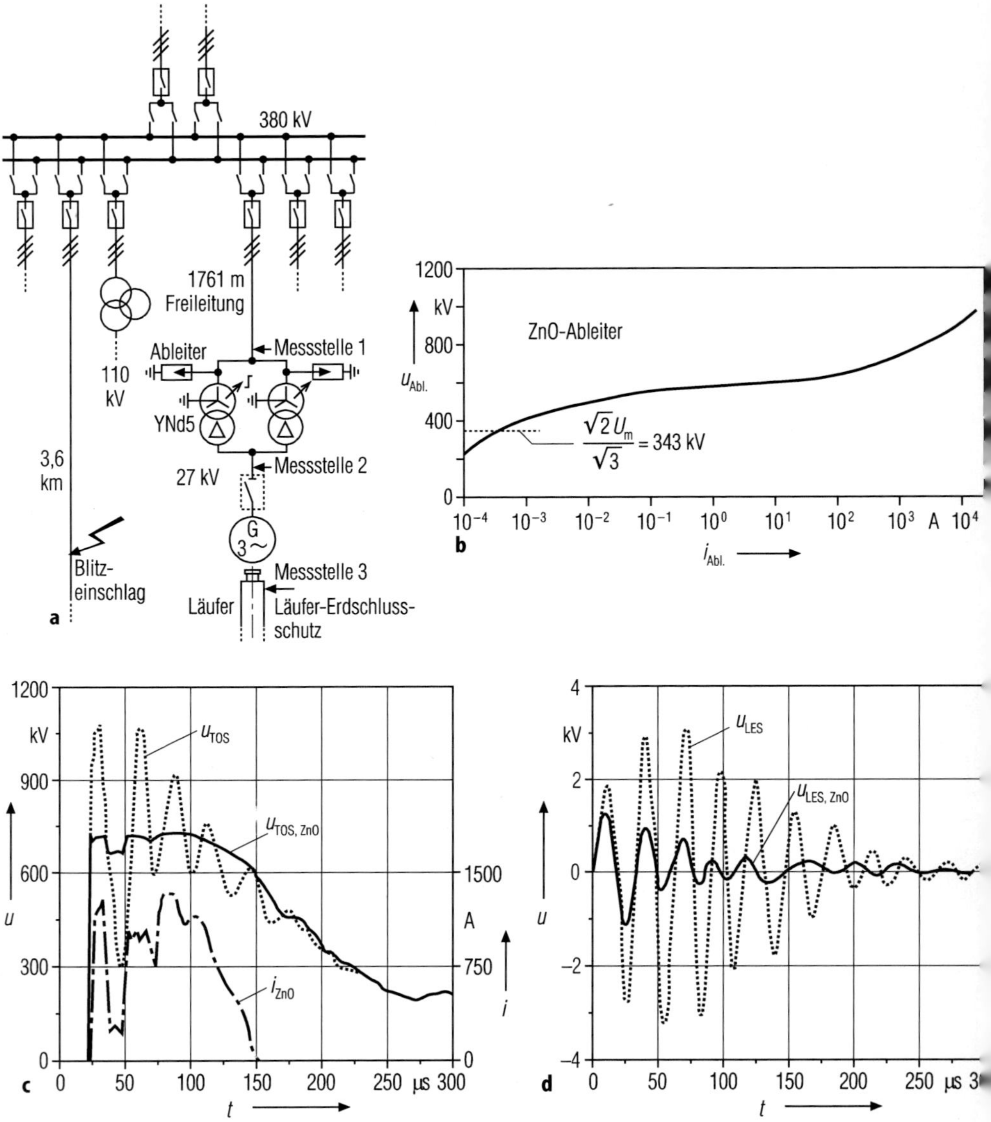

Bild 17.42 a–d. Begrenzung von Blitzüberspannungen auf der OS-Seite der Blocktransformatoren eines Kernkraftwerksblockes 1650 MVA und an den Klemmen des Läufer-Erdschlussschutzes (Abschn. 7.5.2) durch den Einsatz von ZnO-Ableitern [17.73]. **a** Netzanschluss des Kraftwerksblockes; **b** Kennlinie des ZnO-Ableiters; **c** Überspannungen auf der OS-Seite der Blocktransformatoren (Messstelle 1) und Strom durch den ZnO-Ableiter; u_{TOS} bei Funkenstreckenableiter; $u_{TOS,ZnO}$ bei ZnO-Ableiter; **d** Spannungen am Läufer-Erdschlussschutz

Auf der US-Seite der Blocktransformatoren treten induktiv übertragene Spannungskomponenten mit Frequenzen von etwa 15 bis 20 kHz auf, die auch beim Einsatz von Funkenstreckenableitern 3 % der eingespeisten Amplitude der Stoßspannung (im vorliegenden Fall also 3 % von etwa 1000 kV und damit kleiner als $U_{\mathrm{m}} = 36$ kV) nicht überschreiten. Überlagert treten kapazitiv übertragene Spannungskomponenten mit hohen Frequenzen im Bereich 125 bis 400 kHz auf (abhängig vom Wicklungsaufbau der Blocktransformatoren) [17.73] mit einer maximalen Amplitude, die 1,4 % der eingespeisten Stoßspannung nicht überschreitet. Auch diese kapazitiv übertragene Komponente ist für die Isolationsbemessung der Blocktransformatoren oder des Generators unerheblich. Sie erlangt jedoch Bedeutung bei der Übertragung über den Generator auf das Wellensystem des Turbosatzes und die dort angeschlossenen Hilfseinrichtungen wie den Läufer-Erdschlussschutz. Die ermittelten übertragenen Überspannungen an den Klemmen des Läufer-Erdschlussschutzes mit Funkenstreckenableiter und mit ZnO-Ableiter sind im Bild 17.42 d gezeigt [17.73].

18 Stabilität der Drehstromübertragung

18.1 Einführung, Begriff der Stabilität, Modellbildung

Im Verbundnetz arbeiten eine Vielzahl individuell angetriebener Synchrongeneratoren unterschiedlicher Leistung und unterschiedlicher Parameter bei der gleichen Frequenz parallel. Der Mechanismus der Leistungsaufteilung auf die einzelnen Generatoren erfolgt durch Veränderung der gegenseitigen Polradwinkel bei konstanter, durch die Frequenz gegebener Drehzahl. Jeder Generator entwickelt bis zu einem bestimmten maximalen Polradwinkel ein synchronisierendes Drehmoment, das ihn bei kleinen Leistungsänderungen in einem stabilen Arbeitspunkt hält. Wird die Leistungsanforderung zu groß oder die Verbindung zu anderen Generatoren beispielsweise durch einen Kurzschluss geschwächt, so kann der Generator kein oder kein genügend großes synchronisierendes Drehmoment mehr aufbringen und verliert den Synchronismus. Er läuft dann mit übersynchroner Drehzahl asynchron. Weil ein Asynchronlauf nicht zulässig ist, muss der asynchron laufende Kraftwerksblock durch einen Asynchronlaufschutz vom Netz getrennt und später neu mit dem Netz synchronisiert werden.

Unter Stabilität versteht man ganz allgemein die Eigenschaft der Synchrongeneratoren ihren Synchronlauf aufrecht zu erhalten. Verlieren einzelne oder mehrere Generatoren ihren Synchronlauf, so spricht man vom Außertrittfallen oder Stabilitätsverlust oder Instabilität, die bis zum Netzzusammenbruch führen kann. Die Aufrechterhaltung der Stabilität im Normalbetrieb bezeichnet man als statische Stabilität, während die Wahrung der Stabilität nach einer vorübergehenden Störung, meist in Form eines Kurzschlusses, als transiente Stabilität bezeichnet wird. Die statische Stabilität unterteilt man in statische Stabilität ohne und mit Wirkung der Spannungsregler und bezeichnet sie auch als natürliche und künstliche statische Stabilität.

Stabilitätsfragen spielen nicht nur bei der Fernübertragung eine wichtige Rolle, sondern auch in verhältnismäßig eng vermaschten Netzen, wie z. B. im westeuropäischen Verbundnetz mit Generatoren großer Leistung, die aufgrund ihrer hohen Ausnutzung hohe transiente Reaktanzen und kleine Anlaufzeitkonstanten aufweisen.

Die Spannungsregler der Generatoren, u. U. mit zusätzlicher Aufschaltung von Signalen, wirken im allgemeinen günstig auf die Stabilität des Netzes. Eine

D. Oeding, B. Oswald, *Elektrische Kraftwerke und Netze*,
doi 10.1007/978-3-642-19246-3, © Springer 2011

besondere Ausbildung der Regelung und des Erregersystems wird notwendig, wenn man einen ohne Regelung instabilen Betrieb stabilisieren will. In diesem Fall spricht man von künstlicher statischer Stabilität. Sie spielt eine besondere Rolle bei der Energieübertragung über große Entfernungen und beim Betrieb von Generatoren im untererregten Betriebsbereich. Untererregter Betrieb mit starker Blindleistungsaufnahme kommt z. B. in Betracht für Generatoren in Netzen mit großem Kabelanteil oder langen Freileitungen während der Schwachlast. Bei künstlich stabilisiertem Betrieb kann ein Generator dann mit einem Polradwinkel größer als 90° stationär arbeiten.

Bei der Untersuchung der statischen Stabilität kann die Frage nach der Existenz stabiler Arbeitspunkte in Abhängigkeit von der Belastung unter sonst normalen Betriebsbedingungen mit Hilfe des Prinzips der virtuellen Verrückung gelöst werden. Man nimmt eine kleine Auslenkung aus einem Betriebspunkt vor und beobachtet, ob das System in den ursprünglichen Zustand zurückkehrt oder nicht. Die mathematische Behandlung führt auf das Eigenwertproblem des linearisierten Gleichungssystems.

Die Untersuchung der transienten Stabilität ist merklich aufwendiger. Dabei ist die Frage zu beantworten, ob sich Generatoren, die während eines Kurzschlusses schon erhebliche Polradwinkeländerungen erfahren haben, nach Ausschaltung des Kurzschlusses noch im Anziehungsbereich eines stabilen Arbeitpunktes befinden und somit in einen solchen zurückkehren oder nicht. Neben dem Netzaufbau spielen dabei u. a. die Kurzschlussart, die Kurzschlussdauer, der Belastungszustand vor dem Kurzschluss, und das Reglerverhalten eine Rolle. Wegen der größeren Polradwinkeländerungen kann das Gleichungssystem nicht mehr linearisiert, sondern muss durch numerische Integration gelöst werden. Anhand der sogenannten Schwingkurven der Polradwinkelverläufe erfolgt dann die Beurteilung des Stabilitätsverhaltens. Der Untersuchungszeitraum für die transiente Stabilität erstreckt sich über wenige Sekunden. Da für diesen Zeitbereich die Ersatzschaltung der Generatoren mit der transienten Spannung maßgebend ist (Kap. 5), spricht man von transienter Stabilität.

Das mathematische Modell zur Stabilitätsuntersuchung beruht auf der Bewegungsgleichung der Generatoren. Der Unterschied zwischen statischer und transienter Stabilitätsanalyse liegt in den Bedingungen, unter denen die Generatorleistung berechnet und wie das Gleichungssystem ausgewertet wird. Die Änderung des Läuferwinkels des i-ten Generators gegenüber einem synchron umlaufenden Bezugssystem ist gegeben durch:

$$\dot{\delta}_{\mathrm{L}i} = \Delta\omega_{\mathrm{L}i} \tag{18.1}$$

Für die Änderung der Winkelgeschwindigkeit des i-ten Generators gilt im VZS:

$$\Delta\dot{\omega}_{\mathrm{L}i} = \frac{\omega_{\mathrm{r}}}{T_{\mathrm{J}i}\,S_{\mathrm{rG}i}}\,(P_{\mathrm{T}i} + P_{\mathrm{G}i}) = k_{\mathrm{m}i}(P_{\mathrm{T}i} + P_{\mathrm{G}i}) \tag{18.2}$$

Die elektromechanische Zeitkonstante (Nennanlaufzeit) T_{J} hängt vom Trägheitsmoment J der gesamten rotierenden Masse (Turbinenläufer, Generatorläufer und gemeinsame Welle) des Turbosatzes ab und ergibt sich nach (H Trägheitskonstante):

$$T_{\mathrm{J}} = \frac{\omega_{\mathrm{r}}^2 J}{p^2 S_{\mathrm{rG}}} = 2H \tag{18.3 a}$$

Zur Berechnung kann man die folgende zugeschnittene Größengleichungen verwenden (für das früher benutzte Schwungmoment gilt: GD^2/Nm = 39,23 J/kgm^2):

$$T_{\mathrm{J}} / \mathrm{s} = \left(\frac{2\pi}{60}\right)^2 \frac{J / \mathrm{kgm}^2 \cdot n_{\mathrm{r}}^2 / \mathrm{min}^{-2}}{S_{\mathrm{rG}} / \mathrm{MVA}} 10^{-6} \tag{18.3 b}$$

Die mit Gl. (18.3 a) definierte elektromechanische Zeitkonstante unterscheidet sich um den Faktor $P_{\mathrm{rG}}/S_{\mathrm{rG}}$ von der in Kap. 6 eingeführten Zeitkonstante T_{m}. Die Turbinenleistung $P_{\mathrm{T}i}$ wird bei der Stabilitätsuntersuchung im Allgemeinen als konstant vorausgesetzt, weil der Primärregler im interessierenden Zeitbereich noch nicht wirksam eingreift.

Die Generatoren werden im Mitsystem der symmetrischen Komponenten durch eine Ersatzschaltung mit der Innenimpedanz $\underline{Z}_{\mathrm{G}}$ und der Spannungsquelle $\underline{U}_{\mathrm{qG}}$ nachgebildet (Kap. 5), wobei für die Untersuchung der statischen Stabilität die Polradspannung hinter der synchronen Impedanz ($\underline{U}_{\mathrm{qG}} = \underline{U}_{\mathrm{p}}$; $\underline{Z}_{\mathrm{G}} = R_{\mathrm{G}} + \mathrm{j}X_{\mathrm{d}}$) und für die Untersuchung der transienten Stabilität von Vollpolgeneratoren die transiente Spannung hinter der transienten Impedanz ($\underline{U}_{\mathrm{qG}} = \underline{U}'$, $\underline{Z}_{\mathrm{G}} = R_{\mathrm{G}} + \mathrm{j}X_{\mathrm{d}}'$) verwendet werden. Die Nachbildung der Schenkelpolgeneratoren mit konstanter q-Komponente der transienten Spannung (Abschn. 5.5.5) führt beim Mehrmaschinenproblem auf einen iterativen Algorithmus, auf den hier nicht eingegangen werden soll.

Da die nächsten Schritte zur Untersuchung der statischen und transienten Stabilität noch gleich sind, wird zunächst kein Unterschied zwischen den Spannungsquellen und Impedanzen gemacht. Es gilt dann allgemein für den i-ten Generator:

$$\underline{U}_{1i} = \underline{Z}_{\mathrm{G}i} \underline{I}_{1i} + \underline{U}_{\mathrm{qG}i} = (R_{\mathrm{G}i} + \mathrm{j}X_{\mathrm{G}i}) \underline{I}_{1i} + \underline{U}_{\mathrm{qG}i} \tag{18.4}$$

und für die Luftspaltleistung (Klemmenleistung minus Ständerverluste) des i-ten Generators:

$$\begin{aligned} P_{\mathrm{G}i} &= \mathrm{Re}\{3\underline{U}_{1i} \underline{I}_{1i}^*\} - 3R_{\mathrm{G}i} I_{1i}^2 = \\ &= \mathrm{Re}\{3[(R_{\mathrm{G}i} + \mathrm{j}X_{\mathrm{G}i})\underline{I}_{1i} + \underline{U}_{\mathrm{qG}i}]\underline{I}_{1i}^*\} - 3R_{\mathrm{G}i} I_{1i}^2 = 3\,\mathrm{Re}\{\underline{U}_{\mathrm{qG}i} \underline{I}_{1i}^*\} \end{aligned} \tag{18.5}$$

Die Gl. (18.5) gilt genügend genau auch bei unsymmetrischen Kurzschlüssen im Netz, da das Gegen- und Nullsystem mit 100 Hz bzw. 50 Hz schwingende Leistungsanteile hervorrufen, denen die träge Generatorwelle nicht folgt. Der Strom im Mitsystem der Gl. (18.5) ist jedoch unter Berücksichtigung der beiden anderen Stromkomponenten zu berechnen.

Um die Ströme aller Generatoren zur Berechnung ihrer Leistungen nach Gl. (18.5) ermitteln zu können, wird von der Knoten-Admittanzdarstellung des Netzes ausgegangen (Kap. 13). Der Einfachheit halber, soll nur das Mitsystem betrachtet werden. Die Behandlung des Gegen- und Nullsystems könnte analog erfolgen, kommt jedoch bei Stabilitätsuntersuchungen praktisch nicht vor, weil in der Regel symmetrische Betriebszustände bzw. der dreipolige Kurzschluss zugrunde gelegt werden. In der Partitionierung nach Lastknoten (L) und Generatorknoten (G) lautet die Gleichungen für das Mitsystem nach Gl. (13.24):

$$\begin{bmatrix} \underline{\boldsymbol{Y}}_{\mathrm{LL}} & \underline{\boldsymbol{Y}}_{\mathrm{LG}} \\ \underline{\boldsymbol{Y}}_{\mathrm{GL}} & \underline{\boldsymbol{Y}}_{\mathrm{GG}} \end{bmatrix} \begin{bmatrix} \underline{\boldsymbol{u}}_{\mathrm{L}} \\ \underline{\boldsymbol{u}}_{\mathrm{G}} \end{bmatrix} = \begin{bmatrix} \underline{\boldsymbol{i}}_{\mathrm{L}} \\ \underline{\boldsymbol{i}}_{\mathrm{G}} \end{bmatrix} \tag{18.6}$$

Kurzschlüsse werden zweckmäßigerweise mit dem im Abschn. 13.7 beschriebenen Verfahren berücksichtigt. Da sich dabei lediglich die Elemente der Gl. (18.6), nicht aber ihre Ordnung und Form ändern, braucht man bei den folgenden Herleitungen nicht weiter auf den Kurzschlusszustand einzugehen.

Alle Kehrwerte der Generatorimpedanzen werden in einer diagonalen Admittanzmatrix $\underline{\boldsymbol{Y}}_{\mathrm{G}}$ und alle Quellenspannungen in einem Vektor $\underline{\boldsymbol{u}}_{\mathrm{qG}}$ zusammengefasst, sodass für die Generatorströme gilt:

$$\underline{\boldsymbol{i}}_{\mathrm{G}} = \underline{\boldsymbol{Y}}_{\mathrm{G}}(\underline{\boldsymbol{u}}_{\mathrm{G}} - \underline{\boldsymbol{u}}_{\mathrm{qG}}) \tag{18.7}$$

Die Belastungen werden bei der Stabilitätsuntersuchung durch konstante Admittanzen, die auch das Ergebnis einer Linearisierung des Lastverhaltens im Arbeitspunkt sein können, dargestellt. Fasst man alle Lastadmittanzen in einer Diagonalmatrix $\underline{\boldsymbol{Y}}_{\mathrm{L}}$ zusammen, so gilt:

$$\underline{\boldsymbol{i}}_{\mathrm{L}} = \underline{\boldsymbol{Y}}_{\mathrm{L}} \underline{\boldsymbol{u}}_{\mathrm{L}} \tag{18.8}$$

Die Gln. (18.6) bis (18.8) werden wie folgt zusammengefasst:

$$\left[\begin{array}{cc:c} \underline{\boldsymbol{Y}}_{\mathrm{LL}} - \underline{\boldsymbol{Y}}_{\mathrm{L}} & \underline{\boldsymbol{Y}}_{\mathrm{LG}} & \mathbf{0} \\ \underline{\boldsymbol{Y}}_{\mathrm{GL}} & \underline{\boldsymbol{Y}}_{\mathrm{GG}} - \underline{\boldsymbol{Y}}_{\mathrm{G}} & \underline{\boldsymbol{Y}}_{\mathrm{G}} \\ \hdashline \mathbf{0} & \underline{\boldsymbol{Y}}_{\mathrm{G}} & -\underline{\boldsymbol{Y}}_{\mathrm{G}} \end{array}\right] \begin{bmatrix} \underline{\boldsymbol{u}}_{\mathrm{L}} \\ \underline{\boldsymbol{u}}_{\mathrm{G}} \\ \hdashline \underline{\boldsymbol{u}}_{\mathrm{qG}} \end{bmatrix} = \left[\begin{array}{cc:c} \underline{\boldsymbol{Y}}'_{\mathrm{LL}} & \underline{\boldsymbol{Y}}_{\mathrm{LG}} & \mathbf{0} \\ \underline{\boldsymbol{Y}}_{\mathrm{GL}} & \underline{\boldsymbol{Y}}'_{\mathrm{GG}} & \underline{\boldsymbol{Y}}_{\mathrm{G}} \\ \hdashline \mathbf{0} & \underline{\boldsymbol{Y}}_{\mathrm{G}} & -\underline{\boldsymbol{Y}}_{\mathrm{G}} \end{array}\right] \begin{bmatrix} \underline{\boldsymbol{u}}_{\mathrm{L}} \\ \underline{\boldsymbol{u}}_{\mathrm{G}} \\ \hdashline \underline{\boldsymbol{u}}_{\mathrm{qG}} \end{bmatrix} = \begin{bmatrix} \mathbf{0} \\ \mathbf{0} \\ \hdashline \underline{\boldsymbol{i}}_{\mathrm{G}} \end{bmatrix} \tag{18.9}$$

Diese Gleichung kann unter Hinzuziehung der inneren Generatorknoten auch direkt nach dem Bildungsgesetz des Knotenpunktverfahrens (Kap. 13) aufgestellt werden. Im Folgenden werden schrittweise die Spannungen der Last- und Generatorknoten eliminiert, was gleichbedeutend mit der Transfiguration des Netzes auf die inneren Generatorknoten ist. Aus der ersten Zeile erhält man:

$$\underline{\boldsymbol{u}}_{\mathrm{L}} = -(\underline{\boldsymbol{Y}}'_{\mathrm{LL}})^{-1} \underline{\boldsymbol{Y}}_{\mathrm{LG}} \underline{\boldsymbol{u}}_{\mathrm{G}} \tag{18.10}$$

und aus der zweiten Zeile mit Gl. (18.10):

$$\underline{\boldsymbol{u}}_{\mathrm{G}} = -[\underline{\boldsymbol{Y}}'_{\mathrm{GG}} - \underline{\boldsymbol{Y}}_{\mathrm{GL}}(\underline{\boldsymbol{Y}}'_{\mathrm{LL}})^{-1}\underline{\boldsymbol{Y}}_{\mathrm{LG}}]^{-1}\underline{\boldsymbol{Y}}_{\mathrm{G}}\underline{\boldsymbol{u}}_{\mathrm{qG}} \tag{18.11}$$

Für die Generatorströme ergibt sich dann aus der letzten Zeile:

$$\underline{\boldsymbol{i}}_{\mathrm{G}} = -\underline{\boldsymbol{Y}}_{\mathrm{G}}\left\{\boldsymbol{E} + [\underline{\boldsymbol{Y}}'_{\mathrm{GG}} - \underline{\boldsymbol{Y}}_{\mathrm{GL}}(\underline{\boldsymbol{Y}}'_{\mathrm{LL}})^{-1}\underline{\boldsymbol{Y}}_{\mathrm{LG}}]^{-1}\underline{\boldsymbol{Y}}_{\mathrm{G}}\right\}\underline{\boldsymbol{u}}_{\mathrm{qG}} = \underline{\boldsymbol{Y}}_{\mathrm{qq}}\underline{\boldsymbol{u}}_{\mathrm{qG}} \tag{18.12a}$$

und ausführlich für den i-ten Generator aus der i-ten Zeile von Gl. (18.12a), wenn die Winkel der Admittanzelemente von $\underline{\boldsymbol{Y}}_{\mathrm{qq}}$ mit α und die Winkel der Quellenspannungen mit δ_{q} bezeichnet werden:

$$\underline{I}_{1i} = \sum_{j=1}^{m} \underline{y}_{ij}\,\underline{U}_{\mathrm{qG}j} = \sum_{j=1}^{m} y_{ij}\,U_{\mathrm{qG}j}\,\mathrm{e}^{\mathrm{j}(\delta_{\mathrm{q}j}+\alpha_{ij})} \tag{18.12b}$$

Die Diagonalelemente der Matrix $\underline{\boldsymbol{Y}}_{\mathrm{qq}}$ sind die Speisepunktadmittanzen (driving point admittances) und die Nichtdiagonalelemente die Übertragungsadmittanzen (transfer admittances). Man kann sie auch direkt aus der Netzersatzschaltung bestimmen. Zur Ermittlung eines Diagonalelementes sind die Quellenspannungen aller anderen Generatoren kurzzuschließen. Das Diagonalelement $\underline{y}_{ii}$ ist dann identisch mit dem negativen Kehrwert der Eingangsimpedanz des Netzes vom inneren Generatorknoten i aus gesehen. Das Nichtdiagonalelement $\underline{y}_{ik}$ erhält man bei bis auf den i-ten Generator kurzgeschlossenen Quellenspannungen aus:

$$\underline{y}_{ki} = \underline{y}_{ik} = \frac{\underline{I}_{1k}}{\underline{U}_{\mathrm{qG}i}}$$

Da alle Generatoren miteinander verbunden sind, ist die Matrix $\underline{\boldsymbol{Y}}_{\mathrm{qq}}$ im Normalzustand vollbesetzt. Im Fall des dreipoligen Kurzschlusses können jedoch Nullelemente auftreten, die einzelne Generatoren oder ganze Netzteile abtrennen.

Mit der Gl. (18.12) ergibt sich für die Leistung des i-ten Generators:

$$P_{\mathrm{G}i} = 3U_{\mathrm{qG}i}\sum_{j=1}^{m} U_{\mathrm{qG}j}\,y_{ij}\cos(\delta_{\mathrm{q}ij} - \alpha_{ij}); \qquad \delta_{\mathrm{q}ij} = \delta_{\mathrm{q}i} - \delta_{\mathrm{q}j} \tag{18.13}$$

Für den weiteren Berechnungsweg muss man die speziellen Betriebsbedingungen für die statische und transiente Stabilitätsuntersuchung berücksichtigen.

18.2 Statische Stabilität

18.2.1 Statische Stabilität ohne Regelung

Ohne Wirkung des Spannungsreglers sind die Beträge der Polradspannungen der Generatoren konstant. Mit $U_{\mathrm{qG}i} = U_{\mathrm{p}i}$ und $\delta_{\mathrm{q}i} = \delta_{\mathrm{p}i}$ nimmt die Gl. (18.13) die spezielle Form für die statische Stabilitätsuntersuchung an:

$$P_{\mathrm{G}i} = 3U_{\mathrm{p}i}\sum_{j=1}^{m} U_{\mathrm{p}j}\, y_{ij} \cos(\delta_{\mathrm{p}ij} - \alpha_{ij}); \qquad \delta_{\mathrm{p}ij} = \delta_{\mathrm{p}i} - \delta_{\mathrm{p}j} \tag{18.14}$$

In die Admittanzen $\underline{y}_{ij}$ gehen die Generatoradmittanzen $1/\underline{Z}_{\mathrm{G}} = 1/(R_G + \mathrm{j}X_{\mathrm{d}})$ ein.

Zur Untersuchung möglicher Arbeitspunkte (AP) interessiert nur die unmittelbare Umgebung eines Arbeitspunktes. Die Gl. (18.14) kann deshalb linearisiert werden: $P_{\mathrm{G}i} = P_{\mathrm{GAP}i} + \Delta P_{\mathrm{G}i}$. Der stationäre Anteil $P_{\mathrm{GAP}i}$ hebt sich mit der konstant angenommenen Turbinenleistung auf der rechten Seite der Gl. (18.2) heraus, womit nur die Änderung $\Delta P_{\mathrm{G}i}$ übrig bleibt. Für diese folgt aus Gl. (18.14) durch die Entwicklung in eine Taylorreihe mit Abbruch nach dem 1. Glied unter Beachtung von $\delta_{\mathrm{p}ii} = \delta_{\mathrm{p}i} - \delta_{\mathrm{p}i} = 0$:

$$\begin{aligned}\Delta P_{\mathrm{G}i} &= \frac{\partial P_{\mathrm{G}i}}{\partial \delta_{\mathrm{p}1}}\Delta\delta_{\mathrm{p}1} + \frac{\partial P_{\mathrm{G}i}}{\partial \delta_{\mathrm{p}2}}\Delta\delta_{\mathrm{p}2} + \ldots + \frac{\partial P_{\mathrm{G}i}}{\partial \delta_{\mathrm{p}m}}\Delta\delta_{\mathrm{p}m} \\ &= -3\,U_{\mathrm{p}i}\sum_{j=1,\neq i}^{m} U_{\mathrm{p}j}\, y_{ij} \sin(\delta_{\mathrm{p}ij} - \alpha_{ij})\,\Delta\delta_{\mathrm{p}i} + 3\,U_{\mathrm{p}i}\sum_{j=1,\neq i}^{m} U_{\mathrm{p}j}\, y_{ij} \sin(\delta_{\mathrm{p}ij} - \alpha_{ij})\,\Delta\delta_{\mathrm{p}j}\end{aligned} \tag{18.15}$$

Da die Polradspannung fest in der q-Achse liegt, besteht ein eindeutiger Zusammenhang zwischen dem Läuferwinkel $\delta_{\mathrm{L}i}$ und dem Winkel $\delta_{\mathrm{p}i}$ der Polrad-

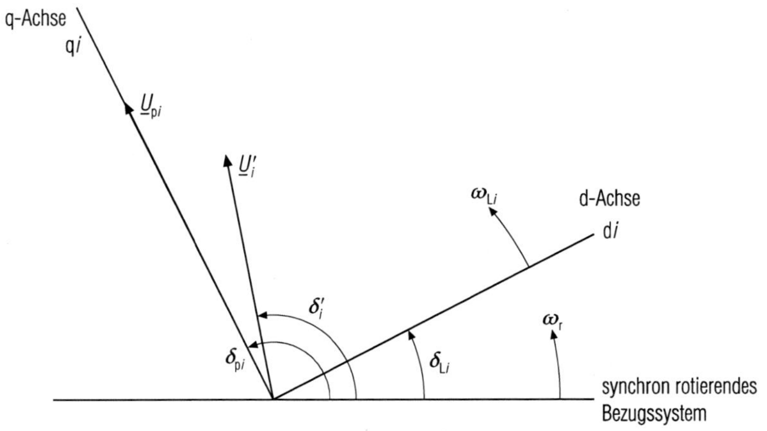

Bild 18.1. Bezeichnung der Winkel bei der Stabilitätsuntersuchung

spannung nach Bild 18.1: $\delta_{pi} = \delta_{Li} + \pi/2$, so dass in Gl. (18.1) $\dot{\delta}_{Li} = \Delta\dot{\delta}_{Li} = \Delta\dot{\delta}_{pi}$ gesetzt werden kann. Durch Zusammenfassen der Gln. (18.1), (18.2) und Gl. (18.15) für alle Generatoren entsteht das lineare Zustandsdifferenzialgleichungssystem (18.16).

In diesem Gleichungssystem ist keine Dämpfung berücksichtigt. Wird ein solches System aus einem Arbeitspunkt ausgelenkt, so reagiert es an der Grenze der Stabilität mit einer ungedämpften Dauerschwingung um den Arbeitspunkt, die bei Berücksichtigung einer Dämpfung abklingen und in den ursprünglichen Arbeitspunkt zurückführen würde. Sobald ein Eigenwert mit einem positiven Realteil auftritt, ist das System instabil. Somit lautet die Stabilitätsbedingung für Gl. (18.16): Alle Arbeitspunkte, für die die Matrix $\boldsymbol{A}$ konjugiert komplexe Eigenwerte und einen doppelten Nulleigenwert aufweist, sind stabil. Die Nulleigenwerte entstehen dadurch, dass sich sämtliche Generatoren gegenüber dem synchronen Bezugssystem frei bewegen können. Dieses Verhalten wurde im Kapitel 6 bei der Frequenz-Leistungsregelung untersucht.

$$\begin{bmatrix} \Delta\dot{\omega}_{L1} \\ \Delta\dot{\omega}_{L2} \\ \vdots \\ \Delta\dot{\omega}_{Li} \\ \vdots \\ \Delta\dot{\omega}_{Lm} \\ \hdashline \Delta\dot{\delta}_{p1} \\ \Delta\dot{\delta}_{p2} \\ \vdots \\ \Delta\dot{\delta}_{pi} \\ \vdots \\ \Delta\dot{\delta}_{pm} \end{bmatrix} = \left[\begin{array}{cccccc:cccccc} 0 & & & & & & k_{m1}\frac{\partial P_{G1}}{\partial \delta_{p1}} & k_{m1}\frac{\partial P_{G1}}{\partial \delta_{p2}} & \cdots & k_{m1}\frac{\partial P_{G1}}{\partial \delta_{pi}} & \cdots & k_{m1}\frac{\partial P_{G1}}{\partial \delta_{pm}} \\ & 0 & & & & & k_{m2}\frac{\partial P_{G2}}{\partial \delta_{p1}} & k_{m2}\frac{\partial P_{G2}}{\partial \delta_{p2}} & \cdots & k_{m2}\frac{\partial P_{G2}}{\partial \delta_{pi}} & \cdots & k_{m2}\frac{\partial P_{G2}}{\partial \delta_{pm}} \\ & & \ddots & & & & \vdots & \vdots & \ddots & \vdots & \ddots & \vdots \\ & & & 0 & & & k_{mi}\frac{\partial P_{Gi}}{\partial \delta_{p1}} & k_{mi}\frac{\partial P_{Gi}}{\partial \delta_{p2}} & \cdots & k_{mi}\frac{\partial P_{Gi}}{\partial \delta_{pi}} & \cdots & k_{mi}\frac{\partial P_{Gi}}{\partial \delta_{pm}} \\ & & & & \ddots & & \vdots & \vdots & \ddots & \vdots & \ddots & \vdots \\ & & & & & 0 & k_{mm}\frac{\partial P_{Gm}}{\partial \delta_{p1}} & k_{mm}\frac{\partial P_{Gm}}{\partial \delta_{p2}} & \cdots & k_{mm}\frac{\partial P_{Gm}}{\partial \delta_{pi}} & \cdots & k_{mm}\frac{\partial P_{Gm}}{\partial \delta_{pm}} \\ \hdashline 1 & & & & & & 0 & & & & & \\ & 1 & & & & & & 0 & & & & \\ & & \ddots & & & & & & \ddots & & & \\ & & & 1 & & & & & & 0 & & \\ & & & & \ddots & & & & & & \ddots & \\ & & & & & 1 & & & & & & 0 \end{array}\right] \begin{bmatrix} \Delta\omega_{L1} \\ \Delta\omega_{L2} \\ \vdots \\ \Delta\omega_{Li} \\ \vdots \\ \Delta\omega_{Lm} \\ \hdashline \Delta\delta_{p1} \\ \Delta\delta_{p2} \\ \vdots \\ \Delta\delta_{pi} \\ \vdots \\ \Delta\delta_{pm} \end{bmatrix} \tag{18.16a}$$

oder kürzer:

$$\begin{bmatrix} \Delta\dot{\boldsymbol{\omega}}_L \\ \Delta\dot{\boldsymbol{\delta}}_P \end{bmatrix} = \begin{bmatrix} \mathbf{0} & \boldsymbol{B} \\ \boldsymbol{E} & \mathbf{0} \end{bmatrix} \begin{bmatrix} \Delta\boldsymbol{\omega}_L \\ \Delta\boldsymbol{\delta}_P \end{bmatrix} = \mathbf{A} \begin{bmatrix} \Delta\boldsymbol{\omega}_L \\ \Delta\boldsymbol{\delta}_P \end{bmatrix} \tag{18.16b}$$

Zur Veranschaulichung der statischen Stabilitätsuntersuchung soll das sog. Ein-Maschinen-Problem, bei dem ein einzelner Generator gegenüber einem frequenz- und spannungsstarren Netz betrachtet wird, untersucht werden.

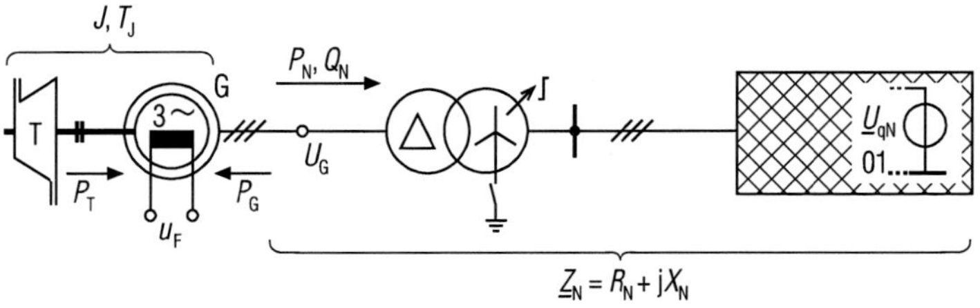

Bild 18.2. Ein-Maschinen-Problem: Betrachtung eines Generators am starren Netz. $\underline{U}_{qN}$ Quellenspannung des Netzes im Mitsystem

Eine Anordnung nach Bild 18.2 liegt vor, wenn ein Kraftwerk über eine längere Leitung in ein vermaschtes Netz mit einer Vielzahl von Generatoren einspeist. Das Netz kann dann durch eine Spannungsquelle mit der konstanten Quellenspannung $\underline{U}_{qN} = U_{qN}$ im Mitsystem nachgebildet werden. Die gesamte Reaktanz zwischen der Polradspannung $\underline{U}_p$ des Generators und der Quellenspannung des Netzes sei $X_d + X_N$. Die Wirkwiderstände werden vernachlässigt. Es wird dann bei Bezeichnung des inneren Generatorknotens mit 1 und des Netzknotens mit 2 und dem Winkel $\delta_{p1} = \delta_{12}$ zwischen der Polradspannung und der Netzspannung:

$$\underline{y}_{11} = \underline{y}_{22} = -\underline{y}_{12} = -\underline{y}_{21} = -\frac{1}{\mathrm{j}\,(X_d + X_N)} = \frac{1}{X_d + X_N}\,\mathrm{e}^{\mathrm{j}\frac{\pi}{2}} \tag{18.17}$$

$$\begin{aligned} P_G &= \frac{3U_p^2}{X_d + X_N}\cos(-\pi/2) + \frac{3U_p U_{qN}}{X_d + X_N}\cos(\delta_{12} + \pi/2) \\ &= -\frac{3U_p U_{qN}}{X_d + X_N}\sin\delta_{12} = -P_N \end{aligned} \tag{18.18}$$

$$\Delta P_G = \left.\frac{\partial P_G}{\partial \delta_{12}}\right|_{AP} \Delta\delta_{12} = -\frac{3U_p U_{qN}}{X_d + X_N}\cos\delta_{12AP}\,\Delta\delta_{12} = -P_{synAP}\,\Delta\delta_{12} \tag{18.19}$$

Mit P_{synAP} wurde dabei die synchronisierende Leistung eingeführt. Für das als frequenzstarr angenommene Netz entfällt die Bewegungsgleichung. Die Gl. (18.16) reduziert sich mit $\Delta\dot{\delta}_{p1} = \Delta\dot{\delta}_{12}$ auf:

$$\begin{bmatrix} \Delta\dot{\omega}_{L1} \\ \Delta\dot{\delta}_{12} \end{bmatrix} = \begin{bmatrix} 0 & k_m \dfrac{\partial P_G}{\partial \Delta\delta_{12}} \\ 1 & 0 \end{bmatrix} \begin{bmatrix} \Delta\omega_{L1} \\ \Delta\delta_{12} \end{bmatrix} = \begin{bmatrix} 0 & -k_m P_{synAP} \\ 1 & 0 \end{bmatrix} \begin{bmatrix} \Delta\omega_{L1} \\ \Delta\delta_{12} \end{bmatrix} \tag{18.20}$$

Die Eigenwerte der Systemmatrix in Gl. (18.20) sind:

$$\lambda_{1,2} = \pm\sqrt{-k_m P_{synAP}} = \pm\sqrt{-\frac{\omega_r}{T_J}\frac{P_{synAP}}{S_{rG}}} \tag{18.21}$$

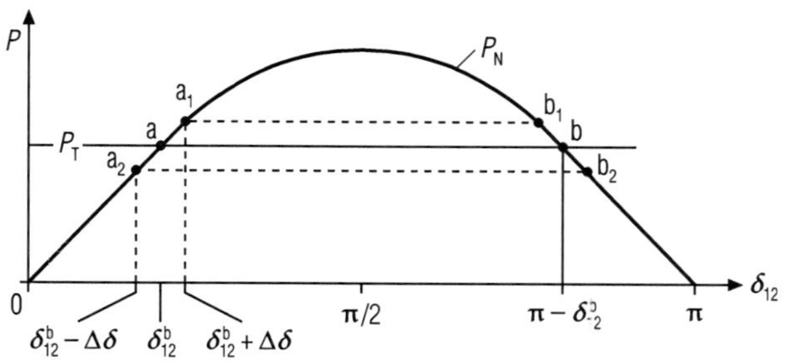

Bild 18.3. Leistungs-Winkel-Kennlinie beim Ein-Maschinen-Problem. $P_\mathrm{N} = -\,P_\mathrm{G}$ vom Netz aufgenommene Leistung; P_T Turbinenleistung

Die Nulleigenwerte treten im speziellen Fall des Ein-Maschinen-Problems nicht auf, weil das Netz als frequenzstarr angenommen wurde. Die beiden Eigenwerte nach Gl. (18.21) sind konjugiert komplex, wenn die synchronisierende Leistung $P_\mathrm{synAP} > 0$, d. h. $\cos\delta_{12\mathrm{AP}} > 0$ ist. Also sind alle Arbeitspunkte im Bereich $-\pi/2 < \delta_{12} < \pi/2$ stabil. Der negative Winkelbereich gehört zum Motorbetrieb, sodass im Generatorbetrieb der Winkel δ_{12} zwischen der Polradspannung und der Netzspannung nicht größer als $\pi/2$ werden darf. Zum gleichen Ergebnis kommt man auch sofort durch Überlegung an der Leistungs-Winkel-Kennlinie im Bild 18.3.

Nimmt man eine kleine Winkelauslenkung $\Delta\delta$ aus einem Arbeitspunkt a auf dem ansteigenden Ast, für den $P_\mathrm{synAP} > 0$ gilt, an, so wird die an das Netz abgegebene Leistung größer als die als konstant angenommene Turbinenleistung. Aus der Bewegungsgleichung ist ersichtlich, dass der Generator abgebremst und damit der Polradwinkel kleiner wird, also der Auslenkung entgegenwirkt. Der Arbeitspunkt ist damit stabil. Bei einer Auslenkung in der entgegengesetzten Richtung reagiert der Generator mit einer Beschleunigung, die ebenfalls in den Arbeitspunkt zurückführt. Untersucht man dagegen einen scheinbaren Arbeitspunkt b auf dem abfallenden Ast ($P_\mathrm{synAP} < 0$) der Leistungskurve, so führt jede Auslenkung dazu, dass sich der Winkel weiter vom Ursprungszustand entfernt, es sich also nicht um einen stabilen Arbeitspunkt handelt.

Die Lösung der homogenen Zustandsdifferentialgleichung, Gl. (18.207), ist zwar für die Stabilitätsaussage nicht erforderlich. Sie soll zur Anschauung aber für das Beispiel des Ein-Maschinen-Problems angegeben werden und lautet, wenn man eine virtuelle Winkelauslenkung $\Delta\delta$ bei synchroner Drehzahl ($\Delta\omega_\mathrm{L1}(0) = 0$) annimmt:

$$\begin{aligned}\begin{bmatrix}\Delta\omega_\mathrm{L1}\\ \Delta\delta_{12}\end{bmatrix} &= \begin{bmatrix}v_{11}\\ v_{21}\end{bmatrix} \mathrm{e}^{\lambda_1 t} + \begin{bmatrix}v_{12}\\ v_{22}\end{bmatrix} \mathrm{e}^{\lambda_2 t}\\ &= \left\{\frac{\lambda_1\lambda_2}{\lambda_2-\lambda_1}\begin{bmatrix}1\\ 1/\lambda_1\end{bmatrix}\mathrm{e}^{\lambda_1 t} + \frac{\lambda_1\lambda_2}{\lambda_1-\lambda_2}\begin{bmatrix}1\\ 1/\lambda_2\end{bmatrix}\mathrm{e}^{\lambda_2 t}\right\}\Delta\delta\end{aligned} \tag{18.22a}$$

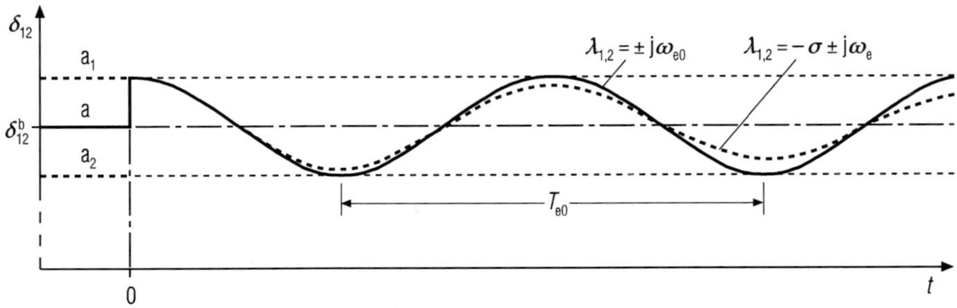

Bild 18.4. Verlauf des Polradwinkels bei Auslenkung aus einem stabilen Arbeitpunkt ohne und mit Dämpfung. a, a_1, a_2 nach Bild 18.3; $T_{e0} = 1/\omega_{e0}$ Periodendauer der ungedämpften Eigenschwingung

Im stabilen Grenzfall sind die beiden Eigenwerte konjugiert komplex und es wird mit $\lambda_{1,2} = \pm j\omega_{e0} = \pm j\sqrt{\frac{\omega_r}{T_J}\frac{|P_{synAP}|}{S_{rG}}}$:

$$\Delta\omega_{L1} = 2\,\mathrm{Re}\left\{\frac{\lambda_1\lambda_2}{\lambda_2-\lambda_1}\,e^{\lambda_1 t}\right\}\Delta\delta = 2\,\mathrm{Re}\left\{\frac{j\omega_{e0}^2}{-j2\omega_{e0}}\,e^{j\omega_{e0}t}\right\}\Delta\delta = -\omega_{e0}\Delta\delta\sin\omega_{e0}t \tag{18.22b}$$

$$\Delta\delta_{12} = 2\,\mathrm{Re}\left\{\frac{\lambda_1\lambda_2}{\lambda_2-\lambda_1}\frac{1}{\lambda_1}\,e^{\lambda_1 t}\right\}\Delta\delta = 2\,\mathrm{Re}\left\{\frac{-j\omega_{e0}}{-j2\omega_{e0}}\,e^{j\omega_{e0}t}\right\}\Delta\delta = \Delta\delta\cos\omega_{e0}t \tag{18.22c}$$

Den Verlauf des Winkels zeigt das Bild 18.4.

Im Fall der statischen Instabilität wird $\lambda_{1,2} = \pm\,\sigma\,(\sigma > 0, \text{reell})$. Die Winkelgeschwindigkeit und der Polradwinkel entfernen sich nach den folgenden hyperbolischen Funktionen vom Ausgangspunkt b im Bild 18.3:

$$\Delta\omega_{L1} = \sigma\Delta\delta\sinh\sigma t;\quad \Delta\delta_{12} = \Delta\delta\cosh\sigma t$$

18.2.2 Statische Stabilität mit Regelung

Die Differentialgleichungen des Erregersystems und des Reglers werden in gleicher Weise wie die des Netzes und der Generatoren linearisiert, sodass sich zusammen mit den Maschinengleichungen ein System linearer Gleichungen für jeden Betriebspunkt der Maschine ergibt. Als einfacher Fall wird ein Generator am Netz nach Bild 18.2 betrachtet.

Bild 18.5 zeigt den Aufbau eines Erregersystems mit Drehstromerregermaschine und rotierender Diodenbrücke sowie zusätzlich die Übertragungsfunktion für einen PID-Regler und die Erregermaschine, nachgebildet durch

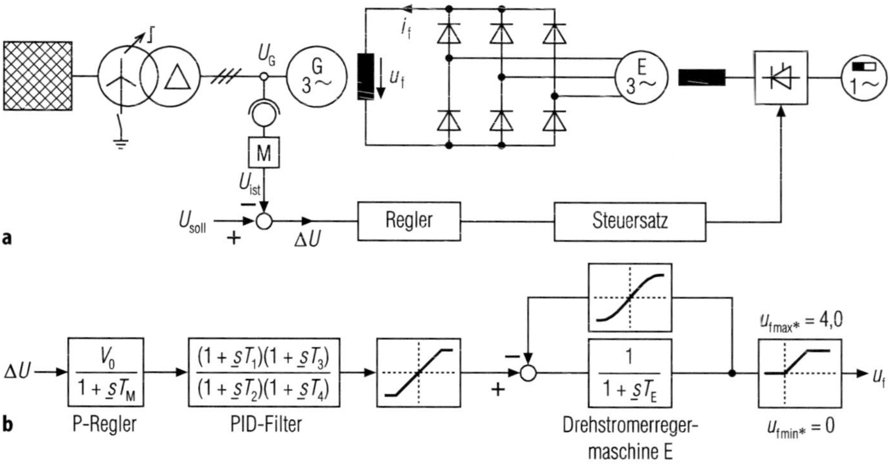

Bild 18.5 a, b. Erregersystem mit Drehstromerregermaschine und rotierenden Dioden (Bild 6.2). **a** Anordnung, Generator am Netz (Ein-Maschinen-Problem); **b** Übertragungsfunktion des Reglers und der Erregungseinrichtung: $T_E = 0{,}5$ s; $T_M = 0{,}05$ s; $T_1 = 1$ s; $T_2 = 7{,}5$ s; $T_3 = 0{,}375$ s; $T_4 = 0{,}05$ s; V_0 Verstärkung des offenen Regelkreises; U_G Leiter-Leiter-Spannung an den Klemmen; $\Delta U = U_{soll} - U_{ist}$ (Bild 6.7 und 6.8)

ihre Leerlaufkennlinie und eine Erregerzeitkonstante T_E, wobei $T'_d < T_E < T'_{d0}$ gilt.

Die Ergebnisse der Berechnung für die Anordnung des Bildes 18.5 einmal für einen Proportionalregler und zum anderen für den zusätzlichen Einsatz eines PID-Filters (Badewannenfilter mit vier Zeitkonstanten) sind im Leistungsdiagramm des Bildes 18.6 angegeben. Bei $x_N = X_N/Z_B = 0{,}15$ mit $Z_B = U_{rG}^2/S_{rG}$ nach Gl. (5.29b) handelt es sich um ein starres Netz mit $S''_{kQ} \rightarrow \infty$ auf der OS-Seite des Blocktransformators mit $x_T = 0{,}15$ und $S_{rT} = S_{rG}$.

Für ein Erregersystem mit Thyristoren, gespeist über einen Stromrichtertransformator von den Generatorklemmen nach Bild 18.7, ergibt sich zusätzlich die Möglichkeit der Aufschaltung von Signalen proportional zum Schlupf ($\dot{\delta} = \dot{\delta}_L$) und zur Beschleunigung ($\ddot{\delta} = \ddot{\delta}_L$) des Synchrongenerators. Zusatzaufschaltungen $\dot{\delta}$ und $\ddot{\delta}$, die durch Integration aus der gemessenen Wirkleistung P gebildet werden und über Verstärker $V_{\dot{\delta}}$ und $V_{\ddot{\delta}}$ wirken, sind dann nützlich, wenn der Generator über eine hohe Netzreaktanz speist.

Bild 18.8 zeigt die Untersuchungsergebnisse für die Anordnung nach Bild 18.7 bei einem Generator mit relativ hoher transienter Reaktanz x'_d.

Bei der Festlegung der Reglerbeschaltung zur Erhöhung der statischen Stabilität muss man darauf achten, dass daneben die Forderung nach schneller Ausregelung von Spannungsänderungen besteht, z. B. nach Volllastabwurf [18.16]. Eine hohe Proportionalverstärkung, die günstig ist für die Spannungsregelung, wirkt z. B. ungünstig für die statische Stabilität. Diese Zusammenhänge sollen am Beispiel eines Wasserkraftgenerators in einem Pumpspeicherwerk mit $S_{rG} = 118$ MVA, $\cos\varphi_r = 0{,}7$; $n_r = 600\ \mathrm{min}^{-1}$ gezeigt wer-

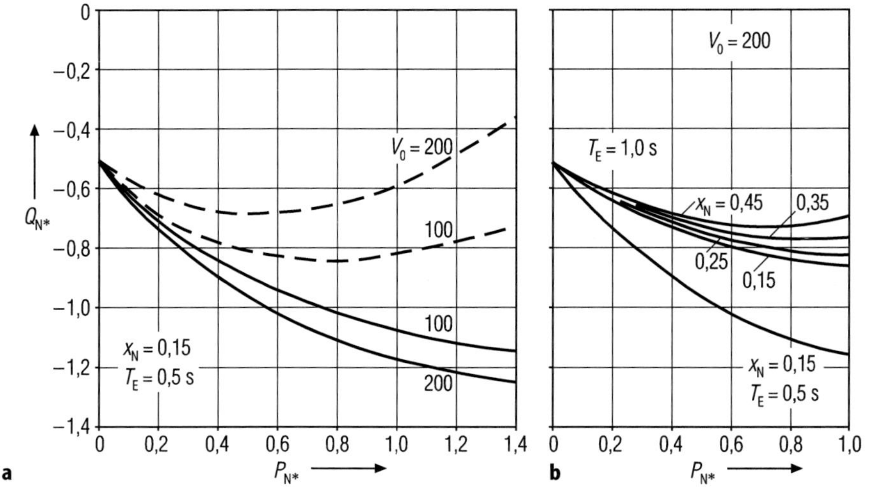

Bild 18.6 a, b. Grenzen der statischen Stabilität bei Erregung eines Turbogenerators über eine Drehstromerregermaschine nach Bild 18.5 [18.16]. **a** Einfluss des PID-Filters nach Bild 18.5; – – – ohne PID-Filter, ——— mit PID-Filter; **b** Einfluss der Netzreaktanz x_N (Bild 18.2) und der Ersatzzeitkonstante T_E der Erregermaschine; Turbogeneratoren: $S_{rG} = 2\times750$ MVA (Turbinen in Cross-compound-Schaltung); 60 Hz; $U_{rG} = 26$ kV; $\cos\varphi_{rG} = 0{,}9$; $x_d = 1{,}93$; $x_q = 1{,}83$; $x_\sigma = 0{,}124$; $x_d' = 0{,}252$; $x_d'' = x_q'' = 0{,}181$; $T_d' = 0{,}62$ s; $T_d'' = T_q'' = 0{,}03$ s; $T_J = 2H = 7{,}5$ s

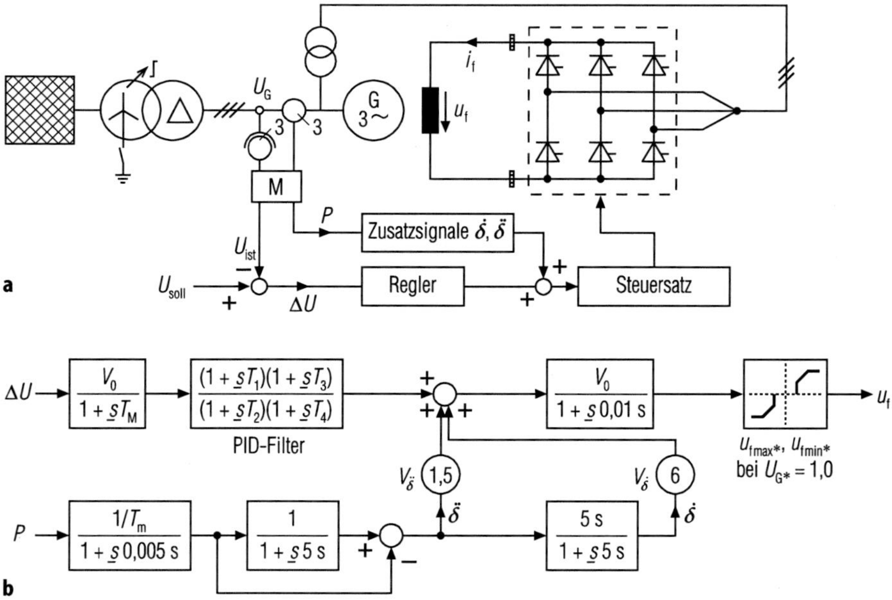

Bild 18.7 a, b. Erregersystem mit stationären Thyristoren gespeist von den Klemmen (Bild 6.4). **a** Anordnung, Generator am Netz (Ein-Maschinen-Problem); **b** Übertragungsfunktion des Spannungsreglers mit zusätzlichem PID-Filter und zusätzlicher Aufschaltung von Signalen proportional zum Schlupf und zur Beschleunigung

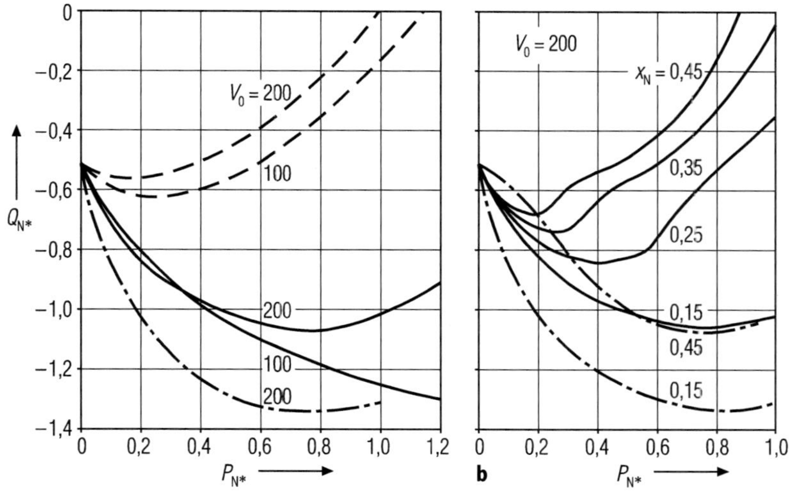

Bild 18.8a, b. Grenzen der statischen Stabilität bei Erregung eines Turbogenerators über Thyristoren gespeist von den Generatorklemmen nach Bild 18.7 [18.16]. – – – ohne PID-Filter; ——— mit PID-Filter; – · – · – mit PID-Filter sowie $\dot{\delta}$ und $\ddot{\delta}$. **a** Einfluss des PID-Filters und der Aufschaltung von Zusatzsignalen $\dot{\delta}$ und $\ddot{\delta}$ bei $x_N = 0{,}15$; **b** Einfluss der Zusatzsignale bei hohen Werten für x_N. Generatordaten: $S_{rG} = 750$ MVA; 60 Hz; $U_{rG} = 26$ kV; $\cos\varphi_{rG} = 0{,}9$; $x_d = 1{,}92$; $x_q = 1{,}83$; $x_\sigma = 0{,}192$; $x'_d = 0{,}34$; $x''_d = x''_q = 0{,}26$; $T'_d = 0{,}725$ s; $T''_d = T''_q = 0{,}03$ s; $T_J = 2H = 7{,}2$ s

den. Dazu ist im Bild 18.9 die Spannungsausregelung bei Ausschaltung einer Blindleistung in Höhe der Bemessungsscheinleistung (118 MVA, $\cos\varphi = 0$) aufgezeichnet für verschiedene Reglerbeschaltungen. Die Erregung der Schenkelpolmaschine erfolgt über eine Gleichstromerregermaschine mit zwei Feldwicklungen jeweils gespeist über Magnetverstärker, sodass auch negative Polradspannungen u_f möglich sind.

Bild 18.10 zeigt die Stabilitätsgrenzen im untererregten Betriebsbereich des Wasserkraftgenerators nach Bild 18.9 bei unterschiedlicher Reglerauslegung bzw. Beschaltung. Eingezeichnet sind zusätzlich die Grenze ohne Regelung (Bild 5.11) und die Grenze bei konstanter Läuferflussverkettung. Man erkennt, dass die statische Stabilitätsgrenze (Kurve 3 im Bild 18.10) bis in die Nähe der Stabilitätsgrenze mit konstanter Läuferflussverkettung verschoben werden kann, auch bei $V_0 = 200$, wenn man einen PD-Regler mit zusätzlichem PID-Filter vorsieht.

Eine weitere Möglichkeit zur Feststellung der statischen Stabilität liegt in der Untersuchung der Dämpfung kleiner Polradwinkelbewegungen bei Betrieb eines Generators im untererregten Betriebsbereich mit stationären Polradwinkeln in der Nähe von 90°. Bild 18.11 zeigt das Ergebnis einer solchen Untersuchung für große Turbogeneratoren $S_{rG} = 750$ MVA bei unterschiedlicher Größe der transienten Reaktanz x'_d und unterschiedlicher Netzreaktanz x_N.

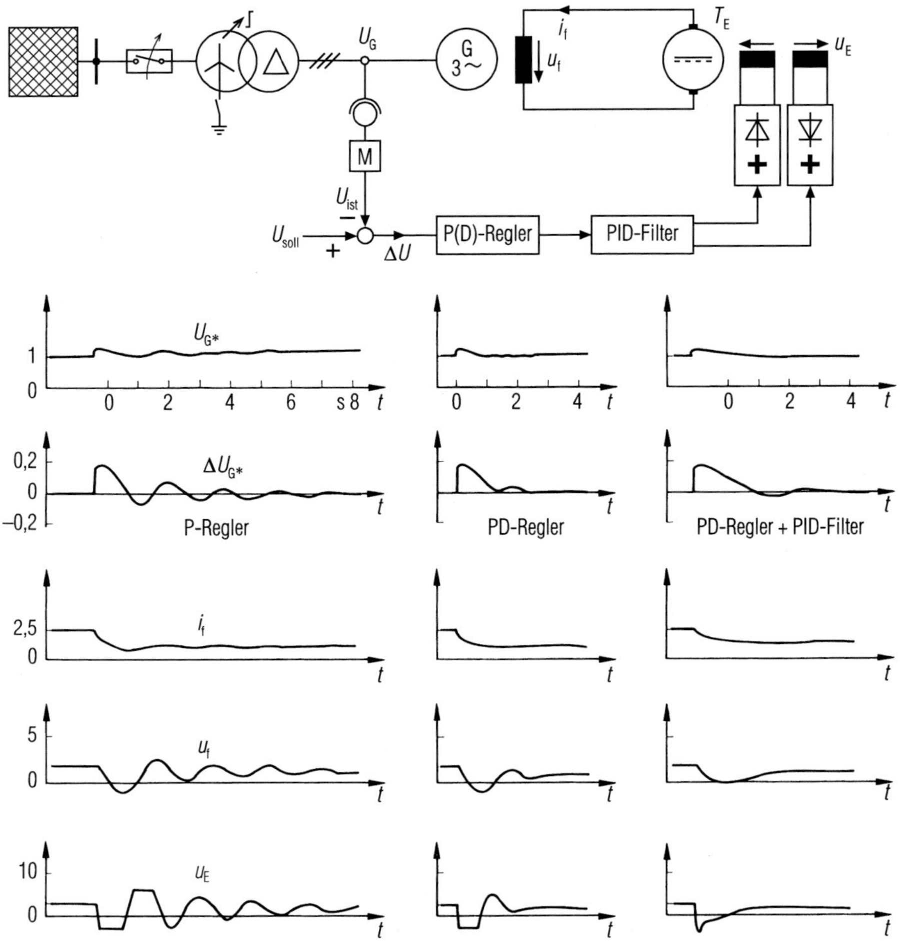

Bild 18.9. Ausregelung der Klemmenspannung eines Wasserkraftgenerators S_{rG} = 118 MVA bei Ausschaltung von 118 MVA, $\cos\varphi = 0$. Generatordaten: S_{rG} = 118 MVA; 60 Hz; $\cos\varphi_{rG}$ = 0,7; n_r = 600 min^{-1}; x_d = 1,11; x_q = 0,71; x'_d = 0,21; x''_d = 0,15; x''_q = 0,20; T'_d = 0,14 s; $T''_d = T''_q$ = 0,05 s; $T_J = 2H$ =5,2 s ; Mittlere Zeitkonstante T_E = 0,9 s

18.2.3 Selbsterregung

Bei kapazitiver Belastung eines Synchrongenerators kann die Spannungsstabilität verloren gehen. Bei hoher kapazitiver Last tritt langsame Selbsterregung für $x_C < x_d$ und schnelle Selbsterregung für $x_C < x_q$ auf [18.3]. Während des Selbsterregungsvorganges steigt die Spannung auf unzulässige Werte, die nur durch Eisensättigung begrenzt werden. Diese Vorgang kann z. B. bei Anordnungen wie im Bild 18.12 auftreten.

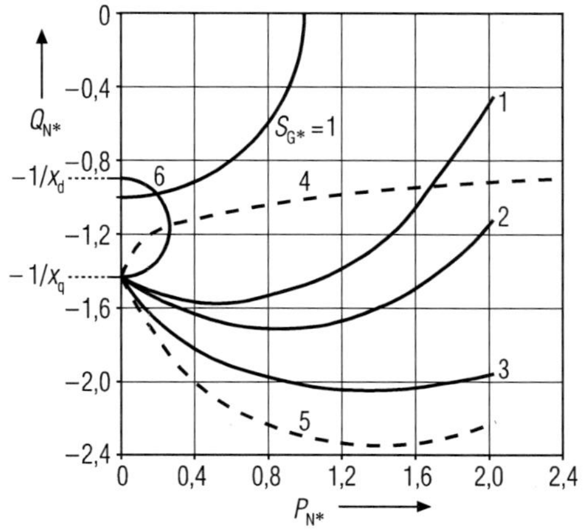

Bild 18.10. Statische Stabilitätsgrenzen eines Wasserkraftgenerators S_{rG} = 118 MVA in einem Pumpspeicherkraftwerk (Daten und Erregersystem wie im Bild 18.9). *1* Grenze bei P-Regler mit $V_0 = 200$; *2* Grenze bei PD-Regler mit $V_0 = 200$; *3* Grenze bei PD-Regler und zusätzlichem PID-Filter mit $V_0 = 200$; *4* Stabilitätsgrenze ohne Regelung; *5* Stabilitätsgrenze bei konstanter Läuferflussverkettung (obere Grenze der statischen Stabilität); *6* Reaktionskreis (Bild 5.11)

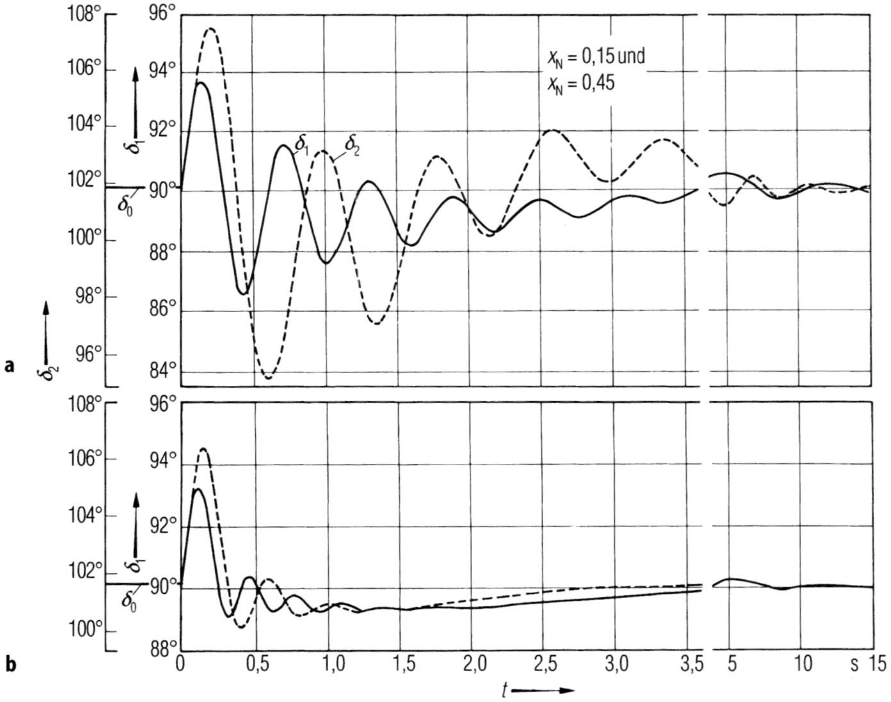

Bild 18.11 a, b. Dämpfung kleiner Polradpendelungen bei Betrieb von Turbogeneratoren S_{rG} = 750 MVA im untererregten Betriebsbereich ($P_{N*} = 0{,}9$: $Q_{N*} = -0{,}436$) für $x_N = 0{,}15$ und $x_N = 0{,}45$ (gestrichelt). **a** Generator mit $x'_d = 0{,}242$ bei einer Erregeranordnung nach Bild 18.5 ($V_0 = 200$); **b** Generator mit $x'_d = 0{,}34$ bei einer Erregeranordnung nach Bild 18.7 ($V_0 = 200$)

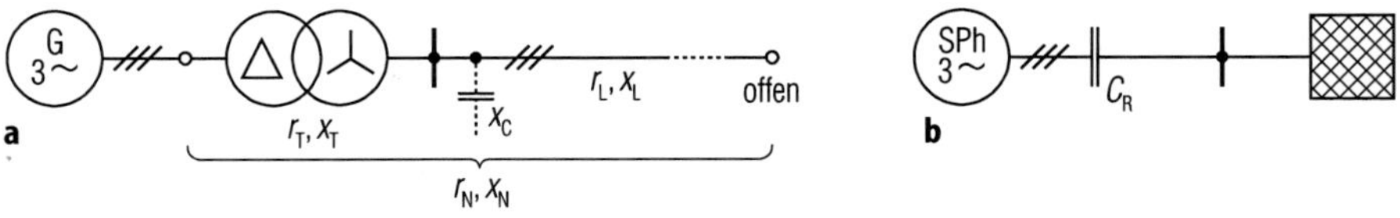

Bild 18.12 a, b. Anordnungen, die zu Selbsterregung führen können. **a** Generator mit kapazitiver Last, hervorgerufen durch eine am Ende offene Hochspannungsleitung; **b** Synchronphasenschieber mit Reihenkondensator zur Erhöhung der transienten Regelfähigkeit

Im allgemeinen Fall bei $x_d \neq x_q$ gilt für die transiente Zeitkonstante der Synchronmaschine mit vorgeschalteter Netzimpedanz $z_N = r_N + jx_N$, wobei alle Werte auf $Z_B = Z_{rG} = U_{rG}^2/S_{rG}$ bezogen werden [5.10, 18.3]:

$$T'_{dN} = T'_{d0} \frac{(x_q + x_N)(x'_d + x_N) + (r_G + r_N)^2}{(x_q + x_N)(x_d + x_N) + (r_G + r_N)^2} \tag{18.23a}$$

Für $r_N = r_T + r_L$ und $x_N = x_T - x_C$ nach Bild 18.12a erhält man aus Gl. (18.23) folgende Bedingungsgleichung für stabiles Verhalten:

$$T'_{dN} = T'_{d0} \frac{(x_q + x_T - x_C)(x'_d + x_T - x_C) + (r_G + r_T + r_L)^2}{(x_q + x_T - x_C)(x_d + x_T - x_C) + (r_G + r_T + r_L)^2} > 0 \tag{18.23b}$$

Wird die Zeitkonstante kleiner Null, so können selbsterregte Schwingungen auftreten.

Die langsame Selbsterregung im Bereich *c* des Bildes 18.13 für $x_q < x_C - x_T < x_d$ ist praktisch unabhängig von der transformatorischen Kopplung zwischen Ständer- und Läuferwicklung, während diese bei der schnellen Selbsterregung wirksam wird und den Bereich der Instabilität beeinflusst. Beim Übergang von der stabilen Zone zur schnellen Selbsterregung ist diese zunächst asynchron mit Schwingungsfrequenzen von einigen Zehntel Hz. Bei Zunahme der kapazitiven Belastung ($x_C - x_T < x_q$) nimmt die Selbsterregungsgeschwindigkeit zu. Die langsame Selbsterregung kann durch normal ausgelegte Spannungsregler mit genügender Verstärkung und geringer Zeitkonstante des Er-

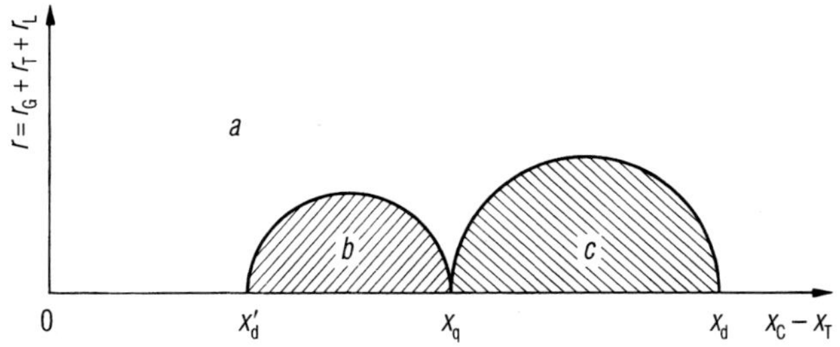

Bild 18.13. Selbsterregungsbereiche einer Synchronmaschine ohne Dämpferwicklung bei kapazitiver Belastung. *a* stabiler Bereich; *b* schnelle Selbsterregung; *c* langsame Selbsterregung

regersystems unterdrückt werden [18.5], während eine Unterdrückung der schnellen Selbsterregung im Bereich $x'_d < x_C - x_T < x_q$ nicht oder nur schwer möglich ist. Der Bereich b der schnellen Selbsterregung muss also auf alle Fälle vermieden werden.

18.3 Transiente Stabilität

18.3.1 Einflussgrößen und Untersuchungsmethode

Für den Zeitbereich, in dem über die transiente Stabilität entschieden wird, kann mit konstanten Beträgen der transienten Generatorspannungen gerechnet werden. Die Leistung des i-ten Generators wird mit den transienten Spannungen analog zu Gl. (18.13) berechnet:

$$P'_{Gi} = 3U'_i \sum_{j=1}^{m} U'_j \, y'_{ji} \cos(\delta'_{ji} - \alpha'_{ji}) \, ; \qquad \delta'_{ji} = \delta'_i - \delta'_j \tag{18.24}$$

In die mit einem Strich gekennzeichneten Speisepunkt- und Übertragungsadmittanzen gehen die Generatoren mit dem Kehrwert ihrer transienten Impedanz ein. Bei Turbogeneratoren bleiben auch die d, q-Komponenten der transienten Spannung konstant, sodass die Winkeländerungen der transienten Spannungen gegenüber einem synchronen Bezugssystem mit den Änderungen der Läuferwinkel gegenüber dem Synchronlauf übereinstimmen. Da in den Gleichungen der Generatorleistungen (Gl. (18.24)) die Winkel der transienten Spannungen δ'_i vorkommen, verwendet man in der Bewegungsgleichung anstatt der Änderungen der Läuferwinkel gleich die Änderungen der Spannungswinkel. Anstelle der Gl. (18.1) tritt somit die Beziehung:

$$\dot{\delta}'_i = \Delta\omega_{Li} \tag{18.25}$$

Das komplette Gleichungssystem setzt sich aus den Gln. (18.2), (18.25) und (18.24) für alle m Generatoren zusammen:

$$\begin{aligned} \Delta\dot{\boldsymbol{\omega}}_L &= \boldsymbol{K}_m [\boldsymbol{p}_T + \boldsymbol{p}'_G] \\ \dot{\boldsymbol{\delta}}' &= \Delta\boldsymbol{\omega}_L \end{aligned} \tag{18.26}$$

mit:

$$\boldsymbol{p}_T = [P_{T1} \; P_{T2} \cdots P_{Ti} \cdots P_{Tm}]^T ; \quad \boldsymbol{p}'_G = [P'_{G1} \; P'_{G2} \cdots P'_{Gi} \cdots P'_{Gm}]^T ;$$
$$\boldsymbol{K}_m = \mathrm{diag}\,(k_{m1} \; k_{m2} \cdots k_{mi} \cdots k_{mm})$$

Die Gl. (18.26) ist im Gegensatz zu der Gl. (18.16) für das statische Stabilitätsverhalten ein inhomogenes nichtlineares Differentialgleichungssystem, für das keine geschlossenen Lösung existiert. Eine Linearisierung ist nicht möglich, da im Fall transienter Stabilität vorübergehend größere Winkeländerungen möglich sind. Das Gleichungssystem muss durch numerische Integration schrittweise gelöst werden, wofür explizite Integrationsverfahren wie das Runge-Kutta-Verfahren ausreichen. Anhand der Winkelverläufe ist festzustellen, ob alle Generatoren nach einer Störung des stationären Betriebszustandes wieder in den Synchronismus zurückkehren oder nicht. Als schwerwiegendste Störung wird i. a. der dreipolige Kurzschluss angesehen, weil dabei die größten Leistungsänderungen verursacht werden, insbesondere wenn es sich um Sammelschienenkurzschlüsse handelt. Kurzschlüsse und Schaltzustandsänderungen bewirken Änderungen der Kopplungen der Generatoren, was sich in Änderungen der Speisepunkt- und Übertragungsadmittanzen äußert. Bei Kurzschlusseintritt und Kurzschlussausschaltung sind deshalb diese Admittanzen neu zu berechnen. Für das Stabilitätsverhalten sind neben der Kurzschlussart und dem Kurzschlussort vor allem die Kurzschlussdauer und die mit der Kurzschlussausschaltung verbundene Änderung der Netztopologie entscheidend. Weitere Einflussgrößen sind der Belastungszustand der Generatoren vor Kurzschlusseintritt, die Wirkung von Spannungsreglern und anderer Stabilisierungsmaßnahmen im Netz. Die für das Stabilitätsverhalten entscheidenden Generatorparameter sind die transiente Reaktanz und die in k_m enthaltene elektromechanische Zeitkonstante T_J. Mit wachsender Generatorbemessungsleistung werden die transiente Reaktanz größer und die elektromechanische Zeitkonstante kleiner. Diese Tendenz wirkt sich ungünstig auf das Stabilitätsverhalten aus. Durch die Vielzahl der Einflussgrößen und der damit verbundenen Variantenvielfalt wird die Untersuchung der transienten Stabilität aufwändig und erfordert Erfahrung.

Für das im Bild 18.2 dargestellte Ein-Maschinen-Problem lässt sich eine grafische Lösung mit dem Flächensatz angeben, der eine anschauliche Interpretation der energetischen Verhältnisse während einer Stabilitätsstörung liefert. Zur Herleitung des Flächensatzes wird aus der Bewegungsgleichung die Zeit eliminiert, indem die beiden Gln. (18.2) und (18.25) durcheinander dividiert werden. Nach Trennung der Variablen und beidseitiger Integration ergibt sich für die Änderung der Drehzahl und des Winkels zwischen den Grenzen 1 und 2 eines Zustandes:

$$\int_{\Delta\omega_\mathrm{L1}}^{\Delta\omega_\mathrm{L2}} \Delta\omega_\mathrm{L}\,\mathrm{d}\Delta\omega_\mathrm{L} = \frac{1}{2}(\Delta\omega_\mathrm{L2}^2 - \Delta\omega_\mathrm{L1}^2) = k_\mathrm{m}\int_{\delta_1'}^{\delta_2'}(P_\mathrm{T} - P_\mathrm{N}')\,\mathrm{d}\delta' \qquad (18.27)$$

Der Betrag des Integrals auf der rechten Seite der Gl. (18.27) entspricht der von den Leistungen P_T und P_N' sowie den beiden Winkeln δ_1' und δ_2' eingeschlossenen Fläche im Leistungs-Winkel-Diagramm. Diese Fläche ist ein Maß für die Änderung der kinetischer Energie gegenüber dem Synchronlauf.

Bei der Anwendung des Flächensatzes auf die Anordnung in Bild 18.2 soll angenommen werden, dass der Generator über eine Doppelleitung in das Netz einspeist und auf einem Stromkreis der Doppelleitung nahe der Sammelschiene ein dreipoliger Kurzschluss eintritt, der durch beidseitige Ausschal-

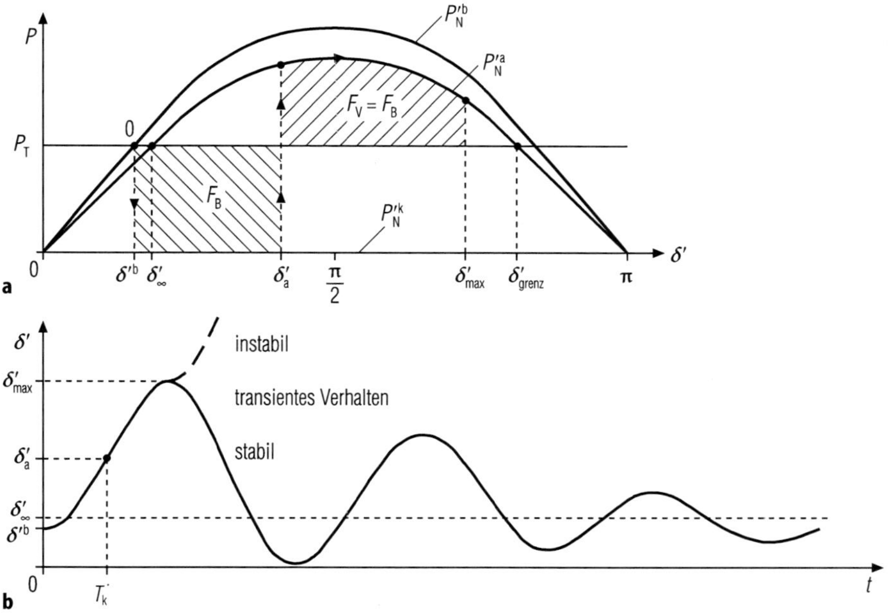

Bild 18.14 a, b. Flächensatz zur Bestimmung der transienten Stabilität eines Synchrongenerators am Netz. **a** Leistungs-Winkel-Diagramm; **b** Polradwinkel über der Zeit

tung des betroffenen Stromkreises zum Zeitpunkt T_k eliminiert wird. Es sind dann nacheinander die folgenden drei Zustände mit den entsprechenden Generatorleistungen maßgebend:

Normalzustand vor Kurzschlusseintritt mit Doppelleitung (X_{NDL}):

$$P_N'^b = P'_{NDL} = \frac{3U'U_{qN}}{X'_d + X_{NDL}} \sin\delta' = P'_{maxDL} \sin\delta'$$

Kurzschlusszustand:

$$P_N'^k = 0$$

Zustand nach Kurzschlussausschaltung mit Einfachleitung (X_{NEL}):

$$P_N'^a = P'_{NEL} = \frac{3U'U_{qN}}{X'_d + X_{NEL}} \sin\delta' = P'_{maxEL} \sin\delta'$$

Die Leistungs-Winkel-Kennlinien für die drei Zustände sind im Bild 18.14 a zusammen mit der konstant angenommenen Turbinenleistung P_T eingetragen. Der Zustand vor Kurzschlusseintritt ist durch den Punkt 0 gegeben. Während des Kurzschlusses erfährt der Generator wegen $P_N'^k = 0$ eine konstante Winkelbeschleunigung. Der Winkel wächst nach der Beziehung:

$$\delta' = \frac{1}{2} k_m P_T t^2 + \delta'^b \tag{18.28}$$

und überstreicht dabei die Beschleunigungsfläche F_B im Bild 18.14a. Zum Zeitpunkt der Kurzschlussausschaltung gilt nach Gl. (18.27):

$$\frac{1}{2}\Delta\omega_{La}^2 = k_m P_T(\delta_a' - \delta'^b) = k_m F_B \tag{18.29}$$

Die Beschleunigungsfläche entspricht der während des Kurzschlusses aufgenommenen Bewegungsenergie. Im Augenblick der Kurzschlussausschaltung erfolgt ein Übergang auf die Leistungskurve für die Einfachleitung. Da ab jetzt $P_{NEL}' > P_T$ gilt, wird der Generator gebremst. Der Winkel wächst aber noch degressiv so lange, bis die während des Kurzschlusses aufgenommene Bewegungsenergie abgebaut ist. Das ist genau dann der Fall, wenn die Verzögerungsfläche F_V in Bild 18.14a die Größe der Beschleunigungsfläche F_B erreicht hat. Der Winkel hat zu diesem Punkt seinen Maximalwert δ_{max}'. Nach Gl. (18.27) gilt für diesen Zeitpunkt:

$$\frac{1}{2}(\Delta\omega_L^2 - \Delta\omega_{La}^2) = -k_m \int_{\delta_a'}^{\delta_{max}'} (P_{maxEL}' \sin\delta' - P_T)\,d\delta' = -k_m F_V \tag{18.30}$$

Im Winkelmaximum ist $d\delta'/dt = 0$ so dass sich der Generator bei $F_V = F_B$ kurzzeitig im Synchronismus befindet (aus den Gln. (18.29) und (18.30) folgt für $F_V = F_B$, dass $\Delta\omega_L = 0$ ist). Da aber weiterhin $P_{NEL}' < P_T$ ist, schwingt der Generatorläufer wieder zurück und pendelt schließlich in den stabilen Arbeitspunkt bei δ_∞' ein. Der Moment des Ausschaltens ist im zeitlichen Verlauf des Winkels durch einen Wendepunkt zu erkennen (Bild 18.14b). Würde die Leitung später abgeschaltet, so würde sich die Beschleunigungsfläche weiter ausdehnen und zur Kompensation wäre eine größere Verzögerungsfläche erforderlich. Die Verzögerungsfläche ist voll ausgeschöpft, wenn der Winkel den Wert δ_{grenz}' erreicht hat. Sollte bis dahin die Beschleunigungsenergie noch nicht abgebaut sein, so wird $P_{NEL}' < P_T$, der Generator wird wieder beschleunigt und dadurch instabil.

Die maximal zulässige Ausschaltzeit ergibt sich aus der Flächengleichheit bei maximal zur Verfügung stehender Verzögerungsfläche:

$$\begin{aligned} F_B &= P_T(\delta_{a\,max}' - \delta'^b) \\ &= F_{V\,max} = \int_{\delta_{a\,max}'}^{\delta_{grenz}'} (P_{maxEL}' \sin\delta' - P_T)\,d\delta' = -P_{maxEL}'(\cos\delta_{grenz}' - \cos\delta_{a\,max}') \\ &\quad - P_T(\delta_{grenz}' - \delta_{a\,max}') \end{aligned}$$

Daraus folgt für den maximal zulässigen Ausschaltwinkel:

$$\delta_{a\,max}' = \operatorname{Arccos}\left\{\frac{P_T}{P_{maxEL}'}(\delta_{grenz}' - \delta'^b) + \cos\delta_{grenz}'\right\}$$

Mit $\delta'_{\text{grenz}} = \pi - \delta'_{\infty} = \pi - \text{Arcsin}\,\dfrac{P_{\text{T}}}{P'_{\text{maxEL}}}$ nach Bild 18.14a und

$$\delta'_{\text{a max}} = \frac{1}{2}\,k_{\text{m}} P_{\text{T}} T^2_{\text{k max}} + \delta'^{\text{b}}$$

nach Gl. (18.28) folgt schließlich:

$$T_{\text{kmax}} = \sqrt{\frac{2}{k_{\text{m}} P_{\text{T}}}(\delta'_{\text{a max}} - \delta'^{\text{b}})} = \sqrt{2\frac{T_{\text{J}} S_{\text{rG}}}{\omega_{\text{r}} P_{\text{T}}}(\delta'_{\text{a max}} - \delta'^{\text{b}})} \tag{18.31}$$

Wie die Gl. (18.31) für das einfache Beispiel des Ein-Maschinen-Problems zeigt, wirken sich eine große elektromagnetische Zeitkonstante und ein kleiner Anfangswinkel sowie geringe Anfangsbelastung günstig auf das Stabilitätsverhalten aus. Bei gegebener Belastung (P_{T}) wird ein kleiner Anfangswinkel bei großem $P'^{\text{b}}_{\text{Nmax}}$ erzielt. Dazu muss der Nenner von $P'^{\text{b}}_{\text{Nmax}}$ klein und der Zähler groß sein. Der Nenner wird klein, wenn die Reaktanzen klein sind. Für einen großen Zähler muss U' möglichst groß sein, der Generator also übererregt gefahren werden. Eine schnelle Spannungsregelung stützt die transiente Spannung und wirkt so stabilitätsverbessernd. Ein großer zulässiger Ausschaltwinkel und damit eine große zulässige Ausschaltzeit erfordert eine große Verzögerungsfläche. Die steht zur Verfügung, wenn $P'^{\text{a}}_{\text{Nmax}}$ möglichst groß wird. Dafür gelten die gleichen Maßnahmen wie für ein möglichst großes $P'^{\text{b}}_{\text{Nmax}}$.

18.3.2 Transiente Stabilität abhängig von Kurzschlussart, -dauer und Netzaufbau

Haupteinflussgrößen für die transiente Stabilität sind nach Abschn. 18.3.1 Fehlerart und Fehlerdauer. Bei Untersuchungen wird als ungünstiger Fall meist Volllastbetrieb der Synchronmaschine (S_{rG}, $\cos\varphi_{\text{rG}}$) vor dem Fehlereintritt vorausgesetzt. Abhängig vom Netzaufbau und dem Kurzschlussort im Netz kann die Technik der einpoligen und dreipoligen Kurzunterbrechung (KU) die transiente Stabilität merklich verbessern. Einpolige Kurzschlüsse mit nachfolgender einpoliger KU führt in den meisten Fällen nicht zum Stabilitätsverlust, auch wenn Kurzschlussdauer und KU-Dauer größer sind als bei dreipoligem Kurzschluss. Als ungünstiger Fall wird deshalb die transiente Stabilität in der Regel bei dreipoligem Kurzschluss untersucht.

Bild 18.15 zeigt das Ergebnis der Stabilitätsuntersuchung für einen Turbogenerator $S_{\text{rG}} = 440$ MVA; $P_{\text{rG}} = 330$ MW, der über einen Blocktransformator $S_{\text{rT}} = 440$ MVA, $u_{\text{kr}} = 13{,}5$ % und eine 220-kV-Doppelleitung von 25 km Länge auf das Verbundnetz speist. Bei einem dreipoligen Kurzschluss mit einer Dauer von $T_{\text{k}} = 0{,}1$ s auf einem Stromkreis der Doppelleitung mit nachfolgender dreipoliger KU erreicht der Polradwinkel einen Maximalwert von 61°. Die wichtigsten Generatordaten sind im Bild 18.15 angegeben. Die Erregung ist eine von den Generatorklemmen gespeiste Thyristorerregung mit $u_{\text{f4/4*}} = i_{\text{f4/4*}}$

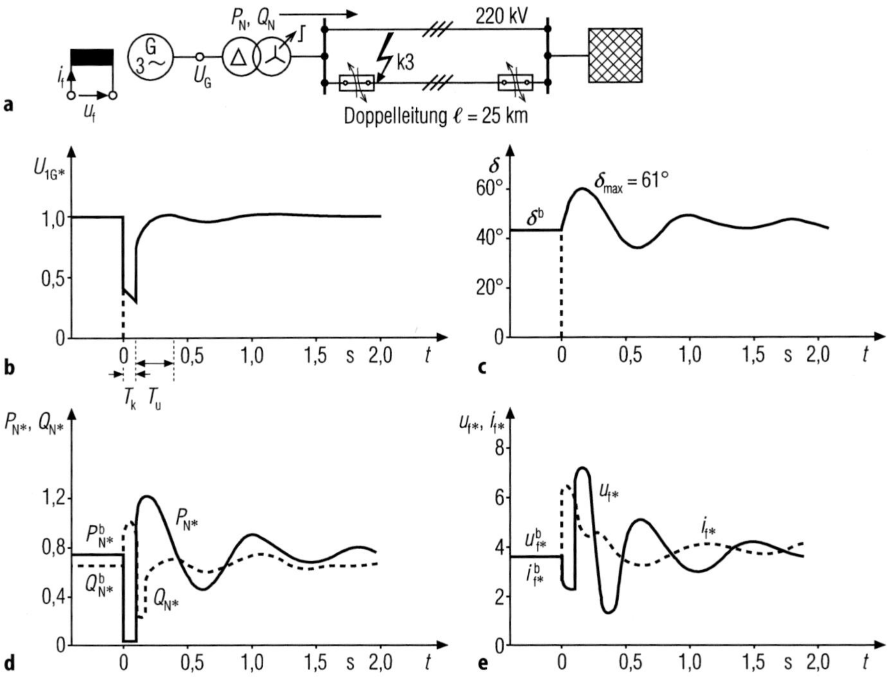

Bild 18.15 a–e. Transientes Verhalten eines Turbogenerators mit Thyristorerregung von den Klemmen (Bild 6.4) bei dreipoligem Kurzschluss ($T_k = 0{,}1$ s) mit nachfolgender KU-Pause ($T_u = 0{,}3$ s). **a** Netzanschluss; **b** Generatorklemmenspannung; **c** Polradwinkel; **d** Wirk- und Blindleistung; **e** Erregerspannung und Erregerstrom bezogen auf die Leerlaufwerte. Daten: $S_{rG} = 440$ MVA; $U_{rG} = 21$ kV; $\cos\varphi_{rG} = 0{,}75$; $n_r = 3000\ \text{min}^{-1}$; $x_q = x_d = 2{,}83$; $x'_d = 0{,}3$; $x''_d = x''_q = 0{,}192$; $T'_d = 0{,}85$ s; $T_J = 9{,}73$ s; 220-kV-Doppelleitung: $R'_L = 0{,}06\ \Omega$/km; $X'_L = 0{,}315\ \Omega$/km $C'_L = 11{,}3 \cdot 10^{-9}$ F/km; $\ell = 25$ km; Blocktransformator: $S_{rT} = 440$ MVA; $U_{TOS} = 245$ kV $\pm$ 16%; $U_{rTUS} = 21$ kV; $u_{kr} = 13{,}5$%

= 3,6 (ungesättigt). Es ist deshalb verständlich, dass die Erregerspannung u_f während der Kurzschlussdauer absinkt entsprechend der Deckenspannung der Erregung, die hier 50% über dem gesättigten Wert der Erregerspannung bei Volllast (4/4-Last) liegt.

Den Einfluss des Netzanschlusses über längere Leitungen auf das transiente Stabilitätsverhalten zeigt Bild 18.16. Dort ist ausgehend von δ^b bei $t = 0$ der abhängig von der Kurzschlussdauer T_k erreichte Winkel δ_{max} aufgetragen bei $\ell =$ 25 km, $\ell = 68$ km und $\ell = 200$ km. Betrachtet man den Winkel $\delta \approx 160°$ als den für die Praxis höchstzulässigen Winkel δ_{max}, so zeigt Bild 18.16, dass die Verlängerung der Leitung von 25 km auf 200 km eine Verkürzung der zulässigen Kurzschlussdauer von etwa 0,3 s auf 0,21 s zur Folge hat.

Als Beispiel für die Anwendung des Flächensatzes soll der Fall aus Bild 18.16 nachvollzogen werden und zwar zum einen mit konstanter transienter Spannung U'_* und zum anderen mit konstanter q-Komponente der transienten Spannung (Abschn. 5.5.4).

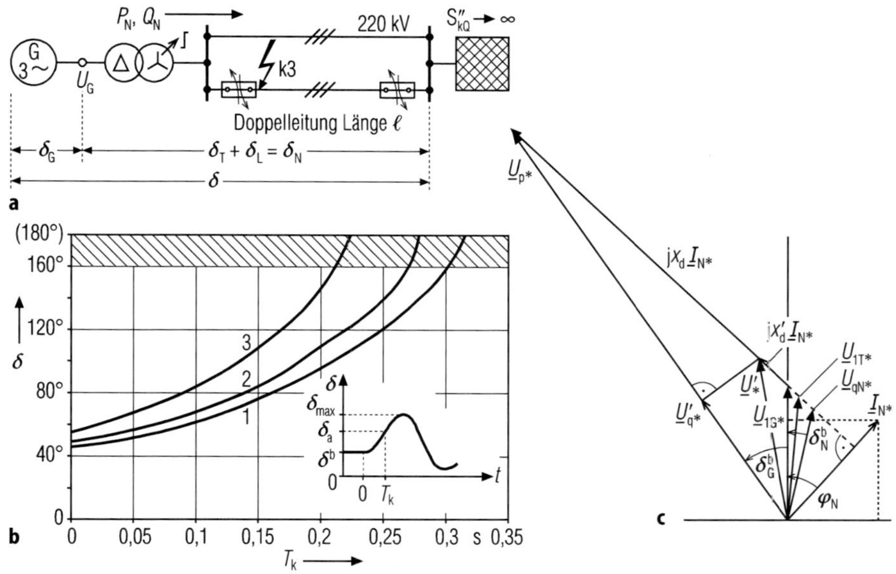

Bild 18.16 a–c. Einfluss der Übertragungsentfernung zum Ersatznetz mit $S''_{kQ} \to \infty$ über eine 220-kV-Doppelleitung der Länge ℓ auf den maximalen beim transienten Ausgleichsvorgang erreichten Winkel δ_{max} nach dreipoligem Kurzschluss mit der Dauer T_k (T_u = 0,3 s). **a** Anordnung: Generator S_{rG} = 440 MVA mit Daten nach Bild 18.15, Thyristorerregung von den Klemmen (V_0 = 200); **b** Gesamtwinkel $\delta = \delta_G + \delta_N$ abhängig von T_k: *1*: ℓ = 25 km, $\delta^b \approx$ 44,3°; 2: ℓ = 68 km, $\delta^b \approx$ 47°; *3* ℓ = 200 km, $\delta^b \approx$ 55°; **c** Zeigerdiagramm vor dem Kurzschluss mit $\delta^b_G \approx$ 36,5° bei Bemessungsbetrieb

Berechnung mit konstanter Spannung U'_*:
Für die 25 km lange Doppelleitung und entsprechend für die Einfachleitung ergibt sich bezogen auf die Generatorbemessungsgrößen:

$$x_{DL} = \frac{1}{2} X'_L \ell \frac{S_{rG}}{U^2_{rG}} \frac{U^2_{rTUS}}{U^2_{rTOS}} = \frac{1}{2} 0{,}315 \frac{\Omega}{km} 25 km \frac{440 MVA}{(21\ kV)^2} \frac{(21\ kV)^2}{(245\ kV)^2} = 0{,}029;$$

$$x_{EL} = 0{,}058$$

Ausgehend von $U_{1G*} = 1$ und $I_{G*} = 1$ erhält man für die transiente Spannung und die innere Netzspannung nach Betrag und Winkel:

$$U'_* = \sqrt{(1 + x'_d \sin\varphi_{rG})^2 + (x'_d \cos\varphi_{rG})^2} = 1{,}219;$$

$$\delta'^b_G = \text{Arctan} \frac{x'_d \cos\varphi_{rG}}{1 + x'_d \sin\varphi_{rG}} = 0{,}1856$$

$$U_{qN*} = \sqrt{[1 - (x_T + x_{DL})\sin\varphi_{rG}]^2 + [(x_T + x_{DL})\cos\varphi_{rG}]^2} = 0{,}900;$$

$$\delta^b_N = -\text{Arctan} \frac{-(x_T + x_{DL})\cos\varphi_{rG}}{1 - (x_T + x_{DL})\sin\varphi_{rG}} = 0{,}1371$$

Die Netzleistung für den Zustand mit ausgeschaltetem fehlerbetroffenen Stromkreis (es verbleibt eine Einfachleitung) ergibt sich aus:

$$P'_{\mathrm{NEL}*} = \frac{U'_* U_{\mathrm{qN}*}}{x'_\mathrm{d} + x_\mathrm{T} + x_\mathrm{EL}} \sin\delta'^\mathrm{b} = \frac{1{,}219 \cdot 0{,}900}{0{,}3 + 0{,}135 + 0{,}058} \sin\delta'^\mathrm{b} = 2{,}225 \cdot \sin\delta'^\mathrm{b}$$

Der Anfangswinkel beträgt

$\delta'^\mathrm{b} = \delta'_\mathrm{G} + \delta_\mathrm{N} = 0{,}1856 + 0{,}1317 = 0{,}3227$ (oder aus $P'_{\mathrm{NDL}*} = 2{,}364 \sin\delta'^\mathrm{b} = P_{\mathrm{T}*} = 0{,}75$)

Für $t \to \infty$ schwingt der Winkel in $\delta'_\infty = \mathrm{Arcsin}(P_{\mathrm{T}*}/P'_{\mathrm{maxEL}*}) = \mathrm{Arcsin}(0{,}75/2{,}225) = 0{,}3438$ ein. Die maximal zulässige Auslenkung beträgt damit: $\delta'_\mathrm{grenz} = \pi - \delta'_\infty = \pi - 0{,}3438 = 2{,}7978 \mathrel{\hat=} 160{,}30°$. Aus der Flächengleichheit ergibt sich $\delta'_{\mathrm{a\,max}} = \mathrm{Arc\,cos}(P_{\mathrm{T}*}(\delta'_\mathrm{grenz} - \delta'^\mathrm{b})/P'_{\mathrm{maxEL}*} + \cos\delta'_\mathrm{grenz}) = 1{,}6782 \mathrel{\hat=} 96{,}15°$ als maximaler Winkel bei

$$T_\mathrm{kmax} = \sqrt{\frac{2T_\mathrm{J}}{\omega_\mathrm{r}\, P_{\mathrm{T}*}}(\delta'_\mathrm{amax} - \delta'^\mathrm{b})} = \sqrt{\frac{2 \cdot 9{,}73\,\mathrm{s}^2}{100 \cdot \pi \cdot 0{,}75}(1{,}6782 - 0{,}3227)} = 0{,}335\,\mathrm{s}$$

Berechnung mit konstanter Spannung $U'_{\mathrm{q}*}$:

Die Querkomponente der transienten Spannung ergibt sich mit dem Winkel der q-Achse

$$\delta^\mathrm{b}_\mathrm{G} = \mathrm{Arc\,tan}\frac{x_\mathrm{d}\cos\varphi_\mathrm{rG}}{1 + x_\mathrm{d}\sin\varphi_\mathrm{rG}} \quad \text{und} \quad \beta = \delta^\mathrm{b}_\mathrm{G} - \delta'^\mathrm{b}_\mathrm{G} = 0{,}6365 - 0{,}1856 = 0{,}4509 \text{ zu:}$$

$U'_\mathrm{q} = U'\cos\beta = 1{,}219 \cdot \cos 0{,}4509 = 1{,}097$. Die Netzleistung für den Zustand mit ausgeschaltetem fehlerbetroffenen Stromkreis wird:

$$P'_{\mathrm{NEL}*} = \frac{U'_{\mathrm{q}*} U_{\mathrm{qN}*}}{x'_d + x_\mathrm{T} + x_\mathrm{EL}} \sin\delta - \frac{U^2_{\mathrm{qN}*}}{2}\left[\frac{1}{x'_\mathrm{d} + x_\mathrm{T} + x_\mathrm{EL}} - \frac{1}{x_\mathrm{q} + x_\mathrm{T} + x_\mathrm{EL}}\right]\sin 2\delta$$
$$= 2{,}0035 \sin\delta - 0{,}6875 \sin 2\delta$$

mit $\delta = \delta_\mathrm{G} + \delta_\mathrm{N}$, dem Winkel zwischen der inneren Netzspannung und der q-Achse. Der Anfangswinkel beträgt $\delta^\mathrm{b} = 0{,}6365 + 0{,}1371 = 0{,}7736 \mathrel{\hat=} 44{,}32°$. Der maximal zulässige Winkel wird erreicht, wenn $P'_{\mathrm{NEL}*} = P_{\mathrm{T}*} = 0{,}75$ wird. Durch probieren findet man $\delta_\mathrm{grenz} = 2{,}9154 \mathrel{\hat=} 167{,}04°$.

Die Beschleunigungsfläche ist: $F_\mathrm{B} = P_{\mathrm{T}*}(\delta_{\mathrm{a\,max}} - \delta^\mathrm{b}) = 0{,}75\,(\delta_{\mathrm{a\,max}} - 0{,}7736)$.

Die Verzögerungsfläche ergibt sich aus: $F_\mathrm{V} = -\,2{,}0035\,(\cos\delta_\mathrm{grenz} - \delta_{\mathrm{a\,max}}) + 1/2 \cdot 0{,}6875\,(\cos 2\delta_\mathrm{grenz} - \cos 2\delta_{\mathrm{a\,max}}) - P_{\mathrm{T}*}(\delta_\mathrm{grenz} - \delta_{\mathrm{a\,max}})$.

Durch Probieren findet man im Bild 18.17 Flächengleichheit bei $\delta_\mathrm{amax} = 2{,}0197 \mathrel{\hat=} 115{,}72°$ und damit $T_{\mathrm{k\,max}} = 0{,}321\mathrm{s}$.

Die zulässige Kurzschlussdauer ist etwas kleiner als bei der Berechnung mit konstanter transienter Spannung. Vergleicht man die Ergebnisse mit denen im Bild 18.16 b, Kurve 1, so stellt man fest, dass die zulässigen Kurzschlussdauern recht gut übereinstimmen. Die etwas größeren Werte sind auch darin begrün-

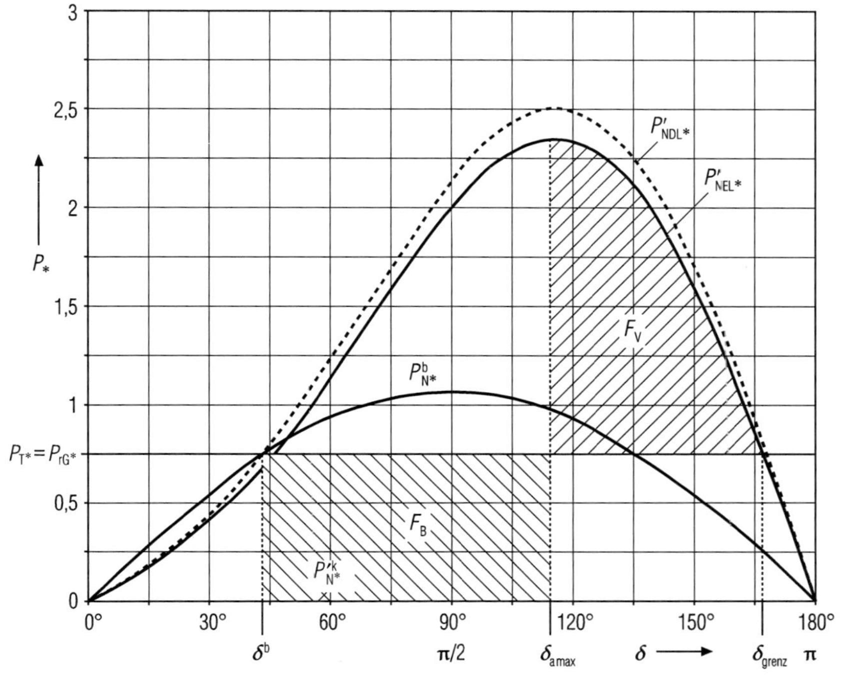

Bild 18.17. Bestimmung der maximal zulässigen Kurzschlussdauer (T_k) für die Anordnung nach Bild 18.15 und 18.16 bei $\ell = 25$ km. Daten nach Bild 18.15

det, dass in der vereinfachten Berechnung die Wiederzuschaltung des kurzschlussbetroffenen Stromkreises der Leitung nach der Pausenzeit von 0,3 s nicht berücksichtigt werden kann.

Wenn Wirkleistung auch während des Kurzschlusses abgegeben werden kann, weil der Kurzschlussort entfernt von der Kraftwerkssammelschiene liegt, so verkleinert sich die Beschleunigungsfläche und die zulässige maximale Kurzschlussdauer steigt an [1.24, Bild 1.6.7].

Bild 18.18 zeigt ein weiteres Beispiel von Stabilitätsuntersuchungen für einen Pumpspeichersatz mit $S_{rG} = 118$ MVA, wobei Richtbetrieb über einen oder zwei Stromkreise 220 kV betrachtet wurde mit Längen zwischen 190 km bis 380 km und zum Teil bis 470 km. Aus Bild 18.18a erkennt man, dass auch bei einer Länge bis 380 km die Stabilität erhalten bleibt, wenn man bei einpoligem Erdkurzschluss einpolige KU anwendet, während bei dreipoligem Kurzschluss mit $T_k = 0{,}15$ s und anschließender dreipoliger KU erwartungsgemäß rascher Stabilitätsverlust eintritt. Die Daten des Pumpspeichersatzes sind dieselben wie in den Bildern 18.9 und 18.10.

Bild 18.18c zeigt, dass auch hier ein Stabilitätsverlust bei Kurzschlussdauern $T_k > 0{,}25$ s bei dreipoligem Kurzschluss eintreten wird, wobei der Polradwinkel δ^b bei Bemessungsbetrieb von Wasserkraftgeneratoren im Allgemeinen geringer ist als bei Turbogeneratoren. Im Bild 18.18d erkennt man den Ein-

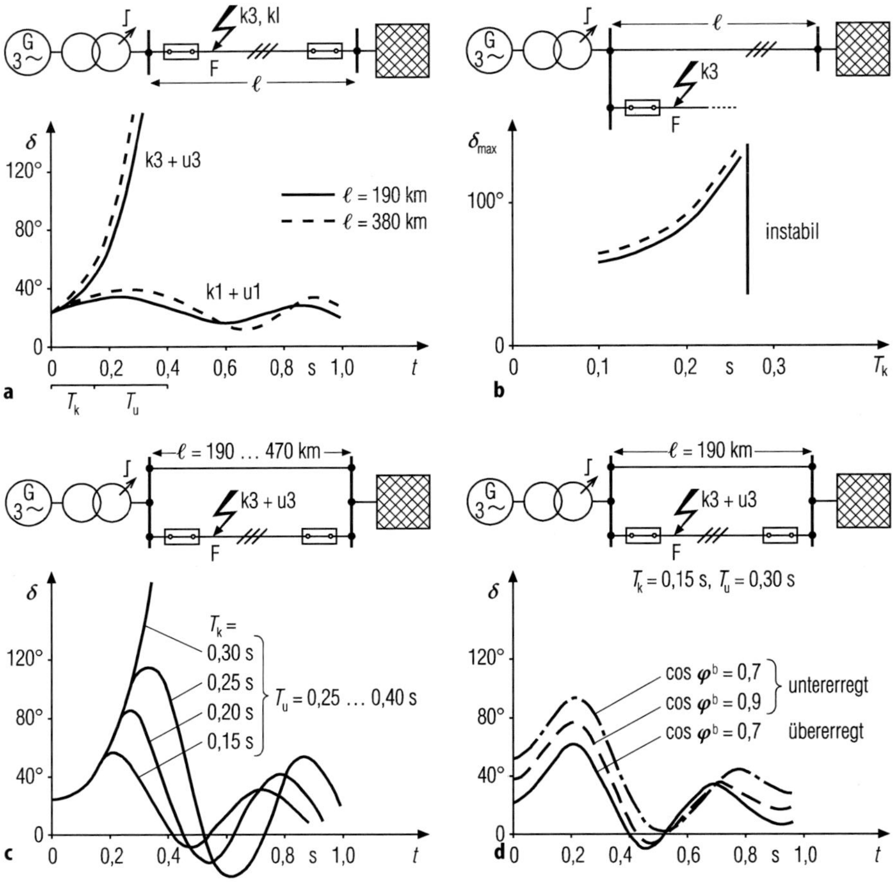

Bild 18.18 a – d. Einfluss der Kurzschlussart (dreipolig oder einpolig), der Kurzschlussdauer (T_k), des Netzaufbaus und der Vorbelastung auf die transiente Stabilität einer Schenkelpolmaschine $S_{rG} = 118$ MVA in einem Pumpspeicherwerk (Daten wie im Bild 18.9). **a** Dreipoliger und einpoliger Kurzschluss $T_k = 0{,}15$ s und $T_u = 0{,}25$ s; **b** Dreipoliger Kurzschluss ohne KU; **c** Gesamtwinkel abhängig von T_k; **d** Gesamtwinkel abhängig von der Vorbelastung ($\cos\varphi^b$) bei $P = P_r$

fluss der Vorbelastung ($\cos\varphi^b$) auf den Anfangspolradwinkel und die Polradwinkelbewegung nach dreipoligem Kurzschluss. Wie bei der statischen Stabilität ist auch hier der untererregte Zustand als ungünstig anzusehen.

18.3.3 Stabilitätsverlust und Resynchronisierung

Tritt nach einem Kurzschluss der Verlust der transienten Stabilität ein, wie z. B. im Bild 18.19, so sind große elektrische und mechanische Beanspruchungen für Generator und Turbine zu erwarten. Die Klemmenspannung des Genera-

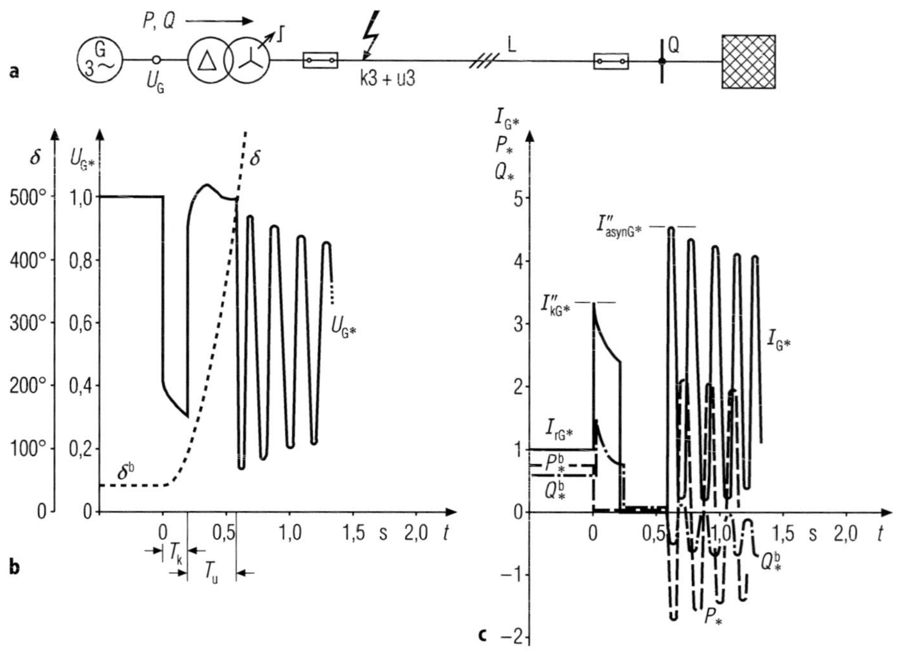

Bild 18.19 a – c. Dreipoliger Kurzschluss auf der Verbindungsleitung (ein Stromkreis) eines Kraftwerksblockes mit dem Netz bei Wiederzuschaltung nach KU-Pause und Asynchronlauf. **a** Netzafbau mit folgenden Daten: $S_{rG} = 400$ MVA; $P_{rG} = 300$ MW; $U_{rG} = 21$ kV; $x'_d = 0{,}3$; $x''_d = 0{,}22$; $T'_d = 0{,}83$ s; $T_J = 5{,}16$ s; $S_{rT} = 400$ MVA; $u_{kr} = 12{,}5\,\%$; $t_r = 245$ kV/21 kV $= 11{,}7$; $X'_L = 0{,}295\ \Omega$/km; $\ell = 23{,}3$ km; $S''_{kQ} = 11$ GVA; $X_Q = 4{,}84\ \Omega$; $T_k = 0{,}2$ s; $T_u = 0{,}4$ s; **b** Winkel δ und Generatorklemmenspannung U_{1G*}; **c** Generatorstrom I_{G*}; Wirk- und Blindleistung P_*, Q_*

tors bricht rhythmisch zusammen und kann nicht mehr auf dem Sollwert gehalten werden. Der Außertrittfallschutz muss den Maschinensatz nach kurzer Zeit (einige Sekunden) vom Netz trennen. In günstigen Fällen kann nach kurzem Asynchronlauf eine Resynchronisation eintreten noch bevor der Maschinensatz vom Netz getrennt wird.

Bild 18.19 zeigt ein Beispiel für den Asynchronlauf nach einem dreipoligen Kurzschluss mit dreipoliger KU auf der Einfachleitung zwischen Blocktransformator und Netz. In der Praxis wird man bei einem solchen Anschluss nach einem dreipolgen Kurzschluss keine Wiederzuschaltung vorsehen.

Der gezeichnete Effektivwert des Klemmenstromes im Bild 18.19c enthält nur das Wechselstromglied. Je nach Kurzschlussaugenblick wird sich dem noch ein Gleichstromglied überlagern. Mit den im Bild 18.19 angegebenen Daten berechnet man

$X''_d = x''_d Z_{rG} = 0{,}22 \cdot 1{,}1025\ \Omega = 0{,}243\ \Omega, X_T = x_T Z_{rT} = 0{,}125 \cdot 1{,}1025\ \Omega$
$= 0{,}138\ \Omega,$

und dann näherungsweise für den Teilkurzschlussstrom I''_{kG} des Generators:

$$I''_{kG} \approx \frac{U''}{X''_d + X_T} = \frac{1{,}15 \cdot 21\ \text{kV}}{\sqrt{3}(0{,}243 + 0{,}138)\ \Omega} = 36{,}6\ \text{kA};\ I''_{kG*} = \frac{I''_{kG}}{I_{rG}} = \frac{36{,}6\ \text{kA}}{11\ \text{kA}} = 3{,}33$$

Für den maximalen Strom am Anfang des Asynchronlaufs unmittelbar nach der Wiederzuschaltung erhält man näherungsweise:

$$I''_{asynG} \approx \frac{U_{rG} + U_{nQ} / t_r}{\sqrt{3}(X''_d + X_T + X_L + X_Q)}$$
$$= \frac{21\ \text{kV} + 220\ \text{kV} / 11{,}7}{\sqrt{3}(0{,}243 + 0{,}138 + 0{,}0502 + 0{,}0355)\ \Omega} = 49\ \text{kA};\ I''_{asynG*} = 4{,}45$$

Diese beiden Ströme erkennt man auch im Bild 18.19c. Für den ersten Spannungseinbruch im Bild 18.19b nach dem Wiederzuschalten kann man $\Delta U''_{1G*} \approx I''_{asynG*}\, x''_d = 0{,}98$ abschätzen. Im Bild 18.19b beträgt der bezogene Einbruch nur 0,87.

Bild 18.20 soll die Spannungsverteilungen veranschaulichen, die im ersten Augenblick des dreipoligen Kurzschlusses und zu Beginn des Asynchronlaufs auftreten. Am Ende der Pausenzeit nach $T_k = 0{,}2$ s und $T_u = 0{,}4$ s erreicht der Winkel δ etwa 515°. Unmittelbar danach ist dann die innere Spannung der Synchronmaschine in Phasenopposition zur Netzspannung. Beide Spannungen addieren sich und treiben den Ausgleichsstrom I''_{asynG} (Bild 18.19c). Die

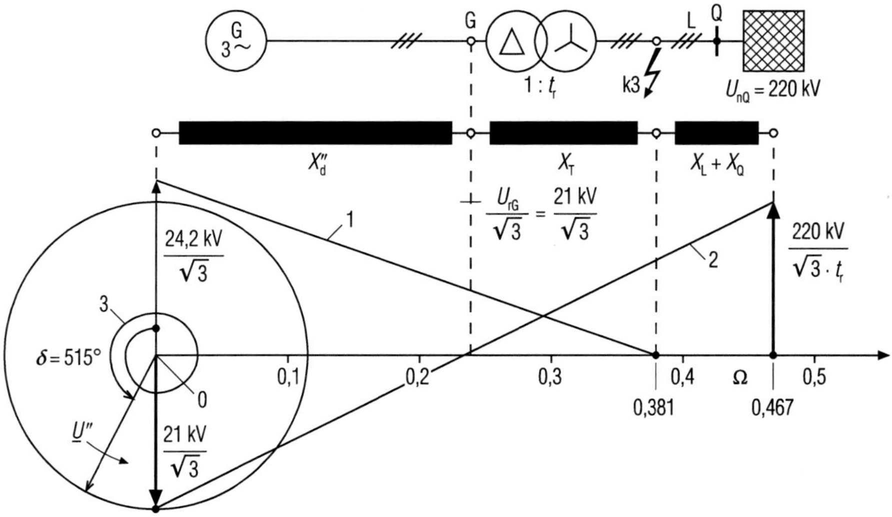

Bild 18.20. Spannungsverteilung bei Kurzschluss und zu Beginn des Asynchronlaufs (Anordnung und Daten nach Bild 18.19). *1* Spannungsverteilung bei dreipoligem Kurzschluss in F; *2* Spannungsverteilung zu Beginn des Asynchronlaufs; *3* Winkel δ für $t = 0{,}6$ s mit $\delta^b = 45°$: $\delta = \delta^b + \Delta\delta(t = 0{,}6\ \text{s}) = 45° + 470° = 515°$

Spannung an den Generatorklemmen geht bis auf einen geringen Restwert zurück (Bild 18.19b). Bild 18.20 gibt diesen Vorgang grob wieder, wobei man sich leicht vorstellen kann wie mit weiter zunehmendem Winkel δ Strom und Spannung rhythmisch schwanken.

Bild 18.21 zeigt ein Beispiel für die Resynchronisation nach einem dreipoligen Kurzschluss im Netz mit $T_k = 0{,}6$ s, wobei der Winkel auf $\delta_{13} = \delta_{13}^b + 2 \cdot 180° \approx 400°$ einschwingt. Die entsprechenden Größen des Generators G2 verlaufen ähnlich wie beim Generator G1, weil die Anlaufzeitkonstanten T_J nur wenig differieren. Die Gefahr, dass G1 und G2 gegenseitig außer Tritt fallen, besteht deshalb nicht [18.18]. Ähnliche Überlegungen wie beim Vorgang der Resynchronisation gelten auch bei der Grobsynchronisierung eines Generators, die manchmal bei Wasserkraftgeneratoren angewendet wird.

Bild 18.22 zeigt die beobachteten Auswirkungen eines vorübergehenden Stabilitätsverlustes in einem Netz mit mehreren Generatoren nach einem dreipoligen Kurzschluss mit $T_k = 0{,}7$ s (zweite Stufe des Netzschutzes nach irrtümlichem Zuschalten eines wegen Reparaturarbeiten geerdeten Sammelschienenabschnitts einer 110-kV-Schaltanlage). Während des Betriebes vor dem Kurzschluss wurde zusätzliche Leistung aus dem Verbundnetz geliefert. In den Registrierstreifen für die Wirk- und Blindleistung der Generatoren und die Übergabeleistung zum Verbundnetz zeigt sich der vorübergehende Stabi-

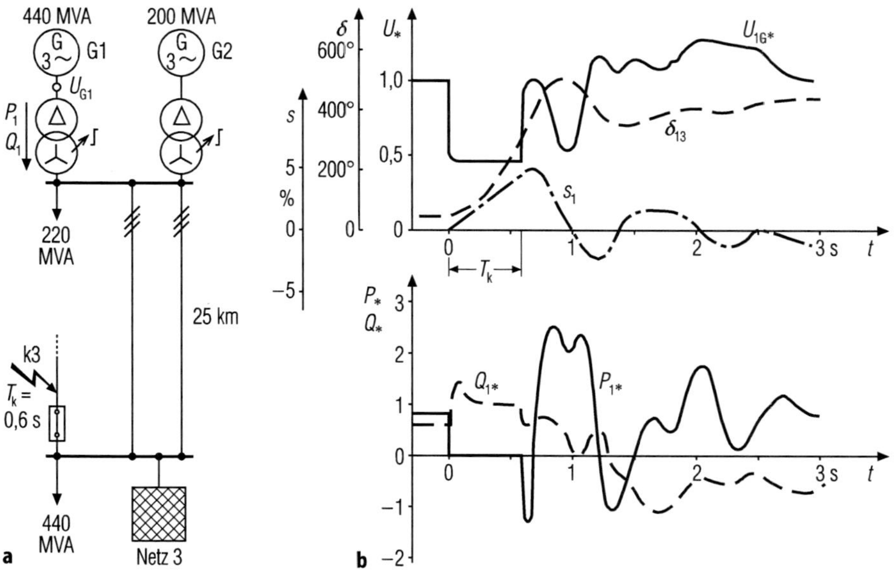

Bild 18.21 a, b. Außertrittfallen und Resynchronisation bei $\delta_{13} = \delta_{13}^b + 360°$ nach einem dreipoligen Kurzschluss mit $T_k = 0{,}6$ s (zweite Stufe des Distanzschutzes im Netz). Berechnung mit einem Mehrmaschinen-Stabilitätsprogramm. **a** Anordnung mit Nachbildung des Ersatznetzes durch einen großen Generator 3; **b** Ergebnisse der Berechnung für den Generator G1

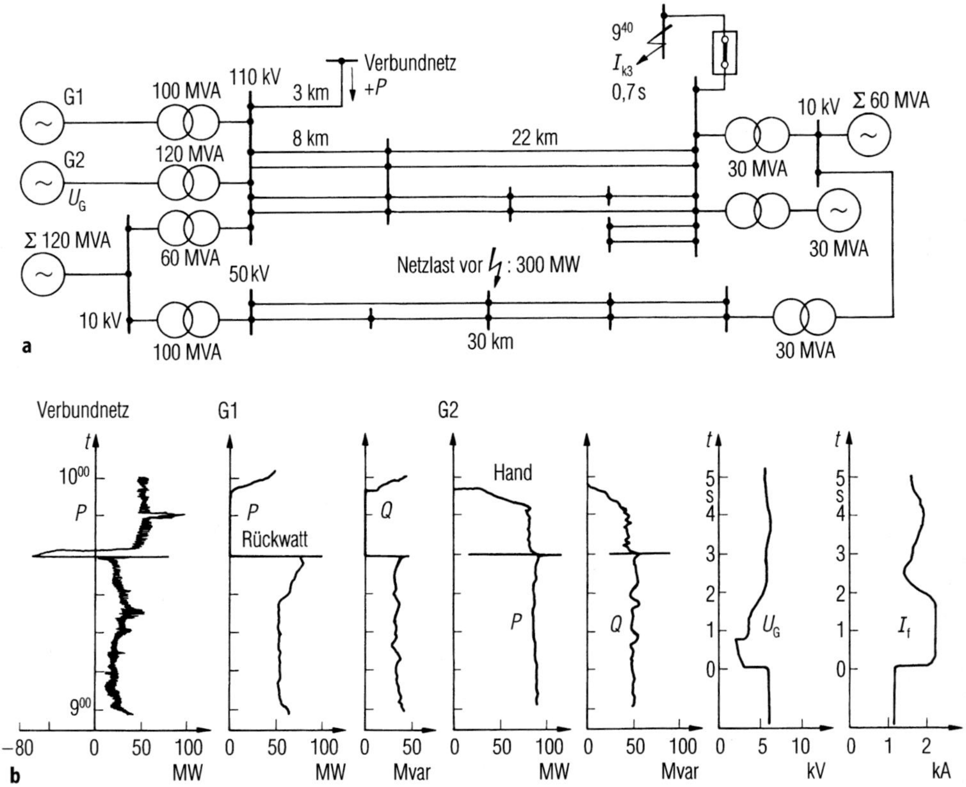

Bild 18.22 a, b. Vorübergehender Stabilitätsverlust in einem 110-kV-Netz nach dreipoligem Kurzschluss mit $T_k = 0{,}7$ s. **a** Netzaufbau; **b** Registrierstreifen für die Übergabeleistung zum Verbundnetz, die Wirk- und Blindleistung des Generators G1 sowie die Wirk- und Blindleistung, die Klemmenspannung und den Erregerstrom des Generators G2

litätsverlust lediglich durch Ausschläge der Schreibspur bis zu den Rändern des Schreibpapiers. Generator G1 fällt durch den Generatorschutz (Rückwattschutz) aus. Generator G2 läuft nach Resynchronisation weiter am Netz. Wegen des Verdachtes auf einen Lagerschaden als Folge des vorübergehenden Asynchronlaufs wurde G2 von Hand abgeschaltet. Durch die Spannungsabsenkung während des Kurzschlusses wurde die Verbraucherleistung stark reduziert (Unterspannungsauslösung bei motorischen Industrieantrieben), sodass nach dem Ende des Kurzschlusses Wirkleistung ins Verbundnetz geliefert wurde.

Ein Stabilitätsverlust durch lange Kurzschlussdauern tritt in der Praxis selten auf, kann jedoch weitreichende Folgen haben bis zum Zusammenbruch eines ganzen Netzes. Man muss sich deshalb auch mit dem Netzwiederaufbau nach einem solchen Fall beschäftigen.

18.3.4 Einfluss von Generatorauslegung und Erregersystem auf die transiente Stabilität

Bild 18.23 enthält einige einfache Zusammenhänge zwischen der Generatorauslegung, dem Netzanschluss (x_L) und den Grenzen der transienten Stabilität, zum Teil ausgedrückt durch die übertragbare Wirkleistung, wobei vorzugsweise die Fernübertragung betrachtet wird ($x_L = 0{,}40$ bei 380 kV bedeutet etwa eine Leitungslänge von 320 bis 370 km bei $S_{rG} = 600$ MVA und $x'_d = 0{,}4$; während die Leitungslänge bei $S_{rG} = 1200$ MVA und $x'_d = 0{,}4$ auf etwa 160 bis 180 km zurückgeht).

Eine weitere Möglichkeit zur Stabilitätsstützung ist dadurch gegeben, dass man das mechanische Antriebsmoment bzw. die Turbinenleistung nach dem Eintreten eines nahen dreipoligen Kurzschlusses mit möglichst geringem Zeitverlust herabsetzt. Dazu bedarf es eines schnellwirkenden Dampfventils [18.19].

Das Zusammenwirken einer zusätzlichen Schlupf- und Beschleunigungsaufschaltung auf den Spannungsregler mit PID-Verhalten bei Thyristorerregung von den Klemmen (Bild 18.7) für große Generatoren mit hohen Werten

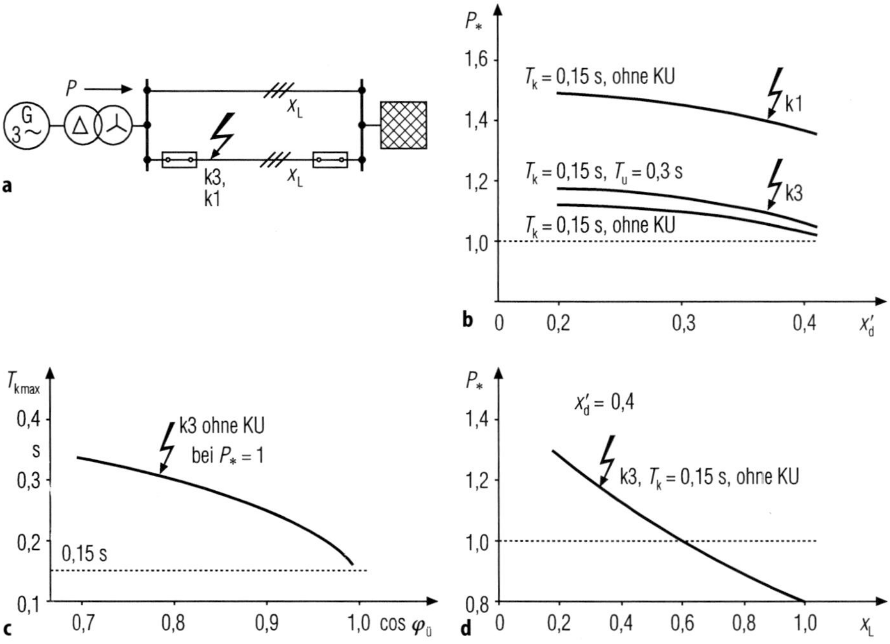

Bild 18.23 a–d. Einfluss der Generatorauslegung auf die transiente Stabilität. **a** Anordnung: Generator $x_d = 2{,}83$; $T_J = 8{,}5$ s ; $K_C = 0{,}4$ für Turbogeneratoren mit Bemessungsleistungen S_{rG} > 600 MVA; **b** Einfluss der transienten Reaktanz bei einer Leitungsreaktanz $x_L = 0{,}4$; **c** zulässige Kurzschlussdauer T_k ohne KU abhängig vom cos φ bei $x'_d = 0{,}4$ und $x_L = 0{,}4$; **d** Einfluss der Reaktanz x_L eines Stromkreises auf die übertragbare Wirkleistung

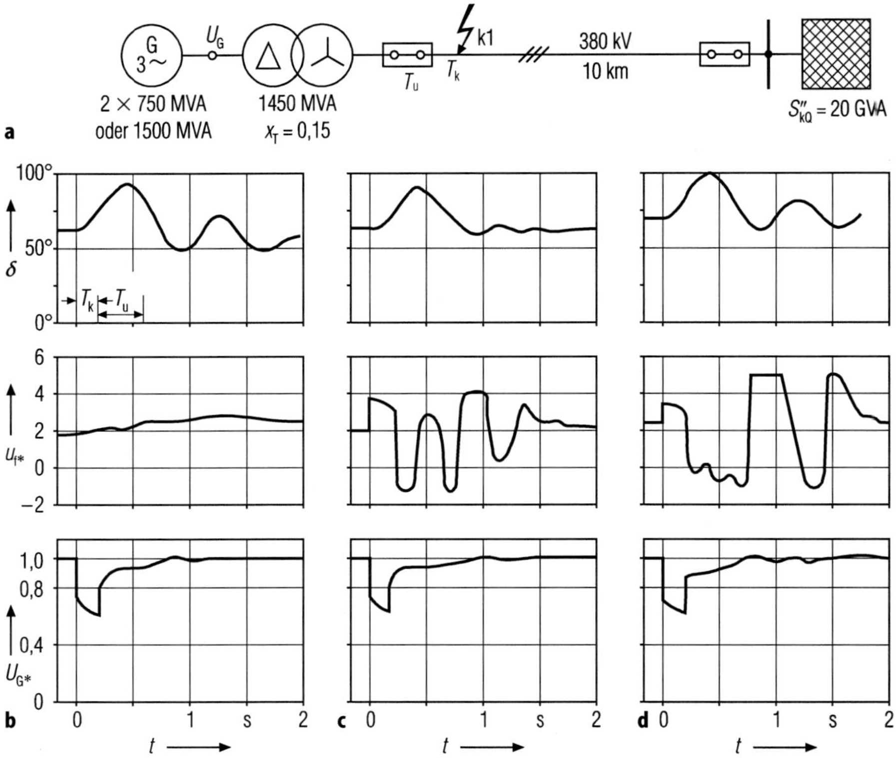

Bild 18.24a–d. Transientes Verhalten großer Turbogeneratoren 2×750 MVA (Turbinen in Cross-Compound-Schaltung, 60 Hz) [18.16] oder 1500 MVA (50 Hz) bei einpoligem Erdkurzschluss nach Bemessungsbetrieb vor dem Kurzschluss (siehe Text). **a** Netzanschluss, T_k = 0,2 s; T_u = 0,4 s; **b** Generator 2×750 MVA, x_d = 1,92; x'_d = 0,34; x''_d = 0,26; T'_d = 0,725 s; T_J = 7,2 s; Erregung über Drehstromerregermaschine und rotierende Dioden nach Bild 18.5; **c** Generator wie bei Teilbild **b**, jedoch Erregung über klemmengespeiste Thyristorbrücke nach Bild 18.7; **d** Generator 1500 MVA; x_d = 2,39; x'_d = 0,45; x''_d = 0,32; T'_d = 1,79 s; T_J = 7,0 s; Erregung wie bei Teilbild **c**

x'_d zeigt Bild 18.24. Bei dem nach Bild 18.24 angenommenen Netzaufbau (Anschluss des Kraftwerksblockes über eine kurze Stichleitung an eine Schaltanlage des Verbundnetzes mit hoher Kurzschlussleistung) wurde ein einpoliger Erdkurzschluss (T_k = 0,2 s) mit nachfolgender KU-Pause (T_u = 0,4 s) angenommen (bei mehrpoligem Kurzschluss auf der Stichleitung kommt nur eine dreipolige endgültige Ausschaltung in Betracht). Aus einem Vergleich der Teilbilder 18.24b für eine Erregung über Drehstromerregermaschine mit rotierenden Dioden nach Bild 18.5 und 18.24c für eine Erregung über eine klemmengespeiste stationäre Thyristorbrücke nach Bild 18.7 erkennt man den stark unterschiedlichen Verlauf der bezogenen Erregerspannung u_{f*} und die dadurch bedingte rasche Dämpfung der Pendelung des Lagewinkels δ. Der maximale Winkel δ_{max} beim ersten Ausschwingen wird nur verhältnismäßig

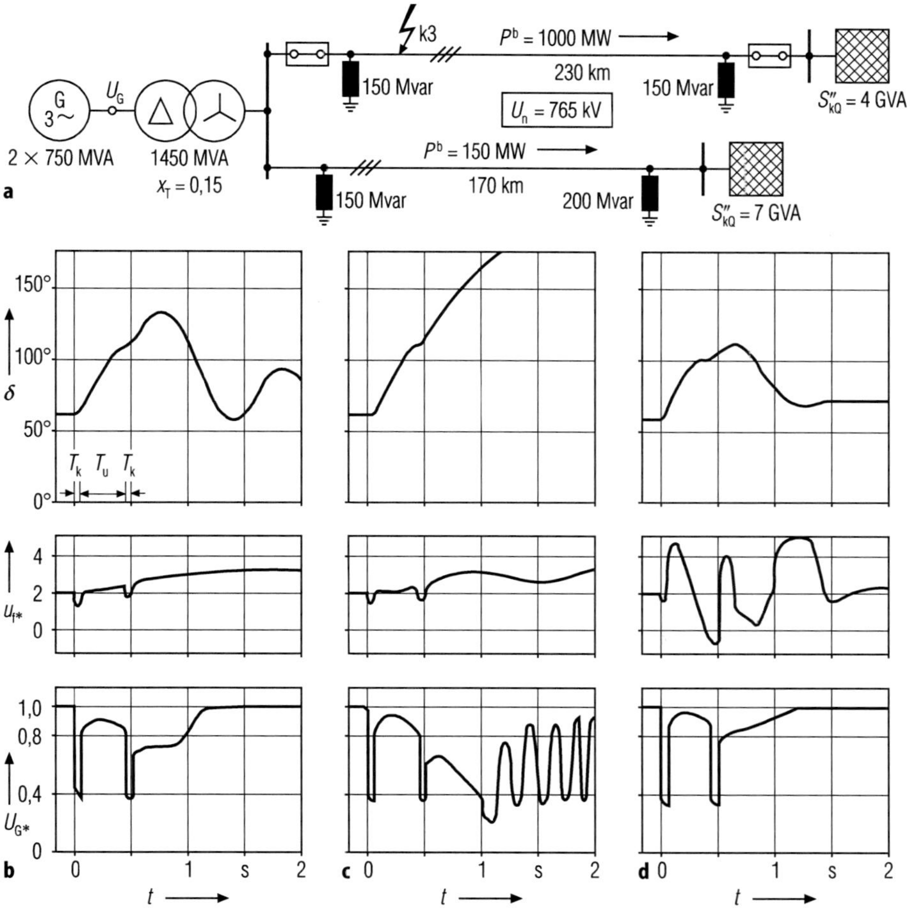

Bild 18.25 a – d. Transientes Stabilitätsverhalten großer Turbogeneratoren bei dreipoligem Kurzschluss mit nachfolgender dreipoliger erfolgloser KU und endgültiger Ausschaltung. **a** Netzanschluss; T_k = 0,05 s; T_u= 0,4 s, T_k = 0,05 s; $T_u = \infty$; **b** Generator 2×750 MVA, x_d = 1,925; x'_d = 0,252; x''_d = 0,181; T'_d = 0,62 s; T_J = 7,5 s. Erregung über Drehstromerregermaschine und rotierende Dioden nach Bild 18.5; **c** Generator 2×750 MVA, x_d = 1,92; x'_d = 0,34; x''_d = 0,26; T'_d = 0,725 s; T_J = 7,2 s; Erregung über Drehstromerregermaschine und rotierende Dioden nach Bild 18.5; **d** wie **c**, jedoch Erregung über klemmengespeiste Thyristorbrücke nach Bild 18.7

wenig reduziert. Das Teilbild 18.24d zeigt zum Vergleich das Verhalten eines Generators mit hohen Werten x'_d und x_d und Thyristorerregung von den Klemmen.

Als weiterer Vergleich zum Einfluss des Erregersystems auf die transiente Stabilität dient Bild 18.25. Berechnet wurde die transiente Stabilität bei Anschluss eines Kraftwerksblockes über lange 700-kV-Freileitungen an das Verbundnetz. Dabei wird der ungünstige Fall betrachtet, dass die vor dem Kurzschluss hoch belastete längere der beiden Einfachleitungen von einem dreipo-

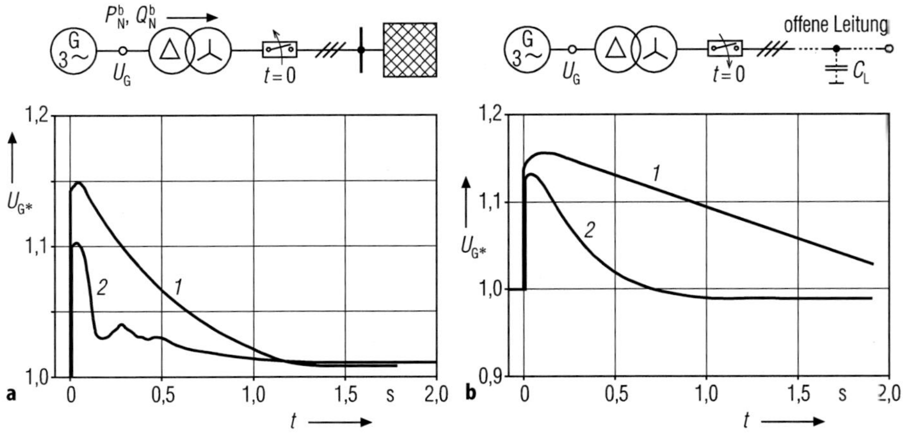

Bild 18.26 a, b. Spannungsausregelung nach Vollastabwurf und Zuschalten einer langen am Ende offenen Freileitung für Generatoren 2×750 MVA, $x_d = 1{,}92$; $x'_d = 0{,}34$; $x''_d = 0{,}26$; $T'_d = 0{,}725$ s; $T_J = 7{,}2$ s. *1* Erregung mit rotierenden Dioden (Bild 18.5); *2* Erregung mit klemmengespeisten Thyristoren (Bild 18.7). **a** Volllastabwurf $P_{N*}^b = 0{,}9$, $Q_{N*}^b = 0{,}436$; **b** Kapazitive Zuschaltung (ungeladen) $Q_{N*}^b = -0{,}4$

ligen Kurzschluss ($T_k = 0{,}05$ s) betroffen wird mit nachfolgender erfolgloser KU ($T_u = 0{,}4$ s) und daraufhin einem erneuten Kurzschluss ($T_k = 0{,}05$ s) nach dem dann die endgültige Ausschaltung erfolgt.

Den Teilbildern 18.25 b liegen Generatoren 2×750 MVA mit dem niedrigen Wert $x'_d = 0{,}252$ zugrunde, während die Generatoren für die Teilbilder 18.25 c bei sonst ähnlichen Daten etwa 35 % höhere transiente Reaktanzen von $x'_d = 0{,}34$ aufweisen, in beiden Fällen mit einem Erregersystem mit Gleichstromerregermaschine und rotierenden Dioden nach Bild 18.5. Die Teilbilder 18.25 d zeigen deutlich die Verbesserung, die durch den Einsatz eines Erregersystems mit klemmengespeisten Thyristoren nach Bild 18.7 erreicht wird bei einer transienten Reaktanz $x'_d = 0{,}34$.

Neben den Unterschieden im Verlauf des Winkels δ bei einer Betrachtung der transienten Stabilätät nach Kurzschlüssen abhängig von Erregersystem und Regler ergeben sich nach Bild 18.26 auch erhebliche Unterschiede bei der Ausregelung der Spannung nach Volllastabwurf und nach der Zuschaltung einer längeren am Ende offenen Leitung. Die Beurteilung einer Generatorregelung muss also zusammen mit dem Erregersystem vorgenommen werden und darf sich nicht allein auf die Güte der Spannungsregelung beziehen, sondern muss neben der statischen und der transienten Stabilität mindestens auch die im Bild 18.26 betrachteten Fälle beinhalten.

19 Hochspannungs-Gleichstrom-Übertragung

Die Hochspannungs-Gleichstrom-Übertragung (HGÜ) hat sich neben der Drehstrom-Hochspannungs-Übertragung (DHÜ) einen festen Platz innerhalb der Möglichkeiten der elektrischen Energieübertragung erobert, insbesondere für Übertragungen über große Entfernungen und für Seekabelübertragungen. Darüber hinaus bietet die HGÜ in bestimmten Anwendungsfällen technische Vorteile wie z. B. bei der Kupplung zwischen Netzen unterschiedlicher Frequenz bzw. unterschiedlicher Leistungs-Frequenzregelung. Bild 12.2 zeigt, dass auch in Europa eine Reihe von HGÜ-Seekabelverbindungen in Betrieb sind.

19.1 Wirkungsweise

Das Prinzip einer HGÜ als Zweipunktverbindung ist im Bild 19.1 dargestellt. Die Spannungen der Drehstromnetze A und B werden über Stromrichtertransformatoren T1 und T2 auf einen für die HGÜ-Übertragung oder die HGÜ-Kurzkupplung geeigneten Wert umgespannt und anschließend in den Stromrichterbrücken S1 und S2 umgerichtet. Der über die Leitung bzw. den Gleichstromkreis bei der Kurzkupplung fließende Gleichstrom I_d (in einer Drehstrombrücke gleichgerichtete Wechselströme der Drehstromseite, bei zusätzlichem Einsatz von Glättungs-Drosselspulen an den Leitungsenden) wird durch die Differenz der Spannungen an beiden Seiten der HGÜ bestimmt.

$$I_{\mathrm{d}} = \frac{U_{\mathrm{d1}} - U_{\mathrm{d2}}}{R} \tag{19.1}$$

R ist der Leitungswiderstand. Für die von der Seite 1 aus zu übertragende Wirkleistung ergibt sich damit:

$$P_{\mathrm{d1}} = U_{\mathrm{d1}} I_{\mathrm{d}} = U_{\mathrm{d1}} \frac{U_{\mathrm{d1}} - U_{\mathrm{d2}}}{R} \tag{19.2}$$

Für die Verluste auf der Leitung gilt: $P_{\mathrm{VL}} = P_{\mathrm{d1}} - P_{\mathrm{d2}} = I_{\mathrm{d}}(U_{\mathrm{d1}} - U_{\mathrm{d2}}) = R\, I_{\mathrm{d}}^2$. Betrachtet man die Gesamtstrecke zwischen den Drehstromnetzen A und B, so treten zusätzlich Stromrichterverluste und Transformatorverluste auf.

D. Oeding, B. Oswald, *Elektrische Kraftwerke und Netze*,
doi 10.1007/978-3-642-19246-3, © Springer 2011

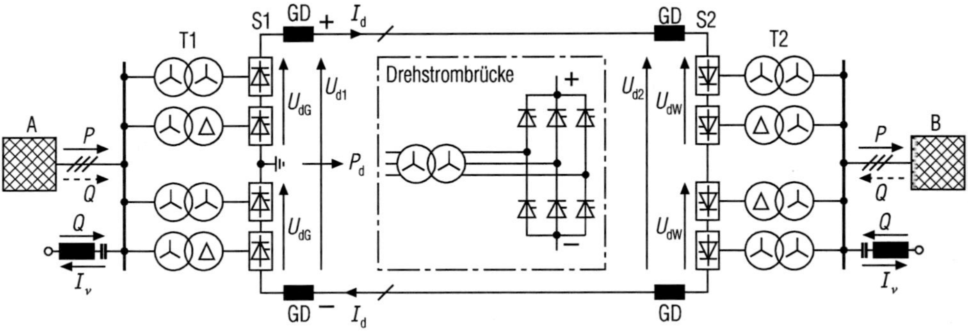

Bild 19.1. Prinzip einer Hochspannungs-Gleichstrom-Übertragung (HGÜ), AB-Übertragung. P_d Gleichstromleistung; I_d Gleichstrom; U_{d1}, U_{d2} Gleichspannungen (Spannung zwischen den Leitern); U_{dG} treibende Spannung in der Gleichrichterstation; U_{dW} Gegenspannung in der Wechselrichterstation A, B Drehstromnetze; P, Q Wirk- und Blindleistung im Drehstromnetz; T1,T2 Stromrichtertransformatoren; S1, S2 Stromrichter in Drehstrombrückenschaltung; GD Glättungs-Drosselspulen auf der Gleichstromseite; I_v Oberschwingungsströme

Der Stromrichter S1 auf der Sendeseite arbeitet als Gleichrichter. Er entnimmt dem Drehstromnetz Wirkleistung und gibt diese bis auf die Verluste an die Gleichstromseite ab. Die für den Betrieb der Stromrichter benötigte Steuer- und Kommutierungsblindleistung wird dem Drehstromnetz entnommen und/oder durch Kondensatorbatterien bereitgestellt, wobei die Kondensatorbatterien in der Regel zu Saugkreisen ausgebildet sind, wie man aus Bild 19.3 erkennen kann. Zur Blindleistungsbereitstellung wurden teilweise auch Synchronphasenschieber eingesetzt (z. B. Bild 9.2). Der Stromrichter auf der Empfangsseite arbeitet als Wechselrichter. Auch für seinen Betrieb ist Blindleistung notwendig. Bei üblicher Größe der Spannungsreserve und des induktiven Gleichspannungsfalls erreichen die Grundschwingungsblindleistungen auf der Gleich- und Wechselrichterseite der HGÜ jeweils etwa 50 bis 60 % der übertragenen Wirkleistung [19.8].

Bei der in HGÜ-Anlagen üblichen Drehstrombrückenschaltung treten Oberschwingungsströme $np \pm 1$ mit $n = 1, 2, \ldots$ und $p = 6$ auf. Durch abwechselnde Stern/Stern- und Stern/Deieck-Schaltung der Stromrichtertransformatoren (Bild 19.1) kann zwölfpulsiger Betrieb erreicht werden. Angestrebt wird eine Absaugung der Oberschwingungsströme soweit, dass der Effektivwert der Oberschwingungsspannungen in den Drehstromnetzen 1 % der Netznennspannung nicht überschreitet.

Die Betriebsweise der Stromrichter als Gleichrichter oder als Wechselrichter wird allein durch die Steuerung der Stromrichterventile [19.19,19.27] festgelegt; damit ist es möglich, die Energierichtung umzukehren.

19.2 Technische Besonderheiten der HGÜ gegenüber der DHÜ

Bei Gleichstrom erfolgt im stationären Betrieb keine Umladung von elektrischer und magnetischer Energie zwischen den Leitungskapazitäten und den Leitungsinduktivitäten. Bei der Gleichstromübertragung wird deshalb im Gegensatz zur Drehstromübertragung unabhängig von der Belastung keine Blindleistung aufgenommen, abgegeben oder übertragen sondern nur Wirkleistung übertragen. Die HGÜ überträgt deshalb auch keine Kurzschlussleistung zwischen zwei durch sie gekoppelten Drehstromnetzen. Da die Übertragungsleistung nach Gl. (19.2) durch die Spannungsdifferenz zwischen den Leitungsenden bestimmt wird, gibt es hier auch keine natürliche Leistung und keine Stabilitätsprobleme auch nicht bei großen Entfernungen. Kompensationsmittel, wie z. B. Ladestromdrosselspulen oder Reihenkondensatoren bei langen Drehstromleitungen hoher Spannung, sind auf der Gleichstromseite nicht notwendig.

Bei Gleichstrom gibt es keine Stromverdrängung im Leiter. In der Isolation von Kabeln entstehen keine dielektrischen Verluste und die Bewehrung wird keiner induktiven Erwärmung unterworfen. Daraus ergibt sich bei Gleichstromkabeln ein geringerer Isolationsaufwand als bei Drehstromkabeln.

Durch die Einfügung einer HGÜ zwischen zwei Drehstromnetzen, auch wenn es sich um eine HGÜ-Kurzkupplung handelt, werden die beiden Drehstromnetze weitgehend entkoppelt. Es bieten sich damit folgende Möglichkeiten:

- Die über HGÜ gekoppelten Drehstromnetze können unterschiedliche Frequenz haben oder mit verschiedenen Leistungs-Frequenz-Regelverfahren betrieben werden.
- Die Übertragungsleistung kann innerhalb des Bereiches bis zur Bemessungsleistung unabhängig von den Vorgängen in den beiden Drehstromnetzen genau eingehalten werden. Die HGÜ ist allerdings nur kurzzeitig und in geringem Maße überlastbar.
- Die Regelung der Übertragungsleistung kann beliebigen Abhängigkeiten unterworfen werden.
- Durch die Steuerung der Stromrichter ist eine sehr schnelle Änderung der Größe der übertragenen Leistung und ihrer Richtung möglich. Bei einem Parallelbetrieb mit DHÜ kann die HGÜ die Drehstromstabilität stützen [19.20, 19.40].

19.3 Entwicklung der HGÜ

Der erste Vorläufer der HGÜ war die 1882 erbaute, 57 km lange Übertragung von Miesbach nach München mit einer Übertragungsspannung von 2 kV. Zwischen 1890 und 1910 wurden eine Reihe von Energieübertragungsanlagen mit hochgespanntem Gleichstrom nach dem Konstantstrom-Prinzip errichtet für Entfernungen zwischen 70 und 200 km mit Leistungen von 150 bis 4500 kW bei Gleichspannungen von 6 bis 60 kV. Besonders zu erwähnen ist die Übertragung von Moutiers nach Lyon für 20 000 kW [1.2, 19.1, 19.4]. Da man zur damaligen Zeit außer der angewandten Maschinenlösung keine Möglichkeit fand für die Übertragung großer Leistungen eine entsprechend hohe Gleichspannung zu erzeugen und am Verbraucherort in geeigneter Weise auf die benötigte Spannung zu verringern, konnten sich die Ansätze der HGÜ damals nicht weiter entwickeln. Erst mit der Entwicklung der Quecksilberdampf-Stromrichter in den 1930ger Jahren schien es dann möglich, hochgespannten Gleichstrom durch Umformung aus hochgespanntem Wechselstrom zu gewinnen und umgekehrt, geeignet für eine HGÜ nach dem Konstantspannungs-Prinzip. In Deutschland und in der Schweiz ebenso wie im Ausland [1.2, 19.4] wurden deshalb zu dieser Zeit Entwicklungsarbeiten für die HGÜ aufgenommen, besonders für Hochspannungs-Stromrichterventile.

Von E. Marx wurden zwischen 1937 und 1945 Versuchsanlagen mit Hochdruck-Lichtbogenventilen errichtet und erprobt. Eine HGÜ-Versuchsanlage für 16 MW bei 80 kV Gleichspannung kam 1944 zwischen Lehrte und Misburg bei Hannover in Betrieb [19.2, 19.3].

Die AEG errichtete im Jahre 1935 auf dem Gelände des Kraftwerkes Henningsdorf der Märkischen Elektrizitätswerke eine Leistungsprüfanlage, die im Endzustand auch im Kreisbetrieb als Gleichrichter und Wechselrichter mit etwa 50 kV, 100 A, 5 MW gefahren werden konnte. Brown Boveri hatte 1939 zwischen dem Kraftwerk Wettingen und der schweizerischen Landesausstellung in Zürich eine Versuchsanlage über 30 km Entfernung in Betrieb mit 50 kV und 30 A. Im Jahre 1944 wurden Stromrichterventile für 100 kV, 400 A, 40 MW im Kreisbetrieb geprüft. Siemens errichtete in Berlin zwischen den Kraftwerken Charlottenburg und Moabit eine Versuchsanlage mit 100 kV, 140 A, 14 MW [19.4].

Diese Entwicklung vor dem zweiten Weltkrieg mündete in den Bau der ersten kommerziellen HGÜ-Übertragung der Welt mit Quecksilberdampf-Stromrichtern, in Form einer Kabelverbindung von 115 km Länge zwischen dem Kraftwerk Elbe (Dessau) der Elektrowerke AG und dem Netz der Berliner Elektrizitätswerke AG (BEWAG). Es sollten 60 MW bei einer Spannung von ± 200 kV übertragen werden. Die Anlage war bis zum Kriegsende im wesentlichen fertiggestellt, wurde dann jedoch demontiert und in die UdSSR gebracht. Hier diente sie als Hilfe zum Aufbau der Übertragung Kashira-Moskau (Tabelle 19.1) [19.5].

Die Arbeiten zur HGÜ wurden in Deutschland nach dem zweiten Weltkrieg zunächst nicht weitergeführt, von der ASEA in Schweden jedoch konsequent fortgesetzt. Im Jahre 1954 wurde die Seekabelübertragung nach Bild 19.3 vom schwedischen Festland zur Insel Gotland mit Quecksilberdampf-Stromrichtern in Betrieb genommen.

Die Entwicklung der HGÜ-Technik wurde anlässlich der Wiederaufnahme der HGÜ-Forschung in Deutschland unter Leitung von L. Lebrecht gewürdigt

Tabelle 19.1. HGÜ-Anlagen (Auswahl)

Nr.	Bezeichnung[a]	P_d MW	$\pm U_d$ kV	Länge km	Bemerkungen
1a	Elbe-Berlin	60	± 200	115	Kabel, Demontage 1945,
1b	Kashira-Moskau	30	200		s. Text; Versuchsanlage 1954
2a	Schweden-Gotland I (Bild 19.2)	20	−100	≈ 100	Seekabel 1954 (I_d = 200 A), stillgelegt (siehe
2b	Erweiterung 1970 mit Thyristoren	30	−150		Gotland II und III)
3	England-Frankreich (Bild 19.3)	160	± 100	64	Seekabel, 1961
4	Wolgograd-Donbass	750	± 400	470	Ab 1964 stufenweise
5	Neuseeland	600	± 250	610	1965, 40 km Seekabel, 570 km Freileitung
6	Konti-Skan I (Jütland-Schweden)	250	−250	≈ 180	1965, 85 km Seekabel
7	Sakuma (Japan)	300	2×125	KK	1965, Kurzkupplung (KK) 50 Hz/60 Hz
8	Sardinien-Korsika-Italien	200	−200	413	1967, 121 km Seek. Erweiterung 1989
9	Vancouver I (Kanada)	312	260	69	1968, 30 km Seekabel
10	Pacific Intertie (Columbia River-Los Angeles)	1440	± 400	1362	1969/71, reine Freileitungsübertragung über große Entfernung
11	Nelson River I (Kanada)	1600	± 450	892	1972, später mit Thyristoren nachgerüstet
12	Kingsnorth-London	640	± 266	85	1975, Kabel 59 km + 26 km (Stadteinsp.)
13	Eel-River (Kanada)	320	2×80	KK	1972, Kurzkupplung, Thyristoren
14	Skagerrak I (Norwegen-Jütland)	250	± 250	230	1976/77, 130 km Seekabel
15	Cabora Bassa (Sambesi/Mosambik-Johannesburg/Süd-Afrika)	1920	± 533	1410	1977/79, zwei einpoligen Freileitungen (Bilder 19.4, 19.9b) [19.18]
16	Skagerrak II (Norwegen-Jütland)	500	± 250	240	1977
17	Vancouver II (Kanada)	370	−280	77	1977
18	Square Butte (USA)	500	± 250	749	1977
19	Nelson River II (Kanada)	1800	± 500	895	1978–83
20	Underwood-Minneapolis (C-U)	1000	± 400	710	1978/79, USA
21	Hokkaido-Honshu	150	125	168	1979, Seekabel

Tabelle 19.1 (Fortsetzung)

Nr.	Bezeichnung[a]	P_d MW	$\pm U_d$ kV	Länge km	Bemerkungen
22	Vyborg (Russland-Finnland)	1070	± 85	KK	1981/82, Erweiterung 1999
23	Inga-Shaba (Zaire)	560	± 500	1700	1979/82
24	A-CZ,Dürnrohr – Slavatice	550	145	KK	1983, Kupplung (außer Betrieb)
25	Gotland III	290	± 150	100	1987, Seekabelverbindung, s. Gotland I
26	Itaipu (Brasilien), (Bild 19.5, siehe auch Bild 12.33 u. 4.3)	6260	2× ± 600	785	1984 – 1987, Ausbau in vier Stufen, ± 300, ± 600 und 2 × ± 600
27	Pacific Intertie	2000	± 500	1362	1984, Ausbau, 1989 weiterer Ausbau
28	GB-F Sellindge-Mandarin	2000	± 270	55	1986, CEGB-EDF
29	Intermountain (USA)	1920	± 500	784	1986
30	Konti-Skan II (Jütland-Schweden)	300	285	150	1988
31	Gezhouba-Shanghai (China)	1800	± 500	1000	1989/90
32	Fenno-Skan (Finnland-Schweden)	500	400	200	1989
33	Rihand-Delhi (Indien)	1500	± 500	910	1990/91
34	Hydro Quebec-New England	2000	± 450	1500	1990, Mehrpunkt – HGÜ
35	DC Hybrid Link (Neuseeland)	992	+270/ –350	617	1992
36	Etzenricht	600	160	KK	1993, Deutschland – Tschechien
37	Haenam-Cheju I (Südkorea)	300	± 180	100	1993
38	Wien Südost	550	145	KK	1993, Österreich – Ungarn
39	Baltic Cable, Herrenwyk-Kruseberg	600	450	250	1994, Schweden–Deutschland [19.34]
40	D – DK, Contec Cable (Bild 19.6)	600	400	170	1996, Seekabel, Bentwisch-Bjæverskov
41	S – PL, Swepol Link	600	450	252	1999, Karlshamn–Koszalin
42	Griechenland – Italien	500			1997 ?

[a] Die Anlagen unter Nr. 1 bis Nr. 12 wurden mit Quecksilberdampf-Ventilen gebaut und z. T. später umgerüstet.

[1.11]. Wie allgemein in der Stromrichtertechnik hat sich in den 1970er-Jahren auch bei der HGÜ der Wandel von Quecksilberdampf-Ventilen zu Thyristor-Stromrichtern vollzogen (Tabelle 19.1).

In den letzten Jahren wurden HGÜ-Verbindungen auch mit IGBT (Insulated-Gate-Bipolar Transistor)-Halbleiterbauelementen ausgeführt insbesondere für den Anschluss von küstenfernen Offshorewindparks (s. Abschnitt 19.6).

19.4 Betriebsmittel der HGÜ

19.4.1 Gesamtanordnung

Die Bilder 19.2 bis 19.6 zeigen die Gesamtanordnungen ausgewählter Übertragungen mit ihren Betriebsmitteln.

Bei der im Jahre 1954 in Betrieb genommenen Seekabelübertragung nach Bild 19.2 wurde nur ein Gleichstromseekabel verlegt, während sich der Rückstrom seinen Weg über das Meer und das Erdreich unter dem Meer suchen soll. Auf beiden Seiten der Übertragung müssen dabei in Meeresnähe ausgedehnte Spezial-Elektroden vorhanden sein, die den Bemessungsstrom dauernd führen können. Korrosionsschäden an metallischen Leitern im Erdboden müssen durch die Ortswahl vermieden werden. In Schweden, USA und Deutschland wurden zu dieser Frage Untersuchungen durchgeführt [19.4, 19.9]. Vor dem Bau der Übertragung nach Gotland wurde von der ASEA im Jahre 1956 und danach in Zusammenarbeit mit der Schwedischen Wasserfalldirektion eine Versuchsanlage über 50 km Länge von Trollhättan nach Mellerud gebaut. Für die Stromrichtergruppen dieser Versuchsanlage wurden jeweils 12 einanodige Quecksilberdampf-Stromrichter verwendet für 50 kV und 70 A [19.4].

Bei der Gleichstromübertragung durch das Meer und den Boden unter dem Meer trat damals neben der Frage nach der Korrosionsgefahr auch die Frage

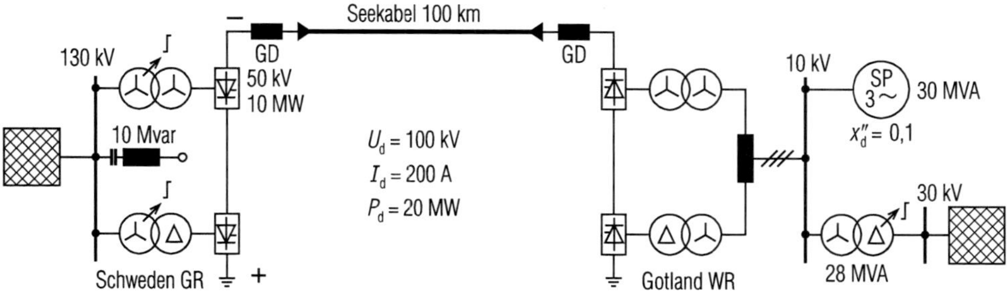

Bild 19.2. HGÜ Festland Schweden zur Insel Gotland, 1954 mit Quecksilberdampf-Ventilen

der Kompassabweichung auf. Für die HGÜ durch den Ärmelkanal nach Bild 19.3 mussten deshalb einer Forderung der Royal Navy folgend zwei Seekabel in geringem Abstrand voneinander verlegt werden. Im Jahre 1986 wurde eine neue Seekabelverbindung für 2000 MW durch den Ärmelkanal gebaut (Nr. 28, Tabelle 19.1).

Bei den HGÜ-Anlagen zwischen Italien und Sardinien (–200 kV; 1000 A, 200 MW) sowie der Konti-Skan-Übertragung zwischen dem dänischen Jütland und Schweden (–250 kV, 1000 A, 250 MW) wurden jeweils, wie bei der Anlage Gotland I, nur ein Pol ausgeführt. Die Rückleitung geht über Erde.

Die HGÜ-Anlage Wolgograd-Donbass [19.6] zwischen einem Wasserkraftwerk an der Wolga und dem Industriegebiet im Donetzbecken ist die erste der Freileitungs-Fernübertragungen (Nr. 4 in Tabelle 19.1). Auf jeder Seite der Übertragung wurden acht Stromrichterbrücken mit je 100 kV und 94 MW installiert. Je Brückenzweig wurden zwei Quecksilberdampf-Stromrichterventile in Reihe geschaltet. Die benötigte Blindleistung wird in Wolgograd aus den Wasserkraftgeneratoren bereitgestellt, während sie in der Anlage Donbass durch Siebkreise geliefert wird, die eine Grundschwingungs-Blindleistung von zusammen 396 Mvar aufweisen, entsprechend 53 % der HGÜ-Leistung $P_d = 750$ MW.

Bei der HGÜ in Neuseeland zwischen der Nord- und der Südinsel (Nr. 5 in Tabelle 19.1), die außer Seekabeln auch noch eine lange Freileitung enthält, ist in der Empfangsstation an jedem der vier Stromrichtertransformatoren über eine Tertiärwicklung ein Synchronphasenschieber angeschlossen mit zusammen 260 Mvar und zusätzlich an der 110-kV-Sammelschiene noch Saugkreise mit 100 Mvar.

Die erste von der HGÜ-Arbeitsgemeinschaft (AEG, BBC, Siemens) nach der Wiederaufnahme der HGÜ-Forschung und -Entwicklung in Deutschland [1.11] gebaute Anlage Cabora Bassa-Apollo [19.18] zeigt Bild 19.4 (Nr. 15 in Tabelle 19.1). Die HGÜ-Freileitungsübertragung über 1410 km verbindet das Wasserkraftwerk Cabora Bassa am Sambesi in Mosambik mir der Anlage Apollo in Südafrika in der Nähe von Johannesburg. Der Ausbau des Kraftwerkes erfolgte in mehreren Stufen zwischen 1977 und 79. Die Freileitung wurde

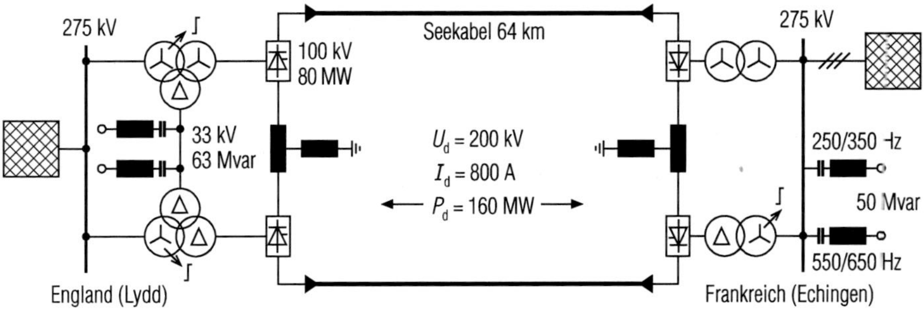

Bild 19.3. Erste HGÜ England-Frankreich durch den Ärmelkanal im Jahre 1961 (Nr. 3, Tabelle 19.1)

so ausgelegt, dass beim Ausfall einer der beiden einpoligen HGÜ-Leitungen (Bild 19.9b) die andere Leitung nahezu die Bemessungsleistung übernehmen kann bei Rückleitung über Erde. Hierzu können die beiden Pole der Stromrichterstationen parallel geschaltet werden. Die Erdelektroden können 3300 A über 72 Std. und 1800 A dauernd führen. Die Thyristorventile mit Ölisolation und Ölkühlung wurden im Freien aufgestellt.

Bild 19.5 zeigt die bisher größte HGÜ-Freileitungsfernübertragung der Welt in Brasilien ausgelegt für $P_d = 6264$ MW = 2×3132 MW = 2×(1200 kV · 2610 A). Sie kann damit die Hälfte der Bemessungsleistung des Wasserkraftwerkes Itaipu am Rio Paraná, dem Grenzfluss zwischen Brasilien und Paraguay, übertragen. Weil beiden angrenzenden Ländern jeweils die Hälfte der Wasserkraft zusteht und das Netz in Paraguay mit 50 Hz betrieben wird, während das brasilianische Netz 60 Hz hat, wurden 9 Generatoren je 700 MW für 50 Hz und 9 Generatoren je 700 MW für 60 Hz ausgelegt. Der Hauptteil der Leistung der 50-Hz-Generatoren wird über die HGÜ-Verbindung in Richtung São Paulo geliefert und an der Empfangsstation in das 345-kV- und das 500-kV-Netz eingespeist. Die Drehstromübertragung aus Itaipu in Richtung São Paulo ist im Bild 12.33 gegeben.

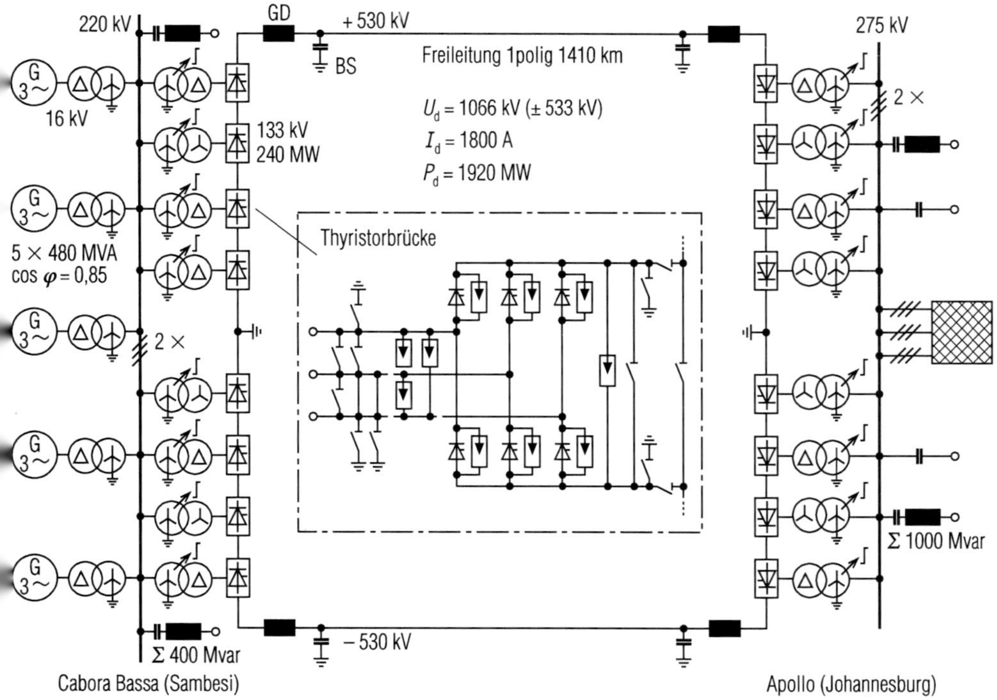

Bild 19.4. HGÜ zwischen dem Wasserkraftwerk Cabora Bassa (Mosambik) und Apollo (Johannesburg/Süd Afrika), 1977/79. Freileitungsübertragung mit einpoligen Leitungen auf getrennten Trassen (Viererbündel 4 × 565 mm² Al/St) nach Bild 19.9b; GD Glättungs-Drosselspule; BS Blitzschutzkondensator

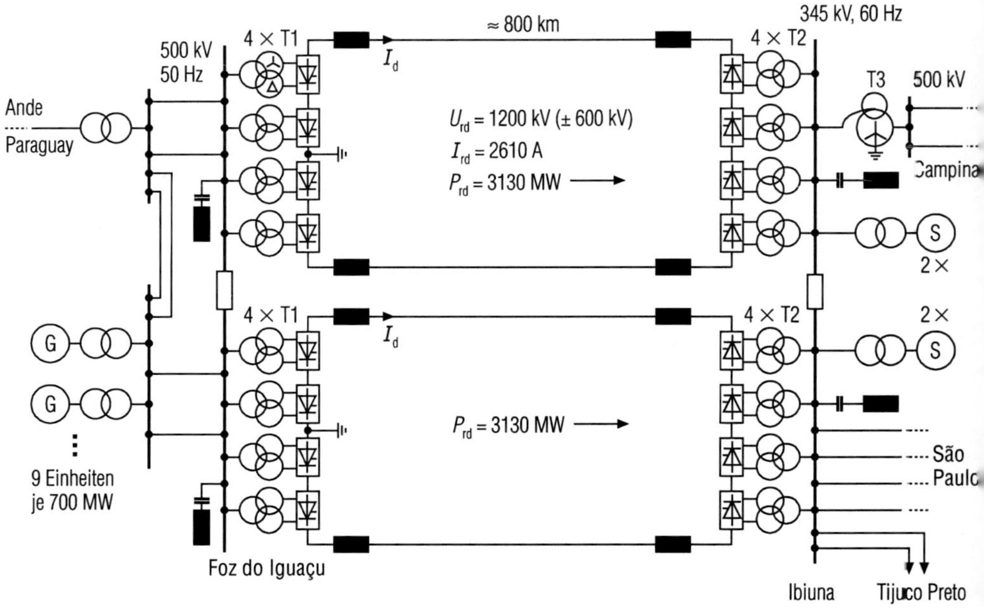

Bild 19.5. HGÜ Itaipu-São Paulo mit U_d = 1200 kV (± 600 kV), vereinfacht

Die HGÜ-Kabelverbindung zwischen dem 380-kV-Netz der Insel Seeland (Teil des Verbundsystems NORDEL) und dem 380-kV-UCTE-Netz Europas in Rostock (Bild 12.2) ist im Bild 19.6 dargestellt. Die im Jahre 1996 in Betrieb gegangene Kabelverbindung (Nr. 40, Tabelle 19.1) besteht aus 52 km Seekabel, davon 45 km zwischen der deutschen Ostseeküste in der Nähe von Rostock und Gedser, und 118 km Landkabel. Das Seekabel ist ein ovales Ölpapierkabel mit zwei Adern je 800 mm² Cu und Bleimantel.

Die beiden Erdelektroden für die Stromrückleitung werden über etwa 30 km lange Kabel angeschlossen und bestehen aus einer Kupferseilschleife (Katode) auf deutscher Seite und einem Maschennetz aus Titandraht (Anode) auf dänischer Seite. Die wassergekühlten Thyristorventile sind in Ventiltürmen zusammengefasst und hängen an der Decke der Ventilhalle. Die Stromrichtertransformatoren bestehen aus drei einpoligen Einheiten mit jeweils drei Wicklungen [19.37].

19.4.2 HGÜ-Stationen

Den Kern jeder HGÜ-Station bilden die Stromrichterbrücken eng verbunden mit den Stromrichtertransformatoren, wie die Bilder 19.1 bis 19.6 zeigen. In den Anfangsjahren der HGÜ nach dem zweiten Weltkrieg wurden Quecksilberdampfventile verwendet (Tabelle 19.1, Nr. 1 bis Nr. 12). Heutige Thyristor-

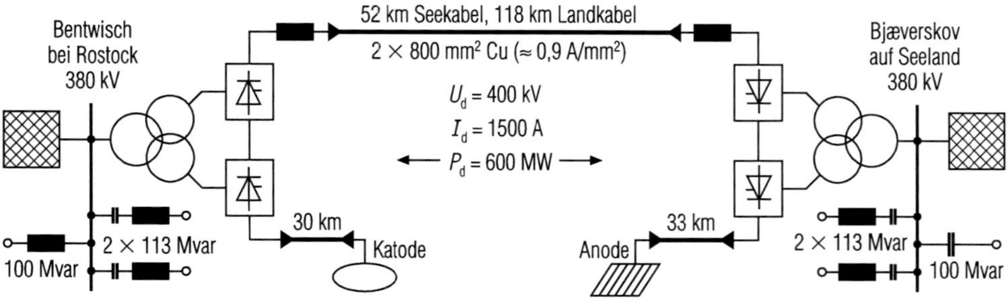

Bild 19.6. HGÜ-Kabelverbindung Contec zwischen Bentwisch und Bjæverskov [9.37]

ventile bestehen aus einer Vielzahl von in Reihe geschalteten Hochspannungsthyristoren, in Baugruppen zusammengefasst, aus denen Ventile bzw. Doppelventile gebildet werden, und die dann zu Drehstrombrücken zusammengeschaltet werden (Bilder 19.1 und 19.4).

Die Ventiltürme der HGÜ müssen bei hohen Gleichspannungen und dadurch bedingter Reihenschaltung der Stromrichterbrücken gegen Erde isoliert aufgestellt werden. Dies erfordert, dass Hilfsenergie, Kühlmittel und Steuerimpulse vom Erdpotential auf das Ventilpotential gebracht werden müssen.

Fasst man jeweils zwei Stromrichtergruppen mit um 30° versetzter Schaltgruppe der Transformatoren zusammen (Bilder 19.1 bis 19.6), so entsteht eine Stromrichtergruppen mit zwölfpulsiger Netzrückwirkung.

Bei Innenraumaufstellung kann man die Ventiltürme an die Deckenkonstruktion der Ventilhalle hängen (Bild 19.7), und erhält so auch eine verbesserte Erdbebensicherheit.

Thyristorventile können die bei einem Kurzschluss auf der Gleichstromseite auftretenden Überströme führen und ausschalten. Zum Schutz gegen Überspannungen werden Schutzeinrichtungen an der Freileitung und Überspannungsableiter parallel zu den Ventilen eingesetzt (Bild 19.4). Bei dem Thyristorventil nach Bild 19.4, das für eine Brückenspannung 133 kV ausgelegt wurde, waren 280 Thyristoren mit der damals noch niedrigen Sperrspannung von 1,65 kV in Reihe geschaltet. Die Gesamtsperrspannung 280×1,65 kV = 462 kV lag so fast um den Faktor 3,5 über der Bemessungsspannung 133 kV. Die Überspannungsableiter sprachen deshalb bei betriebsmäßig vorkommenden Überspannungen nicht an.

Zur Regelung der Übertragungsleistung der HGÜ werden die Steuerung der Stromrichterventile und die Stufenschalter der Stromrichtertransformatoren herangezogen. Bei Zweipunktverbindungen, die bisher fast ausschließlich gebaut wurden, wird der Löschwinkel in der Wechselrichterstation geregelt. Damit ist bei konstanter Netzspannung und konstantem Gleichstrom auch eine konstante Gleichspannung gegeben. Auftretende Differenzen zum Sollwert werden durch die Stufenschalter der Stromrichtertransformatoren auf der Wechselrichterseite ausgeglichen. Der Gleichstrom wird mit der Steuerung der Stromrichter auf der Gleichrichterseite geregelt. Der Stromsollwert und

Bild 19.7. Stromrichterventiltürme der HGÜ zwischen Tianshengqiao und Guangzhou (China) für die Übertragung von 1800 MW über ≈ 1000 km bei ± 500 kV (Werkbild Siemens)

damit die übertragene HGÜ-Leistung kann verschiedenen Einflüssen unterworfen werden. So ist es möglich, neben der Einhaltung eines bestimmten Programms der Übertragungsleistung, z.B. die Frequenz eines der angeschlossenen Drehstromnetze als Störgröße aufzuschalten [19.19, 19.37, 19.40].

An der Stromrichterwicklung der HGÜ-Transformatoren liegt bei der Reihenschaltung von Brücken eine hohe Gleichspannung. Deshalb werden besondere Maßnahmen notwendig bei der Auslegung der Hauptisolation dieser Transformatoren, denn die Spannungsverteilung im geschichteten Öl-Papier-Dielektrikum ist anders als bei Wechselspannung. Bild 19.8 zeigt einen Stromrichtertransformator (im Prüffeld) für die HGÜ-Anlage im Zusammenhang mit dem Drei-Schluchten-Projekt in China.

Bild 19.8. Stromrichtertransformator, einpolige Einheit mit 284 MVA im Prüffeld, für eine 3000-MW-HGÜ-Übertragungsanlage in China, Drei-Schluchten-Damm (Werkbild Siemens). Zu einer zwölfpulsigen Brücke gehören drei Einheiten Yd und drei Einheiten Yy. Die beiden rechts im Bild liegenden Durchführungen sind die Anschlüsse an die Ventilgruppen auf hohem Gleichspannungspotential. Die senkrechte Durchführung dient dem Anschluss an einen Leiter des 500-kV-Drehstromnetzes. Links im Bild Öl-Luft-Kühlanlage

19.4.3 HGÜ-Freileitungen und -Kabel

HGÜ–Freileitungen und -Kabel weisen eine Reihe von Besonderheiten gegenüber den entsprechenden Drehstromleitungen auf. Bild 19.9 zeigt einige Beispiele von HGÜ-Freileitungen, die als einpolige Leitungen, Einfachleitungen (zweipolig) oder Doppelleitungen gebaut werden können. Setzt man voraus, dass bei Ausfall eines Pols einer Einfachleitung der andere Pol über längere Zeit mit Rückleitung über Erde weiterbetrieben werden kann, wie z. B. bei der Übertragung nach Bild 19.4, so liegt ein Vergleich mit einer Drehstromdoppelleitung nahe, bei der auch ein Stromkreis ausfallen kann, die aber merklich höhere Errichtungskosten aufweist. Ein Kostenvergleich wird möglich zwischen den Kosten für eine Drehstromdoppelleitung nach Gl. (9.1) und den Kosten $K'_{\mathrm{BL},1974}$ für eine bipolare Gleichstromfreileitung (BL) nach Bild 19.9 a, c für den Stand 1974 nach der folgenden Kostenformel [9.33, 19.17]:

$$\frac{K'_{\mathrm{BL},1974}}{\mathrm{TDM\,/\,km}} \approx 14{,}4 + 0{,}276\,\frac{U_{\mathrm{d}\pm}}{\mathrm{kV}} + 72\,\frac{q_{\mathrm{B}}}{1000\ \mathrm{mm}^2} \qquad (19.3)$$

Dabei sind:

$K'_{\text{BL},1974}$ Errichtungskosten von bipolaren Gleichstromfreileitungen, Stand 1974.

$U_{\text{d}\pm}$ Nennspannung der Leitung, Spannung Leiter gegen Erde (Spannung des Plus- oder Minuspols) ($U_{\text{d}\pm} = \pm$ 200 kV bis $\pm$ 600 kV).

q_B gesamter Al-Querschnitt eines Bündelleiters ($n \leq 4$) je Pol bei Al/St-Seilen ($q_\text{B} = 800$ bis 4000 mm^2).

Für die Errichtungskosten einer monopolaren (einpoligen) Gleichstromfreileitung (ML) nach Bild 19.9 b gilt:

$$K'_{\text{ML}} \approx 0{,}63 K'_{\text{BL}} \tag{19.4}$$

Für den Kostenstand im Jahre 2000 gelten etwa die gleichen Überlegungen wie bei Gl. (9.1).

Bei einer HGÜ-Freileitung mit zwei bipolaren Stromkreisen (Bild 19.9 d) liegen die Errichtungskosten etwa um den Faktor 1,67 höher als die Kosten nach Gl. (19.3) [1.11, 1.18, 1.24]. Die wirtschaftliche Stromdichte wird ähnlich wie bei Drehstromfreileitungen berechnet (Abschn. 9.6.3). Die Ergebnisse zeigen kaum Unterschiede gegenüber den Ergebnisse bei Drehstromfreileitungen.

Die Isolationsbemessung der HGÜ-Freileitung muss in stärkerem Maße als bei der Drehstromfreileitung an die zu erwartende Verschmutzung angepasst werden. Für die Freileitung Cabora Bassa sind spezifische Kriechwege von 2,3 bis 2,7 cm/kV abhängig von den örtlichen Verhältnissen gewählt worden bei Isolatoren mit geeigneter Formgebung unter den Bedingungen der Gleichstromverschmutzung. Bei einer Gleichspannung von 400 kV gegen Erde rechnet man mit einer Isolatorlänge von etwa 4,5 m (Bild 19.9 a), während bei 750 kV gegen Erde Isolatorlängen von 10,5 bis 15,5 kV in Betracht gezogen werden (Bild 19.9 c).

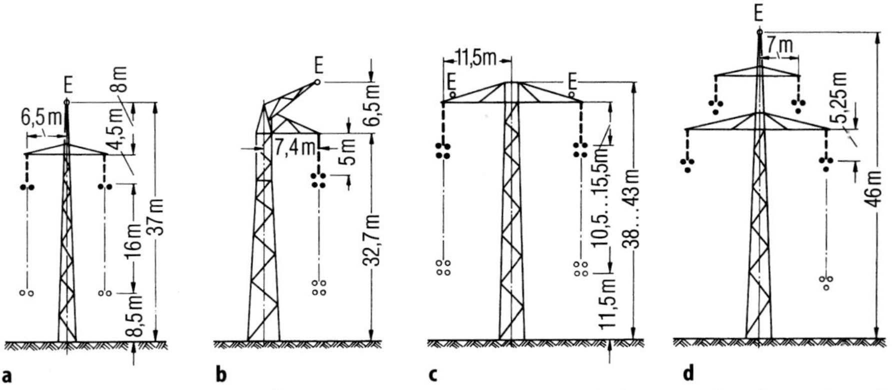

Bild 19.9. Beispiele für HGÜ-Freileitungen. **a** ± 400-kV-Einfachleitung (bipolare Leitung) [9.20]; **b** 533-kV-Leitung (monopolare Leitung), I_d = 3300 A; **c** 750-kV-Einfachleitung (bipolare Leitung) 4×943/53 Al/St [19.23]; **d** ± 400-kV-Doppelleitung [1.11]

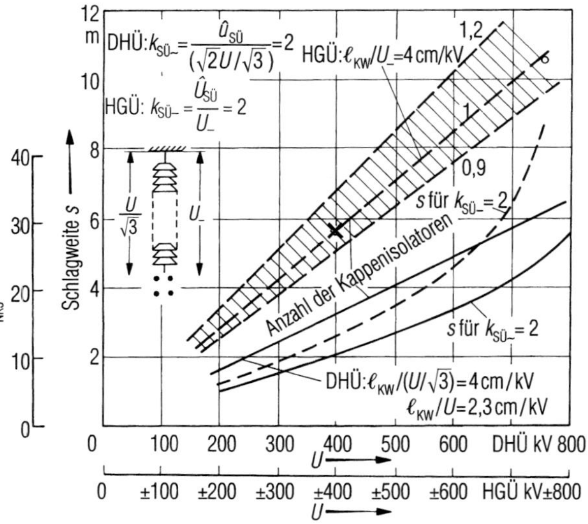

Bild 19.10. Vergleich der Isolation bei HGÜ und DHÜ anhand der Schlagweite s für spezifische Kriechwege l_{KW} von 4 cm/kV und Schaltüberspannungsfaktoren $k_{SÜ} = 2$; × Schlagweite $s = 5{,}25$ m bei HGÜ ± 400 kV (Bild 19.9a); ○ Schlagweite $s = 10{,}5$ m bei HGÜ ± 750 kV (Bild 19.9c); n_{NK3} Anzahl der Isolatoren NK3 (Beispiel)

Bild 19.10 zeigt weitere Überlegungen zur Isolatorlänge (Schlagweite) bei Gleichstromleitungen im Vergleich zu Drehstromfreileitungen [12.19]. Für die Darstellung wurde sowohl für HGÜ als auch für DHÜ ein spezifischer Kriechweg von 4 cm/kV gewählt, bezogen in beiden Fällen auf die im Normalbetrieb an den Isolatoren liegende Spannung.

Die zulässige elektrische Randfeldstärke darf ähnlich angenommen werden wie bei Drehstromfreileitungen. Dem Effektivrichtwert 17,4 kV/cm in Deutschland entspricht dann bei HGÜ: $\sqrt{2} \cdot 17{,}4$ kV/cm ≈ 24,6 kV/cm. Die HF-Störfeldstärke bei HGÜ darf etwa 10 dB höher liegen als bei Drehstromfreileitungen; erst dann wird der gleiche Effekt erwartet.

HGÜ-Kabel haben gegenüber Drehstromkabeln den Vorteil, dass keine Ladeleistung benötigt wird und dass weder Skineffekt noch dielektrische Verluste auftreten. Daher ist bei Gleichstromkabeln ein weitaus geringerer Aufwand an Leitermaterial und an Isolation notwendig als bei Wechselstromkabeln. Die Dicke der Isolation kann bei einem Gleichstromkabel für 400 kV ähnlich gewählt werden wie bei einem Wechselstromkabel für $U_0 = 63$ kV (110 kV/ $\sqrt{3}$). Bei einer Gleichspannung bis etwa 300 kV kommen Massekabel in Betracht und bei Spannungen darüber Ölkabel oder Gasdruckkabel [19.25, 19.33]. Da die Leistungsumkehr bei der klassischen HGÜ mit Thyristoren durch Umpolen der Spannung erfolgt, können keine Kunststoffkabel (VPE-Kabel), wie sie heute bei Drehstromkabelverbindungen zum Einsatz kommen, verwendet werden. Kunststoffkabel sind aufgrund von Raumladungen empfindlich gegen eine Spannungsumkehr.

Da HGÜ-Kabel ohne Zwischenstationen mit Ladestrom-Kompensationseinrichtungen auch über größere Längen verlegt werden können, ist die HGÜ bei Seekabelverbindungen über größere Längen als *die* technische Lösung anzusehen. Bei flachem Wasser könnte man sich auch Drehstromkabel mit einer Zwischenstation (künstliche Insel) denken, auf der Ladestrom-Drosselspulen aufgestellt werden. Etwa in der Hälfte der in Tabelle 19.1 aufgeführten Fälle bestehen die HGÜ-Verbindungen aus Kabeln (vornehmlich Seekabeln) oder es sind Kabel an der Übertragung beteiligt.

19.5 Kostenvergleich HGÜ mit DHÜ

Kostenvergleiche für die Übertragung elektrischer Leistung mit HGÜ oder DHÜ sind mehrfach durchgeführt worden, z. B.: [1.11, 1.18, 19.13, 19.24,19.31]. Bei diesen Vergleichen soll in der Regel festgestellt werden, bei welcher Entfernung eine HGÜ-Übertragung (Freileitung oder Kabel) gleich wirtschaftlich wird wie eine Drehstromübertragung. Gesucht wird also der wirtschaftliche Schnittpunkt. Die Vergleiche werden stark beeinflusst von den technischen und wirtschaftlichen Voraussetzungen und dem technischen Entwicklungsstand der HGÜ und der DHÜ. Zusätzlich ergibt sich in der Regel, dass die Kostenkurven für die HGÜ- und die DHÜ-Übertragungen in der Nähe des Schnittpunktes flach verlaufen, sodass kleine Änderungen in den Annahmen merkliche Verschiebungen des Schnittpunktes ergeben können.

Der Bereich bei Freileitungsübertragungen (AB-Übertragungen) zwischen 0 und etwa 600 km Entfernung wird wirtschaftlich eindeutig durch die Drehstromtechnik beherrscht, unabhängig von der zu übertragenden Leistung. Dies zeigten schon 1956 angestellte Überlegungen [12.2] als es um die Einführung von 380 kV in Europa ging und man sich Gedanken um die mögliche Einführung einer nächsthöheren Spannungsebene von etwa 700 kV machte [1.6, 1.9, 1.18, 12.2]. Bei Entfernungen über 600 km liegt das Mischgebiet zwischen DHÜ und HGÜ, wobei sich die wirtschaftlichen Schnittpunkte dann bei größeren Leistungen zu größeren Entfernungen verschieben. Die Untersuchungen in [19.24] haben z. B. gezeigt, dass für die Übertragung von 500 MW der Schnittpunkt etwa bei 700 km erreicht werden kann, während sich der Kostenschnittpunkt bei der Übertragung von 2000 MW auf etwa 1000 km verschiebt. Als erste Begründung dafür kann die quadratische Zunahme der übertragenen Leistung mit zunehmender Spannung bei großen Entfernungen angesehen werden, während die Kosten nur etwa linear mit der Spannung und dem Leiterquerschnitt anwachsen [19.24]. Nach [19.31] soll der Schnittpunkt zwischen 500 und 800 km liegen.

HGÜ-Kabelverbindungen (Landkabel und Seekabel) werden schon im Bereich 40 bis 150 km wirtschaftlicher als DHÜ-Kabelverbindungen [1.11, 1.18, 12.19, 19.13]. Nach [19.31] liegt der wirtschaftliche Schnittpunkt für Seekabel bei 20 bis 50 km, während er für Landkabel bei 40 bis 100 km liegen soll.

19.6 Weiterentwicklung der HGÜ

Mit der Entwicklung von leitungsstarken IGBTs (Insulated Gate Bipolar Transistors), die im Gegensatz zu den Thyristoren bei der klassischen HGÜ zu beleibigen Zeitpunktren ein- und ausgeschaltet werden können, war es zunächst in der Antriebstechnik möglich drehzahlgeregelte Antriebe großer Leistung zu bauen mit sogenannten VSC-Umrichter (Voltage Source Converters) oder U-Umrichtern. Dieses Prinzip wurde für die Weiterentwicklung der HGÜ nutzbar gemacht mit nachfolgend beschriebenen Eigenschaften.

An beiden Übertragungsenden kann aus der konstanten Zwischenkreisspannung durch Pulsweitenmodulation, wie im Bild 19.11 schematisch dargestellt, Wirk- und Blindleistung im Vierquadranten-Betrieb eingestellt werden. Dadurch können auch die Blindleistungs-Kompensationsspulen der klassischen HGÜ entfallen.

Die Leistungsflussumkehr bei der VSC-HGÜ erfolgt durch Umkehr der Stromrichtung und nicht wie bei der klassischen HGÜ durch Spannungsumpolung, wodurch der Einsatz von VPE-Kabeln, die eine Spannungsumkehr nicht vertragen, anstelle von Massekabeln möglich wird. Diese Eigenschaft und die Tatsache, dass die VSC-HGÜ kein Drehstromnetz mit ausreichender Kurzschlussleistung benötigt, macht sie für die Anbindung küstenferner Windparks unentbehrlich. Nachteilig gegenüber der klassischen HGÜ sind die noch verhältnismäßig geringen Übertragungsleistungen bis max 1100 MW bei ± 300 kV und die durch die hohe Schalthäufigkeit bedingten etwa doppelt

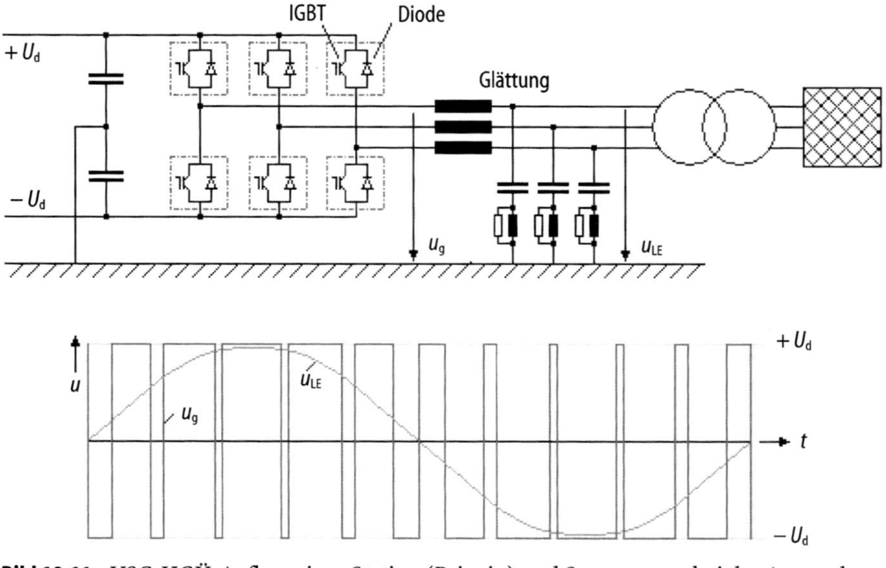

Bild 19.11. VSC-HGÜ, Aufbau einer Station (Prinzip) und Spannungen bei der Anwendung der Pulsweitenmodulation

so hohen Stromrichterverluste. VPE-Gleichspannunskabel für Spannungen größer 300 kV befinden sich in Entwicklung.

Die Firma ABB verwendet für die VSC-HGÜ die Bezeichnung „HGÜ LIGHT", die Firma Siemens die Bezeichnung „HGÜ PLUS".

Nach einer Pilot-Anlage im Jahre 1997 (Tabelle 19.2) wurde im Jahre 1999 die erste kommerzielle Anlage VSC-HGÜ auf der schwedischen Insel Gotland zwischen Näs im Süden und Bäcks in der Nähe von Visby in Betrieb genommen. Sie dient vor allem dem Anschluss von Windenergieanlagen (WEA) im Süden der Insel. Der schnelle Ausbau vieler WEA mit Asynchrongeneratoren hat zu Flickererscheinungen, Spannungsinstabilität und unerwünschten Lastflüssen geführt. Bild 19.12 zeigt die Einfügung der VSC-HGÜ in das vorhandene 70-/30-kV-Netz der Insel.

Die Windparks liegen im Süden der Insel Gotland in westlicher und südwestlicher Richtung des Orts Näs in der Nähe der Küste. Von dort geht die HGÜ-Kabelverbindung über 70 km Länge nach Bäcks in die Nähe der Inselhautstadt Visby parallel zu 70-kV-Leitungen des Drehstromnetzes auf der Insel. Das 70-kV-Netz hat eine Leitungslänge von insgesamt 300 km. Die Insel Gotland hat eine Fläche von 3000 km² und 57 000 Einwohner. Auf Gotland befindet sich eine der größten Zementfabriken Nordeuropas in Slite an der Ostküste der Insel. Im Sommer lebt Gotland vom Tourismus. Es war deshalb bei den Vorüberlegungen zur Netzertüchtigung von besonderer Bedeutung, dass

Tabelle 19.2. VSC-HGÜ-Anlagen ab 1997/99 mit IGBT-Umrichtern (Auswahl), Angaben nach ABB-Referenzliste („HGÜ Light")

Nr.	Bezeichnung	P_d MW	U_d kV	Länge km	Inbetriebnahme, Bemerkungen
1	Hellsjön-Grängesberg, Schweden	3	± 10	10	1997, Pilot-Anlage über vorhandene Freileitung
2	Gotland, Schweden	50	± 80	70	1999, Anschluss von WEA, siehe Bild 19.12
3	Directlink, Australien	180	± 80	65	2000, Verbindung asynchroner Netze
4	Cross Sound Cable, USA, Long Island – New Haven Con.-	330	± 150 (I_d = 1175 A)	40	2002, Verbesserung der Netzzuverlässigkeit
5	Troll A, Norwegen	2 × 41	± 60	67	2002, Verbindung zur Erdgas-Plattform in der Nordsee
6	ESTLINK, Estland-Finnland	360	± 150	105	2006, Verbindung asynchroner Netze
7	NORD E.ON 1, Deutschland	400	± 150	203	2009, Anschluss Windpark in der Nordsee
8	Caprivi Link, Namibia	300	350	970	2009, Freileitungsverbindung zur Verbesserung der Netzzuverlässigkeit

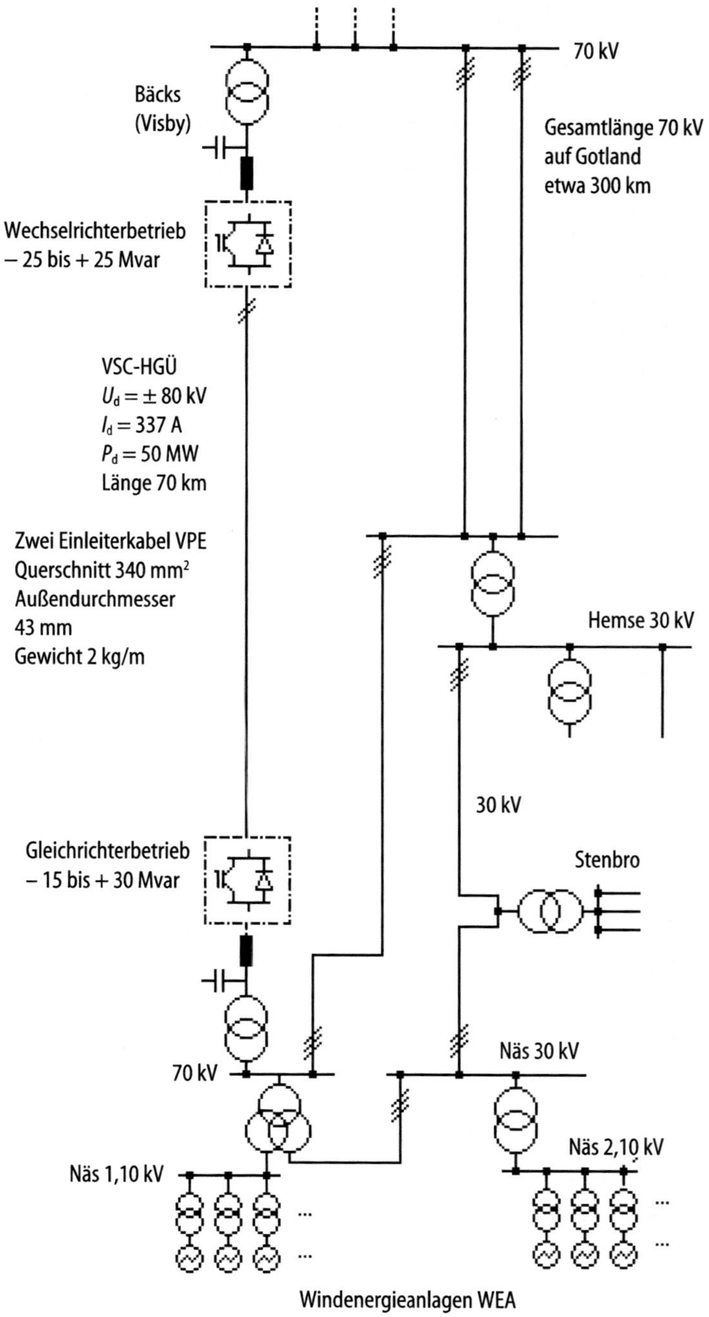

Bild 19.12. VSC-HGÜ auf der Insel Gotland

die neue Übertragungsleitung unterirdisch verlegt (eingeplügt) werden konnte.

Tabelle 19.2 zeigt eine Auswahl von VSC-HGÜ-Anlagen, die in den letzten Jahren gebaut wurden. Man erkennt, dass zusätzlich zu den bisherigen Einsatzgebieten der HGÜ (Tabelle 19.1) zusätzlich der Anschluss von Windenergieparks an Land und auf dem Meer hinzugekommen ist. Dem Anschluss von küstenfernen Winenergieparks in der Nordsee kommt deshalb besondere Bedeutung zu, weil alle Nordseeanrainer Windenergieparks in großer Anzahl mit hohen Leistungen planen, um so die CO_2-freie elektrische Energieerzeugung wesentlich auszubauen (siehe dazu Abschnitt 1). Mit zunehmender Anzahl von VSC-HGÜ-Verbindungen in der Nordsee stellt sich auch die Frage der Normung [19.46], um einen späteren Zusammenschluss und den Anschluss an Pumpspeicherkraftswerke in Norwegen möglich zu machen. IEC und Cigré haben 2008/09 Arbeitsgruppen dazu gegründet (IEC TC 115 und Cigré WG B4-52).

20 Berechnung transienter Vorgänge in Drehstromnetzen

20.1 Überblick

Unter transienten Vorgängen (englisch: Transients) versteht man schnell verlaufende Ausgleichsvorgänge in elektrischen Netzen. Aufgrund der beteiligten elektrischen und magnetischen Energiespeicher spricht man auch von elektromagnetischen Ausgleichsvorgängen im Gegensatz zu den elektromechanischen Ausgleichsvorgängen, an denen auch die mechanischen Energiespeicher der rotierenden Maschinen beteiligt sind.

Durch das relativ geringe Speichervermögen der elektrischen und magnetischen Energiespeicher des Netzes gegenüber dem der rotierenden Massen, verlaufen die elektromagnetischen Ausgleichsvorgänge wesentlich schneller als die elektromechanischen und bleiben auch auf einen deutlich kleineren Netzbereich beschränkt. Dieses Verhalten erfordert einerseits zeitlich hoch auflösende Modelle, ermöglicht es aber andererseits, vereinfachte Modelle für die Einspeisungen in Form von Spannungs- oder Stromquellen hinter konstanten Induktivitäten und Kapazitäten, zu verwenden.

20.2 Gleichungssysteme zur Berechnung transienter Vorgänge

Die Gleichungen des Netzes bestehen aus linearen und nichtlinearen Differentialgleichungen für die Speicherelemente Induktivität, Kapazität und rotierende Masse, sowie algebraischen Gleichungen zu denen auch die Maschen- und Knotenpunktgleichungen gehören.

Durch Elimination der algebraischen Abhängigkeiten zwischen den einzelnen Variablen lässt sich ein im Allgemeinen nichtlineares, zeitvariantes Differentialgleichungssystem 1. Ordnung der folgenden Formen gewinnen.

$$\dot{\boldsymbol{x}}(t) = \boldsymbol{f}(\boldsymbol{x}, \boldsymbol{u}, t) \qquad (20.1)$$

oder:

$$\dot{\boldsymbol{x}}(t) = \boldsymbol{A}(\boldsymbol{x}, \boldsymbol{u}, t)\,\boldsymbol{x}(t) + \boldsymbol{B}(\boldsymbol{x}, \boldsymbol{u}, t)\,\boldsymbol{u}(t) \qquad (20.2)$$

D. Oeding, B. Oswald, *Elektrische Kraftwerke und Netze*,
doi 10.1007/978-3-642-19246-3, © Springer 2011

Der Vektor $\boldsymbol{x}$ enthält eine minimale Anzahl von Variablen (Ströme, Spannungen, Flußverkettungen, Drehwinkel und Winkelgeschwindigkeiten von elektrischen Maschinen, sowie Regel- und andere Größen), die zusammen mit den im Vektor $\boldsymbol{u}$ zusammengefassten Eingangsgrößen eindeutig den Netzustand bestimmen. Diese Variablen heißen deshalb Zustandsvariable und das Gleichungssystem Zustandsraum- oder Zustandsdifferentialgleichungssystem.

Die einzelnen Zustandsvariablen unterscheiden sich teilweise erheblich in ihrem zeitlichen Verhalten und lassen sich danach zunächst grob in schnelle und langsame Zustandsvariable unterteilen [20.11, 20.17, 20.24]. Da die transienten Vorgänge durch die Änderungen der schnellen Zustandsvarablen dominiert werden, können die Änderung der langsamen Zustandsvariablen, wie Flußverkettungen, Drehwinkel und Winkelgeschwindigkeiten der elektrischen Maschinen vernachlässigt werden. Dadurch vereinfachen sich die nichtlinearen Modelle der elektrischen Maschinen erheblich und die Ordnung der Zustandsdifferentialgleichung verringert sich entsprechend.

In einigen Sonderfällen sind die Systemmatrix $\boldsymbol{A}$ und die Eingangsmatrix $\boldsymbol{B}$ konstant. Es liegt dann ein lineares Zustandsdifferentialgleichungssystem vor.

Die Aufstellung des Zustandsdifferentialgleichungssystems ist aufwändig und erfordert neben den Knotenpunktsätzen auch einen Satz unabhängiger Maschen. Topologieänderungen und die Berücksichtigung von Schalthandlungen und Fehlern machen gewöhnlich eine komplette Neuformulierung des gesamten Gleichungssystems erforderlich. Die Zustandsraumdarstellung hat sich deshalb für die Simulation von transienten Vorgängen, trotz des unbestrittenen Vorteils, dass anhand der (ggf. linearisierten) Systemmatrix a priori Aussagen zum Stabilitäts- und Lösungsverhalten gemacht werden können, nicht durchgesetzt.

Die meisten Berechnungsprogramme für transiente Vorgänge benutzen das sog. Differenzenleitwertverfahren (DLV) [20.1, 20.2, 20.4, 20.12, 20.13, 20.29]. Bei diesem werden die Differntialgleichungen der Netzzweige durch Näherungsbeziehungen in algebraische Differenzengleichungen überführt. Diese lassen sich, wie die Zeigergleichungen für den stationären Zustand, nach den Stromänderungen auflösen. Diese Stromgleichungen werden dann in gewohnter Weise nach dem Knotenpunktverfahren entsprechend der Netzstruktur verknüpft (s. Abschnitt 13.2.1) und das Knotenspannungs-Gleichungssystem, Gl. (20.3), zeitschrittweise im Wechsel mit den Zweiggleichungen, Gl. (20.4), gelöst (s. Abschnitt 20.3). Maschensätze wie bei der Formulierung des Zustandsdifferentialgleichungssystems werden nicht benötigt (bezüglich der Bezeichnungen siehe auch das Beispiel in Abschnitt 20.3.6).

$$\boldsymbol{G}_{\mathrm{K}}(\Delta t)\boldsymbol{u}_{\mathrm{K}}(t) = \boldsymbol{K}_{\mathrm{KZ}}[\boldsymbol{i}_{\mathrm{qZ}}(t) + \boldsymbol{i}_{\mathrm{vZ}}(t)] \tag{20.3}$$

$$\boldsymbol{i}_{\mathrm{Z}}(t) = \boldsymbol{G}_{\mathrm{Z}}(\Delta t)\boldsymbol{u}_{\mathrm{Z}}(t) + \boldsymbol{K}_{\mathrm{q}}(\Delta t)\boldsymbol{i}_{\mathrm{qZ}}(t) + \boldsymbol{K}_{\mathrm{v}}(\Delta t)\boldsymbol{i}_{\mathrm{vZ}}(t) \tag{20.4}$$

Durch die Analogie zum Knotenpunktverfahren für die Berechnung stationärer Zustände hat das DLV eine hohe Akzeptanz erfahren und sich in der

Berechnungspraxis gegenüber andern Verfahren durchgesetzt. Als umständlich und aufwändig, weil mit Iterationen verbunden, erweisen sich allerdings Zeitschrittänderungen und die Berücksichtigung von Nichtlinearitäten.

Ein Kompromiss zwischen dem Zustandsraumverfahren (ZRV) und dem DLV stellt das erweiterte Knotenpunktverfahren (EKPV) dar [2.21, 20.20, 20.22, 20.23, 20.27, 20.28]. Dieses kommt bei der Formulierung des Gleichungssystems wie das DLV ohne Maschensätze aus. Wie beim DLV wird nach dem Knotenpunktverfahren ein algebraisches Knotenspannungs-Gleichungssystem, Gl. (20.5), für die induktiven Knotenpunkte aufgestellt, das wechselseitig mit den Differentialgleichungen der induktiven Netzzweige, Gl. (20.6), und der kapazitiven Knotenpunkte, Gl. (20.7), gelöst wird. (Induktive Knotenpunkte sind nach der Definition in [20.28] Knotenpunkte, an denen ausschließlich induktive Netzweige angeschlossen sind. An den kapazitiven Knoten ist mindestens ein kapazitiver Netzzweig vorhanden).

$$\boldsymbol{G}_{\mathrm{KL}}\boldsymbol{u}_{\mathrm{KL}}(t) = \boldsymbol{K}_{\mathrm{L}}\,\boldsymbol{i}_{\mathrm{L}}(t) + \boldsymbol{K}_{\mathrm{C}}\,\boldsymbol{u}_{\mathrm{KC}}(t) + \boldsymbol{K}_{\mathrm{q}}\,\boldsymbol{i}_{\mathrm{qZ}}(t) \tag{20.5}$$

$$\dot{\boldsymbol{i}}_{\mathrm{L}}(t) = \boldsymbol{f}_{\mathrm{L}}(\boldsymbol{i}_{\mathrm{L}}, \boldsymbol{u}_{\mathrm{KL}}, \boldsymbol{i}_{\mathrm{qL}}) \tag{20.6}$$

$$\dot{\boldsymbol{u}}_{\mathrm{KC}}(t) = \boldsymbol{f}_{\mathrm{C}}(\boldsymbol{u}_{\mathrm{KC}}, \boldsymbol{u}_{\mathrm{KL}}, \boldsymbol{i}_{\mathrm{L}}) \tag{20.7}$$

Im Gegensatz zum DLV sind die Elemente der Knoten-Leitwertmatrix $\mathbf{G}_{\mathrm{KL}}$ jedoch nicht zeitschrittabhängig und die Gleichungen der Netzzweige bleiben in ihrer ursprünglichen ggf. auch nichtlinearen Form erhalten, so dass Zeitschrittänderungen und Nichtlinearitäten ohne zusätzliche Iterationen leicht einbezogen werden können. Zudem erlaubt das Gleichungssystem wie bei der Zustandsdarstellung die Bestimmung der Netzeigenwerte und damit die Verwendung eines entsprechend angepassten Zeitschritts.

Die Netzzweige des Drehstromnetzes sind resistiv, induktiv und kapazitiv gekoppelt. Durch eine Modaltransformation können entkoppelte Gleichungen für die modalen Komponenten, erhalten werden (s. Abschnitt 2.5 und [N2.1]). Unter der Voraussetzung eines symmetrischen Aufbaus der Betriebsmittel und verdrillter Leitungen sind die Transformationsmatrizen unabhängig von den Parametern des Drehstromnetzes. Parameterunsymmetrische Betriebsmittel, wie die unverdrillte Leitung führen auf Transformationsmatrizen mit parameterabhängigen Elementen. Bei der Berücksichtigung der Frequenzabhängigkeit der Leitungsparameter sind auch die Transformationsmatrizen frequenzabhängig [9.54, 20.6, 20.7, 20.15].

Den Gleichungen der modalen Komponenten können einpolige Ersatzschaltungen mit den Parametern des Mit-, Gegen- und Nullsystems zugeordnet werden. Es genügt deshalb, sich auf die Gleichungen einer Komponente zu beschränken, wie das im Folgenden der Fall sein soll.

20.3 Differenzen-Leitwert-Verfahren

20.3.1 Diskretisierungsverfahren

Gewöhnlich wird zur Diskretisierung der linearen Differentialgleichung

$$\dot{x}(t) = Ax(t) + Bu(t) = f(t) \tag{20.8}$$

die Trapezregel herangezogen [20.12] [20.13].

Nach Bild 20.1 erhält man ausgehend von der Integralform der Gl. (20.8) für einen Zeitschritt die folgende Differenzengleichung:

$$\Delta x = x(t) - x(t-\Delta t) = \int_{t-\Delta t}^{t} f(\tau)\mathrm{d}\tau \approx \frac{1}{2}[f(t) + f(t-\Delta t)]\Delta t \tag{20.9}$$

Nach Einsetzen der Funktionswerte an den Stützstellen und Umordnen ergibt sich:

$$x(t) = \frac{B\frac{\Delta t}{2}}{1 - A\frac{\Delta t}{2}}u(t) + \frac{1 + A\frac{\Delta t}{2}}{1 - A\frac{\Delta t}{2}}x(t-\Delta t) + \frac{B\frac{\Delta t}{2}}{1 - A\frac{\Delta t}{2}}u(t-\Delta t) \tag{20.10a}$$

bzw.:

$$x(t) = \frac{1}{-\frac{A}{B} + \frac{2}{B\Delta t}}u(t) + \frac{\frac{A}{B} + \frac{2}{B\Delta t}}{-\frac{A}{B} + \frac{2}{B\Delta t}}x(t-\Delta t) + \frac{1}{-\frac{A}{B} + \frac{2}{B\Delta t}}u(t-\Delta t) \tag{20.10b}$$

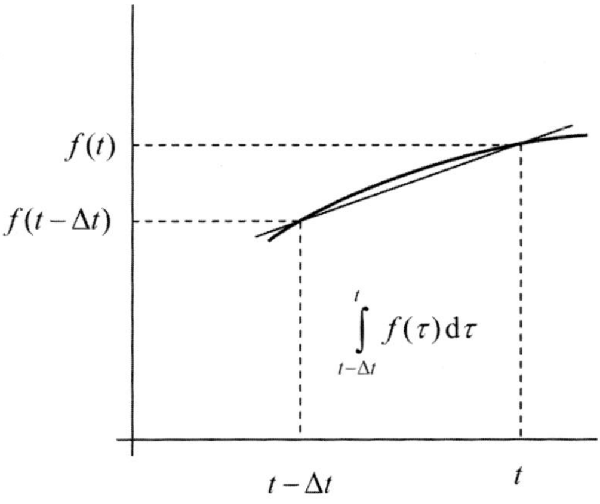

Bild 20.1. Intervallweise Näherung der Integralfunktion durch die Trapezregel

Die Trapezregel garantiert auch bei größeren Schrittweiten absolute Stabilität, neigt andererseits aber auch zu unmotivierten Oszillationen [20.25].

Man findet deshalb in der Literatur auch verbesserte Diskretisierungsverfahren auf der Grundlage von Exponentialfunktionen [20.16, 20.19].

Diese beruhen auf der allgemein bekannten Lösung für die Gl. (20.1) während eines Zeitschritts (s. z. B. [20.9]):

$$x(t) = \mathrm{e}^{A\Delta t} x(t-\Delta t) + \int\limits_{t-\Delta t}^{t} \mathrm{e}^{A(t-\tau)} B u(\tau) \mathrm{d}\tau \tag{20.11}$$

Durch Näherungsausdrücke für den Integranden erhält man die folgende Beziehung [20.20]:

$$x(t) = -\frac{1}{2}\frac{B}{A}(1-\mathrm{e}^{A\Delta t})u(t) + \mathrm{e}^{A\Delta t} x(t-\Delta t) - \frac{1}{2}\frac{B}{A}(1-\mathrm{e}^{A\Delta t})u(t-\Delta t) \tag{20.12}$$

Für genügend kleine Zeitschritte lässt sich die Exponentialfunktion annähern durch [20.25]

$$\mathrm{e}^{A\Delta t} = \frac{\mathrm{e}^{A\frac{\Delta t}{2}}}{\mathrm{e}^{-A\frac{\Delta t}{2}}} \approx \frac{1 + A\frac{\Delta t}{2}}{1 - A\frac{\Delta t}{2}} \tag{20.13}$$

womit Gl. (20.12) in die mit der Trapezregel gewonnene Gl. (20.10a) übergeht. Die auf der Grundlage der Trapezregel hergeleitete Differenzengleichung ist somit eine Näherungsbeziehung der Gl. (20.12), womit sich deren besseres numerisches Lösungsverhalten erklären lässt. Im Gegensatz zu Gl. (20.10) wird mit dem ersten Glied in Gl. (20.12) das Eigenschwingungsverhalten des Zweiges entsprechend seines Eigenwertes exakt wiedergegeben.

Bei der Bildung der Differenzengleichungen der Betriebsmittel muss man zwischen Betriebsmittelmodellen mit konzentrierten Parametern und solchen mit verteilten Parametern unterscheiden. Verteilte Parameter kommen fast ausschließlich bei den Leitungen (Freileitung oder Kabel) vor. Leitungsmodelle auf der Grundlage konzentrierter Parameter entsprechen im Allgemeinen nicht den Anforderungen an die Simulation transienter Vorgänge (s. das Beispiel in Abschnitt 20.3.6).

Die anderen Betriebsmittel lassen sich dagegen im Frequenzbereich der transienten Vorgänge genügend genau durch Modelle mit konzentrierten Parametern darstellen. Die entsprechenden Ersatzschaltungen bestehen aus induktiven, kapazitiven und resistiven Zweigen sowie Spannungs- oder Stromquellen, für die im Folgenden die Differenzengleichungen angegeben werden.

20.3.2 Differenzengleichungen der induktiven Zweige

Unter einem induktiven Netzzweig wird im Folgenden die Reihenschaltung aus Induktivität, Resistanz und einer möglichen Spannungsquelle verstanden. Die Spannungsquelle kann beliebig zeitabhängig sein. Ein solcher Zweig kommt beispielsweise bei der einfachsten Nachbildung einer Einspeisung (Generator oder Netzeinspeisung) vor. Die Differentialgleichung des induktiven Netzzweiges lautet:

$$L\dot{i}_{\mathrm{L}}(t)+R\,i_{\mathrm{L}}(t)+u_{\mathrm{qL}}(t)=u_{\mathrm{L}}(t) \tag{20.14}$$

und in expliziter Form

$$\dot{i}_{\mathrm{L}}(t)=-\frac{R}{L}i_{\mathrm{L}}(t)+\frac{1}{L}u_{\mathrm{L}}(t)-\frac{1}{L}u_{\mathrm{qL}}(t) \tag{20.15}$$

Die Anwendung der Trapezregel auf Gl. (20.15) liefert der Gl. (20.10b) entsprechend:

$$\begin{aligned} i_{\mathrm{L}}(t)=&\frac{1}{R+\frac{2}{\Delta t}L}u_{\mathrm{L}}(t)-\frac{1}{R+\frac{2}{\Delta t}L}u_{\mathrm{qL}}(t)+\\ &-\frac{R-\frac{2}{\Delta t}L}{R+\frac{2}{\Delta t}L}i_{\mathrm{L}}(t-\Delta t)+\frac{1}{R+\frac{2}{\Delta t}L}u_{\mathrm{L}}(t-\Delta t)-\frac{1}{R+\frac{2}{\Delta t}L}u_{\mathrm{qL}}(t-\Delta t)\end{aligned} \tag{20.16}$$

Mit den Abkürzungen

$$G_{\mathrm{L}}=\frac{1}{R+\frac{2}{\Delta t}L} \tag{20.17}$$

$$i_{\mathrm{qL}}(t)=-\frac{1}{R+\frac{2}{\Delta t}L}u_{\mathrm{qL}}(t)=-G_{\mathrm{L}}u_{\mathrm{qL}}(t) \tag{20.18}$$

$$i_{\mathrm{vL}}(t)=-\frac{R-\frac{2}{\Delta t}L}{R+\frac{2}{\Delta t}L}i_{\mathrm{L}}(t-\Delta t)+G_{\mathrm{L}}\,u_{\mathrm{L}}(t-\Delta t)+i_{\mathrm{qL}}(t-\Delta t) \tag{20.19}$$

nimmt Gl. (20.16) folgende Form an:

$$i_{\mathrm{L}}(t)=G_{\mathrm{L}}\,u_{\mathrm{L}}(t)+i_{\mathrm{qL}}(t)+i_{\mathrm{vL}}(t) \tag{20.20}$$

Die Gl. (20.20) erinnert an die Stromgleichung eines induktiven Netzzweiges unter stationären Bedingungen:

$$\underline{I}_{\mathrm{L}}=\frac{1}{R+\mathrm{j}\omega L}\underline{U}_{\mathrm{L}}-\frac{1}{R+\mathrm{j}\omega L}\underline{U}_{\mathrm{qL}}=\underline{Y}_{\mathrm{L}}\,\underline{U}_{\mathrm{L}}+\underline{I}_{\mathrm{qL}} \tag{20.21}$$

Bild 20.2. Ersatzschaltplan des induktiven Netzzweiges

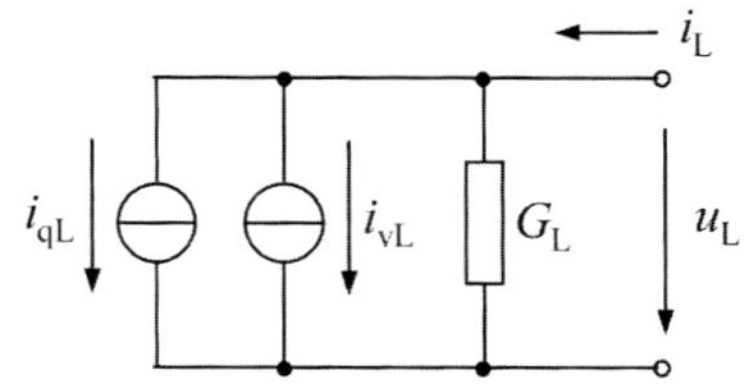

mit dem Unterschied, dass anstelle der Zeigergrößen Momentanwerte und anstelle der Admittanz ein reeller, zeitschrittabhängiger Leitwert G_L getreten und ein zusätzlicher Term $i_{vL}(t)$ mit den Vergangenheitswerten hinzugekommen ist.

Zur Gl. (20.20) lässt sich der in Bild 20.2 dargestellte Ersatzschaltplan angeben, wobei die Argumente an den zeitabhängigen Größen weggelassen sind.

Andererseits erhält man für den induktiven Zweig ausgehend von Gl. (20.12):

$$\begin{aligned} i_L(t) &= \frac{1}{2R}(1-e^{A\Delta t})u_L(t) - \frac{1}{2R}(1-e^{A\Delta t})u_{qL}(t) + \\ &+ e^{A\Delta t}\, i_L(t-\Delta t) + \frac{1}{2R}(1-e^{A\Delta t})u_L(t-\Delta t) - \frac{1}{2R}(1-e^{A\Delta t})u_{qL}(t-\Delta t) \end{aligned} \tag{20.22}$$

Führt man in Gl. (20.22) Abkürzungen analog zu Gl. (20.16) ein,

$$G_L = \frac{1}{2R}(1-e^{A\Delta t}) \tag{20.23}$$

$$i_{qL}(t) = -\frac{1}{2R}(1-e^{A\Delta t})u_{qL}(t) = -G_L u_{qL}(t) \tag{20.24}$$

$$i_{vL}(t) = e^{A\Delta t}\, i_L(k-1) + G_L\, u_L(t-1) + i_{qL}(k-1) \tag{20.25}$$

so nimmt diese die gleiche Form wie Gl. (20.20), jedoch mit anderen Bedeutungen für die einzelnen Ausdrücke, an.

20.3.3 Differenzengleichungen der kapazitiven Zweige

Ein kapazitiver Netzzweig ist das duale Pendant zum induktiven Zweig. Er besteht aus der Parallelschaltung einer Kapazität mit einem Leitwert und einer möglichen, praktisch aber kaum vorkommenden Stromquelle.

Die entsprechende, zu Gl. (20.15) duale Differentialgleichung lautet:

$$\dot{u}_C(t) = -\frac{G}{C}u_C(t) + \frac{1}{C}i_C(t) - \frac{1}{C}i_{qC}(t) \tag{20.26}$$

Die Anwendung der Trapezregel auf Gl. (20.26) liefert die zu Gl. (20.16) duale Beziehung:

$$u_C(t) = \frac{1}{G+\frac{2}{\Delta t}C} i_C(t) - \frac{1}{G+\frac{2}{\Delta t}C} i_{qC}(t) + \\ -\frac{G-\frac{2}{\Delta t}C}{G+\frac{2}{\Delta t}C} u_C(t-\Delta t) + \frac{1}{G+\frac{2}{\Delta t}C} i_C(t-\Delta t) - \frac{1}{G+\frac{2}{\Delta t}C} i_{qC}(t-\Delta t) \quad (20.27)$$

und nach Umordnen die Stromgleichung:

$$i_C(t) = (G+\frac{2}{\Delta t}C)u_C(t) + i_{qC}(t) + (G-\frac{2}{\Delta t}C)u_C(t-\Delta t) - i_C(t-\Delta t) + i_{qC}(t-\Delta t) \quad (20.28)$$

Mit den Abkürzungen:

$$G_C = G + \frac{2}{\Delta t}C \quad (20.29)$$

$$i_{vC}(t) = (G-\frac{2}{\Delta t}C)u_C(t-\Delta t) - i_C(t-\Delta t) + i_{qC}(t-\Delta t) \quad (20.30)$$

erhält man wieder die zu den Gleichungen des induktiven Zweiges analoge Form:

$$i_C(t) = G_C\, u_C(t) + i_{qC}(t) + i_{vC}(t) \quad (20.31)$$

Die Gl. (2.13) nimmt für den kapazitiven Zweig die zu Gl. (20.22) duale Form an:

$$u_C(t) = \frac{1}{2G}(1-e^{A\Delta t})i_C(t) - \frac{1}{2G}(1-e^{A\Delta t})i_{qC}(t) + \quad (20.32) \\ + e^{A\Delta t}\,u_C(t-\Delta t) + \frac{1}{2G}(1-e^{A\Delta t})i_C(t-\Delta t) - \frac{1}{2G}(1-e^{A\Delta t})i_{qC}(t-\Delta t)$$

und aufgelöst nach dem Strom zum Zeitpunkt t:

$$i_C(t) = \frac{2G}{1-e^{A\Delta t}}u_C(t) + i_{qC}(t) - \frac{2G}{1-e^{A\Delta t}}e^{A\Delta t}\,u_C(t-\Delta t) - i_C(t-\Delta t) + i_{qC}(t-\Delta t) \quad (20.33)$$

Führt man nun wieder folgende Abkürzungen

$$G_C = \frac{2G}{1-e^{A\Delta t}} \quad (20.34)$$

$$i_{vC}(t) = -G_C\, e^{A\Delta t}u_C(t-\Delta t) - i_C(t-\Delta t) + i_{qC}(t-\Delta t) \quad (20.35)$$

ein, so erhält die Gl. (20.35) wieder die Form der Gl. (20.31).

Bild 20.3. Ersatzschaltplan des kapazitiven Zweiges

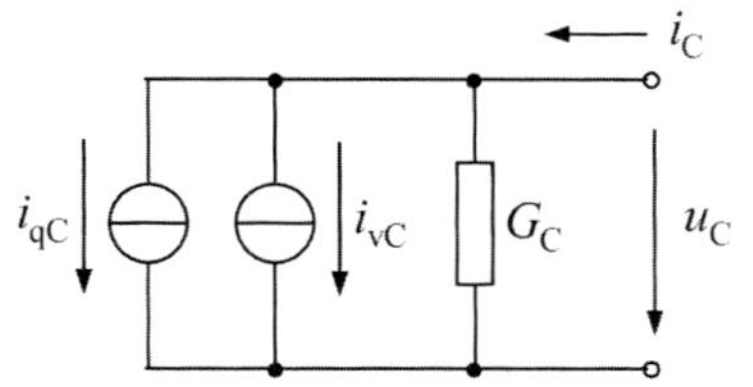

Mit den Näherungsbeziehungen:

$$e^{A\Delta t} = -\frac{G - \frac{2}{\Delta t}C}{G + \frac{2}{\Delta t}C} \quad \text{und} \quad 1 - e^{A\Delta t} = \frac{2G}{G + \frac{2}{\Delta t}C} \tag{20.36)(20.37}$$

erhält man wieder die mit der Trapezregel gewonnene Gl. (20.28).

Der zu Gl. (20.31) gehörende Ersatzschaltplan im Bild 20.3 ist analog zu dem des induktiven Zweiges im Bild 20.2.

20.3.4 Differenzengleichungen der resistiven Zweige

Die Differenzengleichungen rein resistiver Zweige können als Sonderfall der Gleichungen für den induktiven oder kapazitiven Zweig für verschwindendes L oder C aufgefasst werden. Zu jedem Zeitpunkt gilt:

$$i_R(t) = \frac{1}{R} u_R(t) + i_{qR}(t) = G_R \, u_R(t) + i_{qR}(t) \tag{20.38}$$

Da der resistive Zweig kein Speicherelement enthält, kommt auch kein Vergangenheitsstrom vor.

Die Klemmenbeziehungen der im folgenden Abschnitt behandelten Laufzeitmodelle der Leitungen haben ebenfalls die Form der Gl. (20.38), jedoch mit einem Vergangenheitsstrom als Quellenstrom. Diese Leitungsmodelle werden deshalb wie resistive Zweige behandelt.

20.3.5 Differenzengleichungen der Leitungen

Die Parameter der Leitungen sind frequenzabhängig (s. Abschnitt 9.4). Zur Einbeziehung der Frequenzabhängigkeit der Parameter werden die allgemeinen Leitungsgleichungen in den Frequenzbereich transformiert. Für jede modale Komponente gilt dann in Abhängigkeit von der Ortskoordinate x [20.3, 20.10]:

$$\frac{\partial}{\partial x}\begin{bmatrix} \underline{U}(x) \\ \underline{I}(x) \end{bmatrix} = -\begin{bmatrix} 0 & \underline{Z}' \\ \underline{Y}' & 0 \end{bmatrix}\begin{bmatrix} \underline{U}(x) \\ \underline{I}(x) \end{bmatrix} \tag{20.39}$$

wobei:

$$\underline{Z}' = R'(\omega) + \mathrm{j}\omega L'(\omega) \tag{20.40}$$

der längenbezogene Impedanzoperator und

$$\underline{Y}' = G'(\omega) + \mathrm{j}\omega C'(\omega) \tag{20.41}$$

der längenbezogene Admittanzoperator ist.

Im interessierenden Frequenzbereich der Energieversorgung bis zu einigen kHz kann die Frequenzabhängigkeit des Admittanzbelages vernachlässigt werden. Auf die Frequenzabhängigkeit des Impedanzbelages wird im folgenden Beispiel für eine 380-kV-Leitung näher eingegangen.

Die allgemeine Lösung der Gl. (20.39) hat die Form:

$$\begin{bmatrix} \underline{U}(x) \\ \underline{I}(x) \end{bmatrix} = \underline{k}_1 \begin{bmatrix} 1 \\ -\underline{Y}_\mathrm{W} \end{bmatrix} \mathrm{e}^{\underline{\gamma} x} + \underline{k}_2 \begin{bmatrix} 1 \\ \underline{Y}_\mathrm{W} \end{bmatrix} \mathrm{e}^{-\underline{\gamma} x} \tag{20.42}$$

Mit

$$\underline{Y}_\mathrm{W} = \sqrt{\frac{\underline{Y}'}{\underline{Z}'}} = \frac{1}{\underline{Z}_\mathrm{W}} \tag{20.43}$$

$$\underline{\gamma} = \sqrt{\underline{Z}'\underline{Y}'} = \alpha + \mathrm{j}\beta \tag{20.44}$$

wurden in Gl. (20.42) die modale Wellenadmittanz (Kehrwert der Wellenimpedanz) und das modale Fortpflanzungsmaß eingeführt wurden.

Die beiden Konstanten $\underline{k}_1$ und $\underline{k}_2$ können aus den Strom- und Spannungsbedingungen am Leitunganfang A ($x = 0$) und Leitungsende B ($x = l$) bestimmt werden.

Mit den Zählpfeilen nach Bild 20.4 erhält man ausgehend von Gl. (20.42) am Leitungsanfang:

$$\underline{k}_1 = \frac{1}{2}(\underline{U}_\mathrm{A} - \underline{Z}_\mathrm{W}\underline{I}_\mathrm{A}) \tag{20.45}$$

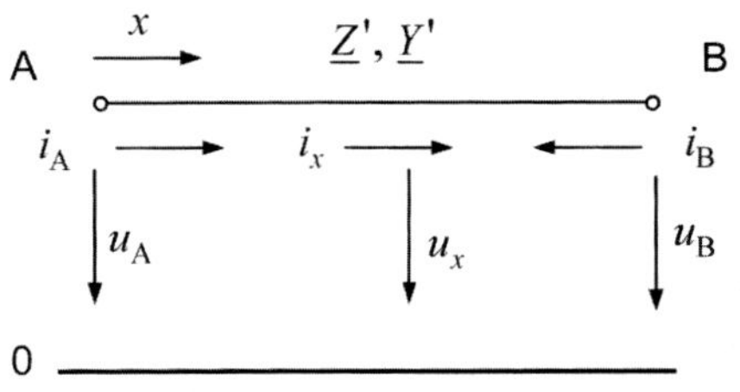

Bild 20.4. Zählpfeile für die modalen Komponenten der Leitung

$$\underline{k}_2 = \frac{1}{2}(\underline{U}_A + \underline{Z}_W \underline{I}_A) \tag{20.46}$$

und am Leitungsende:

$$\underline{k}_1 = \frac{1}{2}(\underline{U}_B + \underline{Z}_W \underline{I}_B)\mathrm{e}^{-\underline{\gamma} l} \tag{20.47}$$

$$\underline{k}_2 = \frac{1}{2}(\underline{U}_B - \underline{Z}_W \underline{I}_B)\mathrm{e}^{\underline{\gamma} l} \tag{20.48}$$

Da die an den Leitungsenden ermittelten Faktoren $\underline{k}_1$ und $\underline{k}_2$ jeweils gleich sein müssen, erhält man für den Zusammenhang zwischen den Klemmengrößen:

$$\underline{I}_A = \underline{Y}_W \underline{U}_A - \mathrm{e}^{-\underline{\gamma} l}(\underline{Y}_W \underline{U}_B + \underline{I}_B) = \underline{Y}_W \underline{I}_A - \mathrm{e}^{-\underline{\gamma} l} \underline{W}_B = \underline{Y}_W \underline{U}_A - \underline{H}\,\underline{W}_B \tag{20.49}$$

$$\underline{I}_B = \underline{Y}_W \underline{U}_B - \mathrm{e}^{-\underline{\gamma} l}(\underline{Y}_W \underline{U}_A + \underline{I}_A) = \underline{Y}_W \underline{U}_B - \mathrm{e}^{-\underline{\gamma} l} \underline{W}_A = \underline{Y}_W \underline{U}_B - \underline{H}\,\underline{W}_A \tag{20.50}$$

Aus dem Wellendeformationsoperator $\underline{H} = \mathrm{e}^{-\gamma l}$ wird noch ein Anteil $\mathrm{e}^{-\mathrm{j}\omega\tau}$ mit der Laufzeit der verlustlosen Leitung herausgezogen

$$\tau = \sqrt{\mu_0 \varepsilon_0} \cdot l = \frac{l}{c_0} \tag{20.51}$$

womit die Gln. (2.49) und (2.50) übergehen in:

$$\underline{I}_A = \underline{Y}_W \underline{U}_A - \underline{H}' \mathrm{e}^{-\mathrm{j}\omega\tau} \underline{W}_B \tag{20.52}$$

$$\underline{I}_B = \underline{Y}_W \underline{U}_B - \underline{H}' \mathrm{e}^{-\mathrm{j}\omega\tau} \underline{W}_A \tag{20.53}$$

Die Rücktransformation der Gln. (20.52) und (20.53) in den Zeitbereich durch Lösung der Faltungsintegrale gestaltet sich aufwändig.

Eine andere, hier dargestellte Möglichkeit beruht darauf, die Frequenzgänge der Operatoren $\underline{Y}_W$ und $\underline{H}'$ jeweils durch gebrochenrationale Funktionen $\underline{F}$ in $s = \mathrm{j}\omega$ anzunähern [9.54, 20.7, 20.8, 20. 26]:

$$\underline{F} = \frac{b_0 + b_1 s + b_2 s^2 + \cdots + b_m s^m}{a_0 + a_1 s + a_2 s^2 + \cdots + a_n s^n} = \frac{b_m}{a_n} \frac{(s-p_1)(s-p_2) + \cdots + (s-p_m)}{(s-s_1)(s-s_2) + \cdots + (s-s_n)} \tag{20.54}$$

mit $m = n$ für $\underline{Y}_W$ und $m < n$ für $\underline{H}'$. Unter der Voraussetzung, dass die Nullstellen des Zähler- und Nennerpolynoms einfach, reell und negativ sind, kann $\underline{F}$ durch Partialbruchzerlegung wie folgt umgeformt werden:

$$\underline{F} = r_0 + \frac{r_1}{(s-s_1)} + \frac{r_2}{(s-s_2)} + \cdots + \frac{r_n}{(s-s_n)} \tag{20.55}$$

wobei das Residuum r_0 für $\underline{H}'$ Null ist. Für die Gl. (20.52) (und analog für die Gl. (20.53) durch Tauschen der Indizes A und B) erhält man somit:

$$\underline{I}_{\mathrm{A}} = \left(r_{\mathrm{Y}0} + \frac{r_{\mathrm{Y}1}}{s - s_{\mathrm{Y}1}} + \frac{r_{\mathrm{Y}2}}{s - s_{\mathrm{Y}2}} + \cdots + \frac{r_{\mathrm{Y}n}}{s - s_{\mathrm{Y}n}} \right) \underline{U}_{\mathrm{A}} - \left(\frac{r_{\mathrm{H}'1}}{s - s_{\mathrm{H}'1}} + \frac{r_{\mathrm{H}'2}}{s - s_{\mathrm{H}'2}} + \cdots + \frac{r_{\mathrm{H}'n}}{s - s_{\mathrm{H}'n}} \right) \mathrm{e}^{-\mathrm{j}\omega\tau} \underline{W}_{\mathrm{B}} \qquad (20.56)$$

Der Signalfluss ist im Bild 20.5 dargestellt. Die Konstante $r_{\mathrm{Y}0}$ entspricht dem reellen Wellenleitwert bei $s = \infty$:

$$r_{\mathrm{Y}0} = Y_{\mathrm{W}\infty} = \sqrt{\frac{C_\infty}{L_\infty}} \qquad (20.57)$$

Im Zeitbereich entspricht der Übertragungsfunktion eines Verzögerungsgliedes 1. Ordnung eine Differentialgleichung 1. Ordnung. Jedem Ausgang der Verzögerungsglieder $\underline{I}_{\mathrm{UA}i}$ und $\underline{I}_{\mathrm{WB}i}$ in Bild 20.5 wird im Zeitbereich eine Zustandsgröße zugeordnet, für die folgende Differentialgleichungen gelten. Der Operator $\mathrm{e}^{-\mathrm{j}\omega\tau}$ bewirkt im Zeitbereich eine Verschiebung des Eingangssignals w_{B} um die Laufzeit τ.

$$\dot{i}_{\mathrm{UA}i}(t) = s_{\mathrm{Y}i}\, i_{\mathrm{UA}i}(t) + r_{\mathrm{Y}i}\, u_{\mathrm{A}}(t), \qquad i = 1, 2, \ldots n \qquad (20.58)$$

$$\dot{i}_{\mathrm{WB}i}(t) = s_{\mathrm{H}'i}\, i_{\mathrm{WB}i}(t) - r_{\mathrm{H}'i}\, w_{\mathrm{B}}(t - \tau), \qquad i = 1, 2, \ldots n \qquad (20.59)$$

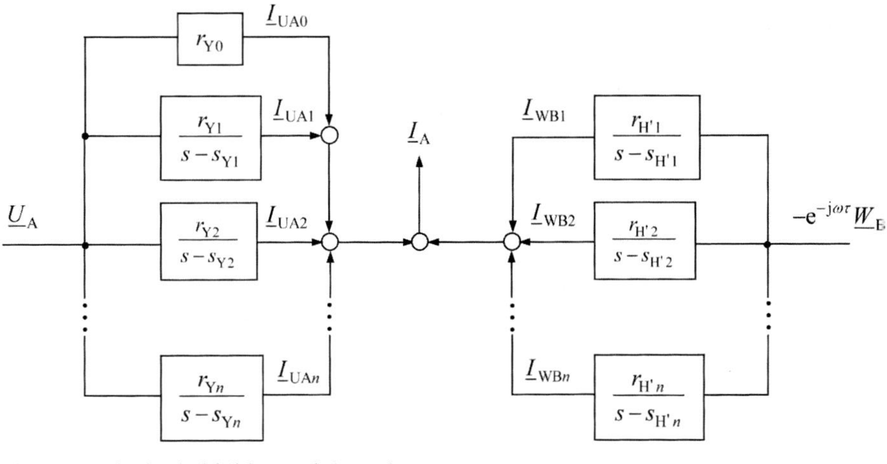

Bild 20.5. Blockschaltbild zur Gl. (20.56)

Der Strom an der Klemme A ergibt sich dann aus:

$$i_A(t) = Y_{W\infty}\, u_A(t) + \sum i_{UAi}(t) + \sum i_{WBi}(t)\,, \quad i = 1, 2, \ldots n \tag{20.60}$$

und kürzer durch Zusammenfassen der Zustandsgrößen zu einem Vergangenheitsstrom (die Bezeichnung Vergangenheitsstrom ist hier dadurch motiviert, dass die Zustandsgrößen stetig sind und somit bei der zeitschrittweisen Lösung des Knotenspannungs-Gleichungssystems aus dem vorangegangenen Zeitschritt bekannt sind):

$$i_A(t) = Y_{W\infty}\, u_A(t) + i_{vA}(t) \tag{20.61}$$

Die Eingangsgröße $w_B(t-\tau)$ in Gl. (20.59) ergibt sich aus den Vergangenheitswerten wie folgt:

$$w_B(t-\tau) = Y_{W\infty}\, u_B(t-\tau) + \sum i_{UBi}(t-\tau) + i_B(t-\tau) \tag{20.62}$$

Für die Seite B erhält man die Beziehungen durch Vertauschen der Indizes A und B in den obigen Gleichungen. Der komplette Signalfluss im Zeitbereich geht aus Bild 20.6 hervor.

Zur Gl. (20.62) und der entsprechenden Gleichung für die Seite B gehört die Ersatzschaltung im Bild 20.7.

Die Zustandsgrößen in den vorstehenden Gleichungen berücksichtigen die Frequenzabhängigkeit der Leitungsparameter $R'(\omega)$ und $L'(\omega)$. Ihre Anfangswerte berechnet man aus den entsprechenden Differentialgleichungssys-

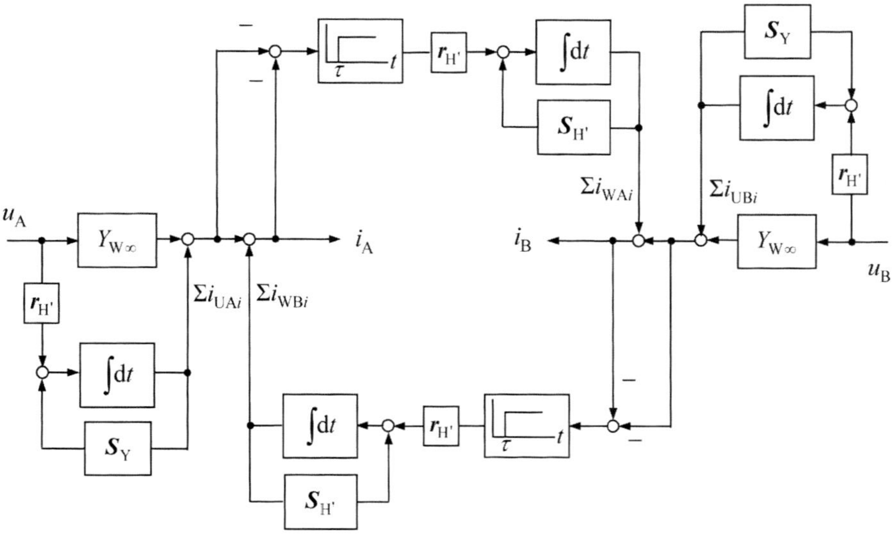

Bild 20.6. Signalflüsse für die Berechnung der Klemmenströme

temen für $s = j\omega_0$. So gilt beispielsweise für Gl. (20.58) mit dem Anfangswert für die Spannung an der Klemme A in Form des Zeigers $\underline{U}_\mathrm{A}$:

$$i_{\mathrm{UA}i}(0) = \mathrm{Re}\left\{ \frac{r_{\mathrm{Y}i}}{j\omega_0 - s_{\mathrm{Y}i}} - \sqrt{2}\underline{U}_\mathrm{A} \right\} \tag{20.63}$$

Für die vorangegangene Berechnung der Anfangswerte der Klemmengrößen sind die umgestellten Leitungsgleichungen Gln. (20.49) und (20.50) mit den Operatoren bei Betriebsfrequenz ω_0 heranzuziehen:

$$\begin{bmatrix} \underline{I}_\mathrm{A} \\ \underline{I}_\mathrm{B} \end{bmatrix} = \underline{Y}_\mathrm{W} \begin{bmatrix} \coth(\underline{\gamma}\, l) & -\sinh^{-1}(\underline{\gamma}\, l) \\ -\sinh^{-1}(\underline{\gamma}\, l) & \coth(\underline{\gamma}\, l) \end{bmatrix} \begin{bmatrix} \underline{U}_\mathrm{A} \\ \underline{U}_\mathrm{B} \end{bmatrix} \tag{20.64}$$

Die Lösung der Differentialgleichungssysteme für die Zustandsgrößen kann durch numerische Integration oder einfacher durch Diskretisierung erfolgen. Nach Gl. (20.10b) ergibt sich beispielsweise anstelle von Gl. (20.58) und (20.59):

$$\begin{aligned} i_{\mathrm{UA}i}(t) = {} & \frac{r_{\mathrm{Y}i}}{\frac{2}{\Delta t} - s_{\mathrm{Y}i}} u_\mathrm{A}(t) + \frac{\frac{2}{\Delta t} + s_{\mathrm{Y}i}}{\frac{2}{\Delta t} - s_{\mathrm{Y}i}} i_{\mathrm{UA}i}(t - \Delta t) \\ & + \frac{r_{\mathrm{Y}i}}{\frac{2}{\Delta t} - s_{\mathrm{Y}i}} u_\mathrm{A}(t - \Delta t) = G_{\mathrm{Y}i}\, u_\mathrm{A}(t) + i_{\mathrm{vUA}i}(t) \end{aligned} \tag{20.65}$$

$$\begin{aligned} i_{\mathrm{WB}i}(t) = {} & -\frac{r_{\mathrm{H}'i}}{\frac{2}{\Delta t} - s_{\mathrm{H}'i}} w_\mathrm{B}(t - \tau) + \frac{\frac{2}{\Delta t} + s_{\mathrm{H}'i}}{\frac{2}{\Delta t} - s_{\mathrm{H}'i}} i_{\mathrm{WB}i}(t - \Delta t) \\ & - \frac{r_{\mathrm{H}'i}}{\frac{2}{\Delta t} - s_{\mathrm{H}'i}} w_\mathrm{B}(t - \Delta t - \tau) = i_{\mathrm{vWB}i}(t) \end{aligned} \tag{20.66}$$

Die Ströme $i_{\mathrm{WB}i}$ enthalten nur Vergangenheitsanteile und wurden deshalb auch so bezeichnet. Mit den Gln. (20.65) und (20.66) geht Gl. (20.60) für den Strom an der Klemme A über in:

$$i_\mathrm{A}(t) = [Y_{\mathrm{W}\infty} + \sum G_{\mathrm{Y}i}]\, u_\mathrm{A}(t) + \sum i_{\mathrm{vUA}i}(t) + \sum i_{\mathrm{vWB}i}(t) \tag{20.67}$$

Bild 20.7. Ersatzschaltung für die modalen Komponenten der Leitung

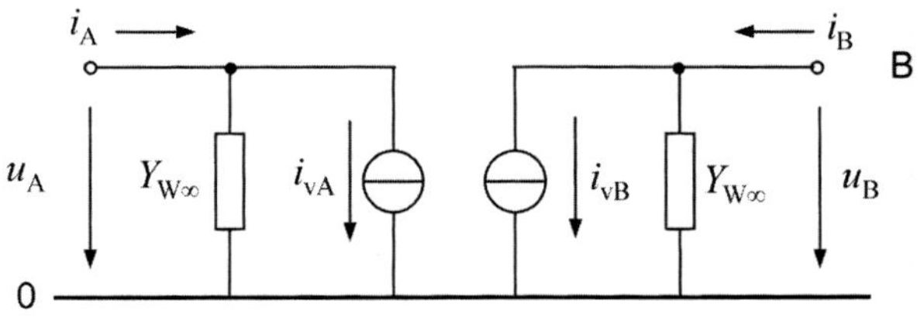

Die Form der Gl. (20.67) entspricht weiterhin der Form der Gl. (20.61) und dem Ersatzschaltplan im Bild 20.7.

Beispiel: Frequenzgänge einer 380-kV-Freileitung mit 4-er Bündelleiter, geometrische Bezeichnungen nach Bild 9.14.
$x_{12} = 3$ m, $x_{13} = 6{,}5$ m, $x_{23} = 3{,}5$ m, $h_1 = 23{,}5$ m, $h_2 = 34{,}5$ m, $h_3 = h_1$, $r_L = 1{,}095$ cm, $r_B = 17{,}74$ cm, $R'_L = 0{,}1188\ \Omega$/km, $G'_1 = 17$ nS/km, $G'_0 = 10$ nS/km, $\rho_E = 1/\kappa_E = 100\ \Omega$m

Die folgenden Bilder zeigen die Real- und Imaginärteile der mit den Gln. (9.28a) und (9.29a) berechneten Impedanzbeläge sowie den Betrag des Wellenleitwertes und des Wellendeformationsoperators jeweils für das Mit- und Nullsystem in Abhängigkeit von der Kreisfrequenz ω.

Im Folgenden sollen noch Näherungen für die Leitung mit konstanten Parametern angegeben werden. Dazu werden zunächst die Ausdrücke für die Wellenadmittanz und die Fortpflanzungskonstante wie folgt umgeformt [20.3, 20.10]:

Bild 20.8. Realteil der Mit- und Nullimpedanz pro km

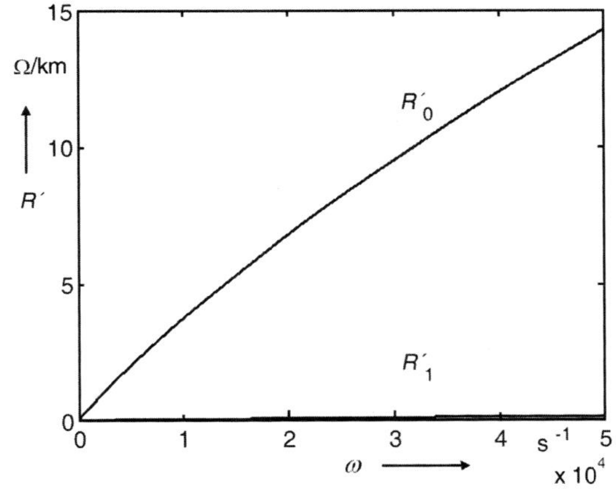

Bild 20.9. Imaginärteil der der Mit- und Nullimpedanz pro km

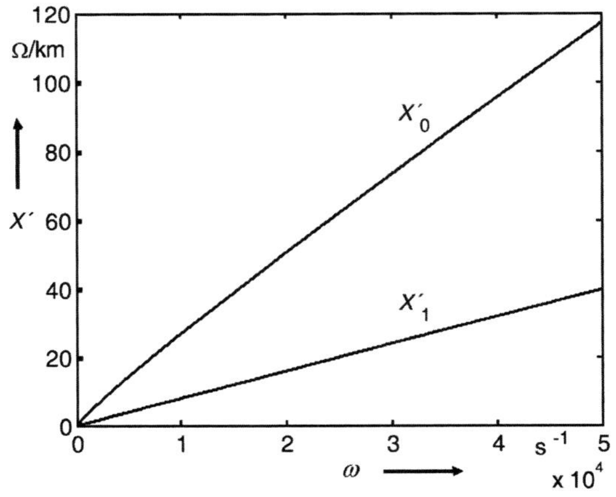

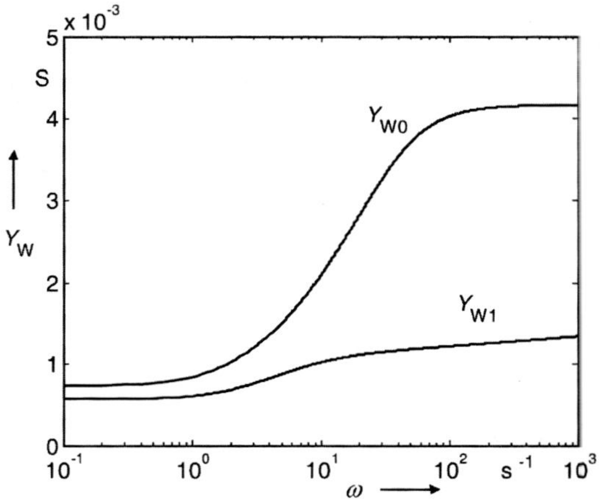

Bild 20.10. Betrag des Wellenadmittanzoperators für das Mit- und Nullsystem

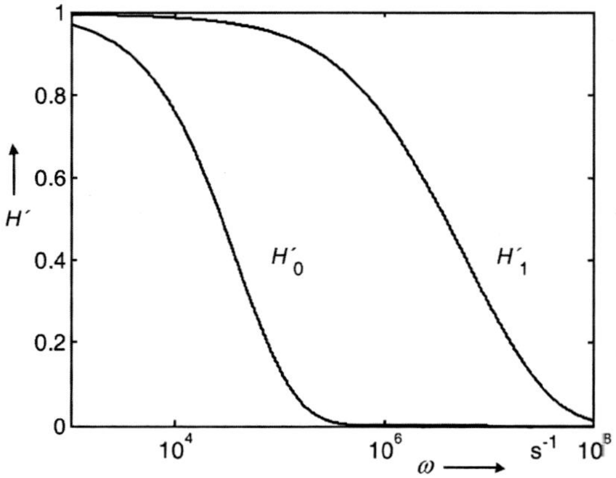

Bild 20.11. Betrag des Wellendeformationsoperators für das Mit- und Nullsystem

$$\underline{Y}_{\mathrm{W}} = \sqrt{\frac{G' + \mathrm{j}\omega C'}{R' + \mathrm{j}\omega L'}} = \sqrt{\frac{C'}{L'}} \sqrt{1 - \frac{2V}{\frac{R'}{L'} + \mathrm{j}\omega}} \tag{20.68}$$

$$\underline{\gamma} = D\sqrt{L'C'} + \mathrm{j}\omega\sqrt{L'C'} + \sqrt{L'C'}\{\sqrt{(D + \mathrm{j}\omega)^2 - V^2} - (D + \mathrm{j}\omega)\} \tag{20.69}$$

wobei mit

$$D = \frac{1}{2}\left(\frac{R'}{L'} + \frac{G'}{C'}\right) \tag{20.70}$$

$$V = \frac{1}{2}\left(\frac{R'}{L'} - \frac{G'}{C'}\right) \tag{20.71}$$

die Dämpfung und die Verzerrung und eingeführt wurden.

Für die verzerrungsfreie Leitung ($V = 0$) und näherungsweise auch für die verlustarme Leitung ($R' \ll \omega L'$ und $G' \ll \omega C'$) bei hohen Frequenzen gilt [20.3, 20.10]:

$$\underline{Y}_W = Y_W = \sqrt{\frac{C'}{L'}} \tag{20.72}$$

und

$$\underline{\gamma} l = D\sqrt{L'C'}\, l + j\omega\sqrt{L'C'}\, l = D\tau + j\omega\tau \tag{20.73}$$

mit der Laufzeit

$$\tau = \sqrt{L'C'}\, l \tag{20.74}$$

Damit gehen die Gln. (20.52) und (20.53) über in:

$$\underline{I}_A = Y_W \underline{U}_A - e^{-D\tau} e^{-j\omega\tau} (\underline{Y}_W \underline{U}_B + \underline{I}_B) \tag{20.75}$$

$$\underline{I}_B = Y_W \underline{U}_B - e^{-D\tau} e^{-j\omega\tau} (\underline{Y}_W \underline{U}_A + \underline{I}_A) \tag{20.76}$$

und können geschlossen zurück transformiert werden. Mit Hilfe des Verschiebungssatzes erhält man:

$$i_A(t) = Y_W u_A(t) - [Y_W u_B(t-\tau) + i_B(t-\tau)] e^{-D\tau} = Y_W u_A(t) + i_{vA}(t) \tag{20.77}$$

$$i_B(t) = Y_W u_B(t) - [Y_W u_A(t-\tau) + i_A(t-\tau)] e^{-D\tau} = Y_W u_B(t) + i_{vB}(t) \tag{20.78}$$

Diese Gleichungen erfüllen wieder die Ersatzschaltung in Bild 20.7 mit Y_W anstelle $Y_{W\infty}$. Der Signalflussplan in Bild 20.6 vereinfacht sich durch den Wegfall der für die Frequenzabhängigkeit der Parameter maßgebenden Zustandsgrößen (Bild 20.12).

Die Vergangenheitswerte lassen sich als Wellen interpretieren, die ausgehend von den Strom-Spannungsverhältnissen an einem Leitungsende nach der Laufzeit τ das andere Leitungsende erreichen und entsprechend dem Faktor $e^{-D\tau}$ gedämpft werden.

Wird für die Lösung der Gln. (20.77) und (20.78) ein Zeitschritt gewählt, der nur ein Bruchteil der Laufzeit beträgt, so sind $m = \tau/\Delta t$ (m ganzzahlig) Vergangenheitswerte vorzuhalten:

Eine genäherte Berücksichtigung der im Leitungswiderstand R auftretenden Verluste kann auch dadurch erfolgen, dass man die Leitung in zwei Abschnitte mit jeweils der halben Laufzeit unterteilt und an jedem der vier Enden $R/4$ anfügt. In den Gln. (20.77) und (20.78) und im Ersatzschaltplan in Bild 20.7 tritt an die Stelle von Y_W der Leitwert [20.25]:

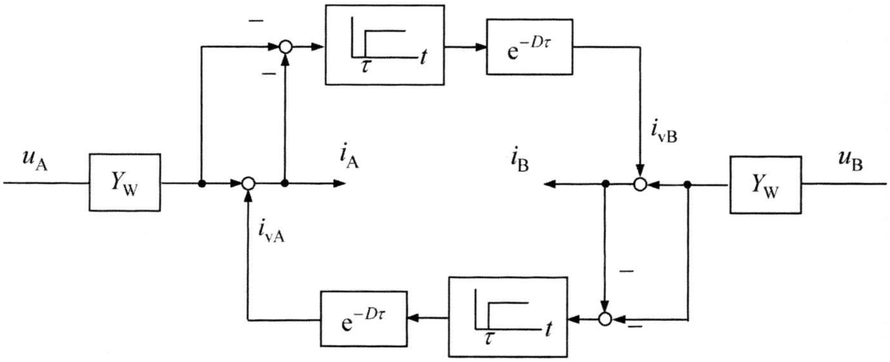

Bild 20.12. Signalflussplan der Leitung mit konstanten Parametern

$$G_L = \frac{1}{Z_W + R/4} \tag{20.79}$$

und die Ausdrücke für die Vergangenheitsströme gehen über in:

$$i_{vA}(t) = -G_L^2 Z_W \left[u_B(t-\tau) + \left(Z_W - \frac{R}{4} \right) i_B(t-\tau) \right] - G_L^2 \frac{R}{4} \left[u_A(t-\tau) + \left(Z_W - \frac{R}{4} \right) i_A(t-\tau) \right] \tag{20.80}$$

$$i_{vB}(t) = -G_L^2 Z_W \left[u_A(t-\tau) + \left(Z_W - \frac{R}{4} \right) i_A(t-\tau) \right] - G_L^2 \frac{R}{4} \left[u_B(t-\tau) + \left(Z_W - \frac{R}{4} \right) i_B(t-\tau) \right] \tag{20.81}$$

Im Gegensatz zu den Gln. (20.77) und (20.78) hängen die Vergangenheitswerte einer Seite von den Klemmengrößen beider Seiten ab.

20.3.6 Differenzengleichungssystem des Netzes

Die Gleichungen der Netzzweige haben die allgemeine Form (s. die Gln. (20.20), (20.31) und (20.38)):

$$i_Z = G_Z u_Z + i_{qZ} + i_{vZ} \tag{20.82}$$

Bild 20.13. Allgemeiner Ersatzschaltplan der Netzzweige

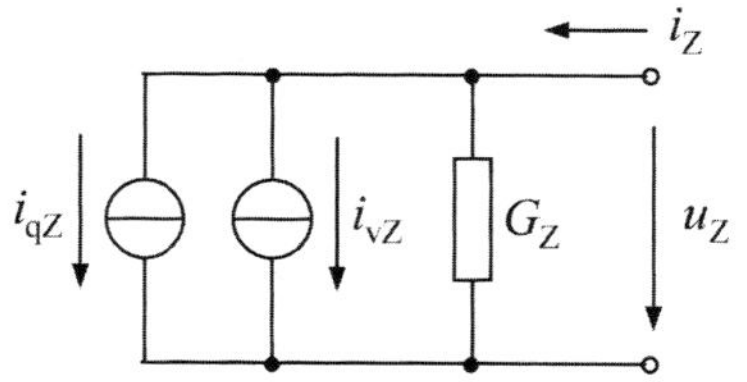

mit der zugehörigen Ersatzschaltung nach Bild 20.13. Für passive Zweige entfällt der Quellenstrom i_{qZ}.

Die Ausdrücke für den Leitwert und die Vergangenheitsströme sind in der folgenden Tabelle für die beiden in Abschnitt 20.3.1 beschriebenen Diskretisierungsmethoden nochmals zusammengestellt.

Die Verknüpfung der Netzzweige für jede modale Komponente kann mit Hilfe der Knoten-Zweig-Inzidenzmatrix $\boldsymbol{K}_{KZ}$ erfolgen (s. das folgende Beispiel):

Tabelle 20.1. Leitwerte und Vergangenheitsströme der Netzzweige

Zweig	Leitwert G_E	Vergangenheitswert i_{vZ}
induktiv nach Gl. (20.17) und (20.19)	$\dfrac{1}{R+\frac{2}{\Delta t}L}$	$\dfrac{R-\frac{2}{\Delta t}L}{R+\frac{2}{\Delta t}L} i_L + G u_L + i_{qL}$
induktiv nach Gl. (20.23) und (20.25)	$\dfrac{1}{2R}(1-e^{-\frac{R}{L}\Delta t})$	$e^{-\frac{R}{L}\Delta t}\, i_L(t-\Delta t) + G_L\, u_L(t-\Delta t) + i_{qL}(t-\Delta t)$
kapazitiv nach Gl. (20.29) und (20.30)	$G+\dfrac{2}{\Delta t}C$	$\left(G-\dfrac{2}{\Delta t}C\right) u_C(t-\Delta t) - i_C(t-\Delta t) + i_{qC}(t-\Delta t)$
kapazitiv nach Gl. (20.34) und (20.35)	$\dfrac{2G}{1-e^{-\frac{G}{C}\Delta t}}$	$-G_C\, e^{-\frac{G}{C}\Delta t} u_C(t-\Delta t) - i_C(t-\Delta t) + i_{qC}(t-\Delta t)$
Leitung Seite A[a] nach Gl. (20.77)	$Y_W = \sqrt{\dfrac{C'}{L'}}$	$-[Y_W\, u_B(t-\tau) + i_B(t-\tau)]\, e^{-D\tau}$
Leitung Seite A[a] nach Gl. (20.79) und (20.80)	$\dfrac{1}{Z_W + R/4}$	$-G_L^2 Z_W [u_B(t-\tau) + (Z_W - R/4) i_B(t-\tau)] +$ $- G_L^2 \dfrac{R}{4}[u_A(t-\tau) + (Z_W - R/4) i_A(t-\tau)]$
Leitung Seite A nach Gl. (20.65), (20.66) und (20.67)	$Y_{W\infty} + \sum G_{Yi}$	$\sum i_{vUAi} + \sum i_{vWBi}$ $i_{vUAi} = \dfrac{\frac{2}{\Delta t} + s_{Yi}}{\frac{2}{\Delta t} - s_{Yi}} i_{UAi}(t-\Delta t) + \dfrac{r_{Yi}}{\frac{2}{\Delta t} - s_{Yi}} u_A(t-\Delta t)$ $i_{vWBi} = \dfrac{\frac{2}{\Delta t} + s_{H'i}}{\frac{2}{\Delta t} - s_{H'i}} i_{WBi}(t-\Delta t) - \dfrac{r_{H'i}}{\frac{2}{\Delta t} - s_{H'i}} w_B(t-\Delta t-\tau)$

a Die Ausdrücke für die Seite B erhält man durch Vertauschen der Indizes A und B

$$\boldsymbol{K}_{\mathrm{KZ}}\,\boldsymbol{i}_{\mathrm{Z}} = \mathbf{o} \tag{20.83}$$

Mit Gl. (20.82) in Matrizenform für alle Zweige und

$$\boldsymbol{u}_{\mathrm{Z}} = \boldsymbol{K}_{\mathrm{KZ}}^{\mathrm{T}}\,\boldsymbol{u}_{\mathrm{K}} \tag{20.84}$$

erhält man das folgende Knotenspannungsgleichungssystem:

$$-\boldsymbol{K}_{\mathrm{KZ}}\boldsymbol{G}_{\mathrm{Z}}\,\boldsymbol{K}_{\mathrm{KZ}}^{\mathrm{T}}\,\boldsymbol{u}_{\mathrm{K}} = \boldsymbol{K}_{\mathrm{KZ}}(\boldsymbol{i}_{\mathrm{qZ}} + \boldsymbol{i}_{\mathrm{vZ}}) \tag{20.85a}$$

oder in abgekürzter Form

$$\boldsymbol{G}_{\mathrm{K}}\,\boldsymbol{u}_{\mathrm{K}} = \boldsymbol{i}_{\mathrm{K}} \tag{20.85b}$$

Die Matrix

$$\boldsymbol{G}_{\mathrm{K}} = -\boldsymbol{K}_{\mathrm{KZ}}\boldsymbol{G}_{\mathrm{Z}}\,\boldsymbol{K}_{\mathrm{KZ}}^{\mathrm{T}} \tag{20.86}$$

ist die reelle Knoten-Leitwert-Matrix. Sie ist symmetrisch und wie die Knotenadmittanzmatrix des gewöhnlichen Knotenpunktverfahrens schwach besetzt. Kurzschlüsse beliebiger Art können mit dem Fehlermatrizenverfahren an der Knoten-Leitwert-Matrix der modalen Komponenten nachgebildet werden (s. Abschnitt 13.7).

20.3.7 Einschalten einer 380-kV-Freileitung

Als Beispiel wird im Folgenden die Berechnung der Spannungsverläufe bei drei- und einpoligem Einschalten einer am Ende offenen 100 km langen 380-kV-Freileitung vorgenommen. Die Leitung sei verdrillt (parametersymmetrisch) und im Moment der Einschaltung energielos. Die Netzeinspeisung habe folgende Daten: $S_{\mathrm{k}}'' = 20$ GVA, $X_0/X_1 = 2$, $R/X = 0{,}1$. Die Parameter der

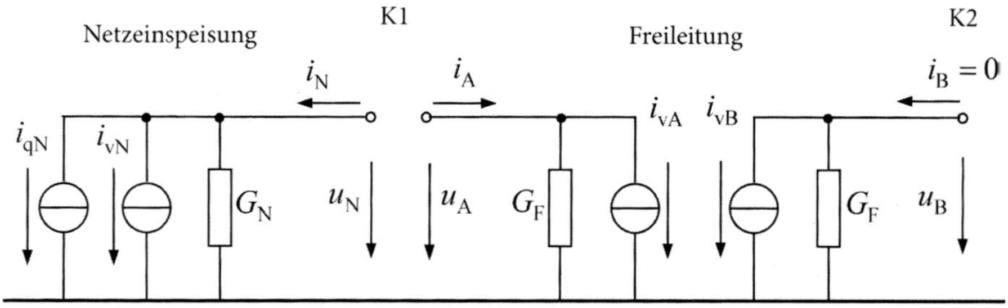

Bild 20.14. Zusammenschaltung von Netzeinspeisung und Freileitungsabschnitt für die Diagonalkomponenten. Die Zählpfeile der Knotenspannungen sind wie die der Klemmenspannungen gerichtet

Freileitung werden aus dem Beispiel in Abschnitt 20.3.5 übernommen (s. auch Tabelle 20.2).

Die Ersatzschaltungen der Netzeinspeisung und der Leitung für die als modale Komponenten verwendeten Diagonalkomponenten ist aus Bild 20.14 ersichtlich.

Die Knoten-Zweig-Inzidenzmatrix lautet (die Zeilen entsprechen den Knoten in der beliebigen Reihenfolge, hier K1 und K2, die Spalten entsprechen den Klemmenströmen der Betriebsmittel in der beliebigen Reihenfolge, hier N, FA und FB:

$$\boldsymbol{K}_{\mathrm{KZ}} = \begin{bmatrix} 1 & 1 & 0 \\ 0 & 0 & 1 \end{bmatrix}$$

mit der Leitwertmatrix der Netzzweige

$$\boldsymbol{G}_{\mathrm{Z}} = \left[\begin{array}{c:cc} G_{\mathrm{N}} & & \\ \hdashline & G_{\mathrm{F}} & \\ & & G_{\mathrm{F}} \end{array}\right]$$

ergibt sich für jede Komponente die Knotenleitwertmatrix:

$$-\boldsymbol{K}_{\mathrm{KZ}}\boldsymbol{G}_{\mathrm{Z}}\,\boldsymbol{K}_{\mathrm{KZ}}^{\mathrm{T}} = -\begin{bmatrix} G_{\mathrm{N}} + G_{\mathrm{F}} & 0 \\ 0 & G_{\mathrm{F}} \end{bmatrix}$$

Der Vektor der Knotenströme setzt sich wie folgt zusammen:

$$\boldsymbol{i}_{\mathrm{K}} = \boldsymbol{K}_{\mathrm{KZ}}(\boldsymbol{i}_{\mathrm{qZ}} + \boldsymbol{i}_{\mathrm{vZ}}) = \begin{bmatrix} i_{\mathrm{vN}} + i_{\mathrm{qN}} + i_{\mathrm{vA}} \\ i_{\mathrm{vB}} \end{bmatrix}$$

Um die Approximationsfunktionen für die Wellenadmittanzoperatoren und die Wellendeformationsoperatoren zu ermitteln, genügt es, deren Amplitudengang zu approximieren, da es sich um phasenminimale Operatoren handelt. In der Literatur sind entsprechende, allerdings recht aufwändige numerische Approximationsmethoden beschrieben, auf die hier nicht näher eingegangen werden soll [20.5, 20.8, 20.14, 20.18, 20.21, 20.26]. Grobe Näherungen kann man bereits durch Probieren an den Bodediagrammen finden. Für das Beispiel wurden so anhand der Frequenzgänge in den Bildern 20.15 und 20.16 folgende Näherungsbeziehungen ermittelt:

$$\underline{Y}_{\mathrm{W1}} = Y_{\mathrm{W1}\infty}\frac{(s - p_{\mathrm{Y11}})(s - p_{\mathrm{Y12}})}{(s - s_{\mathrm{Y11}})(s - s_{\mathrm{Y12}})} = 4{,}20 \cdot 10^{-3}\frac{(s + 1{,}7\,\mathrm{s}^{-1})(s + 11{,}5\,\mathrm{s}^{-1})}{(s + 4{,}0\,\mathrm{s}^{-1})(s + 27{,}71\,\mathrm{s}^{-1})}\,\mathrm{S}$$

$$\underline{Y}_{\mathrm{W0}} = Y_{\mathrm{W0}\infty} \frac{(s - p_{\mathrm{Y01}})(s - p_{\mathrm{Y02}})}{(s - s_{\mathrm{Y01}})(s - s_{\mathrm{Y02}})} = 1{,}29 \cdot 10^{-3} \frac{(s + 2{,}1\,\mathrm{s}^{-1})(s + 15{,}5\,\mathrm{s}^{-1})}{(s + 3{,}6\,\mathrm{s}^{-1})(s + 20{,}36\,\mathrm{s}^{-1})} \mathrm{S}$$

$$\underline{H}'_1 = k_1 \frac{(s - p_{\mathrm{H'11}})(s - p_{\mathrm{H'12}})}{(s - s_{\mathrm{H'11}})(s - s_{\mathrm{H'12}})(s - s_{\mathrm{H'13}})(s - s_{\mathrm{H'14}})} =$$

$$= 2{,}844 \cdot 10^{14} \frac{(s + 2{,}1 \cdot 10^4\,\mathrm{s}^{-1})(s + 4{,}8 \cdot 10^5\,\mathrm{s}^{-1})}{(s + 2 \cdot 10^4\,\mathrm{s}^{-1})(s + 3{,}7 \cdot 10^5\,\mathrm{s}^{-1})(s + 3{,}9 \cdot 10^6\,\mathrm{s}^{-1})(s + 1{,}0 \cdot 10^8\,\mathrm{s}^{-1})}$$

$$\underline{H}'_0 = k_0 \frac{(s - p_{\mathrm{H'01}})}{(s - s_{\mathrm{H'01}})(s - s_{\mathrm{H'02}})(s - s_{\mathrm{H'03}})} =$$

$$= 1{,}480 \cdot 10^{14} \frac{(s + 6 \cdot 10^3\,\mathrm{s}^{-1})}{(s + 4{,}7 \cdot 10^3\,\mathrm{s}^{-1})(s + 3{,}0 \cdot 10^4\,\mathrm{s}^{-1})(s + 6{,}5 \cdot 10^4\,\mathrm{s}^{-1})}$$

Durch Partialbruchzerlegung folgt:

$$\underline{Y}_{\mathrm{W1}} = 4{,}20 \cdot 10^{-3}\,\mathrm{S} - \frac{0{,}00306}{s + 4{,}0\,\mathrm{s}^{-1}}\mathrm{S} - \frac{0{,}0747}{s + 27{,}71\,\mathrm{s}^{-1}}\mathrm{S}$$

$$\underline{Y}_{\mathrm{W0}} = 1{,}29 \cdot 10^{-3}\,\mathrm{S} - \frac{0{,}00137}{s + 3{,}6\,\mathrm{s}^{-1}}\mathrm{S} - \frac{0{,}00683}{s + 20{,}36\,\mathrm{s}^{-1}}\mathrm{S}$$

$$\overline{H}'_1 = \frac{9{,}635 \cdot 10^2}{s + 2 \cdot 10^4 s^{-1}} + \frac{8{,}870 \cdot 10^4}{s + 3{,}7 \cdot 10^5 s^{-1}} + \frac{2{,}866 \cdot 10^6}{s + 3{,}9 \cdot 10^6 s^{-1}} - \frac{2{,}956 \cdot 10^6}{s + 1{,}0 \cdot 10^8 s^{-1}}$$

$$\overline{H}'_0 = \frac{1{,}261 \cdot 10^3}{s + 4{,}7 \cdot 10^3 s^{-1}} + \frac{4{,}010 \cdot 10^4}{s + 3{,}0 \cdot 10^4 s^{-1}} - \frac{4{,}136 \cdot 10^4}{s + 6{,}5 \cdot 10^4 s^{-1}}$$

Die Frequenzgänge der Wellenadmittanz erreichen bei $\omega = \omega_0 = 314\ \mathrm{s}^{-1}$ schon ihren Endwert, so dass höherfrequente Anteile kaum von der Frequenzabhängigkeit der Wellenleitwerte betroffen sein dürften. Die Frequenzabhängigkeit der Wellendeformationsoperatoren macht sich dagegen erst bei deutlich höheren Frequenzen bemerkbar. Im Nullsystem ist ab etwa 1 kHz (Kreisfrequenz) mit einer stärkeren Dämpfung und Verzerrung zu rechnen, während dies im Mitsystem erst bei Frequenzen oberhalb 100 kHz der Fall sein wird. Die Frequenzabhängigkeit der Leitungsparameter wird sich deshalb insbesondere bei transienten Vorgängen, an denen das Nullsystem beteiligt ist, bemerkbar machen.

Die folgenden Bilder zeigen die Spannungsverläufe als Folge des drei- und einpoligen Einschaltvorganges zum Zeitpunkt der maximalen Spannung im Leiter L1, jeweils berechnet nach dem ausführlichen Leitungsmodell mit frequenzabhängigen Parametern (ausgezogene Kurven) und nach Modellen mit konstanten Parametern (gestrichelte Kurven).

Die Verläufe in Bild 20.17 (gleichzeitiges dreipoliges Einschalten der parametersymmetrischen Leitung) bestätigen die bereits an den Frequenzgängen gewonnenen Aussagen, dass Vorgänge, die sich ausschließlich im Mitsystem

Bild 20.15. Vergleich zwischen Original- und Approximationsfunktion (gestrichelt) für den Amplitudengang des Wellenadmittanzoperators für das Mit- und Nullsystem

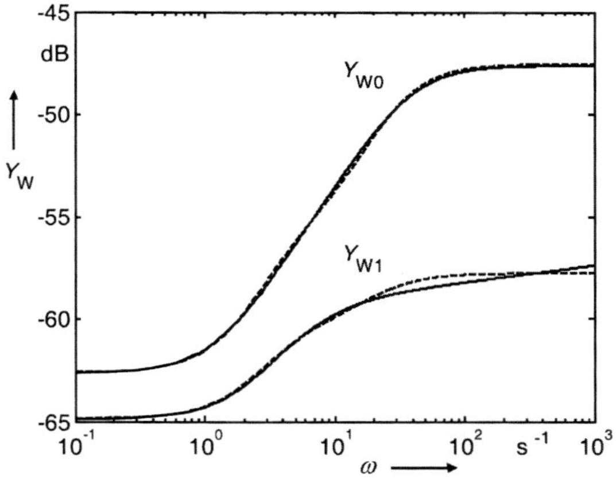

Bild 20.16. Vergleich zwischen Original- und Approximationsfunktion (gestrichelt) für den Amplitudengang des Wellendeformationsoperators für das Mit- und Nullsystem

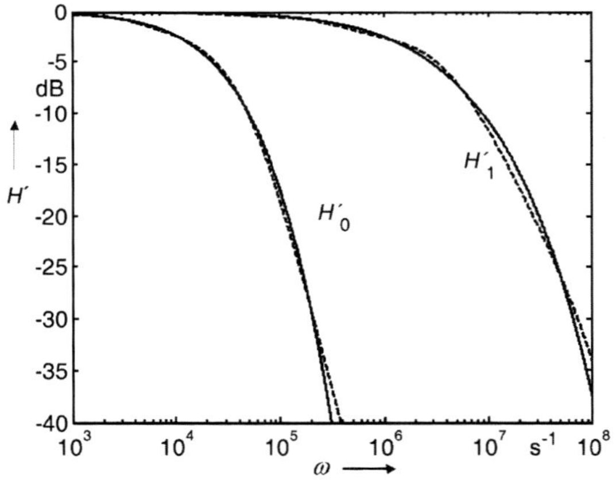

Bild 20.17. Dreipoliges Einschalten: Spannung am Leitungsende. Vergleich zwischen den Laufzeitmodellen mit frequenzabhängigen (ausgezogene Kurve) und mit konstanten Parametern nach Gl. (20.77) und (20.78) (gestrichelte Kurve)

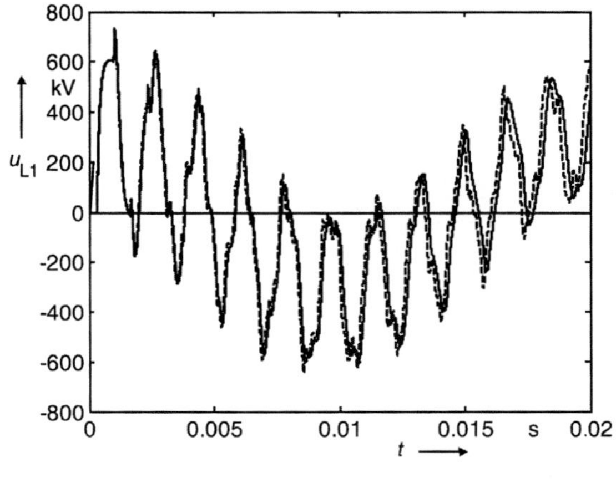

abspielen, nur geringfügig durch die Frequenzabhängigkeit der Leitungsparameter beeinflusst werden.

Beim einpoligen Einschalten (Bild 20.18) macht sich erwartungsgemäß der stärkere Einfluss der Frequenzabhängigkeit der Nullsystemparameter bemerkbar.

Der Vergleich der ausführlichen Lösung der Leitungsgleichungen mit der für eine Pi-Ersatzschaltung für jede Komponente zeigt ebenfalls größere Abweichungen (Bild 20.19). Das Leitungsmodell auf der Grundlage der Pi-Ersatzschaltungen liefert gegenüber der ausführlichen Lösung relativ glatte, zu schwach gedämpfte Kurvenverläufe. Die Pi-Ersatzschaltung für das Mit- und Gegensystem hat in Verbindung mit der Netzeinspeisung jeweils zwei konjugiert komplexe Eigenwertpaare mit den Eigenfrequenzen $f_{e1,1}$ = 564,5 Hz und $f_{e1,2}$ = 1417 Hz. Die Eigenfrequenzen des Nullsystems sind $f_{e0,1}$ = 446,4 Hz und $f_{e0,2}$ = 1388 Hz (s. Tabelle 20.2.).

Aus dem Spannungsverlauf in Bild 20.19 ist ersichtlich, dass die zu den kleinen Eigenfrequenzen gehörenden Eigenbewegungen dominieren.

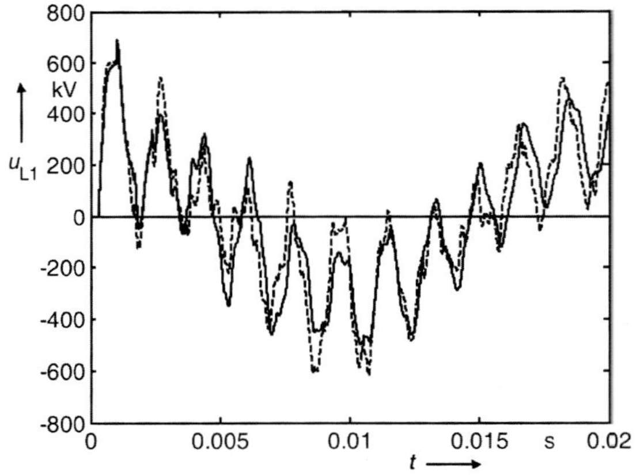

Bild 20.18. Einpoliges Einschalten (L1): Spannung am Leitungsende. Vergleich zwischen den Laufzeitmodellen mit frequenzabhängigen (ausgezogene Kurve) und mit konstanten Parametern nach Gl. (20.77) und (20.78) (gestrichelte Kurve)

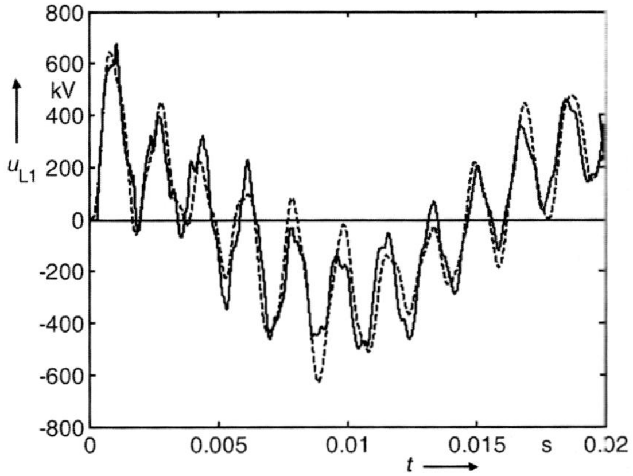

Bild 20.19. Einpoliges Einschalten (L1): Spannung am Leitungsende. Vergleich zwischen dem Laufzeitmodell mit frequenzabhängigen Parametern (ausgezogene Kurve) mit einem Pi-Leitungsmodell mit konstanten Parametern für das Mit- und Nullsystem (gestrichelte Kurve)

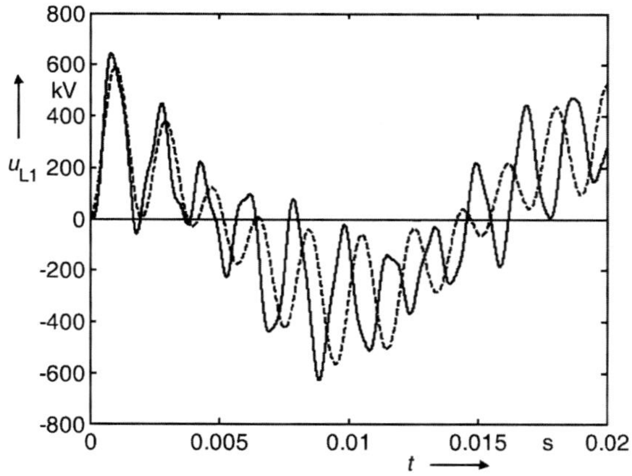

Bild 20.20. Einpoliges Einschalten (L1): Spannung am Leitungsende. Vergleich der Berechnung mit einem Pi-Leitungsmodell (ausgezogene Kurve) und einem T-Leitungsmodell (gestrichelte Kurve) pro modaler Komponente

Das folgende Bild 20.20 zeigt noch den Unterschied zwischen der Berechnung mit einem Leitungsmodell, bestehend aus nur einem Pi-Glied oder einem T-Glied für jede der modalen Komponenten. Die Spannungsverläufe unterscheiden sich nicht nur in den Maxima, sondern sind durch die unterschiedlichen Eigenfrequenzen auch zeitlich verschoben.

Die Leitungsparameter für das zum Vergleich mit der ausführlichen Lösung der Leitungsgleichungen herangezogenen Laufzeitmodell mit konstanten Parametern nach den Gln. (20.77) bis (20.78) und für das Leitungsmodell bestehend aus nur einem Pi- oder T-Glied für jede modale Komponente sind in Tabelle 20.2 zusammengestellt.

Tabelle 20.2. 50-Hz-Parameter der Freileitung und der Netzeinspeisung

Mit- und Gegensystem	Nullsystem	Bemerkungen
$\underline{Z}'_{1F} = (0{,}0314 + j0{,}2541)\ \Omega/km$	$\underline{Z}'_{0F} = (0{,}1725 + j1{,}1404)\ \Omega/km$	
$\underline{C}'_{1F} = 14{,}04$ nF/km	$\underline{C}'_{0F} = 6{,}05$ nF/km	
$\underline{G}'_{1F} = 17$ nS/km	$\underline{G}'_{0F} = 10{,}2$ nS/km	
$Y_{W1} = 0{,}0042$ S	$Y_{W0} = 0{,}00129$ S	nach Gl. (20.72)
$D_{1F} = 20{,}0169\ s^{-1}$	$D_{0F} = 24{,}6033\ s^{-1}$	nach Gl. (20.70)
$\tau_{1F} = 3{,}3699 \cdot 10^{-4}$ s	$\tau_{0F} = 4{,}6863 \cdot 10^{-4}$ s	nach Gl. (20.74)
$d_{1F} = e^{-D_{1F}\tau_{1F}} = 0{,}9933$	$d_{0F} = e^{-D_{0F}\tau_{0F}} = 0{,}9885$	
$\omega_{e1,1} = (-18{,}8 \pm j3547)\ s^{-1}$	$\omega_{e0,1} = (-23{,}4 \pm j2805)\ s^{-1}$	Eigenwerte der Pi-
$\omega_{e1,2} = (-17{,}6 \pm j8904)\ s^{-1}$	$\omega_{e0,1} = (-17{,}8 \pm j8721)\ s^{-1}$	Ersatzschaltungen
$\omega_{e1} = (-18{,}6 \pm j3295)\ s^{-1}$	$\omega_{e0} = (-22{,}9 \pm j2670)\ s^{-1}$	Eigenwerte der T-Ersatzschaltungen
$\underline{Z}'_{1N} = (0{,}7903 + j7{,}9026)\ \Omega/km$	$\underline{Z}'_{0N} = (1{,}5805 + j15{,}8052)\ \Omega/km$	

Anhang

Verzeichnis der Anhänge

A.1 Schaltkurzzeichen (Auswahl verwendeter Zeichen)
A.2 Beziehungen zwischen den modalen Komponenten in leistungsinvarianter Form
A.3 Transformationsbeziehungen für Zeigergrößen in leistungsinvarianter Form
A.4 Kennwerte von Synchrongeneratoren
A.5 Eigenzeitkonstanten und dq-Zeitkonstanten bei Synchronmaschinen
A.6 Transformatorersatzschaltungen im Mit-, Gegen- und Nullsystem
A.7 Mittlere geometrische Abstände (mgA) einfacher Anordnungen
A.8 Mittlerer geometrischer Abstand einer Hülle (Kreislinie) von sich selbst
A.9 Mittlerer geometrischer Abstand einer Strecke von sich selbst
A.10 Schleifenimpedanzen mit Rückleitung über Erde für höhere Frequenzen
A.11 Abmessungen und Kenndaten von Drehstrom-Hochspannungsfreileitungen
A.12 Impedanzen von Niederspannungsfreileitungen
A.13 Bauarten von Starkstromkabeln mit Hinweisen auf die Anwendung und Impedanzen von Hochspannungskabeln
A.14 Impedanzen von Niederspannungsmehrleiterkabeln
A.15 Impedanzen für einzelne Stromkreise aus Niederspannungseinleiterkabeln NYY
A.16 Impedanzen für parallele Stromkreise aus Niederspannungseinleiterkabeln NYY
A.17 Einige Daten zur Entwicklung des Verbundbetriebes in Europa
A.18 Ströme und Spannungen an der Kurzschlußstelle in symmetrischen Komponenten und in Leitergrößen
A.19 Daten von Niederspannungs-Asynchronmotoren und abgeleitete Größen bei $U_{rM} = 380$ V
A.20 Flächenträgheitsmoment J und Widerstandsmoment W von Haupt- und Teilleitern
A.21 Faktoren c und q bei der Berechnung von Kurzschlusskräften
A.22 Beispiel zur Berechnung von m, n und I_{th}/I''_k
A.23 Physikalische Größen und Einheiten im SI-System
A.24 Einheitenumrechnungen und Konstanten

D. Oeding, B. Oswald, *Elektrische Kraftwerke und Netze*,
doi 10.1007/978-3-642-19246-3,

A.1 Schaltkurzzeichen (Auswahl verwendeter Zeichen)

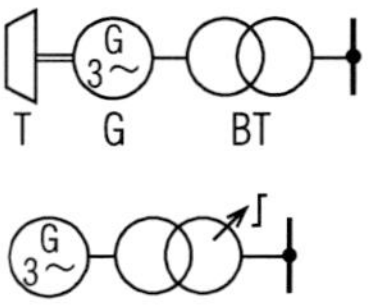	Kraftwerksblock T Turbine G Generator BT Blocktrans-formator
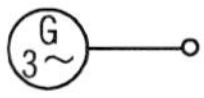	Generator
	Transformator mit Schaltung der Wick-lungen
	Transformator mit Stufenschalter
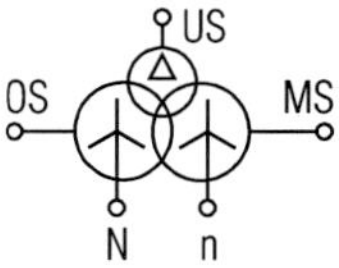	Dreiwicklungstrans-formator mit Klem-menbezeichnungen
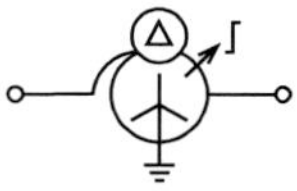	Spartransformator mit geerdetem Stern-punkt und Dreieck-ausgleichswicklung
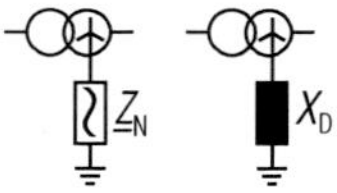	Sternpunkterdung über Impedanz $\underline{Z}_N$ oder eine Erdschluss-löschspule X_D
	Kurzschlussstrom-Begrenzungsdrossel-spule
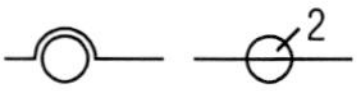	Stromwandler
	Spannungswandler
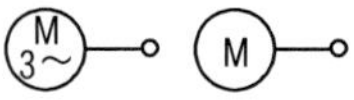	Motor Drehstrommotor (Asynchromotor)
	Anzahl der Leiter (Hauptleiter und andere L) einer Leitung
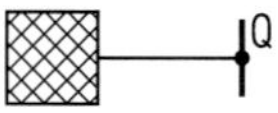	Drehstromnetz mit Anschlusspunkt Q
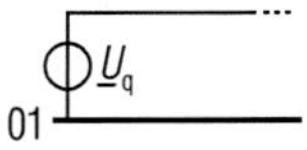	Spannungsquelle im Mitsystem (q: Quelle)
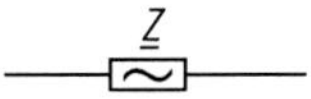	Impedanz $\underline{Z}$ Mitsystem $\underline{Z}_1$ Nullsystem $\underline{Z}_0$
	Resistanz und Reak-tanz $\underline{Z} = R + jX$
	Kapazität
	Trennschalter
	Lastschalter (allgemein)
	Lasttrennschalter
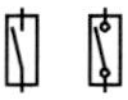	Leistungsschalter
	Sicherung, Schmelzsicherung
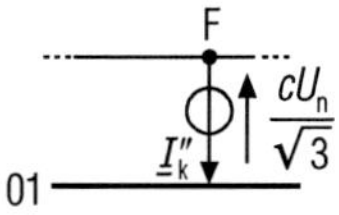	Ersatzspannungs-quelle an der Kurz-schlussstelle F
	Überspannungsab-leiter, MO-Ableiter, Ventilableiter
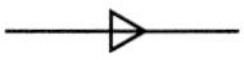	Diode
	Thyristor
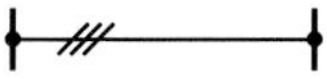	Leitung Drehstromfreileitung
	Doppelleitung
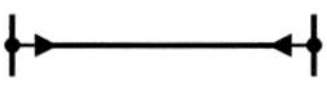	Kabel, Drehstrom-kabel
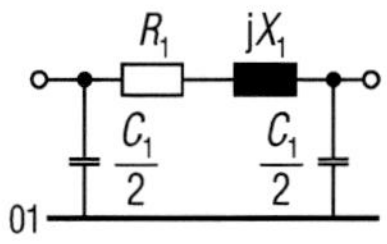	π-Ersatzschaltung, z. B. für eine Frei-leitung im Mitsystem (Index 1)

A.2 Beziehungen zwischen den modalen Komponenten in leistungsinvarianter Form

	$\times[g_{\mathrm{L1}}\ g_{\mathrm{L1}}\ g_{\mathrm{L1}}]^{\mathrm{T}}$	$\times[\underline{g}_{\mathrm{s}}\ \underline{g}_{\mathrm{s}}^{*}\ g_0]^{\mathrm{T}}$	$\times[g_\alpha\ g_\beta\ g_0]^{\mathrm{T}}$	$\times[\underline{g}_{\mathrm{r}}\ \underline{g}_{\mathrm{r}}^{*}\ g_0]^{\mathrm{T}}$	$\times[g_{\mathrm{d}}\ g_{\mathrm{q}}\ g_0]^{\mathrm{T}}$
$\begin{bmatrix} g_{\mathrm{L1}} \\ g_{\mathrm{L2}} \\ g_{\mathrm{L3}} \end{bmatrix} =$	$\begin{bmatrix} 1 & 0 & 0 \\ 0 & 1 & 0 \\ 0 & 0 & 1 \end{bmatrix}$	$\frac{1}{\sqrt{3}}\begin{bmatrix} 1 & 1 & 1 \\ \underline{a}^2 & \underline{a} & 1 \\ \underline{a} & \underline{a}^2 & 1 \end{bmatrix}$	$\sqrt{\frac{2}{3}}\begin{bmatrix} 1 & 0 & \frac{1}{\sqrt{2}} \\ -\frac{1}{2} & \frac{\sqrt{3}}{2} & \frac{1}{\sqrt{2}} \\ -\frac{1}{2} & -\frac{\sqrt{3}}{2} & \frac{1}{\sqrt{2}} \end{bmatrix}$	$\frac{1}{\sqrt{3}}\begin{bmatrix} e^{j\vartheta} & e^{-j\vartheta} & 1 \\ \underline{a}^2 e^{j\vartheta} & \underline{a}\,e^{-j\vartheta} & 1 \\ \underline{a}\,e^{j\vartheta} & \underline{a}^2 e^{-j\vartheta} & 1 \end{bmatrix}$	$\sqrt{\frac{2}{3}}\begin{bmatrix} c_1 & -s_1 & \frac{1}{\sqrt{2}} \\ c_2 & -s_2 & \frac{1}{\sqrt{2}} \\ c_3 & -s_3 & \frac{1}{\sqrt{2}} \end{bmatrix}$
$\begin{bmatrix} \underline{g}_{\mathrm{s}} \\ \underline{g}_{\mathrm{s}}^{*} \\ g_0 \end{bmatrix} =$	$\frac{1}{\sqrt{3}}\begin{bmatrix} 1 & \underline{a} & \underline{a}^2 \\ 1 & \underline{a}^2 & \underline{a} \\ 1 & 1 & 1 \end{bmatrix}$	$\begin{bmatrix} 1 & 0 & 0 \\ 0 & 1 & 0 \\ 0 & 0 & 1 \end{bmatrix}$	$\frac{1}{\sqrt{2}}\begin{bmatrix} 1 & j & 0 \\ 1 & -j & 0 \\ 0 & 0 & \sqrt{2} \end{bmatrix}$	$\begin{bmatrix} e^{j\vartheta} & 0 & 0 \\ 0 & e^{-j\vartheta} & 0 \\ 0 & 0 & 1 \end{bmatrix}$	$\frac{1}{\sqrt{2}}\begin{bmatrix} e^{j\vartheta} & je^{j\vartheta} & 0 \\ e^{-j\vartheta} & -je^{-j\vartheta} & 0 \\ 0 & 0 & \sqrt{2} \end{bmatrix}$
$\begin{bmatrix} g_\alpha \\ g_\beta \\ g_0 \end{bmatrix} =$	$\sqrt{\frac{2}{3}}\begin{bmatrix} 1 & -\frac{1}{2} & -\frac{1}{2} \\ 0 & \frac{\sqrt{3}}{2} & -\frac{\sqrt{3}}{2} \\ \frac{1}{\sqrt{2}} & \frac{1}{\sqrt{2}} & \frac{1}{\sqrt{2}} \end{bmatrix}$	$\frac{1}{\sqrt{2}}\begin{bmatrix} 1 & 1 & 0 \\ -j & j & 0 \\ 0 & 0 & \sqrt{2} \end{bmatrix}$	$\begin{bmatrix} 1 & 0 & 0 \\ 0 & 1 & 0 \\ 0 & 0 & 1 \end{bmatrix}$	$\frac{1}{\sqrt{2}}\begin{bmatrix} e^{j\vartheta} & e^{-j\vartheta} & 0 \\ -je^{j\vartheta} & je^{-j\vartheta} & 0 \\ 0 & 0 & \sqrt{2} \end{bmatrix}$	$\begin{bmatrix} c_1 & -s_1 & 0 \\ s_1 & c_1 & 0 \\ 0 & 0 & 1 \end{bmatrix}$
$\begin{bmatrix} \underline{g}_{\mathrm{r}} \\ \underline{g}_{\mathrm{r}}^{*} \\ g_0 \end{bmatrix} =$	$\frac{1}{\sqrt{3}}\begin{bmatrix} e^{-j\vartheta} & \underline{a}\,e^{-j\vartheta} & \underline{a}^2 e^{-j\vartheta} \\ e^{j\vartheta} & \underline{a}^2 e^{j\vartheta} & \underline{a}\,e^{j\vartheta} \\ 1 & 1 & 1 \end{bmatrix}$	$\begin{bmatrix} e^{-j\vartheta} & 0 & 0 \\ 0 & e^{j\vartheta} & 0 \\ 0 & 0 & 1 \end{bmatrix}$	$\frac{1}{\sqrt{2}}\begin{bmatrix} e^{-j\vartheta} & je^{-j\vartheta} & 0 \\ e^{j\vartheta} & -je^{j\vartheta} & 0 \\ 0 & 0 & \sqrt{2} \end{bmatrix}$	$\begin{bmatrix} 1 & 0 & 0 \\ 0 & 1 & 0 \\ 0 & 0 & 1 \end{bmatrix}$	$\frac{1}{\sqrt{2}}\begin{bmatrix} 1 & j & 0 \\ 1 & -j & 0 \\ 0 & 0 & \sqrt{2} \end{bmatrix}$
$\begin{bmatrix} g_{\mathrm{d}} \\ g_{\mathrm{q}} \\ g_0 \end{bmatrix} =$	$\sqrt{\frac{2}{3}}\begin{bmatrix} c_1 & c_2 & c_3 \\ -s_1 & -s_2 & -s_3 \\ \frac{1}{\sqrt{2}} & \frac{1}{\sqrt{2}} & \frac{1}{\sqrt{2}} \end{bmatrix}$	$\frac{1}{\sqrt{2}}\begin{bmatrix} e^{-j\vartheta} & e^{j\vartheta} & 0 \\ -je^{-j\vartheta} & je^{j\vartheta} & 0 \\ 0 & 0 & \sqrt{2} \end{bmatrix}$	$\begin{bmatrix} c_1 & s_1 & 0 \\ -s_1 & c_1 & 0 \\ 0 & 0 & 1 \end{bmatrix}$	$\frac{1}{\sqrt{2}}\begin{bmatrix} 1 & 1 & 0 \\ -j & j & 0 \\ 0 & 0 & \sqrt{2} \end{bmatrix}$	$\begin{bmatrix} 1 & 0 & 0 \\ 0 & 1 & 0 \\ 0 & 0 & 1 \end{bmatrix}$

$$c_1 = \cos\vartheta;\ c_2 = \cos\left(\vartheta - \frac{2\pi}{3}\right);\ c_3 = \cos\left(\vartheta + \frac{2\pi}{3}\right);\ s_1 = \sin\vartheta;\ s_2 = \sin\left(\vartheta - \frac{2\pi}{3}\right);\ s_3 = \sin\left(\vartheta + \frac{2\pi}{3}\right);\ \vartheta = \int \Omega\,\mathrm{d}t + \vartheta_0$$

A.3 Transformationsbeziehungen für Zeigergrößen in leistungsinvarianter Form

	$\times [\underline{G}_{L1}\ \underline{G}_{L2}\ \underline{G}_{L3}]^T$	$\times [\underline{G}_1\ \underline{G}_2\ \underline{G}_0]^T$	$\times [\underline{G}_\alpha\ \underline{G}_\beta\ \underline{G}_0]^T$
$\begin{bmatrix}\underline{G}_{L1}\\ \underline{G}_{L2}\\ \underline{G}_{L3}\end{bmatrix} =$	$\begin{bmatrix}1 & 0 & 0\\ 0 & 1 & 0\\ 0 & 0 & 1\end{bmatrix}$	$\frac{1}{\sqrt{3}}\begin{bmatrix}1 & 1 & 1\\ \underline{a}^2 & \underline{a} & 1\\ \underline{a} & \underline{a}^2 & 1\end{bmatrix}$	$\sqrt{\frac{2}{3}}\begin{bmatrix}1 & 0 & \frac{1}{\sqrt{2}}\\ -\frac{1}{2} & \frac{\sqrt{3}}{2} & \frac{1}{\sqrt{2}}\\ -\frac{1}{2} & -\frac{\sqrt{3}}{2} & \frac{1}{\sqrt{2}}\end{bmatrix}$
$\begin{bmatrix}\underline{G}_1\\ \underline{G}_2\\ \underline{G}_0\end{bmatrix} =$	$\frac{1}{\sqrt{3}}\begin{bmatrix}1 & \underline{a} & \underline{a}^2\\ 1 & \underline{a}^2 & \underline{a}\\ 1 & 1 & 1\end{bmatrix}$	$\begin{bmatrix}1 & 0 & 0\\ 0 & 1 & 0\\ 0 & 0 & 1\end{bmatrix}$	$\frac{1}{\sqrt{2}}\begin{bmatrix}1 & j & 0\\ 1 & -j & 0\\ 0 & 0 & \sqrt{2}\end{bmatrix}$
$\begin{bmatrix}\underline{G}_\alpha\\ \underline{G}_\beta\\ \underline{G}_0\end{bmatrix} =$	$\sqrt{\frac{2}{3}}\begin{bmatrix}1 & -\frac{1}{2} & -\frac{1}{2}\\ 0 & \frac{\sqrt{3}}{2} & -\frac{\sqrt{3}}{2}\\ \frac{1}{\sqrt{2}} & \frac{1}{\sqrt{2}} & \frac{1}{\sqrt{2}}\end{bmatrix}$	$\frac{1}{\sqrt{2}}\begin{bmatrix}1 & 1 & 0\\ -j & j & 0\\ 0 & 0 & \sqrt{2}\end{bmatrix}$	$\begin{bmatrix}1 & 0 & 0\\ 0 & 1 & 0\\ 0 & 0 & 1\end{bmatrix}$

A.4 Kennwerte von Synchrongeneratoren

Reaktanzen und Zeit-		Turbogeneratoren	Schenkelpolgeneratoren mit Dämpferwicklung	Bemerkungen
Subtransiente Längsreaktanz (gesättigt)	x''_d p. u.	0,09 … 0,22 [a]	0,12 … 0,30 [b]	[a] große Werte bei großen Bemessungsleistungen [b] hohe Werte bei Langsamläufern großer Leistung
Subtransiente Querreaktanz (gesättigt)	x''_q p. u.	$(1 \ldots 1{,}1)\, x''_\mathrm{d}$	$(1 \ldots 1{,}2)\, x''_\mathrm{d}$ [c]	[c] häufig wird $x''_\mathrm{q} = x''_\mathrm{d}$ gesetzt
Transiente Längsreaktanz (gesättigt)	x'_d p. u.	0,14 … 0,35 [d]	0,20 … 0,45	[d] Richtwert: $x'_\mathrm{d} = (1{,}4 \ldots \mathit{1{,}5} \ldots 1{,}7) x''_\mathrm{d}$ Bei Maschinen über 1000 MVA: x'_d bis (0,4 … 0,45) p. u.
Synchrone Längsreaktanz (ungesättigt) [e]	x_d p. u.	1,40 … 3,00	0,80 … 1,40	[e] gesättigte Werte für x_d sind 5 bis 20 % kleiner.
Synchrone Querreaktanz (ungesättigt) [e]	x_q p. u.	$(0{,}9 \ldots 1{,}0)\, x_\mathrm{d}$	$(0{,}6 \ldots 0{,}7)\, x_\mathrm{d}$	Leerlauf-Kurzschlussverhältnis: $K_\mathrm{C} = \dfrac{1}{x_\mathrm{d}}$
Gegenreaktanz	x_2 p.u.	$x_2 \approx \frac{1}{2}(x''_\mathrm{d} + x''_\mathrm{q}) \approx x''_\mathrm{d}$		
Nullreaktanz	x_0 p. u.	0,03 … 0,10	0,05 … 0,20	$x_0 \approx (0{,}4 \ldots 0{,}8)\, x''_\mathrm{d}$ abhängig von der Sehnung der Ständerwicklung
Subtransiente Zeitkonstante	T''_d s	0,02 … 0,03 … 0,05	0,02 … 0,05 … 0,07	$T''_\mathrm{q} \geq T''_\mathrm{d}$; $T''_\mathrm{d} \approx T''_\mathrm{d0} \dfrac{x''_\mathrm{d}}{x'_\mathrm{d}}$
Transiente Zeitkonstante	T'_d s	0,8 … 1,5	0,7 … 2,2	$T'_\mathrm{d} \approx T'_\mathrm{d0} \dfrac{x'_\mathrm{d}}{x_\mathrm{d}}$
Transiente Leerlaufzeitkonstante	T'_d0 s	5 … 10 … 15	4 … 6 … 10	$T'_\mathrm{d0} = \dfrac{x_\mathrm{ff}}{\omega r_\mathrm{f}} + \dfrac{x_\mathrm{DD}}{\omega r_\mathrm{D}} - T''_\mathrm{d0} \approx T_\mathrm{f} = \dfrac{x_\mathrm{ff}}{\omega r_\mathrm{f}}$
Gleichstrom-Zeitkonstante	T_g s	0,05 … 0,4 [f]	0,1 … 0,4	[f] bei großen Generatoren $T_\mathrm{g} = \dfrac{x''_\mathrm{d}}{\omega r_\mathrm{G}}$ r_G Resistanz der Ständerwicklung
Bemessungsanlaufzeit	T_J s	5 … 10		einschließlich Turbinenläufer und Erregermaschine

A.5 Eigenzeitkonstanten und dq-Zeitkonstanten bei Synchronmaschinen

Ergänzung zu den Angaben in Kapitel 5:

Eigenzeitkonstanten:

$$T_f = \frac{L_{ff}}{R_f}; \quad T_D = \frac{L_{DD}}{R_D}; \quad T_Q = \frac{L_{QQ}}{R_Q}$$

Streukoeffizienten:

$$\sigma_{df} = 1 - \frac{L_{hd}^2}{L_d L_{ff}}; \quad \sigma_{dD} = 1 - \frac{L_{hd}^2}{L_d L_{DD}}; \quad \sigma_{fD} = 1 - \frac{L_{hd}^2}{L_{ff} L_{DD}}; \quad \sigma_{qQ} = 1 - \frac{L_{hQ}^2}{L_q L_{QQ}};$$

Zusammenhang mit den d- und q-Zeitkonstanten:

$$T'_d = \frac{\sigma_{df} T_f + \sigma_{dD} T_D}{2} \left\{ 1 + \sqrt{1 - \frac{4\sigma_{fD} T_f T_D}{(\sigma_{df} T_f + \sigma_{dD} T_D)^2} \cdot \frac{X''_d}{X_d}} \right\} \approx \sigma_{df} T_f + \sigma_{dD} T_D \tag{A.5.1}$$

$$T'_{d0} = \frac{T_f + T_D}{2} \left\{ 1 + \sqrt{1 - \frac{4\sigma_{fD} T_f T_D}{(T_f + T_D)^2}} \right\} \approx T_f + T_D \tag{A.5.2}$$

$$T''_d = \frac{\sigma_{df} T_f + \sigma_{dD} T_D}{2} \left\{ 1 - \sqrt{1 - \frac{4\sigma_{fD} T_f T_D}{(\sigma_{df} T_f + \sigma_{dD} T_D)^2} \cdot \frac{X''_d}{X_d}} \right\} \approx \frac{\sigma_{fD} T_f T_D}{\sigma_{df} T_f + \sigma_{dD} T_D} \cdot \frac{X''_d}{X_d} \tag{A.5.3}$$

$$T''_{d0} = \frac{T_f + T_D}{2} \left\{ 1 - \sqrt{1 - \frac{4\sigma_{fD} T_f T_D}{(T_f + T_D)^2}} \right\} \approx \frac{\sigma_{fD} T_f T_D}{T_f + T_D} \approx \sigma_{fD} T_D \quad (T_f \gg T_D) \tag{A.5.4}$$

$$T''_q = \sigma_{qQ} T_Q \tag{A.5.5}$$

$$T''_{q0} = T_Q \tag{A.5.6}$$

Teilweise wird mit folgenden Näherungen gearbeitet (A.4):

$$T'_d \approx T'_{d0} \frac{X'_d}{X_d}; \quad T''_d \approx T''_{d0} \frac{X''_d}{X'_d}; \quad T''_q \approx T''_{d0} \frac{X''_q}{X_q}$$

Aus Gl. (A.5.3) und Gl. (A.5.1) wird: $T''_d = \dfrac{\sigma_{fD} T_f T_D}{T'_d} \dfrac{X''_d}{X_d}$.

Ersetzt man $\sigma_{fD} T_f T_D$ ausgehend von Gl. (A.5.4) und führt $T'_{d0} \approx T_f$ ein bei $T_f \gg T_D$, so wird:

$$\frac{T''_d}{T''_{d0}} \approx \frac{T'_{d0}}{T'_d} \frac{X''_d}{X_d}$$

A.6 Transformatorersatzschaltungen im Mit-, Gegen- und Nullsystem

Nr.	Schaltung	Ersatzschaltung im Mitsystem (Gegensystem)	Ersatzschaltung im Nullsystem
1	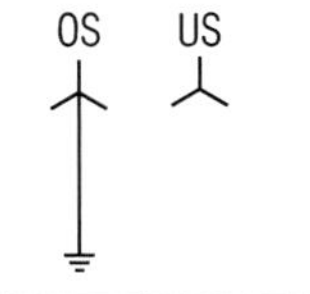	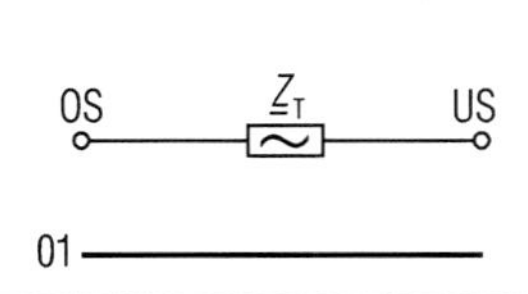	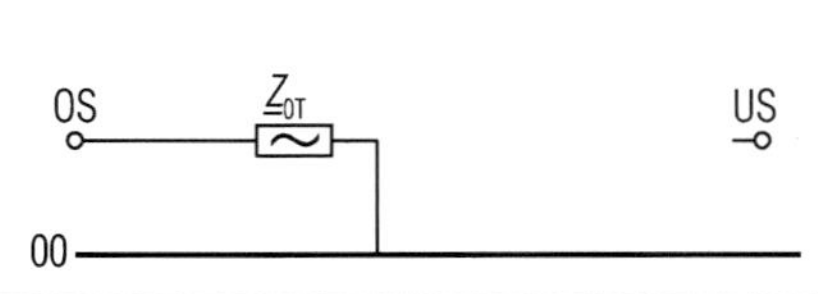
1a	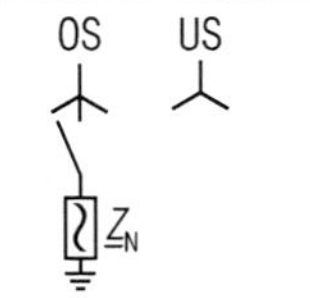	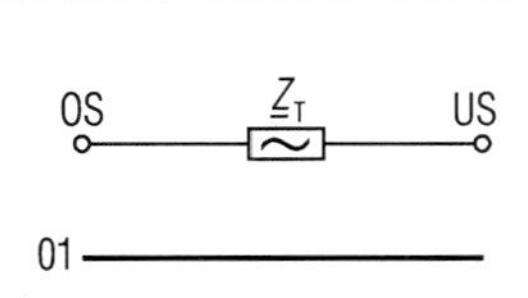	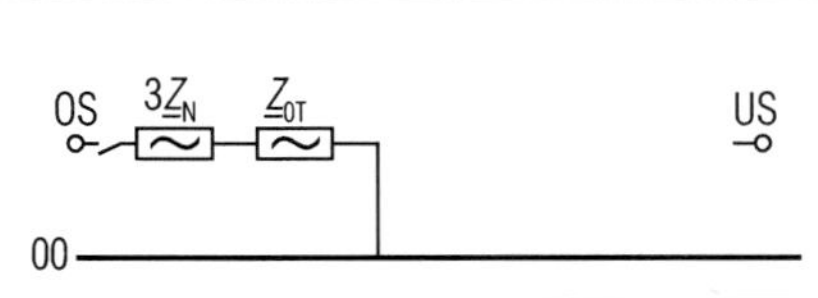
2	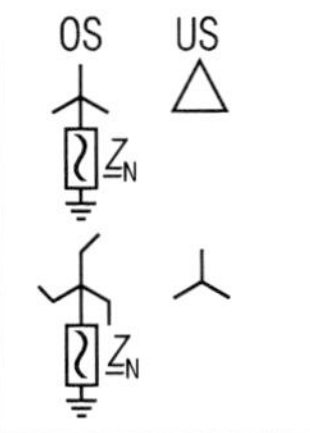	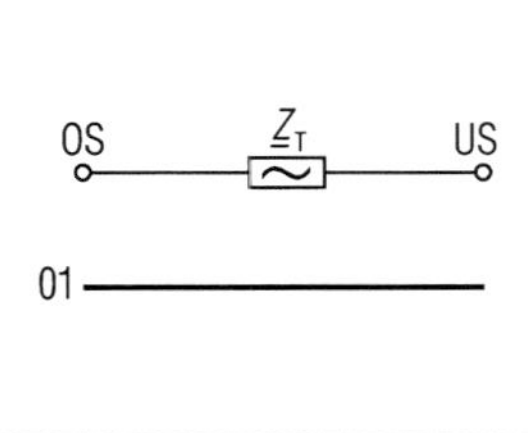	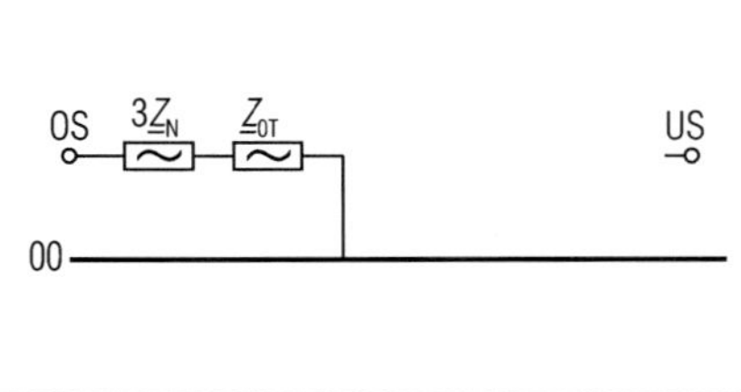
3	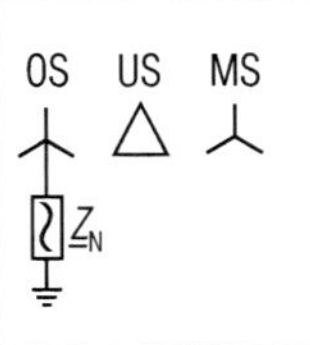	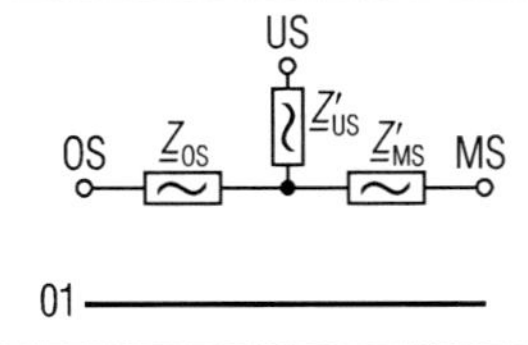	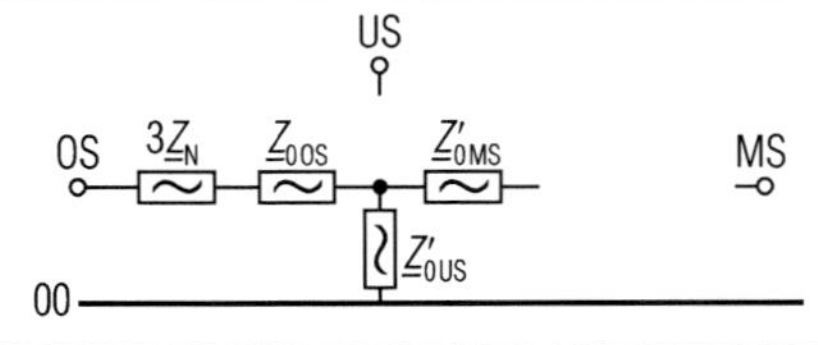
4	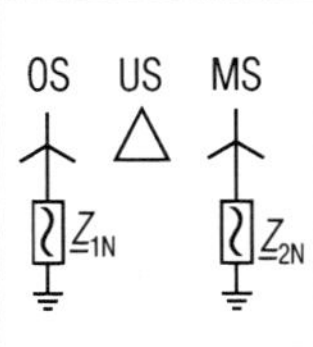	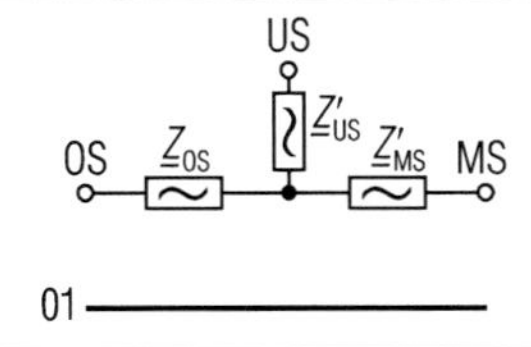	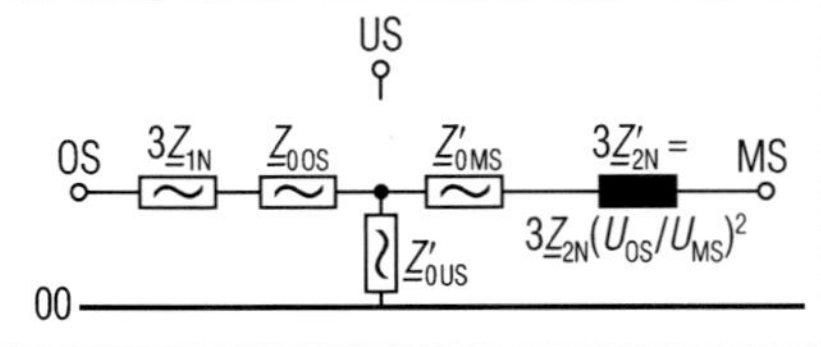
5	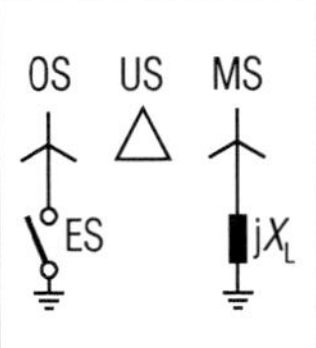	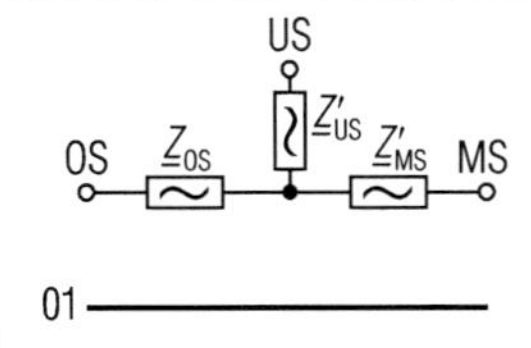	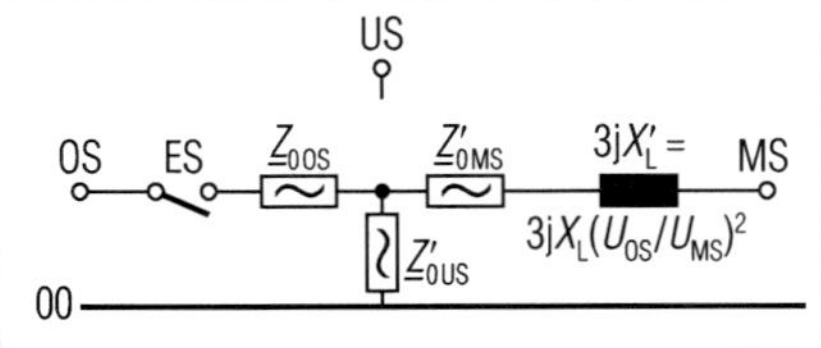
6	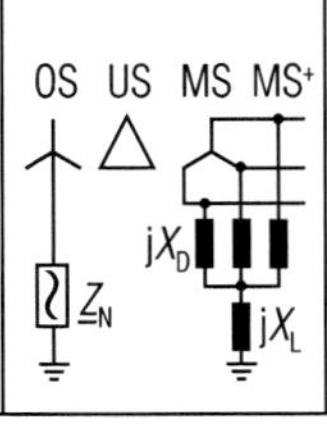	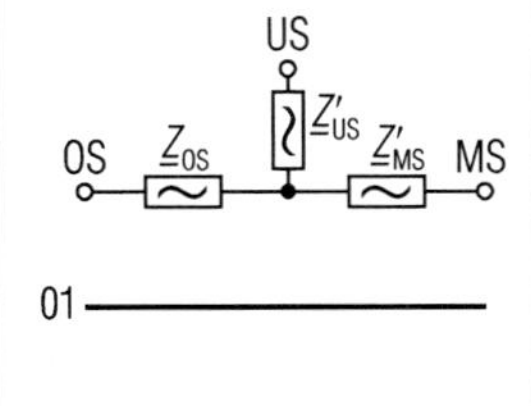	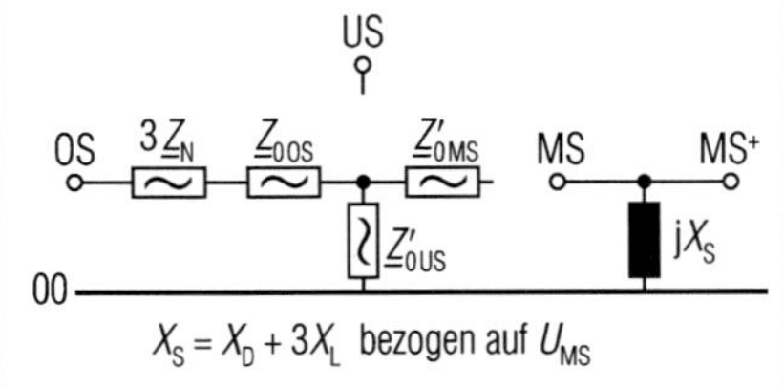

A.6 Transformatorersatzschaltungen im Mit-, Gegen- und Nullsystem
(Fortsetzung)

<table>
<tr><th>Nr.</th><th>Schaltung</th><th>Ersatzschaltung im Mitsystem (Gegensystem)</th><th>Ersatzschaltung im Nullsystem</th></tr>
<tr><td>7</td><td>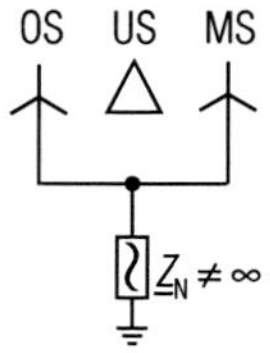
</td><td>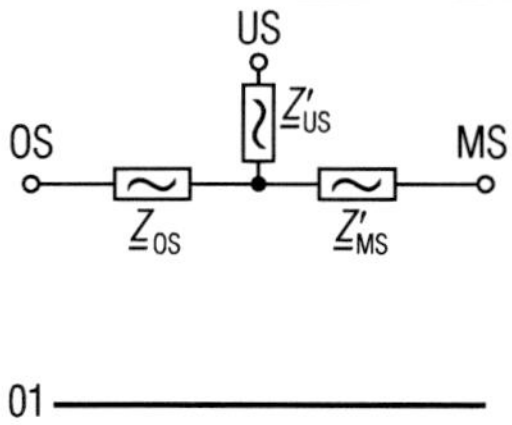
</td><td>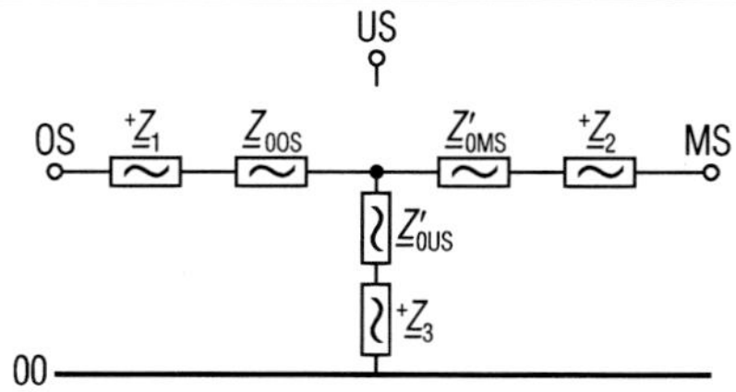

$^+\underline{Z}_1 = 3\underline{Z}_N(t-1)$; $^+\underline{Z}_2 = 3\underline{Z}_N t(t-1)$; $^+\underline{Z}_3 = 3\underline{Z}_N t$
$t = U_{OS}/U_{MS}$</td></tr>
<tr><td>8</td><td>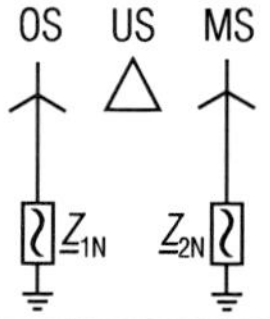
</td><td>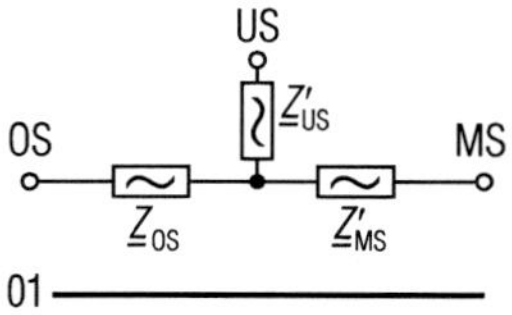
</td><td>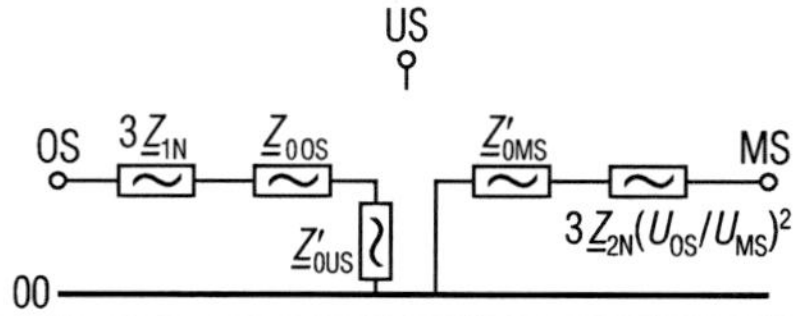
</td></tr>
<tr><td>9a</td><td>Spartransformator mit drei einpoligen Einheiten
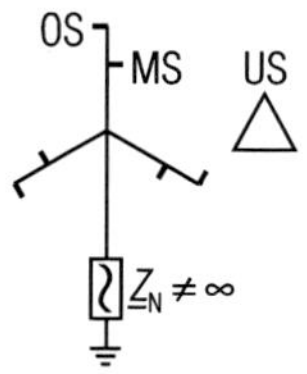
</td><td>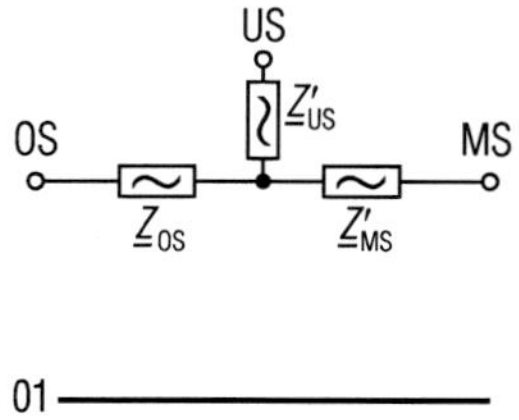
</td><td>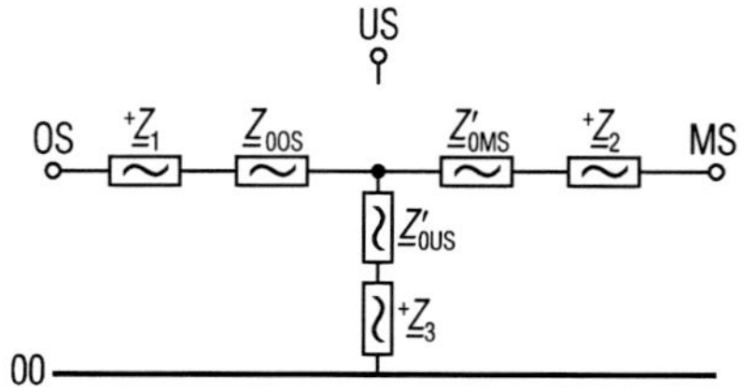

$^+\underline{Z}_1 = 3\underline{Z}_N(t-1)$; $^+\underline{Z}_2 = 3\underline{Z}_N t(t-1)$; $^+\underline{Z}_3 = 3\underline{Z}_N t$
$\underline{Z}_{0OS} = \underline{Z}_{OS}$; $\underline{Z}_{0MS} = \underline{Z}_{MS}$; $\underline{Z}_{0US} = \underline{Z}_{US}$</td></tr>
<tr><td>9b</td><td>Spartransformator mit drei einpoligen Einheiten
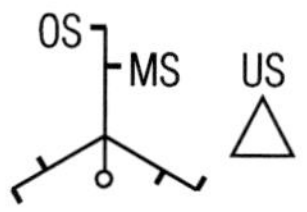

isolierter Sternpunkt</td><td>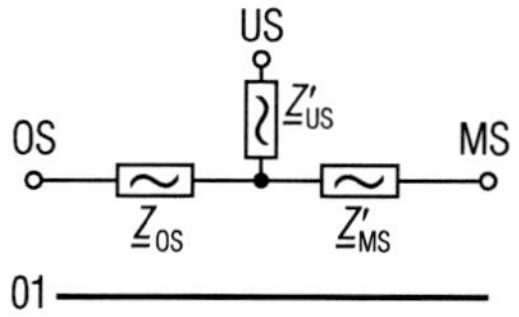
</td><td>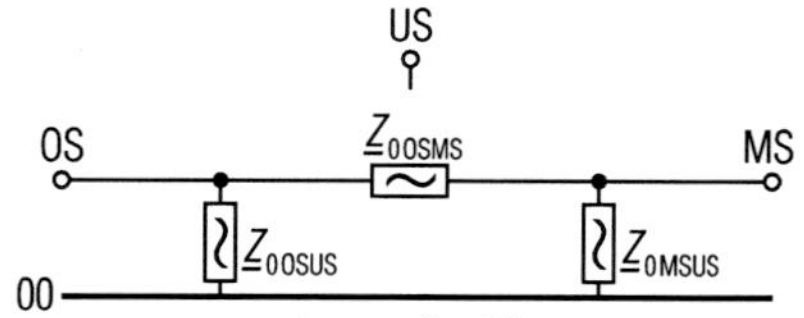

$\underline{Z}_{0OSMS} = t\underline{Z}_{OS} + \frac{1}{t}\underline{Z}'_{MS} + \frac{(t-1)^2}{t}\underline{Z}'_{US}$
$\underline{Z}_{0OSUS} = \frac{t}{t-1}\underline{Z}_{OS} + \frac{1}{t(t-1)}\underline{Z}'_{MS} + \frac{-1}{t}\underline{Z}'_{US}$
$\underline{Z}_{0MSUS} = -\left[\frac{t^2}{t-1}\underline{Z}_{OS} + \frac{1}{t-1}\underline{Z}'_{MS} + (t-1)\underline{Z}'_{US}\right]$
$\underline{Z}_{0OSMS} + \underline{Z}_{0OSUS} + \underline{Z}_{0MSUS} = 0$
(Resonanzdreieck)</td></tr>
<tr><td>10</td><td>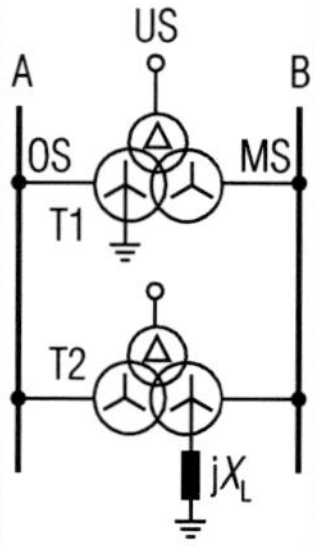

Anwendungsbeispiel</td><td>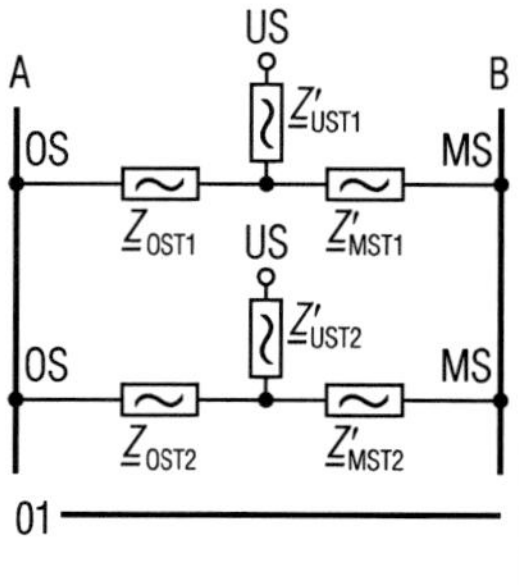
</td><td>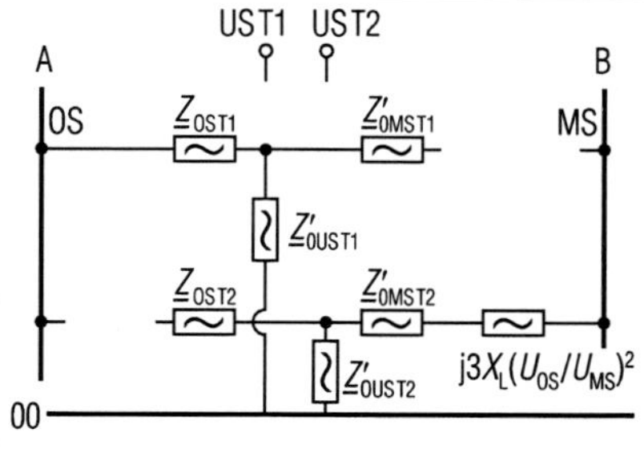
</td></tr>
</table>

A.7 Mittlere geometrische Abstände (mgA) einfacher Anordnungen

<table>
<tr><th>Nr.</th><th>Anordnung</th><th>Mittlerer gemetrischer Abstand</th><th>Berechnungsgleichung</th></tr>
<tr><td>1</td><td>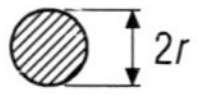</td><td>Kreisfläche von sich selbst</td><td>$g_{11} = r \cdot e^{-1/4} = 0{,}7788 \cdot r$</td></tr>
<tr><td>2</td><td>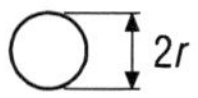</td><td>Kreislinie von sich selbst</td><td>$g_{11} = r$</td></tr>
<tr><td>3</td><td>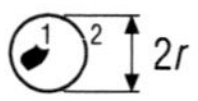</td><td>Beliebige Fläche 1 gegen umhüllende Kreislinie 2</td><td>$g_{12} = r$</td></tr>
<tr><td>4</td><td>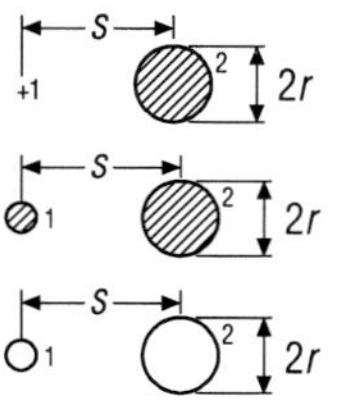</td><td>Punkt gegen Kreisfläche

Kreisfläche gegen Kreisfläche

Kreislinie gegen Kreislinie</td><td>$g_{12} = s$

s = Schwerpunktabstand</td></tr>
<tr><td>5</td><td>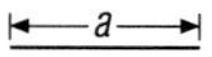</td><td>Strecke von sich selbst</td><td>$g_{11} = a \cdot e^{-3/2} = 0{,}22313 \cdot a$</td></tr>
<tr><td>6</td><td>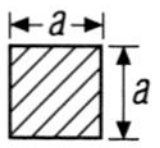</td><td>Quadrat von sich selbst</td><td>$g_{11} = 0{,}447047 \cdot a$
[Maxwell 1883, Rosa 1907]</td></tr>
<tr><td>7</td><td>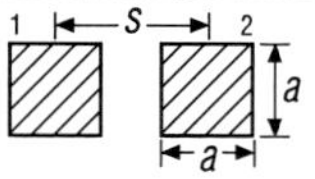</td><td>Quadrat gegen Quadrat</td><td>$g_{12} \approx 1{,}00655 \cdot s$ für $s = a$
$g_{12} \approx s$ für $s \geq 2a$</td></tr>
<tr><td rowspan="2">8</td><td rowspan="2">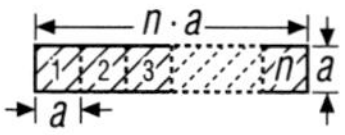</td><td>Rechteck von sich selbst
$n \cdot a \times a$</td><td>$\frac{g_{II}}{a} = \sqrt[n^2]{g_{11}^{n} \cdot g_{12}^{2n-2} \cdot g_{13}^{2n-4} \cdot g_{14}^{2n-6} \cdots g_{1n}^{2}}$</td></tr>
<tr><td colspan="2"><table>
<tr><td>n</td><td>1</td><td>2</td><td>3</td><td>4</td><td>5</td><td>6</td><td>7</td><td>8</td><td>9</td><td>10</td></tr>
<tr><td>g_{II}/a</td><td>0,44705</td><td>0,67080</td><td>0,89455</td><td>1,11828</td><td>1,34193</td><td>1,56551</td><td>1,78903</td><td>1,88896</td><td>2,23594</td><td>2,45934</td></tr>
</table></td></tr>
<tr><td rowspan="2">9</td><td rowspan="2">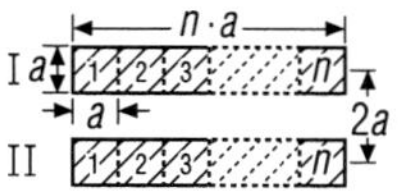</td><td>Rechteck I gegen Rechteck II</td><td>$\frac{g_{I\,II}}{2a} = \sqrt[n^2]{g_{1I1II}^{n} \cdot g_{1I2II}^{2n-2} \cdot g_{1I3II}^{2n-4} \cdot g_{1I4II}^{2n-6} \cdots g_{1InII}^{2}}$</td></tr>
<tr><td colspan="2"><table>
<tr><td>n</td><td>1</td><td>2</td><td>3</td><td>4</td><td>5</td><td>6</td><td>7</td><td>8</td><td>9</td><td>10</td></tr>
<tr><td>$g_{I\,II}/2a$</td><td>1,00048</td><td>1,05763</td><td>1,13497</td><td>1,22403</td><td>1,31989</td><td>1,42002</td><td>1,52296</td><td>1,62784</td><td>1,73409</td><td>1,84137</td></tr>
</table></td></tr>
<tr><td>10</td><td>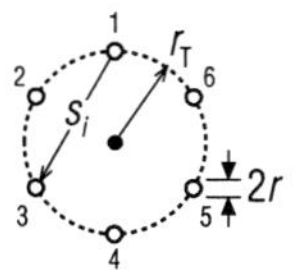</td><td>Bündelleiter mit n Teilleitern von sich selbst
Beispiel: $n = 6$
r_T = Teilkreisradius
r_B = Bündelleiterradius</td><td>$g_{11} = \sqrt[n]{r \cdot e^{-1/4} \prod_{i=2}^{n} s_i}$
$g_{11} = \sqrt[n]{n \cdot r \cdot e^{-1/4} \cdot r_T^{n-1}} = r_B \cdot e^{-1/(4n)}$</td></tr>
</table>

A.8 Mittlerer geometrischer Abstand einer Hülle (Kreislinie) von sich selbst

Der mittlere geometrische Abstand (mgA) einer kreisförmigen Hülle von sich selbst ist der Radius der Hülle. Ebenso entspricht der mgA zwischen einem exzentrischen Leiter in einer Hülle und der Hülle dem Radius der Hülle. Anschauliche Überlegungen zu diesen Aussagen sollen gegeben werden.

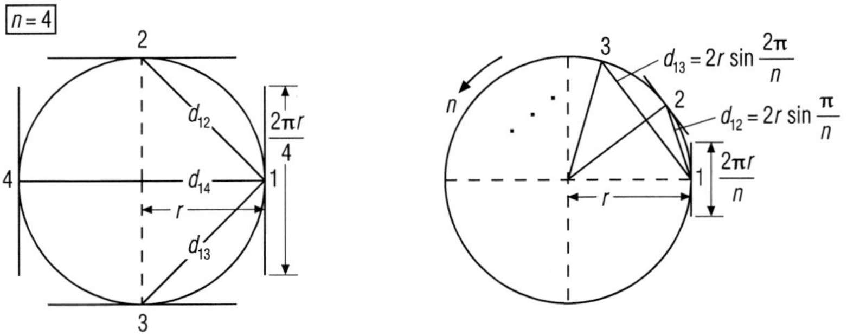

Bild A.8 Zur Berechnung des mgA einer kreisförmigen Hülle von sich selbst (n = 4, 8, 12, 16, ...)

Für den mgA einer Stecke der Länge a von sich selbst wird vorausgesetzt $g_{11} = 0{,}22313a$ (A.7). Damit und ausgehend von Bild A.8 findet man für die erste grobe Näherung mit $n = 4$:

$$g_{\mathrm{II}(n=4)} = \sqrt[4]{g_{11}\, g_{12}\, g_{13}\, g_{14}} = \sqrt[4]{0{,}22313 \cdot \frac{2\pi r}{4} \cdot \left(2r \sin\frac{\pi}{4}\right)^2 \cdot 2r} = 2r\sqrt[4]{0{,}22313 \cdot \frac{\pi}{4} \cdot \sin^2\frac{\pi}{4}}$$

$$= 1{,}08814 \cdot r$$

Die allgemeine Berechnungsgleichung für eine Unterteilung der Kreislinie in n Teile (n = 4, 8, 12, 16, ...) ergibt sich wie folgt:

$$g_{\mathrm{II}} = 2r \cdot \sqrt[n]{0{,}22313 \cdot \frac{\pi}{2} \cdot \sin^2\frac{\pi}{n} \cdot \sin^2\frac{2\pi}{n} \cdot \sin^2\frac{3\pi}{n} \cdot \ldots \cdot \sin^2\frac{(n/2-1)\pi}{n}} \tag{A.8.1}$$

Umgeschrieben wird daraus:

$$g_{\mathrm{II}} = 2r \cdot (0{,}22313)^{1/n} \left(\frac{\pi}{n}\right)^{1/n} \left[\sin\frac{\pi}{n} \cdot \sin\frac{2\pi}{n} \cdot \sin\frac{3\pi}{n} \cdot \ldots \cdot \sin\left(\frac{n}{2}-1\right)\frac{\pi}{n}\right]^{2/n} \tag{A.8.2}$$

Für steigende Werte n findet man folgende Ergebnisse:

n	4	8	12	24	$\to \infty$
g_{II} / r	1,0881	1,0431	1,0286	1,0142	1

Für $n \to \infty$ geht $(0{,}22313)^{1/n} \to 1{,}0$ und $(\pi/n)^{1/n} \to 1{,}0$ während der dritte Faktor in der Gleichung (A.8.2) $\left[\sin\frac{\pi}{n}\cdot\sin\frac{2\pi}{n}\cdot\sin\frac{3\pi}{n}\cdot\ldots\cdot\sin\left(\frac{n}{2}-1\right)\frac{\pi}{2}\right]^{2/n} \to 0{,}5$ geht. Damit wird $g_{\mathrm{II}} = r$.

Betrachtet man den mgA zwischen einem punktförmigen Leiter I mit maximaler Exzentrizität in der Hülle II, also um Δx entfernt vom Punkt 1 im Bild A.8.1, so gilt:

$$g_{\mathrm{III}} = 2r\cdot\sqrt[n]{\Delta x\cdot\sin^2\frac{\pi}{n}\cdot\sin^2\frac{2\pi}{n}\cdot\sin^2\frac{3\pi}{n}\ldots\sin^2\left(\frac{n}{2}-1\right)\frac{\pi}{n}}\cdot \tag{A.8.3}$$

Für $n \to \infty$ wird $g_{\mathrm{I\,II}} = r$.

A.9 Mittlerer geometrischer Abstand einer Strecke von sich selbst

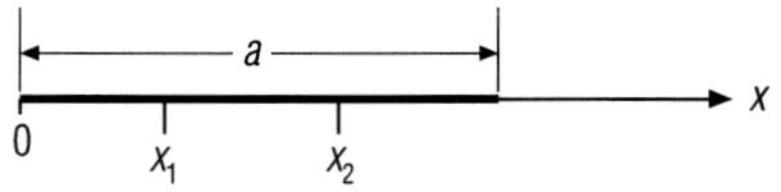

Bild A.9 Zur Berechnung des mittlerer geometrischen Abstandes einer Strecke von sich selbst

Für die Strecke mit der Länge a ergibt sich:

$$\ln g_{\mathrm{II}} = \frac{1}{a \cdot a} \int\limits_{x_1=0}^{a} \int\limits_{x_2=0}^{a} \ln(x_2 - x_1)\, \mathrm{d}x_2 \mathrm{d}x_1 \qquad \text{(A.9.1)}$$

Beachtet man $\int \ln x \;\mathrm{d}x = x \ln x - x$ und dass $x \ln x$ für $x \to 0$ zum Ergebnis 0 führt, so findet man:

$$\ln g_{\mathrm{II}} = \frac{1}{a^2} \int\limits_{x_1=0}^{a} \{[(a-x_1)\ln(a-x_1) - (a-x_1)] - [(-x_1)\ln(-x_1) - (-x_1)]\}\,\mathrm{d}x_1 \qquad \text{(A.9.2a)}$$

Mit $\int x \ln x \,\mathrm{d}x = x^2 \left(\frac{1}{2}\ln x - \frac{1}{4}\right)$ ergibt sich:

$$\ln g_{\mathrm{II}} = \frac{1}{a^2}\left\{ \int\limits_{x_1=0}^{a} (a-x_1)\ln(a-x_1)\,\mathrm{d}x_1 - \int\limits_{x_1=0}^{a} x_1 \ln x_1 \,\mathrm{d}x_1 - a\int\limits_{x_1=0}^{a} \mathrm{d}x_1 \right\}$$
$$= \frac{1}{a^2}\left\{ a^2\left(\frac{1}{2}\ln a - \frac{1}{4}\right) + a^2\left(\frac{1}{2}\ln a - \frac{1}{4}\right) - a^2 \right\}$$

$$\ln g_{\mathrm{II}} = \ln a - \frac{3}{2} \qquad \text{(A.9.2b)}$$

Ausgehend von Gl. (A.9.2b) ergibt sich:

$$g_{11} = a \cdot \mathrm{e}^{-1{,}5} = a \cdot 0{,}22313016 \approx a \cdot 0{,}22313 \qquad \text{(A.9.3)}$$

Zwei Strecken der Länge a mit Abstand a, 2a oder $3a$ dazwischen:

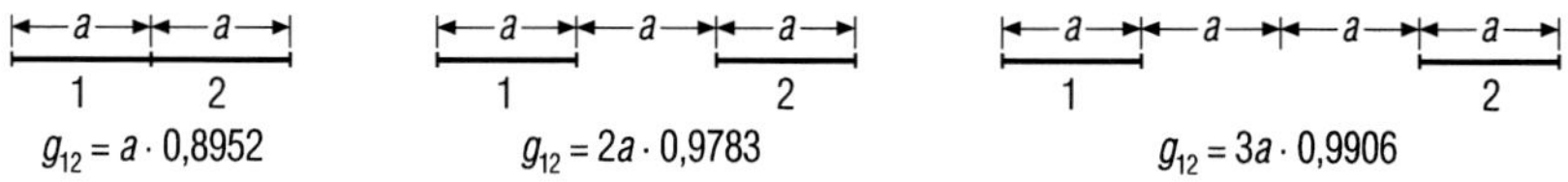

Zwei Strecken der Länge a im Winkel von 90° angeordnet:

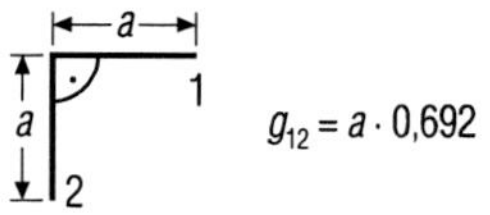

Zwei parallele Strecken der Länge a

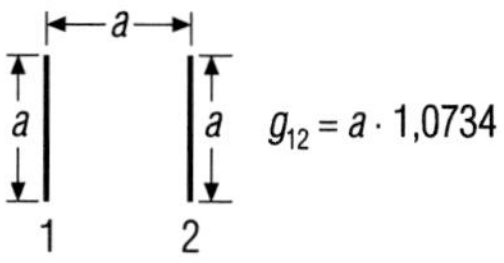

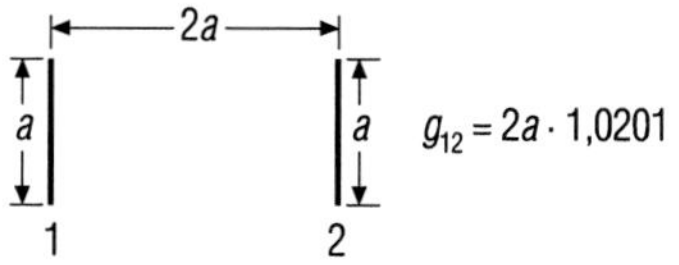

A.10 Schleifenimpedanzen mit Rückleitung über Erde für höhere Frequenzen

Schleifenimpedanzen mit Rückleitung über Erde nach Carson [9.1] (Gln. (9.25 a) und (9.26 a))

$$\underline{Z}'_{ii\mathrm{CE}} = R'_i + \omega\frac{\mu_0}{\pi}P_{ii} + \mathrm{j}\omega\frac{\mu_0}{2\pi}\left(\ln\left(\frac{2h_i}{r_i}\right) + 2Q_{ii}\right) + \mathrm{j}\omega L_\mathrm{i}\,;$$

$$\underline{Z}'_{ik\mathrm{CE}} = \omega\frac{\mu_0}{\pi}P_{ik} + \mathrm{j}\omega\frac{\mu_0}{2\pi}\left(\ln\left(\frac{d_{ik'}}{d_{ik}}\right) + 2Q_{ik}\right)$$

mit

$$P = \frac{\pi}{8} - b_1 x\cos\vartheta + b_2[(c_2 - \ln x)\,x^2\cos 2\vartheta + x^2\vartheta\sin 2\vartheta] + b_3x^3\cos 3\vartheta - d_4x^4\cos 4\vartheta$$
$$- b_5x^5\cos 5\vartheta + b_6[(c_6 - \ln x)\,x^6\cos 6\vartheta + x^6\vartheta\sin 6\vartheta] + b_7x^7\cos 7\vartheta - d_8x^8\cos 8\vartheta - \ldots$$

$$Q = \frac{1}{2}\ln\frac{\mathrm{e}^k}{x} + b_1x\cos\vartheta - d_2x^2\cos 2\vartheta + b_3x^3\cos 3\vartheta - b_4[(c_4 - \ln x)\,x^4\cos 4\vartheta + x^4\vartheta\sin 4\vartheta]$$
$$+ b_5x^5\cos 5\vartheta - d_6x^6\cos 6\vartheta + b_7x^7\cos 7\vartheta - b_8[(c_8 - \ln x)\,x^8\cos 8\vartheta + x^8\vartheta\sin 8\vartheta] + ..$$

Dabei sind einzusetzen:

für P_{ii} und Q_{ii}: $x = 2h_i\sqrt{\omega\mu_0\kappa_\mathrm{E}} = 2h_i\dfrac{1{,}85137}{\delta_\mathrm{E}}$ und $\vartheta = 0$

für P_{ik} und Q_{ik}: $x = d_{ik'}\sqrt{\omega\mu_0\kappa_\mathrm{E}} = d_{ik'}\dfrac{1{,}85137}{\delta_\mathrm{E}}$ und $\vartheta \neq 0$ (Bild 9.14)

Für die Koeffizienten gilt:

$k = \dfrac{1}{2} + \ln 2 - C = 0{,}61593$ mit $C = 0{,}57722$ (Eulersche Konstante); $\mathrm{e}^k = 1{,}85137$

$b_i = b_{i-2}\dfrac{\text{sign}}{i(i+2)}$ mit sign = +1 für $i = 1, 2, 3, 4, 9, 10, \ldots$ und sign = –1 für $i = 5, 6, 7, 8, 13, 14, \ldots$, wechsend nach jeweils 4 Gliedern

$c_i = c_{i-2} + \dfrac{1}{i} + \dfrac{1}{i+2}$; $d_i = \dfrac{\pi}{4}b_i$

mit den Startwerten: $b_1 = \dfrac{\sqrt{2}}{6}$, $b_2 = \dfrac{1}{16}$, $c_2 = \dfrac{5}{4} - C + \ln 2 = 1{,}36593$

Schleifenimpedanzen mit Rückleitung über Erde nach Pollaczek **[9.2]**
Angegeben werden nur einige Glieder der Reihen

$$\underline{Z}'_{ii\mathrm{PE}} = R'_i + \omega\frac{\mu_0}{\pi}\left(\frac{\pi}{8} - 0{,}873\frac{h_i}{\delta_\mathrm{E}} + 0{,}855\frac{h_i^2}{\delta_\mathrm{E}^2}\left(0{,}055 + \ln\frac{\delta_\mathrm{E}}{h_i}\right)\right)$$
$$+ \mathrm{j}\omega\frac{\mu_0}{2\pi}\left(\frac{\mu_r}{4} + \ln\frac{\delta_\mathrm{E}}{r_i} + 1{,}746\frac{h_i}{\delta_\mathrm{E}} - 1{,}34\frac{h_i^2}{\delta_\mathrm{E}^2}\right)$$

$$\underline{Z}'_{ik\mathrm{PE}} = \omega\frac{\mu_0}{\pi}\left(\frac{\pi}{8} - \frac{1{,}746}{\delta_\mathrm{E}}(h_i + h_k)\right) + \mathrm{j}\omega\frac{\mu_0}{2\pi}\left(\ln\frac{\delta_\mathrm{E}}{d_{ik}} + \frac{0{,}873}{\delta_\mathrm{E}}(h_i + h_k)\right)$$

Schleifenimpedanzen mit Rückleitung über Erde nach Dubanton [9.40, 9.54]

$$\underline{Z}'_{ii\mathrm{DE}} = R'_i + \mathrm{j}\omega\frac{\mu_0}{2\pi}\left(\frac{1}{4} + \ln\frac{2\,(h_i + \underline{p})}{r_i}\right); \quad \underline{Z}'_{ik\mathrm{DE}} = \mathrm{j}\omega\,\frac{\mu_0}{2\pi}\ln\frac{\sqrt{(h_i + h_k + 2\underline{p})^2 + x_{ik}^2}}{d_{ik}}$$

mit

$$\underline{p} = \frac{1}{\sqrt{\mathrm{j}\omega\,\mu_0\,\kappa_\mathrm{E}}} = \mathrm{e}^{-\mathrm{j}\frac{\pi}{4}}\cdot\frac{1}{\sqrt{\omega\,\mu_0\,\kappa_\mathrm{E}}} = (1-\mathrm{j})\,\frac{1/\sqrt{2}}{\sqrt{\omega\,\mu_0\,\kappa_\mathrm{E}}} = (1-\mathrm{j})\,\frac{\delta_\mathrm{E}/\sqrt{2}}{1{,}85137}$$

Bei h_i, h_k und $d_{ik} \ll \delta_\mathrm{E}$ (d.h. bei Betriebsfrequenz 50 Hz oder 60 Hz) ergeben sich Schleifenimpedanzen etwa wie nach Carson oder nach Pollaczek, wenn man dort nur die jeweils ersten Glieder der Reihen berücksichtigt:

$$\underline{Z}'_{ii\mathrm{DE}(50)} \approx R'_i + \omega\,\frac{\mu_0}{8} + \mathrm{j}\omega\frac{\mu_0}{2\pi}\left(\frac{1}{4} + \ln\frac{\delta_\mathrm{E}}{r_i}\right); \quad \underline{Z}'_{ik\mathrm{DE}(50)} \approx \omega\,\frac{\mu_0}{8} + \mathrm{j}\omega\,\frac{\mu_0}{2\pi}\ln\frac{\delta_\mathrm{E}}{d_{ik}}$$

A.11 Abmessungen und Kenndaten von Drehstrom-Hochspannungsfreileitungen [9.33]

Mastbild Tragmast ohne Verlängerung (T+0); Abspannmaste/Tragmaste: 1:5; Stufenfundament; Schutzwinkel für Erdseile, Abspann-/Tragmast: 30°/40°		Donaumast 	Donaumast 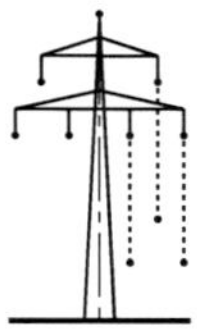		Donaumast 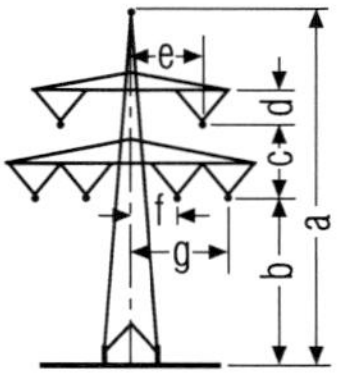		Tannenbaummast 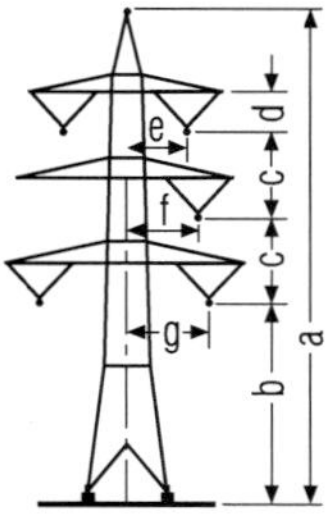	
Nennspannung	kV	110	380	380	750	750	1150	1150
Abmessungen des Tragmastes a	m	29,00	50,20	51,50	70,10	70,10	108,00	107,10
b	m	15,00	23,70	22,50	33,20	33,20	44,20	43,30
c	m	4,00	11,00	9,00	13,00	13,00	20,40	20,40
d	m	2,00	5,00	5,00	6,00	6,00	9,00	9,00
e	m	5,60	10,75	11,60	13,25	13,25	11,20	11,20
f	m	3,60	7,75	8,00	7,75	7,75	12,35	12,35
g	m	7,60	14,25	14,60	18,75	18,75	12,70	12,70
Schutzstreifenbreite[a]	m	34,9	71,9	69,9	82,7	78,3	79,5	77,0
Überspannungsfläche[b]	m^2/km	31 127	53 250	52 373	72 712	69 780	66 735	66 680
Mastgewicht pro km	t/km	18,9	53	89	84	102	284	312
Regelspannweite	m	320	400	400	500	500	600	600
Durchhang (60 °C)[c]	m	9,1	16,8	13,7	23,0	23,0	30,1	29,2
Teilleiter im Bündel	–	2	4	4	4	4	6	6
Teilleiterquerschnitt Al/St[d]	mm^2	435/55	265/35	805/102	560/50	805/102	680/85	805/102
Teilleiterdurchmesser	mm	28,80	22,43	39,26	32,20	39,26	36,00	39,26
Bündelleiterradius r_B	mm	75,9	178,5	205,3	195,4	205,3	321,6	326,3
Natürliche Leistung	MW	2×48	2×596	2×626	2×2170	2×2195	2×4892	2×4908
Thermische Grenzleistung	MVA	2×343	2×1790	2×3812	2×5404	2×7015	2×13750	2×16120

A.11 (Fortsetzung)

Nennspannung	kV	110	380	380	750	750	1150	1150
Übertragungsleistung bei 1 A/mm² S_{1A}	MVA	2×165	2×694	2×2121	2×2919	2×4187	2×8110	2×9530
Auf die Mastkopfbreite 2g bez. Übertragungsl. bei 1A/mm²: $S_{1A}/2g$	$\frac{\text{MVA}}{\text{m}}$	21,7	125,6	145,3	155,7	223,3	638,6	758,3
Beläge des Mitsystems R'_1 X'_1 C'_1	Ω/km Ω/km nF/km	0,033 0,266 13,65	0,027 0,260 14,08	0,009 0,242 14,99	0,013 0,276 13,13	0,009 0,272 13,29	0,007 0,291 12,68	0,006 0,290 12,72
Beläge des Nullsystems R'_0 X'_1 C'_0	Ω/km Ω/km nF/km	0,21 1,46 5,48	0,23 1,32 6,47	0,17 1,34 6,46	0,20 1,31 6,08	0,18 1,31 6,11	0,19 1,19 5,60	0,18 1,19 5,63
Verluste bei 1 A/mm²	kW/km	2×75	2×90	2×280	2×197	2×280	2×398	2×421
Ladeleistung	Mvar/km	2×0,052	2×0,64	2×0,68	2×2,32	2×2,35	2×5,27	2×5,29
Max. el. Randfeldstärke	kV/cm	6,0	14,9	9,7	19,8	17,0	18,0	16,8
Max. el. Feldstärke am Erdboden [f]	kV/m	3,4 (3,6)	11,2 (12,3)	8,1 (8,5)	16,0 (16,3)	16,1 (16,5)	19,6 (19,9)	19,6 (19,9)
Max. el. Feldstärke am Rand des Schutzstreifens	kV/m	0,5	1,0	1,0	2,0	2,1	1,2	1,6
Geräuschpegel [g]	dB(A)	–	57,8	40,6	66,9	65,2	66,5	65,7
HF-Störpegel nach CISPR über 1 mV [h]	dB	12	42	33	65	59	60	57

[a] In Spannfeldmitte bei ausgeschwungenen Leitern.

[b] Senkrecht projizierte Fläche bei ausgeschwungenen Leitern.

[c] Mittelwert bei einem Verhältnis Abspannmaste/Tragmaste wie 1/5, zuzüglich 40 % für Mastverlängerung und Winkelmaste.

[d] Teilleiterabstand 40 cm; Erdseil wie Teilleiterseil.

[e] Maximaler Durchhang in Spannfeldmitte bei Regelspannweite und 60 °C.

[f] Berechnet nach Abschn. 9.7.1 (abweichend gegen [9.32]) in Spannfeldmitte am Erdboden und in Klammern 1,7 m über dem Erdboden bei maximalem Durchhang, 60 °C und symmetrischer Anordnung der Leiter der beiden Stromkreise zur Mastmitte.

[g] Bei Nässe in 2 m Höhe und 20 m Abstand [N9.6].

[h] Angaben nach [9.32].

A.12 Impedanzen von Niederspannungsfreileitungen

Die Angaben dienen als Hilfe zur Berechnung der größten und kleinsten Kurzschlussströme nach [N15.1]. Umrechnung auf andere Temperaturen als 20 °C nach Gl. (15.27)

Tabelle A.12.1 Resistanzbeläge R'_{L20} im Mitsystem für Seile aus Kupfer oder Aluminium bei $f = 50$ Hz und 20 °C (Freileitungsseile nach DIN 48201)

Nennquerschnitt q_n mm²	Sollquerschnitt mm²	Resistanzbelag R'_{L20}	
		Kupfer Ω/km	Aluminium Ω/km
10	10,0	1,804	2,855
16	15,9	1,134	1,795
25	24,2	0,745	1,180
35	34,4	0,524	0,830
50	48,3	0,375	0,594
50	49,5	0,364	0,577
70	65,8	0,276	0,436
95	93,2	0,195	0,308
120	117,0	0,155	0,246

Tabelle A.12.2 Reaktanzbeläge X'_L im Mitsystem für Seile aus Kupfer und Aluminium bei $f = 50$ Hz

Nenn-querschnitt q_n	Leiter-radius r	Reaktanzbelag X'_L abhängig vom mittleren geometrischen Abstand $d = \sqrt[3]{d_{L1L2} d_{L2L3} d_{L3L1}}$ der Leiterseile nach Gl. (9.24)					
		$d = 0{,}5$ m	$d = 0{,}6$ m	$d = 0{,}7$ m	$d = 0{,}8$ m	$d = 0{,}9$ m	$d = 1$ m
mm²	mm	Ω/km	Ω/km	Ω/km	Ω/km	Ω/km	Ω/km
10	2,05	0,361	0,372	0,382	0,390	0,398	0,404
16	2,55	0,347	0,359	0,368	0,377	0,384	0,291
25	3,15	0,334	0,345	0,355	0,363	0,371	0,367
35	3,75	0,323	0,334	0,344	0,352	0,360	0,367
50	4,50	0,312	0,323	0,333	0,341	0,348	0,355
70	5,25	0,302	0,313	0,325	0,331	0,339	0,345
95	6,25	0,291	0,302	0,312	0,320	0,328	0,334
120	7,00	0,284	0,295	0,305	0,313	0,321	0,327

Nullimpedanzen:

Bei der Bestimmung der Nullimpedanzen von Niederspannungsfreileitungen mit vier Leitern (L1, L2, L3 PEN) ist zu bedenken, dass die Stromrückleitung entweder nur über den vierten Leiter oder über den vierten Leiter und Erde erfolgen kann.

Wenn die vier Leiter gleichen Querschnitt haben, dürfen nach [N15.2] die folgenden Quotienten zur Bestimmung der Nullimpedanzen verwendet werden:

Bei der Berechnung der *größten* Kurzschlussströme: $R_0/R_L = 2$ und $X_0/X_L = 3$

Bei der Berechnung der *kleinsten* Kurzschlussströme: $R_0/R_L = 4$ und $X_0/X_L = 4$

A.13 Bauarten von Starkstromkabeln mit Hinweisen auf die Anwendung (Auswahl)

(Leiter aus Al oder Cu werden durch Schraffur gekennzeichnet)

Nr.	Aufbauform	Nenn-spannung U_0/U	Hinweise zur Bauart und zur Anwendung	Kurzbe-zeichnung
1	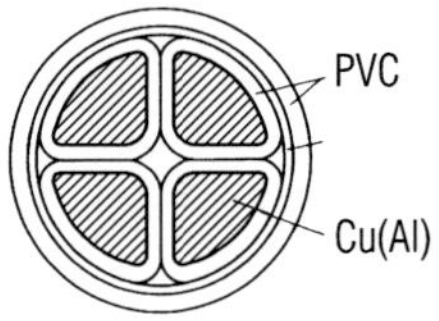	0,6/1 kV Vierleiter-kabel	Kunststoffkabel für Verlegung in Erde, im Innenraum und in Kabelkanälen. Zusätzliche Schutzmaßnahmen, wenn mechanische Beschädigungen zu erwarten sind	NYY NAYY VDE 0276 -603
2	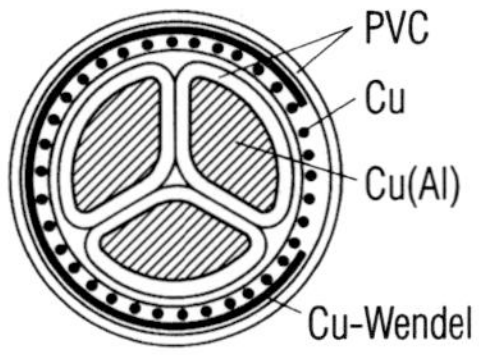	0,6/1 kV Dreileiter-kabel	Kunststoffkabel mit konzentrischem, meanderförmig aufgebrachtem Kupferleiter (Schutz oder Neutralleiter) bestehend aus Cu-Drähten und einer gegenläufigen Kupferblech-Wendel für Verwendung in Innenräumen, in Erde und im Freien	NYCWY NAYCWY (NYCY) VDE 0276 -603
3	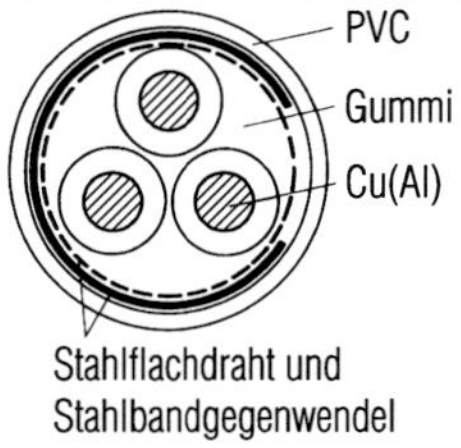	0,6/1 kV Dreileiter-kabel	Kunststoffkabel mit Stahlflachdrahtbewehrung für Verwendung in Innenräumen, in Erde (NYFGY) und im Freien	NYFGY NAYFGY VDE 0276 -603
4	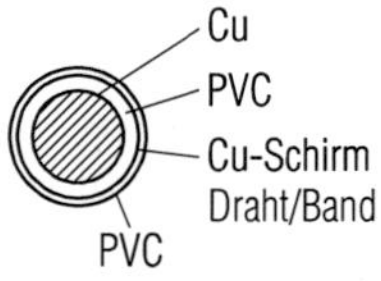	0,6/1 kV Einleiter-Kabel	Kunststoffkabel mit oder ohne Kupfer(band)schirm Für uneingeschränkte Verwendung in Innenräumen, in Erde und im Freien	NYY oder NYCY VDE 0276 -603
5	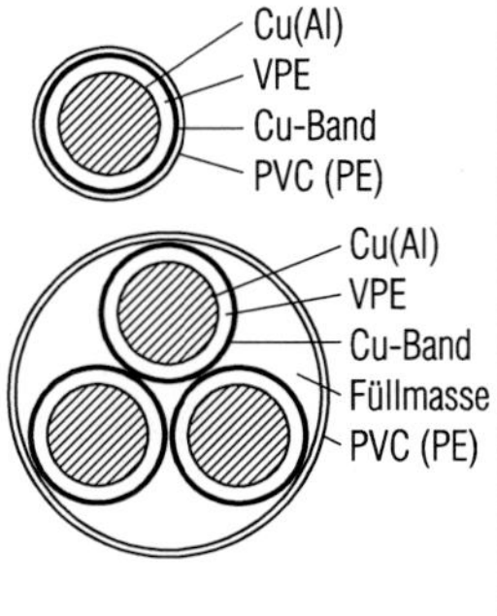	bis 6/10 kV Einleiter- und Dreileiter-Kabel	Kunststoffkabel mit Cu-Schirm für Innenräume (in Kraftwerken und Schaltanlagen) und Erdverlegung. Bei der Wahl des Schirmquerschnitts ist der Erdschlussstrom und der Doppelerdkurzschlussstrom zu berücksichtigen. Einleiterkabel bei kleinen Biegeradien.	N2XSY oder NA2XSY N2XSEY NA2XSEY oder N2XSE2Y NA2XSE2Y VDE 0276 -620

A.13 (Fortsetzung)

Nr.	Aufbauform	Nennspannung U_0/U	Hinweise zur Bauart und zur Anwendung	Kurzbezeichnung
6	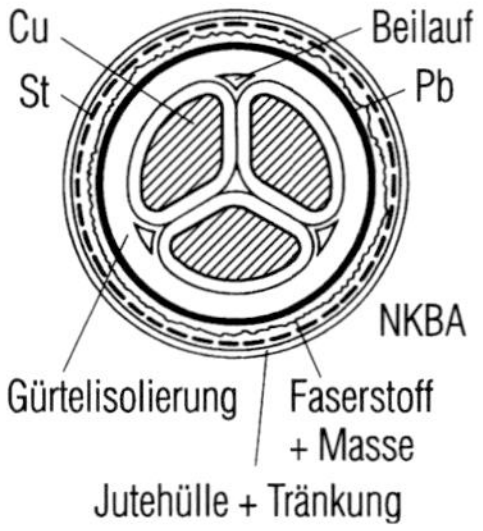	bis 6/10 kV Gürtelkabel	Papierisolierte Kabel verschiedener Ausführung mit Bleimantel, die sich durch Bewehrung und äußere Hülle unterscheiden. Beim Kabel NKRA besteht die Bewehrung aus Stahlrunddrähten. (u. U. Fluss- und Seekabel)	NKBA NAKBA NKBY NAKBY NKRA NAKRA VDE 0276-621
7	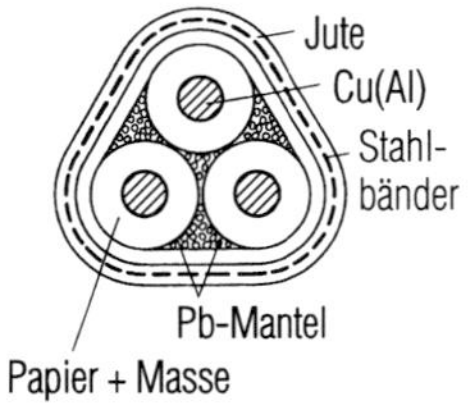	bis 18/30 kV Radialfeldkabel	Dreimantel-Papierkabel (Massekabel) mit Pb-Mänteln um jede Ader. Verlegung in Erde, Kabel NEKEBY auch im Innenraum. Bei großen Höhenunterschieden in der Kabelstrecke sind Haftmasse-Kabel oder VPE-Kabel zu verwenden.	NEKEBA NAEKEBA NEKEBY NAEKEBY VDE 0276-621
8	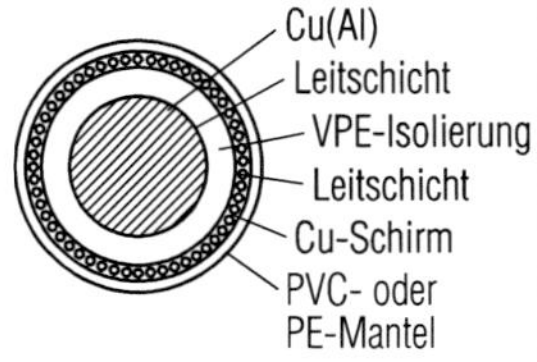	bis 18/30 kV	VPE-isolierte Kabel mit mehrdrähtigem, verdichtetem Leiter, Isolierung aus VPE, mit innerer und äußerer Leitschicht, Kupferschirm-Bandage und PVC- oder PE-Außenmantel	N2XS2Y NA2XS2Y VDE 0276-620
9	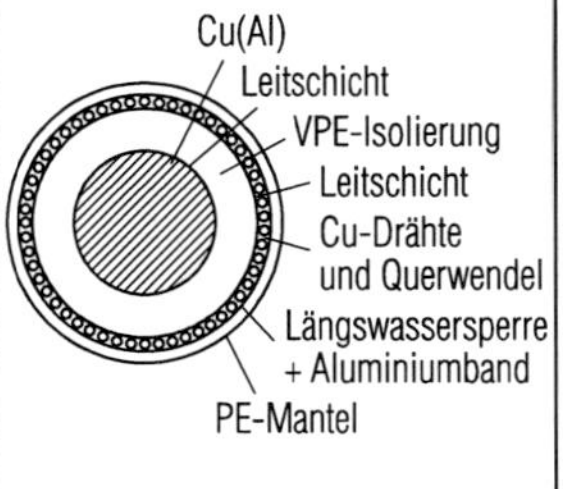	64/110 kV und darüber, Einleiterkabel	VPE-isolierte Kabel werden seit 1971 in zunehmendem Maße verwendet. Der Kabelaufbau gilt auch für Kabel bis 500 kV. Vorteile sind geringer Verlustfaktor tan δ und geringe Dielektrizitätszahl gegenüber ölgetränktem Papier (Tabelle 10.1)	2XS(FL)2Y

A.13 (Fortsetzung)

Nr.	Aufbauform	Nenn-spannung U_0/U	Hinweise zur Bauart und zur Anwendung	Kurzbe-zeichnung
10	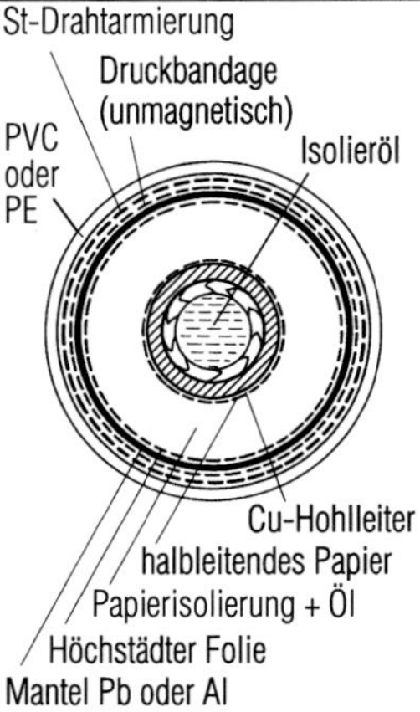	127/220 kV, 220/380 kV und darüber, Einleiter-kabel	Niederdruckölkabel mit Cu-Hohlleiter. Über dem Mantel ist eine Druck-bandage angeordnet. Zur Erhöhung der Über-tragungsleistung u. U. mit äußerer Wasserkühlung (z. B. Bewag)	NÖKUDE2Y NÖAKUDE2Y VDE 276-633

A.13.1 Mit- und Nullimpedanzbeläge von 10-kV-Einleiterkabeln N2XS2Y, Kupferleiter rST

a) in Dreiecksverlegung

q_n	D_a [a]	r	r_S	R'_L [b]	R'_S [c]	$\underline{Z}'_{1S} = R'_{1S} + jX'_{1S}$ nach Gl. (10.73)	$\underline{Z}'_{0SE} = R'_{0SE} + jX'_{0SE}$ nach Gl. (10.76)	r_3 [d]
mm	mm	mm	mm	Ω/km	Ω/km	Ω/km	Ω/km	–
95/16	29	6,3	23,9	0,193	1,12	0,193+j 0,115	1,020+j 0,548	0,48
120/16	30	7,1	24,9	0,153	1,12	0,153+j 0,109	0,979+j 0,544	0,48
150/25	32	7,95	26,9	0,124	0,714	0,124+j 0,106	0,741+j 0,312	0,34
185/25	33	8,82	27,9	0,0991	0,714	0,0994+j 0,1017	0,7153+j 0,3078	0,34
240/25	36	10,05	30,9	0,0754	0,714	0,0756+j 0,0989	0,6901+j 0,3074	0,34
300/35	39	11,24	33,9	0,0601	0,510	0,0604+j 0,0969	0,5279+j 0,2072	0,25

a $d = 1{,}05 \cdot D_a$; b 20°C ; c $\kappa = 56$ Sm/mm²; d Reduktionsfaktor nach Gl. (10.78)

b) in einer Ebene verlegt mit lichtem Abstand 70 mm

q_n	D_a[a]	r	r_S	R'_L[b]	R'_S[c]	$\underline{Z}'_{1S} = R'_{1S} + jX'_{1S}$ nach Gl. (10.73)	$\underline{Z}'_{0SE} = R'_{0SE} + jX'_{0SE}$ nach Gl. (10.76)	r_3[d]
mm	mm	mm	mm	Ω/km	Ω/km	Ω/km	Ω/km	–
95/16	29	6,3	23,9	0,193	1,12	0,203+j 0,202	0,981+j 0,567	0,51
120/16	30	7,1	24,9	0,153	1,12	0,162+j 0,196	0,940+j 0,562	0,51
150/25	32	7,95	26,9	0,124	0,714	0,137+j 0,189	0,725+j 0,325	0,36
185/25	33	8,82	27,9	0,0991	0,714	0,112+j 0,183	0,700+j 0,321	0,36
240/25	36	10,05	30,9	0,0754	0,714	0,0871+j 0,1767	0,6750+j 0,3199	0,36
300/35	39	11,24	33,9	0,0601	0,510	0,0748+j 0,1704	0,5212+j 0,2152	0,27

a $d = D_a + 70$ mm) $\cdot \sqrt[3]{2}$; b 20°C ; c $\kappa = 56$ Sm/mm²; d Reduktionsfaktor nach Gl. (10.78)

A.13.2 Mit- und Nullimpedanzbeläge von 20-kV-Einleiterkabeln N2XS2Y, Kupferleiter rST

a) in Dreiecksverlegung

q_n	D_a[a]	r	r_S	R'_L[b]	R'_S[c]	$\underline{Z}'_{1S} = R'_{1S} + jX'_{1S}$ nach Gl. (10.73)	$\underline{Z}'_{0SE} = R'_{0SE} + jX'_{0SE}$ nach Gl. (10.76)	r_3[d]
mm	mm	mm	mm	Ω/km	Ω/km	Ω/km	Ω/km	–
95/16	33	6,3	28	0,196	1,12	0,196+j 0,123	1,018+j 0,561	0,48
120/16	34	7,1	29	0,156	1,12	0,156+j 0,117	0,978+j 0,556	0,48
150/25	36	7,95	31	0,129	0,714	0,129+j 0,114	0,744+j 0,332	0,34
185/25	38	8,82	33	0,104	0,714	0,104+j 0,111	0,718+j 0,321	0,34
240/25	40	10,05	35	0,081	0,714	0,0812+j 0,1056	0,6938+j 0,3168	0,34
300/35	43	11,24	38	0,0662	0,510	0,0664+j 0,1031	0,5332+j 0,2153	0,26

a $d = 1{,}05 \cdot D_a$; b 20°C ; c $\kappa = 56$ Sm/mm²; d Reduktionsfaktor nach Gl. (10.78)

b) in einer Ebene verlegt mit lichtem Abstand 70 mm

q_n	D_a [a]	r	r_S	R'_L [b]	R'_S [c]	$\underline{Z}'_{1S} = R'_{1S} + jX'_{1S}$ nach Gl. (10.73)	$\underline{Z}'_{0SE} = R'_{0SE} + jX'_{0SE}$ nach Gl. (10.76)	r_3 [d]
mm	mm	mm	mm	Ω/km	Ω/km	Ω/km	Ω/km	–
95/16	33	6,3	28	0,196	1,12	0,204+j 0,205	0,979+j 0,575	0,51
120/16	34	7,1	29	0,156	1,12	0,164+j 0,198	0,938+j 0,570	0,52
150/25	36	7,95	31	0,129	0,714	0,141+j 0,192	0,729+j 0,335	0,36
185/25	38	8,82	33	0,104	0,714	0,115+j 0,186	0,703+j 0,333	0,37
240/25	40	10,05	35	0,081	0,714	0,0913+j 0,1793	0,6793+j 0,3287	0,37
300/35	43	11,24	38	0,0662	0,510	0,0794+j 0,1731	0,5267+j 0,2231	0,27

a $d = D_a + 70$ mm) $\cdot \sqrt[3]{2}$; b 20°C ; c $\kappa = 56$ Sm/mm²; d Reduktionsfaktor nach Gl. (10.78)

Tabelle A.13.3 Mit- und Nullimpedanzbeläge von 110-kV-VPE-Einleiterkabeln $3 \times 1 \times 240$ mm² bis 1200 mm² 2XS2Y mit runden mehrdrähtigen Adern bei 20°C (siehe Text im Abschnitt 10.4.2 zur Umrechnung auf andere Temperaturen). Abmessungen nach [10.48]. Beidseitig geerdeter Kupferschirm 50 mm² mit $R'_S = 0{,}357$ Ω/km. Dicke der Isolierung 18 mm.

a) in Dreiecksverlegung

q_n	D_a [a]	r	r_S	$R'_{L=}$ [b]	$R'_{L\approx}$ [c]	$\underline{Z}'_{1S} = R'_{1S} + jX'_{1S}$ nach Gl. (10.73)	$\underline{Z}'_{0SE} = R'_{0SE} + jX'_{0SE}$ nach Gl. (10.76)	r_3 [d]
mm²	mm	mm	mm	Ω/km	Ω/km	Ω/km	Ω/km	–
240	71	9,3	29,3	0,0754	0,0760	0,0856+j 0,1455	0,4154+j 0,1524	0,188
300	73	10,3	30,3	0,0601	0,0609	0,0706+j 0,1409	0,4004+j 0,1483	0,188
400	76	11,9	31,9	0,0470	0,0480	0,0572+j 0,1344	0,3871+j 0,1427	0,189
500	79	13,3	33,9	0,0366	0,0385	0,0477+j 0,1298	0,3775+j 0,1386	0,190
630	83	15,6	35,6	0,0283	0,0288	0,0398+j 0,1230	0,3697+j 0,1331	0,191
800	87	17,35	37,6	0,0221	0,0255	0,0343+j 0,1193	0,3641+j 0,1297	0,192
1000	91	19,4	39,4	0,0176	0,0211	0,0297+j 0,1151	0,3595+j 0,1264	0,192
1200	96	21,7	41,7	0,0151	0,0159	0,0245+j 0,1115	0,3542+j 0,1232	0,193

a $d = 1{,}06D_a$; b Gleichstromwiderstand 20 °C; c Wechselstromwiderstand bei 20 °C: $R'_{L\approx} = R'_{L\approx 90°C}/(1 + 0{,}004(1/K)(90°C - 20°C)) = R'_{L\approx 90°C}/1{,}28$, mit $R'_{L\approx 90°C}$ nach [10.48]; d Reduktionsfaktor nach Gl. (10.78)

b) in einer Ebene verlegt mit lichtem Abstand 70 mm

q_n	D_a [a]	r	r_S	$R'_{L=}$ [b]	$R'_{L\approx}$ [c]	$\underline{Z}'_{1S} = R'_{1S} + jX'_{1S}$ nach Gl. (10.73)	$\underline{Z}'_{0SE} = R'_{0SE} + jX'_{0SE}$ nach Gl. (10.76)	r_3 [d]
mm²	mm	mm	mm	Ω/km	Ω/km	Ω/km	Ω/km	–
240	71	9,3	29,3	0,0754	0,0760	0,1086+j 0,1907	0,4133+j 0,1558	0,198
300	73	10,3	30,3	0,0601	0,0609	0,0931+j 0,1855	0,3983+j 0,1517	0,199
400	76	11,9	31,9	0,0470	0,0480	0,0790+j 0,1782	0,3850+j 0,1460	0,199
500	79	13,3	33,9	0,0366	0,0385	0,0688+j 0,1728	0,3755+j 0,1419	0,200
630	83	15,6	35,6	0,0283	0,0288	0,0599+j 0,1651	0,3677+j 0,1363	0,201
800	87	17,35	37,6	0,0221	0,0255	0,0538+j 0,1603	0,3621+j 0,1329	0,202
1000	91	19,4	39,4	0,0176	0,0211	0,0485+j 0,1553	0,3576+j 0,1294	0,202
1200	98	21,7	41,7	0,0151	0,0159	0,0425+j 0,1505	0,3523+j 0,1262	0,203

a $d = (D_a + 70\text{ mm})$ b Gleichstromwiderstand 20 °C; c Wechselstromwiderstand bei 20 °C: $R'_{L\approx} = R'_{L\approx 90°C}/(1 + 0{,}004(1/K)(90\,°C - 20\,°C)) = R'_{L\approx 90°C}/1{,}28$, mit $R'_{L\approx 90°C}$ nach [10.48]; d Reduktionsfaktor nach Gl. (10.78)

Tabelle A.13.4 Mit- und Nullimpedanzbeläge von 220-kV-VPE-Einleiterkabeln $3 \times 1 \times 400\ mm^2$ bis $2000\ mm^2$ 2XS2Y mit runden mehrdrähtigen Adern bei 20°C (siehe Text im Abschnitt 10.4.2 zur Umrechnung auf andere Temperaturen). Abmessungen nach [10.48]. Beidseitig geerdeter Kupferschirm 50 mm^2 mit $R'_S = 0{,}357\ \Omega/km$. Dicke der Isolierung 22 mm.

a) in Dreiecksverlegung

q_n	D_a [a]	r	r_S	$R'_{L=}$ [b]	$R'_{L\approx}$ [c]	$\underline{Z}'_{1S} = R'_{1S} + jX'_{1S}$ nach Gl. (10.73)	$\underline{Z}'_{0SE} = R'_{0SE} + jX'_{0SE}$ nach Gl. (10.76)	r_3 [d]
mm^2	mm	mm	mm	Ω/km	Ω/km	Ω/km	Ω/km	–
400	86	11,9	35,9	0,0470	0,0480	0,0573+j 0,1421	0,3867+j 0,1508	0,191
500	89	13,3	37,3	0,0366	0,0385	0,0478+j 0,1373	0,3771+j 0,1464	0,192
630	93	15,6	39,6	0,0283	0,0309	0,0399+j 0,1301	0,3693+j 0,1405	0,193
800	97	17,35	41,35	0,0221	0,0255	0,0344+j 0,1261	0,3637+j 0,1368	0,194
1000	101	19,4	43,40	0,0176	0,0211	0,0299+j 0,1216	0,3592+j 0,1331	0,194
1200	106	21,7	45,70	0,0151	0,0159	0,0247+j 0,1177	0,3538+j 0,1296	0,195
1600	112	24,75	48,75	0,0113	0,0125	0,0211+j 0,1129	0,3501+j 0,1257	0,196
2000	120	28,55	52,55	0,0090	0,0100	0,0184+j 0,1083	0,3474+j 0,1219	0,198

a $d = 1{,}06D_a$; b Gleichstromwiderstand 20 °C; c Wechselstromwiderstand bei 20 °C: $R'_{L\approx} = R'_{L\approx 90°C}/(1 + 0{,}004(1/K)(90\,°C - 20\,°C)) = R'_{L\approx 90°C}/1{,}28$, mit $R'_{L\approx 90°C}$ nach [10.48]; d Reduktionsfaktor nach Gl. (10.78)

b) in einer Ebene verlegt mit lichtem Abstand 70 mm

q_n	D_a [a]	r	r_S	$R'_{L=}$ [b]	$R'_{L\approx}$ [c]	$\underline{Z}'_{1S} = R'_{1S} + jX'_{1S}$ nach Gl. (10.73)	$\underline{Z}'_{0SE} = R'_{0SE} + jX'_{0SE}$ nach Gl. (10.76)	r_3 [d]
mm^2	mm	mm	mm	Ω/km	Ω/km	Ω/km	Ω/km	–
400	86	11,9	35,9	0,0470	0,0480	0,0773+j 0,1831	0,3847+j 0,1540	0,201
500	89	13,3	37,3	0,0366	0,0385	0,0672+j 0,1776	0,3751+j 0,1495	0,202
630	93	15,6	39,6	0,0283	0,0309	0,0586+j 0,1697	0,3674+j 0,1435	0,202
800	97	17,35	41,35	0,0221	0,0255	0,0525+j 0,1648	0,3618+j 0,1397	0,203
1000	101	19,4	43,40	0,0176	0,0211	0,0474+j 0,1596	0,3573+j 0,1360	0,204
1200	106	21,7	45,70	0,0151	0,0159	0,0415+j 0,1546	0,3520+j 0,1324	0,205
1600	112	24,75	48,75	0,0113	0,0125	0,0372+j 0,1489	0,3483+j 0,1285	0,205
2000	120	28,55	52,55	0,0090	0,0100	0,0337+j 0,1430	0,3456+j 0,1246	0,207

a $d = 1{,}06D_a$; b Gleichstromwiderstand 20 °C; c Wechselstromwiderstand bei 20 °C: $R'_{L\approx} = R'_{L\approx 90°C}/(1 + 0{,}004(1/K)(90\,°C - 20\,°C)) = R'_{L\approx 90°C}/1{,}28$, mit $R'_{L\approx 90°C}$ nach [10.48]; d Reduktionsfaktor nach Gl. (10.78)

Tabelle A.13.5 Mit- und Nullimpedanzbeläge von 380-kV-VPE-Einleiterkabeln $3 \times 1 \times 630$ mm² bis 2000 mm² 2XS2Y mit runden mehrdrähtigen Adern bei 20°C (siehe Text im Abschnitt 10.4.2 zur Umrechnung auf andere Temperaturen). Abmessungen nach [10.48]. Beidseitig geerdeter Kupferschirm 50 mm² mit $R'_S = 0{,}357\ \Omega/\text{km}$. Dicke der Isolierung 26 mm.

a) in Dreiecksverlegung

q_n	D_a [a]	r	r_S	$R'_{L=}$ [b]	$R'_{L\approx}$ [c]	$\underline{Z}'_{1S} = R'_{1S} + jX'_{1S}$ nach Gl. (10.73)	$\underline{Z}'_{0SE} = R'_{0SE} + jX'_{0SE}$ nach Gl. (10.76)	r_3 [d]
mm²	mm	mm	mm	Ω/km	Ω/km	Ω/km	Ω/km	–
630	105	15,6	43,60	0,0283	0,0309	0,0404+j 0,1376	0,3689+j 0,1472	0,195
800	108	17,35	45,35	0,0221	0,0255	0,0347+j 0,1327	0,3633+j 0,1432	0,196
1000	112	19,4	47,20	0,0176	0,0211	0,0312+j 0,1281	0,3588+j 0,1392	0,196
1200	117	21,7	49,70	0,0151	0,0159	0,0250+j 0,1238	0,3534+j 0,1354	0,197
1600	123	24,75	52,75	0,0113	0,0125	0,0213+j 0,1187	0,3498+j 0,1312	0,198
2000	131	28,55	56,55	0,0090	0,0100	0,0187+j 0,1137	0,3470+j 0,1270	0,199

a $d = 1{,}06D_a$; b Gleichstromwiderstand 20 °C; c Wechselstromwiderstand bei 20 °C: $R'_{L\approx} = R'_{L\approx 90°C}/(1 + 0{,}004(1/K)(90\,°C - 20\,°C)) = R'_{L\approx 90°C}/1{,}28$, mit $R'_{L\approx 90°C}$ nach [10.48]; d Reduktionsfaktor nach Gl. (10.78)

b) in einer Ebene verlegt mit lichtem Abstand 70 mm

q_n	D_a [a]	r	r_S	$R'_{L=}$ [b]	$R'_{L\approx}$ [c]	$\underline{Z}'_{1S} = R'_{1S} + jX'_{1S}$ nach Gl. (10.73)	$\underline{Z}'_{0SE} = R'_{0SE} + jX'_{0SE}$ nach Gl. (10.76)	r_3 [d]
mm²	mm	mm	mm	Ω/km	Ω/km	Ω/km	Ω/km	–
630	105	15,6	43,60	0,0283	0,0309	0,0578+j 0,1745	0,3670+j 0,1501	0,204
800	108	17,35	45,35	0,0221	0,0255	0,0516+j 0,1692	0,3615+j0,1460	0,205
1000	112	19,4	47,20	0,0176	0,0211	0,0466+j 0,1638	0,3570+j 0,1420	0,205
1200	117	21,7	49,70	0,0151	0,0159	0,0408+j 0,1587	0,3517+j 0,1381	0,206
1600	123	24,75	52,75	0,0113	0,0125	0,0366+j 0,1528	0,3480+j 0,1339	0,207
2000	131	28,55	56,55	0,0090	0,0100	0,0332+j 0,1467	0,3453+j 0,1296	0,208

a $d = 1{,}06D_a$; b Gleichstromwiderstand 20 °C; c Wechselstromwiderstand bei 20 °C: $R'_{L\approx} = R'_{L\approx 90°C}/(1 + 0{,}004(1/K)(90\,°C - 20\,°C)) = R'_{L\approx 90°C}/1{,}28$, mit $R'_{L\approx 90°C}$ nach [10.48]; d Reduktionsfaktor nach Gl. (10.78)

A.14 Impedanzen von Niederspannungsmehrleiterkabeln

Die Angaben dienen als Hilfe zur Berechnung der größten und kleinsten Kurzschlussströme nach N15.1, wenn genauere Daten über die eingesetzten Kabel nicht vorliegen. Umrechnung auf andere Temperaturen als 20 °C nach Gl. (15.27)

Tabelle A.14.1 Resistanzbeläge R'_{L20} im Mitsystem für 0,6-/1-kV-Kabel der Typen N(A)YY, N(A)YCWY, N(A)KLEY und N(A)KBA bei $f = 50$ Hz und 20 °C

Nennquerschnitt	4-Leiter N(A)YY		$3^1/_2$-Leiter NYY	4-Leiter N(A)YCWY		3-Leiter N(A)YCWY		3-Leiter N(A)KLEY		4-Leiter N(A)KBA	
q_n mm²	Cu Ω/km	Al Ω/km	Cu Ω/km	Cu Ω/km	Al Ω/km	Cu Ω/km	Al Ω/km	Cu Ω/km	Al Ω/km	Cu Ω/km	Al Ω/km
10	1,83	–	–	1,83	–	–	–	–	–	–	–
16	1,15	–	–	1,15	–	–	–	–	–	1,15	–
25	0,727	–	0,727	0,728	–	0,728	–	–	–	0,728	1,21
35	0,524	0,868	0,524	0,525	0,869	0,525	0,869	–	–	0,525	0,869
50	0,387	0,641	0,387	0,388	0,642	0,388	0,642	0,389	0,643	0,389	0,643
70	0,269	0,443	0,269	0,270	0,444	0,270	0,444	0,270	0,445	0,270	0,445
95	0,194	0,321	0,194	0,196	0,322	0,196	0,322	0,196	0,323	0,196	0,322
120	0,154	0,254	0,154	0,157	0,255	0,157	0,255	0,156	0,256	0,156	0,256
150	0,125	0,207	0,126	0,128	0,208	0,128	0,208	0,128	0,210	0,127	0,209
185	0,101	0,165	0,101	0,104	0,167	0,104	0,167	0,104	0,168	0,103	0,169
240	0,0777	–	0,0778	0,0819	–	0,082	–	0,082	0,130	0,081	0,130
300	0,0629	–	0,0631	–	–	0,068	–	–	–	0,066	0,106

Tabelle A.14.2 Reaktanzbeläge X'_L im Mitsystem für 0,6-/1-kV-Kabel der Typen N(A)YY, N(A)YCWY, N(A)KLEY und N(A)KBA bei $f = 50$ Hz

Nennquerschnitt	4-Leiter N(A)YY		$3^1/_2$-Leiter NYY	4-Leiter N(A)YCWY		3-Leiter N(A)YCWY		3-Leiter N(A)KLEY		4-Leiter N(A)KBA	
q_n mm²	Cu Ω/km	Al Ω/km	Cu Ω/km	Cu Ω/km	Al Ω/km	Cu Ω/km	Al Ω/km	Cu Ω/km	Al Ω/km	Cu Ω/km	Al Ω/km
10	0,0942	–	–	0,0942	–	–	–	–	–	–	–
16	0,0895	–	–	0,0895	–	–	–	–	–	0,099	–
25	0,0880	–	0,0861	0,0880	–	0,0807	–	–	–	0,0958	0,0958
35	0,0851	0,0861	0,0851	0,0851	0,0861	0,0779	0,0789	–	–	0,0933	0,0933
50	0,0848	0,0851	0,0851	0,0851	0,0851	0,0779	0,0779	0,0719	0,0719	0,0911	0,0911
70	0,0823	0,0822	0,0823	0,0823	0,0823	0,0751	0,0751	0,0701	0,0701	0,0889	0,0889

Tabelle A.14.2 (Fortsetzung)

Nenn-quer-schnitt	4-Leiter N(A)YY		$3^1/_2$-Leiter NYY	4-Leiter N(A)YCWY		3-Leiter N(A)YCWY		3-Leiter N(A)KLEY		4-Leiter N(A)KBA	
q_n mm²	Cu Ω/km	Al Ω/km	Cu Ω/km	Cu Ω/km	Al Ω/km	Cu Ω/km	Al Ω/km	Cu Ω/km	Al Ω/km	Cu Ω/km	Al Ω/km
95	0,0820	0,0829	0,0820	0,0820	0,0829	0,0748	0,0748	0,0685	0,0685	0,0870	0,0870
120	0,0804	0,0804	0,0804	0,0804	0,0804	0,0732	0,0732	0,0675	0,0675	0,0861	0,0861
150	0,0807	0,0807	0,0807	0,0807	0,0807	0,0735	0,0735	0,0682	0,0682	0,0867	0,0867
185	0,0804	0,0804	0,0804	0,0804	0,0804	0,0732	0,0732	0,0672	0,0672	0,0861	0,0861
240	0,0801	–	0,0801	0,0801	–	0,0729	–	0,0669	0,0669	0,0851	0,0851
300	0,0792	–	0,0792	–	–	0,0729	–	–	–	0,0845	0,0845

Kabel mit kleinem Querschnitt: 4×NYY oder NYCY

q_n	mm²	1,5	2,5	4,0	6,0
R'_{L20}	Ω/km	12,1	7,41	4,61	3,08
X'_L	Ω/km	0,114	0,106	0,107	0,101

Tabelle A.14.3 Quotienten der Resistanzen und Reaktanzen im Null- und Mitsystem für Vierleiterkabel N(A)YY in Abhängigkeit von der Rückleitung bei $f = 50$ Hz

Anzahl der Leiter und Nennquer-querschnitt q_n mm²	R_0/R_L				X_0/X_L			
	Kupfer		Aluminium		Kupfer		Aluminium	
	a	c	a	c	a	c	a	c
4×25	4,0	2,36	–	–	4,0	12,97	–	–
4×35	4,0	2,71	4,0	2,12	4,0	10,02	4,0	15,47
4×50	4,0	2,95	4,0	2,48	4,0	7,61	4,0	11,99
4×70	4,0	3,18	4,0	2,84	4,0	5,68	4,0	8,63
4×95	4,0	3,29	4,0	3,07	4,0	4,63	4,0	6,51
4×120	4,0	3,35	4,0	3,19	4,0	4,21	4,0	5,53
4×150	4,0	3,38	4,0	3,26	4,0	3,94	4,0	4,86
4×185	4,0	3,41	4,0	3,32	4,0	3,74	4,0	4,35
4×240	4,0	3,42	–	–	4,0	3,62	–	–
4×300	4,0	3,44	–	–	4,0	3,52	–	–

a: Rückleitung über 4. Leiter; c: Rückleitung über 4. Leiter und Erde.

Tabelle A.14.4 Quotienten der Resistanzen und Reaktanzen im Null- und Mitsystem für Dreieinhalbleiterkabel NYY in Abhängigkeit von der Rückleitung bei $f = 50$ Hz

Anzahl der Leiter und Nennquerschnitt q_n mm²	R_0/R_L		X_0/X_L	
	Kupfer		Kupfer	
	a	c	a	c
3×25/16	5,74	2,32	4,67	17,91
3×35/16	7,53	2,82	4,72	18,44
3×50/25	6,60	3,44	4,60	13,47
3×70/35	6,84	4,17	4,57	10,52
3×95/50	6,98	4,72	4,55	8,23
3×120/70	6,24	4,65	4,45	6,35
3×150/70	7,46	5,41	4,73	6,51
3×185/95	6,76	5,17	4,61	5,40
3×240/120	6,92	5,37	4,62	4,95
3×300/150	6,95	5,46	4,60	4,67

a: Rückleitung über 4. Leiter; c: Rückleitung über 4. Leiter und Erde.

Tabelle A.14.5 Quotienten der Resistanzen und Reaktanzen im Null- und Mitsystem für Vierleiterkabel mit Schirm N(A)YCWY in Abhängigkeit von der Rückleitung bei $f = 50$ Hz

Anzahl der Leiter und Nenn-querschnitt q_n mm²	R_0/R_L				X_0/X_L			
	Kupfer		Aluminium		Kupfer		Aluminium	
	b	d	b	d	b	d	b	d
4×25/16	2,85	2,26	–	–	1,80	7,52	–	–
4×35/16	3,07	2,52	2,70	2,10	2,05	6,27	1,54	8,74
4×50/25	2,99	2,61	2,61	2,24	1,86	4,23	1,22	5,41
4×70/35	30,5	2,75	2,66	2,40	1,85	3,13	1,26	3,65
4×95/50	3,12	2,86	2,70	2,50	1,87	2,57	1,28	2,65
4×120/70	3,11	2,90	2,64	2,50	1,71	2,16	1,11	1,96
4×150/70	3,32	3,06	2,83	2,65	1,94	2,28	1,36	2,04
4×185/95	3,42	3,18	2,84	2,70	1,80	2,01	1,23	1,66
4×240/120	3,70	3,45	–	–	1,81	1,96	–	–

b: Rückleitung über 4. Leiter und Schirm; d: Rückleitung über 4. Leiter, Schirm und Erde. Bei Rückleitung über 4. Leiter und bei Rückleitung über 4. Leiter und Erde gilt Tabelle A.14.3.

Tabelle A.14.6 Quotienten der Resistanzen und Reaktanzen im Null- und Mitsystem für Dreileiterkabel mit Schirm N(A)YCWY in Abhängigkeit von der Rückleitung bei $f = 50$ Hz

Anzahl der Leiter und Nenn-querschnitt q_n mm²	R_0/R_L				X_0/X_L			
	Kupfer		Aluminium		Kupfer		Aluminium	
	a	c	a	c	a	c	a	c
3×35/35	4,0	2,92	2,80	2,15	1,75	10,90	1,59	10,52
3×50/50	4,0	3,26	2,81	2,37	1,71	7,74	1,42	7,04
3×70/70	4,0	3,56	2,82	2,56	1,70	5,22	1,51	5,01
3×95/95	4,0	3,73	2,83	2,67	1,76	3,77	1,51	3,53
3×120/120	4,0	3,81	2,84	2,72	1,68	3,06	1,44	2,81
3×150/150	4,0	3,87	2,81	2,73	1,60	2,51	1,43	2,35
3×185/185	4,0	3,90	2,87	2,81	1,68	2,33	1,36	2,00

a: Rückleitung über den Schirm; c: Rückleitung über Schirm und Erde.

Tabelle A.14.7 Quotienten der Resistanzen und Reaktanzen im Null- und Mitsystem für Dreileiterkabel mit Schirm N(A)YCWY in Abhängigkeit von der Rückleitung bei $f = 50$ Hz

Anzahl der Leiter und Nenn-querschnitt q_n mm²	R_0/R_L				X_0/X_L			
	Kupfer		Aluminium		Kupfer		Aluminium	
	a	c	a	c	a	c	a	c
3×25/16	5,74	2,40	–	–	1,73	19,80	–	–
3×35/16	7,51	2,92	4,90	2,14	1,66	20,45	1,63	19,86
3×50/25	6,58	3,74	4,37	2,66	1,56	14,66	1,58	14,57
3×70/35	6,86	4,69	4,55	3,25	1,65	11,20	1,46	11,00
3×95/50	6,97	5,45	4,63	3,71	1,65	7,96	1,47	7,78
3×120/70	6,21	5,42	4,18	3,70	1,65	5,28	1,42	5,03
3×150/70	7,35	6,39	4,88	4,29	1,58	5,24	1,43	5,07
3×185/95	6,74	6,21	4,52	4,20	1,49	3,57	1,36	3,43
3×240/120	6,81	6,44	–	–	1,44	2,83	–	–
3×300/150	6,77	6,50	–	–	1,39	2,33	–	–

a: Rückleitung über den Schirm; c: Rückleitung über Schirm und Erde.

Tabelle A.14.8 Quotienten der Resistanzen und Reaktanzen im Null- und Mitsystem für Dreileiterkabel mit N(A)KLEY in Abhängigkeit von der Rückleitung bei $f = 50$ Hz

Anzahl der Leiter und Nenn-querschnitt q_n mm^2	R_0/R_L				X_0/X_L			
	Kupfer		Aluminium		Kupfer		Aluminium	
	a	c	a	c	a	c	a	c
3×50	4,29	3,38	3,00	2,45	1,20	8,66	1,14	8,65
3×70	5,10	4,16	3,54	2,94	1,23	7,48	1,19	7,61
3×95	5,61	4,81	3,81	3,33	1,26	5,83	1,20	5,77
3×120	6,31	5,49	4,25	3,75	1,29	5,44	1,24	5,36
3×150	6,23	5,64	4,23	3,87	1,27	4,17	1,21	4,14
3×185	6,94	6,34	4,69	4,33	1,23	3,76	1,17	3,71
3×240	6,68	6,30	4,89	4,61	1,29	2,82	1,26	3,03

a: Rückleitung über den Mantel; c: Rückleitung über Mantel und Erde.

Tabelle A.14.9 Quotienten der Resistanzen und Reaktanzen im Null- und Mitsystem für Vierleiterkabel N(A)KBA in Abhängigkeit von der Rückleitung bei $f = 50$ Hz

Anzahl der Leiter und Nennschnitt q_n mm^2	R_0/R_L								X_0/X_L							
	Kupfer				Aluminium				Kupfer				Aluminium			
	a	b	c	d	a	b	c	d	a	b	c	d	a	b	c	d
4×25	4,0	3,35	2,33	2,32	4,0	3,05	1,79	1,88	3,89	2,63	11,2	9,27	3,89	2,07	16,7	12,8
4×35	4,0	3,46	2,67	2,59	4,0	3,18	2,12	2,14	3,78	2,74	9,24	7,24	3,78	2,24	14,0	10,4
4×50	4,0	3,51	2,92	2,80	4,0	3,26	2,46	2,40	3,69	2,77	7,19	5,66	3,69	2,32	11,2	8,10
4×70	4,0	3,60	3,14	3,00	4,0	3,36	2,82	2,67	3,66	2,86	5,52	4,46	3,66	2,47	8,30	6,05
4×95	4,0	3,69	3,27	3,14	4,0	3,47	3,05	2,88	3,57	2,91	4,52	3,78	3,57	2,58	6,30	4,76
4×120	4,0	3,73	3,33	3,22	4,0	3,51	3,18	2,98	3,52	2,92	4,06	3,44	3,52	2,60	5,31	4,06
4×150	4,0	3,78	3,36	3,27	4,0	3,54	3,24	3,05	3,55	2,94	3,81	3,23	3,55	2,63	4,67	3,58
4×185	4,0	3,83	3,39	3,35	4,0	3,60	3,31	3,14	3,51	2,94	3,61	3,09	3,51	2,65	4,19	3,27
4×240	4,0	3,92	3,41	3,45	4,0	3,65	3,35	3,21	3,51	2,92	3,48	2,95	3,51	2,63	3,83	2,98
4×300	4,0	4,01	3,43	3,55	4,0	3,72	3,39	3,30	3,44	2,85	3,35	2,83	3,44	2,58	3,57	2,79

a: Rückleitung über 4. Leiter; b: Rückleitung über 4. Leiter und Mantel; c: Rückleitung über 4. Leiter und Erde; d: Rückleitung über 4. Leiter, Mantel und Erde.

A.15 Impedanzen für einzelne Stromkreise aus Niederspannungseinleiterkabeln NYY

Die Angaben dienen als Hilfe zur Berechnung der größten und kleinsten Kurzschlussströme nach N15.1, wenn genauere Daten über die eingesetzten Kabel nicht vorliegen. Umrechnung auf andere Temperaturen als 20 °C nach Gl. (15.27).

Grundüberlegungen und Berechnungen für die Angaben in den Anhängen A.15 und A.16 wurden dankenswerterweise von Herrn Dipl.-Ing. E. Sivy aus Gleiwitz (Polen) durchgeführt während eines Forschungsaufenthaltes am Institut für Elektrische Energieversorgung der TU Darmstadt im Jahre 1991.

Tabelle A.15.1 Abmessungen, Resistanzbeläge R'_{L20} bei 20 °C und Reaktanzbeläge X'_{L} (bei der angegebenen Anordnung) im Mitsystem für Stromkreise L1, L2, L3, N aus Einleiterkabeln NYY Cu

Nennquer- schnitt q_n	Leiter radius[a] r	Resistanz- belag[b] R'_{L20}	Kabelaußen- Durchmesser D_a [c]	Reaktanz- belag X'_L [d] ○○○● L1 L2 L3 N	R'_{L20}/X'_L ○○○● L1 L2 L3 N
mm²	mm	Ω/km	mm	Ω/km	–
4×1×10 RE	1,78	1,847	10...12	0,139...0,150	13,3...12,3
4×1×16 RE	2,26	1,155	11...13	0,130...0,140	8,9...8,3
4×1×25 RM	2,82	0,739	12...15	0,121...0,135	6,1...5,5
4×1×35 RM	3,34	0,528	13...16	0,106...0,129	4,6...4,1
4×1×50 RM	4,00	0,369	15...18	0,113...0,125	3,3...3,0
4×1×70 RM	5,40	0,264	16...19	0,098...0,109	2,7...2,4
4×1×95 RM	6,30	0,194	18...21	0,096...0,106	2,0...1,8
4×1×120 RM	7,10	0,154	20...23	0,095...0,104	1,6...1,5
4×1×150 RM	7,90	0,123	22...26	0,095...0,105	1,3...1,2
4×1×185 RM	8,80	0,100	24...28	0,093...0,103	1,1...0,97
4×1×240 RM	10,05	0,077	27...31	0,092...0,101	0,84...0,76
4×1×300 RM	11,25	0,062	29...33	0,090...0,098	0,69...0,63
4×1×400 RM	13,00	0,046	33...38	0,089...0,098	0,52...0,47
4×1×500 RM	14,60	0,037	37...42	0,089...0,097	0,41...0,38

[a] Der Leiterradius ist vom Leiteraufbau (eindrähtig oder mehrdrähtig oder verdichtet) und vom Istquerschnitt abhängig.
[b] Abweichungen sind möglich.
[c] Kleinstwerte und Größtwerte nach DIN VDE 0271, Tab. 15 (Abweichungen sind möglich, z. B. bei Leiterverdichtung).
[d] Kleinstwerte und Größtwerte nach Gl. (A.15.3.c), abhängig von D_a.

Tabelle A.15.2 Reaktanzbeläge X'_L im Mitsystem für Stromkreise L1, L2, L3, N aus Einleiterkabeln NYY bei f = 50 Hz für verschiedene Anordnungen A1 bis A6. $D_{a\,max}$ nach Tabelle A.15.1

Nennquerschnitt q_n	$X'_{L,A1}$ 	$X'_{L,A2}$ 	$X'_{L,A3}$ 	$X'_{L,A4}$ ○ ○ ○ ● Lichter Abst. D_a	$X'_{L,A5}$ ○ ○ ○ ● Lichter Abst. $5D_a$	$X'_{L,A6}$ ○ ○ ○ ● Lichter Abst. 70 mm
mm^2	Ω/km	Ω/km	Ω/km	Ω/km	Ω/km	Ω/km
4×1×10 RE	0,136	0,143	0,150	0,194	0,263	0,270
4×1×16 RE	0,126	0,133	0,140	0,184	0,253	0,257
4×1×25 RM	0,121	0,128	0,135	0,179	0,248	0,244
4×1×35 RM	0,114	0,121	0,129	0,172	0,241	0,234
4×1×50 RM	0,110	0,117	0,125	0,168	0,237	0,224
4×1×70 RM	0,095	0,102	0,109	0,153	0,222	0,206
4×1×95 RM	0,091	0,099	0,106	0,149	0,218	0,198
4×1×120 RM	0,090	0,097	0,104	0,148	0,217	0,192
4×1×150 RM	0,091	0,098	0,105	0,149	0,218	0,187
4×1×185 RM	0,088	0,096	0,103	0,147	0,215	0,182
4×1×240 RM	0,086	0,094	0,101	0,145	0,214	0,175
4×1×300 RM	0,083	0,091	0,098	0,141	0,210	0,169
4×1×400 RM	0,083	0,090	0,098	0,141	0,210	0,163
4×1×500 RM	0,082	0,089	0,097	0,140	0,209	0,158

Tabelle A.15.3 Zusammenstellung der Gleichungen zur Berechnung der Mitimpedanz für einzelne Stromkreise aus Einleiterkabeln NYY

Anordnung	Berechnungsgleichung Mit- und Gegensystem	Gl.
allgemein	$\underline{Z}'_L = R'_L + j\omega \frac{\mu_0}{2\pi}\left(\frac{1}{4} + \ln\frac{d}{r}\right)$ mit $d = \sqrt[3]{d_{L1L2}\, d_{L2L3}\, d_{L3L1}}$	(A.15.3)
	$\underline{Z}'_{L,A1} = R'_L + j\omega \frac{\mu_0}{2\pi}\left(\frac{1}{4} + \ln\frac{D_a}{r}\right)$	(A.15.3 a)
	$\underline{Z}'_{L,A2} = R'_L + j\omega \frac{\mu_0}{2\pi}\left(\frac{1}{4} + \ln\frac{\sqrt[6]{2}D_a}{r}\right)$	(A.15.3 b)
	$\underline{Z}'_{L,A3} = R'_L + j\omega \frac{\mu_0}{2\pi}\left(\frac{1}{4} + \ln\frac{\sqrt[3]{2}D_a}{r}\right)$	(A.15.3 c)

Tabelle A.15.3 (Fortsetzung)

Anordnung	Berechnungsgleichung Mit- und Gegensystem	Gl.
○ ○ ○ ● Lichter Abstand D_a	$\underline{Z}'_{L,A4} = R'_L + j\omega\frac{\mu_0}{2\pi}\left(\frac{1}{4} + \ln\frac{2\sqrt[3]{2}D_a}{r}\right)$	(A.15.3 d)
○ ○ ○ ● Lichter Abstand $5D_a$	$\underline{Z}'_{L,A5} = R'_L + j\omega\frac{\mu_0}{2\pi}\left(\frac{1}{4} + \ln\frac{6\sqrt[3]{2}D_a}{r}\right)$	(A.15.3 e)
○ ○ ○ ● Lichter Abstand 70 mm	$\underline{Z}'_{L,A6} = R'_L + j\omega\frac{\mu_0}{2\pi}\left(\frac{1}{4} + \ln\frac{\sqrt[3]{2}(D_a + 70\text{ mm})}{r}\right)$	(A.15.3 f)

Tabelle A.15.4 Zusammenstellung der Gleichungen zur Berechnung der Nullimpedanz für einzelne Stromkreise aus Einleiterkabeln NYY bei Rückleitung über den vierten Leiter

Anordnung	Berechnungsgleichung Nullsystem bei Rückleitung über 4. Leiter	Gl.
allgemein	$\underline{Z}'_{0L4} = R'_{0L4} + jX'_{0L4} = 4R'_L + j\omega\frac{\mu_0}{2\pi}\left(1 + 4\ln\frac{\sqrt{d_{LN}^3}}{r\sqrt{d}}\right)$ mit $d_{LN} = \sqrt[3]{d_{L1N}d_{L2N}d_{L3N}}$	(A.15.4)
	$\underline{Z}'_{0L4,A1} = 4R'_L + j\omega\frac{\mu_0}{2\pi}\left(1 + 4\ln\frac{\sqrt[4]{12}D_a}{r}\right)$	(A.15.4 a)
	$\underline{Z}'_{0L4,A2} = 4R'_L + j\omega\frac{\mu_0}{2\pi}\left(1 + 4\ln\frac{\sqrt[6]{2}D_a}{r}\right) = 4\underline{Z}'_{L,A2}$	(A.15.4 b)
	$\underline{Z}'_{0L4,A3} = 4R'_L + j\omega\frac{\mu_0}{2\pi}\left(1 + 4\ln\frac{\sqrt{3}\sqrt[3]{2}D_a}{r}\right)$	(A.15.4 c)
○ ○ ○ ● Lichter Abstand D_a	$\underline{Z}'_{0L4,A4} = 4R'_L + j\omega\frac{\mu_0}{2\pi}\left(1 + 4\ln\frac{2\sqrt{3}\sqrt[3]{2}D_a}{r}\right)$	(A.15.4 d)
○ ○ ○ ● Lichter Abstand $5D_a$	$\underline{Z}'_{0L4,A5} = 4R'_L + j\omega\frac{\mu_0}{2\pi}\left(1 + 4\ln\frac{6\sqrt{3}\sqrt[3]{2}D_a}{r}\right)$	(A.15.4 e)
○ ○ ○ ● Lichter Abstand 70mm	$\underline{Z}'_{0L4,A6} = 4R'_L + j\omega\frac{\mu_0}{2\pi}\left(1 + 4\ln\frac{\sqrt{3}\sqrt[3]{2}(D_a + 70\text{ mm})}{r}\right)$	(A.15.4 f)

Tabelle A.15.5 Reaktanzbeläge X'_{0L4} im Nullsystem für Stromkreise aus Einleiterkabeln NYY bei Rückleitung über den vierten Leiter, berechnet mit den Gleichungen in Tabelle A.15.4 ($R'_{0L4} = 4R'_{L}$)

Nennquer-schnitt q_n mm²	$X'_{0L4,A1}$  Ω/km	$X'_{0L4,A2}$  Ω/km	$X'_{0L4,A3}$ ○○○● Ω/km	$X'_{0L4,A4}$ ○ ○ ○ ● Lichter Abstand D_a Ω/km	$X'_{0L4,A5}$ ○ ○ ○ ● Lichter Abst. $5D_a$ Ω/km	$X'_{0L4,A6}$ ○ ○ ○ ● Lichter Abst. 70mm Ω/km
4×10	0,699	0,571	0,739	0,913	1,189	1,222
4×16	0,659	0,532	0,699	0,873	1,149	1,165
4×25	0,639	0,512	0,679	0,853	1,129	1,115
4×35	0,613	0,486	0,653	0,827	1,103	1,075
4×50	0,597	0,470	0,637	0,811	1,087	1,036
4×70	0,535	0,408	0,575	0,749	1,025	0,963
4×95	0,522	0,394	0,562	0,736	1,012	0,930
4×120	0,514	0,387	0,534	0,729	1,005	0,905
4×150	0,518	0,391	0,558	0,733	1,009	0,887
4×185	0,510	0,383	0,550	0,724	1,000	0,865
4×240	0,502	0,375	0,542	0,716	0,992	0,839
4×300	0,489	0,362	0,529	0,704	0,980	0,815
4×400	0,489	0,361	0,529	0,703	0,979	0,791
4×500	0,485	0,357	0,525	0,699	0,975	0,771

Tabelle A.15.6 Nullimpedanzbeläge $\underline{Z}'_{0L4E}$ im Nullsystem für Stromkreise aus Einleiterkabeln NYY bei Rückleitung über den vierten Leiter und Erde

$$\underline{Z}'_{0L4E} = R'_L + 3\omega\frac{\mu_0}{8} + j\omega\frac{\mu_0}{2\pi}\left(\frac{1}{4} + 3\ln\frac{\delta_E}{\sqrt[3]{rd^2}}\right) - 3\frac{\left(\omega\frac{\mu_0}{8} + j\omega\frac{\mu_0}{2\pi}\ln\frac{\delta_E}{d_{LN}}\right)^2}{R'_L + \omega\frac{\mu_0}{8} + j\omega\frac{\mu_0}{2\pi}\left(\frac{1}{4} + \ln\frac{\delta_E}{r}\right)} \qquad \text{(A.15.6.1)}$$

Dabei ist δ_E die Erdstromtiefe bei unendlicher Leitungslänge (z. B. δ_E = 930 m bei ρ_E = 100 Ωm und f = 50 Hz. Für d und d_{LN} gelten die Angaben zu den Gleichungen A.15.3 und A.15.4.

Nenn-schnitt q_n	A1 		A2 		A3 ○○○●		A4 ○ ○ ○ ● Lichter Abstand D_a		A5 ○ ○ ○ ● Lichter Abstand $5D_a$	
mm^2	$\frac{R_{0L4E}}{R_L}$	$\frac{X_{0L4E}}{X_L}$	$\frac{R_{0L4E}}{R_L}$	$\frac{X_{0L4E}}{X_L}$	$\frac{R_{0L4E}}{R_L}$	$\frac{X_{0L4E}}{X_L}$	$\frac{R_{0L4E}}{R_L}$	$\frac{X_{0L4E}}{X_L}$	$\frac{R_{0L4E}}{R_L}$	$\frac{X_{0L4E}}{X_L}$
4×1×10	1,39	13,96	1,41	13,05	1,38	12,53	1,34	9,44	1,28	6,65
4×1×16	1,73	12,63	1,76	11,60	1,71	11,29	1,63	8,52	1,52	6,06
4×1×25	2,13	10,22	2,19	9,15	2,10	9,18	1,97	7,07	1,79	5,21
4×1×35	2,44	8,68	2,52	7,49	2,40	7,74	2,23	6,13	2,00	4,66
4×1×50	2,70	7,17	2,79	5,96	2,64	6,45	2,45	5,27	2,17	4,18
4×1×70	2,91	6,66	3,02	5,23	2,85	6,01	2,63	4,92	2,32	3,98
4×1×95	3,03	6,10	3,14	4,56	2,96	5,47	2,73	4,62	2,40	3,82
4×1×120	3,08	5,74	3,19	4,24	3,01	5,22	2,77	4,43	2,44	3,71
4×1×150	3,11	5,48	3,22	3,99	3,04	5,01	2,80	4,30	2,48	3,64
4×1×185	3,13	5,45	3,25	3,86	3,06	4,92	2,83	4,25	2,51	3,62
4×1×240	3,17	5,40	3,29	3,77	3,10	4,87	2,87	4,21	2,57	3,59
4×1×300	3,18	5,40	3,29	3,71	3,11	4,87	2,89	4,23	2,61	3,61
4×1×400	3,24	5,34	3,35	3,69	3,17	4,81	2,96	4,21	2,72	3,59
4×1×500	3,24	5,34	3,35	3,67	3,19	4,80	2,97	4,20	2,78	3,58

Tabelle A.15.7 Quotienten der Resistanzen und Rektanzen im Null- und Mitsystem für Stromkreise aus Einleiterkabeln NYY in Abhängigkeit von der Leitungslänge ℓ bei Rückleitung über den vierten Leiter und bei Rückleitung über den vierten Leiter und Erde bei ρ_E = 100 Ωm für die Anordnung A3.

Bei „kurzer" Leitungslänge $\ell \leq 1{,}36\delta_E$, wie in Niederspannungsnetzen üblich, ist die Erdstromtiefe geringer als bei „unendlich" langer Leitung. Nach [9.43] ersetzt man deshalb in der Gleichung A.15.6.1 die Erdstromtiefe δ_E durch d_E und den Ausdruck $\omega\mu_0/8$ durch R'^{*}_{LE}:

$$d_E = \frac{2}{e}\ell e^{-\frac{\ell}{e\delta_E}} \qquad \text{mit } e = 2{,}718 \tag{A.15.7.1}$$

$$R'^{*}_{LE} = 0{,}75 \cdot \omega \frac{\mu_0}{8} \cdot \frac{d_E}{\delta_E} \tag{A.15.7.2}$$

Bei ρ_E = 100 Ωm und damit $\delta_E \approx 930$ m ergibt sich zum Beispiel für ℓ = 100 m eine Erdstromtiefe d_E = 70,7 m nach Gl. (A.15.7.1) und damit dann R'^{*}_{LE} = 0,0028 Ω/km nach Gl. (A.15.7.2).

Nenn-quer-schnitt q_n	R_{0L}/R_L ○○○● Anordnung A3						X_{0L}/X_L ○○○● Anordnung A3					
	a	c					a[a]	c				
	Leitungslänge l						Leitungslänge l					
mm²	–	∞	1000	500	100	50 m	–	∞	1000	500	100	50 m
4×1×10	4	1,38	1,32	1,28	1,20	1,17	4,93	12,52	12,29	11,93	10,68	10,03
4×1×16	4	1,71	1,62	1,57	1,43	1,37	4,99	11,28	11,27	11,07	10,20	9,69
4×1×25	4	2,10	2,01	1,95	1,76	1,67	5,03	9,16	9,29	9,24	8,80	8,51
4×1×35	4	2,40	2,31	2,25	2,05	1,94	5,06	7,77	7,91	7,91	7,73	7,57
4×1×50	4	2,64	2,57	2,51	2,31	2,21	5,10	6,45	6,57	6,59	6,52	6,44
4×1×70	4	2,85	2,79	2,73	2,55	2,46	5,28	5,99	6,08	6,10	6,08	6,04
4×1×95	4	2,96	2,90	2,85	2,68	2,59	5,30	5,48	5,53	5,54	5,50	5,46
4×1×120	4	3,01	2,95	2,90	2,74	2,65	5,33	5,22	5,25	5,25	5,20	5,16
4×1×150	4	3,04	2,97	2,92	2,76	2,67	5,31	5,01	5,02	5,01	4,94	4,89
4×1×185	4	3,07	3,00	2,95	2,79	2,70	5,34	4,93	4,93	4,92	4,84	4,79
4×1×240	4	3,10	3,02	2,97	2,81	2,73	5,37	4,87	4,86	4,84	4,75	4,69
4×1×300	4	3,16	3,08	3,03	2,87	2,79	5,40	4,95	4,94	4,92	4,83	4,77
4×1×400	4	3,16	3,06	3,00	2,84	2,75	5,40	4,83	4,81	4,78	4,68	4,62
4×1×500	4	3,18	3,07	3,01	2,84	2,75	5,41	4,83	4,80	4,77	4,66	4,60

a Rückleitung über den 4. Leiter.
c Rückleitung über den 4. Leiter und Erde.
[a] Die Ergebnisse dieser Spalte ergeben sich aus den Reaktanzbelägen der Tabellen A.15.5 und A.15.2 für die Anordnung A3.

Tabelle A.15.8 Mit- und Nullreaktanzen paralleler Stromkreise aus je vier Einleiterkabeln NYY Cu

Leiteranordnung				pro Stromkreis[a] 1 2 3N ○○○●		pro Stromkreis[a] 1 2 3N1 4 5 6N2 ○○○●○○○●		pro Stromkreis[a] 1 2 3N1 4 5 6N2 7 8 9N3 ○○○●○○○●○○○●	
q_n	R'_{L20}[b]	r	D_a[c]	$X'_{L(1)}$[d]	$X'_{0L4(1)}$[e]	$X'_{L(2)}$[d]	$X'_{0L4(2)}$[e]	$X'_{L(3)}$[d]	$X'_{0L4(3)}$[e]
mm²	Ω/km	mm	mm	Ω/km	Ω/km	Ω/km	Ω/km	Ω/km	Ω/km
1,5 RE[f]	12,1	0,69	6,2	0,1682	0,8108	0,1638	0,7454	0,1617	0,7153
2,5 RE[f]	7,41	0,89	6,8	0,1580	0,7700	0,1536	0,7047	0,1515	0,6745
4,0 RE[f]	4,61	1,13	7,2	0,1466	0,7244	0,1422	0,6590	0,1401	0,6289
6,0 RE[f]	3,08	1,38	8,2	0,1422	0,7068	0,1378	0,6415	0,1239	0,6113
4,0 RE	4,61	1,128	10	0,1673	0,8074	0,1630	0,7420	0,1608	0,7119
6,0 RE	3,08	1,382	11	0,1606	0,7803	0,1562	0,7150	0,1541	0,6848
10 RE	1,83	1,78	12	0,1501	0,7386	0,1458	0,6732	0,1436	0,6431
16 RE	1,15	2,26	13	0,1402	0,6987	0,1358	0,6333	0,1337	0,6032
25 RM	0,727	2,82	15	0,1352	0,6790	0,1309	0,6137	0,1287	0,5835
35 RM	0,524	3,34	16	0,1287	0,6527	0,1243	0,5873	0,1221	0,5572
50 RM	0,387	4,00	18	0,1247	0,6370	0,1204	0,5716	0,1182	0,5415
70 RM	0,268	5,40	19	0,1093	0,5751	0,1049	0,5098	0,1028	0,4796
95 RM	0,194	6,30	21	0,1059	0,5616	0,1015	0,4962	0,0994	0,4661
120 RM	0,154	7,10	23	0,1041	0,5544	0,0997	0,4890	0,0976	0,4589
150 RM	0,125	7,90	26	0,1051	0,5584	0,1007	0,4930	0,0986	0,4629
185 RM	0,100	8,80	28	0,1029	0,5498	0,0986	0,4845	0,0965	0,4544
240 RM	0,077	10,05	31	0,1001	0,5426	0,0968	0,4772	0,0946	0,4471
300 RM	0,062	11,25	33	0,0978	0,5294	0,0935	0,4641	0,0914	0,4339
400 RM	0,049	13,00	38	0,0976	0,5286	0,0933	0,4632	0,0911	0,4330

a $R'_L = R'_{L(1)} = R'_{L(2)} = R'_{L(3)}$; $4 \cdot R'_L = R'_{0L4(1)} = R'_{0L4(2)} = R'_{0L4(3)}$
b Gleichstromwiderstand bei 20 °C, c Größtwerte, siehe Tabelle A.15.1, d In Klammern: Anzahl der parallelen Stromkreise
e Rückleitung nur über den oder die vierten Leiter, d, e Impedanzbeläge pro Stromkreis, f NYM-O, D_a nach Tabelle 1 aus DIN VDE 57250, Teil 204.

Tabelle A.15.9 Mit- und Nullreaktanzen paralleler Stromkreise aus je vier Einleiterkabeln NYY Cu

Leiteranordnung				pro Stromkreis[a] 1 2 3N ○○○●		pro Stromkreis[a] 1 2 3 4 5 6N1N2 ○○○○○○●●		pro Stromkreis[a] 147258369N1N2N3 ○○○○○○○○○●●●	
q_n	R'_{L20} [b]	r	D_a [c]	$X'_{L(1)}$ [d]	$X'_{0L4(1)}$ [e]	$X'_{L(2)}$ [d]	$X'_{0L4(2)}$ [e]	$X'_{L(3)}$ [d]	$X'_{0L4(3)}$ [e]
mm²	Ω/km	mm	mm	Ω/km	Ω/km	Ω/km	Ω/km	Ω/km	Ω/km
1,5 RE[f]	12,1	0,69	6,2	0,1682	0,8108	0,2631	1,345	0,3625	1,896
2,5 RE[f]	7,41	0,89	6,8	0,1580	0,7700	0,2529	1,304	0,3524	1,855
4,0 RE[f]	4,61	1,13	7,2	0,1466	0,7244	0,2415	1,258	0,3409	1,809
6,0 RE[f]	3,08	1,38	8,2	0,1422	0,7068	0,2371	1,241	0,3366	1,792
4,0 RE	4,61	1,128	10	0,1673	0,8074	0,2623	1,341	0,3617	1,892
6,0 RE	3,08	1,382	11	0,1606	0,7803	0,2555	1,341	0,3549	1,865
10 RE	1,83	1,78	12	0,1501	0,7386	0,2396	1,273	0,3345	1,824
16 RE	1,15	2,26	13	0,1402	0,6987	0,2351	1,233	0,3345	1,784
25 RM	0,727	2,82	15	0,1352	0,6790	0,2301	1,213	0,3296	1,764
35 RM	0,524	3,34	16	0,1287	0,6527	0,2236	1,187	0,3230	1,738
50 RM	0,387	4,00	18	0,1247	0,6370	0,2197	1,171	0,3191	1,722
70 RM	0,268	5,40	19	0,1093	0,5751	0,2042	1,109	0,3036	1,660
95 RM	0,194	6,30	21	0,1059	0,5616	0,2008	1,096	0,3002	1,647
121 RM	0,154	7,10	23	0,1041	0,5544	0,1990	1,088	0,2984	1,639
151 RM	0,125	7,90	26	0,1051	0,5584	0,2000	1,092	0,2994	1,643
185 RM	0,100	8,80	28	0,1029	0,5498	0,1978	1,084	0,2973	1,635
241 RM	0,077	10,05	31	0,1001	0,5426	0,1959	1,076	0,2954	1,627
301 RM	0,062	11,25	33	0,0978	0,5294	0,1927	1,064	0,2922	1,614
400 RM	0,049	13,00	38	0,0976	0,5286	0,1925	1,063	0,2920	1,614

a $R'_L = R'_{L(1)} = R'_{L(2)} = R'_{L(3)}$; $4 \cdot R'_L = R'_{0L4(1)} = R'_{0L4(2)} = R'_{0L4(3)}$
b Gleichstromwiderstand bei 20 °C, c Größtwerte, siehe Tabelle A.15.1, d In Klammern: Anzahl der parallelen Stromkreise
e Rückleitung nur über den oder die vierten Leiter, d, e Impedanzbeläge pro Stromkreis, f NYM-O, D_a nach Tabelle 1 aus DIN VDE 57250, Teil 204.

A.16 Impedanzen für parallele Stromkreise aus Niederspannungseinleiterkabeln NYY

Die folgenden Angaben beziehen sich auf die Mit- und Nullimpedanz eines Stromkreises, wenn mehrere Stromkreise parallel geschaltet sind. Als Beispiele für die Berechnungsgleichungen sollen die Gleichungen für die Mit- und Nullimpedanzen bei einem und bei zwei parallelen Stromkreisen angegeben werden.

Mitimpedanz (= Gegenimpedanz) bei n parallelen Stromkreisen je 4×1×NYY, wobei die Leiter mit L1, L2, L3, L4, L5, ..., L3n bezeichnet werden und die Neutralleiter (vierte Leiter) mit N1, N2, …,Nn. Die Neutralleiter sind für die Berechnung der Mitimpedanz ohne Bedeutung.

Stromkreis 1 (n = 1) Stromkreis 2 (n = 2) Stromkreis n (in beliebiger Anordnung)

Indizes i, j für die Hauptleiter, Indizes k, l für die Neutralleiter (vierte Leiter).

$$\underline{Z}'_{\mathrm{L}(n)} = R'_1 + \mathrm{j}\omega\frac{\mu_0}{2\pi}\left(\frac{1}{4} + \ln\frac{\prod_{i=1}^{3n-1}\prod_{j=i+1}^{3n}\left(d_{\mathrm{L}i\mathrm{L}j}\right)^{-\frac{a}{3n}}}{r}\right) \tag{A.16.1}$$

mit $a = 2$ für $j = i + 3k$ bei $k = 1,2,\ldots,n-1$
$a = -1$ für $j \neq i + 3k$ bei $k = 1,2,\ldots,n-1$

Beispiel n = 1:

$$\underline{Z}'_{\mathrm{L}(1)} = R'_\mathrm{L} + \mathrm{j}\omega\frac{\mu_0}{2\pi}\left(\frac{1}{4} + \ln\frac{\sqrt[3]{d_{\mathrm{L1L2}}d_{\mathrm{L1L3}}d_{\mathrm{L2L3}}}}{r}\right) = R'_\mathrm{L} + \mathrm{j}\omega\frac{\mu_0}{2\pi}\left(\frac{1}{4} + \ln\frac{d}{r}\right), \tag{A.16.1 a}$$

siehe Gl. (A.15.3)

Beispiel n = 2:

$$\underline{Z}'_{\mathrm{L}(2)} = R'_\mathrm{L} + \mathrm{j}\omega\frac{\mu_0}{2\pi}\left(\frac{1}{4} + \ln\frac{\sqrt[6]{d_{\mathrm{L1L2}}d_{\mathrm{L1L3}}d_{\mathrm{L1L5}}d_{\mathrm{L1L6}}d_{\mathrm{L2L3}}d_{\mathrm{L2L4}}d_{\mathrm{L2L6}}d_{\mathrm{L3L4}}d_{\mathrm{L3L5}}d_{\mathrm{L4L5}}d_{\mathrm{L4L6}}d_{\mathrm{L5L6}}}}{r\cdot\sqrt[3]{d_{\mathrm{L1L4}}d_{\mathrm{L2L5}}d_{\mathrm{L3L6}}}}\right. \tag{A.16.1b}$$

Nullimpedanz bei n parallelen Stromkreisen je 4×1×NYYmit den Leiteranordnungen wie bei der Mitimpedanz und mit den Neutralleitern N1, N2, …,Nn bei Rückleitung nur über die 4. Leiter (Neutralleiter).

$$\underline{Z}'_{0\mathrm{L4}(n)} = 4R'_\mathrm{L} + \mathrm{j}\omega\frac{\mu_0}{2\pi}\left(1 + \ln\frac{\sqrt[n]{\prod_{i=1}^{3n}\prod_{k=1}^{n}d^2_{\mathrm{L}i\mathrm{N}k}}}{r^4\cdot\sqrt[3n]{\prod_{i=1}^{3n-1}\prod_{j=i+1}^{3n}d^2_{\mathrm{L}i\mathrm{L}j}}\cdot\sqrt[n]{\prod_{k=1}^{n-1}\prod_{l=k+1}^{n}d^6_{\mathrm{N}k\mathrm{N}l}}}\right) \tag{A.16.2}$$

Beispiel $n = 1$ (siehe auch Gl. (A.15.4):

$$\underline{Z}'_{0L4(1)} = 4R'_L + j\omega\frac{\mu_0}{2\pi}\left(1+\ln\frac{(d_{L1N1}\,d_{L2N1}\,d_{L3N1})^2}{r^4\cdot\sqrt[3]{(d_{L1L2}\,d_{L1L3}\,d_{L2L3})^2}}\right)$$

$$= 4R'_L + j\omega\frac{\mu_0}{2\pi}\left(1+4\ln\frac{\sqrt{d_{L1N1}\,d_{L2N1}\,d_{L3N1}}}{r\cdot\sqrt{\sqrt[3]{d_{L1L2}\,d_{L1L3}\,d_{L2L3}}}}\right) \quad \text{(A.16.2 a)}$$

Beispiel $n = 2$:

$$\underline{Z}'_{0L4(2)} = 4R'_L + j\omega\frac{\mu_0}{2\pi} \quad \text{(A.16.2 b)}$$

$$\left(1+\ln\frac{d_{L1N1}d_{L2N1}d_{L3N1}d_{L4N1}d_{L5N1}d_{L6N1}d_{L1N2}d_{L2N2}d_{L3N2}d_{L4N2}d_{L5N2}d_{L6N2}}{r^4\cdot\sqrt[3]{d_{L1L2}d_{L1L3}d_{L1L4}d_{L1L5}d_{L1L6}d_{L2L3}d_{L2L4}d_{L2L5}d_{L2L6}d_{L3L4}d_{L3L5}d_{L3L6}d_{L4L5}d_{L4L6}d_{L5L6}}\cdot d^3_{N1N2}}\right)$$

Nullimpedanz bei n parallelen Stromkreisen je 4×1×NYY mit den Leiteranordnungen wie bei der Mitimpedanz und mit den Neutralleitern N1, N2, …, Nn bei Rückleitung über die 4. Leiter (Neutralleiter) und Erde.

$$\underline{Z}'_{0L4E(n)} = R'_L + 3n\cdot\omega\frac{\mu_0}{8} + j\omega\frac{\mu_0}{2\pi}\left(\frac{1}{4}+\ln\frac{\delta_E^{3n}}{r\cdot\sqrt[3n]{\prod_{i=1}^{3n-1}\prod_{j=i+1}^{3n} d^2_{LiLj}}}\right)$$

$$-3n^2\frac{\left(\omega\frac{\mu_0}{8}+j\omega\frac{\mu_0}{2\pi}\ln\frac{\delta_E}{\sqrt[3n^2]{\prod_{i=1}^{3n}\prod_{k=1}^{n} d^2_{LiNk}}}\right)^2}{R'_L+n\cdot\omega\frac{\mu_0}{8}+j\omega\frac{\mu_0}{2\pi}\left(\frac{1}{4}+\ln\frac{\delta_E^n}{r\cdot\sqrt[n]{\prod_{k=1}^{n-1}\prod_{l=k+1}^{n} d^2_{NkNl}}}\right)} \quad \text{(A.16.3)}$$

Beispiel $n = 1$:

$$\underline{Z}'_{0L4E(1)} = R'_L + 3\cdot\omega\frac{\mu_0}{8} + j\omega\frac{\mu_0}{2\pi}\left(\frac{1}{4}+\ln\frac{\delta_E^3}{r\cdot\sqrt[3]{(d_{L1L2}d_{L1L3}d_{L2L3})^2}}\right)$$

$$-3\frac{\left(\omega\frac{\mu_0}{8}+j\omega\frac{\mu_0}{2\pi}\ln\frac{\delta_E}{\sqrt[3]{d_{L1N1}d_{L2N1}d_{L3N1}}}\right)^2}{R'_L+\omega\frac{\mu_0}{8}+j\omega\frac{\mu_0}{2\pi}\left(\frac{1}{4}+\ln\frac{\delta_E}{r}\right)} \quad \text{(A.16.3 a)}$$

Beispiel $n = 2$:

$$\underline{Z}'_{0L4E(2)} = R'_L + 6\cdot\omega\frac{\mu_0}{8} + j\omega\frac{\mu_0}{2\pi}\cdot$$

$$\left(\frac{1}{4} + \ln\frac{\delta_E^6}{r\cdot\sqrt[6]{(d_{L1L2}d_{L1L3}d_{L1L4}d_{L1L5}d_{L1L6}d_{L2L3}d_{L2L4}d_{L2L5}d_{L2L6}d_{L3L4}d_{L3L5}d_{L3L6}d_{L4L5}d_{L4L6}d_{L5L6})^2}}\right)$$

$$-12\frac{\left(\omega\frac{\mu_0}{8} + j\omega\frac{\mu_0}{2\pi}\ln\frac{\delta_E}{\sqrt[12]{d_{L1N1}d_{L2N1}d_{L3N1}d_{L4N1}d_{L5N1}d_{L6N1}d_{L1N2}d_{L2N2}d_{L3N2}d_{L4N2}d_{L5N2}d_{L6N2}}}\right)^2}{R'_L + 2\cdot\omega\frac{\mu_0}{8} + j\omega\frac{\mu_0}{2\pi}\left(\frac{1}{4} + \ln\frac{\delta_E^2}{r\cdot d_{N1N2}}\right)} \quad \text{(A.16.3b)}$$

Impedanzbeläge pro Stromkreise bei parallelen Stromkreisen aus Einleiterkabeln in einer Ebene unmittelbar nebeneinander und Zahlenbeispiele für:
NYY 4 × 1 × 150 mm² Cu, $r = 7{,}9$ mm, $D_a = 26$ mm, $R'_{L20} = 0{,}125\ \Omega/\text{km}$, $f = 50$ Hz,

○○○● L1 L2 L3 N

$$\underline{Z}'_{L(1)} = R'_L + j\omega\frac{\mu_0}{2\pi}\left(\frac{1}{4} + \ln\frac{1{,}260\cdot D_a}{r}\right) \qquad \underline{Z}'_{L(1)} = (0{,}125 + j0{,}1051)\ \Omega/\text{km}$$

$$\underline{Z}'_{0L4(1)} = 4R'_L + j4\omega\frac{\mu_0}{2\pi}\left(\frac{1}{4} + \ln\frac{2{,}182\cdot D_a}{r}\right) \qquad \underline{Z}'_{0L4(1)} = (0{,}500 + j0{,}5584)\ \Omega/\text{km}$$

○○○●○○○● L1 L2 L3 N1 L4 L5 L6 N2

$$\underline{Z}'_{L(2)} = R'_L + j\omega\frac{\mu_0}{2\pi}\left(\frac{1}{4} + \ln\frac{1{,}176\cdot D_a}{r}\right) \qquad \underline{Z}'_{L(2)} = (0{,}125 + j0{,}1007)\ \Omega/\text{km}$$

$$\underline{Z}'_{0L4(2)} = 4R'_L + j4\omega\frac{\mu_0}{2\pi}\left(\frac{1}{4} + \ln\frac{1{,}683\cdot D_a}{r}\right) \qquad \underline{Z}'_{0L4(2)} = (0{,}500 + j0{,}4930)\ \Omega/\text{km}$$

○○○●○○○●○○○● L1 L2 L3 N1 L4 L5 L6 N2 L7 L8 L9 N3

$$\underline{Z}'_{L(3)} = R'_L + j\omega\frac{\mu_0}{2\pi}\left(\frac{1}{4} + \ln\frac{1{,}136\cdot D_a}{r}\right) \qquad \underline{Z}'_{L(3)} = (0{,}125 + j0{,}0986)\ \Omega/\text{km}$$

$$\underline{Z}'_{0L4(3)} = 4R'_L + j4\omega\frac{\mu_0}{2\pi}\left(\frac{1}{4} + \ln\frac{1{,}492\cdot D_a}{r}\right) \qquad \underline{Z}'_{0L4(3)} = (0{,}500 + j0{,}4629)\ \Omega/\text{km}$$

Anordnung mit hohen Reaktanzbelägen:

○○○○○○●● L1 L4 L2 L5 L3 L6 N1 N2

$$\underline{Z}'_{L(2)} = R'_L + j\omega \frac{\mu_0}{2\pi}\left(\frac{1}{4} + \ln\frac{5{,}7073 \cdot D_a}{r}\right) \qquad \underline{Z}'_{L(2)} = (0{,}125 + j0{,}2000)\ \Omega/\text{km}$$

$$\underline{Z}'_{0L4(2)} = 4R'_L + j4\omega \frac{\mu_0}{2\pi}\left(\frac{1}{4} + \ln\frac{18{,}2699 \cdot D_a}{r}\right) \qquad \underline{Z}'_{0L4(2)} = (0{,}500 + j1{,}0924)\ \Omega/\text{km}$$

○○○○○○○○○●●● L1 L4 L7 L2 L5 L8 L3 L6 L9 N1 N2 N3

$$\underline{Z}'_{L(3)} = R'_L + j\omega \frac{\mu_0}{2\pi}\left(\frac{1}{4} + \ln\frac{27{,}783 \cdot D_a}{r}\right) \qquad \underline{Z}'_{L(3)} = (0{,}125 + j0{,}2994)\ \Omega/\text{km}$$

$$\underline{Z}'_{0L4(3)} = 4R'_L + j4\omega \frac{\mu_0}{2\pi}\left(\frac{1}{4} + \ln\frac{163{,}55 \cdot D_a}{r}\right) \qquad \underline{Z}'_{0L4(3)} = (0{,}500 + j1{,}643)\ \Omega/\text{km}$$

Tabelle A.16.1 Quotienten der Reaktanzen $X_{L(n)}$ im Mitsystem nach Gl. (A.16.1) für n parallele Stromkreise aus je vier Einleiterkabeln NYY und der Reaktanzen X_L für einen Stromkreis (Tabelle A.15.2)

Nennquer-quer-schnitt q_n	$X_{L(n)}/X_L$														
	A1n			A2n b c; A5n d; Lichter Abstand $5D_a$			A3n			A3n≡			A4n; Lichter Abstand D_a		
mm²	$n = 2$	$n = 3$	$n = 5$	$n = 2$	$n = 3$	$n = 5$	$n = 2$	$n = 3$	$n = 5$	$n = 2$	$n = 3$	$n = 5$	$n = 2$	$n = 3$	$n = 5$
n×4×1×10	1	1	1	≈ 1	≈ 1	≈ 1	0,97	0,96	0,94	1,21	1,33	1,47	0,87	0,96	0,95
n×4×1×16	1	1	1	≈ 1	≈ 1	≈ 1	0,97	0,96	0,94	1,23	1,36	1,51	0,97	0,96	0,95
n×4×1×25	1	1	1	≈ 1	≈ 1	≈ 1	0,97	0,96	0,94	1,24	1,37	1,53	0,97	0,96	0,95
n×4×1×35	1	1	1	≈ 1	≈ 1	≈ 1	0,96	0,95	0,93	1,24	1,38	1,54	0,98	0,97	0,95
n×4×1×50	1	1	1	≈ 1	≈ 1	≈ 1	0,96	0,94	0,93	1,25	1,40	1,57	0,98	0,97	0,95
n×4×1×70	1	1	1	≈ 1	≈ 1	≈ 1	0,96	0,95	0,93	1,29	1,44	1,65	0,98	0,96	0,95
n×4×1×95	1	1	1	≈ 1	≈ 1	≈ 1	0,96	0,93	0,92	1,29	1,47	1,67	0,97	0,96	0,95
n×4×1×120	1	1	1	≈ 1	≈ 1	≈ 1	0,96	0,94	0,91	1,29	1,48	1,68	0,97	0,96	0,95
n×4×1×150	1	1	1	≈ 1	≈ 1	≈ 1	0,96	0,94	0,91	1,30	1,48	1,68	0,97	0,96	0,95

Tabelle A.16.1 (Fortsetzung)

n×4×1×185	1	1	1	≈ 1	≈ 1	≈ 1	0,96	0,93	0,91	1,30	1,49	1,69	0,97	0,96	0,95
n×4×1×240	1	1	1	≈ 1	≈ 1	≈ 1	0,96	0,94	0,91	1,31	1,50	1,70	0,97	0,96	0,95
n×4×1×300	1	1	1	≈ 1	≈ 1	≈ 1	0,96	0,93	0,91	1,32	1,51	1,72	0,97	0,96	0,94
n×4×1×400	1	1	1	≈ 1	≈ 1	≈ 1	0,95	0,93	0,91	1,32	1,50	1,71	0,97	0,96	0,94
n×4×1×500	1	1	1	≈ 1	≈ 1	≈ 1	0,95	0,93	0,91	1,32	1,51	1,72	0,97	0,96	0,94

[a] Diese Angaben gelten näherungsweise auch für Anordnungen:

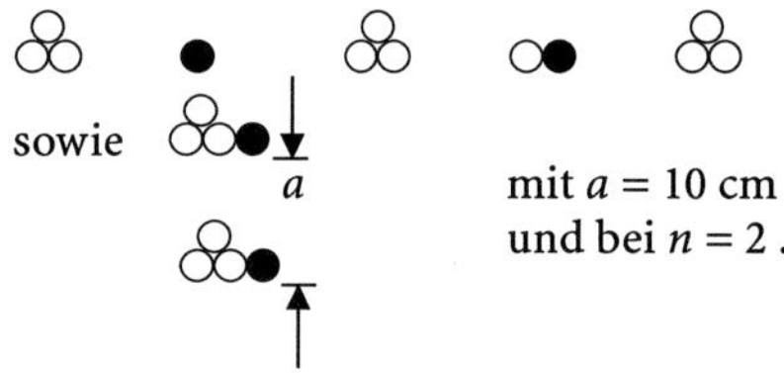

bei $n = 2 \ldots 5$ und lichten Abständen $5D_a$

mit $a = 10$ cm bis $a = 50$ cm und bei $n = 2 \ldots 5$

[b] Abweichungen bis + 1 % möglich;

[c] Diese Angaben gelten näherungsweise auch für Anordnungen:

bei lichten Abständen bis 1 m und bei $n = 1 \ldots 5$;

[d] Abweichungen bis –2 % möglich.

Bei $n = 2\ldots5$ parallelen Stromkreisen aus je vier Einleiterkabeln NYY ändern sich die Quotienten $X_{0L4(n)}/X_L$ und die Quotienten $X_{0L4E(n)}/X_L$ gegenüber den entsprechenden Quotienten bei einem Stromkreis, wobei die Reaktanz X_L des Mitsystems für einen Stromkreis als Bezugswert verwendet wird. Die folgenden Tabellen und Bilder sollen dies zeigen für drei einfache Anordnungen der jeweils vier Leiter der einzelnen Stromkreise. Die nachfolgenden Bilder zeigen dabei den zusätzlichen Einfluss des Abstandes a zwischen den Stromkreisen auf diese Quotienten.

Bei Rückleitung über die vierten Leiter gilt stets: $R_{0L4(n)}/R_L = 4$ bzw. $R_{0L4(n)a}/R_L = 4$. Bei Rückleitung über die vierten Leiter und Erde dagegen ergeben sich niedrigere Verhältnisse $R_{0L4E(n)a}/R_L$ gegenüber $R_{0L4E(n)}/R_L$ bei $a = 0$ in den Tabellen A.16.2 und A.16.3 bzw. $a = D_a$ in Tabelle A.11.4. Angaben zur Abschätzung der Abweichung in diesem Fall findet man in Tabelle A.16.5.

Tabelle A.16.2 Quotienten aus Resistanzen und Reaktanzen für n Stromkreise aus Einleiterkabeln mit je 4×1×NYY

Anordnung A1n: 

$n = 1\ldots5$; R_L, X_L für das Mitsystem eines Stromkreises.

Nennquerschnitt q_n	a: Rückleitung über 4. Leiter					
	R_{0L4}/R_L	$X_{0L4(n)}/X_L$				
mm²	$n = 1\ldots5$	$n = 1$	$n = 2$	$n = 3$	$n = 4$	$n = 5$
n×4×1×10	4	5,14	4,75	4,57	4,46	4,28
n×4×1×16	4	5,23	4,81	4,61	4,49	4,41
n×4×1×25	4	5,26	4,85	4,64	4,51	4,43
n×4×1×35	4	5,38	4,91	4,69	4,56	4,47
n×4×1×50	4	5,43	4,95	4,73	4,58	4,49
n×4×1×70	4	5,63	5,08	4,82	4,66	4,55
n×4×1×95	4	5,74	5,15	4,88	4,71	4,60
n×4×1×120	4	5,71	5,13	4,86	4,69	4,58
n×4×1×150	4	5,69	5,12	4,85	4,68	4,66
n×4×1×185	4	5,80	5,20	4,91	4,74	4,63
n×4×1×240	4	5,84	5,23	4,94	4,77	4,64
n×4×1×300	4	5,89	5,27	4,96	4,89	4,66
n×4×1×400	4	5,89	5,25	4,95	4,77	4,65
n×4×1×500	4	5,91	5,27	4,96	4,78	4,66

Tabelle A.16.2 (Fortsetzung)

Nennquerschnitt q_n	c: Rückleitung über 4. Leiter und Erde									
	R_{0LE4}/R_L					$X_{0L4E(n)}/X_L$				
mm^2	$n = 1$	$n = 2$	$n = 3$	$n = 4$	$n = 5$	$n = 1$	$n = 2$	$n = 3$	$n = 4$	$n = 5$
n×4×1×10	1,39	1,98	2,46	2,80	3,04	13,96	19,21	20,39	19,95	18,99
n×4×1×16	1,73	2,51	2,97	3,23	3,40	12,63	14,48	13,79	12,72	11,75
n×4×1×25	2,13	2,92	3,28	3,47	3,58	10,22	10,11	9,17	8,38	7,79
n×4×1×35	2,44	3,15	3,44	3,58	3,67	8,68	8,02	7,25	6,69	6,30
n×4×1×50	2,70	3,31	3,54	3,65	3,72	7,17	6,51	5,97	5,63	5,38
n×4×1×70	2,91	3,43	3,62	3,71	3,77	6,66	5,97	5,53	5,24	5,05
n×4×1×95	3,03	3,49	3,66	3,74	3,79	6,10	5,55	5,21	4,99	4,84
n×4×1×120	3,08	3,51	3,66	3,75	3,79	5,74	5,28	4,99	4,81	4,68
n×4×1×150	3,11	3,52	3,67	3,76	3,80	5,48	5,10	4,86	4,70	4,59
n×4×1×185	3,13	3,53	3,68	3,75	3,80	5,45	5,09	4,86	4,72	4,60
n×4×1×240	3,17	3,55	3,69	3,77	3,81	5,40	5,05	4,83	4,69	4,58
n×4×1×300	3,18	3,55	3,68	3,76	3,79	5,40	5,05	4,83	4,69	4,59
n×4×1×400	3,24	3,59	3,74	3,80	3,85	5,34	5,01	4,80	4,65	4,55
n×4×1×500	3,24	3,59	3,70	3,78	3,81	5,34	5,01	4,79	4,66	4,56

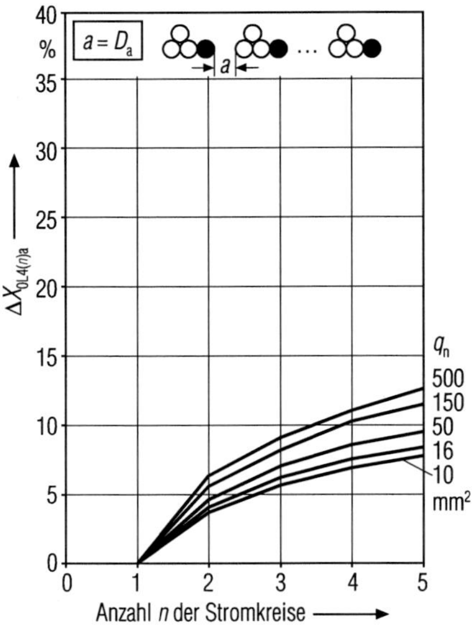

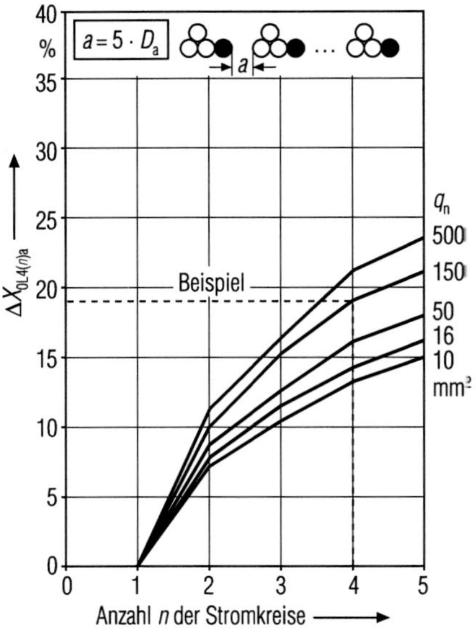

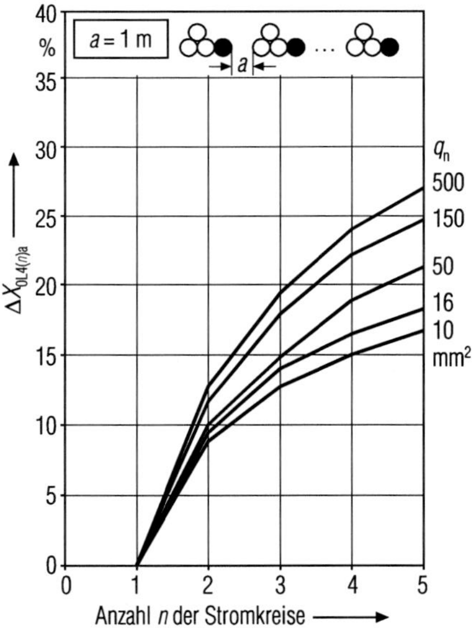

$$\Delta X_{0L4(n)a} = \frac{X_{0L4(n)a} - X_{0L4(n)}}{X_{0L4(n)}} \cdot 100\%$$

mit $X_{0L4(n)}$ als Nullreaktanz beim Abstand $a = 0$.
$X_{0L4(n)}$ nach Tabelle A.16.2 aus $X_{0L4(n)}/X_L$.

Beispiel: Vier parallele Stromkreise 4×4×1×150NYY mit $a = 5\,D_a$
$\Delta X_{0L4(4)a} = 19\,\%$;
$X_{0L4(n)}/X_L = 4{,}68$ nach Tabelle A.16.2
Mit $X'_L = 0{,}091\ \Omega/\text{km}$ nach Tabelle 15.2 ergibt sich:
$X'_{0L4(4)} = 4{,}68 \cdot 0{,}091 = 0{,}426\ \Omega/\text{km}$
und daraus
$X'_{0L4(n)a} = X'_{0L4(n)} \cdot 1{,}19 = 0{,}507\ \Omega/\text{km}$
$R_{0L4(n)a}/R_L = 4$

Bild A.16.1 Abweichungen $\Delta X_{0L4(n)a}$ der Nullreaktanz bei n parallelen Stromkreisen mit je 4×1×NYY abhängig vom Abstand a zwischen je zwei Stromkreisen bei Rückleitung über die 4. Leiter

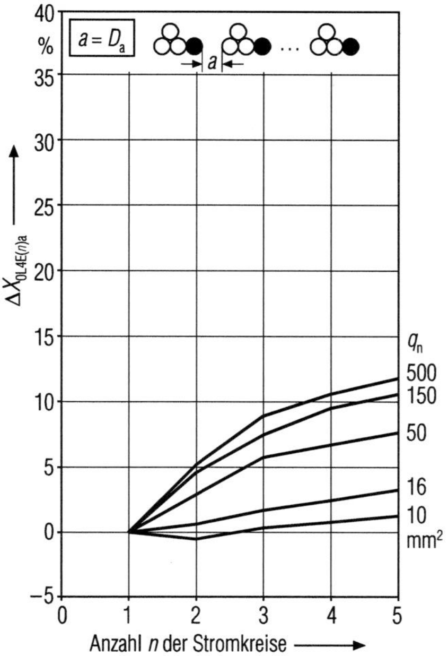

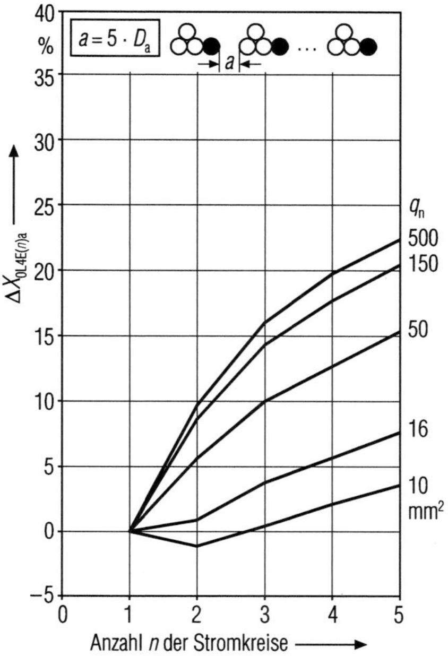

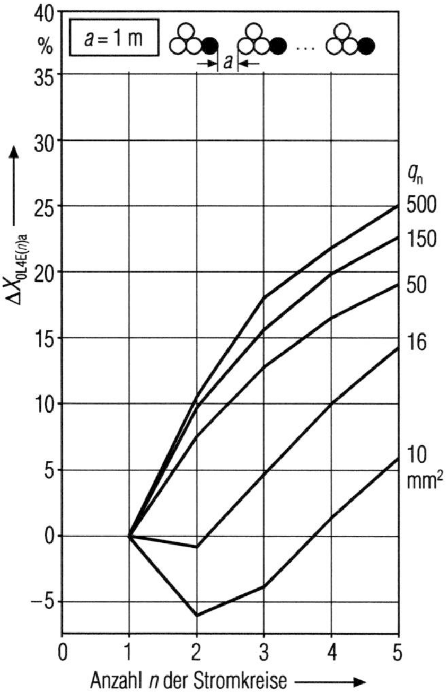

$$\Delta X_{0L4E(n)a} = \frac{X_{0L4E(n)a} - X_{0L4E(n)}}{X_{0L4E(n)}} \cdot 100\%$$

mit $X_{0L4E(n)a}$ als Nullreaktanz beim Abstand $a = 0$.
$X_{0L4E(n)}$ nach Tabelle A.16.2 aus $X_{0L4E(n)}/X_L$.

Beispiel entsprechend Bild A.16.1
$R_{0L4E(n)a}$ siehe Tabelle A.16.5

Bild A.16.2 Abweichungen $\Delta X_{0L4E(n)a}$ der Nullreaktanz bei n parallelen Stromkreisen mit je 4×1×NYY abhängig vom Abstand a zwischen je zwei Stromkreisen bei Rückleitung über die 4. Leiter und Erde

Tabelle A.16.3 Quotienten aus Resistanzen und Reaktanzen für n Stromkreise aus Einleiterkabeln mit je 4×1×NYY

Anordnung A3n: ○○○●○○○● … ○○○●

$n = 1 \ldots 5$; R_L, X_L für das Mitsystem eines Stromkreises.

Nennquerschnitt q_n	a: Rückleitung über 4. Leiter					
	R_{0L4}/R_L	$X_{0L4(n)}/X_L$				
mm²	$n = 1 \ldots 5$	$n = 1$	$n = 2$	$n = 3$	$n = 4$	$n = 5$
n×4×1×10	4	4,93	4,49	4,29	4,17	4,09
n×4×1×16	4	4,99	4,52	4,31	4,18	4,10
n×4×1×25	4	5,03	4,55	4,33	4,19	4,10
n×4×1×35	4	5,06	4,55	4,32	4,18	4,09
n×4×1×50	4	5,10	4,58	4,33	4,19	4,10
n×4×1×70	4	5,28	4,68	4,40	4,24	4,13
n×4×1×95	4	5,30	4,68	4,40	4,23	4,11
n×4×1×120	4	5,33	4,70	4,40	4,24	4,13
n×4×1×150	4	5,31	4,70	4,41	4,24	4,12
n×4×1×185	4	5,34	4,71	4,41	4,24	4,13
n×4×1×240	4	5,37	4,72	4,43	4,25	4,13
n×4×1×300	4	5,40	4,73	4,43	4,24	4,12
n×4×1×400	4	5,40	4,72	4,42	4,23	4,11
n×4×1×500	4	5,41	4,73	4,42	4,24	4,11

Tabelle A.16.3 (Fortsetzung)

Nennquerschnitt q_n	c: Rückleitung über 4. Leiter und Erde									
	$R_{0L4E(n)}/R_L$					$X_{0L4E(n)}/X_L$				
mm^2	$n=1$	$n=2$	$n=3$	$n=4$	$n=5$	$n=1$	$n=2$	$n=3$	$n=4$	$n=5$
n×4×1×10	1,38	1,96	2,43	2,77	3,01	12,53	17,31	18,47	18,17	17,34
n×4×1×16	1,71	2,47	2,93	3,20	3,37	11,29	13,06	12,51	11,60	10,75
n×4×1×25	2,10	2,89	3,25	3,45	3,56	9,18	9,16	8,36	7,67	7,13
n×4×1×35	2,40	3,11	3,41	3,56	3,65	7,74	7,22	6,56	6,07	5,71
n×4×1×50	2,64	3,27	3,51	3,63	3,70	6,45	5,89	5,42	5,10	4,87
n×4×1×70	2,85	3,39	3,59	3,69	3,75	6,01	5,40	5,00	4,73	4,56
n×4×1×95	2,96	3,45	3,63	3,73	3,78	5,47	4,97	4,65	4,33	4,19
n×4×1×120	3,01	3,47	3,64	3,73	3,78	5,22	4,78	4,51	4,34	4,21
n×4×1×150	3,04	3,49	3,65	3,74	3,79	5,01	4,63	4,39	4,24	4,13
n×4×1×185	3,06	3,50	3,65	3,74	3,78	4,92	4,56	4,34	4,19	4,10
n×4×1×240	3,10	3,52	3,68	3,75	3,79	4,87	4,52	4,31	4,20	4,07
n×4×1×300	3,11	3,52	3,66	3,74	3,77	4,87	4,51	4,29	4,15	4,05
n×4×1×400	3,17	3,52	3,72	3,78	3,83	4,81	4,47	4,26	4,12	4,03
n×4×1×500	3,19	3,57	3,70	3,76	3,81	4,80	4,46	4,26	4,11	4,02

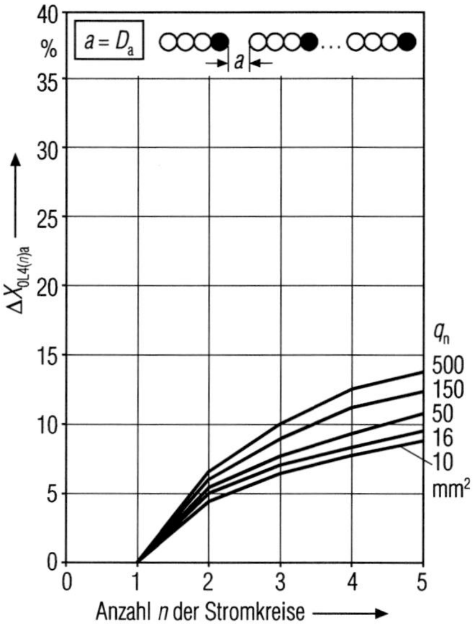

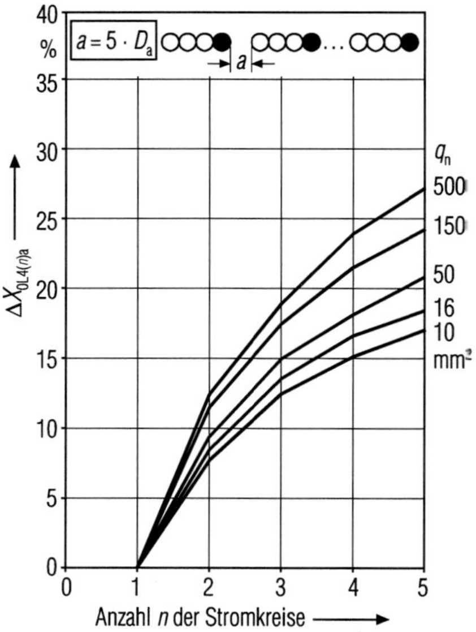

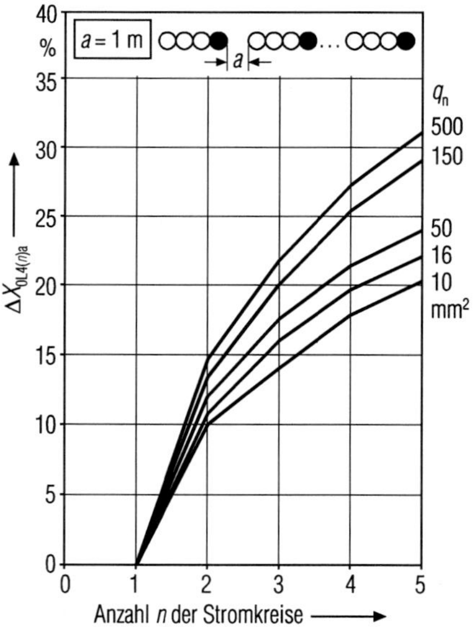

$$\Delta X_{0L4(n)a} = \frac{X_{0L4(n)a} - X_{0L4(n)}}{X_{0L4(n)}} \cdot 100\%$$

mit $X_{0L4(n)}$ als Nullreaktanz beim Abstand $a = 0$.
$X_{0L4(n)}$ nach Tabelle A.16.3 aus $X_{0L4(n)}/X_L$.

Beispiel: Vier parallele Stromkreise 4×4×1×150NYY mit $a = 5\ D_a$:
$\Delta X_{0L4(4)a} = 21{,}5\,\%$; $X_{0L4(n)}/X_L = 4{,}24$ nach Tabelle A.16.3.
Mit $X'_L = 0{,}105\ \Omega/\text{km}$
nach Tabelle 15.2 ergibt sich:
$X'_{0L4(4)} = 4{,}24 \cdot 0{,}105 = 0{,}4452\ \Omega/\text{km}$
und daraus
$X'_{0L4(n)a} = X'_{0L4(n)} \cdot 1{,}215 = 0{,}541\ \Omega/\text{km}$
$R_{0L4(n)a}/R_L = 4$

Bild A.16.3 Abweichungen $\Delta X_{0L4(n)a}$ der Nullreaktanz bei n parallelen Stromkreisen mit je 4×1×NYY abhängig vom Abstand a zwischen je zwei Stromkreisen bei Rückleitung über die 4. Leiter

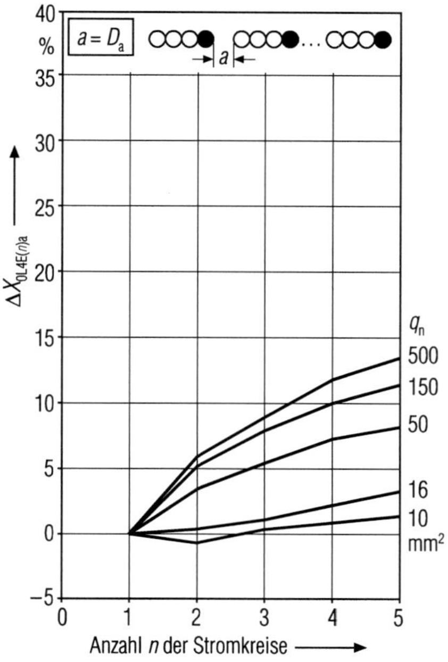

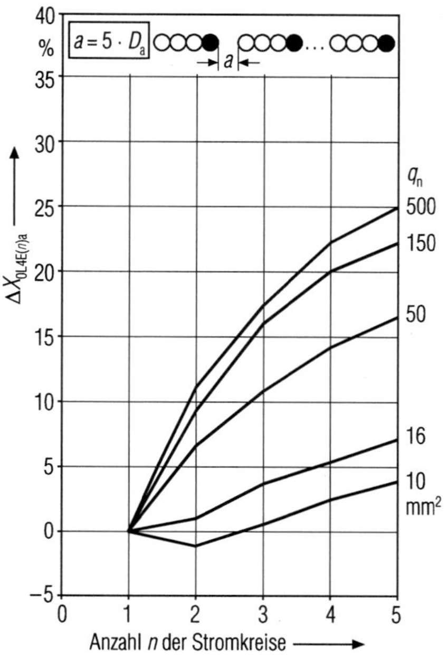

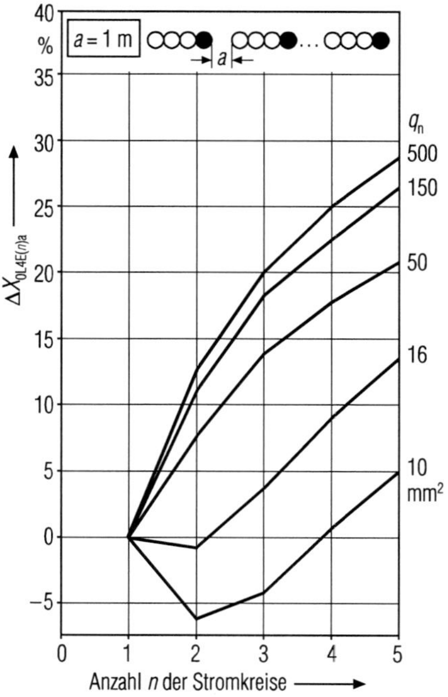

$$\Delta X_{0L4E(n)a} = \frac{X_{0L4E(n)a} - X_{0L4E(n)}}{X_{0L4E(n)}} \cdot 100\%$$

mit $X_{0L4E(n)}$ als Nullreaktanz beim Abstand $a = 0$.
$X_{0L4E(n)}$ nach Tabelle A.16.3 aus $X_{0L4E(n)}/X_L$.
Beispiel: Zwei parallele Stromkreise 2×4×1×150NYY mit $a = 5\,D_a$:
$\Delta X_{0L4(4)a} = 9{,}5\,\%$; $X_{0L4(n)}/X_L = 4{,}63$ nach Tabelle A.16.3.
Mit $X'_L = 0{,}105\ \Omega/\text{km}$ nach Tabelle 15.2 ergibt sich:
$X'_{0L4(4)} = 4{,}63 \cdot 0{,}105 = 0{,}4486\ \Omega/\text{km}$ und daraus
$X'_{0L4(n)a} = X'_{0L4(n)} \cdot 1{,}095 = 0{,}532\ \Omega/\text{km}$
$R_{0L4(n)a}$ siehe Tabelle A.16.5

Bild A.16.4 Abweichungen $\Delta X_{0L4E(n)a}$ der Nullreaktanz bei n parallelen Stromkreisen mit je 4×1×NYY abhängig vom Abstand a zwischen je zwei Stromkreisen bei Rückleitung über die 4. Leiter und Erde

Tabelle A.16.4 Quotienten aus Resistanzen und Reaktanzen für n Stromkreise aus Einleiterkabeln mit je 4×1×NYY

Anordnung A3n≡: 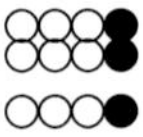 $n = 1 \ldots 5$; R_L, X_L für das Mitsystem eines Stromkreises.

Nennquerschnitt q_n	a: Rückleitung über 4. Leiter					
	R_{0L4}/R_L	$X_{0L4(n)}/X_L$				
mm²	$n = 1 \ldots 5$	$n = 1$	$n = 2$	$n = 3$	$n = 4$	$n = 5$
n×4×1×10	4	4,93	6,43	7,42	8,11	8,63
n×4×1×16	4	4,99	6,61	7,66	8,41	8,96
n×4×1×25	4	5,03	6,71	7,80	8,57	9,15
n×4×1×35	4	5,06	6,81	7,96	8,77	9,37
n×4×1×50	4	5,10	6,91	8,09	8,92	9,54
n×4×1×70	4	5,28	7,36	8,71	9,66	10,38
n×4×1×95	4	5,30	7,43	8,83	9,81	10,55
n×4×1×120	4	5,33	7,51	8,92	9,93	10,68
n×4×1×150	4	5,31	7,48	8,88	9,88	10,62
n×4×1×185	4	5,34	7,53	8,97	9,98	10,74
n×4×1×240	4	5,37	7,61	9,07	10,10	10,87
n×4×1×300	4	5,40	7,71	9,21	10,29	11,08
n×4×1×400	4	5,40	7,70	9,21	10,28	11,07
n×4×1×500	4	5,41	7,74	9,27	10,34	11,14

Tabelle A.16.4 (Fortsetzung)

Nennquer-schnitt q_n mm²	c: Rückleitung über 4. Leiter und Erde									
	$R_{0L4E(n)}/R_L$					$X_{0L4E(n)}/X_L$				
	$n = 1$	$n = 2$	$n = 3$	$n = 4$	$n = 5$	$n = 1$	$n = 2$	$n = 3$	$n = 4$	$n = 5$
n×4×1×10	1,38	1,95	2,41	2,74	3,96	12,53	18,14	19,45	20,21	19,93
n×4×1×16	1,71	2,43	2,85	3,06	3,26	11,29	14,06	14,46	14,39	14,23
n×4×1×25	2,10	2,80	3,12	3,30	3,41	9,18	10,47	10,84	11,07	11,27
n×4×1×35	2,40	2,99	3,24	3,38	3,48	7,74	8,81	9,43	9,91	10,29
n×4×1×50	2,64	3,12	3,33	3,44	3,52	6,45	7,68	8,56	9,23	9,76
n×4×1×70	2,85	3,23	3,39	3,49	3,56	6,01	7,60	8,75	9,61	10,28
n×4×1×95	2,96	3,28	3,43	3,52	3,59	5,47	7,29	8,58	9,53	10,25
n×4×1×120	3,01	3,30	3,44	3,53	3,58	5,22	7,18	8,54	9,54	10,29
n×4×1×150	3,04	3,32	3,45	3,54	3,59	5,01	7,03	8,40	9,41	10,17
n×4×1×185	3,06	3,32	3,45	3,54	3,60	4,92	7,02	8,45	9,48	10,25
n×4×1×240	3,10	3,35	3,48	3,56	3,61	4,87	7,04	8,50	9,55	10,36
n×4×1×300	3,11	3,35	3,47	3,55	3,61	4,87	7,11	8,63	9,72	10,52
n×4×1×400	3,17	3,41	3,52	3,61	3,67	4,81	7,08	8,60	9,69	10,52
n×4×1×500	3,19	3,41	3,54	3,62	3,68	4,80	7,10	8,84	9,74	10,59

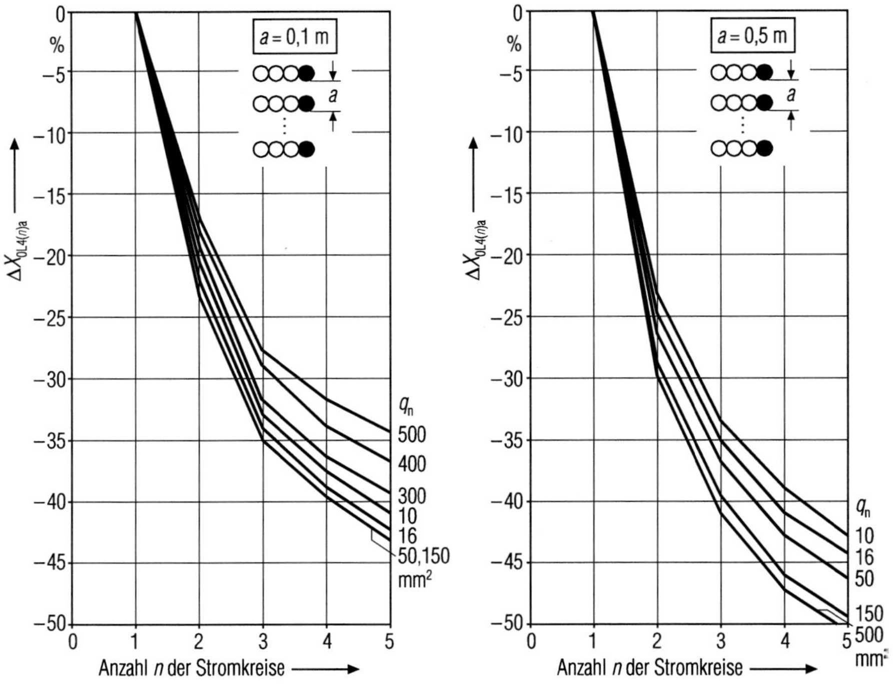

$$\Delta X_{0L4(n)a} = \frac{X_{0L4(n)a} - X_{0L4(n)}}{X_{0L4(n)}} \cdot 100\% \quad \text{mit } X_{0L4E(n)} \text{ als Nullreaktanz beim Abstand } a = D_a.$$

$X_{0L4E(n)}$ nach Tabelle A.16.3 ausgehend von $X_{0L4E(n)}/X_L$
$R_{0L4(n)a}/R_L = 4$

Bild A.16.5 Abweichungen $\Delta X_{0L4E(n)a}$ der Nullreaktanz bei n parallelen Stromkreisen mit je 4×1×NYY abhängig vom Abstand a zwischen je zwei Stromkreisen bei Rückleitung über die 4. Leiter

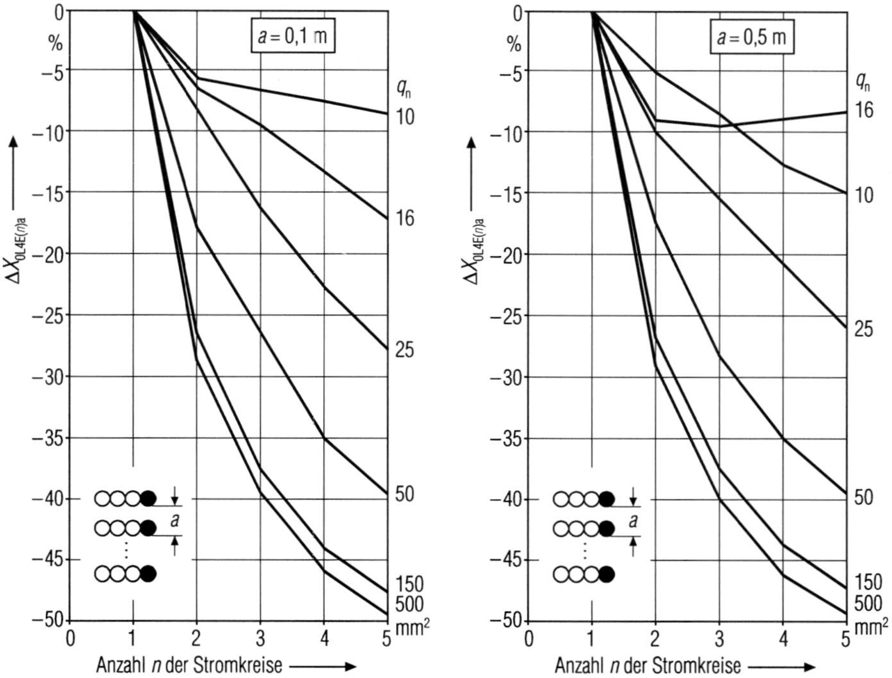

$$\Delta X_{0L4E(n)a} = \frac{X_{0L4E(n)a} - X_{0L4E(n)}}{X_{0L4E(n)}} \cdot 100\% \text{ mit } X_{0L4E(n)} \text{ als Nullreaktanz beim Abstand } a = D_a.$$

$X_{0L4E(n)}$ nach Tabelle A.16.3 ausgehend von $X_{0L4E(n)}/X_L$; $R_{0L4E(n)}$ siehe Tabelle A.16.5

Bild A.16.6 Abweichungen $\Delta X_{0L4E(n)a}$ der Nullreaktanz bei n parallelen Stromkreisen mit je 4×1×NYY abhängig vom Abstand a zwischen je zwei Stromkreisen bei Rückleitung über die 4. Leiter und Erde

Tabelle A.16.5 Maximale prozentuale Abweichungen $\Delta R_{0L4E(n)a}$ der Nullresistanzen bei n parallelen Stromkreisen n×4×1×NYY und bei Rückleitung über die vierten Leiter und Erde abhängig vom Abstand a

Nennquerschnitt q_n	$\Delta R_{0L4E(n)a} = \frac{R_{0L4E(n)a} - R_{0L4E(n)}}{R_{0L4E(n)}} \cdot 100\%$ bei $n = 2 \ldots 5$ und $R_{0L4E(n)}$ nach Tabelle A.16.2 bis A.16.4							
	… A1n			… A3n			A3n≡	
mm²	$a = D_a$	$a = 5D_a$	$a = 1$ m	$a = D_a$	$a = 5D_a$	$a = 1$ m	$a = 0{,}1$ m	$a = 0{,}5$ m
n×4×1×10	-1,3	-4,0	-13,5	-1,2	-3,8	-12,8	-3,8	-10,0
n×4×1×16	-1,1	-3,3	-9,5	-1,1	-3,2	-10,1	-3,1	-7,7
n×4×1×50	-0,8	-2,5	-4,5	-0,9	-2,1	-4,9	-2,2	-3,8
n×4×1×150	-0,7	-1,6	-3,0	-0,8	-1,8	-3,3	-2,2	-2,7
n×4×1×500	-0,7	-1,5	-2,0	-0,8	-1,5	-2,3	-2,2	-2,3

A.17 Einige Daten zur Entwicklung des Verbundbetriebes in Europa

1891	Drehstromübertragung Lauffen am Neckar nach Frankfurt am Main
1929	Erste grenzüberschreitende 220-kV-Verbundleitung Brauweiler-Voralberg
1930	Oskar von Miller schlägt deutsches Verbundnetz 220 kV und Oskar Oliven das europäische Verbundnetz vor
1948	*D*eutsche *V*erbund*g*esellschaft (DVG) Heidelberg wird gegründet
1949	Inselbetrieb Berlin (West) während der Blockade
1951	Gründung der UCPTE (*U*nion für die *K*oordinierung der *E*rzeugung und des *T*ransportes elektrischer *E*nergie) in Westeuropa
1954	Trennung der Leitungsverbindungen DDR-BR Deutschland
1957	Erste deutsche 380-kV-Verbindung Rommerskirchen-Hoheneck (Länge 340 km)
1958	Zusammenschluss der Hochspannungsnetze Frankreichs, der Schweiz und der Bundesrepublik Deutschland (Stern von Laufenburg). Dieser Verbund dehnt sich in den 60er-Jahren auf Westeuropa aus. Damit werden größere wirtschaftliche Blockleistungen möglich. 380 kV auch in Frankreich.
1961	Erste Verbindung Großbritaniens mit dem UCPTE-Verbundnetz über die HGÜ-Seekabelverbindung durch den Ärmelkanal (160 MW, siehe Tabelle 19.1 u. Bild 19.3)
1962	Erste ostdeutsche 380-kV-Verbindung Ragow-Lauchstedt (Länge 164 km).
1965	HGÜ-Verbindung zwischen Jütland und Schweden (Kontiskan) führt zum asynchronen Zusammenschluss zwischen UCPTE und NORDEL (Norwegen, Schweden, Finnland und dänische Insel Seeland), Erweiterung 1988
1965–75	Synchroner Parallelbetrieb der Netze Griechenlands, Jugoslaviens, Portugals und Spaniens mit dem UCPTE-Verbundnetz
1983	Gleichstromkurzkupplung Österreich-Tschechoslowakei (Dürnrohr) zum Austausch elektrischer Energie zwischen dem UCPTE-Netz und dem RGW-Netz (osteuropäisches vereinigtes Energiesystem VES)
1985	Parallelbetrieb mit dem Netz in Albanien (später wieder unterbrochen)
1989	Leitungseinweihung Helmstedt-Wolmirstedt (380 kV, 47 km) mit dem Ziel der späteren Anbindung von Berlin (West) an das UCPTE-Verbundnetz (3. Oktober), 9. November: Fall der Berliner Mauer.
1990	Deutsch-Deutscher Stromvertrag (Sanierung der ostdeutschen Stromversorgung). VEAG-Gründung. Wiederaufnahme der elektrischen Verbindung zwischen dem westlichen und dem östlichen Teil Deutschlands über eine 380-kV-Leitung Helmstedt-Wolmirstedt, zunächst im Richtbetrieb
1991/92	Der geplante Anschluss des Netzes der neuen Bundesländer an das UCPTE-Netz über drei bis vier 380-kV-Doppelleitungen und Abtrennung vom RGW-Netz (Polen, Tschechoslowakei, Ungarn, Bulgarien und Westukraine) verzögert sich durch die rot-grüne Politik in Hessen (siehe 1995)
1992	CENTREL-Gründung (Mitglieder sind die Verbundunternehmen in Polen, Tschechische Republik, Slowakische Republik und Ungarn)
1994	Inbetriebnahme Verbundnetzanschluss für Berlin. 380-kV-Leitung Wolmirstedt-West Berlin (Bewag) (Länge 140 km).

(Fortsetzung)

1995	13. September: Wiederaufnahme des 1954 unterbrochenen innerdeutschen synchronen Verbundbetriebes. 18. Oktober Aufnahme des (probeweisen) Parallelbetriebes UCPTE-CENTREL [12.75], siehe dazu Bild 12.2 über die europäischen Verbundsysteme im Jahre 2000. Kontek-Kabel Dänemark-Deutschland HGÜ, 600 MW
1997	380-kV-Drehstromkabelverbindung von Spanien nach Marocco (600 MW)
1999	Gründung der UCTE (*U*nion for the *C*oordination of *T*ransmission of *E*lectricity) als Nachfolgeorganisation der UCPTE [12.85]

Tabelle A.18 Ströme und Spannungen an der Kurzschlussstelle in symmetrischen Komponenten und in Leitergrößen. Die Ersatzschaltungen der symmetrischen Komponenten sind in Tabelle 13.4 gegeben

Kurzschlussart	Ströme an der Kurzschlussstelle mit $\underline{Z}_F$ und $\underline{Z}_M$ an der Kurzschlussstelle	
	Symmetrische Komponenten	Leitergrößen (Originalgrößen)
Dreipolig (k3E) 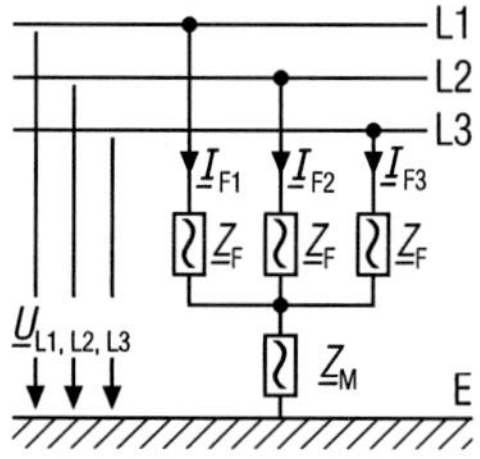	$\underline{I}_1 = \frac{1}{\underline{Z}_1^F} \underline{U}_{q1}$ $\underline{I}_2 = 0$ $\underline{I}_0 = 0$	$\underline{I}_{F1} = \frac{1}{\underline{Z}_1^F} \underline{U}_{q1}$ $\underline{I}_{F2} = \frac{\underline{a}^2}{\underline{Z}_1^F} \underline{U}_{q1}$ $\underline{I}_{F3} = \frac{\underline{a}}{\underline{Z}_1^F} \underline{U}_{q1}$
zweipolig mit Erdberührung (k2E) 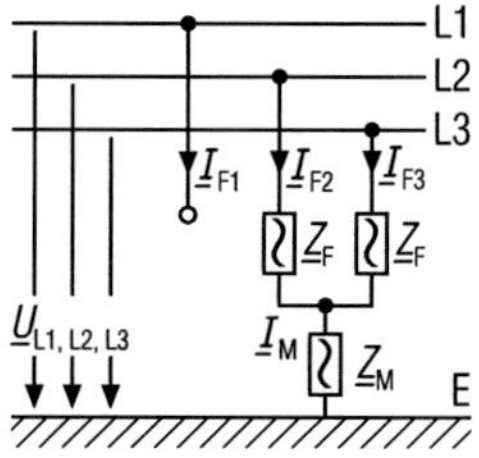	$\underline{I}_1 = \frac{\underline{Z}_2^F + \underline{Z}_0^F + 3\underline{Z}_M}{\underline{Z}_1^F \underline{Z}_2^F + (\underline{Z}_1^F + \underline{Z}_2^F)(\underline{Z}_0^F + 3\underline{Z}_M)} \underline{U}_{q1}$ $\underline{I}_2 = -\frac{\underline{Z}_0^F + 3\underline{Z}_M}{\underline{Z}_1^F \underline{Z}_2^F + (\underline{Z}_1^F + \underline{Z}_2^F)(\underline{Z}_0^F + 3\underline{Z}_M)} \underline{U}_{q1}$ $\underline{I}_0 = -\frac{\underline{Z}_2^F}{\underline{Z}_1^F \underline{Z}_2^F + (\underline{Z}_1^F + \underline{Z}_2^F)(\underline{Z}_0^F + 3\underline{Z}_M)} \underline{U}_{q1}$	$\underline{I}_{F1} = 0$ $\underline{I}_{F2} = \mathrm{j}\sqrt{3}\frac{\underline{a}\underline{Z}_2^F - (\underline{Z}_0^F + 3\underline{Z}_M)}{\underline{Z}_1^F \underline{Z}_2^F + (\underline{Z}_1^F + \underline{Z}_2^F)(\underline{Z}_0^F + 3\underline{Z}_M)} \underline{U}_{q1}$ $\underline{I}_{F3} = -\mathrm{j}\sqrt{3}\frac{\underline{a}^2\underline{Z}_2^F - (\underline{Z}_0^F + 3\underline{Z}_M)}{\underline{Z}_1^F \underline{Z}_2^F + (\underline{Z}_1^F + \underline{Z}_2^F)(\underline{Z}_0^F + 3\underline{Z}_M)} \underline{U}_{q1}$ $(\underline{I}_M = \underline{I}_{F2} + \underline{I}_{F3} = 3\underline{I}_0)$

Tabelle A.18 (Fortsetzung)

zweipolig ohne Erdberührung (k2) 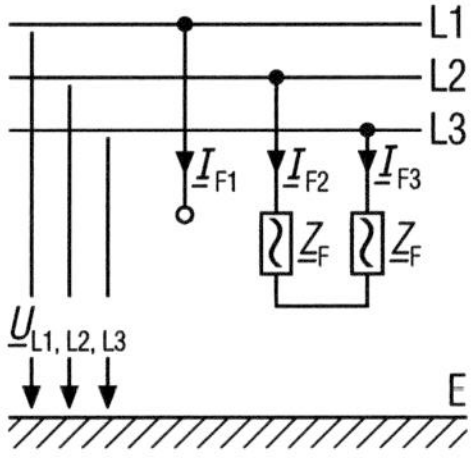	$\underline{I}_1 = \frac{1}{\underline{Z}_1^F + \underline{Z}_2^F} \underline{U}_{q1}$ $\underline{I}_2 = -\underline{I}_1$ $\underline{I}_0 = 0$	$\underline{I}_{F1} = 0$ $\underline{I}_{F2} = -j\sqrt{3} \frac{1}{\underline{Z}_1^F + \underline{Z}_2^F} \underline{U}_{q1}$ $\underline{I}_{F3} = -\underline{I}_{F2}$
einpoliger Erdkurzschluss (k1) 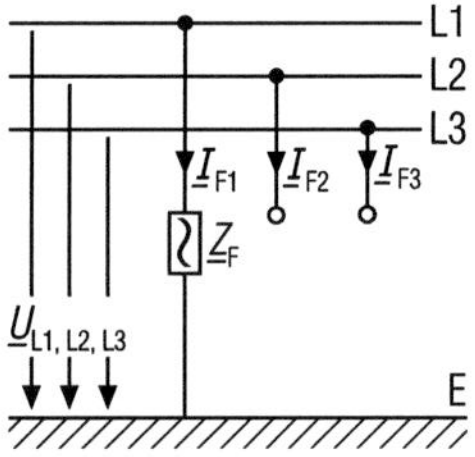	$\underline{I}_1 = \frac{1}{\underline{Z}_1^F + \underline{Z}_2^F + \underline{Z}_0^F} \underline{U}_{q1}$ $\underline{I}_2 = \underline{I}_1$ $\underline{I}_0 = \underline{I}_1$	$\underline{I}_{F1} = \frac{3}{\underline{Z}_1^F + \underline{Z}_2^F + \underline{Z}_0^F} \underline{U}_{q1}$ $\underline{I}_{F2} = 0$ $\underline{I}_{F3} = 0$

Abgekürzt wurde: $\underline{Z}_1^F = \underline{Z}_1 + \underline{Z}_F$; $\underline{Z}_2^F = \underline{Z}_2 + \underline{Z}_F$; $\underline{Z}_0^F = \underline{Z}_0 + \underline{Z}_F$

Tabelle A.18 (Fortsetzung)

Kurzschlussart	Spannungen an der Kurzschlussstelle mit $\underline{Z}_F$ und $\underline{Z}_M$ an der Kurzschlussstelle	
	Symmetrische Komponenten	Leitergrößen (Originalgrößen)
Dreipolig (k3E) 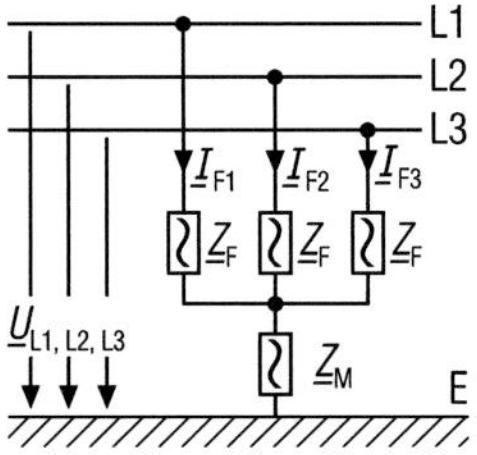 	$\underline{U}_1 = \frac{\underline{Z}_F}{\underline{Z}_1^F}\underline{U}_{q1}$ $\underline{U}_2 = 0$ $\underline{U}_0 = 0$ (für $\underline{Z}_0$ endlich)	$\underline{U}_{L1} = \frac{\underline{Z}_F}{\underline{Z}_1^F}\underline{U}_{q1}$ $\underline{U}_{L2} = \underline{a}^2\frac{\underline{Z}_F}{\underline{Z}_1^F}\underline{U}_{q1}$ $\underline{U}_{L3} = \underline{a}\frac{\underline{Z}_F}{\underline{Z}_1^F}\underline{U}_{q1}$
zweipolig mit Erdberührung (k2E) 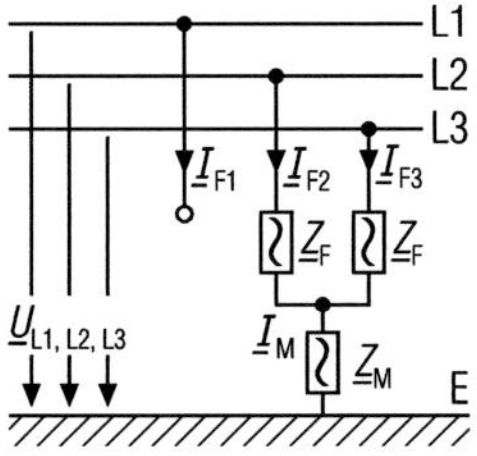 	$\underline{U}_1 = \frac{\underline{Z}_2^F(\underline{Z}_0^F + 3\underline{Z}_M) + \underline{Z}_F(\underline{Z}_2^F + \underline{Z}_0^F + 3\underline{Z}_M)}{\underline{Z}_1^F\underline{Z}_2^F + (\underline{Z}_1^F + \underline{Z}_2^F)(\underline{Z}_0^F + 3\underline{Z}_M)}\underline{U}_{q1}$ $\underline{U}_1 = \frac{\underline{Z}_2(\underline{Z}_0^F + 3\underline{Z}_M)}{\underline{Z}_1^F\underline{Z}_2^F + (\underline{Z}_1^F + \underline{Z}_2^F)(\underline{Z}_0^F + 3\underline{Z}_M)}\underline{U}_{q1}$ $\underline{U}_1 = \frac{\underline{Z}_0\underline{Z}_2^F}{\underline{Z}_1^F\underline{Z}_2^F + (\underline{Z}_1^F + \underline{Z}_2^F)(\underline{Z}_0^F + 3\underline{Z}_M)}\underline{U}_{q1}$	$\underline{U}_{L1} = \frac{3\underline{Z}_2^F(\underline{Z}_0^F + 2\underline{Z}_M)}{\underline{Z}_1^F\underline{Z}_2^F + (\underline{Z}_1^F + \underline{Z}_2^F)(\underline{Z}_0^F + 3\underline{Z}_M)}\underline{U}_{q1}$ $\underline{U}_{L2} = -\frac{\underline{Z}_2^F 3\underline{Z}_M + j\sqrt{3}\underline{Z}_F(\underline{Z}_0^F + 3\underline{Z}_M - \underline{a}\underline{Z}_2^F)}{\underline{Z}_1^F\underline{Z}_2^F + (\underline{Z}_1^F + \underline{Z}_2^F)(\underline{Z}_0^F + 3\underline{Z}_M)}\underline{U}_{q1}$ $\underline{U}_{L3} = -\frac{\underline{Z}_2^F 3\underline{Z}_M - j\sqrt{3}\underline{Z}_F(\underline{Z}_0^F + 3\underline{Z}_M - \underline{a}^2\underline{Z}_2^F)}{\underline{Z}_1^F\underline{Z}_2^F + (\underline{Z}_1^F + \underline{Z}_2^F)(\underline{Z}_0^F + 3\underline{Z}_M)}\underline{U}_{q1}$

Tabelle A.18 (Fortsetzung)

zweipolig ohne Erdberührung (k2) 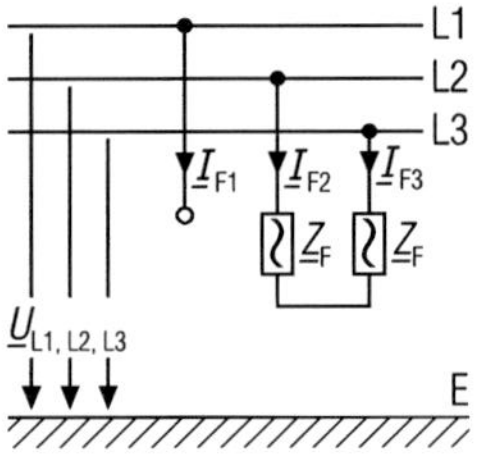	$\underline{U}_1 = \dfrac{\underline{Z}_2^F + \underline{Z}_F}{\underline{Z}_1^F + \underline{Z}_2^F}\,\underline{U}_{q1}$ $\underline{U}_2 = \dfrac{\underline{Z}_2}{\underline{Z}_1^F + \underline{Z}_2^F}\,\underline{U}_{q1}$ $\underline{U}_0 = 0$ (für $\underline{Z}_0$ endlich)	$\underline{U}_{L1} = \dfrac{2\underline{Z}_2^F}{\underline{Z}_1^F + \underline{Z}_2^F}\,\underline{U}_{q1}$ $\underline{U}_{L2} = -\dfrac{\underline{Z}_2^F + j\sqrt{3}\,\underline{Z}_F}{\underline{Z}_1^F + \underline{Z}_2^F}\,\underline{U}_{q1}$ $\underline{U}_{L3} = -\dfrac{\underline{Z}_2^F - j\sqrt{3}\,\underline{Z}_F}{\underline{Z}_1^F + \underline{Z}_2^F}\,\underline{U}_{q1}$
einpoliger Erdkurzschluss (k1) 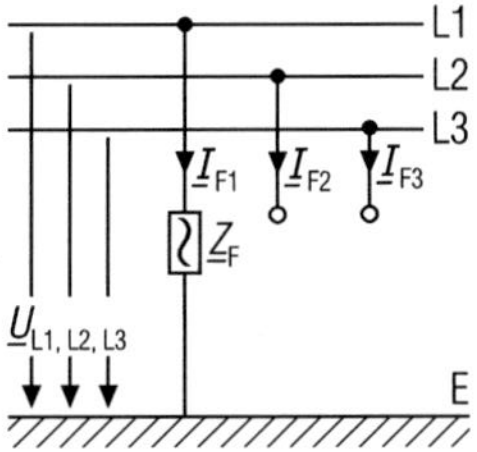	$\underline{U}_1 = \dfrac{\underline{Z}_2^F + \underline{Z}_0^F + \underline{Z}_F}{\underline{Z}_1^F + \underline{Z}_2^F + \underline{Z}_0^F}\,\underline{U}_{q1}$ $\underline{U}_2 = -\dfrac{\underline{Z}_2}{\underline{Z}_1^F + \underline{Z}_2^F + \underline{Z}_0^F}\,\underline{U}_{q1}$ $\underline{U}_0 = -\dfrac{\underline{Z}_0}{\underline{Z}_1^F + \underline{Z}_2^F + \underline{Z}_0^F}\,\underline{U}_{q1}$	$\underline{U}_{L1} = \dfrac{3\underline{Z}_F}{\underline{Z}_1^F + \underline{Z}_2^F + \underline{Z}_0^F}\,\underline{U}_{q1}$ $\underline{U}_{L2} = -j\sqrt{3}\,\dfrac{\underline{Z}_2^F - \underline{a}\,\underline{Z}_0^F}{\underline{Z}_1^F + \underline{Z}_2^F + \underline{Z}_0^F}\,\underline{U}_{q1}$ $\underline{U}_{L3} = +j\sqrt{3}\,\dfrac{\underline{Z}_2^F - \underline{a}^2\,\underline{Z}_0^F}{\underline{Z}_1^F + \underline{Z}_2^F + \underline{Z}_0^F}\,\underline{U}_{q1}$

Abgekürzt wurde: $\underline{Z}_1^F = \underline{Z}_1 + \underline{Z}_F$; $\underline{Z}_2^F = \underline{Z}_2 + \underline{Z}_F$; $\underline{Z}_0^F = \underline{Z}_0 + \underline{Z}_F$

A.19 Daten von Niederspannungs-Asynchronmotoren und abgeleitete Größen bei U_{rM} = 380 V [15.65]

	Motor Nr. →		1	2	3	4	5	6	7	8
1	P_{rM}	kW	11	18,5	22	30	45	55	75	160
2	I_{rM}	A	22,5	36,5	45	60,8	88	106	137	191
3	$\cos\varphi_{rM}$	–	0,83	0,85	0,83	0,84	0,85	0,86	0,88	0,88
4	η_{rM}	%	89	89	90	90	92	92	94	95
5	n_r	min^{-1}	1425	1460	960	1465	1475	1475	1475	1480
6	p	–	2	2	3	2	2	2	2	2
7	S_{rM}	kVA	14,9	24	29,5	40	57,8	69,6	90	191,5
8	I_{an}/I_{rM}	–	8,5	6,0	6,0	6,5	6,7	7,3	6,8	6,3
9	I_ℓ/I_{rM}	–	0,40	0,36	0,36	0,37	0,35	0,36	0,31	0,25
10	Z_{MIEC} [a]	Ω	1,140	1,003	0,816	0,555	0,373	0,284	0,236	0,120
11	I''_{kMIEC} [b]	A	202,1	229,7	282,3	415,1	617,6	811,1	976,1	1919,7
12	$I''_{kM,tr}$ [c]	A	98	142,9	205,1	290,2	403,0	459,4	683,4	1297,3
13	$Z_{M,tr}$ [d]	Ω	2,24	1,54	1,07	0,756	0,544	0,478	0,321	0,169
14	$I_{an}/I_{rM,tr}$ [e]	–	4,41	3,92	4,58	4,78	4,58	4,34	5,00	4,46
15	$i_{p,tr}$ [c]	A	166,6	290,8	362,2	585,3	862,7	1084	1591	3225
16	κ_{tr} [f]	–	1,2	1,44	1,25	1,43	1,51	1,67	1,65	1,76
17	T_g [c]	ms	14,8	18,4	19,6	25,3	33,9	37,6	41,6	72,4
18	T'_M [c]	ms	9,4	35,2	17,4	36,0	51,1	52,6	50,5	61,1
19	T_g/T'_M	–	1,6	0,52	1,1	0,7	0,66	0,71	0,82	1,18
20	Z_{MHu} [g]	Ω	1,981	1,408	1,036	0,745	0,543	0,437	0,303	0,160
21	I''_{kMHu} [h]	A	110,7	155,8	212	294,5	404	502	724	1371
22	R_{MHu}/X_{MHu} [g]	–	0,516	0,257	0,33	0,207	0,151	0,141	0,136	0,093
23	κ_{MHu} [i]	–	1,23	1,47	1,38	1,55	1,64	1,66	1,67	1,76
24	i_{pMHu} [j]	A	192,6	323,9	413,3	645	937	1178	1712	3413
25	Δi_{pMHu} [k]	%	+16	+11	+14	+10	+9	+9	+8	+6
26	$Z_{MIEC\,Gr}$ [l]	Ω	1,938	1,203	0,979	0,722	0,500	0,415	0,321	0,151
27	$I''_{kMIECGr}$ [m]	A	118,9	191,5	235,3	319,1	460,7	555,1	717,6	1525,6
28	$i_{pMIEC\,Gr}$ [m]	A	218,5	352,1	432,6	586,6	847,0	1020,5	1319,4	2804,7
29	$\Delta i_{pMIEC\,Gr}$ [o]	%	+31	+21	+19	+0,2	−1,8	−6	−17	−13
30	$\kappa_{MM}(P_{rM}/p)$ [p]	–	0,89	1,13	1,03	1,36	1,50	1,55	1,62	1,73
31	i_{pMM} [q]	A	150	306	343	614	977	1217	1644	3733
32	Δi_{pMM} [r]	%	−10	+5,2	−6	+5	+13	+12	+3	+16

[a] Gl. (15.81); [b] Gl. (15.146) mit Z_{MIEC} und $c = 1{,}05$; [c] [15.63]; [d] $Z_{M,tr} = 380\,\text{V}/(\sqrt{3}\,I''_{kM,tr})$;
[e] $I_{an}/I_{rM,tr} = U^2_{rM}/(Z_{M,tr}S_{rM})$; [f] $\kappa_{tr} = i_{pm,tr}/(\sqrt{2}\,I''_{kM,tr})$; [g] Berechnung nach Angaben des Herstellers (H) für ungesättigte (u) Größen [15.63]: $Z_{MHu} = R_{MHu} + \mathrm{j}\,X_{MHu} = R_S + \mathrm{j}X_S + (R_R + \mathrm{j}X_R)\,||\,\mathrm{j}X_h$; [h] $I''_{kMHu} = 380\,\text{V}/(\sqrt{3}\,Z_{MHu})$; [i] Gl. (15.105) mit R_{MHu}/X_{MHu}; [j] mit κ_{MHu} und I''_{kMHu};

[k] $\Delta i_{pMHu} = \dfrac{i_{pMHu} - i_{p,tr}}{i_{p,tr}} \cdot 100\,\%$; [l] Gl. (15.81) mit $I_{an}/I_{rM} = 5$ für Motorgruppen (Gr) [N15.1, 3.8.2]; [m] Gl. (15.146) mit $Z_{MIEC\,Gr}$ und $c = 1{,}05$; [n] Gl. (15.147) mit $I''_{kMIECGr}$ und $\kappa = 1{,}3$; [o] wie nach [k] jedoch mit $i_{pMIEC\,Gr}$ anstelle von i_{pMHu}; [p] Bild 15.53; [q] $i_{pMM} = \kappa_{MM}\sqrt{2}\,I''_{kMIECGr}$; [r] wie nach [k] jedoch mit i_{pMM} anstelle von i_{pMHu}.

A.20 Flächenträgheitsmoment J und Widerstandsmoment W von Haupt- und Teilleitern

Ein oder mehrere Stromschienen (mit Zwischenstücken), Schienendicke $d = 1$ cm

Leiter			Leiterabmessungen $b \times d$ in cm × cm							
			4×1	5×1	6×1	8×1	10×1	12×1	16×1	20×1
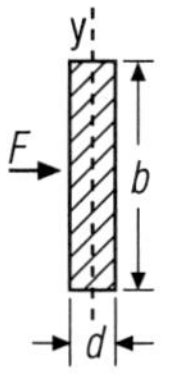	J_y [a]	cm^4	0,33	0,42	0,50	0,67	0,83	1,00	1,33	1,67
	W_y [b]	cm^3	0,67	0,83	1,00	1,33	1,67	2,00	2,67	3,33
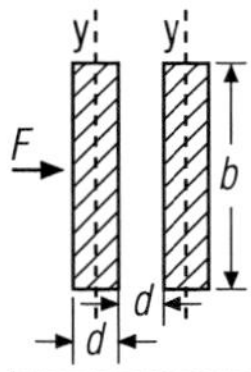	J_{yT} [c]	cm^4	0,33	0,42	0,50	0,67	0,83	1,00	1,33	1,67
	W [d]	cm^3	1,33	1,66	2,00	2,67	3,33	4,00	5,33	6,67
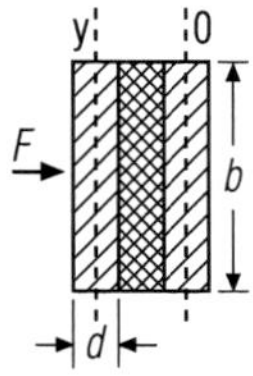	J_{0T} [e]	cm^4	4,33	5,42	6,50	8,67	10,83	13,00	17,33	21,67
	W [f]	cm^3	3,47	4,33	5,20	6,93	8,67	10,4	13,87	17,33
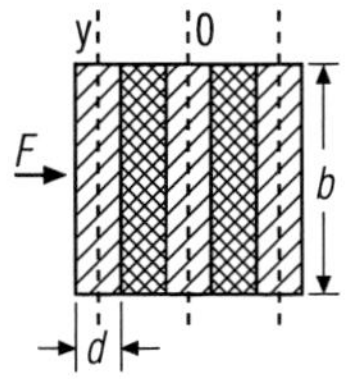	J_{0T} [g]	cm^4	16,33	20,42	24,50	32,67	40,83	49,00	65,33	81,67
	W [h]	cm^3	7,92	9,90	11,88	15,84	19,80	23,67	31,68	39,60
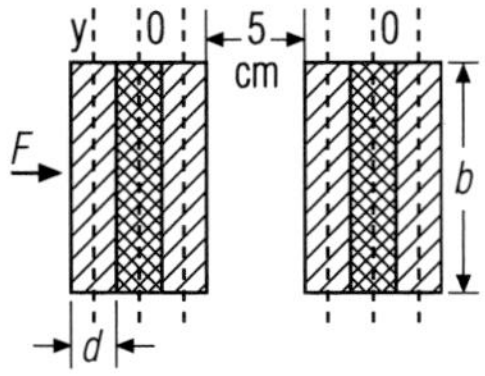	J_{0T1} [i]	cm^4	36,33	45,33	54,50	72,67	90,83	109,0	145,3	181,7
	J_{0T2} [i]	cm^4	4,33	5,42	6,50	8,67	10,83	13,00	17,33	21,67
	W [j]	cm^3	13,94	17,43	20,92	27,89	34,86	41,83	55,78	69,72

(Fortsetzung)

Leiter			Leiterabmessungen $b \times d$ in cm × cm							
			4×1	5×1	6×1	8×1	10×1	12×1	16×1	20×1
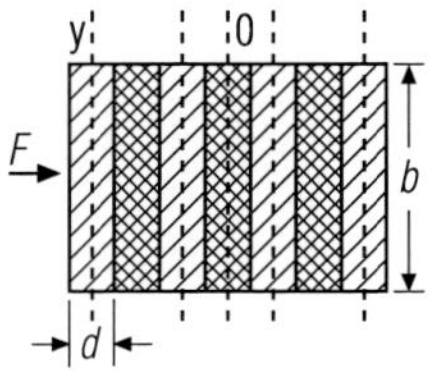	$J_{0T\,12}$[k]	cm^4	8,67	10,84	13,00	17,34	21,66	26,00	34,66	43,33
	W[ℓ]	cm^3	6,93	8,67	10,40	13,86	17,33	20,80	27,73	34,66

[a] $J_y = (1/12)\ bd^3$;
[b] $W_y = (2/d)\ J_y = (1/6)\ bd^2$;
[c] $J_{yT} = J_y$ bei einer Schiene;
[d] Widerstandsmoment ohne oder bei einem Zwischenstück: $W = 2W_y = (1/3)\ bd^2$;
[e] Zwei Teilleiter mit zwei oder mehr Zwischenstücken: $J_{0T} = J_{yT} + q_T f^2 = (13/12)\ bd^3$ bei $q_T = bd$ und $f = d$;
[f] $W_0 = (1/e)\ J_0$ bei $J_0 = 2\ J_{0T}$; $W_0 = (2/3d)\ J_0 = (13/9)\ bd^2$; $W = 0{,}6\ W_0 = 0{,}867\ bd^2$ [N15.6, Tabelle 5];
[g] $J_{0T1} = J_{0T} + q_T f^2$ mit $f = 2\ d$: $J_{0T} = (49/12)\ bd^2$;
[h] $W_0 = (1/e)\ J_0$ bei $J_0 = J_y + 2\ J_{0T1} = (99/12)\ bd^2$ und $e = 5\ d/2$: $W_0 = (99/30)\ bd^2$; $W = 0{,}6\ W_0 = 1{,}98\ bd^2$ bei 2 oder mehr Zwischenstücken zwischen je zwei benachbarten Teilleitern [N15.5, Tabelle 5];
[i] $J_{0T1} = J_y + q_T f_{T1}^2$ mit $f_{T1} = 3d$; $J_{0T2} = J_y + q_T f_{T2}^2$ mit $f_{T2} = d$; $J_0 = 2\ J_{0T1} + 2\ J_{0T2} = (61/3)\ bd^2$;
[j] $W_0 = (1/e)\ J_0$ mit $e = 7d/2$: $W_0 = (122/21)\ bd^2$, $W = 0{,}6\ W_0 = 3{,}486\ bd^2$ bei zwei und mehr Zwischenstücken zwischen je zwei benachbarten Teilleitern;
[k] Bei dieser Anordnung werden zwei oder mehr Zwischenstücke zwischen den Leitern 1 und 2 und zwischen 3 und 4 vorausgesetzt nicht aber zwischen den Leitern 2 und 3. $J_{0T12} = 2\ J_{0T} = 2(13/12)\ bd^3 = (13/6)\ bd^3$;
[ℓ] $W_0 = (1/e)\ J_{0T12} = (2/(3d))\ J_{0T12} = (13/9)\ bd^2$; $W = 0{,}6 \cdot 2W_0 = 1{,}733\ bd^2$ [N15.5, Tabelle 5].

A.21 Faktoren *c* und *q* bei der Berechnung von Kurzschlusskräften

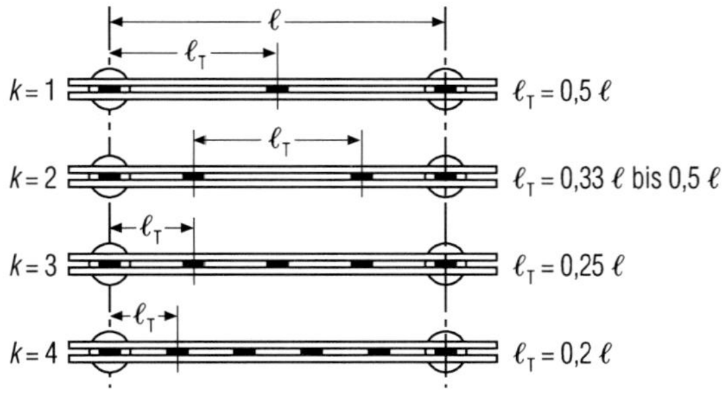

a Anordnung der Verbindungsstücke innerhalb der Spannfelder eines Hauptleiters, der aus Teilleitern besteht
m_Z Gesamtmasse eines Satzes von Verbindungsstücken

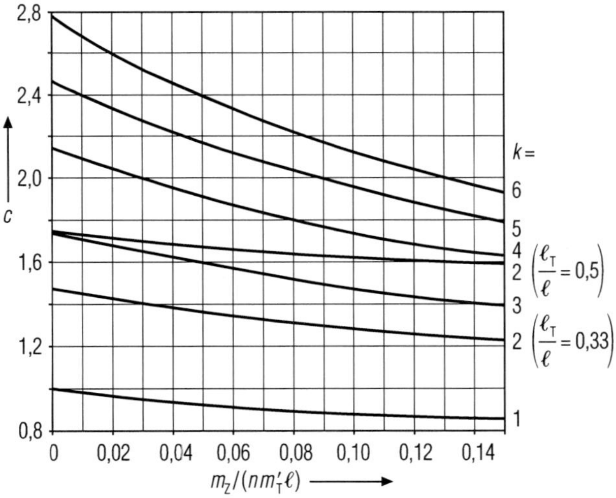

b Faktor *c*, wenn die Verbindungsstücke als Versteifungselemente dienen

Faktor *c* für den Einfluss der Verbindungsstücke in Gl. (15.239 b); ohne Verbindungsstücke (Zwischenstücke) ist $c = 1$; n Anzahl der Teilleiter; m'_T Massenbelag des Teilleiters;

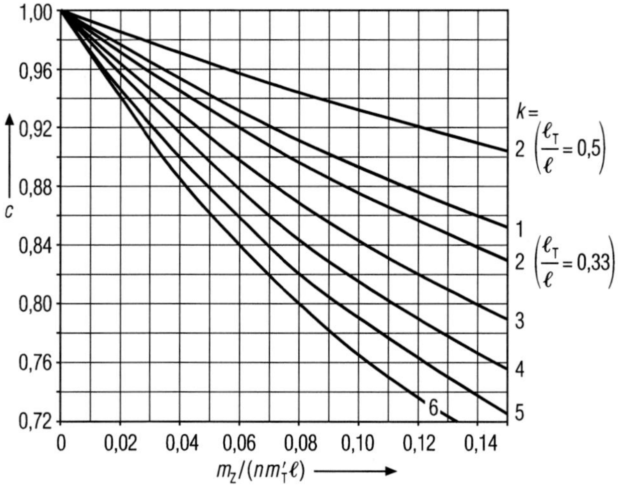

c Faktor c, wenn die Verbindungsstücke als Abstandhalter wirken

Faktor *c* für den Einfluss der Verbindungsstücke in Gl. (15.239b); ohne Verbindungsstücke (Zwischenstücke) ist $c = 1$; n Anzahl der Teilleiter; m'_T Massenbelag des Teilleiters;

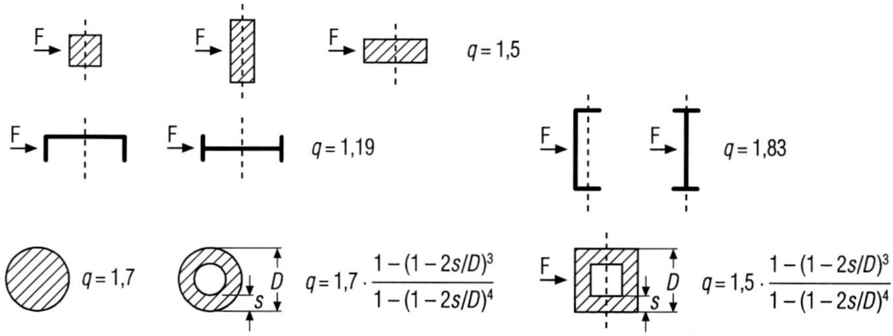

Faktor *q* in den Gleichungen (15.236) und (15.238)

A.22 Beispiel zur Berechnung von *m*, *n* und I_{th}/I''_k

Für das nachfolgende Netz sollen die Faktoren m und n sowie der thermisch gleichwertige Kurzschlußstrom I_{th} an den Kurzschlussstellen F1 bis F3 berechnet werden bei $T_k = 0{,}01$ s bis 10 s (Abschn. 15.5.7).

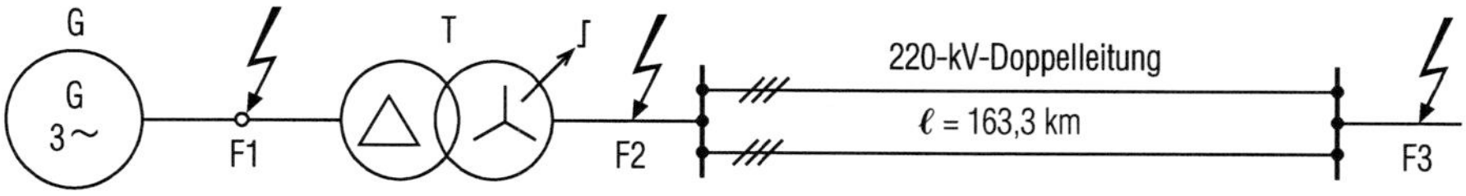

Bild A 22.1 Netzaufbau zur Berechnung von m, n und I_{th}

Daten der Betriebsmittel in Bild A 22.1:
Generator: S_{rG} = 300 MVA; U_{rG} = 21 kV; I_{rG} = 8,25 kA; $\cos\varphi_{rG}$ = 0,85; x''_d = 0,2; x'_d = 0,3; x_d = 1,8; x_{dsat} = 1,7; u_{fmax} = 1,6 (s. Bild 15.48b); T''_d = 0,03 s; T'_d = 0,8 s; (T'_{d0} = 4,8 s); T_g = 0,4 s; Bezugsimpedanz $Z_{rG} = (U_{rG}/\sqrt{3})/I_{rG}$ = 1,47 Ω.
Transformator: S_{rT} = 300 MVA; U_{rTOS} = 230 kV; U_{rTUS} = 21 kV; u_{kr} = 14 %; u_{Rr} = 0,5 %.
Leitung: $\underline{Z}'_L$ = (0,06 + j0,30) Ω/km und Stromkreis; $\underline{Z}_{LDL}$ = (4,9 + j24,5) Ω.

Ausgehend von den Daten der Betriebsmittel findet man:

Kurz-schluss-stelle	x_N [a] p.u.	r_N [a] p.u.	I''_k [b] kA	I''_k/I_k [c] –	I'_k/I_k [c] –	I''_{kt}/I_{rG} –	T''_{dN} s	T'_{dN} s	T_{gN} s	κ –
F1	0	0	46,13	2,49	1,76	5,59	0,03	0,8	0,4	1,977
F2	0,14	0,005	2,48	1,59	1,30	3,29	0,035	1,089	0,164	1,945
F3	0,279	0,0328	1,76	1,21	1,07	2,33	0,037	1,337	0,044	1,786

[a] Bez. auf Z_{rG}.
[b] Nach Gl. (15.184a), bei F2 und F3 auf die 220-kV-Seite umgerechnet mit t_r.
[c] Nach Gl. (15.184) bei u_{fmax} = 1,6.

Bild A.22.2 zeigt die Berechnungsergebnisse für $m = m_{IEC}$ nach Gl. (15.177), $n = n_{EIC}$ nach Gl. (15.181) und $I_{thIEC}/I''_k = \sqrt{m_{IEC} + n_{IEC}}$ abhängig von der Kurzschlussdauer T_k mit den Daten nach vorstehender Tabelle.

Weil n von n_{IEC} abweicht, wegen der Unterschiede der Daten in diesem Beispiel von den Daten des Modellgenerators nach Abschn. 15.5.7, ergeben sich auch Abweichungen für I_{th}/I''_k. Die Ergebnisse für m stimmen näherungsweise mit den Ergebnissen mit m_{IEC} überein, während sich Abweichungen zwischen den Näherungen n_a Gl. (15.188) und n_{IEC} ergeben. Die Abweichungen zwischen $I_{th}/I''_k = \sqrt{m_{IEC} + n_a}$ und $I_{thIEC}/I''_k = \sqrt{m_{IEC} + n_{IEC}}$ kann man für dieses Beispiel aus Bild A.22.3 erkennen.

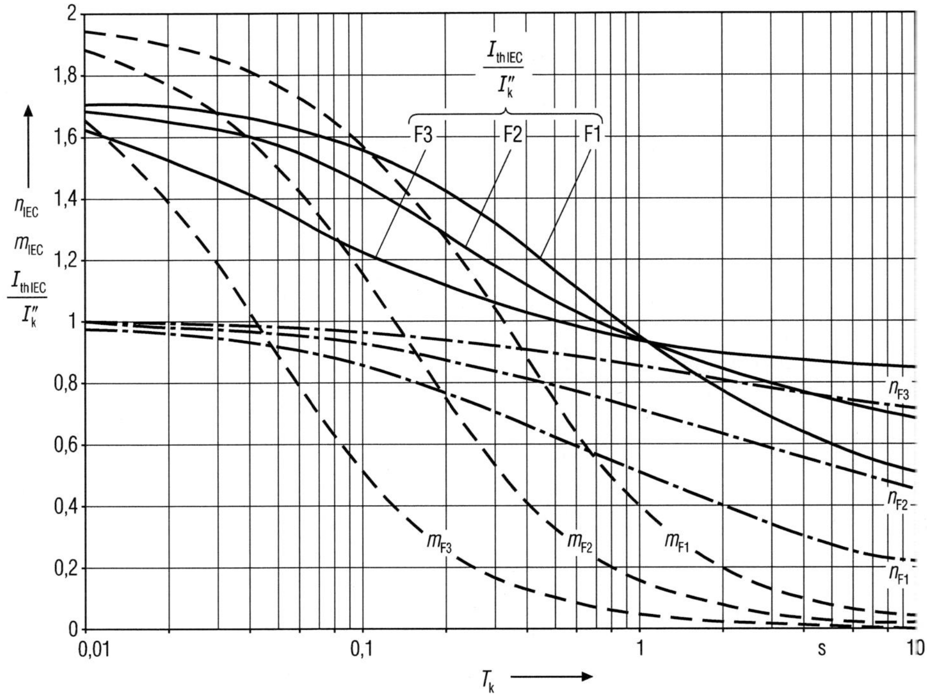

Bild A.22.2 Faktoren m_{IEC}, n_{IEC} und $I_{thIEC} / I''_k = \sqrt{m_{IEC} + n_{IEC}}$ an den Kurzschlussstellen F1 bis F3 nach Gl. (15.177) und Gl. (15.181)

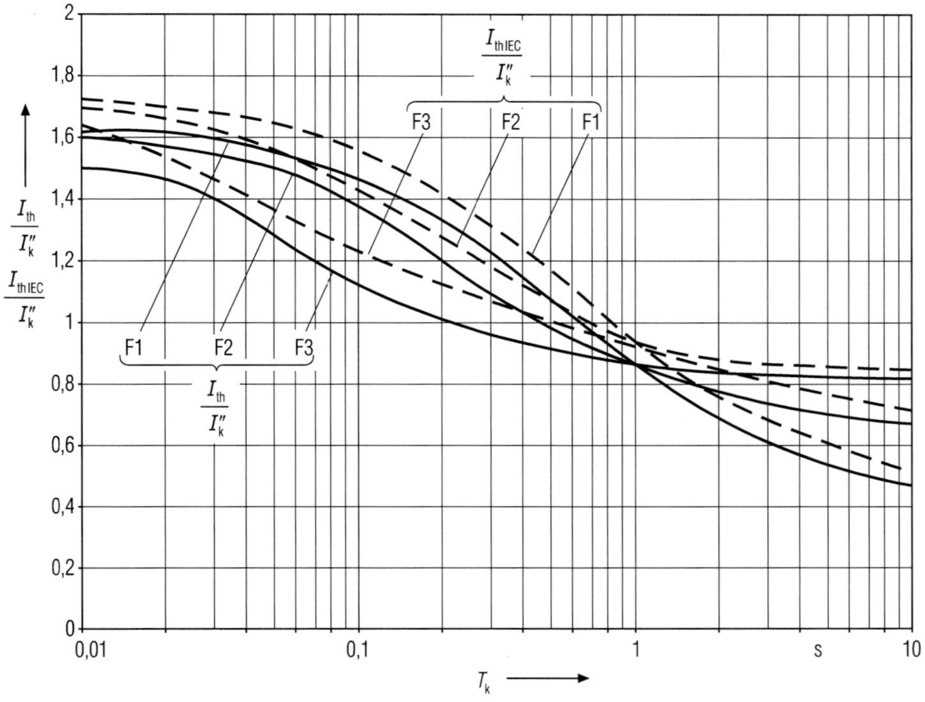

Bild A.22.3 Vergleich zwischen $I_{th}/I_k'' = \sqrt{m_{IEC} + n_a}$ und I_{thIEC}/I_k'' nach Bild A.22.2 für das Beispiel dieses Anhangs mit dem Modellgenerator nach Abschnitt 15.5.7 (m und m_{IEC} haben etwa gleiche Größe)

A.23 Physikalische Größen und Einheiten im SI-System

SI-System: Internationales Einheitensystem (Systeme international d'Unites), siehe DIN 1301, Teil 1 und Teil 2.

SI-Basiseinheiten	Größe	Name	Zeichen
1	Länge	Meter	m
2	Masse	Kilogramm	kg
3	Zeit	Sekunde	s
4	Elektrische Stromstärke	Ampere	A
5	Thermodynamische Temperatur	Kelvin	K
6	Stoffmenge	Mol	mol
7	Lichtstärke	Candela	cd

Abgeleitete SI-Einheiten mit besonderen Namen

Größe	Name	Zeichen	Beziehung	SI-Einheit
Länge (Radius, Weglänge)		ℓ (r, s)		m
Fläche (Querschnittsfläche)		A (q)		m^2
Volumen		V		m^3
Ebener Winkel	Radiant	rad	1 Vollwinkel $= 2\pi$ rad	1 m/m
Masse		m		kg
Dichte		ρ	$\rho = m/V$	kg/m^3
Zeit (Periodendauer, Zeitkonstante)		t (T, τ)		s
Geschwindigkeit		v	$v = \ell/t$	m/s
Beschleunigung (Fall-, Normfall-)		a (g, g_n)	$a = v/t$	m/s^2
Frequenz (periodischer Vorgang)	Hertz	f	$f = 1/T$	1 Hz =1/s
Winkelgeschwindigkeit (Kreisfrequenz)		ω	$\omega = \dot{\varphi}(t) = 2\pi/T$	1/s (rad/s)
Kraft (Gewichtskraft)	Newton	F	$F = m \cdot a$; $F_G = m \cdot g$	$1\ N = 1\ kgm/s^2$
Druck	Pascal	p	$p = F/A$	$1\ Pa = 1\ N/m^2$
Wichte (früher spez. Gewicht)		γ	$\gamma = \rho \cdot g$	N/m^3
Elastizitätsmodul		E	$E = (F/q) : (\Delta\ell/\ell)$	N/m^2
Drehmoment		M	$M = F \cdot r$	Nm
Massenträgheitsmoment		J	$J = \sum r^2_i \cdot m_i$	kgm^2
Arbeit, Energie, Wärme	Joule	W	$W = F \cdot s$	1 J = 1 Nm = 1 Ws

Abgeleitete SI-Einheiten mit besonderen Namen (Fortsetzung)

Größe	Name	Zeichen	Beziehung	SI-Einheit
Leistung	Watt	P	$P = W/t$	1 W = 1 J/s
Temperatur (thermodynamisch)	Kelvin	T		K
Celsius-Temperatur	°C	ϑ	$\vartheta = T - T_0$	$T_0 = 273{,}15$ K
Ladung, elektrisch	Coulomb	Q	–	1 C = 1 A s
Stromdichte		S	$S = I/q$	A/m^2
Spannung (elektrische), Potential	Volt	U	$U = W/Q$	1 V = 1 J/C
Widerstand (elektrischer)	Ohm	R	$R = U/I$	1 Ω = 1 V/A
Leitwert (elektrischer)	Siemens	G	$G = I/U$	1 S = 1/Ω = 1 A/V
Spez. elektrischer Widerstand		ρ	$\rho = R\, q/\ell$	Ωmm^2/m
Verschiebungsdichte		D	$D = Q/A$	C/m^2
Kapazität (elektrische)	Farad	C	$C = Q/U$	1 F = 1 C/V
Elektrische Feldstärke		E	$E = U/s = F/Q$	V/m = N/C
Magnetischer Fluss	Weber	Φ		1 Wb = 1 Vs
Magnetische Flussdichte (Induktion)	Tesla	B	$B = \Phi/A$	1 T = 1 Vs/m^2
Magnetische Feldstärke		H	$H = w\, I/\ell$	A/m
Induktivität	Henry	L		1 H = 1 Wb/A = 1 Vs/A
Aktivität einer radioaktiven Substanz	Becquerel			1 Bq = 1/s
Energiedosis	Gray			1 Gy = 1 J/kg
Äquivalentdosis	Sievert			1 Sv = 1 J/kg

A.24 Einheitenumrechnungen und Konstanten

Einheitenumrechnungen für Kraft, Druck, Energie und Leistung

Krafteinheiten (Force)

Einheiten	N = Ws/m
1 N = 1kgm/s^2 =	1
1 kp (≈1 da N) =	9,80665
1 dyn= 1 gcm/s^2 =	10^{-5}

Druckeinheiten (Pressure)

Einheiten	Pa = 1 N/m^2	bar
1 Pa = 1 N/m^2 =	1	10^{-5}
1 at = 1 kp/cm^2 =	$0,980665 \cdot 10^{-5}$	0,980665
1 bar =	10^5	1

Energieeinheiten, Arbeitseinheiten, Wärmeeinheiten

Einheiten	J = Nm = Ws	
1 J = 1 Nm = 1 Ws =	1 (= 10^7 erg)	Rohöleinheiten:
1 kWh =	$3,6 \cdot 10^6$	1 t RÖE = 10 Gcal = 41,868 GJ
1 kcal =	$4,1868 \cdot 10^3$	Steinkohleeinheiten:
1 kpm =	9,80665	1 t SKE = 7 Gcal = 29,308 GJ

Leistungseinheiten (Power)

Einheiten	W = J/s
1 W = 1 J/s = 1 Nm/s =	1
1 PS =	735,5
1 kcal/h	1,163
1 kp/s =	9,80665

Vielfache und Teile von Einheiten (SI-Vorsätze)

10^{-12}	10^{-9}	10^{-6}	10^{-3}	10^{-2}	10^{-1}	10^1	10^2	10^3	10^6	10^9	10^{12}	10^{15}	10^{18}
p	n	µ	m	c	d	da	h	k	M	G	T	P	E
Pico	Nano	Mikro	Milli	Zenti	Dezi	Deka	Hekto	Kilo	Mega	Giga	Tera	Peta	Exa

Konstanten

Dielektrizitätskonstante des Vakuums: $\varepsilon_0 = 8,85418 \cdot 10^{-12}$ F/m $= 8,85418 \cdot 10^{-9}$ F/km

Permeabilität des Vakuums: $\mu_0 = 4\pi \cdot 10^{-7}$ H/m $= 4\pi \cdot 10^{-4}$ H/km

Vakuumgeschwindigkeit des Lichts: $c_0 = 299792458$ m/s ≈ 300 000 km/s

Normfallbeschleunigung: $g_n = 9,80665$ m/s^2

Formelzeichen und Nebenzeichen

Formelzeichen

$\boldsymbol{A}$	Systemmatrix
A	Fläche, allgemein
$\boldsymbol{A}$	Admittanzmatrix
$\boldsymbol{B}$	Eingangsmatrix
B	Induktion
B	Suszeptanz
b	Brechungsgrad
b	Breite
C	Kapazität
c	Ausnutzungsziffer
c	Federkonstante
c	Kapazitätskoeffizient
c	Lichtgeschwindigkeit
c	Spannungsfaktor in der Ersatzspannungsquelle $cU_\mathrm{n}/\sqrt{3}$
c	spezifische Wärme
D	Dämpfung
D	Elektrische Verschiebungsdichte
D, d	Durchmesser, Leiterabstand
d	Dämpfungsgrad
d_E	Erdstromtiefe bei endlicher Leiterlänge, siehe δ_E
$\boldsymbol{E}$	Einheitsmatrix
E	Elastizitätsmodul
E	elektrische Feldstärke
F	Kraft
$\boldsymbol{F}$	Fehlermatrix
f	Frequenz
f_c	Mechanische Eigenfrequenz (IEC 60865)
f_e	Eigenfrequenz
$\boldsymbol{G}$	Knoten-Leitwertmatrix
G	Gewichtskraft
G	Konduktanz
g	mittlerer geometrischer Abstand
g, g_n	Fallbeschleunigung, Norm-
$\boldsymbol{H}$	Hybridmatrix
H	Wellendeformationsoperator
h	Höhe, Leiterhöhe über dem Erdboden
h	spezifische Enthalpie
I_an	Anzugsstrom
I_b	Ausschaltwechselstrom
I_C	kapazitiver Ladestrom
I_Ce	kapazitiver Erdschlussstrom
I_d	Gleichstrom (direct current)
I_f	Erregerstrom (field current)
I_f0	Leerlauferregerstrom (mit Sättigung)
$I_{\mathrm{f0},\delta}$	Leerlauferregerstrom (ungesättigt)
I_k	Dauerkurzschlussstrom
I'_k	transienter Kurzschlusswechselstrom
I''_k	Anfangs-Kurzschlusswechselstrom
I''_k1	einpoliger Anfangs-Kurzschlusswechselstrom
I''_k2	zweipoliger Anfangs-Kurzschlusswechselstrom
I''_k2E	Anfangs-Kurzschlusswechselstrom bei zweipoligem Kurzschluss mit Erdberührung
I_ℓ	Leerlaufstrom
i_p	Stoßkurzschlussstrom
I_r	Bemessungsstrom
I_Rest	Reststrom bei Erdschlusskompensation
I_th	thermisch gleichwertiger Kurzschlussstrom
J	Trägheitsmoment
$\boldsymbol{K}$	Knoten-Zweig-Inzidenzmatrix
K	Impedanzkorrekturfaktor
K	Kosten
K	Leistungszahl, in der Praxis in MW/Hz; Leistungskoeffizient eines Netzes

D. Oeding, B. Oswald, *Elektrische Kraftwerke und Netze*,
doi 10.1007/978-3-642-19246-3, © Springer 2011

K_t	Übersetzungskorrekturfaktor
k	Überspannungsfaktor
k	Netzleistungszahl
L	Induktivität
M	Koppelinduktivität (-impedanz)
M_k	Kurzschlussmoment
M_m	Mechanisches Moment (Antriebsmoment)
M_s	Synchronisierendes Moment
M_T	Antriebsmoment der Turbine
M_{tK}	Wellentorsionsmoment nach Kurzschluss
m	Masse
n	Drehzahl
n_q	spezifische Drehzahl von Wasserturbinen
P	Potentialkoeffizient
P	Wirkleistung
P_{nat}	natürliche Leistung
p	Druck
p	Polpaarzahl
Q	Blindleistung (Drehstromblindleistung)
Q	Elektrische Ladung
Q	Wärme, Wärmebedarf
Q_C	kapazitive Ladeleistung
q	Querschnitt, Querschnittsfläche
q	Faktor zur Berechnung des Ausschaltwechselstromes
q	spezifischer Wärmeverbrauch
R	Resistanz, Wirkwiderstand,
R_A	Ausbreitungswiderstand
R_M	Mastausbreitungswiderstand
r	Reflexionsfaktor
r	Erdseilreduktionsfaktor
r, R	Radius
r_1	Reduktionsfaktor bei einem gemeinsamen Mantel eines Drehstromkabels
r_3	Reduktionsfaktor bei drei Einleiterkabeln
r_B	Fiktiver Radius eines Bündelleiters
S	Scheinleistung (Drehstromscheinleistung)
S	Stromdichte
$\underline{S}$	Komplexe Scheinleistung
S''_k	Anfangs-Kurzschlusswechselstromleistung (Kurzschlussleistung)
S''_{kQ}	Kurzschlussleistung eines Netzes am Anschlusspunkt Q

S_r	Bemessungsscheinleistung
s	Schwerpunktabstand
s	Schlupf
s	Spezifische Entropie
$\mathbf{T}$	Transformationsmatrix
T	Temperatur (Kelvin)
T	Wärmewiderstand (thermal resistance)
T_A	Anlaufzeit
T''_d; T''_q	subtransiente Zeitkonstante in der d- bzw. q-Achse
T'_{d0}	transiente Leerlaufzeitkonstante
T''_{d0}	subtransiente Leerlaufzeitkonstante
T_k	Kurzschlussdauer
T_u	Unterbrechungsdauer
t	Celsiustemperatur
t	Zeit, Zeitpunkt
t	Üebersetzungsverhältnis von Transtormatoren, $t = U_{TOS}/U_{TUS}$, $t \geq 1$
t_{min}	Mindestschaltverzug, nach [N5.1]
t_r	Bemessungswert der Übersetzung, $t_r = U_{rTOS}/U_{rTUS}$
U	Spannung (Leiter-Leiter-Spannung)
U_1	Spannung im Mitsystem
U_B	Berührungsspannung
U_E	Erderspannung
U_f	Erregerspannung
U_m	höchste dauernd zulässige Spannung für Betriebsmittel (Leiter-Leiter-Spannung)
U_n	Nennspannung, Netznennspannung (Leiter-Leiter-Spannung)
U_p	Polradspannung
U_q, u_q	Quellenspannung (im Mitsystem), auch U_{q1}
U_r	Bemessungsspannung, rated voltage (Leiter-Leiter-Spannung)
U_S	Schrittspannung
U'	transiente Spannung einer Synchronmaschine
U''	subtransiente Spannung einer Synchronmaschine
$\mathbf{u}$	Vektor der Eingangsgrößen
u	Eingangsgröße
u_k	Kurzschlussspannung
u_{kr}	Bemessungswert der Kurzschlussspannung
$u_{ü}$	Augenblickswert der Überspannung

V	Verzerrung
V, v	Volumen, spezifisches Volumen
v	Geschwindigkeit
v	Verstimmungsgrad
W	Energie, Arbeit, Wärme
W	Widerstandsmoment
w	Windungszahlverhältnis, $w = w_{OS}/w_{US}$
X	Reaktanz, Blindwiderstand
X_0	Nullreaktanz
$X_1 = X$	Mitreaktanz
X_2	Gegenreaktanz
X_d, X_q	Synchrone Reaktanz in der d- bzw. q-Achse
X'_d	transiente Reaktanz in der d-Achse
X''_d, X''_q	subtransiente Reaktanz in der d- bzw. q-Achse
X_M	Motorreaktanz
$\boldsymbol{x}$	Vektor der Zustandsgrößen
x	Zustandsgröße
$\boldsymbol{Y}$	Admittanzmatrix
Y	Admittanz, Scheinleitwert
$\boldsymbol{Z}$	Impedanzmatrix
Z	Impedanz, Scheinwiderstand,
Z_E	Erdungsimpedanz
Z_N	Netzimpedanz (Netzinnenimpedanz)
Z_P	Kettenleiterimpedanz
Z_{Pn}	Kettenleiterimpedanz mit n Gliedern
Z_Q	Kurzschlussimpedanz eines Netzes am Anschlusspunkt Q
Z_U	Impedanz von Ausläufererden
Z_W	Wellenwiderstand
Z_0	Wellenwiderstand des leeren Raumes, $Z_0 = \sqrt{\mu_0 / \varepsilon_0} = 377\ \Omega$
0	Nullmatrix
o	Nullvektor
α	Admittanzwinkel (auch φ_Y)
α	Ausbreitungsfaktor
α	Dämpfungskoeffizient
α	Temperaturkoeffizient des elektrischen Widerstandes (Widerstandszunahme-Koeffizient)
β	Phasenkoeffizient
γ	Impedanzwinkel (auch φ_Z)
γ	Ausbreitungskoeffizient, Übertragungskonstante
γ	Spezifische Masse
γ	Bessel-Konstante
δ	Polradwinkel der Synchronmaschine
δ	Spannungswinkel
δ	Statik
δ	Luftspalt der Synchronmaschiene
δ	Erdfehlerfaktor
δ	Eindringtiefe
δ_E	Erdstromtiefe bei unendlich langem Leiter
δ_L	Leitungswinkel
ε	Permittivität, Dielektrizitätskonstante
ε_0	elektrische Feldkonstante
ε_r	Dielektrizitätszahl
η	Wirkungsgrad
Θ	Durchflutung
ϑ	Arbeitsverlustfaktor
ϑ	Celsiustemperatur
ϑ	Drehwinkel des Koordinatensystems gegenüber der Wicklungsachse U der Ständerwicklung einer Synchronmaschine
κ	elektrische Leitfähigkeit
κ	Stoßfaktor zur Berechnung von i_p
λ	Eigenwert
λ	Leistungsfaktor, $\lambda = \lvert P \rvert / S$
λ	Wellenlänge
λ	Faktor zur Berechnung des Dauerkurzschlussstromes
μ	Faktor zur Berechnung des Ausschaltwechselstromes
μ	Permeabilität
μ_0	magnetische Feldkonstante
μ_r	Permeabilitätszahl
ν	Ordnungszahl einer Teilschwingung, Oberschwingung
ν	Verstimmungsgrad
ρ	Dichte
ρ	spezifischer elektrischer Widerstand
ρ_E	spezifischer Erdwiderstand
σ	spezifischer Wärmewiderstand
σ	Streukoeffizient
σ	Zugspannung
τ	Laufzeit
Φ	magnetischer Fluss
φ	Phasenverschiebungswinkel, $\varphi = \varphi_u - \varphi_i$
φ_i, φ_u	Phasenwinkel für Strom und Spannung
Ω	mechanische Winkelgeschwindigkeit

Ω_r	Räumliche Bemessungskreisfrequenz: $\Omega_r = \omega_r/p$
ω	Brennstoffnutzungsgrad
ω	elektrische Winkelgeschwindigkeit, Kreisfrequenz: $\omega = 2\pi f$
ω_e	Eckfrequenz
ω_e	Eigenkreisfrequenz
ω_r	Bemessungskreisfrequenz: $\omega_r = 2\pi f_r$ (bei f_r = 50 Hz oder 60 Hz)
ω_L	$\omega_L = d\vartheta/dt$: Läuferwinkelgeschwindigkeit bei $p = 1$

Besondere Kennzeichnungen
(Beispiele für U):

U	Effektivwert einer sinusförmig zeitabhängigen Größe
$\underline{U}$	Komplexe Größe
$\underline{U}^*$	Konjugiert komplexe Größe
$\lvert\underline{U}\rvert = U$	Betrag der komplexen Größe
$\bar{U}$	Mittelwert
$\mathrm{Re}\{\underline{U}\}$	Realteil der komplexen Größe
$\mathrm{Im}\{\underline{U}\}$	Imaginärteil der komplexen Größe
ΔU	Änderung (Spannungsfall)
U_*	Bezogene Größe (z.B.: $U_* = U/U_{rG}$)
$u, u(t)$	Zeitlich veränderliche Größe
u	Augenblickswert
$\hat{u}$	Scheitelwert
$\boldsymbol{U}$	Matrix
$\boldsymbol{U}^T, \boldsymbol{u}^T$	Transponierte Größen
$\boldsymbol{u}$	Spaltenvektor, Vektor
$\underline{a}, \underline{a}^2$	Einheitszeiger (Bild 2.9)
z, r, x	Bezogene Größe (bei Impedanzen, Resistanzen und Reaktanzen); z. B. $x_d = X_d/Z_{rG}$ bei $Z_{rG} = U_{rG}/(\sqrt{3}\, I_{rG}) = U_{rG}^2/S_{rG}$

Nebenzeichen, rechts unten (Indizes)

Al	Aluminium
A, B, C	Anlagen
a	Anfang
ab	abgegeben
an	Anzug, Anlauf
B	Belastung, Verbraucher
B	Bewehrung
b	Betrieb
b	Blindkomponente
C	kapazitiv, Kapazität
Cu	Kupfer
D	Dämpferwicklung der Synchronmaschine in der d-Achse
D	Drosselspule, Kurzschlussstrom-Begrenzungsdrosselspule
d	Achsenkomponente (dq0-Komponenten)
d	Dauerwert, Dauerzustand
d	Gleichstrom (direct current)
E	Eingang
E	Erde, mit Erdberührung
e	Eigen-
e	Einschalt
e	elektrisch
e	Ende
e	Erdschluss
F	Fehlerstelle, Kurzschlussstelle
f	Feldwicklung, Erregerwicklung
G	Generator
g	gegen (Gegenimpedanz)
g	Gleichstromkomponente
ges	gesamt
H	Hauptleiter
h	Hauptfeld
h	Hochlauf
i	innen
in	induziert
ist	Istwert
K	Kabel
k	Kurzschluss, dreipoliger Kurzschluss
k1	einpoliger Erdkurzschluss
k2	zweipoliger Kurzschluss
k2E	zweipoliger Kurzschluss mit Erdberührung
k3	dreipoliger Kurzschluss, meist nur k
kEE	Doppelerdkurzschluss
L	induktiv, Induktivität
L	Leiter, Leitung (Freileitung, Kabel), Drehstromleiter siehe L1, L2, L3
L1, L2, L3	Leiter (Außenleiter) des Drehstromnetzes
LE	Leiter-Erde
LL	Leiter-Leiter
ℓ	Leerlauf- (auch 0)
l	links
M	Freileitungsmast
M	Modalkomponente
M	Motor, Motorgruppe, Asynchronmotor
~~M~~	ohne Motoren, ohne Asynchronmotoren

ME	Mittelpunkt-Erde
MS	Mittelspannungsseite
m	Magnetisierung
max, m	maximal (abgekürzt auch m)
m	mechanisch
m	Anzahl der Generatoren
min	minimal
N	Netz, Drehstromnetz
N	Neutralleiter (neutral conductor) [Nulleiter]
N	Anzahl der Netzknoten
n	Nennwert (nominal value), Nennzustand
O	Oberfläche
OS	Oberspannungsseite
oR	ohne Regelung
p	Stoßwert (peak value)
pR	Primärregelung
Q	Erdseil
Q	Netzanschlusspunkt
Q	Dämpferwicklung der Synchronmaschine in der q-Achse
q	Achsenkomponente (dq0-Komponenten)
q	Quelle
R	Rotor
R	Resistiv, ohmsch
r	Bemessungswert (rated value)
r	rechts
r	rückwärts
rem	remanent
rsl	resultierend
S	Schaltstrecke
S	Schirm
S	sheath or shield (Mantel oder Schirm) bei Kabeln
S	Stator
S	Stützpunkt
S	Symmetrische Komponenten
SE	bei Rückleitung über Mantel (oder Schirm) und Erde
SM	Synchronmaschine
(S)	Überlagerungsmethode (Superposition)
Si	Sicherung
s	selbst (Selbstimpedanz)
sat	gesättigt (saturated)
sR	Sekundärregelung
T	Teilleiter
T	Transformator
T	Turbine
t	transformiert, umgerechnet (mit t oder t^2 umgerechnete Größe)
th	thermisch
US	Unterspannungsseite
U, V, W	Außenpunkte von Betriebsmitteln im Drehstromnetz (Generator, Transformator)
u	Unterbrechung
um	Umschalt-
ü	Über-
V	Vergangenheitswert
V	Verluste
v	vorwärts
w	Wirkkomponente
Z	Netzzweig
zu	zugeführt
zul	zulässig
δ	Luftspalt
σ	Streuwert
0	Anfangszustand, Anfangswert
0	Nullkomponente
1, 2, 0	Symmetrische Komponenten
i, j, ν, μ	Indizes für laufende Zählung, siehe auch m und N
*	relative Größe, bezogene Größe (DIN 1304, Teil 1)

Nebenzeichen, rechts oben

b, v	bevor (before), vorher
n	nachher
T	transponiert
′	transient
′	längenbezogene Größe
″	subtransient
Δ	Differenz beim Ausgleichsvorgang
Y	Stern

Nebenzeichen, links oben

*	Größe des %/MVA-Systems, semirelative Größe

Reihenfolge der Indizes

1. Stelle: Bezeichnung der Komponente	z. B.: U_1 (Mitsystem)
2. Stelle: Betriebszustand	z. B.: U_{1k1} (während des Erdkurzschlusses)
3. Stelle: Betriebsmittel	z. B.: U_{1k1T} (am Transformator)
4. Stelle: Unterscheidung gleicher Betriebsmittel	z. B.: U_{1k1T4} (am vierten Transformator)
5. Stelle: Ortsbezeichnung	z. B.: $U_{1k1T4OS}$ (auf der OS-Seite)
6. Stelle: Zusatzkennzeichnung	z. B.: $U_{1k1T4OS\,max}$ (Höchstwert)

Lies : Größte Spannung im Mitsystem auf der Oberspannungsseite des Transformators Nr. 4 während eines Erdkurzschlusses

Literatur

1 Allgemeines zur Elektrizitätsversorgung

1.1 v. Miller, O.: Über die verschiedenen Systeme der Stromverteilung zur Beleuchtung und Kraftübertragung in den Städten, mit anschließenden Erläuterungen seitens der Aussteller. ETZ 12 (1891) 613-618.
1.2 Gleichstrom Hochspannungs-Kraftübertragung Moutiers-Lyon. ETZ 27 (1906) 1091–1094.
1.3 Dolivo-Dobrowolsky, von, M.: Aus der Geschichte des Drehstroms. ETZ 38 (1917) 341–344, 354–357, 366–369, 376–377.
1.4 v. Miller, O.: Die einheitliche Elektrizitätsversorgung des Deutschen Reiches, München 1930 und Gutachten über die Reichselektrizitätsversorgung, Berlin 1930.
1.5 Schöller, H.: Großraum-Verbundwirtschaft. Essen, Kettwig: West-Verlag 1948.
1.6 Deutsche Verbundgesellschaft e. V. Heidelberg: Die Planung des 380-kV-Netzes in der Deutschen Verbundgesellschaft. Heidelberg 1957.
1.7 Roser, H.: Die 380-kV-Übertragung Rommerskirchen-Hoheneck. ETZ-A 97 (1958) 1–9.
1.8 Hildebrand, F.: Zur Geschichte des Drehstromes. ETZ-A 80 (1959) 409–421, 453–461.
1.9 Cahill, L.: La premiere transmission d'énergie électrique á 735 kV: Manicouagan-Montreal. Bull. SEV 55 (1964) 519–528.
1.10 Jancke, G.: Grundsätzliche Gesichtspunkte bei der Projektierung von Höchstspannungsübertragungen. Bull. SEV 55 (1964) 420–424.
1.11 400 kV-Forschungsgemeinschaft e. V. Heidelberg: Energieübertragung mit hochgespanntem Gleichstrom (HGÜ), Wiederaufnahme der Forschung in der Bundesrepublik Deutschland. Ber. 20a, April 1966.
1.12 Boll, G.: Geschichte des Verbundbetriebes. Frankfurt am Main: VWEW 1969.
1.13 Aspekte künftiger Energieübertragung (Themenheft). ETZ-A 92 (1971) Heft 12.
1.14 Brinkmann, K.: Einführung in die elektrische Energiewirtschaft. Braunschweig: Vieweg 1971.
1.15 Energiewirtschaft der Schweiz im Jahre 2000. Elektrizitätsverwertung 47 (1972) 242–245.
1.16 Edelmann, H., Theilsiefje, K.: Optimaler Verbundbetrieb in der elektrischen Energieversorgung. Berlin, Heidelberg, New York: Springer 1974.
1.17 Preuss, E.J.: Netzeinbindung großer Kraftwerke. etz-a 96 (1975) 439–443.
1.18 Elektrische Hochleistungsübertragung und -verteilung in Verdichtungsräumen (2 Bände). Mannheim: Forschungsgemeinschaft für Hochspannungs- und Hochstromtechnik, 1977; siehe auch ETZ-A 98 (1977) 709-754.
1.19 Hosemann, G., Boeck, W.: Grundlagen der elektrischen Energietechnik. Berlin, Heidelberg, New York: Springer 1979.

D. Oeding, B. Oswald, *Elektrische Kraftwerke und Netze*,
doi 10.1007/978-3-642-19246-3, © Springer 2011

1.20 Peters, H.: Eine Methode zur Erfassung der Umweltwirksamkeiten und der Zuverlässigkeit im Rahmen einer Gesamtbeurteilung von Energieversorgungsnetzen. Diss. Univ. Erlangen-Nürnberg 1980.
1.21 Edwin, K.W.: Kraftwerk und Netz, eine systemtechnische Einheit. Energiewirtschaftliche Tagesfragen 35 (1985) Heft 11.
1.22 Brumshagen, H.: Bedeutung und Aufgaben der Hoch- und Höchstspannungs-Freileitungsnetze. Elektrizitätswirtschaft 87 (1988) 1083–1087.
1.23 Hecker, Th.: Ein Beitrag zur Lastganganalyse und Kostenträgerrechnung in der Elektrizitätswirtschaft. Diss. TH Darmstadt 1988.
1.24 Hütte, Elektrische Energietechnik. Band 3 Netze: Springer 1988.
1.25 Haubrich, H.-J., Bernhard, H. , Newi, G. Schneider, K.H.: Limits for electric and magnetic fields in DIN VDE standards, consideration for the range 0 to 10 kHz. CIGRE Paris (1986), Gruppe 36.
1.26 Bennert, W., Werner, U.-J.: Windenergie. Berlin: VEB Verlag Technik 1989.
1.27 Haubrich, H.-J.: Vorteile des Verbundsystems für Versorgungssicherheit und Frequenzhaltung. VDI-Bericht 764, Düsseldorf: VDI-Verlag (1989) 57–74.
1.28 Grave, J.: Zentrale und dezentrale Energieversorgung. Elektrizitätswirtschaft 89 (1990) 1207–1218.
1.29 Nitsch, J., Luther, J.: Energieversorgung der Zukunft; Rationelle Energienutzung und erneuerbare Quellen. Berlin, Heidelberg, New York, London, Paris, Tokyo, Hong Kong: Springer 1990.
1.30 Lichtenberg, H.: Europäischer Stromverbund. VDE-Jubiläumsveranstaltung 100 Jahre Drehstrom, (1990) 25–38.
1.31 Cap, F.: Graue Energie und der Treibhauseffekt. ÖZE 45 (1992) 507–519.
1.32 Fischer, W. (Hrsg.): Die Geschichte der Stromversorgung. Frankfurt am Main: VWEW-Verlag 1992.
1.33 Voß, A. (Hrsg.): Die Zukunft der Stromversorgung. Frankfurt am Main: VWEW-Verlag 1992.
1.34 Neidhöfer, G.: Entwicklung der Drehstromtechnik und Bedeutung für die Elektrische Energieversorgung. Sonderdruck des Verbandes der Elektrizitätswerke Baden-Württemberg nach einem Vortrag in der Liederhalle Stuttgart, Mai 1992.
1.35 Jürdens, C., Kießling, F., Ruhnau, J.: Freileitung mit weltweit erstmals zwei AC 1000-kV-Stromkreisen. Elektrizitätswirtschaft 98 (1999) 8-14.
1.36 Rebhahn, E. (Hrsg.): Energiehandbuch, Gewinnung, Wandlung und Nutzung von Energie. Berlin, Heidelberg, New York: Springer 2002.
1.37 Erneuerbare Energien 2008 in Deutschland. Bundesministerium für Umwelt, Naturschutz und Reaktorsicherheit - Aktueller Sachstand 2009.
1.38 Statistisches Bundesamt Wiesbaden: Energie auf einen Blick. 2009.
1.39 Erneuerbare Energien in Zahlen, Juni 2010. Bundesministerium für Umwelt, Naturschutz und Reaktorsicherheit (BMU), Referat Öffentlichkeitsarbeit.

2
Berechnungen im Drehstromnetz, mathematische Grundlagen

2.1 Fortescue, C. L.: Method of symmetrical coordinates applied to the solution of polyphase networks. Trans. AIEE, Part 2, 37 (1918) 1027–1140.
2.2 Park, R. H.: Two-Reaction Theory of Synchronous Machines. Generalised Method of Analysis. AIEE Trans. Part 1, 48 (1929) 716–730.
2.3 Falk, S.: Neue Verfahren zur direkten Lösung algebraischer Eigenwertprobleme. Abh. Braunschw. Wiss. Ges. 6 (1954) 166–194.

2.4 Hochrainer, A.: Symmetrische Komponenten in Drehstromsystemen. Berlin, Göttingen, Heidelberg: Springer 1957.
2.5 Clarke, E.: Circuit Analysis of AC-Power Systems. 6. Ed. New York: John Wiley 1958.
2.6 Kovács, K. P., Rácz, I.: Transiente Vorgänge in Wechselstrommaschinen. Band I. Budapest: Verlag der Ungarischen Akademie der Wissenschaften 1959.
2.7 Zurmühl, R.: Matrizen. 3. Aufl. Berlin, Göttingen, Heidelberg: Springer 1961.
2.8 Tropper, A. M.: Matrizenrechnung in der Elektrotechnik. Mannheim: Bibliogr. Inst. 1962.
2.9 Funk, G.: Der Kurzschluss im Drehstromnetz. München: Oldenbourg 1962.
2.10 Edelmann, H.: Berechnung elektrischer Verbundnetze. Berlin, Göttingen, Heidelberg: Springer 1963.
2.11 Kübler, E., Werr, Th.: Wechselstrommaschinen. 6. Aufl. Stuttgart: Teubner 1964.
2.12 Zurmühl, R.: Praktische Mathematik. 5. Aufl. Berlin, Heidelberg, New York: Springer 1965.
2.13 Denzel, P.: Grundlagen der Übertragung elektrischer Energie. Berlin, Heidelberg, New York: Springer 1966.
2.14 Koettnitz, H., Pundt, H.: Berechnung elektrischer Energieversorgungsnetze. Bd. I. Mathematische Grundlagen und Netzparameter. Leipzig: VEB Deutscher Verlag für Grundstoffindustrie 1968.
2.15 Schultheiß, F., Wessnigk, K.-D.: Berechnung elektrischer Energieversorgungsnetze. Bd. II. Übertragungsberechnung. Leipzig: VEB Deutscher Verlag für Grundstoffindustrie 1971.
2.16 Retter, G. J.: Matrix and Space-Phasor Theory of Electrical Machines. Budapest: Akadémiai Kiadó 1987.
2.17 Hoy, Ch., Koettnitz, H., Kostenko, M. V.: Wellenvorgänge auf Hochspannungsfreileitungen. Berlin: VEB-Verlag Technik 1988.
2.18 Oswald, B. R.: Netzberechnung. Berechnung stationärer und quasistationärer Betriebszustände in Elektroenergieversorgungsnetzen. Berlin, Offenbach: VDE-Verlag 1992.
2.19 Anderson, P. M.: Analysis of faulted Power Systems. IEEE Press Power Engineering Series 1995.
2.20 Stepina, J.: Space-phasor theory? – What is that for? ETEP 5 (1995) 409–412.
2.21 Oswald, B. R.: Netzberechnung 2. Berechnung transienter Vorgänge in Elektroenergieversorgungsnetzen. Berlin, Offenbach: VDE-Verlag 1996.

N2.1 DIN EN 62428: 2008. Elektrische Energietechnik – Modale Komponenten in Drehstromsystemen – Größen und Transformationen (IEC 62428: 2008).
N2.2 DIN 40108: Stromsysteme – Begriffe, Größen, Formelzeichen.
N2.3 DIN 40110 Wechselstromgrößen, Teil 1: Zweileiter-Stromkreise (1994); Teil 2: Mehrleiter-Stromkreise (2002)

3 Wärmekraftwerke

3.1 Musil, L.: Gasturbinenkraftwerke. Wien: Springer 1947.
3.2 Dzung, L. S., Rohrbach, W.: Enthalpie-Entropie-Diagramme für Wasserdampf und Wasser. Berlin, Göttingen, Heidelberg: Springer 1955; und Zustandsgrößen von Wasserdampf in SI-Einheiten. Berlin Heidelberg, New York: Springer und München: R. Oldenbourg 1982.
3.3 v. Weizsäcker, C. F.: Energieerzeugung durch Wasserstoff-Fusion. ETZ-A 79 (1958) 829–836.

3.4 Schröder, K.: Große Dampfkraftwerke, Planung, Ausführung und Bau. Berlin, Göttingen, Heidelberg, New York: Springer 1959 bis 1966.
3.5 Meerwarth, K.: Wasserkraftmaschinen, 11. Aufl. Berlin, Göttingen, Heidelberg: Springer 1963.
3.6 Kraftwerke für Spitzenlastdeckung. BBC-Nachr. 48 (1966) 328–410.
3.7 Musil, L., Knizia, K.: Die Gesamtplanung von Dampfkraftwerken. 3. Aufl. Bd. 1, Die Thermodynamik als Dampfkraftprozess. Berlin, Heidelberg, New York: Springer 1966.
3.8 Dampfturbinen großer Leistung. Siemens Z. 41 (1967).
3.9 Denzel, P.: Dampf- und Wasserkraftwerke. Mannheim: Bibliogr. Inst. 1968.
3.10 Faux, F.: Die Verwendung von Gasturbinen zur Erzeugung elektrischer Energie. Bull. SEV 59 (1968) 75–84, 105–113.
3.11 Heeren, H., Holly, L.: Trockenkühler entlasten Gewässer. Energie 23 (1971) 298–305, 385–393.
3.12 Smidt, D.: Reaktortechnik 1 und 2. Karlsruhe: Braun 1971.
3.13 Peter, F., Schüller, K.-H.: Thermische Kraftwerke zur Deckung von Spitzen- und Mittellast. ETZ-A 94 (1973) 133–141.
3.14 Schmidt, E., Stephan, K., Mayinger, F.: Technische Thermodynamik. 11. Aufl. Bd.1 Berlin, Heidelberg, New York: Springer 1975.
3.15 Thomas, H.-J.: Thermische Kraftanlagen. Berlin, Heidelberg, New York: Springer 1975.
3.16 Sonderheft Brown Boveri Mitt. 64 (1977) H.9: Meerwasserentsalzung/Fernheizung.
3.17 Borst, A., Wöhrle, G.: Eigenbedarfs- und Notstromversorgung sowie Netzbetrieb des 1300-MW-Standard-Kernkraftwerksblockes in der Bundesrepublik Deutschland. VGB Kraftwerkstechnik 58 (1978) 267–275.
3.18 Steinert, C.: Technik des Leichtwasserreaktors. Technische Mitteilungen (Haus der Technik) 71 (1978) 421–431.
3.19 Sonderheft Brown Boveri Mitt. 65 (1978) H.10: Kombinierte Gas-/Dampfturbinen-Kraftwerke.
3.20 Braun, W.: Ist ‚Harrisburg' auch bei uns möglich? Siemens Energietechnik 1 (1979) 266–271.
3.21 Schäfer, H.: Elektrische Kraftwerkstechnik. Berlin, Heidelberg, New York: Springer 1979.
3.22 Schwarzenbach, A.: Grundsätzliche Überlegungen zur Strom-Wärme-Kupplung. Brown Boveri Mitt. 67 (1980) 160–165.
3.23 KWU Druckwasserreaktor. Firmendruckschrift August 1981.
3.24 Laufen, R.: Kraftwerke. Berlin, Heidelberg, New York, Tokyo: Springer 1984.
3.25 Thomas, H.-J.: Thermische Kraftanlagen. 2. Aufl. Berlin, Heidelberg, New York: Springer 1985.
3.26 Neuere Entwicklungen zur Sicherheit von Kernkraftwerken und Anlagen des Kernbrennstoffkreislaufes: Kerntechnische Gesellschaft e.V., Fachgruppe Reaktorsicherheit Düsseldorf, 24. und 25. 9. 1985.
3.27 Tschernobyl, Konsequenzen für die Bundesrepublik Deutschland. Eine Dokumentation des VDI. VDI-Nachrichten Nr. 46/48, 1986.
3.28 USSR State Committee on the Utilization of Atomic Energy. The Accident at the Chernobyl Nuclear Power Plant and its Consequences. Information Compiled for the IAEA Experts Meeting 25–29 August 1986. Vienna.
3.29 Bošnjaković, F., Knoche, K.F.: Technische Thermodynamik, Teil I. Leipzig: VEB-Verlag für Grundstoffindustrie 1988.
3.30 Orth, K.: Fehlerverzeihende Technik, Sicherheit in Kernkraftwerken. Energie 40 (1988) 40–44.
3.31 Nitsch, J., Luther, J.: Energieversorgung der Zukunft. Berlin, Heidelberg: Springer 1990.

3.32 Abröll, G., Bade, H., Bietz, K. H., Jahn, P.: Größter Wirbelschicht-Kraftwerksblock zur Strom- und Fernwärmeversorgung für Berlin. VGB Kraftwerkstechnik 71 (1991) H. 11 und 12.
3.33 Preuß, H.-J., Hartwig, P.: Kraft-Wärme-Kopplung als Patentrezept gegen den Treibhauseffekt? Energiewirtschaftliche Tagesfragen 42 (1992) 526–530.
3.34 Randa, K.: Allgemeine Übersicht über Kombiprozesse mit Schwerpunkt der bei ABB vorliegenden Erfahrungen. e&i 109 (1992) 355–361.
3.35 Mataré, H. F., Faber, P.: Erneuerbare Energien. Düsseldorf: VDI-Verlag 1993.
3.36 Pinske, J.: Elektrische Energieerzeugung. 2. Aufl. Stuttgart: Teubner 1993.
3.37 Strauß, K.: Kraftwerkstechnik. 2. Aufl. Berlin, Heidelberg, New York: Springer 1994.
3.38 Baehr, H.D.: Thermodynamik. 9. Aufl. Berlin, Heidelberg, New York: Springer 1996.
3.39 Poeschl, R., Ziegner, M.: Große stationäre Gasturbinen: Stand und Entwicklung der Siemens-Gasturbinen. VDI-Fachtagung Siegen 1996.
3.40 Mukkerjee DK.: Stand der Gasturbinentechnik. ABB Technik (1997) 4–14.
3.41 Pruschek, R., Oeljeklaus, G., Göttlicher, G., Kloster, R.: Gas-Dampfkraftwerke mit hohen Wirkungsgraden. Düsseldorf: VDI Berichte 1321 (1997) 1–18.
3.42 Stapper, B.: Wirkungsgradpotentiale steinkohlebefeuerter Kraftwerke. Düsseldorf: VDI Berichte 1321 (1997).
3.43 Kehr, M., Gade, U., Kirmse, D.: Bau und Betrieb der 800/900-MW-Blöcke der VEAG Vereinigte Energiewerke AG. Düsseldorf: VDI Berichte 1495 (1999) 5–32.

4
Wasserkraftwerke und Windenergieanlagen

4.1 Betz, A.: Wind-Energie und ihre Ausnutzung durch Windmühlen. Göttingen: Vandenhoeck und Ruprecht 1926.
4.2 Honnef, H.: Windkraftwerke. Braunschweig: Fr. Viebig & Sohn AG 1932.
4.3 Witte, H.: Windkraftwerke. Pössnek: Rudolf A. Lang Verlag 1950.
4.4 Happoldt, H.: Neuzeitliche Generatoren für Rohrturbinen. BBC-Nachr. 41 (1959) 89–91.
4.5 Andres, E.: Beschreibung und Anwendung des elektrischen Turbinenreglers. Bull. SEV52 (1961) 304–312.
4.6 Theilsiefje, K.: Ein Beitrag der wirtschaftlichen Ausnutzung großer Speicherseen zur Energieerzeugung. ETZ-A 82 (1961) 538–545.
4.7 Bauer, H., Theilsiefje, K.: Zur Planung eines optimalen Speicher-Kraftwerkes für wirtschaftlichen hydrothermischen Verbundbetrieb. Elektrizitätswirtschaft 61 (1962) 292–299.
4.8 Happoldt, H., Hartmann, O. J., Wiedemann, E. J.: The present state of pump storage in Europe. AIEE Winter Power Meeting New York 1962, CP 62–256.
4.9 Christaller, H.: Ausbau von Wasserkraftspeicherwerken im Hinblick auf die Entwicklung der elektrischen Verbundwirtschaft. Wasserwirtschaft 53 (1963) 135–142.
4.10 Pfleiderer, E., Petermann, H.: Strömungsmaschinen. 3. Aufl. Berlin, Göttingen, Heidelberg, New York: Springer 1964.
4.11 Wiedemann, E.: Wasserkraftgeneratoren mit Flüssigkeitskühlung im Stator und Rotor. Brown Boveri Mitt. 51 (1964) 267–273.
4.12 Leussen, G.: Pumpspeicherwerk Vianden, Luxemburg: Selbstverlag SEU, 1965.
4.13 Meier, W.: Getrennte hydraulische Maschinen oder reversible Pumpenturbine für Pumpspeicherwerke. Escher Wyss Mitt. 39 (1966) 31–37.
4.14 Canay, M.: Anlaufverfahren bei Synchronmaschinen. Brown Boveri Mitt. 54 (1967) 618–629.
4.15 Frohnholzer, J.: Die Pumpspeicherwerke mit Tages- und Jahresspeicherbetrieb und ihre voraussichtliche Rolle in der Bundesrepublik Deutschland. Energie 19 (1967) 4–14.

4.16 v. Gersdorff, B., Lottes, G.: Das Pumpspeicherwerk Rönkhausen. Elektrizitätswirtschaft 66 (1967) 725–743.
4.17 Lottes, G.: Pumpspeicherwerke in der künftigen Elektrizitätswirtschaft. Siemens-Z. 42 (1968) 979–989.
4.18 Østby, E., Gamelesäter, K.: Vollständig wassergekühlte 190-MVA-Generatoren für das Wasserkraftwerk Tonstad in Norwegen. Brown Boveri Mitt. 56 (1969) 380–385.
4.19 Abegg, K., Rauhut, P.: Elektrische Großmaschinen gestern, heute und morgen. Bull. SEV 62 (1971) 865–874.
4.20 Kroms, A.: Ein Großkraftwerk im hohen Norden. Österr. Z. f. Elektrizitätswirtschaft 24 (1971) 489–502.
4.21 Alvers, E., Baltisberger, K., Grabitz, R.: Der asynchrone Anlauf großer Synchronmaschinen für Pumpspeicherwerke. Brown Boveri Mitt. 59 (1972) 60–67.
4.22 Kroms, A.: Wasserkraft im Westen Kanadas. Bull SEV 64 (1973) 38–48.
4.23 Seoni, R.M., u. a.: Review of trends of large hydroelectric generating equipment. Proc. IEE Reviews 123 (1976) 1138–1162.
4.24 Bär, G.: Das Pumpspeicherwerk Wehr der Schluchseewerk AG. Musteranlage der Energiewirtschaft (1980).
4.25 Gabler, H., Lüll, H.P.: Itaipu – 12.600 Megawatts from the Rio Parana. VDE Kongress 1986 und Siemens AG 1993.
4.26 Hau, E.: Windkraftanlagen. Berlin, Heidelberg: Springer 1988.
4.27 Nitschke, J.: Stromerzeugungskosten in Windkraftanlagen. Elektrizitätswirtschaft 87 (1988) 835–840.
4.28 Bennert, W., Werner, U.-J.: Windenergeie. Berlin: VEB Verlag Technik 1989.
4.29 Molly, J.-P.: Windenergie. Theorie, Anwendung, Messung. Karlsruhe: C. H. Müller 1990.
4.30 Heier, S.: Windkraftanlagen im Netzbetrieb. Stuttgart: B. G. Teubner Verlag 1996.
4.31 Hau, E.: Windkraftanlagen, 2. Aufl. Berlin, Heidelberg, New York: Springer 1996.
4.32 Wolfrum, O.: Der große Schwindel Windstrom. Deutschland leistet sich hohe Subventionen für einen energiepolitischen Irrweg. Frankfurter Allgemeine Zeitung, 24. 10. 1996, 9–10.

5 Drehstromgeneratoren

5.1 Richter, R.: Elektrische Maschinen Bde 1–5. Berlin: Springer; Basel/Stuttgart: Birkhäuser 1950 bis 1963.
5.2 Concordia, Ch.: Synchronous Mashines. New York: John Wiley 1951.
5.3 Laible, Th.: Die Theorie der Synchronmaschine im nichtstationären Betrieb. Berlin, Göttingen, Heidelberg: Springer 1952.
5.4 Laible, Th.: Reaktanzen und andere Konstanten der Synchronmaschine. Bull. Oerlikon 300 (1953) 59–71.
5.5 Hosemann, G.: Der Turbogenerator beim Netzkurzschluss. BBC Nachr. 40 (1958) 255–267.
5.6 Hosemann, G., Coroller, P.: Neue Ergebnisse von Generatorkurzschluss-Untersuchungen auf einem Analogrechner. VDE-Fachber. 20 (1958) 16–169.
5.7 Calvi, G.: Berechnung der Stoßmomente bei Fehlsynchronisation und Kurzschluss einer Synchronmaschine. E&M 77 (1960) 407–411.
5.8 Doljak, B., Moravec, M., Wohlfahrt, O.: Mikadur – eine neue Isolation für Statorwicklungen elektrischer Maschinen. Brown Boveri Mitt. 47 (1960) 352–360.
5.9 Happoldt, H.: Computation of additional losses arising as a function of reactive power to be supplied by turbogenerators. CIGRE 143, Anhang IV (1960).

5.10 Bonfert, K.: Betriebsverhalten der Synchronmaschine. Berlin, Göttingen, Heidelberg: Springer 1962.
5.11 Happoldt, H.: Die Bedeutung der Kennwerte von Turbogeneratoren. BBC Nachr. 44 (1962) 475–480.
5.12 Wiedemann, E.: Wasserkraftgeneratoren mit Flüssigkeitskühlung im Stator und Rotor. Brown Boveri Mitt. 51 (1964) 267–273.
5.13 Canay, M.: Gleichstrommessungen zur Bestimmung charakteristischer Größen von Synchronmaschinen. Bull. SEV 56 (1965) 943–949.
5.14 Wanke, K.: Die Entwicklung großer Stromerzeuger. VDE-Fachber. 24 (1966) 89–100.
5.15 Wiedemann, E.: Großturbogeneratoren mit ausschließlicher Wasserkühlung. Brown Boveri Mitt. 53 (1966) 501–512.
5.16 Hosemann, G.: Größenrichtiges Ersatzschaltbild des Synchronmaschinenläufers und seine experimentelle Ermittlung. ETZ-A 88 (1967) 333–339.
5.17 Wiedemann, E., Kellersberger, W.: Konstruktion elektrischer Maschinen. Berlin: Springer 1967.
5.18 Canay, M.: Ersatzschemata der Synchronmaschine sowie Vorausberechnung der Kenngrößen mit Beispielen. These Ecole Polytech. de l'Univ. Lausanne 1968.
5.19 Neidhöfer, G.: Innenkühlung von Roebelstäben und Maßnahmen zur Vermeidung der Zusatzverluste. Scientia Electrica 14 (1968) 49–72.
5.20 Weh, H.: Elektrische Netzwerke und Maschinen in Matrizendarstellung. Mannheim: Bibliogr. Inst. 1968.
5.21 Wiedemann, E.: Internationale Entwicklung von Großturbogeneratoren. Elektrizitätswirtschaft 67 (1968) 248–255.
5.22 Grgic, A.: Leistungsgrenzen für zwei - und vierpolige Turbogeneratoren auf Grund mechanischer Beanspruchungen. Brown Boveri Mitt. 56 (1969) 394–416.
5.23 Lambrecht, D.: Die Entwicklung wassergekühlter Läufer für große Turbogeneratoren. Tech. Mitt. AEG-Telefunken 59 (1969) 11–30.
5.24 Kranz, R.-D.: Der Gang der Entwicklung zum Groß-Turbogenerator. ETZ-A 91(1970) 668–675.
5.25 Bödefeld, Th., Sequenz, H.: Elektrische Maschinen. 8. Aufl. Wien: Springer 1971.
5.26 Hiebler, H.: Der 1333-MVA-Turbogenerator für das Kernkraftwerk „Donald C. Cook" der AEP. Brown Boveri Mitt. 59 (1972) 20–29.
5.27 Nelles, D.: Die Beschreibungsgleichungen der Synchronmaschine für Ausgleichsvorgänge in Drehstromnetzen. Wiss. Ber. AEG-Telefunken 46 (1973) 44–51.
5.28 VDE-Fachtagung „Elektrische Maschinen und Antriebe in thermischen Kraftwerken". Berlin: VDE-Verlag 1974 (Diskussion).
5.29 Läge, K., Lambrecht, D.: Die Auswirkung dreipoliger Netzkurzschlüsse mit Kurzschlussfortschaltung auf die mechanische Beanspruchung von Turbosätzen. ETZ-A 95 (1974) 508–514.
5.30 Torsionmomente in Turbinen- und Generatorwellen (sechs Aufsätze zu diesem Thema). ETZ-A 96 (1975) 164–201.
5.31 Canay, M.: Beanspruchung von Turbosätzen bei elektrischen Störungen. Brown Boveri Mitt. 62 (1975) 435–443.
5.32 IEEE Committee Report: A bibliography for the study of subsynchronous resonance between rotating machines and power systems. IEEE Trans. PAS 95 (1976) 215–218.
5.33 Lorenzen, H.W., Sergl, J.: Supraleitung bei Grenzleistungssynchronmaschinen. Stand, Entwicklungsrichtung, Probleme. VDE-Fachber. 29 (1976) 47–60.
5.34 Alvers, E., Merz, K.: Luftgekühlte Turbogeneratoren. etz-a 98 (1977) 661.
5.35 Heinrichs, F.: Turbogeneratoren. etz-a 98 (1977) 658–660.
5.36 ETG-Fachbericht 3: Kraftwerks-Generatoren. Berlin: VDE-Verlag 1978 (11 Aufsätze mit Diskussion).

5.37 Kovács, K. P.: Transient Phenomena in Electrical Maschines. Budapest: Akadémiai Kiadó 1984.
5.38 Müller, G.: Betriebsverhalten rotierender elektrischer Maschinen. 2. Aufl. Berlin. VDE-Verlag 1990.
5.39 Oswald, B., Siegmund, D.: Berechnung von Ausgleichsvorgängen in Elektroenergiesystemen. Leipzig: Deutscher Verlag für Grundstoffindustrie 1991.
5.40 Müller, G.: Grundlagen elektrischer Maschinen. Weinheim: VCH Verlagsgesellschaft mbH 1994.
5.41 Müller, G.: Theorie elektrischer Maschinen. Weinheim: VCH Verlagsgesellschaft mbH 1995.
5.42 Stephan, C.-E., Baer, J., Zimmermann, H., Neidhöfer, G., Egli, R.: Neuer luftgefüller Turbogenerator oder 300-MVA-Klasse. ABB Technik (1996) 20–28.
5.43 Vogt, K.: Berechnung elektrischer Maschinen. Weinheim: VCH Verlagsgesellschaft mbH 1996.
5.44 Joho, R. E.: Advances in Synchronous Machines: A Turbogenerator View. IEEE Power Engineering Review 2002, 7–11.

6 Generatoren- und Turbinenregelung

6.1 Frey, W.: Die Frequenz-Leistungsregelung. Scientia Electrica 3 (1957) 54–65.
6.2 Boll, G.: Frequenz-Leistungs-Regelung im Verbundnetz. ETZ-A 79 (1958) 849–902.
6.3 Happoldt, H.: Regelung von großen Turbogeneratoren. ETZ-A 81 (1960) 240–246.
6.4 Hosemann, G.: Messung und Kennlinienbildung bei der Spannungsregelung von Synchrongeneratoren und Transformatoren. ETZ-A 81 (1960) 274–281.
6.5 Laible, Th.: Grundlegende Betrachtungen über das Problem der Spannungsregelung von Generatoren. Bull SEV 52 (1961) 114–120.
6.6 Gräf, W.: Betriebserfahrungen mit schnellaufenden Grenzleistungs-Erregermaschinen. Elektrizitätswirtschaft 61 (1962) 327–340.
6.7 Hosemann, G., Andres, E.: Elektrische Drehzahlregler für Dampfturbinen im Netzbetrieb. VDE-Fachber. 1962 I/152–I/158.
6.8 U.C.P.T.E.: Jahresbericht 1962–1963. Maßnahmen zur Verhinderung und Begrenzung von Großstörungen im internationalen Verbundbetrieb.
6.9 Hosemann, G.: Die stromrichtererregte Synchronmaschine im Netzbetrieb. Elektrizitätswirtschaft 62 (1963) 591–599.
6.10 Pressler, G.: Regelungstechnik Bd. 1, Grundelemente. Mannheim: Bibliogr. Inst. 1965
6.11 U.C.P.T.E.: Quartalsbericht I, 1965. Maßnahmen zur Frequenzhaltung und Vorkehrungen beim Absinken der Frequenz.
6.12 Abolins, A., Heinrichs, F.: Bürstenlose Erreger mit rotierenden Gleichrichtern für große Turbogeneratoren. ETZ-A 81 (1966) 1–8.
6.13 Delwig, H. A., Oeding, D.: Stromrichtererregung eines Generators in einem Industriekraftwerk für Netz- und Inselbetrieb. Elektrizitätswirtschaft 66 (1967) 210–218.
6.14 Wöhrle, G.: Erregeranordnungen für große Turbogeneratoren. Elektrizitätswirtschaft 66 (1967) 152–164.
6.15 Schwarz, H.: Frequenzgang- und Wurzelortskurven. Mannheim: Bibliogr. Inst. 1968
6.16 Anders, H.: Kreislaufschaltungen zur Modifizierung des Gleitdruckbetriebes (Sonderdruck BBC, GEE/TM 1063/S (970.5A) 1969).
6.17 Oeding, D., Schmidt, H.: Anforderungen des Netzes an die Wirkleistungs-Regelung von Kraftwerksblöcken (Sonderdruck BBC, GEE/TM 1063/S (970.5A) 1969).
6.18 Haller, W.: Erregungsbegrenzungen bei Synchrongeneratoren. Brown Boveri Mitt. 57 (1970) 60–65.

6.19 Glavitsch, H., Galiana, F. D.: Load-Frequency Control of Electric Power Systems. Amsterdam: Elsevier 1972.
6.20 Gerlach, R.: Erregung und Spannungsregelung bei Synchrongeneratoren. etz-a (1977) 664–666.
6.21 Leonhard, W.: Regelung in der elektrischen Energieversorgung. Stuttgart: Teubner Verlag 1980.
6.22 Leistungsregelung im Verbundnetz. Deutsche Verbundgesellschaft e. V., Heidelberg 1980.
6.23 Maßnahmen für die Versorgung im Störungsfall. Deutsche Verbundgesellschaft e. V., Heidelberg 1980.
6.24 Fork, K.: Kraftwerksblöcke in Netzstörungen. Elektrotechnik 59 (1981) 102–111.
6.25 Kulicke, B.: Simulationsprogramm NETOMAC: Nachbildung von Synchron- und Asynchronmaschinen. Siemens Forsch.- und Entwickl.-Ber. 11 (1982) 156–161.
6.26 Heilemann, F.: Frequenz- und Leistungspendelungen in elektrischen Verbundnetzen, Entstehung und Gegenmaßnahmen. Diss. Univ. Stuttgart 1983.
6.27 Hoffmann, E., Veith, H.-U.: Das Verhalten der Primärregelung des westeuropäischen Verbundnetzes (UCPTE). Elektrizitätswirtschaft 82 (1983) 84–87.
6.28 Torberg, H.-H.: Entnahmeseitige Maßnahmen bei Dampfturbinen zur Wirkleistungs-Sekundenreserve-Bereitstellung. VDI-Bericht 582, Düsseldorf: VDI-Verlag (1986) 111–125.
6.29 Ying-duo Han: Berechnung der Wirkleistungs-Frequenz-Ausgleichsvorgänge in ausgedehnten Netzen mit Hilfe inhomogener Ersatzleitungen. Diss. Univ. Erlangen-Nürnberg 1986.
6.30 Das versorgungsgerechte Verhalten der thermischen Kraftwerke. Deutsche Verbundgesellschaft e. V., Heidelberg 1991.
6.31 GridCode 2000 – Netz- und Systemregeln der deutschen Übertragungsnetzbetreiber, 2. Ausgabe. Heidelberg: DVG Deutsche Verbundgesellschaft 2000.

7 Eigenbedarfsanlagen in Kraftwerken

7.1 Roggendorf, A.: Der Eigenbedarf mittlerer und großer Kraftwerke. Berlin, Göttingen, Heidelberg: Springer 1952.
7.2 Fieguth, H.O.: Schnellumschaltung in Kraftwerks-Eigenbedarfsanlagen. ETZ-A (1953) 647–650.
7.3 Böcker, H.: Sicherheit der Energieversorgung von wichtigen Betrieben in Kraftwerken und Industrieanlagen durch Schnellumschaltung. VDE-Fachber. (1954) II/21– II/25.
7.4 Wilson, W. R., Mankoff, L. L.: Short-circuit forces in isolated-phase buses. AIEE Trans. 73 (1954) H. III A, 382–396.
7.5 Hosemann, G.: Phasengerechte Schnellumschaltung wichtiger Antriebe in Kraftwerken und Industrieanlagen. Elektrizitätswirtschaft 56 (1957) 149–153.
7.6 Stein, H.: Elektrische Eigenbedarfsversorgung von Kernkraftwerken. VDE-Fachber. (1966) 104–107.
7.7 U.C.P.T.E.: Quartalsbericht IV, 1966. Maßnahmen gegen Großstörungen im Verbundbetrieb.
7.8 Groenewald, W., Brackmann, W.: Automatische Schnellumschaltung mit einem neuen, elektronischen Phasenvergleichsgerät. BBC-Nachr. 49 (1967) 651–657.
7.9 U.C.P.T.E.: Jahresberichte 1968/69, 1969/70, 1970/71: Sicherszellung der Eigenbedarfsversorgung von Stationen sowie von Wasser- und Wärmekraftwerken.
7.10 Brackmann, W.: Anwendungen von Umschaltautomatiken. BBC-Nachr. 51 (1969) 475–479.

7.11 Bührer, B., El Menschawi, M. S., Gebert, F.: Hochstrom Generatorableitungen mit forcierter Belüftung. Elektrizitätswirtschaft 69 (1970) 493–496.
7.12 Bührer, B.: Die Erwärmung von einphasig gekapselten Generatorableitungen. Energie und Technik 23 (1971) Heft 5.
7.13 Apelt, B.: Anforderungen an eine Eigenbedarfsanlage und ihre Auslegung. etz-a (1975) 69–75.
7.14 Eidinger, A., Haag, F., Nissen, U.: Generatorableitungen und Generatorschalter. etz-a (1977) 666–667.
7.15 Wachta, B.: Das dynamische Verhalten von Antrieben mit Drehstromasynchronmotoren. etz-a 98 (1977) 283–287.
7.16 Eckert, J.: Stoßmomente und Ströme eines Asynchronmotors bei Netzumschaltung und anderen Schaltvorgängen. Siemens-Energietechnik 2 (1980) 51–54.
7.17 Cupsa, A., Schmieskol, R., Sterik, O.: Anforderungen an die Eigenbedarfsversorgung im Normal- und Störbetrieb unter Berücksichtigung der zulässigen Grenzen für Spannung, Frequenzen und Kurzschlussströme. ETG-Fachbericht 13. Berlin, Offenbach: VDE-Verlag 1984.
7.18 Hebgen, H., Hüren, H.: Errichtung eines elektrischen Reserve-Netzanschlusses für die beiden Kernkraftwerksblöcke Biblis A und B. VGB Kraftwerkstechnik 65 (1985) 143–146.
7.19 Tsanakas, D.: Ersatzzeitfunktion für die Bestimmung der mechanischen und thermischen Kurzschlussbeanspruchung in Gleichstromanlagen. EtzArchiv 10 (1988)355–360.
7.20 Nietsch, Ch.: Ermittlung der Kurzschlussstromverlaufs in Gleichstromanlagen. Diss. Univ. Erlangen-Nürnberg 1990.
7.21 Tsanakas, D., Meyer, W., Safigianni, A.: Dynamische Kurzschlussbeanspruchung in Gleichstromanlagen. Archiv für Elektrotechnik 74 (1991) 305–313.
7.22 Hosemann, G., Tsanakas, D., Nietsch, Ch.: Short-circuit stress in dc auxiliary systems. CIGRE 1992, 23–104.
7.23 Seinsch, H. O.: Drehmomentbeanspruchung im Wellenstrang von Asynchronmotoren bei Schnellumschaltungen. Elektrie 46 (1992) 456–460.
7.24 Albert, K., Apelt, O., Bär, G., Koglin, H.-J.: Elektrischer Eigenbedarf, Energietechnik in Kraftwerken und Industrie. Berlin, Offenbach: VDE-Verlag 1993.
7.25 Lund, P.: Verification of the electromechanical transients program SETOS by means of comprehensive power-station measurements. ETEP 4 (1994) 47–54.
7.26 Culver, B., Fröhlich, K., Widenhorn, L.: Prevention of tank rupture of faulted power transformers by generator circuit breakers. ETEP 6 (1996) 39–45.

8 Transformatoren

8.1 Drabeck, J., Küchler, R., Schlosser, K.: Die 380 kV-Transformatoren in Rommerskirchen und Hoheneck. ETZ-A 79 (1958) 207–216.
8.2 Schlosser, K.: Große Spartransformatoren. ETZ-A 81 (1960) 59–67.
8.3 Schmidt, W.: Über das Einschalten bei Drehstromtransformatoren. ETZ-A (1961) 471–474.
8.4 Schlosser, K.: Vergleich der Ersatzschaltungen des Voll- und des Spartransformators bei symmetrischer Belastung. BBC-Nachr. 44 (1962) 3–8.
8.5 Schlosser, K.: Eine auf physikalischer Grundlage ermittelte Ersatzschaltung für Transformatoren mit mehreren Wicklungen. BBC-Nachr. 45 (1963) 107–132; Anwendung der Ersatzschaltung eines Transformators mit mehreren Wicklungen. BBC-Nachr. 45 (1963) 318–333.
8.6 Huber, F.: Einschaltstromstöße von Verteiltransformatoren. Brown Boveri Mitt. 52 (1965) 908–916.

8.7 Rabus, W.: Transformatoren. ETZ-A 86 (1965) 436–444.
8.8 Schlosser, K.: Spartransformatoren mit freiem Sternpunkt. BBC-Nachr. 47 (1965) 470–479.
8.9 Küchler, R.: Die Transformatoren. Berlin, Göttingen, Heidelberg: Springer 1966.
8.10 Dietrich, W., Klotz, H.: 1000-MVA-Drehstrombänke mit 380-kV-Spartransformatoren. Siemens-Z. 41 (1967) 23–31.
8.11 Holmgren, B., Jenkins, R.S., Ruibrugent, J.: Transformer inrush current. CIGRE 12-03 (1968).
8.12 Brandes, D.: Bauformen von 700-kV-Transformatoren. Tech. Mitt. AEG-Telefunken 59 (1969) 130–133.
8.13 Elsner, R., Dietrich, W.: Die ersten deutschen 700-kV-Transformatoren für die Energieübertragung der Quebec Hydro-Electric-Commission. ETZ-A 90 (1969) 1–7.
8.14 Specht, T. R.: Transformer inrush and rectifier transient currents. IEEE Trans. PAS 88 (1969) 269–276.
8.15 Casper, W., u. a.: Isolationsbemessung von Höchstspannungstransformatoren. ETZ-A 91 (1970) 226–229.
8.16 Povh, D., Webs, A.: Parallelbetrieb zweier Drehstrom-Zweiwicklungstransformatoren mit ungleichen Kenndaten. Siemens-Z. 45 (1971) 100–107.
8.17 Baehr, R., Edlinger, A.: Der Bau von Großtransformatoren. Brown Boveri Mitt. 59 (1972) 384–389.
8.18 Elsner, R.: Vorstellungen und Probleme beim Bau von Höchstspannungstransformatoren. SfH Techn. Ber. 227 (1972).
8.19 Gert, J.: Drehstrom-Maschinentransformator für 725 MVA. BBC-Nachr. 55 (1973) 17–22.
8.20 Bürgel, K.: Dauerüberwachung des Alterungszustandes von Großtransformatoren. Diss. TU Berlin 1983.
8.21 Leohold, J.: Untersuchung des Resonanzverhaltens von Transformatorwicklungen. Diss. Univ. Hannover 1984.
8.22 Buckow, E.: Berechnung des Verhaltens von Leistungstransformatoren bei Resonanzanregung und Möglichkeiten des Abbaus innerer Spannungsüberhöhungen. Diss. TH Darmstadt 1986.
8.23 Janus, R., Hantel, Th.: 850/1100-MVA-Maschinentransformator für das Kernkraftwerk Emsland. Elektrizitätswirtschaft 87 (1988) 1110–1117.
8.24 Weber, Th.: Nachbildung von Transformatoren und Transformatordifferentialschutzrelais in einem digitalen Netzmodell. Diss. TH Darmstadt 1995.
8.25 Bertagnolli, G.: Short-circuit duty of power transformers. Legnano/Milano: ABB Transformatori 1998.
8.26 Krämer, A.: On-Load Tap-Changers for Power Transformers. Regensburg: Maschinenfabrik Reinhausen 2000.
N8.1 DIN 42501 bis 42515: Normen für Leistungstransformatoren.
N8.2 IEC 14 (CO)75/01-1990, DIN VDE 0532, Teil 1: Transformatoren und Drosselspulen, Teil 1: Transformatoren, Allgemeines.
N8.3 IEC 14(CO) 76//01-1990, DIN VDE 0532, Teil 2: Transformatoren und Drosselspulen, Teil2: Transformatoren, Übertemperaturen.
N8.4 DIN VDE 0532, Teil 3: Transformatoren und Drosselspulen, Teil 3: Isolationspegel und Spannungsprüfungen.
N8.5 CENELEC HD 398-4; DIN 57532, Teil 4; VDE 9532, Teil 4/03.82: Transformatoren und Drosselspulen, Teil 4: Anzapfungen und Schaltungen.

9 Freileitungen

9.1 Carson, L. R. : Wave propagation in overhead wires with earth return. Bell Syst. Techn. J. 5 (1926) 539–554.
9.2 Pollaczek, F.: Über das Feld einer unendlich langen wechselstromdurchflossenen Einfachleitung. Elektr. Nachr.-Technik 3 (1926) 339–359.
9.3 v. Mangold, W., u. a.: Bündelleitungen. Berlin: Siemens-Schuckert AG 1942.
9.4 Megede, W.: Zur Fortleitung elektrischer Energie längs Leitungen in Starkstrom- und Fernmeldetechnik. Berlin, Göttingen, Heidelberg: Springer 1950.
9.5 Girkmann, K., Königshofer, E.: Die Hochspannungsfreileitungen. Wien: Springer 1952.
9.6 Behrens, P., Meyer, H., Nefzger, J.: Aluminiumfreileitungen. Düsseldorf: Aluminium-Verlag 1954.
9.7 Brüderlink, R.: Induktivität und Kapazität der Starkstrom-Freileitungen. Karlsruhe: Braun 1954.
9.8 Die 400 kV-Forschungsanlage Rheinau I, II, III: 400 kV-Forschungsgemeinschaft e.V. Heidelberg: 1955, 1958, 1960.
9.9 Glöyer, H., Vogelsang, Th.: Freiluftisolation in Verschmutzungsgebieten. ETZ-A 77 (1957) 252–257.
9.10 Rieger, H.: Der Freileitungsbau. Berlin, Göttingen, Heidelberg: Springer 1960.
9.11 Boll, G., Karrer, K.: Betriebswirtschaftliche Gesichtspunkte für die Anwendung des Bündelleiters in der Technik der Höchstspannungsübertragungen. ÖZE 14 (1961) 449–456.
9.12 Engelhardt, H.: Einfluss der Beseilung auf die Höchstspannungsübertragung mit Freileitungen. Elektrizitätswirtschaft 60 (1961) 911–918.
9.13 Fischoeder, G.: Die Berücksichtigung der Blindleistung beim Betrieb von Freileitungsnetzen. VDE-Buchreihe Bd. 10 (1963) 35–56.
9.14 Webs, A.: Dauerstrombelastbarkeit von nach DIN 48201 gefertigten Freileitungsseilen aus Kupfer, Aluminium und Aldrey. Elektrizitätswirtschaft 62 (1963) 861–872.
9.15 Leibfreied, W., Mors, H.: Die Bündelleiter-Versuchsanlage Hornisgrinde. Karlsruhe: Badenwerk AG. 1964.
9.16 Oeding, D., Feser, K.: Mittlere geometrische Abstände von rechteckigen Leitern. ETZ-A 86 (1965) 525–533.
9.17 Bartenstein, R., Hirsch, F., Schäfer, E.: Corona measurements on a four-conductor bundle for 700 kV three-phase overhead lines. CIGRE 426 (1966).
9.18 Mors, H.: Höchstspannungs-Freileitungen. ETZ-A 89 (1968) 493–500.
9.19 Nölker, A.: Versuchserfahrungen mit der BBC-Prüfstation für Hochspannungsmaste. BBC-Nachr. 50 (1968) 641–645.
9.20 Herzig, K., Povh, D., Schäfer, E., Dertz, W.: Optimierungsuntersuchung von Kostenformeln für HGÜ Freileitungen. ETZ-A 91 (1970) 99–104.
9.21 Jansen, J.: EHV lines in the Federal Republic of Germany. IEEE Spectrum 89 (1970) 33–40.
9.22 Paris, L.: Considération sur les lingnes á très haute tension de l´avenir. Revue Gén. de l'Électr. 79 (1970) 211–224.
9.23 Mors, H.: Entwicklungsrichtungen im Freileitungsbau – Isoliertraversen. Elektrizitätswirtschaft 70 (1971) 253–257.
9.24 Möcks, L.: Mechanische Schwingungen des Leiterseils einer Freileitung. ETZ-A 93 (1972) 451–456.
9.25 Halbig, A.: Beitrag zur Durchhangsermittlung bei Hochspannungsfreileitungen. Exakte Berechnung der Auslenkungen der Isolatorenketten in einem Abspannabschnitt bei Zustandsänderungen. ETZ-Report Nr. 10, 1973.

9.26 Küpfmüller, K.: Einführung in die theoretische Elektrotechnik. 10. Aufl. Berlin, Heidelberg, New York: Springer 1973.
9.27 Buter, J.: Diskussionsbeitrag zur Gruppe 31, CIGRE (1974) 13–14.
9.28 Haubrich, H.-J.: Das Magnetfeld im Nahbereich von Drehstromfreileitungen. Elektrizitätswirtschaft 73 (1974) 511–517.
9.29 CIGRE-Sonderdruck: Interference produced by corona effect of electric systems. 1974, Paris, 112 bd Haussmann.
9.30 Rieger, H., Fischer, R.: Der Freileitungsbau. Berlin, Heidelberg, New York: Springer 1975.
9.31 Schneider, K.-H.: Elektrische und magnetische Felder in Hochspannungsanlagen. etz-b 28(1976) 180.
9.32 Hauf, R.: Neue Ergebnisse der Untersuchungen mit Versuchspersonen im elektrischen Feld. Beiträge zur ersten Hilfe und Behandlung von Unfällen durch elektrischen Strom. Bericht über die wissenschaftliche Tagung der Forschungsstelle für Elektropathologie, Freiburg, Heft 8, 1977.
9.33 Oeding, D., u. a.: Technische und wirtschaftliche Kenndaten von Freileitungen bei DHÜ und HGÜ. ETZ-A 98 (1977) 711–715.
9.34 Stimmer, H.: Freileitungen. E und M 94 (1977) 451–461.
9.35 Alt, K., Müller, A., Lackner, F.: Pfahlgründungen im Freileitungsbau. Elektrizitätswirtschaft 77 (1978) 669–672.
9.36 Kießling, F., Sperl, H. D.: Die neue 380-kV-Elbekreuzung der Norddeutschen Kraftwerke AG. Elektrizitätswirtschaft 77 (1978) 341–352.
9.37 Strnad, A.: Lichtbogenschutzarmaturen für das 380-kV-Netz. Elektrizitätswirtschaft 78 (1979) 94–102.
9.38 Kießling, F., Ranke, K.: Beanspruchungen von Freileitungen durch extreme Wind- und Eislasten. Elektrizitätswirtschaft 79 (1980) 683–692.
9.39 Bauer, E., Dietz, H.: Porzellan- und Kunststoff-Langstabisolatoren. Elektrizitätswirtschaft 80 (1981) 661–668.
9.40 Déri, A.; Tevan, G.: Mathematical Verification of Dubaton's Simplified Calculation of Overhead Transmission Line Parameters and its Physical Interpretation. Archiv für Elektrotechnik 63 (1981) 191–198.
9.41 Hauf, R.: Untersuchungen zur Wirkung energietechnischer Felder auf den Menschen. Beiträge zur ersten Hilfe und Behandlung von Unfällen durch elektrischen Strom. Sonderheft über Untersuchungen zur Wirkung energietechnischer Felder auf den Menschen, Heft 9, 1981.
9.42 Herzig, K.-H.: Ermittlung von Koronaverlustkosten verschiedener Bündelleiteranordnungen. Elektrizitätswirtschaft 80 (1981) 676–680.
9.43 Meyer, E.-P.: Stromrückleitung über das Erdreich, Impedanzen und induktive Beeinflussung bei Leitern endlicher Länge. Diss. TH Darmstadt 1982.
9.44 Meyer, E.-P.: Impedanzbeläge von endlich langen Leitern mit Erdrückleitung. etz Archiv 6 (1984) 91–97.
9.45 Dommel, H. W.: EMTP-Theory Book. Bonneville Power Administration 1986.
9.46 Haubrich, H.-J.: Biologische Wirkung elektromagnetischer 50-Hz-Felder auf den Menschen. Elektrizitätswirtschaft 86 (1987) 697–705.
9.47 Winkler, H., Junghans, H.: Berechnung des Feldstärkeverlaufs von Mehrphasen-Freileitungssystemen mit Arbeitsplatzcomputer. ELEKTRIE 41 (1987) 468–470.
9.48 Böhringer, A. u. a.: Ozonbildung an Hochspannungsfreileitungen. Elektrizitätswirtschaft 87 (1988) 1017–1022.
9.49 Groß, M., Koglin, H.-J.: Computergestützte Freileitungsplanung unter Berücksichtigung der Sichtbarkeit. Informatik Fachberichte Bd. 184, Berlin, Heidelberg, New York: Springer Verlag 1988, 264–275.
9.50 Hauf, R.: Die Wirkung elektromagnetischer Felder auf den Menschen aus medizinischer Sicht. Bull. SEV 79 (1988) 1382–1389.

9.51 Heidorn, D.: Ein Beitrag zur Theorie transienter Leitungsnachbildungen. Diss. Univ. der Bundeswehr Hamburg 1988.
9.52 Groß, M.: Graphische Datenverarbeitung in der Freileitungsplanung – Innovative Methoden mittels Sichtbarkeitsanalyse. Elektrizitätswirtschaft 89 (1990) 260–271.
9.53 Hosemann, G.: Sicherheitsgrenzwerte, Niederfrequente elektromagnetische Felder, Wissen, Hypothesen, Spekulationen. Energiewirtschaftliche Tagesfragen 43 (1993) 402–407.
9.54 Hofmann, L.: Modellierung von Freileitungen mit frequenzabhängigen Parametern im Kurzzeitbereich. Diss. Univ. Hannover 1997.
9.55 Brandão Faria, J. A.: On the realizability of balanced untranposed overhead line configuration. ETEP 8 (1998) 451–454.
9.56 Moghram, I.S.: Effect of earth stratification on impedances of power transmission line. ETEP 8 (1998) 445–449.
N9.1 VDE 0210: 1985-12. Bau von Starkstrom-Freileitungen mit Nennspannungen über 1 kV.
N9.2 VDE 0210 Teil 104: 1997-06 (DIN IEC 11/122/CD). Freileitungen. Elektrische Abstände für die Sicherheit der allgemeinen Öffentlichkeit. Berechnungsverfahren.
N9.3 VDE 0219 Teil 1: 2002-03 (DIN EN 50341-1). Freileitungen über AC 45 kV. Allgemeine Anforderungen – Gemeinsame Festlegungen.
N9.4 VDE 0210 Teil 3: 2002-03 (DIN EN 50341-3-4). Freileitungen über AC 45 kV. Nationale Normative Festlegungen (NNA).
N9.5 DIN VDE 0848-1: 2000. Sicherheit in elektrischen, magnetischen und elektromagnetischen Feldern. Teil 1: Definitionen, Meß- und Berechnungsgrundlagen.
N9.6 Cigre-Broschüre Nr. 61: Interferences produced by Corona Effect of Electric Systems, Addendum to CIGRE Document N° 20 (1974), Description of Phenomena and practical Guide for Calculation: 1996 (mit umpfangreichen Literaturhinweisen).

10 Kabel

10.1 Schmidt, B.: Gasinnendruck-Kabel. BBC-Nachr. 43 (1961) 208–220.
10.2 Süddeutsche Kabelwerke Mannheim: Taschenbuch Kabel und Leitungen. 1962.
10.3 Lücking, H.W.: Druckkabel für 220 kV. ETZ-B 19 (1967) 633–637.
10.4 Fukuda, S.: Ampacity of direct-buried EHV cables insulated with SF_6 gas. IEEE Trans. PAS 89 (1970) 486–491.
10.5 Bogner, G., Schmidt, F.: Supraleitende Kabel für Drehstromübertragung. ETZ-A 92 (1971) 740–745.
10.6 Brückner, P.: SF_6-isolierte Leitersysteme für Hochleistungsübertragung. ETZ-A 92 (1971) 733–739.
10.7 Hosemann, G., Haubrich, H.-J.: Aspekte unterirdischer Hochleistungsverbindungen zur Versorgung von Ballungsgebieten. ETZ-A 92 (1971)722–725.
10.8 Mainka, G.: Berechnung der Belastbarkeit von in Erde verlegten Starkstromkabeln unter Berücksichtigung von Belastungsfaktor und Bodenaustrocknung. ETZ-A 92 (1971) 125–130.
10.9 Petry, W.: Thermische Dauerbelastbarkeit von Kabeln und Grenzen der konventionellen Kabeltechnik. ETZ-A 92 (1971) 725–731.
10.10 Abilgaard, E.: Zur Verlegung SF_6-isolierter Hochspannungsrohrkabel. Energie und Technik 24 (1972) 127–133.
10.11 Haubrich, H.-J.: Thermisch zulässige Dauerbelastbarkeit in Erde verlegter Rohrgaskabel mit SF_6-Isolation. ETZ-A 93 (1972) 504–508.

10.12 Nabholz, H., u.a.: Einsatzmöglichkeiten von SF_6 – isolierten Leitungen für die Hochspannungsübertragung. Internationales Symposium Hochspannungstechnik (1972) 550–556.
10.13 Peschke, E. F.: Hochleistungsübertragung mit Kabeln. Internationales Symposium Hochspannungstechnik (1972) 558–564.
10.14 Heinemann, H.-J.: Derzeitiger Stand und Entwicklungstendenzen bei Starkstrom- und Nachrichtenkabeln. VDE-Fachber. (1974) 28–42.
10.15 Lanfranconi, G.M., Maschino, G., Oechini, E.: Self contained oil-filled cables for high power transmission in the 750–1200 kV range. IEEE Trans PAS 93 (1974) 1535–1545.
10.16 Mainka, G.: Dosierte Bodenaustrocknung bei erdverlegten Energiekabeln. ETZ-A 95 (1974) 279–282.
10.17 Rasquin, W.: Hochleistungskabel mit Öl-Papier-Isolierungen für 765 kV und 1100 kV. Elektrizitätswirtschaft 74 (1974) 780–785.
10.18 Schmidt, B., Steckel, R.D.: 110-kV-Hochspannungskabel mit Isolierung aus vernetztem Polyäthylen. Elektrizitätswirtschaft 73 (1974) 687–692.
10.19 Krupski, J., Zinke, G., Peschke, E.: Zwangskühlung von Einleiter-Ölkabeln bis 380 kV. Elektrizitätswirtschaft 74 (1975) 934–941.
10.20 Scheid, F., Schmidt, B.: VPE-Europa-Kabel: Ein Programm kunststoffisolierter Kabel für 1 bis 110 kV. BBC-Nachr. 57 (1975) 270–273.
10.21 Hahn, W., Müller, U., Peschke, E.F.: The first 380 kV cable bulk power transmission in Germany. CIGRE 21-08 (1976).
10.22 Eichhorn, K.F.: Erhöhung der Durchgangsleistung dreiphasiger Kabelsysteme. Diss. TH Darmstadt 1977.
10.23 Albrecht, Ch., Brakelmann, H., Mainka, G., Rasquin, W.: High power transmission with conductor cooled cables. CIGRE 21-10 (1978).
10.24 Winkler, F.: Strombelastbarkeit von Starkstromkabeln in Erde bei Berücksichtigung der Bodenaustrocknung und eines Tageslastspieles. etz-Report 13 (1978).
10.25 Bürgel, K., Henschel, M., Zimmermann, W.: Belastbarkeit von Hoch- und Niederspannungskabeln in einer gemeinsamen Trasse. Elektrizitätswirtschaft 78 (1979) 417–420.
10.26 Blechschmidt, H.H., Wanser, G.: Erfahrungen mit neueren Kabelisolierstoffen. Frankfurt a. Main: VWEW 1980.
10.27 Gätcke, H., Henschel, M.: Die Erprobung eines leitergekühlten Hochleistungskabels in Berlin. Elektrizitätswirtschaft 79 (1980) 790–793.
10.28 Lücking, H.W.: Energiekabeltechnik. Braunschweig, Wiesbaden: Vieweg 1981.
10.29 Brakelmann, H.: Physikalische Grundlagen und Berechnungsverfahren der Wärmeabfuhr in Kabelgräben. etz-Report 19 (1984) 1–93.
10.30 Kiwitt, Laarmann, Wanser: Hochspannungs- und Hochleistungskabel. Frankfurt: VWEW-Verlag 1984.
10.31 Brakelmann, H.: Belastbarkeiten der Energiekabel – Berechnungsmethoden und Parameteranalysen. Berlin, Offenbach: VDE-Verlag 1985.
10.32 Kabelhandbuch, 4. Auflage. Frankfurt am Main: VWEW 1986
10.33 Rüger, W.: Einleiterkabel bei hohen Betriebs- und höchsten Kurzschlussströmen. Diss. Univ. Erlangen-Nürnberg 1987.
10.34 Brakelmann, H.: Analyse der Stromdichteverteilungen von Mehrleiteranordnungen mit einem iterativen Teilleiterverfahren. etz-Archiv 11 (1989) 369–377.
10.35 Braun, A.: Schirmspannungen und Schirmverluste bei Mittelspannungs-VPE-Kabeln. Elektrizitätswirtschaft 88 (1989) 1898–1906.
10.36 Heinhold, L., u.a.: Kabel und Leitungen für Starkstrom. Teil 1. 4. überarbeitete Auflage. Berlin, München. Siemens AG 1987; Teil 2. 4. überarbeitete Auflage. Berlin, München. Siemens AG 1989.

10.37 Peschke, E. F.: Vom Papier zum VPE – Entwicklung bei Mittelspannungskabeln. ETZ 112 (1991) 372–373.
10.38 Vierheilig, N.: Das Temperaturfeld von Mehrleiterkabeln bei Kurzschluss und im Dauerbetrieb. Diss. Univ. Erlangen-Nürnberg 1992.
10.39 Braun, A.: Auswirkungen gewendelter Kabelschirme bei quasistationären und transienten Vorgängen. Diss. Univ. Duisburg 1993.
10.40 Kabelhandbuch, 5. Auflage. Frankfurt am Main: VWEW 1997.
10.41 Anghel, A., u. a.: Supraleitende Kabel für die Energieübertragung. Bulletin SEV/VSE (1999) 45–51.
10.42 Kelley, N., u. a.: HTS Cable System Demonstration at Detroit Edison. Proc. IEEE PES Winter Meeting 27–31 January 2000, New York.
10.43 Lindsay, D.: Operating Experience of the Southwire High Temperature Superconducting Cable Installation. Proc. IEEE PES Winter Meeting 27–31 January 2000, New York.
10.44 Miyoshi, K., u. a.: Development of 66 kV-class high-Tc superconducting power transmission cable – remarkable decrease in AC losses and production of prototype cable. Physica C 357–360 (2001) 1259–1262.
10.45 Masuda, T., u. a.: Verification tests of a 100 m High-Tc Superconducting Cable. Proc. IEEE/PES Transmission and Distribution Conference and Exhibition Yokohama October 6–10, 2002, S.1298–1303.
10.46 Willén, D., u. a.: First Operation experiences from a 30 kV, 104 MVA HTS power cable installed in a utility substation. Physica C 372–376 (2002) 1571–1579.
10.47 Nexans Deutschland Industries GmbH & Co KG: Starkstromkabel 1 - 30 kV.
10.48 Nexans Deutschland Industries: Höchstspannungskabel zur Energieübertragung.

N10.1 DIN VDE 0271: 1963–2002. Starkstromkabel mit Isolierung und Mantel aus thermoplastischem PVC und aus Gummi (verschiedene Teile) für Spannungen bis 10 kV.
N10.2 DIN VDE 0273: 1987. Kabel mit Isolierung aus vernetztem Polyethylen.
N10.3 IEC 287: 1969. Calculation of the continuous current rating of cables und CIGRE 233 (1964) und IEC 287: 1982.

11 Leistungsschalter und Schaltanlagen

11.1 Kesselring, F.: Theoretische Grundlagen zur Berechnung der Schaltgeräte. Berlin: de Gruyter 1950 und 1960.
11.2 Fleck, B.: Hochspannungs- und Niederspannungsschaltanlagen. Essen: Girardet 1958.
11.3 Keil, A.: Werkstoffe für elektrische Kontakte. Berlin: Springer 1960.
11.4 v. Rziha, E.: Starkstromtechnik. 8. Aufl. Berlin: Ernst & Sohn 1960.
11.5 Schulze, H.: Technik der Wechselstrom-Hochspannungsschalter. Berlin: VEB Verlag Technik 1961.
11.6 VDE-Fachtagung: Drehstrom-Hochspannungsanlagen. ETZ-A 83 (1962) 161–193, 201–249.
11.7 Schreiner, H.: Pulvermetallurgie elektrischer Kontakte. Berlin: Springer 1964.
11.8 Steiniger, E.: Die dielektrische Festigkeit von Schwefelhexafluorid im inhomogenen Feld bei Gleich-, Wechsel- und Stoßspannungsbeanspruchung. Diss. TU Berlin, 1964.
11.9 Brückner, P., Flöth, H.: Vollisolierte gekapselte Schaltanlagen für Reihe 110 mit sehr kleinem Raumbedarf. ETZ-A 86 (1965) 198–204.
11.10 Frowein, A., Szente-Varga, H. P.: Gekapselte Hochspannungsanlagen mit SF_6-Isolation. Brown Boveri Mitt. 53 (1966) 340–349.

11.11 Raimbault, J., u.a.: Electricity supply to large towns and metal clad equipment for 225 kV networks. CIGRE 136 (1966).
11.12 Rosenberger, G.: Betriebseigenschaften kapazitiver Spannungswandler. ETZ-A 87 (1966) 556–560.
11.13 Slamecka, E.: Prüfung von Hochleistungsschaltern. Berlin, Heidelberg, New York: Springer 1966.
11.14 Wegesin, H.: Isolierte Hochspannungsschaltanlagen: Stand und Entwicklungstendenzen. VDE-Fachber. 24 (1966) 176–184.
11.15 Bay, H. H., u.a.: Verhalten von Stromwandlern und Distanzrelais bei Kurzschlussströmen mit Gleichstromglied. ETZ-A 88 (1967) 113–120.
11.16 Rieder, W.: Plasma und Lichtbogen. Braunschweig: Vieweg 1967.
11.17 Szente-Varga, H.P., Acker, J.: Das Unterwerk Sempersteig des Elektrizitätswerkes der Stadt Zürich. Neue Züricher Zeitung, 15.2.1967.
11.18 Korponay, H.: Transientes Verhalten und Einsatzmöglichkeiten von Stromwandlern verschiedener Bauart. Brown Boveri Mitt. 66 (1969) 597–608.
11.19 Boeck, W., u.a.: Einheitsendverschlüsse zum direkten Einführen von Kabeln in vollisolierte 110-kV-Kompakt-Schaltanlagen. Elektrizitätswirtschaft 70 (1971) 202–205.
11.20 Hermann, G.: Vollgekapselte 220-kV-Schaltanlage (SF_6) im Großkraftwerk Mannheim. Elektrizitätswirtschaft 70 (1971) 434–435.
11.21 Kriechbaum, K.: Das System des Hochleistungs-Freistrahlschalters. Techn. Mitt. AEG-Telefunken 61 (1971) 5–8.
11.22 Ritz, H.: ABC der Meßwandler. 2. Auflage. Hamburg: Dr.-Ing. H. Ritz, Messwandlerwerk GmbH, 1972.
11.23 Schmitz, W.: SF_6-Gas im Schaltanlagenbau: Problemlösung für Isolierung und Lichtbogenlöschung. ETZ-B 24 (1972) 131–135.
11.24 Beier, H., Martin, H., Noack, D.: Siemens-BK-Schalter, eine neue SF_6-Schalter-Generation. Siemens-Z. 47 (1973) 239–243.
11.25 Erk, A., Schmelzle, H.: Grundlagen der Schaltgerätetechnik. Berlin: Springer 1974.
11.26 Fleck, B., Kulik, P.: Hoch- und Niederspannungsschaltanlagen. 6. Aufl. Essen: Girardet 1975.
11.27 Ragaller, K.: Current interruption in high-voltage networks. New York, London: Plenum Press 1977.
11.28 Siemens Handbuch der Niederspannung. Projektierungshinweise für Schaltgeräte, Schaltanlagen u. Verteiler. Berlin; München: Siemens-AG 1982.
11.29 Kopriva, O., Kugler, R.: 420-kV- und 550-kV-Leistungsschalter für 80 kA bis 100 kA Nennauausschaltstrom. Siemens Energietechnik 5 (1983) Heft 6.
11.30 Stenzel, J.: Beitrag zur Untersuchung von Überspannungen beim Schalten kleiner induktiver Ströme. Diss. Univ. GH Siegen 1984.
11.31 Elektrische Installationstechnik, Teil 1 Stromversorgung und Verteilung. 2. Aufl. Berlin u. München: Siemens AG 1985.
11.32 Conrad, Th., Oeding, D.: A Method to correct the Distorted Secundary Currents of Current Transformers. 9th Power System Computation Conference (1987) 311–315.
11.33 ABB Asea Brown Boveri Taschenbuch Schaltanlagen. 8. Aufl. Düsseldorf: Cornelsen Verlag Schwann-Girardet 1987; 9. Auflage 1992; 10. Auflage 1999.
11.34 Stepinzki, B.: Einflussgrößen bei der Schaltanlagenplanung. Elektrizitätswirtschaft 87 (1988) 1122–1126.
11.35 Conrad, Th.: Numerische Korrektur der Sekundärströme gesättigter Stromwandler in Echtzeit. Diss. TH Darmstadt 1989.
11.36 Siemens Handbuch Schalten, Schützen, Verteilen in Niederspannungsnetzen. 2. Aufl. Berlin u. München: Siemens AG 1990.
11.37 CIGRE (1992) 15-23: Diagnostic methods for GIS insulating systems.

11.38 Voigt, G.: Current chopping phenomena in SF_6 selfblast circuit breaker. ETEP 3 (1993) 437–442.
11.39 CIGRE (1994) 15–103: Effects of particles on GIS insulation and evaluation of relevant diagnostic.
11.40 Hesse, I., Schultz, W.: Das Schalten von Lichtbogenofen-Transformatoren im Mittelspannungsbereich, CIRED 1995, Bd. 1, S. 2 (2.21.1)
11.41 Röder, D.W.: Seismic Withstand Capability of High-Voltage Switchgear Equipment. ETEP 5 (1995) 33–40.
11.42 Poljak, M. u. a.: A new concept of combined transformers. ETEP 6 (1996) 253–258.
11.43 Sämann, D.: Leistungsschalter in Industrieanlagen. etz 12 (1996) 38–42.
11.44 Reininghaus, U., Sämann, D.: Schalten im Vakuum – das bewährte Schaltprinzip für Mittelspannung. etz (1997) 14–17.
11.45 Wanninger, G.: Apparent charge measuremaent in GIS by modern diagnostic methods. ETEP 7 (1997) 251–255.
11.46 Leonhardt, G., Marchi, M., Rivetti, G.: SF_6 oder Vakuum? Welcher MS-Leistungsschalter ist der richtige? ABB Technik 4 (2000) 26–33.
11.47 Becker, J.: Schaltbeanspruchungen von Hochspannungs-Leistungsschaltern im Netzbetrieb. Diss. TU Darmstadt 2001.

N11.1 DIN VDE 0670. Wechselstromschaltgeräte für Spannungen über 1 kV- Hochspannungs-Wechselstrom-Leistungsschalter. Teile 101 bis 106.
N11.2 DIN VDE 0660. Schalter mit Nennspannungen bis 1000 V Wechselspannung und bis 3000 V Gleichspannung, für Steuerschalter und Schütze bis 10000 V Wechselspannung.
N11.3 IEC Publ. 60270 (1981): Partial discharge measurements. Berlin Offenbach: VDE-Verlag GMBH.
N11.4 HD 637 S1 Starkstromanlagen mit Nennwechselspannungen über 1 kV. 1999 (Mit einer umpfangreichen Liste von Normen, die für die Auslegung und das Errichten von Starkstromanlagen in Netzen mit Nennspannungen über 1 kV gültig sind).

12 Drehstromnetze

12.1 Gogolin, A. A., u. a.: The Kuibishev-Moscow 400 kV transmission line and 400 kV substation. CIGRE 413 (1956).
12.2 Jancke, G., Lalander, S.: Transmission at 400 kV or higher voltages in Sweden. CIGRE 411 (1956).
12.3 Akopjan, A. A., u. a.: The development of 400–500 kV system in the Soviet Union. CIGRE 410 (1958).
12.4 Geijer, G., Jancke, G., Holmgren, B.: Choise of insulation level in networks containing long high voltage lines. CIGRE 414 (1958).
12.5 Grafström, E., u. a.: The Swedish 380 kV system. Swedish State Power Board, Stockholm. Kungl. Boktryckeriet P.A. Nordstedt & Söner, 1960.
12.6 Blindleistung (VDE-Buchreihe Bd. 10) Berlin: VDE-Verlag 1963.
12.7 Bornitz, E.: Leistungskondensatoren und Blindleistungsmaschinen. München, Wien: Oldenbourg 1965.
12.8 Levitov, V. I., u. a.: Operational experience on 500 kV networks in the U.S.S.R. CIGRE 416 (1966).
12.9 Müller, L. Reihenkondensatoren in elektrischen Netzen. Gräfelfing: Techn. Verlag Resch 1967.
12.10 Ewelt, K. P.: Zur Bestimmung der Versorgungssicherheit von Stromverteilungsnetzen. Elektrizitätswirtschaft 68 (1969) 293–298.

12.11 Dotzenrath, W.: Versorgungssicherheit und moderne Netzgestaltung. Energie 21 (1969) 428–434.
12.12 Nagel, H.: Wirtschaftliche Belastung und Bemessung von Umspannwerken 110/10 kV und deren 10 kV-Netze. Energie 21 (1969) 337–343.
12.13 Stauch, B.: 765 kV als neue Spannungsebene im Netz der American Electric Power Service Corporation. ETZ-A 90 (1969) 372–376.
12.14 Technical papers on the American Electric Power 765 kV-System. Winter-Power-Meeting New York, N.Y., 1969. Neun Beiträge von verschiedenen Autoren.
12.15 Barnes, H.C., Caleca, V.: Initial experience on the 765 kV system of the American Electric Power Company (U.S.A.). CIGRE 31-06 (1970).
12.16 Busch, H.G., u.a.: The importance of the 380 kV voltage level for the systems in Western Germany. CIGRE 32-04 (1970).
12.17 Jansen, J., Meinert, J., Ewelt, K.P.: Two problems of the German power suppley. EHV lines and power supply of a big city. IEEE Winter Power Meeting, New York, N.Y. 1970, 70 CP 198-PWR.
12.18 Lalander, S., Gustafsson, L., Mattsson, B.: Seventeen years experience of service reliability in the Swedish 400 kV system. CIGRE 31-02 (1970).
12.19 Oeding, D.: Prinzipien und Grenzen der elektrischen Energieübertragung. ETZ-A 91 (1970) 29–36.
12.20 Erche, M.: Stromversorgung von Ballungszentren. Techniken der Zukunft 3 (1971) 99–103.
12.21 Ewelt, K.P.: Langfristige Rahmenplanung für die Stromversorgung von Hamburg. Energie 23 (1971) 110–116.
12.22 Lemmermeier, J.: Einflüsse des Lichtbogenofens auf die speisenden Netze. Elektrizitätsverwertung 46 (1971) 339–352.
12.23 Verteilungsnetze in der öffentlichen und industriellen Stromversorgung. Kurzfassung der Vorträge der VDE-Arbeitsgemeinschaft 1971 des VDE Bezirksvereins Frankfurt a. M.. VDE Bezirksverein.
12.24 Baril, G.A., Roy, J.C.: Optimisation of Hydro-Quebec's 735 kV transmission system. CIGRE 31-10 (1972).
12.25 Barnes, H.C., Caleca, V., Knudsen, L.: Long-line 765 kV test results and analysis. CIGRE 31-09 (1972).
12.26 Jancke, G., Johansson, T., Edberg, O.: Studies regarding future transmission voltage in Sweden. CIGRE 31-04 (1972).
12.27 Kühnisch, H. J.: Planungskonzepte für ein großstädtisches Inselnetz. VDE-Fachber. 27 (1972) 70–79.
12.28 Lipken, H.: Wirtschaftliche Netzformen städtischer 10 kV- und 110 kV-Netze. Elektrizitätswirtschaft 71 (1972) 625–635.
12.29 Elektrische Hochleistungsübertragung. Vorstudie, im Auftrage des Bundesministeriums für Bildung und Wissenschaft, verfasst vom Sonderausschuss „Hochleistungsübertragung" und herausgegeben von der 400 kV-Forschungsgemeinschaft e.V., 1972.
12.30 Glavitsch, H.: Über die Verwendung von Drosselspulen mit begrenzter linear magnetischer Charakteristik zur Kompensation von Höchstspannungsleitungen. Diss. RWTH Aachen 1974.
12.31 Haubrich, H.-J., Hosemann, G., Thomas, R.: Single phase auto-reclosing in EHV systems. CIGRE 31-09 (1974).
12.32 Vogel, O., Hubensteiner, H.: Measures for limiting transient overvoltages in the measuring-, control- and signal-wires of extensive h.v. outdoor stations. CIGRE 34-01 (1974).
12.33 Lürtzing, W.: Die 380-kV-Schaltanlagen der HEW. Energie 27 (1975) 218–225.
12.34 Reisner, H.: Planung von Übertragungsnetzen. ETZ-A 96 (1975) 432–438.
12.35 Steiniger, E.: Spannungswahl und Netzaufbau von Industrienetzen. ETZ-A 96 (1975) 471–475.

12.36 Boeck, W., u. a.: Überspannungsschutz von Schaltanlagen mit SF_6-Isolierung in Hochspannungsfreileitungsnetzen. Elektrizitätswirtschaft 76 (1977) 724-730.
12.37 Elektrische Hochleistungsübertragung und -verteilung in Verdichtungsräumen. Mannheim-Rheinau: Forschungsgemeinschaft für Hochspannungs- und Hochstromtechnik e.V. 1977.
12.38 Schmidt, H.: Netzrückwirkungen in einem Industrienetz mit einem hohen Anteil an Stromrichterleistung. ETZ-A 98 (1977) 341–345.
12.39 Eidinger, A.: Die Anwendung von SF_6 im Anlagen- und Schalterbau. Bull. SEV 69 (1978) 1201–1206.
12.40 Łobos, T., Koglin, H.-J.: Investigation of fast algorithms for digital line protection. 6th PSCC (1978) 620–628.
12.41 Ibrahim, M., u. a.: The integrated substation concept: Opportunities for the future. Proceedings of the American Power Conference 41 (1979) 1085–1092.
12.42 Peschke, E. F.: Kabeleinführungen in metallgekapselte SF_6-isolierte Hochspannungsschaltanlagen. Elektrizitätswirtschaft 78 (1979) 1060–1064.
12.43 Grundsatzplanung für das elektrische Verteilungsnetz von West-Berlin. BBC-Mannheim, Druckschrift Nr. DSI 90402 D, 1979.
12.44 Verschiedene Aufsätze und Verfasser: Planung des elektrischen Versorgungsnetzes der Berliner Kraft- und Licht- (BEWAG)-AG. Elektrizitätswirtschaft 78 (1979), Heft 11.
12.45 Heidinger, P. F.: Entwicklung der elektrischen Energieübertragung. etz-a 101 (1980) 927–932.
12.46 Menten, L., Baur, A.: 420-kV-SF_6-Schaltanlage UW Kupferzell. Elektrizitätswirtschaft 79 (1980) 121–127.
12.47 Schopper, E., Wenger, S.: Beanspruchung von Transformatoren durch aperiodische und oszillierende Überspannungen. E&M 97 (1980) 559–564.
12.48 Delwig, H.A., Schämann, O.: Technik und besondere Anforderungen der industriellen Energieversorgung. ETZ 102 (1981) 596–608.
12.49 Ehmcke, B.: Drehstrom-Hochspannungsübertragung. Siemens Energietechnik 3 (1981) 4–10.
12.50 Haß, D., u.a.: Das (n-1)-Kriterium in der Planung von Übertragungsnetzen. Elektrizitätswirtschaft 80 (1981) 923–926.
12.51 Koglin, H.-J., Łobos, T.: Distanzschutz mit Mikrorechnern. etzArchiv 3 (1981) 167–177.
12.52 Schlabbach, J.: Distanzschutz mit Mikrorechnern. Auswahl und Test von Algorithmen. Diss. TH Darmstadt 1982.
12.53 Strnad, A.: Beeinflussung von Sekundärkreisen in Hochspannungsschaltanlagen bei rasch veränderlichen Vorgängen im Hochspannungskreis. Diss. TH Darmstadt 1982.
12.54 Oeding, D., Speh, R.: Test eines „Digitalen Distanzschutzrelais" im 20-kV-Netz. etz-Archiv 5 (1983), Heft 5.
12.55 Heid, W., Speh, R.: Digitaler Netzschutz in Mittelspannungsnetzen. Elektrizitätswirtschaft 83 (1984) 279–284.
12.56 Paris, L. u. a.: Present limits of very long transmission systems. CIGRE 37-12 (1984).
12.57 Hubensteiner, H., Koetzold, B., Oeding, D., Zobel, M.: Der Weg zum digitalen Selektivschutz, ETG-Fachberichte 14 (1984), VDE-Verlag.
12.58 Burkhardt, T.: Ein Beitrag zur rechneroptimierten Planung in Mittelspannungsnetzen. Diss. TH Darmstadt 1985.
12.59 Speh, R.: Digitaler Netzschutz in Mittelspannungsnetzen. Aufbau und Erprobung eines Distanzschutzrelais. Diss. TH Darmstadt 1985.
12.60 Werth, K.: Ein Beitrag zur rechneroptimieerten Planung der Einspeisung in Mittelspannungsnetze. Diss. TH Darmstadt 1985.

12.61 Phadke, A.G., Thorp, J.S., Horowitz, S.H.: Impact of adaptive Protection on Power System Control, PSCC Portugal (1987) 283–290.
12.62 Koglin, H.-J., Schegner, P.: Konzept eines digitalen Erdschlußdistanzschutzes. ETZ 109 (1988) 820–823.
12.63 Taube, W., Müller-Reinke, R., Untiet, M: Rechnergestützte Einsatzoptimierung in der Lastverteilung der PreussenElektra AG. Elektrizitätswirtschaft 87 (1988) 1098–1102.
12.64 Wüst, B.: Einfluss thermischer Grundlastblöcke auf die Wirtschaftlichkeit und Zuverlässigkeit von Insel- und Verbundsystemen. Diss. RWTH Aachen 1988. Düsseldorf: VDI Verlag, Reihe 16, Nr. 46.
12.65 Klein, L.: Rechneroptimierte dynamische Planung von Mittelspannungsnetzen. Diss. Univ. des Saarlandes 1989.
12.66 Müller, L., Boog, E.: Selektivschutz elektrischer Anlagen. Frankfurt: VWEW-Verlag 1990.
12.67 Richter, H.-J.: Ausfallgeschehen in deutschen Hochspannungsnetzen – Analyse und Beitrag zur Modellbildung. Diss. Univ. des Saarlandes 1990.
12.68 Clemens, H., Rothe, K.: Schutztechnik in Elektroenergiesystemen, 3. Aufl., Berlin: Verlag Technik 1991.
12.69 Plumhoff, P.: Digitaler Distanzschutz in Netzen mit niederohmiger Sternpunkterdung. Diss. TH Darmstadt 1991.
12.70 Ungrad, H., Winkler, W., Wiszniewski, A.: Schutztechnik in Elektroenergiesystemen. Berlin, Heidelberg, New York: Springer 1991.
12.71 Haubrich, H.-J.,Müller, H.C., Schwarz, J.: Technical Limits of Interconnected systems. CIGRE 37-301 (1992).
12.72 Mombauer, W., Weck, K.-H.: Load modelling for harmonic flow calculations. ETEP 3 (1993) 453-460.
12.73 Otto, St., Oeding, D.: Partial short-circuit currents to determine the suitable operating characteristic of distance-protection relays for double-circuit lines. 6th International Sympsium on Short-Circuit Currents. Liège 1994.
12.74 Elektrische Wiedervereinigung Deutschlands – Integration der neuen Bundesländer und West-Berlins in den Westeuropäischen Stromverbund. Sonderdruck aus Elektrizitätswirtschaft 93 (1994) 703–750.
12.75 Deutsche Verbundgesellschaft e. V. Heidelberg, Jahresbericht 1995 (Darstellung der Parallelschaltung UCPTE-CENTREL im Jahre 1995).
12.76 Cavallini, A. u. a.: ATP Simulation for Arc-Furnace Flicker Investigation. ETEP 5 (1995) 165–172.
12.77 Hendrich, Ch., Wittmann, E.: New Digital Distance-Protection System Combining Signal-Spectrum Analysis and Differential-Equation Solution for Power-Distribution Systems. ETEP 5 (1995) 49–54.
12.78 Otto, St.: Distanzschutz von Doppelleitungen in vermaschten Hochspannungsleitungen. Diss. TH Darmstadt 1995.
12.79 Cerado, M.: Improving the economic competitiveness of small-load long-distance AC transmission systems by the use of static compensators at the receiving end. ETEP 6 (1996) 245–252.
12.80 Clodius, D. u. a.: Stabilitätsuntersuchung zum synchronen Parallelbetrieb der Verbundnetze von UCPTE und CENTREL. etz (1996) 16–25.
12.81 Knoop, M., Köhle, S.: Time-varying loads in electric power systems. Power input, equivalent circuit elements, and disturbances. ETEP 7 (1997) 5–11.
12.82 Mombauer, W.: Calculating a new reference point for the IEC-Flickermeter. ETEP 8 (1998) 429–436.
12.83 Grünbaum, R., Noroozian, M., Thorwaldsson, B.: FACTS-leistungsfähige Systeme zur flexiblen Energieübertragung. ABB Technik 5 (1999) 4–17.

12.84 Hingurani, N., Gyugyi, L.: Understanding FACTS; Concepts and Technology of Flexible AC Transmission Systems. New York: IEEE PRESS 1999.
12.85 Schwarz, J.: Recent Developments in the European Interconnected System. ELECTRA 197 (2001) 16–21.

N12.1 EN 6100-3-3, VDE 0838, Teil 3: Elektromagnetische Verträglichkeit (EMV), Teil 3-3 Grenzwerte – Begrenzung von Spannungsänderungen, Spannungsschwankungen und Flicker in öffentlichen Niederspannungs-Versorgungsnetzen...: 2002. (Netzrückwirkung; Erläuterung zu DIN VDE 0838 und DIN VDE 0846 von Gretsch, G; Mombauer, W.: VDE Schriftenreihe Band 37).

13 Mathematische Behandlung des Drehstromnetzes

13.1 Edelmann, H.: Vorteile beim Arbeiten mit αβ0-Komponenten und deren wichtige Eigenschaften. ETZ-A 78 (1957) 600–606.
13.2 Dommel, H.: Die Darstellung des Transformators in der elektrischen Netzberechnung. Elektrizitätswirtschaft 59 (1960) 271–275.
13.3 Hosemann, G.: Der Doppelerdschluß in einem beliebig vermaschten Netz. ETZ-A 81 (1960) 563–566.
13.4 Erche, M.: Schaltungen für den Übergang zwischen Komponentensystemen für Drehstromnetze. Diss. TH Stuttgart, 1962.
13.5 Hosemann, G.: Stern-Vieleck-Umwandlung in Zweipol- und Vierpolnetzen. Arch. f. Elektrotech. 47 (1962) 61–79.
13.6 Dommel, H.: Die Berechnung von Leitungsunterbrechungen bei gleichzeitigem Kurzschluß. Arch. f. Elektrotech. 49 (1964) 73–82.
13.7 Webs, A.: Nachbildung von Drehstromtransformatoren mit Längs- und Schrägregelung beim Arbeiten mit symmetrischen Komponenten. Siemens-Z. 38 (1964) 8–14.
13.8 Koettnitz, H.: Berechnung der Fehlerströme und Fehlerspannungen von Quer-, Längs-Doppelfehlern auf Leitungen innerhalb vermaschter Energieversorgungsnetze. Mitt. d. IfE (1965) H. 69, 511–524.
13.9 Oeding, D.; Althammer, P.: Direkter Aufbau von Hybridnetzen nach dem Zweipolverfahren zur digitalen Kurzschlußstromberechnung in Hochspannungsnetzen. BBC-Nachr. 49 (1967) 147–155.
13.10 Stagg, C. W., El-Abiad, A. H.: Computer Methods in Power System Analysis. New York: McGraw-Hill 1968.
13.11 Hosemann, G.: Drehstromnetze in Zwei-Achsen-Komponenten. ETZ-A 92 (1971) 618–622.
13.12 Kulicke, B.: Digitalprogramm NETOMAC zur Simulation elektromechanischer und -magnetischer Ausgleichsvorgänge in Drehstromnetzen. Elektrizitätswirtschaft 78 (1979) 18–23.
13.13 Viegas de Vasconcelos, A. J.: Berechnung nichtstationärer Vorgänge in Drehstromnetzen mit Raumzeigerkomponenten auf einem Multiprozessor. Diss. Univ. Erlangen-Nürnberg 1985.
13.14 Grogger, F., van Dommeln, D., Stein, B.: Das Programmsystem EMTP (Electromagnetic Transients Program) zur Berechnung elektromagnetischer und -mechanischer Ausgleichsvorgänge. Elektrotechnik und Informationstechnik (1988) 568–573.
13.15 Schefter, M.: Echtzeitsimulation dynamischer Vorgänge in elektrischen Energieversorgungsnetzen mit Hilfe von Parallelrechnern. Diss. TU Berlin 1989.
13.16 Krebs, R.: Analyse der Anisotropien dreiphasiger Betriebsmittel. Diss. Univ. Erlangen-Nürnberg 1990.

13.17 Peralta, W. H.: Aufwandminimale dynamische Netzberechnungen beim Vielmaschinenproblem. Diss. Univ. Erlangen-Nürnberg 1991.
13.18 Fette, M.: Strukturelle Analyse elektrischer Energieversorgungssysteme. Diss. Univ. Paderborn 1993.
13.19 Linnert, U.: Berechnung von Ausgleichsvorgängen in Elektroenergiesystemen unter Verwendung größtmöglicher Schrittweiten. Diss. Univ. Erlangen-Nürnberg 1995.
13.20 Mahn, U.: Berechnung der unsymmetrischen Belastung von Drehstromnetzen durch die Wechselstrom-Bahnenergieversorgung mit 50 (60) Hz. Diss. TH Darmstadt 1998.
13.21 PSCC (Power System Computation Conference)-Berichte ab 1963 (London) bis 1999 (Trondheim).
13.22 Oswald, B. R.: Generalized Method for Fault Simulations in Power Systems. ETEP 10 (2000) 59–62.

14 Leistungsfluss im Drehstromnetz

14.1 Housholder, A. S.: Principles of numirical analysis. New York: McGraw-Hill, 1953.
14.2 Schneider, W.: Rechnerische Ermittlung von Verlusten in elektrischen Netzen zur Erzielung einer optimalen Lastverteilung. Elektrizitätswirtschaft 55 (1956) 18–190.
14.3 Ward, J.B., Hale, H.W.: Digital Computer Solution of Power-Flow Problems. Trans. AIEE, vol. 75, pt. III (1956) 398–404.
14.4 Hale, H.W., Goodrich, R.W.: Digital Computation of Power Flow – Some new Aspects. Trans. AIEE, vol. 78, pt. IIIA (1959) 919–924.
14.5 van Nees, E.J.: Iteration Methods for Digital Load Flow Studies. Trans AIEE, vol. 75, pt III (1959) 583.
14.6 Lipken, H.: Verlustoptimale 60°-Schrägregelung. Elektrizitätswirtschaft 60 (1961) 329–334.
14.7 van Nees, J.E., Griffin, J.H.: Elimination Methods for Digital Load Flow Studies. Trans. AIEE, vol. 80, pt. III (1961) 299.
14.8 Baumann, R., Zollenkopf, K.: Lastflußberechnung in mehrstufigen Netzen mit variablen Übersetzungsverhältnissen der Kupplungstransformatoren. ETZ-A 83 (1962) 303–307.
14.9 Bubenkov, J.A., Johansson, T.: Belastningens statistika karakteristikor i nett kraftnät (Die statistischen Charakteristiken der Belastung in einem Kraftnetz). Elteknik 5 (1962) 77–88.
14.10 Dommel, H.: Digitale Rechenverfahren für elektrische Netze. Diss. TH München 1962.
14.11 Brown, H. E., Carter, G. K., Happ, H. H., Person, C. E.: Power Flow Solution by Impedance Matrix Iterative Method. IEEE Trans. (Power App. And Syst.) Vol. PAS-82, pp. 1–10, April 1963.
14.12 Canal, M: „Elemination ordonnées", un processus diminuant le volume des calculs dans la résolution des systemes linéaires à matrice creuse. PSCC, London 1963 Report 3.3 und Carpentier, J.: Ordered eleminations, PSCC, London 1963.
14.13 Sato, N., Tinney, F.W.: Technique for exploiting the sparsity of network admittance matrix. IEEE Trans. PAS 82 (1063) 944–950.
14.14 Baumann, R.: Load flow iterative technques using sparse hybrid matrices. PSCC, Stockholm 1966, Report 4.14.
14.15 Brameller, A.: The application of diacoptics to network analysis. PSCC Stockholm 1966, Report 4.6.
14.16 Tinney, F.W., Walker, J.W.: Direct solutions of sparse network equations by optimally ordered triangular factorisation. Proc. IEE 55 (1967) 1801–1809.

14.17 Laible, Th.: Abhängigkeit der Wirk- und Blindleistungsaufnahme passiver Netze von Spannungs- und Frequenzschwankungen. Bull. SEV 59 (1968) 49–65.

14.18 Stagg, G.W., El-Abiad, A.H.: Computer methods in Power System Analysis. McGraw-Hill 1968.

14.19 Happ, H.H.: Diacoptics and piecewise methods. IEEE Trans. PAS 89 (1970) 1373–1382.

14.20 Funk, G.: Der Einfluss von Netzimpedanzen auf die Spannungsabhängigkeit von Drehstromlasten. Wiss. Ber. AEG-Telefunken 44 (1971) 1–5.

14.21 Reid, K.J.: Large sparse sets of linear equations. London, New York: Academic Press, 1971 (19 Einzelbeiträge von verschiedenen Verfassern: Zollenkopf: Bi-Factorisation; Baumann: Spareness in Power Systems).

14.22 Tinney, W.F., Powell, W.L.: Programming of sparsity-directed ordering schemes. PSCC, Cambridge 1975, Report 3.1/1.

14.23 Zollenkopf, K.: Sparse nodal impedance matrix generated by Bi-Factorisation method and applied to short circuit studies. PSCC, Cambridge 1975, Report 3.1/3.

14.24 Hartkopf, T.: Die Anwendung der Gradientenmethode bei der Berechnung optimaler Lastflüsse. Diss. TH Darmstadt 1978.

14.25 Koglin, H.-J., Müller, H.: First experiences with computer aided corrective switching. 7th PSCC Lausanne (1981) 474–481.

14.26 Müller, H.: Korrektives Schalten – Eine Maßnahme zur gezielten Entlastung von Betriebsmitteln in elektrischen Energieversorgungsnetzen. Diss. TH Darmstadt 1981.

14.27 Elgerd, O.I.: Electric Energy Systems Theorie. McGraw-Hill. New York 1982.

14.28 Müller, H.: Korrektives Schalten – Ein neues Verfahren im Rahmen der Lastflussoptimierung. etzArchiv 4 (1982) 279–285.

14.29 Brown, H.E.: Solution of Large networks by matrix Methods. Second edition. New York: John Wiley 1985.

14.30 Medeiros, M. F.: Schnelle Überlastreduktion durch korrektives Schalten. Diss. TH Darmstadt 1987.

14.31 Koglin, H.-J.: Lastflüsse in Drehstromnetzen und ihre Berechnung (1988), siehe 1.24.

14.32 Arrilaga, J., Arnold, C.P.: Computer Analysis of Power Systems. Chichester: John Wiley 1990.

14.33 Grainger, J. J., Stevenson, Jr. W. D.: Power Sytem Analysis. New York: McGraw-Hill, Inc. 1994.

14.34 Berizzi, A. u.a.: Convergence improving minimization technique for a modified fast decoupled load flow. ETEP 6 (1996) 201-206.

15 Kurzschlussströme und Kurzschlussbeanspruchungen

15.1 Beckwith, St.: Approximating potier reactances. Electrical Engineering (1937) 813–818.

15.2 AEG-Rechnungsgrößen für Hochspannungsanlagen. Berlin: AEG-Verlag 1938.

15.3 Steglich, P.: Kurzschlußberechnung mit Hilfe von reduzierten prozentualen Spannungsfällen. ETZ 63 (1942) 513–518.

15.4 Happoldt, H.: Die Berechnung der Kurzschlußleistung in Hochspannungsnetzen. BBC-Nachr. 30 (1943) 17–20.

15.5 Roeper, R.: Ermittlung der thermischen Beanspruchung bei nichtstationären Kurzschlußströmen. ETZ 70 (1949) 131–135.

15.6 Prinz, H.: Bestimmung der Stoßkurzschlußwechselstromleistung von Hochspannungsnetzen mit Hilfe des Kapazitätsgitters. ETZ-A 73 (1952) 91–94.

15.7 Wilson. W.R., Mankoff, L.: Short-circuit forces in isolated phase busses. AIEE Trans. PAS 73 (1954) 382-396.

15.8 Lehmann, W.: Elektrodynamische Beanspruchung paralleler Leiter. ETZ-A 76 (1955) 382-396.

15.9 Prinz, H., Müller, W.: Kurzschlußberechnung vermaschter Netze mit Hilfe des N_{SW}-Potentialverfahrens. Elektrizitätswirtschaft 55 (1956) 321–326.

15.10 Chmelka, F., Melan, E.: Einführung in die Festigkeitslehre. 4. Aufl. Wien: Springer 1960.

15.11 Schuisky, W.: Kritische Betrachtung des Verfahrens zum Bestimmen der Lastregelung von Synchronmaschinen. Siemens-Z. 38 (1964) 365–369.

15.12 Kloeppel, F.W., Fiedler, H.: Kurzschluß in elektrischen Anlagen und Netzen. Berlin: VEB-Verlag Technik 1965.

15.13 Oeding, D., Schünemann, H.D.: Berechnungen von Kurzschlußströmen in Hochspannungsnetzen mit Impedanzen des %/MVA-Systems. BBC-Nachr. 47 (1965) 603–614.

15.14 Wagner, E.: Dauer- und Kurzschlußbeanspruchung von Bündelleitern in Hochspannungsschaltanlagen. ÖZE 18 (1965) 18–25.

15.15 Kalkner, B.: Die Begrenzungskupplung, ein Beitrag zum Kurzschlußproblem des Verbundnetzes. ETZ-A 87 (1966) 681–685.

15.16 Körner, G.: Hinweis zur Bemessung von Schaltanlagen mit Leitungsseilen auf mechanische Kurzschlußfestigkeit. VDE-Fachber. 24 (1966) 154–160.

15.17 Lehmann, W., Sieber, P.: Mechanische Kurzschlußbeanspruchungen durch Leiterseile in Schaltanlagen. VDE-Fachber. 24 (1966) 149–153.

15.18 Webs, A.: Sonderprobleme bei Kurzschlüssen in Drehstromnetzen. VDE-Fachber. 24 (1966) 138–145, Diskussion 145–148.

15.19 Funk, G.: Die Wirkung von Belastungsimpedanzen und Leitungskapazitäten auf die Größe der Kurzschlußströme. Elektrizitätswirtschaft 66 (1967) 437–440.

15.20 Mavromaras, D., Sieber, D.: Beitrag zur Ermittlung der bei Kurzschlüssen für Stromleiter zulässigen mechanischen Beanspruchungen. ETZ-A 89 (1968) 34–38.

15.21 Ballus, H.: Beitrag zur Berechnung elektromagnetischer Kräfte zwischen stromführenden Leitern. Diss. TH Darmstadt 1969. ETZ-A 90 (1996) 539–544.

15.22 Schröder, E., Witt, H.: Die Höhe des Stoßkurzschlußstromes in Netzen mit großer Nullimpedanz bei ungleichzeitiger Einleitung von Kurzschlüssen. ETZ-A 90 (1969) 14–17.

15.23 Goly, G., Schulz, W., Webs, A.: Netzversuche zum Ermitteln der Ausgleichsvorgänge in Industrienetzen mit einer Vielzahl von Asynchronmotoren. Siemens-Z. 44 (1970) 358–363.

15.24 Gröber, R., Stein, B., Weitzel, H.G.: Versuche zur Ermittlung des Kurzerwärmungsfaktors und der zulässigen Kurzschluß-Endtemperatur bei PVC-Kabeln mit Kupferleitern. Elektrizitätswirtschaft 69 (1970) 578–582.

15.25 Gretsch, R.: Meßgerät zur Bestimmung des Innenwiderstandes elektrischer Energieversorgungsnetze. Diss. TH Darmstadt 1971.

15.26 Koglin, H.-J.: Der abklingende Gleichstrom beim Kurzschluß in Energieversorgungsnetzen. Diss. TH Darmstadt, 1971.

15.27 Oeding, D.: Kurzschlußstromberechnung und Beanspruchungen in Niederspannungsnetzen (Industrienetzen). In: Verteilungsnetze in der öffentlichen und industriellen Stromversorgung. VDE-Bezirksverein Frankfurt/Main 1971.

15.28 Ott, G., Webs, A.: Beitrag von Hochspannungs-Asynchronmotoren zum Kurzschlußstrom bei dreipoligem Kurzschluß. ETZ-Report 6 Berlin: VDE-Verlag 1971.

15.29 Buter, J.: Kurzschluß- und Abschaltprobleme in Hochspannungsnetzen. Energiewirtschaftl. Tagesfragen 22 (1972) 18–24.

15.30 Koglin, H.-J.: Simplified determination of direct component and derived characteristics of short-circuit current. PSCC, Grenoble 1972, 1.3/16.

15.31 Webs, A.: Einfluß von Asynchronmotoren auf die Kurzschlußstromstärken in Drehstromanlagen. VDE-Fachberichte 27 (1972) 86–92.

15.32 Balzer, G., Gretsch, R.: Impedanzen und Kurzschlußströme in Niederspannungsnetzen. ETZ-A 95 (1974) 323–332.
15.33 Deter, O.: Berechnung der Kurzschlußbeanspruchung von Anlagen mit biegesteifen Stromleitern und elastischen Stützpunkten. Diss. TH Darmstadt, 1974.
15.34 Funk, G.: Kurzschlußstromberechnung. Berlin: Elitera 1974.
15.35 Oeding, D., Seele, N., Zimmermann, W.S.: Berechnung der Kurzschlußströme in gleichmäßig vermaschten ausgedehnten Drehstromnetzen. Elektrizitätswirtschaft 73 (1974) 662–666.
15.36 Mathejczyk, M., Stein, N.: Kurzschlußseilzug enggebündelter Doppelseile in Schaltanlagen. ETZ-A 97 (1975) 323-328.
15.37 Tsanakas, D.: Ströme, Kräfte und mechanische Beanspruchungen bei nicht gleichzeitig auftretenden Kurzschlüssen. ETZ-A 96 (1975) 501–505.
15.38 Balzer, G.: Nullimpedanzen von Kabel- und Freileitungsnetzen zur Einhaltung der Nullungsbedingungen. ETZ-B (1976) 175–180.
15.39 Hosemann, G., Tsanakas, D.: Beitrag zur analytischen Berechnung der dynamischen Kurzschlußbeanspruchung von Schaltanlagen. etz-a 97 (1976) 493–498.
15.40 Tsanakas, D.: Beitrag zur Berechnung der elektromagnetischen Kurzschlußkräfte und der dynamischen Beanspruchung von Schaltanlagen. Diss. TH Darmstadt 1976.
15.41 Balzer, G.: Impedanzmessungen in Niederspannungsnetzen zur Bestimmung der Kurzschlußströme. Diss. TH Darmstadt, 1977.
15.42 Tsanakas, D.: Der Einfluß der ungleichen Stützabstände auf die mechanischen Kurzschlußbeanspruchungen von Schaltanlagen. etz-a (1977) 155–157.
15.43 Tsanakas, D.: Dynamische Kurzschlußbeanspruchung von Hochspannungsschaltanlagen mit biegesteifen Leitern. etz-a 98 (1977) 399–403.
15.44 Hosemann, G., Tsanakas, D.: Dynamic Stress in Substations taking into account the Short-Circuit Currents and Elektromagnetic Forces due to Non-Simultaneous Faults. CIGRE-Report No. 23-04 (1978).
15.45 Engel, B.: Mechanische Beanspruchung von Leiterseilen in Anlagen nach einem Kurzschluß. Elektrizitätswirtschaft 78 (1979) 186–189.
15.46 Engel, B.: Vereinfachte Berechnung der Seilauslenkungen durch Kurzschlußkräfte bei Geräteverbindungen in Schaltanlagen. Archiv für Elektrotechnik 61 (1979) 287–292.
15.47 Grotstollen, H.: Der Beitrag stromrichtergespeister Gleichstromantriebe zum Stoßkurzschlußstrom im Drehstromnetz. etzArchiv 1 (1979) 321–326.
15.48 Kunath, M.: Die Anforderungen an die Netznachbildung bei der Kurzschlußstromberechnung im Hochspannungsnetz. Diss. RWTH Aachen, 1979.
15.49 Stein, N., Hermann, B.: Kurzschlußseilzüge in Schaltanlagen. Elektrizitätswirtschaft 78 (1979) 179–186.
15.50 Funk, G.: Einfluß der Netzdaten und Betriebsbedingungen auf die Größe der Anfangs-Kurzschlußwechselströme bei dreipoligem Kurzschluß. Techn. Mitt. AEG-Telefunken 71 (1981) 168–177.
15.51 Huening, C.: Calculating short-circuit currents with contribution from induction motors. IEEE, IAS 81: 21A, 427–433.
15.52 Oeding, D., Scheifele, J., Komurka, J.: Calculation of short-circuit currents in high-voltage systems. PSCC, Lausanne (1981) 949–956.
15.53 Oeding, D.: Grundlagen der Kurzschlußstromberechnung. Stand der Arbeiten an der neuen VDE-Bestimmung 0102. Techn. Bericht I-248 „Kurzschlußströme". FGH (1981) 199–237; Aussprache dazu: 239–260.
15.54 Meyer, J.P.: Contribution to the calculation of near-to-generator short-circuit currents. Electricite de France, Direction des etudes et recherches. Unveröffentlichte Arbeit, Nov. 1982.

15.55 Oeding, D., Scheifele, J.: Contribution of asynchronous motors to the short-circuit current in electrical networks. Intern. Conf. on Electrical Machines (ICEM), Budapest (1982) 728–731.
15.56 Tsanakas, D.: Der Einfluß der Zeitverläufe der elektromagnetischen Kurzschlußkräfte auf die dynamische Beanspruchung. etzArchiv 4 (1982) 356–368.
15.57 Oeding, D., Scheifele, J.: Maximum short-circuit current at pessimal load flow. 18th Universities Engineering Conference, Guildford (1983) 545–550.
15.58 Rittinghaus, D.: Über den Einfluß der im Netzbetrieb veränderlichen Größen auf die Kurzschlußstromstärke. Diss. Univ. Erlangen-Nürnberg, 1983.
15.59 Schäfer, W.: Impedanz-Korrekturfaktoren zur Kurzschlußstromberechnung. Diss. Univ. Hannover, 1983.
15.60 Waeber, M.: Bestimmung der Ausschwingbewegung von schwach gespannten Leiterseilen und des Fallseilzuges in Schaltanlagen bei Kurzschlüssen. etzArchiv 5 (1983) 103–107.
15.61 Hosemann, G., Balzer, G.: Der Ausschaltwechselstrom bei dreipoligem Kurzschluß im vermaschten Netz. etzArchiv 6 (1984) 51–56.
15.62 Oeding, D., Scheifele, J.: Short-circuit currents of asynchronous motors, calculated by Laplace-Transformation. 8th PSCC Helsinki (1984) 679–685.
15.63 Oeding, D., Scheifele, J., Waider, G.: Maximum short-circuit currents at pessimal load flow in relation to calculations acc. to IEC TC 73. PSCC, Helsinki (1984) 679–685.
15.64 Roeper, R.: Kurzschlußströme in Drehstromnetzen. 6. Auflage. Berlin, München: Siemens 1984.
15.65 Scheifele, J.: Beitrag von Drehstromasynchronmotoren zum Kurzschluß in Netzen der Energieversorgung. Diss. TH Darmstadt, 1984.
15.66 Tsanakas, D.: Dynamische Beanspruchung von Hochspannungsanlagen bei kleinen Kurzschlußdauern. etzArchiv 6 (1984) 387–392.
15.67 Balzer, G., Deter, O.: Berechnung der thermischen Kurzschlußbeanspruchung mit Hilfe der Faktoren m und n nach DIN VDE 0103/2.82. etzArchiv 7 (1985) 287–290.
15.68 Waeber, M.: Dynamische Vorgänge bei der mechanischen und thermischen Kurzschlußbeanspruchung von Starkstromanlagen mit Leitungsseilen. Diss. Univ. Erlangen-Nürnberg 1985.
15.69 Kießling, G.: Das Seilspannfeld als physikalisches Pendel – eine analytische Lösung der Kurzschlußvorgänge. Archiv für Elektrotechnik 70 (1987) 273–281.
15.70 Kießling, G.: Die mechanische Kurzschlußbeanspruchung von Seilanlagen. Analytische und numerische Berechnungsverfahren. Diss. Univ. Erlangen-Nürnberg 1988.
15.71 Oeding, D., Waider, G.: Maximale Teilkurzschlußströme von Kraftwerksblöcken ohne Stufenschalter. etzArchiv 10 (1988) 173–180.
15.72 Taumberger, H.: Ein Beitrag zur Neukonzeption der Vorschriften über Kurzschlußstromberechnung. Diss. TU Graz, 1988.
15.73 Oeding, D.: Calculation of short-circuit currents, IEC Publ. 909 (1988); Factors. 4th International Symposium on Short-Circuit Currents in Power Systems, Liege 1990.
15.74 Waider, G.: Impedanzkorrekturfaktoren bei der Kurzschlußstromberechnung mit der Ersatzspannungsquelle an der Kurzschlußstelle. Diss. TH Darmstadt, 1992.
15.75 Pitz, V., Waider, G.: Impedanzkorrekturfaktoren für Netztransformatoren bei der Kurzschlußstromberechnung mit der Ersatzspannungsquelle an der Kurzschlußstelle. ELEKTRIE 47 (1993) 301–304.
15.76 Hunger, Th., Oeding, D.: Short-circuit currents between generator and unit transformer. 6th International Symposium on Short-Circuit Currents in Power Systems, Liege 1994.
15.77 Oeding, D., Hunger, Th.: Partial short-circuit currents of power station units at the high-voltage side of the unit transformer with and without on-load tap changer. 6th International Symposium on Short-Circuit Currents in Power Systems, Liege 1994.

15.78 Hunger, Th.: Beiträge zur Kurzschlußstromberechnung in Drehstromnetzen. Diss. TH Darmstadt, 1996.
15.79 Hunger, Th., Oeding, D., Seifen, G.: Line-to-earth short-circuit currents at the high-voltage side of unit transformers. 7th International Symposium on Short-Circuit Currents in Power Systems, Liege 1996.
15.80 Oeding, D., Hunger, Th., Waider, G.: Impedance correction factors for network transformers when calculating short-circuit currents according to IEC 909. 7th International Symposium on Short-Circuit Currents in Power Systems, Liege 1996.
15.81 CIGRE SC 23, WG 23-11, ESCC: The mechanical Effekts of Short-Circuit Currents in Open Air Substations (Rigid and flexible Bus-Bars), Volume 1: An Updated Revision of CIGRE Brochure 1987, Volume 2: Data Base of Reference tests.
15.82 Castelli, G.: Beitrag zur Berechnung von Fehlerströmen und -spannungen bei ein- und mehrphasigen Kurzschlüssen zwischen zwei Spannungsebenen. Diss. ETH Zürich 1997.
15.83 Scheifele, J., Waider, G.: Maximale Kurzschlußströme durch lineare Optimierung. etz-Archiv 10 (1998) 275-280.
15.84 Kiefer, G.: VDE 0100 und die Praxis. Wegweiser für Anfänger und Profis. Berlin, Offenbach; VDE Verlag 2009.

N15.1 IEC 60909-0: 2001. Short-circuit currents in three-phase AC systems – Part 0: Calculation of currents;
DIN EN 60909-0 (VDE 0102): 2002. Kurzschlussströme in Drehstromnetzen, Teil 0: Berechnung der Ströme
N15.2 IEC TR 60909-1: 2002. Short-circuit current calculation in three-phase AC systems – Part 1: Factors for the calculation of short-circuit currents in three-phase AC systems according to IEC 60909-0;
DIN EN 60909-0 Beiblatt 3: 2003. Kurzschlusströme in Drehstromnetzen – Faktoren für die Berechnung von Kurzschlussströmen nach IEC 60909-0 (IEC TR 60909-1: 2002).
N15.3 IEC TR 60909-2: 2008. Short-circuit currents in three-phase AC systems – Data of electrical equipment for short-circuit current calculations.
DIN EN 60909-0 Beiblatt 4. Kurzschlussströme in Drehstromnetzen – Daten elektrischer Betriebsmittel für die Berechnung von Kurzschlussströmen.
N15.4 IEC 60909-3: 2004. Short-circuit currents in three-phase AC systems – Part 3: Currents during two separate simultaneous line-to-earth short circuits and partial short-circuit currents flowing through earth.
DIN IEC 909-3, VDE 0101 Teil 3: 2004. Kurzschlussströme – Berechnung der Ströme in Drehstromanlagen – Teil 3: Doppelerdkurzschlussströme und Teilkurzschlussströme über Erde.
N15.5 IEC TR 60909-4: 2000. Short-circuit currents in three-phase AC systems – Part 4: Examples for the calculation of short-circuit currents;
DIN EN 60909-0 Beiblatt 1: 2002. Kurzschlussströme in Drehstromnetzen – Beispiele für die Berechnung von Kurzschlussströmen.
N15.6 IEC 60865-1: 1993. Short-circuit currents – Calculation of effects – Part 1: Definitions and calculation methods;
DIN EN 60865-1 (VDE 0103): 1994. Kurzschlußströme – Berechnung der Wirkung – Teil 1: Begriffe und Berechnungsverfahren (Berichtigung 1 im Jahre 1996).
N15.7 IEC 60865-2: 1994. Short-circuit currents – Calculation of effects – Part 2: Examples of calculation;
Beiblatt 1 zu DIN EN 60865-1 (Beiblatt 1 zu VDE 0103): 1996. Kurzschlußströme – Berechnung der Wirkungen – Beispiele für die Berechnung.
N15.8 IEC 61160-1: 1997. Short-circuit currents in d.c. auxiliary installations in power plants and substations – Part 1: Calculation of short-circuit currents;

DIN EN 61660-1 (VDE 0102: Teil 10): 1998. Kurzschlussströme in Gleichstrom-Eigenbedarfsanlagen in Kraftwerken und Schaltanlagen – Teil 1: Berechnung der Kurzschlussströme.

N15.9 IEC 61160-2: 1997. Short-circuit currents in d.c. auxiliary installations in power plants and substations – Part 2: Calculation of effects;
DIN EN 61660-2 (VDE 0103: Teil 10): 1998. Kurzschlussströme in Gleichstrom-Eigenbedarfsanlagen in Kraftwerken und Schaltanlagen – Teil 2: Berechnung der Wirkungen.

N15.10 IEC 61160-3: 2000. Short-circuit currents in d.c. auxiliary installations in power plants and substations – Part 3: Examples of calculation (of short-circuit current and effects);
Beiblatt 1 zu DIN EN 61660-1 (Beiblatt 1 zu VDE 0102, Teil 10): 2002: Kurzschlussströme in Gleichstrom-Eigenbedarfsanlagen von Kraftwerken und Schaltanlagen, Berechnungsbeispiele (für Kurzschlussströme und Kräfte).

16
Sternpunktbehandlung und Erdung

16.1 Wenner, A.: A method of measuring earth resistivity. Scientific Papers of the Bureau of Standards (1917) Nr. 258, 469–478.

16.2 Wilheim, R.: Das Erdschlussproblem in Hochspannungsnetzen. Berlin: Springer 1936.

16.3 Koch, W.: Erdungsmaßnahmen für Höchstspannungsanlagen mit geerdetem Sternpunkt. ETZ-A 71 (1950) 89–91.

16.4 Laurent, P.G.: Les bases générales de la technique des mises à la terre dans les installations électriques. Bull. Soc. Fr. Elect. (1951) 367–402.

16.5 CCIF (CCITT): Derectives concernant la protection des lignes de Télécommuncation contre les actions unisibles des lignes électriques industrielles. Genf: Union Internationale des Télécommunications 1952.

16.6 Langer, H.: Messungen von Erderspannungen in einem 220-kV-Umspannwerk. ETZ-A 75 (1954) 97–105.

16.7 Erbacher, W.: Probleme der Erdung von Höchstspannungsstationen unter besonderer Berücksichtigung der Messung. ÖZE 8 (1955) 1–12.

16.8 Wilheim, R., Waters, M.: Neutral grounding in high-voltage transmission. New York: Elsevier 1956.

16.9 SfH: Sternpunktbehandlung von Hochspannungsnetzen. Tech. Ber. 181 (1957).

16.10 Erche, M.: Untersuchung über die Entstehung hoher Erdschluß-Überspannungen in gelöschten oder mit freiem Sternpunkt betriebenen Hochspannungsnetzen. VDE-Fachber. 20 (1958) 52–60.

16.11 Feist, K.-H.: Der Einfluss der Sternpunktbehandlung auf die Bemessung der Erdungsanlagen in Hochspannungsnetzen. Elektrizitätswirtschaft 57 (1958) 105–112.

16.12 Funk, G.: Erdungsanlagen für Netze mit starrer Sternpunkterdung. AEG-Mitt. 48 (1958) 375–383.

16.13 Funk, G.: Strom- und Spannungsbeanspruchung von Hochspannungsnetzen je nach Art der Sternpunkterdung. ETZ-A 79 (1958) 46–52.

16.14 Poßner, O.: Der Einfluss der Sternpunktbehandlung auf die Gestaltung des Netzschutzes. AEG-Mitt. 48 (1958) 370–375.

16.15 Erche, M., Schmidt, K.: Beeinflussung eines gelöschten Netzes durch hohe Erdkurzschlußströme eines benachbarten Netzes. ETZ-A 80 (1959) 7–11.

16.16 Sailer, K.: Die Schutzwirkung des Erdseils im Fehlerfall. E&M 76 (1959) 25–31.

16.17 Technische Empfehlung Nr. 1 bis 7 ab Januar 1959. Schiedsstelle für Beeinflussungsfragen. Frankfurt a. M.: VWEW.
16.18 Engels, W., Waste, W., Zaduk, H.: Erdschlußüberspannungen in einem 110-kV-Netz. ETZ-A 81 (1960) 592–596.
16.19 Hosemann, G., Oeding, D.: Bemessung von Erdungsanlagen, besonders bei starrer Sternpunkterdung. Elektrizitätswirtschaft 59 (1960) 213–218.
16.20 Schulze, E.: Sternpunktbehandlung von Hochspannungs-Kabelnetzen. V.I.K.-Ber. 101 (1960).
16.21 Mestermann, R.: Die Behandlung des Sternpunktes in städtischen Kabelnetzen. ETZ-A 82 (1961) 656–668.
16.22 Koch, W.: Erdungen in Wechselstromanlagen. Berlin, Göttingen, Heidelberg: Springer 1961.
16.23 Voltage gradients through the ground under fault condition. AIEE Committee Report, Trans AIEE Part III (1958) 669–692; Guide for safety in alternating-current substation grounding. Am. Inst. Electr. Eng. 1961.
16.24 Dennhard, A.: Elektrische Beeinflussungstechnik in Hütte IV B (Fernmeldetechnik). 28. Aufl. Berlin: Ernst & Sohn 1962, 1403–1509.
16.25 Hosemann, G.: Projektierung und Ausführung von Erdungsanlagen. ETZ-A 83 (1962) 231–236.
16.26 Oeding, D., Ufermann, J.: Erdung von Hochspannungsfreileitungsmasten. BBC-Nachr. 44 (1962) 367–394.
16.27 VDEW. Technische Richtlinien für Erdungen in Starkstromnetzen. Frankfurt a. M.: 1962.
16.28 Erich, M., Heinze, H.: Löschung von Erdschlußlichtbögen in Mittelspannungsnetzen. ETZ-A 84 (1963) 158–160.
16.29 SfH: Aufzeichnung von Störungen in Hochspannungsnetzen mit dem Magnetbandstörschreiber. Tech. Ber. 205 (1963).
16.30 Stimmer, H.: Die Wahl der Abstimmung in Hochspannungsnetzen mit induktiver Erdstromkompensation. ÖZE 16 (1963) 365–376.
16.31 Feist, K.-H.: Einflussgrößen der Drehstrom-Hochspannungsnetze für die Induzierung mit ohm.scher Einkopplung von Spannungen in Fernmeldekreisen. ETZ-A 85 (1964) 641–646.
16.32 Funk, G.: Verfahren zur Bestimmung der Stromverteilung auf Erde, Erdseile, Bodenseile und Erdungsanlagen bei einem Erdkurzschluß an homogenen und inhomogenen Drehstrom-Freileitungen. Diss. RWTH Aachen 1964.
16.33 Klos, G.: Untersuchungen an Masterdern und deren Näherungen mit Fernmeldekabeln. ETZ-A 85 (1964) 651–657.
16.34 Böcker, H., Oeding, D.: Induktionsspannungen an Pipelines in Trassen von Hochspannungsleitungen. Elektrizitätswirtschaft 65 (1966) 157–160.
16.35 Loser, A.: Die Beeinflussung von Fernmeldeleitungen durch Starkstromleitungen bei gegenseitiger Näherung. BBC-Nachr. 48 (1966) 419–426.
16.36 SfH: Aufzeichnungen innerer Überspannungen bei Fehlern in einem erdschlußkompensierten 110-kV-Netz. Tech. Ber. 214 (1966).
16.37 Ufermann, J.: Messen des Ausbreitungswiderstandes von Freileitungsmasterdungen. Elektrizitätswirtschaft 66 (1967) 87–88.
16.38 Feist, K.-H.: Erdungsmessungen in öffentlichen und industriellen Stromversorgungsanlagen. Siemens-Z. 42 (1968) 486–491.
16.39 Kahnt, R., Körner, H.: Niederohmige Sternpunkterdung in Mittelspannungs-Kabelnetzen. Elektrizitätswirtschaft 67 (1968) 336–342.
16.40 Pundt, H.: Zur Wahl der Sternpunkterdung in Mittelspannungsnetzen. Elektrie 23 (1969) 106–109.
16.41 Muckenhuber, R.: Die Berechnung von Erderspannungen in Netzen mit starrer Sternpunkterdung. E&M 87 (1970) 78–82.

16.42 Wawretschek, B.: Messungen von Beeinflussungsspannungen an einem Fernmeldekabel im Fehlerfall, hervorgerufen durch eine 220-kV-Freileitung. Elektrizitätswirtschaft 71 (1972) 542–549.
16.43 Haubrich, H.J.: Induktive und kapazitive Beeinflussung von 110-kV-Stromkreisen auf 380-kV-Leitungen. ETZ-A 95 (1974) 109–112.
16.44 Klockhaus, H., u. a.: Sternpunktbehandlung und Erdschlußfehlerortsuche im Mittelspannungsnetz. Elektrizitätswirtschaft 80 (1981) 797–803.
16.45 Brandes, W., Haubrich, H.J.: Sternpunktverlagerung durch Mehrfachleitungen in erdschlußkompensierten 110-kV-Netzen. Betriebliche Erfahrungen und Abhilfemaßnahmen. Elektrizitätswirtschaft 82 (1983) 400–405.
16.46 Haubrich, H.-J., Seele, W.: Kriterien zur Wahl der Sternpunktbehandlung in 110-kV-Netzen. Elektrizitätswirtschaft 82 (1983) 823–828.
16.47 Meyer, E.-P.: Induzierte Längsspannungen unter Berücksichtigung der endlichen Leiterlängen und der Stromverteilung im Erdseil. etzArchiv 6 (1984) 239–245.
16.48 Hasse, P., Wiesinger, J.: Handbuch für Blitzschutz und Erdung. 3. Aufl., München: Pflaum Verlag; Berlin, Offenbach: VDE-Verlag 1989.
16.49 Corbellini, G., Corbellini, U.: Definition and Measurement of the Earth Resistance of an Electrode Covering a large area. ETEP 5 (1995) 173–180.
16.50 Lehtonen, M.: Method for Distance Estimation of Single-Phase-to-Ground Faults in Electrical Distribution Networks with an Isolated or Compensated Neutral. ETEP 5 (1995) 193–198.
16.51 Heimbach, M.: EMC Analysis for grounding structures in power systems. ETEP 6 (1996) 157–162
16.52 Leitloff, V., Feuillet, R., Griffel, D.: Detection of resistive single-phase earth faults in a compensated power-distribution system. ETEP 7 (1997) 65–73.
16.53 Oeding, D.: Currents through earth and earth potentials in case of line-to-earth short circuits at towers of high-voltage lines outside a transformer station. 8th International Symposium on Short-Circuit Currents in Power Systems, Brussels (1998) 243–248.
16.54 Schlabbach, J.: Sternpunktbehandlung. Frankfurt am Main: VWEW Energieverlag 2002.

N16.1 DIN VDE 0141/7. 76: Erdungen in Wechselstromanlagen für Nennspannungen über 1 kV.
N16.2 DIN VDE 0185 Teil 1/11. 82: Blitzschutzanlage. Allgemeines für das Errichten.
N16.3 DIN VDE 0185 Teil 100/(Entwurf) 10. 87: Festlegungen für den Gebäudeschutz. Allgemeine Grundsätze.
N16.4 DIN VDE 0151/06. 86: Werkstoffe und Mindestmaße von Erdern bezüglich der Korrosion.
N16.5 DIN VDE 0228 Teil1/10.82: Maßnahmen bei Beeinflussung von Fernmeldeanlagen durch Starkstromanlagen; Allgemeine Grundlagen.
N16.6 DIN VDE 0228 Teil2/07.75: VDE-Bestimmung für Maßnahmen bei Beeinflussung von Fernmeldeanlagen durch Starkstromanlagen; Beeinflussung durch Drehstromanlagen
N16.7 Technische Empfehlungen Nr.1, 2, 3, 6, 7 und 8. Schiedsstelle für Beeinflussungsfragen der Deutschen Bundesbahn, der Deutschen Bundespost und der Vereinigung Deutscher Elektrizitätswerke.
N16.8 CCITT: Directives concerning the protection of telecommunication lines against harmfull effects from electricity lines. International Telecommunication Union 1963.

17
Überspannungen und Isolationskoordination

17.1 Wanger, W., Brown, J.K.: Die Berechnung des Schwingungsverlaufs der wiederkehrenden Spannung nach Kurzschluß-Abschaltungen. Brown Boveri Mitt. 24 (1937) 283–302.

17.2 Hammarlund, P.: Transient recovery voltage. Acta Polytech. 4 (1947) Ellectr. Eng. Ser. 1 Nr.1: General Litografiska Anstalts Förlag, Stockholm.

17.3 Bergeron, L.: Du coup de bélier en hydraulique au de foudre en électricité. Paris: Dunod 1950.

17.4 Baatz, H.: Blitzeinschlagmessungen in Freileitungen. ETZ-A 72 (1951) 191–198.

17.5 Bewley, L.-V.: Traveling Waves on Transmission Systems. New York: John Wiley 1951.

17.6 Langrehr, H.: Der Schutzraum der Erdseile. AEG-Mitt. 41 (1951) 295–298.

17.7 Baltensperger, P., Mayer, H.: Überspannungen beim Abschalten von Hochspannungsmotoren. Brown Boveri Mitt. 40 (1953) 342–350.

17.8 Baatz, H.: Überspannungen in Energieversorgungsnetzen. Berlin, Göttingen, Heidelberg: Springer 1956.

17.9 Hochrainer, A.: das Vier-Parameterverfahren zur Kennzeichnung der Einschwingspannung in Netzen. ETZ-A 78 (1957) 689–693.

17.10 Krichbaum, K.: Netzanalysator zur Messung der Einschwingspannung. ETZ-A 78 (1957) 593–599.

17.11 Dorsch, H.: Spannungserhöhung und Ausgleichspannung auf einer 380 kV-Übertragung. Siemens-Z. (1958) 476–483.

17.12 Gert, R., u. a.: Contribution to the study of overvoltages. Results obtained in Czecho-Slovak systems. CIGRE 336 (1958).

17.13 Baltensperger. P, Ruoss, E.: Der Abstandskurzschluß in Hochspannungsnetzen. Brown Boveri Mitt. 47 (1960) 329–339.

17.14 Leber, R.: Messverfahren zur Ermittlung der Einschwingspannung von in Betrieb befindlichen Hochspannungsnetzen. Diss. RWTH Aachen, 1960.

17.15 Baltensperger, P.: Form und Größe der Überspannungen beim Schalten kleiner induktiver sowie kapazitiver Ströme in Hochspannungsnetzen. BBC-Nachr. 43 (1961) 24–51.

17.16 Golde, R.H.: Theoretische Betrachtungen über den Schutz von Blitzableitern. ETZ-A 82 (1961) 273–277.

17.17 Fischer, E.: Die Schutzwirkung von Überspannungsableitern in Kopfstationen bei verschieden räumlicher Anordnung. Elektrizitätswirtschaft 60 (1961) 919–928.

17.18 Frey, W., Althammer, P.: Die Berechnung elektromagnetischer Ausgleichsvorgänge auf Leitungen mit Hilfe eines Digitalrechners. Brown Boveri Mitt. 48 (1961) 344–355.

17.19 Hosemann, G., Frey, W., Oeding, D.: Digitale Berechnung der wiederkehrenden Spannung in Hochspannungsnetzen. BBC-Nachr. 43 (1961) 55–70.

17.20 Böning, W.: Stoßspannungsmessungen an Generator-Transformator-Blockeinheiten. ETZ-A 83 (1962) 285–290.

17.21 Christoffel, M., Fischer, E., Hosemann, G.: Überspannungsschutz von Transformatoren mit direkt eingeführten Kabeln bei Blitzeinschlag in die vorgelagerte Freileitung. ETZ-A 83 (1962) 761–772.

17.22 Hochrainer, A.: Der dreiphasige Abstandskurzschluß. ETZ-A 83(1962) 1–7.

17.23 Prinz, H., Zaengl, W., Völcker, O.: Das Bergeron-Verfahren zur Lösung von Wanderwellenaufgaben. Bull. SEV 53 (1962) 725–739.

17.24 Rüdenberg, R.: Elektrische Wanderwellen. 4. Aufl. Berlin, Göttingen, Heidelberg: Springer 1962.

17.25 Althammer, P., Petitpierre, R.: Schaltvorgänge und Schaltüberspannungen in Höchstspannungsnetzen. Brown Boveri Mitt. 51 (1964) 33–46.

17.26 Christoffel, M.: Überspannungsableiter und Wahl des Isolationsniveaus. Bull. SEV 55 (1964) 541-544.
17.27 Eidinger, A., Jussila, J.: Die transienten Einschwingvorgänge bei dreiphasigen Abstandskurzschlüssen. Brown Boveri Mitt. 51 (1964) 303–319.
17.28 Glavitsch, H.: Betriebsfrequente Überspannungen. Brown Boveri Mitt. 51 (1964) 21–32.
17.29 Prinz, H.: Feuer, Blitz und Funke. München: F. Bruckmann 1965.
17.30 SfH: Isolationsbemessung in Netzen. Tech. Ber. 212 (1965).
17.31 Köppl, G., Geng, P.: Zur Ermittlung der transienten wiederkehrenden Spannung in symmetrischen Dreiphasensystemen. Brown Boveri Mitt. 53 (1966) 311–325.
17.32 Sirotinsky, L. I.: Hochspannungstechnik, innere Überspannunngen. Berlin: VEB Verlag Technik 1966.
17.33 Waste, W.: Beanspruchung der Isolation durch Überspannungen. ETZ-A 87 (1966) 56–64.
17.34 Frühauf, G., Amberg, H.U.: Ergebnisse von Blitzzählungen in Bayern und Schleswig-Holstein. ETZ-B 19 (1967) 505–508.
17.35 Glavitsch, H., Petitpierre, R., Ruoss, F.: Einfluss des Schalters auf die Einschaltüberspannungen in Höchstspannungsnetzen. Brown Boveri Mitt. 55 (1968) 167–174.
17.36 Bär, G., Tischer, G.: Die Erdungsanlage für das Kavernenkraftwerk Säckingen und die 220/380-kV-Umspannanlage Kühmoos. Elektrizitätswirtschaft 68 (1969) 394–401.
17.37 Brown, G.W., Whitehead, E.R.: Field and analytical studies of transmission line shielding: Part II. IEEE Trans. PAS 88 (1969) 617–626.
17.38 Burgsdorf, W. W.: Der Überspannungsschutz von Freileitungen. Archiv f. Energiewirtschaft 23 (1969) 947–955.
17.39 Baatz, H.: Beanspruchungen der Freiluftisolierungen im Betrieb. ETZ-A (1970) 370–376.
17.40 Glavitsch, H., u. a.: Einfluss verschiedener Netzparameter auf Höhe und Verlauf von Schaltspannungen. ETZ-A 91 (1970) 206–211.
17.41 Kiwitt, W.: Praktische Erfahrungen mit Freiluftisolatoren. ETZ-A 91 (1970) 397–403.
17.42 Stein, B.: Schirmeigenschaften des Erdseils. ETZ-A 91(1970) 543–546.
17.43 Verma, M.P.: Isolierverhalten von Hochspannungs-Langstabisolatoren verschiedener Bauform unter natürlichen Fremdschichtbedingungen. ETZ-a 92 (1971) 407–413.
17.44 Berger, K.: Methoden und Resultate der Blitzforschung auf dem Monte San Salvatore bei Lugano in den Jahren 1963–1971. Bull. SEV 63 (1972) 1403–1422.
17.45 Dorsch, H., Völcker, O.: Sternpunkterdung und Isolationsbemessung von Maschinentransformatoren in Höchstspannungsnetzen. Elektrizitätswirtschaft 71 (1972) 441–446.
17.46 Heise, W. u. a.: Asessment of the solid layer artificial pollution test. CIGRE 33-09 (1972).
17.47 CIGRE Working Group 13.02: Switching overvoltages in EHV and UHV systems with special reference to closing and reclosing transmission lines. Electra 30 (1973) 70–122.
17.48 Dorsch, H.: Beitrag zur Bemessung und Bewertung von Freileitungsisolatoren unter Fremdschichteinfluss. ETZ-A 94 (1973) 190–195.
17.49 Garrity, T.F., u. a.: Experience with the AEP 765-kV-system, Part V: Overvoltage and staged fault test analysis. IEEE Trans. PAS 92 (1973) 1074–1084.
17.50 Hoffmann, E., u. a.: Schaltversuche mit unbelasteten und induktiv belasteten 220-kV- und 380-kV-Transformatoren. Elektrizitätswirtschaft 72 (1973) 753–761;
Sowade, H.-J.: Zusammenfassung einer Diskussion über „Schaltversuche mit unbelasteten und induktiv belasteten 220-kV- und 380-kV-Transformatoren“. Elektrizitätswirtschaft 72 (1973) 762–764.

17.51 Paris, L., u.a.: Phase-to-ground and phase-to-phase air clearences in substations. Elektra 29 (1973) 29–44.
17.52 Verma, P.: Höchster Ableitstromimpuls als Kenngröße für das Isolierverhalten verschmutzter Isolatoren. ETZ-A 94 (1973) 302–303.
17.53 Clerici, A., u. a.: Overvoltage due to fault initiation and fault clearing and their influence on the design of UHV lines. CIGRE 33–17 (1974).
17.54 Oeding, D., Stenzel, J.: Schutz von Generatoren und Blocktransformatoren gegen Überspannungen. VDE-Fachtagung München Ber. 3.8, Berlin: VDE-Verlag 1974.
17.55 Rüdenberg, R.: Elektrische Schaltvorgänge. 5. Aufl. Berlin, Heidelberg, New York: Springer 1974.
17.56 Erche, M.: Überspannungen in Energie-Übertragungs- und -verteilungsnetzen. ETZ-A 97 (1976) 264–269.
17.57 Weck, K.H.: Elektrische Festigkeit als Grundlage der Isolationsbemessung. ETZ-A 97 (1976) 269–275.
17.58 Bohn, W.: Das Verhalten eines Gleichspannungs-Trennschaltermodells in SF_6. ETZ-A 98 (1977) 621–623.
17.59 Maier, A.H.: Wanderwellenverfahren zur Berechnung elektromagnetischer Ausgleichsvorgänge in Drehstrom-Hochspannungsnetzen unter Berücksichtigung frequenzabhängiger Leitungskenndaten. Habil. Univ. Stuttgart 1977: Hochschulverlag 1978.
17.60 FGH: Isolationskoordination auf der Grundlage der neuen DIN-VDE-Bestimmung 0111. Forschungsgemeinschaft für Hochspannungs- und Hochstromtechnik, Techn. Ber. 1-240 (1978).
17.61 CIGRE/SC 33: Phase-to-phase insulation coordinatrion. Electra 64 (1979) 137–236.
17.62 Hasse, P.: Schutz von Niederspannungsverbraucheranlagen vor Gewitterüberspannungen. Elektrische Energie-Technik 24 (1979) 279–286.
17.63 Anderson, R.B., Eriksson, A.: A summary of lightning parameters for engineering applications. CIGRE 33-06 (1980).
17.64 Dorsch, H.: Überspannungen und Isolationsbemessungen bei Drehstrom-Hochspannungsanlagen. Berlin, München: Siemens 1981.
17.65 Fellmann, K.H., u. a.: Die Stehspannung kleiner Isolierstrecken und ihre Beeinflussung durch natürliche Umgebungsbedingungen. ETZ-Archiv 3 (1981) 117–120.
17.66 Köster, H.J., Weck, K.H.: Dämpfung von Blitzüberspannungen durch Stoßkorona. ETZ-Archiv 3 (1981) 419–426.
17.67 Kind, D., Kärner, H.: Hochspannungs-Isoliertechnik. Braunschweig, Wiesbaden: Vieweg 1982.
17.68 Neumann, H.: Wanderwellenverfahren in Modalkomponenten zur Behandlung von Ausgleichsvorgängen auf unsymmetrischen Hochspannungsleitungen. Diss. Univ. Stuttgart 1983.
17.69 Stenzel, J.: Beitrag zur Untersuchung von Überspannungen beim Schalten kleiner induktiver Ströme. Diss. Univ. Siegen 1984.
17.70 Beyer, M., Boeck, W., Möller, K., Zaengl, W.: Hochspannungstechnik. Berlin Heidelberg New York: Springer-Verlag 1986.
17.71 Koettnitz, H., Winkler, G., Weßnigk, K.-D.: Grundlagen elektrischer Betriebsvorgänge in Elektroenergiesystemen. Leipzig. VEB Deutscher Verlag für Grundstoffindustrie 1986.
17.72 Hoy, Ch., Koettnitz, H., Kostenko, M. V.: Wellenvorgänge auf Hochspannungsfreileitungen. Berlin: VEB Verlag Technik 1988.
17.73 Hofmann, J.: Messtechnische und rechnerische Ermittlung übertragener Überspannungen im Kraftwerk. Diss. TH Darmstadt 1989.
17.74 Sun, R.: Transiente Überspannungen in SF_6-isolierten metallgekapselten Schaltanlagen. Diss. Univ. Stuttgart 1991.

17.75 Balzer, G.: Aufbau und Wirkungsweise von Metalloxidableitern im Vergleich zu Funkenstreckenableitern. ELEKTRIE 47 (1993) 252–257.
17.76 Solbach, H.-B.: Erfahrungen bei der Auslegung und beim Betrieb von Metalloxidableitern. ELEKTRIE 47 (1993) 275–281.
17.77 Völcker, O.: Prüfvorschriften für Metalloxidableiter. ELEKTRIE 47 (1993) 258–262.
17.78 Weck, K.-H.: Überspannungsableiter und Betriebsmittelzuverlässigkeit. ELEKTRIE 47 (1993) 263–268.
17.79 Hamza, A.-S. H.A.: Investigations of switching operations on composite feeders. ETEP 5 (1995) 383–392.
17.80 Heidler, F.: Coordination of surge protection devices using the current data from lightning field measurements. ETEP 6 (1996) 441–444.
17.81 Schmitt, W.: Metalloxid - ein fast idealer Überspannungsableiter. Bull. SEV/VSE (1998) 13–20.
17.82 Schmitt, W., Greuter, F.: Neue Wege für den Überspannungsschutz. ABB Technik (2002) 49–55

N17.1 DIN EN 60071-1/1997: Isolationskoordination, Teil 1: Begriffe, Grundsätze und Anforderungen (IEC 71-1: 1993), Deutsche Fassung EN 60071-1:1995 (VDE 0101, Teil 1).
N17.2 DIN EN 60071-2/1997: Isolationskoordination, Teil 2: Anwendungsrichtlinie
N17.3 DIN 57111/VDE 0111, Teil 3/11.82: Isolationkoordination für Betriebsmittel in Drehstromnetzen über 1 kV, Anwendungsrichtlinie.
N17.4 DIN IEC 60-1 (VDE 0432 Teil1)/1989/1990: Hochspannungs-Prüftechnik Teil 1; Allgemeine Festlegungen und Prüfbedingungen.
N17.5 DIN EN 60507 (VDE 0448 Teil1) 1991: Fremdschichtprüfungen an Hochspannungs-Isolatoren zur Anwendung in Wechselspannungssystemen.
N17.6 DIN VDE 0675-1, 2000. Überspannungsableiter, Teil 1: Überspannungsableiter mit nichtlinearen Widerständen für Wechselspannungsnetze.
N17.7 DIN VDE 0675-4, 1994. Überspannungsableiter, Teil 4: Metalloxidableiter ohne Funkenstrecken für Wechselspannungsnetze.
N17.8 DIN VDE 0675-5, 2000. Überspannungsableiter, Teil 5: Anleitung für die Auswahl und die Anwendung.

18
Stabilität der Drehstromübertragung

18.1 Frey, W.: Die Stabilitätsprobleme des Parallelbetriebes. Diss. ETH Zürich. Zürich: Ed. Truninger 1965.
18.2 Coroller, P.: Simulation einer Synchronmaschine mit einer Analogierechenmaschine. Brown Boveri Mitt. 46 (1959) 299–306.
18.3 Frey, W.: Sonderprobleme beim Betrieb der Generatoren am Netz im untererregten Zustand in hydraulischen Kraftwerken. Bull. SEV 52 (1961) 149–152.
18.4 Frey, W., Althammer, P.: Untersuchungen über die dynamische Stabilität von Synchronmaschinen mit Hilfe eines Digitalrechners. Brown Boveri Mitt. 48 (1961) 356–366.
18.5 Crastan, V.: Theorie der Selbsterregung von Synchronmaschinen. Brown Boveri Mitt. 49 (1962) 80–94.
18.6 Glavitsch, H.: Theoretische Untersuchungen über die statische Stabilität von Synchronmaschinen. Brown Boveri Mitt. 49 (1962) 95–105.
18.7 Venikov, V.A.: Transient Phenomena in Electrical Power Systems. Oxford: Pergamon Press 1964.

18.8 Concordia, C.: Dynamic performance of large interconnected power systems following disturbances. Missouri Valley Electric Association Engineering Conf. Kansas City, Missouri 1966.
18.9 El-Serafi, A.M.: Selbsterregte Schwingungen der Synchronmaschine unter dem Einfluss von ohmschen Reihenwiderständen und von Reihenkondensatoren. ETZ-A 87 (1966) 17–24.
18.10 Panis, L.M., Pröll, E.: Die Gleichrichter-Erregung von Großturbogeneratoren. Brown Boveri Mitt. 54 (1967) 69–75.
18.11 Glavitsch, H.: Möglichkeiten der Verbesserung der Stabilität und der Spannungsregelung von Synchronmaschinen mit Hilfe der Gleichrichtererregung. E&M 85 (1968) 58-65.
18.12 Shier, R.M., Blythe, A.L.: Fieldtests of dynamic stability using a stabilising signal and computer Program verification. IEEE Trans. PAS 87 (1968) 315–322.
18.13 DeMello, F.P., Concordia, Ch.: Concepts of synchronous machine stability as affected by excitation control. IEEE Trans. PAS 88 (1969) 326–329.
18.14 Dommel, H.W.: Berechnung elektromagnetischer Ausgleichsvorgänge in elektrischen Netzen mit Digitalrechnern. Bull. SEV 60 (1969) 538–548.
18.15 Brown, P.G., u.a.: Effects of excitation, turbine energy control and transmission on transient stability. IEEE Trans. PAS 89 (1970) 1247–1252.
18.16 Oeding, D., Nemetz, P.: Stability and voltage regulation of large turbo-alternators in power systems; effect of machine data and excitation system. IEEE Winter Power Meeting New York, N.Y. 1970, Paper 70 CP 199-PWR.
18.17 Concordia, Ch., Brown, P.G.: Effects of trends in large steam turbine driven generator parameters on power system stability. IEEE Trans. PAS 90 (1971) 2211–2218.
18.18 Dineley, J.L., Morris, A.J.: The dynamic interaction of closely coupled synchronous generators. IEEE Trans. PAS 90 (1971) 2158–2165.
18.19 Cushing, E.W., u.a.: Fast valving as an aid to power system transient stability and prompt resynchronisation and rapid reload after full load rejection. IEEE Trans. PAS 91 (1972) 1624–1636.
18.20 Oeding, D., Wittwer, H., Stenzel, J.: Dynamisches Verhalten von Sofortbereitschaftsanlagen mit synchronen Umkehrmaschinen. Elektrizitätswirtschaft 72 (1973) 834–841.
18.21 Kulicke, B.: Numerische Berechnung der Momentanwerte elektromechanischer Ausgleichsvorgänge von Drehfeldmaschinen im Verbundbetrieb. Diss. TH Darmstadt 1975.
18.22 Barbier, C., Carpentier, L., Saccomano, F.: Tentative classification and terminologies relating to stability problems of power systems. Electra 56 (1978) 57–67.
18.23 Grebe, E., Handschin, E., Haubrich, H.-J., Traeder, G.: Dynamische Langzeitstabilität von Netzen. Elekrizitätswirtschaft 78 (1979) 725–731.
18.24 Kulicke, B.: Digitalprogramm NETOMAC zur Simulation elektromechanischer und -magnetischer Ausgleichsvorgänge in Drehstromnetzen. Elektrizitätswirtschaft 78 (1979) 18–23.
18.25 Fork, K., Juling, W., Kaufhold, W.: Dämpfung von Leistungspendelungen durch Beeinflussung der Generatoren. Siemens Energietechnik 3 (1981) 9–12.
18.26 Hofmann, H., Ott, G.: Gerät zur Dämpfung von Leistungspendelungen in Verbundnetzen. Siemens Energietechnik 3 (1981) 50–53.
18.27 Nelles, D.: Begriffe der Stabilität in Energieverteilungsnetzen. etzArchiv 3 (1981) 27–29.
18.28 IEEE Committee: Excitation system model for power system stability studies. IEEE Trans. PAS (1981) 494–500.
18.29 Calvaer, A.J., Johansson, K.E., Reichert, K.: Operation and Planning problems related to the torsional stresses on turbine-generators. Electra (1982) 53–90.
18.30 Yao-Nan Yu: Electric power system dynamics. New York: Academic Press 1983.

18.31 FGH-AKTR-FORUM Netzdynamik, Dortmund, Bericht Nr. 1–258: FGH 1984.
18.32 Handschin, E.: Elektrische Energieübertragungssysteme, Teil II Netzdynamic, Heidelberg: Hüthig 1984.
18.33 Harley, R.G., DeMeillon, T.A., Janischewskyj, W.: Praktical implementation of discontinuous control in the field regulator loop. PSCC, Helsinki (1984) 1200–1204.
18.34 Hsu, Y., Chen, C.: Identification of optimum location for stabilizer applications using participation factors. IEE Proc. C-134 (1987) 238–244.
18.35 Linnert, U.: Neue Differenzenleitwertverfahren zur Simulation dynamischer Ausgleichsvorgänge mit großen Schrittweiten. Arch. f. Elektrotech. 76 (1992) 101–110.
18.36 Machowski, J., Nelles, D.: Simple robust adaptive control of static VAR compensator. ETEP 3 (1993) 429–435.
18.37 Linnert, U.: Neue Methoden zur Netzsimulation im Zustandsraum verglichen mit dem Differenzenleitwertverfahren. Arch. f. Elektrotech. 77 (1994) 415–423.
18.38 Lei, X., Povh, D., Kulicke, B.: A non-linear programming approach based on quasi-Newton techniques for optimisation of power systems. ETEP 5 (1995) 367–374.
18.39 Milanovic, J.V., Hiskens, I.A.: Effects of load dynamics on power system damping. IEEE Trans. On Power Syst. PS-10 (1995) 1022–1028.
18.40 Hegazy, Y.G., Saleh, K.I., Badr, M.A.: An efficient identifier for synchronous machine dynamics. ETEP 6 (1996) 275–285.
18.41 Huwer, R. u.a.: Design of a linear robust PSS for optimal damping of multimode-oscillations. ETEP 6 (1996) 67–70 und Erratum 138.
18.42 Milanovic, J.V.: Overview, current trends and latest results in estimating the effects of load modelling on power system damping and stability. ETEP 7 (1997) 107–113.

19
Hochspannungs-Gleichstrom-Übertragung

19.1 Thury, R.: Transmission de force motrice à grande distance par courant continu à haut tension. Bull. SEV 21 (1930) 157–177.
19.2 Marx, E.: Lichtbogenstromrichter für sehr hohe Spannung und Leistungen. Berlin: Springer 1932.
19.3 Erk, A.: Versuchsanlagen für die Gleichstromhochspannungs-Übertragung unter Verwendung von Hochdrucklichtbogen-Ventilen nach Marx. Bull. SEV. 38 (1947) 295–308.
19.4 Baudisch, K.: Energieübertragung mit Gleichstrom hoher Spannung. Berlin, Göttingen, Heidelberg: Springer 1950
19.5 Nebrasov, A.M., Pimenow, V.P.: Development work in the U.S.S.R. on d.c. power transmission. Direct Current 2 (1956) 199–207.
19.6 Groiss, E.S., Posse, A.V., Touvetzki, V.E.: 800 kV DC Transmission Stalingrad-Donbass. CIGRE 414 (1960).
19.7 Neimann, L.R.: Grundsätzliche Gedanken zum Aufbau eines Großverbundnetzes und die damit zusammenhängenden wissenschaftlichen Aufgaben in russischer Sicht. Arch. Energiewirtschaft 15 (1961) 148–162.
19.8 Hölters, F.: Bedeutung der Blindleistung bei der Hochspannungs-Gleichstrom-Übertragung. In Blindleistung. VDE-Buchreihe Bd. 10. Berlin: VDE-Verlag 1963.
19.9 Hirsch, F.: Versuche zur Gleichstrom-Rückleitung über Erde in den USA. ETZ-B 18 (1966) 1-7.
19.10 Beriger, C., Kehrberg, W.D., Schraudolf, M.: Blindleistungsbedarf und Filterkreise der Hochspannungs-Gleichstrom-Übertragung. ETZ-A 89 (1968) 197–205.
19.11 Bosch, M., u. a.: Results in H.V.D.C. converter testing and utilisation of the Rheinau research laboratory facilities. CIGRE 43-05 (1968).

19.12 Calverley, T.E., u. a.: The Kingsnorth-Beddington-Willesden D.C. link. CIGRE 43-04 (1968).
19.13 Casson, W., u. a.: A technical and economic comparison between ac and dc transmission. CIGRE 42/43-01 (1968).
19.14 Hölters, F., Kanngießer, K.W., Ziegler, W.: Technik und Einsatzmöglichkeiten der Hochspannungs-Gleichstrom-Übertragung. ETZ-A 89 (1968) 170–176.
19.15 Kind, D., u.a.: Circuit-breaker for HVDC-transmission. CIGRE 13-08 (1968).
19.16 Hengsberger, J.,Wüthrich, R., Scherbaum, F.: An oil-cooled HVDC thyristor valve for outdoor installation. CIGRE 14-04 (1970).
19.17 Herzig, K., Povh, D., Schäfer, E., Dertz, W.: Optimierungsuntersuchungen von Kostenformeln für HGÜ-Freileitungen. ETZ-A 91 (1970) 99–104.
19.18 Hofmann, A.: Das Kraftwerk Cabora Bassa und die Höchstspannungs-Gleichstrom-Übertragung nach Südafrika. ETZ-A 91 (1970) 65–72.
19.19 Kanngießer, K.W., Lips, H.P.: Control methods für improving the reaktive power characteristic of HVDC links. IEEE Trans. PAS 89 (1970) 1120–1125.
19.20 Käuferle, J., Rumpf, E.: The influence of HVDC transmission systems and their control on the stability of associated ac networks. CIGRE 32-15 (1970).
19.21 Uhlmann, E.: A.C. network stabilisation by D.C. links. CIGRE 32-01 (1970).
19.22 Koetzold, B.R., u. a.: Schutz von Thyristorventilen in einer Hochspannungs-Gleichstrom-Übertragung durch Überstromableiter. Tech. Mitt. AEG-Telefunken 61 (1971) 233–236.
19.23 Lyskov, Yu.I., Manikonyants, L.C., Rokotyan, S.S.: The development of long transmission lines for EHV and UHV in the U.S.S.R. ASEA-J. 44 (1971) 129–134.
19.24 Martensson, H., Ahgreen, G., Danfors, P.: Application of HVDC in power systems. ASEA-J. 44 (1971) 165–170.
19.25 Sorms, R.: Dauerversuche an 400-kV-Gleichspannungskabeln. Techn. Ber. 2-29 der FGH (1973).
19.26 Heise, W., u.a.: The Cabora Bassa D.C. transmission system: Overvoltage protection and insulation coordination. Trans. IEEE PAS 93 (1974) 1096–1104.
19.27 Uhlmann, E.: Power Transmission by Direct Current. Berlin, Heidelberg, New York: Springer 1975.
19.28 HGÜ-Technik. (Themenheft) ETZ-A 97 (1976) Heft 7.
19.29 Moraw, G.: Hochspannungs-Gleichstrom-Kurzkupplung in Österreich. ÖZE 31 (1978) 67–69.
19.30 Verma, M.P.: Insulation performance of DC apparatus housing under pollution. etz-Archiv 5 (1983) 269–275.
19.31 Dorf, R. C. (Herausg.): The Electrical Engineering Handbook. CSR Press Inc. 1993, VDE Verlag.
19.32 Petrusch, W.: Untersuchung des Kunststoffisolators für Gleichspannungsgeräte unter den natürlichen Fremdschichtbedingungen. Elektrizitätswirtschaft 92 (1993) 1632–1637.
19.33 Poulsen, S. H. u. a.: 400 kV flat type oil-filled cables for Contec. HVDC interconnection Denmark/Germany. CIGRE 21-204 (1994).
19.34 Kosheev, L.A., Adielson, T.: East-West European Interconnection – A study of DC and AC Transmissions. CIGRE Symposium Tokyo 220-01 (1995)
19.35 Ärnlöv, B. u. a.: Aspects of the Cooperation of three HVDC Links between Southern Denmark, Southern Sweden and Northern Germany/Jutland. CIGRE 220-02 (1995).
19.36 Baltischer Ring, Hochleistungsverbindungen an der Ostsee. Notiz in Bull. SEV (1996) 63
19.37 Häusler, M., Jansson, B., Krause, J.: HGÜ-Verbindung zwischen Dänemark und Deutschland. etz (1996) 38–43.

19.38 Petrusch, W., Weck, K.-H.: Accelerated ageing tests on composite hollow insulators under DC voltages. ETEP 6 (1996) 433–440.
19.39 Asplund, G., Eriksson, K., Svensson, K: DC Transmission based on voltage source converters. CIGRE, SC 14, Colloquium in South Africa 1997.
19.40 Carlsen, T.H., Rittiger, J., Witzmann, R.: Machbarkeitsstudie für neue HGÜ-Verbindungen zwischen Norwegen und dem europäischen Festland. Elektrizitätswirtschaft 96 (1997) 1026–1032.
19.41 Axelson, U u. a.: Gotland HVDC Light transmission – Worlds first commercial smal scale DC transmission. CIGRE Niza, Frankreich, 1999.
19.42 Warnking, J.: Lastflusssteuerung und Dämpfung von Leistungspendelungen im Drehstrom-Gleichstrom-Netzverbund. Diss. TU Darmstadt 2000.
19.43 Rönström, L. u. a.: Cross sound cable Project second generation VSC technology for HVDC. CIGRE 2004, B4-102.
19.44 Lutz, J.: Halbleiter Leistungsbauelemente. Springer Verlag 2006.
19.45 Jiuping, P. u. a.: AC Grid with embedded VSC-HGÜ for secure and efficient power delivery. IEE Energy Atlanta, 2008.
19.46 Kolby, E., Hyttinen, M.: Challenges on the road to an Offshore HVDC Grid. Nordic Wind Power Conference, Bornholm, 2009.

20
Berechnung transienter Vorgänge in Drehstromnetzen

20.1 Dommel, H.: Digital Computer Solution of Electromagnetic Transients in Single- and Multiphase Networks. IEEE Transactions on Power Apparatus and Systems, Vol. PAS-88, No. 4, 1969, 388–399.
20.2 Dommel, H.: Berechnung elektromagnetischer Ausgleichsvorgänge in elektrischen Netzen mit Digitalrechnern. Bull. SEV 60 (1969), 12, S. 538–548.
20.3 Vielhauer, P.: Theorie der Übertragung auf elektrischen Leitungen. VEB Verlag Technik Berlin 1969
20.4 Dommel, H.; Meyer, W. S.: Computation of Electromagnetic Transients. Proceedings of the IEEE, Vol. 62, N0.7, 1974, 983–992.
20.5 Strobel, H.: Experimentelle Systemanalyse. Akademie-Verlag Berlin, 1975
20.6 Maier, H. A.: Wanderwellenverfahren zur Berechnung elektromagnetischer Ausgleichsvorgänge in Drehstrom-Hochspannungsnetzen unter Berücksichtigung frequenzabhängiger Leitungskenndaten. Hochschulsammlung Ingenieurwissenschaft Elektrotechnik Band 1, Hochschulverlag Stuttgart 1978.
20.7 Marti, J R.: The Problem of frequency dependence in transmission line modelling. University of British Columbia, April 1981.
20.8 Marti, J. R.: Accurate Modelling of Frequency-Dependent Transmission Lines in Electromagnetic Transient Simulation. IEEE Trans. on Pow. App. And Systems, Vol. PAS-101, No. 1, 1982, 147–157.
20.9 Föllinger, O.; Franke, D.: Einführung in die Zustandsbeschreibung dynamischer Systeme. R. Oldenbourg Verlag München Wien, 1982.
20.10 Vielhauer, P.: Lineare Netzwerke. VEB Verlag Technik Berlin 1982.
20.11 Chow, J. H. Time Scale Modeling of Dynamic Networks with Applications to Power Systems. Springer Verlag Berlin Heidelberg New York 1982.
20.12 Kulicke, B.: Programmsystem zur Berechnung elektromechanischer und elektromagnetischer Ausgleichsvorgänge. ETZ-Archiv 6, 12 (1984).
20.13 Dommel, H.: EMTP Theory Book. University of British Colombia 1986.
20.14 Unbehauen, R.: Synthese elektrischer Netzwerke und Filter. 3. Auflage, R. Oldenbourg Verlag München Wien 1988.

20.15 Hoy, Ch.; Koettnitz, H.; Kostenko, M. V.: Wellenvorgänge auf Hochspannungsfreileitungen. VEB Verlag Technik Berlin, 1988.
20.16 Oswald, B. R.; Pöller, M.: Differenzengleichungen des Elektroenergiesystems. Electrical Engineering/Archiv für Elektrotechnik, 81 (5), Dezember 1989.
20.17 Oswald, B., Siegmund, D.: Berechnung von Ausgleichsvorgängen in Elektroenergiesystemen. Deutscher Verlag für Grundstoffindustrie, Leipzig 1991.
20.18 Silveira, L. M.; Elfadel, I. M.; White, J. K.; Chilukuri, M.; Kundert, K. S.: Efficient Frequency-Domain Simulation of Transmission Lines. IEEE Trans. on Components, Packaging and Manufacturing Technology-Part B, Vol. 17, No. 4, 1994, 505–513.
20.19 Linnert, U.: Berechnung von Ausgleichsvorgängen in Elektroenergiesystemen unter Verwendung größtmöglicher Schrittweiten. Dissertation 1995, Universität Erlangen-Nürnberg.
20.20 Oswald, B. R.: Computation of Power System Transients by using Sets of Algebraic and State Space Equations. Proc. of IPST'97, Seattle, 1997, 35–40.
20.21 Fernandes, A. B.; Neves, L. A.: Frequency-Dependent Low Order Approximation of Transmission Line Parameters. Proc. of IPST'99-International Conference on Power Systems Transients 1999, Budapest, 43–48.
20.22 Oswald, B. R.: Knotenorientierte Verfahren der Netzberechnung. Leipziger Universitätsverlag, 2. Auflage 2000.
20.23 Oswald, B. R.: Computation of Power Systems Eigenvalues using the Modified Nodal Approach. European Transactions on Electrical Power (ETEP), Vol. 10, No. 1, 2000, 7–12.
20.24 Pöller, M.: Analyse von Ausgleichsvorgängen in Elektroenergiesystemen unter besonderer Berücksichtigung des Multiple-Time-Scale-Verhaltens. Diss. 2000, Universität Hannover.
20.25 Watson, N.; Arrilaga, J.: Power systems electromagnetic simulation. IEE Power and Engergy Series, 2003.
20.26 Deschrijver, D.; Gustavson, B.; Dhaene,T.: Advancements in Iterative Methods for Rational Approximation in the frequency Domain. IEE Trans. on Pow. Delivery, Vol. 22, No. 3, 2007, 1633–1642.
20.27 Prochaska, M.: Methoden zur Stabilitätsanalyse und Ordnungsreduktion nichtlinearer Systeme. Diss. 2008, Universität Hannover.
20.28 Oswald, B. R.: Berechnung von Drehstromnetzen. Vieweg+Teubner 2009.
20.29 DigSILENT PowerFactory. DigSILENT GmbH, http://www.digsilent.de.

Sachverzeichnis

Ableiter 836ff
Abstandskurzschluss 378
Admittanzmatrix 453ff, 603
Anfangs-Kurzschlusswechselstrom 150ff, 388, 592ff
Anfangs-Kurzschlusswechselstromleistung 410, 593
Asynchronmotoren 207ff, 628ff, A.19
Ausbreitungswiderstand 766ff
Ausschaltstrom 617ff
αβ0-Komponenten 44

Beeinflussung 291f, 776ff
Belastung, unsymmetrische 471ff
Belastungskurve 10
Bemessungsspannung 833ff
–, Blitzstoßspannung 832ff
–, Kurzzeit-Wechselspannung 833ff
–, Schaltstoßspannung 832ff
Bergeron-Verfahren 818ff
Berührungsspannung 723
Biegemoment 668ff
Bilanzmodell des Netzes 182ff
Blindleistung 424ff
–, bei DHÜ und HGÜ 429ff
–, bei Lichtbogenöfen 426ff
–, für Stromrichterantriebe 425
–, von Asynchronmotoren 425
–, von Drehstromfreileitungen 432
–, von Kabeln 368
Blindleistungsbereitstellung 432ff
Blindleistungskompensation 404ff, 431ff
Blitz
–, -einschlag 816ff
–, -stoßspannung 834ff
–, -strom 769, 816ff
Brennstoffnutzungsgrad 78

Carnot-Prozess 61
Clausius-Rankine-Prozess 63

Dämpfung 728, 729ff, 918
Dampferzeugung
–, nukleare 88
Dampfkraftwerk 83ff
Dampfprozess 51ff, 62
Dampfturbine 80
Dauerkurzschlussstrom 150, 624ff
Deckenspannung, max. Erregerspannung 626ff, 646ff, 859
Dielektrizitätszahlen 327
Differenzen-Leitwert-Verfahren 904ff
Direkter Aufbau Impedanz-, Hybridmatrix 606ff
Doppelerdkurzschluss 484ff
dq0-Komponenten 44, 132ff
Drehstromgenerator (s. Generator) 121ff
Drehstromleistung 36ff
Drehstromnetz 399ff, 451ff
–, Berechnung 14, 451ff
–, höchste Spannungsebenen 13, 402ff
–, komplexe Leistung 18
–, mit Erdschlusskompensation 728ff
–, mit isoliertem Sternpunkt 726ff
–, mit niederohmiger Sternpunkterdung 732ff
–, Verbundnetz 399ff
Dreiecksfaktorisierung 458
Dreieck-Sternumwandlung 451
Dreiwicklungstransformator 231ff
Druckwasserreaktor 90ff

Eigenbedarf 193ff
–, Eigenbedarfsanlage 199ff
–, Eigenbedarfsnetz 194ff
–, Motoren 210ff
–, Notstrom 197ff, 203ff
–, Reserveversorgung 199ff
–, Spannungshaltung 204ff
–, Transformatoren 196ff
–, Umschaltung 207ff

D. Oeding, B. Oswald, *Elektrische Kraftwerke und Netze*,
doi 10.1007/978-3-642-19246-3, © Springer 2011

Eigenfrequenz 157, 439ff, 728
Eigenvektoren 40ff
Eigenwerte 40ff, 855ff
Eindringtiefe 334ff
Einfachlängsfehler 473ff
Einfachquerfehler 480ff
Einheitenumrechungen A.24
Einheitszeiger 29
Einschalten (einer Leitung)
–, dreipoliges 924ff
–, einpoliges 924ff
Einschwingspannung 379, 384, 807ff
Einzelschrittverfahren 517
Elektrische Energie 8
–, erneuerbare Quellen
–, in Deutschland 50
–, pro Kopf-Verbrauch 6
Energieerzeugung, elektrische 6
Energieszenario, globales 3f
Energieverbrauch der Welt 5
Energieversorgung, elektrische 3, 50, 399ff
Entsymmetrierung 28ff
Erderspannung 723, 738ff, 753f
Erdfehlerfaktor 732ff
Erdkurzschluss in Anlagennähe 748ff
Erdschluss
–, -reststrom 724, 729, 778
–, -strom, kapazitiver 724ff
–, -überspannung 730f, 792ff
Erdschlusskompensation
–, Dämpfungsgrad 729
–, Löschgrenze 778
–, Nullspannungsübertragung 734ff
–, Reststrom 729f
–, Verstimmungsgrad 729f
Erdseil 265
Erdseilreduktionsfaktor 742ff
Erdstromtiefe 276ff, 288
Erdung in Hochspannungsnetzen 723ff, 738ff
Erdungsanlage 770ff
Erdungsimpedanz 739ff
Erdungsmessung 774f
Erdungswiderstand 739ff
Erdwiderstand, spezifischer 766ff
Erregerspannung 127ff
Erregerstrom 127ff
Ersatzspannungsquelle an der Kurzschlussstelle 546ff
Erzeugerzählpfeilsystem (EZS) 21ff

Faktor
–, Erdseilreduktions- r 738ff
–, K, siehe Impedanzkorrekturfaktor
–, m 640ff
–, n 640ff
–, Spannungs- c 549
–, Stoß- κ 609
–, μ 618ff
–, λ 624ff
Fehler 474ff
–, Haupt- 480
–, Längs- 473ff
–, -matrix 492f, 498
–, Quer- 473ff
–, -bedingungen 474ff, 485, 491ff
Fehlermatrizenverfahren 490ff, 498
Feldstärke am Erdboden 316ff
Ferranti-Effekt 784ff
Ferroresonanz 791
Flächensatz 866ff
Flächenträgheitsmoment 668f, A.20
Freileitung 259ff
–, Abmessungen 260f, A.11
–, Bündelleiter 264, 271, 284ff
–, Durchhang 262
–, Elektrisches Feld 264, 316ff
–, Erdseil 265
–, Erdseilreduktionsfaktor 738ff
–, Errichtungskosten DHÜ, HGÜ 259ff, 895ff
–, Feldstärke am Erdboden 316ff
–, HF-Störfeldstärke 323f
–, Impedanzen 272ff, 556f
–, Impedanzen in sym. Komponenten 282ff, 292
–, Isolatoren 265f
–, Kapazitäten 294ff, 303ff, 307
–, Kennwerte 264f, A.11, A.12
–, Kosten 259ff, 895ff
–, Leiterseile 263ff, 283
–, Magnetisches Feld 267ff, 321ff,
–, Maste, Mastformen 260ff
–, Mitimpedanz 291ff, A.12
–, Nullimpedanz 282ff, A.12
–, Randfeldstärke 305ff
–, Wirkung auf den Menschen 316ff
–, wirtschaftliche Stromdichte 312ff
Frequenzgang 181ff

Gasisolierte Rohrleiter, GIL 371
Gasisolierte Schaltanlage, GIS 394ff
Gasturbine 55ff, 71ff

Gegenimpedanz 779f
Generator, Drehstromgenerator 121ff
–, -ableitung 201f
–, Ausnutzungsziffer 122
–, Bemessungsleistung 122
–, Bemessungsspannung 123
–, Bezugsgrößen 131ff
–, Dauerkurzschlussstrom 150
–, Ersatzwicklungen 127
–, Erregung 169ff
–, Fundamentbeanspruchung 162f
–, Gleichungssystem 128ff
–, Grenzleistung 13
–, Impedanzen, Reaktanzen 561ff, A.4
–, kapazitive Belastung 138
–, Kühlungsarten 121f
–, Kurzschlussmomente 154ff
–, Kurzschlussstromverlauf 149ff
–, Läuferbauarten 124ff
–, Leerlaufkurzschlussverhältnis 142ff
–, Leerlaufspannung 176
–, Leistungsdiagramm des Schenkelpol- 138
–, Leistungsdiagramm des Turbo- 139
–, Luftspaltdrehmoment 128, 142
–, nichtstationärer Betrieb 144ff
–, Operatorengleichungen 145ff
–, Polradspannung 133ff
–, Polradwinkel 127ff
–, Reaktionsleistung 137, 168
–, Schieflast 216
–, Schutzeinrichtungen 213ff
–, Stabilitätsgrenze 138ff
–, stationärer Betrieb 132ff
–, Stromdiagramm 136
–, subtransiente Reaktanz 147, A.4
–, subtransiente Spannung 165
–, supraleitender 124
–, transiente Leistung 167f
–, transiente Reaktanz 148, A.4
–, transiente Spannung 166
–, Wasserkraft- 96ff
–, Wellentorsionsmoment 157ff
–, Zeigerdiagramm 134, 165
–, Zeitkonstanten 146, 535ff, 624, A.4f
Generatorregelung 169ff
–, Regelkreis 175
–, Frequenzgang 175ff
Generatorschutz 214ff
Gesamtschrittverfahren 517
Gleichstromleistungsflussberechnung 526
Grundlastanlagen 53
GuD-Kraftwerk 71

HGÜ (Hochspannungs-Gleichstrom-Übertragung) 883ff
–, Betriebsmittel 889ff
–, Blindleistungsbedarf 432
–, Entwicklung, errichtete Anlagen 885ff
–, Kosten 895ff, 898
–, Wirkungsweise 883f
Hochspannungsnetz, s. Drehstromnetz 399ff
Höchstspannungsübertragung 402ff
h-s-Diagramm des Wasserdampfes 65
Hybridmatrix 461ff
–, Berechnungsbeispiel 606
–, direkter Aufbau 461ff, 468

IGBT-Umrichter 899
Impedanzen
–, elektrischer Betriebsmittel 551ff, A.4, A.10, A.11, A.14ff, A.19
–, im %/MVA-System 652ff
–, im Gegensystem 594
–, im Mitsystem 33, 594
–, im Nullsystem 594
–, im p. u.-System 652ff
Impedanzkorrekturfaktor
–, für Generatoren 561ff
–, für Kraftwerksblöcke 565ff, 572ff
–, für Transformatoren 555ff
Impedanzmatrix, Knotenimpedanzmatrix 457ff, 594
Industrienetze 422
Induzierte Spannung 815
Insulated Gate Bipolar Transistor 899
Isolationskoordination 783ff, 832ff
Isolationsminderung 827ff
Isolierstoffeigenschaften 327

Jacobi-Matrix 523
Joule-Integral 640ff

Kabel 325ff
–, Aufbau 325ff, A.13
–, Belastbarkeit 331ff
–, Bodenaustrocknung 344ff
–, Buchstabenkennzeichnung 329
–, Dielektrizitätszahlen 327
–, Erdbodenwärmewiderstand 340ff
–, EVU-Last 345
–, Feldbilder 330

–, Hochspannungskabel 328ff
–, Impedanzen T. 10.5, 10.7, 10.8, 15.24, 15.25, A.13, A.14, A.15, A.16
–, Isolierstoffe 326ff
–, kapazitiver Erdschlussstrom 360
–, Kennwerte 3468ff, 554f
–, Kosten 417
–, Ladeleistung 366ff
–, Mantel 328ff
–, Normalbedingungen 341ff
–, Reduktionsfaktor 359, 364, 755ff
–, Schirm 327f
–, Strombelastbarkeit 333ff
–, Strom im Mantel 337, 755ff
–, Strom im Schirm 755ff
–, supraleitende 374f
–, Verluste 332ff, 337ff
–, Wärmewiderstände 331ff, 339ff
–, Wasserkühlung 371ff
Kapazitäten
–, von Freileitungen 296ff
–, von Kabeln 366ff
Kapitalbedarf 11
Kennlinienregelung 174
Kernkraftwerke 88
Kettenleiterwiderstand
–, bei endlicher Länge 746ff
–, bei unendlicher Länge 746ff
Knotenadmittanzmatrix 455ff
Knotengrad 454, 458
Knoten-Leitwertmatrix 905, 922
Knotenpunktgleichungen 454ff
Knotenpunktverfahren 453ff, 515ff
Knoten-Zweig-Inzidenzmatrix 921f
Kombianlage 85ff
Komplexe Größen 15
Komplexe Leistung 17ff
Komponenten 28ff
–, gebräuchliche 43
–, leistungen 36
–, modale 37
–, symmetrische 28
–, Transformationsbeziehungen 44
Korrekturfaktoren 555ff, 575ff
Kraft
–, auf Hauptleiter 667ff
–, auf Teilleiter 667ff
Kraft-Wärme-Kopplung 76
Kraftwerke 49ff, 95ff
–, Kern- 88ff
–, Kombi- 85ff
–, Pumpspeicher- 110ff
–, Schutz 213ff
–, thermische 49ff
–, Wärme- 49, 52
–, Wasser- 95ff
Kraftwerksblock
–, mit Stufenschalter 565ff
–, Netzanschluss 12
–, ohne Stufenschalter 572ff
Kreisprozess 59
Kurzschlussfestigkeit 661ff
–, mechanische 661ff
–, thermische 689ff
Kurzschlusskraft 661ff
Kurzschlussstrom 529ff
–, Anfangs- Kurzschlusswechselstrom 150ff, 592ff
–, Ausschaltwechselstrom 617ff
–, Bedeutung 529ff
–, Begrenzung 694ff
–, Beitrag von Motoren 582ff, 628ff
–, Berechnung 539ff, 585ff, 593, 614, 619, 625, 652ff, 675
–, Dauerkurzschlussstrom 149ff, 624ff
–, Dichte, thermische T.15.27
–, dreipoliger 532, 593, 614, 619
–, einpoliger 478, 532, 593, 614, 619
–, Gleichstromanteil 533ff
–, im Kabelmantel (oder Schirm) 755ff
–, größter 549, 590
–, Impedanzen 596ff
–, kleinster 549, 591
–, Nachbildung von Betriebsmitteln 551ff
–, Niederspannungsnetzen 699ff
–, Stoßkurzschlussstrom 148, 609ff
–, thermisch gleichwertiger Kurzschlussstrom 640ff
–, transienter 152
–, Überlagerungsverfahren 539ff
–, Wechselstromanteil 533ff
–, zeitlicher Verlauf 150, 533ff, 586ff
–, zweipoliger 532, 580, 614, 619
Kurzschlussstrombegrenzung 694ff
Kurzschlussströme von Motoren 582ff, 628ff

Ladeleistung von Kabeln 366ff
Ladestromspule 787ff
Langstabisolator 828ff
Lastabwurf 191, 784ff
Laufwasserkraftwerk 104ff
Laufzeit 913

Leerlaufkurzschlussverhältnis 144
Leistungsdiagramm
–, Schenkelpolgenerator 138
–, Turbogenerator 139
Leistungsexponenten 507
Leistungsfluss 499ff
–, als Funktion der Spannung 506
–, auf Leitungen 499, 507
–, Berechnungsmethoden 512ff
–, bei konstantem Strom 502
–, bei konstanter Impedanz 501
–, bei konstanter Leistung 505
–, im vermaschten Netz 511ff
Leistungsschalter 377ff
Leiterkennfrequenz 676ff
Leitertemperatur 702f, 715
Leitungen, s. Freileitungen und Kabel
Leitungsgleichungen 308ff, 911ff
Leitungslänge, maximal zulässige 718ff
Leitungsschutz 443ff
Leitungs-Schutzschalter, LS-Schalter 710
Leitungsunterbrechung 480ff
Lichtflimmern 425ff

Maschennetz 420
Mastspannung 417ff
mgA, mittlerer geometrischer Abstand 267ff, A.7ff
Mindestschaltverzug 618ff
Mitimpedanz
–, von Kabeln 348ff, 356ff, T.10.5, T.10.7
–, von Freileitungen 272ff, 291ff, A.12
Mittellastanlagen 53
Mittelspannungsnetz 415ff
Modale Komponenten 37ff, A.2
Modale Wellenadmittanz 912
Modales Fortpflanzungsmaß 912
Mollier-Diagramm 65
Motoren 204ff, 582ff, 628ff

Natürliche Leistung 310ff
Netzeinspeisung 552ff
Netzschutz 443ff
Netzumformungen 451ff
Niederspannungs-Hausanschluss 710ff
Newton-(Raphson)-verfahren 522ff
Notstrom im Eigenbedarf 197ff, 203ff
Nullimpedanz
–, von Kabeln 348ff, 356ff, T.10.6, T.15.24, T.15.25, A.14, A.15
–, von Freileitungen 272ff, 282ff, A.11, A.12
–, bei parallelen Stromkreisen T.10.8, A.16

Oberflächenrandfeldstärke 305ff
Operatorengleichungen des Generators 145ff

Parallelresonanz 437ff
PEN-Leiter (Protection Earth Neutral) 699
Park-Transformation 129
Primärenergie 7
Primärregelung 185ff
Pulsweitenmodulation 899ff
Pumpspeicherkraftwerk 110ff
p-v-Diagramm 59

Raumzeigerkomponenten 44
Reduktionsfaktor 358f, 363, 738ff, 755ff, 761ff
Reihenkondensator 404
Resynchronisierung 874ff
Rushstrom 238ff

Schaltanlage 387ff
–, Freiluft- 387ff
–, Innenraum- 391
–, Mittelspannungs- 391ff
–, Schaltungen in 388ff
–, vollgekapselte, SF_6-isolierte 394ff
Schalter 377ff
–, Druckluftschalter 382
–, Generatorschalter 385
–, Kurzunterbrechung 377
–, ölarmer Schalter 380
–, SF_6-Schalter 385
–, Vakuumschalter 380
Schaltkurzzeichen A.1
Schleifenimpedanzen 273ff, 360
Schrittspannung 723
Schutz von Kraftwerksblöcken 213ff
Sekundärregelung 188ff
Selbsterregung 862ff
SF_6-Rohrkabel (SF_6-Rohrleiter) 371ff
SF_6-Schaltanlagen 394ff
Sicherung 710, 714
SI-System A.23
Spannungsebene, höchste 13
Spannungserhöhung, zeitweilige 724ff, 784ff
Spannungsfaktor 549
Spannungsfall 503

Spannungsquelle 26
Spannungsregelung 173ff
Spannungsregler 169ff
Spannungsexponenten 506ff
Spartransformator 245ff
Speisewasservorwärmung 67
Spitzenlastanlagen 53
Stabilität 849ff
–, Einfluss des Erregersystems 879ff
–, Resynchronisierung 874ff
–, Selbsterregung 862ff
–, Stabilitätsverlust 874ff
–, statische 854ff
–, transiente 865ff
–, zulässige Kurzschlussdauer 869ff
Stabilitätsgrenze, statische
–, des Schenkelpolgenerators 141
–, des Turbogenerators 139
Steinkohlekraftwerk 83ff
Stern-Dreieckumwandlung 451
Sternpunktbehandlung 723ff, 734ff
Stoßfaktor κ 609ff
Stoßkurzschlussstrom 150, 609ff
Stromdichte, thermische 690ff, 717
Stromdichte, wirtschaftliche 312ff
Stromkreislänge 416
Stromquelle 26
Stromverdrängung
–, Eindringtiefe 335
–, Proximityeffekt (Nahewirkung) 336
–, Skineffekt (Hautwirkung) 336
Symmetrierung 28ff
Symmetrische Komponenten 28
Synchronmaschine, s. Generator

Tagesbelastungskurve 10
Teilkurzschlussströme über Erde 738ff
Temperatur am Kurzschlussende 690ff, 701, 715
Thermodynamik 52ff
–, Begriffe und Kennlinien 57ff
–, Mollier (h, s-Diagramm) 65ff
–, h-s-Diagramm des Wasserdampfes 65
–, p, v-Diagramm des Wasserdampfes 62ff
–, T, s-Diagramm des Wasserdampfes 63ff
Trägheitskonstante 851
Transformationsmatrix 30ff
Transformator 219ff
–, Ausschaltüberspannung 795ff
–, Ausgleichswicklung 231ff
–, Bemessungsübersetzung 224, 245
–, Daten 233, T.15.23
–, Dreiwicklungs- 231ff
–, Eisenkern 242
–, Ersatzschaltungen 225ff, 248ff
–, im Kraftwerk 219ff
–, Kurzschlussimped. (-reakt.) 555ff, A.6
–, Kurzschlussspannung 228
–, Leerlaufstrom 229
–, Rushstrom 238ff
–, Schaltgruppen 221ff
–, Schutz 455ff
–, Schutz durch Ableiter 840ff
–, Spannungsänderung 229ff
–, Spar- 245ff
–, Sternpunktbelastbarkeit 235ff
–, Stufenschalter 243ff
–, symmetrische Komponenten 248ff
–, Transformationsmatrizen 256f
–, Zeigerdiagramm 229ff
–, Zweiwicklungs- 225ff
Transiente Vorgänge 903ff
Trapezregel 906f
Turbine
–, Dampfturbine 80ff
–, Gasturbine 55ff, 71ff
–, Gasturbinenkraftwerk mit Luftspeicher 57
–, Gasturbinenprozess, offen 57
–, Regelung von Turbinen 182ff
–, Wasserturbine 98ff
Turbogenerator, s. Generator 121ff

Überlagerungsverfahren 539ff
Überspannungen 783ff
–, äußere 815ff
–, beim Ausschalten von Kurzschlussströmen 807ff
–, bei Erdschluss 727ff, 792ff
–, bei Resonanz 791
–, beim Schalten kleiner induktiver Ströme 795ff
–, beim Schalten v. Kondens. u. Leitungen 802ff
Überspannungsableiter 836ff
–, Einsatz 840ff
–, Funkenstrecken- 836ff
–, Metalloxid- 839ff
Unsymmetrie 467ff, 790

Ventilableiter, s. Überspannungsableiter 836ff
Verbraucher-Zählpfeilsystem (VZS) 21ff

Verbundnetz 188ff, A.17
Verluste bei Kabeln 334ff
Vermaschungsgrad 511f
Verschmutzung von Isolatoren 827ff
Versorgung von Städten 409ff
Verteilungsnetz 415
Verzerrung 918
Vierleiterkabel 699, 707f
VSC-HGÜ 899ff

Wanderwellen 818ff
–, Ausbreitungsgeschwindigkeit 818ff
–, Bergeronmethode 818ff
–, Reflexions- und Brechungsfaktoren 820
–, Wellengitter 821ff
Wasserkraftgenerator (s. a. Generator) 96ff
Wasserkraftwerk 95f1f
–, Laufwasserkraftwerk 104ff
–, Pumpspeicherkraftwerk 110ff
Wasserturbine 98ff
–, Anwendungsbereiche 99ff
–, Francisturbine 101ff
–, Freistrahl-(Pelton)Turbine 99ff
–, Kaplanturbine 102, 106
–, Kennfelder (Muscheldiagramm) 102ff
–, Rohrturbine 107
Wellendeformationsoperator 913, 918
Wellenwiderstand 308ff
Widerstandsmoment 669ff, A.20
Windenergieanlage 113ff
–, Leistungsbeiwert 119
–, Leistungs-Drehzahl-Kennlinie 119
Wirkungsgrad im Kraftwerk 57, 73, 76
Wirtschaftliche Stromdichte 312ff

Zählpfeil 20
Zählpfeilsystem 20
–, Erzeuger- 21ff
–, Festlegung 25
–, Ketten- 25
–, Verbraucher- 21ff
Z-Bus-Verfahren 519ff
Zeigergrößen 47, A.3
Zeitkonstanten von Generatoren 146, 535ff, 624, A.4
Zustandsdifferentialgleichungssystem 904
Zustandsvariable 904
Zweiwicklungstransformator 225ff